中國歷代茶書匯編

校注本

上

中國歷代茶書匯編校注本

上

主編 鄭培凱 朱自振

商務印書館

中國歷代茶書匯編校注本（全二冊）

主　　編：鄭培凱　朱自振

編　　輯：沈冬梅　戴　燕　張為群

責任編輯：莊　昭　楊克惠

出　　版：商務印書館（香港）有限公司
香港筲箕灣耀興道 3 號東滙廣場 8 樓
http://www.commercialpress.com.hk

發　　行：香港聯合書刊物流有限公司
香港新界大埔汀麗路 36 號中華商務印刷大廈 3 字樓

印　　刷：美雅印刷製本有限公司
九龍觀塘榮業街 6 號海濱工業大廈 4 樓 A

版　　次：2020 年 6 月第 5 次印刷

ISBN 978 962 07 3153 2
Printed in Hong Kong

目　錄

中編　明代茶書

下編　清代茶書

附錄

茶書與中國飲茶文化（代序）

鄭培凱

（一）

在人類文明進程中，食衣住行是最基本的生活需求，也是物質文明發展的明確指標。弔詭的是，因為最基本，是人人生活必需，也是須臾不離的日常所見，古代文獻就不去詳為記述。如有詳細記載，總是與信仰、祭祀、社會等級之類的上層建築思維有關。《禮記·禮運》說：“夫禮之初，始諸飲食。”說的是禮制之肇始，與生活最基本的飲食相關。我們同時也可以反過來理解，飲食見諸上古文獻，詳為形諸文字，還是靠禮儀規矩，成了生活秩序必須遵循的具體材料。同在《禮記·禮運》，還有這一句大家耳熟能詳的話：“飲食男女，人之大欲存焉。”說的是“大欲”，是人類最基本的欲求，照現代人的邏輯，應該是大書特書，仔細列明飲食的種類、材料獲取的方法、整治烹調之道、與健康養生的關係等，應當寫出類似當今流行的“飲食手冊”、“飲食譜”，以及“性愛手冊”、“性的歡愉”或“生育之道”之類。然而不然，古代文獻直接記載飲食男女，以之作為人類物質生活主旨的書冊不多，即使偶有著述，也完全不入古代知識人的法眼。

這種對待最基本物質文明的鄙薄態度，以之為“小道”，以為無關乎國計民生，貫穿了整個歷史傳統，中外皆然。翻檢《四庫全書總目》，就會發現，在“子部”先列了思想學派、農家、醫家、天文算法、術數、藝術之後，有“譜錄”一類，“以收諸雜書之無可繫屬者”，“門目既繁，檢尋頗病於瑣碎”，即是收錄了一些烏七八糟不入流的知識材料。再仔細看看，此類雜書有博古金石、文房四寶、錢幣、香譜，之下還有“附錄”，即是在知識譜系上更低一等的“另冊”。另冊之中，才列了陸羽《茶經》、蔡襄《茶錄》、黃儒《品茶要錄》、熊蕃《宣和北苑貢茶錄附北苑別錄》、宋子安《東溪試茶錄》、陸廷燦《續茶經》、張又新《煎茶水記》等茶書。在“譜錄類存目”，也就是更不入法眼，只存目不收書的項下，列了一批次級的茶書：陸樹聲《茶寮記》、何彬然《茶約》、玉茗堂湯顯祖《別本茶經》、夏樹芳《茶董》、屠本畯《茗笈》、萬邦寧《茗史》、許次紓《茶疏》、劉源長《茶史》、徐獻忠《水品》、田藝衡《煮泉小品》、佚名《湯品》等。

由《四庫全書總目》的分類，可見得古代士大夫對茶書的態度，在知識譜系中列入無關宏旨的雜碎堆中。紀昀在“農家類”前敘就已明確說道：“茶事一類，與農家稍近，然龍團、鳳餅之製，銀匙玉碗之華，終非耕織者所事。今亦別入譜錄類，明不以末先本也。”這裏特別批評了上層階級飲茶的奢華與精緻，與大多數農耕織作的老百姓無關，因此，不能歸入以農為本業的“農家類”。這樣的批評表面上有道理，實際上卻忽略了兩個事實：一、大多數茶書都記述種植、採造、儲存及飲用的方法，與人民生活日用有極大的關係；二、即使有些茶書對飲茶的講究達到奢華成癖的地步，如宋徽宗的《大觀茶論》，其講究的細緻過程也是一種品味藝術的發展與提升，是人類追求物質生活享受的經驗，不必搬出“以末先本”這樣的大帽子。

說到底，真正的關鍵在於，傳統中國士大夫在知識分類上，並不認為民生日用最基本的“飲食男女”應該作為人類文明知識的重要環節。飲食既為小道，飲食的基本知識就不是古人認知體系中值得特別關注的項目。然而，文明日進，物質文明的發展卻有實在的一面，不但能夠滿足上層階級的口腹之欲，還能提供涉及精神層次與藝術品味的享受。茶書在中國的出現，就反映了士大夫思維兩面性的矛盾：一方面貶低茶飲在歷史文化發展中的地位，然而又不能不承認“出門七件事：柴米油鹽醬醋茶”是生活必需，只是在內心深處不斷自我洗腦，複誦着生活必需為小道，不能與詩書禮樂相提並論。另方面卻由於生活優裕，得以享受物質文明最精華的產品，喝到芬芳清爽的雀舌紫筍，甚至是靈巖仙崖所產的玉液瓊漿，便踵事增華，寫出一些令人欣羨的詩文，豐富了人類飲食品味的範域，更提升了人們在品味享受過程中的藝術體會。

陸羽《茶經》的出現，在人類物質文明發展史是一件頭等大事，因為它肯定了茶飲生活的知識性地位，把日常生活中的“飲茶”作為一門知識領域來探索。從茶飲歷史的整體發展來觀察，陸羽《茶經》的出現，不但總結了古代飲茶的經驗，歸納了茶事的特質，也奠定了茶道的規矩。通過陸羽《茶經》的影響，特別是後世茶人遵循陸羽設定的品茶脈絡，對飲茶之道進行審美的品評與探索，飲茶成了一門學問，也成了體會生活品味提升的修養法門。因此，唐代以後的飲茶風尚，與上古飲茶解渴的實用性質完全不同，涉及了精神文化的層面。

要理解中國茶飲的歷史，以陸羽為代表的唐代飲茶作為分水嶺，分為草味羹飲的前期與精製品茗的後期，雖然稍嫌簡略，卻是提綱挈領、明晰恰確的說法。以下的討論，就按照這個簡略的歷史分期，先論唐代以前飲茶的起源及成為社會習俗的發展過程，再論唐代以後飲茶風尚的變化及品茗藝術在不同時代的側重。敘及元明清時期，由於歷史資料比較豐富，還可以探討不同地域及不同社會階層的飲茶習俗的差異。

(二)

談到上古時期的飲茶，第一個問題就是，飲茶起源於何時？

這不是容易回答的問題，因為資料不足，不可能得到確實的答案。古代文獻記載飲茶，已是很晚的事，不能反映最初起源的情況。再如《茶經》中說的：“茶之為飲，發乎神農氏。”則敘說的是傳說神話人物，完全不能確定其具體歷史時期。至於考古發掘的資料，目前累積的也不夠多，還不能提供超乎古文獻資料的情況。

顧炎武在《日知錄》中，根據古文獻提供的材料指出，“是知自秦人取蜀而後，始有茗飲之事。”也就是説，至少在戰國中期，今天四川一帶已經有飲茶的習俗。

茶飲首先出現在四川一帶，若配合植物分類學與考古發掘的研究，是十分合理的情況，同時也為《茶經》一開頭説的“茶者，南方之嘉木也”作了最好的註腳。植物學家一般認為，茶樹的原產地是在中國西南與印度東北地區，有人則推測最初的人工採植或栽培，可能發生在新石器時代末期的巴蜀地帶。

長沙馬王堆西漢墓的發掘，在一號墓及三號墓的隨葬品中，發現了“檟（櫝）一笥”和“檟笥”的竹簡與木牌。檟是櫝的古體，也即是茶的別名。《漢書．地理志》則記載“荼陵”（今湖南茶陵）地名，在西漢時就已出現，反映了茶樹栽植已經發展到荊楚一帶，逐漸移向長江中下游地區。

漢代的種茶地區雖已拓展到荊楚一帶，四川仍是主要的產區。王褒《僮約》裏說的“武都（陽）買茶”，明顯透露出茶葉作為商品的情況，是以四川為集散中心的。至於漢人飲茶的方式，文獻無徵，大概還是比較原始的煮湯辦法，也有可能放進鹽或薑同煮，作為藥湯飲用。

到了三國兩晉時期，種茶的地區顯著擴大，江南和浙江一帶都已經種茶。飲茶的人也明顯增加，不再限於少數的貴族之家，而變成江南士大夫日常待客之物了。根據《廣雅》所記，“荊巴間採茶作餅，葉老者，餅成以米膏出之。”則説明了壓榨茶葉成餅，以米膏作黏合劑的製茶法已經使用。飲用之時就需研磨茶屑，再以沸水沖泡或煎煮。

魏晉南北朝這一段期間，關於飲茶的資料，流傳到今天的很少。但文人在詩賦中逐漸提到飲茶的軼事，使我們知道，上層社會不但以茶待客，也用茶飲作為祭祀的品類。北方民族雖然習慣上不飲茶，但北朝宮廷卻備有茶葉招待南方來的使節與降臣。至於長江中下游，屬於南朝的地區，茶飲的習慣已經相當普遍，烹茶時用水擇器，也都開始講究起來。

大體而言，唐代以前，北方不太飲茶，南方則從四川，沿着長江，逐漸發展到荊楚吳越一帶。飲茶的方式，則大都如皮日休所說：“必渾而烹之，與瀹蔬而啜者無異。”是把茶葉放進水裏煮，喝的茶湯與喝蔬菜湯是同樣的處理方式，是比較原始粗糙的。

(三)

假如我們把先秦到唐代以前的飲茶歷史歸為上古期，也可戲稱這段漫長的時期為茶飲歷史的“史前史”。一方面是因為史料不足，難以深究；另方面也由於這段期間的飲茶經驗，大體上還停留在“喝菜湯”式的實用階段，尚未進入精神境界提升的領域。

到了唐代，情況大為改觀。茶葉種植區域的廣泛拓展，反映了飲茶風氣的興盛，不止是遍及大江南北，而是已經從華北關中地區擴展到塞外了。唐代政府開始正式建立茶政，徵收茶税，乃至於成了中晚唐時期經濟貿易的重要一環。這種普遍飲茶的情況，更由於陸羽《茶經》一書的出現，總結了前人飲茶經驗的累積，羅列了相關的植茶、製茶、烹茶的知識，使得茶飲的內容大為豐富，而出現了飲茶之道，開拓了茶飲生活的精神境界領域。

飲茶風氣在唐代中期大盛的現象，學者曾提出各種解釋。一說是當時經濟發達，交通暢便，促使茶業興起，貿易各地；一說是禪教大興，寺廟提倡飲茶，更由之普及到民間；一說是陸羽著《茶經》，綜述了飲茶知識，提高了茶飲的品味。其實，這些說法都對；但僅標舉其一，不及其餘，則未免偏頗其辭。飲茶風氣在唐代流行，絕對不是單一原因造成，而有着更深厚長期的經驗累積之背景，也就是茶飲的上古期間，人們逐漸由“喝菜湯”進入烹煎品飲的過程。在社會經濟的發展上，則由戰亂紛仍的魏晉南北朝進入安定繁榮的唐朝，使得茶飲經驗的累積得以飛躍，展現為一代的文化風尚。從這種宏觀歷史文化發展的角度來看，禪教大興雖是唐代的特殊歷史現象，卻能配合茶飲的發展與普及，反映出唐代追求精神超升的時代風氣，也賦予茶飲風習一種精神超越的性格。

唐代封演的《封氏聞見記》(約八世紀末) 卷六，講的就是唐中葉飲茶風尚的普遍情況：

> 南人好飲之，北人初不多飲。開元中，泰山靈巖寺有降魔師，大興禪教。學禪，務於不寐，又不夕食，皆許其飲茶。人自懷挾，到處煮飲。從此轉相仿效，遂成風俗。自鄒、齊、滄、棣，漸至京邑城市，多開店鋪，煎茶賣之，不問道俗，投錢取飲。其茶自江淮而來，舟車相繼，所在山積，色額甚多。楚人陸鴻漸為茶論，說茶之功效，並煎茶炙茶之法。造茶具二十四事，以都統籠 (應作籠統) 貯之。遠近傾

慕，好事者家藏一副……於是茶道大行，王公朝士無不飲者……古人亦飲茶耳，但不如今人溺之甚。窮日盡夜，殆成風俗。始自中地，流於塞外。往年回鶻入朝，大驅名馬，市茶而歸，亦足怪焉。

這段文獻資料，反映了許多重要的歷史情況，説明了茶飲風習，如何從簡單的"喝菜湯"轉變成繁複的社會經濟文化現象：

① 喝茶本來是南方人的習慣，北方人以前不太喝。

② 禪教大興，為了提神不寐，飲茶成了寺院生活習慣，又轉而影響到民間。

③ 從華北到關中，到處都開了茶舖，有錢就可以買到茶喝。

④ 茶葉多自江淮而來，成了貿易大宗。

⑤ 陸羽寫《茶經》，並提倡喝茶品味的方式，創新了飲茶的規矩，茶道大行。

⑥ 茶飲由中土流到塞外，產生了茶馬貿易。

唐代有許多文獻資料，都記載了當時茶葉種植精益求精的情況，有的地區以貴精的質量取勝，有的地區則強調數量的多產多銷。如李肇的《唐國史補》就説到當時名貴的茶葉精品："劍南有蒙頂石花，或小方，或散芽，號為第一。湖州有顧渚之紫筍。東川有神泉小團、昌明獸目……壽州有霍山之黃牙。蘄州有蘄門團黃，而浮梁之商貨不在焉。"同書還提到，名貴茶種的重視，不僅是中土的風尚，連西藏都受到影響。當唐朝使節到了西藏，蕃王贊普就向他展示各類名茶："此壽州者，此舒州者，此顧渚者，此蘄門者，此昌明者，此 㴩 湖者。"

這裏特別指出"浮梁之商貨不在焉"，是很有趣的現象。因為浮梁茶葉貿易在當時是商業大宗，但卻是以量取勝的"商貨"，不是蒙山、顧渚之類的精品；是給一般大眾的商品茶，而非宮廷貴族所享用的貢品茶。白居易〈琵琶行〉一詩中有句："老大嫁作商人婦，商人重利輕別離。前月浮梁買茶去，去來江口守空船。"其中說的滿腦子生意經的商人，經營的就是浮梁茶葉貿易。據《元和郡縣圖志》(公元 813 年成書)，浮梁縣設置於武德五年，名新平，後廢，開元四年再置，改名新昌，天寶元年改名浮梁，"每歲出茶七百萬馱，稅十五餘萬貫。"

由此可以看出，唐代的茶葉種植與飲茶風尚，已經循着兩條相輔相成的脈絡，有了長足的發展：一方面是作為商品經濟的貨品茶，普及到了廣大民眾，確立了茶業的社會經濟基礎。《舊唐書》卷一八二載李珏上疏説："茶為食物，無異米鹽，於人所資，遠近同俗。既祛竭乏，難捨斯須，田閭之間，嗜好尤切。"浮梁一類的商品茶，就是提供給一般百姓日用，不可一日所無的。另方面則出現了茶中的珍品及飲茶的品賞藝術，這當然僅限於少數上層階級，也是文人雅士提高生活情趣所進行的非實用活動。陸羽《茶經》的撰著，便為這種品茗的休閒藝術活動提供了最寶貴的文獻資源，也從此建立了品茶藝術的傳統。封演所說的“茶道大行”，主要還是指這一面。

（四）

陸羽的《茶經》成書在公元 758 年前後，是飲茶史上第一部有系統的著作，全書七千多字，總結了古代有關茶事的知識，並對飲茶的方法提出了品評鑑別之道。書分三卷十節，分門別類，展現了他的茶學知識。

上卷共三節，分為一之源，談茶的性質、名稱與形狀；二之具，羅列採造的工具；三之造，說明種植與採製的方法，並及辨識精粗之道。

中卷只有一節，四之器，詳列了烹茶飲茶的器具，從風爐一直講到都籃。這節篇幅甚多，表面上是一一列舉烹煮的器具，實質上則是制定了飲茶的規矩及品賞鑑別的審美標準。《封氏聞見記》特別指出陸羽“造茶具二十四事，以都籠統貯之”，說的就是飲茶規矩的建立。所謂“茶道大行，王公朝士無不飲者”，也就顯示了陸羽創制的茶道儀式，在上層社會已經成為禮節，人人遵守了。因此，《茶經》花費如此篇幅，詳列茶具及其使用之法，便不僅是單純技術性的敘述器具用途，而是通過器具的規劃，建構了飲茶的特殊氛圍，規定使用器具的儀式，提供心靈超升的場域。也可以說，陸羽是創建茶道的祖師；一切後世茶道的根本精神，莫不源自陸羽所設立的茶飲禮儀。

且舉陸羽對“碗”的說明來看：

> 碗，越州上，鼎州次，婺州次；岳州次（明鄭熜校本作“上”），壽州、洪州次。或者以邢州處越州上，殊為不然。若邢瓷類銀，越瓷類玉，邢不如越一也；若邢瓷類雪，則越瓷類冰，邢不如越二也；邢瓷白而茶色丹，越瓷青而茶色綠，邢不如越三也……越州瓷、岳瓷皆青，青則益茶。茶作白紅之色。邢州瓷白，茶色紅；壽州瓷黃，茶色紫。洪州瓷褐，茶色黑；悉不宜茶。

這一段敘述茶碗的擇用，分別不同瓷類的等第，不是以瓷器本身的質地為選擇的標準。而是着眼於瓷器的質感與色調，如何配合茶湯所呈現的色度，讓飲茶者得到色澤美感。嚴格來說，茶碗的色澤與茶葉的品質是不相干的，然而，飲茶作為美感體會的藝術，茶碗的形制與色調，配合盛出的茶湯色度，就使人在特定的空間氛圍中得到相應的感受，從而產生心靈的迴響。因此，陸羽以青瓷系統的越州瓷高於白瓷系統的邢州瓷，是有茶道整體藝術感受作為品評標準的。

以青瓷系統的越州窯碗為品賞茶道的上品，也與唐代茶葉珍品所出的茶湯相關，因為唐代所尚的烹茶方式是碾末烹煮，湯呈“白紅”(即是淡紅)之色，盛在色澤沉穩的青瓷茶盌中，相映而成高雅之趣。邢州瓷雖然潔白瑩亮，就未免稍嫌輕浮了。歷史文獻中盛稱的皇室專用“秘色瓷”，因 1987 年陝西扶風法門寺地宮出土了唐僖宗的供奉茶具，讓我們清楚看到，其中的五瓣葵口圈足秘色瓷碗，就是質樸大方、色澤沉穩的青瓷茶碗，也就是陸羽標為上品的茶具。

法門寺地宮出土了一整套茶具，可以作為《茶經》敘述茶具的實物證據，其中包括了金銀絲結條籠子、鎏金鏤空鴻雁球路紋銀籠子、鎏金銀龜盒、摩羯紋蕾紐三足鹽台、鎏金人物畫銀罈子、鎏金伎樂紋調達子、壺門高圈足座銀風爐、繫鏈銀火 筯 、鎏金飛鴻紋銀匙、鎏金壺門座茶碾子、鎏金仙人駕鶴紋壺門座茶羅子、素面淡黃色琉璃茶盞及茶托等等，美不勝收。由這些實物證據，可以看到《茶經》撰述一個世紀之後，唐代皇室飲茶的器具是多麼講究與奢侈，同時也可以推想，其禮儀必然毫不輕忽，或許還有繁文縟節之傾向。

《茶經》下卷共六節：五之煮，論炙茶、用水、煮茶之法；六之飲，講飲茶的精粗之道；七之事，列述古代飲茶的記載；八之出，列舉全國各地的茶產；九之略，説田野之間飲茶，繁複的茶具可以省略；十之圖，則主張圖繪《茶經》所言諸事。

相對於卷中而言，《茶經》卷下六節，論列的事體紛雜，頭緒繁多，難免顯得材料敘述不清。從飲茶歷史發展的角度來看，《茶經》卷下則有幾項重要的提示：

(一) 擇水的重要。陸羽指出，“山水上，江水中，井水下。”對山水也做了清楚的分別，是要“揀乳泉、石池慢流者上”，不要瀑湧湍漱的水，也不要山谷中積浸不洩的水。江水則取離人遠者，井水則取汲多者。這也就是後世飲茶不斷強調的“活水”觀念。

(二) 火候的重要。陸羽特別指出煮水烹茶，要注意辨別湯水沸騰的情況，要控制沸水的勢頭。再進一步就是控制火勢與溫度，如溫庭筠在《採茶錄》引李約的解説：“茶須緩火炙、活火煎。活火謂炭之有焰者，當使湯無妄沸，庶可養茶。”這裏提出的是“活火”的觀念。後來蘇東坡在《汲江煎茶》一詩中，就連合以上兩個重要的烹茶守則，寫出了“活水還須活水煎”的名句。

(三) 本色的重要。茶有其真香，加料加味都非必要，然而世上的習俗卻不肯改易，使陸羽憤慨説出：“或用葱、薑、棗、橘皮、茱萸、薄荷之等，煮之百沸，或揚令滑，或煮去沫，斯溝渠間棄水耳。”這個“茶有真香”的觀念，到了宋代的蔡襄，則提得更為明確；宋徽宗趙佶在《大觀茶論》中，也明白指出“茶有真香，非龍麝可擬”。但歷代飲茶習俗，加果加香的傳統延綿不絕，造成飲茶史上雅俗並進的有趣現象。

（四）儉約的重要。陸羽說“茶性儉，不宜廣”，是要人不可牛飲，同時要從體會茶味精華之中，了解藝術的高雅提升，不是以量取勝。《紅樓夢》第四十一回〈賈寶玉品茶櫳翠庵〉中，寫妙玉在櫳翠庵親手泡茶待客，俏皮地說：“一杯是品，二杯即是解渴的蠢物，三杯便是驢飲了。”就很能生動解說陸羽關於飲茶“最宜精行儉德之人”的看法。

陸羽在飲茶之道上的重大影響，唐代時就傳說得神乎其神，以至在民間奉若茶神。張又新的《煎茶水記》（成書於公元 825 前後）就述說了一個陸羽飲茶辨水的故事：李季卿任湖州刺史時，道經揚州，剛好遇到了陸羽，高興萬分。不禁向陸羽說，你精於茶道，天下聞名，現在又剛好在揚州，鄰近天下名泉揚子江心南零水（即中泠泉水），真是千載難逢的好機會。便派了一個可靠的軍士，駕舟執瓶，到揚子江心去取南零水。陸羽則安排好茶具，準備烹茶。不一會兒，水取到了，陸羽用杓揚起水來，說：“是揚子江水沒錯，卻非南零水，好像是靠近岸邊的水。”派去的軍士說：“我駕舟深入江心，看到我取水的人至少上百，怎麼會騙你呢？”陸羽便不再言語。既而把水倒進盆裏，倒了一半，突然停了下來，又拿杓去揚水，然後說：“從這裏開始是南零水了。”軍士大駭。仆伏在地請罪，說：“我取了南零水之後，在靠岸之時，船身搖盪，灑掉了一半，因怕不夠，就在岸邊取水補足。您能鑑別入微，簡直就是神仙，我不敢再騙你了。”李季卿及在場的賓客隨從數十人，都大駭嘆服。

這個故事到了後來，又改頭換面，變成宋朝王安石與蘇東坡的一段過節。故事說王安石晚年退居南京，患有痰火之症，惟有用瞿塘峽的中峽水烹煮陽羨茶，才能治療。有一次他拜託蘇東坡經過三峽時在瞿塘中峽取水，誰知蘇東坡在船上觀望景色，把此事忘了，到了下峽才想起，急忙取了一甕下峽水，以為同是三峽水，沒有甚麼差別。王安石得了遠方來水之後，煮茶品味，馬上就告訴東坡，這不是瞿塘中峽水，東坡大驚失色，忙問是如何辨別的。王安石便說，瞿塘上峽水流急，下峽水流緩，唯有中峽緩急各半。以瞿塘水烹陽羨茶，上峽水太濃，下峽水味淡，中峽水則在濃淡之間，可以治痰火之疾。

這兩則杜撰的故事，雖然違反基本的物理常識，卻顯示飲茶辨水的技藝，從陸羽以來，已經誇大成神話式的品賞藝術，給後人在提升飲茶藝術的心靈境界方面，開展了無限的想像空間。

（五）

唐代飲茶蔚為風尚之時，宮廷自然會要求最高的享受，品嘗最好的茶葉，因此有顧渚貢焙的興起。唐人品茶，有所謂“蒙頂第一，顧渚第二”之說，那麼，為甚麼上貢給宮廷的是第二等的茶葉呢？其實，四川的蒙頂茶也上貢的，但一來數量不夠多，二來蜀道難行，趕不上宮廷每年舉辦的清明宴，因此才有今天宜興一帶顧渚貢焙之建，專供宮廷使用，民間不許買賣。每年春天採製顧渚茶，役工達到三萬人之多，累月方能完成，急急忙忙趕送京城，供王公貴族清明佳節享用。

唐代皇室享用貢焙，獨佔茶中極品的情況，經過五代十國，一直到宋朝都延續不停。其中主要的變化，則是貢焙地區，由太湖附近的顧渚，逐漸移到了武夷山區建安的北苑。

宋代上貢茶葉的極品，捨三吳地區的顧渚，轉為福建山區的建安北苑，有內在與外在兩個原因。一是建茶的內在質地優良，其香甘醇厚超過顧渚茶。宋徽宗《大觀茶論》就明確指出：“夫茶以味為上，甘香重滑，為味之全。惟北苑、壑源之品兼之。”在唐代時期，福建的茶業尚未興起，故不為人所知。到了五代時期，閩國已設置建州貢茶，到了閩為南唐所滅，南唐宮廷就捨棄了陽羨（顧渚）而代之以建州茶。宋朝立國之後，一開始還恢復了唐代的制度，以顧渚紫筍茶入貢，但在十幾年後就轉到福建建安，“始置龍焙，造龍鳳茶”。

外在的原因則是，五代北宋期間氣候產生巨大變化，明顯由暖轉寒。宋代的常年氣溫，一度較唐代要低攝氏兩三度。種植在較北太湖地區的茶樹，即使沒有凍死，也推遲萌發，不可能在清明以前如數上貢。宋子安《東溪試茶錄》的“採茶”一節說：“建溪茶，比他郡最先，北苑、壑源者尤早。歲多暖，則先驚蟄十日即芽；歲多寒，則後驚蟄五日始發……民間常以驚蟄為候。諸焙後北苑者半月，去遠則益晚。”《大觀茶論》也說：“茶工作於驚蟄，尤以得天時為急。”建安北苑的茶，在驚蟄前後就可以採製，離清明還有一整個月，當然可以保證如期運到京師汴京（開封）。歐陽修〈嘗新茶呈聖俞詩〉就生動描寫了這情況：

> 建安三千里，京師三月嘗新茶。人情好先務取勝，百物貴早相矜誇。年窮臘盡春欲動，蟄雷未起驅龍蛇。夜聞擊鼓滿山谷，千人助叫聲喊呀。萬木寒癡睡不醒，唯有此樹先萌芽。乃知此為最靈物，宜其獨得天地華。終朝採摘不盈掬，通犀銙小圓復窊。鄙哉穀雨槍與旗，多不足貴如刈麻。建安太守急寄我，香蒻包裹封題斜。泉甘器潔天色好，坐中揀擇客亦嘉。新香嫩色如始造，不似來遠從天涯。停匙側盞試水路，拭目向空看乳花。可憐俗夫把金錠，猛火炙背如蝦蟆。由來真物

有真賞，坐逢詩老頻咨嗟。須臾共起索酒飲，何異奏雅終淫哇。

梅堯臣（聖俞）的和詩，有這麼一段：

近年建安所出勝，天下貴賤求呀呀。東溪北苑供御餘，王家葉家長白芽。造成小餅若帶銙，鬥浮鬥色傾夷華。味甘迴甘竟日在，不比苦硬令舌窊。此等莫與北俗道，只解白土和脂麻。歐陽翰林最別識，品第高下無欹斜。晴明開軒碾雪末，眾客共嘗皆稱嘉。建安太守置書角，青蒻色封來海涯。清明纔過已到此，正是洛陽人寄花。兔毛紫盞自相稱，青泉不必求蝦蟇。石缾煎湯銀梗打，粟粒鋪面人驚嗟。詩腸久饑不禁力，一啜入腹鳴咿哇。

這兩首詩除了提到建茶精品在清明前後就已抵達京師開封，還說到宋代飲茶方式的講究，比之唐代有過之而無不及。

宋代上層社會飲茶的習慣，特別是在宮廷之中，基本沿襲唐代。貢焙精製的茶葉研製成餅團，烹茶之時用碾磨成粉末，或煎煮或沖泡。據《宣和北苑貢茶錄》所載，北苑貢焙，先只造龍鳳團茶，後來又造石乳、的乳、白乳。再來又有蔡襄監造的小龍團，以及後來的密雲龍、瑞雲祥龍等名色，精益求精，越來越細緻。再到後來還有三色細芽、試新銙、貢新銙、龍團勝雪等花樣，層出不窮。歐陽修詩中"通犀銙小圓復窊"及梅堯臣詩句"造成小餅若帶銙"，都是形容這種精製的小團茶，可以用來品賞的。

宋代品茶，有所謂"點茶"、"鬥茶"之名目。關於"點茶"之法，蔡襄有明確的解說："茶少湯多，則雲腳散；湯少茶多，則粥面聚。鈔茶一錢匕，先注湯調令極勻，又添注入，環迴擊拂，湯上盞可四分則止。視其面色鮮白，着盞無水痕為絕佳。"講的是茶葉與湯水要用得恰當，否則點泡出來的茶湯沫餑不勻。點泡之時，要先將茶末調勻，添加沸水，還迴擊拂，才會出現鮮白色的沫餑。泡沫浮起，貼近茶盞時，要沒有水痕才是絕佳的點泡。蔡襄還說，"鬥茶"就是點泡的技術："建安鬥試，以水痕先者為負，耐久者為勝。故較勝負之説，曰相去一水兩水。"好像鬥茶勝負的計算之法，跟下棋輸一子兩子一樣，可以清楚的比較。

由唐到宋，調製茶湯的最大變化是，唐代烹茶把碾細的茶葉投入沸湯之中，再澆水入湯，控制沫餑的浮起；宋代則以沸水點泡已經調好在茶盞裏的茶膏，然後迴旋擊拂，打起沫餑，好像浮起一層白蠟一樣。關於擊拂的茶具，蔡襄《茶錄》説用"茶匙"："茶匙要重，擊拂有力，黃金為上。人間以銀鐵為之。竹者輕，建茶不取。"茶匙而用黃金，當然是只有宮廷才用得起，一般用銀就是極為講究的了。歐陽修詩句"停匙側盞試水路，拭目向空看乳花"，及梅堯臣的"石缾煎湯銀梗打；粟粒鋪面人驚嗟"，正是形容用銀匙擊拂茶湯，泛起如粟粒乳花一般的沫餑，是典型的宋代飲茶方式。

比蔡襄《茶錄》早半個多世紀，宋初陶穀的《荈茗錄》(成書於963～970之間），曾提到有人烹茶運匙之妙，可以在調製茶湯時點出圖畫、物象，甚至詩句。如記“生成盞”：

> 饌茶而幻出物象於湯面者，茶匠通神之藝也。沙門福全生於金鄉，長於茶海，能注湯幻茶，成一句詩，並點四甌，共一絕句，泛乎湯表。小小物類，唾手辦耳。檀越日造門求觀湯戲，全自詠曰：生成盞裏水丹青，巧盡工夫學不成。卻笑當時陸鴻漸，煎茶贏得好名聲。

還記有“茶百戲”：

> 茶至唐始盛。近世有下湯運匕，別施妙訣，使湯紋水脈成物象者，禽獸蟲魚花草之屬，纖巧如畫。但須臾即就散滅。此茶之變也，時人謂之茶百戲。

可見宋朝初年還出現點茶繪圖的花樣，茶匙居然是用作畫筆的。

蔡襄所記用重匙打出沫餑，到後來就用新的茶具“筅”來運作。筅是竹製的攪打茶器，形狀頗似西洋的打蛋器，但細密得多。《大觀茶論》指出，茶筅要用觔竹老而堅者，器身要厚重，器端要有疎勁。體幹要堅壯，而末端要銳細，像劍脊一樣。因為幹身厚重，就容易掌握，易於運用。筅端有疎勁，操作如劍脊，則擊拂稍過，也不會產生不必要的浮沫。

使用竹筅點茶，擊拂出沫餑，造就一碗至善至美的茶湯，《大觀茶論》有極其詳盡的說明，也可說是宋代飲茶藝術的極致了。宋徽宗指出，點茶的方式有多種，但基本上都是先把茶膏調開，再注以湯水。點茶方式不對的，有一種叫“靜面點”：

> 手重筅輕，無粟文蟹眼者，謂之靜面點。蓋擊拂無力，茶不發立。水乳未浹，又復增湯，色澤不盡，英華淪散，茶無立作矣。

另一種不恰當的點法叫“一發點”：

> 有隨湯擊拂，手筅俱重，立文泛泛，謂之一發點。蓋用湯已故，指腕不圓，粥面未凝，茶力已盡。雲霧雖泛，水腳易生。

真正會點茶的，應該是：

> 妙於此者，量茶受湯，調如融膠。環注盞畔，勿使侵茶。勢不欲猛，先須攪動茶膏，漸如擊拂，手輕筅重，指遶腕旋，上下透徹，如酵糵之起麵，疏星皎月，燦然而生，則茶面根本立矣。

然後再繼續注湯：

> 第二湯自茶面注之，周回一線，急注急上，茶面不動，擊拂既力，色

澤漸開，珠璣磊落。三湯多寡如前，擊拂漸貴輕勻，周環旋復，表裏洞徹，粟文蟹眼，泛結雜起，茶之色十已得其六七。四湯尚嗇，筅欲轉稍寬而勿速，其清真華彩，既已煥然，輕雲漸生。五湯乃可稍縱，筅欲輕盈而透達，如發立未盡，則擊以作之。發立已過，則拂以斂之，結浚靄，結凝雪，茶色盡矣。六湯以觀立作，乳點勃然，則以筅著居，緩遶拂動而已。七湯以分輕清重濁，相稀稠得中，可欲則止。乳霧洶湧，溢盞而起，周回旋不動，謂之咬盞，宜均其輕清浮合者飲之。

由於崇尚這種擊拂起沫的飲茶方式，茶碗的選用也就與唐代崇尚青瓷不同，而轉為標舉建安的黑瓷。蔡襄《茶錄》論“茶盞”就說：“茶色白，宜黑盞，建安所造者，紺黑，紋如兔毫，其坯微厚，熁之久熱難冷，最為要用。出他處者，或薄，或色紫，皆不及也。其青白盞，鬥試家自不用。”這是說明茶湯沫餑呈白色，需要黑盞來相映。點茶費時頗久，就需要茶碗厚實，可以保溫。過去視為上品的青瓷、白瓷，完全不適用了。

《大觀茶論》更就使用竹筅擊拂這一點，申說了建窯茶盞的優越性：

盞色貴青黑，玉毫條達者為上，取其煥發茶采色也。底必差深而微寬，底深則茶宜立，易於取乳；寬則運筅旋徹，不礙擊拂。然須度茶之多少，用盞之小大。盞高茶少，則掩蔽茶色；茶多盞小，則受湯不盡。盞惟熱，則茶發立耐久。

梅堯臣詩中所說的“兔毛紫盞自相稱”，在品茶大家蔡襄及宋徽宗的眼裏，大概只是勉強可用而已，因為最好的兔毛盞應該是青黑色的。

(六)

宋代品茶的藝術，經蔡襄到宋徽宗，已經臻於登峯造極之境，其細緻講究真是無可比擬。然而，這種把茶葉極品製成團餅，再碾成細末，在茶盞中擊拂出沫餑的飲茶法，固然有其“微危精一”、引人入勝之處，卻也難免雕鑿太過，鑽入了藝術品賞“取其一點，不及其餘”的牛角尖。

正當唐宋宮廷與上層社會飲用團餅茶，並日益發展出精緻的點泡法之時，民間的飲茶習慣亦有大發展，而且是沿着通俗的、下里巴人的脈絡廣為流傳。特別是由宋入元期間，通俗的茶飲方式，主要有兩個傾向：一是在茶中加果加料；二是飲用散茶。

上引梅堯臣的詩中有句：“此等莫與北俗道，只解白土和脂麻”，是說點茶的精妙跟北方俗人是講不清的，因為北方人只懂得使用白瓷茶碗，飲茶時還放芝蔴。這是自以為陽春白雪的詩人看不起通俗的品味，貶斥喝茶加果加料，混攪了茶的真香。

茶中加果加料，是自古以來的俗習。陸羽已經指出，茶中加料，就跟喝“溝渠間棄水”一樣。蔡襄也指出，有人在製造上貢團茶時，加入龍腦香，在烹點之時，又“雜珍果香草”，都是不對的。然而，説者自説，用者自用。如陶穀《荈茗錄》中就有“漏影春”的點茶法，其中就用荔肉、松實、鴨腳之類。蘇轍在寫給蘇東坡的一首和詩裏，也提到北方人飲茶習慣俚俗，與閩地發展出的精緻品賞法不同：“君不見，閩中茶品天下高，傾身事茶不知勞。又不見，北方俚人茗飲無不有，鹽酪椒薑誇滿口。”

這種北方俚俗的喝茶法，其實不限於遼金統治的北方；南方市井通衢一般人喝茶，也經常如此。吳自牧《夢粱錄》説宋代都市中茶館業興隆，在南宋臨安（今杭州）的茶館裏，不但賣各種奇茶異湯，到冬天還賣“七寶擂茶”。

關於奇茶異湯，南宋趙希鵠的《調燮類編》説各種茶品，可以用花拌茶，“木樨、茉莉、玫瑰、薔薇、蘭蕙、橘花、梔子、木香、梅花，皆可作茶。”比較脱俗的，有“ 蓮花茶”：

> 於日未出時，將半含蓮撥開，放細茶一撮，納滿蕊中。以麻皮略縶，令其經宿。次早摘花，傾出茶葉，用建紙包茶焙乾。再如前法，又將茶葉入別蕊中。如此者數次，取其焙乾收用。不勝香美。

蓮花茶的製作，雖然費工費時，頗耗心血，但在追求高雅脱俗之時，卻違背了“茶有真香”的道理。

至於“七寶擂茶”，明初朱權的《臞仙神隱》書中記有“擂茶”一條：是將芽茶用湯水浸軟，同炒熟的芝麻一起擂細。加入川椒末、鹽、酥油餅，再擂勻。假如太乾，就加添茶湯。假如沒有油餅，就斟酌代之以乾麵。入鍋煎熟，再隨意加上栗子片、松子仁、胡桃仁之類。明代日用類書《多能鄙事》也有同樣的記載。可見一般老百姓喝茶，雖然得不到建茶極品，倒是有不少花樣翻新。

若再看看元代忽思慧的《飲膳正要》（成書於公元 1330 年），更可看到各種花樣的茶。如枸杞茶，是用茶末與枸杞末，入酥油調勻；玉磨茶，是用上等紫筍茶，拌和蘇門炒米，勻入玉磨內磨成；酥簽茶，是攪入酥油，用沸水點泡。這一類的喝茶法，經歷唐宋元明，特別是在契丹、女真、蒙古所統治過的北方地區，一直流傳下來。讀一讀《金瓶梅詞話》，就可發現，加料潑滷的飲茶法，到了明代中晚期，仍是北方大眾的日常茶飲方式。

由宋入元，另一種通俗飲茶方式的發展，則是散茶沖泡的逐漸普遍。散茶的製作方法，有蒸青，有炒青，都是唐代就有的工藝，也是民間日常飲用。然而，散茶的製作與烹煎方式雖然比團餅簡便，唐宋上層社會的品茶方式卻偏要採用壓製團餅、碾末篩羅、擊拂起沫的程序，才達到他們心目中的陽春白雪境界。南宋以後，點茶的風尚逐漸式微，散茶的生產愈來愈多，民間講究品賞的也愈來愈以散茶為着眼了。《王禎農書》（公元1313 年成書）所記農事，主要是宋末元初之情況，就說“茶之用有三，曰茗茶，曰末茶，曰蠟茶。”茗茶即指茶芽散裝者，南方已經普遍使用；末茶指細碾點試的茶，“南方雖產茶，而識此法者甚少”；蠟茶指上貢的茶，“民間罕見之”。可見宋末元初，普遍飲茶的南方已經是以散茶為主了。

依照傳統的說法，唐宋製茶都以團餅壓模為主，到元代仍是如此，直到明太祖朱元璋下詔改革，“罷造龍團，一照各處，採芽以進”，才變成製散茶為主的局面。這個說法十分偏頗，與歷代發展的真相不符，因為說的只是貢茶的情況，是以宮廷崇尚的茶種及其飲用情況作為普遍的歷史現象，完全忽視了廣大民間飲茶方式的轉變。

中國傳統製茶工藝出現伊始，當是從摘採嫩葉羹煮，發現可以曬乾保存，再出現了蒸青、炒青的技術，然後才有壓製團餅的工序。因此，在唐宋元宮廷貢茶崇尚團餅末茶之時，民間使用散茶的傳統並不可能斷絕，只是不為人所推崇，文獻的記載很少而已。從南宋到元朝，正當上層社會注意力全放在建茶團餅的製造與上貢之時，散茶已經逐漸先在江浙皖南，然後在全國範圍內蓬勃發展，佔了生產的主導地位。也就是說，到了元明之際，全國的普遍飲茶方式已經是散裝的茗茶了。明朝建都南京，一開始仍然承襲元制，還是進貢建寧的大小龍團，但不久便改貢芽茶，從此廢止了團餅茶，顯然是“隨俗”的表現，是順應飲茶風氣的潮流，而非創造新式的飲茶方法。

（七）

明太祖廢團餅茶，以芽茶入貢，雖然只是因勢利導，卻對芽茶製作工藝的精進，產生了很大的刺激作用。同時，也因廢止建寧一帶的團餅貢茶，對福建茶業產生了很大影響，迫使福建茶業轉型，由本來的皇家壟斷包辦，轉而要考慮商品市場的行銷。由於明代新興蓬勃的茶飲風尚，講究芽茶的清香空靈，福建武夷系茶葉卻質地偏濃郁甘醇，一輕揚，一厚重，就使得福建茶葉必須發展出一條新的品茶途徑。這也就是明清時期福建發展出紅茶和烏龍茶的歷史背景。

明代茶葉製作工藝的重大發展，是在炒青與烘焙方面，依照各地茶產的特性，掌握炒青的火候，研製出各種有特色的名茶。萬曆年間的羅廩著《茶解》，其中說到“唐宋間，研膏蠟面，京挺龍團。或至把握纖微，直錢數十萬，亦珍重哉。而碾造愈工，茶性愈失，矧雜以香物乎？曾不若今人止精於炒焙，不損本真。”即指唐宋貢茶，到了後來細工雕琢，一小把茶葉就價值數十萬錢。然而碾造工藝太過，茶之本性與真香反而受損，甚至還摻入香物，就不如明代製茶，精於炒焙，可以保持茶的本色真香。

《茶解》對採茶、製茶的要訣，有很詳細的指示，可說是古代製造炒青茗茶最有系統的說明。採茶之法：

> 雨中採摘，則茶不香。須晴晝採，當時焙；遲則色、味、香俱減矣。故穀雨前後，最怕陰雨。陰雨寧不採。久雨初霽，亦須隔一兩日方可。不然，必不香美。採必期於穀雨者，以太早則氣未足，稍遲則氣散。入夏，則氣暴而味苦澀矣。採茶入簞，不宜見風日，恐耗其真液，亦不得置漆器及瓷器內。

至於製作時的炒青工序，則解說得更是清楚：

> 炒茶，鐺宜熱；焙，鐺宜溫。凡炒，止可一握，候鐺微炙手，置茶鐺中，札札有聲，急手炒勻；出之箕上，薄攤用扇搧冷，略加揉挼。再略炒，入文火鐺焙乾，色如翡翠。若出鐺不扇，不免變色。茶葉新鮮，膏液具足，初用武火急炒，以發其香。然火亦不宜太烈，最忌炒製半乾，不於鐺中焙燥而厚罨籠內，慢火烘炙。

此外還解釋了茶炒熟後必須揉挼的原因，是為了讓茶葉中的脂膏可以溶液方便，在沖泡時可以把香味發散出來。至於炒茶用的鐵鐺，最好是熟用光淨的，炒時就滑脫。新鐺不好，因為鐵氣暴烈，茶易焦黑；年久生鏽的老鐺也不能用。書中還指出，炒茶要用手操作，不僅勻適，還能掌握適當的溫度。茶中摻有茶梗，也有說明，認為“梗苦澀而黃，且帶草氣。去其梗，則味自清澈。”但若“及時急採急焙，即連梗亦不甚為害。大都頭茶可連梗，入夏便須擇去。”

明中葉以後，各地名茶大有發展。特別是因為江南商品經濟的迅速發展，使得長江中下游及沿着大運河一帶的地區都跟着富庶起來，人們的生活也講求精緻的享受與品味。茶飲的品賞就在士大夫的生活藝術追求中佔了重要的一席，與製茶工藝的新發展相輔相成，開展了晚明士大夫的高雅品茗藝術。

高濂的《遵生八箋》中，品評當時的名茶，就說到蘇州的虎丘茶及天池茶，都是不可多得的妙品。至於杭州的龍井茶更是遠超天池茶，其關鍵在茶葉質地好，又要炒法精妙。龍井茶一出名，以假亂真的現象就出現了：“山中僅有一二家炒法甚精，近有山僧焙者亦妙，但出龍井者方妙。而龍井之山不過十數畝，外此有茶，似皆不及。附近假充猶之可也。至於北山西溪，俱充龍井，即杭人識龍井茶味者亦少，以亂真多耳。”

萬曆年間住在西子湖畔，精於生活品味與藝術鑑賞的馮夢禎，對當時茶品中最著名的羅岕、龍井、虎丘、天池等種，也有所評隲，但指出世間真贋相雜，實在難辨。他舉自己有一次到老龍井去買茶的經驗為例：

昨同徐茂吳至老龍井買茶。山民十數家各出茶，茂吳以次點試，皆以為贋。曰，買者甘香而不洌，稍洌便為諸山贋品。得一、二兩以為真物，試之，果甘香若蘭，而山人及寺僧反以茂吳為非。吾亦不能置辨，偽物亂真如此。

茂吳品茶，以虎丘為第一。常用銀一兩餘，購其斤許。寺僧以茂吳精鑑，不敢相欺。他人所得，雖厚價亦贋物也。子晉云，本山茶葉微帶黑，不甚清翠，點之色白如玉，而作寒荳香，宋人呼為白雪茶，稍綠便為天池物。天池茶中雜數莖虎丘，則香味迥別。虎丘其茶中王種耶？岕茶精者，庶幾妃后。天池龍井，便為臣種。餘則民種矣。

這裏提到幾個現象，可以看到明代中葉以後品茗藝術與商品市場經濟發展的關係，與中古的唐宋時期大不相同了。唐宋以迄元代，最精美的貢品茶葉，完全由官府設監製作，嚴禁流入民間，根本不可能出現真贋相雜的情況。明代中葉以後，茶葉精品卻是待價而沽，爭奇鬥妍，同時也出現真偽難辨的現象。馮夢禎說他與徐茂吳到龍井去試茶，在辨識真贋之時，他自己這個品茶名家已經力不從心，需要仰仗徐茂吳的功力了。由此可以推知，到了最精微的品評辨識階段，譬如是真龍井還是附近山區所產的冒名茶品，一般人是無法辨別真贋的。

馮夢禎所記，是把虎丘列為第一，羅岕可以作為后妃來相匹配，天池、龍井則為次等，其餘的茶就等而下之了。這個說法，袁宏道（中郎）是大體贊同的，不過又把羅岕的地位提高了一級：

> 龍井泉既甘澄，石復秀潤。流淙從石澗中出，泠泠可愛，入僧房爽峒可棲。余嘗與石簣、道元、子公汲泉烹茶於此。石簣因問，龍井茶與天池孰佳？余謂，龍井亦佳，但茶少則水氣不盡，茶多則澀味盡出。天池殊不爾。大約龍井頭茶雖香，尚作草氣。天池作荳氣。虎邱作花氣。唯岕非花非木，稍類金石氣，又若無氣，所以可貴。岕茶葉粗大，真者每斤至二十餘錢。余覓之數年，僅得數兩許。近日徽有送松蘿茶者，味在龍井之上，天池之下。

袁中郎品第名茶，是羅岕第一，天池第二，松蘿第三，龍井第四，虎邱則與天池在伯仲間。

品第茶的等級，主觀成分很大，見仁見智，意見時常不同。李日華在《紫桃軒雜綴》（成書於 1620 年）中說到“羅山廟後岕”，就在推崇之中，稍有保留：“精者亦芬芳，亦回甘。但嫌稍濃，乏雲露清空之韻。以兄虎邱則有餘，以父龍井則不足。”在《六硯齋筆記》中，則對虎邱茶作了一些批評，認為虎丘“有芳無色”，而芬芳馥郁之氣又不如蘭香，止與新剝荳花一類。聞起來不怎麼香，喝入口又太淡，實在不太高明。因此，這種“有小芳而乏深味”的茶，其實是比不上松蘿、龍井的。

文震亨在稍後的《長物志》、陳繼儒在《農圃六書》、張岱在《陶庵夢憶》中，都提到羅 岕茶為茶中珍品，看來是明末清初士大夫品茶的共識。看看晚明的茶書，專論羅 岕 茶的就有好幾本，如熊名遇著的《羅 岕茶記》(1608 年前後)、周高起的《洞山 岕茶系》(1640 年前後)、馮可賓的《岕茶箋》(1642 年前後)及冒襄的《岕茶彙鈔》(1683 年前後)。羅 岕 茶與明末清初其他高檔茶最不同處，是製作法不同，為當時名茶中唯一的蒸青茶，不用炒青法。再者， 岕 茶葉大梗多，外形並不纖巧。馮夢禎《快雪堂漫錄》就說過一個李于鱗鬧的笑話。李于鱗是北方人，任浙江按察副史時，有人以岕茶最精者送禮。過了不久才知道，他已經賞給佣人皂役了，因為看到岕茶葉大多梗，以為是下等的粗茶，也就打賞給下等的粗人去喝了。

許次紓《茶疏》(1597 年成書)，盛讚羅 岕 茶，說“其韻致清遠，滋味甘香，清肺除煩，足稱仙品”。並對 岕 茶葉大梗多的情況，作了一番說明：

> 岕之茶不炒，甑中蒸熟，然後烘焙。緣其摘遲，枝葉微老，炒亦不能使軟，徒枯碎耳。亦有一種極細炒 岕 ，乃採之他山，炒焙以欺好奇者。彼中甚愛惜茶，決不忍乘嫩摘採，以傷樹本。

可見羅 岕 茶不能早採，所以葉大梗多，並不細巧。《羅 岕 茶記》說 岕 茶產在高山上，沐櫛風露清虛之氣。其實，茶生長在高冷之處，抽芽就慢，不可能在早春就採，要過了立夏才開園。因此，別處的茶以“雨前”(穀雨以前)為佳，甚至有“明前”(清明以前)的佳品，羅 岕 茶卻要等到立夏以後。也因此，“吳中所貴，梗觕葉厚，有蕭箬之氣。”《洞山岕茶系》也說：“岕 茶採焙，定以立夏後三日，陰雨又需之。世人妄云：雨前真岕 ，抑亦未知茶事矣。”由此可知，陽曆五月之前，是不可能有羅 岕 茶的，所謂“雨前真 岕”當然是贗品，是騙不了懂茶事的人的。

(八)

明代茶葉精品的出現，既與經濟生活的富庶相關，也就出現了相對應的品賞情趣之提高。明中葉以後品茗藝術的發展，一方面是恢復了唐宋品茗賞器的樂趣，對茶飲的程序與器物的潔雅再三致意，另方面卻更着重性靈境界的質樸天真，追求品茶過程心靈超升的修養，以期融入天然和諧的天人合一之境，不但得到個人心理的祥和平安，也在哲理與藝術的探索上得到智性的滿足。相對而言，唐宋品茶比較重視儀式，通過繁瑣的程序，講究的器具，得到一種心理的秩序與平衡，是通過禮儀感受茶道的精神。明代的茶道則比較重視天機，減少了繁瑣的儀式與道具，順應品茗者的心性與興趣，在藝術創造的樂趣中，追求人生美好時光的體會。

我們若舉日本茶道與明清發展出來的中國茶道相比，當更能了解，唐宋品茶之道與明清是有差異的。日本茶道的成長，基本上沿襲中國唐宋茶道的儀式，到了十七世紀經千利休的改進發展，強調"和敬清寂"為其精髓，有着濃重的儀式性、典禮性，同時也呈現了禪教影響的出世清修精神。可以說日本茶道是唐宋茶道儀式的延伸，而在精神上突出了"寂"，也就是對出世清修的宗教嚮往。明清茶道則不同，在品茶的儀式及茶具的形制上，都因茶葉質地的變化，而產生相應的更動，甚至棄而不用。也就是在追求茶道本質之時，永遠沒忘記品茶的基本物質基礎，一是茶葉的味質與香氣，二是品嘗者的味覺與嗅覺。因此，相應的茶道精神是突出"趣"，冀期在品茗的樂趣中，對人格清高有所培養與提升，着眼點仍是人間入世的修養，宗教性不強。從歷史發展的角度來看，唐宋茶道的儀式，日本可說一成不變地學去，保留了形式，抽換了內容，根本不講求飲茶的樂趣，只強調茶飲的"苦口師"作用，成了禪修的法門。明清茶道，則繼續了唐宋點茶與鬥茶的樂趣，在儀式上卻出現了根本的變化，再也不用竹筅擊打出白蠟一般的沫餑了。

明人發展出來的飲茶之"趣"，在當時的茶書及散文小品，甚至日記書札中，都時常提及。這裏只舉許次紓《茶疏》為例。其中說到茶的烹點：

> 未曾汲水，先備茶具，必潔必燥，開口以待。蓋或仰放，或置瓷盂，勿竟覆之，案上漆氣、食氣，皆能敗茶。先握茶手中，俟湯既入壺，隨手投茶湯，以蓋覆定。三呼吸時，次滿傾盂內。重投壺內，用以動盪香韻，兼色不沉滯。更三呼吸，頃以定其浮薄，然後瀉以供客，則乳嫩清滑，馥郁鼻端。病可令起，疲可令爽，吟壇發其逸思，談席滌其玄矜。

這裏講求茶具的安排與置放，以及品茗的過程，考慮的不是儀式的重要，而是味覺與嗅覺的享受與快感，通過五官感覺的舒適，產生吟詩玄談的精神提升。

飲茶的場合，許次紓還做了細節的羅列，舉出喝茶的適當時光：

> 心手閒適。披詠疲倦。意緒棼亂。聽歌聞曲。歌罷曲終。杜門避事。鼓琴看畫。夜深共語。明窗淨几。洞房阿閣。賓主款狎。佳客小姬。

訪友初歸。風日晴和。輕陰微雨。小橋畫舫。茂林修竹。課花責鳥。荷亭避暑。小院焚香。酒闌人散。兒輩齋館。清幽寺觀。名泉怪石。

也列舉了不適合喝茶的場合：

作字。觀劇。發書柬。大雨雪。長筵大席。繙閱卷帙。人事忙迫。及與上宜飲時相反事。

喝茶時不宜用的：

惡水。敝器。銅匙。銅銚。木桶。柴薪。麩炭。粗童。惡婢。不潔巾帨。各色果實香藥。

飲茶的場所不宜靠近：

陰室。廚房。市喧。小兒啼。野性人。童奴相鬨。酷熱齋舍。

飲茶還不適合人多，三兩個人還好，五六個人就要點燃兩個爐子，再多就不行了。至於以壺沖泡，用江南出產的茗茶，兩巡正好，三巡就有點乏了：

一壺之茶，只堪再巡。初巡鮮美，再則甘醇，三巡意欲盡矣。余嘗與馮開之（馮夢禎）戲論茶候，以初巡為婷婷嫋嫋十三餘，再巡為碧玉破瓜年，三巡以來綠葉成蔭矣。開之大以為然。所以茶注欲小，小則再巡已終。寧使餘芬剩馥尚留葉中，猶堪飯後供啜嗽之用，未遂葉之可也。若巨器屢巡，滿中瀉飲，待停少溫，或求濃苦，何異農匠作勞，但需涓滴，何論品賞，何知風味乎。

馮可賓的《岕茶箋》也簡略的羅列宜茶的場合與禁忌，可與許次紓的事例相對照。宜茶的場合："無事。佳客。幽坐。吟詠。揮翰。倘佯。睡起。宿醒。清供。精舍。會心。賞鑒。文僮。"禁忌："不如法。惡具。主客不韻。冠裳苛禮。葷肴雜陳。忙冗。壁間案頭多惡趣。"

可以看出，明代文人雅士在茶飲過程中講求的情趣，都與日常生活的情調有關，希望得到的是閒適的心情、明朗的感覺、親切的氛圍、清靜的環境與澄澈的觀照。這是一種清風朗月式的情趣，很像儒家傳統形容人品的高潔，有着人世間活生生的脈動，而非宗教性的清寂。

由於明代文人雅士講究葉茶沖泡，並特別強調茶葉的本色真香，以追求茶飲的清靈之境，自然就會反對在泡茶時摻加珍果香草。但是明代的大眾飲茶方式，特別是江南以外的地區，卻承襲了加果加料的習俗未改，甚至變本加厲，在茶裏加入各種佐料。許多強調茶有真香，嚴忌加果加料的茶書，也經常做出妥協，列舉了各種用花果熏茶與點茶的方法。如朱權的《茶譜》就反對"雜以諸香，失其自然之性，奪其真味"，但又提供了"熏香茶法"：

> 百花有香者皆可。當花盛開時，以紙糊竹籠兩隔，上層置茶，下層置花。宜密封固，經宿開換舊花；如此數日，其茶自有香味可愛。有不用花，用龍腦熏者亦可。

再如錢椿年編、顧元慶刪定的《茶譜》(成書於公元 1541 年)，記有點茶三要，其中“擇果”一條，讀來就似前後矛盾：

> 茶有真香，有佳味，有正色。烹點之際，不宜以珍果香草雜之。奪其香者，松子、柑橙、杏仁、蓮心、木香、梅花、茉莉、薔薇、木樨之類是也。奪其味者，牛乳、番桃、荔枝、圓眼、水梨、枇杷之類是也。奪其色者，柿餅、膠棗、火桃、楊梅、橙橘之類者是也。凡飲佳茶，去果方覺清絕，雜之則無辨矣。若必曰所宜，核桃、榛子、瓜仁、棗仁、菱米、欖仁、栗子、雞頭、銀杏、出藥、筍乾、芝麻、莒窩、萵苣、芹菜之類精製，或可用也。

這裏說的“或可用”的果品，香味與色調雖然不及前列幾種那麼濃烈，但仍會攪亂茶的真香本色。文震亨《長物志》中也提到，假如要在茶中置果，“亦僅可用榛、松、新筍、雞豆、蓮實不奪香味者，他如柑、橙、茉莉、木樨之類，斷不可用。”總之是妥協從俗的辦法。

然而，也有些自命雅士的，喜愛在茶中添料，甚至還別出心裁，創造風雅的加料茶。如元代的倪瓚，就發明“清泉白石茶”。據顧元慶《雲林遺事》：

> 元鎮(倪瓚)素好飲茶。在惠山中，用核桃松子肉和真粉，成小塊如石狀，置茶中，名曰清泉白石茶。有趙行恕者，宋宗室也，慕元鎮清致，訪之。坐定，童子供茶。行恕連啖如常。元鎮艴然曰，吾以子為王孫，故出此品，乃略不知風味，真俗物也。自是交絕。

倪瓚自以為所創的清泉白石茶是極為高雅的花樣，沒想到宗室貴冑卻不懂得欣賞，因此斥為庸俗，大怒絕交。但是倪瓚自命清雅無比的創舉，羅廩卻在《茶解》中視為可笑：“茶內投以果核及鹽、椒、薑、橙等物，皆茶厄也……至倪雲林點茶用糖，則尤為可笑。”

到了清代乾隆皇帝，也是自以為清雅，特製“三清茶”：“以梅花、佛手、松子瀹茶，有詩紀之。茶宴日，即賜此茶，茶碗亦摹御製詩於人。宴畢，諸臣懷之以歸。”(見《西清筆記》)茶碗摹上乾隆那一手學趙孟頫卻又畫虎不成的字，抄的又是似通非通的御製詩，再喝碗內不倫不類的三清茶，在當時作官也實在高雅不起來。

至於民間的加果加料茶，在浙江就有“果子茶”、“高茶”、“原汁茶”等名目。十八世紀茹敦和的《越言釋》就記有這種里俗：

> 此極是殺風景事，然里俗以此為恭敬，斷不可少。嶺南人往往用糖梅，吾越則好用紅薑片子。他如蓮菂榛仁，無所不可。其後雜用果色，盈杯溢盞，略以甌茶注之，謂之果子茶，以失點茶之舊矣。漸至盛筵貴客，累果高至尺餘，又復雕鸞刻鳳，綴綠攢紅，以為之飾。一茶之值，乃至數金，謂之高茶，可觀而不可食。雖名為茶，實與茶風馬牛。又有從而反之者，聚諸乾撩爛煮之，和以糖蜜，謂之原汁茶。可以食矣，食竟則摩腹而起。蓋療饑之上藥，非止渴之本謀，其於茶亦了無干涉也。他若蓮子茶、龍眼茶，種種諸名色，相沿成故。而種種年餻餈餅餌，皆名之為茶食，尤為可笑。

殺風景固然是殺風景，但也可以看到一般老百姓喝茶的習俗，與文人雅士提倡的風尚，有相當的距離。

（九）

從明清之際到近代，中國茶飲的傳統開始沒落。一方面是種茶飲茶的工藝沒有太大的發展，另方面則是由於民生經濟的凋蔽，晚明發展起來的品茗雅趣，到了清代中期，就逐漸走了下坡。

明清茶事值得一提的，還有兩件。一是茶碗的變化，不但由大變小，也由崇尚厚重青黑的建窯，轉而崇尚青花白瓷，最後又出現了宜興紫砂茶具傲視羣倫的現象。第二則是福建製茶工藝的變化，出現了武夷工夫茶一系的水仙和烏龍茶，同時也種植製做遠銷外洋的紅茶。

這兩種發展，都出現在明代後期到清代中葉之間，其後則是中國茶業與茶藝的沒落期。特別是在清朝末葉，1890 年代之後，茶業一蹶不振，與中國近代的動盪戰亂相應。本世紀以來，戰事與革命頻仍，品茗的藝術當然無從發展，而且逐漸為國人遺忘了。以至於現代人提到“茶道”，直接的反應居然是日本的茶道，好像那是日本的“國粹”，與中國文化無關似的。

然而，明清飲茶的風尚雅趣，雖然在近代沒有得到提升，卻在幾個世紀的潛移默化之中，使得大多數中國老百姓，遵循了明清雅士所提倡的“茶有真香”的質樸本色飲茶講究，喝茶以葉茶沖泡為主，既不加香，也不加果，全成了晚明雅士眼中的陽春白雪派了。

或許有人會說這是歷史的反諷，現代人根本不清楚茶飲歷史的情況，竟然糊裏糊塗成了高雅的陽春白雪派。可是，反過來看，也可說茶飲歷史的發展，有其自身客觀的發展脈絡，中國飲茶方式的演變正是循着這個脈絡自然生成的。古人說，茶有真香、有本色、有正味，現代人的葉茶沖泡方式，正符合最質樸的品味之道。

從這個角度來看，日本茶道發展的前途堪虞，因為其着眼點已經不是“茶之道”，而是從唐宋茶道禮儀形式，發展出來的“茶以外之道”，可以與茶本身無關。而 1980 年代以來台灣發展的茶藝，特別是以烏龍茶為主，倒是在注重茶葉本身的色、香、味之時，逐漸提煉出一套新的品茶程序與儀式，有利於茶道的進一步演變。

回顧中國茶飲的歷史，可以發現長遠的文化進程，提供了許多歷史經驗與前人努力創造的文化資源。有的可以汲取使用，有的可供反省思考，有的則是前人的覆轍，值得作為警惕之用的。品茗藝術的創新，應當是建築在歷史反思的基礎上，才能事半功倍，有所飛躍。

（十）

本書是中國歷代茶書匯編，可稱得上是現存所見茶書總匯中收錄最豐富的編著。相較明代喻政的《茶書》，本書不計清代所錄，多出五十六種。又與近出的《中國古代茶葉全書》比對，本書所收唐至清代的茶書，實際多出三十九種。（詳見“主要茶書總匯收錄對照表”）。另外，本書於不同書志中搜得六十五種逸書遺目以作附錄，並撰寫簡短的介紹，較《中國古代茶葉全書》的“存目茶書”多十四種。本書在編著時，除選定較佳版本外，還重新予以標點，並附以簡明題記、注釋和校記。全書更以繁體字排印，目的是提供一本既有學術價值、又方便實用的茶書總匯，一方面使學者在查考茶飲歷史文化時，有所依據，不至於墜入錯綜紛繁的史料糾纏；另方面則對茶人與愛好茶飲的廣大讀者，提供一本既可靠又方便實用的茶文化讀本。

這樣兼顧學術與實用的編輯方針並不容易執行，實踐起來是一種“由繁入簡”、“深入淺出”的過程。首先，我們要蒐集所有的茶書版本，相互比對校勘，還要遍訪各大圖書館所藏的善本，以免滄海遺珠。然後，參考前人的研究成果，整理出頭緒，詳加校注，並刪除大量抄襲段落與重複的篇章。最後，綜覽歷代茶書資料，刪繁化簡，減少校注紛繁混亂的情況，以免校注本身就連篇累牘，令讀者望而卻步。

整理本書的過程，並非一帆風順。蒐集茶書必須親赴各大圖書館，費盡唇舌才得窺珍藏的茶書善本，卻往往是失望者居多。如山東省圖書館藏有《茶書十三種》，查閱之後才發現，不過是十三種茶書湊合在一起，都是我們早已熟知的版本。再如北京故宮博物院圖書館藏有明代朱祐檳編的《茶譜》，秘藏稀見，為海內孤本。我們前後安排了三次校閱，詳為抄錄，卻發現書中所輯，只不過是常見茶書二十多種，並無特別珍稀的資料。類似的情況很多，反映了過去茶書版本紊亂，刊印者以其為實用書

主要茶書總匯收錄對照表

本　　書：《中國歷代茶書匯編校注本》

喻　　政：明代喻政《茶書》〔見布目潮渢編：《中國茶書全集》(東京：汲古書院，1987年)。〕

阮浩耕等：《中國古代茶葉全書》(點校注釋本)(杭州：浙江攝影出版社，1999年)。

	本書	喻政	阮浩耕	備注
唐五代				
陸羽《茶經》	✓	✓	✓	
張又新《煎茶水記》	✓	✓	✓	
蘇廙《十六湯品》	✓	✓	✓	
王敷《茶酒論》	✓			
輯佚				
陸羽《顧渚山記》	✓		存目	
陸羽《水品》	✓			
裴汶《茶述》	✓		✓	
溫庭筠《採茶錄》	✓		✓	
毛文錫《茶譜》	✓		✓	
小計：	**9種**	**3種**	**7種**	
宋元				
陶穀《茗荈錄》	✓	✓	✓	
葉清臣《述煮茶泉品》	✓	✓	✓	
歐陽修《大明水記》	✓	✓		
茶襄《茶錄》	✓	✓	✓	
宋子安《東溪試茶錄》	✓	✓	✓	
黃儒《品茶要錄》	✓	✓	✓	
沈括《本朝茶法》	✓		✓	
唐庚《鬥茶記》	✓		✓	
趙佶《大觀茶論》	✓	✓	✓	
曾慥《茶錄》	✓			
熊蕃《宣和北苑貢茶錄》	✓	✓	✓	

趙汝礪《北苑別錄》	✓	✓	✓	
魏了翁《邛州先茶記》	✓			
審安老人《茶具圖贊》	✓	✓	✓	
楊維楨《煮茶夢記》	✓		✓	
輯佚				
丁謂《北苑茶錄》	✓		✓	
周絳《補茶經》	✓		✓	
劉异《北苑拾遺》	✓		✓	
沈括《茶論》	✓			輯自陸廷燦《續茶經》
范逵《龍焙美成茶錄》	✓			輯自熊蕃《宣和北苑貢茶錄及陸廷燦《續茶經》
謝宗《論茶》	✓			
曾伉《茶苑總錄》	✓		存目	
桑莊《茹芝續茶譜》	✓		✓	
羅大經《建茶論》	✓		存目	
佚名《北苑雜述》	✓			
小計：	**25 種**	**10 種**	**16 種**	
明代				
朱權《茶譜》	✓		✓	
顧元慶　錢椿年《茶譜》	✓	✓	✓	
真清《水辨》	✓		✓	
真清《茶經外集》	✓		✓	
田藝蘅《煮泉小品》	✓	✓	✓	
徐獻忠《水品》	✓	✓	✓	
陸樹聲《茶寮記》	✓	✓	✓	
孫大綬《茶經外集》	✓			
孫大綬《茶譜外集》	✓		✓	
徐渭《煎茶七類》	✓		存目	
屠隆《茶箋》	✓	✓	✓	
高濂《茶箋》	✓			
陳師《茶考》	✓		✓	
張源《茶錄》	✓	✓	✓	
胡文煥《茶集》	✓		存目	

蔡復一《茶事詠》		✓		
張謙德《茶經》	✓		✓	
許次紓《茶疏》	✓	✓	✓	
陳繼儒《茶話》	✓	✓	✓	
高元濬《茶乘》	✓		存目	
程用賓《茶錄》	✓		✓	
馮時可《茶錄》	✓		✓	
熊明遇《羅岕茶記》	✓		✓	
羅廩《茶解》	✓	✓	✓	
徐𤊹《蔡端明別紀·茶癖》	✓	✓	✓	
屠本畯《茗笈》	✓	✓	✓	
夏樹芳《茶董》	✓		✓	
陳繼儒《茶董補》	✓		✓	
龍膺《蒙史》	✓	✓	✓	
徐𤊹《茗譚》	✓	✓	✓	
喻政《茶集》	✓	✓	✓	
喻政《茶書》	✓		✓	
聞龍《茶箋》	✓		✓	
顧起元《茶略》	✓			
黃龍德《茶説》	✓		✓	
程百二《品茶要錄補》	✓		✓	
萬邦寧《茗史》	✓		✓	
李日華《竹嬾茶衡》	✓			輯自陸廷燦《續茶經》
李日華《運泉約》	✓			
曹學佺《茶譜》	✓			
馮可賓《岕茶箋》	✓	✓	✓	
朱祐檳《茶譜》	✓		存目	
華淑　張瑋《品茶八要》	✓			
周高起《陽羨茗壺系》	✓	✓	✓	
周高起《洞山岕茶系》	✓	✓	✓	
鄧志謨《茶酒爭奇》	✓		存目	
醉茶消客《明抄茶水詩文》	✓			

輯佚				
周慶叔《岕茶別論》	✓			輯自陸廷燦《續茶經》
朱日藩　盛時泰《茶藪》	✓			
佚名《岕茶疏》	✓			輯自黃履道《茶苑》
佚名《茶史》	✓			輯自黃履道《茶苑》
邢士襄《茶說》	✓			輯自《茗笈》及陸廷燦《續茶經》
徐㶿《茶考》	✓	✓		輯自喻政《茶集》及陸廷燦《續茶經》
吳從先《茗說》	✓			輯自陸廷燦《續茶經》
王毗《六茶紀事》	✓			
小計：	54 種	19 種	33 種	
清代				
《六合縣志》輯錄《茗笈》	✓			
陳鑒《虎丘茶經注補》	✓		✓	
劉源長《茶史》	✓		✓	
冒襄《岕茶彙鈔》	✓		✓	
余懷《茶史補》	✓		✓	
黃履道　佚名《茶苑》	✓		存目	
程作舟《茶社便覽》	✓		✓	
陸廷燦《續茶經》	✓		✓	
葉雋《煎茶訣》	✓			
顧蘅《湘皋茶說》	✓			
吳騫《陽羨名陶錄》	✓			
翁同龢《陽羨名陶錄摘抄》	✓			
吳騫《陽羨名陶續錄》	✓			
朱濂《茶譜》 陳元輔《枕山樓茶略》	✓ ✓			
胡秉樞《茶務僉載》	✓			
佚名《茶史》	✓			
程雨亭《整飭皖茶文牘》	✓		✓	

震鈞《茶説》	✓			
康特璋、王實父《紅茶製法説略》	✓			
鄭世璜《印錫種茶製茶考察報告》	✓			
高葆真(英)　曹曾涵校潤《種茶良法》	✓			
程淯《龍井訪茶記》	✓		✓	
輯佚				
卜萬祺《松寮茗政》	✓			輯自陸廷燦《續茶經》
王梓《茶説》	✓			
王復禮《茶説》	✓			輯自陸廷燦《續茶經》
小計：	**26 種**	**0 種**	**8 種**	**喻政《茶書》成書於明中晚期，故不收後出茶書**
總計：	**114 種**	**32 種**	**64 種(75種)(1)**	

(1) 此處75種茶書，包括了未被單獨列出的11種。

冊，隨意刪削併合。甚至作為謀利圖書售賣，刪動情況更為嚴重。我們若對這種任意刪改的情況一一標明，當作異文出校，本書的校讎部分恐怕要增加十倍不止。因此，我們採取刪繁化簡法，凡是抄自前人著作，並無增勝之處，而任意刪動更改者，一律刪除，不再出校。

於此，我們必須指出，本書雖然對重要版本詳加校注，但目的是方便學者查考與讀者閱讀，絕不是一部茶書版本研究總匯。我們在陸羽《茶經》的題記中列了五十四種版本，固然是因為此書的重要性遠超群倫，但也只是供學者參考而已。我們最後選用的版本，還是根據近代學者吳覺農及布目潮渢的研究成果，再比對幾種重要的通行版本出校，並非一一列舉五十四種不同版本的異文。又例如五代蜀毛文錫的《茶譜》，是一部重要的經典，本書收錄時即以今人陳尚君的〈毛文錫《茶譜》輯考〉為底本，再以陳祖槼、朱自振的《中國茶葉歷史資料選輯》為校，儘量採用現今學者的研究成果。

本書所收茶書，內容以茶葉種植、採造、儲存、飲用的茶事為主，不收歷代茶馬制度類的志書，也不收屬於文學創作的茶詩專書。但一般茶書分類繁雜，包羅甚廣，時有涉及茶馬制度之處，更大量收錄了詠茶詩，本書亦不刻意刪除，以存所收茶書原來面目。

本書的構思與策劃，起自 2000 年，由朱自振先生與我倡導，得到香港商務印書館陳萬雄兄支持，答允出版。本書最初規劃曾送交香港政府研究撥款委員會，請求資助。所有學術審核委員一致評定為優越研究計劃，推薦政府資助，但委員會承辦官員卻以“古籍校刊注釋非學術研究”為由，不予撥款。幸虧獲得城市大學張信剛校長及高彥鳴副校長支持，本計劃才得以在中國文化中心進行。然而工作之繁重及瑣碎，遠遠超出原先之預期，歷時六載，方得完成。在這漫長的歲月中，全書編輯體例幾經調整變動，在實踐的磨練中逐漸成形。我要特別感謝城市大學提供的長期研究資助，也得感謝香港商務印書館同仁的耐心等待。特別是陳萬雄與張倩儀總編輯與我幾次會商，確定編輯體例，重申出版承諾，使我五內銘感。

本書之成，雖是眾人之力，但最重要的則是朱自振先生的前期工作。他負責蒐集資料，並帶領沈冬梅、賴慶芳、周立民、陳鎮泰整理校勘，撰寫題記及校注初稿。商務印書館特約編輯莊昭亦參與前期工作，提供許多珍貴建議。後期整理及定稿工作，由我負責，得現任復旦大學中文系戴燕教授及本中心張為群襄助，重新改寫了題記，整理了校注，並確定收錄的版本，刪除諸茶書重複抄襲的段落。最後的繁瑣校對工作，不僅由商務同仁承擔，本中心的毛秋瑾博士、黃海濤、林嘉敏、陳煒楨都全力以赴。此外，還有馬家輝博士與林學忠博士在旁掖助，與諸多勝友的鼓勵，才完成這項歷時六年的“豐功偉業”。

希望讀者翻閱此書時，能夠想到這些合作者的辛勞，那麼，六年的心血也就值得了。

二〇〇七年二月十四日於香港城市大學中國文化中心

（附記：本序文關於茶飲歷史文化的材料，來自拙文〈茶飲歷史的回顧〉）

凡　例

1. 本書彙集自唐代陸羽《茶經》至清代王復禮《茶說》共一百十四種茶書，並以 1911 年為限。當中清代胡秉樞的《茶務僉載》原文已佚，編者今據日文譯本再翻譯為中文，並附於日文刻本後；又英人所撰並由英人高葆真摘譯的《種茶良法》亦在收錄之列，這些書都反映了中國和世界茶業、茶學近代化的過程，極有價值。另外，本書兼輯佚散見於各處的茶書，例如陸羽的《顧渚山記》、《水品》等，共二十六種。
2. 本書主要收錄現存與茶葉、茶飲相關的茶書，而歷代茶馬志，主要記載茶馬制度，不入本書收集範圍，故不錄。另外，清代李鳴韶等的《詠嶺南茶》，雖被陝西省圖書館《館藏古農書目錄》及《中國農業古籍目錄》列為茶書，但與茶葉、茶飲沒有直接關係，故不收錄。又胡文煥《新刻茶譜五種》、《茶書五種》及現存山東圖書館的明代佚名《茶書十三種》，因是前代茶書的合集，所輯茶書俱見本書，雖有版本研究的價值，但因篇幅所限，亦不收入。
3. 中國茶葉的發展具有階段性的特點，因此本書是根據茶葉的種植、製作和飲用習慣來編次的。全書現分上中下三編，上編為唐五代茶書及宋元茶書，中編為明代茶書，下編為清代茶書，各編除上編分為兩部分外，皆先排現存茶書，再排輯佚茶書。其編次以成書先後為序，成書年代不可考者，參以作者的生卒年，或參以登第、仕履之年，或參以其親屬、交遊之有關年代，略推其大約生年。成書年份及作者生卒年不可考者，參前人排序，如喻政《茶書》、陳祖槼及朱自振《中國茶葉歷史資料選輯》。佚名作者，世次無可考者，則列於該部分最後。
4. 一般情況下，每種茶書均含題記、正文、注釋和校記四部分。
5. 每篇題記主要記述作者的生平事跡、成書過程、該書的內容及其在茶文化史上的地位、版本的傳存情況。
6. 茶書抄襲情況嚴重，是以內容多有重出，為避免過多重複，本書儘量作出適當的刪節，並於刪節處加注，說明參見本書某代某人某書。刪節文字如與原文有些微出入，不影響大致內容，則不詳加說明。若原文作者對刪節的內容有注解，則保留注解文字。個別情況的特殊處理，則於題記交代。另外，本書所收茶書有不少重複引錄前人的茶詩、茶詞、茶歌、茶賦，例如明代醉茶消客《明抄茶水詩文》、清代佚名《茶史》尤其多。遇到重出的韻文，本書一律刪節，僅保留作者、題目及首句。

7. 凡現存茶書，俱選擇公認的善本或年代最早的足本為底本，並參校其他本子，比勘校對，所參者包括已出版的標點本及校箋本。現存的孤本茶書，只作理校。正文重新予以標點，正文中引用他人著作者而經核實的，俱用引號，無法查證的，則酌情而定或不弆下引號。
8. 歷來茶書的版本龐雜、多作為一般的通俗書籍，出版也較為隨意，因此誤、遺、衍、竄、異的情況頗為常見，本書已儘量指出，並在校記中説明。至於附錄序跋，則不出校。
9. 異體字和俗字，一律改為正體或通行寫法，主要參考《康熙字典》和《漢語大字典》，例如岕茶的“岕”字，茶書中作“岕”或“岎”，今則據《康熙字典》及《漢語大字典》所定，俱統一為“岎”。避諱字恢復原字，並出校。
10. 文中缺漏、編者所添加的字詞或句子，一律補上，並以六角括號〔 〕標示及出校。
11. 文中本闕或模糊不清之字詞，一律以方格標示。
12. 本書主要選擇與茶有關的詞條作注解，人名和地名亦儘量作注，古代職官、名物、典故、史事則選擇難懂者加注。凡難字、僻字均注音及釋義。所有注釋均在全書第一次出現時加。
13. 本書題記、注釋及校記中出現的地名乃籠統言之，並未按當今行政區域標明省、市、縣等，僅為示意。
14. 校記中的版本俱用簡稱，簡稱一律於校記首次出現的條目內説明。
15. 本書末並附“中國古代茶書逸書遺目”及“主要參考引用書目”。
16. 除清代胡秉樞《茶務僉載》以日文原刻本印上為直排外，全書俱為繁體字橫排。

上編 唐宋茶書

唐五代茶書

茶經

◇唐　陸羽　撰

陸羽(733－804)，字鴻漸，一名疾，字季疵，復州竟陵(今湖北天門)人。據說他是棄嬰，為竟陵智積禪師所收養，隨智積禪師姓陸。成年後，再由《易經》卦辭“鴻漸於陸，其羽可用為儀”，得其名和字。天寶（742－755）年間，先為伶正之師，參編導演出地方戲，後來受到竟陵太守李齊物、竟陵司馬崔國輔的賞識，負書居天門山。至德初年，因避安史之亂移居江南，上元初，隱居苕溪（今浙江湖州），自稱桑苧翁、竟陵子，號東崗子。在此期間，與詩僧皎然“為緇素忘年之交”，與張志和、孟郊、皇甫冉等學者詩人也多有交往，又入湖州刺史顏真卿幕下，參與編纂《韻海鏡源》。《茶經》三卷也即成書於此時。建中（780－783）年間，詔拜太子文學，遷太常寺太祝，皆不就。貞元（785－804）末，卒。正如歐陽修在《集古錄跋尾》所說，陸羽一生“著書頗多”，詩賦而外，更有不少《吳興記》、《慧山寺游記》一類的地方風土記，關於茶，則有《顧渚山記》、《茶記》、《泉品》、《毀茶論》等。陸羽的傳記資料，主要見於他生前撰寫的《陸文學自傳》(《文苑英華》卷七九三）、《新唐書》卷一九六《隱逸傳》、《唐才子傳》卷三和《唐國史補》。

陸羽嗜茶，同時代人耿湋已在詩中描寫他“一生為墨客，幾世做茶仙”。《茶經》的初稿，大概完成於上元二年，這以後的修訂工作持續了將近二十年，直到建中元年付梓。《新唐書》稱《茶經》一出而“天下益知飲茶”，宋人陳師道在《茶經序》中也說：“茶之者書自羽始，其用於世亦自羽始，羽誠有功於茶者也。”李肇《唐國史補》記載唐代後期，還有商人準備了以陸羽為名的玩偶，“買數十茶器得一鴻漸，市人沽茗不利，輒灌注之”。

《茶經》在《新唐書·藝文志》小說類、《通志·藝文略》食貨類、《郡齋讀書志》農家類、《直齋書錄解題》雜藝類、《宋史·藝文志》農家類等書中，都有記載。

《茶經》版本甚多，從陳師道《茶經序》中可知，北宋時即有畢氏、王氏、張氏及其家傳本等多種版本，據不完全統計，歷來相傳的《茶經》刊本約有以下五十餘種：

（1）　宋左圭編咸淳九年（1273）刊百川學海壬集本；

（2）　明弘治十四年（1501）華珵刊百川學海壬集本；

（3）　明嘉靖十五年（1536）鄭氏文宗堂刻百川學海本；

（4）　明嘉靖壬寅（二十一年，1542）柯雙華竟陵刻本；

(5) 明萬曆十六年（1588）孫大綬秋水齋刊本；
(6) 明萬曆十六年程福生刻本；
(7) 明萬曆癸巳（二十一年，1593）胡文煥百家名書本；
(8) 明萬曆癸卯（三十一年，1603）胡文煥格致叢書本；
(9) 明萬曆中汪士賢山居雜志本；
(10) 明鄭熜校刻本；
(11) 明萬曆四十一年（1613）喻政《茶書》本；
(12) 明重訂欣賞編本；
(13) 明宜和堂刊本；
(14) 明樂元聲刻本（在欣賞編本之後）；
(15) 明朱祐檳《茶譜》本；
(16) 明湯顯祖（1550－1617）玉茗堂主人別本茶經本；
(17) 明鍾人傑張逐辰輯明刊唐宋叢書本；
(18) 明人重編明末刊百川學海辛集本；
(19) 明人重編明末葉坊刊百川學海辛集本；
(20) 明馮夢龍（1574－1646）輯五朝小説本；
(21) 元陶宗儀輯，明陶珽重校，清順治丁亥（三年，1646）兩浙督學李際期刊行，宛委山堂説郛本；
(22) 清陳夢雷、蔣廷錫等奉敕編雍正四年（1726）銅活字排印古今圖書集成本；
(23) 清雍正十三年（1735）壽椿堂刊陸廷燦《續茶經》本；
(24) 文淵閣四庫全書本（清乾隆四十七年〔1782〕修成）；
(25) 清乾隆五十七年（1792）陳世熙輯挹秀軒刊唐人説薈本；
(26) 清張海鵬輯嘉慶十年（1805）虞山張氏照曠閣刊學津討原本；
(27) 清王文浩輯嘉慶十一年（1806）唐代叢書本；
(28) 清王謨輯《漢唐地理書鈔》本[1]；
(29) 清吳其濬（1789－1847）植物名實圖考長編本；
(30) 道光三十二年（1843）刊唐人説薈本；
(31) 清光緒十年（1884）上海圖書集成局印扁木字古今圖書集成本；
(32) 清光緒十六年（1890）總理各國事務衙門委託同文書局影印古今圖書集成原書本；
(33) 清宣統三年（1911）上海天寶書局石印唐人説薈本；
(34) 國學基本叢書本——民國八年（1919）上海商務印書館印清吳其濬植物名實圖考長編本；
(35) 呂氏十種本；
(36) 小史雅集本；

(37) 文房奇書本；
(38) 張應文藏書七種本；
(39) 民國西塔寺刻本；
(40) 常州先哲遺書本；
(41) 民國十年（1921）上海博古齋據明弘治華氏本景印百川學海（壬集）本；
(42) 民國十一年（1922）上海掃葉山房石印唐人説薈本；
(43) 民國十一年（1922）上海商務印書館據清張氏刊本景印學津討原本（第十五集）；
(44) 民國十二年（1923）盧靖輯沔陽盧氏刊湖北先正遺書本；
(45) 民國十六年（1927）陶氏涉園景刊宋咸淳百川學海乙集本；
(46) 民國十六年（1927）張宗祥校明鈔説郛涵芬樓刊本；
(47) 民國二十三年（1934）中華書局影印殿本古今圖書集成本；
(48) 萬有文庫本，民國二十三年（1934）上海商務印書館印清吳其濬植物名實圖考長編本；
(49) 五朝小説大觀本，民國十五年（1926）上海掃葉山房石印本；
(50) 叢書集成初編本等多種刊本。

此外還有明代多種説郛鈔本。還有其他國家的刊本：

(51) 日本宮內廳書陵部藏百川學海本；
(52) 明鄭熜校日本翻刻本；
(53) 日本大典禪師茶經詳説本；
(54) 日本京都書肆翻刻明鄭熜校本。

歷來為《茶經》作序跋者也很多，傳今可考的有：(1) 唐皮日休序，(2) 宋陳師道序，(3) 明嘉靖壬寅魯彭敘，(4) 明嘉靖壬寅汪可立後序，(5) 明嘉靖壬寅吳旦後序，(6) 明嘉靖童承敘跋，(7) 明萬曆戊子陳文燭序，(8) 明萬曆戊子王寅序，(9) 明李維楨序，(10) 明張睿卿跋，(11) 清徐同氣引，(12) 清徐篁跋。

近代學者對《茶經》多有研究及校注，本書即採用吳覺農主編的《茶經評述》及布目潮渢的《茶經詳解》作底本，並參校宋咸淳刊百川學海本、明嘉靖柯雙華竟陵本、明萬曆孫大綬秋水齋本、明鄭熜校本、明喻政《茶書》本、明湯顯祖玉茗堂主人別本茶經本、清四庫全書本、清學津討原本、清吳其濬植物名實圖考長編本、民國張宗祥校明鈔説郛涵芬樓本等版本。

卷上①

一之源②

茶者，南方之嘉木也。一尺、二尺乃至數十尺[2]。其巴山峽川[3]，有兩人合抱者，伐而掇之。其樹如瓜蘆[4]，葉如梔子[5]，花如白薔薇[6]，實如栟櫚[7]，莖③如丁香[8]，根如胡桃[9]。瓜蘆木出廣州[10]，似茶，至苦澀。栟櫚，蒲葵[11]之屬，其子似茶。胡桃與茶，根皆下孕，兆至瓦礫，苗木④上抽。

其字，或從草，或從木，或草木並。從草，當作"茶"，其字出《開元文字音義》[12]；從木，當作"梌"，其字出《本草》[13]；草木並，作"荼"⑤，其字出《爾雅》[14]。

其名，一曰茶，二曰檟，三曰蔎，四曰茗，五曰荈。[15]周公[16]云："檟，苦荼。"揚執戟[17]云："蜀西南人謂茶曰蔎。"郭弘農[18]云："早取為茶，晚取為茗，或一曰荈耳。"

其地，上者生爛石，中者生礫壤[19]，下者生黃土。凡藝而不實，植而罕茂，法如種瓜[20]，三歲可採。野者上，園者次。陽崖陰林，紫者上，綠者次；筍者上，牙⑥者次；葉卷上，葉舒次。陰山坡谷者，不堪採掇，性凝滯，結⑦瘕疾[21]。

茶之為用，味至寒，為飲，最宜精行儉德之人。若⑧熱渴、凝悶，腦疼、目澀，四支⑨煩、百節不舒，聊四五啜，與醍醐、甘露抗衡也[22]。

採不時，造不精，雜以卉莽，飲之成疾。茶為累也，亦猶人參。上者生上黨[23]，中者生百濟、新羅[24]，下者生高麗[25]。有生澤州、易州、幽州、檀州[26]者為藥無效，況非此者？設服薺苨[27]⑩，使六疾不瘳[28]⑪，知人參為累，則茶累盡矣。

二之具

籯加追反[29]，一曰籃，一曰籠，一曰筥[30]，以竹織之，受五升[31]，或一㪷、二㪷、三㪷者[32]，茶人負以採茶也。籯，《漢書》音盈，所謂"黃金滿籯，不如一經[33]。"顏師古[34]云："籯，竹器也，受四升耳。"

竈，無用突[35]者。釜，用唇口者。

甑[36]，或木或瓦，匪腰而泥，籃以箄[37]之，篾以系之。始其蒸也，入乎箄；既其熟也，出乎箄。釜涸，注於甑中。甑，不帶而泥之。又以穀木[38]枝三亞者制之，散所蒸牙筍並葉，畏流其膏[39]。

杵臼，一曰碓，惟恆用者佳。

規，一曰模，一曰棬[40]，以鐵制之，或圓，或方，或花。

承，一曰臺，一曰砧，以石為之。不然，以槐桑木半埋地中，遣無所搖動。

檐[41]，一曰衣，以油絹或雨衫、單服敗者為之。以檐置承上，又以規置檐上，以造茶也。茶成，舉而易之。

芘莉[42]音杷离，一曰籯子，一曰篣筤[43]⑫。以二小竹，長三尺，軀二尺五寸，柄五寸。以篾織方眼，如圃人土羅，闊二尺以列茶也。

棨[44]，一曰錐刀。柄以堅木為之，用穿茶也。

撲⑬，一曰鞭。以竹為之，穿茶以解[45]茶也。

焙[46]，鑿地深二尺，闊二尺五寸，長一丈。上作短牆，高二尺，泥之。

貫，削竹為之，長二尺五寸，以貫茶焙之⑭。

棚，一曰棧。以木構於焙上，編木兩層，高一尺，以焙茶也。茶之半乾，昇下棚，全乾，昇上棚。

穿[47]音釧，江東、淮南剖竹為之[48]。巴川峽山紉穀皮為之。江東以一斤為上穿，半斤為中穿，四兩五兩為小⑮穿。峽中[49]以一百二十斤為上穿，八十斤為中穿，五十斤為小穿。字舊作釵釧之"釧"字，或作貫串。今則不然，如磨、扇、彈、鑽、縫五字，文以平聲書之，義以去聲呼之：其字以穿名之。

育，以木制之，以竹編之，以紙糊之。中有隔，上有覆，下有床，傍有門，掩一扇。中置一器，貯煻煨火[50]，令熅熅然[51]。江南梅雨時，焚之以火。育者，以其藏養為名。

三之造

凡採茶在二月、三月、四月之間。

茶之筍者，生爛石沃土，長四五寸，若薇蕨始抽，淩露採焉[52]。茶之牙⑯者，發於叢薄[53]之上，有三枝、四枝、五枝者，選其中枝穎拔者採焉。其日有雨不採，晴有雲不採；晴，採之，蒸之，擣之，拍之，焙之，穿之，封之，茶之乾矣。

茶有千萬狀，鹵莽而言，如胡人靴者，蹙縮京錐⑰文也；犎牛臆[54]者，廉襜[55]然⑱；浮雲出山者，輪囷[56]然；輕飈拂水者，涵澹[57]然。有如陶家之子，羅膏土以水澄泚[58]之謂澄泥也。又如新治地者，遇暴雨流潦之所經。此皆茶之精腴。有如竹籜者[59]，枝幹堅實，艱於蒸搗，故其形籭簁[60]然上離下師。有如霜荷者，莖⑲葉凋沮，易其狀貌，故厥狀委萃⑳然。此皆茶之瘠老者也。

自採至於封七經目，自胡靴至霜荷八等。或以光黑平正言嘉者，斯鑒之下也；以皺黃坳垤[61]言佳者，鑒之次也；若皆言嘉及皆言不嘉者，鑒之上也。何者？出膏者光，含膏者皺；宿製者則黑，日成者則黃；蒸壓則平正，縱之則坳垤。此茶與草木葉一也。茶之否臧，存於口訣。

卷中

四之器

風爐灰承	筥	炭檛[62]㉑	火筴	
鍑	交床	夾	紙囊	
碾拂末[63]	羅合	則	水方	
漉水囊	瓢	竹筴	鹺簋[64]揭㉒	
熟㉓盂	碗	畚㉔	札	
滌方	滓方	巾	具列	都籃㉕

風爐灰承

風爐以銅鐵鑄之，如古鼎形，厚三分，緣闊九分，令六分虛中，致其杇墁[65]。凡三足，古文[66]書二十一字。一足云“坎上巽下離於中”[67]，一足云“體均五行去百疾”，一足云“聖唐滅胡明年[68]鑄”。其三足之間，設三窗。底一窗以為通飈漏燼之所。上並古文書六字，一窗之上書“伊公”二字，一窗之上書“羹陸”二字，一窗之上書“氏茶”二字。所謂“伊公羹[69]，陸氏茶”也。置墆埠[70]於其內，設三格：其一格有翟[71]焉，翟者火禽也，畫一卦曰離；其一格有彪焉，彪者風獸也，畫一卦曰巽；其一格有魚焉，魚者水蟲也，畫一卦曰坎。巽主風，離主火，坎主水，風能興火，火能熟㉖水，故備其三卦焉。其飾，以連葩、垂蔓、曲水、方文之類。其爐，或鍛鐵為之，或運泥為之。其灰承，作三足鐵柈[72]擡之。

筥

筥，以竹織之，高一尺二寸，徑闊七寸。或用藤，作木楦㉗如筥形織之。六出[73]圓眼，其底蓋若利篋口，鑠[74]之。

炭檛

炭檛，以鐵六稜制之，長一尺，銳一㉘豐中，執細頭系一小鍡[75]以飾檛㉙也，若今之河隴[76]軍人木吾[77]也。或作鎚，或作斧，隨其便也。

火筴

火筴，一名筯[78]，若常用者，圓直一尺三寸，頂平截，無葱臺勾鏁之屬[79]，以鐵或熟銅製之。

鍑音輔，或作釜，或作鬴

鍑，以生鐵為之，今人有業冶者，所謂急鐵。其鐵以耕刀之趄[80]，鍊而鑄之。內摸土，而外摸沙。土滑於內，易其摩滌；沙澀於外，吸其炎焰。方其耳，以正令也。廣其緣，以務遠也。長其臍，以守中也。臍長，則沸中；沸中，則末易揚；末易揚，則其味淳也。洪州以瓷為之[81]，萊州[82]以石為之。瓷與石皆雅器也，性非堅實，難可持久。用銀為之，至潔，但涉於侈麗。雅則雅矣，潔亦潔矣，若用之恆，而卒歸於鐵也。

交床[83]

交床，以十字交之，剜中令虛，以支鍑也。

夾

夾，以小青竹為之，長一尺二寸。令一寸有節，節已上剖之以炙茶也。彼竹之篠[84]，津潤於火，假其香潔以益茶味，恐非林谷間莫之致。或用精鐵熟銅之類，取其久也。

紙囊

紙囊，以剡藤紙[85]白厚者夾縫之。以貯所炙茶，使不泄其香也。

碾拂末

碾，以橘木為之，次以梨、桑、桐、柘為之㉚。內圓而外方。內圓備於運行也，外方制其傾危也。內容墮[86]而外無餘。木墮，形如車輪，不輻而軸焉。長九寸，闊一寸七分。墮徑三寸八分，中厚一寸，邊厚半寸，軸中方而執㉛圓。其拂末以鳥羽製之。

羅合

羅末，以合蓋貯之，以則置合中。用巨竹剖而屈之，以紗絹衣之。其合以竹節為之，或屈杉以漆之。高三寸，蓋一寸，底二寸，口徑四寸。

則

則，以海貝、蠣蛤之屬，或以銅、鐵、竹匕策之類。則者，量也，准也，度也。凡煮水一升，用末方寸匕[87]。若好薄者，減之，嗜濃者，增之，故云則也。

水方

水方，以椆木、槐、楸、梓[88]等合之，其裏並外縫漆之，受一斗。

漉[89]水囊

漉水囊，若常用者，其格以生銅鑄之，以備水濕，無有苔穢腥澀意。以熟銅苔穢，鐵腥澀也。林棲谷隱者，或用之竹木。木與竹非持久涉遠之具，故用之生銅。其㉜囊，織青竹以捲之，裁碧縑[90]以縫之，紐㉝翠鈿以綴之。又作綠油囊以貯之，圓徑五寸，柄一寸五分。

瓢

瓢，一曰犧杓。剖瓠為之，或刊木為之。晉舍人杜毓《荈賦》[91]云：“酌之以匏。”匏，瓢也。口闊，脛薄，柄短。永嘉中，餘姚[92]人虞洪入瀑布山採茗，遇一道士，云：“吾丹丘子[93]，祈子他日甌犧之餘，乞相遺也。”犧，木杓也。今常用以梨木為之。

竹筴

竹筴，或以桃、柳、蒲葵木為之，或以柿心木為之。長一尺，銀裹兩頭。

鹺簋揭

鹺簋，以瓷為之。圓徑四寸，若合形㉞，或瓶、或罍[94]，貯鹽花也。其揭，竹制，長四寸一分，闊九分。揭，策也。

熟㉟盂

熟㊱盂，以貯熟㊲水，或瓷，或沙，受二升。

碗

碗，越州[95]上，鼎州[96]次，婺州[97]次；岳州[98]次，壽州[99]、洪州次。或者以邢州[100]處越州上，殊為不然。若邢瓷類銀，越瓷類玉，邢不如越一也；若邢瓷類雪，則越瓷類冰，邢不如越二也；邢瓷白而茶色丹，越瓷青而茶色綠，邢不如越三也。晉杜毓《荈賦》所謂："器擇陶揀，出自東甌。"甌，越也。甌，越州上，口唇不卷，底卷而淺，受半升已下。越州瓷、岳瓷皆青，青則益茶。茶作白紅之色。邢州瓷白，茶色紅；壽州瓷黃，茶色紫；洪州瓷褐，茶色黑；悉不宜茶。

畚㊳

畚，以白蒲[101]捲而編之，可貯碗十枚。或用筥。其紙帊[102]以剡紙夾縫，令方，亦十之也。

札

札，緝栟櫚皮以茱萸木夾而縛之，或截竹束而管之，若巨筆形。

滌方

滌方，以貯滌洗之餘，用楸木合之，制如水方，受八升。

滓方

滓方，以集諸滓，製如滌方，處㊴五升。

巾

巾，以絁[103]布為之，長二尺，作二枚，互用之，以潔諸器。

具列

具列，或作床，或作架，或純木、純竹而製之。或木或布作"法"㊵竹，黃黑可扃[104]而漆者，長三尺，闊二尺，高六寸。具列者，悉斂諸器物，悉以陳列也。

都籃

都籃，以悉設諸器而名之。以竹篾內作三角方眼，外以雙篾闊者經之，以單篾纖者縛之，遞壓雙經，作方眼，使玲瓏。高一尺五寸，底闊一尺、高二寸，長二尺四寸，闊二尺。

卷下

五之煮

凡炙茶，慎勿於風燼間炙，熛焰如鑽，使炎涼不均。持以逼火，屢翻正，候炮普教反出培塿[105]，狀蝦蟆背，然後去火五寸。卷而舒，則本其始又炙之。若火乾者，以氣熟止；日乾者，以柔止。

其始，若茶之至嫩者，蒸罷熱搗，葉爛而牙筍存焉。假以力者，持千鈞杵亦不之爛。如漆科珠，壯士接之，不能駐其指。及就，則似無穰[106]骨也。炙之，則其節若倪倪[107]如嬰兒之臂耳。既而承熱用紙囊貯之，精華之氣無所散越，候寒末之。末之上者，其屑如細米。末之下者，其屑如菱角。

其火用炭，次用勁薪。謂桑、槐、桐、櫪之類也。其炭，曾經燔炙，為膻膩所及，及膏木、敗器不用之。膏木謂柏、桂、檜也。敗器，謂朽廢器也。古人有勞薪之味[108]，信哉。

其水，用山水上，江水中，井水下。《荈賦》所謂：“水則岷方之注，挹彼清流。”其山水，揀乳泉[109]、石池慢流者上；其瀑湧湍漱，勿食之，久食令人有頸疾。又多別流於山谷者，澄浸不泄，自火天至霜降[110]以前，或潛龍蓄毒於其間，飲者可決之，以流其惡，使新泉涓涓然，酌之。其江水取去人遠者，井取汲多者。

其沸如魚目，微有聲，為一沸。緣邊如湧泉連珠，為二沸。騰波鼓浪，為三沸。已上水老，不可食也。初沸，則水合量調之以鹽味，謂棄其啜餘啜，嘗也，市稅反，又市悅反，無乃䤄艦[111]而鍾其一味乎？上古暫反，下吐濫反，無味也。第二沸出水一瓢，以竹筴環激湯心，則量末當中心而下。有頃，勢若奔濤濺沫，以所出水止之，而育其華也。

凡酌，置諸碗，令沫餑[112]均。《字書》並《本草》：餑，茗沫也，蒲笏反。沫餑，湯之華也。華之薄者曰沫，厚者曰餑。細輕者曰花，如棗花漂漂然於環池之上；又如迴潭曲渚青萍之始生；又如晴天爽朗有浮雲鱗然。其沫者，若綠錢[113]浮於水渭㊶，又如菊英墮於鐏俎[114]之中。餑者，以滓煮之，及沸，則重華累沫，皤皤然若積雪耳，《荈賦》所謂“煥如積雪，燁若春藪[115]”有之。

第一煮水沸，而棄其沫，之上有水膜，如黑雲母，飲之則其味不正。其第一者為雋永，徐縣、全縣二反。至美者，曰雋永。雋，味也，永，長也。味長曰雋永。《漢書》：蒯通著《雋永》二十篇也㊷。或留熟〔盂〕㊸以貯之，以備育華救沸之用。諸第一與第二、第三碗次之。第四、第五碗外，非渴甚莫之飲。凡煮水一升，酌分五碗。碗數少至三，多至五。若人多至十，加兩爐。乘熱連飲之，以重濁凝其下，精英浮其上。如冷，則精英隨氣而竭，飲啜不消亦然矣。

茶性儉，不宜廣，〔廣〕㊹則其味黯澹。且如一滿碗，啜半而味寡，況其廣乎！其色緗[116]也。其馨欽[117]也。香至美曰欽，欽音使㊺。其味甘，檟也；不甘而苦，荈也；啜苦咽甘，茶也。一本云：其味苦而不甘，檟也；甘而不苦，荈也。

六之飲

翼而飛，毛而走，呿[118]而言。此三者俱生於天地間，飲啄以活，飲之時義遠矣哉！至若救渴，飲之以漿；蠲憂忿，飲之以酒；蕩昏寐，飲之以茶。

茶之為飲，發乎神農氏，聞於魯周公。齊有晏嬰，漢有揚雄、司馬相如，吳有韋曜，晉有劉琨、張載、遠祖納、謝安、左思之徒[119]，皆飲焉。滂時浸俗，盛於國朝，兩都並荊渝間[120]，以為比屋之飲。

飲有粗茶、散茶、末茶、餅茶者，乃斫、乃熬、乃煬、乃舂，貯於瓶缶之中，以湯沃焉，謂之痷[121]茶。或用蔥、薑、棗、橘皮、茱萸、薄荷之等，煮之百沸，或揚令滑，或煮去沫。斯溝渠間棄水耳，而習俗不已。

於戲！天育萬物，皆有至妙。人之所工，但獵淺易。所庇者屋，屋精極；所着者衣，衣精極；所飽者飲食，食與酒皆精極之。茶有九難：一曰造，二曰別，三曰器，四曰火，五曰水，六曰炙，七曰末，八曰煮，九曰飲。陰採夜焙，非造也；嚼味嗅香，非別也；羶鼎腥甌，非器也；膏薪庖炭，非火也；飛湍壅潦，非水也；外熟內生，非炙也；碧粉縹塵，非末也；操艱攪遽，非煮也；夏興冬廢，非飲也。夫珍鮮馥烈者，其碗數三。次之者，碗數五。若坐客數至五，行三碗；至七，行五碗；若六人已下，不約碗數，但闕一人而已，其雋永補所闕人。

七之事

三皇：炎帝神農氏

周：魯周公旦

齊：相晏嬰

漢：仙人丹丘子，黃山君[122]，司馬文園令相如，揚執戟雄

吳：歸命侯[123]，韋太傅弘嗣

晉：惠帝[124]，劉司空琨，琨兄子兗州刺史演，張黃門孟陽[125]，傅司隸咸[126]，江洗馬統[127]，孫參軍楚，左記室太沖，陸吳興納，納兄子會稽內史俶，謝冠軍安石，郭弘農璞，桓揚州溫[128]，杜舍人毓，武康小山寺釋法瑤，沛國夏侯愷[129]，餘姚虞洪[130]，北地傅巽，丹陽弘君舉[131]，安丘任育長[132]，宣城秦精[133]，燉煌單道開，剡縣陳務妻[134]，廣陵老姥[135]，河內山謙之

後魏：瑯琊王肅[136]

宋：新安王子鸞[137]，鸞弟豫章王子尚，鮑照妹令暉[138]，八公山沙門曇濟

齊：世祖武帝[139]

梁：劉廷尉[140]，陶先生弘景

皇朝：徐英公勣[141]

《神農食經》[142]：“茶茗久服，令人有力、悦志。”

周公《爾雅》：“檟，苦荼。”《廣雅》[143]云：“荊、巴間採葉作餅，葉老者，餅成，以米膏出之。欲煮茗飲，先炙令赤色，搗末置瓷器中，以湯澆覆之，用葱、薑、橘子芼[144]之。其飲醒酒，令人不眠。”

《晏子春秋》[145]：嬰相齊景公時，食脱粟之飯，炙三弋、五卵，茗菜而已。

司馬相如《凡將篇》[146]：烏喙、桔梗、芫華、款冬、貝母、木蘗、蔞、芩草、芍藥、桂、漏蘆、蜚廉、雚菌、荈詫、白斂、白芷、菖蒲、芒硝、莞椒、茱萸[147]。

《方言》：蜀西南人謂茶曰蔎。[148]

《吳志·韋曜傳》：孫皓每饗宴，坐席無不率以七升為限，雖不盡入口，皆澆灌取盡。曜飲酒不過二升。皓初禮異，密賜茶荈以代酒。

《晉中興書》：陸納為吳興太守時，衛將軍謝安常欲詣納。《晉書》云：納為吏部

尚書。納兄子俶怪納無所備，不敢問之，乃私蓄十數人饌。安既至，所設唯茶果而已。俶遂陳盛饌，珍羞必㊻具。及安去，納杖俶四十，云：汝既不能光益叔父，奈何穢吾素業？[149]

《晉書》：桓溫為揚州牧，性儉，每宴飲，惟下七奠拌茶果而已。

《搜神記》[150]：夏侯愷因疾死。宗人字苟奴察見鬼神。見愷來收馬，並病其妻。著平上幘，單衣，入坐生時西壁大床，就人覓茶飲。

劉琨《與兄子南兗州[151]刺史演書》云：前得安州[152]乾薑一斤，桂一斤，黃芩㊼一斤，皆所須也。吾體中潰㊽悶，常仰真茶，汝可置之[153]。

傅咸《司隸教》曰：聞南方有以困㊾，蜀嫗作茶粥賣，為廉事㊿打破其器具，後又賣餅於市。而禁茶粥以困蜀姥，何哉？

《神異記》[154]：餘姚人虞洪入山採茗，遇一道士，牽三青牛，引洪至瀑布山曰：'吾，丹丘子也。聞子善具飲，常思見惠。山中有大茗可以相給。祈子他日有甌犧之餘，乞相遺也。'因立奠祀，後常令家人入山，獲大茗焉。

左思《嬌女詩》：吾家有嬌女，皎皎頗白晳。小字為紈素，口齒自清歷。有姊字惠芳，眉目粲如畫。馳騖翔園林，果下皆生摘。貪華風雨中，倏忽數百適。心為茶荈劇，吹噓對鼎䥶。

張孟陽《登成都樓》[155]詩云：借問揚子舍，想見長卿廬。程卓累[156]千金，驕侈擬五侯[157]。門有連騎客，翠帶腰吳鈎[158]。鼎食隨時進，百和妙且殊。披林採秋橘，臨江釣春魚，黑子過龍醢，果饌踰蟹蝑。芳茶冠六清[159]，溢味播九區。人生苟安樂，茲土聊可娛。

傅巽《七誨》：蒲桃宛柰[160]，齊柿燕栗，峘陽[161]黃梨，巫山朱橘，南中[162]茶子，西極石蜜[163]。

弘君舉《食檄》：寒溫既畢，應下霜華之茗；三爵而終，應下諸蔗、木瓜、元李、楊梅、五味、橄欖、懸豹[164]、葵羹各一杯。

孫楚《歌》：茱萸出芳樹顛，鯉魚出洛水泉。白鹽出河東，美豉出魯淵。薑、桂、茶荈出巴蜀，椒、橘、木蘭出高山。蓼蘇出溝渠，精稗出中田。

《華佗食論》[165]：苦茶久食，益意思。

壺居士《食忌》：苦茶久食，羽化；與韭同食，令人體重。

郭璞《爾雅注》云：樹小似梔子，冬生，葉可煮羹飲。今呼早取為茶，晚取為茗，或一曰荈，蜀人名之苦茶。

《世說》：任瞻，字育長，少時有令名，自過江失志。既下飲，問人云："此為茶？為茗？"覺人有怪色，乃自分明云："向問飲為熱為冷。"

《續搜神記》：晉武帝時，宣城人秦精，常入武昌山採茗。遇一毛人，長丈餘，引精至山下，示以叢茗而去。俄而復還，乃探懷中橘以遺精。精怖，負茗而歸。

晉四王起事，惠帝蒙塵還洛陽，黃門以瓦盂盛茶上至尊。[166]

《異苑》[167]：剡縣陳務妻，少與二子寡居，好飲茶茗。以宅中有古塚，每飲輒先祀之。二子患之曰："古塚何知？徒以勞意。"意欲掘去之。母苦禁而止。其夜，夢一人云："吾止此塚三百餘年，卿二子恆欲見毀，賴相保護，又享吾佳茗，雖潛㊿壤朽骨，豈忘翳桑之報[168]。"及曉，於庭中獲錢十萬，似久埋者，但貫新耳。母告二子，慚之，從是禱饋愈甚。

《廣陵耆老傳》：晉元帝時有老姥，每旦獨提一器茗，往市鬻之，市人競買。自旦至夕，其器不減。所得錢散路傍孤貧乞人。人或異之，州法曹縶之獄中。至夜，老姥執所鬻茗器，從獄牖中飛出。

《藝術傳》[169]：燉煌人單道開，不畏寒暑，常服小石子。所服藥有松、桂、蜜之氣，所餘茶蘇而已。

釋道說《續名僧傳》：宋釋法瑤，姓楊㊷氏，河東人。元嘉中過江，遇沈臺真，請真君㊸武康小山寺[170]，年垂懸車㊹，飯所飲茶。永明中，勑吳興禮致上京，年七十九。

宋《江氏家傳》：江統，字應元，遷愍懷太子洗馬，常上疏諫云："今西園賣醯、麵、藍子、菜、茶之屬，虧敗國體。"

《宋錄》：新安王子鸞、豫章王子尚詣曇濟道人於八公山，道人設茶茗。子尚味之曰："此甘露也，何言茶茗？"

王微《雜詩》[171]：寂寂掩高閣，寥寥空廣廈。待君竟不歸，收領今就檟。

鮑照妹令暉著《香茗賦》。

南齊世祖武皇帝遺詔：我靈座上慎勿以牲為祭，但設餅果、茶飲、乾飯、酒脯而已。

梁劉孝綽《謝晉安王[172]餉米等啟》：傳詔李孟孫宣教旨，垂賜米、酒、瓜、筍、菹、脯、酢、茗八種[173]。氣苾新城，味芳雲松。江潭抽節，邁昌荇[174]之珍；疆埸[175]擢翹，越葺精[176]之美。羞非純束野麐[177]，裛[178]似雪之驢。鮓異陶瓶河鯉，操如瓊之粲。茗同食粲[179]，酢類望柑。免千里宿舂，省三月種聚[180]。小人懷惠，大懿難忘。

陶弘景《雜錄》：苦茶輕身換骨，昔丹丘子、黃山君服之。

《後魏錄》：瑯琊王肅仕南朝，好茗飲、蓴羹[181]。及還北地，又好羊肉、酪漿。人或問之："茗何如酪？"肅曰："茗不堪與酪為奴。"

《桐君錄》[182]：西陽、武昌、廬江、晉陵好茗[183]，皆東人作清茗。茗有餑，飲之宜人。凡可飲之物，皆多取其葉。天門冬[184]、拔揳取根，皆益人。又巴東[185]別有真茗茶，煎飲令人不眠。俗中多煮檀葉並大皂李[186]作茶，並冷。又南方有瓜蘆木，亦似茗，至苦澀，取為屑茶飲，亦可通夜不眠。煮鹽人但資此飲，而交、廣[187]最重，客來先設，乃加以香芼輩。

《坤元錄》：辰州漵浦縣西北三百五十里無射山[188]，云蠻俗當吉慶之時，親族集會歌舞於山上。山多茶樹。

《括地圖》：臨遂縣東一百四十里有茶溪。

山謙之《吳興記》：烏程縣[189]西二十里，有溫山，出御荈。

《夷陵圖經》：黃牛、荊門、女觀、望州等山[190]，茶茗出焉。

《永嘉圖經》：永嘉縣[191]東三百里有白茶山。

《淮陰圖經》：山陽縣[192]南二十里有茶坡。

《茶陵圖經》云：茶陵[193]者，所謂陵谷生茶茗焉。

《本草·木部》[194]：茗，苦茶。味甘苦，微寒，無毒。主瘻瘡，利小便，去痰渴熱，令人少睡。秋採之苦，主下氣消食。注云："春採之。"

《本草·菜部》：苦菜，一名茶，一名選，一名游冬，生益州[195]川谷，山陵道傍，淩冬不死。三月三日採，乾。注云："疑此即是今茶，一名茶，令人不眠。"《本草注》："按《詩》云'誰謂荼苦'又云'堇荼如飴'[196]，皆苦菜也。陶謂之苦茶，木類，非菜流。茗春採，謂之苦搽。途遐反。

《枕中方》：療積年瘻，苦茶、蜈蚣並炙，令香熟，等分，搗篩，煮甘草湯洗，以末傅之。"

《孺子方》：療小兒無故驚蹶，以苦茶、蔥鬚煮服之。

八之出

山南[197]

以峽州上[198]，峽州生遠安、宜都、夷陵三縣山谷[199]。襄州、荊州[200]次，襄州生南漳縣山谷，荊州生江陵縣山谷[201]。衡州[202]下，生衡山、茶陵二縣山谷[203]。金州、梁州又下[204]。金州生西城、安康二縣山谷[205]，梁州生襄城、金牛二縣山谷[206]。

淮南[207]

以光州上[208]，生光山縣黃頭港者[209]，與峽州同。義陽郡、舒州次[210]，生義陽縣鍾山者[211]與襄州同，舒州生太湖縣[212]潛山者與荊州同。壽州下，盛唐縣[213]生霍山者與衡山同也。蘄州、黃州又下[214]。蘄州生黃梅縣山谷[215]，黃州生麻城縣山谷[216]，並與荊州、梁州同也。

浙西[217]

以湖州上[218]，湖州，生長城[219]縣顧渚山谷，與峽州、光州同；生山桑儒師二寺、白茅山懸腳嶺，與襄州、荊南、義陽郡同；生鳳亭山伏翼閣飛雲、曲水二寺、啄木嶺，與壽州、常州[220]同；生安吉、武康二縣山谷[221]，與金州、梁州同。常州次，常州義興縣[222]生君山懸腳嶺北峰下，與荊州、義陽郡同；生圈嶺善權寺、石亭山與舒州同。宣州、杭州、睦州、歙州下[223]，宣州生宣城縣雅山，與蘄州同；太平縣[224]生上睦、臨睦，與黃州同；杭州，臨安、於潛二縣生天目山[225]，與舒州同。錢塘生天竺、靈隱二寺[226]，睦州生桐廬縣[227]山谷，歙州生婺源[228]山谷，與衡州同。潤州、蘇州又下[229]。潤州江寧縣[230]生傲山，蘇州長洲縣[231]生洞庭山，與金州、蘄州、梁州同。

劍南[232]

以彭州[233]上，生九隴縣[234]馬鞍山至德寺、棚口，與襄州同。綿州、蜀州次[235]，綿州龍安縣[236]生松嶺關，與荊州同；其西昌、昌明、神泉縣西山者並佳[237]，有過松嶺者不堪採。蜀州青城縣[240]生丈人山，與綿州同。青城縣有散茶、木茶。邛州[239]次，雅州、瀘州下[240]，雅州百丈山、名山，瀘州瀘川[241]者，與金州同也。眉州、漢州又下[242]。眉州丹棱縣[243]生鐵山者，漢州，綿竹縣生竹山者[244]，與潤州同。

浙東[245]

以越州上，餘姚縣生瀑布泉嶺曰仙茗，大者殊異，小者與襄州同。明州[246]、婺州次，明州貿縣[247]生榆筴村，婺州東陽縣東白山與荊州同[248]。台州[249]下。台州始豐縣[250]生赤城者，與歙州同。

黔中[251]

生恩州、播州、費州、夷州[252]。

江南[253]

生鄂州、袁州、吉州[254]。

嶺南[255]

生福州、建州、韶州、象州[256]。福州生閩方山之陰縣也。㊿

其恩、播、費、夷、鄂、袁、吉、福、建、韶、象十一州未詳，往往得之，其味極佳。

九之略

其造具，若方春禁火[257]之時，於野寺山園，叢手而掇，乃蒸，乃舂，乃復，以火乾之，則又棨、樸、焙、貫、棚、穿、育等七事皆廢。

其煮器，若松間石上可坐，則具列廢。用槁薪、鼎鑩[258]之屬，則風爐、灰承、炭檛、火筴、交床等廢。若瞰泉臨澗，則水方、滌方、漉水囊廢。若五人已下，茶可末而精者，則羅廢。若援藟[259]躋巖，引絙[260]入洞，於山口炙而末之，或紙包合貯，則碾、拂末等廢。既瓢、碗、筴、札、熟盂、鹺簋悉以一筥盛之，則都籃廢。

但城邑之中，王公之門，二十四器闕一[261]，則茶廢矣。

十之圖

以絹素或四幅或六幅[262]，分布寫之，陳諸座隅，則茶之源、之具、之造、之器、之煮、之飲、之事、之出、之略目擊而存，於是《茶經》之始終備焉。

附錄一：陸羽傳記

一、《文苑英華》卷十《陸文學自傳》[263]

陸子，名羽，字鴻漸，不知何許人也。或云字羽，名鴻漸，未知孰是？有仲宣、孟陽之貌陋，而有相如、子雲之口吃，而為人才辯，為性褊躁多自用意，朋友規諫，豁然不惑。凡與人宴處，意有所適，不言而去。人或疑之，謂生多嗔。又與人為信，縱冰雪千里，虎狼當道，不 僣 也。

上元初，結廬於苕溪之湄，閉關讀書，不雜非類，名僧高士，談讌永日。常扁舟往山寺，隨身唯紗巾、藤 鞵 、短褐、犢鼻。往往獨行野中，誦佛經，吟古詩，杖擊林木，手弄流水，夷猶徘徊，自曙達暮，至日黑興盡，號泣而歸。故楚人相謂，陸子蓋今之接輿也。

始三歲，惸露育於竟陵太師積公之禪。自九歲學屬文，積公示以佛書出世之業，予答曰："終鮮兄弟，無復後嗣，染衣削髮，號為釋氏，使儒者聞之，得稱為孝乎？羽將授孔氏之文可乎？"公曰："善哉！子為孝，殊不知西方染削之道，其名大矣。"公執釋典不屈，予執儒典不屈。公因矯憐撫愛，歷試賤務，掃寺地，潔僧廁，踐泥圬牆，負瓦施屋，牧牛一百二十蹄。

竟陵西湖無紙，學書以竹畫牛背為字。他日，於學者得張衡《南都賦》，不識其字，但於牧所仿青衿小兒，危坐展卷口動而已。公知之，恐漸漬外典，去道日曠，又束於寺中，令芟剪卉莽，以門人之伯主焉。或時心記文字，懵然若有所遺，灰心木立，過日不作，主者以為慵墮，鞭之，因歎云"恐歲月往矣，不知其書"，嗚呼不自勝。主者以為蓄怒，又鞭其背，折其楚，乃釋。因倦所役，捨主者而去。卷衣詣伶黨，著《謔談》三篇，以身為伶正，弄木人、假吏、藏珠之戲。公追之曰："念爾道喪，惜哉！吾本師有言：我弟子十二時中，許一時外學，令降伏外道也。以吾門人眾多，今從爾所欲，可捐樂工書。"

天寶中，郢人酺於滄浪，邑吏召予為伶正之師。時河南尹李公齊物黜守，見異，提手撫背，親授詩集，於是漢沔之俗亦異焉。後負書火門山鄒夫子墅，屬禮部郎中崔公國輔出守竟陵，因與之遊處，凡三年。贈白驢烏犎牛一頭，文槐書函一枚，云："白驢犎牛，襄陽太守李憕見遺；文槐函，故盧黃門侍郎所與。此物，皆己之所惜也。宜野人乘蓄，故特以相贈。"

洎至德初，秦人過江，予亦過江，與吳興釋皎然為緇素忘年之交。少好屬文，多所諷諭，見人為善若己有之，見人不善，若己羞之，忠言逆耳，無所回避，由是俗人多忌之。

自祿山亂中原，為《四悲詩》，劉展窺江淮，作《天之未明賦》，皆見感激，當時行哭涕泗。著《君臣契》三卷，《源解》三十卷，《江表四姓譜》八卷，《南北人物志》十卷，《吳興歷官記》三卷，《湖州刺史記》一卷，《茶經》三卷，《占夢》上、中、下三卷，並貯於褐布囊。

上元辛丑歲子陽秋二十有九日

二、《新唐書》卷一九六《陸羽傳》

陸羽，字鴻漸，一名疾，字季疵，復州竟陵人，不知所生，或言有僧得諸水濱，畜之。既長，以《易》自筮，得“蹇”之“漸”，曰：“鴻漸于陸，其羽可用為儀”，乃以陸為氏，名而字之。

幼時，其師教以旁行書，答曰：“終鮮兄弟，而絕後嗣，得為孝乎？”師怒，使執糞除圬塓以苦之，又使牧牛三十，羽潛以竹畫牛背為字。得張衡《南都賦》不能讀，危坐效羣兒囁嚅若成誦狀，師拘之，令薙草莽。當其記文字，懵懵若有所遺，過日不作，主者鞭苦，因歎曰：“歲月往矣，奈何不知書！”嗚咽不自勝，因亡去，匿為優人，作詼諧數千言。

天寶中，州人酺，吏署羽伶師，太守李齊物見，異之，授以書，遂廬火門山。貌侻陋，口吃而辨。聞人善，若在己，見有過者，規切至忤人。朋友燕處，意有所行輒去，人疑其多嗔。與人期，雨雪虎狼不避也。上元初，更隱苕溪，自稱桑苧翁，闔門著書。或獨行野中，誦詩擊木，裴回不得意，或慟哭而歸，故時謂今接輿也。久之，詔拜羽太子文學，徙太常寺太祝，不就職。貞元末，卒。羽嗜茶，著經三篇，言茶之原、之法、之具尤備，天下益知飲茶矣。時鬻茶者，至陶羽形置煬突間，祀為茶神。有常伯熊者，因羽論復廣著茶之功。御史大夫李季卿宣慰江南，次臨淮，知伯熊善煮茶，召之，伯熊執器前，季卿為再舉杯。至江南，又有薦羽者，召之，羽衣野服，挈具而入，季卿不為禮，羽愧之，更著《毀茶論》。其後，尚茶成風，時回紇入朝，始驅馬市茶。

三、《唐才子傳》卷三《陸羽》

羽，字鴻漸，不知所生。初，竟陵禪師智積得嬰兒於水濱，育為弟子。及長，恥從削髮，以《易》自筮，得“蹇”之“漸”曰：“鴻漸于陸，其羽可用為儀”，始為姓名。有學，愧一事不盡其妙。性詼諧。少年匿優人中，撰《談笑》萬言。天寶間，署羽伶師，後遁去。古人謂潔其行而穢其跡者也。上元初，結廬苕溪上，閉門讀書。名僧高士，談讌終日。貌寢，口吃而辯。聞人善，若在己。與人期，雖阻虎狼不避也。自稱桑貯翁，又號東崗子。工古調詩歌，興極閒雅，著書甚多。扁舟往來山寺，唯紗巾、藤鞋、短褐、犢鼻，擊林木，弄流水。或行曠野中，誦古詩，裴回至月黑，興盡慟哭而返。當時以比接輿也。與皎然上人為忘言之交。有詔拜太子文學。羽嗜茶，造妙理，著《茶經》三卷，言茶之原、之法、之具，時號“茶仙”，天下益知飲茶矣。鬻茶家以瓷陶羽形，祀為神，買十茶器，得一“鴻漸”。初，御史大夫李季卿宣慰江南，喜茶，知羽，召之。羽野服挈具而入。李曰：“陸君善茶，天下所知。揚子中泠，水又殊絕。今二妙千載一遇，山人不可輕失也。”茶畢，命奴子與錢。羽愧之，更著《毀茶論》。與皇甫補闕善。時鮑尚書防在越，羽往依焉。冉送以序曰：“君子究孔、釋之名理，窮歌詩之麗則。遠墅孤島，通舟必行；魚梁釣磯，隨意而往。夫越地稱山水之鄉，轅門當節鉞之重。鮑侯知子愛子者，將解衣推食，豈徒嘗鏡水之魚，宿耶溪之月而已！”集並《茶經》今傳。

四、《唐國史補・陸羽得姓氏》

竟陵僧有于水濱得嬰兒者，育為子弟，稍長，自筮得蹇之漸，由曰："鴻漸于陸，其羽可用為儀。"乃今姓陸名羽，字鴻漸。羽有文學，多意思，恥一物不盡其妙，茶術尤著。鞏縣陶者多瓷偶人，號陸鴻漸，買數十茶器得一鴻漸，市人沽茗不利，輒灌注之。羽於江湖稱竟陵子，於南越稱桑苧翁。與顏魯公厚善，及玄真子張志和為友。和事竟陵禪師智積，異日他處聞禪師去世，哭之甚哀，乃作詩寄情，其略云："不羨白玉盞，不羨黃金罍。亦不羨朝入省，亦不羨暮入台。千羨萬羨西江水，竟向竟陵城下來。" 貞元末卒。

附錄二：歷代《茶經》序、跋

一、〔唐〕皮日休序

案《周禮》酒正之職辨四飲之物，其三曰漿，又漿人之職，供王之六飲，水漿醴涼醫酏入於酒府。鄭司農云：以水和酒也。蓋當時人率以酒醴為飲，謂乎六漿，酒之醨者也，何得姬公製？《爾雅》云："檟，苦荼。"即不擷而飲之，豈聖人純於用乎？抑草木之濟人，取捨有時也。自周以降及于國朝茶事，竟陵子陸季疵言之詳矣。然季疵以前，稱茗飲者，必渾以烹之，與夫瀹蔬而啜者無異也。季疵之始為經三卷，由是分其源，制其具，教其造，設其器，命其俾飲之者，除痟而去癘，雖疾醫之，不若也。其為利也，於人豈小哉！余始得季疵書，以為備矣。後又獲其《顧渚山記》二篇，其中多茶事；後又太原溫從雲、武威段碣之各補茶事十數節，並存於方冊。茶之事，由周至於今，竟無纖遺矣。昔晉杜育有《荈賦》，季疵有《茶歌》，余缺然於懷者，謂有其具而不形於詩，亦季疵之餘恨也。遂為十詠，寄天隨子。

二、〔宋〕陳師道《茶經序》(據上海古籍出版社景印北京圖書館宋刻本《後山居士文集)

陸羽《茶經》，家書一卷，畢氏、王氏書三卷，張氏書四卷，內外書十有一卷。其文繁簡不同，王、畢氏書繁雜，意其舊文；張氏書簡明與家書合，而多脱誤；家書近古可考正自七之事，其下亡；乃合三書以成之，錄為二篇，藏於家。夫茶之著書自羽始，其用於世亦自羽始，羽誠有功於茶者也。上自宮省，下迨邑里，外及戎夷蠻狄，賓祀燕享，預陳於前，山澤以成市，商賈以起家，又有功於人者也，可謂智矣。經曰："茶之否臧，存之口訣。"則書之所載，猶其粗也。夫茶之為藝下矣，至其精微，書有不盡，況天下之至理，而欲求之文字紙墨之間，其有得者乎？昔者先王因人而教，同欲而治，凡有益於人者，皆不廢也。世人之說曰，先王《詩》、《書》、《道德》而已，此乃世外執方之論，枯槁自守之行，不可羣天下而居也。史稱羽持具飲李季卿，季卿不為賓主，又著論以毀之。夫藝者，君子有之，德成而後及，乃所以同於民也；不務本而趨末，故業成而下也。學者慎之！

三、〔明〕陳文燭《茶經序》

先通奉公論吾沔人物，首陸鴻漸，蓋有味乎《茶經》也。夫茗久服，令人有力悅志，見《神農食經》，而曇濟道人與〔王〕子尚設茗八公山中，以為甘露，是茶用於古，羽神而明之耳。人莫不飲食也，鮮能知味也。稷樹藝五穀而天下知食，羽辨水煮茶而天下知飲，羽之功不在稷下，雖與稷並祠可也。及讀自傳，清風隱隱起四座，所著《君臣契》等書，不行於世，豈自悲遇不禹稷若哉！竊謂禹稷、陸羽，易地則皆然。昔之刻《茶經》、作郡志者，豈未見茲篇耶？今刻於經首，次《六羨歌》，則羽之品流概見矣。玉山程孟孺善書法，書《茶經》刻焉，王孫貞吉繪茶具，校之者，余與郭次甫。結夏，金山寺飲中泠第一泉。

明萬曆戊子夏日郡後學陳文燭玉叔撰

四、〔明〕童承敘《陸羽贊》

余嘗過竟陵，憩羽故寺，訪雁橋，觀茶井，慨然想見其為人。夫羽少厭髡緇，篤嗜墳素，本非忘世者，卒乃寄號桑苧，遁跡苕霅，嘯歌獨行，繼以痛哭，其意必有所在，時乃比之接輿，豈知羽者哉！至其性甘茗荈，味辨淄澠，清風雅趣，膾炙今古。張顛之於酒也，昌黎以為有所托而逃，羽亦以是夫！

五、〔明〕李維楨《茶經序》

徐微休尚論邑之先賢，於唐得陸鴻漸。泉無恙而《茶經》漶滅不可讀，取善本覆校，鍥諸梓，屬余為序。蓋茶名見《爾雅》，而《神農食經》、華佗《食論》、壺居士《食忌》、桐君及陶弘景錄、魏王《花木志》胥載之，然不專茶也。晉杜育《荈賦》、唐顧況《茶論》，然不稱經也。韓翃《謝茶啟》云：吳主禮賢置茗，晉人愛客分茶，其時賜已千五百串，常魯使西番，番人以諸方產示之，茶之用已廣。然不居功也。其筆諸書，而尊為經而人又以功歸之，實自鴻漸始。夫揚子雲、王文中一代大儒，《法言》中說，自可鼓吹六經，而以擬經之故，為世詬病。鴻漸品茶小技，與經相提而論，人安得無異議？故溺其好者，謂窮《春秋》，演河圖，不如載茗一車，稱引並於禹稷，而鄙其事者，使與傭保雜作，不具賓主禮。《氾論訓》曰：伯成子高辭諸侯而耕，天下高之，今之時辭官而隱處鄉邑，下於古為義，於今為笑，豈可同哉。鴻漸混跡牧豎、優伶，不就文學，太祝之拜，自以為高，此難為俗人言也。所著《君臣契》三卷，《源解》三十卷、《江表四姓譜》十卷、《南北人物志》十卷、《占夢》三卷不盡傳，而獨傳《茶經》，豈以他書人所時有，此為觭長，易於取名如承蜩、養雞、解牛、飛鳶、弄丸、削鐻之屬驚世駭俗耶？李季卿直技視之，能無辱乎哉！無論季卿，曾明仲《隱逸傳》且不收矣。費袞云：鞏有瓷偶人，號陸鴻漸，市沽茗不利，輒灌注之，以為偏好者戒。李石云鴻漸為茶論並煎炙法，常伯熊廣之，飲茶過度遂患風氣，北人飲者，多腰疾偏死，是無論儒流，即小人且求多矣！後鴻漸而同姓魯望嗜茶，置園顧渚山下，歲收租，自判品第，不聞以技取辱。鴻漸嘗問張子同孰為往來，子同曰："太虛為室，明月為燭，與四海諸公共處，未嘗少別，何有往來？兩人皆以隱名，曾無尤悔。僧晝對："鴻漸使有宣尼博識、胥臣多聞，終日目前，矜道侈義，適足以伐其性，豈若松巖、雲月、禪坐相偶無言而道合，志靜而性同，吾將入杼山矣。"遂束所著爇之。度鴻漸不勝伎倆磊塊，沾沾自喜，意奮氣揚，體大節疏。彼夫外飾邊幅，內設城府，寧見容耶？聖人無名，得時則澤及天下，不知誰氏；非時則自埋於民，自藏於畔。生無爵，死無謚，有名則愛憎、是非、雌雄、片合紛起。鴻漸殆以名誨妬耶？雖然牧豎、優伶可與浮沉，復何嫌於傭保。古人玩世不恭，不失為聖。鴻漸有執以成名，亦寄傲耳！子京言放利之徒假隱自名，以詭祿仕。肩摩於道，終南嵩山，成仕途捷徑，如鴻漸輩，各保其素可貴慕也。太史公曰：富貴而名磨滅，不可勝數，惟俶儻非常之人稱焉。鴻漸窮厄終身，而遺書遺蹟，百世之下寶愛之，以為山川邑里重，其風足以廉頑立懦，胡可少哉！夫酒食禽魚，博塞摴蒲，諸名經者夥矣，茶之有經也奚怪焉！

六、〔清〕徐同氣《茶經序》

余曾以屈、陸二子之書付諸梓，而毀于燹，計再有事而屈郡人。陸，里人也，故先鐫《茶經》。客曰：子之於《茶經》奚取？曰：取其文而已。陸子之文，奧質奇離，有似《貨殖傳》者，有似《考工記》者，有似周王傳者，有似山海、方輿諸記者。其簡而賅，則《檀弓》也，其辨而纖，則《爾雅》也，亦似之而已，如是以為文，而以無取乎？客曰：其文遂可為經乎？曰：經者，以言乎其常也，水以源之盈竭而變，泉以土脈之甘澀而變，瓷以壤之脆堅、焰之浮燼而變，器以時代之刓、事工之功利而變，其騖為經者，亦以其文而已。客曰：陸子之文，如《君臣契》、《源解》、《南北人物志》及《四悲歌》、《天之未明賦》諸書，而蔽之以《茶經》，何哉？曰：諸書或多感憤，列之經傳者，猶有猳冠、傖父氣，《茶經》則雜于方技，迫於物理，肆而不厭，傲而不忤，終古以此顯，足矣。客曰：引經以繩茶，可乎？曰：凡經者，可例百世，而不可繩一時者也。孔子作《春秋》，七十子惟口授傳其旨，故《經》曰：茶之臧否，存之口訣，則書之所載，猶其粗者也。抑取其文而已。客曰：文則美哉，何取於茶乎？曰：神農取其悅志，周公取其解酲，華佗取其益意，壺居士取其羽化，巴東人取其不眠，而不可概於經也。陸子之經，陸子之文也。

此外尚有明代吳旦、汪可立、王寅、張睿、魯彭，清代徐篁為《茶經》作過序跋。

注　釋

1 萬國鼎《茶書總目提要》等茶書書目中有列，但不見於北京中國國家圖書館藏清嘉慶版《漢唐地理書鈔》。

2 尺：唐尺有大尺和小尺之分，一般用大尺，傳世或出土的唐代大尺一般都在三十公分左右。

3 巴山峽川：指四川東部、湖北西部地區。

4 瓜蘆：又名皋蘆，是分佈於我國南方的一種葉似茶葉而味苦的樹木。裴淵《廣州記》："酉陽縣出皋蘆，茗之別名，葉大而澀，南人以為飲。"李時珍《本草綱目》云："皋蘆，葉狀如茗，而大如手掌，挼碎泡飲，最苦而色濁，風味比茶不及遠矣。"唐人有煎飲皋蘆者，皮日休有"石盆煎皋蘆"詩句。

5 梔子：屬茜草科，常綠灌木，葉對生，長橢圓形，近似茶葉。

6 白薔薇：屬薔薇科，落葉灌木，花冠近似茶花。

7 栟櫚（bīng lǘ）：即棕櫚，屬棕櫚科，核果近球形，淡藍黑色，有白粉。

8 丁香：屬桃金娘科，一種香料植物。

9 胡桃：屬核桃科，深根植物，根深常達二、三米以上。

10 廣州：唐代乾元元年（758）至乾寧二年（895）的廣州，治所在今廣州市。

11 蒲葵：屬棕櫚科。

12《開元文字音義》：唐玄宗開元二十三年(735)編成的一部字書，三十卷，已佚，有清代黃奭等輯本。因書中已收有"茶"字，又出在陸羽《茶經》寫成之前二十五年，所以並不如南宋魏了翁在《邛州先茶記》中說："惟自陸羽《茶經》、盧仝《茶歌》、趙贊茶禁之後，則遂易荼為茶。"

13《本草》：指唐代蘇虞等人所撰的《本草》(今稱《唐本草》，已佚），宋《重修政和經史證類備用本草》卷 13 有引此書的內容。

14《爾雅》：中國最早的字書，共十九篇。古來相傳為周公所撰，或謂孔子門徒解釋六藝之作。蓋係秦漢間經師綴集舊文，遞相增益而成，非出於一時一手。按本節"其字"從草、從木、草木並的三個字是指茶的幾個異體、通用字。

15 檟（jiǎ），蔎（shè），荈（chuǎn）：按本節"其名"指茶的五個別名。

16 周公：姓姬名旦，周文王之子，周武王之弟。武王死後，扶佐武王子成王，改定官制，製作禮樂，完備了周朝的典章文物。因其采邑在成周，故稱為周公。

17 揚執戟：即揚雄（前 53 － 18），字子雲，西漢蜀郡成都（今四川）人，曾任黃門郎，而漢代郎官都要執戟護衛宮廷，故稱揚執戟。著有《法言》、《方言》等。辭賦與司馬相如齊名。《漢書》卷 87 有傳。

18 郭弘農：即郭璞（276 － 324），字景純，河東聞喜（今山西）人。曾仕東晉元帝，明帝時因直言而為王敦所殺，後贈弘農太守。博洽多聞，曾為《爾雅》、《楚辭》、《山海經》、《方言》等書作注。《晉書》卷 72 有傳。

19 礫壤：指砂質土壤或砂壤。

20 法如種瓜：據《齊民要術》，種瓜的要點，是精細整地，挖坑深、廣各尺許，施糞作基肥，播子四粒。與目前茶子直播法無多大區別。

21 瘕（jiǎ）：中醫把氣血在腹中凝結成塊稱瘕。

22 醍醐（tí hú）：是經過多次制煉的乳酪，如《涅槃經・聖行》說："從乳出酪，從酪出生酥，從生酥出熟酥，熟酥出醍醐。醍醐最。"

23 上黨：唐代上黨郡，在今山西南部長治一帶。

24 百濟：朝鮮古國，在今朝鮮半島西南部漢江流域。　新羅：朝鮮半島東部之古國，公元前57年建國，後為王氏高麗取代，與中國唐朝有密切關係。

25 高麗：即古高句麗國，在今朝鮮北部。

26 澤州：唐時屬河東道高平郡，在今山西晉城。　易州：屬唐時河北道上谷郡，在今河北易縣一帶。幽州：唐屬河北道范陽郡，即今北京及周圍一帶地區。　檀州：唐屬河北道密雲郡，在今北京密雲一帶。

27 薺苨（jì ní）：屬桔梗科，根莖與人參相似。劉勰《新論》云：“愚與直相像，若薺苨之亂人參。”

28 六疾：指六種疾病，《左傳 · 昭公元年》：“天有六氣……淫生六疾，六氣曰陰、陽、風、雨、晦、明也。分為四時，序為五節，過則為災。陰淫寒疾，陽淫熱疾，風淫末疾，雨淫腹疾，晦淫惑疾，明淫心疾。”後以“六疾”泛指各種疾病。　瘳（chōu）：病愈。

29 籯（yíng）：筐籠一類的盛物竹器，也作“籝”。原注音加追反，誤。

30 中國筥（jǔ）：圓形的盛物竹器。《詩經》毛傳：“方曰筐，圓曰筥。”

31 升：唐代的一升等於 0.5944 公升，約 600cc。

32 㪷：同“斗”，一斗合十升。

33 此句出《漢書》卷 73《韋賢傳》“遺子黃金滿籯，不如一經”，《昭明文選》劉逵注引《韋賢傳》，“籯”作“籝”，陸羽《茶經》沿用此“籝”。

34 顏師古（581 － 645）：名籀，字師古，以字行，曾仕唐太宗朝，官至中書郎中。曾為班固《漢書》等書作注。《舊唐書》卷 73、《新唐書》卷 198 有傳。

35 突：煙囪。唐陸龜蒙《茶 竈》詩有“無突抱輕嵐，有煙映初旭”，描繪當時茶 竈 不用煙囪的情形。

36 甑（zèng）：古代用於蒸食物的炊器。

37 箄（bēi）：小籠，竹製的捕魚具。周靖民先生認為當是“箅”（bì），甑內有孔隙的竹編隔水器。《廣韻》：“甑，箅也”。

38 穀木：指構樹或楮樹，桑科，在中國分佈很廣，它的樹皮韌性大，可用來作繩索，故下文有“以穀皮為之”語。

39 膏：此處指茶葉中的膏汁。

40 棬：指象升或盂一樣的器物，曲木製成。

41 檐：同簷。這裏指鋪在砧上的布，用以隔離砧石、木與茶餅，使製成的茶餅易於拿起。吳覺農《茶經述評》認為當是“襜”的誤用。襜（chán），繫在衣服前面的圍裙。

42 芘（bì）莉：芘、莉原為兩種草，此處指一種用草編織成的列茶工具。

43 篣筤（páng láng）：篣、筤原為兩種竹，此處指一種用竹編成的列茶工具。

44 棨（qǐ）：此指用來在餅茶上鑽孔的錐刀。

45 解（jiè）：搬運，運送。

46 焙（bèi）：這裏指烘焙茶餅用的焙爐。

47 穿（chuàn）：貫串製好的茶餅的索狀工具。

48 江東：指長江中下游地帶。　淮南：指淮河以南長江以北地區；又，淮南道是唐代的十道之一。

49 峽中：指長江在四川、湖北境內的三峽地帶。

50 煻煨（táng wěi）：即熱灰，可以煨物。

51 熅熅：火勢微弱的樣子。

52 淩露採焉：趁着露水還掛在茶葉上未乾時就採茶。

53 叢薄：聚木曰叢，深草曰薄，叢薄指草木叢生的地方。

54 犎（fēng）：一種野牛，即封牛，百川學海本、鄭熜本注曰“犎，音朋，野牛也。”　臆：指胸部。《漢書 · 西域傳》：“罽賓出犎牛”，顏師古注：“犎牛，項上隆起者也”，積土為封，因為犎牛頸後肩胛上肉塊隆起，故以名之。

55 廉襜：指象帷幕的邊垂一樣，起伏較大。廉，邊側；襜，帷幕。

56 輪囷（qún）：《史記 · 鄒陽傳》“輪囷離佹”，注曰“委曲盤戾也”。囷，指曲折迴旋狀。

57 涵澹：水因微風而搖蕩的樣子。

58 泚（cǐ）：清，鮮明。

59 籜（tuò）：竹皮，俗稱筍殼，竹類主稈所生的葉。

60 簁簁：簁，同篩；簁，亦同篩。《說文 · 竹部》：“簁，竹器也，可以去粗取細，從竹，麗聲。”段玉裁注：“簁，簁，古今字也，《（漢）書 · 賈山傳》作篩”。

61 坳垤（dié）：指茶餅表面凹凸不平整。垤，小土堆。

62 炭檛（zhuā）：碎炭用的器具。檛，敲打，擊打。

63 拂末：拂掃茶末的用具。
64 鹺（cuó）：味濃的鹽。　簋（guǐ）：古代橢圓形盛物用的器具。　揭：與“詠”同，竹片作的取茶用具。
65 杇墁：塗牆用的工具。
66 古文：上古之文字，如甲骨文、金文、古籀文和篆文等。
67 坎、巽、離：均為八卦的卦名之一，坎的卦形為“☵”，象水；巽的卦形為“☴”，象風象木；離的卦形為“☲”，象火象電。
68 滅胡：指唐朝平定安祿山、史思明等八年叛亂，在廣德元年（763）。陸羽的風爐造在此年的明年即764年。從此句可知《茶經》最早也當寫成於764年之後。
69 伊公：即伊摯。
70 墆（dié）：貯也，止也。　臬（niè）：墆臬指風爐口緣上所置用以放鍋的支撐物。
71 翟：長尾的山雞。
72 柈（pán）：同“盤”。
73 六出：花開六瓣及雪花晶成六角形都叫六出，這裏指用竹條織出六角形的洞眼。
74 鑠：這裏指摩削之意。
75 鋜（zhǎn）：一義為燈盤，一義即為本文中的炭檛上的飾物。
76 河隴：河指甘肅的河州，今臨夏縣附近；隴指陝西鳳翔的隴州，今隴縣附近。
77 木吾：木棒名，指防禦用的木棒。吾，防禦。
78 筯：這裏指火鉗。
79 本句指火筴頭無修飾。
80 耕刀：犁頭。　趄（jū）：本意趑趄不前，行走困難。這裏引申為用壞了不能再使用的犁頭。
81 洪州：即今江西南昌，歷來出產褐色名瓷。天寶二年(734)，韋堅鑿廣運潭，獻南方諸物產，豫章郡(洪州天寶間改稱豫章) 載“力士飲器，茗鐺、釜”等，在長安望春樓下供玄宗及百官觀賞。
82 萊州：治所在今山東掖縣，唐時的轄境相當於今山東掖縣、即墨、萊陽、平度、萊西、海陽等地。《新唐書·地理志》載萊州供石器。
83 交床：即胡床，一種可折疊的輕便坐具，也叫交椅、繩床。
84 篠（xiǎo）：小竹。又寫作“筱”。
85 剡（shàn）藤紙：剡溪所產的以藤作的紙，唐代定為貢品。剡溪即今浙江嵊縣。
86 墮：碾輪。
87 匕：食器，曲柄淺斗，狀如今之羹匙。古代也用作量藥的器具。方寸匕，《本草綱目》引用陶弘景《名醫別錄》：“方寸匕者，作匕正方一寸，抄散取不落為度。”
88 椆（chòu）木：屬山毛櫸科。　楸、梓：均為紫葳科。
89 漉：過濾，滲。
90 縑（jiān）：細絹。
91 《荈賦》：原文已佚，現可從《北堂書鈔》、《藝文類聚》、《太平御覽》等書中輯出二十餘句，已非全文。
92 餘姚：今浙江餘姚。
93 丹丘：神話中的神仙居住之地，晝夜長明。屈原《遠遊》：“仍羽人於丹丘兮，留不死之舊鄉。”後來道家以丹丘子指來自丹丘仙鄉的仙人。
94 罍（léi）：酒樽，其上飾以雲雷紋，形似大壺。
95 越州：治所在會稽（今浙江紹興），轄境相當於今浦陽江、曹娥江流域及餘姚。在唐、五代、宋時以產秘色瓷器著名，瓷體透明，是青瓷中的絕品。
96 鼎州：唐曾經有二，一在湖南，轄境相當於今湖南常德、漢壽、沅江、桃源等縣一帶；二在陝西，今涇陽、醴泉、三原、雲陽一帶。
97 婺州：唐轄境相當於今浙江金華江、武義江流域各縣。
98 岳州：相當於今湖南洞庭湖東、南、北沿岸各縣。

99 壽州：在今安徽壽縣一帶。

100 邢州：相當於今河北巨鹿、廣宗以西，泜河以南，沙河以北地區。唐宋時期邢窯燒製瓷器，白瓷尤為佳品。

101 白蒲：莎草科。

102 帊（pà）：帛二幅或三幅為帊，亦作衣服解。紙帊，指茶碗的紙套子。

103 絁（shī）：粗綢，似布。

104 扃（jiōng）：門箱窗櫃上的插關。

105 培塿：義為小山或小土堆。

106 穰（ráng）：禾莖稈的內在部分。

107 倪倪：弱小的樣子。

108 勞薪之味：指用陳舊或其他不適宜的木柴燒煮而致使味道受影響的食物，典出《世說新語．術解》：“荀勗嘗在晉武帝坐上食筍進飯，謂在坐人曰：‘此是勞薪炊也。’坐者未之信，密遣問之，實用故車腳。”《晉書》卷 39 亦載有此事。

109 乳泉：從石鐘乳滴下的水，富含礦物質。

110 火天：熱天，夏天。霜降是節氣名，公曆 10 月 23 日或 24 日。

111 䶗䵋（gǎn dǎn）：無味。

112 餑：茶湯表面上的浮沫。

113 綠錢：苔蘚的別稱。

114 罇：盛酒的器皿。俎：盛肉的禮器。

115 蕍（fū）：花的通名。

116 緗：淺黃色。

117 欼（sǐ）：香美。

118 呿（qū）：張口狀。

119 遠祖納（320？－ 395）：即陸納，陸羽因與陸納同姓，故稱之為遠祖。陸納為晉時吳郡吳（今江蘇蘇州）人，官至尚書令，拜衛將軍。《晉書》卷 77 有傳。

120 兩都：指唐朝的西京長安，東都洛陽。　荊：荊州，江陵府，天寶間一度為江陵郡。　渝：渝州，天寶間稱南平郡，治巴縣（今四川重慶）。

121 痷（ān）：泛，浮泛，此指以水浸泡茶葉之意。

122 黃山君：漢代仙人。

123 歸命侯：三國時吳國的末代皇帝孫皓（242 － 283，264 － 280 年在位），於 280 年降晉，被封為歸命侯。

124 晉惠帝：即司馬衷（259 － 307，290 － 306 年在位），是西晉的第二代皇帝。

125 張載：字孟陽，曾任中書侍郎，未任過黃門侍郎，而是其弟張協（字景陽）任過此職。《茶經》此處當有誤記。

126 傅咸（239 － 294）：字長虞，西晉時人，曾任官司隸校尉。

127 江統：西晉時人，曾任子洗馬。

128 桓溫（312 － 373）：東晉時人，曾任揚州牧。

129 沛國夏侯愷：《搜神記》卷 16 中的人物，沛國在今江蘇沛縣、豐縣一帶。

130 餘姚虞洪：亦是《搜神記》中之人物，餘姚即今浙江餘姚。

131 丹陽：丹陽即今江蘇鎮江。

132 安丘：即今河南澠池。　育長：為任瞻字，東晉時安丘人。

133 宣城秦精：是《續搜神記》中人物，宣城即今安徽宣城。

134 剡縣陳務妻：是《異苑》中的人物，剡縣即今浙江嵊縣。

135 廣陵老姥：是《廣陵耆老傳》中的人物，廣陵即今江蘇揚州。

136 瑯琊王肅：字恭懿（464 － 501），初仕南齊，後因父兄為齊武帝所殺，乃奔北魏，《魏書》卷 63 有傳。琅琊在今山東臨沂一帶。

137 新安王子鸞：南朝宋孝武帝第八子。又，豫章王子尚是第二子，當子尚為兄，《茶經》此處有誤。事見《宋書》卷 80 。

138 鮑照妹令暉：鮑照是南朝宋的一位著名詩人，東海（今山東蒼山）人，其妹令暉亦是一位優秀詩人，鍾嶸在其《詩品》中對她有很高的評價，《玉台新詠》載其"著《香茗賦集》行於世"，該集已佚，僅存書目。唐人避武后嫌名，改"照"為"昭"。

139 世祖武帝：即南朝齊國第二代皇帝蕭賾（440 － 493），482 － 493 年在位。

140 劉廷尉：即劉孝綽（481 － 539），廷尉是官名。

141 徐勣（594－669）：即李勣，唐初名將，本姓徐，名世勣，字懋功，賜姓李，避太宗李世民諱改為單名勣。

142 《神農食經》：傳說為炎帝神農所撰，實為西漢儒生託名神農氏所作。

143 《廣雅》，三國魏張揖所撰，原三卷，隋代曹憲作音釋，始分為十卷，體例內容根據《爾雅》而內容博采漢代經書箋注及《方言》、《說文》等字書增廣補充而成。隋代為避煬帝楊廣名諱，改名為《博雅》，後二名並用。

144 芼（mào）：蔬菜，此處指多種植物食物合煮為羹之意。

145 《晏子春秋》：舊題春秋晏嬰撰，所述皆嬰遺事，當為後人摭集而成。今凡八卷。《茶經》所引內容見其卷六內篇雜下第六，文稍異。

146 《凡將篇》：漢司馬相如所撰字書，已佚，現有清任大椿《小學鈎沈》、馬國翰《玉函山房輯佚書》本。

147 烏啄：原名草頭烏，又名烏頭，屬毛茛科附子屬。 桔梗：桔梗科桔梗屬。 芫華：又作芫花，瑞香科瑞香屬。 款冬：菊科款冬屬。 貝母：百合科貝母屬。 木蘗：即黃柏，芸香科黃蘗屬。 蔞：即蔞菜，胡椒科土蔞藤屬。 芩草：禾本科菅屬。 漏蘆：菊科漏蘆屬。 蜚廉：菊科飛廉屬。 雚菌：《本草綱目》認為"雚"當作"萑"，讀如桓，蘆葦屬，其菌屬菌蕈科。 白斂：亦作白蘞，葡萄科葡萄屬。 白芷：傘形科鹹草屬。 菖蒲：天南星科白菖屬。 芒硝：即芒硝，樸硝加水熬煮後結成的白色結晶體即芒硝。 莞椒：吳覺農先生認為恐為華椒之誤，華椒即秦椒，芸香科秦椒屬，可供藥用。在宋代，有以椒入茶煎飲的。

148 《方言》：西漢揚雄撰，但《茶經》所引本句並不見於《方言》原文，而是見於晉郭璞所著的《方言注》。

149 事又見《晉書》卷 77《陸曄傳》附傳《陸納傳》，文有節略並稍異。

150 《搜神記》：晉干寶撰，本條見其書卷 16 ，文稍異。

151 南兗州：據《晉書．地理志下》載："元帝僑置兗州，寄居京口。後改為南兗州，或居江南，或居盱眙，或居山陽。"因為在山東、河南的原兗州已被石勒佔領，東晉於是在南方僑置南兗州。東晉這樣的僑置州郡很多。

152 安州：晉無安州，晉至隋時只有安陸郡，到唐代才改為安州，在今湖北安陸縣一帶。故《茶經》所引此信，恐非劉琨當時的原文。

153 吾體中潰悶，常仰真茶，汝可置之：《太平御覽》卷 867 引作"吾體中煩悶，常仰茶，汝可信信置之"。

154 《神異記》：魯迅《中國小說史略》曰："類書間有引《神異記》者，則為道士王浮作。"王浮，西晉惠帝時人。

155 詩又名為《登成都白菟樓》。

156 程卓：指漢代程鄭和卓王孫兩大富豪之家。《史記．貨殖列傳》說卓氏之富"傾動滇蜀"，程氏則"富埒卓氏"。

157 五侯：公、侯、伯、子、男五等爵，後以泛稱權貴之家。

158 吳鈎：即吳越之地出產的刀劍，刃稍彎。鮑照《結客少年行》有"驄馬金絡頭，錦帶懸吳鈎"語。

159 六清：是《周禮．天官．膳夫》中所指的六種飲料，即水、漿、醴、涼、醫、酏，本句意指茶飲品味在六清等諸種飲料之上。

160 柰：俗名花紅，亦名沙果。李時珍《本草綱目．果部》集解：柰與林檎一類二種也，樹實皆似林檎而大。按花紅、林檎、沙果實一物而異名，果味似蘋果，供生食，從古代大宛國傳來。

161 峘陽："峘"字通"恆"，恆陽有二解，一是指恆山山陽地區，一是指恆陽，今河北曲陽。

162 南中：現今雲南。

163 西極：指西域或天竺。　石蜜：用甘蔗榨糖，成塊者即為"石蜜"。

164 懸豹：或為懸鈎形似之誤，否則殊不可解。懸鈎又稱山莓、木莓，薔薇科，莖上有刺，子酸美，人多採食。

165 《華陀食論》：一作《華陀食經》，東漢時著作。

166 《晉書．惠帝紀》中所記內容為"以瓦盂盛飯"，與本書所引不同。

167 《異苑》：志怪小說及人物異聞集，南朝劉敬叔撰。

168 翳桑之報：春秋時晉國大臣趙盾在翳桑打獵時，遇見了一個名叫靈輒的飢餓垂死之人，趙盾很可憐他，親自給他吃飽食物。還預備食物讓他帶回家給母親吃。後來晉靈公埋伏了很多甲士要殺趙盾，突然有一個甲士倒戈救了趙盾。趙盾問及原因，甲士回答他說"我是翳桑的那個餓人，來報答你的一飯之恩。"事見《左傳》宣公二年。

169 《藝術傳》：指《晉書》裏的卷95《藝術傳》，本書所引文為其節略，且文有異。

170 武康，在今浙江德清。

171 王微（415－443）：字景玄，南朝宋人。本節最初所列人名總目中漏列王微名。王微有《雜詩》二首，《茶經》所引為第一首。

172 晉安王：即南朝梁武帝第二子蕭綱（503－551），繼立為太子，550－551年在位，稱簡文帝。

173 菹（zū）：同葅，酢菜。

174 昌荇：昌同菖，菖蒲；荇，荇菜，水草名。

175 疆場：典出《詩經．小雅．信南山》："中田有廬，疆埸有瓜"。

176 葺精：加倍的好。葺，重疊。

177 純（tún）束野麏（jūn）：麏同麇，獐子；純，包束。典出《詩經．召南．野有死麇》："野有死麇，白茅純束"。

178 裛（yì）：纏裹。

179 粲：上等的白米。《詩．鄭風．緇衣》傳曰：粲，食也。

180 典出《莊子．逍遙遊》："適百里者宿舂糧，適千里者必聚糧。"

181 蓴羹：蓴，睡蓮科，多年生水生草木，夏採嫩葉作蔬。《詩．魯頌．泮水》"薄采其茆"，孔疏："茆……江南人謂之蓴菜"。

182 《桐君錄》：全名為《桐君採藥錄》，或簡稱《桐君藥錄》，南朝梁陶弘景《名醫別錄自序》中載有此書，當成書於東晉以後，五世紀以前。

183 西陽：在今湖北黃岡一帶。　武昌：漢時武昌為今鄂城，三國以後的武昌郡則為今之武昌。　廬江：晉代郡名，治所在舒（今安徽廬江西南）。　晉陵：在今江蘇常州。

184 天門冬：多年生草木，可藥用。　拔揳：別名金剛骨、鐵菱角，屬百合科，多年生草本植物，根狀莖可藥用，能止渴，治痢。乾隆二十一年《桐廬縣誌》卷36轉引《唐詩紀事》引陸羽《茶經》中《桐君錄》文為："西陽、武昌、廬江、晉陵好茗，而不及桐廬。又謂，凡可飲之物，茗取其葉，天門冬取子、菝揳取根。"與《茶經》原文不盡相同。

185 巴東：東漢的巴東郡在今四川奉節東，現在的巴東則在湖北。

186 大皂李：即皂莢，其果、刺、子皆入藥。

187 交、廣：東漢交州在今廣西梧州一帶，廣即今廣州。

188 辰州：唐時屬江南道，轄境相當於今湖南沅陵以南的沅江流域以西地區，漵浦為其所轄縣，今湖南仍有漵浦。

189 烏程縣：即今浙江吳興。

190 夷陵：今湖北宜昌。黃牛、荊門、女觀、望州等山都在宜昌附近。

191 永嘉縣：即今浙江永嘉。

192 山陽縣：今江蘇淮安。茶陂在山陽西南二十里。

193 茶陵：今湖南茶陵。
194 《茶經》中所引為李勣、蘇恭等修訂的《唐本草》。
195 益州：今四川成都。
196 二句分別出《詩經》之《邶風 · 谷風》、《大雅 · 緜》。
197 山南：唐代貞觀年間十道之一，因在終南、太華二山之南，故名。其轄境相當今四川嘉陵江流域以東，陝西秦嶺、甘肅嶓塚山以南，河南伏牛山西南，湖北溳水以西，自四川重慶至湖南岳陽之間的長江以北地區。
198 峽州：一名硤州，因在三峽之口得名，治所在今湖北宜昌。
199 遠安縣：在今湖北遠安。　宜都縣：在今湖北宜都。　夷陵縣：唐朝峽州州治之所在，在今湖北宜昌東南。
200 襄州：屬唐代襄陽郡，在今湖北襄樊。
201 江陵縣：唐時荊州州治之所在，在今湖北江陵。
202 衡州：唐屬江南西道，在今湖南衡陽一帶。
203 衡山縣：四庫全書本誤為“衡州”，約在今衡山。
204 金州：屬唐代山南道安康郡，治所在今陝西安康。　梁州：唐屬山南道漢中郡，治所在今陝西漢中。
205 西城縣：唐代金州治所，即今陝西安康。　安康縣：唐代金州屬縣，在今陝西漢陰。
206 襄城縣：即今河南襄城。　金牛縣：唐縣名，今已廢，唐時轄境約在今陝西甯強西北。
207 淮南：唐代貞觀年間十道、開元年間十五道之一，其轄境在今淮河以南、長江以北、東至湖北應山、漢陽一帶地區，相當於今江蘇北部、安徽河南的南部、湖北東部，治所在揚州。
208 光州：唐屬淮南道，治所在今河南光山，後移至潢州。
209 光山縣：即今河南光山。
210 義陽郡：相當於今河南信陽一帶。　舒州：唐武德四年（621）改同安郡置，治所在懷寧縣（今安徽潛山），天寶初複為同安郡，至德年間改為盛唐郡，乾元初復為舒州。
211 義陽縣：在今河南信陽南。
212 太湖縣：相當於今安徽太湖。
213 盛唐縣：相當於今安徽六安。
214 蘄州：今湖北蘄春一帶。　黃州：在今湖北黃崗縣一帶。
215 黃梅縣：即今湖北黃梅。
216 麻城縣：在今湖北東北部麻城。
217 浙西：唐代浙江西道，其轄境相當於今江蘇南部浙江北部地區。
218 湖州：即今浙江湖州。
219 長城縣：即今浙江長興。
220 常州：屬唐江南東道，在今江蘇常州。
221 安吉縣：在今浙江安吉。
222 義興縣：即今江蘇宜興。
223 宣州：在今安徽宣城一帶。　杭州：即今浙江杭州。　睦州，相當於今浙江淳安、建德一帶。歙州：即今安徽徽州歙縣。
224 太平縣：即今安徽南部之太平。
225 臨安縣：即今杭州臨安。　於潛縣：今屬臨安。
226 錢塘縣：在今浙江杭州。
227 桐廬縣：即今浙江杭州桐廬。
228 婺源：相當於今江西婺源。
229 潤州：即今江蘇鎮江。　蘇州，即今江蘇蘇州。
230 江寧縣：在今南京江寧。
231 長洲縣：相當於今蘇州吳縣。

232 劍南：唐代道名，轄境包括現在四川的大部和雲南、貴州、甘肅的部分地區。
233 彭州：在今四川溫江。
234 九隴縣：即今四川彭縣。
235 綿州：即今四川綿陽一帶。 蜀州：今四川崇慶。
236 龍安縣：在今四川安縣東北。
237 西昌：即今四川涼山彝族自治州中部西昌。 昌明、神泉：兩縣轄境相當於後來的彰明，彰明現已並入江油。《唐國史補》："東川有神泉小團，昌明獸目"。《侯鯖錄》卷4言："唐茶川東有神泉、昌明。"《能改齋漫錄·綿州綠茶》有曰：白樂天詩云"渴嘗一盞綠昌明"，彰明即唐昌明縣。
238 青城縣：在今四川灌縣。
239 邛州：今四川邛崍一帶。
240 雅州：在今四川雅安一帶。 瀘州：今四川瀘州。
241 瀘川：在今四川瀘州。
242 眉州：今四川眉山。 漢州：今四川廣漢。
243 丹稜縣：即今四川中部之丹稜。
244 綿竹縣：即今四川北部綿竹。
245 浙東：唐代浙江東道，轄境在今浙江衢江流域、浦陽江流域以東地區。
246 明州：即今浙江寧波。
247 貿縣：為寧波之古稱。
248 東陽縣：相當於今浙江東陽。 東白山：《唐國史補》："婺州有東白山"；乾隆《敕修浙江通志》卷106引《茶經》云："婺州次，東陽縣東白山，與荊州同"；《清史稿·地理志》東陽縣條下載縣"東北有東、西白山，接太白山。"
249 台州：即今浙江台州。
250 始豐縣：今浙江天臺。
251 黔中：唐代道名，轄境包括今四川東部及湖南貴州的一部分。
252 恩州：唐無恩州，疑為思州之誤。思州在今貴州沿河東。 播州：在今貴州遵義一帶。 費州：在今貴州德江東南一帶。 夷州：在今貴州石阡一帶。
253 江南：唐代道名，其轄境相當於今浙江、福建、江西、湖南等省，江蘇、安徽的長江以南地區，以及湖北、四川、貴州的部分地區。
254 鄂州：今武昌。 袁州：在今江西宜春、萍鄉一帶。 吉州：在今江西吉安一帶。
255 嶺南：唐代道名，因在五嶺之南得名，治所在今廣州，轄境範圍約今廣東、廣西和越南的北部地區。
256 福州：即今福州一帶。 建州：在今建甌一帶。 韶州：在今廣東韶關一帶。 象州：即今廣西中部象州。
257 禁火：即寒食節，清明節前一日或二日，舊俗以寒食節禁火冷食。
258 鼎鑩：三足兩耳的鍋，可直接在其下生火，而不需爐竈。
259 藟（lěi）：即藤。
260 絚（gēng）：粗繩。
261 二十四器：此處言二十四器，但在〈四之器〉中，包括附屬器共列出了二十八種。
262 幅：唐令規定，綢織物一幅是一尺八寸。
263 又見《全唐文》卷433。

校　記

① 吳其濬植物名實圖考長編本（簡稱長編本）、明鈔鋭邪涵芬樓本（簡稱涵芬樓本）無"卷上"分卷目錄，以下"卷中"、"卷下"諸分卷目錄同。

② 一之源：清四庫全書本（簡稱四庫本）為"一茶之源"。以下"二之具"、"三之造"、"四之器"、"五之煮"、"六之飲"、"七之事"、"八之出"、"九之略"、"十之圖"亦各於數目後多一"茶"字。《茶經》卷下《十之圖》中有曰："則茶之源、之具、之造……目擊而存"，另《唐才子傳》卷3《陸羽》中亦有曰："羽嗜茶，造妙理，著《茶經》三卷，言茶之原、之法、之具"，則可將"一之源"、"二之具"……看作為"一茶之源"、"二茶之具"……的省略用法，四庫本將其改成為全稱表述，當更符合古漢語的表達習慣。今仍沿用"一之源"等用法，以保存陸羽《茶經》的原貌。此後九篇的分篇標題皆同，不復贅述。

③ 莖：宋咸淳刊百川學海本（簡稱宋百川學海本）、明嘉靖柯雙華竟陵本（簡稱竟陵本）、明鄭熜本（簡稱鄭熜本）、明喻政《茶書》本（簡稱喻政茶書本）、清虞山張氏照曠閣刊學津詩源本（簡稱照曠閣本）為"葉"。涵芬樓本為"莖"。明屠本畯《茗笈》引《茶經》作"蕊"。宋代《太平御覽》、吳淑《事類賦注》等書皆引為"蔕"。按：前文已述過"葉如梔子"，與丁香二者的蕊並不相同，故從涵芬樓本，作"莖"。

④ 木：四庫本、長編本為"本"。"兆至瓦礫，苗木上抽"句，吳覺農與日本青木正兒都認為很難理解，很可能是後人添注上去的。其實若從《茶經》的本文來看並不難理解，《茶經》後面的文字認為種植茶葉最好的土壤是"礫壤"即含有碎石的土壤，而茶樹的根系生長情況，據專家們觀察是周期性的，生長一段時間後，休眠一段時間，然後再生長，循環往復。而當根系不斷生長時，地上的苗木也在不停地上抽、生長。這個注，顯然是認為地上苗木的上抽生長是在地下根系休眠時，而這種休眠又是因為根系碰到了礫石，因而將根系碰到礫石與苗木生長聯繫在了一起。

⑤ 荼：宋百川學海本、竟陵本、明萬曆孫大綬秋水齋本（簡稱秋水齋本）、鄭熜本、喻政茶書本、明湯顯祖玉茗堂主人別本茶經本（簡稱玉茗堂本）、四庫本、照曠閣本為"茶"。按：《爾雅》本文是"荼"，所以此處據他本改作"荼"字。因為陸羽在著《茶經》時將以前寫作"荼"字者全部都改寫成了"茶"字，才出現了這種情況，並且這種情況在《茶經》中不止一處，後文不贅述。

⑥ 牙：涵芬樓本為"芽"。

⑦ 涵芬樓本於"結"字前多"令人"二字。

⑧ 若：唐人説薈本為"苦"。

⑨ 支：竟陵本、秋水齋本、鄭熜本、喻政茶書本、玉茗堂本、民國西塔寺刻本（簡稱西塔寺本）為"肢"。

⑩ 涵芬樓本於此多一"莖"字。

⑪ 瘳：涵芬樓本為"療"。

⑫ 竟陵本、秋水齋本、鄭熜本、玉茗堂本於此後有一注曰："簩音崩，筤音郎，簩筤，籃籠也"。

⑬ 撲：長編本為"樸"。

⑭ 本句涵芬樓本為"以貫焙茶也"。

⑮ 小：喻政茶書本為"下"。

⑯ 牙：喻政茶書本、鄭熜本、涵芬樓本為"芽"。

⑰ 京雖：四庫本為"謂"。雖：竟陵本、秋水齋本、鄭熜本、喻政茶書本、玉茗堂本、長編本、涵芬樓本為"錐"。

⑱ 竟陵本、秋水齋本、鄭熜本、喻政茶書本、玉茗堂本於此有注云："犎音朋，野牛也"。

⑲ 莖：照曠閣本為"至"。

⑳ 萃：喻政茶書本為"瘁"。

㉑ 檛：長編本為"撾"。

㉒ 揭：長編本脱此字，宋百川學海本、竟陵本、四庫本、照曠閣本為"楬"。

㉓ 熟：竟陵本為“熱”。
㉔ 此處當漏列附屬器“紙帕”。
㉕ 這是茶器的目錄，括弧內是該茶器的附屬器物，有些版本如秋水齋本、鄭熜本、喻政茶書本、玉茗堂本、涵芬樓本略去了這一目錄。此處所列茶器共二十五種（加上附屬器三種共有二十八種），惟與《九之略》中“茶之……”數目不符，文中有“以則置合中”，或許是陸羽自己將羅合與則計為一器，則就只有二十四器了。
㉖ 熟：涵芬樓本為“熱”。
㉗ 竟陵本於此有注云：“楦，古箱字”，秋水齋本、鄭熜本、喻政茶書本、玉茗堂本有注云：“古箱字”。
㉘ 一：長編本為“上”。本句句意指炭檛頭上尖，中間粗大，故當以“上”為較妥。
㉙ 檛：長編本為“撾”。
㉚ 之：底本、照曠閣本為“曰”。
㉛ 執：涵芬樓本為“外”。
㉜ 其：涵芬樓本為“為”。
㉝ 紐：竟陵本、秋水齋本、鄭熜本、喻政茶書本、玉茗堂本、四庫本、長編本為“細”，涵芬樓本為“紉”。
㉞ 竟陵本、秋水齋本、鄭熜本、喻政茶書本、玉茗堂本於此有注云：“合即今盒字”。唐人說薈本同。
㉟ 熟：涵芬樓本為“熱”。
㊱ 熟：涵芬樓本為“熱”。
㊲ 熟：涵芬樓本為“熱”。
㊳ 此處漏列附屬器“紙帕”。
㊴ 處：涵芬樓本為“受”。
㊵ 或：宋百川學海本、照曠閣本為“法”。
㊶ 渭：長編本為“湄”，涵芬樓本為“濱”。
㊷ 此句“二十篇”有誤，語出《漢書》卷45《蒯通傳》，文曰：“（蒯）通論戰國時說士權變，亦自序其說，凡八十一首，號曰《雋永》。”
㊸ 孟：底本及諸本皆無，今據文理增。
㊹ 廣：底本及諸本皆無，今據文理增。
㊺ 使：竟陵本、秋水齋本、鄭熜本、喻政茶書本、玉茗堂本、長編本為“備”。
㊻ 必：四庫本為“畢”。
㊼ 芩：喻政茶書本為“花”。
㊽ 潰：宋百川學海本、竟陵本、秋水齋本、鄭熜本、喻政茶書本、玉茗堂本作“憒”。
㊾ 以困：長編本無此二字，“南市”，四庫及諸版本皆作“南方”，今據北堂書抄改。南市指洛陽的南市。“以困”唐人說薈本無“以”字。
㊿ 簾事：四庫本為“羣吏”。
51 潛：長編本為“泉”。
52 楊：竟陵本為“揚”，喻政茶書本為“陽”。
53 請真君：喻政茶書本、涵芬樓本為“君”，四庫本為“真君在”。
54 竟陵本、秋水齋本、鄭熜本、喻政茶書本於此有注曰“懸車，喻日入之候，指人垂老時也。《淮南子》曰‘日至悲泉，爰息其馬’，亦此意也。”
55 生閩方山之陰縣也：喻政茶書本為“生閩縣方山之陰”。

煎茶水記

◇唐　張又新　撰

張又新，字孔昭，深州陸澤（今河北深州）人。唐憲宗（李純，778－820，805－820在位）元和九年（814）進士及第。應辟為淮南節度使從事，後歷左、右闕，敬宗時遷祠部員外郎，出為山南東道節度使行軍司馬，至襄陽，文宗（李昂，809－840，826－840在位）太和元年（827）貶為汀州刺史。太和五年（831）任主客郎中，後任刑部郎中，轉申州刺史，開成（836－840）年間為溫州刺史。武宗會昌（841－846）時又任江州刺史，終左司郎中。《舊唐書》卷一四九、《新唐書》卷一七五、《唐才子傳》卷六均有傳。

據溫庭筠（約812－約870）《甫里先生傳》説"繼《茶經》、《茶訣》後，南陽張又新嘗為《水説》，凡七等"，《白氏六帖》卷十五《茶》之"自製品等"條記"張又新為《水説》"，並《新唐書·陸龜蒙傳》記"張又新為《水説》七種"，知《煎茶水記》一名"水説"。但據北宋葉清臣《述煮茶泉品》之"泉品二十，見張又新《水經》"，《太平廣記》卷三九九引稱"水經"，劉弇（1048－1102）《龍雲集》卷二八"策問"中曰"溫庭筠、張又新、裴汶之徒，或纂茶錄、或著水經、或述顧渚"，知《煎茶水記》又名"水經"。《四庫全書總目提要》卷一一五推測"或名水經，後來改題，以別酈道元所志歟"。

《新唐書·藝文志》著錄已作"張又新《煎茶水記》一卷"。《直齋書錄解題》卷十四曰："本刑部侍郎劉伯芻稱水之與茶宜者凡七等，又新復言得李季卿所筆錄陸鴻漸水品凡二十，歐公《大明水記》嘗辨之，今亦載卷末。"可知陳振孫所見《煎茶水記》一卷，書末並附有歐陽修（1007－1072）《大明水記》。今所見南宋咸淳刊百川學海本，更附有葉清臣《述煮茶泉品》及歐陽修《大明水記》、《浮槎山水》共三篇。今次編錄，雖以宋咸淳刊百川學海壬集本為底本，但將附錄刪去，以復其原。

宋咸淳刊百川學海壬集本而外，現存常見尚有明無錫華氏刊百川學海遞修壬集本、明喻政茶書本、宛委山堂説郛本、文房奇書本、唐人説薈本、續百川學海本、五朝小説本、涵芬樓説郛本、古今圖書集成、文淵閣四庫全書本、民國陶氏涉園景刊宋百川學海本等，此次校勘，即參考了以上各家刊本。

故刑部侍郎劉公諱伯芻[1]，於又新丈人行[2]也。為學精博，頗有風鑒，稱較水之與茶宜者，凡七等：

揚子江南零[3]水第一；

無錫惠山寺石① 水[4]第二；
蘇州虎丘寺[5]石② 水第三；
丹陽縣[6]觀音寺水第四；
揚州大明寺[7]水第五；
吳松江[8]水第六；
淮水[9]最下，第七。

斯七水，余嘗俱瓶於舟中，親揖而比之，誠如其說也。客有熟於兩浙[10]者，言搜訪未盡，余嘗志之。及刺永嘉[11]，過桐廬江[12]，至嚴子瀨[13]，溪色至清，水味甚冷。家人輩用陳黑壞茶潑之，皆至芳香。又以煎佳茶，不可名其鮮馥也，又愈於揚子南零殊遠。及至永嘉，取仙巖瀑布用之，亦不下南零，以是知客之說誠哉信矣。夫顯理鑒物，今之人信不迨於古人，蓋亦有古人所未知，而今人能知之者。

元和九年春，予初成名[14]，與同年[15]生期於薦福寺[16]。余與李德垂先至，憩西廂玄鑒室，會適有楚僧至，置囊有數編書。余偶抽一通覽焉，文細密，皆雜記。卷末又一題云《煮茶記》，云代宗朝李季卿刺湖州[17]，至維揚[18]，逢陸處士鴻漸。李素熟陸名，有傾蓋之懽[19]，因之赴郡。抵揚子驛，將食，李曰："陸君善於茶，蓋天下聞名矣。況揚子南零水又殊絕。今日③ 二妙千載一遇，何曠之乎！"命軍士謹信者，挈瓶操舟，深④詣南零，陸利器以俟之。俄水至，陸以杓揚其水曰："江則江矣，非南零者，似臨岸之水。"使曰："某櫂⑤舟深入，見者累百，敢虛紿乎？"陸不言，既而傾諸盆，至半，陸遽止之，又以杓揚之曰："自此南零者矣。"使蹶然大駭，馳下⑥曰："某自南零齎至岸，舟蕩覆半，懼其鮮，挹岸水增之。處士之鑒，神鑒也，其敢隱焉！"李與賓從數十人皆大駭愕。李因問陸："既如是，所經歷處之水，優劣精可判矣。"陸曰："楚水第一，晉水最下。"李因命筆，口授而次第之：

廬山康王谷[20]水簾水第一；
無錫縣惠山寺石泉水第二；
蘄州蘭溪[21]石下水第三；
峽州[22]扇子山下有石突然，洩水獨清冷，狀如龜形，俗云蝦蟆口水，第四；
蘇州虎丘寺石泉水第五；
廬山招賢寺下方橋潭水第六；
揚子江南零水第七；
洪州[23]西山西東瀑布水第八；
唐州柏巖縣[24]淮水源第九淮水亦佳；
廬州[25]龍池山嶺水第十；
丹陽縣觀音寺水第十一；

揚州大明寺水第十二；

漢江金州[26]上游中零水第十三水苦；

歸州玉虛洞下香溪[27]水第十四；

商州武關西洛水[28]第十五未嘗泥；

吳松江水第十六；

天台[29]山西南峰千丈瀑布水第十七；

郴州圓泉[30]水第十八；

桐廬嚴陵灘水第十九；

雪水第二十用雪不可太冷。

“此二十水，余嘗試之，非繫茶之精粗，過此不之知也。夫茶烹於所產處，無不佳也，蓋水土之宜。離其處，水功其半，然善烹潔器，全其功也。”李置諸笥焉，遇有言茶者，即示之。

又新剌九江[31]，有客李滂、門生劉魯封[32]⑦，言嘗見說茶，余醒然思往歲僧室獲是書，因盡篋，書在焉。古人云：“瀉水置瓶中，焉能辨淄澠[33]”，此言必不可判也，萬古以為信然，蓋不疑矣。豈知天下之理，未可言至。古人研精，固有未盡，強學君子，孜孜不懈，豈止思齊而已哉。此言亦有裨於勸勉，故記之。

注釋

1 劉伯芻（755－816）：字素芝，唐憲宗元和九年（814）任刑部侍郎。

2 丈人行（háng）：對長輩的尊稱。

3 南零：或作南泠。江蘇鎮江西北有金山，其南面有南零泉。又說南零、北零為流入長江鎮江北揚子江部分的兩股水流。南宋羅泌《路史》卷47稱：“今揚子江心有南零、北零之異，則知其入而不合，正不疑也。”

4 無錫：即今江蘇無錫。　惠山寺：在無錫西五里惠山第一峰白石塢。　石泉水：在惠山寺南廡，源出若冰洞。

5 虎丘寺：即今蘇州虎丘寺。

6 丹陽縣：即今江蘇丹陽，縣東北三里處有觀音山，山上有玉乳泉，觀音寺當即在此處。

7 揚州大明寺：即今江蘇揚州大明寺。

8 吳松江：即蘇州河，出太湖，往東北流經蘇州、嘉興，在上海入黃浦江。

9 淮水：即淮河，發源於河南南部的桐柏山，經安徽、江蘇北部入海。

10 兩浙：即唐代的浙東、浙西兩道。浙江東道轄境在今浙江衢江流域、浦陽江流域以東地區；浙江西道轄境相當於今江蘇南部、浙江西部地區。

11 永嘉：郡治，在今浙江溫州。據《唐才子傳校箋》卷6，張又新為永嘉刺史，在唐文宗開成（836－840）年間，其作《永嘉百詠》，《全唐詩》卷479尚存十七首。

12 桐廬江：浙江（錢塘江）的桐廬段。

13 嚴子瀨：在錢塘江桐廬段嚴子陵釣台下，傳為東漢嚴光（嚴子陵）垂釣處。

14 成名：獲得令名，舊稱科舉中第為"成名"。《唐才子傳校箋》卷6記唐又新元和九年（814）狀元及第。

15 同年：此指科舉時代同榜考中者。

16 薦福寺：在唐首都長安（今陝西西安）開化坊之南，寺有小雁塔。

17 李季卿：唐玄宗時宰相李適（《舊唐書》稱其名為李適之，？－747）之子，《舊唐書》卷99稱代宗（李豫，726－779，762－779在位）時，拜吏部侍郎，"兼御史大夫，奉使河南、江淮宣慰"，大曆二年（767）卒。　湖州：即今浙江湖州。

18 維揚：即今江蘇揚州，唐屬淮南道。

19 傾蓋之懽：指初交相得，一見如故。《史記》卷83《鄒陽傳》："諺曰：'有白頭如新，傾蓋如故。'何則？知與不知也。"

20 康王谷：在今江西廬山之中，又稱楚王谷。

21 蘄州：在今湖北黃崗市蘄春縣，唐時屬淮南道。　蘭溪：在縣西四十里，水源出苦竹山，其側多蘭，唐因以此名縣。

22 峽州：即今湖北宜昌，唐時屬山南（東）道，扇子峽在其西面五十里處，又稱明月峽。

23 洪州：即今江西南昌，唐時屬江南（西）道，西山即南昌山。

24 唐州：在今河南南陽地區，唐時屬山南（東）道。另，唐無柏巖縣，且水源在桐柏縣，則"柏巖"疑為"桐柏"之誤。

25 廬州：即今安徽合肥。

26 漢江：源於陝西，流經湖北，在武漢入長江。　金州：舊州名。西魏置，唐代轄境在今陝西石泉以東、旬陽以西的漢水流域一帶。今為陝西主要茶葉產地，出產名茶"紫陽毛尖"。

27 歸州：即今湖北秭歸。　香溪：出於湖北興山，注入長江。

28 商州：即今陝西商州，唐屬關內道。　武關：在商州之東。　洛水：出於洛南，往東南流經河南，在洛陽注入黃河。

29 天台：即今浙江天台，山在縣內，瀑布在縣西四十里。

30 郴州：即今湖南郴州。　圓泉：在郴州之南十五里處，又叫"除泉"。

31 九江：即今江西九江，唐屬江南（西）道之江州。張又新出任刺使，新、舊《唐書》言使汀州，陳振孫《直齋書錄解題》言使涪州，四庫館臣則據此書認為是使江州。

32 李滂：據《福建通志》，有福建閩縣人李滂，開成三年（838）進士，官大理評事，疑是。　劉魯封：封又作風，《唐詩紀事》卷58記"又新水記曰，予刺九江，有客李滂、門士劉魯風"。《唐摭言》卷10曰："劉魯風江西投謁所知，頗為典謁所阻。因賦一絕曰：萬卷書生劉魯風，煙波千里謁文翁。無錢乞與韓知客，名紙毛生不為通。"

33 淄澠：即淄水、澠水，皆在山東，在淄博匯合。

校　記

① 石：涵芬樓本為"泉"。

② 石：涵芬樓本為"泉"。

③ 日：底本為"者"，誤，據四庫本改。

④ 深：喻政茶書本為"親"。

⑤ 櫂：底本為"擢"。

⑥ 下：底本作"不"，誤，據四庫本改。

⑦ 封：喻政茶書本為"風"。

十六湯品

◇唐　蘇廙[①]　撰

蘇廙，一作蘇虞，喻政《茶書》本作者題名言其字元明。事跡無考。

《鄭堂讀書記》說《十六湯品》“似宋元間人所偽託，斷不出於唐人”。但此書已為陶穀的《清異錄》所引，而陶穀是五代至宋初人，則此書當寫在唐至五代間。萬國鼎《茶書總目提要》稱此書約撰於公元900年左右。

關於書名，明周履靖夷門廣牘本、明喻政《茶書》本題中稱“湯品”，正文中始稱“十六湯品”，宛委山堂說郛本、古今圖書集成本等則稱之為“十六湯品”，涵芬樓說郛（《清異錄》）本稱之為“十六湯”。今取“十六湯品”名之。

據陶穀《清異錄》中的抄錄，《十六湯品》當是蘇廙所作《仙芽傳》中的第九卷，但《仙芽傳》今已不傳，《十六湯品》只在陶穀的《清異錄·茗荈門》中保存了下來。明人亦有單獨以其為一書刻入叢書中者。

傳本今有明周履靖夷門廣牘本、明喻政茶書本、宛委山堂說郛本、古今圖書集成本、寶顏堂秘笈本、惜陰軒叢書本、唐人說薈本、五朝小說本、涵芬樓說郛本等。

今以明周履靖夷門廣牘本為底本，參校古今圖書集成本、涵芬樓說郛本等。

湯品目錄

十六湯品

湯者[②]，茶之司命[1]。若名茶而濫湯，則與凡末同調矣[③]。煎以老嫩言者凡三品，注以緩急言者凡三品，以器[④]標者共五品，以薪[⑤]論者共五品。

第一品　得一湯

火績已儲⑥，水性乃盡，如斗中米，如稱上魚，高低適平，無過不及為度，蓋一而不偏雜者也。天得一以清，地得一以寧，[2]湯得一可建湯勳。

第二品　嬰⑦湯

薪火方交，水釜纔熾，急取⑧旋傾，若嬰兒之未孩[3]，欲責以壯夫之事，難矣哉！

第三品　百壽湯一名白髮湯

人過百息，水踰十沸，或以話阻，或以事廢，始取用之，湯已失性矣。敢問皤鬢蒼顏之大老，還可執弓搖⑨矢以取中乎？還可雄登闊步以邁遠乎？

第四品　中湯

亦見乎⑩鼓琴者也，聲合中則意妙⑪；亦見乎⑫磨墨者也，力合中則矢濃⑬。聲有緩急則琴亡，力有緩急則墨喪⑭，注湯有緩急則茶敗。欲湯之中，臂任其責。

第五品　斷脈湯

茶已就膏[4]，宜以造化成其形。若手顫臂嚲[5]，惟恐其深，瓶嘴之端，若存若亡⑮，湯不順通，故茶不匀粹。是猶人之百脈⑯氣血斷續，欲壽奚獲？苟⑰惡斃宜逃。

第六品　大壯[6]湯

力士之把針，耕夫之握管，所以不能成功者，傷於粗也。且一甌之茗，多不二錢，茗⑱盞量合宜，下湯不過六分。萬一快瀉而深積之，茶安在哉！

第七品　富貴湯

以金銀為湯器，惟富貴者具焉。所以策功建湯業，貧賤者有不能遂也。湯器之不可捨金銀，猶琴之不可捨桐，墨之不可捨膠。

第八品　秀碧湯

石，凝結天地秀氣而賦形者也，琢以為器，秀猶在焉。其湯不良，未之有也。

第九品　壓一[7]湯⑲

貴厭⑳金銀，賤惡銅鐵，則瓷瓶有足取焉。幽士逸夫，品色尤宜。豈不為瓶中之壓一乎？然勿與誇珍衒豪臭公子道。

第十品　纏口湯

猥人俗輩，煉水之器，豈暇深擇銅鐵鉛錫，取熱而已。夫是湯也，腥苦且澀，飲之逾時，惡氣纏口而不得去。

第十一品　減價湯

無油之瓦[8]，滲水而有土氣。雖御胯宸緘[9]，且將敗德銷聲。諺曰：“茶瓶用瓦，如乘折腳駿登高。”好事者幸誌之。

第十二品　法律湯

凡木可以煮湯，不獨炭也。惟沃茶之湯，非炭不可。在茶家亦有法律：水忌停，薪忌薰。犯律踰法，湯乖[10]，則茶殆矣。

第十三品　一面湯

或柴中之麩[11]火，或焚餘之虛炭，本體雖盡而性且浮，性浮則有終嫩之嫌。炭則不然，實湯之友。

第十四品　宵人湯

茶本靈草，觸之則敗。糞火雖熱，惡性未盡。作湯泛茶，減耗㉑香味。

第十五品　賊湯一名賤湯

竹篠[12]樹梢，風日乾之，燃鼎附瓶，頗甚快意。然體性虛薄，無中和之氣，為湯之殘賊也。

第十六品　魔湯㉒

調茶在湯之淑慝[13]，而湯最惡煙。燃柴一枝，濃煙蔽室，又安有湯耶？苟用此湯㉓，又安有茶耶？所以為大魔。

注　釋

1　司命：掌握命運之神。
2　天得一以清，地得一以寧：語出《老子》第三十九章。《老子》又說“萬物得一以生”，這個“一”是關鍵、適當的意思。
3　若嬰兒之未孩：語出《老子》第二十章。“孩”通“咳”，指嬰兒笑。
4　茶已就膏：指已將茶調好成茶膏。
5　嚲（duǒ）：下垂貌。
6　大壯：易卦名，卦象為 ☳☰ ，乾下震上，陽剛盛長之象。
7　壓一：壓倒一切或超過一切，第一。
8　無油之瓦：無油之瓦指未曾上釉的陶器。“油”同“釉”；瓦，指用泥土燒製的器物。
9　御胯宸緘：指帝王的御用之茶。胯是古代茶葉數量單位。茶胯，指餅茶。宸：北極星所在，後借用為帝王所居，又引申為王位、帝王的代稱。

10 乖：背離，抵觸，不一致。
11 麩：指小麥磨麵後剩下的麥皮和碎屑，亦稱麩子或麩皮，以之燒火，易燃卻不耐燃。
12 篠（xiǎo）：小竹。
13 慝（tè）：壞。

校　記

① 廙：涵芬樓本作“虞”。
② 底本原作“蘇廙《仙芽傳》載作湯十六品，以為湯者”。涵芬樓本作“蘇虞《仙芽傳》第9卷載作湯十六法，以謂湯者”。
③ 末：説薈本為“水”。
④ 器：涵芬樓本作“器類”。
⑤ 薪：涵芬樓本為“薪火”。
⑥ 儲：涵芬樓本為“諳”。
⑦ 嬰：涵芬樓本為“嬰兒”。
⑧ 涵芬樓本作“取茗”。
⑨ 搖：宛委山堂説郛本（簡稱宛委本）、古今圖書集成本（簡稱集成本）為“抹”，涵芬樓本、唐人説薈本（簡稱説薈本）為“挾”。
⑩ 乎：宛委本、集成本、説薈本、涵芬樓本為“夫”。
⑪ “聲合中則意妙”句，説薈本為“聲失中則失妙”。
⑫ 乎：涵芬樓本為“夫”。
⑬ “力合中則矢濃”句，説薈本為“力失中則失濃”。
⑭ “則墨喪，注湯有緩急”數字，今據宛委本等補之。
⑮ 亡：底本、宛委本、説薈本為“忘”，當誤，今據茶書本等改。
⑯ 涵芬樓本作“百脈起伏”。
⑰ 苟：集成本為“可”。
⑱ 茗：涵芬樓本為“若”。
⑲ 喻政茶書本於此衍“貴欠金銀”四字。
⑳ 厭：底本原作“欠”，誤，今據涵芬樓本改。
㉑ 耗：原作“好”，誤，今據喻政茶書本等改。
㉒ 魔湯：涵芬樓本為“大魔湯”。
㉓ “苟用此湯”句，今據喻政茶書本等補。

茶酒論①

◇唐　王敷②　撰

《茶酒論》，是發現於敦煌的一篇變文，是用擬人手法表述茶酒爭功的俗賦，抄寫年代為開寶三年（970）[1]。這種茶酒爭功的內容，在後世小説和寓言中反復出現，如鄧志謨《茶酒爭奇》、布郎族的《茶與酒》、藏族的《茶酒仙女》等著述，影響深遠。

本文作者王敷，生平事跡不詳，僅從文中題名得知是“鄉貢進士”[2]。根據本文內容考析，作者當為中晚唐人，不會早於天寶（742－756）年間[3]。《茶酒論》現存六件寫本：一種前後有撰、抄者題名，稱“原卷”，編號為P2718。其餘甲、乙、丙、丁和戊卷，分別為P3910、P2972、P2875、S5774和S406。

本書《茶酒論》轉錄自王重民（1903－1975）、王慶菽等編《敦煌變文集》，依其校勘體例（如：校字以（）括之，補字以〔　〕括之），參考黃徵、張湧泉《敦煌變文校注》，並略作訂正。

竊見神農曾嘗百草，五穀從此得分；軒轅製其衣服，流傳教示後人。倉頡致（製）其文字，孔丘闡化儒因。不可從頭細説，撮其樞要之陳。暫問茶之與酒，兩個誰有功勳？阿誰即合卑小，阿誰即合稱尊？今日各須立理，強者光③飾一門。

茶乃出來言曰：“諸人莫鬧，聽説些些。百草之首，萬木之花。貴之取蕊，重之摘④芽。呼之茗草，號之作茶。貢五侯宅，奉帝王家。時新獻入，一世榮華。自然尊貴，何用論誇！”

酒乃出來：“可笑詞説！自古至今，茶賤酒貴單（簞）醪投河，三軍告醉。君王飲之，叫呼萬歲。羣臣飲之，賜卿無畏。和死定生，神明歆氣。酒食向人，終無惡意。有酒有令，人（仁）義禮智。自合稱尊，何勞比類！”

茶為（謂）酒曰：“阿你不聞道：浮梁歙州，萬國來求；蜀山蒙頂[4]⑤，其（騎）山驀嶺；舒城太胡（湖），買婢買奴；越郡餘杭，金帛為囊。素紫天子[5]，人間亦少。商客來求，船車塞紹。據此蹤由，阿誰合小⑥？”

酒為（謂）茶曰：“阿你不聞⑦道：劑酒乾和[6]，博錦博羅[7]。蒲桃九醞[8]，於身有潤。玉酒瓊漿〔四二〕，仙人〔四三〕盃觴。菊花竹葉[9]，〔君王交接〕。中山趙母[10]，甘甜⑧美苦。一醉三年[11]，流傳今古。禮讓鄉閭，調和軍府[12]。阿你頭惱（腦），不須乾努[13]。”

茶為（謂）酒曰：“我之茗草，萬木之心。或白如玉，或似黃金。名⑨僧大德，幽隱禪林。飲之語話，能去昏沉。供養彌勒，奉獻觀音。千劫萬劫，諸佛相欽。酒能破家散宅，廣作邪淫。打[14]卻三盞已後，令人只是罪深。”

酒為（謂）茶曰：“三文一垸[15]⑩，何年得富？酒通貴人，公卿所慕。曾遣⑪趙主彈琴，秦王擊缶[16]。不可把茶請歌，不可為茶交（教）舞。茶喫只是腰疼，多喫令人患肚。一日打卻十盃，腹⑫脹又同衙鼓。若也服之三年，養蝦蟆得水病報[17]。”

茶為（謂）酒曰：“我三十成名，束帶巾櫛[18]。驀海騎⑬江，來朝今室。將到市廛，安排未畢。人來買之，錢財盈溢。言下便得富饒，不在明朝後日。阿你酒能昏亂，喫了多饒啾唧[19]。街中羅織平人，脊上少須十七[20]！”

酒為（謂）茶曰：“豈不見古人才子，吟詩盡道：‘渴來一盞，能生養命。’又道：‘酒是消愁藥。’又道：‘酒能養賢。’古人糟粕[21]，今乃流傳。茶賤三文五碗，酒賤中（盅）半七文。致酒謝坐，禮讓周旋，國家音樂，本為酒泉[22]。終朝喫你茶水，敢動些些管弦！”

茶為（謂）酒曰：“阿你不見道：男兒十四五，莫與酒家親。君不見猩猩⑭鳥，為酒喪其身[23]。阿你即道：茶喫發病，酒喫養賢。即見道有酒黃酒病，不見道有茶瘋茶顛。阿闍世王為酒殺父害母⑮，劉零（伶）為酒一死三年。喫了張眉豎眼，怒鬥宣拳[24]。狀上只言粗豪酒醉，不曾有茶醉相言。不免求首（守）杖子[25]，本典索錢。大枷搕⑯項，背上抛椽[26]⑰。便即燒香斷酒，念佛求天。終身不喫，望免迍邅[27]”兩個政（正）爭人我[28]，不知水在傍邊。

水為（謂）茶、酒曰：“阿你兩個，何用怱怱！阿誰許你，各擬論功？言詞相毀，道西說東。人生四大，地水火風。茶不得水，作何相貌？酒不得水，作甚形容？米麴乾喫，損人腸胃；茶片乾喫，只糲（礪）破喉嚨。萬物須水，五穀之宗。上應乾象，下順吉凶。江河淮濟，有我即通。亦能漂蕩天地，亦能涸殺魚龍。堯時九年災跡，只緣我在其中。感得天下欽奉，萬姓依從。由自不說能聖〔一一六〕，兩個〔何〕⑱用爭功？從今已後，切須和同。酒店發富，茶坊不窮。長為兄弟，須得始終。若人讀之一本[29]，永世不害酒顛茶風。

開寶三年　壬申（庚午）歲正月十四日知術院弟子閻海真自手書記

注　釋

1 文後題記全句為：“開寶三年壬申歲正月十四日知術院弟子閻海真自手書記”。年分和干支紀年矛盾，開寶三年干支為“庚午”，“壬申”為開寶五年（972）。

2 鄉貢：唐代取士制度之一。唐代取士，初襲隋制，選仕途徑有三：一是出自學館者，曰生徒；二是由

州縣選拔者，稱鄉貢；皆升於有司而進退之；三是由皇帝直接詔用者，名制舉。

3 唐初，北方飲茶者還不多。開元年間，泰山靈巖寺大興禪教，“學禪務於不寐”，但允許喝茶，由是北方城鄉飲茶遂風盛起來。至於王敷活動和《茶酒論》的創作年代，最早不會超過天寶年間。因為其文中提到“浮梁、歙州”二地，“浮梁”是天寶元年（742）始從“新昌縣”改名而來，前此無“浮梁”之名。

4 蜀山蒙頂：與前後提及的“浮梁歙縣”、“舒城太湖”和“越郡餘杭”同為唐代著名的茶葉產地。蜀境名山縣的蒙山，有五峰，中峰頂上所產的蒙頂茶，被推崇為唐代第一茶。白居易詩曰：“琴裏知聞唯綠水，茶中故舊是蒙山”。“蜀山”蔣禮鴻《敦煌變文字義通釋》釋作“霍山縣之大蜀山”。徐震堮《敦煌變文集校記補正》，認為是指“宜興之蜀山”，或“泛指蜀中之山”。從文中上刊四處茶葉產地的音韻和內容對應關係來看，此處“蜀山”，為“泛指蜀中之山”。第一句“浮梁、歙縣”和第三句的“舒城、太湖”相對應，分別講兩個鄰近的產茶縣。第四句“越郡餘杭”，歷史上無“越郡”之名，餘杭舊屬杭州和“餘杭郡”，前面的“越郡”，和餘杭不是並列的兩個相鄰的茶葉產地，而也和第二句“蜀山”一樣，是一種包括餘杭郡在內的古代越地的泛指。

5 素紫天子：“素紫”，指淺紫色。“素紫天子”，《敦煌變文校注》釋作一種“茶葉名”。然而，這只是一種推測，無文獻根據。

6 乾和：酒名。此處“乾”為“乾濕”的“乾”；“和”乃“調和”之“和”。《敦煌變文校注》引《齊民要術》“作和酒法”，認為“和酒”當即“乾和”之類。

7 博錦博羅：“博”指交易，此指劑酒、乾和二種名酒，可換取錦帛綾羅。

8 蒲桃九醖：酒名。“蒲桃”即葡萄酒；“九醖”，為八月“酎酒”。《西京雜記志》卷 1 云“漢制，宗廟八月飲酎，用九醖太牢，皇帝侍祠，以正月旦作酒，八月成，名曰酎，一日九醖，一名醇酎。”所以，古時所謂“宗廟八月飲酎”，此酎酒即“九醖”。

9 菊花竹葉：即菊花酒、竹葉酒。

10 中山趙母：酒名。中山，即古中山國或中山郡地，位於今河北定州一帶。中山產酒，晉時起便名聞天下。如晉干寶《搜神記》記述的狄希所造的“千日酒”，一杯飲歸，能醉千日。至唐孟郊的詩中，還有“欲慰一時心，莫如千日酒”的讚說。趙母是歷史上中山的著名酒師之一。

11 一醉三年：晉張華《博物志》載：“時劉玄石於中山酒家酤酒，酒家與千日酒，忘言其節度。歸至家當醉，而家人不知，以為死也，權葬之。酒家計千日滿，乃憶玄石前來酤酒，醉向醒耳。往視之，云：‘玄石亡來三年，已葬’。於是開棺，醉始醒。俗云‘玄石飲酒，一醉千日’。”

12 軍府：此泛指軍隊。有人往往將“軍府”誤作宋地方行政區劃府、縣和軍的名字，進而懷疑《茶酒論》非唐代可能是五代和宋初的作品。非，此“軍府”係指“將帥府署”，即指軍隊。“禮讓鄉閭，調和軍府”，即禮讓民眾和團結軍隊之意。

13 乾努：“努”，指朝某一方向用勁。《敦煌變文校注》釋作“白費勁”之意。

14 打：這裏作喝、飲、吃和食用之意。“打卻三盞”和後面的“打卻十盃”，與“喫了多饒啾唧”聯起來看，“打”、“喫”混用，顯然義也相同。

15 瓨（hóng）：又作“瓨”。《說文》“瓨，似罌，長頸，受十升。讀若洪，從瓦工聲。”又《集韻 · 東韻》：“胡公切，瓨，陶器”。古代主要用以飲酒。如《齊民要術 · 種榆白楊》：“十五年後，中為車轂及蒲桃瓨”。蒲桃瓨，即盛葡萄酒的“瓨”。又如《敦煌變文集 · 太子道經》：“撥棹乘船過大江，神前傾酒三五瓨”。唐人飲酒主要用“甌”，即碗。用酒瓨代喻茶碗，乃貶茶賤之意。

16 趙主彈琴，秦王擊缶：是中國史籍中記述較多的一則有關藺相如的故事，“彈琴”一作“鼓瑟”。稱秦王與趙王會於澠池，酒酣，秦王請趙王鼓瑟，趙王鼓之；藺相如請秦王擊缶，秦王不肯。相如曰：“五步之內臣請得以頸血濺大王。”左右欲刃相如，相如叱之，左右皆靡，秦王不懌，為一擊缶。舊一般將“缶”釋作日常所用的陶器或瓦罐。缶，《舊唐書 · 音樂志》稱是“古西戎之樂，秦俗應而用之，其形似覆盆”，是秦人普遍喜好的一種樂器。

17 養蝦蟆得水病報：俗話。如《金瓶梅》十八回就提到："我想起來為甚麼，養蝦蟆得水蠱兒病，如今倒教人惱我。""水蠱兒病"即水病；此喻長年喝茶，肚子裏會長怪蟲。即過去怪異志小說所載的"斛茗瘕"或"斛二瘕"的傳說。參見本書《茗史》和《品茶要錄補》等記述。

18 束帶巾櫛：意為穿帶仕宦的服飾，指入仕。

19 啾唧：大聲吵鬧貌。《敦煌變文校注》引敦煌變文王梵志詩句："醜婦來惡罵，啾唧搦頭灰"。

20 十七：當和《莊子．達生》"累丸二而不墜，則失者錙銖，累三而不墜，則失者十一"；《淮南子．人間》胡人入塞，"丁壯者引弦而戰，近塞之人死者十九"所說的"十一"、"十九"一樣，係指數字十分之七。但酒醉後所說"脊上少須十七"，不知何解。

21 糟粕：此意為法則、傳統。如變文《兒郎偉》句："驅儺古人糟粕，遞代相傳。"

22 酒泉：本為地名，此指作酒。《漢書．地理志》"酒泉郡"下，顏注："舊俗傳云，城下有金泉，泉味如酒。"

23 猩猩"為酒喪其身"：故事出之《蜀志》。《太平御覽》卷908引《蜀志》云："封溪縣（後漢置，梁陳省，在今越南），有獸曰猩猩……人知以酒取之。猩猩覺，初暫嘗之，得其味，甘而飲之，終見羈纓也。"

24 宣拳："宣"同"揎"，這裏作顯露義。"宣拳"，即亮出拳頭。

25 杖子："杖"為古代五刑（死、流、徒、杖、笞）行杖的刑具。《隋書．刑法志》："杖皆用生荊，長六尺。有大杖、法杖、小杖三等"。杖子，指行刑的衙役或獄卒。

26 椽：此處作搕在頸子上的長枷的枷梢，以其形長如椽而名。"抛椽"，即"拖椽"，後魏時大的枷，長達一丈三尺，"喉下長一丈，通頰木各方五寸。"

27 迍邅：處境艱難。韓愈《與汝州盧郎中論薦侯喜狀》："適遇其人自有家事，迍邅坎坷。"

28 人我：蔣禮鴻《敦煌變文字義通釋》釋作"同彼我，是己非人，較量爭勝的意思。"

29 一本：同一根源。《孟子．滕文公》上："且天之生物也，使之一本"；這裏引申為原故、道理。

校　記

① 《敦煌變文集》依原卷作"《茶酒論》一卷並序"。

② 《敦煌變文集》依原卷作"鄉貢進士王敫撰"，變文校注已改"敫"為"敷"。

③ 光：《敦煌變文集》據原卷錄作"先"，今從《敦煌變文校注》。

④ 摘：《敦煌變文集》原錄作"擿"，據《敦煌變文校注》改。

⑤ 蜀山蒙頂：《敦煌變文集》原錄作"蜀川流頂"，據《敦煌變文校注》改。

⑥ 小：《敦煌變文集》原錄作"少"，據《敦煌變文校注》改。

⑦ 聞：《敦煌變文集》錄作"問"，據其校記改。

⑧ 甘甜："甜"，《敦煌變文集》依原卷作"甛"，據《敦煌變文校注》改。

⑨ 名：《敦煌變文集》錄原卷作"明"，校作"名"，從其校。

⑩ 瓫：《敦煌變文集》錄原卷作"汚"，校作"瓫"，今從其校。

⑪ 遣：《敦煌變文集》據原卷錄作"道"，據《敦煌變文校注》改。

⑫ 腹：《敦煌變文集》原錄作"腸"，據《敦煌變文校注》改。

⑬ 騎：《敦煌變文集》作"其"，據《敦煌變文校注》改。

⑭ 猩猩：《敦煌變文集》原錄作"生生"，據《敦煌變文校注》改。

⑮ 殺父害母："殺"，《敦煌變文集》原錄作"煞"，據《敦煌變文校注》改。

⑯ 搕：《敦煌變文集》原錄作"榼"，據《敦煌變文校注》改。

⑰ 椽：據《敦煌變文集》校改。

⑱ 何：據《敦煌變文集》校補。

輯佚

顧渚山記

◇唐　陸羽　撰

陸羽生平，見本書《茶經》題記。《顧渚山記》的記載，初見於皮日休《茶中雜詠·序》："余始得季疵書（指《茶經》），以為備矣。後又獲其《顧渚山記》二篇，其中多茶事。"由此可知，本文是陸羽隱居苕溪時，繼《茶經》之後，撰寫的另一本書，內容應為顧渚山風土志，其中多言茶事。

最早引錄《顧渚山記》的，是南宋紹興六年（1136）曾慥所輯的《茶錄》。最早記載的書目和題記，是南宋晁公武《郡齋讀書志》和陳振孫《直齋書錄解題》。《顧渚山記》在曾慥《茶錄》中，書作《顧渚山茶記》；明黃履道《茶苑》，更誤作《顧渚山茶譜》。

這種同書異名的情況，造成了許多混淆，糾纏不清。有人以為陸羽的著作，除了《茶經》、《顧渚山記》之外，還有一本《茶記》。其實，《湖州府志·藝文略》記陸羽著作《顧渚山記》，便清楚列明："一卷，佚。《宋史·藝文志》，一作《茶記》。"

本書輯存的《顧渚山記》，內容和《茶經·七之事》相類，記載的多為茶事、茶史，許多都是陸羽從他書抄錄而來。

報春鳥

《顧渚山茶記》：山中有鳥，每至正月二月，鳴云："春起也"。至三四月，云："春去也"。採茶者呼為報春鳥。[①]《類說》卷十三

獲神茗[②]

《神異記》曰："餘姚人虞茫[③]，入山採茗，遇一道士，牽三百青羊[④]，飲瀑布水。曰：'吾丹邱子也。聞子善茗飲，常思惠。山中有大茗，可以相給。祈子他日有甌犧[⑤]之餘，必相遺也[⑥]。'因立茶祠[⑦]。後常與人往山，獲大茗焉。"《太平廣記》卷四一二引《顧渚山記》

饗茗獲報

劉敬叔《異苑》曰："剡縣陳婺[⑧]妻……從是禱酹[⑨]愈至。"《太平廣記》卷四一二引《顧渚山記》[1]

綠蛇

顧渚山 頳 石洞，有綠色蛇。長三尺餘，大類小指，好棲樹杪，視之若鞶

帶，纏於柯葉間，無螫毒，見人則空中飛。《太平廣記》卷四五六引《顧渚山記》

《顧渚山記》："豫章王子尚⑩，訪曇濟道人於八公山[2]。道人設茗，子尚味之云：'此甘露也'，何言茶茗。"⑪ 嘉慶《全唐文》附《唐文拾遺》卷二三

注　釋

1　此處刪節，見唐代陸羽《茶經・七之事》。
2　八公山：在今安徽壽縣西北。

校　記

① 輯佚資料，有的作錄時有錯漏，有的輯者有刪改，故不同書籍、同一書籍不同版本，往往文字不僅有詳略差異，甚至有的內容也有所差別。如本條內容，明嘉靖談愷刻《太平廣記》，就作："顧渚山中有鳥，如鴝鵒而小，蒼黃色。每至正月二月，作聲云：'春起也'；至三月四月，作聲云：'春去也'。採茶人呼為報春鳥。"因現無原書可對，本書在不損原意前提下，不作個別字的衍增脱闕逐一細校，僅就錯字、異體字略加訂注。
② "獲神茗"及下輯"饗茗獲報"以及"綠蛇"三條，均輯自談刻《太平廣記》。前兩條陸羽《茶經・七之事》均引之，《茶經》和《顧渚山記》是陸羽在差不多時間所撰寫的二本書，這兩條內容何以作重，殊有可疑。如此錄不是《茶經》之誤，確實輯自《顧渚山記》，可推斷《顧渚山記》在北宋太平興國年間還有存本。
③ 虞茫："茫"字，陸羽《茶經》、《太平御覽》等作"洪"字。
④ 三百：陸羽《茶經》、《太平御覽》等"三百"作"三"。　青羊：陸羽《茶經》作"青牛"；《太平御覽》兩引是句，一作"青羊"，一作"青牛"。
⑤ 甌檥："檥"字，瓢勺之義。《太平御覽》、《太平寰宇記》形訛作"蟻"。
⑥ 必相遺："必"字，陸羽《茶經》作"乞"；《太平御覽》等作"不"，疑誤。
⑦ 茶祀："茶"字，陸羽《茶經》、《太平寰宇記》等作"奠"。
⑧ 陳婺："婺"字，陸羽《茶經》作"務"，《太平御覽》作"矜"，疑是"務"之形誤。
⑨ 禱酹："酹"字，陸羽《茶經》作"饋"。
⑩ 豫章王子尚：陸羽《茶經》在"豫章王"之前，還多"新安王子鸞"五字。
⑪ 《太平御覽》作"何言茶茗"。

輯佚

水品

◇唐 陸羽 撰

陸羽生平，詳《茶經》題記。

陸羽有《水品》一書，見同治《湖州府志》卷五十六《藝文略》，有注：“佚。《雲麓漫鈔》：陸羽別天下水味，各立名品，有石刻行世。”《雲麓漫鈔》卷十説陸羽能辨天下水味，並未標明有《水品》一書。因此，有學者以為，所謂“各立名品，有石刻行於世”，其實是張又新《煎茶水記》中所列陸羽品評的二十種水。

然而，《湖州府志》卷十九《輿地略山（上）》有這樣一段文字：“金蓋山，在府城南十五里，何山南峰，勢盤旋宛同華蓋，故名。諺云：‘金蓋戴帽，要雨就到。’農家以此為驗。唐陸羽《水品》：‘金蓋故多雲氣。’”可證在湖州地方流傳過陸羽《水品》一書，可惜現僅存佚文一句。

唐陸羽《水品》：金蓋故多雲氣。同治《湖州府志》卷十九輿地略山上：金蓋山，在府城南十五里，何山南峰，勢盤旋宛同華蓋故名。諺云：“金蓋戴帽，要雨就到。”農家以此為驗。

輯佚

茶述

◇唐 裴汶 撰

裴汶，唐代人，生卒年不詳。據《冊府元龜》卷一零六記載，“元和元年(806)四月戊申，命禮部員外郎裴汶以米十萬石賑險於浙東”。郁賢浩《唐刺史考全編》卷一四零《江南東道·湖州（吳興郡)》引《新表一上》南來吳裴氏也記有“汶，湖州刺史”，並引《嘉泰吳興志》卷十四《郡守題名》謂“裴汶，元和六年（811）自澧州刺史授；八年（813）十一月除常州刺史”，由此可知他曾在唐憲宗時代為官。

北宋劉弇《龍雲集》卷二八《策問》中第十八說“陸羽著經，毛文錫綴譜，温庭筠、張又新、裴汶之徒，或纂茶錄、或製水經、或述顧渚”，可見《茶述》的內容，主要是關於顧渚（今浙江長興西北）茶的，而它的寫作時間，大概也就在裴汶任湖州刺史，即元和六年到八年的這一段時間。

《茶述》原書已佚，今本往往自南宋謝維新《古今合璧事類備要·外集》卷四二、清人陸廷燦《續茶經》中輯得。本書所錄，是以四庫本《古今合璧事類備要》為底本，校以四庫本《續茶經》。

茶，起於東晉，盛於今朝。其性精清，其味浩潔，其用滌煩，其功致和。參百品而不混，越眾飲而獨高。烹之鼎水，和以虎形，過此皆不得① 。千② 人服之，永永不厭。與粗食爭衡③ ，得之則安，不得則病。彼芝朮、黃精，徒云上藥，至④ 效在數十年後，且多禁忌，非此倫也。或曰，多飲令人體虛病風。余曰，不然。夫物能祛邪，必能輔正，安有蠲逐叢病，而靡保太和哉。今宇內為土貢實眾，而顧渚[1]、蘄陽[2]、蒙山[3]為上，其次則壽陽[4]、義興[5]、碧澗[6]、㴩湖[7]、衡山[8]，最下有鄱陽[9]、浮梁[10]。今其精者無以尚焉，得其粗者，則下里兆庶，瓶盎⑤紛揉。苟未得⑥，則胃府病生矣。人嗜之如此者，兩⑦ 晉已前無聞焉。至精之味或遺也。作茶述。

注　釋

1 顧渚：即今浙江長興水口鄉顧渚村，《唐國史補·敘諸茶品目》："湖州有顧渚之紫筍"。
2 蘄陽：在今湖北蘄春，《唐國史補》："蘄州有蘄門團黃"。
3 蒙山：在今四川名山，《唐國史補》："劍南有蒙頂石花……號為第一"。
4 壽陽：在今安徽壽縣，《唐國史補》："壽州有霍山之黃牙"。
5 義興：即今江蘇宜興，《唐國史補》："常州有義興之紫筍"。
6 碧澗：在硤州，一名峽州（今湖北宜昌），所產碧澗明月等茶為唐時貢茶之一，《唐國史補》："峽州有碧澗明月"。
7 灉湖：在今湖南岳陽，又名翁湖或滃湖。《唐國史補》："岳州有灉湖之含膏。"
8 衡山：在今湖南衡山。《唐國史補》："湖南有衡山"。
9 鄱陽：即今江西波陽。
10 浮梁：即今江西景德鎮浮梁，為唐代重要的茶葉貿易集散地，白居易《琵琶行》有"前日浮梁買茶去"詩句。

校　記

① 過此皆不得：《續茶經》引無此句。
② 千：《續茶經》引作"人"。
③ 《續茶經》引無此句。
④ 與粗食爭衡至：《續茶經》引作"致"。
⑤ 瓶盎：《續茶經》引作"甌碗"。
⑥ 苟：《續茶經》引作"頃刻"。
⑦ 兩：《續茶經》引作"西"。

採茶錄

◇唐 溫庭筠 撰

温庭筠（810－866），本名岐，字飛卿，祖籍太原祁（今山西祁縣），生於鄠（今陝西户縣），是唐初宰相温彥博的後裔。因屢試進士不第，中年後才得任隋縣尉、方城尉等，仕終國子助教。精通詩、詞、賦、音律，與晚唐詩人李商隱齊名，號稱"温李"。《舊唐書》卷一九零、《新唐書》卷九一、《唐才子傳》卷八有傳。

萬國鼎《茶書總目提要》稱本書撰寫於860年前後。《唐才子傳》卷八《温庭筠傳》記有"採茶錄一卷"，《新唐書·藝文志》著錄是篇也為一卷，但《通志·藝文略》作三卷，萬國鼎《茶書總目提要》據此推測是書"大抵佚失於北宋時"，今所見已非全本，《説郛》、《古今圖書集成》中所存不足四百字。

本書主要採用宛委山堂説郛本為底本，另據四庫本《續茶經》略作增補，並補入由宋代程大昌《演繁露》中所輯的一條佚文。

辨[1]

代宗朝李季卿刺湖州，至維揚，逢陸鴻漸。抵揚子驛，將食，李曰："陸君別茶聞，揚子南濡水又殊絕，今者二妙千載一遇。"命軍士謹慎者深入南濡，陸利器以俟。俄而水至，陸以杓揚水曰："江則江矣，非南濡，似臨岸者。"使者曰："某掉舟深入，見者累百，敢有紿乎？"陸不言，既而傾諸盆，至半，陸遽止之，又以杓揚之曰："自此南濡者矣。"使者蹶然馳①白："某自南濡齎至岸，舟蕩，覆過半，懼其鮮，挹岸水增之。處士之鑒，神鑒也，某其敢隱焉！"

李約[2]，〔字存博〕②，汧公子也。一生不近粉黛，〔雅度簡遠，有山林之致〕③。性辨茶，〔能自煎〕④，嘗〔謂人〕⑤曰："茶須緩火炙，活火煎，活火謂炭之有焰者。當使湯無妄沸，庶可養茶。始則魚目散布，微微有聲；中則四邊泉湧，纍纍連珠；終則騰波鼓浪，水氣全消，謂之老湯。三沸之法，非活火不能成也。"〔客至不限甌數，竟日爇[3]火，執持茶器弗倦。曾奉使行至陝州硤石縣[4]東，愛其渠水清流，旬日忘發〕⑥。

嗜[5]

甫里先生陸龜蒙[6]，嗜茶荈。置小園於顧渚[7]山下，歲入茶租，薄為甌蟻[8]⑦之費。自為《品第書》一篇，繼《茶經》、《茶訣》[9]之後。

易

白樂天[10]方齋，禹錫[11]正病酒，禹錫乃饋菊苗、虀、蘆菔、鮓[12]，換取樂天六班茶[13]二囊，以自醒酒。

苦

王濛[14]好茶，人至輒飲之，士大夫甚以為苦，每欲候濛，必云："今日有水厄。"

致

劉琨與弟羣書："吾體中憒悶，常仰真茶，汝可信致之。"

附：新輯之文

《天台記》："丹丘出大茶，服之生羽翼"。《演繁露》續集卷四"案溫庭筠《採茶錄》"之語

注　釋

1 辨：以下二則，分別參見張又新《煎茶水記》、陸廷燦《續茶經》卷下"七之事"。

2 李約：字存博。初佐浙西幕，唐憲宗元和中任兵部員外郎。父李勉，封汧國公。《唐才子傳》卷6稱其"嗜茶，與陸羽、張又新論水品特詳。"

3 爇（ruò）：點燃，用火燒。

4 陝州：治所在陝縣（今河南三門峽市西舊陝縣）。　硤石縣：治所為硤石塢，即今河南陝縣東南硤石鎮。

5 嗜：此條內容又可參見陸龜蒙之《甫里先生傳》（《全唐文》卷801）。

6 陸龜蒙：字魯望（？－約881），長洲（今江蘇吳縣）人，曾任蘇州、湖州二郡從事，後隱居松江甫里，自號甫里先生等，唐僖宗（李儇，862－888，873－888在位）中和初年病逝。

7 顧渚：在今浙江長興縣西。

8 甌蟻：附着在甌盞中的茶沫，即以指茶。

9 《茶訣》：唐代釋皎然所作，約成書於760年，今已佚。

10 白樂天：白居易（772－846），字樂天，鄭州新鄭（今河南新鄭）人。唐代貞元中進士，官至刑部尚書。

11 劉禹錫（772－842）：字夢得，洛陽人，唐貞元中進士，官至檢校禮部尚書兼太子賓客。

12 蘆菔：即蘿蔔，又稱"萊菔"。

13 六班茶：唐代茶名。

14 王濛：字仲祖，太原晉陽（今太原西南）人。東晉時王導辟為掾，出補長山令，徙中書郎，簡文帝（司馬昱，319或320－372，371－372在位）時為司徒左長史。

校　記

① 馳：四庫本為“駭”。
② 字存博：據《續茶經》補。
③ 雅度簡遠，有山林之致：據《續茶經》補。
④ 能自煎：據《續茶經》補。
⑤ 謂人：據《續茶經》補。
⑥ 客至不限甌數……旬日忘發：據《續茶經》本補。
⑦ 蟻：底本、四庫本為“犧”，今據《古今事文類聚》續集卷 12 改。

輯佚

茶譜

◇ 五代蜀　毛文錫　撰

毛文錫，字平圭，高陽（今河北高陽）人。唐代進士，後任蜀翰林學士，官至司徒。《十國春秋》卷四一有傳，但有錯誤。詳見今人陳尚君〈花間詞人事輯〉（刊《俞平伯先生從事文學活動六十週年紀念文集》）。

《茶譜》撰於唐末，據陳尚君考證，以成於唐昭宗（李曄，867－904，888－904在位）時（889－904）可能性最大。此書在宋代流傳甚廣，《崇文總目》、《郡齋讀書志》、《通志》、《遂初堂書目》、《直齋書錄解題》、《宋史·藝文志》都有著錄。

《茶譜》是繼陸羽《茶經》之後的一部重要茶學著作，對唐末的茶葉產地、茶種質地、各地名品，提供了詳細資料，反映出茶葉種植及品賞在唐末的發展。

原書已佚，今有陳祖槼、朱自振《中國茶葉歷史資料選輯》及陳尚君〈毛文錫《茶譜》輯考〉兩種輯本。本書以陳尚君輯本為底本，以陳祖槼、朱自振本為校，並參考所輯資料原書。

〔荊州〕當陽縣有溪山①仙人掌茶，李白有詩。《事類賦注》卷一七按：《太平寰宇記》卷八三引《茶譜》云："綿州龍安縣生松嶺關者，與荊州同。"

峽州[1]：碧澗、明月。《全芳備祖後集》卷二八

有小江園、明月簝、碧澗簝、茱萸簝[2]之名。②《事類賦注》卷一七按：後條不云產地。與前條互參，應為峽州事。

涪州出三般茶[3]，賓化最上[4]，製於早春；其次白馬[5]；最下涪陵。《事類賦注》卷一七按：以上山南東道三州。

〔渠州〕渠江薄片，一斤八十枚。《事類賦注》卷一七按：以上山南西道一州。

揚州禪智寺[6]，隋之故宮，寺枕蜀岡[7]，有茶園，其味甘香，如蒙頂也。《事類賦注》卷一七、《苕溪漁隱叢語後集》卷一一後三句作"其茶甘香，味如蒙頂焉"。按：《太平寰宇記》卷一二三揚州江都縣蜀岡條下引《圖經》云："今枕禪智寺，即隋之故宮。岡有茶園，其茶甘香，味如蒙頂。"《圖經》殆即據《茶譜》）

壽州：霍山黃芽。《全芳備祖後集》卷二八

舒州。按：《太平寰宇記》卷九三引《茶譜》云："杭州臨安、於潛二縣生天目山者，與舒州同。"知《茶譜》敘及舒州。同書卷一二五云舒州貢開火茶，又云多智山，"其山有茶及蠟，每年民得採掇為

貢”。或即據《茶譜》。以上淮南道三州。

常州：義興紫筍、陽羨春。《全芳備祖後集》卷二八

義興有滬湖之含膏[8]。《事類賦注》卷一七

〔蘇州〕長洲縣生洞庭山者，與金州、蘄州、梁州味同。《太平寰宇記》卷九一引《茶説》按：宋初以前未聞有《茶説》其書，疑即《茶譜》之誤。姑附存之。

湖州長興縣啄木嶺金沙泉[9]，即每歲造茶之所也。湖、常二郡接界於此。厥土有境會亭。每茶節，二牧皆至焉。斯泉也，處沙之中，居常無水。將造茶，太守具儀注拜敕祭泉，頃之，發源，其夕清溢。造供御者畢，水即微減，供堂者畢，水已半之。太守造畢，即涸矣。太守或還旆稽期，則示風雷之變，或見鷙獸、毒蛇、木魅焉。《事類賦注》卷一七

顧渚紫筍《全芳備祖後集》卷二八按：《嘉泰吳興志》卷二〇引毛文錫《記》，述金沙泉事，較前條稍簡，殆即據《茶譜》。“頃之”句，作“頃之，泉源發渚溢”。

杭州臨安、於潛二縣生天目山者，與舒州同。《太平寰宇記》卷九三

睦州之鳩坑極妙[10]。《事類賦注》卷一七，“睦”原作“穆”，據《全芳備祖後集》卷二八改按：《太平寰宇記》卷九五稱睦州貢鳩坑團茶。

婺州[11]有舉巖茶③，斤片方細，所出雖少，味極甘芳，煎如碧乳也。《事類賦注》卷一七。《續茶經》卷下之四引《潛確類書》引《茶譜》，“斤片”作“片片”，“煎如碧乳也”作“煎之如碧玉之乳也”

福州[12]柏巖極佳。《事類賦注》卷一七

〔福州〕臘面。《宣和北苑貢茶錄》

福州：方山露芽。《全芳備祖後集》卷二八按：《太平寰宇記》卷一〇一引《茶經》云：“建州方山[13]之芽及紫筍，片大極硬，須湯浸之，方可碾。極治頭疾，江東[14]人多味之。”按方山在閩侯縣，不屬建州。又《茶經》中無此段，疑出自《茶譜》。

建州北苑先春龍焙。洪州[15]西山白露。雙井白芽、鶴嶺。安吉州[16]顧渚紫筍。常州義興紫筍、陽羨春。池陽[17]鳳嶺。睦州鳩坑。宣州陽坡。南劍④蒙頂石花、露鋑芽、籛芽。南康[18]雲居。峽州碧澗明月。東川獸目[19]。福州方山露芽。壽州霍山黃芽。《全芳備祖後集》卷二八

建有紫筍。《宣和北苑貢茶錄》

蒙頂石花、露鋑芽、籛芽。《全芳備祖後集》卷二八云此為南劍州所產。南劍州為五代閩時析建、福兩州所設，姑存此。按：《太平寰宇記》卷一〇〇云，南劍州“茶有六般：白乳、金字、臘面、骨子、山梃、銀子”。以上江南東道八州。

宣州宣城縣有茶山，其東為朝日所燭，號曰陽坡，其茶最勝，形如小方餅，橫鋪茗芽其上。太守常薦之京洛，題曰陽坡茶。杜牧[20]《茶山詩》云：“山實東吳秀，茶稱瑞草魁。”《全芳備祖後集》卷二八

宣城縣有丫山[21]小方餅，橫鋪茗牙裝面，其山東為朝日所燭，號曰陽坡，其茶最勝。太守嘗薦於京洛人士，題曰：丫山陽坡橫紋茶。《事類賦注》卷一七按：以上二則引錄不同，故並錄之。

歙州[22]牛梔嶺者尤好。《事類賦注》卷一七

〔池州〕池陽：鳳嶺。《全芳備祖後集》卷二八

洪州西山白露及鶴嶺茶極妙⑤。《事類賦注》卷一七

洪州：西山白露、雙井白芽、鶴嶺。《全芳備祖後集》卷二七按：以上二則引錄不同，故並錄之。

鄂州之東山、蒲圻、唐年縣[23]，皆產茶，黑色如韭葉⑥，極軟，治頭疼。《太平寰宇記》卷一一二

〔虔州〕南康：雲居。《全芳備祖後集》卷二八

袁州[24]之界橋，其名甚著，不若湖州之研膏、紫筍[25]，烹之有綠腳垂下。《事類賦注》卷一七、《全芳備祖後集》卷二八、《續茶經》卷下之四引《潛確類書》

〔潭州〕長沙[26]之石楠[27]⑦，其樹如棠枏，採其芽謂之茶。湘人以四月摘楊桐草⑧，搗其汁拌米而蒸，猶蒸糜之類，必啜此茶，乃其風也。尤宜暑月飲之。潭、邵[28]之間有渠江，中有茶，而多毒蛇猛獸。鄉人每年採擷不過十六、七斤。其色如鐵，而芳香異常，烹之無滓也。《太平寰宇記》卷一一四

〔潭州〕長沙之石楠，採芽為茶，湘人以四月四日摘楊桐草，搗其汁拌米而蒸，猶糕糜之類，必啜此茶，乃去風也。尤宜暑月飲之。《事類賦注》卷一七

衡州之衡山[29]，封州之西鄉，茶研膏為之，皆片團如月。《事類賦注》卷一七、《增廣箋注簡齊詩集》卷八《陪諸公登南樓啜新茶家弟出建除體詩諸公既和餘因次韻》注、《續茶經》卷上之一按：以上江南西道九州。

彭州有蒲村、堋口、灌口[30]，其園名仙崖、石花等，其茶餅小而市⑨，嫩芽如六出花者，尤妙。《太平寰宇記》卷七三、《事類賦注》卷一七、《續茶經》卷上之一所引稍簡

玉壘關外寶唐山[31]，有茶樹產於懸崖，筍長三寸、五寸，方有⑩一葉兩葉。《事類賦注》卷一七按：玉壘關在彭州導江縣。

蜀州晉原、洞口、橫源、味江、青城[32]，其橫源雀舌、鳥嘴、麥顆[33]，蓋取其嫩芽所造，以其芽似之也。又有片甲者，即是早春黃芽，其葉相抱如片甲也。蟬翼者，其葉嫩薄如蟬翼也。皆散茶之最上也。《太平寰宇記》卷七五。"晉原"原作"晉源"，據《新唐書 · 地理志六》改。《事類賦注》卷一七所引稍簡，"芽"皆作"芽"，"相抱"作"相把"。

眉州洪雅、丹稜、昌閣，亦製餅茶，法如蒙頂。《事類賦注》卷一七，"稜"原作"陵"，據《新唐書 · 地理志六》改

眉州洪雅、昌闔、丹稜[34]，其茶如蒙頂製餅茶法[35]。其散者葉大而黃，味頗

甘苦，亦片甲、蟬翼[36]之次也。《太平寰宇記》卷七四引《茶經》，然《茶經》無此條，參上條及前蜀州條，斷其必出《茶譜》

邛州之臨邛、臨溪、思安、火井[37]，有早春、火前、火後、嫩綠等上中下茶。⑪《事類賦注》卷一七

臨、邛數邑[38]，茶有火前、火後、嫩葉、黃芽號。又有火番餅，每餅重四十兩，入西番[39]，党項[40]重之。如中國名山者[41]，其味甘苦。《太平寰宇記》卷七五引《茶經》，《茶經》無此條，參上條，知必出《茶譜》

蜀之雅州有蒙山，山有五頂，頂有茶園，其中頂曰上清峰。昔有僧病冷且久。嘗遇一老父，謂曰："蒙之中頂茶，嘗以春分之先後，多搆人力，俟雷之發聲，併手採摘，三日而止。若獲一兩，以本處水煎服，即能袪宿疾；二兩，當眼前⑫無疾；三兩，固以換骨；四兩，即為地仙矣。"是僧因之中頂築室以候，及期獲一兩餘，服未竟而病瘥。時到城市，人見其容貌，常若年三十餘，眉髮綠色，其後入青城訪道，不知所終。今四頂茶園，採摘不廢。惟中頂草木繁密，雲霧蔽虧，鷙獸時出，人跡稀到矣。今蒙頂有露鋑芽、籛芽[42]，皆云火前，言造於禁火之前也。《事類賦注》卷一七，又見《本草綱目》卷三二，末多"近歲稍貴此品，制作亦精於他處"數句，疑非《茶譜》語。蒙山有壓膏露芽、不壓膏露芽、並冬芽[43]，言隆冬甲拆也。《事類賦注》卷一七

蒙頂有研膏茶，作片進之。亦作紫筍。《事類賦注》卷一七、《增廣箋注簡齊詩集》卷八《陪諸公登南樓啜新茶家弟出建除體詩諸公既和餘因次韻》注所引較簡。

雅州百丈、名山[44]二者⑬尤佳。《太平寰宇記》卷七七

山有五嶺，有茶園，中嶺曰上清峰，所謂蒙嶺茶也。《太平寰宇記》卷七十七

〔梓州〕東川：獸目。《全芳備祖後集》卷二八

〔綿州〕龍安有騎火茶[45]，最上，言不在火前、不在火後作也。清明改火，故曰火。《事類賦注》卷一七，《續茶經》卷上之三引《茶譜續補》，"最上"作"最為上品"，下多"騎火者"三字。

綿州龍安縣生松嶺關者，與荊州同。其西昌、昌明、神泉等縣，連西山生者，並佳。獨嶺上者不堪採擷。《太平寰宇記》卷八三

〔渝州〕南平縣狼猱山茶，黃黑色[46]，渝人重之，十月採貢。《太平寰宇記》卷一三六

瀘州[47]之茶樹，〔夷〕獠[48]常攜瓢具寘側⑭，每登樹採摘芽茶，必含於口。待其展，然後置於瓢中，旋塞其竅。歸必置於暖處。其味極佳。又有粗者，其味辛而性熱。彼人云：飲之療風[49]，〔通呼為瀘茶〕⑮《太平寰宇記》卷八八引《茶經》，然《茶經》無此則，當出《茶譜》。

容州[50]黃家洞有竹茶，葉如嫩竹，土人作飲，甚甘美。《太平寰宇記》卷一六七引《茶經》。然《茶經》無此則，當出《茶譜》。按：以上嶺南道一州。

團黃有一旗二槍之號[51]，言一葉二芽也。⑯《事類賦注》卷一七

茶之別者，枳殼牙、枸杞牙、枇杷牙[52]，皆治風疾。又有皂莢牙、槐牙、柳牙[53]，乃上春摘其牙和茶作之。五花茶者，其片作五出花也。《事類賦注》卷一七

唐陸羽著《茶經》三卷。《事類賦注》卷一七

唐肅宗嘗賜高士張志和[54]奴婢各一人，志和配為夫妻，名之曰漁童、樵青。人問其故，答曰："漁童使捧釣收綸，蘆中鼓枻；樵青使蘇蘭薪桂，竹裹煎茶。"《事類賦注》卷一七按：《茶譜》此則據顏真卿《浪跡先生玄真子張志和碑銘》。顏文見《全唐文》卷三四〇。

胡生者，以釘鉸為業，居近白蘋洲，傍有古墳，每因茶飲，必奠酹之。忽夢一人謂之曰："吾姓柳，平生善為詩而嗜茗，感子茶茗之惠，無以為報，欲教子為詩。"胡生辭以不能，柳強之曰："但率子意言之，當有致矣。"生後遂工詩焉。時人謂之胡釘鉸詩。柳當是柳惲[55]也。⑰《事類賦注》卷一七按：《南部新書》卷壬記胡生事，與此多同。

覺林僧志崇收茶三等，待客以驚雷莢，自奉以萱草帶，供佛以紫茸香。赴茶者，以油囊盛餘瀝歸。⑱《全芳備祖後集》卷二八按：《雲仙雜記》卷六引《蠻甌志》，與此大致同，中多"蓋最上以供佛，而最下以自奉也"二句。

甫里先生陸龜蒙，嗜茶荈。置小園於顧渚山下，歲入茶租，薄為甌蟻之費。自為《品第書》一篇，繼《茶經》、《茶訣》之後。《全芳備祖後集》卷二八按：此則據陸龜蒙《甫里先生傳》。陸文見《全唐文》卷八〇一。

撫州有茶衫子紙，蓋裹茶為名也。其紙長連，自有唐已來，禮部每年給明經帖書。《文房四譜》卷四

傅巽《七誨》云：蒲桃宛柰，齊柿燕栗，常陽黃梨，巫山朱桔，南中茶子，西極石蜜。寒溫既畢，應下霜華之茗。《事類賦注》卷一七按：《茶經．七之事》引《七誨》同此數句，而以末二句為弘君舉《食檄》首二句。此節當出《茶經》。《事類賦注》既誤記書名，復以《食檄》中句竄入《七海》。

茶樹如瓜蘆，葉如梔子，花如白薔薇，實如栟櫚，葉如丁香，根如胡桃。《譚苑醍醐》卷八，又見《全唐文紀事》卷四六引按：此則見《茶經．一之源》。楊慎誤作《茶譜》。

注　釋

1 峽州：州、路名。一作硤路。北周武帝（宇文邕，543 － 578，560 － 578 在位）改拓州置。因在三峽之口得名。治夷陵（今宜昌西北。唐移今市，宋末移江南，元仍移江北），唐以後略大。元至元十七年（1280）升為峽州路，轄境相當今湖北宜昌、長陽、枝城等地。元至正二十四年（1364）復降為州，後改名夷陵州。

2 小江園、明月簝、碧澗簝、茱萸簝，皆茶名。簝，古代宗廟中用的盛肉竹器，不知為何用以名茶。後三種茶皆出峽州，《唐國史補》："峽州有碧澗明月，芳蕊、茱萸簝等"，峽州唐時治所在今湖北宜昌。

3 涪州：唐武德元年(618)置，治所涪陵縣，即今重慶涪陵，曾一度改名為涪陵郡。　三般茶：茶名。

4 賓化：唐先天二年（713）以隆化改名，即今四川南川。

5 白馬：縣名，在今四川松藩北岷江源附近。

6 禪智寺：在今江蘇揚州東北，五代時吳徐知訓曾賞花於此。

7 蜀崗：在揚州城西北，一名昆岡。鮑照(450－466)《蕪城賦》：軸以昆岡，謂此上有井，其脈通蜀，曰蜀井。《方輿勝覽》云：舊傳地脈通蜀，故曰蜀岡。《太平寰宇記》云："蜀岡有茶園，其茶甘香如蒙頂，蒙頂在蜀，故以名岡。"

8 義興：即今江蘇宜興。　㴩湖：在今湖南岳陽，含膏茶是當地名產。

9 長興：即今浙江長興。　啄木嶺金沙泉：兩地俱在長興顧渚山中。

10 睦州：唐武德四年（621）置，治所在今浙江建德市東北梅城鎮。　鳩坑：指產於浙江淳安縣（古時屬睦州）鳩坑源的茶。據《雉山邑志》記："淳安茶舊產鳩坑者佳，唐時稱貢物"，《唐國史補》卷下："睦州有鳩坑"。

11 婺州：即今浙江金華。

12 福州：即今福建福州。

13 建州：唐武德四年（621）置，治所在今福建建甌。　方山：在今福建閩侯南。

14 江東：一般自漢至隋唐稱安徽蕪湖以下的長江下游南岸地區為江東。《茶譜》在舉及某處茶後，一般都是言及本地人對所舉茶的認識和評價，這裏是在説福建茶，若此江東是指長江中下游地區省份，似乎大不妥。抑或是指建溪之東的地區，亦未可知。

15 洪州：即今江西南昌。

16 安吉州：縣名。在浙江湖州西南部，西苕溪流域，鄰接安徽。

17 池陽：古縣名，漢惠帝四年（前 191）置，因在池水之北得名。治今陝西涇陽西北。

18 南康：今市名。在江西南部、贛江西源章水流域。三國吳置南安縣，晉改南康縣。

19 東川：唐方鎮名，即劍南東川。至德二年（757）分劍南節度使東部地置。治梓州（今三台）。轄境屢有變動。長期領有梓、遂、綿、普、陵、瀘、榮、劍、龍、昌、渝、合十二州。約當四川盆地中部涪江流域以西，沱江下游流域以東和劍閣、青川等縣。

20 杜牧（803 － 852）：唐京兆萬年（今陝西西安）人，字牧之，唐名相杜佑（735 － 812）之孫。太和二年（828）擢進士，復舉賢良方正。曾任監察御史，官至中書舍人。其詩文輯為《樊川集》。事見新、舊《唐書》〈杜佑傳〉附傳。

21 宣城：即今安徽宣城。　丫山：光緒《宣城縣志》卷4山川云：在宣城縣"東水之東為……雙峰山……二峰對峙，古名丫山，產橫紋茶。"

22 歙州：隋置，治所在歙縣（即今安徽歙縣），隋唐間都曾一度改名為新安郡，唐乾元（758 － 760）初仍復為歙州。

23 鄂州：隋開皇九年(589)改郢州置，治所在江夏，即今湖北武漢之武昌。　東山：在今湖北荊門東。　蒲圻：縣名，即今湖北蒲圻縣。　唐年縣：唐天寶二年（743）置，治所在今湖北崇陽西南。

24 袁州：在今江西宜春。

25 湖州：即今浙江湖州。　研膏：表明宋朝北苑之前即有研膏茶。　紫筍：茶名。

26 長沙：即今湖南長沙。唐代至宋代，長沙間或為長沙府、潭州、長沙郡。

27 石楠：《光緒湖南通志》注云："石枏一名風藥，能治頭風"。亦稱千年紅，薔薇科，常綠灌木或小喬木，花白果紅，葉可入藥，益腎氣，治風痹。

28 邵：邵州，唐置南梁州，後改曰邵州；治所在今湖南邵陽。

29 衡州：即今湖南衡陽，唐時曾一度為郡。　衡山：縣名，唐天寶八年(749)置，治所即今湖南衡陽。

30 彭州：唐垂拱二年（686）置，治所在今四川彭縣，天寶（742 － 756）初改為濛陽郡，乾元（758 － 760）初復為彭州。　蒲村、堋口、灌口：皆為彭州屬縣導江的屬鎮。

31 寶唐山：光緒《灌縣鄉土志》引《茶譜》認為寶唐山即是四川灌縣之沙坪山。

32 蜀州：唐垂拱二年（686）置，治所在今四川崇慶。　晉原：鎮名，今四川大邑縣駐地。　洞口：不詳。　橫源：不詳。　味江：不詳。　青城：蜀州屬縣，在今四川東南。

33 雀舌、鳥觜、麥顆：皆茶名。

34 眉州：唐武德二年（619）置，治所在今四川眉山。　洪雅：眉州屬縣名，隋開皇十一年（591）置，治所在今四川洪雅西。　昌闔：不詳。　丹稜：眉州屬縣，在今四川丹稜。

35 蒙頂：蒙山山頂，在今四川名山，有"揚子江心水，蒙山頂上茶"，"舊譜最稱蒙頂味，露芽雲味勝醍醐"的詩句。

36 片甲、蟬翼：皆茶名。

37 邛州：在今四川邛崍。　臨溪：縣名，治所在今四川蒲江西。　思安：不詳。　火井：縣名，治所在今四川邛崍西南之火井。

38 臨邛：唐州名，天寶初置，治所在今四川邛崍。

39 西番：又稱西蕃，泛稱古代中國西部地區的各少數民族。

40 党項：中國古代羌人的一支，南北朝時分佈在今青海東南部河曲和四川松藩以西山谷地帶。唐代前期，吐蕃征服青藏高原諸部族，大部分党項羌人被迫遷徙到甘肅、寧夏、陝北一帶。北宋時，党項人建立了西夏政權。

41 此處指四川名山一地所產之茶。

42 露鋑芽、籛芽：皆茶名。

43 壓膏露芽、不壓膏露芽、並冬芽，皆為茶名。

44 雅州：隋仁壽四年（604）置，治所在蒙山（今四川雅安西，北宋移治今雅安），後改為臨邛郡。唐武德元年（618）復改為雅州，天寶初改為盧山郡，乾元初復改為雅州。　百丈：縣名，唐貞觀四年（630）置，治所在今四川名山縣東北之百丈。　名山：在今四川名山。

45 龍安：古龍安有兩處，一在今四川安縣東北，一在今江西安義縣東北，不知孰是。

46 南平：州名，唐貞觀四年（630）置，治所南平縣，在今重慶巴縣東北。

47 瀘州：在今四川瀘州。南朝梁大同（535 － 546）中置，隋煬帝時州廢置瀘川郡，唐武德元年復為瀘州。

48 獠：古代對南方少數民族的蔑稱。

49 療風：能治療風疾。

50 容州：唐置銅州，後改曰容州，治北流，治所在今廣西北流。

51 團黃：唐代茶名，《唐國史補》卷下："蘄州有蘄門團黃"。產於蘄州之蘄門（今湖北蘄春境內）。

52 枳殼：中藥，芸香科植物酸橙、香圓和枳等乾燥的成熟果實，性微寒，味酸苦，功能破氣消積，主治食積、胸腹氣滯、脹痛、便秘等症。　枸杞：茄科，落葉小木，果實、根皮入藥，性平味甘，能補腎益精、養肝明目、清虛熱、涼血。　枇杷：薔薇科，常綠小喬木中醫以葉入藥，性平味苦，功能主清肺下氣、和胃降逆，主治肺熱咳嗽、嘔吐逆呃等。

53 皂莢：豆科，落葉喬木，中醫以皂莢果入藥，性溫味辛有小毒，能祛痰開竅，皂莢刺亦入藥，能托毒排膿。　槐：豆科，落葉喬木，花和實為涼血、止血藥。　柳：楊柳科，落葉喬木或灌木。

54 張志和：唐婺州金華人，字子同，初名龜齡。年十六擢明經，肅宗時待詔翰林，授左金吾衛錄事參軍。曾被貶為南浦尉，赦還後不復仕，隱居江湖，自稱煙波釣徒。著《玄真子》，也以"玄真子"自號。善歌詞，能書畫、擊鼓、吹笛。與顏真卿、陸羽等友善。事見《新唐書》本傳。

55 柳惲（465－517）：南朝梁河東解人，字文暢。柳世隆子。少好學，工詩，善尺牘。又從嵇元榮、羊蓋學琴，窮其妙。初任齊竟陵王法曹行參軍。梁武帝時累官左民尚書、廣州刺史、吳興太守。為政清靜，民吏懷之。又精醫術、善奕棋。奉命定棋譜，評其優劣。有《清調論》、《十杖龜經》。

校記

① 有溪山：陳尚君〈毛文錫《茶譜》輯考〉（簡稱陳尚君本）作“青溪山”，據《四庫全書．事類賦》改。
② 陳祖槼、朱自振《中國茶葉歷史資料選輯》（簡稱陳、朱本）注曰：“編者按，此係峽川之幾種茶。”
③ 本句《敕修浙江通志》卷106引《品茶要錄補》所引《茶譜》為“婺州之舉岩碧乳”。
④ 南劍：原文作“南劍”，疑作劍南。
⑤ 本句《雍正江西通志》引《茶譜》作“洪州白露嶺茶，號為絕品”。
⑥ 黑色如韭葉：民國《湖北通志》引《茶譜》作“大茶黑色如韭葉”。
⑦ 石楠：嘉慶《湖南通志》引《茶譜》作“石枏”，光緒《湖南通志》並有注云：“按石枏一名風藥，能治頭風。”
⑧ 四月摘楊桐草：《事類賦》卷17引作“四月四日摘楊桐草”。嘉慶《湖南通志》引《茶譜》亦作“四月四日”，並注云：“楊桐即南天燭……”。
⑨ 市：陳尚君本作“布”。
⑩ 方有：光緒《灌縣鄉土志》引《茶譜》為“始得”。
⑪ 本條當與前文從《太平寰宇記》所輯“臨邛”條合為一條，文為“邛州之臨邛、臨溪、思安、火井四邑，有早春、火前、火後、嫩綠等上中下茶。”
⑫ 眼前：陳尚君本作“限前”，形誤，逕改。
⑬ 二者：《嘉慶四川通志》引《茶譜》作“二處茶”。
⑭ 夷獠常攜瓢具寘側：陳尚君本缺“夷”，據陳、朱本補。陳尚君本作“穴其”，形誤，據陳、朱本改。
⑮ 通呼為瀘茶：陳尚君本缺，據陳、朱本補。
⑯ 陳、朱本注曰：“一旗二槍言一葉二芽，疑一槍二旗，一芽二葉之誤。”
⑰ 《池北偶談》亦錄有此條。
⑱ 《雲仙雜記》引《蠻甌志》之文與本條大致相同，而多“蓋最上以供佛，而最下以自奉也”二句。

宋元茶書

茗荈錄

◇宋　陶穀　撰

陶穀（903－970）字秀實，邠州新平（今陝西彬縣）人。本姓唐，避後晉高祖石敬唐諱改姓陶。歷仕後晉、後漢、後周至宋，入宋後累官兵部、吏部侍郎。宋太祖建隆二年（961），轉禮部尚書，翰林承旨，乾德二年（964）判吏部銓兼知貢舉，累加刑部、户部尚書。開寶三年十二月庚午卒，年六十八。《宋史》卷二六九有傳，説他“強記嗜學，博通經史，諸子佛老，咸所總覽，多蓄法書名畫，善隸書。為人雋辨宏博，然奔競務進。”

“茗荈錄”原是陶穀所寫《清異錄》一書中的“茗荈”部分。《清異錄》六卷，內分三十七門。明代喻政抽取其中“茗荈”一門，去除第一條即唐人蘇廙《十六湯品》，題曰《荈茗錄》，作為獨立一書印入他編的《茶書》中。此後有關茶書書目即以《荈茗錄》署名。但因《清異錄》原題作“茗荈”，故此次匯編恢復作《茗荈錄》。

《四庫全書總目》稱：陳振孫《直齋書錄解題》以為《清異錄》不類宋初人語，明胡應麟《筆叢》曾經辨之，又此書在宋代已為人引為詞藻之用，如樓鑰《攻媿集》有《白醉軒》詩，自序云引用此書，故此書當是陶穀於五代宋初之際所撰。關於《茗荈錄》的具體成書時間。《茗荈錄》第一條《龍坡山子茶》説：“開寶中，竇儀以新茶飲予”。竇儀卒於乾德四年（966）冬，而陶穀卒於開寶三年（970），因此推定《荈茗錄》寫定於乾德元年至開寶三年中，即963至970年之間。

傳今刊本有：（1）明周履靖夷門廣牘本，（2）明喻政《茶書》本，（3）明陳眉公訂正寶顏堂秘笈本，（4）宛委山堂説郛本，（5）清道光年間李錫齡校刊惜陰軒叢書本，（6）涵芬樓説郛本等版本。除喻政《茶書》本單列為一書外，其餘各版本皆為《清異錄》中一門。

《茗荈錄》共有十八條，而宛委山堂説郛本只有十二條（以寶顏堂秘笈本序語，當為編者刪除了“疑誤難正”的六條）；夷門廣牘本與涵芬樓説郛本雖有十八條，但文中一些看似與茶不直接相關的文字均被刪略。

諸本中陳眉公訂正的寶顏堂秘笈本最善，本書取以為底本，參校周履靖夷門廣牘本、喻政茶書本、涵芬樓説郛本等其他版本。

龍坡山子茶

開寶中，竇儀[1]以新茶飲予，味極美。奩[2]面標云：“龍坡山子茶”。龍坡是顧渚[3]之別境。

聖楊① 花

吳[4]僧梵川，誓願燃頂供養雙林傅大士[5]。自往蒙頂[6]結庵種茶②。凡三年，味方全美。得絕佳者聖楊③花、吉祥蕊，共不踰五斤④，持歸供獻。

湯社[7]

和凝[8]在朝，率同列遞日以茶相飲，味劣者有罰，號為"湯社"。

縷金耐重兒

有得建州茶膏[9]，取作耐重兒[10]八枚，膠以金縷[11]，獻於閩王曦[12]。遇通文之禍，為內侍所盜，轉遺貴臣。

乳妖

吳僧文了善烹茶。游⑤荊南[13]，高保勉白於⑥季興[14]，延置紫雲庵，日試其藝。保勉父子呼為湯神，奏授華定水大師上人[15]，目曰"乳妖"[16]。

清人樹

偽閩甘露堂前兩株茶，鬱茂婆娑，宮人呼為"清人樹"。每春初，嬪嬙戲摘⑦新芽，堂中設"傾筐會"。

玉蟬膏

顯德初，大理徐恪見貽卿⑧信鋌子茶[17]，茶面印文曰："玉蟬膏"，一種曰"清風使"。恪，建人也[18]。

森伯

湯悅有《森伯頌》[19]，蓋茶也。方飲而森然嚴乎齒牙，既久，四肢森然。二義一名，非熟夫湯甌境界者，誰能目之。

水豹囊

豹革為囊[20]，風神呼吸之具也。煮茶啜之，可以滌滯思而起清風。每引此義，稱茶為"水豹囊"。

不夜侯

胡嶠[21]《飛龍澗飲茶詩》曰："沾牙舊姓餘甘[22]氏，破睡當封⑨不夜侯。"新奇哉！嶠宿學雄材未達，為耶律德光所虜北去，後間道復歸。

雞蘇佛

猶子彝[23]⑩，年十二歲。予讀胡嶠茶詩，愛其新奇，因令效法之，近晚成篇。有云："生涼好喚雞蘇[24]佛，回味宜稱橄欖仙。"然彝⑪亦文詞之有基址者也。

冷面草

符昭遠不喜茶⑫，嘗為御史同列會茶，嘆曰：“此物面目嚴冷，了無和美之態，可謂冷面草也。飯餘嚼佛眼芎以甘菊湯送之，亦可爽神。”

晚甘侯

孫樵[25]《送茶與崔⑬刑部書》云：“晚甘侯十五人遣侍齋閣。此徒皆請雷而摘[26]，拜水而和[27]。蓋建陽丹山[28]碧水之鄉，月澗雲龕之品⑭，慎勿賤用之。”

生成盞

饌茶[29]而幻出物象於湯面者，茶匠通神之藝也。沙門福全生於金鄉[30]，長於茶海[31]，能注湯幻茶[32]，成一句詩，並點四甌，共一絕句，泛乎湯表。小小物類，唾手辦耳。檀越[33]日⑮造門求觀湯戲，全自詠曰：“生成盞裏水丹青，巧畫⑯工夫學不成。卻笑當時陸鴻漸，煎茶贏得好名聲。”

茶百戲

茶至唐始盛。近世有下湯運匕[34]⑰，別施妙訣，使湯紋水脈成物象者，禽獸蟲魚花草之屬，纖巧如畫。但須臾即就散滅。此茶之變也，時人謂之“茶百戲”[35]。

漏影春

漏影春法，用鏤紙貼盞，糝茶[36]而去紙，偽為花身；別以荔肉為葉，松實、鴨腳[37]之類珍物為蕊，沸湯點攪。

甘草癖

宣城[38]何子華邀客於剖金堂，慶新橙。酒半，出嘉陽嚴峻畫陸鴻漸像。子華因言：“前世惑駿逸者為馬癖，泥貫索者為錢癖，耽於子息者為譽兒癖，耽於褒貶者為《左傳》癖。若此叟⑱者，溺於茗事，將何以名其癖？”楊粹仲曰，“茶至⑲珍，蓋未離乎草也。草中之甘，無出茶上者。宜追目⑳陸氏為甘草癖。”坐客曰：“允矣哉！”㉑

苦口師

皮光業[39]最耽茗事。一日，中表請嘗新柑，筵具殊豐，簪紱叢集。纔至，未顧尊罍㉒而呼茶甚急，徑進一巨甌。題詩曰：“未見甘㉓心氏，先迎苦口師。”眾噱曰：“此師固清高，而難以療饑也。”

注 釋

1 竇儀（914－966）：字可象，薊州漁陽（今天津薊縣）人。後晉天福中進士，歷仕後漢、後周，後周顯德年間拜端明殿學士，入宋歷任工部尚書、翰林學士、禮部尚書，《宋史》卷263有傳。　案：陶穀此條所記有誤，詳見本書題記關於《茗荈錄》具體成書時間的考訂。

2 奩：茶盒。

3 顧渚：即顧渚山，在今浙江長興，所產紫筍茶久負盛名，唐時曾為貢品。

4 吳：指五代十國時的吳國。

5 燃頂：佛教修真法之一。　雙林：佛寺名。　大士：佛教稱佛和菩薩為大士。

6 蒙頂：參見本書《茶酒論》……蒙山與佛教及茶文化有着較深的淵源關係，中國最早的有關植茶的傳説，便是漢代的甘露大師在蒙山之頂上清峯親手植茶五株。

7 湯社：即茶社。

8 和凝（898－955）：字成績，五代時鄆州須昌（今山東東平）人。梁時舉進士，歷仕後晉、後漢、後周各朝，官至左僕射，太子太傅，封魯國公。

9 建州：治所在建安（今福建建甌）。　茶膏：指將茶研膏製成的團餅茶。

10 耐重兒：茶名。《十國春秋·閩康宗本紀》："通文二年……國人貢建州茶膏，製以異味，膠以金縷，名曰'耐重兒'，凡八枚。"

11 膠以金縷：指在茶餅表面貼上金絲，以作紋飾。此習沿至宋代，歐陽修《龍茶錄後序》就記有"宮人剪金為龍鳳花草"貼在小龍團茶的茶餅表面。

12 閩：五代時十國之一。　王曦：為閩國第五任君主，939至942年在位。唯此條所記有誤。《十國春秋》記此事在通文二年（937），時閩國第四任君主王昶在位，而非王曦。王曦是在通文之禍以後才上台的。

13 荊南：五代時十國之一。據有今湖北江陵、公安一帶。

14 季興：高季興（858－928），亦名高季昌，五代時荊南的建立者。924至928年在位。　高保勉：高季興子。

15 上人：僧人之尊稱。

16 乳妖：指有烹茶特技者。《荊南列傳》關於此事的記錄為："文了，吳僧也，雅善烹茗，擅絕一時。武信王時來遊荊南，延住紫雲禪院，日試其藝，王大加欣賞，呼為湯神，奏授華亭水大師，人皆目為'乳妖'。"

17 大理：官名，本秦漢之廷尉，掌刑獄，為九卿之一，北齊後改稱大理寺卿。　鋌子茶：鋌指塊狀金銀，此處指塊狀茶餅。

18 建：指建州。唐武德四年置，治所在今福建建甌，宋沿之。

19 湯悅：即殷崇義，陳州西華（今屬河南）人，南唐保大十三年（955）舉進士，李璟時任右僕射。博學能文，所撰詔書大受周世宗讚賞，代表南唐入貢時，"世宗為之加禮"。國亡入宋，為避宋宣祖趙弘殷名諱易姓名為湯悅，開寶年間以司空知左右內史事。《南唐書》卷23、《十國春秋》卷28有傳。　森伯：此處用來比喻品性嚴冷的茶。

20 豹革為囊：用豹皮作風囊。

21 胡嶠：五代時人。《五代史》卷73説胡嶠為蕭翰掌書記隨入契丹，居七年，周廣順三年（953）返回。

22 餘甘：即餘甘子，亦稱油柑、庵摩敕，熟時紅色，可供食用，初食酸澀，後轉甘，故名。宋人亦有以餘甘作湯為飲者，黃庭堅《更漏子·餘甘湯》詞曰："菴摩勒，西土果。霜後明珠顆顆。憑玉兔，搗香塵。移為席上珍。號餘甘，爭奈苦。臨上馬時分付。管回味，卻思量。忠言君試嘗。"
案：胡嶠此二句詩，前句寫茶入口先苦後甘的特性，後句寫茶可以令人不眠的功用。

23 猶子：指侄子。　彝：陶穀侄子名。

24 雞蘇：草名，即水蘇，一名龍腦香蘇。

25 孫樵：字可之，關東人，唐懿宗大中年間舉進士，歷官中書舍人、職方郎中等。

26 請雷而摘：即趁着雷聲採摘。可參看本書五代蜀毛文錫《茶譜》第29條輯文。

27 拜水而和：用拜敕祭泉得來的水和膏研造而成。可參看本書五代蜀毛文錫《茶譜》第10條輯文。

28 建陽：縣名，在福建西北部。　丹山：赤山，袁山松《宜都記》："尋西北陸行四十里，有丹山。山間時有赤氣籠蓋，林嶺如丹色，因以名山。"

29 饌茶：指注湯點茶。

30 沙門：梵文沙門那的簡稱，後專指依照戒律出家修道的佛教僧侶。　金鄉：縣名，即今山東西南部金鄉。

31 茶海：此處指盛產茶葉之地。

32 幻茶：在茶湯表面變幻出圖案或文字。

33 檀越：即施主。寺院僧人對施捨財物給僧團、寺院者的尊稱，是梵文省略轉換的音譯。

34 匕：是長柄淺斗的取食用具，唐宋兩代都用類似的器具作攪拌點擊茶湯的用具，如陸羽《茶經·四之器》中的"竹筴"，蔡襄《茶錄》下篇《茶器》中的"茶匙"。

35 茶百戲：就是指以茶湯變幻物象的表演。

36 糝茶：散撒茶末。

37 鴨腳：銀杏的別名。《本草綱目·果部二》："銀杏原生江南，葉似鴨掌，因名鴨腳。"

38 宣城：縣名，在安徽東南部。

39 皮光業：五代吳越人，皮日休之子，字文通，曾任吳越丞相。吳任臣《十國春秋·吳越·皮光業傳》轉："天福二年，國建，拜光業丞相。……光業美儀容，善談論，見者或以為神仙中人。性嗜茗，常作詩，以茗為苦口師，國中多傳其癖。"

校記

① 楊：涵芬樓本為"賜"字。

② 結庵種茶：夷門本為"山茶"，喻政茶書本為"採菜"。

③ 楊：涵芬樓本為"賜"。

④ 斤：夷門廣牘本（簡稱夷門本）、喻政茶書本為"觔"。

⑤ 夷門本於"游"字前多一"子"字。

⑥ 白于：底本為"白子"。今從夷門本、涵芬樓本改。

⑦ 夷門本、喻政茶書本於此多一"採"字。

⑧ 卿：夷門本、喻政茶書本、惜陰軒叢書本（簡稱惜陰軒本）為"鄉"。

⑨ 封：底本誤為"風"，今從夷門本、喻政茶書本等改正。

⑩ 彝：涵芬樓本為"彝之"。

⑪ 彝：夷門本、涵芬樓本為"彝之"。

⑫《續茶經》卷上之7《茶之事》"符"作"苻"。

⑬ 崔：夷門本、喻政茶書本、惜陰軒本、涵芬樓本為"焦"。

⑭ 品：涵芬樓本為"侶"。

⑮ 夷門本於此多一"自"字。

⑯ 畫：喻政茶書本為"盡"。

⑰ 匕：底本為"允"，今據喻政茶書本等改。

⑱ 叟：夷門本為"客"。

⑲ 至：《續茶經》卷下之3《茶之事》引錄作"雖"。

⑳ 宜追目：涵芬樓本為"追宜目"。

㉑ 坐客曰："允矣哉！"：《續茶經》卷下之3《茶之事》引錄作"一座稱佳"。

㉒ 罍：底本為"壘"，今據喻政茶書本等版本改。

㉓ 甘：夷門本為"柑"。

述煮茶泉品

◇宋　葉清臣　撰

葉清臣（1000－1049），字道卿，長洲（今江蘇蘇州）人。宋仁宗天聖二年（1024）進士，簽書蘇州觀察判官事，天聖六年（1028）召試，授光祿寺丞，充集賢校理，又通判太平州、知秀州。累擢右正言、知制誥，龍圖閣學士、權三司使公事。皇祐元年（1049），知河陽，未幾卒，年五十，贈左諫議大夫。清臣敢言直諫，好學，善屬文，有文集一百六十卷，已佚。《隆平集》卷一四、《宋史》卷二九五有傳。

《述煮茶泉品》只是一篇五百餘字的短文，原被附在張又新《煎茶水記》文後，清陶珽重新編印宛委山堂說郛時當作一書收入，古今圖書集成收入食貨典茶部藝文中。宋咸淳刊百川學海、四庫全書、涵芬樓說郛皆在《煎茶水記》後附錄，清陸廷燦《續茶經》中有引用。

傳今刊本有：（1）宋咸淳刊百川學海本，（2）明華氏刊百川學海本，（3）明喻政《茶書》本，（4）宛委山堂說郛本，（5）古今圖書集成本，（6）文淵閣四庫全書本，（7）涵芬樓說郛本等版本。

本書以宋咸淳刊百川學海本為底本，參校喻政茶書本、宛委山堂說郛本等其他版本。

夫渭黍汾麻[1]，泉源之異稟，江橘淮枳，土地之或遷，誠物類之有宜，亦臭味之相感也。若乃擷華掇秀，多識草木之名，激濁揚清，能辨淄澠之品，斯固好事之嘉尚，博識之精鑒，自非嘯傲塵表，逍遙林下，樂追王濛之約[2]，不敗①陸納[3]之風，其孰能與於此乎？

吳楚[4]山谷間，氣清地靈，草木②穎挺，多孕茶荈，為人採拾。大率右於武夷者[5]，為白乳[6]，甲於吳興[7]者，為紫筍[8]，產禹穴[9]者，以天章[10]顯，茂錢塘者，以徑山[11]稀。至於續廬之巖，雲衡之麓，鵶山[12]著於無歙，蒙頂傳於岷蜀[13]，角立差勝，毛舉實繁。然而天賦尤異、性靡受和③，苟制非其妙，烹失於術，雖先雷而嬴[14]，未雨而檐[15]，蒸焙以圖[16]，造作以經，而泉不香、水不甘，爨之、揚之，若淤若滓。

予少得溫氏所著《茶說》[17]，嘗識其水泉之目，有二十焉。會西走巴峽[18]，經蝦蟆窟④，北憩蕪城[19]，汲蜀崗井[20]，東遊故都[21]⑤，絕揚子江，留丹陽酌觀音泉[22]，過無錫𣂷惠山水[23]，粉槍末旗[24]，蘇蘭薪桂，且鼎⑥且缶，以飲以歠，莫不瀹氣滌慮，蠲病析酲[25]，祛鄙吝之生心，招神明而還觀⑦。信乎物類之得宜，臭味之所感，幽人之佳尚，前賢之精鑒，不可及已。噫！紫華綠英，均一草也，清瀾素波，均一水也，皆忘情於庶彙，或求伸於知己，不然者，叢薄[26]之莽、溝瀆之流[27]，亦奚以異哉！遊鹿故宮，依蓮盛府，一命受職，再期服勞，而虎丘之觱沸[28]，淞江之清泚[29]，復在封畛[30]。居然挹注是嘗，所得於鴻漸之目，二十而七也[31]。

昔酈元⑧善於《水經》[32]，而未嘗知茶；王肅[33]癖於茗飲，而言不及水表，是二美吾無愧焉。凡泉品二十，列於右幅⑨，且使盡神，方之四兩，遂成奇⑩功[34]，代酒限於七升[35]，無忘真賞云爾。南陽[36]葉清臣述。泉品二十，見張又新《水經》⑪。

注釋

1 渭：渭水，即今黃河中游支流渭河，在陝西中部。 汾：汾河，黃河第二大支流，在山西中部。

2 王濛：晉司徒長史，事見《世說新語》："晉司徒長史王濛好飲茶，人至輒命飲之，士大夫皆患之，每欲往候，必云今日有水厄。"

3 陸納：可參看本書唐代陸羽《茶經》"陸納為吳興太守時……奈何穢吾素業？"。

4 吳：古吳國建都今江蘇蘇州，擁有今江蘇、上海大部，安徽、浙江部分地區。 楚：古楚國先後都今湖北秭歸、江陵，勢力主要在長江中游地區。

5 武夷：武夷山脈跨今江西、福建兩省，主峯在今福建崇安，特產"武夷岩茶"。

6 白乳：茶名，宋代名茶，產於福建之北苑。

7 吳興：即今浙江湖州。

8 紫筍：茶名，唐代以來即為名茶，長期為貢茶，產於今浙江長興和江蘇宜興的顧渚山區。

9 禹穴：傳說大禹葬於會稽，因指會稽為禹穴，即今浙江紹興。

10 天章：茶名。

11 徑山：此處指徑山香茗茶，是浙江的傳統名茶，唐宋時始有名，產於今浙江餘杭西北徑山山區。

12 鴉山：茶名。歷來為安徽名茶，出廣德州建平鴉山（《江南通志》卷86《食貨志・物產・茶・廣德州》）。

13 蒙頂：茶名，產於四川名山蒙山地區，唐代始為貢茶，至清代歷千餘年經久不衰。岷蜀，指四川地區。

14 先雷而贏：早於驚蟄就採茶。贏通籯，竹籠，茶人負以採茶。

15 未雨而檐：造茶非常及時。陸羽《茶經》二之具中有"檐"一種，是放在砧上棬模下製茶的用具，有用油絹或雨衫製造者，因而檐指造茶。

16 蒸焙以圖：按照茶圖蒸焙茶葉。

17 溫氏：即溫庭筠。其著《採茶錄》，未知是否即此所云《茶說》。

18 巴峽：指峽州，北宋治夷陵（今湖北宜昌西北），唐時屬山南（東）道，扇子峽在其西面五十里處，又稱明月峽。"峽州扇子山下有石突然，洩水獨清冷，狀如龜形，俗云蝦蟆口水，第四；"張又新《煎茶水記》將其列為天下第四水。

19 蕪城：在今江蘇揚州西北。

20 蜀崗：今江蘇揚州西北有蜀崗山。此處指張又新《煎茶水記》中所列第十二水"揚州大明寺水"。

21 故都：指金陵。即今江蘇南京。

22 丹陽：即今江蘇鎮江。丹陽觀音泉水為張又新《煎茶水記》中所列第十一水。

23 惠山寺石泉水為張又新《煎茶水記》中所列天下第二水。無錫：即今江蘇無錫。

24 粉槍末旗：將茶葉碾磨成粉末。槍、旗，指嫩茶葉。

25 蠲病：除去疾病。　析酲：解除醉酒之病；酲：酒醒後所感覺的困憊如病狀態，《詩 · 小雅 · 節南山》："憂心如酲。"毛傳："病酒曰酲。"

26 叢薄：草木叢生的地方。陸羽《茶經 · 三之造》："茶之芽者，發於叢薄之上"，指生在草木叢中的茶葉。

27 溝瀆之流：溝渠間的流水。陸羽《茶經 · 六之飲》"斯溝渠間棄水耳"。

28 虎丘：即今江蘇蘇州虎丘。虎丘寺石泉水為張又新《煎茶水記》所列第五水。　觱（bì）沸：泉水湧出貌。

29 淞江：吳松江水為張又新《煎茶水記》中所列第十六水。

30 案：葉清臣此處説虎丘和松江水都在他管轄的地界內，表明此文當寫於他任職常州毗陵之後。

31 張又新《煎茶水記》中所記陸羽品第天下之水列為二十等，另有劉伯芻列天下之水為七等，葉清臣此處行文泛泛而言"所得於鴻漸之目，二十而七也。"

32 酈元：即酈道元（466或472－527），北魏地理學家、散文家、字善長，范陽涿縣（今河北涿縣）人，撰有《水經注》一書。

33 王肅：字恭懿（464－501），初仕南齊，後奔北魏，《魏書》卷63有傳。可參看本書唐代陸羽《茶經》"茗不堪與酪為奴"。

34 見本書五代蜀毛文錫《茶譜》第10條輯文。

35 典出《三國志 · 韋曜傳》："孫皓每饗宴，坐席無不率以七升為限，雖不盡入口，皆澆灌取盡。曜飲酒不過二升。皓初禮異，密賜茶荈以代酒。"

36 南陽：在今河南。葉清臣死前知河陽（今河南孟縣），以南陽自稱，是否以地相近緣故。又，南陽亦或是河陽之誤。

校　記

① 敗：宛委本、集成本、涵芬樓本為"讓"。

② 草木：底本為"若後"，意不可解，今據宛委本改。

③ 受和：宛委本、集成本為"俗諳"。

④ 窟：四庫本為"口"。此處指張又新《煎茶水記》中所列第四水"蝦蟆口水"。

⑤ "故都"之"都"字，宛委本、集成本為"郡"。

⑥ 鼎：四庫本為"汲"。

⑦ 還觀：宛委本、集成本為"達觀"。

⑧ 酈元：集成本為"酈道元"。

⑨ 案：清臣自述"列於右幅"，當於其文前列有張又新所記二十水品，但收錄葉氏此文的諸書中，都未見列，只有四庫本將葉氏小文列於張文之後，並於葉文末有小注云"泉品二十，見張又新水經"。

⑩ 奇：宛委本、集成本為"其"。

⑪ 注從四庫本。

大明水記

◇宋　歐陽修　撰

歐陽修（1007－1072），字永叔，北宋吉州永豐（今江西永豐）人。號醉翁、六一居士，謚文忠。舉天聖八年（1030）進士甲科。慶曆（1041－1048）初，召知諫院，改右正言知制誥。時杜衍、韓琦、范仲淹、富弼等主持的“新政”失敗，被指為“朋黨”，貶知滁州，又徙知揚州、潁州，完成《新五代史》。至和元年（1054）還為翰林學士，奉敕重修《唐書》。嘉祐五年（1060），拜樞密副使。六年，轉户部侍郎、參知政事。神宗初，出知亳州，轉青州、蔡州。以太子少師致仕，歸隱於潁州。晚年自編《居士集》五十卷，南宋周必大等又編校有《歐陽文忠集》一五三卷併附錄五卷。《宋史》卷三一九有傳。

《大明水記》作於慶曆八年（1048）歐陽修在揚州時，以其內容多涉張又新《煎茶水記》，據《直齋書錄解題》，可知南宋時已被附在《煎茶水記》之卷末，此次匯編，將其作為一篇獨立文字處理（參見《煎茶水記》題記）。

《浮槎山水記》寫於嘉祐三年（1058），從《四庫全書總目提要》看，原也在《煎茶水記》附《大明水記》之後，此次匯編是以仍附其後。

這兩篇文字，既見於各種版本的《煎茶水記》之後，又見於今本《歐陽修全集》卷六十四、卷四十。本書即以中華書局2001年出版《歐陽修全集》為底本，校以宋咸淳刊百川學海壬集本、喻政茶書本等。

世傳陸羽《茶經》，其論水云：“山水上，江水次，井水下。”又云：“山水，乳泉、石池漫流者上，瀑湧湍漱勿食，食久，令人有頸疾。江水取去人遠者，井取汲多者。”[1]其說止於此，而未嘗品第天下之水味也。

至張又新為《煎茶水記》，始云劉伯芻謂水之宜茶者有七等，又載羽為李季卿論水，次第有二十種。今考二說，與羽《茶經》皆不合。

羽謂山水上，乳泉、石池又上，江水次，而井水下。伯芻以揚子江為第一，惠山石泉為第二，虎丘石井第三，丹陽寺井第四，揚州大明寺井第五，而松江第六，淮水第七，與羽說皆相反。季卿所說二十水：廬山康王谷水第一，無錫惠山石泉第二，蘄州蘭溪石下水第三，扇子峽蝦蟆口水第四，虎丘寺井水第五，廬山招賢寺下方橋潭水第六，揚子江南零水第七，洪州西山瀑布第八，桐柏淮源第九，廬州①龍池山頂水第十，丹陽寺井第十一，揚州大明寺井第十二，漢江中零水第十三，玉虛洞香溪水第十四，武關西洛水第十五，松江水第十六，天台千丈瀑布水第十七，郴州圓泉第十八，嚴陵灘水第十九，雪水第二十。如蝦蟆口水、西山瀑布、天台千丈瀑布，皆羽戒人勿食，食而生疾。其餘江水居山水上，井水居江水上，皆與羽經相反，疑羽不當二說以自異。使誠羽說，何足信也？得非又新妄附益之耶？其述羽辨南零岸水②，特怪其妄也③。水味有美惡而已，欲舉④天下之水，一二而次第之者，妄說也。故其為說，前後不同如此。

然此井，為水之美者也。羽之論水，惡渟浸而喜泉源，故井取汲多者。江雖長流⑤，然眾水雜聚，故次山水。惟此說近物理云。

附：浮槎山水記

浮槎山，在慎縣[2]南三十五里，或曰浮闍山，或曰浮巢山，其事出於浮圖、老子之徒荒怪誕幻之說。其上有泉，自前世論水者皆弗道。

余嘗讀《茶經》，愛陸羽善言水。後得張又新《水記》，載劉伯芻、李季卿所列水次第，以為得之於羽，然以《茶經》考之，皆不合。又新，妄狂險譎之士，其言難信，頗疑非羽之說。及得浮槎山水，然後益知羽為知水者。

浮槎與龍池山皆在廬州界中，較其水味，不及浮槎遠甚。而又新所記，以龍池為第十，浮槎之水，棄而不錄，以此知其所失多矣。羽則不然，其論曰："山水上，江次之，井為下"，"山水，乳泉、石池漫流者上"。其言雖簡，而於論水盡矣。

浮槎之水，發自李侯。[3]嘉祐二⑥年，李侯以鎮東軍[4]留後[5]出守廬州。因遊金陵，登蔣山[6]，飲其水。既又登浮槎，至其山，上有石池，涓涓可愛，蓋羽所謂乳泉漫流者也。飲之而甘，乃考圖記，問於故老，得其事跡。因以其水遺余於京師。余報之曰：李侯可謂賢矣！

夫窮天下之物，無不得其欲者，富貴者之樂也。至於蔭長松，藉豐草，聽山溜之潺湲，飲石泉之滴瀝，此山林者之樂也。而山林之士視天下之樂，不一動其心。或有欲於心，顧力不可得而止者，乃能退而獲樂於斯。彼富貴者之能致物矣，而其不可兼者，惟山林之樂爾。惟富貴者而不得兼，然後貧賤之士有以自足而高世，其不能兩得，亦其理與勢之然歟？今李侯生長富貴，厭於耳目，又知山林之為樂。至於攀緣上下，幽隱窮絕，人不及者，皆能得之，其兼取於物者可謂多矣。

李侯折節好學，善交賢士，敏於為政，所至有能名。凡物不能自見而待人以彰者，有矣，其物未必可貴而因人以重者亦有矣。故予為誌其事，俾世知斯泉發自李侯始也。

〔三年二月二十有四日廬陵歐陽修記〕⑦

注釋

1 語出陸羽《茶經》卷下《五之煮》。

2 慎縣：東晉僑置，治所即今安徽肥東東北梁園。

3 李侯：李端愿（？－1091），宋潞州上黨人，字公謹。北宋嘉祐二年（1057）知廬州。《歐陽修全集》卷147有嘉祐三年歐陽修《與李留後公謹書》，其曰：“前承惠浮槎山水，俾之作記。”云云。

4 鎮東軍：宋代越州節度使軍名。

5 留後：官名，唐朝節度使因出征、入朝或死亡而未有代者，皆置知留後事。其後遂以留後為稱，亦名節度留後。宋朝沿用至宋徽宗政和（1111－1117）年間，才改稱承宣使。

6 蔣山：即今南京東北的鐘山。

校記

① 州：《歐陽修全集》（簡稱全集本）誤為“山”。

② 水：底本為“時”，今據喻政茶書本改。

③ 特怪其妄也：底本無“特”，今據喻政茶書本改。

④ 舉：底本為“求”，今據喻政茶書本改。

⑤ 流：底本脱漏此字，據喻政茶書本改。

⑥ 二：喻政茶書本為“三”。

⑦ 三年二月二十有四日廬陵歐陽修記：底本無，今據全集本補。案：中國書店本《歐陽修全集》在目錄本文下有小注云“嘉祐二年”，與文後所記時間不合，當誤。

茶錄

◇宋　蔡襄　撰

蔡襄（1012－1067），字君謨，興化仙遊（今福建仙遊）人。宋仁宗天聖八年（1030）舉進士，累官龍圖閣直學士、翰林學士、三司使、端明殿學士。工書法，為"宋四大家"之一。後人輯其著作為《蔡忠惠集》，傳世版本主要分三十六卷本及四十卷本兩種。上海古籍出版社於1996年出版點校本《蔡襄集》，堪稱全帙，附錄有《蔡忠惠別紀補遺》及《蔡襄生平資料彙輯》。

蔡襄性嗜茶，亦熟知茶事。慶曆七年（1047）任福建轉運使，在建州北宛官焙監造小龍團茶上貢，精妙超乎丁謂監造的龍鳳團茶，頗引當時物議。蘇軾《荔枝嘆》有句："君不見，武夷溪邊粟粒芽，前丁後蔡寵相加。"自注："大小龍茶始於丁晉公，而成於蔡君謨。歐陽永叔聞君謨進小龍團，驚嘆曰：'君謨士人也，何至作此事耶！'"撇開蘇軾帶有道德性的譴責統治者的驕奢淫侈，且不論地方官吏是否應當上貢珍物以取悅朝廷，蔡襄監造小龍團，在茶葉製作技術的提高上，是一時無兩的。

蔡襄《茶錄》大概撰寫於皇祐三年（1051），因襄於本年十一月十一日有〈與彥猷學士書〉（見《蔡襄集》卷三一，〈別紙〉）："近登陛，首問圓小茗造作之因，殊稱珍好。"這與他在《茶錄》序中所言，皇帝稱讚"所進上品龍茶最為精好"，是同一件事。陛見之後，蔡襄感到榮幸不已，立即撰寫了《茶錄》上呈。《茶錄》草稿後來遭竊，輾轉被人勒刻，卻錯謬多有。到了治平元年（1064），蔡襄經過修訂，親自書寫刻石，遂為定本。

《茶錄》是中國茶史上的重要著作，對茶飲藝術應立足於"色、香、味"有精到的分析，並及如何藏茶、點茶，也論述了茶器的使用，為品茶之道奠下理論基礎。

以下採用治平元年蔡襄自書拓本作底本，參校諸本並陸廷燦《續茶經》引錄題跋。

序①

朝奉郎、右正言、同修起居注[1]臣蔡襄上進：

臣前因奏事，伏蒙陛下諭，臣先任福建轉運使日[2]所進上品龍茶[3]最為精好。臣退念草木之微，首辱陛下知②鑒，若處之得地，則能盡其材。昔陸羽《茶經》，不第建安之品；丁謂《茶圖》[4]，獨論採造之本。至於烹試，曾未有聞。臣輒條數事，簡而易明，勒成二篇，名曰《茶錄》。伏惟清閒之宴，或賜觀采，臣不勝惶懼榮幸之至。謹敘。

上篇論茶③

色

茶色貴白，而餅茶多以珍膏油去聲④其面，故有青黃紫黑之異。善別茶者，正如相工之視人氣色也，隱然察之於內，以肉理實潤者為上。既已末之，黃白者受水昏重，青白者受水鮮明，故建安人鬥試[5]，以青白勝黃白。

香

茶有真香，而入貢者微以龍腦和膏[6]，欲助其香。建安民間試茶，皆不入香，恐奪其真。若烹點之際，又雜珍果香草，其奪益甚，正當不用。

味

茶味主於甘滑，唯北苑鳳凰山連屬諸焙所產者味佳。隔谿諸山，雖及時加意製作，色、味皆重，莫能及也。又有水泉不甘，能損茶味，前世之論水品者以此。

藏茶

茶宜蒻葉[7]而畏香藥，喜溫燥而忌濕冷。故收藏之家，以蒻葉封裹入焙中，兩三日一次，用火常如人體溫溫，以禦濕潤。若火多，則茶焦不可食。

炙茶

茶或經年，則香、色、味皆陳。於淨器中以沸湯漬之，刮去膏油一兩重乃止，以鈐箝之[8]，微火炙乾，然後碎碾。若當年新茶，則不用此說。

碾茶

碾茶，先以淨紙密裹椎碎，然後熟碾。其大要，旋碾則色白，或經宿，則色已昏矣。

羅茶

羅細則茶浮，粗則水⑤浮。

候湯

候湯最難，未熟則沫浮，過熟則茶沈。前世謂之“蟹眼”者，過熟湯也。況瓶中煮之，不可辨，故曰候湯最難。

熁[9]盞

凡欲點茶，先須熁盞令熱，冷則茶不浮。

點茶

茶少湯多，則雲腳散[10]；湯少茶多，則粥面聚[11]。建人謂之雲腳粥面⑥。

鈔茶一錢匕[12]，先注湯，調令極勻，又添注之，環回擊拂。湯上盞，可四分則止，視其面色鮮白⑦、著盞無水痕為絕佳。建安鬥試以水痕先者為負，耐久者為勝；故較勝負之說，曰相去一水、兩水。

下篇論茶器⑧

茶焙

茶焙，編竹為之，裹⑨以蒻葉。蓋其上，以收火也；隔其中，以有容也。納火其下，去茶⑩尺許，常溫溫然⑪，所以養茶色香味也。

茶籠

茶不入焙者，宜密封，裹以蒻，籠盛之，置高處，不近濕氣。

砧椎

砧椎，蓋以碎茶。砧以木為之，椎或金或鐵，取於便用。

茶鈐

茶鈐，屈金鐵為之，用以炙茶。

茶碾

茶碾，以銀或鐵為之。黃金性柔，銅及鍮⑫石皆能生鉎[13]，不入用。

茶羅

茶羅以絕細為佳，羅底用蜀東川鵝溪[14]畫絹之密者，投湯中揉洗以冪[15]之。

茶盞

茶色白，宜黑盞，建安所⑬造者，紺[16]黑，紋如兔毫，其坯⑭微厚，熁之久熱難冷，最為要用。出他處者，或薄，或色紫，皆不及也。其青白盞，鬥試家自不用。

茶匙

茶匙要重，擊拂有力，黃金為上，人間以銀、鐵為之。竹者輕，建茶不取。

湯瓶

瓶要小者，易候湯，又點茶、注湯有準。黃金為上，人間以銀、鐵或瓷、石為之。

後序⑮

臣皇祐中修起居注，奏事仁宗皇帝，屢承天問以建安貢茶並所以試茶之狀。臣謂論茶雖禁中語，無事於密，造《茶錄》二篇上進。後知福州[17]，為掌書記[18]竊去藏稿，不復能記⑯。知懷安縣樊紀購得之，遂以刊勒，行於好事者。然多舛謬。臣追念先帝顧遇之恩，攬本流涕，輒加正定，書之〔於石，以永其傳〕⑰。

治平元年五月二十六日，三司使、給事中臣蔡襄謹記。[19]

附錄：《茶錄》題跋

一、〔宋〕歐陽修　龍茶錄後序

茶為物之至精，而小團又其精者，錄敘所謂上品龍茶者是也。蓋自君謨始造而歲貢焉。仁宗尤所珍惜，雖輔相之臣未嘗輒賜。惟南郊大禮致齋之夕，中書、樞密院各四人共賜一餅，宮人剪金為龍鳳花草貼其上。兩府八家分割以歸，不敢碾試，但家藏以為寶，時有佳客，出而傳玩爾。至嘉祐七年，親享明堂，齋夕，始人賜一餅。余亦忝預，至今藏之。余自以諫官供奉仗內，至登二府，二十餘年，才一獲賜。而丹成龍駕，舐鼎莫及，每一捧玩，清血交零而已。因君謨著錄，輒附於後，庶知小團自君謨始，而可貴如此。治平甲辰七月丁丑，廬陵歐陽修書還公期書室。（見歐陽修《歐陽修全集》卷六五）

二、〔宋〕歐陽修　跋《茶錄》

善為書者，以真楷為難，而真楷又以小字為難。羲、獻以來，遺跡見於今者多矣，小楷惟《樂毅論》一篇而已，今世俗所傳出故高紳學士家最為真本，而斷裂之餘，僅存百餘字爾。此外吾家率更所書《溫彥博墓銘》亦為絕筆，率更書，世固不少，而小字亦止此而已，以此見前人於小楷難工，而傳於世者少而難得也。

君謨小字新出而傳者二，《集古錄目序》橫逸飄發，而《茶錄》勁實端嚴，為體雖殊，而各極其妙。蓋學之至者，意之所到，必造其精。予非知書者，以接君謨之論久，故亦粗識其一二焉。治平甲辰。（見《歐陽修全集》卷七三）

三、〔宋〕陳東　跋蔡君謨《茶錄》

余聞之先生長者，君謨初為閩漕時，出意造密雲小團為貢物，富鄭公聞之，歎曰："此僕妾愛其主之事耳，不意君謨亦復為此！"余時為兒，聞此語，亦知感慕。及見《茶錄》石本，惜君謨不移此筆書《旅獒》一篇以進。（費袞《梁谿漫志》卷八〈陳少陽遺文〉）

四、〔宋〕李光　跋蔡君謨《茶錄》

蔡公自本朝第一等人，非獨字畫也。然玩意草木，開貢獻之門，使遠民被患，議者不能無遺恨於斯。（見李光《莊簡集》卷一七）

五、〔宋〕楊時跋

端明蔡公《茶錄》一篇，歐陽文忠公所題也。二公齊名一時，皆足垂世傳後。端明又以翰墨擅天下，片言寸簡，落筆人爭藏之，以為寶玩。況盈軸之多而兼有二公之手澤乎？覽之彌日不能釋手，用書於其後。政和丙申夏四月延平楊時書。

六、〔宋〕劉克莊題跋

余所見《茶錄》凡數本，暮年乃得見絹本，見非自喜作此，亦如右軍之於禊帖，屢書不一書乎？公吏事尤高，發奸摘伏如神，而掌書吏輒竊公藏稿，不加罪亦不窮治，意此吏有蕭翼之癖[20]，與其他作奸犯科者不同耶？可發千古一笑。淳祐壬子十月望日，後村劉克莊書，時年六十有二。

七、〔元〕倪瓚題跋

蔡公書法真有六朝唐人風，粹然如琢玉。米老雖追蹤晉人絕軌，其氣象怒張，如子路未見夫子時，難與比倫也。辛亥三月九日，倪瓚題。（見明張丑《真跡日錄》卷二）

注　釋

1 朝奉郎：官名，北宋前期為正六品以上文散官。　右正言：官名，北宋太宗端拱元年（988），改左、右拾遺為左、右正言，八品。其後多居外任，或兼領別司，不專任諫諍之職。仁宗明道元年（1032）置諫院後，非特旨供職者不預規諫之事。蔡襄慶曆四年以右正言直史館出知福州。　修起居注：官名，宋初，置起居院，以三館、秘閣校理以上官充任，掌記錄皇帝言行，稱修起居注。蔡襄於慶曆三年以秘書丞集賢校理兼修起居注，皇祐三年復修起居注。

2 指蔡襄慶曆七年（1047）自首次知福州改福建路轉運使事。

3 上品龍茶：指蔡襄刻意精細加工製作的小龍團茶。

4 丁謂：於宋太宗至道（995－997）年間任福建路轉運使，攝北苑茶事。　《茶圖》：《郡齋讀書志》載其曾作《建安茶錄》，"圖繪器具，及敘採製入貢方式"，不知與《茶圖》是否為一書。參見本書丁謂撰《北苑茶錄》題記。

5 鬥試：鬥茶。唐馮摯《記事珠》："建人謂鬥茶為茗戰。"

6 龍腦和膏：龍腦，從龍腦樹樹液中提取出來的香料；膏，此處指經過蒸壓研茶後留下的茶體。

7 蒻（ruò）：嫩的香蒲葉。

8 以鈐箝之：宋代用金屬製的"鈐子"炙茶，唐代則還有用竹製夾子炙茶者，以其能益茶味。見陸羽《茶經・四之器・夾》。

9 熁（xié）：熏烤，熏蒸。

10 雲腳散：點好之後的茶湯就會像雲的末端一樣散漫。

11 粥面聚：點好之後的茶湯就會像粥的表面一樣粘稠、凝結。

12 匕：勺、匙類取食用具。這裏指量取茶末的用具。

13 鉎（shēng）：鐵鏽。

14 鵝溪：地名，在四川鹽亭西北，以產絹著名，唐時即為貢品。

15 羃（mì）：覆也，蓋食巾。

16 紺（gàn）：天青色，深青透紅之色。

17 後知福州：指蔡襄至和三年（1056）再知福州事。

18 掌書記：宋代節度州屬官，與節度推官共掌本州節度使印，有關本州軍事文書，與節度推官共簽署、用印，協助長吏治本州事。

19 有關《茶錄》的刻石及絹本情況，《福建通志》卷45《古跡 · 建寧府甌寧縣石刻》"宋《茶錄》"下注曰："蔡襄注，上下篇論，並書嵌縣學壁間。"《福州府志》作皇祐三年蔡襄書，懷安縣令樊紀刊行。《劉後村集》："余所見《茶錄》凡數本，暮年乃見絹本，豈非自喜。此作亦如右軍之禊帖，屢書不一書乎？"周亮工《閩小紀》上卷："蔡忠惠《茶錄》石刻，在甌寧邑庠壁間，予五年前搨數紙寄所知，今漶漫不如前矣。"

20 蕭翼之癖：蕭翼為唐人，本名世翼。南朝梁元帝蕭繹曾孫。太宗時為監察御史，充使取王羲之《蘭亭序》真跡於越僧辨才，用計卒取其帖以歸。

校　記

① 序：底本於題下作"並序"。
② 知：涵芬樓本為"之"。
③ 上篇論茶：宛委、集成、小說大觀本為"茶論"。
④《忠惠集》無"去聲"二字小注。查明版忠惠集。
⑤ 水：宛委本、集成及五朝小說大觀本為"沫"。
⑥ 涵芬樓本無此小注。
⑦ 白：忠惠集本為"明"。
⑧ 下篇論茶器：宛委本、集成本及五朝小說大觀本為"器論"。
⑨ 裹：底本及絹本寫為"衷"，或為書家任意書寫致誤，按文意逕改。
⑩ 茶：端明集本、忠惠集本為"葉"字。
⑪ 常温温然：底本及絹本皆無，而其他諸本皆有，今錄存之。
⑫ 鍮：忠惠集本外諸本皆作"碖"。按當為鍮。鍮石：黃銅。碖，音俞，一種次於玉的石頭。這裏說的是用金屬所製的茶碾，所以當為"鍮"。
⑬ 所：涵芬樓本為"新"字。
⑭ 坯：底本當為"坯"。
⑮ 後序：底本、絹本、四庫本無此二字，喻政茶書本、百家名書本為"茶錄后序"。
⑯ 涵芬樓本於"記"後多一"之"字。
⑰ 於石，以永其傳：底本無，據絹寫本及流傳諸本補。於：端明集本為"以"。以：端明集本為"得"。

東溪試茶錄

◇宋　宋子安　撰

宋子安，北宋人，明喻政萬曆刻《茶書》本稱其為建安人，餘不詳。

作者之名，宋刊百川學海本、《宋史·藝文志》作“宋子安”，《郡齋讀書志》之袁本同，但衢本就作“朱子安”，明末刻佚名明人重輯120種150卷《百川學海》本、明喻政《茶書》本、明末刻佚名《茶書》十三種本、清抄本《茶書》七種十四卷本亦皆作“朱子安”。按《四庫全書總目》稱：“百川學海為舊刻，且《宋史·藝文志》亦作‘宋子安’，則《讀書志》為傳寫之訛也”。據此，作者似當為宋子安。

《東溪試茶錄》在《宋史·藝文志》中作《東溪茶錄》，在明陶宗儀編清刊宛委山堂本《説郛》及明末刻佚名《茶書》十三種中，均作《試茶錄》。且後世茶書引錄、及其他書文中引用宋子安此書時，亦多有稱《試茶錄》者。按宋子安在書中自稱“故曰《東溪試茶錄》”，所以正式的書名當為《東溪試茶錄》。

萬國鼎《茶書總目提要》根據書中所説：“近蔡公作《茶錄》”，依蔡襄《茶錄》刻石於治平元年（1064）的時間，判定此書作於治平元年前後。

《文獻通考》説：“其序謂：七閩至國朝，草木之異則產臘茶、荔子，人物之秀則產狀頭、宰相，皆前代所未有，以時而顯，可謂美矣。然其草厚味，不宜多食，其人物多智，難於獨任。亦地氣之異云。”此序已不見於傳今諸本《東溪試茶錄》，可知馬端臨所見宋刊本已不存。

該書的主要刊本有：

（1）宋咸淳（1265－1274）刊百川學海[1]戊集[2]本；

（2）明翻宋百川本；

（3）明弘治十四年（1501）華氏刊百川學海壬集本[3]；

（4）明嘉靖十五年（1536）鄭氏宗文堂刻百川學海二十卷本；

（5）明朱祐檳（？－1539）《茶譜》本；

（6）明萬曆（1573－1620）胡氏文會堂刻《百家名書》本；

（7）明萬曆四十一年（1613）明喻政《茶書》本；

（8）明陳仁錫重訂明末刊百川學海本；

（9）重編坊刊末明末刊百川學海一百四十四卷本；

（10）明末刻明人佚名重輯百川學海一百五十卷本；

（11）明末刻《茶書》十三種本；

（12）清姚振宗輯《師石山房叢書》本（稿本）；

（13）格致叢書本；

（14）清順治三年（1646）李際期刻宛委山堂説郛本；

（15）清古今圖書集成本；

（16）清四庫全書本；

（17）清抄本《茶書》七種本；

（18）民國叢書集成本（言據百川學海本排印，但與景宋咸淳刊百川學海本不同）；

（19）民國（1927）陶氏涉園刊影宋百川學海本；

（20）百部叢書集成本（台北藝文印書館據陶氏涉園影宋咸淳左圭原刻百川學海本影印）。

本書以陶氏涉園刊影宋百川學海本為底本，並參校他本。

東溪試茶錄　〔宋〕宋子安　撰

序

建首七閩[4]，山川特異，峻極迴環，勢絕如甌。其陽多銀銅，其陰孕鉛鐵，厥土赤墳[5]，厥植惟茶。會建而上，羣峯益秀，迎抱相向，草木叢條，水多黃金，茶生其間，氣味殊美。豈非山川重複，土地秀粹之氣鍾於是，而物得以宜歟？

北苑西距建安[6]之洄溪二十里而近，東至東宮百里而遙。焙①名有三十六②，東宮其一也。過洄溪，踰東宮，則僅能成餅耳。獨北苑連屬諸山者最勝。北苑前枕溪流，北③涉數里，茶皆氣弇然，色濁，味尤薄惡，況其遠者乎？亦猶橘過淮為枳也。近蔡公[7]作《茶錄》亦云："隔溪諸山，雖及時加意製造，色味皆重矣。"

今北苑焙，風氣亦殊。先春朝隮[8]常雨，霽則霧露昏蒸[9]，晝午猶寒，故茶宜之。茶宜高山之陰，而喜日陽之早。自北苑鳳山南，直苦竹園頭東南，屬張坑頭，皆高遠先陽處，歲發常早，芽極肥乳[10]，非民間所比。次出壑源嶺，高土沃④地，茶味甲於諸焙。丁謂亦云："鳳山高不百丈，無危峯絕崦，而崗阜環抱，氣勢柔秀，宜乎嘉植靈卉之所發也。"又以："建安茶品，甲於天下，疑山川至靈之卉，天地⑤始和之氣，盡此茶矣。"又論："石乳出壑嶺斷崖缺石之間，蓋草木之仙骨。"丁謂之記，錄建溪茶事詳備矣。至於品載，止云"北苑壑源嶺"，及總記"官私諸焙千三百三十六"耳。近蔡公亦云："唯北苑鳳凰山連屬諸焙所產者味佳。"故四方以建茶為目⑥，皆曰北苑。建人以近山所得，故謂之壑源。好者亦取壑源口南諸葉，皆云彌珍絕。傳致之間，識者以色味品第，反以壑源為疑。

今書所異者，從二公紀土地勝絕之目，具疏園隴百名之異，香味精粗之別，庶知茶於草木，為靈最矣。去畝步之間，別移其性。又以佛嶺、葉源、沙溪附見，以質二焙[11]之美，故曰《東溪試茶錄》。自東宮、西溪，南焙、北苑皆不足品第，今略而不論 。

總敘焙名北苑諸焙，或還民間，或隸北苑，前書未盡，今始終其事。

舊記建安郡官焙三十有八，自南唐歲率六縣民採造，大為民間所苦。我宋建隆已來，環北苑近焙，歲取上供，外焙俱還民間而裁税之。至道年中，始分游坑、臨江、汾常、西濛洲、西小豐、大熟六焙，隸南劍[12]。又免五縣茶民，專以建安一縣民力裁足之，而除其口率泉。

慶曆中，取蘇口、曾坑、石坑、重院，還屬北苑焉。又丁氏舊錄云："官私之焙，千三百三十有六"，而獨記官焙三十二。東山之焙十有四：北苑龍焙一，乳橘內焙二，乳橘外焙三，重院四，壑嶺五，謂⑦源六，范源七，蘇口八，東宮九，石坑十，建溪[13]十一，香口十二，火梨十三，開山十四。南溪之焙十有二：下瞿一，濛洲東二，汾東三，南溪四，斯源五，小香六，際會七，謝坑八，沙龍九，南鄉十，中瞿十一，黃熟十二。西溪之焙四：慈善西一，慈善東二，慈惠三，船坑四。北山之焙二：慈善東⑧一，豐樂二。

北苑曾坑、石坑附

建溪之焙三十有二，北苑首其一，而園別為二十五，苦竹園頭甲之，鼯鼠窠次之，張坑頭又次之。

苦竹園頭連屬窠坑，在大山之北，園植北山之陽，大山多翛木叢林，鬱廕⑨相及。自焙口達源頭五里，地遠而益高。以園多苦竹，故名曰苦竹，以高遠居眾山之首，故曰園頭。直西定山之隈，土石迴向如窠然，南挾泉流積陰之處而多飛鼠，故曰鼯鼠窠。其下曰小苦竹園。又西至於大園，絕山尾，疏竹蓊翳，昔多飛雉，故曰雞藪窠。又南出壤園、麥園，言其土壤沃，宜麰麥[14]也。自青山曲折而北，嶺勢屬如貫魚，凡十有二，又隈曲如窠巢者九，其地利為九窠十二壟。隈深絕數里，曰廟坑，坑有山神祠焉。又焙南直東，嶺極高峻，曰教練壟，東入張坑，南距苦竹帶北，岡勢橫直，故曰坑。坑又北出鳳凰山，其勢中跱，如鳳之首，兩山相向，如鳳之翼，因取象焉。鳳凰山東南至於袁雲壟，又南至於張坑，又南最高處曰張坑頭，言昔有袁氏、張氏居於此，因名其地焉。出袁雲之北，平下，故曰平園。絕嶺之表，曰西際。其東為東際。焙東之山，縈紆如帶，故曰帶園。其中曰中歷坑，東又曰馬鞍山，又東黃淡[15]窠，謂山多黃淡也。絕東為林園，又南曰柢⑩園。

又有蘇口焙，與北苑不相屬，昔有蘇氏居之，其園別為四：其最高處曰曾坑，際上又曰尼園，又北曰官坑上園、下坑園⑪。慶曆中，始入北苑。歲貢有曾坑上品一斤，叢出於此。曾坑山淺土薄，苗發多紫，復不肥乳，氣味殊薄。今歲貢以苦竹園茶充之，而蔡公《茶錄》亦不云曾坑者佳。又石坑者，涉溪東北，距焙僅一舍[16]，諸焙絕下。慶曆中，分屬北苑。園之別有十：一曰大番⑫，二曰石雞望，三曰黃園，四曰石坑古焙，五曰重院，六曰彭坑，七曰蓮湖，八曰嚴曆，九曰烏石高，十曰高尾。山多古木脩林，今為本焙取材之所。園焙歲久，今廢不開。二焙非產茶之所，今附見之。

壑源葉源附

建安郡東望北苑之南山，叢然而秀，高峙數百丈，如郛郭焉。民間所謂捍火山也。其絕頂⑬西南下，視建之地邑。民間謂之望州山山起壑源口而西，周抱北苑之羣山，迤 邐 南絕，其尾巋然，山阜高者為壑源頭，言壑源嶺山自此首也。大山南北，以限沙溪。其東曰壑水之所出。水出山之南，東北合為建溪。壑源口者，在北苑之東北。南徑數里，有僧居曰承天，有園隴北，税官山。其茶甘香，特勝近焙，受水則渾然色重，粥面無澤。道山之南，又西至於章歷。章歷西曰後坑，西曰連焙，南曰焙上⑭，又南曰新宅，又西曰嶺根，言北山之根也。茶多植山之陽，其土赤埴，其茶香少而黃白。嶺根有流泉，清淺可涉。涉泉而南，山勢回曲，東去如鉤，故其地謂之壑嶺坑頭，茶為勝。絕處又東，別為大窠坑頭，至大窠為正壑嶺，實為南山。土皆黑埴，茶生山陰，厥味甘香，厥色青白，及受水，則淳淳[17]光澤。民間謂之冷粥面視其面，渙散如粟。雖去社，芽⑮葉過老，色益青明⑯，氣益鬱然，其止[18]，則苦去而甘至。民間謂之草木大而味大是也。他焙芽葉過⑰老，色益青濁，氣益勃然，甘至⑱，則味去而苦留，為異矣。大窠之東，山勢平盡，曰壑嶺尾，茶生其間，色黃⑲而味多土氣。絕大窠南山，其陽曰林坑，又西南曰壑嶺根，其西曰壑嶺頭。道南山而東，曰穿欄焙，又東曰黃際。其北曰李坑，山漸平下，茶色黃而味短。自壑嶺尾之東南，溪流繚遶，岡阜不相連附。極南塢中曰長坑，踰嶺⑳為葉源。又東為梁坑，而盡於下湖。葉源者，土赤多石，茶生其中，色多黃青，無粥面粟紋而頗明爽，復性重喜沉，為次也。

佛嶺

佛嶺連接葉源、下湖之東，而在北苑之東南，隔壑源溪水。道自章阪㉑東際為丘坑，坑口西對壑源，亦曰壑口。其茶黃白而味短。東南曰曾坑，今屬北苑其正東曰後歷。曾坑之陽曰佛嶺，又東至於張坑，又東曰李坑，又有硬頭、後洋、蘇池、蘇源、郭源、南源、畢源、苦竹坑、歧頭、槎頭，皆周環佛嶺之東南。茶少甘而多苦，色亦重濁。又有簹[19]源、簹，音膽㉒，未詳此字。石門、江源、白沙，皆在佛嶺之東北。茶泛然縹塵色而不鮮明，味短而香少，為劣耳。

沙溪

沙溪去北苑西十里，山淺土薄，茶生則葉細，芽不肥乳。自溪口諸焙，色黃而土氣。自龔漈南曰挺頭，又西曰章坑，又南曰永安，西南曰南坑漈，其西曰砰溪。又有周坑、范源、溫湯漈、厄源、黃坑、石龜、李坑、章坑、章村㉓、小梨，皆屬沙溪。茶大率氣味全薄，其輕而浮，浡浡如土色，製造亦殊壑源者不多留膏[20]，蓋以去膏盡，則味少而無澤也，茶之面無光澤也故多苦而少甘。

茶名茶之名類殊別，故錄之。

茶之名有七：

一曰白葉茶，民間大重，出於近歲，園焙時有之。地不以山川遠近，發不以社之先後[21]，芽葉如紙，民間以為茶瑞，取其第一者為鬥茶。而氣味殊薄，非食茶之比。今出壑源之大窠者六葉仲元、葉世萬、葉世榮、葉勇㉔、葉世積、葉相，壑源巖下一葉務滋，源頭二葉團、葉肱，壑源後坑〔一〕葉久，壑源嶺根三葉公、葉品、葉居，[22]林坑黃漈一游容，丘坑一游用章，畢源一王大照[23]，佛嶺尾一游道生，沙溪之大梨漈上㉕一謝汀㉖，高石巖一雲擦院，大梨一呂演，砰溪嶺根一任道者。

次有柑葉茶，樹高丈餘，徑頭七八寸，葉厚而圓，狀類柑橘之葉。其芽發即肥乳，長二寸許，為食茶之上品。

三曰早茶，亦類柑葉，發常先春，民間採製為試焙者。

四曰細葉茶，葉比柑葉細薄，樹高者五六尺，芽短而不乳，今生沙溪山中，蓋土薄而不茂也。

五曰稽茶，葉細而厚密，芽晚而青黃。

六曰晚茶，蓋稽㉗茶之類，發比諸茶晚，生於社後。

七曰叢茶，亦曰蘗茶，叢生，高不數尺，一歲之間，發者數四，貧民取以為利。

採茶辨茶須知製造之始，故次。

建溪茶，比他郡最先，北苑、壑源者尤早。歲多暖，則先驚蟄十日即芽；歲多寒，則後驚蟄五日始發。先芽者，氣味俱不佳，唯過驚蟄者最為第一。民間常以驚蟄為候。諸焙後北苑者半月，去遠則益晚。凡采茶必以晨興，不以日出。日出露晞，為陽所薄，則使芽之膏腴立㉘耗於內，茶及受水而不鮮明，故常以早為最。凡斷芽必以甲，不以指。以甲則速斷不柔，以指則多溫易損。擇之必精，濯之必潔，蒸之必香，火之必良，一失其度，俱為茶病。民間常以春陰為採茶得時。日出而採，則芽㉙葉易損，建人謂之採摘不鮮，是也。

茶病試茶辨味，必須知茶之病，故又次之。

芽擇肥乳，則甘香而粥面着盞而不散。土瘠而芽短，則雲腳[24]渙亂，去盞而易散。葉梗半，則受水鮮白。葉梗短，則色黃而泛。梗，謂芽之身除去白合處，茶民以茶之色味俱在梗中。烏蔕[25]、白合[26]，茶之大病。不去烏蔕，則色黃黑而惡。不去白合，則味苦澀。丁謂之論備矣蒸芽必熟，去膏必盡。蒸芽未熟，則草木氣存，適口則知去膏未盡，則色濁而味重。受煙則香奪，壓黃[27]則味失，此皆茶之病也。受煙，謂過黃時火中有煙，使茶香盡而煙臭不去也。壓〔黃，謂〕去膏之時㉚，久留茶黃未造，使黃經宿，香味俱失，弇然氣如假雞卵臭也。㉛

注　釋

1 萬國鼎《茶書總目提要》於百川學海本下有云："抱經樓及皕宋樓藏書志有宋刊本，不知即係百川本或係另一種"。

2 此據程光裕《宋代茶書考略》言在戊集。

3 程光裕《宋代茶書考略》稱"弘治本、景刊咸淳本據弘目次編印本、景弘治本"。不知與萬國鼎所稱明翻宋百川本是否係同指。（陶氏涉園刊景宋百川學海本亦在戊集）

4 七閩：原指古代居住在今福建和浙江南部的閩人，因分為七族，故稱為七閩。後稱福建為閩，也叫七閩。建首七閩：建州是福建的首府。　按：《宋史．地理志》中福建路的首列州府為福州，但是路一級的地方政府機構福建路轉運司卻設置在位列第二的建州，從這個意義上可以說建州是福建的首府。

5 墳：土質肥沃。

6 建安：今福建建甌。

7 蔡公：即蔡襄。

8 隮（jī）：由山谷湧升上來的雲氣。

9 霽（jì）：雨雪停止，晴朗的天氣；蒸，熱氣上升。　霽則霧露昏蒸：雨後的晴天也是水霧濛濛的。

10 芽極肥乳：茶芽汁液豐富養分充足。

11 質：評斷，評量。　二焙：指北苑、壑源二園焙。

12 南劍：即南劍州，治所今福建南平。

13 建溪：水名。在福建，為閩江北源。其地產名茶，號建茶。

14 麰（móu）：麰麥，大麥。

15 黃淡：一種果品，南宋張世南《游宦紀聞》卷5："果中又有黃淡子……大如小橘，色褐，味微酸而甜。"而陳藏器《補本草》則徑云黃淡子為橘之一種。

16 一舍：三十里，古時行軍三十里為一舍。

17 淳淳：流動貌。

18 止：留住，不動。其止：當指喝了茶之後，茶留在口中的滋味與感覺。

19 篢（gōng）：笠名。按，原文中小注"篢"音"贍"有誤。

20 製造亦殊壑源者不多留膏：造茶也和壑源不多留膏的方法不一樣。

21 發：指茶發芽。　社：社有春社、秋社，采茶論時間言"社"一般都是指春社。

22 壑源葉姓茶園的白茶在宋代殊為有名，蘇軾《寄周安孺茶》詩有曰："自云葉家白，頗胜中山醁。"

23 王家白茶在宋代亦久馳名，劉弇《龍雲集》卷28："其品製之殊，則有……葉家白、王家白……"。蔡襄治平二年正月的《茶記》則專門記錄了王家白茶的事情："王家白茶聞於天下，其人名王大詔。白茶唯一株，歲可作五七餅，如五銖錢大。方其盛時，高視茶山，莫敢與之角。一餅直錢一千，非其親故不可得也。終以園家以計枯其株。予過建安，大詔垂涕為餘言其事。今年枯枿輒生一枝，造成一餅，小於五銖。大詔越四千里特攜以來京師見予，喜發顏面。予之好茶固深矣，而大詔不遠數千里之役，其勤如此，意謂非予莫之省也，可憐哉！乙巳初月朔日書。"

24 雲腳：義同粥面，也是指末茶調膏注湯擊拂點茶後，在茶湯表面形成的沫餑狀的湯面。

25 烏蔕：趙汝礪《北苑別錄．揀茶》云："烏蔕，茶之蔕頭是也。"徽宗《大觀茶論》："既擷則有烏蔕……烏蔕不去，害茶色。"是茶葉摘離茶樹時的蔕頭部分。

26 白合：黃儒《品茶要錄》之二《白合盜葉》云："一鷹爪之芽，有兩小葉抱而生者，白合也。"是茶樹梢上萌發的對生兩葉抱一小芽的茶葉，常在早春採第一批茶時出現。

27 壓黃：茶已蒸者為黃，茶黃久壓不研、造茶而致茶色味有損，謂之壓黃。

校　記

① 焙：底本作“姬”，朱祐檳茶譜本作“焙”，當以此字為是，否則殊難讀通。
② 三十六：底本“三十六”後有“東”字，朱祐檳茶譜本、喻政茶書本、集成本無。按此“東”字當無，為衍文，逕刪。
③ 北：叢書集成本為“比”。
④ 沃：宛委本、集成本、四庫本作“泱”。
⑤ 地：喻政茶書本作“下”。
⑥ 目：朱祐檳茶譜本、喻政茶書本作“首”。
⑦ 謂：集成本為“渭”。
⑧ 西溪四焙之一為“慈善東”，北山二焙之一亦曰“慈善東”，此處諸書所記當有誤。
⑨ 蔭：朱祐檳茶譜本、喻政茶書本、集成本為“蔭”。
⑩ 柢：朱祐檳茶譜本為“秪”。
⑪ 官坑上園、下坑園：《北苑別錄》作“上下官坑”。下坑園中之“園”字或為衍字。
⑫ 番：朱祐檳茶譜本、喻政茶書本、集成本為“畬”。
⑬ 頂：百家名書本為“項”。
⑭ 上：朱祐檳茶譜本、喻政茶書本、百家名書本、宛委本、集成本、四庫本為“山”。
⑮ 芽：底本、朱祐檳茶譜本、百家名書本、宛委本、集成本、叢書集成本為“茅”，誤。
⑯ 明：百家名書本、喻政茶書本為“清”。
⑰ 過：底本、宛委本、四庫本、叢書集成本為“遇”，誤。
⑱ 甘至：喻政茶書本為“其止”。
⑲ 黃：喻政茶書本為“黑”。
⑳ 嶺：集成本為“流”。
㉑ 阪：百家名書本、喻政茶書本為“版”。
㉒ 膽：朱祐檳茶譜本為“贍”。
㉓ 村：朱祐檳茶譜本為“材”。
㉔ 勇：喻政茶書本為“湧”。
㉕ 潦上：朱祐檳茶譜本為“澄上”。
㉖ 汀：朱祐檳茶譜本為“江”。
㉗ 稽：底本、朱祐檳茶譜本、百家名書本、喻政茶書本、宛委本、集成本、叢書集成本皆為“雞”，當誤。
㉘ 立：朱祐檳茶譜本、百家名書本、宛委本、集成本為“泣”，喻政茶書本為“消”，叢書集成本為“出”。
㉙ 芽：底本、百家名書本、宛委本、集成本、叢書集成本為“茅”，當誤。
㉚ 壓黃，謂去膏之時：諸本皆為“壓去膏之時”，按其行文，此處當有脱漏，故增補之。
㉛ 喻政茶書本於篇末有云：“右《東溪試茶錄》一卷，皇朝朱子安集，拾丁蔡之遺。東溪，亦建安地名。其序謂：七閩至國朝，草木之異則產臘茶、荔子，人物之秀則產狀頭、宰相，皆前代所未有。以時而顯，可謂美食。然其草木味厚，不宜多食，其人物雖多智，難獨任。亦地氣之異云。澶淵晁公武題。”

品茶要錄

◇宋　黃儒　撰

黃儒，字道輔[1]，北宋建安（今福建建甌）人。《文獻通考》著錄《品茶要錄》一卷，又稱“陳氏曰：元祐中，東坡嘗跋其後（按，附後）。”《古今合璧事類備要·外集》卷四十三“香茶門”亦錄有“東坡書《品茶要錄後》”。熙寧六年（1073）進士。餘不詳。

《四庫全書總目》以為東坡文見閣本《東坡外集》，“東坡外集實偽本，則此文亦在疑信間也”。

萬國鼎稱此書撰於1075年左右。

關於本書的書名，只夷門廣牘本稱為“茶品”或“茶品要錄”，實是周履靖以己意任意而改所致，因黃儒書中實有自稱書名為《品茶要錄》者。

關於本書的刊本：四庫館臣稱“明新安程百二始刊之”，萬國鼎《茶書總目提要》沿錄，筆者也曾沿用此說。近勘明周履靖夷門本（萬曆二十五年，1597）實為此書的最早刊本。今傳刊本有：（1）明周履靖夷門本，（2）明程百二程氏叢刻本，（3）明喻政茶書本，（4）宛委山堂說郛本，（5）古今圖書集成本，（6）文淵閣四庫全書本，（7）五朝小說本，（8）宋人說粹本，（9）涵芬樓說郛本，（10）叢書集成初編本（據夷門本影印）等版本。

夷門本雖為現存最早的刊本，但錯訛太多，故本書不取以為底本，而以稍後一點的程氏叢刻本為底本，參校喻政茶書本及其他版本。

品茶要錄目錄①

總論　一采造過時　二白合盜葉　三入雜　四蒸不熟　五過熟　六焦釜　七壓黃　八漬膏　九傷焙　十辨壑源沙溪　後論

總論

說者常怪陸羽②《茶經》不第建安[2]之品，蓋前此茶事未甚興，靈芽真筍，往往委翳消腐，而人不知惜。自國初以來，士大夫沐浴膏澤，詠歌昇平之日久矣。夫體勢灑落，神觀沖淡，惟茲茗飲為可喜。園林亦相與摘英夸異，制捲鬻新而趨③時之好，故殊絕④之品始得自出於蓁莽之間，而其名遂冠天下。借使陸羽復起，閱其金餅，味其雲腴[3]⑤，當爽然[4]自失矣。

因念草木之材，一有負瑰偉絕特者，未⑥嘗不遇時而後興，況於人乎！然士大夫間為珍藏精試之具，非會⑦雅好真⑧，未嘗輒出。其好事者，又嘗⑨論其采制之出入，器用之宜否⑩，較試之湯火，圖於縑素，傳玩於時，獨未有⑪補於賞鑒之明爾。蓋園民射利，膏油其面，色品味易辨而難評⑫。予因收閱⑬之暇，為原采造之得失，較試之低昂，次為十說，以中其病，題曰《品茶要錄》云。

一、采造過時

茶事起於驚蟄前，其采芽如鷹爪，初造曰試焙，又曰一火，其次曰二火。二⑭火之茶，已次一火矣。故市茶芽者，惟同出於三火前者為最佳⑮。尤喜⑯薄寒氣候，陰不至於⑰凍，芽茶⑱尤畏霜⑲，有造於一火二火皆遇⑳霜，而三火霜霽，則三火之茶㉑勝矣。㉒晴不至於暄，則穀芽含㉓養約勒而滋長有漸，采工亦優㉔為矣。凡試時泛色鮮白，隱於薄霧者，得於佳時而然也；有造於積雨者，其㉕色昏黃㉖；或氣候暴暄，茶芽蒸發，采工汗㉗手薰漬，揀摘不給[5]㉘，則製造雖㉙多，皆為常品矣。試時色非鮮白、水腳[6]微紅者，過時之病也。

二、白合盜葉[7]

茶之精絕者曰鬥，曰亞鬥，其次揀芽[8]。茶芽㉚，鬥品雖最上，園戶㉛或止一株，蓋天材間有特異，非能皆然也。且物之變勢無窮㉜，而人之耳目有盡，故造鬥品之家，有昔優而今劣、前負而後勝者。雖〔人工〕㉝有至有不至，亦造化推移，不可得而擅也。其造，一火曰鬥，二火曰亞鬥，不過十數銙而已。揀芽則不然，遍園隴中擇㉞其精英者爾。其或貪多務得，又滋色澤，往往以白合盜葉間之。試時色雖鮮白，其味澀淡者，間白合盜葉之病也。一鷹爪之芽，有兩小葉抱而生者，白合也。新條葉之抱生㉟而色㊱白者，盜葉也。造揀芽常剔取鷹爪，而白合不用，況盜葉乎。

三、入雜

物固不可以容偽，況飲食之物，尤不可也。故茶有入他葉者，建㊲人號為“入雜”。銙列入柿葉，常品入桴、檻葉[9]。二葉易致，又滋色澤，園民欺售直而為之㊳。試時無粟紋甘香，盞面浮散，隱如微毛，或星星如纖絮者，入雜之病也。善茶品者，側盞視之，所入之多寡，從可知矣。嚮上下品有之，近雖銙列，亦或勾使。

四、蒸不熟

穀芽[10]初采，不過盈箱㊴而已，趣時爭新之勢然也。既采而蒸。既蒸而研。蒸有不熟之病，有過熟之病。蒸不熟㊵，則㊶雖精芽，所損已多。試時色青易沉，味㊷為桃仁㊸之氣者，不蒸熟之病也。唯正熟者，味甘香。

五、過熟

茶芽方蒸，以氣為候，視之不可以不謹也。試時色㊹黃而粟紋大者，過熟之病也。然雖過熟，愈於不熟，甘香之味勝㊺也。故君謨論色，則以青白勝黃白；余論味，則以黃白勝青白。

六、焦釜

茶，蒸不可以逾久，久而過熟，又久則湯乾，而焦釜之氣上(46)。茶工有泛(47)新湯以益之，是致熏(48)損茶黃。試時色多昏紅(49)，氣焦味惡者，焦釜之病也。建人號為(50)熱(51)鍋氣(52)。

七、壓黃[11]

茶已蒸者為黃，黃細[12]，則已入捲模制之矣。蓋清潔鮮明，則香色如之(53)。故采佳(54)品者，常於半曉間衝蒙雲霧，或以罐汲新泉懸胸間，得必投其中，蓋欲鮮也。其或日氣烘爍，茶芽暴長，工力不給(55)，其〔采〕(56)芽已陳而不及蒸，蒸而不及研，研或出宿而後製，試時色不鮮明，薄如壞卵氣者，壓黃之病(57)也。

八、漬膏[13](58)

茶餅光黃，又如蔭潤者，榨不乾也。榨欲盡去其膏，膏盡則有(59)如乾竹葉之色(60)。惟(61)飾首面者，故榨不欲乾，以利易售。試時色雖鮮白，其味帶苦者，漬膏之病也。

九、傷焙[14]

夫茶本以芽葉之物就之捲模，既出捲，上笪[15](62)焙之，用火務令通徹(63)。即以灰(64)覆之(65)，虛其中，以熱(66)火氣。然茶民不喜用實炭，號為冷火，以茶餅新濕(67)，欲速乾以見售，故用火常帶煙焰。煙焰既多，稍失看候，以故熏損茶餅。試時其色昏紅，氣味帶焦者，傷焙之病也。

十、辨壑源、沙溪[16]

壑源、沙溪，其地相背，而中隔一嶺，其勢(68)無數里之遠，然茶產頓殊。有能出力(69)移栽植之，亦為土氣所化。竊嘗怪茶之為草，一物爾，其勢必由得地而後異。豈水絡地脈，偏鍾(70)粹[17]於壑源？抑(71)御焙占此大岡巍隴，神物伏護，得其餘蔭耶？何其甘芳精至而獨(72)擅天下也。觀夫(73)春雷一驚，筠籠纔起，售者已擔簦挈橐於其門，或先期而散留金錢，或茶纔入笪而爭酬所直，故壑源之茶常不足客所求。其有桀猾之園民，陰取沙溪茶黃，雜就家捲而製之，人徒趣其名，睨其規模之相若，不能原其實者，蓋有之矣。凡壑源之茶售以十，則沙溪之茶售以五，其直大率仿(74)此。然沙溪之園民，亦勇於(75)為(76)利，或雜以松黃，飾其首面。凡(77)肉理怯薄，體輕而色黃，試時雖鮮白，不能久泛(78)，香(79)薄而味短者，沙溪之品也。凡肉理實厚，體堅而色紫，試時泛盞(80)凝久，香滑而味長者，壑源之品也。

後論

余嘗論茶之精絕者，白合未開(81)，其細如麥，蓋得青陽[18]之輕清者也。又其山多帶砂石而號嘉品者，皆在山南，蓋得朝陽之和者也。余嘗事閒，乘晷景[19]之明淨，適軒亭之瀟灑，一取佳品嘗試⑫，既而神⑬水生於華池，愈甘而清⑭，其有助乎！然建安之茶，散天⑮下者不為少⑯，而得建安之精品不為多⑰，蓋有得之者，亦⑱不能辨，能辨矣⑲，或不善於烹試，善烹試矣，或非其時，猶不善也，況非其賓乎？然未有主賢而賓愚者也。夫惟知此，然後盡茶之事。昔者陸羽號為知茶，然羽之所知者，皆今所謂草茶[20]。何哉？如鴻漸所論"蒸筍⑳並葉，畏流其膏"[21]，蓋草茶味短而淡，故常恐去膏；建茶力厚而甘，故惟欲去膏。又論福建㉑為"未詳，往往㉒得之，其味極佳"[22]，由是觀之，鴻漸未嘗到建安歟？

附錄：

（一）書黃道輔《品茶要錄》後㉓　眉山蘇軾書

物有畛而理無方，窮天下之辯，不足以盡一物之理。達者寓物以發其辯，則一物之變，可以盡南山之竹。學者觀物之極，而遊於物之表，則何求而不得？故輪扁行年七十而老於斫輪，庖丁自技而進乎道，由此其選也。

黃君道輔，諱儒，建安人，博學能文，淡然精深，有道之士也。作《品茶要錄》十篇，委曲微妙，皆陸鴻漸以來論茶者所未及。非至靜無求，虛中不留，烏能察物之情如其詳哉！昔張機有精理而韻不能高，故卒為名醫；今道輔無所發其辯而寓之於茶，為世外淡泊之好，以此高韻輔精理者。予悲其不幸早亡，獨此書傳於世，故發其篇末云。天都程百二錄於忻賞齋

（二）程氏叢刻本序言

嘗於殘楮中得《品茶要錄》，愛其議論。後借閣本《東坡外集》讀之，有此書題跋，乃知嘗為高流所賞識，幸余見之偶同也。傳寫失真，偽舛過半，合五本校之，乃稍審諦如此。回書一過，並附東坡語於後，世必有賞音如吾兩人者。

萬曆戊申春分日澹翁書，時年六十有九

（三）吳逵《題〈品茶要錄〉》

茶，宜松，宜竹，宜僧，宜銷夏。比者余結夏於天界最深處，松萬株，竹萬杆，手程幼輿所集《茶品》一編，與僧相對，覺腋下生風，口中露滴，恍然身在清涼國也。今人事事不及古人，獨茶政差勝。余每聽高流談茶，其妙旨參入禪玄，不可思議。幼輿從斯搜補之，令茶社與蓮邦共證淨果也。屬鄉人江文炳紀之。

南羅居士吳逵題於小萬松庵

（四）徐𤊹跋

黃儒事跡無考。按《文獻通考》："陳振孫曰：《品茶要錄》一卷，元祐中東坡嘗跋其後。"今蘇集不載此跋，而陳氏之言必有所據，豈蘇文尚有遺耶？然則儒與蘇公同時人也。徐𤊹識。

注　釋

1 《文獻通考》引陳振孫《直齋書錄解題》言其字道父，《四庫全書總目提要》以為非。但喻政茶書本亦題作道父。

2 建安：舊縣名，治今福建建甌。三國吳至隋為建安郡治，唐以後為建州、建寧府、建寧路治。1913年改名建甌。宋以產北苑茶著名，北苑茶是當時貢茶。

3 雲腴：謂雲之脂膏，道家以為仙藥。《雲笈七籤·方藥》："又雲腴之味，香甘異美，強骨補精，鎮生五臟，守氣凝液，長魂養魄，真上藥也。"宋代即有以雲腴指茶者，宋庠《謝答吳侍郎惠茶二絕句》詩之一："衰翁劇飲雖無分，且喜雲腴伴獨醒。"

4 爽然：默然。

5 不給：不及時。

6 水腳：茶湯表面沫餑消退時在茶碗壁上留下的水痕。

7 白合盜葉：亦稱白合、抱娘茶，即茶樹梢上萌發的對生兩葉抱一小芽的芽葉。常在早春採第一批茶時發生。製優質茶須剔除之。

8 揀芽：一槍一旗為揀芽，即一芽一葉，芽未展尖細如槍，葉已展有如旗幟。又稱"中芽"。

9 桴、檻：桴為木頭外層的粗皮，檻是欄杆。此處當為二種植物。

10 穀芽：茶名。唐李咸用《同友生春夜聞雨》："此時童叟渾無夢，為喜流膏潤穀芽"。

11 壓黃：唐宋團、餅茶製造中，因鮮葉採回不及時蒸，蒸後不及時研，研而不及時烘焙而導致茶色不鮮明，茶味呈淡薄的壞雞蛋味，統稱為壓黃。

12 黃細：茶黃研細之後。

13 漬膏：漬，即浸、漚；膏，即茶汁。團、餅茶製作中，蒸過的茶需榨盡茶汁，因茶汁未榨盡而色濁味重為漬膏。

14 傷焙：指唐宋團、餅茶製作中烘焙火候失度。

15 笪（dá）：一種用粗竹篾編成的形狀像蓆子的製茶器具。

16 辨壑源、沙溪：分辨壑源、沙溪的茶葉是宋代鑒別茶葉的一項重要工作，蘇軾有詩曰"壑源沙溪強分辨"。壑源即壑源山，位於福建建甌。為宋北苑外焙產茶最好之地。沙溪為閩江南源，在福建中部。

17 鍾粹：集注精華。

18 青陽：指春天。《爾雅·釋天》："春為青陽。"注："氣清而溫陽。"

19 晷景：影，日影。

20 草茶：宋代稱蒸研後不經壓榨去膏汁的茶為草茶。

21 語出陸羽《茶經·二之具·甑》，原文略有不同："散所蒸牙筍並葉，畏流其膏"。

22 語出陸羽《茶經·八之出·嶺南》。

校　記

① 目錄據喻政茶書本補。

② 羽：夷門本、喻政茶書本為"公"。

③ 趨：夷門本、喻政茶書本為"移"。

④ 絕：集成本、宋人說粹本（簡稱說粹本）為"異"，宛委本為"异"。

⑤ 夷門本於此多一"者"字。

⑥ 夷門本於"未"字前多一"來"字。

⑦ 會：宛委本、集成本、說粹本為"尚"。

⑧ 夷門本於此多一"真"字。

⑨ 嘗：宛委本、集成本、說粹本為"常"。

⑩ 之宜否：夷門本為“宜之否”。
⑪ 有：喻政茶書本無此字。
⑫ 評：夷門本、喻政茶書本、宛委本、集成本、説粹本為“詳”。
⑬ 收閲：夷門本、喻政茶書本、宛委本、集成本、説粹本為“閲收”。
⑭ 二：夷門本為“三”。
⑮ 佳：夷門本無此字。
⑯ 喜：集成本為“善”。
⑰ 於：夷門本、喻政茶書本、宛委本、集成本、説粹本無。
⑱ 芽茶：宛委、涵芬樓及集成本為“芽發時”。
⑲ 喻政茶書本於此多一“寒”字。
⑳ 夷門本於此多一“之”字。
㉑ 涵芬樓本於此多一“已”字。
㉒ 此小注夷門本刊為正文，以下諸小注皆同，不復出校。
㉓ 含：夷門本為“舍”。
㉔ 優：夷門本為“復”。
㉕ 其：夷門本為“真”。
㉖ 黄：宛委本、集成本、説粹本無。
㉗ 汗：夷門本、説粹本為“汙”。
㉘ 夷門本於此多一“矣”字。
㉙ 雖：夷門本為“須”。
㉚ 芽：夷門本、喻政茶書本無。
㉛ 園戶：夷門本刻為“薗尸”。
㉜ 窮：宛委本、集成本、説粹本為“常”。
㉝ 人工：底本無“人”字，今據喻政茶書等版本補。
㉞ 涵芬樓本於此多一“去”字。
㉟ 之抱生，喻政茶書本為“細”；抱，宛委本、集成本、説粹本為“初”。
㊱ 色：宛委本、集成本無。
㊲ 建：夷門本無此字。
㊳ 之：涵芬樓本於“之”字後多一“也”字。
㊴ 箱：喻政茶書本為“掬”，宛委本、集成本、説粹本為“筐”。
㊵ 蒸不熟：喻政茶書本為“蒸而不熟者”。
㊶ 則：夷門本、宛委本、集成本、説粹本為“自”；喻政茶書本無此字。
㊷ 味：夷門本為“易”。
㊸ 桃仁：底本為“挑入”，今據喻政茶書本等版本改。
㊹ 色：夷門本、喻政茶書本為“葉”。
㊺ 勝：夷門本、喻政茶書本為“盛”。
㊻ 上：宛委本、集成本、説粹本為“出”，喻政茶書本為“上升”。
㊼ 泛：原作“乏”，今據涵芬樓本改。
㊽ 熏：宛委本、集成本、説粹本為“蒸”，夷門本無此字。
㊾ 紅：宛委本、集成本、説粹本為“黯”。
㊿ 為：宛委本、集成本、説粹本無。
51 熱：夷門本為“熟”。
52 本小注喻政茶書本亦刻為正文。
53 之：夷門本為“入”。
54 佳：夷門本為“著”。
55 給：喻政茶書本為“及”。

(56) 采：底本無，今據喻政茶書本等版本補之。
(57) 之病：底本脱，涵芬樓本為“之謂”，夷門本為“人”，喻政《茶書》本為“久”，今據宛委本等版本改。
(58) 漬膏：“漬”字，底本誤寫為“清”。
(59) 有：夷門本為“大”。
(60) 色：夷門本為“思”，喻政茶書本為“狀”，宛委本、集成本、説粹本為“意”。
(61) 惟：喻政茶書作“惟夫”。
(62) 笪：夷門本為“荳”。
(63) 務令通徹：夷門本作“務通令徹”。令，喻政茶書本作“合”；徹，夷門本、喻政茶書本、宛委本、集成本、説粹本又作“熟”。
(64) 灰：喻政茶書本為“火”。
(65) 即以灰覆之：夷門本為“即以芽葉之物就之”。
(66) 熱：宛委本、集成本、説粹本為“熟”。
(67) 濕：底本、為“溫”，據喻政茶書本等改。
(68) 勢：宛委本、集成本、説粹本為“去”。
(69) 力：底本為“火”，誤，據喻政茶書本等改。
(70) 鍾：底本為“種”，當誤，據喻政茶書本等改。
(71) 抑：夷門本、喻政茶書本、宛委本、集成本、説粹本為“豈”。
(72) 獨：宛委本、集成本、説粹本為“美”。
(73) 夫：涵芬樓本為“乎”。
(74) 仿：底本為“放”，誤，據喻政茶書本等改。
(75) 於：夷門本、涵芬樓本為“以”。
(76) 為：喻政茶書本為“射”，宛委本、集成本、説粹本為“覓”。
(77) 凡：夷門本、喻政茶書本為“或”。
(78) 泛：夷門本為“香”，喻政茶書本無。
(79) 香：夷門本為“泛”。
(80) 盞：夷門本、喻政茶書本為“盃”。
(81) 夷門本於“百合未開”句前多“美其色”三字。
(82) 一取佳品嘗試：宛委本、集成本、説粹本為“一一皆取品試”。
(83) 神：底本為“求”，據喻政茶書本等改。
(84) 清：夷門本、喻政茶書本為“親”，説粹本為“新”。
(85) 天：夷門本、喻政茶書本為“入”。
(86) 少：喻政茶書本、宛委本、集成本、説粹本為“也”。
(87) 不為多：宛委本、集成本、説粹本為“不善炙”；夷門本為“不為灸”。
(88) 亦：底本、夷門本、喻政茶書本、四庫本、涵芬樓本無，按行文當有。
(89) 亦不能辨，能辨矣：“亦”，原本無，據文意補。夷門本為“不能辨矣”。
(90) 筍：涵芬樓本為“芽”。
(91) 涵芬樓本於此多一“而”字。
(92) 往往：夷門本於此二字後多一“而”字。
(93) 夷門本、喻政茶書本、宛委本、集成本、涵芬樓本、説粹本諸本皆未附蘇軾此“書後”之文。

本朝茶法

◇宋　沈括　撰

沈括（1031－1095），字存中，錢塘（今浙江杭州）人，寄籍蘇州。至和元年（1054）以父蔭初仕為海州沭陽縣主簿，嘉祐八年（1063）舉進士。累官翰林學士、龍圖閣待制、光祿寺少卿。英宗治平三年（1066）為館閣校勘，神宗熙寧五年（1072），提舉司天監，六年，奉使察訪兩浙，七年，為河北路察訪使，八年，為翰林學士、權三司使，次年罷知宣州。元豐三年（1080）知延州，加鄜延路經略安撫使。兩年後因徐禧失陷永樂城，謫均州團練副使。哲宗元祐初徙秀州（今浙江嘉興），後移居潤州（今江蘇鎮江），紹聖二年（1095）卒，年六十五。博學善文，於天文、方志、律曆、音樂、醫藥、卜算，無所不通。撰有《長興集》、《夢溪筆談》、《蘇沈良方》等，事跡附見《宋史》卷三三一《沈遘傳》。

《本朝茶法》原是沈括晚年於潤州撰著的《夢溪筆談》卷十二中的一節，記述北宋茶葉專賣法和茶利。宋代江少虞《事實類苑》卷二十一收錄之，題作"茶利"。明代陶宗儀《説郛》將其錄出作為一書，取首四字題名為"本朝茶法"。清代陶珽重輯宛委山堂本説郛、五朝小説大觀、宋人小説都將其作為單獨一書收錄，萬國鼎《茶書總目提要》仍之。本書亦將其作為一種茶書收錄。

刊本：除（1）宛委山堂説郛及（2）五朝小説大觀・宋人小説本兩種獨立成篇的刊本外，便是明清以來刻行的諸種《夢溪筆談》版本，計有：（3）明弘治乙卯（1495）徐珤刊本，（4）明商濬稗海本，（5）明毛晉津逮秘書本，（6）明崇禎四年（1631）嘉定馬元調刊本，（7）清嘉慶十年（1805）海虞張海鵬學津討原本，（8）清光緒三十二年（1906）番禺陶氏愛廬刊本，（9）1916年貴池劉世珩玉海堂覆刻宋乾道二年（1166）揚州州學刊本，（10）1934年涵芬樓景印明覆宋本，（11）四部叢刊續編本（為涵芬樓景印明覆宋本）等。

本書以光緒番禺陶氏愛廬刊《夢溪筆談》本《本朝茶法》為底本，參校宛委山堂説郛本、五朝小説大觀、宋人小説本等諸種相關《夢溪筆談》刊本，及江少虞《事實類苑》的引錄。校勘及注釋部分皆參考了胡道靜先生《夢溪筆談校證》（上海：上海古籍出版社，1987年）中的相關內容。

本朝茶法：乾德二年，始詔在京、建州、漢、蘄口各置榷貨務。五年，始禁私賣茶，從不應為情理重[1]。太平興國二年，刪定禁法條貫，始立等科罪[2]。

淳化二年，令商賈就園戶買茶，公於官場貼射，始行貼射法[3]。淳化四年，初行交引[4]，罷貼射法；西北入粟給交引，自通利軍始[5]；是歲罷諸處榷貨務，尋復依舊。

至咸平元年，茶利錢以一百三十九萬二千一百一十九貫三百一十九為額。至嘉祐三年，凡六十一年用此額，官本雜費皆在內，中間時有增虧，歲入不常。咸平五年，三司使王嗣宗[6]始立三分法[7]，以十分茶價，四分給香藥，三分犀象，三分茶引。六年，又改支六分香藥、犀象，四分茶引。景德二年，許人入中錢帛金銀，謂之三說[8]。

至祥符九年，茶引益輕，用知秦州曹瑋議[9]，就永興、鳳翔[10]以官錢收買客引，以救引價，前此累增加饒錢[11]。

至天禧二年，鎮戎軍[12]納大麥一斗，本價通加饒共支錢一貫二百五十四。

乾興元年，改三分法，支茶引三分，東南見錢二分半，香藥四分半。天聖元年，復行貼射法，行之三年，茶利盡歸大商，官場但得黃晚惡茶，乃詔孫奭[13]重議，罷貼射法。明年，推治元議省吏計覆官、旬獻等[14]①皆決配沙門島，元詳定樞密副使張鄧公[15]，參知政事呂許公、魯肅簡各罰俸一月[16]，御使中丞劉筠[17]、入內內侍省副都知周文質[18]、西上閤門使薛昭②廓[19]、三部副使[20]各罰銅二十斤，前三司使李諮落樞密直學士[21]，依舊知洪州[22]。

皇祐三年，算茶[23]依舊只用見錢。至嘉祐四年二月五日，降勅罷茶禁③。

國朝六榷貨務、十三山場[24]，都賣茶歲一千五十三萬三千七百四十七斤半，祖④額錢[25]二百二十五萬四千四十七貫一十。

其六榷貨務，取最中，嘉祐六年，抛占[26]茶五百七十三萬六千七百八十六斤半，祖額錢一百九十六萬四千六百四十七貫二百七十八。荊南府祖額錢三十一萬五千一百四十八貫三百七十五，受納潭、鼎、澧、岳、歸、峽州、荊南府[27]片散茶共八十七萬五千三百五十七斤⑤。漢陽軍[28]祖額錢二十一萬八千三百二十一貫⑥五十一，受納鄂州[29]片茶二十三萬八千三百斤半。蘄州蘄口祖額錢三十五萬九千八百三十九貫八百一十四⑦，受納潭、建州、興國軍[30]片茶五十萬斤。無為軍[31]祖額錢三十四萬八千六百二十貫四百三十，受納潭、筠、袁、池、饒、建、歙、江、洪州、南康[32]、興國軍片散茶共八十四萬二千三百三十三斤。真州[33]祖額錢五十一萬四千二十二貫九百三十二，受納潭、袁、池、饒、歙、建、撫、筠、宣、江、吉、洪州、興國、臨江[34]、南康軍片散茶共二百八十五萬六千二百六斤。海州[35]祖額錢三十萬八千七百三貫六百七十六，受納睦、湖、杭、越、衢、溫、婺、台、常、明[36]、饒、歙州片散茶共四十二萬四千五百九十斤。

十三山場祖額錢共二十八萬九千三百九十九貫七百三十二⑧，共買茶四百七十九萬六千九百六十一斤。光州[37]光山場買茶三十萬七千二百十六斤，賣錢一萬二千四百五十六貫；子安場買茶二十二萬八千三十斤⑨，賣錢一萬三千六百八十九貫三百四十八⑩；商城場買茶四十萬五百五十三斤，賣錢二萬七千七十九貫四百四十六。壽州[38]麻步場買茶三十三萬一千八百三十三斤，賣錢三萬⑪四千八百一十一貫三百五十；霍山場買茶五十三萬二千三百九斤，賣錢三萬五千五百九十五貫四百八十九；開順場買茶二十六萬九千七十七斤，賣錢一萬七千一百三十貫。廬州[39]王同場買茶二十九萬七千三百二十八斤，賣錢一萬四千三百五十七貫六百四十二。黃州[40]麻城場買茶二十八萬四千二百七十四斤，賣錢一萬二千五百四十貫。舒州[41]羅源場買茶一十八萬五千八十二斤，賣錢一萬四百六十九貫七百八十五；太湖場買茶八十二萬九千三十二斤，賣錢三萬六千九十六貫六百八十。蘄州[42]洗馬場買茶四十萬斤，賣錢二萬⑫六千三百六十貫；王祺場買茶一十八萬二千二百二十七斤⑬，賣錢一萬一千九百五十三貫九百三十二⑭；石橋場買茶五十五萬斤，賣錢三萬六千八十貫⑮。

注　釋

1 《續資治通鑒長編》卷五將此事繫於"乾德二年八月辛酉，初令京師、建安、〔漢陽〕、蘄口並置場榷茶〔令商人入帛京師，執引詣沿江給茶〕(陳均《皇朝編年備要》卷1)"條下，曰："自唐武宗始禁民私賣茶，自十斤至三百斤，定納錢決杖之法。於是令民茶折稅外，悉官買，民敢藏匿而不送官及敢私販鬻者，沒入之。計其直百錢以上者，杖七十，八貫加役流。主吏以官茶貿易者，計其直五百錢，流二千里，一貫五百及持仗販易私茶為官司擒捕者，皆死。"並自注云："自'唐武宗'以下至'皆死'並據本志，當在此年，今附見榷茶後。"李燾可知所記並不確然。錄此備考。

2 事見《續資治通鑒長編》卷18載太平興國二年二月，有司言："江南諸州榷茶，准敕於緣江置榷貨諸務。百姓有藏茶於私家者，差定其法，著於甲令，匿而不聞者，許鄰里告之，賞以金帛，咸有差品。仍於要害處縣法以示之。詔從其請。凡出茶州縣，民輒留及賣鬻計直千貫以上，黥面送闕下，婦人配為鐵（針）工。民間私茶減本犯人罪之半。榷務主吏盜官茶販鬻，錢五百以下，徙三年：三貫以上，黥面送闕下。茶園戶輒毀敗其叢株者，計所出茶論如法。"

3 貼射法：令商人貼納給官戶的買茶葉應得淨利息錢後，直接向園戶買茶的專賣辦法。

4 交引：官府准許商人在京師或邊郡繳納金銀、錢帛、糧草，按值至指定場所領取現金或某些商貨運銷的憑證。

5 通利軍：北宋河北西路下屬軍，今河南浚縣。

6 王嗣宗：字希阮，汾州（今山西汾陽）人，時以右諫議大夫充三司戶部使改鹽鐵使。《宋史》卷287有傳。

7 三分法：北宋宿兵西北，募商人於沿邊入納糧草，按地域遠近折價，償以東南茶葉，後將全部支付茶葉的方法改為支付一部分香藥、一部分犀象和一部分茶葉的辦法，稱為三分法。

8 三說：與三分法差同，即將全部支付茶葉的方法改為一部分現錢、一部分香藥犀象和一部分茶葉的方法。

9 秦州：晉泰始五年（269）始分雍、涼、梁三州置，唐宋沿之，只轄境縮小，宋治今甘肅天水市。
曹瑋：字寶臣（973 － 1030），北宋真定靈壽（今屬河北）人，曹彬子。以蔭為西頭供奉官，後以父薦知渭州，累遷知秦州兼涇、原、儀、渭、鎮戎緣邊安撫使，簽書樞密院事。統兵四十年，未嘗失利。事見《宋史》卷258《曹彬傳》附傳。

10 永興：北宋陝西路永興軍。北宋元豐五年(1082)析天下為二十三路，永興軍路為其一，治京兆府(今陝西西安）。　鳳翔：鳳翔府，唐至德二年（757）升鳳翔郡置，北宋屬秦鳳路，治天興縣（即今陝西天興）。

11 加饒：補貼定額的錢或物。

12 鎮戎軍：北宋至道三年（997）置，治今固原，初屬陝西路，後屬秦鳳路。

13 孫奭（962－1033）：字宗古，北宋博平（今屬山東）人，家於須城。九經及第，累官龍圖閣待制。奭以經術進，守道自處，有所言未嘗阿附，曾力諫真宗迎天書、祀汾陰。仁宗時擇名儒為講讀，召為翰林侍講學士，三遷兵部侍郎，龍圖閣學士。以太子少傅致仕，卒謚宣。《宋史》卷431有傳。

14 計覆官、旬獻：皆為官吏名。

15 張鄧公：張士遜（964－1049），字順之，北宋光化軍乾德（今湖北光化西北）人。淳化（990－994）進士，調鄖鄉縣主簿，累官同中書門下平章事，後拜太傅，封鄧國公致仕。《宋史》卷311有傳。

16 呂許公：呂夷簡（979－1044），字坦夫，北宋壽州（治今安徽鳳台）人。咸平（998－1003）進士，真宗朝歷任地方官，以治績為真宗所賞識。仁宗即位，拜參知政事，天聖六年（1028）拜相，後幾度罷相復拜相，康定元年（1040）封許國公，後以太尉致仕。傳載《宋史》卷311。　魯肅簡：魯宗道（966－1029），字貫之，北宋譙人。登進士，天禧（1017－1021）中為右正言，多所論列，真宗書殿壁曰“魯直”。仁宗時拜參知政事，為權貴所嚴憚，目為“魚頭參政”，卒謚肅簡。傳載《宋史》卷286。

17 御史中丞：官名。宋御史大夫無正員，僅為加官，以御史中丞為御史台長官。　劉筠：字子儀，北宋大名人。舉進士，詔試選人，校太清樓書，擢筠第一，為秘閣校理，預修《冊府元龜》，累進翰林學士。後以知廬州卒。傳載《宋史》卷305。

18 入內內侍省副都知：宋宦官機構入內內侍省官員之一。入內內侍省，簡稱後省，景德三年（1006）由內省侍入內內班侍院與入內都知司、內東門都知司並為入內內侍省，掌宮庭內部生活事務。

19 西上閤門使：宋代官名，屬橫班諸司使，無職掌，僅為武臣遷轉之階。政和二年（1112）改右武大夫。

20 三部副使：官名。北宋太平興國元年（976）始置三司副使，為三司副長官。

21 李諮（？－1036）：字仲詢，北宋新喻人。真宗朝舉進士，累官翰林學士等職。卒謚憲成。《宋史》卷292有傳。　樞密直學士：官名，簡稱樞直，宋承五代後唐置，與觀文殿學士並充皇帝侍從，備顧問應對。政和四年（1114）改稱述古殿直學士。

22 洪州：即今江西南昌。

23 算茶：徵收茶稅。算，徵稅，古時稅收的一種，對商人、手工業者等徵收，課稅物件為商品或資產。

24 六榷貨務：《宋史·食貨志·茶上》：“宋榷茶之制，擇要會之地，曰江陵府、曰真州、曰海州、曰漢陽軍、曰無為軍、曰蘄州之蘄口，為榷貨務六。”　十三山場：《宋會要·食貨》三〇之三一至三二“崇寧元年十二月八日，尚書右僕射蔡京等言”條注引《三朝國史·食貨志》：“十三場，蘄州王祺一也，石橋二也，洗馬三也，黃梅場四也，黃州麻城五也，廬州王同六也，舒城太湖七也，羅源八也，壽州霍山九也，麻步十也，開順口十一也，商城十二也，子安十三也。”

25 祖額錢：定額錢。又稱作租額錢。

26 拋占：受納，佔有。

27 潭：潭州，治所在今湖南長沙市。　鼎：鼎州，治今湖南常德。　澧：澧州，治澧陽（今湖南澧縣）。　岳：岳州，治巴陵（今湖南岳陽）。　歸：歸州，治秭歸（今湖北秭歸）。　峽州：治夷陵（今湖北宜昌西北）。　荊南府：即江陵府，治江陵（今湖北江陵）。

28 漢陽軍：治漢陽縣（今湖北武漢漢陽）。

29 鄂州：故地在今湖北武昌。

30 興國軍：治永興縣（今湖北陽新），屬江南西路。

31 無為軍：治今安徽無為。

32 筠：筠州，治高安（今屬江西）。　袁：袁州，治宜春（今屬江西）。　池：池州，治秋浦（今安徽貴池）。　饒：饒州，治鄱陽（今江西波陽）。　歙：歙州，初治休寧，後移治歙縣（今屬安徽）。

江：江州，今江西九江。　南康：南康軍，治今星子。

33 真州：治揚子（今江蘇儀征市），宋時當東南水運衝要，為江、淮、兩浙、荊湖等路發運使駐所，繁盛過於揚州。

34 撫：撫州，治臨川（今江西臨川西）。　宣：宣州，治宣城（今安徽宣州）。　吉：吉州，唐治廬陵（今江西吉安），宋仍之。　臨江：臨江軍，今江西清江。

35 海州：今江蘇連雲港西南海州鎮。

36 睦：睦州，今浙江建德。　湖：湖州，治烏程（今浙江省湖州）。　杭：杭州，治錢塘（今浙江省杭州）。　越：越州，治會稽（今浙江紹興）。　衢：衢州，治信安（今浙江衢州）。　溫：溫州，治永嘉（今浙江溫州）。　婺：婺州，治金華（今浙江金華）。　台：台州，治臨海（今浙江臨海）。　常：常州，治晉陵（今江蘇常州）。　明：明州，治鄮縣（今浙江寧波南）。

37 光州：今河南潢川。光州瀕淮河上游，自古為南北兵爭重地，南宋在此置榷場，與金貿易。

38 壽州：治壽春（今安徽壽縣）。

39 廬州：治合肥（今安徽合肥）。

40 黃州：治今湖北黃岡。

41 舒州：治懷寧縣（今安徽潛山）。

42 蘄州：今湖北蘄春蘄州鎮西北。

校　記

① 計覆：《事實類苑》卷21引作"勾覆"，五朝小說大觀·宋人小說本（簡稱宋人小說本）作"計復"。　句獻：《事實類苑》卷21引作"句獻"。　等：商濬稗海本（簡稱稗海本）、學津秘書本（簡稱學津本）、宛委本、宋人小說本作"官"。

② 薛昭廓之"昭"，宛委本、宋人小說本為"招"。

③ 以上為《夢溪筆談》卷12《官政》第8條。

④ 宛委本、宋人小說本、稗海本及《事實類苑》卷21引"祖"字皆作"租"，以下八"祖"字均如此。

⑤ 峽：底本作"陝"，乃沿明崇禎四年嘉定馬元調刊本（簡稱崇禎本）之誤，其餘諸本皆作"峽"。蓋此處諸州府均屬湖南、湖北兩路，不涉陝西路也。

⑥ 二十一貫之"二"明弘治乙卯徐珤刊本（簡稱弘治本）作"三"。

⑦ 蘄州蘄口：弘治本兩"蘄"字作"靳"，"一十四"作"四十一"。

⑧ 三十二：宛委本、宋人小說本作"三十三"。

⑨ 三十斤：宛委本、稗海本、學津本作"二十斤"。

⑩ 三千：底本、明毛晉津逮秘書本、崇禎本、玉海堂本覆刻宋乾道二年揚州州學刊本、涵芬樓本並誤作"三十"。

⑪ 三萬：宛委本、宋人小說本、稗海本、學津本皆作"二萬"。

⑫ 弘治本"二萬"作"一萬"。

⑬ 弘治本無"一"字。

⑭ 三十二：宛委本、宋人小說本作"九十二"。

⑮ 《事實類苑》卷21引"六千"作"二千"。以上為《夢溪筆談》卷12《官政》第9條。

鬥茶記

◇宋　唐庚　撰

唐庚（1071－1121），字子西，眉州丹稜（今四川丹稜）人。宋哲宗（趙煦，1076－1100，1086－1100在位）紹聖元年（1094）舉進士，調利州司法參軍，歷知閬中縣、綿州。宋徽宗（趙佶，1082－1135，1101－1125在位）大觀（1107－1110）中，官宗子博士。四年（1110），丞相張商英（1043－1121）薦其才，除京畿路提舉常平。政和（1111－1117）初，因商英罷相而坐貶惠州。政和七年（1117），復官承議郎，還京。宣和三年（1121）歸蜀，道病卒，年五十一。現存有《眉山集》，《宋史》卷四四三有傳。

唐庚嘗曰：“作文當學司馬遷，作詩當學杜子美。”如南宋劉克莊（1187－1269）《後村詩話》即稱其“諸文皆高，不獨詩也。”政和二年（1112），唐庚在惠州寫下《鬥茶記》，清代陶珽重新編印宛委山堂《説郛》時，將它收錄其中，《古今圖書集成·食貨典》也將它收入茶部藝文類，視之為有關茶的文獻。此次匯編，因也收錄。

本書以宋刻《唐先生文集》卷五《鬥茶記》為底本，參校宛委山堂説郛本、古今圖書集成本、文淵閣四庫全書本等版本。

政和二年三月壬戌，二三君子相與鬥茶於寄傲齋[1]，予為取龍塘水[2]烹之而第其品，以某為上，某次之。某閩人，其所齎宜尤高，而又次之。然大較皆精絕。

蓋嘗以為天下之物有宜得而不得，不宜得而得之者。富貴有力之人，或有所不能致，而貧賤窮厄，流離遷徙之中，或偶然獲焉。所謂“尺有所短，寸有所長”，良不虛也。唐相李衛公好飲惠山泉[3]，置驛傳送，不遠數千里。而近世歐陽少師作《龍茶錄序》[4]，稱嘉祐七年親享①明堂[5]，致齋之夕[6]，始以小團分賜二府[7]，人給一餅，不敢碾試，至今藏之。時熙寧元年也。吾聞茶不問團銙[8]②，要之貴新，水不問江井，要之貴活。千里致水，真偽固不可知，就令識真，已非活水。自嘉祐七年壬寅至熙寧元年戊申，首尾七年，更閱三朝而賜茶猶在，此豈復有茶也哉！

今吾提瓶走龍塘，無數十步，此水宜茶，昔人以為不減清遠峽[9]。而海道趨建安，不數日可至，故每歲新茶不過三月至矣。罪戾之餘，上寬不誅，得與諸公從容談笑於此，汲泉煮茗，取一時之適，雖在田野，孰與烹數千里之泉，澆七年之賜茗也哉？此非吾君之力歟？夫耕鑿食息，終日蒙福而不知為之者，直愚民爾，豈我輩謂耶！是宜有所紀述，以無忘在上者之澤云。

注　釋

1 寄傲齋：唐庚有《寄傲齋記》曰：“吾謫居惠州，掃一室於所居之南，號寄傲齋。”
2 龍塘水：唐庚有《秋水行》詩曰：“僕夫取水古龍塘，水中木佛三肘長”。
3 唐相李衛公：唐代宰相李德裕。
4 歐陽少師：即歐陽修，曾官太子少師。《龍茶錄序》：見今本《歐陽修全集》卷65，題為“龍茶錄後序”，亦見於本書宋代蔡襄《茶錄》。
5 明堂：明堂禮，季秋大享明堂，是宋代最大的吉禮之一。《宋史》卷101〈禮志〉第54載行此禮後，一般都要“御宣德門肆赦，文武內外官遞進官有差。宣制畢，宰臣百僚賀於樓下，賜百官福胙，及內外致仕文武升朝官以上粟帛羊酒。”
6 致齋：舉行祭祀或典禮以前清整身心的禮式，後來帝王在大祀，如祭天地等禮時，行致齋禮。
7 二府：宋代以樞密院專掌軍政，稱西府；中書門下（政事堂）掌管政務，稱東府。合稱二府。為最高國務機關。
8 團銙：團為圓形的餅茶，銙為方形的餅茶。
9 清遠峽：又名飛來峽，為廣東北江自南而北的三峽之一，全長九公里，位於清遠城北二十三公里處。

校　記

① 享：四庫本為“饗”。
② 銙：四庫本為“鋌”。

大觀茶論

◇宋　趙佶　撰

《大觀茶論》是宋徽宗趙佶所寫的一部茶書，全面探討了茶葉種植、採擇、製造及品賞的知識，對北宋飲茶作為一種生活藝術，做了總結性的提昇。

宋徽宗是北宋第八任皇帝，雖然治國無方，卻酷愛藝術，不但長於書畫，也精於藝術鑑賞。他以皇帝之尊，舉國之富，對飲茶藝術精益求精，並且手自操持飲茶之程序，發展出一套上層社會最高貴雅緻的飲茶之道。徽宗曾多次為臣下點茶，示範他所發展的茶藝。蔡京（1047－1126）〈太清樓侍宴記〉記其"遂御西閣，親手調茶，分賜左右。"上有所好，下有所從，一時蔚然成風。徽宗政和至宣和（1109－1125）年間，曾下詔北苑官焙，令其製造及上供了大量精品貢茶，如玉清慶雲、瑞雲祥龍、浴雪呈祥等。（詳見《宣和北苑貢茶錄》）

關於書名，本書緒言僅稱《茶論》。熊蕃《宣和北苑貢茶錄》說，"至大觀初，今上親制《茶論》二十篇。"南宋晁公武《郡齋讀書志》著錄："《聖宋茶論》一卷，右徽宗御制"；《文獻通考》沿錄。故知，此書原名《茶論》。晁公武是宋朝人，為尊本朝皇帝的著作，故稱"聖宋"。明初陶宗儀《說郛》收錄了全文，因其著作年代為大觀年間（1107－1110），改稱《大觀茶論》。《古今圖書集成》收錄此書，沿其名，遂成通用書名。

本書以涵芳樓說郛本為底本，參校宛委山堂說郛本及古今圖書集成本。

大觀茶論　〔宋〕　趙佶

序①

嘗謂首地而倒生[1]，所以供人之求者，其類不一。穀粟之於饑，絲枲[2]之於寒，雖庸人孺子皆知，常須而日用，不以歲時之舒迫②而可以興廢也。至若茶之為物，擅甌閩[3]之秀氣，鍾山川之靈稟，祛襟滌滯，致清導和，則非庸人孺子可得而知矣；沖淡簡潔，韻高致靜，則非遑遽之時可得而好尚矣。

本朝之興，歲修建溪[4]之貢，龍團鳳餅，名冠天下；壑③源之品，亦自此盛。延及於今，百廢俱舉，海內晏然，垂拱密勿[5]，幸致無為。薦紳之士，韋布[6]之流，沐浴膏澤，薰陶德化，咸以雅尚相推④，從事茗飲。故近歲以來，采擇之精，製作之工，品第之勝，烹點之妙，莫不咸造其極。且物之興廢，固自有然，亦係乎時之汙隆[7]。時或遑遽，人懷勞悴，則向所謂常須而日用，猶且汲汲營求，惟恐不獲，飲茶何暇議哉？世既累洽[8]，人恬物熙[9]，則常須而日用者，因而⑤厭飫狼藉[10]。而天下之士，厲志清白，競為閒暇修索之玩，莫不碎玉鏘金[11]，啜英咀華，較篋笥⑥之精，爭鑑裁之妙；雖否⑦士[12]於此時，不以蓄茶為羞。可謂盛世之清尚也。

嗚呼，至治之世，豈惟人得以盡其材，而草木之靈者，亦〔得〕⑧以盡其用矣。偶因暇日，研究精微，所得之妙，人⑨有不自知為利害者，敘本末列⑩於二十篇，號曰《茶論》。

地產

植產之地，崖必陽，圃必陰。蓋石⑪之性寒，其葉抑以⑫瘠，其味疏以薄，必資陽和以發之。土之性敷，其葉疏以暴，其味強以肆，必資陰⑬以節之。今圃⑭家皆植木，以資茶之陰。陰陽相濟，則茶之滋長得其宜。

天時

茶工作於驚蟄，尤以得天時為急。輕寒，英華漸長，條達而不迫，茶工從容致力，故其色味兩全。若或時暘鬱燠[13]，芽奮甲暴[14]⑮，促工暴力，隨槁⑯晷刻所迫，有蒸而未及壓，壓而未及研，研而未及製，茶黃留漬，其色味所失已半。故焙人得茶天為慶。

采擇

擷茶以黎明，見日則止。用爪斷芽，不以指揉，慮氣汗薰漬⑰，茶不鮮潔。故茶工多以新汲水自隨，得芽則投諸水。凡芽如雀舌穀粒者為鬥品，一槍一旗為揀芽，一槍二旗為次之，餘斯為下茶⑱。茶始芽萌，則有白合；既擷，則有烏蒂⑲。白合不去，害茶味；烏蒂不去，害茶色。

蒸壓

茶之美惡，尤係於蒸芽壓黃[15]之得失。蒸太生則芽滑，故色清而味烈；過熟則芽爛，故茶色赤而不膠。壓久則氣竭味漓[16]，不及則色暗味澀。蒸芽欲及熟而香，壓黃欲膏[17]盡亟止，如此，則製造之功十已得七八矣。

製造

滌芽惟潔，濯器惟淨，蒸壓惟其宜，研膏惟熱，焙火惟良。飲而有〔少〕⑳砂者，滌濯之不精也。文理[18]燥赤者，焙火之過熟也。夫造茶，先度日晷之短長，均工力之眾寡，會采擇之多少，使一日造成。恐茶㉑過宿，則害色味。

鑑辨

茶之範度不同，如人之有面首也。膏稀者，其膚蹙以文[19]；膏稠者，其理斂以實。即日成者，其色則青紫；越宿製造者，其色則慘黑。有肥凝如赤蠟者，末雖白，受湯則黃；有縝密如蒼玉者，末雖灰，受湯愈白。有光華外暴而中暗者，有明白內備而表質者，其首面之異同，難以㉒概論。要之色瑩徹而不駁，質縝繹而不浮，舉之則凝然㉓，碾之則鏗㉔然，可驗其為精品也。有得於言意之表者，可以心解。

比又有貪利之民，購求外焙已采之芽，假以製造，研碎已成之餅，易以範模，雖名氏采製似之，其膚理色澤，何所逃於鑑賞㉕哉。

白茶

白茶自為一種，與常茶不同。其條敷闡[20]，其葉瑩薄。崖林之間偶然生出，蓋㉖非人力所可致，正焙[21]之有者不過四五家，〔生者〕㉗不過一二株，所造止於二三胯[22]而已。芽英不多，尤難蒸焙。湯火一失，則已變而為常品。須製造精微，運㉘度得宜，則表裏昭澈，如玉之在璞，他無與㉙倫也。淺焙[23]亦有之，但品格不及。

羅碾

碾以銀為上，熟鐵次之。生鐵者，非淘煉槌磨所成，間有黑屑藏於隙穴，害茶之色尤甚。凡碾為製，槽欲深而峻，輪欲銳而薄。槽深而峻，則底有准而茶常聚；輪銳而薄，則運邊中而槽不戛[24]。羅欲細而面緊，則絹不泥而常透。碾必力而速㉚，不欲久，恐鐵之害色。羅必輕而平㉛，不厭數[25]，庶已細者不耗。惟再羅，則入湯輕泛，粥面光凝，盡茶㉜色。

盞

盞色貴青黑，玉毫[26]條達者為上，取其煥發茶采色也。底必差深而微寬，底深則茶直㉝立，易以取乳；寬則運筅[27]旋徹，不礙擊拂。然須度茶之多少，用盞之小大。盞高茶少，則掩蔽茶色；茶多盞小，則受湯不盡。盞惟熱，則茶發立耐久。

筅

茶筅以筯竹老者為之，身欲厚重，筅欲疏勁，本欲壯而末必眇，當如劍脊〔之狀〕㉞。〔蓋身厚重，則操之有力而易於運用。筅疏勁如劍脊〕㉟，則擊拂雖過而浮沫不生。

瓶

瓶宜金銀，大小之制㊱，惟所裁給㊲。注湯利害，獨瓶之口嘴而已。嘴之口欲㊳大而宛直，則注湯力緊而不散。嘴之末欲圓小而峻削，則用湯有節而不滴瀝。蓋湯力緊則發速有節，不滴瀝，則茶面不破。

杓

杓之大小，當以可受一盞茶為量。過一盞則必歸其餘，不及則必取其不足。傾杓煩數，茶必冰矣。

水

水以清輕甘潔為美，輕甘乃水之自然，獨為難得。古人第㊴水雖曰中泠㊵、惠山為上[28]，然人相去之遠近，似不常得。但當取山泉之清潔者，其次，則井水之常汲者為可用。若江河之水，則魚鼈之腥，泥濘之汙，雖輕甘無取。

凡用湯以魚目、蟹眼連繹迸躍為度[29]，過老則以少新水投之，就火頃刻而後用。

點

點茶不一，而調膏繼刻。以湯注之，手重筅輕，無粟文蟹眼者[30]，謂之靜面點。蓋擊拂無力，茶不發立，水乳未浹，又復增㊶湯，色澤不盡，英華淪散，茶無立作矣。有隨湯擊拂，手筅俱重，立文泛泛，謂之一發點。蓋用湯已故[31]，指腕不圓，粥面未凝，茶力已盡，霧雲雖泛，水腳[32]易生。妙於此者，量茶受湯，調如融膠。環注盞畔，勿使侵㊷茶。勢不欲猛，先須攪動茶膏，漸加擊拂，手輕筅重，指遶腕旋㊸，上下透徹，如酵蘗之起麵，疏星皎月，燦然而生，則茶面㊹根本立矣。

第二湯自茶面注之，周回一線，急注急止，茶面不動，擊拂既力，色澤漸開，珠璣磊落。

三湯多寡㊺如前，擊拂漸貴輕勻，周環〔旋復〕㊻，表裏洞徹，粟文蟹眼，泛結雜起，茶之色十已得其六七。

四湯尚嗇，筅欲轉稍㊼寬而勿速，其真精㊽華彩，既已煥然㊾，輕雲㊿漸生。

五湯乃可稍縱，筅欲輕盈㊿而透達，如發立未盡，則擊以作之。發立已㊿過，則拂以斂之，結浚靄[33]，結凝雪，茶色盡矣㊿。

六湯以觀立作，乳點勃然㊿，則以筅著居，緩繞拂動而已。

七湯以分輕清重濁，相稀稠得中，可欲則止。乳霧洶湧，溢盞而起，周回凝而不動，謂之咬盞，宜均其輕清浮合者飲之。《桐君錄》曰："茗有餑，飲之宜人"[34]，雖多不為過也。

味

夫茶以味為上，甘香重滑，為味之全，惟北苑、壑源之品兼之。其味醇而乏風骨㊿者，蒸壓太過也。茶槍乃條之始萌者，木㊿性酸，槍過長，則初甘重而終微㊿澀。茶旗乃葉之方敷者，葉味苦，旗過老，則初雖留舌而飲徹反甘矣。此則芽胯有之，若夫卓絕之品，真香靈味，自然不同。

香

茶有真香，非龍麝[35]可擬。要須蒸及熟而壓之，及乾而研，研細而造，則和㊿美具足，入盞則馨香四達，秋爽灑然。或蒸氣如桃仁夾雜，則其氣酸烈而惡。

色

點茶之色，以純白為上真，青白為次，灰白次之，黃白又次之。天時得於上，人力盡於下，茶必純白。天時暴暄，芽萌狂長，采造留積，雖白而黃矣。青白者，蒸壓微生；灰白者，蒸壓過熟。壓膏不盡則色青暗，焙火太烈則色昏赤。

藏焙

數焙則首面乾而香減，失焙則雜色剝而味散。要當新芽初生即焙，以去水陸風濕之氣。焙用熟火置爐中，以靜灰擁合七分，露火三分，亦以輕灰糝覆，良久即置焙簍上㊾，以逼散焙中潤氣。然後列茶於其中，盡展角焙之㊿，未可蒙蔽，候火通徹覆之。火之多少，以焙之大小增減。探手爐中，火氣雖熱而不至逼人手者為良，時以手挼[61]茶體，雖甚熱而無害，欲其火力通徹茶體耳。或曰，焙火如人體溫，但能燥茶皮膚而已，內之餘[62]潤未盡，則復蒸暍矣。焙畢，即以用久漆竹器中緘藏之，陰潤勿開，如此終年再焙，色常如新。

品名

名茶各以所產之地，如葉耕之平園台星巖，葉剛之高峯青鳳髓，葉思純之大嵐，葉嶼之眉山，葉五崇林之羅漢山水，葉芽、葉堅之碎石窠、石臼窠一作突窠，葉瓊、葉輝之秀皮林，葉師復、師貺之虎巖，葉椿之無雙巖芽，葉懋之老窠園，名擅其門[63]，未嘗混淆，不可概舉。前後爭鬻[64]，互為剝竊，參錯無據。曾不思[65]茶之美惡，在於製造之工拙而已，豈岡地之虛名所能增減哉。焙人之茶，固有前優而後劣者，昔負而今勝者，是亦園地之不常也。

外焙

世稱外焙之茶，臠[36]小而色駁，體好而味澹，方之正焙，昭然可別。近之好事者，篋笥之中，往往半之蓄外焙之品。蓋外焙之家，久而益工製造之妙，咸取則[66]於壑源，傚像規模，摹外[67]為正。殊不知其[68]臠雖等而蔑風骨，色澤雖潤而無藏蓄，體雖實而膏理乏縝密之文，味雖重而澀滯乏馨香之美，何所逃乎外焙哉？雖然，有外焙者，有淺焙者。蓋淺焙之茶，去壑源為未遠，制之能工，則色亦瑩白，擊拂有度，則體亦立湯，〔惟〕[69]甘重香滑之味稍[70]遠於正焙耳。至於外焙，則迥然可辨。其有甚者，又至於采柿葉桴欖之萌，相雜而造，味雖與茶相類，點時隱隱有[71]輕絮泛然，茶面粟文不生，乃其驗也。桑苧翁[37]曰："雜以卉莽，飲之成病。"可不細鑑而熟辨之？

注　釋

1 倒生：草木的根株由下而上長枝葉，故稱草木為倒生。
2 枲（xǐ）：指麻。
3 甌：指浙江東部地區。　閩：指福建。
4 建溪：閩江北源，在福建省北部。其主要流域為宋代建州轄境，故此處建溪指稱建州。
5 密勿：勤勉努力。《漢書 · 楚元王傳》："故其詩曰：'密勿從事，不敢告勞。'"注："密勿猶黽勉從事。"
6 韋布：韋帶布衣，貧賤者所服，用以指稱貧賤者。
7 汙隆：高下，指時世風俗的盛衰。《文選 · 廣絕交論》："龍驤蠖屈，從道汙隆。"
8 累洽：謂太平相承。《文選 · 兩都賦》："至於永平之際，重熙而累洽。"
9 人恬物熙：與上文"人懷勞悴"相對當是"人物恬熙"的互文，意為人人安樂。
10 厭飫：飲食飽足，杜牧《杜秋娘詩》："歸來煮豹胎，厭飫不能飴。"
11 碎玉鏘金：用金屬製的茶碾碾圓玉狀的餅茶。
12 否：通"鄙"，質樸。
13 暘（yáng）：日出。　鬱燠：鬱與燠二字相通，溫暖。《文選 · 廣絕交論》："敘溫鬱則寒谷成暄，論嚴苦則春叢零葉。"注："鬱與燠，古字通也。"
14 芽奮甲暴：與宛委及集成本的"芽甲奮暴"，意皆為茶芽迅猛生長。
15 壓黃：指對已經過蒸造的茶芽進行壓榨，擠出其中的膏汁。
16 味灕：味薄。
17 膏：這裏的"膏"指茶的汁液。
18 文理：茶餅表面的紋路。
19 其膚蹙以文：茶餅表面蹙縐成紋。
20 敷闡：舒展顯明。
21 正焙：指專門生產貢茶的官茶園，一般指北苑龍焙。
22 胯：古人腰帶上的飾物，宋代用來指稱片茶、餅茶。又稱"銙"。
23 淺焙：據本書後面的文字，意為最接近北苑正焙的外焙茶園。
24 戛：狀聲詞。形容金石之類相叩擊的響聲。
25 不厭數：不怕多羅篩幾次。數：屢次，多次。
26 玉毫：宋人茶盞以兔毫盞為上，深色的盞面有淺色的兔毫狀的細紋。玉毫是對兔毫的美稱。
27 筅：茶筅，點茶用具，一般用竹子製作。
28 中泠：江蘇鎮江金山南面的中泠泉。　惠山：江蘇無錫惠山第一峯白石塢中的泉水。此二泉水在張又新《煎茶水記》中由劉伯芻評為天下第一、第二水。
29 魚目、蟹眼：水煮開時表面翻滾起像魚目、蟹眼一般大小的氣泡。陸羽《茶經》以"其沸如魚目"者為一沸之水。
30 粟文：粟粒狀花紋。　蟹眼：此處指茶湯表面象蟹眼般大小的顆粒狀花紋。
31 故：久。
32 水腳：指點茶激發起的沫餑消失後在茶盞壁上留下的水痕。
33 浚：深。　靄：雲氣。
34《桐君錄》：陸羽《茶經 · 七之事》曾引錄。
35 龍麝：即龍涎腦和麝香，是宋代最常用的兩種香料。
36 臠：原指切成小片的肉，這裏借指製成餅茶的團胯。
37 桑苧翁：即陸羽，此出陸羽《茶經 · 一之源》。

校　記

① “序”題，底本、宛委本均無，今據集成本增之。
② 舒迫：底本為“遑遽”。按，舒迫與下文“興廢”對稱而言，遑遽意為匆忙不安，單義，無法與興廢對舉，所以當用“舒迫”為妥。
③ 本句前宛委本、集成本多一“而”字。
④ 雅尚相推：底本為“高雅相”，今據宛委本改。
⑤ 因而：宛委本、集成本為“固久”。
⑥ 篋笥：宛委本、集成本為“筐篋”。
⑦ 否：宛委本、集成本為“下”。
⑧ 得：底本無，今據宛委本及集成本補。
⑨ 人：宛委本、集成本為“後人”。
⑩ 列：集成本為“別”。
⑪ 石：底本為“茶”。相對後文“土之性敷”，當是對舉用法，以“石”為是。今據宛委本改。
⑫ 以：底本為“而”。按此節以下行文皆以“以”字連接，因據宛委本、集成本改。
⑬ 陰：底本為“木”，集成本為“陰蔭”。按，此處當和前文“陽”對舉，當以“陰”為是。
⑭ 圃：底本似為“國”，因復印本模糊不清，今據宛委本改。
⑮ 芽奮甲暴：宛委本、集成本為“芽甲奮暴”。
⑯ 槁：宛委本、集成本為“稿”。
⑰ 漬：集成本為“積”。
⑱ 茶：宛委本、集成本無。
⑲ 蒂：底本、宛委本、集成本皆誤為“帶”。按當為傳抄之誤，徑改。以下一“蒂”字同，不復出校。
⑳ 少：底本無，據宛委本、集成本補。
㉑ 底本於“茶”字後多一“暮”字，當為衍文。
㉒ 難以：底本為“雖”，當誤，今據宛委本改。
㉓ 然：宛委本、集成本為“結”。
㉔ 鏗：底本為“鑑”，當誤。
㉕ 鑑賞：底本為“偽”。
㉖ 蓋：底本、宛委本、集成本皆為“雖”，於行文不通，當為“蓋”。
㉗ 生者：底本無此二字，據宛委本、集成本補。
㉘ 運：底本為“過”，當誤，據宛委本、集成本改。
㉙ 與：底本作“為”，據宛委本、集成本改。
㉚ 速：底本誤為“遠”，據宛委本、集成本改。
㉛ 平：底本誤為“手”，據宛委本、集成本改。
㉜ 宛委本、集成本於“茶”字後多一“之”字。
㉝ 直：宛委本、集成本為“宜”。
㉞ 之狀：底本脱漏此二字，今據宛委本補。
㉟ 蓋身厚重……筅疏勁如劍脊：底本脱漏此三句二十字，據宛委本、集成本補。
㊱ 制：底本為“製”，據宛委本、集成本改。
㊲ 給：底本為“製”，據宛委本、集成本改。
㊳ 欲：宛委本、集成本為“差”。
㊴ 第：宛委本、集成本為“品”。
㊵ 泠：底本為“濡”，顯誤，今據宛委本、集成本改。
㊶ 增：底本誤為“傷”，今據宛委本改。
㊷ 侵：底本為“浸”，據宛委本、集成本改。

㊸ 旋：底本為“簇”，當誤，據宛委本、集成本改。
㊹ 面：宛委本、集成本為“之”。
㊺ 寡：宛委本、集成本為“寘”。
㊻ 旋復：底本無此二字，據宛委本、集成本補。
㊼ 稍：底本為“梢”，當誤，據宛委本、集成本改。
㊽ 真精：宛委本、集成本為“清真”。
㊾ 然：宛委本、集成本為“發”。
㊿ 輕雲：宛委本、集成本為“雲霧”。
51 盈：宛委本、集成本為“勻”。
52 已：底本誤為“各”，據宛委本、集成本改。
53 “結浚靄，結凝雪，茶色盡矣”句，底本誤為“然後結靄凝雪，香氣盡矣”。按前有句言“茶之色十已得之六七”，且此句言靄言雪皆論茶色，故據宛委本、集成本改。
54 然：宛委本、集成本為“結”。
54 骨：底本為“膏”，當誤，據宛委本、集成本改。
56 木：底本為“本”，當誤，因此處與下文“葉”字對言，所以據宛委本、集成本改。
57 底本於此多一“鏁 ”字，含義殊不可解，今據宛委本、集成本刪除。
58 和：底本為“知”，當誤，據宛委本、集成本改。
59 “良久即置焙簍上”據宛委本、集成本；底本為“良久卻置焙土上”，不甚可解。
60 之：宛委本、集成本無。
61 挼：底本為“援”，不妥，今據宛委本、集成本改。
62 餘：宛委本、集成本為“濕”。
63 名擅其門：宛委本、集成本為“各擅其美”。
64 前後爭鬻：宛委本、集成本為“後相爭相鬻”。
65 曾不思：宛委本、集成本為“不知”。
66 則：底本誤為“之”，據宛委本、集成本改。
67 外：底本誤為“主”，據宛委本、集成本改。
68 其：底本誤為“至”，據宛委本、集成本改。
69 惟：底本無，據宛委本、集成本補。
70 稍：底本為“不”，當誤，據宛委本、集成本改。
71 有：宛委本、集成本為“如”。

茶錄

◇宋　曾慥　輯

曾慥（1091－1155），字端伯，號至游居士。福建晉江人，北宋名臣曾公亮（999－1078）五世孫。靖康（1126－1127）世變之際，曾慥妻父投靠金人，因此受到牽連，在南宋朝廷遭到免官，遂杜門著書。他博覽漢晉以來百家小說，於紹興六年（1136）編成《類説》五十卷。

本篇由《類説》中輯出。原題《茶錄》，未署作者，當為曾慥就所見資料編輯而成。後來《記纂淵海》引錄，將出處注為"蔡君謨《茶錄》"，實誤。近來出版的《類説校注》(福州：福建人民出版社，1996年）亦以訛傳訛，將《類説》中的《茶錄》誤為蔡襄《茶錄》。其實，蔡襄《茶錄》有治平元年（1064）手書刻石傳本，首尾俱全，與《類説》中的《茶錄》不同。

本書以明天啟六年（1626）山陰岳鍾秀《類説》重刊本（改為六十卷）作底本，參校文淵閣四庫全書本，並參考輯文原書。

雲脚乳面　候湯　茗戰　火前火後[1]　報春鳥　蟾背蝦目　文火　苦茶　秘水　茶詩

雲脚乳面

凡茶少湯多，則雲脚散[2]；湯少茶多，則乳面聚[3]。

候湯

《茶經》："一曰茶，二曰檟，三曰蔎，四曰茗，五曰荈。"郭璞云："早取為茶，晚取為荈。"又候湯有三：沸如魚目，微有聲為一沸；四邊如湧泉連珠，為二沸；騰波鼓浪，為三沸；湯老矣①。

茗戰

建人[4]謂②鬥茶為茗戰。

火前火後

蜀雅州[5]蒙頂上，有火前茶，謂禁火以前採者。後者曰火後茶。又有石花茶。

報春鳥

《顧渚山茶記》："山中有鳥，每至正月二月，鳴云'春起也'；至三四月云‘春去也’。”採茶者呼為報春鳥。

蟾背蝦目

謝宗《論茶》云：“豈可為酪蒼頭[6]，便應代酒從事[7]。”又云：“候蟾背之芳香，觀蝦目之沸湧。細漚花泛，浮浡雲騰。昏俗塵勞，一啜而散。”

文火

顧況《論茶》云：“煎以文火細煙，小鼎長泉。”

苦茶

陶隱居[8]云：“苦茶換骨輕身，丹丘子、黃山③君服之仙去。”

秘水

唐秘書省中水最佳，名秘水。

茶詩

古人茶詩：“欲知花乳清冷味，須是眠雲臥石人。”[9]杜牧《茶詩》云：“山實東吳秀，茶稱瑞草魁。”劉禹錫《試茶》詩云：“何況蒙山顧渚春，白泥赤印走香塵。”

注　釋

1 火前火後：“火”此指“禁火”，即舊時“寒食”節，有些地方“火前火後”，也即指“明前明後”之意。

2 雲腳散：古代點茶不當出現的現象。唐宋以前飲用的餅茶或團茶，先炙並碾磨成粉後，對於點茶，尤其宋代上層社會中，十分講究。如宋徽宗趙佶所寫的《大觀茶論》中，對於點茶如何調膏、用筅擊拂輕重、怎樣注湯、應有怎樣的茶面，都講述很細。綜合宋人點茶和茶面的一般看法，是要求甌底無沉澱，湯色白麗，茶面凝完膜，即由無數細泡組成的所謂“粥面”或“乳面”，以看不見“水痕”為佳。古人認為這是茶之“精華”。《大觀茶論》稱：“《桐君錄》曰：‘茗有餑，飲之宜人’，雖多不為過也。”如本文所說，如果“茶少湯多，則雲腳散”，便達不到上述的效果，不會形成茶面。

3 乳面聚：一作“粥面聚”。宋人飲用名貴餅茶，點後湯面要求形成一層膜狀的餑沫。但茶粉和開水的比例一定要恰當。水多茶少不行，同樣茶多湯少擊拂不宜，茶粉、茶餑擴散不開積聚一起，也不行。參見上注。

4 建人：“建”即建州。故治在今福建建甌。“建人”，此指宋建州建安郡或建寧府人。

5 雅州：古治在今四川雅安。

6 酪蒼頭：“蒼頭”即以“青巾纏頭以異於眾”，戰國時有些國家的軍隊即頭裹青巾。此指“奴隸”。顏師古在注文中即稱：“漢名奴為蒼頭”。“酪蒼頭”即“酪奴”。事出後魏楊衒之《洛陽伽藍記》：稱南齊朝臣王肅北投拓跋魏，“初不食羊肉及酪漿，常食鯽魚羹，渴飲茗汁。”後來肅漸漸習慣吃羊肉喝羊奶。一天，魏主問肅羊肉與魚、奶酪與茗相比如何？肅曰：“羊陸產之最，魚水族之長，羊比齊魯大國，魚比邾莒小國；惟茗飲不中與酪漿作奴”。

7 酒從事：此處“從事”和前文“蒼頭”相對應，即“隨從僕役”抑或“酒保”、“酒家保”之意。

8 陶隱居：指陶弘景（456 － 536），字通明，丹陽秣陵（今南京江寧）人，自號“華陽隱居”。

9 此所謂“古人茶詩”的詩句，疑曾慥從劉禹錫《西山蘭若試茶歌》“欲知藥乳清冷味，須是眠雲跂石人”，及《白孔六帖》“欲知花乳清涼味，須是眠雲臥石人”二句各取數字改組而成。

校　記

① 湯老矣：《茶經》“三沸”以後，為“已上水老，不可食也”，此係慥據義縮改。

② 謂：底本作“為”，據《記事珠》及四庫本改。

③ 丘子：原誤作“岳”。　山：誤作“石”。

宣和北苑貢茶錄

◇宋　熊蕃　撰
　　　熊克　增補
　清　汪繼壕　按校

熊蕃，字叔茂，福建建陽人。北宋時期就建安北苑造團茶，至宋徽宗宣和年間，北苑貢茶盛極一時。熊蕃親見其盛況，遂寫此書。熊蕃子熊克，字子復，博聞強記，尤其熟悉宋朝典故，著述甚多，有《中興小記》四十卷，事蹟見《宋史》卷四四五〈文苑傳〉。熊克於紹興二十八年（1158）攝事北苑，因其父所作貢茶錄中，僅列貢茶名稱，不見形制，遂為之繪圖，共附三十八圖。又將其父所作御苑採茶歌十首，一併附於篇末。

熊蕃寫作此書的時間，當為宣和七年（1125），因書中提到宣和七年，又稱宋徽宗為"今上"，而徽宗在此年之後則禪位給欽宗。而熊克的增補，則明確說是紹興二十八年（1158）。

此書在《直齋書錄解題》、《宋史》、《文獻通考》都有著錄。今傳刊本有：（1）明喻政茶書本，（2）宛委山堂說郛本，（3）古今圖書集成本，（4）文淵閣四庫全書本，（5）讀畫齋叢書辛集（清人汪繼壕按校）本，（6）涵芬樓說郛本等。

以上版本大略有兩個系統：（1）、（2）、（3）、（6）注很少，均無圖無熊蕃詩，但茶名下列有圈模質地與尺寸。四庫本（4）因據《永樂大典》精校，通篇有注有按，有圖有詩，卻無尺寸。汪繼壕本（5）則合併諸本之長，再作按校互勘，最為全帙精審。

本書以汪繼壕按校之讀畫齋叢書本為底本，參校他本。文中"按"指文淵閣四庫全書本按語，"繼壕按"則為汪繼壕按語。

陸羽《茶經》、裴汶《茶述》，皆不第建品。說者但謂二子未嘗至閩①，〔繼壕按〕《說郛》"閩"作"建"。曹學佺《輿地名勝志》："甌寧縣雲際山在鐵獅山左，上有永慶寺，後有陸羽泉，相傳唐陸羽所鑿。宋楊億詩云'陸羽不到此，標名慕昔賢'是也。"而不知物之發也，固自有時。蓋昔者山川尚閟[1]，靈芽未露。至於唐末，然後北苑出為之最。〔繼壕按〕張舜民《畫墁錄》云："有唐茶品，以陽羨為上供，建溪北苑未著也。貞元中，常袞為建州刺史，始蒸焙而研之，謂研膏茶。"顧祖禹《方輿紀要》云："鳳凰山之麓名北苑，廣二十里，舊經云，偽閩龍啟中，里人張廷暉以所居北苑地宜茶，獻之官，其地始著。"沈括《夢溪筆談》云："建溪勝處曰郝源、曾坑，其間又岔根山頂二品尤勝，李氏時號為北苑，置使領之。"姚寬《西溪叢語》云："建州龍焙面北，謂之北苑。"《宋史・地理志》："建安有北苑茶焙、龍焙。"宋子安《試茶錄》云："北苑西距建安之洄溪二十里，東至東宮百里。過洄溪，踰東宮，則僅能成餅耳。獨北苑連屬諸山者最勝。"蔡絛《鐵圍山叢談》云："北苑龍焙者，在一山之中間，其周遭則諸葉地也，居是山號正焙。一出是山之外，則曰外焙。正焙、外焙，色香迥殊。此亦山秀地靈所鍾之有異色已。龍焙又號官焙。"是時，偽蜀詞臣毛文錫作《茶譜》，〔繼壕按〕吳任臣《十國春秋》："毛文錫，字平珪，高陽人，唐進士，從蜀高祖，官文思殿大學士。拜司徒。貶茂州司馬。有《茶譜》一卷。"《說郛》作"王文錫"，《文獻通考》作"燕文錫"，《合璧事類》、《山堂肆考》作"毛文勝"；《天中記》"茶譜"作"茶品"，並誤。亦第言建有紫筍，〔繼壕按〕樂史《太平寰宇記》云："建州土貢茶，引《茶經》云：'建州方山之芽及紫筍，片大極硬，須湯浸之，方可碾，極治頭痛，江東老人多味之。'"② 而臘面[2]乃產於福。五代之季，建屬南唐。南唐保大三年，俘王延政[3]，而得其地。歲率諸縣民，採茶北苑，初造研膏[4]，繼造臘面。丁晉公《茶錄》[5]載：泉南老僧清錫，年八十四，嘗示以所得李國主[6]書寄研膏茶，隔兩歲方得臘面，此其實也。至景祐中，監察御史丘荷[7]撰《御泉亭記》，乃云，"唐季敕福建罷貢橄欖，但贄[8]臘面茶，即臘面產于建安明矣"。荷不知臘面之號始於福，其後建安始為之。〔按〕唐《地理志》：福州貢茶及橄欖，建州惟貢綀練，未嘗貢茶。前所謂"罷貢橄欖，惟贄臘面茶"，皆為福也。慶曆初，林世程作《閩中記》，言福茶所產在閩縣十里。且言往時建茶未盛，本土有之，今則土人皆食建茶。世程之說，蓋得其實。而晉公所記，臘面起於南唐，乃建茶也。既又〔繼壕按〕原本"又"作"有"，據《說郛》、《天中記》、《廣羣芳譜》改。製其佳者，號曰京鋌。其狀如貢神金、白金之鋌。聖朝開寶末，下南唐。太平興國初，特置龍鳳模，遣使即北苑造團茶，以別庶飲，龍鳳茶蓋始於此。〔按〕《宋史・食貨志》載："建寧臘茶，北苑為第一，其最佳者曰社前，次曰火前，又曰雨前，所以供玉食，備賜予，太平興國始置。大觀以後，製愈精，數愈多，胯式屢變，而品不一。歲貢片茶二十一萬六千斤。"又《建安志》："太平興國二年，始置龍焙，造龍鳳茶，漕臣柯適為之記云。"又一種茶，叢生石崖，枝葉尤茂。至道初，有詔造之，別號石乳。〔繼壕按〕彭乘《墨客揮犀》云："建安能仁院有茶生石縫間，寺僧采造，得茶八餅，號石巖白，當即此品。"《事文類聚續集》云："至道間，仍添造石乳、臘面。"而此無臘面，稍異。又一種號的乳，〔按〕馬令《南唐書》：嗣主李璟"命建州茶製的乳茶，號曰京鋌。臘茶之貢自此始，罷貢陽羨茶。"〔繼壕按〕《南唐書》事在保大四年。又一種號白乳。蓋自龍鳳與京、〔繼壕按〕原本脫"京"字，據《說郛》補。石、的、白四種繼出，而臘面降為下矣。楊文公億[9]《談苑》所記，龍茶以供乘輿及賜執政、親王、長主，其餘皇族、學士、將帥皆得鳳茶，舍人、近臣賜金鋌、的乳，而白乳賜館閣[10]，惟臘面不在賜品。〔按〕《建安志》載《談苑》云：京鋌、的乳賜舍人、近臣，白乳、的乳賜館閣。疑京鋌誤金鋌，白乳下遺的乳。〔繼壕按〕《廣羣芳譜》引《談苑》與原注同。惟原注內"白茶賜館閣，惟臘面不在賜品"二句，作"館閣白乳"。龍鳳、石乳茶，皆太宗令罷。金鋌正作京鋌。王鞏《甲申雜記》云："初貢團茶及白羊酒，惟見任兩府方賜之。仁宗朝及前宰臣，歲賜茶一斤、酒二壺，後以為例。"《文獻通考》榷茶條云："凡茶有二類，曰片曰散，其名有龍、鳳、石乳、的乳、白乳、頭金、臘面、頭骨、次骨、末骨、粗骨、山挺十二等，以充歲貢及邦國之用。"注云："龍、鳳皆團片，石乳、頭乳皆狹片，名曰京的。乳亦有闊片者。乳以下皆闊片。"

蓋龍鳳等茶，皆太宗朝所製。至咸平初，丁晉公漕閩[11]，始載之於《茶錄》。人多言龍鳳團起於晉公，故張氏《畫墁錄》云，晉公漕閩，始創為龍鳳團。此説得於傳聞，非其實也。慶曆中，蔡君謨將漕[12]，創造小龍團以進，被旨仍③歲貢之。君謨《北苑造茶詩》自序云："其年改造上品龍茶二十八片，纔一斤，尤極精妙，被旨仍歲貢之。"歐陽文忠公[13]《歸田錄》云："茶之品莫貴於龍鳳，謂之小團，凡二十八片，重一斤，其價直金二兩。然金可有，而茶不可得，嘗南郊致齋[14]，兩府共賜一餅，四人分之。宮人往往鏤金花其上，蓋貴重如此。"〔繼壕按〕石刻蔡君謨《北苑十詠 · 采茶詩》自序云："其年改作新茶十斤，尤甚精好，被旨號為上品龍茶，仍歲貢之。"又詩句注云："龍鳳茶八片為一斤，上品龍茶每斤二十八片。"《澠水燕談》作"上品龍茶一斤二十餅。"葉夢得《石林燕語》云："故事，建州歲貢大龍鳳團茶各二斤，以八餅為斤。仁宗時，蔡君謨知建州，始別擇茶之精者，為小龍團十斤以獻，斤為十餅。仁宗以非故事，命劾之，大臣為請，因留免劾，然自是遂為歲額。"王從謹《清虛雜著補闕》云：蔡君謨始作小團茶入貢，意以仁宗嗣未立，而悦上心也。又作曾坑小團，歲貢一斤，歐文忠所謂兩府共賜一餅者是也。"吳曾《能改齋漫錄》云："小龍小鳳，初因君謨為建漕造十斤獻之，朝廷以其額外，免勘。明年詔第一綱盡為之。"自小團出，而龍鳳遂為次矣。元豐間，有旨造密雲龍，其品又加於小團之上。昔人詩云："小璧雲龍不入香，元豐龍焙乘詔作"，蓋謂此也。〔按〕此乃山谷和楊王休點雲龍詩。〔繼壕按〕《山谷集 · 博士王揚休碾密雲龍同十三人飲之戲作》云："矞雲[15]蒼璧小般龍，貢包新樣出元豐。王郎坦腹飯床東，太官分賜來婦翁。"又山谷《謝送碾賜壑源揀芽詩》云："矞雲從龍小蒼璧，元豐至今人未識。"俱與本注異。《石林燕語》云："熙寧中，賈青為轉運使，又取小團之精者為密雲龍，以二十餅為斤而雙袋，謂之雙角團茶，大小團袋皆用緋，通以為賜也。密雲獨用黃，蓋專以奉玉食。其後又有為瑞雲翔龍者。"周輝《清波雜志》云："自熙寧後，始貴密雲龍，每歲頭綱修貢，奉宗廟及供玉食外，賚及臣下無幾。戚里貴近，丐賜尤繁。宣仁一日慨歎曰：令建州今後不得造密雲龍，受他人煎炒。不得，也出來道，我要密雲龍，不要團茶，揀好茶吃了，生得甚意智？此語既傳播于縉紳間，由是密雲龍之名益著。"是密雲龍實始于熙寧也。《畫墁錄》亦云："熙寧末，神宗有旨，建州製密雲龍，其品又加於小團矣。然密雲龍之出，則二團少粗，以不能兩好也。"惟《清虛雜著補闕》云："元豐中，取揀芽不入香，作密雲龍茶，小於小團，而厚實過之。終元豐時，外臣未始識之。宣仁垂簾。始賜二府兩指許一小黃袋，其白如玉，上題曰揀芽，亦神宗所藏。"《鐵圍山叢談》云："神祖時，即龍焙又進密雲龍。密雲龍者，其雲紋細密，更精絕于小龍團也。"紹聖間，改為瑞雲翔龍。〔繼壕按〕《清虛雜著補闕》："元祐末，福建轉運司又取北苑鎗旗，建人所作門茶者也，以為瑞雲龍。請進，不納。紹聖初，方入貢，歲不過八團。其制與密雲龍等而差小也。"《鐵圍山叢談》云："哲宗朝，益復進瑞雲翔龍者，御府歲止得十二餅焉。"至大觀初，今上親製《茶論》二十篇，以白茶與常茶不同④，偶然生出，非人力可致，於是白茶遂為第一。慶曆初，吳興[16]劉異為《北苑拾遺》云：官園中有白茶五六株，而壅焙不甚至。茶戶唯有王免者，家一巨株，向春常造浮屋以障風日。其後有宋子安者，作《東溪試茶錄》，亦言"白茶民間大重，出于近歲。芽葉如紙，建人以為茶瑞。"則知白茶可貴，自慶曆始，至大觀而盛也。〔繼壕按〕《蔡忠惠文集 · 茶記》云："王家白茶，聞於天下。其人名大詔。白茶惟一株，歲可作五七餅，如五株錢大。方其盛時，高視茶山，莫敢與之角。一餅直錢一千，非其親故，不可得也。終為園家以計枯其株。予過建安，大詔垂涕為予言其事。今年枯櫱輒生一枝，造成一餅，小於五銖。大詔越四千里，特攜以來京師見予，喜發顏面。予之好茶固深矣，而大詔不遠數千里之役，其勤如此，意謂非予莫之省也。可憐哉！已巳初月朔日書。”本注作“王免”，與此異。宋子安《試茶錄》、晁公武《郡齋讀書志》作“朱子安”。既又製三色細芽⑤，〔繼壕按〕《説郛》、《廣羣芳譜》俱作“細茶”。及試新銙、大觀二年，造御苑玉芽、萬壽龍芽。四年，又造無比壽芽及試新銙。〔按〕《宋史·食貨志》“銙”作“胯”。〔繼壕按〕《石林燕語》作“䩹”，《清波雜志》作“夸”。貢新銙。政和三年造貢新銙式，新貢皆創為此，獻在歲額之外。自三色細芽出，而瑞雲翔龍顧居下矣。〔繼壕按〕《石林燕語》：“宣和後，團茶不復貴，皆以為賜，亦不復如向日之精。後取其精者為䩹茶，歲賜者不同，不可勝紀矣。”《鐵圍山叢談》云：“祐陵雅好尚，故大觀初，龍焙於歲貢色目外，乃進御苑玉芽、萬壽龍芽。政和間，且增以長壽玉圭。玉圭丸僅盈寸，大抵北苑絕品，曾不過是。歲但可十百餅。然名益新、品益出，而舊格遞降于凡劣爾。”

凡茶芽數品，最上曰小芽，如雀舌、鷹爪，以其勁直纖鋭⑥，故號芽茶。次曰揀芽⑦，〔繼壕按〕《説郛》、《廣羣芳譜》俱作“揀芽”。乃一芽帶一葉者，號一鎗一旗。次曰中芽⑧，〔繼壕按〕《説郛》、《廣羣芳譜》俱作“中芽”。乃一芽帶兩葉者，號一鎗兩旗。其帶三葉四葉，皆漸老矣。芽茶早春極少。景德中，建守周絳〔繼壕按〕《文獻通考》云：“絳，祥符初，知建州。”《福建通志》作“天聖間任。”為《補茶經》，言：“芽茶只作早茶，馳奉萬乘嘗之可矣。如一鎗一旗，可謂奇茶也。”故一鎗一旗，號揀芽⑨，最為挺⑩特光正。舒王[17]《送人官閩中詩》云：“新茗齋中試一旗”，謂揀芽也。或者乃謂茶芽未展為鎗，已展為旗，指舒王此詩為誤，蓋不知有所謂⑪揀芽也。今上聖製《茶論》曰：“一旗一鎗為揀芽。”又見王岐公珪[18]詩云：“北苑和香品最精，綠芽未雨帶旗新。”故相韓康公絳[19]詩云：“一鎗已笑將成葉，百草皆羞未敢花。”此皆詠揀芽，與舒王之意同。〔繼壕按〕王荊公追封舒王，此乃荊公送福建張比部詩中句也。《事文類聚續集》作“送元厚之詩”，誤。夫揀芽猶貴重⑫如此，而況芽茶以供天子之新嘗者乎！

芽茶絕矣，至於水芽，則曠古未之聞也。宣和庚子歲[20]，漕臣鄭公可簡[21]〔按〕《潛確類書》作“鄭可聞”。〔繼壕按〕《福建通志》作“鄭可簡”，宣和間，任福建路轉運司（使）。《説郛》作“鄭可問”。始創為銀線水芽。蓋將已揀熟芽再剔去，祇取其心一縷，用珍器貯清泉漬之，光明瑩潔，若銀線然。其⑬製方寸新銙，有小龍蜿蜒其上，號龍園⑭勝雪。〔按〕《建安志》云：“此茶蓋於白合中，取一嫩條如絲髮大者，用御泉水研造成。分試其色如乳，其味腴而美。”又“園”字，《潛確類書》作“團”。今仍從原本，而附識於此。〔繼壕按〕《説郛》、《廣羣芳譜》“園”俱作“團”，下同。唯姚寬《西溪叢語》作“園”。又廢白、的、石三⑮乳，鼎造花銙二十餘色。初，貢茶皆入龍腦，蔡君謨《茶錄》云：茶有真香，而入貢者微以龍腦和膏，欲助其香。至是慮奪真味，始不用焉。

蓋茶之妙，至勝雪極矣，故合為首冠。然猶在白茶之次者，以白茶上之所好也。異時，郡人黃儒撰《品茶要錄》，極稱當時靈芽之富，謂使陸羽數子見之，必爽然自失。蕃亦謂使黃君而閱今日，則前乎此者，未足詫焉。

然龍焙初興，貢數殊少，太平興國初纔貢五十片。〔繼壕按〕《能改齋漫錄》云：“建茶務，仁宗初，歲造小龍、小鳳各三十斤，大龍、大鳳各三百斤，不入香京鋌共二百斤，臘茶一萬五千斤。"王存《元豐九域志》云："建州土貢龍鳳茶八百二十斤。"累增至元符，以片〔繼壕按〕《説郛》作"斤"。⑯ 計者一萬八千，視初⑰ 已加數倍，而猶未盛。今則為四萬七千一百片⑱〔繼壕按〕《説郛》作"斤"。有奇矣。此數皆見范逵所著《龍焙美成茶錄》。逵，茶官也。〔繼壕按〕《説郛》作"范達"。

自白茶、勝雪以次，厥名實繁，今列于左，使好事者得以觀焉。

貢新銙大觀二年造

試新銙政和二年造

白茶政和三年造⑲〔繼壕按〕《説郛》作"二年"。

龍園勝雪宣和二年造

御苑玉芽大觀二年造⑳

萬壽龍芽大觀二年造

上林第一宣和二年造

乙夜清供宣和二年造

承平㉑ 雅玩宣和二年造

龍鳳英華宣和二年造

玉除清賞宣和二年造

啟沃承恩宣和二年造

雪英宣和三年造㉒〔繼壕按〕《説郛》作"二年"，《天中記》"雪"作"雲"。

雲葉宣和三年造㉓〔繼壕按〕《説郛》作"二年"。

蜀葵宣和三年造㉔〔繼壕按〕《説郛》作"二年"。

金錢宣和三年造

玉華宣和三年造㉕〔繼壕按〕《説郛》作"二年"。

寸金 宣和三年造〔繼壕按〕《西溪叢語》作"千金"，誤。

無比壽芽大觀四年造

萬春銀葉宣和二年造

玉葉長春㉖ 宣和四年造〔繼壕按〕《説郛》、《廣羣芳譜》此條俱在無疆壽龍下。

宜年寶玉宣和二年造㉗〔繼壕按〕《説郛》作"三年"。

玉清慶雲宣和二年造

無疆壽龍宣和二年造

瑞雲翔龍紹聖二年造〔繼壕按〕《西溪叢語》及下圖目並作"瑞雪翔龍"，當誤。

長壽玉圭政和二年造

興國巖銙

香口焙銙

上品揀芽紹聖二年造〔繼壕按〕《説郛》"紹聖"誤"紹興"。

新收揀芽

太平嘉瑞政和二年造

龍苑報春宣和四年造

南山應瑞宣和四年造〔繼壕按〕《天中記》“宣和”作“紹聖”。

興國巖揀芽

興國巖小龍

興國巖小鳳已上號細色

揀芽

小龍

小鳳

大龍

大鳳已上號粗色

又有瓊林毓粹[28]、浴雪呈祥、壑源拱[29]秀[30]、貢[31]篚推先、價倍南金、暘谷先春、壽巖都[32]〔繼壕按〕《説郛》、《廣羣芳譜》作“卻”。勝、延平石乳[33]、清白可鑒、風韻甚高，凡十色，皆宣和二年所製，越五歲省去。

右歲分[34]十餘綱[22]。惟白茶與勝雪自驚蟄前興役，浹日[23]乃成。飛騎疾馳，不出中春[24]，已至京師，號為頭綱。玉芽以下，即先後以次發。逮貢足時，夏過半矣。歐陽文忠〔公〕[35]詩曰：“建安三千五百里，京師三月嘗新茶”，蓋異時如此。〔繼壕按〕《鐵圍山叢談》云：“茶茁其芽，貴在社前，則已進御。自是迤邐宣和間，皆占冬至而嘗新茗，是率人力為之，反不近自然矣。”以今較昔，又為最早。

〔因〕[36]念草木之微，有瓌奇卓異[37]，亦必逢時而後出，而況為士者哉？昔昌黎[25]先生感二鳥之蒙採擢，而自悼其不如，今蕃於是茶也，焉敢效昌黎之感賦，姑[38]務自警，而[39]堅其守，以待時而已。

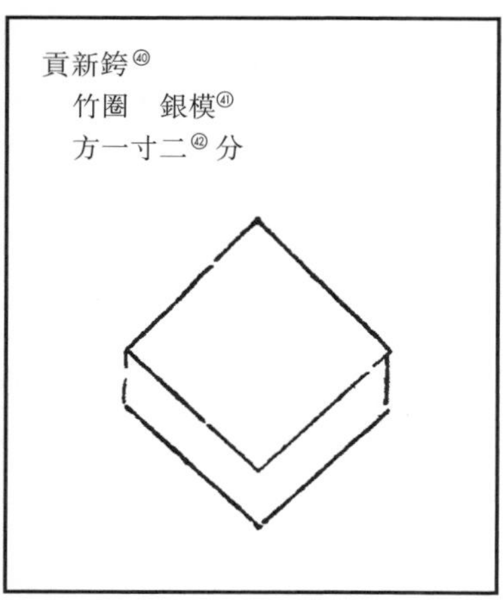

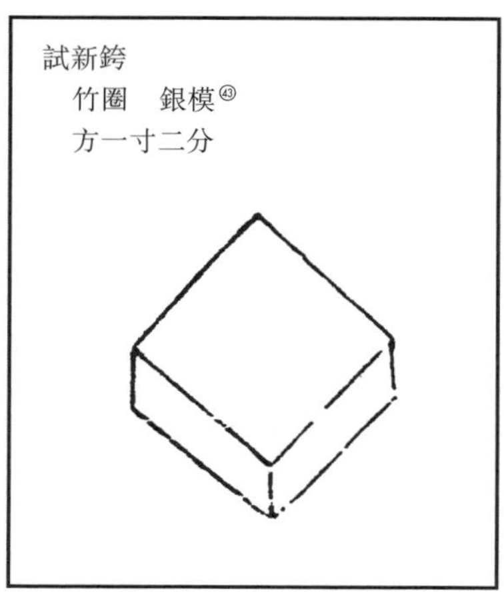

龍園勝雪
竹㊹圈　銀模
方㊺一寸二㊻分

白茶㊼
銀㊽圈　銀模
徑一寸五分

御苑玉芽
銀圈　銀模
徑一寸五分

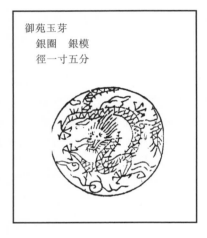

萬壽龍芽
銀圈　銀模
徑一寸五分

上林第一
〔竹〕圈㊾　模
方一寸二㊿分

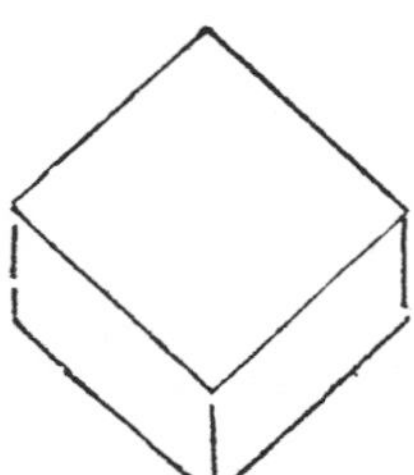

乙夜清供
竹圈　模
方一寸二(51)分

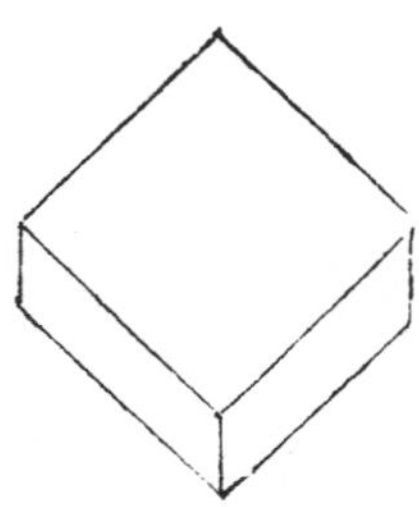

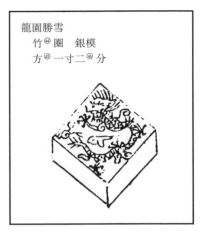

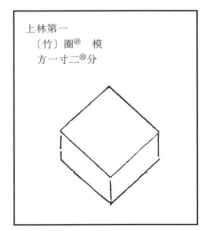

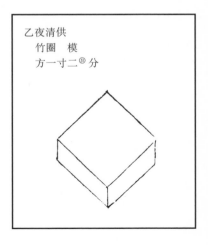

承平雅玩
竹圈　模
方一寸二[52]分

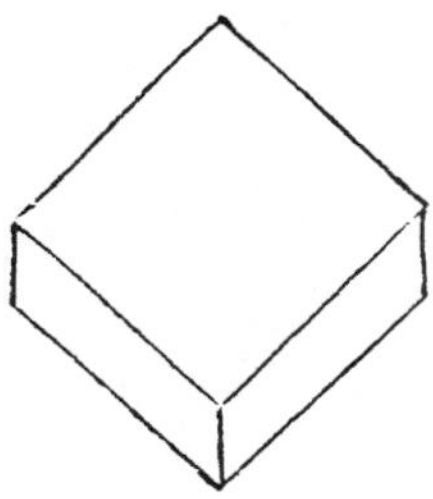

龍鳳英華
〔竹〕圈[53]　模
方一寸二分[54]

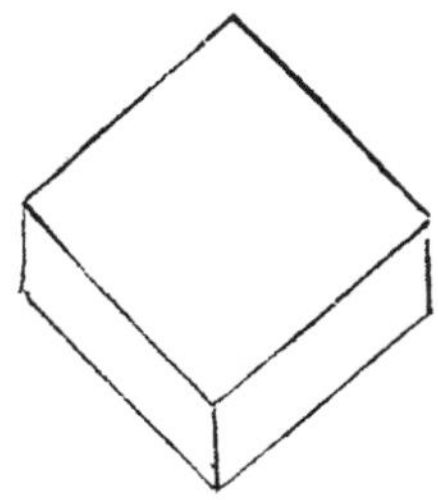

玉除清賞
〔竹〕圈[55]　模
〔方一寸二分〕[56]

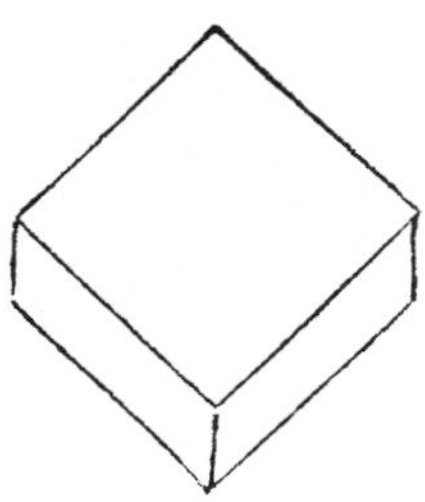

啟沃承恩[57]
竹圈　模
方一寸二[58]分

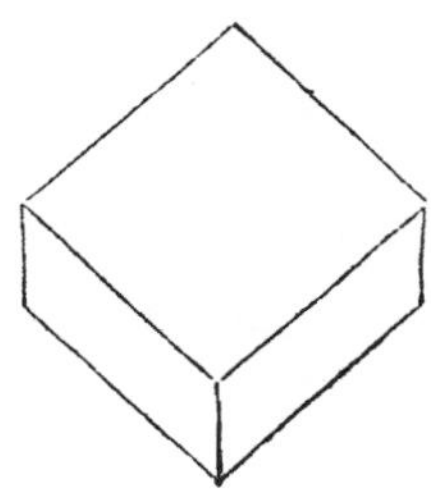

雪英
銀圈　銀模[59]
橫長一寸五分

雲葉
銀模　銀圈[60]
橫長一寸五分

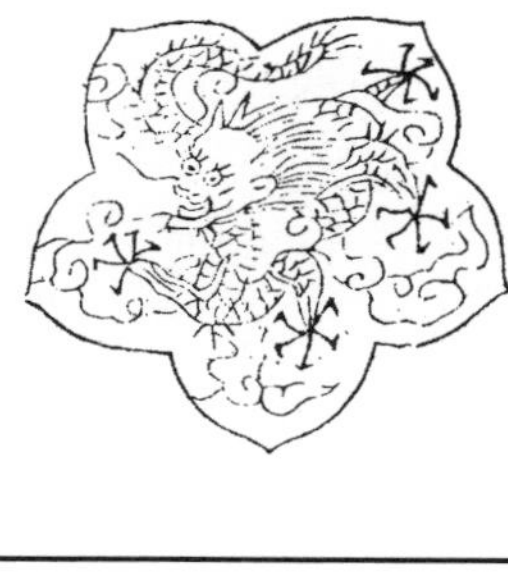

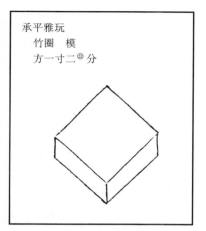

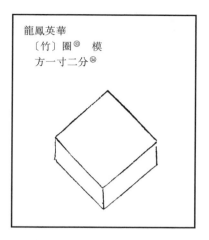

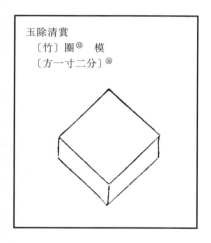

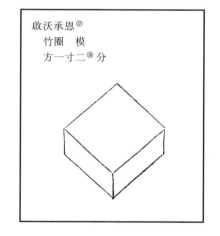

蜀葵
銀模　銀圈[61]
徑一寸五分

金錢
銀模　銀圈[62]
徑一寸五分

玉華
銀模　銀圈[63]
橫長一寸五分

寸金
銀模[64]　竹圈
方一寸二分

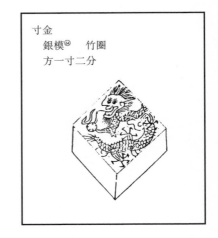

無比壽芽
銀模　竹圈
方一寸二分[65]

萬春銀葉
銀模　銀圈[66]
兩尖徑二寸二分

宜年寶玉

銀模　銀圈[67]

直長三寸

玉慶清雲

銀模　銀圈

方一寸八分

無疆壽龍

竹圈　銀模[68]

直長三寸六分[69]

玉葉長春[70]

銀模　竹圈[71]

直長一寸[72]

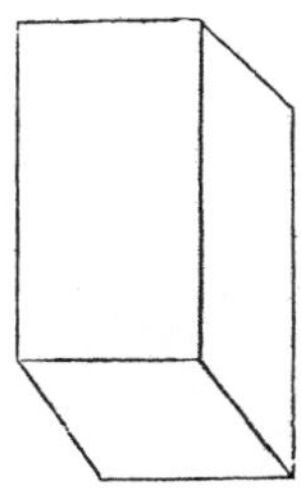

瑞雲[73]翔龍

銀模　銅[74]圈

徑二[75]寸五分

長壽玉圭[76]

銀模　銅圈

直長三寸

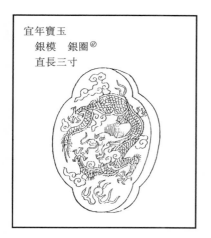

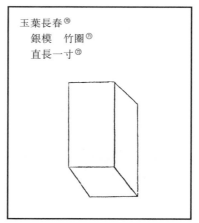

興國巖銙
竹圈　模
方一寸二分

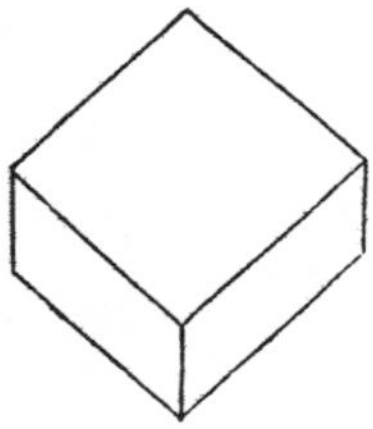

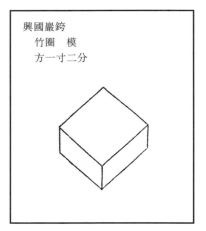

香口焙銙
竹圈　模
方一寸二分

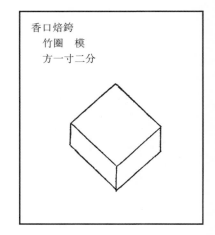

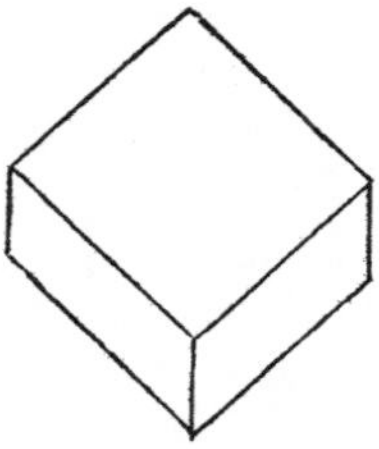

上品揀芽
銀模　銅[77]圈
〔徑二寸五分〕[78]〔繼壕按〕《說郛》此條脫分寸。

新收揀芽[79]
銀模[80]　銅[81]圈
〔徑二寸五分〕[82]〔繼壕按〕《說郛》此條脫分寸。

太平嘉瑞
銀模[83]　銅[84]圈
徑一寸五分

龍苑報春
銀模　銅圈[85]
徑一寸七分

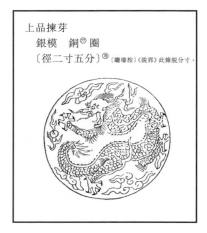

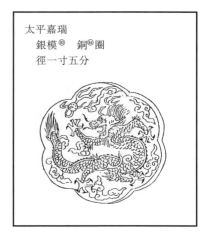

南山應瑞

銀模　銀圈[86]

方一寸八分

興國巖揀芽

銀圈　銀模[87]

徑三寸

小龍

銀圈　銀模[88]

〔徑四寸五分〕[89]〔繼壕按〕《說郛》此條脫分寸，以下即接小龍，注云上同，當同興國巖揀芽分寸也。此本下接大龍，與《說郛》次第異。

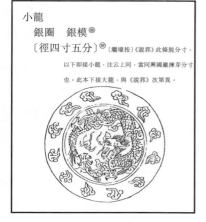

小鳳[90]

銀模　銅[91]圈

〔徑四寸五分〕[92]

大龍

銀模　銅圈[93]

大鳳

銀模　銅圈[94]

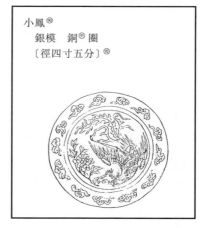

御苑採茶歌十首（並序）[95]

先朝漕司[26]封修睦，自號退士，嘗作《御苑採茶歌》十首，傳在人口。今龍園所製，視昔尤盛，惜乎退士不見也。蕃謹撫[96]故事，亦賦十首，獻之漕使。仍用退士元[27]韻，以見仰慕前修之意。

雪腴貢使手親調，旋放春天採玉條。伐鼓危亭驚曉夢，嘯呼齊上苑東橋。

采采東方尚未明，玉芽同護見心誠。時歌一曲青山裏，便是春風陌上聲。

共抽靈草報天恩，貢令分明龍焙造茶依御廚法使指尊。邏卒日循雲塹繞，山靈亦守御園門。

紛綸爭徑蹂新苔，回首龍園曉色開。一尉鳴鉦三令趣，急持煙籠下山來。採茶不許見日出

紅日新升氣轉和，翠籃相逐下層坡。茶官正要龍[97]芽潤，不管新來帶露多。採新芽不折水

翠虬新範絳紗籠，看罷人[98]生玉節風。葉氣雲蒸千嶂綠，歡聲雷震萬山紅。

鳳山日日滃非煙，賸得三春雨露天。棠坼淺紅酣一笑，柳垂淡綠困三眠。紅雲島上多海棠，兩堤宮[99]柳最盛。

龍焙夕薰凝紫霧，鳳池曉濯帶蒼煙。水芽只是[100]宣和有，一洗槍旗二百年。

修貢年年採萬株，只今勝雪與初殊。宣和殿裏春風好，喜動天顏是玉腴。

外臺慶曆有仙官，龍鳳纔聞制小團。〔按〕《建安志》："慶曆間，蔡公端明為漕使，始改造小團龍茶。" 此詩蓋指此。爭得似金模寸璧，春風第一薦宸餐。

〔後序〕[101]

先人作茶錄，當貢品極盛之時，凡有四十餘色。紹興戊寅歲[28]，克攝事北苑，閱近所貢[102]皆仍舊，其先後之序亦同，惟躋龍園勝雪於白茶之上，及無興國巖小龍、小鳳。蓋建炎南渡，有旨罷貢三之一而省去也。〔按〕《建安志》載，靖康初，詔減歲貢三分之一。紹興間，復減大龍及京鋌之半。十六年，又去京鋌，改造大龍團。至三十二年，凡工用之費，篚羞之式，皆令漕臣耑之，且減其數。雖府貢龍鳳茶，亦附漕綱以進，與此小異。〔繼壕按〕《宋史 · 食貨志》："歲貢片茶二十一萬六千斤。建炎以來。葉濃、楊勍等相因為亂，圓丁散亡，遂罷之。紹興二年，蠲未起大龍鳳茶一千七百二十八斤。五年，復減大龍鳳及京鋌之半。" 李心傳《建炎以來朝野雜記甲集》云："建茶歲產九十五萬斤，其為團胯者，號臘茶，久為人所貴。舊制，歲貢片茶二十一萬六千斤。建炎二年，葉濃之亂，圓丁亡散，遂罷之。紹興四年，明堂，始命市五萬斤為大禮賞。五年，都督府請如舊額發赴建康，召商人持往淮北。檢察福建財用章傑以片茶難市，請市末茶，許之。轉運司言其不經久，乃止。既而官給長引，許商販渡淮。十二年六月，興榷場，遂取臘茶為場本。九月，禁私販，官盡榷之。上京之餘，許通商，官收息三倍。又詔，私載建茶入海者斬，此五年正月辛未詔旨，議者因請鬻建茶於臨安。十月，移茶事司於建州，專一買發。十三年閏月，以失陷引錢，復令通商。今上供龍鳳及京鋌茶，歲額視承平纔半。蓋高宗以賜齎既少，俱傷民力，故裁損其數云。"先人但著其名號，克今更寫其形制，庶覽之者無遺恨焉。先是，壬子[29]春，漕司再葺[103]茶政，越十三載，

仍[104]復舊額。且用政和故事，補種茶二萬株。次[105]年益虔貢職，遂有創增之目。仍改京鋌為大龍團，由是大龍多於大鳳之數。凡此皆近事，或者猶未之知也。先人又嘗作貢茶歌十首，讀之可想見異時之事，故併取以附於末。[106]三月初吉[30]，男克北苑寓舍書。

北苑貢茶最盛，然前輩所錄，止於慶曆以上。自元豐之密雲龍、紹聖之瑞雲龍相繼挺出[107]，制精於舊，而未有好事者記焉，但見於詩人句中。及大觀以來，增創新銙，亦猶用揀芽。蓋水芽至宣和始有[108]，故龍園勝雪與白茶角立，歲充首貢。復自御苑玉芽以下，厥名實繁。先子[31]親見時事，悉能記之，成編具存。今閩中漕臺[32]新刊《茶錄》，未備此書。庶幾補其闕云。

淳熙九年冬十二月四日[33]，朝散郎、行秘書郎、兼國史編修官、學士院權直熊克謹記。

附錄一：〔明〕徐㶿跋

熊蕃，字叔茂，建陽人，唐建州刺史愽九世孫。善屬文，長於吟詠，不復應舉。築堂名獨善，號獨善先生。嘗著茶錄，釐別品第高下，最為精當。又有製茶十詠及文稿三卷行世。

徐㶿書

附錄二：汪繼壕後記

熊蕃《北苑貢茶錄》、趙汝礪《北苑別錄》，陶宗儀《説郛》曾載之，而於別錄題曰"宋無名氏"。前家君從閔漁仲太史處得四庫寫本《貢茶錄》，則有圖有注，《別錄》則有汝礪後序，遠勝陶本。然《説郛》於《貢茶錄》雖僅存圖目，而諸目之下皆注分寸，又寫本所無。《別錄》粗色第六綱內之大鳳茶小鳳茶二條，寫本亦失去。其餘字句異同，多可是正。因取二本互勘，更取他書之徵引二錄，及記北苑可與二錄相發明者，並注於下。

四庫舊有案語，續注皆稱名以別之。庶覽是書者得以正其訛謬云爾。

嘉慶庚申仲冬蕭山汪繼壕識於環碧山房

注　釋

1 閟（bì）：意為關閉，封閉。
2 臘面：指蠟面茶，因為點試時茶湯白如鎔蠟，故名。初創於五代末的福州地區，後專指建州地區的餅茶。宋時人又稱之為臘茶。南宋程大昌（1123－1195）《演繁露續集》卷5有考辯曰：“建茶名臘茶，為其乳泛湯面，與鎔蠟相似，故名蠟面茶也。楊文公《談苑》曰：‘江左方有蠟面之號’是也。今人多書蠟為臘，云取先春為義，失其本矣。”
3 王延政：五代十國時期閩國人，閩王王曦弟。王曦為政淫虐，延政為建州刺史，數貽書諫之，曦怒，攻延政，為所敗，延政乃以建州建國，稱殷，改元天德（943－945），立三年，為南唐所攻，出降，國亡。遷金陵，封光山王，卒謚恭懿。傳載《新五代史》卷68。
4 研膏：研膏茶，指在蒸茶之後、造茶之前經過研膏工序的餅茶。即在茶芽蒸後入盆缶，加入清水，以木杵將之研細成膏，以便於入圈模造茶成形。
5 丁晉公《茶錄》：丁晉公即丁謂，關於其所作茶書，諸書各有不同的記載，本書作《茶錄》。
6 李國主：指南唐中宗（又稱中主）李璟（916－961），字伯玉，在位十九年。
7 丘荷：《福建通志－選舉》記天聖八年（1030）王拱辰榜有建安縣邱荷（清代避孔子諱，改丘為邱），官至侍郎，不詳是否即是。
8 贄（zhì）：不動貌，此處指留下。
9 楊文公億：即楊億（974－1020），字大年，北宋浦城人。太宗時賜進士第，真宗時兩為翰林學士，官終工部侍郎。兼史館修撰。卒謚文。《宋史》卷305有傳。
10 館閣：宋初置昭文館、史館、集賢院，號稱三館，太宗太平興國二年（977）總為崇文院。端拱元年（988）於崇文院中堂建秘閣，與三館合稱館閣。此處指任職館閣的官員。
11 漕閩：福建路轉運使。
12 蔡君謨將漕：指蔡襄任福建路轉運使。
13 歐陽文忠公：即歐陽修，文忠是其謚號。
14 南郊：南郊大禮，宋代的吉禮之一。在每年的冬至日，皇帝在位於南郊的圜丘祭天。　致齋：舉行祭祀或典禮以前清整身心的禮式，後來帝王在大祀如祭天地等禮時行致齋禮儀。
15 矞雲：彩雲，古代以為瑞徵。
16 吳興：縣名，宋屬湖州（今浙江湖州）。
17 舒王：即王安石（1021－1086），字介甫，號半山，北宋臨川人。徽宗崇寧間追封舒王。
18 王歧公珪：王珪（1019－1085），字禹玉，北宋華陽人。封歧國公。
19 韓絳（1012－1088）：字子華，韓億子，北宋開封雍丘人。
20 宣和庚子歲：即宣和二年（1120）。
21 鄭可簡：浙江衢州人，政和間任福建路判官，以新茶進獻蔡京，得官轉運副使，宣和間任轉運使，宣和七年五月知越州。史稱其“以貢茶進用”。
22 綱：成批運送貨物的組織。
23 浹日：古代以干支計日，稱自甲至癸一周十日為“浹日”。《國語·楚語下》：“遠不過三月，近不過浹日。”韋昭注：“浹日，十日也。”
24 中春：意同仲春，即春季之中，農曆二月，為春季的第二個月。
25 昌黎：即韓愈（768－824），字退之，河南河陽（今河南孟縣南）人。自謂郡望昌黎，世稱韓昌黎。此言其所撰《感二鳥賦》。
26 漕司：轉運使司的省稱。
27 元：通“原”。
28 紹興戊寅歲：即紹興二十八年（1158）。
29 熊克增補寫於紹興二十八年，此前的壬子年為紹興二年（1132）。
30 三月初吉：指三月初一日。初吉，朔日，即農曆初一日。

31 先子：或稱先君子，祖先，也指已亡故的父親。
32 漕台：指稱轉運使，或轉運使司。
33 淳熙：南宋孝宗年號，共十六年（1174－1189）。九年為1182年，但十二月四日在公元紀年中已跨年度，所以熊克增補此書時當1183年。

校　記

① 閩：宛委本、集成本為“建”。
② 按：此乃毛文錫《茶譜》中語。
③ 仍：喻政茶書本為“乃”。
④ 與常茶不同：喻政茶書本為“為不可得”。
⑤ 芽：宛委本、集成本、說粹本為“茶”。
⑥ 銳：宛委本、說粹本為“鋌”，集成本為“挺”。
⑦ 揀芽：底本、喻政茶書本、四庫本、涵芬樓本皆作“中芽”，後文有解釋何者為揀芽：“故一鎗一旗，號揀芽”，故據宛委本、集成本改。
⑧ 中芽：底本、四庫本為“紫芽”。這裏茶芽大小品質，不當言以色，故據他本改為。
⑨ 芽：只底本作“茶”，今據他本改。
⑩ 挺：喻政茶書本為“奇”。
⑪ 謂：只底本為“為”，今據他本改。
⑫ 貴重：涵芬樓本為“奇”，喻政茶書本、四庫本為“貴”。
⑬ 其：喻政茶書本、宛委本、集成本、涵芬樓本、說粹本為“以”。
⑭ 園：喻政茶書本、宛委本、集成本、涵芬樓本、說粹本皆為“團”，以下諸龍園勝雪之“園”字皆同，不復贅述。
⑮ 三：宛委本、集成本、說粹本無此字。
⑯ 片：宛委本、集成本、說粹本為“斤”。
⑰ 初：喻政茶書本為“昔”。
⑱ 片：宛委本、集成本為“斤”。
⑲ 三年：喻政茶書本、宛委本、涵芬樓本皆為“二年”。自此條開始，涵芬樓本於年份數後皆無“造”字，以下皆同，不復贅述。
⑳ 自此條開始，宛委本、說粹本於年份數後皆無“造”字，以下皆同，不復贅述。
㉑ 平：喻政茶書本為“芳”。
㉒ 三年：喻政茶書本、宛委本、集成本為“二年”。
㉓ 三年：宛委本、集成本為“二年”。
㉔ 三年：宛委本、集成本為“二年”。
㉕ 三年：宛委本、集成本為“二年”。
㉖ 喻政茶書本、宛委本、集成本、涵芬樓本此條皆在“無疆壽龍”條之後。
㉗ 二年：宛委本、集成本為“三年”。
㉘ 按：自瓊林毓粹至風韻甚高十種均為茶名。
㉙ 拱：宛委本、集成本為“供”。
㉚ 秀：喻政茶書本、宛委本、集成本、說粹本為“季”。
㉛ 貢：宛委本、集成本、說粹本無，喻政茶書本為“貴”。
㉜ 都：喻政茶書本、宛委本、集成本為“卻”。
㉝ 石乳：涵芬樓本作“乳石”。
㉞ 分：喻政茶書本為“貢”。

㉟ 公：底本無，今據他本補。
㊱ 因：底本、四庫本無，今據他本增之。
㊲ 涵芬樓本於此多“之名”二字。
㊳ 姑：宛委本、集成本、説粹本為“始”。
㊴ 而：喻政茶書本為“惟”。
㊵ 喻政茶書本、宛委本、集成本、涵芬樓本、説粹本俱無圖，但有圈模質地及尺寸，四庫本有圖有圈模質地但無尺寸，底本有圖有圈模質地有尺寸。今以諸本參互校正。宛委山堂説郛、集成本、涵芬樓本、説粹本圈模尺寸相同者即標為“同上”，今俱徑用其“同上”之具體文字及尺寸，則每條詳注時不再贅述。
㊶ 銀模：喻政茶書本、四庫本無。
㊷ 二：涵芬樓本為“三”。
㊸ 銀模：喻政茶書本、宛委本、集成本、四庫本、説粹本無。
㊹ 竹：喻政茶書本為“銀”。
㊺ 方：喻政茶書本為“徑”。
㊻ 二：喻政茶書本為“五”。
㊼ 喻政茶書本“白茶”的位次與“萬壽龍芽”互為顛倒。
㊽ 銀：四庫本為“竹”。
㊾ 竹圈：底本只有“圈”字，今據喻政茶書本補。
㊿ 二：涵芬樓本為“五”。
51 二：涵芬樓本為“五”。
52 二：涵芬樓本為“五”。
53 竹圈：底本只有“圈”字，據喻政茶書本補。
54 底本無尺寸，據喻政茶書本補。“二分”涵芬樓本為“五分”。
55 竹圈：底本只有“圈”字，今據喻政茶書本補。
56 底本無尺寸，據喻政茶書本補。“二分”涵芬樓本為“五分”。
57 四庫本無“銀模”。
58 二：涵芬樓本為“五”。
59 喻政茶書本無“銀圈”。宛委本、集成本、説粹本無圈、模。
60 涵芬樓本圈、模前後位置顛倒，喻政茶書本無“銀圈”。宛委本、集成本、説粹本無圈模。
61 喻政茶書本無“銀圈”。宛委本、集成本、説粹本無圈、模。
62 涵芬樓本圈、模前後位置顛倒，喻政茶書本、宛委本、集成本、説粹本無“銀圈”。
63 銀圈：喻政茶書本、宛委本、集成本、涵芬樓本、説粹本無。
64 銀模：喻政茶書本無。
65 喻政茶書本於此衍“橫長一寸五分”諸字。
66 銀圈：喻政茶書本無。
67 宛委本、集成本、涵芬樓本、説粹本圈、模位次互為顛倒。
68 除底本外其他刊本圈模位次皆前後顛倒。涵芬樓本“竹圈”為“銀圈”。
69 尺寸：喻政茶書本為“三寸”；宛委本、涵芬樓本、集成本為“一寸”；此外，涵芬樓本還衍“徑二寸五分”諸字樣。
70 涵芬樓本本條位次與下文長壽玉圭互為顛倒。
71 銀模：喻政茶書本、宛委山堂説郛、集成本、四庫本、涵芬樓本、説粹本無。
72 一寸：喻政茶書本、涵芬樓本為“一寸六分”，宛委山堂説郛、集成本為“三寸六分”。
73 雲：四庫本為“雪”。
74 銅：涵芬樓本為“銀”。
75 二：喻政茶書本、涵芬樓本為“一”。
76 銅圈：喻政茶書本、宛委本、集成本、四庫本、涵芬樓本、説粹本無。

⑺ 銅：涵芬樓本為“銀”。
⑻ 底本無尺寸，宛委本、集成本亦無尺寸。本條尺寸據喻政茶書本、涵芬樓本補。
⑼ 喻政茶書本本條位次與下文龍苑報春互為顛倒。
銀模：喻政茶書本無。
銅：宛委本、集成本、涵芬樓本為“銀”。
底本無尺寸，宛委本、集成本言尺寸“同上”，但上條並無尺寸。本條尺寸據喻政茶書本、涵芬樓本補。
⑽ 銀模：喻政茶書本、宛委本、集成本、涵芬樓本、說粹本無。
⑾ 銅：宛委本、集成本、涵芬樓本為“銀”。
⑿ 底本無尺寸，宛委本、集成本言尺寸“同上”，但上條並無尺寸。本條尺寸據喻政茶書本、涵芬樓本補。
⒀ 銀模：喻政茶書本、宛委本、集成本、涵芬樓本、說粹本無。
⒁ 銅：宛委本、集成本、涵芬樓本為“銀”。
⒂ 喻政茶書本無“銀模”，“銅圈”喻政茶書本為“銀圈”。宛委本、集成本、說粹本本條無圈、模。
⒃ 喻政茶書本本條圈、模位次互為顛倒。
⒄ 四庫本本條圈、模位次互為顛倒。喻政茶書本、宛委本、集成本、涵芬樓本、說粹本無“銀圈”。
⒅ 四庫本本條圈、模位次互為顛倒。銀圈：喻政茶書本、宛委本、集成本為“銅圈”。
⒆ 底本無尺寸，其他刊本除喻政茶書本外亦皆無尺寸。今據喻政茶書本補。
⒇ 底本、四庫本此條為“大龍”，而本文前敘製造年份時次序為“小龍小鳳大龍大鳳”，故據以改之。
(91) 銅：涵芬樓本為“銀”。
(92) 底本無尺寸，今據喻政茶書本補。宛委本、集成本亦無尺寸。涵芬樓本於圈模下寫“同上”，但上條涵芬樓本並無尺寸。
(93) 底本、涵芬樓本無“銀模”，四庫本圈、模位次互為顛倒。
(94) 涵芬樓本於圈模下寫“同上”，但上條涵芬樓本並無尺寸。
(95) 喻政茶書本、宛委山堂說郛、集成本、涵芬樓本、說粹本俱無“御苑采茶歌十首”目錄及序並以下十首詩。
(96) 撫：四庫本為“摭”。
(97) 龍：四庫本為“靈”。
(98) 人：四庫本為“春”。
(99) 宮：四庫本為“官”。
(100) 是：四庫本為“自”。
(101) “後序”二字，底本及四庫本等諸本皆無，喻政茶書本於此稱以下熊克兩段文字為“《宣和北苑貢茶錄》後序”，據此以補。
(102) 貢：宛委本、集成本、說粹本為“貴”。
(103) 葺：喻政茶書本為“緝”，宛委本、集成本、說粹本為“攝”。
(104) 仍：喻政茶書本、宛委本、集成本、四庫本、涵芬樓本、說粹本為“乃”。
(105) 次：涵芬樓本為“比”，宛委本、集成本、說粹本為“此”。
(106) “先人又嘗作貢茶歌十首，……故並取以附於末”句，喻政茶書本、宛委本、集成本、涵芬樓本、說粹本無，因這些刊本前面都未錄存熊蕃詩。
(107) “自元豐……相繼挺出”諸字句，宛委本、集成本、說粹本為“自元豐後瑞龍相繼挺出”。
(108) 有：宛委本、集成本、說粹本為“名”。

北苑別錄

◇宋　趙汝礪　撰

清　汪繼壕　按校

趙汝礪，據本篇後序，可知是南宋孝宗（趙昚，1127－1189，1162－1189在位）時人，曾做過福建轉運使主管帳司，其他情況不詳。《四庫全書總目提要》說："《宋史·宗室世系表》漢王房下，有漢東侯宗楷曾孫汝礪，意者即其人歟？"但商王房下左領衛將軍士𧼯曾孫也有名汝礪者，未知孰是。

《北苑別錄》是補熊蕃《宣和北苑貢茶錄》而作，趙汝礪後序題署淳熙十三年（1186）。據《文獻通考》，它在南宋末陳振孫《直齋書錄解題》中，似乎還單獨著錄為一卷，但自明喻政《茶書》、陶宗儀《說郛》之後，諸書皆將其附收在《宣和北苑貢茶錄》後。此次匯編，仍以之作為獨立的一部書。

關於本篇作者，歷來有三種說法，一是文淵閣四庫全書本的趙汝礪，二是宛委山堂說郛本的宋無名氏，三是明喻政《茶書》本的熊克。四庫本有趙汝礪後序，故可肯定作者之名；其他版本系統缺後序，因此作者不明，以至誤猜。

《北苑別錄》今傳刊本同《宣和北苑貢茶錄》，以文淵閣四庫全書本系統為優，有讀畫齋叢書辛集汪繼壕的按校本。本書以汪繼壕本為底本，參校他本。

北苑別錄　宋　趙汝礪①　撰

建安之東三十里，有山曰鳳凰，其下直②北苑，旁聯諸焙，厥土赤壤，厥茶惟上上。太平興國中，初為御焙，歲模龍鳳，以羞貢篚[1]，益③表珍異。慶曆④中，漕臺[2]益重其事，品數日增，制度日精。厥今茶自北苑上者，獨冠天下，非人間所可得也。方其春蟲震蟄[3]，千夫⑤雷動，一時之盛，誠為偉觀。故建人謂至建安而不詣北苑，與不至者同。僕因攝事，遂得研究其始末。姑摭其大概，條為十餘類，目曰《北苑別錄》云。

御園

九窠十二隴按《建安志·茶隴註》云："九窠十二隴即土（山）之凹凸處，凹為窠，凸為隴。"〔繼壕按〕宋子安《試茶錄》："自青山曲折而北，嶺勢屬貫魚凡十有二，又隈曲如窠巢者九，其地利為九窠十二隴。"

麥窠〔按〕宋子安《試茶錄》作"麥園，言其土壤沃，並宜䴬麥也。"與此作麥窠異。

壤園〔繼壕按〕《試茶錄》"雞窠又南曰壤園、麥園。"

龍遊窠

小苦竹〔繼壕按〕《試茶錄》作"小苦竹園，園在鼯鼠窠下。"

苦竹裏

雞藪窠〔按〕宋子安《試茶錄》：“小苦竹園又西至大園絕尾，疏竹蓊翳，多飛雉，故曰雞藪窠”。〔繼壕按〕《太平御覽》引《建安記》：“雞巖隔澗西與武彝相對，半巖有雞窠四枚，石峭上，不可登履，時有峯雞百飛翔，雄者類鷓鴣。”《福建通志》云：“崇安縣武彝山大小二藏峯，峯臨澄潭，其半為雞窠巖，一名金雞洞。雞藪窠未知即在此否。”

苦竹〔繼壕按〕《試茶錄》：“自焙口達源頭五里，地遠而益高，以園多苦竹，故名曰苦竹，以遠居眾山之首，故曰園頭。”下苦竹源當即苦竹園頭。

苦竹源

鼯鼠窠〔按〕宋子安《試茶錄》：“直西定山之隈，土石廻向如窠，然泉流積陰之處多飛鼠，故曰鼯鼠窠。”

教煉壟〔繼壕按〕《試茶錄》作教練壟：“焙南直東，嶺極高峻，曰教練壟，東入張坑，南距苦竹。”《說郛》“煉”亦作“練”。

鳳凰山〔繼壕按〕《試茶錄》：“橫坑又北出鳳皇（凰）山，其勢中跱，如鳳之首，兩山相向，如鳳之翼，因取象焉。”曹學佺《輿地名勝志》：“甌寧縣鳳皇（凰）山，其上有鳳皇（凰）泉，一名龍焙泉，又名御泉。宋以來，上供茶取此水濯之。其麓即北苑，蘇東坡序略云：北苑龍焙，山如翔鳳下飲之狀，山最高處有乘風堂，堂側豎石碣，字大尺許。”宋慶曆中，柯適記御茶泉深僅二尺許，下有暗渠，與山下溪合，泉從渠出，日夜不竭。又龍山與鳳皇（凰）山對峙，宋咸平間，丁謂於茶堂之前，引二泉為龍鳳池，其中為紅雲島，四面植海棠，池旁植柳。旭日始升時，晴光掩映，如紅雲浮於其上。《方輿紀要》：“鳳皇（凰）山一名茶山，又壑源山在鳳皇（凰）山南，山之茶為外焙綱，俗名捍火山，又名望州山。”《福建通志》：”鳳皇（凰）山今在建安縣吉苑里。”

大小焊〔繼壕按〕《說郛》“焊”作“焊”，《試茶錄》“壑源”條云：“建安郡東望北苑之南山，叢然而秀，高峙數百丈，如郛郭焉。”注云：“民間所謂捍火山也。”“焊”，疑當作“捍”。

橫坑〔繼壕按〕《試茶錄》：“教練壟帶北岡勢橫直，故曰坑。”

猿遊隴〔按〕宋子安《試茶錄》：“鳳皇（凰）山東南至於袁雲隴，又南至於張坑，言昔有袁氏、張氏居於此，因名其地焉。”與此作猿遊隴異。

張坑〔繼壕按〕《試茶錄》：“張坑又南，最高處曰張坑頭。”

帶園〔繼壕按〕《試茶錄》：“焙東之山，縈紆如帶，故曰帶園，其中曰中歷坑。”

焙東

中歷[⑥]〔按〕宋子安《試茶錄》作“中歷坑”。

東際〔繼壕按〕《試茶錄》：“袁雲壟之北，絕嶺之表曰西際，其東為東際。”

西際

官平〔繼壕按〕《試茶錄》：“袁雲隴之北，平下，故曰平園。”當即官平。

上下官坑〔繼壕按〕《試茶錄》：“曾坑又北曰官坑，上園下坑，慶曆中始入北苑。”《說郛》在“石碎窠”下。

石碎窠〔繼壕按〕徽宗《大觀茶論》作“碎石窠”。

虎膝⑦窠

樓隴

蕉窠

新園

夫⑧樓基〔按〕《建安志》作“大樓基”。〔繼壕按〕《說郛》作“天樓基”。

阮⑨坑

曾坑〔繼壕按〕《試茶錄》云：“又有蘇口焙，與北苑不相屬，昔有蘇氏居之，其園別為四，其最高處曰曾坑，歲貢有曾坑上品一斤。曾坑山土淺薄，苗發多紫，復不肥乳。氣味殊薄，今歲貢以苦竹園充之。”葉夢得《避暑錄話》云：“北苑茶，正所產為曾坑，謂之正焙，非曾坑，為沙溪，謂之外焙。二地相去不遠，而茶種懸絕。沙溪色白過於曾坑，但味短而微澀，識茶者一啜，如別涇渭也。”

黃際〔繼壕按〕《試茶錄》“壑源”條：“道南山而東曰穿欄焙，又東曰黃際。”

馬鞍山〔繼壕按〕《試茶錄》：“帶園東又曰馬鞍山。”《福建通志》：“建寧府建安縣有馬鞍山，在郡東北三里許，一名瑞峯，左為雞籠山。”當即此山。

林園〔繼壕按〕《試茶錄》：“北苑焙絕東曰林園。”

和尚園

黃淡窠〔繼壕按〕《試茶錄》：“馬鞍山又東曰黃淡窠，謂山多黃淡也。”

吳彥山

羅漢山

水⑩桑窠

師姑⑪園〔繼壕按〕《說郛》：“在銅場下。”

銅場〔繼壕按〕《福建通志》：“鳳皇（凰）山在東者曰銅場峯。”

靈滋

范⑫馬園

高畬

大窠頭〔繼壕按〕《試茶錄》“壑源”條：“坑頭至大窠為正壑嶺。”

小山

右四十六所，廣⑬袤三十餘里，自官平而上為內園，官坑而下為外園。方春靈芽莩坼[4]⑭，〔繼壕按〕《說郛》作“萌坼”。常⑮先民焙十餘日，如九窠十二隴、龍遊窠、小苦竹、張坑、西際，又為禁園之先也。

開焙

驚蟄節，萬物始萌，每歲常以前三日開焙，遇閏則反⑯之，〔繼壕按〕《說郛》“反”作“後”以其氣候少⑰遲故也。〔按〕《建安志》：“候當驚蟄，萬物始萌，漕司常前三日開焙，令春夫喊山以助和氣，遇閏則後二日。”〔繼壕按〕《試茶錄》：“建溪茶比他郡最先，北苑壑源者尤早。歲多暖，則先驚蟄十日即芽；歲多寒，則後驚蟄五日始發。先芽者，氣味俱不佳，唯過驚蟄者最為第一，民間常以驚蟄為候。”

採茶

採茶之法，須是侵晨，不可見日。侵晨則夜露未晞，茶芽肥潤，見日則為陽氣所薄，使芽之膏腴內耗，至受水而不鮮明。故每日常以五更撾鼓，集羣夫⑱於⑲鳳皇（凰）山，山有打鼓亭監採官人給一牌入山，至辰刻[5]則復鳴鑼以聚之，恐其踰時貪多務得也。

大抵採茶亦須習熟，募夫之際，必擇土著及諳曉之人，非特識茶〔發〕⑳早晚所在，而於採摘亦㉑知其指要。蓋以指而不以甲，則多溫而易損；以甲而不以指，則速斷而不柔。從舊說也故採夫欲其習熟，政為是耳。採夫日役二百二十五人。㉒〔繼壕按〕《說郛》作"二百二十二人。"徽宗《大觀茶論》："擷茶以黎明，見日則止。用爪斷芽，不以指揉，慮氣汗熏漬，茶不鮮潔。故茶工多以新汲水自隨，得芽則投諸水。"《試茶錄》："民間常以春陰為採茶得時，日出而採，則芽葉易損，建人謂之採摘不鮮是也。"

揀茶

茶有小芽，有中芽，有紫芽，有白合，有烏蔕，此不可不辨。小芽者，其小如鷹爪，初造龍園㉓勝雪、白茶，以其芽先次蒸熟，置之水㉔盆中，剔取其精英，僅如鍼小，謂之水芽，是芽㉕中之最精者也。中芽，古謂〔繼壕按〕《說郛》有"之"字。一鎗一旗是也。紫芽，葉之〔繼壕按〕原本作"以"，據《說郛》改。紫者是也。白合，乃小芽有兩葉抱而生者是也。烏蔕，茶之蔕頭是也。凡茶以水芽為上，小芽次之，中芽又次之，紫芽、白合、烏蔕，皆在所不取。〔繼壕按〕《大觀茶論》："茶之始芽萌則有白合，既擷則有烏蔕。白合不去害茶味，烏蔕不去害茶色。"原本脫"不"字，據《說郛》補。使其擇焉而精㉖，則茶之色味無不佳。萬一雜之以所不取，則首面不勻[6]，色濁而味重也。〔繼壕按〕《西溪叢語》："建州龍焙，有一泉極清澹，謂之御泉。用其池水造茶，即壞茶味。惟龍園勝雪、白茶二種，謂之水芽，先蒸後揀，每一芽先去外兩小葉，謂之烏蔕，又次去兩嫩葉，謂之白合，留小心芽置於水中，呼為水芽，聚之稍多即研焙為二品，即龍園勝雪、白茶也。茶之極精好者，無出於此，每胯計工價近三十千。其他茶雖好，皆先揀而後蒸研，其味次第減也。

蒸茶

茶芽再四洗滌，取令潔淨，然後入甑，俟湯沸蒸之。然蒸有過熟之患，有不熟之患。過熟則色黃而味淡，不熟則色青易沈，而有草木之氣，唯在得中之為當也。

榨茶

茶既熟[7]謂茶黃，須淋洗數過，欲其冷也方入㉗小榨，以去其水，又入大榨出其膏。水芽以馬榨壓之，以其芽嫩故也。〔繼壕按〕《說郛》"馬"作"高"。先是包以布帛，束以竹皮，然後入大榨壓之，至中夜取出揉勻，復如前入榨，謂之翻榨。徹曉奮擊，必至於乾淨而後已。蓋建茶味遠而力厚，非江茶[8]之比。江茶畏流其膏，建茶惟恐其膏之不盡，膏不盡，則色味重濁矣。

研茶

研茶之具，以柯為杵，以瓦為盆。分團酌水，亦皆有數，上而勝雪、白茶，以十六水[9]，下而揀芽之水六，小龍、鳳四、大龍、鳳二，其餘皆以十二㉘焉。自十二水以上，日研一團，自六水而下，日研三團至七團。每水研之，必至於水乾茶熟而後已。水不乾則茶不熟，茶不熟則首面不勻，煎試易沈，故研夫猶貴於強而有力㉙者也。

嘗謂天下之理，未有不相㉚須而成者。有北苑之芽，而後有龍井之水。〔龍井之水〕㉛，其深不㉜以丈尺㉝，〔繼壕按〕文有脱誤，《説郛》無此六字亦誤。柯適《記御茶泉》云："深僅二尺許。"清而且甘，晝夜酌之而不竭，凡茶自北苑上者皆資焉。亦猶錦之於蜀江[10]，膠之於阿井[11]，詎不信然？

造茶

造茶舊分四局，匠者起好勝之心，彼此相誇，不能無弊，遂併而㉞為二焉。故茶堂[12]有東局、西局之名，茶銙有東作、西作之號。

凡茶之初出研盆，盪之欲其勻，揉㉟之欲其膩，然後入圈製銙，隨筥過黃。有方㊱銙，有花銙，有大龍，有小龍，品色不同，其名亦異，故隨綱繫之於貢茶云。

過黃

茶之過黃，初入烈火焙之，次過沸湯爁[13]㊲之，凡如是者三，而後宿一火，至翌日，遂過煙焙焉。然煙焙之火㊳不欲烈，烈則面炮而色黑，又不欲煙，煙則香盡而味焦，但取其溫溫而已。凡火數之多寡，皆視其銙之厚薄。銙之厚者，有十火至於十五火，銙之薄者，亦〔繼壕按〕《説郛》無"亦"字。八火至於六火㊴。火數既足，然後過湯上出色。出色之後，當置之密室，急以扇扇之，則色〔澤〕㊵自然光瑩矣。

綱次㊶〔繼壕按〕《西溪叢語》云："茶有十綱，第一第二綱太嫩，第三綱最妙，自六綱至十綱，小團至大團而止。第一名曰試新，第二名曰貢新，第三名有十六色，第四名有十二色，第五次有十二色，已下五綱皆大小團也。"云云。其所記品目與錄同，唯錄載細色粗色共十二綱，而寬云十綱，又云第一名試新，第二名貢新，又細色第五綱十二色內，有先春一色，而無興國巖揀芽，並與錄異，疑寬所據者宣和時修貢錄，而此則本於淳熙間修貢錄也。《清波雜志》云："淳熙間，親黨許仲啟官麻沙，得北苑修貢錄，序以刊行，其間載歲貢十有二綱，凡三等四十一名。第一綱曰龍焙貢新，止五十餘夸(銙)，貴重如此。"正與錄合。曾敏行《獨醒雜志》云："北苑產茶，今歲貢三等十有二綱，四萬八千餘銙。"《事文類聚續集》云："宣政間鄭可簡以貢茶進用，久領漕計，創添續入，其數浸廣，今猶因之。"

細色第一綱

龍焙貢新。水芽，十二水，十宿火。正貢三十銙，創添二十銙。〔按〕《建安志》："云頭綱用社前三日進發，或稍遲亦不過社後三日。第二綱以後，只火候數足發，多不過十日。粗色雖於五旬內製畢，卻候細綱貢絕，以次進發。第一綱拜，其餘不拜，謂非享上之物也。"

細色第二綱

龍焙試新水芽十二水十宿火正貢一百銙創添五十銙〔按〕《建安志》云："數有正貢，有添貢，有續添，正貢之外，皆起於鄭可簡為漕日增。"

細色第三綱

龍園[42]勝雪。〔按〕《建安志》云："龍園勝雪用十六水，十二宿火。白茶用十六水，七宿火。勝雪係驚蟄後採造，茶葉稍壯，故耐火。白茶無培壅之力，茶葉如紙，故火候止七宿，水取其多，則研夫力勝而色白，至火力則但取其適，然後不損真味。"水芽，十六水，十二[43]宿火。正貢三十銙，續添三十[44]銙，創添六十[45]銙。〔繼壕按〕《說郛》作"續添二十銙，創添二十銙。"

白茶。水芽，十六水，七宿火。正貢三十銙，續添十五[46]銙，〔繼壕按〕《說郛》作"五十銙"。創添八十銙。

御苑玉芽。〔按〕《建安志》云："自御苑玉芽下凡十四品，係細色第三綱，其製之也，皆以十二水。唯玉芽、龍芽二色火候止八宿，蓋二色茶日數比諸茶差早，不取（敢）多用火力。"小芽〔繼壕按〕據《建安志》"小芽"當作"水芽"。詳細色五綱條注。十二水，八宿火。正貢一百片。

萬壽龍芽。小芽，十二水，八宿火。正貢一百片。

上林第一。〔按〕《建安志》云："雪英以下六品，火用七宿，則是茶力既強，不必火候太多。自上林第一至啟沃承恩凡六品，日子之製（制）同，故量日力以用火力，大抵欲其適當。不論採摘日子之淺深，而水皆十二，研工多則茶色白故耳。"小芽，十二水，十宿火。正貢一百銙。

乙夜清供。小芽，十二水，十宿火。正貢一百銙。

承平雅玩。小芽，十二水，十宿火。正貢一百銙。

龍鳳英華。小芽，十二水，十宿火。正貢一百銙。

玉除清賞。小芽，十二水，十宿火。正貢一百銙。

啟沃承恩。小芽，十二水，十宿火。正貢一百銙。

雪英。小芽，十二水，七宿火。正貢一百片。

雲葉。小芽，十二水，七宿火。正貢一百片。

蜀葵。小芽，十二水，七宿火。正貢一百片。

金錢。小芽，十二水，七宿火，正貢一百片。

玉葉。小芽，十二水，七宿火。正貢一百片。

寸金。小芽，十二水，九宿火。正貢一百銙[47]。

細色第四綱

龍園[48]勝雪。已見前正貢一百五十銙

無比壽芽。小芽，十二水，十五宿火。正貢五十銙，創添五十銙。

萬春[49]銀葉[50]。〔繼壕按〕《說郛》"芽"作"葉"，《西溪叢語》作"萬春銀葉"。小芽，十二水，十宿火。正貢四十片，創添六十片。

宜年寶玉。小芽，十二水，十二宿火[51]。〔繼壕按〕《說郛》作"十宿火"正貢四十片，創添六十片。

玉清慶雲。小芽，十二水，九宿火[52]。〔繼壕按〕《說郛》作"十五宿火"。正貢四十片，創添六十片。

無疆壽龍。小芽，十二水，十五宿火。正貢四十片，創添六十片。

玉葉長春。小芽，十二水，七宿火。正貢一百片。

瑞雲翔龍。小芽，十二水，九宿火。正貢一百八片。

長壽玉圭。小芽，十二水，九宿火。正貢二百片。

興國巖銙。巖屬南州，頃遭兵火廢，今以北苑芽代之。中芽，十二水，十宿火。正貢二百[53]七十銙。

香口焙銙。中芽，十二水，十宿火。正貢五百銙[54]。〔繼壕按〕《說郛》作"五十銙"。

上品揀芽。小芽，十二水，十宿火。正貢一百片。

新收揀芽。中芽，十二水，十宿火。正貢六百片。

細色第五綱

太平嘉瑞。小芽，十二水，九宿火。正貢三百片。

龍苑報春。小芽，十二水，九宿火。正貢六百片[55]。〔繼壕按〕《說郛》作"六十片"，蓋誤。創添六十片。

南山應瑞。小芽，十二水，十五宿火。正貢六十銙[56]。創添六十銙。

興國巖揀芽[57]。中芽，十二水，十宿火。正貢五百一十[58]片。

興國巖小龍。中芽，十二水，十五宿火。正貢七百五十[59]片。〔繼壕按〕《說郛》作"七百五片"，蓋誤。

興國巖小鳳。中芽，十二水，十五宿火。正貢五十[60]片。

先春兩色

太平嘉瑞。已見前正貢二百[61]片。

長春玉圭。已見前正貢一百[62]片。

續入額四色

御苑玉芽。已見前正貢一百片。

萬壽龍芽。已見前正貢一百片。

無比壽芽。已見前正貢一百片。

瑞雲翔龍。已見前正貢一百片。

粗色第一綱

正貢：不入腦子[14]上品揀芽小龍，一千二百片。〔按〕《建安志》云："入腦茶，水須差多，研工勝則香味與茶相入。不入腦茶，水須差省，以其色不必白，但欲火候深，則茶味出耳。"六水，十宿火[63]。

入腦子小龍，七百片。四水，十五宿火。

增添：不入腦子上品揀芽小龍，一千二百片。

入腦子小龍，七百片。

建寧府附發：小龍茶，八百四十片

粗色第二綱

正貢：不入腦子上品揀芽小龍，六百四十片。

入腦子小龍，六百四十二片。〔繼壕按〕《說郛》"二"作"七"。[64]入腦子小鳳，一千三百四十四[65]片。〔繼壕按〕《說郛》無下"四"字。四水，十五宿火。

入腦於大龍，七百二十片。二水，十五宿火。

入腦子大鳳，七百二十片。二水，十五宿火。

增添：不入腦子上品揀芽小龍，一千二百片。

入腦子小龍，七百片。

建寧府附發：小鳳茶，一千二百[66]片[67]。〔繼壕按〕《說郛》二作三。

粗色第三綱

正貢：不入腦子上品揀芽小龍，六百四十片。

入腦子小龍，六百四十四[68]片〔繼壕按〕《說郛》無下"四"字。入腦子小鳳，六百七十二[69]片。

入腦子大龍，一千八片[70]。〔繼壕按〕《說郛》作"一千八百片"。

入腦子大鳳，一千八片[71]。

增添：不入腦子上品揀芽小龍，一千二百片。

入腦子小龍，七百片。

建寧府附發：大龍茶，四百[72]片。大鳳茶，四百片。

粗色第四綱

正貢：不入腦子上品揀芽小龍，六百片。

入腦子小龍，三百三十六片。

入腦子小鳳，三百三十六片。

入腦子大龍，一千二百四十片。

入腦子大鳳，一千二百四十片。

建寧府附發：大龍茶，四百片。大鳳茶，四百[73]片。〔繼壕按〕《說郛》作"四十片"，疑誤。

粗色第五綱

正貢：入腦子大龍，一千三百[74]六十八片。

入腦子大鳳，一千三百六十八片。

京鋌改造大龍，一千六片[75]。〔繼壕按〕《説郛》作“一千六百片”。

建寧府附發：大龍茶，八百片。大鳳茶，八百片。

粗色第六綱

正貢：入腦子大龍，一千三百六十片。

入腦子大鳳，一千三百六十片。

京鋌改造大龍，一千六百片。

建寧府附發：大龍茶，八百片[76]。大鳳茶，八百片[77]。

京鋌改造大龍，一千三百片[78]。〔繼壕按〕《説郛》“三”作“二”。

粗色第七綱

正貢：入腦子大龍，一千二百四十片。

入腦子大鳳，一千二百四十片。

京鋌改造大龍，二千三百五十二[79]片。〔繼壕按〕《説郛》作“二千三百二十片”。

建寧府附發：大龍茶，二百四十片。大鳳茶，二百四十片。

京鋌改造大龍，四百八十片。

細色五綱〔按〕《建安志》云：“細色五綱，凡四十三品，形式各異。其間貢新、試新、龍園勝雪、白茶、御苑玉芽，此五品中，水揀第一，生揀次之。”

貢新為最上，後開焙十日入貢。龍園勝雪[80]為最精，而建人有直四萬錢之語。夫茶之入貢，圈以箬葉，內以黃斗[15][81]，盛以花箱，護以重[82]篚，扃以銀鑰[83]。花箱內外又有黃羅幕之，可謂什襲之珍矣。〔繼壕按〕周密《乾淳歲時記》：“仲春上旬，福建漕司進第一綱茶，名北苑試新，方寸小夸（銙），進御止百夸（銙）。護以黃羅輭盝，藉以青蒻，裹以黃羅夾複，臣封朱印外，用朱漆小匣、鍍金鎖。又以細竹絲織笈貯之，凡數重。此乃雀舌水芽所造，一夸（銙）之直四十萬，僅可供數甌之啜爾。或以一二賜外邸，則以生線分解，轉遺好事，以為奇玩。”

粗色七綱〔按〕《建安志》云：“粗色七綱，凡五品，大小龍鳳並揀芽，悉入腦和膏為團，其四萬餅，即雨前茶。閩中地暖，穀雨前茶已老而味重。”

揀芽以四十餅為角[16]，小龍、鳳以二十餅為角，大龍、鳳以八餅為角。圈以箬葉，束以紅縷，包以紅楮，〔繼壕按〕《説郛》“楮”作“紙”。緘以蒨[84]綾[85]，惟揀芽俱以黃焉。

開畬

草木至夏益盛，故欲導[86]生長之氣，以滲雨露之澤。每歲六月興工，虛其本，培其土[87]，滋蔓之草、遏鬱之木，悉用除之，政所以導生長之氣而滲雨露之澤也。此之謂開畬。〔按〕《建安志》云："開畬，茶園惡草，每遇夏日最烈時，用眾鋤治，殺去草根，以糞茶根，名曰開畬。若私家開畬，即夏半、初秋各用工一次，故私園最茂，但地不及焙之勝耳。"惟桐木則[88]留焉。桐木之性與茶相宜，而又茶至冬則畏寒[89]，桐木望秋而先落；茶至夏而畏日，桐木至春而漸茂，理亦然也。

外焙

石門、乳吉、〔繼壕按〕《試茶錄》載丁氏舊錄東山之焙十四，有乳橘內焙、乳橘外焙。此作乳吉，疑誤。香口右三焙，常後北苑五七日興工，每日採茶蒸榨以過黃[90]，悉送北苑併造[91]。

〔後序〕[92]

舍人熊公[17]，博古洽聞，嘗於經史之暇，緝其先君所著《北苑貢茶錄》，鋟諸木以垂後。漕使侍講王公，得其書而悅之，將命摹勒，以廣其傳。汝礪白之公曰："是書紀貢事之源委，與制作之更沿，固要且備矣。惟水數有贏縮、火候有淹亟、綱次有後先、品色有多寡，亦不可以或闕。"公曰："然。"遂摭書肆所刊修貢錄曰幾水、曰火幾宿、曰某綱、曰某品若干云者條列之。又以所採擇製造諸說，併麗於編末，目曰《北苑別錄》。俾開卷之頃，盡知其詳，亦不為無補。

淳熙丙午孟夏望日門生從政郎福建路轉運司主管帳司
趙汝礪敬書

附錄：汪繼壕後記[18]

注　釋

1　羞：進獻。　貢篚：採製貢茶、或盛放貢茶用的竹器，用以指貢茶。篚：圓形竹器。
2　漕臺：指福建路轉運使。慶曆中任福建路轉運使者為蔡襄。
3　春蟲震蟄：指驚蟄。
4　靈芽莩坼：指茶開始發芽。
5　辰刻：指上午七點。
6　首面不勻：指製成的茶表面紋理不規整。
7　茶既熟：指茶經過蒸茶的工序之後。
8　江茶：江南茶的統稱或省稱。
9　以十六水：加十六次水研茶。北苑加水研茶，以每注水研茶至水乾為一水。

10 蜀江：又名錦江，著名的蜀錦便是在蜀江中洗濯的，相傳若是在他水中洗濯，顏色就要遜色得多。
11 阿井：山東東阿城北門內的一口大水井，著名的阿膠便是用這口井中的水煮熬出的。
12 茶堂：此處指造茶之所，而非一般所稱的飲茶之所。
13 爁（lǎn）：焚燒，烤炙。
14 入腦子：亦稱“入香”、“龍腦和膏”，是唐、宋團、餅片貢茶的製作工序。製團、餅片貢茶時，茶鮮葉經蒸壓，入瓦盆兑水研成茶膏，在茶膏中加入微量龍腦香料，以增茶香。
15 內以黃斗：裝在黃色的斗狀器內。
16 角：古代量器。《管子・七法》：“尺寸也，繩墨也……角量也。”注：“角亦器量之名。”
17 舍人熊公：指的是熊克。
18 此後記已見於前文熊蕃《宣和北苑貢茶錄》附錄二汪繼壕後記，今刪。

校　記

① 喻政茶書本稱作者為“宋建陽熊克子復”，宛委本、集成本、説粹本稱作者為“宋無名氏”。
② 喻政茶書本於此處多一“通”字。
③ 益：喻政茶書本、集成本、涵芬樓本為“蓋”。
④ 曆：底本為“歷”，誤，今據喻政茶書本等改。下文誤者，逕改，不出校。
⑤ 千夫：喻政茶書本為“千山”。
⑥ 歷：喻政茶書本、宛委本、集成本、説粹本為“曆”。
⑦ 膝：喻政茶書本為“滕”。
⑧ 夫：宛委本、集成本、説粹本為“天”，涵芬樓本為“大”。
⑨ 阮：喻政茶書本、宛委本、集成本、説粹本為“院”。
⑩ 水：喻政茶書本為“小”。
⑪ 姑：宛委本、集成本、説粹本為“如”。
⑫ 范：喻政茶書本、宛委本、集成本、説粹本、涵芬樓本為“苑”。
⑬ 底本於此句前衍一“方”字，今據喻政茶書本等刪。
⑭ 莩拆：喻政茶書本為“莩折”，宛委本、集成本、説粹本為“萌拆”。
⑮ 常：宛委本、集成本、説粹本無。
⑯ 反：宛委本、集成本、説粹本為“後”。
⑰ 少：喻政茶書本無。
⑱ 集羣夫：喻政茶書本為“羣集采夫”。
⑲ 於：底本誤為“子”，今據喻政茶書本等版本改。
⑳ 發：底本無，今據喻政茶書本等版本補。
㉑ 亦：涵芬樓本為“各”。
㉒ 二十五：宛委本、集成本、説粹本為“二十二”。
㉓ 園：喻政茶書本、宛委本、集成本、説粹本、涵芬樓本皆作“團”。
㉔ 水：喻政茶書本為“小”。
㉕ 芽：喻政茶書本、宛委本、集成本、説粹本、涵芬樓本為“小芽”。
㉖ 精：喻政茶書本為“摘”。
㉗ 入：涵芬樓本為“上”。
㉘ 以十二：涵芬樓本為“十一二”。
㉙ 力：涵芬樓本為“手力”。
㉚ 相：喻政茶書本、宛委本、集成本、説粹本、涵芬樓本無。
㉛ “龍井之水”句，底本、涵芬樓本無，今據喻政茶書本等補。

㉜ 喻政茶書本於此多一“能”字。
㉝ “其深不以丈尺”句，宛委本、集成本、說粹本無。
㉞ 併而：喻政茶書本為“分”。
㉟ 揉：宛委本、集成本、說粹本為“操”。
㊱ 喻政茶書本、宛委本、集成本、說粹本於此衍一“故”字。
㊲ 爁：喻政茶書本為“焙”。
㊳ 然煙焙之：宛委本、集成本、說粹本無。
㊴ 八火至於六火：涵芬樓本為“七八九火至於十火”。
㊵ 色澤：底本無“澤”字，今據喻政茶書本等版本補。
㊶ 四庫本無“綱次”標題。
㊷ 園：喻政茶書本、宛委本、集成本、說粹本、涵芬樓本為“團”。
㊸ 十二：喻政茶書本為“十六”。
㊹ 三十：喻政茶書本、宛委本、集成本、說粹本、涵芬樓本為“二十”。
㊺ 六十：宛委本、集成本、說粹本為“二十”。
㊻ 十五：喻政茶書本、宛委本、集成本、說粹本、涵芬樓本為“五十”。
㊼ 銙：喻政茶書本為“片”。
㊽ 園：喻政茶書本、宛委本、集成本、說粹本、涵芬樓本為“團”。
㊾ 春：底本誤為“壽”字，今據喻政茶書本等其他版本改。
㊿ 葉：底本、涵芬樓本誤為“芽”。
51 十二宿火：宛委本、集成本、說粹本為“十宿火”。
52 九宿火：宛委本、集成本、說粹本為“十五宿火”。
53 二百：宛委本、集成本、說粹本為“一百”。
54 五百：宛委本、集成本、說粹本為“五十”。
55 六百：喻政茶書本、宛委本、集成本、說粹本為“六十”。
56 銙：喻政茶書本為“片”。
57 芽：宛委本、集成本、說粹本、涵芬樓本為“茶”。
58 五百一十：喻政茶書本為“三百十”。
59 七百五十：喻政茶書本為“七十五”，宛委本、集成本、說粹本為“七百五”。
60 五十：涵芬樓本為“七百五十”。
61 二百：涵芬樓本為“三百”。
62 一百：涵芬樓本為“二百”。
63 十宿火：底本、涵芬樓本為“十六火”，按前文焙茶火數最高是十五宿火，十六火定誤，故據喻政茶書本等其他版本改為“十宿火”。
64 按繼壕按語有誤，實際《說郛》是“四”作“七”。
65 四十四：宛委本、集成本、說粹本為“四十”。
66 二百：喻政茶書本、宛委本、集成本、說粹本為“三百”。
67 “建寧府附發”茶色及數目，涵芬樓本作“大龍茶，四百片。大鳳茶，四百片。”
68 四十四：喻政茶書本、宛委本、集成本、說粹本為“四十”，涵芬樓本為“七十二”。
69 二：喻政茶書本為“三”。
70 一千八片：喻政茶書本、宛委本、集成本、說粹本、涵芬樓本為“一千八百片”。
71 一千八片：疑為“一千八百片”。
72 四百：涵芬樓本作“八百”。下條亦同，不復贅述。
73 四百：宛委本、涵芬樓本、說粹本及集成本俱作“四十”。
74 三百：喻政茶書本為“二百”。
75 一千六片：喻政茶書本、宛委本、集成本、說粹本、涵芬樓本為“一千六百片”。
76 四庫本無“大龍茶，八百片”句。

⑦ 喻政茶書本、四庫本無“大鳳茶，八百片”句。
⑧ 三百：喻政茶書本、宛委本、集成本、説粹本、涵芬樓本為“二百”。
⑨ 五十二：宛委本、集成本、説粹本為“二十”。
⑩ 龍園勝雪：涵芬樓本為“龍團勝雪”，喻政茶書本、宛委本、集成本、説粹本為“龍團”。
⑪ 內以黃斗：喻政茶書本為“束以黃縷”。
⑫ 重：喻政茶書本為“金”。
⑬ 扃以銀鑰：喻政茶書本、宛委本、集成本、四庫本、説粹本無。另：四庫本於此處有按語曰：“《建安志》載‘護以重篚’下有‘扃以銀鑰’，疑此脱去。”
⑭ 蒨：四庫本為“舊”，涵芬樓本為“白”。
⑮ 緘以蒨綾：喻政茶書本為“護以紅綾”。
⑯ 導：喻政茶書本為“遵”，宛委本、集成本、説粹本為“尊”。下一“導”字同，不復出校記。
⑰ 培其土：喻政茶書本為“培云其”;“土”：宛委本、集成本、説粹本為“末”。
⑱ 則：涵芬樓本為“得”。
⑲ 寒：喻政茶書本為“翳”。
⑳ 過黃：喻政茶書本為“其黃心”，宛委本、集成本、説粹本“其黃”，則這些版本這二句當句斷為“每日采茶蒸造，以其黃（心）悉送北苑併造。”
㉑ 喻政茶書本於此有徐渤的後跋，內容為熊克的簡介，因喻政茶書本誤本文作者為熊克。本書並不將此後跋錄入本文之後。
㉒ “後序”字樣，底本及四庫本皆無，為本書編者所加。另：喻政茶書本、宛委本、集成本、説粹本、涵芬樓皆無此後序的內容。

邛州先茶[1]記

◇宋　魏了翁　撰

魏了翁（1178－1237），字華父，號鶴山，邛州蒲江（今四川浦江）人。南宋寧宗（趙擴，1168－1224，1194－1224在位）慶元五年（1199）進士，後知嘉定府，因父喪返回故里，築室白鶴山下，開門講學，士爭從之。學者稱鶴山先生。官至資政殿大學士、同簽書樞密院事。卒諡文靖。南宋之衰，學派變為門户，詩派變為江湖，了翁獨窮經學古，自為一家。著有《九經要義》、《鶴山集》等。事見《宋史》卷四三七《儒林傳》。

南宋理宗（趙與莒，1205－1264，1224－1264在位）初年（1225年左右），魏了翁先以集英殿修撰知常德府，未幾詔降三官，靖州居住，至紹定四年（1231）。其間"湖湘江浙之士，不遠千里負書從學"。本文當即寫於此際。

文章考索"茶"之源流，並揭示宋代茶政之失，明清時期，常被引作茶書，此次匯編，因將其收錄。

版本有：（1）四部叢刊初編本《鶴山先生大全文集》（上海涵芬樓借烏程劉氏嘉業堂藏宋開慶刊本景印），（2）文淵閣四庫全書本《鶴山集》（明嘉靖三十年邛州吳鳳刊本）。今以四部叢刊初編為底本，參校四庫本。

昔先王敬共[2]明神，教民報本反始。雖農嗇坊庸之蜡[3]、門行戶竈[4]之享、伯侯祖纛之靈[5]，有開厥先，無不宗也。至始為飲食，所以為祭祀、賓客之奉者，雖一飯一飲必祭，必見其所祭然，況其大者乎！

眉山[6]李君鏗，為臨邛茶官[7]，史以故事三日謁先茶告君。詰其故，則曰："是韓氏而王，號相傳為然。實未嘗請命於朝也。"君曰："飲食皆有先，而況茶之為利，不惟民生日用之所資，亦馬政[8]邊防之攸賴。是之弗圖，非忘本乎？"於是撤舊祠而增廣焉。其費則以例所當得而不欲受者為之。園戶[9]、商人，亦協力以相其成。且請於郡，上神之功狀於朝，宣錫號榮，以侈神賜。而馳書於靖[10]，命記成役。

予於事物之變，必跡其所自來，獨於茶未知所始。蓋自後世典禮訛缺，風氣澆漓，嗜好日新，非復先王之舊，若此者蓋非一端，而茶尤其不可考者。

古者賓客相敬①之禮，自饗燕食飲之外，有間食，有稍事[11]，有啜湆[12]，有設粱[13]，有擩醬[14]、有食已侑而酳[15]，有坐久而葷[16]，有六清以致飲[17]，有瓠葉以嘗酒[18]，有旨蓄以御冬[19]，有流荇以為豆菹[20]，有湘蘋以為鉶芼[21]，見於《禮》。見於《詩》，則有挾菜，副瓜[22]、烹葵[23]、叔苴[24]之等。雖蔥芥、韭蓼、堇枌、滃瀡、深蒲、落箈[25]，無不備也，而獨無所謂荼者，徒以時異事殊，字亦差誤。

且今所謂韻書，自二漢以前，上泝六經，凡有韻之語，如平聲魚模，上聲麌姥，以至去聲御暮之同是音者，本無它訓，乃自音韻分於孫、沈[26]，反切盛於羌胡[27]，然後別為麻馬等音，於是魚歌二音併入於麻，而魚麻二韻一字二音，以至上去二聲亦莫不然。其不可通〔者〕，則更易字文以成其說。

且荼之始，其字為荼，如《春秋》書“齊荼”，《漢志》[28]書“荼陵”之類，陸、顏[29]諸人雖已轉入荼音，而未敢輒易字文也。若《爾雅》、若《本草》，猶從“艹”、從“余”，而徐鼎臣[30]訓荼，猶曰：“即今之茶也”。惟自陸羽《茶經》、盧仝《茶歌》[31]、趙贊茶禁[32]以後，則遂易“荼”為“茶”。其字為“廾”、為“人”②、為“木”。陸璣[33]謂“椒似茱萸”，“吳人作茗，蜀人作荼”，皆煮為香椒，與茶既不相入。且據此文，又若荼與茗異，此已為可疑。而《山有樗》之疏則又引璣說[34]，以樗葉為茗，益使讀者貿亂，莫知所據，至蘇文忠[35]始謂：“周詩記苦荼③，茗飲出近世”，其義亦既著明，然而終無有命“荼”為“茶”者④。蓋傳注例謂荼為茅秀、為苦菜，予雖言之，誰實信之？雖然，此特書名之誤耳，而予於是重有感於世變焉。

先王之時，山澤之利與民共之，飲食之物無征也。自齊人賦鹽[36]，漢武榷酒[37]，唐德宗稅茶[38]，民之日用飲食而皆無遺算，則幾於陰復口賦[39]，潛奪民產者矣。其端既啟，其禍無窮。鹽酒之入，遂埒田賦。而茶之為利，始也，歲不過得錢四十萬緡，自王涯置使勾榷[40]，由是歲增月益，塌地剩茶[41]之名、三說貼射[42]之法、招商收稅之令，紛紛見於史冊，極於蔡京之引法[43]，假託元豐，以盡更仁祖之舊[44]，王黼[45]又附益之。嘉祐以歲課均賦茶戶，歲輸不過三十八萬有奇，謂之茶租錢。至崇寧以後，歲入之息驟至二百萬緡，視嘉祐益五倍矣。中興[46]以後，盡鑒政宣[47]之誤，而茶法尚仍京黼之舊，國雖賴是以濟，民亦因是而窮，冒禁抵罪，剽吏⑤禦人，無時無之，甚則阻兵怙彊，伺⑥時為亂，是安得不思所以變通之乎？

李君，字叔立，文簡公[48]之孫。文簡嘗為《茗賦》，謂：“秦漢以還，名未曾有，勃然而興，晉魏之後。”益明於世道之升降者。其守武陵[49]，嘗請減引價[50]以蠲民害，叔立生長見聞，故善於其職。予為申述始末而告之。

注　釋

1 先茶：茶之先，茶神。
2 共：通“供”、“恭”，供奉，恭敬。
3 嗇：通“穡”，嗇夫，農嗇，指農夫。　庸：通“傭”，坊庸，工場的雇傭工人。　蜡：歲終祭祀眾神。
4 門行戶竈：古代祭法有五祀：門、行、中霤、戶、竈，為諸侯之祀。漢王充《論衡・祭意》：“門、戶，人所出入，井、竈，人所欲食；中霤，人所託處，五者功鈞，故俱祀之。”
5 伯侯祖纛之靈：對開國君主的祭祀。伯，諸侯之長；侯，諸侯國之統稱；祖，開國君主。《穀梁傳・僖公十五年》：“始封必為祖”。
6 眉山：今四川眉山。
7 臨邛：今四川邛崍。　茶官：宋代管理茶事的官員都可泛稱茶官，包括官焙茶園的官員和經營管理茶專賣事宜的官員，此處指後者。
8 馬政：養馬及採辦馬匹之政事，統稱馬政。
9 園戶：又稱“茶戶”，種植茶葉的農戶。
10 靖：靖州，治所在永平縣（今湖南靖縣）。理宗初年（1225年左右）魏了翁降官，居靖州。李鏗建茶神祠廟後致書在靖州的魏了翁，請其為廟作記。
11 間食、稍事：都指正餐之外的飲食活動，《周禮・天官・膳夫》鄭玄注鄭司農云：“稍事，為非日中大舉時而間食，謂之稍事。”
12 湆（qì）：肉汁。
13 設粱：用精細之糧招待賓客。設，具饌，粱，精細之糧。
14 擩（rǔ）醬：鹹醬。擩，鹹也。
15 食已侑而酳（yìn）：食畢在勸說下用酒漱口。酳：食畢用酒漱口。
16 坐久而葷：坐久了可以吃一些辛辣味的菜以防止困臥。葷：薑、蔥、蒜等辛辣味的菜，食之可以止臥。
17 六清以致飲：有六種飲料可以用來飲用。六清：六種飲料，水、漿、醴、醇、醫、酏。又稱六飲。或渴時飲用，或飯後漱口。
18 瓠葉以嘗酒：就着瓠葉喝酒。典出《詩經・小雅・瓠葉》：“幡幡瓠葉，采之亨之。君子有酒，酌言嘗之。”
19 旨蓄以御冬：蓄穀米芻茭蔬菜以為備歲。典出《詩經・邶風・谷風》：“我有旨蓄，亦以御冬”。
20 流荇以為豆菹：撈拾荇菜做成醃菜放在豆中祭祀用。流荇：典出《詩經・周南・關雎》：“參差荇菜，左右流之”，毛亨傳云：“后妃供荇菜以事宗廟”。
21 湘蘋以為鉶芼：烹煮浮萍以作煮肉所加之菜。典出《詩經・召南・采蘋》：“于以采蘋……於以湘之”，朱熹云：“蘋，水上浮萍也”，毛亨云：“湘，烹也”；《儀禮・特牲饋食禮》：“鉶芼設于豆南”，鄭玄注：“芼，菜也”。
22 副（pì）瓜：剖瓜。副，析也。
23 烹葵：烹食葵菜。典出《詩經・豳風・七月》：“七月烹葵”。
24 叔苴：拾取大麻的子實。典出《詩經・豳風・七月》：“九月叔苴”，毛亨云：“叔，拾也。苴，麻子也”。
25 蔥芥、韮蓼：味辛香的植物，可用以調味，也可直接作蔬菜。　菫枌：兩種植物。　滫瀡：用澱粉等拌和食物，使柔軟滑爽，《禮記・內則》“菫荁枌榆，滫瀡以滑之”。　深蒲：生在水中的蒲草。蒲，香蒲，草名，供食用等。　菭筍：兩種醃菜。
26 孫：孫炎，字叔然，樂安（今山東博興）人，三國時期經學家，著《爾雅音義》，用反切注音，反切法由是盛行，後人於是以為反切法由孫炎首創。　沈：沈約（441－513），字休文，吳興武康（今浙江吳興）人，歷仕宋、齊、梁三朝，是永明聲律的創始人。

27 反切：漢語的一種傳統注音方法，以二字相切合，“上字取聲母，下字取韻母；上字辨陰陽，下字辨平仄”，拼合成一個字的音，稱為××反或××切。　羌胡：指西域的民族。佛教自西域傳入中國，梵文隨佛典輸入，因取漢字為三十六字母，用於反切，反切法因之日益精密。羌，指羌族，中國古代西部民族之一。胡，中國古代對北方邊地與西域民族的泛稱。

28《漢志》：指《漢書．地理志》。

29 陸：陸法言，以字行，臨漳（今河北臨漳）人，曾與劉臻、蕭該、顏之推等人討論音韻，據以編著成著名韻書《切韻》。到宋代，《切韻》的增訂本《廣韻》成為國家規定考試的標準。　顏：顏之推（530或531－591），字介，琅邪臨沂（今山東臨沂）人。

30 徐鼎臣（917－992）：即徐鉉，字鼎臣，廣陵（今江蘇廣陵）人。初仕吳，又仕南唐，歸宋官至直學士、院給事中、散騎常侍。事蹟具《宋史》本傳。精小學，重校《説文解字》，下文所引句為其重校《説文解字》中語。

31 盧仝：自號玉川子（？－835），郡望河北范陽（今河北涿州），長居洛陽，貧困不能自給，朝廷徵為諫議大夫，不就，大和九年十月於“甘露之變”中被害。《新唐書．韓愈傳》有附傳。《茶歌》，指盧仝所作《走筆謝孟諫議寄新茶》詩。

32 趙贊茶禁：《舊唐書》卷49《食貨志下》記唐德宗（李适，742－805，779－805在位）建中四年（乃三年之誤）：“度支侍郎趙贊議常平事，竹木茶漆盡稅之，茶之有稅肇於此矣”。

33 陸璣：又名陸機，三國吳吳郡人，字元恪，吳太子中庶人，烏程令，著有《毛詩草木鳥獸蟲魚疏》二卷。以下引文出自該書卷上《椒聊之實》。

34 見《陸氏詩疏廣要》卷上之下《山有栲》條：《唐風》云：“山有樗”，陸璣疏語云：“山樗與下田樗略無異，葉似差狹耳，吳人以其葉為茗”。

35 蘇文忠：即蘇軾，謚文忠。以下所引為蘇軾《問大冶長老乞桃花茶栽東坡》中句。

36 齊人賦鹽：齊人徵收鹽稅。事見《管子》卷22《海王》第七十二管子建議齊桓公“官山海”，即稅鹽鐵以為國用。

37 漢武榷酒：漢武帝（劉徹，前156－前87，前141－前87在位）天漢三年（前98）“初榷酒酤”，官府專利賣酒。（《漢書》卷6《武帝紀》）

38 唐德宗稅茶：《舊唐書》卷49《食貨志下》記唐德宗建中四年（乃三年之誤）：“竹木茶漆盡稅之，茶之有稅肇於此矣”。

39 口賦：古代的人口稅。

40 王涯置使勾榷：唐文宗（李昂，809－840，826－840在位）太和九年（835）十月，王涯以宰相判鹽鐵轉運二使，獻榷茶之利，又兼任榷茶使，把茶農茶株移植於官場，焚其陳茶，強行榷茶。是為榷茶之始。

41 塌地：塌地錢，又稱拓地錢，是唐代地方加徵的茶稅。唐武宗（李瀍，814－846，840－846在位）會昌年間（841－846），諸道方鎮非法攔截茶商，額外橫徵的存棧費。至大中六年（852）裴休制定稅茶法十二條後才停止徵收。　剩茶：剩茶錢，唐代茶稅之一。唐懿宗（李漼，833－873，859－873在位）咸通六年（865）始開徵的一種茶葉附加稅，是將稅茶斤兩恢復正常，而每斤增加稅錢五文，謂之剩茶錢。

42 三説：又稱三分法，宋代茶法之一。北宋宿兵西北，募商人於沿邊入納糧草，按地域遠近折價，償以東南茶葉。後因茶葉不足支用，於至道元年（995）改為支給現錢、香藥象齒和茶葉，謂之三説法，又稱三稅法。　貼射：北宋令商人貼納官買茶葉應得淨利息錢後，直接向園戶買茶的專賣茶法。淳化中及天聖初行於東南及淮南地區。園戶運茶入場，由茶商選購，給券為驗，以防私售。

43 蔡京：字元長（1047－1126），興化仙遊（今福建興化）人，北宋熙寧三年（1070）進士。一生中四度為相，徽宗時官拜太師。死於欽宗時被貶嶺南途中。徽宗崇寧四年（1105），蔡京為左仆射，推行引茶之法。茶引是宋代茶商繳納茶稅後，政府發給的准許行銷茶葉的憑照。商人於京師都茶場購買茶引，自買茶於園戶，至設在產茶州軍的合同場秤發、驗視、封印，裝入龍篰，官給券為驗，然後再運往指定地點銷售。

44 仁祖之舊：指北宋仁宗嘉祐（1056－1063）時期的通商茶法。

45 王黼：字將明（1079－1126），初名甫，開封祥符（今河南開封）人，崇寧進士。由宰相何執中、蔡京等汲進引用。宣和二年（1120）代蔡京執政，偽順民心，一反蔡京所為，號稱“賢相”。不久即大事搜括，以飽私囊。為六賊之一。事見《宋史》卷470《佞倖傳》。
46 中興：指高宗趙構建立南宋。
47 政宣：指宋徽宗晚年的政和（1111－1117）、宣和（1119－1125）年間。
48 文簡公：當是李燾（1115－1184），諡文簡，眉州丹棱（今屬四川）人，紹興八年（1138）進士，累遷州縣官，實錄院檢討官、修撰等，撰有《續資治通鑒長編》。
49 武陵：今湖南常德。
50 引價：茶引的價格。

校　記

① 賓：底本為“實”，誤，今據四庫本改。　敬：底本為“於”，今據四庫本改。
② 廾人：底本分別為“什”、“入”，因今“荼”字上為“艹”、中為“人”，故據四庫本改。
③ “荼”：四庫本為“荼”。
④ 命荼為荼者：底本為“命荼為荼者”，以其行文邏輯，底本誤，今四庫本改。
⑤ 吏：底本為“史”，今據四庫本改。
⑥ 伺：四庫本為“候”。

茶具圖贊

◇宋　審安老人　撰

審安老人姓名、生平無可考。

《茶具圖贊》成書於1269年，現存最早刊本明正德欣賞編本前有明人茅一相[1]所作《茶具引》，後有明人朱存理[2]所題後記。

《鐵琴銅劍樓藏書目錄》説："《茶具圖贊》一卷，舊鈔本。不著撰人。目錄後一行題咸淳己巳五月夏至後五日審安老人書。以茶具十二，各為圖贊，假以職官名氏。明胡文煥刻入《格致叢書》者，乃明茅一相作，別一書也。"《八千卷樓書目》説："《茶具圖贊》一卷，明茅一相撰，茶書本。"依照瞿、丁兩家書目的説法，似乎《茶具圖贊》有兩種，一種是宋人寫的，另一種是明茅一相寫的。然此實屬誤會，實際是二而一的。只有一種，題作茅一相撰是錯誤的。因為雖然茅序所説："乃書此以博十二先生一鼓掌云"，似乎有一些像是寫書後所作自序，但書中十二先生姓名之錄後仍然明明寫着"咸淳己巳五月夏至後五日審安老人書"，足證此書原是宋人寫的，茅氏不過為此書寫了一篇序文。

關於本文為宋人審安老人所撰，萬國鼎已有詳細考證，此處不贅。惟大陸、台灣相關出版物中[3]，皆有所謂明正德本《欣賞編》全帙，其中戊集為《茶具圖贊》，誤矣。因此本中已附有茅一相於萬曆年間的《茶具引》，所以不可能為正德本。按：茅一相自稱喜愛欣賞編，並於萬曆年間編《欣賞續編》，同時為欣賞編中的一些書文寫了序文。而現存所謂全帙的正德本欣賞編，當是後人以萬曆本欣賞編補充者。學者謹之。中國科學院圖書館藏正德本欣賞編五種，已無戊集《茶具圖贊》，當為原帙。

傳今刊本有：（1）明《欣賞編》戊集本，（2）明汪士賢山居雜志本（附在陸羽茶經後），（3）明孫大綬秋水齋刊本（附在陸羽茶經後），（4）明喻政《茶書》本，（5）明胡文煥百家名書本，（6）明胡文煥《格致叢書》本，（7）文房奇書本（作《茶具》一卷，未見，諒即《茶具圖贊》），（8）明宜和堂茶經附刻本，（9）明鄭熜茶經校刻本[4]，（10）《叢書集成初編》本等版本。

本書以明《欣賞編》戊集本為底本，參校喻政茶書本、明鄭熜茶經校刻本等其他版本。

茶具十二先生姓名字號：（以表格示之）

韋鴻臚[5]	文鼎	景陽	四窗閒叟
木待制[6]	利濟	忘機	隔竹居人
金法曹[7]	研古 轢古	元鍇 仲鑒①	雍之舊民 和琴先生
石轉運[8]	鑿齒	遄行	香屋隱君②
胡員外[9]	惟一	宗許	貯月仙翁
羅樞密[10]	若藥	傳③師	思隱寮長
宗從事[11]	子弗	不遺	掃雲溪友
漆雕秘閣[12]	承之	易持	古臺老人
陶寶文[13] 湯提點[14]	去越 發新	自厚 一鳴	兔園上客 溫谷遺老
竺副帥[15]	善調	希點④	雪濤公子
司職方[16]	成式	如素	潔齋居士

咸淳己巳[17]五月夏至後五日 審安老人書

韋鴻臚

贊曰：祝融司夏，萬物焦爍，火炎昆岡，玉石俱焚，爾無與焉。乃若不使山谷之英墮於塗炭，子與有力矣。上卿[18]之號，頗著微稱。

木待制

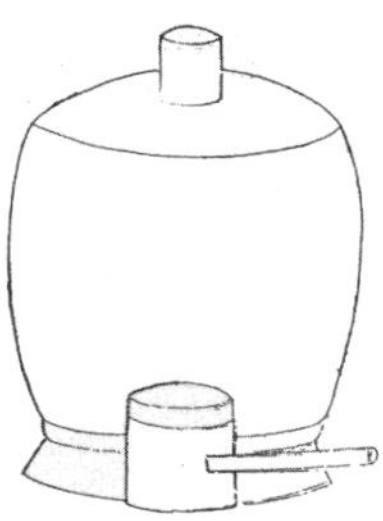

上應列宿，萬民以濟，稟性剛直，摧折強梗，使隨方逐圓之徒，不能保其身，善則善矣，然非佐⑤以法曹、資之樞密，亦莫能成厥功。

金法曹

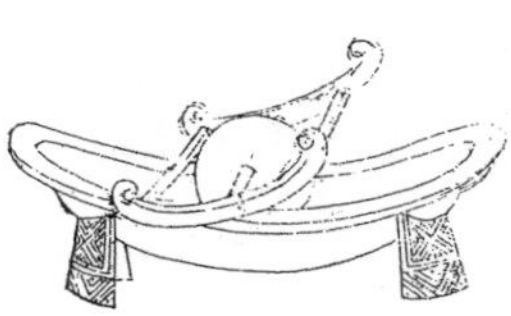

柔亦不茹，剛亦不吐，圓機運用，一皆有法，使強梗者不得殊軌亂轍，豈不韙與。

石轉運

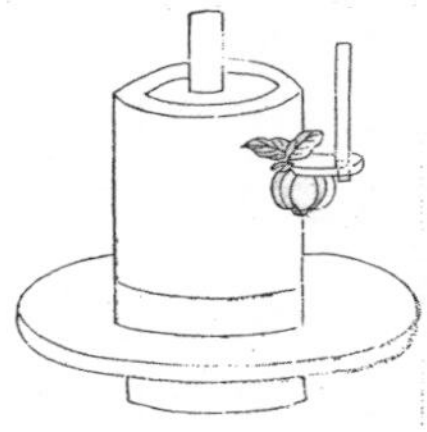

抱堅質，懷直心，嚌嚅英華，周行不怠，斡摘山之利，操漕權[19]之重，循環自常，不捨正而適他，雖沒齒無怨言。

胡員外

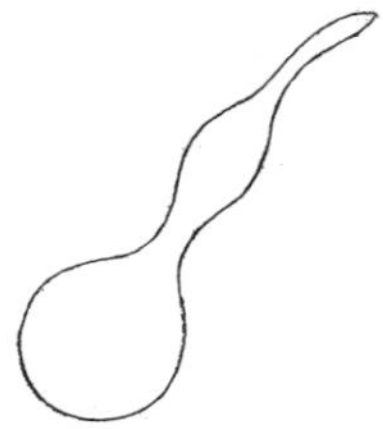

周旋中規而不踰其間，動靜有常而性苦其卓，鬱結之患悉能破之，雖中無所有而外能研究，其精微不足以望圓機之士。

羅樞密

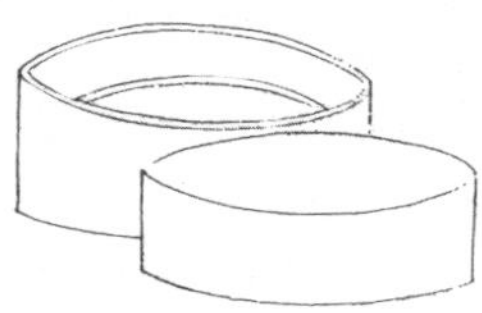

幾⑥事不密則害成，今高者抑之，下者揚之，使精粗不致於混淆，人其難諸，奈何矜細行而事諠譁，惜之。

宗從事

孔門高弟，當灑掃應對事之末者，亦所不棄，又況能萃其既散、拾其已遺，運寸毫而使邊塵不飛，功亦善哉。

漆雕秘閣

危而不持，顛而不扶，則吾斯之未能信。以其弭執熱之患，無坳堂之覆，故宜輔以寶文，而親近君子。⑦

陶寶文

出河濱而無苦窳，經緯之象，剛柔之理，炳其綳⑧中，虛己待物，不飾外貌，位高秘閣[20]，宜無愧焉。

湯提點

養浩然之氣，發沸騰之聲，以執中之能，輔成湯之德，斟酌賓主間，功邁仲叔圉[21]。然未免外爍之憂，復有內熱之患，奈何？

竺副帥

首陽餓夫[22]，毅諫於兵沸之時，方金⑨鼎揚湯，能探其沸者，幾稀！子之清節，獨以身試，非臨難不顧者疇見爾。

司職方

互鄉童子[23]，聖人猶且與其進，況瑞方質素，經緯有理，終身涅而不緇者[24]，此孔子之所以與潔也[25]。

附錄一：明茅一相《茶具引》

余性不能飲酒，間與客對春苑之葩，泛秋湖之月，則客未嘗不飲，飲未嘗不醉，予顧而樂之。一染指，顏且酡矣，兩眸子懵懵然矣。而獨耽味於茗，清泉白石，可以濯五臟之污，可以澄心氣之哲，服之不已，覺兩腋習習清風自生，視客之沈酣酩酊，久而忘倦，庶亦可以相當之。

嗟呼，吾讀《醉鄉記》[26]，未嘗不神遊焉，而間與陸鴻漸、蔡君謨上下其議，則又爽然自釋矣。乃書此以博十二先生一鼓掌云。

庚辰[27]秋七月既望，花溪里芝園主人茅一相撰並書

附錄二：朱存理後序

飲之用，必先茶，而茶不見於《禹貢》，蓋全民用而不為利，後世榷茶[28]立為制，非古聖意也。

陸鴻漸著《茶經》，蔡君謨著《茶錄》，孟諫議寄盧玉川三百月團[29]，後侈至龍鳳之飾，責當備於君謨。

製茶必有其具，錫具姓而繫名，寵以爵，加以號，季宋之彌文。然清逸高遠，上通王公，下逮林野，亦雅道也。贊法[30]遷固[31]，經世康國，斯焉攸寓，乃所願與十二先生周旋，嘗山泉極品以終身，此閒富貴也，天豈靳乎哉？

野航道人長洲朱存理題

注　釋

1 茅一相：字康伯，明代歸安（今浙江吳興）人，號芝園外史、東海生、吳興逸人等，與王世貞（1526－1590）、顧元慶（1487－1565）等人同時，是萬曆時期的人。

2 朱存理：字性甫（1444－1513），明代長洲（今江蘇吳縣）人，號野航道人。博學工文，正德間以布衣終。著有《鐵網珊瑚》十四卷，《珊瑚木難》八卷，《畫品》六卷，《書品》十卷，《野航書稿》一卷附錄一卷，《野航詩稿》一卷、《野航漫錄》、《吳郡獻默徵錄》、《鶴岑隨筆》等。

3 分見北京《北京圖書館古籍珍本叢刊》第78輯《欣賞編》、台灣百部叢書集成之九一《欣賞編》，皆言為明正德沈津所輯《欣賞編》。

4 萬國鼎《茶書總目提要》稱還有一種“日本京都書肆刊本（附在陸羽茶經後）”，即鄭熜茶經的日本翻刻本。

5 韋鴻臚：竹茶籠、竹茶焙。韋，去毛熟治的皮革，這裏轉指竹。鴻臚，官名，掌朝慶賀弔之贊導相禮。

6 木待制：木製的砧椎。待制，唐太宗時，命京官五品以上輪值中書、門下兩省，以備訪問。至宋，於各殿閣皆置待制之官。砧椎用以碎茶以備碾茶，“待制”一表其義。

7 金法曹：金屬製的茶碾。法曹，司法官屬名。也稱法官為法曹。

8 石轉運：石製的茶磨。轉運，指轉運使。

9 胡員外：葫蘆做的水杓。員外，指正官以外的官員，可用錢捐買。六朝以來始有員外郎，以別於郎中。

10 羅樞密：茶羅。樞密，宋以樞密院為最高軍事機關，掌軍國機務、兵防、邊備、軍馬等政令，出納機密命令，與中書分掌軍政大權。

11 宗從事：棕繩做的茶帚。從事，漢制，州刺史之佐吏如別駕、治中、主簿、功曹等，均稱為從事史。

12 漆雕秘閣：木製茶盞托。漆雕，喻木製。秘閣，指尚書省，長官稱尚書令，乃宰相職務，其副職為左右僕射；下統六部，分管國政。

13 陶寶文：陶製茶碗。寶文，寶文閣，宋代寶文閣藏宋仁宗御書、御制文集，置學士、直學士、待制等職。

14 湯提點：湯瓶。提點，宋時各路設置提點刑獄官，又設提點開封府界諸縣鎮公事，掌司法、刑獄及河渠等事。
15 竺副帥：竹製茶筅。副帥，宋代指小武官。
16 司職方：茶巾。司職方，宋代尚書省所屬四司之一，初期掌受諸州所貢閏年圖及圖經，又令畫工匯總諸州圖、繪製全國總地圖，以周知天下山川險要。元豐改制後掌州縣廢複、四夷歸附分屬諸州，及全國地圖與分州、分路地圖。
17 咸淳己巳：公曆 1269 年。咸淳（1265 － 1274）為南宋度宗的年號。
18 上卿：周官制，周王室和各諸侯國最尊貴的臣屬稱上卿。
19 漕權：宋諸路轉運使（南宋稱漕司），掌管催徵稅賦、出納錢糧、辦理上貢及漕運等事權。
20 位高秘閣：指寶文閣在宋代禁中藏書秘閣中的地位較高。
21 仲叔圉：即孔文子，春秋時衛國靈公時的大夫，助理靈公治理賓客。
22 首陽餓夫：指伯夷、叔齊。
23 互鄉：地名，孔子在互鄉見童子，《論語 · 述而》："互鄉難與言。"
24 涅而不緇：為黑色所染而不變黑。《論語 · 陽貨》："不曰白乎？涅而不緇。"涅，以黑色染物，以墨塗物；緇，黑色。
25 與潔：《程氏經說》解孔子在互鄉見童子："人潔己而來，當與其潔也"。
26《醉鄉記》：隋末唐初詩人王績（585 － 644）撰。
27 庚辰：茅一相主要活動在明萬曆時期（1573 － 1619），此當為萬曆八年，即 1580 年。
28 榷茶：茶葉專賣。也泛指徵茶稅或管制茶葉取得專利的措施。
29 孟諫議寄盧玉川三百月團：見盧仝《走筆謝孟諫議寄新茶》詩"開緘宛見諫議面，手閱月團三百片"。
30 贊：文體的一種。
31 遷固：司馬遷、班固。

校記

① 鏗：喻政茶書本為"鑒"。
② 君：喻政茶書本為"居"。
③ 傳：喻政茶書本為"傅"。
④ 點：喻政茶書本為"默"。
⑤ 佐：鄭熜本為"佑"。
⑥ 幾：喻政茶書本為"機"。
⑦ 喻政茶書本本條的贊文與下條陶寶文的贊文相互倒錯。
⑧ 綳：喻政茶書本為"蹦"。
⑨ 金：喻政茶書本、鄭熜本為"今"。

煮茶夢記

◇元　楊維楨①　撰

楊維楨(1296 — 1370)，字廉夫，浙江會稽(今浙江紹興)人，自號鐵崖。泰定四年(1327)進士，署天台尹，改錢清場鹽司令，後升江西儒學提舉。元末兵亂，乃避居富春山，徙錢塘。張士誠累以厚幣招之，均為拒絕。又遷居松江。明初，朱元璋詔亦不就。其詩名擅一時，號鐵崖體。

《煮茶夢記》，《續茶經》卷下之三"七茶之事"引其殘篇。清陶珽編《説郛續》時收錄，《古今圖書集成》歷代食貨典茶部藝文中亦收錄。民國北京大學婁子匡教授編《民俗叢書專號①飲食篇》時將其作為茶書（文）收入。

本書以古今圖書集成本為底本，參校陶珽編《説郛續》本等其他版本。

鐵崖②道人臥石床，移二更，月微明及紙帳，梅影亦及半窗，鶴孤立不鳴。命小芸童汲白蓮泉，燃稿湘竹，授以淩霄芽，為飲供道人。

乃遊心太虛，雍雍涼涼，若鴻濛，若皇芒，會天地之未生，適陰陽之若亡。恍兮不知入夢，遂坐清真銀暉之堂。堂上香雲簾拂地，中著紫桂榻、綠璃几。看太初《易》一集，集內悉星斗文[1]，煥煜③爚熠，金流玉錯，莫別爻畫，若煙雲日月交麗乎中天。欻玉露涼，月冷如冰，入齒者易刻。因作《太虛吟》，吟曰："道無形兮兆無聲，妙無心兮一以貞，百象斯融兮太虛以清。"歌已，光飆起林，末激華氛，郁郁霏霏，絢爛淫艷。乃有扈綠衣若仙子者，從容來謁。云名淡香，小字綠花，乃捧太玄④盃，酌太清神明之醴以壽予，侑以詞曰："心不行，神不行，無而為，萬化清。"壽畢，紓徐而退。復令小玉環侍筆牘，遂書歌遺之曰："道可受兮不可傳，天無形兮四時以言，妙乎天兮天天之先，天天⑤之先復何仙？"移間，白雲微消，綠衣化煙。月反明予內間，予亦悟矣。遂冥神合玄⑥。

月光尚隱隱於梅花間，小芸呼曰：淩霄芽熟矣。

注　釋

1　星斗文：像星斗一樣的文字。或即講星象的書文。

校　記

① 婁子匡《民俗叢書專號》本署名為“禎”。
② 崖：底本誤為“龍”，今據《續茶經》卷下之三引改。
③ 煜：說郛續本為“熚”。
④ 玄：底本避康熙諱為“元”，今據說郛續本改。
⑤ 天天：說郛續本為“天太”。
⑥ 玄：底本避康熙諱為“元”，今據說郛續本改。

輯佚

北苑茶錄

◇宋　丁謂　撰

丁謂（966－1037），字謂之，後改字公言，蘇州長洲（今江蘇蘇州）人。善為文，尤喜作詩，圖畫、博奕、音律無不洞曉。淳化三年（992）進士，至道（995－997）間任福建路轉運使[1]，在此任上對建安北苑貢茶事多有用力，“貢額驟益，觔至數萬”[2]，促使宋代北苑貢茶日益發展[3]。景德四年（1007）召為三司使，加樞密直學士，累官同中書門下平章事、昭文館大學士，封晉國公，是以又稱丁晉公。宋仁宗即位後遭貶，明道（1032－1033）中，授秘書監致仕。事跡見《宋史》卷二八三本傳。

關於書名：晁公武《郡齋讀書志》和馬端臨《文獻通考·經籍考》作《建安茶錄》；楊億《楊文公談苑·建州蠟茶》則稱“丁謂為《北苑茶錄》三卷，備載造茶之法，今行於世。”北宋寇宗奭《本草衍義》卷十四、北宋高承《事物紀原》亦稱為“丁謂《北苑茶錄》”。雖然今存丁謂《北苑焙新茶》詩序云：“皆載於所撰《建陽茶錄》”[4]，但建陽非宋代福建官焙貢茶之所，而北苑與建安皆是指宋代建安北苑官焙貢茶之事；丁謂詩序自言建陽，可能是傳寫有誤，當以丁謂前後時人楊億與高承、寇宗奭所言《北苑茶錄》為是。宋尤袤《遂初堂書目》譜錄類有《北苑茶經》，諒亦即此書，“經”或是“錄”字的誤寫[5]。

《宋史》藝文志、《通志》藝文略、《崇文總目》皆著錄為《北苑茶錄》三卷。《世善堂藏書目錄》作《建安茶錄》一卷，所載卷數不一。

馬端臨《文獻通考》卷二百十八說丁謂為閩漕時，“監督州吏，創造規模，精緻嚴謹。錄其團焙之數，圖繪器具，及敘採製入貢方式。”又蔡襄《茶錄》說：“丁謂茶圖，獨論採造之本，至於烹試，曾未有聞。”據此可知丁謂此書的內容是有關建州北苑官焙貢茶採制入貢的方式。

丁謂原書已佚，現從楊億《楊文公談苑》、沈括《夢溪筆談》、宋子安《東溪試茶錄》、熊蕃《宣和北苑貢茶錄》、高承《事物紀原》諸書中輯存十一條佚文。

【蠟茶】創造之始，莫有知者。質之三館檢討杜鎬，亦曰，在江左日，始記有研膏茶。（此條見《楊文公談苑》）

北苑，里名也，今曰龍焙。

苑者，天子園囿之名，此在列郡之東隅，緣何卻名北苑？（以上二條見《夢

溪補筆談》卷上）

鳳山高不百丈，無危峯絕崦，而崗阜環抱，氣勢柔秀，宜乎嘉植靈卉之所發也。

建安茶品，甲於天下，疑山川至靈之卉，天地始和之氣，盡此茶矣。

石乳出壑嶺斷崖缺石之間，蓋草木之仙骨。

【品載】北苑壑源嶺。

官私之焙，千三百三十有六。（以上見《東溪試茶錄》）

【龍茶】太宗太平興國二年，遣使造之，規取像類，以別庶飲也。

【石乳】石乳，太宗皇帝至道二年詔造也。（以上見北宋高承《事物紀原》卷九）

泉南老僧清錫，年八十四，嘗示以所得李國主[6]書寄研膏茶，隔兩歲方得臘面。（此條見《宣和北苑貢茶錄》）

注　釋

1 諸書目及熊蕃所引都作丁謂咸平（998 － 1003）初漕閩。然雍正《福建通志》卷 21《職官》載：轉運使“丁謂，至道間任。”徐規先生《王禹偁事蹟著作編年》考證，至道二年王禹偁在知滁州任內，“有答太子中允、直使館、福建路轉運使丁謂書”；至道三年王禹偁離揚州歸闕，“時丁謂奉使閩中回朝，路過揚州，與禹偁同行。”（中國社會科學出版社 1982 年版第 131 、 144 頁）足見丁謂漕閩確在“至道間”。

2 出元熊禾《勿齋集北苑茶焙記》。

3 蘇軾詩《荔支歎》云：“武夷溪邊粟粒芽，前丁後蔡相籠加。”當時蘇氏誤認為北苑龍鳳茶之製造上貢始於丁謂，實誤。龍鳳茶之貢始於太宗太平興國初年，丁謂漕閩時只是更加著意於此事而已。

4 胡仔《苕溪漁隱叢話》卷 11 。

5 此為萬國鼎《茶書總目提要》中語。文淵閣四庫全書本《遂初堂書目》即作《北苑茶錄》，不誤。

6 李國主：指五代南唐國主李璟（916 － 961）。南唐烈祖長子，二十八歲繼位，在位十九年，廟號元宗，世稱中主。

輯佚

補茶經

◇宋　周絳　撰

周絳，字幹臣，常州溧陽（今江蘇）人。少為道士，名智進，後還俗發憤讀書，宋太宗太平興國八年（983）舉進士。真宗景德元年（1004），官太常博士，後以尚書都官員外郎知毗陵（今江蘇常州）。清嘉慶《溧陽縣志》卷一三有傳。

《文獻通考·經籍考》著錄《補茶經》一卷，並引“晁氏曰：皇朝周絳撰。絳，祥符初知建州，以陸羽《茶經》不載建安，故補之。又一本有陳龜注。丁謂以為茶佳，不假水之助，絳則載諸名水云。”《直齋書錄解題》說：“知建州周絳撰。當大中祥符間。”此書亦見《宋秘書省續編到四庫闕書目》、《福建通志》。徐一經《康熙溧陽縣志》卷之三“古蹟附書目”中云：“《補茶經》，邑人周絳著。”宋熊蕃《宣和北苑供茶錄》、清陸廷燦《續茶經》卷上等書中都曾引用《補茶經》。

《直齋書錄解題》與《文獻通考》都說周絳是在大中祥符年間（1008－1016）知建州時作此書，熊蕃《宣和北苑貢茶錄》記其在景德中（1004－1007），《福建通志》稱在天聖間（1023－1031）。按熊蕃為建人，又熟知建州茶史茶事，當以其說為可靠。

《補茶經》原書已佚，今據《輿地紀勝》及熊蕃《宣和北苑貢茶錄》、陸廷燦《續茶經》之一《茶之源》引錄輯存二條。

芽茶只作早茶，馳奉萬乘，嘗之可矣①。如一鎗一旗，可謂奇茶也。（此條見北宋熊蕃《宣和北苑貢茶錄》及清陸廷燦《續茶經·一茶之源》引錄）

天下之茶，建為最；建之北苑，又為最。（此條見王象之《輿地紀勝》卷一二九引錄②）

校　記

① 矣：《續茶經》引錄作“也”。

② 惟《輿地紀勝》引曰“周絳《茶苑總錄》云”。按：《茶苑總錄》乃曾伉所作，是其錄《茶經》諸書而益以詩歌二卷而成書，本條內容與之不合。而周絳《補茶經》乃是記建茶之事，本條內容與之正相吻合。所以《輿地紀勝》此條引錄當作者是而書名誤，實為周絳《補茶經》的內容。

北苑拾遺

◇宋　劉异　撰

劉异，字成伯，福建福州人。宋仁宗天聖八年 (1030) 進士，以文學名。皇祐元年（1049）權御史臺推直官，累官大理評事，終官尚書屯田員外郎。

《郡齋讀書志》著錄《北苑拾遺》一卷曰："皇朝劉异採新聞遺事附丁晉公《茶經》之末。"《文獻通考》進一步記："异，慶曆初在吳興採新聞，附於丁謂《茶錄》之末。其書言滌磨調品之器甚備，以補謂之遺也。"[①]《直齋書錄解題》言有"慶曆元年（1041）序。"所以是書當撰成於慶曆元年。內容是關於北苑茶的點試方法及器具。

紹興《秘書省續編到四庫闕書目》、《郡齋讀書志》、《直齋書錄解題》、《通志》、《通考》、《宋史》等書中都有著錄，但《通志》誤題作者為丁謂，或由《郡齋讀書志》所言"附丁晉公《茶經》之末"而誤。

原書已佚，現從宋代熊克增補《宣和北苑貢茶錄》及王十朋《集注分類東坡先生詩》[②]引錄中輯存二條。

官園中有白茶五六株，而壅培不甚至。茶戶唯有王免者，家一巨株，向春常造浮屋以障風日。(《宣和北苑貢茶錄》作"慶曆初，吳興劉异為《北苑拾遺》云"云云。)

北苑之地，以溪東葉布為首稱，葉應言次之，葉國又次之，凡隸籍者，三千餘戶。（此條見四部叢刊《集注分類東坡先生詩》卷十六《岐亭》五首王十朋注）

校　記

① 萬國鼎《茶書總目提要》言此語出《郡齋讀書志》，誤。

② 唯王注蘇軾詩引錄時稱書名為《北苑拾遺錄》，"錄"字或為衍文。

輯佚

茶論

◇宋　沈括　撰

沈括，參見前《本朝茶法》題記。

沈括在《夢溪筆談》卷二四中嘗謂"予山居有《茶論》"云云。《續茶經》所列茶書書目亦有此一篇。王觀國《學林》引用時稱"沈存中《論茶》"。

原書已佚，今據《夢溪筆談》、《學林》輯存二條。

《嘗茶詩》云："誰把嫩香名雀舌，定來北客未曾嘗。不知靈草天然異，一夜風吹一寸長。"(《夢溪筆談》卷二四)

"黃金碾畔綠塵飛，碧玉甌中翠濤起"，宜改"綠"為"玉"，改"翠"為"素"。(王觀國《學林》卷八)

輯佚

龍焙美成茶錄

◇宋　范逵　撰

范逵，北宋時人。曾為建州北苑官焙茶官，其餘事跡不詳。

《龍焙美成茶錄》已佚，陸廷燦《續茶經·茶事著述名目》僅列其目。本篇輯自《宣和北苑貢茶錄》，作："然龍焙初興，貢數殊少。累增至元符以片計者一萬八千，視初已加數倍，而猶未盛。今則為四萬七千一百片有奇矣。"併注："此數見范逵所著《龍焙美成茶錄》。逵，茶官也。"

由此輯得三條。

太平興國初纔貢五十片。

元符以片計者一萬八千。

〔宣和〕為四萬七千一百片有奇。

輯佚

論茶

◇宋　謝宗　撰

謝宗，宋時人，餘不詳。

謝宗所撰《論茶》在宋代即為多種著述引錄，今據宋曾慥（1091－1155）《類說》、宋朱勝非（1082－1144）《紺珠集》、明陳耀文《天中記》等所引可輯存三條。

茶古不聞，晉宋以降，吳人採葉煮之，謂之茶茗粥。（《格致鏡原》卷二十一）

比丹丘之仙茶，勝烏程之御荈。不止味同露液，白況霜華。豈可為酪蒼頭，便應代酒從事。（《天中記》卷四四、《藝林匯考》卷七、《續茶經》卷下之五）

候蟾背之芳香，觀蝦目之沸湧，故細漚花泛，浮餑雲騰，昏俗塵勞，一啜而散。（《紺珠集》卷十、《類說》卷十三、《續茶經》卷下之二）

輯佚

茶苑總錄

◇宋　曾伉　撰

曾伉，宋興化軍判官，餘不詳。

《通志》著錄“《茶苑總錄》十四卷”，紹興《秘書省續編到四庫闕書目》著錄為十二卷。《文獻通考》著錄“《北苑總錄》十二卷”稱“陳氏曰：興化軍判官曾伉錄茶經諸書，而益以詩歌二卷。”萬國鼎《茶書總目提要》認為當作書名“茶苑總錄”，書撰成於公元1150年之前。

原書已佚，今從《佩文韻府》、《施注蘇詩》中輯存一條。

段成式[1]《謝因禪師茶》云：“忽惠荊州紫筍茶一角，寒茸擢筍，本貴含膏，嫩葉抽芽，方珍搗草。”(《佩文韻府》卷二十一之四、卷四十九之五，《施注蘇詩》卷十九《問大冶長老乞桃花茶栽東坡》注)

注　釋

1　段成式：字柯古，臨淄人，唐宰相文昌之子，官至太常卿。事跡見新、舊《唐書》本傳。

輯佚

茹芝續茶譜

◇宋　桑莊　撰

宋代陳耆卿撰《嘉定赤城志》卷三四《人物門》"僑寓"云："桑莊，高郵人，字公肅，官至知柳州，紹興初，寓天台，曾文清公幾志其墓，有《茹芝廣覽》三百卷藏於家。"據此可知桑莊是北宋與南宋之間人。又同書卷三六《風土門》"土產·茶"尚有"桑莊《茹芝續譜》云：天台茶有三品"云云，則桑莊不僅有三百卷之巨的《茹芝廣覽》，還撰有《茹芝續譜》，當是其續書。這裏的《茹芝續茶譜》，便是《茹芝續譜》中的內容，大概寫成於南宋初年。

《續茶經》卷下之五《茶事著述名目》錄作"桑莊茹芝《續茶譜》"，萬國鼎《茶書總目提要》於總目未收部分列之，但作"《續茶譜》，桑莊茹芝"。以為作者名"桑莊茹芝"，恐有誤。此次匯編以《茹芝續茶譜》為篇名。

原編不已存，此佚文據《嘉定赤城志》、《續茶經》輯存。該文又見於《萬曆天台山方外志》、《康熙天台全志》、《乾隆天台山方外志要》等。本書錄自《赤城志》，參校《續茶經》。

天台[1]茶有三品，紫凝為上，魏嶺次之，小溪[2]又次之。紫凝，今普門也；魏嶺，天封也；小溪，中清也[3]。而宋祁公[4]《答如吉茶詩》有"佛天雨露，帝苑仙漿"之語，蓋盛稱茶美，而不言其所出之處。今紫凝之外，臨海言延峯山，仙居言白馬山，黃巖言紫高山，寧海言茶山[5]，皆號最珍。而紫高、茶山，昔以為在日鑄[6]之上者也。（《嘉定赤城志》卷三十六）

天台茶有三品：紫凝、魏嶺、小溪是也。今諸處並無出產，而土人所需，多來自西坑、東陽、黃坑[7]等處。石橋[8]諸山，近亦種茶，味甚清甘，不讓他郡。蓋出名山霧中，宜多液而全味厚也。但山中多寒，萌發較遲，兼之做法不佳，以此不得取勝。又所產不多，僅足供山居而已。[9]（《續茶經》卷下之四）

注　釋

1 天台：即今浙江天台。

2 紫凝、魏嶺、小溪：皆茶名。

3 普門、天封、中清：皆天台地名。

4 宋祁公：即宋祁（998－1061），《答如吉茶詩》見其《景文集》卷18，題作《答天台梵才吉公寄茶並長句》，其中有“佛天甘露流珍遠，帝輦仙漿待波遲”。

5 臨海、仙居、黃巖、寧海：即今浙江臨海、仙居、黃巖、寧海。　延峯山、白馬山、紫高山、茶山：皆以地名指所言之茶名。

6 日鑄：山名，在浙江紹興，宋時以產茶著名，所產之茶即以日鑄為名。亦作“日注”。

7 西坑、東陽、黃坑：皆為天台當地地名。

8 石橋：天台當地山名。

9 《續茶經》引錄，將此一段小注文字排為大字正文，似為桑莊原文者，其實是方志修撰者所寫之文，今仍錄為注文。

輯佚

建茶論

◇宋　羅大經　撰

羅大經，字景綸，廬陵（今江西吉水）人，大約生於南宋寧宗慶元（1195－1200）初年，卒於宋理宗淳祐（1241－1252）末年以後。少年時曾就讀於太學，嘉定十五年（1222）鄉試中舉，寶慶二年（1226）登進士第，此後做過容州（今廣西容縣）法曹掾、撫州（今江西撫州）軍事推官等幾任小官，因事被罷免，終身未返仕途。

後為陸廷燦《續茶經》卷下《茶之略》著錄。羅大經罷官之後，撰成《鶴林玉露》一書，《建茶論》即見於該書，原題“建茶”。此次匯編係由中華書局標點本《鶴林玉露》甲編卷三輯出。

陸羽《茶經》、裴汶《茶述》，皆不載建品，唐末然後北苑出焉。本朝開寶間，始命造龍團，以別庶品。厥後丁晉公漕閩，乃載之《茶錄》，蔡忠惠又造小龍團以進。東坡詩云：“武夷溪邊粟粒芽，前丁後蔡相籠加。吾君所乏豈此物，致養口體何陋耶。”茶之為物，滌昏雪滯，於務學勤政，未必無助，其與進荔枝、桃花者不同，然充類至義，則亦宦官、宮妾之愛君也。忠惠直道高名，與范、歐[1]相亞，而進茶一事，乃儕晉公，君子之舉措，可不謹哉？

注釋

1　范、歐：范仲淹，歐陽修。

輯佚

北苑雜述

◇宋　佚名　撰

是書歷來茶書目錄中未見著錄。《宋史·藝文志》農家類著錄有《茶苑雜錄》，注曰“不知作者”，未知是否即此書。

下面兩條，是從《佩文韻府》、查慎行《蘇詩補注》中輯佚的。

第四綱曰興國岩銙，曰香口焙銙。（《佩文韻府》卷五十一之三）

北苑細色第五綱有興國巖小龍、小鳳之名。（《蘇詩補注》卷二十七《用前韻答西掖諸公見和》“小鳳”注）

中編 明代茶書

茶譜

◇明　朱權　撰

朱權（1378－1448），明太祖朱元璋第十七子。洪武二十四年（1391）封寧王，建封邑大寧。[1]建文元年（1399），燕王朱棣起兵前，用計先謀取大寧，奪權下屬三衛精騎，並迫其加入燕軍。永樂元年（1403），朱棣奪位，改封權藩南昌。權知朱棣對己提防，乃行韜晦計，構精廬一區，琴讀其間，終安成祖之世。及宣宗時，權提出宗室不應定品級等議論，遭帝詰責，權被迫上書謝過。從此他日與文士往還，託志翀舉，自號臞仙、涵虛子、丹丘先生。權好學博古，讀書無所不窺，深於史，旁及釋老，尤精曲律，著作宏富。卒謚獻，故後人亦稱其為寧獻王。

朱權的《茶譜》，在明清眾多的茶書中，是一本自撰性的茶書，它繼承了唐宋茶書的一些傳統內容，同時開啟了明清茶書的若干風氣，具有承前啟後意義。按照朱權自己的說法，就是"崇新改易，自成一家"。這本《茶譜》，也是現存明代最早的一本茶書。其成書年代，萬國鼎在《茶書總目提要》中，據其前序自署"涵虛子臞仙"，推定"作於晚年，約在1440年前後"，今推斷其成書於宣德五年（1430）至正統十三年（1448）。

朱權《茶譜》，最早見於清初黃虞稷（1629－1691）《千頃堂書目》，記作"寧獻王《臞仙茶譜》一卷"，但未說明刊本還是抄本。《中國古籍善本書目》著錄僅有南京圖書館收藏的清杭大宗《藝海彙函》藍格鈔本一種，而在明清茶書尤其輯集類茶書中，也很少見到引錄，說明本譜可能流傳不廣。萬國鼎在上世紀三十年代所寫《茶書二十九種題記》未提及是書，1957年調任中國農業科學院農業遺產研究室主任後，才發現並命輯出收入《中國茶葉歷史資料選輯》。本書仍以《藝海彙函》本為底本，並略為改正選輯本的錯誤。

茶譜序

挺然而秀，鬱然而茂，森然而列者，北園①之茶也。泠然而清，鏘然而聲，涓然而流者，南澗之水也。塊然而立，晬然而溫，鏗然而鳴者，東山之石也。癯然而酸，兀然而傲，擴然而狂者，渠也②。渠以東山之石③，擊灼然之火，以南澗之水，烹北園之茶，自非喫茶漢，則當握拳布袖，莫敢伸也。本是林下一家生活，傲物玩世之事，豈白丁可共語哉？予嘗舉白眼而望青天，汲清泉而烹活火，自謂與天語以擴心志之大，符水火以副內煉之功，得非遊心於茶竈，又將有裨於修養之道矣。其惟清哉。涵虛子臞仙書。

茶譜

茶之為物，可以助詩興，而雲山頓色，可以伏睡魔，而天地忘形，可以倍清談，而萬象驚寒，茶之功大矣。其名有五：曰茶、曰檟、曰蔎、曰茗、曰荈。一云早取為茶，晚取為茗。食之能利大腸，去積熱，化痰下氣，醒睡、解酒、消食，除煩去膩，助興爽神。得春陽之首，占萬木之魁。始於晉，興於宋。惟陸羽得品茶之妙，著《茶經》三篇，蔡襄著《茶錄》二篇。蓋羽多尚奇古，製之為末，以膏為餅。至仁宗時，而立龍團、鳳團、月團之名，雜以諸香，飾以金彩，不無奪其真味。然天地生物，各遂其性，若莫葉茶；烹而啜之，以遂其自然之性也。予故取亨茶之法，末茶之具，崇新改易，自成一家。為雲海餐霞服日之士，共樂斯事也。雖然會茶而立器具，不過延客欵話而已，大抵亦有其說焉。凡鸞儔鶴侶，騷人羽客，皆能志絕塵境，棲神物外，不伍於世流，不污於時俗。或會於泉石之間，或處於松竹之下，或對皓月清風，或坐明窗靜牖，乃與客清談欵話，探虛玄而參造化，清心神而出塵表。命一童子設香案，攜茶爐於前，一童子出茶具，以瓢汲清泉注於瓶而炊之。然後碾茶為末，置於磨令細，以羅羅之，候湯將如蟹眼，量客眾寡，投數匕入於巨甌。候茶出相宜，以茶筅摔令沫不浮，乃成雲頭雨腳，分於啜甌，置之竹架，童子捧獻於前。主起，舉甌奉客曰："為君以瀉清臆。"客起接。舉甌曰："非此不足以破孤悶。"乃復坐。飲畢，童子接甌而退。話久情長，禮陳再三，遂出琴棋，陳筆研。或庚歌，或鼓琴，或奕棋，寄形物外，與世相忘，斯則知茶之為物，可謂神矣。然而啜茶大忌白丁，故山谷曰："著茶須是吃茶人。"更不宜花下啜，故山谷曰："金谷看花莫謾煎"是也。盧仝喫七碗，老蘇不禁三碗[2]，予以一甌，足可通仙靈矣。使二老有知，亦為之大笑，其他聞之，莫不謂之迂闊。

品茶

於穀雨前，采一槍一葉者製之為末，無得膏為餅[3]，雜以諸香，失其自然之性，奪其真味；大抵味清甘而香，久而回味，能爽神者為上。獨山東蒙山石蘚茶[4]，味入仙品，不入凡卉④。雖世固不可無茶，然茶性涼，有疾者不宜多食。

收茶

茶宜蒻葉而收，喜溫燥而忌濕冷。入於焙中。焙用木為之，上隔盛茶，下隔置火，仍用蒻葉蓋其上，以收火氣。兩三日一次，常如人體溫溫，則禦濕潤以養茶，若火多則茶焦。不入焙者，宜以蒻籠密封之，盛置高處。或經年，則香味皆陳，宜以沸湯漬之，而香味愈佳。凡收天香茶，於桂花盛開時，天色晴明，日午取收，不奪茶味。然收有法，非法則不宜。

點茶

凡欲點茶，先須熁盞[5]，盞冷則茶沉，茶少則雲腳散，湯多則粥面聚。以一匕投盞內，先注湯少許，調勻，旋添入，環迴擊拂。湯上盞可七分則止，著盞無水痕為妙。今人以果品為換茶，莫若梅、桂、茉莉三花最佳。可將蓓蕾數枚投於甌內罨之，少頃，其花自開，甌未至唇，香氣盈鼻矣。

熏香茶法

百花有香者皆可。當花盛開時，以紙糊竹籠兩隔，上層置茶，下層置花。宜密封固，經宿開換舊花；如此數日，其茶自有香味可愛。有不用花，用龍腦熏者亦可。

茶爐

與煉丹神鼎同製，通高七寸，徑四寸，腳高三寸，風穴高一寸，上用鐵隔，腹深三寸五分，瀉銅為之。近世罕得。予以瀉銀坩鍋瓷為之，尤妙。襻高一尺七寸半，把手用藤扎，兩傍用鈎，掛以茶帚、茶筅、炊筒、水濾於上。

茶竈

古無此製，予於林下置之。燒成瓦器如竈樣，下層高尺五，為竈臺，上層高九寸，長尺五，寬一尺，傍刊以詩詞詠茶之語。前開二火門，竈面開二穴以置瓶。頑石置前，便炊者之坐。予得一翁，年八十猶童，痴憨奇古，不知其姓名，亦不知何許人也。衣以鶴氅，繫以麻條，履以草屨，背駝而頸跧[6]，有雙髻於頂，其形類一菊字，遂以菊翁名之。每令炊竈以供茶，其清致倍宜。

茶磨

磨以青礞石為之，取其化痰去熱故也。其他石則無益於茶。

茶碾

茶碾，古以金、銀、銅、鐵為之，皆能生鉎[7]。今以青礞石最佳。

茶羅

茶羅，徑五寸，以紗為之。細則茶浮，粗則水浮。

茶架

茶架，今人多用木，雕鏤藻飾，尚於華麗。予製以斑竹、紫竹，最清。

茶匙

茶匙要用擊拂有力，古人以黃金為上，今人以銀、銅為之，竹者輕。予嘗以椰殼為之，最佳。後得一瞽者，無雙目，善能以竹為匙，凡數百枚，其大小則一，可以為奇。特取異於凡匙，雖黃金亦不為貴也。

茶筅

茶筅，截竹為之。廣、贛製作最佳。長五寸許，匙茶入甌，注湯筅之，候浪花浮成雲頭雨腳乃止。

茶甌

茶甌，古人多用建安所出者，取其松紋兔毫為奇。今淦窯[8]所出者，與建盞同，但注茶，色不清亮，莫若饒瓷為上，注茶則清白可愛。

茶瓶

瓶要小者，易候湯，又點茶注湯有準。古人多用鐵，謂之罌。罌，宋人惡其生鉎⑤，以黃金為上，以銀次之。今予以瓷石為之，通高五寸，腹高三寸，項長二寸，觜長七寸。凡候湯不可太過，未熟則沫浮，過熟則茶沉。

煎湯法

用炭之有焰者，謂之活火，當使湯無妄沸。初如魚眼散佈，中如泉湧連珠，終則騰波鼓浪，水氣全消。此三沸之法，非活火不能成也。

品水

臞仙曰，青城山老人村杞泉水第一，鍾山八功德水第二，洪崖丹潭水[9]第三，竹根泉水第四。

或云："山水上，江水次，井水下。"伯蒭[10]以揚子江心水第一，惠山石泉第二，虎丘石泉第三，丹陽井第四，大明井第五，松江第六，淮水第七。

又曰：廬山康王洞簾水第一，常州無錫惠山石泉第二，蘄州蘭溪石下水第三，硤州扇子硤下石窟洩水第四，蘇州虎丘山下水第五，廬山石橋潭水第六，揚子江中泠水第七，洪州西山瀑布第八，唐州桐柏山淮水源第九，廬山頂天池之水第十，潤州丹陽井第十一，揚州大明井第十二，漢江金州上流中泠水第十三，歸州玉虛洞香溪第十四，商州武關西谷水第十五，蘇州吳松江第十六，天台西南峯瀑布水第十七，彬州圓泉第十八，嚴州桐盧江嚴陵灘水第十九，雪水第二十。

注釋

1 大寧：明洪武二十四年建，大寧都指揮使司並朱權王封邑新城。其衛居守今遼寧朝陽和內蒙赤峯、喀喇沁旗、寧城一帶。燕王起兵前擄寧王全家至燕，使之成一座空城；永樂改封寧王於南昌後，大寧新城全廢。

2 老蘇不禁三碗：語出蘇軾《汲江煎茶》“枯腸未易禁三碗，坐聽荒城長短更”之句。

3 無得膏為餅：唐宋時團茶、餅茶，以其製法，亦稱“研膏茶”。即將茶蒸焙後先研磨成末，然後以米漿（建茶舊雜以米粉或薯蕷）等以助膏之成形。此指朱權用茶，一般至研末為止，不再膏之為餅。

4 蒙山石蘚茶：蒙山位於山東蒙陰縣，其地不產茶，但石上生一種苔蘚，煮飲味極佳，故亦稱“蒙茶”。

5 熁（xié）盞：“熁”，用火薰烤。熁盞，即用火薰茶盞。

6 頸跧：“跧”，蜷伏，此指歪頸縮項貌。

7 鉎（xīng）：亦作“鍟”，指“鐵衣”，即鐵鏽。

8 淦窯：窯址位於今江西樟樹。

9 洪崖丹潭水：在江西新建西山，一名伏龍山，相傳為洪崖修煉得道之處。丹潭水疑即洪崖煉丹所用的井或“洪井”水。

10 伯芻：即劉伯芻，下錄其評茶七等，載張又新《煎茶水記》。

校記

① 北園：疑即建之“北苑”；“園”當“苑”之音訛，下同。

② 渠也：據上文“……北園之茶也……東山之石也”的文例，此前疑脱三字。

③ 渠以東山之石：據文義，“渠”字疑衍文。

④ 不入凡卉：底本原作“不凡入卉”，此據選輯本改。

⑤ 謂之甖：底本作“謂之嬰”，“嬰”通“甖”。

茶譜

◇明　顧元慶　刪校
明　錢椿年　原輯

錢椿年，明蘇州常熟人，字賓桂，人或稱“友蘭翁”，大概號友蘭。由趙之履《茶譜續編》跋中得知，其“好古博雅，性嗜茶。年逾大耋，猶精茶事，家居若藏若煎，咸悟三昧”。萬國鼎《茶書總目提要》稱其“嘉靖間續修《錢氏族譜》”，本譜“大概也是作於嘉靖中”，反映其主要活動年代，也是在嘉靖前後。

顧元慶（1487－1565），蘇州長洲人，字大有。家陽山[1]大石下，號大石山人，人稱大石先生。家中藏書萬卷，有堂名“夷白”。多所纂述，曾擇其善本刻印，署曰“陽山顧氏山房”。行世之作有《明朝四十家小說》十冊，《文房小說四十二種》，並有《瘞鶴銘考》、《雲林遺事》、《山房清事》、《夷白齋詩錄》、《大石山房十友譜》、《茗曝偶談》等。茶葉專著除本譜外，據《吳縣志·長洲志》記載，還有《茶話》一卷。

關於本文的情況，據趙之履跋《茶譜續後》說：友蘭錢翁彙成《譜》之後，“屬伯子奚川先生梓行之。之履閱而歎曰：夫人珍是物與味，必重其籍而飾之，若夫蘭翁是編，亦一時好事之傳，為當世之所共賞者……之履家藏有王舍人孟端《竹爐新詠》故事及昭代名公諸作，凡品類若干。會悉翁譜意，翁見而珍之，屬附輯卷後為《續編》。”顧元慶在《茶譜》前序中也說：“頃見友蘭翁所集《茶譜》，閱後但感收採古今篇什太繁，甚失譜意，余暇日刪校，仍附王友石竹爐並分封六事於後。”說明，本文最初為錢椿年編印，趙之履提供的竹爐詩後來附刻於其《茶譜》之後為“續編”，而顧元慶的刪校本出，自萬曆之後，錢椿年《茶譜》及其所附《續編》，就沒有再被重刻，世所流行的，都是顧元慶的《茶譜》。以明刻本為例，除去顧元慶自己編刊的《明朝四十家小說》本不說，其他如汪士賢《山居雜志》、喻政《茶書》、陶珽《說郛續》、茅一相《欣賞續編》、胡文煥《百名家書》、明末佚名刻《居家必備》等，所收《茶譜》就均不載錢椿年更不提趙之履，一律只署顧元慶之名。因為這樣，嘉靖年間刻印的錢椿年《茶譜》和後附《續編》，也慢慢失傳而只存名於個別古代書目。據萬國鼎先生查考，錢椿年《茶譜》，至清朝初年，就僅見於錢謙益《絳雲樓書目》，而“不見其他書目”，以致有將顧元慶刪校錢《譜》，誤作為谿谷子另《譜》[2]。清末民初，有些書商將早已失傳的錢椿年《茶譜》“復活”，把胡文煥《百名家書》中的顧元慶《新刻茶譜》，改名為錢椿年《新刻茶譜》。《文藝叢書》甚至將《新刻茶譜》，更改為錢椿年《製茶新譜》。這些情況，集中反映在各種書目上，其實現在各書目中所談到的錢椿年《茶譜》、《茶譜續編》、《新譜》及谿谷子《茶譜》等等，無不是顧元慶刪校錢椿年《茶譜》本。這裏附帶説明一點，編者過去在編《中國茶葉歷史資料選集》時，將萬國鼎《茶書總目提要》上的錢椿年《茶譜》、趙之履《茶譜續編》和顧元慶《茶譜》合而為一，署作"錢椿年編，顧元慶刪校"。這次我們對本文作更全面的查考後，鑑於顧元慶刪校本一出，錢椿年《茶譜》和《茶譜續編》即被淘汰、含納和各書就均不提錢氏只署顧元慶之名的實際，經一再推敲，決定將原來署名的先後次序，倒改為"顧元慶刪校，錢椿年原輯"。

本文錢椿年原編和趙之履《續編》編定的時間，萬國鼎在《茶書總目提要》中，分別寫作為嘉靖九年（1530）前後和嘉靖十四年（1535）前後，不知所據。顧元慶序署"嘉靖二十年（1541）春"，則錢《譜》和《續編》的輯梓，距元慶刪校當有五年（即皆為嘉靖十五年）左右。

本文以顧元慶自編《明朝四十家小説》本為底本，以谿谷子《茶譜》本、喻政《茶書》本、《續修四庫全書》本和《説郛續》本等作校。正文後所附《茶譜後序》，係歸安（今浙江湖州）茅一相撰寫，當為其編輯《欣賞續編》收錄《茶輯》時所加，見於喻政《茶書》本、《續修四庫全書》本。

序

余性嗜茗，弱冠時，識吳心遠於陽羨，識過養拙於琴川[3]。二公極於茗事者也。授余收、焙、烹、點法，頗為簡易。及閱唐宋《茶譜》、《茶錄》諸書，法用熟碾細羅為末、為餅，所謂小龍團，尤為珍重。故當時有"金易得而龍餅不易得"之語。嗚呼！豈士人而能為此哉！

頃見友蘭翁所集《茶譜》，其法於二公頗合，但收採古今篇什太繁，甚失譜意。余暇日刪校，仍附王友石[4]竹爐即苦節君像並分封六事於後，重梓於大石山房，當與有玉川之癖者共之也。

嘉靖二十年春吳郡顧元慶序

茶略

茶者，南方佳木，自一尺、二尺至數十尺。其巴峽有兩人抱者，伐而掇之。樹如瓜蘆，葉如梔子，花如白薔薇，實如栟櫚，蒂如丁香，根如胡桃。

茶品

茶之產於天下多矣，若劍南有蒙頂石花，湖州有顧渚紫筍，峽州有碧澗明月，邛州有火井思安，渠江有薄片，巴東有真香，福州有柏巖，洪州有白露。常之陽羨，婺之舉巖，丫山之陽坡，龍安之騎火，黔陽之都濡高株，瀘川之納溪梅嶺之數者，其名皆著。品第之，則石花最上，紫筍次之，又次則碧澗明月之類是也。惜皆不可致耳。

藝茶

藝茶欲茂，法如種瓜，三歲可採。陽崖陰林，紫者為上，綠者次之。

採茶

團黃有一旗二鎗之號，言一葉二芽也。凡早取為茶，晚取為荈。穀雨前後收者為佳，粗細皆可用。惟在採摘之時，天色晴明，炒焙適中，盛貯如法。

藏茶

茶宜蒻葉，而畏香藥；喜溫燥，而忌冷濕。故收藏之家，以蒻葉封裹入焙中，兩三日一次，用火當如人體溫溫，則禦濕潤。若火多，則茶焦不可食。

製茶諸法

橙茶：將橙皮切作細絲一觔，以好茶五觔焙乾，入橙絲間和，用密麻布襯墊火箱，置茶於上，烘熱；淨綿被罨之三兩時，隨用建連紙袋封裹，仍以被罨焙乾收用。

蓮花茶：於日未出時，將半含蓮花撥開，放細茶一撮納滿蕊中，以麻皮略縶，令其經宿。次早摘花，傾出茶葉，用建紙包茶焙乾。再如前法，又將茶葉入別蕊中，如此數次，取其焙乾收用，不勝香美。

木樨、茉莉、玫瑰、薔薇、蘭蕙、菊花、梔子、木香、梅花皆可作茶。諸花開時，摘其半含半放、蕊之香氣全者，量其茶葉多少，摘花為茶。花多則太香而脫茶韻；花少則不香而不盡美。三停茶葉一停花始稱。假如木樨花，須去其枝蒂及塵垢、蟲蟻，用磁罐一層茶、一層花投入至滿，紙箬縶固，入鍋重湯煮之。取出待冷，用紙封裹，置火上焙乾收用。諸花倣此。

煎茶四要

一擇水

凡水泉，不甘能損茶味之嚴，故古人擇水，最為切要。山水上，江水次，井水下。山水、乳泉漫流者為上，瀑湧湍激勿食，食久令人有頸疾。江水取去人遠者，井水取汲多者，如蟹黃混濁、鹹苦者，皆勿用。

二洗茶

凡烹茶，先以熱湯洗茶葉，去其塵垢、冷氣，烹之則美。

三候湯

凡茶，須緩火炙，活火煎。活火，謂炭火之有焰者，當使湯無妄沸，庶可養茶。始則魚目散布，微微有聲；中則四邊泉湧，纍纍連珠；終則騰波鼓浪，水氣全消，謂之老。湯三沸之法，非活火不能成也。

凡茶少湯多則雲腳散，湯少茶多則乳面聚①。

四擇品

凡瓶，要小者，易候湯，又點茶、注湯有應②。若瓶大，啜存停久，味過則不佳矣。茶銚、茶瓶，銀錫為上，瓷石次之。

茶色白，宜黑盞。建安所造者，紺黑紋如兔毫，其坯微厚，熁之火熱久難冷，最為要用。他處者，或薄或色異，皆不及也。

點茶三要

(一) 滌器

茶瓶、茶盞、茶匙生鉎音星致損茶味，必須先時洗潔則美。

(二) 熁盞

凡點茶，先須熁盞令熱，則茶面聚乳，冷則茶色不浮。

(三) 擇果

茶有真香，有佳味，有正色。烹點之際，不宜以珍果、香草雜之。奪其香者，松子、柑橙、杏仁、蓮心、木香、梅花、茉莉、薔薇、木樨之類是也。奪其味者，牛乳、番桃、荔枝、圓眼、水梨、枇杷之類是也。奪其色者，柿餅、膠棗、火桃、楊梅、橙橘之類是也。凡飲佳茶，去果方覺清絕，雜之則無辯矣。若必曰所宜，核桃、榛子、瓜仁、棗仁、菱米、欖仁、栗子、雞頭、銀杏、山藥、筍乾、芝麻、莒萵、萵巨、芹菜之類精製，或可用也。

茶效

人飲真茶，能止渴、消食，除痰、少睡，利水道，明目、益思出《本草拾遺》，除煩去膩。人固不可一日無茶，然或有忌而不飲，每食已，輒以濃茶漱口，煩膩既去而脾胃清適。凡肉之在齒間者，得茶漱滌之，乃盡消縮，不覺脱去，不煩刺挑也。而齒性便苦，緣此漸堅密，蠹毒自已矣。然率用中下茶。出蘇文[5]

附竹爐並分封六事③

苦節君銘

肖形天地，匪冶匪陶。心存活火，聲帶湘濤。一滴甘露，滌我詩腸。清風兩腋，洞然八荒。

戊戌秋八月望日[6]錫山[7]盛顒[8]著

茶具六事，分封悉貯於此，侍從苦節君於泉石山齋亭館間。執事者故以行省名之。按：《茶經》有一源、二具、三造、四器、五煮、六飲、七事、八出、九略、十圖之説，夫器雖居四，不可以不備，闕之則九者皆荒而茶廢矣，得是，以管攝眾。器固無一闕，況兼以惠麓之泉，陽羨之茶，烏乎廢哉。陸鴻漸所謂都籃者，此其是與款識。以湘筠編製，因見圖譜，故不暇論。

庚申春三月[9]穀雨日，惠麓茶仙盛虞識。六事分封見後。

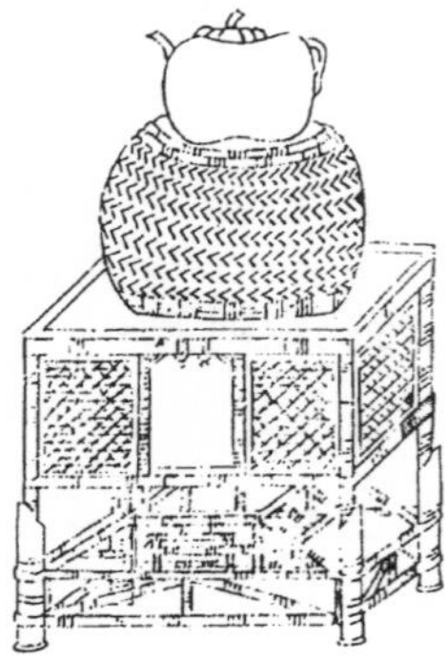

苦節君像

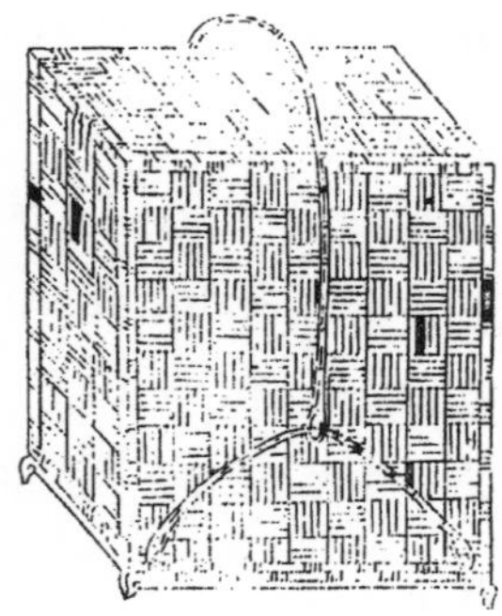

苦節君行者

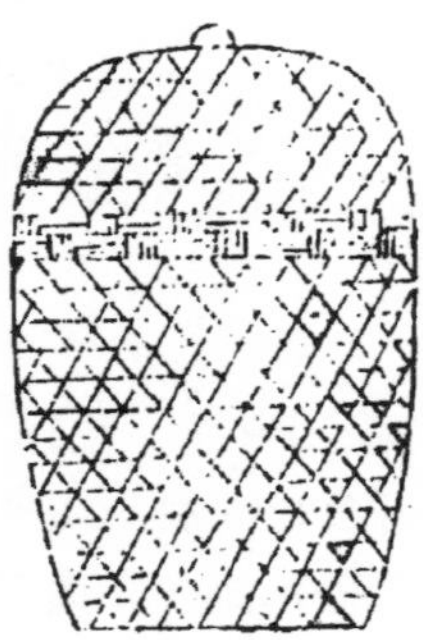

建城

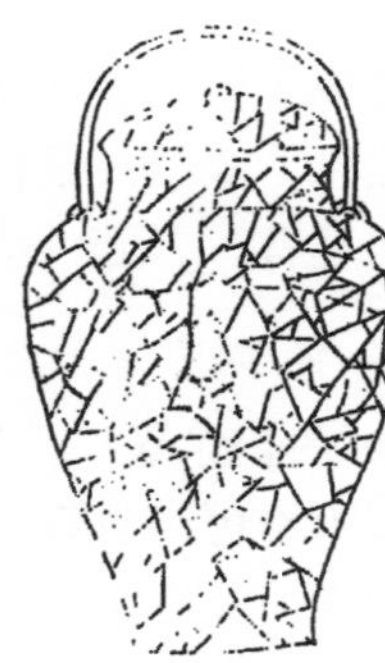

雲屯

烏府

水曹

器局

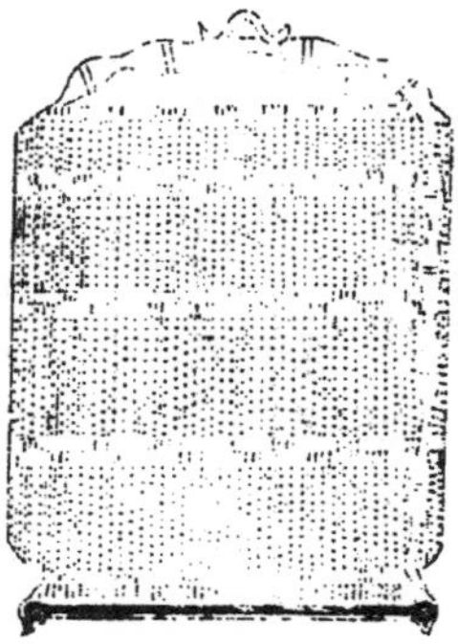

品司

茶宜密裹，故以蒻籠盛之，宜於高閣，不宜濕氣，恐失真味。古人因以用火，依時焙之。常如人體溫溫，則禦濕潤。今稱建城。按《茶錄》云：建安民間以茶為尚，故據地以城封之。

泉汲於雲根，取其潔也。欲全香液之腴，故以石子同貯瓶缶中，用供烹煮。水泉不甘者，能損茶味，前世之論，必以惠山泉宜之。今名雲屯，蓋雲即泉也，得貯其所，雖與列職諸君同事，而獨屯於斯，豈不清高絕俗而自貴哉。

炭之為物，貌玄性剛，遇火則威靈氣燄，赫然可畏。觸之者腐，犯之者焦，殆猶憲司行部，而姦宄無狀者，望風自靡。苦節君得此，甚利於用也，況其別號烏銀，故特表章。其所藏之具，曰烏府，不亦宜哉。

茶之真味，蘊諸鎗旗之中，必浣之以水而後發也。既復加之以火，投之以泉，則陽噓陰翕，自然交姤而馨香之氣溢於鼎矣。故凡苦節君器物用事之餘，未免有殘瀝微垢，皆賴水沃盥，名其器曰水曹，如人之濯於盤水，則垢除體潔，而有日新之功，豈不有關於世教也耶。

商象古石鼎也歸潔竹筅(掃)也分盈杓也，即《茶經》水則。每二升，計茶一兩。遞火銅火斗也降紅銅火箸也執權準茶秤也。每茶一兩，計水二升。團風湘竹扇也漉塵洗茶籃也靜沸竹架，即《茶經》支腹也。注春磁壺也運鋒劖果刀也甘鈍木碪墩也啜香建盞也撩雲竹茶匙也納敬竹茶橐也受污拭抹布也

右茶具十六事，收貯於器局，供役苦節君者，故立名管之，蓋欲統歸於一，以其素有貞心雅操而自能守之也。

古者，茶有品香而入貢者，微以龍腦和膏，欲助其香，反失其真。煮而羶鼎腥甌，點雜棗、橘、蔥、薑，奪其真味者尤甚。今茶產於陽羨山中，珍重一時，煎法又得趙州之傳[10]，雖欲啜時，入以筍、欖、瓜仁、芹蒿之屬，則清而且佳。因命湘君設司檢束，而前之所忌亂真味者，不敢窺其門矣。

附錄

《茶譜》後序

大石山人顧元慶，不知何許人也。久之知為吾郡王天雨社中友。王固博雅好古士也，其所交盡當世賢豪，非其人雖軒冕黼黻，不欲掛眉睫間。天雨至晚歲，益厭棄市俗，乃築室於陽山之陰，日惟與顧、岳二山人結泉石之盟。顧即元慶，岳名岱，別號漳餘，尤善繪事，而書法頗出入米南宮[11]，吳之隱君子也。三人者，吾知其二，可以卜其一矣。今觀所述《茶譜》，苟非泥淖一世者，必不能勉強措一詞。吾讀其書，亦可以想見其為人矣。用置案頭，以備嘉賞。

歸安茅一相撰

趙之履《茶譜續編》跋

友蘭錢翁，好古博雅，性嗜茶。年逾大耋，猶精茶事。家居若藏若煎，咸悟三昧，列以品類，彙次成譜，屬伯子奚川先生梓行之。之履閱而歎曰：夫人珍是物與味，必重其籍而飾之，若夫蘭翁是編，亦一時好事之傳，為當世之所共賞者。其籍而飾之之功，固可取也。古有鬥美林豪，著經傳世，翁其興起而入室者哉。之履家藏有王舍人孟端《竹爐新詠》故事及昭代名公諸作，凡品類若干。會悉翁譜意，翁見而珍之，屬附輯卷後為《續編》。之履性猶癖茶，是舉也，不亦為翁一時好事之少助乎也。

注　釋

1　陽山：在蘇州城西北三十里，一名秦餘杭山，越兵擒吳王夫差處。顧元慶《陽山新錄序》云："陽山為吳之鎮，以其背陰而陽，故曰陽山。山高八百餘丈，有大小十五峯。元慶居名'顧家青山'，在大石山左麓。"

2　參見北京大學圖書館善本書目。

3　琴川：水名，在今江蘇常熟境。《琴川志》載："縣治前後橫港凡七，若琴絃然。"

4　王友石：即王紱，明常州無錫人。字孟端，號友石生；因隱居九龍山，又號九龍山人。永樂中以薦入翰林為中書舍人。善書法，尤工畫山水竹石。有《王舍人詩集》。

5　出蘇文：蘇文，指蘇軾《仇池筆記》。但本段"每食已"以後，始為"蘇文"。《東坡雜記》和《仇池筆記》中，均收有此內容。

6　戊戌秋八月望日：此"戊戌"年，據盛顒生年，當為能是成化十四年（1478）。

7　錫山：位今無錫西，屬慧山支麓，相傳周秦間盛產鉛錫，故名。及漢，礦殫，故建縣名無錫。因是，舊時亦有以"錫山"作為"無錫"的代名或俗稱。

8　盛顒（1418 — 1492）：字時房，無錫人。景泰二年（1451）進士，授御史，成化間累遷陝西左布政使，有政績，後以左副都御史巡撫山東，推行荒政，民賴以生。

9　庚申春三月：此處落款稱"惠麓茶仙盛虞"，有人稱此"虞"字，和前載"盛顒"為同一人。如是，此"庚申"年，就只能是正統五年（1440），前後二"庚申"，盛顒不是未出世，就是已過世。但如屬是同一人，為甚麼竹茶爐和分封六茶事，要前後相隔38年才寫，而且庚申年首先提六茶事時，三十剛出頭，署名即用號自稱“茶仙”，38年後六十歲為竹茶爐題辭時，卻不用號只用名？是否真是同一人？疑點很多。

10 煎法又得趙州之傳：此“趙州”，似指唐高僧從諗（778－897），青州臨淄（一稱曹州郝鄉）人。俗姓郝，投本州龍藍從師薙落。尋往嵩山納戒。後居趙州觀音院，精心玄悟，受法南泉印可，開物化迷，大行禪道，號趙州法道。卒謚真際大師。在唐後期對茶在北方的風興，起有較大影響。

11 米南宮：即米芾（1051－1107），一名黻，字元章，號鹿門居士，祖籍太原，後徙襄陽，又徙丹陽，史稱米襄陽。以恩補浛光尉，徽宗時召為書畫學博士，擢禮部員外郎，出知淮陰軍。善書畫、精鑒別。有《寶英光集》、《書史》、《畫史》等。

校　記

① 湯少茶多，則乳面聚：此條內容，摘自蔡襄《茶錄》。“乳”字，《茶錄》原文作“粥”字，為“粥面聚”。

② 點茶、注湯有應：“應”字，谿谷子本、喻政茶書本、說郛續本等，同底本，均作“應”，但此以上內容，引自蔡襄《茶錄》，《茶錄》“應”字作“准”。

③ 附竹爐並分封六事：底本和其他各本，下附圖文，但和正文相接，無標無題不分隔，此目為本書編時加。

水辨

◇明　真清　輯

《水辨》，一稱《茶經水辨》，選錄張又新《煎茶水記》、歐陽修《大明水記》及《浮槎山水記》部份內容而成。現存最早的《水辨》，刊於嘉靖壬寅(1542)竟陵柯姓知府所刻陸羽《茶經》之後。由此可知，《茶經》柯刻本的校錄者，當即是《水辨》的輯者。

《水辨》輯者，過去有誤署作孫大綬者。實因孫大綬為萬曆時刻書家，曾重刊《茶經》柯刻本，後世遂以孫大綬為書後所附《水辨》的輯者。近人或以為輯者為吳旦（見1999年版《中國古代茶葉全書》），亦誤。

按壬寅柯刻本有魯彭的《刻茶經序》，明確指出，竟陵龍蓋寺僧真清為柯刻本的輯錄者，不僅輯錄了《茶經》，還附有張又新與歐陽修的辨水文章。同書汪可立後序亦說："時僧真清類寫成冊以進，屬校讎于予。"可見，柯刻本的輯錄者，就是真清。

明嘉靖萬曆年間，有兩名僧人曰真清。一是《大明高僧傳》所記的長沙湘潭羅象先，出生於嘉靖丁酉年(1537)，據壬寅輯寫成書只有五年，不符。二是魯彭序中所說"僧真清，新安之歙人，嘗新其寺，以嗜茶，故業此《茶經》"，即是本書的輯者。

本書所錄三篇文字，俱見前文，故僅存目。魯彭《刻茶經敘》與吳旦有關《茶經》的跋文中都有關於真清的資料，因而作為附錄。

唐江州刺史張又新煎茶水記[1]
宋歐陽修大明水記[2]
浮槎山水記[3]

附錄

魯彭　刻茶經敘

粵昔己亥，上南狩郢置荊西道無何，上以監察御史、青陽柯公來蒞厥職。越明年，百廢修舉，乃觀風竟陵，訪唐處士陸羽故處龍蓋寺。公喟然曰："昔桑苧翁名於唐，足跡遍天下，誰謂其產茲土耶？"因慨茶井失所在，乃即今井亭而存其故已。復構亭其北，曰茶亭焉。他日公再往，索羽所著《茶經》三篇，僧真清者，業錄而謀梓也，獻焉。公曰："嗟，井亭矣，而經可無刻乎？"遂命刻諸寺。夫茶之為經，要矣，行於世，膾炙千古，乃今見之。《百川學海》集中茲復刻者，便覽爾，刻之竟陵者，表羽之為竟陵人也。按羽生甚異，類令尹子文。人謂子文賢而仕，羽雖賢，卒以不仕。又謂楚之生賢，大類后稷云。今觀《茶經》三篇，其大都曰源、曰具、曰造、曰飲之類，則固具體用之學者。其曰伊公羹陸氏茶，取而比之，實以自況，所謂易地皆然者，非歟？向使羽就文學太祝之召，誰謂其吏不伊且稷也，而卒以不仕，何哉？昔人有自謂不堪流俗、非薄湯武者，羽之意，豈亦以是乎？厥後茗飲之風行於中外，而回紇亦以馬易茶，由宋迄今，大為邊助，則羽之功，固在萬世，仕不仕，奚足論也！或曰酒之用，視茶為要，故《北山》亦有《酒經》三篇，曰酒始諸祀。然而妹也已有酒禍，惟茶不為敗，故其既也，《酒經》不傳焉。羽器業顛末，具見於傳。其水味品鑒優劣之辨，又互見於張、歐、《浮槎》等記，則並附之《經》，故不贅。僧真清，新安之歙人，嘗新其寺，以嗜茶故，業《茶經》云。

皇明嘉靖二十一年歲在壬寅秋重九日景陵後學魯彭敘

吳旦　茶經跋

予聞陸羽著茶經，舊其□末之見，客京陵於龍蓋寺，僧真清處見之之後，披閱知有益於人，欲刻之而力未逮，返求同志程子伯，容共集諸釋以公於天下□蒼之者，無遺憾焉。刻完敬敘數語，紀歲月於末簡。

嘉靖壬寅歲一陽月望日新安後學吳旦識

注　釋

1　此處刪節，見唐代張又新《煎茶水記》。
2　此處刪節，見宋代歐陽修《大明水記》。
3　此處刪節，見宋代歐陽修《大明水記》。

茶經外集

◇明　真清　輯

真清，生平事跡，見真清《水辨》題記。

《茶經外集》，此名從中國現存的古代茶書來説，最早見於嘉靖壬寅（1542）陸羽《茶經》柯刻本附本。所謂"附文"或"附錄"，是後人整理、引用時所説，本文原書並沒有這樣表示。嘉靖壬寅本《茶經》，全書共分兩冊，第一冊魚尾分《茶經》上、中、下三卷，即一般所説《茶經》正文。第二冊魚尾分《茶經本傳》、《茶經外集》、《茶經序》和《後序》，也即有的書目所説的《茶經附集》、《附錄》和《茶經外集》。第二冊《茶經本傳》包括《傳》[1]和童承敘《陸羽贊》二文及《水辨》兩部分。《茶經序》和《後序》，收錄陳師道《茶經序》附皮日休《茶中雜詠序》、附童內方與夢野《論茶經書》及新安吳旦《後識》和校者汪可立《茶經後序》等文。傳、序、加《外集》，即構成《茶經》"壬寅本"、"柯刻本"和"竟陵本"的另冊。《茶經》之後附刊其他茶葉詩文等內容，此前，至少從現存的古代茶書説，很少見；但自嘉靖壬寅本開例之後，成為明代後期重刻《茶經》各本的一種風氣，從而也淡化產生出諸如《茶經水辨》、《茶經外集》、《茶譜外集》等茶書。

本集和壬寅柯刻本《水辨》一樣，由於不署輯者，至萬曆以後，隨萬曆十六年（1588）孫大綬秋水齋陸羽《茶經》本出，本集也慢慢為孫大綬《茶經外集》之名所掩，甚至於為有些刊本和書目，誤作為即孫大綬《茶經外集》[2]。直至萬國鼎《茶書總目提要》，才翻出在大綬《茶經外集》之前，還有一種嘉靖壬寅本《茶經外集》的線索；《中國古代茶葉全書》根據萬國鼎提及的線索，經查證終於將嘉靖壬寅本《茶經》所附的《茶經外集》，第一次收錄進中國古代茶書之列。可是因疏於細讀，將輯者由"真清"誤定為"吳旦"[3]。

本集輯錄時間，當和《水辨》一樣，也應是至遲不會晚於嘉靖己亥（1539）年。本書以嘉靖壬寅《茶經》柯雙華竟陵刻本為底本，以所引各詩原文作校。但需要指出，由於本集所輯明代諸詩，均為竟陵本地官吏士人所撰，限於香港收藏竟陵史志藝文條件，未能一一查見原詩。

唐

六羨歌　陸羽

不羨黃金罍，不羨白玉盃。不羨朝入省，不羨暮入臺。千羨萬羨西江水，曾向竟陵城下來。

送羽採茶　皇甫曾

千峯待逋客，香茗復叢生。採摘知深處，煙霞羨獨行。幽期山寺遠，野飯石泉清。寂寂燃燈夜，相思一磬聲。

送羽赴越　皇甫冉

行隨新樹深，夢隔重江遠。迢遞風日間，蒼茫洲渚晚。

尋陸羽不遇　僧皎然

移家雖帶郭，野徑入桑麻。近種籬邊菊，秋來未著花。扣門無犬吠，欲去問西家。報道山中出，歸來每日斜。

西塔院[4]　裴拾遺[5]

竟陵文學泉，蹤跡尚虛無。不獨支公住，曾經陸羽居。草堂荒產蛤，茶井冷生魚。一汲清泠飲，高風味有餘。

宋

觀陸羽茶井[6]　王禹偁

甃石封苔百尺深，試茶滋味少知音。惟餘半夜泉中月，留得先生一片心。

國朝[7]

秋日讀書西禪湖漲彌月小舟夜泛偶成　蓮北魯鐸[8]

寺門湖水漾秋痕，懶性相因省出門。卻被天心此明月，野航招去弄黃昏。

過西塔懷蓮北先生[9]　一山張崗[10]

茶井西偏結此亭，湖光明處眾山青。夜深神物應呵護，尚有東岡太史銘。

遊西禪寺漫興　東濱徐咸海鹽人[11]

湖波萬頃一橋通，西入禪房路莫窮。白鶴避煙茶竈在，青松留影法堂空。閑心未似沾泥絮，宦跡真成踏雪鴻。乘興忽來還忽去，此情渾與剡溪同。

聞清公從新安來大新龍蓋寺春日同夢野過訪　陸泉張本潔[12]

古剎西湖上，經年到未能。一尊攜偶過，千載喜重興。茶井頻添碗，松壇續見燈。徘徊飛錫處，因迓遠來僧。

尋清上人因懷可公次韻　夢野魯彭[13]

春湖入古寺，晝雨對盧能。徒倚論今昔，長歌感廢興。清風隨掛錫，白日好博燈。茶共西偏路，提壺憶老僧。

過西禪次陸泉韻　蔣山程鍵休寧人

佛法歸三昧，神通說七能。煮茶松鶴避，洗鉢水龍興。白晝花飛雨，青蓮夜焕燈。何當謝塵故，接跡伴山僧。

訪西禪有作　瑞坡楊應和[14]長樂人

尋訪禪林懷好音，通幽花竹揔無心。看花説偈龍偏聽，燒竹烹茶鶴不禁。作客十年真幻妄，浮生半日此登臨。振衣趺坐待明月，猶恐長雲起暮陰。

遊西塔院逢清禪師次韻　觀復魯嘉[15]

我聞西塔院，佛子亦多能。萬古還虛寂，千年説廢興。禪枝玉作樹，雪殿石為燈。寂寞風湖夜，相逢雲水僧。

西塔院訪古　芝山汪可立

西禪湖面寺，風致異囂寰。煮茗分新汲，沉檀爇博山。百年乘興至，半日共僧閒。凼討成心癖[16]，天雲互往還。

遊龍蓋寺　雪江程墭

十載江山訪赤松，半湖煙浪隱仙蹤。法門星月留丹□，水國魚龍傍曉鐘。花底尋幽殘露濕，竹間下榻□雲封。雪江咫尺乾坤迴，聊倚寒笻對晚峯。

宿龍蓋寺　心泉程太忠

西面湖光一徑通，白雲深處是禪宮。藤蘿裊裊煙霞古，水月澄澄色相空。仙茗浮春香滿座，胡床向晚腋生風。恍疑身世乾坤外，便欲凌翰訪赤松。

過龍蓋寺　比(涯)程璐

江城抱古寺，咫尺斷浮埃。老鶴依僧臥，白雲逐客來。湖心懸日月，樹底響風雷。茶井神龍起，流光遍九垓。

茶亭懷古　陸洲張一中

茶井何年甃，林亭此日新。間過容假息，小築況為鄰。龍鳳名空在，煙霞跡已湮。高人不可見，臨眺獨傷神。

過龍蓋寺清禪師　少岳何曉

天開龍蓋寺，地插鑑湖中。白晝雲光滿，清宵月色空。談經翻貝葉，把酒面芳叢。社白應慚我，何由識遠公。

西泉真清

十載傳衣缽，沙門寄此身。種蓮開白杜，屏跡謝紅塵。定起雲生衲，經殘月滿津。卻憐桑苧老，千古揖風神。

春日遊西禪茶亭憩息　前川鄒穀

散步招提上，年來未一經。井泉仍舊跡，桑苧忽新亭。遶檻湖爭碧，開軒山送青。鷗馴如對語，鶴倦每梳翎。脱病身初健，偷閒心自寧。烹茶同老枘，得句慰山靈。日暮歸從晚，塵氛夢欲醒。幽期意無盡，相送更禪扃。

懷陸篇　夢野〔魯彭〕①

君不見，雁叫門上有陸公亭，寒泉古木何冥冥，青天白日來風霆。又不見，陸公一去已千載，陸公之名至今在。亭中過客雪片消，西湖漫漫長不改。我來訪古一引泉，茶爐況在落花前。平生浪說《煮茶記》，此日卻詠《懷陸篇》。嗟公磊呵不喜名，眼空塵世窺蓬瀛。幾迴天子呼不去，但見兩腋清風生。清風飄颻湖海中，雲籠月杓隨飛蓬。自從維揚品鑒後，千山萬水為一空。孤蹤落落杳難跡，斷碑遺址令人惜。覆釜洲前柳復青，火門山頭月猶白。柳青月白無窮已，春去秋來共流水。西江宛轉南零開，苕溪指點依稀是。吁嗟古今不相見，箇中如覿春風面。日夕猶聞渚雁悲，山川不逐桑海變。洗馬臺邊物色新，正值人間浩蕩春。放歌曳履且歸去，回首滄波生白蘋。

登西禪訪陸羽故居　定溪方新[17]侍御②

竟陵南下雍湖陰，千載高蹤尚可尋。古井泉分煙月冷，幽亭風入芰荷深。談經早悟安禪旨，煮茗深知玩世心。我欲從君君莫哂，洞庭秋水擬投簪。

過景陵宿西禪寺　少泉王格[18]

積水迴巒草色幽，平蕪一望暮煙浮。居人落落多茅屋，征客瀟瀟傍荻洲。酒幌晝閑停馬問，釣舟夜放□魚遊。行行遙指孤城宿，落日西風古寺秋。

遊西禪寺　梧崖蕭錄[19]

十載西禪入夢多，重來豈謂隔煙波。通人小艇穿魚鳥，候客幽僧出薜蘿。白石埒頹猶護址，紫微花老半無柯。水亭徒倚從遊侶，芳醑清琴笑語和。

又次方定溪韻

水亭幽帶薜蘿陰，一徑遙通不費尋。鐘鼓迎賓當晝未，鳧鷺聽講入簷深。人矜絕寂堪逃俗，我愛清冷好洗心。佳兆偏知榮轉客，天香浮瑞點朝簪。

秋日過西禪寺　星野方梁[20]

萬峯秋盡映湖光，乘興尋幽覓釣航。茶井處無仙□逝，山亭寥寂客心傷。雲深水殿鐘聲靜，霜落江城木葉黃。慷慨登臨懷往事，清泉明月照禪房。

過西禪寺訪陸羽　蓋吾張惟翰[21]

香徑通禪榻，緣心質異人。鐘鳴僧出定，齋熟鳥來馴。樹老藤陰合，波澄竹影清。井餘茶竈冷，雲水意相親。

遊西禪寺　生員蕭選

上房佳氣鬱苕蕘，殿閣飛暈影動搖。雲淨好山皆入座，雨餘新水欲平橋。山僧掃葉烹清茗，野客吹簫醉碧桃。卻憶當年桑苧客，小山叢桂竟誰招。

又登觀音閣

縹渺憑虛閣，三年此又登。爐煙飛細霧，燈火夾輕雲。舉目天低樹，回頭日近人。東園何處是，感慨欲傷神。

冬起過訪西禪　芝南江楚浮梁人

霜晨霜滿服，隨喜塔西房。氣爽疑天別，僧閑竟話長。馴人鶴不避，入座茗猶香。但自遺名得，還來憩上方。

槐㒵任高[22]　弔陸羽先生有感而題

謾覓遺蹤近渺茫，遍觀維見水洋洋。可憐一叚經綸手，空付寒煙戴鶴傍。

過西禪寺　程彬

西塔知名寺，垂楊夾徑深。曇花明佛蠟，茶井漱禪心。風度鐘聲遠，波搖竹影沉。此身江海寄，乘興且登臨。

書西禪寺陸羽亭　新安余一龍[23]

西禪迤北構高亭，故老相傳陸羽名。羡有萬千惟此水，書無今古亦為經。不居方丈圍蒲坐，獨向深山帶雨行。料得先生還意別，嗜茶未必是先生。

遊西禪寺　分巡荊西道蘇諱雨[24]

竟陵秋色在雙湖，湖上招提入畫圖。清鏡影懸分巨浸，碧天光湛見真吾。地憑鰲背疑三島，勝據滄洲小二姑。乘暇偶來波若界，西湖重過舊時蘇。

西禪寺飲陸羽泉　又

聞道金山寺，金山似此山。開泉名陸羽，煮茗駐朱顏。味澄清涼果，人超煩惱關。阿誰同汲引，分得老僧閒。

題西禪茶井　新安程子諫

逃禪重陸羽，豈為浮名牽。採茗南山下，鑿泉古刹前。非消司馬渴，那慕接輿賢。誰覺幽求士，茶經為寓言。

庠生江有元

始學懷桑苧，今來異雁門。亭從何日圮，井獨舊風存。讀易知鴻漸，烹茶避鶴蹲。如何修潔羽，不赴九天閽。

庠生延鶴

陸羽傳燈處，清虛一洞天。珠林仍殿閣，竹嶼自山川。水羡西江好，書從唐史傳。龍團風味在，何著季卿篇。

注　釋

1 即《新唐書．陸羽傳》。
2 參見孫大綬《茶經外集．題記》。
3 參見《水辨．題記》。
4 西塔院：一稱西塔寺，在古城西二里覆金洲。原名龍蓋寺，因陸羽師積公化形甃塔因名。
5 裴拾遺：即唐裴迪，關中人，天寶時與王維同隱藍田。各作五言絕句二十首，合編為《輞川集》。曾應進士試。天寶末入川任蜀州刺史，與杜甫友。《統籤》云，是《西塔院》詩，非出此裴迪作。
6 陸羽井：一名文學泉，在右縣署西北。二名均以陸羽取此泉試茶故。
7 國朝指明：下錄明人詠哦陸羽遺跡和茶事詩，查有關詩文集和明清沔陽、天門、竟陵等方誌俱未見，因是也無校。
8 蓮北：天門縣地名，即蓮北莊，一名東莊。在東湖之東，魯鐸別業於此。魯鐸（1461－1527），湖廣晉陵人，字振之。弘治十五年進士，授編修，正德時使頒詔安南，卻其饋而還，擢南京國子監祭酒，尋改北京。卒謚文恪。有《蓮北稿》、《使交集》、《己有園集》、《東廂西廂稿》等。
9 蓮北先生：即指魯鐸，蓮北是其別業和書室名。
10 一山張崗：一山晉陵地名，張崗生平事跡無考，與魯鐸同時代人。
11 東濱：即指浙江海鹽。　徐咸：字子正。正德六年進士，歷任湖廣沔陽知州，襄陽知府，居官寬簡持大體，好文學。有《近代名臣言行錄》、《四朝聞見錄》等。
12 陸泉：天門地名。　張本潔：字叔與，湖廣晉陵人。正德丙子（1516年）科舉人，歷官海寧知州。
13 夢野：晉陵縣古地名。指夢野亭，在縣治東南隅台地上。宋景祐中州守王祺建。取義“一目可盡雲夢之野”。　魯彭，字壽卿，鐸長子。正德丙子(1516)舉人，尹樂會、和平、愷悌，有政績，去之日，民祠以祀之。此或指魯彭書室名，有《離騷賦》、《雁門小橋稿》。
14 楊應和：福建長樂人，嘉靖二十一年（1542）任沔陽知州。
15 魯嘉：字亨卿，鐸子。正德己卯（1519）科舉人，以三場失落棄考，主司惋惜再三，京師噪聲飛譽。
16 凼討成心癖：“凼”字，底本原文不清，也似“凼”字。如是“凼”，同“幽”，若作“凼”，同“凼”（chàng），見《龍龕》，義不詳。
17 定溪方新：定溪是方新的號。方新，南直隸青陽人，字德新。嘉靖三十五年進士，官監察御史。上疏論邊政弊端，乞帝隨事自責，被斥為民。
18 王格（1502－1595）：字汝化，湖廣京山人，少泉大概是其號。嘉靖五年進士，大禮議起，持論忤張德，貶為永興知縣。累遷河南僉事，不肯賄中官，被杖謫。隆慶時授太僕寺少卿致仕。有《少泉集》。
19 蕭錄：湖廣晉陵人，嘉靖丙午（1546）貢生，曾任內江教諭。
20 星野方梁：星野為方梁的字或號，江西弋陽人，嘉靖後期舉人，隆慶三年任晉陵知縣。
21 張惟翰：嘉靖間景陵縣訓導。
22 任高：四川溫江人，貢生，隆慶三年（1569）晉陵縣訓導。
23 余一龍：南直隸徽州人，隆慶六年（1572）任分巡荊西道。
24 蘇雨：事跡不詳，僅知萬曆十三年（1640）任分巡荊西道。

校　記

① 〔夢野〕魯彭：底本只有“夢野”二字，今按文義加“魯彭”。
② 定溪方新侍御：“侍御”，底本模糊不清，有的書擅刪，本書考加。

煮泉小品

◇明　田藝蘅　撰[1]

田藝蘅，字子藝，號品嵒子，錢塘（今浙江杭州）人。其父田汝成，嘉靖五年（1526）進士，授南京刑部主事，歷官西南，罷歸故里後，盤桓湖山，撰《西湖遊覽志》及《遊覽志餘》等。田汝成的家教和上述經歷，對後來藝蘅才學的發展和為人影響很大。如他十歲時隨其父過采石磯（在安徽當塗長江邊，相傳李白醉酒墮江處）時，即作《采石賦》云："白玉樓成招太白，長山相對憶青蓮。寥寥采石江頭月，曾招仙人宮錦船。"顯示其自幼在他父親指授下詩才的早發。不過他長大後，"七舉不遇"，《明史．田汝成傳》稱他"性放誕不羈，嗜酒任俠。以歲貢為徽州訓導，罷歸"。藝蘅博學多聞，世人以成都楊慎與之相比，有《大明同文集》、《留青日札》和雜著數十種。

《煮泉小品》，據趙觀和田藝蘅的前序，成書於明嘉靖三十三年（1554）。主要版本有《寶顏堂續秘笈》本、喻政《茶書》本、《錦囊小史》本、華淑（1589－1643）編《閒情小品》本、陶珽編《説郛續》本和朱祐檳《茶譜》本、王文濡輯《説庫》本等。對《煮泉小品》的評價，古今眾説不一。趙觀讚其"考據該洽，評品允當，實泉茗之信史"。《四庫全書總目提要》則稱"大抵原本舊文，未能標異於《水品》、《茶經》之外"。近人萬國鼎的評語是："議論夾雜考據，有説得合理處，但主要是文人的遊戲筆墨。"明代嘉、萬年間，是中國茶書的撰著，也是抄襲、書賈偽託造假最盛的年代。田藝蘅在這種風氣之下，雖也引用舊文，但如萬國鼎説，或議或考，發表了不少自己的看法，《煮泉小品》因而可以説是一本較有價值的茶書。

本文以喻政《茶書》所錄為底本，以《寶顏堂續秘笈》本、《錦囊小史》本、《閒情小品》本、説郛續本作校。

敘

田子藝夙厭①塵囂，歷覽名勝，竊慕司馬子長[2]之為人，窮搜遐討。固嘗飲泉覺爽，啜茶忘喧，謂非膏粱紈綺可語。爰著《煮泉小品》，與漱流枕石者商焉。考據該洽②，評品允當，寔泉茗之信史也③。予惟贊皇公之鑑水，竟陵子之品茶，躭以成癖，罕有儷者。洎丁公言茶圖，顓論採造而未備；蔡君謨《茶錄》，詳於烹試而弗精；劉伯芻、李季卿論水之宜茶者，則又互有同異，與陸鴻漸相背馳，甚可疑笑。近雲間徐伯臣[3]氏作《水品》，茶復略矣。粵若子藝所品，蓋兼昔人之所長，得川原之雋味；其器宏以深，其思沖以淡，其才清以越，具可想也。殆與泉茗相渾化者矣，不足以洗塵囂而謝膏綺乎！重違嘉懇，勉綴首簡。嘉靖甲寅冬十月既望，仁和趙觀撰④。

引⑤

昔我田隱翁嘗自委曰："泉石膏肓。"噫！夫以膏肓之病，固神醫之所不治者也，而在於泉石，則其病亦甚奇矣。余少患此病，心已忘之，而人皆咎余之不治，然遍檢方書，苦無對病之藥。偶居山中，遇淡若叟，向余曰："此病固無恙也。子欲治之，即當煮清泉白石，加以苦茗，服之久久，雖辟穀可也，又何患於膏肓之病邪！"余敬頓首受之，遂依法調飲，自覺其效日著，因廣其意，條輯成編，以付司鼎山童。俾遇有同病之客來，便以此薦之，若有如煎金玉湯者來，慎弗出之，以取彼之鄙笑。

時嘉靖甲寅秋孟中元日，錢塘田藝衡序⑥。

目錄⑦

一源泉	二石流	三清寒	四甘香	五宜茶
六靈水	七異泉	八江水	九井水	十緒談

源泉

積陰之氣為水。水本曰源，源曰泉。水，本作巛，象眾水並流，中有微陽之氣也，省作水。源，本作原，亦作厵；從泉，出厂下。厂，山岩之可居者，省作原，今作源。⑧泉，本作泉，象水流出成川形也。知三字之義，而泉之品思過半矣。

山下出泉曰蒙。蒙，穉也。物穉則天全；水穉則味全。故鴻漸曰："山水上。"其曰乳泉石池漫流者，蒙之謂也，其曰瀑湧湍激者，則非蒙矣，故戒人勿食。

混混不舍，皆有神以主之，故天神引出萬物。而《漢書》三神，山嶽其一也。

源泉必重，而泉之佳者尤重。餘杭徐隱翁嘗為余言，以鳳凰山泉較阿姥墩百花泉，便不及五錢，可見仙源之勝矣。

山厚者泉厚，山奇者泉奇，山清者泉清，山幽者泉幽，皆佳品也。不厚則薄，不奇則蠢，不清則濁，不幽則喧，必無佳泉。

山不亭處，水必不亭。若亭，即無源者矣，旱必易涸。

石流

石，山骨也；流，水行也。山宣氣以產萬物，氣宣則脈長，故曰"山水上"。《博物志》："石者，金之根甲。石流精以生水。"又曰："山泉者，引地氣也。"

泉非石出者，必不佳。故《楚詞》云："飲石泉兮蔭松栢。"皇甫曾《送陸羽》詩："幽期山寺遠，野飯石泉清。"梅堯臣《碧霄峯茗》詩："烹處石泉嘉。"又云：

"小石泠泉留早味"，誠可謂賞鑑者⑨矣。

咸，感也。山無澤，則必崩；澤感而山不應，則將怒而為洪。

泉，往往有伏流沙土中者，挹之不竭⑩，即可食。不然，則滲瀦之潦耳，雖清勿食。

流遠則味淡，須深潭渟畜，以復其味，乃可食。

泉不流者，食之有害。《博物志》：山居之民，多癭腫疾，由於飲泉之不流者。

泉湧出曰濆，在在所稱"珍珠泉"者，皆氣盛而脈湧耳，切不可食，取以釀酒或有力。

泉有或湧而忽涸者，氣之鬼神也，劉禹錫詩⑪"沸井今無湧"是也。否則徙泉喝水，果有幻術邪？

泉懸出曰沃⑫，暴溜曰瀑，皆不可食。而廬山水簾，洪州天台瀑布，皆入水品，與陸經背矣。故張曲江[4]《廬山瀑布》詩："吾聞山下蒙，今乃林巒表。物性有詭激，坤元曷紛矯。默然置此去，變化誰能了。"則識者固不食也。然瀑布實山居之珠箔錦幕也，以供耳目，誰曰不宜。

清寒

清，朗也，靜也，澄水之貌。寒，冽也，凍也，覆水之貌。泉，不難於清而難於寒。其瀨峻流駛而清，巖奧陰積而寒者，亦非佳品。

石少土多、沙膩泥凝者，必不清寒。

蒙之象曰果行，井之象曰寒泉。不果，則氣滯而光；不澄，不寒，則性燥而味必嗇。

冰，堅水也。窮谷陰氣所聚，不洩則結而為伏陰也。在地英明者惟水，而冰則精而且冷，是固清寒之極也。謝康樂[5]詩："鑿冰煮朝飧。"《拾遺記》[6]："蓬萊山冰水，飲者千歲。"

下有石硫黃者，發為溫泉，在在有之。又有共出一壑半溫半冷者，亦在在有之，皆非食品。特新安[7]黃山朱沙湯泉可食。《圖經》云："黃山舊名黟山，東峯下有朱沙湯泉可點茗，春色微紅，此則自然之丹液也。"《拾遺記》："蓬萊山沸水，飲者千歲。"此又仙飲。

有黃金處，水必清；有明珠處，水必媚；有孑鮒處，水必腥腐；有蛟龍處，水必洞黑。媺惡不可不辨也。

甘香

甘，美也；香，芳也。《尚書》"稼穡作甘黍。"甘為香黍，惟甘香，故能養人。泉惟甘香⑬，故亦能養人⑭。然甘易而香難，未有香而不甘者也。

味美者曰甘泉，氣芳者曰香泉，所在間有之。　泉上有惡水，則葉滋根潤，皆能損其甘香，甚者能釀毒液，尤宜去之。

甜水，以甘稱也。《拾遺記》：“員嶠山北，甜水遶之，味甜如蜜。”《十洲記》[8]：“元洲玄澗，水如蜜漿，飲之與天地相畢。”又曰：“生洲之水，味如飴酪。”

水中有丹者，不惟其味異常，而能延年卻疾⑮；須名山大川諸仙翁修煉之所有之。葛玄[9]少時，為臨沅[10]令。此縣廖氏家世壽，疑其井水殊赤，乃試掘井左右，得古人埋丹砂數十斛。西湖葛井，乃稚川[11]煉所。在馬家園後淘井，出石匣，中有丹數枚，如芡實，啖之無味，棄之。有施漁翁者，拾一粒食之，壽一百六歲。此丹水尤不易得，凡不淨之器，切不可汲。

宜茶

茶，南方嘉木⑯，日用之不可少者。品固有媺惡，若不得其水，且煮之不得其宜，雖佳弗佳也。

茶如佳人，此論雖妙，但恐不宜山林間耳。昔蘇子瞻詩“從來佳茗似佳人”，曾茶山詩“移人尤物眾談誇”，是也。若欲稱之山林，當如毛女、麻姑[12]，自然仙風道骨，不浼煙霞可也。必若桃臉柳腰，宜亟屏之銷金帳[13]中，無俗我泉石。

鴻漸有云：“烹茶於所產處無不佳，蓋水土之宜也。”此誠妙論，況旋摘旋瀹⑰，兩及其新邪。故《茶譜》亦云：“蒙之中頂茶，若獲一兩，以本處水煎服，即能祛宿疾。”是也。今武林諸泉，惟龍泓入品，而茶亦惟龍泓山為最。蓋玆山深厚高大，佳麗秀越，為兩山之主，故其泉清寒甘香，雅宜煮茶。虞伯生[14]詩：“但見瓢中清，翠影落羣岫。烹煎黃金芽，不取穀雨後。”姚公綬[15]詩：“品嘗顧渚風斯下，零落茶經奈爾何。”則風味可知矣，又況為葛仙翁煉丹之所哉？又其上為老龍泓，寒碧倍之，其地產茶，為南北山絕品。鴻漸第錢唐天竺、靈隱者為下品，當未識此耳。而郡志亦只稱寶雲、香林、白雲諸茶，皆未若龍泓之清馥雋永也。余嘗一一試之，求其茶泉雙絕，兩浙罕伍云。

龍泓今稱龍井，因其深也。郡志稱有龍居之，非也。蓋武林之山，皆發源天目，以龍飛鳳舞之讖，故西湖之山，多以龍名，非真有龍居之也。有龍，則泉不可食矣。泓上之閣，亟宜去之；浣花諸池，尤所當浚。

鴻漸品茶，又云杭州下，而臨安、於潛生於天目山，與舒州同，固次品也。葉清臣則云：茂錢唐者，以徑山稀，今天目遠勝徑山，而泉亦天淵也。洞霄次徑山。

嚴子瀨，一名七里灘。蓋沙石上，曰瀨、曰灘也，總謂之漸江[16]，但潮汐不及而且深澄，故入陸品耳。余嘗清秋泊釣臺下，取囊中武夷、金華二茶試之，固一水也，武夷則黃而燥洌，金華則碧而清香，乃知擇水當擇茶也。鴻漸以婺州為次，而清臣以白乳為武夷之右，今優劣頓反矣。意者所謂離其處，水功其半者邪。

茶自浙以北皆較勝，惟閩、廣以南，不惟水不可輕飲，而茶亦當慎之。昔鴻漸未詳嶺南諸茶，仍云“往往得之，其味極佳。”余見其地多瘴癘之氣，染著草木，北人食之，多致成疾，故謂人當慎之。要須採摘得宜，待其日出，山霽露收嵐淨⑱可也。茶之團者、片者，皆出於碾磑之末，既損真味，復加油垢，即非佳品，總不若今之芽茶也，蓋天然者自勝耳。曾茶山《日鑄茶》詩：“寶銙自不乏，山芽安可無。”蘇子瞻《壑源試焙新茶》詩：“要知玉雪心腸好，不是膏油首面新。”是也。且末茶瀹之有屑，滯而不爽，知味者當自辨之。

芽茶以火作者為次，生曬者為上，亦更近自然，且斷煙火氣耳。況作人手器不潔，火候失宜，皆能損其香色也。生曬茶，瀹之甌中，則旗鎗舒暢，清翠鮮明，尤為可愛。

唐人煎茶多用薑鹽，故鴻漸云：“初沸水，合量調之以鹽味薛能詩：鹽損添常戒，薑宜著更誇。”蘇子瞻以為茶之中等，用薑煎信佳，鹽則不可。余則以為二物皆水厄也。若山居飲水，少下二物以減嵐氣或可耳。而有茶，則此固無須也。

今人薦茶，類下茶果，此尤近俗。縱是佳⑲者，能損真味，亦宜去之。且下果則必用匙，若金銀，大非山居之器，而銅又生腥，皆不可也。若舊稱北人和以酥酪，蜀人入以白鹽⑳，此皆蠻飲，固不足責耳㉑。

人有以梅花、菊花、茉莉花薦茶者，雖風韻可賞，亦損茶味，如有佳茶，亦無事此。

有水有茶，不可無火。非無火也，有所宜也。李約[17]云：“茶須緩火炙，活火煎”，活火，謂炭火之有焰者。蘇軾詩：“活火仍須活水烹”是也。余則以為山中不常得炭，且死火耳，不若枯松枝為妙。若寒月，多拾松實，畜為煮茶之具，更雅。

人但知湯候，而不知火候。火然則水乾，是試火先於試水也。《呂氏春秋》[18]：伊尹[19]說湯。“五味九沸”；九變火為之紀。

湯嫩則茶味不出，過沸則水老而茶乏，惟有花而無衣，乃得點瀹之候耳。

唐人以對花啜茶為殺風景，故王介甫[20]詩：“金谷千花莫漫煎”；其意在花，非在茶也。余則以為金谷花前，信不宜矣。若把一甌，對山花啜之，當更助風景，又何必羔兒酒也。

煮茶得宜，而飲非其人，猶汲乳泉以灌蒿蕕，罪莫大焉。飲之者一吸而盡，不暇辨味，俗莫甚焉。

靈水

靈，神也。天一生水，而精明不淆，故上天自降之澤，實靈水也。古稱“上池之水者非與”。要之皆仙飲也。

露者，陽氣勝而所散也。色濃為甘露，凝如脂，美如飴，一名膏露，一名天酒。《十洲記》"黃帝寶露"，《洞冥記》[21]"五色露"，皆靈露也。莊子曰："姑射山神人[22]，不食五穀，吸風飲露。"《山海經》"仙丘絳露，仙人常飲之。"《博物志》："沃渚之野，民飲甘露。"《拾遺記》："含明之國，承露而飲。"《神異經》[23]："西北海外人，長二千里，日飲天酒五斗。"《楚詞》："朝飲木蘭之墜露。"是露可飲也。

雪者，天地之積寒也。《氾勝書》[24]："雪為五穀之精。"《拾遺記》"穆王東至大㩛[25]之谷，西王母來進嵰州[26]甜雪，是靈雪也。"陶穀取雪水烹團茶，而丁謂《煎茶》詩："痛惜藏書篋，堅留待雪天。"李虛己[27]《建茶呈學士》詩："試將梁苑雪，煎動建溪春。"是雪尤宜茶飲也。處士列諸末品，何邪？意者以其味之燥乎？若言太冷，則不然矣。

雨者，陰陽之和，天地之施，水從雲下，輔時生養者也。和風順雨，明雲甘雨，《拾遺記》："香雲遍潤，則成香雨"，皆靈雨也，固可食。若夫龍所行者，暴而霪者，旱而凍者，腥而墨者及檐溜者，皆不可食。

《文子》[28]曰：水之道，上天為雨露，下地為江河，均一水也。故特表靈品。

異泉

異，奇也。水出地中，與常不同，皆異泉也，亦仙飲也。

醴泉：醴，一宿酒也；泉，味甜如酒也。聖王在上，德普天地，刑賞得宜，則醴泉出，食之令人壽考。

玉泉：玉石之精液也。《山海經》："密山出丹水，中多玉膏；其源沸湯，黃帝是食。"《十洲記》：瀛洲玉石，高千丈，出泉如酒。味甘，名玉醴泉，食之長生。又，方丈洲有玉石泉；崑崙山有玉水。尹子曰："凡水方折者有玉"。

乳泉：石鍾乳，山骨之膏髓也。其泉色白而體重，極甘而香，若甘露也。

朱沙泉：下產朱沙，其色紅，其性溫，食之延年卻疾。

雲母泉：下產雲母，明而澤，可煉為膏，泉滑而甘。

茯苓泉：山有古松者，多產茯苓。《神仙傳》："松脂淪入地中，千歲為茯苓也"。其泉或赤或白，而甘香倍常。又朮泉，亦如之。非若杞菊之產於泉上者也。

金石之精，草木之英，不可殫述，與瓊漿並美，非凡泉比也，故為異品。

江水

江，公也，眾水共入其中也。水共則味雜，故鴻漸曰江水中，其曰："取去人遠者。"蓋去人遠，則澄清而無盪瀁之漓耳。

泉自谷而溪、而江、而海，力以漸而弱，氣以漸而薄，味以漸而鹹㉒，故曰"水曰潤下"。潤下作鹹旨哉。又《十洲記》："扶桑[29]碧海，水既不鹹苦，正作碧色，甘香味美，此固神仙之所食也。

潮汐近地，必無佳泉，蓋斥鹵誘之也。天下潮汐，惟武林最盛，故無佳泉。

西湖山中則有之。

楊子，固江也，其南泠；則夾石渟淵，特入首品。余嘗試之，誠與山泉無異。若吳淞江，則水之最下者也，亦復入品，甚不可解。

井水

井，清也，泉之清潔者也；通也，物所通用者也；法也、節也，法制居人，令節飲食無窮竭也。其清出於陰，其通入於淆，其法節由於不得已，脈暗而味滯。故鴻漸曰："井水下"。其曰"井取汲多者"，蓋汲多，氣通而流活耳。終非佳品，勿食可也。

市廛民居之井，煙爨稠密，污穢滲漏，特潢潦耳，在郊原者庶幾。

深井多有毒氣。葛洪方五月五日，以雞毛試投井中，毛直下，無毒；若迴四邊，不可食。淘法，以竹篩下水，方可下浚。

若山居無泉，鑿井得水者，亦可食。

井味鹹色綠者，其源通海。舊云"東風時鑿井，則通海脈"，理或然也。

井有異常者，若火井、粉井、雲井、風井、鹽井、膠井，不可枚舉。而水井㉓則又純陰之寒㉔也，皆宜知之。

緒談

凡臨佳泉，不可容易漱濯，犯者每為山靈所憎。

泉坎須越月淘之，革故鼎新，妙運當然也。

山木固欲其秀而蔭，若叢惡，則傷泉。今雖未能使瑤草瓊花披拂其上，而修竹幽蘭自不可少也㉕。

作屋覆泉，不惟殺盡風景，亦且陽氣不入，能致陰損，戒之戒之。若其小者，作竹罩以籠之，防其不潔之侵，勝屋多矣。

泉中有蝦蟹、孑蟲，極能腥味，亟宜淘淨之。僧家以羅濾水而飲，雖恐傷生，亦取其潔也。包幼嗣[30]《淨律院》詩："濾水澆新長"。馬戴[31]《禪院》詩："濾泉侵月起"。僧簡長[32]詩："花壺濾水添"是也。于鵠[33]《過張老園林》詩："濾水夜澆花"；則不惟僧家戒律為然，而修道者，亦所當爾也。

泉稍遠而欲其自入於山廚，可接竹引之、承之，以奇石貯之以淨缸㉖，其聲尤琤淙可愛㉗。駱賓王詩："刳木取泉遙"[34]，亦接竹之意。

去泉再遠者，不能自汲，須遣誠實山童取之，以免石頭城下之偽[35]。蘇子瞻愛玉女河水，付僧調水符取之，亦惜其不得枕流焉耳。故曾茶山[36]《謝送惠山泉》詩："舊時水遞費經營"。

移水而以石洗之，亦可以去其搖盪之濁滓，若其味，則愈揚愈減矣。

移水取石子置瓶中，雖養其味，亦可澄水，令之不淆。黃魯直《惠山泉》詩："錫谷寒泉撱石俱"[37]㉘是也。擇水中潔淨白石，帶泉煮之，尤妙尤妙。

汲泉道遠，必失原味。唐子西[38]云：“茶不問團銙，要之貴新；水不問江井，要之貴活。”又云“提瓶走龍塘，無數千步，此水宜茶，不減清遠峽。”而海道趨建安，不數日可至，故新茶不過三月至矣。今據所稱，已非嘉賞。蓋建安皆碾磑茶，且必三月而始得，不若今之芽茶，於清明、穀雨之前陟採而降煮也。數千步取塘水，較之石泉新汲，左杓右鐺，又何如哉？余嘗謂二難具享，誠山居之福者也。㉙

山居之人，固當惜水，況佳泉更不易得，尤當惜之，亦作福事也。章孝標《松泉》[39]詩：“注瓶雲母滑，漱齒茯苓香。野客偷煎茗，山僧惜淨床。”夫言偷，則誠貴矣；言惜，則不賤用矣。安得斯客斯僧也，而與之為鄰邪㉚？

山居有泉數處，若冷泉、午月泉、一勺泉，皆可入品。其視虎丘石水，殆主僕矣，惜未為名流所賞也。泉亦有幸有不幸邪，要之隱於小山僻野，故不彰耳。竟陵子可作，便當煮一杯水，相與蔭青松、坐白石，而仰視浮雲之飛也。

跋㉛

子藝作泉品，品天下之泉也。予問之曰：盡乎？子藝曰：“未也”。夫泉之名有甘、有醴、有冷、有溫、有廉、有讓、有君子焉，皆榮也。在廣有貪[40]，在柳有愚[41]，在狂國有狂[42]，在安豐軍有咄[43]，在日南有淫[44]，雖孔子亦不飲者有盜[45]，皆辱也。子聞之曰：“有是哉，亦存乎其人爾。天下之泉一也，惟和士飲之，則為甘；祥士飲之，則為醴；清士飲之，則為冷；厚士飲之，則為溫；飲之於伯夷[46]，則為廉；飲之於虞舜[47]，則為讓；飲之於孔門諸賢，則為君子。使泉雖惡，亦不得而污之也，惡乎辱。泉遇伯封[48]，可名為貪；遇宋人，可名為愚[49]；遇謝奕[50]，可名為狂；遇楚項羽，可名為咄；遇鄭衛之俗，可名為淫；其遇蹠[51]也，又不得不名為盜。使泉雖美，亦不得而自濯也，惡乎榮？子藝曰：“噫！予品泉矣，子將兼品其人乎”。予山中泉數種，請附其語於集，且以貽同志者，毋混飲以辱吾泉。餘杭蔣灼題。

注　釋

1 底本和現存多數版本，署名大多作“明錢塘田藝蘅撰”；寶顏堂續本除“武林子藝田藝蘅撰”外，還接署有“華亭仲醇陳繼儒閱，攜李寓公高函娗校”等字樣。

2 司馬子長：即司馬遷，子長是他的字。

3 雲間徐伯臣：“伯臣”即徐獻忠的字。“雲間”為今上海“松江縣”古稱。

4 張曲江：張九齡（673或678－740），韶州曲江（今屬廣東）人，擢進士，開元二十一年（733）官至中書侍郎，同中書門下平章事，時稱賢相。

5 謝康樂：謝靈運（385－433），晉時襲封康樂公，又稱謝康樂。有《謝康樂集》。

6 《拾遺記》：舊題晉王嘉撰，今本大概經過南朝梁蕭綺的整理。

7 新安：此指隋唐時的新安郡。隋大業三年改歙州置，治所位於今安徽休寧縣。唐武德初改為歙州，天寶元年又復為新安郡，領今皖南徽歙一帶。

8 《十洲記》：全名《海內十洲記》，舊題漢代·東方溯撰，據考應是漢末魏晉間人假託之作。

9 葛玄：三國吳句容人，字孝先，葛洪從祖父。嘗入天台赤城山學道、隱馬跡山（今無錫太湖中）修煉，自稱葛仙翁。

10 臨沅：縣名，治所在今湖南常德市。

11 稚川：即葛洪（284－364），字稚川，自號抱扑子。

12 毛女、麻姑：毛女，《列仙傳》載：字玉姜，自言秦始皇宮女，秦亡，隱華陰山，遇道士谷春，教其服食松葉，於是從不飢寒，身輕如飛，已百七十餘年。麻姑，典出葛洪《神仙傳》，講漢孝桓帝時，降蔡經家，能撒米“成真珠”。傳説甚多，唐宋時李白、元稹、蘇軾、陸游等詩作中均有提及。

13 銷金帳：“銷金”，熔化金屬。銷金帳指用金絲或金飾製作的帳幕。

14 虞伯生：即虞集（1272－1348），字伯生，號邵庵。世居蜀，宋亡，父率家僑居臨川崇仁。少受家學，嘗從吳澄遊。大德初，以薦授大都路儒學教授。文宗即位，累除奎章閣侍書學士，領修《經世大典》。卒謚文靜，弘才博識，工詩文，有《道園學古錄》等。

15 姚公綬：即姚綬（1422－1495），浙江嘉善人，字公綬，號穀庵，自號仙痴，晚號雲東逸史。擢進士，授監察御史，成化初由永寧知州解官歸，築室名丹丘，人稱丹丘先生。工詩畫，撰有《雲東集》。

16 漸江：亦稱漸水、浙江、制河、淛江，即今浙江錢塘江、富春江及其浙西、皖南上游的新安江水系。

17 李約：唐汧國公李勉（717－788）子，字存博，自稱蕭蕭，官至兵部員外郎。

18 《呂氏春秋》：古籍名，一稱《呂覽》，戰國末秦相呂不韋集門客共同編寫，是雜家代表作。全書二十六卷，內容以儒道思想為主，兼及名、法、墨、農及陰陽家言，共一百六十篇。是先秦的重要文獻，其《上農》、《任地》等四篇，保存了先秦農學片段。

19 伊尹：商代大臣，名伊，一名摯；“尹”是官名。

20 王介甫：即王安石，介甫是其字。

21 《洞冥記》：又名《漢武洞冪記》，舊題東漢郭憲撰。

22 姑射（yè）山神人：典出《莊子·逍遙遊》。

23 《神異經》：舊題西漢東方朔撰。

24 《氾勝書》：即《氾勝之書》。氾勝之，名抑或作勝，山東曹縣人。漢成帝時，任議郎，曾在三輔教民種麥，謹事者，獲豐收，後徙為御史。此書是西漢黃河流域農業生產經驗的總結。惜原書早佚，僅存清以後輯本。

25 大檝：“檝”，疑為“戲”的俗寫。係“戲”的異體字。“大檝”即“大戲”，古地名。《國語·魯語》：“幽（周幽王）滅於戲”；戲當然不等“大戲，”但由“戲”、“戲水”、“戲亭”等名，可證“大戲”當也在今陝西境內。

26 嵰（qiǎn）州：傳説中的地名。晉《拾遺記·周穆王》有“嵰州甜雪”句。齊治平校注，嵰州“去玉門三十萬里”，地多寒雪，霜露著木石上，皆融而甘，可以為菓。

27 李虛己：字公受，宋建安人，太平興國二年（977）進士，累官知遂州（今四川遂寧），終工部侍郎。有《雅正集》。

28 《文子》：二卷，《漢志》道家《文子》九篇；《隋志》載《文子》十二篇，並稱文子為老子弟子；有人考稱，"似依托者也"。是書雜揉儒、墨等眾家之言以釋道家之學《道德經》。今所行者，仍十二篇本。別本為《通玄真經》；唐天寶元年，詔由《文子》改。

29 扶桑：此指東海中神木和國名。按其方位，約指日本。故中國唐以後文獻中，常用以作日本的代稱。

30 包幼嗣：幼嗣，為包何字，唐潤州延陵（一稱湖州）人。玄宗天寶進士，代宗時為起居舍人。工詩，與其父包融，弟包佶齊名，時稱"三包"。

31 馬戴：唐曲陽（一說華州）人，字虞臣，武宗會昌時擢進士第，宣宗大中年間曾任太原幕府掌書記，官終太學博士，是賈島、姚合詩友。

32 簡長：約五代詩僧，下引"花壺濾水添"句，出自《贈浩律詩》。

33 于鵠：唐詩人，初隱居漢陽，年三十猶未成名，代宗大曆時嘗為諸府從事。有集。

34 駱賓王詩"刳木取泉遙"：此句出自《靈隱寺》詩；但是詩一作"宋之問"撰。

35 石頭城下之僞：李贊皇（即栖筠，以治行，詔封"贊皇縣子"。一稱為其孫李德裕為相時故事）知有使至潤州（今江蘇鎮江）"命置中冷水一壺，其人舉棹忘之，至石頭城（今南京）乃汲一瓶歸獻。"李飲之曰："此何似建業（亦南京舊名）城下水也？"其人只好坦白認錯。

36 曾茶山：即曾凡（1084－1166），字志甫（一作吉甫），自號"茶山居士"。宋高宗時，歷任江西、浙江提刑和知合州（今重慶合川，宋為合州巴川郡）。工詩，有《茶山集》三十卷等行世。

37 檐（tuó）石：指圓而長之石。

38 唐子西：即唐庚（1071－1121）。哲宗紹聖時進士，徽宗時為"宗子博士"，擢提舉京畿常平。為文精密，文采風流，有《唐子西文錄》、《唐子西集》等著作。

39 章孝標：睦州桐盧(一稱杭州錢塘)人。憲宗元和十四年進士，文宗大和中試大理評事。工詩，此《松泉》詩，為其吟詠茶事詩中的代表作。

40 在廣有貪："貪"即"貪泉"。《中國古代茶葉全書》："在今廣東南海縣西北，又名石門水、沈香浦、投香浦。世傳飲之者其心無厭。"

41 在柳有愚："柳"指今廣西柳州。"愚"即愚泉，在古代零陵縣（治位今廣西全州）愚溪東北。柳宗元貶柳州時，嘗遊柳巖、柳山、柳江等山水勝景並有題點。柳宗元名此泉作"愚泉"，有人稱意即"己之愚及於溪泉"之謂也。

42 狂國有狂：《宋書．袁粲傳》引："昔有一國，國中一水，號曰狂泉。國人飲此水，無不狂，唯國君穿井而汲，獨得無恙。國人既並狂，反謂國主之不狂為狂，於是聚謀，共執國主，療其狂疾，火艾針藥，莫不畢具。國主不任其苦，於是到泉所酌水飲之，飲畢便狂。君臣大小，其狂若一，眾乃歡然。"

43 安豐軍有咄：安豐軍，南宋紹興時置，治所在安豐縣（今安徽壽縣西南），乾道三年移治壽春縣（今壽縣），元改為路。咄泉，"咄"即咄嗟、咄咄，段玉裁釋作"猝乍相驚之意"。

44 日南有淫："日南"，古郡縣名。日南郡，西漢置，治所在西卷縣(今越南甘露河與廣治河合流處)，東晉時廢，唐天寶元年復名，乾元時改驩州。日南縣，隋開皇三年置，治所位於今越南清化東北，唐末廢。"淫泉"，典出《拾遺記》，云"日南之南，有淫泉之浦。"文中"淫"作二釋：一言其水浸淫，出地成淵；一稱其泉激石之聲，"似人之歌笑，聞者令人淫動。"

45 雖孔子亦不飲者有盜：此處的"盜"，指"盜泉"，位山東泗水縣。典出《尸子》："(孔子) 過於盜泉，渴矣而不飲，惡其名也。"言孔子過盜泉惡其名，雖渴不飲其水。晉代陸機、唐代李白、宋代黃庭堅均有詩句詠及。

46 伯夷：商諸侯孤竹國君長子。典詳《史記．伯夷列傳》，他和其弟叔齊因相讓君位，雙雙出逃，擬投奔西伯（周文王）。路上遇到周武王奉著已死西伯的牌位率兵伐紂，伯夷兄弟攔諫稱："父死不葬，爰及干戈。可謂孝乎？以臣弒君，可謂仁乎？"及武王滅紂，伯夷、叔齊恥之，義不食周粟，隱於首陽山，採薇而食，最後餓死於首陽山。

47 虞舜：傳說中的遠古部落首領。"虞"，指"有虞氏"，部落名，居蒲阪（今山西永濟西蒲州鎮）。"舜"，是有虞氏部落的首領，也是上古禪讓制度的傳說者。相傳"堯"為部落聯盟首領時，各部落的頭領推舉“舜”為繼承人。堯把舜叫到身邊和他一起工作，經過三年考察，堯死舜便繼為首領。後來，舜又用同樣的方法，讓位於“禹”。

48 伯封：傳說為舜的典樂之君“夔”的兒子。《春秋左傳注疏》中提到：“伯封，實有豕心，貪惏無厭，忿纇無期，謂之封豕”。“惏”，也是貪的意思，《方言》稱：“楚人謂貪為惏”。“纇”，指戾，暴戾；即古所謂“暴貪為戾”。簡言之，伯封其人，心大如豬，貪而無恥。”“財利飲食，貪而無厭；忿怒暴戾，無有期度”。

49 遇宋人，可名為愚：此疑指宋人“守株待兔”的故事。晚唐詩人杜牧詩句：“宋株聊自守，魯酒怕旁圍”；把守株待兔的痴呆，簡稱為“宋株”，就直接和宋國之人聯結了起來。

50 謝奕：東晉陳郡陽夏人，字無奕，謝安兄。曾官安西將軍、豫州刺史，與桓溫友。嗜酒，每因酒無復朝廷禮。此或田藝蘅稱奕為狂之據。

51 蹠：“跖”的異體字，在古籍中，“跖”兩字並用。跖，春秋、戰國間人，在《孟子》、《商君書》、《荀子》等上古文獻中，都將其貶為“盜”，稱“盜跖”。如《荀子．不苟》：“盜跖吟口，名聲若日月”即是。

校　記

① 子藝夙厭：在“子藝”與“夙厭”間，《寶顏堂續秘笈》本（簡稱寶顏堂續本）多“抱轆轢江山之氣，吐吞葩藻之才”十三字。

② 考據該洽：“考”字前，寶顏堂續本多“頃於子謙所出以示予”九字。

③ 寔泉茗之信史也：在“也”字下，寶顏堂續本多“命敘之，刻燭以 竢（俟）”七字。

④ 嘉靖甲寅冬十月既望，仁和趙觀撰：寶顏堂續本無“嘉靖甲寅冬十月既望”九字，改增“第即席摛辭愧不工耳”九字。

⑤ 引：小史本無此“引”；說郛續本，既無此“引”，也無上面趙觀“敘”和下面的“目錄”。另：底本“引”前和引畢同前敘，均加書名作“煮泉小品引”和“煮泉小品引畢”；本書編時刪。

⑥ 甲寅秋孟中元日錢塘田藝蘅序：寶顏堂續本作“甲寅秋孟中元日也，小小洞天居士。”

⑦ 目錄：底本等在“目錄”前和畢，同前敘也加書名作“煮泉小品目錄”、“煮泉小品目錄終”，本書編時刪。另有的版本“目錄”改作“品目”。

⑧ 省作原，今作源：《錦囊小史》本（簡稱小史本）、說郛續本無“今作源”三字。

⑨ 賞鑒者：寶顏堂續本、小史本無“者”字。

⑩ 挹之不竭：寶顏堂續本“竭”作“絕”。

⑪ 劉禹錫詩：“劉”字前，小史本、說郛續本，多一“如”字。

⑫ 泉懸出曰沃：小史本、說郛續本，自這句另起一段；從改。

⑬ 泉惟甘香：“香”字，寶顏堂續本、小史本、說郛續本，皆作“泉”字。

⑭ 故亦能養人：寶顏堂續本無“亦”字。

⑮ 延年卻疾：“卻”字，小史本作“御”字。

⑯ 南方嘉木：“方”字，底本作“山”，小史本、說郛續本作“方”，據改。

⑰ 旋摘旋瀹：寶顏堂續本刊為“旋摘施瀹”。

⑱ 露收嵐淨：底本“淨”誤作“靜”，此據小史本、說郛續本改。

⑲ 縱是：寶顏堂續本、小史本，倒作“是縱。”

⑳ 白鹽：“鹽”字，寶顏堂續本、小史本、說郛續本，作“土”。

㉑ 不足責耳：小史本、說郛續本，責下無“耳”字。

㉒ 鹹：此處和本文以下所有“鹹”字，小史本、說郛續本，均刊作“鹽”。下不出校。

㉓ 水井：寶顏堂續本、小史本“水”字作“冰”。

㉔ 純陰之寒也：“寒”字下，寶顏堂續本、小史本、說郛續本，皆多一“沍”字。沍（hù），凍結；“寒

沍”，指嚴寒冰凍不化。據多本之說，上注“水井”，似應作“冰井”；“寒也”，似也應作“寒沍也”。

㉕ 不可少也：小史本、說郛續本，“少”之下，無“也”字。

㉖ 淨缸：“淨”字，底本作“琤”，當誤，據小史本、說郛續本改。

㉗ 琤淙可愛：小史本、說郛續本改上面“琤缸”作“淨缸”的同時，連着將下面“琤淙”之“琤”，也改作“淨”。誤。此“琤”為玉聲，“琤淙”猶王履《水濂洞》詩“飛濺隨風遠，琮琤上谷遲”。形容水石相擊之聲也。

㉘ 擳石：“擳”，底本作“擿”，誤，據《山谷集》卷 2 改。

㉙ 誠山居之福者也：小史本“福”下無“者”字。

㉚ 與之為鄰邪：“邪”字，說郛續本作“耶”。

㉛ 跋：底本原題作“煮泉小品跋”，寶顏堂續本作“後跋”，現統編省作“跋”。小史本、說郛續本無此跋。

水品

◇ 明　徐獻忠　撰

徐獻忠（1493－1569）[1]，字伯臣，號長谷、長谷翁，華亭（今上海松江）人。嘉靖四年(1525)舉人，官奉化知縣，節用平稅、減役防水，頗盡職守。嘉靖六年(1527)，謝官後遊於吳興，樂其土風晏然，駐足而居。工詩善書，與何良俊、董宜陽、張之象俱以文章氣節名，時稱四賢。著作甚豐，撰有《吳興掌故集》十七集，《水品》二卷，《長谷集》十五卷，《樂府原》十五卷，《金石文》七卷，《六朝聲偶》七卷，與朱警合編《唐百家詩》一百八十四卷附《唐詩品》一卷等。卒年七十七歲。

《四庫全書總目提要》云："是編皆品煎茶之水"，上卷為總論，下卷詳記諸水。"其上卷第六篇中，駁陸羽所品虎邱石水及二瀑水、吳松江水，張又新所品淮水；第七篇中，駁羽著中初沸調以鹽味之説，亦自有見。然時有自相矛盾者，如上卷論瀑水不可飲，下卷乃列噴霧崖瀑，引張商英之説，以為偏宜著茗；下卷濟南諸泉條中，論珍珠泉湧出珠泡，為山氣太盛，不可飲，天臺桐柏宮水條，又謂湧起如珠，甘冽入品。恐亦一時興到之言，不必盡為典要也。"《提要》另外還訂正了有些古書將《水品》誤作《水品全秩》的混亂。

本文據田藝蘅題序，定為撰於嘉靖三十三年(1554)。現存刊本，有明金陵荊山書林刻《夷門廣牘》本，收入《四庫全書存目叢書》；又有明喻政《茶書》刻本，以及清陶珽編《説郛續》本。《説郛續》本沒有全收，僅只刊錄了《水品》卷上。本書以喻政《茶書》本作底本，另二本作校。

序①

余嘗著《煮泉小品》，其取裁於鴻漸《茶經》者，十有三。每閱一過，則塵吻生津，自謂可以忘渴也。近遊吳興，會徐伯臣示《水品》，其旨契余者，十有三。緬視又新、永叔諸篇，更入神矣。蓋水之美惡，固不待易牙之口而自可辨。若必欲一一第其甲乙，則非盡聚天下之水而品之，亦不能無爽也。況斯地也，茶泉雙絕；且桑苧翁作之於前，長谷翁述之於後，豈偶然耶？攜歸並梓之，以完泉史。

嘉靖甲寅秋七月七日錢唐田藝蘅題

目錄

三流
四甘
五寒
六品
七雜説
下卷
上池水
玉井〔水〕②
〔南陽〕酈縣[2]北潭水③
金陵八功德水
句曲[3]喜客泉
王屋〔山〕[4]玉泉〔聖水〕④
泰山諸泉
華山涼水泉
終南山[5]澂源池
京師西山玉泉
偃師[6]甘露泉
林慮山[7]水簾
蘇門山[8]百泉
濟南諸泉
廬山康王谷水
楊子中泠水
無錫惠山寺水⑤
洪州噴霧崖瀑
萬縣西山泡泉
潼川[9]
雁蕩龍鼻泉
天目山潭水
吳興白雲泉
顧渚金沙泉
碧林池
四明〔山〕雪竇上巖水⑥
天台桐栢宮水
黃巖〔靈谷寺〕香泉⑦
黃巖鐵篩泉

麻姑山神功泉
樂清〔縣〕沐簫泉⑧
福州〔閩越王〕南臺〔山〕泉⑨
桐廬嚴瀨水⑩
姑蘇七寶泉
宜興三洞水
華亭[10]五色泉
金山寒穴泉

卷上

一源

或問山下出泉曰艮[11]，一陽在上，二陰在下，陽騰為雲氣，陰注液為泉，此理也。二陰本空洞處，空洞出泉，亦理也。山中本自有水脈，洞壑通貫而無水脈，則通氣為風。

山深厚者若大者⑪，氣盛麗者，必出佳泉水。山雖⑫雄大而氣不清越，山觀不秀，雖有流泉，不佳也。

源泉實關氣候之盈縮，故其發有時而不常、常而不涸者，必雄長於羣崒而深源之發也。

泉可食者，不但山觀清華，而草木亦秀美，仙靈之都薄也。

瀑布，水雖盛，至不可食。汛激撼盪，水味已大變，失真性矣。瀑字，從水、從暴，蓋有深義也。予嘗攬瀑水上源，皆派流會合處，出口有峻壁，始垂掛為瀑，未有單源隻流如此者。源多則流雜，非佳品可知。

瀑水垂洞口者，其名曰簾，指其狀也。如康王谷水是也。

瀑水雖不可食，流至下潭渟匯久者，復與瀑處不類。

深山窮谷，類有蛟蛇毒沫，凡流來遠者，須察之。

春夏之交，蛟蛇相感，其精沫多在流中，食其清源或可爾，不食更穩。

泉出沙土中者，其氣盛湧，或其下空洞通海脈，此非佳水。

山東諸泉，類多出沙土中，有湧激吼怒，如趵突泉是也。趵突水，久食生頸癭，其氣大濁。

汝州[12]水泉，食之多生癭。驗其水底，凝濁如膠，氣不清越乃至此。聞蘭州亦然。

濟南王府有名珍珠泉者，不待拊掌振足，自浮為珠。然氣太盛，恐亦不可食。

山東諸泉，海氣太盛，漕河之利，取給於此。然可食者少，故有聞名甘露，淘米茶泉者，指其可食也。若洗缽，不過賤用爾。其臭泉、皂泥泉、濁河等泉太甚，不可食矣。

傳記論泉源有杞菊，能壽人。今山中松苓、雲母、流脂、伏液，與流泉同宮，豈下杞菊。浮世以厚味奪真氣，日用之不自覺爾。昔之飲杞水而壽，蜀道漸通，外取醯鹽食之，其壽漸減，此可證。

水泉初發處，甚澹；發於山之外麓者，以漸而甘；流至海，則自甘而作鹹矣。故汲者持久，水味亦變。

閩廣山嵐有熱毒，多發於花草水石之間。如南靖沄水坑，多斷腸草，落英在溪，十里內無魚蝦之類。黃巖人顧永主簿，立石水次，戒人勿飲⑬。天台蔡霞山為省參時有語云："大雨勿飲溪，道傍休嗅草。"此皆仁人用心也。

水以乳液為上，乳液必甘，稱之，獨重於他水。凡稱之重厚者，必乳泉也。丙穴[13]魚以食乳液，特佳。煮茶稍久，上生衣，而釀酒大益。水流千里者，其性亦重。其能煉雲母為膏，靈長[14]下注之流也。

水源有龍處，水中時有赤脈，蓋其涎也，不可犯。晉溫嶠燃犀照水[15]，為神所怒，可證。

二清

泉有滯流積垢，或霧翳雲蓊，有不見底者，大惡。

若泠谷澄華，性氣清潤，必涵內光澄物影，斯上品爾。

山氣幽寂，不近人村落，泉源必清潤可食。

骨石巉巇而外觀青蔥，此泉之土母也。若土⑭多而石少者，無泉，或有泉而不清，無不然者。

春夏之交，其水盛至，不但蛟蛇毒沫可慮，山墟積腐經冬月者，多流出其間，不能無毒。雨後澄寂久，斯可言水也。

泉上不宜有木，吐葉落英，悉為腐積，其幻為滾水蟲⑮，旋轉吐納，亦能敗泉。

泉有滓濁，須滌去之。但為覆屋作人巧者，非丘壑本意。

《湘中記》曰：湘水至清，雖深五六丈，見底了了。石子如樗蒲矢，五色鮮明。白沙如霜雪，赤岸如朝霞。此異境，又別有説。

三流

水泉雖清映甘寒⑯可愛，不出流者，非源泉也。雨澤滲積，久而澄寂爾。

《易》謂"山澤通氣"。山之氣，待澤而通；澤之氣，待流而通。

《老子》"谷神不死"，殊有深義。源泉發處，亦有谷神，而混混不舍晝夜，所謂不死者也。

源氣盛大，則注液不窮。陸處士品："山水上，江水中，井水下"，其謂中理。然井水渟泓，地中陰脈，非若山泉天然出也，服之中聚易滿，煮藥物不能發散流通，忌之可也。《異苑》[16]載句容縣季子廟前井，水常沸湧。此當是泉源，止深鑿為井爾。

《水記》第虎丘石水居三。石水雖泓渟，皆雨澤之積，滲竇之潢也。虎丘為闔閭墓隧，當時石工多閟死，山僧眾多，家常不能無穢濁滲入，雖名陸羽泉，與此粉通⑰，非天然水脈也。道家服食，忌與屍氣近，若暑月憑臨其上，解滌煩襟可也。

四甘

泉品以甘為上，幽谷紺寒清越者，類出甘泉，又必山林深厚盛麗，外流雖近而內源遠者。

泉甘者，試稱之必重厚。其所由來者，遠大使然也。江中南零水，自岷江發流，數千里始澄於兩石間，其性亦重厚，故甘也。

古稱醴泉，非常出者，一時和氣所發，與甘露、芝草同為瑞應。《禮緯》[17]云："王者刑殺當罪，賞錫當功，得禮之宜，則醴泉出於闕庭。"《鶡冠子》[18]曰："聖王子德，上薄太清，下及太寧，中及萬靈，則醴泉出。"光武中元元年，醴泉出京師。唐文皇貞觀初，出西域之陰⑱。醴泉食之令人壽考，和氣暢達，宜有所然。

泉上不宜有惡木，木受雨露，傳氣下注，善變泉味。況根株近泉，傳氣尤速，雖有甘泉不能自美。猶童蒙之性，繫於所習養也。

五寒

泉水不甘寒⑲，俱下品。《易》謂"並列寒泉⑳食"，可見並泉以寒為上。金山在華亭海上，有寒穴，諸詠其勝者，見郡誌。廣中新城縣，泠泉如冰，此皆其尤也。然凡稱泉者，未有舍寒冽而著者。

溫湯在處有之。《博物志》："水源有石硫黃，其泉溫，可療瘡痍。"此非食品也。《黃庭內景》[19]湯谷神王，乃內景自然之陽神，與地道溫湯相耀列爾。

予嘗有《水頌》云："景丹霄之浩露，眷幽谷㉑之浮華。瓊醴庶以消憂，玄津抱而終老"。蓋指甘寒也。

泉水甘寒者多香，其氣類相從爾。凡草木敗泉味者，不可求其香也。

六品

陸處士品水，據其所嘗試者，二十水爾，非謂天下佳泉水盡於此也，然其論故有失得。自予所至者，如虎丘石水及二瀑水，皆非至品；其論雪水，亦自至地者，不知長桑君上池品，故在凡水上。其取吳松江水，故惘惘非可信。吳松潮汐上下，故無豬泓若南泠在二石間也。潮海性滓濁，豈待試哉。或謂是吳江第四橋水，茲又震澤[20]東注，非吳松江水也。予嘗就長橋試之，雖清激處亦腐梗作土氣，全不入品，皆過言也。

張又新記淮水，亦在品列。淮故湍悍滓濁，通海氣，自昔不可食，今與河合派[21]，又水之大幻也。李記以唐州栢巖縣[22]，淮水源庶矣。

陸處士能辨近岸水非南零，非無旨也。南零洄洑淵渟，清激重厚；臨岸故常流水爾，且混濁迥異，嘗以二器貯之自見。昔人且能辨建業城下水，況零岸故清濁易辨，此非誕也。歐陽修《大明水記》直病之，不甚詳悟爾。

處士云："山水上，江水中，井水下。其山水，揀乳泉、石池慢流者上，其瀑湧湍漱勿食之。久食令人頸疾。又多別流，於山谷者，澄浸不洩，自火天至霜郊以前，或潛龍蓄毒其間，飲者可決之，以流其惡；使新泉涓涓酌之"。此論至確，但瀑水不但頸疾，故多毒沫可慮。其云："澄寂不洩，是龍潭水"；此雖出其惡，亦不可食。

論"江水取去人遠者"，亦確。"井取汲多者"，止自乏泉處可爾。並故非品。

處士所品可據及不能盡試者，並列：蘄州蘭溪石下水；峽州扇子山下，有石突，然洩水獨清泠，狀如龜形，俗云蝦蟆口水；廬山招賢寺下方橋潭水；洪州西山東瀑布水；廬州龍池山水；漢江金州[23]上游中零水；歸州玉虛洞下香溪水；商州武關[24]西洛水；郴州㉒圓泉水。

七雜說

移泉水遠去，信宿之後，便非佳液。法取泉中子石養之，味可無變。

移泉須用常汲舊器、無火氣變味者，更須有容量，外氣不乾。

東坡洗水法，直戲論爾，豈有汲泉持久，可以子石淋數過還味者？

暑中取淨子石壘盆盂，以清泉養之；此齋閣中天然妙相也，能清暑、長目力。東坡有怪石供此，殆泉石供也。

處士《茶經》，不但擇水，其火用炭或勁薪，其炭曾經燔，為腥氣所及，及膏木敗器不用之。古人辨勞薪之味，殆有旨也。

處士論煮茶法，初沸水合量，調之以鹽味。是又厄水也。

卷下

上池水

湖守李季卿與陸處士論水精劣，得二十種，以雪水品在末後，是非知水者。昔者秦越人[25]遇長桑君[26]，飲以上池之水，三十日當見物。上池水者，水未至地，承取露華水也。《漢武志》[27]慕神仙，以露盤取金莖飲之。此上池真水也，《丹經》[28]以方諸取太陰真水，亦此義。予謂露雪雨冰，皆上池品，而露為上。朝露未晞時，取之栢葉及百花上佳，服之可長年不飢。《續齊諧記》[29]：司農鄧沼，八月朝，入華山，見一童子以五色囊承取承葉下露。露皆如珠，云："赤松先生取以明目"。《呂氏春秋》云："水之美者，有三危之露"[30]，為水即味重於水也。《本草》載：六天氣，令人不饑，長年美顏色，人有急難阻絕之處，用之如龜蛇服氣不死，陵陽子明㉓《經》言：春食朝露，秋食飛泉，冬食沆瀣，夏食正陽，並天玄地黃，是為六氣[24]。亦言“平明為朝露，日中為正陽，日入為飛泉[25]夜半為沆瀣”，此又服氣之精者。

玉井水

玉井者，諸產有玉處，其泉流澤潤，久服令人仙。《異類》云：“崑崙山有一石柱，柱上露盤，盤上有玉水溜下，土人得一合服之，與天地同年。又太華山有玉水，人得服之長生。”今人山居者多壽考[26]，豈非玉石之津乎。

《十洲記》：瀛洲，有玉膏泉如酒，令人長生。

南陽酈縣北潭水

酈縣北潭水，其源悉芳菊生被岸，水為菊味。盛弘之[27]《荊州記》：太尉胡廣久患風羸，常汲飲此水，遂瘳。《抱朴子》云：“酈縣山中有甘谷水”，其居民悉食之，無不壽考[28]。“故司空王暢、太尉劉寬、太傅袁隗，皆為南陽太守，常使酈縣，月送甘谷水四十斛，以為飲食，諸公多患風殫及眩〔冒〕[29]，皆得愈”。

按：寇宗奭《衍義》[31]菊水之説甚怪，水自有甘澹，焉知無有菊味者？嘗官於永耀間[30]，沿幹至洪門北山下古石渠中，泉水清徹，其味與惠山泉水等。亦微香，烹茶尤相宜。由是知泉脈如此。

金陵八功德水

八功德水，在鍾山靈谷寺。八功德者：一清、二冷、三香、四柔、五甘、六淨、七不噎、八除痾。昔山僧法喜，以所居乏泉，精心求西域阿耨池[32]水，七日掘地得之。梁以前，常以供御池。故在峭壁。國初遷寶誌塔，水自從之，而舊池遂涸，人以為異。謂之靈谷者，自琵琶街鼓掌，相應若彈絲聲，且志其徙水之靈也。陸處士足跡未至此水，尚遺品錄。予以次上池玉水及菊水者，蓋不但諳諸草木之英而已。

鍾陰[33]有梅花水，手掬弄之，滴下皆成梅花。此石乳重厚之故，又一異景也。鍾山故有靈氣，而泉液之佳，無過此二水。

句曲山喜客泉

大茅峯東北，有喜客泉，人鼓掌即湧沸，津津散珠。昭明讀書臺下拊掌泉，亦同此類。茅峯故有丹金，所產多靈木，其泉液宜勝。按：陶隱居《真誥》[34]云：茅山“左右有泉水，皆金玉之津氣”。又云：“水味是清源洞遠沾爾[31]，水色白，都不學道，居其土、飲其水，亦令人壽考。是金津潤液之所溉耶”。今之好遊者，多紀巖壑之勝，鮮及此也。

王屋山玉泉聖水

王屋山，道家小有洞天。蓋濟水之源，源於天壇之巔，伏流至濟瀆祠，復見合流，至溫縣虢公臺，入於河，其流汎疾。在醫家去痾，如東阿之膠，青州之白藥，皆其伏流所製也。其半山有紫微宮，宮之西，至望仙坡北折一里，有玉泉，名玉泉聖水。《真誥》云："王屋山，仙之別天，所謂陽臺是也。諸始得道者，皆詣陽臺。陽臺是清虛之宮"。"下生鮑濟之水，水中有石精，得而服之可長生"。

泰山諸泉

玉女泉，在嶽頂之上，水甘美，四時不竭，一名聖水池。白鶴泉，在昇元觀後，水冽而美。王母池，一名瑤池，在泰山之下，水極清，味甘美。崇寧間，道士劉崇甃石。

此外有白龍池，在嶽西南，其出為渿河。仙臺嶺南一池，出為汶河。桃花峪，出為泮河。天神泉懸流如練，皆非三水比也。

天書觀傍，有醴泉。 ·

華山涼水泉

華山第二關即不可登越，鑿石竅，插木攀援若猿猱，始得上。其涼水泉，出竇間，芳冽甘美，稍以憩息，固天設神水也。自此至青牛，平入通仙觀，可五里爾。

終南山澂源池

終南山之陰太乙宮者，漢武因山有靈氣，立太乙元君[35]祠於澂源池之側。宮南三里，入山谷中，有泉出奔，聲如擊筑、如轟雷，即澂源派也。池在石鏡之上，一名太乙湫，環以羣山，雄偉秀特，勢逼霄漢。神靈降遊之所，止可飲勺取甘，不可穢褻，蓋靈山之脈絡也。杜陵、韋曲[36]列居其北，降生名世有自爾。

京師西山玉泉

玉泉山在西山大功德寺西數百步，山之北麓，鑿石為螭頭，泉自口出，瀦而為池。瑩徹照暎，其水甘潔，上品也。東流入大內，注都城出大通河，為京師八景之一。京師所艱得惟佳泉，且北地暑毒，得少憩泉上，便可忘世味爾。

又西香山寺有甘露泉，更佳。道險遠，人鮮至，非內人建功德院，幾不聞人間矣。

偃師甘露泉

甘泉在偃師東南，瑩徹如練，飲之若飴。又緱山浮丘塚，建祠於庭下，出一泉，澄澈甘美，病者飲之即愈，名浮丘靈泉。

林慮山水簾

大行㉜之奇秀，至林慮之水簾為最。水聲出亂石中，懸而為練，湍而為漱，飛花旋碧，喧豗飄灑。其瀦而為泓者，清澈如空，纖芥可見。坐數十人，蓋天下之奇觀也。

蘇門山百泉

蘇門山[37]百泉者，衛源也。"毖彼泉水"[38]詩，今尚可誦。其地山岡勝麗，林樾幽好，自古幽寂之士，卜築嘯詠，可以洗心漱齒。晉孫登[39]、嵇康[40]，宋邵雍[41]皆有陳跡可尋。討其光寒沕穆之象，聞之且可醒心，況下上其間耶？

濟南諸泉

濟南名泉七十有二，論者以瀑流㉝為上，金線次之，珍珠又次之；若玉環、金虎、柳絮、皇華、無憂及水晶簟，皆出其下。所謂瀑流者，又名趵突，在城之西南濼水源也。其水湧瀑而起，久食多生頸疾。金線泉，有紋如金線；珍珠泉，今王府中，不待振足拊掌，自然湧出珠泡，恐皆山氣太盛，故作此異狀也。然昔人以三泉品，居上者，以山川景象秀朗而言爾；未必果在七十二泉之上也。有杜康泉者，在舜祠西廡，云杜康取此釀酒。昔人稱楊子中泠水，每升重二十四銖，此泉止減中泠一銖。今為覆屋而堙，或去廡屋受雨露，則靈氣宣發也。又大明湖，發源於舜泉，為城府特秀處。繡江發源長白山下，二處皆有芰荷洲渚之勝，其流皆與濟水合。恐濟水隱伏其間，故泉池之多如此。

廬山康王谷水

陸處士云：瀑湧湍漱，勿食之，康王谷水簾上下，故瀑水也，至下潭澄寂處，始復其真性。李季卿序次有瀑水，恐托之處士。

楊子中泠水

往時江中惟稱南零水，陸處士辨其異於岸水，以其清澈而味厚也，今稱中泠。往時金山屬之南岸，江中惟二泠，蓋指石簲山南北流也。今金山淪入江中，則有三流水，故昔之南泠，乃列為中泠爾。中泠有石骨，能渟水不流，澄凝而味厚。今山僧憚汲險，鑿西麓一井代之，輒指為中泠，非也。

無錫惠山寺水

何子叔皮[42]一日汲惠水遺予，時九月就涼，水無變味，對其使烹食之，大佳也。明年，予走惠山，汲煮陽羨鬬品，乃知是石乳。就寺僧再宿而歸。

洪州噴霧崖瀑

在蟠龍山，飛瀑傾注，噴薄如霧，宋張商英[43]遊此題云："水味甘腴，偏宜煮茗"。范成大亦以為天下瀑布第一。

萬縣西山包(泡)泉

宋元符間，太守方澤[44]為銘，以其品與惠山泉相上下。轉運張縯詩："更挹巖泉分茗碗，舊遊彷彿記孤山"。

雲陽縣有天師泉，止自五月江漲時溢出，九月即止。雖甘潔清冽，不貴也；多喜山雌雄泉，分陰陽盈竭，斯異源爾。

潼川

鹽亭縣西，自劍門南來四百里為負戴山。山有飛龍泉，極甘美。

遂寧縣東十里，數峯壁立，有泉自巖滴下成穴，深尺餘。紺碧甘美，流注不竭，因名靈泉。宋楊大淵[45]等守靈泉山即此。

雁蕩龍鼻泉

浙東名山，自古稱天台，而雁蕩不著，今東南勝地輒稱之。其上有二龍湫：大湫數百頃，小湫亦不下百頃。勝處有石屏、龍鼻水。屏有五色異景，石乳自龍鼻滲出，下有石渦承之，作金石聲。皆自然景象，非人巧也。小湫今為遊僧開瀉成田，郡內養蔭龍氣，在術家為龍樓真氣，今洩之，山川之秀頓減矣。

天目山潭水

浙西名勝必推天目。天目者，東南各一湫如目也。高巔與層霄北近，靈景超絕，下發清泠，與瑤池同勝。山多雲母、金沙，所產吳朮、附子、靈壽藤，皆異穎，何下子杞菊水。南北皆有六潭，道險不可盡歷，且多異獸，雖好遊者不能遍。山深氣早寒，九月即閉關，春三月方可出入。其跡靈異，晴空稍起雲一縷，雨輒大至，蓋神龍之窟宅也。山居谷汲，予有夙慕云。

吳興白雲泉

吳興金蓋山，故多雲氣。乙未三月，與沈生子內曉入山。觀望四山，繚遶如垣，中間田叚平衍，環視如在甑中受蒸潤也。少焉日出，雲氣漸散，惟金蓋獨遲，越不易解。予謂氣盛必有佳泉水，乃南陟坡陁，見大楊梅樹下，汩汩有聲，清泠可愛，急移茶具就之，茶不能變其色。主人言，十里內蠶絲俱汲此煮之，輒光白大售。㉞下注田叚，可百畝，因名白雲泉云。

吳興更有杼山珍珠泉，如錢塘玉泉，可拊掌出珠泡。玉泉多餌五色魚，穢垢山靈爾。杼山因僧皎然夙著。

顧渚金沙泉

顧渚每歲採貢茶時，金沙泉即湧出。茶事畢，泉亦隨涸，人以為異。元末時，乃常流不竭矣。

碧林池　在吳興弁山太陽塢

《避暑錄》[46]云："吾居東西兩泉"，"匯而為沼㉟，纔盈丈，溢其餘於外不竭。東泉決為澗，經碧林池，然後匯大澗而出。兩泉皆極甘，不減惠山，而東泉尤冽。"

四明山雪竇上巖水

四明山巔出泉甘洌，名四明泉上矣。南有雪竇，在四明山南極處，千丈巖瀑水殊不佳，至上巖約十許里，名隱潭，其瀑在險壁中，甚奇怪。心弱者，不能一置足其下，此天下奇洞房也。至第三潭水，清泚芳潔，視天台千丈瀑殊絕爾。天台康王谷，人跡易至，雪竇甚閟，潭又雪竇之閟者。世間高人自晦於蓬藋間，若此水者，豈堪算計耶。

天台桐柏宮水

宮前千仞石壁，下發一源，方丈許，其水自下湧起如珠，溉灌甚多，水甘洌入品。

黃巖靈谷寺香泉

寺在黃巖、太平之間，寺後石罅中，出泉甘洌而香，人有名為聖泉者。

麻姑山神功泉㊱

其水清洌甘美，石中乳液也。土人取以釀酒，稱麻姑者，非釀法，乃水味佳也。

黃巖鐵篩泉

方山下出泉甚甘，古人欲避其泛沙，置鐵篩其內，因名。士大夫煎茶㊲，必買此水，境內無異者。有宋人潘愚谷詩黃巖八景之意也。

樂清縣沐簫泉

沐簫是王子晉[47]遺跡，山上有簫臺，其水闔境，用之，佳品也。

福州閩越王南臺山泉

泉上有白石壁，中有二鯉形，陰雨鱗目粲然。貧者汲賣泉水，水清泠可愛。土人以南山有白石，又有鯉魚，似甯戚[48]歌中語，因傳會戚飯牛於此。

桐廬嚴瀨水

張君過桐廬江，見嚴子瀨溪水清泠，取煎佳茶，以為愈於南泠水。予嘗過瀨，其清湛芳鮮，誠在南泠上。而南泠性味俱重，非瀨水及也。瀨流瀉處，亦殊不佳。臺下灣窈廻洑澄渟，始是佳品。必緣陟上下方得之，若舟行捷取，亦常然波爾。

姑蘇七寶泉

光祿寺左鄧尉山東三里有七寶泉，發石間，環甃以石，形如滿月。庵僧接竹引之，甚甘。吳門故乏泉，雖虎丘名陸羽泉，予尚以非源水下之。顧此水不錄，以地僻隱，人跡罕至故也。

宜興三洞水㊳

善權寺前有湧金泉，發於寺後小水洞，有竇形如偃月，深不可測。李司空[49]碑謂，微時親見白龍騰出洞中，蓋龍穴也，恐不可食。今人有飲者，云無害。西南至大水洞，其前湧泉奔赴石上，濺沫如銀，注入洞中。出小水洞，蓋一源也。

張公洞東南至會仙巖，其下空洞，有泉出焉。自右而趨，有聲潺潺可聽。

南嶽銅官山麓有寺，寺有卓錫泉，其地即古之陽羨，產茶獨佳。每季春，縣官祀神泉上，然後入貢。

寺左三百步，有飛瀑千尺，如白龍下飲，匯而為池。相傳稠錫禪師卓錫[50]出泉於寺，而剖腹洗腸於此，今名洗腸池。此或巢由洗耳之意，或飲此水可以洗滌腸中穢跡，因而得名爾。其側有善行洞，庵後有泉出石間，涓涓不息。僧引竹入廚煎茶，甚佳。天下山川，奇怪幽寂，莫逾此三洞。近溧陽史君恭甫，更於玉女潭搜剔水石，搆結精廬，其名勝殆冠絕，雖降仙真可也，況好遊人士耶？

華亭五色泉

松治西南數百步，相傳五色泉，士子見之，輒得高第。今其地無泉，止有八角井，云是海眼。禱雨時，以魚負鐵符下其中，後漁人得之。白龍潭井水，甘而冽，不下泉水。所謂五色泉，當是此，非別有泉也。丹陽觀音寺、楊州大明寺水，俱入處士品，予嘗之與八角無異。

金山寒穴泉

松江治南海中金山上有寒穴泉。按：宋毛滂《寒穴泉銘序》云："寒穴泉甚甘，取惠山泉並嘗，至三四反覆，略不覺異。"王荊公《和唐令寒穴泉》詩有云："山風吹更寒，山月相與清"。今金山淪入海中，汲者不至，他日桑海變遷，或仍為岸谷，未可知也。

後跋㊴

徐子伯臣，往時曾作唐詩品，今又品水，豈水之與詩，其泠然之聲、沖然之味有同流邪？予嘗語田子曰：吾三人者，何時登崑崙、探河源，聽奏鈞天之洋洋，還涉三湘；過燕秦諸川，相與飲水賦詩，以盡品咸池[51]、韶濩[52]之樂，徐子能復有以許之乎！　餘杭蔣灼跋。

注　釋

1 關於徐獻忠的生卒年份，現在各論著特別是辭書中，眾說紛紜，十分混亂。如《中國歷代人名大辭典》，定為“1483 － 1559”；《中國歷史人物辭典》稱是“1469 － 1545”；《歷代人名室名別號辭典》推作“1459－1545”，等等。異說還多，不一一列舉。本書據王世貞所撰徐獻忠墓誌，擇定“1493 － 1569”說。

2 酇縣：本楚酇邑，漢置酇縣，後魏析為南北二縣，此為南酇，一稱下酇，在今河南內鄉縣東北。北周復為一縣，隋改名菊潭，五代周省。

3 句曲：古山名。即今江蘇句容和金壇二市之間的茅山。相傳漢時咸陽茅盈兄弟修煉得道於此；世號三茅君，故亦稱三茅山。《元和郡縣圖志》載，本名句曲者，“以形似‘巳’字，句曲有所容，故邑號句容。”

4 王屋山：在今山西陽城縣與河南濟源縣之間，山有三重，其狀如屋，故名。

5 終南山：又名中南山、周南山、南山、秦山，即今陝西秦嶺山脈，在長安縣西，東至藍田，西到郿縣，綿亘八百餘里。《詩．秦風》：“終南何有？有條有梅”即此。

6 偃師：西漢時置縣，位於今河南偃師縣東。相傳周武王伐紂在此築城休整，故名。西晉廢，隋開皇時復置。1961 年移治槐廟鎮今址。

7 林慮山：一名隆慮山，東漢殤帝時改名林慮，位於今河南林縣西。隋末王德仁起義以之為根據地。

8 蘇門山：一名蘇嶺，位於今河南輝縣西北。本名柏門山，山上有百門泉，亦稱百泉，故又名百門山。

9 潼川：即潼川府或潼川州。潼川府北宋重和元年升梓州置；明洪武九年降府為州，位於今四川三台。清雍正時，復為府，1913 年廢。

10 華亭：唐天寶時割嘉興、海鹽和昆山三縣地置，治所位於今上海松江。1914 年改名松江縣。

11 艮：八卦卦名之一，其卦圖形為☶，象徵山。《易經》由八卦兩兩組成的六十四卦中，亦有“艮”字，彖曰“止”。此作八卦之義釋。

12 汝州：隋大業二年（606）改伊州置，治所在承休縣（今河南臨汝縣東）。次年改置襄城郡。唐貞觀八年（634）復改伊州為汝州，治所在梁縣（今臨汝）。1913 年改為臨汝縣。

13 丙穴：在今四川廣元縣北，與陝西寧強縣交界。

14 靈長（zhǎng）：此指冠甲眾水之靈液。猶郭璞《江賦》“實水德之靈長”。

15 燃犀照水：傳說晉溫嶠回武昌經牛渚磯，水深不可測，世云其下多怪物，嶠燬犀角而照之，須臾見水族覆火，奇形異狀。嶠於是夜夢，人謂曰：“與君幽明道別，何意相照也？”後嶠以齒疾終。

16《異苑》：南朝宋劉敬叔撰，共十卷。

17《禮緯》：緯書。《隋書．經籍志》載：“《禮緯》三卷，鄭玄註。原書佚，《古微書》及《玉函山房輯佚書》有《含文嘉》、《稽命徵》、《斗威儀》三篇。”

18《鶡冠子》：春秋時楚人鶡冠子所著書名。道家書。《漢書．藝文志》載：《鶡冠子》一篇，今存宋陸佃註本，已增為十九篇。

19《黃庭內景》：也稱《黃庭內景經》一卷。“黃者中央之色，庭者四方之中”；內者，指“肺心脾中”，此書名之由。是書皆七言韻語，是道家養生修煉之書。

20 震澤：一名具區，即今太湖古名。《書．禹貢》：“三江既入，震澤底定”即此。

21 派(pài）：也書作“𠂢”。水的支流。一同“泝”，即“流”。

22 唐州：唐貞觀九年改顯州置，治所在比陽（今河南泌陽），天祐時移治今河南唐河，改名泌州，入明後廢州改名唐縣。

23 金州：西魏廢帝（元欽，？－ 554，551 － 554）三年（554），由東梁州改名，治所在西城縣（今陝西安康縣西北）。隋廢，唐武德元年（618）復置。明萬曆十一年（1583）改名興安州，治所也在今安康縣。

24 武關：戰國秦置，在今陝西商州市南部。唐移今陝西丹鳳縣東南武關鎮（鄰近今商南縣的丹江北岸）。

25 秦越人：即戰國時名醫扁鵲。《史記 · 扁鵲列傳》稱："扁鵲者，勃海郡鄭人也。姓秦氏，名越人。少時為人舍長。"秦越人"，有的地方也借指醫術高明者。

26 長桑君：扁鵲業師。《史記 · 扁鵲列傳》：傳説扁鵲少時，為人舍長。舍客長桑君過，扁鵲謹遇之，長桑君乃以懷中藥與扁鵲，並以禁方盡與之。扁鵲飲藥三十日，洞見垣一方人，以此視病，盡見五臟症結，扁鵲以其為師。

27《漢武志》：即《漢武洞冥記》，四卷。舊題東漢郭憲撰，考之係六朝時人偽託。

28《丹經》：道教經典或煉丹之書，我國古籍中，稱丹經的書有多種，如《黃帝丹經》等。但也有的道教經典，用其他名字。如宋神宗時天台張伯端所寫的《悟真篇》，集呂喦、劉操金丹學説之大成，是《參同契》以後最主要的一部丹經，在修煉法門上，開南宗一派。

29《續齊諧記》：志怪小説。南朝梁吳均（469 － 520）撰，一卷。

30 三危之露："三危"，上古傳説的仙山之名。《山海經 · 西山經》載："又西二百二十里，曰三危之山，三青鳥居之。"青鳥相傳是專為西王母取食的鳥。"三危之露"，即三危山所出的甘露。

31 寇宗奭《衍義》：即北宋寇宗奭撰《本草衍義》。《直齋書錄解題》作十三卷，《文獻通考》錄作《本草廣義》二十卷。陳振孫評其書"引援辯證，頗可觀采。"

32 阿耨池：即《佛經》所説"阿耨達池"。"阿耨達"為清涼無熱閙之意。《西域記》傳説"池在香山之南，大雪山之北。"

33 鍾陰：即鍾山（今南京中山陵所在的紫金山）腳下舊稱產梅花水之地名。

34 陶隱居《真誥》：陶隱居即陶弘景，南朝梁丹陽秣陵人，字通明，善琴棋，工草隸，博通曆算、地理、醫藥。齊武帝（蕭賾，440 － 493，482 － 493 在位）永明十年（492），隱居句曲山（今江蘇茅山），梁武帝（蕭衍，464 － 549，502 － 549 在位）禮聘不出，然朝中大事，每以諮詢，時有"山中宰相"之稱。《真誥》為道家書，共七篇；另有《本草經集註》、《肘後百一方》等。

35 太乙元君：漢武帝所尊天神名。漢武帝初從謬忌之奏，以為太乙（亦作一）乃天神之貴者，置太一壇、太一宮以祠，後世帝王亦多效以祠太一神者。

36 杜陵、韋曲：杜陵，在今陝西長安縣東北，西漢宣帝築陵於此。唐杜甫舊宅在其西，稱杜陵布衣。韋曲，即今陝西長安縣治韋曲鎮，潏水繞其前，唐時諸韋居於此，因以名之。

37 蘇門山：在今河南輝縣境，百泉距城關鎮不遠。

38 毖彼泉水：句出《詩 · 邶風 · 泉水》，抒嫁於諸侯的魏女，思歸探視父母之情。近出有的茶書，將"毖"形誤作"瑟"。

39 孫登：字公和，汲郡共（今河南輝縣）人。無家屬，隱於郡北山。好讀《易》，司馬昭使阮籍往訪，與語不應。嵇康從遊三年、默然無語。將別，誡康曰："才多識寡，難乎免於今之世。"後康果遭非命，登竟不知所終。

40 嵇康（223 － 262？）：字叔度。妻魏長樂亭主，為曹操曾孫女。齊王芳正始間，拜中散大夫，世稱嵇中散。後隱居不仕，與阮籍等交遊，為竹林七賢之一。友人呂安被誣，康為之辯遭陷殺。善文工詩，有《嵇康集》。

41 邵雍（1011 － 1077）：字堯夫，自號安樂先生，伊川翁。少有志，讀書蘇門山百源上。仁宗、神宗時先後被召授官，皆不就。創"先天學"，以為萬物皆由"太極"演化而成，而社會時在退化。有《觀物篇》、《先天圖》等書。

42 何叔皮：即何良傅，叔皮是其字。《萬姓統譜》載，良傅華亭（今上海松江）人，嘉靖二十年（1541）進士，授行人，歷南京禮部祠祭司郎中。學早成，與其兄良俊（字元朗）皆負俊才，時稱"二何"。

43 張商英（1043 － 1122）：字天覺，號無盡居士，蜀州新津人。哲宗親政召為右政言，左司柬；徽宗崇寧初，為吏部、刑部侍郎，翰林學士。蔡京為相時，任尚書右丞、左丞。有《宗禪辯》。

44 方澤：明嘉善人。字雲望，號冬溪，秀水（治位今浙江嘉興）精嚴寺高僧，有《華嚴要略》、《冬溪集》等。

45 楊大淵（？－ 1265）：天水人。仕宋為將，守閬州。元兵來攻，以城降，率部招降蓬、廣安諸郡、授侍郎、都行省，後又以擊退宋軍反攻，拜東川都元帥。

46《避暑錄》：即《避暑錄話》，一作《石林避暑錄話》。二卷。葉夢德撰，成書於南宋高宗紹興五年

（1135）。

47 王子晉：一作王子喬或王喬。傳說為春秋周靈王太子，名晉，以直諫被廢。相傳好吹笙作鳳凰鳴。有浮丘生接晉至嵩高山。三十餘年後，預言於七月七日見於緱氏山巔。至期，晉乘白鶴至山頭，舉手以謝時人，數日而去。

48 甯戚：春秋時衛國人，貧窮無錢，為商旅挽車至齊，宿於城門外，待齊桓公夜出迎客時擊牛角、發悲歌。桓公聞而異之，與見。陳述桓公治理天下之道。桓公大悅，任為大夫。

49 李司空：此疑指唐代曾做過司空的李紳。

50 稠錫禪師卓錫：稠錫禪師，名清晏，桐廬人，唐開元間築庵南嶽（在宜興）。錫指僧人外出所拄錫杖，傳說一日外出，當眾將錫杖在巖上一立，巖下即有泉湧出，因名。泉下積一池，稠錫剖腹洗腸於池。

51 咸池：一名“大咸”；樂曲名。相傳為堯，一說為黃帝所作。《周禮 · 春官 · 大司樂》：“舞咸池，以祭地示。”

52 韻濩：樂曲名，如《元氏長慶集》有“痁臥聞幕中諸公徵樂會飲，因有戲呈三十韻濩”記載。

校　記

① “序”：底本冠書名原作“水品序”，本書編時刪。夷門本此“序”不是排在《目錄》之前而是之後，且無書“水品序”或“序”等字。另在本序文之後，夷門本還將底本蔣灼後跋，接排於此；也未書“水品後跋”數字，把後跋或後序改成了前序。説郛續本文前無題序、目錄，將田藝蘅此“序”文刪存“余嘗著《煮泉小品》……緬視又新、永叔諸篇，更入神矣；錢唐田藝蘅題”七十多字，置於本文《七雜説》也是説郛續本所錄《水品》之最後。

② 玉井水：底本原目無“水”字，據文中標題加。

③ 南陽酈縣北潭水：底本原目無“南陽”二字，據文中標題加。

④ 王屋山玉泉聖水：底本原作“王屋王泉”，據文中標題增補。

⑤ 無錫惠山寺水：底本原作“無錫惠山泉”，據文中標題改。

⑥ 四明山雪竇上巖水：底本原目無“山”字，據文中標題加。

⑦ 黃巖靈谷寺香泉：底本原目無“靈谷寺”三字，據文中標題加。

⑧ 樂清縣沐簫泉：底本原無“縣”字，據文中標題補。

⑨ 福州閩越王南臺山泉：底本原作“福州南臺泉”，據文中標題增補。

⑩ 桐廬嚴瀨水：底本原作“桐廬子瀨”，據文中標題改。

⑪ 山深厚者若大者：“若”字，説郛續本作“雄”字。

⑫ 山雖雄大：“雖”字，底本、夷門本作“睢”，據説郛續本校改作“雖”，據改。

⑬ 戒人勿飲：“飲”字下，夷門本、説郛續本，多“閩中如此類非一”七字。

⑭ 土母、土多：“土”字，底本作“上”字，説郛續本校改作“土”字，據改。

⑮ 其幻為滾水蟲：説郛續本作“其下產滾水蟲”。

⑯ 甘寒：“甘”字，説郛續本作“紺”。

⑰ 與此粉通：“粉”字，説郛續本作“脈”。

⑱ 西域之陰：“域”字，夷門本、説郛續本作“城”。

⑲ 泉水不甘寒：“甘”，底本和説郛續本皆作“紺”，“紺”字，應作“甘”。紺指天青色。查有關辭書，未見“紺”與“甘”可通假例子；“紺”或是“甘”字的音誤。

⑳ 並列寒泉：“列”字，説郛續本作“冽”。

㉑ 幽谷：“谷”字，説郛續本作“介”字。

㉒ 郴州：夷門和説郛續本，同底本，“郴”字形誤作“彬”，據《煎茶水記》原文改。

㉓ 陵陽子明：《水品》誤刻作“陽陵子明”。

㉔ “陵陽子明經言”至“是為六氣”：徐獻忠輯錄時有刪簡，據《證類本草》引《明經》本段文字為：“春食朝露，日欲出時向東氣也。秋食飛泉，日沒時向西氣也。冬食沆瀣，北方夜半氣也。夏食正陽，南方日中氣也。並天玄地黃之氣，是為六氣。”

㉕ 日入為飛泉：“飛泉”，夷門本同，《證類本草》等引作“泉飛”。

㉖ 今人山居者多壽考：此句徐獻忠也是輯引《異類》，但文字稍有變動。《異類》原文為：“今人近山多壽者”。

㉗ 盛弘之：“弘”字，夷門本作“洪”。

㉘ 其居民悉食之，無不壽考：此句是徐獻忠輯引《抱朴子》“酈縣山中有甘谷水”與“故司空王暢”之間，“所以甘者，谷上左右皆生甘菊，菊花墮其中，歷世彌久，故水味為變；其臨此谷中居民，皆不穿井，悉食甘谷水，食者無不老壽；高者百四十五歲，下者不失八九十無夭年人，得此菊力也”這段文字的縮寫和介語。通過這句十字，將“南陽酈縣山中有甘谷水”與“故司空王暢”以下所引的《抱朴子》內容，即有機聯繫了起來。

㉙ 眩冒：“冒”字，底本和夷門本皆無，此據《抱朴子內外篇》原文補。

㉚ 嘗官於永耀間：“嘗”字，底本作“常”，據夷門本改。

㉛ 清源洞遠沾爾：夷門本同如上，但《真誥》原文“清源洞”為“清源幽瀾洞泉”；“遠沾爾”，“沾”字為“沽”，“爾”字作“耳”。

㉜ 大行：即太行山，古“大”、“太”通。

㉝ 瀑流：“瀑”字，夷門本此條均書作“爆”字。

㉞ 輒光白大售：喻政輯錄或《水品》梓刊時“白”字和“大”字錯位，作“輒光大白售”，據《湖錄》原文改。

㉟ “東西兩泉”和“匯而為沼”之間，《避暑錄話》原文還有“西泉發於山足，蓊然澹而不流，其來若不甚壯”十八字。

㊱ 本條內容，與文前目錄序次不符。按目錄排列或與上條“黃巖靈谷寺香泉”內容的地域關係，本條全部應移至下條“黃巖鐵篩泉”之後。

㊲ 士大夫煎茶：在“夫”字與“煎”字間，夷門本多一“家”字。

㊳ 宜興三洞水：夷門本同底本，作“宜興洞水”；“三”字，係據文前“目錄”改。

㊴ 後跋：底本在“後跋”前，還冠有《水品》書名，今刪。

茶寮記

◇ 明　陸樹聲　撰

陸樹聲（1502 － 1605），字與吉，號平泉，華亭（今上海松江）人。嘉靖二十年(1541)進士第一，選庶吉士，授編修。後為太常卿，掌南京國子監祭酒事，萬曆初官拜禮部尚書。《明史》本傳說"樹聲屢辭朝命，中外高其風節，遇要職必首舉樹聲，唯恐其不至"，而他"端介恬雅，翛然物表，難進易退，通籍六十餘年，居官未肯一紀"，年九十七卒，贈太子太保，謚文定。著作有《汲古叢語》、《長水日抄》、《陸文定公集》等。

《茶寮記》最初見於周履靖編《夷門廣牘》，內容包括"適園無諍居士"陸樹聲著《謾記》一篇、《煎茶七類》一篇，後來喻政《茶書》與陸樹聲去世十多年後編印的《陸文定公集》裏的《茶寮記》，也都由這兩部分構成，但是陳繼儒的《寶顏堂秘笈》與《說郛續》所收《茶寮記》裏，卻都只有《謾記》而沒有《煎茶七類》。這樣就出現了一個問題，即《煎茶七類》究竟是不是《茶寮記》的一部分？換句話說，它是否為陸樹聲撰寫？

過去如《四庫總目提要》、萬國鼎《茶書二十九種題記》、布目潮渢《中國茶書全集·解說》等似乎都未能注意到《茶寮記》裏的《煎茶七類》是有問題的。首先，《煎茶七類》並不出現在《夷門廣牘》的《茶寮記》中，而是《夷門廣牘》刊印前數年、即萬曆二十年（1592）徐渭（1521 － 1593）於石帆山手書的《煎茶七類》刻石上（參見《煎茶七類》題記），徐渭署其作者為盧仝。說《煎茶七類》的作者是盧仝，似無根據，因其中述"烹點"有"古茶用團餅"、"茶葉"等詞句，在在顯示這是宋以後或明人才有的說法。徐渭和陸樹聲基本上生活在同一時代，一個出生在山陰（今浙江紹興），一個住在松江，相去不遠，如果《煎茶七類》確為陸樹聲撰寫，大概不會有徐渭勒石在先並且署名盧仝的現象。其次，編印《寶顏堂秘笈》的陳繼儒（1558 － 1639）既與陸樹聲同時，又與他是華亭同鄉，因此，《寶顏堂秘笈》所錄《茶寮記》當比其他明本更加可靠，而這個《茶寮記》也是不含《煎茶七類》的。從這兩條線索來看，陸樹聲撰寫的《茶寮記》原來恐怕並不包括《煎茶七類》，世所流傳包含《煎茶七類》在內的《茶寮記》，很有可能是周履靖在編刻《夷門廣牘》時，擅自撮合陸樹聲的〈茶寮謾記〉和失名的《煎茶七類》而成的。而以上推論如能成立，則署名陸樹聲的《茶寮記》應該僅有《謾記》這一部分。

《茶寮記》的寫作時間，《四庫全書總目提要》說是當"樹聲初入翰林，與嚴嵩不合罷歸後，張居正柄國，欲招致之，亦不肯就，此編其家居之時，與終南山僧明亮同試天池茶而作”，萬國鼎進一步推定約在隆慶四年（1570年）前後。

上述版本之外，《茶寮記》尚有陳繼儒《亦政堂陳眉公普秘》本、程百二《程氏叢刻》本及明末所刻《枕中秘》本，這裏選用的底本是明《夷門廣牘》本。

茶寮記

適園無諍居士陸樹聲著

嘉禾梅癲道人周履靖校

園居敞小寮於嘯軒埤垣之西。中設茶竈，凡瓢汲罌注、濯拂之具咸庀。擇一人稍通茗事者主之，一人佐炊汲。客至，則茶煙隱隱起竹外。其禪客過從予者，每與余相對結跏趺坐，啜茗汁，舉無生話。終南僧明亮者，近從天池來，餉余天池苦茶，授余烹點法甚細。余嘗受其法於陽羨，士人大率先火候，其次候湯所謂蟹眼魚目，參沸沫沉浮以驗生熟者，法皆同。而僧所烹點，絕味清，乳面不黟，是具入清淨味中三昧者。要之，此一味非眠雲跂石人，未易領略。余方遠俗，雅意禪棲，安知不因是遂悟入趙洲耶。時杪秋既望，適園無諍居士與五臺僧演鎮終南僧明亮，同試天池茶於茶寮中。謾記。

煎茶七類[1]

一人品

煎茶非漫浪，要須其人與茶品相得。故其法每傳於高流隱逸，有雲霞泉石磊塊胸次間者。

二品泉

泉品以山水為上，次江水，井水次之。井取汲多者，汲多則水活。然須旋汲旋烹，汲久宿貯者，味減鮮冽。

三烹點

煎用活火，候湯眼鱗鱗起，沫餑鼓泛，投茗器中。初入湯少許，俟湯茗相投，即滿注。雲腳漸開，乳花浮面，則味全。蓋古茶用團餅碾屑，味易出。葉茶驟則乏味，過熟則味昏底滯。

四嘗茶

茶入口，先灌漱，須徐啜。俟甘津潮舌，則得真味，雜他果，則香味俱奪。

五茶候

涼臺靜室，明窗曲几，僧寮道院，松風竹月，晏坐行吟，清譚①把卷。

六茶侶

翰卿墨客，緇流羽士，逸老散人，或軒冕之徒，超軼世味②。

七茶勳

除煩雪滯，滌醒破睡，譚渴書倦，是時茗椀策勳，不減凌煙。

注　釋

1 以下恐非陸樹聲撰寫，參見徐渭《煎茶七類》和本篇提要，錄此以存版本原貌。

校　記

① 清譚把卷："譚"，通作"談"。

② 超軼世味："味"字下，喻政茶書、集成本等，多一"者"字。

茶經外集

◇明　孫大綬　輯[①]

孫大綬，字伯符，明嘉萬時新都（約今浙皖贛接壤的淳安、歙縣、婺源及其周圍的古新安郡地）人。以秋水齋為書室名，刻印過陸羽《茶經》及附籍六種共八卷、陸西星《南華真經副墨》八卷、《讀南華真經雜説》一卷等。

和嘉靖壬寅本真清《茶經外集》一樣，所謂《茶經外集》，指的是附《茶經》後的茶葉詩文集。從現存的《茶經》刻本來看，宋以前的刻本，如左圭《百川學海》本，還沒有在《茶經》文後另附其他文獻的情況。但至明代嘉萬以後，各種《茶經》刻本，包括喻政《茶書》一類的叢書、類書，在《茶經》正文之後，每每增刻若干附錄。這些附錄，或相互援引，或各自增刪，情況不一。如萬曆鄭熜《茶經》刻本，其正文及附錄就基本參照孫大綬《茶經》校刊本。但大綬的萬曆秋水齋《茶經》刻本和嘉靖壬寅本的附錄卻不同，孫本僅保留了壬寅本《水辨》一篇未變，餘則幾乎全新。如《茶經外集》，孫本和壬寅本雖名字一樣，而且孫本特別是唐代部分的茶詩，保留壬寅本的內容也較多，但所增唐盧仝《茶歌》、宋范仲淹《鬥茶歌》二首長歌，全部刪去明代竟陵地方史志的藝文內容，便顯出與壬寅本的不同。又自孫大綬《茶經外集》出，真清《茶經外集》逐漸為人淡忘，一部分人甚至將二者混同為一。直到萬國鼎《茶書總目提要》介紹孫大綬《茶經外集》，談到在嘉業堂藏書樓書目中看到“嘉靖壬寅本《茶經》三卷附《外集》一卷”，並說不知是否和大綬刊本相同，“如果相同，那末大綬也還是抄來的”，才使人意識到孫大綬《茶經外集》之前，還有另一本《茶經外集》的存在。後來《中國古代茶葉全書》，也才將嘉靖壬寅本真清《茶經外集》恢復為獨立一書。

可惜大概受萬國鼎所謂“大綬也還是抄來的”影響，《中國古代茶葉全書》倒過來又將孫大綬《茶經外集》，附於嘉靖壬寅本《茶經外集》之後，不再當作獨立一書。這樣處理，似乎也失當。所以，本書以萬曆鄭熜校刻孫大綬秋水齋本《茶經》作收。

唐

六羨歌　陸羽（不羨黃金罍）

茶歌[②]　盧仝

日高丈五睡正濃，將軍扣門驚周公。口傳諫議送書信，白絹斜封三道印。開緘宛見諫議面，手閱月團三百片。聞道新年入山裏，蟄蟲驚動春風起。天子須嘗陽羨茶，百草不敢先開花。仁風暗結珠蓓蕾，先春抽出黃金芽。摘鮮焙芳旋封裹，至精至好且不奢。至尊之餘合王公，何事便到山人家。柴門反關無俗客，紗帽籠頭自煎吃。碧雲引風吹不斷，白花浮光凝碗面。一碗喉吻潤；二碗破孤悶；三碗搜枯腸，惟有文字五千卷；四碗發輕汗，平生不平事，盡向毛孔散；五碗肌骨清；六碗通仙靈；七碗吃不得也，唯覺兩腋習習清風生。蓬萊山，在何處？玉川子，乘此清風欲歸去。山上羣仙司下土，地位清高隔風雨。安得知百萬億蒼生，命墮顛崖受辛苦[3]。便從諫議問蒼生，到頭不得蘇息否。

送羽採茶　皇甫曾（千峯待逋客）

送羽赴越　皇甫冉（行隨新樹深）

陸羽不遇　僧皎然（移家雖帶郭）

西塔院　裴拾遺（竟陵文學泉）

宋

鬥茶歌[4]　范希文

年年春自東南來，建溪先暖冰微開。溪邊奇茗冠天下[5]，武夷仙人從古栽。新雷昨夜發何處，家家嬉笑穿雲去。露芽錯落一番榮，綴玉含珠散嘉樹。終朝採掇未盈襜[6]，惟求精粹不敢貪。研膏焙乳有雅製，方中圭兮圓中蟾。北苑將期獻天子，林下雄豪先鬥美。鼎磨雲外首山銅，瓶攜江上中濡水。黃金碾畔綠塵飛[7]，碧玉甌中翠濤起[8]。鬥茶味兮輕醍醐，鬥茶香兮薄蘭芷。其間品第胡能欺，十目視而十手指。勝若登仙不可攀，輸同降將無窮恥。吁嗟天產石上英，論功不愧階前蓂。眾人之濁我獨清，千人之醉我獨醒[9]。屈原試與招魂魄，劉伶卻得聞雷霆。盧仝敢不歌，陸羽須作經。森然萬象中，焉知無茶星。商山丈人休茹芝，首陽先生休採薇。長安酒價減千萬，成都藥市無光輝。不如仙山一啜好，泠然便欲乘風飛。君莫羨，花間女郎只鬥草，贏得珠璣滿斗歸。

觀陸羽茶井　王禹偁（甃石對苔百尺深）

校　記

① 明孫大綬輯：為本書按體例所署。底本在《茶經外集》篇名下，次行題有“明　新都孫大綬編次”；再行書作“明晉安鄭 熜 校梓”二行十五字。本書編校時刪。
② 茶歌：《全唐詩》題作《走筆謝孟諫議寄新茶》。
③ 命墮顛崖受辛苦：《全唐詩》“墮”字作“墜”；且在“墜”字下，還多一“在”字。
④ 《鬥茶歌》：《全宋詩》題為《和章岷從事鬥茶歌》。
⑤ 溪邊奇茗冠天下：“茗”字，底本刊作“花”字，據《全宋詩》改。
⑥ 終朝採掇未盈襜：“襜”字，底本形誤作“檐”，逕改。《全宋詩》作“衫”。
⑦ 黃金碾畔綠塵飛：“塵”字，底本作“雲”字，據《全宋詩》改。
⑧ 碧玉甌中翠濤起：“碧”字、“中”字、“翠”字，《全宋詩》作“紫”字、“心”字和“雪”字。
⑨ 千人之醉我獨醒：“人”字、“獨”字，《全宋詩》作“日”字和“可”字。

茶譜外集

◇明　孫大綬　輯[1]

孫大綬，字伯符，生平事跡，見孫大綬《茶經外集》題記。

《茶譜外集》，是萬曆十六年（1588）孫大綬刻陸羽《茶經》所附《茶經水辨》、《茶經外集》、《茶具圖贊》和錢椿年、顧元慶《茶譜》之後的又一卷茶葉詩賦集。可能因附於《茶譜》之後，加之已有《茶經外集》，故名之為《茶譜外集》。《茶譜外集》從孫大綬所梓《茶經》附錄中析出，獨立成一書，是萬曆汪士賢所刻《山居雜志》的事情。也即是説，孫大綬輯刊的《茶譜外集》，不久即應當時社會商品經濟發展的需要，被人從《茶經》附錄中輯出，作為明朝較早的不多幾種茶書之一，獨立傳示於世了。

孫大綬所梓《茶經》，刊印於萬曆戊子（十六）年；則《茶譜外集》輯編的時間，當也是在這年或稍前。關於這點和是書為孫大綬所輯，除萬國鼎在其《茶書總目提要》提出有懷疑外，學術界的看法基本一致。萬國鼎在《提要》中指出，此集《山居雜志》本和《文房奇書》本都説是孫大綬所編的，但又不見於南京圖書館所藏孫大綬校刊的陸羽《茶經》後，因此是否大綬所編，也有問題。本書在編校本文時，對萬國鼎所提出的問題作了查證，發現萬國鼎所據的南京圖書館收藏的陸羽《茶經》萬曆孫大綬校刊本，本身就有問題。陸羽《茶經》孫大綬萬曆秋水齋原刻本，正附二冊，附本如上所説，收錄《水辨》、《茶經外集》、《茶具圖贊》、《茶譜》和《茶譜外集》，如湖南社會科學院圖書館所藏，一種不缺，是完整的。但南京圖書館所藏的孫大綬萬曆秋水齋《茶經》刻本，是乾隆丁丙重刻本，其所附僅《茶經外集》、《茶具圖贊》和《水辨》三種，未收《茶譜》和《茶譜外集》。萬國鼎誤以乾隆丙丁重刻本作孫大綬萬曆秋水齋原刻本，當然就"不見"也不可能見到收有《茶譜外集》了。

本文版本除上述提及的四種外，還有萬曆鄭熜校刻秋水齋本《茶經》等等。今以鄭 熜 刻本作底本，以其所引原詩各有關刻本作校。

茶賦　〔吳淑〕[2]

夫其滌煩療渴，《唐書》曰：常魯使西蕃，烹茶帳中，謂蕃人曰：滌煩療渴，所謂茶也。蕃人曰："我此亦有"，命取以出。指曰：此壽州者，此顧渚者，此蘄門者。換骨輕身。陶弘景《雜錄》曰：苦茶，輕身換骨，昔丹丘子、黃山君服之。茶荈之利，其功若神。《説文》曰：荼，苦荼也，即今之茶荈。則有渠江薄片，《茶譜》曰：渠江薄片，一斤八十枚。西山白露，《茶譜》曰：洪州西山之白露。雲垂綠腳，《茶譜》曰：袁州之界橋，其名甚著，不若湖州之研膏紫筍，烹之有綠腳垂。香浮碧乳，《茶譜》曰：婺州有舉岩茶，斤片方細③，所出雖少，味極甘芳，煎如碧乳也。挹此霜華，《茶譜》④曰：傅巽《七誨》云：蒲桃、宛柰、齊柿、燕栗、常陽黃梨⑤、巫山朱橘、南中茶子、西極石蜜，寒溫既畢，應下霜華之茗⑥。卻茲煩暑。《茶譜》曰：長沙之石橘，採芽為茶，湘人以四月四日摘楊桐草，搗其汁，拌米而蒸⑦，猶糕糜之類，必啜此茶，乃去風也。暑月飲尤好。清文既傳於杜育，育《荈賦》曰：調神和內，倦懈康除。精思亦聞於陸羽。唐陸羽著《茶經》三卷。若夫擷此皋盧，《廣州記》曰：皋盧，茗之別名。葉大而澀，南人以為飲。烹茲苦荼。《爾雅》曰：檟，苦荼。樹小似梔子，早採者為荼，晚採者為茗。荈，蜀人名為苦荼。桐君之錄尤重，《桐君錄》曰：巴東有真香茗，煎飲令人不眠。仙人之掌難踰。當陽縣有溪山仙人掌茶，李白有詩。豫章之嘉甘露，《宋錄》曰：豫章王子尚，詣曇濟道人於八公山，濟設茶茗。尚味之曰：此甘露也，何言茶茗。王肅之貪酪奴。《伽藍記》曰：王肅好魚，彭城王勰嘗戲謂肅曰：卿不重齊魯大邦，而愛邾莒小國。肅對曰：鄉曲所美，不得不好。勰復謂曰，卿明日顧我，為卿設邾莒之飧，亦有酪奴。故號茗飲為酪奴。待槍旗而採摘⑧，《茶譜》曰：團黃有一旗二槍之號，言一葉二芽⑨也。對鼎鑪以吹噓。左思《嬌女》詩曰：吾家有好女，皎皎常白晳。小字為紈素，口齒自清歷。貪走風雨中，倏忽數百適。心為茶荈劇，吹噓對鼎鑪。則有療彼斛瘕，《續搜神記》曰：桓宣武有一督將，因時行病，後虛熱便能飲復茗，必一斛二斗乃飽。裁減升合，便以為大不足。後有客造之，更進五升，乃大吐。有一物出，如升大，有口。形質縮皺，狀如牛肚。客乃令置之於盆中，以斛二斗復茗澆之，此物吸之都盡而止，覺小脹，又增五升，便悉混然從口中湧出。既吐此物，病遂瘥。或問之此何病？答曰：此病名為斛茗瘕也。困茲水厄。《世說》曰：晉王蒙好飲茶，人至輒命飲之。士大夫皆患之，每欲往候，必云"今日有水厄"。擢彼陰林，見前得於爛石。《茶經》曰：上者生爛石，中者生櫟壤，下者生黃土。先火而造，乘雷以摘。《茶譜》曰：蜀之雅州有蒙山，山有五頂，頂有茶園。其中頂曰上清峯，昔有僧病冷且久，嘗遇一老父，謂曰：蒙之中頂茶，常以春分之先後，多搆人力，俟雷之發聲，併手採摘，三日而止。若獲一兩，以本處水煎服，即能祛宿疾。二兩，當限前無疾；三兩，固以換骨；四兩，即為地仙矣。是僧因之中頂築室以俟。及期，獲一兩餘，服未竟而病瘥。時到城市，人見容貌常若年三十餘，眉髮綠色，其後入青城訪道，不知所終。今四頂採摘不廢，惟中頂草太繁密，雲霧蔽障，鷙獸時出，人跡稀到矣。今蒙頂茶有霧鋑牙、籛牙，皆云火前；言造於禁火之前也。吳主之憂韋曜，初沐殊恩。《吳志》⑩曰：孫皓每宴席，飲後必服茗，每以七升為限⑪，雖不悉入口，澆灌取盡。韋曜飲酒不過二升，初見禮異，密賜茶茗以當酒。至於寵衰，更見逼強，輒以為罪。陸納之待謝安，誠彰儉德。《晉書》曰：陸納為吳興太守時，謝安欲詣納。納兄子俶，怪納無所備，不敢請，乃私為具。安既至，訥所設唯茶果而已，俶遂陳盛饌，珍羞畢具。安去，納杖俶四十。云："汝既不能光益叔父，奈何穢吾素業。"別有產於玉壘，造彼金沙。《茶譜》曰：玉壘關外寶唐山，有茶樹，產於懸崖。筍長三寸、五寸，方有一葉、兩葉。湖州長興縣啄木嶺金沙泉，即每歲造茶之所，湖常二郡接界於此。厥土有境會亭，每茶節，二牧皆至焉。斯泉也，處沙之中，居常無水。待造茶，太守具儀往拜敕祭泉，頃之發源，其夕清溢。造供御者畢，水微減；供堂者畢，水已半之；太守造畢，即涸矣。太守或還旆稽期，則示風雷之變，或見鷙獸、毒蛇、木魅焉。三等為號，《茶譜》曰：邛州之臨邛、臨溪、思安、火井，有早春、火前、火後、嫩綠等上、中、下茶。五出成花。茶之別者，枳殼牙、枸杞牙、枇杷牙，皆治風疾。又有皂筴牙、槐牙、柳牙，乃上春摘其牙和茶作之。五花茶者，其片作五出花也。早春之來賓化，《茶譜》曰：涪州出三般茶，賓化最上，製於早春；其次白馬，最下涪陵。橫紋之出陽坡。《茶譜》曰：宣城縣有丫山小方餅，橫鋪茗牙裝面。其山東為朝日所燭，號曰陽坡；其茶最勝者也。復聞灉湖含膏之作，《茶譜》曰：義興有灉湖之含膏。龍安騎火之名。《茶譜》曰：龍安有騎火茶，最上。言不在火前，不在火後作也。柏巖兮鶴嶺，《茶譜》曰：福州柏巖極佳，又洪州西山白露及鶴嶺茶尤佳[12]。鳩阬兮鳳亭。鳩阬在穆州，出佳茶。《茶經》曰：生鳳亭山飛雲、曲水二寺，青峴、啄木二嶺者，與壽州同。嘉雀舌之纖嫩，翫蟬翼之輕盈。《茶譜》曰：蜀州雀舌、鳥嘴、麥顆，蓋取其嫩牙所造，以其牙似之也。又有片甲者，牙葉相抱如片甲也；蟬翼者，其葉嫩薄如蟬翼也。冬牙早秀，冬牙，言隆冬甲折也。麥顆先成。見上或重西園之價，《汪氏傳》曰：統遷愍懷太子洗馬，上疏諫曰：今西園賣醯、麵、茶、菜、藍子之屬，虧敗國體。或侔團月之形。《茶譜》曰：衡州之衡山，封州之西鄉茶，研膏為之。皆片團如月。並明目而益思，見前豈瘠氣而侵精。唐《新語》曰：右補闕梅景，博學有著述才。性不飲茶，著《茶飲序》曰：釋滯消壅，一日之利暫佳，瘠氣侵精，終身之累斯大。獲益則功歸茶力，貽患則不謂茶災；豈非福近易知，禍遠難見者乎。又有蜀岡、牛嶺，《茶譜》曰：揚州禪智寺，隋之故宮。寺枕蜀岡，有茶園，其味甘香如蒙頂也。又歙州牛栀嶺者，尤好。洪雅烏程《茶譜》曰：眉州洪雅、丹陵、昌合，亦製餅茶，法如蒙頂。《吳興記》曰：烏程縣西二十里，有溫山，出御荈。碧澗紀號，《茶譜》曰：有水江園[13]、明月簝、碧澗簝、茱萸簝之名。紫筍為稱。《茶譜》曰：蒙頂有研膏茶，作片進之，亦作紫筍。陟仙(涯)而花墜，《茶譜》曰：彭州蒲村堋口，其園有仙(涯)、石花等號。服丹丘而翼生。《天台記》曰：丹丘出大茗，服之生羽翼。至於飛自獄中，《廣陵耆老傳》曰：晉元帝時，有老姥每旦擎一器茗往市鬻之。市人競買，自旦至暮，其器不減。所得錢與道旁孤貧乞人。或執而繫之於獄，夜擎所賣茗器，飛出獄去。煎於竹裏。唐肅宗嘗賜高士張志和奴婢各一人，志和配為夫妻，名之曰漁童、樵青。人問其故，答曰：漁童使捧釣牧綸，蘆中鼓枻。樵青使蘇蘭薪桂，竹裏煎茶。效在不眠，《博物志》曰：飲真茶，令人少眠睡。功存悅志。《神農》曰：茶茗宜久服，令人有力悅志。或言詩為報，《茶譜》曰：胡生以釘鉸為業，居近白蘋洲，旁有古墳。每因茶飲，必奠酹之。忽夢一人謂之曰：吾姓柳，平生善為詩而嗜茗。感子茶茗之惠，無以為報，欲教子為詩。胡生辭以不能。柳強之，曰，但率子意言之，當有致矣。生後遂工詩焉，時人謂之胡釘鉸詩。柳當是柳惲也。或以錢見遺。《異苑》曰：剡縣陳務妻，少寡，與二子同居。好飲茶，家有古塚，每飲輒先祠之。二子欲掘之，母止之。夜夢人致感云：吾雖潛朽壤，豈忘翳桑之報。及曉，於庭中獲錢十萬，似久埋者，惟貫新耳。復云葉如梔子，花若薔薇。見前。輕飇浮雲之美，霜笴竹籜之差。《茶經》曰：茶千類萬狀，略而言之，有如胡人靴者，蹙縮然；犎牛臆者，廉襜然；浮雲出山者，輪囷然；輕飇拂水者；涵澹然。此茶之精好者也。有竹籜者，枝榦堅實，堅於蒸搗，故其形粗簁，然如霜笴者，莖葉凋沮，易其狀貌，故其形萎萃然。此茶之瘠老者也。自采至於封七經目；胡靴至霜笴凡六等[14]。唯芳茗之為用，蓋飲食之所資。

煎茶賦　黃魯直

洶洶乎如澗松之發清吹，皓皓乎如春空之行白雲。賓主欲眠而同味，水茗相投而不渾。苦口利病，解膠滌昏[15]，未嘗一日不放箸，而策茗碗之勳者也。余嘗為嗣直瀹茗，因錄其滌煩破睡之功，為之甲乙。建溪如割，雙井如霆，日鑄如勢[1]。其餘苦則辛螫，甘則底滯，嘔酸寒胃，令人失睡，亦未足與議。或曰無甚高論，敢問其次。涪翁曰：味江之羅山，嚴道之蒙頂，黔陽之都濡高株，瀘川之納溪梅嶺，夷陵之壓磚，〔臨〕邛之火井⑯，不得已而去於三，則六者亦可酌兔褐之甌，瀹魚眼之鼎者也。或者又曰，寒中瘠氣，莫甚於茶。或濟之鹽，勾賊破家⑰，滑竅走水，又況雞蘇之與胡麻。涪翁於是酌岐雷[2]之醪醴，參伊聖[3]之湯液；斮附子如博投，以熬葛仙[4]之堊。去蔹而用鹽，去橘而用薑，不奪茗味而佐以草石之良。所以固太倉而堅作疆，於是有胡桃、松實、菴摩[5]、鴨腳、敎賀、靡蕪、水蘇[6]、甘菊，既加臭味，亦厚賓客。前四後四，各用其一；少則美，多則惡，發揮其精神，又益於咀嚼。蓋大匠無可棄之才，太平非一士之略。厥初貪味雋永，速化湯餅，乃至中夜不眠，耿耿既作，溫齊殊可屢歃。如以《六經》，濟三尺法[7]，雖有除治與人安樂，賓至則煎，去則就榻，不遊軒后之華胥，則化莊周之蝴蝶。

煎茶歌　蘇子瞻

蟹眼已過魚眼生，颼颼欲作松風鳴。蒙茸出磨細珠落，眩轉遶甌飛雪輕。銀瓶瀉湯誇第一⑱，未識古人煎冰意。君不見，昔時李生好客手自煎，貴從活火發新泉；又不見，今時潞公煎茶學西蜀，定州花瓷琢紅玉。我今貧病苦渴飢，分無玉碗奉蛾眉。且學公家作茗飲，塼爐石銚行相隨。不用撐腸拄腹文字五千卷，但願一甌常及睡足日高時。

試茶歌　劉禹錫

山僧後簷茶數叢，春來映竹抽新茸。宛然為客振衣起，自傍芳叢摘鷹嘴。斯須炒成滿室香，便酌砌下金沙水。驟雨松聲入鼎來，白雲滿碗花徘徊。悠揚噴鼻宿酲散⑲，清峭徹骨煩襟開。陽崖陰嶺各殊氣，未若竹下莓苔地。炎帝雖嘗不解煎，桐君有錄那知味。新芽連拳半未舒，自摘至煎俄頃餘。木蘭墜露香微似，瑤草臨波色不如。僧言靈味宜幽寂，采采翹英為嘉客。不辭緘封寄郡齋，磚井銅鑪損標格。何況蒙山顧渚春，白泥赤印走風塵。欲知花乳清泠味，須是眠雲岐石人⑳。

茶壟　蔡君謨

造化曾無私，亦有意所嘉。夜雨作春力，朝雲護日華㉑。千萬碧玉枝㉒，戢戢抽靈芽。

採茶

春衫逐紅旗，散入青林下。陰崖喜先至，新苗漸盈把㉓。競攜筠籠歸㉔，更帶山雲瀉[25]。

造茶

屑玉寸陰間[26]，摶金新範裏。規呈月正圓[27]，蟄動龍初起。出焙色香全[28]，爭誇火候是。

試茶

兔毫紫甌新，蟹眼清泉煮。雪凍作成花，雲間未垂縷[29]。願爾池中波，去作人間雨。

惠山泉　黃魯直

錫谷寒泉瀡石俱，併得新詩蠆尾書。急呼烹鼎供茶事，澄江急雨看跳珠。是功與世滌膻腴，今我一空常宴如。安得左蟠箕潁尾，風爐煮茗臥西湖。

茶碾烹煎

風爐小鼎不須催，魚眼長隨蟹眼來。深注寒泉收第一，亦防枵腹爆乾雷。

雙井茶[30]

人間風日不到處，太上玉堂森寶書。想見東坡舊居士，揮毫百斛瀉明珠。我家江南摘雲腴，落磑紛紛雪不如[31]，為君喚起黃州夢，歸載扁舟向五湖。

注　釋

1　𦈢（jué）：同絕。字見《集韻》。

2　岐雷：上古傳說發明釀造醪醴一類濁酒的人。

3　伊聖：疑即指商湯時名臣伊尹。

4　葛仙：葛洪，東晉道士和名醫。

5　菴摩：于良子《茶譜外集》註稱，即“菴摩羅”，亦作菴羅、菴摩勒，果名油柑，葉如小棗，果如胡桃。

6　教賀、蘼蕪、水蘇：即“薄荷”、“蘪蕪（香草名），亦名蘄茝”、“雞蘇，一名龍腦香蘇”（俱見于良子《茶譜外集．註》）。

7　三尺法：簡稱三尺，古“法律”之謂。上古，將法律條文，書在三尺長的竹木簡上，故名。如《史記．酷吏列傳》：“若為天子決平，不循三尺法。”

校　記

① 明孫大綬輯：此為本書統一署名。本文底本，原題作“明新都孫大綬編次”；另行署“明　晉安鄭　熠校梓。”
② 吳淑：本文原未署作者，為與下文一致，編校時補。
③ 斤片細：“片”字，底本作“半”字，據《事類賦註》改。
④ 《茶譜》：下引內容，非出毛文錫《茶譜》，係吳淑將《茶經》的“經”字，誤作“譜”字之訛。
⑤ 常陽黃梨：“常陽”，陸羽《茶經》作“垣陽”。
⑥ 寒溫既畢，應下霜華之茗：《茶經》引《七誨》內容，至“西極石蜜”止。“寒溫既畢，應下霜華之茗”，是此下《茶經》引弘景《舉食黴》的頭兩句，係吳淑轉錄《茶經》之《七誨》時，有意或無意的串文。
⑦ 拌米而蒸：“拌”字，底本原誤作“伴”字，據《事類賦註》改。
⑧ 待槍旗而採摘：“槍”字，底本皆形誤作“搶”，逕改。下同，不出校。
⑨ 一旗二槍之號，言一葉二芽：“一旗二槍”、“一葉二芽”，毛文錫《茶譜》原誤，應作“一槍二旗”、“一芽二葉”。
⑩ 《吳志》：底本“志”字誤刊作“主”字，據《事類賦註》改。
⑪ 每宴席，飲後必服茗，每以七升為限：“飲後必服茗”，係吳淑妄加的衍文。此句《事類賦註》作“每宴席，飲無不能，每率以七升為限”。《三國志．吳書》：作“坐席無能否，率以七升為限”。
⑫ 西山白露及鶴嶺茶尤佳：“及”字，底本形誤刊作“尺”字，據《事類賦註》改。
⑬ 水江園：“水”字，《事類賦註》作“小”字。“水”字疑誤。毛文錫《茶譜》亦作“小”。
⑭ 自采至於封七經目；胡 鞾 至霜笴凡六等：“采”字、“日”字，底本形誤作“來”字和“日”字，據陸羽《茶經》改。“胡 鞾 至霜笴凡六等”，陸羽《茶經》作“自胡 鞾 至於霜荷八等”。
⑮ 解膠滌昏：“膠”字，據同賦後文“醪醴”，此“膠”字，似亦應作“醪”。
⑯ 臨邛之火井：“臨”字，底本原脫，據《山谷全書》補。
⑰ 勾賊破家：“賊”字，底本誤刊作“踐”字，據《山谷全書》改。
⑱ 銀瓶瀉湯誇第一：“第一”，《蘇軾詩集》作“第二”。
⑲ 悠揚噴鼻宿酲散：“酲”字，底本作“醒”字，據《全唐詩》改。
⑳ 須是眠雲跂石人：“跂”字，底本作“岐”字，據《全唐詩》改。
㉑ 朝霞護日華：“華”字，底本作“車”，據《端明集》改。
㉒ 千萬碧玉枝：“玉”字，底本作“天”字，據《端明集》改。
㉓ 新苗漸盈把：“苗”字，底本形訛作“笛”字，據《端明集》改。
㉔ 競攜筠籠歸：“歸”字，底本誤作“錦”字，據《端明集》改。
㉕ 更帶山雲瀉：“瀉”字，底本作“寫”，據《端明集》改。
㉖ 屑玉寸陰間：“屑”字，底本作“糜”字，據《端明集》改。
㉗ 規呈月正圓：“圓”字，底本作“員”，據《端明集》改。
㉘ 出焙色香全：底本作“出焙香花全”，據《端明集》改。
㉙ 雲間未垂縷：“間”字底本誤作“閑”字，據《端明集》改。
㉚ 《雙井茶》：“井茶”，底本倒作“茶井”，逕改。
㉛ 落落磑紛紛雪不如：“落落”衍一字；“磑”字，底本作“磴”，據《全宋詩》改。

煎茶七類

◇明　徐渭　改定

徐渭（1521－1593），字文清，更字文長，號天池山人，又號青藤道士，書畫或亦署田水月。山陰（今浙江紹興）人。生員，屢應鄉試不中。曾在浙閩總胡宗憲處作幕客多年。擒徐海、誘王宜皆預其謀。宗憲下獄，渭懼禍發狂，幾次自殺不死，後因殺妻入獄七年，得張元忭救獲免。晚年甚貧，有書千卷，斥賣殆盡。自稱"南腔北調人"以終其生。自稱"吾書第一，詩次之，文次之，畫又次之。"《明史・文苑傳》有傳。著作見近年輯校本《徐渭集》（北京：中華書局，1983年，4冊）。《浙江採集遺書總錄》又稱其撰有《茶經》一卷、《酒史》六卷。

《煎茶七類》，由文末題記可知，是萬曆二十年（1592），由徐渭改定手書勒石石帆山朱氏宜園，原撰者唐代盧仝，顯是假託。萬曆二十五年，周履靖編《夷門廣牘》，將它和陸樹聲的茶寮"漫記"、宋陶穀《清異錄》"荈茗門"的部份文字合在一起，題名為陸樹聲的《茶寮記》。這是《煎茶七類》首見於書籍文獻。後來《説郛續》收錄此文，又將它從《茶寮記》中抽出，署徐渭撰，與《茶寮記》並列。而如明刻《錦囊小史》、《八公遊獻叢談》和《枕中秘》，則改稱高淑嗣撰。及至萬曆四十五年，無錫人華淑編刻《閒情小品》，另在"烹點"和"嘗茶"之間塞進20字的"茶器"一條，更其名為《品茶八要》一卷。後來的《錫山華氏叢書》和其他刻本或書目，將《品茶八要》的作者變成了"華淑"。（參見《茶寮記・題記》）。這種錯亂，明清以來，一直未得到澄清。

徐渭的《煎茶七類》，已收錄在抗戰前北京大學中國民俗學會編印的《民俗叢書・茶專號》中，本書以徐渭石帆山朱氏宜園《煎茶七類》石刻（《天香樓藏帖》）作錄，以《説郛續》本、喻政茶書本、《徐渭集》（北京：中華書局，1983年）作校。

一、人品　煎茶雖凝清小雅①，然要須其人與茶品相得。故其法每傳於高流大隱、雲霞泉石之輩，魚蝦麋鹿之儔②。

二、品泉　山水為上③，江水次之，井水又次之。井貴汲多，又貴旋汲。汲多水活，味倍清新④；汲久貯陳⑤，味減鮮冽。

三、烹⑥點　烹⑦用活火，候湯眼鱗鱗起，沫浡鼓泛，投茗器中。初入湯少數，候湯茗相浹⑧，卻復滿注。頃間雲腳漸開⑨，浮花浮面，味奏全□矣⑩。蓋古茶用碾屑團餅，味則易出之。葉茶是尚，驟則味虧⑪；過熟則味昏底滯。

四、嘗茶　先滌漱[12]，既乃[13]徐啜，甘津潮舌，孤清自實[14]，設雜以他果，香味俱奪。

五、茶宜[15]　涼臺靜室，明窗曲几，僧寮道院，松風竹月，晏坐行吟，清譚把卷。

六、茶侶　翰卿墨客，緇流羽士，逸老散人，或軒冕之徒，超然[16]世味者。

七、茶勛　除煩雪滯，滌醒[17]破睡，譚渴書倦，此際策勳[18]，不減淩煙。

是七類乃盧仝作也，中夥甚疻，余臨書稍定之。時壬辰仲秋青藤道士徐渭書於石帆山下朱氏之宜園。

校　記

① 雖凝清小雅：説郛續本、喻政茶書本作“非漫浪”。

② 雲霞泉石之輩，魚蝦麋鹿之儔：説郛續本、喻政茶書本“雲”字前多一“有”字。“泉石”，喻政茶書本作“石泉”。“之輩”和“魚蝦麋鹿之儔”，説郛續本、喻政茶書本，改縮成“磊塊胸次間者”。

③ 山水為上：説郛續本、喻政茶書本作“泉品以山水為上”。

④ 井貴汲多，又貴旋汲，汲多水活，味倍清新：説郛續本、喻政茶書本作“井取汲多者，汲多則水活，然須旋汲旋烹”。

⑤ 貯陳：説郛續本、喻政茶書本等作“宿貯者”。

⑥ 烹：説郛續本作“煎”。

⑦ 烹：説郛續本、喻政茶書本作“煎”。

⑧ 浹：説郛續本、喻政茶書本作“投”。

⑨ 卻復滿注，頃間雲腳漸開：説郛續本、喻政茶書本作“即滿注，雲腳漸開”。

⑩ 浮花浮面，味奏全□矣：説郛續本、喻政茶書本作“乳花浮面則味全。”

⑪ 葉茶是尚，驟則味虧：説郛續本、喻政茶書本作“葉，驟則乏味”。説郛續本“乏”字作“泛”。

⑫ 先滌漱：説郛續本、喻政茶書本作“茶入口，先灌漱”。

⑬ 既乃：説郛續本、喻政茶書本作“須”字。

⑭ 甘津潮舌，孤清自實：説郛續本、喻政茶書本作“俟甘津潮舌，則得真味。”

⑮ 茶宜：説郛續本、喻政茶書本作“茶候”。

⑯ 然：説郛續本、喻政茶書本作“軼”。

⑰ 醒：喻政茶書本作“酲”字。

⑱ 此際策勳：説郛續本、喻政茶書本作“是時茗碗策勳”。

茶箋 1

◇明　屠隆　撰

屠隆（1542－1605），字長卿，一字緯真，號赤水，晚號鴻苞居士。鄞縣（今浙江寧波）人。少時聰慧，有文名。萬曆五年（1577）進士，先後出任穎上和青浦知縣。後遷禮部主事，因事遭罷歸。賦閒以後，縱情詩酒，並賣文為生。他著述甚豐，並參與蒐集刊刻。曾刻印過《唐詩品匯》九十卷，《天中記》六十卷，《董解元西廂記》二卷等各類著作十多種二百餘卷。自撰有《考槃餘事》、《鴻苞集》、《棲真館集》、《由拳集》、《白榆集》、《採真集》、《南遊集》等。他亦工於戲曲，著有《曇花記》、《修文記》、《彩毫記》等作品。

《茶箋》，一作《茶說》，原為屠隆《考槃餘事》中的部份內容。喻政編《茶書》，從《考槃餘事》中抽選相關內容，別擇成書曰《茶說》。後來《考槃餘事》幾經整理，內容編排已非原貌，因此，與喻政所選輯的《茶說》內容亦有參差。今查閱了明萬曆繡水沈氏刻《寶顏堂秘笈》本、萬曆《尚白齋陳眉公訂正秘笈》本、馮可賓《廣百川學海》等明末諸刻《考槃餘事》本，以《寶顏堂秘笈》本為底本，校以其他刻本，並參考喻政《茶書》本、《錦囊小史》本等版本。

至於屠隆撰寫本篇的時間，萬國鼎推定為萬曆十八年（1590）前後，大抵不差。

茶寮①

構一斗室，相傍書齋。內設茶具，教一童子專主茶役，以供長日清談。寒宵兀坐，幽人首務，不可少廢者。

茶品②

與《茶經》稍異，今烹製之法③，亦與蔡、陸諸前人不同矣。

虎丘

最號精絕，為天下冠。惜不多產，皆為豪右所據。寂寞山家，無繇獲購矣。

天池

青翠芳馨，噉之賞心，嗅亦消渴，誠可稱仙品。諸山之茶，尤當退舍。

陽羨

俗名羅岕，浙之長興者佳，荊溪稍下[2]。細者其價兩倍天池，惜乎難得，須親自採收方妙。

六安

品亦精，入藥最效。但不善炒，不能發香而味苦。茶之本性實佳。

龍井

不過十數畝，外此有茶，似皆不及。大抵天開龍泓美泉，山靈特生佳茗以副之耳。山中僅有一二家炒法甚精；近有山僧焙者亦妙。真者，天池不能及也。

天目

為天池龍井之次，亦佳品也。地誌云：山中寒氣早嚴，山僧至九月即不敢出。冬來多雪，三月後方通行。茶之萌芽較晚。

採茶

不必太細，細則芽初萌而味欠足；不必太青，青則茶以老[4]而味欠嫩。須在穀雨前後，覓成梗帶葉，微綠色而團且厚者為上。更須天色晴明，採之方妙。若閩廣嶺南，多瘴癘之氣，必待日出山霽，霧障嵐氣收淨，採之可也。穀雨日晴明採者，能治痰嗽、療百疾。

日曬茶

茶有宜以日曬者，青翠香潔，勝以火炒。

焙茶

茶採時，先自帶鍋灶入山，別租一室；擇茶工之尤良者，倍其僱值。戒其搓摩，勿使生硬，勿令過焦，細細炒燥，扇冷方貯罌中。

藏茶

茶宜箬葉而畏香藥，喜溫燥而忌冷濕。故收藏之家，先於清明時收買箬葉，揀其最青者，預焙極燥，以竹絲編之。每四片編為一塊聽用。又買宜興新堅大罌，可容茶十斤以上者，洗淨焙乾聽用。山中焙茶回，復焙一番。去其茶子、老葉、枯焦者及梗屑[5]，以大盆埋伏生炭，覆以灶中，敲細赤火，既不生煙[6]，又不易過，置茶焙下焙之。約以二斤作一焙，別用炭火入大爐內，將罌懸其架上，至燥極而止。以編箬襯於罌底，茶燥者，扇冷方先入罌。茶之燥，以拈起即成末為驗。隨焙隨入。既滿，又以箬葉覆於罌上。每茶一斤，約用箬二兩。口用尺八紙焙燥封固，約六七層，摢以寸厚白木板[7]一塊，亦取焙燥者。然後於向明淨室高閣之。用時以新燥宜興小瓶取出，約可受四五兩，隨即包整。夏至後三日，再焙一次；秋分後三日，又焙一次。一陽後[3]三日，又焙之。連山中共五焙[8]，直至交新，色味如一。罌中用淺，更以燥箬葉貯滿之[9]，則久而不浥。

又法

以中罈盛茶，十斤一瓶，每瓶燒稻草灰入於大桶，將茶瓶座桶中。以灰四面填桶，瓶上覆灰築實。每用，撥開瓶，取茶些少，仍復覆灰，再無蒸壞。次年換灰。

又法

空樓中懸架，將茶瓶口朝下放不蒸。緣蒸氣自天而下也。

諸花茶⑩

蓮花茶……不勝香美。⑪

橙茶……烘乾收用。⑫

木樨、玫瑰、薔薇、蘭蕙、橘花、梔子、木香、梅花，皆可作茶⑬……置火上焙乾收用，則花香滿頰，茶味不減。諸花倣此，已上俱平等細茶⑭拌之可也。茗花入茶，本色香味尤嘉[4]⑮。

茉莉花，以熟水⑯半杯放冷，鋪竹紙一層，上穿數孔。晚時採初開茉莉花，綴於孔內，上用紙封，不令泄氣。明晨取花簪之水，香可點茶。⑰

擇水⑱

天泉　秋水為上，梅水次之。秋水白而冽，梅水白而甘。甘則茶味稍奪，冽則茶味獨全，故秋水較差勝之。春冬二水，春勝於冬，皆以和風甘雨，得天地之正施者為妙。惟夏月暴雨不宜，或因風雷所致，實天之流怒也。　龍行之水，暴而霪者，旱而凍者，腥而墨者，皆不可食。雪為五穀之精⑲，取以煎茶，幽人清貺⑳。

地泉　取乳泉漫流者，如梁溪[5]之惠山泉為最勝。　取清寒者，泉不難於清，而難於寒。石少土多，沙膩泥凝者，必不清寒；且瀨峻流駛而清，巖奧陰積而寒者，亦非佳品。　取香甘者，泉惟香甘，故能養人。然甘易而香難，未有香而不甘者。　取石流者，泉非石出者，必不佳。　取山脈逶迤者，山不停處，水必不停。若停，即無源者矣。旱必易涸，往往有伏流沙土中者，挹之不竭，即可食。不然，則滲豬之潦耳，雖清勿食㉑。　有瀑湧湍急者勿食，食久令人有頭疾㉒。如廬山水簾、洪州天台瀑布，誠山居之珠箔錦幙。以供耳目則可，入水品則不宜矣。　有溫泉，下生硫黃故然。有同出一壑，半溫半冷者，皆非食品。　有流遠者，遠則味薄；取深潭停蓄，其味迺復。　有不流者，食之有害。《博物志》曰：山居之民，多癭腫；由於飲泉之不流者。　泉上有惡木，則葉滋根潤，能損甘香，甚者能釀毒液，尤宜去之。如南陽菊潭，損益可驗㉓。

江水㉔

取去人遠者，楊子南泠㉕夾石渟淵，特入首品。

長流㉖

亦有通泉竇者，必須汲貯，候其澄徹，可食。

井水[27]

脈暗而性滯，味鹹而色濁，有妨茗氣。試煎茶一甌，隔宿視之，則結浮膩一層，他水則無，此其明驗矣。雖然汲多者可食，終非佳品。或平地偶穿一井，適通泉穴，味甘而澹，大旱不涸，與山泉無異，非可以井水例觀也。若海濱之井，必無佳泉，蓋潮汐近，地斥鹵故也。

靈水[28]

上天自降之澤，如上池天酒[6]、甜雪香雨之類，世或希覯，人亦罕識，迺仙飲也。

丹泉[29]

名山大川，仙翁修煉之處，水中有丹，其味異常，能延年卻病，尤不易得。凡不淨之器，切不可汲[30]。如新安黃山東峯下，有硃砂泉，可點茗，春色微紅，此自然之丹液也。臨沅廖氏家世壽，後掘井左右，得丹砂數十斛[31]。西湖葛洪井，中有石瓮，陶出丹數枚，如芡實，啖之無味，棄之；有施漁翁者，拾一粒食之，壽一百六歲[32]。

養水

取白石子瓮中[33]，能養其味，亦可澄水不淆[34]。

洗茶

凡烹茶，先以熟湯[35]，洗茶去其塵垢冷氣[36]，烹之則美。

候湯

凡茶，須緩火炙，活火煎。活火，謂炭火之有焰者。以其去餘薪之煙，雜穢之氣，且使湯無妄沸，庶可養茶。始如魚目微有聲[37]，為一沸；緣邊湧泉連珠[38]，為二沸；奔濤濺沫，為三沸。三沸之法，非活火不成。如坡翁云："蟹眼已過魚眼生，颼颼欲作松風聲[39]"盡之矣。若薪火方交，水釜纔熾，急取旋傾，水氣未消，謂之嫩。若人過百息[40]，水踰十沸，或以話阻事廢，始取用之，湯已失性，謂之老。老與嫩，皆非也。

注湯

茶已就膏，宜以造化成其形。若手顫臂嚲，惟恐其深。瓶嘴之端，若存若亡，湯不順通，則茶不勻粹，是謂緩注。一甌之茗，不過二錢。茗盞量合宜，下湯不過六分。萬一快瀉而深積之，則茶少湯多，是謂急注。緩與急，皆非中湯。欲湯之中，臂任其責[41]。

擇器

凡瓶，要小者，易候湯；又點茶、注湯有應。若瓶大，啜存停久，味過則不佳矣。所以策功建湯業者，金銀為優；貧賤者不能具，則瓷石有足取焉。瓷瓶不奪茶氣[42]，幽人逸士，品色尤宜。石凝結天地秀氣而賦形，琢以為器，秀猶在焉。其湯不良，未之有也。然勿與誇珍衒豪臭公子道。銅、鐵、鉛、錫，腥苦且澀；無油瓦瓶，滲水而有土氣，用以煉水，飲之逾時，惡氣纏口而不得去。亦不必與猥人俗輩言也。

宜廟時有茶盞，料精式雅，質厚難冷，瑩白如玉，可試茶色，最為要用。蔡君謨取建盞，其色紺黑，似不宜用[43]。

滌器[44]

茶瓶、茶盞、茶匙生鉎，致損茶味，必須先時洗潔則美。

熁盞[45]

凡點茶，必須熁盞，令熱則茶面聚乳；冷則茶色不浮。

擇薪

凡木可以煮湯，不獨炭也；惟調茶在湯之淑慝。而湯最惡煙，非炭不可。若暴炭膏薪，濃煙蔽室，實為茶魔。或柴中之麩火，焚餘之虛炭，風乾之竹篠樹稍，燃鼎附瓶，頗甚快意，然體性浮薄，無中和之氣，亦非湯友。

擇果

茶有真香，有佳味，有正色，烹點之際，不宜以珍果、香草奪之。奪其香者，松子、柑、橙、木香、梅花、茉莉、薔薇、木樨之類是也。奪其味者，番桃、楊梅之類是也。凡飲佳茶，去果方覺清絕，雜之則無辨矣。若必曰所宜，核桃、榛子、杏仁、欖仁、菱米、栗子、雞豆、銀杏、新筍、蓮肉之類精製或可用也[46]。

茶效[7][47]

人品

茶之為飲，最宜精行修德之人，兼以白石清泉，烹煮如法，不時廢而或興，能熟習而深味，神融心醉，覺與醍醐、甘露抗衡，斯善賞鑒者矣。使佳茗而飲非其人，猶汲泉以灌蒿萊[48]，罪莫大焉。有其人而未識其趣，一吸而盡，不暇辨味，俗莫甚焉。司馬溫公與蘇子瞻嗜茶墨，公云：茶與墨正相友，茶欲白，墨欲黑；茶欲重，墨欲輕；茶欲新，墨欲陳。蘇曰：奇茶妙墨俱香，公以為然。

唐武瞾[49]，博學，有著述才，性惡茶，因以詆之。其略曰："釋滯銷壅，一日之利暫佳，瘠氣侵精，終身之害斯大。獲益則收功茶力，貽患則不為茶災，豈非福近易知，禍遠難見。"《世說新語》

李德裕奢侈過求，在中書時，不飲京城水，悉用惠山泉，時謂之水遞。清致可嘉，有損盛德。《芝田錄》[50]傳稱陸鴻漸闔門著書，誦詩擊木，性甘茗荈，味辨淄繩，清風雅趣，膾炙古今，鬻茶者至陶其形置煬突間，祀為茶神，可謂尊崇之極矣。嘗考《蠻甌志》云：陸羽採越江茶，使小奴子看焙，奴失睡，茶燋爍不可食，羽怒，以鐵索縛奴而投火中，殘忍若此，其餘不足觀也已矣[51]。

茶具[52]

苦節君湘竹風罏建城藏茶箬籠湘筠焙焙茶箱，蓋其上以收火氣也；隔其中，以有容也；納火其下，去茶尺許，所以養茶色香味也。雲屯泉缶烏府盛炭籃水曹滌器桶鳴泉煮茶罐品司編竹為撞[53]，收貯各品葉茶[54]沉垢古茶洗分盈水杓，即《茶經》水則。每兩升用茶一兩執權準茶秤，每茶一兩，用水二斤合香藏日支茶，瓶以貯司品者歸潔竹筅箒，用以滌壺漉塵洗茶籃商象古石鼎遞火銅火斗降紅銅火筯，不用聯索團風湘竹扇注春茶壺靜沸竹架，即《茶經》支腹運鋒鑱果刀啜香茶甌撩雲竹茶匙甘鈍木碪墩納敬湘竹茶橐易持納茶漆雕秘閣受污拭抹布

注釋

1 乾隆五十年（1785），屠隆嗣孫繼序等重刻《考槃餘事》，有錢大昕題言："屠長卿先生，以詩文雄隆萬間，在弇洲四十子之列。雖宦途不達，而名重海內。晚年優遊林泉，文酒自娛，蕭然無世俗之思。今讀先生《考槃餘事》，評書論畫，滌硯修琴，相鶴觀魚，焚香試茗，几案之珍，山舄之制，靡不曲盡其妙。具此勝情，宜其視軒冕如浮雲矣。茲先生之嗣孫繼序等重付剞劂，屬予校正，並題數言歸之。乾隆乙巳季夏晦日錢大昕書。"

2 長興者佳，荊溪稍下：本文清代民國重刊時，有部分非原作內容摻入，本書編校時凡能考查確定的，都從正文剔出置於校記中供參考。本條有可能也是後來摻附進來的。這裏的"長興"和"荊溪"，無疑是指縣名。荊溪縣由宜興析置的時間為清雍正二年（1724），1912 年撤歸宜興。

3 一陽：陽指"陽月"，《爾雅．釋天》：陰曆"十月為陽"。《中國古代茶葉全書》釋"一陽"為"冬至"。疑指陽月以後的第一個節氣，十一月中旬，即冬至節。

4 此處刪節，見明代顧元慶、錢椿年《茶譜．製茶諸法》。

5 梁溪：舊江蘇無錫別稱。"梁溪"，發源無錫城西惠山腳下，兩岸居民飲斯水、用斯水，以致用該溪傳為是城的代名。

6 上池天酒："上池"，指上池水。古籍中"謂水未至地，蓋承取露及竹木上水"，取之以和藥。天酒，西晉張華註《神異經》稱指"甘露"。

7 此處刪節，見明代顧元慶、錢椿年《茶譜．茶效》。

校　記

① 《茶寮》之前，南京圖書館藏喻政《茶書》手抄本，多一《茶說目錄》：　茶寮　茶品　虎丘　天池　陽羨　六安　龍井　天目　採茶　日曬茶　焙茶　藏茶　又法　又法　花茶　擇水　江水　長流　井水　靈水　丹泉　養水　洗茶　候湯　注湯　擇器　擇薪　人品

② 茶品：本文凡《考槃餘事》和《茶說》本，在"茶品"條前，還多收"茶寮"一條。但是，反之凡稱《茶箋》者，包括《廣百川學海》本（簡稱廣百川本）、小史本乃至叢書集成本，則均自本條"茶品"收起，"茶寮"一般劃為《山齋箋》之內容。

③ 今烹製之法："製"字，《尚白齋陳眉公訂正秘笈》本（簡稱尚白齋本）、喻政茶書本、廣百川本、小史本以至叢書集成本，同底本均作"製"。但乾隆乙巳本、叢書集成本作"煮"字。

④ 青則茶以老："茶"字，尚白齋本與底本同，作"荼"，但其他各本均作"茶"，逕改。

⑤ 及梗屑："及"字，喻政茶書作"更"字。

⑥ 既不生煙："生"字，底本作"坐"字，喻政茶書本、乾隆乙巳本、叢書集成本作"生"，據改。

⑦ 以寸厚白木板："寸"字，底本作"方"字，小史本作"寸"字，據改。

⑧ 共五焙：喻政茶書本作"共約五焙"。

⑨ 貯滿之：喻政茶書本作"貯之"。

⑩ 諸花茶：喻政茶書本作"花茶"。廣百川本無此目。

⑪ 蓮花茶……不勝香美：喻政茶書本、廣百川本不收。

⑫ 橙花……烘乾收用：喻政茶書本、廣百川本不收。

⑬ 作茶：小史本作"伴茶"，叢書集成本作"伴花"。

⑭ 俱平等細茶：叢書集成本"俱"字作"諸"。

⑮ 茗花入茶，本色香味尤嘉：尚白齋本、叢書集成本等與底本同，此句為木樨、玫瑰等諸花窨茶條的最後一句。喻政茶書本"花茶"，此前內容均未錄，以此句為開頭，下接茉莉花內容，組成其《茶說》花茶的全部內容。小史本和喻政茶書相反，以上諸花茶內容全收，此句以下包括茉莉花內容全刪。

⑯ 熟水：喻政茶書本、叢書集成本作"熱水"。

⑰ 茉莉花……香可點茶：小史本、廣百川本不收。

⑱ 擇水：廣百川本無此目，其下各條內容也未加收錄。

⑲ 五穀之精："精"字，底本形誤作"情"，據喻政茶書本和小史本改。

⑳ 幽人清貺："貺"字，各本同底本作"貺"，唯喻政茶書本作"況"。

㉑ 雖清勿食："食"字，叢書集成本改作"飲"。

㉒ 頭疾："頭"字，叢書集成本作"頸"字。

㉓ 損益可驗："益"字，底本誤作"盆"字，據喻政茶書本和小史本改。

㉔ 江水：廣百川本、小史本無此條。

㉕ 楊子南泠："泠"字，底本作"冷"，據喻政茶書本改。

㉖ 長流：廣百川本、小史本無此條。

㉗ 井水：廣百川本、小史本無此條。

㉘ 靈水：廣百川本、小史本無此條。

㉙ 丹泉：廣百川本、小史本無此條。

㉚ 凡不淨之器，切不可汲："切"字，底本、尚白齋本、喻政茶書本作"甚"字，叢書集成本據乾隆乙巳本，作"切"字，據改。

㉛ 得丹砂數十斛："斛"字，底本作"淘"，乾隆乙巳本作"斛"，據改。

㉜ 在本條下，叢書集成本，還增多《煮茶小品》如下引文一條："味美曰甘泉，氣芳曰香泉，惟甘故能養人，然甘易而香難，未有香而不甘者。山（田）子藝《煮茶小品》。"底本、尚白齋本、喻政茶書本、廣百川本等明刻《考槃餘事》和《茶說》、《茶箋》均無此條，顯為清以後重刻時附入，本書不作正文，姑置校記中備查。

㉝ 取白石子瓮中：叢書集成本作“取白石子置瓮中”。
㉞ 在此條下，叢書集成本還增多《茗笈》如下引文一條：“《茶記》言，養水置石子於甕，不惟益水，而白石清泉，會心不遠。夫石子須取其水中表裏瑩徹者佳。白如截肪，赤如雞冠，藍如螺黛，黄如蒸栗，黑如元漆，錦紋五色，輝映瓮中，徙倚其側，應接不暇，非但益水，亦且娛神。屠豳叟《茗笈》”本文底本、尚白齋本、廣百川本、小史本等明刻《考槃餘事》和《茶説》、《茶箋》均無此條，顯為清以後重刻時附入，本書不作正文，姑置校記中備查。
㉟ 熟湯：喻政茶書本、小史本為“熱湯”。
㊱ 洗茶去其塵垢冷氣：喻政茶書本作“洗去塵垢冷氣”；小史本作“洗其塵垢冷氣”；叢書集成本作“洗茶去其塵垢，俟冷氣烹之則美”。
㊲ 如魚目微有聲：叢書集成本作“如魚目微微有聲”。
㊳ 湧泉：叢書集成本倒作“泉湧”。
㊴ 松風聲：喻政茶書本作“鳴”。
㊵ 若人過百息：“人”字，喻政茶書本作“火”字。
㊶ 在本條之下，叢書集成本還增多《茗笈》如下引文一條：“凡事俱可委人，第責成效而已；惟瀹茗須躬自執勞。瀹茗而不躬執，欲湯之良，無有是處。屠豳叟《茗笈》。”底本、尚白齋本、廣百川本、喻政茶書本等各明刻本，無此內容，疑為清以後重刊時附入。本書正文不收，姑置校記中備查。
㊷ 瓷瓶不奪茶氣：叢書集成本作“瓷不奪茶氣。”
㊸ 宣廟時……不宜用：廣百川本未收。
㊹ 滌器：“滌”字，叢書集成本改作“洗”字；喻政茶書本刪未收。
㊺ 熁盞：此條喻政茶書本刪未收。
㊻ 本段喻政茶書本、小史本刪未收。
㊼ 茶效：此條唯喻政茶書本刪未收。
㊽ 猶汲泉以灌蒿萊：叢書集成本作“猶汲乳泉以灌蒿萊。”
㊾ 武曌：廣百川本、小史本此條刪無收。喻政茶書本文後未錄《世説新語》出處。
㊿ 《芝田錄》：底本、尚白齋本有註；喻政茶書本無錄。廣百川本、小史本，未收此條。
51 本條廣百川本、小史本均刪未收。在本條下，叢書集成本在本條之下，還多增這樣一條引文：“飲茶以客少為貴，客眾則喧。喧則雅趣乏矣。獨啜曰幽，二客曰勝，三四曰趣，五六曰 汎 ，七八曰施。《東原試茶錄》(編者按：此書名疑有誤)這條引文，不見本文底本，也不見上述各明刻《考槃餘事》和《茶説》、《茶箋》諸本，顯為清以後重刻時附增，故本書不收作正文，暫置校記中備查。
52 茶具：尚白齋本、廣百川本、小史本和底本收錄，但喻政茶書本未收。
53 編竹為撞：“撞”字，廣百川本、小史本作“狀”。
54 葉茶：叢書集成本改作“茶葉”。

茶箋

◇明　高濂　輯

高濂，錢塘（今浙江杭州）人，字深甫，號端南道人、湖上桃花漁等。生平事跡不詳，活躍於明神宗萬曆年間。以芳芷樓、妙賞樓、弦雪居為寓居和書室名。著述很多，且以強身防病、飲食玩賞的內容居多；主要作品有：《四時攝生消息論》、《按摩導引訣》、《仙靈衛生歌》、《治萬病坐功訣》、《服氣訣》、《解萬毒方》、《醞造譜》、《法製譜》、《甜食譜》、《粉麵品》、《脯鮓品》、《粥糜品》、《湯品》、《相寶要説》、《鑒賞小品》、《座右箴言》、《雅尚齋詩》、《遵生寶訓》和《遵生八箋》等等。

《論茶品泉水》是由高濂《遵生八箋》中輯出，該書成於萬曆十九年（1591）。高濂《茶箋》是本書編者收錄時給加的名字，在《遵生八箋》中，作“茶泉類”另行次標題《論茶品》，後面再題《論泉水》，實際是有關茶水資料的選輯。近見有的茶葉書籍中，將之輯出後或稱《茶品水錄》，或稱《茶輯》，或稱《茶泉論》，定名不一，易生混淆，本書才決定收錄，並予以新名。本篇的內容大都抄襲，沒有多少價值，但往往被誤以為是《遵生八箋》的茶事論著，在明清茶書和其他文獻中引錄，本末顛倒。本書收錄高濂的《論茶品泉水》，為的是正本清源，指出哪些是高濂自己所寫，哪些是輯集別人的內容。

本書以趙立勛等《遵生八箋校註》（北京：人民衛生出版社，1994年）為底本，此書所據為初刊雅尚齋《遵生八箋》本。

論茶品

茶之產於天下多矣……惜皆不可致耳。[1]

若近時虎丘山茶，亦可稱奇，惜不多得。若天池茶，在穀雨前收細芽炒得法者，青翠芳馨，嗅亦消渴。若真岕茶，其價甚重，兩倍天池，惜乎難得。須用自己令人採收方妙。又如浙之六安①，茶品亦精，但不善炒，不能發香而色苦，茶之本性實佳。如杭之龍泓，即龍井也茶真者，天池不能及也。山中僅有一二家炒法甚精，近有山僧焙者亦妙，但出龍井者方妙。而龍井之山不過十數畝，外此有茶，似皆不及。附近假充猶之可也，至於北山西溪，俱充龍井，即杭人識龍井茶味者亦少，以亂真多耳。意者，天開龍井美泉，山靈特生佳茗以副之耳。不得其遠者，當以天池龍井為最，外此天竺、靈隱為龍井之次，臨安、於潛生於天目山者，與舒州同，亦次品也。

茶自浙以北皆較勝……霧障山嵐收淨，採之可也。茶團、茶片，皆出碾磑，大失真味。茶以日曬者佳甚，青翠香潔，更勝火炒多矣。[2]

採茶

團黃有一旗一槍之號，言一葉一芽也。凡早取為茶，晚取為荈，穀雨前後收者為佳。粗細皆可用，惟在採摘之時，天色晴明，炒焙適中，盛貯如法。

藏茶

茶宜箬葉而畏香藥，喜溫燥而忌冷濕，故收藏之家，以蒻葉封裹入焙中，兩三日一次，用火當如人體溫，溫則去濕潤。若火多，則茶焦不可食矣。

又云：以中罈盛茶，十斤一瓶，每年燒稻草灰入大桶，茶瓶座桶中，以灰四面填桶，瓶上覆灰築實。每用，撥灰開瓶，取茶些少，仍復覆灰，再無蒸壞。次年換灰為之。

又云：空樓中懸架，將茶瓶口朝下放，不蒸。緣蒸氣自天而下，故宜倒放。

若上二種芽茶，除以清泉烹外，花香雜果，俱不容入。人有好以花拌茶者，此用平等細茶拌之，庶茶味不減，花香盈頰，終不脱俗，如橙茶、蓮花茶。於日未出時……諸花倣此。[3]

煎茶四要

一擇水

二洗茶

三候湯[4]

四擇品

凡瓶，要小者，易候湯，又點茶注湯相應。若瓶大，啜存停久，味過則不佳矣。茶銚、茶瓶，磁砂為上，銅錫次之②。磁壺注茶，砂銚煮水為上。《清異錄》云：富貴湯，當以銀銚煮湯佳甚，銅銚煮水、錫壺注茶，次之。

茶盞惟宣窯壇盞為最，質厚白瑩，樣式古雅有等。宣窯印花白甌，式樣得中，而瑩然如玉；次則嘉窯心內茶字小盞為美。欲試茶色黃白，豈容青花亂之。注酒亦然，惟純白色器皿為最上乘品，餘皆不取。[5]

試茶三要

一滌器

茶瓶、茶盞、茶匙生鉎音星，致損茶味，必須先時洗潔則美。

二熁盞

凡點茶，先須熁盞令熱，則茶面聚乳，冷則茶色不浮。

三擇果

茶有真香，有佳味，有正色，烹點之際，不宜以珍果香草雜之。奪其香者，松子，柑橙、蓮心、木瓜、梅花、茉莉、薔薇、木樨之類是也。奪其味者，牛乳、番桃、荔枝、圓眼、枇杷之類是也。奪其色者，柿餅、膠棗、火桃、楊梅、橙橘之類是也。凡飲佳茶，去果方覺清絕，雜之則無辯矣。若欲用之所宜，核桃、榛子、瓜仁、杏仁、欖仁、栗子、雞頭、銀杏之類，或可用也。

茶效

人飲真茶……然率用中下茶。出蘇文[6]

茶具十六器

茶具十六器，收貯於器局，供役苦節君者，故立名管之。蓋欲歸統於一，以其素有貞心雅操而自能守之也。

商象古石鼎也，用以煎茶。
歸潔竹筅(掃)也，用以滌壺。
分盈杓也，用以量水斤兩。
遞火銅火斗也，用以搬火。
降紅銅火筯也，用以簇火。
執權準茶秤也，每杓水二升，用茶一兩。
團風素竹扇也，用以發火。
漉塵茶洗也，用以洗茶。
靜沸竹架，即《茶經》支腹也。
注春磁瓦壺也，用以注茶。
運鋒劖果刀也，用以切果。
甘鈍木碪墩也。
啜香磁瓦甌也，用以啜茶。
撩雲竹茶匙也，用以取果。
納敬竹茶橐也，用以放盞。
受污拭抹布也，用以潔甌。

總貯茶器七具

苦節君煮茶作爐也③，用以煎茶，更有行者收藏。
建城以箬為籠，封茶以貯高閣。
雲屯磁瓶，用以杓泉，以供煮也。
烏府以竹為籃，用以盛炭，為煎茶之資。
水曹即磁缸瓦缶，用以貯泉，以供火鼎。
器局竹編為方箱，用以收茶具者。
外有品司竹編圓橦提合，用以收貯各品茶葉，以待烹品者也。

論泉水

田子藝曰……旱必易涸。[7]

石流

石……誰曰不宜。[8]

清寒

清……孅惡不可不辨也。[9]

甘香

甘……味俗莫甚焉。[10]

靈水
靈……皆不可食。[11]
潮汐近地……甚不可解。[12]

井水
井……終非佳品。[13]
養水取白石子入瓮中，雖養其味，亦可澄水不淆。[14]
高子曰：井水美者，天下知鍾泠泉矣。然而焦山一泉，余曾味過數四，不減鍾泠。惠山之水，味淡而清，允為上品。吾杭之水，山泉以虎跑為最，老龍井、真珠寺二泉亦甘。

北山葛仙翁井水，食之味厚。城中之水，以吳山第一泉首稱，予品不若施公井、郭婆井二水清冽可茶。若湖南近二橋中水，清晨取之，烹茶妙甚，無伺他求。

注　釋

1 此處刪節，見明代顧元慶、錢椿年《茶譜．茶品》。
2 此處刪節，見明代田藝蘅《煮泉小品．宜茶》。後段文字亦照《煮泉小品．宜茶》改寫，存不刪。
3 此處刪節，見明代錢椿年、顧元慶《茶譜．製茶諸法》。
4 此處刪節，見明代錢椿年、顧元慶《茶譜．煎茶四要》首三條。
5 本條內容，由茶盞講及酒盞，與錢椿年、顧元慶《茶譜》有別，為高濂據自他書所改。
6 此處刪節，見明代錢椿年、顧元慶《茶譜．茶效》。
7 此處刪節，見明代田藝蘅《煮泉小品．源泉》各條。
8 此處刪節，見明代田藝蘅《煮泉小品．石流》各條。
9 此處刪節，見明代田藝蘅《煮泉小品．清寒》各條。
10 此處刪節，見明代田藝蘅《煮泉小品．甘香》各條及《宜茶》末條。
11 此處刪節，見明代田藝蘅《煮泉小品．靈水》各條。
12 此處刪節，見明代田藝蘅《煮泉小品．江水》。
13 此處刪節，見明代田藝蘅《煮泉小品．井水》首條。
14 本條錄自《煮泉小品．緒談》。"高子曰"以後，為高濂自己所撰。

校　記

① 浙之六安茶：六安不屬浙，"浙"字誤。
② 磁砂為上，銅錫次之：錢椿年、顧元慶《茶譜》為"銀錫為上，瓷石次之"。
③ 煮茶作爐："作"字，疑為"竹"字。

茶考

◇明　陳師　撰

陳師，字思貞，錢塘（今浙江杭州）人。嘉靖三十一年（1552）舉人。康熙《杭州府志·循吏傳》中有傳，說他中舉後，在擢雲南永昌府（治位今雲南保山）知府前，在杭屬府縣擔任過職務，而且是卓有成績的“循吏”。康熙《永昌府志·名宦傳》對他的記載不詳，哪年到任、離任的資料也未提及，只稱其“嚴禁通彝，並治材官悍戾，以靖軍民，操守嚼然不滓”，說明在其任上，沒有發生嚴重的官吏侵吞和民族糾紛事件，政治也比較安定。

陳師一生著作甚豐，衛承芳稱其“口誦耳聞，目睹足履，有會心慨志處，臚列手存，久而成卷，凡數十種。”現在我們能查見存目的，有《禪寄筆談》十卷，《續筆談》五卷和《復生子稿》三種，署名均作“錢塘陳師思貞撰”，這大概是其履任永昌前的著作。《覽古評語》五卷，署作“永昌知府錢塘陳師思貞撰”，這明顯是其任在永昌知府後的作品了。

《茶考》的寫作時間，據衛承芳跋署“萬曆癸巳玄月”，當在萬曆二十一年（1593）或稍前。喻政《茶書》列為茶書一種，但可能因為新義不多，此後再無別書引錄。本文以喻政《茶書》作底本，參校其他有關內容。

陸龜蒙自云嗜茶，作《品茶》一書，繼《茶經》、《茶訣》之後。自註云：《茶經》陸季疵撰，即陸羽也。羽字鴻漸，季疵或其別字也。《茶訣》今不傳，及覽《事類賦》，多引《茶訣》。此書間有之，未廣也。

世以山東蒙陰縣山[1]所生石蘚，謂之蒙茶，士夫亦珍重之，味亦頗佳。殊不知形已非茶，不可煮，又乏香氣，《茶經》所不載也。蒙頂茶，出四川雅州，即古蒙山郡。其《圖經》云：蒙頂有茶，受陽氣之全，故茶芳香。《方輿》、《一統志》[2]：“土產”俱載之。《晁氏客話》[3]亦言“出自雅州”。李德裕丞相入蜀，得蒙餅沃於湯瓶之上，移時盡化，以驗其真。文彥博[4]《謝人惠蒙茶》云：“舊譜最稱蒙頂味，露芽雲液勝醍醐。”蔡襄有歌曰[5]：“露芽錯落一番新。”吳中復[6]亦有詩云：“我聞蒙頂之巔多秀嶺，惡草不生生淑茗”①。今少有者，蓋地既遠，而蒙山有五峯，其最高曰上清，方產此茶。且時有瑞雲影見，虎豹龍蛇居之，人跡罕到，不易取。《茶經》品之於次者，蓋東蒙出，非此也。[7]

世傳烹茶有一橫一豎，而細嫩於湯中者，謂之旗槍茶。《麈史》[8]謂之始生而嫩者為一槍，浸大而展為一旗，過此則不堪矣。葉清臣著《茶述》[9]曰“粉槍末旗”，蓋以初生如針而有白毫，故曰粉槍，後大則如旗矣。此與世傳之說不同。亦如《麈史》之意，皆在取列也，不知歐陽公《新茶》[10]詩曰“鄙哉穀雨槍與旗”，王荊公又曰[11]“新茗齋中試一旗”，則似不取也。或者二公以雀舌為旗槍耳，不知雀舌乃茶之下品，今人認作旗槍，非是。故沈存中詩云[12]：“誰把嫩香名雀舌，定應北客未曾嘗。不知靈草天然異，一夜春風一寸長。”或二公又有別論。又觀東坡詩云：“揀芽分雀舌，賜茗出龍團。”終未若前詩評品之當也。[13]

予性喜飲酒，而不能多，不過五七行，性終便嗜茶，隨地咀其味。且有知予而見貽者，大較天池為上，性香軟而色青可愛，與龍井亦不相下。雅州蒙茶不可易致矣。若東甌之雁山[14]次之，赤城之大磐次之。毘陵②之羅岭③又次之，味雖可而葉粗，非萌芽倫也。宣城陽坡茶，杜牧稱為佳品，恐不能出天池、龍井④之右。古睦茶[15]葉粗而味苦，閩茶香細而性硬。蓋茶隨處有之，擅名即魁也。

烹茶之法，唯蘇吳得之。以佳茗入磁瓶火煎，酌量火候，以數沸蟹眼為節，如淡金黃色，香味清馥，過此而色赤，不佳矣。故前人詩云：“採時須是雨前品，煎處當來肘後方。”古人重煎法如此。若貯茶之法，收時用淨布鋪薰籠內，置茗於布上，覆籠蓋，以微火焙之，火烈則燥。俟極乾，晾冷，以新磁罐，又以新箬葉剪寸半許，雜茶葉實其中，封固。五月、八月濕潤時，仍如前法烘焙一次，則香色永不變。然此須清齋自料理，非不解事蒼頭婢子可塞責也。

杭俗，烹茶用細茗置茶甌，以沸湯點之，名為“撮泡”。北客多哂之，予亦不滿。一則味不盡出，一則泡一次而不用，亦費而可惜，殊失古人蟹眼鷓鴣斑之意。況雜以他菓，亦有不相入者，味平淡者差可，如燻梅、鹹筍、醃桂、櫻桃之類，尤不相宜。蓋鹹能入腎，引茶入腎經，消腎，此本草所載，又豈獨失茶真味哉？予每至山寺，有解事僧烹茶如吳中，置磁壺二小甌於案，全不用菓奉客，隨意啜之，可謂知味而雅緻者矣。

永昌太守錢唐陳思貞，少有書淫，老而彌篤。蹤脫郡組，市隱通都，門無雜賓，家無長物，時乎懸罄，亦復晏如。口誦耳聞，目睹足履，有會心嘅志處，臚列手存，久而成卷，凡數十種，率膾炙人間。晚有茲編，愈出愈奇，豈中郎帳中所能秘也。萬曆癸巳玄月[16]，蜀衛承芳[17]題。

注　釋

1 蒙陰縣山：此指蒙山，一作東蒙山，在今山東蒙陰縣東南。山上產一種“石蘚”，土人用以作代用茶，也稱“蒙頂茶”，與雅州蒙頂茶混。明萬曆間士人還“珍重之”，但入清以後，如康熙二十四年《蒙陰縣志·物產》載：“茗之屬曰雲芝茶，產蒙山，性寒，能消積滯，今已絕無佳者。”名氣便漸漸衰落，以致消失了。

2 《方輿》、《一統志》：此《方輿》疑是《方輿勝覽》的簡稱；《一統志》當指成書於天順五年（1461）的《大明一統志》。

3 《晁氏客話》：晁氏，指晁説之（1059－1129）。元豐五年進士，善畫工詩，其所撰《客話》，被稱為《晁氏客話》，與其所寫《儒言》，流傳較廣。

4 文彥博（1006－1097）：字寬夫，宋汾州介休人。仁宗天聖五年進士，累遷殿中侍御史，後又拜同中書門下平章事。嘉祐三年，出判河南等地，封潞國公，歷仕四朝，任將相五十年。

5 蔡襄有歌曰：“歌”指《鬥茶歌》。

6 吳中復：字仲庶，永興人。景祐進士，累宮殿中侍御史、右司諫，歷成德軍、成都府、永興軍，後知荊南、坐事免官。下引詩題作《謝惠蒙頂茶》。

7 此段除末句外與《七修類稿》有關文字幾近全同，按寫作年代算，《七修類稿》應為原作，文字詳見清代黃履道《茶苑·山東茶品七》。《七修類稿》，五十一卷，明朗瑛著。郎瑛（1487－1566），浙江仁和（今杭州餘杭縣）人，字仁寶，號藻泉，世稱草橋先生。好藏書，博綜藝文，著有《七修類稿》、《萃忠錄》、《青史衮鉞》。

8 《麈史》：北宋王得臣撰。得臣字彥輔，自號鳳台子，仁宗嘉祐進士。下引內容見於《麈史》卷中詩話：“閩人謂茶芽未展為槍，展則為旗。”

9 葉清臣著《茶述》：當指葉清臣著《述煮茶泉品》。

10 歐陽公《新茶》詩：《宋詩鈔》作《嘗新茶呈聖俞》。

11 王荊公又曰：詩名為《送元厚之》詩。

12 詩云：此詩名《嘗茶》。

13 此段除末句外與《七修類稿》有關文字幾近全同，按寫作年代算，《七修類稿》應為原作，文字詳見清代佚名《茶史》。

14 東甌之雁山：“甌”指甌江。“東甌”舊時浙南溫州的代稱。雁山，即雁蕩山。《雁山志》載：浙東多茶品，而雁山者稱最，每春清明日採摘茶芽進貢。

15 古睦茶：即古代睦州茶。睦州，隋仁壽三年（603）置，治位今浙江淳安縣西南，宋宣和三年（1121）改為嚴州。陸羽《茶經》浙西以湖州上，常州次，宣州、杭州、睦州、歙州下。睦州生桐廬縣山谷，與衡州同。潤州、蘇州又下。萬曆《嚴州府志》載：《唐志》“睦州貢鳩坑茶，屬今淳安縣，宋朝罷貢。”

16 萬曆癸巳玄月：即萬曆二十一年九月。玄月為“九”。

17 衛承芳：明代四川達州人，字君大，隆慶二年（1568）進士。萬曆中，累官溫州知府，善撫民。官至南京戶部尚書，以清廉稱，卒謚清敏。有《曼衍集》。

校　記

① 我聞蒙頂之巔多秀嶺，惡草不生生淑茗：字、句和有些版本均有舛錯。如《錦繡萬花谷》此句作“我聞蒙山之巔多秀嶺，煙巖抱合五烼頂。岷峨氣象壓西垂，惡草不生生荈茗。”

② 毘陵：底本誤倒作“陵毘”，逕改。

③ 羅岕：底本誤作“楷”，逕改，見《羅岕茶記》。

④ 龍井：底本誤作“舌”，誤，逕改。

茶錄

◇明　張源　撰[①]

張源，字伯淵，號樵海山人，蘇州吳縣包山(位於西洞庭山，今屬蘇州吳中區）人。事跡無考，由顧大典作《茶錄引》，說他"志甘恬淡，性合幽棲，號稱隱君子"來看，當是長期隱居吳中西山的一名白丁布衣。

《茶錄》，僅見於喻政《茶書》，題作《張伯淵茶錄》。《茶書》本同時刊有顧大典作《引》。據顧《引》，《茶錄》可能是它的本名，"張伯淵"是喻政和徐𤊹編刻《茶書》時所加。由此也可知，在《茶書》之前，本文當有別本傳世。因在喻政《茶書》作錄之前，《茶錄》的內容，也已見於屠本畯的《茗笈》。

萬國鼎《茶書總目提要》考訂《茶錄》一卷，"成於萬曆中，大約在1595年前後"。其後，布目潮渢《中國茶書全集·解說》提出疑異，最早引用《茶錄》的屠本畯《茗笈》既刊行於萬曆三十九年（1611），那麼，只能說"本書必為此時以前之作品"。不過，萬國鼎的說法還是有所依據的，這就是顧大典在《引》中所說，他見到張源的《茶錄》，是他"乞歸十載"之際。據《列朝詩集小傳》介紹，顧大典隆慶二年（1568）舉進士後，"授會稽教諭，遷處州推官。後以副使提學福建，因力拒請託，為忌者所中，謫知禹州，自免歸"。即他是由福建提學副使被貶知禹州時，憤而棄官回鄉的。不難想見，顧大典提學福建最多二三年，時間不會很長，關鍵是隆慶二年由會稽教諭升到提學副使，經歷了多少年？萬國鼎定為十五六年，即在萬曆十三年(1585)左右，加上棄官十年，距他隆慶二年考中進士，已經二十五六年，約五十多歲。而如果按布目之說推測，顧大典要四十多歲才考取進士，由會稽教諭升到福建提學，經歷有三十年，至其為《茶錄》寫前引時，已差不多八十歲左右的高齡。這不但與一般正常科舉和升遷情況不合，且其如此高壽時，也不可能在其題《引》中一點不反映。因此，關於本文的成書年代，我們認為萬國鼎的推測更貼近事實。

另外，我們也同意萬國鼎對本書的評價，在所言"二十三則"的茶事內容中，"頗為簡要"，也"反映出作者對於此道頗有心得和體會"，在明代茶書多半只輯不撰和相抄互襲的風氣下，本書"不是抄襲而成"，應該稱其還不失是一本難得的較有價值的好書。

本文以萬曆喻政《茶書》本作錄，參照有關資料作校。布目潮渢《中國茶書全集·張伯淵茶錄》，還附有歐陽修《茶錄後序》一篇。這明顯是編者之誤。歐陽修豈能為明代張源《茶錄》寫後序？自然是為蔡襄《茶錄》所寫的後序。對於喻政原書的疏誤，於此予以更正說明，並刪其後序不錄。

引[②]

洞庭張樵海山人，志甘恬澹，性合幽棲，號稱隱君子。其隱於山谷間，無所事事，日習誦諸子百家言。每博覽之暇，汲泉煮茗，以自愉快。無間寒暑，歷三十年，疲精殫思，不究茶之指歸不已，故所著《茶錄》，得茶中三昧。余乞歸十載，夙有茶癖，得君百千言，可謂纖悉具備。其知者以為茶，不知者亦以為茶。山人盍付之剞劂氏，即王濛、盧仝復起不能易也。

吳江顧大典[1]題

採茶

採茶之候，貴及其時。太早則味不全，遲則神散，以穀雨前五日為上，後五日次之，再五日又次之。茶芽紫者為上，面皺者次之，團葉又次之，光面如篠葉者最下。徹夜無雲[③]，浥露採者為上，日中採者次之，陰雨中不宜採。產谷中者為上，竹下者次之，爛石中者又次之，黃砂中者又次之。

造茶

新採，揀去老葉及枝梗碎屑。鍋廣二尺四寸，將茶一斤半焙之，候鍋極熱始下茶。急炒，火不可緩。待熟方退火，徹入篩中，輕團那數遍，復下鍋中，漸漸減火，焙乾為度。中有玄微，難以言顯。火候均停，色香全美，玄微未究，神味俱疲。

辨茶

茶之妙，在乎始造之精，藏之得法，泡之得宜。優劣定乎始鍋，清濁係乎末火。火烈香清，鍋寒神倦。火猛生焦，柴疏失翠。久延則過熟，早起卻還生[④]。熟則犯黃，生則著黑。順那則甘，逆那則澀。帶白點[2]者無妨，絕焦點者最勝。

藏茶

造茶始乾，先盛舊盒中，外以紙封口。過三日，俟其性復，復以微火焙極乾，待冷，貯壜中。輕輕築實，以箬襯緊。將花筍箬及紙數重紮壜口，上以火煨磚冷定壓之，置茶育中。切勿臨風近火，臨風易冷，近火先黃。

火候

烹茶旨要，火候為先。爐火通紅，茶瓢始上。扇起要輕疾，待有聲，稍稍重疾，斯文武之候也。過於文，則水性柔；柔則水為茶降；過於武，則火性烈，烈則茶為水制。皆不足於中和，非茶家要旨也。

湯辨

湯有三大辨、十五小辨：一曰形辨，二曰聲辨，三曰氣辨。形為內辨，聲為外辨，氣為捷辨[⑤]。如蝦眼、蟹眼、魚眼連珠，皆為萌湯，直至湧沸如騰波鼓浪，水氣全消，方是純熟。如初聲、轉聲、振聲、驟聲[6]，皆為萌湯，直至無聲，方是純熟。如氣浮一縷、二縷、三四縷及縷亂不分，氤氳亂繞[7]，皆為萌湯，直至氣直沖貫，方是純熟。

湯用老嫩

蔡君謨湯用嫩而不用老，蓋因古人製茶，造則必碾，碾則必磨，磨則必羅，則茶為飄塵飛粉矣。於是和劑，印作龍鳳團，則見湯而茶神便浮，此用嫩而不用老也。今時製茶，不假羅磨，全具元體，此湯須純熟，元神始發也。故曰湯須五沸，茶奏三奇。

泡法

探湯純熟便取起，先注少許壺中，祛蕩冷氣，傾出，然後投茶。茶多寡宜酌，不可過中失正。茶重則味苦香沉，水勝則色清氣寡。兩壺後，又用冷水蕩滌，使壺涼潔。不則減茶香矣。確熟，則茶神不健，壺清，則水性常靈。稍俟茶水沖和，然後分釃布飲。釃不宜早，飲不宜遲。早則茶神未發，遲則妙馥先消。

投茶

投茶有序，毋失其宜。先茶後湯，曰下投；湯半下茶，復以湯滿，曰中投；先湯後茶，曰上投。春、秋中投，夏上投，冬下投。

飲茶

飲茶以客少為貴，客眾則喧，喧則雅趣乏矣。獨啜曰神[8]，二客曰勝，三四曰趣，五六曰泛，七八曰施。

香

茶有真香，有蘭香，有清香，有純香。表裏如一曰純香，不生不熟曰清香，火候均停曰蘭香，雨前神具曰真香。更有含香、漏香、浮香、問香，此皆不正之氣。

色

茶以青翠為勝，濤以藍白為佳，黃黑紅昏俱不入品。雪濤為上，翠濤為中，黃濤為下。新泉活火，煮茗玄工，玉茗冰濤，當杯絕技。

味

味以甘潤為上，苦澀為下。

點染失真

茶自有真香，有真色，有真味。一經點染，便失其真。如水中著鹹，茶中著料，碗中著果，皆失真也。

茶變不可用

茶始造則青翠，收藏不法，一變至綠，再變至黃，三變至黑，四變至白。食之則寒胃，甚至瘠氣成積。

品泉

茶者水之神，水者茶之體。非真水莫顯其神，非精茶曷窺其體。山頂泉清而輕，山下泉清而重，石中泉清而甘，砂中泉清而冽，土中泉淡而白[9]。流於黃石為佳，瀉出青石無用。流動者愈於安靜，負陰者勝於向陽。真源無味，真水無香。

井水不宜茶

《茶經》云：山水上，江水次，井水最下矣。第一方不近江，山卒無泉水。惟當多積梅雨，其味甘和，乃長養萬物之水。雪水雖清，性感重陰，寒人脾胃，不宜多積。

貯水

貯水甕，須置陰庭中，覆以紗帛，使承星露之氣，則英靈不散，神氣常存。假令壓以木石，封以紙箬，曝於日下，則外耗其神，內閉其氣，水神敝矣。飲茶，惟貴乎茶鮮水靈。茶失其鮮，水失其靈，則與溝渠水何異。

茶具

桑苧翁煮茶用銀瓢，謂過於奢侈。後用磁器，又不能持久，卒歸於銀。愚意銀者宜貯朱樓華屋，若山齋茅舍，惟用錫瓢，亦無損於香、色、味也。但銅鐵忌之。

茶盞

盞以雪白者為上，藍白者不損茶色，次之[10]。

拭盞布

飲茶前後，俱用細麻布拭盞，其他易穢，不宜用。

分茶盒

以錫為之。從大壜中分用，用盡再取。

茶道

造時精，藏時燥，泡時潔；精、燥、潔，茶道盡矣。

注　釋

1 顧大典：字道行，號衡寓，蘇州吴江人。隆慶二年進士，授會稽教諭，遷處州推官，後升福建提學副使。因力拒請託，為忌者所中，謫知禹州，辭歸。家有諧賞園、清音閣等亭池佳勝。工書畫，知音律，好為傳奇。書法清真，畫山水可入逸品。有《清音閣集》、《海岱吟》、《閩游草》、《園居稿》、《青衫記傳奇》等。

2 白點：《中國古代茶葉全書》于良子註稱，茶葉煞青時，“因高溫灼燙而產生的白色痕跡，如過度則成焦斑。”

校　記

① 明張源撰：喻政茶書本署作“明包山張源伯淵著”。

② 引：喻政茶書本原作“茶錄引”。

③ 徹：喻政茶書本原作“撤”，本文從現在用字改。

④ 早起：“早”字，以及上面的“鍋”字、“猛”字，《茗笈·揆制章》及陸廷燦《續茶經》引文作“速”字、“鐺”字、“烈”字。

⑤ 氣為捷辨：《續茶經·茶之煮》引作“捷為氣辨”。

⑥ 驟聲：《續茶經·茶之煮》引作“駭聲”。

⑦ 亂繞：《續茶經·茶之煮》引作“繚繞”。

⑧ 神：《茗笈·防濫章》、《續茶經·茶之飲》作“幽”。

⑨ 淡：《茗笈·品泉章》、《續茶經》引作“清”。

⑩ 盞以雪白者為上，藍白者不損茶色，次之：《茗笈·辨器章》、《續茶經·茶之器》引作“茶甌以白瓷為上，藍者次之”。

茶集

◇明　胡文煥　輯

胡文煥，字德甫，號全菴或全菴道人，一號抱琴居士。錢塘人。他是萬曆期間知名的文士兼書賈，以嗜茶、善琴、愛書聞名於時。他編撰出版的書籍很多，專門構築了“文會堂”來藏書、刻書、還開設書肆，經營圖書生意。他校梓過《百家名書》、《格致叢書》、《專養叢書》和《胡氏叢編》等叢書，還刊刻了自己編撰的《文會堂琴譜》、《古器總論》、《名物潔言》等數十種書刊。

胡文煥《茶集》，可能是面向市場的射利之作，原收入《百家名書》之中，但目前國內所存《百家名書》已散佚此帙。北京大學圖書館善本藏書，卻有單本列目，極可能是《百家名書》中散佚的卷帙。胡文煥在序中指出：“余既梓《茶經》、《茶譜》、《茶具圖贊》諸書，茲復於啜茶之餘，凡古今名士之記、賦、歌、詩有涉於茶者，拔其尤而集之，印命曰《茶集》。”表明他先已輯印部分茶書，此為續輯。此輯所收，多自明嘉靖和萬曆前期《茶經水辨》、《茶經外集》、《茶譜外集》轉抄，並非精審的輯本。

本集抄錄成稿的時間，據胡文煥自序，為“萬曆癸巳（二十一年，1593）初伏日（夏至後第三個庚日）”。本書據北京大學圖書館藏本錄校，其重複於前收茶書者，僅列其目。

《茶集》序

茶，至清至美物也，世不皆味之，而食煙火者，又不足以語此。此茶視為泛常，不幸固矣。若玉川其人，能幾何哉？余愧未能絕煙火，且愧非玉川倫，然而味茶成癖，殆有過於七碗焉。以故，虎丘、龍井、天池、羅蚧、六安、武夷，靡不採而收之，以供焚香揮麈時用也。醫家論茶性寒，能傷人脾，獨予有諸疾，則必藉茶為藥石，每深得其功效。噫！非緣之有自，而何契之若是耶。

余既梓《茶經》、《茶譜》、《茶具圖贊》諸書，茲復於啜茶之餘，凡古今名士之記、賦、歌、詩有涉於茶者，拔其尤而集之，印命名曰《茶集》。固將表茶之清美，而酬其功效於萬一，亦將裨清高之士，置一冊於案頭，聊足為解渴祛塵之一助云耳。倘必欲以是書化之食煙火者，是蓋鼓瑟於齊王之門，奚取哉？付之覆瓿障牖可也。

萬曆癸巳初伏日錢唐全菴道人胡文煥序

新刻《茶集》目錄

六安州茶居士傳（徐巖泉）　茶賦（吳淑）　煎茶賦（黃魯直）　六羨歌（陸羽）　茶歌（盧仝）　茶歌（胡文煥）　煎茶歌（蘇子瞻）　試茶歌（劉禹錫）　鬥茶歌（范希文）　送羽赴越（皇甫冉）　茶壠（蔡君謨）　採茶（蔡君謨）　造茶（蔡君謨）　試茶（蔡君謨）　送羽採茶（皇甫曾）　尋陸羽不遇（僧皎然）　西塔院（裴拾遺）　茶瓶湯候（李南星）　茶瓶湯候（羅大經）　煎茶　觀陸羽茶井（王禹偁）　茶碾烹煎（黃魯直）　雜詠（徐巖泉）　茶經（徐巖泉）　惠山泉（黃魯直）　雙井茶①（黃魯直）　採茶曲②（徐巖泉　黃魯直③）　唐毋景[1]茶飲序　葉清臣述煮茶泉〔品〕④

茶中雜詠序　皮日休[2]

煎茶水記　張又新[3]

大明水記　歐陽修[4]

浮槎山水記[5]

六安州茶居士傳　徐巖泉

居士茶姓，族氏眾多，枝葉繁衍遍天下。其在六安一枝最著，為大宗，陽羨、羅岕、武夷、匡廬之類，皆小宗。若蒙山，又其別枝也。巖泉徐子爌者，味古今士也。嘉靖中，以使事至六安，欲過居士訪之。偶讀書，宵分倦隱几，夢神人告曰："先生含英咀華，余侍有年矣。昔者陸先生不鄙世族，為作譜及雜引為經。每枉士大夫，余輒出其文章表見之。陸先生名愈長，余亦與有揚之之力焉。先生其肯傳我乎？余當以揚陸先生者揚先生。"徐子忽寤，睜目視之，無所見。適童子盥雙手，捧茶至，乃知所夢者，即茶居士之先也，遂作傳。

按：茶氏苗裔最遠。洪濛初，上帝憫庶類非所，開形、性二局，各有司存焉。茶氏列木品，凡木材，大者千尋，其最小，須十尺。又與之性，為清、為香、為甘。茶氏喜曰：庶矣，庶矣！未也，吾性叩當益我。乃伏闕訴曰："臣荷恩重，願世授首報，然為子若孫計，請乞藩封。"上帝怒曰："小臣多欲，罪當誅。"時帝方好生，不即誅，下二局議。司形者曰："罪當貶其處深巖幽谷，其材二尺許。"性者曰："與之苦。"疏請上裁，詔可之。茶氏伏罪而出，於是其處、其材，世守之，歷數百年，皆山澤叟也，無顯者。

三代以下，國制漸備，間有識者，然遇山人，輒仇仇不適，類戕賊焉。其少者最苦之，長者曰："吾以旗鎗衛若。"山人聞之怒，深春率女士噪呼菁莽中，大擄之，俘斬無算，並旗鎗骞奪焉。有死者相枕籍者，偃者，仆者，有孑立者，有傾且倚者，有髡者，茶氏愈出首愈敗。然偵之，則間諜挑釁多吳中人，乃謀諸老者曰："吾聞吳，強國也。昔齊景公泣涕女女矣。吾如景公何？春秋求成之義盍修？"諸眾皆曰："然。"於是長者自啣縛，就山人俯伏曰："吾不敵矣，君特為吳人獻我耳。勿信，君衛吾，吾當令吳人歲歲貢金幣。"山人曰："有是哉，有是哉。”於是徙其眾，咸就山人，山人始為通好。然亦無甚顯者。

嗣後，有楚狂裔孫陸羽先生者，博物洽聞。聞荼氏名，就山中訪之。登其堂，直入其室，寂無纖塵，躊躇四顧，北窗間僅石榻一，設山水畫一幅，蒲團數枚，香一爐，棋一枰，古琴一張。案上有《周易》、《羲皇》、《墳典》、古詩書若干卷。荼氏不出，戒諸子曰：“先生識者，若等次第往見之，以月日為序，少者最尾。”先生擊筑而歌乃出迎。披蒙茸裘，衣朴古之衣，或蒼蘚跡尚存。蓋荼氏山中習云。乃延先生坐，先生問弟子，弟子以次第見之。獨少女，誕穀雨前，故名雨前，最嬌不出。先生不知，每一見者，咸嘖嘖歎賞為品題，深有味乎其言也。時荼氏以獨居不成味，無以款先生，出而呼其相狎友數十輩，共聚一室焉，願各獻其能，共成大美悅先生。有第一泉氏、第二泉氏、第三泉氏，有筐氏、籠氏、瓦壺氏、爐氏、火氏、盂氏、篩氏、其果氏、匙氏，列階下，聽先生召始往，不召，不敢往。於時，先生張口舌，傾腸腹，締交荼氏，咸慶知己。即命雨前出行酒。先生一見，大異之，謂曰：“此子標格氣味不凡，仙品也，他日當近王者，大貴，第寶藏之，勿輕以許人。然造物忌盈，汝子姓當世世顯榮，發在少年，汝長老宜讓之。當澹泊隨時，高下不問類，可保長貴。若雨前，勿輕許人。”荼氏曰：“諾。”命雨前入，遂入。乃呼端溪氏、玄圭氏、楮氏、中山氏咸就見。中山氏免冠，曰：“願乞先生言，用旌主人。”先生命盂氏來，連啜之，一揮而就，《譜》成《經》亦成。荼氏再拜曰：“吾得此，後世當有顯者，先生賜遠矣。”遂別去。今荼氏之《譜》與其《經》，大散見文章家，荼氏名益重。

荼氏世好修潔，與文人騷客、高僧隱逸輩最親昵。有毒侮於酒正者，輒入底裏勸之，酒正盡退舍，不敢角立。又能破人悶，好吟詠。吟詠者援之共席，神氣灑灑，腸不枯，驚人句迭出焉。故荼氏風韻絕俗，不與凡品等，特頗遠市井。或召之，老者亦往，士人由此益重荼氏，凡延上賓，修婚禮，必邀荼氏與焉。山人者流，知士人重咸重。由是益廣其資生，為之去濕就燥，護侵伐，防觸抵，千百為計，雖烈日積雪，大風雨，山人視之益篤。然所居率無垣牆之制，上帝不賜藩封也。吳中人知之，更為餌山人，山人不從，果貢金帛，歲歲如初言。山人遂德之，與荼氏通，世世好不絕。

一日，有乘高軒者過其門，詠老杜炙背採芹之句，荼氏聞之驚曰：“得無知我雨前哉？”不數日，果有疏雨前名上者。上走中使，持璽書，命有司齎黃金色幣聘往。金色幣者，上御赭袍，示親寵也。有司如命捧帛聘。荼氏不得已，命雨前拜賜。有司促上馬，雨前上馬，盛陳仙樂，設旗幟，擇良使從之，計偕以上。雨前馬上歌曰：“妾本山中質、山中身，蚤辭毋兮多苦辛。黃金為幣兮色鱗鱗；今日清林，明朝紫宸[5]，何以報君王恩。”又歌曰：“金幣纏頭兮百花帶，鼓耽耽，旂旗旗，苦居中，香在外。紅塵百騎荔枝來，太真太真兮今安在。”一時聞者，皆泣下。至京師，直排帝閽，入時上御便殿。雨前叩首曰：“臣所謂苦盡甘來者，蒙恩及草茅，願赴湯火。"上憐之，以手援之至就口焉。上厚賞賜使者。遂封為龍團夫人，命納諸後宮。宮中一后、三嬪、六妃、九貴人、十二夫人，一時見者，皆大悅，即延上座，寵冠掖庭。雨前性恬淡不驕，雖羣娥，亦狎且就之。自后妃以下，無少長，少頃不見輒索。其隆眷若此，然雨前不能自行，往必藉相託，乞恩於上。上命玉容貴人與之俱。玉容者，其量有容，故以容名。玉容謝曰："臣今得所矣！昔上命黃封力士入宮禁，力士性傲而氣雄，且粗豪，慣恃上恩，至有擠臣傾仆。時者臣嘗苦之不自禁，懼無以完晚節。臣今得所矣。"雨前亦以玉容同出身山家，甚宜之。上謂雨前曰："吾欲汝世世受國恩，汝有家法否？"雨前曰："臣微賤，無家法。臣侍奉中國，不通外夷，然族有善醫者，西番人多重賂之，君王幸為保全，使世守清苦之節，以免赤族。當關須鐵面。"上曰"然。"以雨前請，著為令，至今西羌之域，尚有巡茶憲使云。茶氏由此，世通藉王家，益顯且遠矣。

贊曰：草木之生，皆得天地之精之先也，五穀尚矣。然華者多不足於目，實者多不足於口，類皆可得於見聞，而下通於樵夫、牧豎，不為貴。神仙家以松柏、芝苓，服之可長生，吾又未聞見其術，借有之，其功用亦弗廣，皆不足貴也。若茶氏者，樵夫、牧豎所共知，而知之者，鮮能達其精。其精通於神仙家，而功用之廣則過之，且世寵於王者，而器之不少衰焉。吁，最貴哉，最貴哉！

茶賦　吳淑　(夫其滌煩療渴)

煎茶賦　黃魯直　(洶洶乎如澗松之發清吹)

六羨歌　陸羽　(不羨白玉罍)

茶歌　盧仝　(日高丈五睡正濃)

茶歌　胡文煥

醉翁朝起不成立，東風無情吹鬢急。小舟撐向錫山來，野鷺閒鷗相對集。呼童旋把二泉汲，瓦瓶津津雪氣濕。自從分得虎丘芽，到此燃松自煎喫。莫言七碗喫不得，長鯨猶將百川吸。我今安知非盧仝，祗恐盧仝未相及。豈但自解宿酒酲，要使蒼生盡蘇息。君莫學前丁後蔡相鬥貢，忘卻蒼生無米粒。

煎茶歌　蘇子瞻　(蟹眼已過魚眼生)

試茶歌　劉禹錫　(山僧後簷茶數叢)

鬥茶歌　范希文　(年年春自東南來)

送羽赴越　皇甫冉　(行隨新樹深)

茶壠　(造化曾無私)

採茶　(春衫逐紅旗)

造茶　蔡君謨　(屑玉寸陰間)

試茶　蔡君謨　(兔毫紫甌新)

送羽採茶　(千峯待逋客)

尋陸羽不遇　僧皎然　(移家雖帶郭)

西塔院　裴拾遺　(竟陵文學泉)

茶瓶湯候
砌蟲唧唧萬蟬催，忽有千車捆載來。聽得松風並澗水，急呼縹色綠瓷杯。

又　羅大經
松風檜雨到來初，急引銅瓶離竹爐。待得聲聞俱寂後，一甌春雪勝醍醐。

煎茶
分得春茶穀雨前，白雲裹裹且鮮妍。瓦瓶旋汲三泉水，紗帽籠頭手自煎。

觀陸羽茶井　王禹偁　(甃石封苔百尺深)

茶磑烹煎　黃魯直　(風爐小鼎不須催)

雜詠　徐巖泉
聞寂空堂坐此身，山家初獻滿筐春。爐邊細細吹煙火，莫使翩躚鶴避人。
採採新芽開細工，筐頭朝露尚蒙戎。問渠何處山泉活，花底殘枝日正中。
高枕殘書小石宝，偶來新味競芬芳。盈盈七碗渾閒事，直入窮搜最苦腸。
梅花落盡野花攢，怪底春工儘放寬。嫩舌茸茸起香處，逼人風味又成團。
新爐活火謾烹煎，更是江心第一泉。鶴夢未醒香未爔，黃庭繾罷問先天。

茶經　徐巖泉
仙人已去遺言在，千古風流一卷收。靜凡有香誰是伴，人人爭說六安州。

惠山泉　黃魯直　(錫谷寒泉灉石俱)

雙井茶　黃魯直
人間風日不到處……落磑紛紛雪〔不如。為公喚起黃州夢，獨載扁舟向五湖〕6

□□□　黃魯直⑥

唐毋景茶飲序

葉清臣述煮茶泉品

注　釋

1 毋景：或作“毋炯”、“毋煚”，《大唐新語》作“綦毋旻”。
2 此處刪節，見唐代陸羽《茶經》。
3 此處刪節，見唐代張又新《煎茶水記》。
4 此處刪節，見宋代歐陽修《大明水記》。
5 此處刪節，見宋代歐陽修《大明水記》。
6 此處刪節，見明代孫大綬《茶譜外集・雙井茶》。此詩錄至“落磑紛紛雪”即止，缺“不如。為公喚起黃州夢，獨載扁舟向五湖”等文字。後面“唐毋景茶飲序”及“葉清臣述煮茶泉品”，底本未完有缺，目次依目錄補。

校　記

① 雙井茶：底本原誤刊作“雙茶井”，逕改。下同，不出校。
② 本文本版本不到尾。本目以下，不僅目錄不全，文亦全闕，本文實際僅殘存至上詩黃庭堅《雙井茶》止。
③ 此僅署作者名，闕詩文題。因為本目以下至“唐毋景茶飲序”、“葉清臣述煮茶泉”最後二目錄間，另有三行空行。此三行所缺題目，據《中國古籍善本書目》（叢書）胡文煥《百家名書》所載《茶集》介紹，胡文煥《茶集》除正文一卷外，還有“附説四篇一卷”；所空三行，正是“附記”和“唐毋景茶飲序”之前另兩篇所失茶記的題名。我們上説該條黃庭堅失名之詩，亦為本文正文最後一則內容，即這樣所推定的。
④ 述煮茶泉品：“品”字，原稿無，據葉清臣原文補。
⑤ 今日清林，明朝紫宸：喻政《茶集》等引作“今日清明兮朝紫宸”。
⑥ 此黃魯直佚名詩，係底本正文最後一首詩，但缺內文，無從校正。

茶經

◇明　張謙德　撰

張謙德（1577－1643），明蘇州府嘉定（一說崑山）人，字叔益。後改名"丑"，字青甫，一作青父，號米庵，又號籧覺生，並隨家徙居蘇州長洲縣。少習舉子業，不第，遂潛心古文，二十年杜門不出，博覽子史，考訂《史記》諸家之註。謙德一生，不僅愛讀書，也好收藏古籍書法名畫，是當時一位頗有名聲的藏書家、收藏家，自號"米庵"，就是收藏有米芾墨跡的緣故。作《清河書畫舫》十二卷表一卷、《名山藏》二百卷、《真跡日錄》、《山房四友譜》、《書法名畫聞見錄》等。

本書是明代的一部重要茶書，雖以輯集前人著述為主，但如張謙德在前言所說，因他感到古今茶書，其中有些內容如烹試方法，與近世已不能盡合，所以"乃於暇日，折衷諸書，附益新意，勒成三篇。"所謂"折衷諸書"，就是對過去的各種茶書，作一次全面系統的梳理，斷取其內核，然後"附益新意"，也即闡述自己的體會和看法。

本文撰刊時間，張謙德前言題作"萬曆丙申"，也即萬曆三十四年(1596)。至其作者，有版本作"張謙德"，也有作"張丑"。《四庫全書總目提要》雜家類存目十一有《張氏藏書》四卷，說是"明張應文撰，凡十種：曰《簞瓢樂》、曰《老圃一得》……曰《茶經》、曰《瓶花譜》。"以為《茶經》也是張謙德的父親張應文撰。萬國鼎《茶書總目提要》根據自序所題名及諸書目所署，認為《茶經》的作者"應當是張謙德"。

經查南京和湖南現存二部萬曆《張氏藏書》刻本，以及蘇州、吳縣、長洲、崑山和嘉定各方志，可以確定，本文為張謙德撰著。其父張應文，字茂實，號彝甫，又號被褐先生。博綜古今，與王世貞友善，自嘉定遷居蘇州後，搜討古今法書名畫，晚年在張謙德的具體操作下，刻有《清秘藏張氏藏書》一部。其中的《茶經》，萬曆刻本署有"被褐先生授第三男張謙德述"的字樣，恐未為《四庫提要》撰者所留意。而《張氏藏書》所收十餘種，張應文和張丑的著作差不多也是各佔一半。以南京圖書館所藏的現存十一種的《張氏藏書》為例，屬於張應文所撰的共《簞瓢樂》、《老圃一得》、《羅鐘齋蘭譜》、《彝齋藝菊》和《清供品》五種，屬於張謙德所寫的，有《山房四友譜》、《茶經》、《瓶花譜》、《硃砂魚譜》四種。此外二種，《焚香略》為張應文口授、張丑筆錄，《清閟藏》為張應文授、張丑述。

本文主要版本有明張丑編萬曆丙申刻本，清丁丙跋明鈔本，以及民國《美術叢書》本、國立北京大學中國民俗學會《民俗叢書·茶專號》本等。本書以明張丑編萬曆丙申刻本為底本，以其他各本作校。

古今論茶事者，無慮數十家，要皆大闇小明，近鬯遠泥。若鴻漸之《經》，君謨之《錄》，可謂盡善盡美矣。第其時，法用熟碾細羅，為丸為挺。今世不爾，故烹試之法，不能盡與時合。乃於暇日，折衷諸書，附益新意，勒成三篇，僭名《茶經》，授諸棗而就正博雅之士。

萬曆丙申春孟哉生魄日[1]，蘧覺生張謙德言。

上篇論茶

茶產

茶之產於天下多矣，若姑胥之虎丘、天池，常之陽羨，湖州之顧渚紫筍，峽州之碧澗明月，南劍之蒙頂石花①，建州之北苑②先春龍焙，洪州之西山白露、鶴嶺，穆州之鳩坑，東川之獸目，綿州之松嶺，福州之柏巖，雅州之露芽，南康之雲居，婺州之舉岩碧乳，宣城之陽坡橫紋，饒池之仙芝、福合、祿合、蓮合③、慶合，壽州之霍山黃芽，邛州之火井④思安，安渠江之薄片，巴東之真香，蜀州之雀舌、鳥嘴、片甲、蟬翼，潭州之獨行靈草⑤，彭州之仙崖石倉⑥，臨江之玉津，袁州之金片、綠英，龍安之騎火，涪州之賓化，黔陽之都濡高枝，瀘州之納溪梅嶺，建安之青鳳髓、石岩白⑦，岳州之黃翎毛、金膏冷之數者，其名皆著。品第之，則虎丘最上，陽羨真岕、蒙頂石花次之，又其次，則姑胥天池、顧渚紫筍、碧澗明月之類是也。餘惜不可考耳。

採茶

凡茶，須在穀雨前採者為佳。其日有雨不採，晴有雲不採，晴採矣。又必晨起承日未出時摘之。若日高露晞，為陽所薄，則芽之膏腴立耗於內，後日受水亦不鮮明，故以早為貴。又採芽，必以甲不以指，以甲則速斷不柔，以指則多溫易損。須擇之必精，濯之必潔，蒸之必香，火之必皂，方氣味俱佳。一失其度，便為茶病。茶貴早，尤貴味全。故品茶者，有一槍二旗之號，言一芽二葉也。採摘者，亦須識得。

造茶

唐宋時，茶皆碾羅為丸為錠。南唐有研膏，有蠟面，又其佳者曰京鋌。宋初有龍鳳模，號石乳、的乳、白乳，而蠟面始下矣。丁晉公進龍鳳團，蔡君謨進小龍團，而石乳等下矣。神宗時復造密雲龍，哲宗改為瑞雲翔龍，則益精，而小龍團下矣。徽宗品茶以白茶第一，又製三色細芽，而瑞雲翔龍下矣。已上茶雖碾羅愈精巧，其天趣皆不全。至宣和庚子，漕臣鄭可聞⑧，始創為銀絲冰芽，蓋將已熟茶芽再剔去，衹取心壹縷，用清泉漬之，光瑩如銀絲，方寸新胯，小龍腕脡其上，號龍團勝雪。去龍腦諸香，極稱簡便，而天趣悉備，永為不更之法矣。

茶色

茶色貴白，青白為上，黃白次之。青白者，受水鮮明；黃白者，受水昏重故耳。徐眂[2]其面色鮮白，著盞無水痕者為嘉絕。緣鬥試家以水痕先者為負，耐久者為勝。故較勝負之説，曰相去壹水兩水。

茶香

茶有真香，好事者入以龍腦諸香，欲助其香，反奪其真，正當不用。

茶味

茶味主於甘滑，然欲發其味，必資乎水。蓋水泉不甘，損茶真味，前世之論水品者，以此。甘滑，謂輕而不滯也。

別茶

善別茶者，正如相工之視人氣色，隱然察之於內焉。若嚼味嗅香，非別也。

茶效

人飲真茶，能止渴消食，除痰少睡，利水道，明目益思，除煩去膩。夫人不可一日無者，所以收焙烹點之法，詳載於後。

中篇論烹

擇水

烹茶擇水，最為切要。唐陸鴻漸品水云：山水上，江水中，井水下。山水乳泉石池慢流者上，瀑湧湍漱勿食之，久食令人有頸疾。江水取去人遠者，井水取汲多者[3]。其言雖簡，而於論水盡矣。吾家又新著《煎茶水記》，專一品水，其論比鴻漸精，而加詳第。余不得一一試之，以驗其説。據已嘗者言之，定以惠山寺石泉為第一，梅天雨水次之。南零水難真者，真者可與惠山等。吳淞江水、虎丘寺石泉，凡水耳，雖然，或可用。不可用者，井水也。

候湯

蔡君謨云：烹試之法，候湯最難，故茶須緩火炙，活火煎，活火謂炭火之有燄者。當使湯無妄沸，庶可養茶。始則魚目散佈，微微有聲；既則四邊泉湧，纍纍連珠；終則騰波鼓浪，水氣全消，謂之老湯。三沸之法，非活火不能成也。

點茶

茶少湯多則雲腳散；湯少茶多則乳面聚。

用炭

茶宜炭火，茶寮中當別貯淨炭聽用。其曾經燔炙為膻膩所及者，不用之。唐陸羽《茶經》曰：膏薪庖炭，非火也。

洗茶

凡烹蒸熟茶，先以熱湯洗一兩次，去其塵垢冷氣，而烹之則美。

熁盞

凡欲點茶，先須熁盞令熱，則雲腳方聚。冷則茶色不浮。

滌器

一切茶器，每日必時時洗滌始善，若膻鼎腥甌，非器也。

藏茶

茶宜箬葉而畏香藥，喜溫燥而忌濕冷，故收藏之家，以箬葉封裹入焙中，兩三日壹次用火，常如人體溫，溫則禦濕潤。若火多，則茶焦不可食。

炙茶

茶或經年，則香、味、色俱陳，宜以武火炙一次，須時時看之，勿令其焦，以透為度。又當年新茶，過霉天陰雨，亦可用此法。

茶助

茶之真而粗者，價廉易辦，只乏甘香耳。每壺加甘菊花三五朵，便甘香悉備。更能以缸器蓄天雨水，則惠山即在目前矣。

茶忌

茶有真香，有佳味，有正色。烹點之際，不宜以珍果、香草雜之。

下篇論器

茶焙

茶焙，編竹為之，裹以箬葉。蓋其上，以收火也；隔其中，以有容也；納火其下，去茶尺許，常溫溫然，所以養茶色、香、味也。

茶籠

茶不入焙者，宜密封裹以箬籠盛之，置高處，不近溼氣。

湯瓶

瓶要小者，易候湯，又點茶注湯有準。瓷器為上，好事家以金銀為之。銅錫生鉎，不入用。

茶壺

茶性狹，壺過大，則香不聚，容一兩升足矣。官、哥、宣、定為上，黃金、白銀次，銅錫者，鬥試家自不用。

茶盞

蔡君謨《茶錄》云：茶色白⑨，宜建安所造者，紺黑紋如兔毫，其坯微厚，熁之久熱難冷，最為要用。出他處者，或薄，或色紫，皆不及也。其青白盞，鬥試家自不用。此語就彼時言耳，今烹點之法，與君謨不同。取色莫如宣定，取久熱難冷，莫如官哥，向之建安黑盞，收一兩枚以備一種略可。

紙囊

紙囊，用剡溪藤紙白厚者夾縫之，以貯所炙茶，使不洩其香也。

茶洗

茶洗，以銀為之，製如碗式，而底穿數孔，用洗茶葉，凡沙垢皆從孔中流出，亦烹試家不可缺者。

茶瓶

瓶或杭州或宜興所出，寬大而厚實者，貯芽茶，乃久久如新而不減香氣。

茶爐

茶爐用銅鑄，如古鼎形，四周飾以獸面饕餮紋，置茶寮中，乃不俗。

注　釋

1 哉生魄日："哉生魄"指陰曆每月十六日，所謂"月魄始生"。《書經．康誥》"惟三月，哉生魄"。孔安國："月十六日，明消而魄生。"

2 眡：視。

3 此説陸羽"品水"，錄自《茶經．五之煮》。

校　記

① 南劍之蒙頂石花："南劍"，當為"劍南"之誤。蒙頂舊屬劍南道。

② 北苑："苑"字，各本均誤刊作"院"，逕改。

③ 蓮合：《民俗叢書．茶專號》(簡稱民俗叢書本)、民國《美術叢書》(簡稱美術叢書本)作"連"。

④ 火井："火"字，民俗叢書本、美術叢書本形訛作"大"字。

⑤ 靈草："草"字底本、清丁丙跋明鈔本作"箄"字，疑"草"之訛，民俗叢書本、美術叢書本作"草"，據改。

⑥ 石倉："倉"字底本作"蒼"，從清丁丙跋明鈔本和民國諸本改作"倉"。

⑦ 石岩白："白"字，底本、清丁丙跋鈔本均形訛作"臼"，逕改。

⑧ 漕臣鄭可聞："聞"字，底本、清丁丙跋明鈔本、民俗叢書本，均刻作俗寫"聋"字，《敦煌俗字譜》："同聞"。鄭可聞，有的書如《福建通志》作"簡"；但有的書如《潛確類書》作聞，《説郛》還作"問"，未及進一步細考確定。

⑨ 茶色白：蔡襄《茶錄》於文還有"宜黑盞"三字。

茶疏

◇明　許次紓　撰

許次紓（約1549 — 1604），浙江錢塘（今杭州）人。字然明，號南華。厲鶚《東城雜記》説次紓“跛而能文，好蓄奇石，好品泉，又好客，性不善飲”，唯獨沒有提到次紓嗜茶。對於茶，恰如吳興姚紹憲在《茶疏序》中所説，許次紓嗜之成癖。姚氏在長興顧渚明月峽闢一小茶園，每年茶期，他都要從杭州前去“探討品騭”。杭州和吳興相隔數百里，由此可知他對茶的愛好之深。其著作除《茶疏》外，據説還有《小品室》、《蕩櫛齋》二集。

許次紓“存日著述甚富”，但如《東城雜記》記載，至厲鶚時（康熙後期至乾隆初年），大部分“失傳”，唯“得其所著《茶疏》一卷”。這一點，很像歐陽修在《集古錄跋尾》談到陸羽的情況：“考其傳，著書頗多……豈止《茶經》而已哉，然其他書皆不傳。”後人有説陸羽他書所以不傳，“蓋為茶所掩耳”。放在許次紓身上，或也不無道理。在明代後期輯集類茶書風行的時候，許次紓棄易就難，以總結整理茶事實踐經驗、茶理和秘訣為要旨，自然受到社會的更加重視和關愛，何況《茶疏》反映的實踐經驗，還吸收了當時江浙一帶特別是姚紹憲等一批精於茶事者的寶貴經驗在內。

《茶疏》又名《許然明茶疏》、《然明茶疏》。本文的寫作年代，據許世奇引言，“丙甲（申）年，余與然明遊龍泓……嗣此經年，然明以所著《茶疏》視余”，萬國鼎定在萬曆二十五年（1597，丙申年是萬曆二十五年）。現在流傳的版本較多，除萬曆丁未許世奇刻本外，還有明刻陳繼儒亦政堂普秘笈一集[1]、喻政《茶書》本、徐中行重訂《欣賞編》本、屠本畯《山林經濟籍》本、王道焜《雪堂韻史》竹嶼本、馮可賓《廣百川學海》本、《錦囊小史》本以及《説郛續》本等明本，清以後的版本更多，不再列舉。此次整理，以喻政《茶書》本為底本，以明《錦囊小史》刻本、王道焜《雪堂韻史》竹嶼本、馮可賓《廣百川學海》本、《説郛續》[2]本等作校。

序

陸羽品茶，以吾鄉顧渚所產為冠，而明月峽尤其所最佳者也。余闢小園其中，歲取茶租自判，童而白首，始得臻其玄詣。武林許然明，余石交也，亦有嗜茶之癖，每茶期，必命駕造余齋頭，汲金沙、玉竇二泉，細啜而探討品騭之。余罄生平習試自秘之訣，悉以相授，故然明得茶理最精，歸而著《茶疏》一帙，余未之知也。然明化三年所矣，余每持茗碗，不能無期牙之感[3]。丁未春，許才甫攜然明《茶疏》見示，且徵於夢。然明存日著述甚富，獨以清事託之故人，豈其神情所注，亦欲自附於《茶經》不朽與？昔鞏民陶瓷肖鴻漸像，沽茗者必祀而沃之，余亦欲貌然明於篇端，俾讀其書者，並挹其丰神可也。

萬曆丁未春日吳興友弟姚紹憲識於明月峽中

〔小引〕①

吾邑許然明，擅聲詞場舊矣。丙申之歲②，余與然明遊龍泓，假宿僧舍者浹旬。日品茶嘗水，抵掌道古。僧人以春茗相佐，竹爐沸聲，時與空山松濤響答，致足樂也。然明喟然曰，阮嗣宗[4]以步兵廚貯酒三百斛，求為步兵校尉，余當削髮為龍泓僧人矣。嗣此經年，然明以所著《茶疏》視余，余讀一過，香生齒頰，宛然龍泓品茶嘗水之致也。余謂然明曰："鴻漸《茶經》，寥寥千古，此流堪為鴻漸益友。吾文詞則在漢魏間，鴻漸當北面矣。"然明曰："聊以志吾嗜痂之癖，寧欲為鴻漸功匠也。"越十年，而然明修文地下，余慨其著述零落，不勝人琴亡俱[5]之感。一夕夢然明謂余曰："欲以《茶疏》災木[6]，業以累子。"余遂然覺而思龍泓品茶嘗水時，遂絕千古，山陽在念，淚淫淫濕枕席也。夫然明著述富矣，《茶疏》其九鼎一臠耳，何獨以此見夢，豈然明生平所癖，精爽成厲，又以余為臭味也，遂從九京相託耶？因授剞劂以謝然明。其所撰有《小品室》、《蕩櫛齋》集，友人若貞父諸君方謀鋟之。

丁未夏日社弟許世奇才甫撰。

目錄

產茶

天下名山，必產靈草。江南地暖，故獨宜茶，大江以北，則稱六安。然六安乃其郡名，其實產霍山縣之大蜀山也。茶生最多，名品亦振，河南、山、陝人皆用之。南方謂其能消垢膩、去積滯，亦共寶愛。顧彼山中不善製造，就於食鐺[7]大薪炒焙，未及出釜，業已焦枯，詎堪用哉？兼以竹造巨笱，乘熱便貯，雖有綠枝紫筍，輒就萎黃，僅供下食，奚堪品鬬。

江南之茶，唐人首稱陽羨，宋人最重建州，於今貢茶，兩地獨多。陽羨僅有其名，建茶亦非最上，惟有武夷雨前最勝。近日所尚者，為長興之羅岕，疑即古人顧渚紫筍也。介於山中，謂之岕，羅氏隱焉，故名羅。然岕故有數處，今惟洞山最佳。姚伯道云：明月之峽[8]，厥有佳茗，是名上乘。要之，採之以時，製之盡法，無不佳者。其韻致清遠，滋味甘香，清肺除煩，足稱仙品，此自一種也。若在顧渚，亦有佳者，人但以水口茶[9]名之，全與岕別矣。若歙之松蘿、吳之虎丘、錢塘之龍井，香氣穠郁，並可雁行，與岕頡頏④。往郭次甫[10]亟稱黃山，黃山亦在歙中，然去松蘿遠甚。往時士人皆貴天池，天池產者，飲之略多，令人脹滿，自余始下其品，向多非之，近來賞音者始信余言矣。浙之產，又曰天台之雁宕⑤，括蒼⑥之大盤、東陽之金華、紹興之日鑄，皆與武夷相為伯仲。然雖有名茶，當曉藏製。製造不精，收藏無法，一行出山，香味色俱減。錢塘諸山，產茶甚多，南山盡佳，北山稍劣。北山勤於用糞，茶雖易茁，氣韻反薄。往時頗稱睦之鳩坑、四明之朱溪，今皆不得入品。武夷之外，有泉州之清源，倘以好手製之，亦是武夷亞匹，惜多焦枯，令人意盡。楚之產曰寶慶，滇之產曰五華，此皆表表有名猶在雁茶之上。其他名山所產，當不止此，或余未知，或名未著，故不及論。

今古製法

古人製茶，尚龍團鳳餅，雜以香藥。蔡君謨諸公，皆精於茶理，居恆鬥茶，亦僅取上方珍品碾之，未聞新制。若漕司所進第一綱名北苑試新者，乃雀舌、冰芽。所造一夸之直至四十萬錢，僅供數盂之啜，何其貴也。然冰芽先以水浸，已失真味，又和以名香，益奪其氣，不知何以能佳。不若近時製法，旋摘旋焙，香色俱全，尤蘊真味。

採摘

清明、穀雨，摘茶之候也。清明太早，立夏太遲，穀雨前後，其時適中。若肯再遲一二日，期待其氣力完足，香烈尤倍，易於收藏。梅時不蒸，雖稍長大，故是嫩枝柔葉也。杭俗喜於盂中百點，故貴極細；理煩散鬱，未可遽非。吳淞人極貴吾鄉龍井，肯以重價購雨前細者，狃於故常，未解妙理。岕中之人，非夏前不摘。初試摘者，謂之開園，採自正夏，謂之春茶。其地稍寒，故須待夏，此又不當以太遲病之。往日無有於秋日摘茶者，近乃有之，秋七八月重摘一番，謂之早春。其品甚佳，不嫌少薄。他山射利，多摘梅茶。梅茶澀苦[11]，止堪作下食，且傷秋摘，佳產戒之。

炒茶

生茶[12]初摘，香氣未透，必借火力，以發其香。然性不耐勞，炒不宜久。多取入鐺，則手力不勻，久於鐺中，過熟而香散矣。甚且枯焦，尚堪烹點⑦。炒茶之器，最嫌新鐵，鐵腥一入，不復有香。尤忌脂膩，害甚於鐵，須豫取一鐺，專用炊飯，無得別作他用。炒茶之薪，僅可樹枝，不用幹葉，幹則火力猛熾，葉則易燄易滅。鐺必磨瑩，旋摘旋炒。一鐺之內，僅容四兩，先用文火焙軟，次加武火催之，手加木指[13]，急急鈔轉，以半熟為度。微俟香發，是其候矣，急用小扇鈔置被籠，純綿大紙襯底，燥焙積多，候冷入瓶收藏。人力若多，數鐺數籠，人力即少，僅一鐺二鐺，亦須四五竹籠。蓋炒速而焙遲，燥濕不可相混。混則大減香力，一葉稍焦，全鐺無用。然火雖忌猛，尤嫌鐺冷，則枝葉不柔，以意消息，最難最難。

岕中製法

岕之茶不炒，甑中蒸熟，然後烘焙。緣其摘遲，枝葉微老，炒亦不能使軟，徒枯碎耳。亦有一種極細炒岕，乃採之他山，炒焙以欺好奇者。彼中甚愛惜茶，決不忍乘嫩摘採，以傷樹本。余意他山所產，亦稍遲採之，待其長大，如岕中之法蒸之，似無不可，但未試嘗，不敢漫作。

收藏

收藏宜用瓷瓮，大容一二十斤，四圍厚箬，中則貯茶。須極燥極新，專供此事。久乃愈佳，不必歲易。茶須築實，仍用厚箬填緊，瓮口再加以箬，以真皮紙包之，以苧麻緊扎，壓以大新磚，勿令微風得入，可以接新。

置頓

茶惡濕而喜燥，畏寒而喜溫，忌蒸鬱而喜清涼，置頓之所，須在時時坐臥之處，逼近人氣，則常溫不寒。必在板房，不宜土室，板房則燥，土室則蒸。又要透風，勿置幽隱，幽隱之處，尤易蒸濕，兼恐有失點檢。其閣庋之方，宜磚底數層，四圍磚砌，形若火爐，愈大愈善，勿近土牆；頓瓮其上，隨時取竈下火灰，候冷，簇於瓮傍半尺以外；仍隨時取灰火簇之，令裏灰常燥。一以避風，一以避濕；卻忌火氣，入瓮則能黃茶。世人多用竹器貯茶，雖復多用箬護，然箬性峭勁，不甚伏帖，最難緊實，能無滲罅？風濕易侵多，故無益也。且不堪地爐中頓，萬萬不可。人有以竹器盛茶，置被籠中，用火即黃，除火即潤，忌之，忌之。

取用

茶之所忌，上條備矣。然則陰雨之日，豈宜擅開⑧。如欲取用，必候天氣晴明、融和高朗，然後開缶，庶無風侵。先用熱水濯手，麻帨拭燥。缶口內箬，別置燥處。另取小罌貯所取茶，量日幾何，以十日為限。去茶盈寸，則以寸箬補之。仍須碎剪。茶日漸少，箬日漸多，此其節也。焙燥築實，包扎如前。

包裹

茶性畏紙，紙於水中成，受水氣多也。紙裹一夕，隨紙作氣盡矣。雖火中焙出，少頃即潤。雁宕諸山，首坐此病。每以紙帖寄遠，安得復佳。

日用頓置

日用所需，貯小罌中，箬包苧扎，亦勿見風。宜即置之案頭，勿頓巾箱書簏，尤忌與食器同處；並香藥則染香藥，並海味則染海味，其他以類而推。不過一夕，黃矣變矣。

擇水

精茗蘊香，借水而發，無水不可與論茶也。古人品水，以金山中泠為第一泉第二[9]，或曰廬山康王谷第一。廬山余未之到，金山頂上井亦恐非中泠古泉。陵谷變遷，已當湮沒，不然，何其瀉薄不堪酌也？今時品水，必首惠泉，甘鮮膏腴，致足貴也[10]。往三渡黃河[11]，始憂其濁，舟人以法澄過，飲而甘之，尤宜煮茶，不下惠泉。黃河之水，來自天上，濁者，土色也。澄之既淨，香味自發。余嘗言有名山則有佳茶，茲又言有名山必有佳泉，相提而論，恐非臆說。余所經行，吾兩浙兩都、齊魯楚粵、豫章滇黔，皆嘗稍涉其山川，味其水泉，發源長遠，而潭沚澄澈者，水必甘美。即江河溪澗之水，遇澄潭大澤，味咸甘洌。唯波濤湍急，瀑布飛泉，或舟楫多處，則若濁不堪。蓋云傷勞，豈其恆性。凡春夏水長則減[12]，秋冬水落則美。

貯水

甘泉旋汲用之斯良，丙舍在城，夫豈易得，理宜多汲，貯大瓮中。但忌新器，為其火氣未退，易於敗水，亦易生蟲。久用則善，最嫌他用。水性忌木，松杉為甚。木桶貯水，其害滋甚，挈瓶為佳耳。貯水，瓮口厚箬泥固，用時旋開。泉水不易，以梅雨水代之。

舀水

舀水必用瓷甌，輕輕出瓮，緩傾銚中，勿令淋漓瓮內，致敗水味，切須記之。

煮水器

金乃水母，錫備柔剛，味不鹹澀，作銚最良。銚中必穿其心，令透火氣。沸速則鮮嫩風逸，沸遲則老熟昏鈍，兼有湯氣，慎之慎之。茶滋於水，水藉乎器；

湯成於火，四者相須，缺一則廢。

火候

火必以堅木炭為上，然木性未盡，尚有餘煙，煙氣入湯，湯必無用。故先燒令紅，去其煙焰，兼取性力猛熾，水乃易沸。既紅之後，乃授水器，仍急扇之，愈速愈妙，毋令停手。停過之湯，寧棄而再烹。

烹點

未曾汲水，先備茶具，必潔必燥，開口以待。蓋或仰放，或置瓷盂，勿竟覆之。案上漆氣、食氣，皆能敗茶。先握茶手中，俟湯既入壺，隨手投茶湯，以蓋覆定。三呼吸時，次滿傾盂內，重投壺內，用以動盪香韻，兼色不沉滯。更三呼吸，頃以定其浮薄，然後瀉以供客，則乳嫩清滑，馥郁鼻端。病可令起，疲可令爽，吟壇發其逸思，談席滌其玄襟。

秤量

茶注，宜小不宜甚大。小則香氣氤氳，大則易於散漫。大約及半升，是為適可。獨自斟酌，愈小愈佳。容水半升者，量茶五分，其餘以是增減。

湯候

水一入銚，便須急煮。候有松聲，即去蓋，以消息其老嫩。蟹眼之後，水有微濤，是為當時。大濤鼎沸，旋至無聲，是為過時。過則湯老而香散，決不堪用。

甌注

茶甌，古取建窯兔毛花者[14]，亦鬥碾茶用之宜耳。其在今日，純白為佳，兼貴於小。定窯最貴，不易得矣。宣、成、嘉靖[15]，俱有名窯。近日倣造，間亦可用。次用真正回青[16]，必揀圓整，勿用呰窳[17]。茶注以不受他氣者為良，故首銀次錫。上品真錫，力大不減，慎勿雜以黑鉛。雖可清水，卻能奪味。其次內外有油瓷壺亦可，必如柴、汝、宣、成[18]之類，然後為佳。然滚水驟澆，舊瓷易裂，可惜也。近日饒州所造，極不堪用。往時龔春茶壺，近日時彬所製，大為時人寶惜。蓋皆以粗砂製之，正取砂無土氣耳。隨手造作，頗極精工，顧燒時必須火力極足，方可出窯。然火候少過，壺又多碎壞者，以是益加貴重。火力不到者，如以生砂注水，土氣滿鼻，不中用也。較之錫器，尚減三分。砂性微滲，又不用油，香不竄發，易冷易餿，僅堪供玩耳。其餘細砂及造自他匠手者，質惡製劣，尤有土氣，絕能敗味，勿用勿用。

蕩滌

湯銚甌注，最宜燥潔。每日晨興，必以沸湯蕩滌，用極熟黃麻巾帨⑬向內拭乾，以竹編架覆而求之燥處，烹時隨意取用。修事既畢，湯銚拭去餘瀝，仍覆原處。每注茶甫盡，隨以竹筯盡去殘葉，以需次用。甌中殘瀋，必傾去之，以俟再斟。如或存之，奪香敗味。人必一盃，毋勞傳遞，再巡之後，清水滌之為佳。

飲啜

一壺之茶，只堪再巡。初巡鮮美，再則甘醇，三巡意欲盡矣。余嘗與馮開之[19]戲論茶候，以初巡為停停嬝嬝十三餘，再巡為碧玉破瓜年，三巡以來綠葉成陰矣。開之大以為然。所以茶注欲小，小則再巡已終。寧使餘芬剩馥尚留葉中，猶堪飯後供啜嗽之用，未遂葉之可也。若巨器屢巡，滿中瀉飲，待停少溫，或求濃苦，何異農匠作勞，但需涓滴，何論品賞，何知風味乎。

論客

賓朋雜沓，止堪交錯觥籌，乍會泛交，僅須常品酬酢，惟素心同調，彼此暢適，清言雄辯，脱略形骸，始可呼童篝火⑭，酌水點湯⑮，量客多少為役之煩簡。三人以下，止爇一爐；如五六人，便當兩鼎爐用一童⑯，湯方調適。若還兼作，恐有參差。客若眾多⑰，姑且罷火，不妨中茶投果，出自內局。

茶所

小齋之外，別置茶寮。高燥明爽，勿令閉塞。壁邊列置兩爐⑱，爐以小雪洞覆之，止開一面，用省灰塵騰散。寮前置一几，以頓茶注、茶盂，為臨時供具，別置一几，以頓他器。傍列一架，巾帨懸之，見用之時，即置房中。斟酌之後，旋加以蓋，毋受塵汙，使損水力。炭宜遠置，勿令近爐，尤宜多辦宿乾易熾。爐少去壁，灰宜頻掃。總之，以慎火防爇，此為最急。

洗茶

岕茶摘自山麓，山多浮沙，隨雨輒下，即著於葉中。烹時不洗去沙土，最能敗茶。必先盥手令潔，次用半沸水扇揚稍和洗之。水不沸，則水氣不盡，反能敗茶，毋得過勞以損其力。沙土既去，急於手中擠令極乾，另以深口瓷合貯之⑲，抖散待用。洗必躬親，非可攝代。凡湯之冷熱，茶之燥濕，緩急之節，頓置之宜，以意消息，他人未必解事。

童子

煎茶燒香，總是清事，不妨躬自執勞。然對客談諧，豈能親蒞，宜教兩童司之。器必晨滌，手令時盥，爪可淨剔，火宜常宿，量宜飲之時，為舉火之候。又當先白主人，然後修事。酌過數行，亦宜少輟。果餌間供，別進濃瀋，不妨中品充之。蓋食飲相須，不可偏廢。甘醲雜陳，又誰能鑑賞也。舉酒命觴，理宜停罷，或鼻中出火，耳後生風，亦宜以甘露澆之，各取大盃，撮點雨前細玉，正自不俗。

飲時

心手閒適	披詠疲倦	意緒棼亂
聽歌聞曲[20]	歌罷曲終	杜門避事
鼓琴看畫	夜深共語	明窗淨几
洞房阿閣	賓主款狎	佳客小姬
訪友初歸	風日晴和	輕陰微雨
小橋畫舫	茂林修竹	課花責鳥
荷亭避暑	小院焚香	酒闌人散
兒輩齋館	清幽寺觀	名泉怪石

宜輟

作字[21]	觀劇	發書柬
大雨雪	長筵大席	繙閱卷帙
人事忙迫	及與上宜飲時相反事	

不宜用

惡水	敝器	銅匙
銅銚	木桶	柴薪
麩炭	粗童	惡婢
不潔巾帨	各色果實香藥	

不宜近

陰室	廚房	市喧
小兒啼	野性人	童奴相鬨
酷熱齋舍		

良友

清風明月	紙帳楮衾	竹宝石枕
名花琪樹		

出遊

士人登山臨水，必命壺觴。乃茗碗薰爐，置而不問，是徒遊於豪舉，未託素交也。余欲特製遊裝，備諸器具，精茗名香，同行異室。茶罌一，注二，銚一，小甌四，洗一，瓷合一，銅爐一，小面洗一，巾副之，附以香奩、小爐、香囊、匕筯，此為半肩[22]。薄瓮貯水三十斤，為半肩足矣。

權宜

出遊遠地，茶不可少，恐地產不佳，而人鮮好事，不得不隨身自將。瓦器重離，又不得不寄貯竹箬。茶甫出瓮，焙之。竹器曬乾，以箬厚貼，實茶其中。所到之處，即先焙新好瓦瓶，出茶焙燥，貯之瓶中。雖風味不無少減，而氣力味尚存[23]。若舟航出入，及非車馬修途，仍用瓦缶，毋得但利輕齎，致損靈質。

虎林水

杭兩山之水，以虎跑泉為上。芳洌甘腴，極可貴重。佳者乃在香積廚中上泉，故有土氣[24]，人不能辨其次。若龍井、珍珠、錫杖、韜光、幽淙、靈峯，皆有佳泉，堪供汲煮。及諸山溪澗澄流，併可斟酌，獨水樂一洞，跌蕩過勞，味遂漓薄。玉泉往時頗佳，近以紙局壞之矣。

宜節

茶宜常飲，不宜多飲。常飲則心肺清涼，煩鬱頓釋；多飲則微傷脾腎，或泄或寒。蓋脾土原潤，腎又水鄉，宜燥宜溫，多或非利也。古人飲水飲湯，後人始易以茶，即飲湯之意。但令色香味備，意已獨至，何必過多，反失清洌乎。且茶葉過多，亦損脾腎，與過飲同病。俗人知戒多飲，而不知慎多費，余故備論之。

辯訛

古今論茶，必首蒙頂。蒙頂山，蜀雅州山也，往常產，今不復有，即有之，彼中夷人專之[25]，不復出山。蜀中尚不得，何能至中原、江南也。今人囊盛如石耳，來自山東者，乃蒙陰山石苔，全無茶氣，但微甜耳，妄謂蒙山茶。茶必木生，石衣得為茶乎？

考本

茶不移本，植必子生。古人結婚，必以茶為禮，取其不移植子之意[26]也。今人猶名其禮曰下茶。南中夷人定親，必不可無，但有多寡。禮失而求諸野，今求之夷矣。

余齋居無事，頗有鴻漸之癖[27]。又桑苧翁所至，必以筆床、茶竈自隨，而友人有同好者，數謂余宜有論著，以備一家，貽之好事，故次而論之。倘有同心，尚箴余之闕，葺而補之，用告成書，甚所望也。次紓再識。

注　釋

1 近代論著中有關《茶疏》版本的介紹，每每相從提及陳繼儒《寶顏堂秘笈》本，但我們查閱了幾部尚白齋、寶顏堂正續秘笈本，都無收《茶疏》。可是在大家未提及的陳繼儒《亦政堂普秘笈》本中，卻發現收有《茶疏》。前稱《寶顏堂秘笈》，是否是“亦政堂”之誤？

2 說郛續本所收《茶疏》，僅只錄前十部分，不全。

3 期牙之感：期，指鍾子期；牙，指俞伯牙。指許次紓死後，姚紹憲再捧起茶碗，有不思再飲的感覺。

4 阮嗣宗：即阮籍，嗣宗是其字。

5 人琴亡俱：也作人琴俱逝、人琴俱絕等。晉王羲之子徽之（字子猷）、獻之（字子敬），都患重病。獻之先卒，徽之久不聞獻之消息，諒已死，即驅車奔喪，直入靈堂，取獻之生前琴彈，但屢調不好，於是擲琴於地說：“子敬、子敬，人琴俱亡。”慟哭良久，歸家月餘亦卒。見《世説新語 · 傷逝》。

6 災木：猶災梨，通常用作刻印的謙辭。謂刻印無用的書，災及作版的梨木。

7 食鐺：鐺指鐵鍋，“食鐺”指日常燒飯炒菜用的鍋子。

8 明月之峽：即“明月峽”，《天中記》稱，在顧渚附近“二山相對，石壁峭立大澗中流，茶生其間尤為絕品。”唐張文規詩句“明月峽中茶始生”即指此。

9 水口：即今浙江湖州長興水口鎮，位於長興東北太湖濱，是顧渚等山溪會注太湖之口，故名。早在唐代，即因顧渚貢焙和紫筍茶等社會經濟因素，水口擅舟楫之便，即發展成顧渚一帶的一個重要草市。

10 郭次甫：元末明初道士，金陵（今南京）人，居大勞山。郭次甫在山中拜趙寶山為師。

11 梅茶：黃梅季節生長、採製的茶葉。這時生長的茶葉，確如前面所說，由於氣溫較適，長勢旺盛，芽葉“雖然長大”，但仍“是嫩枝柔葉”，較春茶甚至和後期秋茶相比，品質確實略遜，但也不是作者所說的只堪作“下食”。

12 生茶：指茶樹鮮葉。

13 木指：用竹木製作的指套。

14 兔毛花者：即建窯燒製的兔毫盞。色黑，釉下有放射狀的細紋，形似兔毛。

15 宣、成、嘉靖：明年號名。“宣”指明宣宗宣德（1426 − 1435）年間；“成”指明憲宗成化（1465 − 1487）年間。

16 回青：一稱“回回青”，“青”指青色顏料，回回原指西域，一般舊時所說的回回青，主要來自印尼、南洋，這裏泛指為“進口鈷青料”。

17 呰窳（yǔ）：“呰”同呰、訾，通疵。窳，指粗劣器物。呰窳，辭書一般作懶惰、精神不振釋，此指粗劣或有毛病的甌注。

18 柴、汝、宣、成：古代著名瓷窯。柴窯，傳稱為周世宗柴榮時的瓷窯，窯址大概在今河南鄭州一帶，據說其所製瓷器，“青如天，明如鏡，薄如紙，聲如磬。”汝窯，即汝州（今河南臨汝）之窯。宋元祐初年，繼定窯後被指為專造宮廷瓷器。宣窯，為明代宣德年間在江西景德鎮所設的官窯。成窯，指明成化年間的官窯。

19 馮開之：即馮夢楨（1546 − 1605），浙江秀水（今浙江嘉興）人，開之是其字。萬曆五年進士，官編修，忤張居正，免官。後復官南京國子監祭酒，又被劾歸。家藏有《快雪時晴帖》，因名其堂為“快雪堂”。有《歷代貢舉志》、《快集堂集》和《快雪堂漫錄》。

校記

① 小引：底本無，此據叢書集成本補。
② 丙申之歲："申"字，原文形誤作"甲"字，逕改。
③ 包裹：底本目錄原排在"日用置頓"之後，與文中內容排列倒錯，現按文中實際序次，提置"日用置頓"之前。
④ 頡頏："頏"字，底本作"頑"，叢書集成本作"頏"，據改。
⑤ 雁宕："宕"字，明版各本均作"宕"字，叢書集成本等從近代俗寫，改書作"蕩"。下同。
⑥ 括蒼：底本原作"栝"字。"括蒼"此指"括蒼縣"，隋置，叢書集成本校改作"括"字，據改。
⑦ 尚堪烹點："尚"字，明刊各本，均作"尚"，叢書集成本，校改作"不"字。
⑧ 豈宜擅開："宜"字，叢書集成本改作"能"字。
⑨ 中泠為第一泉第二：此處明顯有錯衍。疑應是"中泠泉為第一"；"第二"二字衍。
⑩ 致足貴也："致"字，小史本、《雪堂韻史》(簡稱雪堂本)、廣百川本等同底本，作"致"，叢書集成本作"至"。
⑪ 往三渡黃河："三"字，小史本、雪堂本、廣百川本等同底本，作"三"；叢書集成本校改作"日"字。
⑫ 春夏水長則減："長"字，叢書集成本從俗改作"漲"。
⑬ 用極熟黃麻巾帨："熟"字，雪堂本、廣百川本，校改作"熱"字，似較妥貼。
⑭ 呼童篝火："呼"字，小史本、雪堂本、廣百川本等，作"乎"。"童"字，廣百川本形誤作"重"字。
⑮ 酌水點湯："酌"字，小史本、雪堂本、廣百川本等無。叢書集成本改作"汲"。
⑯ 兩鼎爐用一童：廣百川學海本、叢書集成本無"用"字。
⑰ 客若眾多：小史本、雪堂本、廣百川本等，均無"若眾"二字。
⑱ 列置兩爐："兩"字，有少數版本作"鼎"字。
⑲ 瓷合貯之："合"字，小史本、雪堂本、廣百川本均同底本。叢書集成本按俗校改為"盒"。其實舊"合"通"盒"。如唐王建宮詞"黃金合裏盛紅雪"的"合"字，即指"盒"。
⑳ 聽歌聞曲："聞"字，小史本、廣百川本等作"品"，叢書集成本改作"拍"。
㉑ 作字："字"字，小史本、廣百川本等刻作"事"字。
㉒ 此為半肩："此"字，小史本、雪堂本、廣百川本，作"以"字。
㉓ 氣力味尚存："力"字，叢書集成本改作"與"字。
㉔ 故有土氣："有"字，叢書集成本改作"其"字。
㉕ 彼中夷人專之："彼"字前，叢書集成本還一"亦"字。
㉖ 植子之意："植"字，叢書集成本擅改作"置"字。
㉗ 癖：小史本、雪堂本、廣百川本，皆作"僻"字。

茶話

◇明　陳繼儒　撰

陳繼儒（1558－1639），字仲醇，號眉公，又號麋公。松江華亭（今上海松江）人。諸生。少與同郡董其昌、王衡齊名。二十九歲時，焚棄儒生衣冠，隱居小崑山，後又築室東佘山，杜門著述。《明史・隱逸傳》有其傳。工詩善文，短翰小詞，皆極風致。書法蘇、米，兼精繪事。董其昌久居詞館，推眉公不去口。陳繼儒著述宏富，也喜歡收藏和刻印書籍。家有寶顏堂、晚香堂等藏書處。其著作為《四庫全書》收錄的，即有《讀書鏡》、《眉公十集》、《書蕉》、《佘山詩話》等三十種。其編註、評校、刻印過的書籍有宋馬令《南唐書》三十卷，蔡正孫《精選詩林廣記》四卷，李攀龍輯《唐詩選》七卷，王衡《諸子類語》四卷，自撰《陳眉公先生全集》六十卷附《年譜》一卷；自輯《寶顏堂秘笈》二百二十九種四百六十九卷，陳邦俊《廣諧史》十卷等等。屢屢奉詔徵用，但皆以疾辭，八十二歲卒於家。

《茶話》，本是輯集有關茶事經驗、習俗和茶葉風情韻事的七百多字短文，自喻政將其編入《茶書》，即成茶書一種。《茶書》署為"雲間（松江古稱）陳繼儒著"，但萬國鼎在《茶書總目提要》中指出，此文"似乎不是他自己編寫，而是別人從他所撰的其他幾種書中摘出編成的"。萬國鼎並且查對出《茶話》全書十九條，十一條出自陳繼儒的《太平清話》，七條[1]見於《嚴棲幽事》。有人據此提出本文為喻政摘輯，但這不過是一種猜測。萬國鼎又據《太平清話》成書於萬曆二十三（1595）的線索，提出《茶話》寫於"1595年前後"。但這未必可以代表《嚴棲幽事》或陳繼儒其他著作的寫作時間。而《茶話》的摘編，更當在此之後。喻政《茶書》編刊於萬曆四十一年（1613），我們認為《茶話》編刊的時間，應該也只會是在1595年至1613年間。

本書以喻政《茶書》作底本，以《茶話》所輯資料原書和相同引文作校。

採茶欲精，藏茶欲燥，烹茶欲潔。①

茶見日而味奪，墨見日而色灰。②

品茶：一人得神，二人得趣，三人得味，七八人是名施茶。[2]③

山谷《煎茶賦》④云："洶洶乎如澗松之發清吹，浩浩乎如春空之行白雲"。可謂得煎茶三昧。⑤

山谷云：相茶瓢，與相邛竹[3]同法，不欲肥而欲瘦，但須飽風霜耳。⑥

箕踞斑竹林中⑦，徙倚青石几上⑧，所有道笈、梵書，或校讐四五字，或參諷一兩章。茶不甚精，壺亦不燥，香不甚良，灰亦不死。短琴無曲而有絃，長歌⑨無腔而有音。激氣發於林樾，好風送之水涯，若非羲皇以上，定亦嵇、阮[4]兄弟之間。⑩

三月茶筍初肥，梅風[5]未困⑪；九月蓴鱸正美，秫酒新香。勝客晴窗，出古人法書名畫，焚香評賞，無過此時。⑫

昔人以陸羽飲茶，比於后稷樹穀。及觀韓翃書云："吳王禮賢，方聞置茗，晉人愛客，纔有分茶。"則知開創之功，非關桑苧老翁也。⑬

太祖高皇帝[6]極喜顧渚茶，定額貢三十二斤，歲以為常。⑭

洞庭中西盡處，有仙人茶，乃樹上之苔蘚也，四皓採以為茶。⑮

吳人於十月採小春茶[7]，此時不獨⑯逗漏花枝[8]，而尤喜月光⑰晴暖，從此蹉過，霜淒雁凍，不復可堪⑱。宋徽宗有《大觀茶論》二十篇，皆為碾餘烹點而設，不若陶穀《十六湯》，韻美之極。⑲

徐長谷[9]《品惠泉賦序》云：叔皮何子遠遊來歸，汲惠山泉一罌，遺予東皋之上。予方靜掩竹門，消詳鶴夢，奇事忽來，逸興橫發。乃乞新火煮而品之，使童子歸謝叔皮焉。⑳

瑯琊山出茶，類桑葉而小，山僧焙而藏之，其味甚清。㉑

杜鴻漸[10]與楊祭酒[11]書云：顧渚山中紫筍茶兩片，此茶但恨㉒帝未得嘗，寔所歎息。一片上太夫人，一片充昆弟同啜。余鄉佘山[12]茶，寔與虎丘伯仲。深山名品，合獻至尊，惜收置不能五十斤也。㉓

蔡君謨湯取嫩而不取老，蓋為團茶㉔發耳。今旗芽槍甲，湯不足則茶神不透、茶色不明。故茗戰之捷，尤在五沸。㉕

琉球亦曉烹茶，設古鼎於几上，水將沸時，投茶末一匙，以湯沃之。少頃捧飲㉖，味甚清。㉗

山頂泉㉘輕而清；山下泉清而重；石中泉清而甘；沙中泉清而冽；土中泉清而厚。流動者良於安靜；負陰者勝於向陽。山峭者泉寡，山秀者有神。真源無味，真水無香。㉙

陶學士[13]謂："湯者，茶之司命。"此言最得三昧。馮祭酒[14]精於茶政，手自料滌，然後飲客。客有笑者。余戲解之云：此正如美人，又如古法書名畫，度可著俗漢手否？㉚

注　釋

1 經查證，《茶話》與《太平清話》相同的實為十三則；與《巖棲幽事》相同的實為九則。這二書有五條內容相重，扣除重複，故有二條未見出處。

2 施茶：煮茶以供眾飲。（一）寺院法事的內容和形式之一；（二）舊時民間在路邊成歇腳處置茶以惠行人的善舉。一些地方還成立專門的“施茶會”。此指不論茶趣茶味只為解渴的眾人之飲。

3 相邛竹：“邛”，亦作“笻”，漢代西南少數民族名，也引作地名或山名，如“邛山”和西漢以前嚴道縣內邛來山（在今四川滎經西南），產竹，以邛竹杖為著名特產。《漢書·張騫傳》等載：“臣在大夏時，見邛竹杖、蜀布。”此相邛竹即指“相邛竹杖”。

4 嵇、阮：即晉時所謂竹林七賢的嵇康、阮籍。

5 梅風：梅，一指臘梅、一指黃梅。故梅風亦一指早春的風，如唐杜審言《守歲侍宴應制》詩：“彈弦奏節梅風入”即是。也作黃梅季節的風，如王琦彙解《嶺南錄》：“梅雨後風，曰梅風。”此指黃梅時風。

6 太祖高皇帝：即明太祖朱元璋。

7 十月採小春茶：中國採製秋茶的歷史甚早，如宋陸游《幽居》“園丁刈霜稻，村女賣秋茶”詩句所反映即一例。江南有些地方把“十月”，俗稱“小陽春”；故將這時採製的茶，亦有稱“小春茶”之說。

8 逗漏花枝：“逗漏”即“逗遛”，停頓、持續之意。“花枝”指開有花的樹枝。這裏指農曆十月，茶樹的盛花期雖過，但茶枝上還有很多茶花。

9 徐長谷：即徐獻忠，字長谷，參見《水品》題記。

10 杜鴻漸（709－769）：字之巽，濮州濮陽（治位今山東范縣西南舊濮縣）人。開元二十二年進士，授朔方判官。肅宗立，累遷河西節度使，入為尚書丞、太常卿。代宗廣德二年，任兵部侍郎同中書門下平章事。卒諡文憲。

11 楊祭酒：祭酒，學官名，即隋以後主管國子監所設的國子監祭酒。唐時姓楊的祭酒很多，如唐文宗時的楊敬之，即是著名的“楊祭酒”之一，但和杜鴻漸同時代的楊祭酒查未果。

12 佘山：位於今上海青浦東南，相傳因古有佘姓者隱此而得名。陳繼儒由小崑山後亦移隱於此。山產筍香如蘭，康熙賜名“蘭筍山”；產茶，又因山名“蘭筍茶”。

13 陶學士：即指宋陶穀，參見《荈茗錄》題記。

14 馮祭酒：具體指誰，由於只有一個姓，且時間也不明，無法確定。但我們查考最後相比而言，認為明萬曆五年進士，浙江秀水人馮夢禎的可能性很大。因其任過南京國子監祭酒，古籍中稱其“馮祭酒”的記載也多。

校 記

① 《太平清話》卷 3、《巖棲幽事》均收。
② 《太平清話》卷 3、《巖棲幽事》均收。
③ 見《巖棲幽事》。
④ 山谷《煎茶賦》：見陳繼儒《巖棲幽事》，原作“山谷賦苦筍云：苦而有味，可謂得擘筍三昧。洶洶乎如澗松之發清吹……可謂得煎茶三昧。”
⑤ 見《巖棲幽事》。
⑥ 據《巖棲幽事》。
⑦ 箕踞斑竹林中：“踞”和“斑”字之間，《太平清話》和《巖棲幽事》原文，均多一“於”字。
⑧ 徙倚青石几上：《太平清話》和《巖棲幽事》原文在“倚”和“青”字間，皆多一“於”字。喻政茶書本刪或脱。
⑨ 長歌：“歌”字，《太平清話》、《巖棲幽事》原作“謳”字。
⑩ 本條《太平清話》卷 3、《巖棲幽事》均存。
⑪ 梅風未困：“風”字，《太平清話》、《巖棲幽事》原作“花”。
⑫ 《巖棲幽事》、《太平清話》均存。
⑬ 此條《太平清話》、《巖棲幽事》未見。但極類《茗笈 · 第一溯源章》評。
⑭ 載《太平清話》卷 1。
⑮ 輯自《太平清話》卷 1。
⑯ 不獨：“獨”字，《太平清話》原文作“特”。
⑰ 尤喜月光：“喜”字，《太平清話》原文作“尚”。“月”似為“日”字之誤。
⑱ 不復可堪：《太平清話》原文作“不可復堪”。
⑲ 《太平清話》卷 2、《巖棲幽事》皆存。
⑳ 輯自《太平清話》卷 2。
㉑ 輯自《太平清話》卷 3。
㉒ 此茶但恨：“茶”字，《太平清話》明萬曆繡水沈氏刻寶顏堂秘笈本，誤刻為“恨”字，作“此恨但恨”，今據喻政茶書本校正。
㉓ 輯自《太平清話》卷 3。
㉔ 團茶：《太平清話》原文，在“團”和“茶”字之間，還有一“餅”字。
㉕ 輯自《太平清話》卷 3。
㉖ 捧飲：“捧”字，《太平清話》原文作“奉”。奉，《說文》“承也”，通“俸”、通“捧”。
㉗ 輯自《太平清話》卷 3。
㉘ 山頂泉：在這三字前，《巖棲幽事》原文，還有“洞庭張山人云”一句。喻政茶書本輯時省或脱，似不妥。
㉙ 輯自《巖棲幽事》。此條內容，與張源《茶錄 · 品泉》基本相同，未辨二書孰者為先。
㉚ 此條內容，不見《太平清話》和《巖棲幽事》，無查。

茶乘

◇明　高元濬　輯

高元濬，字君鼎，號黃如居士，福建龍溪（今漳州）人。與當地名士、著作刻書家黃以陞、陳正學和萬曆二十二年（1594）舉人張燮等相交遊。餘不詳。有《茶乘》六卷、《拾遺》兩篇傳世。

《茶乘》是明代嘉、萬年間撰刊茶書熱的產物。明代的福建尤其建陽，是我國刻書業最為發達的地區之一。以茶書為例，閩縣人鄭熜早在嘉靖時，就首先刻印了陸羽《茶經》和《茶具圖贊》兩書。在這之後，喻政知福州，在徐𤊹的幫助下，彙編刻印了我國第一部茶書彙編旌《茶書》（或《茶書全集》）。喻政《茶書》第一編也即壬子本，收有十七種茶書，第二編也就是萬曆癸丑本，增加到了二十七種。所以，如果說鄭熜《茶經》是明代後期茶書撰刊熱的率先之作，那末喻政《茶書》則是其中最有價值的代表作。至於高元濬的《茶乘》，是被黃以陞稱為"皋盧之大成，吾閩之赤幟"的《茶書》以後的又一巨作，其編輯和刊印可以說是鄭熜《茶經》、喻政《茶書》的承續和補充。它同《茶書》、《茶經》都是明代後期的福建，也可以說是整個中國最值得推重的幾部茶書。

《茶乘》雖然如張燮所說，是"復合諸家刪纂"而成的輯集類茶書，但由於其輯集內容和卷數、字數都較一般同類茶書為多，也包含有高元濬本人對茶事、茶史的某些獨到看法，因而不失較高的價值。

是書的撰刊年代，萬國鼎《茶書總目提要》推定為崇禎三年即"1630年左右之前"，南京大學圖書館和《中國古籍善本書目》，根據高元濬自序殘存的落款日期"癸亥菊月"，定為"天啟三年（1623）"。我們在編校時查考，發現本文在明代《徐氏家藏書目》、《千頃堂書目》中都曾收錄。《徐氏家藏書目》一稱《紅雨樓書目》，編刊於"萬曆三十年（1602）"，這說明《茶乘》的成書，至遲不會晚於萬曆三十年。如是這樣，高元濬《茶乘．序》所署"癸亥菊月"，就不應該是"天啟三年"而至少當是前一個"癸亥"，即嘉靖四十二年（1563）的癸亥年。但據文獻記載，高元濬生活的年代，大抵又在萬曆中期以後，嘉靖癸亥時，他可能還沒有出世或出道，所以，此"癸亥"，只能是"天啟癸亥"無疑。那末，我們怎樣解釋上述矛盾呢？我們分析，如果現在所定《徐氏家藏書目》刊印的年代不錯，就只有一種可能，即《茶乘》編定在前，刻印較遲。換言之，本稿早在萬曆三十年之前即已編成並有少量鈔本傳世，而刻印則一直耽擱到高元濬作序也即天啟三年之時。

本書傳世僅有南京大學明天啟刻本，近出《續修四庫全書》亦據此影印。這次整理，因此就用這個本子。

圖按經庶竟陵之湯動不泯，北苑之緒芬具在云爾。癸亥菊月[1]露中[2]高元濬君鼎撰①

茶乘品藻

品一　張燮[3]

嗜茶，非自茶博士始也，王仲祖[4]不先登乎？彼日與賓朋窮吸啜之致，但無復撰述以行。故陸氏之甘草癖獨顯，當是以《經》得名耳。宋以茶著者，無如吾閩蔡君謨。今龍鳳團法且未廢，而《茶錄》尚播傳誦。信乎，文之行遠也。余向見友人屠田叔作《茗笈》而樂之，高君鼎復合諸家，刪纂而作《茶乘》，古來茗竈間之點綴，可謂備嘗矣。每讀一過，使人滌盡塵土腸胃。後世有嗜茶者，尊《經》為茶素王，《錄》為素臣。君鼎是編，尚未甘向鄭康成車後也。

品二　王志道[5]

茗之初興，曾比於酪，邾莒之盟，猶有異議。其後乃隱然與醉鄉敵國。云："精於唐，侈於宋"，然其制莫不輾之、範之、膏之、蠟之。單焙之法，起自明時，可謂竟陵、建安後無作者哉！君鼎見之矣。今之好事湯社、麴部，事事中分藝苑，抑有一焉。(敘) 記之，可以伯倫無功作對者，近體之，可與葡萄美酒飲中八仙作對者，尚覺寥寥。

有明以來，鼓吹唐風，得無有頗可採者乎？君鼎暇日將廣搜之。

品三　陳正學[6]

予園居，以茶為諫友，君鼎道岸先登，其竟陵之法，胤苕溪之石交乎誌。公懼法乘銷毀，刻石而峪之，君鼎為《乘》之意良然。

品四　章載道

余嘗謂：嗜茶而不窮其致，僅與玉川角，勝於碗杓間，此陸、蔡諸君所竊笑也。君鼎嗜茶，直肩隨陸、蔡，故所著《茶乘》，雖述倍於創，要於疏原引類，各極其致，不翅三昧入矣。因戲謂君鼎："相與定交於茶臼間，如何？"君鼎笑曰："子能出龍鳳團相餉不？"余曰："《乘》中唯不詳此，差勝耳。"君鼎曰："味長輿此言，嗜乃更進。"

品五　黃以陞[7]

春雨中烹新芽，讀君鼎《茶乘》，肺腑皆香，恍如惠山對啜時也。《茶經》、《茶述》至矣，昔人猶病其略，建安迨蔡《錄》始備。今得君鼎撰述，而嘉木名泉，點綴無憾，是亦皋盧之大成，吾閩之赤幟也。予好麴部，恐污湯神，然知己過從，頻罄驚雷之筴[8]，以為麈尾，藉其玄液鼠鬚乾焉。膏潤種種幽韻，惟可與君鼎道耳。若品與法迸事與詞，該尤《經》、《錄》所鮮。渴以當飲，不知世間有仙掌、醍醐也。

目次

卷一

茶原

茶者……不堪採掇。《茶經》[9]

茶產

茶之產於天下多矣……惜皆不可致耳。顧元慶《茶譜》[10]

近時所尚者，為長興之羅岕，疑即古顧渚紫筍。然岕故有數處，今惟洞山最佳。若歙之松羅，吳之虎丘，杭之龍井，並可與岕頡頏。又有極稱黃山者，黃山亦在歙，去松羅遠甚。虎丘山窄，歲採不能十斤，極為難得。龍井之山，不過十數畝，外此有茶，皆不及也；即杭人識龍井味者，亦少，以亂真多耳。往時士人皆重天池，然飲之略多，令人脹滿。浙之產曰雁宕、大盤、金華、日鑄，皆與武夷相伯仲。武夷之外，有泉州之清源，漳州之龍山，倘以好手製之，亦是武夷亞匹。蜀之產曰蒙山，楚之產曰寶慶，滇之產曰五華，廬之產曰六安[11]，及靈山、高霞、泰寧[12]③、鳩坑、朱溪、青鸞、鶴嶺、石門、龍泉[13]之類，但有都佳。其他山靈所鍾，在處有之，直以未經品題，終不入品，遂使草木有炎涼之感，良可惜也④。

藝法

秋社後，摘茶子，水浮取沉者，略曬去濕潤，沙拌藏竹簍子，勿令凍損，俟春旺時種之。茶喜叢生，先治地平正，行間疏密，縱橫各二尺許，每一坑下子一掬，覆以焦土。次年分植，三年便可摘取。凡種茶，地宜高燥，沃土斜坡，得早陽者，產茶自佳；聚水向陰之處遂劣。故一山之中，美惡相懸。茶根土實，草木雜生則不茂。春時薙草，秋夏間鋤掘三四遍。茶地覺力薄，每根傍掘小坑，培焦土升許，用米泔澆之。次年別培，最忌與菜畦相逼，穢污滲漉，滓厥清真。

採法

歲多暖，則先驚蟄十日即芽；歲多寒，則後驚蟄始發。故《茶經》云：採茶在二月、三月、四月之間。今閩人以清明前後，吳越乃以穀雨前後，時以地異也。凡茶不必太細，細則芽初萌而味欠足；不必太青，青則葉已老而味欠嫩。須擇其中枝穎拔，葉微梗、色微綠而團且厚曰中芽，乃一芽帶一葉者，號一槍一旗。次曰紫芽，乃一芽帶兩葉者，號一槍二旗。其帶三葉、四葉者，不堪矣[14]。

凡採茶，以晨興不以日出。日出露晞，為陽所薄，則使茶之膏腴泣耗於內，茶至受水而不鮮明，故以早為最。若閩廣嶺南，多瘴癘之氣，必待日出，山霽霧散，嵐氣收淨，採之可也[15]。

凌露無雲，採候之上；霽日融和，採候之次；積雨重陰，不知其可。邢士襄《茶說》

斷茶以甲不以指，以甲，則速斷不柔；以指，則多濕易損。宋子安⑤《東溪試茶錄》

往時無秋日摘者，近乃有之，七八月重摘一番，謂之早春，其品甚佳，不嫌少薄。許次紓⑥《茶疏》

製法

茶新採時，膏液具足。初用武火急炒，以發其香，候鐺微炙手，置茶鐺中，札札有聲，急手炒勻。炒時須一人從旁扇之，以祛熱氣。凡炒只可一握，多取入鐺，則手力不勻。又以半熱為度，微候香發，即出之，箕上薄攤，用扇搧冷，以手揉挼，入文火鐺焙乾，扇冷，收藏，色如翡翠。鐺最宜炊飯，無取他用者。薪僅可樹枝，不用幹葉[16]。

火烈香清，鐺寒神倦，火猛生焦，柴疏失翠。久延則過熟犯黃，速起卻還生著黑。帶白點者無妨，絕焦點者最勝。張源《茶錄》

欲全香、味與色，妙在扇之與炒，此不易之準繩⑦。惟羅岕宜焙，雖古有此法，未可概施他茗。田子藝以茶生曬不炒、不揉者為佳，亦未之試耳。[17]

藏法

藏茶宜箬葉而畏香藥……或秋分後一焙。熊明遇《岕茶記》又法，以新瓶盛茶，不拘大小，燒稻草灰入於大桶，將茶瓶座桶中，以灰四面築實，用時撥灰取瓶，餘瓶再無蒸壞，次年換灰。[18]

藏茶莫美於沙瓶，若用饒器，恐易生潤。

凡貯茶之器，始終貯茶，不得移為他用。羅廩《茶解》

茶性淫，易於染著，無論腥穢及有氣息之物，不宜近。即名香亦不宜近。《茶解》

煮法

茶有三美：色欲其白，種愈佳則愈皙；香欲其烈，製愈工則愈歘[19]；味欲其雋，水愈高則愈發，而摠其成於煮。煮須活火，最忌煙薰，非炭不可。凡經燔炙，為膻膩所及，及膏水敗器，俱不用之。火績已成，水性乃定。始則魚目散佈，微微有聲，為一沸；中則四邊泉湧，纍纍連珠，為二沸；終則騰波鼓浪，水氣全消，為三沸。然後引瓶啟蓋，離火投茶。如水石相搏、暄豗震掉者，以所出水止之，而育其華也。少則如空潭度溜、竹篠鳴風者，葉以舒而湯猶旋也。又頃如澄潭之下，水波不驚，行藻交橫、色香味俱足，而茶成矣。若薪火方交，水釜纔熾，急取旋傾，水氣未盡，謂之嫩湯，品中謂之嬰湯。若人過百息，水踰十沸，或以話阻事廢，始取用之，湯已失性，謂之老湯，品中謂之百壽湯。老與嫩皆非也[20]。

茶少湯多，則雲腳散，湯少茶多，則乳面聚。蔡《錄》釃不宜早，早則茶神未發；飲不宜遲，遲則妙馥先消。張《錄》

投茶有序，無失其宜，先茶後湯，曰下投；湯半下茶，伏以湯滿，曰中投；先湯後茶，曰上投。春秋中投，夏上投，冬下投。《茶錄》⑧

凡酌茶置諸碗，令沫餑均。沫餑，湯之華也。華之薄者曰沫；厚者曰餑；輕細者曰花。《茶經》

凡烹茶，先以熱湯洗茶葉，去其塵垢冷氣，烹之則美。《茶譜》[21]

品水

雨者，陰陽之和，天地之施。水從雲下，輔時生養者也。秋水為上，梅水次之。秋水白而洌，梅水白而甘。甘則茶味稍奪，洌則茶味獨全，故秋水較勝春、冬二水。春勝於冬，皆以和風明雲，得天地之正施者為妙。惟夏月暴雨，或因風雷所致，實天之流怒也，食之令人霍亂。其龍行之水，暴而霪者，旱而凍者，腥而墨者，及簷溜者，皆不可食[22]。

山下出泉為蒙，稺也。物稺則天全，水稺則味全，故鴻漸曰“山水上”。其曰：乳泉，石池慢流者，蒙之謂也。一取清寒，泉不難於清而難於寒。石少土多，沙膩泥凝者，必不清寒。或瀨峻流駛而清，巖奧陰積而寒者，亦非佳品。一取香甘：味美者曰甘泉；氣芳者曰香泉。泉惟甘香，故能養人。然甘易而香難，未有香而不甘者也。一取石流：石，山骨也；流，水行也。《博物志》曰："石者，金之精甲。石流精，以生水"。又曰："山泉者，引地氣也。"泉非石出者，必不佳。一取山脈逶迤，山不停處，水必不停；若停，則無源者矣，旱必易涸。大率山頂泉，清而輕；山下泉，清而重；石中泉，清而甘；沙中泉，清而冽；土中泉，清而厚。有下生硫黃，發為溫泉者；有同出一壑，半溫半冷者，皆非食品。有流遠者，遠則味薄；取深潭停蓄，其味乃復。有不流者，食之有害。《博物志》曰："山居之民多癭腫，由於飲泉之不流者。"若泉上有惡木，則葉滋根潤，能損甘香，甚者能釀毒液，尤宜去之[23]。

江，公也，眾水共入其中也。水共則味雜，故曰"江水次之"。其取去人遠者，蓋去人遠，則澄深而無蕩漾之漓耳。田崇衡《煮泉小品》

谿水，春夏泛漫不宜用，秋最上，冬次之，必須汲貯俟其澄徹，可食。

井水，脈暗而性滯，味鹹而色濁，有妨茗氣，故鴻漸曰："井水下"。其曰："汲多者，可食"，蓋汲多，則氣通而流活耳。終非佳品。或平地偶穿一井，適通泉穴，味甘而澹，大旱不涸，與山泉無異，非可以井水例觀也。若海濱之井，必無佳泉；蓋潮汐近，地斥鹵故耳[24]。

貯水瓮，須置陰庭，覆以紗帛，使承星露，則英華不散，靈氣常存。假令壓以木石，封以紙箬，暴於日中，則外耗其神，內閉其氣，水神敝矣。張源《茶錄》⑨

劉伯芻品揚子江南零水第一……淮水最下。[25]

陸鴻漸品廬山康王谷水第一……雪水二十。[26]

擇器

烹煮之瓶宜小，入火水氣易盡，投茶香味不散。若瓶大，啜存停久味過，則不佳矣。茶瓶，金銀為上，瓷瓶次之。瓷不奪茶氣，幽人逸士，品色尤宜。近義興茶罐，制雅料佳，大為人所重。蓋是粗砂，正取砂無土氣耳。茶甌，亦取料精式雅、質厚，難冷、瑩白如玉者，可試茶色。越州為上；杜毓《荈賦》所謂"器擇陶揀，出自東甌"是也。蔡君謨取建盞，其色紺黑，似不宜用[27]。

金乃水母，錫備剛柔，味不鹹澀，作銚最良。製必穿心，令火氣易透。《茶疏》⑩

滌器

湯瓶茶甌，每日晨興，必須洗潔，以竹編架覆而庋之燥處，俟烹時取用。兩壺後，又用冷水蕩滌，使壺涼潔。飲畢，湯瓶盡去其餘瀝殘葉，以需次用。甌中殘瀋，必傾去之，以俟再斟。如或存之，奪香敗味[28]。

茶具滌畢，覆於竹架，俟其自乾為佳。其拭巾只宜拭外，切忌拭內。蓋布巾雖潔，一經人手，極易作氣。縱器不乾，亦無大害。聞龍《茶箋》

茶宜

茶候宜涼臺靜室，明窗曲几，僧寮道院，松風竹月，花時雪夜，晏坐行吟，清譚把卷。茶侶宜翰卿墨客，緇流羽士，逸老散人，或軒冕之徒；超軼世味，俱有雲霞泉石、磊塊胸次間者。飲茶宜客少為貴，客眾則喧，喧則雅趣乏矣。獨啜曰幽，二客曰勝，三四曰趣，五六曰汎，七八曰施[29]。

茶飲防濫，厥戒惟嚴，其或客乍傾蓋，朋偶消煩，賓待解酲，則玄賞之外，別有攸施矣。屠本畯《茗笈》

茶禁

茶有九難……非飲也。《茶經》[30]

茶有真香，有佳味，有正色，烹點之際，不宜以珍果香草雜之。《茶譜》[31]

夫茶中著料，碗中著果，譬如玉貌加脂，蛾眉著黛，翻累本色。《茶說》⑪

茶效

人飲真茶……然率用中下茶。《蘇文》[32]

茶具

審安老人載十二先生姓名字號……潔齋居士。[33]

顧元慶茶譜分封七具：[34]

苦節君煮茶竹爐也。用以煎茶，更有行省收藏。

建城以箬為籠，封茶以貯高閣。

雲屯瓷瓶，用以杓泉，以供煮水。

烏府以竹為籃，用以盛炭，為煎茶之資。

水曹即瓷缸瓦缶，用以貯泉，以供大鼎。

器局竹編為方箱，用以收茶具者⑫。

品司竹編圓撞提合，用以收貯各品茶葉，以待烹品者也。

又十六具：收貯於器局，以供役苦節君

商象古石鼎也，用以煎茶。

歸潔竹筅（掃）也，用以滌壺。

分盈杓也，用以量水斤兩。

遞火銅火斗也，用以搬火。

降紅銅火筯也，用以簇火。

執權準：茶秤也，每杓水二斤，用茶一兩。

團風素竹扇也，用以發火。

漉塵茶洗也，用以洗茶。

靜沸竹架，即《茶經》支腹也⑬。

注春瓷瓦壺也，用以注茶。

運鋒劖果刀也，用以切果。

甘鈍木碪墩也。

啜香瓷瓦甌也，用以啜茶。

撩雲竹茶匙也，用以取果。

納敬竹茶橐也，用以放盞。

受污拭抹布也，用以潔甌。

卷二

志林(凡八十則)

《神農食經》："茶茗久服，人有力、悦志⑭。"

周公《爾雅》："檟，苦荼。"《廣雅》云："荊巴間採葉作餅⑮，葉老者，餅成以米膏出之。欲煮茗飲，先炙令赤色⑯，搗末置瓷器中，以湯澆覆之，用蔥、薑、橘子芼之。其飲醒酒，令人不眠。"

《晏子春秋》："嬰相齊景公時，食脱粟之飯，炙三戈、五卵、茗菜而已。"

洞庭中西盡處，有仙人茶，乃樹上之苔蘚也，四皓採以為茶。

有客過茅君[35]，時當大暑。茅君於手巾內解茶，人與一葉，客食之，五內清涼。詰所從來？茅君曰：此蓬萊山穆陀樹葉，眾仙食之以當飲。

揚雄《方言》："蜀西南人謂茶曰蔎。"

華陀《食論》："苦茶久食，益意思。"

孫皓每饗宴，坐席無能否，每率以七升為限。雖不悉入口，皆澆灌取盡。韋曜飲酒不過二升，初見禮異時，常為裁減，或密賜茶茗以當酒。《吳志》

劉曄，字子儀。嘗與劉筠飲茶，問左右："湯滚也未？"眾曰："已滚。"筠曰："僉曰鯀哉。"曄應聲曰："吾與點也。"

晉武帝時，宣城人秦精，常入武昌山採茗。遇一毛人，長丈餘，引精至山下，示以叢茗而去。俄而復還，乃探懷中橘以遺精。精怖，負茗而歸。《續搜神記》

惠帝蒙塵還洛陽，黃門以瓦盆盛茶上至尊。《晉四王起事》

晉元帝時，有老姥每旦擎一器茗入市鬻之。市人競買，自旦至夕，其器不減。所得錢，散給路旁孤寡乞人。人或異之，州法曹縶之獄中。夜，執所鬻茗器，從獄牖中飛出。《廣陵耆老傳》

傅巽《七誨》：蒲桃、宛柰，齊柿、燕栗，峘陽黃梨，巫山朱橘，南中茶子，西極石密。

弘君舉《食檄》："寒溫既畢，應下霜華之茗。三爵而終，應下諸蔗、木瓜、元李、楊梅、五味、橄欖、懸豹、葵羹各一杯。"

郭璞《爾雅注》云：茶，樹小似梔子，冬生葉，可煮羹飲。今呼早取為茶，晚取為茗，或一曰荈，蜀人名之苦茶。

任瞻，字育長。少時有令名，自過江失志。既下飲，問人云："此為荈為茗？"覺人有怪色，乃自申明云："向問飲為熱為冷耳。"《世説》[36]

溫嶠表遣取供御之調，條列真上茶千片，茗三百大薄。《晉書》

桓溫為揚州牧，性儉。每讌飲，唯下七奠，拌茶果而已。《晉書》

桓宣武[37]有一督將，喜飲茶至一斛二斗。一日過量，吐如牛肺一物，以茗澆之，容一斛二斗。客云："此名斛二瘕。"《續搜神記》

陸納為吳興太守時，謝安欲詣納。納兄子俶，怪納無所備，不敢請，乃私為具。既至，納所設惟茶果而已，俶遂陳盛饌，珍羞畢具。安去，納杖俶四十。云："汝不能光益叔父，奈何穢吾素業。"《晉中興書》

夏侯愷因疾死，宗人字苟奴，察見鬼神，見愷來牧馬，並病其妻。著平上幘單衣入，坐生時西壁大牀，就人覓茶飲。《搜神記》

餘姚人虞洪，入山採茗。遇一道士，牽三青牛，引洪至瀑布山。曰："予丹丘子也，聞子善具飲，常思見惠。山中有大茗，可以相給，祈子他日有甌犧之餘，乞相遺也。"因立奠祀。後常令家人入山，獲大茗焉。《神異記》

剡縣陳務妻，少與二子寡居。好飲茶茗，以宅中有古塚，每飲，輒先祀之。二子患之，曰："古塚何知？徒以勞意。"欲掘去，母苦禁而止。其夜夢一人云："吾止此塚三百餘年，卿二子恆欲見毀，賴相保護，又享吾佳茗，雖潛壤朽骨，豈忘翳桑之報。"及曉，於庭中獲錢十萬，似久埋者，但貫新耳。母告二子，慚之。從是，禱饋愈甚。《異苑》

燉煌人單道開，不畏寒暑，常服小石子。所服藥有松、蜜、薑、松、桂、茯苓之氣⑰，所餘茶蘇而已。《藝術傳》

晉司徒長史王濛，好飲茶，客至輒飲之。士大夫甚以為苦，每欲候濛，必云：今日有水厄。《世說》

王肅初入魏，不食羊肉、酪漿，嘗飯鯽魚羹，渴飲茗汁。京師士子見肅一飯一斗，號為漏巵。後與孝文會，食羊肉酪粥。文帝怪問之，對曰："羊是陸產之最，魚是水族之長，所好不同，並各稱珍。羊比齊魯大邦，魚比邾莒小國，惟茗不中與酪作奴。"彭城王勰顧謂曰：明日為卿設邾莒之會，亦有酪奴。《後魏錄》

劉縞慕王肅之風，專習茗飲。彭城王謂縞曰："卿不慕王侯八珍，好蒼頭水厄。海上有逐臭之夫，里內有學顰之婦，卿即是也。"《伽藍記》[38]

宋新安王子鸞，豫章王子尚，詣曇濟道人於八公山。道人設茗，子尚味之曰："此甘露也，何言茶茗。"《宋錄》

蕭衍子西豐侯蕭正德，歸降時，元義欲為設茗。先問："卿於水厄多少？"正德不曉義意，答曰："下官生於水鄉，立身以來，未遭陽侯之難。"坐客大笑。《伽藍記》

陶弘景《雜錄》：苦茶輕身換骨，昔丹丘子黃山君嘗服之。

山謙之《吳興記》：烏程縣西二十里有溫山，出御荈。

隋文帝微時，夢神人易其腦骨。自爾腦痛。忽遇一僧云："山中有茗草，服之當愈。"

肅宗嘗賜張志和奴、婢各一人，志和配為夫婦，名曰漁童、樵青。人問其故，答曰："漁童使捧釣收綸，蘆中鼓枻；樵青使蘇蘭薪桂，竹裏煎茶。"

竟陵龍蓋寺僧於水濱得嬰兒，育為弟子。稍長，自筮，遇蹇之漸。繇曰："鴻漸於陸，其羽可用為儀。"乃姓陸氏，字鴻漸，名羽。博學多能，性嗜茶，著《茶經》三篇，言茶之源、之法。造茶具二十四事，以都統籠貯之。遠近傾慕，好事者家藏一副，至今鬻茶之家，陶其像，置於煬器之間，祀為茶神。《因話錄》

有積禪師者，嗜茶久，非羽供事不鄉口。會羽出遊江湖四五載，師絕於茶味。代宗召入內供奉，命宮人善茶者烹以餉師。師一啜而罷。上疑其詐，私訪羽召入。翌日，賜師齋，俾羽煎茗。師捧甌，喜動顏色，且啜且賞曰："此茶有若漸兒所為也。"帝由是歎師知茶，出羽見之。《紀異錄》

御史大夫李栖筠按義興，山僧有獻佳茗者。會客嘗之。陸羽以為芬香甘辣，冠於他境，可薦於上。栖筠從之。[39]

李季卿宣慰江南，至臨淮，知常伯熊善茶，乃詣伯熊。伯熊著黃帔衫、烏紗幘，手執茶器，口通茶名，區分指點，左右刮目。茶熟，李為啜兩杯。《語林》

錢起，字文仲，與趙莒茶宴。又嘗過長孫宅，與郎上人作茶會。

李約[40]，雅度簡遠，有山林之致，一生不近粉黛，性嗜茶。謂人曰："茶須緩火炙，活火煎。"客至，不限碗數，竟日執持茶具不倦。曾奉使至陝州硤石縣東，愛渠水清流，旬日忘發。《因話錄》

陸宣公贄，張鎰餉錢百萬，止受茶一串。曰："敢不承公之賜。"[41]

金鑾故例，翰林當直學士，春晚困，則日賜成象殿茶果。《金鑾密記》[42]

元和時，館閣湯飲待學士者，煎麒麟草。《鳳翔退耕傳》

韓晉公滉，聞奉天之難，以夾練囊緘茶末，遣使健步以進。《國史補》

同昌公主，上每賜饌。其茶有"綠葉紫莖"之號。《杜陽雜編》

吳僧梵川，誓願然頂，供養雙林傅大士。自往蒙山頂結菴種茶，凡三年，味方全美，得絕佳者，名為聖揚花、吉祥蕊，共不踰五斤，持歸供獻。

白樂天方齋，劉禹錫正病酒，乃饋菊苗虀、蘆菔鮓，換取樂天六班茶二囊以醒酒[43]。

有人授舒州牧，以茶數十斤獻李德裕，李悉不受。開年罷郡，用意精求天柱峯數角投李；李閔而受之。曰："此茶可以消酒肉"，因命烹一甌沃於肉食內，以銀合閉之。詰旦視其肉，已化為水矣。眾服其廣識。《中朝故事》

太和七年正月，吳蜀貢新茶，皆於冬中作法為之上。務恭儉，不欲逆其物性，詔所貢新茶，宜於立春後作。《唐史》

湖州長洲縣啄木嶺金沙泉，每歲造茶之所也。湖、常二縣⑱，接界於此。厥土有境會亭，每茶時，二牧畢至。斯泉也，處沙之中，居常無水。將造茶，太守具儀注，拜敕祭泉，頃之發源，其夕清溢。供御者畢，水即微減；供堂者畢，水已半之；太守造畢，水即涸矣。太守或還旆稽留，則示風雷之變，或見鷙獸毒蛇木魅之類。商旅即以顧渚造之，無沾金沙者。《茶譜》

會昌初，監察御史鄭路[44]，有兵察廳事茶。茶必市蜀之佳者，貯於陶器，以防暑濕。御史躬親監啟，謂之御史茶瓶。[45]

大中三年，東都進一僧，年一百三十歲。宣宗問服何藥致然？對曰："臣少也賤，不知藥，性本好茶，至處惟茶是求，或飲百碗不厭⑲。"因賜五十斤，令居保壽寺。《南部新書》

柳惲墳在吳興白蘋洲，有胡生以釘鉸為業，所居與墳近，每飲必奠以茶。忽夢惲告之曰："吾姓柳，生平善為詩而嗜茗，感子茶茗之惠，無以為報，願教子為詩。"胡生辭以不能。柳強之曰："但率子意言之，當有致矣。"生後遂工詩焉。《南部新書》

陸龜蒙嗜茶，置園顧渚山中，歲取租茶，自判品第；書繼《茶經》、《茶訣》之後[46]。

皮光業，最耽茗飲，一日中表請嘗新柑，筵具甚豐，簪紱叢集。纔至，未顧尊罍而呼茶甚急。徑進一巨觥，題詩曰："未見甘心氏，先迎苦口師。"眾噱曰："此師固清高，而難以療饑也。"

趙州禪師問新到："曾到此間麼？"曰："曾到。"師曰："喫茶去。"又問僧，僧曰："不曾到。"師曰："喫茶去。"後院主問曰："為甚麼曾到也云喫茶去，不曾到也云喫茶去。"師召院主，主應諾。師曰："喫茶去。"

蜀雅州蒙山中頂，有茶園。一僧病冷且久，嘗遇老父詢其病，僧具告之。父曰："何不飲茶。"僧曰："本以茶冷，豈能止此？"父曰："仙家有雷鳴茶，亦聞乎？蒙之中頂，以春分先後，俟雷發聲，多構人力採摘，三日乃止。若獲一兩，以本處水煎服，能袪宿疾；二兩眼前無疾；三兩換骨；四兩成地仙。"僧因之中頂築室以俟。及期，獲一兩，服未竟而病瘥。至八十餘時到城市，貌若年三十餘，眉髮紺綠。後入青城山，不知所終。《茶譜》⑳

義興南嶽寺，有真珠泉。稠錫禪師嘗飲之，清甘可口。曰："得此泉，烹桐廬茶，不亦稱乎？"未幾，有白蛇啣茶子墮寺前，由此滋蔓，茶倍佳。《義典舊志》

唐黨魯使西番，烹茶帳中。魯曰："滌煩療渴，所謂茶也。"番人曰："我亦有之，"乃出數品，曰："此壽春者，此顧渚者，此蘄門者。"《唐書》[47]

覺林院僧志崇，收茶為三等：待客以驚雷莢，自奉以萱草帶㉑，供佛以紫茸香，蓋最工以供佛，而最下以自奉也。客赴茶者，皆以油囊盛餘瀝而歸㉒。

僧文了善烹茶，遊荊南，高保勉子季興[48]，延置紫雲菴，日試其藝，呼為湯神㉓。奏授華亭水大師。目曰乳妖。

饌茶而幻出物象於湯面者，茶匠通神之藝也。沙門福全，長於茶法，能注湯幻茶成將詩一句㉔，並點四甌，共一絕句，泛乎湯表。檀越日造其門，求觀湯戲，全自詠詩曰："生成盞裏水丹青，巧畫工夫學不成，卻笑當年陸鴻漸，煎茶贏得好名聲。"[49]

岳陽灉湖舊出茶，李肇所謂灉湖之含膏也。今惟白鶴僧園有千餘本，一歲不過一二十兩；土人謂之白鶴茶，味極甘香。《岳陽風土記》

西域僧金地藏所植，名金地茶，出煙霞雲霧之中，與地上產者，其味夐絕。《九華山志》

五代時魯公和凝在朝，率同列遞日以茶相飲，味劣者有罰，號為湯社。

陶穀買得黨太尉故妓，命取雪水烹團茶，謂妓曰："黨家應不識此。"妓曰："彼粗人安得有此？但能銷金帳中淺斟低唱，飲羊羔美酒耳。"陶愧其言。《類苑》

開寶初，竇儀以新茶餉客，奩面標曰："龍陂山子茶。"[50]

建安能仁院，有茶生石縫間，僧採造得八餅，號石巖白，以四餅遺蔡襄，以四餅遺王內翰禹玉。歲餘，襄被召還闕，過禹玉。禹玉命子弟於茶笥中選精品碾餉蔡。蔡捧茶未嚐，即曰："此極似能仁石巖白，公何以得之？"禹玉未信，索帖驗之，果然[51]。

盧廷璧見僧詎可庭茶具十事，具衣冠拜之。

蘇廙作《仙芽傳》，載作湯十六法：以老嫩言者，凡三品；以緩急言者，凡三品；以器標者，共五品；以薪論者，共五品。陶穀謂：湯者，茶之司命。此言最得三昧。[52]

宣城何子華[53]，邀客於剖金堂，酒半，出嘉陽嚴峻畫陸羽像。子華因言："前代惑駿逸者為馬癖；泥貫索者為錢癖；愛子者有譽兒癖；耽書者有《左傳》癖。若此叟溺於茗事，何以名其癖？"楊粹仲曰："茶雖珍，未離草也，宜追目陸氏為甘草癖。"一坐稱佳。[54]

宋大小龍團，始於丁晉公，成於蔡君謨。歐陽公聞而歎曰："君謨士人也，何至作此事。"《苕溪詩話》

熙寧中，賈青[55]為福建轉運使，取小龍團之精者為密雲龍。自玉食外，戚里貴近丐賜尤繁。宣仁一日慨歎曰："建州今後不得造密雲龍，受他人煎炒不得也。"此語頗傳播縉紳間。

蘇才翁嘗與蔡君謨鬥茶，蔡茶用惠山泉，蘇茶少劣，改用竹瀝水煎，遂能取勝。《江鄰幾雜志》[56]

杭州營籍周韶[57]，常蓄奇茗與君謨鬥勝，題品風味君謨屈焉[58]。

蔡君謨老病不能啜，但烹而玩之。

黃實為發運使[59]，大暑泊清淮樓，見米元章[60]衣犢鼻自滌、研於淮口，索篋中無所有，獨得小龍團二餅，亟遣人送入。

司馬溫公偕范蜀公遊嵩山，各攜茶往。溫公以紙為貼，蜀公盛以小黑合。溫公見之，驚曰："景仁乃有茶器？"蜀公聞其言，遂留合與寺僧[61]。

蘇長公愛玉女河水烹茶，破竹為券，使寺僧藏其一，以為往來之信，謂之調水符[62]。

廖明略[63]晚登蘇門，子瞻大奇之。時黃、秦、晁、張[64]，號蘇門四學士，子瞻待之厚；每來，必令朝雲取密雲龍。一日又命取，家人謂是四學士。窺之，乃明略也。

李易安[65]，趙明誠妻也。與趙每飯罷，坐歸來堂烹茶，指堆積書史，言某事在某書卷第幾葉第幾行，以中否勝負，飲茶先後。中則舉杯大笑，或至茶覆懷中不得飲而起[66]。

王休居太白山下，每至冬時，取溪冰，敲其晶瑩者，煮建茗待客。

卷三

文苑

賦

荈賦　杜育[67]

靈山惟嶽，奇產所鍾。厥生荈草，彌谷被岡。承豐壤之滋潤，受甘靈之霄降。月維初秋，農功少休。結偶同旅，是採是求。水則岷方之注，挹彼清流。器擇陶揀，出自東甌。酌之以匏，取式公劉。惟茲初成，沫沈華浮。煥如積雪，燁若春藪。

此賦載《藝文類聚》，僅作如是觀。存他書者，有調神和內，倦懈康除二句，惜不獲覩其全篇。然斷珪殘壁，猶堪賞玩；惟鮑令暉《香茗賦》㉕，有遺珠之恨云。

茶賦　顧況[68]

稽天地之不平兮，蘭何為乎早秀，菊何為乎遲榮？皇天既孕此靈物兮，厚地復糅之而萌。惜下國之偏多，嗟上林之不至。如羅玳筵㉖，展瑤席，凝藻思，開靈液，賜名臣，留上客，谷鶯囀，宮女嚬，汎濃華，漱芳津，出恆品，先眾珍。君門九重，聖壽萬春，此茶上達於天子也。滋飯蔬之精素，攻肉食之膻膩，發當暑之清吟，滌通宵之昏寐。杏樹桃花之深洞，竹林草堂之古寺。乘槎海上來，飛錫雲中至，此茶下被於幽人也。《雅》曰："不知我者，謂我何求。"可憐翠澗陰，中有泉流；舒鐵如金之鼎，越泥如玉之甌。輕煙細珠，靄然浮爽氣。淡煙風雨，秋夢裏還錢。懷中贈橘，雖神秘而焉求。

茶賦　吳淑[69]　(夫其滌煩療渴)

南有嘉茗賦　梅堯臣

南有山原兮不鑿不營，乃產嘉茗兮囂此眾氓。土膏脈動兮雷始發聲，萬木之氣未通兮，此已吐乎纖萌。一之曰雀舌露，掇而製之，以奉乎王庭；二之曰鳥喙長，擷而焙之以備乎公卿；三之曰槍旗聳，搴而炕之，將求乎利贏；四之曰嫩莖茂，團而範之，來充乎賦征。當此時也，女廢蠶織，男廢農耕，夜不得息，晝不得停。取之由一葉而至一掬，輸之若百谷之赴巨溟。華夷蠻貊，固日飲而無厭；富貴貧賤，匪時啜而不寧。所以小民冒險而競鬻，孰謂峻法之與嚴刑？嗚呼！古者聖人為之絲枲絺綌，而民始衣；播之禾麰菽粟，而民不饑；畜之牛羊犬豕，而甘脆不遺；調之辛酸鹹苦，而五味適宜；造之酒醴而宴饗之，樹之果蔬而薦羞之，於茲可謂備矣。何彼茗無一勝焉，而競進於今之時，抑非近世之人體惰不勤，飽食粱肉，坐以生疾，藉以靈荈而消腑胃之宿陳？若然，則斯茗也，不得不謂之無益於爾身，無功於爾民也哉！

煎茶賦　黃庭堅　(洶洶乎如澗松之發清吹)

五言古詩

嬌女詩　左思　(吾家有嬌女)

登成都樓詩　張載

借問楊子舍，想見長卿廬。程卓累千金，驕侈擬五侯。門有連騎客，翠帶腰吳鈎。鼎食隨時進，百味和且殊。披林摘秋橘，臨江釣春魚。黑子過龍醢，果饌踰蟹蝑。芳茶冠六情，溢味播九區。人生苟安樂，茲土聊可娛。

雜詩　王微[70]

寂寂掩空閣，廖廖空廣廈。待君竟不歸，收領今就櫝。

答族侄贈玉泉仙人掌茶　李白

常聞玉泉山，山洞多乳窟。仙鼠如白鴉，倒懸深谿月。茗生此中石，玉泉流不歇。根柯灑芳津，採服潤肌骨。叢老卷綠葉，枝枝相接連。曝成仙人掌，似拍洪崖肩。舉世未見之，其名定誰傳。宗英乃禪伯，投贈有佳篇。清鏡燭無鹽，顧慚西子妍。朝坐有餘興，長吟播諸天。

洛陽尉劉晏與府掾諸公茶集天宮寺岸道上人房　王昌齡[71]

良友呼我宿，月明懸天宮。道安風塵外，灑掃青林中。削去府縣理，豁然神機空。自從三湘還，始得今夕同。舊居太行北，遠宦滄溟東。各有四方事，白雲處處通。

六羨歌　陸羽　(不羨黃金罍)

喫茗粥作　儲光羲

當晝暑氣盛，鳥雀靜不飛。念君高梧陰，復解山中衣。數片遠雲度，曾不蔽炎暉。淹留膳茶粥，共我飯蕨薇。敝廬既不遠，日暮徐徐歸。

茶山　袁高

禹貢通遠俗，所圖在安人。後王失其本，職吏不敢陳。亦有奸佞者，因茲欲求伸。動生千金費，日使萬姓貧。我來顧渚源，得與茶事親。氓輟農桑業，採採實苦辛。一夫但當役，盡室皆同臻。捫葛上欹壁，蓬頭入荒榛。終朝不盈掬，手足皆鱗皴。悲嗟遍空山，草木為不春。陰嶺芽未吐，使者牒已頻。心爭造化力，先走銀臺均。選納無晝夜，搗聲昏繼晨。眾工何枯槁，俯視彌傷神。皇帝尚巡狩，東郊路多堙。周迴繞天涯，所獻愈艱勤。未知供御餘㉗，誰合分此珍㉘。

澄秀上座院　韋應物

繚繞西南隅，鳥聲轉幽靜。秀公今不在，獨禮高僧影。林下器未收，何人適煮茗。

酬巽上人竹間新茶詩　柳宗元

芳叢翳湘竹，零露凝清華。復此雪山客，晨朝掇靈芽。蒸煙俯石瀨，咫尺凌丹崖。圓芳麗奇色，圭璧無纖瑕。呼童爨金鼎，餘馥延幽遐。滌慮發真照，還源蕩昏邪。猶同甘露飲，佛事薰毗耶。咄此蓬瀛客，無為貴流霞。㉙

與孟郊洛北野泉上煎茶　劉言史[72]

粉細越筍芽，野煎寒溪濱。恐乖靈草性，觸事皆手親。敲石取鮮火，撇泉避腥鱗。熒熒爨風鐺，拾得墮巢薪。潔色既爽別，浮氣亦殷勤。以茲委曲靜，求得正味真。宛如摘山時，自啜指下春。湘瓷泛輕花，滌盡昏渴神。此遊愜醒趣，可以話高人。

北苑　蔡襄

蒼山走千里，斗落分兩臂。靈泉出池清，嘉卉得天味。入門脱世氛，官曹真傲吏。

茶壠　(造化曾無私)

採茶　(春衫逐紅旗)

造茶　(磨玉寸陰間)

試茶　(兔毫紫甌新)

種茶　蘇軾

松間旅生茶，已與松俱瘦。茨棘尚未容，蒙翳爭交構。天公所遺棄，百歲仍穉幼。紫筍雖不長，孤根乃獨壽。移栽白鶴嶺，土軟春雨後。彌旬得連陰，似許晚遂茂。能忘流轉苦，戢戢出鳥咮。未任供春磨㉚，且可資摘嗅。千團輸大官㉛，百餅衒私鬥。何如此一啜，有味出吾囿。

問大冶長老乞桃花茶栽東坡

周詩記苦茶，茗飲出近世。初緣厭粱肉，假此雪昏滯。嗟我五畝園，桑麥苦蒙翳。不令寸地閒，更乞茶子蓺。饑寒未知免，已作太飽計。庶將通有無，農末不相戾。春來凍地裂，紫筍森已銳。牛羊煩訶叱，筐筥未敢睨。江南老道人，齒髮日夜逝。他年雪堂品，尚記桃花裔。

寄周安孺茶

大哉天宇內，植物知幾族。靈品獨標奇，迥超凡草木。名從姬旦始，漸播桐君錄。賦詠誰最先，厥傳惟杜育。唐人未知好，論著始於陸。常李亦清流[73]，當年慕高躅。遂使天下士，嗜此偶於俗。豈但中土珍，兼之異邦鬻。鹿門有佳士，博覽無不矚。邂逅天隨翁[74]，篇章互賡續。開園顧山下，屏跡松江曲。有興即揮毫，燦然存簡牘。伊予素寡愛，嗜好本不篤。粵自少年時，低回客京轂。雖非曳裾者，庇蔭或華屋。頗見綺紈中，齒牙厭粱肉。小龍得屢試，糞土視珠玉。團鳳與葵花，碔砆雜魚目。貴人自矜惜，捧玩且緘櫝。未數日注卑，定知雙井辱。於茲自研討，至味識五六。自爾入江湖，尋僧訪幽獨。高人固多暇，探究亦頗熟。聞道早春時，攜籯赴初旭。驚雷未破蕾，採採不盈掬。旋洗玉泉蒸，芳馨豈停宿。須臾布輕縷，火候謹盈縮。不憚頃間勞，經時廢藏蓄。髹筒淨無染，箬籠勻且複。苦畏梅潤侵，暖須人氣燠。有如剛耿性，不受纖芥觸。又若廉夫心，難將微穢瀆。晴天敞虛府，石碾破輕綠。永日遇閒賓，乳泉發新馥。香濃奪蘭露，色嫩欺秋菊。閩俗競傳誇，豐腴面如粥。自云葉家白，頗勝中山醁。好是一杯深，午窗春睡足。清風擊兩腋，去欲淩鴻鵠。嗟我樂何深，水經亦屢讀。子詫中泠泉，次乃康王谷。嫲培頃曾嘗，瓶罌走僮僕。如今老且懶，細事百不欲。美惡兩俱忘，誰能強追逐。薑鹽拌白土，稍稍從吾蜀。尚欲外形體，安能徇心腹。由來薄滋味，日飯止脫粟。外慕既已矣，胡為此羈束。昨日散幽步，偶上天峯麓。山圃正春風，蒙茸萬旗簇。呼兒為佳客，採製聊亦復。地僻誰我從，包藏置廚簏。何嘗較優劣，但喜破睡速。況此夏日長，人間正炎毒。

求惠山泉[75]

故人憐我病，箬籠寄新馥。欠伸北窗下，晝睡美方熟。精品厭凡泉，願子致一斛。

和尚和卿嘗茶　陳淵[76]

俗子醉紅裙，羶葷敗人意。花瓷烹月團，此樂天不畀。諸公各英姿，淡薄得真味。聊為下季隱，不替江湖思。輕雲落杯醆，飛雪灑腸胃。笑談出冰玉，毫末視鼎貴。我作月旦評，全勝家置喙。傳聞茶後詩，便得古人配。誰能三百餅，一洗玉川睡。御風歸蓬萊，高論驚兒輩。

茗飲　謝邁[77]

汲澗供煮茗，浣我雞黍腸。蕭然綠陰下，復此甘露嘗。慨彼俗中士，噂沓聲利場。高情屬吾黨，茗飲安可忘。

春夜汲同樂泉烹黃蘗新茶　謝邁㉜

尋山擬三餐，放箸欣一飽。汲泉泣銅瓶，落磑碎鷹爪。長為山中遊，頗與世路拗。矧此好古胸，茗碗得搜攪。風生覺泠泠，祛滯亦稍稍㉝。夜深可無睡，澄潭數參昴。

卷四

文苑

七言古詩

飲茶歌誚崔石使君㉞　**僧皎然**

越人遺我剡溪茗，採得金芽爨金鼎。素瓷雪色飄沫香，何似諸仙瓊蕊漿。一飲滌昏寐，情思爽朗滿天地。再飲清我神，忽如飛雨灑輕塵。三飲便得道，何須苦心破煩惱。此物清高世莫知，世人飲酒徒自欺。好看畢卓瓮間夜，笑向陶潛籬下時。崔侯啜之意不已，狂歌一曲驚人耳。孰知茶道全爾真㉟，惟有丹丘得如此。

飲茶歌送鄭容㊱

丹丘羽人輕玉食，採茶飲之生羽翼。名藏仙府世莫知，骨化雲宮人不識。雪山童子調金鐺，楚人《茶經》虛得名。霜天半夜芳草折，爛熳緗花啜又生。常說此茶祛我疾，使人胸中蕩憂慄。日上香爐情未畢，亂踏虎溪雲，高歌送君出。

西山蘭若試茶歌　劉禹錫　(山僧後簷茶數叢)

謝孟諫議寄新茶歌　盧仝　(日高丈五睡正濃)

謝僧寄茶　李咸用[78]

空門少年初行堅，摘芳為藥除睡眠。匡山茗樹朝陽偏，暖萌如爪拏飛鳶。枝枝膏露凝滴圓，參差失向兜羅綿。傾筐短甑蒸新鮮，白紵眼細勻於研。磚排古砌春苔乾，殷勤寄我清明前。金槽無聲飛碧煙，赤獸呵冰急鐵喧。林風夕和真珠泉，半匙青粉攪潺湲。綠雲輕綰湘娥鬟，嘗來縱使重支枕，蝴蝶寂寥空掩關。

採茶歌　秦韜玉[79]

天柱香芽露香發，爛研瑟瑟穿荻篾。太守憐才寄野人，山童碾破團圓月。倚雲便酌泉聲煮，獸炭潛然蚌珠吐。看著晴天早日明，鼎中颯颯篩風雨。老翠香塵下纔熟，攪時繞箸天雲綠[37]。躭書病酒兩多情，坐對閩甌睡先足。洗我胸中幽思清，鬼神應愁歌欲成。

美人嘗茶行　崔珏[80]

雲鬟枕落困泥春，玉郎為碾瑟瑟塵。閒教鸚鵡啄窗響[38]，和嬌扶起濃睡人。銀瓶貯泉水一掬，松雨聲來乳花熟。朱唇啜破綠雲時，咽入香喉爽紅玉。明眸漸開橫秋水，手撥絲篁醉心起。移時卻坐推金箏[39]，不語思量夢中事。

西嶺道士茶歌　溫庭筠[81]

乳泉濺濺通石脈，綠塵秋草春江色。澗花入井水味香，山月當人松影直。仙翁白扇霜鳥翎[40]，拂壇夜讀黃庭經。疏香皓齒有餘味，更覺鶴心通杳冥。

和章岷從事鬥茶歌　范仲淹　(年年春自東南來)

古靈山試茶歌　陳襄[82]

乳源淺淺交寒石，松花墮粉愁無色。明星玉女跨神雲，鬥剪輕羅縷殘碧。我聞巒山二月春方歸，苦霧迷天新雪飛。仙鼠潭邊蘭草齊，露牙吸盡香龍脂。轆轤繩細井花暖，香塵散碧琉璃碗。玉川冰骨照人寒，瑟瑟祥風滿眼前。紫屏冷落沉水煙，山月當軒金鴨眠。麻姑癡煮丹巒泉，不識人間有地仙。

送茶與許道人　歐陽修

潁陽道士青霞客，來似浮雲去無跡。夜朝北斗太清壇，不道姓名人不識。我有龍團古蒼璧，九龍泉深一百尺。憑君汲井試烹之，不是人間香味色。

嘗新茶歌呈聖俞

建安三千五百里[41]，京師三月嘗新茶。人情好先務取勝，百物貴早相矜誇。年窮臘盡春欲動，蟄雷未起驚龍蛇。夜聞擊鼓滿山谷，千人助叫聲喊呀。萬木寒癡睡不醒，惟有此樹先萌芽。乃知此為最靈物，宜其獨得天地之英華。終朝採摘不盈掬，通犀銙小圓復窊。鄙哉穀雨槍與旗，多不足貴如刈麻。建安太守急寄我，香篛包裹封題斜。泉甘器潔天色好[42]，坐中揀擇客亦嘉。新香潤色如始造，不似來遠從天涯。停匙側盞試水路，拭目向空看乳花。可笑俗夫把金錠，猛火炙背如蝦蟆。由來真物有真賞，坐逢詩老頻咨嗟。須臾共起索酒飲，何異奏樂終淫哇。

龍鳳茶寄照覺禪師　黃裳[83]

有物吞食月輪盡，鳳翥龍驤紫光隱。雨前已見纖雲從，雪意猶在渾淪中。忽帶天香墮吾篋，自有同幹欣相逢。寄向仙廬引飛瀑，一簇蠅聲急須腹。禪翁初起宴坐間，接見陶公方解顏。頤指長鬚運金碾，未白眉毛且須轉，為我對啜延高談。亦使色味超塵凡[43]，破悶通靈此何取，兩腋風生豈須御。昔云木馬能嘶風，今看茶龍堪行雨[44]。

和蔣夔寄茶　蘇軾

我生百事常隨緣，四方水陸無不便。扁舟渡江適吳越，三年飲食窮芳鮮。金虀玉鱠飯炊雪，海螯江柱初脫泉。臨風飽食甘寢罷，一甌花乳浮輕圓。自從捨舟入東武，沃野便到桑麻川。翦毛胡羊大如馬，誰記鹿角腥盤筵。廚中蒸粟堆飯瓮[45]，太杓更取酸生涎。拓羅銅碾棄不用，脂麻白土須盆研。故人猶作舊眼看，謂我好尚如當年。沙溪北苑強分別，水腳一線爭誰先。清詩兩幅寄千里，紫金百餅費萬錢。吟哦烹嘗兩奇絕，只恐偷乞煩封纏。老妻稚子不知愛，一半已入薑鹽煎。人生所遇無不可，南北嗜好知誰賢。死生禍福久不擇，更論甘苦爭蚩妍。知君窮旅不自釋，因詩寄謝聊相鐫。

黃魯直以詩饋雙井茶次韻為謝[84]

江夏無雙種奇茗，汝陰六一誇新書。磨成不敢付僮僕，自看雪湯生珠璣。例仙之儒瘠不腴，只有病渴同相如。明年我欲東南去，畫舫何妨宿太湖[46]。

答錢顗茶詩[85]

我官於南今幾時，嘗盡溪茶與山茗。胸中似記古人面，口不能言心自省。雪花雨腳何足道[47]，啜過始知真味永。縱復苦硬終可錄，汲黯少戇寬饒猛。草茶無賴空有名，高者妖邪次顛獷。體輕雖復強浮沉[48]，性滯偏工嘔酸冷。其間絕品豈不佳，張禹縱賢非骨鯁。葵花玉銙不易致，道路幽險隔雲嶺。誰知使者來自西，開緘磊落收百餅。嗅香嚼味本非別，透紙自覺光炯炯[49]。粃糠團鳳及小龍，奴隸日注臣雙井。收藏愛惜待佳客，不敢包裹鑽權倖。此詩有味君勿傳，空使其人怒生瘿。

試院煎茶　(蟹眼已過魚眼生)

和子瞻煎茶　蘇轍

年來病懶百不堪[50]，未廢飲食求芳甘。煎茶舊法出西蜀，水聲火候猶能諳。相傳煎茶只煎水，茶性仍存偏有味。君不見，閩中茶品天下高，傾身事茶不知勞。又不見，北方俚人茗飲無不有，鹽酪椒薑誇滿口。我今倦遊思故鄉，不學南方與北方。銅鐺得火蚯蚓叫，匙腳旋轉秋螢光。何時茅簷歸去炙背讀文字，遣兒折取枯竹女煎湯。

龍涎半挺贈無咎　黃庭堅

我持玄圭與蒼璧，以暗投人渠不識。城南窮巷有佳人，不索賓郎常晏食。赤銅茗碗雨斑斑，銀粟翻花解破顏。上有龍文下棋局，探囊贈君諾已宿。此物已是元豐春，先皇聖功調玉燭。晁子胸中開典禮[51]，平生自期莘與渭。故用澆君磊磈胸，莫令鬢毛雪相似。曲几蒲團聽煮湯，煎成車聲繞羊腸。雞蘇胡麻留渴羌，不應亂我官焙香。肥如瓠壺鼻雷吼[52]，幸君飲此莫飲酒。

雙井茶寄東坡 （人間風日不到處）

詠茶[86]

春深養芽鍼鋒芒，沆瀣養膏冰雪香。玉斧運風寶月滿，密雲候再蒼龍翔。惠山寒泉第二品，武定烏瓷紅錦囊。浮花元屬三昧手，竹齋自試魚眼湯。

乞錢穆父[87]新賜龍團 張耒[88]

閩侯貢璧琢蒼玉，中有掉尾寒潭龍。驚雷作春山不覺，走馬獻入明光宮。瑤池侍臣最先賜，惠山乳香新破封。可得作詩酬孟簡，不須載酒過揚雄。

謝道原[89]惠茗 鄧肅[90]

太丘官清百物無，青衫半作蕉葉枯。尚念故人家四壁，郝原春雪隨雙魚。榴火雨餘烘滿院，宿酒攻人劇刀箭。李白起觀仙人掌，盧仝欣覩諫議面。瓶笙已作魚眼從，楊花傍碾輕隨風。擊拂共看三昧手，白雲洞中騰玉龍。堆胸磊塊一澆散㊿，乘風便欲款天漢。卻憐世士不偕來，為借千將誅趙贊。

謝木舍人韞之送講筵茶 楊萬里

吳綾縫囊染菊水，蠻砂塗印題進字。淳熙錫貢新水芽，天珍誤落黃茅地。故人鸞渚紫薇郎，金華講徹花草香。宣賜龍焙第一綱，殿上走趨明月璫。御前啜罷三危露，滿袖香煙懷璧去。歸來拈出兩蜿蜒，雷霆晦冥驚破樹。北苑龍芽內樣新，銅圍銀範鑄瓊塵。九天寶月霏五雲，玉龍雙舞黃金鱗。老夫平生愛煮茗，十年燒穿新腳鼎。下山汲泉得甘冷，上山摘芽得苦梗。何曾夢到龍游窠，何曾夢喫龍芽茶。故人分送玉川子，春風來自玉皇家。鍜圭炙璧調冰水，烹龍炮鳳搜肝髓。石花紫筍可衙官，赤印白泥走牛耳。故人氣味茶樣清㊾，故人風骨茶樣明。開緘不但似見面，叩之咳唾金玉聲。麴生勸人墜巾幘㊿，睡魔遣我拋書冊。老夫七碗病未能，一啜猶堪坐秋夕。

茶歌 白玉蟾[91]

柳眼偷看梅花飛，百花頭上春風吹。壑源春到不知時，霹靂一聲驚曉枝。枝頭未敢展槍旗，吐玉綴金先獻奇。雀舌含春不解語，只有曉露晨煙知。帶露和煙摘歸去，蒸來細搗幾千杵。捏作月團三百片，火候調勻文與武。碾邊飛絮捲玉塵，磨下細珠散金縷。首山紅銅鑄小鐺，活火新泉自烹煮。蟹眼已沒魚眼浮，颼颼松聲送風雨。定州紅石琢花瓷，瑞雪滿甌浮白乳。綠雲入口生香風，滿口蘭芷香無窮。兩腋颼颼毛竅通，洗盡枯腸萬事空。君不見，孟諫議送茶驚起盧仝睡，又不見，白居易餽茶喚醒禹錫醉。陸羽作《茶經》，曹暉作《茶銘》。文正范公對客笑，紗帽籠頭煎石銚。素虛見雨如丹砂，點作滿盞菖蒲花。東坡深得煎水法，酒闌往往覓一呷。趙州夢裏見南泉，愛結焚香瀹茶緣。吾儕烹茶有滋味，華池神水先調試。丹田一畝自栽培，金翁姹女採歸來。天爐地鼎依時節，煉作黃芽烹白雪。味如甘露勝醍醐，服之頓覺沉疴甦。身輕便欲登天衢⑯，不知天上有茶無。

夏日陪楊邦基[92]彭思禹訪德莊烹茶分韻得嘉字　釋德洪[93]

炎炎三伏過中伏，秋光先到幽人家。閉門積雨蘚封徑，寒塘白藕晴開花。吾儕酷愛真樂妙，笑譚相對興無涯。山童解烹蟹眼湯，先生自試鷹爪芽。清香玉乳沃詩脾，抨紙落筆驚龍蛇。源長浩與春漲謝，力健清將秋炁嘉。須臾踏幅亂書几，環觀朗誦交驚誇。一聲漁笛意不盡，夕陽歸去還西斜。

卷五

文苑

五言律詩

送陸鴻漸棲霞寺採茶　皇甫冉

採茶非採綠，遠遠上層崖。布葉春風暖，盈筐白日斜。舊知山寺路，時宿野人家。借問王孫草，何時泛碗花。

送陸鴻漸採茶相過　皇甫曾　(千峯待逋客)

莫秋會嚴京兆後廳竹齋　岑參[94]

京尹小齋寬，公庭半藥欄。甌香茶色嫩，窗冷竹聲乾。盛德中朝貴，清風畫省寒。能將吏部鏡，照取寸心看。

晦夜李侍御萼宅集招潘述湯衡海上人飲茶賦　僧皎然

晦夜不生月，琴軒猶為開。牆東隱者在，淇上逸僧來。茗愛傳花飲，詩看卷素裁。風流高此會，曉景屢徘徊。

喜園中茶生　韋應物

性潔不可污，為飲滌塵煩。此物信靈味，本自出山原。聊因理郡餘，率爾植荒園。喜隨眾草長，得與幽人言。

過長孫宅與郎上人茶會　錢起

偶與息心侶，忘歸才子家。玄談兼藻思，綠茗代榴花。岸幘看雲卷，含毫任景斜。松喬若逢此，不復醉流霞。

茶塢　皮日休

閒尋堯氏山，遂入深深塢。種荈已成園，栽葭寧記畝。石窪泉似掬，巖罅雲如縷。好是夏初時，白花滿煙雨。

茶人

生於顧渚山，老在漫石塢。語氣為茶荈，衣香是煙霧。庭從櫴子遮，果任獳師虜。日晚相笑歸，腰間佩輕簍。

茶筍

褎[57]然三五寸，生必依巖洞。寒恐結紅鉛，暖疑銷紫汞。圓如玉軸光，脆似瓊英湅。每為遇之疏，南山挂幽夢。

茶籯

筤筹曉攜去，驀箇山桑塢。開時送紫茗，負處沾清露。歇把傍雲泉，歸將掛煙樹。滿此是生涯，黃金何足數。

茶舍

陽崖枕白屋，幾口嬉嬉活。棚上汲紅泉，焙前蒸紫蕨。乃翁研茗後，中婦拍茶歇。相向掩柴扉，清香滿山月。

茶竈

南山茶事動，竈起傍巖根。水煮石髮氣，薪然松脂香。青瓙蒸後凝，綠髓炊來光。如何重辛苦，一一輸膏粱[58]。

茶焙

鑿彼碧巖下，郤應深二尺。泥易帶雲根，燒難礙石脈。初能燥金餅，漸見乾瓊液。九里共杉林，相望在山側。

茶鼎

龍舒有良匠，鑄此佳樣成。立見菌蠢勢，煎為潺湲聲。草堂暮雲陰，松窗殘雪明。此時勺複茗，野語知逾清。

茶甌

邢客與越人，皆能造瓷器。圓似月魂墮，輕如雲魄起。棗花勢旋眼，蘋沫香沾齒。松下時一看，支公亦如此。

煮茶

香泉一合乳，煎作連珠沸。時看蟹目濺，乍見魚鱗起。聲疑帶松雨，餑恐生煙翠。倘把瀝中山，必無千日醉。

茶塢　陸龜蒙

茗地曲限回，野行多繚繞。向陽就中密，背澗差還少。遙盤雲髻漫，亂簇香篝小。何處好幽期，滿巖春露曉。

茶人

天賦識靈草，自然鍾野姿。閒來北窗下，似與東風期。雨後探芳去，雲間幽路危。唯應報春鳥，得共斯人知。

茶筍

所孕和氣深，時抽玉苕短。輕煙漸結華，嫩蕊初成管。尋來青靄曙，欲去紅雲暖。秀色自難逢，傾筐不曾滿。

茶籯

金刀劈翠筠，織似羅文斜。製作自野老，攜持伴山娃。昨日鬥煙粒，今朝貯綠華。爭歌調笑曲，日暮方還家。

茶舍

旋取山上材，架為山下屋。門因水勢斜，壁任巖隈曲。朝隨鳥俱散，暮與雲同宿。不憚採掇勞，只憂官未足。

茶竈

無突抱輕嵐，有煙應初旭。盈鍋玉泉沸，滿甑雲芽熟。奇香襲春桂[59]，嫩色凌秋菊。煬者若吾徒，年年看不足。

茶焙

左右擣凝膏，朝昏布煙縷。方圓隨樣拍，次第依層取。山謠縱高下，火候還文武。見說焙前人，時時炙花脯[95]。

茶鼎

新泉氣味良，古鐵形狀醜。那堪風雪夜，更值煙霞友。曾過頳石下，又住清谿口。且供薦皐盧，何勞傾斗酒。

茶甌

昔人謝塸埞[96]，徒為妍詞飾。豈如圭璧姿，又有煙嵐色。光參筠席上，韻雅金罍側。直使于闐君，從來未嘗識。

煮茶

閒來松間坐，看煮松上雪。時於浪花裏，併下藍英末。傾餘精爽健，忽似氛埃滅。不合別觀書，但宜窺玉札。

茶詠　鄭愚[97]

嫩芽香且靈，吾謂草中英。夜臼和煙搗，寒爐對雪烹。維憂碧粉散，煎覺綠花生[60]。最是堪憐處，能令睡思清。

建溪嘗茶　丁謂

建水正寒清，茶民已夙興。萌芽先社雨[61]，採掇帶春冰。碾細香塵起，烹鮮玉乳凝。煩襟時一啜，寧羨酒如澠。

答建州沈屯田寄新茶　梅堯臣

春芽研白膏，夜火焙紫餅。價與黃金齊，包開青箬整。碾為玉色塵，遠汲蘆底井。一啜同醉翁，思君聊引領。

怡然以垂雲新茶見餉報以大龍團仍戲作小詩　蘇軾

妙供來香積，珍烹具大官。揀芽分雀舌，賜茗出龍團。曉日雲菴暖，春風浴殿寒。聊將試道眼，莫作兩般看。

茶竈　袁樞[98]

摘茗蜕仙巖，汲水潛虯穴。旋然石上竈，輕泛甌中雪。清風已生腋，芳味猶在舌。何時掉孤舟，來此分餘啜。

七言律詩

峽中嘗茶　鄭谷

簇簇新英帶露光，小江園裏火前嘗。吳僧謾説雅山好，蜀叟休誇鳥嘴香。入座半甌輕泛綠，開緘數片淺含黃。鹿門病客不歸去，酒渴更知春味長。

許少卿寄臥龍山茶　趙抃[99]

越芽遠寄入都時，酬倡珍誇互見詩。紫玉叢中觀雨腳，翠峯頂上摘雲旗。啜多思爽都忘寐，吟苦更長了不知[62]。想到明年公進用，臥龍春色自遲遲。

嘗茶　梅堯臣

都籃攜具向都堂，碾破雲團北焙香。湯嫩水輕花不散，口甘神爽味偏長。莫誇李白仙人掌，且作盧仝走筆章。亦欲清風生兩腋，從教吹去月輪傍。

汲江煮茶　蘇軾

自臨釣石取深清，活水仍須活火烹。大瓢貯月歸春瓮，小杓分江入夜瓶。雪乳已翻煎處腳，松風忽作瀉時聲。枯腸未易禁三碗，臥聽山城長短更。

謝曹子方惠新茶

陳植文華斗石高，景公詩句復稱豪。數奇不得封龍額，祿仕何妨有馬曹。囊簡久藏科斗字，劍鋒新瑩鸊鵜膏。南州山水能為助，更有英辭勝廣騷。

建守送小春茶　王十朋

建安分送建溪春，驚起松堂午夢人。盧老書中才見面，范公碾畔忽飛塵。十篇北苑詩無敵，兩腋清風思有神。日鑄臥龍非不美，賢如張禹想非真。

謝吳帥惠乃弟所寄廬山茶　林希逸[100]

五老峯前草自靈，若為封裹入南閩。錦囊有句知難弟，玉帳多情寄野人。雲腳似浮廬瀑雪，水痕堪鬥建溪春。龍團拜賜前身夢，得此烹嘗勝食珍。

謝性之惠茶　釋德洪

午窗石碾哀怨語，活火銀瓶暗浪翻。射眼色隨雲腳亂，上眉甘作乳花繁。味香已覺臣雙井，聲價從來友壑源。卻憶高人不同試，暮山空翠共無言㊽。

五言排律

對陸迅飲天目山茶因寄元居士晟　僧皎然

喜見幽人會，初開野客茶。日成東井葉，露採北山芽。文火香偏勝，寒泉味轉嘉。投鐺湧作沫，著碗聚生花。稍與禪經近，聊將睡網賒。知君在天目，此意日無涯。

睡後煎茶㊾　白居易

婆娑綠陰樹，斑駁青苔地。此處置繩牀，旁邊洗茶器。白瓷甌甚潔，紅鑪炭方熾。末下麴塵香，花浮魚眼沸。盛來有佳色，嚥罷餘芳氣。不見楊慕巢，誰人知此味。

茶山　杜牧

山實東吳秀，茶稱瑞草魁。剖符雖俗吏，修貢亦仙才。溪盡停蠻棹，旗張卓翠苔。柳村穿窈窕，松徑度喧豗。等級雲峯峻，寬平洞府開。拂天聞笑語，特地見樓臺。泉嫩黃金湧，芽香紫璧裁。拜章期沃日，輕騎若奔雷。舞袖嵐侵澗，歌聲谷答迴。磬音藏葉鳥，雪豔照潭梅。好是全家到，兼為奉詔來。樹陰香作帳，花徑落成堆。景物殘三月，登臨愴一杯。重遊難自剋，俛首入塵埃。

謝故人寄新茶[101]　曹鄴[102]

劍外九華英，緘題上玉京 。開時微月上，碾處亂泉聲。半夜招僧至，孤吟對月烹。碧沉雲腳碎，香泛乳花輕。六腑睡神去，數朝詩思清。月餘不敢費，留伴肘書行。

茶園　王禹偁[103]

勤王修歲貢，晚駕過郊原。蔽芾餘千本，青蔥共一園。芽新撐老葉，土軟迸深根。舌小侔黃雀，毛獰摘綠猿。出蒸香更別，入焙火微溫。採近桐華節，生無穀雨痕。緘縢防遠道，進獻趁頭番。待破華胥夢，先經閶闔門。汲泉鳴玉甃，開宴壓瑤罇。茂育知天意，甄收荷主恩。沃心同直諫，苦口類嘉言。未復金鑾召，年年奉至尊。

謝人寄蒙頂新茶　〔文同〕[65]

蜀土茶稱盛，蒙山味獨珍。靈根託高頂，勝地發先春。幾樹初驚暖，羣籃競摘新。蒼條尋暗粒，紫萼落輕鱗。的皪香瓊碎，藍鬖綠蕫勻。慢烘防熾炭，重碾敵輕塵。無錫泉來蜀，乾崤盞自秦。十分調雪粉，一啜嚥雲津。沃睡迷無鬼，清吟健有神。冰霜疑入骨，羽翼要騰身。磊磊真賢宰，堂堂作主人。玉川喉吻澀，莫惜寄來頻。

五言絕句

九日與陸處士飲茶　僧皎然

九日山僧院，東籬菊也黃。俗人唯泛酒，誰解助茶香。

茶嶺　張籍[104]

紫芽連白蕊，初白嶺頭生。自看家人摘，尋常觸露行。

又　韋處厚[105]

顧渚吳商絕，蒙山蜀信稀。千叢因此始，含露紫茸肥。

山泉煎茶有感　白居易

坐酌冷冷水，看煎瑟瑟塵。無由持一碗，寄與愛茶人。

斫茶磨　梅堯臣

吐雪誇新茗，堆雲憶舊溪。北歸惟此急，藥臼不須齎。

茶詠　張舜民

玉尺鋒稜取，銀槽樣度窋。月中忘桂實，雲外得天葩。

山居　龍牙[106]**和尚**

覺倦燒爐火，安鐺便煮茶。就中無一事，唯有野僧家。

武夷茶　趙若槻[107]

石乳沾餘潤，雲根石髓流。玉甌浮動處，神入洞天遊。

茶竈　朱熹

仙翁遺石竈，宛在水中央。飲罷方舟去，茶煙裊細香。

雲谷茶坂

攜籯北嶺西，採擷供茗飲。一啜夜窗寒，跏趺謝衾枕。

七言絕句

與趙莒茶讌　錢起

竹下忘言對紫茶，全勝羽客對流霞。塵心洗盡興難盡，一樹蟬聲片影斜。

新茶詠　盧綸[108]

三獻蓬萊始一嘗，日調金鼎閱芳香㊅。貯之玉合纔半餅，寄與惠連題數行。

嘗茶　劉禹錫

生拍芳叢鷹嘴芽㊆，老郎封寄謫仙家。今宵更有湘江月，照出霏霏滿碗花。

蕭員外寄蜀新茶　白居易

蜀茶寄到但驚新，渭水煎來始覺珍。滿甌似乳堪持玩，況是春深酒渴人。

寄茶

紅紙一封書後信㊇，綠芽十片火前春。湯添勺水煎魚眼，末下刀圭攪麴塵㊈。

冬景迴文　薛濤[109]

天凍雨寒朝閉戶，雪飛風冷夜關城。鮮紅炭火爐圍暖，淺碧茶甌注茗清。

蜀茗　施肩吾[110]

越碗初盛蜀茗新，薄煙輕處攪來勻。山僧問我將何比，欲道瓊漿卻畏嗔。

答友〔人〕寄新茶㊉　李羣玉

滿火芳香碾麴塵，吳甌湘水綠花新。愧君千里分滋味，寄與春風酒渴人。

謝朱常侍寄貺蜀茶[111]　**崔道融**[112]

瑟瑟香塵瑟瑟泉，驚風驟雨起爐煙。一甌解卻山中醉，便覺身輕欲上天。

煎茶　成文幹[113]

嶽寺春深睡起時，虎跑泉畔思遲遲。蜀茶倩箇雲僧碾，自拾枯松三四枝。

謝寄新茶　楊嗣復[114]

石上生芽二月中，蒙山顧渚莫爭雄。封題寄與楊司馬，應為前銜是相公。

即事　陸龜蒙

泱泱春泉出洞霞，石壜封寄野人家。草堂盡日留僧坐，自向前溪摘茗芽。

過陸羽茶井　王禹偁　(甃石苔封百尺深)

對茶有懷　林逋[115]

石碾輕飛瑟瑟塵，乳花烹出建茶新。人間絕品應難識，閒對茶經憶故人。

寒夜　杜小山[116]

寒夜客來茶當酒，竹爐湯沸火初紅。尋常一樣窗前月，纔有梅花便不同。

即事

坐來石榻水雲清，何事空山有獨醒。滿地落花人跡少，閉門終日註茶經。[117]

錦屏山下　邵雍[118]
山似抹藍波似染，遊心一向難拘檢。仍攜二友所分茶，每到煙嵐深處點。

雙井茶寄景仁　司馬光
春睡無端巧逐人，驅訶不去苦相親。欲憑洪井真茶力，試遣刀圭報谷神。

嘗茶詩　沈括
誰把嫩香名雀舌，定來北客未曾嘗。不知靈草天然異，一夜風吹一寸長。

寄茶與王平甫　王安石
綵絳縫囊海上舟，月團蒼潤紫煙浮。集英殿裏春風晚，分到并門想麥秋。

送茶與東坡　僧了元[119]
穿雲摘盡社前春，一兩平分半與君⑦。遇客不須求異品，點茶還是喫茶人。

飲釅茶七碗　蘇軾
示病維摩元不病，在家靈運已忘家。何須魏帝一丸藥，且盡盧仝七碗茶。

同六舅尚書詠茶碾烹煎　黃庭堅　(風爐小鼎不須催)

茶巖　羅願[120]
巖下纔經昨夜雷，風爐瓦鼎一時來。便將槐火煎巖溜，聽作松風萬壑迴。

禁直　周必大[121]
綠陰夾道集昏鴉，敕賜傳宣坐賜茶。歸到玉堂清不寐，月鈎初上紫薇花。

武夷六曲　白玉蟾
仙掌峯前仙子家，客來活水煮新茶。主人遙指青煙裏，瀑布懸崖剪雪花。

茶瓶候湯　李南金[122]　(砌蟲唧唧萬蟬催)

又　羅大經[123]　(松風檜雨到來初)

詞

問大冶長老乞桃花茶水調歌頭　**蘇軾**
已過幾番雨，前夜一聲雷。槍旗爭戰建溪，春色占先魁。採取枝頭雀舌，帶露和煙擣碎，結就紫雲堆。輕動黃金碾，飛起綠塵埃。　老龍團，真鳳髓，點將來。兔毫盞裏，霎時滋味舌頭回。喚醒青州從事，戰退睡魔百萬，夢不到陽臺。兩腋清風起，我欲上蓬萊。

詠茶阮郎歸　**黃庭堅**
歌停檀板舞停鸞，高陽飲興闌。獸煙噴盡玉壺乾，香分小鳳團。　雲浪淺，露珠圓，捧甌春筍寒。絳紗籠下躍金鞍，歸時人倚欄。

詠煎茶同前

烹茶留客駐金鞍，月斜窗外山。見郎容易別郎難，有人愁遠山。　歸去後，憶前歡，畫屏金轉山。一杯春露莫留殘，與郎扶玉山。

〔詞〕⑫

詠茶好事近　**蔡松年**[124]

天上賜金奩，不減壑源三月。午碗春風纖手，看一時如雪。　幽人只慣茂林前，松風聽清絕。無奈十年黃卷，向枯腸搜徹。

和蔡伯堅詠茶同前　**高士談**[125]

誰扣玉川門，白絹斜封團月。晴日小窗活火，響一壺春雪。　可憐桑苧一生顛，文字更清絕。真擬駕風歸去，把三山登徹。

詠茶青玉案　**党懷英**[126]

紅莎綠箬春風餅，趁梅驛，來雲嶺。紫柱崖空瓊竇冷。佳人卻恨，等閒分破，縹緲雙鸞影。　一甌月露心魂醒，更送清歌助幽興。痛飲休辭今夕永，與君洗盡、滿襟煩暑，別作高寒境。

卷六

〔文苑〕⑬

銘

茶夾銘　**程宣子**[127]

石筋山脈，鍾異於茶。馨含雪尺，秀啟雷車。採之擷之，收英斂華。蘇蘭薪桂，雲液露芽。清風兩腋，玄圃盈涯。

頌

森伯頌　**湯說**[128]

方飲而森然，粘乎齒牙，馥郁既久，四肢森然聳異。

贊

茗贊略　**權紓**[129]

窮春秋，演河圖，不如載茗一車。

論

茶論　**謝宗**

此丹丘之仙茶，勝烏程之御荈。不止味同露液，白比霜華，豈可為酪蒼頭，便應代酒從事。

書

與兄子演書　劉琨

前得安豐乾薑一斤，桂一斤，黃芩一斤⑭，皆所須也。吾體中憒悶，常仰真茶，汝可置之。

與楊祭酒書　杜鴻漸

顧渚山中紫筍茶兩片，一片上太夫人，一片充昆弟同歠，此物但恨帝未得嘗，實所歎息。

遺舒州牧書　李德裕

到郡日，天柱峯茶可惠三數角。

送茶與焦刑部書　孫樵[130]

晚甘侯十五人遣侍齋閣，此徒皆乘雷而摘，拜水而和，蓋建陽丹山碧水之鄉，月澗雲龕之品，慎勿賤用之。

餽茶書　蔡襄

襄啟：暑熱，不及通謁，所苦想已平復，日夕風日酷煩無處可避。人生韁鎖如此，可歎可歎！精茶數片不一，襄上公謹左右。

與友人書　黃廷堅[131]

雙井雖品在建溪之亞，煮新湯嘗之，味極佳，乃草木之英也，當求名士同烹耳。

與客書　蘇軾

已取天慶觀乳泉，潑建茶之精者，念非君莫與共之。

謝傅尚書茶　楊萬里

遠餉新茗，當自攜大瓢⑮，走汲谿泉，束澗底之散薪，然折足之石鼎，烹玉塵，啜香乳，以享天上。故人之意，愧無胸中之書傳，但一味攪破菜園耳。

表

代武中丞謝賜茶表　劉禹錫

伏以方隅入貢，採擷至珍，自遠貢來，以新為貴，捧而觀妙，飲以滌煩。顧蘭露而慚芳，豈柘漿而齊味，既榮凡口，倍切丹心。

謝賜新茶表　柳宗元

臣以無能，謬司邦憲。大明首出，得親仰於雲霄。渥澤遂先，忽沾恩於草木。況茲靈味，成自遐方，照臨而甲折。惟新煦嫗而芬芳可襲，調六味而成美，扶萬壽以效珍，豈臣微賤膺此殊錫。喞恩敢同於嘗酒⑯，滌慮方切於飲冰。

進新茶表　丁謂

右件物，產異金沙，名非紫筍。江邊地暖，方呈彼茁之形。闕下春寒，已發其甘之味；有以少為貴者，焉敢韞而藏諸，見謂新茶，蓋遵舊例。

序

茶中雜詠序　皮日休[132]

煮茶泉品序　葉清臣[133]

進茶錄序　蔡襄[134]

後序　歐陽修[135]

《品茶要錄》序　黃儒[136]

《大觀茶論》序　宋徽宗[137]

記

煎茶水記　張又新[138]

傳

葉嘉傳　蘇軾

葉嘉，閩人也。其先處上谷。曾祖茂先，養高不仕，好游名山；至武夷，悅之，遂家焉。嘗曰：吾植功種德，不為時採，然遺香後世，吾子孫必盛於中土，當飲其惠矣。煙先葬郝源，子孫遂為郝源民。至嘉，少植節操，或性之業武。曰："吾當為天下英武之精，一槍一旗，豈吾事哉。"因而游見陸先生。先生奇之，為著其行錄，傳於時。

方漢帝嗜閱經史，時建安人為謁者侍上。上讀其行錄，而善之。曰："吾獨不得與此人同時哉！"曰："臣邑人葉嘉，風味恬淡，清白可愛，頗負其名性有濟世之才，雖羽知猶未詳也。"上驚，敕建安太守，召嘉給傳遣詣京師。郡守始令採訪嘉所在，命齎書示之。嘉未就。遣使臣督促，郡守曰："葉先生方閉門製作，研味經史，志圖挺立，必不屑進，未可促之。"親至山中，為之勸駕，始行登車。遇相者揖之曰："先生容質異常，矯然有龍鳳之姿，後當大貴。"嘉以皂囊上封事。天子見之曰："吾久飫卿名，但未知其實爾，我其試哉。"因顧謂侍臣曰："視嘉容貌如鐵，資質剛勁，難以遽用，必槌提頓挫之乃可。"遂以言恐嘉曰："碪斧在前，鼎鑊在後，將以烹子，子視之如何？"嘉勃然吐氣曰："臣山藪猥士，幸為陛下採擇至此，可以利生，雖粉身碎骨，臣不辭也。"上笑，命以名曹處之，又加樞要之務焉。因誡小黃門監之。有頃報曰："嘉之所為，猶若粗疏然。”上曰：“吾知其才，第以獨學，未經師耳。”嘉為之屑屑就師，頃刻就事，已精熟矣。上乃敕御史歐陽高，金紫光祿大夫鄭當時，甘泉侯陳平三人與之同事。歐陽疾嘉初進有寵，曰：“吾屬且為之下矣。”計欲傾之。會天子御延英，促召四人。歐但熱中而已，當時以足擊嘉；而平亦以口侵陵之。嘉雖見侮，為之起立，顏色不變。歐陽悔曰：“陛下以葉嘉見託，吾輩亦不可忽之也。”因同見帝，陽稱嘉美，而陰以輕浮訾之。嘉亦訴於上，上為責歐陽，憐嘉；視其顏色久之，曰：“葉嘉真清白之士也，其氣飄然若浮雲矣。”遂引而宴之。少間，上鼓舌欣然曰：“始吾見嘉，未甚好也，久味其言，令人愛之，朕之精魄，不覺洒然而醒。”書曰：“啟乃心，沃朕心”，嘉之謂也。於是封嘉鉅合侯，位尚書。曰：“尚書，朕喉舌之任也”。由是寵愛日加，朝廷賓客遇會宴，未始不推嘉於上。日引對至於再三。後因侍宴苑中，上飲踰度，嘉輒苦諫，上不悅。曰：“卿司朕喉舌，而以苦辭逆我，余豈堪哉。”遂唾之，命左右仆於地。嘉正色曰：“陛下必欲甘辭利口然後愛耶？臣雖言苦，久則有效，陛下亦嘗試之，豈不知乎。”上顧左右曰：“始吾言嘉剛勁難用，今果見矣。”因含容之，然亦以是疏嘉。

嘉既不得志，退去閩中。既而曰：吾未如之何也已矣。上以不見嘉月餘，勞於萬機，神薾思困，頗思嘉。因命召至，喜甚，以手撫嘉曰：“吾渴欲見卿久矣，”遂恩遇如故。上方欲南誅兩越，東擊朝鮮，北逐匈奴，西伐大宛，以兵革為事，而大司農奏計國用不足，上深患之，以問嘉。嘉為進三策：其一曰榷天下之利，山海之資，一切籍於縣官。行之一年，財用豐贍，上大悅。兵興有功而還。上利其財，故榷法不罷。管山海之利，自嘉始也。居一年，嘉告老，上曰：“鉅合侯其忠可謂盡矣，”遂得爵其子。又令郡守，擇其宗支之良者，每歲貢焉。嘉子二人，長曰摶，有父風，故以襲爵。次子挺，抱黃白之術，比於摶，其志尤淡泊也，嘗散其資，拯鄉閭之困，人皆德之。故鄉人以春伐鼓，大會山中，求之以為常。

贊曰：今葉氏散居天下，皆不喜城邑，惟樂山居。氏於閩中者，蓋嘉之苗裔也。天下葉氏雖夥，然風味德馨，為世所貴，皆不及閩。閩之居者又多，而郝源之族為甲。嘉以布衣遇天子，爵徹侯位八座，可謂榮矣。然其正色苦諫，竭力許國，不為身計，蓋有以取之。夫先王，用於國有節，取於民有制，至於山林川澤之利，一切與民。嘉為策以榷之，雖救一時之急，非先王之舉也。君子譏之，或云管山海之利，始於鹽鐵丞孔僅、桑弘羊之謀也。嘉之策，未行於時；至唐，趙讚始舉而用之。

清苦先生傳　楊維禎

先生名檟，字荈之，姓賈氏，別號茗仙。其先陽羨人也，世係綿遠，散處之中州者不一。先生幼而穎異，於諸眷族中，最其風致。卜居隱於姑蘇之虎丘，與陸羽、盧仝輩相友善，號勾吳三雋。每二人遊，必挾先生隨之，以故情謚日殷，衆咸目之為死生交。然先生之為人，芬馥而爽朗，磊落而疏豁，不媚於世，不阿於俗。凡有請求，則必攝緘縢固扃鐍，假人提攜而往。四方之士多親炙之，雖窮簷蔀屋，足跡未嘗少絕。偶乘月大江泛舟，取金山中泠之水而瀹之，因品為第一泉，遂遨遊不輟。尤喜僧室道院，貪愛其花竹繁茂，水石清奇，徜徉容與，逌然不忍去。構小軒一所，扁曰："松風深處"，中設鼎彝翫好之物，爐燒榾柮，煨芋栗而啜之。因賦詩有"松風乍響匙翻雪，梅影初橫月到窗"之句。或琴弈之間，樽俎之上，先生無不价焉。又性惡旨酒，每對醉客，必攘袂而剖析之。客醉，亦因之而少解。少嗜詩書百家之學，誦至夜分，終不告倦。所至高其風味，樂其真率，而無詆評之者。而裹之枯吻者，仰之如甘露；昏瞑者，飫之若醍醐。或譽之以嘉名，而先生亦不以為華；或咈之非義，而先生亦不與之較。其清苦狷介之操類如此，或者比倫之，以為伯夷之亞。其標格，具於黃太史魯直之賦；其顛末，詳諸蔡司諫君謨之性，玆故弗及贅也。

太史公曰：賈氏有二出，其一，晉文公子犯之子狐射姑食采於賈，後世因以為姓。至漢文時，洛陽少年誼，挾經濟之才，上治安之策。帝以其深達國體，欲位之以卿相。洚灌之徒扼之，遂疏出之為梁王太傅，弗伸厥志，雖其子孫蕃衍，終亦不振。有僭擬龍鳳團為號者，乂其疏逖之屬，各以驕貴夸侈，日思競以旗鎗。宗人咸相戒曰：彼稔惡不悛，懼就烹於鼎鑊，盍逃之。或隱於蒙山，或遁於建溪，居無何而禍作，後竟泯泯無聞，惟先生以清風苦節高之。故沒齒而無怨言，其亦庶幾乎篤志君子矣。

述

茶述　李白

余聞荊州玉泉寺，近清溪諸山，山洞往往有乳窟，窟中多玉泉交流，其水邊處處有茗草羅生，枝葉如碧玉，惟玉泉真公常採而飲之，年八十餘歲，顏色如桃花。而此茗清香滑熱，異於他所，所以能還童振枯，人人壽也。余游金陵，見宗僧中孚示余茶數十片，拳然重疊，其狀如手掌，號仙人掌茶。兼贈以詩，要余答之。後之高僧大隱，知仙人掌茶，發於中孚衲子及青蓮居士李白也。

說

鬥茶說[77]　唐庚

茶不問團銙，要之貴新；水不問江井，要之貴活。唐相李衛公，好飲惠山泉，置驛傳送，不遠數千里。近世歐陽少師得內賜小龍團，更閱三朝，賜茶尚在，此豈復有茶也哉？今吾提汲走龍塘，無數千步。此水宜茶，昔人以為不減清遠峽，而海道趨建安，茶數日可至，故每歲新茶，不過三月，頗得其勝。

茶乘拾遺
龍溪高元濬君鼎輯

上篇

茶，初巡為停停嬝嬝十三餘，再巡為碧玉破瓜年，三巡以來綠陰成矣。[139]

或柴中之麩火，或焚餘之虛炭，本體盡而性且浮。浮則有終嫩之嫌。炭則不然，實湯之友。

北方多石炭，南方多木炭，而蜀又有竹炭，燒巨竹為之，易燃、無煙、耐久，亦奇物。

探湯純熟，便取起，先注少許壺中，祛蕩冷氣傾出，然後投茶，亦烹法之一也。

空中懸架，將茶瓶口朝下[78]，以絕蒸氣。其說近是，但覺多事耳。

人但知箬葉可以藏茶，而不知多用能奪茶香氣，且箬性峭勁，不甚帖伏，能無滲罅？一經滲罅，便中風濕，從前諸事廢矣。

陸處士論煮茶法，初沸水合量，調之以鹽味，是又厄水也。

用水洗茶，以卻塵垢，亦為藏久設耳。如新制則不然，人但知湯候，而不知火候。火然則水乾，是試火先於試水也。《呂氏春秋》：伊尹說湯五味、九沸、九變；火為之紀。

烏蔕白合，茶之大病。不去烏蔕，則色黃黑；不去白合，則味苦澀。

茶始造則青翠，收藏不法，一變至綠，再變至黃，三變至黑，四變至白；食之則寒胃，甚至瘠氣成積。

多置器以藏梅水，投伏龍肝兩許，月餘取用至益人。龍肝，竈心乾土也，或云乘熱投之。

種茶易，採茶難；採茶易，焙茶難；焙茶易，藏茶難；藏茶易，烹茶難，稍失法律，便減茶勳。

蔡君謨謂范文正曰：公採茶歌云："黃金碾畔綠塵飛，碧玉甌中翠濤起"，今茶絕品，其色甚白，翠綠乃其下者耳。欲改玉塵飛、素濤起，如何？"希文曰善。

東坡云：茶欲其白，常患其黑；墨則反是。然墨磨隔宿，則色暗；茶碾過日，則香減，頗相似也。茶以新為貴，墨以古為佳，又相反也。茶可於口，墨可於目，蔡君謨老病不能飲，則烹而玩之。呂行甫好藏墨而不能書，則時磨而小啜之，此又可發來者一笑也。[140]

茶色貴白，古今同然。白而味覺甘鮮，香氣撲鼻，乃為精品。蓋茶之精者，淡固白，濃亦白；初潑白，久貯亦白。味足而色白，其香自溢；三者得，則俱得也。

茶味以甘潤上，苦澀下。羅景綸《山靜日長》一篇，膾炙人口，至兩用烹苦茗，不能無累。

茶有真香，有蘭香，有清香，有純香。表裏如一曰純香；不生不熟曰清香；火候均停曰蘭香；雨前神具曰真香。

色味香俱全而飲非其人，猶汲泉以灌蒿萊，罪莫大焉。有其人而未識其趣，一吸而盡，不暇擇味，俗莫甚焉。

鴻漸有云：烹茶於所產處，無不佳，蓋水土之宜也。此誠妙論，況旋摘旋瀹，兩及其新耶。《茶譜》云："蒙之中頂茶，若獲一兩以本處水烹服，即能祛宿疾"是耶。

北苑連屬諸山，茶最勝。北苑前枕溪流，北涉數里，茶皆氣弇，然色濁，味尤薄惡，況其遠者乎？亦猶橘過淮為枳也。

每歲六月興工，虛其本，焙去其滋蔓之草[79]，遏鬱之木，令本樹暢茂，一以遵生長之氣，一以糝雨露之澤，名曰開畬。唯桐木留焉，桐木之性，與茶相宜。

松蘿山以松多得名，無種茶者。《休志》云：遠麓有地名榔源，產茶，山僧偶得製法，託松蘿之名，大噪，一時茶因湧貴。僧既還俗，客索茗於松蘿，司牧無以應，往往贗售。然世之所傳松蘿，豈皆榔源產歟？

世所稱蒙茶，是山東蒙陰縣山所生石蘚，亦為世珍。但形非茶，不可烹。蒙頂茶，乃蜀雅州[80]即古蒙山郡。《圖經》云：蒙頂有茶，受陽氣之全，故茶芳香。《方輿》、《一統志．土產》俱載之。

茶至今日稱精備哉。唐宋研膏蠟面，京挺龍團，把握纖微，直錢數萬，珍重極矣。而碾造愈工，茶性愈失，矧雜以香物乎？曾不如今人止精於炒焙，不損本真。故桑苧翁第可想其風致，奉為開山。其舂碾羅則諸法，存而不論可也。

讀《蠻甌志》，陸羽採越江茶，使小奴子看焙。奴失睡，茶燋燥不可食，怒以鐵索縛奴而投火中。蓋其專致此道，故殘忍有不恤耳。

李德裕奢侈過求，在中書時，不飲京城水，悉用惠山泉，時謂之水遞。清致可嘉，有損盛德。

貢茶一事，當時頗以為病，蘇長公有前丁後蔡之語。殊不知理欲同，行異情，蔡主敬君，丁主媚上，不可一概論也。[141]

下篇

小齋之外，別搆一寮，兩椽蕭疏，取明爽高燥而已。中置茶爐，傍列茶器。興到時，活火新泉，隨意烹啜，幽人首務，不可少廢。

品茶最是清事，若無好香在爐，遂乏一段幽趣；焚香雅有逸韻。若無名茶浮碗，終少一番勝緣。是故茶、香兩相為用，缺一不可。

山堂夜坐，手烹香茗，至水火相戰，儼聽松濤，傾瀉入甌，雲光縹緲，一段幽趣，故難與俗人言。[142]

山谷云：相茶瓢與相邛竹同法，不欲肥而欲瘦，但須飽風霜耳。

箕踞斑竹林中，徙倚青石几上，所有道笈梵書，或校讎四五字，或參諷一兩章。茶不甚精，壺亦不燥；香不甚良，灰亦不死；短琴無曲而有絃；長歌無腔而有音。激氣發於林樾，好風送之水崖，若非羲皇以上，定亦嵇阮兄弟之間。

三月茶筍初肥，梅風未困；九月蓴鱸正美，秫酒新香；勝客晴窗，出古人法書名畫，焚香評賞，無過此時。吳人於十月採小春茶，此時不獨逗漏花枝，而尤喜月光，晴暖從此蹉過，霜凄雁凍，不復可堪。

茶如佳人，此論雖妙，但恐不宜山林間耳。昔蘇子瞻詩："從來佳茗似佳人"。會茶山詩："移人尤物眾談誇"是也。若欲稱之山林，當如毛女、麿姑，自然仙風道骨，不浼煙霞可也。必若桃臉柳腰，宜亟屏之銷金帳中，無俗我泉石。

搆一室，中祀桑苧翁，左右以盧玉川、蔡君謨配饗。春秋祭用奇茗。是日，約通茗事數人，為鬥茗會，畏水厄者不與焉。

取諸花和茶藏之，奪味殊甚，或以茉莉之屬浸水瀹茶，雖一時香氣浮碗，然於茶理終舛。但斟酌時，移建蘭、素馨、薔薇、越橘諸花於几案前，茶香與花香相雜，差助清況。唐人以對花啜茶為殺風致，未為佳論。《茶記》言：養水置石子於瓮，不惟益水，而白石清泉，會心不遠。夫石子須取其水中表裏瑩徹者佳，白如截肪、赤如雞冠、藍如螺黛、黃如蒸栗、黑如玄漆，錦紋五色輝映瓮中，徙倚其側，應接不暇，非但益水，亦且娛神。[143]

陸處士品水，據其所嘗試者，二十水耳，非謂天下佳泉水盡於此也。

陸處士能辨近崖水非南零，非無旨也。南零洄洑淵停，清激重厚。臨崖故常流水耳，且混濁迥異。嘗以二器貯之自見。昔人能辨建業城下水，況臨崖？故清濁易辨，此非妄也。[144]

昔時之南零，即今之中泠⑧¹，往時金山屬之南崖，江中惟二泠，蓋指石簰山南流、北流也。自金山淪入江中，則有三流水。故昔之南泠，乃列為中泠爾。中泠有石骨，能停水不流，澄凝而味厚。今山僧憚汲險，鑿西麓一井代之，輒指為中泠水，非也。[145]

山厚者泉厚，山奇者泉奇，山清者泉清，山幽者泉幽，皆佳品也。不厚則薄，不奇則蠢，不清則濁，不幽則喧，必無佳泉。

八功德水，在鍾山靈谷寺。八功德者：一清、二冷、三香、四柔、五甘、六淨、七不噎、八除痾。昔山僧法喜，以所居乏泉，精心求西域阿耨池水。七日掘地得之[146]。後有西僧至云：本域八池，已失其一。

國初遷寶誌塔，水自從之，而舊池遂涸。人以為靈異。謂之靈谷者。自琵琶街鼓掌相應若彈絲聲，且志其徙水之靈也。陸處士足跡未至，此水尚遺品錄。

鍾山故有靈氣。鍾陰有梅花水，手掬弄之，滴下皆成梅花。此石乳重厚之故，又一異景也。[147]

《括地圖》曰負丘之山，上有赤泉，飲之不老。神宮有英泉，飲之眠三百歲乃覺，不知死。

梁景泰禪師居惠州寶積寺，無水，師卓錫於地，泉湧數尺，名卓錫泉。東坡至羅浮，入寺飲之，品其味，出江水遠甚。

柳州融縣靈巖上有白石巍然如列仙，靈壽溪貫巖下，清響作環佩聲。

武夷御茶園中，有喊山泉。仲春，縣官詣茶場，致祭，水漸滿。造茶畢，水遂涸。此與金沙泉事相類。名泉有難殫述，上數條偶舉靈異耳。

山木固欲其秀，而蔭若叢惡則傷泉。今雖未能使瑤草瓊花披拂其上，而修竹幽蘭自不可少也。

山居接竹引水，承之以奇石，貯之以淨缸，其聲尤琮琮可愛，真清課事也。駱賓王詩："刳木取泉遙"，亦接竹之意。

雪為五穀之精，故宜茗飲。陶穀嘗取雪水烹團茶。又丁謂詩："痛惜藏書篋，堅留待雪天"。李虛已詩："試將梁苑雪，煎動建溪雲。"是古人煮茶多用雪也。但其色不甚白，故處士置諸末品。

泉中有蝦蟹、孑蟲，極能腥味，亟宜淘淨之。僧家以羅濾水而飲，雖恐傷生，亦取其潔也。包幼嗣詩："濾水澆新長"。馬戴詩："濾泉侵月起"。僧簡長詩："花壺濾水添"是也。[148]

山居之人，水不難致，但佳泉尤當愛惜，亦作福事。章孝標《松泉詩》："注瓶雲母滑，漱齒茯苓香。野客偷煎茗，山僧惜淨牀。"夫言"偷"言"惜"，皆為泉重也，安得斯客、斯僧而與之為鄰耶。

徐獻忠《水品》一書，窮究天下源泉，載福州南臺山泉，清冷可愛，而不知東山聖泉、鼓山喝水巖泉、北龍腰泉尤佳。龍腰泉，在北郊城隅，無沙石氣。端明為郡日，試茶必汲此泉。側有苔泉二字，為公手書。[149]

吾郡四陲，惟東南稍通朝汐，餘皆依山，無斥鹵之患。天寶以來，諸峯蒼蔚，林木與石溜交加，在處清越。郡內泉佳者，曰東井，其源深厚而紺洌，在紫芝峯麓，其下禪宇奠焉，出叢林，稍折而西，又有泉曰巖壇，郡人多汲取。甘鮮溫美，似勝東井。余謂得此以佐龍山新茗，足稱雙絕。

夫達人朗士，其襟期恆寄諸詩酒。而時或闌入，焚香煮茗，場中詩近憒，酒近豪，香近幽，而總於茶事有合。余性懶，不能效蘇子美之豪，舉讀《漢書》以斗酒為率。間置一小齋，粗足容香爐、茶鐺二事而□為市煙奪去，惟是七碗成癖，在處足舒其逸□。《茶乘》以行，復搜其緒義，以完此一段公案。時在殘菊花際，霏霜雁候，夜靜閒吟，視鼎鑪中雪濤浪翻，乳花正熟，且覺香風馥馥起四座間矣。黃如居士高元濬識。

注　釋

1 癸亥菊月：“癸亥”，中國干支紀時，六十花甲子的最後一個組配。此“癸亥”年，指明天啟三年(1623)。“菊月”，指陰曆九月。
2 露中：指白露或寒露中，九月上半月為寒露，此“露中”，約指九月上旬。
3 張燮：字紹和，別號海濱逸史，明福建龍溪人。萬曆二十二年（1594）舉人。性聰敏，博學多能。結社芝山之麓，與蔣孟育、高克正、林茂桂、王志遠、鄭懷魁、陳翼飛並稱為七才子。著有《東西洋考》、《霏雲居集》、《羣玉樓集》、《初唐四子集》。天啟間刻印過徐日久《五邊典則》二十四卷，自輯《七十二家集》三百四十六卷、《附錄》七十二卷。
4 王仲祖：即王濛。
5 王志道：福建漳浦人，志遠弟，癸丑進士。
6 陳正學：福建漳州府龍溪人，著有《灌園草木識》六卷。
7 黃以陞：字孝義，《千頃堂書目》作孝翼，福建龍溪人。著有《遊名山記》六卷、《蟫巢集》二十卷及《史説萱蘇》一卷。
8 驚雷之筴：南宋寺院採製茶名。《蠻甌志》：“收茶三等。覺林院志崇收茶三等：待客以驚雷筴，自奉以萱草帶，供佛以紫茸香。蓋最上以供佛，而最下以自奉也。”
9 此處刪節，見唐代陸羽《茶經・一之源》。
10 此處刪節，見明代顧元慶、錢椿年《茶譜・茶品》。
11 廬之產曰六安：“廬”，此指元時的廬州路和明初改路而置的廬州府，治所在今安徽合肥。
12 廣東欽州靈山、高霞、泰寧：此三茶名，俱錄自《徐文長先生秘集》。
13 鳩坑、朱溪、青鸞、鶴嶺、石門、龍泉：鳩坑，產睦州（今浙江淳安）；朱溪，產浙江餘姚四明；青鸞，疑即指“青鳳髓”，產建安；鶴嶺，產江西洪州西山；石門，亦出自《徐文長先生秘集》；龍泉產今湖北崇陽縣龍泉山。
14 本段內容，摘自《東溪試茶錄》、《茶經》、《宣和北苑貢茶錄》及其他有關多種茶書。實際是高元濬將上述各書內容綜合而成，也可説是高元濬自己所重新組寫的內容。
15 本段採法，主要選摘張謙德《茶經》、屠隆《茶箋》二書採茶內容組成。
16 本段製法，主要據《茶解》、《茶疏》和聞龍《茶箋》等有關內容輯綴而成。
17 本段內容，摘自屠本畯《茗笈》“揆制章・評”，熊明遇《羅岕茶記》和田藝蘅《煮泉小品》。
18 此處刪節，見明代熊明遇《羅岕茶記》。後二句據屠隆《茶箋・藏茶》內容改寫。
19 欸（sǐ）：香美。《廣羣芳譜》卷21：“其色縮也，其馨欸也。”
20 本段主要選摘《茗笈》“候火”、“定湯”和蘇廙的《十六湯品》等有關內容串聯而成。
21 《茶譜》：此指明錢椿年原撰，顧元慶刪校本。
22 本段品水，主要選摘田藝蘅《煮泉小品》“靈水”，屠隆《茶箋》“擇水”二條內容組成。
23 本段內容，高元濬主要選摘《煮泉小品》“源泉”、“清寒”、“甘香”、“石流”等各節有關內容組成。
24 本段內容，摘抄《煮泉小品》和屠隆《茶箋》二段“井水”記述連接而成。
25 此處刪節，見唐代張又新《煎茶水記》。
26 此處刪節，見唐代張又新《煎茶水記》。除個別字眼外基本相同。
27 本段內容，選摘屠隆《茶箋》、屠本畯《茗笈・辨器章》和陸羽《茶經・碗》等內容組成。
28 本段內容，除“兩壺後，又用冷水蕩滌，使壺涼潔”錄自他書外，基本按許次紓《茶疏・盪滌》摘抄。
29 本段內容，基本上據屠本畯《茗笈》“相宜章”、“玄賞章”和“防濫章”這三部分輯錄資料選抄而成。
30 此處刪節，見唐代陸羽《茶經・六之飲》。
31 《茶譜》：此指錢椿年撰，顧元慶刪校本。
32 此處刪節，見明代顧元慶、錢椿年《茶譜・茶效》。
33 此處刪節，見宋代審安老人《茶具圖贊》。

34 顧元慶《茶譜》：應作“錢椿年撰、顧元慶刪校《茶譜》”。本文所錄“顧元慶《茶譜》分封七具”，與上述錢撰顧校《茶譜》，僅封號相同。本文僅對七茶具實物和用途略作註釋，因此本文也特存而不刪。
35 有客過茅君：“茅君”，葛洪《神仙傳》稱其為“幽州人，學道於齊，二十年道成歸家。茅君在帳中與人言語，其出入，或發人馬，或化為白鶴。”後以茅君指仙人或隱士。
36《世說》：即南朝宋劉義慶所撰《世說新語》，下同。
37 桓宣武：即桓溫（312－373），字元子，東晉譙國龍亢人。明帝婿，拜駙馬都尉。穆帝永和初，任荊州刺史，都督荊、司等四州諸軍事。晚年更以大司馬鎮姑孰（今安徽當塗），專擅朝政；圖謀代晉未成疾卒。後其子桓玄，安帝元興初率兵攻入建康，次年稱帝建國號楚，但不久即為劉裕、劉毅所敗，西逃時被部下所殺。宣武，即由桓玄稱帝時謚其父為“竟武皇帝”而來。
38《伽藍記》：即《洛陽伽藍記》，北魏楊衒之撰。
39 本段內容，無註出處，當是據《唐義興縣重修茶舍記》摘錄。
40 李約：唐詩人。字存博，號蕭齋，隴西成紀（今甘肅秦安）人。汧國公李勉之子。貞元十五年（799）至元和二年(807)間為浙西觀察從事，後官至兵部員外郎。雖為貴公子，然不慕榮華，後棄官隱居。工詩文，善音樂、精楷隸，好黃老。其詩風格豪健疏野，原集已佚。《全唐詩》存其詩十首，《全唐文》有其文二篇。
41 事見《新唐書·陸贄傳》。陸贄任鄭尉時罷歸。“壽州刺史張鎰有重名，贄往見語三日。奇之，請為忘年交。既行，餉錢百萬，曰：‘請為母夫人一日費。’贄不納，止受茶一串。”
42《金鑾密記》：晚唐韓偓撰，約撰於唐末天復(901－904)年間，其時韓偓為翰林學士，從昭宗西幸，梁祖以兵圍鳳翔，偓每與謀議而密記所聞見事，後回京師遭貶。
43 此無註出處，經查對，與夏樹芳《茶董》內容全同，《茶董》也無出處，疑高元濬自《茶董》轉錄。
44 鄭路：會昌(841－859)年間任監察御史、太常博士。唐制御史有三院，一曰臺院，其僚曰侍御史；二曰殿院，其僚為殿中侍御史；三曰察院，其僚稱監察御史；察院廳居南，即監察御史鄭路所葺。
45 本條資料無註出處，查其內容，當為摘自韓琬《御史臺記》。
46 本條內容，最早出自毛文錫《茶譜》，但是書早佚。經核對，本文所錄，與《升庵文集》基本相同，疑轉錄自《升庵文集》。
47 此記載，首出李肇《唐國史補》，但非據《唐國史補》和本文所註《唐史》。此內容更近轉抄自夏樹芳《茶董》。
48 荊南，中國五代時國名。高季興(858－928)，荊南國的創建者，字貽孫，本名季昌，避後唐莊宗廟諱改。陝州（今河南陝縣）人，少為汴州賈人李讓家僮，後歸朱溫，曾改姓朱。朱溫建後梁，任宋州刺史、荊南節度使，謀兵自固，割據一方，史稱荊南國。後唐莊宗時奉朝請，封南平王，故荊南又稱南平。明宗立，攻之不克，乃臣於吳，冊為秦王。在位五年，卒謚武信。
49 此無書出處，夏樹芳《茶董》全同，疑錄自《茶董》。
50 此條內容，與《茶董》文字全同。
51 本條無書出處，疑按《墨客揮犀》原文摘錄。
52 本條疑據《茶董》轉錄。
53 何子華：明宣城人，洪武（1368－1398）年間任揚州知府。
54 本條內容，與夏樹芳《茶董》內容完全相同。
55 賈青：元豐（1078－1085）年間任福建路運使兼提舉監事。
56《江鄰幾雜志》為北宋江休復所撰，共三卷。江為歐陽修之執友，其所記精博，絕人遠甚，鄰幾為其字也。此書又名《嘉祐雜志》。
57 杭州營籍周韶：即北宋杭州能詩名妓周韶。
58 本條記述，首見於《詩女史》。
59 黃實：“實”亦寫作“寔”，宋陳州人。字師是，一字公是。舉進士，歷司農主簿，提舉京西、淮東常平。哲宗朝為江淮發運副使。徽宗時，擢寶文閣待制，知瀛州、定州，卒於官。與蘇轍、蘇軾友，兩女皆嫁軾子。

60 米元章：即米芾，元章是其字，號襄陽漫士、海岳外史、鹿門居士等。世居太原，遷襄陽，人稱米襄陽，後定居潤州（今江蘇鎮江）。徽宗時召為書畫學博士，歷太常博士、禮部員外郎等職，人稱米南宮。因舉止癲狂，時號“米癲”。能詩文，擅書畫，精鑒別。其行、草書得力於王獻之，與蔡襄、蘇軾、黃庭堅合稱“宋四家”。畫作以山水為主，不為傳統所拘，多用水墨點染，自言“信筆作之”，“意似便已”，有“米家山”、“米氏雲山”和“米派”之稱。今存書法作品有《苕溪詩》、《向太后挽詞》等，畫作《溪山雨霽》、《雲山》等。著有《書史》、《畫史》、《寶章待訪錄》、《山林集》等。

61 本條內容疑轉抄自夏樹芳《茶董》。

62 本條內容無出處，疑摘抄自徐𤊹《茗譚》。

63 廖明略，即廖正一，明略是其字。安陸人。元豐己未年（1079）進士，元祐中召試館職，東坡大奇之，俄除正字。紹聖初貶信州。晚登蘇軾門，與黃庭堅為友。有《竹林集》三卷。

64 黃、秦、晁、張：即黃庭堅、秦觀、晁補之和張來四人。

65 李易安：即李清照（1084－約1151），號易安居士。趙明誠妻。有《易安居士集》，已佚。今輯本有《李清照集》。

66 本條內容，無書出處，查有關引文，與夏樹芳《茶董》所引內容全同。

67 杜育（？－約316）：字方叔，襄城鄧陵人。幼時號“神童”，及長，風姿才藻卓爾，時人號曰“杜聖”。惠帝時，附於賈謐，為“二十四友”之一。官國子祭酒，汝南太守，洛陽將沒時被殺。

68 顧況：唐蘇州人，字逋翁，肅宗至德二年(757)進士。善詩歌，工畫山水，初為江南判官。後曾任秘書郎、著作郎。因作《海鷗詠》，嘲誚權貴，被劾貶饒州司戶，遂棄官隱居茅山，號稱華陽山人。有《華陽集》。

69 吳淑（947－1002）：字正儀，潤州丹陽（今江蘇鎮江）人。南唐時曾作內史，入宋薦試學士院，授大理評事，累遷水部員外郎。太宗至道二年，兼掌起居舍人事，再遷職方員外郎。預修《太平御覽》、《太平廣記》、《文苑英華》。善書法，有集及《說文五義》、《江淮義人錄》、《秘閣閒談》等。

70 王微（415－453）：字景玄，一作景賢，琅邪臨沂（今屬山東）人。善屬文，能書畫，解音律，通醫術。吏部尚書江湛薦為吏部郎，不受聘。曾與顏延之同朝為太子舍人，歿贈秘書監。性好山水，著有《(敘）畫》一篇。

71 王昌齡(609？－756？)：字少伯，京兆萬年(今陝西西安)人。開元十五年進士，授秘書省校書郎，後改汜水尉，二十七年遷江寧丞。晚年貶龍標（今湖南洪江西）尉，因世亂還鄉，為亳州刺史閭丘曉所殺。開元、天寶間詩名甚盛，有“詩家夫子王江寧”之稱。後人輯有《王昌齡集》，另有《詩格》二卷，今存於《吟窗雜錄》。

72 劉言史（？－812）：邯鄲（一說趙州）人。少尚氣節，不舉進士。與李賀、孟郊友善。初客鎮冀，王武俊奏為棗強令；辭疾不受，人因稱為劉棗強。後客漢南，李夷簡（漢南節度使）辟為從事。尋卒於襄陽。有詩集。

73 常李亦清流：“常”指常伯熊，《新唐書・陸羽傳》：“有常伯熊者，因羽論，復廣著茶之功。”“李”指御史李季卿，宣慰江南時，每至一地，常召見精於茶事者，了解和一起探討茶藝。

74 天隨翁：即陸龜蒙，號江湖散人、天隨子。

75 《求惠山泉》：此詩也是蘇軾作。

76 陳淵（？－1145）：字知默，世稱默堂先生。初名漸，字幾叟。宋南劍州（今福建南平）沙縣人。早年從學於二程，後師楊時。高宗紹興五年（1135），以廖剛等言，充樞密院編修官。七年以胡安國薦，賜進士出身。九年監察御史，尋遷右正言，入對論恩惠太濫。言秦檜親黨鄭億年有從賊之醜，為檜所惡。主管台州崇道觀，有《墨堂集》。

77 謝邁（？－1116）：字幼槃，號竹友。宋撫州臨川人，謝逸弟。工詩文，兄弟齊名，時稱二謝。嘗為漕司薦，報罷。以琴棋詩酒自娛，有《竹友集》傳世。

78 李咸用：唐代人，舉進士不第，嘗應辟為推官。有《披沙集》傳世，《全唐詩》錄其詩三卷。

79 秦韜玉：字中明，唐代湖南人。因與宦官交通，為士大夫所惡，屢舉不第。黃巢攻長安，隨僖宗入蜀，歷任工部侍郎、判鹽鐵等職。詩以七律見稱，詩風則淺近通俗，有《秦韜玉詩集》，為明人所輯。

80 崔珏：字夢之，大中時登進士第。咸通中佐崔鉉荊南幕，被薦入朝為秘書郎。歷淇縣令，官終侍御。其詩傳於世者皆為七言，歌行氣勢奔放，寫景生動；律詩委婉綺麗，富有情韻。《全唐詩》收其存詩十五首。

81 溫庭筠（812？－870？）：一作廷筠，又作庭雲。本名歧，字飛卿，太原祁（今山西祁縣）人。生性放蕩不羈，好嘲諷權貴，為執政者所惡，因之屢試不第。大中十三年(859)出為隋縣尉，後為方城縣尉，官終國子助教，故後人又稱“溫助教”。有詩名，與李商隱合稱“溫李”，又精通音律，善於填詞，被奉為花間派詞人之鼻祖。今傳後人所輯《溫庭筠詩集》、《金荃詞》。

82 陳襄（1017－1080）：字述古，人稱古靈先生。福州侯官人。慶曆進士，任浦州（今四川萬縣）主簿，神宗時任侍御史。後因反對新法出知陳州，終官樞密直學士兼侍讀。其詩自然平淡，為文格調高古，有《古靈集》。

83 黃裳（1044－1130）：字冕仲，一作勉仲，自號紫玄翁。南劍州南平縣人。神宗元豐五年（1082）進士第一。徽宗時以龍圖閣學士知福州，累遷端明殿學士、禮部尚書。曾上書三舍法宜近不宜遠，宜少不宜老，宜富不宜貧，不如遵祖宗科舉之制，人以為確論。喜道家玄秘之書。卒謚忠文。有《演山集》。

84 本詩及下面《答錢顗茶詩》和《試院煎茶》三詩，均為蘇軾作。

85 錢顗：字安道，常州無錫人。仁宗慶曆六年（1046）進士。英宗治平末，為殿中侍御史。兩年後被貶為監衢州稅，臨行於眾中責同列孫昌齡媚事王安石。後徙秀州。蘇軾有詩云：“烏府先生鐵作肝”，世因之目為鐵肝御史。

86 《詠茶》和上面《雙井茶寄東坡》，黃庭堅作。

87 錢穆父（1034－1097）：即錢勰，穆父是其字，一作穆甫。杭州臨安人，宋書法家，工行、草書，傳世有《跋先起居帖》。與蘇軾遊。

88 張耒（1054－1114或稍前）：字文潛，自號柯山，世稱宛丘先生。楚州淮陰人。熙寧六年（1073）進士，曾任太常少卿等職。工詩賦散文，為“蘇門四學士”之一。有《宛丘集》、《張右史文集》、《柯山詞》、《明道雜志》、《詩說》等。

89 道原：宋代法眼宗僧。嗣天台德韶國師之法，為南嶽第十世，住蘇州承天永安院。撰《景德傳燈錄》一書，宋真宗景德元年（1004）奉進，敕入藏。或謂該書本為湖州鐵觀音院僧拱辰所撰，後被道原取去上進。

90 鄧肅（1091－1132）：字志宏，宋南劍州沙縣人。徽宗時入太學，因曾賦詩諷貢花石綱事，被摒出學。欽宗立，授鴻臚主簿。金兵攻宋，受命詣金營，留五十日而還。後擢右正言，三月內連上二十疏，言皆切當，多被採納。後因觸怒執政，罷歸。有《栟櫚集》傳世。

91 白玉蟾（1194－？）：即葛長庚，字白叟、以閱、眾甫，又字如晦，號海瓊子，又號海蟾、瓊山道人、武夷散人、神霄散人。宋閩清人，家瓊州，入道武夷山。初至雷州，繼為白氏子，自名白玉蟾。博覽羣書，善篆隸草書，工畫竹石。寧宗喜定中詔徵赴闕，對稱旨，命館太乙宮。據傳他常往來名山，神異莫測。詔封紫清道人，有《海瓊集》、《道德寶章》、《羅浮山志》、《武夷集》、《上清集》、《玉隆集》等。

92 楊邦基（？－1181）：字德懋，華陰（治所在陝西華陰）人。能文善畫。金熙宗天眷二年（1139）進士。為太原交城令時，太原尹徒單恭貪污不法，託名鑄金佛，命屬縣輸金，邦基獨不與，廉潔自持，為河東第一，官至永定軍節度使。

93 釋德洪（1071－1128）：即慧洪，臨濟宗黃龍派僧。瑞州（江西高安）人，俗姓喻（或謂彭、俞）。字覺範，號寂音尊者。著述極豐，有《林間錄》、《禪林僧寶傳》、《高僧傳》、《冷齋夜話》、《石門文字禪》等。

94 岑參（715？－769或770）：江陵（今湖北荊州）人。天寶三載（744）進士，授右內率府兵曹參軍。安史之亂後任右補闕，官至嘉州刺史，世稱岑嘉州。其詩與高適齊名，世稱“高岑”，同為唐代邊塞詩的代表者。從軍多年後，多寫戎馬生活和壯奇的塞外風光，有《岑嘉州詩集》，存詩三百九十多首。

95 炙花晡：《全唐詩》註：“焙人以花為晡”。

96 謝堰碇：《全唐詩》註：“《劉孝威集》有《謝堰碇啟》”。

97 鄭愚（？－887）：番禺（今廣東廣州）人。開成二年（837）登進士第，曾任監察御史、左補闕。歷西川節度判官、商州刺史、桂管觀察使、嶺南西道節度使、禮部侍郎知貢舉、嶺南東道節度使、尚書左僕射。鄭愚博聞強記，兼通內典，留心釋教，曾與僧惠明等論佛書而著成《棲賢法雋》一書，今佚。《全唐詩》、《全唐文》均收其詩文。

98 袁樞（1131－1205）：字機仲，建安（今福建建甌）人。隆興元年（1163）禮部試詞賦第一。乾道九年（1173）出任嚴州教授。後被召還臨安（今浙江杭州），歷任國史院編修、大理少卿、工部侍郎等。著《通鑒紀事本末》，以《資治通鑒》為藍本，分事立目，創紀事本末體史書。

99 趙抃（1008－1084）：字閱道，一作悦道，號知非子，衢州西安（今浙江衢縣）人，仁宗景祐元年（1034）進士，為武安軍節度推官。景祐初官殿中侍御史，彈劾不避權貴，人稱“鐵面御史”。歷知睦、虔等州。神宗即位，任參知政事。後因反對新法，罷知杭州等地。卒謚清獻。善詩文，其詩多酬贈之作，諧婉多姿，語言富艷；其文則論事痛切，條理分明。有《趙清獻集》，詩文各五卷。

100 林希逸：字肅翁，號鬳齋，宋福州福清人。理宗端平二年（1235）進士，工詩，善書畫。淳祐中，為秘書省正字。景定中，遷司農少卿。官終中書舍人。有《易講》、《考工記解》、《鬳齋續集》、《竹溪十一藁》等。

101 謝故人寄新茶：《全唐詩》和有的版本，就簡作《故人寄茶》。本詩一作李德裕作。

102 曹鄴：字鄴之，一作業之，桂州陽朔（今廣西桂林）人，一説銅陵（今屬安徽）人。大中四年（850）進士，受辟為天平節度使推官。後歷遷太常博士、祠部郎中、洋州史。為人正直，不附權貴。詩風古樸，多諷時憤世之作，並多採民謠口語入詩，通俗易曉。有《曹祠部詩集》傳世。《全唐詩》錄其詩兩卷一百零八首。

103 王禹偁（954－1001）：字元之，濟州巨野（今山東巨野）人。太平興國八年進士。曾任右拾遺、左司諫、翰林學士知制誥。遇事敢言直諫，後屢以事貶官；最後死於黃州（今湖北黃岡），世稱王黃州。有《小畜集》、《小畜外集》、《五代史闕文》等傳世。

104 張籍（約767－約830）：字文昌，吳郡人，寓居和州（今安徽和縣）烏江，。德宗貞元十五年進士，憲宗元和元年，補太常寺太祝，十年不得升遷，家貧，有眼疾，孟郊嘲為“窮瞎張太祝”。後累遷水部員外郎，國子司業，也稱張司業和張水部。長於樂府詩，頗得白居易推崇，與王建齊名，稱“張王”。有《張司業集》傳世。

105 韋處厚（773－829）：字德載，京兆萬年人。本名淳，避憲宗諱改。元和元年進士，初為秘書郎，遷右拾遺。穆宗時召入翰林，為中書舍人。敬宗立，拜兵部侍郎。文宗即位，以中書侍郎同中書門下平章事監修國史，封靈昌郡公。在相位時，以理財制用為本，撰《大和國計》。性嗜文學，奉詔修《元和實錄》，不久卒。

106 龍牙（835－923）：撫州南城人，世稱龍牙居遁禪師，俗姓郭。十四歲於吉州滿田寺出家。復於嵩嶽受戒，後遊歷諸方。初參謁翠微無學與臨濟義玄，復謁德山，後禮謁洞山良价，並嗣其法。其後受湖南馬氏之禮請，住持龍牙山妙濟禪苑。號“證空大師”。五代後梁龍德三年圓寂，世壽八十九。

107 趙若槸：字自木，號霽山。宋建寧崇安（今福建武夷山）人。度宗咸淳十年（1274）登第。善詩，尤工音律。入元不仕。生性倜儻，獨嗜吟詠，流連山水間，有《澗邊集》。

108 盧綸（737？－799？）：字允言，祖籍范陽（今河北涿縣），後遷居蒲州（今山西永濟西）。大曆中由王縉薦為集賢學士、秘書省校書郎。後任河中渾瑊元帥府判官，官至檢校戶部郎中。為“大曆十才子”之一，詩多為酬贈及邊塞之作，後者歌頌邊防將士之英勇，反映士卒之痛苦。感情激昂慷慨，風格雄壯，五言、七絕、七古皆工，為十才子之首。今有明人輯《盧綸集》傳世。

109 薛濤（760－832）：亦作薛陶，字洪度，長安人。幼隨父入蜀，父死淪為歌妓，貌美能詩，時稱女校書。晚年居成都浣女溪，好作女道士裝束。創製深紅色小彩箋，世稱薛濤箋。與元稹、王建、張籍、白居易等交遊酬答。詩作情調悲涼傷感，構思新穎奇巧。原集已佚，明人輯有《薛濤詩》一卷。

110 施肩吾：字希聖，號棲真子、華陽真人。睦州分水（今浙江桐廬）人。曾居吳興（今浙江湖州）及常州武進，故亦稱吳興人或常州人。元和十五年（820）登進士第，不待授官即東歸故里，後隱居洪州西山（今江西新建西，一名南昌山），學神仙之道。其詩多寫隱逸之趣及山林景色，也有不少是艷情之作。尤工七絕，少數樂府詩描寫戰爭給人民帶來的痛苦，抒發對現實的不滿，語言樸實，情感激烈。有《西山集》（即《施肩吾集》）五卷，已佚。

111 《謝朱常侍寄貺蜀茶》：《全唐詩》原題為《謝朱常侍寄貺蜀茶剡紙二首》，因本文只錄其寄蜀茶詩，故亦未提剡紙。

112 崔道融（？－907？）：自號東甌散人，荊州（今湖北江陵）人，嶺南節度使崔表子。昭宗時，出任永嘉縣令，後避亂入閩，召任右補闕，未赴而卒。嘗遍遊今陝西、湖北、河南、江西、浙江、福建等地。本性高奇，富文才，與司空圖、方干等詩人交往唱酬。尤工五絕，作品多為詠史懷古、題詠寫景之作。《全唐詩》錄其詩七十九首，編為一卷。

113 成文幹：即成彥雄，文幹是其字。江南人。南唐進士，仕履無考。好為寫景詠物之詩，尤擅絕句。有《梅嶺集》（一作《梅頂集》）五卷，佚。《全唐詩》錄其詩二十七首為一卷。

114 楊嗣復（783－848）：字繼之，小字慶門，行三，弘農（今河南靈寶北）人，生於揚州。貞元十八年（一說貞元二十一年）進士。元和年間嘗任右拾遺、直史館、太常博士、刑部員外郎、禮部員外郎、吏部郎中、兵部郎中、中書舍人等。文宗即位後，拜戶部侍郎，後曾出為劍南東川節度使、劍南西川節度使等。與牛僧孺、李宗閔、李珏朋相黨，排擠異己。武宗立，出為湖南觀察使。會昌元年（841）貶潮州史。大中二年（848），以吏部尚書徵召，卒於岳州。謚孝穆。善詩文，深於禮學。與白居易、劉禹錫、楊汝士等相酬唱。《全唐詩》有錄其存詩；《全唐文》載其文六、七篇。

115 林逋（974－1020）：字君復，錢塘（今浙江杭州）人。性恬淡好古，不趨名利，隱居西湖孤山，終身不仕不娶，種梅養鶴，人稱"以梅為妻，以鶴為子"，死後謚為"和靖先生"。工書畫，喜作詩，多寫清苦幽靜的隱居生活和西湖風景，亦以詠梅著稱。詩風淡遠，長於五七言律詩。有《林和靖先生詩集》。

116 杜小山：即杜耒，字子野，小山是其號。南宋盱江（在今江西南城東南）人。有詩名，理宗嘉熙（1237－1238）時，為山東"忠義"李全部屬誤殺。

117 杜耒《即事》有二首，此錄其一，另首也提及茶事，附此供參考："一閒殊足藥，物物入吾詩。雨過苔逾碧，風來竹屢欹。日長思睡急，磨老出茶遲。近得邊頭信，今當六月師。"

118 邵雍（1011－1077）：字堯夫，謚康節。其祖范陽人，幼隨父遷共城（今河南輝縣）。屢授官不赴，隱於蘇門山百源之上，後世稱為百源先生。其後遷居洛陽，與司馬光、呂公著等過從甚密。為理學象數派的創立者。著作有《皇極經世》、《觀物內外篇》、《漁樵問對》及詩集《伊川擊壤集》。

119 了元（1032－1098）：字覺老，饒州浮梁（今江西景德鎮）人，俗姓林。號佛印，故又稱佛印了元。先從寶積寺日用出家，受具足戒，遍參諸師。十九歲，入廬山開先寺，列善暹之法席。又參圓通之居訥。長於書法，能詩文，尤善言辯。二十八歲，住江州承天寺，凡歷道場九所，道化不止。當時名士蘇東坡、黃山谷等均與之交善，以章句相酬酢。歷住潤州金山、焦山、江西大仰、雲居。《禪林僧寶傳》有其傳。神宗欽其道風，特賜高麗磨衲、金鉢，贈號"佛印禪師"。元符元年（1098）正月圓寂，世壽六十七，法臘五十二。有語錄行世。

120 羅願（1136－1184）：字端良，號存齋。宋徽州歙縣人，羅汝楫子。早年以蔭補承務郎。孝宗乾道二年（1166）進士。歷知鄱陽縣、贛州通判、攝州事、知南劍州、知鄂州。博學好古，長於考證。文章高雅精練，為朱熹、楊萬里、馬廷鸞等人推重。有《爾雅翼》、《新安志》、《鄂州小集》。

121 周必大（1126－1204）：字子充，一字洪道，號省齋居士，晚號平園老叟。宋吉州廬陵（今江西吉安）人。紹興二十一年（1153）進士。授徽州戶曹，累遷監察御史。孝宗即位，除起居郎，應詔上十事，皆切時弊。後歷任樞密使、右丞相及左丞相。光宗時，封益國公。遭彈劾，出判潭州。寧宗初，以少傅致仕。卒謚文忠。工於詞，有《玉堂類稿》、《玉堂雜記》、《平園集》、《省齋集》等八十一種。

122 李南金：近出《中國茶文化經典》，將本詩列為羅大經作，誤。李南金，宋樂平（治所初設今江西樂平縣東）人，字晉卿，自號三谿冰雪。紹興二十七年（1157）進士，授光化軍教授。登第後書師以冠裳寫真趣詩稱“落魄江湖十二年，布衫闊袖裹風煙，如今各樣新裝束”，說明其及第前生活貧困。《鶴林玉露》稱其詩詞“清婉可愛”，其“茶聲”詩千年傳誦不斷。

123 羅大經：宋吉州廬陵（今江西吉安）人，字景綸。理宗寶慶二年進士。歷容州法曹掾、撫州軍事推官，坐事罷。有《鶴林玉露》。

124 蔡松年（1107－1159）：字伯堅，號蕭閒老人，金真定（今河北正定）人。父蔡靖宋宣和末年守燕山府，後降金。蔡松年亦隨父入金，任真定府判，後官至右丞相，加儀同三司，封衛國公。工詩，風格清俊，部分作品流露出仕之悔恨。亦工詞，與吳激齊名，時稱“吳蔡體”。有詞集《明秀集》，魏道明註。今《中州集》中存詩五十九首，《中州樂府》存詞十二首。

125 高士談（？－1146）：字子文，一字季默。宋宣和末年任（忻）州戶曹，入金後官至翰林直學士。金皇統六年（1146），因宇文虛中案被捕，二人亦同時被殺。其詩多表達對故國的懷念，悲憤抑鬱。今《中州集》有其存詩三十首。

126 党懷英（1134－1211）：字世傑，號竹溪。原籍馮翊（今陝西大荔）人，後徙奉符（今山東泰安）。少時與辛棄疾同師劉瞻，屢應舉不第。後於金世宗大定十年（1170）應試中第，歷官翰林待制兼同修國史，出為泰定軍節度使，官至翰林學士承旨。能詩善文，兼工書法，趙秉文謂其詩如陶謝，文如歐陽修。有《竹溪集》。今《中州集》中存詩六十四首，《中州樂府》中存詞五首。

127 程宣子：宋代人。《茶夾銘》，銘是文體的一種，隨著茶文化的發展，也成為茶葉詩文中的一種體裁。如李卓吾也有《茶夾銘》傳世。其形式為每句四字。

128 湯説：“説”，一作“悦”，即殷崇義，陳州（今河南）西華人，唐南保大十三年進士。曾任右僕射，入宋避趙匡胤名諱，改姓名為湯悦。頌也為古時一種文體，“森伯”，即指茶。《森伯頌》見陶谷《茗荈錄》引。

129 權紓：唐人。

130 孫樵：唐散文家。字可之，一作隱之，關東人。大中九年（855）登進士第，遷中書舍人。黃巢入長安，隨僖宗奔岐隴，遷職方郎中。

131 黃廷堅：即黃庭堅。

132 此處刪節，見唐代陸羽《茶經》。

133 《煮茶泉品序》，“泉”字，《全宋文》作“小”字，現存其他各版本，只有宛委山堂《説郛》本等少數幾種取“小”字，一般都用“泉”字，或作《述煮茶泉品》、《煮茶泉品》等名。一般都不提“序”字，此當不是“小品”或“泉品”全文，疑是其前言或序。原文不分段。此處刪節，見宋代葉清臣《述煮茶泉品》。

134 此處刪節，見宋代蔡襄《茶錄》。

135 此處刪節，見宋代蔡襄《茶錄》。

136 此處刪節，見宋代黃儒《品茶要錄 · 總論》。

137 此處刪節，見宋代趙佶《大觀茶論 · 序》。

138 此處刪節，見唐代張又新《煎茶水記》。

139 此段前刪“《經》云：茶有千萬狀”至“皆茶之瘠老也”，見唐代陸羽《茶經》。此段後續有兩段刪節，見明代張源《茶錄》“湯辨”及“湯用老嫩”條。

140 關於茶墨相較，蘇軾在多篇文章中提及，很多茶書，如聞龍《茶箋》等也有輯述，這段內容非輯自一書，乃由高元濬摘合諸説而成。下輯拾遺，很多屬這一類，其文非出一書一處，可以視為高元濬自己輯綴的內容。

141 這條內容，疑據徐㶿《蔡端明別紀》摘寫。

142 這條內容，疑輯自《茶解 · 品》。

143 本段內容，非出自《茶記》，係全文照錄屠本畯《茗笈 · 品泉章 · 評》。

144 以上兩段內容，出自徐獻忠《水品 · 六品》。

145 本段內容據徐獻忠《水品 · 揚子中泠水》摘錄，基本全同。

146 “掘地得之”以上內容，出自徐獻忠《水品 · 金陵八功德水》，下面二句，為高元濬從他處補加。

147 此上三條，疑摘自金陵（今南京）有關地誌。

148 以上內容，均見明代田藝蘅《煮泉小品》。

149 此條和下條內容，為高元濬據當地有關地誌而寫，如這裏蔡襄守福州時汲龍腰泉內容，即取之《三山誌》。

校　記

① 本書有脱頁，此前文已不存。

② 附："茶乘拾遺"及"上篇"、"下篇"，底本目次上無錄，本書編校時補加。

③ 泰寧："泰"字，底本作"太"，誤，逕改。

④ 本段文前和文後，都未註明出處。本文凡未註明出處的內容，除少數是屬於疏漏外，其他基本上都是高元濬從一本或幾本茶書的有關部分選輯和綜合組織而成的。如本段內容，即是以摘抄屠本畯《茗笈》所引《茶疏》資料為主，插進高元濬從其他書中輯錄的如"虎丘山窄，歲採不能十斤"、"龍井之山，不過十數畝，此外有茶，皆不及也"等組合而成的。以後凡無出處的條文，我們一般不作校也不在校記中一一詳加説明，對於其摘抄資料，能查出其變動和不同來源的，擬在頁下註中略誌提供參考。

⑤ 宋子安："宋"字，底本作"朱"，誤，逕改。

⑥ 許次紓："紓"字，底本作"杼"，誤，逕改。

⑦ 欲全香、味與色，妙在扇之與炒，此不易之準繩：這句內容，係據屠本畯《茗笈·第四揆製章·評》縮寫。原文為"必得全色，惟須用扇；必全香味，當時焙炒。此評茶之準繩，傳茶之衣鉢。"

⑧ 《茶錄》："錄"底本誤作"疏"，逕改。

⑨ 張源《茶錄》："錄"字，底本作"解"字，查原文，非是《茶解》而是張源《茶錄》內容，高元濬此條未看《茶解》，而是轉抄屠本畯《茗笈》造成的傳訛。將這條內容由"茶錄"誤作"茶解"的始者，為屠本畯《茗笈》。

⑩ 《茶疏》："疏"字，底本作"錄"字。校時，諸《茶錄》均不見，唯存許次紓《茶疏·煮水器》中。逕改。高元濬此誤，是自己未查核原書，轉引《茗笈》所致。是《茗笈》首先將《茶疏》內容誤作《茶錄》的。《茗笈》引錄《茶疏》時，將最後第二句"銚中必穿其心"，簡作"製必穿心"。餘全同。

⑪ 《茶説》也即屠隆《茶箋》無此內容。此條內容和出處，本文完全照《茗笈》轉抄，張源《茶錄·點染失真》中有茶自有真香、真色、真味，"茶中著料，碗中著果，皆失真也"之句，但沒有《茗笈》和本文所錄的"譬如玉貌加脂，蛾眉著黛，翻累本色"這後面幾句。不知《茗笈》究據何書所錄？存疑。

⑫ 竹編為方箱，用以收茶具者：錢撰顧校《茶譜》"器局"名下，無上刊十一字，與本文其他六具説明一樣，為高元濬所加。

⑬ 即《茶經》支腹也："茶"字，底本音訛刊作"竹"字，逕改。

⑭ 人有力、悦志："人"之前，陸羽《茶經》還多一"令"字，本文疑脱。

⑮ 荊巴間採葉作餅："葉"字，《太平御覽》卷八六七引文作"茶"字。

⑯ 先炙令赤色："令"字，底本作"冷"字，逕改。

⑰ 所服藥有松、蜜、薑、松、桂、茯苓之氣：底本此處明顯有衍誤。陸羽《茶經》引《藝術傳》此句作"所服藥有松、桂、蜜之氣"。

⑱ 湖、常二縣："常"字，底本音訛作"長"，據毛文錫《茶譜》改。

⑲ 本段內容，雖註有出處，但也非原文照錄。如本文"至處惟茶是求，或飲百碗不厭"，即有改動刪節。《南部新書》原文為："至處唯茶是求，或出亦日遇百餘碗，如常日，亦不下四、五十碗。"

⑳ 《茶譜》：此指毛文錫《茶譜》。經查，此則內容，高元濬不是直接據吳淑《事類賦註》原引輯錄，而是轉抄自陳繼儒《茶董補》。與吳淑《事類賦註》等引文差異較大，文字與《茶董補》內容全同。

㉑ 自奉以萱草帶："草"字，本文原稿作"華"字，誤，據其他引文改。

㉒ 本段內容，毛文錫《茶譜》就已有引，但查對文字，本文與《茶譜》差異較大，與後來《雲仙雜記》

的引文及其系脈所傳的記載相近，係輯或轉輯自《雲仙雜記》及有關引文。
㉓ 日試其藝，呼為湯神："藝"字，底本作"茶"，參照其他引文改。"呼為湯神"，一般引文都無此四字。
㉔ 能注湯幻茶成將詩一句："將"字，疑為衍字。
㉕ 鮑令暉《香茗賦》："鮑"字，底本作"曹"字，疑誤，逕改。
㉖ 如羅玳筵："如"字前，《全唐文》還多有"至"字，作"至如羅玳筵"。
㉗ 所獻愈艱勤。未知供御餘：在兩句之間，本文還省略"況減兵革困，重茲固疲民"兩句。
㉘ 在"誰合分此珍"之下，本文又省略最後四句："顧省忝邦守，又慚復因循。茫茫滄海間，丹憤何由申。"
㉙ 咄此蓬瀛客，無為貴流霞："客"、"為"字，《全唐詩》作"侶"字和"乃"字。
㉚ 未任供春磨："春"字，底本誤作"白"字，據《蘇軾詩集》改。
㉛ 千團輸大官："團"字，《蘇軾詩集》作"困"字。
㉜ 謝薖：底本作"謝邁"，誤，逕改。
㉝ 祛滯亦稍稍："滯"字，底本原作"帶"字，據《竹友集》改。
㉞《飲茶歌誚崔石使君》："誚"字，底本形誤作"請"字，據《全唐詩》改。
㉟ 孰知茶道全爾真："爾"字，底本作"汝"字，據《全唐詩》改。
㊱《飲茶歌送鄭容》："容"字，底本作"客"，據《全唐詩》改。
㊲ 攪時繞箸天雲綠："箸"字，本文底本原誤作"筯"字，逕改。
㊳ 間教鸚鵡啄窗響："響"字，底本作"請"，據《全唐詩》改。
㊴ 移時卻坐推金箏："移"字，《全唐詩》作"臺"，一作"前"字。
㊵ 仙翁白扇霜鳥翎："鳥"字，底本作"烏"字，據《全唐詩》改。
㊶ 建安三千五百里：《宋詩鈔》、《全宋詩》等各本，無"五百"二字，疑高元濬收時加。
㊷ 泉甘器潔天色好：底本"器"作"氣"，"色"作"然"，據《全宋詩》等改。
㊸ 亦使色味超塵凡："色"字，底本作"氣"字，據《全宋詩》、《演山集》改。
㊹ 今看茶龍堪行雨："堪"字，底本作"解"，據《演山集》原詩改。
㊺ 廚中蒸粟堆飯瓮："堆"字，底本作"埋"字，據《蘇軾詩集》改。
㊻ 畫舫何妨宿太湖："畫"字，底本形誤作"盡"，據《全宋詩》等改。
㊼ 口不能言心自省。雪花雨腳何足道：在"省"字和"雪"字之間，本文略或脫"為君細說我未暇……骨清肉膩和且正"三句42字。"雪"字，底本原作"雲"字，據《全宋詩》等改。
㊽ 體輕雖復強浮沉："沉"字，底本作"泛"字，據《全宋詩》等改。
㊾ 透紙自覺光炯炯："光"字，底本形誤作"先"字，據《全宋詩》等改。
㊿ 年來病懶百不堪："病懶"，底本作"懶病"，據《欒城集》、《全宋詩》改。
51 晁子胸中開典禮："開"字，底本作"間"字，據《全宋詩》等改。
52 肥如瓠壺鼻雷吼："肥"字，底本作"肌"字，據《全宋詩》等改。
53 堆胸磊塊一澆散："塊"字，底本作"落"字，據《栟櫚集》等改。
54 故人氣味茶樣清："樣"字，底本作"操"字，據《誠齋集》等改。
55 麴生勸人墜巾幘："勸"字，底本作"勒"字，據《誠齋集》等改。
56 身輕便欲登天衢："身"字，底本作"自"字，據《宋之詩會》、《石倉歷代詩選》改。
57 裒：底本作"哀"，據《松陵集》改。
58 一一輸膏粱："粱"字，底本形誤作"梁"，逕改。
59 奇香襲春桂："襲"字，底本作"籠"字，據《全唐詩》等改。
60 維憂碧粉散，煎覺綠花生："維"字、"粉"字，底本作"羅"字、"柳"字，據《全唐詩》改。"煎覺"，《全唐詩》作"常見"。
61 萌芽先社雨："先"字，底本作"元"字，據《全宋詩》等改。
62 吟苦更長了不知："不"字，底本作"了"字，據《清獻集》改。
63 卻憶高人不同試，暮山空翠共無言："試"字、"暮"字，底本作"識"字和"莫"字。據《石門文字禪》改。

(64) 睡後煎茶：《全唐詩》題作《睡後茶興憶楊同州》。本文是摘錄，刪“昨晚飲太多……偶然得幽致”開頭四聯。

(65) 本詩原未書作者，按前例，上一首詩為王禹偁作，本詩也當理解為王禹偁作。但經查，實際為文同作，逕補。

(66) 日調金鼎閱芳香：“日”字，底本作“自”字，據《全唐詩》逕改。

(67) 生拍芳叢鷹嘴芽：“生”字，底本作“坐”字，據《全唐詩》改。

(68) 紅紙一封書後信：“紙”字，底本作“細”字，據《全唐詩》等改。此為全詩的第二句，前刪“故情周匝向交親，新茗分張及病身”句。

(69) 末下刀圭攪麴塵：此為全詩倒數第二句，下刪“不寄他人先寄我，應緣我是別茶人”兩句。

(70) 答友人寄新茶：“人”字，底本原闕，據《全唐詩》補。

(71) 穿雲摘盡社前春，一兩平分半與君：“社”字和“一”字，底本作“岫”字和“半”字，據《全宋詩》改。

(72) 詞：本文原稿闕，據文前“目次”補。

(73) 文苑：本文原稿脱，據文前目次補。

(74) 前得安豐乾薑一斤、桂一斤、黃芩一斤：《太平御覽》卷867引作“前得安州乾茶二斤、薑一斤、桂一斤”，無“黃芩一斤”。安“州”的州，疑誤，晉時尚未設安州。

(75) 遠餉新茗，當自攜大瓢：“茗”，《誠齋集》作“茶”。本文是節錄，在“茗”字和“當”字之間，本文還省和略“所謂元豐至今人未識者，老夫是已敢不重拜”共18字。

(76) 嘟恩敢同於嘗酒：“嘗”字，底本作“膏”字，據《全唐文》改。

(77) 《鬥茶說》：各書均作《鬥茶記》。本文所錄《鬥茶說》，內容雖全摘自《鬥茶記》，但前後內容錯亂刪略，與原文篇幅面貌均有不同。

(78) 將茶瓶口朝下：“口”字，底本形誤作“日”字，逕改。

(79) 焙去其滋蔓之草：“焙”為“培”之形訛。此段內容不是甚麼“拾遺”，趙汝礪《北苑別錄·開畬》和夏樹芳《茗笈》等也有轉引，原文、引文均清楚隨處可查見。《茶乘》編者明明據自此二書，為之其異，瞎改亂纂，反而出誤露醜。以此句為例，《北苑別錄》原文：“每歲六月興工，虛其本，培其末（一作土），滋蔓之草、遏鬱之木，悉用除之。”《茶乘》一改，不僅不如原文清楚，甚至與原意不符，故本段內容如需參用，請逕看原文和其他引文。

(80) 雅州：“州”字，底本原誤刊作“川”字。

(81) 即今之中泠：“泠”字，本文底本原作“冷”字，逕改。下同，不出校。

茶錄

◇ 明　程用賓　撰[①]

程用賓，生平事跡不詳，由書端題名“新都程用賓觀我父著”幾字來看，“觀我”當是其字，“新都”是其所籍“徽州”的古地名。萬國鼎《茶書總目提要》說“新都”為：“古地名，三國吳置新都郡，晉改名新安，故城在今浙江淳安縣境。”並認為程用賓“大概和校刊陸羽《茶經》的新都孫大綬和新安汪士賢是同鄉。”萬國鼎此說，只是抄了臧勵龢《中國古今地名大辭典》“新安郡”辭條。晉以前的情況，後面隋唐的內容未說，隋初新都故地置歙州，尋又改新安郡，治休寧，又移治歙。唐改歙州，尋又改新安郡，旋復為歙州。隋唐新安郡，相當明包括今江西婺縣在內的南直隸徽州府地，故萬國鼎將明人延用的“新都”、“新安”古郡名簡單理解為三國、晉時治所“淳安”，是有疏誤的。經查，明時特別是嘉萬年間徽州的歙縣、婺縣、休寧、祁門等地，是我國書商較多、刻書事業較為發達的地區，所以，萬國鼎所說程用賓和汪士賢、孫大綬“是同鄉”的說法並不確切。要說“同鄉”，也不是縣而是同一個府的大同鄉，更不是甚麼“淳安人”。

程用賓《茶錄》，國內現僅見北京國家圖書館收藏的明刻本一個版本，有書目提到還有一種“京都書肆本”，未見；不知所指是中國還是日本的“京都”。關於本文的成書年代，萬國鼎在書目中稱“明刻本，前有萬曆甲辰（1604）年邵啟泰序。”近出有些茶書，據此即稱“是書也撰於這年”。這實際與萬國鼎所說原意也有出入，萬先生並沒有肯定這就是程用賓《茶錄》的成書時間。其實他本人也沒有看過是書明刻本，所說只是重複原北京圖書館所編的《館藏古農書目錄》內容。編者從邵序“共成一帙，於笥中十數春秋，未遇知己，恐人類於口舌，不以示人”這類內容來看，認為程氏《茶錄》初稿的撰成時間明顯不是“萬曆甲辰”，至少當撰於萬曆二十年（1592）或更早一些。

本書以北京國家圖書館藏程用賓《茶錄》明刻本作收，首集的十二款《摹古茶具圖贊》已見於審安老人的《茶具圖贊》，是以不錄。附集的內容，也見於孫大綬《茶經外集》，這裏所以僅存其目。

序[1]

目錄

首集十二款

摹古茶具圖贊

正集十四篇

原種　採候　選製　封置　酌泉　積水　器具　分用　煮湯　治壺　潔盞　投交　釃啜　品真

末集十二款

擬時茶具圖說

附集七篇

六羡歌 (陸鴻漸)　茶歌 (盧玉川)　試茶歌 (劉夢得)　茶賦 (吳淑)　鬥茶歌 (范希文)　煎茶賦 (黃魯直)　煎茶歌 (蘇子瞻)

首集

茶具圖贊[2]

茶具十二先生姓氏②

附圖一至十二

正集

原種

茶無異種，視產處為優劣。生於幽野，或出爛石，不俟灌培，至時自茂，此上種也。肥園沃土，鋤溉以時，萌櫱豐腴，香味充足，此中種也。樹底竹下，礫壤黃砂，斯所產者，其第又次之。陰谷勝滯，飲結瘕疾，則不堪掇矣。

採候

問茶之勝，貴知採候。太早其神未全，太遲其精復渙。前谷雨五日間者為上，後谷雨五日間者次之，再五日者再次之，又再五日者又再次之。白露之採③，鑒其新香。長夏之採，適足供廚。麥熟之採，無所用之。凌露無雲，採候之上。霽日融和，採候之次。積陰重雨，吾不知其可也。

選製

既採就製，毋令經宿。擇去枝梗老敗葉屑，以茶芽紫而筍及葉捲者上，綠而芽及葉舒者次。鍋廣徑一尺八九寸，蕩滌至潔，炊炙極熱，入茶觔許，急炒不住，火不可緩。看熟撤入筐中，輕輕團挪數遍④，再解復下鍋中，漸漸減火，再炒再挪，透乾為度。邇時言茶者，多羨松蘿蘿墩之品。其法取葉腴津濃者，除筋摘片，斷蒂去尖，炒如正法。大要得香在乎始之火烈，作色在乎末之火調。逆挪則澀，順挪則甘。經曰：茶之否臧，存於口訣。

封置

製成，盛以舊竹木器，覆藏三日，俾回未老死之勝；再復舉微火於鍋炒極乾，撤冷，篩去茶末，入新壜中，乾箬襯實，取相宜也。而以紙包所篩茶末塞其口，以花箬擰重紙封固。火煨新磚，冷定壓之，置於燥密之處，勿令露風臨日，近火犯濕。

酌泉

茶之氣味，以水為因，故擇水要焉。矧天下名泉，載於諸水記者，亦多不合。故昔人有言，舉天下之水，一一而次第之者，妄說也。大抵流動者，愈於安靜；負陰者，勝於向陽。鴻漸氏曰：山水上，江水中，井水下。山水揀乳泉石池漫流者上，瀑湧湍漱勿食。江水取去人遠者，井水取汲多者。言雖簡而意則盡該矣。

積水

世傳水仙遺人鮫綃可以積水。此語數幻。江流山泉，或限於地，梅雨，天地化育萬物，最所宜留。雪水，性感重陰，不必多貯，久食，寒損胃氣。凡水以甕置負陰燥潔簷間穩地，單帛掩口，時加拂塵，則星露之氣常交而元神不爽。如泥固封紙，曝日臨火，塵朦擊動，則與溝渠棄水何異。

器具

昔東岡子以銀鍑煮茶，謂涉於侈，瓷與石難可持久，卒歸於銀。此近李衛公煎汁調羹，不可為常，惟以錫瓶煮湯為得。壺或用瓷可也，恐損茶真，故戒銅鐵器耳。以頗小者易候湯，況啜存停久，則不佳矣。茶盞不宜太巨，致走元氣。宜黑青瓷，則益茶。茶作白紅之色，體可稍厚，不烙手而久熱。拭具布用細麻布，有三妙：曰耐穢，曰避臭，曰易乾。又以錫為小茶盒，徑可四寸許。

分用

貯茶時發，多受氛氣，不若間開，分數兩於茶盒置之。用之多寡，當準中平。茶重則味苦香沉，水勝則氣薄味淡；如水一觔，約茶八分可矣。此其大略也，若茶有厚薄，水有輕重，調劑工巧，存乎其人。

煮湯

湯之得失，火其樞機，宜用活火。徹鼎通紅，潔瓶上水，揮扇輕疾，聞聲加重，此火候之文武也。蓋過文則水性柔，茶神不吐；過武則火性烈，水抑茶靈。候湯有三辨，辨形、辨聲、辨氣。辨形者，如蟹眼，如魚目，如湧泉，如聚珠，此萌湯形也；至騰波鼓濤，是為形熟。辨聲者，聽噫聲，聽轉聲，聽驟聲，聽亂聲，此萌湯聲也；至急流灘聲，是為聲熟。辨氣者，若輕霧，若淡煙，若凝雲，若布露，此萌湯氣也；至氤氳貫盈，是為氣熟。已上則老矣。

治壺

伺湯純熟，注盃許于壺中，命曰浴壺，以袪寒冷宿氣也。傾去交茶，用拭具布乘熱拂拭，則壺垢易遁，而磁質漸蜕。飲訖，以清水微蕩，覆淨再拭藏之，令常潔洌，不染風塵。

潔盞

飲茶先後，皆以清泉滌盞，以拭具布拂淨，不奪茶香，不損茶色，不失茶味，而元神自在[5]。

投交

湯茶協交，與時偕宜。茶先湯後，曰早交。湯半茶入，茶入湯足，曰中交。湯先茶後，曰晚交。交茶，冬早夏晚，中交行於春秋。

釃啜

協交中和，分釃布飲，釃不當早，啜不宜遲，釃早元神未逞，啜遲妙馥先消。毋貴客多，溷傷雅趣。獨啜曰神，對啜曰勝，三四曰趣，五六曰泛，七八曰施。毋雜味，毋嗅香。腮頤連握，舌齒嘖嚼，既吞且嘖，載玩載哦，方覺雋永。

品真

茶有真乎？曰有。為香、為色、為味，是本來之真也。抖擻精神，病魔斂跡，曰真香。清馥逼人，沁入肌髓，曰奇香。不生不熟，聞者不置，曰新香。恬澹自得，無臭可倫，曰清香。論乾葩，則色如霜臉菱荷；論釃湯，則色如蕉盛新露；始終惟一，雖久不渝，是為嘉耳。丹黃昏暗，均非可以言佳。甘潤為至味，淡清為常味，苦澀味斯下矣。乃茶中著料，盞中投菓，譬如玉貌加脂，蛾眉施黛，翻為本色累也。

末集

茶具十二執事名說

鼎　擬經之風爐也，以銅鐵鑄之。

都籃　按經以總攝諸器而名之，製以竹篾。今擬攜遊山齋亭館泉石之具。

盒　以錫為之，徑三寸，高四寸，以貯茶時用也。

壺　宜瓷為之，茶交於此。今儀興時氏[6]多雅製。

盞　《經》言，越州上，鼎州次，婺州次，岳州次，壽州、洪州次[7]。越岳瓷皆青，青則益茶。茶作白紅之色，邢瓷白，茶色紅。壽瓷黃，茶色紫。洪瓷褐，茶色黑。悉不宜茶。

罐　以錫為之，煮湯者也。

瓢　按經剖瓠或刊木為之，今用汲也。

具列　按，經或作床，或作架，或純木純竹而製之。長三尺，闊二尺，高六寸，以列器。

火筴　按，經以鐵或熟銅製之。

籃　擬經之漉水囊也，以支盥器，用竹為之。

水方　按，經以稠木、槐、楸、梓等合之，受一斗，今以之沃盥。

巾　按，經作二枚互用，以潔諸器。

萬曆戊戌上已日夢墩樵生書

下附圖“銅鼎、都籃、錫盒、陶壺、磁盞、錫罐、瓠瓢、銅筴、竹籃、水方、麻巾”十一幅[3]。

銅鼎

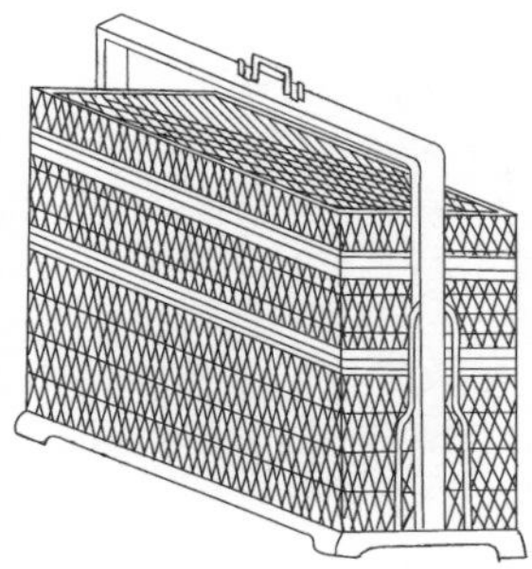

都籃

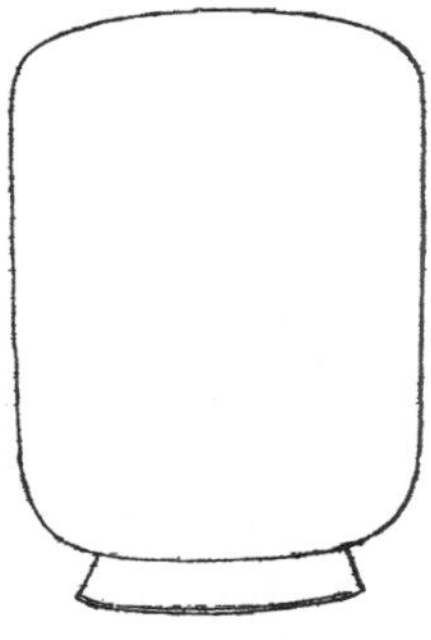

錫盒

陶壺

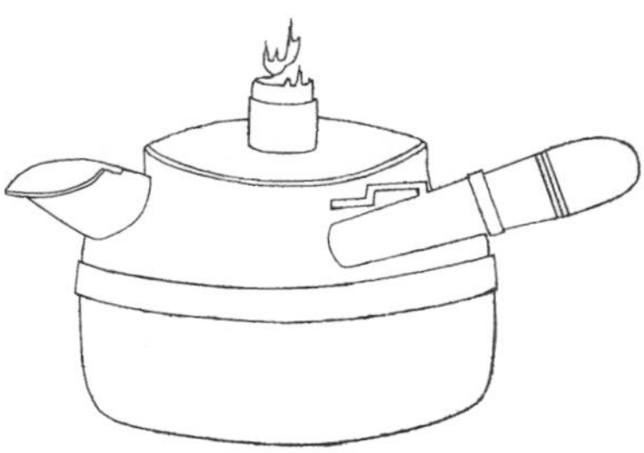

錫罐

磁盞

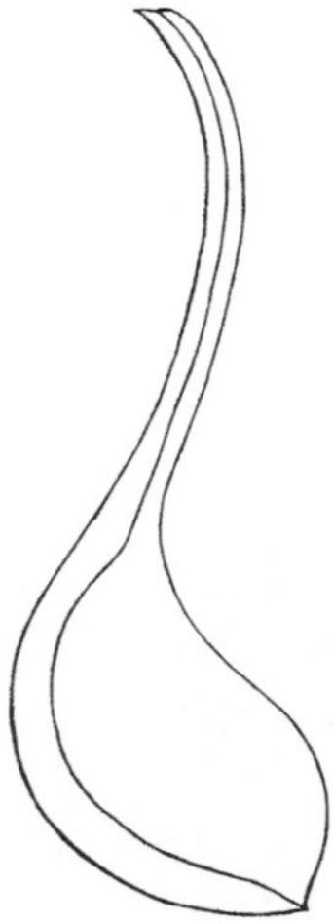

瓠瓢

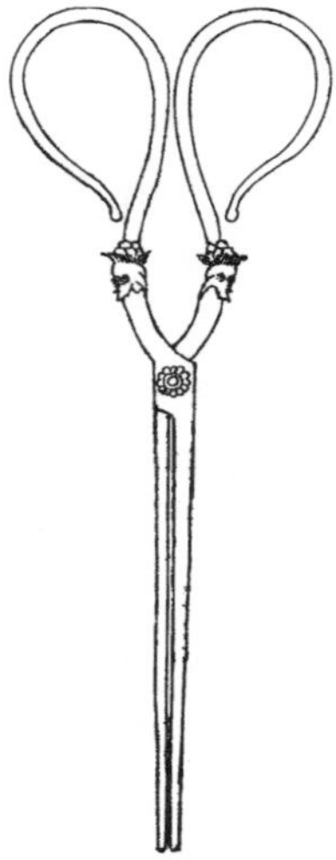

銅筴

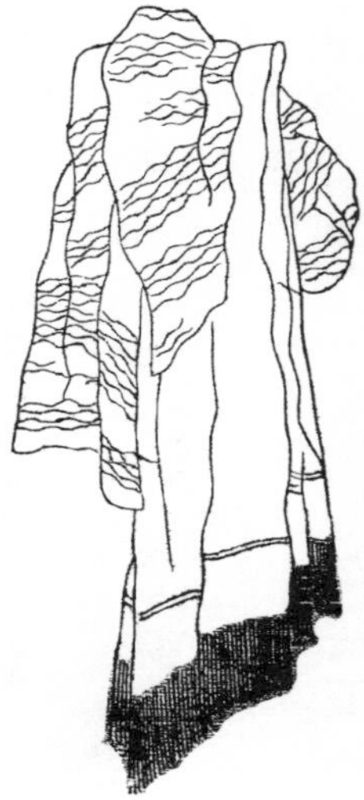

麻巾

竹籃

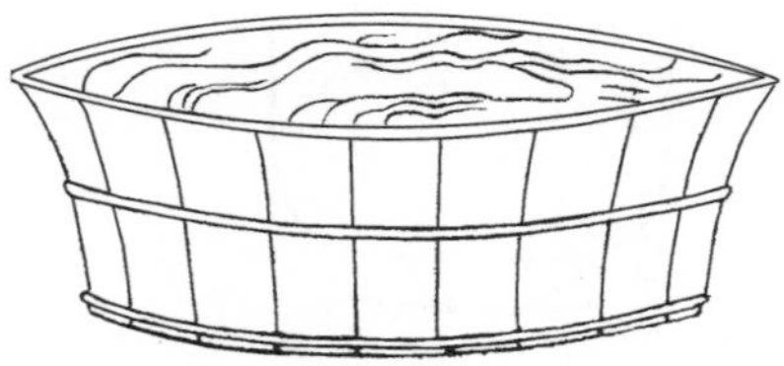

水方

附集

六羡歌(陸鴻漸)　茶歌(盧玉川)　試茶歌(劉夢得)　茶賦(吳淑)　鬥茶歌(范希文)　煎茶賦(黃魯直)　煎茶歌(蘇子瞻)

注　釋

1 此“序”是邵啟泰為程用賓《茶錄》撰書的前序，惜現在僅殘存七個半頁。白口單道，半頁六行，行十一字左右。無首，前缺幾頁不詳。
2 此《茶具圖贊》收錄宋審安老人《茶具圖贊》一書的文圖，故刪。
3 明刻本缺十二執事中的具列圖一幅，故只十一幅。

校　記

① 明程用賓撰，為本書所定統一題署。明刻本原署：在題下第一行作“新都程用賓觀我父著”；第二行“烝人邵啟泰道卿父校”；第三行為“戴鳳儀鳴虞父閱”，俱校錄時改刪。
② 茶具十二先生姓氏：審安老人《茶具圖贊》原題作《茶具十二先生姓名字號》，程用賓稍改。
③ 白露之採：“採”字，近出如《中國茶葉歷史資料選輯》等，形誤作“探”字。
④ 輕輕團挪數遍：“挪”字，近出如《中國茶葉歷史資料選輯》等，形訛作“揶”，下同，不出校。
⑤ 自在：“在”字，底本原作“王”字，《中國茶葉歷史資料選輯》本校作“在”，據改。
⑥ 儀興時氏：“儀”字，當作今江蘇宜興，舊名“義興”的“義”字。“氏”字，底本作“氐”，“當是“氏”的形誤。時氏，指明代時大彬，逕改。
⑦ 岳州次：明鄭熜陸羽《茶經》校本作“岳州上”是。

茶錄[1]

◇明　馮時可　著

馮時可，隆慶萬曆時直隸華亭（今上海松江）人。字敏卿，號元成，隆慶五年(1571)進士。官至湖廣布政司參政，有文名，編撰有《左氏釋》、《左氏討》、《上池雜識》、《雨航雜錄》等。萬曆間，刻印過自撰的《寶善編》甲集一卷，乙集一卷；《眾妙仙方》四卷，傅順孫輯《新刻批點西漢精華》十六卷。

《茶錄》，萬國鼎推定初出於萬曆三十七年（1609）前後。現存只有《説郛續》和《古今圖書集成》兩個版本及清人鈔本一冊，都只是不足六百字的五、六條短文，無序跋題記，如《古今圖書集成》本在文前標有"總敘"，下錄五段，是首段為"總敘"還是五段都屬"總敘"？不明確。總敘之下，是否有分述？未見。《説郛續》本，較《古今圖書集成》本多"茶為名，見《爾雅》。又《神農食經》：茶茗久服，令人有力、悦"，"悦"以下顯然缺文。萬國鼎曾提出《茶錄》或許並不是馮時可"自己編寫"，而由"《説郛續》編印者從馮氏其他寫作中摘抄成書"。從現存版本來看，其中均是常見文字，無多少參考價值，也有可能是他人偽託。

本書以《説郛續》本[2]為底本，以《古今圖書集成》本等作校。

茶，一名檟，又名蔎，名茗，名荈。檟，苦茶也；蔎，則西蜀語；茗，則晚取者。《本草》：荈甘檟苦。羽《經》則稱：檟甘荈苦。茶尊為《經》，自陸羽始。羽《經》稱：茶味至寒，採不時，造不精，雜以卉莽，飲之成疾。若採造得宜，便與醍醐、甘露抗衡。故知茶全貴採造[3]。蘇州茶飲遍天下，專以採造勝耳。徽郡向無茶，近出松蘿茶，最為時尚。是茶始比丘大方。大方居虎丘最久，得採造法，其後於徽之松蘿結庵，採諸山茶於庵焙製，遠邇爭市，價倏翔湧，人因稱松蘿茶，實非松蘿所出也。是茶比天池茶稍粗，而氣甚香，味更清，然於虎丘能稱仲、不能伯也。松郡佘山亦有茶，與天池無異，顧採造不如。近有比丘來，以虎丘法製之，味與松蘿等。老衲亟逐之，曰："無為此山開羶徑而置火坑。"蓋佛以名為五欲之一，名媒利，利媒禍，物且難容，況人乎？

鴻漸伎倆磊塊，著是《茶經》，蓋以逃名也。示人以處其小，無志於大也。意亦與韓康市藥[1]事相同，不知者，乃謂其宿名。夫羽惡用名，彼用名者，且經六經，而經茶乎。張步兵[2]有云："使我有身後名，不如生前一杯酒。"夫一杯酒之可以逃名也，又惡知一杯茶之欲以逃名也。

芘莉，一曰篣筤，茶籠也。犧，木杓也，瓢也。永嘉中，餘姚人虞洪入瀑布山採茗，遇一修真道士云："吾丹丘子，祈子他日甌犧之餘，乞相遺也。"故知神仙之貴茶久矣。

《茶經》用水，以山為上，江為中，井為下④。山勿太高，勿多石，勿太荒遠，蓋潛龍、巨虺所蓄毒多於斯也。又其瀑湧湍激者，氣最悍，食之令頸疾。惠泉最宜人，無前患耳。江水取去人遠者，井取汲多者。其沸如魚目，微有聲，為一沸；緣邊如湧泉連珠，為二沸；騰波鼓浪，為三沸。過此，水老不可食也。沫餑，湯之華也。華之薄者曰沫，厚者曰餑，皆《茶經》中語⑤。大抵蓄水惡其停，煮水惡其老，皆於陰陽不適，故不宜人耳。

茶為名，見《爾雅》。又《神農食經》：茶茗久服，令人有力、悅⑥

注　釋

1 韓康市藥：《後漢書・韓康傳》稱：東漢隱士韓康，字伯休。賣藥於長安寺，三十多年口不二價。一次，有女子來買藥，韓康不讓價，女子怒説："你難道是韓伯休嗎？居然不讓價錢。"韓康歎説："我本來以賣藥來避名，現在一個普通女子也知道我，我還賣甚麼藥呢？"，於是他就躲進霸林山去了。

2 張步兵：指晉張翰。張翰，字季鷹，江東吳郡人，博學能文，縱任不羈，時人號為"江東步兵"，以比阮籍。

校　記

① 集成本，作者姓名入題，作《馮時可茶錄》。

② 《説郛續》署作"吳郡馮時可"。"吳郡"，此係用"華亭"古屬郡名。集成本作者姓名入題，題下無再署名。

③ 羽《經》稱……全貴採造：此非原文照錄，而是由陸羽《茶經・一之源》最後兩段綜合選摘組成。此以下內容，摘自其他各書，非出之《茶經》。

④ 《茶經》用水，以山為上，江為中，井為下：集成本同底本，但《茶經》原文作："其水，用山水上，江水中，井水下。"此以下，即非《茶經》內容，為雜摘他書有關語句組成。

⑤ 皆《茶經》中語：本段此以上內容，確實選摘自《茶經・五之煮》，但文字有幾句稍有改動。此以下四句，疑係作者對上引《茶經》內容的概括和看法。

⑥ 此處底本缺尾。

羅岕茶記[1]

◇明　熊明遇　著

熊明遇，字良儒，號壇石，江西進賢人。萬曆二十九年(1601)擢進士第，三十三年授長興知縣。時年"二十餘，至任首濬二渠繕七橋，水利既通，食貨坌集"後縣民請董其昌、丁元薦為其作記立碑。四十三年，遷兵科給事中，旋掌科事，多所論劾，疏陳時弊，言極危切。天啟時，官南京右僉都御史，提督操江。坐東林黨事，被革職戍邊。崇禎初召還，累官至兵部尚書。明亡後卒，《明史》卷二五七有傳。

"岕"，宜興方言音kai楷，指介於兩山和諸山之間。羅岕位長興、宜興分界長興一側的羅山，其山北也即宜興歷史名茶產地茗嶺山。長興、宜興，唐時稱長城、義興，即以所產顧渚紫筍、陽羨茶名揚全國，立為貢焙之地。宋、元貢焙和御茶園改置建甌北苑和武夷以後，兩縣茶名稍掩，至明初朱元璋廢止貢焙改貢各地芽茶，宜興、長興才以復貢又獨採用蒸青傳統工藝，在明中期及前清，伯仲全國各名茶之間。因是，在明末清初，除各茶書有專門介紹外，還先後出現有本文和馮可賓《岕茶牋》、周高起《洞山岕茶系》、冒襄《岕茶彙鈔》以及失佚的周慶叔《芳茶別論》等至少五種著作。一、二個縣出產的一種名茶，能出現和傳存如此眾多的地方性茶書，除宋代的建茶以外，別無他見。本文是有關宜興、長興岕茶撰刊的第一本茶書。

本文撰寫年代，無直接證據。經查《湖州府志》和《長興縣志》，熊明遇知長興縣期間為萬曆三十三年（1605）至四十三年，此文當寫於其時。

現存《羅岕茶記》，主要有《説郛續》和《古今圖書集成》二個版本[2]。本書以《説郛續》本作底本，以《古今圖書集成》本作校。

產茶處①，山之夕陽，勝於朝陽。廟後[3]山西向，故稱佳；總不如洞山[4]南向，受陽氣特專，稱仙品。

茶產平地，受土氣多，故其質濁。岕茗產於高山，渾是風露清虛之氣，故為可尚②。

茶以初出雨前者佳，惟羅岕立夏開園，吳中[5]所貴，梗粗葉厚，微有蕭箬之氣。還是夏前六七日，如雀舌者佳，最不易得。

藏茶宜箬葉而畏香藥，喜溫燥而忌冷濕。收藏時，先用青箬以竹絲編之，置罌四周。焙茶俟冷，貯器中，以生炭火煅過，烈日中曝之令滅，亂插茶中，封固罌口，覆以新磚，置高爽近人處。霉天雨候，切忌發覆，須於晴明，取少許別貯小瓶。空缺處，即以箬填滿，封置如故，方為可久。或夏至後一焙，或秋分後一焙。

烹茶，水之功居大。無泉則用天水，秋雨為上，梅雨次之。秋雨洌而白，梅雨醇而白。雪水，五谷之精也③，色不能白。養水須置石子於甕，不惟益水，而白石清泉，會心亦不在遠。

茶之色重、味重、香重者，俱非上品。松羅香重，六安味苦而香與松羅同；天池亦有草萊氣，龍井如之；至雲霧，則色重而味濃矣。嘗啜虎丘茶，色白而香似嬰兒肉，真精絕。

茶色貴白，然白亦不難。泉清瓶潔，葉少水洗，旋烹旋啜，其色自白。然真味抑鬱，徒為目食[6]耳。若取青綠，則天池、松蘿及岕之最下者，雖冬月，色亦如苔衣，何足為妙。莫若余所收洞山茶，自穀雨後五日者，以湯薄浣，貯壺良久，其色如玉；至冬則嫩綠，味甘色淡，韻清氣醇，亦作嬰兒肉香，而芝芬浮蕩，則虎丘所無也。

注 釋

1 《羅 岕茶記》，近見有的論著中，常轉引清陸廷燦《續茶經》，作《岕山茶記》。“羅 岕”，在長興縣西北七十里“互通山”，西有二洞，曰明洞、暗洞；二池曰東池、西池，俱產茶。山地廟後尤佳。岕以唐代羅隱隱於此故名。

2 吳楓主編《簡明中國古籍詞典》云，此書有《廣百川學海》、《説郛續》等版本。《説郛續》本不錯，《廣百川學海》疑將本書誤作《岕茶箋》；係錯錄。

3 廟後：宜興、長興茗嶺或羅山附近處的岕名和茶名。如嘉慶《宜興縣志．山川》：“茗嶺山……山脊與長興分界（宿茶神，俗誤劉秀廟），舊多茶，較離墨尤勝，俗稱廟前、廟後茶者是。”

4 洞山：明末和清前期宜興、長興著名 岕 茶產地。與羅 岕相近的宜興一側，即《致富奇書廣集》所説的“峒山”；一稱“君山”，又名荊南山，即今宜興“銅官山”。

5 吳中：此非單指蘇州吳縣一帶，而是廣指會稽、吳興、丹陽等蘇南、浙江數十州縣的所謂“三吳”地區。

6 目食：同《洞山岕茶系》提及的“耳食”，即非指用口品嘗，而是猶用“耳”聞、“目”看有偏差的感官印象來判斷和決定茶葉的“真味”。

校 記

① 產茶處：集成本在“熊明遇《羅 岕茶記》”和本條“產茶處”之間，添加“七則”二字標題。本書據説郛續本省。

② 可尚：“尚”字，《中國古代茶葉全書》校稱説郛續本作“的”，不知所據何本訛舛。

③ 五谷之精也：“五谷”，集成本作“天地”。

茶解

◇明　羅廩　撰①

羅廩，字高君，明嘉、萬時浙江慈谿（今浙江慈溪）人，事跡不詳。僅《慈谿縣志·藝文志》記其《茶解》一卷、《勝情集》一卷，《青原集》一卷、《補陀遊草》一卷。屠本畯《茶解·序》稱其"讀書中隱山"[1]，羅廩在《茶解·總論》中亦提到"余自兒時性喜茶"，後"乃產茶之地，採其法制，參互考訂，深有所會，遂於中隱山陽栽植培灌，茲且十年"。這即是說，至少在萬曆四十年(1612)《茶解》增訂本付梓前，羅廩曾周遊各地，潛心調查種茶、製茶技藝之後，隱居中隱山種茶、讀書有十多年時間。

《茶解》是明代後期乃至整個明清時期，中國古代茶書或傳統茶學有關茶葉生產和烹飲技藝最為"論審而確"、"詞簡而核"，並且較為全面反映和代表其時實際水平的一篇茶葉專著。因作者"周遊產茶之地，採其法制"，然後回鄉居山十年，親自實踐，加以驗證、總結，所以除陸羽及其《茶經》之外，其人其書幾無可與比者。

關於本書的成書年代和版本情況，萬國鼎在《茶書總目提要》中稱："此書有萬曆己酉（1609）屠本畯序及萬曆壬子（1612）龍膺跋。沒有自序"，因此他即取"1609"也即萬曆三十七年作其撰寫時間。至於龍膺的跋為甚麼遲後三年才寫，萬國鼎未再涉及。也因為他未作查考，所以他對《茶解》版本情況，也說得不準。如其稱："刊本有（1）《茶書全集》本，（2）《說郛續》本，（3）《古今圖書集成》……但後二種只摘錄一小部分，不但字句有變更，次序有顛倒分合，而且取捨毫無標準，原書的精華幾乎完全失掉。"其實萬國鼎所否定的《說郛續》本，所謂句子變更、次序顛倒等原因，不是《續說郛》的責任。相反，《說郛續》所根據的，是《茶解》初稿鈔本或初版本，有些地方，較喻政《茶書》本可能還可靠。如屠本畯在《茶解敘》中稱："初，予得《茶經》、《茶譜》、《茶疏》、《泉品》等書，今於《茶解》而合璧（一同收錄進《茗笈》）之。"也即是說，屠本畯在為《茶解》寫敘時，就見過或得到過羅廩《茶解》的初稿和初稿鈔本，後來其《茗笈》所採收的內容，即來自此初稿。《說郛續》所收《茶解》內容，與喻政《茶書》本字句、序次均有不同，但與屠本畯《茗笈》所引《茶解》內容，也即與羅廩《茶解》初稿鈔本和最初版本，則一字不差，完全相同。因為《說郛續》收錄的是《茶解》初稿內容，所以便有可能出現初版不錯而喻政《茶書》重刻致錯的地方。這一點，經查對，《說郛續》至少可以訂正喻政《茶書》"茶園不宜雜以惡木……其不可蒔芳蘭幽菊及諸清芬之品"這樣一條頗關重要的內容。“其不可”的“不”字，《說郛續》也即《茶解》初稿或初版為“下”，作“其下可蒔芳蘭幽菊及清芬之品”；一字之差，意義相反，“可蒔”、“不可”從喻政《茶書》見世至今，二說並存和疑惑延續已近四個世紀。所以萬國鼎對《說郛續》本的簡單否定似亦不夠全面。另外，從屠本畯《茗笈》引文、《說郛續》和喻政《茶書·茶解》內容的差異，我們對《茶解》最初和《說郛續》的版本情況，至少可以得出這樣二點看法：第一，《茗笈》和喻政《茶書》，差不多是同時編刊的兩書，但所引錄的《茶解》內容，有些文字、編序明顯不同，表明兩書所錄不是同一版本。屠本畯《茗笈》所據的，無疑是1609年他為之作敘的羅廩《茶解》初稿和初刻本；喻政《茶書》所據的，當是1612年龍膺為之書跋的增訂重刻本。其次，《說郛續》所收錄的《茶解》，如上所說，與喻政《茶書》不同，與《茗笈》也即《茶解》初稿和初版相同。但《說郛續》所收的《茶解》內容，也不是《茶解》初稿或初版的完整稿本，而僅僅只是選輯其很少一部分。因為如屠本畯《茶解敘》所載，屠本畯所見和所得的《茶解》初稿本，雖和喻政《茶書·茶解》所說不完全一樣，但亦分為一原、二品、三程、四定、五摭、六辨、七評、八明、九禁、十約這樣十目，《說郛續》和據《說郛續》所刊的《古今圖書集成》本，則無目無序，不成體例，不但與《茶書》本不同，也與《茶解》初稿和初版本明顯有別。

本書此以喻政《茶書》本作錄，以《茗笈》引文、《說郛續》本和其他有關內容作校。

敘[②]

羅高君性嗜茶，於茶理有縣解，讀書中隱山，手著一編曰《茶解》，云書凡十目，一之原，其茶所自出；二之品，其茶色、味、香；三之程，其藝植高低；四之定，其採摘時候；五之摭，其法製焙炒；六之辨，其收藏涼燥；七之評，其點瀹緩急；八之明，其水泉甘洌；九之禁，其酒果腥穢；十之約，其器皿精粗。為條凡若干，而茶勛於是乎勒銘矣。其論審而確也，其詞簡而覈也，以斯解茶，非眠雲跂石人不能領略。高君自述曰：“山堂夜坐，汲泉烹茗，至水火相戰，儼聽松濤，傾瀉入杯，雲光瀲灩。此時幽趣，未易與俗人言者，其致可挹矣。”初，予得《茶經》、《茶譜》、《茶疏》、《泉品》等書，今於《茶解》而合璧之，讀者口津津，而聽者風習習，渴悶既涓，榮憲斯暢。予友聞隱鱗，性通茶靈，早有季疵之癖，晚悟禪機，正對趙州之鋒，方與裒輯《茗笈》，持此示之，隱鱗印可，曰：“斯足以為政於山林矣。”

萬曆己酉歲端陽日友人屠本畯撰

總論

茶通仙靈，久服能令昇舉，然蘊有妙理，非深知篤好，不能得其當。蓋知深斯鑒別精，篤好斯修製力。余自兒時性喜茶，顧名品不易得，得亦不常有，乃周遊產茶之地，採其法制，參互考訂，深有所會，遂於中隱山陽栽植培灌，茲且十年。春夏之交，手為摘製，聊足供齋頭烹啜，論其品格，當雁行虎丘。因思制度有古人意慮所不到，而今始精備者，如席地團扇，以冊易卷，以墨易漆之類，未易枚舉。即茶之一節，唐宋間研膏蠟面，京挺龍團，或至把握纖微，直錢數十萬，亦珍重哉。而碾造愈工，茶性愈失，矧雜以香物乎？曾不若今人止精於炒焙，不損本真。故桑苧《茶經》，第可想其風致，奉為開山，其舂碾羅則諸法，殊不足倣。余嘗謂茶、酒二事，至今日可稱精妙，前無古人，此亦可與深知者道耳。

原

鴻漸志茶之出，曰山南、淮南、劍南、浙東、黔州、嶺南諸地。而唐宋所稱，則建州、洪州、穆州、惠州、綿州、福州、雅州、南康、婺州、宣城、饒池、蜀州、潭州、彭州、袁州、龍安、涪州、建安、岳州。而紹興進茶，自宋范文虎始；余邑貢茶，亦自南宋季至今。南山有茶局、茶曹、茶園之名，不一而止。蓋古多園中植茶。沿至我朝，貢茶為累，茶園盡廢，第取山中野茶，聊且塞責，而茶品遂不得與陽羨、天池相抗矣。余按：唐宋產茶地，僅僅如前所稱，而今之虎丘、羅岕、天池、顧渚、松蘿、龍井、雁蕩、武夷、靈山、大盤、日鑄諸有名之茶[3]，無一與焉。乃知靈草在在有之，但人不知培植，或疏於制度耳[4]。嗟嗟，宇宙大矣！

《經》云一茶、二檟、三蔎、四茗、五荈[5]，精粗不同，總之皆茶也。而至如嶺南之苦登，玄嶽之騫林葉，蒙陰之石蘚，又各為一類，不堪入口。《研北志》云：交趾登茶如綠苔，味辛烈而不言其苦惡，要非知茶者。

茶，六書作"荼"；《爾雅》、《本草》、《漢書》，荼陵俱作"荼"。《爾雅》註云："樹如梔子"是已；而謂冬生葉，可煮作羹飲，其故難曉。

品

茶須色、香、味三美具備。色以白為上，青綠次之，黃為下。香如蘭為上，如蠶豆花次之。味以甘為上，苦澀斯下矣。

茶色貴白。白而味覺甘鮮，香氣撲鼻，乃為精品。蓋茶之精者，淡固白，濃亦白，初潑白，久貯亦白。味足而色白[6]，其香自溢，三者得則俱得也。近好事家，或慮其色重，一注之水，投茶數片，味既不足，香亦杳然，終不免水厄之誚耳。雖然，尤貴擇水[7]。

茶難於香而燥。燥之一字，唯真岕茶足以當之。故雖過飲，亦自快人。重而濕者，天池也。茶之燥濕，由於土性，不繫人事。

茶須徐啜，若一吸而盡，連進數杯，全不辨味，何異傭作。盧仝七碗，亦興到之言，未是實事。

山堂夜坐，手烹香茗，至水火相戰，儼聽松濤，傾瀉入甌，雲光縹渺，一段幽趣，故難與俗人言⑧。

藝

種茶，地宜高燥而沃。土沃，則產茶自佳。《經》云：生爛石者上，土者下，野者上，園者次，恐不然。

秋社[2]後摘茶子，水浮，取沉者，略曬去濕潤，沙拌藏竹簍中，勿令凍損。俟春旺時種之。茶喜叢生，先治地平正，行間疏密，縱橫各二尺許。每一坑下子一掬，覆以焦土，不宜太厚，次年分植，三年便可摘取。

茶地斜坡為佳，聚水向陰之處，茶品遂劣。故一山之中，美惡相懸⑨。至吾四明海內外諸山，如補陀⑩、川山、朱溪等處，皆產茶而色、香、味俱無足取者。以地近海，海風鹹而烈，人面受之不免顦顇而黑，況靈草乎。

茶根土實，草木雜生則不茂。春時薙草，秋夏間鋤掘三四遍，則次年抽茶更盛。茶地覺力薄，當培以焦土。治焦土法：下置亂草，上覆以土，用火燒過，每茶根傍掘一小坑，培以升許。須記方所，以便次年培壅。晴晝鋤過，可用米泔澆之。

茶園不宜雜以惡木，惟桂、梅、辛夷、玉蘭、蒼松、翠竹之類⑪，與之間植，亦足以蔽覆霜雪，掩映秋陽。其下可蒔芳蘭、幽菊及諸清芬之品⑫。最忌與菜畦相逼，不免穢污滲漉，滓厥清真。

採

雨中採摘，則茶不香。須晴晝採，當時焙；遲則色、味、香俱減矣。故穀雨前後，最怕陰雨。陰雨寧不採。久雨初霽，亦須隔一兩日方可。不然，必不香美。採必期於穀雨者，以太早則氣未足，稍遲則氣散。入夏，則氣暴而味苦澀矣。

採茶入簞，不宜見風日，恐耗其真液。亦不得置漆器及瓷器內。

製

炒茶，鐺宜熱；焙，鐺宜溫。凡炒，止可一握，候鐺微炙手，置茶鐺中，札札有聲，急手炒勻；出之箕上，薄攤用扇搧冷，略加揉挼。再略炒，入文火鐺焙乾，色如翡翠。若出鐺不扇，不免變色。

茶葉新鮮，膏液具足，初用武火急炒，以發其香。然火亦不宜太烈，最忌炒製半乾，不於鐺中焙燥而厚罨籠內，慢火烘炙。

茶炒熟後，必須揉挼。揉挼則脂膏鎔液，少許入湯，味無不全。

鐺不嫌熟，磨擦光淨，反覺滑脱。若新鐺，則鐵氣暴烈，茶易焦黑。又若年久鏽蝕之鐺，即加磋磨，亦不堪用。

炒茶用手，不惟匀適，亦足驗鐺之冷熱。

薪用巨幹，初不易燃，既不易熄，難於調適。易燃易熄，無逾松絲。冬日藏積，臨時取用。

茶葉不大苦澀，惟梗苦澀而黃，且帶草氣。去其梗，則味自清澈；此松蘿、天池法也。余謂及時急採急焙，即連梗亦不甚為害。大都頭茶可連梗，入夏便須擇去。

松蘿茶，出休寧松蘿山，僧大方所創造。其法，將茶摘去筋脈，銀銚妙製。今各山悉倣其法，真偽亦難辨別。

茶無蒸法，惟峅茶用蒸。余嘗欲取真峅，用炒焙法製之，不知當作何狀。近聞好事者，亦稍稍變其初制矣。

藏

藏茶，宜燥又宜涼。濕則味變而香失，熱則味苦而色黃。蔡君謨云："茶喜溫。"此語有疵。大都藏茶宜高樓，宜大甕。包口用青箬。甕宜覆不宜仰，覆則諸氣不入。晴燥天，以小瓶分貯用。又貯茶之器，必始終貯茶，不得移為他用。小瓶不宜多用青箬，箬氣盛，亦能奪茶香。

烹

名茶宜瀹以名泉。先令火熾，始置湯壺，急扇令湧沸，則湯嫩而茶色亦嫩。《茶經》云：如魚目微有聲，為一沸，沿邊如湧泉連珠，為二沸；騰波鼓浪，為三沸；過此則湯老，不堪用。李南金謂：當用背二涉三之際為合量。此真賞鑒家言。而羅大經懼湯過老，欲於松濤澗水後移瓶去火，少待沸止而瀹之。不知湯既老矣，雖去火何救耶？此語亦未中竅[13]。

峅茶用熱湯洗過擠乾，沸湯烹點。緣其氣厚，不洗則味色過濃，香亦不發耳。自餘名茶，俱不必洗。

水

古人品水，不特烹時所須，先用以製團餅，即古人亦非遍歷宇內，盡嘗諸水，品其次第，亦據所習見者耳。甘泉偶出於窮鄉僻境，土人或藉以飲牛滌器，誰能省識。即余所歷地，甘泉往往有之。如象川蓬萊院後，有丹井焉，晶瑩甘厚，不必瀹茶，亦堪飲酌。蓋水不難於甘，而難於厚；亦猶之酒不難於清香美冽，而難於淡。水厚酒淡，亦不易解。若余中隱山泉，止可與虎跑甘露作對，較之惠泉，不免徑庭。大凡名泉，多從石中迸出，得石髓故佳。沙潭為次，出於泥者多不中用。宋人取井水，不知井水止可炊飯作羹，瀹茗必不妙，抑山井耳。

瀹茗必用山泉[14]，次梅水。梅雨如膏，萬物賴以滋長，其味獨甘。《仇池筆記》云：時雨甘滑，潑茶煮藥，美而有益。梅後便劣。至雷雨最毒，令人霍亂，秋雨冬雨，俱能損人。雪水尤不宜，令肌肉銷鑠。

梅水，須多置器於空庭中取之，並入大甕，投伏龍肝兩許包，藏月餘汲用，至益人。伏龍肝，竈心中乾土也。

武林南高峯下，有三泉。虎跑居最，甘露亞之，真珠不失下劣，亦龍井之匹耳。許然明，武林人，品水不言甘露何耶？甘露寺在虎跑左，泉居寺殿角，山徑甚僻，遊人罕至。豈然明未經其地乎。

黃河水，自西北建瓶而東，支流雜聚，何所不有舟次，無名泉，聊取充用可耳。謂其源從天來，不減惠泉，未是定論。

《開元遺事》紀逸人王休，每至冬時，取冰敲其精瑩者，煮建茶以奉客，亦太多事。

禁

採茶、製茶[15]，最忌手汗、羝氣、口臭、多涕、多沫不潔之人及月信婦人。

茶、酒性不相入，故茶最忌酒氣，製茶之人，不宜沾醉。

茶性淫，易於染著，無論腥穢及有氣之物，不得與之近。即名香亦不宜相雜。

茶內投以果核及鹽椒、薑、橙等物，皆茶厄也。茶採製得法，自有天香，不可方擬。蔡君謨云：蓮花、木犀、茉莉、玫瑰、薔薇、蕙蘭、梅花種種，皆可拌茶，且云重湯煮焙收用，似於茶理不甚曉暢。至倪雲林點茶用糖，則尤為可笑。

器

箪

以竹篾為之，用以採茶。須緊密，不令透風。

竈

置鐺二，一炒、一焙，火分文武。

箕

大小各數箇。小者盈尺，用以出茶；大者二尺，用以攤茶，揉挼其上，並細篾為之。

扇

茶出箕中，用以扇冷。或藤、或箬、或蒲。

籠

茶從鐺中焙燥，復於此中再總焙入甕，勿用紙襯。

帨

用新麻布，洗至潔，懸之茶室，時時拭手。

甕

用以藏茶，須內外有油水者。預滌淨曬乾以待。

爐[16]

用以烹泉，或瓦或竹，大小要與湯壺稱。

注

以時大彬手製粗沙燒缸色者為妙，其次錫。

壺

內所受多寡，要與注子稱。或錫或瓦，或汴梁擺錫銚。

甌

以小為佳，不必求古，只宣、成、靖窯足矣。

梜

以竹為之，長六寸，如食筯而尖其末，注中潑過茶葉，用此梜出。

跋

宋孝廉兄有茶圃，在桃花源，西巖幽奇，別一天地，琪花珍羽，莫能辨識其名。所產茶，實用蒸法如岕茶，弗知有炒焙、揉挼之法。予理鄣日，始游松蘿山，親見方長老製茶法甚具，予手書茶僧卷贈之，歸而傳其法。故出山中，人弗習也。中歲自祠部出，偕高君訪太和，輒入吾里。偶納涼城西莊稱姜家山者，上有茶數株，翳叢薄中，高君手擷其芽數升，旋沃山莊鐺，炊松茅活火，且炒且揉，得數合，馳獻先計部，餘命童子汲溪流烹之。洗盞細啜，色白而香，彷彿松蘿等。自是吾兄弟每及穀雨前，遣幹僕入山，督製如法，分藏堇堇。邇年，榮邸中益稔茲法，近採諸梁山製之，色味絕佳，乃知物不殊，顧腕法工拙何如耳。

予晚節嗜茶益癖，且益能別澠淄，覺舌根結習未化，于役湟塞，遍品諸水。得城隅北泉，自巖隙中淅瀝如線漸出，輒涬然迸流。嘗之味甘冽且厚，寒碧沁人，即弗能顏行中泠，亦庶幾昆龍泓而季蒙惠矣。日汲一盎，供博士鑪。茗必松蘿，始御弗繼，則以天池、顧渚需次焉。

頃從皐蘭書郵中接高君八行，兼寄《茶解》，自明州至。亟讀之，語語中倫，法法入解，贊皇失其鑒，竟陵褫其衡。風旨泠泠，翛然人外，直將蓮花齒頰，吸盡西江，洗滌根塵，妙證色、香、味三昧，無論紫茸作供，當拉玉版同參耳。予因追憶西莊採啜酣笑時，一彈指十九年矣。予疲暮尚逐戎馬，不耐膻鄉潼酪，賴有此家常生活，顧絕塞名茶不易致，而高君乃用此為政中隱山，足以茹真卻老，予實妬之。更卜何時盤礴相對，倚聽松濤，口津津林壑間事，言之色飛。予近築瀔園，作漚息計，饒陽阿爽塏藝茶，歸當手茲編為善知識，亦甘露門不二法也。昔白香山治池園洛下，以所獲穎川釀法，蜀客秋聲，傳陵之琹、弘農之石為快。惜無有以茲解授之者，予歸且習禪，無所事釀，孤桐怪石，夙故畜之。今復得茲，視白公池上物奢矣。率爾書報高君，志蘭息心賞。

時萬曆壬子春三月武陵友弟龍膺君御甫書

注　釋

1　中隱山：在羅廩老家“慈谿”或與慈谿接壤的鄰縣。查光緒《慈谿縣志》，慈谿原稱“隱山”之山很多，如縣南有“大隱山”、“東隱山”，縣北有“隱山”、“青隱山”等等。

2　秋社：古代於立秋後第五個戊日舉行酬祭土地之神的典禮。

校　記

① 原署“明慈谿羅廩高君著”。

② 敘：底本原將此“敘”編在《茶解》正文之後，正文前是龍膺跋。現依慣例調整為前敘後跋。

③ 日鑄諸有名之茶：“日鑄”下，《茗笈·溯源章》引文還多“朱溪”二字。說郛續本作“日鑄、朱溪諸名茶”。

④ 但人不知培植，或疏於制度耳：“不知培植”，《茗笈·溯源章》引文、說郛續本和集成本作“培植不嘉”。另“疏於制度耳”，說郛續本作“疏採製耳”。

⑤《經》云：本段內容，除茶名外，均非出之《茶經》，係羅廩自己所寫。茶茗“葭”《茶經》也一般都作“蔎”。

⑥ 味足而色白：《茗笈·衡鑒章》引文、說郛續本作“味甘色白”。

⑦ 尤貴擇水：“水”字下，說郛續本還有“香以蘭花上，蠶豆花次”九字。

⑧ 故難與俗人言：“言”字下，說郛續本還多一“矣”字。經查對說郛續“山堂夜坐”內容，與屠本畯《茶解敘》引文全同，表明說郛續與喻政茶書收錄《茶解》內容的出入，不是《說郛續》的擅改和差錯，而是其所據係較喻政茶書更早的版本或羅廩原稿和原稿鈔本。

⑨ 茶地斜坡為佳……美惡相懸：說郛續本作“茶地南向為佳，向陰者遂劣，故一山之中，美惡大相懸也。”由上可以看出，說郛續此段內容，較喻政《茶書》明顯簡單粗淺，喻政茶書所載，疑據羅廩後來修改稿或喻政、徐𤊹編刊《茶書》時所增改。

⑩ 補陀：“補”字，近出有些茶書，擅改作“浦”字或注作“普”字，誤。“補陀”在慈谿，羅廩有《補陀遊草》。

⑪ 玉蘭、蒼松、翠竹之類，與之間植：“玉蘭”、“蒼松”之間，《茗笈·得地章》引文、說郛續本還多“玫瑰”二字。另說郛續本“翠竹”下，無“之類”二字。

⑫ 其下可蒔芳蘭、幽菊及諸清芬之品：“下”字，底本原作“不”字，“其下可蒔”，形訛作“其不可蒔”。據《茗笈》引文和說郛續本逕改。

⑬ 不知湯既老矣，雖去火何救耶？此語亦未中竅：《茗笈·定湯章》引文、說郛續本此句作“此語亦未中竅，殊不知湯既老矣，雖去火何救哉。”

⑭“瀹茗必用山泉”及下段“梅水須多置器於空庭”兩段，《茗笈·品泉章》引文、說郛續本縮作一段。說郛續本的這段內容為：“烹茶須甘泉，次梅水。梅雨如膏，萬物賴以滋養，其味獨甘，梅後便不堪飲。大甕滿貯，投伏龍肝一塊，即灶中心乾土也。乘熱投之。”

⑮“採茶、製茶”及下段“茶、酒性不相入”兩段，《茗笈·申忌章》引文、說郛續本合作一段，其內容具體為：“採茶製茶，最忌手汗、膻氣、口臭、多涕、不潔之人及月信婦人。又忌酒氣。蓋茶酒性不相入，故製茶人切忌沾醉。”

⑯ 爐：說郛續本作“茶爐”。

蔡端明別紀·茶癖[1]

◇明　徐𤊹　編纂[2]

《蔡端明別紀·茶癖》，喻政從《蔡端明別紀》中摘出第七卷《茶癖》，編入《茶書》，題作"《蔡端明別紀》摘錄"，又稱"明三山徐𤊹興公輯"。

"蔡端明"即蔡襄，官至端明殿學士，故有此稱。

《蔡端明別紀》記述了蔡襄一生的為人、為政、為學事跡，全書共十二卷，分別是本傳、德行、政事、書學、藝談、賞鑒、茶癖、恩寵、崇報、紀異、《荔枝譜》、《茶錄》(《茶錄》現存孤本不全)。

編者徐𤊹(1570 — 1645)，字惟起，號興公，閩縣(今福建福州)人。喜歡藏書、刻書，以紅雨樓為藏書室名，積書達五萬三千餘卷。刻印過的書籍，有《唐歐陽先生文集》、宋《唐子西集》等二十餘種二百多卷。《明史》卷二八六《文苑傳·鄭善夫傳》稱，閩中詩文，"迨萬曆中年，曹學佺、徐𤊹輩繼起，謝肇淛、鄧原岳和之，風雅復振"。故後來也將徐𤊹、曹學佺主盟閩中詞壇的這段人事，稱為"興公詩派"。徐𤊹博聞多識，他寫過這樣一段深切體會："余嘗謂人生之樂，莫過閉戶讀書。得一僻書，識一奇字，遇一異事，見一佳句，不覺踴躍，雖絲竹滿前，綺羅盈目，不足喻其快也。"他雖然布衣終身，但不僅以草書隸字、工文長詩盛名於時，所著《筆精》、《榕陰新檢》、《閩南唐雅》、《荔枝通譜》、《蜂經疏》惠及後人，甚至服務現在。其編《紅雨樓書目》，收錄有一百四十多種戲曲類傳奇作品，對於研究中國戲曲史，也有重要意義。

《蔡端明別紀·茶癖》，可以說是有關蔡襄與茶的專輯，在我國古代各類茶書中，也為"個人茶事專輯"之宗。據徐𤊹《蔡端明別紀·自序》，編纂時間當在"萬曆己酉"，即萬曆三十七年(1609)春或稍前。

本文以明萬曆徐𤊹自編自刻的原本作底本，以喻政《茶書》本作校。

世言團茶[3]始於丁晉公，前此未有也。慶曆中，蔡君謨為福建漕使，更製小團以充歲貢。元豐初，下建州，又製密雲龍以獻，其品高於小團，而其製益精矣。曾文昭[1]所謂："莆陽學士蓬萊仙，製成月團飛上天"。又云："密雲新樣尤可喜，名出元豐聖天子"是也。唐陸羽《茶經》於建茶尚云未詳，而當時獨貴陽羨茶，歲貢特盛。茶山居湖、常二州之間，修貢則兩守相會。山椒有境會亭，基尚存。盧仝《謝孟諫議茶》詩云："天子須嘗陽羨茶[4]，百草不敢先開花"是已。然又云："開緘宛見諫議面，手閱月團三百片"則團茶已見於此。當時李郢《茶山貢焙歌》云："蒸之護之香勝梅，研膏架動聲如雷[5]。茶成拜表貢天子，萬人爭噉春山

摧”。觀研膏之句，則知嘗為團茶無疑。自建茶入貢，陽羨不復研膏，衹謂之草茶而已。《韻語陽秋》

茶之品莫貴於龍鳳，謂之團茶，凡八餅重一斤。慶曆中，蔡君謨為福建路轉運使，始造小片龍茶以進。其品絕精，謂之小團，凡二十餅重一斤。其價值金二兩。然金可有，而茶不可得。每因南郊致齋，中書、樞密院各賜一餅，四人分之，宮人往往縷金花其上，蓋其貴重如此。《歸田錄》

故事，建州歲貢大龍鳳團茶各二斤，以八餅為斤。仁宗時，蔡君謨知建州，始別擇茶之精者，為小龍團十斤以獻。斤為十餅。仁宗以非故事，命劾之⑥。大臣為請，因留而免劾。然自是遂為歲額。《石林燕語》

論者謂君謨學行、政事高一世，獨貢茶一事，比於宦官、宮妾之愛君，而閩人歲勞費於茶，貽禍無窮。蘇長公亦以進茶譏君謨，有“前丁後蔡”之語。殊不知理欲同行異情，蔡公之意，主於敬君；丁謂之意，主於媚上，不可一概論也。後曾子固[2]在福州，亦進荔枝，未可以是少之也。《興化志》

丁晉公為福建轉運使，始製鳳團，後又為龍團〔貢〕不過四十餅⑦，專擬上供，雖近臣之家，徒聞之未嘗見也。天聖中，蔡君謨又為小團⑧，其品迥加於大團。賜兩府，然止於一斤。惟上大齋宿，八人兩府，共賜小團一餅。縷之以金，八人折歸，以侈非常之賜，親知瞻玩，賡唱以詩。《畫墁錄》

建茶盛於江南，近歲制作尤精。龍團茶最為上品⑨，一斤八餅。慶曆中，蔡君謨為福建運使，始造小團以充歲貢，一斤二十餅，所謂上品龍茶者也。仁宗尤所珍惜，雖宰相未嘗輒賜⑩；惟郊禮致齋之夕，兩府各四人共賜一餅。宮人剪金為龍鳳花貼其上，八人分蓄之，以為奇玩，不敢自試，有佳客，出為傳玩。歐陽文忠公云：“茶為物之至精，而小團又其精者也。”嘉祐中，小團初出時也，今小團易得，何至如此珍貴。《澠水燕談錄》

歐陽文忠公《嘗新茶呈聖俞》云：“建安三千里，三月嘗新茶⑪。人情好先務取勝，百物貴早相矜誇。年窮臘盡春欲動，蟄雷未起驅龍蛇。夜間擊鼓滿山谷⑫，千人助叫聲喊呀。萬木寒癡睡不醒，惟有此樹先萌芽。乃知此為最靈物，宜其獨得天地之英華。終朝採摘不盈掬，通犀銙小圓復窊。鄙哉穀雨槍與旗，多不足貴如刈麻。建安太守急寄我，香蒻包裹封題斜。泉甘器潔天色好，坐中揀擇客亦嘉。新香嫩色如始造，不似來遠從天涯。停匙側盞試水路，拭目向空看乳花。可憐俗夫把金錠，猛火炙背如蝦蟆。由來真物有真賞，坐逢詩老頻咨嗟。須臾共起索酒飲，何異奏雅終嗢哇。”《次韻再作》云：“吾年向老世味薄，所好未衰惟飲茶。建溪苦遠雖不到，自少嘗見閩人誇。每嗤江浙凡茗草，叢生狼藉惟龍蛇⑬。豈如含膏入香作，金餅蜿蜒兩龍戲以呀。其餘品第亦奇絕，愈小愈精皆露芽。泛之白花如粉乳，乍見紫面生光華。手持心愛不欲碾，有類弄印幾成窊。論功可以療百疾，輕身久服信胡麻⑭。我謂斯言頗過矣，其實最能祛睡邪。茶官貢餘偶分寄，地遠物新來意嘉。親烹屢酌不知厭，自謂此樂真無涯。未言久食成手顫，已覺疾饑生眼花。客遭水厄疲捧碗，口吻無異蝕月蟆⑮。僮奴傍視疑復笑，嗜好乖僻誠堪嗟。更蒙酬句怪可駭，兒曹助噪聲哇哇。《歐陽文忠公集》

余觀東坡《荔枝歎注》云："大小龍茶，始於丁晉公，而成於蔡君謨。"歐陽永叔聞君謨進龍團，驚歎曰："君謨士人也，何至作此事？"今年，閩中監司乞進鬥茶，許之。故其詩云："武夷溪邊粟粒芽，前丁後蔡相寵加。爭買龍團各出意，今年鬥品充官茶。"則知始作俑者，大可罪也。《冷齋夜話》

蔡君謨善別茶，後人莫及。建安能仁院，有茶生石縫間，寺僧採造得茶八餅，號石巖白。以四餅遺君謨，以四餅密遣人走京師，遺王內翰禹玉。歲餘，君謨被召還闕，訪禹玉。禹玉命子弟於茶笥中選取茶之精品者，碾待君謨。君謨捧甌未嘗，輒曰："此茶極似能仁石巖白，公何從得之？"禹玉未信，索茶貼驗之，乃服。《墨客揮犀》

王荊公為小學士[3]時，嘗訪君謨。君謨聞公至，喜甚，自取絕品茶，親滌器烹點以待公，冀公稱賞。公於夾袋中取消風散一撮，投茶甌中，併食之。君謨失色。公徐曰："大好茶味。"君謨大笑，且歎公之真率也。《墨客揮犀》

蔡君謨，議茶者莫敢對公發言。建茶所以名重天下，由公也。後公製小團，其品尤精於大團。一日，福唐[4]蔡葉丞秘教召公啜小團，坐久，復有一客至，公啜而味之曰："非獨小團，必有大團雜之。"丞驚呼童，曰："本碾造二人茶，繼有一客至，造不及，乃以大團兼之。"丞服公之明審⑯。《墨客揮犀》

晁氏曰[5]：《試茶錄》二卷，皇朝蔡襄撰，皇祐中修注。仁宗常面論云：卿所進龍茶甚精。襄退而記其烹試之法，成書二卷進御。世傳歐公聞君謨進小團茶，驚曰：君謨士人，何故如此。《文獻通考》

公[6]《茶壟》詩云（造化曾無私）。《採茶》詩云（春衫逐紅旗）。《造茶》詩云（屑玉寸陰間）《試茶》詩云（兔毫紫甌新）。《茶書》[7]

晁氏曰："《東溪試茶錄》一卷，皇朝朱子安[8]集拾丁、蔡之遺，"東溪亦建安地名。《茶書》

梅聖俞《和杜相公謝蔡君謨寄茶》云："天子歲嘗龍焙茶，茶官催摘雨前芽。團香已入中都府，鬥品爭傳太傅家⑰。小石冷泉留早味，紫泥新品泛春華。吳中內史才多少，從此蓴羹不足誇。"因茶而薄蓴羹，是亦至論。陸機以蓴羹對晉武帝羊酪，是時尚未有茶耳。然張華《博物志》，已有"真茶令人不寐"之語。《瀛奎律髓》

陸羽《茶經》、裴汶《茶述》，皆不載建品，唐末，然後北苑出焉。宋朝開寶間，始命造龍團以別庶品。厥後，丁晉公漕閩，乃載之《茶錄》。蔡忠惠又造小龍團以進。東坡詩云："武夷溪邊粟粒芽，前丁後蔡相寵加。吾君所乏豈此物，致養口體何陋邪。"茶之為物，滌煩雪滯，於務學勤政，未必無助。其與進荔枝、桃花者不同。然充類至義，則亦宦官、宮妾之愛君也。忠惠直道高名，與范、歐相亞，而進茶一事，乃儕晉公。君子之舉措，可不慎哉。《鶴林玉露》

歐陽修《龍茶錄後序》云：茶為物之至精……廬陵歐陽修書還公期書室。《歐陽文忠集》[9]

北苑茶焙，在建寧吉苑里鳳皇山之麓。咸平中，丁謂為本路漕，監造御茶，歲進龍鳳團。慶曆間，蔡襄為漕使，始改造小龍團茶，尤極精妙。邑人熊蕃詩云："外臺慶曆有仙官，龍鳳才聞製小團"蓋謂是也。其後，則有細色五綱：第一綱，曰貢新；第二綱，曰試新；第三綱，曰龍團勝雪⑱，曰白茶，曰御苑玉芽，曰萬壽龍芽，曰上林第一，曰乙夜供清，曰承平雅玩，曰龍鳳英華，曰玉除清賞，曰啟沃承恩，曰雪英，曰雲葉⑲，曰蜀葵，曰金錢，曰玉華，曰寸金；第四綱，曰無比壽芽，曰萬春銀葉，曰宜年寶玉，曰玉清慶雲⑳，曰無疆壽龍，曰玉葉長春，曰瑞雲翔龍，曰長壽玉圭，曰興國巖銙，曰香口焙銙，曰上品揀芽，曰新收揀芽；第五綱，曰太平嘉瑞，曰龍苑報春，曰南山應瑞，曰興國揀芽㉑，曰興國巖小龍，曰興國巖小鳳，曰大龍，曰大鳳。其粗色七綱，曰小龍小鳳，曰大龍大鳳，曰不入腦上品揀芽小龍，曰入腦小龍，曰入腦小鳳，曰入腦大龍，入腦大鳳。此茶之名色也。北焙之名，極盛於宋。當時士大夫以為珍異而寶重之。嗟夫，以一草一木之味，而勞民動眾，縻費不貲。餘人不足道，君謨號正人君子，亦忍為此，何也。《北苑雜述》

武夷喊山臺，在四曲御茶園中。製茶為貢，自宋蔡襄始。先是建州貢茶，首稱北苑龍團，而武夷之石乳，名猶未著也。宋劉説道詩云："靈芽得春光，龍焙收奇芬。進入蓬萊宮，翠甌生白雲。"坡詩詠"粟粒猶記少時聞。"《武夷志》

公[10]《出東門向北路》詩云："曉行東城隅，光華著諸物。溪漲浪〔花生，天〕晴鳥聲出㉒。稍稍見人煙，川原正蒼鬱。"《北苑》詩云："蒼山走千里，村落分兩臂㉓。靈泉出地〔清，嘉〕卉得天味㉔。入門脱世氛，官曹真傲吏。"《建州志》

歐陽公《和梅公儀嘗茶》云："溪山擊鼓助雷驚，逗曉靈芽發翠莖。摘處兩旗香可愛，貢來雙鳳品尤精。寒侵病骨惟思睡，花落春愁未解醒。喜共紫甌吟且酌，羨君瀟灑有餘清。"《歐陽文集》

歐陽公《送龍茶與許道人》(穎陽道士青霞客)《歐陽文集》

蔡君謨謂范文正曰，公《採茶歌》云："黃金碾畔綠塵飛，碧玉甌中翠濤起。"今茶絕品，其色甚白，翠綠乃下者耳。欲改為"玉塵飛"、"素濤起"如何？希文曰善。《珍珠船》

蘇才翁[11]與蔡君謨鬥茶，俱用惠山泉。蘇茶少劣，用竹瀝水煎，遂能取勝。《珍珠船》

蔡端明守福州日，試茶必取北郊龍腰泉水，烹煮無沙石氣。手書"苔泉"二字，立泉側。《三山志》

蔡君謨湯取嫩而不取老，蓋為團餅茶發耳。今旗芽槍甲，湯不足則茶神不透，茶色不明，故茗戰之捷，尤在五沸。《太平清話》

東坡云：茶欲其白，常患其黑，墨則反是。然墨磨隔宿則色暗，茶碾過日則香減，頗相似也。茶以新為貴，墨以古為佳，又相反也。茶可於口，墨可於目。蔡君謨老病不能飲，則烹而玩之。呂行甫[12]好藏墨而不能書，則時磨而小啜之，此又可以發來者一笑也。《春渚紀聞》

北苑連屬諸山，茶最勝㉕。北苑前枕溪流，北涉數里，茶皆氣弇然色濁，味尤薄惡，況其遠者乎？亦猶橘過淮為枳也。近蔡公作《茶錄》亦云："隔溪諸山，雖及時加意製造，色味皆重矣。"蔡公又云："北苑鳳皇山連屬諸焙㉖，所產者味佳㉗。"慶曆中，歲貢有曾坑上品一斤，叢出於此，氣味殊薄㉘。而蔡公《茶錄》亦不云曾坑者佳。《東溪試茶錄》

龍鳳等茶，皆太宗朝所製。至咸平初，丁晉公漕閩，始載之於《茶錄》。慶曆中，蔡君謨將漕，創小龍團以進㉙，被旨乃歲貢之㉚。自小團出，而龍鳳遂為次矣。熊蕃《北苑貢茶錄》

君謨論茶色，以青白勝黃白。余論茶味，以黃白勝青白㉛。黃儒《品茶要錄》

杭妓周韶[13]，有詩名，好畜奇茗，嘗與蔡君謨鬥勝，題品風味，君謨屈焉。《詩女史》

襄啟：暑熱不及通謁，所苦想已平復。日夕風日酷煩，無處可避，人生韁鎖如此，可歎可歎。精茶數片，不一一。襄上公謹左右。〔《宋名賢尺牘》〕㉜

注 釋

1 曾文昭：即曾肇（1047－1107），字子開，建昌軍南豐（今江西南豐）人。英宗治平四年進士，歷崇文院校書，館閣校刊兼國子直講。哲宗元祐初，擢中書舍人，出知潁、鄧諸州，有善政。徽宗立，遷翰林學士兼侍讀。崇寧初落職，謫知和州，後安置汀州，卒謚文昭。有《曲阜集》等。

2 曾子固：即曾鞏（1019－1083），字子固，建昌軍南豐人，世稱南豐先生。仁宗嘉祐二年進士。少有文名，為歐陽修所賞，又曾與王安石交遊。累官通判越州，歷知齊、襄、洪、福諸州，多有政績。神宗元豐四年，擢中書舍人。曾校理《戰國策》、《説苑》、《新序》、《列女傳》等。尤擅散文，為唐宋八大家之一。卒追文定。有《元豐類稿》。

3 小學士：王安石在神宗即位後，由江寧府知府，召為翰林學士，次年，熙寧二年即拜參知政事，三年拜同中書門下平章事。有人將其拜相前為翰林學士時，稱“小學士”。

4 福唐：即唐和五代時的福唐縣（今福建福清）。

5 晁氏曰：此指晁公武《郡齋讀書志》載蔡襄《茶錄》。

6 公：即指蔡襄。

7 《茶書》：此和下兩條《茶書》資料，由於所指不具體，查閱了部分輯集類茶書，未查出確切出處。

8 朱子安：《郡齋讀書志》所載《東溪試茶錄》作者名誤，“朱”應作“宋”。

9 此處刪節，見宋代蔡襄《茶錄》附錄。

10 公：此指“蔡襄”。

11 蘇才翁：蘇舜元（1006－1054），才翁是其字。綿州鹽泉人。仁宗天聖七年賜進士出身，曾任殿中丞、太常博士等職，官至尚書度支員外郎、三司度支判官。詩歌豪健，尤善草書。

12 呂行甫：即呂希賢，行甫是其字。北宋仁宗時宰相呂夷簡之後，行義過人，但不幸短命。生平好藏墨，士大夫戲之為墨顛。

13 周韶：北宋杭州名妓。韶原本良家女，後流落營籍。性慧善詩，其詩與杭妓胡楚、龍靚並著。一次，蘇頌（1020－1101）過杭州，杭守陳述古飲之，召韶佐酒。韶因蘇頌求，就籠中白鸚鵡作一絕。韶應聲立成：“隴上巢空歲月驚，忍教回首自梳翎。開籠若放雪衣女，長念觀音般若經。”

校 記

① 《蔡端明別紀 · 茶癖》：底本原作“蔡端明別紀卷之七”，喻政茶書本作“蔡端明別紀摘錄”。“茶癖”，是正文前一行底本作為卷數之名（如蔡端明別紀卷之一，為“本傳”；卷之二，為“德行”等等），喻政茶書本作為“摘錄”《蔡端明別紀》的篇名而設置的文題。“茶癖”，是底本和喻政茶書本想借以與“蔡端明別紀”區別的標題。但是，如本文題記所説，自喻政茶書本把本文列作茶書以後，幾百年來，幾很少人分辨得出，以致有的專家，也把《蔡端明別紀》就看作是整本茶書，而完全不解“茶癖”的原意。本書作編時，為解決這一歷史疑誤，經研究，決定將“茶癖”直接入題，明確改題為《蔡端明別紀 · 茶癖》。

② 明徐𤊹編纂，為本書統一落款格式。底本作“鄉後學徐𤊹編纂”；次行與之並列的，為“新安吳寓賁校正”；喻政茶書本簡作“明三山徐𤊹興公輯”。

③ 世言團茶：此為本文正文之首，在本句前行，有卷名或文題“茶癖”二字，此刪移入本文正式題名。

④ 天子須嘗陽羨茶：“須”字，《韻語陽秋》作“未”字。

⑤ 研膏架動聲如雷：“動”字，底本、喻政茶書本形訛作“勤”字，據《韻語陽秋》改。

⑥ 命劾之：“劾”字，喻政茶書本同底本形誤刊作“僞”字，據《石林燕語》改。下同，不出校。

⑦ 貢不過四十餅：“貢”字，底本和喻政茶書本均無，據《畫墁錄》加。

⑧ 蔡君謨又為小團：但《畫墁錄》原文無“蔡君謨”三字，疑徐𤊹編加。

⑨ 龍團茶最為上品：《澠水燕談錄》在“龍”字後，還多一“鳳”字，作“龍鳳團茶”。

⑩ 雖宰相未嘗輒賜："相"字，《澠水燕談錄》作"臣"。
⑪ 三月嘗新茶：《宋詩鈔》等在"三"字前，還有"京師"二字。
⑫ 夜間擊鼓滿山谷：但《宋詩鈔》"間"字作"聞"。
⑬ 叢生狼藉惟龍蛇：《宋詩鈔》"龍"字作"藏"。
⑭ 輕身久服信胡麻：《宋詩鈔》"信"字作"勝"字。
⑮ 口吻無異蝕月蟆：《宋詩鈔》"吻"字作"腹"。
⑯ 丞服公之明審：《墨客揮犀》在"丞"字後，還多有"神"字。
⑰ 鬭品爭傳太傅家："鬭"字，《全宋詩》作"鬥"。
⑱ 龍園勝雪："園"字，底本和喻政茶書本，均誤作"團"字，據《北苑別錄》改。
⑲ 雲葉："雲"字，底本和喻政茶書本，形誤刊作"雪"字，據《北苑別錄》改。
⑳ 玉清慶雲："玉"字，底本和喻政茶書本，漏筆誤作"王"字，據《北苑別錄》改。
㉑ 興國揀芽：《北苑別錄》在"國"字和"揀"之間，還多一"岩"字。
㉒ 溪漲浪花生，天晴鳥聲出："花生，天"三字，底本闕，"花生"二字，喻政茶書本為"墨丁"，據蔡襄原詩補。
㉓ 村落分兩臂："村"字，蔡襄《十詠詩帖》拓本作"斗"字。
㉔ 靈泉出地清，嘉卉得天味："清，嘉"二字，底本闕，據喻政茶書本補。
㉕ 北苑連屬諸山，茶最勝：《東溪試茶錄》原文，"茶"字作"者"，即"北苑連屬諸山者最勝"。
㉖ 蔡公又云，北苑鳳皇山連屬諸焙：《東溪試茶錄》"又云"作"亦云"；"北苑鳳皇山"前，多一"唯"字，作"唯北苑鳳皇山連屬諸焙"。
㉗ 本段內容，非完全照錄，是選摘，下面"慶曆中"的內容，就跳隔很遠，為下段《總敘焙名》之文。
㉘ 叢出於此，氣味殊薄：在二句"此"字與"氣"之間，《東溪試茶錄》原文還有"曾坑山土薄，苗發多葉，復不肥乳"十三字。
㉙ 創小龍團以進：底本與喻政茶書本同，但《宣和北苑貢茶錄》在"創"字下，還多有"造"字，作"創造小龍團以進"。
㉚ 被旨乃歲貢之：《宣和北苑貢茶錄》原文作"仍"。
㉛ 本段內容與《品茶要錄》原文，每句都有個別字異，錄《品茶要錄》原文如下："故君謨論色，則以青白勝黃白。予論味，則以黃白勝青白"。
㉜《宋名賢尺牘》：底本原無出處，據喻政茶書本補。

茗笈

◇明　屠本畯　撰

屠本畯，字田叔，號豳叟，甬東鄞縣（今浙江寧波）人。屠大山（嘉靖二年進士，累遷至川湖總督，南京兵部侍郎）之子，以父蔭，受刑部檢校，遷太常典簿，後出為兩淮運同、福建鹽運司同知，遷辰州（今湖南沅陵）知府。自撰行狀，稱憨先生。撰有《閩中海錯疏》三卷（《四庫全書》著錄）、以及《太常典錄》、《田叔詩草》和《茗笈》等書。

《茗笈》也是一部輯集類茶書。類書在中國古籍中，作為一種獨特體例，緣起甚早。但中國茶書，特別是明中期以後的茶書中，何以輯集類茶書特別多？這除了與明代刻書發展和當時的社會風氣有關之外，與陸羽《茶經》的直接影響，也不無關係。陸羽《茶經》中被"後稱茶史"的"七之事"這一章，就是全部摘錄匯集其他各書的茶事內容。繼《茶經．七之事》之後，五代毛文錫《茶譜》、宋曾慥《茶錄》，援以為例，結果在明代後期和清代，出現了茶書摘輯成風的現象。關於《茗笈》，《四庫全書總目提要》言之甚詳，它稱《茗笈》是一本"雜論茗事"的茶書。全書分上下兩卷共十六章，"每章多引諸書（茶書十四種，其他文獻四種）論茶之語，而前引以贊，後系以評。又取陸羽《茶經》，分冠各篇，頂格書之，其他諸書皆亞一格書之，然割裂餖飣，已非《茶經》之全文。點淪兩章，併無《茶經》可引，則竟闕之。核其體例，似疏解《茶經》，又不似疏解《茶經》，似增删《茶經》，又不似增删《茶經》，紛紜錯亂，殊不解其何意也。"《四庫全書總目提要》所說有其中肯的一面，但屠本畯所贊所評，較其輯錄的內容，有的更為精要，所以，它對《茗笈》"紛紜錯亂"的批評又失之於苛刻。在明清諸多輯集類茶書中，《茗笈》是一本內容整潔、編排清楚、出處詳全、時間也較早的具有代表性的較好茶書，有人譽之為一種"小型的茶書資料分類彙編"，似不無道理。

關於成書年代，有二種意見：一是萬國鼎據《茗笈》薛岡前序"萬曆庚戌（三十八年）"的落款，提出的"1610年"說。一為《中國古代茶葉全書》據屠隆所撰《考槃餘事》"龍威秘書萬曆三十四年"刊本已"引有《茗笈．品泉章》一段（喻政《茶書》將其删去）內容"提出的"1606年之前"說。我們認為《中國古代茶葉全書》所說是錯的，因為《龍威秘書》不是明代而是清乾隆年間浙江石門馬俊良輯刊的叢書，這是一。二、查閱中國科學院圖書館藏明萬曆《考槃餘事》寶顏堂秘笈本，其中並沒有《茗笈．品泉章》的內容，如果後來有了，也是乾隆時《龍威秘書》編印者所加。根據這些，我們認為《茗笈》的成書年代，還是"萬說”為是。

本文明清只有喻政《茶書》和明末毛氏汲古閣《山居小玩》、毛氏汲古閣《羣芳清玩》三個版本。本書以喻政《茶書》本作錄。

序①

清士之精華，莫如詩，而清士之緒餘，則有掃地、焚香、煮茶三者。焚香、掃地，余不敢讓，而至於茶，則恆推轂吾友聞隱鱗[1]氏，如推轂隱鱗之詩。蓋隱鱗高標幽韻，迥出塵表於斯二者，吾無間然，其在縉紳，惟豳叟先生與隱鱗同其臭味。隱鱗嗜茶，豳叟之於茶也，不甚嗜，然深能究茶之理、契茶之趣，自陸氏《茶經》而下，有片語及茶者，皆旁蒐博訂，輯為《茗笈》，以傳同好。其間採製之宜、收藏之法、飲啜之方，與夫鑑別品第之精，當可謂陸氏功臣矣。余謂豳叟宦中詩，多取材齊梁，而其林下諸作，無不力追老杜。少陵之後，有稱詩史者，惟豳叟。而季疵之後稱茶史者，亦惟豳叟。隱鱗有豳叟，似不得專其美矣。兩君皆吾越人，余因謂茶之與泉，猶生才，何地無佳者。第託諸通都要路者，取名易，而僻在一隅者，起名難。吾鄉泉若它山，茶若朱溪，以其產於海隅，知之者遂鮮。世有具贊皇之日[2]，玉川之量[3]，不遠千里可也。

庚戌上巳日[4]，社弟薛岡題

序

屠豳叟先生，昔轉運閩海衙齋中，闃若僧寮。予每過從，輒具茗碗，相對品騭古人文章詞賦，不及其他。茗盡而談未竟，必令童子數燃鼎繼之，率以為常。而先生亦賞予雅通茗事，喜與語且喜與啜。凡天下奇名異品，無不烹試定其優劣，意豁如也。及先生擢守辰陽，掛冠歸隱鑑湖，益以烹點為事。鉛槧之暇，著為《茗笈》十六篇，本陸羽之文為經，採諸家之說為傳，又自為評贊以美之。文典事清，足為山林公案，先生其泉石膏肓者耶？予與先生別十五載，而謝在杭自燕歸，出《茗笈》讀之，清風逸興，宛然在目，乃謀諸守公喻使君梓之郡齋，以廣同好。善夫陸華亭[5]有言曰：此一味非眠雲跂石人未易領略，可為豳叟實錄云。

萬曆辛亥年秋日，晉安徐𤊹興公書

自序②　**明甬東屠本畯豳叟著**③

不佞生也憨，無所嗜好，獨於茗不能忘情。偶探友人聞隱鱗架上，得諸家論茶書，有會於心，採其雋永者，著於篇，名曰《茗笈》。大都以《茶經》為經，自《茶譜》迄《茶箋》列為傳，人各為政，不相沿襲。彼創一義，而此釋之，甲送一難，而乙駁之，奇奇正正，靡所不有。政如《春秋》為經而案之，左氏、公、穀為《傳》而斷之，是非予奪，豁心胸而快志意，間有所評。小子不敏，奚敢多讓矣。然書以筆札簡當為工，詞華麗則為尚。而器用之精良，賞鑑之貴重，我則未之或暇也。蓋有含英吐華、收奇覓秘者，在書凡二篇，附以贊評。豳叟序。

南山有茶，美茗笈也，醒心之膏液，砭俗之鼓吹，是故詠之。

南山有茶，天雲卿只，采采人文，笈笥盈只。一章有經有譜，有記有品，寮錄解箋，說評斯盡。二章溯原得地，乘時揆制，藏茗勛高，品泉論細。三章候火定湯，點瀹辯器，亦有雅人，惟申嚴忌。四章既防縻濫，又戒混淆，相度時宜，乃忘至勞。五章我狙東山，高崗捃拾，衡鑑玄賞，咸登於笈。六章予本憨人[4]，坐草觀化，趙茶未悟，許瓢欲掛。七章滄浪水清，未可濯纓，旋汲旋瀹，以註茶經。八章蘭香泛甌，靈泉在卣，惟喜詠茶，罔解頌酒性九章竹裏韻士，松下高僧，汲甘露水，禮古先生。十章

南山有茶十章，章四句。

上篇目錄[5]

第一溯源章　第二得地章　第三乘時章　第四揆制章[6]　第五藏茗章　第六品泉章　第七候火章　第八定湯章

下篇目錄[7]

第九點瀹章　第十辯器章　十一申忌章　十二防濫章　十三戒淆章　十四相宜章　十五衡鑑章　十六玄賞章

附品藻

品一　品二　品三　品四[8]

品茶姓氏

《茶經》，陸羽著，字鴻漸，一名疾，字季疵，號桑苧翁。

《試茶歌》，劉夢得著，字禹錫。

《陸羽點茶圖跋》，董逌[9]著。

《茶錄》[10]，蔡襄著，字君謨。

《煮茶泉品》，葉清臣著。

《仙芽傳》，蘇廙著。

《東溪試茶錄》，宋子安著[11]。

《鶴林玉露》，羅景綸著，字大經。

《茶寮記》，陸樹聲著，字與吉。

《煎茶七類》，同上。

《煮泉小品》，田藝蘅著，字子藝。

《類林》，焦竑著，字弱候。

《茶錄》，張源著，字伯淵。

《茶疏》，許次紓著，字然明。

《羅岕茶記》，熊明遇著。

《茶說》，邢士襄著，字三若。

《茶解》，羅廩著，字高君。

《茶箋》，聞龍著，字隱鱗，初字仲連。

上篇贊評⑫

第一溯源章

贊曰：世有仙芽，消纇[6]捐忿，安得登枚而忘其本。

茶者，南方之嘉木。其樹如瓜蘆，葉如梔子，花如白薔薇，實如栟櫚，蕊如丁香，根如胡桃。其名：一曰茶，二曰檟，三曰蔎，四曰茗，五曰荈。山南以陝州上，襄州、荊州次，衡州下，金州、梁州又下。淮南以光州上，義陽郡舒州次，壽州下，蘄州、黃州又下。浙西以湖州上，常州次，宣州、睦州、歙州下，潤州、蘇州又下。劍南以彭州上，綿州、蜀州、邛州次，雅州、瀘州下，眉州、漢州又下。浙東以越州上，明州、婺州次，台州下。黔中生恩州、播州、費州、夷州。江南生鄂州、袁州、吉州。嶺南生福州、建州、韶州、象州。其恩、播、費、夷、鄂、袁、吉、福、建、韶、象十一州，未詳。往往得之，其味極佳。陸羽《茶經》

按：唐時產茶地，僅僅如季疵所稱，而今之虎丘、羅岕、天池、顧渚、松羅、龍井、雁宕、武夷、靈山、大盤、日鑄、朱溪諸名茶，無一與焉。乃知靈草在在有之，但培植不嘉或疏採製耳。羅廩《茶解》

吳楚山谷間，氣清地靈，草木頴挺，多孕茶荈。大率右於武夷者，為白乳；甲於吳興者，為紫筍；產禹穴者，以天章顯；茂錢塘者，以徑山稀。至於續廬之巖，雲衡之麓，雅山著於宣⑬，蒙頂傳於岷蜀，角立差勝，毛舉實繁。葉清臣《煮茶泉品》

唐人首稱陽羨，宋人最重建州，於今貢茶，兩地獨多。陽羨僅有其名，建州亦非上品，惟武夷雨前最勝。近日所尚者，為長興之羅岕，疑即古顧渚紫筍。然岕故有數處，今惟洞山最佳。姚伯道云：明月之峽，厥有佳茗，韻致清遠，滋味甘香，足稱仙品。其在顧渚，亦有佳者，今但以水口茶名之，全與岕別矣。若歙之松羅，吳之虎丘，杭之龍井，並可與岕頡頏。郭次甫極稱黃山，黃山亦在歙，去松羅遠甚。往時士人皆重天池，然飲之略多，令人脹滿。浙之產曰雁宕、大盤、金華、日鑄，皆與武夷相伯仲。錢塘諸山，產茶甚多，南山盡佳，北山稍劣。武夷之外，有泉州之清源，儻以好手製之，亦是武夷亞匹；惜多焦枯，令人意盡。楚之產曰寶慶，滇之產曰五華，皆表表有名，在雁茶之上。其他名山所產，當不止此，或余未知，或名未著，故不及論。許次紓《茶疏》⑭

評曰：昔人以陸羽飲茶，比於后稷樹穀，然哉！及觀韓翃《謝賜茶啟》云：“吳主禮賢，方聞置茗；晉人愛客，纔有分茶。”則知開創之功，雖不始於桑苧，而製茶自出至季疵而始備矣。嗣後名山之產靈草漸繁，人工之巧，佳茗日著，皆以季疵為墨守，即謂開山之祖可也。其蔡君謨而下，為傳燈之士。

第二得地章

贊曰：燁燁靈荈，托根高崗，吸風飲露，負陰向陽。

上者生爛石，中者生礫壤，下者生黃土。野者上，園者次，陰山坡谷者，不甚採掇。《茶經》

產茶處，山之夕陽，勝於朝陽。廟後山西向，故稱佳；總不如洞山南向，受陽氣特專，稱仙品。熊明遇《岕山茶記》⑮

茶地南向為佳，向陰者遂劣。故一山之中，美惡相懸。《茶解》

茶產平地，受土氣多，故其質濁。岕茗產於高山，渾是風露清虛之氣，故為可尚。《岕茶記》

茶固不宜雜以惡木，惟桂、梅、辛夷、玉蘭、玫瑰、蒼松、翠竹與之間植，足以蔽覆霜雪，掩映秋陽。其下可植芳蘭、幽菊、清芬之物，最忌菜畦相逼，不免滲漉，滓厥清真。《茶解》

評曰：瘠土民癯，沃土民厚；城市民囂而瀉，山鄉民樸而陋。齒居晉而黃，項處齊而癭。人猶如此，豈惟茗哉？

第三乘時章

贊曰：乘時待時，不愆不崩，小人所援，君子所憑。

採茶在二月、三月、四月之間。茶之筍者，生爛石沃土，長四五寸，若薇蕨始抽，凌露採焉。茶之芽者，發於藂薄之上，有三枝、四枝、五枝者，選其中枝穎拔者採焉。《茶經》

清明太早，立夏太遲，穀雨前後，其時適中。若再遲一二日，待其氣力完足，香烈尤倍，易於收藏。《茶疏》

茶以初出雨前者佳，惟羅岕立夏開園，吳中所貴，梗觕葉厚，有蕭箬之氣；還是夏前六七日如雀舌者最佳，不易得。《岕茶記》

岕茶，非夏前不摘。初試摘者，謂之開園。採自正夏，謂之春茶。其地稍寒，故須得此，又不當以太遲病之。往時無秋日摘者，近乃有之。七八月重摘一番，謂之早春。其品甚佳，不嫌少薄，他山射利，多摘梅茶。梅雨時摘，故曰梅茶。梅茶苦澀，且傷秋摘，佳產戒之。《茶疏》

凌露無雲，採候之上；霽日融和，採候之次；積雨重陰，不知其可。邢士襄《茶說》

評曰：桑苧翁，製茶之聖者歟。《茶經》一出，則千載以來，採製之期，舉無能違其時日而紛更之者。羅高君謂，知深斯鑑別精，好篤斯修制力，可以贊桑苧翁之烈矣。

第四揆制章

贊曰：爾造爾製，有矱有矩，度也惟良，於斯信汝。

其日有雨不採，晴有雲不採；晴，採之、蒸之、擣之、拍之、焙之、穿之、封之、茶之乾矣。《茶經》

斷茶，以甲不以指。以甲則速斷不柔，以指則多濕易損。朱子安《東溪試茶錄》

其茶初摘，香氣未透，必借火力以發其香。然茶性不耐勞，炒不宜久。多取入鐺，則手力不勻，久於鐺中，過熟而香散矣。炒茶之鐺，最嫌新鐵，須預取一鐺，毋得別作他用。一說惟常煮飯者佳，既無鐵腥，亦無脂膩。炒茶之薪，僅可樹枝，不用幹葉。幹則火力猛熾，葉則易焰易滅。鐺必磨洗瑩潔，旋摘旋炒。一鐺之內，僅用四兩。先用文火炒軟，次加武火催之。手加木指，急急鈔轉，以半熟為度。微俟香發，是其候也。《茶疏》

茶初摘時……亦未之試耳。聞龍《茶箋》[7]

火烈香清，鐺寒神倦；火烈生焦，柴疏失翠；久延則過熟，速起卻還生。熟則犯黃，生則著黑，帶白點者無妨，絕焦點者最勝。張源《茶錄》

《經》云：焙鑿地深二尺……色香與味不致大減。《茶箋》[8]

茶之妙，在乎始造之精，藏之得法，點之得宜。優劣定乎始鐺，清濁係乎末火。《茶錄》

諸名茶法多用炒，惟羅岕宜於蒸焙，味真蘊藉，世競珍之。即顧渚、陽羨，密邇洞山，不復倣此。想此法偏宜於岕，未可概施他茗，而《經》已云"蒸之、焙之"，則所從來遠矣。《茶箋》

評曰：必得色全，惟須用扇；必全香味，當時焙炒。此評茶之準繩，傳茶之衣鉢。

第五藏茗章

贊曰：茶有仙德⑯，幾微是防，如保赤子，云胡不臧。

育以木製之，以竹編之，以紙糊之。中有槅，上有覆，下有宝，傍有門掩一扇。中置一器，貯煻煨火，令熅熅然。江南梅雨，焚之以火。《茶經》

藏茶宜箬葉而畏香藥……或秋分後一焙。《岕茶記》[9]

切勿臨風近火。臨風易冷，近火先黃。《茶錄》

凡貯茶之器，始終貯茶，不得移為他用。《茶解》

吳人絕重岕茶，往往雜以黃黑箬，大是闕事。余每藏茶，必令樵青入山，採竹箭箬拭淨烘乾，護罌四週，半用剪碎，拌入茶中。經年發覆，青翠如新。《茶箋》

置頓之所，須在時時坐臥之處。逼近人氣，則常溫不寒。必在板房，不宜土室；板房熅燥，土室則蒸。又要透風，勿置幽隱之處，尤易蒸濕。《茶錄》

評曰：羅生言茶酒二事，至今日可稱精絕，前無古人，此可與深知者道耳。夫茶酒超前代希有之精品，羅生創前人未發之玄談。吾尤詫夫卮談名酒者十九，清談佳茗者十一。

第六品泉章

贊曰：仁智之性，山水樂深，載蘚清泚，以滌煩襟。

山水上，江水中，井水下。山水擇乳泉石池漫流者上，其瀑湧湍激勿食。久食，令人有頸疾⑰。又多別流於山谷者，澄浸不洩，自火天至霜郊以前，或潛龍蓄毒於其間，飲者可決之以流其惡，使新煙涓涓然。酌之其江水，取去人遠者。《茶經》

山宣氣以養萬物，氣宣則脈長，故曰山水上。泉不難於清而難於寒，其瀨峻流駛而清，巖奥積陰而寒者，亦非佳品。田藝衡《煮泉小品》

江，公也，眾水共入其中也。水共則味雜，故曰江水次之。其水取去人遠者，蓋去人遠，則澄深而無蕩漾之漓耳。

余少得溫氏所著《茶説》，嘗識其水泉之目，有二十焉。會西走巴峽，經蝦蟆窟；北憩蕪城，汲蜀岡井；東遊故都，挹楊子江；留丹陽，酌觀音泉；過無錫，剩惠山水。粉槍朱旗，蘇蘭薪桂，且鼎且缶，以飲以啜，莫不瀹氣滌慮，蠲病析酲，祛鄙吝之生心，招神明而還觀，信乎？物類之得宜，臭味之所感，幽人之嘉尚，前賢之精鑑，不可及矣。《煮茶泉品》

山頂泉，清而輕；山下泉，清而重；石中泉，清而甘；砂中泉，清而洌；土中泉，清而白。流於黃石為佳，瀉出青石無用。流動愈於安靜，負陰勝於向陽。《茶錄》10

山厚者泉厚，山奇者泉奇，山清者泉清，山幽者泉幽，皆佳品也。不厚則薄，不奇則蠢，不清則濁，不幽則喧，必無用矣。《小品》

泉不甘，能損茶味。前代之論水品者以此。蔡襄《茶錄》

吾鄉四陲皆山……亦且永托知希矣。《茶箋》11

山泉稍遠，接竹引之，承之以奇石，貯之以淨缸，其聲琮琮可愛。移水取石子，雖養其味，亦可澄水。《小品》

甘泉，旋汲用之斯良。丙舍在城，夫豈易得，故宜多汲貯以大瓮。但忌新器，為其火氣未退，易於敗水，亦易生蟲。久用則善，最嫌他用。水性忌木，松杉為甚。木桶貯水，其害滋甚，挈瓶為佳耳。《茶疏》

烹茶須甘泉，次梅水。梅雨如膏，萬物賴以滋養，其味獨甘。梅後便不堪飲，大瓮滿貯，投伏龍肝一塊，即竈中心乾土也，乘熱投之。《茶解》

烹茶，水之功居六。無泉則用天水，秋雨為上，梅雨次之。秋雨洌而白，梅雨醇而白。雪水，五穀之精也，色不能白。養水須置石子於瓮，不惟益水，而白石清泉，會心亦不在遠。《岕茶記》

貯水瓮須置陰庭，覆以沙帛，使承星露，則英華不散，靈氣常存。假令壓以木石，封以紙箬，暴於日中，則外耗其神，內閉其氣，水神敝矣。《茶解》

評曰：《茶記》言養水置石子於瓮，不惟益水，而白石清泉，會心不遠。夫石子須取其水中表裏瑩澈者佳，白如截肪，赤如雞冠，藍如螺黛，黃如蒸栗，黑如玄漆，錦紋五色，輝映瓮中，徙倚其側，應接不暇。非但益水，亦且娛神。

第七候火章

贊曰：君子觀火，有要有倫，得心應手，存乎其人。

其火用炭，曾經燔炙為脂膩所及，及膏木敗器不用。古人識勞薪之味，信哉。《茶經》

火必以堅木炭為上，然本性未盡，尚有餘煙，煙氣入湯，湯必無用。故先燒令紅，去其煙焰，兼取性力猛熾，水乃易沸。既紅之後，方授水器，乃急扇之。愈速愈妙，毋令手停。停過之湯，寧棄而再烹。《茶疏》

爐火通紅，茶銚始上。扇起要輕疾，待湯有聲，稍稍重疾，斯文武火之候也。若過乎文，則水性柔，柔則水為茶降；過於武，則火性烈，烈則茶為水制，皆不足於中和，非茶家之要旨。《茶錄》

評曰：蘇廙《仙芽傳》載湯十六云：調茶在湯之淑慝，而湯最忌煙。燃柴一枝，濃煙滿室，安有湯耶，又安有茶耶？可謂確論。田子藝以松實、松枝為雅者，乃一時興到之言，不知大繆茶理。

第八定湯章

贊曰：茶之殿最，待湯建勳，誰其秉衡，跂石眠雲。

其沸如魚目，微有聲為一沸；緣邊如湧泉連珠，為二沸；騰波鼓浪，為三沸。已上水老，不可食也。凡酌，置諸碗，令沫餑均。沫餑，湯之華也；華之薄者曰沫，厚者曰餑。細輕者曰華，如棗花漂漂然於環池之上，又如迴潭曲渚青萍之始生，又如晴天爽朗有浮雲鱗然。其沫者，若綠錢浮於渭水，又如菊英墮於尊俎之中；餑者，以滓煮之，及沸，則重華累沫，皓皓然若積雪耳。《茶經》

水入銚便須急煮，候有松聲，即去蓋，以消息其老嫩。蟹眼之後，水有微濤，是為當時。大濤鼎沸，旋至無聲，是為過時。過時老湯決不堪用。《茶疏》

沸速，則鮮嫩風逸；沸遲，則老熟昏鈍。《茶疏》

湯有三大辨：一曰形辨，二曰聲辨，三曰捷辨。形為內辨，聲為外辨，氣為捷辨。如蝦眼、蟹眼、魚目、連珠，皆為萌湯；直至湧沸如騰波鼓浪，水氣全消，方是純熟。如初聲、轉聲、振聲、駭聲，皆為萌湯，直至無聲，方為純熟。如氣浮一縷、二縷、三縷及縷亂不分，氤氳亂繞，皆為萌湯；直至氣直沖貫，方是純熟。蔡君謨因古人製茶碾磨作餅，則見沸而茶神便發，此用嫩而不用老也。今時製茶，不假羅碾，全具元體，湯須純熟，元神始發也。《茶錄》

余友李南金云：《茶經》以魚目、湧泉、連珠為煮水之節，然近世瀹茶，鮮以鼎鍑，用瓶煮水，難以候視，則當以聲辨一沸、二沸、三沸之節。又陸氏之法，以未就茶鍑，故以第二沸為合量；而下未若以今湯就茶甌瀹之，則當用背二涉三之際為合量，乃為聲辨之。詩云："砌蟲唧唧萬蟬催，忽有千車捆載來，聽得松風並澗水，急呼縹色綠瓷杯"，其論固已精矣。然瀹茶之法，湯欲嫩而不欲老，蓋湯嫩則茶味甘，老則過苦矣。若聲如松風澗水，而遽瀹之，豈不過於老而苦哉。惟移瓶去火，少待其沸，止而瀹之，然後湯適中而茶味甘，此南金之所未講者也。因補一詩云："松風桂雨到來初，急引銅瓶離竹爐。待得聲聞俱寂後，一瓶春雪勝醍醐。"羅大經《鶴林玉露》

李南金謂"當用背二涉三之際為合量"，此真賞鑑家言。而羅鶴林懼湯老，欲於松風澗水後移瓶去火，少待沸止而瀹之，此語亦未中窾。殊不知湯既老矣，雖去火何救哉！《茶解》

評曰：《茶經》定湯三沸，而貴當時。《茶錄》定沸三辨，而畏萌湯。夫湯貴適中，萌之與熟，皆在所棄。初無關於茶之芽餅也，今通人所論尚嫩，《茶錄》所貴在老，無乃闊於事情耶。羅鶴林[12]之談，又別出兩家外矣。羅高君因而駁之，今姑存諸說。

《茗笈》上篇贊評終。

下篇贊評⑱

第九點瀹章⑲

贊曰：伊公作羹，陸氏製茶，天錫甘露，媚我仙芽。

未曾汲水，先備茶具，必潔必燥。瀹時，壺蓋必仰置，瓷盂勿覆案上，漆氣、食氣，皆能敗茶。《茶疏》

茶注宜小不宜大，小則香氣氤氳，大則易於散漫。若自斟酌，愈小愈佳。容水半升者，量投茶五分；其餘以是增減。《茶疏》

投茶有序，無失其宜。先茶後湯曰下投；湯半下茶，復以湯滿，曰中投；先湯後投曰上投。春秋中投，夏上投，冬下投。《茶錄》

握茶手中，俟湯入壺，隨手投茶，定其浮沉，然後瀉以供客，則乳嫩清滑，馥郁鼻端，病可令起，疲可令爽。《茶疏》

釃不宜早，飲不宜遲。釃早則茶神未發，飲遲則妙馥先消。《茶錄》

一壺之茶，只堪再巡。初巡鮮美，再巡甘醇，三巡意欲盡矣。余嘗與客戲論：初巡為婷婷嫋嫋十三餘，再巡為碧玉破瓜年；三巡以來，綠葉成陰矣。所以茶注宜小，小則再巡已終，寧使餘芬剩馥尚留葉中，猶堪飯後供啜嗽之用。《茶疏》

終南僧亮公從天池來，餉余佳茗，授余烹點法甚細。予嘗受法於陽羨士人，大率先火候，次候湯，所謂蟹眼、魚目參沸，沫浮沉法皆同，而僧所烹點，絕味清，乳面不黟，是具入清淨味中三昧者。要之，此一味非眠雲跂石人未易領略。余方避俗，雅意棲禪，安知不因是悟入趙州耶？陸樹聲《茶寮記》

評曰：凡事俱可委人，第責成效而已，惟瀹茗須躬自執勞。瀹茗而不躬執，欲湯之良，無有是處。

第十辯器章

贊曰：精行惟人，精良惟器，毋以不潔，敗乃公事。

鍑音釜以生鐵為之，洪州以瓷，萊州以石。瓷與石皆雅器也，性非堅實，難可持久。用銀為之，至潔，但涉於侈麗，雅則雅矣，潔亦潔矣，若用之恆，而卒歸於鐵[20]也。《茶經》

山林隱逸，水銚用銀，尚不易得，何況鍑乎[21]。若用之恆，而卒歸於鐵也。《茶箋》

貴欠金銀，賤惡銅鐵，則瓷瓶有足取焉。幽人逸士，品色尤宜，然慎勿與誇珍衒豪者道。蘇廙[22]《仙芽傳》

金乃水母，錫備剛柔，味不鹹澀，作銚最良。製必穿心，令火氣易透。《茶錄》

茶壺，往時尚龔春，近日時大彬所製，大為時人所重。蓋是粗砂，正取砂無土氣耳。《茶疏》

茶注、茶銚、茶甌，最宜蕩滌燥潔。修事甫畢，餘瀝殘葉，必盡去之。如或少存，奪香散味[23]。每日晨興，必以沸湯滌過，用極熟麻布向內拭乾，以竹編架，覆而求之燥處，烹時取用。《茶疏》

茶具滌畢，覆於竹架，俟其自乾為佳。其拭巾只宜拭外，切忌拭內。蓋布帨雖潔，一經人手，極易作氣，縱器不乾，亦無大害。《茶箋》

茶甌以白瓷為上，藍者次之。《茶錄》

人必各手一甌，毋勞傳送。再巡之後，清水滌之。《茶疏》

茶盒以貯茶，用錫為之。從大疊中分出，若用盡時再取。《茶錄》

茶爐或瓦或竹，大小與湯銚稱。《茶解》

評曰：鍑宜鐵，爐宜銅，瓦竹易壞。湯銚宜錫與砂，甌則但取圓潔白瓷而已，然宜小。若必用柴、汝、宣、成，則貧士何所取辦哉？許然明之論，於是乎迂矣。

第十一申忌章

贊曰：宵人欒欒，腥穢不戒，犯我忌制，至今為箴。

採茶、製茶，最忌手污、膻氣、口臭、多涕不潔之人及月信婦人。又忌酒氣，蓋茶酒性不相入，故製茶人切忌沾醉。《茶解》

茶性淫，易於染着，無論腥穢及有氣息之物，不宜近，即名香亦不宜近。《茶解》

茶性畏紙，紙於水中成，受水氣多，紙裹一夕，隨紙作氣盡矣。雖再焙之，少頃即潤。雁宕諸山，首坐此病，紙帖貽遠，安得復佳。《茶疏》

吳興姚叔度言，茶葉多焙一次，則香味隨減一次，予驗之，良然。但於始焙極燥，多用炭箬，如法封固，即梅雨連旬，燥固自若。惟開疊頻取，所以生潤，不得不再焙耳。自四五月至八月，極宜致謹。九月以後，天氣漸肅，便可解嚴矣。雖然，能不弛懈，尤妙尤妙。《茶箋》

不宜用惡木、敝器、銅匙、銅銚、木桶、柴薪、麩炭、粗童惡婢、不潔巾帨及各色果實香藥。《茶錄》

不宜近陰室、廚房、市喧、小兒啼、野性人、童奴相鬨、酷熱齋舍。《茶疏》

評曰：茶猶人也，習於善則善，習於惡則惡，聖人致嚴於習染有以也。墨子悲絲，在所染之。

第十二防濫章

贊曰：客有霞氣，人如玉姿，不泛不施，我輩是宜。

茶性儉，不宜廣，則其味黯淡，且如一滿碗，啜半而味寡，況其廣乎？夫珍鮮馥烈者，其碗數三，次之者碗數五。若坐客數至五，行三碗；至七，行五碗；若六人以下，不約碗數，但闕一人而已，其雋永補所闕人。《茶經》

按：《經》云，第二沸，留熱以貯之，以備育華救沸之用者，名曰雋永。五人則行三碗，七人則行五碗，若遇六人，但闕其一。正得五人，即行三碗，以雋永補所闕人。故不必別約碗數也。《茶箋》

飲茶以客少為貴，客眾則喧，喧則雅趣乏矣。獨啜曰幽，二客曰勝，三四曰趣，五六曰汎，七八曰施。《茶錄》

煎茶燒香，總是清事，不妨躬自執勞。對客談諧，豈能親蒞，宜兩童司之。器必晨滌，手令時盥，爪須淨剔，火宜常宿。《茶疏》

三人以上，止爇一爐，如五六人，便當兩鼎爐，用一童，湯方調適。若令兼作，恐有參差。《茶疏》

煮茶而飲非其人，猶汲乳泉以灌蒿蕕。飲者一吸而盡，不暇辨味，俗莫甚焉。《小品》

若巨器屢巡，滿中瀉飲，待停少溫，或求濃苦，何異農匠作勞，但資口腹，何論品賞，何知風味乎？《茶疏》

評曰：飲茶防濫，厥戒惟嚴，其或客乍傾蓋，朋偶消煩，賓待解醒，則玄賞之外，別有攸施矣。此皆排當於閫政，請勿弁髦乎茶榜。

第十三戒淆章

贊曰：珍果名花，匪我族類，敢告司存，亟宜屏置。

茶有九難：一曰造，二曰別，三曰器，四曰火，五曰水，六曰炙，七曰末，八曰煮，九曰飲。陰採夜焙，非造也；嚼味嗅香，非別也；膻鼎腥甌，非器也；膏薪庖炭，非火也；飛湍壅潦，非水也；外熟內生，非炙也；碧粉漂塵，非末也；操艱擾遽，非煮也；夏興冬廢，非飲也。《茶經》

茶用蔥、薑、棗、橘皮、茱萸、薄荷等煮之，百沸或揚令滑，或煮去沫，斯溝瀆間棄水耳。《茶經》

茶有真香，而入貢者微以龍腦和膏，欲助其香。建安民間試茶，皆不入香，恐奪其真。若烹點之際，又雜珍果、香草，其奪益甚，正當不用。《茶譜》

夫茶中著料，碗中著果，譬如玉貌加脂，蛾眉著黛，翻累本色。《茶說》

評曰：花之拌茶也，果之投茗也，為累已久，惟其相沿，似須斟酌，有難概施矣。今署約曰，不解點茶之儔，而缺花果之供者，厥咎慳；久參玄賞之科，而瞶老嫩之沸者，厥咎怠。慳與怠，於汝乎有譴[24]。

第十四相宜章

贊曰：宜寒宜暑，既游既處，伴我獨醒，為君數舉。

茶之為用，味至寒，為飲最宜精行儉德之人。若熱渴、凝悶、腦痛、目澀、四肢煩、百節不舒，聊四五啜，與醍醐、甘露抗衡也。《茶經》

神農《食經》："茶茗久服，令人有力、悦志。"《茶經》

華佗《食論》："苦茶久食，益意思。"《茶經》

煎茶非漫浪，要須人品與茶相得。故其法往往傳於高流隱逸，有煙霞泉石、磊塊胸次者。陸樹聲《煎茶七類》

茶候：涼臺淨室，曲几明窗，僧寮道院，松風竹月，晏坐行吟，清談把卷。《七類》

山堂夜坐，汲泉煮茗，至水火相戰，如聽松濤；傾瀉入杯，雲光瀲灔。此時幽趣，故難與俗人言矣。《茶解》

凡士人登臨山水，必命壺觴，若茗碗薰爐，置而不問，是徒豪舉耳。余特置游裝[25]，精茗名香，同行異室，茶罌、銚、銈、甌、洗、盆、巾，附以香奩、小爐、香囊、匙箸。《茶疏》

評曰：《家緯真清》語云，"茶熟香清，有客到門，可喜鳥啼，花落無人"，亦自悠然，可想其致也。

第十五衡鑑章

贊曰：肉食者鄙，藿食者躁。色味香品，衡鑑三妙。

茶有千萬狀，如胡人靴者，蹙縮然；犎牛臆者，廉襜然；浮雲出山者，輪囷然；輕飆拂水者，涵澹然。有如陶家之子，羅膏土以水澄泚之；又如新治地者，遇瀑雨流潦之所經；此皆茶之精腴。有如竹籜者，枝幹堅實，艱於蒸擣，故其形籭簁然；有如霜荷者，莖葉凋阻，易其狀貌，故厥狀萎瘁，然此皆茶之瘠老者也。陽崖陰林，紫者上，綠者次；筍者上，芽者次；葉卷者上，葉舒者次。《茶經》

茶通仙靈，然有妙理。《茶錄序》

其旨歸於色香味，其道歸於精燥潔。《茶錄序》

茶之色重、味重、香重者，俱非上品。松羅香重，六安味苦，而香與松羅同；天池亦有草萊氣，龍井如之，至雲霧則色重而味濃矣。嘗啜虎丘茶，色白而香，似嬰兒肉，真精絕。《岕茶記》

茶色白，味甘鮮，香氣撲鼻，乃為精品。茶之精者，淡亦白，濃亦白，初潑白，久貯亦白，味甘色白，其香自溢。三者得，則俱得也。近來好事者，或慮其色重，一注之水，投茶數片，味固不足，香亦窅然，終不免水厄之誚。雖然，尤貴擇水。香以蘭花上，蠶荳花次。《茶解》

茶色貴白……則虎丘所無也。《岕茶記》[13]

評曰：熊君品茶，旨在言外，如釋氏所謂"水中鹽味，非無非有"，非深於茶者，必不能道。當今非但能言人不可得，正索解人，亦不可得。

第十六玄賞章

贊曰：談席玄衿，吟壇逸思，品藻風流，山家清事。

其色緗也，其馨歎音備也，其味甘，檟也；啜苦咽甘，茶也。《茶經》

試茶歌曰："木蘭墜露香微似，瑤草臨波色不如"。又曰："欲知花乳清泠味，須是眠雲跂石人"。劉禹錫

飲泉覺爽，啜茗忘喧，謂非膏粱紈絝可語，爰著《煮泉小品》，與枕石漱流者商焉。《小品》

茶侶：翰卿墨客，緇衣羽士，逸老散人，或軒冕中超軼世味者。《七類》

"茶如佳人"，此論甚妙，但恐不宜山林間耳。蘇子瞻詩云"從來佳茗似佳人"是也。若欲稱之山林，當如毛女麻姑，自然仙風道骨，不浼煙霞。若夫桃臉柳腰，亟宜屏諸銷金帳中，毋令污我泉石。《小品》

竟陵大師積公嗜茶，非羽供事不鄉口。羽出遊江湖四五載，師絕於茶味。代宗聞之，召入內供奉，命宮人善茶者烹以餉師。師一啜而罷。帝疑其詐，私訪羽召入。翼日，賜師齋，密令羽供茶，師捧甌，喜動顏色，且賞且啜曰："此茶有若漸兒所為者"。帝由是嘆師知茶，出羽相見。董逌跋《陸羽點茶圖》

建安能仁院，有茶生石縫間，僧採造得八餅，號石巖白。以四餅遺蔡君謨，以四餅遣人走京師，遺王禹玉。歲餘，蔡被召還闕，訪禹玉。禹玉命子弟於茶笥中選精品餉蔡。蔡持杯未嘗，輒曰："此絕似能仁石巖白，公何以得之？"禹玉未信，索貼驗之，始服。《類林》

東坡云：蔡君謨嗜茶，……後以殉葬。《茶箋》[14]

評曰：人論茶葉之香，未知茶花之香。余往歲過友大雷山中，正值花開，童子摘以為供，幽香清越，絕自可人，惜非甌中物耳。乃予著《瓶史》，月表插茗花，為齋中清玩。而高廉《盆史》，亦載茗花，足以助吾玄賞。昨有友從山中來，因談茗花可以點茶，極有風致，第未試耳，姑存其說，以質諸好事者。

外舅屠漢翁，經年著書種種，皆膾炙人口。大遠不佞，無能更僕也。其《茗笈》所彙，若採製、點瀹、品泉、定湯、藏茗、辨器之類，式之可享清供，讀之可悟玄賞矣。請歸殺青，庶展牘間，不待躬執而肘腋風生，齒頰薦爽，覺眠雲跂石人相與晤言。館甥范大遠記。

《茗笈》品藻[15]

品一　王嗣奭

昔人精茗事，自藝而採、而製、而藏、而瀹、而泉，必躬為料理。又得家童潔慎者專司之，則可。余家食指繁，不能給饔餐，赤腳蒼頭，僅供薪水。性雖嗜茶，精則無暇，偶得佳者，又泉品中下，火候多舛，雖胡靴與霜荷等。余貧不足道，即貴顯家力能製佳茗，而委之僮婢烹瀹，不盡如法。故知非幽人開士、披雲漱石者，未易了此。夫季疵著《茶經》為開山祖，嗣後兢相祖述，屠豳叟先生擷取而評贊之，命曰《茗笈》，於茗事庶幾終條理者。昔人苦名山不能遍涉，託之於臥游。余於茗事效之，日置此笈於棐几上，伊吾之暇，神倦口枯，輒一披玩，不覺習習清風兩腋間矣。

品二　范汝梓

予謫歸過，豳叟出《茗笈》相視，凡陸季疵《茶經》諸家箋疏，暨豳叟所自為評贊，直是一種異書。按《神農食經》："茗久服，令人有力悦志"。周公《爾雅》："檟、苦荼。而伊尹為湯説，至味不及茗"。《周禮》漿人供王六飲，不及茗厥。後杜毓《荈賦》、傅巽《七誨》，間一及之。而原之《騷》、乘之《發》、植之《啟》、統之《契》，草木之佳者，採擷幾盡，竟獨遺茗何歟？因知古人不盡用茗，盡用茗，自季疵始，一切世味，葷膻甘脆，爭染指垂涎。此物面孔嚴冷，絕無和氣，稍稍霑脣漬口，輒便唾去，疇則嗜之。咄咄豳叟，世有知味，必嗜茗，併嗜此笈。遇俗物，茗不堪與酪為奴，此笈政可覆醬瓿也。

品三　陳鎜

夫茗，靈芽真筍，露液霜華，淺之滌煩消渴，妙至換骨輕身。藉非陸氏肇指於前，蔡、宋數家遞闡於後，鮮不犯經所謂"九難"也者。豳叟屠先生，搜剔諸書，標贊繫評，曰《茗笈》云。嗜茶者持循收藏，按法烹點，不將望先生為丹丘子、黃山君之儔耶？要非畫脂鏤冰，費日損功者可擬耳。予斷除腥穢有年，頗得清淨趣味，比獲受讀，甚愜素心。

品四　屠玉衡

豳叟著《茗笈》，自陸季疵《茶經》而外，採輯定品，快人心目，如坐玉壺冰啗哀仲梨也者。豳叟吐納風流，似張緒；終日無鄙言，似溫太真。跡冐區中，心超物外。而余臭味偶同，不覺針水契耳。夫贊皇辨水，積師辨茶，精心奇鑑，足傳千古，幽叟庶乎近之。試相與松間竹下，置烏皮几，焚博山爐，斞惠山泉，挹諸茗荈而飲之，便自羲皇上人不遠。

注　釋

1 聞隱鱗：即聞龍，"隱鱗"是其字。詳聞龍《茶箋》題記。

2 贊皇之日："贊皇"，山名，在今河北保定，隋曾以其山置贊皇縣，後廢。《穆天子傳》（先秦古書．晉魏王墓中出土）稱"穆天子"或"穆王"，曾居於此山。穆天子有八駿，日行千里，穆曾騎八駿逐日和西遊。

3 玉川之量："玉川"，即盧仝，唐詩人，自號"玉川子"，嗜茶。"玉川之量"，疑即指盧仝《走筆謝孟諫議寄新茶》詩中所詠的"七碗茶"。

4 上巳：節日名。古時以陰曆三月上旬"巳日"為"上巳"，是日官民皆洗濯於水以去宿垢疢。魏晉以後固定為"三月三日"，仍稱"上巳"。宋《夢粱錄．三月》："三月三日，上巳之辰"。

5 陸華亭：即陸樹聲，華亭人。參見《茶寮記》題記。

6 消纇（lèi）：消除怨氣。

7 此處刪節，見明代聞龍《茶箋》。

8 此處刪節，見明代聞龍《茶箋》。

9 此處刪節，見明代熊明遇《羅岕茶記》。

10 茶錄：此指明代張源《茶錄》。

11 此處刪節，見明代聞龍《茶箋》。

12 羅鶴林：即羅大經，宋吉州廬陵人，字景綸。理宗寶慶二年進士，歷容州法曹掾，撫州軍事推官，坐事被劾罷。撰有《鶴林玉露》一書，以書名傳，故亦有人稱其為"羅鶴林"。

13 此處刪節，見明代熊明遇《羅岕茶記》。

14 此處刪節，見明代聞龍《茶箋》。

15 《茗笈》品藻：喻政《茶書》甲種本、乙種本在目錄上均與《茗笈》分置似為獨立茶書，但《山居小玩》、《羣芳清玩》及民國年間所刻《美術叢書》本，皆附於《茗笈》書後。

校　記

① 序：在本序和下序的"序"字之前，底本、明毛氏汲古閣《山居小玩》本（簡稱山居本）、毛氏汲古閣《羣芳清玩》本（簡稱羣芳本），均冠有書名"茗笈"二字，本書刪。

② 自序："自"字，為本書加。山居本和羣芳本同底本，在"序"字前，原文還冠書名"茗笈"二字，本書刪，改作"自序"。

③ 明甬東屠本畯幽叟著："著"字，山居本和羣芳本作"編輯"，又有"東吳毛晉子晉重訂"八字。

④ 憨人："人"字，底本刊作似"六"字，據山居本和羣芳本改。

⑤ 上篇目錄：編者改定。底本原作"茗笈上篇目"，山居本、羣芳本作"茗笈目錄"，本書書名不入目錄和子目標題，據山居本、羣芳本改。

⑥ 揆制章："制"字，底本誤作"製"字，據山居本、羣芳本改。

⑦ 下篇目錄：同⑤上篇目錄情況，此據山居本、羣芳本改。
⑧ 此“附品藻”目錄五條，據羣芳本加。
⑨ 逌：原作“卣”，逕改。
⑩《茶錄》：山居本、羣芳本同底本，“錄”字，原均誤作“譜”字。逕改，下同。
⑪《東溪試茶錄》，宋子安著：底本“溪”字誤作“源”字；“宋”字形訛作“朱”字，逕改。
⑫ 上篇贊評：在“上”字之前，山居本、羣芳本同底本，例冠有書名“茗笈”二字。編者刪。
⑬ 雅山著於宣：底本作“雅山著於無宣”，“無”，當是衍文，逕刪。“雅山”，疑應是“鴉山”之誤。宣即宣州（今安徽宣城）。但“宣”字，山居本和羣芳本，又均作“歙”字。歙亦在皖南，但“鴉山”在宣不在歙，存疑。
⑭ 許次紓：“紓”字，山居本、羣芳本同底本，均誤作“抒”，逕改。
⑮《岕山茶記》：當指《羅岕茶記》，簡作《岕茶記》。
⑯ 仙德：“仙”字，底本等皆誤刊作“遷”，逕改。
⑰ 令人有頸疾：“令”字，底本原誤作“今”字，據陸羽《茶經》改。
⑱ 下篇贊評：在“下”字前，山居本同底本，還冠有書名“茗笈”二字，編者刪。羣芳本無“茗笈下篇贊評”編目。
⑲ 點瀹章：“章”字，底本、山居本誤作“湯”，羣芳本校作“章”，據改。
⑳ 卒歸於鐵：“鐵”字，山居本、羣芳本仍刻作“銀”。
㉑ 何況鍑乎：“鍑”字，底本原作“銀”，據山居本、羣芳本改。
㉒ 蘇廙：“廙”字，底本作“廙”字，誤，逕改。
㉓ 奪香散味：“散”字，山居本、羣芳本作“敗”字。
㉔ 有譴：“譴”字，羣芳本同底本作“譴”，疑形誤。山居本作“譴”，據改。
㉕ 余特置游裝：“余”字，底本原作“茶”，山居本、羣芳本作“余”，據文義改。

茶董

◇明　夏樹芳　輯[①]

夏樹芳，常州府江陰人，字茂卿，自號冰蓮道人。萬曆十三年（1585）中舉，後隱而未再進取入仕。隱於里，娛於書，友於友人名士，壽八十歲終。夏樹芳以清遠樓為書室名，一生大部分時間就讀、著述於此。他喜歡書也愛護書，在萬曆和天啟年間，不但編寫過多種著述，並以宛委堂為書坊名，刻印過不少前人佳作。其自撰和刊印的主要著作有：《法喜志》四卷，《續法喜志》四卷，《棲真志》四卷，《酒顛》兩卷，《茶董》二卷，《詞林海錯》十六卷，《冰蓮集》四卷，《玉麒麟》二卷，《香林牘》一卷，《琴苑》二卷，《女娩》八卷，《奇姓通》十四卷及《消暍集》等。

《茶董》亦是一種輯集類茶書，收於《四庫全書存目叢書》。《四庫全書總目提要》對本書的評價並不高，其云"是編雜錄南北朝至宋金茶事，不及採造、煎試之法，但摭詩句故實。然疏漏特甚，舛誤亦多。其曰《茶董》者，以《世說》記干寶為鬼之董狐，襲其文也。前有陳繼儒序，卷首又題繼儒補。其氣類如是，則其書不足詰矣。"這評述，還是比較貼切的。《四庫全書總目提要》所據版本，是"浙江汪啟淑家藏本"，萬國鼎依照"前有陳繼儒序，卷首又題繼儒補"的說法，聯繫他所見八千卷樓所藏《茶董》的不同，提出"也許是書賈合印二書，或者藉重繼儒的聲望而題上的。"其實將《茶董》和《茶董補》合印，未必一定是書賈射利之舉，萬國鼎撰寫《茶書總目提要》，當時主要查閱的是南京圖書館藏本，而將二書合印一冊，首起於陳繼儒本人，其所輯印的萬曆《酒顛茶董補》，即是彙刊"夏樹芳《酒顛》，陳繼儒《酒顛補》；夏樹芳《茶董》，陳繼儒《茶董補》"四書而成。四庫全書編纂所徵集到的，懷疑即《酒顛茶董補》中的"茶董補"或《茶董補》的抽印本。據《中國古籍善本書目》記載，現在北京大學、上海、重慶等圖書館所藏的《茶董・茶董補》萬曆本，可能大都是這個版本。

本書有馮時可、陳繼儒、董其昌和夏樹芳的序和題詞，但都未注明年代。萬國鼎據上述幾人的生活時代，推定本書大約"寫成於1610年"也即萬曆三十八年"前後"。

本文主要版本除上說的陳繼儒《酒顛茶董補》外，還有夏樹方萬曆清遠樓自刻本，以及萬曆《江陰夏茂卿九種》本（見孫殿起《叢書書目拾遺》），和民國初年鉛印《古今說部叢書》本等。今以夏樹芳《茶董》萬曆清遠樓刻本為底本，以《古今說部叢書》本、日本寶曆八年刊本等作校。

茶董序

酒自三王時，天下已尤物視焉，爭膴於茲，致煩候邦誥也。茶最後出，至唐始遇知者。然惟清流素德始相酬酢，而傖父俗物或望之而卻走，則所謂時為帝而遞相雌雄者乎？余嘗著論，酒德為春，茗德為秋；酒類狂，茗類狷；酒為通人，茗為節士，夙以此平章之。而夏茂卿集酒曰《酒顛》，集茶曰《茶董》，蓋因昔人有“酒家南董”之稱，而移其董酒者董茶。其降心折節，固有所獨先，與夫酒有酒禍，波及者大，茶特小損，即稱水阨，亦薄乎云爾。立監佐史之不須，何以董哉？無乃愛茶重茶而虞其辱，故稱董，以董其辱茶者非與？余家姑蘇虎丘之茶，為天下冠。又近長興地，名洞山廟後所產岕，風格亦相絜焉。泉取惠山，甘過楊子，二妙相配，茗事始絕。嘗夫新雷既過，眾壑初晴，余與二三子親採露芽於山址，命僮如法焙製烹點。迨夫素濤翻雪，幽韻生雲，而余嘗之，如餐霞，如挹露，欲習仙舉，則歎夫茂卿之同好，真我枕漱之侶也。夫茶有四宜焉：宜其地，則竹林松澗，蓮沼梅嶺。宜其景，則朗月飛雪，晴晝疏雨。宜其事，則開卷手談，操琴草聖。宜其人，則名僧騷客，文士淑姬。否則與茶韻調大不相偕，不亦辱乎？是茶史氏之所必摻霜鉞而砭之者也。有右酒者曰：是四宜者，酒獨不宜乎？余曰：酒神之性炎如，而茶神之性溫如。是四宜者，得酒則或馳驟而殺景，得茶始馴伏而增趣。夫酒不能為茶弼士，而茶能為酒功臣久矣。妹邦禍流，天下濡首。天地若覆，日月若昏，清之重奠，滌之重明，唯茶之以。昔人所謂不減策勳淩煙，其斯之謂與？故酒有董，而茶尤不可無董。自茂卿著此書，而余為序，當露花洗天，推窗而望，茶星益爗爗其明，酒星退舍矣。

姑蘇馮時可元成甫撰

茶董題詞

荀子曰：“其為人也多暇，其出入也不遠矣。”陶通明[1]曰：“不為無益之事，何以悅有涯之生？”余謂茗碗之事，足當之。蓋幽人高士，蟬脫勢利，藉以耗壯心而送日月。水源之輕重，辨若淄澠；火候之文武，調若丹鼎。非枕漱之侶不親，非文字之飲不比者也。當今此事，惟許夏茂卿，拈出顧渚、陽羨，肉食者往焉，茂卿亦安能禁？壹似強笑不樂，強顏無歡，茶韻故自勝耳。予夙秉幽尚，入山十年，差可不愧茂卿語。今者驅車入閩，念鳳團龍餅，延津為瀹，豈必土思，如廉頗思用趙？惟是絕交書。所謂心不耐煩而官事鞅掌者，竟有負茶竈耳，茂卿猶能以同味諒我耶？

雲間董其昌

茶董小序

范希文[2]云：“萬象森羅中，安知無茶星？”余以茶星名館，每與客茗戰，自謂獨飲得茶神，兩三人得茶趣，七八人乃施茶耳。新泉活火，老坡竊見此中三昧；

然云出磨則屑餅作團矣。黃魯直去芎用鹽，去橘用薑，轉於點茶，全無交涉。今旗鎗標格，天然色香映發。岕為冠，他山輔之，恨蘇黃不及見。若陸季疵復生，忍作《毀茶論》乎？江陰夏茂卿敘酒，其言甚豪。予笑曰："觴政不綱，曲爵分愬，詆呵監史，倒置章程，擊斗覆觚，幾於腐脅；何如隱囊紗帽，翛然林澗之間，摘露芽，煮雲腴，一洗百年塵土胃耶？醉鄉網禁疏闊，豪士升堂，酒肉傖父，亦往往擁盾排闥而入，茶則反是。周有《酒誥》；漢三人聚飲，罰金有律；五代東都有麴禁，犯者族，而於茶，獨無後言。吾朝九大塞著為令，銖兩茶不得出關，正恐濫觴於胡奴耳。蓋茶有不辱之節如此。熱腸如沸，茶不勝酒；幽韻如雲，酒不勝茶。酒類俠，茶類隱，酒固道廣，茶亦德素。茂卿，茶之董狐也，試以我言平章之孰勝？"茂卿曰："諾"。於是退而作《茶董》。

陳繼儒書於素濤軒

茶董序

夫登高丘望遠海，酒固為吾儕張軍濟勝之資；而月團百片，消磨文字五千。或調鶴聽鶯，散髮臥羲皇，則檜雨松風，一甌春雪，亦所亟賞。故斷崖缺石之上，木秀雲腴，往往於此吸靈芽，漱紅玉，瀹氣滌慮，共作高齋清話。自晉唐而下，紛紛郲莒之會，各立勝場，品列淄澠，判若南董，遂以《茶董》名篇。語曰："窮春秋，演河圖，不如載茗一車"，誠重之矣。如謂此君面目嚴冷，而且以為水厄，且以為乳妖，則請效綦毋先生無作此事。

冰蓮道人夏樹芳識

目錄②

上卷

〔十四〕顧逋翁〔顧況論（茶）〕
〔十五〕薛大拙（薛能詩）
〔十六〕王肅（人號漏卮）
〔十七〕僧齊己（高人愛惜）
〔十八〕鮑令暉（鮑姊著賦）
〔十九〕左太沖[7]（嬌女心劇）
〔二十〕李存博（山林性嗜）
〔二十一〕胡嵩（姓餘甘氏）
〔二十二〕桓宣武[8]（名斛二瘕）
〔二十三〕孫樵（茗戰）
〔二十四〕錢起（茶宴）
〔二十五〕曹業之（碧沉香泛）
〔二十六〕和成績[9]（湯社）
〔二十七〕李鄴侯[10]（翻玉添酥）
〔二十八〕陸鴻漸（茶品）
〔二十九〕白少傅（慕巢知味）
〔三十〕竇儀[11]（龍陂仙子）
〔三十一〕皮日休（襲美雜詠）
〔三十二〕張文規（明月始生）
〔三十三〕盧仝（盧仝自煎）
〔三十四〕張志和（樵青竹裏煎）
〔三十五〕皮文通[12]（甘心苦口）
〔三十六〕王仲祖（王濛水厄）
〔三十七〕蔡端明（能仁石縫生）
〔三十八〕梅聖俞（吐雪堆雲）
〔三十九〕歐陽永叔（珍賜一餅）
〔四十〕蘇廙（仙芽）
〔四十一〕何子華（甘草癖）
〔四十二〕王子尚（甘露）
〔四十三〕傅玄風（聖陽花）

下卷

〔四十四〕楊誠齋（玉塵香乳）
〔四十五〕鄭路（御史瓶）
〔四十六〕唐子西（貴新貴活）
〔四十七〕劉言史（滌盡昏渴）

〔四十八〕單道開（不畏寒暑）
〔四十九〕僧文了（乳妖）
〔五十〕東都僧（百碗不厭）
〔五十一〕呂居仁（魚眼針芒）
〔五十二〕李文饒[13]（天柱烙數角）
〔五十三〕丁晉公（草木仙骨）
〔五十四〕蘇才翁（竹瀝水取勝）
〔五十五〕鄭若愚（鵶山鳥嘴）
〔五十六〕華元化（久食益意思）
〔五十七〕陶穀（党家應不識）
〔五十八〕李貞一（義興山萬兩）
〔五十九〕曾茶山（眉白眼青）
〔六十〕虞洪（瀑布山大獲）
〔六十一〕劉子儀（鯀哉點也）
〔六十二〕杜子巽（一片同飲）
〔六十三〕黃儒（山川真筍）
〔六十四〕韓太冲[14]（練囊末以進）
〔六十五〕王休[15]（冰敲其晶瑩）
〔六十六〕陸祖言（奈何穢吾素業）
〔六十七〕秦精（武昌山大藂）
〔六十八〕溫嶠（列貢上茶）
〔六十九〕党魯（蕃使亦有之）
〔七十〕李肇（白鶴僧園本）
〔七十一〕郭弘農（名別茶荈）
〔七十二〕王禹偁（嘗味少知音）
〔七十三〕李季卿（博士錢）
〔七十四〕晏子（時食茗菜）
〔七十五〕陸宣公（止受一串）
〔七十六〕李南金（味勝醍醐）
〔七十七〕韋曜（密賜代酒）
〔八十〕葉少蘊[16]（地各數畝）
〔八十一〕山謙之（溫山御荈）
〔八十二〕沈存中（雀舌）
〔八十三〕毛文錫（蟬翼）
〔八十四〕張芸叟（以為上供）

〔八十五〕司馬端明[17]（景仁乃有茶器）
〔八十六〕黃涪翁[18]（憑地怎得不窮）
〔八十七〕蘇長公（龍團鳳髓）
〔八十八〕賈春卿（丐賜受煎炒）
〔八十九〕張晉彥（包囊鑽權倖）
〔九十〕金地藏（金地藏所植）
〔九十一〕張孔昭（水半是南零）
〔九十二〕高季默（午碗春風）
〔九十三〕夏侯愷（見鬼覓茶）
〔九十四〕鄭可簡
〔九十五〕元叉（未遭陽侯之難）
〔九十六〕范仲淹（香薄蘭藏）
〔九十七〕王介甫（一旗一槍）
〔九十八〕福全（湯戲）
〔九十九〕党竹溪（一甌月露）

上卷

陶通明輕身換骨[19]

陶弘景《雜錄》：芳茶輕身換骨，丹丘子、黃山君嘗服之。

李青蓮還童振枯

李白茶述④：余聞荊州玉泉寺

顏清臣素瓷芳氣

顏魯公《月夜啜茶聯句》：流華淨肌骨，疏瀹滌心源⑤。素瓷傳靜夜，芳氣滿閑軒。

謝宗丹丘仙品

謝宗《論茶》曰：此丹丘之仙茶，勝烏程之御荈⑥。首閱碧澗明月，醉向霜華，豈可以酪蒼頭，便應代酒從事。

劉越石潰悶常仰

劉琨《與兄子南兗州刺史演書》曰：吾體中潰悶，常仰真茶，汝可置之。

劉夢得樂天六班

白樂天方齋，劉禹錫正病酒，乃饋菊苗齏、蘆菔鮓，換取樂天六班茶二囊以醒酒。禹錫有《西山蘭若試茶歌》⑦：何況蒙山顧渚春，白泥赤印走風塵。欲知花乳清泠味，須是眠雲臥石人⑧。

釋覺林志崇三等

覺林院志崇收茶三等⑨，待客以驚雷莢，自奉以萱草帶，供佛以紫茸香。

周韶好奇鬥勝

周韶好蓄奇茗，嘗與蔡君謨鬥勝，題品風味，君謨屈焉。

林和靖[20]靜試對賞

林君復《試茶詩》⑩：白雲峯下兩槍新，膩綠長鮮穀雨春。靜試恰如湖上雪，對嘗兼憶剡中人。

陸魯望顧渚取租

甫里先生陸龜蒙⑪，嗜茶荈，置小園於顧渚山下，歲取租茶，自判品第。

朱桃椎芒屩為易

朱桃椎嘗織芒屩置道上，見者為鬻米茗易之⑫。

張載詩稱芳冠

張孟陽詩：芳茶冠六清，溢味播九區。

權紓腦痛服愈

隋文帝微時，夢神人易其腦骨，自爾腦痛。忽遇一僧云："山中有茗草，服之當愈"。進士權紓讚曰：窮《春秋》，演河圖，不如載茗一車。

顧逋翁顧況論(茶)

顧況論茶⑬：煎以文火細煙，小鼎長泉。

薛大拙薛能詩

唐薛能詩⑭：偷嫌曼倩桃無味，擣覺嫦娥藥不香。

王肅人號漏卮

瑯琊王肅喜茗，一飲一斗，人因號為漏卮。肅初入魏，不食羊肉酪漿，常飯鯽魚羹，渴飲茗汁。高帝曰："羊肉何如魚羹，茗飲何如酪漿？"肅對曰："羊是陸產之最，魚是水族之長，羊比齊魯大邦，魚比邾莒小國，惟茗不中與酪作奴⑮。"彭城王勰顧謂曰："明日為卿設邾莒之會，亦有酪奴"。

僧齊己高人愛惜

龍安有騎火茶。唐僧齊己詩：高人愛惜藏巖裏，白甄封題寄火前。

鮑令暉鮑姊著賦

鮑昭姊令暉，著香茗賦。

左太沖嬌女心劇

左思《嬌女詩》：吾家有嬌女

李存博山林性嗜

李約，雅度簡遠，有山林之致，一生不近粉黛。性嗜茶，嘗曰：“茶須緩火炙，活火煎。始則魚目散布，微微有聲；中則四際泉湧，纍纍若貫珠；終則騰波鼓浪，水氣全消，此謂老湯。三沸之法，非活火不能成也。”客至不限甌數，竟日爇火執器不倦。曾奉使行至陝州硤石縣[21]⑯東，愛渠水清流，旬日忘發。

胡嵩姓餘甘氏

胡嵩《飛龍澗飲茶》詩：“沾牙舊姓餘甘氏，破睡當封不夜侯”。陶穀愛其新奇，令猶子彝和之。應聲曰：“生涼好喚雞蘇佛，回味宜稱橄欖仙。”彝時年十二。

桓宣武名斛二瘕

桓征西[22]步將，喜飲茶，至一斛二斗。一日過量，吐如牛肺一物，以茗澆之，容一斛二斗。客云：“此名斛二瘕。”

孫樵茗戰

孫可之[23]送茶與焦刑部，建陽丹山碧水之鄉，月澗雲龕之品，慎勿賤用之。時以鬥茶為茗戰。

錢起茶宴

錢仲文[24]與趙莒茶宴，又嘗過長孫宅，與郎上人作茶會。

曹業之碧沉香泛

曹鄴[25]《謝故人寄新茶》詩：劍外九華英，緘題下玉京。開時微月上，碾處亂泉聲。半夜招僧至，孤吟對月烹。碧沉雲腳碎，香泛乳花輕。六腑睡神去，數朝詩思清。月餘不敢費，留伴肘書行。

和成績湯社

五代時，魯公和凝率同列遞日以茶相飲，味劣者有罰，號為湯社。

李鄴侯翻玉添酥

唐奉節王好詩，嘗煎茶就鄴侯題詩。鄴侯戲題云：“旋沫翻成碧玉池，添酥散出琉璃眼。”

陸鴻漸茶品

陸羽品茶，千類萬狀，有如胡人靴者，蹙縮然；犎牛臆者，廉襜然；浮雲出山者，輪囷然；輕飆出水者，涵澹然。此茶之精腴者也。有如竹籜者，籭簁然；

如霜荷者，萎萃然；此茶之瘠老者也。又論茶有九難：陰採夜焙，非造也；嚼味嗅香，非別也；膏薪庖炭，非火也；飛湍壅潦，非水也；外熟內生，非炙也；碧粉縹塵，非末也；操艱攪遽，非煮也；夏興冬廢，非飲也；膩鼎腥甌，非器也。造茶具二十四事，以都統籠貯之，遠近傾慕，好事者家藏一副。

白少傅慕巢知味

白樂天[26]《睡後煎茶》詩："婆娑綠陰樹，斑駁青苔地。此處置繩宝，旁邊洗茶器。白瓷甌甚潔，紅鑪炭方熾。末下麴塵香，花浮魚眼沸。盛來有佳色，嚥罷餘芳氣。不見楊慕巢，誰人知此味。"楊同州亦當時之善茶者也。

竇儀龍陂仙子

開寶初，竇儀以新茶餉客，奩面標曰"龍陂山子茶"。

皮日休襲美雜詠

皮襲美《茶中雜詠序》云：國朝茶事，竟陵陸季疵始為《經》三卷，後又有太原溫從雲，武威段碣之各補茶事十數節，並存方冊。昔晉杜育有《荈賦》，季疵有《茶歌》，遂為《茶具十詠》寄天隨子[27]。

張文規明月始生

明月峽在顧渚側，二山相對，石壁峭立，大澗中流，乳石飛走。茶生其間，尤為絕品。張文規所謂"明月峽前茶始生"是也。文規好學，有文藻。蘇子由、孔武仲、何正臣皆與之游。

盧仝盧仝自煎

孟諫議寄新茶，盧仝《走筆作歌》云："柴門反關無俗客，紗帽籠頭自煎喫。"今洛陽有盧仝煮茶泉。

張志和樵青竹裏煎

顏清臣作《志和傳碑》："漁童捧釣收綸，蘆中鼓枻；樵青蘇蘭薪桂，竹裏煎茶。"

皮文通甘心苦口

皮光業最耽茗飲。中表請嘗新柑，筵具甚豐，簪紱藂集。纔至，未顧樽罍而呼茶甚急。徑進一巨觥，題詩曰："未見甘心氏，先迎苦口師。"眾噱曰："此師固清高，難以療饑也"。

王仲祖王濛水厄

晉司徒長史王濛，好飲茶。客至，輒飲之，士大夫甚以為苦，每欲候濛，必云："今日有水厄"。

蔡端明能仁石縫生

蔡君謨善別茶。建安能仁院，有茶生石縫間，僧採造得茶八餅，號石巖白。以四餅遺蔡，四餅遺王內翰禹玉。歲除，蔡被召還闕。禹玉碾以待蔡，蔡捧甌未嘗，輒曰："此極似能仁石巖白"。禹玉未信，索帖驗之，乃服。

梅聖俞吐雪堆雲

梅堯臣在楚斫茶磨題詩有："吐雪誇新茗，堆雲憶舊溪。北歸惟此急，藥臼不須齎。"可謂嗜茶之極矣。聖俞茶詩甚多，吳正仲餉新茶，沙門穎公遺碧霄峯茗[28]，俱有吟詠。

歐陽永叔珍賜一餅

歐陽文忠《歸田錄》：茶之品，莫貴於龍鳳團。小龍團，仁宗尤所珍惜，雖輔臣未嘗輒賜，惟南郊大禮致齋之夕，中書、樞密院各四人共賜一餅。宮人翦金為龍鳳花草綴其上。嘉祐七年，親享明堂，始人賜一餅，余亦恭與，至今藏之。因君謨著錄，輒附於後，庶知小龍團自君謨始，其可貴如此。

蘇廙仙芽

蘇廙作《仙芽傳》，載《作湯十六法》：以老嫩言者，凡三品；以緩急言者，凡三品；以器標者，共五品；以薪論者，共五品。陶穀謂："湯者，茶之司命"，此言最得三昧。

何子華甘草癖

宣城何子華，邀客於剖金堂，酒半，出嘉陽嚴峻畫陸羽像。子華因言："前代惑駿逸者為馬癖；泥貫索者為錢癖；愛子者，有譽兒癖；耽書者，有《左傳》癖。若此叟溺於茗事，何以名其癖？"楊粹仲曰："茶雖珍，未離草也，宜追目陸氏為甘草癖。"一坐稱佳。

王子尚甘露

新安王子鸞，豫章王子尚，詣曇濟道人於八公山。道人設茶茗，子尚味之曰："此甘露也，何言茶茗？"

傅玄風聖陽花

雙林大士，自往蒙頂結庵種茶，凡三年。得絕佳者，號聖陽花，持歸供獻。

下卷

楊誠齋玉塵香乳

楊廷秀⑰《謝傅尚書茶》：遠餉新茗，當自攜大瓢，走汲溪泉，束澗底之散薪，燃折腳之石鼎。烹玉塵，啜香乳，以享天上故人之意。愧無胸中之書傳，但一味攪破菜園耳。

鄭路御史瓶

會昌初，監察御史鄭路，有兵察廳掌茶。茶必市蜀之佳者，貯於陶器，以防暑濕。御史躬親監啟，謂之"御史茶瓶"。

唐子西貴新貴活

子西《鬥茶說》：茶不問團銙，要之貴新；水不問江井，要之貴活。唐相李衛公好飲惠山泉，置驛傳送，不遠數千里。近世歐陽少師，得內賜小龍團，更閱三朝，賜茶尚在此，豈復有茶也哉！今吾提汲走龍塘，無數千步。此水宜茶，昔人以為不減清遠峽。而海道趨建安，茶數日可至，故每歲新茶，不過三月，頗得其勝。

劉言史滌盡昏渴

劉言史《與孟郊洛北野泉上煎茶》：敲石取鮮火，撇泉避腥鱗。熒熒爨風鐺，拾得墜巢薪。恐乖靈草性，觸事皆手親。宛如摘山時[18]，自歠指下春。湘瓷泛輕花，滌盡昏渴神。茲遊愜醒趣，可以話高人。

單道開[29]不畏寒暑

燉煌單道開，不畏寒暑，常服小石子。藥有松、蜜、薑、桂、茯苓之氣，時復飲茶蘇一二升而已。

僧文了乳妖

吳僧文了，善烹茶。游荊南，高保勉子季興延置紫雲庵，日試其藝，奏授華亭水大師，目曰乳妖。

東都僧百碗不厭

唐大中三年，東都進一僧，年一百三十歲。宣宗問："服何藥致然？"對曰："臣少也賤，不知藥性，本好茶，至處惟茶是求，或飲百碗不厭。"因賜茶五十斤，令居保壽寺。

呂居仁魚眼針芒

呂文清[19]詩：春陰養芽鍼鋒芒，沆瀣養膏冰雪香。玉斧運風寶月滿，密雲候雨蒼龍翔。惠山寒泉第二品，武定烏瓷紅錦囊。浮花元屬三昧手[20]，竹齋自試魚眼湯。

李文饒天柱峯數角

有人授舒州牧，李德裕遺書曰：到郡日，天柱峯茶，可惠三數角。其人獻數十斤，李不受。明年，罷郡，用意精求，獲數角，投李。李閱而受之[21]，曰：此茶可以消酒毒，因命烹一甌沃於肉食內，以銀合閉之。詰旦，視其肉已化為水矣。眾服其廣識。

丁晉公草木仙骨

丁公言：嘗謂石乳出壑嶺、斷崖、缺石之間，蓋草木之仙骨。又謂鳳山高不百丈，無危峯絕崦，而岡阜環抱，氣勢柔秀，宜乎嘉植靈卉之所發也。

蘇才翁竹瀝水取勝

蘇才翁嘗與蔡君謨鬥茶，蔡茶用惠山泉。蘇茶小劣，改用竹瀝水煎，遂能取勝。天台竹瀝水為佳，若以他水雜之，則亟敗。

鄭若愚鵶山鳥嘴

鄭谷[30]《峽中煎茶》詩：簇簇新芽摘露光，小江園裏火煎嘗㉒。吳僧謾說鵶山好，蜀叟休誇鳥嘴香㉓。合坐滿甌輕泛綠，開緘數片淺含黃。鹿門病客不歸去，酒渴更知春味長。

華元化久食益意思

華佗㉔《食論》：苦茶久食，益意思。又《神農食經》：茶茗宜久服，令人有力悅志。

陶穀党家應不識

陶學士買得党太尉故妓。取雪水烹團茶，謂妓曰："党家應不識此。"妓曰："彼粗人安得有此？但能向銷金帳下淺斟低唱，飲羊羔兒酒耳。"陶愧其言。

李貞一義興山萬兩

御史大夫李栖筠㉕按義興。山僧有獻佳茗者，會客嘗之，芬香甘辣冠於他境，以為可薦於上，始進茶萬兩。

曾茶山眉白眼青

茶家碾茶，須碾著眉上白乃為佳。曾茶山詩："碾處曾看眉上白，分時為見眼中青。"茶山詩，極清峭。如："誰分金掌露，來作玉溪涼。""喚起南柯夢，持來北焙春。""子能來日鑄，吾得具風爐。"用字著語，俱有鍛鍊。

虞洪瀑布山大獲

虞洪入山採茗，遇一道士，牽三青牛，引洪至瀑布山。曰：山中有茗，可以給餉，祈子他日有甌犧之餘㉖，乞相遺也。洪因設奠祀之，後常令家人入山，獲大茗焉。

劉子儀鯀哉點也

劉曄㉗嘗與劉筠飲茶。問左右："湯滚也未？"眾曰："已滚。"筠曰："僉曰鯀哉。"曄應聲曰："吾與點也。"

杜子巽[31]一片同飲

《杜鴻漸與楊祭酒書》云：顧渚山中紫筍茶兩片，一片上太夫人，一片充昆弟同歠。此物但恨帝未得嘗，實所歎息。

黃儒山川真筍

黃儒《品茶要錄》云：陸羽《茶經》不第建安之品，蓋前此茶事未興，山川尚閟，露牙真筍委翳消腐，而人不知耳。宣和中，復有白茶勝雪。熊蕃曰：使黃君閱今日，則前乎此者，未足詫也。

韓太沖練囊末以進

韓晉公滉，聞奉天之難，以夾鍊囊緘茶末，遣使健步以進。

王休冰敲其晶瑩

王休，居太白山下，每至冬時，取溪冰，敲其晶瑩者，煮建茗待客。

陸祖言奈何穢吾素業

陸納為吳興太守時，衛將軍謝安常欲詣納。納兄子俶，怪納無所備，乃私蓄十數人饌具。既至，所設惟茶茗而已。俶遂陳盛饌，珍饈畢集。及安去，納杖俶四十，云："汝既不能光益叔父，奈何穢吾素業。"

秦精武昌山大藂

《續搜神記》：晉孝武時，宣城秦精嘗入武昌山採茗。遇一毛人，長丈餘，引精至山曲大藂茗處便去。須臾復來，乃探懷中橘與精。精怖，負茗而歸。

溫嶠列貢上茶

溫太真[32]條列貢上㉘茶千片，茗三百大薄。

常魯㉙蕃使亦有之

常魯使西蕃，烹茶帳中。蕃使問何為？魯曰：滌煩消渴，所謂茶也。蕃使曰：我亦有之，命取出以示：曰"此壽州者，此顧渚者，此蘄門者。"

李肇白鶴僧園本

《岳陽風土記》載：灉湖茶，李肇所謂灉湖之含膏也。今惟白鶴僧園有千餘本，一歲不過一二十兩，土人謂之白鶴茶，味極甘香。

郭弘農茗別茶荈

郭璞云：茶者，南方佳木，早取為茶，晚取為荈。

王禹偁嘗味少知音

王元之《過陸羽茶井》：甃石苔封百尺深，試令嘗味少知音。惟餘半夜泉中月，留得先生一片心。

李季卿博士錢

常伯熊善茶。李季卿宣慰江南，至臨淮，乃召伯熊。伯熊著黃帔衫、烏紗幘，手執茶器，口通茶名，區分指點，左右刮目。茶熟，李為歠兩杯。既至江外，復召陸羽。羽衣野服隨茶具而入，如伯熊故事。茶畢，季卿命取錢三十文，酬煎茶博士。鴻漸夙游江介，通狎勝流，遂收茶錢、茶具，雀躍而出，旁若無人。

晏子時食茗菜

晏子相齊時，食脱粟之飯，炙三弋、五卵、茗菜而已。

陸宣公止受一串

陸贄，字敬輿。張鎰餉錢百萬，止受茶一串，曰：敢不承公之賜。

李南金味勝醍醐

瀹茶當以聲為辨。李南金詩：“砌蟲唧唧萬蟬催，忽有千車捆載來。聽得松風並澗水，急呼縹色綠瓷杯。”後《鶴林玉露》復補一詩：“松風檜雨到來初，急引銅瓶離竹罏。待得聲聞俱寂後，一甌春雪勝醍醐。”蓋湯不欲老，老則過苦。聲如澗水松風，不宜遽瀹，惟移瓶去火，少待其沸止而瀹之，方為合節。此南金之所未講者也。

韋曜密賜代酒

《韋曜傳》[33]：孫皓每饗宴，坐席率以七升為限，雖不盡入口，皆澆灌取盡。曜飲酒不過二升，皓初禮異，密賜茶荈以待酒㉚。

葉少藴地各數畝

葉夢得《避暑錄》：北苑茶，有曾坑、沙溪二地，而沙溪色白過於曾坑，但味短而微澀。草茶極品惟雙井、顧渚。雙井在分寧縣，其地屬黃氏魯直家。顧渚在長興吉祥寺，其半為今劉侍郎希范所有。兩地各數畝，歲產茶不過五六觔，所以為難。

山謙之溫山御荈

山謙之《吳興記》：烏程有溫山，出御荈。

沈存中雀舌

沈括《夢溪筆談》：茶芽謂雀舌、麥顆，言至嫩也。茶之美者，其質素良，而所植之土又美。新芽一發，便長寸餘，其細如鍼，如雀舌、麥顆者，極下材耳。乃北人不識，誤為品題。予山居有《茶論》，復口占一絕：誰把嫩香名雀舌，定來北客未曾嘗。不知靈草天然異，一夜風吹一寸長。

毛文錫蟬翼

毛文錫《茶譜》：有片甲、蟬翼之異。

張芸叟以為上供

張舜民云㉛：有唐茶品，以陽羨為上供，建溪北苑未著也。貞元中，常袞為建州刺史，始蒸焙而研之，謂研膏茶。

司馬端明景仁乃有茶器

司馬溫公偕范蜀公游嵩山，各攜茶往。溫公以紙為貼，蜀公盛以小黑合。溫公見之驚曰：景仁乃有茶器。蜀公聞其言，遂留合與寺僧[34]。《邵氏聞見錄》云：溫公與范景仁共登嵩頂，由轘轅道至龍門，涉伊水，坐香山憩石，臨八節灘，多有詩什。攜茶登覽，當在此時。

黃涪翁憑地怎得不窮

黃魯直論茶：建溪如割，雙井如霆，日鑄如勢。所著《煎茶賦》：洶洶乎如澗松之發清吹，皓皓乎如春空之行白雲。一日以小龍團半鋌題詩贈晁無咎：曲兀蒲團聽渚湯，煎成車聲繞羊腸。雞蘇胡麻留渴羌，不應亂我官焙香。東坡見之曰：“黃九憑地怎得不窮。”

蘇長公龍團鳳髓

東坡嘗問大冶長老乞桃花茶，有《水調歌頭》一首：“已過幾番雨，前夜一聲雷，鎗旗爭戰建溪，春色占先魁。採取枝頭雀舌，帶露和煙擣碎，結就紫雲堆。輕動黃金碾，飛起綠塵埃。　老龍團，真鳳髓，點將來。兔毫盞裏，霎時滋味舌頭回。喚醒青州從事，戰退睡魔百萬，夢不到陽臺。兩腋清風起，我欲上蓬萊。”坡嘗游杭州諸寺，一日飲釅茶七碗。戲書云[35]：“示病維摩原不病，在家靈運已忘家。何須魏帝一丸藥，且盡盧仝七碗茶”。

賈春卿丐賜受煎炒

葉石林云：熙寧中，賈青㉜為福建轉運使，取小龍團之精者為密雲龍。自玉食外，戚里貴近丐賜尤繁。宣仁一日慨歎曰：“建州今後不得造密雲龍，受他人煎炒不得也。“此語頗傳播縉紳間。

張晉彥包裹鑽權倖

周淮海《清波雜志》云：先人嘗從張晉彥覓茶，張口占二首：“內家新賜密雲龍，只到調元六七公。賴有家山供小草，猶堪詩老薦春風。”“仇池詩裏識焦坑，風味官焙可抗衡。鑽餘權倖亦及我，十輩遣前公試烹。”焦坑產庾嶺下，味苦硬，久方回甘。包裹鑽權倖，亦豈能望建溪之勝耶？

金地藏[36]金地藏所植

西域僧金地藏，所植名金地茶，出煙霞雲霧之中，與地上產者，其味夐絕。

張孔昭水半是南零

江州刺史張又新㉝《煎茶水記》曰：李季卿刺湖州，至維揚，逢陸處士，即有傾蓋之雅。因過揚子驛，曰："陸君茶天下莫不聞，揚子南零水又殊絕，今者二妙千載一遇，何可輕失？"乃命軍士深詣南零取水。俄而水至，陸曰："非南零者"。傾至半，遽曰："止，是南零矣"。使者乃吐實。李與賓從皆大駭。李因問歷處之水，陸曰："楚水第一，晉水最下。"因命筆口授而次第之。

高季默[37]午碗春風

高士談，仕金為翰林學士，以詞賦擅長。蔡伯堅有詠茶詞："天上賜金奩，不減壑源三月。午碗春風纖手，看一時如雪。　幽人只慣茂林前，松風聽清絕。無奈十年黃卷，向枯腸搜徹。"士談和云："誰扣玉川門，白絹斜風團月。晴日小窗活火，響一壺春雪。　可憐桑苧一生顛，文字更清絕。直擬駕風歸去，把三山登徹。"

夏侯愷見鬼覓茶

夏侯愷因疾死。宗人字苟奴，察見鬼神，見愷岸幘單衣，坐生時西壁大宝，就人覓茶飲。

元乂未遭陽侯之難

蕭衍子西封侯，蕭正德歸降時，元乂欲為設茗，先問："卿於水厄多少？"正德不曉乂意，答曰："下官生於水鄉，立身以來，未遭陽侯之難。"坐客大笑。

范仲淹香薄蘭芷

范希文㉞《和章岷從事鬥茶歌》：新雷昨夜發何處，家家嬉笑穿雲去。露芽錯落一番新，綴玉含珠散嘉樹。北苑將期獻天子，林下雄豪先鬥美。鼎磨雲外首山銅，瓶攜江上中泠水。黃金碾畔綠塵飛，碧玉甌中翠濤起，鬥茶味兮輕醍醐，鬥茶香兮薄蘭芷。勝若登仙不可攀，輸同降將無窮恥。

王介甫一旗一槍

王荊公㉟《送元厚之詩》："新茗齋中試一旗。"世謂茶之始生而嫩者為一槍，寖大而開謂之旗，過此則不堪矣。

福全湯戲

饌茶而幻出物象於湯面者，茶匠通神之藝也。沙門福全，長於茶海，能注湯幻茶成將詩一句，並點四甌，共一絕句，泛乎湯表。檀越日造其門，求觀湯戲。全自詠詩曰："生成盞裏水丹青，巧畫工夫學不成。卻笑當年陸鴻漸，煎茶贏得好名聲。”

党竹溪[38]一甌月露

學士党懷英，詠茶調《青玉案》：紅莎綠蒻春風餅，趁梅驛來雲嶺。紫柱崖空瓊竇冷，佳人卻恨，等閒分破，縹緲雙鸞影。　一甌月露心魂醒，更送清歌助幽興。痛飲休辭今夕永，與君洗盡滿襟煩暑，別作高寒境。

注　釋

1 陶通明：即陶弘景（452 或 456 － 536），通明是其字。
2 范希文：即范仲淹（989 － 1052），希文是其字。
3 陶通明：即南朝梁陶弘景，字通明。句出陶弘景《雜錄》(一名《新錄》，又名《名醫別錄》)。
4 李青蓮：即李白，因居住過蜀之昌隆縣青蓮鄉，又號青蓮居士，故有李青蓮之稱。句出李白《答族姪僧中孚贈玉泉仙人掌茶》詩序。
5 顏清臣：即顏真卿，清臣是其字。
6 朱桃椎：唐成都人，淡泊絕俗，結廬山中，夏裸，冬以木皮葉自蔽。不受人遺贈。每織草鞋置路旁易米，終不見人。
7 左太沖：即左思，太沖是其字。
8 桓宣武：疑指東晉桓豁（320 － 377），字郎子。桓溫弟，任荊州刺史時，討平司馬勳、趙弘等的反叛。孝武帝寧康初，桓溫死，遷征西將軍；太元初，遷征西大將軍。
9 和成績：即和凝（898 － 955），五代鄆州須昌（治今山東東平西北）人，“成績”是其字。
10 李鄴侯：即李泌（722－789）。少聰穎，及長，博涉經史，善屬文，尤工詩。天寶間詔翰林，供奉東宮，太子厚之。肅宗即位，入議國事。代宗立，出為楚州、杭州刺史。德宗時，拜中書侍中，同平章事。出入中禁，歷事四朝，封鄴侯，卒贈太子太傅，有文集 20 卷。
11 竇儀（914－967）：五代宋初薊州漁陽（故治在今北京密雲縣西南）人，後晉天福間進士，後漢初召為右補闕、禮部員外郎。後周為翰林學士、給事中。宋太祖建隆元年，遷工部尚書，兼判大理寺。以學問優博為太祖所重。
12 皮文通：即皮日休子。皮光業，文通是其字。
13 李文饒：即李德裕，文饒是其字。
14 韓太沖：即韓滉（723－787），字太沖。唐京兆長安人，韓休子。肅宗至德時，為吏部員外郎。代宗大曆時，以戶部侍郎判度支，帑藏稍實。德宗時，加檢校左僕射、同中書門下平章事、江淮轉運使，興元六年，京師兵變，擁朱泚為帝，德宗出奔奉天（今陝西乾縣），糧食不濟，韓滉急以夾練囊緘茶末遣使健步以進，德宗感之。
15 王休：宋浙東慈溪人，字叔賓，一字蓀渚。寧宗慶元二年進士。為湖州教授，改徽州，累判樞密院事。嘉定末，與權臣不合，遂謝仕歸。以文學著稱一時，晚益進。
16 葉少蘊：即葉夢得（1077－1148），少蘊是其字，號石林。宋蘇州吳縣人，哲宗紹聖四年進士，為丹徒尉。徽宗朝，累遷翰林學士。高宗時，除戶部尚書，遷尚書左丞，官終知福州兼福建安撫使。平生嗜學博洽，尤工於詞。有《建康集》、《石林詞》、《石林燕語》、《古林詩話》等。
17 司馬端明：近見有人將此釋作元朝畫家司馬端明，誤。據南宋朱弁《曲洧舊聞》所載，此處當是指司馬光（1019－1086）。光字君實，宋陝州夏縣人。仁宗寶元六年進士，累官知諫院、翰林學士、權御史中丞，復為翰林兼侍讀學士。神宗熙寧時，反對王安石新法，退居洛陽西京御史台，專修史書。哲宗立，起為門下侍郎、拜左僕射，主持朝政。卒政太師、溫國公。

18 黃涪翁：即黃庭堅（1045－1105），字魯直，涪翁是其號，又號山谷道人。宋洪州分寧（今江西修水）人。哲宗即位，進秘書丞兼國史編修，出知宣州、鄂州等地。工詩詞文章，開創江西詩派，以行、草書見長。有《豫章黃先生文集》等。

19 題下的小字注，和目錄部分一樣，為古今説部本更改之題名。説部本不用底本等所用的如陶通明等一類以人物姓氏名號的題名。

20 林和靖：即林逋（967－1028），字君復。宋杭州錢塘（今浙江杭州）人。早年遊江淮間，後歸隱杭州西湖孤山二十年，種梅養鶴。善行書，喜為詩，多奇句。卒，仁宗賜謚和靜先生。有《和靜詩集》。

21 陝州硤石縣：陝州，北魏太和十一年（487）置，民國二年（1913）廢州改縣。故治在今河南三門峽市西。硤石縣，唐貞觀十四年（640）改崤縣置，故治在今河南陝縣峽石鎮，北宋熙寧時廢。

22 桓征西：也即桓宣武，“宣武”是其卒後賜謚。

23 孫可之：即孫樵，唐關東人，可之是其字。宣宗大中九年進士，授中書舍人，黃巢軍入長安，僖宗奔岐隴，詔赴行在，遷職方郎中。所作《讀開元雜報》，為古代最早關於新聞報導之記載。有集。

24 錢仲文：即錢起（約710－約780），仲文是其字。吳興（今浙江湖州）人，大曆十才子之一。詩與郎士元齊名，時有“前有沈、宋，後有錢、郎”之説。唐玄宗天寶九載進士。肅宗乾元中任藍田縣尉，終考功郎中，世稱錢考功。有集。

25 曹鄴（約816－約875）：字業之，一作鄴之。唐桂林陽朔人，宣宗大中四年進士。曾作太平節度使掌書記。懿宗咸通中遷太常博士，歷祠部、吏部郎中，洋州刺史。與劉駕為詩友，時稱“曹劉”。有集。

26 白樂天：即白居易（772－840），樂天是其字，晚號香山居士，又號醉吟先生。

27 天隨子：即陸龜蒙，“天隨子”是其號。

28 吳正仲餉新茶：《全宋詩》題為《吳正仲遺新茶》。　沙門穎公遺碧霄峯茗：《全宋詩》題為《穎公遺碧霄峯茗》。

29 單道開：晉僧，甘肅敦煌孟氏。少懷棲隱，居山辟穀餌柏實松脂七年，頓獲神異，不畏寒暑，健步如飛。百餘歲終老於羅浮。

30 鄭谷：字守愚，唐末袁州宜春人，七歲能詩。僖宗光啟中進士。昭宗時，為都官郎中，人稱“鄭都官”；嘗賦鷓鴣警絕，又稱“鄭鷓鴣”。有《雲臺編》、《宜陽集》。

31 杜子巽：即杜鴻漸（709－769），子巽（一作之巽）是其字。唐濮州濮陽人。唐玄宗開元二十二年進士，初為朔方判官。安祿山作亂，鴻漸力勸太子即位，以安中外之望。肅宗立，累遷河西節度使，後入為尚書右丞、太常卿。代宗廣德二年，以兵部侍郎同中書門下平章事。卒謚文憲。

32 溫太真（288－329）：即溫嶠，太真是其字。東晉太原祁縣人，博學能屬文，明帝即位後，拜侍中，參預機密，出為丹陽尹。成帝咸和初為江州刺史，鎮武昌，有惠政。預討蘇峻、祖約，封始安郡公，拜驃騎將軍、開府儀同三司。尋卒，謚忠武。

33 韋曜傳：此指《三國志 · 吳書 · 韋曜傳》。

34 本段內容，輯自兩書，此上錄自南宋周煇《清波雜志》卷四“長沙匠者”條內容。

35 下詩，原題《蘇軾詩集》作：“游諸佛舍，一日飲釅茶七盞，戲書勤師壁。”

36 金地藏：唐時新羅國王支屬，非“西域僧”。出家後遊方來唐，擇九華山谷中平地而居。村民入山，見其孤然閉目，端居石室，遂相與為之構建禪宇。德宗建中初，張嚴移舊額奏請置寺。年近百歲遂卒。能詩。

37 高季默：即高士談（？－1146），金燕人，字子文，一字季默。任宋為忻州（治所在今山西忻縣）戶曹。入金授翰林直學士。熙宗皇統初，以宇文虛中案牽連被害。有《蒙城集》。

38 党竹溪：即党懷英（1134－1211），金泰安奉符人，原籍馮翊。字世傑，號竹溪。工詩文，能篆籀。世宗大定十年進士，調莒州軍事判官，官至翰林學士承旨。修《遼史》未成卒。

校　記

① 此為本書統一題署，底本原作“延陵（今江蘇常州舊稱）夏樹芳茂卿甫輯”。

② 目錄：底本冠書名，作《茶董目錄》，本書編時省書名。本文文中標題和目錄，底本與校本異，底本以每條輯文作者或主人姓氏名號為題；後來有的重刻本如古今説部叢書本，將人名全部改為詩文題句典故作名；且不同版本間，條題、內容排列前後序次也不盡同。為使大家能清楚看出這二者之間目錄題名和序次的差異，本書作編時，特將校本更改過的題名，用括弧和小號字附於每條之後，並在每一條題之前，分別用漢字和阿拉伯字標以序數，以供參考對照。本目錄底本原文前無序數後無附注，序數和附注，均為本書編時加。

③ 周韶：“韶”字，《古今説部叢書》本（簡稱古今説部本）作“昭”。

④ 李白茶述：李白無名為“茶述”的書文，下錄內容，係李白“《答族姪僧中孚贈玉泉仙人掌茶·序》”。但略有刪節，引文中多處個別文字也有改動。如原序語“茗草叢生”，底本作“茗草羅生”；序文“中孚禪子”，底本作“中孚衲子”等。此條未與原序細校。

⑤ 流華淨肌骨，疏瀹滌心源：顏魯公《月下啜茶聯句》，共七句。顏真卿僅聯上面第五句一句。下句“素瓷傳靜夜，芳氣滿閑軒”，係全詩最後一句，聯者為陸士修。

⑥ 御荈：“荈”字，底本訛作“舞”字，逕改。

⑦《西山蘭若試茶歌》：“若”字，底本音訛刊作“社”字，逕改。

⑧ 欲知花乳清冷味，須是眠雲臥石人：本文底本“冷”字，書作“泠”；“臥”字，作“跂”字。日本寶曆本，“清冷味”作“清冷”，脱一“味”字。

⑨ 志崇收茶三等：底本所錄與《蠻甌志》原文同，古今説部本在“志崇”前，多一“釋”字，作“釋志崇”。

⑩ 林君復《試茶詩》：古今説部本在林君復前，較底本多加“和靖先生”四字。《試茶詩》《全宋詩》題作《嘗茶次寄越僧靈皎》。全詩共四句，今摘前兩句，後兩句為：“瓶懸金粉師應有，箸點瓊花我自珍。清話幾時搔首後，願和松色勸三巡。”

⑪ 甫里先生陸龜蒙：在“陸龜蒙”下，古今説部本還多“字魯望”三字。

⑫ 鬻米茗易之：“米”字，底本和其他各本，形訛作“朱”字，據《新唐書》卷196改。

⑬ 顧況論（茶）：古今説部本作“顧況，號逋翁，論茶云。”底本全部以人物姓氏名號為題，後來古今説部本等改易題名後，往往在前面人名下加字、號以補刪除原題之不足。因本文原題未變，下面遇説部本這種補注情況，一般不再出校，只擬在有其他校注時才順作一提。

⑭ 唐薛能詩：此“詩”指《謝劉相（一本有“公”）寄天柱茶》。在“唐薛能”下，古今説部本還加“字大拙”三字。

⑮ 惟茗不中與酪作奴：“不”字，底本錯刻作“下”字，據《洛陽伽藍記》改。

⑯ 硤石縣：“縣”字，底本誤作“懸”字，逕改。

⑰ 楊廷秀：古今説部本改作“楊萬里，號誠齋”。

⑱ 拾得墜巢薪……宛如摘山時：底本在這兩句間，刪去原詩“潔色既爽別，浮氳亦殷勤。以茲委曲靜，求得正味真”兩句。而以開頭刪去的第二句“恐乖靈草性，觸事皆手親”，移置之間作連接。本文與原詩，有如上之別。

⑲ 呂文清：古今説部本作“呂居仁，謚文清”。

⑳ 浮花元屬三味手：“味”字，古今説部本作“昧”字。

㉑ 李閱而受之：“閱”字，古今説部本同底本，原誤作“閔”字，逕改。

㉒ 簇簇新芽摘露光，小江園裏火煎嘗：“芽”字，一作“英”字。“江”字，底本原作“紅”字，據《全唐詩》改。

㉓ 蜀叟休誇鳥嘴香：“鳥”字，底本形誤作“烏”字，逕改。

㉔ 華佗：古今説部本作“華佗，字元化”。

㉕ 李栖筠：古今説部本作“李栖筠，字貞一”。

㉖ 甌犧之餘："犧"字，底本形誤作"蟻"，據有關《神異記》引文原文逕改。
㉗ 劉曄：古今説部本作"劉曄，字子儀"。
㉘ 條列貢上："貢"字，底本及各本，誤作"真"字，故目錄和文題也均訛作"真"字，逕改。
㉙ 常魯：底本和其他各本，"常"字均誤作"党"，逕改。下同。
㉚ 密賜茶荈以待酒："待"字，疑"代"之音誤。《三國志》作"密賜茶荈以當酒"。
㉛ 張舜民云：古今説部本作"張舜民，號芸叟，云"。
㉜ 賈青：古今説部本在此之下，還多"字春卿"三字。
㉝ 張又新：古今説部本在"張又新"之下，還加"字孔昭"三字。
㉞ 范希文：古今説部本作"范仲淹，字希文"。
㉟ 王荊公：古今説部本作"王荊公介甫"。

茶董補

◇明　陳繼儒　輯[①]

陳繼儒生平事蹟，見前陳繼儒《茶話·題記》。

《茶董補》之作，是為了補夏樹芳《茶董》一書的不足。夏樹芳編《茶董》是受了陳繼儒的鼓勵。名之為《茶董》，是寄望能達到"茶之董狐"的境界，成為茶的良史。然而，編輯《茶董》的成績卻不如理想，誠如《四庫全書總目提要》所說，"是編雜錄南北朝至宋金茶事，不及採造、煎試之法，但摭詩句故實，然疏漏特甚，舛誤亦多。"陳繼儒顯然也感到此書之不足，因此而作補輯，但基本還是沿着夏樹芳的體例，補充了材料，未曾改變"不及採造、煎試"的缺失。

萬國鼎《茶書總目提要》推定《茶董》成書於萬曆三十八年（1610）前後，而本書稍晚卻不久。

本書主要刊本有明萬曆刊本、清道光二十七年（1847）潘仕成輯《海山仙館叢書》本、《叢書集成》本等。我們以明萬曆刊本作底本，以《海山仙館叢書》本及相關資料作校。

目錄

上卷

下卷

卷上

造法為神以下十八則補敘嗜尚

景陵[2]僧於水濱得嬰兒，育為弟子。稍長，自筮遇蹇之漸；繇曰："鴻漸於陸，其羽可用為儀。"乃姓陸氏，字鴻漸，名羽。始造煎茶法，至今鬻茶之家，陶其像置於煬器之間，祀為茶神云。《因話錄》

漸兒所為

有積師者，嗜茶久。非漸兒偕侍，不鄉口。羽出遊江湖，師絕於茶味。代宗召入供奉，命宮人善茶者餉師。一啜而罷。訪羽召入，賜師齋，俾羽煎茗，一舉而盡。曰："有若漸兒所為也。"於是出羽見之。《紀異錄》[3]

奠茗工詩

胡生者，失其名，以釘鉸為業，居霅溪近白蘋洲。旁有古墳，生每茶，必奠之。嘗夢一人謂之曰："吾姓柳，平生善為詩而嗜茗，葬室子居之側，常銜子惠，欲教子為詩。"生辭不能。柳曰："但率子言之，當有致。"既寤，試搆思，果有冥助者，厥後遂工焉。《南部新書》

縛奴投火

陸鴻漸採越江茶，使小奴子看焙。奴失睡，茶燋爍。鴻漸怒，以鐵繩縛奴，投火中。《蠻甌志》

為荈為茗

任瞻，字育長，少時有令名。自過江失志，既下飲，問人云："此為荈為茗？"覺人有怪色，乃自分明曰："問飲為熱為冷。"《世説》[4]

祀墓獲錢

剡縣陳務妻，少寡，好茶茗。宅中有古塚，每飲，輒先祀之。夜夢一人曰："吾塚賴相保護，又享吾佳茗，豈忘翳桑之報。"②及曉，於庭中獲錢十萬，從是禱祀愈切。《異苑》

鬻茗姥飛

晉元帝時，有老姥每旦提一器茗，往市鬻之。一市競買，自旦至夕，其器不減。得錢，散乞人。〔人〕或異之③，州法曹縶之獄。至夜，老姥執鬻茗器，從獄牖中飛出。《廣陵志傳》[5]

讌飲茶果

桓溫為揚州牧，性儉。每讌飲，唯下七奠柈茶果而已。《晉書》

日賜茶果

金鑾故例，翰林當直學士，春晚困，則日賜成象殿茶果。《金鑾密記》[6]

館閣湯飲

元和時，館閣湯飲待學士者，煎麒麟草。《鳳翔退耕傳》[7]

綠葉紫莖

同昌公主，上每賜饌，其茶有綠葉紫莖之號。《杜陽雜編》

慕好水厄

晉時給事中劉縞，慕王肅之風，專習茗飲。彭城王謂縞曰："卿不慕王侯八珍，好蒼頭水厄，海上有逐臭之夫，里內有學顰之婦，卿即是也。"《伽藍記》

白蛇銜子

義興南岳寺，有真珠泉。稠錫禪師嘗飲之，曰此泉烹桐廬茶，不亦可乎！未幾，有白蛇銜子墜寺前，由此滋蔓，茶味倍佳。士人重之，爭先餉遺，官司需索不絕，寺僧苦之。《義興舊志》[8]

瞿唐自潑

杜豳公悰[9]，位極人臣，嘗與同列言：平生不稱意有三：其一、為澧州刺史；其二、貶司農卿；其三、自西川移鎮廣陵。舟次瞿唐，為駭浪所驚，左右呼喚不至。渴甚，自潑湯茶喫也。《南部新書》

山號大恩

藩鎮潘仁恭，禁南方茶，自擷山為茶，號山曰大恩，以邀利。《國史補》

驛官茶庫

江南有驛官，以幹事自任。白太守曰："驛中已理，請一閱之。"乃往，初至一室，為酒庫，諸醞皆熟，其外畫神。問何也？曰：杜康。太守曰："功有餘也"。又一室，曰茶庫，諸茗畢備，復有神。問何也？曰陸鴻漸。太守益喜。又一室，曰葅庫，諸葅畢具，復有神。問何也？曰蔡伯喈。太守大笑曰："不必置此"。《茶錄》[10]

士人作事

宋大小龍團，始於丁晉公，成於蔡君謨。歐陽公聞而歎曰："君謨，士人也，何至作此事。"《苕溪詩話》

前丁後蔡

陸羽《茶經》……可不謹哉。〔《鶴林玉露》〕[11] ④

仙家雷鳴

蜀雅州蒙山中頂有茶園……不知所終。原闕[12][13]

陸羽別號

羽於江湖稱竟陵子，南越稱桑苧翁。少事竟陵禪師智積，異日羽在他處，聞師亡，哭之甚哀。作詩寄懷，其略曰："不羨黃金罍，不羨白玉杯，不羨朝入省，不羨暮入臺，千羨萬羨西江水，曾向竟陵城下來。"羽貞元末卒。《鴻漸小傳》[1]

南方嘉木以下十則，補敘產植

茶者，南方之嘉木也。樹如瓜蘆，葉如梔子，花如白薔薇，實如栟櫚，蒂如丁香，根如胡桃。其名一曰茶，二曰檟，三曰蔎，四曰茗，五曰荈。《茶經》[15]

早茶晚茗

早采者為茶，晚取者為茗，一名荈，蜀人名之苦茶。《爾雅》按：二則正集太略，補其未備。

山川異產

劍南有蒙頂石花，或小方，或散芽，號為第一。湖州有顧渚之紫筍，東川有神泉小團，昌明獸目。硤州有碧澗明月，芳蕊，茱萸簝。福州有方山之生芽。夔州有香山，江陵有楠木，湖南有衡山。岳州有㴩湖之含膏；常州有義興之紫筍。婺州有東白，睦州有鳩坑。洪州有西山之白露，壽州有霍山之黃芽，蘄州有蘄門團黃，而浮梁商貨不在焉。《國史補》

又

建州之北苑先春龍焙，東川之獸目，綿州之松嶺，福州之柏巖，雅州之露芽，南康之雲居，婺州之舉巖碧乳。宣城之陽坡橫紋⑤，饒池之仙芝、福合、祿合、運合⑥、慶合，蜀州之雀舌、鳥觜麥顆、片甲、蟬翼。潭州之獨行靈草，彭州之仙崖石花。臨江之玉津，袁州之金片，龍安之騎火，涪州之賓化，建安之青鳳髓，岳州之黃翎毛，建安之石巖白，岳陽之含膏冷。見《茶論》、《臆乘》及《茶譜通考》⑦

又

湖州茶生長城縣顧渚山中，與峽州、光州同；生白茅懸腳嶺，與襄州、荊南義陽郡同；生鳳亭山伏翼澗飛雲、曲水二寺，啄木嶺，與壽州、常州同；安吉、武康二縣山谷，與金州、梁州同。《天中記》[16]

又

杭州寶雲山產者，名寶雲茶。下天竺香林洞者，名香林茶；上天竺白雲峰者，名白雲茶。《天中記》

又

會稽有日鑄嶺，產茶。歐陽修云：兩浙產茶，日鑄第一。《方輿勝覽》

茗之別名

西平縣出皋蘆[8]，茗之別名，葉大而澀，南人以為飲。《廣州記》

茶之別種

茶之別者，有枳殼芽，枸杞芽，枇杷芽，皆治風疾。又有皂莢芽、槐芽、柳芽，乃上春摘其芽和茶作之，故今南人輸官茶，往往雜以眾葉，惟茅蘆、竹箬之類不可入。自餘，山中草木芽葉皆可和合，椿、柿尤奇。真茶，性極冷，惟雅州蒙山出者，性溫而主疾。《本草》

至性不移

凡種茶樹，必下子，移植則不復生。故俗聘婦，必以茶為禮，義固有所取也。《天中記》

片散二類以下八則，補敘製茶。

凡茶有二類，曰片、曰散。片茶、蒸造，實捲模中串之；惟劍建，則既蒸而研，編竹為格，置焙室中，最為精潔，他處不能造。其名有龍、鳳、石乳、的乳、白乳、頭金、蠟面、頭骨、次骨、末骨、粗骨、山挺十二等，以充國貢[9]及邦國之用，洎本路食茶。餘州片茶，有進寶。雙勝、寶山兩府，出興國軍；仙芝、嫩蕊、福合、祿合、運合、慶合、指合，出饒池州；泥片出虔州；綠英金片出袁州；玉津出臨江軍靈川；福州先春、早春、華英、來泉、勝金，出歙州；獨行靈草、綠芽片金、金茗出潭州；大柘枕出江陵、大小巴陵[10]；開勝、開捲、小捲、生黃翎毛，出岳州；雙上綠芽、大小方出岳、辰、澧州；東首、淺山薄側，出光州；總二十六名。兩浙及宣江等州，以上中下或第一至第五為號。散茶有太湖、龍溪、次號、末號，出淮南、岳麓、草子、楊樹、雨前、雨後，出荊湖；青口，出歸州；茗子，出江南，總十一名。《文獻通考》

御用茗目

上林第一。乙夜清供。承平雅玩。宜年寶玉。萬春銀葉。延年石乳。瓊林毓粹[11]。浴雪呈祥。清白可鑒。風韻甚高。暘谷先春。價倍南金。雪英。雲葉。金錢。玉華。玉葉長春。蜀葵。寸金。並宣和時政和曰太平嘉瑞，紹聖曰南山應瑞[12]。《北苑貢茶錄》[17]

製茶之病

芽擇肥乳……此皆茶之病也。《茶錄》[18]

製法沿革

唐時製茶，不第建安品。五代之季，建屬南唐，諸縣採茶，北苑初造研膏，繼造蠟面，既而又製佳者，曰京挺。宋太平興國二年，始置龍鳳模。遣使即北苑團龍鳳茶，以別庶飲。又一種叢生石崖，枝葉尤茂；至道初，有詔造之，別號石乳；又一種，號的乳；又一種，號白乳。此四種出，而蠟面斯下矣。真宗咸平中，丁謂為福建漕，監御茶，進龍、鳳團，始載之《茶錄》。仁宗慶曆中，蔡襄為漕，始改造小龍團以進。旨令歲貢，而龍鳳遂為次矣。神宗元豐間，有旨造密雲龍，其品又加於小團之上。哲宗紹聖中，又改為瑞雲翔龍，至徽宗大觀初，親製《茶論》二十篇，以白茶自為一種，與他茶不同，其條敷闡，其葉瑩薄，崖林之間，偶然生出，非人力可致。正焙之有者，不過四五家，家不過四五株，所造止於一二銙而已。淺焙亦有之，但品格不及，於是白茶遂為第一。既而又製三色細芽及試新銙、貢新銙。自三色細芽出，而瑞雲翔龍又下矣。宣和庚子，漕臣鄭可簡，始創為銀絲水芽⑬。蓋將已揀熟芽再令剔去，止取其心一縷，用珍器貯清泉漬之，光瑩如銀絲然。又製方寸新銙，有小龍蜿蜒其上，號龍團勝雪。又廢白、的、石三鼎乳，造花銙二十餘色。初貢茶皆入龍腦，至是慮奪其味，始不用焉。蓋茶之妙，至勝雪極矣，合為首冠；然在白茶之下者。白茶，上所好也。其茶歲分十餘綱，惟白茶與勝雪，驚蟄前興役⑭，浹日乃成，飛騎仲春至京師，號為綱頭玉芽。《負暄雜錄》[19]

如針如乳

龍焙泉，即御泉也，北苑造貢茶、社前茶，細如針，用御水研造。每片計工直錢四萬文。試其色如乳，乃最精也。《天中記》

不逆物性

太和七年正月，吳蜀貢新茶，皆於冬中作法為之。上務恭儉，不欲逆其物性，詔所貢新茶，宜於立春後作。《唐史》

靈泉供造

湖州長洲縣啄木嶺金沙泉……無沾金沙者。《茶錄》[20]⑮

湖常為冠

浙西湖州為上，常州次之。湖州出長城顧渚山中，常州出義興君山懸腳嶺北崖下。唐《重修茶舍記》：貢茶，御史大夫李栖筠典郡日，陸羽以為冠於他境，栖筠始進。故事湖州紫筍，以清明日到，先薦宗廟，後分賜近臣。紫筍生顧渚，在湖、常間。當茶時，兩郡太守畢至，為盛集。又玉川子《謝孟諫議寄新茶》詩有云："天子須嘗陽羨茶"，則孟所寄，乃陽羨者。《雲錄漫抄》

畏香宜溫 以下六則補敘焙瀹

藏茶宜箬葉而畏香藥，喜溫燥而忌濕冷。故收藏之家，以箬葉封裹入焙，三兩日一次，用火常如人體溫溫然，以禦濕潤。若火多，則茶燋不可食。蔡襄《茶錄》

焙籠法式

茶焙編竹為之，裹以箬葉，蓋其上，以收火也，隔其中，以有容也，納火其下，去茶尺許，常溫溫然，所以養茶色香味也。茶不入焙，宜密封裹，以箬籠盛之置高處。蔡襄《茶錄》

瓶鑊湯候

《茶經》以魚目湧泉連珠為煮水之節，然近世瀹茶，鮮以鼎鑊，用瓶煮水，難以候視，則當以聲辨一沸、二沸、三沸之説。又陸氏之法，以末就茶鑊，故以第二沸為合量。而下末若以今湯就茶甌瀹之，當用背二涉三之際為合量。《鶴林玉露》

酌碗湯華

凡酌茶，置諸碗，令沫餑均。沫餑，湯之華也。華之薄者曰沫，厚者曰餑，輕細者曰花。《茶經》

味辨浮沉

候湯最難，未熟則沫浮，過熟則茶沉[16]。前世謂之蟹眼者，過熟湯也。況瓶中煮之，不可辨，故曰候湯最難。蔡襄《茶錄》

點勻多少

凡欲點茶，先須熁盞令熱，冷則茶不浮。若茶少湯多，則雲腳散。湯少茶多，則粥面聚。同上

卷下全卷補敘詩文

玉泉仙人掌茶答族僧中孚贈　**唐　李白**　（常聞玉泉山）正集止收序，詩不可遺。

竹間自採茶酬巽上人見贈　**唐　柳宗元**　（芳叢翳湘竹）

茶山在今宜興　**唐　袁高**　（禹貢通遠俗）

茶山在今宜興　**唐　杜牧**　（山實東吳秀）

喜園中茶生　唐　韋應物　（性潔不可污）

送陸鴻漸棲霞寺採茶　皇甫冉　（採茶非採菉）

陸鴻漸採茶相過　唐　皇甫曾[17]　（千峯待逋客）

長孫宅與郎上人茶會[18]　**唐　錢起**　（偶與息心侶）

茶中雜詠（皮陸倡和各十首）

茶塢　（唐　皮日休）　（閑尋堯氏山）

和　(唐　陸龜蒙)　(茗地曲限回[19])

茶人蹜　(皮)　(生於顧渚山)

和　(陸)　(天賦識靈草)

茶筍　(皮)　(褎然三五寸[20])

和　(陸)　(所孕和氣深)

茶籯　(皮)　(筤篣曉攜去)

和　(陸)　(金刀劈翠筠)

茶舍　(皮)　(陽崖枕白屋)

和　(陸)　(旋取山上材)

茶竈　(皮)　(南山茶事動)

和　(陸)　(無突抱輕嵐)

茶焙　(皮)　(鑿彼碧巖下)

和　(陸)　(左右擣凝膏)

茶鼎　(皮)　(龍舒有良匠)

和　(陸)　(新泉氣味良)

茶甌　(皮)　(邢客與越人)

和　(陸)　(昔人謝塸埞)

煮茶　(皮)　(香泉一合乳)

和　(陸)　(閒來松間坐)

茶嶺　唐　韋處厚　(顧渚吳商絕)

詠茶　宋　丁謂[21]　(建水正寒清)

詠茶　唐　鄭愚[22]　(嫩芽香且靈)

謝孟諫議寄新茶　唐　盧仝　(日高丈五睡正濃)此詩豪放不讓李翰林，終篇規諷不忘憂民如杜工部詩之上乘者，且談茶事津津有味，正集寥寥收數句，真稱缺典。

謝僧寄茶　唐　李咸用　(空門少年初志堅㉓)

西山蘭若試茶歌　唐　劉禹錫　(山僧後檐茶數叢)嗜茶十九吾輩此詩親切有味，熟讀可當盧仝七碗不妨全收，觀者勿疑重複。

煎茶歌　宋　蘇軾　(蟹眼已過魚眼生)

謝木舍人送講筵茶　宋　楊誠齋[21]　(吳綾縫囊染菊水)

茶述　唐　裴汶㉔　(茶起於東晉)以下原闕

注　釋

1 《進新茶表》：原本有目無文。
2 景陵：即竟陵，北周時置縣，五代晉改為景陵，故後人有時並書，清改為天門，即今湖北天門。
3 《紀異錄》：即宋代秦再思《洛中記異錄》。
4 《世說》：即南朝宋劉義慶《世說新語》。
5 《廣陵志傳》：陸羽《茶經》引文作《廣陵耆老傳》。
6 《金鑾密記》：唐末韓偓撰。"金鑾"，指皇帝車上的響鈴，或代指帝王的車駕。韓偓做過昭宗的翰林學士承旨，是書主要記錄宮廷或翰林院故事。
7 《鳳翔退耕傳》：一作《鳳翔退耕錄》，作者不詳，是一本有關唐元和時長安官宦生活的筆記雜考。
8 義興：即今江蘇宜興。
9 杜悰（794－873）：京兆萬年（今陝西西安）人，尚憲宗女歧陽公主為駙馬都尉。歷遷京兆尹，擢左僕射兼門下侍郎、同中書門下平章事。未幾，出為東川節度使，復鎮淮南，再拜相。懿宗時，加太傅，封邠國公。後以疾卒。
10 此條疑取自李肇《唐國史補》。《中國古代茶葉全書》說《茶錄》即《東溪試茶錄》，疑說。
11 此處刪節，見明代徐㶿《蔡端明別紀茶癖》。
12 此處刪節，見明代高元濬《茶乘》。
13 底本注出處原闕：經查，此似據吳淑《事類賦注》毛文錫《茶譜》引文等輯綴而成。
14 《鴻漸小傳》：疑是陳繼儒據《新唐書・陸羽傳》等撮錄而成。
15 此據《茶經・一之源》節錄。
16 此出陳耀文《天中記》，《天中記》則由陸羽《茶經・八之出注》摘抄而來。
17 紹聖：《宣和北苑貢茶錄》記南山應瑞為"宣和四年造"，清人汪繼壕按稱《天中記》"宣和"作"紹聖"，是此從《天中記》。
18 此處刪節，見宋代宋子安《東溪試茶錄・茶病》。
19 此據《負暄雜錄》，而《負暄雜錄》則主要參考《宣和北苑貢茶錄》編錄。《負暄雜錄》：宋顧逢撰。逢吳郡人，字君際，號梅山樵叟，居室名"五字田家"，人稱"顧五言"。後辟吳縣學官。除《負暄雜錄》外，還有《船窗夜話》等筆記小說和詩集。
20 此處刪節，見明代高元濬《茶乘》。
21 楊誠齋：即楊萬里（1127－1206），字廷秀，誠齋是其號。宋吉州吉水（今江西吉安）人，高宗紹興二十四年進士，任零陵丞。孝宗初知奉新縣，擢太常博士、廣東提點刑獄，進太子侍讀。光宗立，召為秘書監，出為江東轉運副使。工詩，自成誠齋體，與尤袤、范成大、陸游號稱南宋四大家。有《誠齋集》。

校　記

① 原作“茸城眉公陳繼儒采輯”。

② 豈忘：底本原脱“忘”字，據《茶經》逕補。

③ 人或異之：“人”字，底本無，據陸羽《茶經》引文補。

④ 《鶴林玉露》：此出處底本原缺，據海山仙館叢書本（簡稱海山本）補。

⑤ 舉巖碧乳。宣城之陽坡橫紋：“乳”字、“宣”字，底本原形誤作“貌”字和“宜”字，據毛文錫《茶譜》等有關文獻改。

⑥ “運合”，其他有些書和版本，作“蓮合”。

⑦ 見《茶論》：《茶論》有沈括所撰本，但書似早佚，所錄為各地茶名。“論”可能為“譜”字之誤，應是毛文錫《茶譜》。

⑧ 酉平縣：“酉”字底本原形誤作“西”，據《廣州記》逕改。

⑨ 山挺十二等，以充國貢：在“等”字下，《文獻通考》原文還有“龍、鳳皆團片……乳以下皆闊片”28字的雙行小字注，本文錄時略。下面在“洎本路食茶”下面，亦刪小字注33字。另“以充國貢”，“國”字，《文獻通考》原文為“歲”字。

⑩ 巴陵：“巴”字，底本形誤作“巳”字，據《文獻通考》原文改。

⑪ 瓊林毓粹：“粹”字，底本原音誤作“瑞”字，據《宣和北苑貢茶錄》改。下同。

⑫ “並宣和時”以下，海山本及叢書集成本，全部刊作雙行小字。

⑬ 水芽：“水”字，本文各本原均刻作“冰”字，據《宣和北苑貢茶錄》改。

⑭ 惟白茶與勝雪，驚蟄前興役：“前”字，底本和海山本等各本，有的作“驚蟄”，有的作“驚蟄後”興役，本身就不統一，《宣和北苑貢茶錄》原文作“前”，據原文逕改。

⑮ 《茶錄》：疑為毛文錫《茶譜》之誤。

⑯ 未熟則沫浮，過熟則茶沉：本文各本，“沫”字、“茶”字，皆刊作“味”字，誤作“未熟則味浮，過熟則味沉。”

⑰ 唐皇甫曾：底本原署作“前人”。接上詩《送陸鴻漸山人採茶回》，指仍為“皇甫冉”，誤。據《全唐詩》改。

⑱ 長孫宅與郎上人茶會：《全唐詩》“長”字前，還多一“過”字，作“過長孫宅與郎上人茶會。”

⑲ 茗地曲隈回：“回”字，底本作“同”，似誤，據《全唐詩》改。

⑳ 褎然三五寸：“褎”字，底本作“衰”，疑誤，據《全唐詩》改。褎（一）音 xiù，同袖；（二）音 yòu，此作生長、長高講。《詩·大雅·生民》：“實方實苞，實種實褎”即是。

㉑ 宋丁謂：底本無署作者，此據海山本補。

㉒ 唐鄭愚：底本和各本原均誤作“宋鄭遇”，據《全唐詩》逕改。

㉓ 空門少年初志堅：“志”字，各本作“行”字，據《全唐詩》改。

㉔ 唐裴汶：底本作“宋斐汶”，似應作“唐裴汶”，逕改。

蒙史

◇明　龍膺　撰

龍膺，湖廣武陵人，字君善、一字君御。萬曆八年進士。授徽州府推官，轉理新安，治兵湟中，官至南京太常卿。晚與袁宏道相善。有《九芝集》。因為由本文前序作者朱之蕃的題署可知，之蕃自稱是《蒙史》有龍膺門人朱之蕃題辭。之蕃金陵人，萬曆二十三年狀元，官至吏部侍郎。曾出使朝鮮，人仰其書畫，以貂皮、人參乞討，他用之收買法書、名畫、古器。回國後，請調南京錦衣衛，收藏"甲於南都"。其為《蒙史》題辭，在萬曆四十年（1612），可能已當龍膺晚年，為南京太常卿時。

《蒙史》，《中國古代茶葉全書》引《周易正義》釋卦，稱"蒙"為"泉"，'《蒙史》即為泉史"。萬國鼎《茶書總目提要》評價它"雜抄成書，無甚意義。"然而我們發現，它並不是一本粗劣之作，而是經過撰者選擇、加工，並補充有自己之見聞和看法的一部茶書。如松蘿茶條一節，記述松蘿茶的製作工藝，就很寶貴。

本文只有喻政《茶書》一個版本。

題辭

壺觴、茗碗，世俗不啻分道背馳，自知味者，視之則如左右手，兩相為用，缺一不可。頌酒德，贊酒功，著茶經，稱《水品》，合之雙美，離之兩傷。從所好而溺焉，孰若因時而迭為政也。吾師龍夫子，與舒州白力士鐺，夙有深契，而於瀹茗品泉，不廢淨緣。頃治兵湟中[1]，夷虜款塞，政有餘閒，縱觀泉石，扶剔幽隱。得北泉，甚甘烈，取所攜松蘿、天池、顧渚、羅岕、龍井、蒙頂諸名茗嘗試之，且著《醒鄉記》，以與王無功。千古競爽，文囿頡頏，破絕塞之顓蒙，增清境之勝事。乃知天地有真味，不在羶[2]酪、薑椒、羶腥、鹽豉間。而雅供清風，且推而與擐甲、關弧、荷氈披毳者共之矣。不肖蕃囊侍宴歡，輒困憊於師之觴政。所幸量過七碗，不畏水厄耳。恨不能縮地南國，覽勝湟中，聽松風，觀蟹眼，引滿醉茶於函丈之前，以蕩滌塵情，消除雜念也。日奉斯編，用為指南，輒不自諒小巫之索然，敬綴數語，以就正焉。

萬曆壬子歲春正月，江左門人朱之蕃[3]書於□椀齋

上卷①

泉品述

醴泉，泉味甜如酒也。聖王在上，德普天地，刑賞得宜，則醴泉出。食之，

令人壽考。

玉泉，玉石之精液也。《山海經》：蜜山出丹水中，多玉膏，其源沸湯，黃帝自食。《十洲記》：瀛洲玉石，高千丈。出泉如酒，味甘，名玉醴泉，食之長生。又方丈洲有玉石泉，崑崙山有玉水。元洲玄澗，水如蜜漿，飲之與天地相畢。又曰：生洲之水，味如飴酪。

《淮南子》曰：崑崙四水者，帝之神泉，以和百藥，以潤萬物。

《括地圖》曰：負丘之山，上有赤泉，飲之不老。神宮有英泉，飲之眠三百歲，乃覺，不知死。

《瑞應經》曰：佛持缽到迦葉[4]家受飯，而還於屏處。食已，欲澡漱。天帝知佛意，即下以手指地，水出成池，令佛得用，名為指地池。

如來八功德水：一清、二冷、三香、四柔、五甘、六淨、七不咽、八蠲痾。梁胡僧曇隱[5]寓鍾山，值旱，有眉叟語曰："予山龍也，措之何難？"俄而一沼沸出。後有西僧至，云："本域八池，已失其一。"

梁天監初，有天竺僧智藥[6]，泛舶曹溪口，聞異香，掬嘗其味，曰："上流必有勝地"。遂開山立石，乃云："百七十年後，當遇無上法師在此演法"。今六祖南華寺是也。

梁景泰禪師，居惠州寶積寺，無水，師卓錫於地，泉湧數尺，名卓錫泉。東坡至羅浮，入寺飲之，品其味，出江水遠甚。

大庾嶺雲封寺東泉，自石穴湧出，甘洌可愛。大鑑禪師[7]傳缽南歸，卓錫於此。

《武陵廖氏譜》云："廖平以丹砂三十斛，冥所居井中，飲是水以祈壽。"《抱朴子》曰："余祖鴻臚，為臨沅令。有民家飲丹井，世壽考，或百歲，或八九十歲"，即廖氏云。又西湖葛井，乃稚州煉所，在馬家園。役淘井，出石匣，中有丹數枚，如芡實，啖之無味，棄之。有施漁翁者，拾一粒食之，壽一百六歲。此丹水尤難得。

翁源山頂石池，有泉八，曰涌泉、香泉、甘泉、溫泉、震泉、龍泉、乳泉、玉泉。相傳一龐眉叟時見池中，因名翁水。居人飲此多壽。

柳州融縣靈巖[8]上，有白石，巍然如列仙。靈壽溪貫入巖下，清響作環佩聲。舊傳仙史投丹於中，飲者多壽。

《列居傳》曰：負局先生止吳山絕崖，世世懸藥與人，曰：吾欲還蓬萊山，為汝曹下神水，（涯）頭一旦有水，白色從石間來下，服之多所愈。以上皆靈泉。

《爾雅》曰：河出崑崙墟，色白。又曰：泉，一見一否為瀸。又濫泉：正出，正湧出也；沃泉，懸出，懸下出也；氿泉，仄出，仄旁出也。湟中北石泉，自仄出。

石，山骨也；流，水行也。山宣氣以產萬物；氣宣則脈長，故陸鴻漸曰：

"山水上②"。

江，公也；眾水共入其中，則味雜，故曰"江水中"。惟揚子江金山寺之中泠，則夾石渟淵，特入首品，為天下第一泉③。

御史李季卿至維揚[9]，逢陸鴻漸，命軍士入江赴南泠取水。及至，陸以杓揚水嘗之，俄曰："非南泠，臨岸者乎！"傾至半，遽曰："止，是南泠矣！"使者乃吐實。李與賓從皆大駭，因問歷處之水。陸曰："楚水第一，晉水最下。"因命筆口受而次第之。南泠即仲泠也。

慧山[10]源出石穴，陸羽品為第二泉，又名陸子泉。李德裕在中書，自毘陵至京，置驛遞，名水遞。人甚苦之。有僧詣曰："京都一眼井與惠泉脈通。"公笑曰："真荒唐也，井在何坊曲？"僧曰："昊天觀常住庫後是也。"公因取惠山一罌，昊天一罌，雜他水八罌，遣僧辨析。僧啜之，止取惠山、昊天二水，公大奇歎，水遞遂停。

李贊皇有親知奉使金陵者，命置中泠水一壺。其人舉棹忘之，至石頭城，乃汲一瓶歸獻。李飲之曰："江南水味變矣，此何似建業城下水也！"其人謝過。膺令軍吏取湟之北泉，吏乃近取南泉以代。予嘗而別之曰："非北泉也"，吏不敢隱。

王仲至謂：嘗奉使至仇池[11]，有九十九泉，萬山環之，可以避世如桃源。

有龍泉出允街谷，泉眼之中水文成蛟龍。或試撓破之，尋平成龍。牛馬諸獸將飲者，皆畏辟而走，謂之龍泉。

白樂天《廬山草堂》記云：堂北五步處，層崖積石，綠陰蒙蒙，又有飛泉，植茗就以烹燀，好事者見可以永日。

東坡知揚州時，與發運使晁端彥[12]、吳倅[13]、晁無咎[14]大明寺汲塔院西廓井與下院蜀井二水校高下，以塔院水為勝。

東坡云：惠州之佛院東湯泉、西冷泉，雪如也。杭州靈隱寺亦有冷泉亭。

瓊州三山庵下，有泉味類惠山。東坡名之曰"惠通井"而為之記。

廬州東有浮槎山，梵僧過而指曰："此耆闍一峯也，頂有泉，極甘。"歐陽公作記。

盧城[15]官宅，井苦。李錫為令，變為甘泉。張掖南城亦有泉，甚甘，因名。

范文正公[16]鎮青，興龍僧舍西南洋溪中，有醴泉湧出。公搆一亭泉上，刻石記之。青人思公之德，目曰"范公泉"。環古木蒙密，塵跡不到，去市廛纔數百步，如在青山中。自是幽人逋客，往往賦詩鳴琴，烹茶其上，日光玲瓏，珍禽上下，真物外遊也。歐陽文忠[17]、劉翰林貢父[18]賦詩刻石，及張禹功[19]、蘇唐卿[20]篆石榜之。亭中最為營丘佳處。

承天紫蓋山，當陽道書三十三洞天。林石皆紺色，下出綵水，香甘異常。

荊門[21]兩峯，對起如娥眉，上有浮香、漱玉諸亭，為游憩之所。山麓二泉，北曰蒙，南曰惠。泉以陸象山[22]守是州而重，至今州人德之，祠貌陸公於池上。膺飲湟之北泉，甚洌，合名曰蒙惠。以泉自山下出，故曰蒙；味如惠泉，故曰惠。

河中府[23]舜泉坊，二井相通。祥符中，真宗祠汾駐驊蒲中，車駕臨觀，賜名“孝廣泉”，並以名其坊，御製贊紀之。蒲濱河，地鹵泉鹹，獨此井甘美，世以為異。

濟南水泉清冷，凡七十二。如舜泉、瀑流、真珠、洗鉢、孝感、玉環之類，皆奇。曾子固[24]詩，以瀑流為趵突泉為上。又杜康泉，康汲此釀酒，或以中泠及惠泉稱之，一升重二十四銖，是泉較輕一銖。

南康城西有谷簾泉，水如簾，布巖而下者三十餘派[25]，陸羽品其味第一。

王禹偁云：康王谷④為天下第一水，簾高三百五十丈，計程一月，其味不變。

泉州城北泉山，一名齊雲，巖洞奇秀，上有石乳，泉清洌甘美。又泰寧石門有飛泉，垂巖而下，甚甘，名甘露巖。

建寧城中鳳皇山[26]下，有龍焙泉，一名御泉，宋時取此水造茶入貢。

福寧[27]龍首山西麓，有泉曰聖泉，甘洌，可愈疾。

彬州城南有香泉，味甘洌。屬邑興寧有程鄉水，亦美。

蘄水鳳棲山下，有陸羽泉。《經》謂天下第三泉。

夔州[28]梁山、蟠龍山中，崖高數十丈，飛濤噴薄如霧。張育英游此題云：泉味甘洌，非陸羽莫能辨。

衛郡蘇門[29]山下有百門泉，泉上噴如珠，下有瑤草。先君玄扈公理輝[30]，有惠政，輝人祠貌先君子泉石之上。

內鄉天池山上有池，《山海經》云：“帝臺之漿也，可愈心疾。”又有菊潭，崖旁產甘菊，飲此水多壽。《風俗通》[31]云：內鄉山礀有大菊，礀水從山流，得其花味，甚甘美。

盩厔玉女洞有飛泉，甘且洌。蘇軾過此，汲兩瓶去，恐後復取為從者所紿，乃破竹作券，使寺僧藏之，以為往來之信，戲曰調水符。

嚴陵釣臺下，水甚清激，陸羽品居第十九。

《寰宇記》南劍州天階山乳泉，飲之登山嶺如飛。乳泉、石鐘乳，山骨之膏髓也。色白體重，極甘而香若甘露。

武陵郡[32]卓刀泉，在仙婆井傍。漢壽亭侯[33]過此渴甚，以刀卓地出泉。下有奇石，脈與武陵溪通，即洚水不溢，大旱不竭也。後人嘉其甘洌，又名清勝泉。予恒酌之，與南泠等。沅湘間故多佳水，此其一焉。

泉非石出者，必不佳。故《楚詞》云：“飲石泉兮蔭松柏。”皇甫曾《送陸羽》詩：“幽期山寺遠。野飲石泉清。”

東坡白鶴山新居，鑿井四十尺，遇盤石；石盡，乃得泉。有“一勺亦天賜，曲肱有飲歡”之句。

東坡《洞酌亭》詩引：“瓊山郡東，眾泉觱發，然皆冽而不食。”軾南遷過瓊，始得雙泉之甘於城之東北隅，以告其人，自是汲者常滿。泉相去咫尺而異味。庚辰歲，遷於合浦，復過之，太守陸公求泉上亭名，與詩，名曰“洞酌”。”又《廉泉詩》：“水性故自清，不清或撓之。君看此廉泉，五色爛摩尼。廉者為我廉，我以此名為。有廉則有貪，有慧則有癡。誰為柳宗元，孰是吳隱之[34]。漁父足豈潔，許由耳何淄。紛然立名字，此水了不知。毀譽有時盡，不知無盡時。朅來廉泉上，將須看鬚眉。好在水中人，到處相娛嬉。”

古法鑿井者，先貯盆水數十，置所鑿之地，夜視盆中有大星異眾星者，必得甘泉。范文正公所居宅，必先浚井，納青木數斤於其中，以辟瘟氣。

山木欲秀，蔭若叢惡則傷泉，雖未能使瑤草瓊花披拂其上，而修竹幽蘭自不可少。

作屋覆泉，不惟殺風景，亦且陽氣不入，能致陰損。若其小者，作竹罩籠之，以防不潔可也。

移水取石子置瓶中，雖養泉味，亦可澄水，令之不淆。黃魯直《惠山泉》詩：‘錫谷寒泉撱石俱”是也。撱音妥。擇水中潔淨白石帶泉煮之，尤妙。

凡臨佳泉，不可容易漱濯，犯者每為山靈所憎。尤忌以不潔之器汲之。

泉最忌為婦女所厭。予除治北泉，設祭躬禱，泉脈益甚，若有神物護之。數日後，聞亦有婦往汲，見巨蛇入坎中。婦大悸還，及舍死。自是村婦相誡，罔敢及焉。張參戎[35]希孟、沈參戎應蛟於坐間言之，亦大異事也，併識於後。

泉坎須越月淘之，庶無陰穢之積。尤宜時以雄黃下墜坎中，或塗坎上，去蛇毒也。

予讀《甫里先生[36]傳》曰，先生嗜荈，置園於顧渚山下，歲入茶租十許薄，自為《品第書》一篇，繼《茶經》、《茶訣》之後。《茶經》陸羽撰，《茶訣》皎然撰。南陽張又新嘗為《水說》⑤，凡七等：其一曰惠山寺石泉，其三曰虎丘寺石井，其六曰吳淞江。是三水距先生遠不百里，高僧逸人時致之，以助其好。先生始以喜酒得疾，血敗氣索者二年，而後能起。有客生亦潔罇置觶，但不服引滿向口爾。膺嗜荈、嗜泉，有如甫里，而近以飲傷肺，亦誓不引滿向口，自命醒翁，更為同病。至若所云寒暑得中，體性無事，乘小舟，設蓬席，賫一束書、茶竈、筆宝、釣具而已。自稱江湖散人，則竊有志而欣慕焉。甫里先生者，唐吳淞陸魯望也。

下卷⑥

茶品述

《爾雅》曰：檟，苦荼。早採者為荼，晚採者為茗。

建州北苑⑦先春龍焙，洪州西山白露、雙井、白茅鶴頂，安吉州⑧顧渚紫筍，常州義興紫筍、陽羨，春池陽鳳嶺，睦州鳩坑，宣州陽坑，南劍蒙頂、石花、露鋑、鑱牙[9]，南康雲居，峽州碧澗明月，東川獸目，福州方山露芽，壽州霍山黃芽，蜀雅州蒙山頂有露芽、穀芽，皆云火前者，言採造於禁火前。蘄門團黃，有一旗二槍之號，言一葉三芽[10]也。潭州鐵色茶，色如鐵。湖州紫筍，湖州金沙泉，州當二郡界，茶時一收，畢至泉處拜祭，乃得水。

《夢溪筆談》曰：茶芽，古人謂之雀舌、麥顆[11]，言至嫩也。今茶之美者，其質素良，而所植之土又美，則新芽一發，便長寸餘，其細如針。唯芽長為上品，以其質榦[12]、土力皆有餘故也。如雀舌、麥粒，極下材耳。

建茶勝處曰郝源、曾坑，其間又坌根、山頂二品尤勝。李氏時[37]，號為北苑，置使領之。

焦坑產庾嶺下，味苦硬，久方回甘。“浮石已乾霜後火，焦坑新試雨前茶”，坡南還回至章貢顯聖寺詩也。然非精品。

熙寧後，始貴密雲龍。每歲頭綱修貢奉宗廟、供玉食也。賚臣下無幾，戚里貴近丐賜尤繁。宣仁一日慨歎曰：“令建州今後不得造密雲龍，受他人煎炒不得。”由是密雲龍名益著。

建茶盛於江南，龍團茶最上，一斤八餅。慶曆中，蔡君謨為福建運使，始造小團充貢，一斤二十餅，所謂上品龍茶也。仁宗尤所珍惜，惟郊祀致齋之夕，兩府各四人共賜一餅，宮人鏤金為龍鳳花貼其上。歐陽公詩“揀芽名雀舌，賜茗出龍團”，是也。餅制碾法，今廢不用。

鴻漸有云：“烹茶於所產處無不佳，蓋水土之宜也。況旋摘旋瀹，兩及其新耶？”今武陵諸泉，惟龍泓入品，而茶亦惟龍泓山為最。茲山深厚高秀，為兩山主，故其泉清寒甘香，雅宜煮茶。又其上為老龍泓，寒碧倍之，其地產茶為難。北山絕頂，鴻漸第錢塘、天竺、靈隱者品下，當未識此。郡志亦只稱寶雲、香林、白雲諸茶，皆弗能及龍泓也。

名山，屬雅州魏蒙山也。其頂產茶，《圖經》云：“受陽氣全，故香。”今四頂園茶不廢，惟中頂草木繁，重雲積〔霧〕[13]，蟄獸時出，人罕到者。青州有蒙山，產茶味苦，亦名蒙頂茶。

南昌西山鶴嶺，產茶亦佳。

武夷山茶，佳品也。泰寧亦產茶。蔡襄有《茶譜》[38]。

六安茶，用大溫水洗淨去末，用罐浸鹵亢好沸水，用可消夙酲。瀘州茶，可療風疾。

今時茶法甚精，虎丘、羅岕、天池、顧渚、松蘿、龍井、雁蕩、武夷、靈山、大盤、日鑄諸茶為最勝，皆陸經所不載者。乃知靈草在在有之，但人不知培植，或疏於製法耳。

楚地如桃源、安化，多產茶，第土人止知蒸法如羅岕耳。若能製如天池、松蘿，香味更美。吾孝廉兄君超[39]，置有茶山，園在桃源[40]鄭家驛西南二十里。巖谷奇峭，澗壑幽靓，居人以茶為業，耕石田而茶味濃厚。近稍稍知炒焙法。

松蘿茶，出休寧松蘿山，僧大方所創造。予理新安時，入松蘿親見之，為書《茶僧卷》。其製法，用鐺磨擦光淨，以乾松枝為薪，炊熱候微炙手，將嫩茶一握置鐺中，札札有聲，急手炒匀，出之箕上。箕用細篾為之，薄攤箕內，用扇搧冷，略加揉挼。再略炒，另入文火鐺焙乾，色如翡翠。

湯太嫩則茶味不出，過沸則水老而茶乏。惟有花而無衣，乃得點瀹之候。子瞻詩[41]云：“蟹眼已過魚眼生，颼颼欲作松風鳴。”山谷詩云：“曲几蒲團聽煮湯，煎成車聲遶羊腸。”二公得此解矣。

李約云：茶須緩火炙、活火煎。活火，謂炭火之有焰者。蘇公詩：“活火仍須活水烹”是也。山中不常得炭，且死火耳，不若枯松枝為妙⑭。若寒月，多拾松實，蓄為煮茶之具更雅。北方多石炭，南方多木炭，而蜀又有竹炭；燒巨竹為之，易燃無煙耐久，亦奇物。

《清波雜志》曰：長沙匠者，造茶器極精緻，工直之厚，等所用白金之數。士夫家多有之，置几案間，但以侈靡相夸，初不常用。司馬溫公偕范蜀公游嵩山，各攜茶往。溫公以紙為貼，蜀公盛以小黑合。溫公見之，驚曰：“景仁乃有茶器”。蜀公〔聞其言〕⑮，遂留合與寺僧。

又曰：饒州景德鎮，陶器所自出，於大觀間窯變，色紅如硃砂，謂熒惑躔度臨照而然。物反常為妖，窯戶亟碎之。時有玉牒防禦使仲檝⑰，年八十餘，居〔於〕⑱饒，得數種，出以相示，云：“比之定州紅瓷器，〔色〕⑲尤鮮明。越上秘色器，錢氏有國日供奉之物，不得臣下用，故曰秘色。”

又汝窯，宮中禁燒，內⑳有瑪瑙末為釉。唯供御，揀退方許出賣，近尤難得。

昭代[42]宣、成、靖窯器精良，亦足珍玩。

茶有九難，陰採夜焙，非造也；嚼味嗅香㉑，非別也；膏薪庖炭，非火也；飛湍壅潦，非水也；外熟內生，非炙也；碧粉縹塵，非末也；操艱攪遽，非煮也；夏興冬廢，非飲也；膻鼎腥甌㉒，非器也。

王肅初入魏，不食酪漿，唯渴飲茗汁，一飲一斗，人號為漏巵。後與高祖會，乃食酪粥。高祖怪之。肅言唯茗不中與酪作奴㉓，因此又號茗飲為酪奴。

和凝[43]在朝，率同列遞日以茶相飲，味劣者有罰，號為湯社。建人亦以鬥茶為茗戰。

陸羽，沔人。字鴻漸，號桑苧翁，詔拜太常不就，寓居廣信郡北茶山中。一號東岡子。嗜茶，環植數畝。善品泉味，稱歠茗㉔者宗焉。羽著《茶經》，常伯熊復著論推廣之。

李季卿宣慰江南，至臨淮，知伯熊善茶，乃請伯熊。伯熊著黃帔衫烏紗幘，手執茶器，口通茶名，區分指點，左右括目㉕。茶熟，李為歠兩杯。既到江外，復請陸。陸衣野服，隨茶具而入，如伯熊故事。茶畢，季卿命取錢三十文酬博士。鴻漸夙遊江介，通狎勝流，遂收茶錢、茶具雀躍而出，旁若無人。

覺林院僧志槃，收茶為三等，待客以驚雷莢，自奉以萱華帶，供佛以紫茸香。紫茸，其最上也。客赴茶者，皆以油囊盛餘瀝而歸。

王濛好茶，人過輒飲之，士大夫甚以為苦。每欲候濛，必云今日有水厄。

學士陶穀，得党太尉家姬。取雪水煎茶，曰：党家應不識此。姬曰："彼武人，但能於銷金帳下，飲羊羔酒爾。"

唐肅宗，賜張志和奴婢各一，志和配之，號漁童、樵清。漁童捧釣收綸，蘆中鼓枻。樵青蘇蘭薪桂、竹裏煎茶。

《避暑錄》裴晉公[44]詩云："飽食緩行初睡覺，一甌新茗侍兒煎。脫巾斜倚繩床坐，風送水聲來耳邊。"公自得志，吾山居享此多矣。今歲新茶適佳，夏初作小池，導安樂泉注之，亦澄徹可喜。

雅州，山曰中頂。有僧病冷，遇老艾曰：仙家有雷鳴茶，候雷發聲，於中頂採摘一兩。服末竟病瘥，精健至八十餘，入青城山不知所之。李德裕入蜀，得蒙餅沃湯，移時盡化者乃真。

盧仝居東都，韓昌黎喜其詩。性嗜茶，有《謝孟諫議茶歌》，曰"紗帽籠頭自煎喫"。

歐陽文忠公《嘗新茶》詩："泉甘器潔天色好，未中揀擇客亦佳㉖。停匙側盞試水路，拭目向空看乳花。"又詩㉗有云："吾年向老世味薄，所好未衰惟飲茶。""泛泛白花如粉乳，乍見紫面生光華。""論功可以療百疾，輕身久服勝胡麻。"又《雙井茶詩》："西江水清江石老，石上生茶如鳳爪。窮臘不寒春氣早，雙井芽生先百草。"又《送龍茶與許道士》絕句："我有龍團古蒼壁，九龍泉深一百尺。憑君汲井試烹之，不是人間香味色。"

東坡《種茶》詩略曰："松間旋生茶，已與松俱瘦。""紫筍雖不長，孤根乃獨壽。移栽白鶴嶺，土軟春雨後。彌旬得連陰，似許晚遂茂。""未任供臼磨，且作資摘嗅。千團輸大官㉘，百餅炫私鬥。何如此一啜，有味出吾囿。"膺亦有種茶詩。公《汲江煎茶》詩"活水還須活火烹，自臨釣石取深清。大瓢貯月歸春瓮，小杓分江入夜瓶。茶雨已翻煎處腳，松風忽作瀉時聲。枯腸未易禁三碗，坐數荒村長短更。"又《謝毛正仲惠茶》詩："繆為淮海帥，每愧廚傳缺。空煩火泥印，遠致紫玉玦。坐客皆可人，鼎器手自潔。金釵候湯眼，魚蟹亦應訣。遂令色香味，一日備三絕。"

東坡云：到杭一遊龍井，謁辨才遺像，持密雲團為獻龍井。孤山下有石室，前有六一泉，白而甘。湖上壽星院，竹極偉。其傍智果院，有參寥泉、及新泉，皆甘冷異常，當時往一酌。

建安能仁院，有茶生石巖間，僧採造得茶八餅，號石巖白[29]。以四餅遺蔡襄，以四餅遺王內翰禹玉。歲餘，蔡被召還闕，過禹玉。禹玉命子弟於茶笥中[30]選精品碾以待蔡。蔡捧茶未嘗，輒曰，“此極似能仁石巖白，公何以得之？”禹玉未信，索帖驗之，果然。

周煇《清波雜志》曰：煇家惠山[31]，泉石皆為几案物。親舊東來，數聞松竹平安信，且時致陸子泉，茗碗殊不落莫。然頃歲亦可致於汴都[32]，但未免瓶盎氣，用細沙淋過，則如新汲時，號折洗惠山泉。天台〔山〕[33]竹瀝水，斷竹稍屈而取之盈瓮，若雜以他水，則亟敗。蘇才翁與蔡君謨比茶[34]，蔡茶精，用惠山泉；蘇〔茶少〕劣[35]，用竹瀝水煎，遂能取勝[36]。此說見江鄰幾所著《嘉祐雜志》。[37]雙井因山谷而[38]重。蘇魏公嘗云：“平生薦舉不知幾何人，唯孟安序朝奉，〔分寧人〕[39]，歲以雙井一瓮為餉。”蓋公不納苞苴，顧獨受此，其亦珍之耶[40]？

羅高君《茶解》云：山堂夜坐，手烹香茗，至水火相戰，儼聽松蘿，傾瀉入甌，雲光縹緲，一段幽趣，故難與俗人言。

注　釋

1 湟中：指今青海西寧一帶的湟水流域。現青海湟中縣是後建的。隋置湟中縣，治所位於今青海樂都，唐安史之亂時為吐蕃所佔，廢。

2 羶（tóng）：舊指無角的羊。

3 朱之蕃：字元介，號蘭嵎，山東茌平（今屬山東）人，著籍金陵。萬曆二十三年（1595）狀元，官至吏部侍郎，出使朝鮮，盡卻贈賄。工書畫，朝鮮人來乞書，以貂皮、人參為酬，之蕃斥以買書畫、古器，收藏遂甲於南都。有《奉使稿》。

4 迦葉：唐代時竺僧。本住中印度大菩提寺。貞觀間入唐，止於長安經行寺，與阿難律等譯出《功德天法經》等。

5 梁胡僧曇隱：疑即指北齊高僧曇隱，慧光弟子，精律部，與道樂齊名。初住鄴都大衍寺，後遷大覺寺，年六十三歲寂。

6 天竺僧智藥（？－525）：梁武帝天監元年（502）至韶州曹溪水口，開山立石寶林，住羅浮，創寶積寺。後往韶，又開檀特寺、靈鷲寺。

7 大鑑禪師：疑即明高僧圓鏡（？－1465），號大鑑，臨汾人，早歲出家，遊心賢首講肆，悟諸經幽旨。嘗遊平縣隰州妙樓山石室寺，為眾說法。後寂於北門瓦窯坡。

8 融縣靈巖：融縣，明洪武十年（1377）降融州置，治所位於今廣西融水苗族自治縣。融縣1952年改為融安縣。靈巖：即靈巖山，在廣西融水苗族自治縣西南真仙巖，北宋咸豐中改真仙巖。

9 維揚：即揚州。

10 慧山：即惠山。

11 仇池：此非指北朝時所置仇池郡或仇池縣，因不久即改廢，此當是指仇池鎮，北魏時置，位今甘肅西和縣西南，近仇池山，一名翟堆，又名百頃山。

12 晁端彥（1035－？）：宋澶州清豐人，字美叔。登進士第，《萬姓統譜》載稱其歷秘書少監，開府儀同三司，“文章書法，為朝野所崇尚。”
13 吳倅：宋仁宗、英宗、神宗時士人，能詩，餘不詳。
14 晁無咎：即晁補之（1053－1110），宋濟州巨野人，“無咎”是其字，號濟北，自號歸來子。神宗元豐二年進士，哲宗元祐初為太學正，累遷著作佐郎；徽宗時歷禮部郎中，兼國史編修、實錄檢討官。工書畫詩詞，為書門四學士之一。有《雞肋集》、《琴趣外篇》。
15 盧城：古西域無雷國都，在今新疆塔什庫干塔吉克自治縣。
16 范文正公：即范仲淹，卒謚文正。
17 歐陽文忠：即歐陽修，卒謚文忠。
18 劉翰林貢父：即劉攽（1022－1089），字貢父，號公非，北宋臨江新喻（今江西新餘）人。慶曆六年進士，初歷仕州縣二十年，後任國子監直講、秘書少監等職，官終中書舍人。博學能文，曾協助司馬光修《資治通鑑》，有《彭城集》、《公非集》、《中山詩話》等。
19 張禹功：宋人，能詩善書，餘不詳。
20 蘇唐卿：宋人，能詩善書，仁宗時官殿中丞。嘗知費縣，嘉祐（1056－1063）中書歐陽修《醉翁亭記》，刻石於費之縣齋，記後並附唱和詩。
21 荊門：指荊門山，一名郢門山，在今湖北宜都縣西北長江南岸。
22 陸象山：即陸九淵（1139－1193），字子靜，號象山翁，世稱象山先生。陸九思弟。宋撫州金溪人，乾道八年進士。光宗時，知荊門軍，創修軍城，以固邊防，甚有政績。卒謚文安。與朱熹齊名，但見解多不合，主“心即理”說，有《象山先生全集》。
23 河中府：唐開元八年（720）以蒲州升置，治所位河東縣（今山西永濟縣西南蒲州鎮），明洪武二年又降為蒲州。
24 曾子固：即曾鞏（1019－1083），子固是其字，建昌軍南豐人，世稱南豐先生，嘉祐二年進士，歷知齊、襄、洪、福諸州，所至多有政績。元豐時，擢中書舍人。長於散文，為唐宋八大家之一。有《元豐類稿》。
25 㵂(pài)：同“派”。指水的支流。
26 建寧城中鳳皇山：此指宋紹興升建州所置的建寧府，或至元二十六年（1289）以建寧府改置的建寧路。治所均在今福建的建甌縣，但鳳皇山不在城中，在城東原宋時北苑貢焙故址。
27 福寧：即福寧州或福寧縣和府。福寧州，元至元二十三年（1286）升長溪縣置。明洪武二年（1369）降為縣，成化九年（1473）復為州。清雍正十二年升為府，治所均在今福建霞浦縣。
28 夔州：唐武德二年（619）以信州改名。元至元十五年（1278）改為夔州路，明洪武四年（1371）改為府。治所在今四川奉節縣。
29 衛郡蘇門：即魏州蘇門縣。衛州，北周宣政元年（578）置，治位朝歌縣（今河南淇縣）。隋大業初改置汲郡，移治衛縣（今淇縣東），唐武德初復為衛州。金大定二十六年（1186）移治共城縣，後改河平縣，繼改蘇門縣。後來改遷還多，即今河南輝縣。
30 玄扈公理輝：“玄扈公”即徐光啟（1562－1633），明松江府上海人。字子先，號玄扈。萬曆三十二年進士。理輝，指其曾任職河南輝縣，天啟間累官禮部右侍郎，為魏忠賢劾罷。崇禎元年召擢禮部尚書。早年在南京結識利瑪竇，從學天文、數學。平生常言：“富國需農，強國需軍”，著農學巨著《農政全書》一部，常議造炮、練兵，均頗切實際。
31 《風俗通》：即東漢應劭所撰的《風俗通義》。
32 武陵郡：漢高帝置，治所在義陵縣（今湖南漵浦南），隋開皇九年改為朗州，唐天寶初復為武陵郡。後廢。
33 漢壽亭侯：即關羽（？－220），字雲長，漢末亡命奔涿，從劉備起兵。漢獻帝建安五年，曹操東征，備奔袁紹，羽為曹操所俘，拜偏將軍，禮遇優渥，羽為曹操斬袁紹部將顏良，以功曹封其為“漢壽亭侯”。後辭曹歸劉備。
34 吳隱之：即吳筠，唐華州華陰人，字貞節。舉進士不中，先隱南陽山學道，玄宗天寶時召入京，為待詔翰林，高力士短之，遂固辭為嵩山，後東入會稽剡中卒，弟子私謚其為宗元先生。

35 參戎：明代武官參將的俗稱，明方以智《通雅．官制》：今之參將，本參戎之意也。”指參謀軍務。清代因之。張希孟、沈應蛟查未見。

36 甫里及下面提及的魯望，均為唐陸龜蒙（？－約881），字魯望，自號江湖散人，甫里先生，又號天隨子。曾任蘇、湖二州從事，後隱居松江甫里。今傳有乾符六年（879）自編《笠澤叢書》四卷，及宋人輯錄《甫里先生集》二十卷，《全唐文》收錄其文二卷，《全唐詩》收錄其詩十四卷。

37 李氏時：此具體指南唐元宗李璟保大年間。

38 蔡襄有《茶譜》：“譜”係“錄”之誤，將蔡襄《茶錄》誤作《茶譜》，在屠本畯《茗笈》中便見。《中國古代茶葉全書》為此作註時存疑稱：“蔡襄《茶譜》，歷代書本不載。《茶譜》似為《茶錄》之誤，然《茶錄》中未見泰寧產茶之記錄。”“武夷山茶，佳品也。泰寧亦產茶。蔡襄有《茶譜》。”是龍膺所寫三並列句，“泰寧亦產茶”，非蔡襄《茶錄》內容。

39 孝廉兄君超：“孝廉”非名非字，是明清時對舉人的稱呼。“君超”，才是龍膺兄的字。

40 桃源：即桃源縣，此指今湖南桃源縣。宋武德中拆武陵縣置，元貞元初升為州，明洪武二年（1369）復降為縣。

41 子瞻詩：即蘇軾《試院煎茶》詩。

42 昭代：昭，光耀、明亮，“昭代”，指政治清明的時代。舊時如明清文人往往以之來稱頌本朝。明朝撰刊的《昭代典則》、清人編刻的《昭代叢書》，就是一例。

43 和凝：即五代時人所謂“魯公和凝”者，字成績，湯社之創始者。

44 裴晉公（765－839）：即裴度，字中立。唐河東聞喜人。貞元五年進士，元和時，官中書舍人、御史中丞，力主削平藩鎮，唐師討蔡，以度視行營諸軍，旋以相職督諸軍力戰，擒吳元濟。河北藩鎮大懼，由此歸順朝廷，度因之也封晉國公。文宗時，以病辭任山南東道節度使，作別墅綠野堂，與白居易、劉禹錫觴詠其間。卒謚文忠。

校　記

① 上卷：其上底本還冠書名《蒙史》二字，另行題下多“明武陵龍膺君御著”八字，本書編時刪。

② 本條資料，龍膺不註出處，但明顯抄自田藝蘅《煮泉小品》。《煮泉小品》原文為：“石，山骨也；流，水行也。山宣氣以產萬物，氣宣則脈長，故曰山水上。”本文僅在最後一句“故”字後，加“陸鴻漸”三字。此特以之為例，指出本文內容中有些未書出處的，不少也是抄錄他書，並非自撰。

③ 與上校說明相聯繫，本條資料，源出漢劉熙《釋名》：“江，公也；諸水流入其中，所公共也。”但龍膺直接所據，也是田藝蘅的《煮泉小品》：“江，公也，眾水共入其中也。水共則味雜，故鴻漸曰‘江水中’。其曰‘取去人遠者，蓋去人遠，則澄清而無蕩漾之漓耳。’”摘抄這段內容後，在本資料最後，又整合或併入《煮泉小品》另條內容：“揚子，固江也，其南泠則夾石停淵，特入首品。”將本文對照所摘引的上二段內容，又可明顯看出，龍膺參照摘錄的他書內容，多半也非全文照抄，而是省贅擇要，按照他的文風和看法，作有一定的加工提高。此以上下二條為例，特作說明，餘不一一。

④ 康王谷：即《煎茶水記》所說“康王谷水簾水”。“王”字，底本形誤作“玉”字，逕改。

⑤ 水說：龍膺書誤。張又新所撰為《煎茶水記》。

⑥ 下卷：此二字上，例刪《蒙史》書名，其下另行，也刪“明武陵龍膺君御著”八字。

⑦ 建州北苑：“苑”字，底本形訛刻作“茶”字，編改。

⑧ 安吉州：底本“安吉”倒作“吉安”，舛訛。“吉安”在江西“廬陵”，今吉安市，“顧渚紫筍”產浙西長興。安吉本東漢時置古縣，隋唐等大多數時間屬湖州。南宗寶慶元年（1225）以湖州改名安吉，治所仍在烏程、歸安（今湖州）。元至元十三年（1276）年，安吉州升為湖州路；明初，復降為縣歸湖州。正德元年，又升安吉縣為州，治所在今安吉安城鎮，乾隆三十八年再降為縣。在歷史變遷中，湖州改名安吉州時，長興也一度隸屬安吉。

⑨ 石花、露鋑、鑱牙：據《全芳備祖後集》卷二八引毛文錫《茶譜》，“露鋑”，作“露鋑牙”。

⑩ 一葉三芽：按前“一旗二槍”，“三”字當為“二”字之誤。
⑪ 麥顆：本文麥顆的“麥”字，都形訛作“麦”字。
⑫ 質榦：“榦”字，《中華字海》稱“輇”的訛字。輇《集韻》音徐，車鈴也。但此釋與文義不通。《中國古代茶葉全書》改作“斡”字。
⑬ 重雲積霧：“霧”，底本闕，據有關文本補。
⑭ 妙：底本作“炒”，顯然為“妙”字之誤，逕改。
⑮ 聞其言：底本闕，據《清波雜志》補。
⑯ 釉：底本作“由”，當為釉字之誤，逕改。
⑰ 檝：底本作“揖”，據《清波雜志》改。
⑱ 於：底本闕，據《清波雜志》補。
⑲ 色：底本闕，據《清波雜志》補。
⑳ 內：底本作“由”，據《清波雜志》改。
㉑ 嚼味嗅香：“香”字，底本誤作“者”字，此據陸羽《茶經·六之飲》改。
㉒ 膻鼎腥甌：“膻鼎”的“膻”字，底本作“膩”字，據《茶經》改。另本句《茶經》原排在第三難，即排在“嚼味嗅香，非別也”之後，和“膏薪庖炭”之前。此列之九難之最後，反映龍膺非是據陸羽《茶經》，而是據《升庵先生集》等書轉引。
㉓ 唯茗不中與酪作奴：“不”字，底本誤作“下”字。此據《洛陽伽藍記》“城南報德寺”改。
㉔ 歠（chuò）茗：“歠”，飲、啜，近出有些茶書，將此字全部擅改作“飲”，不妥。
㉕ 括目：“括”字，近出有的茶書，改作“刮”字，並稱本文原稿“誤作‘括’”非誤。“括”通“刮”。
㉖ 未中揀擇客亦佳：“未”字，《文忠集》作“坐”字。
㉗ 又詩：為歐陽修《嘗新茶呈聖俞》後《次韻再作》的詩句摘抄。
㉘ 千團輸大官：“千”字，底本作“于”字，今據《東坡全集》改。
㉙ 石巖白：“石”字，底本音誤作“日”字，據本段後文同詞改。
㉚ 茶笥中：笥字，底本形誤作“筒”，據宋《墨客揮犀》引文改。
㉛ 煇家惠山：底本誤作“煇山惠家”，據《清波雜志》改。
㉜ 然頃歲亦可致於汴都：底本誤作“頃歲成可致於汴都”，據《清波雜志》改。
㉝ 天台山：底本闕“山”，據《清波雜志》補。
㉞ 比茶：底本作“比”，《清波雜志》作“鬥”。
㉟ 蘇茶少劣：底本缺“茶少”，據《清波雜志》補。
㊱ 遂能取勝：“遂”字，底本誤作“勝”字，據《清波雜志》改。
㊲ 《清波雜志》“嘉祐雜志”後有“果爾，今喜擊拂者，曾無一語及之，何也？”，底本無。
㊳ 而：底本作“乃”，據《清波雜志》改。
㊴ 分寧人：底本無，據《清波雜志》補。
㊵ 耶：底本作“耳”，據《清波雜志》改。

茗譚

◇明　徐𤊹　撰①

徐𤊹，生平事跡，見《蔡端明別紀·茶癖》題記。

《茗譚》，是徐𤊹撰寫的一篇“茶事隨談”。喻政《茶書》即已收錄。它的篇幅不長，但比當時許多輯集類茶書包括《蔡端明別紀·茶癖》，價值要高得多。徐𤊹與《茶疏》的作者許次紓、《茗笈》的作者屠豳叟、《茶箋》的作者聞龍、《茶解》的作者羅廩、《茶書》的編刊者喻政皆相友善，無論對茶質、水品、飲事、茗趣都有所了解，並且還能有自己的看法。如他稱：“種茶易，採茶難；採茶易，焙茶難；焙茶易，藏茶難；藏茶易，烹茶難。稍失法律，便減茶勳。”提出採、製、藏、烹一直到飲，每個環節，都不可稍失，稍失“便減茶勳”，十分淺顯而又深刻。

本文署明書於“萬曆癸丑暮春”，即萬曆四十一年（1613）舊曆三月。喻政《茶書》“智部”書目錄作《茶譚》，清咸豐錢塘丁氏《八千卷樓書目》也稱《茶譚》。萬國鼎據徐𤊹自編《徐氏家藏書目》（即《紅雨樓書目》）作《茗譚》，指出“原書名當是《茗譚》，寫作《茶譚》是錯的”。此次整理即從萬國鼎說。

本文僅有喻政《茶書》一個版本，是以此為底本。

品茶最是清事，若無好香在爐，遂乏一段幽趣。焚香雅有逸韻，若無名茶浮碗，終少一番勝緣。是故茶、香兩相為用，缺一不可。饗清福者，能有幾人？

王佛大常言：“三日不飲酒，覺形神不復相親。”余謂一日不飲茶，不獨形神不親，且語言亦覺無味矣。

幽竹山窗，鳥啼花落，獨坐展書。新茶初熟，鼻觀生香，睡魔頓卻，此樂正索解人不得也。

飲茶，須擇清癯韻士為侶，始與茶理相契。若腯漢肥傖，滿身垢氣，大損香味，不可與作緣。

茶事極清，烹點必假姣童、季女之手，故自有致。若付虯髯蒼頭，景色便自作惡。縱有名產，頓減聲價。

名茶每於酒筵間遞進，以解醉翁煩渴，亦是一厄。

古人煎茶詩摹寫湯候，各有精妙。皮日休云：“時看蟹目濺，乍見魚鱗起。”蘇子瞻云：“蟹眼已過魚眼生，颼颼欲作松風鳴。”蘇子由[1]云：“銅鐺得火蚯蚓叫。”李南金云“砌蟲唧唧萬蟬催。”想像此景，習習風生。

溫陵蔡元履《茶事》詠云：“煎水不煎茶，水高發茶味。大都瓶杓間，要有山林氣。”又云：“酒德泛然親，茶風必擇友。所以湯社事，須經我輩手。”真名言也。

《茶經》所載，閩方山產茶②，今間有之，不如鼓山者佳。侯官有九峯、壽山，福清有靈石，永福有名山室，皆與鼓山伯仲。然製焙有巧拙，聲價因之低昂。

余欲搆一室，中祀陸桑苧翁，左右以盧玉川、蔡君謨配饗，春秋祭用奇茗，是日約通茗事數人為鬥茗會，畏水厄者不與焉。

錢唐許然明著《茶疏》，四明屠豳叟著《茗笈》，聞隱鱗著《茶箋》，羅高君著《茶解》，南昌喻正之著《茶書》，數君子皆與予善，真臭味也。

注茶，莫美於饒州瓷甌；藏茶，莫美於泉州沙瓶。若用饒器藏茶，易於生潤。屠豳叟曰：“茶有遷德，幾微見防③，如保赤子，云胡不臧。”宜三復之。

茶味最甘，烹之過苦，飲者遭良藥之厄。羅景綸[2]《山靜日長》一篇，雅有幽致，但兩云“烹苦茗”，似未得玄賞耳。

名茶難得，名泉尤不易尋。有茶而不瀹以名泉，猶無茶也。

吳中顧元慶《茶譜》取諸花和茶藏之，殊奪真味。閩人多以茉莉之屬浸水瀹茶，雖一時香氣浮碗，而於茶理大舛。但斟酌時，移建蘭、素馨、薔薇、越橘諸花於几案前，茶香與花香相雜，尤助清況。

徐獻忠《水品》載福州南臺山泉④，“清冷可愛”，然不如東山聖泉，鼓山喝水巖泉，北龍腰山苔泉尤佳⑤。

新安詹東圖孔目[3]嘗謂人曰：“吾嗜茶，一啜能百五十碗，如人之於酒，真醉耳。”名其軒曰醉茶，其語頗不經。王元美[4]、沈嘉則[5]俱作歌贈之。王云：“酒耶茶耶俱我有，醉更名茶醒名酒⑥。”沈云：“嘗聞西楚賣茶商，範瓷作羽沃沸湯[6]。寄言今莫範陸羽，只鑄新安詹太史[7]。”雖不能無嘲謔之意，而風致足羨。

孫太白[8]詩云：“瓦鐺然野竹，石瓮瀉秋江。水火聲初戰，旗槍勢已降。”得煮茶三昧。

吳門文子悱壽承[9]，仲子也。詩題云：“午睡初足，侍兒烹天池茶至。爐宿餘香，花影在簾。”意頗閒暢。適馮正伯來借玉壺冰，因而作詩數語，足資飲茶譚柄。

高季迪[10]云：“流水聲中響緯車，板橋春暗樹無花。風前何處香來近，隔崦人家午焙茶。”雅有山林風味，余喜誦之。

泉州清源山產茶絕佳，又同安有一種英茶，較清泉尤勝⑦，實七閩之第一品也。然《泉郡志》獨不稱此邦有茶，何耶？

余嘗至休寧，聞松蘿山以松多得名，無種茶者。《休志》云：遠麓有地名榔源，產茶。山僧偶得製法，托松蘿之名，大噪一時，茶因湧貴。僧既還俗，客索茗於松蘿司牧，無以應，往往贋售。然世之所傳松蘿，豈皆榔源產歟？

人但知皇甫曾有《送陸羽採茶詩》，而不知皇甫冉亦有《送羽詩》⑧云："採茶非採菉，遠遠上層崖。布葉春風暖，盈筐白日斜。舊知山寺路，時宿野人家。借問王孫草，何時泛碗花？"

吳興顧渚山，唐置貢茶院，傍有金沙泉，汲造紫筍茶。有司具禮祭，始得水，事迄即涸。武夷山，宋置御茶園[11]，中有喊山泉。仲春，縣官詣茶場致祭，井水漸滿，造茶畢，水遂渾涸。以一草木之微，能使水泉盈涸，茶通仙靈，信非虛語。

蘇子瞻愛玉女河水烹茶，破竹為契，使寺僧藏其一，以為往來之信，謂之調水符。吾鄉亦多名泉，而監司郡邑取以瀹茗，汲者往往雜他水以進，有司竟售其欺。蘇公竹符之設，自不可少耳。

文徵明云："白絹旋開陽羨月，竹符新調惠山泉[12]。"用蘇事也。

柳惲墳吳興白蘋洲，唐有胡生以釘鉸為業，所居與墳近，每奠以茶。忽夢惲告曰："吾柳姓，平生善詩嗜茗，感子茶茗之惠，無以為報，願子為詩。"生悟而學詩，時有胡釘鉸之稱。與《茶經》所載剡縣陳務妻獲錢事相類。噫！以惲之死數百年，猶托英靈如此，不知生前之嗜，又當何如也？

陸魯望嘗乘小舟，置筆宝、茶竈、釣具往來江湖。性嗜茶，買園於顧渚山下，自為品第，書繼茶經、茶訣之後。有詩云："決決春泉出洞霞，石叠封寄野人家。草堂盡日留僧坐，自向前溪摘茗芽。"[13]可以想其風致矣。

種茶易，採茶難；採茶易，焙茶難；焙茶易，藏茶難；藏茶易，烹茶難。稍失法律，便減茶勳。

穀雨乍晴，柳風初暖，齋居燕坐，澹然寡營。適武夷道士寄新茗至，呼童烹點，而鼓山方廣九烗，僧各以所產見餉，乃盡試之。又思眠雲跂石人，了不可得，遂筆之於書，以貽同好。

萬曆癸丑暮春，徐𤊹興公書於荔奴軒。

注　釋

1 蘇子由：即軾弟蘇轍（1039－1112），子由是其字，一字同叔，號潁濱遺老。仁宗嘉祐二年進士，官至御史中丞，拜尚書右丞、進門下侍郎。為文汪洋澹泊，為唐宋八大家之一，與蘇軾及其父洵合稱"三蘇"。有《欒城集》、《詩集傳》、《春秋集傳》等。

2 羅景綸：即宋羅大經，參見羅大經《建茶論》題記。

3 詹東圖孔目：詹東圖，即詹景鳳，東圖是其字，號白鶴山人。明徽州府休寧人。工書畫，有《畫苑補益》、《書苑補益》、《東圖之覽》等。曾仕吏部司務即孔目之職，官職低微，不入流。

4 王元美：即王世貞（1526－1590）。明蘇州府太昌人。字元美，號鳳洲，又號弇州山人。嘉靖進士，官刑部主事，後累官刑部尚書，移疾歸。好為古詩文，有《弇山堂別集》、《觚不觚錄》、《弇州山人四部稿》等。

5 沈嘉則：即沈明臣，嘉則是其字。鄞縣（今浙江寧波）人，偕徐渭為胡宗憲幕僚。有詩名，即興作鐃歌十章，援筆立就，為憲宗激賞。卒年七十餘，有歌詩約七千餘首，有《荊溪唱和詩》、《吳越遊稿》等。

6 範瓷作羽沃沸湯：李肇《國史補》載："鞏縣陶者，多為瓷偶人，號陸鴻漸。買數十茶器，得一鴻漸，市人沽茗不利，輒灌注之。"句言此。

7 詹太史：疑即上所說的詹東圖孔目。

8 孫太白：即孫一元（1484－1520），字太初，號太白山人。籍貫不詳。風儀秀朗，蹤跡奇詭，遍遊各地名山大川。善詩喜書，正德間僦居長興吳琉家，與劉麟、陸崑、龍毅結社唱和，稱苕溪五隱。有《太白山人稿》。

9 文子悱壽承：即文彭（1498－1573），文徵明子，字壽承，號三橋。蘇州府長洲人，幼承家學，書印名盛吳中。

10 高季迪：即高啟（1336－1374），季迪是其字，號槎軒。張士誠據吳時，隱居吳淞青丘，自號青丘子。與楊基、張羽、徐賁並稱元末"吳中四傑"。明初以薦參修《元史》，授翰林院國史編修，擢戶部右侍郎時，借故辭歸鄉里。後因作文被疑歌頌張士誠，被腰斬。

11 武夷山，宋置御茶園：此語有誤，在唐顧渚貢焙和武夷御茶園之間，還間隔有北宋初年替代顧渚而詔建的北苑貢焙。北苑貢茶，肇始五代末年的南唐，至太平興國年間，宋太宗正式命罷顧渚在建州設官專事採造御茶。武夷茶在北苑影響下，宋時也慢慢有名，但御茶園是北苑衰落，主要是元朝時興建名盛起來的。

12 此句出文徵明《是夜酌泉試宜興吳大本所寄茶》詩。

13 此為指陸龜蒙《謝山泉》詩。

校　記

① 底本署名，原作"明東海徐𤊹興公著"。"東海"疑徐𤊹祖籍；興公為徐𤊹的字。現署名為本書編改。

② 《茶經》所載，閩方山產茶：《茶經》八之出註："福州生閩縣方山之陰"。此下"今間有之，不如鼓山者佳"等，為徐𤊹語。

③ 茶有遷德，幾微見防：語出屠本畯《茗笈》"第五藏茗章·贊"。"幾微見防"的"見"字，原文作"是"字。

④ 福州南臺山泉：徐獻忠《水品》原文標題為"福州閩越王南臺山泉"。

⑤ 徐獻忠《水品》關於南臺山泉原文為："泉上有白石壁，中有二鯉形，陰雨鱗目粲然，貧者汲賣泉水，水清冷可愛。土人以南山有白石，又有鯉魚似寧戚歌中語，因傅會戚飯牛於此。"本文所引《水品》內容，實際只有"清冷可愛"四字，其餘全為徐𤊹所言。

⑥ 酒耶茶耶俱我有，醉更名茶醒名酒：此王世貞詩句，出《醉茶軒歌為詹翰林東圖作》。"有"字，《弇州續稿》作"友"字。

⑦ 同安有一種英茶，較清泉尤勝：徐𤊹此處兩語均有誤。萬曆四十年《泉州府志·物產》載："茶，晉江諸山皆有，南安者尤佳，嘉靖初市舶取貢。"清乾隆二十八年《泉州府志·物產》進一步記稱："晉江出者曰清源，南安出者曰英山"。本文所說"同安有一種英茶，較清泉尤勝"，"同安"顯係"南安"之誤；"清泉"當為"清源"之誤。

⑧ 皇甫冉《送羽詩》：《全唐詩》原題作《送陸鴻泉棲霞寺採茶》。

茶集

◇明　喻政　輯

喻政，字正之，號鼓山主人。江西南昌人，萬曆二十三年(1595)進士。曾任南京兵部郎中，後出知福州府事，並擢升巡道。據喻政編刻《茶書》的周之夫序（作於萬曆四十年，1612），可推知喻政在福州為官達十年之久。

本集在日本曾有翻印，但在中國，只有喻政自己編刻《茶書》中收錄的版本。《茶書》在萬曆時期刻印，有初編及增補重印兩種版本。初編即“十七種”本，增補重印為“二十五種”本，其主要差異在於後者增添了明代張源《茶錄》等八種茶書。除此之外，初編本與增本的最後一部分，雖然目錄同列《茶集》並附《烹茶圖集》，但實際內容卻不同。初編本刊有《茶集》卻未附圖集；增補本沒有《茶集》內容，卻代之以蔡復一的《茶事詠》，並刊出了《烹茶圖集》。

《茶集》的編輯時間，應為萬曆四十年或稍前，是喻政在福州為官時與徐𤇯同編的；《烹茶圖集》的初稿，在喻政入閩之前，即是在萬曆三十五年(1607)之前，便大體已就。值得指出的是，這本《茶集》較之稍早出版的胡文煥同名茶書精審得多，射利成份要少，因此學術意義也高。

本集以喻政《茶書》初編《茶集》為底本，按初編目錄，附入增補本的蔡復一《茶事詠》和《烹茶圖集》，並參考日本文化甲子翻刻本及相關詩文作校。

卷之一①

文類

葉嘉傳　宋　蘇軾

葉嘉……趙讚始舉而用之。[1]

清苦先生傳　元　楊維楨

先生名檟……其亦庶幾乎篤志君子矣。[2]

茶居士傳　明　徐爌

居士茶姓……最貴哉。[3]

味苦居士傳茶甌　**明　支中夫**

湯器之，字執中，饒州人，嘗愛孟子“苦其心志”之言，別號味苦居士。謂學者曰：“士不受苦，則善心不生；善心不生，則無由以入德也。”是以人召之則行，命之則往，寒熱不辭，多寡不擇，旦暮不失，略無幾微厭怠之色見於顏面。

或譏之曰：“子心志固苦矣，筋骨固勞矣，奈何長在人掌握之中乎？”曰：“士為知己者死。我之所遇者，待我如執玉，奉我如捧盈，惟恐我少有所傷。召我，惟恐至之不速，既至，雖醉亦醒，雖寐亦寤，昏惰則勤，忿怒則釋，憂愁鬱悶則解。無諫不入，無見不懌，不謂之知己可乎！掌握我者，敬我也，非奴視也，吾何患焉？我雖涼薄，必不惰於庸人之手；苟待我不謹，使能虀粉，我亦不往也。”嘗曰：我雖未至於不器，然子貢貴重之器，亦非我所取也。蓋其器宜於宗廟，而不宜於山林。我則自天子至於庶人，苟有用我者，無施而不可也。特為人不用耳。行已甚潔，略無毫髮瑕玷，妒忌者以謗玷之，亦受之而不與辯；不久則白，人以涅不緇許之。

太史公曰：人見君子之勞，而不知君子之安。勞者，由其知鄉義也。能鄉義，則物欲不能攖，其心豈有不安乎。器之勉人受苦，其亦知勞之義也。

茶中雜詠序　唐　皮日休[4]

論建茶　宋　羅大經[5]

論茶②　宋　蘇軾

除性去膩，世固不可無茶，然暗中損人不少。昔云：“自茗飲盛後，人多患氣，不患黃，雖損益相半，而消陽助陰，〔益〕不償損也③。”吾有一法，常自珍之④。每食已，輒以濃茶漱口。煩膩既去，而脾胃不〔知〕⑤，凡肉之在齒間者，得茶漱浸，不覺脱去，不煩刺挑而齒性便苦，緣此漸堅密，蠹病自已。然率用中下茶；其上者，亦不常有。間數日一啜，亦不為害。

北苑御泉亭記　宋　丘荷

夫珠璣珣玗，龜龍四靈，珍寶之殊特，蜚游之至瑞，布諸載籍，非可遽數。至於水草之奇，金芝醴泉之類，而一時之焜燿，祥經之攸記。若迺蘊堪輿之真粹，占土石之秀脈，自然之應，可以奉乎而能悠永者，則有聖宋南方之貢茶禁泉焉。《爾雅》釋木曰：“檟，苦荼。”説者以為早採者為荼，晚採者為茗；荈，蜀人名之苦荼。而許叔重亦云。由是知茶者，自古有之。兩漢雖無聞，魏晉以下，或著於錄，迄後天下郡國所產，愈益眾，百姓頗蒙其利。

唐建中中，趙贊抗言，舉行天下茶，什一税之。於是縣官[6]始斡焉。然或不名地理息耗所在，先儒所志，岷蜀、勾吳、南粵舉有，而閩中不言建安，獨次候官、柏巖。云：“唐季敕福建罷贄橄欖，但供臘面茶。”按：所謂柏巖，今無稱焉，即臘面；產於建安明矣。且今俗號猶然，蓋先儒失其傳耳。不爾，識會有所未盡，遊玩之所不至也；抑山澤之精，神祇之靈，五代相以摘造尚矣。而其味弗振者，得非以其德之無加乎？

國朝龍興，惠風醇化，率被人面。九府庭貢，歲時輻奏，而閩荈寖以珍異。

太平興國中，遂置龍鳳模，以表其嘉應而別於他所也。先是鄉老傳其山形，謂若張翼飛者，故名之曰鳳凰山。山麓有泉，直鳳之口，即以其山名名之。蓋建之產茶，地以百數，而鳳凰山莩岸，常先月餘日，其左右凋濫，交併不越丈尺，而鳳凰穴獨甘美有殊。及茶用是泉，齊和益以無類，識者遂為章程，第共製羞御者，而以太平興國故事，更曰龍鳳泉。

龍鳳泉當所汲或日百斛，亡減。工罷，主者封莞⑥，逮期而闓，亦亡餘。異哉！所謂山澤之精，神祇之靈，感於有德者，不特於茶，蓋泉亦有之。故曰有南方之貢茶禁泉焉。泉所舊有亭宇，歷歲彌久，風雨弗蔽，臣子攸職，懷不暇安，遂命工度材易之，以其非品庶所得擅用，故名曰御泉亭。因論次陸羽等所闕，及採耆舊傳聞，實錄存之，以諭來者，庶其知聖德之至，厥貢之美若此。景祐三年丙子七月五日，朝奉郎試大理司直兼監察御史權南劍州軍事判官監建州造買納茶務丘荷記。

御茶園記　元　趙孟熧

武夷，仙山也。巖壑奇秀，靈芽茁焉，世稱石乳，厥品不在北苑下，然以地啬，其產弗及貢。至元十四年，今浙江省平章高公興，以戎事入閩，越二年，道出崇安，有以石乳餉者。公美芹思獻，謀始於沖祐道士，摘焙作貢。越三載，更以縣官涖之。大德己亥⑦，公之子久住，奉御以督造，寔來竟事。還朝，越三年，出為邵武路總管建邵，接軫上命，使就領其事。是春，馳驛詣焙所，祗伏厥職，不懈益虔，省委張璧克相其事。

明年，創焙局於陳氏希賀堂之故址。其地當溪之四曲，峯攢岫列，盡鑒奇勝。而邦人相役，翕然子來，爰即其中作拜。發殿六楹，跂翼翬飛，丹堊焜燿，夾以兩廡，製作之具陳焉。而又前闢公庭，外峙高閣，旁搆列舍三十餘間，脩垣繚之。規制詳縝，逾月而事成。爰自修貢以來，靈草有知，日入榮茂。初貢僅二十斤，採摘戶才八十，星紀載周，歲有增益。至是，定簽茶戶二百五十。貢茶以斤計者，視戶之百與十，各贏其一焉。餘倣此焙之製，為龍鳳團五千。製法必得美泉，而焙所土騂剛，泉弗竇⑧，俄而殿居兩石間，迸湧澄泓，視鳳泉尤甘洌。見者驚異，因甃以甓，亭其上，而下者鑿石為龍口，吐而注之也。用以溲浮，芳味深咼。

蓋斯焙之建，經始於是年三月乙丑，以四月甲子落成之。時邵武路提控案牘省委張璧復為崇安縣尹，孫瑀董其役，而恪共貢事，則建寧總管王鼎，崇安縣達魯花赤與有力焉。既承差穀，協恭拜稽，緘匙馳進闕下，自是歲以為常。欽惟聖朝統一區宇，乾清坤夷，德澤有施，洽於庶類，而平章公肇脩底貢，父作子述，忠孝之美，萃於一門。和氣薰蒸，精誠感格，於是金芽先春，瑞侔朱草，玉漿噴地，應若醴泉。以山川草木之效珍，見天地君臣之合德。則雖器幣貨財，殫禹貢風土之宜，盡周官邦國之用，而蕃蕚備其休證，滂流兆其禎祥，蔑以尚於此矣。

建人士以為北苑經數百年之後，此始出於武夷僅十餘里之間，厥產屏豊於北性，殊常盛事，曠代奇逢，是宜刻石茲山，永觀無斁。爰示與創顛末，俾孟煢受而祐簡畢焉。孟煢不得辭，是用比敘大概，出以授之。庶幾彰聖世無疆之休，垂明公無窮之聞，且使嗣是而共歲事者，益加敬而增美云。

重修茶場記　元　張渙

建州茶貢，先是猶稱北苑，龍團居上品，而武夷石乳湮巖谷間，風味惟野人專。洎聖朝，始登職方，任土列瑞，產蒙雨露，寵日蕃衍。繇是歲增貢額，設場官二人，領茶丁二百五十，茶園百有二所，芟辟封培，視前益加，斯焙遂與北苑等。然靈芽含石姿而鋒勁，帶雲氣而粟腴，色碧而瑩，味飴而芳。採擷清明旬日間，馳驛進第一春，謂之五馬薦新茶，視龍團風在下矣。是貢，由平章高公平江南歸覲而獻，未遜蔡、丁專美。邵武總管克繼先志，父子懷忠一軌。謂玉食重事也，非殿宇壯麗，無以竦民望。故斯焙建置，規模宏偉，氣象軒豁，有以肅臣子事上之禮，歷二十有六載。

有莘張侯端，本為斯邑宰，修貢明年，周視桷榱椼棁，有外澤中腐者，黝堊丹雘，有漶漫者，瓦蓋有穿漏者，悉以新易故，圖永永久。復於場之外，左右建二門，榜以茶場，使過者不敢褻焉。予來督貢未幾，本道憲僉孛羅蘭坡與書吏張如愚、宋德延，俱詢諏道經視貢，顧瞻棟宇，完美如新，俾識歲月，且揭產茶之地示後人。予承命不敢辭，乃述其顛末之概。竊謂天下事無巨細，不難於始，而難乎其繼。苟非力量弘毅，事理通貫，鮮不為繁劇而空疏，悉置之，因仍苟且而已。張侯仕學兩優，事之巨與細，莫不就綜理。是役也，費無縻官、傭無厲民，不亦敏乎？事圖其早而力省，弊防其微而慮遠，不亦明乎？凡為仕者，皆能視官如家，一日必葺，則斯焙常新，可與溪山同其悠久。來者其視，斯刻以勸。

喊山臺記　元　暗都剌

武夷產茶，每歲修貢，所以奉上也。地有主宰，祭祀得所，所以妥靈也。建為繁劇之郡，牧守久闕，事務往往廢曠。邇者余以資德大夫前尚書省左丞忻都嫡嗣，前受中憲大夫、福建道宣慰副使僉都元帥府事，茲膺宣命，來牧是邦。視事以來，謹恪迺職，惟恐弗稱。

茲春之仲，率府吏段以德，躬詣武夷茶場，督製茶品。驚蟄喊山，循彝典也。舊於修貢正殿所設御座之前，陳列牲牢，祀神行禮，甚非所宜，迺進崇安縣尹張端本等，而諗之曰："事有不便，則人心不安，而神亦不享。今欲改弦而更張之何如？"眾皆曰："然"。乃於東皋茶園之隙地，築建壇墠，以為祭祀之所。庶民子來，不日而成。臺高五尺，方一丈六尺，亭其上，環以欄楯，植以花木。左大溪，右通衢，金雞之巖聳其前，大隱之屏擁其後，棟甍翬飛，基址壯固。斯亭之成，斯祀之安，可以與武夷相為長久。俾修貢之典，永為成規。人神俱喜，顧不偉歟。

武夷茶考　明　徐𤊹

按：《茶錄》諸書，閩中所產茶，以建安北苑第一，壑源諸處次之，然武夷之名，宋季未有聞也。然范文正公《鬥茶歌》云："溪邊奇茗冠天下，武夷仙人從古栽"。蘇子瞻詩亦云："武夷溪邊粟粟芽[9]，前丁後蔡相寵加"。則武夷之茶，在前宋亦有知之者，第未盛耳。

元大德間，浙江行省平章高興，始採製充貢，創闢御茶園於四曲，建第一春殿，清神堂，焙芳、浮光、燕嘉、宜寂四亭。門曰仁風，井曰通仙，橋曰碧雲。國朝寢廢為民居，惟喊山臺、泉亭故址猶存。喊山者，每當仲春驚蟄日，縣官詣茶場，致祭畢，隸卒鳴金擊鼓，同聲喊曰："茶發芽！"而井水漸滿；造茶畢，水遂渾涸。而茶戶採造，有先春、探春、次春三品，又有旗槍、石乳諸品，色香味不減北苑。國初罷團餅之貢，而額貢每歲茶芽九百九十斤，凡四品。嘉靖三十六年，郡守錢璞奏免解茶，將歲編茶夫銀二百兩，解府造辦解京，而御茶改貢延平。而茶園鞠為茂草，井水亦日湮塞。然山中土氣宜茶，環九曲之內，不下數百家，皆以種茶為業，歲所產數十萬斤。水浮陸轉，鬻之四方，而武夷之名，甲於海內矣。

宋元製造團餅，稍失真味，今則靈芽仙萼，香色尤清，為閩中第一，至於北苑、壑源，又泯然無稱。豈山川靈秀之氣，造物生植之美，或有時變易而然乎？

賦類

茶賦　宋　吳淑　（夫其滌煩療渴）

煎茶賦　宋　黃庭堅　（洶洶乎如澗松之發清吹）

南有嘉茗賦　宋　梅堯臣　（南有山原兮不鑿不營）

卷之二

詩類

六羨歌　唐　陸羽　（不羨黃金罍）

走筆謝孟諫議寄新茶　唐　盧仝　（日高丈五睡正濃）

試茶歌　唐　劉禹錫　（山僧後簷茶數叢）

答族姪僧中孚贈仙人掌茶　唐　李白　（常聞玉泉山）

送陸羽採茶　唐　皇甫曾　（千峯待逋客）

美人嘗茶行　唐　崔珏　（雲鬟枕落困泥春）

飲茶歌誚崔石使君[10]　唐　釋皎然　（越人遺我剡溪茗）

飲茶歌送鄭容[11]　(丹丘羽人輕玉食)

採茶歌一作紫筍茶歌　**唐　秦韜玉**　(天柱香芽露香發)

茶塢　唐　皮日休　(閑尋堯氏山)

茶人　(生於顧渚山)

茶筍　(褎然三五寸)

茶籯　(筤篣曉攜去)

茶舍　(陽崖枕白屋)

茶竈　(南山茶事動)

茶焙　(鑿彼碧巖下)

茶鼎　(龍舒有良匠)

茶甌　(邢客與越人)

煮茶　(香泉一合乳)

茶塢　唐　陸龜蒙　(茗地曲限回)

茶人　(天賦識靈草)

茶筍　(所孕和氣深)

茶籯　(金刀劈翠筠)

茶舍　(旋取山上材)

茶竈　(無突抱輕嵐)

茶焙　(左右擣凝膏)

茶鼎　(新泉氣味良)

茶甌　(昔人謝塸埞)

煮茶　(閒來松間坐)

乞錢穆父新賜龍團[12]　**宋　張耒**　(閩侯貢璧琢蒼玉)

鬥茶歌　宋　范仲淹　(年年春自東南來)

茶壠　宋　蔡襄　(造化曾無私)

採茶 (春衫逐紅旗)

造茶 (屑玉寸陰間)

試茶 (兔毫紫甌新)

葉紓貺建茶[13] **宋 司馬光**
閩山草木未全春，破纇真茶採擷新。雅意不忘同臭味，先分疇昔桂堂人。

雙井茶寄景仁 (春睡無端巧逐人)

觀陸羽茶井 宋 王禹偁 (甃石封苔百尺深)

嘗新茶呈聖俞 宋 歐陽修 (建安三千五百里)

次韻再作 (吾年向老世味薄)

雙井茶
西江水清江石老，石上生茶如鳳爪。窮臘不寒春氣早，雙井芽生先百草。白毛囊似紅碧紗，十斤茶養一兩芽。長安富貴五侯家，一啜猶須三日誇。寶雲日注非不精，爭新棄舊世人情。豈知君子有常德，至寶不隨時變易。君不見建溪龍鳳團，不改當時香味色。

送〔龍〕茶與許道人[14]
穎陽道士青霞客，來似浮雲去無跡。夜朝北斗太清壇，不道姓名人不識。我有龍團古蒼壁，九龍泉深一百尺。憑君汲井試烹之，不是人間香味色。

宋著作寄鳳茶 宋 梅堯臣
春雷未出地，南土物尚凍。呼譟助發生，萌穎強抽蕻。團為蒼玉璧，隱起雙飛鳳。獨應近臣頒，豈得常寮共。顧茲寔賤貧，何以叨贈貢。石碾破微綠，山泉貯寒洞。味餘喉舌乾，色薄牛馬湩。陸氏經不經，周公夢不夢。雲腳世所珍，鳥觜誇仍眾。常常濫杯甌。草草盈罌瓮。寧知有奇品，圭角百金中。秘惜誰可遺，虛齋對禽哢。

建溪新茗
南國溪陰暖，先春發茗芽。採從青竹籠，蒸自白雲家。粟粒烹甌起，龍文御餅加。過茲安得比，顧渚不須誇。

謝人惠茶
山上已驚溪上雷，火前那及兩旗開。採芽幾日始能就，碾月一罌初寄來。以酪為奴名價重，將雲比腳味甘迴。更勞誰致中泠水，況復顏生不解杯。

答建州沈屯田寄新茶　(春芽研白膏)

王仲儀寄鬥茶

白乳葉家春，銖兩直錢萬。資之石泉味，特以陽芽嫩。宜言難購多，串片大可寸。謬為識別人，予生固無恨。

李仲求寄建溪洪井茶七品⑮

忽有西山使，始遺七品茶。末品無水暈，六品無沉柤[7]。五品散雲腳，四品浮粟花。三品若瓊乳，二品罕所加。絕品不可議，甘香焉等差。一日嘗一甌，六腑無昏邪。夜沈不得寐，月樹聞啼鴉。憂來惟覺衰，可驗惟齒牙。動搖有三四，妨咀連左車。髮亦足驚竦，疏疏點霜華。乃思平生遊，但恨江路賒。安得一見之，煮泉相與誇。

吳正仲遺新茶

十片建溪春，乾雲碾作塵。天王初受貢，楚客已烹新。漏泄關山吏，悲哀草土臣。捧之何敢啜，聊跪北堂親。

嘗茶⑯　(都籃攜具向都堂)

呂晉叔著作遺新茶

四葉及王游，共家原坂嶺。歲摘建溪春，爭先取晴景。大窠有壯液，所發必奇穎。一朝團焙成，價與黃金逞。呂侯得鄉人，分贈我已幸。其贈幾何多，六色十五餅。每餅包青蒻，紅纖纏素縈。屑之雲雪輕，啜已神魂醒。會待佳客來，侑談當晝永。

寄茶與王和甫平甫⑰　**宋　王安石**

綵絳縫囊海上舟，月團蒼潤紫煙浮。集英殿裏春風晚，分到并門想麥秋。

碧月團團墮九天，封題寄與洛中仙。石樓試水宜頻啜，金谷看花莫漫煎⑱。

茶園十二韻⑲　**宋　王禹偁**　(勤王修歲貢)

謝人寄蒙頂新茶　〔文同〕⑳　(蜀土茶稱盛)

謝許判官惠茶圖茶詩

成圖畫茶器，滿幅寫茶詩。會說工全妙，深諳句特奇。盡將為遠贈，留與作閑資。便覺新來癖，渾如陸季疵。

古靈山試茶歌　宋　陳襄　(乳源淺淺交寒石)

和東玉少卿謝春卿防禦新茗

常陪星使款高牙，三月欣逢試早茶。綠絹封來溪上印，紫甌浮出社前花。休將潔白評雙井，自有清甘薦五華。帥府詩翁真好事，春團持作夜光誇。

寄獻新茶　宋　曾鞏

種處地靈偏得日，摘時春早未聞雷。京師萬里爭先到，應得慈親手自開。

方推官寄新茶

採摘東溪最上春，壑源諸葉品尤新。龍團貢罷爭先得，肯寄天涯主諾人。

嘗新茶

麥粒[8]拉來品絕倫，葵花製出樣爭新。一杯永日醒雙眼，草木英華信有神。

蹇蟠翁寄新茶㉑

龍焙嘗茶第一人，最憐溪岸兩旗新。肯分方銙醒衰思，應恐慵眠過一春。

貢時天上雙龍去，鬥處人間一水爭。分得餘甘慰憔悴，碾嘗終夜骨毛清。

呂殿丞寄新茶㉒

遍得朝陽借力催，千金一銙過溪來。曾坑貢後春猶早，海上先嘗第一杯。

茶巖　宋　羅願　(巖下纔經昨夜雷)

煎茶歌　宋　蘇軾　(蟹眼已過魚眼生)

錢安道寄惠建茶㉓　(我官於南今幾時)

曹輔寄壑源試焙新茶

仙山靈雨濕行雲㉔，洗遍香肌粉未勻。明月來投玉川子，清風吹破武林春。要知冰雪心腸好，不是膏油首面新。戲作小詩君一笑，從來佳茗似佳人。

和子瞻煎茶　宋　蘇轍　(年來懶病百不堪)

謝王烟之惠茶　宋　黃庭堅

平生心賞建溪春，一丘風味極可人。香包解盡寶帶銙，黑面碾出明窗塵。家園鷹爪改嘔冷，官焙龍文常食陳。於公歲取壑源足，勿遣沙溪來亂真。

雙井茶送子瞻　(人間風日不到處)㉕

烹茶懷子瞻㉖

閣門井不落第二，竟陵谷簾定誤書。思公煮茗共湯鼎，蚯蚓竅生魚眼珠。置身九州之上腴，爭名焰中沃焚如。但恐次山胸磊塊，終便平聲酒舫石魚湖。

謝公擇舅分賜茶

外家新賜蒼龍璧，北焙風煙天上來。明日蓬山破寒月，先甘和夢聽春雷。

謝人惠茶

一規蒼玉琢蜿蜒，藉有佳人錦叚鮮。莫笑持歸淮海去，為君重試大明泉。

以潞公所惠揀芽送公擇[27]

慶雲十六升龍餅[28]，國老元年密賜來。披拂龍紋射牛斗，外家英鑒似張雷。

赤囊歲上雙龍璧，曾見前朝盛事來。想得天香隨御所，延春閣道轉輕雷[29]。

(風爐小鼎不須催[30])

許少卿寄臥龍山茶[31]　**宋　趙抃**　(越芽遠寄入都時)

茶瓶湯候　宋　李南星　(砌蟲唧唧萬蟬催)

朔齋惠龍焙新茗用鐵壁堂韻[32]　**宋　林希逸**

天公時放火前芽，勝似優曇一度花。修貢暫煩鐵壁老，多情分到玉山家。帝疇使事催班近，僕守詩窮任鬢華。八碗能令風雨腋，底須餐菊飯胡麻。

謝吳帥分惠乃第所寄廬山新茗次吳帥韻[33]　(五老峯前草自靈)

留龍居士試建茶既去輒分送並頌寄之　宋　陳淵

未下鈐鎚墨如漆，已入篩羅白如雪。從來黑白不相融，吸盡方知了無別。老龍過我睡初醒，為破雲腴同一啜。舌根回味只自知，放盞相看欲何說。

和向和卿嘗茶　(俗子醉紅裙)

次魯直烹密雲龍韻　宋　黃裳

密雲晚出小團塊，雖得一餅猶為豐。相對幽亭致清話[34]，十三同事皆詩翁。蒼龍碾下想化去，但見白雲生碧空。雨前含蓄氣未散，乃知天貺誰能同。不足數啜有餘興，兩腋欲跨清都風，豈與凡羽誇雕籠。雙井主人煎百碗，費得家山能幾本。

龍鳳茶寄照覺禪〔師〕[35]　(有物吞食月輪盡)

謝人惠茶器並茶

三事文華出何處，巖上含章插煙霧。曾被西風吹異香，飄落人寰月中度。巖柱秋開，有異香。木理成文，如相思木然。美材見器安所施，六角靈犀用相副。目下發緘誰致勤，愛竹山翁雲裏住。遽命長鬚烹且煎，一簇蠅聲急須吐。每思北苑滑與甘，嘗厭鄉人寄來苦。試君所惠良可稱，往往曾沾石坑雨。不畏七碗鳴饑腸，但覺清多卻炎暑。幾時對話愛竹軒，更引毫甌斷詩句。

茶苑[36]

莫道雨芽非北苑，須知山脈是東溪。旋燒石鼎供吟嘯，容照巖中日未西。

想見春來喊動山，雨前收得幾籃還。斧斤不落幽人手，且喜家園禁已閒。

乞茶

未終七碗似盧仝，解銙騣騣兩腋風。北苑槍旗應滿篋，可能為惠向詩翁。

與諸友汲同樂泉烹黃蘗新茶　宋　謝邁*9*　(尋山擬三餐)

謝道原惠茗㊲　宋　鄧肅*10*　(太丘官清百物無)

煎茶㊳　宋　羅大經

(松風檜雨到來初)

(分得春茶穀雨前)

武夷茶㊴　宋　趙若槸 *11*

和氣滿六合，靈芽生武夷。人間渾未覺，天上已先知。

石乳沾餘潤，雲根石髓流。玉甌浮動處，神入洞天遊。

武夷茶㊵　宋　白玉蟾*12*　(仙掌峯前仙子家)

武夷茶　宋　劉説道

靈芽得先春，龍焙收奇芬。進入蓬萊宮，翠甌生白雲。坡詩詠粟粗，猶記少時聞。

武夷茶竈㊶　宋　朱熹　(仙翁遺石竈)

雲谷茶坂㊷

攜籯北嶺西，採擷供茗飲。一啜夜窗寒，跏趺謝衾枕。

寄茶與曾吉甫　宋　劉子翬*13*

兩焙春風一膝隔，玉尺銀槽分細色。解苞雖辨邑中黔，瀹盞方知天下白。岸巾小啜橫碧齋，真味從底傾輸來。曩歸畀余一語妙，三歲暗室驚轟雷。

建守送小春茶㊸　宋　王十朋　(建安分送建溪春)

武夷茶　宋　丘密㊹

烹茶人換世，遺竈水中央。千載公仍至，茶成水亦香。

武夷茶　元　袁樞㊺　(摘茗蜕仙巖)

武夷茶　元　陳夢庚

儘誇六碗便通靈，得似仙山石乳清。此水此茶須此竈，無人肯説與端明。

御茶園　元　鄭主忠

御園此日焙新芳，石乳何年已就荒。應是山靈知獻納，不將口體媚君王。

北苑御茶園詩　元　危徹孫

大德九年，歲在乙巳暮春之初，薄遊建溪，陟鳳山，觀北苑，獲聞修貢本末及茶品後先，與夫製造器法名數，輒成古詩一章，敬紀其實。

建溪之東鳳之嶼，高軋羨山淩顧渚。春風瑞草茁靈根，數百年來修貢所。每歲豐隆啟蟄時，結蕾含珠綴芳糈。探擷先春白雪芽，雀舌輕纖相次吐。露華厭浥□□□，□□森森日蕃蕪。園夫采采及晨晞，薄暮持來溢筐筥。玉池藻井御泉甘，瀹淪芬馨浮釣釜。槽床壓溜焙銀籠，碧色金光照窗戶，仍稽舊制巧為團。錚錚月輾□□□，□□入臼偃槍旗。白茶出匣凝鍾乳，駢臻多品各珍奇，一一前陳粲旁午。雕鎪物象妙工倕，鉅細圓方應規矩。飛龍在版大小龍版間珠窠，大龍窠盤鳳栖碪便玉杵。鳳砧萬壽龍芽自奮張，萬壽龍芽萬春鳳翼雙翔舞。宜年萬春瑞雲宜兆見雩祥，瑞雲祥龍密雲應釀西郊雨。密雲小龍娟娟玉葉綴芳叢，玉葉粲粲金錢出圜府。金錢玄霙作雪散瑤華，雪英綠葉屯雲紛翠縷。雲葉又看勝雪炯冰紈，龍團勝雪更覿卿雲下琳宇。玉清慶雲上苑報春梅破梢，上苑報春南山應瑞芝生礎。南山應瑞寸金為玦稱鞶紳，寸金楕玉成圭堪藉組。玉圭葵心一點獨傾陽，蜀葵花面齊開知向主。御苑壽無可比比璇霄，無比壽芽年孰為宜宜寶聚。宜年寶玉遡源何自肇嘉名，歸美祈年義多取。粵從禹貢著成書，堇荼僅賦周原膴。爾來傳記幾千年，未聞此貢繇南土。唐宮臘面初見嘗，汴都遣使遂作古。高公端直國藎臣，創述加詳刻詩譜。迄今□語世相傳，當日忠誠公自許。聖朝六合慶同寅，草木山川爭媚嫵。汝南元帥渤海公，搜討前模闢荒圃。象賢有子侍彤闈，擁旆南轅興百堵。丹楹黼座儼中居，廣廈穹堂廓閎廡。清瀊迎風洒御園，紅雲映日明花塢。和氣常從勝境遊，忱恂能格明□與。涵濡苞體倍芳鮮，修治□□□□楚。穀忽躬率郡臣□，緘題拜稽充庭旅。驛騎高□六尺駒，□□遙通九關虎。懸知玉食燕閒餘，雪花浮碗天為舉。臣子勤拳奉至尊[46]，一節真純推萬緒。□□聖主愛黎元，常應顛厓□□□。朱草抽莖醴出泉，□□□□報君父。欲將此意質端明，□□□□□□□。

索劉河泊貢餘茶　元　藍靜之[14]

河官暫託貢茶臣，行李山中住數旬。萬指入雲頻採綠，千峯過雨自生春。封題上品須天府[47]，收拾餘芳寄野人。老我空腸無一字，清風兩腋願輕身。

謝人惠白露茶[48]

武夷山裏謫仙人，採得雲巖第一春。竹竈煙輕香不變，石泉火活味逾新。東風樹老旗槍盡，白露芽生粟粟勻。欲寫微吟報嘉惠，枯腸搜盡興空頻。

索劉仲祥貢餘茶

春山一夜社前雷，萬樹旗槍渺渺開。使者林中徵貢入，野人日暮採芳回。翠流石乳千峯迥，香簇金芽五馬催。報道盧仝酣晝寢，扣門軍將幾時來。

武夷茶　元　林錫翁

百草逢春未敢花，御茶菩蕾拾瓊芽。武夷直是神仙境，已產靈芝更產茶。

試武夷茶　元　杜本[15]

春從天上來，噓拂通寰海。納納此中藏，萬斛珠菩蕾。

一徑入煙霞，青蔥渺四涯。臥虹橋百尺，寧羨玉川家。

武夷先春　元明間㊾　**蘇伯厚**[16]

採採金芽帶露新，焙芳封裹貢丹宸。山靈解識尊君意，土脈先回第一春。

謝宜興吳大本寄茶　明　文徵明

小印輕囊遠寄遺，故人珍重手親題。煖含煙雨開封潤，翠展旗槍出焙齊。片月分明逢諫議，春風彷彿在荊溪。松根自汲山泉煮，一洗詩腸萬斛泥。

試吳大本所寄茶㊿

醉思雪乳不能眠，活火砂瓶夜自煎。白絹旋開陽羨月，竹符新調惠山泉。地爐殘雪貧陶穀，破屋清風病玉川。莫道年來塵滿腹，小窗寒色已醒然[51]。

次夜會茶於家兄處

惠泉珍重著茶經，出品旗槍自義興。寒夜清談思雪乳，小爐活火煮溪冰。生涯且復同兄弟，口腹深慚累友朋。詩興攪人眠不得，更呼童子起燒燈。

茶雜詠　明　徐爌

(採採新芽鬥細工)

(高枕殘書小石床)

(梅花落盡野花攢)

(新爐活火謾烹煎)

望望村西憶晚晴，曉來應有日華清。新筐莫放連朝歇，怕有旗槍弄化生。

春巖到處總含香，細採徐徐自滿筐。防卻枝頭有新刺，莫教纖筍暗中傷。

歲歲春深穀雨忙，小姑今日試新妝。道來昨夜成佳夢，天子新嘗第一筐。

大姑回頭問小姑，郎歸夜夜讀書無？竹爐莫放灰教冷，聞說詩腸好潤枯。

(閒寂空堂坐此身[52])

竹爐蟹眼薦新嘗，愈苦從教愈有香。我亦有香還有苦，儘令湯火更何妨。

醉茶軒歌為詹翰林作[53]　**明　王世貞**

糟丘欲頹酒池涸，嵇家小兒厭狂藥。自言欲絕歡伯交，亦不願受華胥樂。陸郎手著茶七經，卻薦此物甘沈冥[54]。先焙顧渚之紫筍，次及楊子之中泠。徐聞蟹眼吐清響，陡覺雀舌流芳馨。定州紅瓷玉堪妬，釀作蒙山頂頭露。已令學士誇党家，復遣嬌娃字紈素。一杯一杯殊未已，狂來忽鞭玄鶴起。七碗初移糟粕腸[55]，五絃更淨琵琶耳。吾宗舊事君記無，此醉轉覺知音孤。朝賢處處罵水厄，傖父時時呼酪奴。酒邪茶邪俱我友，醉更名茶醒名酒。一身原是太和鄉，莫放真空落凡有。

茶洞　明　陳省

寒巖摘耳石崚嶒，下有煙霞氣鬱蒸。聞道向來嘗送御，而今祇供五湖僧。

四山環繞似崇墉，煙霧絪緼鎮日濃。中產仙茶稱極品，天池那得比芳茸。

御茶園

閩南瑞草最稱茶，製自君謨味更佳。一寸野芹猶可獻，御園茶不入官家。

先代龍團貢帝都，甘泉仙茗苦相須。自從獻御移延水，任與人間作室廬。茶今改延平進貢。

茶歌　明　胡文煥　(醉翁朝起不成立)

龍井茶歌　明　屠隆

山通海眼蟠龍脈，神物蜿蜒此真宅。飛流噴沫走白虹，萬古靈源長不息。琮琤時諧琴筑聲，澄泓冷浸玻瓈色。令人對此清心魂，一啜如飲甘露液。吾聞龍女參靈山，豈是如來八功德。此山秀結復產茶，穀雨霡霂抽仙芽。香勝栴檀華藏界，味同沆瀣上清家。雀舌龍團亦浪説，顧渚陽羡競須誇。摘來片片通靈竅，啜處泠泠沁齒牙。玉川何妨盡七碗，趙州借此演三車。採取龍井茶，還烹龍井水。文武並將火候傳，調停暗取金丹理。《茶經》《水品》兩足佳，可惜陸羽未會此。山人酒後酣氍毹，陶然萬事歸虛空。一杯入口宿醒解，耳畔颯颯來松風。即此便是清涼國，誰同飲者隴西公。

試鼓山寺僧惠新茶　明　徐𤐣[17]

偃臥山窗日正長，老僧分贈茗盈筐。燒殘竹火偏多味，沸出松濤更覺香。火候已周開鼎器，病魔初伏有旗槍。隔林況聽鶯聲好，移向茶蘼架下嘗。

鼓山茶　明　鄧原岳[18]

雨後新茶及早收，山泉石鼎試磁甌。誰知屴崱峯頭產，勝卻天池與虎丘。

御茶園　明　徐𤊹

先代茶園有故基，喊山臺廢幾何時。東風處處旗槍綠，過客披蓁讀斷碑。

武夷採茶詞

結屋編茅數百家，各攜妻子住煙霞。一年生計無他事，老稚相隨盡種茶。

荷鍤開山當力田，旗槍新長綠芊綿。總緣地屬仙人管，不向官家納税錢。

萬壑輕雷乍發聲，山中風景近清明。筠籠竹筥相攜去，亂採雲芽趁雨晴。

竹火風爐煮石鐺，瓦瓶礫碗注寒漿。啜來習習涼風起，不數松蘿顧渚香。
荒榛宿莽帶雲鋤，巖後巖前選奧區。無力種田來蒔茗，宦家何事亦徵租。
山勢高低地不齊，開園須擇帶沙泥。要知風味何方美，陷石堂前鼓子西。

丘文舉寄金井坑茶用蘇子由煎茶韻答謝

連旬梅雨苦不堪，酷思奇茗餐香甘。武夷地仙素習我，嗜茶有癖深能諳。建溪盈盈隔一水，蒻葉封緘得真味。三十六峯岩嶂高，身親採摘寧辭勞。上品旗槍誰復有，未及烹嘗香滿口。我生不識逃醉鄉，煮泉卻疾如神方。銅鐺響雷爐掣電[56]，瓦甌浮出琉璃光。窗前檢點《清異錄》，斟酌十六仙芽湯。

閔道人寄武夷茶與曹能始烹試有作

幔亭仙侶寄真茶，緘得先春粟粒芽。信手開封非白絹，籠頭煎喫是烏紗。秋風破屋盧仝宅，夜月寒泉陸羽家。野鶴避煙驚不定，滿庭飄落古松花。

試武夷新茶作建除體貽在杭犀

建溪粟粒芽，通靈且氛馥。除去竈上塵，活火烹苦竹。滿注清泠泉，旗槍鼎中熟。平生羨玉川，雅志慕王肅。定知茗飲易，更愛七碗速。執扇熾燃炭，童子供不足。破屋煙靄青，古鐺香色綠。危磴相對坐，共啜盈數斛。成筥酌未盡，蕭然豁心目。收拾盂碗具，送客下山麓。開襟納涼颸，林深失炎燠。閉門推枕眠，一夢到晴旭。

在杭喬卿諸君見過試武夷鼓山支提太姥清源諸茶分賦

北苑清源紫筍香，長溪岁崱盛旗槍。洞天道士分筠筥，福地名僧贈絹囊。蟹眼煮泉相續汲，龍團別品不停嘗。盡傾雲液清神骨，猶勝酕醄入醉鄉。

試武夷茶　明　佘渾然

百草未排動，靈芽先吐芬。旗槍衝雨出，巖壑見春分。採處香連霧，烹時秀結雲。野臣雖不貢，一啜敢忘君。

試武夷茶　明　閔齡

啜罷靈芽第一春，伐毛洗髓見元神。從今澆破人間夢，名列丹臺侍玉晨。

鼓山採茶曲　明　謝肇淛

半山別路出茶園，雞犬桑麻自一村。石屋竹樓三百口，行人錯認武陵源。
布穀春山處處聞，雷聲二月過春分。閩南氣候由來早，採盡靈源一片雲。
郎採新茶去未迴，妻兒相伴戶長開。深林夜半無驚怕，曾請禪師伏虎來。
緊炒寬烘次第殊，葉粗如桂嫩如珠。癡兒不識人生事，環遶薰床弄雉雛。
雨前初出半巖香，十萬人家未敢嘗。一自尚方停進貢，年年先納縣官堂。
兩角斜封翠欲浮，蘭風吹動綠雲鈎。乳泉未瀉香先到，不數松蘿與虎丘。

雨後集徐興公汗竹齋烹武夷太姥支提鼓山清源諸茗各賦

疏篁過雨午陰濃，添得旗槍翠幾重[57]。稚子分番誇茗戰，主人次第啟囊封。五峯雲向杯中瀉，百和香應舌上逢。畢竟品題誰第一，喊泉亭畔綠芙蓉。

候湯初沸瀉蘭芬，先試清源一片雲。石鼓水簾香不定，龍墩鶴嶺色難分。春雷聲動同時採，晴雪濤飛幾處聞。佳味閩南收拾盡，松蘿顧渚總輸君。

茶洞

折筍峯西接水鄉，平沙十里綠雲香。如今已屬平泉業，採得旗槍未敢嘗。

草屋編茅竹結亭，薰床瓦鼎黑磁瓶。山中一夜清明雨，收卻先春一片青。

芝山日新上人自長溪歸惠太姥霍童二茗賦謝四首

三十二峯高插天，石壇丹竈霍林煙。春深夜半茗新發，僧在懸崖雷雨邊。

錫杖斜挑雲半肩，開籠五色起秋煙。芝山寺裏多塵土，須取龍腰第一泉。

白絹斜封各品題，嫩知太姥大支提。沙彌剝啄客驚起，兩陣香風撲馬蹄。

瓦鼎生濤火候諳，旗槍傾出綠仍甘。蒙山路斷松蘿遠，風味如今屬建南。

夏日過興公綠玉齋[19]啜新茗同賦建除體

建州瓷甌浮新茗，除盡煩憂夢初醒。滿園枯竹根槎枒，平頭小奴支石鼎。定知此味勝河朔，執杯勸君須飽酌。破屋依山帶遠鐘，危峯吐雲來虛閣。成都不數綠昌明，收卻春雷第一聲。開口大笑各歸去，閉門臥聽松風生。

邢子愿惠蜀茗至東郡賦謝

一角綠昌明，知君寄遠情。香分雪嶺秀，色奪錦江清。松火山僮構，瓷甌侍女擎。只愁風土惡，何處覓中泠。

武夷試茶　明　陳勳

歸客及春遊，九溪泛靈槎。青峯度香靄，曲曲隨桃花。東風發仙蒳，小雨滋初芽。採掇不盈襜，步屧窮幽遐。瀹之松澗水，泠然漱其華。坐超五濁界，飄舉淩雲霞。仙經閟大藥，洞壑迷丹砂。聊持此奇草，歸向幽人誇。

武夷試茶因懷在杭　明　江左玄

新採旗槍踏亂山，茶煙青繞萬松關。香浮雨後金坑品，色奪峯前玉女顏。仙露分來和月煮，塵愁消盡與雲閒。獨深天際真人想，不共銜杯木石間。

山中烹茶

東風昨夜放旗槍，帶露和雲摘滿筐。瓢汲石泉烹活水，鼎中晴沸雪濤香。

雨中集徐興公汗竹齋烹武夷太姥支提鼓山清源諸茗　明　周千秋

乍聽涼雨入疏欞，亭畔簫簫萬竹青。掃葉呼童燃石鼎，開函隨地品《茶經》。靈芽次第浮雲液，玉乳更番注瓦瓶。笑殺盧仝徒七碗，風回幾簟夢初醒。

江仲譽寄武夷茶　明　鄭邦霑

龍團九曲古來聞，瑤草臨波翠不分。一點寒煙松際出，卻疑三十六峯雲。

春來欲作獨醒人，自汲寒泉煮茗薪。滿飲清風生兩腋，盧仝應笑是前身。

清明試茶　明　費元祿[20]

空林柘火動新煙，試煮金沙石竇泉。瀹處風生蒙嶺外，戰來雲落幔亭巔。蒼頭詎可奄稱酪，博士何勞更給錢。春暮倍愁花鳥困，不妨頻傍瓦爐煎。

詞類

阮郎歸　宋　黃庭堅

摘山初製小龍團，色和香味全㊽。碾聲初斷夜將闌，烹時鶴避煙。　消滯思，解塵煩，金甌雪浪翻。只愁啜罷水流天，餘清攪夜眠。

黔中桃李可尋芳，摘茶人自忙。月團兩銙鬥圓方，研膏入焙香。　青箬裹，絳紗囊，品高聞外江。酒闌傳碗舞紅裳，都濡春味長。都濡，地名。

西江月・茶㊾

龍焙頭綱春早，谷簾第一泉香。已醺浮蟻嫩鵝黃，想見翻成雪浪㊿。　兔褐金絲寶碗，松風蟹眼新湯。無因更發次公狂，甘露來從仙掌。

品令・〔茶詞〕[61]

鳳舞團團餅，恨分破，教孤令。金渠體淨，隻輪慢碾，玉塵光瑩。湯響松風，早減了三分酒病。　味濃香永，醉鄉路，成佳境。恰如燈下故人，萬里歸來對影。口不能言，心下快活自省。

看花迴・〔茶詞〕[62]

夜永蘭堂醺飲，半倚頹玉。爛熳墜鈿墮履。是醉時風景，花暗燭殘，歡意未闌，舞燕歌珠成斷續。催茗飲，旋煮寒泉，露井瓶竇響飛瀑。　纖指緩，連環動觸。漸泛起，滿甌銀粟。香引春風在手，似粵嶺閩溪，初采盈掬。暗想當時，探春連雲尋篁竹。怎歸得，鬢將老，付與杯中綠。

浪淘沙二首茶園即景　**明　陳仲溱**

絕壁翠苔封，屴崱危峯。半山雲氣織芙蓉，怪鳥啼春聲不斷，躑躅花紅。茅屋掛龍褷，十里青松。茶園深處拄孤笻，知得清明今欲到，茗綠東風。

鳥道界岧嶤，日暖煙消。鷓鴣啼過蹴鼇橋，望到海門山斷處，練束春潮。收拾舊茶寮，筐筥輕挑，旗槍新採白雲苗，竹火焙來聊一啟，仙路非遙[63]。

〔茶集續補〕[64]

茶事詠有引**溫陵[65]　蔡復一[21]詠溫陵**

古今澆壘塊者，圖書外，惟茶、酒二客。酒，養浩然之氣；而茶，使人之意也消。功正未分勝劣。天津造樓，顧渚置園，玄領所寄，各有孤詣。酒和中取勁，勁氣類俠；茶香中取淡，淡心類隱。酒如春雲籠日，草木宿悴，都化愷容；茶如晴雪飲月，山水新光，頓失塵貌。醉鄉道廣，人得狎遊，而茗格高寒，頗以風裁禦物。譬則夷惠清和，山、嵇通簡，雖隔代而興，絕交有激，繼踵均足摽聖，把臂何妨入林矣。莊生有云，時為帝者也。西方以醍醐代麴蘗，避酒如仇，獨於茶無迕，豈非御時輪抽教籥，塵夢方酣，則飲醇難救，熱中欲解，則濯冷倍宜，所以革彼爛腸，薦茲苦口乎。

僕野人也，雅沐溫風，終存介性，病眼數月，山居泬寥，不能效蘇子美讀《漢書》，以斗酒為率。惟一與茶客酒徒[66]，既專且久，振爽滌煩，間有會心，使覺陸季疵輩去人不遠，銜口而發，隨命筆吏得小詩若干首[67]。前人所述，其品、其法、其事，今俱略焉。至神情離合之際，蓋有味乎？言之裁編，次於短韻，括揚搉於微吟，雖核恧董狐而契追鮑子矣。必曰樹茗幟以囚酒星，焚醉日則不平。謂何夫阮步兵之達也，陶徵士之高也，皆前與麴生莫逆，僕素交亦復不淺，豈可判疏親於鴻濛，立輪墨於淨土，使仙醽[22]譏其隙末，靈草畏其易涼哉。曠睽者思，習晤者篤，感獨醒之悠邈，嘉靜對之綢繆。賞歎兼深，物候偏合，故籟亦專鳴焉。酒德之頌，以俟他日。

春林過雨淨，春鳥帶雲來。夢餘茶火熟，一酌山花開。

雨前槍穎抽[68]，石罅星珠寫。何處試芽泉，露井桃花下。

病去醉鄉隔，閒來茶苑行。持杯猶未飲，黃鳥一聲鳴。

滌器傍松林，風鐺作人語。微飂相獻酬，聞聲已無暑。

山月正依人，罏聲初戰茗。幽谷淡微雲，謖謖松風冷。

霜瓶餉雷莢，露碗潑雲腴。人愛蒼苔上，吾憐碧蕊敷。

照面素濤起，真風入肺清。世間何物擬，秋色動金莖。

露下水雲清，疏林如墮髮。試茗石泉邊，一甌蘸秋月。

泉鳴細雨來，風靜孤煙直。遙看林氣青，知有臥雲客。

雪是穀之精，卻與茶同調。洗瓶花片來，茶色欣然笑。

泉山憶雪遙，得雪茶神足。無雪使茶孤，不孤賴有竹。

漸冷香消篆，無絃月照琴。聲希味亦淡，此客是知音。

寒巖隱奇品，何必遠山英。耳食千金子，噉茶惟口名。

沆瀣滴生根，月神與雲魄。是故日山顛，往往得佳客。

收芽必初火，非為鬥奇新。緼藉一年力，神全在蚤春。

海印湧珠泉，在山已蟹眼。依然雲石風，頓使茶鄉遠。余鄉浯嶼海印巖頂，有蟹眼泉，風味在慧山以上。

泉品競毫釐，戰茶堪次第。慚愧山中人，調符供水遞。隔海，每月致蟹眼泉數瓿。

煎水不煎茶，水高發茶味。大都瓶杓間，要有山林氣。

茶雖水策勳，火候貴精討。焙取熟中生，烹嫌穉與老。
白石含雲潤，丹砂出火凝。今時無石鼎，托客覓宜興。
柴桑托於酒，臨酌忽忘天。而我亦如是，玄心照茗泉。
酒德泛然親，茶風必擇友。所以湯社事，須經我輩手。
酒韻美如蘭，茶神清如竹。花外有真香，終推此君獨。
焦革何人者，範金配杜康。茶鄉有湯沐，桑苧自蒸嘗。
營糟築樂邦，轉與睡鄉際。忽到茗甌中，別開一天地。
茶品在塵外，何須人出塵。茫茫塵眼醉，誰是啜茶人。
宋法盛龍團，探春歸聖主。清風灑九州，天韻高千古。
團餅乳花巧，卷芽雲氣深。將芽來作餅，隱士耀朝簪。
馬國厭腥羶，酪奴空見辱。將茶作主人，呼奴不到酪。
仙掌露乾後，文園賦渴餘。當時無一盞，乞與病相如。
湯沸寫甌香，裛花兼飣果。肉涴虎跑泉，此事君豈可。
世氛損靈骨，何物仗延年。吾是煙霞癖，君稱草水仙。
賓來手自潑，入口羡孤絕。自是韻相同，非關精水法。
好友蘭言密，奇書玄義析。此意不能傳，茶甌荅以默。
漱酣驅睡魔，眾好非真賞。微啜御風行，泠泠天際想。
據梧微詠際，隱几坐忘時。真味超甘苦，陶王韋孟詩[23]。

附烹茶圖集　吳趨　唐寅 書[24]

山芽落磑風回雪，曾為尚書破睡來。勿以姬姜棄顦顇，逢時瓦釜亦鳴雷。
(風爐小鼎不須催)

長洲　文徵明

分得春芽穀雨前，碧雲開裹帶芳鮮。瓦瓶新汲三泉水，紗帽籠頭手自煎。

小院風清橘吐花，牆陰微轉日斜斜。午眠新覺詩無味，閒倚欄干嗽苦茶。

吳興　莊懋循

桐陰竹色領閒人，長日煙霞傲角巾。煮茗汲泉松子落，不知門外有風塵。

(坐來石榻水雲清)

李光祖繩伯父書[25]

萬曆癸卯伏日，過同年喻職方正之齋中，出所藏唐伯虎畫陸羽烹茶圖，韻遠景閒，澹爽有致，時煩暑鬱蒸，颯然入清涼之境界。自昔評茶出之產，水之味，器之宜，焙碾之法，好事者無不極意所至。然俗韻清賞，時有乖合，乃高人不呈一物，而能以妙理寄於吹雲潑乳之中，大都其地宜深山流泉，紙窗竹屋。其時宜雪霽雨冥，亭午丙夜。其侶宜蒼松怪石，山僧逸民。伯虎此圖，可謂有其意矣。余素負草癖而介然，茗柯嘗謂讀書之暇，茶煙一縷，真快人意而亦不欲以口腹累人。吾鄉厭原雲霧，品味殊勝，間一試之，大似無弦琴、直鈎釣也。有同此好者，約法三章，勿談世事，勿雜腥穢，勿溷逋客，正之素心，玄尚眉宇間有煙霞氣。與余品茶，每有折衷。余謂不能遍嘗名山之茶，要得茶之三昧而已。

〔《煎茶七類》〕[26]

山陰　王思任[27]

正醉思茶，而正之年兄，攜所得伯虎卷至，坐間偶檢華亭陸宗伯《七類》[28]，錄以呈之。述而不作，信而好古，何必為蛇足哉？余方謫官候令，而正之儼然天風海濤長矣。異日坐我百尺庭下而一留茶，安知此蛇足者，遽不化為龍團也耶？

晉安　謝肇淛

山僮晚起挂荷衣，芳草閒門半掩扉。滿地松花春雨裏，茶煙一縷鶴驚飛。

瓦鼎斜支旁藥欄，松窗白日翠濤寒。世間俗骨應難換，此是雲腴九轉丹。

吾嘗笑綦毋旻[69]之論茶曰："釋滯消壅，一日之利暫佳[70]，瘠氣耗精，終身之害斯大。"嗟嗟，人不飲茶，終日昏昏於大酒肥肉之場，即腯若太牢，壽逾彭聃，將安用之？況陸羽、盧仝未聞短命，東都茶僧年越百歲，其功未常不敵參苓也。喻正之先生酷有酪奴之耆[71]，動攜此卷自隨，雖真贋未可知，而其意超流俗遠矣。先生時新拜，命守吾郡。郡有鼓山靈源洞，綠雲、香乳甲於江南。公事磬折之暇，命侍兒擎建瓷一甌啜之，不覺兩腋習習清風生耳。

金沙*29*　于玉德潤父父跋

三山太守正之喻先生，豫章人豪也。余不佞，承乏建州倅，間獲追隨杖屨，辱不鄙夷，偶出示唐伯虎《烹茶圖》，圖顧渚山中陸羽也。羽恥一物不盡其妙，伯虎亦恥妙不盡其圖。正之因圖見伯虎，因伯虎而得羽之味茶也。自以為可貴如此。客曰："是不過助韻人逸士之傳玩爾。以為芬香甘辣乎？圖也。釋憒悶乎？解酲乎[72]？漱滌消縮、脱去膩乎？圖也。"曰："否，否！夫飲酒者，一飲一石，此不知酒者也。飲茶者，飲至七碗，則亦不得。夫有形之飲，不過滿腹，傳玩之味，淡而幽，永而適。忘焉仙也，怡焉清也。無輕汗，亦無枯腸；無孤悶，亦無喉吻，安知風吹不斷白花之妙，不浮光凝滿圖乎。夫正之固亦醉翁意耳，志不在荈，我知之矣。正之開朗坦洞，略無城府。不言而飲，人以和，可醉，可醒，可寐，可覺，可歌，可和。余以是謂正之善飲茶也，是真善飲者矣。南山有嘉木焉，其名為檟、為蔎、為荈，春風啜焉。正之即不以其所啜，易其所不必啜，於遊有獨曠焉。故乎豈以尺上之華，而湛湛釋滯消壅如陸羽者乎？陸羽以啜茶盡妙，正之以不啜茶盡妙。陸羽以圖見正之，正之以無圖收陸羽。若正之者，殆翩翩然仙也。客嗒然曰："有味哉，吾子之言之也。"以告正之。正之洒然頷之，庸作詩曰："顧渚有嘉卉，圖吳設未嘗。非關饑與渴，那得蒂如香。逸士供清賞，高人觸味長。逍遙天際外，賓至懶搜腸。"

閔有功

瓦鐺松火短筠罏，縹沫輕浮蟹眼珠。不獨冰絃能解慍，任他谷鳥喚提壺。九難著論才知陸，七碗通靈獨羡盧。但取清閒消案牘，衙齋堪比臥浮圖。

清湘*30*　文尚賓

茗飲之尚，從來遠矣。乃世獨稱陸羽、盧仝，豈獨其品藻之精，烹啜之宜，抑亦其清爽雅適之致，與真常虛靜之旨，有所契合耶？故意之所向，不著於物，不留於情，不徒為嗜好之癖，乃足尚耳。使君喻正之先生，於物理無不精研，復有味於陸山人之《茶經》，一日出《烹茶圖》一卷示余，其意遠而超，其致閑而適，時郡齋新創光儀堂，對坐其中，瓷甌各在手。余謂伯虎所寫，雖真贋未分，卻是使君寔際妙理。使君繕性經世之術，所調適於一身，與奏功於斯世，實於此君得三昧焉？使君復不私其圖，指堂之東西壁間，欣然曰："是不可刻石，摹其圖，以寄此意耶。則茲卷又當為行卷以傳矣。"鴻漸、伯虎地下有知，當為吐氣。

吳興　吳汝器

使君清興在冰壺，茗戰猷堪入畫圖。自見長孺帷臥治，何妨陸羽屬吾徒。焙分雀舌晴含霧，鐺煮龍腰晝迸珠。鎮日下官無水厄，幾迴嘗啜俗懷驅。

嶺南　古時學

石闌瓦釜博山罏，臥閣香清展畫圖。採得龍團雲並綠，噴來蟹眼雪為珠。能消五濁淩仙界，坐令私懷擊唾壺。寥落衙齋無底事，願從破睡一相呼。

西陵　周之夫

庚戌除日，喻正之使君與余翛然相對，甚快也。向曾語余以《烹茶圖》，因出見示。余不佞，忝使君忘分之交污，不至阿其所好，便謂此圖有遠體而無遠神，以為伯虎真筆，不敢聞命。使君笑曰："吾豈為圖辨真贋哉，吾以寄吾趣耳。昔人彈無絃琴，自稱醉翁，而意固不在酒。刻舟求劍，達人必不然，且天下事無大小，凡外執而成癖者，皆中距而為障者也。障則操慄而舍，悲世必有窮吾癖者。即如陸鴻漸著《茶經》，非不明晰，後更有《毀茶論》。儻亦其稍稍癖也，自貽伊戚耳，余聞其言，知使君精禪理焉。余觀宦省會者，大吏而下，拜跪五之，簿書三之，應酬二之。每皇皇苦不足，而使君栩栩若有餘，本蕭然出塵之韻，運其劃然，立解之才以禪事作吏事，所從來遠矣。歐陽公方立朝，自稱六一居士。夫心有所著，即纖毫累也。心無所著，即目前，何不可寄吾趣而何拘拘於六也。余不佞，請因《烹茶圖》而益廣博寄之，使君其以為然否？

江大鯤

喜得驚雷莢，聊支折腳鐺。頻搴青桂爨，旋汲玉泉烹。擎觸霞紋碎，斟翻雪乳生。避煙雙白鶴，歸夢不勝清。

誰擅清齋賞，題來烹茗圖。香宜蘭作友，味叱酪為奴[73]。竹月晴窺碾，松風夜拂爐。相如方肺渴，披對病應蘇。

川南　郭繼芳

閬風之巔產靈芽，移來海上仙人家。松濤瑟瑟瓦鼎沸，清煙一道淩紫霞。

冰肌幾歷峨眉雪，筠籠猶生顧渚雲。一白香風迴郡閣，龍團小品總輸君。

喻使君品高山斗，清映冰壺，大雅玄度，望之為神仙中人。入含雞舌，出分虎符，方高譚雲臺之業，而居恆賞此圖，何哉？蓋亮節遠識，獨空獨醒，超然紅塵世氛之表，而寄趣於綠雲香乳間也，意念深矣。

晉安　陳勳[31]

蘇長公云，寓意於物，雖微物足以為適。茗飲之適，在世間鮮肥醲釅之外，豈徒旨於味哉？陸山人《經》，可謂體物精研，然他日又為《毀茶論》何也？將無猶步伎倆，有時而不自適歟？今吳越間人，沿其風尚，往往淨几名香，品嘗細啜，豈必盡關妙理。正之君侯，玉壺冰心，迥出塵表，雖廊廟鐘鼎之間，迢迢有天際真人想，其愛此圖，蓋以寓其澹泊蕭遠之意。真得此中三昧，非必綠雲香乳習習風生而後為適也。不敏作如是觀，以諗在伉水部當為解頤耳。

題唐伯虎《烹茶圖》為喻使君正之賦　辛亥十一月長至日[32]**　王穉登**

太守風流嗜酪奴⑭，行春常帶煮茶圖。圖中傲吏依稀似，紗帽籠頭對竹罏。

靈源洞口採旗槍⑮，五馬來乘穀雨嘗。從此端明《茶譜》上，又添新品綠雲香。

伏龍十里盡香風，正近吾家別墅東。他日干旄能見訪，休將水厄笑王濛。

東海　徐㷆

魚眼波騰活火紅，髩絲輕颺煮茶風。紗巾短褐無人識，此是苕溪桑苧翁。

清風長繞竟陵山，千載茶神去不還。寧獨範形煬突上，更留圖像在人間。

穀雨才過紫筍新，竹爐香裊月團春。雁橋古井生秋草，無復當年茗戰人。

東園先生無姓名，品茶常汲石泉清。羽衣挈具真奇事，俗殺江南李季卿。

建溪門人　江左玄

吳趨伯虎工臨摹，傳來陸羽《烹茶圖》。桐陰匝地松影亂，呼童餉客燃風爐。一縷清煙透書幌，瓦鼎晴翻雪濤響。生平清嗜幾人知，千古高風誰與兩。使君論治比淮陽，退食時烹紫筍香。朝向堂前憑畫軾，暮從花下試旗槍。涼臺淨室明窗几，披圖時對東岡子。清修不識漢龐參，為郡數年唯飲水。

三山門人　鄭邦霑

夫子冰為操，庭閒日試茶。芽寧殊玉壘，泉不讓金沙。火活騰波候，雲飛遶碗花。品嘗重註譜，清味遍幽遐。

跋

余所藏《烹茶圖》，賞鑒家多以為伯虎真蹟，言之娓娓，而余未能深解其所以。然昔人問王子敬[33]云："君書何如君家尊？"答曰："固當不同。"既又云："外人那得知。"夫評書畫者，既已未深知矣。即三人占，從二人之言，其誰曰不可。圖之後，舊附有贊説數首。來守福州，稍益之，一時寅僚多雋才，促更余刻之石甚力。余逡巡謝，已而思之，余性孤僻，寡交游，即如曩者，盤桓金臺白下，亦復許時而曾不能廣謁名流，博求篇詠，以侈大吾圖而彰明，吾好則與夫守其俊語，矜慎不傳，而自娛於笥中之珍也。無寧託寒山之片石，而使觀者謂溫子升可與共語耶。嘻！余實非風流太守，而謬負茶癖，以有此舉也。後之君子，未必無同然焉。抑或謂三山之長，未能貞峯功令懸之國門，而為此不急之務，不佞亦無所置對。知我罪我，其惟此《烹茶圖》乎。時三十九年季冬南昌喻政書于三山之光儀堂。

注　釋

1　此處刪節，見明代高元濬《茶乘》。
2　此處刪節，見明代高元濬《茶乘》。
3　此處刪節，見明代胡文煥《茶集·六安州茶居士傳》。
4　此處刪節，見明代胡文煥《茶集》。
5　此處刪節，見明代徐𤊹《蔡端明別紀·茶癖》。
6　縣官：此指皇帝。
7　六品無沉柤（zhā或zù）：柤，同"俎"。zhā，指木欄，或同"楂"，此作"通渣"用。即"六品無沉渣"。
8　麥粒：《元豐類稿》在詩題下自注："丁晉公北苑新茶詩序云，'茶芽採時如麩麥之大者'。"
9　謝邁："邁"字，疑為"薖"之誤。謝薖（？－1116），宋撫州臨川人，字幼槃，號竹友。工詩文，老死布衣，有《竹友集》。《全宋詩》亦作謝薖。
10　鄧肅（1091－1132）：初字志宏，改德恭，號栟櫚。南劍州（今福建南平）沙縣人。欽宗時，使金營五十日而回，擢右正言。不久李綱罷相，也被涉罷歸。有《栟櫚集》。
11　趙若槸，字白木，號霽山，建州崇安（今福建武夷山）人，度宗咸淳十年進士，入元不仕，有《澗邊集》。
12　白玉蟾（1194－？）：本名葛長庚，字白叟、以閱、眾甫，號海瓊子、海南翁、瓊山道人、武夷山人、紫清真人。閩清人。有《武夷集》、《海瓊集》、《上清集》等。
13　劉子翬（1101－1147）：字彥沖，號病翁，建州崇安（今福建武夷山）人。
14　藍靜之：即藍仁，靜之是其字。元明間崇安（今福建武夷山）人。元末與弟藍仁智俱往武夷師杜本，受四明任士林詩法，遂棄科舉，專意為詩。遷邵武尉，不赴。入明例徙鳳陽，居瑯邪數月放回，以壽終。有《藍山集》。
15　杜本（1276－1350），清江人。字伯原，號清碧。博學，善屬文。隱居武夷山中，文宗即位，聞其名，以幣徵之，不赴。順帝時，以隱士薦，召為翰林待制，兼國史院編修官，稱疾固辭。為人湛靜寡欲，篤於義。天文、地理、律曆、度數，無不通究，尤工於篆隸。有《四經表義》、《清江碧嶂集》。
16　蘇伯厚（？－1411）：名坤（或作垿），福建建安人，以字行，號履素。洪武初以明經薦，授建寧府訓導，有政績，永樂初擢翰林侍書，預修《太祖實錄》、《永樂大典》。有《履素集》。
17　徐熥：字惟和。閩縣（今福建福州）人，徐𤊹兄。萬曆四十六年（1618）舉人，肆力詩歌，以詞采著稱，有《幔亭集》。
18　鄧原岳：福建閩縣人，字汝高。萬曆二十年（1592）進士，授戶部主事，官至湖廣按察副使。工詩，編有《閩詩正聲》，另有《西樓集》。
19　興公：徐𤊹，字興公。
20　費元祿：江西鉛山人。字無學，一字學卿。諸生，建屋於鼂采湖上。有《鼂采館清課》、《甲秀園集》。

21 溫陵蔡復一（1576－1625）："溫陵"，歷史上福建泉州的別稱。蔡復一，字敬夫，萬曆二十三年(1595)進士，由刑部主事，遷兵部郎中多年。天啟四年，貴州巡撫討安邦彥敗死，以復一代之，巡進總督貴州、雲南、湖廣軍務，屢有戰功，但後以"事權不一"致敗解任俟代，卒於軍中。謚清憲。有《遯庵全集》。

22 醽（líng）：底本原書作"醽"，一書作"醽"，美酒名。

23 陶王韋孟：指陶潛、王維、韋應物及孟浩然，取其詩風恬淡，以詩喻茶之意境。

24 喻政所見為唐寅之書法。二詩作者為北宋黃庭堅。

25 喻政所見為李光祖繩伯父之書法。原文作者不詳。

26 此處刪節，見明代陸樹聲《茶寮記·煎茶七類》。

27 王思任（1576－1646）：字季重，號遂東。萬曆二十三年進士，先後知興平、當涂、青浦三縣，後為九江僉事時罷歸。魯王監國時，起為禮部侍郎。清兵入紹興後，居孤竹庵中絕食死。工畫。有《律陶》、《避園擬存》等。

28 陸宗伯《七類》："陸宗伯"，指陸樹聲。"宗伯"，指"族中輩份"。《七類》，為《茶寮記》中的《煎茶七類》。

29 金沙：疑指今福建南平市茶洋一帶。南宋淳祐中置金沙驛，元改名茶洋驛，明于玉德於此係採用古稱。

30 清湘：即清湘縣，五代晉置，明洪武九年廢，治所在今廣西全州縣。

31 陳勳（1560－1617）：字元凱，號景雲，福建閩縣人。萬曆二十九年進士，授南京武學教授，南京工部和戶部主事，戶部郎中，出知紹興府。能詩，工字畫。有《元凱集》、《堅臥齋雜著》。

32 長至日：也稱長日，指冬至日。冬至後，白天一天比一天長。《禮記》："郊之祭也，迎長日之至也。"夏至，亦稱"長至"。

33 王子敬：即王獻之（344－386），子敬是其字。王羲之子，東晉著名書法家。起家州主簿，遷吳興太守，官至中書令，時稱王大令。工草書，善丹青。

校　記

① 卷之一："卷"字前，底本還冠有書名《茶集》二字，本書編時刪。"卷之二"同。

② 論茶：文出《東坡雜記》而有異，"論茶"為本文輯者喻政和徐 𤊹 所加。

③ 益不償損也：底本原無"益"字，據《蘇軾文集》逕增。

④ 常自珍之：底本原作"當自修之"，"當"字、"修"字，當為"常"字和"珍"字之形誤，據《蘇軾文集》原文改。

⑤ 脾胃不〔知〕：底本原脱一"知"字，據《蘇軾文集》逕補。

⑥ 主者封莞："莞"字，《武夷山志》，一作"完"。

⑦ 大德己亥："己"字，底本原形誤作"巳"，逕改，以下不再出校。

⑧ 泉弗竇："弗"字，日本文化刻本，改作"不"。

⑨ 粟粟芽："粟"字，一作"粒"。

⑩ 誚崔石使君："誚"字，底本原形誤作"請"，據《全唐詩》改。

⑪ 鄭容："容"字，底本原形誤作"容"，據《全唐詩》改。

⑫ 乞錢穆父新賜龍團："父"字，《全宋詩》作"公給事丈"四字。

⑬ 葉紓貺建茶：《全宋詩》題作《太博同年葉兄紓以詩及建茶為貺家有蜀牋二軸輒敢繫詩二章獻於左右亦投桃報李之意也》。本文收錄的為其第一首。

⑭ 送龍茶與許道人："龍"字，底本原無，據《文忠集》加。

⑮ 李仲求寄建溪洪井茶七品："品"字下《全宋詩》等還有"云愈少愈佳未知嘗何如耳因條而答之"16字。

⑯ 嘗茶：《全宋詩》等，題作《嘗茶和公儀》。
⑰ 寄茶與王和甫平甫：此題為本集編成。下錄二首，為王安石分別"寄茶與""和甫"、"平甫"二詩，輯者將之合在一起時所加。王安石原詩無"王"字，《王文公文集》本題作《寄茶與和甫》。
⑱ 此首詩題，喻政、徐 𤊹 收錄時，併入上題。《王文公集》原詩作《寄茶與平甫》。
⑲ 茶園十二韻：在"韻"字下，《全宋詩》還有小字注"揚州作"三字。
⑳ 文同：底本原無。疑脱，一般即誤作和上首詩一樣，為王禹偁所作。逕加。
㉑ 蹇蟠翁寄新茶：《全宋詩》"茶"字下，還有"二首"二字。
㉒ 呂殿丞寄新茶：《全宋詩》在呂殿臣的"呂"字之前，還多"閏正月十一日"六字。
㉓ 錢安道寄惠建茶："錢"字前，《蘇軾詩集》還多一"和"字。
㉔ 仙山靈雨濕行雲："雨"字，《蘇軾詩集》等也作"草"。
㉕ 人間風日不到處："日"字，《宋詩鈔》等作"月"字。
㉖ 烹茶懷子瞻：《宋詩鈔》作《省中烹茶懷子瞻用前韻》。
㉗ 以潞公所惠揀芽送公擇：此題下，本集收錄時，實際還兼收相關的另二首詩。本詩在是題"公擇"之下，《全宋詩》還多"次舊韻"三字。
㉘ 慶雲十六升龍餅："餅"字，《全宋詩》作"樣"。
㉙ 此詩本集編錄時題略，《宋詩鈔》等作《奉同公擇作揀芽詠》。
㉚ 風爐小鼎不須催：此詩為"《奉同六舅尚書詠茶碾煮烹》三首之二。本集收錄時，是喻政刪去原題將之編入《以潞公所惠揀芽送公擇》題下的。
㉛ 許少卿寄臥龍山茶："許"字前，《全宋詩》還多"次謝"二字。
㉜ 朔齋惠龍焙新茗用鐵壁堂韻："韻"字下，《全宋詩》還多"賦謝一首"四字。
㉝ 謝吳帥分惠乃弟所寄廬山新茗次吳帥韻：《全宋詩》作《用珍字韻謝吳帥分惠乃弟山泉所寄廬山新茗一首》。
㉞ 相對幽亭致清話："幽"字，底本原作"出"，據《全宋詩》改。
㉟ 龍鳳茶寄照覺禪師："師"字，底本無"師"字，疑脱，據《全宋詩》補。
㊱ 茶苑：《全宋詩》作《茶苑二首》。
㊲ 謝道原惠茗：《全宋詩》等題作"道原惠茗以長句報謝"。
㊳ 煎茶：《全宋詩》有的版本《茶聲》，亦作《茶瓶湯候》。
㊴ 武夷茶：《全宋詩》為一首，不見前首，僅收錄後面的"石乳沾餘潤"一首。前首"和氣滿六合"是否屬"武夷茶"詩？存疑。
㊵ 武夷茶：《全宋詩》作《九曲櫂歌》。本首詩為《九曲櫂歌》十首中之第六首。
㊶ 武夷茶 竈：《晦庵集》簡作《茶 竈》。《全宋詩》作《武夷精舍雜詠茶 竈》。
㊷ 雲谷茶坂：《晦庵集》簡作《茶坂》。《全宋詩》作《雲谷二十六詠·茶坂》。
㊸ 建守送小春茶：《全宋詩》題作：《知宗示提舶贈新茶詩某未及和偶建守送到小春分四餅因次其韻》。
㊹ 宋丘 密："宋"，本文原稿刊作"元"，疑誤。丘 密（1135－1208），字宗卿，宋江陰軍（今江蘇江陰市）人。孝宗隆興元年進士，光宗時，擢煥章閣直學士、四川安撫使兼知成都府，後以江淮制置大使兼知建康府，拜同知樞密院事。卒謚忠定。
㊺ 元袁樞："元"字，疑誤。查有關史志此袁樞，似應是"南宋"袁樞（1131－1205），字機仲，建寧建安人。孝宗隆興元年，試禮部詞賦第一，授溫州判官。寧宗接位，知江陵府，尋為刻罷，奉祠家居。有《通鑒紀事本末》、《易傳解義》、《辨易》、《童子問》等。
㊻ 臣子勤拳奉至尊："勤"字，日本文化本刻作"勒"字。
㊼ 封題上品須天府："須"字，《藍山集》原詩作"輸"字。
㊽ 謝人惠白露茶：《藍山集》原詩作《謝盧石堂惠白露茶》。
㊾ 元明間：底本原作"元"字，確切説，應是元明間人，逕改。
㊿ 試吳大本所寄茶：《文徵明集》原詩作《是夜酌泉試宜興吳大本所寄茶》。
(51) 小窗寒色已醒然："色"字，《文徵明集》原詩作"夢"字。
(52) 聞寂空堂坐此身："聞"字，疑"闃"字之誤。"闃寂"，即寂靜，逕改。

(53) 醉茶軒歌為詹翰林作：在“林”字和“作”字之間，《弇州續稿》還有“東圖”二字。
(54) 卻薦此物甘沈冥：底本原刊作“冥”，近出一些中國茶書，將冥認作“寘”，改作“置”字；有的作“冥”字，書作“冥”。本文從後者，認為似應作“冥”。
(55) 七碗初移糟粕腸：“腸”字，《弇州續稿》作“觴”字。
(56) 銅鐺響雷爐掣電：“雷”字，本文底本原形誤作“雪”字，據日本文化本改。
(57) 旗槍：“槍”字，底本原形誤作“搶”，逕改。
(58) 香味：“香”字，底本原稿作“春”，據《全宋詞》改。
(59) 西江月：《全宋詞》作《西江月·茶》。
(60) 翻成：“成”字，底本原作“匙”字，據《全宋詞》逕改。
(61) 品令·茶詞：底本原無“茶詞”二字，據《全宋詞》加。
(62) 看花迴·茶詞：底本原無“茶詞”二字，據《全宋詞》加。
(63) 以上為喻政《茶書·茶集》初編或初刻本所刊內容。文前《目錄》除《茶集》外，還寫明“附烹茶圖集”；但文中內容不載。與之相反，隨後重印的增補本，目錄上同樣載明收《茶集》和《附烹茶圖集》兩文，但文中內容卻不見初編所載內容，只收蔡復一《茶事詠》和《烹茶圖集》。不知萬曆喻政《茶書·茶集》初編和增補本內容有何不同。
(64) 〔茶集續補〕：底本原無以上四字，此為與喻政《茶書·茶集》初編所列“卷一”、“卷二”體例相一致，本書編校時加。
(65) 下錄《茶事詠》及“引”，為喻政《茶書》初編《茶集》所未收，亦為本重印本《附烹茶圖集》所列之於外，顯然是喻政或徐𤊹在初版後所發現，在重印時和前遺《附烹茶圖集》一起補收入《茶集》的。本篇和下錄的《烹茶圖集》，也即構成喻政《茶書》重印本《茶集》的兩部分內容之一。
(66) 酒徒：“徒”字，底本原作“旋”字，疑“徒”字之誤。日本文化本作“徒”，逕改。
(67) 若干：“干”字，底本誤作“而”字，據日本文化本改。
(68) 槍穎：“槍”字，底本原形誤作“搶”字，逕改。
(69) 綦毋旻：底本從《大唐新語》作“綦毋旻”。《全唐文紀事》作“毋煚”。近出的有些茶書，擅改作“綦毋煚”，又無註明更改依據，似不妥。
(70) 一日之利暫佳：“暫”字，底本刻作“蹔”字；“佳”字，底本形誤作“洼”，逕改。
(71) 酪奴：“酪”字，底本原形誤作“酩”字，逕改。
(72) 釋憒悶乎？解酲乎：“酲”字，底本原誤刊作“酲”字，逕改。
(73) 味叱酪為奴：“酪”字，底本原形誤作“酩”，逕改。
(74) 酪奴：“酪”字，底本原形誤作“酩”，逕改。
(75) 旗槍：“槍”字，底本原形誤作“搶”，逕改。

茶書

◇明　喻政　輯

喻政，生平事跡見《茶集·題記》。

喻政《茶書》，一稱《茶書全集》，是我國最早的一本茶書專輯或曰茶書彙編，係喻政知福州時，由當地名士徐𤊹幫助收集、編校的。如謝肇淛為本書所作序中提到：自陸羽撰《茶經》以來，高人墨客，轉相紹述，“至於今日，十有七種”，“合而訂之，名曰《茶書》”。周之夫序稱：喻政“今來福州，復取古人談茶十七種，合為《茶書》”。喻政自序也說，“爰與徐興公（𤊹）廣羅古今之精於譚茶者，合十餘種為《茶書》。”

《茶書》又稱《茶書全集》，大概是清末民初的事情。因為現存咸豐時錢塘丁丙加跋的八千卷樓刻本，仍題作《茶書》，而最早稱其為《茶書全集》的，是民國三年（1914）江西南城李之鼎編的《叢書書目舉要》。所以《茶書全集》之名的出現，最早也不會超過光、宣年間。

至於《茶書》的卷數，上述各篇序中一致指為“十七種”或“十餘種”，但是今人所見，多是二十七種本，因此有人懷疑它的子目頗有錯誤，不可信。這一懸案，1987年日本布目潮渢《中國茶書全集》的出版，也得到澄清。

布目潮渢指出喻政《茶書》有萬曆壬子（四十年）和癸丑（四十一年）兩個不同的版本。壬子本即初刻本，從日本國立公文書館內閣文庫藏本來看，僅有謝肇淛壬子元旦的題序，書目分元、亨、利、貞四部，元部收《茶經》等六種，亨部收《茶譜》等八種，利部收《茗笈》等三種，合計十七種。而貞部收錄喻政自編《茶集》和《烹茶圖集》，是附錄性質。翌年所刻癸丑本，實際是壬子本的增補重印，它增加了周之夫和喻政的二篇序言，並將目錄改為仁、義、禮、智、信五編，以仁部對應初編本的元部，以義部對應初編本亨部，以禮部對應初編本利部，智部收入明代《茶錄》等八篇，全部為新收，信部則對應於初編本的貞部。我們估計，壬子本很可能是一種試印本，因為周之夫的序也是壬子孟春就寫好的，而壬子本卻只印了謝肇淛一篇序。另外，在此後的書目裏也很少看到十七種本。

萬國鼎對於喻政《茶書》，曾作這樣幾句客觀的評述：《茶書全集》收錄了幾種它書所未載的茶書，使之“因而賴以流傳至今”，這是它的功績。但是，有些如《荈茗錄》等，是從《清異錄》等書中抽取出來的，冠以新題目，亦未加說明。另外，它的校勘也不很精，這是它的缺點。

本文以布目潮渢編《中國茶書全集》為底本。

一、初編序目

茶書序

夫世競市朝，則煙霞者賞矣；人耽粱肉，則薇蕨者貴矣。飲食者，君子之所不道也。麴糵沈心，淳母爽口，古之作者，猶或譜之。矧於茶，其色香風味，既迴出塵俗之表，而消壅釋滯，解煩滌燥之功，恃與芝朮頡頏。故自桑苧翁作《經》以來，高人墨客，轉相紹述，互有拓充，至於今日，十有七種。其於栽培、製造之法，煎烹取舍之宜，亦既搜括無漏矣。

蓋嘗論之，三代之上，民炊藜而羹藿，七十食肉，口腹之欲未侈，故茶之功用隱而弗章，然谷風之婦已歌之矣。誰謂茶苦，其甘如薺而堇荼如飴，周原所以紀膴也。近世鼎食之家，效尤淫靡，庖宰之手，窮極滋味。一切胾炙之珍奇，皆伐腸裂胃之斧斤，若非雲鈎露芽之液，沃其炎熾，而滋其清涼，疾癘夭札踵踵相望矣。故茶之晦於古，著於今，非好事也，勢使然也。吾郡侯喻正之先生，自拔火宅，大暢玄風，得唐子畏[1]烹茶卷，動以自隨。入閩期月，既已勒之石矣。復命徐興公裒鴻漸以下《茶經》、《水品》諸編，合而訂之，命曰《茶書》，間以示余。余歎謂使君一舉而得三善焉。存古決疑，則嵇含狀草木，陸機疏蟲魚之旨也；齊民殖圃，則葛頴記種植，贊寧譜竹筍之意也；遠謝世氛，清供自適，則陳思譜海棠，范成大品梅花之致也。昔蔡端明先生治吾郡，風流文采，千古罕儷，而於茶尤惓惓焉。至製龍團以進天子，言者以為遺恨，不知高賢之用意固深且遠也。九重乙夜，前後左右，惟是醍醐膏薌，誰復以清遠之味相加遺者？且也不猶愈於曲江之獻荔支賦乎？正之治行，高操絕出倫表，所好與端明合，而是書之傳世，不勞民，不媚上，又高視古人一等矣。正之笑謂余：“吾與若皆水曹也，夫唯知水者，然後可與辨茶，請與子共之。”余謝不敏，遂次其語以付梓人。

萬曆壬子元旦晉安謝肇淛書於積芳亭

初編書目

元部	茶經	茶錄	東溪試茶錄	北苑貢茶錄
	北苑別錄	品茶要錄		
亨部	茶譜	茶具圖贊	茶寮記	荈茗錄
	煎茶水記	水品	湯品	茶話
利部	茗笈上	茗笈下	茗笈品藻	煮泉小品
貞部	茶集	附烹茶圖集		

茶書序

余向讀陸鴻漸《茶經》，而少之以為處士出而茗功章徹，一洗酪奴之誚聲，施榮華至今，誠於此道為鼻祖。顧後來好事之彥，羽翼鼓吹，散在羣書，往往而是，而編緝無聞，統紀未一，使人惜碎金而笥片玉。大觀之，謂何夫千金之裘，非一狐之腋；然不索胡獲，不庀胡紉。我實未嘗謀諸野，而徒詫孟嘗之倖。得於秦宮者以為獨貴，非裘難也，所以成裘者則難矣。喻正之不甚嗜茶，而澹遠清真，雅合茶理。方其在留京[2]為司馬曹郎，握庫筦鑰，盡以其例羨，付之殺青。所刊正諸史志，辨魯魚，訂亥豕，列在學宮，彼都人士，直將尸而祝之。今來福州，復取古人談茶十七種，合為《茶書》。正煙雖非茶僻，抑誠書淫矣。其書以《茶經》為宗，譬則泰山之丈人峯乎？餘若徂徠日觀之屬羅列，不啻兒孫脈絡常貫，而峭菁各成洋洋乎。美哉！暢韻士之幽懷，作詞場之佳話，功不在陸處士之下，更何待言。乃余不佞，則充有私賴焉。余素喜茶，初意入閩，嗽剔當俱屬佳品，而事大謬不然，所市皆辛澀穢惡。想嘗草之帝[3]，遇七十二毒，必居一於此，彼一時也；畏濕薪之束，遂無敢詰責。買者二三兄弟，偶致斜封，極稱無害。又自思不受魚，始能常得魚；亦惟是不啟視而璧之以成。吾志早晚啜熟水數合，饔飧則恃粥而行，久之良便無所事。彼建州之後，過友人署中，娓娓羅岕烹點之法。余謂空言不如實事，姑取試之。其僮以武夷應客，余亦亟賞其清香，不知有異。蓋疏絕既久，故易喜易眩如此。乃今閱正之之書，幽絕沉快，芳液輒溢，無煮陽羨，歆中泠之跡，而收其功益，復無所事，彼其利賴一。余不佞，棲遲一官，五年不調，留滯約結之慨，豈繄異人，徼天之幸日，侍正之左右，覺名利之心都盡退，而披其所纂集若此書之言。言玄箸無論其凡，即如“不羨朝拜省”、“不羨夕入臺”之二語，謂非吾人之清涼散不可也，其利賴二。於是正之嬲余以為子之言誠辨，但津津感余不置。竊恐編緝統紀之譽，皆一人之臆戴，非實錄也。余亦還對使君謂感誠有之，亦未肯忘。觀昔人云：書值會心讀卻易盡，請使君再廣為搜故事。太守與丞倅，李官名為僚，而實無敢以雁行，進常會一茶而退，鄭重不出聲。即不然，亦聊啟口而嘗之。又不然，漫造端而騈之，而使君質任自然心無適，莫合刻《茶書》以發舒其澹遠清真之意，遂使不受世網如余者，淂以闚見微指作寥曠之談，破矜莊之色，無亦非所宜乎，請使君自今引於繩。使君欣然而笑曰：有是哉。廣搜之，請敢不子從何謂引繩不敢聞命。我與二三子游於形骸之外，而子索我於形骸之內，子其猶有蓬之心也。夫余而後知使君之澹遠清真，雅合茶理不虛也。

壬子孟春西陵周之夫書於妙香齋中

茶書自敘

余既取唐子畏所寫《烹茶圖》而珉繡之，一時寅彥勝流[4]，紛有賦詠，楮墨為色飛矣。而自念幸為三山長，靈源雲英，往往澆燥脾而迴清夢，蓋與桑苧翁千載神狎也。爰與徐興公廣羅古今之精於譚茶若隸事及之者，合十餘種，為《茶書》。茶之表章無稍掛，而桑苧之《經》則仍《經》之；諸翊而綴者，亦猶內典金剛之有論與頌耳。方付殺青，而客有過余者，曰茶之尚於世誠鉅，而子獨津津焉。若茗之茗而筆之，庶幾夫能知味者乎？尼山復起，未必不以為知言。而若石隱溪剡之掾姑舍。是客又難余善易者不論易。吾猶以竟陵之舌為饒也。矧逸少之毫[5]，誠懸不能用；廷珪之墨[6]，子昂不能研，而規規於之器、之法、之候、之人，詎直記柱而彈疏越，且也日亦不足矣。余輾然曰幸哉。客之有以振我也，顧使我以清課而落吾事，則不敢使我以俗韻而巇是編，則不甘夫襄陽之於石也，至廢案牘，且衣冠而旦夕拜，彼誠興味曠寥，風流，嵇鍛阮屐，杜之傳而王之馬也。此猶第癖耳。至剔幽攬隱為茗苑中一大摠持，無乃煩乎。余無以難客，已而曰：潁箕潔蹈，瓢響猶厭[7]，其聲洙泗，真樂水飲，偏歸於適，明有待之未冥而無礙之合漠也。夫啜茗之於飲水煩矣，品茗之於去瓢尤煩矣。余則何辭？抑余於嵇、阮諸君子竊有畸焉。蓋彼之趣，藉物以怡；而余之腸，得此而滌，固非勞吾生為所嗜，後津津而不止者也。然則飲食亦在外歟，子其勿以四人者方幅我，雖然水而映帶，然微獨嚴密者，所弗善即疏懶，如余亦不願效之也。若茶寧塊石埒，而余又未至為顛米之癡[8]有所以處此矣。唐史稱，韋翁在郡時，恆掃地焚香，默坐竟日，故其詩沖閒玄穆，迥出塵表，卒不聞以廢事為病也。是時，竟陵《經》當已著，令韋得讀之，當必不以李御史禮待陸先監，且恐水遞接監惠山，雲芽童於虎丘耳。余詩格謝此公而茗緣似勝之，客得無謂福州使君漫驕稺蘇州刺史哉。客乃大噱。余呼童子輿龍腰泉，煮鼓山茶，如法進之。客更爽然。起謝謂：沐浴茲編，恨晚也。客退，聊次問答語為《茶書》敘云。

萬曆癸丑涂月[9]哉生明[10]鼓山主人洪州喻政譔

增補本書目

仁部　　茶經
　　　　茶錄
　　　　東溪試茶錄
　　　　北苑貢茶錄
　　　　北苑別錄
　　　　品茶要錄
義部　　茶譜
　　　　茶具圖贊
　　　　茶寮記
　　　　荈茗錄
　　　　煎茶水記
　　　　水品
　　　　湯品
　　　　茶話
禮部　　茗笈上
　　　　茗笈下

茗笈品藻
煮泉小品
智部　茶錄
茶考
茶説
茶疏
茶解
蒙史上
蒙史下
別紀
茶譚
信部　茶集
附烹茶圖集

注　釋

1 唐子畏烹茶卷：唐子畏，即明著名畫家唐寅，子畏是其字，一字伯虎。烹茶卷，疑指其所畫的陸羽烹茶圖。

2 留京：指南京，明成祖朱棣移都燕京後，在南京形式上還保留一套朝廷機構。

3 嘗草之帝：指神農氏，中國上古傳説中的三皇五帝之一。

4 寅彥勝流：寅，古時稱“同官”為“同寅”；彥，舊時“美士”之稱。寅彥勝流，用現在的話説，即一批飽學和口碑較好的著名學者及官員。

5 逸少之毫：“逸少”，即王羲之（303 － 361），東晉著名書法家。逸少之毫，即指王羲之之筆。

6 廷珪之墨：五代時徽州製墨名家奚廷珪所生產之墨。

7 穎箕潔蹈，瓢響猶厭：與上文“嵇鍛阮屐杜之傳而王之馬也”相呼應，猶借用《莊子．逍遙遊》“掛瓢洗耳”之典。講唐堯時高士許由，隱居山林之中，以手捧水而飲，人贈其瓢，許由飲畢掛樹，嫌其有聲而棄之。堯想把天下讓給他，許由不就，以為聞惡聲，而臨河洗耳。終身隱居穎水之南，箕山之下。後以此典表現或反映隱士志行之高潔。

8 顛米之癡：疑即指米芾。字元章，號海嶽外史，又號鹿門居士。宋襄陽人，世稱為米襄陽。倜儻不羈，舉止顛狂，故世稱為米顛。為文奇險，妙於翰墨，畫山水人物，亦自成一家，愛金石古器，尤愛奇山，世有元章拜石之語。官至禮部員外郎，或稱為米南宮。著有寶晉英光集、書史、畫史、硯史等書。

9 涂月：指陰曆十二月。

10 哉生明：“哉”字，通“才”。“才生明”，指一月的某二天。如“才生魄”，即指陰曆的初二和初三。

茶箋

◇明　聞龍　撰①

聞龍，原名繼龍，初字仲連，後字隱鱗，號飛遯，晚號飛遯翁，浙東四明（今浙江寧波）人。為嘉靖時歷官應天、順天府尹，累官至吏部尚書聞淵(1480－1563)的孫。博通經史，善詩古文，精書法，慕高逸，終不一試。萬國鼎《茶書總目提要》稱他"崇禎時舉賢良方正，堅辭不就。"恐不確。查《鄞縣志》，崇禎時"選貢．薦辟"，確有一位聞姓者"辭疾不應"，但其名"聞世選"，無根據即為聞龍。另外由聞淵生年來看，聞龍即使活到崇禎以後，起碼也已過古稀之年，此時再舉賢良方正，可能性似亦不大。據記載，聞龍至八十一歲才卒。

聞龍《茶箋》，是一篇茶事心得筆記。屠本畯在《茶解敘》中稱："予友聞隱鱗，性通茶靈，早有季疵之癖，晚悟禪機，正對趙州之鋒。"說明聞龍嗜茶，也精於茶事。萬國鼎評《茶箋》"談論茶的採製方法、四明泉水、茶具及烹飲等。有一些親身經驗。"所以，儘管內容簡略，但仍與《茶錄》、《茶解》同為明代後期三部以實踐經驗為基礎撰成的重要茶業專著。

本文撰寫時間，因無序跋，清以前無人涉及，萬國鼎可能據"崇禎時舉賢良方正"這一線索，定在"1630年（崇禎三年）前後"。此後，《中國茶葉歷史資料選輯》、《中國古代茶葉全書》等，奉為定論，以訛傳訛，以致現在各書均稱撰於"1630年前後"。本書作編時經查考，發現其早在屠本畯《茗笈》中便已有引述，這表明本文不是在崇禎，而至遲在萬曆三十八年(1610)《茗笈》編刻前即已撰成。

聞龍《茶箋》，清以前刻本，現僅存《說郛續》本、《古今圖書集成》本兩種。本書以《說郛續》本作錄，以《古今圖書集成》本和有關文獻作校。

茶初摘時，須揀去枝梗老葉，惟取嫩葉；又須去尖與柄，恐其易焦。此松蘿法也。炒時須一人從傍扇之，以祛熱氣。否則黃色，香味俱減，予所親試。扇者色翠，不扇色黃。炒起出鐺時，置大磁盤中，仍須急扇，令熱氣稍退，以手重揉之；再散入鐺，文火炒乾入焙。蓋揉則其津上浮，點時香味易出。田子藝[1]以生曬、不炒、不揉者為佳，亦未之試耳。

《經》云："焙，鑿地深二尺，闊二尺②五寸，長一丈。上作短牆，高二尺，泥之。""以木構於焙上，編木兩層，高一尺，以焙茶。茶之半乾，升下棚；全乾，升上棚。"愚謂今人不必全用此法。予嘗構一焙，室高不踰尋[2]；方不及丈，縱廣正等，四圍及頂，綿紙密糊，無小罅隙。置三四火缸於中，安新竹篩於缸內，預洗新麻布一片以襯之。散所炒茶於篩上，闔戶而焙。上面不可覆蓋。蓋茶葉尚潤，一覆則氣悶罨黃，須焙二三時，俟潤氣盡，然後覆以竹箕。焙極乾，出缸待冷，入器收藏。後再焙，亦用此法，免香與味，不致大減。

諸名茶，法多用炒，惟羅岕宜於蒸焙。味真蘊藉，世競珍之。即顧渚、陽羨、密邇、洞山，不復倣此。想此法偏宜於岕，未可概施他茗。而《經》已云蒸之、焙之，則所從來遠矣。

吳人絕重岕茶，往往雜以黃黑箬，大是闕事。余每藏茶，必令樵青入山採竹箭箬，拭淨烘乾，護罌四週，半用剪碎，拌入茶中。經年發覆，青翠如新。

吾鄉四陲皆山，泉水在在有之，然皆淡而不甘，獨所謂它泉者，其源出自四明潺湲洞，歷大闌、小皎諸名岫，迴溪百折，幽澗千支，沿洄漫衍，不舍晝夜。唐鄞令王公元偉，築埭它山，以分注江河，自洞抵埭，不下三數百里。水色蔚藍，素砂白石，粼粼見底，清寒甘滑，甲於郡中。余愧不能為浮家泛宅，送老於斯，每一臨泛，浹旬忘返。攜茗就烹，珍鮮特甚，洵源泉之最，勝甌犧之上味矣。以僻在海陬，圖、經是漏，故又新之記罔間，季疵之杓莫及，遂不得與谷簾諸泉齒，譬猶飛遁吉人[3]，滅影貞士，直將逃名世外，亦且永託知稀矣。

山林隱逸，水銚用銀，尚不易得，何況鍑乎？若用之恒[4]，而卒歸於鐵也。

茶具滌畢，覆於竹架，俟其自乾為佳。其拭巾只宜拭外，切忌拭內。蓋布帨雖潔，一經人手，極易作氣。縱器不乾，亦無大害。

吳興姚叔度言：“茶葉多焙一次，則香味隨減一次。”予驗之良然。但於始焙極燥，多用炭箬，如法封固，即梅雨連旬，燥固自若。惟開罎頻取，所以生潤，不得不再焙耳。自四五月至八月，極宜致謹；九月以後，天氣漸肅，便可解嚴矣。雖然，能不弛懈，尤妙、尤妙。

東坡云：蔡君謨嗜茶，老病不能飲，日烹而玩之。可發來者之一笑也。孰知千載之下，有同病焉。余嘗有詩云：“年老耽彌甚，脾寒量不勝”；去烹而玩之者，幾希矣。因憶老友周文甫，自少至老，茗碗薰爐，無時暫廢。飲茶日有定期，旦明、晏食、禺中、餔時、下舂、黃昏，凡六舉。而客至烹點[5]，不與焉。壽八十五無疾而卒。非宿植清福，烏能畢世安享？視好而不能飲者，所得不既多乎。嘗畜一龔春壺[6]，摩挱寶愛，不啻掌珠，用之既久，外類紫玉，內如碧雲，真奇物也。後以殉葬。

按《經》云，第二沸，留熱以貯之，以備育華救沸之用者，名曰雋永。五人則行三碗，七人則行五碗，若遇六人，但闕其一。正得五人，即行三碗，以雋永補所闕人。故不必別約碗數也。

注　釋

1 田子藝：即田藝蘅，子藝是其字。
2 高不踰尋："尋"字，此指古代長度單位，八尺為一尋。

校　記

① 底本原署作"四明聞龍"。
② 二尺："二"字，底本和集成本原誤作"一"，據《茶經》改。
③ 飛遁："飛遁"，集成本作"肥遁"。"肥"字，通"飛"。
④ 若用之恆："恆"字，底本原刻成"恓"，據集成本改。
⑤ 而客至：集成本作"其僮僕"。
⑥ 嘗畜一龔春壺："嘗畜一"三字，集成本作"家中有"。

茶略

◇明　顧起元　輯

顧起元（1565 — 1628），明應天府江寧（今江蘇南京）人。字太初，一作璘初，萬曆戊戌（二十六年，1598）會試第一，殿試一甲第三名，由翰林院編修，累官至吏部左侍郎。當時諸秉政者屢欲引以大用，起元避居遯園，七徵不起。為官清正，多有政績。如為杜絕衛官科索，奏請將兵部快船改馬船，軍民兩便。學問淵博，知古今成敗人物臧否以至諸司掌故，指畫歷然可據。稱述先輩，接引後學，孜孜不倦。精金石之學，工書法，好收藏圖書，其藏書室有"爾雅堂"、"歸鴻館"。著有《金陵古金石考》、《客座贅語》、《説略》、《蟄庵日記》、《懶真草堂集》等。卒謚文莊。

本篇引自顧起元的《説略》，雖其內容與其他茶書大多相同，但記各地名茶和茶書，尚有異於他書的，可作參考。

顧起元在萬曆癸丑年（1613）作《説略》序中説，《説略》的編纂主要在萬曆甲午（1594）和乙未兩年，初分為二十卷。後交友人審訂，而"浙門張君"更將校訂抄寫好的稿子交給了顧起元。可惜乙巳年（1605），起元由京師告歸，途經南陽時遇到河決舟覆，書稿因之亡佚，但張君此時也已故去。直到後來張君家人在敝笥中檢出，顧氏才得以重新整理成三十卷。數年後，新安秘書吳德聚"捐資為之繕寫刻既"。本篇《茶略》即在其中。

《茶略》除新安吳德聚萬曆癸丑刻本外，還有《四庫全書》本等。本文以《文淵閣四庫全書》本作底本，參校其他有關引文作校。

古人以飲茶始於三國時。《吳志·韋昭傳》："孫皓每飲羣臣，酒率以七升為限。昭飲不過二升，或為裁減，或密賜茶茗以當酒①。"據此為飲茶之證。按《趙飛燕別傳》"成帝崩後，后一夕寢中驚啼甚久，侍者呼問方覺。乃言曰：'吾夢中見帝，帝賜吾坐，命進茶。左右奏帝云：向者侍帝不謹，不合啜此茶'。"云云。然則西漢時，已嘗有啜茶之説矣。

建州之北苑先春龍焙，洪州之西山白露，鶴嶺雙井白芽，穆州之鳩坑[1]，東川之獸目，綿州之松嶺，福州之柏巖、方山生芽，雅州之露芽，南康之雲居，婺州之舉巖碧乳，宣城之陽坡橫紋，饒池之仙芝、福合、祿合、蓮合、慶合，蜀州之雀舌、鳥嘴、片甲②、蟬翼，潭州之獨行靈草，彭州之仙崖石花③，臨江之玉津，袁州之金片綠英，龍安之騎火，涪州之賓化，建安之青鳳髓，岳州之黃翎毛，建安之石巖白④，岳陽之含膏冷，南劍之蒙頂石花，湖州之顧渚紫筍，峽州之碧澗明月，壽州之霍山黃芽，越州之日注，此唐宋時產茶地及名也。[2]

《南部新書》云：湖州造茶最多，謂之顧渚貢焙，歲造一萬八千餘斤⑤。按此則唐茶不重建，以建未有奇產也。至南唐初造研膏，繼造蠟面，既又佳者號曰京鋌。宋初置龍鳳模，號石乳，又有的乳、白乳，而蠟面始下矣。丁晉公進龍鳳團，至蔡君謨又進小龍團。神宗時復製密雲龍，哲宗改為瑞雲翔龍，則益精，而小龍團下矣。徽宗品茶，以白茶第一，又製三色細芽，而瑞雲翔龍下矣。宣和庚子，漕臣鄭可聞始創為銀絲水芽⑥，蓋將已揀熟芽再剔去，祇取其心一縷，用清泉漬之，光瑩如銀絲。方寸新胯，小龍蜿蜒其上，號龍團勝雪，去龍腦諸香，遂為諸品之冠。今建茶碾造雖精，不去龍腦，以為奩閣中味亦不用入瀹。而茶品獨貴者虎丘，其次天池，又其次陽羨；羨之佳者岕，而龍井、六安之類皆下矣。

蜀蒙山頂茶，多不能數斤，極重於唐，以為仙品。今之蒙茶乃青州蒙陰山產石上，若地衣，然味苦而性涼，亦不難得也。

陸羽《茶經》三卷，《茶記》一卷，周絳《補茶經》一卷，皎然《茶訣》一卷，又《茶苑雜錄》一卷（不知名），陸魯望《茶品》一篇，溫庭筠《採茶錄》三卷，張又新《煎茶水記》一卷，蜀毛文錫《茶譜》⑦一卷，丁謂《北苑茶錄》三卷，劉異《北苑拾遺》一卷，蔡宗顏《茶山節對》一卷，又《茶譜遺事》一卷，又《北苑煎茶法》一卷，曾伉《茶苑總錄》十四卷，《茶法易覽》⑧十卷，蔡襄有進《茶錄》一卷，建安黃儒有《茶品要錄》⑨，熊蕃有《宣和北苑貢茶錄》一卷，熊客有《北苑別錄》⑩，呂惠卿有《建安茶用記》二卷，章炳文有《壑源茶錄》一卷，宋子安有《東溪試茶錄》一卷，徐獻忠有《水品》二卷，又不知名氏有《湯品》一卷，田藝蘅有《煮泉小品》一卷。

注　釋

1　穆州：也即睦州（今浙江建德）。

2　本段唐宋茶產地和茶名，疑據明陳繼儒《茶董補》摘抄。

校　記

① 此並非照《三國志》原文直錄，而是據大義摘錄。

② 鳥嘴、片甲：在“嘴”字和“片”字之間，有些書中，如《茶董補》，還多一“麥顆”二字。

③ 仙崖石花：“花”字，底本誤作“蒼”，據原文逕改。

④ 建安之石巖白：“白”字，底本原形誤作“臼”，逕改。

⑤ 歲造一萬八千餘斤：《南部新書》卷戊作“一萬八千四百八斤”。此後“按”以下的內容，與《南部新書》無關，全由顧起元據《宣和北苑貢茶錄》和他書有關內容摘編而成。

⑥ 鄭可聞始創為銀絲水芽：“聞”字，一作“簡”字；“水”字，底本原作“冰”字，據《宣和北苑貢茶錄》改。

⑦ 蜀毛文錫《茶譜》：“文”字，底本原誤刊作“主”字，逕改。

⑧ 《茶法易覽》：宋沈立撰，此疑顧起元疏漏作者。

⑨ 《茶品要錄》：現存本書，一般俱作《品茶要錄》。

⑩ 熊客有《北苑別錄》：“熊客”訛，應作“趙汝礪”。

茶説

◇ 明　黃龍德　撰[①]

黃龍德，字驤溟，號大城山樵。生平事跡不詳。由本文前胡之衍“序”以及自號“大城山樵”等線索來看，他生活於晚明的江南，和盛時泰等隱居南京城東大城山的一批士子來往。他們在一起賦詩作文，但和留戀秦淮風月的復社成員不同，除愛好詩文書畫之外，並不貪戀聲色犬馬。由於他們嗜茶，如盛時泰和朱日藩便著有茶書，在明代茶學和茶文化的發展上，留下了濃重的一筆。

黃龍德《茶説》，如胡之衍序文所講，仿照唐陸羽《茶經》、宋黃儒《品茶要錄》體裁，專談明代茶藝、茶事。具體反映晚明茶葉種植、製造及品賞的實際情況，在明代茶書著述中，是值得推崇的一種。至於本文的撰寫時間，萬國鼎大概根據《徐氏家藏書目》有錄這點，推定為“1630年左右以前”。但從胡之衍所題前序，可清楚看到，本文係撰於萬曆“乙卯歲”（四十三年，1615）。

本文僅見程百二《程氏叢刻》本，並以北京中國國家圖書館所藏孤本作錄，《中國古代茶葉全書》亦錄有此本。

序

茶為清賞，其來尚矣。自陸羽著《茶經》，文字遂繁，為譜、為錄，以及詩、歌、詠、贊，雲連霞舉，奚啻五車。眉山氏有言：“窮一物之理，則可盡南山之竹”，其斯之謂歟。黃子驤溟著《茶説》十章，論國朝茶政；程幼輿搜補逸典，以艷其傳[1]。鬥雅試奇，各臻其選，文葩句麗，秀如春煙，讀之神爽，儼若吸風露而羽化清涼矣。書成，屬予忝訂，付之剞劂。夫鴻漸之《經》也以唐，道輔之《品》[2]也以宋，驤溟之《説》、幼輿之《補》也以明。三代異治，茶政亦差，譬寅丑殊建，烏得無文。噫！君子之立言也，寓事而論其理，後人法之，是謂不朽，豈可以一物而小之哉！

歲乙卯天都[3]逸叟胡之衍題於棲霞之試茶亭

總論

茶事之興，始於唐而盛於宋。讀陸羽《茶經》及黃儒《品茶要錄》，其中時代遞遷，製各有異。唐則熟碾細羅，宋為龍團金餅，鬥巧炫華，窮其製而求耀於世，茶性之真，不無為之穿鑿矣。若夫明興，騷人詞客，賢士大夫，莫不以此相為玄賞。至於曰採造，曰烹點，較之唐、宋，大相徑庭。彼以繁難勝，此以簡易勝；昔以蒸碾為工，今以炒製為工。然其色之鮮白，味之雋永，無假於穿鑿，是其製不法唐、宋之法，而法更精奇，有古人思慮所不到。而今始精備茶事，至此即陸羽復起，視其巧製，啜其清英，未有不爽然為之舞蹈者。故述國朝《茶說》十章，以補宋黃儒《茶錄》之後。

一之產

茶之所產，無處不有，而品之高下，鴻漸載之甚詳。然所詳者，為昔日之佳品矣，而今則更有佳者焉。若吳中虎丘者上，羅岕者次之，而天池、龍井、伏龍則又次之。新安松蘿者上，朗源滄溪次之，而黃山磻溪則又次之。彼武夷、雲霧、雁蕩、靈山諸茗，悉為今時之佳品。至金陵攝山所產，其品甚佳，僅僅數株，然不能多得。其餘杭浙等產，皆冒虎丘、天池之名，宣池等產，盡假松蘿之號。此亂真之品，不足珍賞者也。其真虎丘，色猶玉露，而泛時香味，若將放之橙花，此茶之所以為美。真松蘿出自僧大方所製，烹之色若綠筠，香若蘭蕙，味若甘露，雖經日而色、香、味竟如初烹而終不易。若泛時少頃而昏黑者，即為宣池偽品矣。試者不可不辨。又有六安之品，盡為僧房道院所珍賞，而文人墨士，則絕口不談矣。

二之造

採茶，應於清明之後，穀雨之前。俟其曙色將開，霧露未散之頃，每株視其中枝穎秀者取之。採至盈籝即歸，將芽薄鋪於地，命多工挑其筋脈，去其蒂杪。蓋存杪則易焦，留蒂則色赤故也。先將釜燒熱，每芽四兩作一次下釜，炒去草氣。以手急撥不停，睹其將熟，就釜內輕手揉捲，取起鋪於箕上，用扇扇冷。俟炒至十餘釜，總覆炒之。旋炒旋冷，如此五次。其茶碧綠，形如蠶鉤，斯成佳品。若出釜時而不以扇，其色未有不變者。又秋後所採之茶，名曰秋露白；初冬所採，名曰小陽春。其名既佳，其味亦美，製精不亞於春茗。若待日午陰雨之候，採不以時，造不如法，籝中熱氣相蒸，工力不遍，經宿後製，其葉會黃，品斯下矣。是茶之為物，一草木耳。其製作精微，火候之妙，有毫厘千里之差，非紙筆所能載者。故羽云："茶之臧否，存乎口訣"，斯言信矣。

三之色

茶色以白、以綠為佳，或黃或黑，失其神韻者，芽葉受奄之病也。善別茶者，若相士之視人氣色，輕清者上，重濁者下，瞭然在目，無容逃匿。若唐宋之茶，既經碾羅，復經蒸模，其色雖佳，決無今時之美。

四之香

茶有真香，無容矯揉。炒造時，草氣既去，香氣方全，在炒造得法耳。烹點之時，所謂"坐久不知香在室，開窗時有蝶飛來"。如是光景，此茶之真香也。少加造作，便失本真。遐想龍團金餅，雖極靡麗，安有如是清美？

五之味

茶貴甘潤，不貴苦澀，惟松蘿、虎丘所產者極佳，他產皆不及也。亦須烹點得應，若初烹輒飲，其味未出，而有水氣；泛久後嘗，其味失鮮，而有湯氣。試者先以水半注器中，次投茶入，然後溝注。視其茶湯相合，雲腳漸開，乳花溝面。少啜則清香芬美，稍益潤滑而味長，不覺甘露頓生於華池。或水火失候，器具不潔，真味因之而損，雖松蘿諸佳品，既遭此厄，亦不能獨全其天。至若一飲而盡，不可與言味矣。

六之湯

湯者，茶之司命，故候湯最難。未熟，則茶浮於上，謂之嬰兒湯，而香則不能出。過熟，則茶沉於下，謂之百壽湯，而味則多滯。善候湯者，必活火急扇，水面若乳珠，其聲若松濤，此正湯候也。余友吳潤卿，隱居秦淮，適情茶政，品泉有又新之奇，候湯得鴻漸之妙，可謂當今之絕技者也。

七之具

器具精潔，茶愈為之生色。用以金銀，雖云美麗，然貧賤之士，未必能具也。若今時姑蘇之錫注，時大彬之砂壺，汴梁之湯銚，湘妃竹之茶竈，宜、成窯之茶盞，高人詞客，賢士大夫，莫不為之珍重。即唐宋以來，茶具之精，未必有如斯之雅致。

八之侶

茶竈疏煙，松濤盈耳，獨烹獨啜，故自有一種樂趣，又不若與高人論道、詞客聊詩、黃冠談玄、緇衣講禪、知己論心、散人說鬼之為愈也。對此佳賓，躬為茗事，七碗下嚥而兩腋清風頓起矣。較之獨啜，更覺神怡。

九之飲

飲不以時為廢興，亦不以候為可否，無往而不得其應。若明窗淨几，花噴柳舒，飲於春也；涼亭水閣，松風蘿月，飲於夏也；金風玉露，蕉畔桐陰，飲於秋也；暖閣紅爐，梅開雪積，飲於冬也。僧房道院，飲何清也；山林泉石，飲何幽也；焚香鼓琴，飲何雅也；試水斗茗，飲何雄也；夢迴卷把，飲何美也。古鼎金甌，飲之富貴者也；瓷瓶窯盞，飲之清高者也。較之呼盧浮白之飲[4]，更勝一籌。即有"瓮中百斛金陵春，當不易吾爐頭七碗松蘿茗"。若夏興冬廢，醒棄醉索，此不知茗事者，不可與言飲也。

十之藏

茶性喜燥而惡濕，最難收藏。藏茶之家，每遇梅時，即以箬裹之②，其色未有不變者。由濕氣入於內，而藏之不得法也，雖用火時時溫焙，而免於失色者鮮矣。是善藏者，亦茶之急務，不可忽也。今藏茶當於未入梅時，將瓶預先烘暖，貯茶於中，加箬於上，仍用厚紙封固於外。次將大瓮一隻，下鋪穀灰一層，將瓶倒列於上，再用穀灰埋之。層灰層瓶，瓮口封固，貯於樓閣，濕氣不能入內。雖經黃梅，取出泛之，其色、香、味猶如新茗而色不變。藏茶之法，無愈於此。

注　釋

1 程幼輿搜補逸典，以艷其傳：指程幼輿補黃儒的《品茶要錄》。
2 道輔之《品》：指宋代黃儒的《品茶要錄》。
3 天都：此為黃山天都峯的略稱。黃山在歙縣西北，歷史上歙縣人一度流行以"天都"為歙縣代稱。
4 呼盧浮白："呼盧"，賭博之一種，借代為賭時的呼喊。"浮白"，即開懷暢飲。合指舉止粗魯，大吟大喝。

校　記

① 明黃龍德著：底本之前，原署作"明大城山樵黃龍德著"，另於下兩行，並列的還有"天都逸叟胡子衍訂"和"瓦全道人程輿校"二行，本書作編時刪改如上。
② 以箬裹之："裹"字，底本形誤作"裏"字，逕改。

品茶要錄補

◇明　程百二　編

程百二，原名程輿，字幼輿，號瓦全道人。自稱鄣郡人，《四庫全書總目提要》說是新安，指的即是徽州一帶。明萬曆時刻書家，生平事蹟不詳。他刻印的書籍，現存的有《程氏叢刊》九種：宋杜綰《雲林石譜》三卷，宋朱翼中《酒經》三卷，明袁宏道《觴政》一卷，唐王績《醉鄉記》一卷，宋黃儒《品茶要錄》一卷，明陸樹聲《茶寮記》一卷，自撰《品茶要錄補》一卷，明黃龍德《茶說》一卷，宋湯垕《畫鑑》一卷。此外，還另輯刊過《方輿勝略》十八卷，《外夷》六卷等。

本文之所以定名《品茶要錄補》，緣於程百二發現一直未為前人注意的宋代黃儒《品茶要錄》珍本，在決定將其收入"叢刊"時，又臨時從一些茶書中，雜抄了一些故事、傳說，編作一卷，附在《品茶要錄》之後。由於抄錄內容大多集中在當時新刊的如《茶董》、《茶董補》幾種茶書裏，所以本篇的價值，還不及《程氏叢刊》收錄《品茶要錄》和黃德龍《茶說》二書，使之能夠傳存下來的價值。

《程氏叢刊》刊印於萬曆四十三年（1615），本篇當編在此際或稍前。此次整理，以程百二自編自刻的這個版本為底本。

是錄為宋黃道輔[1]所輯，澹園焦夫子[2]已鑑定之，又何庸於補也。邇者目董玄宰[3]、陳眉公[4]讚夏茂卿[5]為茶之董狐[6]，不揣撮諸致之勝者，以公亟賞，如兀坐高齋，遊心羲皇。時披閱之，不惟清風生兩腋，端可為盡塵土腸胃矣。

鄣郡程百二幼輿氏識

山川異產①

劍南有蒙頂石花……而浮梁商貨不在焉。《國史補》

建州之北苑先春龍焙……岳陽之含膏冷。[7]

茶之別種

茶之別者……性溫而主疾。《本草》[8]

片散二類

凡茶有二類……總十一名。《文獻通考》[9]

御用茗目

上林第一　乙夜清供　承平雅玩　宜年寶玉　萬春銀葉　延年石乳　瓊林南

金　雲英雪葉　金錢玉華　玉葉長春　蜀葵寸金　政和曰“太平嘉瑞”，紹聖曰“南山應瑞”。

至性不移

凡種茶樹，必下子，移植則不復生。故俗聘婦，必以茶為禮，義固有所取也。《天中記》

畏香宜溫

藏茶宜箬葉而畏香藥[②]；喜溫燥而忌濕冷。故收藏之家，以蒻葉封裹入焙，三兩日一次。用火常如人體溫溫然，以御濕潤；若火多，則茶焦不可食。蔡襄《茶錄》

味辨浮沉

候湯最難，未熟則沫浮，過熟則茶沉[③]。前世謂之蟹眼者[④]，過熟湯也。況瓶中[⑤]煮之不可辨，故曰候湯最難。同上

輕身換骨

陶弘景《雜錄》：芳茶輕身換骨[⑥]，丹丘子、黃山君嘗服之。

潰悶常仰

劉琨，字越石。《與兄子南兗州刺史演書》曰：“吾體中潰悶，恆假真茶，汝可信致之[⑦]”。

腦痛服愈

隋文帝微時，夢神人易其腦骨，自爾腦痛。忽遇一僧云：“山中有茗草，服之當愈”。進士權紓讚曰：“窮《春秋》，演河圖，不如載茗一車”。

志崇三等

覺林院釋志崇，收茶三等。待客以驚雷莢，自奉以萱草帶，供佛以紫茸香。

高人愛惜

龍安有騎火茶，唐僧齊己詩：高人愛惜藏崖裏[⑧]，白甀封題寄火前。

芳茶可娛

張孟陽《登成都樓》詩云　（借問楊子舍）

甘露

新安王子為、豫章王子尚，詣曇濟道人於八公山。道人設茶茗，子尚味之曰：“此甘露也，為言茶茗。”

聖陽花

雙林大士為自往蒙頂結庵種茶。凡三年，得絕佳者，號聖陽花，持歸供獻。

龍團鳳髓

東坡嘗問……且盡盧仝七碗茶。10

久食益意思

華佗，字元化。《食論》云："苦茶久食，益意思。"又《神農食經》：荼茗宜久服，令人有力悅志。

嘗味少知音

王禹偁，字元之。《過陸羽茶井》⑨詩云："甃石苔封百尺深，試茶嘗味少知音⑩。惟餘半夜泉中月，留得先生一片心。"

蕃使亦有之

常魯使西蕃，烹茶帳中。蕃使問何物⑪？魯曰："滌煩消渴，所謂茶也。"蕃使曰："我亦有之。"命取出以示曰：此壽州者，此顧渚者，此蘄門者。

未遭陽侯之難

蕭衍子西豐侯蕭正德歸降。時元乂11⑫欲為設茗。先問卿於水厄多少，正德不曉乂意，答曰：下官生於水鄉，立身以來，未遭陽侯之難12。坐客大笑。

王濛水厄

晉司徒長史王濛，字仲祖，好飲茶，客至輒飲之。士大夫甚以為苦，每欲候濛，必云："今日有水厄。"

瀹茗必用山泉，次梅水。梅雨如膏，萬物滋生，其味獨甘。《仇池筆記》云：時雨13甘，潑煮茶，美而有益，梅後便劣。至雷雨最毒，令人霍亂。秋雨、冬雨俱能損人。雪水尤不宜，令肌肉消鑠⑬。為河水自西北建瓴而東，支流雜聚，何所為有。舟次無名泉，取之充用可耳。謂其源，從天上來，不減惠泉，未是定論。

余少侍家漢陽大夫，聆許文穆、汪司馬過談溪上。謂新安為水，以穎上為最，味超惠泉，令汲煮茶為毋雜烹點，慮奪水茶之韻。

近過考功趙高邑，值時雨如注。令銀鹿向荷池取蓮花葉上水，烹茶飲客，味品殊勝。

李大司徒，當玫瑰盛開時，令豎子清晨收花上露水煮茶，味似歐邏巴國人利西泰所製薔薇露。

蘇才翁與蔡君謨鬥茶，蔡用惠泉，蘇以天台竹瀝水勝之。不知對今日二公之水孰佳。

陶谷學士謂：湯者，茶之司命，水為急務。漫紀見聞數則，果為水厄耶？抑為茶知已耶？試參之。

茶厄

茶內投以果核及鹽、椒、薑、橙等物，皆茶厄也。至倪雲林點茶用糖，尤為可笑。

茶宴

錢起，字仲文。與趙莒茶宴，又嘗過長孫宅，與郎上人作茶會。

冰茶

逸人王休，每至冬時，取冰敲其精瑩者，煮建茶以奉客。《開元遺事》

素瓷芳氣

顏魯公《月夜啜茶聯句》："流華淨為骨，疏瀹滌心源。⑭素瓷傳靜夜，芳氣滿閒軒。"

玉塵香乳

楊萬里，號誠齋，《謝傅尚書茶》："遠餉新茗，當自攜大瓢，走汲溪泉，束澗底之散薪，燃折腳之石鼎。烹玉塵，啜香乳，以享天上故人之意。愧無胸中之書傳，但一味攪破菜園耳。"

名別茶荈

郭璞云："茶者，南方佳木，早取為茶，晚取為荈。"

茶須色、香、味三美具備：色以白為上，青綠次之，黃為下；香如蘭為上，如蠶豆花次之；味以甘為上，苦澀斯下矣。

怎得黃九[14]不窮

黃魯直論茶：建溪如割，雙井如霆，日鑄如絭。所著《煎茶賦》："洶洶乎如澗松之發清吹，皓皓乎如春空之行白雲。"一日以小龍團半鋌，題詩贈晁無咎："曲幾蒲團聽煮湯，煎成車聲繞羊腸。雞蘇胡麻留渴羌⑮，不應亂我官焙香。"東坡見之曰：黃九恁地怎得不窮？

以為上供

張舜民，號芸叟，云：有唐茶品，以陽羨為上供，建溪北苑未著也。貞元中，常袞為建州刺史，始蒸焙而研之，謂研膏茶。

白鶴茶

《岳陽風土記》：為肇所謂為湖之含膏也，今惟白鶴僧園有千餘本，一歲不過一二十兩。⑯

乳妖

吳僧文了，善烹茶。遊荊南，高保勉白於季興[15]⑰，延置紫雲庵，日試其藝，奏授華亭水大師〔上人〕⑱，目曰乳妖。

百碗不厭

唐大中三年，東都進一僧，年一百三十歲。宣宗問："服何藥致然？"對曰："臣少也賤，不知藥性，本好茶，至處惟茶是求，或飲百碗不厭。"因賜茶五十斤，令居保壽寺。

草木仙骨

丁晉公[16]言："嘗謂石乳出壑嶺斷崖缺石之間，蓋草木之仙骨。"又謂："鳳山高不百丈，無危峯絕崦，而岡阜環抱，氣勢柔秀，宜乎嘉植靈卉之所發也。"

茗飲酪奴

王肅仕南朝，好茗飲蓴羹。及還北地，又好羊肉酪漿。人或問之：茗何如酪？肅曰：茗不堪與酪為奴。

茶果素業

陸納為吳興太守時，衛將軍謝安常欲詣納。納兄子俶，怪納無所備，不敢問之，乃私蓄十數人饌。安既至，所設唯茶果而已。俶遂陳盛饌，珍羞必具。及安去，納杖俶四十，云：汝既不能光益叔父，奈何穢吾素業？

以茶代酒

吳韋為飲酒不過二升，孫皓初禮異，密賜茶荈以代酒。

嬌女

左思《嬌女詩》(吾家有嬌女)

茗賦

鮑昭為令暉，著《香茗賦》。

老姥鬻茗

晉元帝時，有老姥每旦獨提一器茗，往市鬻之。市人競買⑲，自旦至夕，其器不減。所得錢，散路傍孤貧乞人。

綠華紫英⑳

同昌公主，上每賜饌。其茶有綠華、紫英之號。

瓦盂盛茶

《晉四王起事》：惠帝蒙塵還洛陽，黃門以瓦盂盛茶上至尊。

茗祀獲錢

剡縣陳務妻……從是禱饋愈甚。[17]

苦荼羽化

壺居士《為忌》：苦荼久為羽化，與韭同食令人體重。

苦口師

謝氏論茶[18]曰："此丹丘之仙茶，勝為程之御荈。不止味同露液，白況霜華，豈可以酪蒼頭㉑，便應代酒從事。"杜牧之詩："山實東南秀㉒，茶稱瑞草魁。"皮日休詩："石盆煎皋盧。"曹鄴詩："劍外九華美。"施肩吾詩："茶為滌煩子，酒為忘憂君"。胡嶠詩："沾牙舊姓餘甘氏，破睡當封不夜侯。"陶彝[19]詩："生涼好喚雞蘇佛，回味宜稱橄欖仙。"皮光業[20]詩："未見甘心氏，先迎苦口師。"《清異錄》名森伯，又名晚甘侯。《為氏説楛》

松風桂雨㉓

李南金云："《茶經》以魚目、湧泉、連珠為為候，未若辨聲之易也。故為詩曰；'砌蟲唧唧萬蟬催，忽有千車捆載來。聽得松風並澗水，急呼縹色綠瓷杯。'"羅景綸為詩補之云："松風桂雨到來初，急引銅瓶離竹爐。待得聲聞俱寂後，一甌春雪勝醍醐。"《焦氏説楛》

在茶助風景

唐人以對花啜茶為殺風景，故王介甫詩："金谷看花莫漫煎"㉔，其意在花非在茶也。余則以金谷花前信不宜矣。若把一甌對山花，啜之當更助風景，又信何必羔兒酒也。《清紀》

好相

山谷云：相茶瓢與相邛竹同法，不欲肥而欲瘦，但須飽風霜耳。《清紀》[21]

茶夾銘

李卓吾曰："我老無朋，朝倚惟汝。世間清苦，誰能及予。逐日子飯，不辨幾鐘。每夕子酌，不問幾許。夙興夜寐，我願與子終始。子不姓湯，我不姓李。總之一味，清苦到底。"

從來談誇

茶如佳人，此論雖妙，但恐不宜山林間耳。昔蘇子瞻詩云："從來佳為似佳人"，曾茶山詩："移人尤物眾談誇"是也。若欲稱之山林，當如毛女麻姑，自然仙風道骨，不為霞可也。必若桃臉柳腰，宜亟屏之銷金帳中，無俗我泉石㉕。《清紀》

可喜

茶熟香清，有客到門；可喜鳥啼，花落無人，亦是悠然。《清紀》

茗戰

和凝在朝，率同列遞日以茶相飲，味劣者有罰，號為湯社。建人亦以鬥茶為茗戰。

《清紀》曰：則何益矣。茗戰有如酒兵，試妄言之，談空不若說鬼。

茶政

馮祭酒精於茶政，手自料滌，然後飲客，不經茶童之手。袁吏部謂："茶有真味，非甘苦也。"二公調同。欲空凡俗之味，一精賞論，一快躬操，俱有世外趣。適園[22]云："煎茶非漫浪，須要其人與茶品相得，故其法每傳於高流隱逸、有雲霞泉石，磊塊胸次間者。"

茶竈疏煙

竹風一陣，飄颺茶竈疏煙。梅月半彎，掩映書窮殘雪。真使人心骨俱冷，體氣欲仙。

祭酒湯睡庵，詠閒尋鹿跡。偶遊此乍聽，松風亦爽然。

樂天六班

白樂天入關，劉禹錫正病酒。禹錫乃饋菊苗虀、蘆菔鮓，換樂天六班茶二囊，煮以醒酒。

蘇廙十六湯品入夫品之佳者

第一得一湯……可建湯勛。

第七富貴湯……墨之不可捨膠。

第八秀碧湯……未之有也。

第九壓一湯……然勿與誇珍衒豪臭公子道。[23]

諺曰：茶瓶用瓦，如秉折腳駿登高，好事者幸志之。不入湯品，具於左：嬰湯二為百壽湯三；中湯四；斷脈湯五；大壯湯六；纏口湯十；減價湯十一；法律湯十二；一面湯十三；宵人湯十四；賊湯十五，一名賤湯；魔湯十六。

茗香

豆花棚下嗅雨，清矣茗香。蘆荻岸中御風，冷然挾纊。

水遞

唐李德裕任中書，愛飲無錫為山泉。自錫至京，置遞鋪，號水遞。有一僧謁見曰：相公欲飲惠山泉為當在京師為天觀常住庫後取。德裕大笑其荒唐，乃以惠山一罌，昊天一罌，雜以他水一罌，暗記之，遣僧辨析。僧為啜嚐，止取惠山、

昊天二罌。德裕大奇之，即停水遞。《鴻書》

茶名

紫筍顧渚，黃芽霍山，神泉東川，碧澗峽山，綠昌明劍南，明月寮㉖、茱萸寮峽州。

以上為昔日之佳品。垂今，則珍賞虎丘、松蘿、天池、龍井、羅岎、雲霧諸品勝也。

茶經要事

苦節君湘竹風爐，建城藏茶箬籠，湘筠焙焙茶箱，雲屯泉缶㉗，烏府盛炭籃，水曹滌器桶，鳴泉煮茶罐，品司編竹為籠收貯各品茶葉㉘，沉垢古茶洗，盆盈水勺，執權準茶秤，合香藏日支茶瓶以貯司品者，歸潔竹筅帚，用以滌壺，漉塵洗茶籃，商象古石鼎，遞火銅火斗㉙，降紅銅火筯，不用連索，團風㉚湘竹扇，注春茶壺，靜沸竹架，即《茶經》支腹，運鋒鑱果刀，啜香茶甌，受污㉛拭抹布，都統籠。陸羽置盛以上茶具。《王十岳山人集》

茶有九難

陸羽《茶經》言茶有九難：陰採夜焙，非造也；嚼味嗅香，非別也；膏薪庖炭㉜，非火也；飛湍壅潦，非水也；外熟內生，非炙也；碧粉縹塵，非末也；摻艱為遽㉝，非煮也；夏興冬廢，為飲也；膩鼎腥甌㉞，非器也。《升庵先生集》

茶訣

陸龜蒙自云嗜茶，作《品茶》一書，繼《茶經》、《茶訣》之後。龜蒙置茶園顧渚山下，歲取租茶，自判品第。自註云：《茶經》，陸季疵撰㉟，《茶訣》，釋皎然撰。疵即陸羽也；羽字鴻漸，季疵或其別字也。《茶訣》今不傳。予又見《事類賦注》，多引《茶譜》，今不見其書。《升庵先生集》

茶夾銘

程宣子曰：石筋山脈，鍾異於茶。馨含雪尺，秀起雷車。採之擷之，收英斂華。蘇蘭薪桂，雲液露芽。清風兩腋，玄浦盈涯。

茶譜

毛文錫《茶譜》云：茶樹如瓜蘆，葉如梔子，花如薔薇，實如栟櫚，蒂如丁香，根如胡桃。*24*

酒龍於茶何關韻殊勝

陸龜蒙《詠茶詩》："思量為海徐劉輩，枉向人間號酒龍。"北海謂孔融、徐邈及劉伶也。

張陸奇語

張又新《煎茶水記》：粉槍末旗，蘇蘭薪桂；陸羽《茶經》："育華救沸"；皆奇俊語。

荼茶

茶即古荼字也。《周詩》記荼苦[36]，《春秋》書齊荼，《漢志》書荼陵，至陸羽《茶經》、玉川《茶歌》、趙贊《茶禁》以後，遂以荼易茶。

澄碧似中泠

郡丞凌元孚，紀遊黃山云：芙蓉駐車，一望天都而下，諸峯盡在襟帶間。青龍潭巨石橫亙，其後為水潺潺出石罅中，下注潭底。其中積翠可摘，璀瓃奪目，欲染人衣。視之一蹄涔耳，以綆約之，深且倍尋。予乃新其名曰澄碧水際。盤石延邪數丈許，平衍如席，依然跏趺坐。亟取囊中松蘿茶，烹潭水共啖。味沖甘，酷似揚子中泠[37]，或謂過之。《黃海》

甘草癖

宣城何子華，邀客於剖金堂，慶新橙。酒半，出嘉陽嚴峻畫陸鴻漸像。子華因言："前世惑駿逸者為馬癖，泥貫索者為錢癖，耋於褒貶者為《左傳》癖。若此叟者，溺於茗事，將何以名其癖？"楊粹仲曰，"茶至珍，蓋未離乎草也。草中之甘，無出茶上者。宜追目陸氏為甘草癖。"

生成盞

沙門福全生於金鄉，長於茶海，能注湯幻茶，成一句詩，並點四甌，共一絕句，泛乎湯表。小小物類，唾手辦耳。檀越日造門求觀湯戲，全自詠曰："生成盞裏水丹青，巧畫工夫學不成。卻笑當時陸鴻漸，煎茶贏得好名聲。"

水豹囊

豹革為囊，風神呼吸之具也。煮茶啜之，可以滌滯思而起清風。每引此義，稱茶為"水豹囊"。《清異錄》

採茗遇仙

《神異記》：餘姚人虞洪入山採茗，遇一道士，牽三青牛，引洪至瀑布山曰："予丹丘子也。聞子善飲，常思見惠。山中有大茗可以相給。祈子他日有甌犧之餘，乞相遺也。"因立奠祀。

食脫粟飯茗

《晏子春秋》：嬰相齊景公時，食脫粟之飯，炙三戈、五卵、茗菜而已。

茶子

傅巽《七誨》："峘陽黃梨，巫山朱橘，南中茶子，西極石蜜。"茶子，觸處有之，而永昌者味佳。乃知古人已入文字品題矣。

所餘茶蘇

《藝術傳》：敦煌[38]人單道開，不畏寒暑，常服小石子。所服藥有松、桂、蜜之氣，所餘茶蘇而已。

療瘻

《枕中方》療積年瘻，苦茶、蜈蚣並炙，令香熟，等分搗篩，煮甘草湯洗，以末傅之。

小兒驚蹶

《孺子方》：療小兒無故驚蹶，以苦茶、蔥須煮服之。

茶效

人飲真茶，能止渴消食，除痰少睡，利水道，明目益思出《本草拾遺》，除煩去膩。人固不可一日無茶，然或有忌而不飲，每食已，輒以濃茶漱口，煩膩既去而脾胃不損。凡肉之在齒間者，得茶漱滌之，乃盡消縮，不覺脱去，不煩刺挑也，而齒性便苦，緣此漸堅密，蠹毒自已矣。然率用中下茶。坡仙集

擇果

茶有真香，有佳味，有正色。烹點之際，不宜以珍果香草雜之。奪其香者，松子、柑橙、蓮心、木瓜、梅花、茉莉、薔薇、木樨之類是也；奪其味者，牛乳、番桃、荔枝、圓眼、枇杷之類是也；奪其色者，柿餅、膠棗、火桃、楊梅、橙橘之類是也。凡飲佳茶，去果方覺清絕，雜之則無辨矣[39]。若欲用之，所宜核桃、榛子、瓜仁、杏仁、欖仁、栗子、雞頭、銀杏之類，或可用也。

論水

田子藝曰[25]：山下出泉，為蒙　也。物稚則天全，水稚則味全。

故鴻漸曰：山水上。其曰乳泉，石池慢流者，蒙之謂也。其曰瀑湧湍激者，則非蒙矣。故戒人勿食。

混混不舍，皆有神以主之，故天神引出萬物。而《漢書》三神，山岳其一也。

源泉必重，而泉之佳者尤重。餘杭徐隱翁嘗言[40]，以鳳皇為泉，較阿姥墩百花泉，便不及五泉[41]。可見仙源之勝矣。

山厚者泉厚，山奇者泉奇，山清者泉清，山幽者泉幽，皆佳品也。不厚則薄，不為則蠢，不清則濁，不幽則喧，必無佳泉。

泉非石出者，必不佳。故《楚辭》云：“飲石泉兮蔭松柏。”皇甫曾《送陸羽》詩：“幽期山寺遠，野飯石泉清。”梅堯臣《碧霄峯茗》詩：“蒸處石泉嘉”，又云：“小石冷泉留早味”。誠可為賞鑑者矣。

流遠則味淡，須為潭停蓄，以復其味，乃可食。

泉不流者，食之有害為《博物志》曰：山居之民多瘿腫疾，由於飲泉之不

流者。

《拾遺記》：蓬萊山冰水，飲者千歲。

《拾遺記》：蓬萊山沸水，飲者千歲，此又仙飲。《圖經》云：黃山舊名黟山，東峯下有朱砂湯泉，可點茗。春色微紅，此則自然之丹液也。

有黃金處，水必清；有明珠處，水必媚；有子鮒處，水必腥腐；有蛟龍處，水必洞黑。微惡不可不辯也[42]。

味美者曰甘泉，氣芳者曰香泉。所在間有之，亦能養人。然甘易而香難，未有香而不甘者也。

《拾遺記》：員嶠山北，甜水繞之，味甜如蜜。《十洲記》：元洲玄澗，水如蜜漿，飲之與天地相異。又曰：生洲之水，味如飴酪。

水中有丹者，不惟其味異常，而能延年卻疾。葛玄少時為臨沅令，此縣廖氏家世壽，疑其井水殊赤，乃試掘井左右，得古人埋丹砂數十為。

露者，陽氣勝而所散也。色濃為甘露，凝如脂，美如飴，一名膏露，一名天酒是也。

雪者，天地之積寒也。《氾勝書》：雪為五穀之精。《拾遺記》：穆王東至大攕之谷，西王母來進嵰州甜雪，是靈雪也。

雨者，陰陽之和，天地之施，水從雲下輔時生養者也。和風順雨，明雲甘雨。《拾遺記》："香雲遍潤，則成香雨"，皆靈雨也，固可食。若夫秋之暴雨[43]，及檐霤者，皆不可食。

揚子固江也，其南零則夾石渟淵，特入首品。若吳淞江，則水之最下者也，亦復入品，甚不可解。若杭之水，山泉以虎跑為最，龍井、真珠寺二泉亦甘。北山葛仙翁井水，食之味厚。城中之水，以吳山第一泉首稱。品之不若施公井、郭婆井，二水清冽可茶。若湖南近二橋中水，清晨取之，烹茶妙甚，無伺他求。養水取白石子入瓮，雖養其味，亦可澄水不淆。

煮茶得宜而飲非其人，猶汲乳泉以灌蒿萊，罪莫大焉。飲之者一吸而盡，不暇辨味，俗莫甚焉。

文火

顧況論茶云：煎以文火細煙，小鼎長泉。《茶錄》

茶神

竟陵僧有於水濱得嬰兒者，育為弟子。稍長，自筮遇蹇之漸，繇曰：鴻漸於陸，羽可用為儀。乃姓陸，字鴻漸，名羽。嗜茶，注《茶經》三篇，言茶之原、之法、之具尤備，天下益知為茶矣。時鬻茶者，陶羽以為茶神[44]。《陸羽傳》

茶品上中下

《茶經》云：茶，上者生爛石，中者生礫壤，下者生黃土。

縷金

茶之品莫貴於龍鳳團，凡八餅重一斤。慶曆間，蔡君謨為福建運使，始造小片龍茶。其品絕精，謂之小龍團，凡二十餅重一斤。其價直金二兩，然金可有而茶不可得。每因南郊致齋，中書樞密院各賜一餅，四人分之。宮人往往縷金其上，其貴重如此。《歸田錄》龍團始於丁晉公，成於蔡君謨。歐陽永叔嘆曰："君謨士人也，何至作此事？"

寒爐烹雪

五代鄭愚茶詩[45]　(嫩芽香且靈)

破樹驚雷

文書滿案惟生睡，夢裏鳴鳩喚雨來。乞得降魔大員鏡，真成破樹作驚雷。

茗粥

《茶錄》云[46]：茶，古不聞，晉宋以降，吳人採葉煮之，謂之茶茗粥。

仙人掌

李白詩集序云[47]　(荊州玉泉寺)

雲覆濛嶺

《東齋紀事》：蜀雅州蒙頂[48]產茶最佳，其生最晚，常在春夏之交方茶生。常有雲霧覆其上，若有神物護持之。

盧仝走筆

莫誇李白仙人掌，且作盧仝走筆章[26]。梅聖俞

毀茶論

常伯熊因陸羽論，復廣煮茶之功。李季卿宣諭江西，知伯熊善煮茶，召伯熊執器，季卿為再舉杯。至江南，有薦羽者，召之。羽衣野服，挈具入，季卿不為禮。茶畢，命取錢三十文，酬煎茶博士。羽愧之，更著《毀茶論》。《陸羽傳》[49]

斛二瘕

有人喜飲茶，飲至一斛二斗。一日過量，吐如牛肺一物。以茗澆之，容一斛二斗。客云：此名斛二瘕。《太平御覽》

茗飲

汲澗供煮茗，浣我雞黍腸。蕭然綠陰下，復此甘露嘗。愾彼俗中士，噂嗒聲利場。高情屬吾黨，茗飲安可忘。《謝幼槃》

辯煎茶水

贊皇公李德裕居廟廊，日有親知奉使於京口。李曰：還日，金山下揚子江南

零水，輿取一壺來。其人舉棹，日醉而忘之。泛舟上石城方憶，乃汲一瓶於江中，歸京獻之。李公飲後嘆訝非常，曰："江表水味，有異於頃歲矣，此水頗似建業石頭城下水。"其人謝過不隱。

煎茶辯候湯

李約，汧公子也，一生不近粉黛。性嗜茶，嘗曰：茶須緩火炙，活火煎。謂炭火之有焰者，當使湯無妄沸，庶可養茶。始則魚目散佈，微微有聲，中則四邊泉湧，纍纍連珠。終則騰波鼓浪，水氣全消，謂之老湯。三沸之法，非活火不能成也。《因話錄》[50]

清人樹

偽閩甘露堂前，有茶樹兩株婆娑，宮人呼清人樹。

張又新《煎茶水記》

元和九年春……遇有言茶者，即示之。[27]

歐陽修《大明水記》

世傳陸羽《茶經》其論水云……惟此說近物理云。[28]

注　釋

1 黃道輔：即黃儒。見宋《品茶要錄》題記。

2 焦夫子：即焦紘（1541－1620），明應天府江寧（今南京）人。字弱侯，號澹園。萬曆十七年殿試第一，授翰林修撰。二十五年主順天鄉試，遭誣貶福寧州同知，未幾棄官歸。與李卓吾善。博及羣書，精熟典章，工古文。有《澹園集》、《國朝獻徵錄》、《國史經籍志》、《焦氏筆乘》等。

3 董玄宰：即董其昌（1555－1636），明松江府華亭（今屬上海市）人。玄宰是其字，號思白，香光居士。萬曆十七年進士，授編修。天啟時，累官南京禮部尚書。以閹黨柄政，請告歸。工書精畫。卒謚文敏。有《畫禪室隨筆》、《容臺文集》、《畫旨》、《畫眼》等。

4 陳眉公：即陳繼儒。見明《茶話》題記。

5 夏茂卿：即夏樹芳。見明《茶董》題記。

6 董狐：春秋時晉國的史官，以寫史無所避忌，敢於秉筆直書名著於時，流芳後世。

7 此處刪節，見明代陳繼儒《茶董補》。

8 此處刪節，見明代陳繼儒《茶董補》。

9 此處刪節，見明代陳繼儒《茶董補》。

10 此處刪節，見明代夏樹芳《茶董》。

11 元叉（？－525）：北魏宗室，鮮卑族。字伯儁，小字夜叉。宣武帝時，拜員外郎。胡太后臨朝，以叉為妹夫，遷散騎常侍、尋遷侍中、總禁兵，自是專權。後孝明帝與胡太后合謀，先解其兵權，後殺之。

12 陽侯之難：典出《楚辭》屈原《九章 · 哀郢》："凌陽侯之泛濫兮，忽翺翔之焉薄"。上古傳説，凌陽國侯，其邑近水，溺水而死，變成水神，能興波作浪，以水為患。"陽侯之難"，即受水之難。

13 時雨："時"，舊時江浙一帶對黃梅季節的一種俗稱。王充《論衡 · 調時》："積日為月，積月為時，積時為年。"江南梅雨天氣，差不多一月，故也稱"時雨"。入梅，亦稱入時；出梅，稱出時。

14 黃九：即黃庭堅，兄弟輩排行第九，故親近者也有戲呼"黃九"之稱。

15 高保勉：高季興子。　季興：即高季興（858 － 928），五代時陝州硤石人，字貽孫。本名季昌，少為汴州賈人李讓家僮。後歸朱溫，溫建後梁，仕為宋州刺史、荊南節度使。因後梁日衰，季興阻兵自固，割據一方，史稱荊南國。後唐莊宗時，受封為南平王，故荊南又稱南平。後唐明宗立，攻之，不克，南平王又臣於吳，冊為秦王，在位五年。卒謚武信。

16 丁晉公：即丁謂，詳宋《北苑茶錄》題記。

17 此處刪節，見本書唐代陸羽《茶經 · 七之事》。

18 謝氏論茶："謝氏"，即謝宗。夏樹芳《茶董 · 丹丘仙品》，即錄有下二句"謝宗論茶"內容。

19 陶彝：宋陶穀（詳《茗荈錄》題記）的姪子。穀在《清異錄》中載："猶子彝年十二歲，予讀胡嶠茶詩，愛其新奇，令效法之，近晚成篇，有云'生涼好喚雞蘇佛，回味宜樂橄欖仙'"等云云。

20 皮光業：皮日休子，字文通。五代錢鏐辟為幕府，累署浙西節度推官，曾奉使於後梁。及吳越建國，拜丞相。卒年 67 歲，謚貞敬。

21 《清紀》：查古今圖書書目，不見此書名，不知為何書簡稱。此出處，程百二和內容一起，也是抄自他書。

22 適園：查無果。下面所錄材料，與陸樹聲《茶寮記 · 煎茶七類》、徐渭《煎茶七類》、高叔嗣《煎茶八要》內容同。但上述幾人甚至明以前都未見以適園為號或書室者。

23 此處刪節，見唐代蘇廙《十六湯品》。

24 此是對茶樹生物形態的描述，見於陸羽《茶經》，不見於宋以後各書中毛文錫《茶譜》的引文。即便毛文錫《茶譜》有載，也當是錄自陸羽《茶經》。

25 論水　田子藝曰："田子藝"為田藝衡的字。"論水"，當指《煮泉小品》，本題下的各條內容，均從《煮泉小品》中，零散輯錄和拼集組合有關資料而成，難以刪除，故保留。

26 此聯出自宋代梅堯臣《嘗茶和公儀》一詩。

27 此處刪節，見唐代張又新《煎茶水記》。

28 此處刪節，見宋代歐陽修《大明水記》，所刪文句與原文略有差異。

校　記

① 本文按黃儒《品茶要錄》體例，在每段輯引內容之前，均冠一小標題，有的是照錄原書，如本題《山川異產》，即連文帶題，均錄自陳繼儒《茶董補》。但多數為程百二所補加，哪些原有，哪些補加？不出校。

② 而畏香藥："藥"字，底本誤作"葉"，據蔡襄《茶錄》改。又本段引文，如首句"藏茶宜箬葉"，原書為"藏茶　茶宜箬葉"等，有幾處個別文字之不同，作引請查核《茶錄》原文。

③ 未熟則沫浮，過熟則茶沉："沫"字、"茶"字，底本均誤作"味"字，據《茶錄》原文改。

④ 蟹眼者："者"字，底本誤作"煮"，據《茶錄》改。

⑤ 況瓶中："況"字，蔡襄《茶錄》原文作"沉"字。

⑥ 《雜錄》：芳茶輕身換骨：《雜錄》，一作《新錄》；"芳茶"，《太平御覽》卷867引文作"茗茶"。

⑦ 恆假真茶，汝可信致之："恆假"底本作"常仰"；"信致"，底本作"置"。據《太平御覽》卷867引文改。

⑧ 高人愛惜藏崖裏："裏"字，底本形誤刊作"裹"字，逕改。

⑨ 《過陸羽茶井》：《全宋詩》題作《陸羽泉茶》。

⑩ 試茶嘗味少知音："茶"字，底本作"令"字，據《全宋詩》改。

⑪ 蕃使問何物："物"字，底本作"為"字，據《唐國史補》卷下改。

⑫ 元乂："乂"字，底本形誤作"義"，逕改。

⑬ 雪水尤不宜，令肌肉消鑠："尤"字，底本疑帶髒印成"龍"字狀，據文義定作尤。本句以上本條內容，似摘抄自《茶解·水》。

⑭ 流華淨肌骨，疏瀹滌心源：此為此聯句的第五句，也是顏真卿所聯唯一的一句。後句為陸士修所聯的最後一句。在顏、陸兩句之間，原文還有釋清晝所聯的"不似春醪醉，何辭綠菽繁"一句。此誤原出夏樹芳《茶董》，本文是條抄自《茶董》。

⑮ 雞蘇胡麻留渴羌："留"字，底本作"當"，據《宋詩鈔》改。

⑯ 上錄《岳陽風土記》內容，與原文不全同，係選摘。

⑰ 高保勉白於季興："白於"，底本無此二字，僅作"子"字。誤，高保勉為季興子，故據涵芬樓說郛本《清異錄》原文，改為"白於"。

⑱ 奏授華亭水大師上人：此句奏字前，《清異錄》還有"保勉父子呼為湯神"一句八字，底本省或脱。另底本也無"上人"二字，據《清異錄》原文補。

⑲ 市人競買："競"字，底本形誤作"兢"，逕改。

⑳ 綠華紫英：底本作"綠葉紫莖"，據《杜陽雜編》卷下"咸通九年"記載改。下同，不再出校。不過，有的《杜陽雜編》，也刊作了"綠葉紫莖"。

㉑ 豈可以酪蒼頭："以"字， 底本作"為"字，據有關引文改。

㉒ 山實東南秀："實"字，底本作"是"事，據《全唐詩》改。

㉓ 松風桂雨："桂"字，底本作"檜"。此段內容是《焦氏說楛》據羅大經《鶴林玉露》摘抄。"桂"字，也據《鶴林玉露》改。下同，不出校。

㉔ 金谷看花莫漫煎："看"字，底本原作"千"，據《王文公文集》卷41原詩改。

㉕ 無俗我泉石："無俗"，陸廷燦《續茶經》作"毋令污"。

㉖ 明月寮："寮"字，底本誤作"芳"字，逕改。

㉗ 泉缶：近出《中國古代茶葉全書》等本，誤排作"缶泉"。本文所謂《茶經要事》內容，與屠隆《茶箋·茶具》基本相同，但略有省簡。

㉘ 編竹為籠，收貯各品茶葉："籠"字，底本誤作"撞"；"茶葉"，底本倒作"葉茶"，據屠隆《茶箋》改。

㉙ 銅火斗："銅"字，底本誤作"相"字，據屠隆《茶箋》改。

㉚ 團風："團"字，本文底本誤作"國"字，據屠隆《茶箋》改。

㉛ 受污："受"字前，本文較《茶箋》省去"甘鈍"、"納敬"、"易持"及其註釋三物。在"受污"之後，較《茶箋》又多"都統籠"一器。
㉜ 膏薪庖炭：陸羽《茶經》在本句"膏"字前，以次為本文排在最後的"膻鼎腥甌，非器也。"本段內容雖全部轉引陸羽《茶經》，但開頭和"九難"排列稍異，註明和刪去，用字相差不多，故不作刪。
㉝ 摻艱攪遽："摻"字，陸羽《茶經》作"操"。
㉞ 膩鼎腥甌："膩"字，陸羽《茶經》作"膻"。
㉟ 季疵："疵"字，本文底本原均形訛作"庛"。下同，不出校。
㊱ 《周詩》記荼苦，"荼"字，底本原誤作"茶"，逕改。
㊲ 揚子中泠：本文底本，"揚"字作"楊"；"泠"字作"冷"。古時"揚子驛"，也書作"楊子"，但"泠"與"冷"此不能通。
㊳ 敦煌："煌"字，本文底稿原誤作"爀"，逕改。
㊴ 雜之則無辨矣："辨"字，底本大都書作"辯"。"辨"通"辯"，下同，不出校。
㊵ 餘杭徐隱翁嘗言："嘗言"，田藝蘅《煮泉小品》作"嘗為予言"。
㊶ 便不及五泉："泉"字，《煮泉小品》作"錢"。
㊷ 微惡不可不辯也："微"，底本作"嫰"，編改。《煮泉小品》，無微字。
㊸ 若夫秋之暴雨：《煮泉小品》原文為："若夫所行者，暴而霆者，旱而凍者，腥而墨者。"
㊹ 時鬻茶者，陶羽以為茶神：底本，在"陶"和"羽"字之間，還有一個"潛"字，衍，編時刪。
㊺ 五代鄭愚茶詩："鄭愚"，一作"鄭遨"。
㊻ 《茶錄》云：似應作唐楊華《膳夫經手錄》云。"茶，古不聞食之，近晉、宋以降，吳人捋其葉煮，是為茗粥"，是文獻中《膳夫經手錄》最先提及的。
㊼ 李白詩集序云：應是指李白《答族侄僧中孚贈玉泉仙人掌茶》詩序。
㊽ 雅州蒙頂：底本作"雅洲濛嶺"，《東齋記事》作"雅州之蒙頂"，據改。本段為據原文節選而成。
㊾ 《陸羽傳》：當指《新唐書·陸羽傳》，文字與《新唐書》義同但每句都略有出入。
㊿ 這段內容，底本註出《因話錄》。查《因話錄》原文，出入較大，似據夏樹芳《茶董·山林性嗜》摘抄而成。

茗史

◇明　萬邦寧　輯

萬邦寧，字惟咸，自號鬚頭陀。以竹林書屋為書室名。《四庫全書存目提要》稱其為天啟壬戌（二年，1622）進士，四川奉節（今重慶）人。但關於他的籍貫，他在書尾《贅言》中，又題作"甬上萬邦寧"，表明他又是鄞縣（今浙江寧波）人；兩地不知何是祖籍，何是其居住地。待考。

《茗史》，清乾隆年間編《四庫全書》時，傳存即不多，由江蘇巡撫採進。因《四庫全書》僅作存目未予收錄，至上世紀八十年代前，僅知南京圖書館獨存清抄本一冊。對於《茗史》，《四庫全書》在存目提要中指出："是書不載焙造、煎試諸法，惟雜採古今茗事，多從類書撮錄而成，未為博奧。"其實是撮錄《茶董》、《茶董補》等同類茶書。

本文撰寫日期，萬國鼎《茶書總目提要》推斷為"1630（崇禎三年）前後"。《中國古代茶葉全書》據萬邦寧《茗史小引》落款題"天啟元年（1621）二月"指出，"故知該書始自1620年，輯成於1621年"。說得都不準確。萬邦寧在《引言》中寫得清清楚楚，是書是在"辛酉春"，也即天啟元年（1621）春天"積雨凝寒"的幾天之中，從書"架上殘編一二品"裏"輒采"而成的。

本文只有南京圖書館收藏的清抄本一個版本，《續修四庫全書》和《中國古代茶葉全書》均是據南京圖書館藏本影印或校印。本文亦以南京圖書館抄本為底本，參校其他有關茶書引文和原書。

小引①

鬚頭陀邦寧，諦觀陸季疵《茶經》、蔡君謨《茶譜》②，而採擇收製之法、品泉嗜水之方咸備矣。後之高人韻士相繼而說茗者，更加詳焉。蘇子瞻云"從來佳茗似佳人"，言其媚也，程宣子云"香唎雪尺，秀起雷車"，美其清也，蘇廙著"十六湯"，造其玄也。然媚不如清，清不如玄，而茗之旨亦大矣哉。黃庭堅云："不慣腐儒湯餅腸"，則又不可與學究語也。余癖嗜茗，嘗艤舟接它泉，或抱瓮貯梅水。二三朋儕，羽客緇流，剝擊竹戶，聚話無生，余必躬治茗碗，以佐幽韻。固有"煙起茶鐺我自炊"之句。

時辛酉春，積雨凝寒，偃然無事，偶讀架上殘編一二品，凡及茗事而有奇致者，輒采焉，題曰《茗史》，以紀異也。此亦一種閒情，固成一種閒書。若令世間忙人見之，必攢眉俯首，擲地而去矣。誰知清涼散，止點得熱腸漢子，醍醐汁，止灌得有緣頂門，豈能盡怕河眾而皆度耶？但願蔡、陸兩先生千載有知，起而曰：“此子能閒，此子知茗。”或授我以博士錢三十文，未可知也。復願世間好心人，共證《茗史》，並下三十棒喝，使鬚頭陀無愧。

天啟元年閏二月望日萬邦寧惟咸撰

惟咸著《茗史》，羽翼陸《經》，鼓吹蔡《譜》，發揚幽韻，流播異聞，可謂善得水交茗戰之趣矣。浸假而鴻漸再來，必稱千古知己；君謨重遘，詎非一代陽秋乎？

點茶僧圓後識

茗史評

惟咸有茗好，纔涉荈葮嘉話，輒裒綴成編。腹中無塵，吻中有味，腕中能採，遂足情致。置一部几上，取佐清談，不待乳浮鐺沸，已兩腋習習生風，何復須縹醪酒水晶鹽。

崙海董大晟題

茗，仙品也，品品者亦自有品。固雲林市朝，品殊不齊，醲鮮清苦，品品政自有別。惟咸鍾傲煙蘿，寄情篇什，饒度世輕，舉志深知茗理，精於點瀹世外品也。爰製《茗史》，摭其奇而抉其奧，用為枕石漱流者助。余謂即等鴻漸之《經》、君謨之《譜》，奚其軒輊。

社弟李德述評

《茗史》之作，千古餘清，不第為鴻漸功臣已也。且韻語正不在多，可無求備，佳敘閒情，逸韻飄然雲霞間，想使史中諸公讀一過，沁發茶腸，當不第七甌而止。

全天駿

茗品代不乏人，茗書家自有製。吾友惟咸，既文既博，亦玄亦史，常令茶煙繞竹，龍團泛甌，一啜清談，以助玄賞，深得茗中三昧者也。因築古之諸茗家，或精或幻，或癖或奇，彙成一編。俾風人韻士，了然寓目，不逮於今懼濫觴也。君其泠泠仙骨，翩翩俊雅，非品之高，烏為書之潔也哉。屠豳叟著《茗笈》，更不可無《茗史》。披閱並陳，允矣雙璧。

友弟蔡起白

夫史以紀載實事，補綴缺遺。茗何以有史也？蓋惟咸嗜好幽潔，尤愛煮茗，故彙集茗話，靡事不載，靡缺不補，實寫自己沖襟，表前人逸韻耳。名之曰史有以哉。昔仙人掌茶一事，述自青蓮居士，發自中孚衲子，以故得傳，今惟咸著史於茲鼎足矣。

社弟李　桐封若甫

卷上③

收茶三等

覺林院志崇，收茶三等。待客以驚雷莢，自奉以萱草帶，供佛以紫茸香。蓋最上以供佛，而最下以自奉也。客赴茶者，皆以油囊盛餘瀝而歸。

換茶醒酒

樂天方入關，劉禹錫正病酒。禹錫乃餽菊苗虀、蘆菔鮓，取樂天六斑茶二囊，炙以醒酒。

縛奴投火

陸鴻漸採越江茶，使小奴子看焙。奴失睡，茶燋爍。鴻漸怒，以鐵繩縛奴，投火中。《蠻甌志》

都統籠

陸鴻漸嘗為茶論，說茶之功效並煎炙之法；造茶具二十四事，以都統籠貯之。遠近傾慕④，好事者家藏一副。

漏卮

王肅初入魏，不食羊肉酪漿⑤，常飯鯽魚羹，渴飲茶汁。京師士子見肅一飲一斗，號為漏卮。後與高祖會，食羊肉酪粥，高祖怪問之。對曰："羊是陸產之最，魚是水族之長，所好不同，並各稱珍。羊比齊魯大邦，魚比邾莒小國，惟茗與酪作奴。"高祖大笑，因此號茗飲為酪奴。

載茗一車

隋文帝微時，夢神人易其腦骨。自爾腦痛。忽遇一僧云："山中有茗草，煮而飲之，當愈。"服之有效。由是人競採掇，讚其略曰：窮春秋，演河圖，不如載茗一車。

湯社

五代時，魯公和凝，字成績，率同列遞日以茶相飲，味劣者有罰，號為湯社。

石巖白

蔡襄善別茶。建安能仁院有茶，生石縫間，僧採造得茶八餅，號石巖白。以四餅遺蔡，以四餅密遣人走京師，遺王內翰禹玉[1]。歲餘，蔡被召還闕，訪禹玉。禹玉命子弟於茶笥中選精品者以待蔡。蔡捧甌未嘗，輒曰："此極似能仁石巖白，公何以得之？"禹玉未信，索貼驗之，乃服。

斛茗瘕

桓宣武有一督將，因時行病後虛熱，便能飲複茗，必一斛二斗乃飽，裁減升合，便以為大不足。後有客造之，更進五升，乃大吐。有一物出，如斗大，有口形，質縮縐，狀似牛肚。客乃令置之於盆中，以斛二斗複茗澆之，此物噏之都盡而止。覺小脹，又增五升，便悉混然從口中湧出。既吐此物，病遂瘥。或問之此何病？答曰：此病名斛茗瘕。

老姥鬻茗

晉元帝時，有老姥每日擎一器茗往市鬻之，市人競買，自旦至暮，其器不減，所得錢散路傍孤貧乞人。人或執而繫之於獄，夜擎所賣茗器，自牖飛出。

漁童樵青

唐肅宗賜高士張志和奴、婢各一人，志和配為夫婦，名之曰漁童、樵青。人問其故，答曰：漁童使捧釣收綸，蘆中鼓枻；樵青使蘇蘭薪桂，竹裏煎茶。

胡鉸釘

胡生者以鉸釘為業，居近白蘋洲，傍有古墳，每因茶飲，必奠酹之。忽夢一人謂之曰：“吾姓柳，平生善為詩而嗜茗，感子茶茗之惠，無以為報，欲教子為詩。”胡生辭以不能，柳強之曰：“但率子意言之，當有致矣。”生後遂工詩焉，時人謂之胡鉸釘詩。柳當是柳惲也。

茶茗甘露

新安王子鸞、豫章王子尚詣曇濟上人於八公山。濟設茶茗，尚味之曰：“此甘露也，何言茶茗。”

三戈五卵

《晏子春秋》：嬰相齊景公時，食脱粟之飯，炙三戈五卵茗菜而已。

景仁茶器

司馬溫公偕范蜀公游嵩山，各攜茶往。溫公以紙為貼，蜀公盛以小黑合。溫公見之驚曰：景仁乃有茶器。蜀公聞其言，遂留合與寺僧。《邵氏聞見錄》云：溫公與范景仁共登嵩頂，由轘轅道至龍門，涉伊水，坐香山憩石，臨八節灘，多有詩什。攜茶登覽，當在此時。

真茶

劉琨字越石，與兄子南兗州刺史演書云：吾體中潰悶，常仰真茶，汝可致之。

大茗

餘姚人虞洪，入山採茗。遇一道士，牽三青牛，引洪至瀑布山，曰：“吾丹丘子也，聞子善具飲，常思見惠，山中有大茗可以相給，祈子他日有甌犧之餘，乞相遺也。”洪因祀之，獲大茗焉。

獠風

瀘州有茶樹，夷獠常攜瓢置側，登樹採摘。芽葉必先啣於口中，其味極佳，辛而性熱。彼人云：飲之療風。

益蠶

江浙間養蠶，皆以鹽藏其繭而繰絲，恐蠶蛾之生也。每繰畢，煎茶葉為汁，搗米粉搜之篩於茶汁中，煮為粥，謂之洗甌粥，聚族以啜之，謂益明年之蠶。

入山採茗

晉孝武世，宣城人秦精，常入武昌山採茗。忽見一人，身長一丈，遍體生毛。率其腰至山曲聚茗處⑥，放之便去。須臾復來，乃探懷中橘與精。甚怖，負茗而歸。

趙贊[2]典稅

唐貞元，趙贊典茶稅，而張滂[3]繼之。長慶初，王播[4]又增其數。大中裴休[5]立十二條之利。

張滂請稅

貞元中⑦，先是鹽鐵張滂奏請稅茶，以待水旱之闕賦。詔曰可。是歲，得錢四十萬。

鄭注[6]榷法

鄭注為榷茶法，詔王涯[7]為榷茶使，益變茶法，益其稅以濟用度，下益困。

甌犧之費

陸龜蒙魯望，嗜茶荈，置小苑於顧渚山下。歲嗜茶入薄為甌犧之費，自為品第書一篇，繼《茶經》、《茶訣》。

雪水烹茶

陶穀買得党太尉故妓，取雪水烹團茶，謂妓曰：“党家應不識此。”妓曰：“彼粗人安得有此。但能銷金帳中淺斟低唱，飲羊羔兒酒。”陶愧其言。

榷茶

張詠令崇陽，民以茶為業。公曰：“茶利厚，官將榷之。”命拔茶以植桑，民以為苦。其後榷茶，他縣皆失業，而崇陽之桑已成。其為政知所先後如此。

七奠

桓溫為揚州牧，性儉，每讌飲，唯下七奠柈茶果而已。

好慕水厄

晉時給事中劉縞，慕王肅之風，專習茗飲。彭城王謂縞曰："卿不慕王侯八珍，好蒼頭水厄，海上有逐臭之夫，里內有學顰之婦，卿即是也。"

靈泉供造

湖州長洲縣啄木嶺金沙泉……無沾金沙者。[8]

官焙香

黃魯直一日以小龍團半鋌，題詩贈晁無咎⑧："曲兀⑨蒲團聽煮湯，煎成車聲繞羊腸⑩。雞蘇胡麻留渴羌，不應亂我官焙香。"東坡見之曰："黃九[9]怎得不窮。"

蘇蔡鬥茶

蘇才翁與蔡君謨鬥茶，蔡用惠山泉，蘇茶小劣，用竹瀝水煎，遂能取勝。竹瀝水，天台泉名。

品題風味

杭妓周韶有詩名，好畜奇茗，嘗與蔡君謨鬥勝，品題風味，君謨屈焉。

嗽茗孤吟

宋僧文瑩[10]，博學攻詩，多與達人墨士相賓。主堂前種竹數竿，畜鶴一隻，遇月明風清，則倚竹調鶴，嗽茗孤。

吾與點也

劉曄嘗與劉筠飲茶。問左右："湯滾也未？"眾曰："已滾。"筠曰："僉曰鯀哉。"曄應聲曰："吾與點也。"

清泉白石

倪元鎮[11]，性好潔，閣前置梧石，日令人洗拭。又好飲茶，在惠山中用核桃、松子肉和真粉成小塊如石狀，置茶中，名曰清泉白石茶。

茶庵

盧廷璧嗜茶成癖，號曰茶庵。嘗畜元僧詎可庭茶具十事，時具衣冠拜之。

香茶

江參，字貫道，江南人，形貌清癯，嗜香茶以為生。

殺風景

唐李義府[12]，以對花啜茶為殺風景。

陽侯難

侍中元叉為蕭正德設茗，先問："卿於水厄多少？"正德不曉叉意，答："下官雖生水鄉，立身以來，未遭陽侯之難。”舉座大笑。

清香滑熱

李白云……人人壽也。[13]

仙人掌茶

李白遊金陵，見宗僧中孚示以茶數十片，狀如手掌，號仙人掌茶。

敲冰煮茶

逸人王休，居太白山下，日與僧道異人往還。每至冬時，取溪冰敲其精瑩者，煮建茗共賓客飲之。

鋌子茶

顯德初，大理徐恪嘗以龍團鋌子茶貽陶穀，茶面印文曰“玉蟬膏”。又一種曰“清風使”。

他人煎炒

熙寧中，賈青字春卿，為福建轉運使，取小龍團之精者，為密雲龍。自玉食外，戚里貴近丐賜尤繁。宣仁一日慨嘆曰：建州今後不得造密雲龍，受他人之煎炒不得也。此語頗傳播縉紳。

卷下⑪

滌煩療渴

党魯使西蕃，烹茶帳中，謂蕃人曰：“滌煩療渴，所謂茶也。”蕃人曰：“我此亦有。”命取以出，指曰：“此壽州者，此顧渚者，此蘄門者。”

水厄

晉王濛，好飲茶，人至輒命飲之，士大夫皆患之。每欲往，必云“今日有水厄”。

伯熊善茶

陸羽著《茶經》，常伯熊復著論而推廣之。李季卿宣慰江南，至臨淮，知伯熊善茶，乃請伯熊。伯熊著黃帔衫、烏紗幘，手執茶器，口通茶名，區分指點，左右刮目。茶熟，李為歠兩杯。既到江外，復請鴻漸。鴻漸衣野服，隨茶具而入，如伯熊故事。茶畢，季卿命取錢三十文酬博士。鴻漸夙遊江介，通狎勝流，遂收茶錢茶具，雀躍而出，旁若無人。

玩茗

茶可於口，墨可於目。蔡君謨老病不能飲，則烹而玩之。

素業

陸納為吳興太守時，衛將軍謝安嘗欲詣納。納兄子俶怪納無所備，不敢問，乃私為具。安既至，納所設唯茶果而已，俶遂陳盛饌，珍羞畢具。及安去，納杖俶四十。云："汝既不能光益叔父，奈何穢吾素業。"

密賜茶茗[12]

孫皓每宴席，飲無能否，每率以七升為限，雖不悉入口，澆灌取盡。韋曜飲酒不過二升，初見禮異，密賜茶茗以當酒。至於寵衰，更見逼強，輒以為罪。

獲錢十萬

剡縣陳務妻，少寡，與二子同居。好飲茶，家有古塚，每飲必先祀之。二子欲掘之，母止之。但夢人致感云："吾雖潛朽壤，豈忘翳桑之報。"及曉，於庭中獲錢十萬，似久埋者，惟貫新耳。

南零水

御史李季卿刺湖州，至維揚，逢陸處士。李素熟陸名，即有傾蓋之雅。因之，赴郡抵揚子驛，將飲，李曰："陸君善於茶，蓋天下聞名矣，況揚子南零水又殊絕，可命軍士深詣南零取水。"俄而水至，陸曰："非南零者。"既而傾諸盆，至半，遽曰："止，是南零矣。"使者大駭曰："某自南零齎至岸，舟蕩覆半，挹岸水增之，處士神鑒，其敢隱焉。"李與賓從皆大駭愕，李因問歷處之水。陸曰："楚水第一，晉水最下。"因命筆口授而次第之。

德宗煎茶

唐德宗，好煎茶加酥、椒之類。

金地茶

西域僧金地藏，所植名金地茶，出煙霞雲霧之中，與地上產者，其味夐絕。

殿茶

翰林學士，春晚人困，則日賜成象殿茶。

大小龍茶

大小龍茶，始於丁晉公而成於蔡君謨。歐陽永叔聞君謨進龍團，驚歎曰："君謨士人也，何至作此事。"今年閩中監司乞進鬥茶，許之；故其詩云："武夷谿邊粟粒芽，前丁後蔡相籠加。爭買龍團各出意[13]，今年鬥品充官茶。"則知始作俑者，大可罪也。

茶神

鬻茶者，陶羽形置煬突間，祀為茶神。沽茗不利，輒灌注之。

為熱為冷

任瞻，字育長。少時有令名，自過江失志，既下飲，問人云："此為茶、為茗？"覺人有怪色，乃自申明曰："向問飲為熱為冷耳。"

卍字

東坡以茶供五百羅漢，每甌現一卍字。

乳妖

吳僧文了善烹茶，游荊南高季興，延置紫雲庵，日試其藝，奏授華亭水大師，目曰乳妖。

李約嗜茶

李約性嗜茶，客至不限甌數，竟日爇火執器不倦。曾奉使至陝州硤石縣東，愛渠水清流，旬日忘發。

玉茸

偽唐徐履，掌建陽茶局。涕復治海陵鹽政鹽檢，烹煉之亭，榜曰金鹵。履聞之，潔敞焙舍，命曰玉茸。

茗戰

孫可之送茶與焦刑部，建陽丹山碧水之鄉，月澗雲龕之品，慎勿賤用之。時以鬥茶為茗戰。

茶會

錢仲文與趙莒茶宴，又嘗過長孫宅，與郎上人作茶會。

龍坡仙子

開寶初，竇儀以新茶餉客，奩面標曰"龍坡山子茶"。

苦口師

皮光業最耽茗飲。中表請嘗新柑，筵具甚豐，簪紱藂集。纔至，未顧樽罍而呼茶甚急。徑進一巨觥，題詩曰："未見甘心氏，先迎苦口師。"眾噱曰："此師固清高，難以療饑也"。

龍鳳團

歐陽永叔云……至今藏之。[14]

甘草癖

宣城何子華……一坐稱佳。[15]

結菴種茶

雙林大士，自往蒙頂結菴種茶。凡三年，得絕佳者，號聖陽花、吉祥蕊各五斤，持歸供獻。

攬破菜園

楊廷秀《謝傅尚書茶》：遠餉新茗，當自攜大瓢，走汲溪泉，束澗底之散薪，燃折腳之石鼎。烹玉塵，啜香乳，以享天上故人之意。愧無胸中之書傳，但一味攪破菜園耳。

御史茶瓶

會昌初，監察御史鄭路，有兵察廳掌茶。茶必市蜀之佳者，貯於陶器，以防暑濕。御史躬親監啟，謂之"御史茶瓶"。

湯戲

饌茶而幻出物象於湯面者，茶匠通神之藝也。沙門福全，長於茶海，能注湯幻茶成將詩一句。並點四甌，共一絕句，泛乎湯表。檀越日造其門求觀湯戲。"

百碗不厭

唐大中三年，東都進一僧，年一百三十歲。宣宗問："服何藥致然？"對曰："臣少也賤，不知藥性，本好茶，至處惟茶是求，或飲百碗不厭。"因賜茶五十斤，令居保壽寺。

恨帝未嘗

《杜鴻漸與楊祭酒書》云：顧渚山中紫筍茶兩片，一片上太夫人，一片充昆弟同歠。此物但恨帝未得嘗，實所歎息。

天柱峯茶

有人授舒州牧……眾服其廣識。[16]

進茶萬兩

御史大夫李栖筠，宋貞一。按義興山僧有獻佳茗者，會客嘗之，芬香甘辣冠於他境，以為可薦於上，始進茶萬兩。

練囊

韓晉公滉，聞奉天之難，以夾練囊緘茶末，遣使健步以進。

漸兒所為

竟陵大師積公嗜茶，非羽供事不鄉口。羽出遊江湖四五載，師絕於茶味。代宗聞之，召入供奉，命宮人善茶者餉師，師一啜而罷。帝疑其詐，私訪羽召入。翼日，賜師齋，密令羽煎茶。師捧甌，喜動顏色，且賞且啜，曰："有若漸兒所為也。”帝由是歎師知茶，出羽見之。

麒麟草

元和時，館閣湯飲待學士，煎麒麟草。

白蛇啣子

義興南岳寺，有真珠泉。稠錫禪師嘗飲之，曰此泉烹桐廬茶，不亦可乎！未幾，有白蛇銜子墮寺前，由此滋蔓，茶味倍佳。土人重之。

山號大恩

藩鎮潘仁恭，禁南方茶，自擷山為茶，號山曰大恩，以邀利。

自潑湯茶

杜豳公悰，位極人臣，嘗與同列言，平生不稱意有三：其一為澧州刺史；其二貶司農卿；其三自西川移鎮廣陵。舟次瞿唐，為駭浪所驚，左右呼喚不至。渴甚，自潑湯茶喫也。

止受一串

陸贄，字敬輿。張鎰餉錢百萬，止受茶一串，曰：敢不承公之賜。

綠葉紫莖

同昌公主，上每賜饌，其茶有綠葉紫莖之號。

三昧

蘇廙作《仙芽傳》，載《作湯十六法》：以老嫩言者，凡三品；以緩急言者，凡三品；以器標者，共五品；以薪論者，共五品。陶穀謂："湯者，茶之司命"，此言最得三昧。

茗史贅言

鬚頭陀曰：展卷須明窗淨几，心神怡曠，與史中名士宛然相對，勿生怠我慢心，則清趣自饒。得趣

代枕、挾刺、覆瓿、粘窗、指痕、汗跡、墨瘕，最是惡趣。昔司馬溫公讀書獨樂園中，翻閱未竟，雖有急務，必待卷束整齊，然後得起。其愛護如此，千亟萬軸，至老皆新，若未觸手者。愛護

聞前人平生有三願，以讀盡世間好書為第二願。然此固不敢以好書自居，而游藝之暇，亦可以當鼓吹。靜對

朱紫陽云：漠吳恢欲殺青以寫漢書，晁以道欲得公穀傳，遍求無之。後獲一本，方得寫傳。余竊慕之，不敢秘焉。廣傳奇正幻癖，凡可省目者悉載。鮮韻致者，亦不盡錄。削蔓

客有問於余曰，云何不入詩詞？恐傷濫也。客又問云，何不紀點瀹？懼難盡也。客曰然。客辯

獨坐竹窗，寒如剝膚，眠食之餘，偶於架上殘編寸褚，信手拈來，觸目輒書，因記代無次。隨喜

印必精簾，裝必嚴麗。精嚴

文人韻士，泛賞登眺，必具清供，願以是編共作藥籠之備。資遊

贅言凡九品，題於竹林書屋。

甬上萬邦寧惟咸氏

注　釋

1 王內翰禹玉：即王珪（1019－1085），北宋華陽（今四川雙流）人。慶曆二年進士，慶曆六年召試，授太子中允，官翰林學士兼侍讀。

2 唐德宗建中三年（782）納趙贊議，徵收茶稅，於興元元年（784）終止。復於貞元九年（793）准張滂所奏重課。

3 張滂（725－800）：唐貝州清河人。字孟博。代宗大曆初，以大理司直充河運使判官。十四年，改庫部員外郎，充監倉庫使。貞元八年，遷戶部侍郎兼諸道鹽鐵轉運使。

4 王播（759－830）：字明揚。貞元進士，曾任鹽鐵轉運使。長慶二年，出任淮南節度使，復任鹽鐵轉運使。

5 裴休（？－約 860）：唐孟州濟源（今河南濟源）人。字公美，穆宗長慶時進士，能文善書，宣宗大中時，累除兵部侍郎，充諸道鹽鐵轉運使。六年，拜同中書門下平章事、中書侍郎。時漕法大壞，休著新法十條，又立稅茶十二法，人以為便。

6 鄭注（？－835）：唐絳州翼城人，本姓魚，後改姓鄭，時號魚鄭。初以醫術交結襄陽節度使，任為節度衙推，復為監軍賞識，薦於文宗進榷茶法為富民之術。

7 王涯（？－835）：字廣津，唐太原人。貞元進士，初為藍田尉，召充翰林學士，拜右拾遺。穆宗時，任劍南東川節度使，後又任鹽鐵轉運使、江南榷茶使。文宗時，封代國公，拜司空，仍兼領江南榷茶使。

8 此處刪節，見明代陳繼儒《茶董補》。

9 黃九：即黃庭堅，“九”為其弟兄排行。

10 文瑩：吳郡（今江蘇蘇州）高僧，多聞博識，通宗明教。有《湘山野錄》行世。

11 倪元鎮：即倪瓚（1301－1374），元明間常州無錫（今江蘇無錫）人，《明史》有傳。

12 李義府（614－666）：唐瀛州饒陽（今河北饒陽）人，遷居永泰。善屬文，太宗時以對策入第，授門下省典儀。以文翰見知。與許敬宗等支持立武后，擢拜中書侍郎，同中書門下三品，累官至吏部尚書。貌狀溫公，而褊忌陰賊，時人號為“笑中刀”。後以罪流巂州，憤而卒。

13 此處刪節，見明代夏樹芳《茶董・還童振枯》。

14 此處刪節，見明代夏樹芳《茶董・珍賜一餅》。

15 此處刪節，見明代夏樹芳《茶董・甘草癖》。

16 此處刪節，見明代夏樹芳《茶董・天柱峯數角》。

校記

① 底本作“《茗史》小引”。
② 茶譜：“譜”字，當為“錄”之誤。下同，不再出校。
③ 卷上：底本作“《茗史》卷上”。
④ 頃慕：“頃”字，原誤作“领”，據《封氏聞見記》改。
⑤ 不食：“不”字，原誤作“好”字，據《洛陽伽藍記》卷2“報德寺”改。
⑥ 山曲聚茗處：“聚”字，疑“蘽”之誤，參見陸羽《茶經·八之事》。
⑦ 貞元：“貞”字，原音誤作“正”，逕改。
⑧ 晁無咎：“晁”字，原音誤作“趙”字，逕改。
⑨ 曲兀：“兀”字，《宋詩鈔》，也作“几”字。
⑩ 羊腸：“羊”字，原作“芊”字，此據《宋詩鈔》改。
⑪ 卷下：原作“《茗史》卷下”。
⑫ 密賜茶茗：“賜”字，原誤刊作“賜”字，逕改。下同，不出校。
⑬ 爭買龍團：《全宋詩》作“爭新買寵”。

竹嬾茶衡

◇明　李日華　撰

李日華（1565－1635），明檇李（今浙江嘉興）人，字君實，號竹嬾，又號九疑；尚道，還自號“道人”。萬曆二十年（1592）進士，由九江推官，授西華縣知縣，崇禎元年，遷太僕寺少卿。為人恬淡仕進，與物無忤。工書畫，精鑑賞。其畫評文精言要，有“博物君子”之譽。著述甚豐，詩亦纖艷可喜。主要著作有《恬致堂集》、《檇李叢書》、《官制備考》、《紫桃軒雜綴》、《紫桃軒又綴》、《六研齋筆記》等。

《竹嬾茶衡》，收在《紫桃軒雜綴》一書，是一篇評述明末江東各地名茶的文字。陸廷燦在其所撰《續茶經·九之略》中，將《竹嬾茶衡》第一次和陸羽《茶經》等書一起，列進中國古代的“茶事著述名目”。之後，在萬國鼎的《茶書總目提要》和《中國古代茶葉全書·存目茶書》中，也都提及是書。

本書以明刊李日華《紫桃軒雜綴》的《竹嬾茶衡》作錄，以清康熙《李君實雜著·竹嬾茶衡》和《説郛續》本、民國《國學珍本文庫》本等作校。

《竹嬾茶衡》曰：處處茶皆有自然勝處，未暇悉品，姑據近道日御者。虎丘氣芳而味薄，乍入碗，菁英浮動，鼻端拂拂，如蘭初拆，經喉吻亦快然，然必惠麓水，甘醇足佐其寡①。龍井味極腆厚，色如淡金，氣亦沈寂，而咀啖②之久，鮮腴潮舌，又必藉虎跑，空寒熨齒之泉發之，然後飲者領雋永之滋，而無昏滯之恨耳。

天目清而不醨，苦而不螫，正堪與緇流漱滌。筍蕨石瀨則太寒儉，野人之飲耳。松蘿極精者，方堪入供，亦濃辣有餘，甘芳不足，恰如多財賈人，縱復蘊藉，不免作蒜酪氣。

顧渚，前朝名品。正以採摘初芽加之法製，所謂罄一畝之入，僅充半環[1]；取精之多，自然擅妙也。今碌碌諸葉茶中，無殊菜瀋[2]，何勝括目。

埭頭[3]，本草市溪菴施濟之品，近有蘇焙者，以色稍青，遂混常品③。

分水貢芽[4]，出本不多。大葉老梗，潑之不動，入水煎成，番有奇味。薦此茗時，如得千年松柏根作石鼎薰燎，乃足稱其老氣。

昌化[5]大葉④，如桃枝柳梗，乃極香。余過逆旅，偶得手摩其焙甑，三日龍麝氣不斷。

羅山廟後岕[6]精者，亦芬芳，亦回甘，但嫌稍濃，乏雲露清空之韻，以兄虎丘則有餘，以父龍井則不足。

天池[7]通俗之才，無遠韻，亦不致嘔噦。寒月諸茶晦黯無色，而彼獨翠綠媚人，可念也。

普陀老僧貽余小白巖茶一裹，葉有白茸，瀹之無色，徐引覺涼透心腑。僧云，本巖歲止五六斤，專供大士，僧得啜者寡矣。

金華仙洞，與閩中武夷俱良材，而厄於焙手。

匡廬絕頂產茶，在雲霧蒸蔚中，極有勝韻，而僧拙於焙。既採，必上甑蒸過。隔宿而後焙，枯勁如槁秸，瀹之為赤滷，豈復有茶哉？余同年楊澹中遊匡山，有"笑談渴飲匈奴血"之誚，蓋實錄也。戊戌春，小住東林[8]，同門人董獻可、曹不隨、萬南仲手自焙茶，有"淺碧從教如凍柳，清芳不遣雜飛花"之句。既成，色香味殆絕，恨余焙不多，不能遠寄澹中，為匡盧解嘲也。

天下有好茶，為凡手焙壞；有好山水，為俗子妝點壞；有好子弟，為庸師教壞，真無可奈何耳。

雞蘇佛、橄欖仙，宋人詠茶語也。雞蘇即薄荷，上口芳辣。橄欖久咀，回甘不盡。合此二者，庶得茶蘊。顧着相求之，仍落魔境。世有以姜桂糖蜜添入者，求芳甘之過耳。曰佛曰仙，當於空玄虛寂中嘿嘿證入，不具是舌根者，終難與說也。

賞名花，不宜更度曲；烹精茗，不必更焚香。恐耳目口鼻互牽，不得全領其妙也。

生平慕六安⑤茶，適一門生作彼中守⑥，寄書托求數兩，竟不可得，殆絕意乎。

精茶不惟不宜潑飯，更不宜沃醉。以醉則燥渴，將滅裂吾上味耳。精茶豈止當為俗客吝，倘是口汩汩⑦塵務，無好意緒，即烹就，寧俟冷以灌蘭蕙，斷不以俗腸污吾茗君也。

注　釋

1 半環：“環”，即“環幅”，舊時常用的廣袤相等正方形的巾帕。“半環”形容所採茶芽不及半小包。

2 菜瀋：“菜”指蔬菜，“瀋”是汁或湯；“菜瀋”意即菜湯。皮日休在《茶中雜詠》中所云：在陸羽之前所謂飲茶，“必渾以烹之，與夫瀹蔬而啜者無異”。“菜瀋”和“瀹蔬”義同。

3 埭頭：土茶名，出浙江今湖州埭溪草市。埭溪即原施渚鎮，以唐施肩吾居其地而名。元置巡檢，明改名埭溪鎮。以莫干山之水直瀉溪灘，築石埭以阻故名。市廛殷闐，山貨交匯，土茶“埭頭”所謂“本草市溪菴施濟之品”，是即反映此地的情況。

4 分水貢芽：分水，舊浙江縣名。唐析桐廬縣置，約當今桐盧南部和建德、淳安毗鄰之區。據《分水縣志》記載，其“天尊巖產茶”，宋時即“充貢”。

5 昌化：浙江舊縣名。唐置唐山縣，宋改昌化，明清皆屬杭州府，舊治在今浙江臨安境內。

6 廟後 岕（jiè）：江蘇宜興、浙江長興方言稱“楷”，指兩山或數山之間谷地。廟後 岕 及其對應的廟前 岕 ，位宜興、長興交界的茗嶺山（長興稱互通山）羅 岕 ，故亦統稱羅 岕 。

7 天池：位於今江蘇吳縣市；產茶，明末清初，與蘇州名茶虎丘相伯仲。

8 東林：此指唐人詩文中常見的匡山東林寺。 晉代建。匡山，一般也作“匡廬”，即今江西九江市南廬山的別稱。寺位廬山西北麓。

校　記

① 足佐其寡：説郛續本等“寡”之下，多一“薄”字。

② 啖：《李君實雜著》、説郛續本作“嚥”。“嚥”通“咽”。

③ 品：説郛續本等作“價”。

④ 昌化大葉：説郛續本“昌化”下，多一“茶”字。

⑤ 六安：“六”底本及康熙《李君實雜著》和説郛續本，均刻作“陸”。此地名，一般都書作“六”不用“陸”，逕改。

⑥ 彼中守：説郛續本等作“守彼中”。

⑦ 口汩汩：説郛續本等“口”作“日”。

運泉約[1]

◇ 明[2]　李日華　撰

李日華，生平見《竹嬾茶衡》。《運泉約》，顧名思義，指運送泉水的契約；具體是運送天下第二泉——惠山泉的契約。全文分兩部分：前面是李日華撰寫的序言或契文；後面為“松雨齋主人”——平顯所擬的契約條文或格式。本文收存於李日華《紫桃軒雜綴》第三卷，後來《續說郛》在約文類作了收錄，清陸廷燦《續茶經》及上一世紀抗戰前後北京大學民俗學會《民俗叢書・茶書編》、《國學珍本文庫》等書，也都作了引錄。將《運泉約》首先正式收作茶書的，還是上述北京大學婁子匡教授主編的《民俗叢書・茶書編》。這部書台灣在 1951 年、1975 年曾兩次重印再版。從性質上說，很清楚，這是一份運泉的契約，不是茶書。但鑒於此篇與飲茶及辨水的品味有關，是現存唯一的一份運泉文獻，所以本書也姑予收錄。

本文約撰於萬曆四十八年（1620）或稍前。主要刊本有李日華編《李竹嬾先生說部》天啟崇禎間刻本，康熙《李君實先生雜著》八種李瑂據上書重修本及《說郛續》本等。本書以明末《李竹嬾先生說部》本作底本，以康熙重修本、中國民俗學會《民俗叢書》本和《說郛續》本等作校。

吾輩竹雪神期，松風齒頰，暫隨飲啄人間，終擬消搖①物外。名山未即，塵海何辭。然而搜奇煉句，液瀝易枯；滌滯洗蒙，茗泉不廢。月團百片，喜折魚緘[3]。槐火一篝，驚翻蟹眼。陸季疵之著述，既奉典刑[4]；張又新之編摩[5]，能無鼓吹。昔衛公[6]宦達中書，頗煩遞水[7]。杜老[8]潛居夔峽，險叫濕雲[9]。今者環處惠麓，踰二百里而遙；問渡淞②陵[10]，不三四日而致。登新捐舊，轉手妙若轆轤；取便費廉，用力省於桔槔。凡吾清士，咸赴嘉盟。

竹嬾居士題③

運惠水，每罈償舟力費銀三分。

罈精者，每個價三分，稍粗者，二分。罈蓋或三厘或四厘，自備不計。

水至，走報各友，令人自擡。

每月上旬斂銀，中旬運水。月運一次，以致清新。

願者書號於左，以便登冊，併開罈數，如數付銀。

尊號　用水　罈　月　日付④

松雨齋主人[11]謹訂

注　釋

1 本篇名《運泉約》前，除《說郛續》和《民俗叢書》等少數版本外，均題作“松雨齋運泉約”。“松雨齋”是李日華的書齋名，“運泉約”才是文名。本書從《說郛續》等人名、書齋名一般不入題的原則，將篇名逕改作《運泉約》，省“松雨齋”三字。

2 李日華題名前的朝代名，為本書編者所加。明末原刻本和《說郛續》等，一般均不署朝代而署籍貫“檇李”。“檇李”為古聚落名，又作“醉李”、“就李”，因其地產佳李故名。舊址在今浙江嘉興桐鄉，因此過去也曾將“檇李”引作嘉興的別稱。婁子匡《民俗叢書》本在李日華名前加朝代名“宋”字，把李日華和《運泉約》定作宋人、宋書，誤。

3 魚緘：指書信。蕭統《南呂八月啟》：“或刀鳳念，不黜魚緘。”

4 典刑：此處“刑”同作“型”，指成規。《詩·大雅·蕩》：“雖無老成人，尚有典刑。”鄭玄箋：老成人謂若伊尹、臣扈等名臣。“雖無此臣，猶有常事故法可專用。”此喻指陸羽的《茶經》被後人奉為典型。

5 編摩：指編著、編纂之意。“摩”，此處作琢磨、研究，含義較一般編輯猶深一層。如元劉壎《隱居通議·雜錄》載：“其編摩之勤，意度之新，誠為苦心”。

6 衛公：指唐代李德裕（787－850），字文饒，李栖筠孫。武宗時由淮南節度使入相。

7 遞水：也作“水遞”。李德裕嗜茶，尤講求飲茶用水，在京為相時，每每通過驛遞從江南無錫、潤州（今江蘇鎮江）用瓶灌惠山和中冷泉水至京供烹茶用。

8 杜老：指唐大詩人杜甫。安史亂時，杜甫流離入蜀，在嚴武幕下過幽居生活，構草堂於浣花溪，人稱其草堂為杜甫或“杜老”草堂。

9 濕雲：指濕度大的雲。唐李欣《宋少波東溪泛舟》詩：“晚雲低眾色，濕雲帶繁星。”宋朱淑真菩薩蠻詞：“濕雲不渡溪橋冷，娥寒初破東風影”。

10 淞陵：應作“松陵”，江蘇吳江之別稱。五代吳越建縣前，吳江為吳縣松陵鎮地，故有此稱。

11 松雨齋主人：即明代平顯，字仲微。錢塘（今浙江杭州）人，博學多聞，以松雨齋為書室名。嘗知滕縣事，後謫雲南，黔國公沐英重其才，辟為教讀。著有《松雨齋集》。

校　記

① 消搖：康熙李瑂重修本、清陸廷燦《續茶經·五之煮》、說郛續本等亦書作“逍遙”。舊時消搖與逍遙通用。

② 淞：康熙李瑂重修本，陸廷燦《續茶經·五之煮》等半數左右版本，亦書作“松”。

③ 竹嬾居士題：李竹嬾先生說部本、說郛續本、民俗叢書本等不另行，接排在上行“咸赴嘉盟”句下。又陸廷燦《續茶經》，則無或刪此五字，僅存全文最後“松雨齋主人謹題”一落款。

④ 陸廷燦《續茶經》等一些版本，在尊號、用水和月、日間，接排不空字。民俗叢書本則不僅空字，而且將月、日與字號、用水分開另行。

茶譜

◇明　曹學佺　撰

曹學佺（1574－1647），字能始，號雁澤，又號石倉，侯官（今福建閩侯）人。萬曆二十三年（1595）進士，授户部主事，後出任四川按察使。天啟間任廣西右參議時，因撰《野史記略》，直言"挺擊獄興"本末，為劉廷元所劾，被削藉。崇禎初，起用為廣西副使，辭不就。其學廣識博，在賦閑家居的二十年中，築"汗竹齋"，有藏書數萬卷，讀書編撰不輟，著述甚多。主要著作有《石倉集》、《石倉歷代詩選》、《石倉三稿》、《詩經質疑》、《春秋闡義》、《書傳會衷》、《明詩選存》、《輿地名勝志》、《廣西名勝志》、《湖廣》、《蜀漢地理補》、《蜀中廣記》等一二十種。清軍入關後，明宗室唐王在閩自立稱帝，他應召復出，授太常卿，遷禮部尚書。清軍入閩，唐王潰散，學佺入山投繯而亡。

學佺《茶譜》，由《蜀中廣記·方物記》中輯出。《蜀中廣記》記風土人物等，包羅甚廣。《四庫全書總目提要》稱其"蒐採宏富"。曹學佺所寫《茶譜》，收錄於《蜀中方物記》中。經查，《蜀中廣記》中的《蜀中名勝記》、《蜀中宦遊記》、《蜀中高僧記》、《蜀中神仙記》等書，在明末和清代，都曾單獨刊印，但《蜀中方物記》卻未見有單印本。

曹學佺《茶譜》雖然和許多明清茶書一樣，也是輯集其他各書，但它至少有這樣兩個特點：一是所輯基本都是蜀中茶事，是古代唯一的一本四川地方性茶書，保存了不少茶史資料。二是其輯錄內容，除少數詩詞和專文全文引錄外，多係作者按自己的觀點選錄聯綴而成；其選輯詞句，也非完全照抄，或增、或減、或改。因為上述二點，本書對學佺《茶譜》，也就收而不刪。此以明刻《蜀中廣記》中的《茶譜》為底本，以《文淵閣四庫全書》等本和各引錄原文作校。

《茶經》略云①：巴〔山〕②峽川，有兩人合抱者，伐而掇③之。其樹如瓜蘆，葉如梔子，花如白薔薇，實如栟櫚④，莖如丁香⑤，根如胡桃。其字或從草，或從木。其名一曰茶，二曰檟，三曰蔎，四曰茗，五曰荈。其具有名穿者，巴川峽山，紉谷皮為之。以百二十斤為上穿，八十斤為中穿，五十斤為小穿。其器有火筴者，一名筯，蜀以鐵或熟銅製之⑥。在漢，揚雄、司馬相如之徒，皆飲焉；滂時浸俗，盛於兩都並荊、渝間矣。

《爾雅》云：檟，苦荼也。郭璞注：早取為荼，晚取為茗；或曰荈，蜀人名之為苦荼。故弘君舉《食檄》有"茶荈出蜀"之文⑦；而揚子雲《方言》謂：蜀西南呼茶為葮也。

《本草經》曰：茗生益州川谷，一名游冬，淩冬不死。味苦，微寒，無毒。治五臟邪氣，益意思，令人少㾂[8]。毛文錫《茶譜》云：蜀州 晉源、洞口、橫源、味江、青城俱產教橫源有雀舌、鳥嘴、麥顆，用嫩芽造成[9]，蓋取形似。又云：彭州有蒲村、堋口、灌口、茶園[10]，名仙崖石花等。其茶餅小而佈嫩芽如六出花者，尤妙。又云：綿州龍安縣生松嶺關者，與荊州同。西昌昌明、神泉等縣連西山生者，並佳；生獨松嶺者，不堪采擷[11]。吳曾《漫錄》[2]云：茶之貴白，東坡能言之。獨綿州彰明縣茶色綠；白樂天詩云："渴嘗一盞綠昌明"。今彰明，即唐"昌明"也。《彰明志》："治北有獸目山，出茶，品格亦高，謂之獸目茶[3]。"山下有百匯、龍潭凡三，長流不竭。予詢諸安縣令，則以此地上下四旁俱屬彰明，獨中間一寺屬安縣，出茶名香水茶。 晉劉琨《與兄子演書》[12]曰：前得安州乾茶二斤，吾患體中煩悶，恆仰真茶，汝可信致之[13]。即此茶也。

《華陽國志》云，什邡[4]，出好茶。《茶經》云：漢州綿竹縣生竹山者，與潤州同。生蜀州青城縣丈人山者，與綿州同。又云，劍南以彭州為上，生九隴縣馬鞍山至德寺、堋口鎮者，與襄州同味。又云，青城縣有散茶，末茶尤好。《遊梁雜記》云：玉壘關寶唐山有茶樹，懸崖而生，芽茁長三寸或五寸，始得一葉或兩葉而肥厚，名曰沙坪，乃蜀茶之極品者。

《文選注》[5]：峨山多藥草，茶尤好，異於天下。《華陽國志》：犍為郡南安、武陽[6]，皆出名茶。《茶譜》[14]云：眉州丹稜縣生鐵山者，與潤州同。又云，眉州洪雅、昌闔、丹稜之茶，用蒙頂製餅茶法。其散者葉大而黃，味頗甘苦，亦片甲、蟬翼之次也。

《茶譜》云：臨邛數邑茶，有火前、火後、嫩綠黃等號。又有火蕃餅，每餅重四十兩，黨項重之如中國名山者，其味甘苦。《大邑志》：霧中山出茶，縣號霧邑，茶號霧中茶。

《茶經》云：雅州百丈山、名山者，與金州同。《雅安志》云：蒙頂茶，在名山縣西北一十五里蒙山之上。白樂天詩："茶中故舊是蒙山"是也。今按：此茶在上清峯甘露井側，葉厚而圓，色紫赤，味略苦。發於三月，成於四月間，苔蘚庇之。漢時僧理真所植，歲久不枯。《九州記》[7]云：蒙者，沐也。言雨露常沐，因以為名。山頂受全陽氣，其茶香芳。按：《茶譜》云，山有五峯，頂有茶園。中頂曰上清峯，所謂蒙頂茶也，為天下所稱。晁氏《客話》[8]：李德裕丞相入蜀，得蒙餅沃於湯瓶之上，移時盡化，以驗其真。《方輿勝覽》[9]：蒙頂茶，常有瑞雲影相現。故文潞公[10]詩云："舊譜最稱蒙頂味，露芽雲液勝醍醐。"《志》[15]云，蒙山有僧病冷且久，遇老父曰："仙家有雷鳴茶，俟雷發聲乃茁，可併手於中頂採摘，用以袪疾。"僧如法採服，未竟，病瘥精健，至八十餘入青城山，不知所之。今四頂園茶不廢，惟中頂草木繁茂[16]，人跡稀到云。

山谷[11]《戎州與人啟》云：庭堅再拜，喜承起居清安閣中。小閣皆佳勝，東樓碾茶，豈作堰⑰閙處耶？尚且勝承，千萬珍重。

《茶譜》云：瀘州夷獠採茶，常攜瓢穴其側。每登樹採摘茶芽，含於口中，待葉展放，然後置瓢中，旋塞其竅，還置暖處。其味極佳。又有粗者，味辛性熱，飲之療風，通呼為瀘茶。

馮時行[12]云：銅梁山有茶，色白甘腴，俗謂之水茶，甲於巴蜀。山之北趾，即巴子故城也，在石照縣[13]南五里。《茶譜》云：南平縣[14]狼猱山茶，黃黑色，渝人重之。十月採貢。黃山谷《答聖從使君》云：此邦茶乃可飲，但去城或數日，土人不善製度，焙多帶煙耳。不然亦殊佳。今往黔州[15]，都濡、月兔兩餅，施州[16]八香六餅，試將焙碾嘗之。都濡在劉氏時貢炮，味殊厚，恨此方難得，真好事者耳。又作《茶詞》云："黔中桃李可尋芳，摘茶人自忙。月團犀胯鬥圓方，研膏入焙香。青箬裹，絳紗囊，品高聞外江。酒瀾傳舞紅裳，都濡春味長。"都濡縣，今入彭水。

《開縣志》云：茶嶺在縣北三十里，不生雜卉，純是茶樹，味甚佳。

《劍州志》云：劍門山顛有梁山寺，產茶，為蜀中奇品。

《南江志》：縣北百五十里味坡山，產茶。《方輿勝覽》詩"鎗旗爭勝味坡春"即此。

《廣雅》[17]云："荊巴間採茶作餅成，以米膏和之。欲煮飲，先炙令色赤，擣末置瓷器中，以湯澆覆之，用蔥薑芼之"；即茶之始說也。按：今蜀人飲擂茶，是其遺制。

《唐書》：吳蜀供新茶，皆於冬中作法為之。太和中，上務恭儉，不欲逆物性，詔所貢新茶，宜於立春後造。

曾公《類說》[18]云：蘇才翁[19]與蔡君謨鬥茶，君謨用惠山泉；蘇茶小劣，用竹瀝水煎，遂能取勝。才翁，舜元字。

偽蜀時，毛文錫撰《茶譜》，記茶事甚悉，末以唐人為茶詩文附之。

晉張載《成都樓》[20]詩："芳茶冠六清，溢味播九區"。杜育《荈賦》曰：靈山惟嶽，奇產所鍾。厥生荈草，彌谷被岡，承豐壤⑱之滋潤，受甘露之宵降。月惟初秋，農功少休；結偶同旅，是采是求？水則岷方之注，挹彼清流。器擇陶簡，出自東隅。酌之以匏，取式公劉。惟茲初成，沫沈華俘；煥如積雪，燦⑲若春敷。

唐孟郊《憑周況先輩於朝賢乞茶》詩："道意忽乏味，心緒病無悰。蒙茗玉花盡，越甌荷葉空。錦水有鮮色，蜀山饒芳藂。雲根纔剪綠，印縫已霏紅。曾向貴人得，最將詩叟同。幸為乞寄來，救此病劣躬。"白傅[21]《謝李六郎中寄新蜀茶》詩："故情周匝向交親，新茗分張及病身。紅紙一封書後信，綠芽十片火前春。湯添勺水煎魚眼，末下刀圭攪麴塵。不寄他人先寄我，應緣我是別茶人。"又《謝蕭員外寄新蜀茶》詩："蜀茶寄到但驚新，渭水煎來始覺珍。滿甌似乳堪持玩，況是春深酒渴人。”薛能《謝蜀州鄭使君寄鳥嘴茶八韻》：“鳥嘴擷渾芽，精靈勝鏌鋣。烹嘗方帶酒，滋味更無茶。拒碾乾聲細，撐封利穎斜。銜⑳蘆齊勁實，啄木聚菁華。鹽損添常誡，薑宜著更誇。得來拋道藥，攜去就僧家。旋覺前甌淺，還愁後信賒。千慚故人意，此物敵丹砂。”鄭谷《蜀中嘗茶》詩：“簇簇新英摘露光，小江園裏火煎嘗。吳僧謾說鴉山好，蜀叟休誇鳥嘴香。合座半甌輕泛綠，開緘數片淺含黃。鹿門病客不歸去，酒渴更知春味長。”施肩吾《蜀茗詞》：“越碗初盛蜀茗新，薄煙輕處攪來勻。山僧問我將何比，欲道瓊漿卻畏嗔。”成文幹[22]《煎茶》詩：“岳寺春深睡起時，虎跑泉畔思遲遲。蜀茶倩箇雲僧碾，自拾枯松三四枝。”

宋文與可[23]《謝人寄蒙頂新茶》詩：蜀土茶稱盛，蒙山味獨珍。靈根托高頂，勝地發先春。幾樹初驚暖㉑，羣籃競摘新。蒼條尋暗粒，紫萼落輕鱗。的皪香瓊碎，鬣鬖㉒綠蕾勻[24]。慢烘防熾炭，重碾敵輕塵。無錫泉來蜀，乾崤盞自秦。十分調雪粉，一啜嚥雲津。沃睡迷無鬼㉓，清吟健有神。冰霜疑入骨，羽翼要騰身。磊磊真賢宰，堂堂作主人。玉川喉吻澀，莫惜寄來頻㉔。

魏鶴山[25]《邛州先茶記》曰：昔先王敬共明神，教民報本反始。雖農嗇坊庸之蜡[26]，門行戶灶之享，伯侯祖纛之靈[27]，有開厥先無不宗也。至始為飲食，所以為祭祀。賓客之奉者，雖一飯一飲必祭，必見其所祭然，況其大者乎？眉山李君鏗為臨邛茶官，吏以故事，三日謁先茶告君。詰其故，則曰：“是韓氏而王號相傳為然，實未嘗請命於朝也。”君於是撤舊祠而增廣焉，且請於郡，上神之功狀於朝。宣錫號榮以侈神賜而馳書於予，命記成役。予於事物之變，必跡其所自來。獨於茶，未知所始。蓋古者賓客相敬之禮，自饗燕食飲之外，有間食，有稍事，有歠涪[28]，有設粱，有擩醬，有食已而酳[29]，有坐久而葷，有六清以致飲，有瓠葉以嘗酒，有旨蓄以御冬，有流荇以為豆菹，有湘萍以為鉶芼。見於禮，見於詩，則有挾菜副瓜，烹葵叔苴之等。雖蔥芥韮蓼，堇枌滫瀡[30]，深蒲菭筍，無不備也，而獨無所謂茶者。徒以時異事殊，字亦差誤。且今所謂韻書，自二漢以前，上泝六經，凡聲御、暮之同，是音，本無它訓，乃自音韻分於孫沈，反切盛於羌胡，然後別為麻馬等音，於是魚歌二音，併入於麻，而魚麻二韻，一字二音，以至上去二聲，亦莫不然。其不可通，則更易字文，以成其說。且荼之始，其字為荼。《春秋》書齊荼，《漢志》書荼陵之類。陸顏諸人，雖已轉入茶音，而未敢輒易字文也。若《爾雅》，若《本草》，猶從艸、從余。而徐鼎臣訓荼，猶曰“即今之茶也”。惟自陸羽《茶經》、盧仝《茶歌》、趙贊《茶禁》以後，則遂易荼為茶。其字為艸，為人、為木。陸璣謂椒，似茱萸，吳人作茗，蜀人作荼，皆煮為香椒，與茶既不相入，且據此文，又若荼與茗異。此已為可疑，而山有樗之疏，則又引璣說，以樗葉為茗，蓋使讀者貿亂，莫知所據。至蘇文忠[31]始為“周詩記苦荼㉕，茗飲出近世”，其義亦既著明，然而終無有命荼為茶者；蓋《傳注》例謂荼為茅秀、為苦菜。予雖言之，誰實信之。雖然此特書名之誤耳，而予於是重有感於世變焉。先王之時，山澤之利，與民共之；飲食之物，無征也。自齊人賦鹽，漢武榷酒，唐德宗稅茶，民之日用飲食而皆無遺筭，則幾於陰復田賦，潛奪民產者矣。其端既啟，其禍無窮，鹽酒之入，遂埒田賦。而茶之為利，始也歲不過得錢四十萬緡。自王涯置使構榷，由是稅增月益，塌地剩茶之名，三說貼射之法，招商收稅之令，紛紛見於史冊。極於蔡京之引法，假託元豐，以盡更仁祖之舊。王黼[32]又附益之。嘉祐以前，歲課均賦，茶戶歲輸不過三十八萬有奇，謂之茶租錢。至熙寧㉖以後，歲入之息，驟至二百萬緡，視嘉佑益五倍矣。中興以後，盡鑒政宣[33]之誤，而茶法尚仍京黼之舊，國雖賴是以濟，民亦因是而窮，是安得不思所以變通之乎？李君，字叔立，文簡公[34]之孫。文簡嘗為茗賦者。

熙寧七年，始遣三司幹當公事李杞入蜀，經畫買茶，於秦鳳、熙河博馬，以著作佐郎蒲宗閔同領其事，諸州創設官場，歲增息為四十萬，而重禁榷之令，自是蜀茶盡榷。至李稷加息為五十萬，陸師閔又加為百萬。元祐元年，侍御史劉摯奏疏曰："蜀茶之出，不過數十州，人賴以為生，茶司盡榷而市之"。園戶有茶一本，而官市之額至數十斤。官所給錢，靡耗於公者，名色不一。給借保任，輸入視驗，皆牙儈主之；故費於牙儈㉗者，又不知幾何。是官於園戶，名為平市，而實奪之。園戶有逃而免者，有投水而免者，而其害猶及鄰伍。欲伐茶則存禁，欲增植則加市；故其俗論謂："地非生茶也，實生禍也"。願選使者考茶法之弊，以蘇蜀民。右司諫蘇轍繼言：造立茶法，皆傾險小人，不識事體，且備陳五害。呂陶亦條上利害，既而摯又言："陸師閔恣為不法，不宜仍任事。"師閔坐罷，未幾，蒲宗孟亦以附會李稷罷。稷，邛州人，以父絢蔭歷管庫。提舉蜀部茶場，甫兩歲，羨課七十六萬緡，與李察皆以苛暴著。時人為之語曰："寧逢黑煞，莫逢稷察。"

紹聖元年，復以陸㉘師閔都大提舉成都等路茶事。凡茶法，並用元豐舊條。初，神宗時，熙河運司以歲計不足，乞以官茶博糴，每茶三斤，易粟一斛。朝廷謂茶馬司，本以博馬，不可以博糴，於茶馬司歲額外，增買川茶兩倍茶，朝廷別出錢二百萬給之。令提刑司封樁，又令茶馬司兼領轉運使，由是數歲邊用粗足。

建炎元年，成都轉運判官趙開言榷茶買馬五害，請用嘉祐故事，盡罷榷茶，而令漕司買馬。或未能然，亦當減額，以蘇園戶，輕價以惠行商。如此，則私販衰而盜賊息，遂以開主管秦川茶馬。二年，開大更茶法。按：中興小曆，建炎軍興，令商旅園戶自行買賣，官給茶引，自取息錢。所賣茶引，一百斤計取息錢六貫五百文。改成都茶場為合同場，仍置茶市。交易者必由市，引與茶相隨，此即開之法也。

注　釋

1 《茶經》：本文所指，皆陸羽《茶經》；但亦有數處，曹學佺將毛文錫《茶譜》內容誤作《茶經》內容。凡此，均按本書體例標明。

2 吳曾《漫錄》：吳曾，字虎臣，南宋撫州崇仁（今屬江西）人。高宗時初官宗正寺主簿、太常丞，後出知嚴州。《漫錄》，即《能改齋漫錄》。

3 獸目茶：產獸目山之茶。同治《彰明縣志》載：“獸目山，在縣西廿里……產茶甚佳，謂之獸目茶；即今青巖山。”彰明縣1958年撤歸今四川江油市；青巖山約位江油市南部。

4 什邡：在今四川境內成都市北。

5 《文選注》：《文選》，南朝梁武帝“昭明”太子蕭統（501－531）編。主要注本有唐顯慶時李善及開元初呂延濟等五人（一稱“五大臣”）注本。此處注本，是指後人將上兩注本合編後的“六臣注本”。

6 犍為郡南案、武陽：“犍為郡”，西漢建元六年（前135）置，治位僰道（今四川宜賓西南），南朝梁廢。南安、武陽，晉時皆犍為郡屬地。南安縣，西漢置，南朝齊以後廢，治位今四川樂山市；武陽縣，西漢置，治位今四川彭山縣東，南朝梁改名犍為縣。

7 《九州記》：一作《九州要記》，原書可能早佚，作者和成書年代不詳。清代王謨《漢唐地理書鈔》中曾作輯佚。

8 晁氏《客話》：晁氏即晁説之，字以道，號景迂，宋鉅野人（今屬山東）。元豐五年進士，靖康初年召為著作郎，試中書舍人，兼太子詹事，擢徽猷閣待制。晁氏《客話》約成書於宋哲宗紹聖五年（1098）前後。《客話》也作《客語》。

9 《方輿勝覽》：南宋祝穆撰寫的一部地理總志。穆，初名“丙”，字和甫（甫一作文），福建建陽人。是書撰於嘉熙三年（1239），按南宋十七路行政區劃，分別記述各府、州（軍）的建制、沿革、人口、方物和名勝古迹等十二門的有關史事。

10 文潞公：即文彥博，字寬夫，介休（今山西介休）人。宋仁宗時第進士，累官同中書門下平章事，封潞國公。有《潞公集》傳世。

11 山谷：即宋黃庭堅，字魯直，號涪翁，又自號山谷道人。治平四年（1067）進士，紹聖中出知鄂州，因上司所惡，貶涪州別駕，徙戎州（治今四川宜賓）。

12 馮時行：字當可，號縉雲，恭州（今重慶市）壁山人。宋徽宗宣和六年（1124）進士，高宗紹興中知萬州時，召對力言和議之不可，為秦檜所惡，被劾坐廢十八年。檜死起知蓬州（今四川儀隴縣東南），後擢成都府路提刑。為官清正，著有《縉雲集》。

13 石照縣：北宋乾德三年由石境縣改名，治所位於今四川合川縣。明洪武初年廢。

14 南平縣，唐貞觀四年置，治所位於今重慶。北宋雍熙中廢。

15 黔州：北周建德三年以奉州改名，隋大業改為黔安郡，唐初復為黔州，南宋紹定升為紹慶府。故治所在今重慶市彭水苗族土家族自治縣。

16 施州：北周武帝置，明洪武時入施州衛，治所在今湖北恩施市。

17 《廣雅》：一名《博雅》，三國魏張揖撰。下引資料見於《太平御覽》卷867，陸羽《茶經》也有類似輯述，但不見於今本《廣雅》。

18 曾公《類説》：曾公即指南宋曾慥。參見本書宋曾慥《茶錄》題記。

19 蘇才翁：即蘇舜元（1006－1054）。“才翁”（有的人名詞典誤作“子翁”）是其字。蘇易簡孫，蘇舜卿兄。綿州鹽泉人，仁宗天聖七年（1029）賜進士出身，官至尚書度支員外郎、三司度支判官。為人精悍任氣，歌詩豪健，尤善草書，其兄弟與蔡襄交遊最久。

20 《成都樓》詩：也作《登成都樓》和《登成都白兔樓》詩。參見本書陸羽《茶經》注。

21 白傅，對白居易的尊稱。唐憲宗時，白居易嘗任東宮贊善大夫。“傅”，古人指教育貴族子女的“傅父”或“師傅”。“白傅”即取白居易做過“贊善大夫”，故稱。

22 文幹：成彥雄的字。彥雄，五代時人，南唐進士，有《梅嶺集》。

23 文與可：即文同（1018－1079），與可是其字，號笑笑先生，世稱石室先生和錦江道人。梓州永泰縣

（故治在今四川鹽亭東北）人。宋仁宗皇祐元年（1049）進士，歷知陵州（今四川仁壽縣）、洋州（今陝西洋縣）、湖州，與司馬光、蘇軾相契。工詩文，長書善畫，有《丹淵集》。

24 鬛鬖（lán sàn）綠蠆匀："鬛"，髮長；"鬖"，毛髮下垂。"鬛鬖"，形容長而下垂鬆亂的毛髮。"蠆"本指蝎類上翹的毒尾，此借喻女子上翹的捲髮。"鬛鬖綠蠆匀"，形容如毛髮一樣纖細捲曲匀淨綠色的茶葉。

25 魏鶴山：即魏了翁，字華父。南宋蒲江人，慶元進士，以校書郎出知嘉定府。丁父憂解官，築室白鶴山下，開門授徒，人稱"鶴山先生"。有《鶴山集》、《九經要義》、《古今考》等書。

26 農嗇坊庸之蜡（zhà 或 chà）："蜡"，周代十二月祭百神之稱。這裏"農嗇坊庸之蜡"，較重要的，當是年終所行的農田堤水之祭。

27 伯侯祖纛之靈："伯侯"古代長官或士大夫間的尊稱，此指"公、侯、伯、子、男"五爵位中之二名。"祖"，古人出行時祭祀路神之謂。此引申送行，作"祖帳"或"祖餞"，即在野外設置送行的帷帳、祭神、餞行的禮儀。"纛"，古時軍隊或儀仗的旗幟、羽飾之類。"伯侯祖纛之靈"，泛指古代顯貴出行或送行祭祀的禮儀。

28 歠湆（chuò qì）："歠"，飲啜；"湆"，羹汁。

29 酳（yìn）：上古宴會的一種禮節：食畢，要用酒漱口；即《禮記》所說的："執醬而饋，執爵而酳"。

30 堇枌滫瀡（jǐn fén xiū suì）："堇"，野菜；"枌"，白榆；"滫"，淘米水；"瀡"，淘使滑。《禮記．內則》："滫瀡以滑之"。鄭玄注："秦人溲曰滫，齊人滑曰瀡。"孫詒讓稱，"謂以米粉和菜為滑也。"此意指用堇菜榆葉和米漿為滑。"

31 蘇文忠：即蘇軾，卒謚"文忠"。下錄詩句，出蘇軾《問大冶長老乞桃花茶栽東城》詩。

32 王黼（1079－1126）：宋開封祥符（北宋祥符三年改浚儀縣置，民國後改名開封縣）人，初名甫，字將明。徽宗崇寧進士，名智善佞，因助蔡京復相，驟升御史中丞。宣和元年，拜特進、少宰，勢傾一時。鼓吹蔡京引制，大肆搜括茶利，貪贓枉法，欽宗即位被誅。

33 政宣：宋徽宗時兩年號。"政"即政和（1111－1118），"宣"為宣和（1119－1125）。在（1118－1119）二年間，還夾有一個跨年的短期年號——"重和"。

34 李文簡公：魏了翁所言"李君，字叔立"，查無獲。其祖"文簡公"即李燾（1115－1184），宋眉州丹棱人，字仁甫、子真，號巽岩。高宗紹興八年（1138）進士，歷官至吏部侍郎。"卒謚文簡"。燾諸子科舉仕途均有所為。叔立不知出自何房。

校　記

① 略云：本文內容，不只《茶經》，除少數詩詞和專文是照原文收錄外，一般即皆所謂是"略云"，摘錄但不按原文照抄。故本文校勘，也只好採取義校，不細及每一個字；即主要校及句義或內容直接有關的重要詞和字。

② 巴山：底本 缺"山"字，據《茶經》補。

③ 掇：學佺據之作錄的《茶經》，是一個舛誤頗多較差的版本，此處"掇"字底本和各版本均訛刻作"掇"。下句"實如栟櫚"的"實"字，誤刊作"質"字；"莖如丁香"的"莖"字，誤刊作"葉"字。逕改，下不出校。

④ 實如栟櫚：底本"實"作"質"，據《茶經》改。

⑤ 莖如丁香：底本"莖"作"葉"，據《茶經》改。

⑥ 蜀以鐵或熟銅製之：《茶經》原文無"蜀"字。學佺《茶譜》所加"蜀"字，一可能是據蜀情特地所加；二、也可能是句前原文"鉤鏁之屬"的"屬"字之形誤造成。

⑦《食檄》有"茶荈出蜀"之文：學佺引錄舛誤。弘君舉《食檄》原書早佚，此疑學佺據陸羽《茶經．七之事》引。《茶經》原文為："弘君舉《食檄》：寒溫既畢，應下霜華之茗……孫楚《歌》：茱萸出芳樹顛……薑桂茶荈出巴蜀。"學佺作錄時，只注意到前面的"弘君舉《食檄》"，漏看了中間的

"孫楚《歌》"之目，以致把後面"茶荈出巴蜀"誤以為是前面《食檄》內容而致訛。

⑧ 此段《本草經》內容，不見今存各《本草》。其前句"生益州川谷，一名游冬，淩冬不死"，似摘自《茶經．七之事．本草菜部》。下文"味苦，微寒，無毒"，與《茶經．七之事．本草木部》同；全段文字，大致摘抄多本《本草》相關內容綜合而成。

⑨ 雀舌、鳥嘴、麥顆，用嫩芽造成：明刊《蜀中廣記．蜀中方物記．茶譜》，四庫本作"雀舌、鳥嘴，用麥顆嫩芽造成。"此據《太平寰宇記》引毛文錫《茶譜》佚文改。

⑩ 茶園：底本、四庫本及《蜀中廣記》重刊本，皆作"茶園"，但《太平寰宇記》輯引的毛文錫《茶譜》佚文，"茶"字作"其"。

⑪ 毛文錫《茶譜》"又引"以下"綿州龍安……不堪采擷"這段內容，實非《茶譜》而是摘自陸羽《茶經．八之出》"綿州"雙行小字注；但也非是全文照抄。可與本書《茶經》查對。

⑫ 與《兄子演書》：底本、四庫本"演"字訛作"羣"。"羣"是劉琨的兒子，"演"才是琨"兄子"；據《太平御覽》、《北堂書鈔》引文改。

⑬ 信致之：底本、四庫本皆衍一"信"字作"信信致之"，逕改。又本文這裏在"乾茶二斤"和"吾患體中"之間，略"薑一斤、桂一斤、皆所須也"十字。

⑭ 茶譜：底本誤作"茶經"，逕改。下同，不出校。

⑮ 《志》：不知所指。經查萬曆前與蒙山有關的山志、地志，各書與本文所錄內容，多少都有些相似字句，與嘉靖《雅州志》相似者更多些，但未發現也無法確定此處究係輯錄何志。

⑯ 繁茂：底本"茂"字作"重"，四庫本校刊時改作"茂"，據改。

⑰ 堰：底本作"堰"，四庫本闕。"堰"通"偃"。《周禮．地官．稻人》："偃豬者，畜流水之陂也。"楊伯峻注："偃"同"堰"。此據《全蜀藝文志》改。

⑱ 豐壤："豐"字，底本形誤作"豊"字，四庫本、《太平御覽》卷867引《荈賦》皆作"豐"，據改。

⑲ 燦：四庫本同底本皆作"燦"，《太平御覽》卷867引《荈賦》作"曄"。

⑳ 銜：底本、四庫本等形訛作"御"字；據《全唐詩》收錄薛能詩改。

㉑ 初驚暖：《全蜀藝文志》和有些版本，作"驚初暖"。

㉒ 鬔鬖：《全蜀藝文志》等作"鬔（péng）鬆"。

㉓ 迷無鬼：《全蜀藝文志》等版本，作"精無夢"。

㉔ 莫惜寄來頻："惜"字，《全蜀藝文志》等，也作"厭"字。

㉕ 周詩記苦荼："苦荼"，蘇軾原詩作"荼苦"。

㉖ 熙寧：《邛州先茶記》原文作"崇寧"。

㉗ 儈：底本誤作"僧"，據《宋史．食貨志》改。

㉘ 陸：曹學佺《茶譜》誤錄和各版本均誤刻作"蒲"，據《宋史．食貨志》改。

岕茶箋

◇ 明　馮可賓　撰①

馮可賓，字正卿，山東益都人。明天啟二年（1622）進士，官湖州司理。明代江南，風尚長興和宜興所產的　片。長興屬湖州，可賓任湖州時，撰《岕茶箋》一篇，《明稗類鈔》稱“近日推岕茶”，“以大馮君為宗。”（大馮君，即指可賓）。入清後，他隱居未仕，終日以讀書作畫自遣。有《廣百川學海》傳世。

《岕茶箋》最早收刊在《廣百川學海》叢書。關於它的作者和成書年代，萬國鼎《茶書總目提要》認定為馮可賓撰刊於1642年（崇禎十五年）前後。但這時間顯然定得太遲。因為其一、明刻本《岕茶箋》並非《廣百川學海》一種，《錦囊小史》叢書，也是明刊本；《説郛續》本雖刊於順治初年，但陶珽收編是在明代。因此，本書最早刊印不會晚至明亡前二年。二是馮可賓在湖州任司理的時間實際不長，如同治《湖州府志·名宦錄》所載，馮可賓“天啟二年進士，授湖州推官，四年甲子元旦，盜殺長興知縣”，一邑震惴，可賓奉檄安撫，“旬日間百姓安堵如故”，“釋事日，長邑士民焚香羅拜，扳輿擁轅不得前，以血誠事，聞於朝，擢為給事中。”即是説，可賓在湖州任官僅兩三年便升遷入京。我們認為《岕茶箋》應該是天啟三年（1623）或其前後一年這樣一段時間內的作品。

本書以《廣百川學海·岕茶箋》作收，以明末《錦囊小史》本、清初《水邊林下》本、嘉慶楊復吉《昭代叢書·別編》本[1]為校本。

序岕名

環長興②境，產茶者曰羅嶰[2]，曰白巖，曰烏瞻，曰青東，曰顧渚，曰篠浦，不可指數，獨羅嶰最勝。環嶰境十里而遙，為嶰者亦不可指數。嶰而曰岕，兩山之介也；羅氏居之，在小秦王廟[3]後，所以稱廟後羅岕也。洞山之岕，南面陽光，朝旭夕暉，雲滃霧浡[4]，所以味迥別也。

論採茶

雨前則精神未足，夏後則梗葉大粗③，然茶以細嫩為妙，須當交夏時，看風日晴和，月露初收，親自監採入籃。如烈日之下，又防籃內鬱蒸，須傘蓋至舍，速傾淨匾④薄攤，細揀枯枝、病葉、蛸絲、青牛[5]之類，一一剔去，方為精潔也。

論蒸茶

蒸茶須看葉之老嫩，定蒸之遲速。以皮梗碎而色帶赤為度，若太熟則失鮮。

其鍋內湯須頻換新水，蓋熟湯[5]能奪茶味也。

論焙茶

茶焙每年一修，修時雜以濕土，便有土氣。先將乾柴隔宿薰燒，令焙內外乾透，先用粗茶入焙，次日，然後以上品焙之。焙上之簾，又不可用新竹，恐惹竹氣。又須勻攤，不可厚薄。如焙中用炭，有煙者急剔去。又宜輕搖大扇，使火氣旋轉。竹簾上下更換[6]，若火太烈，恐糊焦氣；太緩，色澤不佳；不易簾，又恐乾濕不勻。須要看到茶葉梗骨處俱已乾透，方可並作一簾或兩簾，置在焙中最高處。過一夜，仍將焙中炭火留數莖於灰燼中，微烘之，至明早可收藏矣。

論藏茶

新淨磁罏，周迴用乾箬葉密砌，將茶漸漸裝進搖實，不可用手揹。上覆乾箬數層，又以火炙乾炭鋪罏口紮固；又以火煉候冷新方磚壓罏口上。如潮濕，宜藏高樓，炎熱則置涼處。陰雨不宜開罏。近有以夾口錫器貯茶者，更燥更密。蓋磁罏，猶有微罅[7]透風，不如錫者堅固也。

辨真贋

茶雖均出於岕，有如蘭花香而味甘，過霉歷秋，開罏烹之，其香愈烈，味若新，沃以湯，色尚白者，真洞山也。若他嶰，初時亦有香味，至秋香氣索然，便覺與真品相去天壤。又一種有香而味澀者，又一種色淡黃而微香者，又一種色青而毫無香味者，又一種極細嫩而香濁味苦者，皆非道地。品茶者辨色聞香，更時察味，百不失一矣。

論烹茶

先以上品泉水滌烹器，務鮮務潔；次以熱水滌茶葉，水不可太滾，滾則一滌無餘味矣。以竹箸夾茶於滌器中，反復滌蕩，去塵土、黃葉、老梗淨，以手搦乾置滌器內蓋定。少刻開視，色青香烈，急取沸水潑之。夏則先貯水而後入茶，冬則先貯茶而後入水。

品泉水

錫山惠泉、武林虎跑泉上矣；顧渚金沙泉、德清半月泉、長興光竹潭皆可。

論茶具

茶壺，窯器為上，錫次之。茶杯，汝、官、哥、定如未可多得，則適意者為佳耳。

或問茶壺畢竟宜大宜小，茶壺以小為貴。每一客，壺一把，任其自斟自飲，方為得趣。何也？壺小則香不渙散，味不耽閣；況茶中香味，不先不後，只有一時。太早則未足，太遲則已過，的見得恰好，一瀉而盡。化而裁之，存乎其人，施於他茶，亦無不可。

茶宜

無事　佳客　幽坐　吟詠　揮翰　倘佯
睡起　宿醒　清供　精舍　會心　賞鑒
文僮

茶忌[8]

不如法　惡具　主客不韻　冠裳苛禮
葷肴雜陳　忙冗　壁間案頭多惡趣[6]

注　釋

1　楊復吉（1747－1820）：字列侯，一作列歐，號慧樓。江蘇震澤（今吳江）人，乾隆三十年（1765）進士。家中藏書甚富，書齋名香月樓，每日著述閱讀其中，編著有《遼東拾遺補》、《元文選》、《昭代叢書續集》、《夢蘭瑣筆》、《慧樓詩文集》等。本文採用校本所稱《昭代叢書·別編》，實際即《昭代叢書續集》的稿本之一。《昭代叢書》為清張潮編，康熙年間刻印，分甲、乙、丙三集，每集五十種、五十卷。嘉慶時楊復吉所編的《昭代叢書續集》，共分新、續、廣、埤、別五編。除廣編為四十五種四十五卷外，其他各編均作五十種五十卷。

2　嶰（xiè）：山谷溝壑，無水叫嶰，有水叫澗。此處“嶰”，實際也等同 岕 字用。

3　小秦王廟：位江蘇宜興、浙江長興界山茗嶺山羅岕間。小秦王廟，當指舊茶神廟。據嘉慶《宜興縣志·山川》記載，是廟“俗誤劉秀廟”。

4　雲滃霧浡：“滃”，《說文》“雲氣起也”。“浡”，說郛續本作“渤”，通“勃”，起或湧動貌。“滃渤”或“浡滃”常常成連詞，泛指雲霧瀰漫飄動。茶喜漫射光照，這也是俗話所說的“高山出名茶”，和“雲霧茶”品質較好的道理。

5　蛸絲、青牛：“蛸”即蠨蛸（Tetragnatha），俗稱“喜蛛”、“蟢子”，蛛形綱，蠨蛸科，結網成車輪形。“青牛”，一種常吸食茶樹芽葉和嫩枝的昆蟲俗名。

6　《岕茶箋》全文止此。但有些據昭代別編傳抄的稿本，在此下還附錄了從別書摘抄的與茶和馮可賓有關的資料五則及楊復吉跋。《中國古代茶葉全書》用正文同樣字體也作了附錄。本書為避免讀者將此誤同正文，特移存本注，以備需要者參閱：

文震亨《長物志》　茶壺以砂者為，蓋既不奪香，又無熟湯氣，供春最貴。第形不雅，亦無差小者。時大彬所制又太小。若得受水半升，而形制古潔者，取以注茶，更為適用。其提梁、臥瓜、雙桃、扇面、八棱、細茶、夾錫茶替、青花白地諸俗式者，俱不可用。錫壺有趙良璧者，亦佳，然宜冬月間用。近時吳中歸錫，嘉禾黃錫，價皆最高，然制小而俗。金銀俱不入品。宣窯有尖足茶蓋，料精式雅，質厚難冷，潔白如玉，可試茶色，盞中第一。嘉窯有壇盞，中有茶湯果酒，後有金籙大醮罎用等字者亦佳。他如白定等窯，藏為玩器，不宜日用。蓋點茶須熁盞令熱，則茶面聚乳，舊窯器熁熱則易損，不可不知。又有一種名崔公窯，差大可置果實，果亦僅可用榛松、雞頭、蓮實，不奪香味者。他如柑橙、茉莉、木樨之類，斷不可用。

周亮工《閩小記》　閩德化磁茶甌，式亦精好，類宣之填白。余初以瀉茗，黯然無色，責童子不任茗事，更易他手，色如故。謝君語予曰：以注景德甌，則嫩綠有加矣。試之良然。乃知德化窯器不重於時者，不獨嫌其太重粉色，亦足賤也。相傳景鎮窯取土於徽之祁門，而濟以浮梁之水始可成。乃知德化之陋劣，水土製之，不關人力也。

王士禎《池北偶談》　益都馮啟震，字青方，老儒也。工畫竹有名。啟禎間時，號馮竹子。有子二人，長可賓，成進士官給事中。好聲伎，侍妾數十人。其弟可宗，南渡掌錦衣衛事，為馬阮牙爪。尤豪侈自恣，居第皆以紫檀為窗檻。乙酉死於金陵。

潘永因《明稗類鈔》　王震澤曰：吳興逸人吳編，字大本。風神散朗，偏嗜茗飲，其出必陽羡、顧渚。非其地者，輒能辨之。其掇之必精，藏之必溫，烹之必法，有茶經所不載。其爐灶、鬴鬲、灰承、炭抱、火筴之屬，亦皆精絕古雅。其自貴重，坐客四五人，勺少許沫餑紛馥，三四啜已罄。必啜者，有餘思始復進，終不令飫也。近日推岕茶，平章以大馮君為宗，此老又作鼻祖，當以入茶譜。福堂寺貝余。

陳焯《湘管齋寓賞編》　馮青方墨竹，馮可賓寫石，綾本立軸，闊一尺四寸，高三尺六寸，畫大筍二株，小筍一株，細竹兩小竿，下以小石補之。大馮跋下，用白文竹隱方印；小馮款下，用紅白間馮可賓字正卿方印。右押角紅文朱岷連方印，左押角紅文秋水春帆書畫船印。又紙本立軸，見於東門人家。跋所謂天聖寺東壁者，余少時屢見之。乾隆庚辰四月廿二日為風雨所壞，真為可惜。所賴青方尚有臨本刻石在寺，並有二石在郡治六客堂也。按郡志，馮公可賓，字正卿，山東益都人，天啟進士，授湖州推官。蓋其時迎養乃翁來治，故父子往往多合作云。

跋　右《岕茶箋》十一條，雖篇幅無多，而言皆居要。冒巢民《岕茶滙鈔》蓋大半取材於此也。作者為前明天啓壬戌進士，曾任湖郡司理。善畫竹石，嘗刊《廣百川學海》行世，入國朝尚無恙云。乙亥仲秋，震澤楊復吉識。

校　記

① 廣百川本原題作“北海馮可賓著，汪汝廉校閱”；錦囊小史本、水邊本作“北海馮可賓著，王汝謙校閱”。昭代本署作“益都馮可賓正卿著”。“汝廉”的“廉”為誤刊，應作“謙”。

② 長興：錦囊小史本與底本同；昭代別編本作“宜興”。長興、宜興接壤，許多地方同岕共山，明清時，一度均以岕茶名，本文內容皆可謂本境事，作“長”作“宜”皆不為錯。

③ 大粗：錦囊小史本和水邊本，與廣百川本同。昭代別編本“大”字作“太”。

④ 淨匾：“匾”“籩”字，昭代別編本作“籃”。

⑤ 熟湯：“熟”字，説郛續本作“熱”。

⑥ 换：底本、錦囊小史本誤刊作“焕”字，昭代別編本、水邊本校作“换”，據改。

⑦ 罅：錦囊小史本、水邊本同底本作罅，昭代別編本和近出有些版本改作“隙”。

⑧ 茶忌：“茶”字，錦囊小史本、昭代別編本等作“禁”。

茶譜

◇明　朱祐檳　編

朱祐檳（？－1539），明宗室，憲宗見深第六子，封益王，弘治八年(1495)，就藩建昌。《明史》有傳。祐檳號涵素道人，性儉約，愛民重士，著有《清媚合譜》，為《茶譜》十二卷，《香譜》四卷合刊。

《清媚合譜》，現僅存明崇禎刻本一部，藏北京故宮博物館，且為殘帙。《茶譜》及《續集古今茶譜》同為一書，共十二卷，缺卷一、二、九、十卷，僅存八卷五冊。本書稀見秘藏，過去著錄不清。其實，書中所輯，乃常見茶書二十多種，並無特別珍稀之資料，對茶史及茶飲文化研究無大裨益。朱祐檳編纂此書，經常刪削原文，偶而也有增補，提供了一些材料。如收錄孫大綬《茶譜外集》，就將原書作上卷，自己編了《續輯》作為下卷。又如收黃龍德《茶說》，補附了曹士謨《茶要》一篇，是其他茶書中罕見的資料。

《茶譜》著作年代不明，總在嘉靖十八年（1539）之前。此次匯編，以明崇禎刻《清媚合譜》殘本為底本，存目以見其編纂內容，並附朱祐檳增補文字。

朱祐檳《茶譜》

第三冊

卷之三　《茶經》卷下①

卷之四　《煎茶水記》、《大明水記》、《浮槎山水記》、《述煮茶泉品》

卷之五　《茶錄》

卷之六　《試茶錄》

第四冊

卷之七　《茶譜》　偽蜀毛文錫撰②

附：

《茶譜外集》卷之上③

茶賦(宋博士、吳淑)　煎茶賦(黃魯直)　煎茶歌(蘇子瞻)　試茶歌(劉禹錫)　茶壟(蔡君謨)　採茶　造茶　試茶　惠山泉(黃魯直)　茶碾烹煎　雙井茶　六羡歌(陸羽)　茶歌(盧仝)　送羽採茶(皇甫曾)　送羽赴越(皇甫冉)　尋陸羽不遇(僧皎然)　西塔院(裴拾遺)　鬥茶歌(范希文)　觀陸羽茶井(王禹偁)

《茶譜外集》卷之下[4] **益王涵素續輯**

唐顧況（茶賦） 茶中雜詠（皮日休） 奉和皮襲美茶具十詠（陸龜蒙） 喜園中茶生（韋應物） 巽上人以竹間自採新茶見贈（柳宗元） 採茶歌（秦韜玉） 送陸鴻漸棲霞寺採茶（皇甫冉） 五言月夜啜茶聯句（顏真卿） 飲茶歌送鄭容（僧皎然） 與元居士青山潭飲茶（僧靈一） 西嶺道士茶歌（溫庭筠） 睡後茶興憶楊同州（白居易） 山泉煎茶有懷（白居易） 憑周況先輩於朝賢乞茶（孟郊） 峽中嘗茶（鄭谷） 從弟舍人惠茶（劉兼） 答族侄僧中孚贈玉泉仙人掌茶（李白） 與趙莒茶宴（錢起） 閒宵對月茶宴（鮑君徽） 秋晚招隱寺東峯茶宴送內弟閻伯均歸江州（李嘉祐） 過孫長老宅與郎上人茶會（錢起） 惠福寺與陳留諸官茶會得西字（曹鄴） 謝僧寄茶（李咸用） 新茶詠寄上西川相公二十三舅大夫十二舅（盧綸） 蕭員外寄蜀新茶（白居易） 謝李六郎中寄新蜀茶（白居易） 謝劉相寄天柱茶（薛能） 晚春閒居楊工部寄詩楊常州寄茶同到因以長句答之（白居易） 茶山下作（杜牧） 茶山（袁高） 茶山貢焙歌（李郢） 題茶詩（杜牧） 聞賈常州崔湖州茶山歡會寄此（白居易） 詠茶園牧唱（陳癸）

第五冊

卷之八 《茗笈》[5]

《續集古今茶譜》[6] **益王涵素補輯**

第一冊

第十一卷 目錄

《品茶要錄》一卷 宋黃儒著

《宣和北苑貢茶錄》一卷 宋熊蕃著

《北苑別錄》一卷 宋趙汝礪撰（舊著無名氏，特為考正）

《本朝茶法》 宋沈括述

《品茶要錄補》 鄣郡程百二集（其已載前譜者不重出）

以上為第十一卷。按晁氏所列茶譜等書目，童牙時普為蒐輯，久而散逸，然亦有世傳絕稀者，如：

《顧渚山記》一卷 唐陸羽撰

《建安茶錄》一卷 宋丁謂撰

《北苑拾遺》一卷 宋劉异撰

《補茶經》一卷 宋周絳撰

《建安茶記》一卷 宋呂惠卿撰

宋徽宗作 《聖宋茶論》一卷

以上亦係晁氏所列向蒐未獲者，其《茶經》、《茶錄》、《試茶錄》、《煎茶水記》、《茶譜》及《茶雜文》，俱刻見前譜，此外又有：

《北苑總錄》十二卷　宋曾伉撰

《茶山節對》一卷　宋攝衢州長史蔡宗顏撰

以上二種亦係屢蒐未獲。其今續輯《茶品要錄》、《宣和北苑貢茶錄》、《北苑別錄》、《本朝茶法》皆宋名人黃、熊、趙、沈所撰述，近得之陶南村《說郛》殘帙中，因前譜剞劂已成，卷袠難越，特為續目，以標識之，而總為卷之第十一。《北蒼別錄》在陶帙中逸作者姓名，又考知為趙汝礪撰，更為補署，不欲其掩滅不彰也。其餘猶有俟博識君子續焉。

《續集古今茶譜》　益王涵素補輯

第二冊

第十二卷

《煮泉小品》[7]　《岕茶牋》　《茶箋》　《茶說》

附錄

《品茶要錄》卷首引錄焦竑語曰：

嘗於殘楮中得《品茶要錄》，愛其議論，後借閣本《東坡外集》讀之，有此書題跋，乃知嘗為高流所賞識，幸余見之偶同也。傳寫失真，偽舛過半，合五本較之，乃稍審諦如此。因書一過，並附東坡語於後，世必有賞音如吾兩人者。萬曆戊申春分日，澹翁書。時年六十有九。澹翁焦太史名竑字弱侯

《品茶要錄補》後有朱祐檳訂增兩條：

茗池源茶

根株頗碩，生於陰谷，春夏之交，方發萌莖，條雖長，旗槍不展，乍紫乍綠，天聖初，郡首李虛己太史梅詢試之品，以為連溪，顧渚不過也。

灉湖茶

灉湖諸灘舊出茶，李肇所謂"嶽縣灉湖之蒼膏"也，唐人極重之，見於篇什。今人不甚種植，惟白鶴僧園有千餘本，土地頗類北苑，所出茶一歲不過一二十兩，土人謂之白鶴茶，味極甘香，非他處草茶可比，茶園地色亦相類，但土人不甚植爾。

黃龍德《茶說》後附有曹士謨《茶要》一篇：

名區勝種，採製精良，茶之稟受也。遠道購求，重貲倍值，茶之身價也。緩焙密緘，深貯少洩，茶之呵護也。清泉澄江，引汲新活，茶之正脈也。堅炭洪燃，文武相逼，茶之有功也。水火既濟，湯以壯成，茶之司命也。壺琖雅潔，饒韻適宜，茶之安立也。諸凡器具，備式利用，茶之依附也。供役謹敏，如法執辦，茶之倚任也。候湯急瀉，爇琖徐傾，茶之節制也。若斷若續，亦梅亦蘭，茶之真香也。露華淺碧，乍凝乍浮，茶之正色也。寓甘於苦，沃吻沁心，茶之至味

也。吸香觀色，呷嗛省味，茶之領略也。香散色濃，味極雋永，茶之畢事也。果蔬小列，澹瀘鮮芳，茶之佐侑也。淨几閒窗，珍玩名蹟，茶之莊嚴也。瓶花簷竹，盆石罏香，茶之徒侶也。山色溪聲，草茵松蓋，茶之亨途也。一鏡當空，六花呈瑞，茶之點綴也。景候和佳，情怡神爽，茶之曠適也。淒風冷雨，懷感寂寥，茶之鍊境也。墨花毫彩，操弄詠吟，茶之週旋也。飲啜中度，賞識當家，茶之遇合也。禪房佛供，丹鼎天漿，茶之超脱也。密友譚心，艷姬度曲，茶之愜趣也。芳溢甘餘，厭斥它味，茶之獨契也。茗戰不爭，湯社不黨，茶之君子也。壘塊填胸，澆洗頓盡，茶之鉅力也。水戹無恙，香醉罔愆，茶之福德也。煩暑消渴，酩酊解醒，茶之小用也。蠲邪愈疾，袪倦益思，茶之偉勳也。備此乃可言茶，乃可與言茶也。

校　記

① 卷之三《茶經》卷下：據此，則所失兩卷的內容，當是陸羽《茶經》卷上、卷中。或還有序等。

② 《茶譜》：底本作“偽蜀隣文錫撰”，“拸”字是“毛”字之誤，逕改。但從所錄文字來看，這裏的《茶譜》，實際是錢椿年原著、顧元慶刪校的作品，而非毛文錫之作。

③ 《茶譜外集》卷之上：朱祐檳在《茶譜》下所附《茶譜外集》，實際所錄的是明孫大綬《茶譜外集》。《茶譜外集》也無卷上和卷下之分，而這裏所錄的所謂《茶譜外集》卷上，也不只收錄孫大綬《茶譜外集》內容，他將孫大綬《茶經外集》也全收錄在《茶譜外集》之後，且對其《茶經外集》附作《茶譜外集》內容，也未作任何説明。所以，本題及其卷中，實際包括孫大綬《茶譜外集》和《茶經外集》的部分內容。

④ 《茶譜外集》卷之下：孫大綬《茶譜外集》本只一卷，無甚麼卷上卷下，此所加“卷之下”，是朱祐檳的續輯，主要補原《茶譜外集》所未錄的一些唐代重要茶詩。

⑤ 本卷所錄《茗笈》頁次有倒錯。

⑥ 《續集古今茶譜》收錄於本書之第十一卷起，然本書尚脱卷九及十，未知內容為何，似應為明代之茶書。

⑦ 《煮泉小品》：此是殘篇，原無書名。所存文字，經核。為該書的異泉、江水、井水、緒談四節，書名為編者所加。

品茶八要

◇明　華淑　撰
　　張瑋　訂

《品茶八要》，見於華淑刻印的十閒堂《閒情小品》和《錫山華氏叢書》，是華淑將陸樹聲《茶寮記·煎茶七類》改頭換面編成的。《煎茶七類》有人品、品泉、烹點、嘗茶、茶候、茶侶、茶勳這樣七類，《品茶八要》則是一人品、二品泉、三烹點、四茶器、五試茶、六茶候、七茶侶、八茶勳這樣八目，最後附《茶寮記》，即陸樹聲《茶寮記》的前記。其中只有“茶器”一目，是華淑從別書輯入的。又除“嘗茶”改為“試茶”，另有一些地名、茶名的改動，幾乎與陸樹聲的作品相同。

華淑《閒情小品》等叢書的編刻年代，通過輯、訂者的情況，可知大概。華淑（1589－1643），字聞修，無錫人，為萬曆、天啟和崇禎時江南名士。撰有《吟安草》、《惠山名勝志》等。張瑋，常州人，萬曆四十七年進士，授户部主事，後出為廣東提學僉事。為官剛正不阿，因不滿高官媚上為魏忠賢建生祠，引退歸里，時間當在天啟（1621－1627）年間。崇禎登位，張瑋奉詔復出，累遷至左副都御史，不久病卒。由張瑋的經歷，可以看到華淑請張瑋校訂他編刊的《閒情小品》包括《品茶八要》的時間，應該是天啟的這六七年間。

本文以《閒情小品·品茶八要》做底本，以《茶寮記》等原文作校。

一、人品

煎茶非漫浪，要須其人與茶品相得。故其法每傳於高流隱逸，有雲霞泉石，磊塊胸次間者。

二、品泉

泉品以山水為上，次梅水，次江水，次井水。①井取汲多者，汲多則水活。然須旋汲旋烹，汲久宿貯者，味減鮮冽。

三、烹點

煎用活火，候湯眼鱗鱗起沫餑鼓泛，投茗器中。初入湯少許，俟湯茗相投，即滿注；雲腳漸開，浮花浮面，則味全。蓋古茶用團餅碾屑，味易出。葉茶驟則乏味，過熟，則味昏底滯。

四、茶器

茶器須宜興粗沙小料者為佳。入銅錫器，泉味便失。

五、試茶

茶入口徐啜，則得真味②。雜以他果，則香味俱奪。

六、茶候

涼台靜室，明窗曲几，僧寮道院，松風竹月，宴坐行吟，清談把卷。

七、茶侶

翰卿墨客，緇流羽士，逸老散人，或軒冕之徒、超軼世味者。

八、茶勳

除煩雪滯，滌醒破睡，譚渴書倦，是時茗碗，策勳不減淩煙。

茶寮記(附) [1]

注　釋

1　此處刪節，見明代陸樹聲《茶寮記》。“近從天池來”，本文作“近從陽羨來”；“餉余天池苦茶”，本文作“餉余洞山苦茶”；“同試天池茶”，本文作“同試洞山茶”，餘皆同。

校　記

① 泉品以山水為上，次梅水、次江水、次井水：《茶寮記》原文作“泉品以山水為上，次江水，井水次之。”

② 茶入口徐啜，則得真味：《茶寮記》原文作“茶入口先灌漱，須徐啜，俟甘津潮舌，則得真味。”

陽羨茗壺系

◇明　周高起　撰[1]

周高起（？－1645），字伯高，號蘭馨，江陰（今屬江蘇）人。他博聞強識，早歲補諸生，列名第一；工古文辭，精於校勘，喜好積書，以“玉柱山房”為書室名。萬曆四十八年（1620），撰《讀書志》十三卷。崇禎十一年（1638），應江陰知縣馮至仁請，與徐遵湯合修《江陰縣志》。除此，還有《陽羨茗壺系》、《洞山岕茶系》各一卷傳世。康熙《江陰志》稱：“乙酉（1645）閏六月，城變突作[2]，避地由里山。值大兵勒重，篋中惟圖書翰墨，無以勒者，肆加箠掠，高起抗聲訶之，遂遇害。”以其剛烈，事跡入載《江陰縣志·忠義傳》。

“陽羨”是今江蘇宜興市漢時舊縣名，隋朝更名“義興”，宋時避諱，改“義”為“宜”。宜興茗壺，係指紫砂茶壺。據考，宜興紫砂陶的歷史，可追溯到宋。但是，中國茶壺早先主要是採用金屬製器，直至明正統間朱權撰《茶譜》時，還稱“古人多用鐵器”，“宋人惡其鉎，以黃金為上，以銀次之；今予以瓷石為之”。表明到明代前期，採用陶瓷茶壺，還帶有一定的新鮮意味。陶瓷茶壺取得主要的地位，如錢椿年、顧元慶《茶譜》所載“銀錫為上，瓷石次之”，是明中期嘉靖以後的事。明代是中國茶飲習慣尚炒青芽茶、葉茶，茶具由金屬器改興陶壺小盞的一個重要轉折時期。宜興紫砂陶業，適逢其時，不但由原來燒製缸瓮日用窯器，轉為生產砂壺為主，名甲全國；而且以其特有的紫砂陶土的製作，還培養、造就了供春、時大彬等一批明代嘉萬年間傑出的製壺大師。《陽羨茗壺系》，即是考述自供春以後有關宜興陶工、陶藝發展脈絡的第一本系統專著。

《陽羨茗壺系》前敘未署撰寫年月，萬國鼎推定它成書於崇禎十三年“(1640) 年前後”。不過，從現存《陽羨茗壺系》、《洞山岕茶系》不見於崇禎末年各叢書，而最早見於康熙王晫、張潮輯集的《檀几叢書》來看，是書的撰寫，或許稍晚於崇禎十三年以後。

本書現存的版本除《檀几叢書》本外，還有南京圖書館收藏的乾隆盧抱經精鈔本，約道光時管庭芬所編的《一瓻筆存》本，以及光緒及民國前期先後增刻的《江陰叢書》本，金武祥《粟香室叢書》本，盛宣懷《常州先哲遺書》本，馮兆年《翠琅玕館叢書》本，黃任恆“馮氏翠琅玕館”重編本以及《芋園叢書》本，《藝術叢書》本等。本書以《檀几叢書》本作底本，選《一瓻筆存》本、《粟香室叢書》本、《常州先哲遺書》本、《翠琅玕館叢書》本等作校。

壺於茶具用處一耳①。而瑞草、封泉，性情攸寄，實仙子之洞天福地，梵王之香海蓮邦。審厥尚焉，非曰好事已也。故茶至明代，不復碾屑、和香藥、製團餅，此已遠過古人。近百年中，壺黜銀錫及閩豫瓷[3]而尚宜興陶，又近人遠過前人處也。陶曷取諸，取諸其製，以本山土砂②，能發真茶之色香、味；不但杜工部云："傾金③注玉驚人眼[4]"，高流務以免俗也。至名手所作，一壺重不數兩④，價重每一二十金[5]，能使土與黃金爭價。粗日趨華，抑足感矣。因考陶工、陶土而為之系。

創始

金沙寺僧，久而逸其名矣。聞之陶家云，僧閒靜有致，習與陶缸瓮者處，為其細土，加以澄練，捏為為胎，規而圓之，刳使中空，踵傳口、柄、蓋、的[6]，附陶穴燒成[7]，人遂傳用。

正始

供春，學憲⑤吳頤山[8]公青衣[9]也。頤山讀書金沙寺中，供春於給役之暇，竊仿老僧心匠，亦淘細土摶胚，茶匙穴中，指掠內外，指螺文隱起可按。胎必累按，故腹半尚現節腠，視以辨真。今傳世者，栗色闇闇⑥如古金鐵，敦龐周⑦正，允稱神明垂則矣。世以其孫龔姓，亦書為龔春。人皆證為龔，予於吳冏⑧卿家見時大彬所仿，則刻供春二字，足折聚訟云。

董翰，號後谿，始造菱花式[10]，已殫工巧。

趙梁，多提梁式。亦有傳為名良者。

玄錫⑨。

時朋，即大彬父，是為四名家。萬曆間人，皆供春之後勁也。董文巧，而三家多古拙。

李茂林，行四，名養心。製小圓式，妍在樸緻中，允屬名玩。

自此以往，壺乃另作瓦缶，囊閉入陶穴[11]，故前此名壺，不免沾缸罈油淚。

大家

時大彬，號為山。或淘土，或雜硇砂土[12]，諸款具足，諸土色亦具足。不務妍媚，而樸雅堅栗，妙不可思。初自仿供春得手，喜作大壺。後游婁東[13]，聞眉公[14]與琅琊、太原諸公品茶施茶之論，乃作小壺。几案有一具，生人閒遠之思，前後諸名家並不能及。遂於陶人標大雅之遺，擅空羣之目矣。

名家

李仲芳，行大，茂林子。及時大彬門，為高足第一。製度漸趨文巧，其父督以敦古。仲芳嘗手一壺，視其父曰："老兄，這個何如？"俗因呼其所作為"老兄壺"。後入金壇，卒以文巧相競[15]。今世所傳大彬壺，亦有仲芳作之，大彬見賞而自署款識者。時人語曰："李大瓶，時大名。"

徐友泉，名士衡。故非陶人也，其父好時大彬壺，延致家塾[16]。一日，強大彬作泥牛為戲，不即從，友泉奪其壺土出門去，適見樹下眠牛將起，尚屈一足，注視捏塑，曲盡厥狀。攜以視⑩大彬，一見驚歎曰："如子智能，異日必出吾上。"因學為壺。變化式土⑪，仿古尊罍諸器，配合土色所宜，畢智窮工粗移人心目。予嘗博考厥製，有漢方[17]、扁觶、小雲雷、提梁卣⑫、蕉葉、蓮方、菱花、鵝蛋、分襠索耳、美人、垂蓮、大頂蓮、一回角、六子諸款。泥色有海棠紅、硃砂紫、定窯白、冷金黃、淡墨、沉香、水碧、榴皮、葵黃、閃色為梨皮諸名。種種變異，妙出心裁。然晚年恆自歎曰："吾之精，終不及時之粗。"

雅流

歐正春，多規花卉果物，式度精妍。

邵文金，仿時大漢方⑬獨絕，今尚壽。

邵文銀。

蔣伯荂，名時英。四人並大彬弟子，蔣後客於吳，陳眉公為改其字之"敷"為"荂"，因附高流，諱言本業，然其所作，堅緻不俗也。

陳用卿，與時同工，而年伎俱後。負力尚氣⑭，嘗掛吏議，在縲絏中，俗名陳三獃子。式尚工緻，如蓮子、湯婆、缽盂、圓珠諸製，不規而圓，已極妍飭。款仿鍾太傅帖意，落墨拙，落刀工⑮。

陳信卿，仿時、李諸傳器，具有優孟叔敖處，故非用卿族。品其所作，雖豐美遜之，而堅瘦工整，雅自不羣。貌寢意率，自誇洪飲，逐貴游間，不務⑯壹志盡技，間多伺弟子造成，修削署款而已。所謂心計轉粗，不復唱《渭城》[18]時也。

閔魯生，名賢，製仿諸家，漸入佳境。人頗醇謹，見傳器則虛心企擬，不憚改，為技也，進乎道矣。

陳光甫，仿供春、時大為入室。天奪其能，蚤眚[19]一目，相視口的，不極端緻；然經其手摹，亦具體而微矣。

神品

陳仲美，婺源人，初造瓷於景德鎮，以業之者多，不足為其名，棄之而來。好為壺土，意造諸玩，如香盒、花杯、狻猊鑪、辟邪、鎮紙，重鏤疊刻，細極鬼工。壺象花果，綴以草蟲，或龍戲海濤，伸爪出目。至塑大士像，莊嚴慈憫，神采欲生；瓔珞花鬘，不可思議。智兼龍眠、道子[20]，心思殫竭，以夭天年。

沈君用，名士良，踵仲美之智，而妍巧悉敵。壺式上接歐正春一派，至尚象諸物，製為器用，不尚正方圓[21]，而筍縫不苟絲為。配土之妙，色象天錯，金石同堅。自幼知名，人呼之曰"沈多梳"。宜興垂髫之稱巧殫厥心，亦以⑰甲申四月夭。

別派

諸人見汪大心《葉語》附記中。休寧人，字體茲，號古靈。

邵蓋、周後谿、邵二孫，並萬曆間人。

陳俊卿，亦時大彬弟子。

周季山、陳和之、陳挺生、承雲從、沈君盛，善仿友泉、君用。並天啟、崇禎間人。

沈子澈，崇禎時人，所製壺古雅渾樸。嘗為人製菱花壺，銘之曰："石根泉，蒙頂葉，漱齒鮮，滌塵熱。"⑱

陳辰，字共之，工鐫壺款，近人多假手焉；亦陶家之中書君也。

鐫壺款識，即時大彬初倩能書者落墨，用竹刀畫之為或以印記，後竟運刀成字。書法閒雅，在黃庭、樂毅帖[22]間，人不能仿，賞鑒家用以為別。次則李仲芳，亦合書法。若李茂林，硃書⑲號記而已。仲芳亦時代大彬刻款，手法自遜。

規仿名壺曰"臨"，比於書畫家入門時。

陶肆謠曰："壺家妙手稱三大"，謂時大彬、李大仲芳、徐大友泉也。子為轉一語曰："明代良陶讓一時"；獨尊大彬，固自匪佞。

相傳壺土初出用時，先有異僧經行村落，日呼曰："賣富貴！"土人⑳羣嗤之。僧曰："貴不要買，買富何如？"因引村叟，指山中產土之穴，去。及發之，果備五色[23]，爛若披錦。

嫩泥，出趙莊山，以和一切色上乃黏脯可築㉑，蓋陶壺之丞弼[24]也。

石黃泥，出趙莊山，即未觸風日之石骨也。陶之乃變硃砂色。

天青泥，出蠡墅，陶之變黯肝色。又其夾支，有梨皮煙，陶現梨凍色；淡紅泥，陶現松花色；淺黃泥，陶現豆碧色。蜜口泥㉒，陶現輕赭色；梨皮和白砂，陶現淡墨色。山靈腠絡，陶冶變化，尚露種種光怪云。

老泥，出團山，陶則白砂星星，宛若㉓珠琲。以天青、石黃和之，成淺深古色。

白泥，出大潮山，陶瓶盎缸缶用之。此山未經發用，載自吾鄉白石山[25]。江陰秦望山之東北㉔支峯

出土諸山，為穴往往善徙。有素產於此，忽又他穴得之者，實山靈有以司之，然皆深入數大丈乃得。

造壺之家，各穴門外一方地，取色土篩搗，部署訖，弃窖其為，名曰"養土"[26]。取用配合，各有心法，秘不相授。壺成幽之，以候極燥，乃以陶瓮皮五六器，封閉不隙，始鮮欠裂射油之患。過火則老，老不美觀；欠火則穉穉封土氣。若窯有變相[27]，匪夷所思，傾湯封茶，雲霞綺閃，直是神之所為，億千或一見耳。

陶穴環蜀山，山原名獨，東坡先生乞居陽羨時，以似蜀中風景，改名此山也。祠祀先生於山椒，陶煙飛染，祠宇㉕盡墨。按：《爾雅．釋山》云："獨者，蜀"。則先生之鋭改厥名，不徒桑梓殷懷，抑亦考古自喜云爾。

壺供真茶，正在新泉活火，旋瀹旋啜，以盡色、聲、香、味之蘊。故壺宜小不宜大，宜淺不宜深，壺蓋宜盎不宜砥[28]。湯力茗香，俾得團結氤氳；宜傾竭即滌㉖，去厥渟滓，乃俗夫強作解事，謂時壺質地堅結[29]，注茶越宿，暑月不餿㉗，不知越數刻而茶敗矣，安俟越宿哉！況真茶如蓴脂，採即宜羹，如筍味觸風隨劣。悠悠之論，俗不可醫。

壺入用久㉘，滌拭日加，自發闇然之光，人手可鑒，此為書房㉙雅供。若膩滓爛斑，油光爍爍，是曰"和尚光"，最為賤相。每見好事家，藏列頗多名製，而愛護垢染，舒袖摩挲，惟恐拭去。曰："吾以寶其舊色爾。"不知西子蒙不潔，堪充下陳否耶？以注真茶，是藐姑射山之神人，安置煙瘴地面為，豈不舛哉！

壺之土色，自供春而下，及時大初年，皆細土淡墨色，上有銀沙閃點。迨碙砂和製，穀縐周身，珠粒隱隱，更自奪目。

或問予以聲論茶，是有説乎？予曰："竹爐㉚幽討，松火怒飛，蟹眼徐窺，鯨波乍起，耳根圓通為不遠矣。"然爐頭風雨聲，銅瓶易作，不免湯腥，砂銚亦嫌土氣，惟純錫為五金之母，以製茶銚，能益水德，沸亦聲清。白金尤妙[30]，第非山林所辦爾㉛。

壺宿雜氣，滿貯沸湯㉜，傾即沒冷水中，亦急出水寫之，元氣復矣。

品茶用甌㉝，白瓷為良，所謂"素瓷傳靜夜，芳氣滿閒軒"也。製宜弇口邃腸，色浮浮而香味不散。

茶洗，式如扁壺，中加一盎，鬲而細竅其底，便過水漉沙。茶藏，以閉洗過茶者，仲美、君用各有奇製，皆壺史之從事也。水杓、湯銚，亦有製為盡美者，要以椰匏、錫器，為用之恆。

附[31]：過吳迪美朱萼堂看壺歌兼呈貳公㉞

新夏新晴新綠煥，茶式初開花信亂。羈愁共語賴吳郎，曲巷通人每相喚。伊予真氣合奇懷，閒中今古資評斷。荊南土俗雅尚陶，茗壺奔走天下半。吳郎鑒器有淵心，曾聽㉟壺工能事判。源流裁別字字矜，收貯將同彝鼎玩。再三請出豁雙眸，今朝乃許花前看。高盤捧列朱萼堂，匣未開時先置贊。捲袖摩挲笑向人，次第標題陳几案。每壺署以古茶星，科使前賢參靜觀。指搖蓋作金石聲，款識稱堪法書按。某為壺祖某雲孫，形製敦龐古為燦。為橋陶肆紛斷奇，心眼欹歔多暗換。寂寞無言意共深，人知俗手真風散。始信黃金瓦價高，作者展也天工竄。技道會何彼此分，空堂日晚滋三歎。

供春大彬諸名壺價高不易辦予但別其真而旁蒐殘缺於好事家用自怡悦詩以解嘲

陽羨名壺集，周郎不棄瑕。尚陶延古意，排悶仰真茶。燕市會酬駿，齊師亦載車。也知無用用，攜對欲殘花。吳迪美曰：用涓人買駿骨[32]孫臏刖足事，以喻殘壺之好。伯高乃真賞鑒家，風雅又不必言矣。

林茂之[33]　**陶寶肖像歌**為馮本卿金吾作

昔賢製器巧舍樸，規倣樽壺從古博。我明龔春時大彬，量齊水火摶埴作。作者已往嗟濫觴，不循月令仲冬良。荊谿陶正司陶復，泥沙貴重如珩璜。世間㊱茶具稱為首，玩賞揩摩為人手。粉錫[34]型模莫與爭，素磁斟酌長相偶。義取炎涼無變更，能使為湯氣永清。動則禁持慎捧執，久且色澤生光明。近聞復有友泉子，雅式精工仍繼美。嘗教春茗注山泉，不比瓶罍罄時恥。以茲珍賞向東吳，勝卻方平眾玉壺為癖好收藏阮光祿[35]，割愛舉贈馮金吾[36]。金吾得之喜絕倒，寫圖錫名曰陶寶。一時詠贊如勒銘，直似千年鼎彝好。

俞仲茅　**贈馮本卿都護陶寶肖像歌**

何人霾向陶家側，千年化作土赭色。捄來擣治水火齊去聲，義興好手誇埏埴。春濤沸後春旗濡，彭亨豕腹正所須。吳兒寶若金服匿，貪緣先入步兵廚[37]。於今東海小馮君，清賞風流天下聞。主人會意卻投贈，媵以長句縹緗交。陳君雅欲酣茗戰，得此摩挲日千遍。尺為鵝溪綴剡藤[38]，更教摩詰開生面為圖為王宏卿一時所寫一時佳話傾璠璵，堪備他年班管[39]書。月窗馮園名即今書畫舫，為山同伴玉蟾蜍㊲。

注　釋

1　書前《陽羡茗壺系》題下，各書均署作“江陰周高起伯高著”。檀几叢書本在題署前，還有“武林王晫　丹麓；天都　張潮　山來同輯”十四字。丹麓、山來是王晫、張潮的字。

2　城變突作：是指清軍圍攻、佔領江陰縣城。

3　閩豫瓷：疑指烹飲團茶餅茶所尚建盞和鞏縣瓷茶器。南宋《梁谿漫志》載：“鞏縣有瓷偶人，號陸鴻漸，買十茶器，得一鴻漸。”名瓷除建窯兔毫盞因鬥茶名甲全為外，稍次名瓷，各地均有，但從上可以看出，瓷茶具產銷最為活躍的，應數鞏窯。

4　此詩句出自杜甫《少年行》二首之一。

5　金：此指白銀的重量或貨價單位，銀一兩為一金。

6　踵傅口、柄、蓋、的：意指接着製做壺口、壺柄、壺蓋及蓋的子。

7　附陶穴燒成：陶穴，陶窯。先前紫砂陶成坯後，一般搭附在缸瓮一類粗陶一起入窯燒成。

8　吳頤山：即吳仕，字克學，號頤山，一號拳石，明宜興人。正德九年進士，官至四川布政司參政。工詩，有《頤山私稿》十卷，《毗陵人品記》九卷。

9　青衣：指僮僕、書僮。

10　菱花式：菱花以八瓣為多，砂壺造型製成八條筋紋花瓣形，稱菱花式。

11　囊閉入陶穴：如前注所説，早期紫砂器和粗陶窯貨放在一起燒為，不免沾缸罎油淚及氣味。自李茂林將紫砂用匣體封閉燒製，不僅克服了不良物質和氣體的附着，也為紫砂陶的精雅化奠定了較好基礎。

12　雜硇砂土：宜興方言稱土中砂粒為硇砂；用篩篩選處理後的砂土，稱熟砂。這一工序，即現在所謂的調砂、鋪砂。

13 婁東：即婁縣（位於江蘇崑山東北）東部。

14 眉公：係明江浙名士陳繼儒的號，詳本書《茶董補》題記。

15 以文巧相競：《紫砂名陶典籍》注稱：李茂林“尚知寓巧於樸，敦促仲芳（林子），而仲芳以文巧為追求目標”。這也恰好是當時宜興砂陶工藝風格“日趨纖巧”的一種發展縮影。

16 家塾：非學校性質的私塾，而是指舊時江南把工匠請至家中生產的一種做法。

17 漢方：紫砂傳統造型名稱之一，即仿照漢方製作的壺為歷代名家大都有仿古漢方壺傳世。

18《渭城》：曲名。即《渭城曲》，樂府近代曲名，又名《陽關曲》。唐代王維《送元二使安西》詩：“渭城朝雨浥輕塵，客舍青青柳色新。勸君更盡一杯酒，西出陽關無故人”。後被譜入樂府，“渭城”和“陽關”之典本此。

19 蚤眚（shěng）：“眚”，《說文・目部》：“眚，目病生翳也。”此指早年眼睛生病。

20 龍眠、道子：“龍眠”，即北宋畫家李公麟（1049－1106），字伯時，官至朝奉郎。元符三年（1100）告老後居龍眠山，號龍眠居士，傳世作品有《五馬圖》為“道子”，即唐代著名畫家吳道子。陽翟（今河南禹縣）人，漫遊洛陽時，玄宗聞其名，任以內教博士，在宮廷作畫。擅畫佛道人物，也畫山水，封後世宗教人物畫和雕塑都有較大影響。

21 尚象諸物，製為器用，不尚正方圓：規正的方形、圓形器皿，在紫砂行業內屬光素一派，而仿生器屬歐正春所創的塑器類。

22 黃庭、樂毅帖：“黃庭”即《黃庭經》，有黃庭“內景經”和“外景經”二本，是道教上清派的主要經書之一，因晉代王羲之寫本而著名於世，但今傳的僅《黃庭外景經》。此為黃庭”指法帖，宋以後刻本繁多，最著名的為小楷法帖，一般認為是唐褚遂良所臨。“樂毅”，為魏夏侯玄所作的《樂毅論》；此指著名的法帖。傳稱是王羲之書付其子獻之的手跡。

23 果備五色：紫砂泥有紫泥、綠泥（本山綠泥）、紅泥三種。由天然礦土礦脈的差異造成泥色的不同，稱之為“五色”。

24 嫩泥……蓋陶壺之丞弼：高英姿《紫砂名陶典籍》中指出此說之謬。所謂“丞弼”，此不作“輔佐”解。“丞”通“承”，作秉承；“弼”作“嬌正”之義，這裏引伸作能任人隨意加工製作的陶坯。其實，“嫩泥是一種粗陶製作的必備原料，可以增加粘塑力。但紫砂用泥中不加嫩泥”，因此“說嫩泥是陶壺之丞弼，是混淆了紫砂泥與粗陶泥的概念。”

25 白泥：大潮山未開發時，從江陰“白石山”運來。白泥是日用粗陶用泥，此稱早先白泥從江陰運來，實是將粗陶用釉料與白泥的混淆。

26 養土：古代紫砂泥的練製方法。將風化後的礦土搗碎，碾成粉末，加水浸泡。幾個月後取泥錘煉，煉好後，放於陰涼處陳腐一段時間才能拿來做壺。陳腐過程中泥中有機瓜化作膠體狀，粘塑性增強，更宜於造型。

27 窯有變相：即“窯變”。在燒成中，由於泥質、火候、氣氛互相配合，有時會出現意想不到的最佳效果。在科技不發達的傳統生產階段，這種“億千一見”的窯變現象，當然只能歸結為“神之所為”。

28 壺蓋宜盎不宜砥：“盎”，指豐厚盈溢，為虛高壺口；“砥”，指低平。即壺蓋宜虛高些，不宜作平蓋。

29 堅結：原書各本“結”均作“潔”，似為音誤，應作“堅結”。燒成火候較高，已燒結，質地堅緻。

30 惟純錫為五金之母，以製茶銚……白金尤妙：“銚”，指煮水的“吊子”，此借指茶壺。“白金”，指“白銀”。以上說法，也是明代不少茶書的結論。如許次紓《茶疏》載：“茶注以不受他氣者為良，故首銀次錫；上品真錫，力大不減”，就是這種觀點。

31 此“附錄”題名，為本書編加。原下錄諸詩名前，多數添加一“附”字：如“附《過吳迪美為尊堂看壺歌兼呈貳公》；附《林茂之陶寶肖像歌》“等等。既置題頭，原書各詩題前所加的“附”字，本文也全部作刪。

32 涓人買駿骨：典出《戰國策・燕策》，燕昭王聞古之君人，有以千金求千里馬者，三年不能得。涓人（內侍）言於君曰：‘請求之’。君遣之。三月得千里馬，馬已死，買其骨五百金，反以報君。君大怒曰：”所求者生馬，安事死馬？而捐五百金！”涓人對曰：“死馬且買之五百金，況生為乎？天下必以王為能市馬，馬今至矣。”於是不期年，千里馬至者三。”

33 林茂之：即林古度，字茂之。

34 粉錫：“粉”指瓷器，為西景德鎮仿製定瓷，即記稱“粉定”。“粉錫”，此指瓷錫茶具。

35 阮光祿：“光祿”，古職官“光祿大夫”的簡稱。南朝宋阮韜，官至“金紫光祿大夫”，即有“阮光祿”之稱。

36 馮金吾：“金吾”也是官名，即“執金吾”。所謂“金吾為，一稱是兩端鍍金的銅捧，執之以示權威。一云“吾”讀“御”，謂執金以御非常。漢武帝時改“中尉”為執金吾，督巡三輔治安，晉以後廢。但此處似與上古“金吾”無關，因為上面林古度《陶寶肖像歌》題注説得很清楚，馮金吾名“本卿”，當是明清間人。

37 步兵廚：此“步兵”，借指阮籍。籍，三國魏陳留尉氏人，字嗣宗。齊王曹芳時任尚書郎，以疾歸。大將軍曹爽被誅後，任散騎常侍。縱酒談玄，長詩工文，與嵇康等被稱為“竹林七賢”。傳説因當時步兵校尉廚中有酒數百斛，因請求任“步兵校尉”。有《阮步兵集》。“步兵廚”比喻藏有美酒之處。

38 尺幅鵝溪綴剡藤：《紫砂名陶典籍》注：“鵝溪”，位四川鹽亭縣西北，以產絹著名。剡藤，指浙江剡溪以藤製作的名紙“剡紙”。蘇軾詩句“剡滕玉版開雪膚”即是。

39 班管：“管”，這裏指詩文中常喻的書筆。班氏之筆非一般，而是指班彪、班固、班昭書《漢書》之筆。

校　記

① 用處一耳：“耳”字，《翠琅玕館叢書》本（簡稱翠琅玕館本）刊作“身”。

② 土砂：“砂”字下，《一瓻筆存》本還有“為之”二字。

③ 傾金：《一瓻筆存》本“金”字刊作“銀”。

④ 重不數兩：“不”和“數”字間，《一瓻筆存》多一“踰”字。

⑤ 學憲：《常州先哲叢書》本（簡稱常州先哲本）、《粟香室叢書本》（簡稱粟香室本）“憲”字作“使”。

⑥ 闇闇：底本及其他各本大都作“闇闇”，《中國古代茶葉全書》不知據何底本，刊作“暗錥”。

⑦ 周：盧抱經鈔本、粟香室本、翠琅玕館本等同底本作“周”。《中國古代茶葉全書》不知據何底本，書作“冏”字。

⑧ 冏：底本、翠琅玕館本俗刊作“冋”字，逕改。《中國古代茶葉全書》本不知何據又書作“周”。

⑨ 玄錫：翠琅玕館本同底本作“玄錫”；粟香室本、常州先哲本“玄”校作“袁”。並在“錫”字下加雙行小字注“按：袁姓，據《秋園雜佩》更正”十字。

⑩ 視：《一瓻筆存》與各本異，作“示”。

⑪ 變化式土：粟香室本、常州先哲本無“土”字，作“變化其式”。

⑫ 提梁卣：《一瓻筆存》等同本作“提梁 卤”，粟香室本、常州先哲本等，“卤”校改作“卣”。

⑬ 時大漢方：粟香室本等在“大”字下，增一“彬”字。

⑭ 尚氣：“氣”字，翠琅玕館本作“義”。

⑮ 落墨拙，落刀工：盧抱經鈔本、《一瓻筆存》本等同底本，皆有以上六字；粟香室本、常州先哲本無。

⑯ 不務：“務”字，常州先哲本作“復”字。

⑰ 亦以：常州先哲本等，“以”字前無“亦”字。

⑱ 沈子澈……滌塵熱：底本、盧抱經鈔本、《一瓻筆存》本等無此段內容；係粟香室本和常州先哲本刊加。粟香室本並在段末用雙行小字注明：“按此條據宜興舊志增入”。

⑲ 硃書：此處“硃”和本文其他地方使用的如“硃砂”的硃字，檀几叢書本和《一瓻筆存》、翠琅玕館本等大多相同作“硃”，但也有少數如粟香室本等作“朱”。此不再出校。

⑳ 土人：粟香室本、常州先哲本“人”前無“土”字。

㉑ 以和一切色上乃黏膩可築：“上”字，《一瓻筆存》、粟香室本等作“土”，句讀成“以和一切色土”。“膩”字，《一瓻筆存》本等作“脂”。

㉒ 蜜口泥：底本“蜜”和“泥”字間厥字空一格；粟香室本等有的厥字處用墨釘，有的空格，有的甚至直接聯作“蜜泥”。

㉓ 宛若：底本、盧抱經鈔本、《一瓻筆存》等多數版本，“宛”字疑音誤作“按”；粟香室本等校改作“宛”，據文義從粟本改。

㉔ 秦望山之東北：粟香室本、常州先哲本“秦望”下無“山”字。

㉕ 祠宇：《一瓻筆存》本“祠”字作“棟”。

㉖ 傾竭即滌：翠琅玕館本等同底本作“傾渴即滌”；《一瓻筆存》本“渴”字校改作“竭”，據文義，渴似應作“竭”，逕改。

㉗ 醙：《一瓻筆存》本等同底本，皆作“醙”。醙古指用黍、粱釀製的白酒或清酒，文似不可解。近出諸本，“醙”皆改作“餿”。

㉘ 壺入用久：“入”字，粟香室本、常州光哲本作“經”。

㉙ 此為書房：粟香室本、常州先哲本“書”字作“文”。

㉚ 竹爐：底本“爐”作“罏”，粟香室本作“鑪”，也有的作壚，皆可。但《中國古代茶葉全書》本改作“廬”，將爐當作“廬”，似有舛。

㉛ 第非山林所辦爾：“第”字，近出《中國古代茶葉全書》本，形訛作“茀”字。“爾”字，《一瓻筆存》本刊作“耳”。

㉜ 滿貯沸湯：“貯”字，盧抱經鈔本、《一瓻筆存》本作“注”。

㉝ 甌：底本誤刊作“歐”；盧抱經鈔本、《一瓻筆存》等各本校作“甌”；據改。

㉞ 附《過吳迪美朱萼堂看壺歌兼呈貳公》詩及其後另三詩、粟香室本、常州先哲本未作收錄。

㉟ 曾聽：近出個別版本，“曾”字，形訛作“會”字。

㊱ 世間：翠琅玕館本、黃任恆重編翠瑯玕館本，“間”字，形誤作“問”字。

㊲ 底本及各本全書和所收附詩均於終。但《一瓻筆存》本，另段還有“蜀山余曾一至，入野望四山皆火光也；製者多而佳者少矣。甲午十一月四日磯漁書”三十三字。

洞山岕茶系

◇明　周高起　撰①

周高起生平事跡，見《陽羡茗壺系》。

《洞山岕茶系》，是繼熊明遇《羅岕茶記》、馮可賓《岕茶箋》之後，又一部關於太湖西部岕茶的地區性茶葉專著。岕茶之名，按陳繼儒在《白石樵真稿》中所言，朱元璋"敕顧渚每歲貢茶三十二觔，則岕於國初已受知遇，施於今而漸遠漸傳，漸覺聲價轉重"。也即是説，岕茶在明初廢止團餅改貢芽茶以後，不趨炒青大流，獨保用甑蒸煞青工藝，愈傳名聲愈振，至嘉萬年間，如陳繼儒在《農圃六書》中又説，長興"羅岕，浙中第一；荊溪（按：宜興）稍下"，岕茶特別是"羅岕"，便名噪江浙一帶。也因為這樣，熊明遇寫的第一本有關岕茶的書，不用他名，專以"羅岕"作記。羅岕在長興境內，如果説第一本岕茶專著《羅岕茶記》是一本主要記述長興岕茶的地方茶書的話，那末，洞山位宜興一側，在《羅岕茶記》後所撰的《洞山岕茶系》，則是洞山岕茶名聲超越羅岕以後，用洞山之名，專門以著述宜興岕茶為主的另一本地方性茶書。這一點，明末清初乃至清朝中期文獻中的不少記載，都能説明。如不偏長興，也不重宜興，兼述二縣岕茶而稍早於《洞山岕茶系》的《岕茶箋》，就清楚反映了明末岕茶重心的這種轉變。馮可賓在文章開頭的"岕名"序中就指出：諸岕產茶者中，"獨羅嶰（岕）最勝……洞山之岕，南面陽光，朝旭夕暉，雲滃霧浡，所以味迥別也。"隨後在"辨真贋"中，又進一步提到："茶雖均出於岕，有如蘭花香而味甘，過霉歷秋，開罈烹之，其香愈烈，味若新，沃以湯，色尚白，真洞山也"。説明在馮可賓撰寫《岕茶箋》前，洞山便替代"羅岕"，名冠眾岕。其實這點，即使在熊明遇的《羅岕茶記》中，也可看到。如他在"產茶處"稱：羅岕"廟後山西向，故稱佳，總不如洞山南向，受陽氣特專。"所以，《羅岕茶記》和《洞山岕茶系》從表面來看，不過是明代後期兩篇分別主要介紹長興和宜興岕茶的短文，但實際則是客觀反映了中國岕茶所經歷的長興羅岕、宜興洞山為代表的兩個不同發展階段，對於研究明清茶類特別是岕茶生產發展的歷史，具有較為重要的參考價值。

本文撰寫年代，如同《陽羡茗壺系》題記中所推斷的，大致是明末崇禎十三年以後。至於版本情況，因為本文一般常和《陽羡茗壺系》一起刊印，所以也和上書的介紹基本相同。本書以康熙《檀几叢書》本作底本，以盧文弨精鈔本、管庭芬《一瓻筆存》本、金武祥《粟香室叢書》本、馮兆年《翠琅玕館叢書》本、盛宣懷《常州先哲遺書》本等作校。

唐李栖筠[1]守常州日，山僧進陽羨茶，陸羽品為“芬芳冠世②，產可供上方”。遂置茶舍於罨畫谿，去湖汊一里所，歲供萬兩。許有穀[2]詩云：“陸羽名荒舊茶舍，卻教陽羨置郵忙”是也。其山名茶山，亦曰貢山，東臨罨畫谿。修貢時，山中湧出金沙泉，杜牧詩所謂“山實東南秀，茶稱瑞草魁。泉嫩黃金湧，芽香紫璧裁”者是也。山在均山鄉，縣東南三十五里。又茗山，在縣西南五十里永豐鄉。皇甫曾[3]有《送陸羽南山採茶詩》：“千峯待逋客，香茗復叢生。採摘知深處，煙霞羨獨行。幽期山寺遠，野飯石泉清。寂寂燃燈夜，相思磬一聲。”見時貢茶在茗山矣。又唐天寶中，稠錫禪師名清晏，卓錫[4]南岳，磵上泉忽迸石窟間，字曰“真珠泉”。師曰：“宜瀹吾鄉桐廬茶”，爰有白蛇銜種菴側之異。南岳產茶，不絕修貢。迨今方春採茶，清明日，縣令躬享白蛇於卓錫泉亭，隆厥典也。後來檄取，山農苦之。故袁高有“陰嶺茶未吐，使者牒已頻”之句。郭三益[5]題南岳寺壁云：“古木陰森梵帝家，寒泉一勺試新茶。官符星火催春焙，卻使山僧怨白蛇。”盧仝《茶歌》亦云：“天子須嘗陽羨茶，百草不敢先開花。”又云：“安知百萬億蒼生，命墜顛崖受辛苦，”可見貢茶之苦。民亦自古然矣。至岕茶之尚于高流，雖近數十年中事，而厥產伊始，則自盧仝隱居洞山，種於陰嶺，遂有茗嶺之目。相傳古有漢王者，棲遲茗嶺之陽，課童藝茶。踵盧仝幽致，陽山所產，香味倍勝茗嶺。所以老廟後一帶，茶猶唐宋根株也。貢山茶今已絕種。

羅岕去宜興而南踰八九十里，浙直分界，只一山岡，岡南即長興山。兩峯相阻，介就夷曠者，人呼為岕；履其地，始知古人制字有意。今字書“岕”字，但注云山名耳云有八十八處。前橫大磵，水泉清駛，漱潤茶根，洩山土之肥澤，故洞山為諸岕之最。自西氿[6]溯張渚而入，取道茗嶺，甚險惡；縣西南八十里自東氿溯湖汊而入，取道纏嶺，稍夷才通車騎。

第一品

老廟後，廟祀山之土神者，瑞草叢鬱，殆比茶星肸蠁[7]矣。地不二三畝，苕溪姚象先與壻朱奇生分有之。茶皆古本，每年產不廿斤，色淡黃不綠，葉筋淡白而厚，製成梗絕少。入湯，色柔白如玉露，味甘，芳香藏味中。空濛深永，啜之愈出，致在有無之外。

第二品皆洞頂岕也

新廟後、棋盤頂、紗帽頂、手巾條、姚八房，及吳江周氏地，產茶亦不能多。香幽色白，味冷雋，與老廟不甚別，啜之差覺其薄耳。總之，品岕至此，清如孤竹，和如柳下，並入聖矣。今人以色濃香烈為岕茶，真耳食而眯其似也。

第三品

廟後漲沙、大袞頭、姚洞、羅洞、王洞、范洞、白石。

第四品皆平洞本岕也

下漲沙、梧桐洞、余洞、石場、丫頭岕、留青岕、黃龍、炭竈、龍池。

不入品外山

長潮、青口、箵莊、顧渚、茅山岕[8]。

貢茶

即南岳茶也。天子所嘗，不敢置品。縣官修貢，期以清明日，入山肅祭，乃始開園採。製視松蘿、虎丘，而色香豐美。自是天家清供，名曰片茶。初亦如岕茶製，萬曆丙辰，僧稠蔭游松蘿，乃仿製為片。

岕茶採焙，定以立夏後三日，陰雨又需之。世人妄云"雨前真岕"，抑亦未知茶事矣。茶園既開，入山賣草枝者，日不下二三百石，山民收製亂真。好事家躬往，予租採焙，幾視惟謹，多被潛易真茶去。人地相京[9]，高價分買，家不能二三斤。近有採嫩葉，除尖蒂，抽細筋炒之，亦曰片茶；不去筋尖，炒而復焙，燥如葉狀，曰攤茶，並難多得。又有俟茶市將闌，採取剩葉製之者，名修山，香味足而色差老。若今四方所貨岕片，多是南岳片子，署為騙茶可矣。茶賈炫人，率以長潮等茶，本岕亦不可得。噫！安得起陸龜蒙於九京[10]，與之賡茶人詩也。陸詩云："天賦識靈草，自然鍾野姿。閒來北山下，似與東風期。雨後採芳去，雲間幽路危。惟應報春鳥，得共此人知。"茶人皆有市心，令予徒仰真茶已。故予煩悶時，每誦姚合[11]《乞茶詩》一過："嫩綠微黃碧澗春，採時聞道斷葷辛。不將錢買將詩乞，借問山翁有幾人。"

岕茶德全，策勛惟歸洗控。沸湯潑葉即起，洗鬲斂其出液，候湯可下指，即下洗鬲排蕩沙沫；復起，併指控乾，閉之茶藏候投。蓋他茶欲按時分投，惟岕既經洗控，神理綿綿，止須上投耳。傾湯滿壺，後下葉子，曰上投，宜夏日。傾湯及半，下葉滿湯，曰中投，宜春秋。葉着壺底，以湯浮之曰下投，宜冬日初春。

注　釋

1 見本書張又新《煎茶水記》頁注。

2 許有穀：明宜興許氏文人，萬曆十八年（1590），偕王孚齋纂《宜興縣志》。明人修志，大都沿襲舊志，絕少考訂。有穀參修的縣志，博采羣史，考訂前志缺譌頗多，堪稱明代方志中少見的優秀之作。

3 皇甫曾：祖籍安定，避亂南遷丹陽。字孝常，玄宗天寶十一載進士，歷侍御史。詩出王維之門，為皇甫冉（天寶十五載進士）弟。曾、冉並以詩名被世人譽為"大歷才子"。

4 卓錫："卓"，卓立、直立；"錫"，即僧人外出時手柱的"錫杖"。"卓錫"，意指僧人在某地停留下來。

5 郭三益：字慎求，宋海鹽人。元祐三年(1088)擢進士，為常熟丞。時常平使者調蘇、湖、常、秀(州治在今浙江嘉興) 四州民濬青龍江。三益所率部眾提前完工後，常平使命"留之使助他邑"；三益不聽，竟引歸。以政績，累官刑部尚書同知樞密院事。

6 氿：宜興方言讀作jiù，意指汪汪蓄水之陂。"東氿"、"西氿"，是位於今宜興市宜城鎮附近的兩大水蕩。

7 肸（xī）蠁："肸"，亦作"肹"。"肸蠁"，原指分佈、散佈，引伸為眾盛貌。如杜甫《朝獻太清宮賦》"若肸蠁而有憑，肅風飆而乍起"。還寓有神靈感應之意。

8 茅山岕：此茅山，非江蘇金壇、句容之茅山，而是長興西北的茅山。本文上列所有岕茶產地，並非全屬宜興，而是宜興、長興兼錄。如本條"不入品"外山之地，箬莊即今"省莊"，屬宜興；其他如長潮、顧渚、茅山岕，就均屬長興，以其地毗鄰、交錯故也。

9 人地相京：此處"京"字，作區分、比較言。《左傳·莊公二十二年》："八世之後，莫之與京"。孔穎達疏："莫之與京，謂無與之比"。

10 九京：此處"京"也通作"原"，泛指墳墓。"九京"，原指春秋晉國卿大夫墓地；鄭玄稱，"京"蓋"原"字之誤，"晉卿大夫之墓地在九原"。"九原"，地轄今內蒙後套至包頭市黃河南岸的伊克昭盟北部地。

11 姚合（約775－854以後）：唐陝州硤石（今河南陝縣東南）一說吳興人。元和十一年進士，授武功主簿，世稱姚武功。寶曆中為監察御史，文宗太和時，出為金州、杭州刺史，入為監議大夫，官終秘書監。工詩，其詩稱"武功體"，與賈島並名，故有"姚賈"或"賈姚"之稱。有《姚少監詩集》，並選收王維、錢起等人詩編為《極玄集》。

校　記

① 文前《洞山岕茶系》題下，各書版均署作"江陰周高起伯高著"。底本在題和署名前，還多"武林王晫丹麓；天都張潮山來同輯"數字。"丹麓"、"山來"，為王晫、張潮的字。

② 芬芳冠世：盧文弨精鈔本"芬芳"，倒刊作"芳芬"，與其他各本異，疑誤。

茶酒爭奇

◇明　鄧志謨　輯

鄧志謨，字景南，自號百拙生，又號竹溪散人，明饒州饒安人，寓居金陵。生平不詳，僅知道活躍於萬曆南京文士之中，能文善曲，並撰著及刊刻書籍多種。他以“麗政堂”為書室名，撰有《鐵樹記》二卷、《飛劍記》二卷、《咒棗記》二卷、《麗藻》八卷、《豐韻情書》二卷、《七種爭奇》二十卷、《精選故事黃眉》十卷、《重刻增訂故事白眉》十卷等二十餘種。

《茶酒爭奇》是自鄧志謨《七種爭奇》中的一種，以擬人手法描寫茶酒各自矜誇的情態，屬遊戲文章，但亦附有不少前人的茶事詩文，體例比較雜亂。茶酒爭奇這種寫法，可上溯至唐代《茶酒論》，敦煌遺書中亦有通俗版本的擬人化故事，將兩種不同飲品的性質，作為爭相表功的材料。本文曾由萬國鼎《茶書總目提要》列為茶書，陳祖椝、朱自振所編《中國茶葉歷史資料選輯》亦存目。萬國鼎將本文撰寫時間定為崇禎十五年（1642）前後，而我們目前所見版本，只有北京國家圖書館的清代春語堂刻本。

目錄

卷一　敘述茶酒爭奇[①]

茶敘述源流　酒敘述源流　上官子醉夢　茶酒共爭辯　茶酒私奏本　水火二官判　茶四書文章　酒四書文章　茶集曲牌名　酒集曲牌名　水火總斷判　慶壽茶酒

卷二　表古風　賦歌調詩[②]

茶山歌　李白、袁高、杜牧　雙井茶　歐陽修　茶嶺　韋處厚　過陸羽茶井　王元之　詠茶　黃魯直、丁謂、鄭愚[③]、蔡伯堅、高季默[④]　竹間自採茶　柳宗元　送陸鴻漸棲霞寺採茶　皇甫冉　陸鴻漸採茶相遇　皇甫曾[⑤]　和章岷從事鬥茶歌　范希文　西山蘭若試茶歌　劉禹錫[⑥]　試茶詩　林和靖　煎茶歌　蘇軾　煎茶調　蘇軾[⑦]　與孟郊洛北野泉上煎茶[⑧]　劉〔言〕史[⑨]　峽中煎茶　鄭若愚　煎茶　呂居仁　詠煎茶　党懷英　睡後煎茶　白樂天　嬌女煎茶　左思、李南金　觀湯　沙門福全　問大冶長老乞桃花茶[⑩]　蘇軾　進茶表　丁謂　送龍茶與許道士　歐陽修　〔過〕長孫宅與郎上〔人茶〕會[⑪]　錢起　贈晁無咎　黃魯〔直〕[⑫]　嘗新茶　顏潛菴　嘗新茶呈〔聖〕俞[⑬]　歐陽修二首　和梅公儀嘗茶　歐陽修　謝孟諫議寄新茶　盧仝　謝賜鳳茶表　范希文　謝木舍人送講筵茶　楊慎　謝僧人寄

茶　李咸用　謝惠茶　周愛蓮　謝故人寄新茶　曹鄴　史恭甫遠致陽羨茶惠山泉　王寵　茶塢　皮日休　陸龜蒙　茶人　皮日休　陸龜蒙　茶筍　皮日休　陸龜蒙　茶籯　皮日休　陸龜蒙　茶舍　皮日休　陸龜蒙　茶灶　皮日休陸龜蒙　茶焙　皮日休　陸龜蒙　茶鼎　皮日休　陸龜蒙　茶甌　皮日休　陸龜蒙　煮茶　皮日休　陸龜蒙　覓茶　張晉彥二首　焙籠法式　《酒德頌》[1]

卷一　敘述茶酒爭奇

皇道煥炳，帝載緝熙。教清於雲官之世，治穆於鳥紀之時。王猷允塞，函夏謐寧，萬物絪緼，地天交泰。功與造化爭流，德與二儀比大。鳳凰鳴矣，黃河清矣。在在絃歌擊壤，家家詩禮文章。鐘鼓鏗鏘，寫羲皇之皡皡；玄黃稠疊，追文質之彬彬。禮儀一百，威儀三千，至浩至繁，不可勝紀。今特舉禮中二物極小者言之：曰茶曰酒。

自春夏以至秋冬，何時不用茶用酒？自朝廷以及閭巷，何人不用茶用酒？試言其日用飲食之常，民間往來之禮：或冠而三加，或婚而合巹，或弄璋而為湯餅會，開筵呼客；或即景賦詩；或坐上姻朋，賽有華裾織翠；或門前車馬，時來結駟高軒；追賞惠連，壓倒元白，何事而不用茶用酒？如所云用之以時者，玉律元旦傳佳節，綵勝七日倍風光。九陌元宵聯燈影，改火寒食待清明。燧火開新焰清明，傾都潑禊辰上巳。舡登先後渡端午，萬鏤慶停梭七夕。照耀超諸夜，漢武賜茱囊重陽。刺繡五紋添弱線冬至，四氣除夜推遷往復還，何節而不用茶用酒？

〔茶敘述源流〕⑭

先言茶之異品者：劍南有蒙頂石花，或小方或散芽，號為第一。湖州有顧渚之紫筍。東川有神泉小團、昌明獸目。硤州有碧澗明月、芳蕋、茱萸簝。福州有方山之生芽⑮。夔州有香山。江陵有楠木。湖南有衡山。岳州有灉湖之含膏。常州有義興之紫筍。婺州有東白。睦州有鳩坑。洪州有西山之白露。壽州有霍山之黃芽。蘄州有蘄門團黃。建州之北苑先春龍焙⑯。綿州之松嶺。福州之柏岩。雅州之露芽。南康之雲居。婺州之舉岩碧貌。宣城之陽坡横紋。饒池之仙芝福合、祿合、運合、慶合。蜀州之雀舌、鳥嘴、麥顆、片甲、蟬翼。潭州之獨行靈草。彭州之仙崖石花。臨江之玉津。袁州之金片。龍安之騎火。涪州之賓化。建安之青鳳髓。岳州之黃瓴毛。建安之石岩白。岳陽之含膏冷。杭州寶雲山產者，名寶雲茶。下天竺香林洞者，名香林茶。上天竺白雲峯者，名白雲茶。會稽有日鑄嶺茶，歐陽修謂兩浙第一。賓儀有龍陂山茶。白樂天有六班茶。龍安有騎火茶。顧渚側有明月峽前茶。王介甫之一旗一槍。義興有芳香甘辣冠他境。丁晉公謂石乳出壑嶺斷崖鐵石之間⑰。建安有露芽真筍。武昌山有大蓀茗，岳陽有灉湖茶，白鶴僧園有白鶴茶。元和時，待學士煎麒麟草。宣和中，復有白茶，勝雪茶之異種者。中孚衲子有仙人掌⑱，曇〔濟〕道人⑲有甘露，雙林道士有聖陽花，西域僧⑳有金地茶[2]，仙家有雷鳴茶為茶之別種者：有枳殼芽、枸杞芽、枇杷芽，皆治風疾，又有皂莢芽、槐芽、柳芽、月上春，摘其芽和茶作之。故今南人輸宮茶。茶之有益於人者，何如党魯有滌煩消渴。華元化謂苦茶久食，益意思。《神農經》㉑謂茶茗宜久服，令人有力悅志。李德裕謂天柱峯茶，可消肉食。丹丘子、黃山君服芳茶，輕身換骨。玉泉寺有茗草羅生，能還童振枯，人人壽也。劉越石㉒體羣潰悶，嘗仰真茶。隋文帝服山中茗草，可愈腦痛。茶有五名：一曰茶、二曰檟、三曰蔎、四曰茗、五曰荈，此載之《茶經》也。早采者為茶，晚采者為茗，此記之《爾雅》也。且製茶、煎茶各有法，須緩火炙，活火煎，始則魚目散布，微微有聲；中則四際泉湧，纍纍若貫珠；終則騰波鼓浪，水氣全消，〔此〕謂老湯㉓。三沸之法，非活火不能成也，此李存博之論，為有山林之致矣。若唐子西《鬥茶記》㉔："茶不問團銙，要之貴新；不問江井，要之貴活。"顧逋翁[3]《論茶》："煎以文火細煙，小鼎長泉"，其意亦略同峯陸羽不嘗論茶有九難乎？"陰采夜焙，非造也；嚼味嗅香，非別也；膏薪炮炭，非火也；飛湍壅潦，非水也；外熟內生，非炙也；碧粉縹塵，非末也；操艱攪遽，非煮也，夏興冬廢，非飲也，膩鼎腥甌，非器也。"《茶錄》㉕不詳載製茶之病乎？"土肥而芽澤乳，則甘香而粥面著盞而不散；土脊而芽短，則雲腳渙亂去盞而易散。葉梗半，則受水鮮白；葉梗短，則色黃而泛。烏蒂、白合茶之大病，不去烏蒂，則色黃黑而惡；不去白合，則茶苦澀。蒸芽必熟，去膏必盡。蒸芽未熟，則草木氣存；去膏未盡，則色濁而味重。受煙則香奪，壓黃則味失。此皆茶病也。"誠貴重也歟哉！

〔酒敘述源流〕㉖

試言酒之異品者：郢之富水。烏程之若下。滎陽之土窟春。富平之石涷。劍南之燒春。河東之乾和葡萄。嶺漢之靈溪。慱羅宜城之為醞。潯陽之湓水。市城之西市睦。蝦杭陵之郎官清。河漠又有三漠漿。類酒法書波斯三勒：謂庵摩勒、毗黎勒、訶黎勒。此補諸國史也。百華末蘭英酒。河中有桑落。隋煬有玉薤。司馬遷謂富人藏石葡萄酒。衡陽有酃淥。成都有郫筒。蒼梧之宜城醪。安成之宜春醇酎。曲阿之醇烈。杭州之梨花春。烏程有竹葉春、金陵春。雲安有麴米春、拋青春、松醪春。烏弋山有龍膏。武宗有澄明。枸樓有仙漿。匏和玉酸。洞庭春色。中山松膏。建康之醇美。劉白墮之春醪。朱崖郡有椒花。西夷有樹頭稷。南海頓遜國有酒樹。桂陽程鄉有千里酒。佛經有乳成酪。酪成醍醐。且酒之異名者：秋露白、珍珠紅、玉帶春、金盤菊、桃花、竹葉、索郎、麻姑、蓮花文章、酴醾屠蘇。又酒有異種者：三佛齋有柳花酒、椰子酒、檳榔酒，皆是麴蘗取醞，飲之亦醉。扶南有石榴酒。辰溪有鈎藤酒。赤土國以上俱載孫公談圃有甘籐酒。山經有口汁甘為酒。噫，真異哉！嘗觀《周禮》之酒正者，酒正掌酒之政令，辨五齊之名：一泛齊泛者成而滓泛泛然，如今宜城醪；二醴齊醴者成而滓汁相將如今甜酒，三盎齊盎者成而翁翁然，蔥白色，如今酇白；四緹齊緹者，成而紅赤，如今下酒；五沈齊為沈者，成而滓沈，如今造清。《酒經》不有酒終始之辨乎？寶桑穢飯，醞以稷麥，以成醇醪，酒之始也。烏梅女䴵，甜醹九酘，澄清百品，酒之終也。嘗觀《説文》釀酒之諸名：為醶，酒母也；醴，一宿成也；醪，渾汁酒也；酎，三熏酒也；醨，薄酒也；醑，旨酒也。曰醨曰醙，白酒也；曰釀、曰醞，造酒。買之曰沽，當肆曰罏。釀之再曰酘。灑酒曰釃。酒之清曰醥，厚曰醹。相飲曰配，相強曰浮。飲盡曰釂，使酒曰酗，甚亂曰醟音詠。飲而面赤曰酡，病酒曰酲。主人進酒於客曰酧，客酌主人曰酢。獨酌而醉曰醮，出錢共飲曰醵。賜民共飲曰酺，不醉而歸曰奰。若善別酒者，則惟桓公主簿此載世説。好者謂青州從事，青州有齊郡從事，言到臍。惡者謂平原督郵。平原有鬲縣督郵，言在鬲上住。故竇子野云："無貴賤賢不肖，夷夏共甘而樂之。"此言盡之矣。以此觀之，茶酒誠天下之至重，日用之至常，不可廢者也。

〔上官子醉夢〕[27]

河東有一士，覆姓上官，名四知。極豪爽，且耐淡泊，雖家貲巨萬，若一窶人子耳。建一別墅，枕岡面流，疏梧修竹。扁於門曰迎翠，扁於樓曰棲雲。有一聯云："疊翠層巒疑欲雨，環村密樹每留雲。"樵牧與羣，鹿豕與游，而坐，而臥，而登臨，而高吟縱覽，會有得意，則索句付奚囊。又有一架數植，明窗淨几，左列古今圖史百家，右列道釋禪寂諸書。前植名花三十餘種，琴一、爐一、石磬一，茶人鼎灶、衲子蒲團、茶具、酒具各二十事。時敲石火，汲新泉，煎先春，時泛桃花，或一斗，或五斗，每謂羲皇上人。後有一洞，東為一茶神，名陸羽；西畫為酒神，名杜康。為客至，或倣投轄，或效平原，無不盡歡而別。

一日，有一客問曰："茶好乎，酒好乎？"答曰："俱屬清貴，但人之好尚不同耳。"客曰：客來，茶先酒後，茶不居禮之先乎？"又有一客曰："茶只一杯而止，即更迭，不過二三。曾有如酒之樽罍交錯，動以千鐘一石，酒不為禮之重乎？"如是，烹茶酌酒，至東方月上，眾為酣樂各罷歸去。官子獨留迎翠軒，簟床竹枕，于于然臥也。忽夢至一處，若莽泱之野，若逍遙之城，見茶神率草魁、建安、顧渚、酪奴數十輩，酒神率青州督郵、索郎、麻姑、酒民、醉士、酒徒數十輩，喧喧嚷嚷有鬨聲。近視之，宛然如洞中之所畫者。

〔茶酒共爭辯〕[28]

茶神曰："纔聞客以你為禮之重，你有何能，更重於我乎？"酒神曰："纔聞客以你為禮之先，你有何能，更先於我乎？"茶神曰："天下之人，凡言酒與茶者，只稱茶酒，不稱酒茶，茶誠在酒之先也。"酒神曰："天下之人，大凡行禮，只說請酒，不說請茶，酒誠為禮之重也。"茶神曰："我茶進御用者有十八品[29]：上林第一、乙夜清供、承平雅玩[30]、宜年寶玉、萬春銀葉、延年石乳、瓊林毓粹[31]、浴雪呈祥、清白可鑒、風韻甚高、暘谷先春、價倍南金、雪英、雲葉[32]、金錢、玉華[33]、玉葉長春、蜀葵、寸金。政和曰太平嘉瑞[34]，紹聖曰南山應瑞。

我有這多好處，敢與我爭乎？”酒神曰：“我有神仙酒十八品：金液流暉、延洪壽光、清澄琬琰、玄碧香神女酣安期先生、瑤琨碧、凝露漿、桂花醞、百藥長、千日醉、崑崙觴、換骨釀、蓮花碧、青田壺、玉饋、瑞露、瓊粭、魏左相之醽醁翠濤、東坡之紅友黃封。我比你更希罕，肯讓你乎！”茶曰：“鄭谷云：‘亂飄僧舍茶煙濕，密灑高樓酒力微’，非茶在先，酒在後乎？”酒曰：“賈島云：‘勸酒客初醉，留茶僧未來’，非酒在先，茶在後乎？”茶曰：“壯志銷磨都已盡，看花翻作飲茶人，何曾要你？”酒曰：“好鳥迎春歌後院，飛花送酒舞前簷，何曾要你？”茶曰：“讀《易》分高燭，煎茶取折水，何曾要你？”酒曰：“山水彈琴盡，風花酌酒頻，何曾要你！”茶曰：“張孟〔陽〕㉟讚我‘芳茶冠六清，溢味播九區’。”酒曰：“杜甫讚我‘安得中山十日醉，酩然直到太平時’。”茶曰：“顏魯公讚我‘流華淨肌骨，疏瀹滌心源’，何等有益。”酒曰：“李適之讚我‘碩郎宜此酒，行樂駐華年’，何等有益。”茶曰：“盧仝云：‘柴門反關無俗客，紗帽籠頭自煎吃’，真箇貴重。”酒曰：“王駕清云：‘桑柘影斜春社散，家家扶得醉人歸’，真箇快人。”茶曰：“‘沾牙舊姓餘甘氏，破睡當封不夜候’，非胡嵩之詠乎？”酒曰：“‘形如槁木因詩苦，眉鎖愁山得酒開’，非鄭云表之詠乎？”

草魁進前說：“你講得這樣斯文，待我來與辯一辯。”青州從事亦進前說：“你講得這樣斯文，待我來與你論一論。”

草魁曰：“你受何品職，敢云青州從事？”青州從事曰：“汝登何科甲，冒僭為瑞草魁？”瑞草魁曰：“吾乃草木之仙骨。”青州從事曰：“吾乃天上之美祿。”瑞草魁曰：“天子須嘗陽羨茶，貴不貴？”青州從事曰：“欲得長生醉太平，好不好？”瑞草魁曰：“世俗聘婦，以茶為禮。”青州從事曰：“百禮之會，非酒不行。”瑞草魁曰：“生涼好喚雞蘇佛，回味宜稱橄欖仙，哪個似像陶彝[4]之知趣？”青州從事曰：“玉蕤春成泉漱石，葡萄秋熟艷流霞，哪個似像逸民之大雅！”瑞草魁曰：“高人唐僧齊己詩愛惜藏巖裏[5]，白甌封題寄火前，真箇把我當寶。”青州從事曰：“尊前柏葉休辭酒，勝裏金花巧耐寒，還是把我當寶。”瑞草魁曰：“煩襟時一啜，寧羨酒如油，哪個要你！”青州從事曰：“卻憶滁州睡，村醪自解醒，哪個要你？”瑞草魁曰：“津津白乳衝眉上，習習清風兩腋間，快爽爽快。”青州從事曰：“興來筆力千鈞勁，酒醒人間百事空，快爽爽快。”瑞草魁曰：“一杯永日醒雙眼[6]，草木英華信有神，你比一比。”青州從事曰：“杯行到君莫停手，破除萬事無過酒，你比一比。”

武夷進前來說：“你二人且退，待我也來奇一奇。”麻姑進前來說：“你二人且退，待我也來奇一奇。”

武夷曰：“汝非仙種，敢冒麻姑？”麻姑曰：“汝非將種，敢冒武夷？”武夷曰：“已是先春輕雨露，宜教□草避英華，彼惡敢當我哉！”麻姑曰：“百年莫惜千□醉，一盞能消萬古愁，不亦樂乎。”武夷曰：“旋沫翻鄴侯煎茶詩成碧玉池[7]，添酥散出琉璃眼，你有這樣富貴麼？”麻姑曰：“忽遣終朝浮玉斝，還如當日醉瑤泉，你有這樣富貴麼？”武夷曰：“偷嫌曼倩桃無味，檮覺姮娥藥不香，哪個不被我壓倒？”麻姑曰：“文移北斗成天象，酒近南山作壽杯，哪個敢與我比對？”武夷曰：“香繞美人歌後夢，涼侵詩客醉中脾，哪裏有我這等瀟灑？”麻姑曰：“浩歌不覺乾坤窄，酣寢偏知日月長，哪裏有我這等廣大？”武夷曰：“一兩能祛宿疾，二兩眼前無疾，三兩換骨，四兩成地仙。你哪裏有這樣利益？”麻姑曰：“一樽可以論文杜詩，三斗可以壯膽汝陽王月進，五斗劉伶可以解醒，一石淳于髡而臣心最歡。你哪裏有這等利益？”武夷曰：“解渴醒餘酒，清神減夜眠，好快好快。”麻姑曰：“相歡在樽酒，不用惜花飛，好快好快。”武夷曰：“慢行成酩酊[8]，鄰壁有松醪，貪心不足。”麻姑曰：“未見甘心氏福□，先迎苦口師，真得人厭。”武夷曰：“飲酒宿酲方竭處，讀書春困欲眠時，讀書人離我不得。”麻姑曰：“閑看竹嶼迎新月劉清詩，特酌山醪讀古書，讀書人離我不得。”武夷曰：“從今記取宜男祝，賀客來時只荐茶，客來還先要我。”麻姑曰：“嘉客但當傾美酒，青春終不換頹顏，客來還先要我。”武夷曰：“病骨瘦便花蕊暖[9]，煩心渴喜鳳團香，可作醫王。”麻姑曰：“避暑迎春復送秋，無非綠蟻滿杯浮，可作歲君。”武夷曰：“消磨壯志白駒隙，斷送殘年綠蟻杯，真箇害人。”麻姑曰：“粉身碎骨方餘味，莫厭聲喧萬壑霜，自喪其軀。”

茶中建安聞說“自喪其軀”，大怒，進前說：“武夷君請退，待我與他辯一辯。”酒中麴生秀才聞說“真個害人”，大怒，進前說：“麻姑兄請退，待我與他辯一辯。”

建安曰：“你是哪一學黌門，敢稱秀才？”麴生曰：“你有何才能，敢稱建安？”建安曰：“養丹道士顏如玉，愛酒山翁醉似泥，好不好？”麴生曰：“異物清詩瓜奇絕，渴心何必建溪茶，要不要？”建安曰：“醉時顛蹶醒時羞，麴蘖催人不自由，酒酒真個無廉恥。”麴生曰：“枯腸未易禁三碗，坐聽山城長短更，茶茶真個焦燥人。”建安曰：“囚酒星於地獄，焚醉苑於秦坑，非衛元規之自為誡乎？”麴生曰：“海內有逐臭之夫，里內有效顰之婦，非彭城王之譏劉縞乎？”建安曰：“阮宣常以百錢掛杖頭，司馬以鸘，就市鬻酒，吳孫濟貫縕償酒，何等破蕩？”麴生曰：“李衛公唐相好飲惠山泉，置驛傳送；李季卿命軍士深詣南零取水；唐子西提壺走龍潭；楊城齋攜大瓢走汲溪泉；昔人由海道趨建安，何等勞碌？”建安曰：“李白好飲酒，欲與鐺杓同生死，何不顧身？”麴生曰：“老姥市茗，州法曹繫之獄，幾乎喪命。”建安曰：“畢吏部頹人瓮頭，孟嘉龍山落帽，成何體統？”麴生曰：“御史躬親監啟，謂御史茶瓶；吳察廳掌茶，太自輕賤。”建安曰：“願葬為陶家之側，化為土為酒壺，何等貪濁。”麴生曰：“賈春卿為小龍團，受眾人求乞，自討煎炒。”建安曰：“丹山碧水之鄉，月洞雲龕之品，誰敢賤用？”麴生曰：“千金難著價，一盞即薰人，哪肯賤沽？”建安曰：“朱桃椎[10]織芒屩以易朱茗，第一清雅。”麴生曰：“賀知章以金龜換酒，第一珍重。”建安曰：“錢起有茶宴、茶會，魯成績有湯社，勝你酒會。”麴生曰：“種放自號雲漢醉候為醉侯，蔡雝人稱為路上醉龍為醉龍，李白為醉聖，俱是名賢。”建安曰：“酒酒你不害人，韋耀何藏荈以代酒㊱？”麴生曰：“茶茶你若可好，楊粹仲何目為甘草癖？”建安曰：“柳惲感惠而以詩為酬，陳子酹墳而以錢見貺，我茶能以德報德。”麴生曰：“周公設酒，有馝其香；邦家之光，有椒其馨。胡考以寧，我酒這等關係關係。”建安曰：“劍外九華夷，御封下玉京，皇帝重我。”麴生曰：“衹樹夕陽亭，共傾三昧酒，佛家飲我。”建安曰：“顧渚云：‘山中紫筍茶二片’，罕希罕希。”麴生曰：“王維云：‘新豐美酒斗十千’，高價高價。”建安曰：“心為左惠芳茶荈劇，吹噓對鼎鑩，女子亦知好茶。”麴生曰：“鹽梅己佐鼎，麴櫱且傳杯，玄宗亦知勸酒。”建安曰：“我清香滑熟，能還童振枯，能令人人得壽，豈不美哉？”麴生曰：“我醇和甘美，能為詩鈎，亦能為愁帚，不亦樂乎？”建安曰：“街東酒薄醉易醒，滿眼春愁消不得，敢稱愁帚？放屁放屁。”麴生曰：“餐餘尚有靈通意，不待盧仝七碗茶，敢云得壽？光棍光棍。”

茶董聞辯得久，對建安說：“建安兄，你去食茶，待我來辯。”酒顛聞辯得久，對麴生說：“麴生兄，你去飲酒，待我來辯。”

董曰：“酒顛酒顛，敢與我辯？”顛曰：“茶董茶董，敢與我辯？”董曰：“酒狂酒狂，算不到你。”顛曰：“茶癖茶癖，算不得你。”董曰：“汝非麴櫱，誰為媒母？還要誇嘴。”顛曰：“汝非湯水，誰為司命？不必多言。”董曰：“汝即有蓮花文章㊲，怎比我龍團鳳髓，當退三舍。”顛曰：“你即有紫筍金芽，怎比我金波玉液，拜在下風。”董曰：“劉禹錫病酒，非二囊六班，何以得醒？”顛曰：“葉法善非以飛劍擊榼，怎知麴生味不可忘。”董曰：“張志和樵青蘇蘭薪桂，竹裏煎茶，真隱士之高風。”顛曰：“鄭勐率僚避暑，取蓮葉盛酒，屈莖輪囷，真王侯之宏度。”董曰：“高陽酒徒，敗常亂俗。”顛曰：“福全茶幻，惑世誣民。”董曰：“我有三等奇物，待客以驚雷莢，自奉以萱草帶，供佛以紫茸香。可愛可愛。”顛曰：“我有四樣奇物，和者曰養生主，勁者曰齊物，和者曰金盤露，勁者曰椒花雨。妙哉妙哉。”董曰：“穎公遺有《茶詩》，唐子西有《鬥茶記》㊳，毛文錫為《茶譜》，晉杜育有《荈賦》，蘇廙作《仙芽傳》，鮑昭妹㊴令暉著《香茗賦》，陸鴻漸有《茶經》，范希文有《茶詠》[11]，況有詩詞㊵歌賦，不計其數，我有憑據。”顛曰：“王績著《酒譜》，劉伶有《酒德頌》，歐陽有《醉翁記》，杜甫有《酒仙歌》，竇子野有《酒譜》[12]，白居易有《酒功讚》，況有詩詞歌賦㊶，不計其數，我有証案。”董曰：“獨不聞楊雄作《酒箴》，武王作《酒誥》，武公作《初筵》。五子酣酒嗜音，商辛沉湎淫佚。酒酒還不知戒。”顛曰：“季疵㊷著《毀茶論》，歐陽公舟續嘗茶詩，楊誠齋以為攪破茶園㊸，蕭正德以遭陽侯之難，茶茶又不知止。”董曰：“雪水烹團茶，党家粗人應不識此。”顛曰：“酒中有理，江左沉酣求名者，豈識濁醪妙理！”董曰：

“窮春秋，演河圖，不如載茗一車，非權紓之讚乎？快活快活。”顛曰：“斷送一生惟有酒，破除萬事無過酒，非韓文公之詩乎？得意得意。”董曰：“惟酒可以忘憂，但無如作病何耳，非季疵[44]之言乎？到病就不好。”顛曰：“此師固清高，難以療饑，也非先業之言乎？到飢就討死。”

酪奴[45]說：“董哥你去，待我罵一罵。”平原督郵說：“顛哥你站開，待我罵一罵。”

酪奴曰：“狗竇光孟祖脱身露頂于狗竇中窺謝琨諸人食酒中作犬吠，何等卑賤！”督郵曰：“郲莒會上作酪奴，何等下賤！”酪奴曰：“你不聞謝宗之言乎？首閱碧澗明月，醉向霜華，豈可以酪蒼奴頭，便應代酒從事，好無羞愧！”督郵曰：“你不聞陳暄之言乎？兵可千日而不用，不可一日而不備；酒可千日而不飲，不可一日而不醉。逮糟丘吾將老焉，好不預備！”酪奴曰：“醉後如狂花敗葉，何等輕狂。”督郵曰：“飲多似黃花敗葉，有何顏色。”酪奴曰：“灑之沛之，而糟粕俱盡。”督郵曰：“陰采夜焙，而肢骨俱焦。”酪奴曰：“斐楷以你為狂葯。”督郵曰：“光業以汝為苦口師。”酪奴曰：“作歌謝惠茶，十分知味。”督郵曰：“問奇楊雄載好酒，十分高雅。”酪奴曰：“稽叔夜雖高雅，醉倒如玉山之將頹，幾乎跌碎。”督郵曰：“常伯雄雖善茶，李季卿賞以三十錢[13]，不如婢倅。”酪奴曰：“祖珽醉失金叵羅，何等粗率。”督郵曰：“宮人剪金為龍鳳團，何等奢侈。”酪奴曰：“姚岩傑憑欄嘔吐，自覺箜篌，不知廉恥。”督郵曰：“王肅一飲一斗，人號為漏巵，不顧性命。”酪奴曰：“艾子不受弟子之戒，猶云四臟可活。”督郵曰：“潘仁恭自擷山為茶，敢云大恩邀利。”酪奴曰：“石曼卿相高飲酒，夜不以燒蠋，曰鬼飲；飲次挽歌哭而飲，曰了飲；露頂團坐，曰囚飲；以毛席自裹其身，曰鼈飲，成何形狀？”督郵曰：“《茶經》云：‘蒸茶未熟，則草木氣存；去膏末未盡，則色濁而味重，受煙則香奪，黃則味失’，何等難為！”酪奴曰：“蘇東坡號杭倅，為酒食地獄。”督郵曰：“士大夫拜王濛，今日又遭水厄。”酪奴曰：“簡憲和先主時天旱禁酒，吏引人家得釀具即按其辜。和與先主見男女道上行，謂先主曰：“此人欲行淫，何不縛？”先主曰：“何以知之？”曰：“彼有其具，與欲釀者同。”比釀具為淫具，何等惡譬。”督郵曰：“吳僧文稱你作乳妖，何等邪怪。”酪奴曰：“賀秘書出黃醪[46]數杯，都是你害人。”督郵曰：“宣武步兵吐牛肺斛二瘕，都是你害人。”酪奴曰：“不飲茶者，為粗人俗客。”督郵曰：“不飲酒者，為惡客漫郎。”酪奴曰：“睡魔何止退三舍，歡伯直須讓一籌，寔落是你輸我。”督郵曰：“一曲升平人盡樂[47]，君王又進紫霞杯，寔落是你輸我。”酪奴曰：“推引杯觴，以摶擊左右，何愛其才。”督郵曰：“因過焙，以鐵繩縛奴付火中，何賤其人。”

酪奴大怒，即持鐵繩趕打督郵。督郵就拿酒簾趕打酪奴。酪奴將玉杯、金盞、酒樽、酒甖盡行打碎。督郵將玉鐘、金甌、茶壺、茶鍋盡行打碎。時眾茶、眾酒見酪奴與督郵打得太狠，聲徹迎翠樓，陸羽與杜康二人急出問所因由。眾茶謂陸羽曰"那些酸酒，罵我如此如此"；眾酒謂杜康曰"那些苦茶，罵我如此如此"。陸羽曰："我與你兩人唇齒之邦，輔車相倚。兄弟之親，骨肉之戚。有茶必有酒，有酒必有茶，時時不離，何苦這樣爭競？你辦酒，我辦茶，在此處和。"杜康曰："禮以遜讓相先，人以和睦為貴，陸君所言甚是。"陸羽命眾人辦茶，杜康命眾人辦酒，相敘而別。

〔**茶酒私奏本**〕[48]

酪奴受辱，抱忿不平，自修一本，奏水火二官："茶中小臣酪奴，誠惶誠恐，稽首頓首，為豪強酗醉，逞兇傷命事：臣產於玉壘，孰若生翼丹丘？造於金沙，何異紀名碧澗？禹錫表餽菊之意，劉琨作求茗之書。蘇子唱歌於松風，因想李生好客；陶公調詠於雪水，遂誇董家待人。李約喋珠累之泉，二沸成於活火；德裕憶金山之水，一壺汲於石城。陸羽三篇，更異酒中賢聖；盧仝七碗，何殊茶內神仙？自古及今，無不寵用詎意，亡家敗國。酒中督郵發酒瘋，呈酒狂，穢臣素業。臣諭以理，用酒簾將臣揪摔毒打，仍率惡黨，酒侯、醉侯、逍遙公、步兵、校尉等闖入茶舍，將各色茶具盡行搶擄。不得已匍匐臺下，乞嚴拿問罪，究還原物。臣願汲玉川之水，烹露芽雷芽，長獻君王殿下。臣無任悚□[49]，瞻仰之至。"

督郵受辱，抱忿不平，私下自修一本奏："水火二官：酒中小臣督郵，誠惶誠恐，稽首頓首，為強奴欺主，敗法亂紀事：臣天列酒星，地列酒郡。徐邈任狂，乃有酒聖酒賢之號；敬仲節樂，遂興卜晝卜夜之詞。陳孟公稱曰滿堂，留賓投轄；華子魚號為獨坐，劇飲整衣。王無功著《五斗先生傳》，大誇物外之高蹤；杜子美作《八仙飲酒歌》，盛説杯中之佳趣。聞山中之酒千日，孰不流涎？傳南郊之醪十旬，皆相慕義。投於江以破勾踐，噀為雨以救成都。頹玉山而屢接高標，解金貂而常逢貴客。不鄙宜城之竹葉，何嫌南國之榴花。既醉備福，見於《周詩》；不為酒困，聞於仲尼。自古及今，咸尊咸寵，詎意粉身碎骨。茶中酪奴，發茶董，逞茶幻，淹臣水厄。臣諭以理，用茶籯擲臣，破腦鮮血，仍率虎黨，蒙山、陽羨、建安等踏入酒館，將各色酒具盡行搶擄。只得匍匐臺下，乞奴把拿問罪，究還原物，以正名分。臣願取欝鬯之草，釀桑玉薤，長獻君王殿下。臣無任悚□，瞻仰之至。"

〔**水火二官判**〕[50]

水火二官俱覽畢大怒。時酪奴、督郵俱俯伏殿下，乃責之曰："陰陽合，而五行乃生。吾水屬坎，乃北方壬癸之精，天一生之，地六成之。吾火屬離，乃南方丙丁之精，地二生之，天七成之。你二人若非吾水火既濟，徒為山中之乳妖，虛為天下之羨祿，一稱茶仙，一稱酒聖，妄自尊大，□不思茶從何始，酒自何來？飲不忘源，罪酪奴將《四書》集成茶文章一篇，又將曲牌名串合茶意一篇；督郵將《四書》集成酒文章一篇，又將曲牌名串合酒意一篇，上朕觀覽，以文章優劣裁奪。各快成文，無取遲究。”時酪奴伏於殿階之左，督郵伏於殿階之右，各殫心思，染翰如飛，筆無停輟。頃刻間，遂各成佳章，以呈進御覽之。

茶四書文章[51]

湯破者，甘飲，是人之所欲也。夫禮儀破承三百，始吾於人也；民以為大，不其然乎？今夫山起講草木暢茂，為巨室，梓匠輪輿，鑽燧改火，材木不可勝用也，則人賤之矣。吾之於人也，人人有貴落題於己者。維石茶生于山中石岩者最佳岩岩，日月之所照，雨露之所潤起股，其生也榮。飲食之人，遠之則有望，近之則不厭，與民同之。苟小股有用我者，求水火湯執中，其有成功也，禮之用，和為貴。冬日中股則飲湯，夏日則飲水，食之以時。我則異於是，日日新，不可須臾離也。不如是，人猶有所憾。君子中股對敬而無失，與人恭而有禮，酌則誰先，可使與賓客言，惟我在，無貴賤，一也。姑舍是則不敬，莫大乎是。行道末股之人，勞者弗息，一瓢飲，如時雨降，於人心獨無恔乎？芒芒然歸，謂其人曰：“此天之所與我也，善夫！隱末股對几而臥，既醉以酒，一勺之多，使人昭昭，吾何慊乎哉！”舉欣欣然有喜色而相告曰：“吾不復夢見周公也，益矣。”生繳乎今之世，人莫不飲食也。口所愛則口所養[52]，何可廢也。辭讓繳對之心，天下之達道也，或相十百，或相千萬，君子多乎哉！此其大略揔繳也。為王誦之。王如善之，請嘗試之。

水官批：文肖其人，清光可掬。

火官批：以己清明之思，印千古聖賢之旨，得在意外，會在象先。

酒四書文章[53]

既醉破以酒，樂以天下也。夫破承樂酒無厭謂之荒，眾惡之。禮云禮云，人其舍諸。嘗謂起講五穀者，種之美者也，其次致曲麴借用。水哉水哉，舜使益掌火，亦在乎熟之而已矣。犧牲起股既成，粢盛既潔，有酒食，不亦善乎。飢者甘食，渴者甘飲，惟酒無量，不亦悅乎；自虛股生民以來，不能改者也。自虛股對天子以至於庶人，如之何其徹作去字解也。郊社之禮，禘嘗之義，揖讓而升，則何以哉。序爵，敬其所尊，愛其所親，無所養也，舍我其誰也？敬老中股對慈幼，無忘賓旅，夫何為哉，及席禮以行之，遜以出之，無有失也。其斯之謂與？君子末股多乎哉。食之以時，一勺之多，睟然見於面，益於口，施於四體。足之蹈之，手之舞之，無入而不自得焉。夫子聖者與，唯酒無量，萬鍾於我，富貴不能淫，貧賤不能移，威武不能屈，仁者不憂，勇者不懼，豈不成大丈夫哉？禮儀三百，威儀三千，四時行焉。予一以貫之，發憤忘食，樂以忘憂；老之將至，何用不臧？若夫惡醉而強酒，斯可謂狂矣。言非禮義，然後人侮之，則何益矣。是以君子不為也。不為酒困，可謂士矣。恭而有禮，敬人者，人恒敬之，無自辱焉，則何亡國敗家之有？今王與百姓同樂，聖之和者也。禹惡旨酒，此之謂不知味。

水官批：文肖其人，醇和可愛。

火官批：說許多雅趣大觀，叫人怎麼戒得酒。

〔茶集曲牌名〕[54]

酪奴又將曲牌名信手寫成一篇進上：“我茶產花沁園春，二月宜春令，纔有急三鎗，便叫虞美人，去取江兒水；叫麻婆子，去砍啄木兒；叫奴姐姐，拿寶鼎現，煎到衮第一，聲似泣顏回；衮第二混江龍，聲似大砑鼓。中衮第三[55]，聲似風入松，大家駐馬聽。聽到五韻美，四邊靜，打開看，香味滿庭芳，賽過紅芍藥，金錢花，桂枝香。拿去五供養，一到鳳凰閣，送與三學士；二到三仙橋，送與大和佛；三到謁金門，送與太師引，食待歸朝歡；四叫粉孩兒，送與父母孝順哥；五送醉翁子，食了解三醒，真箇稱人心。齊天樂，個個如臨江仙，爭奈意難忘。只道我園林好，又寫一封書，把香羅帶一付，金瓏璁一對，皂羅袍一件，紅衲襖[56]一件送我；與我求去玩花燈，賞宮花，好事近，天下樂。”

水官批：成一家言，中得中得。

火官批：得青山綠水，光風霽月，鳶飛魚躍之趣。

〔酒集曲牌名〕[57]

督郵又將曲牌名合串成一篇，即刻而成：“我酒號做上林春、三學士、太師引、有好事近、掃地鋪、雁魚錦、架粧打毬場，叫我去請客。請到二郎神、福馬郎、瑞鶴仙、鵲橋仙，慶風雲會。四朝元，行個忒忒令，又行個僥僥令，又行折桂令。量大勝葫蘆，個個醉春風，食到剔銀燈，月上海裳，鮑老催不去，還叫憶多嬌、步步嬌、香柳娘、香歌兒、紅衫兒，唱八聲甘州歌。後來醉落魄，一個行歪路，如行夜舡；一個醉倒地，如窣地錦襠。一個弄拳如下山虎，一個粧扮舞霓裳，一個吐如降黃龍，一個吐如黃龍滾。一個花心動，扯住女冠子，點絳唇，坐銷金帳。一個扯住要孩兒，後庭花，真個醉太平。至五更，轉霜天曉角，還不肯休。去古輪臺再沽美酒，燒夜香，又食十二時。沒奈何，傳言玉女、吳小四、搗練子、山查子、山隊子，破齊陣，個個醉扶歸。”

水官批：亦成一家言，中得中得。

火官批：如春花夏雲，妖治百態，令人一瞬不能忘情。

〔水火總判斷〕[58]

水火二官仝曰：“自天地開辟以來，有茶有酒，不可缺一，人莫不飲食也，鮮能知味也，是未得飲食之正也。第你二人無故爭競，本當重罪，因念禮義所關，情趣可愛，姑恕之，各回本職以候召用。仍著酪奴[59]，往人間查做假茶，騙人射利者；仍著督郵，往人間查做候酒、酸酒，害人射利者。許不時奏進提寬，輕者流配，重者解入無間地獄。”

説罷，水火二官鳴鼓退堂，酪奴、督郵各拱手而去。上官方醒然覺也。不知東方之既白，因起而錄夢中始末，以為傳奇行於世。

慶壽茶酒[60]

附種松堂慶壽茶酒筵宴大會。生、小生、外、淨、旦、小旦、丑並演〔賞花新〕。生上唱個：東風滿地是梨花，燕子啣泥戀故家。春草接平沙，晴天遠嶼，瞻眺思無涯。〔踏莎行〕：臨水夭桃，倚牆繁李，長楊風棹青驄尾，座中茶酒可酬春，更尋何處無愁地。明日車來，落花如綺。芭蕉漸著山公啟，欲牋心事寄天公，教人長壽花前醉。〇小生姓吳[61]，名有德，是河東人氏。家有五車書，可以教孫教子；亦有數鍾粟，頗足為饔為飧。誦盡彌陀經，多行方便，結納天下士，最喜親賢，種善因緣，人呼我現世菩薩。優遊自在，怎敢説地上行仙。有二結契朋友；一個姓全，諱如璞；一個姓高，諱尚志；頗稱管鮑之知心，堪比金玉之永好。前日立有小約，作茶酒會。〇百歲光陰，萬物乃天地逆旅，四時行樂，我輩亦風月主人。幸居同泗水之濱，況地接九山之勝，儘可傍花隨柳，庶几游目騁懷。節序駸駸，莫負芒鞋竹杖；杯盤草草，何慚野蔌山肴。雖云一餉之清歡，亦是百年之嘉話。敢煩同志，互作遨頭。慨元祐之奇英，衣冠遠矣；集永和之少長，觴詠依然。訂約既勤，踐言弗替，今日特遣小價去請二位知友，想必即來，家中可辦茶酒以俟。

童報二位相公俱到了。〔賞花新〕小生全如璞上，唱：水漲漁夫拍柳橋，雲鳩拖雨過江皋；春信入東郊，燕巢新壘，日影上花梢。一室焚香几獨憑，蕭然興味似山僧。不緣懶出忘中櫛，免得時人有愛憎。今日蒙吳兄相邀，才到此郊行；遠遠望見高兄來了。前腔 (外) 高尚志上，唱：輕花細雨滿雲端，昨日春風曉色寒。竚足盼晴嵐，鶯鳴蝶舞，人醉倚闌干。春風歸草木，曉山麗山河，物滯欣逢泰[62]，時豐自此多 (與全相遇作揖問介)。全兄何往？(全) 今日吳兄相邀。(高) 弟也是吳兄相邀，如此同行 (生出迎二位)，相見揖介。(吳) 久違台範最縈腸。(全) 故友相逢氣味長。(高) 自是主人偏繾綣。(合唱) 不妨賓從佐壺觴。性看茶來。(童) 揚子江中水，蒙山頂上茶。(茶到)。(全) 今日長兄誕辰，無以為慶，謹畫南極壽星一尊，下有百子千孫，繞膝羅拜。僭有拙詩一首。誦詩：“堂前椿樹拂扶桑，百子千孫進玉觴。戲舞春風迎旭日，高聲齊祝壽無疆。”(吳) (拜揖) 多謝，多謝。(高) 小弟亦有一軸畫，畫東方朔取桃。僭題拙詩一首。誦詩：“堪笑東方曼倩哉，蟠桃三熟便偷來。我今得有一株種，移向君家寶砌栽。”(吳) (作揖) 多謝，進酒來。(童) 座上客常滿，尊中酒不空。相公酒到。

〔錦堂月〕(全唱) 天長地久，海屋添籌，多積善，福來求，烏紗白髮，斑衣綵袖，惟願取龜齡鶴算，似松柏歲寒不朽。(合) 斟春酒，摘取王母蟠桃，共祝眉壽。

前腔 (高唱) 更羨你朵朵蘭枝逞秀，攀龍高手，登月闕步，瀛洲濟濟，光前裕後。惟願取孝子賢孫，長搢笏，趨拜冕旒。(合唱) 斟春酒，摘取王母蟠桃，共祝眉壽。(吳) 多謝二兄雅意，何以克當！(全) 吳兄，自古道：積善之家慶有餘，兄你布德施恩，齋僧禮佛，恤寡憐貧，廣種福田，自有善報。語云：皇天不負道心人，皇天不負孝心人，皇天不負好心人，皇天不負善心人。哪個不欽仰，哪個不誦念，哪個不祝願？

前腔 (全、高、合唱) 更羨你積德太丘，弟恭兄友。調琴瑟，鸞鳳儔，五倫聚睦喜綢繆。(合唱) 斟春酒，摘取王母蟠桃，共祝眉壽。(吳) 小弟烹有先春玉筍，請二位嘗之。書僮捧茶來！(書僮捧茶) 眾：請茶介！(全) 好茶，真好茶。(高) 老兄，家有好茶，又有好酒，糟丘茶塢真堪老，何必吳芽與薊槎。(吳) 酒逢知己千鐘少，今日要厭厭夜飲，不醉無歸。小弟有三個官妓，頗會彈唱，喚他出來勸二位酒，豈不快哉。(全) 既是長兄所愛寵姬，小弟們不敢瞻盼。(吳) 説哪裏話 (喚桂香、蘭香、賽花) 我有二位知心朋友在此飲酒，你可唱歌數番，使得二位相公酣飲，大有所賞。○ (三旦叩頭) 領尊命。

〔浣溪沙〕(桂香唱) 閑把琵琶舊譜尋，四弦聲怨卻沉吟，燕飛人靜畫堂陰。○歌枕有時成雨夢，隔簾無處説春心，一從燈夜到如今。

前腔 (蘭香唱) 鸚鵡無言理翠衿，杏花零落晝陰陰。畫橋流水一篙深。○芳徑與誰同鬥草，繡床終日罷拈針，小牋香管寫春心。

〔憶秦娥〕(賽花唱) 曉朦朧，前溪百鳥啼匆匆。啼匆匆，淩波人去，拜月樓空。○舊年今日東門東，鮮粧輝映桃花紅。桃花紅，吹開吹落，一任東風。(全、高、合) 果然唱得好，賞酒三杯。(三旦叩頭) 多謝。(桂香稟) 三位相公都是善人，賤妾不敢唱風花雪月歌曲，近日集孝弟忠信四段詞，僭唱一遍，不知相公意中如何？(吳、全、高) 有此好曲，天地間最妙妙的，快唱快唱。

(桂香) 我勸世間眾孩兒，好將諷誦蓼莪詩。孝順還生孝順子，天公報應不差移。

〔懶畫眉〕千恩萬愛我爹娘，只有那二十四孝姓名揚。(內向) 人家亦有媳婦。賢媳婦，也要事姑嫜。呀！活佛不事枉燒香，反不如鴉反哺，跪乳羊。(全) 好，真好。(吳) 兄弟，俺有一句話說，要知親恩，看你兒郎。欲求子順，先孝爹娘。(高) 真古今之格言。(桂香) 我勸世上好弟兄，莫學當年賦角號，一體連枝親骨肉，同居九世羨張公。

前腔 (香唱) 兄弟相愛莫相猶，你看田家荊樹永悠悠。(內向) 人家都是妯娌不和。妯和娌，也須好勸酬。呀！豆箕煮豆在釜中泣，反不如脊令在原急難捄 (高) 好，真好。(吳) 兄弟，俺又有一句話說。兄弟如手足，夫妻如衣服。衣服破時更得新，手足斷時難再續。(全) 真千古之格言。(桂) 我勸世人好做官，清明廉恕量須寬，鞠躬盡瘁君恩報，萬載題名在玉鑾。

前腔 (桂) 銅肝鐵膽做良臣，顛而能扶，屈而能伸。(內向) 文武百官要怎的？文官不要錢，武官不要命，都要加忠藎。呀！那奸雄誤國欺心漢，反不如鱗介尊神龍，走獸宗麒麟。(全) 好，更好。(吳) 兄弟，俺又有一句話說。以愛妻子的心去事親，則盡孝。以保富貴之心去奉君，則盡忠。(高) 真千古之格言。(桂) 我勸世人交好人，管鮑千載一知心。指天誓日同生死，重義還須報重恩。前腔 (桂唱) 結交全要好端詳，斷金刎頸，露布衷腸。(內向) 有富貴貧賤不同。富貴不可恃，貧賤不可忘，都要地久天長。呀！那一等僥負忘恩漢，反不如犬濕草、馬垂韁。(吳) 兄弟，俺有一句話說。不結子花休要種，無義之朋切莫交。(全) 有酒有肉多兄弟，急難何曾見一人。(高) 二位仁兄怎麼這等說，劉關張桃園三結義，千載流芳。韓朋三結義，托孤寄命。靈輒御公徒，以救趙盾。豫讓感國士，以報智伯。范叔貫袢，袍之須賈，子胥祝蘆江之丈人。魂泛大鯨海，恩重巨鰲山，哪個不曉得以德報德？(吳) 天下不忘恩，肯報德者幾個？舉世皆長頸鳥喙，可與共患難，不可同安樂。此詩具詠於谷風。范蠡托游於五湖，可恨可嘆。(全) 曹瞞說"寧使我負天下人，不要天下人負我。"如今哪一個不相負？然操固天下之雄，而今安在哉！(高) 學好人，不學不好人。只要論我自家生平，心事對誰知，青天白日，眼底人情須堪破，流水浮雲。(全) 覆雨翻雲何險也，論人情，只合杜門。嘲弄月，忽頹然，全天真，且須對酒。(吳) 蘭香，你再唱，勸二位相公酒。(蘭) 賤妾亦有勸善歌。(全) 兄，你好善，連他這一起也是好善的。唱來，快唱來。(蘭) 妙藥難醫冤債病，橫財不富命窮人。虧心折盡平生福，行短天高一世貧。生事事生君莫怨，害人人害汝休嗔。天地自然皆有報，遠在兒孫近在身。

〔二犯傍糚臺〕(蘭唱) 青天不可欺，未曾舉意天先知。抬起頭才三尺，也須防聽時。你看暗室貞邪，忽而萬口喧傳。自心善惡，烱然凜於四王考校。常把一心為正道，莫行艱險路崎嶇。王莽、曹操、李林甫、秦檜那樣奸雄梟惡，皆有惡報。春種一粒粟，秋收萬顆子。人生為善惡，果報還如此。報應毫厘，爭早爭遲，往古來今，放過誰？(仝) 好嚇人。

前腔 (蘭唱) 富貴不可求，何須分外巧機謀？萬事皆有定，奔忙到白頭。人心不足蛇吞象，百歲人生有幾秋？簞食草衣，淒涼窮巷，安吾拙，亦安吾愚。銀黃金紫，馳騁康衢，是甚才，亦是甚命？倒不如粗衣淡飯，可休即休，空使身心半夜愁。(全、高) (喝彩) 妙！妙妙！

(前腔) (蘭) 教子好讀書，有書不教子孫愚。人不通古今，馬牛而襟裾。(內向) 假如子孫不讀書，怎麼處他？教農、教商，並教藝。田地勤耕，廩不虛，各安生理，勝積金珠。養子不教，便成豬。(全、高) (喝彩) 妙！妙！請酒。(吳) 賽花，你也唱，勸二位相公酒。(賽) 酒色財氣四堵牆，多少賢愚在內廂。若有世人跳得出，便是神仙不死方。

〔銷金帳〕(賽) 酒不可濫，只可小醉微酣。若醉了，便腌臢破衣帽，口亂呢喃，跌倒西南。惹是非，父母、妻兒驚破膽。(內向) 有甚是憑據？(賽) 傳畢卓於一夕，埋玄石於千日。六逸狂縱，七賢裸達。大禹恐爾致敗，逐疏儀狄，衛武因爾悔過，嚴示賓筵。丘糟池酒，惟狂罔念，可鑒到那亡身喪命，那時貪不貪？

(前腔) (賽) 色不可耽，美色如坑陷，消骨肉，病難堪，迷魂陣勝如刀斬，神昏魂慘。到閻王，不待無常鬼催勘。(內向) 有甚麼憑據？(賽) 夏以妹喜，紂以妲已，周以褒姒，夫差以西施。為梟為鴟，傾國傾城可鑒。(合) 到那亡身敗國，那時貪不貪。

前腔 (賽) 財不可耽，萬般巧計，貪婪心不滿，多怨憾。略過粗飯布衫，有何羞慚？(內向) 不貪財，有何好處？(賽) 一不積財，二不積怨，睡也安然，坐也方便。石崇巨富，竟以財喪命。堆紅朽，天地忌，盈也不甘。為富不仁，付與敗子，可鑒。(合) 到那破家蕩產，那時貪不貪？

前腔 (賽) 氣不可喊，凡事只可包含。逞好漢，禍怎堪？看兇暴，似立牆岩，何須摅憨。(內向) 有什麼憑據？(賽) 楚伯王，力拔山氣蓋世，竟刎烏江。周瑜用計要害孔明，被孔明三氣而死。語云：金剛則折，革剛則裂。忍與耐，剛柔相濟，是奇男。齒亡唇存，老子之言，可鑒。(合) 到那喪身亡命，那時貪不貪？(全，高) 快哉，快哉！酒已醉了，就此告辭。(三旦再勸酒)

〔西江月〕(全、高，合唱) 世事短如春夢，人情薄如秋雲。不須計較苦勞心，萬事原來有命。幸遇三杯酒美，況逢一朵花新。片時歡笑且相親，明日陰晴未定。

〔石榴花〕(吳) 仙苑春濃，小桃花開枝枝，已堪攀折。乍雨乍晴，輕暖輕寒，漸近那賞花時節。你看，綠柳搖臺榭，東風軟，簾捲靜寂，幽禽調舌，我與你天長地久，共綢繆，千秋永結。

〔滿庭芳〕(全) 脫兔雲開，春隨人意，驟雨才過還晴，古臺方榭，飛燕蹴紅英。舞困榆錢，自落鞦韆外。綠水橋平，東風裏，朱門映柳低，按小秦箏。

前腔 (高) 多情行樂處，珠鈿翠蓋，金轡紅纓，漸酒空醽醁。花困蓬瀛。老兄，人少得快活，佳節每從愁裏過，壯心還倚醉中樂。荳蔻梢頭舊恨，十年夢，屈指堪驚。倚欄久，疏煙淡月，微映百層城 (吳) 二兄，你看那鳥兒叫得好聽。

〔醉鄉春〕(吳) 喚起一聲人悄，衾冷夢，寒霜曉，瘴雨過，海棠開，春色又添多少。社瓮釀成微笑，半破癭瓢，共舀覺顛倒。急投床，醉鄉廣大人間小。

(全) 年年長進紫霞觴。(高) 君子淡交歲月長。(吳) 冷暖世情休說破，(合) 從來積善有禎祥。

卷二　表古風、賦歌調詩[63]

玉泉仙人掌茶　李白（常聞玉泉山）

茶山今在宜興　**袁高**（禹貢通遠俗）

茶山　杜牧（山實東吳秀）

雙井茶　歐陽修（西江水清江石老）

茶嶺　韋處厚（顧渚吳商絕）

過陸羽茶井　王元之[14]（鑿石封苔百尺深）

詠茶阮郎歸　**黃魯直**（歌停檀板舞停鸞）

詠茶　丁謂（建水正寒清）

詠茶　鄭愚（嫩芽香且靈）

詠茶　蔡伯堅[15]（天上賜金奩）

和詠茶　高季默（誰打玉川門）

詠茶

袁崧山記驚三峽，陸羽茶經品四泉。如此山川須領略，及秋吾欲賦歸田。

竹間自採茶　柳宗元（芳叢翳湘竹）

送陸鴻漸棲霞寺採茶　皇甫冉（採花非採葼）

陸鴻漸採茶相遇　皇甫曾（千峯待逋客）

和章岷從事鬥茶歌　范希文（新雷昨夜發何處）

西山蘭若試茶歌　劉禹錫[64]（山僧後簷茶數叢）

試茶詩　林和靖（白雲峯下兩槍新）

煎茶歌　蘇軾（蟹眼已過魚眼生）

詠煎茶阮郎歸

烹茶留客駐金鞭，月斜窗外山。見郎容易別郎難，有人愁遠山。　歸去後，憶前歡，畫屏金轉山。一杯春露莫留殘，與郎扶玉山。

與孟郊洛北野泉上煎茶　劉言史（敲石取鮮火）

峽中煎茶　鄭若愚（簇簇新芽摘露光）

煎茶　呂居仁（春陰養芽鍼鋒芒）

睡後煎茶[65]　**白樂天**（婆娑綠陰樹）

嬌女　左思（吾家有嬌女）

詠飲茶　党懷英（紅莎綠蒻春風餅）

煎茶　李南金[66]（砌蟲唧唧萬蟬催）

又[67]　（松風檜雨到來初）

觀湯檀越日造門求觀湯，戲自韻。　沙門福全（生成盞裏水丹青）

進茶表[68]　**丁謂**

產異金沙，名非紫筍。江邊地暖，方呈彼茁之形；闕下春寒，已發其甘之味。有以少為貴者，焉敢韞而藏諸。見謂新茶，蓋遵舊例。

問大冶長老乞桃花茶[69]**水調歌頭　蘇東坡**(已過幾番雨)

送龍茶與許道士　歐陽修(穎陽道士青霞客)

贈晁無咎　黃魯直(曲几蒲團聽煮湯)

過長孫宅與郎上人茶會　錢起(偶與息心侶)

嘗新茶呈聖俞二首　歐陽修(建安三千里)

又(吾年向老世味薄)

和梅公儀嘗茶(溪山擊鼓助雷驚)

嘗新茶　顏潛菴

偏承雨露潤英華，名羨東吳品第佳。蒙頂曉晴分雀舌，武夷春暖焙龍芽。玉甌瀹出生雲浪，寶鼎烹來滾雪蒼。啜罷令人肌骨爽，風生兩腋不須賒。

謝賜鳳茶　范希文

念犬馬之微志，錫龍鳳之上珍。馨掩靈芝，味滋甘醴。濯五神之清爽，祛百病之冥煩。允彰仁壽之恩，特出聖神之眷。謹當餠為良藥，飲代凝冰。思苦口以進言，勵清心而守道。

謝孟諫議寄新茶　盧仝(日高丈五睡正濃)

謝木舍人送講筵茶　楊誠齋(吳綾縫囊染菊水)

謝僧寄茶　李咸用(空門少年初志堅)

謝惠茶　周愛蓮

露芽鮮摘淨無塵，分惠深蒙意最真。封裹宛然三道即，馨香別是一　春。烹從金鼎霞翻數，瀉白銀甌霧起頻。書館時來吞一枕，睡魔戰退起精神。

謝故人寄新茶　曹鄴[16] (劍外九華英)

史恭甫遠致陽羨茶惠山泉　王寵

夜發茶山使，朝飛乳竇泉。況逢春酒渴，轉憶竹林眠。鐘鼎非天性，煙霞入太玄。百年山海癖，何幸賞高賢。

遊杭州諸寺飲釅茶七碗戲書　蘇東坡[70] (示病維摩原不病)

茶塢　皮日休、陸龜蒙

(閑尋堯氏山)

(茗地曲隈回)

茶人　皮日休、陸龜蒙

(生於顧渚山)

(天賦識靈草)

茶笥　皮日休、陸龜蒙

(褎然三五寸)

(所孕和氣深)

茶籯　皮日休、陸龜蒙
(筤篣曉攜去)
(金刀劈翠筠)
茶舍　皮日休、陸龜蒙
(陽崖枕白屋)
(旋取山上材)
茶灶　皮日休、陸龜蒙
(南山茶事動)
(無突抱輕嵐)
茶焙　皮日休、陸龜蒙
(鑿彼碧巖下)
(左右擣凝膏)
茶鼎　皮日休、陸龜蒙
(龍舒有良匠)
(新泉氣味良)
茶甌　皮日休、陸龜蒙
(邢客與越人)
(昔人謝塸埞)
煮茶　皮日休、陸龜蒙
(香泉一合乳)
(閒來松間坐)
覓茶二首　張晉彥[17]
內家新賜密雲龍，只到調元六七公[71]。賴有家山供小草，猶堪詩老薦春風。
覓茶
仇池詩裏識焦坑，風味官焙可抗衡。鑽餘權倖亦及我，十輩遣前公試烹。
焙籠法式
茶焙，編竹為之，裹以蒻葉。蓋其上，以收火也；隔其中，以有容也。納火[72]其下，去茶尺許，常溫溫然，所以養茶色香味也。茶不入焙者，宜密封，裹以蒻，籠盛之，置高處，不近濕氣。

卷二茶事內各至此止
茶酒爭奇卷二[18]

注　釋

1 以下全為酒詩文，刪不錄。

2 西域僧有金地茶：即一般所説的“金地藏茶”。金地藏，相傳原為新羅王子，後出家至西域學佛，最後定居九華山為僧，也即後世俗所説的地藏王菩薩。

3 逋翁：唐代李況，逋翁是其字。

4 陶彝：宋邠州新平（今陝西彬縣）人，陶穀的姪子，少聰穎，有詩詞天賦。

5 高人愛惜藏巖裏：齊己詩句。齊己，俗姓胡，潭州益陽人。出家大溈山同慶寺，復棲衡嶽東林，後欲入蜀，經江陵，高從誨留為僧正，居龍興寺，自號衡嶽沙門。以詩名，有《白蓮集》十卷，《外編》一卷，《今編詩》十卷。

6 一杯永日醒雙眼：此瑞草魁所詠兩句，為宋曾鞏所寫《嘗新茶》之最後兩句。

7 旋沫翻成碧玉池：此瑞草魁吟兩句，為唐李泌《賦茶》詩句。李沁，字長淳，京兆人，七歲知為文。代宗朝，召為翰林學士，出為杭州剌史，貞元中拜中書侍郎章事，封鄴縣侯。集二十卷。

8 慢行成酩酊：此兩詩句，摘自李商隱《自喜》。

9 病骨瘦便花蕊暖：此兩詩句，摘自歐陽修作於治平四年（1068）的《感事》詩。

10 朱桃椎：唐益州成都人，淡泊絕俗，結廬山中，人稱朱居士。夏裸，冬以木皮葉自蔽。不受人遺贈，每織草鞋置路旁易米，終不見人。

11 范希文有《茶詠》：范希文，即范仲淹，希文是其字。《茶詠》，疑指其所撰《鬥茶歌》。

12 竇子野有《酒譜》：竇子野，即竇苹（常被誤作苹、革、平），字子野，一作叔野。宋鄆州中都人，哲宗元祐六年，官大理司直。學問精確，有《酒譜》等。

13 常伯雄雖善茶，李季卿賞以三十錢：此處疑誤，據傳説所載，非常伯雄，應為陸羽。又，常伯雄，多作常伯熊。

14 王元之：即王禹偁（954 － 1001），元之是他的字。

15 蔡伯堅：即蔡松年，伯堅是他的字。

16 曹鄴：本詩《全唐詩》一作李德裕作。

17 張君彥：“君”字，《清波雜志》、《宋詩記事》作“晉”。晉彥即張祁。晉彥是他的字，號總得居士。烏江人。官至淮南漕運判官。

18 此以下收錄的全為酒文酒詩，與茶無關，全刪。

校　記

① 卷一　敘述茶酒爭奇：底本原僅書“卷一”兩字，據文中標題增補。

② 卷二　表古風　賦歌調詩：底本原作“茶酒爭奇卷二”，據文中標題增補。又，底本目錄次序混亂，與內文多處不符，為保留原書風貌，不作刪改。

③ 鄭愚：底本作“鄭遇”，誤，逕改，下不出校。

④ 高季默：底本作“高季黯”，誤，逕改，下不出校。

⑤ 皇甫曾：底本作“皇甫冉”，誤，逕改。

⑥ 劉禹錫：底本作“盧仝”，誤，逕改。

⑦ 煎茶調　蘇軾：此詩只存目次，內文並未收錄。

⑧ 與孟郊洛北野泉上煎茶：“北”字，底本作“比”，誤，逕改。

⑨ 劉言史：底本脱“言”字，逕加。

⑩ 問大冶長老乞桃花茶：大冶，底本作“太治”；桃花，底本作“桃水”，誤，據明代夏樹芳《茶董·龍團鳳髓》改。

⑪ 過長孫宅與郎上人茶會：底本目錄原稿，在本題脫“過”“人茶”三字，誤作《長孫宅與郎上會》，據《全唐詩》逕補。
⑫ 黃魯直：底本脫“直”字，逕補。
⑬ 聖俞：底本脫“聖”字，逕補。
⑭ 茶敘述源流：底本內文既不分段，更未立題，校時據目錄逕補。
⑮ 生芽：“生”字，毛文錫《茶譜》作“露”字。
⑯ 建州之北苑先春龍焙：“州”字，底本作“苑”，誤，據毛文錫《茶譜》逕改。
⑰ 丁晉公謂石乳出壑嶺斷崖鐵石之間：“斷崖鐵石”，斷字，《茶董》作缺，《宣和北苑貢茶錄》作“石崖”，云石乳“叢生石崖”之間。
⑱ 中孚衲子有仙人掌：“中孚衲子”，底本作“中衲孚子”，據李白《答族姪僧中孚贈玉泉仙人掌茶》詩逕改。
⑲ 曇濟道人：南朝宋八公山道人。底本脫“濟”字，逕補。
⑳ 西域僧：底本作“西城僧”，誤，逕改。
㉑《神農經》：據下錄內容，似即陸羽《茶經》所載的《神農食經》。
㉒ 劉越石：“石”字，底本作“尼”，誤，逕改。
㉓ 此謂老湯：“此”字，底本原闕，據《續茶經》補。
㉔《鬥茶記》：“記”字，底本原誤作“說”字，逕改。
㉕《茶錄》：此處《茶錄》應是據宋子安《東溪試茶錄》，其中前一部分實為丁謂《北苑茶錄》的內容。
㉖ 酒敘述源流：此為目錄所題，底本無標，校時逕補。
㉗ 上官子醉夢：此為目錄所題，底本無標，校時逕補。
㉘ 茶酒共爭辯：此為目錄所題，底本無標，校時逕補。
㉙ 十八品：下文有十九種茶葉，應誤。
㉚ 承平雅玩：底本作“承平雜玩”，據宋代熊蕃《宣和北苑貢茶錄》改。
㉛ 瓊林毓粹：底本作“瓊林毓瑞”，據《宣和北苑貢茶錄》改。
㉜ 雪英、雲葉：底本作“雲英雪葉”，據《宣和北苑貢茶錄》改。
㉝ 金錢、玉華：底本作“金錢玉葉”，據《宣和北苑貢茶錄》改。
㉞ 太平嘉瑞：底本作“太平佳瑞”，據《宣和北苑貢茶錄》改。
㉟ 張孟陽:：“陽”字，本文底本脫，據張載原詩補，“孟陽”，是張載的字。
㊱ 代酒：“酒”字，底本作“醉”，校時逕改。
㊲ 蓮花文章：“章”字，底本作“草”，誤，逕改。
㊳《鬥茶記》：底本作《鬥茶說》，逕改。
㊴ 鮑昭妹：“妹”字，底本作“姊”，逕改。
㊵ 詩詞：底本作“詩調”，逕改。
㊶ 詩詞歌賦：“詞”字，底本作“調”，逕改。
㊷ 季疵：“疵”字，底本作“卿”字，逕改。
㊸ 茶園：底本作“菜園”，誤，逕改。
㊹ 季疵：“疵”字，底本作“鷹”字，逕改。
㊺ 酪奴：“酪”字，底本作“駱”，逕改。
㊻ 醪：底本作“膠”，誤，逕改。
㊼ 人盡樂：“盡”字，底本作“都”字，據原詩改。
㊽ 茶酒私奏本：此為目錄所題，底本無標，校時逕補。
㊾ 臣無任悚□：本文底本原文不清，似“石”似“反”，與文意又不合，故作空缺。
㊿ 水火二官判：此為目錄所題，底本無標，校時逕補。
(51) 茶四書文章：底本作“酪奴進茶文章”，據目錄改。
(52) □所愛則□所養：底本模糊不清，似“不”似“反”，故作空缺。
(53) 酒四書文庫：底本作“督郵進酒文章”，據目錄改。

(54) 茶集曲牌名：此為目錄所題，底本無標，校時逕補。
(55) 中衮第三："三"字，底本作"五"，誤，逕改。
(56) 紅衲襖："衲"字，底本作"納"，逕改。
(57) 酒集曲牌名：此為目錄所題，底本無標，校時逕補。
(58) 水火總判斷：此為目錄所題，底本無標，校時逕補。
(59) 酪奴："酪"字，底本作"醪"，逕改。
(60) 慶壽茶酒：本文底本此原題作"茶酒傳奇"，據目錄改。
(61) 小字前的"○"為底本特有符號，大致表示上下文之間需相隔之意，照原樣予以保留。
(62) 泰：底本作"秦"，疑誤。
(63) 卷二　表古風、賦歌調詩：本題本文所刊原貌為：第一行作"茶酒爭奇　卷二"；第二行為"表古風"；第三行為"賦歌調詩"。現卷題為本書校錄時刪定。
(64) 劉禹錫：底本誤作"盧仝"，逕改。
(65) 睡後煎茶："煎"字，底本作"烹"字，據目錄改。
(66) 煎茶　李南金：本詩與上文《嬌女》一詩，目錄誤將其目次合作《嬌女煎茶》。
(67) 又：本詩應作羅大徑之《煎茶》詩，底本作李南金詩，誤。本文這裏也僅摘前四句，後面還有"分得春茶穀雨前，白雲裹裹且鮮妍。瓦瓶旋汲三泉水，三帽籠頭手自煎"等句。
(68) 進茶表："表"字，底本作"食"字，逕改。
(69) 問大冶長老乞桃花茶：底本作"問大池長老乞桃茶"，據《茶董補》逕改。
(70) 遊杭州諸寺飲釅茶七碗戲書　蘇東坡：此詩於目錄不存目次。
(71) 只到調元六七公："只"，底本作"占"，誤，逕改。
(72) 火：底本作"下"，據《端明集》改。

明抄茶水詩文

◇明　醉茶消客　輯

本篇纂輯者醉茶消客，無姓無名，不知何人。詹景鳳曾以“醉茶”名軒，不知與此是否有關。

本文現存舊鈔本兩種：一藏南京圖書館，一在中國農業科學院，南京農業大學中國農業遺產研究室，均無首頁，無題序，無記跋。南圖本原先標作清鈔本，《中國古籍善本書目》改定為“《茶書》七種七卷，明鈔本”。農業遺產研究室藏本未標年代，題作《石鼎聯句（鈔本）》，副題《歷代詠茶詩彙編》。其實與南圖本是同一部書稿，書名都是隨意加上的。因此，稱作《明抄茶水詩文》比較恰當。

本篇所輯錄詩文，大都已見前人編纂諸書，作為茶史文獻的價值不高。但從匯集的詩文中，可以看出明顯的江南品味，特別是收錄了大量無錫惠山的“竹爐詩”，極有特色。

本文以上述兩種抄本對校，詩文前見者存目。

茶詩　醉茶消客　纂

觀貢茶有感

山之顛，水之涯，產靈草，年年採摘當春早。製成雀舌龍鳳團，題封進入幽燕道；黃旂閃閃方物來，薦新趣上天顏開。海濱亦有間世才，弓旌不來無與媒。長年抱道棲蒿萊，撚髭吟盡江邊梅。嗟哉人與草木異，安得知賢若知味。

陽羨採茶懷古五絕　呂暄

其一

陽羨報春鳥，山丁意若何。入雲同去採，賡唱採茶歌。

其二

歲貢在先春，金芽成雀舌。天子欣賞之，仙靈盡通徹。

其三

碾畔塵飛綠，烹賞噴異香。一甌消酒渴，莫問滌詩腸。

其四

白花凝碗面，破悶實堪誇。不獨詩人愛，僧家與道家。

其五

要試腴甘味，須將活火煎。盧仝嘗七碗，陸羽著三篇。

茶塢[1] **皮日休**[2]（閒尋堯氏山①）《茶經》云：其花白如薔薇。

茶人 **前人**（生於顧渚山）一作擷，九字反。其木如玉色，渚人以為杖

茶筍 **前人**（褎然三五寸）

茶舍 **前人**（陽崖枕白屋）

煮茶 **前人**（香泉一合乳）

茶塢[3] **陸龜蒙**[4]（茗地曲隈回）

茶人 **前人**（天賦識靈草）山中有報春鳥

茶筍 **前人**（所孕和氣深）

茶舍 **前人**（旋取山上材）

煮茶 **前人**（閒來松間坐）

修貢顧渚茶山作 **袁高**[5]（禹貢通遠俗）

乞茶② **孟郊**

道意勿乏味，心緒病無悰。蒙茗玉花盡，越甌荷葉空。錦水有鮮色，蜀山饒芳叢。雲根纔剪綠，印縫已霏紅。曾向貴人得，最將詩叟同。幸為乞寄來，救此病劣躬。

峽中嘗茶 **鄭谷**[6]（簇簇新英滴露光）

北苑 **蔡襄**（蒼山走千里）

茶撐 **前人**（造化曾無私）

採茶 **前人**（春衫逐紅旗）

造茶 **前人**（糜玉寸陰間）

試茶 **前人**（兔毫紫甌新）

西山蘭若試茶歌③ **劉禹錫**（山僧後檐茶數叢）

與孟郊洛北野泉上煎茶 **劉言史**[7]（粉細越筍芽）

碾茶奉同六舅尚書韻 **黃庭堅**

要及新香碾一杯，不因傳寶到雲來。碎身粉骨方餘味，莫厭聲喧萬壑雷。

煎茶　**前人**（風爐小鼎不催須）

烹茶　**前人**

乳粥瓊糜霧腳回，色香味觸映根來。睡魔有耳不足掩，直拂繩床過疾雷。

以潞公所惠揀芽送公擇　**前人**（慶雲十六升龍餅）

奉同公擇作揀芽詠　**前人**（赤囊歲上雙龍璧）

今歲官茶極妙而難為賞音者[④]　**前人**

雞蘇狗虱難同味，惟取君恩歸去來[⑤]。青箬湖邊尋陸顧，白蓮社裏覓宗雷。乳茶翻碗正眉開，時苦渴龍行熱來。知味者誰心已許，維摩雖默語如雷。

又戲用前韻為雙井解嘲　**前人**（山芽落磑風回雪）

於大冶長老乞桃花茶栽東坡　**蘇軾**（周詩記苦荼）

喜園中茶生　**韋應物**（潔性不可污）

北苑焙新茶　**丁謂**

北苑龍茶者，甘鮮的是珍。四方惟數此，萬物更無新。纔吐微茫綠，初沾少許春。散尋縈樹遍，急採上山頻。宿葉寒猶在，芳芽冷未伸。茅茨溪口焙，籃籠雨中民。長疾勾萌拆，開齊分兩勻。帶煙蒸雀舌，和露疊龍鱗。作貢勝諸道，先嘗祇一人。緘封瞻闕下，郵傳渡江濱。特旨留丹禁，殊恩賜近臣。啜將靈藥助，用與上尊親。頭進英華盡[⑥]，初烹氣味真。細香勝卻麝，淺色過於筠。顧渚慚投木，宜都愧積薪。年年號供御，天產壯甌閩。

月夜汲水煎茶　**蘇軾**（活水仍須活火烹）

雙井茶送子瞻　**黃庭堅**（人間風日不到處）

和曹彥輔寄壑源試焙新芽　**蘇軾**（仙山靈草濕行雲[⑦]）

覓茶　**朱熹**

茂綠林中三五家，短牆半露小桃花，客行馬上多春困，特扣柴門覓一茶。

煎茶歌　**蘇軾**（蟹眼已過魚眼生）

巽上人採茶見贈酬之以詩　**柳宗元**（芳叢翳湘竹）

真愚第啜茶同匏菴文量原已聯句[8]

偶逢陸羽得《茶經》成憲出陽羨先春，客因問職方君論味茶之法，故發此句以紀之庚，終為周瑜未酒醒。容七碗清風成大嚼，寬一瓢春興付忘形。成憲酪奴茗飲原非敵，庚玉醴

雲腴並有靈。容欲棄糟醨試清啜，寬助渠高論挹芳馨。成憲

謝送碾壑源揀芽　黃庭堅

矞雲從龍小蒼壁，元豐至今人未識。壑源包貢第一春，緗奩碾香供玉食。睿思殿東金井欄，甘露薦飲天開顏。橋山事嚴庀百局[8]，補袞諸公省中宿。中人傳賜夜未央，雨露恩光照宮燭。右丞〔似〕是李元禮[9]，好事風流有涇渭。肯憐天祿校書郎，親敕家庭遣分似。春風飽識太官羊，不慣腐儒湯餅腸。搜攪十年燈火讀[10]，令我胸中書傳香。已戒應門老馬走，客來問字莫載酒。

以小龍贈晁無咎[9]用前韻　前人

我持玄珪與蒼壁，以暗投人渠不識。城南窮巷有佳人，不索檳榔常晏食。赤銅茗碗雨班班，銀粟翻光解破顏。上有龍紋下棋局，採囊贈君諾已宿。此物已是元豐春，先皇聖功調玉燭。晁子胸中開典禮，平生自期莘與渭。故用澆君磊塊胸，莫令鬢毛雪相似。曲几蒲團聽煮湯，煎成車聲繞羊腸。雞蘇胡麻留渴羌，不應亂我官焙香。肌如瓠壺鼻雷吼，幸君飲此勿飲酒。東坡讀羊腸之句，曰黃九恁地怎得不窮

雙井茶　歐陽修(西江水清江石老)

陽羨茶　呂暄

春前推上品，陽羨獨知名。已見旗槍折，先從蓓蕾生。品評佳士製，封寄故人情。吟苦山窗下，誰言破宿酲。

蒙山茶

茶稱瑞產重青徐，蒙頂先春味更殊。碧雪清含山氣潤，紫雲香割石膚腴。採來渾訝莓苔色，嚼碎還同蓓蕾珠。欲待作詩酬諫議，緘書好寄玉川盧。

春雷催折雨前芽，芳饋南隨貢道賒。土炕籠香朝出焙，瓦瓶翻雪夜生花。清風諫議頻勞送，草澤高人遠受誇。顧渚建溪休採摘，玉泉新汲到詩家。

六安茶

七碗清風自六安，每隨佳興入詩壇。纖芽出土春雷動，活火當爐夜雪殘。陸羽舊經遺上品，高陽醉客避清歡。何時一酌中泠水，重試君謨小鳳團。

香茶餅[11]

茅山歲歲摘先春，礞石霏霏磨作塵。玄露十分和得細，紫雲千片製來新。頰車味載能消渴，鼻觀香傳即嚥津。若得清風生兩腋，便從羽節訪羣真。

嘗新茶呈梅聖俞　歐陽修(建安三千里)

次嘗新茶韻　前人(吾年向老世味薄)

掃雪煎茶⑫　〔謝宗可〕[10]

夜採寒霙煮綠塵，松風入鼎更清新。月團影落銀河水，雲腳香融玉樹春。陸井有泉應近俗，陶家無酒未為貧。詩䌷奪盡豐年瑞，分付蓬萊頂上人。

又

四野彤雲布，飛花歲暮天。呼僮教去掃，對客取來煎。滿泛香多異，初嘗味獨偏。黨家無此樂，粗俗最堪憐。

又　杜庠[11]

石鼎煎鎔雪水新，六花香泛雨前春。玉堂清味誰知得，俗殺銷金帳裏人。

虎丘採茶曲　皇甫汸[12]

靈山深處長芽春，浥露穿雲曉徑斜。仙掌由來人未識，恐攀秪樹誤曇花。

采去盈筐倦倚松，金莖半是白雲封。佛前數葉香先供，誰覓花間鹿女蹤。

茶煙　謝宗可

玉川爐畔影沉沉，澹碧縈空杳隔林。蚓竅聲微松火暗，鳳團香暖竹窗陰。詩成禪榻風初起，夢破僧房雪未深。老鶴歸遲無俗客，白雲一縷在遙岑。

煮茶聲

龍芽香暖火初紅，曲几蒲團聽未終。雪乳浮江生玉浪，白雲迷洞響松風。蠅飛蚓竅詩懷醒，車遶羊腸醉夢空。如許蒼生辛苦恨，蓬萊好問玉川翁。

走筆謝孟諫議寄茶歌　盧仝(日高丈五睡正濃)

煮茶　文彭[13]

煮得新茶碧似油，滿傾如雪白瓷甌。平生消受清閑福，花落谿邊日日遊。

又　前人

縹色瓷甌盡草蟲，新茶凝碧味初濃，北窗一啜涼風至，試問盧仝同不同。

又　前人

穀雨初收午焙茶，燕來新筍亦生芽。烹茶煮筍煩襟滌，盡日溪邊看落花。

友人寄茶

小印輕囊遠見遺，故人珍重手親題。暖含煙雨開封潤，翠展旗槍出焙齊。片月分明逢諫議，春風彷彿在荊溪。松根自汲山泉煮，一洗詩腸萬斛泥。

石灶烹茶　徐師曾[14]

山廚非玉鼎，真味卻悠然。汲水龍湫上，搜珍穀雨前。雲浮花外碾，風度竹西煙。不羨高陽醉，知君識更賢。

竹窗烹茶

活火新泉自試烹，竹窗清夜作松聲。一瓶若遺文園啜，那得當年肺渴成。

夜起烹茶　孫一元[15]

碎擘月團細，分燈來夜缸。瓦鐺然楚竹，石瓮寫秋江。水火聲初戰，旗槍勢已降。月明猶在壁，風雨打山窗。

穀雨日試茶　王寵[16]

吉日分蜂谷雨晴，乳茶芽荀試初烹。五侯甲第誇鸞鼎，不識人間有太羹。

楞伽山夜同友掃雪烹茶　前人

楞伽一夜三尺雪，疾風澒洞茶磨裂。五湖粘天凝不流，虎豹咆哮萬木折。短衣蠟履荷長帚，絕壁巉巖力抖擻。支撐桃竹杖兩莖，快斫藍田玉數斗。何吳二子皆好奇，山僧顛倒袈裟披。十步回頭五步叫，複磴懸崖相把持。歸來急試煮玉法，夜半紅爐炙天熱。中泠惠麓浪得名，金液瓊漿果奇絕。嵇康自是餐霞人，管城食肉骨相屯。且須痛飲盡七碗，鍾鼎山林安足論。

汲泉煮茗對梅清啜　楊溥[17]

緇流不到玉川家，石鼎風爐自煮茶。往日品題無我和，先春滋味有人誇。中泠水畔稀行跡，陽羨山間好物華。安得鳳團攜至此，閒談清啜對梅花。

謝僧送茶　方回[18]

天目山居公浙右，天都峯住我江東。兩家茶荈更相餽，草木吾儕氣味同。

賓暘張考塢觀茶花　前人

頭上漉酒巾，風吹行欹斜。野徑政自穩，世途殊未涯。禮能致商皓，勢足屈孟嘉。君身獨自由，時到山人家。播植話禾稻，紡績詢桑麻。側聞此一塢，村酤亦易賒。芙蓉萬紅萼，錦繡紛交加。掉頭不肯顧，特往觀茗葩。嗅芳摘苦葉，咀嚼香齒牙。權利至此物，誰為疲氓嗟。

索雲叔新茶　前人

穀雨已過又梅雨，故山猶未致新茶。清風兩腋玉川句，三百團應似太誇。

時會堂二首造貢茶所也　**歐陽修**

積雪猶封蒙頂樹，驚雷未發建溪春。中州地暖萌芽早，入貢宜先百物新。

憶昔常修守臣職⑬，先春自探兩旗開。誰知白首來辭禁，得與金鑾賜一杯。

茶山境會⑭　白居易

遙聞境會茶山夜，珠翠歌鍾俱遶身。盤下中分兩州界，燈前合作一家春。青娥遞舞應爭妙，紫筍齊嘗各鬥新。自嘆花時北窗下，蒲黃酒對病眠人。

送龍茶與許道人　歐陽修(穎陽道士青霞客)

故人寄茶　李德裕⑮(劍外九華英)

吳正仲遺新茶　丁謂(十片建溪春)

建溪新茗　前人(南國溪陰暖)

煎茶　前人

開緘試雨前，須汲遠山泉。自遶風爐立，誰聽石碾眠。細微緣入麝，猛沸恰如蟬。羅細烹還好，鐺新味更全。花隨僧筯破，雲逐客甌圓。痛惜藏書篋，堅留待雪天。睡醒思滿啜，吟困憶重煎。衹此消塵慮，何須作酒仙。

建茶呈史君學士　李虛己[19]

石乳標奇品，瓊英碾細文。試將梁苑雪，煎動建溪雲。清味通宵在，餘香隔座聞。遙思摘山日，龍焙未春分。

謝木韞之分送講筵賜茶　楊廷秀[20](吳綾縫裹染菊水)

澹庵坐上觀顯上人分茶　前人

分茶何似煎茶好，煎茶不似分茶巧。蒸水老禪弄泉手，隆興見春新玉爪⑯。二者相遭兔甌面，怪怪奇奇真善幻。紛如擘絮行太空，影落寒江能萬變。銀瓶首下仍尻高，注湯作字勢嫖姚。不須更師屋漏法，只問此瓶當響荅。紫微仙人烏角巾，喚我起看清風生。京塵滿袖思一洗，病眼生花得再明。漢鼎難調要公理，策勳茗碗非公事。不如回施與寒儒，歸讀《茶經》傳衲子⑰。

試新茶　文徵明(分得春芽穀雨前)

煮茶　前人

老去盧仝興味長，風簷自試雨前槍。竹符調水沙泉活，石鼎然松翠鬣香。黃鳥啼花春酒醒，碧桐搖日午窗涼。五千文字非吾事，聊洗百年湯餅腸。

汲惠泉煮陽羨茶　前人

絹封陽羨月，瓦缶惠山泉。至味心難忘，閒情手自煎。地爐殘雪後，禪榻晚風前。為問貧陶穀，何如病玉川。

分茶與周紹祖　陳與義[21]

竹影滿幽窗，欲出腰髀懶。何以同歲暮，共此晴雲碗。摩娑蟄雷腹，自嘆計常短。異時分密雲，小杓勿辭滿。

寄茶與和甫　王安石⑱

采絳縫囊海上舟，月團蒼潤紫煙浮。集英殿裏春風晚，分到並門想麥秋。

寄茶與平甫　**前人**(碧月團團墮九天)

清明後一日賞新茶　**王穉登**[22]

新火清明後，春茶穀雨前。枝枝似碧柳，葉葉直青錢。煙濕山廚竹，香浮石井泉。烏巾花樹下，自傍瓦壚煎。

送泰公茶　**何景明**[23]

英英白雲華，采采六山秀。為問病維摩，此味清涼否。

史恭甫遠致陽羨茶惠山泉　王寵(夜發茶山使)

喫茗粥作　**儲光羲**(當晝暑氣盛)

悦茶　**陸采**[24]

青巖蔭佳木，紅泉漱靈根。華蕣發春陽，珍品寇芳園。丈人厭粱肉，情與冰蘗敦。烹傳世外術，法自謫仙論。清液一入唇，蕭然澹心魂。伊昔商山芝，煒煒光璵璠。四叟甘雅素，歌聲至今喧。時清道自卷，事變節彌存。與世醉糟醨，而我不與焉。願分天瓢漿，一洗塵界煩。吾經異陸羽，至理難具言。請君屏壚炭，共談秋水源。三啜乘風去，振腋越崑崙。

山居新晴採茶寄友　**毛文煥**[25]

過雨暮山碧，採茶春鳥啼。踏花芳徑濕，入竹野叢低。葉潤凝煙後，枝寒泣露時。王孫何日到，緘此寄相思。

山人饋茗　**前人**

葉葉生煙綠玉香，山家新裹白雲囊。開緘已慰相如渴，臥聽松風滿石床。

萬孝全惠龍團　**王十朋**

貢餘龍餅非常品，絕勝盧仝得月團。豈有詩情可嘗此，荷君分貺及粗官。

宗提舶贈新茶次韻　**前人**(建安分送建溪春)

張教授惠顧渚茶戲答⑲　**前人**

春回顧渚雪生芽，香味尤宜秘水烹。搜我枯腸欠書卷，飲君清德賴詩情。

啜茶　**前人**

濫與金華講，賜沾龍鳳團。卻歸林下飲，更愧是粗官。

食義興茶次梅堯臣食雅山茶韻

儂素生中吳，不識山水嘉。祇因宣州城⑳，有山名曰鵶。其高幾百仞，閟鏁煙雲霞。當春掇奇產，名重鵶山茶。老我不慣嚼，佳甘義興芽。韜香藉織茅，裹勝須軟紗。聲價騰京師，珍貴達邇遐。焙法娜成團，揀精不留葩。欲雜諸草木，無如天山麻。未容俗士知，只許學士誇。融融豁查滓，采采擷英華。顧渚蒙嶺鄙，雙井建溪差。戒潤暴頻頻，取用宜些些。提壺汲惠泉，掃雪烹詩家。春蚓竅有音，白罌玉無瑕。松薪燒逢鬆，榾柮爇龍蛇。雖云五鼎富，勿謂七碗奢。銅碾揚綠塵，馬湩生乳花。朋游數成惠，我腹原有癡。食芹思獻納，負暄動諮嗟。鴉山品斯下，陽羨名益加。玉川能再來，而肯從我耶。

採茶曲　徐爌

紫霧微茫曉日遲，女郎呼伴採新枝。龍團貴處休相問，逢着仙人好換詩。

(望望村西憶晚晴)

(春巖到處總含香)

枝頭為爾惜行藏，滿飽春香亦浪狂。汝為有香人共摘，我無人摘更添香。

(歲歲春深穀雨忙)

香瓣龍團的的真，君王嘗處手相親。若教知我曾親手，應得嘗時不厭頻。

折取新芽莫折技，留枝還有折芽時。若教枝盡無芽折，識得根苗是巧思。

和梅堯臣作宋著鳳團茶韻

山人起常早，鬚髭微帶凍。昨見隴畛間，新茶已萌芽[21]。竊睨警擷粟，未堪摘團鳳。逡巡逼春分，老小攜羣共。官府謀計偕，歲度修職貢。俯仰菩蔔林，往來蒼虬洞。天葩發珍香，露氣染微湩。未考陸羽經，誰喚盧仝夢。蒸焙火性勻，挼搏手力眾。莫汲揚子江，先斢灌畦瓮。芳苾琖碗浮，通鬯襟懷中。什襲不輕開，恐聽喈靡美。

茗坡　陸希聲*26*

二月山家穀雨天，半坡芳茗露華鮮。春醒酒病兼消渴，借取新芽旋摘煎。

賞茶　徐爌

(竹爐蟹眼薦新賞)

(閒寂空堂坐此身)

(採採新芽鬥細工)

(高枕殘書小石床)

(梅花落盡野花攢)

(新爐活火謾烹煎)

愛茶歌[22]　吳寬*27*

湯翁愛茶如愛酒，不數三升並五斗。先春堂開無長物，只將茶竈連茶柏[23]。堂中無事常煮茶，終日茶杯不離口。當筵侍立唯茶僮，入門來謁唯茶友。謝茶有詩學盧仝，煎茶有賦擬黃九。茶經續編不借人，茶譜補遺將脱手。平生種茶不辦租，山下茶園知幾畝。世人肯向茶鄉游，此中亦有無何有。

林秋窗精舍啜茶　李鎔以下俱閩人

月團封寄小窗間，驚起幽人曉夢閒。玉碗啜來肌骨爽，卻疑林館是蓬山。

奉同　陳希登

青僮曉汲石潭間，燒竹烹來意味閒。啜罷清風生兩腋，微吟兀坐對南山。

恭繼　旋世亨

昔從仙姥下雲間，日侍秋窗不放閒。若有樵青來竹裏，為君買斷武夷山。

敬次　宋儒[28]

雲腳春芽一啜間，塵心為洗覺清閒。若教得比陶家味，支杖從容看雲山。

奉和　林焯

比來中酒北窗間，宿火煙微白晝閒。試碾龍團躬掃葉，不妨無寐倚屏山。

次韻　俞世潔[29]

自汲深清釣石間，老來無奈此身閒。枯腸七碗神如洗，絕勝他人倒玉山㉔。

答明公送春芽　沈周[30]

山僧藜藿腸，采拾窮野味。靈芽漆園種，新摘帶雨氣。鹽蒸嬾綠愁，日曝微紺瘁。褁紙聊搤許，珍重不多遺。仍傳所食法，且囑要精試。兼烹必雙井，水亦惠山二。及云性益壽，甫與昌陽比。香甘流齒頰，食過發吁巇。山僧苦薄相，折此八千計。本昧吾儒言，方長仁者忌。

煮茗軒㉕　謝應芳[31]

聚蚊金谷㉖任葷羶，煮茗留人也自賢。三百小團陽羨月，尋常新汲惠山泉。星飛白石童敲火，煙出青林鶴上天。午夢覺來湯欲沸，松風初響竹爐邊。

茶竈春煙

隱几無言有所思，筆停小草思遲遲。竹爐湯沸紅綃隔，石鼎香清水墨施。輕散鶴巢栖不遠，密藏豹霧澤難窺。玉川何處容過訪，我欲相從一和詩。

和章岷從事鬥茶歌　范希文[32]（年年春自東南來）

啜陽羨茶　文伯仁[33]

陽羨稱名久，盧仝素愛深。一杯清渴吻，三盞滌煩襟。酒後添餘興，詩狂助苦吟。臨泉汲明月，烹瀹愜吾心。

汲惠泉煮雲巖寺茶　周天球[34]

惠泉初試竹爐清，虎阜雲中摘露英。一啜能令消渴去，月團雙此失芳名。

茶坡為劉世熙作　沈周

使君嗜茶如嗜酒，渴肺沃須解二斗。官清無錢致鳳團，有力自栽春五畝。輕雷震地抽綠芽，行歌試采香漸手㉗。世間口腹多累人，日給時需喜家有。還道通靈可入仙，非惟卻病仍資壽。籠煙紗帽躬執爨，活火何堪托輩走。題詩戲問滋味餘，得似王濛及人否。

謝友惠天池茶　方侯

正苦消中久，多君茗惠新。遠分春滿裹，細嚼口生津。已覺馨香厚，還憐氣味真。閉門人不至，莫厭啜來頻。

謝友寄新茶　前人

密裹青山而霧姿，倩人遙寄到江湄。臨〔江〕自汲清泉煮㉘，一碗真能慰所思。

友攜茶見過次韻答之　素庵商輅[35]

不寐坐更深，之子相過倍有情。石乳細烹雲液滑，桂花香噴玉壺清。星垂綺戶風初淡，鶴唳瑤臺月正橫。啜罷一甌詩興發，拂箋似覺筆花生。

汲泉煮茶　袁袞[36]

俗塵還自卻，清興眇無涯。汲得中泠水，同煎顧渚茶。

掃雪烹小龍團　必興

小龍新制紫嬋娟，試向花前掃雪煎。誰識陶家風味別，衹應元是玉堂仙。

啜茶有懷玉川子　袁祖枝

為摘建溪春，分汲中泠水。試問啜茗生，清風自何起。

題茶山　杜牧(山實東南秀)

姚少師寄陽羨茶以詩次韻酬答　素庵

緘書曾寄北京人，新茗遙兮羡嶺春。細瀹碧甌香味美，重開錦字雅情真。摘鮮尚想靈芽短，破悶初回午睡新。不謂清風生兩腋，卻欣先解渴心塵。

山林啜茶　彭天秩[37]

高跡雅懷非絕俗，竇泉春茗未為貧。一杯邀賞青山暮，疏樹涼風灑葛巾。

賞新茶　袁袞

新茶吾所愛，最愛雨前茶。四月梧蔭下，壺杯寫乳花。細香浮玉液，嫩綠泛金芽。倘得中泠水，龍團喜足誇。

汲三泉烹雙井茶　朱朗[38]

涪翁放筯茗勳長，宿火瑩瑩午焙搶。旋汲三泉雲外冷，試烹雙井雨前香。客來朗月梅窗靜，鶴避輕煙竹院涼。笑待山齋真境寂，車聲終日繞羊腸。

玉截茶㉙　**蘇軾**

貴人高宴罷，醉眼亂紅綠。赤泥開方印，紫餅截圓玉。傾甌共歎賞，竊語笑僮僕。

雪齋烹茗　鄭愚（嫩芽香且靈）

茶山貢焙歌　李郢

使君愛客情無已，客在金臺價無比。春風三月貢茶時，盡遂紅旗到山裏㉚。焙中清曉朱門開，筐箱漸見新芽來。淩煙觸露不停採，官家赤印連帖催。朝飢暮匐誰興哀，喧闐競納不盈掬。一時一餉還成堆，蒸之馥之香勝梅。研膏架動轟如雷，茶成拜表貢天子。萬人爭噉春山摧，驛騎鞭聲砉流電。半夜驅夫誰復見，十日王程路四千。到時須及清明宴，吾君可謂納諫君，諫官不諫何由聞。九重城裏雖玉食，天涯吏役長紛紛。使君憂民慘容色。就焙賞茶坐諸客，幾回到口重咨嗟。嫩綠鮮芳出何力，山中有酒亦有歌。樂營房戶皆仙家，仙家十隊酒百斛。金絲宴饌隨經過，使君是日憂思多。客亦無言徵綺羅，殷勤繞焙復長歎。官府例成期如何，吳民吳民莫憔悴，使君作相期爾蘇。

試茶有懷㉛　**林逋**[39]**（白雲峯下兩槍新）**

題茶㉜　**呂居士**

平生心賞建溪春，一丘風味極可人。香包解盡寶帶胯，黑面碾出明窗塵。

鋻源嶺茶　黃庭堅

香從靈鋻壟上發，味自白石源中生。為公喚覺荊州夢，何待南柯一夢成。

煎茶㉝　**蘇軾**

建溪時產雖不同，啜過始知真味永。縱復苦梗終可錄，汲黯少戇寬饒猛。葵花玉胯不易致，道路幽險隔雲嶺。誰知使者來自西，開緘磊落收百餅。啜香㉞嚼味本非別，透紙自覺光炯炯。粃糠團鳳友小龍，奴隸日鑄臣雙井。收藏愛惜待佳客，不敢包裹鑽權倖。

禁煙前見茶㉟　**白樂天**（紅紙一封書後日）

啜鳳茶　惠洪[40]

蒼壁碧雲盤小鳳，睿思分賜君恩重。綠楊院落天晝永，碾聲驚破南窗夢。驟觀詩膽已開張，欲啜睡魔先震恐。七碗清風生兩腋，月脅清魂誰與共。戲將妙語敵分香，詩成一書盧仝壟。

賦寄謝友㊱　蘇軾

我生百事常隨緣，四方水陸無不便。扁舟渡江適吳越，三年飲食窮芳鮮。金虀玉鱠飯炊雪，海螯江柱初脱泉。臨風飲食甘寢罷㊲，一甌花乳浮輕圓。柘羅銅碾棄不用，脂麻白玉須盆研。沙溪北苑強分別，水腳一線誰爭先。清詩兩幅寄千里，紫金百餅費萬錢。吟哦烹唯兩奇絕，只恐偷去煩封纏。老妻稚子不知愛，一半已入姜鹽煎。知君窮旅不自釋，因詩寄謝聊相鐫。

賜官揀茶㊳　前人（妙供來香積）

頭綱茶　前人

火前試焙分新胯，雪裏頭綱輟賜龍。從此升堂是兄弟，一甌林下記相逢。

啜茶㊴　林逋

開時微月上，碾處亂泉聲。六碗睡神去，數州詩思清。碧沉霞腳碎，香泛乳花輕。

紫玉玦㊵　蘇軾

我生亦何須，一飽萬想滅。空煩赤泥印，遠致紫玉玦。禪窗麗午景，蜀井出冰雪。坐客皆可人，鼎器手自潔。金釵候湯眼，魚蟹亦須決。遂令色味香，一日備三絕。報君不虛授，知我非輕啜。

竹裏煎茶　晏如生

紫筍金沙具二難，旋烹石鼎傍琅玕。細看蟹眼兼魚眼，更試龍團與鳳團。香雪遂令詩吻潤，涼飔並入酒脾寒。文園道有相如渴，不信年來病未安。

寄茶與尤延之㊶　胡理[41]

詩人可笑信虛名，擊節茶芽意豈輕。爾許中州真後輩，與君顧渚敢連衡。山中寄去無多子，天上歸來太瘦生。更送玉塵澆錫水，為搜孔思與周情。

謝友惠茶　董傳策幼海[42]

東吳瑞草愁予臆，象嶺春芽春爾頒。煙鼎浪翻黃雀舌，冰壺雨滴鷓鴣班。煩襟合灑盧仝液，懶性應羞陸羽顏。此日幽窗眠欲醒，絕憐風味一追攀。

璘上人惠茶酬之以詩　劉英[43]

春茗初收穀雨前，老僧分惠意殷虔。也知顧渚無雙品，須試吳山第一泉。竹裏細烹清睡思，風前小啜悟詩禪。相酬擬作長歌贈，淺薄何能繼玉川。

謝璘以惠桂花茶　劉泰[44]

金粟金芽出焙篝，鶴邊小試兔絲甌。葉含雷作三春雨㊷，花帶天香八月秋。美味絕勝陽羨產，神清如在廣寒遊。玉川句好無才續，我欲逃禪問趙州。

煮茗　陳沂[45]

芳品花團露，細香松度風。山吟肺正渴，石鼎火初紅。

煮茗　顧璘[46]

為有餘醒在，還牽睡思繁。汲泉敲石火，先試小龍團。

龍井試茶　李奎

閒尋龍井水，來試雨前春。欲識山中味，還同靜者論。雪花浮鼎白，雲腳入甌新。一啜清詩肺，松風吹角巾。

石鼎聯句[47]　**韓愈**

巧匠斲山骨，刳中事煎烹。師服㊸直柄未當權，塞口且吞聲。喜龍頭縮菌蠢，豕腹脹膨脝。彌明外包乾蘚紋，中有暗浪驚。師服在冷足安自，遭焚意〔彌貞〕㊹。喜 謬當鼎鼐間，妄使水火爭。彌明〔大似烈士膽，圓如戰馬纓。師服上比香爐尖，下與鏡面平。喜㊺〕秋瓜未落蔕，凍芋僵抽萌。彌明一塊元氣閒，細泉幽竇傾。師服不值輸瀉處，焉知懷抱清。喜方當紅爐然，益見小器盈。彌明睥睨無刃跡，團圓類天成。師服遙疑龜圖負，出曝曉正晴。喜旁有雙耳穿，上為孤髻撐。彌明或訝短尾銚，又似無足鐺。師服可惜寒食毬，擲在路傍坑。喜何當山灰地㊻，無計離瓶罌。彌明陋質荷斟酌，挾中貴提擎。師服豈能煮仙藥，但未污羊羹。喜形模婦女笑，度量兒童輕。徒爾堅重性，不過升合盛。師服仍似廢轂仰，側見折軸橫。喜〔時於〕蚯蚓竅㊼，微作蒼蠅鳴。彌明以茲翻溢愆，實負任使誠。師服當居顧盼地，敢有〔漏泄情〕㊽。喜寧依暖熱弊，不與寒涼並。彌明區區徒自效，瑣瑣不足呈。師服回旋但兀兀，開合唯鏗鏗。喜全勝瑚璉貴，空有口傳名。豈比俎豆古，不為手所撜。磨礲去圭角，浸潤著光明。願君莫嘲誚，此物方施行。四韻並彌明所作。

石鼎　沈周

〔惟〕爾宜烹我服從，渾然玉琢謝金鎔㊾。廣唇呿哆寧無合，枵腹膨〔亨〕自有容㊿。味在何妨人染指，餗存還愧母尸饔。老夫飽飯需茶次，笑看人間水火攻。

次韻周穜惠石銚　蘇軾

銅腥㉛鐵澀不宜泉，愛此蒼然深且寬。蟹眼翻波湯已作，龍頭拒火柄猶寒。薑辛鹽少茶初熟㉜，水漬雲蒸蘚未乾。自古函牛多折足，要知無腳是輕安。

茶鼎　皮日休（龍舒有良匠）

茶鼎　陸龜蒙（新泉氣味良）

茶竈詠寄魯望[48]　**皮日休**（南山茶事動）

茶竈答襲美[49]　**陸龜蒙**（無突抱輕嵐）

茶夾銘　程宣子

武夷溪邊，神仙宅家，石筋山脈，鍾異於茶。馨含雪尺，香啟雷車。□蘚怒生。粟粒露芽，採之擷之，收英斂華，松風煮湯，味薰煙霞。

茶籯　皮日休（筤篣曉攜去）

茶籯　陸龜蒙（金刀劈翠筠）

茶筅二首　謝宗可

此君一節瑩無瑕，夜聽松聲漱玉華。萬縷引風歸蟹眼，半甌飛雪起龍芽。香凝翠髮雲生腳，濕滿蒼髯浪捲花。到手纖毫皆盡力，多應不負玉川家。

一握雲絲萬縷情，碧甌橫起海濤聲。玉塵散作雲千朵，香乳堆成玉一泓。松捲天風龍鬣動，竹搖山雨鳳毛輕。鬢邊短髮消磨盡，□共盧仝過此生。

茶焙吟寄江湖散人　皮日休（鑿彼碧巖下）

茶焙吟酬皮襲美　陸龜蒙（左右擣凝膏）

茶磨　丁謂

楚匠斫山骨，折檀為磨臍。乾坤人力內，日月蟻行迷。吐雪誇春茗，堆雲憶舊溪。北歸惟此急，茶臼不須齎[53]。

茶甌詠寄天隨子　皮日休

分太極前吟苦詩，瓢和月飲夢醒時。榻帶雲眠何當再，讀盧仙賦千古清風道味全。

奉次　屠滽[50]

平生端不近貪泉，只取清泠旋旋煎。陸氏銅爐應在右，韓公石鼎敢爭前。滿甌花露消春困，兩耳松風驚晝眠。官轍難全隱居事，君家子姓獨能全。

奉次　倪岳

宿火長溫瓮有泉，不妨寒夜客來煎。名佳合附《茶經》後，制古元居《竹譜》前。司馬酒爐須卻避，玉川幽榻稱吟眠。金爐寶鼎多銷歇，眼底憐渠獨久全。

奉次　程敏政[51]

新茶曾試惠山泉，拂拭筠爐手自煎。擬置水符千里外，忽驚詩案十年前。野僧暫挽孤舟住，詞客遙分半榻眠。回首舊遊如昨日，山中清樂羨君全。

其二　前人

斫竹為爐貯茗泉，不辭剪伐更烹煎。分煙遠欲過林外，煮雪清宜對客前。阮籍興多惟縱酒，盧仝詩好卻耽眠。微吟細瀹松風裏，得似君家二美全。

奉次　李東陽[52]

石罇曾分裊裊泉，裹茶添火試同煎。形模豈必隨，人後鑒賞何[53]。

〔茶甌〕　〔皮日休〕⑭(邢客與越人)

茶甌詠和皮襲美　陸龜蒙(昔人謝塸埞)

芝麻

茶性太豁人，必藉諸草木。胡麻本仙種，其生類苜蓿。□□畢來年，薅土灑碎玉。性燥惡淖泥，苗生戒鸜鴿。得雨挺矢身，擷房貯珠粟。但願地力肥，一畝收十斛。玉川得升合，石鼎茶初熟。齒頰暗浮香，血氣藉榮足。不是覓源人，偶飯清溪曲。

題復竹爐卷⑮　秦夔[54]

烹茶只合伴枯禪，誤落人間五十年。華屋夢醒塵冉冉，湘江魂冷月娟娟。歸來白璧元無玷，老去青山最有緣。從此遠公須愛惜，願同衣鉢永相傳。

竹茶壚倡和⑯　王紱[55]

與客來賞第二泉，山僧休怪急相煎。結菴正在松風裏，裹茗還從穀雨前。玉碗酒香揮且去，石床苔厚醒猶眠。百年重試筠爐火，古杓爭憐更瓦全。

奉次⑰　吳寬

惠山竹茶爐，有先輩王中舍之詩傳誦久矣。今余友秋亭盛君仿其制為之。其伯父方伯冰壑為銘，秋亭自詠詩用中舍韻，屬余和之塞白耳⑱。

聽松庵裏試名泉，舊物曾將活火煎。再讀銘文何更古，偶觀規制宛如前。細筠信爾呈工巧，暗浪從渠攪醉眠。絕勝田家盛酒具，百年常共子孫全。

奉次　盛顒[56]

唐相何勞遞惠泉，攜來隨處可茶煎。三湘漫捲磁瓶裏，一簌初因置我前。秋共林僧燒葉坐，夜留山客聽松眠。王家舊物今雖在，竹缺沙崩恐未全。

奉次　李傑[57]

龍團細碾瀹新泉，手製筠爐每自煎。嗜好肯居仝老後，精工更出舍人前。蕓窗月冷吟何苦，竹榻煙輕醉未眠。分付奚奴頻掃雪，器清味澹美尤全。

奉次　謝遷[58]

茗碗清風竹下泉，汲泉仍付竹爐煎。夜瓶春瓮輕煙裏，嶰峪荊溪舊榻前。穀雨未乾湘女泣，火珠深擁籜龍眠。盧仝故業王猷宅，憑仗山人為保全。

其二　前人

不慕糟丘與酒泉，竹爐更取瓦瓶煎。月團影落湘雲裏，雪乳香分社日前。金馬門中方朔醉，長安市上謫仙眠。古來放達非吾願，頗愛陶家風味全。

奉次　楊守阯[59]

揮翰如流思涌泉，碧琅茶竈對床煎。氣蒸蟹眼潮初長，聲繞羊腸車不前。絕品小團中禁賜，清風高枕北窗眠。祇憐命墮顛崖者，安得提撕出萬全。

其二　前人

石鏽銅腥不受泉，小團還對此君煎。貞心未改寒居後，虛號誰求古步前。夜閣坐來成獨語，千窗愁破衹高眠。筆床憶共天隨住，苦李於今幸自全。

奉次　王鏊[60]

燒竹書齋煮玉泉，同根誰使也相煎。匡床簡易聊堪坐，石鼎膨脝莫謾煎。月落湘妃猶自泣，日高盧老且濃眠。唯君肯慰詩人渴，不學相如與璧全。

奉次　商良臣[61]

筠爐雅稱試寒泉，雀舌龍團手自煎。翠浪暗翻明月下，青煙輕颺落花前。盧仝頓覺風生腋，宰我從知晝廢眠。經緯功成謝陶鑄，調元事業定能全。

奉次　陳璚[62]

幾年林下煮名泉，攜向詞垣試一煎。古樸肯容銅鼎並，雅宜應置筆床前。席間有物供吟料，橋上無人復醉眠。頓使士林傳盛事，儒家風味此中全。

奉次　司馬垔

體裁不稱貯平泉，只稱詩人與雪煎。吟喜茗香生竹裏，醉貪松韻落尊前。夜深有客衝寒過，好句何人倚壁眠。清白家風偏重此，笑渠寶玩可長全。

奉次　顧萃

南山雀舌惠山泉，趁箇筠爐注意煎。野鶴避煙松徑外，寒梅印月紙窗前。謾誇盧老騰詩價，卻笑知章託醉眠。此物不因君愛護，人間那得令名全。

奉次　吳學[63]

天上月團山下泉，清風端合此爐煎。製殊石鼎差今古，詠出騷人有後前。春思撩人開倦眼，夜談留客喚忘眠。百年我願同隨住，舊物從來得久全。

奉次　楊子器[64]

偶來一吸石龍泉，頓熄胸中欲火煎。苦節君居僧榻畔，清風生住惠山前。未應鴻漸偏能煮，叵耐彌明不愛眠。好事盡輸秦太守，百年舊物喜歸全。

奉次　錢福[65]

盛氏莊頭陸羽泉，王郎爐樣盛郎煎。巧將水火歸籃底，紗簇煙雲罩竹前。汲向清湘嗤拙用，吟成寒夜伴醒眠。更看陽羨山中罐，奇事應誰有十全。

奉次　杜啟[66]

古老相傳第二泉，舍人特作竹爐煎。人隨碧澗皆形外，物共青山只眼前。詞客好奇時一過，林僧厭事日高眠。多君番製來都下，便覺書齋事事全。

奉次　繆覲[67]

水汲西禪陸子泉，帶香仙掌合炊煎。盧家興味圍屏裏，陽羡風情小榻前。白絹印封春受惠，花瓷醒酒夜忘眠。玉堂中舍南宮吏，一代清名得共全。

奉次　潘緒

第二泉高阿對泉，瓷瓶汲取竹爐煎。向來魂夢湘江上，早焙旂槍禁火前。雲腳浮花香不斷，煙霏籠樹鶴初眠。東園老子經三卷，千古流傳註未全。

奉次　盛虞[68]

幾年渴想惠山泉，汲井當爐茗可煎。詩續舍人高興後，夢飛陸子舊祠前。形窺鳳尾和雲織，聲肖龍吟伏火眠。心抱歲寒燒不死，一生勁節也能全[69]。

首倡[59]　**王紱**

僧館高閑事事幽，竹編茶竈瀹清流[60]。氣蒸陽羡三春雨，聲帶湘江兩岸秋。玉臼夜敲蒼雪冷，翠甌晴引碧雲稠。禪翁託此重開社，若個知心是趙州。

奉和　卞榮[70]

此泉第二此山幽，名勝誰為第一流。石鼎聯詩追昔日，玉堂揮翰照清秋。評如月旦人何在，曲和陽春客未稠。我亦相過嘗七碗，只今從事謝青州。

奉和　謝士元[71]

見說松菴事事幽，此君作則異常流。乾坤取象方成器，水火功收不論秋。麈尾有情披拂遍，玉甌多事往來稠。幾回得賜頭綱餅，風味嘗來想建州。

奉和　郁雲[72]

禪榻曾聞伴獨幽，於今又復寄儒流。湘口織就元非治，人世流傳不計秋。汲罷清泉諳味美，煮殘寒夜覺灰稠。此生只合山中老，肯逐珍奇獻帝州。

奉和　張九方[73]

竹爐煮茗稱清幽，石上剩泉取急流。細擘鳳團香泛雪，旋生蟹〔眼〕韻含秋[61]。火分丹竈紅光溜，煙繞書屏翠影稠。醉啜滿甌清徹骨，笑他斗酒博涼州。

奉和　錢章清

我到家山景便幽，秋亭瀟灑晉風流。筠爐煮遍龍團月，彩筆驅還石鼎秋。斗室思凝湘水闊，吟郎才更列星稠。清風喚起王中舍，相與逢瀛覽九州。

奉和　范昌齡[74]

爐織蒼�趣自幽，頭籠紗帽更風流。煮殘天上小團月，占斷人間萬古秋。玉碗素濤晴雪捲，翠瓶香藹自雲稠。欲知極品頭綱味，翰苑還看賜帝州。

奉和　陳昌[75]

倣得規模意趣幽，中書題詠尚傳流。寒烹山館三冬雪，涼透湘江六月秋。摘向金蕾東風小，盛來玉碗白花稠。蒙山未許誇名勝，自古還稱陽羨州。

奉和　張愷

草亭何事最清幽，割竹為爐烹碧流。吟骨透殘蒙頂月，夢思醒到海濤秋。舍人遺制誰能續，諸者留題趣更稠。我亦興來風滿腋，不知騎鶴有揚州。

奉和　徐譽

巧織蒼筤外分幽，心存活火汗先流。輕煙縷縷石亭午，清籟〔颼〕颼松澗秋㉜。三百月團良可重，五千文字未為稠。蒼生病渴難□息，心繫中原十二州。

奉和　秦錫

翰苑分題為闡幽，清風千古共傳流。濕雲蒸起瀟湘雨，活火燒殘嶰谷秋。水汲惠泉盟易結，茶收陽羨味偏稠。筆床今喜相鄰近，從此無人慕趙州。

奉和　賈煥[76]

古樸茶爐制度幽，名全苦節入仙流。籜龍氣焰三千丈，雲朵精華八百秋。倡和有詩人共仰，烹煎得法味應稠。誰云獨占山中靜，提挈曾聞上帝州。

奉和吳公韻呈盛秋亭　邵瑾[77]

山人遺銼古無前，土植筤籠制法乾。千載車聲繞山谷，九嶷黛色動湘川。風流共賞庚申夜，款識重刊戊戌年。未許盧仝誇七碗，先生高臥腹便便。

竹茶爐　陶振[78]

惠山亭上老僧伽，斫竹編爐意自嘉。淇雨拂殘燒落葉，□□炊起捲飛花。山人借煮雲巖藥，學士求烹雪水茶。聞道萬松禪榻畔，清風長日動袈裟。

茶爐　莫士安[79]

□爐迴繞護琅玕，圓上方中量自寬。水火相煎僧事少，旗槍無擾睡魔安。暖紅炙汗沾霜節，沸白澆花逗月團。留共梅窗清□罷，雪樓誰道酒杯寒。

竹茶爐

織翠環爐代瓦陶，試烹香茗若溪毛。鵑啼湘浦聽春雨，龍起鼎湖翻夜濤。文武火然心轉勁，炎涼時異節還高。松根有客聯詩就，掃葉歸燒莫憚勞。

竹茶爐

乍出瀟湘玉一竿，制成規度逐鐺圓。暝煙寒雨應無夢，明月清風自有緣。松火纔紅詩就後，山泉初沸酒醒前。彌明道士如相見，莫作當時石鼎聯。

見新效中舍製有贈秋亭　楊循吉[80]

舍人昔居山，雅好煎茗汁。折竹為火爐，意匠巧營立。當時傳盛事，吟詠富篇什。誰知百年來，僧房謹收拾。遺規遂不廢，手澤光熠熠。盛公效製之，宛有故風習。今人即古人，誰謂不相及。賢孫復好事，相攜至京邑。驅馳四千里，愛護費珍襲。吳公一過目，賞嘆如不給。賦詩特揄揚，落紙墨猶濕。流傳遍都下，賡歌遂成集。泠然惠山泉，千載有人汲。得此詎不佳，卷帙看編輯。

秋亭復製新爐見贈　前人

盛君昔南來，自攜竹爐至。吳公既賞詠，遂知公所嗜。還家製其一，持以為公贄。公家泠澹泉，近者新鑿利。烹煎已有法，所乏惟此器。豈無陶瓦輩，坌俗何足議。筠爐既輕便，提挈隨所置。朝回自理料，不以付童隸。公腹亦大哉，五千卷文字。時時借澆滌，日日出新思。他年著書成，爐亦在功次。此爐今有三，古一新者二。只此可並德，自足立人世。不容再有作，或恐奪真貴。盛君雖好傳，珍惜勿重製[81]。

恭繼　高直

憶隨蘇晉學逃禪，往事傷心莫問年。到處凝塵甘落莫，幾番烹雪伴嬋娟。黃塵閉世徒高價，清物還山續舊緣。下有武昌秦太守，香泉埋沒克誰傳。

恭繼　黃公探

憶事山中別老禪，松關寂寞已多年。寒驚春雨懷鴻漸，夢落西風泣麗娟。忽逐擔頭歸舊隱，旋烹魚尾敘新緣。玉堂學士遺編在，贏得時人一蟻傳。

其二　前人

聽松聞說有真禪，舊物今歸作此年。茶意惠泉香尚暖，出含湘水色猶娟。春風華屋成陳跡，夜月空山了宿緣。撫卷不須陰口失，一燈然後一燈傳。

恭繼　張九才

真公手製濟癯禪，人作爐亡正有年。出去茶煙空裊裊，微來火色尚娟娟。榆枝柳梗生新火，瓦罐瓷瓶繼舊緣。多藉武昌賢太守，賦詩興感世爭傳。

茶繼　潘緒

筠爐製自普真禪，歸屬吾家半百年。香浥惠泉猶細細，翠凝湘雨尚娟娟。卷中遺墨今無恙，方外清風素有緣。寄語後人須愛惜，鎮山佳事永流傳。

恭繼　陸勉

竹爐元供定中禪，久落紅塵復此年。雪乳謾烹香細細，湘紋重拂翠娟娟。遠公衣鉢還為侶，太守文章最有緣。猶愛風流王內翰，舊題佳句到今傳。

恭繼　倪祚

清風只合近孤禪，華屋徒留五十年。竹格總如前度好，瓷甌那得舊時娟。鬢絲吟榻全真趣，松火清流斷俗緣。物理往還雖不定，芳名須藉後人傳。

恭繼　成性

湘竹爐頭細問禪，出山何事更何年。渴心幾度生塵夢，舊態常時守淨娟。刺史能留存物意，老僧還結煮茶緣。題詩再續中書筆，千古清風一樣傳。

其二　前人

一個�一老禪，煮茶燒筍自年年。無端失去山房冷，有幸尋歸佛日娟。清淨招提良少任，葷羶闤闠更何緣。寄言儇子休窺覬，留與沙門祖祖傳。

其三　前人

天教故物伴吟禪，別去重歸在此年。瓦釜更窺周鼎貴，湘筠曾並舜妃娟。紅塵堆裏持清節，紫餅香中暖舊緣。太守題詩繼先達，盛將芳譽兩京傳。

恭繼　李庶

得來還與愛參禪，把翫令人憶往年。活火帶煙燒榾柮，小團和月煮嬋娟。共憐趙壁初歸日，重結沙門未了緣。千載玉堂文字在，使君題品又相傳。

恭繼　劉昺[82]

伶俜標格故依禪，一落風塵不計年。藥火尚餘紅的的，茶煙曾裊翠娟娟。烹羊自昔元無分，飛錫重來亦有緣。寶鴨金虬俱寂寞，白雲蒼靄共流傳。

恭繼　厲昇[83]

一團清氣許從禪，流落風塵幾十年。陽羨不烹春杳杳，湘江有夢冷娟娟。玉堂內翰曾為伴，白髮高僧又結緣。莫怪老夫多致囑，要將衣鉢永為傳。

恭繼　陳澤

煮茶留客喜談禪，編竹為爐記昔年。一去人間成杳杳，重來塵外淨娟娟。文園司馬曾消渴，雪水陶公擬結緣。淮海先生為題詠，價增十倍永流傳。

恭繼　葛言

偶從塵世復歸禪，生壁看來似昔年。古澗寒光含落落，空山清氣逼娟娟。大千界裏成真想，不二門中結宿緣。太守先生作文字，定知珍重並留傳。

恭繼　張右

復向山中伴老禪，沉淪吳下幾何年。湘筠拂拭仍無恙，趙壁歸來尚自娟。風月已清今夕夢，林泉應結再生緣。畫圖詩卷長為侶，留作空門百世傳。

恭繼　曾世昌[84]

頓息塵機合問禪，直憑詩卷記流年。山河舊物誰呵護，大手文章月共娟。塞馬已忘癡愛想，去珠重有再還緣。往來顯晦相因理，只向人心悟處傳。

恭繼　俞泰[85]

竹爐歡喜復歸禪，一別山房五十年。聲繞羊腸還藉藉，夢回湘月共娟娟。松堂宿火無塵劫，石檻清泉有淨緣。莫怪真公招不返，已將詩卷萬人傳。

恭繼　華夫

失卻茶爐俗了禪，得來珍重過當年。瓦盆盛水原非窳，湘竹盤疏尚自娟。塵世不為豪貴用，佛家堪結苦空緣。山中勝事爭誇此，一卷新詩萬古傳。

其二　前人

塵爐猶未出空禪，清淨重歸佛果年。白璧竟忘秦社稷，黃沙不返漢嬋娟。萬般得失應無定，一物妍媸自有緣。喚醒青山千古夢，世人遺後世人傳。

其三　前人

煮茶歸伴又乘禪，颯颯清風似昔年。白社有靈興廢墜，紅塵無計掩嬋娟。三生石上真遺跡，第二泉頭總舊緣。謾說佛燈曾有錄，湘魂今得並流傳。

用前韻再題卷末　高直

竹爐還復聽松禪，老眼摩挲認往年。潤帶茶煙香細細，冷含蘿雨翠娟娟。已醒萬劫塵中夢，重結三生石上緣，五馬使君題品後，一燈相伴永流傳。

木茶爐　楊基[86]

紺綠仙人煉玉膚，花神為曝紫霞腴，九天清淚沾明月，一點芳心託鷓鴣。肌骨已為香魂死，夢魄猶在露團枯。孀娥莫怨花零落，分付餘醺與酪奴。

茶磨　丁渭（楚匠斫山骨）

茶磨銘　黃庭堅

楚雲散盡，燕山雪飛。江湖歸夢，從此祛機。

竹茶爐　王問[87]

愛爾班筍壚，圓方肖天地。愛奏水火功，龍團錯真味。淨洗雪色瓷，言傾魚眼沸。窗下三啜餘，泠然猶不寐。

茶洗　前人

片片雲腴鮮，泠泠井泉洌。一洗露氣浮，再洗泥滓絕，三洗神骨清，寒香逗芸室。受益不在多，詎使蒙不潔。君子尚洗心，勉旃日新德。

茶罐與汪少石許茶罐以詩速之　蔡成中

夜來承攜，久旱塵生，冒雨而歸，亦一勝也。蒙允宜興罐，雖鄙心所甚欲，然率爾求之，似為非是；戲作小詞上呈，不知可相博否！呵呵。

昔日曾烹陽羨茶，而今不見荊溪水。水流蜀山擁作泥，膚脈膩細良無比。土人範器復試茶，雅觀不數黃金美。平生嗜茶頗成癖，挈罐相俱四千里。瓦者已破錫者存，破吾所惜存吾鄙。氣味依稀不似前，渴來誤罰盧家婢。聞君蓄此餘二三，聊賦新詞戲相市。一枚慷慨少石君，七碗琳瑯玉川子。

茶所大城山房十詠　**盛時泰**

雲裏半間茅屋，林中幾樹梅花。掃地焚香靜坐，汲泉敲火煎茶。

茶鼎

紫竹傳聞製古，白沙空說形奇。爭似山房鑿石，恨無韓老聯詩。

茶鐺

四壁青燈掣電，一天碎石繁星。野客採苓同煮，山僧隱几閒聽。

茶罌

一瓮細涵藻荇，半泓滿注山泉。欲試龍坑多遠，只教虎穴曾穿。

茶瓢

雨裏平分片玉，風前遙瀉明珠。憶昔許由空老，即今顏子何如。

茶函

已倩綠筠自織，還教青箬重封。不贈當年馮異，可容此日盧仝。

茶洗

壺內旗槍未試，爐邊水火初勻。莫道千山塵淨，還令七碗功新。

茶瓶

山裏誰燒紫玉，燈前自製青囊。可是杖藜客至，正當隔座茶香。

茶杯

白玉誰家酒盞，青花此地茶甌。只許喚醒清思，不教除去閒愁。

茶賓

枯木山中道士，綠蘿庵裏高僧。一笑人間白麈，相逢肘後丹經。

右詠十章，白下盛仲交作也。為定所纂《茶藪》適成，因書往次附置焉。想當並收入耳。蓉峯主人錄。[88]

往歲與吳客在蒼潤軒燒枯蘭煎茶，各賦一詩，時廣陵朱子價為主客，次日過官舍，道及子價，笑曰："事雖戲題，卻甚新也，須直得一詠。"乃出金山瀾公所寄中泠泉煮之，燈下酌酒，載為賦壁上蘭影，一時羣公並傳以為奇異；云比年讀書大城山，山遠近多名泉，如祈澤寺龍池水，上莊宮氏方池水，雲居寺澗中水，淩霄寺祠橋下水及雲穴山流水，龍泉庵石窟水，皆遠勝城市諸名泉。而予山顛有泉一小泓，曾甃亂石，名以雲瑤，故道藏經中古仙芝之名，自為作記，然以少僻不時取，獨戊辰年試燈日，同客攜爐一至其下，時磐石上老梅盛開，相與醉臥竟日夕。今年春來讀書邵生、仲高從之游，予與仲高父子修甫有世契，喜仲高俊逸穎敏，因時為講解，暇時仲高焚香煎茶啜予，予為道曩昔事，因次十題，將各賦一詩以紀之，未能也。今日仲高再為敲石火拾山荊，予從旁觀之，引筆伸紙次第其事，茶熟而詩成，遂錄為一帙，以祈同調者和之。庶知空山中一段閒興，不甚寂寞云爾。盛時泰記。

往仲交詩成，持示予。予心賞之，且謂之曰：余將過子山中，恐以我非茶賓也。既而東還不果往，今年有僧自白下來謁余，曰：仲交死山中矣。余驚悼久之，因念大城山故仲交詠茶處，復取讀之，並附數語以見存亡身世之感云。戊寅冬金光初識。

定所朱君雅嗜茶，嘗裒古今詩文涉茶事者為一編，命曰《茶藪》，暇日出示予，且囑余曰：世有同好者間有作，為我訪之，來當續入之。久未遑也。昨集玄予齋中，偶談及之，玄予欣然出盛仲交舊詠茶事六言詩十章並記授予，貽朱君。因追憶曩時與仲交有山中敲火烹茶之約，今仲交已去人間，為之悲愴不勝。玄予因識感於詩後，予亦並記詩之所由來者，以掛名其上云爾。平原陸典識。

茶文　醉茶消客　纂

《茶〔經〕序》[63]　陳師道[89]

茶中雜詠序[64]　皮日休[90]

進茶錄序[65]　蔡襄[91]

進茶錄後序[66]　蔡襄[92]

龍茶錄後序　歐陽修[93]

茶譜序[67]　姚邦顯

嗜，人心也；心，一也。嗜而不失其正，一道心也。是故，曾子嗜羊棗，周子嗜蓮，陶靖節嗜菊，於是乎觀嗜斯知人矣。常熟友蘭錢先生嗜茶，錄茶之品類、烹藏，粵稽古今題詠，裒集成帙，非至篤好，烏能考詳如是耶。夫茶良以地，味以泉，其清可以滌腴，其潤可以已渴，於是乎幽人尚之，有烹以避鶴、飲以怡神者。子曰：飽食終日，無所用心，難矣是集也。萃三善焉：欲不為貪，貞也；良於用心，賢也；厭膏粱而說游藝，達也。觀是集可以識先生矣。

茶譜序　錢椿年

茶性通利，天下尚之。古謂茶者，生人之所日用者也，蓋通論也。至後世則品類益繁，嗜好尤篤。是故，王褒有《約》，盧仝有《歌》，陸羽有《經》，李白得仙人掌於玉泉山中，欲長吟以播諸天，皆得趣於深而忘言於揚者也。予在幽居，性不苟慕，惟於茶則嘗屬愛，是故臨風坐月，倚山行水，援琴命奕；茶之助發余興者最多，而余亦未有一遺於茶者。雖然，夫報義之利也，茶每余益而予不少茶著，是茶不棄余而余自棄於茶也多矣。均為乎平哉。是故集《茶譜》一編，使明簡便，可以為好事者共治而宜焉。由真味以求真適，則山無枉枝，江無委泉，余亦可以為少報於茶云耳。茲集也，奚其與趣深言揚者麗諸？嗚呼！蓬萊山下清風之夢，倘來盧石君家，金莖之杯暫輟，惟雅致者胥成。

跋茶譜續編後　趙之履[94]

六安州茶居士傳　徐爌[95]

茶賦　吳淑[96]

煎茶賦　黃庭堅[97]

鬥茶記　唐子西[98]

答玉泉仙人掌茶記[68]**　李白**（余遊荊州玉泉寺）

謝友寄茶書　孫仲益

分餉龍焙絕品，謹以拜辱。今年茶餉未至，以公所賜為第一義也，未敢烹試，告廟薦先而後，飲其餘矣。

求茶書

午困思茶，家僮告乏。鳳山名品，必有珍藏。願分刀圭，以潤喉吻。籠頭紗帽，以想春風。

榷茶論　林德頌

嘗觀《禹貢》任九州土地所宜，而無茶一字，《周禮》列祭祀賓客之名物，亦無茶一字，以至漢唐以來史傳所載，皆不言之。夫茶充於味而饒於利，何盛於今而不用於古乎？抑有說焉。按《本草》，茶本名茗，一名樣[69]，一名菽；今通謂之茶。蓋茶近故呼之，未之乃可飲，與古所食殊不同。而《茶譜》云：雅州蒙山中頂之茶，獲一兩[70]即能祛疾，二兩無疾，三兩可以換骨，四兩即為仙矣。其他頂茶園，採摘不廢，惟中峯雲霧散漫，鷙獸時出，故人跡之所不到。是茶也，本藥品之至良也，至毋景休《茶飲序》云：釋滯消壅，一日之利暫佳，瘠氣侵精，終身之累斯大，則知自蒙山之外，他土所產，其性極冷，故多雜以草木食之。是茶也，本草食之相混也，及其後也，智者創物，製作愈精，亦可以少易其性。譬如易牙先得口之於味，而俾天下之人皆知所嗜，而有國家者，因以為財賦之原焉。究其所由來，貴於唐而盛於我朝也。亦有含桃薦廟，而盛於漢；荔子萬錢，而盛於唐；蓋物之所尚，各有其時爾。

自唐陸羽隱於〔苕〕溪，性酷嗜茶[71]，乃著《茶經》三篇，言茶之原、之法、之具尤備。如常伯熊嗜之、玉川子嗜之、江湖散人嗜之，故天下益知飲茶；回紇入朝[72]，亦驅馬市之矣。習之既久，民之不可一日無茶，猶一日而無食。故茶之有稅，始於趙贊，行於張滂，至王播則有增稅，至王涯則有榷法[73]，迨至我朝，往往與鹽利相等。賓主設禮，非茶不交；而私家之用，皆仰於此。榷商市馬，入御置使，而公家之利，全辦於此，茶至是而始重矣。然嘗以國朝榷茶之法而觀之，曰榷務，曰貼射，曰交引，曰三分，曰三說，曰茶賦，紛紛不一。然論其大要，不過有三：鬻之在官[74]，一也；通之商賈，二也；賦之茶戶，三也。乾德之榷務，淳化之交引[75]，咸平之三分，景德之三說，此鬻之在官者。淳化二年，貼射置法，此通之商賈者。嘉祐三年，均賦於民，此賦之茶戶者。然榷茶之法，官病則求之商，商病則求之官。二法之立，雖曰不能無弊，然彼此相權，公私相補，則亦無害也，惟夫財切之於民，則民病始極。噫，豈惟民病哉，雖在官在商，亦因是而有弊耳。愚嘗推原其法，自乾德置榷茶之務，定私買之禁，然利額未甚多，場務未甚眾，而民之有茶，猶得以自折其稅，是官鬻猶有遺利也。至淳化，許商賈置鬻茶之場[76]，而行貼射之法；然大商之利多而國家之課減，未幾復罷其制，是通商猶有遺法也。商納芻薪於邊郡[77]，官給文券於茶務，此交引之法爾；然鬻〔引〕之具一興[78]，而所給之茶不充，此利復在商而不在官也。始以茶鈔[79]與香藥、犀象，為三分之法。邊糴未充而商人為便，後以轉糴、便糴、直便為三說之法；邊票雖足，而商人折閱，此利徒在官而不在商也。之二法者[80]，官無全利，亦無全害；商無全得，亦無全失，蓋彼此迭相救矣。夫何韓絳以三司所得之息而均於茶戶之民，舊納茶稅，今令變租錢，民甚困之，甚者稅多不登，而官有浸虧之課，販者日寡，而商有不通之患，此官之與商、商之與民交受其弊。歐陽公五害之說，豈欺我哉？噫，此猶未至極病者。茶戶均賦固也，異日均賦之外[81]，復有榷之之法，民堪之乎？茶地出租可也，異日無茶之所，亦例有租錢之輸，民堪之乎？噫，民病矣[82]！其可不為之慮耶？昔開寶中，有司請高茶價，我太祖曰：“茶則善矣，無乃困吾民乎，詔勿增價。”噫，是言也，將天地鬼神實聞矣，豈惟斯民感之哉。愚願今之聖天子法之。景德中，茶商俱條三等利害，宋太祖曰："上等利取太深，惟從中等，公私皆濟。"噫，是言也，將民生日用實賴之，豈惟國用利之哉？愚願今之賢士大夫法之。

謝惠團茶書　孫仲益

伏蒙眷記，存錄故交《小團齋釀遣騎馳貺謹以下拜便欲牽課》小詩，占謝衰老廢學，須小律間作撚鬚之態也。

五害說[83]　歐陽修

右臣伏見朝廷近改茶法，本欲救其弊失而為國誤計者，不能深思遠慮，究其本末，惟知圖利而不知圖其害。方一二大臣鋭於改作之時，樂其合意，倉卒輕信，遂決而行之。令下之日，猶恐天下有以為非者，遂直詆好言之士，指為立異之人；峻設刑名，禁其論議。事既施行，而人知其不便者，十蓋八九。然君子知時方厭言而意殆不肯言，小人畏法懼罪而不敢言，今行之踰年，公私不便，為害既多，而一二大臣以前者行之太果，令之太峻，勢既難回，不能遽改。而士大夫能知其事者，但騰口於道路，而未敢顯言於朝廷，幽遠之民，日被其患者，徒怨嗟於閭里，而無由得聞於天聽。陛下聰明仁聖，開廣言路，從前容納，補益尤多，今一旦下令改事先為峻法，禁絕人言，中外聞之，莫不嗟駭。語曰：防民之口，甚於防川。川壅而潰，傷人必多，今壅民之口已踰年矣，民之被害者亦已眾矣，古不虛語，於今見焉。臣亦聞方改法之時，商議已定，猶遣差官數人分出諸路，訪求利害。然則一二大臣，不惟初無害民之意，實亦未有自信之心。但所遣之人，既見朝廷必欲更改，不敢阻議，又志在希合以求功賞。傳聞所至州縣，不容吏民有所陳述，〔直〕云朝廷意在必行[84]，但來要一審狀耳。果如所傳，則誤事者多此數人而已。蓋初以輕信於人，施行太果，今若明見其害，救失何遲，患莫大於遂非，過莫深乎不改。臣於茶法本不詳知，但外論既喧，聞聽漸熟。古之為國者，庶人得謗於道，商旅得議於市，而士得傳〔言〕於朝[85]，正為此也。臣竊聞議者謂茶之新法既行，而民無私販之罪，歲省刑人甚多，此一利也。然而為害者五焉：江南、荊湖、兩浙數路之民，舊納茶税，今變租錢，使民破產亡家，怨嗟愁苦不可堪忍，或舉族而逃，或自經而死，此其為害一也。自新法既用，小商所販至少，大商絕不通行[86]，前世為法以抑豪商，不使過侵國利與為僭侈而已；至於通流貨財，雖三代至治，猶分四民，以相利養，今乃斷絕商旅，此其為害二也。自新法之行，税茶路分猶有舊茶之税，而新茶之税絕少；年歲之間，舊茶税盡，新税不登，則損虧國用，此其為害三也。往時官茶容民入雜，故茶多而賤，遍行天下；今民自買賣，須要真茶，真茶不多，其價遂貴，小商不能多販，又不暇遠行，故近茶之處，頓食貴茶，遠茶之方，向去更無茶食，此其為害四也。近年河北軍糧用見錢之法，民入米於州縣，以鈔筭茶於京師，三司為於諸場務中擇近上場，分特留八處，專應副河北入米之人翻鈔筭請；今場務盡廢，然猶有舊茶可筭，所以河北和糴日下，未妨竊聞自明年以後，舊茶當盡，無可筭請，則河北和糴實要見錢，不惟客旅得錢變轉不動[87]，兼亦自京師歲歲輦錢於河北和糴，理必不能，此其為害五也。一利不足以補五害。今雖欲減放租錢以救其弊，此得寬民之一端耳，然未盡公私之利害也，伏望聖慈特詔主議之臣，不護前失，深思今害，黜其遂非之心，無襲弭謗之跡，除去前令，許人獻説，亟加詳定，精求其當，庶幾不失祖宗之舊制。臣冒禁有言，伏待罪責，謹具狀奏聞，伏候喚旨。

謝傅尚書惠新茶書　楊廷秀

遠餉新茗，當自攜大瓢走汲溪泉，束澗底之散薪，然折腳之石鼎，烹玉塵，啜香乳，以享天上故人之意，媿無胸中之書傳[88]，但一味攪破菜園耳。

事茗說　蔡羽[99]

事可養也，而不可無本，或曰如茗何？左虛子曰：茗亦養而已矣。夫人寡慾，肆樂親賢。樂賢肆自治，恆潔茗若事也。致若茗心也，居乎清虛，塵乎瞶筭，形潔也。形潔非養也，本不足也。居乎劇，出乎瞶，筭非形潔也，可以言養也，審厥本而已矣。夫本與慾相低昂，故其致物相水火，茗而無本，奚茗哉？南濠陳朝爵氏，性嗜茗，日以為事。居必潔厥室，水必極厥品，器必致厥磨啄；非其人，不得預其茗。以其茗事，其人雖有千金之貨，緩急之徵，必坐而忘去。客之厥與事、獲厥趣者，雖有千金之邀，兼程之約，亦必坐而忘去。故朝爵竟以事茗著於吳。夫好潔惡污，孰無是心？不遇陳氏之茗，方揮汗穿蹠也，一遇陳氏之茗，而忘千金之重，若然謂之無養可乎？朝爵遇其人，發其扃事，其事不為千金之動，固養也，苟未得其人，方孤居深扃，名香淨几，以茗自陶，志慮日美，獨無資乎？或曰："如子之養，無大於茗。"子曰："非獨茗，百工伎藝無不爾，在得厥趣而已矣。"內不亂而得其趣，是之謂不可無本。

茶譜序　顧元慶

余性嗜茗……當與有玉川之癖者共之也。嘉靖　春序[89]。[100]

茶詞　醉茶消客　纂

阮郎歸　黃庭堅(烹茶留客駐金鞍)

阮郎歸　黃庭堅(歌停檀板舞停鸞)

品令　黃庭堅(鳳舞團團餅)

醉落魄[90]

紅牙板歇，韶聲斷六么初徹，小槽酒滴真珠竭。紫玉甌圓，淺浪泛春雪。香芽嫩蕊清心骨，醉中襟量與天闊。夜闌似覺歸仙闕。走馬章臺，踏碎滿街月。

意難忘[91]　**林正大**[92]

洶洶松風，更浮雲皓皓。輕度春空，精神新發〔越〕[93]。賓主少從容。犀箸厭、滌昏懵，茗碗策奇功。試待與，評章甲乙，為問涪翁。　建溪日鑄爭雄，笑羅山梅嶺，不數嚴邛。胡桃添味永，甘菊助香濃。投美劑、與和同，雪滿兔甌溶。便一枕，莊周蝶夢，安樂窩中。

好事近　**元東巖**[101]

夢破打門聲，有客袖攜團月。喚起玉川高興，煮松簷晴雪。　蓬萊千古一清風，人境兩超絕。覺我胸中黃卷，被春雲香徹。

紫雲堆　**蘇軾**(已過幾番雨)

西江月　**呂居仁**

酒罷悠揚醉興，茶烹喚起醒魂。卻嫌仙劑點甘辛，沖破龍團氣韻。　金鼎清泉乍瀉，香沉微惜芳熏。玉人歌斷恨輕分，歡意懨懨未盡。

西江月　**毛澤民**[102]

席上芙蓉待暖，花間騕裹還嘶。勸君不醉且無歸，歸去因誰惜醉。　湯點瓶心未老，乳堆盞面初肥[94]。留連能得幾多時，兩腋清風喚起。

玉泉惠泉，香霧冷瓊珠濺。石爐松火手親煎，細攪入梅花片。　春早羅岕，雨晴陽羨，載誰家詩畫船。酒仙睡仙，只要見盧仝面。

水經　醉茶消客　纂

述煮茶泉品　**葉清臣**[103]

煎茶水記　**張又新**[104]

大明水記　**歐陽修**[105]

虎丘石井泉志　**沈揆**[106]

《吳郡志》云：劍池傍經藏後大石井，面闊丈餘，嵌巖自然，上有石轆轤，歲久湮廢，寺僧乃以山後〔寺中〕[95]土井〔為石井，甚可笑〕[96]。紹熙三年，主僧如璧淘古石井，去淤泥五丈許，四傍石壁，鱗皴天成，下連石底。泉出石脈中，〔一宿水滿。井較之二水〕[97]，味甘泠，勝劍池。郡守沈揆作屋[98]覆之，別為亭於井傍，以為烹茶宴坐之所。西蜀澥亭，高第扁曰"品泉亭"；一云"登高覽古"[99]。

虎丘第三泉記　**王鏊**

虎丘第三泉，其始蓋出陸鴻漸品定，或云張又新、或云劉伯芻，所傳不一，而其來則遠矣。今中泠、惠山名天下，虎丘之泉無聞焉。顧閟於頹垣荒翳之間，雖吳人鮮或至焉。長洲尹左縣高君行縣至其地曰："可使至美蔽而弗彰？"乃命撤牆屋，夷荊棘，疏沮洳。荒翳既除，厥美斯露。爰有巨石，巍峙橫陳可餘丈[100]，泉觱沸，漱其根而出，曰："茲所謂山下出泉，蒙宜其甘寒清洌，非他泉比也。"遂作亭其上，且表之曰"第三泉"。吳中士夫多為賦詩，而予特紀其事，所以賀茲泉之遭也。雖然，天下之美蔽而弗彰者，獨茲泉乎哉？其誰能發之[101]。詩曰："巖巖虎丘，巉巉絕壁。步光湛盧，厥浸斯蝕。有支別流，實洌且甘。昔人第之，其品第三。歲久而蕪，跡湮且泯[102]。發之者誰，左綿高尹。寒流涓涓，漱於石根。中泠惠山，異美同倫。百年之蔽，一朝而褫。伐石高崖，爰紀其始。"

薦白雲泉書　陳純臣　范文正[103]

粵自剖判，融結其中。傑然高岳，巨浸不待。摽異固已，聳動人耳目，不幸出於窮幽之地，必有名世君子，發揮善價，所以會稽、平湖，非賀知章不顯；丹陽舊井，非劉伯芻不振。惟胥臺古郡，不三十里，有山曰天平山。山有泉，曰白雲泉。山高而深，泉潔而清，倘逍遙中入覽，寂寞外景，忽焉而來，灑然忘懷。碾北苑之一旗，煮并州之新火，可以醉陸羽之心，激盧仝之思，然後知康谷之靈，惠山之英，不足多尚。天寶中，白樂天出守吾鄉，愛貴清泚，以小詩題詠。後之作者，以樂天託諷，雖遠而有未盡，是使品第泉目者，寂寂無聞。蒙莊有云"重言十七"，今言而十有七為天下之信，非閣下而誰歟？恭惟閣下性得泉之醇，才猶泉之濬，仁稟泉之勇，智體泉之動，藹是四雅，鍾於一德，又豈吝陽春之辭，以發揮善價。純臣先人松檟置彼一隅，歲時往還，嘗愧文辭窘澀，不足為來今之信償。閣下一漱齒牙之末，擘牋發詠，樂天如在，當斂策避道，不任拳拳之誠。

中泠志

按《潤州志》云：舊中泠在郭璞墓之下，最當波流險處。《水經》第其品為天下第一，故士大夫多慕之而汲者。每有淪溺之患，寺僧乃于大雄殿西南下穴一井，以給遊客。其實非也。又大徹堂前亦有一井，與今中泠相去不十數步，而水味迥劣。按："泠"一作零，又作瀶。《太平廣記》李德裕使人取金山中泠水，蘇軾、蔡肇[107]並有中泠之句。張又新謂揚子江南零水為天下第一，蔡祐《竹窗雜記》：石排山北，謂之北泠。釣者云：三十餘丈則泠，之外似又有南泠。北泠者，《潤州類集》云：江水至金山分為三泠，唐竇庠[108]詩，"西江中瀶波四截"。瀶又作泠，豈字雖異而義則一然也。泉上有亭，宣德間重修，學士黃淮書扁。弘治庚申尚書白昂修，正德辛未員外都穆易其偏，曰"東南第一泉"。

分潔穢水　倪瓚

光福徐達左構養賢樓於鄧蔚山中，一時名士多集於此，雲林猶為數焉[104]。嘗使僮子入山擔七寶泉，以前桶煎茶，後桶濯足。人不解其意，或問之，曰前者無觸，故用煎茶；後者或為泄氣所穢，故以為濯足之用耳。

金沙泉志

《茶譜》曰：湖州長興縣啄木嶺，下有泉曰金沙。此每歲造茶之所。常湖二郡接境於此，有亭曰“時會”[105]，每茶候，二牧皆至焉。斯泉也，處沙之中，居常無水。將造茶，二守具儀注拜敕祭泉，頃之發源。其夕清溢，造供御者畢，水即微減，供堂者畢，水已半之；二守造畢，即涸矣。太守或還旆稽期，則示風雷之變，或見鷙獸、毒蛇、木魅焉。

惠山新泉記　獨孤及

此寺居吳西神山之足，山小多泉，其高可憑而上。山下有靈池異花，載在方志。山上有真僧隱客，遺事故跡而披勝錄異者，淺近不書。無錫令敬澄字源深，以割雞之餘，考古案圖，葺而築之，乃飾乃圬。有客竟陵陸羽，多識名山大川之名，與此峯白雲相為賓主，乃稽厥創始之所以而志之，談者然後知山之方廣勝掩他境。其泉洑涌潛泄，潗濬舍下，無沚無竇，蓄而不注。源深因地勢以順水性，始雙鑿袤丈之沼，疏為懸流，使瀑布下鍾，甘溜湍激若醴灑乳噴，及於禪床，周於僧房，灌注於德地，經營於法堂，潺潺有聲，聆之耳清。濯其源，飲其泉，使貪者讓，躁者靜；靜者勸道，勸道者堅固，境靜故也。夫物不自美，因人美之。泉出於山，發於自然，非夫人疏之鑿之之功，則水之時用不廣，亦猶無錫之政煩民貧，源深導之，則千室襦袴；仁智之所及，功用之所格，動若響答，其揆一也。予飲其泉而悦之，乃志美於石。

惠山浚泉之碑[106]　邵寶[109]

正德五年春三月，錫人浚惠山之泉，秋八月，功成。先是正統間巡撫周文襄公嘗浚之，後屢葺屢壞，至是而極。縉紳諸君子方圖再浚，而寶歸自漕台，適與聞焉。爰求士之敏而義者，董厥工作，眾以屬龔泰時亨，楊蒙正甫莫鉛利鄉，乃與匠石左右逵觀，究厥弊原。為新功始，詢謀僉同，用書告諸望族，而後即事。凡為渠二，為池三，為亭、為堂各一，而尊賢之堂及留題之閣、守視之廬，又其餘功也，縣大夫請助以菑故，謝焉。至是凡五閱月，而泉之流行猶夫前日也。諸君子既觀厥成，則以記命寶。寶嘗觀惠之為泉，以石池漫流，為天下高品尚矣。然其來同源而異穴，或泛焉，或濫焉。上池淵然，中池瑩然，下池浩然，其為觀不同，於是有石渠貫而通之，約濫節迅，以成泉德。古之為是者，可謂得水之道矣。故自陸子品嘗之後，觀且飲者日眾，甚至馳驛長安夫豈徒然乎哉？雖然時而浚之，則存乎人，譬之天道有燮理之功，人事有更化之義，是以君子重圖焉。今是役也，以渠通，以池蓄，以亭若堂。為之觀，無侈無廢，克協於舊。其規劃所就，論者以為邑有人焉。寶不敏，謹以歲月勒之於碑，復為詩以歌之。總其費，為白金若干兩，其助之者之名，具於碑陰，凡若干人。為書者，吳憲大章，而往來宣勤，則潘緒繼芳及住山僧圓顯。定昌云其詩曰：“邃彼原泉，茲山之下。維僧若冰，肇浚自古。謂配中泠，允哉其伍。我錫彼金，有子維母。孰不來飲，孰不來觀。贊嘆詠歌，井洌以寒。孰閼我流，石崩木蠹。匪泉則敝，敝以是故。人亦有言，清斯濯纓。棄而弗滌，豈泉之情。吉日維子，興我浚功，變極乃通。維雲蒸蒸，維石齒齒。泉流其間，終古弗止。有德匪泉，則我之恥。我詩我碑，以頌其成。泉哉泉哉，與時偕清。"

通慧泉志

在漆塘山，宋紹興間錢紳卜居是山。有泉出巖下，甘洌與惠泉無異。上有亭，亭之扁曰"通慧。"

陸子泉亭記　孫覿

陸鴻漸著《茶經》，別天下之水，而惠山之品最高。山距無錫縣治之西五里，而寺據山之麓，蒼崖翠阜，水行隙間，溢流為池，味甘寒[107]，最宜茶。於是茗飲盛天下，而瓶罌負擔之所出，通四海矣。建炎末，羣盜嘯其中，污壞之餘，龍淵一泉遂涸。會今鎮潼軍節度使[108]開府儀同三司信安郡王會稽尹孟公以丘墓所在，疏請於朝，追助冥福。詔從之，賜名旌忠薦福，始命寺僧法皡主其院。法皡氣質不凡，以有為法作佛事，糞除灌莽，疏治泉石，會其徒數百，築堂居之。積十年之勤，大屋窮墉，負崖四出，而一山之勝復完。泉舊有亭覆其上，歲久腐敗，又斥其羸，撤而大之，廣深袤丈，廓焉四達，遂與泉稱。法皡請予文記之，余曰："一亭無足言。"而余於法皡獨有感也。建炎南渡，天下州縣殘為盜區，官吏寄民間，藏錢稟粟，分寓浮圖老子之宮，市門日旰無行跡，遊客暮夜無託宿之地，藩垣缺壞，野鳥入室，如逃人家。士夫如寓公寄客，屈指計歸日，襲常蹈故，相帥成風[109]，未有特立獨行，破苟且之俗，奮然功名，自立於一世。故積亂十六七年，視今猶視昔也。法皡者，不惟精神過絕〔人〕[110]，而寺之廢興本末與古今詩人名章俊語刻留山中者，皆能歷歷為余道之。至其追營香火，奉佛齋眾，興頹起仆，潔除垢污，於戎馬踐蹂之後，又置屋泉上，以待四方往來冠蓋之遊，凡昔所有皆具，而壯麗過之，可謂不欺其意者矣。而吾黨之士，猶以不織不耕訾謷其徒，姑置勿議焉。是宜日夜淬厲其材，振餚蠹壞以趨於成，無以毀瓦畫墁食其上其庶矣乎，故書之以寓一嘆云[111]。

於潛泉志

在湖洑鎮稅場後，味甘洌，唐修茶貢，泉亦遞進。

膠山竇乳泉記　翁挺[110]

膠山在無錫縣東，去惠山四十里，由芙蓉塘西南拔起，平陸連緜迤邐高下十數而後峙為大陸。有泉出其下，曰竇乳泉，蓋昔人以其色與味命之。自梁天監時，地為佛廬，踞山北面[112]，而泉出寺背。唐咸通中，浮圖士諫改作今寺。依東峯與惠山相望，則泉居左廡之南，水潦旱暵，無所增損，隆冬祁寒，不凝不涸。

故其山雖不高，泉雖不深，而草木之澤，煙雲之氣，淑清秀潤，澒洞發越，皆茲泉之所為也。然而疏鑿之初，因陋就簡，決渠引溜，不究其源，閱歲既久，瓴甓弗治，湩乳滲漏，淪入土壤。

建炎二年，余罷尚書郎，自建康歸閩，適聞本郡有寇，留滯淅河，因來避暑茲山。日酌泉以飲，病其湫隘，謂住山益公能撤而新之，當以金錢十萬助其費。益公雅有才智，且感予之意，以語其徒元淨、慶殊、乂沖三人者，咸願出力。於是砍其山，入丈餘，得泉眼於嵌竇間，屏故壤，理缺甃，而泉益清駛。乃琢金石於包山，為之池，廣袤四尺，深三尺，以蓄泉。上結宇庇之，榜曰"蒙齋"。池之北瀉為伏流，五丈有奇，以出於庭跨伏流為屋四楹，屬之廡，有扉啟閉之，榜曰"竇乳之門"。庭中始作大井，再尋疏其欞檻，使眾汲，蓋數百千人之用，常沛然而無窮。事既成，益公謂予曰："寺有泉曆數百載[113]，較其色味，與惠泉相去不能以寸，而名稱篾然，公乃今發揮之，當遂遠聞信物之顯晦亦有待乎？"余笑曰："水之品題，盛於唐，而惠泉居天下第二，人至於今，莫敢易其說，非以經陸子所目故耶？自承平來，茗飲逾侈，惠山適當道〔傍〕，而聲利怵迫之徒[114]，往來臨之。又以瓶罌瓮盎挈餉千里[115]，諸公貴人之家，至以沃盥焉，泉之德至此益貶矣。今膠山所出，岡阜接而脈理通，固宜為之流裔，獨恨其邁往之跡，介潔之名，非陸子不能與之為重。然山去郭遠，河溪遂阻，而涇流陘邑，居者欲游，或累歲不能至，況過客哉？比之君子，惠泉若有為於時，故雖清而欲聞竇乳，類夫遠世俗而自藏修，故雖僻而無悶，以彼易此，泉必難之[116]，而公顯晦有待于余為言，亦期之淺矣。"益公亦笑曰："有是哉。請著之泉上，使游二山之間者，有感於斯焉。"遂書以授之[117]。

松風閣記　秦夔

與茶無涉醉茶消客原注[111]。

慧山第二泉志

山在錫山西南，視諸山最大，其峯九起，故又曰九龍。山麓之左，有國初僧普真植松萬株，其最者二圍二人，小者圍一人有半。秦夔創庵其中，名聽松。壁間王孟端畫廬山景於其上，製竹茶爐於其中。有閣曰松風，側有石床，唐李陽冰篆"聽松"二字於其上。右坊觀泉，凡泉之名者八：曰第二、曰若冰、曰龍縫、曰羅漢、曰松嶺、曰遜名、曰滴露、曰慧照。

閤門水志

《東京記》曰：文德殿兩掖，有東西上閤門。故杜詩云：東上閤之東，有井泉絕佳。山谷憶東坡烹茶詩云："閤門井不落第二，竟陵谷簾空誤書"。

水詩　醉茶消客　纂

宜茶泉　呂暄

涓涓流水自石罅，六月炎蒸亦爾寒。艮岳一拳撐出小，方池三畝引來寬。淡中有味茶偏好，閒處無塵坐獨安。便酌醉眠陶處士，何時於此共盤桓。

調水符[118]　蘇軾

欺謾久成俗，關市有棄繻。誰知南山下，取水亦置符。古人辨淄澠，皎若鶴與梟。吾今既謝此，但視符有無。常恐汲水人，智出符之餘。多防竟無及，棄置為長吁。

味泉

飛流七種日生香，種種曾煩細品嘗。高下已應懸齒頰，二三還擬第清芳。小瓶汲處初通脈，大杓酣餘未許狂。飽飫年來何所得，珠璣汩汩倒詩腸。

題味泉圖　錢榮

泉在膠山惠麓旁，我翁長愛汲泉嘗。太羹玄酒偏知味，明月清風併助涼。盧碗七供嫌費力，顏瓢千載啜餘香。英靈尚爾惺惺在，欲戒兒孫競羽觴。

中泠泉　丁元吉[112]

萬水西來勢若崩，金鰲背上一泉生。氣噓雲霧陰常合，寒逼蛟龍夢也驚。地脈不勞神禹鑿，品名曾入陸仙評。誰知一勺乾坤髓，占斷江心萬古清。

觀惠山泉用蘇韻　邵惟中

撓棹傍谿曲，入逕松陰蒼。泉清眇纖礙，恍臨冰雪堂。醉客夢復醒，倦鳥棲仍翔。盈盈美秋月，空亭散瑤光。茶仙烹小團，竹爐遺芬香。蕩滌塵俗慮，對景渾相忘。

虎丘第三泉　王鏊

翠壑無聲湧碧鮮，品題誰許惠山先。沉埋斷礎頹垣裏，披剔松根石罅邊。雪乳一杯浮沆瀣，天光千丈落虛圓[119]。向來棄置行多側，好謝東山悟道泉[113]。

惠山泉[120]　呂居士(春陰養芽鍼鋒鋩)

即惠山煮茶　蔡襄

此泉何以得，適與真茶遇[121]。在物兩稱絕，於余獨得趣。鮮香籠下雪，甘滑杯中露。當能變俗骨，豈特湔塵慮。晝靜清風生，飄蕭入庭樹。中含古人意，來者庶冥悟。

和梅聖俞嘗惠山泉

梁鴻溪上山，緜亙難縷數。惠山恃然高，泉味如甘露。一水不盈勺，其名何太著。色比中泠同，味與廬谷附。螭湫滾滾來，龍口涓涓注。天設不偶然，豈特清齋助。久涸不停流，霪連只常澍。烹煎陽羨茶，斢汲中泠處。六碗覺通靈，玉川陡生趣。

惠山寺酌泉　周權[114]

惠山鬱律九龍峯，磅礴大地包鴻濛。劃然一夕震風雨，欲啟靈境昭神功。六丁行空怒鞭斥，電火搖光飛霹靂。一聲槌裂老雲根，嵌洞中開迸寒液。道人甃玉深護藏，鏡涵萬古凝秋光。陸羽甄品親試嘗，翠浪煮出松風香。我來山下討幽境，自挈瓶罌汲清泠。味如甘雪凍齒牙，紺碧光中敲鳳餅。昏塵滌盡清淨觀[122]。心源點透詩中禪。亟呼陶泓挾玄玉，揮洒字字泉聲寒。投閒半日聊此駐，孤棹明朝又東去。紅塵人世幾浮雲，鐘鼓空山自朝暮。

焦千之求惠山泉詩　蘇軾

茲山定空中，乳水滿其腹。遇隙則發見，臭味實一族。淺深各有值，方圓隨所蓄。或為雲洶涌，或作線斷續。或鳴空洞中，雜珮間琴筑。或流蒼石縫，宛轉龍鸞蹙。瓶罌走四海，真偽半相〔瀆〕[123]。貴人高宴罷，醉眼亂紅綠。赤泥開方印，紫餅截圓玉。傾甌能歎賞，竊語笑僮僕。豈如泉上僧，盥灑自挹掬。故人憐我病，箬籠寄新馥。欠伸北窗下，晝睡美方熟，精品壓凡泉，願子致一斛。

惠山泉次東坡韻　邵珪[115]

蒼螭何許長，蜿蜒此山腹。驤首吐靈泉，曾勝中泠族。嗟哉一掌地，而有此奇蓄。萬古流不盡，石本來續續。雪竇隔瑰瓊，風瀾奏琴筑。人言石上眼，昔見老蛟蹙。又疑空洞中，靈源通濟瀆。陽羨榖雨餘，春芽裹芳綠。誰當溉釜鬵，僧瓢汲寒玉。他山豈無水，視此等奴僕。七碗亦傷廣，渴吻消盈掬。古人煎水意，品味貴清馥。官途聊釋負，來遊路方熟。三復滄浪篇，滌我塵萬斛。

謝黃從善寄惠山水　黃庭堅(錫谷寒泉橢石俱)

舟次夜吸龍山水　文徵明

少絕龍山水，相傳陸羽開。千年遺事在，百里裹茶來。洗鼎風生鬢，臨欄月墮杯。解維忘未得，汲取小瓶回。

月下與僧林間煮茗　王達[116]

九龍峯前有流水，一線泠泠出雲裏。夜聞繞竹瀉孤琴，曉汲和秋漱寒齒。廬山瀑布誰品題，天下至今名共馳。林間野客煎茶處，石上窮猿照影時。師今持缽來相啜，湛湛無痕映孤月。與師且滌胸中愁，明朝莫向城南別。

惠山泉　丘霽[117]

地脈源頭活，天光鏡面開。暗通幽罅漏，流出小池來。亭古還應葺，林深不用裁。烹茶清客思，香泛白□杯。

惠山泉　黃鎬[118]

天下名山第二泉，閒來登眺興悠然。鶴穿石磴苔還靜，人對冰壺月自懸。滴瀝細通龍舌下，清泠光到錦衣前。試看陸羽烹茶處，猶有餘香撲暮煙。

煮雪[124]　高啟

自掃瓊瑤試曉烹，石爐松火兩同清。旋渦尚作飛花舞，沸響還疑灑竹鳴。不信秦山經歲積，俄驚蜀浪向春生。一甌細啜真天味，卻笑中泠妄得名。

友人寄惠山泉　王穉登

夜半扣山扃，靈泉滿玉罌。憐余長病渴，羨爾最多情。堂上雲霞氣，爐頭風雨聲。囊中有奇茗，待爾竹間烹。

登惠山觀二泉　王寵

鼎食非吾事，泠泠冰雪腸。煮茶師自得，折屐興偏長[125]。花氣熏泉竇，山形拱石堂。江湖自有樂，高詠和滄浪。

友之越贐以惠泉　高啟

雲液流甘漱石芽，潤通錫麓樹增華。汲來曉泠和山雨，飲處春香帶澗花。合契老僧煩每護，修經幽客記曾誇。送行一斛還堪贈，往試雲門日鑄茶。

飲中泠泉　沈周

此山有此泉，他山無此泉。泉名與山名，並為天下傳。山泉兩合德，珠璧輝江天。宛在水中央，天使塵土懸。山本一江石[126]，泉井從石穿。非鬼不可鑿，人莫知其源。黝深貫龍窟，不溢亦不騫[127]。我久負渴心，始修一啜緣。憑欄引小勺，冰雪流荒咽。載灌肝與肺，化作清泠淵。沁沁若沆瀣，逐逐空腥羶。至味謝茗荈，亦不從烹煎。謬哉康王谷，欲勝宜未然。若伺鴻漸知，但飲必推先。由我口舌譬，亦獲參其玄。世多未沾者，茫茫尚垂涎。滿注兩大罌，載歸下江船。搖光蕩江月，泛影雲亦鮮。分潤及鄉人，七碗同通仙。

惠山泉用□□韻[128]　楊一齋

鐘乳浮香潤紫苔，龍宮移向惠山開。溶溶真與桃源接，臯臯疑從太液來。天下名泉當代品，雲根甃石後僧栽。我來小試盧仝茗，不羨金莖露一杯。

憶舊過惠山所題　楊循吉

惠山名天下，乃以一勺泉。當時陸鴻漸，不惜為人傳。鴻漸既死去，遂無知者焉。客來謾染指，誰識水味全。荒亭覆石沼，落日空涓涓。吳公向經此，游賞松風前。茗爐出古物，偕以舍人篇。酌泉何所留，吐句還枯禪。平生功名夢，一洗都灑然。昨來見茶具，遂憶游山年。揮毫寫舊作，併與新詩編。惠山我曾遊，開卷心留連。因思前日到，公務相促煎。雖有愛泉心，何由味中邊。而今已無事，喜得遂言旋。從此林澗傍，可以終日眠。袖書仰面讀，且欲聽潺湲。

酌惠山泉⑫⑨　**呂溱**[119]

錫作諸峯玉一涓，麴生堪釀茗堪煎。詩人浪語元無據，卻道人間第二泉。

惠山流泉歌　**皇甫冉**

寺有泉兮泉在山，鏘金鳴玉兮長潺湲。作潭鏡兮澄寺內，泛巖花兮到人間。土膏脈動知春早，隈隩陰深長苔草。處處縈回石磴喧，朝朝盥漱山僧老。林松自古草自新，清流活活無冬春。任疏鑿兮與汲引，若有意兮山中人。偏依佛界通仙境，明滅玲瓏媚林嶺。宛如太空臨九潭，詎減天台望三井。我來結綬未經秋，已厭微官憶舊遊。且復遲回猶未去，此心只為靈泉留。

惠泉次韻　**丁寶臣**[120]

誰識澄淵萬古清，潢汙擾擾謾縱橫。出從山底應無極，流落人間自有聲。江漢想能同浩渺，塵沙雖混更分明。從來旱歲為膏澤，安用《茶經》浪得名。

陸羽茶井　**王禹偁**（甃石封苔百尺深）

遊惠山寺⑬⓪　**焦千之**[121]

余愛茲山昔屢游，環回氣象冷清幽。茂林鬱蓊山蒼翠，宴坐瀟灑風颼颼。密甃積蘚迸泉眼，飛暈比翼參雲頭。一逕誰開青步障，客來共泛白玉甌。每思乘興好獨往，塵纓未濯莫我留。勝遊未至心先厭⑬①，健步歷覽氣挾輈。生平趣向與時背，泉石宿志略已酬。茲山獨以泉品貴，乃得佳名傳九州。譬人其中貴有物，源深混混難窮搜。支公去此久愈愛，自我佳句忘百憂。

虎丘劍池泉　**高啟**

干將欲飛出，巖石裂蒼曠。中間得深泉，探測費修綆。一穴通海源，雙崖樹交影。山中多居僧，終歲不飲井。殺氣凜猶在，棲禽夜頻警。月來照潭空，雲起噓壁冷。蒼龍已何去，遺我清絕境。聽轉轆轤聲，時來試新茗。

嘗惠山泉　**梅堯臣**

吳楚千萬山，山泉莫知數。其以甘味傳，幾何若飴露。大禹書不載，陸生品嘗著。昔唯廬谷亞，久與《茶經》附。相襲好事人，砂瓶和月注。持參萬錢鼎⑬②，豈足調羹助。彼哉一勺微，唐突為霖澍。疏濃既不同，物用仍有處。空林癯面僧，安比侯王趣。

次韻題陸子泉　周郊

水自錫山出，中含萬古情。穿雲緣有腳，激石豈無聲。鍊藥源尋遠，煎茶味覺輕。堪資許由飲，休濯屈原纓。徹底驚澄瑩，傾杯戒滿盈。長流千里闊，高注一巖清。篇什新傳美，圖徑久得名。主人當鑒止，劇論著莊生。

洞泉[133]　僧若水[122]

石脈綻寒光，松根噴曉涼。注瓶雲母滑，漱齒茯苓香。野客偷煎茗，山僧惜淨床。安禪何所問，孤月在中央。

惠山泉　劉遠

靈脈發山根，涓涓纔一滴。寶劍護深源，蒼珉環甃壁。鑒影鬚眉分，當暑挹寒冽。一酌舉瓢空，過齒如激雪。不異醴泉甘，宛同神漿潔。快飲可洗胸，所惜姑濯熱。品第冠寰中，名色固已揭。世無陸子知，淄澠誰與別。

同華處士酌惠泉　俞焯

金錫之精流作泉，千古萬古寒涓涓。九龍守護此一勺，陸羽嘗來今幾年。論品不在中泠下，著句要出唐人先。便從處士解一榻，我欲煮茶供醉眠。

漪瀾堂[134]　邵寶

漪瀾堂下水長流，暮暮朝朝客未休。縱有《茶經》無陸羽，空教煎白老僧頭。

蝦蟆碚泉　歐陽修

石溜吐陰崖，泉聲滿空谷。能邀弄泉客，繫舸留巖腹。陰精分月窟，水味標《茶錄》。共約試春芽，旗槍幾時綠。

雨中汲惠泉　方侯

飛花點點逐春泥，拍瓮名泉遠見攜。即使煎烹供細酌，亦知恬澹稱幽棲。馬卿自此無消渴，鴻漸從來有品題。肌骨清涼喉吻潤，坐看疏雨過前溪。

第二泉　皮日休

丞相長思煮茗時，郡侯催發只憂遲。吳關去國三千里，莫笑楊妃愛荔枝。
馬卿消瘦年纔有，陸羽茶門近始閒。時借僧爐拾寒葉，自來林下煮潺湲。

遊惠山煮泉[135]　楊萬里

踏遍江南南岸山，逢山未必更留連[136]。獨攜天上小團月，來試人間第二泉。石路縈迴九龍脊，水光翻動五湖天。孫登無語空歸去，半嶺松聲萬壑傳。

題泉石生涯卷　素菴

聞道金山景最佳，上人泉石足生涯。曉從三島分清供，夜汲中泠出素華。香碗貯來澄皓月，佛龕藏處宿靈砂。貝經翻罷應無事，獨坐蒲團細煮茶。

月夜汲第二泉煮茶松下清啜[137] **沈周**

夜叩僧房覓澗腴[138]，山童道我吝村沽。未傳盧氏煎茶法，先執蘇公調水符。石鼎沸風憐碧縐，瓷甌盛月看金鋪。細吟滿啜長松下，若使無詩味亦枯。

惠泉次韻[139] **蘇軾**

夢裏五年過，覺來雙鬢蒼。還將塵土足，一步漪瀾堂。俯窺松掛影，仰見鴻鶴翔[140]。炯然肝肺見，已作冰玉光。虛明中有色，清淨自生香。還從世俗去，永與世俗忘。

薄雲不遮山，疏雨不濕人。蕭蕭松徑滑，策策芒鞋新。嘉我二三子，皎然無緇磷。勝遊豈殊昔，清句仍絕塵。弔古泣舊史，疾讒歌小旻。哀哉扶風子，難與巢許鄰。

敲火發山泉，煮茶避林樾。明窗傾紫盞，色味兩奇絕。吾生眠食耳，一飽萬想滅。頗笑玉川子，饑弄三百月。豈如山中人，睡起山華發。一甌誰與共，門外無來轍。

白雲泉 **范成大**

龍頭高啄漱飛流，玉醴甘渾乳氣浮。捫腹煮泉烹鬥胯，真成騎鶴上揚州。

第二泉 **吳壽仁**

九龍之山何蜿蜒，玉漿迸裂為寒泉。來歸石井僧分汲，流出草堂吾獨憐。暗滴洞中雲細細，穿吟池上月娟娟。奉乞茶經與水記，俟余歲晚共周旋。

謝友送七寶泉 **方侯**

報道雙甖至，元知七寶來。未曾傾玉液，先已滌瓷杯。頓覺愁心破，深令渴吻開。閉門貪自啜，花下立徘徊。

與惠泉戲作解嘲 **張天雨**[123]

水品古來差第一，天下不易第二泉。石池漫流語最勝，江流湍急非自然。定知有錫藏山腹，泉重而甘滑如玉。調符千里辨淄澠，罷貢百年離寵辱。虛名累物果可逃，我來為泉作解嘲。速喚點茶三昧手，酬我松風吹紫毫。

華蕩水 **符應禎**

昔飲虎丘劍池泉，今汲虞山華蕩水。水清真可鑒鬚眉，裹茗煎之味尤美。江湖散人風尚存，玉川仙子神不死。我欲高歌邀二公，二公聞之拍手喜。歌竟回船風正來，鼓枻張飄浪花起。白雲萬片峯頭飛，黃鵠一雙空中駛。此遊此樂無人知，自信吾心絕塵滓。

居庸玉泉[141] **王紱**

樹杪潺湲落翠微，分明一道玉虹垂。天潢低映廣寒殿，地脈潛通太液池。遙望直從雲盡處，近聽渾似雨來時。煮茶不讓中泠水，陸羽多應未及知。

煮七寶泉　蔡羽

玉音丁丁竹外聞，瑢淵青空出樹根。脂光栗栗寒辟塵，冰壺越宿長無痕。碧山無雞犬，車馬不到村。支公三昧火，自閉桑下門。東風西落巖畔花[142]，煎聲忽轉羊腸車。建州紫瓷金叵羅[143]，錢塘新揀龍井茶。瓊液津津流齒牙。相如有文渴，陸羽無宦情。相逢開士家，七碗同日傾。茶壚若過銅坑去，石上長罌仔細盛。

重遊惠山煮泉　謝應芳

此山一別二十年，此水流出山中船[144]。人言近日絕可喜，不見流船但流水。老夫來訪舊僧家，石鐺試瀹趙州茶[145]。惜哉泉味美如醴，不比世味如蒸沙。

閤門水　丁謂[146]

宮井故非一，獨傳甘與清。釀成光祿酒，調作太官羹。上〔舍〕銀瓶貯[147]，齋廬玉茗烹。相如方病渴，空聽轆轤聲。

百道泉　陳霽

百道泉源散湧金，夜流風雨聽龍吟。洪波遠濟千艘運，寒溜潛通萬壑陰[148]。沃土北均河曲潤，朝宗東下海門深。曉來茶鼎堪清洌，試掬虛瓢手自斟。

試第二泉　黃淮[124]

每聽耐軒談錫麓，杖藜今日喜攀緣。攜將雁蕩先春茗，來試山中第二泉。

七寶泉[149]　**王璲**

誰將七寶地，貯此一泓秋。片月從空墮，清水出壑流[150]。泠涵山骨瘦，細咽竹根幽。半勺能消暑，名宜《水記》收。

同諸公登惠山　汪藻[125]

茲山定中腴，秀色乃如許。連峯積蒼潤，嵐氣亦成雨。珍泉不浪出，世俗那得取。羣仙作佛供，釃此玉池股。寒甘冠天下，瓶壺走膏乳[151]。兒嬉供茗事，雲散入江渚。當源起樓臺，下瞰松柏古。巍基出梁宋，爽氣接吳楚。我來值桂月，勝儕得嵇呂。聊分小蒼璧，同弔百年羽[152]。躋攀興未極，落日在林莽。卻立望翠屏，中流注鳴櫓。

題虎丘品泉　沈揆[126]

靈源一閟幾經年，石上重流豈偶然。漸喜行春有幽事，人間重見第三泉。

惠山泉　楊載[127]

此泉甘洌冠吳中，舉世咸稱煮茗功。路轉山腰開鹿苑，沼攢石骨閟龍宮。聲喧夜雨聞幽谷，彩發朝霞炫太空。萬古長流那有盡，探源疑與海相通。

品泉行　方豪[128]

君不見吳中之水平不流，聚污積垢難入甌。造化憫世受焦渴，特開石罅於虎丘。一脈遙通東海窟，千尋常浸蒼龍骨。山僧夜月汲深清，轆轤軋軋牽修繘。他年卻遇桑苧翁，草草品題殊不公。楊郎固恥居王後，稍逾樂正四之中。遂令後世好事者，中泠是祖惠山宗。華軒麗幙恣裝飾，爾獨鬱抱莓苔封。瓦屋山人極幽討，偶來丘下酌爾好。即點山丁理穢荒，曲欄密宇相圍幬。從此飛埃不可干，茶鐺滋味真絕倒。借使陸羽今復生，當年資格須重更。豪傑作事豈苟苟，舉手山川有辱榮。君不見愚溪遠在萬餘里，開闢以來遇柳子。至今溪名滿人耳，何況茲泉大路傍。更有先生發其美，蘇堤白井名更香，他年應號高公水。

題第二泉　李東陽

江神夜泣山靈嘯，帝遣神工鑿山竅。飛流出地聲灑空，泉水下與中泠通。江邊老仙不知姓[153]，手著《茶經》親鑒定。金山之外更無泉，坐令匡廬瀑布空。高懸地官待郎〔邵寶國賢〕[154]心，似水平生品泉如品士〔國賢在許州嘗作品士亭〕，似云江水不同清。此山自得青金精〔世傳泉以錫故清〕，尋山浚泉發清瀉。元是江南好奇者，山高水絕詩亦奇。鳴金噴玉無停時，我山曾過泉不酌。夢枕崚嶒漱瀺灂，我歌爾和兩知音。吁嗟乎誰哉，更識泉齋〔國賢嘗號泉齋〕心。

題惠山　僧恩[129]

方沼不生千葉蓮，石房高下煮茶煙。春申遺廟客時過，李衛絕郵僧晝眠。塵世豈知無錫義，殿爐猶記大同年。九江一棹東風便，更試廬山瀑布泉。

惠山泉　釋本明[130]

惠山屹立千仞青，俯瞰天地鴻毛輕。七竅既鑿混沌死，九龍攫霧雷神驚。霹靂聲中白石裂，銀泉迸出青鉛穴。惟恨當年桑苧翁，玉浪翻空煮春雪。何如跨龍飛上天，併與挈過崑崙顛。散作大地清涼雨，免使蒼生受辛苦。我來叩泉泉無聲，一曲泠光沉萬古。殿前風檜砉然鳴，日暮山靈打鐘鼓。

登海雲亭　僧古愚[131]

目前多少古今情，盡在太湖湖上亭。舸艦浮空雲葉亂，蜃樓沉水浪花腥。一杯瀲艷吞雲夢，數點蒼茫認洞庭。明日惠山曾有約，又攜茶鼎汲清泠。

謝友送惠山泉　李夢陽[132]

故人何方來，來自錫山谷。暑行四千里，致我泉一斛。清泠不異在山時，中涵石子莓苔絲[155]。越州花瓷爇燕竹，陽羨紫芽出包束。故人好我手自煎，分坐庭隅候湯熟。瀉器寒雪碎，繞腸車輪鳴。一舉煩鬱釋，再舉毛骨輕，三舉不敢嚥，恐生羽翼隨風行。我聞茲泉世無匹，夢寐求之不能得。詩乞翻槐蘇家才，驛送兼無衛公力。又虞誤載石頭波，頓令真品無顏色。感君勺我向君揖，一勺橫澆萬古臆。嗟嗟此意誰復知，極目江雲三歎息。逆想水師初具船，山靈涕洟上訴天。蠐螬委蛇晴貫窗，蛟鼉睥睨宵近舷。淮浮泗泛梅雨蒸，車輪馬曳炎塵煎。開瓮滴滴皆新泉，敢謂君非山水仙。或我埃垢不安天，倩君攜此親洗湔。酬君合書蠆尾帖，九原誰起黃庭堅。

題陸羽茶亭[156]　**皇甫汸**

蓮宮幽處湧清泉，茶竈年深冷綠煙。香供尚存龍藏裏，試嘗何似虎丘前。

題水經此當在茶詩內　**徐爌**(仙人已去遺言在)

題陸子泉亭　夏寅

千古高風陸羽亭，危松怪石水泠泠。酪奴何物能相誤，為著人間口腹經。

酌陸羽泉

曾甘惠麓水，今酌虎丘泉。石乳疑餐玉，茶經似草玄。登臨悲代謝，著作總流傳。扶醉下山閣，千林落日懸。

酌悟道泉　〔王寵〕[157]

名泉真乳穴，滴滴滲雲膚。白石支丹鼎，青山調水符。靈仙餐玉法，人世獨醒徒。長嘯千林竹，清風來五湖。

酌七寶泉　王穉登

破寺孤僧如病鳥，夏臘渾忘庭樹老。接來消得竹三竿，飲處不知泉七寶。

酌虎跑泉[158]　**蘇子瞻**

紫李黃瓜村路香，烏紗白葛道衣涼。閉門野寺松陰轉，攲枕風軒客夢長。因病得閒殊不惡，心安似藥更無方[159]。道人不識探前水[160]，借與瓠樽自在嘗。

春日試新茶自煎　**方城**

幽居無俗事，來試雨前春。活火敲白石，輕波漾細鱗。神清詩興發，渴去酒腸申。為報玉川子，月圓不用珍漫。

水詞　醉茶消客

臨江仙擬熟水　**易少夫人**

何處甘泉來席上，嫩黃初瀉銀瓶[161]。月團嘗罷有餘清。惠山名品好[162]，歌舞暫留停。　欲嘗壑源新氣味，不應兼進稀苓。此中端有澹交情[163]。相如方病酒，一飲骨毛輕。

注　釋

1 此《茶塢》及以下皮日休的《茶人》、《茶舍》、《煮茶》，均錄自其《茶中雜詠》。

2 皮日休（？－902）：字龍美，一字逸少，襄陽（今湖北襄樊）人，為人性傲，隱居鹿門，自號鹿門子，別號閒氣布衣，唐懿宗咸通八年進士。有《皮子文藪》、《松陵唱和集》傳世。

3 此《茶塢》及以下陸龜蒙的《茶人》、《茶筍》、《茶舍》、《煮茶》五首，照上選皮日休題，均錄自其《奉和襲美茶具十詠》。"襲美"為皮日休的字。

4 陸龜蒙（？－約881）：字魯望，蘇州吳縣（今江蘇蘇州）人。曾任湖州、蘇州從事。後隱居於松江（今屬上海）甫里，自號甫里先生，江湖散人、天隨子。性嗜茶。與皮日休齊名，世稱"皮陸"。有《甫里先生集》傳世。《新唐書》有傳。

5 袁高：字公頤，恕己孫進士，建中年間（780－783）拜京畿觀察使。

6 鄭谷：字守愚。袁州（今江西宜春）人，幼時能頌，享盛名於唐士，曾任右拾遺。

7 劉言史（？－812）：唐洛陽人，一說趙州人。少尚氣節，不舉進士，曾旅遊河北、吳越、粵湘等地，與李賀、孟郊友。貞元中，客依冀州節度使王武俊，王愛其詞藝，表為棗強縣令，辭厭不就，人因稱劉棗強。後客漢南李夷簡署為司空椽，尋卒。有詩集。

8 此聯句原文未見，但可以肯定為明成化和弘治年間的作品。因題中提及的"匏菴"即蘇州府長洲吳寬（1435－1504）的號。根據其生卒時間，本聯句也只能作於這一時期。

9 晁無咎：即晁補之（1053－1110），宋濟州巨野（今山東巨野）人。"無咎"是其字，號濟北，自號歸來子。神宗元豐二年進士。十七歲著《七述》，以謁蘇試，軾自嘆不如，由是知名。工書畫、詩詞，文章淩麗奇卓。有《雞肋集》、《琴趣外篇》。

10 謝宗可：生平不詳，相傳為元代人，自稱籍貫金陵（今江蘇南京市）。撰有《詠物詩》一卷，共四十首，又摘其警句二十聯，收刊於顧嗣立《元百家詩選》戊集。

11 杜庠：字公序，明蘇州府長洲（今江蘇吳縣）人。景泰五年（1454）進士，曾任攸縣知縣，旋罷。負逸才，仕不得志，放情詩酒，往來江湖間，自稱西湖醉老，曾遊赤壁題詩，人稱"杜赤壁"。有《楚遊江浙歌風集》。

12 皇甫汸（1497－1582）：字子循，號百泉。蘇州府長洲人，嘉靖八年進士，授工部主事，官至雲南僉事。工詩尤精書法，有《百泉子緒論》、《皇甫司勛集》等。

13 文彭：文徵明長子，見本書《茗譚》文壽承註。

14 徐師曾（1517－1580）：明蘇州府吳江（今江蘇吳江）人。字伯魯，號魯庵。嘉靖三十二年進士，授兵科給事中，改吏科，因嚴崇用事，不幾年就告歸。著有《周易演義》、《文體明辨》、《太明文鈔》、《宦學見聞》等。

15 孫一元（1485－1520）：明安化人，自稱秦人。字太初，自號太白山人。一元姿性絕人，善為詩，正德年間僦居烏程，與劉麟、陸昆等結社唱和，稱"苕溪五隱"。有《太白山人漫稿》。

16 王寵（1494－1533）：明蘇州府長洲（今江蘇吳縣）人。字履仁，一字履吉，號雅宜戴人。以鐵硯齋為藏書室名。少學於蔡羽，居洞庭三年，既而讀書石湖之上二十年，非省視不入城市，與文徵明、唐寅友。以諸生年資貢入太學，僅四十而卒。工書畫，著有《雅宜山人集》、《東泉志》。

17 楊溥：此疑指明湖廣長沙人，自號水雲居士的楊溥。有《水雲集》。

18 方回（1227－約1306）：元徽州歙縣人。字萬里，號虛谷。景定三年登第，累官知嚴州，今存遺著有《桐匯集》八卷、續集三十七卷，《續古今考》、《瀛奎律髓》等。

19 李虛己：字公受。宋建州人，太平興國二年進士，真宗稱其儒雅循謹，特擢右計議。歷權御史中丞、工部侍郎、知池州，分司南京。喜為詩，精於格律，有《雅正集》。

20 楊廷秀：即楊萬里（1124－1207），廷秀是其字，號誠齋。南宋紹興進士，知奉新，孝宗時召為國子監博士，進寶謨閣學士。後不肯為韓侂胄所用，棄官家居。著有《誠齋易傳》、《誠齋集》、《詩話》等。

21 陳與義（1090－1138）：宋洛陽人。字去非，號簡齋。政和三年登上舍甲科，授開德府教授，累遷兵

部外郎。紹興中累官參知政事。著有文集二十卷，詞一卷。

22 王穉登（1535－1612）：明常州人，移居蘇州。字伯穀，號王遮山人。十歲能詩，及長，名滿吳會。嘗及文徵明門，文徵明後遙接其風，以布衣詩人擅吳門詞翰之席三十餘年，閩粵人過蘇州，雖高人亦必求見乞字。有《吳郡丹青志》、《吳杜編》、《尊生齋集》等。

23 何景明（1483－1521）：明信陽人。字仲默，號大復。十五歲中舉人，弘治十五年進士，授中書舍人。官至陝西提學副使，以病辭歸卒。與李夢陽齊名。有《大復集》、《雍大記》、《四箴雜言》。

24 陸采（1497－1537）：明蘇州府長洲（今江蘇吳縣）人。初名灼，字子玄，號天池山人，又號清癡叟。諸生，十九歲即創作《王仙客無雙傳奇》劇本。性豪放不羈，喜交遊，有《南西廂》、《懷香記》、《冶城客論》、《太山稿》等。

25 毛文煥：明蘇州人，字豹孫，工詩，書亦楚楚。

26 陸希聲：唐吳（今江蘇蘇州）人，博學善屬文。初隱義興，後召為右拾遺，累遷歙州刺史，昭宗聞其名，徵拜給事中，以太子少師罷。卒贈尚書左僕射。有《頤山詩》一卷。

27 吳寬：明蘇州府長洲人，字原博，號匏庵。為諸生時即有聲望，成化八年（1472）會試、廷試皆第一，授修撰，進講東宮，孝宗即位後，遷左庶子，預修《憲宗實錄》，後入東閣，專典誥敕。官至禮部尚書。卒謚文定。善詩兼工書法，有《匏庵集》。

28 宋儒：字文卿，明安慶府望江（今安徽望江）人，初為諸生。後為錦衣衛千戶，見獄中臥無墊、食不飽，奏以牧象草鋪地為墊，以無主盜贓為食費，著為例。治獄以寬廉稱。

29 俞世潔：明福建侯官縣（治所在今福州）人，嘉靖十一年（1532）進士，歷官國子監博士。

30 沈周（1427－1509）：明蘇州府長洲（今江蘇吳縣）人。字啟南，號石田，又號白石翁，以詩文書畫名於時，與唐寅、文徵明、仇英並稱吳門四大家。終身未仕，但詩畫佈天下。有《客座新聞》、《石田集》、《江南春詞》、《石田詩鈔》等。

31 謝應芳（1296－1392）：元明間常州武進人，字子蘭。元至正時，知天下將變，隱白鶴溪，名其室為"龜巢"，並以之為號。授徒講學，導人為善。及天下兵起，避地吳中，明初始歸。素履高潔，為學者所宗。有《辨惑編》、《龜巢稿》。

32 范希文：即范仲淹（989－1052），希文是他的字。

33 文伯仁（1502－1575）：明蘇州長洲人，文徵明侄。字德承，號五峯、葆生、攝山老農。諸生。善畫山水、人物，亦能詩。

34 周天球：字公瑕，號幼海。太倉（今江蘇太倉）人，後從文徵明遊。善寫蘭草，尤善大小篆古隸行楷。

35 商輅：明淳安（今浙江淳安）人。字弘載。正統時鄉試會考殿試皆第一。景泰時官至兵部尚書，英宗復辟，被誣下獄。成化初，以故官入閣，進謹身殿大學士。卒謚文毅。有《蔗山筆塵》、《商文毅公集》。

36 袁袞：字補之，明吳縣（今江蘇蘇州）人。嘉靖進士，知廬陵縣，後擢禮部主事，轉員外郎，引疾歸。有《袁禮部集》。

37 彭天秩：明蘇州府吳縣人，嘉靖四十年舉人。

38 朱朗：明蘇州人。字子朗，號清溪。文徵明入室弟子。善青綠山水，筆法模仿文徵明，作品大多署文徵明款。文徵明贋本及應酬代表之作，大多出自其手。

39 林逋：字君復。少孤力學，恬淡好古，結庵西湖孤山，二十年足不及城市。善行書，喜為詩，卒仁宗賜謚"和靖先生"。

40 惠洪（1071－1128）：宋僧。喜遊公卿間，戒律不嚴。工詩，善畫梅竹。有《石門文字禪》、《冷齋夜話》、《林間錄》等。

41 胡珵：字德輝，宋常州晉陵（今江蘇常州）人，徽宗宣和三年（1121）進士。高宗紹興初召試翰林，兼史館校勘，因反對秦檜主和，出知嚴州，繼而被罷職，貧病而死。有《蒼梧集》。

42 董傳策：明松江府華亭（今上海松江）人。字原漢，號幼海。嘉靖二十九年（1550）進士，授刑部主事，萬曆元年（1573）官至禮部右侍郎，被劾受賄免歸，後為家奴所殺。有《奏疏輯略》、《采薇集》、《幽貞集》等。

43 劉英：明錢塘（今浙江杭州）人，字邦彥。至孝重友，景泰中，郡邑交辟，以母老辭。詩詞精妥流暢。有《賓山集》、《湖山詠錄》等。

44 劉泰（1414－？）：明浙江錢塘人，字士亨，號菊莊。景泰、天順間隱居杭州不仕。好學篤行，詩詞精麗，有名於時。

45 陳沂（1469－1538）：明南京人，字宗魯，後改字魯南，號石亭。正德十二年進士，授編修，進侍講，出為江西參議，歷山東參政。工書及隸篆，亦能作曲。與顧璘、王韋稱"金陵三俊"，並有"弘治十才子"之譽。著作甚富，有《金陵古今圖考》、《畜德錄》、《金陵世紀》等。

46 顧璘（1476－1545）：明蘇州吳縣人，寓居上元。字華玉，號東橋居士。弘治九年進士，授廣平知縣，正德間為開封知府，後累遷至南京刑部尚書，罷歸。小負才名，與陳沂、王韋號稱"金陵三俊"。晚歲家居，延接勝流，被江左名士推為領袖。有《息園》、《浮湘》、《山中》等集。

47 石鼎聯句：顧名思義，非一人所作。此聯句由"師服"、"喜"、"彌明"三人所聯，韓愈僅為之作序。本文將三人詩中各聯之句的署名全部刪去，改為韓愈之作，似不妥。本書編時特恢復其原貌。

48 茶竈詠寄魯望：即《茶竈》，與上面的《茶鼎》和下面的《茶籯》，均為皮日休《茶中雜詠》詩。

49 茶竈答襲美：和上面的《茶鼎》、下面的《茶籯》、《茶焙》，均為陸龜蒙《奉和襲美茶具十詠》詩。此醉茶消客將之割裂具題目也人為造成混亂。

50 屠滽（？－1512）：明鄞縣（今浙江寧波）人。字朝宗，號丹山，成化二年進士。授御史，巡按四川湖廣，有政績，累遷吏部尚書。武宗即位，加太子太傅，兼掌都察院事。卒謚襄惠。

51 程敏政（1445－1499）：明徽州休寧（今安徽休寧）人。字克勤，成化二年進士，授編修，以學識廣博著稱。有《新安文獻志》、《明文衡》、《篁墩集》。

52 李東陽（1447－1516）：字賓之，號西涯，明湖廣茶陵人。天順八年進士，授編修，累遷侍講學士，充東宮講官。弘治八年以禮部侍郎兼文淵閣大學士，直內閣，預機務。卒謚文正。有《懷麓堂集》、《懷麓堂詩話》、《燕對錄》等。

53 底本是詩抄錄有錯亂，在"形模豈必隨，人後鑒賞何"之下，混抄的是皮日休《茶甌》詩。故此另單獨立條。

54 秦夔（1433－1496）：明常州府無錫縣人。字廷韶，號中齋，天順四年進士，授南京兵部主事，歷武昌知府，累遷江西右布政使。卒於任。有《中齋集》。

55 王紱（1362－1416）：明無錫縣人。字孟端，號友石生，隱居九龍山，又號九龍山人。永樂中，以薦入翰林為中書舍人。善書法，尤工山水竹石。有《王舍人詩集》。

56 盛顒（1418－1492）：明無錫人。字時望，景泰二年進士，授御史。成化間累遷陝西左布政使。

57 李傑：字世賢，明江南常熟人。成化二年進士，改庶吉士，授編修，累官禮部尚書，贈太子太保，謚文安。有《石城山房稿》。

58 謝遷（1449－1531）：字于喬，號木齋，浙江餘姚人。成化進士，授修撰，弘治八年入內閣，參預機務。累遷太子少保、兵部尚書兼東閣大學士。卒謚文正。有《歸田稿》。

59 楊守阯（1436－1512）：明鄞縣（今浙江寧波）人。字維立，號碧川。成化十四年進士，授編修，弘治初與修《憲宗實錄》，遷侍講學士，尋掌翰林院，遷南京吏部右侍郎。武宗初乞休，加尚書致仕。有《碧川文選》、《浙元三會錄》。

60 王鏊（1450－1524）：明蘇州府吳縣人。字濟之。成化十一年進士，授編修，弘治時歷侍講學士，擢吏部右侍郎。正德初進戶部尚書、文淵閣大學士。有《姑蘇志》、《震澤集》、《震澤長語》等。

61 商良臣：明浙江淳安人，商輅子。字懋衡，成化二年進士，累官翰林侍講，卒於官。

62 陳璚（1440－1506）：明蘇州府長洲人。字玉汝，號盛齋。成化十四年進士，授庶吉士，官至南京左副都御史。博學工詩，有《成齋集》。

63 吳學：明常州府無錫人，字遜之。成化二十年進士，授行人，擢御史，歷山東按察使。

64 楊子器：字名父。明浙江慈谿人，成化丁未進士，歷知崑山、高平、常熟等縣，有惠政，擢吏部考工主事，進驗封郎中，出為湖廣參議，歷河南左布政使。有《柳塘先生遺稿》。

65 錢福（1461－1504）：明松江華亭人。字與謙，號鶴灘，弘治三年進士，授修撰，三年告歸。詩文敏妙，有《鶴灘集》。

66 杜啟：明蘇州府吳縣人，以詩文名重於時，與吳中名士王鏊、祝允明、蔡羽等交往，正德元年，曾為《姑蘇志》作後序。有《臯臺存稿》。

67 繆覲：明常州府無錫縣人，勤奮好學，弘治八年舉人。

68 盛虞：字舜臣，號秋亭。明無錫縣人。《御定佩文齋書畫譜》有其傳。

69 此下本文鈔本，原將吳寬前"惠山竹茶爐"詩敘誤抄於是，現按纂抄者注，提前調整至正確位置。

70 卞榮（1426－1498）：明常州府江陰人，字華伯。正統十年進士，授戶部主事，官至戶部郎中。工詩畫，有《卞郎中集》。

71 謝士元（1425－1494）：字仲仁，號約庵，晚更號拙庵。景泰五年進士，授戶部主事，擢建昌知府，弘治初累官右副都御史、四川巡撫。有《詠古詩集》。

72 郁雲：江蘇崑山人，生平不詳。

73 張九方：江蘇無錫人，成化二年任汝寧府尹。其他事跡不詳。

74 范昌齡：生平籍貫不詳。《明一統志》卷十七，稱其為廣德知州時，剛正自守，不避權勢。及去，民祠祀之。

75 陳昌：字穎昌，號菊莊。明平湖（今浙江嘉興）人。工詩文，尤長於七言。才思藻麗，惜其集不傳。

76 賈煥：字華甫，元開封人。泰定元年授太平路總管（治所在今安徽當塗），歲饑募粟分賑，修學舍，築石城，浚尚書塘。《江南通志》卷 117 有傳。

77 邵瑾：明河津人，《山西通志》卷 26 載，英宗天順三年（1459）鄉試登榜，後歷任漢陰教諭。

78 陶振：字子昌，明吳江人。洪武末舉明經，授本縣學訓導，改安化（治所在今湖南安化東南）教諭卒。振天才超逸，詩語豪雋，名於時，有《釣鼇集》。

79 莫士安：士安名伋，以字行；又字維恭。明歸安（今浙江湖州）人。洪武初為府學教授，遷知黃岡縣事，入為國子助教。據《無錫縣志》載，永樂初，以助教治水江南，遂僑居無錫，自稱"柏林居士"，又號"是菴"。

80 楊循吉（1458－1564）：字君謙。明蘇州吳縣人，成化二十年進士，授禮部主事。好讀書，每得意則手舞足蹈，人稱"顛主事"，多病，後辭官歸里，晚年甚落寞。有《松籌堂集》及多種雜著。

81 此下原為秦夔《題復竹爐卷》詩，按題下"當在王孟端泉韻前"注，本書編時，已調整提前至王紱《竹茶壚倡和》之前。

82 劉勗：明江西贛縣人，永樂十五年（1417）舉人，授教諭等職。

83 厲昇：字文振，號雪庵。明無錫人，以歲貢入國子監。後授青田知縣。致仕歸，鄉人稱之為"青田君"，有《雪庵集》。

84 曾世昌：明嶺南南海人，明正德十五年進士，在福建任過僉事。餘不詳。

85 俞泰（？－1531）：字國昌，號正齋。明無錫人，弘治十五年進士，授南京吏科給事中，歷官山東參政。嘉靖二年致仕，隱居芳洲。好繪喜詩，有《芳洲漫興集》。

86 楊基（1326－1378）：元明間人。字孟載，號眉庵。原籍四川，祖官吳中，寓蘇州吳縣。元末隱吳之赤山，張士誠辟為丞相府記室，入明被徙河南，洪武二年放歸，旋被起用，官至山西按察使。被誣服苦役卒。善詩文，兼工書畫，與高啟、張羽、徐賁被稱吳中四傑。有《眉庵集》。

87 王問（1497－1576）：明無錫人，字子裕。嘉靖十七年進士，官至廣東按察僉事。父亡，不復仕，隱居湖濱寶界山，興至則為詩文或點染丹青，山水人物花鳥皆精妙。以學行稱，門人私謚文靜先生。

88 此以下三段附記，即南京圖書館所定《茶書七種》七卷首書、首卷《茶藪》的原來情況。它既無如前《茶詩》和下面《茶文》等一類之目，也無署"醉茶消客纂"等字樣。劃為一書一卷，純粹是南京圖書館編目時擅定的。

89 此處刪節，見唐代陸羽《茶經》。

90 此處刪節，見唐代陸羽《茶經》。

91 此處刪節，見宋代蔡襄《茶錄》。

92 此處刪節，見宋代蔡襄《茶錄》。

93 此處刪節，見宋代蔡襄《茶錄》。

94 此處刪節，見明代顧元慶、錢椿年《茶譜》。

95 此處刪節，見明代胡文煥《茶集·六安州茶居士傳》。

96 此處刪節，見明代孫大綬《茶譜外集·茶賦》。吳淑（947－1002）：字正儀，宋潤州丹陽人。初仕南唐為內史，入宋，薦試學士院，預修《太平御覽》、《太平廣記》，累遷水部員外郎，善書法，有《說文五義》、《秘閣閒談》等。

97 此處刪節，見明代孫大綬《茶譜外集》。

98 此處刪節，見宋代唐庚《鬥茶記》。

99 蔡羽（？－1541）：明蘇州吳縣人，字九逵。因居洞庭西山，稱林屋山人，又稱左虛子。由國子生授南京翰林孔目。有《林屋集》、《南館集》。

100 此處刪節，見本書宋代顧元慶、錢椿年《茶譜·序》。

101 元東巖：即元德明，東巖是其號。金忻州秀容（今山西忻縣）人。幼嗜書，累舉不第，放浪山水間，飲酒詩賦自娛。有《東巖集》。

102 毛澤民：即毛滂。澤民是其字，號東堂。宋衢州江山人。哲宗元祐中，蘇軾刺杭州時，為法曹。後蘇軾見其詞，愛之，力薦於朝，擢知秀州。

103 此處刪節，見宋代葉清臣《述煮茶泉品》。

104 此處刪節，見宋代葉清臣《煎茶水記》。

105 此處刪節，見宋代歐陽修《大明水記》。

106 沈揆：宋秀州（今浙江嘉興）人。字虞卿，紹興十三年進士，除秘書少監，歷知寧國府、蘇州，入為司農卿，官終禮部侍郎。有《野堂集》。

107 蔡肇（？－1119）：宋潤州丹陽人。字天啟，元豐十二年進士，受明州司戶參軍，徽宗初入為戶部員外郎，兼編修國史，出為二浙提刑。後知睦州卒。能文長詩，工山水人物。有《丹陽集》。

108 竇庠：唐扶風平陵人。字胄卿，吏部侍郎薦其為節度副使、殿中侍御史。德宗貞元中出為信、婺二州刺史。著述很多，有《竇氏聯珠集》等。

109 邵寶（1460－1527）：明無錫人，字國賢，號二泉，成化二十年進士，授許州（今河南許昌）知州，躬課農桑，遷江西提學副使，官至戶部右侍郎，拜南禮部尚書。撰有《漕政舉要》、《慧山記》、《容春堂集》等。

110 翁挺：宋建州崇安（今福建武夷山）人。字士特，一字士挺，號五峯居士。徽宗政和中以蔭補官，官至尚書考二員外郎，因不附時相，被逐不復出。博學善文，有《詩文集》。

111 本文係記述惠山聽松閣靜夜聞松濤的藝文。本書編時刪。

112 丁元吉：明鎮江人，詩文並善。有《陸右丞蹈海錄》。

113 悟道泉：時方志記在蘇州洞庭東山。

114 周權：元處州人，字衡之，號此山。工詩詞，遊京師被薦為館職，勿就。有《此山集》

115 邵珪：明常州府宜興人，字文敬。成化五年進士，受戶部主事，出為嚴州知府，遷知思南。善書工詩，有"半江帆影落樽前"句，人稱"邵半江"，有《半江集》。

116 王達：明常州府無錫人。字達善，少孤貧力學，洪武中舉明經，受本縣訓導，永樂中擢翰林編修，博通經史，與解縉、王偁、王璲等被稱為東南五學士。有《耐軒集》。

117 丘霽：明江西鄱陽人。字時雍。天順四年進士，成化中為蘇州知府，治未一年，百廢即舉。

118 黃鎬（？－1483）：字叔高，明福建侯官人。正統十年進士，試事都察院。成化時擢廣東左參政，官終南京戶部尚書。

119 呂溱：字濟叔，宋揚州人。仁宗寶元元年進士第一，歷知制誥，翰林學士，神宗時知開封府。官終樞密直學士，五十五歲卒。

120 丁寶臣（1010－1067）：宋晉陵（今江蘇常州）人。字元珍，與兄宗臣俱以文名，時號"二丁"。仁宗景祐元年進士。後由太常博士出知諸暨縣，除弊興利，越人稱為循吏。與歐陽修尤友善。

121 焦千之：字伯強，宋焦陂人，寄居丹徒。仁宗嘉祐時舉經義進京館太學，為國子監直講。治平三年以殿中丞出知樂清縣，後移知無錫，入為大理寺丞。

122 僧若水：此為唐詩僧，工吟詠，為時所稱。

123 張天雨（1283－1350）：又名張雨，字伯雨，號句曲外史，又號貞居子，年二十遍遊諸名山，並棄家為道士。工書畫，善詩詞。有《句曲外史》。

124 黄淮（1367－1449）：明浙江永嘉人。字宗豫，洪武三十年進士，永樂時，進右春坊大學士，後為人譖入獄十年，洪熙初復官，尋兼武英殿大學士，官終戶部尚書。有《省愆集》、《黄介庵集》。

125 汪藻（1079－1154）：字彥章。宋饒州德興人。徽宗崇寧二年進士，累官著作佐郎。高宗立，召試中書舍人，拜翰林學士。紹興八年，升顯謨閣學士，連知徽宣等州。有《浮溪集》等。

126 沈揆：字虞卿，宋秀州嘉興人。高宗紹興三十年進士，累官知嘉興，人稱儒者之政。歷知寧國府、蘇州，入為司農卿，官終禮部侍郎。有《野堂集》。

127 楊載（1271－1323）：元杭州人，字仲弘。年四十不仕，以布衣召為翰林編修。延祐二年始登進士第，授浮梁州同知，卒於官。以詩文名，有《楊仲弘集》。

128 方豪：字思道，明浙江開化人，正德三年進士，授昆山知縣，遷刑部主事，官至湖廣副使。有《棠陵集》、《斷碑集》、《蓉溪菁屋集》等。

129 僧恩：唐高僧，以誦《涅槃》為恆業，道心清肅，歷住宏福、禪定等寺。

130 釋本明：明僧，居通州靜嘉寺，梵行清白，勤於講業，後告眾而化。

131 僧古愚：即喆禪師。明僧，住終南。但更像清僧名圓根的古愚。吳中（今江蘇蘇州）人，俗姓夏，九歲依竹塢性原薙髮，嘗往杭州，結制於理安寺。性原化，根繼住竹塢，七十而寂。這也是本書確定本文有竄入少量清人詩文的疑點之一。

132 李夢陽（1473－1529）：字獻吉，自號空洞子。明陝西慶陽人，徙居開封，弘治六年進士，授戶部主事，武宗時為江西提學副使，陵轢臺長，奪職。家居二十年而卒。與何景明、徐禎慶、顧璘等號為十才子。有《空洞子集》、《弘德集》。

校　記

① 閒尋堯氏山：“氏”字，兩底本均作“峯”，據《全唐詩》改。

② 乞茶：《全唐詩》等題作《憑周況先輩於朝賢乞茶》。

③ 西山蘭若試茶歌：“山”字，兩底本均作“園”字，據《全唐詩》改。

④ 今歲官茶極妙而難為賞音者：《山谷全書》在“賞音者”之下，還有“戲作兩詩用前韻”七字。

⑤ 惟取君恩歸去來：“惟”字，《山谷全書》作“懷”。

⑥ 頭進英華盡：“頭”字，底本作“頓”字，據《古今事文類聚》續集卷12改。

⑦ 仙山靈草濕行雲：“草”字，兩底本均作“雨”字，據《蘇軾詩集》改。

⑧ 橋山事嚴庀百局：“庀百”，底本作“尤有”，疑形訛，據《宋詩鈔》改。

⑨ 右丞似是李元禮：“右”《宋詩鈔》作“左”。“似”字，本文鈔本原闕，編補。

⑩ 搜攪十年燈火讀：“十”字，兩底本作“千”字，疑誤，據《宋詩鈔》改。

⑪ 香茶餅：《蚓竅集》卷六題作《奉寄茅山道士求香茶》。

⑫ 掃雪煎茶：《御定佩文齋詠物詩選》卷244作《雪煎詩》。底本無作者，謝宗可為編者加。下同。

⑬ 憶昔常修守臣職：原詩在這之下，還有歐陽修自注“余嘗守揚州，歲貢新茶”九字。

⑭ 茶山境會：《全唐詩》題作“夜聞賈常州崔湖州茶山境會想羨歡宴因寄此詩”。

⑮ 李德裕：底本誤作“皇甫曾”，逕改。但此詩《全唐詩》重出，一稱李德裕作，一列入曹鄴名下。

⑯ 隆興見春新玉爪：“見”字，《誠齋集》作“元”字。

⑰ 歸讀《茶經》傳衲子：“讀”字，《誠齋集》作“續”字。

⑱ 王安石：底本在“王安石”名字前，還加有《臨川集》三字，編者刪。

⑲ 張教授惠顧渚茶戲答：《梅溪集》後集卷5作《張季子教授惠顧渚茶報以宣城筆戲成三絕》。

⑳ 祗因宣州城：“祗”字，底本作“秖”，誤，據文義改。

㉑ 新茶已萌芽：“芽”字，底本一刊作“共”字。共同“蕻”，梅堯臣詩句：“萌穎強抽共”，二字義近。

㉒ 愛茶歌：一作《茶歌》或《吳匏菴茶歌》。

㉓ 茶柏："柏"字，底本作"舊"，誤。此據《書畫題跋記》卷11吳寬行書掛幅改。"柏"，有的版本也簡作"臼"。

㉔ 本詩以上至李鎔《林秋窗精舍啜茶》，如原文所注，"俱閩人"所作，未見。

㉕ 煮茗軒：《龜巢稿》卷4，作《寄題無錫錢仲毅煮茗軒》。

㉖ 聚蚊金谷："蚊"字，《龜巢稿》作"蛟"字。

㉗ 行歌試采香漸手："漸"字，《石田詩選》作"盈"字。

㉘ 臨江自汲清泉煮："江"字，南京圖書館鈔本闕，農業遺產研究室藏鈔本注作"江"；據補。

㉙ 玉截茶：《御選宋金元明四朝詩》題為《焦千之求惠山泉詩》。本文所錄，實為是詩的中間三句。

㉚ 盡遂紅旗到山裏："遂"字，《全唐詩》作"逐"字。

㉛ 試茶有懷：《御選宋金元明四朝詩》卷45，題作《嘗茶次寄越僧靈皎》。

㉜ 題茶：《佩文齋詠物詩選》卷244，題作《謝王煙之惠茶》。此僅摘前二句。

㉝ 煎茶：《御選宋金元明四朝詩》卷27等，皆題作《和錢安道寄惠建茶》。原詩較長，本文僅零星選摘如上。

㉞ 啜香："啜"字，《御定佩文齋詠物詩》等作"嗅"字。

㉟ 禁煙前見茶：《全唐詩》題作《謝李六郎中寄新蜀茶》。但本文斬頭去尾僅摘中間二句。且"未下刀圭攪麴塵"的"麴"字，二底本，一形誤作"麵"，一作"麥"。

㊱ 賦寄謝友：《宋詩鈔》卷20等，題為《和蔣夔寄茶》。本文未全錄，為摘抄。

㊲ 海螯江柱初脱泉。臨風飲食甘寢罷："柱"字，底本作"拄"，據《宋詩稿》改。"臨風飲食"的"飲"字，《佩文齋廣羣芳譜》卷20等，均作"飽"字。

㊳ 賜官揀茶：《佩文齋廣羣芳譜》卷20等，題為《蘇軾怡然以垂雲新茶見餉報以大龍團仍戲作小詩》。

㊴ 啜茶：《全唐詩》二出，一作李德裕、一作曹鄴作，但均題為《故人寄茶》。《全唐詩》二人原文為："劍外九華英，緘題下玉京。開時微月上，碾處亂泉聲。半夜邀僧至，孤吟對竹烹。碧流（一作沉）霞腳碎，香泛乳花輕。六腑睡神去，數朝詩思清。其餘不敢費，留胖讀（一作肘）書行。"醉茶消客不知何因，從這誤作二人詩中，亂選三句，另名《啜茶》，另稱為林逋所作；抑或林逋本人曾抄集為己作？

㊵ 紫玉玦：《東坡全集》卷20等，題為《到官病倦未嘗會客毛正仲惠茶乃以端午小集石塔戲作一詩為謝》。本文未盡錄全詩，僅為摘抄。

㊶ 寄茶與尤延之：《誠齋集》卷25，作"寄中洲茶與尤延之延之有詩再寄黃檗茶仍和其韻"。

㊷ 葉含雷作三春雨："作"字，《西湖遊覽志餘》作"信"字。

㊸ 師服：本文鈔本《石鼎聯句》，原作"韓愈"作，全文不注"師服"、"喜"、"彌明"三人分別所詠的詩句。現文中所注各人所聯之句，是編時據《唐文粹》補增。

㊹ 在冷足自安，遭焚意彌貞："足自安"，底本原作"安自足"；"彌貞"二字原缺，此據《唐文粹》改補。

㊺ 大似烈士膽，圓如戰馬纓。師服上比香爐尖，下與鏡面平。喜：底本原文漏抄，此據《唐文粹》補。

㊻ 何當山灰地："山"字，《唐文粹》作"出"字。

㊼ 側見折軸橫。喜時於蚯蚓竅："橫"字，底本原作"模"；"時於"底本原缺，據《唐文粹》改補。

㊽ 當居顧盼地，敢有漏泄情："盼地"，《唐文粹》作"眄地"。漏泄情，"泄情"二字底本缺，據補。

㊾ 惟爾宜烹我服從，渾然玉琢謝金鎔："惟"字底本原缺，"服"字，二底本，一作"脈"、一作"脹"，據《石田詩選》原文補改。"琢"字，《石田詩選》作"斲"。

㊿ 枵腹膨亨自有容："亨"字，底本原缺，據《石田詩集》補。

51 銅鉎："鉎"字，《東坡全集》卷14等，作"腥"字。

52 萎辛鹽少茶初熟："萎辛"，《東坡全集》等作"薑新"。

53 茶臼不須齎："茶"字，《瀛奎律髓》作"藥"字。在"藥臼不須齎"之下，《瀛奎律髓》還有文曰："仕宦而攜茶磨，其石不輕，亦一癖也。寧不攜藥臼而攜此物，可謂嗜茶之至者。"

54 茶甌　皮日休：底本無此題，作者皮日休也是本書編校時加。本詩全文原混雜在上詩"李東陽《奉次》

後半部”，張冠李戴，顯然為誤抄，故將“邢客與越人”以下本詩文，加上詩題和作者單列出來。李東陽上面《奉次》四句，未查到原文，前句七律，後句五言，疑亦有舛誤。

55 題復竹爐卷：底本原排在後面楊循吉《秋亭復製新爐見贈》條下，其抄錄或纂者後來在題下注云：“當（列）在王孟端（即王紱）泉韻前”。本書編校時以注作了調整。《題復竹爐卷》下原小字注“當在王孟端泉韻前”八字，刪。

56 竹茶壚倡和：《家藏集》題作《遊惠山入聽松菴觀竹茶爐》。底本《竹茶壚倡和》之下，原還有小字注“此當在秦夔幽韻後”八字，本書編校已按注作了調整，故亦刪。

57 奉次：此篇，《家藏集》卷11，題為《觀盛舜臣所藏竹爐蓋倣惠山元僧之制其伯父侍郎公銘其旁》。另在本“奉次”標題下，底本原還有小字注“有敘誤在後”五字。如下一校記所說，我們編校時已按原注作了調整，故刪。

58 “惠山竹茶爐……和之塞白耳”這段“敘文”，原誤排在本竹爐詩最後盛虞的“奉次”之下，本文纂抄者注明，此應排在吳寬本首“詩前”，現編校按注將之提前編排於此。另下面所附“此是匏菴（即吳寬）的，當在第二首前”11字小字注，至此也無存必要，故亦刪。

59 首倡：《石倉歷代詩選》卷390題作《竹茶爐為僧題》。《佩文齋詠物詩選》卷215題又作《題真上人竹茶爐》。

60 竹編茶竈瀹清流：“竈”字，《石倉歷代詩選》等作“具”字。

61 旋生蟹眼韻含秋：“眼”字，底本均缺，據有關詩句文義加。

62 清籟颼颼松澗秋：第一個“颼”字，底本均闕，據上句“縷縷”詩詞，本文所闕字與上對應，無疑同下一字為“颼”，逕補。

63 茶經序：底本原無“經”字，作“茶序”；據《後山集》卷11補。

64 茶中雜詠序：底本作“茶序”，據《松陵集》卷4改。

65 進茶錄序：本書蔡襄《茶錄》作“前序”，校注悉詳原文。

66 進茶錄後序：本書蔡襄《茶錄》作“後序”，校注悉詳原文。

67 茶譜序：底本作“茶錄序”，閱是文，顯然非序蔡襄《茶錄》，而是序錢椿年、顧元慶《茶譜》，故改。

68 答玉泉仙人掌茶記：此題醉茶消客據李白《答族姪僧中孚贈玉泉仙人掌茶》並序原題改定。

69 一名搽：“搽”字，一底本作“搽”，另一底本形訛錄作“採”，據《古今源流至論》續集卷4改。

70 獲一兩：“獲”字，底本作“護”字，據《古今源流至論》本改。

71 自唐陸羽隱於苕溪，性酷嗜茶：本文醉茶消客刪苕溪的“苕”字，《古今源流至論》形誤作“茗”字。在“性酷”和“嗜茶”之間，本文省略“本草《茶譜》……唐貴妃嗜荔子，時至萬錢”等共105與主題無甚關係的字。

72 回紇入朝：“回紇”，底本均誤作“何訖”，據文義逕改。

73 榷：底本有時也書作“搉”字，“榷”、“搉”混用，本文統一改用最先出現的“榷”字，下不出校。

74 鬻之在官：“鬻”字，底本都書作“粥”字，“粥”雖通“鬻”，但本文仍效其他各本，均改作“鬻”字。下同，不出校。

75 乾德之榷務，淳化之交引：在“榷務”和“淳化”之間，本文醉茶消客刪“陸羽上元初更隱茗〔苕〕溪……乾德二年詔在京、建州、漢、蘄口”等237字。

76 至淳化，許商賈置鬻：在“淳化”和“許商賈”之間，本文醉茶消客節刪“搉貨務……有十三場六搉務之立”共323字。

77 商納芻薪於邊郡：“薪”字，《古今源流至論》本作“粟”字。

78 然鬻引之具一興：底本作“然粥之具一興”，脱一“引”字，此據《古今源流至論》本改補。

79 茶鈔：“鈔”字，《古今源流至論》本作“錢”字。

80 此利徒在官而不在商也。之二法者：在“不在商也”和“之二法者”之間，本文醉茶消客又節刪“國初許商賈就園戶置茶……三説乃是轉糴”共374字。

81 異日均賦之外：“外”字，底本作“分”字，據《古今源流至論》改。

82 民堪之乎？噫，民病矣：在“堪之乎”和“噫”之間，本文醉茶消客又刪“為一説便糴……以濟艱食後”共 352 字。

⑧③ 五害說：《文忠集》卷 120 和《御選唐宋文醇》卷 27 等，皆題為《論茶法奏狀》。

⑧④ 直云朝廷意在必行：底本原無“直”字，此據《文忠集》、《唐宋文醇》等添加。

⑧⑤ 士得傳言於朝：底本原無“言”字，此據《文忠集》、《文編》卷 19 等增補。

⑧⑥ 大商絕不通行：“通”字，底本形誤作“道”字，據《文忠集》等改。

⑧⑦ 不惟客旅得錢變轉不動：底本在“不”與“動”之間，還多一“可”字，《文忠集》、《唐宋文醇》等無“可”字，疑衍，刪。

⑧⑧ 亨天上故人之意，媿無胸中之書傳：“意”，《續茶經》作“惠”字。“胸”字，底本誤作“胃”字。

⑧⑨ 嘉靖　春序：喻政《茶書》本作“吳郡顧元慶序”。有的版本還在地名前加“嘉靖二十一年春”。

⑨⓪ 醉落魄：《全宋詞》另題名《一斛珠》。

⑨① 意難忘：增訂注釋《全宋詞》卷 3，題作“括意難忘”《洶洶松風》。

⑨② 林正大：底本作“林正”。宋有“林正”其人，宋末平陽人，但此《全宋詞》作“林正大”，字敬之，號隨庵，寧宗開禧間為嚴州學官。疑本文纂者誤。

⑨③ 精神新發越：“越”字底本無，據《全宋詞》、《御選歷代詩餘》等補。

⑨④ 湯點瓶心未老，乳堆盞面初肥：“湯”字和“面”字，底本作“雪”字和“內”字，據《全宋詞》、《樂府雅詞》改。

⑨⑤ 乃以山後寺中：底本“山後下”，無“寺中”二字，據文淵閣《四庫全書 · 吳郡志》補。本段內容，與上述《吳郡志》原文多一字、少一字的情況較多，但不悖原義，不一一作校；這裏僅將改動字數較多之處出校。

⑨⑥ 土井為石井，甚可笑：底本“土井”下，原僅“當之”二字，“為石井，甚可笑”六字，是本書編時據《吳郡志》刪增。

⑨⑦ 泉出石脈中，一宿水滿。井較之二水：底本原無“一宿水滿井，較之二水”九字，此據《吳郡志》加。

⑨⑧ 郡守沈揆作屋：在“沈揆”和“作屋”之間，《四庫全書 · 吳郡志》還有“虞卿（沈揆字）聞之，往觀大喜，為”九字，本文錄時簡。

⑨⑨ 以為烹茶晏坐之所。西蜀潺亭，高第扁曰“品泉亭”；一云“登高覽古”：“西蜀潺亭……登高覽古”17字，為本文醉茶消客所加。《四庫全書 · 吳郡志》原文，在“以為烹茶晏坐之所”之下，為“自是古跡復出，邦人咸喜”10字，醉茶消客增加自添內容，將之作刪。

⑩⓪ 橫陳可餘丈：“餘丈”，《震澤集》、《吳都文粹續集》作“數十丈”。

⑩① 獨茲泉乎哉？其誰能發之：《震澤集》、《吳都文粹續集》作“獨茲泉也乎哉”，無“其誰能發之”，改為“因書其後以識”。

⑩② 其品第三。歲久而蕪，跡湮且泯：“第三”，《震澤集》等作“維三”。“跡湮且泯”，《震澤集》等作“射鮒且泯”。

⑩③ 詩題及作者恐有誤，《吳都文粹》標作者為陳純臣，題為《薦白雲泉書與范文正公》。

⑩④ 雲林猶為數焉：《清閟閣全集》卷 11 作“雲林為尤數焉”；陸廷燦《續茶經》更刊作“元鎮為尤數焉”。至於其他一字之差處亦多，義近，不一一出校。

⑩⑤ 有亭曰“時會”：“時會”顯誤。《格致鏡原》此句作：“厥土有境會亭”。

⑩⑥ 惠山浚泉之碑：邵寶收於《容春堂集》原文題為《慧山浚泉碑銘》。底本，醉茶消客增刪、跳改、錯亂較多，如一一作校，校記比原文還多，且也不易說清。故這裏不如將原文附此，讀者可校，可直接作引。

《慧山浚泉碑銘》：正德五年春三月，錫人浚慧山之泉，秋八月功成。先是正統間，巡撫周文襄公嘗浚之，其後屢葺屢壞，至是而極，縉紳諸君子方圖再浚。而寶歸自漕臺，適與聞焉，既求士之敏者董厥工作，乃與匠石左右達觀，究厥敝原，為新功始詢謀僉同，用書告諸望族，各助厥貲。而後即事，凡為池三，為渠二，為亭、為堂各一。而三賢之祠，故在泉上；今益為十賢。而新之縣大夫請助以菑故謝焉，至是凡五閱月，而泉之流行猶前日也。諸君子既觀厥成，則以記命，寶惟慧泉為天下高品尚矣。然其來也，同源而異穴，或發則汍（汎），或發則檻。三池匯之而石渠陰貫乎，其間蓋約濫，節迅以成泉。德古之為是者，可謂知水矣。是故，上池淵然，中池瑩然，下池浩然，為觀不同而水之狀，於是略具粵自陸子品之之後，觀且飲者日眾，以盛甚者驛致長安通名嶺海之外夫豈偶然乎哉。雖然時而浚之，則存乎人。譬之天道，有燮理之功；譬之人事，有更化之理，浚之為義亦大矣。是以君子重圖之。今是役也，有渠以通，有池以蓄，有亭若堂，以為之觀無侈無廢，克協于舊。其規畫所就論者，謂邑有人焉。寶不敏，謹以歲月勒之於碑，復為詩以歌之。總其貫為白金若干兩，督工之士為龔時亨、楊正甫、莫利卿，其助之者之名，具于碑陰，凡若干人。為書者吳大章，而往來宣勤則潘繼芳及僧圓顯。定昌云其詩曰："邃彼原泉，慧山之下。維僧若冰，肇浚自古。謂配中泠，允哉其伍。我錫彼金，有子維母。孰不來飲，孰不來觀。贊嘆詠歌，井洌以寒。孰閼我流，石崩木蠹。匪泉則敝，敝以是故。人亦有言，清斯濯纓。棄而弗滌，豈泉之情。錫人協義，與我浚功。維物有理，變極則通。維雲蒸蒸，維石齒齒。泉流其間，終古弗止。有德匪泉，則時予之恥。我詩于碑，以頌其成。泉哉泉哉，與時偕清。"(《容春堂集》前集卷 16)

⑩⑦ 溢流為池，味甘寒：在"池"與"味"字之間，《無錫縣志》卷 4 中，還有"如奏琴箏、如鸞鳳之音"九字。

⑩⑧ 鎮潼軍節度使："潼"字，《無錫縣志》作"諸"字。

⑩⑨ 相帥成風："帥"字，底本原作"巾"字，據《無錫縣志》改。

⑪⓪ 不惟精神過絕人："神"字，底本作"悍"字；"人"字，底本原缺，均據《無錫縣志》改補。

⑪① 故書之以寓一嘆云：在"嘆云"以下，底本刪去"紹興十一年六月日晉陵孫觀記並書"十五字。

⑪② 距山北面："面"字，《無錫縣志》作"向"；類似同義改字，本段還有多處，下面不改也不出校。

⑪③ 泉曆數百載：底本均作"百載"，"數"是據《無錫縣志》改。

⑪④ 惠山適當道傍，而聲利怵迫之徒：底本無"傍"字，據《無錫縣志》補。

⑪⑤ 挈餉千里："挈"字，底本原作"給"字，據《無錫縣志》改。

⑪⑥ 自藏修，故雖僻而無悶，以彼易此，泉："修"字，《無錫縣志》作"者"。"故雖"作"將愈"。"悶"字，本文鈔本原作"狗"字，據《無錫縣志》改。此段內容，《無錫縣志》文本作："自藏者，將愈僻而悶，以彼易此泉。"

⑪⑦ 遂書以授之：此下，本文纂者醉茶消客，刪原文"歲戊申冬十有一月癸丑"十字。

⑪⑧ 調水符：在此題前，大多數版本，均錄有蘇軾是詩附敘。本文刪不作錄，一無道理，特校補如下："余愛玉女河水，破竹為契，使寺僧藏其一，以為往來之信，謂之調水符。"

⑪⑨ 雪乳一杯浮沆瀣，天光千丈落虛圓："浮"字，《震澤集》作"分"；"虛"字，一底本缺，一底本妄作"丘"字。

⑫⓪ 惠山泉：此疑據《錦繡萬花谷》前集卷 35 錄。《東窗集》等書，題作《謝人惠團茶》。本文也只錄其上半部分，下面有關分寄貢餘茶的詩句未錄。

⑫① 此泉何以得，適與真茶遇："泉"字，《無錫縣志》作"山"字；"得"字，《端明集》作"珍"。適與真茶遇的"適"和"真"字，底本原作"茲"字和"其"字，據《端明集》等其他版本改。

⑫② 昏塵滌盡清淨觀："盡"字，底本作"蕩"字，據《四朝詩·元詩》改。

⑫③ 真偽半相瀆："瀆"字，底本闕，《古今事文類聚》作"續"，此據《御選四朝詩》補改。

⑫④ 煮雪：《大全集》卷 15 題作《煮雪齋為貢文學賦禁言茶》。

⑫⑤ 折屐興偏長："折"字，底本均作"斫"字。

⑫⑥ 山本一江石："石"字，底本形訛作"右"字，據沈周《石田詩稿》原文改。

⑫⑦ 不溢亦不騫："溢"字，底本作"益"，《石田詩稿》原文作"溢"。

⑫⑧ 惠山泉用□□韻：底本在"用"和"韻"字之間，有數空格，表示有脫字。

⑫⑨ 酌惠山泉：一作楊萬里撰，《誠齋集》卷 13 題為《酌惠山泉瀹茶》。

⑬⓪ 遊惠山寺：《無錫縣志》卷 4 上題作《謹次君倚舍人寄題惠山翠麓亭韻》。

⑬① 勝遊未至心先厭：《無錫縣志》作"勝處盡至心未厭"。

⑬② 持參萬錢鼎："持參"，一底本作"持恭"，一底本作"恭"，本書作編時，據《宛陵集》原詩改。

⑬③ 洞泉：《全唐詩》卷 850 題為《題慧山泉》。

⑬④ 漪瀾堂：《容春堂續集》卷 1，題作《惠山雜歌》。

⑬⑤ 遊惠山煮泉：《御選宋金元明四朝詩·宋詩》署蘇軾撰，題作《惠山謁錢道人烹小龍團登絕頂望

太湖》。
⑬⑥ 逢山未必更留連："必"字，《御選四朝詩·宋詩》作"免"字。
⑬⑦ 月夜汲第二泉煮茶松下清啜：本文此題疑有誤。《石田詩集》卷491原詩作《月夕汲虎丘第三泉煮茶坐松下清啜》。
⑬⑧ 夜叩僧房覓澗腴："澗"字，《石田詩選》作"履"。
⑬⑨ 惠泉次韻：《東坡全集》卷10原詩題作《遊惠山並敘》。敘釋其與高郵秦觀和杭僧參寥同遊惠山，覽朱宿等人詩，三人用其韻各賦三首。下為蘇軾所吟三首。
⑭⓪ 仰見鴻鶴翔："鴻"字，底本作"鵲"字，據《東坡全集》改。
⑭① 居庸玉泉：《王舍人詩集》卷4題作《玉泉垂虹》。
⑭② 東風西落巖畔花："西"字，底本作"細"，據《吳都文粹》續集改。
⑭③ 建州紫瓷金叵羅："叵"字，底本形訛作"巨"字，據《吳都文粹》續集改。
⑭④ 此水流出山中船：底本，"船"字誤作"鉛"，據《龜巢稿》改。下同。
⑭⑤ 老夫來訪舊僧家，石鐺試瀹趙州茶：《龜巢集》作"老夫來訪舊煙霞，僧鐺試瀹趙州茶。"
⑭⑥ 丁謂：《宛陵集》卷49所收本詩，作梅堯臣撰。
⑭⑦ 上舍銀瓶貯："舍"字，底本闕，據《宛陵集》補。
⑭⑧ 寒溜潛通萬壑陰："潛"字，底本皆作"灌"字，據前文改。
⑭⑨ 七寶泉：《家藏集》卷5，非本文所署的"王璲"，作"吳寬"撰；另題亦為《飲七寶泉》。
⑮⓪ 清水出壑流："水"字，《家藏集》作"泉"字。
⑮① 瓶壺走膏乳："壺"字，《無錫縣志》作"盎"字。底本和方志校錄均不嚴格，近義的一字之差就多，這裏一般不作改動和出校。
⑮② 同弔百年羽："弔"字，《無錫縣志》作"振"字。
⑮③ 江邊老仙不知姓："仙"字，《無錫縣志》作"弱"字。
⑮④ 邵寶國賢：底本無，是《無錫縣志》所加雙行夾注。本書編加。下同。
⑮⑤ 中涵石子莓苔絲："莓"字，一底本作"蕪"字。
⑮⑥ 題陸羽茶亭：《皇甫司勳集》卷32作《陸羽泉茶》。
⑮⑦ 王寵：底本原無，編補。
⑮⑧ 酌虎跑泉：《宋詩鈔》題作《病中遊祖塔院》。
⑮⑨ 因病得閒殊不惡，心安似藥更無方。底本"因"字誤作"目"字；"殊"字刊作"時"字；"安心是"異作"心安似"；"方"作"妨"，據《宋詩鈔》改。
⑯⓪ 道人不識堦前水："識"字，《宋詩鈔》作"惜"字。
⑯① 嫩黃初瀉銀瓶："瀉"字，底本作"湯"字，據《御選歷代詩餘》改。
⑯② 惠山名品好："好"字，底本作"在"字，據《御選歷代詩餘》改。
⑯③ 此中端有澹交情："澹"字，底本作"炎"字，據《御選歷代詩餘》改。

輯佚

岕茶別論

◇明　周慶叔　撰

周慶叔，生平事跡不詳，明代前期人，約和長洲（今蘇州吳縣）沈周(1427－1509)是同時代人，長期隱居江南著名茶區長興，嗜茶，也精於茶事。沈周在《書岕茶別論後》稱，慶叔"所至載茶具，邀余素鷗黃葉間，共相欣賞"，這也就是周慶叔喜茶和與沈周相友的最好也是唯一記述。

《岕茶別論》，關於這點，後來陳繼儒在其《白石樵真稿》中，有較明確的評說。其稱岕茶在明太祖時，便受到朱元璋的知遇，以後便"施於今而漸遠漸傳，漸覺聲價轉重"。並且採造的"蒸、採、烹、洗"諸法，也"悉與古法不同。"而岕茶的所有這些創新和遠播，與"周慶叔著為《別論》以行之天下"，是有直接關係的。現存最早的岕茶專著，是萬曆三十六年（1608）前後長興知縣熊明遇所寫《羅岕茶記》，但周慶叔所撰《岕茶別論》要早一個多世紀。可惜原著除沈周所寫《書岕茶別論後》這一尾跋之外，正文隻字未存。本書除上述陳繼儒有專文提及外，陸廷燦《續茶經·九茶之略·茶事著述名目》也作收錄；本書所輯的《書岕茶別論後》，也即錄自《續茶經·一之源》。

自古名山，留以待羈人遷客，而茶以資高士，蓋造物有深意。而周慶叔者為《岕茶別論》，以行之天下。度銅山金穴中無此福，又恐仰屠門而大嚼者未領此味。慶叔隱居長興，所至載茶具，邀余素鷗黃葉間共相欣賞。恨鴻漸、君謨不見慶叔耳，為之覆茶三嘆。沈周《書岕茶別論後》①

(輯自陸廷燦《續茶經·一之源》)

另附：書岕茶別論後　陳繼儒

"昔人詠梅花云，'香中別有韻，清極不知寒。'此惟岕茶足當之。若閩中之清源、武夷，吳之天池、虎丘，武林之龍井，新安之松蘿，匡廬之雲霧，其名雖大噪，不能與岕梅抗也。自古名山留以待羈人遷客，而茶以資高士，蓋造物有深意。而周慶叔著為《別論》以行之天下，度銅山金穴中無此福，又恐仰屠門而大嚼者未必領此味，則慶叔將無孤行乎哉？

高皇帝題吳興山：'鳥啼紅樹裏，人在翠微中。'又敕顧渚每歲貢茶三十二斤。則岕於國初已受知遇，施於今而漸遠漸傳，漸覺聲價轉重。既得聖人之清，又得聖人之時，第蒸、採、烹、洗，悉與古法不同。而喃喃者猶持陸鴻漸之《經》、蔡君謨之《錄》而祖之，以為茶道在是，當不令慶叔失笑。慶叔隱居長興，所至載茶具，邀余於素鷗黃葉間，共相欣賞，而尤推茶勳於婦翁徐子輿先生。不恨子輿不見此論，恨鴻漸、君謨不見慶叔耳。為之覆茶三嘆。”陳繼儒《白石樵真稿》

校　記

① 沈周《書岕茶別論後》：原置本段文前作頭；這當是陸廷燦編《續茶經》時所改。本書輯收時按一般跋例，仍移回文末。

輯佚

茶藪

◇明　朱日藩　盛時泰　撰

朱日藩，字子价，號射陂。應登（1477－1526）子。揚州寶應人。嘉靖二十三年(1544)進士。歷官烏程(今浙江湖州)知縣，南京刑部主事、禮部郎中，出為九江知府，適遇饑荒，賑貸多所存活。在烏程，因惠政，入名宦祠，在寶應，入鄉賢祠。以詩文聞名於時，有《山帶閣集》。

盛時泰（？－1578），字仲交，號雲浦。應天府上元（今江蘇南京）人。貢生。喜藏書，築室大城山下，書齋名大城山房。才思敏捷，下筆千言立就。善畫水墨山水、竹石，亦工書法。有《城山堂集》、《牛首山志》、《蒼潤軒碑跋》等。

《茶藪》，萬國鼎《茶書總目提要》作《茶事彙輯》四卷。稱“此書見《徐氏家藏書目》及《千頃堂書目》，一名《茶藪》”；並且《徐目》注明是鈔本，“不見其他書目，似已佚。”據陸典《大城山房十詠》尾跋所書，朱君（日藩）嗜茶，“嘗裒古今詩文涉茶事者為一編，命曰《茶藪》”，比較清楚地闡明了編纂的大概情況。《茶藪》最初為朱日藩所輯編的輯集類茶書，原稿三卷或四卷，主要摘錄明代或明以前詩文中有關茶事內容而成。初稿編定以後，朱日藩未急付刻印，而是想祝託陸典等友人繼續收選一些內容充實後再刊。一日陸典在金光初書齋中談及朱日藩《茶藪》初稿事，金光初即將前藏盛時泰《大城山房十詠》和記出之，並和陸典隨即各附言一段，由陸典轉朱日藩續收入或另作一卷附於《茶藪》。陸典交朱日藩的《大城山房十詠》和三篇後記，很可能是作為單獨的一卷另附於後的。也可能正因為這樣，所以在《徐氏家藏書目》和《千頃堂書目》中，《茶事彙輯》才出現盛時泰和朱日藩並署的情況。《茶藪》在收附盛時泰的《大城山房十詠》等之後，可能也未正式刻印或被其他叢書收錄，僅只有少量鈔本傳世。這或許也是本書早佚的主要原因。

本文撰輯的時間，當在萬曆六年（1578）或稍前。至於朱日藩輯編《茶藪》的成稿時間，當是在萬曆六年（1578）或稍前。

本文從《茶水詩詞文藪》中輯出。《茶水詩詞文藪》，為本書改題，南京圖書館作醉茶消客《茶書七種》；南京農業大學中國農業遺產研究室作《石鼎聯句》，均為鈔本。

茶所大城山房十詠[1]　**盛時泰**

雲裏半間茅屋，林中幾樹梅花。掃地焚香靜坐，汲泉敲火煎茶。

茶鼎

紫竹傳聞制古，白沙空說形奇。爭似山房鑿石，恨無韓老聯詩。

茶鐺

四壁青燈掣電，一天碎石繁星。野客採苓同煮，山僧隱几閑聽。

茶罌

一罋細涵藻荇，半泓滿注山泉。欲試龍坑多遠，只虎穴曾穿。

茶瓢

雨裏平分片玉，風前遙瀉明珠。憶昔許由空老，即今顏子何如。

茶函

已倩綠筠自織，還教青箬重封。不贈當年馮異，可容此日盧仝。

茶洗

壺內旗槍未試，爐邊水火初勻。莫道千山塵淨，還令七碗功新。

茶鉼

山裏誰燒紫玉，燈前自製青囊。可是杖藜客至，正當隔座茶香。

茶杯

白玉誰家酒盞，青花此地茶甌。只許喚醒清思，不教除去閑愁。

茶賓

枯木山中道士，綠蘿菴裏高僧。一笑人間白塵，相逢肘後丹經。

右詠十章，白下[2]盛仲交作也。為定所纂《茶藪》適成，因書往次附置焉。想當並收入耳。蓉峯主人[3]錄。

〔後記〕①

〔盛時泰記〕②

往歲與吳客在蒼潤軒燒枯蘭煎茶，各賦一詩。時廣陵朱子价為主客，次日過官舍，道及子价，笑曰："事雖戲題，卻甚新也，須直得一詠。"乃出金山[4]瀾公所寄中泠泉，煮之燈下，酌酒載為賦壁上蘭影。一時羣公並傳以為奇異，云："比年讀書大城山，山遠近多名泉，如祈澤寺龍池水，上莊宮氏方池水，雲居寺澗中水，凌霄寺祠橋下水及雲穴山流水，龍泉菴石窟水，皆遠勝城市諸名泉。而予山顛有泉一小泓，曾甃亂石，名以雲瑤，故道藏經中古仙芝之名，自為作記，然以少僻，不時取，獨戊辰年試燈日，同客攜爐一至其下，時磐石上老梅盛開，相與醉臥竟日夕。今年春來讀書，邵生仲高從之游。予與仲高父子修甫有世契，喜仲高俊逸穎敏，因時為講解。暇時，仲高焚香煎茶啜予，予為道曩昔事，因次十題，將各賦一詩以紀之。未能也。今日仲高再為敲石火拾山荊，予從旁觀之，引筆伸紙，次第其事。茶熟而詩成，遂錄為一帙，以祈同調者和之。庶知空山中一段閒興，不甚寂寞云爾。盛時泰記。

〔金光初題跋〕③

往仲交詩成，持示予。予心賞之，且謂之曰：余將過子山中，恐以我非茶賓也。既而東還，不果往，今年有僧自白下來謁余，曰仲交死山中矣。余驚悼久之，因念大城山故仲交詠茶處，復取讀之，並附數語，以見存亡身世之感云。戊寅冬金光初識。

〔陸典題跋〕④

定所朱君雅嗜茶，嘗裒古今詩文涉茶事者為一編，命曰：《茶藪》，暇日出示予，且囑余曰：世有同好者間有作，為我訪之，來當續入之。久未遑也，昨集玄予齋中，偶談及之。玄予欣然出盛仲交舊詠茶事六言詩十章並記授予，令貽朱君。因追憶曩時與仲交有山中敲火烹茶之約，今仲交已去人間，為之悲愴不勝。玄予因識感於詩後，予亦並記詩之所由來者以掛名其上云爾。平原陸典識。

注　釋

1 大城山房：大城山，在舊南京城東七十里，周二十二里，高八十二丈。盛時泰築室山下，隱居讀書於此，以"大城山房"為書室名。

2 白下：地名，位南京市。本名白石陂，晉陶侃討蘇峻至石頭，築壘於此。南朝宋元嘉二十年，"閱武白下"，即此。唐武德時改金陵為白下，故歷史上有謂金陵或南京為"白下"之稱。

3 蓉峯主人：當即陸典之號。

4 金山：金山，即今江蘇鎮江金山寺之金山。

校　記

① 後記：底本原無，本書作編時加。

② 盛時泰記：底本原無，本書作編時加。

③ 金光初題跋：底本原無，本書作編時加。

④ 陸典題跋：底本原無，本書作編時加。

輯佚

岕茶疏

◇明　佚名

《岕茶疏》，從明黃履道《茶苑》中輯出。所輯四則內容，除第一則中間一段，“然白亦不難”至“則虎丘所無也”與熊明遇《羅岕茶記》所載有類同外，該則頭尾和其他三則內容，不但不見於熊明遇《羅岕茶記》，也不見於“岕茶”其他有關專著；它們顯然出自一本流傳未廣的明代岕茶逸書，故另題《岕茶疏》。

《岕茶疏》全書內容如何，卷數多少？已不可知。至於撰述年代，結合岕茶風行的時間與《茶苑》引錄的較多茶書內容來説，我們推定大致也撰寫於萬曆年間。

熊明遇《岕茶疏》云：蔡君謨謂，“黃金碾畔綠塵飛，白玉甌中翠濤起”二句，當改綠為玉、改碧為素，以色貴白也。然白亦不難，泉清缾淨，葉少水浣，旋啜，其色自白。然真味抑鬱，徒為食耳。若取青綠，則天池、松蘿及岕茶之最下者，雖冬月，色亦如苔衣，何足為妙？莫若余所製洞山。自穀雨後五日，以湯薄澣，貯壺良久，其色如玉。至冬則嫩綠，味甘色淡，韻清氣醇，嗅之亦虎丘嬰兒之致，而芝芬浮蕩，則虎丘所無也。有以木蘭墜露、秋菊落英比之者。木蘭仰萼，安得墜露？秋菊傲霜，安得落英？莫若李青蓮“梨花白玉香”一語，則色味都在其中矣。

《岕茶疏》云：凡煮茶，銀瓶為最佳，而無儒素之致。宜以磁罐煨水，而滇錫為注，活火煮湯，候其三沸，如坡翁云“蟹眼已過魚目生，颼颼欲作松風聲”，是火候也。取茶葉細嫩者，用熟湯微浣，粗者再浣，置片晌，俟其香發，以湯沖入注中方妙。冬月茶氣內伏，須於半日前浣過以聽用。亦有以時大彬壺代錫注者，雖雅樸而茶味稍醇，損風致。

(以上錄自本書《茶苑》卷十三)

熊明遇《岕茶疏》云：羅岕茶，人常浮慕盧、蔡諸賢嗜茶之癖。間一與好事者致東南名產而次第之，指必羅岕。云主人每於杜鵑鳴後，遣小吏微行山間購之，不以官檄致，即或採時晴雨未若，或產地陰陽未辨，甘露肉芝艱於一遘，亦往往得佳品。主人舌根多為名根所役，時於松風竹雨、暑晝清宵，呼童汲水、吹爐，依依覺鴻漸之致不遠。至為邑六載，而得洞山者之產，脱盡凡茶之器，偶泛舟苕上，偕安吉陳刺史，故稱舉賞，不覺擊節曰：“半世清遊，當以今日為第一碗，名冠天下，不虛也。”主人因念不及遇君謨輩一品題，而吳中豪貴人與幽士所購，又僅其中駟，主人得為知己，因緣深矣。旦暮行以瓜期代，必不能為梁溪水遞愛授之筆楮永以為好。它時雨後花明，夜前鶯老展之几上，庶幾乎神遊明月之峽，清風兩腋生也。因為之歌，歌曰：“瑞草魁，瑯玗質，瑤蕊漿，名為羅岕，問其陽羨之陽。”

《岕茶疏》云：岕有秋茶，取過秋茶，明年無茶矣，土人禁之。韻清味薄，旋採旋烹，了無意趣，置磁瓶中，旬日其臭味始發。楓落梧凋，月白露冷，之後杯中鬱然一種先春風味，亦奇快也。諸茶惟岕茶能受眾香，先以時花宿錫注中，良久，隨浣茶入熟湯，氣韻所觸，滴滴如花上露也。梅蘭第一，茉莉、玉蘭次之，木犀則濁矣，梨花、藕花、荳花，隨意置之，都自幽然。

(以上錄自本書《茶苑》卷十四)

輯佚

茶史

◇ 明後期至清初　佚名　撰

《茶史》，本書由《茶苑》中輯出。此前，無人提及和知此為一本茶書。其他各書不引，只《茶苑》一書一再引述。黃履道《茶苑》，北京中國國家圖書館書目，《中國古籍善本書目》，俱題明黃履道撰，本書收校時，考為偽託，書中有大量明嘉、萬年間的作品，還收有部分清朝初期的茶書。鑒此，本書也只得將從是書中輯出的本文，暫定為撰寫於明代後期至清代初年。

但本書作考時，也獲得這樣一點線索。即在《茶苑》引錄本文中，在卷八錄有這樣一句，"《茶史》云：明月之峽，厥有佳茗。"循此筆者繼續向它書尋索，結果在明許次紓《茶疏》中，又獲得這樣一句："姚伯道云：明月之峽，厥有佳茗，是名上乘。"姚伯道，事跡不詳，大概是許次紓同時代的江南尤其錢塘和湖州一帶名士，也許即是《茶史》的編著者。

所輯佚文如下：

歙州之先春、早春茶品，在宋已登貢籍。及今，松蘿之亞也。焙製片、散未詳。(《茶苑》卷四)

湖州府長興縣顧渚山，產茶精美絕倫，有紫筍、懶筍、龍坡山子之名，為浙茶之冠。(《茶苑》卷五)

婺州產茗極佳，爰有三種，曰碧貌、東白、洞源，以碧貌為勝。(《茶苑》卷五)

南昌府西山產羅漢茶，葉如豆苗，香清味美，郡人珍之，號羅漢茶。(《茶苑》卷六)

廣信府府城北茶山，產茶絕佳。唐陸羽常居此。(《茶苑》卷六)

南安府上猶縣石門山，產茶磨精絕。(《茶苑》卷六)

明月之澗有佳茗，在昔其名甚著。(《茶苑》卷八)

明月之峽，厥有佳茗。(《茶苑》卷八)

《茶錄》以涪州賓化茶為蜀茶之最，地不多產，外省所得頗艱，其品可亞蒙山。(《茶苑》卷八)

彰明縣產綠昌明茶，香清味美，冠絕兩川諸茗。故《李太白集》有詩云："渴飲一碗綠昌明"云云，即詠此茶也。(《茶苑》卷八)

輯佚

茶説

◇明　邢士襄　撰

邢士襄，字三若，生卒年月和事跡不詳。所著《茶説》，最早見於屠本畯《茗笈·品茶姓氏》。屠本畯《茗笈》撰於萬曆三十八年（1610），説明邢土襄大概是生活於嘉萬年間人。

本文所錄下列兩條邢士襄《茶説》資料，分別輯自《茗笈》和《續茶經》兩書：

淩露無雲，採候之上；霽日融和，採候之次；積雨重陰①，不知其可。(屠本畯《茗笈·第三乘時章》)

夫茶中著料，碗中著果，譬如玉貌加脂，蛾眉染黛，翻累本色矣。(陸廷燦《續茶經·六之飲》)

校　記

① 積雨重陰："雨"字，陸廷燦《續茶經·三之造》作"日"字，疑誤。

輯佚

茶考

◇明　徐𤐰　撰

徐𤐰生平事跡，見本書《蔡端明別記·題記》。

《茶考》，一作《武夷茶考》，是一卷有關武夷茶史考述的專著，但這裏輯錄的，好像只是其中的一段"按"語。《茶考》的刊刻情況不詳，僅知最早引錄它的是明代喻政的《茶集》。《茶集》署為萬曆三十九年（1611）編，說明本文的寫作至遲不會遲於這年。清代陸廷燦《續茶經》的《九茶之略·茶事著述名目》，將本文和陸羽《茶經》、蔡襄《茶錄》、朱權《茶譜》等並列視為一種著作。但萬國鼎在其《茶書總目提要》中，卻只收錄徐𤐰《蔡端明別記》(本書重新定名為《蔡端明別紀·茶癖》) 和《茗譚》，對《茶考》就態度審慎，"不敢盲從"，未作收錄。我們這裏遵從陸廷燦的意見，將《茶考》作為一種已佚茶書予以輯存。

本文下錄內容，分別輯自喻政《茶集》和陸廷燦《續茶經》。

按：丁謂製龍團，蔡忠惠[1]製小龍團，皆北苑事。其武夷修貢，自元時浙省平章[2]高興[3]始，而談者輒稱丁、蔡。蘇文忠公詩云："武夷溪邊粟粒芽，前丁後蔡相寵加"，則北苑貢時，武夷已為二公賞識矣。至高興武夷貢後，而北苑漸至無聞。昔人云：茶之為物，滌昏雪滯，於務學勤政，未必無助；其與進荔枝、桃花者不同。然充類至義，則亦宦官、宮妾之愛君也。忠惠直道高名，與范、歐相亞；而進茶一事，乃儕晉公。君子舉措，可不慎歟？

(據清陸廷燦《茶經》輯錄)

按：《茶錄》諸書，閩中所產茶，以建安北苑第一，壑源諸處次之。然武夷之名，宋季未有聞也。然范文正公《鬥茶歌》云："溪邊奇茗冠天下，武夷仙人從古栽"。蘇子瞻亦云："武夷溪邊粟粒芽，前丁後蔡相寵加"，則武夷之茶，在前宋亦有知之者，第未盛耳。

元大德間，淛江行省平章高興，始採製充貢，創闢御茶園於四曲，建第一春殿、清神堂、焙芳、浮光、燕嘉、宜寂四亭。門曰仁風，井曰通仙，橋曰碧雲。國朝寢廢為民居，惟喊山臺、泉亭故址猶存。喊山者，每當仲春驚蟄日，縣官詣茶場，致祭畢，隸卒鳴金擊鼓，同聲喊曰："茶發芽"，而井水漸滿；造茶畢，水遂渾涸。而茶戶採造，有先春、探春、次春三品；又有旗槍、石乳諸品，色香味不減北苑。國初罷團餅之貢，而額貢每歲茶芽九百九十觔，凡四品。嘉靖三十六年，郡守錢璞奏免解茶，將歲編茶夫銀二百兩解府造辦解京，御茶改貢延平，而茶園鞠為茂草，井水亦日湮塞。然山中土氣宜茶，環九曲之內，不下數百家，皆以種茶為業，歲所產數十萬斤。水浮陸轉，鬻之四方，而武夷之名，甲於海內矣。宋元製造團餅，稍失真味，今則靈芽仙萼，香色尤清，為閩中第一。至於北苑、壑源，又泯然無稱。豈山川靈秀之氣，造物生植之美，或有時變易而然乎？

(據明喻政《茶集》輯錄)

注 釋

1 蔡忠惠：即蔡襄，忠惠是其卒後的謚號。

2 浙省平章：地方官名。浙省，全稱為江浙行省，地轄江南、浙江一直到福建等地。平章，此為元代平章政事的簡稱，為一行省的首長，掌全省軍、民、刑、政之事。

3 高興（1245－1313）：蔡州人，字功起。力挽二石弓，先為宋陳奕部將，元始祖至元十二年，隨奕降元，授千戶。宋亡，升管軍萬戶，先後鎮壓東陽、漳州等地漢人的反元鬥爭。至元二十九年，出任管理福建行省的右丞，改平章政事，最後官至左丞相，商議河南省事。卒謚武宣。

輯佚

茗説

◇明　吳從先　撰

吳從先，明萬曆新都（今安徽休寧和歙縣）人，字寧野。明嘉萬年間，興起一股編書刻書熱，而且相效以唐以前的古地名，如“新安”、“新都”以至“丹陽”，題署籍貫。吳從先作為其時其地的一名士紳，亦投趣其中。他喜好撰寫俳諧遊戲雜文，除刻印過自撰《小窗自紀》四卷、《艷紀》十四卷、《清紀》五卷、《別紀》四卷外，還刻印過明李贄《霞漪閣校訂史綱評要》三十六卷。

《茗説》（佚）的撰刊時間，當和吳從先上述著作大致相同。除清陸廷燦《續茶經》在“八之出”有引和“九之略”《茶事著述名目》收錄外，未見其他藝文志、書目和茶書收錄。本文現僅從《續茶經·八之出》輯出“松蘿子”一則百餘字，由此一段文字也可以看出《茗説》不全是輯集類茶書，至少有部分內容是作者自著的。

松蘿子，土產也。色如梨花，香如豆蕊，飲如嚼雪。種愈佳，則色愈白，即經宿無茶痕，固足美也。秋露白片子更輕清若空，但香大惹人，難久貯，非富家不能藏耳。真者其妙若此，略混他地一片[1]，色遂作惡，不可觀矣。然松蘿[2]地如掌，所產幾許，而求者四方雲至，安得不以他混耶！

（據清陸廷燦《續茶經》輯錄）

注　釋

1　略混他地一片：意指摻雜其他地方少量次茶。在明清安徽的《徽州府志》、《歙縣志》和《休寧縣志》中，稱“松蘿”的“不及號者”為片茶。

2　松蘿：山名，在今安徽休寧境內。萬曆三十五年《休寧縣志·物產》載：“茶，邑之鎮山曰松蘿，以多松名，茶未有也。遠麓為榔源，近種茶株，山僧偶得製法，遂托松蘿，名噪一時……士客索茗松蘿，司牧無以應，徒使市恣贋售”。根據萬曆《休寧縣志》這一記載，似可推定，吳從先撰寫本文的時間，不會早於此前很久，極有可能就是撰刊該誌也即萬曆三十五年前後的事情。

輯佚

六茶紀事

◇明　王毗　撰

王毗，生平事跡不詳。李日華《六研齋三筆·紫筍茶》稱："余友王毗翁攝霍山令，親治茗修貢事，因著《六茶紀事》一篇，每事詠一絕。余最愛其《焙茶》一絕。"知其明代晚年做過霍山知縣（今屬安徽六安市），並撰寫過《六茶紀事》。李日華所述這一段內容，並收於章銓《吳興舊聞補》。查《六安州志》、《霍山縣志》，無見王毗的傳記和事跡，僅在《霍山縣志》"藝文"中，提及"攝令王毗《焙茶》詩"。那末王毗是甚麼時候知霍山縣的呢？由李日華《六研齋二筆》撰於明崇禎三年（1630）這點來推，王毗知霍山縣事和撰寫《六茶紀事》的時間，可能就在明天啟（1621—1627）和崇禎初年的八、九年間。由李日華稱王毗為"翁"這點來推，這時王毗的年齡，大概已五十出頭或已過花甲之年。

《六茶紀事》佚文，僅存《焙茶》詩一首，輯自清同治《六安州志》卷五十四霍山縣"攝令王毗翁《焙茶》"詩：

《焙茶》詩：露蕊纖纖纔吐碧，即妨葉老採須忙。家家篝火山窗下，每到春來一縣香。

中國歷代茶書匯編

校注本

下

中國歷代茶書匯編校注本

下

主編 鄭培凱 朱自振

商務印書館

中國歷代茶書匯編校注本（全二冊）

主　　編：鄭培凱　朱自振
編　　輯：沈冬梅　戴　燕　張為群
責任編輯：莊　昭　楊克惠
出　　版：商務印書館（香港）有限公司
香港筲箕灣耀興道 3 號東滙廣場 8 樓
http://www.commercialpress.com.hk
發　　行：香港聯合書刊物流有限公司
香港新界大埔汀麗路 36 號中華商務印刷大廈 3 字樓
印　　刷：美雅印刷製本有限公司
九龍觀塘榮業街 6 號海濱工業大廈 4 樓 A
版　　次：2020 年 6 月第 5 次印刷

ISBN 978 962 07 3153 2
Printed in Hong Kong

目　錄

上編　唐宋茶書

唐五代茶書

宋元茶書

中編　明代茶書

下編　清代茶書

附錄

下編 清代茶書

茗笈

◇ 明　《六合縣志》輯錄

本書原載清順治三年（1646）《六合縣志》，最初由陳祖槼、朱自振編《中國茶葉歷史資料選輯》輯出，不署作者、年代。

歷史上，六合縣飲茶不興，也少有種茶，從《六合縣志》所錄《茗笈·敘》稱"今輯諸家茶政中精要語"，"使有同志者，專藝為業，遂可代耕"云云來看，本書帶有推廣茶事的性質。全書十四節，從"溯源"到"衡鑑"的十三節，完全脱胎於明代屠本畯的《茗笈》，而最後一節"談茶"的內容，也似取材於《泰西熊三拔試水法》。值得注意的是，本書編者大概基於實用的目的，並不盲從經典名家，反以為"人各為論，不相沿襲"，"奚止誇為鴻漸功臣哉"，所以它雖然處處效仿屠本畯的《茗笈》，但對屠書裏引用的《茶經》，卻是一字也不採錄。

此次輯錄，仍從順治三年《六合縣志》本。

品茶者從來鑒賞，必推虎丘第一，以其色白，香同嬰兒肉，此真絕妙論也。次則屈指棲霞山，蓋即虎丘所傳匡廬之種而移植之者。曩有業茶徽賈遊靈巖[1]，謂水清地沃，極宜種茶；語若有憑，惜無植者。今輯諸家茶政中精要語，類列十四則。人各為論，不相沿襲。使有同志者，專藝為業，遂可代耕，奚止誇為鴻漸功臣哉！

第一溯源[①]

贊曰……安得登枚而忘其本。

吳楚山谷間……故不及論。[2]

第二得地

贊曰……燁燁靈荈……負陰向陽。

產茶處……滓厥清真。

第三乘時

贊曰……君子所憑。

清明太早……不知其可。

第四揆制

贊曰……於斯信汝。

斷茶……絕焦點者最勝。

室高不踰尋……則所從來遠矣。

第五藏茗

贊曰……云胡不藏。
藏茶宜箬葉而畏香藥……或秋分後一焙。
凡貯茶之器……青翠如新。
第六品泉
贊曰……以滌煩襟。
山宣氣以養萬物……則澄深而無蕩漾之漓耳。
山頂泉……負陰勝於陽。
甘泉……乘熱投之。
貯水瓮須置陰庭……水神敝矣。
第七候火
贊曰……存乎其人。
火必以堅木炭為上……斯文武火之候也。
第八定湯
贊曰……跂石眠雲。
水入銚便須急煮……過時老湯決不堪用。
茶碾磨作餅……元神發也。
第九點瀹
贊曰……媚我仙芽。
茶注宜小……其餘以是增減。
一壺之茶……猶堪飯後供啜之用。
第十辨器
贊曰……敗乃公事。
金乃水母……正取砂無土氣耳。
茶具滌畢……亦無大害。
第十一申忌
贊曰……至今為嘅。
茶性畏紙……酷熱齋舍。
第十二相宜[②]
贊曰……為君數舉。
煎茶非漫浪……故難與俗人言矣。
第十三衡鑒[③]
贊曰……衡鑒之妙。
茶之色重……蠶荳花次。
第十四談茶
贊曰：斯葬賞題，亦既眾只，秋摘冬青，展也知已。

茶以春萌勝，貴其香也。近有秋摘者，味尤爽烈益。夏炎濕蒸，春芽易顛，秋氣蕭瑟，冬盡尤青。蔡獻臣《談茶》[3]

虎丘茶色白而味香，然憑萬頃雲俯瞰僧園，敝株盡矣。所出絕稀，味亦不能過端午。

茶與酒清濁美惡，入口自知。所貴君子之交，淡而有味，香勝者未為上品。

附泰西熊三拔[4]試水法：

試水美惡，辨水高下，其法有五，凡江河井泉雨雪之水，試法並同。

第一煮試：取清水置淨器煮熟，傾入白磁器中，候澄清。下有沙土者，此水質惡也；水之良者無滓。又水之良者，以煮物則易熟。

第二日試：清水置白磁器中，向日下令日光正射水，視日光中若有塵埃絪縕如遊氣者，此水質惡也。水之良者，其澄澈底。

第三味試：水元行也，元行無味，無味者真水。凡味皆從外合之，故試水以淡為主，味甘者次之，味惡為下。

第四秤試：冬種水欲辨美惡，以一器更酌而秤之，輕者為上。

第五絲綿試：又法用紙或絹帛之類，其色瑩白者，以水蘸候乾，無跡者為上也。

注　釋

1 靈巖：即靈巖山，在安徽六安東南瓜埠鎮附近。

2 本篇刪節處均見明代屠本畯《茗笈》，不一一注明。

3 蔡獻臣《談茶》：蔡獻臣，字體國，同安人。萬曆十七年進士，為人正直，有政績，知湖廣按察使遭劾罷歸時，百姓遮留。後起浙江寧海道，陞浙江省督學，擢光祿少卿。卒贈少司，有《清白堂稿》等行世。《談茶》查未見，不知是專文還是零敘。

4 熊三拔：字有綱，意大利人，天主教耶蘇會傳教士。萬曆三十四年（1606）到中國，隨利瑪竇做助手。後協助徐光啟、李之藻翻譯行星説，製造蓄水、取水諸器。著有《泰西水法》、《簡平儀説》等書。本文《試水法》，即輯自熊三拔《泰西水法》。

校　記

① 第一溯源：屠本畯《茗笈》作“第一溯源章”，本文省去“章”；前十三目，都為如此。本書編者在編校時，為便於表述，在行文中，改屠書“章”稱節。

② 第十二相宜：在此節前，本文刪略屠本畯《茗笈》“防濫”、“戒淆”兩章，故在屠書為第十四章。

③ 第十三衡鑒：屠本畯《茗笈》為“第十五衡鑒章”。

虎丘茶經注補

◇ 明末清初　陳鑒　撰①

陳鑑（1594－1676）字子明，明末南越化州（今廣東化州）人，萬曆四十六年（1618）鄉試經魁，翌年赴京會試，因批評時政而落第。崇禎初任江夏（治所在今湖北武昌）教諭，遷貴州考官、南京兵部司務及華亭知縣等。清順治甲申（1644），因私藏義軍首領等罪名入獄八年，出獄後僑居蘇州城郊，康熙十五年（1676）在松江去世。著作有《天南酒樓詩集》、《江夏史》等。

《虎丘茶經注補》，據陳鑑説，是他“乙未遷居虎丘”後完成的，所謂“乙未”，當指順治十二年（1655），此時他正住在蘇州。萬國鼎《茶書總目提要》評價此書“把有關資料聚集在一起，是它的優點，但是編寫體例過於別致，內容又很蕪雜”，今天來看，陳鑑在注和補中提供的虎丘茶資料，有價值的確實不多。

本書收錄在《檀几叢書》裏，陸廷燦《續茶經》曾經引錄。此次排錄，底本即從《檀几叢書》本。

陳子曰，陸桑苧翁《茶經》漏虎丘，竊有疑焉。陸嘗隱虎丘者也，井焉、泉焉、品水焉，茶何漏？曰：“非漏也，虎丘茶自在《經》中，無人拈出耳。”予乙未遷居虎丘，因注之、補之；其於《茶經》無以別也，仍以注、補別之，而《經》之十品備焉矣。桑苧翁而在，當啞然一笑。

一之源

經　茶，樹如瓜蘆，瓜蘆，苦杄[1]也；廣州有之，葉與虎丘茶無異，但瓜蘆苦耳花如白薔薇②。虎丘茶，花開比白薔薇而小，茶子如小彈。上者生爛石，中者生礫壤。虎丘茶園，在爛石礫壤之間野者上，園者次，虎丘野而園宜陽崖陰林。虎丘之西，正陽崖陰林。紫者上，綠者次；筍者上，芽者次；葉卷上，葉舒次。虎丘紫綠，筍芽卷舒皆上。

補　鑒親採數嫩葉，與茶侶湯愚公小焙烹之，真作荳花香。昔之鬻虎丘茶者，盡天池也。

二之具

經　籯籃筥，以竹織之，茶人負以採茶。虎丘由下竹佳，籯小；僧人即茶人。竈釜甑，虎丘焙茶同杵臼碓，規模棬，承臺礎碾。唐、宋製茶屑同，今葉茶不用。筅篛、簩筤，以小竹長三尺，軀二尺五寸，柄五寸，篾織方眼。四者大小不一，以別茶也。虎丘同。棚，一日棧，以木構於焙上，編木兩層以焙。虎丘同。 茶半乾，貯下層；全乾，升上層。虎丘同。串：一斤為上串，半斤為中串，四兩為小串。串，一作穿，謂穿而掛之。虎丘同。育，以木為之，以竹編。中有槅，上有覆，下有牀，旁有門。中置一器，貯煻火，令熅熅然。江南梅雨時，燥之以炭火。虎丘同。

三之造

經　凡採茶，在二三四月間。茶之筍者，生爛石土，長四五寸，若薇蕨始抽，淩露採之。茶之芽，發於叢薄之上，有三枝、四枝、五枝者，選中枝穎拔佳。其日有雨不采，晴有雲氣不採。採之、蒸之、焙之、穿之、封之，茶其乾矣。與虎丘采焙法同，但陸經有擣之、拍之，今不用。茶有千萬狀，如〔胡〕人③靴者，蹙縮者；犎牛臆者，廉襜者；浮雲出山者，輪囷者；輕飆拂水者，涵澹然；此皆茶之精腴。有如竹籜者，其形簏簁然；有如霜荷者，厥狀委萃然；此皆茶之瘠老。自胡靴至於霜荷八等，出膏者光，含膏者皺；宿製則黑，日成則黃；蒸壓則平正，縱之則坳垤。虎丘之品，真如胡靴至拂水製之，精粗存乎其人。

補　黃儒《茶錄》[2]：一戒采造過時，二戒白合、盜葉，三戒入雜，四戒蒸不熟及過熟。穀雨後謂之過時。茶芽有雨④、小葉抱白，是為盜葉；雜以楊、柳、柿，是為入雜。

四之水

經　泉水上，天雨次，井水下。虎丘石泉，自唐而後，漸以填塞，不得為上；而憨憨之井水，反有名。

補　劉伯芻《水記》：陸鴻漸為李季卿品虎丘劍池石泉水，第三；張又新品劍池石泉水，第五。[3]《夷門廣牘》[4]謂：虎丘石泉，舊居第三，漸品第五。以石泉泓渟，皆雨澤之積，滲竇之潢也。況闔廬墓隧[5]，當時石工多閟死，僧眾上棲，不能無穢濁滲入。雖名陸羽泉，非天然水，道家服食，禁屍氣也。

鑒：欲濬劍池之水，鑿小渠流入鶴澗。則泉得流而活矣。⑤李習之[6]謂，“劍池之水，不流為恨事。”然哉。

五之煮

經　山水、乳泉，石泓漫流者，可以煮茶。⑥陸羽來吳時，劍池未塞，想其涓涓之流；今不堪煮。湯之候[7]，初曰蝦眼，次曰蟹眼，次曰魚眼，若松風鳴，漸至無聲。蝦、蟹、魚眼，言鍑內水沸之狀也。聲如松濤，漸緩，則火候到矣，過此則老。勿用膏薪爆炭。乾炭為宜，乾松筴尤妙。

補　蘇廙傳：湯者，茶之司命。若名茶而濫觴（湯），則與凡莽無異。故煎有老嫩，注有緩急，無過不及，是為茶度。[8]

陸平泉[9]《茶寮記》：茶用活火，候湯眼鱗鱗起，沫餑鼓泛，投茗器中。初入湯少許，使湯茗相投，即滿注；雲腳漸開，乳花浮面，則味全。蓋唐宋茶用團餅，碾屑味易出。今用葉茶，驟則味乏，過熟則昏濁沉滯矣。

經　器用風爐、炭檛、鍑、火夾、紙袋、都籃、漉水囊、瓢、碗、滌巾。[10]

補　錫瓶：宜興壺，粗泥細作為上。甌盞：哥窯厚重為佳。瓶壺用草小薦，防焦漆几。

六之飲

經　茶有九難：曰造、曰別、曰器、曰火、曰水、曰炙、曰末、曰煮、曰飲。陰採夜焙，非造也；嚼味嗅香，非別也；羶鼎腥甌，非器也；膏薪爆炭，非火也；飛灘（湍）壅潦，非水也；外熟內生，非炙也；碧粉縹塵，非末也；操艱攪遽，非煮也；夏興冬廢，非飲也。今不用末，當改曰"紙包甕貯"，非藏也。

補　陸平泉《茶寮記》：品茶非漫浪，要須其人與茶品相得，故其法獨傳於高流隱逸，有雲霞泉石磊塊胸次者。

陳眉公《秘笈》[11]：涼臺靜室，明窗淨几，僧寮道院，竹月松風，晏坐行吟，清談把卷，茶候也。翰卿墨客，緇流羽士，逸老散人，或軒冕而超軼世味者，茶侶也。

高深甫《八箋》[12]：飲茶，一人獨啜為上，二人次之，三人又次之，四五六人，是名施茶。

鑒謂：飲茶如飲酒，其醉也非茶。

七之出⑦

經　浙西產茶。以湖州顧渚上，常州陽羡次，潤州傲山又次，蘇州洞庭山下。不言蘇州虎丘，止言洞庭山，豈羽來時，虎丘未有名耶。

補　《姑蘇志》[13]：虎丘寺西產茶。虎丘寺西，去劍池不遠，天生此茶，奇；且手掌之地，而名聞於四海，又奇。

唐張籍《茶嶺》詩有："自看家人摘，尋常觸露行"之句。朱安雅以為今二山門西偏，本名茶嶺，今稱茶園。張文昌[14]居近虎丘，故看家人摘茶，又可見唐時無官封茶地。

八之事

經　《吳志·韋曜傳》：曜飲酒不過二升。皓初禮曜，常密賜茶荈以代酒。又劉琨《與兄子南紈州刺史演書》：吾體中憒悶，常仰吳茶⑧，汝可置之。

補　鑒按：《茶經》七之事，多不備。如王褒《僮約》：武陽販茶。許慎《説文》：茗、茶芽也。張華《博物志》：飲真茶者，少眠。沈懷遠《南越志》：茗，苦澀，謂之過羅。四事在唐以前，而羽失載。羽同時常伯熊，臨淮人。御史大夫李季卿，次臨淮，知伯熊善煮茶，名之。伯熊執器而前，季卿再舉杯。至江南，聞羽名，亦名之。羽衣野服而入季卿不為禮。羽因作《毀茶論》，為季卿也。國初，天臺起雲禪師住虎丘，種茶。徐天全有齒謫回，每春末夏初，入虎丘，開茶社。吳匏菴[15]為翰林時假歸，與石田[16]遊虎丘，採茶，手煎，對啜，自言有茶癖。文衡山[17]素性不喜楊梅，客食楊梅時，乃以虎丘茶陪之。羅光璽作《虎丘茶記》，嘲山僧有替身茶。宋懋澄欲伐虎丘茶樹。鍾伯敬[18]與徐元歎[19]有《虎丘茶訊》，謂兩人交情，數千里以買茶為名，一年通一信，遂成故事。伯敬築室竟陵，云將老焉，遠遊無期，呼元歎賈餘力一往。元歎有《答茶訊詩》。醉翁曰："茶樹一種入地，不可移；移即死，故男女以茶聘，朋友之交亦然。"鍾徐茶訊，是之取耳。聞元歎有《奠茶》文。譚友夏[20]《冬夜拜伯敬墓》詩云："姑蘇徐逸士，香雨祭茶時。"又有詩《寄元歎》云："河上花繁多有淚，吳天茶老久無香。"正感二子之交情也。

九之撰

經　鮑令暉有《香茗賦》。

補　宋姑蘇女子沈清友[21]，有《續鮑令暉香茗賦》。見楊南峯《手鏡》。鑒有《虎丘茶賦》見賦部。

唐韋應物《喜武丘園中茶生》⑨詩：潔性不可污，為飲滌塵煩。此物信靈味，本自出山原⑩。聊因理郡餘，率爾植山⑪園。喜隨眾草長，得與幽人言。

張籍《茶嶺》詩：紫芽連白葉⑫，初向嶺頭生。自看家人摘，尋常觸露行。

陸龜蒙《煮茶》詩：閒來松間坐，看煮松上雪。時於浪花生，併下藍英末。傾餘精爽健⑬，忽似氛埃滅。不合別觀書，但宜窺玉札。

皮日休《和煮茶》詩：香泉一合乳……鑒按：皮陸茶詠各十首，俱詠顧渚，非詠虎丘也。但二公俱蹤跡虎丘，摘其一以存虎丘茶事。

國初王璲[22]《贈天台起雲禪師住虎丘種茶》詩：上人住孤峯，清閒有歲月。袖帶赤城霞，眉端凝古雪。種茶了一生，經綸入萌蘗。斯知一念深，於義亦超絕。

羅光璽觀虎丘山僧採茶，作詩寄沈朗倩[23]云：晚塔未出煙，曉光猶讓露。僧雛啟竹扉，語響驚茶寤。雲摘手知肥，衲裏香能度。老僧是茶佛，須臾畢茶務。空水澹高情，欲飲仍相顧。山鳥及閒啼，松花壓庭樹。

陳鑒《補陸羽採茶詩並序》：陸羽有泉井，在虎丘，其旁產茶。地僅畝許，而品冠乎羅岕、松蘿之上。暇日游觀，憶羽當日必有茶詩，今無傳焉。因為補作云。"物奇必有偶，泉茗一齊生。蟹眼聞煎水，雀芽見鬥萌。石梁苔齒滑，竹院月魂清。後爾風流盡，松濤夜夜聲。"

鍾惺《虎丘品茶》詩："水為茶之神，飲水意良足。但問品泉人，茶是水何物。""飲罷意爽然，香色味焉往。不知初啜時，何從寄遐想。""室香生爐中，爐寒香未已。當其離合間，可以得茶理。"

崔浩《封茶寄文祠部》詩：細摘春旗和月焙，晨興封裹寄東曹。秋清亦可助佳興，白舫青簾山月高。

劉鳳[24]《虎丘採茶曲》：山寺茶名近更聞，採時珍重不盈斤。直輸華露傾仙掌，浮沫春瓷破白雲。

陳鑒《虎丘試茶口號》：蟹眼正翻魚眼連，拾燒松子一條煙。攜將第一虎丘品，來試惠山第二泉。

吳士權《虎丘試茶》詩："虎丘雪穎細如針，荳莢雲腴價倍金。後蔡前丁渾未識，空從此苑霧中尋。" "響停唧唧砌蟲餘，□□吹雲繞竹爐。泉是第三茶第一，仙芽傳裏未曾書。"

朱隗[25]《虎丘採茶竹枝詞》："鐘鳴僧出亂塵埃，知是監司官長來。攜得梨園高置酒，閶門留着夜深回。""官封茶地雨前⑭開，皂隸衙官攪似雷。近日正堂偏體貼，監茶不遣掾曹來。""茶園掌地產希奇，好事求真貴不辭。辨色嗅香空賞鑒，那知一樣是天池。"

十之圖

經　以素絹，或四幅、或六幅分題寫之，陳諸座隅；則茶之源、之具、之造、之水、之煮、之飲、之出、之事、之撰俱在圖中，目擊而存。

補　李龍眠[26]有《虎丘採茶圖》，見題跋。沈石田為吳匏菴寫《虎丘對茶坐雨圖》，今在王仲和處。王仲山[27]有《虎丘茗碗旗槍圖敘》。沈石天[28]每寫《虎丘圖》，四面不同，春山秋樹，夏雲冬雪，種種奇絕。鑒：茲補陸不圖而圖，庶不沒虎丘茶事。

注　釋

1　苦枖（yāo）："枖"，《說文》"木少盛貌"。通夭，詩"桃之 枖枖"，也作"夭夭"。但此處不作上解，當如《集韻》"木華茂"之外的另一釋義，即"木名"，作"瓜蘆"的別名解。

2　黃儒《茶錄》：當指宋代黃儒所撰的《品茶要錄》。

3　本段所補內容，均出自張又新《煎茶水記》。陳鑒這裏稱"劉伯芻《水記》陸鴻漸"品虎丘水"第三"；張又新品"第五"，有舛錯。前者所謂劉伯芻《水記》載陸羽品虎丘水，實際係張又新《煎茶水記》載劉伯芻"較水之與茶宜"所第；後面所說"張又新品"為第五，倒是《煎茶水記》稱"陸鴻漸為李季卿品"水內容。

4　《夷門廣牘》：叢書名。明萬曆間嘉興周履靖輯。履靖，字逸之，號梅顛道人，又號螺冠子。《夷門廣牘》共輯錄歷代稗官雜記和撰者自詠自著詩文107種、158卷，其中如藝苑、博雅、禽獸、草木等等，保存有不少古代經驗和技術內容。

5　闔閭墓隧："墓隧"，謂墓道。闔閭（？－前496），一作闔廬，春秋末年吳國國君，名光，吳王諸樊之子。前496年與越王勾踐戰，兵敗檇李（今浙江嘉興西南），受傷死，葬於其所建虎丘劍池下陵墓。相傳其墓隧有銅椁三重，水銀為池，金玉為鳧，徵十萬民工歷三年而成。

6　李習之：即李翺，習之是其字，唐趙郡（或作成紀）人。貞元十四年（798）進士，始授校書郎，後遷國子監博士、史館修撰。出為朗州刺史。元和初，入為諫議大夫，尋拜中書舍人，俄出為鄭州刺史、湖南觀察使等職。始從韓愈習文，有《李公文集》。

7　"湯之候"以下至"漸至無聲"這段內容，甚至宋元時文獻中也無此系統候湯說法。陸羽《茶經》，在"五之煮"中，與此相關的，僅"其沸，如魚目微有聲為一沸"一句。宋時在有些詩句中，如蘇軾《試院煎茶》詩“蟹眼已過魚眼生，颼颼欲作松風鳴”；胡仔《試茶》詩有“碾成天上龍兼鳳，煮出人間蟹與蝦。”提出了蝦、蟹、魚三眼；但如龐元英在《談藪》中所説：“俗以湯之未滾者為盲湯，初滾曰蟹眼，漸大曰魚眼；其未滾者無眼，所語盲也”；把蝦眼作為蟹眼前的第一個湯候，在宋時還未，是明以後形成的。所以，陳鑒在本文中引錄的《茶經》，不但有的文字有出入，有的甚至把明以後別的書的內容，雜揉妄稱為《茶經》內容，如引用時，務請查核原書。

8 蘇廙“傳”以下所錄文字，實際為蘇廙《十六湯品》內容，但僅前二句相近，後面所錄與原文相差甚大。

9 陸平泉：即陸樹聲，詳《茶寮記》題解。

10 陳鑒改《茶經》四之“器”為四之“水”，但本段又將《茶經》四之器之主要器名，順序全錄於此。這也是萬國鼎所指本文蕪雜處。

11 陳眉公《秘笈》：陳眉公即陳繼儒，詳本書《茶話》題記。其輯刊的《秘笈》有多種，據本文所輯為“茶候”、“茶侶”，這裏所指，當為“亦政堂鐫陳眉公普秘笈一集五十種”本的“陳眉公訂正《茶寮記 · 煎茶七類》內容。《茶寮記》前署為陸樹聲撰，陳眉公普秘笈寫得也很清楚，本文將校刊者和收錄叢書作為撰者和引用原書，是陳鑒的疏誤。在此還要指出的是《茶寮記》疑書賈偽作，《煎茶七類》的作者一稱徐渭，也都有舛誤，請參見《茶寮記》和《煎茶七類》題記。

12 高深甫《八箋》：即高濂《遵生八箋》。

13《姑蘇志》：“姑蘇”，今江蘇蘇州的別稱。因其西南姑蘇山（一作姑胥山）和春秋吳時所築城名故有此別稱。現存《姑蘇志》以王鏊等撰正德本為較早，確有虎丘產茶記載。但不知《姑蘇志》的虎丘茶內容，又怎麼能用來補證唐代的《茶經》。

14 張文昌：即張籍（約 767 －約 830），文昌是他的字，原籍吳郡（治今蘇州），後移居烏江（今安徽和縣東北），德宗貞元進士，歷官太常寺太祝，水部員外郎，終國子司業，故世有“張世業”、“張水部”之稱。其所作樂府與王建齊名，與白居易、孟郊所作歌詞，被稱為“元和體”。

15 吳匏菴：即吳寬（1435 － 1504），字原博，匏菴是其號。長洲（今江蘇蘇州）人，成化進士，授修撰，官至禮部尚書。博學工詩，善書法，有《家藏集》。

16 石田：即沈周（1427 － 1509），石田是他的號，又號石翁，字啟南，長洲人。博聞強識，文學左氏，詩擬白居易、蘇軾，字仿黃庭堅，繪畫遠師董遠，詩文書畫均名著於時；特別是畫，論者為明代第一，是“吳門畫派”的始祖。有《客座新聞》、《石田集》、《石田詩鈔》、《江南春詞》等。

17 文衡山：即文徵明（1470 － 1559），衡山是其號。徵明初名璧，以字行，後更字徵仲。長洲人。從吳寬學文章，從李應禎學書法，從沈周學畫，與祝允明、唐寅、仇英同以畫名，號稱吳門四家。正德末，以貢生薦試吏部，任翰林院待詔，後辭官歸，四方人士求其詩文書畫者，不絕於道。書室名“玉蘭堂”，有《莆田集》。

18 鍾伯敬：即鍾惺（1574 － 1624），伯敬是其字，號退谷，湖廣竟陵（今湖北天門）人。萬曆三十八年（1610）進士，授行人，歷官南京禮部主事，福建提學僉事。在南京任事時，居秦淮水閣讀史恆至深夜，心得筆記名《史懷》，共二十卷。另輯有《古詩歸》、《唐詩歸》。名重於時，其詩詞風格，被稱為“竟陵派”或“竟陵體”。

19 徐元歎：明吳中（今江蘇蘇州）名士，與鍾惺至交。詩文並長，其《串月》詩“金波激射難可擬，玉塔倒懸聊近似。塔顛一月獨分明，千百化身從此止”是其存詩的代表作。有《落木菴集》等。

20 譚友夏：即譚元春（1586 － 1637），字友夏，竟陵（今湖北天門）人。天啟舉人，與鍾惺合作《唐詩歸》、《古詩歸》亦著名於時。另有《岳歸堂稿》、《譚友夏合集》等。

21 沈清友：宋吳郡（今江蘇蘇州）人。女，能詩，《宋稗類鈔》等錄其名句有：“晚天移棹泊垂虹，閒倚篷窗問釣翁；為甚鱸魚低價賣，年來朝市怕秋風。”甚得風人之體。又《牧童》詠云：“自便牛背穩，欲笑馬蹄忙。”下字之工如此。

22 王璲（1349 － 1415）：字汝玉，以字行。長洲（今江蘇蘇州）人。少穎異，落筆數千言，從楊維楨學。元至正舉人，洪武時召為應天（今南京）府學訓導。永樂初，擢翰林五經博士，累遷右春坊右贊善，預修《永樂大典》。有《青城山人集》。

23 沈朗倩：即沈顥（1586 － 1661 稍後），朗倩是其字，號石天，又號朗道人。吳（今江蘇蘇州）人，補博士弟子員。博治多聞，早年曾薙髮為僧，中年還俗。能詩，精通書法，長於古文辭。

24 劉鳳：字子威，長洲（今江蘇蘇州）人。嘉靖二十三年（1544）進士，授中書舍人，擢御史，巡按河南，投刻罷歸。家多藏書，勤學博記，名聞於時。刻印過宋代葉廷珪《海錄碎事》22卷，自編《續吳先賢傳》15卷，自撰《劉子威集》8種68卷。

25 朱隗：明長洲人，字雲子，治博士業，雅尚文藻。天啟中，吳中復社聚四方積學之士，隗與張溥、張采、楊廷樞等分主五經，馳驅江表。詩宗中晚唐，時稱為徐禎卿、唐寅之流亞。晚歲當貢，隱居不出。有《咫聞齋稿》。

26 李龍眠：即李公麟（1049－1106），字伯時，號龍眠居士。安徽舒城人。與王安石、蘇軾、米芾、黃庭堅友。熙寧三年進士，授中書門下省刪定官。居京師十年不遊權貴之門。1100年病痺告老，居龍眠山。一生勤奮，作畫無數。

27 王仲山：即王問（1497－1576），字子裕，號篮齋，又號仲山，人稱“仲山先生”。江南無錫人，嘉靖十七年進士，由戶曹官至廣東按察使僉事。有《仲山詩選》、《初篮齋集》等。

28 沈石天：參見前“沈顥”注。

校　記

① 本文題前，按《檀几叢書》例，還有二行“武林王晫‘丹麓’輯；天都張潮‘山來’校”十四字；題下另署“南越陳鑑子明著”七字。本書編時刪改如此。

② 經茶，樹如瓜蘆，花如白薔薇：《茶經》原文為“茶者，南方之嘉木也……其樹如瓜蘆，葉如梔子，花如白薔薇，實如栟櫚，莖如丁香，根如胡桃。”本文摘錄的《茶經》內容，是為陳鑒注述而用，與注無關的不錄，所以不但文字有增刪改動，內容也有所選剔移位。因此，凡本文所錄《茶經》部分，除個別混雜非《茶經》內容和意思與原文相悖者加校外，先在此總予説明，不再逐一細校。欲詳引錄《茶經》情況，請查核本書《茶經》原文。

③ 胡：本文可能避諱，這裏凡“胡人鞾者”和“胡鞾”的“胡”字，都用“□”空缺，逕補。下不出校。

④ 茶芽有雨：“雨”字前，疑脱一“積”字。

⑤ 底本“則泉得流而活矣”字旁加點，於此刪去。

⑥ 山水、乳泉，石泓漫流者，可以煮茶：此處與《茶經》原文相差甚大。原文為：“其山水，揀乳泉、石池慢流者上”。之下無“可以煮茶”一句。

⑦ 七之出：《茶經》原題作“七之事”，八才講茶之“出”；陳鑑在此將《茶經》七、八內容顛倒作“七之出”、“八之事”。

⑧ 常仰吳茶：“吳”字，疑陳鑑妄改。據《太平御覽》卷867原引，其文為“吾體中煩悶，恆假真茶，汝可信致之”。明以前古籍中，劉琨致劉演書各本文字略有不同，但“真茶”二字，則無一異者。

⑨《喜武丘園中茶生》：“虎丘”一度為避唐太祖李虎諱，改書“武丘”。是詩所記，也是韋應物刺蘇州時事。但《韋蘇州集》及《全唐詩》只題作《喜園中茶生》，“武丘”是陳鑑為證明其陸羽《茶經》寓含有虎丘茶事的臆斷擅加的。

⑩ 山原：《虎丘茶經注補》刊作“仙源”，仙字，顯然是“山”之形訛，據《韋蘇州集》逕改。

⑪ 山：《韋蘇州集》作“荒”。

⑫ 白葉：“葉”字，《張司業集》作蕊的異體“橤”字，“葉”疑為“橤”的形訛。

⑬ 精爽健：“爽”字，本文底本形誤作“英”字，據原詩改。

⑭ 雨前：“前”字，本文底本，誤刻成“泉”字，逕改。

茶史

◇清　劉源長　輯

劉源長，字介祉，號介翁，淮安府山陽縣（今江蘇淮安）人。明萬曆天啟間諸生，以孝道篤行重於時，《淮安府志》、《山陽縣志》均有傳。輯書甚多，如《參同契注》、《楞嚴經注》、《古今要言箋釋》、《二十一史略》和《茶史》①等。

《茶史》的編輯，據書端題名"八十老人劉源長介祉著"，可知是晚年著作。其子謙吉於康熙三年（1664）舉進士，於十四年（1675）安排印行此書時，源長已卒。劉謙吉在此書後序中提到這是其父遺稿，經補訂才刊刻的。據此書李仙根序，書成於康熙十六年（1677）。

《茶史》主要刊本有康熙十六年，劉謙吉刻本，雍正六年，劉乃大附《茶史補》重刻本、及日本享和癸亥年（元年，1801）尾張香祖軒翻刻本等。此處以雍正本為底本，參校日本香祖軒本及有關引錄原文。

序[1]②

世稱茶之名，起於晉宋以後，而《神農食經》周公《爾雅》已先及之。蓋自貢之尚方，下逮眠雲臥石之夫胥，得為茗飲。至若鴻漸、伯熊之品味，玉川子、江湖（散）人之嗜好，紀於傳策者，今古數人而已。而山陽劉介祉先生，博洽羣書，因取《茶經》以後凡詩、賦、論、記及於此者，累為一帙，名曰《茶史》。嗣君大參年伯，每與先大夫論及是書，津津不去口。

康熙乙酉

聖祖南巡，大參公曾以是書進御。扈從諸臣，咸購得之，一時紙貴。三十年來，鐫本亦稍蝕。予嘗披覽竟卷，見其搜採精核，覺有至味，浸淫心口間。又聞先生性至孝，弱冠侍親官粵西，及扶櫬歸，山途遇虎，眾駭散，先生伏櫬不去，虎曳尾過。涉洞庭，風作覆舟，先生抱櫬疾呼，風竟息。精行修德，耄而好學，七為鄉大賓；沒崇祀鄉賢。余讀其書，未嘗不想見其為人。蘇文忠公有言，"君子可以寓意於物，而不可以留意於物。"秋於奕，伯倫於酒，嵇康於鍛，阮孚於蠟屐，以及杜征南之癖左，蔡中郎之秘《論衡》亦各適其意之所寄而已。先生矻矻孜孜，丹鉛不輟，豈於雀舌龍團、香泉碧乳獨有偏嗜？蓋其澡滌心性，和神養氣，一食飲不敢忘親，即是編可以窺尋其微意，以視瑯琊漏巵，蒼頭水厄，曾何足云。書不盈寸，得邀聖祖鑒賞，固臣子之榮耀，而孝思所積，感格天人，益信而有徵矣。

今年秋，先生之曾孫乃大，重校是書，修整裝潢，請序於余，余特表其行，以諗世之讀是書者。乃大年少多才有志繩武，將合前人述作，先後盡付諸梓，且勉於文行，不失其世守，是則余之所望也已。時雍正六年秋七月，桐城張廷玉[2]拜撰。

敍③

古文無荼字，《本草》作荼，蓋藥品，非日用之物。自晉唐間有嗜之者，因損文為"荼"，而其用始顯，其種藝遂遍江漢以南。或過頌其德，或深訐其弊，皆非通論。一切物類，精粗不同，要皆利害參半，顧用者何如耳。然古之荼，以製兑堅細為貴，今則以自然元味為佳，是荼之用，又至今日而後為盡致也？吾觀生民之務，莫切於飽煖，乃或終歲不得製衣，併日不得一食，安計不急之荼？至於奔名趨利，淫湎紛華者，雖有名品，不瑕啜也。桓譚有云：天下神人，一曰仙，二曰隱。吾以為具此二德，而後可以錫荼之福，策荼之勳。

介翁先生，淮右學古君子也，讀書好閒靜，年益高，著述益富，有荼嗜，因緝為《荼史》。以其史也，必有因據，雖有私見異聞，不敢溷也。其實荼之事日新，山嶽井泉，氣有變易，先生姑不盡言以俟圓機之自會耳。若夫荼馬之司，起於宋，行於今日，更關國計。然考宋，一蜀隴之間，每歲息入，過今日遠甚，豈晰利者之過歟？抑別有其故歟？今史不載，非遺也。

先生閒靜人，希乎仙而全乎隱者也，故亦置而不言。

時康熙丁巳仲秋，蜀遂制通

家侍生李仙根拜[3]題

序④

予嘗從事茗政，品題有各著述家，其著為《荼經》，言荼之原、之法、之具，始唯吾家鴻漸。鴻漸之前，未有聞也。至於今人，人能知《荼經》，能言荼之原、之法、之具矣。考諸傳紀，鴻漸之生固奇，問諸水濱，既不可得，乃自得之於筮。稱竟陵子，又號桑苧翁，嘗行曠野，誦詩擊木，徘徊不得意，則慟哭而返，繇今思之，豈徒聽松風，候蟹眼，捧定州花瓷以終老者。夫固有宇宙莫容、流俗難伍之意，攄洩無從，姑借是以消磨壘塊，迨夫冥然會心，發為著述，又能窮其旨趣，擷其芳香，是以後之人爭傳之為《荼經》。然則今之人，有所述作，豈皆有所不得志於時，而為是寄託哉！荼之為飲，最宜精行修德之人。白石清泉，神融心醉，有深味而奇賞焉。前輩劉介祉先生，少壯砥行，晚多著述，一經傳世，長君六皆早翺翔於天祿石渠間，家庭頤養，其瀟灑出塵之致，不必規模鴻漸，而往往發鴻漸之所未有。嗜荼之暇，因《荼經》而廣之為《荼史》。世嘗言古今人不相及，若先生者，豈多讓耶。有鴻漸之為人，而《荼經》傳，有介祉先生之為人，而《荼史》著。鴻漸與先生，其先後同符也。披其卷，謬加訂次，輒兩腋風生，使子復見鴻漸之流風。因長君六皆刻其集，俾予分為之序，而先生有功性命之書，不止此也。六皆著言，滿天下人士之被其容，論者如祥麟威鳳，其有得千家學之傳，匪朝伊夕也夫。

時康熙乙卯夏月，年家姻晚生陸求可[4]咸一父頓首拜撰。

各著述家：

陸羽《茶經》
毛文錫《茶譜》
蔡君謨《茶錄》
丁謂《北苑茶錄》
黃儒《品茶要錄》
沈存中《茶論》
《茶譜通考》
陶穀《十六湯》⑦
唐母景《茶飲序》一作綦母旻
魏了翁《邛州茶記》
裴汶《茶述》
溫太真嶠上《貢茶條列》⑤
蔡宗顏《茶山節對》
蘇廙《仙芽傳》
鮑昭妹令暉著《香茗賦》⑥
張芝芸叟《唐茶品》[5]
宋徽宗《大觀茶論》二十篇皆論碾餅烹點
江州刺史張又新《煎茶水記》
沈 尜《茶法》十卷

按：陸龜蒙品茶，顧野王、蘇東坡俱有茶賦。

編目

第一卷

茶之原始
茶之名產
茶之分產
茶之近品
陸鴻漸品茶之出
唐宋諸名家品茶
袁宏道龍井記
採茶
焙茶
藏茶
製茶

第二卷

品水
名泉
古今名家品水
歐陽修《大明水記》
歐陽修《浮槎水記》
葉清臣《述煮茶泉品》
貯水附濾水、惜水
湯候
蘇廙《十六湯》
茶具
茶事
茶之雋賞
茶之辨論
茶之高致
茶癖
茶效
古今名家茶詠凡列各類者不重載
雜錄
誌地

陸羽事蹟十一則外附盧仝

竟陵僧於水濱得嬰兒，育為弟子。稍長，自筮，得蹇之漸；繇曰：鴻漸於陸，其羽可用為儀。乃姓陸氏，字鴻漸，名羽。及冠，有文章。茶術最精。

陸羽，承天府沔陽人[6]，老僧自水濱拾得，畜之既長，自筮曰鴻漸於陸，其羽可用為儀，乃以定姓字。郡守李齊物識羽於僧舍中，勸之力學，遂能詩。雅性高潔，不樂仕進。嗜茶，善品泉味。

陸羽，復州人，隱苕上，稱桑苧翁，又號竟陵子。杜門著書，或行吟曠野，或痛哭而歸。有《茶經》傳世，凡三篇，言茶之原、之法、之具尤備，天下益知茶飲矣。

陸羽，一名疾，字季疵，詔拜太常不就，寓居茶山，號東岡子。嗜茶，環植數畝。《茶經》，其所著也，刺史姚驥，每微服造訪。

陸羽字鴻漸，隱居苕溪，自稱桑苧翁，闔門著書，或獨行野中，誦詩擊木，徘徊不得意，則慟哭而歸，時謂之今接輿。

羽於江湖稱竟陵子，南越稱桑苧翁。

有積師者，嗜茶，非漸兒煎侍不鄉口。羽出遊江湖，師絕茶味，代宗召入供奉，命宮人善茶者餉，師一啜而罷。詔羽入，賜師齋，俾羽煎茗，一舉而盡。曰：有若漸兒所為也。於是出羽見之。

常伯熊善茶。李季卿宣慰江南至臨淮，召伯熊。伯熊著黃帔衫、烏紗幘，手執茶器，口通茶名，區分指點，左右刮目。茶熟，李為飲兩杯。既至江上，復召陸羽。羽衣野服，隨茶具而入，如伯熊故事。茶畢，季卿命取錢三十文酬煎茶博士。鴻漸夙遊江介，通狎勝流，遂取茶錢、茶具雀躍而出，旁若無人。

陸羽茶既為癖，酒亦稱狂。

《陸羽傳》：羽負書火門山，從鄒夫子學。後因俗忌火字，改為天門山。

陸羽貌侻陋，口吃而辯。聞人善，若在己；見有過者，規切至忤人。朋友燕處，意有所行輒去；疑其多嗔。與人期，雨雪虎狼不避。

附盧仝

仝，河南懷慶府濟源人，號玉川子。博學有志操。嘗作《月蝕詩》譏元和逆黨。韓昌黎稱其工。

濟源有盧仝別業，內有烹茶館。

卷一

茶之原始

茶者……根如胡桃。[7]瓜蘆本出廣州，其茶味苦澀，栟櫚蒲葵之屬，其子似茶。胡桃與茶，根皆下孕兆，至瓦礫苗木上抽。

茶之名，一曰茶，二曰檟，三曰蔎，四曰茗，五曰荈。蔎，音設，《楚辭》懷椒聊之蔎蔎。荈，音舛。

周公《爾雅》：檟，苦茶。

茶初採為茶，老為茗，再老為荈。

今呼早採者為茶，晚採者為茗，蜀人名之苦茶。

《本草 · 菜部》：一名荼，一名選，一名遊冬[8]。

茶字，或從草，或從木，或草木並。從草作茶，從木作 梌，草木並作荼，出《爾雅》。檟，亦從木。

茶，上者生爛石，中者生礫壤，下者生黃土。

藝茶欲茂，三歲可採。野者上，園者次。陽崖陰林，紫者上，綠者次；筍者上，牙者次；葉卷者上，葉舒者次。陰山坡谷，不堪採掇矣。

《茶經》云：《神農食經》，茶茗久服，有力悅志。

晏嬰相齊時，食脱栗之飯，炙三弋、五卵、茗菜而已。[9]

華陀，字元化，《食論》云：苦茶久食，益意思。

又云：茶之為飲，發乎神農氏，聞於魯周公，齊有晏嬰，漢有揚雄、司馬相如，吳有韋曜，晉有劉琨。張載、遠祖納、謝安、左思之徒，皆飲焉。據《茶經》，則是神農有茶矣。茶其藥品乎？

茶之名，始見於王褒《僮約》，盛著於陸羽《茶經》。

茶古不聞，晉宋以降，吳人採葉煮之，謂之茗茶粥。

隋文帝微時，夢神人易其腦骨，至自爾腦痛。後遇一僧云：山中有茗草，煮而飲之當愈。服之有效，由是人競採掇。進士權紓文為之讚。其略云：窮春秋，演河圖，不如載茗一車。據此則是晉唐時始有茶也。

宋裘汶《茶述》[10]云：茶起於東晉，盛於本朝。

宋開寶間，始命造龍團，以別庶品厥後，丁晉公謂漕閩，乃載之《茶錄》。蔡忠惠襄，又造小龍團以進。

大小龍鳳茶，始於丁謂，而成於蔡襄。

龍鳳團貢自北苑，始於丁晉公，成於蔡君謨。雖曰官焙、私焙，然皆蒸揉印造，其去雀舌、旗槍必遠。

宋人造茶有二：一曰片，一曰散。片則蒸造成片者，散則既蒸而研，合諸香以為餅，所謂大小龍團也。君謨作此，而歐公為之歎。

茶之品，莫重於龍鳳團。凡二十餘餅，重一斤，直金二兩。然金可有而茶不可得。每南郊致齋，中書樞密院各賜一餅，四人分之，宮人縷金其上，其貴重如此。

杜詩説：茶莫貴於龍鳳團。以茶為圓餅，上印龍鳳文供御者，以金妝龍鳳。

坡詩：揀芽入雀舌，賜茗出龍團。

歐詩：雀舌未經三月雨，龍芽先占一枝春。

《北苑》詩[11]：帶煙蒸雀舌，和露疊龍鱗。

《茶榜》：雀舌初調，玉碗分時文思健；龍團搥碎，金渠碾處睡魔降。

歷代貢茶，皆以建寧為上，有龍團、鳳團、石乳、滴乳、綠昌明、頭骨、次骨、末骨、京挺等名。而密雲龍品最高，皆碾末作餅，至明朝始用芽茶，曰探春，曰先春，曰次春，曰紫筍及薦新等號，而龍鳳團皆廢矣，則福茶固甲於天下也。

《負暄雜錄》云：唐時製茶……號為綱頭玉芽。[8]

附王褒僮約

奴從百役使，不得有二言。但當飲水，不得嗜酒。欲飲美酒，惟當染脣漬口，不得傾盂覆斗。事訖欲休，當舂一石。夜半無事，浣衣當面。奴不聽教，當箠一百。讀券文遍，奴兩手自摶，目淚下落，鼻涕長一尺。如王大夫言，不如早歸黃土，陌蚯蚓鑽額。

茶之名產

仙人茶　洞庭中西盡處有仙人茶，乃樹上之苔蘚也。四皓曾採以為茶。

空梗茶　九華山有空梗茶，是金地藏所植。大抵煙霞雲霧之中，氣常溫潤，與地所植，味自不同。山屬池州青陽，原名九子山，因李白謂九峯似蓮花，乃更為九華山。　金地歲，新羅國僧，唐至德間渡海，居九華，乃植此茶。年九十九坐化函中，後三載開視，顏色如生，昇之，骨節俱動。

穆陀樹茶　昔有客過茅君，時當大暑，茅君於巾內解茶，人與一葉，食之五內清涼。茅君曰：此蓬萊山穆陀樹葉，眾仙食之以當飲。又有寶交之蘂，食之不飢。謝幼貞詩：摘寶文之初蘂，拾穆陀之墜葉。

聖陽花　雙林大士自往蒙頂結庵種茶，凡三年。得極佳者，曰聖陽花。

驚雷莢、萱草帶、紫茸香　覺林院僧收茶三等，待客以驚雷莢，自奉以萱草帶，供佛以紫茸香。赴茶者，以油囊盛餘瀝歸。

玉泉仙掌　李白詩集序：荊州玉泉寺，近清溪諸山。山洞往往有乳窟，窟中多玉泉交流，其水邊有茗草羅生，枝葉如碧玉，拳然重疊，其狀如手，號為仙人掌，蓋曠古未覿也。惟玉泉真公常採而飲之，年八十餘，顏色如桃花。此茗清香滑熟，異於他產，所以能還童振枯，扶人壽也。　後之高僧大隱，知仙人掌茶發於中孚衲子及青蓮居士李白。　僧中孚示李白呼仙人掌。　梅聖俞詩：莫誇李白仙人掌，且作盧仝走筆章。

綠華、紫英　唐《杜陽編》⑫：同昌公主，上每賜饌，其茶則有綠華、紫英之號。英，一作莖

霜華　弘君舉《食檄》⑬云：寒溫既畢，應下霜華之茗。　陸羽云：烹之滾，碧霜之華，啜之味，甘露之液。　《茶賦》[9]：雲垂綠腳，香浮碧乳。挹此霜華，卻茲煩暑。清文既傳於杜毓，精思亦聞於陸羽。

丹丘大茗　丹丘子黃山君，服芳茶，輕身換骨，羽化登仙。　餘姚虞洪入山採茗，遇一道士，引洪至瀑布山。曰：吾丹丘子也，聞子善具飲，山中有大茗，可以相給。⑭　謝氏謝茶啟：此丹丘之仙茶，勝烏程之御荈，不止味同露液，白

況霜華[15]，豈為酪蒼頭，便應代酒從事。　詩云：丹丘出大茗，服之生羽翼。

六班茶　劉禹錫病酒，乃饋菊苗齏、蘆菔酢於白樂天，換取六班茶二囊，以自醒酒。

八餅茶　坡詩云：待賜頭綱八餅茶。

龍坡山子[16]　竇儀以新茶餉客，奩面標云"龍坡山子茶"。

蜜雲龍　茶極為甘馨，宋所最重，時黃、秦、鼂、張號蘇門四學士，子瞻待之厚。每來，必令侍妾朝雲取蜜雲龍，不妄設也。　廖正一，字明略，將樂人。元祐中入試，蘇軾得其策，擊節歎賞，每以蜜雲龍茶飲之。出知常州，有聲，後入黨籍，自號竹林居士。　周淮海云：先人嘗從張晉彥覓茶，口占云：內家新賜蜜雲龍，只到調元六七公。賴有家山供小草，猶堪詩老薦春風。　黃山谷有商雲龍。

黃蘗茶　東坡守錢塘，參寥子居智果院，東坡於寒食後訪參寥子，汲泉鑽火，烹此茶對啜。

小春茶　吳人於十月採小春茶。此時不特逗漏花枝，而尚喜月光晴暖，從此蹉過，霜淒雁冷，不復可採。

森伯茶　森伯，名茶也。湯悅有《森伯傳》。

清人樹茶　偽閩甘露堂前有茶樹二株，宮人呼為清人樹。

皐盧　茶之別名，葉大而澀，南人以為飲。又名瓜蘆，出龍川縣，又出新平縣，風味實不及茶，似茶者也。交廣所重，客來先設，名曰苦䔲。按：苦䔲與蒙陰石花相似，易傷人。　詩云：且共薦皐盧，何勞傾斗酒。

茗地源茶　根株頗碩，生於陰谷，春夏之交方發萌。莖條雖長，旗槍不展，乍紫乍綠。天聖初，郡守李虛己、太史梅詢試之，謂建溪、顧渚不能過也。　茶之別者，有枳殼芽、枸杞芽、枇杷芽，又有皂角芽、槐芽、柳芽，乃上春摘其芽和茶作之。南人輸官，往往雜以眾葉，惟茅蘆、竹箬之類不可入。自餘山中草木芽葉，皆可和合，而椿柿尤奇。按：五加芽妙，出塞外者，大半入馬 葉、樹葉、野茶葉。

茶之分產

江南

義興紫筍　陽羨茶即羅岕　義興即今宜興，秦曰陽羨。紫筍出義興君山懸腳嶺北岸下。　紫筍生湖常間，當茶時，兩郡太守畢至，為盛集。　宜興銅棺山，即古陽羨。荊溪有南北之分，陽羨居荊溪之北，故云陽羨。唐時入貢，即名其山為唐貢山，茶極為唐所重。　盧歌云：天子未嘗陽羨茶，百草不敢先開花。

黃芽　產壽州之霍山壽州屬鳳陽　霍山茶，以黃芽為貴。　啟云：霍山之黃芽，濺色，羽化丹丘。霍山本六安地，壽州則有霍丘，疑是霍丘。按：壽州、六安，俱古六蓼國地，或古所屬與今不同。今六安、霍山，俱屬盧州府。

陽坡茶、橫紋茶　產宣城，屬寧國府。漢曰宣城，隋、唐曰宣州。　宣城有丫山，其山東為朝日所燭，號曰陽坡，其茶最勝。　語云：橫紋之出陽坡。

先春、早春、華英、來泉、勝金　皆產歙州，即今徽州府，唐曰歙州。

天柱茶　天柱，中國有三：一在餘杭，一在壽陽，一在龍舒，即今廬州府舒城縣，漢曰龍舒。舒州即今之安慶府懷寧，唐曰舒州。　李德裕有親知授舒州牧，李曰：“到郡日，天柱峯茶可惠三四角。”其人輒獻數斤，李卻之。明年罷郡，用意精求，獲數角投之。贊皇閱而受之。曰：“此茶可消酒肉毒”，乃命烹一甌，沃於肉食，以銀合閉之。詰旦開視，其肉已化為水矣。眾服其廣識。按：天柱峯不在龍舒，而在安慶之潛山，或當年統為龍舒地也。道書稱：司玄洞天，漢武帝嘗登封於此，以代南嶽。

小峴春　小峴山在廬州府六安州，出茶名小峴春，即六安茶也。

青陽茶　青陽屬池州府。

鴉山茶　產廣德州建平鴉山，其茶稱佳。

佘山茶　產松江佘山。松江府城北有佘姓者修道於此，產茶。

禪智寺茶　《茶譜》：楊州禪智寺，隋之故宮。寺枕蜀岡，有茶園，其味甘香，媲美蒙頂。

浙江

顧渚紫筍、吳興苧、白蘋茶、明月峽茶　雲葩　產浙江湖州長興顧渚。昔夫差顧其渚，平衍可都，故名顧渚。　《茶經》云：浙西以顧渚茶為上，唐時充貢歲，清明日抵京。紫者上，綠者次，筍者上，芽者次，故稱紫筍。　語云：顧渚之紫筍，標英雲，垂綠腳。雲，一作膏。　陸羽《顧渚山記》：豫章王子尚，訪曇濟道人於八公山。道人設茗，子尚味之云：此甘露也。　陸龜蒙嗜茶，治園於顧渚山下，自號江湖散人、天隨子。所居前後皆樹茶菊，以供杯案，與皮日休茶詩唱和。　張文規以吳興槃、白蘋洲、明月峽中茶為三絕。白蘋洲雪溪東南　明月峽在長興旁，顧渚山側，二山相對，石壁峭立，大澗中流，乳石飛走，茶生其間尤為絕品。張文規所謂“明月峽前茶始生”是也。文規好學，有文藻，蘇子由、孔武仲、何正臣皆與之遊。　姚伯道云：明月之峽，厥有佳茗，是為上乘。

御荈　產湖州烏程。秦時有烏氏、程氏善釀，故名。烏程，漢曰吳興。　山謙之《吳興記》：烏程縣西二十里，有溫山，出御荈。

寶雲茶、香林茶、白雲茶　杭州寶雲山產者，名寶雲茶，下天竺香林洞者，名香林茶；上天竺白雲峯者[17]，名白雲茶。　林和靖詩云：白雲峯下兩槍新，膩綠長鮮穀雨春。靜試恰如湖上雪，對嘗兼憶剡中人。　坡遊杭州古寺，一日飲釅茶七碗，戲言云：示病維摩原不病，在家靈運已忘家。何須魏帝一丸藥，且盡盧仝七碗茶。

鳩坑茶　產睦州，即今嚴州府，唐曰睦州，一作穆州。茶出淳安鳩坑者佳。淳安屬嚴州。

方山茶　產衢州龍遊方山，即屬龍遊。

日鑄茶　產紹興日鑄嶺。嶺在府城南，產茶。　歐陽永叔曰：兩浙之品，日鑄第一。　一名蘭雪茶[10]　言其香如蘭，色白如雪也。　《茶山》詩云：子能來日鑄，吾得具風爐。

台州茶　產台州黃巖。

寧海茶　寧海茶，出蓋倉山者佳。一名茶巖，陶弘景嘗居此。

東白茶、舉巖茶、碧乳　產婺州，即今金華府，隋曰婺州。　東白山屬東陽縣，產茶。山層巒疊嶂，接會稽天台。舉巖茶片，片方細，所出雖少，味極甘芳，烹之如碧玉之乳，故又名碧乳。　兩浙諸山，產茶最多。如天台之雁宕，括蒼之大槃，東暘之金華，紹興之日鑄，錢塘之天竺，靈隱臨安之徑山、天目，皆表表有名。　又有四明之朱溪　天台縣屬台州府，有天台山，攀蘿梯巖乃可登。上有瓊樓玉闕，碧林瑤草，舊稱金庭洞天。　括蒼山有二，一屬處州府縉雲，道書十八洞天之一。一屬台州府城西南，王方平往來羅浮括倉即此。　東陽即今之金華府，三國吳曰東陽，明曰金華；東陽其縣也。府城北有金華山，道書第三十六洞天。臨安即今杭州府，南渡都此曰臨安。今有臨安縣，徑山屬餘杭，乃天目山之東北峯，有徑通天目故名。　天目山屬臨安，上有兩峯。峯頂各一池，若左右目，故名。道書第三十四洞天。　四明山有二：一屬紹興府餘姚，有石窗，四面玲瓏如戶牖，通日月星辰之光，道經第九洞天。一屬寧波府城西南，深迴幽奇，與人境殊絕。

福建

建州茶福建建寧，周為七閩地，漢屬會稽，三國吳曰建安，唐曰建州，宋曰建寧。　建州北苑，焙茶之精者，其名有龍鳳、石乳、滴乳、白頭、金蠟面、頭骨、次骨、末骨、粗骨、京挺十二等，以充國用。其尤精者，曰白乳頭、金蠟面。北苑名白乳頭，江左號金蠟面。李氏命取其乳作片，別其名曰金挺的乳，或號曰京挺⑱滴乳，凡二十餘品。

石乳　丁晉公云：石乳出壑嶺斷崖缺石之間，蓋草木之仙骨。

研膏茶　貞元中，常袞為建州刺史，始蒸焙而研之，謂之研膏茶，即龍品也。

龍焙天品即先春龍焙即龍品也。有龍焙泉，一名御泉，在鳳凰山下，屬建寧府城東。

蜜雲龍載前名產內，凡四則　葉石林云：熙寧中，賈青字春卿，為福建轉運使，取小龍團之精者為蜜雲龍，自玉食，外戚里貴近乞賜尤繁。宣仁一日慨歎曰：建州今後不得造蜜雲龍，受他人煎炒不得也。此語頗傳播縉紳間。

瑞雲翔龍、勝雪、水芽　宋神宗製蜜雲龍，哲宗改為瑞雲翔龍。　宋茶重瑞雲翔龍，宣和間，鄭可聞復紉為銀絲水芽，蓋將已揀熟芽再令剔去，祇取其心一縷，用珍器貯清泉漬之，光瑩如銀絲然，號曰勝雪。見茶原始內　宋姚寬云：建茶有十綱，第一綱、二綱太嫩，第三綱茶最妙，惟龍團勝雪、白茶二種，謂之冰芽。

玉蟬膏、清風使　建人徐恪，見遺鄉信斑子茶，茶面印文曰玉蟬膏；又一種曰清風使。

紫琳腴、雲腴、雪腴　皆唐茶之品精者。　坡詩云：建溪新餅截雲腴。

方山露芽　方山，福州府城南。四面如城，產茶，中有田三四頃。其木多柑橘，志稱一郡大觀也。

石巖白　產建安能仁院。　蔡君謨善別茶。建安能仁院，有茶生石縫間，蓋精品也。僧採造得茶八餅，以四餅遺蔡，以四餅遺內翰王禹玉。歲除，蔡被召還闕，訪王。王碾以待蔡，蔡捧甌未嘗，輒曰："此極似能仁寺石巖白，公何以得之？"禹玉未信，索帖驗之，乃服。

粟粒芽　粟粒，出武夷溪邊者佳。　粟粒芽，東坡以為茶之極品。詩云：武夷溪邊粟粒芽，前丁後蔡相籠加。　《北苑》詩：帶香分破建溪春。　范希文歌曰：年年春自東南來，建溪先暖水微開。溪邊奇茗冠天下，武夷仙人從古栽。武夷屬崇安，道書第十六洞天。常有神降此，自稱武夷君。《列仙傳》錢鏗二子，長曰武，次曰夷。

鳳山雷芽　丁謂云：鳳山高不百丈，無危峯絕崦，而岡阜環抱，氣勢柔秀，宜乎嘉植靈卉之所發也。

石坑、增坑、雪坑、佛嶺、沙溪、壑源、葉源　建茶之焙三十有二，北苑其首也。而園別為二十五，如此等處。　坡詩：增坑一掬春，紫餅供千家。　山谷詩：茗花浮增坑。　坡詩：周家新致雪坑茶。　沙溪茶色白，又過於增坑。　壑源見前石乳。　《苕溪詩話》：北苑官焙，歲供為上。壑源私焙，亦入貢，為次。二焙相去三四里，間若沙溪外焙也，與二焙絕遠，為下。故魯直詩云："莫遣沙溪來亂真"是也。　孫樵[11]：《送茶與焦刑部書》云：晚甘侯十五人，遣侍齋閣，此徒皆請雷而折，拜水而和。蓋建陽丹山碧水之鄉，月澗雲龕之品。　杜牧詩云：閩實東吳秀，茶稱瑞草魁。　又云：泉嫩黃金湧，芽香紫璧栽。范文正公《和章岷從事鬥茶歌》：新雷昨夜發何處，家家嬉笑穿雲去。露牙錯落一番新，綴玉含珠散嘉樹。北苑將期獻天子，林下雄豪先鬥美。鼎磨雲外首山銅，瓶攜江上中泠水。黃金碾畔綠塵飛，碧玉甌中翠濤起。鬥茶味兮輕醍醐，鬥茶香兮薄蘭芷。勝若登仙不可攀，輸同降將無窮恥。[12]　蔡君謨謂范文正曰：公《採茶歌》"黃金碾畔綠塵飛，碧玉甌中翠濤起"。今茶絕品，其色甚白，欲改為"玉塵飛素濤起"如何？公曰善。

桃花茶、青鳳隨、紫霞英　建安茶之極精者。　東坡嘗問大冶乞桃花茶，有

《水調歌》一首：已過幾番雨，前夜一聲雷。槍旗爭戰建溪，春色佔先魁。採取枝頭雀舌，帶露和煙搗碎，結就紫雲堆。輕動黃金展，飛起綠塵埃。　老龍團，真鳳髓，點將來。兔毫盞裏霎時，滋味舌頭回。喚醒青州從事，戰退睡魔百萬，夢不到陽台。兩腋清風起，我欲上蓬萊。　建寧城東為北苑，茶出北苑者，為天下第一，名北苑焙。丁謂嘗備載造茶之法。　北苑，官焙也，每造在驚蟄後。建陽雲谷有茶坡，朱熹搆草堂於此，即晦庵也。　建陽廬峯之顛，內寬外密，自成一區，有桃蹊、竹塢、漆園、藥圃、泉瀑、洞壑之勝。茶坡即晦庵搆堂處。建州北苑數處產者，性味極佳，與他方不同。今亦獨名為蠟茶，作餅日晒，得火愈良。其他或為芽，或為末，收貯微見火便硬，色味俱敗。惟鼎州一種芽茶，性味略類建茶，今汴中、河北、京西等處，磨為末，亦多冒蠟茶者。　建茶御用名目凡十有八：曰萬壽龍芽，曰御苑玉芽，曰玉葉長春，曰萬壽銀葉，曰龍苑報春，曰上林第一，曰乙夜清供，曰宜長寶玉，曰浴雪呈祥，曰暘谷先春，曰蜀葵寸金，曰雲英，曰雪葉等目。

四川

上清峯茶。雅州古嚴道西，魏曰蒙山，隋曰臨邛，唐宋曰雅州。[19]　蜀之雅州有蒙山。山有五頂，各有茶園，其中頂曰上清峯，茶最艱得。俟雷發聲，始得採之。方生時，嘗有雲霧覆之如神護。

霧鋑芽、籛芽、露芽、石花、小方、散茶　造於禁火之前，又有穀芽，皆為第一等茶。

五花茶、雲茶即蒙頂茶，　五花其片五出。　蒙山白雲巖產，故名曰雲茶。《圖經》云：蒙頂茶，受陽氣全，故香。　李德裕入蜀，得蒙餅沃於湯瓶上，移時盡化者乃真。　蒙頂茶，多不能數觔，極重於唐，以為仙品。　蒙山，屬雅州名山縣。有五峯，前一峯最高，曰上清峯，產甘露。《禹貢》蔡蒙旅平即此。蔡山屬雅州。旅平，旅祭告平也。　詩云：和蕊摘殘蒙頂露。今之蒙茶，乃青州蒙陰山產石上，若地衣，然味苦而性涼，亦不難得。

仙崖石花　產彭州，即今成都府彭縣，唐曰彭州。

雀舌、鳥嘴、麥顆、片甲、蟬竇、黃芽、冬芽　產蜀州，即今成都崇慶州，唐蜀州。　蜀州有晉原洞，茶皆產此。　片甲者，牙葉相抱如片甲也。　蟬翼者，葉嫩薄如蟬翼也。　黃芽者，取嫩芽所造，以其芽黃也。　盧歌：先春抽出黃金芽。　冬芽，以隆冬甲折也。　曾子固詩：麥粒收來品絕倫。　吳淑《茶賦》：嘉雀舌之纖嫩，玩蟬翼之輕盈。冬芽早秀，麥顆先成。

松嶺茶　產綿州，屬成都府。　張孟陽《登成都樓》詩：芳茶冠六清，溢味播九區。人生苟安樂，茲土聊可娛。

賓化亦名賓花、白馬、涪陵　產涪州，屬重慶府。涪州茶，賓化最上，其次白馬，最下涪陵。詩云：早春之來賓化。按：銅梁入岳山，茶亦最佳。

騎火茶　產龍安府，漢曰陰平，後魏曰江油，隋曰平武，唐曰龍門，宋曰龍州，明朝改為龍安。　又有峽州之碧澗明月，黔陽之都濡，嘉定之峨眉，玉壘之沙坪。

神泉、獸目、小團、綠昌明名亦見建茶內，載原始。　產東川，今順慶府，元曰東川。

薄片　產渠江，今順慶府渠縣。漢曰宕渠，後魏曰流江，疑即是渠江。

香雨、真香　產巴東，即今之夔州府，漢曰巴東。

火井、思安　產邛州。

納溪、梅嶺　產瀘州。產納溪縣即屬瀘州。一云雲溪，其茶可療風疾。按：蜀有老人茶，背作艾葉，白色，能已頭疼。

烏茶　產天全六番招討使司。古蠻獠地，西魏曰始陽，唐曰靈蘭，宋曰和州，明朝改此。

湖廣

碧潤、芳蕊、明月簝、茱萸簝　產硤州，即荊州府彝陵州，後周曰硤州。硤州又有小紅園。明月峽，即荊州府彝陵州，懸崖間白石如月。

壓磚茶　亦產彝陵。

楠木、大枯枕　產江陵，即荊州。唐曰江陵，有江陵縣。　長沙有石楠茶，採芽為之。湘人四月四日，俗尚糕糜，必啜此茶。

邕湖含膏茶、黃翎毛　產岳州，宋曰岳陽。　《岳陽風上記》載：邕湖茶，李肇所謂邕湖之含膏也。今惟白鶴僧園有十餘本，一歲不過一二十兩。土人謂之白鶴茶，味極甘香。　邕湖茶，唐人極重，每形於篇什。

大小巴陵、開勝、開捲、小捲　產岳州，劉宋曰巴陵。

蘄門團黃　產黃州府蘄州。　蘄門團黃有一旗二槍之號[20]，言一芽二葉也。亦有一旗一槍者。歐詩：共約試春芽，槍旗幾時綠。　詩云：茗園春嫩一旗開。王荊公《送元厚詩》：新茗齋中試一旗。茶之始生而嫩者，為一槍；寖大而開，謂之旗；過此，則不堪採矣。

獨行靈草、鐵色茶、綠芽、片金、金茗　產潭州，今長沙府，唐曰潭州。有湘潭縣，亦產茶。

武昌山茶　武昌府有武昌山。晉時宣城人秦精嘗入山採茗，遇一毛人，長丈餘，引精至山曲，示以叢茗，復探懷中橘遺精，精怖，負茗而歸。

龍泉茶　崇陽縣龍泉山，周二百里，有洞，好事者持炬而入，行數十步許，坦平如室，可容千百眾，石渠流泉清冽，鄉人號曰魯溪巖，產茶甚甘美。

都濡、高株　產黔陽縣，屬辰州府。

雙上、綠芽、大方、小方　產岳、辰、澧州。[21]

寶慶茶　產寶慶府。

江西

白露茶、鶴嶺茶、雙井、白茅　產江西洪州，即南昌府。唐曰洪州。　西山府城西，大江之外，有梅嶺，即梅福修道處。有鶴嶺，即王子喬跨鶴處。其最勝者，曰天寶洞，宋嘗遣使投金龍玉簡於此。　茶產山西鶴嶺者佳。

雲居茶　產南康之建昌雲居山，峯巒峻極，上多雲霧。一名歐山，世傳歐岌先生得道處。

玉津　產臨江，玉津疑即玉潤。

綠英、金片、界橋茶　產袁州，袁州之界橋茶，其名甚著。

泥片　產虔州，即今贛州府，隋曰虔州。有除灘茶，亦佳品。

德化茶　德化屬九江，產茶。　產柴桑山者佳，再烹以康王谷水，香色一月不散。

焦坑茶　焦坑產庾嶺下，味苦硬，久方回味。　坡詩云：焦坑聊試雨前茶。庾嶺屬南安，漢武帝遣庾勝討南粵，築城於此，因名大庾。其嶺險峻，行者苦之，自張九齡開鑿，始可車馬。上多植梅，又名梅嶺。

仙芝、嫩蕊、福合、祿合、運合、慶合、指合　產饒池，疑是饒州、池州二府。池州屬南畿。　浮梁亦出茶。

山東

瑯琊山茶　其茶類桑葉而小，焙而藏之，其味甚清。瑯琊屬青州府諸城縣，東枕大海，始皇嘗留此三日，築層臺於山，徙黔首三萬戶。臺下立石頌德。

蒙山茶　屬蒙陰，其巔產石花似茶，乃魯顓臾地。[13]　蒙山茶，即兗州蒙山石上煙霧薰染日久結成，蓋苔衣類也。亦謂雲茶，其狀白色輕薄如花蕊，又謂之石蕊茶。寒涼多苦，昔唐褒[14]入山餌此以代茗。

白雲巖茶　產兗州府費縣，蒙山一名東山，上有白雲巖；非蜀霧中蒙頂白雲巖也。

河南

東首、淺山、薄側　產光州，屬汝寧府。　信陽、羅山、俱產茶地。

廣西

廣西茶　產廣西府。

羅艾茶　產柳州府上林縣羅艾山。　昔有羅名艾者入山採茶，遇仙於此，遂移妻子家焉。因名羅艾山[15]。

龍山茶　產潯州貴縣龍山，邑人利之。

都茗山茶　產南寧府都茗山，山在府城外，產茶。

雲南

感通茶　產大理府點蒼山感通寺。　點蒼山，在府城西。上有十九峯，蒼翠如玉，盤亙三百餘里，蒙氏封為中嶽山。頂有泉，曰高河。深不可測。按：雲南普珥茶，真者奇品也，人亦不易得。

灣甸茶　即灣甸州境內孟通山所產，亦類陽羨茶，穀雨前採者香。

貴州

貴陽茶　產貴陽府。

新添茶　產新添衛軍民指揮使司。　古荒服地，宋為新添路，明朝改此。

平越茶　產平越衛指揮司。萬曆辛丑，陞為平越府。

欒茶又名石南茶　產修江。毛文錫《茶譜》云：湘人四月採楊桐草，搗汁浸米蒸作為飯，必采石楠芽為茶飲[22]，云去風也。

茶之近品

虎丘　最號精絕，為天下冠，惜不多產。　秦始皇將發吳蒙，有白虎踞其上，故名虎丘，一名海湧峯。

天池　青翠芳馨，嗅亦消渴，誠可稱仙品。諸山之茶，尤當退舍。　蘇州城西有華山，山半有池，曰天池。產千葉蓮，昔人曾服之羽化。產茶。

陽羨　疑即古之顧渚、紫筍。　今名羅 岕，浙之長興者佳，荊溪稍下。細者其價兩倍天池，惜乎難得，須親自採收方妙。羅岕者，介于山中謂之岕，羅氏隱焉，故名羅。然 岕 有數處，惟洞山最佳，韻致清遠，足稱仙品。 岕 以廟前、廟後為第一，紗帽頂及扇面諸處，皆佳。

龍井　秦觀《記》[16]：龍井在西湖上，僧辨才結亭於此，率其徒環而咒之，忽見大魚自泉中躍出，即龍也，眾異焉。　不過十數畝外此有茶，似皆不及。大抵天開龍泓美泉，山靈特生佳茗以副之耳。山中僅有一二家炒法甚精。近有山僧焙者，亦妙。真者天池不能及也。

天目　為天池、龍井之次，亦佳品也。《地志》云：山中寒氣早嚴，山僧至九月即不敢出。冬來多雪，三月後通行。茶之萌芽較晚。　天目上有兩峯，峯頂各一池，若左右目，故名。周八百里，亙杭、宣、湖、徽四州界，產茶。

六安[17]　《爾雅》云：古南嶽。　品之精，入藥最效，但不能善，炒則不發香而味苦。茶之本性實佳。按：茶貴新，此以極揀為佳。　實產霍山縣，縣西南有山曰六安。山高聳雲霽下，延袤數十里皆產茶處，因稱為六安茶。蓋以山得名，非以州也。　疑即大蜀山，茶生最多，名品亦振。　右六茶者，東海屠緯真隆《茶箋》品也。　唐宋時產茶之地，與所標之名稱，為昔日之佳品。今則吳中之虎丘、天池、伏龍，新安之松蘿，陽羨之羅岕，杭州之龍井，武夷之雲霧，皆足珍賞；而虎丘、松蘿真者，尤異他產。至於採造，昔以蒸碾為工，今以炒製為工，而色之鮮白，味之雋永，與古媲美。

松蘿茶　松蘿，庵名也，為大方和尚首創。　松蘿山，屬徽州休寧，亦曰森蘿。　徽州山峭水清，巒壑奇秀，北源土地高沃，茶生其間，芽極肥乳。自北源連屬諸山所產，亦佳，色味品第與北源別。按：北源問政山間甚佳，松蘿不及也。

英山茶、霍山茶　俱屬廬江，《山川異產記》：霍山茶屬壽州。　江北以英山茶勝，然產於本寺方圍者佳，其他羣山萬塢，俱無足取，但資商販耳。

灊山茶　屬安慶灊山一名皖公山一名皖伯臺，左慈嘗修煉於此。上有二巖、三峯、四洞，即以名縣。　近以岕山茶為君，虎丘茶為相，六安灊山茶為將。將者，言其有蕩滌之功也。　近世武夷、龍井不能遍及，即陽羨、羅岕又不易購，蘇州虎丘茶亦稱奇，以主僧屢見撓於豪族，因以劚去，惟天池亦云高品，往往以天目諸茶贋充失真。若休寧之森蘿，色清味旨，亦一時奇產。廬江之六安、英山、霍山，茶品亦精，然炒不得法，則芳香不發。　六安以梅花片為第一，諸茶之冠也。　近日涂姓製法更精，名曰涂茶，遠近爭得之。　虎丘茶味薄，香不耐久，斟不移時即變黃色矣。近有陽抱山所產，經新安隱者手製，其清香可與廟前岕頡頏。　虎丘茶，如風引蘭氣；北源問政、敏山，如撲鼻蘭；岕茶紗帽頂片，如茉莉；蜀霧中茶，如薔薇好，雲南普珥，如冰片。　敬亭山茶，宣州之珍品也。香色味俱勝，雖本郡當事，亦難得其真者。

袁宏道龍井記

龍井，泉既甘澄，石復秀潤。流淙從石澗中出，泠泠可愛人。僧房爽塏可栖，余嘗與陶石簣、黃道元、方子公汲泉烹茶於此。石簣因問：龍井茶與天池孰佳？余謂龍井亦佳，但茶少則水氣不盡，茶多則澀味盡出，天池殊不爾。大約龍井頭茶雖香，尚作草氣，天池作荳氣，虎丘作花氣，惟岕茶非花非木[23]，稍類金石氣，又若無氣，所以可貴。岕茶葉粗大，真者每斤至二千餘錢。余覓之數年，僅得數兩許。近日徽人有送松羅茶者，味在龍井、天池之上。龍井之嶺為風篁峯，為獅子石，為一片雲，神運石，皆可觀。

陸鴻漸品茶之出

山南以峽州上，襄州、荊州、衡山下，金州、梁州又下。

淮南以光州上，義陽郡、舒州、壽州下，蘄州、黃州又下。

浙西以湖州上，常州次，宣州、杭州、睦州、歙州下，潤州、蘇州又下。

劍南以彭州上，綿州、蜀州次，邛州次，雅州、瀘州下，眉州、漢州又下。

浙東以越州上，明州、婺州次，台州下。

黔中生恩州、播州、費州、夷州，江南生鄂州、袁州、吉州，嶺南生福州、建州、韶州、象州十一州，未詳；往往得之，其味極佳。

唐宋諸家品茶

茶之產，於天下繁且多矣。品第之，則劍南之蒙頂石花為最上，湖州之顧渚、紫筍次之，又次則峽州之碧澗簝、明月簝之類是也。惜皆不可致矣。

浙西湖州為上，常州次之。湖州出長興顧渚山中，常州出義興君山懸腳嶺北崖下。論茶以湖常為冠。御史大夫李栖筠典郡日，陸羽以為冠於他境，栖筠始進。故事湖州紫筍，以清明日到，先薦宗廟，後分賜近臣。

袁州之界橋茶，其名甚著，不若湖州之研膏紫筍，烹之有綠腳垂。故韓公賦云：雲垂綠腳。

葉夢得《避暑錄》：北苑茶有曾坑、沙溪二地。而沙溪色白，過於曾坑。但〔味〕短而微澀。草茶極品，惟雙井、顧渚。雙井在分寧縣，其地屬黃魯直家。顧渚在長興吉祥寺，其半為劉侍郎希范所有。兩地各數畝，歲產茶不過五六觔，所以為難。

宇內土貢實眾，而顧渚、蘄陽蒙山為上，其次則壽陽、義興、碧澗、溫湖、衡山，最下有鄱陽。浮梁人嗜之如此者，晉西以前無聞焉，至精之味或遺也。

唐茶品最重陽羨。

陸羽《茶經》、裴汶《茶述》，皆不載建品。唐末，然後北苑出焉。

黃儒《茶論》[18]云：陸羽《茶經》不第建安之品，蓋前此茶事未興，山川尚閟，露芽真筍委翳消腐而人不知爾。宣和中，復有白茶、勝雪，使黃君閱今日，則前乎此者，又未足詫也。

陸鴻漸以嶺南茶味極佳，近世又以嶺南多瘴癘，染著草木，不惟水不可輕飲，而茶亦宜慎擇。大抵瑞草以時出，時地遞變，有不同耳。按：茶正以山頂雲霧，採時以日未出為佳。

黃魯直論茶：建溪如割，雙井如霆，日鑄如絭。絭，音最，斸物也。又音血，拽也。

近如吳郡之虎丘，錢塘之龍井，香氣芬郁，與岕山並可雁行，惜不多得，往往以天目混龍井，以天池混虎丘。但天池多飲，則腹脹，今多下之。

採茶

《茶經．三之造》云：凡採茶，在二月、三月、四月之間。其日有雨不採，晴採之。

凡採茶，必以晨，不以日出。日出露晞，為陽所薄，則腴耗於內，及受水而不鮮明，故常以早為最。

採摘之時，須天色晴明，炒焙適中，盛貯如法。

一說採時，待日出，山霽、霧障、山嵐收淨採〔之〕。

凡斷芽必以甲不以指。以甲則速斷不柔，以指則多溫易損。

採茶不必太細，細則芽初萌而味欠足；不必太青，青則茶以老而味欠嫩。須在穀雨前後，覓成梗帶葉微綠色而團且厚者為上。

茶宜高山之陰，而喜日陽之早。凡向陽處，歲發常早，芽極肥乳。

芽為雀舌、為麥顆。

茶芽如鷹爪、雀舌為上，一槍一旗次之；又有一槍二旗之號，言一芽二葉也。㉔

《顧渚山茶記》云：山鳥如鴝鵒而色蒼，每至正二月，作聲“春起也”；至三月止，“春去也”。採茶人呼為報春鳥。

茶花冬開似梅，亦清香。

古之採茶在二三月之間，建溪亦云：歲暖則先驚蟄即芽，歲寒則後驚蟄五日。先芽者，氣味未佳；惟過驚蟄者，最為第一。民間常以驚蟄為候，何古之風氣如是太早也，今時多以穀雨為候，清明恐早，立夏太遲；以穀雨前後，其時適中。若茶之佳者，決不早摘，必待氣力完美，丰韻鮮明，色香尤倍，又易於收藏。惟岕山非夏前不摘。初試採者，謂之開園。採之正夏，謂之春茶。其地稍寒，故必須至夏近，有至七八月重摘一次，謂之早春，其品愈佳。

茶有種生、野生。種生者，用子。其子大如指頂，正圓黑色。二月下種，須百顆乃生一株，空殼者多也。畏水與日，最宜坡地蔭處。

凡種茶樹，必下子，移植則不復生，故俗聘婦必以茶為禮，義固有所取也。

焙茶

茶採時，先擇茶工之尤良者，倍其傭值，戒其搓摩，勿令生硬，勿令生焦，細細炒燥、扇冷，方貯罌中。

茶之燥，以拈起即成末為驗。

凡炙茶，慎勿於風燼間炙，熛燄如鑽，使炎涼不均。持以逼火，屢其翻正，候炮出培塿狀、蝦蟆狀，然後去火五寸，卷而舒則本其始，又炙之。

夏至後三日焙一次，秋分後三日焙一次，一陽後三日，又焙之。連山中共五焙，直至交新，色香味如一。

茶有宜以日曬者，青翠香潔，勝以火炒。

火乾者，以氣熱止；日乾者，以柔止。

茶日曬必有日氣，用青布蓋之可免。

藏茶

茶宜箬葉而畏香藥，喜溫燥而忌冷濕，故收藏之家，以箬葉封裹入焙中，三兩日一次。用火常如人體，溫溫然以禦濕潤。火亦不可過多，過多則茶焦不可食矣。

以中罈盛茶，十觔一瓶。每瓶燒稻草灰入於大桶，將茶瓶坐桶中，以灰四面填桶，瓶上覆灰築實。每用，撥開瓶取茶些少，仍復覆灰，再無蒸壞，次年換灰。

空樓中懸架，將茶瓶口朝下放，不蒸。緣蒸氣自天而下也。

以新燥宜興小瓶，約可受三四兩者，從大瓶中貫入，以應不時之用。

罌中用淺，更以燥箬葉貯滿之，則久而不浥。

茶始造則清翠，藏不得其法，一變至綠，再變至黃，三變至黑；黑則不可飲矣。

藏茶欲燥，烹茶欲潔。

造時精，藏時燥，炮時潔。精、燥、潔，茶道盡矣。

茶須築實，仍用厚箬填滿，甕口紮緊、封固。置頓宜逼近人氣，必使高燥，勿置幽隱。至梅雨溽暑，復焙一次，隨熱入瓶，封裹如前。

貯以錫瓶矣，再加厚箬，於竹籠上下周圍緊護即收貯。二三載出，試之如新。

取茶必天氣晴明，先以熱水濯手拭燥，量日幾何，出茶多寡，旋以箬葉塞滿瓶口，庶免空頭生風，有損茶色。

忌紙裹作宿。

徽茶芽葉鮮嫩，極難復火。

近人以燒紅炭，蔽殺紙裹入瓶內，然後入茶，極妙。或以紙裹礦灰一塊，亦妙。

製茶

茶之精好者，每一芽先去外兩小葉，謂之烏蒂；後又次去其兩葉，謂之白合。

烏蒂白合，茶之大病。不去烏蒂，則色黃黑而惡；不去白合，則其味苦澀。

蒸芽必熟，去膏必盡。蒸芽未熟，則草木氣存；去膏未盡，則色濁而味重。受煙則香奪，壓黃則味失，此皆茶之病也。按虎丘茶不宜去膏，去則無味，是以炭火逼乾為佳。

茶擇肥乳，則甘香而粥面着盞而不散；土瘠而芽短，則雲腳渙亂，入盞而易散。葉梗半，則受水鮮白，葉梗短，則色黃而泛。梗為葉之身，除去白合處，茶之色味俱在梗中。

凡茶皆先揀後蒸，惟水芽一茶，則先蒸後揀。

採之、蒸之、擣之、拍之、焙之、穿之、封之。自採至於封，七經目。

方春禁火之時，於野寺山園叢手而掇，乃蒸、乃舂、乃復以火乾之，則又棨、撲、焙、貫、掤、穿、育等七事。棨，兵欄也，以手覆矢曰掤。大約謂棨之使收，撲之使口[19]，焙之使溫，貫之使通，掤之使覆，穿之使融，育之使養之義也。此古蒸碾餅末之事。今用芽茶，與古法異。

茶之佳者，造在社前，其次火前，其下雨前。火前謂寒食前，雨前謂穀雨前，齊己詩云：高人愛惜藏巖裏，白甀封題寄火前。蓋未知社前之為佳也。甀音墜，小口罌也。

茶有以騎火名者，言造製不在火前，不在火後也。清明改火，故謂之曰火。

茶團茶片，雖出古製，然皆出碾磨，殊失真味。

擇之必精，濯之必潔，蒸之必香，火之必良。

茶家碾茶，須著眉上白乃為佳。

採茶葉須揀共大小厚薄一色者，彙為一種，抽去中筋，剪去頭尾，則色久尚綠，不然則易黃黑。

卷二

品水

陶學士穀謂：“湯者，茶之司命。”水為急務。

茶者水之神，水者茶之體；非真水莫顯其神，非精茶曷窺其體。

《禮記》：水曰清滌。

《文子》[20]曰：水之性清，沙石穢之。

蔡君謨曰：水泉不甘，能損茶味。

《荈賦》：水則岷方之注，挹彼清流。㉕

陸鴻漸曰：山水上，江水次，井水下。又云：山水、乳泉、石池漫流者上，其瀑湧湍漱者，勿食。食之有頸疾。

山下出泉，為蒙穉也。物穉，則天全；水穉，則味全。[21]

其曰：乳泉石池漫流者，蒙之謂也，故曰山水上。其云瀑湧湍漱，則非蒙矣，故戒人勿食。

山厚者泉厚，山奇者泉奇，山清者泉清，山幽者泉幽，皆佳水也。

山宣氣以產萬物，氣宣則脈長。故曰山水上。[22]

《博物志》云：石者，金之根甲。石流精以生水。又曰：山泉㉖者，引地氣也。

泉非石出者，必不佳。故楚詞云：飲石泉兮蔭松柏。

皇甫曾《送陸羽詩》：幽期山寺遠，野飯石泉清。

梅堯臣《碧霄峯茗》詩：烹處石泉嘉。又云：小石冷泉留早味。

山泉，獨能發諸茗顏色、滋味。

洞庭張山人云[23]：山頂泉輕而清，山下泉清而重，石中泉清而甘，沙中泉清而冽，土中泉清而厚。蓋流動者良於安靜，負陰者勝於向陽，山削者泉寡，山秀者有神。

江水取去人遠者。去人遠，則流淨而水活。[24]

楊子固江也，其南泠則夾石渟淵，特入首品。若吳淞江則水之最下者，亦復入品，何也？

井水取汲多者，汲則氣通而流活，然脈暗味滯，終非佳品。

靈水　天一生水而精，不淆上天自降之澤也。古稱上池之水，非與。[25]

雨水　陰陽之和，天地之施，水從雲降，輔時生養者也。

《拾遺記》：香雲遍潤，則成香雨，皆靈雨也，俱可茶。

和風順雨，明雲甘雨。

龍所行暴而霪者，旱而凍、腥而墨者，及簷瀝者，皆不可食？

雪水　雪者，天地之積寒也。《氾勝書》：雪為五穀之精。取以煎茶，幽人清況。　陶穀取雪水烹團茶。　丁謂《煎茶》詩：痛惜藏書篋，堅留待雪天。李虛己[26]《建茶呈學士》詩：試將梁苑雪，煎動建溪春。是雪尤宜茶也。　又云：雪水雖清，性感重陰，不宜多積。　吳瑞[27]云：雪水煎茶，解熱止渴。　陸羽品雪水第二十。又云：雪水煎茶，滯而太冷。　臘雪解一切毒，春雪有蟲易敗。

冰水　冰，窮谷陰氣所聚結而為，伏陰也。在地英明者惟水，而冰則精而且冷，是固清寒之極也。　謝康樂[28]詩：鑿冰煮朝飧。　逸人王休居太白山，每冬取溪冰，琢其精瑩者，煮建茗供賓客。

梅水　山水、江水佳矣，如不近江、山，惟多積梅雨，其味甘和，乃長養萬物之水也。《茶譜》[29]云：梅雨時，署大缸收水，煎茶甚美。經宿不變色，易貯瓶中，可以經久。　芒種後逢壬或庚或丙日進梅，天道自南而北，凡物候先於南方，故閩粵萬物早熟半月，始及吳楚。今江南梅雨將罷，而淮上方梅雨，踰河北至七月少有黴氣，而不之覺矣。固宜易地而論之。一作黴，一作霉。　芒種後逢壬為入梅，小暑後逢壬為出梅。　先時為迎梅雨，後之為送梅雨，及時為梅雨。《埤雅》云：今江、湘、二浙，四五月梅欲黃，落雨謂之梅雨。　梅水雪水久貯澄徹，烹茶甘鮮。

秋水　候爽氣晶，淵潭清冷，雨亦澄澈，宜茶。　陳眉公：烹茶以秋水為上，梅水次之。

竹瀝水　天台者佳，若以他水雜之，則亟敗。　蘇才翁嘗與蔡君謨鬥茶，蔡茶用惠山泉，蘇茶用竹瀝水煎，遂能取勝。

泉貴清寒。泉不難於清，而難於寒。其瀨峻流駛而清，岩奧陰積而寒，亦非佳品[30]。

石少土多，沙膩泥凝者，必不清寒。

泉貴甘香。《尚書》：稼穡作甘黍，甘為香黍，惟甘香能養人。泉惟甘香，故亦能養人。然甘易而香難，未有香而不甘者也。

凡泉上有惡木，則葉滋根潤，皆能損其甘香，甚者能釀毒液。

洞庭山人又云：真源無味，真水無香。

唐子西《鬥茶說》：水不問江井，要之貴活。

有黃金處，水必清；有明珠處，水必媚；有子鮒處，水必腥腐；有蛟龍處，水必洞黑嫐惡。不可不辨。

名泉

慧山[31]　源出石穴，陸羽品為第二泉，又名陸子泉。　慧山又有別石泉，在惠山松竹之下，甘爽，乃人間靈液，清澄鑒肌骨，含漱開神慮。茶得此水，皆盡芳味。慧山，亦作惠山。　惠山之水，味淡而清，允為上品。　唐李紳詩云：素沙見底空無色，青石潛流暗有聲。微渡竹風涵淅瀝，細浮松月透輕明。桂凝秋露添靈液，茗折香芽泛玉英。應是梵宮連洞府，浴池今化醒泉清。

鍾泠泉一作中泠。泠平聲。一作瀍，一作零。　金山中泠泉，又名龍井。《水經》品為第一。舊當波險中，汲者患之，僧於山西北下穴一井，以汲游客。又不徹堂下一井，與今中泠相去數十步，而水味迥劣。　《雜記》云：石牌山，北謂之北釣者餘三十丈則中泠。之外，似又有南瀍北瀍者。　《潤州類集》云：江水至金山，分為三泠。今寺中亦有三井，其水味各別，疑似三泠之說也。　李德裕居廊廟日，有親知奉使於京口，李曰：還日，南零水與取一壺來。其人醉而忘之，泛舟上石城方憶，乃汲江水一瓶，歸京獻之。李公飲後，歎訝非常，曰：江表水味有異於頃歲矣，此水頗似建業石頭城下水。其人謝過不隱。　李季卿至維揚，逢陸鴻漸，命一卒入江取南泠水。及至，陸鴻漸揚水曰：江則江矣，非南泠臨岸者乎。既而傾水及半，陸又以杓揚之曰：此似南泠矣。使者蹶然曰：南泠持至岸，偶覆其半，取水增之也。

八功德水　水在江濘，一清、二泠、三香、四柔、五甘、六淨、七不埃、八蠲疴，梁以前御用取給焉。

豐樂泉　在滁州城西，即紫微泉也，亦名六一泉。　歐公既得釀泉，有以新茶獻者，公敕汲泉瀹之。汲者道仆覆水，偽汲他泉代，公知其非，詰之。乃得其泉於幽谷山下，因名豐樂泉。釀泉在瑯琊山下。　江南之虎丘石井、丹陽井、揚州大明寺井、桐柏淮源廬江龍池山頂水，松江水，皆列品論。今按：虎丘井沉黑，竟不可飲。

參寥泉　泉在西湖上智果寺。　東坡云：僕在黃州，夢與參寥子賦詩：有“寒食清明都過了，石泉槐火一時新”之句。後七年守錢塘，而參寥子卜居智果院，有泉出石罅，甘泠宜茶。寒食之明日，自孤山來謁參寥子，汲泉鑽火烹茶，而所夢兆於七年之前，因名參寥泉。

天慶觀乳泉　蘇東坡與姜唐佐[32]秀才云：今日霽色，可喜食已，當取天慶觀乳泉，潑茶之精者，念非君莫與其之。

六一泉　在杭州孤山。　蘇軾以歐陽名也。

金沙泉即湧金泉　泉在湖州長興啄木嶺，即唐人造茶之所，湖常二郡交界上。有境會亭，居恆無水，將造茶，二郡守畢至設牲祭之，水始發。　斯泉也，處沙之中，太守具儀注拜敕祭，泉頃之發源，其夕清溢。造貢茶畢，水即微減；供堂茶畢，已減半矣。太守茶畢，水遂涸，或還旆稽留，則示風雷之變，或見鷙獸毒蛇水魅之類。商旅造茶，則以顧渚，無沾金沙者。

餘不溪　前明太祖幸宜興，土人以餘不溪水煮顧渚茶，飲太祖而甘之，詔每歲貢茶三十觔。餘不溪屬湖州府德清縣，其水清澈宜茶，餘溪則不，故名。即孔愉放白龜處也。　浙江若杭之虎跑泉、老龍井、真珠泉、葛仙翁井、吳山第一泉，又如施公井、郭婆井，皆清洌可茶。

甘乳巖泉　屬福建延平府永安縣，有乳泉洞，中一石突出如蓮花，泉自石中迸出，味甚甘洌，可茶。或以穢器盛之，泉即不流。

鳳凰泉即龍焙泉，又名御泉　在建寧府甌寧縣，宋以來，上貢茶取此泉濯之。泉從渠出，日夜不竭。

鳳栖山下泉　即蘭溪石下水，其側多蘭，故名。蘭溪在黃州府蘄水縣。　陸羽烹茶所汲，《經》謂天下第三泉，亦名陸羽泉。王禹偁元之《過陸井詩》：惟餘半夜泉中月，留得先生一片心。

西江水　屬承天府景陵縣。漢竟陵，隋復州，五代景陵。　陸羽《六羨歌》：不羨黃金罍，不羨白玉盃，不羨朝入省，不羨暮入臺。千羨萬羨西江水，曾向景陵城下來。

谷簾泉　在南康府城西，水如簾布，巖而下者三十餘派。陸羽品此為天下第一。　又謂康王谷水為第一，在九江府城西南，楚康王嘗憩此，故名。水簾高三百五十丈。　王禹偁云：康王谷為天下第一水簾，汲之逾月，其味不敗。　王元之序谷簾泉云：泉為石崖所束，湍怒噴湧，散落紛紜數千百縷，班布如瓊簾，懸注三百五十丈。志謂谷中有水簾洞，云廬山之泉多，循崖而瀉，此則由五峯北崖口懸注而下，凡三級。上級落大盤山上，裊裊如飄雲垂練；中級如碎玉摧冰；下級如玉龍翔舞，又名三疊泉，又名三級泉。

醴泉　屬臨江新喻。　黃庭堅嘗飲此歎曰：惜陸鴻漸輩不及知也。題曰“醴泉”。

杜康泉　山東濟南府城內舜祠東廡下，世傳康汲此釀酒。　中泠水及慧山泉稱之一升重二十四銖，是泉較輕一銖。

趵突泉　濟南府城西，名泉七十二以趵突為上。　趙孟頫詩：濼水發源天下無，平地湧出白玉壺。谷虛久恐元氣泄，歲旱不知東海枯。雲霧潤蒸華不注，波濤聲震大明湖。時來泉上濯塵土，冰雪滿懷清興孤。

硤石渠水　李約，字存博，曾奉使行至陝州硤石縣東[33]，愛渠水清流，竟旬忘發。

玉女洞泉　屬西安盩厔縣。　洞有飛泉，甘且洌。蘇軾過此汲兩瓶去，恐後復取為從者所紿，乃破竹作券，使寺僧藏之，以為往來之信，戲曰調水符。

惠通泉　瓊州府城東三山菴之下有泉，東坡過此，品之曰：味頗類惠山。因名惠通泉。

噴霧崖泉　屬四川夔州府梁山縣[34]，蟠龍山中崖高數十丈，飛濤噴薄如霧。張商英[35]游此，題云：泉味甘洌，非陸羽莫能辨。　范成大謂天下瀑布第一。

靈泉　屬貴州貴陽府城西北。　泉穴寬可六尺許，不盈不涸，清且甘。

飛泉　新添衛城東北。　其水清且甘

古今名家品水

陸羽品天下二十水，以廬山谷簾泉為第一，以慧山泉居第二，蘄水之鳳棲山下泉居第三，楊子中泠水第七，睦州釣臺下泉第十九。全載歐陽修《大明水記》中，所稱康王谷水第一，不同。　陸羽又云：楚水第一，晉水最下。

陳眉公云：余嘗酌中泠，劣於惠山，殊不可解。後考之，乃知，陸羽原以廬山谷簾泉為第一。《山疏》云：陸羽《茶經》言：瀑瀉湍急者勿食，今此水瀑瀉湍急無如矣，乃以為第一，何也？又雲液泉，在谷簾泉側。山多雲母，泉其液也，洪纖如指，清洌甘寒，遠出谷簾之上，乃不得第一，何也？

《經》言瀑瀉湍急者，皆不可食，而廬山水簾、洪州天台瀑布，皆入《水品》，又與其《經》背。故張曲江《廬山瀑布》詩：吾聞山下蒙，今乃林巒表。物性有詭激，坤元曷紛矯。默然置此去，變化誰能了。則有識者，固不食也。

《煎茶水記》云：李季卿刺湖州，至維揚，逢陸處士，即有傾蓋之雅。因過楊子驛，曰：陸君茶，天下莫不聞，楊子南零水，又殊絕；今者二妙千載一遇，何可輕失？因問歷處之水，陸因命筆口授而次第之。

井之美者，天下知鍾泠泉矣。然焦山一泉，亦不減鍾泠。

歐陽修論水，以洪州瀑布水為第八。　瀑布在開先寺。李白詩：掛流三百丈，噴壑數十里。劉伯芻論水，以楊子江水為第一，惠山石泉為第二，虎丘石井為第三，丹陽井第四，揚州大明寺井第五，松江第六，淮水第七。松江一名吳淞江，為青蒲地。淮水，穎上壽州懷遠界。

李季卿品天下泉，以廬山康王谷水為第一，無錫惠山泉第二，蘭溪石下泉第三，虎丘泉第五，楊子江第七，松江水第十六，雪水二十。

歐陽修大明水記

張又新為《煎茶水記》……疑羽不當二說以自異。得非又新妄附益之耶？羽之論水，惡渟浸而喜泉源，故井取汲多者。江雖長流，然眾水雜聚，故次山水。惟此說近物理云。羽所品天下第一水：一作谷簾泉，一作康王谷。據《輿誌》自是二地：非谷簾泉，即康王谷也。[36]

歐陽修浮槎山水記

余嘗讀《茶經》……因以其水遺余於京師。[37]

葉清臣述煮茶泉品

吳楚山谷間，氣清地靈，多孕茶荈。大率右於武夷者……無忘真賞云爾。[38]

貯水附濾水惜水

貯水甕須置陰庭中，覆以紗帛，使承星露之氣，絕不可曬於日下。

飲茶惟貴茶鮮水靈。失鮮失靈，與溝渠何異？

取白石子甕中，能養味，亦可澄水。㉗

擇水中潔淨白石，帶泉煮之，尤妙。

取水必用磁甌，輕輕出甕，緩傾銚中，勿令淋漓甕內，以致敗水。按：好泉放久色味變，以新水洗之其法甚妙。

蓄水忌新器，火氣未退，易敗水，亦易生蟲。

甕口蓋宜謹固，防渴鼠竊水而溺。

泉中有蝦蟹子蟲，極能腥味，亟宜於淘淨。

又有一等極微細之蟲，凡眼視不能見，宜用極細夏布製如杓樣，以瓷幫從缸中取水濾之，再用細帛製一小樣如杓，就銚口流水，濾後仍振入缸中水內。

僧家以羅水而飲，雖恐傷生，亦取其潔。此不惟僧家戒律，修道者亦所當爾。

僧簡長詩：花壺濾水添。

于鵠[39]詩：濾水夜澆花。以上五則濾水。

凡臨佳泉，不可輕易漱濯。犯者為山林所憎。　佳泉不易得，惜之亦作福事也。

章孝標[40]《松泉》詩：注瓶雲母滑，漱齒茯苓香。野客偷煎茗，山僧惜淨床。言偷則誠貴，言惜則不賤用。以上惜水。

湯候

李南金約，字存博，汧公子也。雅度簡遠，有山林之致。一生不近粉黛，性嗜茶。嘗曰：茶須緩火炙，活火煎。又云：《茶經》以魚目、湧泉、連珠為煮水之節，然近世瀹茶，鮮以鼎護，用瓶煮水難以候視，則嘗以聲辨一沸、二沸、三沸之節。始則魚目散佈，微微有聲為一沸；中則四邊泉湧，纍纍連珠為二沸；終則騰波鼓浪，奔濤濺沫為三沸。三沸之法，非活火不成。炭火之有焰者謂活火，以其去餘薪之煙、雜穢之氣也。[41]

煎茶嘗使湯無妄沸，水氣全消如三火之法，庶可以言茶矣。 茶欲養，如此候視，始可養茶。

屠緯真云[42]：薪火方交，水釜纔熾，急取旋傾，水氣未消謂之嫩。若人過百息，水踰十沸，或以話阻事廢，始取用之，湯已失性，謂之老。老與嫩皆非也。如坡翁云：蟹眼已過魚眼生，颼颼欲作松風聲，盡之矣。

顧況號逋翁，《論煎茶》云：煎茶文火細煙，小鼎長泉。

坡翁茶歌：李生好客手自煎，貴從活火發新泉[43]。又云活水仍將活火煎。

坡詩：銀瓶瀉湯誇第二[44]。又云：雪乳已翻煎去腳，松風忽作瀉時聲。

朱子詩“地爐茶鼎烹活火”。

黃魯直詩：（風爐小鼎不須催）

黃魯直《茶賦》云：洶洶乎如澗松之發清吹，浩浩乎如春空之行白雲。可謂得煎茶三味。

謝宗《論茶錄》云：候蟾背之芬香，三沸成於活火，觀蝦目之奔湧，一壺吸於石城。

煎茶有三火三沸法。如李南金“砌蟲唧唧萬蟬催，忽有千車捆載來；聽得松風並澗水，急呼縹色錄磁杯”；則過老矣。何如羅景綸之“松風檜雨到來初，急引銅瓶離竹爐；待得聲聞俱寂後，一甌春雪勝醍醐”為得火候也。

羅景綸云：瀹茶之法，湯欲嫩而不欲老，蓋湯嫩則茶味甘，老則過苦矣。若聲如松風，澗水而遠瀹之，豈不過於苦而老哉。惟移瓶去火，少待其沸止而瀹之，然後湯適中而茶味甘。因補以松風檜雨一詩。

陸氏烹茶之法，以末就茶鑊，故以第二沸為合量。而下末，若以今湯就茶甌瀹之，則當用背二涉三[28]之際合量。乃為辨聲之詩，其詩即砌蟲唧唧詩也。

趙紫芝詩：竹爐湯沸火初紅。

蔡君謨湯取嫩而不取老，蓋為團餅茶發耳。今旗芽槍甲，湯候不足，則茶神不透，茶色不明，故茗戰之捷，尤在五沸。

古人制茶，必碾磨羅，恐為飛粉，於是和劑印作龍鳳團，見湯而茶神便浮；此蔡君謨湯用嫩而不用老。今則不假羅碾，元體全具，湯須純熟，故曰湯須五沸，茶奏三奇。

蝦眼、蟹眼、魚眼連珠，皆為萌湯，直至騰波鼓浪，水氣全消，方是純熟。如初聲、轉聲、振聲、驟聲、皆為萌湯，直至無聲，方是純熟。如氣浮一縷、二縷、三四縷，及縷不分，氤氳亂縷，皆為萌湯，直氣至沖貫，方是純熟。

湯純熟，便取起。先注少許壺中，祛湯冷氣，然後投茶。茶多寡宜酌，兩壺後又用冷水蕩滌，使壺涼潔，不則減茶香矣。

凡茶少湯多，則雲腳散，湯少茶多，則乳面浮。此茶之多寡，宜酌也。

茶以火候為先。過於文，則水性柔，柔則水為茶降；過於武，則火性烈，烈則茶為水制。

蔡君謨曰：候湯最難，未熟則沫浮，過熟則茶沉。前世謂之蟹眼者，過熟湯也。況瓶中煮之不可辨[29]，故曰候湯最難。

《茶寮記》煎用活火，湯眼鱗鱗起，沫餑鼓泛，投茗器中。初入湯少許候湯茗相投，即滿注。雲腳漸開，乳花浮面則味全。蓋古茶用團餅碾，屑味易出，葉茶驟，則乏味，過熟則味昏底滯。

陸鴻漸曰：凡酌茶，置諸碗，令餑沫均和。餑沫者，湯之華也。華之薄者曰沫，厚者為餑，輕細者曰華。

晉杜毓《荈賦》：惟茲初成，沫沉華浮，煥若積雪，燁若春敷。喻湯之華也。

陶學士云：湯者，茶之司命。故湯最重。

先茶後湯，曰下投；湯半下茶，曰中投；先湯後茶，曰上投。春秋中投，夏上投，冬下投。

水火已備，旋滌茶具，令必潔必淨。俟湯淨沸，先以熱水少許盪壺，令熱壺。蓋可置甌內，或仰置几上。覆案上，恐侵漆氣、食氣也。

投茶用硬背紙作半竹樣，先握手中，以湯之多寡酌茶之多寡。俟湯入壺未滿，即投茶，旋以蓋覆。呼吸頃，滿傾一甌，重投壺內，以動盪其香韻，再呼吸頃，可瀉以供用矣。

一壺之茶，止可再巡。初巡則豐韻色嫩，再則醇美甘冽，三巡則意況盡矣。武林許次紓常與馮開之戲論茶候[45]，以初巡為婷婷嫋嫋十三餘，再巡為碧玉破瓜年，三巡以來綠葉成陰矣。開之大以為然。

凡飲茶，壺欲小。小則再巡已終，寧使餘芬剩馥尚留葉中，無令意況盡也。餘葉旋歸滓碗，以俟別用。

蘇廙《作湯十六法》：以老嫩言者凡三品，以緩急言者凡三品，以器標者共五品，以薪論者共五品。

蘇廙十六湯品

第一得一湯……所以為大魔。[46]

茶具[47]

商象　古石鼎也，用以煎茶。

鳴泉　煮茶鐺也。

苦節君　湘竹風爐，用以承鐺煎茶。

烏府　竹籃，盛炭為煎茶之資。

降紅　銅火筯，不用連索。

團風　湘竹扇也，用以發火。

水曹　即磁矼、瓦缶，用以貯泉，以供火鼎。

雲屯　屠注：泉缶疑即水曹。

分盈　杓也，用以量水。　坡詩：大瓢貯月歸春甕，小杓分江入夜瓶。皆曲盡烹茶之妙。

漉塵　茶洗也，用以洗茶。　屠《茶箋》云：凡烹茶，先以熟湯洗茶，去其塵垢冷氣，烹之則美。

注春　瓷瓦壺也，用以注茶。

啜香　瓷甌也，用以啜茶。

受污　拭抹布也，用以潔甌。　拭以細麻布，他皆穢，不宜用。

歸潔　竹筅箒也，用以滌壺。

納敬　湘竹茶橐，用以放盞。

撩雲　竹茶匙也，用以取果。

又錄茶經四事

具列　或作床，或作架，或水或竹，悉飲諸器物，悉以陳列也。

湘筠焙　焙茶箱。蓋其上，以收火氣也，隔其中，以有容也；納火其下，去茶尺許，所以養茶色、香、味也。

豹革囊　豹革為囊，風神呼吸之具也。煮茶啜之，可以滌滯思而起清風，每引此義，稱茶為水豹囊。

茶瓢　山谷云：相茶瓢，與相邛竹同法。不欲肥而欲瘦，但須飽風霜耳。

陸源漸《茶經．四之器》外，復有茶具二十四事，其標名如韋鴻臚、水待制、漆雕秘閣之類。　陸鴻漸茶具二十四事，以都統籠貯之，遠近傾慕，好事者家藏一具。

高深甫[48]茶具十六事，又有茶器七具。

屠《茶箋》茶具二十七，其立名同異相彷。

茶事

屠赤水園居敞小寮……非眠雲跂石人，未易領略。余方遠俗雅意禪棲，安知不因是，遂悟入趙州耶？[49]

茶寮，側室一斗，相傍書齋，內設茶 竈 一，茶盞六，茶注二，餘一以注熟水，茶臼一，拂刷淨布各一，炭箱一，火鉗一，火筯一，火扇一，火斗一，茶盤一，茶橐二。當教童子專主茶役，以供長日清談，寒宵兀坐。

煮湯，最忌柴煙燻。《清異錄》云：五賊，六魔湯也。

《茶經》云：其火用炭，次用勁薪。其炭曾經燔炙，為膻膩所侵，及膏木敗器，勿用也。

李南金所云“活火”，正炭之有燄者。

凡木可以煮湯……亦非湯友。[50]以上四則擇薪皆蘇廙《十六湯品》所言。此又揭人所易蹈者而切言之也。

策功見湯業者，金銀為優，……惡氣纏口而不得去。[51]

茶瓶、茶盞、茶匙生鉎，致損茶味，必先時洗潔則美。

銀瓢，惟宜於朱樓華屋；若山齋茅舍，錫與磁俱無損於茶味。

壺古用金銀，以金為水母也。然未可多得，囊如趙良璧比之黃元吉所造，欵式素雅，敲之作金石聲。又如龔春、時大彬所製，黃質而堅，光華若玉，價至二三十千錢，俱為難得。迨今徐友泉、陳用卿、惠孟臣諸名手，大為時人寶惜，皆以粗砂細做，殊無土氣，隨手造作，頗極精工。至若歸壺，人皆以為貴，第置之案頭，形質怪異，俗氣侵人，不可用也。以上滌器。

凡點茶，先熁盞，熱則茶面聚乳，冷則茶色不浮。

盞以雪白為上。

茶有真香，有佳味，有正色，烹點之際，不以珍果香草雜之。奪其香者，松子、柑橙、茉莉、薔薇、木樨之類是也。奪其味者，荔枝、圓眼、牛乳之類是也。奪其色者，柿餅、膠棗、楊梅之類是也。若用，則宜核桃、榛子、瓜杏、欖仁、雞頭、銀杏、栗子之類。然飲真茶，去果方覺清絕，雜之則無辨矣。以上擇果。

茶之雋賞

茶之妙有三：一曰色，二曰香，三曰味。

茶以青翠為勝，濤以藍白為佳。

蔡君謨云：善別茶者，正如相工之視人氣色也。隱然察之於內，以肉理潤者為上。

表裏如一，曰純香；雨前神具，曰真香；火候均停，曰蘭香。

蔡君謨曰：茶有真香，而入貢者微以龍腦和膏，欲助其香。建安民間試茶，皆不入香，恐奪其真。若烹點之際，又雜珍果香草，其奪益甚，正當不用。

味以甘潤為上，苦澀下之。

蔡君謨云：茶味主於甘滑，唯北苑鳳凰山連屬諸焙所產者味佳。隔谿諸山，雖及時加意製作，色、味皆重，莫能及也。又有水泉不甘，能損茶味，前世之論水品者以此。

《茶錄》：品茶，一人得神，二人得趣，三人得味，七八人是名施茶。

茶之為飲……俗莫甚焉。[52]

司馬公曰：茶欲白，墨欲黑。茶欲重，墨欲輕。茶欲新，墨欲陳，二者正相反。蘇曰：上茶妙墨皆香，其德同也；皆堅，其操同也；譬如賢人君子，黔晳美惡之不同，其德操一也。

建人鬥茶為茗戰，著盞無水痕者絕佳。

許雲村[53]曰：挹雪烹茶，調弦度曲，此乃寒夜齋頭清致也。

茶之辨論

唐子西《茶說》：茶不問團銙，要之貴新。歐陽少師得內賜小龍團，更閱三朝賜茶尚在，此豈復有茶也哉。

沈括，字存中，《夢溪筆談》云：茶芽謂雀舌、麥顆，言至嫩也。茶之美者，其質素良，而所植之土又美，新芽一發便長寸餘，其細如針，如雀舌、麥顆者，極下材爾，乃北人不識誤為品題。予山居有《茶論》，復口占一絕：“誰把嫩香名雀舌，定來北客未曾嘗。不知靈草天然異，一夜風吹一寸長”。

《潛確書》[54]：茶千類萬狀，略而言之，有如胡人鞾者，蹙縮然；犎牛臆者，廉襜然；浮雲出山者，輪菌然；輕飈拂水者，涵澹然；此皆茶之精腴者。有如竹籜者，枝幹堅實，艱於蒸搗其形簏簁然，有如霜荷者，莖葉凋沮，易其狀貌，厥狀萎萃然；此皆茶之瘠者也。自胡 鞾 至於霜荷凡八等。有如陶家子，又如新治地者，二則刪。

以光黑平正言嘉者……存於口訣。[55]

唐人以對花啜茶為殺風景。故王介甫詩云：金谷花前莫漫煎，其意在花非在茶也。金谷花前洵不宜矣， 若把一甌，對山花啜之，嘗更助風景。

試茶、辨茶，必須知茶之病。

茶有九難……非飲也。[56]

茶之高致

唐盧仝七碗歌云[57]：柴門反關無俗客，紗帽籠頭自煎吃。

溫公與范景仁共登高嶺，由轘轅道至龍門，涉伊水坐香山，憩臨八節灘，多有詩什，各攜茶登覽。

楊東山[58]致仕家居，年八十，曾雲巢年尤高，攜茶看東山。其詩云：知道華山方睡覺，打門聊伴茗奴來。東山和詩有云：錦心繡口垂金薤，月露天漿貯玉杯。月露天漿，茶之精好也。

古人高致每攜茶尋友，如趙紫芝[59]詩云："一瓶茶外無祇待，同上西樓看晚山"。

和凝[60]在朝，率同列遞日以茶相飲，味劣者有罰，號為湯社。

錢起，字仲文，與趙莒為茶宴，又嘗過長孫宅與朗上人作茶會[61]。

周韶好蓄奇茗，嘗與蔡君謨鬥勝，品題風味，君謨屈焉。

陸龜蒙字魯望，嗜茶荈，置小園顧渚山下，歲取租茶，自判品第。

唐肅宗賜張志和奴婢各一人，張志和配為夫婦，號漁童、樵青。漁童捧釣收綸，蘆中鼓枻。樵青蘇蘭薪桂，竹裏煎茶。

梅聖俞，名堯臣。在《楚硚茶磨》題詩有"吐雪誇新茗，堆雲憶舊溪。北歸惟此急，藥白不須齎。"可謂嗜茶之極矣。聖俞茶詩甚多，沙門穀公遺碧霄峯茗，俱有吟詠。

學士陶穀，得黨太尉家姬，取雪水煎茶，曰：黨家應不識此。姬曰：彼粗人，但於銷金帳下，飲羊羔兒酒爾。[62]

嘉興《南湖誌》：蘇軾與文長老嘗三過湖上汲水煮茶，後人建煮茶亭以識其勝。

陸贄，字敬輿，張益餉錢百萬，茶一串。陸止受茶一串，曰：敢不承公之賜。

仙人石室，石高三十餘丈，室外蔓藤聯絡，登者攀緣而入，即泐溪福地，有陸羽題名。屬廣東韶州府樂昌縣。

饒州府餘干縣冠山，羽嘗鑿石為竈，取越溪水煎茶於此。迄今名陸羽竈。

懷慶府濟源，內有盧仝別業，有烹茶館。

僧文瑩[63]，堂前種竹數竿，蓄鶴一隻。每月白風清，則倚竹調鶴，瀹茗孤吟。

馮開之，精於茶政，手自料滌，客有笑者，吳寧野[64]戲解之曰：此政美人，猶如古法書、名畫，度可著欲漢之手否？

倪雲林[65]，性嗜茶。在惠山中，用核桃、松子肉和粉與糖霜共成小塊，如石子，置茶中，出以啖客，名曰清泉白石。

趙行恕，宋宗室也。慕雲林清致，訪之。坐定，童子供茶。行恕連啜如常，雲林悒然曰：吾以子為王孫，故出此品，乃略，不知風味，真俗物也。

高濂曰：西湖之泉，以虎跑為貴㉚。兩山之茶，以龍井為佳。穀雨前採茶旋焙時，汲虎跑泉烹啜，香清味冽，涼沁詩脾。每春當高臥山中，沉酣新茗一月。

李約，唐司徒，汧公子，雅度玄機，蕭蕭沖遠，有山林之致。在湖州嘗得古鐵一片，擊之清越。又養猿，名山，公嘗以隨逐。月夜泛江登金山，擊鐵鼓琴，猿必嘯和，傾壺達旦，不俟外賞。

茶癖

瑯琊王肅，喜茗，一飲一斗，人號為漏 卮 。

劉縞㉛慕王肅之風，專習茗飲。彭城王謂之曰：卿不慕王侯八珍，而好蒼頭水厄。

《世說》云：王濛好茶，人至輒飲之。士大夫甚以為苦，每欲候濛，必云今日有水厄。

李約性嗜茶，客至不限甌數，竟日爇火，執器不倦。

皮光業：通最〔耽〕茗事。中表請嘗新柑，筵具殊豐，簪紱叢集。纔至，未顧尊罍而呼茶甚急，徑進一巨甌。詩曰：“未見甘心氏，先迎苦口師。”眾噱曰：“此師固清高，難以療饑也。

唐大中一僧，年一百三十歲，曰：“臣少也賤，不知服藥。性本好茶，至處惟茶是求，飲百碗不厭。”因賜茶五十斤。

茶欲其白，常患其黑。墨則反是。然墨磨隔宿則色暗，茶碾過日則香減，頗相似也。茶以新為貴，墨以古為佳，又相反也。茶可於口，墨可於目。蔡君謨老病不能飲，則烹而玩之。呂行甫好藏墨而不能書，則時磨而小啜之，皆可發來者一笑。

茶效

《茶經》：茶味至寒，最宜精行。至熱渴、凝悶、腦痛、目注、四支煩、百節不舒，聊四五啜，與醍醐、甘露抗衡也。

《本草拾遺》：人飲真茶，能止渴消食，除痰少睡，利水道明目益思。

坡公云：人固不可一日無茶，每食已，以濃茶嗽口，煩膩既去，而脾胃自清。凡肉之在齒間者，得茶滌之，乃盡消縮不覺脱去，不煩刺挑也。而齒性便苦，緣此益堅密，蠹毒自已矣。然率用中茶。

唐裴汶《茶述》云：其性精清，其味淡潔，其用滌煩，其功致和。參百品而不混，越眾飲而獨高。烹之鼎水，和以虎形，人人服之，永永不厭。得之則安，不得則病。彼芝朮、黃精，徒云上藥，致效在數十年後，且多禁忌，非此倫也。或曰多飲令人體虛病風。予曰不然。夫物能祛邪，必能輔正，安有蠲逐叢病而靡保太和哉。

李白詩：破睡見茶功。

《玉露》云：茶之為物，滌昏雪滯，於務學勤政，未必無助也。

閩廣嶺南茶，穀雨、清明採者，能治痰嗽，療百病。

巴東有真香茗，其花白色如薔薇，煎服令人不眠，能誦無忘。

蒙山上有清峯茶，最為難得。多購人力，俟雷發聲，併步採摘，三日而止。若獲一兩，以本處水煎飲，即驅宿疾；二兩輕身，三兩換骨，四兩成地仙矣。

今青州蒙山茶，乃山頂石苔。採去其內外皮膜，揉製極勞，其味極寒。清痰第一，又與蜀茶異品者。

茶之別者，有枳殼芽、枸杞芽、枇杷芽，皆治風痰。

凡飲茶，少則醒神思，多亦致疾。

《唐新語》：右補闕母景云，釋滯消塵，一日之利暫佳；瘠氣侵精，終身之累斯大。獲益則功歸茶力[32]。貽患則不謂茶災，豈非福近易知，禍遠難見？

古今名家茶詠凡列各類者不重載

日高五丈睡正濃……盧仝《謝孟諫議新茶》，豪放不減李翰林，終篇規諷不忘憂民，又如杜工部。

皮日休《茶詠序》云：國朝茶事，竟陵陸季疵始為《經》三卷。後又有太原溫從雲武威碣之，各補茶事十數節，並存方冊。昔晉杜毓有《荈賦》，季疵有《茶歌》，遂為茶具十詠，寄天隨子。天隨子，陸龜蒙別號。

（香泉一合乳）煮茶

（裒然三五寸）茶筍

（南山茶事勤）茶灶

（左右擣凝膏）茶焙[33]

初能燥金餅，漸見乾瓊液。九里共杉松，相望在山側。同上

（金刀劈翠雲）茶籯[34]

（旋取山上林）茶舍[35]

圓似月魂墮，輕如雲魄起。棗花勢旋眼，蘋末香沾齒。茶甌

立作菌蠢勢，煎為潺湲聲。[66]茶鼎以上皮日休十詠詩內

無突抱輕風，有煙映初旭。盈鍋下泉沸，滿甑雲芽熟。奇香籠春桂，嫩色淩秋菊。煬者若吾徒，年年看不足。陸龜蒙　《茶灶》

（新泉氣味良）陸龜蒙《茶鼎》

（婆娑綠陰樹）白樂天《膳後煎茶詩》。楊慕巢，亦當時善茶者。

（芳叢翳湘竹）柳宗元《竹間自煎茶》詩

（山僧後檐茶數叢）劉禹錫《西山蘭若試茶詩》

（空門少年初行堅）李咸用《謝僧寄茶》詩。

（敲石取鮮火）劉言史《與孟郊洛北泉上煎茶》詩。

（流華淨肌骨）顏魯公《月夜啜茶》詩。

（簇簇新英摘露光）鄭谷《州煎茶》詩。

（氓輟農桑業）俯視彌傷神。唐袁高《茶山》詩。

碧沈霞腳碎，香泛乳花輕。曹鄴句

雲出玉甌，霞傾寶鼎。

赤泥開方印，紫餅截圓玉。

雪梅含笑綻開香唇。皆茶詩句

偷嫌曼倩桃無味，擣覺嫦娥藥不香。薛能句

睡魔從此退三舍，欣伯直須輸一籌。唐詩句。欣伯，酒也。

誰分金掌露，來作玉溪涼。茶山詩句。

含露紫茸肥。偉處厚句

歲晚每經寒如柝。茶詩句

山家春早擷旗槍，別有千苞護絳房。羅隱詩句

顧蘭露而慚芳，豈蔗漿而齊味。武元衡謝表句

樣標龍鳳號題新，賜得還因作近臣。烹處豈期商嶺水，碾時空想建溪春。香於九畹芳蘭氣，圓似三秋皓月輪。愛惜不嘗惟恐盡，除將供養白頭親。王禹偁《龍鳳茶》詩。

（勤王修歲貢）王禹偁《茶園》。

（建安三千里）

（人間風月不到處）黃庭堅《雙井茶送子瞻》

（喬雲從龍小蒼壁）黃庭堅《謝送壑源揀芽》

（平生心賞建溪春）黃庭堅《謝王煙之惠茶》

大哉天宇內，植物知幾族。靈品獨標奇，迥超凡草木。名從姬旦始，漸播《桐君錄》。賦詠誰最先，厥傳惟杜毓。唐人未知好，論著始於陸。常李亦清流，當年慕高躅。遂使天下士，嗜此偶於俗。豈但中土珍，兼之異邦鬻。鹿門有佳士，博覽無不矚，邂逅天隨翁，篇章互賡續。 開園顧山下，屏跡松江曲。有

興即揮毫，燦然存簡牘。伊予素寡愛，嗜好本不篤。越自少年時，低回客京轂。雖非曳裾者，庇陰或華屋。頗見綺紈中，齒牙壓粱肉。小龍得屢試，糞土視珠玉。團鳳與葵花，碔砆雜魚目。貴人自矜惜，捧玩且緘櫝。未數日鑄皐，定知雙井辱。於茲自研討，至味識五六。自爾入江湖，尋僧訪幽獨。高人固多暇，探究亦頗熟。聞道早春時，攜籯赴初旭。驚雷未破蕾，採採不盈掬。旋洗玉泉蒸，芳馨豈停宿。須臾布輕縷，火候護盈縮。不憚頃開勞，經時廢藏蓄。髹筒淨無染，箬籠匀且複。苦畏梅潤侵，暖須人氣燠。有如剛耿性，不受纖芥觸。又若廉夫心，難將微穢瀆。 晴天敞虛府，石碾破輕綠。水日遇閑賓，乳泉發新馥。香濃奪蘭露，色嫩欺秋菊。閩俗竟傳誇，豐腴面如粥。自云葉家白，頗勝山中醁。好是一杯深，午窗春睡足。清風聲兩腋，去欲淩鴻鵠。嗟我樂何深，水輕亦屢讀。陸子玐中冷，次乃康王穀。𧏖培頃曾嘗，瓶罌走僮僕。如今老且懶，細事百不欲。美惡兩俱忘，誰能強追逐。昨日散幽步，偶上天峯麓。山圃正春風，蒙茸萬旗簇。呼兒為佳客，採製聊亦複。地僻誰我從，包藏置廚簏。幽人無一事，午飯飽蔬菽。困臥北窗風，風微動窗竹。乳甌十分滿，人世真局促。意爽飄欲仙，頭輕快如沐。昔人固多癖，我癖良可贖。為問劉伯倫，胡然枕糟麴。蘇軾《寄周安孺茶》

按：此詩茶之出處，優劣，水火侯驗可謂隱括無遺，如讀一部《茶經》。

(蟹眼已過魚眼生）蘇軾《試院煎茶》

(吳綾縫囊染菊水）楊萬里《謝木韞之舍人分送講筵賜茶》

(春陰養芽鍼鋒芒）呂居仁《茶詩》。

(夫其滌煩療渴）吳淑《茶賦》

羅玳筵……此茶下被於幽人也。[67]

(紅紗綠篛春風餅）党懷英，號竹溪。茶詠調寄《青玉案》

(天上賜金奩）蔡伯堅《詠茶詞》

(誰扣玉川門）高儐談和前詞。仕談，字季默。仕金為翰林學士，以詞賦擅長。

雜錄

《鄴侯家傳》：唐德宗好煎茶加酥椒之類，李泌戲為詩云：旋沫翻成碧玉池，添酥散作琉璃眼。

《唐書》黨魯使西番㊱，烹茶帳中，謂番人曰：“滌煩療渴，所謂茶也。”番使曰：我亦有之，命取出指曰：此壽州者，此顧渚者，此蘄門者。

左思《嬌女詩》(吾家有好女)

陸羽著《茶經》，天下益知茶飲。鬻茶者，陶羽形置煬突間，祀為茶神。因李季卿召羽不為禮，更著《毀茶論》。

《後魏錄》：齋王肅初入魏，不食羊肉酥漿，常飯鮮魚羹，渴飲茗汁。京師士子見肅一飲一斗，號為漏卮。後與高祖會，食羊肉酪粥，高祖怪問之，對曰：“羊是陸產之宗，魚是水族之長，所好不同，並各稱珍。羊比齊魯大邦，魚比邾莒小國，唯茗不中與酪作奴。”高祖大笑，因號茗飲為酪奴。他日彭城王勰戲謂肅曰：卿不重齊魯大邦，而好邾莒小國，卿明日顧我，為卿設邾莒之食，亦有酪奴。

蕭正德歸降，元叉欲為設茗，先問：“卿於水厄多少？”正德不曉叉意，答曰：“下官生於水鄉，立身以來，未遭陽侯之難。”坐客大笑。

任瞻，字育長，少有令名。自過江失志，既下飲，問人云：“此為荈為茗？”覺人有怪色，乃自分明曰：“向問飲為熱為冷。”

劉曄與劉筠飲茶。問左右：“湯滾也未？”眾曰：“滾。”筠曰：“僉曰鯀哉。”曄應聲曰：“吾與點也。”

胡嵩有《茶詩》：沾牙舊姓余甘氏，破睡當封不夜侯。陶穀愛其新奇，令猶子彝倣作。彝曰：生涼好換雞蘇佛，回味宜稱橄欖仙。時彝年十一耳。雞蘇，一名水蘇，紫蘇類也。

誌地

茶陵州，屬湖廣長沙府。漢縣，以居茶山之陰故名。

茶王城，屬長沙府今攸縣。漢茶陵城，今呼為茶王。

平茶洞，《禹貢》荊、梁二州之界，戰國楚黔中地，漢屬武陵。宋置平茶洞，國朝為平茶洞長官司。

納樓茶甸，雲南臨安府納樓茶甸長官司。

和茶山，屬楚雄府廣通縣。

全茗州，屬廣西太平府，古連國，宋置。

茗盈州，屬廣西太平府，宋置。

隴茗驛，屬廣西太平府，羅陽縣。

茶山，屬江西廣信府城北，陸鴻漸嘗居此。

茶坂，屬福建建寧府建陽之雲谷。朱文公[68]搆草堂於此。一名茶坡

茶洋驛，屬延平府南平縣，即劍浦。

茶巖，屬浙江台州府寧海縣，瀕大海，即今蓋蒼山也。陶弘景嘗居此，石上刻“真逸”二字，即弘景別號也。

茶磨嶼，屬蘇州府吳山東北，一名楞伽山，一名上方山。其北為吳王郊台，其東北為茶磨嶼。

茶坡，屬淮陰山陽縣，南二十里。《茶經》所載茶陵者，所謂生茶茗者也。臨遂縣有茶溪，永嘉縣東有白茶山。辰州溆浦縣西北無射山，蠻俗當吉慶時，集親族歌舞於山。山多茶樹。

後序㊲

史內所載，茶宜精行修德之人，非謂精行修德之人始茶，而精行修德之人，

領略有不同，寄興略別也。先君子過四十，即無心仕進；至耄，惟日把一編，各家書史無不覽。倦則熟眠一覺，起呼童子，問苦節君濾水，視候烹點，啜兩三甌，習習清風又讀書，日如是者再。嘗曰：人一日不了過，吾過兩日也。間仿行白香山社事，必攜茶具諸老父議論風生，先君子則左持冊，右執素瓷，下一榻，且臥且聽之。又嘗謂黃卷、黑甜、清泉是吾三癖。貯水甓滿屋，客有知味者，不憚躬親，煙隱隱從竹外來，輒誦"紗帽籠頭自煎吃"之句。是編也，亦言其大凡而已。山水卉木，時有變化，而臧否因之，即耳目有未逮，寧闕勿疑此史之所由名也。嗟乎！天下之靈木瑞草名泉大川，幸而為篤學好古者所賞識；而不幸以堙沒不傳者，又何可勝道哉！不孝世務漸靡，憂從中來，每得先君子一杯茶，則神融氣平，如坐松風竹月之下，亦可以見先君子之蠲煩滌慮，別有得於性情也。手抄廿一史，略古今要言，箋釋《華嚴》、《金剛》各經，每種約尺許，《茶史》特其片臠耳。讀父之書，而手澤存焉，唏噓不能竟篇。偶取其斷簡殘紙，亦皆有關於風化性命之言，又以是知先正之學問不苟如此。同年陸君咸一，每過從論茗政，遂寧夫子，亦稍稍益以所見，因先謀殺青，其他書次第梓行，庶幾使觀覽者，想見先君子之為人焉。男謙吉[69]識。

跋[38]

《茶史》上下二卷，先曾王父介祉先生手輯。先生弱冠時，萬里省親，懷集歸行深山叢箐中，涉洞庭之險，遭虎豹風濤，感以誠孝，皆不為害，故至今人稱為孝子。先生生平篤嗜茗飲，水火烹瀹諸法，評品不遺餘力。更搜討古今茶案，凡一語一事，必掌錄之。久乃成帙，遂輯為《史》。朝夕校訂，愈老不輟。先王父刻之家塾，歲久殘蝕，藏者絕少。乃大近南遊黔粵，所過山川林麓，皆先生隻身親歷處。扣之鄉三老，猶有能道及往事者。因出行笈中《茶史》。讀之，覺先生性情嗜好，儼嶽嶽於蒼梧嶺海間。歸理先澤，深懼泯滅，因急修補校刻，俾成完書，以無忘吾先人之美。曾孫乃大敬跋。

注　釋

1　此序前，日本享和香祖齋翻刻本，還冠有一篇日人梅庢居士序，本文收編時刪。但此序對本文在日本流傳的影響和翻刻、緣由等還有一定史料價值，故這裏附收於註以供需者參考：
《序》亡友水世肅，素有茶癖。居常好讀劉介祉《茶史》，服其精核，以其同好故，贈所藏之善本於尾裘內田蘭渚，且令翻刻焉。享和壬戌之春，余助祭千長鳴泮宮，歸途訪蘭渚偶，《茶史》刻成矣。目而出其刻本，以視余，請就世肅副本而校之，且命序。余即一諾，攜而歸。此時世肅已沒，墓未有宿草，因逡巡不果，余亦罹疾，遂到於今日。比者，得小閒，於是自就世肅家手校以返之，柳茶事之傳與功諸序已艷稱，故不復贅焉。噫，如世肅、蘭渚雅好，固不減劉子，不然何以鄭重翻刻於萬里外而傳之也哉。但寸卷而蒙聖天子之眷遇，斯其異於彼者耶然，然時有遇不遇亦不可謂必無也，故余拭目以待之。

享和癸亥之春　梅庢居士時賜題於浪華清夢軒

2　張廷玉（1672－1755）：清安徽桐城人。字衡臣，號研齋。康熙三十九年進士，任內閣學士。雍正時，權禮部尚書，入南書房，任《賢祖實錄》總裁。世宗時，與鄂爾泰同受顧命，乾隆初為總理大臣輔政，後因遭朝中大臣參劾，自請致仕。卒，按世宗遺詔，配享太廟，是清代漢大臣唯一的配享太廟者。

3　李仙根（1621－1690）：清四川遂寧人。字南津，號子靜，清順治十八年，進士一甲第三名。康熙七年，以內秘書院侍讀加一品服出使安南，還備述宣諭，安南事實，編為《安南使事記》一卷。官至戶部侍郎，工書法，另有《安南雜記》、《國朝耆獻類證初稿》。

4　陸求可（1617－1679）：字咸一，號密庵，與劉源長同鄉，淮安人。順治十二年進士，授（裕）州（今河南方城縣）知州，入為刑部員外郎，升福建提學僉事。有《陸密庵文集》二十卷，《錄餘》二卷，《詩集》八卷，《詩餘》四卷。

5　張芝芸叟"唐茶品"："張芝芸叟"，即張舜民，"芝"字疑衍。舜民字芸叟，號無休居士，（丁）齋，北宋邠州人。英宗治平二年進士，為襄樂令，曾上書反對王安石新政。"唐茶品"指張舜民所撰《畫墁錄》中有關陽羨貢茶事等。繼壕《畫墁錄》按"有唐茶品"之語。

6　承天府沔陽：承天府，明世宗升安陸州改，清又改安陸府。沔陽，明代改府為州，歸承天府，民國後改為縣。

7　本條和下條內容，撮摘自陸羽《茶經．一之原》。

8　此處刪節，見本書明代陳繼儒《茶董補．製法沿革》。

9　《茶賦》：此指宋吳淑《茶賦》。

10　一名蘭雪茶：另名指"日鑄茶"。據《會稽志》載，日鑄茶的出現，"殆在吳越國除之後"，至北宋仁宗時如歐陽修《歸田錄》所反映，其名已著。蘭雪茶大概是"會稽"繼日鑄而又考的茶名。查萬曆三年《會稽縣志．物產》，還材是及蘭雪茶；但至康熙十一年《會稽縣志．物產》中，就不言"日鑄"，只言蘭雪了。其載；"茶近多采已，名曰蘭雪。"表明日鑄與蘭雪茶的交替，大抵是在明末和清初。

11　孫樵：《送茶與焦刑部書》：孫樵，唐"關東人"，字可之，一作隱之，大中九年進士，授中書舍人。僖宗時遷職方郎中，上柱國賜紫金魚袋。散文家，有《孫可雲集》十卷。

12　此處引錄，部分詩句被略去。

13　顓臾：春秋時國名，是魯國境內的一個小國名字。

14　唐褒：疑即後魏唐契（伊吾王）子。字元達，曾官後魏華州（地位今陝西省）刺史，封晉昌公。

15　羅艾茶：此傳説見《山川異產記》。

16　秦觀《記》：即秦觀書《龍井記》。

17　六安：此指"六安山"，在霍山縣西。《爾雅．釋山》："霍山為南嶽，即天柱山"。"六安山"，也即霍山或天柱山，秦漢前，曾被封為南嶽。

18　黃儒《茶論》：《茶論》，此似指黃儒《品茶要錄》，因其下錄第一句，即《品茶要錄．總論》首句。

19　原字模糊不清，不能辨認。

20《文子》：《漢書·藝文志》錄《文子》九篇注云：老子弟子和孔子為同時代人。一稱即辛研，字文子，號計然。葵丘濮上人，為范蠡師，有《文子》九篇。
21 本條至“山厚者泉厚”三條，摘抄自《田藝蘅·煮泉小品·源泉》。
22 本條至“梅堯臣”《碧霄峯茗》五條，全摘抄自《煮泉小品·石流》。
23 洞庚張山人云：此條下錄內容，見於明張源《茶錄》。 張源，蘇州洞庭西山人，號“樵海人”。
24 本條至“井水，取汲多者”三條，全摘抄自《煮泉小品》“江水”和“井水”。
25 此條至“龍行所暴而霪者”四條，全摘抄自《煮泉小品·靈水》。
26 李虛己：宋建州建安（今福建建甌）人。字公受，太平興國三年進士，累官殿中丞，出知遂州。真宗時，歷權御史中丞，給事中，知河中府、洪州，遷工部侍郎，知池州，分司南京。喜為詩，精於格律。
27 吳瑞：此吳瑞，疑非明成化十一年進士昆山的吳瑞，而是元杭州海寧的醫生，字瑞卿。《千頃堂書目》稱其曾撰有《日用本草》。
28 謝康樂：即謝靈運（385－433），南朝劉宋著名詩人。東晉名將謝玄孫，襲封康樂公，世稱“謝康樂”。
29 此《茶譜》不知何人所作，查閱毛文錫、朱權、錢椿年和顧元慶《茶譜》，均不見其所錄內容。
30 本條至“凡泉上有惡木”四條，分別抄錄自《煮泉小品》“清寒”和“甘香”二部分內容。
31 慧山：下輯頭條內容，出自龍膺《蒙史·泉品述》。此以下三條有關慧山、二泉資料，分別輯集他書。這是本條與《名泉》各篇一致體例。但所輯內容，文字大多都有出入，故亦只能存不作刪。
32 姜唐佐：字公弼，宋徽宗崇寧二年鄉貢，瓊州瓊山人，從蘇軾學，為軾所重，有中州士人之風。
33 陝州硤石縣：故治在今河南陝縣東南峽石鎮。
34 梁山縣：西魏置，宋改梁山軍，之升為州，明廢州為縣，約今重慶梁平縣。
35 張商英（1043－1122）：宋蜀州新津人。字天覺，號無盡居士，英宗治平二年進士，哲宗初為開封府推官，後召右政言，遷左司諫，力反權臣司馬光、呂公著等。徽宗即位，遷中書舍人，崇寧初為翰林學士，尋拜尚書右丞，轉左政。與蔡京政見不合，罷知亳州。卒謚文忠。有《神宗正典》、《無盡居士集》等。
36 此處刪節，見宋代歐陽修《大明水記》。
37 此處刪節，見宋代歐陽修《大明水記》。
38 本段收錄《述煮茶泉品》，“多孕茶荈”以上，為選摘，故未闌也不適合刪。此以下，除個別字有差異外，基本上是全文照抄，故刪。
39 于鵠：唐詩人。初隱居漢陽，年三十猶未成名。代宗大曆時，嘗為謝府從事，有集。
40 章孝標《松泉》詩：章孝標，唐睦州桐廬（一稱杭州）人，元和十四年進士，文宗太和中試大理評事。工詩。
41 本段內容，主要輯自羅大經《鶴林玉露》，但也非據之一篇文獻，其前後即由劉長源雜摘其他有關內容組成。如“三沸之法，非活火不成”，即出屠隆《茶箋》。
42 屠緯真云：“緯真”是屠隆的字，此條所錄，摘自屠隆《茶箋·候湯》的內容，但前後次序有顛倒。
43“李生好客手自煎，貴從活火發新泉”，句出蘇軾《試院煎茶》。下句“活水仍將活火煎”，蘇軾《汲江煎茶》作“活水還須活火煎”。
44“銀瓶瀉湯誇第二”，句出蘇軾《詩院煎茶》。下句“雪乳已翻煎去腳，松風忽作瀉時聲”，句出《汲江煎茶》，但原詩“雪乳”作“茶雨”。
45 許次紓常興馮開之戲論茶候，此據許次紓《茶疏·飲啜》改寫。馮開之，即馮夢楨（1546－1605），開之是其字，浙江秀水（今嘉興市）人，萬曆五年進士，仕南京國子監祭酒被刻歸。因家藏有《快雪時晴帖》，因名其堂為“快雪堂”。有《歷代貢舉志》、《快雪堂集》、《快雪堂漫錄》。
46 此處刪節，見五代蜀蘇廙《十六湯品》。
47 下錄茶具，選錄自屠隆《茶箋》，但多數注釋比《茶箋》稍詳。
48 高深甫：即高濂。
49 此處刪節，見明代陸樹聲《茶寮記》。

50 此處刪節，見明代屠隆《茶箋 · 擇薪》。

51 此處刪節，見明代屠隆《茶箋 · 擇器》。

52 此處刪節，見明代屠隆《茶箋 · 人品》。

53 許雲村（1479－1557）：即許相卿，字伯台，晚年號雲村老人。明海寧人，正德十二年進士，世宗時授兵科給事中，因上疏言事屢屢不聽，謝病歸。嘉靖八年詔養病三年以上不復職落職閑住，遂廢。有《雲村文集》、《許相卿全集》和《史漢方駕》等。

54《潛確書》：全名應作《潛確類書》，明陳仁錫崇禎初年前後撰。本段內容《潛確類書》摘自《陸羽茶經 · 三之造》，但不僅如劉源長注所説，在"涵澹然"之後，刪有"陶家子"等二則，其他各句，文字大多也有更刪。

55 此處刪節，見唐代陸羽《茶經 · 三之造》。

56 此處刪節，見唐代陸羽《茶經 · 六之飲》。

57 廬仝七碗歌：此當是指廬仝《走筆謝孟諫議寄新茶》詩。

58 楊東山：生卒年月不詳。據《鶴林玉露》載：宋理宗端平初（1234），楊東山累辭召命，以集英殿修撰致仕，家居年八十。

59 趙紫芝，即趙師秀（1170－1219），字紫芝，號靈秀。趙匡胤八世孫。溫州永嘉人，紹熙元年進士，沉浮州縣，仕終高安推官。詩學賈島、姚合一派，反對江西詩派的艱澀生硬。與徐照、徐璣、翁卷合稱"永嘉四靈"。有《清苑齊集》。

60 和凝（898－955）：五代詞人，字成績。鄆州須昌（今山東東平西北）人。後梁貞明二年進士。後晉有天下，歷端明殿學士，中書侍郎，同中書門下平章事。後漢時，授太子太傅，封魯國公。文章以多為富，長於短歌豔曲，有"曲子相公"之稱，詩有《宮詞》百首。

61 錢起"茶宴"、"茶會"：主要述錢起曾遺有《與趙莒茶宴》和《過長孫宅與朗上人茶會》二詩。

62 此則疑據夏樹芳《茶董 · 黨家應不識》摘錄，但文字有刪略和少數改動。

63 僧文瑩：宋錢塘（今浙江杭州）人。字道溫，一字如晦。嘗居西湖之菩提寺，後隱荊州之金鑾寺。工詩，喜藏書，尤潛心野史，注意世務，多與士大夫交遊。有《湘山野錄》、《王壺清話》等。

64 吳寧野：明延陵（今江蘇丹陽）人。

65 倪雲林：即倪瓚，元常州無錫人。初名廷，字元鎮，號雲林子、荊蠻氏。家境富裕，築雲林堂"閟閣"，收藏圖書文玩和吟詩作畫。工詩、書、畫。其水墨山水畫風，對明清文人山水畫有較大影響。與王蒙、黃公略、吳鎮並稱"元季四大家"。

66 劉源長注"以上皮日休十詠詩"內，本書在前校記中已指出，《茶焙》第一首和《茶籯》、《茶舍》三首，實非皮日休而是陸龜蒙作。前九首詩中，皮日休連後面二則詩句在內，也只佔六首。

67 此處刪程宣子《茶夾銘》全文，見明代程百二《品茶要錄補》。

68 朱文公：即朱熹（1130－1200），宋徽州婺源（今江西婺源）人，字元晦，一字仲晦，號晦庵，遯翁，滄州病叟、雲谷老人、朱松子等。高宗紹興十八年進士。卒謚文。有《朱文公文集》、《四書章句集注》等。

69 劉謙吉：字六皆，號訒弇，康熙甲辰（三年，1664年）進士，官中樞，出參撫遠大將軍幕，入補刑部主事，出守司南府，升山東提學僉事。期滿，已老乞歸，卒年87歲。

校 記

① 《茶史》：英國倫敦大學亞非學院收藏的日本享和癸亥香祖軒據雍正翻刻本（簡稱日本香祖軒本），題名作《介翁茶史》，並在作者“劉源長著”的署名之上，還特意冠以“清八十老人”五字。

② 底本為雍正劉乃大補修本，可能這一原因，將張廷玉雍正新序，置於康熙李仙根敘和陸求可序之前為首篇。至於康熙刻本的序言，陸序撰於康熙乙卯（十四）年，李序撰於丁巳（十六）年，但不知雍正本為甚麼把先寫的序排於後，把後寫的序又刊於前，是否康熙本原本如此？未進一步查。康熙本除李序、陸序外，還有源長子劉謙吉寫的序。其落款雖然未署時間，但可以肯定，當是康熙時而不是雍正梓印時所書。但他寫的是“後序”，所以雍正本從康熙本，將謙吉的後序，刊印在本文的卷末。

③ “敘”：底本在“敘”字前，原文還冠有書名《茶史》二字，本書編時刪。值得注意的是在李仙根“茶史敘”的魚尾處，在“茶史敘”的三字間，還加一“原”字，稱“茶史原序”；而在陸求可序的二頁魚尾，又改“原”為“陸”，作“茶史陸序”，莫非比李敘早二年寫的“陸序”，在康熙本中沒有梓刊？作為疑點，也暫記於此。

④ 在本序陸求可序前，日本香祖軒本，將劉謙吉後序，由書尾移置於此改為前序。昭代叢書別編與日本香祖軒本不謀而合，也將劉謙吉後序改為前序，不同的是它不是將劉序排在陸序之前，而是在其後，這就是我們現在看到的雍正、昭代叢書和日本香祖軒三個不同版本幾序排列差亂的情況。

⑤ 溫太真嶠上《貢茶條列》：底本原刊作“溫太真嶠真上茶條列”，據其它引文逕改。

⑥ 鮑昭妹令暉著《香茗賦》：底本原誤作“鮑照姊令暉茶香茗賦”。據陸羽《茶經 · 七之事》逕改。

⑦ 陶穀《十六湯》：“湯”字下，似脱一“品”字。

⑧ 《本草 · 菜部》，一名荼，一名選，一名游冬：底本，“荼”字誤刊作“茶”，“游冬”，劉源長斷句破斷誤作“一名游”，脱一“冬”字。據陸羽《茶經》引文和前後文義改。

⑨ 三弋五卯：“弋”字，底本原作“戈”字，《茶經》不同版本，如説郛本、百川學海本等作戈；但也有的版本作“弋”，據文義，本書編時改作“弋”。“卯”字，不同版本也不一，如鄭熜本、四庫本等，就刊作為“卵”字。

⑩ 宋裘汶《茶述》：“宋”字應是“唐”之誤。裘汶，唐德宗、憲宗時投身仕途，元和時一度出刺澧、湖、常州。將裘汶妄定為宋人，不知始於何人，但明陳繼儒《茶董補》中，即作如是説，劉源長很多內容摘自《茶董補》，可能也傳訛於此。

⑪ 《北苑》詩：此句查為北宋丁謂詩句。“《北苑》”，《苕溪漁隱叢話》題作《北苑焙新茶》並序。

⑫ 《杜陽編》：原題作《杜陽雜編》，唐蘇鶚撰。

⑬ 弘君舉《食檄》：“君”字，底本原形訛作“若”字，據陸羽《茶經》引改。

⑭ 可以相給：“可”字底本脱，不通，據陸羽《茶經 · 七之事》逕補。

⑮ 不止味同露液，白況霜華：本文“謝氏　謝茶啟”，其他各書引錄，大多作“謝宗論茶”。此句夏樹芳《茶董 · 丹丘仙品》作“首閱碧澗明月，醉向霜華”。

⑯ 龍坡山子：“山”字，底本原據明清傳抄本引錄，作“仙”，本書編時，據宋陶穀《清異錄 · 荈茗》原文改。

⑰ 上天竺白雲峯者：“峯”字，底本原誤作“岸”字，據萬曆三十七年《錢塘縣志 · 物產》改。

⑱ 京挺：“挺”字，底本信手書刻作“珽”。為上下一致，逕改。

⑲ 唐宋曰雅州：“宋”字，底本及日本香祖軒本，均作“米”字，顯誤。《中國茶文化經典》不解擅刪。查雅州，隋置，以雅安山名，後改為臨邛郡。唐復為雅州，又改盧山郡，尋復曰雅州。宋改雅州盧山郡。由此建州演變，“米”字顯為“宋”字。

⑳ 一旗二槍：當是“一槍二旗”之誤。此訛首現吳淑《事類賦》卷 17 毛文錫《茶譜》注。明清文獻中以訛傳訛愈來愈多。

㉑ 澧州：“澧”字，底本和日本香祖軒本，均形訛作“灃”字，灃水在陝西，歷史上也無此州，顯為“澧”字之誤，逕改。

㉒ 采石楠芽為茶飲：“楠”字，底本、日本香祖軒本原均刻作“南”，據毛文錫《茶譜》逕改。

㉓ 岕茶非花非木："木"字，近刊有的茶書，形誤作"水"，附正。

㉔ 又有一槍二旗之號，言一芽二葉也。底本和其他各本，原均誤錄作"一旗二槍"、"一葉二芽"；本書逕改，下不再出校。

㉕ 水則岷方之注："方"字，底本原作"山"字，據《太平御覽》卷867引文改。

㉖ 山泉："山"字，底本原作"水"字，據《博物志》原文改。

㉗ 亦可澄水："亦"字，底本為空白，據日本香祖軒本補。

㉘ 涉三："三"字，底本原誤作"二"字，據《鶴林玉露》逕改。

㉙ 況瓶中煮之不可辨：本條內容全錄自蔡襄《茶錄·候湯》，"況"字，喻政茶書、四庫本等大多作"沉"字。唯《端明集》、《忠惠集》等原文作"況"。

㉚ 西湖之泉，以虎趵為貴："趵"字，日本香祖軒本與底本同。　趵：方言，（水）往上湧。近見有的茶書和引文，將本文"趵"，皆改作"跑"，似無必要。

㉛ 劉縞："縞"字，《洛陽伽藍記》作"鎬"。

㉜ 功歸茶力："功"字，底本和近出有些茶書，作"印"字，疑誤。《大唐新語》原文"功歸"作"歸功"。

㉝ 此《茶焙》詩，為陸龜蒙作。底本劉源長將之誤作為皮日休所奉。

㉞ "雲"字，《全唐詩》作"筠"。本首《茶籯》詩，也非皮日休而是陸龜蒙所作，係劉源長誤錄或誤編。

㉟ 本詩"林"字、架為山上屋的"上屋"，《全唐詩》作"材"字和"下屋"。此詩亦非皮日休而是陸龜蒙和。本文底本誤。

㊱ 黨魯使西番："黨"字，唐李肇《國史補》作"常"。

㊲ 後序：此序是劉源長子謙吉為康熙本刊印時所寫，該"後序"雖沒寫明"後序"，但刻印在文後，所以雍正補修本重刊時，按照康熙本原貌，仍排在文後，並特地在邊框之外，注明為"後序"。日本享和癸亥年香祖軒翻刻時，提置到文前也改作為前序。《中國古代茶葉全書》效之，正式將之排作為序四。本書編校時，認為日本香祖軒本和《中國古代茶葉全書》本這樣改動欠妥，所以仍將此移至文後，並前加上"後"字，正式作"後序"處理。

㊳ 跋：此頁刻印在《茶史》、《茶史補》雍正合訂本最後，行文前無題無名，只最後落款"曾孫乃大敬跋"，才提及一個名字。另外，在魚尾處注明為"茶史跋"。現在《茶史》和《茶史補》一般都分作二書而不再合為一書，既然合訂本排在《茶史補》後面的跋，魚尾部還將特別寫明是"茶史跋"，所以本書編校時根據上說將此跋由《茶史補》後提至《茶史》尾部，正式作為《茶史》之跋；另外原文無題，文前再補加一"跋"字。

岕茶彙鈔

◇清　冒襄　輯[1]

冒襄（1611—1693），字辟疆，號巢民、樸庵、樸巢、水給庵老人等。如皋（今江蘇如皋）人。十歲能詩，明崇禎十五年（1642）副貢，授台州推官，不就；後來史可法薦為監軍，也未就。與時人方以智、陳慧貞、侯方域被稱為“復社四公子”，襄尤才高氣盛。明亡後，屢拒清吏推薦，隱居不仕。性孝喜客，家有水繪園、樸巢、深翠山房諸勝，四方名士招致無虛日。又常恣遊山水，或與才人、學士、名妓為文酒宴遊之歡，風流文采，映照一時。晚年結匿峯廬，以著書自娛。工詩文，善書法。著有《水繪園詩文集》、《樸巢詩文集》、《影梅庵憶語》及自己輯印的《同人集》等。

關於《岕茶彙鈔》的編寫年代，萬國鼎據書中冒襄所寫“憶四十七年前”托人入岕購茶，為“衰年稱心樂事”，及冒襄八十三歲卒於康熙三十二年這二點，推定此文大概撰於他“晚年”七十三歲即“1683年前後”。萬氏對《岕茶彙鈔》的評價：“全篇約1500多字。記述岕茶的產地、採製、鑒別、烹飲和故事等，頗為切實。大概有一半是抄來的，但沒有注明出處”。其實冒襄於此文，只有最後三段不到四百字是摘自他所寫的《影梅庵憶語》，抄來部分多達近四之三，反映了當時對岕茶的一般看法。

本文除上說有張潮序跋的《昭代叢書》外，還有光緒乙酉《冒氏小品》四種和己亥《冒氏叢書》等二種舊本。此以《昭代叢書》本作底本，以光緒和所引原書等各本作校。

小引[2]

茶之為類不一，岕茶為最；岕之為類亦不一，廟後為佳。其採擷之宜，烹啜之政，巢民已詳之矣，予復何言。然有所不可解者，不在今之茶，而在古之茶也。古人屑茶為末，蒸而範之成餅，已失其本來之味矣。至其烹也，又復點之以鹽，亦何鄙俗乃爾耶。夫茶之妙在香，苟製而為餅，其香定不復存；茶之妙在淡，點之以鹽，是且與淡相反；吾不知玉川之所歌，鴻漸之所嗜，其妙果安在也？善茗飲者，每度率不過三四甌，徐徐啜之，始盡其妙。玉川子于俄頃之間，頓傾七碗，此其鯨吞虹吸之狀，與壯夫飲酒，夫復何殊？陸氏《茶經》所載，與今人異者，不一而足，使陸羽當時茶已如今世之製，吾知其沉酣傾倒於此中者，當更加十百於前矣。昔人謂飲茶為水厄，元魏人[1]至以為恥，甚且謂不堪與酪作奴，苟得羅岕飲之，有不自悔其言之謬耶。吾鄉三天子都，有抹山茶；茶生石間，非人力所能培植；味淡香清，足稱仙品；採之甚難，不可多得。惜巢民已歿，不能與之共賞也。心齋張潮撰。[2]

環長興境產茶者曰羅嶰，曰白巖，曰烏瞻，曰青東，曰顧渚，曰篠浦，不可指數；獨羅嶰最勝。環嶰境十里而遙，為嶰者亦不可指數。嶰而曰岕，兩山之介也。羅氏居之，在小秦王廟後，所以稱廟後羅岕也。洞山之岕，南面陽光朝旭夕暉，雲滃霧浡，所以味迴別也。

產茶處，山之夕陽，勝於朝陽。廟後山西向，故稱佳；總不如洞山南向，受陽氣特專，稱仙品。

茶產平地，受土氣多，故其質濁。岕茗產於高山，渾是風露清虛之氣，故為可尚。

茶以初出雨前者佳。惟羅岕立夏開園，吳中所貴；梗粗葉厚，有蕭箬之氣；還是夏前六七日，如雀舌者佳，最不易得。

江南之茶……全與岕別矣。[3]

岕中之人，非夏前不摘。初試摘者，謂之開園。採自正夏，謂之春茶。其地稍寒，故須待時，此又不當以太遲病之。往日無有秋摘，近七八月重摘一番，謂之早春，其品甚佳，不嫌稍薄也。

岕茶不炒，甑中蒸熟，然後烘焙。緣其摘遲，枝葉微老，炒不能軟，徒枯碎耳。亦有一種細炒岕，乃他山炒焙，以欺好奇。岕中惜茶，決不忍嫩採以傷樹本。余意他山亦當如岕③，似無不可。但未試嘗，不敢漫作。

岕茶雨前精神未足④，夏後則梗葉太粗，然以細嫩為妙，須當交夏時，時看風日晴和⑤，月露初收，親自監採入籃。如烈日之下，又防籃內鬱蒸，須傘蓋至舍，速傾淨籯薄攤，細揀枯枝、病葉、蛸絲、青牛之類，一一剔去，方為精潔也。

蒸茶，須看葉之老嫩，定蒸之遲速，以皮梗碎而色帶赤為度；若太熟則失鮮。其鍋內湯須頻換新水，蓋熟湯能奪茶味也。

茶雖均出於岕，有如蘭花香而味甘，過霉歷秋，開罈烹之，其香愈烈，味若新沃，以湯色尚白者，真洞山也。若他嶰初時亦香，秋則索然，與真品相去霄壤。⑥又有香而味澀，色淡黃而微香者，有色青而毫無香味，極細嫩而香濁味苦者，皆非道地。品茶者辨色聞香，更時察味，百不失矣。

茶色貴白，白亦不難。泉清瓶潔，葉少水洗，旋烹旋啜，其色自白。然真味抑鬱，徒為目食耳。若取青綠，天池、松蘿及下岕。雖冬月，色亦如苔衣，何足稱妙。莫若真洞山，自穀雨後五日者，以湯薄瀞，貯壺良久，其色如玉，冬猶嫩綠，味甘色淡，韻清氣醇，如虎丘茶，作嬰兒肉香⑦，而芝芬浮蕩，則虎丘所無也。

烹時先以上品泉水滌烹器，務鮮務潔。次以熱水滌茶葉。水太滾，恐一滌味損。以竹筯夾茶於滌器中，反復滌蕩，去塵土、黃葉、老梗盡，以手搦乾，置滌器內蓋定，少刻開視，色青香烈，急取沸水潑之。夏先貯水入茶，冬先貯茶入水。

茶花味濁無香，香凝葉內。

洞山茶之下者，香清葉嫩，着水香消。

棋盤頂、紗帽頂、雄鵝頭、茗嶺，皆產茶地。諸地有老柯、嫩柯，惟老廟後無二，梗葉叢密，香不外散，稱為上品也。

茶壺以小為貴。每一客一壺，任獨斟飲，方得茶趣。何也？壺小香不渙散，味不耽遲，況茶中香味，不先不後，恰有一時，太早未足，稍遲已過。個中之妙，清心自飲⑧，化而裁之，存乎其人。

憶四十七年前，有吳人柯姓者，熟於陽羨茶山，每桐初露白之際，為余入岕，箬籠攜來十餘種。其最精妙不過觔許數兩，味老香深，具芝蘭金石之性，十五年以為恒。後宛姬[4]從吳門歸余，則岕片必需半塘[5]顧子兼，黃熟香[6]必金平叔，茶香雙妙，更入精微。然顧、金茶香之供，每歲必先虞山柳夫人[7]，吾邑隴西之蒨姬與余共宛姬，而後他及。

金沙于象明攜岕茶來，絕妙。金沙之於精鑒賞，甲於江南，而岕山之棋盤頂，久歸於家，每歲其尊人必躬往採製。今夏攜來廟後、棋頂、漲沙、本山諸種，各有差等，然道地之極，真極妙；二十年所無。又辨水候火，與手自洗，烹之細潔，使茶之色香性情，從文人之奇嗜異好，一一淋漓而出。誠如丹邱羽人所謂飲茶生羽翼者，真衰年稱心樂事也。

又有吳門七十四老人朱汝圭攜茶過訪，茶與象明頗同，多花香一種。汝圭之嗜茶自幼，如世人之結齋於胎，年十四入岕，迄今春夏不渝者百二十番，奪食色以好之。有子孫為名諸生，老不受其養，謂不嗜茶為不似阿翁。每竦骨入山，臥遊虎虺，負籠入肆，嘯傲甌香，晨夕滌瓷洗葉，啜弄無休，指爪齒頰與語言激揚，讚頌之津津，恒有喜神妙氣，與茶相長養，真奇癖。

跋

吾鄉既富茗柯[8]，復饒泉水，以泉烹茶，其味尤勝，計可與羅岕敵者，唯松蘿耳。予曾以詩寄巢民云："君為羅岕傳神，我代松蘿叫屈。同此一樣清芬，忍令獨向隅曲。" 迄今思之，殊深我以黃公酒壚[9]之感也。心齋居士題。

注　釋

1 元魏人：即指東晉、南北朝的北魏拓跋族人。拓拔氏是鮮卑族的一支，以部為氏。東漢後期，散居中國北方的鮮卑人，分為東、中、西三部，拓拔氏為西部的一支，居上谷(即上谷郡，秦時治所在今河北懷來東南)以西至敦煌一帶。公元386年，其首領建立北魏政權。至公元471年孝文帝即位後，遷都洛陽，改姓元，推行漢化，使北魏更加強大，統一了整個長江以北廣袤之地。

2 張潮（1659—？）：清康熙時皖南歙縣人。字山來，號心齋或心齋居士。以歲貢考選，授翰林院孔目。任孔目時，曾綜合輯錄清初各家著述刊為《昭代叢書》，後又與王晫同輯《檀几叢書》，並以此二書著名於時。工詞，有《心齋雜俎》、《心齋詩鈔》和《花影詞》等著作。

3 此處刪節，見明代許次紓《茶疏．產茶》。

4 宛姬：即指明末南京秦淮名妓董小宛（1624—1651），善書畫，通詩史，明崇禎十五年（1642）歸冒襄為妾。清兵南下，與冒襄輾轉亂離九年，患難中早卒，冒襄撰《影梅庵憶語》憶其生平。

5 半塘：地名，位今江蘇蘇州。董小宛寓吳門時住過。

6 黃熟香：茶名。

7 虞山柳夫人："虞山"位於江蘇常熟縣城。此指明末清初常熟人錢謙益（1582—1664）之妾柳如是。柳如是(1618—1664)，原名楊愛，後改姓柳，名是，字如是，號我聞室主，人稱河東君。明末吳江名妓，能詩善畫，多與名士往來，崇禎十四年嫁謙益。南明亡，勸謙益殉國，未從。入清，謙益死，族人要挾索舍，自縊死。著有《柳如是詩》等。

8 茗柯："柯"，此通假作"棵"，指茶株或茶樹。

9 黃公酒壚：指晉時一酒店名。言晉王戎與稽康、阮籍曾同飲於黃公酒店。稽、阮被殺後，王再過黃公酒店，思念亡友，深感孤淒。後以"黃公舊酒壚"為悼念亡友之典故。

校　記

① 底本在本文題前兩行，分別署以"新安張潮山來輯"，"黃岡杜濬于皇校"等十四字。在後書名《岕茶彙鈔》另行，又署"雉皋冒襄巢民著"。"雉皋"即"如皋"。本文冒襄自題即稱《彙抄》，故本書作編時在刪去輯校者同時，題署也特簡改為"(清) 冒襄輯"。

② 小引前，底本和其他各本，還冠有《岕茶彙鈔》書名，本書編時省。

③ 余意他山亦當如岕：許次紓《茶疏》原文作："余意他山所產，亦稍遲採之，待其長大，如岕中之法蒸之。"

④ 此"岕茶雨前……為清潔也"、"蒸茶，須看……奪茶味也"、以及"茶雖均出……百不失矣"三段，全部抄自馮可賓《岕茶箋》"論採茶"、"論蒸茶"、"辨真贗"三節，蒸茶內容無差異，其他兩段特別是"辨真贗"改刪大處，作校。

⑤ 須當交夏時，時看風日晴和：《岕茶箋》原文作"須當交夏時，看風日晴和"，無後面一個"時"字，疑冒襄抄或底本刊時衍。

⑥ 初時亦香，秋則索然，與真品相去霄壤：《岕茶箋》原文作"初時亦有香味，至秋香氣索然，便覺與真品相去天壤。"

⑦ 冬猶嫩綠，味甘色淡，韻清氣醇，如虎丘茶，作嬰兒肉香：《羅岕茶記》原文作"至冬則嫩綠，味甘色淡，韻清氣醇，亦作嬰兒肉香。"

⑧ 恰有一時，太早未足，稍遲已過。個中之妙，清心自飲：《岕茶箋》原文作："只有一時，太早則未足，太遲則已過，的見得恰好一瀉而盡。"

茶史補

◇清　余懷　補①

余懷（1616－？），字澹心，一字無懷，號曼翁，明末清初莆田人。因長期居住南京，寫有《板橋雜記》、《東山談苑》等有關南京的地志和筆記，詩也為王士禎所推重。晚年移居蘇州，著作尚有《味外軒文稿》、《研山草堂文集》等。

據劉謙吉為本書所作序推測，余懷編定此書，當在康熙戊午年（十七年，1678）六月二十一日或稍前。它補的是劉源長的《茶史》，但萬國鼎《茶書總目提要》卻對它評價不高，説它"大抵雜引古書，無甚精彩"。

本書有康熙戊午劉謙吉刻本、雍正六年（1728）劉乃大據戊午本重刻本、楊復吉《昭代叢書·辛集別編》本等，前兩種均與劉源長《茶史》合刊，《昭代叢書》本增加有《沙苑侯傳》、《茶讚》、跋等附錄。此次排印，即以雍正本為底本，以康熙本、《昭代叢書》本作校，正文後所綴"附錄"，則以《昭代叢書》為據。

序②

曼叟曰："余嗜茶成癖，向著有《茶苑》一書，為人竊稿，幾為譚峭化書。今見淮陰劉介祉先生《茶史》，風雅詳贍，迥出《茶語》、《茶顛》之上，余不揣檮昧，爰取《茶苑》雜紙，刪史中所已載者，存史中所未備者，名曰《茶史補》，亦庶幾褚少孫[1]補《史記》；李肇補唐史[2]之意云爾"。不孝讀曼叟之言而有感已。先輩苟有著於當世，必竭其心力所至，而人多率意讀之已耳。其有能告以闕失者，則細心以讀其書，而又博聞強識以為助也。使曼叟與先大人少同里閈，壯同遊學，其為《茶史》、《茶苑》合為一書矣。曼叟詩賦古文詞最富，而《茶史補》內有《採茶記》、《沙苑侯傳》及他著錄，皆大有闡發。予先刻其摭古者凡六十有三則。

康熙戊午季夏望有六日山陽劉謙吉訒菴敬題

《神農本草經》云：茶，味苦。飲之使人益思少臥，輕身明目。

王褒《僮約》云：牽犬販鵝，武陽買茶。

張華《博物志》云：飲真茶，令人少眠。

唐貞元中，常袞為建州刺史，始焙茶而研之，謂研膏茶。其後稍為餅樣，〔貫〕其中③，故謂之一串。陸宣公受張鎰餽茶一串是也。

玉壘關外寶唐山，有茶樹產於懸崖，筍長三寸④五寸，方有一葉兩葉。

《荊州土地記》：武陵七縣通出茶⑤，最好。

宋宣和間，始取茶之精者為銙茶。

焦坑產嶺下，味苦硬，久方回甘。東坡《南還至章貢顯聖寺》[⑥]詩云：“浮石已甘霜後水，焦坑新試雨前茶。”

宋僧梵英曰：茶新舊交，則香復。

唐制，吏察主院中茶，必擇蜀茶之佳者，貯於陶器，以防暑濕。御史躬親緘啟，謂之“茶瓶廳”。

明昇在重慶府[3]取涪江青蠊石為茶磨，令宮人以武隆雪錦茶碾之，焙以大足縣香霏亭海棠花，香味倍常。

東坡云：時雨降，多置器廣庭中，所得甘滑，不可名。以潑茶，美而有益。

玉女泉，在丹陽。有人污之，則水黑，潔清，則水又變白。蓋靈泉也。

廬山三疊泉，從來未以瀹茗。紹興丁巳年，湯制幹仲能主白鹿教席[4]，始品題以為不讓谷簾。以泉水寄張宗瑞，侑之以詩，有云“幾人競賞飛流勝，今日方知至味全。”

《抱朴子》云：“水性絕冷，而有溫谷之湯泉；火體宜炎，而有蕭丘之寒燄。”

呂申公貯茶有三種器具：一種用金，一種銀，一種名棕欄。客至呼棕欄，家人知為上客。

博陵崔氏，贈元徽之文竹茶碾子一枚。

范蜀公與司馬溫公[5]同遊嵩山，各擎茶以行。溫公以紙為裹，蜀公用小木盒子盛之。溫公驚曰：“景仁乃有茶具耶？”蜀公慚，因留盒與寺僧而去。

《世說》云：劉尹茗柯有妙理。

蘇舜欽[6]《答韓維書》云：渚茶野釀，足以銷憂。

李竹懶[7]曰：人家好子弟為庸師教壞，好書畫為俗子題壞，世間好茶為惡手焙壞，皆可惜也。

唐德宗納戶部侍郎趙贊議，稅天下茶、漆、竹、木，十取一以為常平本錢。

右拾遺李珏疏曰：茗飲，人之所資，重稅則價必增，貧弱益困。

武宗時，諸道置邸收茶稅，謂之“榻地錢”。私販大起。

諸道鹽鐵使于悰，每斤增稅錢五，謂之“剩茶錢”。

宋榷茶有六務。

茶馬御史之制，始於宋神宗。遣三司幹當公事入蜀，經畫買茶與西夏市馬，於是蜀茶盡榷，民始病焉。李溥為江淮發運使，奏曰：“自來進御惟建州餅茶，而淅茶未嘗修貢。本司以羨餘錢買到數千斤，乞進入內。”自國門挽船而入，稱進奉茶綱。

宋許啟仲官蘇沙[⑦]，得《北苑修貢錄》，序以刊行。

建州龍焙面北，謂之北苑。有一泉，極清淡，謂之御泉，用其水造茶。

蔡襄為福建漕，改造小龍團入貢。東坡怪之曰：“君謨士人，何亦為此？”

杜子美詩云：“茶瓜留客遲。”又云：“薰風啜茗時。”又云：“柴荊具茶茗，徑路通林丘。”

黃山谷有《煎茶賦》，茶詞最多。有云：“碾破春風，香疑午帳，銀瓶雪滾翻匙浪。”

又云：“金渠體淨，隻輪碾破⑧，玉塵光瑩。湯響松風，早解了、二分酒病。”⑨

又云：“樽酒風流戰勝⑩，降春睡，開拓愁邊。纖纖捧，熬波濺乳⑪，金縷鷓鴣班。”

又云：“香引春風在手，似粵嶺閩溪，初采盈掬。”

又有《謝公擇舅分賜茶》詩，中有云：“拚洗一春湯餅睡，亦知清夜起蛟龍。”

又有《答黃冕仲索煎雙井茶》詩。雙井在分寧縣，茶屬魯直家，亦以充貢。

白香山有《琴茶》詩。

白香山《草堂記》云：又有飛泉，植茗就以烹燀。

裴晉公詩曰[8]：飽食緩行初睡覺，一甌新茗侍兒煎。脱巾斜倚繩床坐，風送水聲來耳邊。⑫

王元之詩云：春殘葉密花枝少，睡起茶親酒盞疏。

唐路德延[9]《孩兒》詩云：養茶懸竈壁，曬艾曝簷椽。

宋僧贊寧[10]詩云：拂石雲離箒，嘗茶月入鐺。⑬

東坡《建茶》⑭詩云：糠 粃 團鳳友小龍，奴隸日鑄臣雙井。

放翁《跋程正伯藏山谷帖》云：此卷不應攜在長安逆旅中，亦非貴人席帽金絡馬傳呼入省時所觀。程子他日幅巾筇杖渡青衣江，相羊喚魚潭、瑞草橋、清泉翠樾之間，與山中人共小巢龍鶴菜飯；掃石置風爐，煮蒙頂紫茁，出此卷其讀乃稱爾。

桓溫督將有茶病，名斛茗瘕。

吳孫皓每饗宴，坐席無能否，率以七升為限。韋曜飲酒不過二升，初見禮異，密賜茶茗當酒。

劉琨《與兄子兗州刺史演書》曰：前得安州乾茶二斤⑮，薑一斤，桂一斤。吾體中煩悶，恆假真茶，汝可信致之。

晉元帝時，有老母每旦擎一器茗，往市鬻之。市人競買，自朝至暮，其茶不減。所得錢即散路傍孤貧人。或怪之，繫之於獄，夜持茶器自獄中飛去。

吳僧文了善烹茶，游荊南，高季興延置紫雲菴。日試之，奏授華亭水大師，目之曰“乳妖”。

趙州從諗禪師，見人即喚“喫茶去”，故世稱趙州茶。

棋稱木野狐，茶名草大蟲。

趙明誠與妻李易安，"每飯罷，坐歸來堂烹茶，指堆積書史，言某事在某書某卷第幾葉第幾行，以中否勝負⑯，為飲茶先後。中則舉杯大笑，或至茶覆懷中，不得飲而起。"⑰

劉貢父知長安，與妓茶嬌者狎。及歸朝，歐陽父忠迓之，以宿酒未醒起遲。公曰："何故起遲。"貢父曰："自長安來親識留飲，病酒，故起遲。"公笑曰："非獨酒能病人，茶亦能病人也。"

王荊公為小學士時，嘗訪蔡君謨。君謨聞公至，甚喜。自取絕品茶，親滌注器以待公。公稱賞，乃於夾袋中取清風散一撮投茶甌中，並啜之。君謨失色，公徐曰：大好茶味。君謨大笑，歎公真率。

鼎州北百里有甘泉寺，在道左。其泉清美，最宜瀹茗。寇萊公謫守雷州經此，酌泉烹茗，誌壁而去。未幾，丁謂竄朱崖復經此，禮佛留題以行。

蘇丞相頌嘗云：吾生平薦舉不知幾何人，惟孟安序朝奉，歲以雙井茶一罌為餉。

王梅溪[11]《臥龍遊紀》云：寺有茶䕷⑱，羅絡松上如積雪。東榮牡丹，大叢雨前已開。飲罷縱步泉上，汲泉瀹茗賦詩而歸。

李石[12]《續博物》⑲云：北人以鹹敲冰，南人以線解茶。

柳宗元《代武中丞謝賜新茶表》有云："照臨而甲拆惟新，煦嫗而芬芳可襲。調六氣而成美，扶萬壽以效珍。"劉禹錫《代武中丞謝賜新茶表》有云：捧而觀妙，飲以滌煩。顧蘭露而慚芳，豈蔗漿而齊味。既榮凡口，倍切丹心。

韓翃《謝茶表代田神玉作》⑳中有云：榮分紫筍，寵降朱宮。味足觸邪㉑，助其正直。香堪愈病，沃以勤勞。飲德相歡，撫心是荷。

又云：吳主禮賢，方聞置茗。晉臣愛客，纔有分茶。

附錄㉒

沙苑侯傳

壺執，字雙清，晉陵義興人也。其先，帝堯土德之後，後微弗顯，散處江湖之濱，遷至義興者為巨族，然世無仕宦，故姓氏不傳。

迨至南唐李後主造澄心堂，羅置四方玩好，以供左右。惟陸羽、盧仝之器粗不稱旨，鬱鬱不樂。騎省舍人徐鉉搢笏奏曰："義興人壺執，中通外堅，發香知味。蒙山妙藥，顧渚名芽，非執不足以稱任。使臣謹昧死以聞。"後主大悅，爰具元纁束帛，安車蒲輪，加以商山之金，蜀澤之銀，命鉉充行人正使，入義興山中，聘執入朝。執乃率其昆弟子姓，方圓大小，舉族以行。陛見之日，整服修容，潤澤光美，雖有熱中之誚，實多消渴之功。後主嘉之，授太子賓客，昭拜侍中，日與遊處。每當曲宴詠歌之際，杯斝具備，必與執偕。執亦謹身自愛，以媚天子，由是君臣之間，歡若魚水，恨相見之晚也。

開寶五年，論功行賞，執以水衡勞績，封為沙苑侯，食邑三百戶，世世勿絕。一日，後主坐涼風亭，召執侍食。執因免冠頓首曰："臣以泥沙陋質，緣徐鉉之薦，謬膺睿賞，爵為通侯，苟幸無罪。但犬馬之年已及耄耋，誠恐一旦有所玷缺，辜負上恩，臣願乞骸骨歸田里，留子姓之願樸端正者，供上指麾，臣死且不朽。"後主曰："吁！四時之序，成功者退，知足不辱，知止不殆。嘉侯之志，依侯所請，加特進光祿大夫，予告馳驛還鄉。"於是騎省鉉及弟鍇、中書侍郎歐陽遙契等，設供帳祖道都門外。

侯歸，結廬義興山中以居。吳越之間，高人韻士、山僧野老，莫不願交於侯。侯亦坦中空洞，不擇貴賤親疏，傾心結友，百餘歲以壽終。

外史氏曰：吾觀古人，如漢之飛將軍李廣，束髮百戰，卒不封侯。今壺執以一藝之工，輒徼萬戶之賞，豈不與羊頭、羊胃同類共譏哉。然侯固帝堯之苗裔，封於陶之別派，而又功濟於水火，德敷於草木，其膺侯爵不虛也。侯之師有翁氏、時氏者，實雕琢而刮磨之，以玉侯於成，並宜俎豆不衰云。今侯之子孫感鉉之知，世受業於徐氏之父子，稱老徐、小徐者，咸以寡過，不失國士。壺氏之名重於江南者，徐氏之功居多，嗚呼，盛哉！

茶讚

滌煩蕩穢，清心助德，永建湯勳。峽川之月，曾阬之雨，蒙頂之雲。色勝雪白，味比露甘，香逸蘭薰。附膚剔髓，含泉吐石，抱樸霏文。吁嗟猗兮，柯有妙理，善則歸君。

跋

《茶史補》者，補劉介祉《茶史》所遺也。搜奇抉秘，無能不新。惜茲刻鏟削不全，即序中所載傳記二篇，亦闕而未備。客歲，余購得研山草堂文集殘本，《沙苑侯傳》儼然在焉，因取以著錄。而《採茶記》則竟作廣陵散矣。

癸酉季秋震澤楊復吉[13]識。

注　釋

1 褚少孫：西漢穎川人，漢元帝、成帝時，任博士。曾補司馬遷《史記》。

2 李肇補唐史：指李肇作《國史補》。

3 明昇在重慶府：此則內容，出孔邇《雲蕉館紀談》。昇為元末紅巾軍起義首領徐壽輝子，壽輝於至正十一年（1351）起事，以“彌勒佛下生為世主”作號名，據蘄水後即改國號為天完，自稱皇帝達十年之久，故文中有“令宮人”之語。

4 湯制幹仲能：制幹，為官職，即制置司幹官。仲能是湯中的字，號晦靜，宋饒州安仁人，主陸九淵之學。　白鹿：為廬山白鹿洞書院。

5 范蜀公：即范鎮（1008－1089），字景仁，宋成都華陽人。哲宗時，起為端明殿學士，提舉崇福宮，累封蜀郡公。　司馬溫公，即司馬光。

6 蘇舜欽（1008 － 1049）：字子美，號滄浪翁。仁宗景祐元年進士，工詩文，善草書，卒於湖州長史任。

7 李竹懶：即李日華（1565 － 1635），字君實，竹懶是其號。

8 裴晉公：即裴度（765 － 839），字中立，河東聞喜（今屬山西）人，為唐代名臣，兩《唐書》有傳。

9 路德延：字昌遠，唐魏州冠氏（今山東冠縣）人，唐昭宗光化元年（898）進士，歷官左（一作右）拾遺，不久為河中節度使朱友謙所重，任該鎮書記。後因作《小兒詩》五十韻諷朱，而被沈殺黃河。

10 宋僧贊寧：俗姓高，出家杭州祥符寺。受具足戒後博涉三藏，尤精南山律，辭辯宏放，時人譽其為“筆虎”。復旁通儒道二家典籍，備受當時王公名士敬佩，吳越錢弘俶慕其德，命其為兩浙僧統，復賜“明義宗文大師”之號。後宋太宗亦禮遇有加，太平興國時賜“通慧大師”之號。有《大宋僧史略》、《內典籍》、《外學集》等。

11 王梅溪：即王十朋（1112 － 1171），南宋溫州人，字龜齡，號梅溪，紹興七年進士第一。歷任秘書郎、侍御史等職，後出知饒州、湖州，頗有政績，官至龍圖閣學士。有《梅溪集》。

12 李石（1108－？）：字知幾，號方舟，資州資陽人。紹興二十一年進士，乾道中任太學博士，因不附權貴，出主石室。有《方舟集》、《續博物志》等。

13 楊復吉（1747－1820）：字列歐，一字列侯，號夢蘭。書室名慧樓、鄉月樓、藝芳閣、運南堂、觀慧樓等。蘇州吳江人。乾隆三十七年進士。家富藏書，博學廣聞，文行為時所重。有《鄉學樓學古文》、《夢蘭瑣筆》、《元文選》、《昭代叢書五編題跋》、《昭代叢書》等。

校　記

① 底本原署“莆陽余懷澹心父補”；“山陽劉謙吉六皆（字）父訂”。
② 底本原作“茶史補序”。
③ 貫其中：“貫”字，底本無，據宋吳曾《能改齋漫錄·方物》引文補。
④ 三寸：“三寸”，底本誤為“三尺”，據毛文錫《茶譜》原文改。
⑤ 通出茶：“通”字，底本原形誤作“道”，據《北堂書鈔》卷144引文改。
⑥《南還至章貢顯聖寺》：《蘇軾詩集》題作《留題顯聖寺》。
⑦ 蘇沙：“蘇”字，宋周煇《清波雜志》卷4作“麻”。麻沙在建陽。“蘇”字疑或“麻”字之誤。
⑧ 隻輪碾破：“碾破”，《全宋詞》作“慢碾”。這幾句，出黃庭堅《品令·茶詞》。
⑨ 早解了、二分酒病：“解”字，《全宋詞》作“減”。
⑩ 樽酒風流戰勝：“樽酒”二字，《全宋詞》作“尊俎”。此詞句，摘自黃庭堅《滿庭芳·茶》。
⑪ 熬波濺乳：“熬波”二字，《全宋詞》作“研膏”。
⑫ 耳邊：“耳”字，宋周密《齊東野語》卷18作“枕”字。
⑬ 拂石雲離箒，嘗茶月入鐺：《宋詩紀事》、《青箱雜記》、《詩話總龜》等，俱云為宋僧惠崇所作《嗣上人》之句。本篇所說“宋僧贊寧詩”可能有誤。
⑭《建茶》詩：《蘇軾詩集》題作《和錢安道寄惠建茶》詩。
⑮ 前得安州乾茶二斤：“斤”字，底本作“升”，據各引文逕改。
⑯ 以中否勝負：據李清照《金石錄後序》，“否”字下，脫一“角”字。
⑰ 或至茶覆懷中，不得飲而起：《金石錄後序》作“至茶傾覆懷中，反不得飲而起”。
⑱ 寺有茶蘼：“茶”，底本原形誤作“茮”，逕改。王十朋原文，曹學佺《蜀中廣記》，周復俊《全蜀藝文志》等引作“荼”。
⑲《續博物》：“物”字下似脫一“志”字，應作《續博物志》。
⑳《謝茶表代田神玉作》：《全唐文》題作《為田神玉謝茶表》。
㉑ 味足觸邪：“觸”字，《全唐文》作“蠲”字。
㉒ 附錄：劉謙吉康熙刻本、劉乃大雍正六年重刻本無以下內容，此據昭代叢書本增補。

茶苑

◇明　黃履道　輯
清　佚名　增補

黃履道，號坦齊，明毗陵（今江蘇常州）人，生活在成化、弘治年間，即十五世紀後半葉，其餘事跡不詳。按其友人張楫琴在弘治二年（1489）為書稿所作前序，可知黃履道編纂《茶苑》成書之時，"年逾中境"。序中還提到，履道少時"病而廢業"，顯然是舉業未成，功名未就，是個不得志的書生。他嗜茶如命，又蒐集與茶相關的資料，補陸羽《茶經》以來之闕。

細閱本書，可見許多資料是後人增補，不但有大量明末的材料，還有若干清代文獻輯入。我們推測，現存清鈔本是在黃履道《茶苑》基礎上增補而成，時間當在清初。此書所蒐集的材料，涉及茶的名稱、產土木心、採作、品水、用器、飲事、詩文，包羅極廣，只要與茶有關便分類輯入，並註明出處，是相當完備的茶事類書，有較高的學術價值。

《茶苑》現存北京國家圖書館，是海內外孤本。國家圖書館書目及《中國古籍善本書目》都標明"《茶苑》二十卷，明黃履道輯，清鈔本。"為抄校此書，我們請過三位不同助理，先後校錄清鈔本，再對校所輯原文，發現黃履道的編輯法是大量抄書，保存材料。因此，我們也大量刪削，以免重覆，但儘量保存此抄本的編輯結構及按語。

序①

張子曰："凡物之英華卓絕者，必秉至清之質。在天為湛露，在地為醴泉；在人倫為賢哲，在草木為茗荈，皆感造化沖和清粹之氣孕毓而成。故露之能濡，泉之能潤，賢哲之能掄才康濟，茗荈之能蠲渴除煩，是皆有功於造物，非徒生者也。"客曰："不然。草木之類，動以萬計，毛舉實繁。昔人云：'適口者，莫過於芻豢；果腹者，莫過於稻粱。'今黃子墮口腹而事純漓，廢甘肥而趨雋永，獨譜茗荈，何哉？"張子曰："否。夫黃子者，目窮萬卷，氣概千秋，其品流才調，誠可用世匡時。惜其棲遲不偶，落拓善愁，故其胸次牢騷，心懷塊壘，但以飲量不勝蕉葉，日借茗汁澆之。吾知其非所深嗜也；不爾，則干霄壯氣何以消？而《茶苑》之輯，有自來矣。昔者洛花以永叔譜之而傳[1]，建茗以君謨錄之而著。二公皆宋高士，勳名碩望，俱足儀型百代，猶復假柔翰以寓閒情，士林傳為佳事。而黃子《茶苑》，亦何不可追蹤先哲耶？"黃子聞之，囅然笑曰："有是哉！皆非所知也。吾少也賤，病而廢業，抱皇甫之書，滛嬰、相如之消渴。及壯，復耽茗事，名品必搜，左泉右灶，惟日不足。鄉閭誚為漏巵，親朋畏其水厄，尚漫徵求探討，篤嗜不休。及今年逾中境，衰疾日增，襟懷牢落，棲托鮮歡，每聞泉響爐鳴，輒躍躍自喜。又以痁癩作楚，甌蟻懼沾，欲罷未能，徒增抑鬱。偶讀陸子《茶經》，有會於心者，恨其未備，亟取篋中羣籍，輯錄一通，聊以寄志。昔呂行甫嗜茶，老而病不飲，烹而把玩。余之譜茶，亦此意也，何敢與歐蔡較優劣哉！”張子曰：“雖然吾子之志余知之矣，吾子具清流之望，有湛露之濡，醴泉之潤，康濟之用，蠲渴之才，不妨尚友古人，與玉川、桑苧諸公共挹清芬也。凡讀斯編者，宜以蕤香薰袂薇露滌手，然後開帙，庶幾不穢斯編耳。”

時弘治二年新秋邗江年友弟張楫琴題於蘭陵[2]舟次

卷一②

目次③

釋名　瓜蘆木出廣州　茶字從草　檟苦茶　茶者南方嘉木　初採者為之茶　茶宅加切　茗莫迥切　茶即古荼字　六經無茶字　春秋書齊荼　檟苦荼，葉似梔子　蜀人謂曰蔎　檟古馬切　茶老葉謂之荈

茶別名　皋盧　皋盧　石盆煎皋蘆　瑞草魁　酪奴　酪蒼頭酒從事　丹丘仙茶　滌煩子　餘甘子不夜侯④　雞蘇佛橄欖仙　苦口師　晚甘侯　森伯　玉蟬膏　清風使　清人樹　冷面草　水豹囊　火前春　不遷　登

釋名

茶者南方之嘉木也，一尺、貳尺迺至數十尺。其巴山峽川，有兩人合抱者，伐而掇之⑤。其樹如瓜蘆，葉如梔子，花如白薔薇，實如栟櫚，〔莖〕如丁香⑥，根如胡桃。其字或從草，或從木，或草木並。其名一曰茶，二曰檟，三曰蔎，四曰茗，五曰荈。《茶經》

《茶經．註》⑦曰：瓜蘆木，出廣州，似茶，至苦澀，栟櫚、蒲葵之屬，其子似茶。胡桃與茶，〔根〕皆下孕⑧，兆至瓦礫，苗木上抽。

《茶經．註》云：茶字從草當作“茶”⑨，其字《開元文字》[3]所載，從木當作“樣”，其字出《本草》。草木並者，其字出《爾雅》。

《茶經．註》云：周公云：檟，苦茶。揚執戟云⑩：西蜀人謂茶曰蔎。郭弘農云：早取為茶，晚取為茗。或一名曰蔎耳。

茶者，南方之嘉木。早採者為茶，晚採者為茗。郭璞註《爾雅》

茶初採者謂之茶，老則謂之茗。今人將茶無論早晚概稱春茗，是為錯用。《正字編》

茶，宅加切，茗也。葉可煎飲，能消渴下痰清頭目，久服不寐。《唐韻會》

茗，莫迥切，茶晚取者。《韻林》

荼即古茶字，《周詩》謂[11] “荼苦，其甘如薺”是也。《茶志》

六經無茶字，惟《周禮》有荼字，即茶字也。古人不尚茗飲，故無此字。後人省口文，往往未究，深為可笑。《九清齋雜誌》

《春秋》書“齊荼”，《漢志》書“荼陵”，至唐陸羽遂以荼易茶。故羽有《茶經》，玉川子有《茶歌》，趙贊有茶禁，遂奕世相承不改焉。《茶說》[12]

檟，苦荼，葉似梔子，今呼早採者為荼，晚採者為茗，蜀人名為苦荼。《爾雅》

周公曰：檟，苦荼。蜀人曰蘐蔎音設。高似孫《緯略》

檟，古馬切，一作榎，楸也。楸小而散曰檟，一曰苦荼，亦作夏記，夏楚貳物。《韻林》

茶，老葉謂之荈[13]，細葉謂之茗。《魏王花木志》

履道按：《茶經》及諸家《茶譜》、《茶論》等書，惟有茶、荈、茗、蔎、檟字，而無所謂茆者，當是荈字之訛耳。須俟博雅正之。

茶別名

皋蘆　皋蘆，茶之別名，大葉而澀，南人以之為茗飲。《廣州志》

《西平縣志》云：廣州西平縣，有皋蘆樹，採葉可為茗飲。

《松林唱和集》云：皮日休詩云：“石盆煎皋蘆”云云，因知顥蘆之名，在唐時已著。

瑞草魁　（山實東南秀）　杜牧《茶山詩》

酪奴　瑯琊王肅，字恭懿，齊雍州刺史奐之子也，贍學多通，才辭茂美。于太和十八年入魏，高祖甚重之，常呼王生而不名，尋以公主尚之。肅在魏，不食羊肉及酪漿等，常飯鯽魚羹，渴飲茗汁。京邑士子見肅一飲一斗，號為漏巵。經數年已後，肅與高祖殿中會，食羊肉酪粥甚多。高祖怪之，謂肅曰：“卿中國之味也，羊肉何如魚羹，茗飲何如酪漿？”肅對曰：“羊者是陸產之珍，魚者乃水族之最，所產不同，並各稱佳。茗以味言之，似口有優劣。羊比齊魯大邦，魚比邾莒小國，惟茗不中與酪作奴。”高祖大笑。後彭城王謂肅曰：“卿不重齊魯大邦，而愛邾莒小國？”肅對曰：“鄉曲所美，不得不好。”彭城王重謂肅曰：“明日卿顧我，為卿設邾莒之食，亦有酪奴。”《洛陽伽藍記》

酪蒼頭酒從事　魏給事劉鎬，慕王肅之風，專習尚茗飲。彭城王謂鎬曰：“卿不慕王侯八珍，而愛蒼頭水厄。海上有逐臭之夫，里內有效顰之婦，以卿言之，即是也。”《洛陽伽藍記》

焦氏《說楛》[4]云：“此丹丘之仙茶，勝烏程之御荈。不止味同露液，白況霜華⑭，豈可為酪蒼頭，便應代酒從事。”

滌煩子　“茶為滌煩子，酒是忘憂君。”施肩吾詩

餘甘子不夜侯⑮　胡嶠《飛龍磵飲茶詩》云:“沾牙舊姓餘甘氏，破睡宜封不夜侯”，新奇哉！嶠宿學雄才，為耶律德光所虜，後間道復歸。《清異錄》

雞蘇佛橄欖仙　猶子彝，年十二歲，余讀胡嶠茶詩，愛其清拔，因命傚□之，近晚成篇有云：“生涼好喚雞蘇佛，回味宜稱橄欖仙。”然彝者亦文詞之有基址也。《清異錄》

苦口師　皮光業最耽茗事。一日中表請嘗新柑，筵具殊豐，簪紱萃集。光業至，未顧尊罍而呼茶甚急，徑進一巨甌。題詩曰：“未見甘心氏，先迎苦口師。”眾噱曰：此師固清高，而難以療飢也。《清異錄》

晚甘侯　孫樵送茶與焦刑部書云：晚甘侯，十五人遣侍齋閣，此徒皆請雷而摘，拜水而和。蓋建陽丹山碧水之鄉，月澗雲龕之侶，慎勿賤用之。《清異錄》

森伯　湯悅有《森伯頌》，蓋茶也，方飲而森然嚴乎齒牙，既久而四肢森然。二義一名，非熟夫湯甌境界者，誰能目之？《清異錄》

玉蟬膏清風使　顯德中，大理徐恪以鄉信鋌子貽余茶，茶面印文曰“玉蟬膏”。一種曰“清風使”。恪，建安人也。《清異錄》

清人樹　偽蜀甘露堂前兩株茶，鬱茂婆娑，宮人呼為清人樹。每春初，嬪嬙戲摘新芽，設傾筐會。《清異錄》

冷面草　符昭遠不喜茶，常焉⑯御史同列會茶，嘆曰：“此物面目嚴冷，了無和氣之美，可謂冷面草也。飯餘嚼佛眼芎，以甘菊湯下之，亦可爽神。”《清異錄》

水豹囊　豹革為囊，風神呼吸之具也。煮茶者啜之，可以滌滯導引而起清風。每引此義，故稱茶為水豹囊。《清異錄》

火前春　“紅㡠裏封書後信，綠芽十片火前春。湯添勺水煎魚目，未下刀圭攪麴塵。”白樂天《謝送茶詩》⑰

不遷　凡藝茶必以子種，若移植它所，則不能復生。故俗聘親，必以茶為禮，義固有所取也。故名茶曰“不遷”⑱。《天中記》

登　交趾茶，如綠苔，味辛烈，名之曰登。《研北雜志》[5]

卷二

目次

種類　北苑貢茶　芽茶早春極少　顧渚山茶　北苑貢茶　蘄門團黃茶　西山羅漢茶　玉泉仙人掌茶　僊人掌茶詩　雀舌麥顆　雀舌茶詩　寶唐山茶　昌化茶　小白痗茶

擇地　茶生爛石　建安鳳凰山　石乳茶　產茶處山之陽　茶地南向　茶產平

地　明月峽　茶地不宜雜惡木　草木至夜

種類

茶有千萬狀……葉舒者下。6《茶經》

北苑貢茶，凡芽茶數品，最上曰小芽，如雀舌鷹爪，以其勁直纖挺，故號芽茶焉。次曰揀芽，乃一芽帶一葉者，號一旗一鎗⑲。《北苑貢茶錄》

《北苑茶錄》芽茶註云⑳：芽茶早春極少，景德中，建守周絳為《補茶經》，言"芽茶只作早春，馳奉萬乘嘗之可矣。如一旗一槍，可謂奇茶也"，故一槍一旗號揀茶，最為挺特光正。舒王送人入閩詩云"新茗齋中試一旗"，謂揀芽也。

顧渚山茶　有一鎗二旗之號，言有一芽二葉也。《顧渚山茶譜》㉑

北苑貢茶　亦有二旗一鎗之號乃一芽帶兩葉者，號曰中芽。其帶三葉、四葉者，皆漸老矣。《宣和北苑貢茶錄》

蘄門團黃　有一鎗二旗之號，言一芽二葉也。《蘄門志》

洪州西山出羅漢茶㉒，葉如豆苗，因靈觀尊者自西山持至，故名。《洪都志》

余聞荊州玉泉寺……知仙人掌茶發於中孚衲子及青蓮居士李白也。《李白全集》

《李太白集》有詠《玉泉仙人掌茶答族僧中孚》詩云：（常聞玉泉山）

茶芽名雀舌、麥顆㉓，言至嫩也。今茶之美者，其質素良而所植之土又美，則新芽一夜便長寸許，其細如針。如雀舌、麥顆者，極下材耳，北人不知，誤為品題。予山居有《茶論》，復口占一絕句云云。《夢溪筆談》

《夢溪筆談》有《山中論茶》詩云："誰把嫩香名雀舌，定知北客未曾嘗㉔。不知靈草天然異，一夜風吹一寸長。"

玉壘關外寶唐山，有茶樹產於懸崖。筍長三寸五寸，方有一葉二葉；奇品也。《玉壘志》

昌化茶，大葉如桃，枝柳梗，乃極香。余逆旅偶得手，摩其焙甑，龍麝氣三日不斷。《紫桃軒雜綴》

普陀老僧貽余小白巖茶一裹，葉有白茸，瀹之無色。徐引，覺涼透心腑。僧云：本巖歲止產茶五六斤，專供大士，僧得啜者鮮矣。《紫桃軒雜綴》

擇地

上者生爛石，中者生礫壤，下者生黃土。野者上，園者次。山坡谷下者，不堪採掇。《茶經》

《紫桃軒又綴》㉕云：茶生爛石者上，砂壤雜土者次。程宣子茶夾銘云"石筋山脈，鍾異於茶"云云。今地產天池僅一石壁㉖，其下種茶成畦。陽羨亦耕而殖之，甚則以牛退作肥，豈復有妙種乎？

建安之東三十里，有山曰鳳凰，其下直北苑，旁聯諸焙，厥土赤壤，厥茶惟上上。《北苑別錄》

石乳茶，出建安壑源斷崖缺石之間，故其味清香妙絕。《品茶要錄》㉗

產茶處，山之夕陽勝於朝陽，廟後山西向，故稱佳，總不如洞山南向，受陽氣特嵩，故稱仙品。熊明遇《羅 岕茶記》㉘

茶地南向為佳，陰向者為劣。故一山之中，美惡相殊。《茶解》

茶產平地，受土氣多，故其質濁。惟 岕 茶產於高山，渾是風露清虛之氣，故為可尚。《羅 岕茶記》

明月峽，在顧渚山側，二山相對，石壁峭立，大澗中流，乳石飛走。茶生其間，尤為絕品，張文規所謂"明月峽前茶始生"是也。文規好學，有文藻，蘇子由、孔武仲、何正臣皆與之遊。《茶董》

茶地固不宜雜以惡木，惟桂、梅、辛夷、玉蘭、蒼松、翠竹與之間植，足以蔽覆霜雪，掩映秋陽。其下可殖幽蘭菊卉清芬之物。最忌與菜畦相逼，不免滲漉糞滓，穢厥清真。《茶解》

《北苑別錄》云：草木至夏益盛……理或然也。[7]

《花木考》云：茶畏夏日，凡新植者，最忌；宜桑下竹陰淨地，去惡木，貳年外方芸治云云。

卷三

目次

茶候　正月吳蜀貢茶　浙西產茶　驚蟄節開焙　北苑官焙　北苑貢茶　茶之佳者　龍安騎火茶　蒙頂茶　蒙頂茶　採茶不必太細　茶以初出雨前　清明太早　清明穀雨採茶之候　建溪茶　茶工作於驚蟄　清源山茶　吳人十月採小春茶

茶候

採茶在二月、三月、四月之間。茶之筍者，生爛石沃土，長四、五寸，若薇蕨然始抽，凌露採焉。茶之牙者，發於蘗薄之上，有三枝、四枝、五枝者，選其中枝穎拔者採焉。《茶經》

太和七年正月，吳蜀貢新茶，皆於冬中設法為之。上務恭儉，不欲逆其物性，詔所貢新茶，宜於立春後作。《唐史》㉙

浙西產茶以湖州為上，常州次之。造茶在禁火之前。故事湖州紫筍茶例于清明日到闕，先獻宗廟，然後分賜近臣。《重修茶舍記》㉚

驚蟄節，萬物始萌，每歲常以前三日開焙。遇閏則後之，以其氣候少遲故也。《北苑別錄》㉛

北苑官焙分十餘綱㉜，惟白茶與勝雪自驚蟄前興役，浹日乃成，飛騎疾馳，不出仲春，已至京師，號為頭綱。玉芽以下，即先後以次發遣。逮貢足時，夏過半矣。歐陽文忠公詩云：“建安三千五百里，京師三月嘗新茶。”蓋異時如此，以今較昔，又為最早耳。《北苑別錄》㉝

北苑貢茶起於驚蟄前㉞……過時之病矣。《品茶要錄》[8]

茶之佳者，造在社前。其次禁火，謂造在寒食前。其下雨前，謂穀雨前也。《學林新編》[9]

龍安有騎火茶，最上。製造不在火前，不在火後，屆乎中旬也。清明節謂之改火，未過清明，數日前曰火前，後曰火後。故齊己有詩云：“高人愛惜藏巖裏，白甌雙□寄火前。”《茶錄》

蜀雅州蒙頂茶，出於蒙山頂上，有火前茶，乃禁火前所造者。《隨錄記珠》

> 《茶錄》云：蜀雅州蒙頂產茶最佳，其生頗晚，常在春夏之交方造。茶生時常有雲覆其上，故名雲霧茶。㉟

採茶不必太細㊱，細則茶初萌而味欠足。不必太青，青則茶已老而味欠嫩。須在穀雨前後，覓成梗帶紫嫩綠色而團且厚者為上，更須天色晴明，採之方妙。若閩廣嶺南，多瘴癘之氣，必待霧開，瘴嵐收盡，採之可也。穀雨日或晴明日採者，能治痰病，療百藥疾。《考槃餘事》

茶以初出雨前者佳，惟羅 岕 以立夏開園，吳中所貴。梗粗老、葉肥厚，有蕭箬之氣。還是夏前六七日，如雀舌者佳，最不易得。《羅 岕 茶記》

《茶疏》云：清明太早，立夏太遲，穀雨前後，其時適中；若再遲一、二日，得其氣力完足㊲，香烈尤倍，易於收藏。

> 《茶疏》云：清明穀雨，摘茶之候也。梅時不蒸，雖稍長大，故是嫩枝柔葉也。杭俗喜於盂中百點，故貴極細；理煩散鬱，未可遽非。吳淞人極貴吾鄉龍井，肯以重價購雨前細者，狃於故常，未解妙理。岕中之人，非夏前不摘。初試摘者，謂之開園，採自正夏，謂之春茶。其地稍寒，故須待夏，此又不當以太遲病之。往日無有於秋日摘茶者，近乃有之，秋七八月重摘一番，謂之早春。其品甚佳，不嫌少薄。他山射利，多摘梅茶。梅茶苦澀，止堪作下食，且傷秋摘，佳產戒之。《茶疏．採摘》

建溪茶，比他郡最先，北苑、壑源者尤早。歲多暖，則先驚蟄十日即芽；歲多寒，則後驚蟄五日始發。先芽者，氣味俱不佳，唯過驚蟄者最為第一。民間常以驚蟄為候。諸焙後北苑者半月，去遠則益晚。《東溪試茶錄》

茶工作於驚蟄，尤以得天時為急。輕寒，英華漸長，條達而不迫，茶工從容致力，故其色味兩全。若或時暘鬱燠，芽奮甲暴，促工暴力，隨膏晷刻所迫，有蒸而未及壓，壓而未及研，研而未及製，茶黃留漬，其色味所失已半。故焙人得茶時，天氣適佳為慶㊳。《大觀茶論》

清源山茶，青翠芳馨，超軼天池之上。南安縣英山茶，精者可亞虎丘，惜所產不若清源之多也。閩地氣暖，桃李冬花，故茶於驚蟄前後已上焙，較吳中為最早㊴。《泉南雜志》[10]

穀雨日採茶炒藏，能治嗽及痰疾，療百病及熱疾。《居家事宜》

吳人十月採小春茶，此時不特逗漏花枝，而喜日光晴暖㊵，從此蹉過霜淒雁凍，不可復堪。《巖棲幽事》[11]

卷四

目次

茶品　吳楚間山谷　劍南蒙頂石花　建州北苑先春　茶有二類　茶之產於天下

序海內產茶名地　江南省常州陽羨茶　羅岕　岕片　浙西產茶　懸腳嶺　長興縣啄木嶺　宜興縣均山鄉、岕片梗茶　蘇州虎丘茶　茶之色重味重　蘇州天池茶　天池茶通俗之材　蘇州陽山茶　揚州蜀岡茶　宣州橫紋茶　舒州霍山天柱茶　六安州小霍山茶　廣德州鴉山茶　六安茶四種　池州寶痼茶　池州九華山華池茶　壽州壽春茶　歙州北源茶　歙州先春茶　歙人閔汶水　松蘿茶

茶品

山南以峽州上……其味極佳。《茶經》[12]

按：唐時產茶，僅僅如季疵所稱。而今之虎丘、羅岕、天池、顧渚、松蘿、龍井、雁宕、武彝、靈山、大盤、日鑄、朱溪諸名山茶，無一與焉。乃知靈草在在有之，但焙植不嘉或疏採製耳。

吳楚山谷間……毛舉實繁。葉清臣《煮茶泉品》[13]

劍南有蒙頂石花……而浮梁商賈不在焉。《國史補》[14]

建州之北苑先春龍焙……岳陽之含膏。《茶論》《臆乘》《茶譜通考》[15]

凡茶有二類……總十一名。《文獻通考》[16]

茶之產於天下多矣，若劍南有蒙頂石花，湖州有顧渚紫筍，峽州有碧澗明月，邛州有火井思安，有渠江又有薄片，巴東有真香茗，福州有柏巖，洪州有白露。常州之陽羨，婺州之舉巖，丫山之陽坡，龍安之騎火，黔陽之都濡高株，瀘州之納溪梅嶺。已上數種，其名皆著㊶。《遵生八牋》

序海內產茶名地　茗荈夙稱仙草，故能蠲濁除煩，清神益志。各境所產，不勝指屈，因閱《茶經》、《國史補》暨《文獻通考》、《茶論》諸書，所述出產之地，殊覺寥寥，疑有未盡，亟取篋中羣籍，參考異同，記其所得益饒，較視前錄，才十一耳。因知佳品所在有之，第或毓植幽荒，未經名流品隲，不與凡卉同槁者幾稀矣。遂次第詳錄，題曰茶品，以俟夫博雅者正焉。

坦齋黃履道書

江南茶品

常州陽羡即今宜興縣　有唐茶品，以陽羡為上供，建溪北苑及諸名品，俱未著也，況今岕茗焙製尤精，即尚方玉食，亦必首推，故余取弁諸茗焉。

陽羡所轄茶山已下所醌茶山，有與浙江湖州交界者，如廟後諸山是也，當與長興顧渚相泰　羅岕　廟後　洞山　漲沙　黃龍　白石　水竹　茆山　白峴　北川　橋亭　石門　炭灶　陳橋　犁頭尖　紗帽頂　手巾條　棋盤頂　香袋頭　雄鵝頭　扇面方

紫筍唐書陽羡茶有紫筍之名，至宋元以降，茲種已絕，今則獨重岕茶無復知有紫筍者矣

岕片產廟後及羅岕、紗帽頂、手巾條、棋盤頂者為最

浙西產茶以湖州為上，江南常州次之。湖州出長興縣顧渚山中，常州出義興郡懸腳嶺北崖下。蓋湖常二郡交界之地唐人《重修茶舍記》：貢茶，御史李栖筠典郡日，陸羽以為茶味冠絕它郡，栖筠始貢茶萬里。故事陽羡紫筍茶，例以清明日到，先薦宗廟，後分賜近臣。紫筍茶生於湖常山間。茶時，兩郡太守畢至為盛集。又玉川子《謝孟諫議寄新茶》詩云："天子須嘗陽羡茶，百草不敢先開花"云云，則唐時獨重岕茶矣。《雲麓漫鈔》

懸腳嶺，在宜興縣南六十里，入長興忻溪界。《十道志》云："行人陟嶺多重趼"云，一名垂腳嶺，此地產絕勝，唐時充貢云。《常州府志》

湖州府長興縣啄木嶺……商賈多趨顧渚，無需金沙者。《茶錄》[17]

宜興縣東南三十里均山鄉，有山名曰唐庚，即茶山也。東南臨罨畫溪，山產名茶，唐時入貢，故名；金沙泉即在其下。杜牧、袁高、張籍、白樂天、沈貞各有詩，另載。《常州府志》

> 唐人首推陽羡，宋人最重建溪[42]，於兩地今貢茶獨多。陽羡僅有其名，建茶亦非上品，惟有武彝雨前最勝。近日所尚者，為長興之羅岕，疑即古之顧渚紫筍。然岕亦有數處，今惟洞山產者最佳。姚伯明云[43]："明月之峽，厥有佳茗，是名上乘，韻致清遠，滋味甘芳[44]，足稱仙品。"其在顧渚[45]，亦有佳者，今但以水口茶名之，全與岕別矣。許次紓《茶疏》

岕片、梗茶　岕茶所產之地非一，皆因地以著名。如產廟後者，即稱廟後茶；產洞山者，即稱洞山茶之類。而岕中之茶，稱曰岕片云，其說具詳。《岕茶別錄》、《茶董》[46]

蘇州虎丘茶　虎丘茶所產，最為精絕，為天下冠，惜不能多產，皆為豪右所據，寂寞山家，無緣獲購矣。《考槃餘事》

茶之色味重及香重者，俱非上品。松羅香重；六安味苦，而香與松羅同；天池有草萊氣，龍井如之。至于雲霧，則色重而味濃矣。常啜虎丘茶，色白而香，似嬰兒肉，殆為精絕[47]。《羅岕茶記》

蘇州天池茶　天池茶，青翠芳馥，噉之賞心，嗅亦消暍，誠可稱仙品。諸茶

尤當退舍。《考槃餘事》

天池茶，在穀雨前收細末焙炒得宜者，青翠芳馨，雋永非常。《遵生齋集》⑱

天池茶，通俗之材，無遠韻，亦不至嘔噦。寒〔月〕，諸山茶闇淡無色，而彼獨青翠媚人⑲，可念也。《紫桃軒雜綴》

蘇州陽山茶　蘇州陽山有龍母塚，塚下有方井，即白龍泉。產茶絕佳，號陽山茶。就泉煮茶，移至晉柏下。晉柏大四圍，每幹幹如虯龍也。《無夢園集》

揚州禪智寺蜀岡茶　揚州禪智寺，隋之故宮，寺枕蜀岡，有茶園，其味甘香如蒙頂。《彙苑詳註》[18]

宣州丫山陽坡橫紋茶宣州即今甯國府宣城縣　宣城縣有丫山，出佳茶，焙製亦精，貯以小方瓶，橫鋪茗芽裝面。丫山之東為朝日所燭，故號曰陽坡，其茶最勝。太守常貢於朝，有宣城士子饋余茶，題曰丫山陽坡橫紋茶。《彙苑詳註》

舒州霍山縣天柱峯茶舒州即今廬州府　有人授舒州牧……眾皆服其廣識。《茶董》[19]

六安州小霍山茶六安州屬廬州府　六安茶品亦精，入藥最效。不能善炒，不得發香而味苦，然茶之本性實佳。《考槃餘事》

六安茶，名小峴春。《六硯齋筆記》

六安茶分四種，上等者，名黃芽、梅花片；其次，名茆尖、小峴春。《茶譜》[20]

廣德州建平縣鵶山茶　廣德州建平縣東南十五里鵶山，產茶絕佳，可比六安、黃芽、歙之松蘿。《建平縣志》[21]

池州圓寂寺寶巖茶　圓寂寺，去邑不數里，所稱拾寶巖是也。五代時，伏虎禪師居此。昔梁武帝曾以佳茗一車賜之，主僧植之，甘美非常。《九華遊覽志》

池州九華山雙溪上下華池茶　九華山雙溪之上，有上華池。雙溪之下，有下華池。泉甘土沃，厥產名茶。陳巖詩云："聞鍾吃飯東西寺，就水烹茶上下池。"《池州名勝志》

壽州壽春茶壽州屬鳳陽府　壽州，古壽春郡。郡南有壽春山，故名。山產佳茗，冠絕他郡。《茶譜》

歙州北源茶歙州即今徽州府歙縣　歙州各山產茶，以北源為最勝。其外如牛梔嶺靈川，福州來泉等處俱產。《歙縣志》

歙縣茶品有先春、早春、華英、勝全、松蘿諸種，就中以先春為最。《茶志》

歙州之先春、早春茶品，在宋已登貢籍。及今，松蘿之亞也。焙製片、散未詳。《茶史》[22]

歙人閔汶水善製茶，其茶必北源之精者，色白味甘香，可與岕茗並驅。自汶水歿後，十餘年來松蘿製者，雖不乏要，皆非汶水之比。《九清齋雜志》

歙人閔汶水，居桃葉渡上。予往品茶其家，見其水火自調，皆躬親從事，以小酒盞酌客，頗極烹飲之態，正如德山擔青龍鈔，高自矜許而已。閩客得閔茶，咸製羅囊，佩之而嗅，以代旃檀云。《閩小記》

松蘿茶，色香味俱濃，宜享鮮腴之後烹而漱齒。三吐之餘，徐徐引之，亦皆爽然可喜。《舒堂筆記》[23]

卷五

目次

浙江湖州顧渚茶　顧渚茶　顧渚茶　顧渚俗名羅峅　懶筍茶　龍陂山子茶　烏程縣溫山御荈　溫山御荈　杭州龍井茶　龍井茶　玄天黃露　寶雲山白雲峯茶　白雲峯茶詩　寶嚴院垂雲茶　臨安縣天目茶　天目山茶　餘杭縣徑山茶　新城縣僊坑茶　昌化縣昌化茶　紹興府挐龍山茶　挐龍山瑞雲茶　會稽縣日注茶　日注雪芽　日注茶詩　會稽縣禹穴茶　餘姚縣瀑布僊芽　瀑布山茶　蕭山縣茗山茶　寧波府雪竇茶　溫州府雁蕩山茶　台州府赤城茶　天台縣紫凝茶　天台山華頂茶　金華府舉巖茶　金華府碧貌茶　衢州府常山茶　龍游縣方山茶　嚴州府鳩坑茶　鳩坑茶詩　分水縣貢芽

浙江茶品二

湖州顧渚茶　湖州府長興縣顧渚山，產茶精美絕倫，有紫筍、懶筍、龍陂山子之名，為浙茶之冠。《茶史》

顧渚山，在長興縣西四十七里，昔吳王夫差其渚，次原隰平衍，可為都邑即此。旁有二山相對，號明月峽。絕壁峭立，大礀中流，亂石飛走，產茶異品，名曰紫筍。《湖州名勝志》

履道云：紫筍茶，產製與陽羨所出相同，其說見前，玆不贅述。

顧渚，前朝名品，正以採摘初芽，加之法製，所謂罄一畝之入，僅充半鐶；取精之多，自然擅妙也。今碌碌諸葉中，無殊菜瀋，何堪括目[50]。《紫桃軒雜綴》

顧渚，俗名羅 岕，為常湖二郡接界。細者，其價兩倍天池，惜乎難得，須親自採製為佳。《考槃餘事》

懶筍茶，亦出長興顧渚山中茶品冠絕，諸種紫筍之亞也。《雲川紀行》[24]

開寶中，竇儀以新茶飲予，味極芳美。奩面標曰："龍陂山子茶"，云是顧渚別境所產者。《清異錄》

湖州烏程縣溫山御荈　溫山在湖州府烏程縣。唐時湖守以此山茶修貢，故號稱御荈，茶品最佳，可與顧渚並驅。惜今厥產無多，才僅豪右所需，而外邑得霑餘味者鮮矣。《吾春堂暇記》

《國史補》云："烏程縣有溫山出御荈，品味絕佳。外有小江園、明月簝、碧澗簝之名。"

杭州龍井茶　龍井，一名龍泓。米元章書其略曰“龍江當西湖之西，浙江之北，鳳凰嶺之上亂山怪石之間”是也。境僻景幽，香出塵外，地產佳茗，清馥雋永，為兩峯之冠，即俗所謂龍井茶也。《杭州名勝志》

龍井產茶不數十畝，外此有茶，似皆不及。大抵天開龍泓美泉，山靈特生佳茗以副之耳。山中僅有一二家炒法甚精。近有山僧焙者，亦妙；真者天池不能及也。

龍井茶，極腴腆，色如淡金，氣亦沉寂，而咀嚥之，久鮮腴潮舌，又必籍虎跑空寒慰齒之泉發之，然後飲者領其雋永之滋而無昏滯之恨耳。《紫桃軒雜綴》

《紫桃軒雜綴》云：“《洞冥記》[25]云：‘東方朔食玄天黃露半合始甦’，余有黑石壺貯龍井茗汁，每飯後啜之，色如淡金而快爽不可言，因銘之曰玄天黃露。”

杭州寶雲山香林洞白雲峯茶　杭州產茶不特龍井，寶雲山產者名寶雲茶，香林洞產者名香林茶。在下天竺，其產天竺。上白雲峯者，名白雲峯茶。茶性俱佳，堪與天池並驅。《古杭雜志》[26]

林和靖先生字君復，有試白雲峯茶詩曰：“白雲峯下兩鎗新，膩綠長鮮穀雨春。靜試恰如湖上月，對嘗兼憶剡中人。”

杭州寶巖院垂雲茶　杭州寶巖院垂雲亭產茶，號垂雲茶，有僧怡然以垂雲新茶餉東坡，坡報以大龍團。戲作一律云：“妙供來香積，珍烹具上官。揀芽分雀舌，賜茗出龍團。曉日雲庵暖，春風浴殿寒。聊將試道眼，莫作等閒看。”《西湖志餘》[27]

杭州臨安縣天〔目〕山茶⑤¹　天目茶為天池、龍井之次，亦佳品也。《地志》云：“天目山中寒氣早嚴，山僧至九月即不敢出。冬來多雪，三月後方通人行，茶之萌芽較晚。”《考槃餘事》

天目茶清而不醨，苦而不螫，正堪與緇流漱滌筍蕨。

杭州餘杭縣徑山茶　徑山，在杭州餘杭縣西北五十里，山有喝石巖，產茶甘香異常，常在天目寶雲之右。《徑山志》

杭州新城縣僊坑茶　僊坑山，在杭州新城縣十里。晉咸和中，有七僊人奕棋山因此得名。其山產茶特美，下為蜕龍洞。洞門九重，其深莫測，得龍蜕骨一斛，石間鱗爪之，首尾宛然。又十七里，有魚泉洞，亦有石形如龍，其旁有地畝通天，目龍池。《新城縣志》[28]

杭州昌化縣昌化茶　昌化茶已見前種類茶下，玆不贅錄。

紹興府臥龍山瑞雲茶　臥龍山舊名種山，又曰重山。《水經註》曰“文種城於越而伏劍於山陰，越人哀之，葬於重山”，即此山也。其巔產茶最佳，茶芽纖

細，色紫味芳，稱瑞龍茶，云其地有清白泉，瀹茶為宜。《紹興名勝志》

《會稽三賦註》云：瑞龍茶，一名拏龍瑞草，即府之所據之拏龍山也。

紹興府會稽縣日鑄茶一名日鑄雪芽　日鑄雪芽者，產日鑄嶺。嶺在會稽縣東南五十五里，歐冶子鑄劍之地處，產茶最佳，其芽纖白而長。歐陽公《歸田錄》云："草茶盛於兩浙，兩浙之品，以日鑄為第一。雪芽言其白也。"《會稽志》云："會稽產茶，極多佳品，惟臥龍一種得與日鑄相亞。"《會稽三賦注》

《會稽三賦》云：日鑄雪芽，拏龍瑞草。瀑布稱仙，茗山鬥好。顧渚爭先，建溪同早。碾塵飛玉，甌濤翻皓，生兩腋之清風，興飄飄於蓬島云云。

陸放翁詩云：海山縹渺劚零扃，掃地焚香悅性靈。嫩白半甌嘗日鑄，硬黃一帋學黃庭。衰顏冉冉臨清鏡，華髮蕭蕭倚素屏。尊酒不空身現在，莫爭天上少微星。

紹興府會稽縣禹陵天章茶　禹穴，黃帝號為宛委穴，赤帝陽明之府，於此藏書焉。大禹始於此穴得書後，復藏於山。然舊經諸書，皆以禹穴系之會稽宛委山裏。人以陽明洞外飛來石下為禹穴，今則流傳失真，已不可考矣。其地產茶，厥品絕佳，號曰天章。賀知章纂《山紀》

紹興府餘姚縣瀑布嶺瀑布仙芽　餘姚縣瀑布嶺產茶，曰仙茗，大者殊異。《茶經》[52]

餘姚縣虞洪……屢獲大茗焉。《神異紀》[29]

紹興府蕭山縣茗山茶　茗山，在蕭山縣西二里。其上多生奇茗，山以此得名，惜不能焙製，厥產實佳。《舒堂筆記》

寧波府奉化縣雪竇茶　寧波府奉化縣沈家村雪竇山，產茶甚佳。《無夢園集》[30]

溫州府樂清縣雁蕩山茶　雁蕩山跨樂清、平陽二縣。北雁蕩在樂清縣之東，南雁蕩在平陽縣西南，各去縣乙百里，諸峯峻拔險怪，上聳千尺，皆包諸谷中。自嶺外望之，都無所見，至谷中則森然。干霄有龍池，其石光潤如砥。高五百餘丈，飛瀑之勢如傾萬斛水從天而下，及鼓吹一髮則緣溜而下，五色光彩畢現。頂上有湖，方約十餘里，水常不涸，雁之春歸者留宿於此。山巔產茶，色白味甘，最稱佳品。《雁山志》

台州府赤城茶　茶生天台赤城山，品味與歙產相同。《茶經》[53]

天台茶有三種，紫凝、魏嶺、小溪是也。今諸處并無出產，而土人所需多來自西坑、東陽、黃坑等處。石橋諸山近亦種茶，味甚清甘，不讓它郡。蓋出自名山雲霧中，宜其多液而全厚也。但山中多寒，萌發較遲，做法不嘉，以此不得取勝然，所產不多，足供山居而已。　《天台山志》

《天台山品物志》：產茶六種，曰赤城、曰紫凝、曰魏嶺、曰小溪、曰瀑布、曰葛仙。

台州府天台瀑布山紫凝茶　瀑布山，一名紫凝，在縣西四十里三十〔二〕都，山有瀑布，飛流千丈㊹，遙望如布。陸羽記云：天下第十七水，與國清、福聖二瀑為三。其山產大葉茶，味甘美特異。《天台山志》31

瀑布山茶，《神異記》載虞洪遇仙人丹丘子給茗事，正與天台山瀑布茶事實略同，疑必有一舛者。細較二書，當以天台瀑布茶為允。

《天台山志》云：華頂有葛玄茶圃，相傳為葛仙種茶處。茶今絕產，歲間發一二株，山僧偶有獲者，色味俱極佳。

金華府舉巖茶　婺州即金華府有舉巖茶，茶片方細。所出雖少，味極甘芳，烹成碧色㊺。毛文錫《茶譜》

《茶史》云：婺州產茗極佳，爰有三種：曰碧貌、曰東白、曰洞源，以碧貌為最勝。

衢州府常山茶　衢州府常山絕頂，有湖方可數畝，濱湖陂產茶，味極清永。《衢州志勝》

衢州府龍游縣方山茶　龍游縣西南有方山，山形方正如冠，產茶絕妙，可方天目。《龍游縣志》

嚴州府鳩坑茶　鳩坑，在嚴州府桐廬縣，產茶精好，可與婺之洞源茶相匹，而色香味美又欲過之，惜不能多得。《舒堂筆記》

范文正公《詠鳩坑茶》云：“瀟洒桐廬郡，春山半是茶。輕雷應好事，驚起雨前芽。”

嚴州府分水縣貢芽　分水貢芽，出本不多，大葉老梗，潑之不動，入水烹成㊻，番有奇味。薦此茗，如得千年松柏根，作石鼎薰燎，乃足稱其老氣。《紫桃軒雜綴》

卷六

目次

陵縣茶　歸州青口峽茶　巴東縣真香茗　澧州牛觚茶　長沙府岳麓茶　茶陵州茶陵茶　夷陵州明月峽茶　衡州府衡山茶　辰州府雙上綠芽

江西茶品三

南昌府建昌縣雲居茶　歐山在縣西南三十里，世傳歐笈先生得道之所。紆迴峻極，山頂常出雲，又名雲居山。有寺，為唐太常博士顏雲捨宅，頗莊嚴。當時諺云：“天上雲居，地下歸宗。”洪芻父有詩云：“曲肱聊寄吉祥卧，緩帶來嘗安樂茶。”《建昌縣志》

雲居山產茶，乃草茶中之絕品，山有卧龍洞，宋佛印禪師了元結菴于此。《南昌名勝志》

南昌府寧州分宜縣雙井茶　南昌所屬寧州分宜縣地名雙井，在宋時屬黃魯直，產茶絕佳，可比建溪，當時草茶之上品也。《分宜縣志》

南昌府西山鶴嶺茶　西山在府城西大江之外，道書第十二洞天中有梅嶺，即梅福修道處；有鶴嶺即王子喬跨鶴處。其最勝者，曰天寶洞。宋時常遣使投金龍玉簡於此山鶴嶺，產茶絕佳。《南昌名勝志》

廬山 閬 林茶雲霧茶附廬山屬九江府　林茶，鳥雀啣子食之，或有墜於茂林幽谷者，久而滋生。山僧或有入山林尋採者，所獲不過三數兩，多則不及半斤，焙而烹之，其色如月下白，其味深佳，氣若荳花香。《廬山通志》

雲霧茶　產於匡廬山絕頂，常在雲霧中，極有勝韻。而山僧拙於焙，既採，必上甑蒸過，隔宿而後焙，枯勁如稿秸，瀹之為赤滷，豈復有茶焉！余同年楊澹中遊匡廬，有“笑談渴飲匈奴血”之誚，蓋實錄也。戊戌春，小住東林，同門人董獻可、曹不隨、萬南仲手自焙茶，有“淺碧從教如嫩柳，清芬不遣雜飛花”之句。既成，色香味殆絕，恨余焙不多，不能遠寄澹中為匡廬解嘲也。《紫桃軒雜綴》

> 《廬山通志》云：雲霧茶產廬山，山中靜者，艱於日給，取諸崖壁間撮土種茶一二區。然山峻高寒，蕞極卑弱，歷冬必茆苫之，屆端陽始採焙。既成，呼為“雲霧茶”云云。

> 《二酉委談》云：余性不耐冠帶，暑月尤甚，豫章喜早熱，而今歲尤甚。春三月十七日，觴客於滕王閣，日出如火，流汗接踵，頭涔涔幾不知歸而發狂大叫，媚為具湯沐，便科頭裸身。赴之時，西山雲霧新茗初至，張右伯適以見貽；茶色白，大作荳子花香，幾與虎丘茶相等。余時浴出，露坐明月下，命侍兒汲新水烹嘗之，覺沆瀣之味入咽，兩腋風生。念此境界，都非宦路所有。琳泉藥先生，老而嗜茶甚於余，時已就寢，不可呼之共啜。晨起，乃烹遺之，已落第二義矣。追憶夜來風味，因書一通以贈先生。

南昌府西山羅漢茶　南昌府西山產羅漢茶，葉如豆苗，清香味美，郡人珍之，號羅漢茶。《茶史》

九江府德化縣茶　九江府德化縣，產茶絕佳，可方雲霧茶。《九江府志》

瑞州府芽茶　瑞州府芽茶，產鳳凰、華林二山。鳳凰山在府治後，華林山在府城西北，世傳王母第九子雲秀真人於此築壇禮鬥處。山產茶芽，紫而色白，味佳。《九江名勝志》

臨江府玉津茶　玉津鎮，在縣東南五十里，地名鶴沙，約四五畝，產茶最佳，色白味佳，香如蘭茝。《臨江府志》

袁州府界橋茶綠英、金片、雲腳附　袁州界橋，產佳茗，其名甚著，不若湖州之含研、紫筍。惟此茶烹之有綠腳下垂，故韓文公賦云"雲垂綠腳"云云。毛文錫《茶譜》

饒州府浮梁茶　饒州府浮梁縣產茶，葉小而穠厚，色白味甘，可稱佳品。《饒州名勝志》

廣信府茶山茶　廣信府府城北茶山，產茶絕佳。唐陸羽常居此。《茶史》

南安府上猶茶　南安府上猶縣石門山產茶甚佳，名上猶鳳爪。《茶史》

《茶錄》云：上猶縣石門山，產茶磨精絕。

湖廣茶品四

武昌府武昌縣茶　武昌山，在武昌縣五十里。晉武帝時……負茗而歸。[32]《括地志》云：山以縣名者，武昌其一也。《武昌名勝志》

鄂州洪山茶鄂州即今江夏縣，屬武昌　洪山在縣東十五里，舊名東山。《茶譜》云"鄂州東山，出茶黑色如韭，食之已頭痛。"[57]《江夏縣志》

武昌府崇陽縣魯溪茶一名龍泉茶　魯溪痌，在龍泉山下，去縣西南四十里，周迴二百里。其上有洞，持燭而入，行數十步，漸平坦如居室，可容千百人。有石渠泉流清駛，名曰魯溪。常時草木狼藉，每遇有人入禱，則淨若灑埽。山前產茶，味極甘美，名龍泉茶。《崇陽縣志》

武昌府興國軍桃花寺桃花絕品茶興國軍即今興國州，屬武昌府。興國茶品曰桃花絕品，曰進寶，曰雙勝，曰寶山，曰兩府　桃花寺，在州南五十里桃花尖之下，寺中有泉甘美，里人用以造茶，味勝他處，今號曰桃花絕品。宋知軍州事王琪有詩云"梅雪既掃地，桃花露微紅。風從北苑來，吹入茶塢中"，蓋詠此也。《興國州名勝志》

《文獻通考》云：興國軍，地產名茶，邦牧修貢，最為精品，故有進寶、雙勝、寶山、兩府之號。

武昌府西山寶慶茶　西山，在武昌、興國接界。在宋歲貢御茗，名曰寶慶，乃片茶中之至精者，在進寶、雙勝之右。《西山遊覽志》

黃州府黃岡縣東坡雪堂桃花茶　自黃州城南至雪堂，凡四百三十步。雪堂問曰：蘇子得廢圃，於東城之脇號，其正曰雪堂。因大雪中成之因，繪雪於四壁之間，間無容隙。其名起於此先生，又自書“東坡雪堂”四字扁，懸之堂上。堂東有細柳，有浚井，西有徵泉。堂之下，有大冶長老桃花茶，巢元修菜，何氏蘗橘種秔稌、蒔棗栗，有松期為可劉種麥，以為奇事，作陂塘、植黃桑，皆足以供先生歲用，為雪堂之勝景。《東坡全集》

《東坡全集》有《乞大冶長老桃花茶水調歌頭詞》云（已過幾番雨）

黃州府蘄水縣茶山松花茶　茶山在蘄水縣，產茶極佳。唐劉禹錫有詩云：“薤葉炤人呈夏簟，松花滿碗試新茶”，蓋詠此也。《黃州名勝志》

蘄州蘄門團黃茶　團黃茶說，已見前一卷種類下。

荊門州當陽縣玉泉山僊人掌茶　僊人掌茶，已詳見一卷種類下。

岳州府灉湖涵膏茶　灉湖茶在唐時極重，見諸篇什，李肇所謂灉湖之涵膏也。《岳州名勝志》

岳州府白鶴茶產灉湖

灉湖諸灘舊出茶，李肇所謂灉湖之涵膏是也。唐人最重，多見詩詠。今不甚植，惟白鶴僧園有千餘本，頗類北苑所出茶。一歲乃不過一二十兩，土人謂之白鶴茶。茶極甘香，非他處茶可比。茶園之地土亦相類，但土人不甚植耳。《岳陽風土記》

岳州府巴陵縣巴陵茶巴陵茶品有五：曰大小巴陵、開勝、開卷、小卷、生黃翎毛共五品　巴陵縣諸山皆產名茶，如大小巴陵、開勝、開卷、小卷、生黃翎毛之類，在宋季俱登貢品。《舒堂筆記》

荊州府江陵縣茶江陵茶品有二：曰楠木、曰大柘枕　江陵縣東、西兩山俱產名茗，而以楠木及大柘枕者為最，茶味甘香鮮白，當為楚茶之冠。《國史補》

歸州青口峽青口茶　歸州青口峽出名茶，歲貢上方。地方數里所產，不過百兩，茶味甘香雋永，惜不能多得。《九清齋雜志》

歸州巴東縣真香茗　巴東縣有真香茗，其花白色如薔薇，煎服令人不眠，能誦無忘。《述異記》

澧州樂普山牛觚茶澧州屬岳州府與歸州巴東縣接界　東泉，在縣南三十里，有石洞，遇旱祈禱有驗。又有白龍泉，在縣之樂普山，相傳有白龍出水中，土人呼其地為牛觚。此山產美茶，名牛觚茶。《澧州志》

長沙府岳麓茶長沙茶品有九：曰岳麓、曰草子、曰楊樹、曰雨前、曰雨後、曰綠芽、曰片金、曰金巖、曰獨行靈草　長沙西岸有麓山，蓋衡山之足，又名靈麓峯，乃岳山七十二峯之數。此山產茗特饒，名品若岳麓及獨行靈草，皆表表著名者。《湘潭遊覽志》

茶陵州茶陵茶　《史記》：炎帝葬於茶山之野。茶山即景明山也，以山谷間多生奇茗，故名。《茶陵州誌》

夷陵州明月峽茶　峽州即後周名峽州者，出名茶。昔人有云：“明月之峽，厥有佳茗”，即此。《夷陵州志》

衡州府衡山茶　衡岳產茶，昔稱名品，山僧苦於征索，多私刈去。今所產，每歲約得五六斤，所以為難。《南岳志》

辰州府雙上綠芽又大小方　小酉山，一名辰山，又名烏速山，在酉溪口。《方輿記》云：山下有石穴，中有書千卷，秦人避地隱學於此。梁湘東王云謂“訪二酉之逸典”是也。耆舊相傳堯善卷。唐張果老皆常隱此。又名為大酉華妙洞天。或云自酉溪西北行十餘里，有洞與大酉國山相通。唐瞿廷柏兒時戲躍入井，忽自華妙洞中出，已去縣四十里。山中產茶名綠芽、大小方，俱佳品也。《辰州府名勝志》

卷七

目次

福建茶品五建寧府北苑茶

北苑茶品，見前《北苑茶錄》。

建安之東三十里……修為十餘類目，曰《北苑別錄》。[33]

北苑所轄茶園，進御者共四十六，所見《北苑茶錄》。其地廣袤三十餘里，自官平而上為內園，官坑而下為外園。方春靈芽萌發，先民焙十日，加九窠十二壟及龍游窠、小苦竹、張坑、西際，又為禁園之先也。[34]

採茶，見前二卷採製。

揀茶，見前二卷採製。

開焙，見前二卷茶候。

蒸茶，見前二卷採製。

榨茶，見前二卷採製。

碾茶，見前二卷採製。

造茶，見前二卷採製。

過黃，見前二卷採製。

貢茶綱次⑲

細色第一綱

龍焙貢新水芽，十二水，十宿火正貢三十銙，創添二十銙。

細色第二綱

龍焙試新水芽，十二水，十宿火正貢一百銙，創添五十銙。

細色第三綱

龍團勝雪⑥⓪……寸金小芽，十二水，九宿火正貢一百片。[35]

細色第四綱

龍團勝雪……新收揀芽中芽，十二水，十宿火正貢六百片。

細色第五綱

太平嘉瑞……興國巖小鳳中芽，十二水，十五宿火正貢五十片。[36]

先春兩色

太平嘉瑞小芽，十二水，十宿火正貢二百片。

長壽玉圭小芽，十二水，九宿火正貢一百片。

續入添額四色

御苑玉芽……正貢一百片。[37]

粗色第一綱[61]

正貢

不入腦子上品揀芽小龍六水，十宿火正貢一千二百片。

入腦子小龍四水，十五宿火正貢七百片。

增添

不入腦子上品揀芽小龍，正貢一千二百片。

入腦子小龍，正貢七百片。

建寧府附發小龍茶，正貢八百四十片。

粗色第二綱

正貢

不入腦子上品揀芽小龍，正貢一百片[62]。

入腦子小龍，正貢七百片[63]。

入腦子小鳳四水，十五宿火正貢一千三百四十片。[64]

入腦子大龍二水，十五宿火正貢七百二十片。

入腦子大鳳二水，十五宿火正貢七百二十片。

增添

不入腦子上品揀芽小龍，增添一千二百片[65]。

入腦子小龍，增添七百片。

建寧府附發　小鳳茶，增添一千三百片。[66]

粗色第三綱

正貢

不入腦子上品揀芽小龍，正貢六百四十片。

入腦子小龍，正貢六百四十片[67]。

入腦子小鳳，正貢六百七十二片。
入腦子大龍，正貢一千八百片[68]。
入腦子大鳳，正貢一千八百片。
增添
不入腦子上品揀芽小龍，增添一千二百片。
入腦子小龍，增添七百片。
建寧府附發
大龍茶，四百片。[69]
大鳳茶，四百片。
粗色第四綱
正貢
不入腦子上品揀芽小龍，正貢六百片
入腦子小龍，正貢三百六十片。
入腦子小鳳，正貢三百六十片。
入腦子大龍，正貢一千二百四十片。
入腦子大鳳，正貢一千二百四十片。
建寧府附發
大龍茶，四百片。[70]
大鳳茶，四百片。
粗色第五綱
正貢
入腦子大龍，正貢一千三百六十八片。
入腦子大鳳，正貢一千三百六十八片。
京鋌改造大龍，正貢一千六百片。
建寧府附發
大龍茶，八百片。
大鳳茶，八百片。
粗色第六綱
正貢
入腦子大龍，正貢一千三百六十片。
入腦子大鳳，正貢一千三百六十片。
京鋌改造大龍，正貢一千六百片[71]。
建寧府附發
大龍茶，八百片。
大鳳茶，八百片。[72]

京鋌改造大龍，一千三百片[73]。已上俱載《北苑別錄》

余觀《北苑別錄》所記，兩宋貢茶綱次，品目纖悉備詳矣。鈔類之次目得記其類列，凡為綱次者十二，茶品八十有八，銙片四萬八千五百五十有奇，而公私饋餉商賈興販不與焉。吁！可為極盛矣。蓋維趙宋享國之日，雅重儒林，每衣冠讌會觴詠相娛，恆以酪奴首薦，於是王公貴游好尚相高，往往品題優劣口別上中，故耳佳品日彰，工製臻妙矣，雖九重之上，玉食山積，視之不啻糞土；而於團銙獨珍，尤所愛惜，非郊祀大禮，臣僚未有輕賜者。或幸而得賜，必播之聲詩以為榮誇，無敢妄試，家藏有傳再世者。如唐子西《鬥茶記》[74]云：歐陽公得內賜小龍團，更閱三朝，賜茶尚在。在當時已極珍賞，而色香滋味亦必卓絕。惜乎團銙之製失傳已久，今建茗雖殊，厥品碌碌，況兼焙製欠精，品嘗意盡。即武彝偶有佳者，僅可伯仲天池，未能遠出岕片之上。以故，明季建寧府貢茶，耑供宮掖浣濯之用，不登茗飲。以今視昔，何啻霄壤哉！蓋緣歷世好尚不同，而建茶亦有隆替耳。昔先君在燕都日，有閩中周先生者，以宋小龍團茶半鋌相贈云，藏於其家已經十世，約重一鐶，有半厚五分許，面有小龍蜿蜒之狀，背勒宣和數字，已經漶滅，彷彿微可辨。嗅之無香，黝碧而堅緻，紋如犀璧，即煩博浪，一椎不至驟損。云以之摩湯，能已消渴諸疾。余兒時偶患痰喘，因以此茶摩湯，下之立效，大有龍麝旃檀之氣，味甘而涼如冰雪，真異物也。壬子歲，先君再入都門，失於旅邸，而後之好事者，未能鑒賞矣。深為惋惜，因並志之。

卷八

目次

河南茶品六

河南府陝州[38]明月澗茶　陝州屬河南府，明月澗產名茶，精美無倫。《茶史》云：明月之澗厥有佳茗，在昔其名甚著。《茶譜》

汝寧府信陽州羅山茶　羅山在汝寧府信陽州，產茶味甘色白，可方日鑄。《汝寧府志勝》

汝寧府光州光山茶　光山，在汝寧府光州，山產名茶，滋味甘香堪同北苑。《光州志》

山東茶品七

青州府蒙陰縣蒙山茶　青州府蒙陰縣蒙山，其巔產茶，味苦回甘。《蒙陰縣志》

《七修類稿》云：世以山東蒙陰山所生石蘚謂之蒙茶，士大夫珍貴，而味亦頗佳。殊不知形已非茶，不可煮飲，又乏香味，而《茶經》之所不載。蒙頂茶產，四川雅州，即古蒙山郡。其《圖經》云：蒙頂有茶，受陽氣之全，故茶芳香。《方輿勝覽》、《一統志》土產俱載。蒙頂茶，《晁氏客話》亦言雅州也。白樂天《琴茶行》云：李丞相德裕入蜀，得蒙頂茶餅，沃於湯瓶之上，移時化盡以驗其真。而蒙山有五峯，最高者曰上清，方產此茶，且有瑞雲影相現，多虎豹龍蛇之跡，人行罕到故也。但《茶經》品之於次，若山東之蒙山，乃《論語》所謂"東蒙主"耳。

濟南府泰安州岱嶽茶　泰安州泰山薄產名茶，多生嵓谷間，山僧時有得之，而城市則無也。山人摘青桐芽曰女兒茶；泉崖陰趾茁如菠稜者，曰仙人茶，皆清香異南茗。黃楝芽時為茶，亦佳；松苔尤妙。《岱岳志》

四川茶品八

成都府雀舌茶　成都府產雀舌茶，其葉纖細如雀舌。然例以清明日製造，色味甘香逭絕。《益州異物志》

重慶府都濡月兔茶　重慶府彭水縣，即都濡廢縣，產茶最佳，黃山谷稱，都濡月兔茶為佳品。《重慶府志》

重慶府南平狼猱茶　重慶府南平縣狼猱山茶，黃黑色，渝人重之，云可已痰疾⑰。毛文錫《茶譜》

《雲蕉館紀談》[39]云：明昇在重慶府取涪江青蝻石為茶磨，令宮人以武隆雪錦茶碾之，焙以大足縣香霏亭海棠花，味倍於常。海棠無香，惟此有香，以之焙茶尤妙。

雅州蒙頂茶　蒙山在雅州，山頂產茶，能治諸疾，茶味甘芳最勝，兩川產茶，當以蒙茶為第一。《茶解》[40]

雅州蒙山，山有五峯。一峯最高者，曰太清，產甘茗。《禹貢》蔡蒙旅平即此。《雅州志》

《錦里新聞》[41]云：蒙山有僧病冷且久，偶遇老叟，告之曰："仙家有雷鳴茶，候雷發聲乃茁，可併手於中頂採摘"。服之，僧病果痊。

峽州碧澗明月茶　明月峽在夷陵州，即後周名峽州者，出茶極佳。《茶史》云："明月之峽，厥有佳茗"即此。《茶疏》

嘉定州峨眉茶　峨眉山在嘉定州[42]，山產名茶，烹嘗之，初苦而終甘。《峨眉山志》

眉州洪雅山丹稜茶　丹稜茶，出洪雅山，屬眉州，葉有丹稜因名。其味甘芳，品同雀舌。《眉州志》

瀘州寶山茶　寶山在州城南，《郡國志》一名瀘峯山。多瘴氣，三、四月感之必死，至五月上旬則無害。山產茶，能已風疾，並治瘴毒，土人以茱萸並嚥之。《瀘州志》

劍州梁山茶　劍州梁山產茶，為蜀中絕品。《劍州名勝志》

彭州仙崑石花茶　石花茶，產彭州仙巖山。《茶史》云"仙巖石花，為蜀州佳茗，可以比美丹稜"云云。《彭州志》

東川神泉山小團茶　神泉山產奇茗，色白味甘著名。《茶譜》所謂"神泉獸目"即此茶也。《茶錄》

夔州府香山茶　香山，在夔州府城南四十里，山產名茶，色最纖翠，亦蜀茶之冠也。《茶錄》

龍安府騎火茶　龍安府九龍山，產茶精美，例以禁火日製之，故名騎火，茶品中最著者也。《茶錄》

邛州臨安縣思安茶　臨安縣思安山產茶，其品在六安、松蘿之次。《邛州志勝》

涪州賓化茶　《茶錄》以涪州賓化茶為蜀茶之最，地不多產，外省所得頗艱，其品可亞蒙山。《茶史》

涪州彰明縣綠昌明茶　彰明縣產綠昌明茶，香清味美，冠絕兩川諸茗，故李太白集有詩云："渴飲一醆綠昌明"云云，即詠此茶也。《茶史》

綿州松嶺茶　松嶺茶產綿州，葉大而有白茸，瀹之無色，若月下白，香如松實，蓋奇品也。《綿州志勝》

犍為郡安平縣橘社茶　犍為郡安平縣有橘柚官社，出名茶。《蜀都賦》云："社有橘柚之園"云云即此。《犍為志勝》

天全六番招討使司臥龍山烏茶　臥龍山，因孔明征孟獲駐此故名，山在龍溪縣。巖壑幽深，人蹟罕到，產茶精好，色味絕佳。昔有樵者入山，見二人對弈。頃見二白鶴，啄楊梅，墜地一枚，樵者取而食之，遽失弈者所在。抵家，遂辟谷，頗知人休咎。《茶錄》

廣東茶品九

廣州府酉平縣皋盧茶　皋盧茶，已見前一卷釋名。

廣州府吉州黃旗岡西樵茶　廣州府番禺縣壁山黃旗岡產茶，因唐末詩人曹松寓此，常以顧渚茶教之種焙，土人遂以茶為業。《廣州名勝志》

潮州府石花茶　石花茶，產潮州府大圩山，茶味清甘，為粵茶第一。《潮陽志》

潮州府大埔縣茶山茶　大埔縣茶山產茶最佳，在石花之次。《茶錄》

德慶州茗山茶　德慶州茗山產名茶，能已風痰之疾，土人珍之。《德慶州志》

廣西茶品十

柳州府上林縣羅艾山茶　羅艾山在上林縣，有人入山採茶遇仙於此，遂移家居焉。《柳州府名勝志》

潯州府貴縣茶　貴縣產茶，其品同於羅艾。《茶錄》

雲南茶品十一

雲南府感通茶　感通寺山崗產茶，甘芳纖白，第滇茶第一。《咸賓錄》[43]

廣西府鍾秀茶　茶產鍾秀山。山居府城內，山形秀拔，儒學建其下。《茶志》

灣甸州孟通茶　茶產灣甸州孟通山，茶味類陽羨，穀雨採者香甚。《茶志》

貴州茶品十二

貴陽府凰皇山茶　山在府城南，山勢奇聳如鳳翼然，上產佳茶。《貴陽名勝志》

新添衛楊寶山茶　衛城北山，色清翠如畫，產茶絕佳。

平越府七盤茶　七盤山，在衛城東，盤旋七里。上產佳茶，坡下有溪，人跡罕到。《平越府名勝志》

外夷茶品十三

交趾茶　李仲賓學士云：交趾茶，如綠苔，味辛烈，名之曰登。《硯北雜志》

卷九

目次

〔劉伯芻〕水品⑱　張又新云……淮水最下，第七。[44]

〔陸羽水品〕⑲　元和九年春……雪水第二十。[45]

序天下名泉　泉為茶之司命，必資清泠甘冽之品，方可從事。即有佳茗，而以苦鹹斥烹之，其色香滋味頓絕，迨為溝壑之棄水耳，何可以登茗飲？故爾，鑒賞名家品評甌蟻者，務擇名泉。如唐之劉伯芻、陸季疵⑳輩，夙稱精於茗事，各著泉品。然宇宙之大，傳記之廣，泉之宜於茗者，指不勝屈，不特如伯芻、季疵所論而已。暇日檢閱羣書，有干泉品者，輒筆錄之，因第次分，疏題曰泉品，列於茶品之後，以貽好事者，非欲與田子藝煮茶小品較優劣也。

北京順天泉品

順天府玉泉　玉泉，在順天府西北玉泉山上，泉出石罅，因鑿石為螭頭，泉從螭口出，鳴若雜佩，色若素練，味極甘美，瀦而為池，廣三丈許。池征東跨小

石橋，水經橋下東流入西湖，為京師八景之一。名曰玉泉垂虹。《廣皇輿記》

順天府大內文華殿東大庖廚泉井　黃諫，字廷臣，臨洮蘭州人。正統壬戌進士及第第三人，使安南卻餽，升學士，作《金城》、《黃河》二賦；李賢、列定時人皆稱美之。好品評泉水，自郊畿論之，以玉泉為第一；自京城論之，以文華殿東大庖廚井為第一，作《京師水記》。每進講，退食內府，必啜廚井水所烹茶，比眾獨多。或寒暑罷講，則連飲數杯，曰："與汝暫辭。"眾皆嘩然一笑。石亨敗，諫以鄉人詞連，為謫廣東通判，評廣州諸水，以雞爬井為第，名學士泉。《湧幢小品》[46]

順天府德勝門外烹茶水　禁城中外海子即古燕市，積水潭也。源出西山一畝、馬眼諸泉，繞出瓮山後，匯為七里濼，迂迴向西南行數十里，稱高梁河。將近城，分為二脈：外繞都城開水門，內注潭中，入為內海子，繞禁城；出巽方流玉河橋，合于城隍入於大通河。其水味甘，余在京三年，取汲德勝門外，烹茶水最佳，人未之知，語之亦不信。大內御用井，亦此泉所灌；真天漢第一品，陸羽所不及載。嘗且京師常用甜水，俱近西北，想亦此泉一脈所注；而其它諸泉不及遠矣。黃學士之言，真先得我心矣。《湧幢小品》

永平府灤州扶蘇泉　泉出永平府灤州，泉甚甘冽，宜於烹茗。昔秦太子扶蘇憩此，因名。《廣輿記》

延慶州玉液泉　玉液泉，在延慶州城西南，水清味淡，烹茗造酒甚佳。《輿圖備考》

江南泉品二

應天府石頭城下水　南中井泉凡數十處，余皆嘗之，俱不佳。因憶古有名石頭城水者，取之亦欠佳。乃令役自以錢僱小舟，對頭石城，棹至江心汲歸。澄之微有沙，烹茶可與慧泉等。凡在南二十一月，再月一汲，用錢三百。以此自韻，人或笑之不恤也。《湧幢小品》

> 《清賞錄》云：李贊皇作相日，有人出使京口，贊皇囑曰："回時幸置中泠泉一器。"使者至京口，事畢遄歸，醉而忘之。迨至金陵始憶，因以石頭城下水貯器遺之。贊皇發器揚栝曰："異哉，此非中泠者，有似建業石頭城下水。"使者駭愕，首陳所以。

應天府白乳泉　白乳泉，在應天府攝山千佛嶺。昔人因伐木見石壁上刻隸書六字：白乳泉試茶亭。《廣輿記》

應天府泉品　萬曆甲戌季冬朔日，盛時泰、仲交踏雪過余尚白齋，偶有佳茗，遂取雪煎飲，又汲鳳皇、瓦官二泉飲之。仲交喜甚，因歷舉城內外之泉可烹茗者。余慫恿之曰："何不紀而傳？"仲交遂取：雞鳴山泉、國學泉、城隍廟泉、府學泉、玉兔泉、鳳皇泉、驍騎衛倉泉、冶城忠孝泉、祈澤寺龍泉、攝山白乳泉、品外泉、珍珠泉、牛首山龍王泉、虎跑泉、太初泉、雨花台甘露泉、高座寺茶泉、八功德水、淨名寺玉華泉、崇化寺梅花水、方山八卦泉、淨海寺獅子水、上莊宮氏泉、衡陽寺龍女泉、德恩寺義井、方山葛仙翁丹井、共二十六處，皆敘而讚之，名曰《金陵泉品》。余近日又訪出：謝公墩鐵庫泉　鐵塔寺倉百丈泉　鐵作坊金沙泉　武學井　石頭城下水　清涼寺對門蓮花井　鳳皇台門外焦婆井留守左衛倉井鹿苑寺井已上諸泉，皆一一攜茗就試，惜不得仲交讚之耳。《金陵瑣事》[47]

《戒庵漫筆》[48]云：崇化寺梅花水甃池一方，僅大如席，泉出自巖谷石間，相傳水泛起泡皆成梅花，泉甘宜茗，後為僧人葬侵地脈，今則無矣。

鎮江府中泠泉一名中瀘　《太平廣記》云：李德裕使人取金山中泠水，蘇軾、蔡肇並有中泠泉諸作。《雜記》云：石排山北謂之北瀘，釣者餘三十丈則中瀘，之外似又有南瀘、北瀘者。《潤州類集》云：江水至金山，分為三瀘，今寺中亦有井，其水味各別，疑似三瀘之説也。《羣碎錄》[49]

《遊宦記聞》云：揚子江心水，號中泠泉，在金山寺旁郭璞墓側之下，最當波流險處。汲取甚難，士大夫慕中泠之名，求以瀹茗，汲者多遭淪溺。寺僧苦之，於水陸堂中鑿井以給遊者。往歲連州太守張順監京口鎮日，常取二水較之，味之甘洌，水之輕重，萬萬不侔。乾道初，中泠別擁一小峯，今高數丈，每歲加長，鶻巢其上，峯下水益湍急，泉之不可汲，更倍昔時矣。

《清暑筆談》云：隆慶己巳，余被召北上，滯疾淮陽，疏再上乞休未得報，移舟瓜步牌下會天氣乍暄，運艘大集，河流淤濁，每旦舟子棹江濤中汲中瀘泉。一日舟觸罍破，索他器承餘瀝以候瀹茗。聞金山飲食盥漱皆取給於此，何異秦割十五城以易趙璧。而金山之人，用以抵鵲。

《無夢園集》云：中泠水比它泉水每甌重數錢，腹瀉者寒飲一甌頓止。煮茶無宿垢。

《九清齋雜志》云：中泠及惠山泉，一升俱重二十四銖，山東濟寧府杜康泉，重二十三銖。

常州府金斗泉　金斗泉在常州府樵樓左側。樵樓即古之金斗門也。泉味甘洌，宜於瀹茗，而釀酒尤佳，宋時充貢，稱"金斗泉"是也。《南蘭事紀》

常州府無錫縣惠泉　陸鴻漸著《茶經》，別天下之水，而惠山之品最高。山距無錫縣治之西五里，而寺據山之麓。蒼崖翠阜，水行隙間，溢流為池，味甘寒，最宜茶。於是茗飲盛天下，而瓴甖負擔之所出通四海矣。建炎末，羣盜嘯其中，洿壞之餘，龍淵泉遂涸。會今鎮潼軍節度使開府，儀同三司。信安郡王會稽尹孟公以丘墓所在，疏請於朝，追助冥福，詔從之，賜名精忠薦福，始命寺僧法皞主其院。法皞氣質不凡，以有為法作佛事，糞除灌莽，疏治泉石，會其徒數百，築堂居之，積十年之勤，大廈穹墉，負崖四出，而一山之勝復完。泉舊有亭覆其上，歲久腐敗，又斥其贏撤而大之，廣深袤丈廓焉，四遞遂與泉稱。法皡請余文記之，余曰：一亭無足言，而余於法皡獨有感也。建炎南渡，天下州縣殘為盜區，官吏寄民閻藏錢廩粟分寓，浮圖老子之，宮市門日旰無行跡，遊客暮夜無托宿之地，藩垣缺壞，野鳥入室如逃人家，士夫如寓公寄客，屈指計歸日，襲常蹈故，相師成風，未有特立獨行，破苟且之格，奮然以功名自立於世。故積亂十六七年，視今猶視昔也。法皡者，不惟精悍過人，而寺之廢興本末與古今詩人名章後語刻留山中者，皆能歷歷為余道之。至其追營香火奉佛齋眾，興頹起僕，潔除垢淤，於戎馬蹂賤之後，又置屋泉上，以待四方往來冠蓋之遊。凡昔所有皆具而壯麗過之，可謂不欺其意者矣。而吾黨之士，又以不耕不織呰謷其徒，姑置勿異焉。是宜淬礪其材，振飭蠹壞，以趍於成無以毀。凡畫墁，食其上，其庶矣□，故書之以寓一歎焉。《鴻慶堂集》[50]

獨孤及《惠山新泉記》云：此寺居吳西神山之足，山小多泉，其高可憑而上。山下有靈池異苑，載在方志。山上有真僧隱客遺事故蹟，而披勝錄異者淺近不書。無錫令敬澄字源深，以割雞之餘考古，按圖葺而築之，乃飾乃圬。有客竟陵陸羽，多識名山大川之名，與此峯白雲相為賓主，乃厥稽創始之，所以而志之談者，然後知此山之方廣勝掩它境。其泉伏湧潛泄潗滒舍下，無沚無竇，蓄而不注。源深因地勢以順水性，始雙壂袤丈之沼，疏為懸流，使瀑布下流鍾甘溜山，激若醴灑乳湧。及於禪床，周於僧房，灌注於德池，經營於法堂。潺潺有聆之耳，清濯其源，飲其泉使貪者、躁者靜勸道道者，堅固境靜故也。夫物不自美，因人美之。泉出於山，發於自然，非夫人疏之鑿之之功，則水之時用不廣，亦猶無錫之政煩民貧。源深導之，則千室襦袴仁智之所及，功用之所格，動若響答其揆一也。余飲其泉而悅之，乃志美於石。

《惠山泉記》云：泉在漪瀾堂後，甃石作池。池近內者，往來汲取，外池僅供浣濯，不堪烹飪，二池相隔不能以寸，而泉味之不同如此。

卷十

目次

泉　河南府一斗泉　陝西西安府玉女泉　四川重慶府金釵泉　福建建寧府龍焙泉　興化府九仙泉　泉州府石乳泉　漳州天慶觀泉　廣東韶州府靈池泉　韶州府大湧泉　瓊州府惠通泉　臨高縣澹庵泉　廣西南寧府古辣泉　武定府香水泉雲南　貴州貴陽府靈泉　鎮遠府味泉　畢節衛福泉　安南衛白麓泉　遼東錦州府甘泉

江南泉品三

蘇州府虎丘山石泉　泉出虎丘山西南隅，泉上有亭，駕以飛梁，綆汲轆轤遞繼。下為劍池，相傳闔閭於此藏湛盧之處。泉味清冽，宜於茗飲，瀹以本山茶尤佳，唐劉伯芻《水品》列之第三；陸鴻漸《水品》列之第五。山下有憨憨泉，泉味亦佳。《虎丘別志》

蘇州府楞伽第四泉　蘇州府楞伽上方山治平寺，天下第四泉，有六角石井闌，刻字於上。《戒庵漫筆》

《鎮江府丹陽玉乳泉記》云：唐劉伯芻《水品》，列此泉為第四，而陸羽又列此泉為第十一，則楞伽泉第四之名，又誰定耶？

安慶府龍井泉　安慶府望江縣菩提寺北冬溫夏冷，其味甘冽，可以愈疾而宜烹茗。相傳常有紫沫浮井上，累日始散。識者云"此龍涎也"。《皇輿圖考》

滁州六一泉　泉在滁州瑯琊山醉翁亭側，泉味甘芳，所謂"釀泉"是也。《名勝志》

浙江泉品四

杭州府孤山金沙泉　泉在孤山下，唐白居易常酌此泉，甘美可愛。視其地，沙光燦然如金，因名。《孤山志》

杭州府孤山六一泉　泉在孤山，與金沙泉相近，味甘冽勝之。《孤山志》

杭州府參寥泉　參寥泉在西湖上智果寺前，泉清冽甘芳，東坡有詩銘稱美之。《西湖志餘》

杭州府泉品

高子曰："井水美者，天下知鍾泠泉矣。然而焦山一泉，余曾味過數四，不減中泠、惠山之水，味淡而清，允為上品。吾杭之水，山泉以虎跑為最，老龍井、真珠寺二泉亦甘，北山葛仙翁井水，食之時厚。城中之水，以吳山第一泉首稱，余品不若施公井、郭婆井；二水清冽可茶，若湖南近二橋中水，清晨取之烹茶妙甚，無伺它求。"《遵生八牋》

杭州府昌化縣[51]東坡泉　泉在昌化縣，東坡始尋溪源得之，人因鑿石為泓。石刻東坡泉三字。《昌化縣志》

嘉興府南湖泉　泉在嘉興府南湖中，蘇軾與文長老常三過湖上汲水煮茶，後人建亭以識其勝。址尚存。《嘉興名勝志》

嘉興府景德寺幽瀾泉　嘉興府景德寺西北隅，有泉一泓，相傳有異僧入定，月下見一女子趨過，僧曰："窗外誰家？"女即應聲曰："堂中何處僧？"僧即持錫杖逐之。至隅而沒，遂志其處。詰旦掘之，得一石刻曰“幽瀾”。啟石得泉，遂以名焉。記稱泉有三異：大旱不竭，瀹茗無滓，夏月經宿不變。余每過，輒汲取試之，其味頗似惠山泉，然“幽瀾”二字亦奇。《閱耕餘錄》[52]

紹興府菲飲泉　泉在紹興府城東南大禹寺，以禹菲飲食而名。宋王十朋詩云：“梵王宮近禹王宮，一水清涵節儉風。”《紹興府名勝志》

紹興府餘姚縣清華泉　紹興府餘姚縣客星山，又名陳山，嚴子陵故里，山半有清華泉。《餘姚縣志》

紹興府餘姚縣龍泉　紹興府餘姚縣龍泉山，舊名靈緒山。山上有龍泉，宋高宗常登此，飲泉而甘，因汲以歸。《餘姚縣志》

台州府紫凝山瀑布泉　天台山瀑布水，陸羽品為天下第十七泉。《天台山志》

嚴州府十九泉　嚴州府釣台下，陸羽品泉天下，泉味謂此泉當居十九。《釣台記》[53]

江西泉品五

南昌府西山瀑布泉　源出西山之麓，歐陽修論水品，以洪州瀑布為第八。《南昌府名勝志》

南昌府甯州雙井泉　南昌府甯州，黃山谷所居之南，汲以造茶絕勝它處。山谷有《寄雙井茶與東坡》詩。《南昌府名勝志》

南康府谷簾泉　南康府城西，泉水如簾，布巖而下三十餘脈。陸羽品其味為天下第一。《南康府志勝》

九江府康王谷泉　九江府城西南，楚康王常憩此。王禹偁云：康王谷為天下第一水，簾高三百五十餘丈，其味甘美，經宿不變。《九江府名勝志》

臨江府新喻縣醴泉　泉出臨江府新喻縣，黃山谷常至此品泉。歎曰：“惜陸羽輩不及知也”，因題曰醴泉。《臨江府志》

贛州府廉泉　贛州府府治東南。蘇軾詩云：“水性故自清，不清或撓之。廉者謂我廉，何以此為名。”

南安府大庾嶺卓錫泉　南安府大庾嶺，唐僧盧能自黃梅縣得傳衣缽，住曹溪，五百僧追奪之。至大庾嶺渴甚，能以錫卓石，泉湧出，清甘，眾駭而退。泉之右有放缽石。《南安府志》

湖廣泉品六

黃州府煮茶泉　黃州府鳳棲山，在蘄水縣，有陸羽煮茶泉。鳳棲山泉，陸羽《茶經》泉品為天下第三泉。《黃州府志》

襄陽府均州參斗泉　襄陽府均州，其泉汲之，雖千人不竭不減；不汲亦不盈。相傳參、斗二星下臨，因以名之。《均州志》

襄陽府南漳縣一碗泉　泉出襄陽府南漳縣石坎中，僅容水一碗。味最甘冷，

取之不竭。《南漳縣志》

安陸府沔陽縣陸子泉　泉在安陸府沔陽縣，一名文學泉。陸羽嗜茶，得泉以試茗，故名。《沔陽縣志》

常德府丹砂井泉　常德府府治之北，泉赤如絳，武陵寥氏譜云：廖平以丹砂三十斛填所居井中，飲是水者以祈壽。抱朴子曰："余祖鴻臚為臨沅，有民家世壽考，或百歲或八九十歲。後徙去，子孫夭折"即此。《常德府志》

常德府萊公泉　泉在常德府甘泉寺，寇準南遷日，來此試品題於東楹曰："平仲酌泉經此，回望北闕"闇然而去。未幾，丁謂過之，題於西楹曰：謂之酌泉禮佛而去，後范諷留詩寺中；末句云："煙巒翠鎖門前寺，轉使高僧厭寵榮。"南軒張栻榜曰"萊公泉"。《常德府名勝志》

郴州惠泉　郴州惠泉，在惠泉坊。其泉甘冷清冽甚美，舊名甘泉。人患疾者飲之立愈。唐天寶間，改名曰"愈泉"。《郴州志》

山東泉品七

濟南金線泉　濟南城西張意諫議園亭，有金線泉，石甃方池，廣袤丈餘，泉亂發其下，東注城濠中，澄澈見底。池心南北有金線一道，隱起水面，以油滴之即散，或滴一隅，則線紋遠去，或以紋亂之，則線輒不見，水止如故；天陰亦不見。濟南為東南名郡，而張氏濟南盛族園池，乃郡之勝遊。泉之出百年矣，士大夫過濟南至泉上者，不可勝數，而無能究其所以然，亦無人題詠，獨蘇子瞻有詩云："旗槍攜到齊西境，更試城南金線泉"；然亦不能辨泉之所以有金線也。曾南豐亦有《金線泉》詩云："玉甃嘗浮灝氣鮮，金絲不定路南泉。雲依美藻爭成縷，月炤寒漪巧上弦。已繞渚花紅灼灼，更縈沙竹翠娟娟。無風到底塵埃淨，界破冰綃百丈天。"又范諷自給事中謫官，數年方歸。游張氏園亭，飲泉上，有"金線真珠"之目，水木環合，乃歷下之勝景。園亭主人乃張寺丞聰也，常邀范宴飲於亭上。范題一絕於壁曰："園林再到身猶健，官職全拋夢乍醒。惟有南山與君眼，相逢不改舊時青。"《宋稗史》

兗州府東阿縣白雁泉　泉在兗州府東阿縣。相傳漢王伐楚經此，士卒渴甚，忽有白雁飛起，遂得清泉，故名。《兗州府名勝志》

青州府范公泉　青州府府城西，范仲淹知青州有惠政，溪側忽湧醴泉，遂以范公名之。今醫家取此泉丸藥，號青州白丸子藥。《青州府志》

河南泉品八

南陽府內鄉縣菊潭泉　南陽府內鄉縣岸旁，產甘菊，飲此泉者無疾而多壽。《內鄉縣志》

河南府登封縣一斗泉　河南府登封縣穎陽城西南十五里，有泉甘美，宜瀹茗，汲與不汲，泉長惟一斗，故名。《登封縣志》

陝西泉品九

西安府盩厔縣玉女洞泉　西安府盩厔縣玉女洞，洞有飛泉，清泠甘洌。蘇軾過此汲兩缾去，恐後復取為從者所紿，乃破竹作券，使寺僧守藏之，以為往來之信，戲名調水符。《東坡全集》

四川泉品十

重慶府江津縣金釵泉　重慶府江津縣有金釵泉。在昔天旱，水泉皆竭，有姑氏病渴，思得甘泉。其婦徬徨至周陽山下，遇一老叟曰：能與吾金釵，則泉可得。婦因拔釵與之，釵墜於地而泉出，至今磧中餘淺水一泓，周五六尺，味甘而寒洌，泉底有金釵影一雙為異焉。《異物志》

福建泉品

建寧府龍焙泉　建寧府府城東鳳皇山下，一名御茶泉。宋時將此泉造龍鳳團茶入貢。《建寧府志》

興化府仙遊縣九仙山泉　興化府仙遊縣九仙山石穴，湧泉色白，味甘美。山因何氏兄弟得名。《仙遊縣志》

泉州府石乳泉　泉在泉州府泉山，山在府城北，一名齊雲山，巖洞奇秀，郡之鎮也。上有石乳泉，清洌甘美。《泉州府志》

漳州府天慶觀井泉　漳州府府城中，世傳漳南水土惡，初至者飲其水即病，惟此井泉極甘洌，可辟瘴癘。宦遊者入境，多汲飲之。《漳州府志》

廣東泉品十二

韶州府靈池八泉　韶州翁源縣翁源山頂石池有泉八：曰湧泉、香泉、甘泉、溫泉、震泉、龍泉、乳泉、玉泉，相傳時有龐眉叟見池，因名翁源，居人飲此者多壽。《韶州府志》

韶州府大湧泉　韶州府府城南纂溪，宋余靖作亭其上。朱仲新記云：自有天地，便有此泉。振高僧之錫，而蠟騷人之屐者多矣。若據石臨流，舉白盡醉，則自我輩始。《韶州府志》

瓊州府惠通泉　瓊州府府城東三山庵下。蘇軾過此品泉曰“有似惠山泉”，因名。《瓊州府志》

瓊州府臨高縣澹庵泉　泉在瓊州府臨高縣，胡澹庵謫崖州過此，遇旱覓之，味甘且洌。《瓊州府志》

南寧府永淳縣古辣泉　南寧府永淳縣志稱：古辣泉，乃賓橫間墟名，以墟中泉釀酒，既煮不煮，埋地中日足取出，色淺紅，味甘不易敗，亦可烹茗。《廣志》

雲南泉品十四

武定軍民府香水泉　香水泉在武定軍民府府城南，其泉至春時則香，土人於

二三月祭之，然後烹茗試嘗，味最甘美，或和酒而飲，能祛諸疾。《武定志》

貴州泉品十五

貴陽府靈泉　靈泉在貴陽府府城西北，泉穴通可六尺，不盈不涸，清而且甘。《貴陽府志》

鎮遠府味泉　味泉在鎮遠府府治西南，一名味井。水極甘美，尤宜瀹茗。《鎮遠府志》

畢節衛福泉　福泉在畢節衛城內，甘冽異常。《畢節衛志》

安南衛白麓泉　白麓泉在安南衛城南山中，味甘冽。《安南衛志》

遼東泉品十六

錦州府廣寧縣甘泉　甘泉在錦州府廣寧縣城北，泉有二：都御史漆昭刻其石，東曰長春，西曰泰惠，味甘如飴蜜故名。《輿圖詳考》

十一卷

目次

泉品

論泉品

山水上，江水中，井水下。山水擇乳泉石池漫流者上，其瀑湧湍漱勿食，久食令人有頸疾。又多別流於山谷者，澄浸不泄，自火天至霜郊已前，或潛龍蓄毒於其間，飲者可決之，以流其惡。使新泉涓涓然，酌之。其江水須取去人遠者。《茶經》

山頂泉輕而清，山下泉清而重。石中泉清而甘，砂中泉清而冽，土中泉淡而白。流於黃石者為佳，瀉出青石者無用。流動愈於安靜，負陰勝於向陽。《茶錄》

田子藝曰：山下出泉為蒙……故戒人勿食。《遵生八牋》

《遵生八牋》云：山厚者泉厚……必無佳泉。

又云：出不停處，水必不停；若停即無源矣。旱必易涸。

又云：石，山骨也……引地氣也。

又云：泉非石出者不佳……誠可謂賞鑒者矣。

又云：泉源必重……可見仙源之勝矣。54

論伏流瀑泉

泉往往有伏流沙土中者，挹之不竭即可食，不然則滲潴之潦耳，雖清勿食。《煮泉小品》

《煮泉小品》云：流遠則味淡，須深潭停蓄，以復其味，乃可食。

又云：泉不流者，食之有害。《博物志》曰："山居之民多癭腫之疾，由於飲泉之不流者。"

又曰："泉湧者曰濆，在在所稱珍珠泉者，皆氣盛而脈湧耳，切不可食，取以釀酒或有力。

泉懸出曰沃……誰曰不宜。《遵生八牋》55

論清寒泉品

清，朗也、靜也，澂水之貌。寒，洌也，凍也，覆水之貌。泉不難於清而難於寒；其瀨峻流駛而清，巖奧陰積而寒者，亦非佳品。《煮泉小品》

《茶錄》云：石少土多，沙膩泥凝者，必不清寒。㉜

又云：蒙之象曰果行，井之象曰寒泉。不果則氣滯而光，不澄寒則性燥而味必嗇。

又云：冰，堅水也，窮谷陰氣所聚不洩，則結而為伏陰也。在地英明者惟冰，而冰則精而且冷，是固清寒之極也。謝康樂詩云：鑿冰煮朝飧。又《拾遺記》云：蓬萊山冰水，得飲之者壽千歲㉝。

《九清齋雜志》云：鑿冰煮茗，古稱韻事；必須深山幽澗塵跡不至、清瑩如銀晶水玉方可從事。若風塵闤闠、污渠穢壑之所，凝結渾濁如魚腦、獸脂，何者可以登茗飲，非特有玷茶箴，飲者亦嬰寒厥矣，鑒家尤宜戒之。

《遵生八牋》云：下有石硫黃者，發為溫泉，在在有之。

又有共出一壑半溫半冷者，亦在在有之，皆非食品。惟新安黃山朱砂泉可食。《圖經》云：黃山舊名黟山，東峯下有硃砂泉，可點茗。春色微紅，此則自然之丹液也。《拾遺記》云：蓬萊山沸水，飲者壽千歲，此又是仙飲矣。

又云：有黃金處，水必清；有明珠處，水必媚；有子鮒處，水必腥腐，有蛟龍處，水必洞黑微惡，不可不辨也。

論甘泉

甘，美也，香芳也。《尚書》稼穡作甘黍，甘為香。黍惟甘香，故能養人；泉惟甘香，故亦能養人。然甘易而香難，未有香而不甘者也。《遵生八牋》

味美者曰甘泉，氣芳者曰香泉，所在有之。泉上有惡木，則葉滋根潤，

皆能損其甘香，甚者能釀毒液，尤宜去之。《遵生八牋》

《茶譜》云：泉不甘者，能損茶味。前代之論，水品者以此。[84]

《煮泉小品》云：甜水以甘稱也。《拾遺記》云：員嶠山北，甜水繞之，味甜如蜜。

《十洲記》云：元洲玄澗水如蜜漿，飲之與天地相畢。又曰：生洲之水，味如飴酪。

《述異記》云：甜溪之水，其味如蜜，東方朔得之，以獻武帝。帝乃投於陰井中，井水遂甜而寒，以之洗沐，則肌理柔滑。

《列子》云：壺頂有口，名曰滋穴，其水湧出，名曰神瀵，臭過椒蘭，味逾醪醴。

《長沙府名勝志》云：長沙府湘鄉縣薌泉井，在縣城內。泉香如椒蘭，釀酒瀹茶殊勝，若參以它水則變。南齊時有水貢。

《酉陽雜俎》云：石陽縣有井，井水半青半黃。黃者如灰汁，以之瀹茗烹粥，悉作金色，氣甚芳馥。

論丹泉

水中有丹者，不惟其味異常，而能延年卻疾，須名山大川諸仙翁修煉之所有之。葛玄少時為臨沅令，此縣廖氏家世多壽，疑。其井水殊赤，乃試掘井左右，得古人埋丹砂數十斛。西湖葛井，乃稚川煉丹所在馬園，後淘井出石瓮，中有丹數粒，如芡實，啖之無味，棄之。有施漁翁者，拾一粒食之，壽一百六歲。此丹泉尤不易得。凡不淨之器，切不可汲。《遵生八牋》

《廣州府名勝志》云：廣州府番禺縣白龍山安期井，云安期生於此山修煉。井中藏丹，井泉味極甘美，烹茶有金石之氣，飲之者延年益壽[85]。

論靈泉即雨露霜雪是也

靈，神也，天一生水而精明不淆，故上天自降之澤，實靈水也。古稱上池之水者，非歟。要之，皆仙飲也。《遵生八牋》

靈者，陽氣勝而所散也，色濃為甘露，凝如脂，美如飴。一名膏露，一名天酒也。《遵生八牋》雨者，陰陽之和，天地之施，水從雲下，輔時生養者也。和風順雨，明雲甘雨。《拾遺記》云：香雲遍潤則成，香雨皆靈泉也，固皆可食。若夫龍所行者，暴而霪者，旱而凍者夏月暴雨日涷雨，腥而墨者及簷溜者，皆不可食。潮汐近地，必無佳泉，蓋斥鹵誘之也。天下潮汐，惟武林最盛，故無佳泉。惟西湖山中則有之。《遵生八牋》

《羅岕茶記》云：烹茶之水功居六：無泉則用天雨水，秋雨為上，梅雨次之。秋雨則洌而白，梅雨則醇而白。雪水五穀之精也，色不能白，養水須置石子於甕，盛能益水。

《湧幢小品》云：俗語“芒種逢壬便是梅”，霉後積雨水，烹茶可愛，甚香冽，可久藏。一交夏至，則水味迥別矣。

雪者……則不然矣。《遵生八牋》[56]

《述異記》云：嵰州去玉門三千里，地寒多雪，著草木土石之上，皆凝結而甘，可以為菓。西王母獻穆王嵰州甜雪者，即產於此地也。

論井泉

井，清也，泉之清潔者也；通也，物之通用者也；法也、節也，法制居人，令節飲食，無窮竭也。其清出於陰，其通入於淆，其法節由於得已脈暗而味滯。故鴻漸曰"井水下"，其曰井取多汲者，蓋汲多則氣通而流活耳，終非佳品。養水，取白石子數百枚，納甕中，雖養其味，亦可澄水不淆。《遵生八牋》

《湧幢小品》云："家居苦泉水，難得自以意。"取尋常井水煮滾，總入大磁缸，置庭中避日色，俟夜天色皎潔，開缸受露，凡三夕，其水即清澈，缸底積垢二三寸，亟取出，以罈盛之烹茶，與惠泉無二。蓋井水經火鍜煉一番，又經浥露取真氣，則返本還原，依然可用，此亦修煉遺意，而余創為之，未必非品泉之一助也。

收藏泉水法

甘泉旋汲用之斯良。丙舍在城，故宜多汲，貯以大甕，但忌新器，火氣未退，易於敗水，亦易生蟲。久用貯水者益善，最嫌它用。水性忌木，松杉為甚，挈瓶為佳耳。《茶疏》

《茶解》云：貯水甕須置陰庭，覆以紗帛，使承星露。若壓以木石，封以紙箬，曝於日中，水斯敝矣。[86]

《茶譜》云：泉水初入淨甕，一二日俟澄定，用燒紅櫟木勁炭一二莖投入甕內，久之則水不淆而不易敗。[57]

《煮茶錄》云：泉水收貯上罈，宜列於陰廊，幽廉有風露無日色處為佳。

《煮茶錄》云：昔人折洗惠泉法：惠泉汲久，則味澹與常水無異。每一罈用常水半罈紗帛隔幕空缸，將惠泉從罈中傾入缸內，用寒水石一塊，夾於小竹竿上，線縛定，不住手將缸中惠泉水細攪，久之，候水澄定，然後用常水半罈攙入，露一、二宿，仍入罈收之，與新汲者無異。

《今坐編》云：泉水久貯，色必敗味，用通河中流之水，與泉各半置缸中，久攪使勻，待其澄清，河水上浮，割去上半，泉性自復，無異新汲。

又云：泉貯缶中，稍近火氣或觸人手，便至生蟲，色味亦損，然未至大敗，只須以兩器騰注數十過，其泉便活。

十二卷

目次

器志　鍑　銚　茶銚　茶具圖贊序　十二先生題名錄　（韋鴻臚贊　木待制

贊　金法曹贊　石轉運贊　胡員外贊　羅樞密贊　宗從事贊　漆雕秘閣贊　陶寶文贊　湯提點贊　竺副帥贊　司職方贊　苦君節贊　苦節君行省銘）[87]　建城贊　雲屯贊　烏府贊　水曹贊　器局疏　品司説　茶壺　茶壺　茶壺　茶甌　茶盞　白茶盞　宣湯茶盞　古建湯茶盞　建湯茶盞　茶匙名屈戍　茶匙須黃金　茶磨　茶磨銘　長沙茶具　范蜀公茶器　雜論茶具凡六則

器志

鍑　鍑音釜，以生鐵為之。洪州以磁，萊州以石，磁與石皆雅器也，性非堅實，難可持久。用銀為至潔，但涉於侈。《茶經》

銚　金乃水母，錫備剛柔，味不鹹澀，作銚最良。製必穿心，令火氣易透。《茶錄》[88]

《遵生八牋》云：凡瓶要小，易於候茶。又點茶、注湯相應。若瓶大，啜存停久，味過則不佳矣。茶銚茶瓶，磁砂為上，銅錫次之。磁壺注茶，砂銚煮水為上。《清異錄》云：富貴湯當以銀銚煮湯佳甚，銅銚煮水，錫壺注茶次之。

茶具圖贊序

余性不能飲酒……乃書此以博十二先生一鼓掌云。*58*

芝園主人茅一相撰[89]

十二先生題名錄

韋鴻臚……咸淳己巳五月夏至後五日審安老人書*59*

韋鴻臚　名文鼎，字景暘，別號四窗閒叟，乃貯茶筠籠也，其贊曰：祝融司夏……頗著微稱。*60*

木待制　名利濟，字忘機，別號隔竹居人，乃敲茶木碪檄也，其贊曰：上應列宿……亦莫能成厥功。

金法曹　名研古，一名轢古，字元鍇，一字仲鏗，別號雍之舊民，又號和琴先生，乃古銅茶碾也。其贊曰：柔亦不茹……豈不韙歟！

石轉運　名鑿齒，字遄行，別號香屋隱君，乃上猶石茶磨也。其贊曰：抱堅質……雖沒齒無怨言。

胡員外　名惟一，字宗許，別號貯月仙翁，乃酌泉之葫蘆杓也。其贊曰：周旋中規而不踰其間……其精微不足以望圓機之士。

羅樞密　名若藥，字傳師，別號思隱寮長，乃越絹茶羅也。其贊曰：幾事不密則害成……惜之。

宗從事　名子弗，字不遺，別號掃雲溪友，乃掃茶棕帚也。其贊曰：孔門高弟……功亦善哉。

漆雕秘閣　名承之，字易持，別號古台老人，乃雕漆承盞橐也。其贊曰：危而不持……而親近君子。

陶寶文　名去越，字自厚，別號兔園上客，乃定漊百摺茶杯也。其贊曰：出河濱而無苦窳……宜無愧焉。

湯提點，名發新，字一鳴，別號溫谷遺老，乃貯茶之龔春磁壺也。其贊曰：養浩然之氣……奈何。

竺副帥　名善調，字希默，別號雪濤公子，乃洗滌茶具之竹筅刷也。其贊曰：首陽餓夫……臨難不顧者疇見爾。

司職方　名成式，字如素，別號潔齋居士，乃拭摩茶具之方帛也。其贊曰：互鄉童子……此孔子之所以與潔也。已上俱出《賞心錄》

苦節君贊錫山盛顒作

貯泉磁圜瓶曁湘竹風爐也，其銘曰：肖形天地……洞然八荒。[61]

苦節君行省銘

貯藏茶具之行笥也。

茶具六事，分封悉貯於此……六事分封見後[62]：

建城　貯茶篛籠也。

茶宜密裹……故據地以城封之。

雲屯　貯泉磁瓶也

泉汲於雲根……豈不清高絕俗而自貴哉！

烏府　貯炭籃也

炭之為物……不亦宜哉！

水曹　貯水滌茶具盥盤也

茶之真味……豈不有關於世教也耶！

器局　收貯一行茶具之總笥也

商象古石鼎也……受污拭抹布也

右茶具十六事……以其素有貞心雅操而自能守之也。

品司　古者，茶有品香而入貢者……不敢窺其門矣。[63]已上俱出《賞心錄》

茶壺　茶壺時尚龔春壺，近日時大彬所製，為時人所重，蓋是粗砂，正以砂無土氣耳。《茶疏》

屠豳叟《茗笈》云[90]：吳郡周文甫嗜茶成癖，自曉至暮一日舉茗飲約至五六，而賓遊讌會不與焉。年至八十餘篤嗜不衰。而平生寶愛一龔春壺，摩娑歲久，光澤可鑒，外類紫玉，內如綠雲，愛惜不啻掌珠。後文甫歿，其子將此壺納之壙中。

《茶疏》云，茶壺宜小不宜大，容水半升者，量投茶五分，其餘以是增減。[91]

茶甌　茶甌以白磁為上，藍者次之。《茶錄》[92]

《遵生八牋》云：茶盞惟宣窯罈盞為最，質厚瑩白，式樣古雅有等。宣窯印花白甌，式樣得中而瑩然如玉；次則嘉窯，醆心內有茶字。小盞為美，欲試茶，色黃白，豈容青花亂之？注酒亦然，惟純白色器皿為最上乘品，餘皆不取。

《遵生八牋》云：有等細白茶盞，較罈醆少低，而甕肚釜底，線足光瑩如玉，內有絕細龍鳳暗花，底有大明宣德年製。暗款隱隱橘皮紋起，雖定磁何能比方，真一代絕品佳器。惜乎外不多見。

謝在杭《五雜俎》云：宣窯不獨款式端正，色澤細潤，即其字畫亦皆精絕。余見一御用茶醆，乃畫輕羅小扇撲流螢者，其人物毫髮具備，儼然一幅李思訓畫也。外一皮函亦作醆樣，盛之小流金銅屈戌尤精，蓋人間所藏，宣窯又不及也。

蔡君謨《茶錄》云：茶醆以建窯黑醆為最，茶色白，故醆宜於黑也。醆以滴珠大者為佳，而兔毫黃潤者為最。[93]

《遵生八牋》云：建窯器多甆口碗盞，色黑而滋潤。有黃色兔毫滴珠，大者為真，但體極厚而薄者少見。

茶匙　茶匙須用黃金，以其性重，擊拂有力耳。蔡君謨《茶錄》

《雞林類事》云：高嚴呼茶匙曰茶戍。

茶磨　茶磨以江西上猶縣石門所出者為最。《茶譜》

黃山谷茶磨銘云：“楚雲散盡，燕山雪飛，江湖歸夢，於此祛機。”

長沙茶具

長沙茶具妙天下，士大夫多以黃白金製之。全副須用白金三百星方就。宋時宦遊茲地者，例以此物遺中朝權貴。《退食錄》

范蜀公茶器

范蜀公與司馬溫公同遊嵩山，各攜茶以行。溫公以紙為帖，而蜀公用小黑木合盛之。溫公見之驚曰：“景仁乃有茶器也？”蜀公聞言，留合於寺僧而去。後來士人製茶器精麗極，世間之工巧而心猶未厭。晁以道常以此語客。客曰：“使今日茶器，溫公見之當復云何也？”《曲洧舊聞》[64]

雜論茶器具

茶盒，以貯茶用。錫為之，從大瓶中分出，若用盡時再取。《茶錄》[94]

茶爐，或瓦或竹，大小須與茶銚相稱。《茶錄》[95]

茶性畏紙，紙於水中成，受水氣多。紙裹一夕，隨紙作氣，茶味盡矣。即再焙之[96]，少頃即潤，雁蕩諸山，首坐此病。紙帖貽遠，安得復佳？故須以滇錫作器貯之。[97]《茶疏》

茶具滌畢，覆於竹架，俟其自乾為佳。其拭巾，只宜拭外，切忌拭內。蓋巾

帨雖潔，一經人手，極易作氣。縱器不乾，亦無大害。《茶箋》

飲茶人必各手一甌，毋勞傳送。再巡之後，清水滌之。《茶疏》

《遵生八牋》云：茶瓶、茶盞、茶匙生鉎音腥，致損茶味，必須先時洗滌為佳。

卷十三

目次

藏茶

育藏茶器　以木製之，以竹編之，以紙糊之。中有隔，上有覆，下有牀，傍有門，掩一扇。中置一器，貯塘煨火，令熅熅然。江南梅雨，焚之以火。《茶經》

《羅岕茶記》云：藏茶以箬葉……或秋分後一焙。[65]

《茶錄》[66]云：臨風易冷，近火先黃。

《茶解》云：凡貯茶之器，始終貯茶，不得移為它用。

《遵生八牋》云：茶宜蒻葉而畏香藥……不可食矣。[67]

《遵生八牋》云：以中罌盛茶，十斤一瓶，每年燒稻草灰入大桶中，以灰四面填滿桶面，瓶上覆灰築實。每用茶，撥開灰啟瓶取出些少，仍復覆灰，再無蒸壞，次年換灰重藏。

《遵生八牋》云：空樓中懸架，將茶口朝下放，不蒸。蓋潮濕蒸氣，自天而下[99]，故宜倒放。

烹點

其火用炭，曾經燔炙，為脂膩所及，及膏木敗器不用。古人識勞薪之味信哉。[100]《茶經》

《茶疏》云：火必以堅木炭為上，然木性未盡，尚有餘煙，煙氣入湯，湯必無用。故先燒令紅，去其煙燄，兼取性力猛熾，水乃易沸。既紅之後，方授水器，乃急扇之，愈速愈妙，毋令停手。停過之湯，寧棄而再烹。

《茶錄》云：爐火通紅，茶銚始上。扇起要輕疾，待湯有聲，稍稍重疾，斯文武火之候也。若過乎文，則水性太柔，水為茶降；過於武，則火性太烈，茶為水製⑩，皆不足於中和，非茶家之要旨。

《遵生八牋》云：凡茶須緩火炙、活火煎……《清異錄》云"五賊六魔湯"。[68]

見《蘇廙十六湯》，出《清異錄》

其沸如魚目……皓皓然若積雪耳。[69]《茶經》

《茶疏》云：水入銚便須急煮，候有松聲即去蓋，以消息其老嫩。蟹眼之後，水有微濤是為當時，大濤鼎沸旋至無聲，是為過時。過時湯老，決不堪用。

《鶴林玉露》云：余友李南金云……一甌春雪勝醍醐。[70]

《茶錄》云：投茶有序，先茶後湯，曰下投；湯半下茶，復以湯滿，曰中投。先湯後茶曰上投。春秋中投，夏上投，冬下投。

《茶疏》云：握茶手中，俟湯入壺，隨手投茶，定其浮沉然後瀉啜，則乳嫩清滑，馥鼻端，病可令起，疲可令爽。

陸樹聲《茶寮記》云：終南僧亮公從天池來……安知不因是悟入趙州耶？[71]

陸樹聲《煎茶七類》云：煎茶非漫浪……要須人品與茶相得，故其法往往傳於高流隱逸，有煙霞泉石磊塊胸次者。

《茶解》云：山堂夜坐，汲泉煮茗，至水火相戰，如聽松濤，傾瀉入杯，雲光灎瀲，此時幽趣，故難與俗人言矣。[72]

熊明遇《羅岕茶記》云⑩：蔡君謨謂"黃金碾畔綠塵飛，白玉甌中翠濤起"，二句當改綠為玉，改碧為素，以色貴白也。⑩ 然白亦不難，泉清缾淨，葉少水浣，旋烹旋啜，其色自白。然真味抑鬱徒為耳。食若取青綠，則天池、松蘿及岕茶之最下者，雖冬月，色亦如苔衣，何足為妙，莫若余所製。洞山自穀雨後五日以湯薄澣貯壺良久，其色如玉，至冬則嫩綠，味甘色淡，韻清氣醇，嗅之亦虎丘嬰兒之致，而芝芬浮蕩，則虎丘所無也。有以"木蘭墜露⑩，秋菊落英"比之者。木蘭仰萼，安得墜露？秋菊傲霜，安得落英？莫若李青蓮梨花白玉香一語，則色味都在其中矣。

《岕茶疏》云：凡煮茶銀瓶為最佳，而無儒素之致。宜以磁罐煨水，而滇錫為注，活火煮湯，候其三沸，如坡翁云："蟹眼已過魚目生，颼颼欲作松風聲"；是火候也，取茶葉細嫩者，用熟湯微浣，粗者再浣，置片晌俟其香發，以湯沖入注中方妙。冬月茶氣內伏，須於半日前浣過以聽用。亦有以時大彬壺代錫注者，雖雅樸而茶味稍醇損風致。⑩

《遵生八牋》云：凡茶少湯多，則雲腳散，湯少茶多，則乳面聚。又云：凡點茶，先須熁盞令熱⑩，則茶面聚乳；冷則茶色不浮。

《遵生八牋》云：茶有真香……或可用也。[73]

茗飲

飲茶之始　飲茶或云始於梁天監中，事見《洛陽伽藍記》，非也。按《吳志・韋曜傳》，孫皓每宴饗，無不竟日，在席無論能否，率以飲酒七升為限，雖不悉入口，皆浣濯取盡。曜素飲不過二升，初見禮異，或為裁減，或賜茶荈以當酒。如此言則三國時已知飲茶，但未能如後世之盛耳。逮唐中世，榷利遂與煮酒相抗，迄今國計賴此為多。《南窗紀談》[74]

《雲谷雜記》[75]云：飲茶不知起於何時，歐陽公《集古錄》跋：茶之見於前史者，蓋自漢魏已來有之。余按：《晏子春秋》嬰相齊景公時，食脱粟之飯，炙三戈五卵茗菜而已。又漢王褒僮約有"武陽買茶"[107]之語，則魏晉之前，已有之矣。但當時雖知飲茶，未若後世之盛耳。郭璞註《爾雅》云：樹似梔子，冬生葉可煮作羹飲，然茶至冬味苦，豈復可作羹飲耶？飲之令人少睡，張華得之，以為異聞，遂載之。《博物志》：當時非但飲茶者鮮，而識茶者亦鮮，至唐陸羽著《茶經》三卷，言茶事甚備，天下蓋知飲茶。其後尚茶成風，回紇入朝，始驅馬市茶。德宗建中間，趙贊始興茶税。興元初雖詔罷。貞元九年，張滂復奏請，歲得緡錢四十萬，今乃與鹽鐵同佐國用，所入不知幾倍於唐矣。

水厄　晉王濛好飲茶，每飲不限甌數，賓客患之，每過必候，云：今日有水厄。《世説新語》

《世説新語》云：侍中元乂為蕭正德設茗飲，先問云："卿於水厄多少？"正德不曉義意，答云："下官雖生水鄉，立身已來，未遭陽侯之難"。舉座大笑。

甘露　新安王子鸞、豫章王子尚詣曇濟上人於八公山，濟設茶茗，尚味之曰："此甘露也，何言茶茗？"《南史》

米元章有詩云：飯白雲留子，茶甘露有兄。人見詩不解，問之，米答云：只是甘露哥哥耳。

換茶醒酒　白樂天方入關，劉禹錫正病酒，禹錫乃饋菊苗虀、蘆菔鮓，換取樂天六班茶二囊，炙而飲之以醒酒。《雲仙散錄》[76]

收茶三等　覺林院志崇收茶三等，待客以驚雷莢，自奉以萱草帶，供佛以紫茸香。客赴茶會者，皆以油囊盛餘瀝以歸。《茶董》[108]

《柯亭散錄》云：𩂯林傅大士，自往蒙頂結庵種茶凡三年，得絕佳者，號聖陽花、吉祥蕊各五斤，持歸供獻譩客。

烹茶不倦　李約性嗜茶，客至不限甌數，竟日爇火執器不倦，常奉使至蝦蟇碚，愛其泉水清激攜茗烹泉經旬忘發。《清事錄》

茶博士　常伯熊善茶，李季卿宣慰江南至臨淮，乃召伯熊。伯熊著黃帔衫、烏紗幘手執茶具，口通茶名，區分指授左右刮目。茶熟，李為啜，兩杯。既到江外，復召陸羽。羽野服隨茶具而入，如伯熊故事。李心鄙之，茶畢，季卿命取錢二十文酬煎茶博士。鴻漸夙遊江介，通狎勝流，遂收茶錢、茶具，雀躍而出，旁若無人，因著《毀茶論》。《清賞錄》

《茶錄》云：鴻漸茶術最著，好事者陶為茶神，利則祭之，不利輒以湯灌注，所著有《茶經》三卷行世。[109]

蕃使知茶　唐常魯使西番，烹茶帳中，謂蕃人曰：滌煩療客，所謂茶也。蕃人曰：我亦有之，命取以出指曰：此顧渚者，此壽州者，此蘄州者。《清異錄》

茶社　和凝在朝率同列遞日以茶味相角，劣者有罰，號為茶社。《清異錄》

乳妖　吳僧文了善烹茶，遊荊南，高季興延致紫雲庵日試其藝，奏授華亭水大師。《清異錄》

敲冰煮茗　逸人王休，居太白山下，日與僧道逸人往還。每至冬時，取溪冰清瑩者敲煮建茗，共客飲之。《清事錄》

自判茶味　陸龜蒙性嗜茶，置園顧渚山下，歲收茶租，自判品味高下。《天隨子傳》

竹瀝水煎茶　蘇才翁與蔡君謨鬥茶。蔡用惠山泉，蘇茶小劣，改用竹瀝水煎茶，遂能取勝。《茗史》注：竹瀝水，天台山泉名也[110]

《西湖志餘》云：杭伎周韶有詩名，好畜奇茗，常與蔡君謨鬥勝品題風味，君謨屈焉。

飲茶致語　宋劉曄與劉筠會飲茶，問左右云"湯滾也未？"眾曰"已滾"。筠曰：僉曰鯀哉！曄應聲："吾與點也。"《清事錄》

道君親點茶賜近臣　宣和二年十一月癸巳，召執宰親王等曲宴於延福宮時，召學士承旨，李邦彥、宇文粹中以示異也。又命學士蔡絛引二臣至保和殿遊觀，上命近侍取茶具親手注湯擊拂，少頃白乳浮醆，面如疏星淡月。顧諸臣曰：此自烹茶，飲畢皆頓首謝。延禮曲宴

李師師啜茶　李師師為京師角伎。政和間，汴都平康之盛而以師師為最。晁沖之叔用同諸名士，每宴會必召以侑觴，多以篇什相贈。靖康之亂，李生流來浙中，士大夫猶邀之以聽其歌，然憔悴無復向來之態矣。而李生慷慨飛揚有丈夫氣，以俠名動傾一時，號飛將軍。每客退，必焚香啜茗，蕭然自如，人彌得而窺之也。《汴都平康記》

金國宴客茶飲　金國凡婚姻宴客，佳酒則貯以烏金銀器，其次以瓦列於前，以百數賓退則分餉焉。富者以金銀器飲客，貧者以木。酒三行進大軟指、小軟指如中國，寒具又進蜜糕，人各一盤，曰茶食。宴罷，富者瀹建茗，留上客數人啜之；或以茶之粗者煎乳酪焉。《金志》

《北轅錄》[77]云：凡宋使到金，金人遣館伴延使陞廳茶酒三行。虜法先湯後茶，少頃聯轡入城，夾道甲士執兵直抵於館，旋共晚食。果飣如南方，齋筵先設茶筵一盤，若七夕乞巧。其瓦撐、桂皮、雞腸、銀鋌、金剛鐲、西施舌、聚形蜜和油煎之，類虜甚重，此茶食。酒未行先設此品；進茶一醆，謂之茶筵。

明孝宗賜茶　帝常啜茶，謂中官張羽曰："汝謂劉文泰善煮茶，何如此茶？"羽對曰："外人安得有此"，遂命以御用金壺，令茶人善煮遣羽賜文泰嘗之。臨行，帝以茶末少許著壺中曰："毋為所笑"，其寵異如此。《明良記》[78]文泰，時太醫院使。

卷十四

目次

茗飲二　　第二沸留熱水　茶有九難　　茶有真香　釃不宜早一壺之茶只堪再巡　羅岕茶人常浮慕　岕有秋茶　茶壺以小為貴 鬥茶觀菊圖說　〔好尚〕⑪　唐宋所尚茶品　　茶之品莫貴於龍團　貢團茶羊酒　　蔡君謨作小龍團　賜七寶茶　　御賜團茶　大小龍團可拾　　漕司進團茶舊例

茗飲二

茶性儉，不宜廣，廣則其味黯淡，且如一滿碗啜半而味寡，況其廣乎？夫珍鮮馥烈，其碗數三次之者，碗數五。若坐客數至五，行三碗；三至七，行五碗。若六人以下，不約碗數，但闕一人而已，其雋永補所闕人。《茶經》⑫

按：《茶經》註云，第二沸留熱水以貯之，以備育華救沸之用者，名曰雋永。

茶有九難：一曰造，二曰別……夏興冬廢，非飲也。《茶經》[79]

《茶譜》云：茶有真香……正當不用。[80]

《茶錄》云：釃不宜早，飲不宜遲。釃早則茶神未發，飲遲則妙馥先消。

一壺之茶，只堪再巡……猶堪飯後供啜嗽之用。《茶疏》[81]

熊明遇《岕茶疏》云[82]：羅岕茶，人常浮慕盧、蔡諸賢嗜茶之癖。間一與好事者致東南名產而次第之，指必羅岕。云主人每於杜鵑鳴後，遣小吏微行山間購之。不以官檄致，即或採時晴雨未若，或產地陰陽未辨，甘露肉芝艱於一遘，亦往往得佳品。主人舌根多為名根所役時，於松風竹雨、暑晝清宵呼童汲水、吹爐，依依覺鴻漸之致不遠。至為邑六載，而得洞山者之產，脫盡凡茶之氣。偶泛舟苕上，偕安吉陳刺史啜之，刺史故稱鑑賞，不覺擊節曰："半世清遊，當以今日為第一碗，名冠天下不虛也"。主人因念不及遇君謨輩一品題，而吳中豪貴人與幽士所購，又僅其中駟，主人得為知己，因緣深矣。旦暮，行以瓜期代，必不能為梁溪水遞愛授之筆楮永以為好。它時雨後花明，夏前鶯老，展之几上，庶幾乎神遊明月之峽，清風兩腋生也。因為之歌，歌曰："瑞草魁，瑯玗質，瑤蕊漿，名為羅 岕 。問其鄉，陽羨之陽。"

《茶疏》云[83]：岕 有秋茶，取過秋茶，明年無茶矣，土人禁之。韻清味薄，旋採旋烹，了無意趣；置磁瓶中，旬日其臭味始發。楓落梧凋，月白露冷，之後杯中鬱然，一種先春風味，亦奇快也。諸茶惟 岕 茶能受眾香，先以時花宿錫注中，良久，隨浣茶入熟湯，氣韻所觸，滴滴如花上露也。梅蘭第一，茉莉、玉蘭次之，木犀則濁矣。梨花，藕花，荳花隨意置之，都自幽然。

《岕茶匯抄》云：茶壺以小為貴……存乎其人。[84]

冒辟疆《鬥茶觀菊圖記》云：憶四十七年前，有吳門柯姓者，熟於陽羨茶山。每於桐初露白之際，為余入岕，箬籠攜來十餘種，其最精妙不過斤許數兩。味老香清，具芝蘭金石之氣，十五年以為恆。後宛姬從吳門歸，余則岕片必需半塘顧子兼，黃熟香必金平叔，茶香雙妙，更入精微。然顧金茶香之供，每歲必先虞山柳夫人，吾邑隴西之蒨姬與余共宛姬而後它。及滄桑後，隴西出亡及難蒨去，宛姬以辛卯歿，平叔亦死，子兼貧病，雖不精茶如前，然挾茶而過我者，二十餘年曾兩至，追往悼亡飲茶如茶矣。客秋，世友金沙張無放秉鐸來皋，其令坦名士於象明攜茶來絕妙，金沙之於精鑒甲於江南，而岕茶之棋盤頂久歸君家。每歲，其尊人必躬往採製。今夏攜來廟後、棋頂、漲沙、本山諸種，各有差等，然道地之極；真極妙者二十年所無。又辨水候火，與手自洗，烹之細潔，使茶之色香，性情，從文人之奇嗜異好，一一淋漓而出。誠如丹丘羽人所謂"飲茶生羽翼"者，真衰年稱心樂事也。秋間，又有吳門七十四老人朱汝圭攜茶過訪。茶與象明頗同，多花香一種。汝圭之嗜茶，自幼如世人之結齋於胎，年十四入 岕 迄今，春夏不渝者百二十番，奪食色以好之。有子孫為名諸生，老不受養供，謂不嗜茶不似阿翁。每竦骨入山，臥遊虎虺，負籠入肆，嘯傲甌香，晨夕滌磁、洗葉、啜美，無休指爪齒牙，與語言激揚讚頌之，津津恆有喜色，與茶相長養直，奇癖也。余深為歎服。自宛姬亡後，二十餘年疏節於此，雖歲不乏茶，然心情意味兩不沁入。即日把盧仝之碗，轉益文園之渴，今喜得臭味同心如兩君者，時陶滿籬移植數百株於懸霤山之上下，陳鄒愚谷先生所用龔春寶鼎壺，及宛姬九年手拭旃檀，美人六觚處士二小壺，雜置名磁，延兩君與水繪庵詩畫，諸友鬥茶觀菊於枕煙亭。汝圭出虞山老人《茶供說》，開卷共讀，恰具茶菊二義，而行文典雅流連，證據意度波瀾，足為汝圭祖孫世隱增重，乃於斯集復如虎符合也。異哉！異哉！文章嗜好相感召，有不知其所以然而然。誠如是哉。陳菊裳為圖於冊，余手書虞山文並述其事。識諸末簡人生有幾？四十七年，歷歷茶事，略具於此。象明之為人，芝蘭金石，惟茶是視。汝圭尚日能健走六七十里，與余先為十年茶約。余笑謂隨年而飲，未容豫計，但存此一段佳話，以貽後之好茶友生，雖百千年有澆劉伶泉下土者，當以岕香一醆代之，安知天上茶星，人間茶神，非吾輩精靈所託也！壬子冬至後識。

水繪庵冒襄辟疆撰

好尚

唐宋兩朝所尚茶品

有唐茶品，以陽羨為上供，建溪北苑未著也。貞元中，常袞為建州刺史始蒸焙而碾之，謂之碾膏茶。其後稍為餅樣其中，故謂之一串。陸羽所烹惟是草茗爾。迨至本朝，建溪獨尚⑬，採焙製作，前世未有也。士大夫之珍尚鑒別，亦過古先。丁晉公為福建轉運司，始製鳳團，〔後〕又為龍團⑭，貢不過四十餅，專擬上貢，雖近臣之家，徒聞之而未常見也。天聖中，又為小團，其品又加於大團之上，賜兩府，然止於一觔，惟上大宿齋八人，兩府共賜小團一餅；縷之以金，八人折歸以侈非常之賜，親知瞻玩，賡倡以詩。故歐陽永叔有《龍茶小錄》。或以大團問者，輒方斷刲方寸，以供佛仙家廟。已而，奉親待客，烹享子孫之用。熙寧末，神宗有旨製密雲龍⑮，其品又加於小團之上矣。然密雲龍之出，二團少粗，以不能兩好故也⑯。余元祐中詳定殿試，是年秋，為制舉、考第官各蒙賜三餅，然親知誅責殆盡⑰，宣仁后一日歎曰："指揮建州，今後更不許造密雲龍，亦不要團茶；揀好茶吃，生甚得好意智？"熙寧中，蘇子容使虜，姚麟為副，曰"盍載些小團茶乎？"子容曰："此乃供上之物，儔敢與虜人？"未幾，有貴公子使虜，廣貯團茶，自爾虜人非團茶不納也，非小團不貴也。彼以二茶易蕃羅一匹，此以一羅易茶四餅⑱。少不滿意，則形諸言語。近有貴貂到邊，常言宮中以團為常供，密雲龍為好茶⑲。《畫墁錄》

《歸田錄》云：茶之品莫貴於龍鳳……其貴重如此。*85*

《甲申雜記》*86*云：初貢團茶及白羊酒，惟現任兩府方賜之，仁宗朝及前宰臣歲賜茶一斤，酒二觔觔一作壺，歲以為常例焉⑳。

《續聞見錄》云：蔡君謨始作小團入貢，意仁宗皇嗣未立而悦上心也。又作曾坑小團，歲貢一斤。歐陽文忠所謂兩府共賜一餅者是也。元豐中，取揀芽不入香料作密雲龍茶，小於小團，而厚實過之。終元豐之世，外臣未始識之。宣仁垂簾始賜兩府。及裕陵宿殿夜賜，碾成末茶，二府兩指許二小黃袋，其白如玉，上題曰揀芽，亦神宗所藏。至元祐末，福建轉運使又取北旗槍，建人所作團茶者也，以為"瑞雲龍"請進，不納。紹聖初，方入貢不過八餅，其製與密雲龍等而差小，蓋茶之絕品也。

《甲申雜記》云：仁宗朝春試進士集英殿，后妃御太清樓觀之。慈聖先獻，出餅角子團茶以賜進士，出七寶小團茶㉑，以賜考試官。

《玉堂雜記》[87]云：凡非時宣召院官，紫窄衫絲絇行入殿廊。有小黃門來導至便坐，上服紅半臂忌前用黃，黃門贊拜揖，升殿奏對訖，上曰：且坐，已先設小兀子。得旨則側身虛揖而坐。將退，黃門贊云：宣坐賜茶。於是中官進御前團茶，茶畢謝退。

《畫墁錄》云：永洛之役，一日喪馬七千匹。城下灰燼中，大小龍團纍纍可拾，當時好尚可知矣。

《武林舊事》云：仲春上旬，福建漕司進第一綱茶，名北苑試新，方寸小夸，進御止百夸。護以黃羅軟盝，藉以青箬，裹以黃羅，夾複臣封朱印，用朱漆小匣鍍金鎖，又以細竹絲織笈貯之，凡數重。此乃雀舌水芽所造，一夸之直四十萬，僅可供數甌之啜耳。或以一二賜外邸，則以生線分解轉遺好事以為奇玩。茶之初進御也，翰林司例有品嘗之費，皆漕司邸吏賂之，間不滿欲，則入鹽少許，茗花為之散亂，而味亦漓矣。禁中大慶會，則用大鍍金 甏 ，以五色韻果簇飣龍鳳，謂之繡茶，不過悅目，亦有專工其事者。外人罕知，因附見於此。

卷十五

目次

鑒賞

竟陵禪師精鑒　竟陵大師積公嗜茶……出羽相見。[88]偶啻瘨《羽煎茶圖》

《唐書．陸羽傳》云[122]：羽復州人，其先不知所出，竟陵大師積公於水次得嬰兒，攜歸育之。及長，聰明好學，博通經史，以《周易》自筮得漸，因象辭有"鴻漸於陸，其羽可用為儀"之義，遂以陸為姓，而羽字鴻漸。又按：《廣信府流寓志》云：陸羽一名疾，字季疵，詔拜太常不就，寓居郡北茶山中，號東岡子。嗜茶，環植數畝。刺史姚驥，每微服訪之。後隱居苕上，稱桑苧翁，又號竟陵子，杜門著書或行吟曠野，或慟哭而歸。性癖嗜茶，有《茶經》三卷行世。

《十二代隱逸傳》云：陸羽之藝茶，比之后稷之樹穀。

《續博物志》云：楚人陸鴻漸為《茶經》，兼煎炙之法，造茶具二十四事，以都統籠貯之。常伯熊者，因廣鴻漸之法。伯熊飲茶過度，遂患風氣。或云北人未有茶多黃病，後飲茶致疾，多腰脅偏廢之症。

《博物續志》云：南人好飲茶，孫皓以茶與韋昭代酒，謝安詣陸納設茶果而已。北人初不識，開元中，泰山靈巖寺㉓有降魔禪師者，教人以不寐，多作茶飲，因以成俗。

李文饒精鑒　唐李德裕，謚文饒，精於茶理，能辨天柱峯茶，識中泠泉水，真偽不能逃。其玄鑒已見前《茶品》、《泉品》中，茲不贅錄。

蔡君謨精鑒　建安能仁院有茶……始服。[89]《類林》

李卓吾《疑曜》云：古人冬則飲湯，夏則飲水，未有茶也。李文正《資暇錄》云：茶始於唐崔寧，黃伯思已辨其非。伯思常見北齊楊子華作刑子才，魏收勘書圖，已有煎茶者。《南磵紀譚》謂飲茶始於梁天監中事，見《洛陽伽藍記》。及閱《吳紀．韋曜傳》賜茶荈以當酒，則茶又非始於梁矣。余謂飲茶亦非始於吳也。《爾雅》曰："檟，苦荼"，郭璞註曰：以為羹飲，早採為茶，晚採為茗，一名荈，則吳之前亦以茶作飲矣。第不如後世之日用不離也，蓋自陸羽出，而茶之法始備。自呂惠卿、蔡君謨輩出，而茶法始精，且茶之利國家已籍之矣。此古人所不及詳也。

《仇池筆記》云：滕達道、呂行甫暇日晴暖，研墨水數合弄筆之餘，乃啜飲之。蔡君謨嗜茶，老病不能飲，但烹而把玩耳。看茶啜墨，亦事之可笑也。

《漫笑錄》云：司馬溫公與蘇子瞻論茶墨俱香云，茶與墨正相反，茶欲白，墨欲黑；茶欲重，墨欲輕；茶欲新，墨曰陳。蘇曰："奇茶妙墨俱香，是其德同也；皆堅，是其操同也。譬如賢人君子，黔晳美惡不同，其德操一也。"公笑以為然。

《朵頤錄》云：好茶妙墨，俱不可見日，一見日則色味俱變不堪用矣。語云："茶見日而味奪，墨見日而色灰。"

《清賞錄》云：茶如佳人……無俗我泉石。[90]

論茶泉優劣
嚴子瀨……水功其半者耶。[91]《煮泉小品》

陽羨貢茶　唐李棲筠守常州時，有僧獻陽羨佳茗，陸羽以為芬芳冠絕它境，可供尚方，遂置茶舍，歲供萬兩，蓋陽羨茶製貢始於陸羽一言，而今不替矣。《常州府志》

《岕茶匯鈔》云：茶雖均出於岕……百不失一矣。[92]

論活水烹茶法　東坡《汲江烹茶》[124]詩云："活水還須活火烹，自臨釣石取深清。大瓢注月歸春瓮，小杓分泉入夜瓶[125]。"此詩奇甚，道盡烹茶之要，且茶非活水則不能發其鮮馥，東坡深知此理矣。余頃在富沙，常汲溪水，烹茶色香味俱成三絕。又況其地產茶為天下第一，宜其水異於它處，用以烹茶，功力倍之。至於浣衣，更尤潔白，則水之輕清益可知矣。近城山間有陸羽井，水亦清甘，實好事者為之。羽著《茶經》，言建州茶未得詳，則知羽了不曾至富沙也。《苕溪漁隱》

清韻

茗飲譚經史　四月上巳，上幸司農少卿王光輔莊。駕還朝後，中書侍郎南陽岑羲設茗飲葡萄漿與學士等討論經史。《景龍館記》

翰林賜茶　凡正旦冬至不受朝，朝臣俱入名奉賀，大進名奉慰。其日尚食供素饌，並賜茶十串。《唐翰林志》

《金鑾密記》[93]云：金鑾故例，翰林當直學士，值春晚困倦，則賜成象殿茶果。

《鳳翔退耕錄》云：元和時，館閣湯飲待學士，煎麒麟草。

纖手烹　白太傅詩云："茶教纖手侍兒烹。"《釵小志》

酒鐺茶臼　王摩詰得宋之問藍田別墅，在輞口輞水，周於舍下竹洲花塢，與道友裴迪浮舟往來，彈琴賦詩，終日嘯詠在京師，以玄譚為樂。齋中惟有茶鐺酒臼經案繩床而已，退朝之後，焚香獨坐，以禪誦為事。《玉壺冰》

《林下清錄》云：陸龜蒙置園顧渚山下，歲取茶租，自判品第。日升小舟，設蓬席、齎束書、茶灶、筆䎘、釣具，往來江湖，人造其門罕見。

名士運石護茶　唐僧劉彥範精戒律，所交皆知名之士，所居有小圃植茶，常云茶為鹿所損。眾勸作短垣隔之，諸名士悉為運石。《灌園史》[94]

玉茸　偽唐徐履，掌建陽茶局，弟復治海陵鹽政，復檢烹鍊之亭，榜曰金鹵。履聞之，潔敞焙舍，命名曰玉茸。《清異錄》

生成盞　饌茶而幻出物象於湯面者，茶匠通神之藝。沙門福全，生於金鄉，長於茶海，能注湯幻茶成一句詩，共點四甌成一絕句，泛乎湯表。表物品類，唾手辦耳。《清異錄》

《清異錄》云：茶至唐始盛，近世有下湯運匕別施妙訣，使湯紋水脈成物象者，若禽獸蟲魚花草之屬，纖巧如畫，但須臾即就散滅；此茶之變幻也，時人謂之茶百戲。

《清異錄》云：漏影春法，用鏤紙貼醆糝茶，去紙偽為花身，別以荔肉為葉，松實鴨腳之類珍物為蕊，沸湯點服。

《清賢紀》云，倪元鎮好飲茶，在惠山中用核桃、松子、肉和真粉成小塊石狀，置茶中，名曰清泉白石茶。有趙行恕者，宋宗室也，慕元鎮清致，訪之，坐定，童子供茶行恕，連啖如常，元鎮艴然曰：“吾以子為淹雅王孫，故出此品，乃略不知風味，真俗物也。”自是絕交。

前桶泉煎茶　光祿徐達，左構養賢樓於鄧尉山中，一時名士多集於此，雲林為猶數焉。常使童子擔七寶泉，以前桶煎茶，後桶濯足。人不解其義，或問之，曰：“前者無觸，故用煎茶；後或為洩氣所穢，故以為濯足之用耳。”《雲林遺事》

傾筐會　偽閩甘露堂前兩株茶，鬱茂婆娑，宮人呼為清人樹。每春初嬪嬙戲摘新芽，堂中設傾筐會。《清異錄》

茗戰　建人目鬥茶為茗戰。《林下林錄》

品茶人數　品茶一人得神，二人得趣，三人得味，七八人者是名施茶。《巖棲幽事》

烹茗伴嫦娥　長安有好事者，於唐候家睹一彩箋，曰一輪初滿，萬戶皆清。若乃狎處，衾帷不惟，辜負蟾光。竊恐嫦娥生妒，消於十五、十六二宵，聯女伴同志者，一茗一爐相從卜夜，名曰伴嫦娥。凡有冰心佇垂玉見朱門龍氏啟。《黎館瀋餘》

茶盂留贈　坡公東歸贈許珏茶盂曰：“無以為清風明月之贈，茶盂聊見意耳。”後為樞密折彥質所得，有詩謝許云：“東坡遺物來歸我，兩手摩娑思不窮。舉取吾家阿堵物，愧無青玉案酬公。”《清鑒錄》

拜茶具　明廬廷璧嗜茶成癖，號茶菴。常得元僧詎可庭茶具十事時具衣冠拜之。《奇癖錄》

硯山齋清供　文博士壽承云：在長安時，過顧舍人汝由硯山齋。見其窗明几淨，折松枝梅花作供，鑿玉河水烹茗啜之，又新得凫鼎奇古，目所未睹，炙內府龍涎香，恍然如在世外，不復知有京華塵土。《筆記》

卷十六

目次

籯　茶舍　茶灶　茶焙　茶鼎　茶甌　煮茶　桃花塢看採茶
九日與陸處士飲茶　與崔子向茶山聯句　茶亭

詩文

茶山貢焙歌　唐李郢（使君愛客情無已）《三唐詩海》

石園蘭若試茶歌　唐劉禹錫（山僧後園草數藂）

顧渚行寄裴方舟　唐釋清晝

我有雲泉鄰渚山，山中茶事頗相關。題鴂鳴時芳草死，山家漸欲收茶子。伯勞飛日芳草滋，山僧又是採草時。由來慣採無近遠，陰嶺長兮陽崖淺。大寒山下葉未生，小寒山中葉初捲。吳瘙攜籠上翠微，蒙蒙香刺罥春衣。迷山乍被落花亂，度水時驚啼鳥飛。家園不遠乘露摘，歸時露彩猶滴瀝。初看怕出欺玉英，更取煎來勝金液。昨夜西風雨色過，朝尋新茗復如何。女宮露澀青芽老，堯市人稀紫筍多。紫筍青芽誰得識，日暮採之長太息。清冷真人待子元，貯此芳香思何極。

採紫筍茶歌　唐秦韜玉（天柱香芽露芽發）

盧仝茶歌，語俗句俚，玆不入選。

試茶歌　唐無名氏[126]

聞道早春時，攜籯赴初旭。驚雷未破蕾，采采不盈掬。旋洗玉泉蒸，芳馨豈停宿。須臾布輕縷，火候謹盈縮。鬃筒淨無染，箬籠勻且複。苦畏梅潤浸，暖須人氣燠。有如廉夫心，難將微機觸。晴天敞虛府，石碾破輕綠。永日遇閒賓，乳泉發新馥。香濃奪蘭露，色嫩欺秋菊。雪花雨腳何足道，啜過始知真味永。縱復苦硬終可錄，汲黯少戇寬饒猛。草茶無賴空有名，高者妖邪次頑礦。其間絕品無不佳，張禹縱賢非骨鯁。《詩海》

送陸鴻漸山人採茶迴　唐皇甫曾（千峯待逋客）《唐詩類苑》

題茶嶺　唐張籍

紫芽連白蕊，初向嶺頭生。自看佳人摘，尋常觸露行。《文昌集》

春日茶山病酒呈賓客　唐杜牧

笙歌盡畫船，十日清明前。山秀白雲膩，溪光紅粉鮮。欲開未開花，半陰半晴天。誰知病太守，猶得作茶仙。《杜樊川集》

茶山下作　唐杜牧

春風最窈窕，日曉柳村西。嬌雲光占岫，健水鳴分溪。燎巖野花發，曳愁幽鳥啼。把酒坐芳草，亦有佳人攜。《杜樊川集》

入茶山下題水口草市　唐杜牧

倚溪侵嶺多高樹，誇酒書旗有小樓。驚起鴛鴦豈無恨，一雙飛去卻回頭。《杜樊川集》

唐陸龜蒙[127]

茶塢（茗地曲隈）
茶人（天賦）
茶筍（所孕和氣深）
茶籯（金刀劈翠筠）
茶舍（旋取山上材）
茶灶經云：灶無煙突(無突抱輕嵐)
茶焙（左右擣凝膏）
茶鼎（新泉氣味良）
茶甌（昔人謝塸埞）
煮茶（閒來松間坐）[95]

唐皮日休[128]

茶塢（鬧尋堯市山）
茶人（生於顧渚山）
茶筍（褎然三五寸）
茶籯（筤篣曉攜去）
茶舍（陽崖枕白屋）
茶灶（南山茶事起）
茶焙（鑿彼碧巖下）
茶鼎（龍舒有良匠）
茶甌（邢客與越人）
煮茶（香泉一合乳）[96]

桃花塢看採茶　唐韋齡

西山最深處，滿谷種桃花。暖逕飄紅雨，寒泉浸彩霞。塵埃無處着，雞犬有人家。時復尋幽客，春來看採茶。

九日與陸處士羽飲茶　唐釋清晝（九日山僧院）

與崔子向泛舟自招橘，經箬里，宿天居寺，憶李侍御萼渚山採茶春遊後期不及，聯一十六韻詩以寄之　釋清晝

晴日春態深，寄遊恣所適。晝寧妨花木亂，轉學心耳寂。子向取性憐鶴高，謀閒任山僻。晝倚絃息空曲，捨屐行淺磧。子向渚箬入里逢，野梅到村摘。晝碑殘飛

雉嶺，井翳潛龍宅子向。壞寺鄰壽陵，古苔留劫石。書空階筍節露，拂瓦松梢碧。子向天界細雲還，牆陰雜英積。書懸燈繼前談，遙月升圓魄。子向何意清夜期，坐為高峯隔。書茗園可交袂，藤澗好停錫。子向微雨聽濕中，迸流從點席。書戲猿隔枝透，驚鹿逢人擲。子向睹物賞已奇，感時思彌極。書芳菲如馳箭，望望共君惜。子向

茶亭　唐朱景元[97]

靜得塵埃外，茶芳小華山。此亭真寂寞，世路少人聞。《詩海》

卷十七

目次

詩詞

烹茶　宋呂居仁[98]（春陰養芽鍼鋒芒）《宋名家詩》

烹茶　宋丁謂

開緘試火煎⑫⑨，須汲遠山泉。自繞風爐立，誰聽石碾眠。細微緣入麝，猛沸拾如蟬。羅細烹還好，鐺新味更全。花隨僧箸破，雲逐客甌圓。痛惜藏書篋，堅留待雪天。睡醒思滿啜，吟困憶重煎。只此消塵慮，何須問醉仙。《宋名家詩》

試院煎茶　宋蘇軾（蟹眼已過魚眼生）

種茶　宋蘇軾（松間旅生茶）

問大冶長老乞桃花茶栽　宋蘇軾（周詩記荼苦）

到官病倦未常會客，毛正仲惠茶，乃以端午日小集石塔⑬⓪戲作一首為謝　宋蘇軾（我生亦何須）

汲江煎茶　宋蘇軾（活水仍須活火烹）

遊諸佛寺一日飲釅茶七碗戲書勤師壁上⑬①　宋蘇軾（示病維摩元不病）

元翰少卿寵惠谷簾泉一器龍團二餅仍以新詩為貺歎味不已次韻奉答⑬②　宋蘇軾

巖乘匹練千絲落，雷起蒼龍萬物春。此水此茶俱第一，共成三絕景中人。

次韻周種惠石茶銚　宋蘇軾

銅腥鐵澀不宜泉，愛此蒼然深且寬。蟹眼翻波湯已作，龍頭拒火柄猶寒。薑新鹽少茶初熟，水漬雲蒸蘚未乾。自古函牛多折足，要知無腳是輕安。

已上俱出《東坡集》

以小龍團半鋌贈晁無咎[133]　宋黃庭堅

曲几蒲團聽煮湯，煎成車聲遶羊腸。雞蘇胡麻留渴羌，不應亂我官焙香。《山谷集》

襄陽時同官李友諒仲益贈張子齋思仲家歌人團茶余題其封云　宋趙德鄰

色映宮妹粉，香傳漢殿春。團團明月魄，卻贈月中人。《侯鯖錄》

建安雪　宋陸游

建安官茶天下絕，香味欲全須小雪。雪飛一片茶不憂，何況蔽空如舞鷗。銀瓶銅碾春風裏，不枉年來行萬里。從渠荔子腴玉膚，自古難兼熊掌魚。

烹茶　宋陸游

麯生可論交，正自畏中聖。年來衰可笑，茶亦能作病。噎嘔廢晨飧，支離共宵瞑。是身如芭蕉，寧可與物競。兔甌試玉塵，香色兩超勝。把玩一欣然，為汝烹茶竟。

午睡覺飲茶[134]　宋陸游

風霜踐殘歲，我乃羈旅人。如何得一室，酮敷暖如春。午枕挾小醉，鼻息撼四鄰。心安了無夢，一掃想與因。逡巡起頮面，覽鏡正幅巾。聊呼蟹眼湯，瀹我玉色塵。

堂中以大盆漬白蓮花、石菖蒲，翛然無復暑意，睡起烹茶戲書　宋陸游

海東銅盆面五尺，中貯澗泉涵淺碧。豈惟冷浸玉芙蓉[135]，青青菖蒲絡奇石。長安火雲行日車，此間暑氣一點無。紗廚竹簟睡正美，鼻端雷起驚僮奴。覺來隱几日初午，碾就壑源分細乳。卻拈燥筆寫新圖，八幅冰綃瘦蛟舞。

龜堂即事[136]

心已忘斯世，天猶活此翁。嫩湯茶乳白，軟地火爐紅[137]。課婢耘蔬甲，呼兒下釣筒。生涯君勿笑，聊足慰途窮。

秋懷

心常凝不動，形要小勞之。活火閒煎茗，殘枰靜拾棋。曬書朝日出，丸藥午蔭移[138]。適意還休去，悠然到睡時。

伏中官舍極涼戲作

盡障東西日，洞開南北堂。漏從閒處永，風自遠來涼。客愛炊菰美，僧誇瀹茗香。曉來秋色起，肅肅滿筠床。

晚晴至索笑亭

中年苦肺熱，賸喜見新霜。登覽江山美，經行草樹荒。堂空響棋子，醆小聚茶香。具盡扶藜去，斜陽滿畫廊。

效蜀人煎茶戲作長句

午枕初回夢蝶床，紅絲小磑破棋槍。正須山石龍頭鼎，一試風爐蟹眼湯。癙電已能開倦眼，春雷不許殷枯腸。飯囊酒甕紛紛是，誰賞蒙山紫筍香。

入梅

微雨輕雲已入梅[139]，石榴萱草一時開。碑償宿諾淮僧去，卷錄新詩蜀使回。墨試小螺看斗硯，茶分細乳玩毫杯。客來莫誚兒嬉事，九陌紅塵更可哀。

午枕

茆簷一杯澹藜粥，有底工夫希鼎餗。書中至味人不知，雋永無窮勝粱肉。老夫享此七十年，每愧天公賦予偏。清泉洗濡煎山茗，滿榻松風清晝眠。

五月十一睡起

病眼慵於世事開，虛堂高臥謝塵埃[140]。簾櫳無影覺雲起，草樹有聲知雨來。茶碗嫩湯初得乳，香篝微火未成灰。翛然自適君知否，一枕清風又過梅。

閒詠

莫笑結廬魚稻鄉，風流殊未減華堂。茶分正焙新開箬，水挹中瀘自候湯。小几碾朱晨點易，重簾掃地晝焚香。個中富貴君知否，不必金貂侍紫皇。

到家旬餘意味甚適戲書

天恐紅塵著腳深，不教經歲去山林。欲酬清淨三生願，先洗功名萬里心。石鼎颼颼閒煮茗[141]，玉徽零落自修琴。晚來賸有華胥具，臥看西窗一炷沉。

親舊或見嘲終歲杜門戲作解嘲

十年蕭散住林間，只是幽居不是閒。續得《茶經》新絕筆，補成僧史可藏山。詩題紫閣憑雲寄，藥報青城附鶴還。自笑何曾總無事，枉教人道閉柴關。

試茶

北窗高臥鼾如雷，誰遣香茶挽夢回。綠地毫甌雪花乳，不妨也道入閩來。

晝臥聞碾茶

小醉初消日未晡，幽窗推破紫雲腴。玉川七盞何須爾[142]，銅碾聲中睡已無。

已上俱出《劍南集》

茶煙　元謝宗可[99]⑬（玉川爐畔影沉沉）

茶筅　元謝宗可（此君一節瑩無瑕）

雪溪即事為高理問賦　元劉秩[100]⑭

一道清溪遶屋斜，朔風吹雪正交加。九天夜凍銀河水，大地春回玉樹花。寒透竹簾欺酒力，冰消石鼎煮茶芽。高人風致清如許，未遜山陰處士家。《勝國詩選》

和韻儲貫夫見寄　元湯濟民

草堂酒醒夜初長，滿地桐蔭月色涼。靖節優遊松菊徑，龜蒙笑傲水雲鄉。竹爐茶煮仙人掌，瓦鉢煙浮柏子香。卻怪壯年心未泯，燈前重拂舊干將。《勝國詩選》

寄梅雪包公謐　元何澄

孤山謾說六橋邊，別有文林萼綠仙。適興每吟東閣句，乘閒還放剡溪舡。香凝書幌琴裁譜，冷沁茶鐺雀舞煙，遐想有家高致在，欲抛尊俎話歸田。

贈倪元鎮　明高啟

名落人間四十年，綠簑細雨自江天。寒池蕉雪詩人卷，午榻茶煙病叟禪。四面青山高閣外，數株楊柳舊莊前。相思不及鷗飛去，空恨風波滯酒舡。《清賢錄》

詠茶摘句

藥杵聲中搗殘夢，茶鐺影裏煮孤燈。唐李洞

茶教纖手侍兒煎。唐白居易

嫩白半甌嘗日鑄，硬黃一紙搨蘭亭。宋陸游

璃花浮細盞，雪乳豔輕甌。雲開未成縷，雪練半垂花。夜臼和煙搗，寒爐對雪烹。碧流霞腳碎，香液雪花輕。碾細香塵起，烹新玉乳凝。輕煙浮綠乳，孤灶散青煙。

香遠美人歌後夢，涼侵詩士醉中禪。和蕊摘殘雙井露，帶香分破建溪春。射眼色隨雲腳亂，上眉甘作乳花繁。煙橫竹塢煎冰液，日炤松窗碾玉塵。瀑雨已隨煎處腳，松風猶作瀉時聲。

蒙茸出磨細珠落，銜轉繞甌飛雪輕。碧玉甌中素濤起，黃金碾畔玉塵飛。已是先春經雨露，宜教百草避英華。已上俱出《詩苑類雋》

卷十八

目次

詩餘

嘗新茶浣溪沙調　茶詞行香子調　茶詞朝中措調　烹茶謁金門調
詠茶武陵春調　新茶望江南調　茶詞好事近調　茶詞好事近調

藝文

茶賦　茶宴序　送宋茗舍序 赤牘　答惠茶　與友人　與孫公素　與張春塘　與許君信　邀吉生白　清語　千載奇逢　臨風美笛 穀雨前後　新燒玉版白 雲在天　佳人半醉　淨几明窗　風階拾葉　藥杵搗殘　雲水載酒

詩餘

詠茶好事近調[145]　宋黃庭堅

歌罷酒闌時，瀟灑座中風色。主禮到君須盡，奈賓朋南北。　暫時分散總尋常，難堪久離拆。不似建溪春草，解留連佳客。

詠餘甘湯更漏子調[146]　宋黃庭堅

菴摩勒，西土果，霜後明珠顆顆。憑玉兔，搗香塵，稱為席上珍。　號餘甘，無奈苦，臨上馬時分付。管回味，卻思量，忠言君但嘗。

詠茶阮郎歸調效唐人獨木橋體共四首[147]　宋黃庭堅

烹茶留客駐雕鞍，有人愁遠山。別郎容易見郎難，月斜窗外山。　歸去後，憶前歡，畫屏金博山。一杯春露莫留殘，與郎扶玉山。

又（歌停檀板舞停鸞）

又（摘山初製小龍團）

又（黔中桃李可尋芳）

茶詞西江月調　宋黃庭堅（龍焙頭綱春早）

詠茶踏莎行調[148]　宋黃庭堅

畫鼓催春，蠻歌走餉，火前一焙爭春長。高株摘盡到低株[149]，高株別是閩溪樣。　碾破春風，香凝午帳，銀瓶雪滾匙翻浪。今宵無夢酒醒時，摩圍影在秋江上。

客有兩新鬟善歌者請作送茶詞定風波調[150]　宋黃庭堅

歌舞闌珊退晚妝，主人情重更留湯。冠帽斜欹辭醉去，邀定，玉人纖手自摩湯[151]。　又得尊前聊笑語，如許，短歌宜舞小紅裳。寶馬促歸朱戶閉，人睡，夜來應恨月侵床。

詠茶滿庭芳調　宋黃庭堅

北苑龍團，江南鷹爪[152]，萬里名動京關。碾深羅細[153]，瓊蕊暖生煙。一種風流氣味。如甘露、不染塵凡。纖纖捧，冰瓷瑩玉，金縷鷓鴣斑。　相如方病酒，銀瓶蟹眼，波怒濤翻。為扶起尊前，醉玉顏山。飲罷風生兩腋，醒魂到，明月輪邊。歸來晚，文君未寢，相對小窗前。

茶詞看花回調　宋黃庭堅

夜永蘭堂，醺飲半倚頹玉。爛熳墮鈿墜履，是醉時風景，花暗燭殘。歡意未闌，舞燕歌珠成斷續。催茗飲，漸煮寒泉，露井瓶竇響飛瀑。　纖指緩，連環動觸，漸泛起、滿瓶銀粟。秀引春風在手，似粵嶺閩溪，初採盈掬。暗想當時，探春連雲尋篁竹。怎歸得，鬢將老，付與杯中綠。

茶詞惜餘歡調　宋黃庭堅

四時樂事，正年少賞心。頻啟東閣，芳酒載盈車，喜朋侶簪合，杯觴交飛，勸酬〔互〕獻[154]，正酣飲、醉主公陳榻。坐來爭奈，玉山未頹，興尋巫峽。　歌闌旋燒絳蠟，況漏轉銅壺，烟斷香鴨，猶整醉中花，借纖手重插。相將扶上，金鞍騕褭 。碾春焙、願少延歡洽。未須歸去，重尋豔歌，更留時霎。

已上俱出《山谷詞集》

鑒止宴坐嘗新茶浣溪沙調　宋趙師俠

雪絮飄池點綠漪，舞風游漾燕交飛，蔭蔭庭院日遲遲。　一縷水沉香散後，半甌新茗味回時，翛閒萬事總忘機。《坦菴詞集》

茶詞行香子調　宋蘇軾

綺席才終，歡意猶濃。酒闌時、高興無窮。共捧君賜[155]，初拆臣封。看分鳳餅，黃金縷，密雲龍。　斗贏一水，功敵千鍾。覺涼生、兩腋清風。暫留紅袖，少卻紗籠。放笙歌散，庭院靜，略從容。《東坡詞集》：密雲龍，茶之極品。

茶詞朝中措調[156]　宋程垓 *101*

華筵飲散撤芳尊，人影亂紛紛。且約玉驄留住，細將團鳳平分。　一甌看取，招回酒興，爽徹詩魂。歌罷清風兩腋，歸來明月千門。

茶詞朝中措調　宋程垓

龍團分罷覺芳滋，歌徹碧雲詞。翠袖且留纖玉，沉香載捧冰垍 。　一聲清唱，半甌輕啜，愁緒如絲。記取臨分餘味，圖教歸後相思。《書舟詞集》

避暑烹茶謁金門調　宋謝逸

簾外雨，洗盡楚鄉殘暑。白露影邊霞一縷，紺碧江天暮。　沉水煙橫香霧，茗碗淺浮瓊乳。卧聽鷓鴣啼竹塢，竹風清院宇。《溪堂詞集》

詠茶武陵春調　宋謝逸

畫燭籠紗紅影亂，門外紫騮嘶。分破雲團月影虧，雪浪皺清漪。　捧碗纖纖春筍瘦，乳霧泛冰瓷。兩袖清風拂拂飛，歸去酒醒時。《溪堂詞集》

臨川新茶望江南調[157]　宋謝逸

臨川好，柳岸轉平沙，門外澄江丞相宅，壇前喬木列仙家，春到滿城花。行樂處，舞袖捲輕紗。謾摘青梅嘗煮酒，旋煎白雪試新茶，明月上簾牙。《溪堂詞集》

茶詞好事近調　金蔡伯堅[102]（天上賜金奩）出《詞品》

茶詞好事近調和伯堅韻　金高士談[103]（誰叩玉川門）出《詞品》

藝文

茶賦　唐顧況（稽天地之不平兮）《文苑英華》

茶宴序[158]　唐呂溫

三月三日上巳，禊飲之日也。諸子議以茶酌而代焉。廼撥花砌愛庭蔭，清風逐人，日色留興，卧措青靄，坐攀香枝，閒鶯近席，而未飛紅蕊，拂衣而不散。廼命酌香沫浮素，杯殷凝瑰珀之色，不令人醉，微覺清思，雖五雲仙漿無復加也。座有才子[159]，南陽鄒子，高陽許侯，與二三子頃為塵外之賞，而曷不言詩矣。《唐文粹》

送道士宋茗舍歸江西序　宋黃震[104]

道士宋從璟，生江西山水窟，復東遊會稽，取四明、天台之勝[160]，盡以彈琴賦詩，而歸隱所謂茗舍者乎。問："天下名山大川，皆君之居，何必茗舍哉？"答謂："茗舍實從璟所生，去臨川城北六十里，其山以矗秀，其水以清泚，其地幽絕閒寂，不惟富貴者足跡所不到，凡奇花異卉，可悅富貴人耳者。一不生之惟茗生焉，不特蒔植此扶輿，清淑之所鍾。蓋天產也。而俗文莫之識，往往與凡草俱老於春風曉露間。及過時而或取之，尚為絕品，苦過而微甘，其味悠然，以長與世之所修，事而品題者，變異使其得所如建溪殘春，先發攙取造化其遇於世。尚何如哉？從璟為之，惜故願歸，脩茗事以成其清耳。"余聞而異之，夫苦者，求道之切。甘者，得道之趣也。其味悠然。以長者樂道之，深也。於君修茗事，得君修道法，君真奇士哉！然謹勿破茗之天真，如建溪俗子，攙取造化萬一，香味落富貴齒牙，即與奇花異卉，悅富貴人者同一俗。況余常持節江西官之徵茗，殊急余切切，愛護之。不敢行，此語又可使趙贊王涯輩得剽聞哉！玉川子於此，最得趣乘，兩腋清風之生，尚欲問巔，崖蒼生之苦，江西吾赤子，今皆無恙否？它有便幸報平安。咸淳十年正月十二日，雲台散吏黃震序。《黃氏日抄》

赤牘

答惠茶　明曹司直

天池佳品，仰承損惠。即令博士煎之，渴吻長啜，兩腋風飄飄然便仙去，侯

鯖禁臠，都不屑斷齶矣。《詞林片玉》

與友人　明李攀龍[105]

先民曰不復知，有我安知？物為貴，吾儕解得此意，則雖山居環堵，未必不愈於畫省蘭台。瀹茗烹泉，未必不清於黃封禁臠也。具隻眼者，有明識耳。《詞林片玉》

與孫公素　明張藻

喜次公已歸，急索煙頭七碗。遲之，次公其弗過吸之耶。聞有登樓長歌，既欲請示我，教我復恐，驚我也。業已聞之成叔輩，拍手懸望矣。《詞林片玉》

與張春塘　明葉世洽

土宜宜種，深愧鮮薄。然芝蘭室中，瀹虎丘茗對，月啜之未必，不助清於詩脾也，一笑。《詞林片玉》

與許君信　明蔡毅中

連日有懷足下，正欲邀飲，山房為風雨所妬，乃承雅惠僕當，煮龍團，開九甌，遙對足下一賞佳節耳。見包明英來奉，請以罄，二妙。《詞林片玉》

邀吉生白　明許以忠

仲蔚蓬蒿無恙，欲屈德星光炤之幸。枉革履下，顧已煮爐頭，七碗相遲矣。《詞林片玉》

清語

千載奇逢，無如好書良友；一生清福，只在茗碗爐煙。

臨風美篴闌干上，桂影一輪；掃雪烹茶籬落邊，梅花數點。

穀雨前後為和凝湯社，雙井白芽，湖州紫筍。掃舀滌鐺，徵泉選火，以王濛為品司，盧仝為機權，李贊皇為博士，陸鴻漸為都統，聊消渴吻，敢諱水淫。

新燒玉片，不負尋師，自註仙芽，時留壓卷。

白雲在天，明月在地，焚香煮茗，閱偈翻經，俗念都捐，塵心頓盡。

佳人半醉，美女新妝，月下彈琴，石邊侍酒，烹雪之茶。果然謄有寒香，爭春之館，自是堪來花笑。

淨几明窗，好香苦茗，有時與高衲談禪；果棚菜圃，暖日和風，無事聽閒人說鬼。

風階拾葉山人茶灶，勞薪月徑聚花素，士吟壇綺席。

藥杵搗殘疏月上，茶鐺煮破碧煙浮。

雲水中載酒，松篁裏煎茶，何必鑾坡侍宴。山林下著書，花鳥中得句，不須鳳沼揮毫。已上俱出《塵談》

卷十九

目次

雜志

茗飲愈腦疾　隋文帝微時，夢神易其腦骨。自爾腦痛，忽遇一僧曰，山中有茗，煮而飲之當愈。帝服之有效，由是天下競採而飲之。《隋史》

《茶譜》云：蒙山有五頂……製作尤精。[106]

《本草徵要》[107]云：茶葉味甘苦，微寒無毒，入心肺二經。畏威靈仙、土茯苓、惡榧子，能消食下痰氣，止渴醒睡眠，解炙煿之毒，消痔瘻之瘡，善利小便，頗療頭疼。

《徵要注》：叔明云：茶稟土之清氣，兼得春初發生之意，故其所主，皆以清肅為功，然以味甘不澀，氣芬如蘭，色白如玉者良。蓋茶稟天地至清之氣，產於瘠砂之間，專感雲露之滋培，不受纖塵之滓穢，故能清心滌腸胃，為清貴之品。昔人多言其苦寒，不利脾胃及多食發黃消瘦之說。此皆語其粗惡苦澀者耳。凡入藥，須擇上品方有利益。

《夢餘錄》云：東坡以茶性寒，故平生不飲，惟飯後濃煎滌漱畢小啜而已。然唐大中年，三都進一僧，年一百三十歲。宣宗召入問：“服何藥能致？”此僧答云：“性惟好茶，每飲至百碗，少猶四五十碗。”宣宗異之，因賜蜀茶百斤，放還。以坡律言之，必且損壽，反得長年則又何也？

《霞外雜俎》[108]云：切忌空心茶、飯後酒、黃昏飯。

《物類相感志》：吃茶多，令人色黃。

《物類相感志》：吃茶多腹脹，以醋解之。

《物類相感志》：末茶可結水銀。

《物類相感志》：江茶入水池，菱枯。

《物類相感志》：芽茶得鹽，不苦而甜。

《雞肋編》：衣有蟣虱，置茶焙中火逼令出，則以熨斗烙殺之，永不生矣。

《雞肋編》：陳茶末燒煙，蠅即去。

綠華紫英　唐懿宗賜同昌公主諸玩物，飲食莫不珍異。其所賜茶，有綠華、紫英之號。《杜陽雜編》

《類林》云：白乳、頭金、臘面，北苑焙茶之精者。
《茶錄》云：蟬翼、雀舌、鳥嘴、麥顆皆蜀茶之最佳者。

寶銙　寶銙，末茶也，以茶之式似帶具故名，即宋之龍團鳳餅之製也。《茶話》

曾茶山詩云："寶銙自不乏，山芽安可無。"山芽，今之芽茶也。

毛文錫《茶譜》云：團銙之外，又有片甲、早春、黃茶。⑯芽葉相把如片甲也。

唐子西云[109]："茶不問團銙，要之貴新，水不問江井，要之貴活。"又云："提瓶走龍塘無數千步，此水宜茶不減清遠峽，而海道趨建安，不數日可至，故新茶不過三月至矣。"今據所稱，已非嘉賞，蓋建安皆碾磑茶，且必三月而始得，不若今之芽茶於清明穀雨之前陟採而降煮也。數千步取塘水，較之石泉新汲，左杓右鐺又何如哉？田子藝謂：二難具享，誠山居之福也。

茶王　茶王城在攸縣，即漢之茶陵城也，今呼為茶王。《寰宇志》

《輿地志》云：攸縣在湖廣長沙府，陳曰攸水。

《輿地志》云：茶陵，漢縣，今改為州，在湖廣。以地居茶山之陰，故名茶陵。

《安南志》云：有茶偈縣，順化領州二、縣十壹。順州化州二州是也；其縣名曰利調、石蘭、巴閬、安仁、茶偈、利蓬、乍令、思蓉、蒲答、蒲艮、士榮。

《安南志》云：有茶清縣。演州領縣三曰：璠林，曰茶清，曰芙蕾 。

酹茶獲報　胡生以釘鉸為業……柳當是柳輝也。《異林》[110]

《異苑》云，剡縣陳務妻，少寡……惟貫新耳。[111]
神僧獻茶　宋二帝北狩獨到一寺中，有二石金剛並拱手而立，神像高大，首觸桁棟，別無供器，止石盂、香爐而已。有一胡僧出入其中，僧揖坐問何來？帝以南來為對。僧呼童子點茶，茶味甚香美，再欲索之，僧與童子皆趍堂後，移時不出；求之寂然空舍，惟竹林小石中有石刻胡僧並貳童子侍立，視之儼然獻茶者。《北轅雜記》

《切忿後錄》云：二帝北狩，至一寺，寺僧夢伽藍神告云："明日此地有天羅王過，宜獻茶。"僧夢中詢以形狀，神告云："着青袍者是也。"明早果有十餘騎入寺，而淵聖適衣青袍，寺僧獻茶，因告以夢，歎息而去。

仙姥鬻茶　晉元帝時……自牖間飛去。[112]《述異記》

斛二瘕　桓宣武有一督將……此病名"斛二瘕"。[113]《續搜神記》

木野狐草大蟲　葉濤好奕棋，王介甫作詩切責之，終不肯已。奕者多廢事不以貴賤，嗜之率皆失業，故人目棋枰為木野狐，言其媚惑人如狐也。熙寧後茶禁日嚴，被責罪者甚眾，乃目茶籠為草大蟲，言其傷人如虎也。《拊掌錄》[114]

《子真詩話》云：葉濤詩極工而喜賦詠，常有試茶詩云："碾成天上龍和鳳，煮出人間蟹與蝦。"好事者戲云："此非試茶，乃碾玉匠人嘗南食也"，聞者絕倒。

山家清供茶　茶即藥也，煎服去滯而化食，以湯點之，則及滯膈而損脾胃，蓋市利者多取它樹葉雜以為末，人多怠於煎服，宜有此害也。今法採芽，或用碎擘，以溪水煎之，飲後必少頃乃服。坡公詩云"活火須將活水烹"，又云"飯後茶甌手自拈"，此煎之法也。陸羽亦以江水為上，山水與井俱次。今世不惟不擇水，且又入鹽及菓，殊失正味。茶之為用，雪昏去倦，如不昏倦，亦何必用。古嗜茶者，無如玉川子，未聞煎歟，如以湯點，安能及七碗乎？山谷詞云：湯響松風早，減了七分酒，病倘知此味，口不能言，心下快活，自省之禪遠矣。《山家清供》

《煮泉小品》云：人但知湯候而不知火候……火為之紀。[115]

《清事錄》云：活火謂炭之有燄者……蓄為煮茶之具更雅。

《清事錄》云：湯嫩則茶味不出……乃得點瀹之候耳。

《清事錄》云：去泉遠者……經營者是也。

《清事錄》云：泉稍遠……亦接竹之意也。[116]

北苑妝　建陽進茶油花子，大小形製各別，極可愛，宮嬪縷金於面，皆以淡

妝，以此花餅施於鬢上，時號北苑妝。《清異錄》

《清異錄》云：有將建州茶膏，取作耐重兒八枚，膠以金縷，獻於閩王曦，遇文通之禍，為內侍所盜，轉遺貴臣。

茶變乳花　潘中散適為處州守，一日作醮，其茶一百二十盞，皆成乳花，內惟一盞如墨。詰之，則酌酒人誤酌酒盞中，潘因焚香再拜謝過，其茶即成乳花，僚吏皆為歎服。《隨手雜錄》[117]

蓮花茶　倪元鎮好飲茶，常作蓮花茶。其法就池沼中早飯前日初出時，擇取蓮花蕊略開者，以手指拔開入茶滿其中，用麻絲紮定，經一宿，明日連花摘下，取茶，紙包曬乾，錫罐盛，紮口收藏。《雲林遺事》

顧元慶《茶譜》云：製橙茶法……仍以被罨焙乾收用。

顧元慶《茶譜》云：製諸花茶法……諸花茶仿此。[118]

五香飲　隋煬帝時，有籌禪師者，仁壽間常在內供養，造五香飲：第一沉香飲，次檀香飲，次都梁飲，次澤蘭飲，次甘松飲。皆有製法。以香為主，尚食直長謝諷造。淮南王《食經》，有四時飲。《大業雜記》

《輟耕錄》云：句曲山房熟水，用沉香削釘數個，插入林禽中，置瓶內，沃以沸湯，密封瓶口，久之乃飲，其妙莫量。

茶家三要　採茶欲精，藏茶欲燥，烹茶欲潔。《巖棲幽事》

相茶瓢法　相茶瓢與相邛竹杖同法，不欲肥而欲瘦，但須飽風霜耳。《巖棲幽事》

卷二十

目次

補遺

白茶補種類

白茶自為一種，與常茶不同，其條敷闡，其葉瑩薄，崖石之間偶然生出不過

一二株，在北苑諸茶之上。崇寧以後，上獨愛白茶，加龍鳳之上。其價與黃金相等，蓋一時之□也。《文苑類雋》

《瑞草總論》云：白茶之外，茶之極品者，有建州北苑先春龍焙。

唐子《隨錄記珠》云：蜀雅州蒙頂山，有火前茶，謂禁火以前採者；後曰火後茶，又名五花茶。

雲桑茶補茶品　雲桑茶，出滁州瑯琊山，茶類桑葉而小，山僧焙而藏之，其味甘美特甚。《筆記》

搴林茶湖廣均州　搴林茶，產太和山，每歲修貢茶，葉初泡極苦澀；至三四泡，其味清香，甘美異常，人皆以為茶寶也。《湧潼小品》

英山茶福建泉州　泉州府南安縣英山產茶最精美，號英山茶。《泉州府名勝志》

《韓無咎記》云：建安其地不富於田，物產瘠甚，而茶利通天下，每歲方春，摘山之夫十倍耕者。南唐保大間，命建州製的乳茶，號曰京鋌蠟面；建茶之貢自此始，而茶或出不廣，往往以泉州製茶而充貢焉。

紫清香城茶江西南昌府　洪州西山白鶴嶺茶，號為絕品，產於紫清香城者為最。歐陽文忠公詩云："西江水清江石老，石上生茶如鳳爪"云云。《茶譜》

秘水補茶泉　唐時秘書省中有水極佳，清甘異常，尤宜瀹茗，時稱秘水。《茶錄》

樂音泉　強村有水方寸許，人欲飲者，唱浪淘沙一曲即得一杯，味大甘冷，村人名曰樂音泉。《玄山記》

白泉　泉色白如乳，自出山澤，王者得禮制，則澤谷之白泉出。人得飲之，無疾長年。《玉符瑞圖》

墨竹茶泉　黃州府蘄水縣鳳棲山下，有王羲之洗筆池，崖邊小竹俱成墨色。又有茶泉，唐陸羽烹茶所汲，李季卿品天下泉，以蘭溪石下泉為第三，謂得陸羽口授即此泉也。《名勝志》

七絃泉　武彝山有石如立，壁顛隱一泉，分七脈，味極清甘，山僧顛堅名為七絃水。《清異錄》

雙井茶補藏茶法　臘茶出於劍建，草茶盛於兩浙，兩浙之品，日注為第一。自景祐已後，洪州雙井白芽漸盛，近歲製作尤精，囊以紅紗，不過三兩，以常茶十數斤養之，用辟暑濕之氣，其品遠出日注上，遂為草茶第一。《歸田錄》

藏茶法　徐茂吳云：藏茶之法，以茶實大甕，底口俱用箬封固，倒放潔淨空樓板上，則過夏色不黃，以其氣不外洩也。子晉云：將茶瓶倒放有蓋缸內，宜砂底，則不生水而常燥，常時封固，不宜見日。見日則生翳損茶矣。藏茶不宜置熱處，新茶不宜驟用，過黃梅其味始足。《快雪堂漫錄》[119]

醫陳茶法補烹點　茶品高而年多者，必稍陳。遇有茶處，春初取新芽輕炙，雜陳茶而烹之，氣味自復。在襄陽試作甚佳，余常以此法語蔡君謨，君謨亦以為然。《王氏談錄》

御史茶瓶補茶具察院諸廳各有謂也，如禮察謂之松廳，廳南有古松也；刑察廳謂之魘廳，寢者多魘；兵察謂之茶甌廳，以其主院中茶，茶必以陶器置之，躬自緘啟，謂之御史茶瓶也。吏察主朝官名籍，謂之"朝簿廳"。《因話錄》

茶甆　韻書無甆字，今人呼茶酒器為之甆，邵康節詩："大甆子中消白日，小車兒上看青天"，即此甆字也。《水南翰記》[120]

水晶茶盂　劉貢父為中書舍人，一日朝會，幕次與三衙相鄰時，諸帥貳人出軍伍，有一水晶茶盂，傳玩良久。一帥曰：不知何物所成，瑩潔如此！貢父隔幕曰："諸公豈不識，此乃多年老冰耳。"《東皋雜錄》

宋時茶品所尚補好尚宋時草茶崇尚洪之雙井、越之日注。《後山談苑》

明初貢茶　天下茶之貢，歲額止四千貳十貳斤，而福建則貢貳千三百五十斤，則福建為多。天下貢茶以芽稱，而建寧有探春、先春、次春、紫筍及薦新等號，則建寧為上。國初，建寧所進，必碾而揉之，壓以銀板，為大小龍團，如宋蔡襄所貢茶例。太祖以為勞民，罷造龍團，一照各處，揀芽以進，復其戶五百，俾專事焉。責於有司，遣人督之，茶戶不堪。洪武二十四年，又有上供茶聽民採進之，詔只此一事，知祖宗愛民之盛心矣。《餘冬序錄》

《七修類稿》云：洪武貳十四年，詔天下產茶之地歲有定，以建寧為上，聽茶戶採進，勿預有司。茶名有四：曰採春、先春、次春、紫筍，不得碾揉為大小龍團。此《聖政記》所載，恐今不然矣。不預有司，亦無稽考，此真聖政較宋之以茶擾民者天壤矣。

《妮古錄》云，太祖高皇帝喜顧渚茶，定額歲三十貳斤，以為常。

茶蓴為奠補清韻　杜子美祭房相國，九月用茶、藕、蓴、鯽之奠。蓴生於春，至秋則不可食，不知何謂而晉張翰亦以"秋風動而思蓴美、菰菜、鱸膾。"鱸固秋時物也，而蓴不可曉矣。《墨莊漫錄》[121]

茗戰　建安鬥茶，以水痕先退者為負，耐久者為勝。較勝負之説謂之茗戰。《茶錄》

貌瘠嗜茶　宋江參字貫道，善畫江南人形。貌清臞，嗜茶香以為生。《逸人傳》

天柱峯茶詩補詩詞　唐薛能

兩串春團敵夜光，名題天柱印維揚。偷嫌曼倩桃無味，搗覺嫦娥藥不香。惜恐被分緣利市，盡因難覓謂供堂。粗官寄與真拋卻，賴有詩情合得嘗。《唐詩紀事》

詠茶一字至七字　唐元稹

茶。香葉，嫩芽。慕詩客，愛僧家。碾雕白玉，羅織紅紗。銚前黃蕊色，盌轉麴塵花。夜後邀陪明月，晨前命對朝霞。洗淨古今人不倦，將知醉後豈堪誇。《唐詩紀事》

〔遊惠山敘　宋蘇軾〕[162]

余昔為錢塘倅，往來無錫，未嘗不至惠山。既去，五年復為湖州與高郵秦太虛、杭僧參寥同至，覽唐人王武陵竇羣、朱宿所賦詩，愛其語清簡蕭然有出羣之姿，用其韻，各賦三首選一。

宋蘇軾（敲火發山泉）

和子瞻韻[163]　宋秦觀

樓觀相複重，邈然閟深樾。九龍吐清冷，漲漲曾不絕[164]。罌味馳千里，真朱猶未滅[165]。況復從茶仙，茲焉試葬月。岸巾塵想消，散策佳興發。何以慰嬉遊，操瓢繼前轍。

惠山謁錢道人烹小龍團登絕頂望太湖　宋蘇軾（踏遍江南南岸山）

寄伯強知縣求惠山泉[166]　宋蘇軾

茲山定中空，乳水滿其腹。遇隙則發見，臭味實一族。淺深各有值，方圓隨所蓄。或為雲洶湧，或作線斷續。或流蒼石縫，宛轉龍鸞戲。或鳴深洞中，雜佩間琴築[167]。瓶罌走千里[168]，真偽半相瀆。貴人高宴罷，醉眼亂紅綠。赤泥開方印，紫餅截團玉。傾甌共歎賞，竊語笑僮僕。豈知泉下僧，盥灑自挹掬。故人憐我病，篛籠寄新馥。欠伸北窗下，晝睡美方熟。精品厭凡泉，願子致一斛。

注　釋

1 昔者洛花以永叔譜之而傳：此指歐陽修的《洛陽牡丹記》。

2 蘭陵：漢置縣，故治在今山東嶧縣，晉時南遷僑置今江蘇常州市。此“蘭陵”，疑指常州舊名。

3 《開元文字》：即《開元文字音義》，三十卷。辭書，約成書於唐開元 18 年（730）。

4 焦氏《説楛》：焦竑（5141 － 1620）撰。竑明應天府江寧人，字弱侯，號澹園，萬曆十七年殿試第一，授輸林修撰，未幾棄官歸，博覽羣書，卓然成名家，有《澹園集》、《焦氏筆乘》等。

5 《研北雜志》：又作《硯北雜志》二卷，元代陸友撰，平江路（治所在今蘇州）人，字友仁，號硯北生。善詩，尤長五律，兼工隸楷，又博鑒古物，除《研北雜志》外，還有《硯史》、《墨史》等。

6 此處刪節，見明代屠本畯《茗笈》。

7 此處刪節，見宋代趙汝礪《北苑別錄 · 開 畬》，除個別字眼外全同。

8 此節刪節，見明代黃儒《品茶要錄 · 採造過時》。

9 《學林新編》：一名《學林》，十卷。宋王觀國撰。該書以辨別字體、字義、字音為主。對《六經》和有關史書注釋精詳，為宋代重要的考據專著。

10 《泉南雜志》：筆記，陳懋仁撰，約成書於清順治七年（1650）。

11 《巖棲幽事》：一卷，明陳繼儒撰，所載皆山居瑣事，如接木藝花，焚香點茶之類。

12 此處刪節，見唐代陸羽《茶經 · 八之出》。

13 此處刪節，見宋代葉清臣《煮茶泉品》。

14 此處刪節，見宋代陳繼儒《茶董補 · 山川異產》。

15 此處刪節，見宋代陳繼儒《茶董補 · 山川異產 · 又》。

16 此處刪節，見宋代陳繼儒《茶董補 · 片散二類》。

17 此處刪節，見五代蜀毛文錫《茶譜》。云引自《茶錄》，應誤。

18 《彙苑詳註》：一名《類苑詳》，三十六卷，舊本題名王世貞撰　鄒善長重訂。成書於萬曆乙亥。部首所列引用書目似乎浩博，其實就唐專諸類書採掇而成，疑亦托名世貞而已。

19 此處刪節，見明代夏樹芳《茶董 · 天柱峯數角》。

20 《茶譜》：本條所錄內容，不見現存諸《茶譜》。

21 《建平縣志》：建平縣，治所在今安徽郎溪縣，宋端拱元年（988），以廣德縣郎步鎮置。

22 《茶史》：此《茶史》，考無定論。校者查閱多種文獻後，初步認為有可能為明代人姚伯道所撰。

23 《舒堂筆記》：查未見，疑宋元間鄭鉞撰。鉞，一名少偉，字彝白，號舒堂。閩之莆田人，咸淳時被薦為興化軍陳文龍署衙門客，入元，不仕，隱以著述。《舒堂筆記》很可能是其元初所作筆記。

24 《雲川紀行》：查未見，疑明鍾復撰。復，字彥彰，號雲川，永豐人。宣德癸丑進士，官至翰林院侍講。有《雲川文集》六卷。

25 《洞冥記》：共四卷，舊本作後漢郭憲撰，字子橫，官至光祿勳。是書序稱，漢東方朔滑稽浮誕，以匡諫洞心於邊教，使冥跡之奧昭然顯著，故曰“洞冥”。《四庫全書簡明目錄》稱其為唐以前的偽書。

26 《古枕雜志》：也作《古枕雜記》，四卷，不著撰人姓名。俱載宋人小詩之有關史事本末。元時江西書賈據宋舊本和續本新刊一書，所記凡四十九條，多理宗、度宗時嘲笑之詞。

27 《西湖志餘》：明田汝成撰，二十六卷。

28 《新城縣志》：此新城縣，為三國吳置，治所在今浙江富陽縣西南。

29 此處刪節，見唐代陸羽《茶經 · 七之事》。

30 《無夢園集》：陳仁錫（1581 － 1636）撰，四十卷。仁錫，蘇州府長洲（今蘇州）人，字明卿，號芝苔，十九歲中舉，天啟二年進士一甲第三人，官至南京國子祭酒。性好學，喜著作，有《四書備考》、《經濟八編類纂》等。

31 《天台山志》：此似應作《天台山方外志》，萬曆二十九年（1601）釋無盡撰。內容出《形勝考》。

32 此處刪節，見唐代陸羽《茶經 · 七之事》。

33 此處刪節，見宋代趙汝礪《北苑別錄》。

34 此段內容，由本文輯者據《北苑別錄．御園》內容組寫而成。底本下略採茶、揀茶等內容，也是按《北苑別錄》序次略。
35 此處刪節，見宋代趙汝礪《北苑別錄》。底本脱漏“金錢”和“寸金”之間的“玉葉”整條內容，所刪實際只是十五種。
36 此處刪節，見宋代趙汝礪《北苑別錄》。
37 此處刪節，見宋代趙汝礪《北苑別錄》該四種茶。
38 河南府陝州：河南府，唐開元元年（713）改洛州置，放治位於今洛陽市，民國初廢。陝州，北魏太和十一年（487）置，治所奮陝縣今入河南三門峽市。歷代時廢時復，1913 年改縣。
39《雲蕉館紀談》：作者和原書未見，筆記，約成書於明代初年。
40 查本條上錄《茶解》內容，不見於今羅廩《茶解》。
41《錦里新聞》：三卷，段成式撰。內容多為遊蜀記事。
42 嘉定州：南宋升嘉州為嘉定府，明洪武九年降府為州，清雍正復改為府。原治在今四川樂山。
43《咸賓錄》：八卷，明羅曰褧撰。曰褧，字尚之，江西人。本書成書於萬曆年間，分述各國之事，以誇耀明代聲教之遠。故曰《咸賓》。其實多非朝貢之國。
44 此處刪節，見唐代張又新《煎茶水記》。
45 此處刪節，見唐代張又新《煎茶水記》。
46《湧幢小品》：明朱國楨撰，三十二卷。朱國楨（？－1632），一作國禎，湖州府烏程人。字文寧，萬曆十七年進士，天啟三年拜禮部尚書兼東閣大學士，改文淵閣。後為魏忠賢逆黨所劾，辭歸。
47《金陵瑣事》：明周暉撰，約成書於明萬曆三十八年（1610）。筆記。
48《戒庵漫筆》：明李詡撰，雜記，八卷。詡，字厚德，江陰人，少為諸生，坎坷不第，年八十而卒。晚年自號“戒庵老人”，因以為書名。它書如《名山大川記》等均佚。
49《羣碎錄》：明陳繼儒撰，其書隨軍記錄，不暇考辨，故以“羣碎”名。
50《鴻慶堂集》：宋晉陵（今江蘇常州）孫覿（1081－1169）撰。覿字仲益，號鴻慶居士，徽宗大觀三年進士，官至戶部尚書，出知溫州、平江、臨安，擾民媚奸，為人不恥。但工詩文。《鴻慶堂集》，一名《鴻慶居士集》，共四十二卷。
51 杭州昌化縣：北宋太平興國三年（978）以吳昌縣改名，治所在今浙江臨安縣武隆。
52《耕餘錄》：明張所望撰。所望，字叔翹，上海人，萬曆辛丑（1601）進士，官至廣東按察使副使。此為隨筆劄記，共六卷。
53《釣台記》：崔儒撰，字元立，唐滑州靈昌人。代宗時任起居舍人，官至戶部郎中。德宗興元元年（784），撰《嚴陵釣台記》，一稱《嚴先生釣台記》。
54 此處刪節，見明代田藝蘅《煮泉小品．源泉》、《石流》各條。
55 此處刪節，見明代田藝蘅《煮泉小品．石流》。
56 此處刪節，見明代田藝蘅《煮泉小品．靈水》。
57 本條內容，不見所收各《茶譜》，不知所出。
58 此處刪節，見宋代審安老人《茶具圖贊》附錄。
59 此處刪節，見宋代審安老人《茶具圖贊》。
60 以下刪節，見宋代審安老人《茶具圖贊》各條。
61 以下刪節，見明代顧元慶、錢椿年《茶譜．附竹爐並分封六事》。
62 此處刪節，見明代顧元慶、錢椿年《茶譜．附竹爐並分封六事》。
63 此處刪節，見明代顧元慶、錢椿年《茶譜》所載盛顒《苦節銘》。
64《曲洧間舊聞》：即《曲洧舊聞》，十卷。宋朱弁撰，蓋其使金被扣留時所作，主要追述北宋軼事，無一字涉於金朝，故曰舊聞。《文獻通考》以之劃食“小說家”，《四庫全書簡明目錄》改為“雜家類”。
65 此處刪節，見明代熊明遇《羅岕茶記》。“焙”字後，底本還多“亦可”兩字。
66 此錄為蔡襄《茶錄》。
67 此處刪節，見明代高濂《茶箋》。下兩條按《茶箋．藏茶》改寫，略為不同，存。

68 此處刪節，見明代高濂《茶箋 · 煎茶四要》。
69 此處刪節，見唐代陸羽《茶經 · 五之煮》。
70 此處刪節，見明代屠本畯《茗笈 · 第八定湯章》。雖云引自《鶴林玉露》，字眼所見應據《茗笈》抄錄。
71 此處刪節，見明代屠本畯《茗笈 · 點瀹第九章》。雖云引自陸書，字眼所見應據《茗笈》抄錄。
72 此處刪節，見明代屠本畯《茗笈 · 第十四相宜章》。雖云引自《茶解》，字眼所見應據《茗笈》抄錄。
73 此處刪節，見明代高濂《茶箋 · 試茶三要》。
74《南窗紀談》：不著撰者，一卷。筆記。
75《雲谷雜記》：宋張淏撰。原本已佚，此後從《永樂大典》錄撮成四卷，對諸家著述析疑正誤多所釐訂。
76《雲仙散錄》：一卷，舊稱唐馮贄撰，《直齋書錄解題》稱"所引書名皆古今所不聞，且其記事造語如出一手"，提出是一本偽托的"子虛烏有"之書。
77《北轅錄》：宋周煇撰，煇一作輝，字昭禮，海陵（今江蘇泰州市）人，僑寓錢塘（今浙江杭州市）。嗜學工文，隱居不仕。藏書萬卷，孝宗淳熙三年，曾隨信使至金國。《北轅錄》即記金國見聞。
78《明良記》：楊儀撰，四卷。前有李鶚翀引言，稱其與《保孤記》合為《二記》秘本。這時佚其一種，故附於李鶚翀所撰《洹詞記事抄》一卷之後。鶚翀，字如一，明常州府（今無錫）江陰人。實際《洹詞》本崔銑所著，鶚翀補《洹詞》未錄之宋及明初記事三十六則，自題《洹詞記事抄》。
79 此處刪節，見唐代陸羽《茶經 · 六之飲》。
80 此處刪節，見宋代蔡襄《茶錄 · 香》。此言引自《茶譜》，應誤，可能轉抄明代屠本畯《茗笈》而以訛傳訛。
81 此處刪節，見明代許次紓《茶疏 · 飲啜》。
82 下錄內容，查對現見各"岕茶"茶書，俱未見，不知所出。
83 本段內容底本注為出之《茶疏》，查非出《茶疏》，疑可能同上條，出《岕茶疏》。
84 此處刪節，見清代冒襄《岕茶匯鈔》。
85 此處刪節，見明代徐𤊹《蔡端明別紀茶癖》。
86《甲申雜記》：宋王鞏撰，鞏字定國，自號清虛先生。所紀皆東都舊聞，本各自為書，後其曾孫合為一編。全編共二十二條。"甲申"者，崇寧三年也，故所記上起仁宗，下迄崇寧。
87《玉堂雜記》：三卷。宋周必大撰。必大，字子充，一字洪道。廬陵人，紹興二年進士。此書皆記翰林故事，後編入《必大文集》，此為別本。
88 此處刪節，見明代屠本畯《茗笈 · 第十六玄賞章》。
89 此處刪節，見明代屠本畯《茗笈 · 第十六玄賞章》。
90 此處刪節，見明代田藝蘅《煮泉小品 · 宜茶》。
91 此處刪節，見明代田藝蘅《煮泉小品 · 宜茶》。
92 此處刪節，見明代馮可賓《岕茶牋》和冒襄《岕茶匯鈔》原文。
93《金鑾密記》：唐韓偓撰，一卷，一作三卷。本篇為偓任翰林學士承旨京兆時記翰苑事。
94《灌園史》：四卷，陳詩教撰。詩教字四可，秀水（今浙江嘉興）人。
95 此處刪節，見明代喻政《茶書 · 詩類》。
96 此處刪節，見明代喻政《茶書 · 詩類》。
97 唐朱景元：吳郡（今江蘇蘇州市）人。"景元"，一作"景玄"。
98 呂居仁：即呂本中（1084 － 1145），宋壽州人。居仁是其字，郡望東萊，人稱東萊先生。高宗時賜進士及第。官中書舍人兼侍講，權直學士院。秦檜為相，忤檜，被劾罷。工詩，有《紫微詩話》、《東萊先生詩集》等。
99 謝宗可：金陵人，有詠物詩百篇傳於世。
100 劉秩：字伯序，豐城人，有《秋南集》。本詩一般題作《雲溪為高理問賦》。
101 程垓：南宋詞人。字正伯，號書舟。眉山（今屬四川）人。生卒年不詳。蘇軾中表程正輔之孫。孝宗淳熙間曾遊臨安。光宗時尚未仕宦。工詩文，詞風淒婉錦麗。有《書舟詞》。

102 蔡伯堅：即蔡松年（1107－1159），伯堅是其字，號蕭閑老人，真定（今河北正定）人。金代文學家，以宋人而隨父降金，官至右丞相，加儀同三司，封衛國公。工詩，風格清俊，部分作品流露仕金之悔恨，表達歸隱心志。亦能詞，與吳激齊名，時號“吳蔡體”。有詞集《明秀集》，魏道明注。

103 高士談（？－1146）：金詩人。字子文，一字季默。先世為燕人。宋宣和末任忻州（今屬山西）戶曹參軍，入金官至翰林直學士。後因宇文虛中案被捕，遭殺害。《中州集》選錄其詩。

104 黃震（1213－1280）：南宋末思想家。字東發，慈溪（今屬浙江）人，學者稱於越先生。寶祐進士，曾任史館檢閱、提點刑獄等官。宋亡後不仕，隱於寶幢山，餓死。學宗程朱，但也有不滿和修正。有《東發日鈔》傳世。

105 李攀龍（1514－1570）：明代文學家。字于鱗，號滄溟，山東歷城（今屬濟南）人。嘉靖進士，官至河南按察使。與王世充為“後七子”首領。提倡摹擬、復古，認為文自西漢、詩自盛唐以後俱無足觀。其詩作多摹擬古人，只少數作品揭露時弊，較具感染力。有《滄溟集》傳世。

106 此處刪節，見明代毛文錫《茶譜》。

107《本草徵要》：明代李中梓撰於崇禎十年（1637）。此書主要取材於《本草綱目》，刪繁去複，採擇常用藥361種，分屬草、木、果、穀、菜、金石、土、獸、禽、蟲魚等11部。各藥均參引前代論述，並附作者用藥心得。李中梓為明末著名醫學家，所著本草書還有《本草通玄》。

108《霞外雜俎》：一卷，舊本題鐵腳道人撰，有敖英序，存疑。所言皆養生術大旨。

109 唐子西云：所錄內容，只有前四句是正式摘自唐庚的《鬥茶記》，“又引云”以下，部份雜摘《鬥茶記》和其他文獻的記述。

110 此處刪節，見五代蜀毛文錫《茶譜》。除個別字句外，基本相同。

111 此處刪節，見唐代陸羽《茶經．七之事》。除個別字句外，基本相同。

112 此處刪節，見唐代陸羽《茶經．七之事》。

113 此處刪節，見明代萬邦寧《茗史》。斛二瘕，《茗史》作斛茗瘕。

114《拊掌錄》：一卷，舊本題元人撰，不著名氏，後有至正丙戌華亭孫道明跋，亦不言作者為誰。《說郛》載此書題為元宋懷，前有自序，稱延祐改元立春日讙然子書，蓋元懷自號也。此本見曹溶《學海類編》中失去前序，遂以為無名氏耳。書中所記皆一時可笑之事，自序謂補東萊呂居仁《軒渠錄》之遺，故目之曰《拊掌錄》。

115 此處刪節，見明代田藝蘅《煮泉小品．宜茶》。

116 以上刪節，見明代田藝蘅《煮泉小品．宜茶》、《緒談》各條。云引自《清事錄》，誤。

117《隨手雜錄》：一卷，宋代王鞏撰。全書凡三十三條，所記惟周及南唐吳越各一條，餘皆宋事止。於英宗之初雖皆稍涉神怪，而朝廷大事為多。

118 以上刪節，見明代顧元慶、錢椿年《茶譜．製茶諸法》。

119《快雪堂漫錄》：一卷，明代馮夢禎撰。夢禎有《歷代貢舉志》已著錄是編，為陸烜奇晉齋所刻，皆記見聞異事，語怪者十之三，語因果者十之六。記翰林舊例、大同米價、回回人、義僕節婦、虞長孺漢印、吳茂昭品龍井茶、李于麟棄岕茶、以及栽蘭、藏茶、炒茶、茉莉酒、造印色、鑄鏡、造糊、造色紙諸法，為雜家言者十之一，故從其多者入之小說家焉。

120《水南翰記》：其撰作者於諸書所說有異，《千頃堂書目》謂張衮，《御定佩文齋書畫譜》、《纂輯書藉》作李如一，《元明事類鈔》云李恕。

121《墨莊漫錄》：十卷，宋代張邦基撰。所記軼事多釆以神怪，頗闌入小說家言。至於辨定杜甫韓愈蘇軾黃庭堅諸詩，皆為典核考證名物，亦資博識。

校　記

① 序：底本“序”字前，還冠有書名，作《茶苑序》，本書校時刪。

② 卷一：底本在此之前多書名“茶苑”二字，在同行下端有“毗陵黃履道輯”六字，本書校時刪，下面各卷均同。

③ 目次：本文《茶苑》每卷卷首都書有目錄，但目錄與文題往往不一，有的有目無題，有的有題無目，較混亂。此次校編也一仍其舊，不作改動。
④ 餘甘子不夜侯：底本作"不侯夜"，逕改。
⑤ 伐而掇之：底本作"代"，逕改。
⑥ 莖：底本闕，據唐陸羽《茶經》補。
⑦《茶經・注》曰：此注，原均為《茶經》正文雙行小字夾注。本文從引文中分別輯出，低一字集中編錄於後，以與正文區別。
⑧ 根：底本闕，據唐陸羽《茶經》補。
⑨ 茶字從草當作"茶"：《茶經》此夾注前正文為"其字或從草，或從木，或草木并"。
⑩ 揚：底本作"陽"，誤，逕改。
⑪《周詩》謂：底本"謂"前有"誰"，疑衍，逕刪。
⑫《茶説》：查不知所據，但與程百二《品茶要錄補》內容相類。
⑬ 老葉謂之荈，細葉謂之茗：《淵鑒類函》、《圖書集成》作"其老葉謂之荈，嫩葉謂之茗"。
⑭ 不止味同露液，白況霜華：夏樹芳《茶董》作"首閱碧澗明月，醉向霜華"。
⑮ 以下三條"餘甘氏不夜侯"、"雞蘇佛橄欖仙"及"玉蟬膏清風使"，六名俱為茶別名，在有關文獻記載和茶書中，將二名合作一題，除本文外甚是罕見。
⑯ 常焉：宋代陶穀《茗荈錄》作"嘗為"。
⑰ 此詩《全唐詩》等題作《謝李六郎中寄新蜀茶》。"目"字，一作"眼"。麯底本作"麵"，逕改。
⑱《天中記》原文為"凡藝茶必種以子"和"凡種茶樹必下子，移植則不復生"。"不遷"、"不移"等名為本文後加。
⑲ 號一旗一鎗：《宣和北苑貢茶錄》原文作"一鎗一旗"。
⑳《北苑茶錄》芽茶註云：《北苑茶錄》，即《宣和北苑貢茶錄》簡稱。"芽茶註云"，《北苑貢茶錄》原文無，作者編時亦將正文寫作"注"，誤。
㉑《顧渚山茶譜》：應作《顧渚山茶記》，一般也作《顧渚山記》。"一鎗二旗"、"一芽二葉"，底本作"一旗二鎗"、"一葉二芽"，誤，逕改。蘄門團黃下同，不出校。
㉒ 洪州西山出羅漢茶："茶"字，底本疑脱,校時補。
㉓ 茶芽名雀舌、麥顆：《夢溪筆談》原文作"茶芽，古人謂之雀舌、麥顆"。
㉔ 定知北客未曾嘗："知"，《夢溪筆談》原文作"來"。
㉕《紫桃軒又綴》："又"，底本作"雜"，下錄內容非出《紫桃軒雜綴》，而是《紫桃軒又綴》卷3，逕改。
㉖ 石筋山脈，鍾異於茶云云。今地產天池僅一石壁：《紫桃軒又綴》原文為"石筋山脈，鍾異於茶，今天池僅一石壁"。
㉗ 本條內容不見於《品茶要錄》，疑據《東溪試茶錄》首段內容改寫而成。
㉘《羅岕茶記》：底本簡作《岕茶記》。校時加添一"羅"字，以免與它書混。下同。
㉙《唐史》：此應作《唐書》。本條用詞與《天中記》、《續茶經》等全同。
㉚ 上錄兩條《重修茶舍記》內容，與《雲麓漫抄》所記相近。
㉛ 此條內容，不見《北苑別錄》，疑據陳繼儒《茶董補・湖常為冠》內容摘抄而成。
㉜ 北苑官焙分十餘綱：《宣和北宛貢茶錄》原文為 "每歲分十餘綱"。
㉝ 本條下錄內容，《北苑別錄》不見，經查，實錄自《宣和北苑貢茶錄》。
㉞ 北苑貢茶起於驚蟄前：黃儒《品茶要錄》原文為"茶事"二字，此句作"茶事起於驚蟄前"。
㉟ 此條疑據《東齋紀事》摘成。
㊱ 採茶不必太細："採茶"，《考槃餘事》原文為文題，"茶"字作"芽"。
㊲ 若再遲一、二日，得其氣力完足：《茶疏》原文作"若肯再遲一二日，待其氣力完足"。
㊳ 天氣適佳為慶：《大觀茶論》原文作"故焙人得茶天為慶"。
㊴ 故茶於驚蟄前後已上焙，較吳中為最早：《泉南雜志》原文無前句"於驚蟄前後已上焙"八字，僅存這兩句前後"故茶較吳中差早"七字。

㊵ 而喜日光晴暖：底本作“月”字，疑“日”字之誤，逕改。
㊶ 已上數種，其名皆著：《遵生八牋》原文作“之數者，其名皆著”。
㊷ 唐人首推陽羨，宋人最重建溪：“推”字、“溪”字，許次紓《茶疏》原文作“稱”字和“州”字。底本此錄與《茶疏》原文差誤較多，故這裏雖與前錄《茶疏》內容有重，亦只得留不作刪。
㊸ 今惟洞山產者最佳。姚伯明云：《茶疏》原文無“產者”二字。“明”字，《茶疏》原文作“道”。
㊹ 滋味甘芳：“芳”字，《茶疏》原文作“香”。
㊺ 足為仙品。若在顧渚：在這兩句“品”字和“若”字之間，《茶疏》原文還多“此自一種也”一句。
㊻ 《岎茶別錄》、《茶董》：經查，《茶董》無此內容，誤署。《岎茶別錄》，原書佚，疑即《續茶經》等書中所引的《岎茶別論》。
㊼ 殆為精絕：《羅岎茶記》原文作“真精絕”。
㊽ 《遵生齋集》：查不見諸書目，疑即明高濂《遵生八牋》之誤。本條基本相同，僅最後一句作“雋永非常”，《遵生八牋》作“嗅有消渴”。
㊾ 月：底本原無，據《紫桃軒雜綴》補。“山”字，《紫桃軒雜綴》原文無。“青翠”，《紫桃軒雜綴》原文作“翠綠”。
㊿ 何堪刮目：“刮”字，《紫桃軒雜綴》原文作“翠綠”。
51 杭州臨安縣天〔目〕山茶：“目”字，底本原脱，據《考槃餘事》原文補。
52 《茶經·八之出》原文作“餘姚縣生瀑布泉嶺，曰仙茗，大者殊異”。
53 《茶經·八之出·注》原文作“台州豐縣生赤城者，與歙州同。”豐縣，因作“始豐縣”。
54 三十二都的“二”字，底本原糊闕，校時據原志補。
55 烹成碧色：此句《事類賦注》引作“煎如碧乳”也。
56 入水烹成：“烹”字，《紫桃軒雜綴》作“煎”字。
57 鄂州東山，出茶黑色如韭，食之已頭痛：《太平寰宇記》引毛文錫《茶譜》文作：“鄂州之東山蒲圻、唐年縣皆產茶，黑色如韭葉，極軟，治頭痛。”
58 先春兩色：底本作“雨色”，誤，逕改。
59 貢茶綱次：宛委山堂説郛及喻政茶書本等，俱無“貢茶”二字，此“貢茶”顯為黃履道編時加。《四庫全書》本，無“綱次”之目。
60 龍團勝雪：“團”字，趙汝礪《北苑別錄》各本作“園”字。底本除此，如下面細色第四綱等，“龍園勝雪”，俱作“龍團勝雪”。
61 粗色第一綱：本文先前刻本，一般皆接排不分段分行，細芽各綱，底本除芽形、水火次數改排雙行小字外，內容增加、改變不多。粗色各綱所含內容較多，本文分別又細，與《北苑別錄》原稿相異較多。如本段，《北苑別錄》原稿為：“粗色第一綱　正貢　不入腦子上品揀芽小龍一千二百片，六水十六火。入腦子小龍七百片。　增添　不入腦子上品揀芽小龍一千二百片，入腦子小龍七百片。　建寧府附發小龍茶八百四十片。”底本、近現代刊本與本文所據原書原稿還是有一定差別的，故這裏特保存第一綱以之對比説明。
62 正貢一百片：《北苑別錄》原文，“正貢”寫在文題“粗色第二綱”下，底本在每種貢額前所加的“正貢”二字，原文一律沒寫，為本文輯者或抄錄者添加。又“一百片”，原文作“六百四十片”。
63 正貢七百片：《北苑別錄》原文，每種貢額前，均無“正貢”二字。下同，不出校。另“七百片”，原文作“六百七十二片”；“七”字，宛委山堂説郛本作“四”。
64 入腦子小鳳四水，十五宿火正貢一千三百四十片：《北苑別錄》原文，水火次數，均排在貢額數字之後，把此移至貢額之前並改作雙行小字注，是底本所抄。同，也不校。另貢額一般作“一千三百四十四片”，底本同宛委山堂説郛本，作“一千三百四十片”。
65 增添一千二百片：上面“增添”既單列作目，本文《北苑別錄》原文在增添下刊各條數額前，就俱無“增添”二字。下同，不出校。
66 建寧府附發　小鳳茶，增添一千三百片：“發”字和“小”字之間，原接排無空格，本書校時加，下同。“茶”字，底本原無，據原文加。“一千三百片”，“三”字，喻政茶書本等俱作“二”，宛委山堂説郛本等和繼豪按作“三”。

(67) 六百四十片：底本同宛委山堂説郛本等作“六百四十片”，但其他有些版本，也作“六百四十四片”。
(68) 一千八百片：底本與宛委山堂及涵芳樓説郛本等同，本茶及下面入腦子大鳳，同作“一千八百片”，但是，其他各本，也有作“一千八片”者。
(69) 本條及下一條，底本原作“建寧府附發大龍茶，附發四百片”；“建寧府附發大鳳茶，附發四百片”。內容重複，也與以上“正貢”、“增添”體例不合。本書校時，將上一行“建寧府附發”存作“小目”，下行“建寧府附發”及數額前加“附發”等字全刪。按體例和原書內容實際，校改如上。下同。
(70) 大龍茶，四百片：“四百”，宛委山堂説郛本、五朝小説大觀等本，均作“四十”。下條“大鳳茶四百片”，情況亦與之同。
(71) 一千六百片：底本誤抄粗色第七綱京挺改造大龍數，作“二千三百二十片”，據《北苑別錄》原文改。
(72) 大龍茶，八百片；大鳳茶，八百片：底本原誤抄粗色第七綱之附發數，作二百四十片。“八百片”為本文校時逕改。但本文《四庫全書》本，無此二種附發數。
(73) 一千三百片：底本原誤抄粗色第七綱附發數，作“四百八十片”，“一千三百片”是本文校時據原文改。但“三百片”之“三”字，宛委山堂説郛、五朝小説大觀本等作“二”字。
(74) 記：底本作“説”，誤，逕改。
(75) 南平狼猱茶：“猱”字，底本原作“細”字，此據毛文錫《茶譜》改。
(76) 羅艾茶：底本作“羅文茶”，誤，逕改。
(77) 渝人重之，云可已痰疾：“云可已痰疾”，《太平御覽》引文作“十月採貢”。
(78) 劉伯芻水品：“劉伯芻”三字，底本原無。本卷目次首目為“泉品”，次目為“劉伯芻水品”，本文題作“水品”，與文前目次矛盾，校時故加。
(79) 陸羽水品：底本原無，據目次校補。
(80) 陸季疵：“疵”字，底本原作“紕”，本書校時改。下同。
(81) 論泉品：底本誤作“論茶泉”，逕改。
(82) 此條及以下兩條內容，不見現存諸《茶錄》，經查俱轉錄自明田藝蘅《煮泉小品》。
(83) 得飲之者壽千歲：《煮泉小品》引《拾遺記》簡作“飲者千歲”。
(84) 《茶譜》原文作“水泉不甘者，能損茶味，前世之論，必以惠山泉宜之。”
(85) 壽：底本作“箕”，誤，逕改。
(86) 底本稱出自《茶解》，誤，疑是據張源《茶錄》摘抄。
(87) 將“韋鴻臚贊”、“苦節君行省略銘”用括號併刊於“十二先生題名錄”之下，是本書校時所整合。
(88) 本條實非出《茶錄》，而是摘自許次紓《茶疏·煮水器》。本文輯者轉抄屠本畯《茗笈·辨器章》，以訛傳訛。
(89) 芝園主人茅一相撰：原序落款詳作“庚辰秋七月既望花溪裏芝園主人茅一相撰並書”。
(90) 本條所錄內容，輯者坦言據自《茗笈》，其實《茗笈》注明摘自聞龍《茶箋》。
(91) 此稱據自《茶疏》，但疑據自《茗笈》。
(92) 此稱輯自《茶錄》，疑轉抄自《茗笈》。
(93) 這段內容不知所據，或本文輯者擅改。
(94) 張源《茶錄》作“以錫為之，從大掻中分用，用盡再取。”
(95) 羅廩《茶解》原文作：“爐，用以烹泉，或瓦或竹，大小要與湯壺稱。”
(96) 隨紙作氣，茶味盡矣。即再焙之：《茶疏》作“隨紙作氣盡矣，雖火中焙出”。本文增改得當。
(97) 紙帖貽遠，安得復佳？故須以滇錫作器貯之：《茶疏》原文作“每以紙帖寄遠，安得復佳”，無後一句。
(98) 藏茶：本文目次原作“藏茶法”，但文題又作“藏法”二字。“藏法”不明確，為使目次和文題一致，本書作校時，統改作《藏茶》。
(99) 自天而下：《遵生八牋》原文作“原蒸自天而下”。
(100) 此據《茗笈》轉錄。
(101) 本文所據經核對，疑參考《茗笈》。
(102) 熊明遇《羅岕茶記》：“記”字，底本原誤作“疏”字。本條內容雖然前後幾句都是本文輯者摘自它書，但中段超過半數內容，儘管文字有出入，但還是據《羅 岕 茶記》。
(103) 改碧為素，以色貴白也：此以上內容，非《羅 岕 茶記》而是由本文輯者從它書摘附。
(104) 則虎丘所無也。有以木蘭墜露：這兩句，前句“則虎丘所無也”，是《羅 岕 茶記》的最後一句，第二句“有以木蘭墜露”及其以下各句，又為本文輯自它書。
(105) 本條《岕茶疏》內容，未查到出處，也暫不知何人所撰，下同。疑可能是又一種失佚的茶書。
(106) 此實際出自《遵生八要》也即本書《茶箋》“煎茶四要”、“試茶三要”的二條內容。“又云”以下，為“試茶三要”之“熁盞”。
(107) 武陽買茶：“武”，底本作“五”，音誤，逕改。
(108) 此條言引自《茶董》，誤。
(109) 此條不見現存諸本《茶錄》，不知所據。
(110) 此注有疑。底本上錄內容與《茶董》不同，與《茗史》全同，但《茗史》也並無此注文。
(111) 好尚：底本原無，校時據文題增。
(112) 本條《茶經》引文，實際分摘自五之煮和六之飲二部份。“況其廣乎”以上，為五之煮的內容；“夫珍鮮馥烈”，為所錄“六之飲”的內容。
(113) 尚：張舜民《畫墁錄》有的版本一作“盛”字；在“前”字和“未”字間，有的版本還多一“所”字。
(114) 後又為龍團：底本原無“後”字，逕加。
(115) 神宗有旨製密雲龍：“製”字前，《畫墁錄》有的版本，還多“建州”二字。
(116) 然密雲龍之出，二團少粗，以不能兩好故也：此句，有版本一作“然密雲之出，則二團少粗，以不能兩好也”。
(117) 殆盡：《畫墁錄》有的版本，也引作“殆將不勝”。
(118) 彼以二茶易蕃羅一匹，此以一羅易茶四餅：《畫墁錄》有版本也作“彼以二團易蕃羅一匹，此以一羅酬四團”。
(119) 到邊：一作“使邊”。 “常語宮中以團為常供”，有的版本無“常言宮中”等字，簡作“以大團為常供”。另後一句，無“龍”字。
(120) 歲以為常例焉：《甲申雜記》原文，簡作“後以為例”。
(121) 出餅角子團茶以賜進士，出七寶小團茶：《甲申雜記》原文，無“團”字和“小團”二字。
(122) 經查對，本文下錄所謂《唐書 · 陸羽傳》，與原文均有明顯增刪改動，非完全照抄。
(123) 泰山靈巖寺：“泰”字，底本抄作“太”字，據原文逕改。
(124) 烹：《蘇軾詩集》作“煎”。亦有題作《月夜汲水煎茶》者。
(125) 大瓢注月歸春瓮，小杓分泉入夜瓶：“注”字、“泉”字，《蘇軾詩集》作“貯”字和“江”字。
(126) 詩名、作者均為妄題。此詩實是從宋蘇軾《寄周安孺茶》與《和錢安道寄惠建茶》兩詩各摘一段湊合而成。
(127) 以下十首詩，《全唐詩》等有的在“茶塢”一類詩題前，往往都加“奉和襲美茶具十詠”八字入題。下同。底本在十詠最後一首《煮茶》末句下，注明“已上十首，共出《陸魯望集》”。
(128) “茶塢”及此下另九首茶詩，皮日休總稱《茶中十詠》並作序。在序尾指明“為十詠，寄天隨子”。這點，底本在十詩最後一首《煮茶》末句下面的小字注亦注明，“已上十首，共出《松陵倡和集》”。
(129) 火煎：《宋詩紀事》等一些版本，作“雨前”。附：本文題《烹茶》，《瀛奎律髓》等一作《煎茶》。
(130) 乃以端午日小集石塔：《東坡全集》作“端午小集石塔”，無“日”字。此題各本擅改很多，如有稱《毛正仲惠茶》，有的稱《紫玉玦》等。
(131) 此題，《東坡全集》、《東坡詩集注》作“遊諸佛舍一日飲釅茶七琖戲書勤師殿”。
(132) 底本詩題，與別本有數字之異。此題《東坡詩集注》，簡作《為覎歎味不已次韻奉和》。
(133) 《山谷集》題作《以小團龍及半挺無咎並詩用前韻為戲》，下錄非全文，為摘抄。鋌，底本作鍵，逕改。
(134) 《劍南詩稿》等題簡作《午睡》。
(135) 蓉：《劍南詩稿》原詩作“渠”。
(136) 《劍南詩稿》題為《寓歎》。

⑬⑦ 地火：《劍南詩稿》原詩為“火地”，作“軟火地爐紅”。
⑬⑧ 午：《劍南詩稿》作“晝”字；“適意”，《劍南詩稿》作“意適”。
⑬⑨ 雲：底本原作“陰”，據《劍南詩稿》改。
⑭⓪ 塵：《劍南詩稿》作“氛”字。
⑭① 颼颼：《劍南詩稿》作“颼飀”。
⑭② 幽窗推破紫雲腴。玉川七盞何須爾：“推”字、“盞”字，《劍南詩稿》作“催”字，“碗”字。
⑭③ 可：底本作“少”，逕改。
⑭④ 秩：底本作“秋”，逕改。
⑭⑤ 詠茶好事近調：《山谷集·山谷詞》在“好事近”之上，無“詠茶”之題；在其下，無調字，下同。但有雙行小字“湯詞”二字。
⑭⑥ 詠餘甘湯更漏子調：《山谷詞》作“更漏子詠餘甘湯”。
⑭⑦ 詠茶阮郎歸調效唐人獨木橋體共四首：《山谷詞》原文作“又効福唐獨木橋體作茶詞”。“又”字，指繼前題“阮郎歸”，雙行小字注為“效福唐獨木橋體作茶詞”十字。這裏所指“茶詞”，本文收錄此以下還有另三首。“詠茶”是本文抄本所書。
⑭⑧ 詠茶踏莎行調：《山谷詞》原題作“踏莎行茶詞”。
⑭⑨ 高株摘盡到低株：《山谷詞》原文作“低株摘盡到高株”。
⑮⓪ 客有兩新鬟善歌者請作送茶詞定風波調：此題按《山谷詞》，應作“定風波客有兩新鬟善歌者，請作送湯曲，因戲前二物”
⑮① 摩湯：《山谷詞》原文作“磨香”。
⑮② 鷹：底本作“鳳”字，《山谷詞》作“鷹”，逕改。
⑮③ 深：底本作“輕”字，據《山谷詞》改。
⑮④ 互：底本闕，據《御定詞譜》補。
⑮⑤ 捧：《東坡詞》原文作“誇”。
⑮⑥ 茶詞朝中措調：此題《書中詞》作“朝中措湯詞”
⑮⑦ 臨川新茶望江南調：《溪堂詞集》只書《望江南》詞牌，其他俱本文抄本加。
⑮⑧ 茶宴序《文苑英華》作《三月三日茶宴序》。
⑮⑨ 有：《文苑英華》作“右”字。
⑯⓪ “取”字前，《黃氏日抄》還多一“羅”字，作“羅取四明、天台之勝”。
⑯① 團銙之外：毛文錫《茶譜》現存輯佚記載，無“團銙之外”之句。在附加的“團銙之外”的下錄內容，與《太平寰宇記》引錄的內容，也有不同。本句《太平寰宇記》引作“又有片甲者，即是早春黃茶，芽葉相抱，如片甲也。”。
⑯② 〔遊惠山敘　宋蘇軾〕：此題和作者，本文抄本原無，校時據《東坡全集》補。
⑯③ 和子瞻韻：秦觀《淮海集》題作“《同子瞻賦遊惠山》三首其一王武陵韻　其二竇羣韻　其三朱宿韻”單據底本題，看不出本詩和上面蘇軾《遊惠山敘》的關係，在補錄《淮海集》原題後，對蘇軾和本首遊惠山詩序就較易理解。
⑯④ 不字：《淮海集》秦觀原詩作“未”字。
⑯⑤ 罌味馳千里，真朱猶未滅：“味”字、“朱”字、“未”字，《淮海集》原詩為“缶”字、“珠”字和“不”字；兩句作“罌缶馳千里，真珠猶不滅”。
⑯⑥ 寄伯強知縣求惠山泉：本題《東坡全集》作《焦千之求惠山泉詩》。
⑯⑦ 或流蒼石縫，宛轉龍鸞戲。或鳴深洞中，雜佩間琴築：“戲”字、“深”字，《東坡全集》作“蹙”字、“空”字。另底本此前二句詩與後二句詩，適和《東坡全集》相倒。是四句東坡原詩作：“或鳴空洞中，雜佩間琴築。或流蒼石縫，宛轉龍鸞蹙。”
⑯⑧ 千里：《東坡全集》作“四海”。

茶社便覽

◇清　程作舟　撰

程作舟，字希庵，號星槎、星槎居士。清初人。生平事跡餘不詳。查《江西通志》，僅知其為鄱陽人，康熙壬子（十一年，1672）鄉試第十五名。可能對編纂和刻書較有興趣，"尃園"大致是他的書室名，因其現存的《閒書》十五種和《程氏叢書》二十三種，均署明為"清康熙尃園刻本"。這二十三種書，大都是程作舟自己編撰，所以所謂《程氏叢書》，我們初步考定是自撰自刻本。

《茶社便覽》，是程作舟所刊《程氏叢書》中的一種。《程氏叢書》，清時《西諦書目》有著錄，但《茶社便覽》，查各舊目未見有載，以前當然也更無人在農書或茶書書目中提及。本文之作為茶書，首先是《中國古代茶葉全書》將之輯出收錄的。因內容均輯之各書，這類茶書在明清部分已見之太多，本書編校時曾考慮收還是不收。緣因既是有書將之收作茶書，本書按凡例所定，這裏也就姑加收錄。上面説及，在現存《閒書》十五種和《程氏叢書》二十三種中，均收有本文。但需要指出，這二種書實際上只是一個版本。《閒書》十五種，是近年北京圖書館（現改名國家圖書館）編輯出版的《北京圖書館古籍珍本叢刊》收刻，是該館據館藏的程作舟所編《閒書》影印的。我們據之與《程氏叢書》對照，發現《閒書》所收十五種，不但全部見之《程氏叢書》，且版式、字體二書也同。故我們推測，《程氏叢書》或是在《閒書》之後加刻八書而成，或《閒書》為《程氏叢書》原版所選的重印本。本書據清康熙尃園本《程氏叢書》作錄。這裏也需指出，《茶社便覽》內容雖大都摘自他書，且還多重複，但因程作舟所摘都頗扼要，字數也不多；這是它的優點或特點。因此，本書在處理這類內容時，也只好一律留不作刪。

居士何嗜？嗜酒不能一斗，嗜詩不過百篇，而於茶獨勝。每日以盧玉川為式，早起可以清夢，飯後可以清塵，上午可以濟勝，小晝可以導和，下午可以怯倦，傍晚可以待月，挑燈讀罷可以足睡①。其故人過訪，促坐談心，則烹茶細酌不在此數。然個中火候，非樵青所能知也。爰集前人之言，為《社中便覽》[1]：一曰紀茶名，二曰辨茶性，三曰生茶地，四曰採茶時，五曰煮茶水，六曰煎茶火，七曰收茶法，八曰酌茶器，九曰投茶候，十曰飲茶人，十一曰理茶具，十二曰傳茶事。山居岑寂，雖乏佳茗，然按譜遵行，嚴於令甲，倘遇李季卿其人乎，急擲三十文以償夙債，毋使桑苧翁貽愧千古也。

紀茶名

未考其實，先志其名，蒙莊有言，名者實賓。

一曰茶，二曰檟，三曰蔎，四曰茗，五曰荈。見《茶經》

又早採者為茶，晚採者為茗② 。見《爾雅》

僧志崇，收茶有三等：待客以驚雷荚③，自奉以萱草帶，供佛以紫茸香。見《蠻甌志》

胡嵩曰“不夜侯”；光業曰“苦口師”；田子藝曰“如佳人”；楊粹仲曰“甘草癖”；杜牧曰“瑞草魁”；謝宗曰“酪蒼奴”。見《雜志》

名茶十種：顧渚嫩筍，方山露芽，陽羨春池，西山白露，北苑先春，碧澗明月，霍山黃芽，宜興紫筍，東川獸目，蒙頂石花④ 。見《文苑》

御用十八品[2]：上林第一，乙夜清供，承平雅玩⑤，宜年寶玉，萬春銀葉，延年石乳⑥，瓊林毓瑞⑦，從品呈祥⑧，清白可鑑，風韻甚高，暘谷先春，價倍南金，雪英⑨、雲葉⑩，金錢，玉華，玉葉長春，蜀葵，寸金，政和曰“太平佳瑞”⑪，紹聖曰“南山應瑞”。

辨茶性

或純或駁，受命於天。性相近也，物亦有然。

茶者，南方之佳木，其樹如瓜蘆，葉如梔子，花如白薔薇，實如栟櫚⑫，蕊如丁香⑬，根如胡桃。其性儉，不宜廣，廣則其味暗淡。[3]見《茶經》

茶性淫，易於染著，無論腥穢及有氣息之物，即名香亦不宜近⑭ 。見《茶解》

又茶酒性不相入⑮ ，故製茶者，切忌沾腥。見《茶解》

茶性畏紙。紙於水中成，受水氣多，紙包一夕，隨紙作氣⑯ 。見《茶疏》

茶與墨二者相反。茶欲白，墨欲黑；茶欲重，墨欲輕；茶欲新，墨欲陳。見《溫公論》⑰

茶猶人也，習於善則善，習於惡則惡。見《茶評》

茶之精者，清亦白，濃亦白，初發亦白，久貯亦白。味甘色白⑱ ，其香自溢。見《茶解》

芽紫者為上，面皺者次之，團葉者又次之，光面如篠葉者則下矣。見《韻書》

生茶地

惟木有茶，得土以麗，豈曰徇名，地靈人傑。

上者生爛石，中者生礫壤，下者生黃土。野者上，園者次。陰山坡谷者，不堪採掇⑲ 。見《茶經》。

吳楚間，氣清地靈，草木穎異，多產茶荈。右於武夷者為白乳，甲於吳興者為紫筍，產禹穴者以天章顯，茂錢塘者以徑山希。見《煮茶泉品》

唐人首稱陽羨，宋人最重建州。陽羨僅有其名，建州亦非佳品，惟武夷雨前

者最勝。見《茶疏》

茶產平地受土氣者，其質便濁。岕茶產於高山，渾是風露清虛之氣，其味最佳。見《岕茶記》⑳

茶地南向為佳，陰向遂劣。㉑又曰茶地不宜雜以惡木，惟桂、梅、辛夷、玉蘭、玫瑰、梧、竹間之。見《茶解》

採茶時

雖毋過早，亦無過遲。非曰同流，物生有時。

採茶在二三月之間。㉒茶之筍者，長四五寸，若薇蕨初抽，淩露採焉。茶之芽者，其上有三枝四枝，擇其中穎拔者採焉。又云：有雨不採，有雲不採。見《茶經》

清明太早，立夏太遲，穀雨前後，其時適中。再遲一二日，香力完足，易於收藏。見《茶疏》

又云：岕茶非夏前不摘。初摘者謂之開園，茶摘自正夏，謂之春茶；又七八月間，重摘一番謂之早春；其品甚佳。見《茶疏》

採茶以甲不以指，以甲則速斷不柔，以指則多濕易損。見《試茶錄》

茶，以初出雨前者為佳。惟岕茶立夏開園，吳中所貴，梗粗葉厚，有蕭箬之氣。見《岕茶記》

淩露無雲，採候之上；霽日融和，採候之次；積雨重陰，不知其可。見《茶說》

茶初摘時，須揀去枝梗老葉，又須去尖與梗，恐其易焦，此松蘿法也。見《茶箋》

煮茶水

酌彼流泉，留清去濁，水清茶善，水濁茶惡。

山水上，江水中，井水下。山水擇乳泉石池漫流者上，其瀑湧湍漱者不可食。見《茶經》

山厚者泉厚，山奇者泉奇，山清者泉清，山幽者泉幽。見《煮泉小品》

山頂泉清而輕，山下泉清而重。石中泉清而甘，沙中泉清而冽，土中泉清而白。瀉黃石者為佳，出青石者無用。見《茶錄》

烹茶，水之功居多。無泉則用天水，秋雨為上，梅雨次之。秋雨冽而白，梅雨醇而白。見《岕茶記》

貯水以大瓮，瓮中宜置一小石，忌新器，亦忌他用。見《茶疏》

煎茶火

水取其清，火取其燥，不疾不徐，從容中道。

其火用炭。凡經燔炙為脂膩所及，及膏木敗器，不用。古人識勞薪之味，信哉。見《茶經》

火以堅木炭為上。然木性未盡，必有餘煙，煙氣入湯，湯必無用。必先燒令紅，去其煙焰，兼取性力猛熾，水乃易沸。見《茶疏》

又火紅之後，方投木器，乃急扇之，愈急愈妙，毋令手停，若過之後，不如棄之。見《茶疏》

爐火通紅，茶銚始上，扇起要輕疾，待水有聲，稍重疾，乃文武火也。過乎文，則水性柔，柔則水為茶降；過乎武，則水性烈，烈則茶為水降。見《茶錄》

調茶在湯之淑慝，然柴一枝，濃煙滿室，安有湯耶，又安有茶耶？見《仙芽傳》[4]

收茶法

收而藏之，為久遠計，半是天工，半是人力。

採之、蒸之、擣之、拍之、焙之、穿之、封之，茶之乾矣。見《茶經》

其茶初摘，香氣未秀，必藉火力，以發其香性。然不耐勞，炒不宜久。多取入鐺，則手力不匀，久於鐺中，過熟而香散矣。炒茶之鐺，最忌新鐵，須預取一鐺，毋得更作他用。炒茶之薪，僅可樹枝，不用乾葉。乾則火力猛熾，葉則易焰滅。見《茶疏》

炒時須一人從旁扇之，以去熱氣，否則色黃，香味俱減。炒起出鐺時，置大瓷盆中，仍須急扇，令熱氣稍退，以手重揉之，再散入鐺，文火炒乾入焙。見《茶箋》

火烈香滑，鐺寒神倦。火猛生焦，柴疏失翠。久延則過熟，速起卻還生。熟則犯黃，生則著黑。帶白點者無妨，絕焦點者最勝。見《茶錄》

藏茶宜箬葉，畏香藥，喜溫燥，忌冷濕。藏時先取青箬，以竹編之，焙茶候冷，貯其中，可以耐久。見《岕茶記》

凡貯茶之器，始終貯茶，不得移為他用，又切勿臨風近火。臨風易冷，近火先黃。見《茶錄》

酌茶器

一壺一盞，不宜妄置，雖有美食，不如美器。

鍑以生鐵為之。洪州以瓷，萊州以石。瓷與石皆雅器也。見《茶經》

貴欠金銀，賤惡銅鐵，則瓷瓶有足取焉。幽人逸士，品色尤宜。見《仙芽傳》

金乃水母，錫備剛柔，味不鹹澀，作銚最良。製必穿心，令火氣易透。見《茶錄》

茶壺往時尚龔春，近日時大彬所製，大為時人所重，蓋是粗砂，正取砂無土氣耳。又云：茶注宜小不宜大，小則香氣氤氳，大則易於散漫。見《茶疏》

茶具洗滌，覆於竹案，俟其自乾。其拭巾只宜拭外，不宜拭內。蓋布巾雖潔，一經人手，便易作氣。見《茶箋》

投茶候

茶與湯和，無過不及，發其真香，如爐點雪。

其沸如魚目，微有聲，為一沸；緣邊如湧泉連珠，為二沸；騰波鼓浪，為三沸。已上水老，不堪食。見《茶經》

投茶有敘，無失其宜。先茶後湯，曰下投；湯半下茶，復以湯滿，曰中投；先湯後茶，曰上投。春秋中投，夏上投，冬下投。見《茶錄》

又釃不宜早，飲不宜遲。釃早則茶神未發，飲遲則妙馥已消。見《茶錄》

一壺之茶，止宜再巡。初巡鮮美，再巡甘醇，三巡則意味盡矣。見《茶疏》

飲茶人

佳哉茗香，何關毀譽，可者與之，不可者拒。

茶之為用，味至寒。為飲，宜精行儉德之人。見《茶經》

飲茶以客少為貴，客多則喧。獨啜曰幽，二客曰勝，三四曰趣，五六曰泛，七八曰施。見《茶錄》

煮茶而飲非其人，猶汲乳泉以灌蒿蕕。飲者一吸而盡，不暇辨味，俗莫甚焉。見《煮泉小品》

巨器屢巡，滿鍾傾瀉，待停少溫，或求濃苦，不異農匠作勞，但貪口腹，何論品賞？何論風味？見《茶疏》

茶侶，翰卿墨客、緇衣羽士、逸老散人，或軒冕中超軼世味者㉓。見《煎茶七類》

理茶具

天下之物，獨力難成，矧茲佳具，以友輔仁。

陸鴻漸造茶具二十四事，以都統籠貯之。竹爐曰苦節君，箬籠曰建城，焙茶箱曰湘君㉔，焙泉缶曰雲屯，炭籃曰烏府，滌器桶曰水曹，收貯茶葉並各器者曰品司，煮茶罐曰鳴泉，古茶洗曰沉垢，水勺曰盆盈㉕，準茶秤曰執權，藏日支茶㉖並司品者曰合香，竹帚曰歸潔，洗茶籃曰灑塵，古石鼎曰商象，銅火斗㉗曰遞火，銅火箸曰降紅，湘竹扇曰團風㉘，茶壺曰注春，支腹竹架曰靜沸，鑱果刀㉙曰運鋒，茶甌曰啜香，拭抹布曰受污。見《四紀》

傳茶事

事亦何常，知各長價，一日雅懷，千古佳話。

鬥茶（唐子西）[5]　水厄（王濛）　茶會（錢起）　一甌月露（党懷英）　四瓶遺蔡（能仁僧）[6]　七碗清風（盧仝）　苦茗益意（華元）　流華淨脫（顏魯公）　剪箬助香（聞龍）　茶中著果（邢士襄）　心為茶荈（左氏女）[7]　傾甌及睡（蘇東坡）　烹而玩之（蔡君謨）　毀茶作論（陸羽）　掃雪烹茶（党家姬）　六班解醒（劉禹錫）　茶如佳人（東坡）　茗戰（建人）　湯社（魯成績）　茶社（和

凝） 再巡破瓜（許次紓）㉚ 日凡六舉（周文甫） 久服悦志（神農） 芳茶換骨（黃山君） 一啜滌煩（丁晉公） 芒屩易茗（朱桃推） 五載絕味（竟陵生）[8] 載茗一車（權紓） 活火三沸（李存博）[9] 茗花點茶（屠緯真）[10] 竹裏煎茶（張志和） 檀越觀湯（魯福全） 啜茗忘喧（田崇衡）[11] 茶通仙靈（羅廩）

注 釋

1 社中便覽："社中"即指茶社中。明袁宏道《夏日雨不止》詩句："野客團茶社，山僧訪芋田"所説的"社"，就不是別的社而專指"茶社"。"茶社"，唐宋時亦稱"湯社"。如陶穀《茗荈錄》載："和凝在朝率同列遞日以茶相飲，味劣者有罰，號為'湯社'"即是。

2 御用十八品：此"御用"指宋北貢茶。所錄"十八品"，宋《宣和北苑貢茶錄》、《北苑別錄》均載。此條無書出處，上面所提二書，也可算作出處。

3 本條內容，非《茶經》原文，是前後摘合《茶經》一之源、五之煮各幾句而成。

4 《仙芽傳》：唐蘇廙撰，原書早佚，陶穀將其"十六湯品"短文，收入其《清異錄》卷4。此條所引內容，選摘自《十六湯品》第十六條，但刪略甚多。引用請參考本書《十六湯品》。

5 唐子西：即宋唐庚。 本節所謂"茶事"，下輯各典故，俱出夏樹芳《茶董》，此處擇要稍注，請逕見《茶董》。

6 能仁僧：指建安能仁寺僧人，將院中石縫中所生茶，採製成名茶"石巖白"，蔡襄"捧甌未嘗"即能知的故事。

7 左氏女："左氏"指左思，其女一名"惠芳"，一名"紈素"。此指左思所寫《嬌女》詩中，形容上兩女兒在園中玩渴後"心為茶荈劇，吹噓對鼎鑩"待茶解渴之句。

8 竟陵生：竟陵寺僧，收育陸羽的師父，嗜茶，非陸羽煎侍不飲。相傳代宗時，"羽出遊江湖，師絕茶味"幾年。

9 李存博：即唐李約。

10 屠緯真：即屠隆。

11 田崇衡：即田藝蘅。

校 記

① 挑燈讀罷可以足睡：在"罷"字前，近見有些茶書印本，還添一"書"字，作"挑燈讀書罷可以作睡"。不知所據。

② 早採者為茶，晚採者為茗：此句非《爾雅》原文，係郭璞注。"晚採"的"採"字，原注作"取"。

③ 待客以驚雷莢：《蠻甌志》原文作"驚雷莢"，近出有些茶書，"莢"字印作"筴"。"筴"同"策"，似誤。

④ 蒙頂石花："花"字，近出有些茶書，作"茶"字，與底本異。

⑤ 承平雅玩："雅"字，底本原作"雜"字。據《宣和北苑貢茶錄》、《北苑別錄》改。

⑥ 延年石乳：“年”字，《宣和北苑貢茶錄》作“平”字。“石乳”，有的版本一作“乳石”。
⑦ 瓊林毓瑞：“瑞”字，《宣和北苑貢茶錄》原文作“粹”。
⑧ 從品呈祥：“從品”《宣和北苑貢茶錄》原文作“浴雪”。
⑨ 雪英：“雪”字，底本原誤作“雲”字，據《宣和北苑貢茶錄》、《北苑茶錄》改。
⑩ 雲葉：“雲”字，底本原誤作“雪”字，據《宣和北苑貢茶錄》、《北苑茶錄》改。
⑪ 太平佳瑞：“佳”字，《宣和北苑貢茶錄》原文作“嘉”字。
⑫ 實如栟櫚：“栟”字，本文康熙刻本原作“栟”字，據陸羽《茶經》改。
⑬ 蕊如丁香：“蕊”字，陸羽《茶經》原文作“莖”。
⑭ 有氣息之物，即名香亦不宜近：《茶解．禁》原文作“有氣之物，不得與之近，即名香亦不宜相雜”。
⑮ 又茶酒性不相入：此條與《茶解．禁》原文不一。《茶解》作“茶酒性不相入，故茶最忌酒氣，製茶之人，不宜沾醉。”。是縮寫而成，請見原書。
⑯ 紙包一夕，隨紙作氣：《茶疏．包裹》原文，在“紙包”二字前，上句還多一“也”字。“包”字，《茶疏》作“裹”，全句作“紙裹一夕，隨紙作氣盡矣”。
⑰ 《溫公論》：文見張舜民《畫墁錄》，文載：“司馬溫公云，茶墨正相反，茶欲白，墨欲黑；茶欲新，墨欲陳；茶欲重，墨欲輕。”
⑱ 茶之精者，清亦白，濃亦白，初發亦白，久貯亦白，味甘色白：《茶解．品》原文，“茶”字前，還多一“蕓”字，原文作“蕓茶之精者，淡固白，濃亦白，初潑白，久貯亦白，味足而色白。”本文與所引原文，差異之處較多。
⑲ 陰山坡谷者，不堪採掇：本條所摘《茶經》，雖全摘自《茶經．一之原》，但非原文直錄，而和上節一樣，所錄茶書和他書內容，程作舟大都有刪節。故本條以下，不再一一作校。如欲引用，請參考所引原文。
⑳ 見《岕茶記》：“岕”字前，底本少一“羅”字。本則上引文字，與原文有較大出入。《羅岕茶記》作：“產茶平地，受土氣多，故其質濁。岕茗產於高山，渾至風露清虛之氣，故為可尚”。
㉑ 茶地南向為佳，陰向遂劣：《茶解》原文作“茶地斜坡為佳，聚水向陰之處，茶品遂劣。”經查，本文底本實際是據《茗笈》轉引。此處改動，非本文而是《茗笈》所為。
㉒ 搽茶在二、三月之間：此為程作舟據《茶經》節錄。《茶經》原文作“凡採茶，在二月、三月、四月之間。”本文所錄諸茶書內容，大多非照錄原文而是選摘或改寫，故留不作刪，也不一一詳校，請參見引書原文。
㉓ 或軒冕中超軼世味者：本條程作舟也有幾處刪改。上引九字，《煎茶七類》原文作“或軒冕之徒超軼世味者”。“軼”字，本文康熙刊本原文不清，有的新出茶書，妄定作“然”字，誤。本書按字形據《煎茶七類》原文改。
㉔ 焙茶箱曰湘君：“君”字，屠隆《茶箋》作“筠”。
㉕ 水勺曰盆盈：“盆”字，《考槃餘事》原文作“分”。
㉖ 藏日支茶：“日”字，康熙原刻本，形誤作“曰”字，本書校時逕改。
㉗ 銅火斗：“銅”字，底本形誤刻作“相”字，據《考槃餘事》改。
㉘ 湘竹扇曰團風：“團”字，底本原作“國”，據《考槃餘事》改。
㉙ 鑱果刀：“果”字，底本原刊作“火”字，據《考槃餘事》改。
㉚ 許次紓：“紓”字，底本形誤刻作“杼”，編者校時逕改。

續茶經

◇清　陸廷燦　輯①

陸廷燦，字秩昭，一字慢亭，清太倉州嘉定縣（今屬上海）人。少時曾從學王士禎（1634—1711）、宋犖（1634—1713），“深得作詩之趣”，以諸生貢例，先選任宿松縣教諭，後遷福建崇安縣知縣，官聲頗佳。因病退隱定居，以“壽椿堂”顏其藏書，並刊印書籍。有《南村隨筆》、《藝菊法》和《續茶經》。

陳廷燦輯編《續茶經》，在《凡例》中說：“余性嗜茶，承令崇安，適係武夷產茶之地。值制府滿公，鄭重進獻，究悉源流，每以茶事下詢。查閱諸書，於夷之外，每多見聞，因思採集為《續茶經》之舉。”《四庫全書總目提要》稱讚此書對歷代茶事做了訂定補輯的工作，而且“徵引繁富”，“頗切實用”。但此書也有問題，如資料輾轉引用，來歷不明，又如將毛文錫《茶譜》的文字內容，誤作出於陸羽《茶經》，等等。

《續茶經》的成書時間，應在雍正十三年（1734）前後，因為此書《附錄》之末有“雍正十二年七月既望陸廷燦識”，但由《凡例》可知，他輯集成書之後，又做了訂補工作，然後付梓，即是壽椿堂刻本。除了壽椿堂本之外，本書還有四庫全書本，抄本則有山東省圖書館所藏清抄本《茶書七種》所收。這裏以壽椿堂本為底本，以文淵閣四庫全書本和引錄資料的原文作校。

凡例②

《茶經》著自唐桑苧翁，迄今千有餘載，不獨製作各殊而烹飲迥異，即出產之處，亦多不同。余性嗜茶，承乏崇安，適係武夷產茶之地。值制府滿公，鄭重進獻，究悉源流，每以茶事下詢，查閱諸書，於武夷之外，每多見聞，因思採集為《續茶經》之舉。曩以簿書鞅掌，有志未遑。及蒙量移，奉文赴部，以多病家居，翻閱舊稿，不忍委棄，爰為序次第。恐學術久荒，見聞疏漏，為識者所鄙，謹質之高明，幸有以教之，幸甚。

《茶經》之後，有《茶記》及《茶譜》、《茶錄》、《茶論》、《茶疏》、《茶解》等書，不可枚舉，而其書亦多湮沒無傳。茲特採所見各書，依《茶經》之例，分之源、之具、之造、之器、之煮、之飲、之事、之出、之略。至其圖，無傳不敢臆補，以茶具、茶器圖足之。

《茶經》所載，皆初唐以前之書，今自唐、宋、元、明以至本朝，凡有緒論，皆行採錄。有其書在前而《茶經》未錄者，亦行補入。

《茶經》原本止三卷，恐續者太繁，是以諸書所見，止摘要分錄。

各書所引相同者，不取重複。偶有議論各殊者，姑兩存之，以俟論定。至歷代詩文暨當代名公鉅卿著述甚多，因仿《茶經》之例，不敢備錄，容俟另編以為外集。

原本《茶經》，另列卷首。

歷代茶法附後。

卷上③

一之源

許慎《説文》：茗、荼芽也。

王褒《僮約》：前云“炰鱉烹茶”，後云“武陽買茶”④。注：前為苦菜，後為茗。

張華《博物志》：飲真茶，令人少眠。

《詩疏》：椒，樹似茱萸。蜀人作茶，吳人作茗，皆合。煮其葉以為香。

《唐書．陸羽傳》：羽嗜茶，著《經》三篇，言茶之源、之具、之造、之器、之煮、之飲、之事、之出、之略、之圖尤備，天下益知飲茶矣。

《唐六典》：金英、綠片，皆茶名也。

《李太白集．贈族姪僧中孚玉泉仙人掌茶序》：（余聞荊州玉泉寺）

《皮日休集．茶中雜詠詩序》：自周以降……竟無纖遺矣。[1]

《封氏聞見記》：茶，南人好飲之，北人初不多飲。開元中，太山靈巖寺有降魔師，大興禪教。學禪，務於不寐，又不夕食，皆許飲茶，人自懷挾，到處煮飲。從此轉相倣傚，遂成風俗。起自鄒、齊、滄、棣，漸至京邑城市，多開店舖，煎茶賣之，不問道俗，投錢取飲。其茶自江淮而來，色額甚多。

《唐韻》[2]：荼字，自中唐始變作茶。

裴汶《茶述》：茶起於東晉……因作茶述。[3]

宋徽宗《大觀茶論》：茶之為物……莫不盛造其極。嗚呼，至治之世，豈惟人得以盡其材，而草木之靈者，亦得以盡其用矣。偶因暇日，研究精微，所得之妙，後人有不知為利害者，敘本末二十篇，號曰《茶論》。一曰地產，二曰天時，三曰採擇，四曰蒸壓，五曰製造，六曰鑒別，七曰白茶，八曰羅碾，九曰盞，十曰筅，十一曰瓶，十二曰杓，十三曰水，十四曰點，十五曰味，十六曰香，十七曰色，十八曰藏焙，十九曰品名，二十曰外焙。[4]

名茶……不可概舉。焙人之茶，固有前優後劣，昔負今勝者，是以園地之不常也。[5]

丁謂《進新茶表》：右件物產異金沙，名非紫筍。江邊地暖，方呈彼茁之形，闕下春寒，已發其甘之味。有以少為貴者，焉敢韞而藏諸。見謂新茶，實遵舊例。

蔡襄《進茶錄表》：臣前因奏事……臣不勝榮幸。[6]

歐陽修《歸田錄》：茶之品莫重於龍鳳……蓋其貴重如此。[7]

趙汝礪《北苑別錄》：草木至夜益盛……理亦然也。[8]

王闢之[9]《澠水燕談》：建茶盛於江南……何至如此多貴。[10]

周輝《清波雜志》[11]：自熙寧後，始貢密雲龍。每歲頭綱修貢，奉宗廟及供玉食外， 賚 及臣下無幾；戚里貴近，丐賜尤繁。宣仁太后，令建州不許造密雲龍，受他人煎炒不得也。此語既傳播於縉紳間，由是密雲龍之名益著。淳熙間，親黨許仲啟官麻沙⑦，得《北苑修貢錄》，序以刊行。其間載歲貢十有二綱，凡三等四十有一。名第一綱，曰龍焙貢新，止五十餘胯，貴重如此，獨無所謂密雲龍者，豈以貢新易其名耶，抑或別為一種又居密雲龍之上耶？

沈存中《夢溪筆談》：古人論茶，唯言陽羨、顧渚、天柱、蒙頂之類，都未言建溪。然唐人重串茶粘黑者，則已近乎建餅矣。建茶皆喬木，吳、蜀唯叢茇而已⑧，品自居下。建茶勝處，曰郝源、曾坑，其間又有坌根、山頂二品尤勝。李氏號為北苑，置使領之。

胡仔[12]《苕溪漁隱叢話》：建安北苑，始於太宗太平興國三年，遣使造之。取象於龍鳳，以別入貢。至道間，仍添造石乳、蠟面，其後大小龍又起於丁謂，而成於蔡君謨。至宣政間，鄭可簡以貢茶進用，久領漕添續入，其數浸廣，今猶因之。細色茶五綱，凡四十三品，形製各異，共七千餘餅。其間貢新、試新、龍團勝雪、白茶、御苑玉芽此五品，乃水揀為第一，餘乃生揀次之。又有粗色茶七綱，凡五品。大小龍鳳並揀芽，悉入龍腦，和膏為團餅茶，共四萬餘餅。蓋水揀茶，即社前者；生揀茶，即火前者；粗色茶，即雨前者。閩中地暖，雨前茶已老而味加重矣。又有石門、乳吉、香口三外焙，亦隸於北苑，皆採摘茶芽，送官焙添造。每歲糜金共二萬餘緡，日役千夫，凡兩月方能迄事。第所造之茶，不許過數，入貢之後，市無貨者，人所罕得。惟壑源諸處私焙茶，其絕品亦可敵官焙；自昔至今，亦皆入貢。其流販四方者，悉私焙茶耳。

北苑在富沙之北，隸建安縣，去城二十五里，乃龍焙造貢茶之處。亦名鳳皇山，自有一溪南流至富沙城下，方與西來水合而東。

車清臣[13]《腳氣集》：毛詩云："誰謂荼苦，其甘如薺。"注：荼，苦菜也。《周禮》："掌荼以供喪事，取其苦也。"蘇東坡詩云："周詩記苦荼，茗飲出近世"，乃以今之茶為荼。夫茶，今人以清頭目，自唐以來，上下好之，細民亦日數碗，豈是荼也。茶之粗者，是為茗。

宋子安《東溪試茶錄序》：茶宜高山之陰……皆曰北苑"云。[14]

黃儒《品茶要錄序》：說者……況於人乎。[15]

蘇軾《書黃道輔品茶要錄後》：黃君道輔，諱儒，建安人。博學能文，淡然精深，有道之士也。作《品茶要錄》十篇，委曲微妙，皆陸鴻漸以來論茶者所未及。非至靜無求，虛中不留，烏能察物之情如此其詳哉！

《茶錄》：茶，古不聞食，自晉宋已降，吳人採葉煮之，名為茗粥。

葉清臣《煮茶泉品》：吳楚山谷間，氣清地靈，草木穎挺，多孕茶荈。大率右於武夷者，為"白乳"；甲於吳興者，為"紫筍"；產禹穴者，以"天章"顯；茂錢塘者，以"徑山"稀。至於續廬之巖，雲衢之麓，雅山著於宣歙，蒙頂傳於岷蜀，角立差勝，毛舉實繁。

周絳《補茶經》：芽茶，只作早茶，馳奉萬乘嘗之可矣。如一旗一槍，可謂奇茶也。

胡致堂曰：茶者，生人之所日用也，其急甚於酒。

陳師道[16]《後山叢談》：茶，洪之雙井，越之日注，莫能相先後。而強為之第者，皆勝心耳。

陳師道《茶經序》：夫茶之著書……皆不廢也。[17]

吳淑《茶賦 · 注》：五花茶者，其片作五出花也。

姚氏《殘語》：紹興進茶，自高文虎始。

王楙[18]《野客叢書》：世謂古之荼，即今之茶⑨，不知荼有數種，非一端也。《詩》曰："誰謂荼苦，其甘如薺"者，乃苦菜之荼，如今苦苣之類。《周禮》"掌荼"，毛詩"有女如荼"者，乃苕荼之荼也，正萑葦之屬。惟荼檟之荼，乃今之茶也，世莫知辨。

《魏王花木志》[19]：茶，葉似梔〔子〕⑩，可煮為飲。其老葉謂之荈，嫩葉謂之茗。

《瑞草總論》：唐宋以來，有貢茶、有榷茶。夫貢茶，猶知斯人有愛君之心；若夫榷茶，則利歸於官，擾及於民，其為害又不一端矣。

元熊禾《勿齋集 · 北苑茶焙記》[20]：貢，古也；茶貢，不列《禹貢》、周《職方》，而昉於唐。北苑又其最著者也。苑在建城東二十五里，唐末里民張暉始表而上之。宋初丁謂漕閩，貢額驟益，觔至數萬。慶曆承平日久，蔡公襄繼之，製益精巧，建茶遂為天下最。公名在四諫官列，君子惜之。歐陽公修雖實不與然，猶誇侈歌詠之；蘇公軾則直指其過矣。君子創法可繼，焉得不重慎也。

《說郛 · 臆乘》[21]：茶之所產，六經載之詳矣，獨異美之名未備。唐宋以來，見於詩文者尤夥，頗多疑似，若蟾背、蝦鬚、雀舌、蟹眼、瑟瑟瀝瀝、霏霏靄靄⑪、鼓浪湧泉、琉璃眼、碧玉池，又皆茶事中天然偶字也。

《茶譜》：衡州之衡山，封州之西鄉茶，研膏為之，皆片團如月。又彭州蒲村堋口，其園有仙芽、石花等號。

高啟[22]《月團茶歌序》：唐人製茶，碾末以酥滫為團。宋世尤精，元時其法遂絕。予效而為之，蓋得其似，始悟古人《詠茶》詩所謂"膏油首面"，所謂"佳茗似佳人"，所謂"綠雲輕綰湘娥鬟"之句。飲啜之餘，因作詩記之，並傳好事。

屠本畯《茗笈 · 評》：人論茶葉之香……足助玄賞云。[23]

《茗笈》贊十六章：一曰溯源，二曰得地，三曰乘時，四曰揆制，五曰藏茗，六曰品泉，七曰候火，八曰定湯，九曰點瀹，十曰辨器，十一曰申忌，十二曰防濫，十三曰戒淆，十四曰相宜，十五曰衡鑒，十六曰玄賞。

謝肇淛[24]《五雜俎》⑫：今茶品之上者，松蘿也，虎邱也，羅岕也，龍井也，陽羡也，天池也。而吾閩武夷、清源、鼓山三種，可與角勝。六安、雁宕、蒙山三種，袪滯有功，而色香不稱，當是藥籠中物，非文房佳品也。

謝肇淛《西吳枝乘》[25]⑬：湖人於茗，不數顧渚而數羅岕，然顧渚之佳者，其風味已遠出龍井。下岕稍清雋，然葉粗而作草氣。丁長儒嘗以半角見餉，且教余烹煎之法，迨試之，殊類羊公鶴，此余有解有未解也。余嘗品茗，以武夷、虎邱第一，淡而遠也；松蘿、龍井次之，香而艷也；天池又次之，常而不厭也。餘子瑣瑣，勿置齒喙。

屠長卿《考槃餘事》：虎邱茶，最號精絕，為天下冠，惜不多產，皆為豪右所據，寂寞山家，無由獲購矣。天池，青翠芳馨，瞰之賞心，嗅亦消渴，可稱仙品。諸山之茶，當為退舍。陽羡，俗名羅岕。浙之長興者佳，荊溪稍下。細者，其價兩倍天池，惜乎難得，須親自收採方妙。六安，品亦精，入藥最效，但不善炒，不能發香而味苦，茶之本性實佳。龍井之山，不過十數畝，外此有茶，似皆不及。大抵天開龍泓美泉，山靈特生佳茗以副之耳。山中僅有一二家炒法甚精，近有山僧焙者亦妙，真者天池不能及也。天目，為天池、龍井之次，亦佳品也。地志云：山中寒氣早嚴，山僧至九月即不敢出，冬來多雪，三月後方通行，其萌芽較他茶獨晚。

包衡《清賞錄》[26]：昔人以陸羽飲茶比於后稷樹穀，及觀韓翃《謝賜茶啟》云："吳主禮賢，方聞置茗；晉人愛客，纔有分茶"，則知開創之功，非關桑苧老翁也。若云在昔茶勳未普，則比時賜茶已一千五百串矣。

陳仁錫[27]《潛確類書》：紫琳腴、雲腴，皆茶名也。

茗花，白色，冬開似梅，亦清香。按：冒巢民《岕茶彙鈔》云：茶花味濁無香，香凝葉內。二說不同，豈岕與他茶獨異歟？

《農政全書》：六經中無茶，荼即茶也。毛詩云："誰謂荼苦，其甘如薺。"以其苦而甘味也。

夫茶，靈草也，種之則利博，飲之則神清，上而王公貴人之所尚，下而小夫賤隸之所不可闕，誠民生食用之所資，國家課利之一助也。

羅廩《茶解》：茶園⑭不宜雜以惡木，惟古梅、叢桂、辛夷、玉蘭、玫瑰、蒼松、翠竹與之間植，足以蔽覆霜雪，掩映秋陽。其下可植芳蘭、幽菊清芬之品；最忌菜畦相逼，不免滲漉，滓厥清真。

茶地南向為佳，向陰者遂劣，故一山之中，美惡相懸。⑮

李日華《六研齋筆記》[28]：茶事於唐末未甚興，不過幽人雅士，手擷於荒園雜穢中，拔其精英，以薦靈爽，所以饒雲露自然之味。至宋設茗綱，充天家玉食，士大夫益復貴之，民間服習寖廣，以為不可缺之物，於是營殖者擁溉孳糞，等於蔬蔌，而茶亦隤其品味矣。人知鴻漸到處品泉，不知亦到處搜茶。皇甫冉《送羽攝山採茶》詩數言，僅存公案而已⑯。

徐巖泉《六安州茶居士傳》：居士姓茶，族氏眾多，枝葉繁衍遍天下。其在六安一枝最著，為大宗；陽羨、羅蚧、武夷、匡廬之類，皆小宗；蒙山又其別枝也。

樂思白[29]《雪庵清史》：夫輕身換骨，消渴滌煩，茶荈之功至妙至神。昔在有唐，吾閩茗事未興，草木仙骨，尚閟其靈。五代之季，南唐採茶北苑，而茗事興。迨宋至道初，有詔奉造，而茶品日廣。及咸平、慶曆中，丁謂、蔡襄造茶進奉，而製作益精。至徽宗大觀、宣和間，而茶品極矣。斷崖缺石之上，木秀雲腴，往往於此露靈。倘微丁、蔡來自吾閩，則種種佳品，不幾於委翳消腐哉？雖然，患無佳品耳。其品果佳，倘微丁、蔡來自吾閩⑰，而靈芽真筍，豈終於委翳消腐乎？吾閩之能輕身換骨，消渴滌煩者，寧獨一茶乎？茲將發其靈矣。

馮時可《茶錄》⑱：茶全貴採造……實非松蘿所出也。[30]

胡文煥《茶集》：茶，至清至美物也，世不皆味之⑲，而食煙火者，又不足以語此。醫家論茶性寒，能傷人?，獨予有諸疾，則必藉茶為藥石，每深得其功效。噫！非緣之有自而何契之若是耶？

《羣芳譜》：蘄州蘄門團黃，有一旗一槍之號，言一葉一芽也。歐陽公詩有“共約試新茶，旗槍幾時綠”之句。王荊公《送元厚之》詩云：“新茗齋中試一旗。”世謂茶始生而嫩者為一槍，寖大而開者為一旗。

魯彭《刻茶經序》[31]：夫茶之為經，要矣，茲復刻者，便覽爾。刻之竟陵者，表羽之為竟陵人也。按：羽生甚異，類令尹子文。人謂子文賢而仕，羽雖賢，卒以不仕。今觀《茶經》三篇，固具體用之學者。其曰伊公羹、陸氏茶，取而比之，實以自況，所謂易地皆然者，非歟？厥後茗飲之風，行於中外；而回紇亦以馬易茶，由宋迄今，大為邊助，則羽之功固在萬世，仕不仕奚足論也。

沈石田[32]《書蚧茶別論後》：昔人詠梅花云：“香中別有韻，清極不知寒。”此惟蚧茶足當之。若閩之清源、武夷，吳郡之天池、虎邱，武林之龍井，新安之松蘿，匡廬之雲霧，其名雖大噪，不能與蚧相抗也⑳。顧渚每歲貢茶三十二觔，則蚧於國初，已受知遇；施於今，漸遠漸傳，漸覺聲價轉重。既得聖人之清，又得聖人之時，第蒸採烹洗，悉與古法不同。

李維楨《茶經序》：羽所著《君臣契》三卷，《源解》三十卷，《江表四姓譜》十卷，《占夢》三卷，不盡傳而獨傳《茶經》。豈他書人所時有，此為觭長，易於取名耶？太史公曰：“富貴而名磨滅不可勝數，惟俶儻非常之人稱焉。”鴻漸窮阨終身，而遺書遺跡，百世下寶愛之，以為山川邑里重，其風足以廉頑立懦，胡可少哉！

楊慎《丹鉛總錄》[33]：茶即古荼字也，周《詩》記“荼苦”，《春秋》書“齊荼”，《漢志》書“荼陵”，顏師古、陸德明雖已轉入茶音，而未易字文也。至陸羽《茶經》，玉川《茶歌》，趙贊《茶禁》以後，遂以荼易茶。

董其昌《茶董》題詞：荀子曰……茂卿猶能以同味諒吾耶。[34]

童承敘《題陸羽傳後》：余嘗過竟陵……羽亦以是夫。[35]

《穀山筆麈》[36]：茶自漢以前，不見於書，想所謂“檟”者，即是矣。

李贄《疑耀》[37]：古人冬則飲湯，夏則飲水，未有茶也。李文正《資暇錄》[38]謂：茶始於唐，崔寧、黃伯思[39]已辨其非。伯思嘗見北齊楊子華作《邢子才魏收勘書圖》[40]已有煎茶者。《南窗記談》[41]謂飲茶始於梁天監中，事見《洛陽伽藍記》。及閱《吳志・韋曜傳》㉑“賜茶荈以當酒”，則茶又非始於梁矣。余謂飲茶亦非始於吳也，《爾雅》曰：“檟，苦荼。”郭璞注：可以為羹飲，早採為茶，晚採為茗，一名荈。則吳之前，亦以茶作飲矣，第未如後世之日用不離也。蓋自陸羽出，茶之法始講；自呂惠卿、蔡君謨輩出，茶之法始精，而茶之利，國家且藉之矣。此古人所不及詳者也。

王象晉《茶譜小序》[42]：茶，喜木也。一植不再移，故婚禮用茶，從一之義也。雖兆自《食經》，飲自隋帝，而好者尚寡；至後興於唐，盛於宋，始為世重矣。仁宗，賢君也，頒賜兩府，四人僅得兩餅，一人分數錢耳。宰相家至不敢碾試，藏以為寶，其貴重如此。近世蜀之蒙山，每歲僅以兩計。蘇之虎邱，至官府預為封識，公為採製，所得不過數觔，豈天地間尤物，生固不數數然耶；甌泛翠濤，碾飛綠屑，不藉雲腴，孰驅睡魔？作《茶譜》。

陳繼儒《茶董・小序》：范希文云“萬象森羅中，安知無茶星”。余以茶星名館，每與客茗戰，旗槍標格，天然色香映發。若陸季疵復生，忍作《毀茶論》乎？夏子茂卿㉒敘酒，其言甚豪。予曰，何如隱囊紗帽，翛然林澗之間，摘露芽，煮雲腴，一洗百年塵土胃耶？熱腸如沸，茶不勝酒；幽韻如雲，酒不勝茶。酒類俠，茶類隱；酒固道廣，茶亦德素。茂卿，茶之董狐也，因作《茶董》。東佘陳繼儒書於素濤軒。

夏茂卿《茶董序》：自晉唐而下……冰蓮道人識。[43]

《本草》：石蕊，一名雲茶。

卜萬祺《松寮茗政》：虎邱茶，色味香韻無可比擬，必親詣茶所手摘監製，乃得真產；且難久貯，即百端珍護，稍過時，即全失其初矣。殆如彩雲易散，故不入供御耶？但山巖隙地，所產無幾，又為官司禁據，寺僧慣雜贗種，非精鑑家卒莫能辨。明萬曆中，寺僧苦大吏需索，薙除殆盡。文文肅公震孟[44]，作《薙茶說》以譏之；至今真產，尤不易得。

袁了凡《羣書備考》[45]：茶之名，始見於王褒《僮約》。

許次紓㉓《茶疏》：唐人首稱陽羨……故不及論。[46]

李詡《戒庵漫筆》[47]：昔人論茶，以槍旗為美，而不取雀舌、麥顆，蓋芽細，則易雜他樹之葉而難辨耳。槍旗者，猶今稱壺蜂翅是也。

《四時類要》：茶子於寒露候收，曬乾以濕沙土拌勻，盛筐籠內，穰草蓋之。不爾，即凍不生。至二月中取出，用糠與焦土種之。於樹下或背陰之地，開坎圓三尺，深一尺，熟劚，著糞和土，每阬下子六七十顆。覆土厚一寸許，相離二尺種一叢。性惡濕，又畏日，大概宜山中斜坡峻坂走水處。若平地，須深開溝壟以洩水。三年後方可收茶。

張大復《梅花筆談》[48]：趙長白作《茶史》，考訂頗詳，要以識其事而已矣。龍團、鳳餅、紫茸、驚芽，決不可用於今之世。予嘗論今之世，筆貴而愈失其傳，茶貴而愈出其味。天下事，未有不身試而出之者也。

文震亨[49]《長物志》：古今論茶事者，無慮數十家，若鴻漸之《經》，君謨之《錄》，可為盡善。然其時法用熟碾，為丸為鋌，故所稱有龍鳳團、小龍團、密雲龍、瑞雲翔龍。至宣和間，始以茶色白者為貴，漕臣鄭可簡㉔始創為銀絲水芽，以茶剔葉取心，清泉漬之，去龍腦諸香，惟新胯小龍蜿蜒其上，稱龍園勝雪，當時以為不更之法。而吾朝所尚又不同，其烹試之法，亦與前人異，然簡便異常，天趣悉備，可謂盡茶之真味矣。至於洗茶、候湯、擇器，皆各有法，寧特侈言烏府、雲屯等目而已哉！

《虎邱志》馮夢楨[50]云：徐茂吳品茶，以虎邱為第一。

周高起《洞山茶系》：岕茶之尚……今已絕種。[51]

徐㶿《茶考》：按《茶錄》諸書，閩中所產茶，以建安北苑為第一，壑源諸處次之，武夷之名，未有聞也。然范文正公《鬥茶歌》云："溪邊奇茗冠天下，武夷仙人從古栽。"蘇文忠公云："武夷溪邊粟粒芽，前丁後蔡相寵嘉。"則武夷之茶，在北宋已經著名，第未盛耳。但宋元製造團餅，似失正味，今則靈芽、仙萼，香色尤清，為閩中第一。至於北苑壑源，又泯然無稱，豈山川靈秀之氣，造物生殖之美，或有時變易而然乎？

勞大與[52]《甌江逸志》：按茶非甌產也，而甌亦產茶，故舊制以之充貢，及今不廢。張羅峯當國，凡甌中所貢方物，悉與題蠲，而茶獨留，將毋以先春之採，可薦馨香，且歲費物力無多，姑存之以稍備芹獻之義耶？乃後世因採辦㉕之際，不無恣取。上為一，下為十，而藝茶之圃，遂為怨叢。唯願為官於此地者，不濫取於數外，庶不致大為民病耳。

《天中記》：凡種茶樹，必下子，移植則不復生，故俗聘婦，必以茶為禮，義固有所取也。

《事物紀原》：榷茶起於唐建中、貞元之間㉖，趙贊、張滂建議，稅其什一。

《枕譚》古傳注[53]：茶樹初採為茶，老為茗，再老為荈。今概稱茗，當是錯用事也。

熊明遇《羅岕㉗茶記》：產茶處，山之夕陽，勝於朝陽。廟後山西向，故稱佳；總不如洞山南向，受陽氣特專，足稱仙品云。

冒襄《岕茶彙鈔》：茶產平地，受土氣多，故其質濁。岕茗產於高山，渾是風露清虛之氣，故為可尚。

吳拭[54]云：武夷茶，賞自蔡君謨始，謂其味過於北苑龍團，周右文極抑之。蓋緣山中不諳製焙法，一味計多狥利之過也。余試採少許，製以松蘿法，汲虎嘯巖下語兒泉烹之，三德俱備，帶雲石而復有甘軟氣；乃分數百葉寄右文，令茶吐氣，復酹一杯，報君謨於地下耳。

釋超全《武夷茶歌注》：建州一老人，始獻山茶。死後傳為山神，喊山之茶始此。

《中原市語》：茶曰渲老。

陳詩教《灌園史》[55]：予嘗聞之山僧言，茶子數顆，落地一莖而生，有似連理，故婚嫁用茶，蓋取一本之義。舊傳茶樹不可移，竟有移之而生者，乃知晁采寄茶，徒襲影響耳。唐李義山以對花啜茶為殺風景。予苦渴疾，何啻七碗，花神有知，當不我罪。

《金陵瑣事》[56]：茶有肥瘦，雲泉道人㉘云：凡茶肥者甘，甘則不香；茶瘦者苦，苦則香。此又《茶經》、《茶訣》、《茶品》、《茶譜》之所未發。

野航道人朱存理云：飲之用，必先茶，而茶不見於《禹貢》，蓋全民用而不為利。後世榷茶，立為制，非古聖意也。陸鴻漸著《茶經》，蔡君謨著《茶錄》㉙，孟諫議寄盧玉川三百月團，後侈至龍鳳之飾，責當備於君謨；然清逸高遠，上通王公，下逮林野，亦雅道也。

《佩文齋廣羣芳譜》[57]：茗花即食茶之花，色月白而黃心，清香隱然，瓶之高齋，可為清供佳品。且蕊在枝條，無不開遍。

王新城《居易錄》[58]：廣南人以 菱 為茶，予頃著之《皇華紀聞》，閱《道鄉集》，有張糾《送吳洞菱》絕句云：“茶選脩仁方破䃺，菱 分吳洞忽當筵。君謨遠矣知難作，試取一瓢江水煎。”蓋志完遷昭平時作也。

《分甘餘話》[59]：宋丁謂為福建轉運使，始造龍鳳團茶，上供不過四十餅。天聖中，又造小團，其品過於大團。神宗時，命造密雲龍，其品又過於小團。元祐初，宣仁皇太后曰：“指揮建州，今後更不許造密雲龍，亦不要團茶。揀好茶喫了，生得甚好意智。”宣仁改熙寧之政，此其小者，顧其言，實可為萬世法。士大夫家，膏粱子弟，尤不可不知也。謹備錄之。

《百夷語》：茶曰芽，以粗茶曰芽以結，細茶曰芽以完。緬甸夷語：茶曰臘扒，喫茶曰臘扒儀索。

徐葆光《中山傳信錄》：琉球呼茶曰札。

《武夷茶考》：按，丁謂製龍團，蔡忠惠製小龍團，皆北苑事。其武夷修貢，自元時浙省平章高興始，而談者輒稱丁、蔡。蘇文忠公詩云："武夷溪邊粟粒芽，前丁後蔡相寵嘉"，則北苑貢時，武夷已為二公賞識矣。至高興武夷貢後，而北苑漸至無聞。昔人云：茶之為物，滌昏雪滯，於務學勤政，未必無助；其與進荔枝、桃花者不同。然充類至義，則亦宦官、宮妾之愛君也。忠惠直道高名，與范、歐相亞，而進茶一事，乃儕晉公。君子舉措，可不慎歟？

《隨見錄》：按沈存中《筆談》云，建茶皆喬木，吳、蜀唯叢茇而已。以余所見，武夷茶樹俱係叢茇，初無喬木，豈存中未至建安歟？抑當時北苑與此日武夷有不同歟？《茶經》云："巴山、峽川有兩人合抱者"，又與吳、蜀叢茇之說互異，姑識之以俟參考。

《萬姓統譜》[60]載：漢時人有荼恬，出《江都易王傳》。按：《漢書》荼恬蘇林曰：荼食邪反則荼本兩音，至唐而荼、茶始分耳。

焦氏《說楛》[61]：茶曰玉茸。補㉚

二之具

《陸龜蒙集》和《茶具十詠》：

茶塢　茶人　茶筍　茶籯　茶舍

茶竈經云茶竈無突　茶焙　茶鼎　茶甌　煮茶[62]

《皮日休集》茶中雜詠。茶具

茶籯　茶竈　茶焙　茶鼎　茶甌[63]

《江西志》：餘干縣冠山，有陸羽茶竈。羽嘗鑿石為竈，取越溪水煎茶於此。

陶穀《清異錄》：豹革為囊，風神呼吸之具也。煮茶啜之，可以滌滯思而起清風。每引此義，稱之為水豹囊。

《曲洧舊聞》[64]：范蜀公與司馬溫公同遊嵩山，各攜茶以行。溫公取紙為帖，蜀公用小木合子盛之。溫公見而驚曰，景仁乃有茶具也！蜀公聞其言，留合與寺僧而去。後來士大夫茶具，精麗極世間之工巧，而心猶未厭。晁以道[65]嘗以此語客。客曰：使溫公見今日之茶具，又不知云如何也。

《北苑貢茶別錄》㉛：茶具有銀模、銀圈、竹圈、銅圈等。

梅堯臣《宛陵集．茶竈詩》：山寺碧溪頭，幽人綠巖畔。夜火竹聲乾，春甌茗花亂。茲無雅趣兼，薪桂煩燃爨。

又《茶磨詩》云：楚匠斲山骨，折檀為轉臍。乾坤人力內，日月蟻行迷。

又有《謝晏太祝遺雙井茶五品茶具四枚》詩。

《武夷志》：五曲朱文公書院前溪中有茶竈。文公詩[66]云：仙翁遺石竈，宛在水中央。飲罷方舟去，茶煙裊細香。

《羣芳譜》黃山谷云：相茶瓢與相筇竹同法，不欲肥而欲瘦，但須飽風霜耳。

樂純《雪庵清史》：陸叟溺於茗事，嘗為茶論並煎炙之法，造茶具二十四事，以都統籠貯之。時好事者家藏一副，於是若韋鴻臚、木待制、金法曹、石轉運、胡員外、羅樞密、宗從事、漆雕秘閣、陶寶文、湯提點、竺副帥、司職方輩，皆入吾籯中矣。

許次紓《茶疏》：凡士人登山臨水，必命壺觴。若茗碗薰爐，置而不問，是徒豪舉耳。余特置游裝，精茗名香，同行異室；茶罌、銚、注、甌、洗、盆、巾諸具畢備，而附以香奩、小爐、香囊、匙箸。

未曾汲水，先備茶具。必潔必燥，瀹時壺蓋必仰置磁盂，勿覆案上。漆氣食氣，皆能敗茶。

朱存理《茶具圖贊序》㉜：飲之用，必先茶，而製茶必有其具。錫具姓而繫名，寵以爵，加以號。季宋之彌文，然清逸高遠，上通王公，下逮林野，亦雅道也。願與十二先生周旋，嘗山泉極品以終身，此閒富貴也，天豈靳乎哉㉝？

審安老人茶具十二先生姓名：

韋鴻臚文鼎　景暘　四窗閒叟……司職方成式　如素　潔齋居士。[67]

高濂《遵生八箋》：茶具十六事，收貯於器局內，供役於苦節君者，故立名管之。蓋欲歸統於一，以其素有貞心雅操而自能守之也。

商象……甘鈍[68]

王友石《譜》[69]，竹爐並分封茶具六事：

苦節君湘竹風爐也，用以煎茶，更有行省收藏之。

建城以箬為籠，封茶以貯庋閣。

雲屯磁瓦瓶，用以杓泉，以供煮水。

水曹即磁缸瓦缶，用以貯泉，以供火鼎。

烏府以竹為籃，用以盛炭，為煎茶之資。

器局編竹為方箱，用以總收以上諸茶具者。

品司編竹為圓撞提盒，用以收貯各品茶葉，以待烹品者也。

屠赤水《茶箋》茶具：

湘筠焙焙茶箱也。

鳴泉煮茶磁罐。

沉垢古茶洗。

合香藏日支茶瓶，以貯司品者。

易持用以納茶，即漆雕秘閣。

屠隆《考槃餘事》[70]：構一斗室，相傍書齋，內設茶具，教一童子專主茶役，以供長日清談，寒宵兀坐。此幽人首務，不可少廢者。

《灌園史》：盧廷璧嗜茶成癖，號茶庵。嘗蓄元僧詎可庭茶具十事，具衣冠拜之。

周亮工《閩小紀》[71]㉞：閩人以粗瓷膽瓶貯茶，近鼓山支提新茗出，一時盡學新安，製為方圓錫具，遂覺神采奕奕不同。

馮可賓《岕茶箋．論茶具》：茶壺，以窯器為上，錫次之。茶杯，汝、官、哥、定如未可多得，則適意者為佳耳。

李日華《紫桃軒雜綴》：昌化茶，大葉如桃枝柳梗，乃極香。余過逆旅，偶得手摩其焙甑，三日龍麝氣不斷。

臞仙[72]云：古之所有茶竈，但聞其名，未嘗見其物，想必無如此清氣也。予乃陶土粉以為瓦器，不用泥土為之。大能耐火，雖猛焰不裂。徑不過尺五，高不過二尺餘，上下皆鏤銘頌箴戒之。又置湯壺於上，其座皆空，下有陽谷之穴，可以藏瓢、甌之具，清氣倍常。

《重慶府志》：涪江青蠊石為茶磨，極佳。

《南安府志》：崇義縣出茶磨，以上猶縣石門山石為之，尤佳。蒼礐縝密，鐫琢堪施。

聞龍《茶箋》：茶具滌畢……亦無大害。[73]

三之造

《唐書》：太和七年正月，吳、蜀貢新茶，皆於冬中作法為之。上務恭儉，不欲逆物性，詔所在貢茶，宜於立春後造。

《北堂書鈔》：《茶譜》續補[74]云：龍安造騎火茶，最為上品。騎火者，言不在火前，不在火後作也。清明改火，故曰火。

《大觀茶論》：茶工作於驚蟄，尤以得天時為急。輕寒，英華漸長，條達而不迫，茶工從容致力，故其色、味兩全。故焙人得茶天為度。

擷茶以黎明……則害色味。[75]

茶之範度不同，如人之有首面也。其首面之異同，難以概論。要之色瑩徹而不駁，質縝繹而不浮，舉之凝結，碾之則鏗，然可驗其為精品也。有得於言意之表者。

白茶自為一種，與常茶不同。其條敷闡，其葉瑩薄。崖林之間，偶然生出，有者不過四五家，生者不過一二株，所造止於二三胯而已。須製造精微，運度得宜，則表裏昭澈，如玉之在璞，他無與倫也。

蔡襄《茶錄》：茶味主於甘滑……前世之論水品者以此。[76]

《東溪試茶錄》：建溪茶……俱為茶病。[77]

芽擇肥乳……此皆茶之病也。[78]

《北苑別錄》：御園四十六所……又為禁園之先也。而石門、乳吉、香口三外焙，常後北苑五七日興工。每日採茶蒸榨，以其黃，悉送北苑併造。造茶舊分四局……故隨綱繫之於貢茶云。[79]

採茶之法……而於採摘亦知其指要耳。

茶有小芽……色濁而味重也。

驚蟄節，萬物始萌，每歲常以前三日開焙，遇閏則後之，以其氣候少遲故也。

蒸芽再四洗滌……故唯以得中為當。

茶既蒸熟為茶黃……則色味重濁矣。

茶之過黃……則色澤自然光瑩矣。

研茶之具……詎不信然？

姚寬《西溪叢語》[80]：建州龍焙面北，謂之北苑。有一泉，極清澹，謂之御泉。用其池水造茶，即壞茶味；惟龍園㉟勝雪、白茶二種，謂之水芽。先蒸後揀。每一芽，先去外兩小葉，謂之烏蔕。又次取兩嫩葉，謂之白合。留小心芽，置於水中，呼為水芽。聚之稍多，即研焙為二品，即龍園勝雪、白茶也。茶之極精好者，無出於此，每胯計工價近二十千。其他皆先揀而後蒸研，其味次第減也。茶有十綱，第一綱、第二綱太嫩，第三綱最妙，自六綱至十綱，小團至大團而止。

黃儒《品茶要錄》：茶事起於驚蟄……過時之病也。[81]

茶芽初採，不過盈筐而已，趨時爭新之勢然也。既採而蒸，既蒸而研，蒸或不熟，雖精芽而所損已多。試時味作桃仁氣者，不熟之病也。唯正熟者，味甘香。

蒸芽，以氣為候，視之不可以不謹也……則以黃白勝青白。

茶，蒸不可以逾久……建人謂之熱鍋氣。

夫茶……傷焙之病也。

茶餅先黃……漬膏之病也。

茶色清潔鮮明，則香與味亦如之。故採佳品者，常於半曉間衝蒙雲霧而出，或以瓷罐汲新泉懸胸臆間，採得即投於中，蓋欲其鮮也。如或日氣烘爍，茶芽暴長，工力不給，其採芽已陳而不及蒸，蒸而不及研，研或出宿而後製，試時色不鮮明，薄如壞卵氣者，乃壓黃之病也。

茶之精絕者曰鬥……間白合盜葉之病也。

物固不可以容偽……亦或勾使。[82]

《萬花谷》[83]：龍焙泉，在建安城東鳳凰山，一名御泉。北苑造貢茶，社前芽細如針，用此水研造，每片計工直錢四萬，分試其色如乳，乃最精也。

《文獻通考》：宋人造茶有二類，曰片、曰散。片者即龍團舊法，散者則不蒸而乾之，如今時之茶也。始知南渡之後，茶漸以不蒸為貴矣。

《學林新編》[84]：茶之佳者，造在社前，其次火前，謂寒食前也。其下則雨前，謂穀雨前也。唐僧齊已詩曰：“高人愛惜藏巖裏，白甀封題寄火前。”其言火前，蓋未知社前之為佳也。唐人於茶，雖有陸羽《茶經》，而持論未精。至本朝蔡君謨《茶錄》，則持論精矣。

《苕溪詩話》：北苑，官焙也。漕司歲貢為上。壑源，私焙也。土人亦以入貢，為次。二焙相去三四里間。若沙溪，外焙也，與二焙絕遠，為下。故魯直詩："莫遣沙溪來亂真"是也。官焙造茶，嘗在驚蟄後。

朱翌《猗覺寮記》[85]：唐造茶與今不同。今採茶者，得芽即蒸熟焙乾；唐則旋摘旋炒。劉夢得《試茶歌》："自傍芳叢摘鷹嘴，斯須炒成滿室香"，又云："陽崖陰嶺各不同，未若竹下莓苔地"。竹間茶最佳。

《武夷志》：通仙井，在御茶園。水極甘冽，每當造茶之候，則井自溢，以供取用。

《金史》：泰和五年春，罷造茶之坊。

張源《茶錄》：茶之妙……絕焦點者最勝。[86]

藏茶切勿臨風近火，臨風易冷，近火先黃。其置頓之所㊱，須在時時坐臥之處。逼近人氣，則常溫而不寒。必須板房，不宜土室。板房溫燥，土室潮蒸。又要透風，勿置幽隱之處，不惟易生濕潤，兼恐有失檢點。

謝肇淛《五雜俎》：古人造茶，多舂令細末而蒸之。唐詩"家僮隔竹敲茶臼"是也。至宋始用碾，若揉而焙之，則本朝始也。但揉者恐不及細末之耐藏耳。

今造團之法皆不傳，而建茶之品亦遠出吳會諸品下，其武夷、清源二種，雖與上國爭衡，而所產不多，十九贋鼎，故遂令聲價靡復不振。

閩之方山、太姥、支提俱產佳茗，而製造不如法，故名不出里閈。予嘗過松蘿，遇一製茶僧，詢其法。曰：茶之香，原不甚相遠，惟焙之者火候極難調耳。茶葉尖者太嫩，而蒂多老。至火候匀時，尖者已焦，而蒂尚未熟。二者雜之，茶安得佳？製松蘿者，每葉皆剪去其尖蒂，但留中段，故茶皆一色。而工力煩矣，宜其價之高也。閩人急於售利，每觔不過百錢，安得費工如許？若價高即無市者矣。故近來建茶，所以不振也。

羅廩《茶解》：採茶、製茶，最忌手汗、體膻、口臭、多涕、不潔之人及月信婦人，更忌酒氣。蓋茶、酒性不相入，故採茶製茶，切忌沾醉。

茶性淫，易於染着。無論腥穢及有氣息之物，不宜近；即名香亦不宜近。

許次紓《茶疏》：岕茶非夏前不摘，初試摘者，謂之開園；採自正夏，謂之春茶。其地稍寒，故須待時，此又不當以太遲病之。往時無秋日摘者，近乃有之。七八月重摘一番，謂之早春。其品甚佳，不嫌少薄。他山射利，多摘梅茶。以梅雨時採故名。梅茶苦澀，且傷秋摘，佳產戒之。

茶初摘時，香氣未透，必借火力以發其香。然茶性不耐勞，炒不宜久。多取入鐺，則手力不匀，久於鐺中，過熟而香散矣。炒茶之鐺，最忌新鐵。須預取一鐺以備炒，毋得別作他用。一説惟常煮飯者佳，既無鐵鉎，亦無脂膩。炒茶之薪，僅可樹枝，勿用幹葉。幹則火力猛熾，葉則易焰易滅，鐺必磨洗瑩潔，旋摘旋炒。一鐺之內，僅可四兩，先用文火炒軟，次加武火催之。手加木指，急急鈔轉，以半熟為度，微俟香發，是其候也。

清明太早，立夏太遲，穀雨前後，其時適中。若再遲一二日，待其氣力完足，香烈尤倍，易於收藏。

藏茶於庋閣其方，宜磚底數層，四圍磚砌。形若火爐，愈大愈善，勿近土牆，頓瓮其上。隨時取竈下火灰，候冷，簇於瓮傍。半尺以外，仍隨時取火灰簇之，令裏灰常燥，以避風濕。卻忌火氣入瓮，蓋能黃茶耳㊲。日用所須，貯於小瓮瓶中者，亦當箬包苧紮，勿令見風。且宜置於案頭，勿近有氣味之物，亦不可用紙包蓋。茶性畏紙，紙成於水中，受水氣多也。紙裏一夕，即隨紙作氣而茶味盡矣。雖再焙之，少頃即潤。雁宕諸山之茶，首坐此病，紙帖貽遠，安得復佳。

茶之味清而性易移，藏法喜溫燥而惡冷濕，喜清涼而惡鬱蒸，宜清觸而忌香惹。藏用火焙，不可日曬。世人多用竹器貯茶，雖加箬葉擁護，然箬性峭勁，不甚伏帖，風濕易侵；至於地爐中頓放，萬萬不可。人有以竹器盛茶置被籠中，用火即黃，除火即潤，忌之忌之。

聞龍《茶箋》：嘗考《經》言茶焙甚詳，愚謂今人不必全用此法……猶不致大減。[87]

諸名茶法……則所從來遠矣。”[88]

吳人絕重岕茶，往往雜以黃黑箬，大是闕事。余每藏茶，必令樵青入山採竹箭箬，拭淨烘乾，護罌四週，半用剪碎，拌入茶中。經年發覆，青翠如新。

吳興姚叔度言，茶若多焙一次，則香味隨減一次，予驗之，良然。但於始焙時烘令極燥，多用炭箬，如法封固，即梅雨連旬，燥仍自若。惟開罈頻取，所以生潤，不得不再焙耳。自四月至八月，極宜致謹；九月以後，天氣漸肅，便可解嚴矣。雖然，能不弛懈，尤妙。

炒茶時，須用一人從傍扇之，以祛熱氣；否則茶之色香味俱減，此予所親試。扇者色翠，不扇者色黃。炒起出鐺時，置大磁盆中，仍須急扇，令熱氣稍退。以手重揉之，再散入鐺，以文火炒乾之。蓋揉則其津上浮，點時香味易出。田子藝以生曬不炒、不揉者為佳，其法亦未之試耳。

《羣芳譜》[89]：以花拌茶，頗有別致。凡梅花、木樨、茉莉、玫瑰、薔薇、蘭蕙、金橘、梔子、木香之屬，皆與茶宜。當於諸花香氣全時摘拌。三停茶，一停花，收於磁罐中。一層茶，一層花，相間填滿，以紙箬封固，入淨鍋中重湯煮之。取出待冷，再以紙封裹，於火上焙乾貯用。但上好細芽茶忌用，花香反奪其真味；惟平等茶宜之。

《雲林遺事》[90]：蓮花茶，就池沼中於早飯前日初出時，擇取蓮花蕊略綻者，以手指撥開，入茶滿其中，用麻絲縛紮定。經一宿，次早連花摘之，取茶紙包曬。如此三次，錫罐盛貯，紮口收藏。

邢士襄《茶說》：凌露無雲，採候之上；霽日融和，採候之次；積日重陰，不知其可。

田藝蘅《煮泉小品》：芽茶以火作者為次，生曬者為上，亦更近自然，且斷煙火氣耳。況作人手器不潔，火候失宜，皆能損其香色也。生曬茶瀹之甌中，則旗槍舒暢，清翠鮮明，香潔勝於火炒，尤為可愛。

《洞山茶系》：岕茶採焙……每誦姚合《乞茶》詩一過。[91]

《月令廣義》[92]：炒茶，每鍋不過半觔。先用乾炒，後微灑水，以布捲起揉做。

茶，擇淨微蒸，候變色，攤開扇去濕熱氣，揉做畢，用火焙乾，以箬葉包之。語曰："善蒸不若善炒，善曬不若善焙"，蓋茶以炒而焙者為佳耳。

《農政全書》：採茶在四月，嫩則益人，粗則損人。茶之為道，釋滯去垢，破睡除煩，功則著矣。其或採造藏貯之無法，碾焙煎試之失宜，則雖建芽、浙茗，只為常品耳。此製作之法，宜亟講也。

馮夢楨《快雪堂漫錄》：炒茶，鍋令極淨。茶要少，火要猛，以手拌炒令軟淨，取出攤於匾中，略用手揉之，揉去焦梗。冷定復炒，極燥而止。不得便入瓶，置於淨處，不可近濕。一二日後，再入鍋炒令極燥，攤冷，然後收藏。藏茶之罌，先用湯煮過，烘燥，乃燒栗炭透紅，投罌中，覆之令黑。去炭及灰，入茶五分，投入冷炭，再入茶。將滿，又以宿箬葉實之，用厚紙封固罌口，更包燥淨無氣味磚石壓之，置於高燥透風處。不得傍牆壁及泥地方得。

屠長卿《考槃餘事》：茶宜箬葉而畏香藥……雖久不浥。

又一法……次年另換新灰。

又一法……緣蒸氣自天而下也。

採茶時……方貯罌中。

採茶不必太細……採之可也。[93]

馮可賓《岕茶箋》採茶　雨前精神未足㊳，夏後則梗葉太粗。然〔茶〕以細嫩為妙，須當交夏時㊴，看風日晴和，月露初收，親自監採入籃。如烈日之下，應防籃內鬱蒸，又須傘蓋。至舍，速傾於淨籭內，薄攤㊵，細揀枯枝、病葉、蛸絲、青牛之類，一一剔去，方為精潔也。

蒸茶須看葉之老嫩……蓋熟湯能奪茶味也。[94]

陳眉公《太平清話》[95]：吳人於十月中採小春茶，此時不獨逗漏花枝，而尤喜日光晴暖。從此蹉過，霜淒鴈凍，不復可堪矣。

眉公云：採茶欲精，藏茶欲燥，烹茶欲潔。

吳拭云：山中採茶歌，淒清哀婉，韻態悠長，一聲從雲際飄來，未嘗不潸然墮淚。吳歌未便能動人如此也。

熊明遇《岕山茶記》：貯茶器中，先以生炭火煅過，於烈日中暴之令火滅，乃亂插茶中。封固罌口，覆以新磚，置於高爽近人處。霉天雨候，切忌發覆，須於晴燥日開取。其空缺處，即當以箬填滿，封閟如故，方為可久。

《雲蕉館紀談》[96]：明玉珍子昇㊶，在重慶取涪江青蟾石為茶磨，令宮人以武隆雪錦茶碾，焙以大足縣香霏亭海棠花，味倍於常。海棠無香，獨此地有香，焙茶尤妙。

《詩話》[97]：顧渚湧金泉，每歲造茶時，太守先祭拜，然後水稍出；造貢茶畢，水漸減，至供堂茶畢，已減半矣；太守茶畢，遂涸。北苑龍焙泉亦然。

《紫桃軒雜綴》[98]：天下有好茶，為凡手焙壞；有好山水，為俗子粧點壞；有好子弟，為庸師教壞，真無可奈何耳。

匡廬絕頂，產茶在雲霧蒸蔚中，極有勝韻。而僧拙於焙，瀹之為赤滷㊷，豈復有茶哉！戊戌春，小住東林，同門人董獻可、曹不隨、萬南仲手自焙茶，有“淺碧從教如凍柳，清芬不遣雜花飛”之句。既成，色香味殆絕。

顧渚，前朝名品。正以採摘初芽，加之法製，所謂罄一畝之入，僅充半環，取精之多，自然擅妙也。今碌碌諸葉茶中，無殊菜瀋，何勝括目。　金華仙洞，與閩中武夷，俱良材，而厄於焙手。　埭頭本草市溪庵施濟之品，近有蘇焙者，以色稍青，遂混常價。

《岕茶彙鈔》：岕茶不炒……不敢漫作。[99]

茶以初出雨前者佳，惟羅岕立夏開園，吳中所貴。梗粗葉厚者，有蕭箬之氣。還是夏前六七日如雀舌者〔佳〕㊸，最不易得。

《檀几叢書》[100]：南岳貢茶，天子所嘗，不敢置品。縣官修貢，期以清明日入山肅祭，乃始開園。採造視松蘿、虎邱，而色香豐美，自是天家清供，名曰片茶。初亦如岕茶製法，萬曆丙辰，僧稠蔭遊松蘿，乃仿製為片。

馮時可《滇行記略》：滇南城外石馬井泉，無異惠泉。感通寺茶，不下天池、伏龍，特此中人不善焙製耳。徽州松蘿〔茶〕㊹，舊亦無聞，偶虎邱一僧往松蘿庵，如虎邱法焙製，遂見嗜於天下。恨此泉不逢陸鴻漸，此茶不逢虎邱僧也。

《湖州志》：長興縣啄木嶺金沙泉……或見鷙獸、毒蛇、木魅、陽睒之類焉。商旅多以顧渚水造之，無沾金沙者。今之紫筍，即用顧渚造者，亦甚佳矣。[101]

高濂《八箋》：藏茶之法，以箬葉封裹入茶焙中，兩三日一次。用火當如人體之溫溫然，而濕潤自去。若火多則茶焦，不可食矣。

周亮工《閩小紀》：武夷、岃崱、紫帽、龍山，皆產茶。僧拙於焙，既採則先蒸而後焙，故色多紫赤，只堪供宮中澣濯用耳。近有以松蘿法製之者，即試之，色香亦具足。經旬月，則紫赤如故。蓋製茶者，不過土著數僧耳，語三吳之法，轉轉相效，舊態畢露。此須如昔人論琵琶法，使數年不近，盡忘其故調而後，以三吳之法行之，或有當也。

徐茂吳[102]云：實茶，大瓮底置箬，瓮口封閟，倒放，則過夏不黃；以其氣不外洩也。子晉云：當倒放有蓋缸內，缸宜砂底，則不生水而常燥。加謹封貯，不宜見日；見日則生翳，而味損矣。藏又不宜於熱處。新茶不宜驟用，貯過黃梅，其味始足。

張大復《梅花筆談》：松蘿之香馥馥，廟後之味閒閒；顧渚撲人鼻孔，齒頰都異，久而不忘。然其妙在造，凡宇內道地之產，性相近也，習相遠也。吾深夜被酒發，張震封所遺顧渚，連啜而醒。

宗室文昭《古瓻集》[103]：桐花頗有清味，因收花以熏茶，命之曰桐茶。有"長泉細火夜煎茶，覺有桐香入齒牙"之句。

王草堂《茶說》：武夷茶，自穀雨採至立夏，謂之頭春；約隔二旬復採，謂之二春；又隔又採，謂之三春。頭春葉粗味濃，二春、三春，葉漸細，味漸薄，且帶苦矣。夏末秋初，又採一次，名為秋露；香更濃，味亦佳，但為來年計，惜之不能多採耳。茶採後，以竹筐勻鋪，架於風日中，名曰曬青。俟其青色漸收，然後再加炒焙。陽羨岕片，祇蒸不炒，火焙以成。松蘿、龍井，皆炒而不焙，故其色純。獨武夷炒焙兼施，烹出之時，半青半紅，青者乃炒色，紅者乃焙色也。茶採而攤，攤而摝，香氣發越即炒，過時、不及皆不可。既炒既焙，復揀去其中老葉、枝蒂，使之一色。釋超全詩云："如梅斯馥蘭斯馨，心閒手敏工夫細"，形容殆盡矣。

王草堂《節物出典》：《養生仁術》云：穀雨日採茶，炒藏合法，能治痰及百病。

《隨見錄》：凡茶見日則味奪，惟武夷茶喜日曬。

武夷造茶，其巖茶以僧家所製者，最為得法。至洲茶中，採回時，逐片擇其背上有白毛者，另炒另焙，謂之白毫，又名壽星眉；摘初發之芽一旗未展者，謂之蓮子心；連枝二寸剪下烘焙者，謂之鳳尾龍鬚。要皆異其製造，以欺人射利，實無足取焉。

卷中

四之器

《御史臺記》[104]：唐制，御史有三院：一曰臺院，其僚為侍御史；二曰殿院，其僚為殿中侍御史；三曰察院，其僚為監察御史。察院廳居南，會昌初，監察御史鄭路所葺。禮察廳，謂之松廳，以其南有古松也。刑察廳，謂之魘廳，以寢於此者，多夢魘也。兵察廳主掌院中茶，其茶必市蜀之佳者，貯於陶器，以防暑濕。御史輒躬親緘啟，故謂之茶瓶廳。

《資暇集》：茶托子，始建中蜀相崔寧之女。以茶杯無襯，病其熨指，取碟子承之。既啜而杯傾，乃以蠟環碟子之央，其杯遂定，即命工匠以漆代蠟環，進於蜀相。蜀相奇之，為製名而話於賓親，人人為便，用於當代。是後，傳者更環其底，愈新其製，以至百狀焉。

貞元初，青鄆油繒為荷葉形，以襯茶碗，別為一家之碟。今人多云托子始此，非也。蜀相即今昇平[105]崔家，訊則知矣。

《大觀茶論》：茶器　羅碾　碾以銀為上，熟鐵次之。槽欲深而峻，輪欲銳而薄，羅欲細而面緊，碾必力而速。惟再羅則入湯輕泛，粥面尤凝，盡茶之色。

盞須度茶之多少，用盞之大小。盞高茶少，則掩蔽茶色；茶多盞小，則受湯不盡。惟盞熱，則茶發立耐久。

筅

瓶[106]

杓　杓之大小，當以可受一盞茶為量。有餘不足，傾杓煩數，茶必冰矣。

蔡襄《茶錄．茶器》

茶焙

茶籠

砧椎

茶鈐

茶碾

茶羅

茶盞

茶匙[107]㊺

湯瓶㊻　茶瓶要小者，易於候湯，且點茶、注湯有準。黃金為上，若人間以銀、鐵或瓷石為之㊼。若瓶大，啜存停久，味過則不佳矣。

孫穆《雞林類事》[108]：高麗方言，茶匙曰茶戍。

《清波雜志》：長沙匠者，造茶器極精緻，工直之厚，等所用白金之數。士大夫家多有之，置几案間，但知以侈靡相夸，初不常用也。凡茶宜錫，竊意以錫為合適，用而不侈。貼以紙，則茶味易損。

張芸叟[109]云：呂申公家有茶羅子，一金飾，一棕欄。方接客，索銀羅子，常客也；金羅子，禁近也；棕欄，則公輔必矣。家人常挨排於屏間以候之。

《黃庭堅集．同公擇詠茶碾》詩：（要及新香碾一杯）

陶穀《清異錄》：富貴湯，當以銀銚煮之，佳甚。銅銚煮水，錫壺注茶次之。

《蘇東坡集．揚州石塔試茶》詩：坐客皆可人，鼎器手自潔。

《秦少游集．茶臼》詩：幽人耽茗飲，刳木事擣撞。巧製合臼形，雅音伴柷椌。

《文與可[110]集．謝許判官惠茶器圖》詩：成圖畫茶器，滿幅寫茶詩。會說工全妙，深諳句特奇。

謝宗可《詠物詩．茶筅》：（此君一節瑩無瑕）

《乾淳歲時記》[111]：禁中大慶會，用大鍍金甃，以五色果簇飣龍鳳，謂之繡茶。

《演繁露》[112]：東坡後集二，《從駕景靈宮》詩云：病貪賜茗浮銅葉。按：今御前賜茶，皆不用建盞，用大湯甃，色正白，但其制樣似銅葉湯甃耳。銅葉，色黃褐色也。

周密《癸辛雜志》：宋時，長沙茶具精妙甲天下，每副用白金三百星或五百星。凡茶之具悉備，外則以大纓銀合貯之，趙南仲丞相帥潭[48]，以黃金千兩為之，以進尚方。穆陵大喜，蓋內院之工所不能為也。

楊基[113]《眉庵集・詠木茶爐》詩：紺綠仙人煉玉膚，花神為曝紫霞腴。九天清淚沾明月，一點芳心託鷓鴣。肌骨已為香魄死，夢魂猶在露團枯。孀娥莫怨花零落，分付餘醺與酪奴。

張源《茶錄》[49]：茶銚，金乃水母，銀備剛柔[50]，味不鹹澀，作銚最良，製必穿心，令火氣易透。

茶甌，以白磁為上，藍者次之。

聞龍《茶箋》：茶鍑，山林隱逸，水銚用銀尚不易得，何況鍑乎？若用之恆，歸於鐵也。

羅廩《茶解》：茶爐，或瓦或竹皆可，而大小須與湯銚稱。

凡貯茶之器，始終貯茶，不得移為他用。

李如一[114]《水南翰記》：韻書無甃字，今人呼盛茶酒器曰甃。

《檀几叢書》：品茶用甌[51]，白瓷為良，所謂"素瓷傳靜夜，芳氣滿閒軒"也。製宜弇口邃腸，色浮浮而香不散。

《茶說》[115]：器具精潔，茶愈為之生色。今時姑蘇之錫注，時大彬之沙壺，汴梁之錫銚，湘妃竹之茶竈，宣、成窯之茶盞，高人詞客，賢士大夫，莫不為之珍重。即唐宋以來，茶具之精，未必有如斯之雅致。

《聞雁齋筆談》：茶既就筐，其性必發於日，而遇知己於水，然非煮之茶竈、茶爐，則亦不佳。故曰飲茶，富貴之事也。

《雪庵清史》："泉洌性駛，非扃以金銀器，味必破器而走矣。有饋中泠泉於歐陽文忠者，公訝曰："君故貧士，何為致此奇貺？"徐視饋器，乃曰："水味盡矣。"噫！如公言，飲茶乃富貴事耶？嘗考宋之大小龍團，始於丁謂，成於蔡襄。公聞而歎曰："君謨士人也，何至作此事？"東坡詩曰："武夷溪邊粟粒芽，前丁後蔡相寵嘉。吾君所乏豈此物，致養口體何陋耶。"觀此，則二公又為茶敗壞多矣。故余於茶瓶而有感。

茶鼎，丹山碧水之鄉，月澗雲龕之品，滌煩消渴，功誠不在芝朮下。然不有似泛乳花、浮雲腳，則草堂暮雲陰，松窗殘雪明，何以勺之野語清。噫！鼎之有功於茶大矣哉！故日休有"立作菌蠢勢，煎為潺湲聲"。禹錫有"驟雨松風入鼎來，白雲滿碗花徘徊"。居仁有"浮花原屬三昧手，竹齋自試魚眼湯"。仲淹有"鼎磨雲外首山銅，瓶攜江上中濡水"。景綸有"待得聲聞俱寂後，一甌春雪勝醍醐"。噫！鼎之有功於茶大矣哉！雖然吾猶有取盧仝"柴門反關無俗客，紗帽籠頭自煎喫"，楊萬里"老夫平生愛煮茗，十年燒穿折腳鼎"。如二君者，差可不負此鼎耳。

馮時可《茶錄》：芘莉，一名篣筤，茶籠也。犧木，杓也，瓢也。

《宜興志》：茗壺　陶穴環於蜀山。原名獨山，東坡居陽羨時，以其似蜀中風景，改名蜀山。今山椒建東坡祠以祀之。陶煙飛染，祠宇盡黑。

冒巢民云[116]：茶壺以小為貴，每一客一壺，任獨斟飲，方得茶趣。何也？壺小則香不渙散，味不耽遲，況茶中香味，不先不後，恰有一時。太早或未足，稍緩或已過，個中之妙，清心自飲，化而裁之，存乎其人。

周高起《陽羨茗壺系》：茶至明代，不復碾屑、和香藥、製團餅，已遠過古人。近百年中，壺黜銀錫及閩豫瓷，而尚宜興陶，此又遠過前人處也。陶曷取諸，取其製，以本山土砂能發真茶之色香味，不但杜工部云"傾金注玉驚人眼"，高流務以免俗也。至名手所作，一壺重不數兩，價每一二十金，能使土與黃金爭價。世日趨華，抑足感矣！考其創始，自金沙寺僧，久而逸其名。又提學頤山吳公讀書金沙寺中，有青衣供春者，仿老僧法為之，栗色闇闇，敦龐周正指螺紋隱隱可按，允稱第一。世作龔春，誤也。萬曆間，有四大家：董翰、趙梁、玄錫、時朋。朋即大彬父也。大彬號少山，不務妍媚，而樸雅堅栗，妙不可思，遂於陶人擅空羣之目矣。此外則有李茂林、李仲芳、徐友泉，又大彬徒歐正春、邵文金、邵文銀、蔣伯夸四人。陳用卿、陳信卿、閔魯生、陳光甫，又婺源人陳仲美，重鎪疊刻，細極鬼工；沈君用、邵蓋、周後溪、邵二孫、陳俊卿、周季山、陳和之、陳挺生、承雲從、沈君盛、陳辰輩，各有所長。徐友泉所製之泥色，有海棠紅、朱砂紫、定窯白、冷金黃、淡墨、沉香、水碧、榴皮、葵黃、閃色、梨皮等名。大彬鐫款，用竹刀畫之，書法閒雅。

茶洗，式如扁壺，中加一盎，鬲而細竅，其底便於過水漉沙。茶藏以閉洗過之茶者。陳仲美、沈君用各有奇製。水杓、湯銚，亦有製之盡美者，要以椰瓢、錫缶為用之囱。

茗壺宜小不宜大，宜淺不宜深；壺蓋宜盎不宜砥。湯力茗香，俾得團結氤氳，方為佳也。

壺若有宿雜氣，須滿貯沸湯滌之，乘熱傾去，即沒於冷水中，亦急出水瀉之，元氣復矣。

許次紓《茶疏》：茶盒52，以貯日用零茶，用錫為之，從大疊中分出，若用盡時再取。

茶壺，往時尚龔春，近日時大彬所製，極為人所重。蓋是粗砂製成，正取砂無土氣耳。

臞仙云：茶甌者，予嘗以瓦為之，不用瓷。以筍殼為蓋，以檞葉攢覆於上，如箬笠狀，以蔽其塵。用竹架盛之，極清無比。茶匙以竹編成，細如笊籬，樣與塵世所用者大不凡矣，乃林下出塵之物也。煎茶用銅瓶，不免湯腥；用砂銚，亦嫌土氣，惟純錫為五金之母，製銚能益水德。

謝肇淛《五雜俎》：宋初閩茶，北苑為最，當時上供者，非兩府禁近不得賜。而人家亦珍重愛惜，如王東城有茶囊，惟楊大年至，則取以具茶，他客莫敢望也。

《支廷訓集》[117]：有湯蘊之傳，乃茶壺也。

文震亨《長物志》：壺以砂者為上，既不奪香，又無熟湯氣。錫壺有趙良璧者，亦佳。吳中歸錫，嘉禾黃錫，價皆最高。

《遵生八箋》：茶銚、茶瓶，瓷砂為上，銅錫次之。瓷壺注茶、砂銚煮水為上。茶盞，惟宣窯壇盞為最，質厚白瑩，樣式古雅有等。宣窯印花白甌，式樣得中，而瑩然如玉，次則嘉窯心內有茶字小盞為美。欲試茶色黃白，豈容青花亂之。注酒亦然，惟純白色器皿為最上乘，餘品皆不取。

試茶以滌器為第一要，茶瓶、茶盞、茶匙生鉎，致損茶味，必須先時洗潔則美。

曹昭[118]《格古要論》：古人喫茶湯用 擎 ，取其易乾不留滯。

陳繼儒《試茶詩》：有"竹爐幽討，松火怒飛"之句。竹茶爐，出惠山者最佳。

《淵鑒類函・茗碗》：韓詩"茗碗纖纖捧。"

徐葆光[119]《中山傳信錄》："琉球茶甌，色黃，描青綠花草，云出土噶喇。其質少粗無花，但作水紋者㊿，出大島。甌上造一小木蓋，朱黑漆之，下作空心托子，製作頗工；亦有茶托、茶帚。其茶具，火爐與中國小異。"

葛萬里《清異錄》：時大彬茶壺，有名"釣雪"，似帶笠而釣者，然無牽合意。

《隨見錄》：洋銅茶弔，來自海外。紅銅盪錫，薄而輕，精而雅，烹茶最宜。

五之煮

唐陸羽《六羡歌》：（不羨黃金罍）

唐張又新《水記》：故刑部侍郎劉公諱伯芻……以是知客之說，信矣。[120]

陸羽論水，次第凡二十種：廬山康王谷水簾水第一……雪水第二十。用雪不可太冷。[121]

唐顧況《論茶》：煎以文火細煙，煮以小鼎長泉。

蘇廙《仙芽傳》第九卷載《作湯十六法》謂：湯者……十六魔湯。[122]

丁用晦[123]《芝田錄》：唐李衛公德裕，喜惠山泉，取以烹茗，自常州到京，置驛騎傳送，號曰水遞。後有僧某曰："請為相公通水脈。"蓋京師有一眼井，與惠山泉脈相通，汲以烹茗，味殊不異。公問井在何坊曲？曰："昊天觀常住庫後是也。" 因取惠山、昊天各一瓶，雜以他水八瓶，令僧辨晰。僧止取二瓶井泉，德裕大加奇歎。

《事文類聚》[124]：贊皇公李德裕，居廊廟日，有親知奉使於京口。公曰："還日，金山下揚子江南零水，與取一壺來。"其人敬諾。及使回，舉棹日，因醉而忘之。汎舟至石城下，方憶，乃汲一瓶於江中，歸京獻之。公飲後歎訝非常，曰："江表水味，有異於頃歲矣。此水頗似建業石頭城下水也。"其人即謝過不敢隱。

《河南通志》：盧仝茶泉，在濟源縣。仝有莊在濟源之通濟橋二里餘，茶泉存焉。其詩曰："買得一片田，濟源花洞前。"自號玉川子。有寺名玉泉，汲此寺之泉煎茶。有《玉川子飲茶歌》，句多奇警。

《黃州志》：陸羽泉，在蘄水縣鳳棲山下，一名蘭溪泉，羽品為天下第三泉也。嘗汲以烹茗，宋王元之有詩。

無盡法師《天台志》：陸羽品水，以此山瀑布泉為天下第十七水。余嘗試飲，比余豳溪蒙泉殊劣，余疑鴻漸但得至瀑布泉耳，苟遍歷天台？當不取金山為第一也。

《海錄》[125]：陸羽品水，以雪水第二十，以煎茶滯而太冷也。

陸平泉《茶寮記》[126]：唐秘書省中水最佳，故名秘水。

《檀几叢書》：唐天寶中，稠錫禪師名清晏，卓錫南嶽磵上，泉忽迸，石窟間字曰"真珠泉"。師飲之，清甘可口，曰："得此瀹吾鄉桐廬茶，不亦稱乎。"

《大觀茶論》：水以輕清甘潔為美，用湯以魚蟹眼連絡迸躍為度。

咸淳《臨安志》：棲霞洞內有水洞，深不可測，水極甘洌。魏公嘗調以瀹茗。又蓮花院有三井，露井最良，取以烹茗，清甘寒冽，品為小林第一。

《王氏談錄》[127]：公言茶品高而年多者，必稍陳。遇有茶處，春初取新芽，輕炙雜而烹之，氣味自復。在襄陽試作。甚佳嘗語君謨，亦以為然。

歐陽修《浮槎水記》：浮槎與龍池山皆在廬州……而於論水盡矣。

蔡襄《茶錄》：茶或經年……則不用此說。

碾茶……則色昏矣。

碾畢即羅，羅細則茶浮，粗則沫浮。

候湯最難……故曰候湯最難。

茶少湯多……曰相去一水兩水。

茶有真香……正當不用。[128]

陶穀《清異錄》：饌茶而幻出物象於湯面者……煎茶贏得好名聲。

茶至唐而始盛……時人謂之茶百戲。

又有：漏影春法……沸湯點攪。[129]

《煮茶泉品》：予少得溫氏所著《茶説》……不可及已。[130]昔酈元善於《水經》㊴，而未嘗知茶；王肅癖於茗飲，而言不及水表。是二美，吾無愧焉。

魏泰[131]《東軒筆錄》：鼎州北百里，有甘泉寺，在道左，其泉清美，最宜瀹茗。林麓迴抱，境亦幽勝。寇萊公[132]謫守雷州，經此酌泉，誌壁而去。未幾，丁晉公[133]竄朱崖，復經此，禮佛留題而行。天聖中，范諷以殿中丞安撫湖外至此寺，睹二相留題，徘徊慨歎，作詩以誌其旁曰："平仲酌泉方頓轡，謂之禮佛繼南行。層巒下瞰嵐煙路，轉使高僧薄寵榮。"

張邦基《墨莊漫錄》[134]：元祐六年七夕日，東坡時知揚州，與發運使晁端彥、吳倅、晁旡咎，大明寺汲塔院西廊井與下院蜀井二水校其高下，以塔院水為勝。

華亭縣有寒穴泉，與無錫惠山泉味相同，並嘗之，不覺有異，邑人知之者少。王荊公嘗有詩云："神震冽冰霜，高穴雪與平。空山渟千秋，不出嗚咽聲。山風吹更寒，山月相與清。北客不到此，如何洗煩酲。"

羅大經《鶴林玉露》：余同年友李南金云："《茶經》以魚目、湧泉、連珠為煮水之節……一甌春雪勝醍醐。"[135]

趙彥衛《雲麓漫鈔》[136]：陸羽別天下水味，各立名品，有石刻行於世。《列子》云，孔子："淄澠之合，易牙能辨之。"易牙，齊威公大夫。淄澠二水，易牙知其味。威公不信，數試皆驗。陸羽豈得其遺意乎？

《黃山谷集》：瀘州大雲寺西偏崖石上，有泉滴瀝；一州泉味，皆不及也。

林逋《烹北苑茶有懷》：（石碾輕飛瑟瑟塵）

《東坡集》：予頃自汴入淮，泛江溯峽歸蜀。飲江淮水蓋彌年，既至，覺井水腥澀，百餘日然後安之。以此知江水之甘於井也審矣。今來嶺外，自揚子始飲江水，及至南康，江益清駛，水益甘，則又知南江賢於北江也。近度嶺入清遠峽，水色如碧玉，味益勝。今遊羅浮，酌泰禪師錫杖泉，則清遠峽水，又在其下矣。嶺外惟惠州人喜鬥茶，此水不虛出也。[137]

惠山寺，東為觀泉亭，堂曰漪瀾。泉在亭中，二井石甃相去咫尺，方圓異形。汲者多由圓井，蓋方動圓靜，靜清而動濁也。流過漪瀾，從石龍口中出，下赴大池者，有土氣，不可汲。泉流冬夏不涸，張又新品為天下第二泉。

《避暑錄話》[138]：裴晉公詩云："飽食緩行初睡覺，一甌新茗侍兒煎。脱巾斜倚繩床坐，風送水聲來耳邊。"公為此詩必自以為得意，然吾山居七年，享此多矣。

馮璧[139]《東坡海南烹茶圖詩》：講筵分賜密雲龍，春夢分明覺亦空。地惡九鑽黎火洞，天遊兩腋玉川風。

《萬花谷》：黃山谷有《井水帖》云："取井傍十數小石，置瓶中，令水不濁。故詠《慧山泉》詩云‘錫谷寒泉㯏音妥石俱’是也。石圓而長，曰㯏，所以澄水。”

茶家碾茶，須碾着眉上白乃為佳。曾茶山詩云：“碾處須看眉上白，分時為見眼中青。”

《輿地紀勝》：竹泉，在荊州府松滋縣南。宋至和初，苦竹寺僧浚井得筆，後黃庭堅謫黔過之，視筆曰：“此吾蝦蟆碚所墜。”因知此泉與之相通。其詩曰：“松滋縣西竹林寺，苦竹林中甘井泉。巴人謾説蝦蟆碚，試裹春茶來就煎。”

周輝《清波雜志》：余家惠山泉石，皆為几案間物。親舊東來，數問松竹平安信，且時致陸子泉，茗碗殊不落寞。然頃歲亦可致於汴都，但未免瓶盎氣。用細砂淋過，則如新汲時，號拆洗惠山泉。天台竹瀝水，彼地人斷竹稍，屈而取之盈甕；若雜以他水，則亟敗。蘇才翁與蔡君謨比茶，蔡茶精，用惠山泉煮；蘇茶劣，用竹瀝水煎，便能取勝。此説見江鄰幾[140]所著《嘉祐雜志》。果爾，今喜擊拂者，曾無一語及之，何也？雙井因山谷乃重。蘇魏公嘗云，平生薦舉不知幾何人，唯孟安序朝奉歲以雙井一甕為餉。蓋公不納苞苴，顧獨受此，其亦珍之耶。

《東京記》[141]：文德殿兩掖，有東西上閤門，故杜詩云：“東上閤之東，有井泉絕佳。”山谷《憶東坡烹茶詩》云：“閤門井不落第二，竟陵谷簾空誤書。”

陳舜俞[142]《廬山記》：康王谷有水簾飛泉，破巖而下者二三十派，其廣七十餘尺，其高不可計。山谷詩云“谷簾煮甘露”是也。

孫月峯《坡仙食飲錄》：唐人煎茶多用薑。故薛能詩云：“鹽損添常戒，薑宜着更誇。”據此，則又有用鹽者矣。近世有此二物者，輒大笑之。然茶之中等者，用薑煎信佳，鹽則不可。

馮可賓《岕茶箋》：茶雖均出於岕，有如蘭花香而味甘，過霉歷秋，開罈烹之，其香愈烈，味若新。沃以湯，色尚白者，真洞山也。他嶰初時亦香，秋則索然矣。

《羣芳譜》：世人情性嗜好各殊，而茶事則十人而九。竹爐火候，茗碗清緣，煮引風之碧雪，傾浮花之雪乳。非藉湯勳，何昭茶德。略而言之，其法有五：一曰擇水，二曰簡器，三曰忌溷，四曰慎煮，五曰辨色。

《吳興掌故錄》[143]：湖州金沙泉，至元中㊺，中書省遣官致祭。一夕水溢，溉田千畝，賜名“瑞應泉”。

《職方志》：廣陵蜀岡上有井，曰蜀井，言水與西蜀相通。茶品天下，水有二十種，而蜀岡水為第七。

《遵生八箋》：凡點茶，先須熁盞令熱，則茶面聚乳，冷則茶色不浮。熁音脅，火迫也。

陳眉公《太平清話》：余嘗酌中泠，劣於惠山，殊不可解。後考之，乃知陸羽原以廬山谷簾泉為第一。《山疏》云：陸羽《茶經》言，瀑瀉湍激者勿食，今此水瀑瀉湍激無如矣，乃以為第一，何也？又雲液泉，在谷簾側，山多雲母，泉其液也，洪纖如指，清冽甘寒，遠出谷簾之上，乃不得第一，又何也？又碧琳池東西兩泉，皆極甘香，其味不減惠山，而東泉尤冽。

蔡君謨"湯取嫩而不取老"，蓋為團餅茶言耳。今旗芽槍甲，湯不足則茶神不透，茶色不明，故茗戰之捷，尤在五沸。

徐渭《煎茶七類》：煮茶非漫浪……磊塊於胸次間者。[144]

品泉以井水為下，井取汲多者，汲多則水活。

候湯眼鱗鱗起……過熟則味昏底滯。[145]

張源《茶錄》：山頂泉清而輕，山下泉清而重，石中泉清而甘，砂中泉清而冽，土中泉清而厚。流動者良於安靜，負陰者勝於向陽。山削者泉寡，山秀者有神。真源無味，真水無香。流於黃石為佳，瀉出青石無用。

湯有三大辨……，元神始發也。[146]

爐火通紅……非茶家之要旨。[147]

投茶有序，無失其宜。先茶後湯，曰下投；湯半下茶，復以湯滿，曰中投；先湯後茶，曰上投。夏宜上投，冬宜下投，春秋宜中投。

不宜用惡木、敝器、銅匙、銅銚、木桶、柴薪、煙煤㊽、麩炭、粗童、惡婢、不潔巾帨及各色果實、香藥。

謝肇淛《五雜俎》：唐薛能茶詩云[148]，"鹽損添嘗戒，薑宜著更誇。"煮茶如是，味安得佳。此或在竟陵翁未品題之先也。至東坡和寄茶詩[149]云："老妻稚子不知愛，一半已入薑鹽煎。"則業覺其非矣，而此習猶在也；今江右及楚人，尚有以薑煎茶者。雖云古風，終覺未典。

閩人苦山泉難得，多用雨水。其味甘不及山泉，而清過之。然自淮而北，則雨水苦黑，不堪煮茗矣。惟雪水，冬月藏之，入夏用乃絕佳。夫雪固雨所凝也，宜雪而不宜雨，何哉？或曰北方瓦屋不淨，多用穢泥塗塞故耳。

古時之茶，曰煮、曰烹、曰煎，須湯如蟹眼，茶味方中。今之茶，惟用沸湯投之；稍著火，即色黃而味澀不中飲矣。乃知古今煮法，亦自不同也。

蘇才翁鬥茶用天台竹瀝水，乃竹露非竹瀝也。若今醫家用火逼竹取瀝，斷不宜茶矣。

顧元慶《茶譜》煎茶四要：一擇水，二洗茶，三候湯，四擇品。點茶三要：一滌器，二熁盞，三擇果。

熊明遇《羅岕㊾茶記》：烹茶……會心亦不在遠。[150]

《雪庵清史》：余性好清苦，獨與茶宜。幸近茶鄉，恣我飲啜。乃友人不辨三火三沸法，余每過飲，非失過老，則失太嫩，致令甘香之味蕩然無存，蓋誤於李南金之說耳。如羅玉露之論[151]，乃為得火候也。友曰："吾性惟好讀書，玩佳山水，作佛事，或時醉花前，不愛水厄，故不精於火候。”昔人有言：釋滯消壅，一日之利暫佳；瘠氣耗精，終身之害斯大。獲益則歸功茶力，貽害則不謂茶災。甘受俗名，緣此之故。噫！茶冤甚矣。不聞禿翁之言；釋滯消壅，清苦之益實多；瘠氣耗精，情慾之害最大。獲益則不謂茶力，自害則反謂茶殃。且無火候，不獨一茶。讀書而不得其趣，玩山水而不會其情，學佛而不破其宗，好色而不飲其韻，皆無火候者也。豈余愛茶而故為茶吐氣哉？亦欲以此清苦之味，與故人共之耳。

煮茗之法有六要：一曰別，二曰水，三曰火，四曰湯，五曰器，六曰飲。有粗茶，有散茶，有末茶，有餅茶。有研者，有熬者，有煬者，有舂者。余幸得產茶方，又兼得烹茶六要，每遇好朋，便手自煎烹。但願一甌常及真，不用撐腸拄腹文字五千卷也。故曰飲之時義遠矣哉。

田藝蘅《煮泉小品》：茶，南方嘉木……雖佳弗佳也。但飲泉覺爽，啜茗忘喧，謂非膏粱紈幓可語。爰著《煮泉小品》，與枕石漱流者商焉。

陸羽嘗謂：烹茶於所產處……兩浙罕伍云。

山厚者泉厚……不幽即喧，必無用矣。

江……則湛深而無蕩漾之漓耳。

嚴陵瀨……水功其半者耶。

去泉再遠者……有舊時水遞費經營。

湯嫩則茶味不出；過沸則水老而茶乏。惟有花而無衣，乃得點瀹之候耳。

有水有茶……更雅。

人但知湯候……火為之紀。[152]

許次紓《茶疏》：甘泉旋汲……挈瓶為佳耳。

沸速則鮮嫩風逸，沸遲則老熟昏鈍。故水入銚，便須急煮。候有松聲，即去蓋，以息其老鈍㊽。蟹眼之後，水有微濤，是為當時。大濤鼎沸，旋至無聲，是為過時。過時老湯，決不堪用。

茶注、茶銚、茶甌㊾，最宜蕩滌。飲事甫畢，餘瀝殘葉，必盡去之。如或少存，奪香敗味。每日晨興，必以沸湯滌過，用極熟麻布，向內拭乾，以竹編架，覆而庋之燥處，烹時取用。

三人以下㊿，止熱一爐，如五六人，便當兩鼎爐，用一童，湯方調適。若令兼作，恐有參差。

火必以堅木炭……寧棄而再烹。[153]

茶不宜近陰室、廚房、市喧、小兒啼、野性人、僮奴相鬨、酷熱齋舍。

羅廩《茶解》：“茶色白，味甘鮮……香以蘭花為上，蠶豆花次之。[61]”

煮茗：須甘泉……乘熱投之。”

李南金謂……雖去火何救哉。[154]

貯水瓮，須置於陰庭。㉒覆以紗帛，使晝挹天光，夜承星露，則英華不散，靈氣常存。假令壓以木石，封以紙箬，暴於日中，則內閉其氣，外耗其精，水神敝矣，水味敗矣。

《考槃餘事》：今之茶品，與《茶經》迥異，而烹製之法，亦與蔡、陸諸人全不同矣。

始如魚目，微微有聲，為一沸；緣邊湧泉如連珠，為二沸；奔濤濺沫，為三沸。其法，非活火不成。若薪火方交，水釜纔熾，急取旋傾，水氣未消，謂之嫩㉓。若人過百息，水踰十沸，始取用之，湯已失性，謂之老。老與嫩，皆非也。

《夷門廣牘》[155]：虎邱石泉，舊居第三，漸品第五。以石泉渟泓，皆雨澤之積，滲竇之潢也。況闔廬墓隧，當時石工多閟死，僧眾上棲，不能無穢濁滲入；雖名陸羽泉，非天然水，道家服食，禁屍氣也。

《六硯齋筆記》[156]：武林西湖水，取貯大缸，澄淀六七日。有風雨則覆，晴則露之，使受日月星之氣。用以烹茶，甘淳有味，不遜慧麓。以其溪谷奔注，涵浸凝渟，非復一水，取精多而味自足耳。以是知凡有湖陂大浸處，皆可貯以取澄，絕勝淺流。陰井昏滯腥薄，不堪點試也。

古人好奇，飲中作百花，熟水又作五色，飲及冰蜜糖藥種種各殊。余以為皆不足尚。如值精茗適乏，細劚松枝瀹湯漱嚥而已。

《竹嬾茶衡》：處處茶皆有……無昏滯之恨耳。[157]

松雨齋《運泉約》：吾輩竹雪神期……咸赴嘉盟。運惠水，每罈償舟力費銀三分……松雨齋主人謹訂。[158]

《岕茶彙鈔》：烹時，先以上品泉水滌烹器，務鮮務潔。次以熱水滌茶葉，水若太滾，恐一滌味損。當以竹筯夾茶於滌器中反覆洗蕩，去塵土、黃葉、老梗。既盡，乃以手搦乾，置滌器內蓋定。少刻開視，色青香冽，急取沸水潑之。夏先貯水入茶，冬先貯茶入水。

茶色貴白……則虎邱所無也。[159]

《洞山茶系》：岕茶德全……止須上投耳。[160]

《天下名勝志》：宜興縣湖汶鎮[161]，有於潛泉。竇穴闊二尺許，狀如井。其源洑流潛通，味頗甘冽。唐修茶貢，此泉亦遞進。

洞庭縹緲峯西北，有水月寺。寺東入小青塢，有泉瑩澈甘涼，冬夏不涸。宋李彌大名之曰"無礙泉"。

安吉州，碧玉泉為冠，清可鑒髮，香可瀹茗。

徐獻忠《水品》：泉甘者……故甘也。[162]

處士《茶經》……殆有旨也。[163]

山深厚者、雄大者氣盛，麗者必出佳泉。

張大復《梅花筆談》：茶性必發於水，八分之茶，遇十分之水，茶亦十分矣。八分之水，試十分之茶，茶只八分耳。

《巖棲幽事》：黃山谷賦：洶洶乎，如澗松之發清吹；浩浩乎，如春空之行白雲。可謂得煎茶三昧。

《劍掃》：煎茶乃韻事，須人品與茶相得。故其法往往傳於高流隱逸，有煙霞泉石、磊塊胸次者。

《湧幢小品》：天下第四泉，在上饒縣北茶山寺。唐陸鴻漸寓其地，即山種茶，酌以烹之，品其等為第四。邑人尚書楊麒讀書於此，因取以為號。

余在京三年，取汲德勝門外水烹茶，最佳。

大內御用井，亦西山泉脈所灌，真天漢第一品，陸羽所不及載。

俗話"芒種逢壬便立霉"，霉後積水烹茶，甚香洌，可久藏。一交夏至，便迥別矣。試之良驗。

家居苦泉水難得，自以意取尋常水煮滾，入大瓷缸置庭中，避日色。俟夜，天色皎潔，開缸受露。凡三夕，其清澈底，積垢二三寸。亟取出，以罈盛之烹茶，與惠泉無異。

聞龍《它泉記》：吾鄉四陲[64]皆山，泉水在在有之，然皆淡而不甘。獨所謂"它泉"者，其源出自四明，自洞抵埭，不下三數百里。水色蔚藍，素砂白石粼粼見底，清寒甘滑，甲於郡中。

《玉堂叢語》[164]，黃諫常作《京師泉品》："郊原，玉泉第一；京城，文華殿東大庖井第一。"後謫廣州，評泉以"雞爬井"為第一，更名學士泉。

吳栻云：武夷泉出南山者，皆潔洌味短，北山泉味迥別，蓋兩山形似而脈不同也。予攜茶具共訪得三十九處，其最下者，亦無硬洌氣質。

王新城《隴蜀餘聞》[165]：百花潭，有巨石三，水流其中，汲之煎茶，清洌異於他水。

《居易錄》：濟源縣段少司空園，是玉川子煎茶處。中有二泉，或曰玉泉。去盤谷不十里，門外一水，曰漭水，出王屋山。按：《通志》"玉泉在瀧水上，盧仝煎茶於此。今《水經注》不載。"

《分甘餘話》：一水，水名也。酈元《水經注．渭水》：又東，會一水，發源吳山。《地里志》：吳山，古汧山也。山下石穴，水溢石空，懸波側注。按：此即"一水"之源。在靈應峯下，所謂"西鎮靈湫"是也。余丙子祭告西鎮，常品茶於此，味與西山玉泉極相似。

《古夫于亭雜錄》[166]：唐劉伯芻品水，以中泠為第一，惠山、虎邱次之。陸羽則以康王谷為第一，而次以惠山，古今耳食者遂以為不易之論。其實二子所見，不過江南數百里內之水，遠如峽中蝦蟆碚，纔一見耳；不知大江以北，如吾郡發地皆泉，其著名者七十有二，以之烹茶，皆不在惠泉之下。宋李文叔格非[167]，郡人也，嘗作《濟南水記》，與《洛陽名園記》並傳，惜《水記》不存，無以正二子之陋耳。謝在杭品平生所見之水，首濟南趵突，次以益都孝婦泉在顏神鎮，青州范公泉，而尚未見章邱之百脈泉。右皆吾郡之水，二子何嘗多見。予嘗題王秋史苹二十四泉草堂云："翻憐陸鴻漸，跬步限江東"，正此意也。

陸次雲《湖濡雜記》[168]：龍井，泉從龍口中瀉出，水在池內，其氣恬然。若遊人注視久之，忽波瀾湧起，如欲雨之狀。

張鵬翮[169]《奉使日記》：葱嶺乾澗側，有舊二井。從旁掘地七八尺，得水甘洌，可煮茗。字之曰"塞外第一泉"。

《廣輿記》：永平灤州，有扶蘇泉，甚甘洌。秦太子扶蘇，嘗憩此。

江寧攝山千佛嶺下，石壁上刻隸書六字：曰"白乳泉試茶亭"。

鍾山八功德水："一清、二冷、三香、四柔、五甘、六淨、七不饐，八蠲?。"

丹陽玉乳泉，唐劉伯 芻 論此水為"天下第四"。

寧州雙井，在黃山谷所居之南，汲以造茶，絕勝他處。

杭州孤山下，有金沙泉。唐白居易嘗酌此泉，甘美可愛，視其地沙，光燦如金，因名。

安陸府沔陽有陸子泉，一名文學泉。唐陸羽嗜茶，得泉以試，故名。

《增訂廣輿記》[170]：玉泉山，泉出石罅間，因鑿石為螭頭，泉從口出，味極甘美。豬為池，廣三丈，東跨小石橋，名曰玉泉垂虹。

《武夷山志》：山南虎嘯巖語兒泉，濃若停膏，瀉杯中，鑒毛髮，味甘而博，啜之有軟順意。次則天柱三敲泉，而茶園喊泉，又可伯仲矣。北山泉味迥別，小桃源一泉，高地尺許，汲不可竭，謂之高泉。純遠而逸，致韻雙發，愈啜愈想愈深，不可以味名也。次則接筍之仙掌露，其最下者，亦無硬冽氣質。

《中山傳信錄》[171]：琉球烹茶，以茶末雜細粉少許入碗，沸水半甌，用小竹帚攪數十次，起沫滿甌面為度，以敬客。且有以大螺殼烹茶者。

《隨見錄》[172]：安慶府宿松縣東門外，孚玉山下福昌寺旁井，曰龍井。水味清甘，瀹茗甚佳，質與溪泉較重。

六之飲

盧仝《茶歌》(日高丈五睡正濃)

唐馮贄《記事珠》：建人謂鬥茶曰茗戰。

《北堂書鈔》：杜育《荈賦》云："茶能調神和內，解倦除慵。"

《續博物志》[173]：南人好飲茶，孫皓以茶與韋曜代酒，謝安詣陸納，設茶果而已。北人初不識此，唐開元中，泰山靈巖寺有降魔師，教學禪者以不寐法，令人多作茶飲，因以成俗。

《大觀茶論》：點茶不一，以分輕清重濁，相稀稠得中，可欲則止。《桐君錄》云：若有餑，飲之宜人，雖多不為貴也。

夫茶以味為上，香甘重滑，為味之全。惟北苑壑源之品兼之。卓絕之品，真香靈味，自然不同。

茶有真香……秋爽灑然。

點茶之色……茶必純白。青白者蒸壓微生……焙火太烈則色昏黑。[174]

《蘇文忠集》：予去黃㊅十七年，復與彭城張聖途、丹陽陳輔之同來。院僧梵英，葺治堂宇，比舊加嚴潔，茗飲芳冽。予問："此新茶耶？"英曰："茶性，新舊交則香味復。"予嘗見知琴者言："琴不百年，則桐之生意不盡；緩急清濁，常與雨暘寒暑相應。"此理與茶相近，故並記之。

王燾集《外台秘要》有《代茶飲子》詩，云：格韻高絕，惟山居逸人乃當作之。予嘗依法治服，其利膈調中，信如所云，而其氣味乃一帖煮散耳，與茶了無干涉。

《月兔茶》詩：環非環，玦非玦，中有迷離玉兔兒，一似佳人裙上月。月圓還缺缺還圓，此月一缺圓何年？君不見，鬥茶公子不忍鬥小團，上有雙銜綬帶雙飛鸞。

坡公嘗遊杭州諸寺，一日飲釅茶七碗，戲書云：（示病維摩原不病）

《侯鯖錄》東坡論茶：除煩去膩，世固不可一日無茶。然闇中損人不少，故或有忌而不飲者。昔人云：自茗飲盛後，人多患氣、患黃，雖損益相半，而消陰助陽，益不償損也。吾有一法，常自珍之：每食已，輒以濃茶漱口，煩膩既去，而脾胃不知。凡肉之在齒間，得茶漱滌，乃盡消縮不覺脱去，毋煩挑刺也。而齒性便苦，緣此漸堅密，蠹疾自已矣。然率用中茶，其上者亦不常有，間數日一啜，亦不為害也。此大是有理，而人罕知者，故詳述之。

白玉蟾[175]《茶歌》：（味如甘露勝醍醐）

唐庚《鬥茶記》：政和二年㊅三月壬戌，二三君子相與鬥茶於寄傲齋。予為取龍塘水烹之而第其品。吾聞茶不問團銙，要之貴新；水不問江井，要之貴活。千里致水，偽固不可知㊆，就令識真，已非活水。今我提瓶走龍塘無數千步，此水宜茶，昔人以為不減清遠峽。每歲新茶，不過三月至矣。罪戾之餘，得與諸公從容談笑於此，汲泉煮茗，以取一時之適，此非吾君之力歟。

蔡襄《茶錄》：茶色貴白……以青白勝黃白。[176]

張淏《雲谷雜記》[177]：飲茶不知起於何時。歐陽公《集古錄跋》云：茶之見前史，蓋自魏晉以來有之。予按：《晏子春秋》嬰相齊景公時，"食脱粟之飯，炙三弋、五卵、茗菜而已。"又漢王褒《僮約》有"武陽㊆一作武都買茶"之語，則魏晉之前已有之矣。但當時雖知飲茶，未若後世之盛也。考郭璞注《爾雅》云：樹似梔子，冬生葉，可煮作羹飲。然茶至冬味苦，豈可復作羹飲耶？飲之令人少睡。張華得之，以為異聞，遂載之《博物志》，非但飲茶者鮮，識茶者亦鮮。至唐陸羽著《茶經》三篇，言茶甚備，天下益知飲茶。其後尚茶成風，回紇入朝，始驅馬市茶。德宗建中間，趙贊始興茶税。興元初，雖詔罷，貞元九年，張滂復奏請，歲得緡錢四十萬。今乃與鹽、酒同佐國用，所入不知幾倍於唐矣。

《品茶要錄》：余嘗論茶之精絕者……其有助乎。昔陸羽號為知茶……鴻漸其未至建安歟？[178]

謝宗《論茶》：候蟾背之芳香，觀蝦目之沸湧。故細漚花泛，浮餑雲騰，昏俗塵勞，一啜而散。

《黃山谷集》：品茶，一人得神，二人得趣，三人得味，六七人是名施茶。

沈存中《夢溪筆談》：芽茶，古人謂之雀舌、麥顆，言其至嫩也。今茶之美者，其質素良，而所植之土又美，則新芽一發，便長寸餘。其細如鍼，惟芽長為上品，以其質幹，土力皆有餘故也。如雀舌、麥顆者，極下材耳。乃北人不識，誤為品題。予山居有《茶論》，且作《嘗茶》詩云："誰把嫩香名雀舌，定來北客未曾嘗。不知靈草天然異，一夜風吹一寸長。"

《遵生八箋》[179]

徐渭《煎茶七類》[180]

許次紓《茶疏》：握茶手中，俟湯入壺，隨手投茶，定其浮沉。然後瀉啜，則乳嫩清滑，而馥郁於鼻端，病可令起，疲可令爽。

一壺之茶……猶堪飯後供啜嗽之用。[181]

人必各手一甌，毋勞傳送。再巡之後，清水滌之。⑲

若巨器屢巡，滿中瀉飲，待停少溫，或求濃苦，何異農匠作勞，但資口腹⑳，何論品賞，何知風味乎？

《煮泉小品》："唐人以對花啜茶為殺風景……又何必羔兒酒也。"

茶如佳人……毋令污我泉石。

茶之團者，片者……知味者當自辨之。

煮茶得宜……俗莫甚焉。

人有以梅花、菊花、茉莉花薦茶者……亦無事此。

今人薦茶……固不足責。

羅廩《茶解》：茶通仙靈，然有妙理。[182]

山堂夜坐，汲泉煮茗，至水火相戰，如聽松濤。傾瀉入杯，雲光瀲灩，此時幽趣，故難與俗人言矣。

顧元慶《茶譜·品茶八要》㉑：一品，二泉，三烹，四器，五試，六候，七侶，八勳。

張源《茶錄》：飲茶以客少為貴，眾則喧，喧則雅趣乏矣。獨啜曰幽，二客曰勝，三四曰趣，五六曰汎，七八曰施。

釃不宜早，飲不宜遲。釃早則茶神未發，飲遲則妙馥先消。

《雲林遺事》：倪元鎮素好飲茶。在惠山中，用核桃、松子肉和真粉，成小塊如石狀，置於茶中飲之，名曰“清泉白石茶”。

聞龍《茶箋》：東坡云……後以殉葬。[183]

《快雪堂漫錄》：昨同徐茂吳至老龍井買茶，山民十數家各出茶，茂吳以次點試，皆以為贋。曰：真者甘香而不冽，稍冽便為諸山贋品。得一二兩，以為真物。試之，果甘香若蘭，而山民及寺僧反以茂吳為非。吾亦不能置辨，偽物亂真如此。茂吳品茶，以虎邱為第一，常用銀一兩餘購其斤許。寺僧以茂吳精鑒，不敢相欺。他人所得，雖厚價，亦贋物也。子晉云：本山茶葉微帶黑，不甚青翠，點之色白如玉，而作寒豆香，宋人呼為“白雪茶”[72]。稍綠，便為天池物。天池茶中雜數莖虎邱，則香味迥別。虎邱，其茶中王種耶？蚧茶精者，庶幾妃后；天池、龍井，便為臣種，其餘則民種矣。[184]

熊明遇《羅蚧茶記》：茶之色重、味重、香重者，俱非上品。松蘿香重，六安味苦，而香與松蘿同。天池亦有草萊氣，龍井如之，至雲霧，則色重而味濃矣。嘗啜虎邱茶，色白而香，似嬰兒肉，真稱精絕。

邢士襄《茶説》：夫茶中着料，碗中着果，譬如玉貌加脂，蛾眉染黛，翻累本色矣。

馮可賓《蚧茶箋》：茶宜　無事……文僮。

茶忌　不如法……壁間案頭多惡趣。[185]

謝在杭《五雜俎》：昔人謂“楊子江心水，蒙山頂上茶”。蒙山在蜀雅州，其中峯頂，尤極險穢，虎狼蛇虺所居，採得其茶，可蠲百疾。今山東人，以蒙陰山下石衣為茶，當之非矣。然蒙陰茶，性亦冷，可治胃熱之病。

凡花之奇香者，皆可點湯。《遵生八箋》云：芙蓉可為湯，然今牡丹、薔薇、玫瑰、桂、菊之屬，採以為湯，亦覺清遠不俗，但不若茗之易致耳。

北方柳芽初茁者，採之入湯，云其味勝茶。曲阜孔林楷木，其芽可以烹飲。閩中佛手柑、橄欖為湯，飲之清香，色味亦旗槍之亞也。又或以菉豆微炒，投沸湯中，傾之其色正綠，香味亦不減新茗。偶宿荒村中，覓茗不得者，可以此代也。

《穀山筆麈》：六朝時，北人猶不飲茶，至以酪與之較，惟江南人食之甘。至唐，始興茶稅，宋元以來，茶目遂多，然皆蒸乾為末。如今香餅之製，乃以入貢，非如今之食茶，止採而烹之也。西北飲茶，不知起於何時？本朝以茶易馬，西北以茶為藥，療百病皆瘥，此亦前代所未有也。

《金陵瑣事》[186]：思屯，乾道人。見萬鎡手軟膝酸，云：“係五藏皆火，不必服藥，惟武夷茶能解之。”茶以東南枝者佳，採得烹以澗泉，則茶豎立，若以井水即橫。

《六研齋筆記》：茶以芳冽洗神，非讀書談道，不宜褻用。然非真正契道之士，茶之韻味，亦未易評量。〔余〕嘗笑時流持論⑬，貴嘶聲之曲，無色之茶。嘶近於啞，古之遶梁遏雲，竟成鈍置。茶若無色，芳洌必減，且芳與鼻觸，洌以舌受，色之有無，目之所審。根境不相攝，而取衷於彼，何其悖耶？何其謬耶？

虎邱以有芳無色，擅茗事之品。顧其馥郁，不勝蘭芷，止與新剝荳花同調。鼻之消受，亦無幾何，至於入口，淡於勺水。清冷之淵，何地不有，乃煩有司章程，作僧流棰楚哉？

《紫桃軒雜綴》：

(天目清而不醨)

(分水貢芽)

雞蘇佛、橄欖仙，宋人詠茶語也。雞蘇即薄荷，上口芳辣；橄欖，久咀回甘。合此二者，庶得茶蘊，曰仙曰佛，當於空玄虛寂中，嘿嘿證入。不具是舌根者，終難與說也。

賞名花……不得全領其妙也。

精茶不宜潑飯……斷不令俗腸污吾茗君也。

羅山廟後 岕……以父龍井則不足。

天池……可念也。[187]

屠赤水云[188]：茶於穀雨候晴明日採製者，能治痰嗽，療百疾。

《類林新詠》[189]：顧彥先曰，有味如臛，飲而不醉；無味如茶，飲而醒焉。醉人何用也。

徐文長《秘集致品》：茶宜精舍，宜雲林，宜瓷瓶，宜竹竈，宜幽人雅士，宜衲子仙朋，宜永晝清談，宜寒宵兀坐，宜松月下，宜花鳥間，宜清流白石，宜綠蘚蒼苔，宜素手汲泉，宜紅妝掃雪，宜船頭吹火，宜竹裏飄煙。

《芸窗清玩》：茅一相云：余性不能飲酒，而獨耽味於茗。清泉白石……則又爽然自失矣。[190]

《三才藻異》[191]：雷鳴茶，產蒙山中頂，雷發收之。服三兩換骨，四兩為地仙。

《聞雁齋筆記》[192]：趙長白自言，吾生平無他幸，但不曾飲井水耳。此老於茶，可謂能盡其性者，今亦老矣。甚窮，大都不能如曩時，猶摩挲萬卷中作《茶史》，故是天壤間多情人也。

袁宏道《瓶花史》[193]：賞花，茗賞者上也，譚賞者次也，酒賞者下也。

《茶譜》：《博物志》云，“飲真茶，令人少眠”，此是實事。但茶佳乃效，且須末茶飲之；如葉烹者，不效也。[194]

《太平清話》：琉球國⑭，亦曉烹茶。設古鼎於几上，水將沸時，投茶末一匙，以湯沃之。少頃奉飲，味甚清香。

《藜床瀋餘》[195]：長安婦女有好事者，曾侯家睹彩箋曰：一輪初滿，萬戶皆清。若乃狎處衾幃，不惟辜負蟾光，竊恐嫦娥生妒，涓於十五、十六二宵，聯女伴同志者，一茗一爐，相從卜夜，名曰“伴嫦娥”。凡有冰心，竚垂玉允。朱門龍氏拜啟。陸濬原

沈周《跋茶錄》[196]：樵海先生，真隱君子也。平日不知朱門為何物，日偃仰於青山白雲堆中，以一瓢消磨半生。蓋實得品茶三昧，可以羽翼桑苧翁之所不及，即謂先生為茶中董狐可也。

王晫《快説續記》[197]：春日看花，郊行一二里許，足力小疲，口亦少渴，忽逢解事僧邀至精舍。未通姓名，便進佳茗，踞竹床連啜數甌，然後言別，不亦快哉。

衛泳《枕中秘》[198]：讀罷吟餘，竹外茶煙輕颺；花深酒後，鐺中聲響初浮。個中風味誰知，盧居士可與言者，心下快活自省，黃宜州豈欺我哉。

江之蘭《文房約》[199]：詩書涵聖脈，草木棲神明。一草一木，當其含香吐艷，倚檻臨窗，真足賞心悦目，助我幽思。亟宜烹蒙頂石花，悠然啜飲。

扶輿沆瀣，往來於奇峯怪石間，結成佳茗。故幽人逸士，紗帽籠頭，自煎自喫。車聲羊腸，無非火候，苟飲不盡，且漱棄之，是又呼陸羽為茶博士之流也。

高士奇[200]《天祿識餘》：飲茶或云始於梁天監中，見《洛陽伽藍記》。非也。按：《吳志 · 韋曜傳》，孫皓每讌饗，無不竟日，曜不能飲，密賜茶荈以當酒。如此言，則三國時已知飲茶矣。逮唐中世，榷茶遂與煮海相抗，迄今國計賴之。

《中山傳信錄》：琉球茶甌頗大，斟茶止二三分，用果一小塊貯匙內，此學中國獻茶法也。

王復禮《茶説》：花晨月夕……可稱巖茗知己。[201]

陳鑒《虎邱茶經注補》：鑒親採數嫩葉，與茶侶湯愚公小焙烹之。真作荳花香，昔之鬻虎邱茶者，盡天池也。

陳鼎《滇黔紀遊》[202]：貴州羅漢洞，深十餘里，中有泉一泓。其色如黝，甘香清冽，煮茗則色如渥丹，飲之唇齒皆赤，七日乃復。

《瑞草論》云：茶之為用，味寒，若熱渴凝、悶胸、目澀、四肢煩、百節不舒，聊四五啜，與醍醐、甘露抗衡也。

《本草拾遺》[203]：茗，味苦，微寒，無毒。治五臟邪氣，益意思，令人少臥，能輕身明目，去痰、消渴，利水道。

蜀雅州名山茶，有露鋑芽、籛芽，皆云火前者，言採造於禁火之前也。火後者次之。又有枳殼芽、枸杞芽、枇杷芽，皆治風疾。又有皂莢芽、槐芽、柳芽，乃上春摘其芽和茶作之，故今南人輸官茶，往往雜以眾葉，惟茅蘆、竹箬之類不可以入茶。自餘，山中草木芽葉，皆可和合，而椿、柿葉尤奇。真茶性極冷，惟雅州蒙頂出者，溫而主療疾。

李時珍《本草》：服葳靈仙、土茯苓者，忌飲茶。

《羣芳譜》療治方：氣虛頭痛，用上春茶末調成膏，置瓦盞內覆轉，以巴豆四十粒，作一次燒煙燻之，曬乾乳細。每服一匙，別入好茶末，食後煎服立效。又赤白痢下，以好茶一斤，炙擣為末，濃煎一二盞，服久，痢亦宜。又二便不通，好茶、生芝僊各一撮，細嚼，滾水沖下即通。屢試立效。如嚼不及，擂爛滾水送下。

《隨見錄》：蘇文忠集載，憲宗賜馬總治泄痢腹痛方：以生薑和皮切碎如粟米，用一大錢並草茶相等煎服。元祐二年，文潞公得此疾，百藥不效，服此方而愈。

七之事

《晉書》：溫嶠表遣取供御之調，條列真上茶千片，茗三百大薄。

《洛陽伽藍記》：王肅初入魏，不食羊肉及酪漿等物，常飯鯽魚羹，渴飲茗汁。京師士子道肅[75]一飲一斗，號為漏巵 。後數年，高祖見其食羊肉、酪粥甚多，謂肅曰：羊肉何如魚羹，茗飲何如酪漿？肅對曰：羊者，是陸產之最；魚者，乃水族之長，所好不同，並各稱珍。以味言之，甚是優劣。羊比齊魯大邦，魚比邾莒小國，唯茗不中與酪作奴。高祖大笑。彭城王勰謂肅曰："卿不重齊魯大邦，而愛邾莒小國何也？"肅對曰：鄉曲所美，不得不好。彭城王復謂曰：卿明日顧我，為卿設邾莒之食，亦有酪奴。因此，呼茗飲為"酪奴"。時給事中劉縞，慕肅之風，專習茗飲。彭城王謂縞曰："卿不慕王侯八珍，而好蒼頭水厄，海上有逐臭之夫，里內有學顰之婦，以卿言之，即是也。"蓋彭城王家有吳奴，故以此言戲之。後梁武帝子西豐侯蕭正德歸降時，元乂欲為設茗，先問卿於水厄多少？正德不曉乂意，答曰："下官生於水鄉，而立身以來，未遭陽侯之難。"元乂與舉坐之客皆笑焉。[204]

《海錄碎事》：晉司徒長史王濛，好飲茶，客至輒飲之。士大夫甚以為苦，每欲候濛，必云：今日有水厄。

《續搜神記》[205]：桓宣武〔時〕[76] ，有一督將，因時行病後虛熱，更能飲複茗，一斛二斗乃飽。纔減升合，便以為不足，非復一日。家貧。後有客造之，正遇其飲複茗；亦先聞世有此病，仍令更進五升，乃大吐，有一物出如升大，有口，形質縮縐，狀似牛肚。客乃令置之於盆中，以一斛二斗複澆之，此物 噏 之都盡，而止覺小脹。又增五升，便悉混然從口中湧出。既吐此物，其病遂瘥。或問之此何病？客答云：此病名"斛二瘕" 。

《潛確類書》：進士權紓文云：隋文帝微時，夢神人易其腦骨，自爾腦痛不止。後遇一僧曰：山中有茗草，煮而飲之當愈。帝服之，有效。由是人競採啜，因為之贊。其略曰：窮《春秋》 ，演河圖，不如載茗一車。

《唐書》：太和七年，罷吳蜀冬貢茶。太和九年，王涯獻茶[77] ，以涯為榷茶使，茶之有稅，自涯始。十二月，諸道鹽鐵轉運榷茶使令狐楚奏榷茶不便於民，從之。

陸龜蒙嗜茶，置園顧渚山下，歲取租茶，自判品第。張又新為“水説”七種：其二惠山泉，三虎邱井，六淞江水。人助其好者，雖百里為致之。日登舟設蓬席，齎束書、茶竈、筆床、釣具，往來江湖間。俗人造門，罕覯其面。時謂江湖散人，或號天隨子、甫里先生。自比涪翁、漁父、江上丈人。後以高士徵，不至。

《國史補》：故老云：五十年前，多患熱黃，坊曲有專以烙黃為業者。灞、滻諸水中，常有晝坐至暮者，謂之浸黃。近代悉無，而病腰腳者多，乃飲茶所致也。

韓晉公滉，聞奉天之難，以夾練囊盛茶末，遣健步以進。

黨魯使西蕃，烹茶帳中。蕃使問何為？魯曰：滌煩消渴，所謂茶也。蕃使曰：“我亦有之”。命取出以示曰：此壽州者，此顧渚者，此蘄門者。

唐趙璘《因話錄》[206]：陸羽有文學，多奇思，無一物不盡其妙，茶術最著。始造煎茶法，至今鬻茶之家，陶其像置煬突間，祀為茶神，云宜茶足利。鞏縣為瓷偶人，號陸鴻漸，買十茶器，得一鴻漸。市人沽茗不利，輒灌注之。復州一老僧是陸僧弟子，常誦其《六羡歌》，且有追感陸僧詩。

唐吳晦《摭言》[207]：鄭光業策試，夜有同人突入。吳語曰：“必先必先，可相容否？”光業為輟半舖之地。其人曰：“仗取一杓水，更託煎一碗茶。”光業欣然為取水煎茶。居二日，光業狀元及第，其人啟謝曰：“既煩取水，更便煎茶，當時不識貴人，凡夫肉眼，今日俄為後進，窮相骨頭。”

唐李義山《雜纂》[208]：富貴相：擣藥碾茶聲。

唐馮贄《煙花記》[209]：建陽進茶油花子餅，大小形制各別，極可愛。宮嬪縷金於面，皆以淡妝，以此花餅施於鬢上，時號“北苑妝”。

唐《玉泉子》：崔蠡知制誥，丁太夫人憂，居東都里第，時尚苦節嗇，四方寄遺，茶藥而已，不納金帛，不異寒素。

《顏魯公帖》：廿九日，南寺通師設茶會，咸來靜坐，離諸煩惱，亦非無益。足下此意，語虞十一，不可自外耳。顏真卿頓首、頓首。

《開元遺事》[210]：逸人王休，居太白山下，日與僧道異人往還。每至冬時，取溪冰，敲其晶瑩者，煮建茗，共賓客飲之。

《李鄴侯家傳》[211]：皇孫奉節王好詩，初煎茶加酥椒之類，遺泌求詩。泌戲賦云：“旋沫翻成碧玉池，添酥散出琉璃眼。”奉節王即德宗也。

《中朝故事》[212]：有人授舒州牧，贊皇公德裕謂之曰：“到彼郡日，天柱峯茶，可惠數角。”其人獻數十斤，李不受。明年罷郡，用意精求，獲數角投之，李閱而受之。曰：此茶可以消酒食毒。乃命烹一觥沃於肉食內，以銀合閉之，詰旦，視其肉已化為水矣。眾服其廣識。

段公路《北戶錄》[213]：前朝短書雜說，呼茗為薄、為夾。又梁"科律"有薄茗、千夾云云。

唐蘇鶚《杜陽雜編》[214]：唐德宗每賜同昌公主饌，其茶有綠華、紫英之號。

《鳳翔退耕傳》[215]：元和時，館閣湯飲待學士者，煎麒麟草。

溫庭筠《採茶錄》：李約，字存博，汧公子也。一生不近粉黛，雅度簡遠，有山林之致。性嗜茶，能自煎。嘗謂人曰："當使湯無妄沸……旬日忘發。"[216]

《南部新書》：杜豳公悰，位極人臣，富貴無比。嘗與同列言……自潑湯茶喫也。[217]

大中三年，東都進一僧，年一百二十歲。宣皇問："服何藥而致此？"僧對曰："臣少也賤，不知藥，性本好茶，至處惟茶是求，或出，日過百餘碗。如常日，亦不下四五十碗。"因賜茶五十斤，令居保壽寺。名飲茶所曰"茶寮"。

有胡生者，失其名，以釘鉸為業。居霅溪而近白蘋洲，去厥居十餘步，有古墳。胡生每瀹茗，必奠酹之。嘗夢一人謂之曰："吾姓柳，平生善為詩而嗜茗。及死，葬室在子今居之側。常銜子之惠，無以為報，欲教子為詩。"胡生辭以不能，柳強之曰："但率子言之，當有致矣。"既寤，試搆思，果若有冥助者，厥後遂工焉。時人謂之"胡釘鉸詩"，柳當是柳惲也[78]。又一說：列子終於鄭，今墓在郊藪，謂賢者之跡而或禁其樵牧焉。里有胡生者，性落魄，家貧，少為洗鏡鎪釘之業。遇有甘果、名茶、美醞，輒祭於列御寇之祠壟，以求聰慧而思學道。歷稔，忽夢一人，取刀劃其腹，以一卷書置於心腑，及覺，而吟詠之意，皆工美之詞，所得不由於師友也。既成卷軸，尚不棄於猥賤之業，真隱者之風，遠近號為胡釘鉸云。

張又新《煎茶水記》：代宗朝……李與賓從數十人皆大駭愕。[218]

《茶經本傳》[219]：羽嗜茶，著《經》三篇，時鬻茶者，至陶羽形置煬突間，祀為茶神。有常伯熊者，因羽論，復廣著茶之功。御史大夫李季卿，宣慰江南，次臨淮，知伯熊善煮茗，召之。伯熊執器前，季卿為再舉杯，其後尚茶成風。

《金鑾密記》[220]：金鑾故例，翰林當直學士，春晚人困，則日賜成象殿茶果。

《梅妃傳》：唐明皇與梅妃鬥茶，顧諸王戲曰："此梅精也，吹白玉笛，作驚鴻舞，一座光輝；鬥茶今又勝吾矣。"妃應聲曰："草木之戲，誤勝陛下，設使調和四海，烹飪鼎鼐，萬乘自有憲法，賤妾何能較勝負也。"上大悅。

杜鴻漸《送茶與楊祭酒書》：顧渚山中紫筍茶兩片，一片上太夫人，一片充昆弟同歠。此物但恨帝未得嘗，實所歎息。

《白孔六帖》：壽州刺史張鎰，以餉錢百萬遺陸宣公贄[221]。公不受，止受茶一串，曰："敢不承公之賜。"

《海錄碎事》：鄧利云：陸羽茶既為癖，酒亦稱狂。

《侯鯖錄》：唐右補闕綦毋煚音英，博學有著述才，性不飲茶，嘗著《代茶飲序》⑲。其略曰：釋滯消壅，一日之利暫佳；瘠氣耗精，終身之累斯大。獲益則歸功茶力，貽患則不咎茶災，豈非為福近易知，為禍遠難見歟。熌在集賢，無何以熱疾暴終。

《苕溪漁隱叢話》：義興貢茶非舊也，李栖筠典是邦，僧有獻佳茗，陸羽以為冠於他境，可薦於上。栖筠從之，始進萬兩。

《合璧事類》：唐肅宗賜張志和奴婢各一人，志和配為夫婦，號漁童樵青。漁童捧釣收綸，蘆中鼓枻；樵青蘇蘭薪桂，竹裏煎茶。

《萬花谷》：《顧渚山茶記》云，山有鳥如鴝鵒而小，蒼黃色，每至正二月作聲云"春起也"；至三四月作聲云"春去也"。採茶人呼為"報春鳥"。

董逌《陸羽點茶圖跋》[222]：竟陵大師積公嗜茶久，非漸兒煎奉不嚮口，羽出遊江湖四五載，師絕於茶味。代宗召師入內供奉，命宮人善茶者烹以餉，師一啜而罷。帝疑其詐，令人私訪得羽，召入。翌日，賜師齋，密令羽煎茗遺之。師捧甌，喜動顏色，且賞且啜，一舉而盡。上使問之，師曰："此茶有似漸兒所為者。"帝由是歎師知茶，出羽見之⑳。

《蠻甌志》[223]：白樂天方齋，劉禹錫正病酒。乃以菊苗虀、蘆菔鮓餽樂天，換取六斑茶以醒酒。

《詩話》：皮光業……難以療飢也。[224]

《太平清話》：盧仝自號癖王，陸龜蒙自號怪魁。

《潛確類書》：唐錢起，字仲文，與趙莒為茶宴。又嘗過長孫宅，與朗上人作茶會，俱有詩紀事。

《湘煙錄》[225]：閔康侯曰，羽著《茶經》，為李季卿所慢，更著《毀茶論》。其名疾，字季疵者，言為季所疵也。事詳傳中。

《吳興掌故錄》：長興啄木嶺，唐時吳興毘陵二太守造茶修貢會宴於此。上有境會亭。故白居易有《夜聞賈常州崔湖州茶山境會歡宴》詩。

包衡《清賞錄》：唐文宗謂左右曰："若不甲夜視事，乙夜觀書，何以為君？"嘗召學士於內庭論講經史，較量文章。宮人以下，侍茶湯飲饌。

《名勝志》[226]：唐陸羽宅，在上饒縣東五里。羽本竟陵人，初隱吳興苕溪，自號桑苧翁，後寓信城時，又號東岡子。刺史姚驥嘗詣其宅，鑿沼為溟[227]渤之狀，積石為嵩華之形。後隱士沈洪喬葺而居之。

《饒州志》：陸羽茶竈，在餘干縣寇山右峯。羽嘗品越溪水為天下第二，故思居禪寺；鑿石為竈，汲泉煮茶，曰丹爐，晉張氳作。元大德時，總管常福生從方士搜爐下，得藥二粒，盛以金盒。及歸開視，失之。

《續博物志》：物有異體而相制者，翡翠屑金，人氣粉犀，北人以鹹敲冰，南人以線解茶。

《太平山川記》：茶葉寮，五代時于履居之。

《類林》：五代時，魯公和凝，字成績，在朝率同列遞日以茶相飲。味劣者有罰，號為“湯社”。

《浪樓雜記》[228]：天成四年，度支奏：朝臣乞假省覲者，欲量賜茶藥。文班自左右常侍至侍郎，宜各賜蜀茶三斤，蠟面茶二斤；武班官各有差。

馬令《南唐書》[229]：豐城毛炳好學，家貧不能自給，入廬山與諸生留講，獲鏹即市酒盡醉。時彭會好茶而炳好酒，時人為之語曰：“彭生作賦，茶三片；毛氏傳詩，酒半升。”

《十國春秋[230]·楚王馬殷世家》：開平二年六月，判官高郁請聽民售茶北客，收其徵以贍軍，從之。秋七月，王奏運茶河之南北，以易繒纊、戰馬，仍歲貢茶二十五萬斤。詔可。由是屬內民得自摘山造茶而收其算，歲入萬計。高另置邸閣居茗，號曰八床主人。

《荊南列傳》：文了，吳僧也。雅善烹茗，擅絕一時。武信王時來遊荊南，延住紫雲禪院。日試其藝，王大加欣賞，呼為湯神，奏授“華亭水大師”。人皆目為乳妖。

《談苑》[231]：茶之精者，北苑名白乳頭，江左有金蠟面。李氏別命取其乳作片，或號曰“京挺的乳”，二十餘品；又有研膏茶，即龍品也。

釋文瑩《玉壺清話》[232]：黃夷簡[233]雅有詩名；在錢忠懿王俶幕中，陪樽俎二十年。開寶初，太祖賜俶開吳鎮越崇文耀武功臣制誥，俶遣夷簡入謝於朝，歸而稱疾，於安溪別業，保身潛遁。著《山居詩》有“宿雨一番蔬甲嫩，春山幾焙茗旗香”之句。雅喜治宅，咸平中歸朝，為光祿寺少卿。後以壽終焉。

《五雜俎》：建人喜鬥茶，故稱茗戰。錢氏子弟取霅上瓜，各言其中子之的數，剖之以觀勝負，謂之瓜戰。然茗猶堪戰，瓜則俗矣。

《潛確類書》：偽閩甘露堂前，有茶樹兩株，鬱茂婆娑，宮人呼為清人樹。每春初，嬪嬙戲於其下，採摘新芽，於堂中設傾筐會。

《宋史》：紹興四年初，命四川宣撫司支茶博馬。

舊賜大臣茶，有龍鳳飾。明德太后曰：此豈人臣可得，命有司別製入香京挺以賜之。

《宋史·職官志》：茶庫掌茶，江浙、荊湖、建劍茶茗，以給翰林諸司賞賚出鬻。

《宋史·錢俶傳》：太平興國三年，宴俶長春殿，令劉鋹、李煜預坐。俶貢茶十萬斤，建茶萬斤及銀絹等物。

《甲申雜記》[234]：仁宗朝，春，試進士集英殿，后妃御太清樓觀之。慈聖光獻出餅角以賜進士，出七寶茶以賜考官。

《玉海》[235]：宋仁宗天聖三年幸南御莊觀刈麥，遂幸玉津園，燕羣臣，聞民舍機杼，賜織婦茶綵。

陶穀《清異錄》：有得建州茶膏，取作耐重兒八枚，膠以金縷，獻於閩王曦。遇通文之禍，為內侍所盜，轉遺貴人。

苻昭遠不喜茶，嘗為同列御史會茶，歎曰："此物面目嚴冷，了無和美之態，可謂冷面草也。"

孫樵《送茶與焦刑部書》云：晚甘侯十五人，遣侍齋閣，此徒皆乘雷而摘，拜水而和，蓋建陽丹山碧水之鄉，月澗雲龕之品，慎勿賤用之。

湯悦有《森伯頌》：蓋名茶也[81]。方飲而森然嚴乎齒牙，既久而四肢森然。二義一名，非熟乎湯甌境界者，誰能目之。

吳僧梵川，誓願燃頂供養雙林傅大士。自往蒙頂結庵種茶。凡三年，味方全美。得絕佳者聖楊花、吉祥蕊，共不踰五斤，持歸供獻。

宣城何子華，邀客於剖金堂，酒半，出嘉陽嚴峻畫陸羽像懸之。子華因言："前代惑駿逸者為馬癖；泥貫索者為錢癖；愛子者，有譽兒癖；耽書者，有《左傳》癖。若此叟溺於茗事，何以名其癖？"楊粹仲曰："茶雖珍，未離草也，宜追目陸氏為甘草癖。"一坐稱佳。

《類苑》：學士陶穀，得黨太尉家姬，取雪水烹團茶以飲。謂姬曰："黨家應不識此。"姬曰："彼粗人，安得有此，但能於銷金帳中，淺斟低唱飲羊膏兒酒耳。"陶深愧其言。

胡嶠《飛龍澗飲茶》詩云："沾牙舊姓餘甘氏，破睡當封不夜侯。"陶穀愛其新奇，令猶子彝和之。彝應聲云："生涼好喚雞蘇佛，回味宜稱橄欖仙。"彝時年十二，亦文詞之有基址者也。

《延福宮曲宴記》：宣和二年十二月癸巳，召宰執、親王、學士，曲宴於延福宮，命近侍取茶具，親手注湯擊拂。少頃，白乳浮盞，面如疏星淡月。顧諸臣曰："此自烹茶。"飲畢，皆頓首謝。

《宋朝紀事》：洪邁選成《唐詩萬首絕句》表進，壽皇宣諭：閣學選擇甚精，備見博洽，賜茶一百夸，清馥香一十貼，薫香二十貼，金器一百兩。

《乾淳歲時記》：仲春上旬，福建漕司進第一綱茶，名"北苑試新"；方寸小夸，進御止百夸。護以黃羅軟盝，藉以青箬，裹以黃羅，夾複臣封朱印。外用朱漆小匣，鍍金鎖，又以細竹絲織笈貯之，凡數重。此乃雀舌水芽所造，一夸之值四十萬，僅可供數甌之啜爾。或以一二賜外邸，則以生線分解，轉遺好事，以為奇玩。

《南渡典儀》[236]：車駕幸學，講書官講訖，御藥傳旨，宣坐賜茶。凡駕出，儀衛有茶、酒班殿侍兩行，各三十一人。

《司馬光日記》：初除學士待詔，李堯卿宣召稱："有敕"。口宣畢，再拜；升階，與待詔坐，啜茶。蓋中朝舊典也。

歐陽修《龍茶錄後序》[82]：皇祐中，修《起居注》，奏事仁宗皇帝，屢承天問，以建安貢茶併所以試茶之狀諭臣，論茶之舛謬。臣追念先帝顧遇之恩，覽本流涕，輒加正定，書之於石，以永其傳。

《隨手雜錄》237：子瞻在杭時，一日中使至，密語子瞻曰："某出京師，辭官家。官家曰：辭了娘娘來。某辭太后，殿復到官家處，引某至一櫃子旁，出此一角。密語曰：賜與蘇軾，不得令人知。"遂出所賜，乃茶一觔，封題皆御筆。子瞻具劄附進稱謝。

潘中散适為處州守，一日作醮，其茶百二十盞，皆乳花。內一盞如墨，詰之，則酌酒人誤酌茶中。潘焚香再拜謝過，即成乳花，僚吏皆驚歎。

《石林燕語》238 故事：建州歲貢大龍鳳團茶各二觔，以八餅為觔。仁宗時，蔡君謨知建州，始別擇茶之精者，為小龍團十觔以獻。觔為十餅。仁宗以非故事，命劾之。大臣為請，因留而免劾。然自是遂為歲額。熙寧中，賈清為福建運使⑧³，又取小團之精者，為密雲龍。以二十餅為觔而雙袋，謂之"雙角團茶"。大小團袋皆用緋，通以為賜也；密雲龍獨用黃，蓋專以奉玉食。其後又有瑞雲翔龍者。宣和後，團茶不復貴，皆以為賜，亦不復如向日之精；後取其精者為銙茶，歲賜者不同，不可勝紀矣。

《春渚記聞》239：東坡先生一日與魯直、文潛諸人會飯，既食骨䭔兒血羹，客有須薄茶者，因就取所碾龍團，遍啜坐客。或曰："使龍茶能言，當須稱屈。"

魏了翁《先茶記》：眉山李君鏗，為臨邛茶官，吏以故事，三日謁先茶。君詰其故，則曰："是韓氏而王號相傳為然，實未嘗請命於朝也。"君曰："飲食皆有先，而況茶之為利，不惟民生食用之所資，亦馬政邊防之攸賴。是之弗圖，非忘本乎！"於是撤舊祠而增廣焉，且請於郡，上神之功狀於朝，宣賜榮號，以侈神賜；而馳書於靖，命記成役。

《拊掌錄》240：宋自崇寧後復榷茶，法制日嚴，私販者固已抵罪，而商賈官券清納有限，道路有程，纖悉不如令，則被擊斷或沒貨出告。昏愚者往往不免，其儕乃目茶籠為"草大蟲"，言傷人如虎也。

《苕溪漁隱叢話》：歐公《和劉原父揚州時會堂絕句》241 云："積雪猶封蒙頂樹，驚雷未發建溪春。中州地暖萌芽早，入貢宜先百物新。"注：時會堂，造貢茶所也。余以陸羽《茶經》考之，不言揚州出茶，惟毛文錫《茶譜》云："揚州禪智寺，隋之故宮。寺傍蜀岡，其茶甘香，味如蒙頂焉。第不知入貢之因起何時也。"

《盧溪詩話》242：雙井老人，以青沙蠟紙裹細茶寄人，不過二兩。

《青瑣詩話》：大丞相李公昉嘗言，唐時目外鎮為粗官，有學士貽外鎮茶，有詩謝云：粗官乞與真虛擲，賴有詩情合得嘗。外鎮，即薛能也。

《玉堂雜記》243：淳熙丁酉十一月壬寅，必大輪當內直。上曰："卿想不甚飲。比賜宴時，見卿面赤。賜小春茶二十銙，葉世英墨五團，以代賜酒。”

陳師道《後山叢談》[244]：張忠定公令崇陽，民以茶為業。公曰：茶利厚，官將取之，不若早自異也。命拔茶而植桑，民以為苦。其後榷茶，他縣皆失業，而崇陽之桑皆已成，其為絹而北者⑧④，歲百萬疋矣。又見《名臣言行錄》。

文正李公既薨，夫人誕日，宋宣獻公時為侍從。公與其僚二十餘人詣第上壽，拜於簾下。宣獻前曰：“太夫人不飲，以茶為壽。”探懷出之，注湯以獻，復拜而去。

張芸叟《畫墁錄》：有唐茶品，以陽羨為上供，建溪北苑未著也。貞元中，常袞為建州刺史，始蒸焙而研之，謂研膏茶。其後稍為餅樣，而穴其中，故謂之一串。陸羽所烹，惟是草茗爾。迨本朝，建溪獨盛，採焙製作，前世所未有也。士大夫珍尚鑒別，亦過古先。丁晉公為福建轉運使，始製為鳳團，後為龍團，貢不過四十餅；專擬上供，即近臣之家，徒聞之而未嘗見也。天聖中，又為小團，其品迥嘉於大團。賜兩府，然止於一斤，唯上大齋宿，兩府八人，共賜小團一餅，縷之以金，八人析歸，以侈非常之賜，親知瞻玩，賡唱以詩，故歐陽永叔有《龍茶小錄》。或以大團賜者，輒刲方寸，以供佛、供仙、奉家廟，已而奉親並待客、享子弟之用。熙寧末，神宗有旨建州製密雲龍，其品又加於小團。自密雲龍出，則二團少粗，以不能兩好也。予元祐中詳定殿試，是年分為制舉考第官，各蒙賜三餅，然親知誅責，殆將不勝。

熙寧中，蘇子容使虜，姚麟為副，曰：盍載些小團茶乎？子容曰：“此乃供上之物，疇敢與虜人？”未幾，有貴公子使虜，廣貯團茶以往。自爾，虜人非團茶不納也，非小團不貴也。彼以二團易蕃羅一疋，此以一羅酬四團，少不滿意，即形言語。近有貴貂守邊，以大團為常供，密雲龍為好茶云。

《鶴林玉露》[245]：嶺南人以檳榔代茶。

彭乘《墨客揮犀》[246]：蔡君謨，議茶者，莫敢對公發言；建茶所以名重天下，由公也。後公製小團，其品尤精於大團。一日，福唐蔡葉丞秘教召公啜小團。坐久，復有一客至，公啜而味之曰：“此非獨小團，必有大團雜之。”丞驚呼童詰之，對曰：“本碾造二人茶，繼有一客至，造不及，即以大團兼之。”丞神服公之明審。

王荊公為小學士時，嘗訪君謨。君謨聞公至，喜甚。自取絕品茶，親滌器、烹點以待公，冀公稱賞。公於夾袋中取消風散一撮，投茶甌中併食之。君謨失色。公徐曰：“大好茶味。”君謨大笑，且歎公之真率也。

魯應龍《閒窗括異志》[247]：當湖[248]德藏寺，有水陸齋壇，往歲富民沈忠建。每設齋，施主虔誠，則茶現瑞花；故花儼然可睹，亦一異也。

周輝《清波雜志》：先人嘗從張晉彥覓茶，張答以二小詩云：“內家新賜密雲龍，只到調元六七公。賴有山家供小草，猶堪詩老薦春風。”“仇池詩裏識焦坑，風味官焙可抗衡。鑽餘權倖亦及我，十輩遣前公試烹。”時總得偶病[85]，此詩俾其子代書。後誤刊於湖集中。焦坑產庾嶺下，味苦硬，久方回甘。如“浮石已乾霜後水，焦坑新試雨前茶。”東坡南還回至章貢顯聖寺詩也。後屢得之，初非精品，特彼人自以為重，包裹鑽權倖，亦豈能望建溪之勝！

《東京夢華錄》[249]：舊曹門街北山子茶坊，內有仙洞、仙橋，士女往往夜遊、吃茶於彼。

《五色線》[250]：騎火茶，不在火前，不在火後故也。清明改火，故曰騎火茶。

《夢溪筆談》：王城東[86]素所厚惟楊大年。公有一茶囊，唯大年至，則取茶囊具茶，他客莫與也。

《華夷花木考》[251]：宋二帝北狩到一寺中，有二石金剛並拱手而立。神像高大，首觸桁棟，別無供器，止有石盂、香爐而已。有一胡僧出入其中。僧揖坐問：何來？帝以南來對。僧呼童子點茶以進，茶味甚香美。再欲索飲，胡僧與童子趨堂後而去。移時不出，入內求之，寂然空舍，惟竹林間有一小室，中有石刻胡僧像並二童子侍立。視之，儼然如獻茶者。

馬永卿《嬾真子錄》[252]：王元道嘗言，陝西子仙姑，傳云得道術，能不食。年約三十許，不知其實年也。陝西提刑陽翟李熙民逸老，正直剛毅人也，聞人所傳甚異，乃往青平軍自驗之。既見，道貌高古，不覺心服。因曰：“欲獻茶一杯可乎？”姑曰：“不食茶久矣，今勉強一啜。”既食，少頃垂兩手出，玉雪如也。須臾，所食之茶從十指甲出，凝於地，色猶不變。逸老令就地刮取，且使嘗之，香味如故，因大奇之。

《朱子文集[253]·與志南上人書》：偶得安樂茶，分上廿瓶。

《陸放翁集·同何元立蔡肩吾至丁東院[87]汲泉煮茶》詩云：雲芽近自峨嵋得，不減紅囊顧渚春。旋置風爐清樾下，他年奇事屬三人。

《周必大集·送陸務觀赴七閩提舉常平茶事》詩云：暮年桑苧毀《茶經》，應為征行不到閩。今有雲孫持使節，好因貢焙祀茶人。[254]

《梅堯臣集》：《晏成續太祝遺雙井茶五品茶具四枚近詩六十篇因賦詩為謝》。

《黃山谷集》有《博士王揚休碾密雲龍同事十三人飲之戲作》。

《晁補之集·和答曾敬之秘書見招能賦堂烹茶》詩：“一碗分來百越春，玉溪小暑卻宜人。紅塵他日同回首，能賦堂中偶坐身。”

《蘇東坡集·送周朝議守漢州[88]》詩云：“茶為西南病，甿俗記二李。何人折其鋒，矯矯六君子。”注：二李，杞與稷也。六君子，謂師道與姪正儒，張永徽、吳醇翁、呂元鈞、宋文輔也。蓋是時蜀茶病民，二李乃始敝之人；而六君子能持正論者也。

僕在黃州[89]，參寥自吳中來訪，館之東坡。一日，夢見參寥所作詩，覺而記其兩句云："寒食清明都過了，石泉槐火一時新。"後七年，僕出守錢塘，而參寥始卜居西湖智果寺院。院有泉出石縫間，甘冷宜茶。寒食之明日，僕與客泛湖自孤山來謁參寥，汲泉鑽火，烹黃蘗茶，忽悟所夢詩，兆於七年之前。眾客皆驚歎，知傳記所載，非虛語也。

東坡《物類相感志》[255]：芽茶得鹽，不苦而甜。又云：喫茶多腹脹，以醋解之。又云：陳茶燒煙，蠅速去。

《楊誠齋集·謝傅尚書送茶》：遠餉新茗，當自攜大瓢，走汲溪泉，東澗底之散薪，燃折腳之石鼎。烹玉塵，啜香乳，以享天上故人之意。愧無胸中之書傳，但一味攪破菜園耳。

鄭景龍《續宋百家詩》：本朝孫志舉，有《訪王主簿同泛菊茶》詩。

呂元中《豐樂泉記》：歐陽公既得釀泉，一日會客，有以新茶獻者，公敕汲泉瀹之。汲者道仆覆水，偽汲他泉代。公知其非釀泉，詰之，乃得是泉於幽谷山下，因名豐樂泉。

《侯鯖錄》[256]黃魯直云：爛蒸同州羊，沃以杏酪，食之以匕不以筯。抹南京麵，作槐葉冷淘糝以襄邑熟豬肉，炊共城香稻，用吳人鱠、松江之鱸。既飽，以康山谷簾泉烹曾坑鬥品。少焉臥北窗下，使人誦東坡《赤壁》前後賦，亦足少快。又見《蘇長公外紀》

《蘇舜欽傳》[257]：有興則泛小舟，出盤、閶二門，吟嘯覽古，渚茶野釀，足以消憂。

《過庭錄》[258]：劉貢父知長安，妓有茶嬌者，以色慧稱。貢父惑之，事傳一時。貢父被召至闕，歐陽永叔去城四十五里迓之。貢父以酒病未起。永叔戲之曰："非獨酒能病人，茶亦能病人多矣。"

《合璧事類》[259]：覺林寺僧志崇，製茶有三等：待客以驚雷莢，自奉以萱草帶，供佛以紫茸香。凡赴茶者，輒以油囊盛餘瀝。

江南有驛官，以幹事自任。白太守曰："驛中已理，請一閱之。"刺史乃往，初至一室，為酒庫，諸醞皆熟，其外懸一畫神，問何也？曰杜康。刺史曰："公有餘也。"又至一室，為茶庫，諸茗畢備，復懸畫神，問何也？曰陸鴻漸。刺史益喜。又至一室，為葅庫，諸俎咸具，亦有畫神，問何也？曰蔡伯喈。刺史大笑，曰："不必置此。"

江浙間養蠶，皆以鹽藏其繭而繰絲，恐蠶蛾之生也。每繰畢，即煎茶葉為汁，搗米粉搜之，篩於茶汁中煮為粥，謂之洗甌粥。聚族以啜之，謂益明年之蠶。

《經鉏堂雜志》[260]：松聲、澗聲、山禽聲、夜蟲聲、鶴聲、琴聲、棋落子聲、雨滴敍聲、雪灑窗聲、煎茶聲，皆聲之至清者。

《松漠紀聞》[261]：燕京茶肆，設雙陸局，如南人茶肆中置棋具也。

《夢粱錄》：茶肆列花架，安頓奇松異檜等物於其上，裝飾店面，敲打響盞。又冬月添賣七寶擂茶、饊子葱茶。茶肆樓上，專安着妓女，名曰花茶坊。

南宋《市肆記》：平康歌館，凡初登門，有提瓶獻茗者，雖杯茶亦犒數千，謂之點花茶。

諸處茶肆：有清樂茶坊、八仙茶坊、珠子茶坊、潘家茶坊、連三茶坊、連二茶坊等名。

謝府有酒名，勝茶。

宋《都城紀勝》：大茶坊，皆掛名人書畫；人情，茶坊本以茶湯為正，水茶坊，乃娼家聊設菓凳⑩，以茶為由，後生輩甘於費錢，謂之乾茶錢。又有提茶瓶及龇茶名色。

《臆乘》：楊衒之作《洛陽伽藍記》，日食有酪奴，蓋指茶為酪粥之奴也。

《瑯嬛記》[262]：昔有客遇茅君。時當大暑，茅君於手巾內解茶葉，人與一葉。客食之，五內清涼。茅君曰：此蓬萊穆陀樹葉，眾仙食之以當飲。又有寶文之蕊，食之不飢；故謝幼貞詩云 "摘寶文之初蕊，拾穆陀之墜葉。"

楊南峯《手鏡》[263]載：宋時，姑蘇女子沈清友有《續鮑令暉香茗賦》。

孫月峯《坡仙食飲錄》[264]：密雲龍茶，極為甘馨。宋寥正，一字明略，晚登蘇門，子瞻大奇之。時黃、秦、晁、張，號蘇門四學士。子瞻待之厚，每至，必令侍妾朝雲取密雲龍烹以飲之。一日又命取密雲龍，家人謂是四學士，窺之，乃明略也。山谷詩有"矞雲龍"，亦茶名。

《嘉禾志》[265]：煮茶亭，在秀水縣西南湖中景德寺之東禪堂。宋學士蘇軾與文長老嘗三過湖上，汲水煮茶，後人因建亭以識其勝。今遺址尚存。

《名勝志》：茶仙亭，在滁州瑯琊山。宋時寺僧為刺史曾肇[266]建蓋。取杜牧《池州茶山病不飲酒》詩"誰知病太守，猶得作茶仙"之句。子開詩云："山僧獨好事，為我結茆茨。茶仙榜草聖，頗宗樊川詩。"蓋紹聖二年，肇知是州也。

陳眉公《珍珠船》[267]：蔡君謨謂范文正曰："公《採茶歌》云'黃金碾畔綠塵飛，碧玉甌中翠濤起'今茶絕品，其色甚白，翠綠乃下者耳。欲改為'玉塵飛'、'素濤起'如何？"希文曰善。

又蔡君謨嗜茶，老病不能飲，但把玩而已。

《潛確類書》：宋紹興中，少卿曹戩避地南昌豐城縣，其母喜茗飲。山初無井，戩乃齋戒祝天，即院堂後斸地，纔尺而清泉溢湧，後人名為孝感泉。⑪

大理徐恪⑫，建人也。見貽鄉信鋌子茶，茶面印文曰"玉蟬膏"；一種曰"清風使"。

蔡君謨善別茶。建安能仁院有茶生石縫間，蓋精品也。寺僧採造得八餅，號石巖白，以四餅遺君謨，以四餅密遣人走京師遺王內翰禹玉。歲餘，君謨被召還闕，過訪禹玉。禹玉命子弟於茶筒中選精品碾以待蔡。蔡捧甌未嘗，輒曰："此極似能仁寺石巖白，公何以得之？”禹玉未信，索帖驗之，乃服。

《月令廣義》：蜀之雅州名山縣蒙山，有五峯，峯頂有茶園。中頂最高處，曰上清峯，產甘露茶。昔有僧病冷且久，嘗遇老父詢其病，僧具告之。父曰：“何不飲茶？”僧曰：“本以茶冷，豈能止乎？”父曰：“是非常茶，仙家有所謂雷鳴者，而亦聞乎？”僧曰：“未也。”父曰：“蒙之中頂有茶，當以春分前後多搆人力，俟雷之發聲，併手採摘，以多為貴，至三日乃止。若獲一兩，以本處水煎服，能祛宿疾；服二兩，終身無病；服三兩，可以換骨；服四兩，即為地仙。但精潔治之，無不效者。”僧因之中頂築室以俟，及期獲一兩餘，服未竟而病瘥。惜不能久住博求，而精健至八十餘，氣力不衰，時到城市，觀其貌，若年三十餘者，眉髮紺綠。後入青城山，不知所終。今四頂茶園不廢，惟中頂草木繁茂，重雲積霧，蔽虧日月，鷙獸時出，人跡罕到矣。[93]

《太平清話》[268]：張文規以吳興白苧、白蘋洲、明月峽中茶為三絕。文規好學，有文藻。蘇子由、孔武仲、何正臣諸公，皆與之遊。

夏茂卿《茶董》：劉曄嘗與劉筠飲茶。問左右：“湯滾也未？”眾曰：“已滾。”筠曰：“僉曰鯀哉。”曄應聲曰：“吾與點也。”

黃魯直以小龍團半鋌題詩贈晁無咎：曲几蒲團聽渚湯，煎成車聲繞羊腸。雞蘇胡麻留渴羌，不應亂我官焙香。東坡見之曰：“黃九憑地怎得不窮。”

陳詩教《灌園史》：杭妓周韶有詩名，好蓄奇茗，嘗與蔡君謨鬥勝、題品風味，君謨屈焉。

江參，字貫道，江南人，形貌清癯 ，嗜香茶以為生。

《博學彙書》[269]：司馬溫公與子瞻論茶墨，云：“茶與墨二者正相反，茶欲白，墨欲黑；茶欲重，墨欲輕；茶欲新，墨欲陳。”蘇曰：“上茶、妙墨俱香，是其德同也；皆堅，是其操同也。”公歎以為然。

元耶律楚材詩《在西域作茶會值雪》有“高人惠我嶺南茶，爛賞飛花雪沒車”之句。

《雲林遺事》[270]：光福徐達左，搆養賢樓於鄧尉山中，一時名士多集於此。元鎮為尤數焉，嘗使童子入山擔七寶泉，以前桶煎茶，以後桶濯足，人不解其意，或問之，曰：“前者無觸，故用煎茶；後者或為泄氣所穢，故以為濯足之用。”其潔癖如此。

陳繼儒《妮古錄》[271]：至正辛丑九月三日，與陳徵君同宿愚庵師房，焚香煮茗，圖石梁秋瀑，翛然有出塵之趣。黃鶴山人王蒙題畫。

周敘[272]《遊嵩山記》：見會善寺中，有元雪庵頭陀茶榜石刻，字徑三寸許，遒偉可觀。

鍾嗣成《錄鬼簿》[273]：王實甫有《蘇小郎月夜販茶船》傳奇。

《吳興掌故錄》：明太祖喜顧渚茶，定制歲貢止三十二觔，於清明前二日，縣官親詣採茶，進南京奉先殿焚香而已，未嘗別有上供。

《七修彙稿》[274]：明洪武二十四年，詔天下產茶之地，歲有定額，以建寧為上，聽茶戶採進，勿預有司。茶名有四：探春、先春、次春、紫筍。不得碾揉為大小龍團。

楊維楨《煮茶夢記》：鐵崖道人臥石床，移二更，月微明及紙帳，梅影亦及半窗，鶴孤立不鳴。命小芸童汲白蓮泉，燃槁湘竹，授以凌霄芽為飲供，乃遊心太虛，恍兮入夢。

陸樹聲《茶寮記》：園居敞小寮……舉無生話。

時杪秋既望……於茶寮中漫記。[275]

《墨娥小錄》[276]：千里茶，細茶一兩五錢，孩兒茶一兩，柿霜一兩，粉草末六錢，薄荷葉三錢，右為細末調勻，煉蜜丸如白豆大，可以代茶，便於行遠。

湯臨川[277]《題飲茶錄》：陶學士謂"湯者，茶之司命"，此言最得三昧。馮祭酒精於茶政，手自料滌，然後飲客。客有笑者，余戲解之云："此正如美人，又如古法書名畫，度可着俗漢手否？"

陸釴《病逸漫記》[278]：東宮出講，必使左右迎請講官。講畢，則語東宮官云："先生吃茶。"

《玉堂叢語》[279]：愧齋陳公，性寬坦，在翰林時，夫人嘗試之。會客至，公呼："茶！"夫人曰："未煮。"公曰："也罷。"又呼曰："乾茶！"夫人曰："未買。"公曰："也罷。"客為捧腹，時號"陳也罷"。

沈周《客座新聞》[280]：吳僧大機所居，古屋三四間，潔淨不容唾。善瀹茗，有古井清洌為稱。客至，出一甌為供飲之，有滌腸湔胃之爽。先公與交甚久，亦嗜茶，每入城，必至其所。

沈周《書岕茶別論後》：自古名山，留以待羈人遷客，而茶以資高士，蓋造物有深意。而周慶叔者，為《岕茶別論》⑭，以行之天下，度銅山金穴中無此福，又恐仰屠門而大嚼者，未必領此味。慶叔隱居長興，所至載茶具，邀余素鷗黃葉間，共相欣賞。恨鴻漸、君謨不見慶叔耳，為之覆茶三歎。

馮夢禎《快雪堂漫錄》[281]：李于鱗為吾浙按察副使，徐子與以岕茶之最精餉之。比看子與於昭慶寺，問及，則已賞皂役矣。蓋岕茶葉大多梗⑮，于鱗北士，不遇宜也。紀之以發一笑。

閔元衡[282]《玉壺冰》：良宵燕坐，篝燈煮茗，萬籟俱寂，疏鐘時聞，當此情景，對簡編而忘疲，徹衾枕而不御，一樂也。

《甌江逸志》[283]：永嘉歲，進茶芽十斤，樂清茶芽五斤，瑞安、平陽歲進亦如之。

雁山五珍：龍湫茶、觀音竹、金星草、山樂官、香魚也。茶即明茶，紫色而香者，名"玄茶"，其味皆似天池而稍薄。

王世懋《二酉委譚》[284]：余性不耐冠帶，暑月尤甚。豫章天氣早熱，而今歲尤甚。春三月十七日，觴客於滕王閣，日出如火，流汗接踵，頭涔涔幾不知所措。歸而煩悶，婦為具湯沐[96]，便科頭裸身赴之。時西山雲霧新茗初至，張右伯適以見遺，茶色白，大作荳子香，幾與虎邱埒。余時浴出，露坐明月下，亟命侍兒汲新水烹嘗之，覺沆瀣入咽，兩腋風生。念此境味，都非宦路所有。琳泉蔡先生，老而嗜茶，尤甚於余。時已就寢，不可邀之共啜；晨起復烹遺之，然已作第二義矣。追憶夜來風味，書一通以贈先生。

《湧幢小品》[285]：王璡[286]，昌邑人，洪武初為寧波知府。有給事來謁，具茶。給事為客居間，公大呼："撤去！"給事慚而退，因號"撤茶太守"。

《臨安志》：棲霞洞內有水洞，深不可測，水極甘冽，魏公嘗調以瀹茗。

《西湖志餘》[287]：杭州先年有酒館而無茶坊，然富家燕會，猶有專供茶事之人，謂之"茶博士"。

《潘子真詩話》：葉濤詩極不工而喜賦詠，嘗有《試茶》詩云："碾成天上龍兼鳳，煮出人間蟹與蝦。"好事者戲云："此非試茶，乃碾玉匠人嘗南食也。"

董其昌[288]《容臺集》：蔡忠惠公進小團茶，至為蘇文忠公所譏，謂與錢思公進姚黃花同失士氣。然宋時君臣之際，情意藹然，猶見於此。且君謨未嘗以貢茶干寵，第點綴太平世界一段清事而已。東坡書歐陽公滁州二記，知其不肯書《茶錄》。余以蘇法書之，為公懺悔。不則蟄龍詩句，幾臨湯火，有何罪過。凡持論，不大遠人情可也。

金陵春卿署中，時有以松蘿茗相貽者，平平耳。歸來山館，得啜尤物，詢知為閔汶水所蓄。汶水家在金陵，與余相及，海上之鷗，舞而不下，蓋知希為貴，鮮遊大人者。昔陸羽以精茗事，為貴人所侮，作《毀茶論》。如汶水者，知其終不作此論矣。

李日華《六研齋筆記》[97]：攝山棲霞寺，有茶坪，茶生榛莽中，非經人剪植者。唐陸羽入山採之，皇甫冉作詩送之。

《紫桃軒雜綴》：泰山無茶茗，山中人摘青桐芽點飲，號女兒茶。又有松苔，極饒奇韻。

《鍾伯敬集[289]·茶訊詩》云："猶得年年一度行，嗣音幸借採茶名。"伯敬與徐波元歎交厚，吳楚風煙相隔數千里，以買茶為名，一年通一訊，遂成佳話，謂之茶訊。

錢謙益[290]《茶供說》：婁江逸人朱汝圭，精於茶事，將以茶隱，欲求為之記，願歲歲採渚山青芽，為余作供。余觀楞嚴壇中設供，取白牛乳、砂糖、純蜜之類；西方沙門婆羅門，以葡萄、甘蔗漿為上供，未有以茶供者。鴻漸，長於苾蒭者也；杼山，禪伯也。而鴻漸《茶經》、杼山《茶歌》，俱不云供佛。西土以貫花燃香供佛，不以茶供，斯亦供養之缺典也。汝圭益精心治辦茶事，金芽素瓷，清淨供佛，他生受報，往生香國。以諸妙香而作佛事，豈但如丹邱羽人飲茶，生羽翼而已哉。余不敢當汝圭之茶供，請以茶供佛。後之精於茶道者，以採茶供佛為佛事，則自余之諗汝圭始，爰作《茶供説》以贈。

《五燈會元》[291]：摩突羅國，有一青林枝葉茂盛地，名曰"優留茶"。

僧問如寶禪師曰："如何是和尚家風？"師曰："飯後三碗茶。"僧問谷泉禪師曰："未審客來，如何祗待？"師曰："雲門胡餅趙州茶。"

《淵鑒類函》[292]鄭愚《茶詩》："嫩芽香且靈，吾謂草中英。夜臼和煙搗，寒爐對雪烹。"因謂茶曰"草中英"。

素馨花曰裨茗，陳白沙《素馨記》以其能少裨於茗耳。一名那悉茗花。

《佩文韻府》[293]元好問詩注：唐人以茶為小女美稱。

《黔南行紀》：陸羽《茶經》紀黃牛峽茶可飲，因令舟人求之。有嫗賣新茶一籠，與草葉無異，山中無好事者故耳。

初余在峽州，問士大夫黃陵茶，皆云粗澀不可飲。試問小吏，云唯僧茶味善。令求之，得十餅，價甚平也。攜至黃牛峽，置風爐清樾間，身自候湯，手揃得味；既以享黃牛神，且酌。元明堯夫云：不減江南茶味也。乃知夷陵士大夫以貌取之耳。

《九華山錄》[294]：至化城寺，謁金地藏塔，僧祖瑛獻土產茶，味可敵北苑。

馮時可《茶錄》：松郡佘山亦有茶，與天池無異，顧採造不如。近有比丘來，以虎丘法製之，味與松蘿等。老衲亟逐之，曰："無為此山開羶徑而置火坑。"

冒巢民《岕茶彙鈔》：憶四十七年前……而後他及。

金沙于象明攜岕茶來……真衰年稱心樂事也。

吳門七十四老人……真奇癖也。[295]

《嶺南雜記》[296]：潮州燈節，飾姣童為採茶女，每隊十二人或八人，手挈花籃，迭進而歌，俯仰抑揚，備極妖妍。又以少長者二人為隊首，擎綵燈，綴以扶桑、茉莉諸花。採女進退作止，皆視隊首。至各衙門或巨室唱歌，賚以銀錢、酒果。自十三夕起至十八夕而止。余錄其歌數首，頗有前溪、子夜之遺。

周亮工《閩小記》[98]：歙人閔汶水，居桃葉渡上。予往品茶其家，見其水火皆自任，以小酒盞酌客，頗極烹飲態。正如德山擔青龍鈔，高自矜許而已，不足異也。秣陵好事者，嘗誚閩無茶，謂閩客得閔茶[99]，咸製為羅囊，佩而嗅之，以代旃檀。實則閩不重汶水也。閩客遊秣陵者，宋比玉[100]、洪仲章輩，類依附吳兒強作解事，賤家雞而貴野鶩，宜為其所誚歟。三山薛老，亦秦淮汶水也。薛嘗言："汶水假他味作蘭香，究使茶之真味盡失。"汶水而在，聞此亦當色沮。薛嘗住另崱，自為剪焙，遂欲駕汶水上。余謂茶難以香名，況以蘭定茶，乃咫尺見也，頗以薛老論為善。

延、邵人呼製茶人為碧豎。富沙陷後，碧豎盡在綠林中矣。

蔡忠惠《茶錄》石刻，在甌寧[297]邑庠壁間。予五年前搨數紙寄所知，今漫漶不如前矣。

閩酒數郡如一，茶亦類是。今年予得茶甚夥，學坡公義酒事，盡合為一，然與未合無異也。

李仙根《安南雜記》[298]：交趾稱其貴人曰翁茶。翁茶者，大官也。

《虎邱茶經注補》[101]：徐天全自金齒[299]謫回，每春末夏初，入虎邱開茶社。

羅光璽作《虎丘茶記》，嘲山僧有替身茶。

吳匏庵與沈石田遊虎丘，採茶手煎對啜，自言有茶癖。

《漁洋詩話》[300]：林確齋者，亡其名，江右人。居冠石，率子孫種茶，躬親畚鍤負擔；夜則課讀《毛詩》、《離騷》。過冠石者，見三四少年，頭着一幅布，赤腳揮鋤，琅然歌出金石，竊嘆以為古圖畫中人。

《尤西堂集》：有戲冊"茶為不夜侯"制。

朱彝尊《日下舊聞》[301]：上巳後三日，新茶從馬上至。至之日，宮價五十金，外價二三十金。不一二日，即二三金矣。見《北京歲華記》。

《曝書亭集》[302]：錫山聽松庵僧性海，製竹火爐，王舍人過而愛之，為作山水橫幅並題以詩。歲久爐壞，盛太常因而更製，流傳都下，羣公多為吟詠。顧梁汾典籍仿其遺式製爐，及來京師，成容若侍衛以舊圖贈之。丙寅之秋，梁汾攜爐及卷過余海波寺寓，適姜西溟、周青士、孫愷似三子亦至。坐青藤下，燒爐試武夷茶，相與聯句成四十韻，用書於冊，以示好事之君子。

蔡方炳《增訂廣輿記》[303]：湖廣長沙府攸縣，古蹟有茶王城，即漢茶陵城也。

葛萬里《清異錄》[304]：倪元鎮飲茶用果按者，名清泉白石，非佳客不供。有客請見，命進此茶。客渴，再及而盡，倪意大悔，放盞入內。

黃周星九煙夢讀採茶賦，只記一句，云"施凌雲以翠步"。

《別號錄》[305]：宋曾機吾甫，別號茶山。明許應元子春，別號茗山。

《隨見錄》：武夷五曲朱文公書院[306]內，有茶一株，葉有臭蟲氣，及焙製，出時香逾他樹，名曰臭葉香茶。又有老樹數株，云係文公手植，名曰宋樹。

〔補〕[102]

《西湖遊覽志》[307]：立夏之日，人家各烹新茗，配以諸色細果，餽送親戚、比鄰，謂之"七家茶"。

南屏謙師妙於茶事，自云得心應手，非可以言傳學到者。

劉士亨有《謝璘上人惠桂花茶》詩云：（金粟金芽出焙篝）

李世熊《寒支集》[308]：新城之山有異鳥，其音若簫，遂名曰簫曲山。山產佳茗，亦名籥曲茶。因作歌紀事。

《禪玄顯教編》：徐道人居廬山天池寺，不食者九年矣。畜一墨羽鶴，嘗採山中新茗，令鶴銜松枝烹之。遇道流，輒相與飲幾碗。

張鵬翀《抑齋集》[309]有御賜《鄭宅茶賦》云：青雲幸接於後塵，白日捧歸乎深殿。從容步緩，膏芬齊，出螭頭；肅穆神凝，乳滴將開蠟面。用以濡毫，可媲文章之草；將之比德，勉為精白之臣。

八之出

《國史補》[310]：風俗貴茶，其名品益眾[103]。南劍有蒙頂石花，或小方散芽，號為第一。湖州顧渚之紫筍，東川有神泉小團、綠昌明、獸目。峽州有小江園、碧澗寮、明月房、茱萸寮。福州有柏巖、方山露芽。婺州有東白、舉巖、碧貌。建安有青鳳髓，夔州有香山，江陵有楠木，湖南有衡山，睦州有鳩坑。洪州有西山之白露，壽州有霍山之黃芽。綿州之松嶺，雅州之露芽，南康之雲居，彭州之仙崖、石花，渠江之薄片，邛州之火井、思安，黔陽之都濡、高株，瀘川之納溪、梅嶺，義興之陽羨、春池、陽鳳嶺，皆品第之最著者也。

《文獻通考》：片茶之出於建州者……總十一名。[311]

葉夢得《避暑錄話》：北苑茶，正所產為曾坑，謂之正焙；非曾坑，為沙溪，謂之外焙。二地相去不遠，而茶種懸絕。沙溪色白，過於曾坑，但味短而微澀；識者一啜，如別涇渭也。余始疑地氣土宜，不應頓異如此，及來山中，每開闢徑路，刳治巖竇，有尋丈之間，土色各殊，肥瘠緊緩燥潤亦從而不同。並植兩木於數步之間，封培灌溉略等，而生死豐悴如二物者，然後知事不經見，不可必信也。草茶極品，惟雙井、顧渚，亦不過各有數畝。雙井在分寧縣，其地屬黃氏魯直家也。元祐間，魯直力推賞於京師，族人交致之，然歲僅得一二斤爾。顧渚在長興縣，所謂吉祥寺也，其半為今劉侍郎希范家所有。兩地所產，歲亦止五六斤。近歲寺僧求之者，多不暇精擇，不及劉氏遠甚。余歲求於劉氏，過半斤則不復佳。蓋茶味雖均，其精者在嫩芽。取其初萌如雀舌者，謂之槍；稍敷而為葉者，謂之旗。旗非所貴，不得已取一槍一旗猶可，過是則老矣。此所以為難得也。

《歸田錄》：臘茶出於劍建，草茶盛於兩浙。兩浙之品，日鑄[104]為第一。自景祐以後，洪州雙井白芽漸盛，近歲製作尤精，囊以紅紗，不過一二兩，以常茶十數斤養之，用辟暑濕之氣。其品遠出日注上，遂為草茶第一。

《雲麓漫鈔》：茶出浙西湖州為上，江南常州次之。湖州出長興顧渚山中。常州出義興君山懸腳嶺北岸下等處。

《蔡寬夫詩話》：玉川子《謝孟諫議寄新茶》詩有"手閱月團三百片"及"天子須嘗陽羨茶"之句，則孟所寄乃陽羨茶也。

楊文公《談苑》[312]：蠟茶出建州，陸羽《茶經》尚未知之，但言福建等州未詳，往往得之，其味極佳。江左近日方有蠟面之號。丁謂《北苑茶錄》云：創造之始，莫有知者。質之三館，檢討杜鎬，亦曰在江左日，始記有研膏茶。歐陽公《歸田錄》亦云出福建，而不言所起。按：唐氏諸家說中，往往有蠟面茶之語，則是自唐有之也。

《事物記原》[313]：江左李氏，別令取茶之乳作片，或號京鋌、的乳及骨子等。是則京鋌之品，自南唐始也。《苑錄》云：的乳以降，以下品雜鍊售之，唯京師去者，至真不雜，意由此得名。或曰，自開寶末⑩⑤，方有此茶。當時識者云：金陵僭國，唯曰都下，而以朝廷為京師，今忽有此名；其將歸京師乎？

羅廩《茶解》按：唐時產茶地，僅僅如季疵所稱。而今之虎邱、羅蚧、天池、顧渚、松蘿、龍井、雁宕、武夷、靈川、大盤、日鑄、朱溪諸名茶，無一與焉。乃知靈草在在有之，但培植不嘉，或疏於採製耳。

《潛確類書》："《茶譜》袁州之界橋，其名甚著，不若湖州之研膏紫筍，烹之有綠腳垂下。"又：婺州有舉巖茶，斤片⑩⑥方細，所出雖少，味極甘芳，煎之如碧玉之乳也。

《農政全書》[314]：玉壘關外寶唐山，有茶樹產懸崖，筍長三寸、五寸，方有一葉、兩葉。涪州出三般茶，最上賓化，其次白馬，最下涪陵。

《煮泉小品》：茶自浙以北皆較勝，惟閩、廣以南不惟水不可輕飲，而茶亦當慎之。昔鴻漸未詳嶺南諸茶，但云"往往得之，其味極佳。"余見其地多瘴癘之氣，染著草木，北人食之，多致成疾，故謂人當慎之。

《茶譜通考》：岳陽之含膏冷，劍南之綠昌明，蘄門之團黃，蜀州⑩⑦之雀舌，巴東之真香，夷陵之壓磚，龍安之騎火。

《江南通志》：蘇州府吳縣西山產茶，穀雨前採焙極細者販於市，爭先騰價，以雨前為貴也。

吳郡《虎邱志》：虎邱茶，僧房皆植，名聞天下。穀雨前摘細芽焙而烹之，其色如月下白，其味如荳花香。近因官司徵以饋遠，山僧供茶一斤，費用銀數錢。是以苦於齎送，樹不修葺，甚至刈斫之，因以絕少。

米襄陽《志林》[315]：蘇州穹窿山下，有海雲庵，庵中有二茶樹。其二株皆連理，蓋二百餘年矣。

《姑蘇志》：虎邱寺西產茶，朱安雅云：今二山門西偏，本名茶嶺。

陳眉公《太平清話》：洞庭中西盡處[316]，有仙人茶，乃樹上之苔蘚也。四皓採以為茶。

《圖經續記》：洞庭小青山塢出茶，唐宋入貢。下有水月寺，因名水月茶。[317]

《古今名山記》：支硎山茶塢，多種茶。

《隨見錄》[318]：洞庭山有茶，微似蚧而細，味甚甘香，俗呼為嚇殺人。產碧螺峯者，尤佳，名碧螺春。

《松江府志》：佘山在府城北，舊有佘姓者修道於此，故名。山產茶與筍並美，有蘭花香味。故陳眉公云："佘鄉佘山茶，與虎邱相伯仲。"

《常州府志》：武進縣章山麓，有茶巢嶺[319]，唐陸龜蒙嘗種茶於此。

《天下名勝志》：南岳，古名陽羨山，即君山北麓。孫皓既封國後，遂禪此山為岳，故名。唐時產茶充貢，即所云南岳貢茶也⑩⑧。

常州宜興縣東南，別有茶山。唐時造茶入貢，又名唐貢山，在縣東南三十五里均山鄉。

《武進縣志》[320]：茶山路，在廣化門外，十里之內，大墩小墩連綿簇擁，有山之形。唐代湖、常二守會陽羨造茶修貢，由此往返，故名。

《檀几叢書》：茗山，在宜興縣西南五十里永豐鄉。皇甫曾有《送羽南山採茶》詩，可見唐時貢茶在茗山矣。

唐李栖筠守常州日，山僧獻陽羨茶。陸羽品為芬芳冠世，產可供上方，遂置茶舍於洞靈觀，歲造萬兩入貢。後韋夏卿徙於無錫縣罨畫谿上，去湖汊一里所。許有穀詩云:"陸羽名荒舊茶舍，卻教陽羨置郵忙"是也。

義興南岳寺，唐天寶中，有白蛇銜茶子墜寺前。寺僧種之庵側，由此滋蔓，茶味倍佳，號曰蛇種。土人重之，每歲爭先餉遺，官司需索、脩貢不絕。迨今方春採茶，清明日縣令躬享白蛇於卓錫泉亭，隆厥典也。後來檄取，山農苦之，故袁高有："陰嶺茶未吐，使者牒已頻"之句。郭三益詩："官符星火催春焙，卻使山僧怨白蛇。"盧仝《茶歌》："安知百萬億蒼生，命墜顛崖受辛苦。"可見貢茶之累民，亦自古然矣。

《洞山岕茶系》：羅岕去宜興而南……瀍嶺稍夷，才通車騎。所出之茶，厥有四品。

第一品：老廟後：廟祀山之土神……致在有無之外。

第二品：新廟後棋盤頂……食而眯其似也。

第三品：廟後漲沙……范洞、白石。

第四品：下漲沙……巖竈 龍池。 此皆平洞本 岕 也。[321]

外山之長潮，青口，箵莊，顧渚，茅山岕 ，俱不入品。

《岕茶彙鈔》：洞山茶之下者，香清葉嫩，着水香消。棋盤頂、紗帽頂、雄鵝頭、茗嶺，皆產茶地。諸地有老柯、嫩柯，惟老廟後無二，梗葉叢密，香不外散，稱為上品也。

《鎮江府志》：潤州之茶，傲山為佳。

《寰宇記》⑩⑨：揚州江都縣蜀岡，有茶園，茶甘香⑪⓪如蒙頂，蒙頂在蜀，故以名。岡上有時會堂、春貢亭，皆造茶所，今廢。見毛文錫《茶譜》。

《宋史 · 食貨志》：散茶出淮南，有龍溪、雨前、雨後之類。

《安慶府志》：六邑俱產茶，以桐之龍山，潛之閔山者為最。蒔茶源在潛山縣；香茗山在太湖縣；大小茗山在望江縣。

《隨見錄》：宿松縣產茶，嘗之頗有佳種。但製不得法，倘別其地、辨其等、製以能手，品不在六安下。

《徽州志》：茶產於松蘿，而松蘿茶乃絕少。其名則有勝金、嫩桑、仙芝、來泉、先春、運合、華英之品；其不及號者為片茶，八種。近歲茶名，細者有雀舌、蓮心、金芽，次者為芽下白、為走林、為羅公，又其次者，為開園、為軟枝、為大方。製名號多端，皆松蘿種也。

吳從先《茗說》：松蘿，予土產也。色如梨花，香如荳蕊，飲如嚼雪。種愈佳，則色愈白，即經宿無茶痕，固足美也。秋露白片子，更輕清若空，但香大惹人，難久貯，非富家⑪不能藏耳。真者其妙若此，略混他地一片，色遂作惡，不可觀矣。然松蘿地如掌，所產幾許？而求者四方雲至，安得不以他混耶？

《黃山志》：蓮花庵旁，就石縫養茶，多輕香冷韻，襲人齗齶。

《昭代叢書》[322]：張潮云，吾鄉天都有抹山茶，茶生石間，非人力所能培植。味淡香清，足稱仙品，採之甚難，不可多得。

《隨見錄》：松蘿茶，近稱紫霞山者為佳；又有南源、北源名色。其松蘿真品，殊不易得。黃山絕頂有雲霧茶，別有風味，超出松蘿之外。

《通志》[323]：寧國府屬宣、涇、寧、旌、太諸縣，各山俱產松蘿。

《名勝志》：寧國縣鴉山，在文脊山北，產茶充貢。《茶經》云：味與蘄州同。宋梅詢有"茶煮鴉山雪滿甌"之句，今不可復得矣。

《農政全書》：宣城縣有丫山，形如小方餅橫鋪，茗芽產其上。其山東為朝日所燭，號曰陽坡，其茶最勝。太守薦之京洛人士，題曰"丫山陽坡橫文茶"，一名瑞草魁。

《華夷花木考》：宛陵[324]茗池源茶，根株頗碩，生於陰谷，春夏之交方發萌芽，莖條雖長，旗槍不展，乍紫乍綠。天聖初，郡守李虛己、仝太史梅詢嘗試之，品以為建溪、顧渚不如也。

《隨見錄》：宣城有綠雪芽，亦松蘿一類；又有翠屏等名色。其涇川涂茶，芽細、色白、味香，為上供之物。

《通志》：池州府屬青陽、石埭、建德俱產茶，貴池亦有之。九華山閔公墓茶，四方稱之。

《九華山志》：金地茶，西域僧金地藏所植。今傳枝梗空筒者是。大抵煙霞雲霧之中，氣常溫潤，與地上者不同，味自異也。

《通志》：廬州府屬六安、霍山，並產名茶，其最著惟白茅貢尖，即茶芽也。每歲茶出，知州具本恭進。

六安州有小峴山，出茶名小峴春，為六安極品。霍山有梅花片，乃黃梅時摘製，色、香兩兼，而味稍薄。又有銀針、丁香、松蘿等名色。

《紫桃軒雜綴》：余生平慕六安茶，適一門生作彼中守，寄書託求數兩，竟不可得，殆絕意乎！

《陳眉公筆記》：雲桑茶，出瑯琊山。茶類桑葉而小，山僧焙而藏之，其味甚清。

廣德州建平縣雅山出茶，色、香、味俱美。

《浙江通志》：杭州、錢塘、富陽及餘杭徑山，多產茶。

《天中記》[325]：杭州寶雲山出者，名寶雲茶。下天竺香林洞者，名香林茶。上天竺白雲峯者，名白雲茶。

田子藝云：龍泓……尤所當浚。[326]

《湖汉雜記》[327]：龍井產茶，作荳花香，與香林、寶雲、石人塢、垂雲亭者絕異。採於穀雨前者尤佳，啜之淡然，似乎無味，飲過後覺有一種太和之氣，瀰淪於齒頰之間。此無味之味，乃至味也。為益於人不淺，故能療疾，其貴如珍，不可多得。

《坡仙食飲錄》：寶嚴院垂雲亭亦產茶，僧怡然以垂雲茶見餉，坡報以大龍團。

陶穀《清異錄》：開寶中，竇儀以新茶飲予，味極美。奩面標云"龍坡山子茶"。龍坡是顧渚之別境。

《吳興掌故》：顧渚左右有大小官山，皆為茶園。明月峽在顧渚側[112]，絕壁削立大澗中流，亂石飛走，茶生其間，尤為絕品。張文規詩所謂"明月峽中茶始生"是也。

顧渚山，相傳以為吳王夫差於此顧望原隰[113]可為城邑，故名。唐時，其左右大小官山皆為茶園，造茶充貢，故其下有貢茶院[114]。

《蔡寬夫詩話》：湖州紫筍茶，出顧渚，在常、湖二郡之間，以其萌茁紫而似筍也。每歲入貢，以清明日到，先薦宗廟，後賜近臣。

馮可賓《岕茶箋》：環長興境……所以味迥別也。[328]

《名勝志》：茗山，在蕭山縣西三里，以山中出佳茗也。又上虞縣後山茶，亦佳。

《方輿覽勝》[329]：會稽有日鑄嶺，嶺下有寺名資壽。其陽坡名油車，朝暮常有日，茶產其地絕奇。歐陽文忠云："兩浙草茶，日鑄第一"。

《紫桃軒雜綴》：普陀老僧貽余小白巖茶一裹，葉有白茸，瀹之無色。徐引，覺涼透心腑。僧云："本巖歲止五六斤，專供大士，僧得啜者寡矣。"

《普陀山志》：茶以白華巖頂者為佳。

《天台記》：丹邱出大茗，服之生羽翼。

桑莊《茹芝續譜》：天台茶有三品，紫凝、魏嶺、小溪是也。今諸處並無出產，而土人所需，多來自西坑、東陽、黃坑等處。石橋諸山，近亦種茶，味甚清甘，不讓他郡，蓋出自名山霧中，宜其多液而全厚也。但山中多寒，萌發較遲，兼之做法不佳，以此不得取勝。又所產不多，僅足供山居而已。

《天台山志》：葛仙翁茶圃，在華頂峯上。

《羣芳譜》：安吉州茶，亦名紫筍。

《通志》：茶山，在金華府蘭溪縣。

《廣輿記》：鳩坑茶，出嚴州府淳安縣。方山茶，出衢州府龍游縣。

勞大輿《甌江逸志》：浙東多茶品，雁宕山稱第一。每歲穀雨前三日，採摘茶芽進貢。一槍兩旗而白毛者，名曰明茶。穀雨日採者，名雨茶。一種紫茶，其色紅紫，其味尤佳，香氣尤清，又名玄茶，其味皆似天池而稍薄[115]。難種薄收，土人厭人求索，園圃中少種；間有之，亦為識者取去。按：盧仝《茶經》云：溫州無好茶，天台瀑布水、甌水味薄，唯雁宕山水為佳。此山茶亦為第一，曰去腥膩、除煩惱、卻昏散、消積食。但以錫瓶貯者得清香味，不以錫瓶貯者，其色雖不堪觀，而滋味且佳，同陽羨山岕茶無二無別。採摘近夏，不宜早；炒做宜熟不宜生，如法可貯二三年。愈佳愈能消宿食，醒酒，此為最者。

王草堂《茶説》：溫州中壞及漈上茶，皆有名，性不寒不熱。

屠粹忠《三才藻異》：舉巖，婺茶也；斤片方細，煎如碧乳。

《江西通志》：茶山，在廣信府城北，陸羽嘗居此。

洪州西山白露鶴嶺，號絕品；以紫清香城者為最。及雙井茶芽，即歐陽公所云“石上生茶如鳳爪”者也。又羅漢茶，如荳苗，因靈觀尊者自西山持至，故名。

《南昌府志》：新建縣鵝岡西，有鶴嶺。雲物鮮美，草木秀潤，產名茶異於他山。

《江西通志》[116]：瑞州府出茶芽，廖暹《十詠》呼為雀舌香焙云。其餘臨江、南安等府俱出茶，廬山亦產茶。

袁州府界橋出茶，今稱仰山、稠平、木平者佳，稠平者尤妙。

贛州府寧都縣出林岕，乃一林姓者以長指甲炒之；採製得法，香味獨絕，因之得名。

《名勝志》：茶山寺，在上饒縣城北三里，按《圖經》即廣教寺。中有茶園數畝，陸羽泉一勺。羽性嗜茶，環居皆植之，烹以是泉，後人遂以廣教寺為茶山寺云。宋有茶山居士曾吉甫，名幾，以兄開忤秦檜，奉祠僑居此寺凡七年，杜門不問世故。

《丹霞洞天志》[330]：建昌府麻姑山產茶，惟山中之茶為上，家園植者次之[117]。

《饒州府志》：浮梁縣陽府山，冬無積雪，凡物早成，而茶尤殊異。金君卿詩云：“聞雷已薦雞鳴筍，未雨先嘗雀舌茶”。以其地暖故也。

《〔江西〕通志》[118]：南康府出匡茶，香味可愛，茶品之最上者。

九江府彭澤縣九都山出茶，其味略似六安。

《廣輿記》：德化茶，出九江府。又，崇義縣多產茶。

《吉安府志》：龍泉縣匡山，有苦齋，章溢所居。四面峭壁，其下多白雲，上多北風，植物之味皆苦。野蜂巢其間，採花蕊作蜜，味亦苦。其茶苦於常茶。

《羣芳譜》：太和山騫林茶，初泡極苦澀；至三四泡，清香特異，人以為茶寶。

《福建通志》：福州、泉州、建寧、延平、興化、汀州、邵武諸府，俱產茶。

《合璧事類》：建州出大片。方山之芽如紫筍，片大極硬，須湯浸之方可碾。治頭痛，江東老人多服之。

周櫟園[331]《閩小記》：鼓山半巖茶，色香風味當為閩中第一，不讓虎邱、龍井也。雨前者，每兩僅十錢，其價廉甚。一云前朝每歲進貢，至楊文敏當國，始奏罷之，然近來官取，其擾甚於進貢矣。

柏巖，福州茶也，巖即柏梁臺。

《興化府志》[332]：仙遊縣出鄭宅茶，真者無幾，大都以贋者雜之，雖香而味薄。

陳懋仁《泉南雜志》[333]：清源山茶，青翠芳馨，超軼天池之上。南安縣英山茶，精者可亞虎邱，惜所產不若清源之多也。閩地氣暖，桃李冬花，故茶較吳中差早。

《延平府志》：櫰 毛茶，出南平縣半巖者佳。

《建寧府志》：北苑在郡城東，先是建州貢茶，首稱北苑龍團，而武夷石乳之名未著。至元時，設場於武夷，遂與北苑並稱；今則但知有武夷，不知有北苑矣。吳越間人，頗不足閩茶，而甚艷北苑之名；不知北苑實在閩也。

宋無名氏《北苑別錄》[334]：建安之東三十里……曰《北苑別錄》云。[335]

御園

九窠十二隴……小山。

右四十六所……又為禁園之先也。[336]

《東溪試茶錄》：舊記建安郡官焙三十有八。丁氏舊錄云……善東一、豐樂二。"[337]外有曾坑、石坑、壑源、葉源、佛嶺、沙溪等處，惟壑源之茶，甘香特勝。⑲

茶之名有七：一曰白茶……芽葉如紙，民間以為茶瑞，取其第一者為鬥茶。次曰柑葉茶……貧民取以為利。[338]

《品茶要錄》：壑源沙溪……壑源之品也。[339]

《潛確類書》：歷代貢茶，以建寧為上，有龍團、鳳團、石乳、滴乳、綠昌明、頭骨、次骨、末骨、鹿骨、山挺等名。而密雲龍最高，皆碾屑作餅。至國朝始用芽茶，曰探春、先春，曰次春，曰紫筍，而龍鳳團皆廢矣。

《名勝志》：北苑茶園，屬甌寧縣。舊經云：偽閩龍啟中，里人張暉，以所居北苑地宜茶，悉獻之官，其名始著。

《三才藻異》：石巖白，建安能仁寺茶也，生石縫間。

建寧府屬浦城縣江郎山，出茶，即名江郎茶。

《武夷山志》：前朝不貴閩茶，即貢者，亦只備宮中涴濯甌盞之需。貢使類以價，貨京師所有者納之。間有採辦，皆劍津廖地產，非武夷也。黃冠每市山下茶，登山貿之，人莫能辨。

茶洞，在接筍峯側。洞門甚隘，內境夷曠，四周皆穹崖壁立。土人種茶，視他處為最盛。

崇安殷令，招黃山僧以松蘿法製建茶，真堪並駕，人甚珍之，時有武夷松蘿之目。

王梓《茶説》：武夷山，周迴百二十里，皆可種茶。茶性，他產多寒，此獨性溫。其品有二：在山者為巖茶，上品；在地者為洲茶，次之。香清濁不同，且泡時巖茶湯白，洲茶湯紅，以此為別。雨前者為頭春，稍後為二春，再後為三春。又有秋中採者，為秋露白，最香。須種植、採摘、烘焙得宜，則香、味兩絕。然武夷本石山，峯巒載土者寥寥，故所產無幾。若洲茶，所在皆是，即鄰邑近多栽植，運至山中及星村墟市賈售，皆冒充武夷。更有安溪所產，尤為不堪。或品嘗其味，不甚貴重者，皆以假亂真誤之也。至於蓮子心、白毫，皆洲茶；或以木蘭花熏成欺人，不及巖茶遠矣。

張大復《梅花筆談》：《經》云，嶺南生福州、建州。今武夷所產，其味極佳，蓋以諸峯拔立，正陸羽所云"茶上者生爛石"耶。

《草堂雜錄》：武夷山有三味茶，苦、酸、甜也，別是一種。飲之味果屢變。相傳能解酲消脹，然採製甚少，售者亦稀。

《隨見錄》：武夷茶在山上者為巖茶，水邊者為洲茶。巖茶為上，洲茶次之；巖茶北山者為上，南山者次之。南北兩山，又以所產之巖名為名。其最佳者，名曰工夫茶。工夫之上，又有小種，則以樹名為名。每株不過數兩，不可多得。洲茶名色有蓮子心、白毫、紫毫、龍鬚、鳳尾、花香、蘭香、清香、奧香、選芽、漳芽等類。

《廣輿記》：泰寧茶，出邵武府。

福寧州太姥山出茶[120]，名綠雪芽。

《湖廣通志》：武昌茶，出通山者上，崇陽、蒲圻者次之。

《廣輿記》：崇陽縣龍泉山，周二百里。山有洞，好事者持炬而入，行數十步許，坦平如室，可容千百眾。石渠流泉清洌，鄉人號曰魯溪。巖產茶甚甘美。

《天下名勝志》：湖廣江夏縣洪山，舊名東山。《茶譜》云：鄂州東山出茶，黑色如韭，食之已頭痛。

《武昌郡志》：茗山在蒲圻縣北十五里，產茶。又大冶縣，亦有茗山。

《荊州土地記》：武陵七縣，通出茶，最好。

《岳陽風土記》[340]：㴩湖諸山舊出茶，謂之㴩湖茶。李肇所謂“岳州㴩湖之含膏”是也。唐人極重之，見於篇什。今人不甚種植，惟白鶴僧園有千餘本。土地頗類北苑，所出茶一歲不過一、二十斤，土人謂之“白鶴茶”，味極甘香，非他處草茶可比並。茶園地色亦相類，但土人不甚植爾。

《〔湖南〕通志》[121]：長沙茶陵州，以地居茶山之陰，因名。昔炎帝葬於茶山之野。茶山即雲陽山，其陵谷間多生茶茗故也。

長沙府出茶，名安化茶。辰州茶，出溆浦。郴州亦出茶。

《類林新詠》：長沙之石楠葉，摘芽為茶，名欒茶，可治頭風。湘人以四月四日摘楊桐草，搗其汁拌米而蒸，猶䴸糜之類，必啜此茶，乃去風也。尤宜暑月飲之。

《合璧事類》：潭郡之間有渠江，中出茶，而多毒蛇猛獸，鄉人每年採擷不過十五六斤。其色如鐵而芳香異常，烹之無腳。

湘潭茶，味略似普洱，土人名曰“芙蓉茶”。

《茶事拾遺》：潭州有鐵色，夷陵有壓磚。

《〔湖廣〕通志》[122]：靖州出茶油。蘄水有茶山，產茶。

《河南通志》：羅山茶，出河南汝寧府信陽州。

《桐柏山志》：瀑布山，一名紫凝山，產大葉茶。

《山東通志》：兗州府費縣蒙山石巔，有花如茶，土人取而製之，其味清香，迥異他茶，貢茶之異品也。

《輿志》：蒙山，一名東山。上有白雲巖，產茶，亦稱蒙頂。王草堂云，乃石上之苔，為之非茶類也。

《廣東通志》：廣州、韶州、南雄、肇慶各府及羅定州，俱產茶。[341]

西樵山，在郡城西一百二十里，峯巒七十有二，唐末詩人曹松移植顧渚茶於此，居人遂以茶為生業。

韶州府曲江縣曹溪茶，歲可三四採，其味清甘。

潮州大埔縣，肇慶恩平縣，俱有茶山。德慶州有茗山，欽州靈山縣亦有茶山。

吳陳琰《曠園雜志》[342]：端州白雲山，出雲獨奇。山故蒔茶在絕壁，歲不過得一石許，價可至百金。

王草堂《雜錄》：粵東珠江之南，產茶曰河南茶。潮陽有鳳山茶，樂昌有毛茶，長樂有石茗，瓊州有靈茶、烏藥茶云。

《嶺南雜記》：廣南出苦 䔲 茶，俗呼為苦丁。非茶也，葉大如掌，一片入壺，其味極苦；少則反有甘味，噙嚥利咽喉之症，功並山豆根。

化州有琉璃茶，出琉璃庵。其產不多，香與峒岕相似。僧人奉客，不及一兩。

羅浮有茶，產於山頂石上，剝之如蒙山之石茶。其香倍於廣岕⑫，不可多得。

《南越志》[343]：龍川縣出皋盧，味苦澀，南海謂之過盧。

《陝西通志》：漢中府、興安州等處產茶。如金州、石泉、漢陰、平利、西鄉諸縣，各有茶園，他郡則無。⑫

《四川通志》⑫：四川產茶州縣，凡二十九處。成都府之資陽、安縣、灌縣、石泉、崇慶等，重慶府之南川、黔江、酆都、武隆、彭水等，夔州府之建始、開縣等，及保寧府、遵義府、嘉定州、瀘州、雅州、烏蒙等處。

東川茶有神泉、獸目。邛州茶曰火井。

《華陽國志》：涪陵無蠶桑，惟出茶、丹漆、蜜蠟。

《華夷花木考》：蒙頂茶，受陽氣全，故芳香。唐李德裕入蜀，得蒙餅以沃於湯瓶之上，移時盡化，乃驗其真。蒙頂又有五花茶，其片作五出。

毛文錫《茶譜》：蜀州晉原……皆散茶之最上者。[344]

《東齋紀事》[345]：蜀雅州蒙頂產茶最佳，其生最晚，每至春夏之交始出。常有雲霧覆其上，若有神物護持之。

《羣芳譜》：峽州茶有小江園、碧澗寮、明月房、茱萸寮等。

陸平泉《茶寮記事》：蜀雅州蒙頂上，有火前茶最好，謂禁火以前採者。後者謂之火後。茶有露芽、穀芽之名。[346]

《述異記》[347]：巴東有真香茗，其花白色如薔薇，煎服令人不眠，能誦無忘。

《廣輿記》：峨嵋山茶，其味初苦而終甘。又瀘州茶可療風疾。又有一種烏茶，出天全六番招討使司境內。

王新城《隴蜀餘聞》[348]：蒙山，在名山縣西十五里。有五峯，最高者曰上清峯。其巔一石，大如數間屋，有茶七株生石上，無縫罅。云是甘露大師手植，每茶時葉生，智炬寺僧輒報有司往視，籍記其葉之多少。採製纔得數錢許，明時貢京師，僅一錢有奇。環石別有數十株，曰陪茶，則供藩府、諸司之用而已。其旁有泉，恆用石覆之，味清妙在惠泉之上。

《雲南記》：名山縣出茶，有山曰蒙山，聯延數十里，在西南。按：《拾遺志》、《尚書》所謂"蔡蒙旅平"者，蒙山也。在雅州，凡蜀茶盡出此。

《雲南通志》：茶山，在元江府城西北普洱界。太華山，在雲南府西，產茶色味似松蘿，名曰太華茶。

普洱茶，出元江府普洱山，性溫味香；兒茶出永昌府，俱作團。又感通茶，出大理府點蒼山感通寺。

《續博物志》：威遠州，即唐南詔銀生府之地。諸山出茶，收採無時，雜椒、薑烹而飲之。

《廣輿記》：雲南廣西府出茶；又灣甸州出茶，其境內孟通山所產，亦類陽羨茶。穀雨前採者香。

曲靖府茶子，叢生，單葉，子可作油。

許鶴沙《滇行紀程》[349]：滇中陽山茶，絕類松蘿。

《天中記》：容州黃家洞出竹茶，其葉如嫩竹，土人採以作飲，甚甘美。廣西容縣，唐容州。

《貴州通志》：貴陽府產茶，出龍里東苗坡及陽寶山[126]，土人製之無法，味不佳。近亦有採芽以造者，稍可供啜。威寧府茶出平遠，產巖間，以法製之，味亦佳。

《地圖綜要》[350]：貴州新添軍民衛產茶，平越軍民衛亦出茶。

《研北雜志》[351]：交趾出茶如綠苔，味辛烈，名曰"登北虜重"，譯名"茶曰釵"。

九之略

茶事著述名目

《茶經》三卷　唐太子文學陸羽撰

《顧渚山記》二卷　前人

《採茶錄》三卷　溫庭筠撰

《茶訣》三卷　釋皎然撰

《茶譜》一卷　偽蜀毛文錫

《建安茶錄》[353]三卷　丁謂撰

《進茶錄》[354]一卷　前人

《建安茶記》一卷　呂惠卿撰

《北苑煎茶法》　前人

《補茶經》一卷　周絳撰

《北苑總錄》十二卷　曾伉錄

《茶譜遺事》一卷　前人

《宋朝茶法》　沈括

《北苑別錄》一卷　趙汝礪撰

《造茶雜錄》　張文規

《壑源茶錄》一卷　章炳文

《龍焙美成茶錄》　范逵

《建茶論》　羅大經

《茶記》三卷[352]　前人見《國史經籍志》

《煎茶水記》一卷　江州刺史張又新撰

《補茶事》　太原溫從雲　武威段碣之

《茶述》　裴汶

《大觀茶論》二十篇　宋徽宗撰

《試茶錄》二卷　蔡襄撰

《品茶要錄》一卷　建安黃儒撰

《北苑拾遺》一卷　劉异撰

《東溪試茶錄》　宋子安集，一作朱子安

又一卷[355]　前人

《茶山節對》一卷　攝衢州長史蔡宗顏撰

《宣和北苑貢茶錄》　建陽熊蕃撰

《茶論》　前人

《北苑別錄》　無名氏[356]

《茶雜文》一卷　集古今詩文及茶者

《北苑別錄》　熊克[357]

《茶法易覽》十卷　沈立

《煮茶泉品》　葉清臣

《十友譜茶譜》[358] 失名
《續茶譜》 桑莊茹芝
《煎茶七類》 徐渭
《茶譜》 顧元慶
《茗笈》 屠本畯
《岕山茶記》[360] 熊明遇
《八箋茶譜》 高濂
《茶箋》 屠隆
《峒山茶系》[361] 周高起伯高
《竹爛茶衡》 李日華
《松寮茗政》 卜萬祺
《茶集》一卷 胡文煥
《茶箋》 聞龍
《茶董》 夏茂卿
《茶史》 趙長白
《武夷茶説》 袁仲儒
《岕茶彙鈔》 冒襄[127]
《羣芳譜茶譜》 王象晉
《品茶》一篇 陸魯山
《茶錄》 張源
《茶寮記》 陸樹聲
《茶具圖》[359] 一卷 前人
《茶錄》 馮時可
《茶疏》 許次紓
《煮泉小品》 田藝蘅
《岕茶箋》 馮可賓
《水品》 徐獻忠
《茶解》 羅廩
《茶譜》 錢友蘭翁
《茶記》 呂仲吉
《岕茶別論》 周慶叔
《茶説》 邢士襄
《茶説》 吳從先
《茶譜》 朱碩儒見黃與堅集
《茶考》 徐𤊹
《佩文齋廣羣芳譜茶譜》

詩文名目

杜毓《荈賦》
吳淑《茶賦》
梅堯臣《南有佳茗賦》
程宣子《茶銘》
蘇廙《仙芽傳》
蘇軾《葉嘉傳》
徐巖泉《六安州茶居士傳》
熊禾《北苑茶焙記》
暗都剌《喊山臺記》
茅一相《茶譜》序
何恭《茶議》
吳旦《茶經跋》
趙觀《煮泉小品序》
顧況《茶賦》
李文簡《茗賦》
黃庭堅《煎茶賦》
曹暉《茶銘》
湯悦《森伯傳》
支廷訓《湯蘊之傳》
呂溫《三月三日茶晏序》
趙孟僾《武夷山茶場記》
文德翼《廬山免給茶引記》
清虛子《茶論》
汪可立《茶經後序》
童承敘《論茶經書》

詩文摘句

《合璧事類·龍溪除起宗制》有云：必能為我講摘山之制，得充廐之良。

胡文恭《行孫諮制》有云：領算商車，典領茗軸。

唐武元衡有《謝賜新火及新茶表》。劉禹錫、柳宗元有《代武中承謝賜新茶表》。

韓翃《為田神玉謝賜茶表》有“味足蠲邪，助其正直；香堪愈疾，沃以勤勞。吳主禮賢，方聞置茗；晉臣愛客，纔有分茶”之句。

《宋史》：李稷重秋葉、黃花之禁。

宋《通商茶法詔》，乃歐陽修筆；代福建提舉《茶事謝上表》，乃洪邁筆。

謝宗《謝茶啟》：比丹丘之仙芽，勝烏程之御荈，不止味同露液，白況霜華。豈可為酪蒼頭，便應代酒從事。

《茶榜》：雀舌初調，玉碗分時茶思健；龍團搥碎，金渠碾處睡魔降。

劉言史與孟郊洛北野泉上煎茶，有詩。

僧皎然尋陸羽不遇，有詩。

白居易有《睡後茶興憶楊同州》詩。

皇甫曾有《送陸羽採茶》詩。

劉禹錫《石園蘭若試茶歌》有云“欲知花乳清泠味，須是眠雲跂石人。”

鄭谷《峽中嘗茶》詩：入座半甌輕泛綠，開緘數片淺含黃。

杜牧《茶山》詩：山實東南秀，茶稱瑞草魁。

施肩吾詩：茶為滌煩子，酒為忘憂君。

秦韜玉有《採茶歌》。

顏真卿有《月夜啜茶聯句》詩。

司空圖詩：碾盡明昌幾角茶。

李羣玉詩：客有衡山隱，遺余石廩茶。

李郢《酬友人春暮寄枳花茶》詩。

蔡襄有北苑茶壟、採茶、造茶、試茶詩五首。

《朱熹集》：香茶供養黃柏長老悟公塔，有詩。

文公《茶坂》詩：（攜籯北嶺西）

蘇軾有《和錢安道寄惠建茶》詩。

《坡仙食飲錄》有《問大冶長老乞桃花茶栽》詩。

《韓駒集．謝人送鳳團茶》詩：白髮前朝舊史官，風爐煮茗暮江寒。蒼龍不復從天下，拭淚看君小鳳團。”

蘇轍有《詠茶花》詩二首，有云：細嚼花鬚味亦長，新芽一粟葉間藏。

孔平仲夢錫惠墨答以蜀茶，有詩。

岳珂《茶花盛放滿山》詩有“潔躬淡薄隱君子，苦口森嚴大丈夫”之句。

《趙抃集．次謝許少卿寄臥龍山茶》詩有“越芽遠寄入都時，酬唱爭誇互見詩”之句。

文彥博詩：舊譜最稱蒙頂味，露芽雲液勝醍醐。

張文規詩：“明月峽中茶始生。”明月峽與顧渚聯屬，茶生其間者，尤為絕品。

孫覿有《飲修仁茶》詩。

韋處厚《茶嶺》詩：顧渚吳霜絕，蒙山蜀信稀。千叢因此始，含露紫茸肥。

《周必大集．胡邦衡生日以詩送北苑八銙日注二瓶》：“賀客稱觴滿冠霞，懸知酒渴正思茶。尚書八餅分閩焙，主簿雙瓶揀越芽。”又有《次韻王少府送焦坑茶》詩。

陸放翁詩：“寒泉自換菖蒲水，活火閒煎橄欖茶。”又《村舍雜書》：“東山石上茶，鷹爪初脱韝。雪落紅絲磑，香動銀毫甌。爽如聞至言，餘味終日留。不知葉家白，亦復有此否。”

劉詵詩：鸚鵡茶香堪供客，荼醾酒熟足娛親。

王禹偁《茶園》詩：茂育知天意，甄收荷主恩。沃心同直諫，苦口類嘉言。

《梅堯臣集．宋著作寄鳳茶》詩：“團為蒼玉璧，隱起雙飛鳳。獨應近臣頒，豈得常寮共。”又《李求仲寄建溪洪井茶七品云》：“忽有西山使，始遺七品茶。末品無水暈，六品無沉柤。五品散雲腳，四品浮粟花。三品若瓊乳，二品罕所加。絕品不可議，甘香焉等差。”又《答宣城梅主簿．遺鴉山茶》詩云：“昔觀唐人詩，茶詠鴉山嘉。鴉啣茶子生，遂同山名鴉。”又有《七寶茶》詩云：“七物甘香雜蕊茶，浮花泛綠亂於霞。啜之始覺君恩重，休作尋常一等誇。”又吳正仲餉新茶、沙門穎公遺碧霄峯茗，俱有吟詠。

戴復古《謝史石窗送酒並茶》詩曰：遺來二物應時須，客子行廚用有餘。午困政需茶料理，春愁全仗酒消除。

費氏《宮詞》：近被宮中知了事，每來隨駕使煎茶。

楊廷秀有《謝木舍人送講筵茶》詩。

葉適有《寄謝王文叔送真日鑄茶》詩云：誰知真苦澀，黯淡發奇光。

杜本《武夷茶》詩：春從天上來，噓咈通寰海。納納此中藏，萬斛珠蓓蕾。

劉秉忠《嘗雲芝茶》詩云：鐵色皺皮帶老霜，含英咀美入詩腸。

高啟有《月團茶歌》，又有《茶軒詩》。

楊慎有《和章水部沙坪茶歌》。沙坪茶，出玉壘關外寶唐山。

董其昌《贈煎茶僧》詩：怪石與枯槎，相將度歲華。鳳團雖貯好，只吃趙州茶。

婁堅有《花朝醉後為女郎題品泉圖》詩。

程嘉燧有《虎邱僧房夏夜試茶歌》。

南宋《雜事詩》云：六一泉烹雙井茶。

朱隗《虎邱竹枝詞》：官封茶地雨前開，皂隸衙官攪似雷。近日正堂偏體貼，監茶不遣掾曹來。

綿津山人《漫堂詠物》有《大食索耳茶杯詩》云：粵香泛永夜，詩思來悠然。注：武夷有粵香茶。

薛熙《依歸集》[362]有朱新庵今《茶譜》序。

十之圖

歷代圖畫名目

唐張萱有《烹茶士女圖》，見《宣和畫譜》。

唐周昉寓意丹青，馳譽當代，宣和御府所藏有《烹茶圖》一。

五代陸滉《烹茶圖》一，宋中興館閣儲藏。

宋周文矩有《火龍烹茶圖》四，《煎茶圖》一。

宋李龍眠有《虎阜採茶圖》，見題跋。

宋劉松年絹畫《盧仝煮茶圖》一卷，有元人跋十餘家，范司理龍石藏。

王齊翰有《陸羽煎茶圖》，見王世懋《澹園畫品》。

董逌《陸羽點茶圖》有跋。

元錢舜舉畫《陶學士雪夜煮茶圖》，在焦山道士郭第處，見詹景鳳《東岡玄覽》。

史石窗，名文卿，有《煮茶圖》，袁桷作《煮茶圖詩序》。

馮璧有《東坡海南烹茶圖並詩》。

嚴氏《書畫記》，有杜檉居《茶經圖》。

汪珂玉《珊瑚網》載《盧仝烹茶圖》。

明文徵明有《烹茶圖》。

沈石田有《醉茗圖》，題云："酒邊風月與誰同，陽羨春雷醉耳聾。七碗便堪酬酩酊，任渠高枕夢周公。"

沈石田有《為吳匏庵寫虎邱對茶坐雨圖》。

《淵鑒齋書畫譜》，陸包山治有《烹茶圖》。

補元趙松雪有《宮女啜茗圖》，見《漁洋詩話·劉孔和詩》。

茶具十二圖

韋鴻臚 "贊"與"圖"	木待制 "贊"與"圖"
金法曹 "贊"與"圖"	石轉運 "贊"與"圖"
胡員外 "贊"與"圖"	羅樞密 "贊"與"圖"
宗從事 "贊"與"圖"	漆雕秘閣 "贊"與"圖"
陶寶文 "贊"與"圖"	湯提點 "贊"與"圖"
竺副師 "贊"與"圖"	司職方 "贊"與"圖"[363]

竹爐並分封茶具六事

苦節君

銘曰：肖形天地……洞然八荒。錫山盛顒

苦節君行省

茶具六事……執事者故以行省名之。陸鴻漸所謂都籃者，此其是與？

建城　“銘”、“圖”　雲屯　“銘”、“圖”
烏府　“銘”、“圖”　水曹　“銘”、“圖”
器局　“銘”、“圖”　品司　“銘”、“圖”*364*

羅先登續文房圖贊

玉川先生

毓秀蒙頂，蜚英玉川。搜攪胸中，書傳五千。儒素家風，清淡滋味。君子之交，其淡如水。

續茶經附錄

茶法

《唐書》：德宗納戶部侍郎趙贊議，稅天下茶、漆、竹、木，十取一以為常平本錢。及出奉天，乃悼悔，下詔亟罷之。及朱泚平，佞臣希意興利者益進，貞元八年，以水災減稅。明年諸道鹽鐵使張滂奏：出茶州縣若山及商人要路，以三等定估，十稅其一；自是歲得錢四十萬緡。穆宗即位，鹽鐵使王播圖寵以自幸，乃增天下茶稅，率百錢增五十。天下茶加斤至二十兩，播又奏加取焉。右拾遺李珏上疏謂：“榷率本濟軍興，而稅茶自貞元以來方有之，天下無事，忽厚斂以傷國體，一不可；茗為人飲，鹽粟同資，若重稅之，售必高，其弊先及貧下，二不可；山澤之產無定數，程斤論稅，以售多為利，若騰價則市者寡，其稅幾何？三不可。”其後王涯判二使，置榷茶使[128]，徙民茶樹於官場，焚其舊積者，天下大怨。令狐楚代為鹽鐵使兼榷茶使，復令納榷加價而已。李石為相，以茶稅皆歸鹽鐵，復貞元之制。武宗即位，崔珙又增江淮茶稅。是時，茶商所過州縣有重稅，或奪掠舟車，露積雨中；諸道置邸以收稅，謂之踏地錢。大中初，轉運使裴休著條約，私鬻如法論罪，天下稅茶，增倍貞元。江淮茶為大模，一斤至五十兩，諸道鹽鐵使于悰，每斤增稅錢五，謂之剩茶錢；自是斤兩復舊。

元和十四年，歸光州茶園於百姓，從刺史房克讓之請也。

裴休領諸道鹽鐵轉運使，立稅茶十二法，人以為便。

藩鎮劉仁恭禁南方茶，自擷山為茶，號山曰“大恩”以邀利。

何易于為益昌令，鹽鐵官榷取茶利詔下，所司毋敢隱。易于視詔曰：“益昌人不徵茶且不可活，矧厚賦毒之乎！”命吏閣詔。吏曰：“天子詔何敢拒。吏坐死，公得免竄耶？”易于曰：“吾敢愛一身移暴於民乎？亦不使罪及爾曹。”即自焚之，觀察使素賢之，不劾也。

陸贄為宰相，以賦役煩重，上疏云：天災流行四方，代有稅茶錢積戶部者，宜計諸道戶口均之。

《五代史》：楊行密，字化源，議出鹽、茗俾民輸帛幕府。高勗曰：創破之餘，不可以加斂，且帑貲何患不足。若悉我所有，以易四鄰所無，不積財而自有餘矣。行密納之。

《宋史》：榷茶之制，擇要會之地，曰江陵府、曰真州、曰海州、曰漢陽軍、曰無為軍、曰蘄之蘄口，為榷貨務六。初京城、建安、襄、復州皆有務，後建安、襄、復之務廢，京城務雖存，但會給交鈔往還而不積茶貨。在淮南則蘄、黃、廬、舒、光、壽六州，官自為場，置吏總之[129]，謂之山場者十三。六州採茶之民皆隸焉，謂之園戶。歲課作茶輸租，餘則官悉市之，總為歲課[130]八百六十五萬餘斤。其出鬻者，皆就本場。在江南則宣、歙、江、池、饒、信、洪、撫、筠、袁十州，廣德、興國、臨江、建昌、南康五軍。兩浙則杭、蘇、明、越、婺、處、溫、台、湖、常、衢、睦十二州。荊湖則江陵府、潭、澧、鼎、鄂、岳、歸、峽七州，荊門軍。福建則建、劍二州。歲如山場輸租折稅，總為歲課，江南百二十七萬餘斤，兩浙百二十七萬九千餘斤，荊湖二百四十七萬餘斤，福建三十九萬三千餘斤，悉送六榷貨務鬻之。

茶有二類：曰片茶、曰散茶。片茶蒸造，實棬模中串之；唯建、劍則既蒸而研，編竹為格，置焙室中，最為精潔，他處不能造。有龍鳳、石乳、白乳之類十二等，以充歲貢及邦國之用。其出虔、袁、饒、池、光、歙、潭、岳、辰、澧州，江陵府、興國、臨江軍，有仙芝、玉津、先春、綠芽之類二十六等。兩浙及宣、江、鼎州，又以上中下或第一至第五為號。散茶出淮南、歸州、江南、荊湖，有龍溪、雨前、雨後之類十一等。江浙又有上中下或第一等至第五為號者，民之欲茶者，售於官。給其食用者，謂之食茶；出境者，則給券。商賈貿易，入錢若金帛京師榷貨務，以射六務十三場。願就東南入錢若金帛者聽。凡民茶匿不送官及私販鬻者，沒入之，計其直論罪。園戶輒毀敗茶樹者，計所出茶，論如法。民造溫桑偽茶[131]，比犯真茶計直，十分論二分之罪。主吏私以官茶貿易及一貫五百者，死。自後定法，務從輕減。太平興國二年，主吏盜官茶販鬻錢三貫以上，黥面送闕下。淳化三年，論直十貫以上，黥面配本州牢城。巡防卒私販茶，依舊條加一等論。凡結徒持仗販易私茶，遇官司擒捕抵拒者，皆死。太平興國四年，詔鬻偽茶一斤，杖一百；二十斤以上棄市。厥後，更改不一，載全史。

陳恕為三司使[132]，將立茶法，召茶商數十人，俾條陳利害，第為三等，具奏太祖曰：“吾視上等之說，取利太深，此可行於商賈，不可行於朝廷。下等之說，固滅裂無取。惟中等之說，公私皆濟，吾裁損之，可以經久，行之數年，公用足而民富實。”

太祖開寶七年，有司以湖南新茶異於常歲，請高其 價以鬻之。太祖曰：“道則善，毋乃重困吾民乎⑬？”即詔第復舊制，勿增價值。

熙寧三年，熙河運使以歲計不足，乞以官茶博糴。每茶三斤，易粟一斛，其利甚溥。朝廷謂茶馬司本以博馬，不可以博糴于茶。馬司歲額外，增買川茶兩倍，朝廷別出錢二萬給之，令提刑司封樁，又令茶馬官程之邵兼轉運使，由是數歲，邊用粗足。

神宗熙寧七年，幹當公事李杞入蜀經畫買茶，秦鳳熙河博馬。王上韶言，西人頗以善馬至邊交易，所嗜惟茶。

自熙豐以來，舊博馬皆以粗茶，乾道之末，始以細茶遺之。成都利州路十二州，產茶二千一百二萬斤，茶馬司所收，大較若此。

茶利嘉祐間禁榷時，取一年中數，計一百九萬四千九十三貫八百八十五錢，治平間通商後，計取數一百一十七萬五千一百四貫九百一十九錢。

瓊山邱氏曰：後世以茶易馬，始見於此；蓋自唐世回紇入貢，先已以馬易茶，則西北之嗜茶，有自來矣。

蘇轍《論蜀茶狀》[365]：園戶例收晚茶，謂之秋老黃茶，不限早晚，隨時即賣。

沈括《夢溪筆談》：乾德二年……降敕罷茶禁。[366]

洪邁《容齋隨筆》[367]⑬：蜀茶稅額，總三十萬。熙寧七年，遣三司幹當公事李杞，經畫買茶，以蒲宗閔同領其事，創設官場，增為四十萬。後李杞以疾去，都官郎中劉佐繼之，蜀茶盡榷，民始病矣。知彭州呂陶言：天下茶法既通，蜀中獨行禁榷。杞、佐、宗閔作為弊法，以困西南生聚。佐雖罷去，以國子博士李稷代之，陶亦得罪。侍御史周尹復極論榷茶為害，罷為河北提點刑獄。利路漕臣張宗諤、張升卿復建議廢茶場司，依舊通商，皆為稷劾坐貶。茶場司行箚子，督綿州彰明知縣宋大章繳奏，以為非所當用，又為稷詆坐衝替。一歲之間，通課利及息耗至七十六萬緡有奇。

熊蕃《宣和北苑貢茶錄》：陸羽《茶經》、裴汶《茶述》……以待時而已。[368]

外焙⑮

石門　乳吉　香口

右三焙，常後北苑五七日興工，每日採茶蒸榨以其黃，悉送北苑併造。

《北苑別錄》⑯：先人作《茶錄》……或者猶未之知也。三月初吉男克北苑寓舍書。

貢新銙竹圈銀模方一寸二分……大鳳。

北苑貢茶最盛……熊克謹記。[369]

北苑貢茶綱次

細色第一綱……惟揀芽俱以黃焉。[370]

《金史》[371]：茶自宋人歲供之外，皆貿易於宋界之榷場。世宗大定十六年，以多私販，乃定香茶罪賞格。章宗承安三年，命設官製之。以尚書省令史往河南視官造者，不嘗其味，但採民言，謂為溫桑，實非茶也，還即白上；以為不幹，杖七十罷之。四年三月，於淄、密、寧、海、蔡州各置一坊造茶。照南方例，每斤為袋，直六百文。後令每袋減三百文。五年春，罷造茶之坊。六年，河南茶樹槁者，命補植之。十一月，尚書省奏禁茶，遂命七品以上官，其家方許食茶，仍不得賣及饋獻。七年，更定食茶制。八年，言事者以止可以鹽易茶，省臣以為所易不廣，兼以雜物博易。宣宗元光二年，省臣以茶非飲食之急，今河南、陝西凡五十餘郡，郡日食茶率二十袋，直銀二兩，是一歲之中，妄費民間三十餘萬也。奈何以吾有用之貨而資敵乎？乃制親王、公主及現任五品以上官，素蓄存者存之；禁不得買餽，餘人並禁之。犯者徒五年，告者賞寶泉一萬貫。

《元史》[372]：本朝茶課，由約而博，大率因宋之舊而為之制焉。至元六年，始以興元交鈔同知運使白賡言，初榷成都茶課。十三年，江南平，左丞呂文煥首以主茶稅為言，以宋會五十貫，準中統鈔一貫。次年定長引、短引，是歲徵一千二百餘錠。泰定十七年，置榷茶都轉運使司於江州路，總江淮、荊湖、福廣之稅，而遂除長引，專用短引。二十一年，免食茶稅以益正稅。二十三年，以李起南言，增引稅為五貫。二十六年，丞相桑哥增為一十貫。延祐五年，用江西茶運副法忽魯丁言，減引添錢，每引再增為一十二兩五錢。次年，課額遂增為二十八萬九千二百一十一錠矣。天曆己巳，罷榷司而歸諸州縣，其歲徵之數，蓋與延祐同。至順之後，無籍可考。他如范殿帥茶，西番大葉茶，建寧銙茶，亦無從知其始末，故皆不著。

《明會典》：陝西置茶馬司四：河州、洮州、西寧、甘州[137]，各司並赴徽州茶引所批驗，每歲差御史一員巡茶馬。

明洪武間，差行人一員，齎榜文於行茶所在懸示以肅禁。永樂十三年，差御史三員，巡督茶馬。正統十四年，停止茶馬金牌，遣行人四員巡察。景泰二年，令川、陝布政司各委官巡視，罷差行人。四年，復差行人。成化三年，奏准每年定差御史一員陝西巡茶。十一年，令取回御史，仍差行人。十四年，奏准定差御史一員，專理茶馬，每歲一代，遂為定例。弘治十六年，取回御史，凡一應茶法，悉聽督理馬政都御史兼理。十七年，令陝西每年於按察司揀憲臣一員駐洮，巡禁私茶；一年滿日，擇一員交代。正德二年，仍差巡茶御史一員兼理馬政。

光祿寺衙門，每歲福建等處解納茶葉一萬五千斤，先春等茶芽三千八百七十八斤，收充茶飯等用。

《博物典彙》云：本朝捐茶，利予民而不利其入。凡前代所設榷務貼射、交引、茶由諸種名色，今皆無之，惟於四川置茶馬司四所，於關津要害置數批驗茶引所而已。及每年遣行人於行茶地方，張掛榜文，俾民知禁。又於西番入貢為之禁限，每人許其順帶有定數，所以然者，非為私奉，蓋欲資外國之馬，以為邊境之備焉耳。

洪武五年，戶部言：四川產巴茶凡四百四十七處，茶戶三百一十五，宜依定制，每茶十株，官取其一，歲計得茶一萬九千二百八十斤，令有司貯候西番易馬。從之。至三十一年，置成都、重慶、保寧三府及播州宣慰司茶倉四所，命四川布政司移文天全六番招討司，將歲收茶課，仍收碉門茶課司，餘地方就送新倉收貯，聽商人交易及與西番易馬。茶課歲額五萬餘斤，每百加耗六斤，商茶歲中率八十斤，令商運賣，官取其半易馬。納馬番族，洮州三十，河州四十三，又新附歸德所生番十一，西寧十三。茶馬司收貯，官立金牌信符為驗。洪武二十八年，駙馬歐陽倫以私販茶撲殺，明初茶禁之嚴如此。

《武夷山志》[373]：茶起自元初，至元十六年，浙江行省平章高興過武夷[138]，製石乳數斤入獻。十九年，乃令縣官蒞之，歲貢茶二十斤，採摘戶凡八十。大德五年，興之子久住為邵武路總管，就近至武夷督造貢茶。明年創焙局，稱為御茶園。有仁風門、第一春殿、清神堂諸景[139]。又有通仙井，覆以龍亭，皆極丹艧之盛，設場官二員領其事。後歲額浸廣，增戶至二百五十，茶三百六十斤，製龍團五千餅。泰定五年，崇安令張端本重加修葺，於園之左右各建一坊，扁曰茶場[140]。至順三年，建寧總管暗都剌於通仙井畔築臺。高五尺、方一丈六尺，名曰喊山臺。其上為喊泉亭，因稱井為呼來泉。舊《志》云：祭後羣喊，而水漸盈，造茶畢而遂涸，故名。迨至正末，額凡九百九十斤。明初仍之，著為令。每歲驚蟄日，崇安令具牲醴詣茶場致祭，造茶入貢。洪武二十四年，詔天下產茶之地，歲有定額，以建寧為上，聽茶戶採進，勿預有司。茶名有四：探春、先春、次春、紫筍，不得碾揉為大小龍團，然而祀典貢額猶如故也。嘉靖三十六年，建寧太守錢嶫，因本山茶枯，令以歲編茶夫銀二百兩及水腳銀二十兩齎府造辦。自此遂罷茶場，而崇民得以休息。御園尋廢，惟井尚存。井水清甘，較他泉迥異。仙人張邋遢過此飲之曰："不徒茶美，亦此水之力也。"

我朝茶法，陝西給番易馬，舊設茶馬御史，後歸巡撫兼理。各省發引通商，止於陝境交界處盤查。凡產茶地方，止有茶利，而無茶累，深山窮谷之民，無不沾濡雨露，耕田鑿井，其樂昇平，此又有茶以來希遇之盛也。

雍正十二年七月既望陸廷燦識

注　釋

1 此處刪節，見唐代陸羽《茶經》附錄。
2《唐韻》：唐孫愐撰，今存《唐韻》殘卷。
3 此處刪節，見唐代裴汶《茶述》。
4 此處刪節，見宋代趙佶《大觀茶論》序。
5 此處刪節，見宋代趙佶《大觀茶論．品名》。
6 此處刪節，見宋代蔡襄《茶錄》。
7 此處刪節，見明代徐𤊹《蔡端明別紀．茶癖》。
8 此處刪節，見宋代丁謂《北苑別錄．開畬》。
9 王闢之：字聖涂，宋青州營丘人。
10 此處刪節，見明代徐𤊹《蔡端明別紀．茶癖》。
11 周輝：或作“周煇”，字昭禮，宋泰州海陵（今江蘇泰縣）人。僑寓錢塘（今浙江杭州），“清波”為其杭州住址。
12 胡仔：字元任，號苕溪漁隱。宋徽州績溪人。後卜居湖州。
13 車清臣：即車若水，清臣是其字，宋台州黃巖人。
14 此處刪節，見宋代宋子安《東溪試茶錄》序。
15 此處刪節，見宋代黃儒《品茶要錄》序。
16 陳師道：字履常，一字無己，號後山居士，徐州彭城（今江蘇徐州）人。
17 此處刪節，見唐代陸羽《茶經》附錄陳師道《茶經序》。
18 王楙（1151—1213）：字勉夫，福州福清人，後徙居平江吳縣。
19《魏王花木志》：撰者不詳，原書早佚，此據《太平御覽》卷867引。據胡立初《齊民要術引用書目考證》，認為是北朝後魏元欣所撰。
20 熊禾（1253—1312）《勿齋集．北苑茶焙記》：字去非，初名鉌，字位辛。號勿軒，一號退齋。建寧建陽人。度宗咸淳十年進士，授汀州司戶參軍。入元不仕，從朱熹門人輔廣遊，後歸武夷山，築鰲峯書堂，子弟甚眾。有《三禮考異》、《春秋論考》、《勿軒集》。《勿軒集》，疑也即本文所說的《勿齋集》。
21《説郛．臆乘》：此指下錄資料，實際出自《説郛》所收《臆乘》的內容。近出《中國茶文化經典》等書，將此定作“《説郛》、《臆乘》”兩書，誤。《説郛》卷21收刊有宋楊伯嵒撰《臆乘》一書。《説郛》下錄內容，是其所收楊伯嵒《臆乘》所撰。
22 高啟（1336—1374）：蘇州府長洲縣（今江蘇蘇州）人。字季迪，號槎軒。張士誠亂時，隱居吳淞江青丘，自號青丘子。洪武初，以薦參修《元史》，授翰林院國史編修官。後因被疑為文中“龍蟠虎踞”有歌頌張士誠之嫌，被腰斬。有《高太史大全集》。
23 此處刪節，見明代陶本畯《茗笈．十六玄賞章》。
24 謝肇淛：字在杭，福建長樂人。萬曆三十年進士，除湖州推官，累遷工部郎中，出為雲南參政，官至廣西右布政司。
25《西吳枝乘》：謝肇淛萬曆年間在任湖州推官時所作的筆記雜考。古時將太湖流域分為東、中、西三吳；東吳嘉興，中吳蘇州，西吳即湖州和常州沿湖地區。
26 包衡《清賞錄》：包衡，字彥平，秀水（今浙江嘉興）人。久困場屋，遂棄去。與張翼共購閱古書，採摭雋語僻事為《清賞錄》。
27 陳仁錫（1581—1636）：字明卿，號芝苔。十九歲中舉，嘗從武進錢一本學《易》，得其旨要。天啟二年進士，授編修，以忤魏忠賢被削職為民。崇禎初復官，累遷南京國子監祭酒，卒謚文莊。好學，喜著書，有《四書備考》、《潛確類書》、《重訂古周禮》等。
28 此段錄自李日華《六研齋二筆》卷1。
29 樂思白：即樂純，字思白，一字白禾，號天湖子、雪庵。明福建沙縣人，善古文，工書畫。有《雪庵清史》、《細雨樓集》。

30 此處刪節，見明代馮時可《茶錄》。

31 魯彭《刻茶經序》：魯彭，明景陵士人。其《茶經·序》，為明嘉靖壬寅（二十一年，1542）晉陵刻《茶經》所撰，故也可稱陸羽《茶經》壬寅本、竟陵本刻序。本段非全文，為陸廷燦選摘連接而成。

32 沈石田：即沈周（1427—1509），字啟南，號石田，又號白石翁。蘇州府長洲縣人。終身不仕，以詩畫傳佈天下。有《石田集》、《江南春詞》、《石田詩鈔》、《石田雜記》等。

33 楊慎（1488—1559）《丹鉛總錄》：楊慎，字用修，號升庵。明四川新都人。正德六年進士，授翰林修撰，嘉靖初召為翰林學士，因上疏力諫，獲怒朝廷，貶戍雲南永昌衛，卒於斯。在邊戍三十餘年，博覽羣書，著述浩富，撰有各種雜著一百多種，《丹鉛總錄》（一稱《丹鉛雜錄》）是其一。

34 此處刪節，見明代夏樹芳《茶董》。

35 此處刪節，見唐代陸羽《茶經》附錄四。

36 《穀山筆麈》：于慎行（1545—1607）撰。此文撰於天啟乙丑（1625）。于慎行，字可遠，一字無垢。隆慶二年進士，萬曆三十五年，廷推閣臣，以太子少保兼東閣大學士，入參機務。卒謚文定。

37 《疑耀》：四庫本作《疑謂》。舊本書賈偽託為李贄撰，非。據考，《疑耀》為明張萱撰於萬曆三十六年（1608）。

38 李文正《資暇錄》：李文正，即李匡乂。一作《資暇集》。是書約成於九世紀。

39 黃伯思（1079—1118）：字長睿，別字霄賓，號雲林子。邵武人。哲宗元符三年進士，官至秘書郎。以學問淵博聞，工詩文，亦擅各體書法。有《東觀餘論》、《法帖刊誤》等。

40 楊子華作《邢子才魏收勘書圖》：楊子華，北齊著名畫家，官直閣將軍，員外散騎常侍。工畫馬、龍，武成帝重之，令居禁中，無詔不得與外人畫，時稱畫聖。《邢子才魏收勘書圖》是其作品之一。

41 《南窗記談》：撰者不詳。《四庫全書總目提要》稱是兩宋的作品。約成書於十二世紀上半葉。

42 王象晉《茶譜小序》：王象晉，字藎臣，一字康宇。山東新城人。萬曆三十二年進士，官至浙江布政使。去官後優遊林下二十年。著有《羣芳譜》、《清悟齋欣賞編》、《翦桐載筆》、《奉張詩餘合璧》等。《茶譜小序》即收錄在《羣芳譜》中。

43 此處刪節，見明代夏樹芳《茶董·序》。

44 文文肅公震孟（1574—1636）：即文震孟，字文起，號湛持，蘇州府長洲（今江蘇蘇州）人。天啟二年殿試第一，授修撰。與魏忠賢黨人不合，被斥為民。崇禎八年擢禮部左侍郎兼東閣大學士，尋被劾歸卒。有《姑蘇名賢小記》、《定蜀記》。

45 袁了凡《羣書備考》：袁了凡，即袁黃，字坤儀，了凡是其號。萬曆十四年進士，授寶坻知縣，官至兵部職方司主事。通天文、術數、醫藥、水利。有《曆法新書》、《皇都水利》、《羣書備考》、《寶坻政書》等，有的編入其自著叢書《了凡雜著》九種（明萬曆三十三年建陽余氏刻本）。

46 此處刪節，見明代屠本畯《茗笈·第一溯源章》。此非直接抄錄《茶疏》，而是轉引《茗笈》。

47 李詡（1505—1593）《戒庵漫筆》：李詡，常州府江陰人，字厚德，號戒庵老人。少為諸生，七試落第，便淡於仕進，以讀書著述自適。《戒庵漫筆》，一稱《戒庵老人漫筆》，約撰於萬曆二十一年（1593）或稍前。

48 張大復（1554—1630）《梅花筆談》：張大復，蘇州府崑山人，字長元，又字星期，一作心其，號寒山子。通漢唐以來經史詞章之學。有《崑山人物傳》、《崑山名宦傳》、《聞雁齋筆談》及《醉菩提》、《吉祥兆》等戲曲多種。《梅花筆談》，全名《梅花草堂筆談》，撰於崇禎三年（1630）。

49 文震亨（1585—1645）：文震孟弟，字啟美。天啟五年恩貢。崇禎元年官中書舍人，給事武英殿。工詩善琴，長於書畫。明亡，絕食死。謚節愍。

50 馮夢禎（1546—1605）：字開之，浙江秀水人。萬曆五年進士，官編修，後被劾歸。因家藏有《快雪時晴帖》，因名其堂為“快雪堂”。有《歷代貢舉志》、《快雪堂集》、《快雪堂漫錄》等。

51 此處刪節，見明代周高起《洞山岕茶系》。

52 勞大與：字宜齋，浙江石門（今嘉興）人。順治八年舉人，官永嘉縣教諭。有《甌江逸志》、《聞鍾集》、《萬世太平書》。

53 《枕譚》古傳注：陳繼儒撰，約成書於十七世紀初。所說“古傳注”，此似指郭璞《爾雅》釋木第十四櫝的注釋。

54 吴拭：字去塵，號逋道人。徽州府休寧人。好讀書鼓琴，工書畫，為詩清古澹雋，善製墨及漆器，晚年落魄，卒於常熟。下文“令茶吐氣，復酹一杯”等，出其《武夷雜記》。

55 陳詩教《灌園史》：詩教，字四可，浙江秀水（今嘉興）人。《灌園史》成書和初刻於萬曆年間，四卷。前兩卷是“古獻”，輯錄古今花木掌故；後兩卷是“今刑”，收錄“花月令及花果栽培方法”。《四庫全書總目提要》稱“皆因襲陳言，別無奇僻，考證尤多疏漏”。今上海圖書館藏有萬曆殘本二卷。此外，陳詩教還另撰有《花裏活》三卷。

56《金陵瑣事》：周暉撰，撰刊於萬曆三十八年（1610）。

57《佩文齋廣羣芳譜》：汪灝等奉敕編修，一百卷，目錄二卷。

58 王新城《居易錄》：王新城，即王士禛，字子真，一字貽上，號阮亭，晚號漁洋山人。山東新城人。順治十五年進士，授揚州府推官，入為禮部主事、翰林院侍講，官至刑部尚書；以與廢太子唱和被革職。長詩雅文，詩有一代正宗之稱。有《阮亭詩鈔》、《香祖筆記》、《皇華紀聞》、《漁洋山人菁華錄》及《池北偶談》等。《易居錄》查未見，大概存本已不多。

59《分甘餘話》：王士禛撰，四卷。為一隨筆記錄，成書於康熙四十八年（1709）。

60《萬姓統譜》：淩迪知撰。迪知，字稚哲，號繹泉，湖州府烏程人。嘉靖三十五年進士，官至兵部員外郎。著作甚多，有《太史華句》、《西漢雋言》、《名世類苑》等。《萬姓統譜》，收錄上古到明萬曆間人物，共一百四十卷，附《氏族博考》十四卷。

61 焦氏《説楛》：焦周撰。焦周，字茂孝，上元（今江蘇南京）人，焦竑（1540—1620）之子。萬曆二十八年舉人。《説楛》者，取荀子“説楛”勿聽之義。為雜摘諸書成編的筆記。

62 十詠詩文全刪，見明代喻政《茶集 · 詩類》。

63 唐皮日休《茶具十詠》之五首刪去，見明代喻政《茶集 · 詩類》

64《曲洧舊聞》：南宋朱弁撰，約成書於宋高宗紹興十年前後。朱弁，字少章，號觀如居士。徽州婺源人。弱冠入太學，高宗建炎初使金，被扣留十七年，和議後放回，官終奉議郎。善詩能文，有《曲洧舊聞》、《風月堂詩話》等。

65 晁以道（1059—1129）：即晁説之，以道是其字，一字伯以，自號景迂生。濟州鉅野人。神宗元豐五年進士。以文章典麗為蘇軾所薦。哲宗時曾知無極縣。

66 文公詩：“文公”，指朱熹。所稱《詩》，即其所作《茶灶》詩。

67 此處刪節，見宋代審安老人《茶具圖贊》。

68 此處刪節，見明代高濂《茶箋》。

69 王友石《譜》：王友石，即王紱（1362—1416），字孟端，號友石生，隱居九龍山，又號九龍山人。明常州府無錫人。永樂中，以薦入翰林院為中書舍人。善書法，尤工畫山水竹石。有《王舍人詩集》。這裏所云王友石“《譜》”，大概即指錢椿年原《茶譜續譜》。原題為趙之履撰，趙之履主要是將家藏的關於王紱的竹爐新詠故事及明代名士有關詩作交給錢椿年參閱，椿年命人附刊於《茶譜》之後作《續譜》。因為這樣，《茶譜續譜》的作者，有的書作錢椿年，有的書作趙之履，本文從顧元慶刪校錢椿年《茶譜》本説法，其刪校後，不稱《茶譜續譜》，改為附錄，“附王友石竹爐並分封六事於後。”本文不知六分封下注釋是陸廷燦所注還是抄自他書，但所列“苦節君”、“建城”、“雲屯”、“水曹”、“烏府”、“器局”和“品司”六茶具的所有分封稱號，俱出於顧元慶《茶譜》後附。

70 屠隆《考槃餘事》：此見屠隆《茶箋》第1條《茶寮》。

71 周亮工（1612—1672）《閩小紀》：周亮工（一作功），字元亮，一字緘齋，別號櫟園，學人稱其為櫟下先生。河南祥符（今河南開封市）人。崇禎十三年進士，官御史。入清累擢福建左布政使，入為戶部右侍郎。生平博覽羣書，愛好繪畫篆刻，工詩文。有《賴古堂集》、《讀畫錄》、《因樹屋建影》。

72 臞仙：疑即指明朱元璋十七子朱權。封寧王，也稱寧獻王，晚年自號臞仙。此不見其《茶譜》，大致是其晚年所撰。

73 此處刪節，見明代聞龍《茶箋》。

74《北堂書鈔》：《茶譜》續補：近出有的論著，將《茶譜》、《續補》合併列作一書，實誤。查《北堂書鈔》，未見有下錄引文。下錄內容，首見於吳淑《事類賦注》，但《事類賦注》清楚説明，不是引自《茶譜續補》，而是毛文錫《茶譜》。《北堂書鈔》根本無鈔本文下錄內容，自然也就不會提到《茶譜續補》書名。因此，我們認為此《北堂書鈔》"茶譜續補"，不是指《北堂書鈔》鈔或引自《茶譜續補》的內容，而是指"續補"《北堂書鈔 · 茶譜》未鈔或未輯的內容。不能據本文所載"茶譜續補"四字，即視為是又一茶書書名。

75 此處刪節，見宋代趙佶《大觀茶論 · 采擇》、《蒸壓》、《製造》三條。

76 此處刪節，見宋代蔡襄《茶錄 · 味》。

77 此處刪節，見宋代宋子安《東溪試茶錄 · 採茶》，底本小字注不錄。

78 此處刪節，見宋代宋子安《東溪試茶錄 · 茶病》，底本小字注不錄。

79 以下刪節，見宋代趙汝礪《北苑別錄 · 御園》、《造茶》、《採茶》、《揀茶》、《蒸茶》、《榨茶》、《過黃》、《研茶》各條。

80 姚寬（1105—1162）：字令威，號西溪，越州嵊縣人。

81 此處刪節，見宋代黃儒《品茶要錄 · 採造過時》，底本將小字注亦列作正文。

82 以下刪節，見宋代黃儒《品茶要錄 · 過熟》、《焦釜》、《傷焙》、《漬膏》、《白合盜葉》、《入雜》各條。

83《萬花谷》：即《錦繡萬花谷》，撰者失名。原前集四十卷，後集四十卷，續集四十卷。此文約撰於南宋孝宗淳熙十五年（1188），後書肆輾轉增加，乃下括紹定、端平事蹟。

84《學林新編》：王觀國撰。王觀國，字彥賓，潭州長沙人。徽宗政和九年進士，官至祠部員外郎。《學林》約撰於紹興十二年（1142）前後。下文摘於卷 8 茶詩。

85 朱翌（1097—1167）：字新仲，舒州懷寧人。政和八年進士，歷知嚴州及寧國、平江等州府，官至敷文閣待制。《猗覺寮記》，應是《猗覺寮雜記》。

86 此處刪節，見明代張源《茶錄 · 辨茶》。

87 此處刪節，見明代聞龍《茶箋》。

88 此處刪節，見明代聞龍《茶箋》。

89《羣芳譜》：王象晉撰，二十八卷，成書於熹宗天啟元年（1621）。

90《雲林遺事》：顧元慶撰，一卷，約撰於十六世紀三四十年代。

91 此處刪節，見明代周高起《洞山岕茶系》。

92《月令廣義》：按月記事的一種農書，共二十四卷，刊行於萬曆三十年。明馮應京纂，戴任續成。

93 此處刪節，見明代屠龍《茶箋 · 焙茶》、《採茶》二條。

94 此處刪節，見明代馮可賓《岕茶箋 · 論蒸茶》。

95 陳眉公《太平清話》：陳眉公，指陳繼儒。《太平清話》，撰於萬曆二十三年（1595）。此下錄二條內容，收於《太平清話》卷 3《茶話》。

96《雲蕉館紀談》：明孔邇撰，約成書於洪武十三年（1380）前後。

97《詩話》：此當為《蔡寬夫詩話》。蔡寬夫，臨安（今浙江杭州）人，第進士，累官吏部員外郎、戶部侍郎等職。

98《紫桃軒雜綴》：明李日華撰，刊於天啟元年（1620），三卷。

99 此處刪節，見清代冒襄《岕茶彙鈔》。

100 《檀几叢書》：清王日卓等編。

101 此處刪節， 見五代蜀毛文錫《茶譜》。

102 徐茂吳：即徐桂，茂吳是其字。明長洲（今蘇州吳縣）人，居浙江餘杭。萬曆丁丑（1577）進士，授袁州推官，有《大滌山人詩集》。本文所引，輯自馮夢龍《快雪堂漫錄》。

103 宗室文昭《古瓻集》：文昭，字子晉，自號薌嬰居士。《八旗通志》載，"宗室文昭有《薌嬰居士集》八卷"。是集除《薌嬰居士集》外，還有《古瓻續集》，《龍鍾集》一卷，《飛騰集》二卷，《知田集》一卷，《雍正集》二卷。有《古瓻續集》，應也就有《古瓻集》。

104 《御史臺記》：唐韓琬撰。韓琬，字茂貞，鄧州南陽人。擢文藝優長、賢良方正科第，為監察御史；玄宗開元時，遷殿中侍御史。有《續史記》、《御史臺記》。《御史臺記》撰於八世紀，佚，下錄內容宛委本無，此據《北堂肆考》卷 1 轉引。

105 昇平：疑昇平縣，唐置，故治在今陝西宜君縣。
106 此處刪節，見宋代趙佶《大觀茶論·筅》、《瓶》二條。
107 此處刪節，見宋代蔡襄《茶錄》"茶籠"等各條。
108 孫穆《雞林類事》：據宋王應麟《玉海》載：《雞林類事》，三卷，成書於崇寧（1102—1106）間。該書是一本主要記敘風土、朝制、方言的著作。
109 張芸叟：即張舜民，芸叟是其字，號浮休居士、盯齋。北宋邠州（屬今陝西）人，英宗治平二年進士。性爽直，以敢言稱。嗜畫，題評精確，亦能自作山水，能文，尤長於詩。有《畫墁集》，一作《畫墁錄》。
110 文與可：即文同（1018—1079），與可是其字，號笑笑先生，世稱石室先生，錦江道人。宋梓州永泰（故治在今四川鹽亭東北）人。仁宗皇祐元年進士。歷知陵、洋、湖州，與蘇軾、司馬光相契。工詩文、善篆、隸、行、草、飛白，尤長於畫竹。有《丹淵集》。
111 《乾淳歲時記》：宋周密撰。記述宋孝宗乾道（1165—1173）和淳熙（1174—1189）年事，約撰定於十二世紀九十年代。
112 《演繁露》：程大昌（1123—1195）撰。
113 楊基（1326—1378）：字孟載，號眉庵。原籍四川嘉州，其祖官吳中因而定居蘇州府吳縣。元明間吳中名士。
114 李如一（1557—1630）：李如一，以字行，本名鸚翀，又字貫之，常州府江陰人。諸生，多識古文奇字，好購書，積書日多，仿宋晁氏目錄，自為銓次。晚年，病中仍助錢謙益撰《明史》。
115 《茶説》：據下錄內容，此《茶説》為黃龍德撰。摘自該文"七之具"。
116 冒巢民云：冒巢民即冒襄，此條摘自《岕茶彙鈔》。
117 《支廷訓集》：指《支廷訓文集》。支廷訓，明人，所錄《湯蘊之傳》，即指"陽羨茶壺"傳。所謂"湯蘊之"，即指壺，產陽羨之壺。
118 曹昭：字明仲，松江（今上海松江）人。
119 徐葆光（？－1723）：字亮直，蘇州府長洲（今蘇州）人。康熙五十一年進士，授編修。琉球國王嗣位，充冊封副使。後乞假歸，著有《中山傳信錄》，記述琉球風情。
120 此處刪節，見唐代張又新《煎茶水記》。
121 此處刪節，見唐代張又新《煎茶水記》。
122 此處刪節，見唐代蘇廙《十六湯品》，本文十六湯品僅錄其目。
123 丁用晦：丁用晦，約唐末五代人，撰《芝田錄》五卷，主要收錄唐時志怪傳奇類故事。
124 《事文類聚》：祝穆撰。為元祝淵撰。略仿《藝文類聚》體例，其收錄詩文，多載全篇。
125 《海錄》：疑即《海錄碎事》，葉廷珪撰。廷珪，字嗣忠，崇安（今福建武夷山市）人，政和五年進士，授德興縣知縣，紹興中，為太常寺丞，忤秦檜，出知泉州軍州事。《閩書》稱其聞士大夫家有異書，無不借讀，因作數十大冊，擇其可用者手抄之，名曰《海錄》。知泉州時，因取編之，共二十二卷。皆從本書而來，故此書頗簡而有要。
126 陸平泉《茶寮記》：平泉即陸樹聲。陸廷燦將下錄"秘水"稱是《茶寮記》內容，誤。查《茶寮記》中無此記載。
127 《王氏談錄》：宋王欽臣撰。欽臣，字仲至，應天府宋城人。王洙子，以蔭入官，文彥博薦試學士院，賜進士第，歷陝西轉運副使，哲宗時曾奉使高麗，領開封，徽宗時知承德軍。平生為文甚多，有《廣諷味集》。《王氏談錄》一卷，皆述其父王洙平日之論。
128 此處刪節，見宋代歐陽修《大明水記》、《炙茶》、《碾茶》、《候湯》、《點茶》、《香》各條。
129 此處刪節，見宋代陶穀《茗荈錄·生成盞》、《茶百戲》、《漏影春》各條。
130 此處刪節，見宋代葉清臣《述煮茶泉品》。
131 魏泰：字道輔，襄州襄陽人。號溪上丈人。
132 寇萊公：即寇準（962—1023），封萊國公。
133 丁晉公：即丁謂。
134 《墨莊漫錄》：宋張邦基撰，十卷。

135 此處刪節，見明代屠本畯《茗笈・第八章定湯》。

136 趙彥衛《雲麓漫鈔》：趙彥衛，字景安，宋宗室。孝宗隆興元年進士。光宗紹熙間知烏程（今浙江湖州），寧宗開禧間知徽州。《雲麓漫鈔》撰於開禧二年（1206），為十五卷筆記。

137 本文收於《蘇軾文集》第5冊。在“此水不虛出也”下，底本省撰寫時間“紹聖元年九月二十六日書”十一字；今補供參考。

138 《避暑錄話》：宋蘇州葉夢得撰。夢得字少蘊，號石林。哲宗紹聖四年進士，高宗紹興中，除江東安撫制置大使兼知建康府，官終知福州兼福建安撫使。《避暑錄話》，一作《石林避暑錄話》，成書於高宗紹興五年（1135）。

139 馮璧（1162—1240）：字叔獻，別字天粹。金真定（今河北正定）人。章宗承安二年經義進士，累官集慶軍節度使，金亡後居家。

140 江鄰幾：即江休復（1005—1060），鄰幾是其字，開封陳留（今河南開封市）人。登進士第，累官至刑部郎中。強學博覽，為文淳雅，尤工於詩、書，有《嘉祐雜志》、《春秋世論》及文集等。

141 《東京記》：宋敏求（1019—1079）撰，記述開封坊巷、寺觀、官廨、私第所在及諸故實，頗詳實。

142 陳舜俞（？—1072）：字令舉，號白牛居士。湖州烏程人，慶曆六年進士。神宗熙寧三年，以屯田員外郎知山陰縣（今浙江紹興市），因反對王安石青苗法，被責監南康軍鹽酒稅。大概《廬山記》是其任南康軍鹽酒稅監時途經廬山時所撰。此外還有《都官集》等。

143 《吳興掌故錄》：一作《吳興掌故集》，徐獻忠（1483－1559）撰，成書於嘉靖三十九年（1560）。獻忠，字伯臣，號長谷。松江華亭人。嘉靖四年舉人，官奉化知縣，有政績，謝政後寓居吳興。工詩善書，著書數百卷。有《百家唐詩》、《樂府源》、《六朝聲偶集》等。《吳興掌故》是其後期居吳興後作。

144 此處刪節，見明代陸樹聲《茶寮記・人品》。

145 此處刪節，見明代徐渭《煎茶七類・烹點》。

146 此處刪節，見明代屠本畯《茗笈》。云引自《茶錄》，實轉抄《茗笈》剪輯《茶錄》之文字。

147 此處刪節，見明代張源《茶錄・火候》。

148 唐薛能茶詩云：據下錄詩句，係摘自薛能《蜀州鄭吏君寄鳥嘴茶因以贈答八韻》。

149 東坡和寄茶詩：以下錄“和寄茶詩”詩句查對，應是蘇軾《和蔣夔寄茶》詩。

150 此處刪節，見明代熊明遇《羅岕茶記》。

151 羅玉露之論：此指宋羅大經及其所撰《鶴林玉露》。

152 此處刪節，見明代田藝蘅《煮泉小品・宜茶》、《鴻漸有云》、《源泉》、《江水》、《宜茶》、《緒談》各條。

153 此處刪節，見明代許次紓《茶疏・貯水》、《火候》二條。

154 此處刪節，見明代屠本畯《茗笈・衡鑑章》、《品泉章》、《定湯章》各條。

155 《夷門廣牘》：周履靖編，共一百〇七種一百六十五卷，萬曆二十五年金陵荊山書林刻。下錄內容，據此叢書所收徐獻忠《水品・三流》有關內容選錄，但本文對原文有多處刪改，請參考本書《水品》。

156 《六硯齋筆記》：李日華撰，此文約撰刊於明熹宗天啟六年（1626），下錄內容摘自是書卷1。

157 此處刪節，見明代李日華《竹嬾茶衡》。

158 此處刪節，見明代李日華《運泉約》。

159 此處刪節，見明代熊明遇《羅岕茶記》。

160 《洞山茶系》：即明周高起所撰《洞山岕茶系》。此處刪節，見《洞山岕茶系》。

161 湖㳇鎮：“湖㳇”不讀作湖父，當地方言稱作“羅埠”。

162 此處刪節，見明代徐獻忠《水品・四甘》。

163 此處刪節，見明代徐獻忠《水品・一源》。

164 《玉堂叢語》：焦竑撰。全書共八卷，仿《世說新語》之體，採摭明初以來翰林諸臣遺言往行，分條載錄，凡五十四類，終以醫隙案。

165 《隴蜀餘聞》：收在《池北偶談》這本筆記集中。

166 《古夫于亭雜錄》：亦王士禎罷刑部尚書家居時撰。筆記。六卷，成書於康熙四十四年（1705）。

167 宋李文叔格非：名格非，字文叔。齊州章丘人，李清照之父。神宗熙寧間進士，以文章受知於蘇軾，紹聖時歷任校書郎、著作佐郎、禮部員外郎等職。

168 陸次雲《湖壖雜記》：陸次雲，字雲士，浙江錢塘（今杭州市）人。拔貢，康熙十八年應博學鴻詞科試，未中。曾任河南郟縣、江蘇江陰知縣。有《八紘繹史》、《澄江集》、《北墅緒言》等。《湖壖雜記》撰於康熙二十二年（1683）。

169 張鵬翮（1649—1725）：清四川遂寧人。字運青，康熙九年進士，受刑部主事，累擢河道總督，雍正初官至武英殿大學士。本文錄自其《張文端公文集》。

170 《增訂廣輿記》：明蔡方炳撰。方炳，字九霞，號息關。蘇州府崑山人。《廣輿記》，陸應暘撰，蔡方炳在是書基礎上而稍刪補之，大抵鈔撮《明一統志》，無所考正。

171 《中山傳信錄》：六卷，徐葆光撰。葆光，字澄齋，吳江人。江西壬辰進士，官翰林院編修，康熙五十七年冊封琉球國世子尚貞為國王，以葆光為副使。歸時奏上《中山傳信錄》，繪圖、刊說、記述頗詳。

172 《隨見錄》：清屈擢升撰。原書未見，成書年代不詳，本文多處有引，表明當撰刊於雍正之前。

173 《續博物志》：南宋李石（1108—？）撰。李石，字知幾，號方舟。資州資陽人。高宗紹興二十一年進士。孝宗乾道中，以薦任太學博士。因直言逕行，不附權貴，出主石室。蜀人從學者如雲，閩越之士亦萬里而往。有《方舟易説》、《方舟集》和《續博物志》等。

174 此處刪節，見宋代趙佶《大觀茶論·香》、《色》二條。

175 白玉蟾：即葛長庚，福州閩清人。初移居雷州，繼為白氏子，後家瓊州，自名白玉蟾，字白叟，又字如晦，號海瓊子，又號海蟾。入道武夷山，博覽羣書，善篆隸草書，工畫竹石。寧宗嘉定中，命館太乙宮，詔封紫清道人。有《海瓊集》、《道德寶章》、《羅浮山志》等。

176 此處刪節，見宋代蔡襄《茶錄·色》。

177 張淏《雲谷雜記》：張淏，婺州武義（今屬浙江金華）人，原籍河南開封。字清源，號雲谷。寧宗慶元中以蔭補官，累遷奉議郎。除嘉定五年撰有《雲谷雜記》一書外，還有《寶慶會稽續志》、《艮岳記》等著述。

178 此處刪節，見宋代黃儒《品茶要錄·後論》。

179 此處刪節，見明代顧元慶、錢椿年《茶譜·擇果》。此應引自明代高濂《茶醆》。

180 此處刪節，見明代陸樹聲《茶寮記》四嘗茶、五茶候、六茶侶、七茶勳各條，除個別字眼外全同。

181 此處刪節，見明代許次紓《茶疏·飲啜》。

182 此處刪節，見明代田藝蘅《煮泉小品·宜茶》各條。

183 此處刪節，見明代聞龍《茶箋》。

184 本條內容，錄自馮夢禎《快雪堂漫錄·品茶》，約撰刻於萬曆三十七年（1600）前後。

185 此處刪節，見明代馮可賓《岕茶箋·茶宜》、《茶忌》二條。

186 《金陵瑣事》：明周暉撰。字吉甫，應天府上元（今江蘇南京）人。弱冠為諸生，至老仍好學不倦，博古洽聞。有《金陵舊事》、《金陵瑣事》等書。本篇撰於萬曆三十八年（1610）。

187 此處刪節，見明代李日華《竹嬾茶衡》各條。

188 屠赤水：屠赤水即屠隆，“赤水”是其號。下錄內容，出自《考槃餘事》也即本書所收屠隆《茶箋·採茶》。

189 《類林新詠》：一本集元明百餘篇的詩文集。但下錄顧彥先的話，實際源出三國吳國秦菁的《秦子》。原書佚，本條內容，《類林新詠》由《北堂書鈔》轉引。

190 此處刪節，見宋代審安老人《茶具圖贊·附錄》。

191 《三才藻異》：清屠粹忠撰。粹忠，字純甫，號芝巖，浙江定海人。順治十五年進士，官至兵部尚書。《三才藻異》是其畢生主要著作，三十三卷。

192 《聞雁齋筆記》：張大復（1554－1630）撰，字元長，又字星期，號寒山子。蘇州府崑山人。《聞雁齋筆記》，一名《聞雁齋筆談》。

193 袁宏道（1568—1610）《瓶花史》：袁宏道，字中郎，號石公，荊州公安人。萬曆二十年進士，知吳縣，官至吏部郎中。有《瓶花齋雜錄》、《破研齋集》、《袁中郎集》。在其集中，收有《瓶花史》、《瓶史》二文。近見有的論著中將此二篇混作一書，誤。《瓶史》二卷，《瓶花史》僅一卷。

194 經查，此內容不見現存各《茶譜》。

195 《藜床瀋餘》：明陸濬原撰，《説郛續》等作收。

196 沈周《跋茶錄》：沈周，與文徵明、唐寅、仇英並稱的吳門四大家之一。其所跋《茶錄》，經查考，是張源《茶錄》。

197 王晫（1636—？）《快説續記》：王晫，原名棐，號木庵、丹麓、松溪子，仁和（今浙江杭州）人。諸生，博學多才。有《遂生集》、《霞舉堂集》、《今世説》等。

198 衛泳《枕中秘》：泳，字永叔，蘇州人。有文名，曾採明人雜説二十五種，編為《枕中秘》。

199 江之蘭《文房約》：之蘭，字含微，安徽歙縣人，有《醫津筏》。《文房約》，是以文字形式訂立的有關"文房"的要約。

200 高士奇（1645—1703）：字澹人，號江村，錢塘（今浙江杭州）人。家貧，參加順天鄉試不第，充書寫序班，以明珠薦，入內庭供奉，累遷為少詹事。後擢禮部侍郎，未就而歸，卒謚文恪。著有《左傳紀事本末》、《春秋地名考略》、《清吟堂全集》、《扈從日錄》、《江村消夏錄》等。

201 此處刪節，見清代王復禮《茶説》。

202 陳鼎《滇黔紀遊》：陳鼎，字定九，常州府江陰人，撰有《東林列傳》、《留溪外傳》、《黃山志概》、《竹譜》、《蛇譜》、《荔枝譜》及本文《滇黔紀遊》等。

203 《本草拾遺》：唐陳藏器撰。原書佚，但宋代如重修政和《經史證類備用本草》等，還能見到少量引文。本文下引兩條內容，查有關本草專著，未見。

204 此條摘自《洛陽伽藍記》卷3"城南·報德寺"。

205 《續搜神記》：一作《搜神後記》，相傳為晉陶淵明所撰。

206 唐趙璘《因話錄》：趙璘，字澤章，平原人。唐文宗大和八年進士，歷祠部員外郎、度支金部郎中；武宗大中時遷左補闕，後出為衢州刺史。《因話錄》約撰於寶曆元年（825）前後，分上、中、下三卷。下錄內容，實際主要摘自李肇《國史補》，《因話錄》僅中間"至今鬻茶之家……云宜茶足利"四句，就是此四句，內容也有改動。故與其稱出自《因話錄》，不如説陸廷燦據《國史補》輯錄為妥。

207 唐吳晦《摭言》：經查五代時《摭言》有二部，一是唐昭宗光化三年（900）進士，五代王定保撰，另為南唐鄉貢的何晦所撰，十五卷。二書或失或殘，不知此引是何書。本文所言唐吳晦，疑即指五代南唐何晦。

208 李義山《雜纂》：唐末李義山有二人，一是李商隱，字義山，另是李就今，字袞求，號義山。《雜纂》作者屬誰？未能定。

209 唐馮贄《煙花記》：一般也作南部《煙花記》，字 讖 。

210 《開元遺事》：五代王仁裕撰。

211 《李鄴侯家傳》：即李繁撰《鄴侯家傳》。繁，李泌子，唐京兆人，初為弘文館學士，後出為亳州刺史，州有劇賊，繁以機略捕斬之，御史舒元輿以其不先啟聞觀察府，為賊翻案，誣其濫殺無辜，下獄，詔賜死。在獄中撰家傳十篇，包括本文，約撰於寶曆（825－827）前後。

212 《中朝故事》：南唐尉遲偓撰，仕南唐給事中。《中朝故事》，約也書於任給事中時或稍後。

213 段公路《北戶錄》：唐齊州臨淄人，段文昌孫。文昌為唐穆宗、文宗時權臣，出劍南西川節度使、淮南節度使，均有政績。公路僅官萬年尉，但其著《北戶錄》，引用者較多。

214 蘇鶚《杜陽雜編》：蘇鶚，字德祥。京兆武功人，蘇頲族人，僖宗光啟進士，居武功杜陽川。因居，將其所編筆記小説集名之為《杜陽雜編》。

215 《鳳翔退耕傳》：一作《鳳翔退耕錄》。

216 此處刪節，見唐代溫庭筠《採茶錄》。

217 此處刪節，見明代陳繼儒《茶董補》。

218 此處刪節，見唐代張又新《煎茶水記》。

219 《茶經本傳》：即陸羽《茶經》嘉靖壬寅柯刻本或竟陵本附錄之首，所附收的《新唐書·陸羽傳》和明童承敘《陸羽評述》兩文。文中無題也無立目，只是在此兩頁魚尾，刻有《茶經本傳》四字。之後一些書目中的《茶經本傳》，即由此衍生而來。本文僅摘錄其中幾句。

220 《金鑾密記》：唐韓偓(840—923)撰。偓，字致堯，一字致光，自號玉山樵人。唐末京兆萬年人。昭宗龍紀元年進士，歷遷中書舍人、兵部侍郎、翰林學士承旨。工詩，有《韓內翰別集》和《金鑾密記》等。

221 陸宣公贄（754—805）：字敬輿，蘇州嘉興（今浙江嘉興）人。代宗大曆進士，德宗即位，由監察御史召為翰林學士。貞元七年，拜兵部侍郎，八年遷中書侍郎、同門下平章事。十年為戶部侍郎所構，罷相，貶忠州別駕。卒謚“宣”，故稱“宣公”。

222 董逌《陸羽點茶圖跋》：字彥遠，東平人。徽宗時，官校書郎，高宗建炎二年，召為中書舍人，充徽猷閣待制。有《廣川藏書志》、《廣川詩學》、《廣川書畫跋》。《陸羽點茶圖跋》，即收於《廣川書畫跋》中。

223 《蠻甌志》，作者有疑。現存最早的版本為《雲仙雜記》。《雲仙雜記》，舊題為唐馮贄撰。據張邦基《墨莊漫錄》考證，認為係南宋王銍所偽託。王銍，穎州汝陰人。字性之，自稱汝陰老民。官高宗時。如張邦基所考不錯，是書當是十二世紀前期的作品。

224 此處刪節，見明代夏樹芳《茶董·甘心苦口》。

225 《湘煙錄》：明閔元京、凌義渠編。元京，字子京，湖州府烏程（今浙江湖州）人。元京為淩義渠之舅，不知所終。義渠，字駿甫，天啟乙丑進士，官至大理寺卿，崇禎甲申殉國。《湘煙錄》，共十六卷。

226 《名勝志》：同名書不只一種，此疑曹學佺撰本，成書於崇禎三年（1630）。

227 漬：同溟，字見唐《潘卿墓志》。

228 《浪樓雜記》：原書佚，本文疑從佩文齋《廣羣芳譜》中轉引。

229 馬令《南唐書》：常州府宜興人，祖馬元康，世居金陵，多知南唐舊事，未及撰次，令承祖志，於崇寧四年撰成《南唐書》。

230 《十國春秋》：吳任臣（？—1689）撰。吳任臣，字志伊，一字爾器，號託園。清浙江仁和人。康熙十八年應博學鴻儒科，列二等，授檢討，充纂修《明史》官。顧炎武亦佩服其“博聞強記”，有《周禮大義補》、《託園詩文集》和《十國春秋》等。《十國春秋》是一本輯述五代十國史事的專著。

231 《談苑》：一作《孔氏談苑》。孔平仲撰，四卷。平仲字義甫。一作毅父。臨江新淦人。英宗治平進士。除《談苑》外，還有《續世說》、《良世事證》、《詩戲》等。

232 釋文瑩《玉壺清話》：釋文瑩，北宋十一世紀中期僧人。《玉壺清話》，又名《玉壺野史》，撰於宋神宗元豐元年（1078）。

233 黃夷簡（935—1011）：字明舉，福州人。少孤好學，有名江東。初事吳越，署光祿卿。隨錢俶歸宋，授檢校秘書少監，官終平江軍節度副使。工詩善屬文。

234 《甲申雜記》：王鞏撰。鞏，字定國，自號清虛先生，山東莘縣人。據考，此書約成書於徽宗大觀元年（1107）或稍後。徽宗時“甲申年”，為崇寧三年（1104）。

235 《玉海》：王應麟（1223—1296）編，二百卷。

236 《南渡典儀》：原書未見，疑據《五禮通考》轉引。

237 《隨手雜錄》：王鞏撰。據載，至宋大中祥符三年時，此本已佚，今本是從《學海類編》補錄完帙。

238 《石林燕語》：葉夢得撰，宇文紹奕考異，全書共十卷。

239 《春渚記聞》：何薳（1077—1145）撰。何薳，建州浦城人，晚年居杭州逼陽韓青谷。

240 《拊掌錄》：元懷撰，一卷。《拊掌錄》，係彙記可笑內容而成，撰就於仁宗延祐元年（1314）。元懷，號韈然子。

241 《和劉原父揚州時會堂絕句》：“原”字，《苕溪漁隱叢話》一作“惇”。其集原題作：《和原父揚州六題》，本條下錄詩句，為“六題”中的《時會堂二首》之一。本文所錄詩文和歐陽修原詩同。《苕溪漁隱叢話》“州”字誤作“洲”。

242 《盧溪詩話》：盧溪，即王盧溪，諱庭珪，字民瞻。宋盧陵人。政和八年進士，授茶陵丞，以與上官不合，去隱盧（一作瀘）溪五十年。年九十餘卒。有《盧溪詩集》傳世，楊誠齋為之作序。《盧溪詩話》，具體撰寫時間不詳，但可定約為十二世紀三十年代前後。

243 《玉堂雜記》：失撰者名。《玉堂雜記》，即翰林院雜記。自宋以後，習慣稱翰林院為“玉堂”。

244 陳師道《後山叢談》：陳師道，字履常，一字無己，號後山居士。徐州彭城人。少學文於曾鞏，無意仕進。哲宗元祐初，蘇軾等薦其文行，起為徐州教授。後梁燾又薦為太學博士；元符三年，召為秘書省正字。為人正直，安貧樂道。有《後山集》、《後山談叢》、《後山詩話》。《後山叢談》，一作“談叢”。

245 下引句出《鶴林玉露》原文卷1“檳榔”條。

246 彭乘（985—1049）《墨客揮犀》：彭乘，益州華陽人。真宗大中祥符間進士，官知制誥，翰林學士。本文所指，似為另人，即相傳《墨客揮犀》撰者。舊考，《墨客揮犀》，約成書於英宗治平二年（1065）前後，上説華陽彭乘已去世多年，所謂《墨客揮犀》作者，當為另人。但據近人王國維、余嘉錫考證，《墨客揮犀》為“兩宋間”人採輯諸書而成，所題“彭乘”，是“明人傳刻誤題”。

247 《閒窗括異志》：筆記，一卷。宋魯應龍撰。

248 當湖：位於今浙江嘉興市平湖城東，一名東湖，又名鸚鵡湖。周十數里，湖中有二洲，大者曰大湖墩，小者曰小湖墩，環城湖濱，為商務盛地。

249 《東京夢華錄》：孟元老撰。

250 《五色線》：不著編者名，二卷。清內府有藏本。舊傳《中興館閣書目》有此書，不知是否是宋舊本。書中雜引諸小説內容，舛謬甚多。

251 《華夷花木考》：慎懋官撰。約成書於萬曆九年，全名《華夷花木鳥獸珍玩考》。是書凡《花木考》六卷，《鳥獸考》一卷，《珍玩考》一卷。懋官字汝學，湖州人。

252 馬永卿《嬾真子錄》：一作《嬾真子》。永卿字大年（一稱名大年，字永卿）。宋揚州人。徽宗大觀三年進士，為永城主簿，歷官淅川令、夏縣令。有《元城語錄》和《嬾真子》。

253 《朱子文集》：“朱子”，指朱熹。《朱子文集》，亦名《朱文公文集》。

254 本條所錄，僅為是詩前四句。全詩共十二句。

255 《物類相感志》：舊題宋蘇軾撰，一卷。《四庫全書總目提要》認為是書賈偽託。不過宋陸佃《埤雅》曾引有此書，可見無疑仍是宋代作品，約成書於宋徽宗崇寧元年（1102）或稍前。

256 《侯鯖錄》：趙令畤（1061—1134）撰。令畤，宋宗室，初字景貺，蘇軾為之改字德麟，自號聊復翁。哲宗元祐時簽判穎州，知州蘇軾薦之於朝。高宗紹興初，襲封安定郡王。善詩文，有《聊復集》。

257 《蘇舜卿傳》：蘇舜卿（1008—1049），字子美，號滄浪翁。宋綿州鹽泉（今四川綿陽梓潼西）人。仁宗景祐元年進士，慶曆中，范仲淹薦其才，為集賢校理監進奏院。後因范仲淹主新政，舜卿也多遭讒陷被除名，流寓蘇州，買水石作滄浪亭以自適。本條所錄內容，正是他流寓蘇州時事。後任湖州長史卒。有《蘇學士集》。

258 《過庭錄》：樓昉撰。樓昉，字陽叔，號遇齋。昉鄞縣（今浙江寧波）人。少從呂祖謙學，光宗紹熙四年進士，授從事郎，後以朝奉郎守興化軍。為文浩博，有《中興小傳》、《宋十朝綱目》、《崇古文訣》及《過庭錄》等。

259 《合璧事類》：疑即《古今合璧事類備要》簡稱，謝維新撰。維新，字去咎。建安人，太學生。《合璧事類》，主要收錄宋代遺事佚詩，成書於理宗寶祐五年（1257）。

260 《經鉏堂雜志》：倪思撰，是其晚年劄記之文。《四庫全書總目提要》稱其“雖力持正論，而疏於考證”，是一本平常的書。

261 《松漠紀聞》：洪皓（1088—1155）撰。洪皓，字光弼，饒州鄱陽人。徽宗政和五年進士，宣和中，為秀州同錄，高宗建炎三年，擢徽猷閣待制，假禮部尚書使金，拒仕金，被流放冷山（一名冷硎山，在黃龍府北）十五年始放歸。以論事逆秦檜，被貶英州安置九年，卒謚忠宣。博學強記，有《鄱陽集》、《松漠紀聞》等。

262 《瑯嬛記》：舊題元伊世珍作，錢希言在《戲瑕》中，提出係明桑懌所偽託。筆記，三卷，因首載為“瑯嬛福地”的傳説，因以是名。記中所引書名，多為前所未見，大抵真偽相雜。

263 楊南峯《手鏡》：南峯，疑即指楊循吉，“南峯”、“南峯山人”、“南（造字：上山下夆）先生”均是其號。《手鏡》意指“持鏡鑒別”。未查見原文。

264 孫月峯《坡仙食飲錄》：月峯即孫鑛，字文融，號月峯，浙江餘姚人。萬曆二年會試第一。累進兵部侍郎，加右都御史，奉命代經略朝鮮。還遷南兵部尚書，後被劾乞歸。有《孫月峯全集》，《坡仙食飲錄》等也收入是集。

265 《嘉禾志》：此應指“嘉禾郡志”而非“嘉禾縣志”。嘉禾郡，宋置，尋升為嘉興府，即今浙江嘉興市。嘉禾縣，也是宋置，但改建陽縣置，地在福建。現論著中常見誤注。

266 曾肇（1047—1107）：字子開，建昌軍南豐人。英宗治平四年進士，歷崇文院校書，哲宗時擢中書舍人，出知潁、鄧諸州，後遷翰林學士兼侍讀。崇寧初落職，謫知和州，後安置汀州。卒謚文昭。有《曲阜集》等。

267 陳眉公《珍珠船》：眉公即明陳繼儒之號，亦號麋公。但《珍珠船》一書是否陳繼儒所撰，有疑。此書兩見陳繼儒所編的彙編叢書，但在其一人所編的兩見同書中，所署的作者、書名和卷數又有異。尚白齋鐫陳眉公寶顏堂秘笈十七種本，署作“陳眉公《珍珠船》四卷”；但在亦政堂鐫陳眉普秘笈一集五十八種中，又題作“寶顏堂訂正《真珠船》八卷，明胡侍撰”。這裡講得很清楚，尚白齋刻本，鐫的是“寶顏堂秘笈”；而亦政堂鐫的，是“寶顏堂訂正”的陳眉公普秘笈。書名“珍”字，一作“真”，雖有不同，但我們可以肯定即陳繼儒所收藏和訂正的同一本書。原作者應該是明胡侍，陳繼儒只是編訂，而不是在編訂《真珠船》以後，他又自編一本四卷的《珍珠船》。

268 《太平清話》：明陳繼儒撰，二卷。但本文引錄內容，明顯有誤；陳繼儒錯輯，陸廷燦採編時也未發覺。張文規唐人，關於吳興三絕的提出，當在唐武宗會昌一、二年剌湖州時。蘇子由、孔武仲、何正臣，均是北宋中後期名臣名士，他們三人何以能“皆與”文規一起“遊”？

269 《博學彙書》：明來集之撰，十二卷，所採多小說家言。

270 《雲林遺事》：明顧元慶撰，筆記，書當成於萬曆年間。內容多記元明間其時吳中一帶人事、風物、趣聞等等。文中提及的光福，即光福鎮，在吳縣西傍太湖邊的光福山下。主人徐達左，元末明初人，字良夫，號耕漁子，元隱居山中，入明，曾出任建寧府訓導。“元鎮”，人名，姓倪。

271 陳繼儒《妮古錄》：筆記，四卷，首收刊於萬曆尚白齋鐫陳眉公寶顏堂秘笈十七種。

272 周敘：字公敘，一作功敘，號石溪。明江西吉水人。永樂十六年進士，官至翰林院侍讀學士，獨修遼、金、元三史。有《石溪文集》。

273 鍾嗣成《錄鬼簿》：字繼先，號丑齋。元汴梁人，居杭州。嘗作《錄鬼簿》，收元散曲雜劇作者一百五十二人小傳，存劇目四百餘種。

274 《七修彙稿》：當即《七修類稿》。筆記，郎瑛撰。瑛字仁寶，仁和（今浙江杭州）人。五十一卷，又續稿七卷。因正續稿均分七類，因類立義，故有此名。大多雜採前人舊説，自己論斷不多，但每每也有錯誤。

275 此處刪節，見明代陸樹聲《茶寮記》。

276 《墨娥小錄》：有二種，一為萬曆秀水吳繼著，四卷；一為萬曆時吳文煥輯，十四卷。此為何本？本書未及細考。

277 湯臨川：即湯顯祖（1550—1616），江西臨川人，因有此稱。

278 陸釴《病逸漫記》：字舉之，號少石子。鄞縣人，正德十六年進士，授編修，進修撰，出為湖廣僉事，官至山東按察副使。有《少石集》、《病逸漫記》等。《病逸漫記》，為筆記。

279 《玉堂叢語》：筆記。焦竑撰，八卷。竑，字弱侯，號漪園、澹園，江寧（今江蘇南京）人。萬曆十七年己丑（1589）科第一甲頭名。本書成書於萬曆四十六年，記明翰林人物掌故，多引朝章，對研究明代歷史，多有資考證。

280 沈周《客座新聞》：此處沈周，是指蘇州長洲沈周。近出有的書中，誤注作宋杭州錢塘沈周，非。沈周，字啟南，號石田。有《石田集》、《石田詩鈔》、《石田雜記》、《江南春詞》和《客座新聞》等。

281 《快雪堂漫錄》：筆記，約撰於萬曆二十八年（1600）前後。

282 閔元衡：一作閔元衡（衢），字康侯，號歐餘生。明清間浙江烏程（今湖州）人。

283 《甌江逸志》：勞大與撰。

284 王世懋（1536—1588）《二酉委譚》：世懋，字敬美，號麟洲。世貞弟。蘇州府太倉人。嘉靖三十八年進士，歷官江西參議，陝西、福建提學副使，官至南京太常少卿。好學善詩文，有《王奉常集》、《藝圃擷餘》、《窺天外乘》等。《二酉委譚》，約撰於隆慶或萬曆前期。

285 《湧幢小品》：明朱國楨撰。國楨，字文寧，浙江烏程（今湖州市）人。萬曆進士，官至禮部尚書兼文淵閣大學士。

286 王璡：字器之，學通經史，長於《春秋》，初為教授，適遠方。本條引稱“洪武初”，史籍中有載“洪武末以薦授寧波知府”。清儉律己，平易近人，有政績。

287 《西湖志餘》：即《西湖遊覽志餘》，明田汝成撰。

288 董其昌（1555—1636）：字玄宰，松江府華亭人。

289 《鍾伯敬集》：鍾伯敬（1574—1624），即鍾惺，伯敬是其字，號退谷。明竟陵人。萬曆三十八年進士，授行人，歷官南京禮部主事，官至福建提學僉事。晚逃於禪。其詩矯袁宏道輩浮淺之風，與同里譚元春評選《唐詩歸》、《古詩歸》，名大著，被時人稱為“竟陵派”。有《詩合考》、《毛詩解》、《鍾評左傳》、《隱秀軒集》、《宋文歸》、《周文歸》等。《鍾伯敬集》，查未見。

290 錢謙益（1582—1664）：字受之，號尚湖，又號牧齋，晚號蒙叟、東澗遺老。江南常熟人。明萬曆三十八年進士。歷編修、詹事，崇禎初為禮部侍郎。因事罷歸，以文學冠東南，為東林巨子。娶名妓柳如是，藏書極豐。南明弘光時，起為禮部尚書。清兵渡江出城迎降。順治三年，授禮部侍郎，任職五月而歸。有《初學集》、《有學集》、《國初羣雄事略》、《列朝詩集》等。

291 《五燈會元》：釋普濟撰。普濟，字大川，靈隱寺僧。《五燈會元》，二十卷，五燈者，即其書取釋道原《景德傳燈錄》、附馬都尉李遵勗《天聖廣燈錄》、釋維白《建中靖國續燈錄》、釋道明《聯燈會要》、釋正受《嘉泰普燈錄》撮其要旨彙作一書，故名。

292 《淵鑒類函》：類書，康熙命張英等輯，四百五十卷，總目四卷。《唐類函》所收內容，至唐初為止，《淵鑒類函》增其所無，詳其所略，取《太平御覽》等十七種類書並增補明嘉靖以前史料合編而成；是供當時文人採摭詞藻和典故之用的一部類書。

293 《佩文韻府》：張玉書等撰，成書於康熙五十年（1711）。是在元代陰時夫《韻府羣玉》和明代淩稚隆《五代韻瑞》的基礎上增補而成。共二百十二卷，是一部供詩賦作者和文學研究者查找詞藻、對偶、典故用的工具書。

294 《九華山錄》：周必大（1126—1204）撰。周必大字子充，又字洪道，號省齋居士等。宋吉州廬陵（今江西吉安）人。紹興二十一年進士，官至左臣相。工文詞，有《玉堂類稿》、《玉堂雜記》等。本錄撰於乾道三年（1167）。

295 此處刪節，見清代冒襄《岕茶彙鈔》。

296 《嶺南雜記》：吳震方撰。震方，字青壇，浙江石門人，康熙十八年進士，官至監察御史。康熙曾賜以白居易詩，因摘詩中“晚樹”二字為其樓名。有《晚其樓詩稿》、《嶺南雜記》等。是書約撰於康熙四十四年（1705）前後。

297 甌寧：甌寧縣，宋置，明清時與建安同為建寧府治，民國後與建安合併為建甌縣。

298 李仙根（1621—1690）《安南雜記》：仙根，字南津，號子靜。四川遂寧人。順治十八年榜眼，授編修。康熙時以秘書院侍讀加一品服出使安南。官至戶部右侍郎。工書法，有《安南雜記》、《安南使事記》等。

299 金齒：明置衛永昌，後改永昌軍民府，其地在今雲南保山。

300 《漁洋詩話》：王士禛晚年時作，共三卷。

301 朱彝尊（1629—1709）《日下舊聞》：朱彝尊，字錫鬯，號竹坨，晚別號小長蘆釣魚師、金鳳亭長。清浙江秀水（今嘉興）人。康熙時舉博學鴻詞科，授檢討，曾參加纂修明史。博通經史，擅長詩詞古文。為浙派詞的創始人，詩與王士禛齊名。有《經義考》、《日下舊聞》、《曝書亭集》等。《日下舊聞》和《曝書亭集》，俱為筆記。

302 《曝書亭集》：朱彝尊撰，八十卷（詩詞三十卷，文五十卷）。

303 蔡方炳《增訂廣輿記》：方炳，字九霞，號息關。江蘇崑山人。諸生，康熙十八年舉鴻博，以病辭。嗜學，尤留心政治、性理。工詩文，兼善篆、草書。有《輿地全覽》、《增訂廣輿記》、《銓政論》、《歷代榷茶志》等。《增訂廣輿記》，是他在《輿地全覽》後的另一輿地著作。

304 葛萬里《清異錄》：萬里，號夢航。江蘇崑山人。生平事蹟不詳。由《中國叢書廣錄》據中國國家圖書館藏書所收《葛萬里雜著》提及的書目，即有《明人同姓名錄》一卷，《別號錄前編》一卷，《明人別號錄》八卷，《夢航雜綴》一卷，《夢航雜説》一卷，《清異錄》一卷，《萬曆丁酉同年考》一卷，《錢翁先生年譜》一卷，《三袁先生年表》二卷，《句圖》一卷，《詩鈔姓氏》一卷，《志料》一卷等。《錢翁先生年譜》，也即民國《崑山縣續志》所說的《錢牧齋年譜》。

305 《別號錄》：葛萬里撰。《四庫全書總目提要》稱其為“搜集宋金元明人別號，分韻編為《別號錄》”。《崑新二縣合志》也稱《別號錄》九卷。實際按中國國家圖書館《葛萬里雜著》書目，應作《別號錄前編》一卷，《明人別號錄》八卷。《別號錄》是《四庫總目》提出的二書合稱。

306 朱文公書院：即朱熹書院。朱熹卒後，追謚文，故有此稱。

307 《西湖遊覽志》：明田汝成撰。汝成，字叔禾，錢塘（今浙江杭州）人。嘉靖五年進士，授南京刑部主事，遷貴州僉事，廣西右參議、福建提學副使。博學工古文，尤長於敘事，因諳曉前朝遺事，撰《炎徼紀聞》。歸里家居後，盤桓湖山，探究浙西名勝，撰有《西湖遊覽志》及《西湖遊覽志餘》。

308 李世熊（1602—1686）《寒支集》：世熊，字元仲，號媿庵、寒支子。以檀河為書室名，有“檀河先生”之稱。明末清初福建寧化人。明天啟元年鄉試副榜，入清不仕，山居四十餘年，以文章、節氣名著於時。有《寒支集》、《狗馬史記》和《寧化縣志》等。

309 張鵬翀（1688—1745）《抑齋集》：鵬翀，字天扉，自號南華山人，人稱“漆園散仙”。清嘉定（今上海）人。雍正五年進士，授編修，官至詹事府詹事。早擅詩名，工畫，尤長山水。有《南華詩鈔》、《南華文集》、《抑齋集》和《雙清閣集》。

310 《國史補》：也作《唐國史補》，李肇撰，上、中、下三卷。下錄資料出卷下。

311 此處刪節，見明代陳繼儒《茶董補》。

312 楊文公《談苑》：楊文公，即楊億（974—1020），字大年，建州浦城人。幼穎異，年十一，太宗召試詩賦，授秘書省正字。淳化中，獻《二京賦》，賜進士。真宗即位，超拜左正言。曾兩為翰林學士，官終工部侍郎，兼史館修撰。《談苑》，有的也逕稱為《楊文公談苑》，全書八卷，分二十一門。

313 《事物記原》：北宋高承撰。高承，開封人，神宗元豐前後在世。是書約撰於元豐前期，對天文、曆數、禮樂、制度、經籍、器用以至博弈嬉戲之微，魚蟲飛走之類，皆考其原由。

314 《農政全書》：徐光啟（1562—1633）撰。光啟，字子先，號玄扈。松江府上海人。萬曆三十二年進士。曾入天主教，與耶穌會傳教士意大利人利瑪竇相識並從學天文、數學。崇禎元年擢禮部尚書；五年以本官兼東閣大學士，入參機務，旋進文淵閣。力主富民強國，常常宣傳其“富國需農，強國需軍”的思想。因撰農學巨著《農政全書》，除彙集中國傳統農業生產經驗外，在我國古代農書中，也最先注意兼收西方農學。本條所錄二則內容，實際是從《農政全書》轉引的毛文錫《茶譜》資料，此處陸廷燦可能為減少重複引用書目，隱去《農政全書》引毛文錫《茶譜》的線索，把它作假變成了《農政全書》的內容。

315 米襄陽《志林》：米襄陽，即米芾，太原人，後徙襄陽（因有此稱），又徙丹徒。字元章，號鹿門居士、海岳外史。以恩補?光尉，歷知雍丘縣、連水軍、無為軍。能詩文，擅書畫，尤工行草。除《志林》外，還有《寶晉英光集》、《書史》、《畫史》等。

316 洞庭中西盡處：指吳縣洞庭西山島之西隅。

317 此條內容稱引自《圖經續記》，但經查，實際與上條一樣，皆引自陳繼儒《太平清話》。此多少也可證明陸廷燦確有增加引用書目以顯其徵引廣博之嫌。

318 《隨見錄》：作者、成書年代不詳。此條對江南名茶碧螺春的歷史，如“碧螺春名字為康熙南巡所提”等一類傳說，有一定的證誤價值。

319 茶巢嶺：此前茶書言陸龜蒙種茶，只提“顧渚”，本文引此材料，揭示了陸龜蒙在顧渚置園種茶之前，曾先種茶於此。道光《武進陽湖縣合志》指出茶巢嶺陸龜蒙種茶處“在下埠西，陸龜蒙種茶處在陳墓灣山以下”。光緒《武陽志餘》載：“茶巢在下浦西，唐陸龜蒙種茶處。龜蒙後種茶顧渚山下，此嶺移種者也。”
320 《武進縣志》：萬曆三十三年和康熙二十三年《武進縣志》俱載。
321 此處刪節，見明代周高起《洞山岕茶系》。
322 《昭代叢書》：歙縣張潮撰。
323 《通志》：此通志，查內容，當為康熙二十三年所編《江南通志》，本篇以下所輯《通志》同。
324 宛陵：指宣城及其相鄰之區。
325 《天中記》：陳耀文撰。耀文，字晦伯，號筆山。河南確山人，嘉靖二十九年進士，由中書舍人選刑科給事中，累官陜西行太僕卿，告歸卒。有《經典稽疑》、《學圃萱蘇》、《天中記》等。《天中記》，筆記，撰於隆慶三年（1569）。
326 此處刪節，見明代田藝蘅《煮泉小品》。
327 《湖㳇雜記》：陸次雲撰。次雲，字雲士。錢塘縣人。拔貢生，康熙時曾任河南郏縣、江南江陰知縣。有《八紘繹史》、《澄江集》、《湖㳇雜記》和《北墅緒言》等。《湖壖雜記》，筆記，撰於康熙二十二年（1683）。
328 此處刪節，見明代馮可賓《岕茶箋》。
329 《方輿勝覽》：地理總志，祝穆撰，七十卷。祝穆，初名丙，字和甫（一作文），建州建陽（今福建建陽）人，受學於朱熹，酷愛地理，曾任興化軍涵江書院山長。成書於理宗嘉熙三年（1239）。取材較豐，對研究南宋地理有相當參考價值。
330 《丹霞洞天志》：一名《麻姑山丹霞洞天志》，鄢雷鄖撰於萬曆四十一年（1613）。丹霞，在江西南城縣西南麻姑山西七里。道教定為第十福地。
331 周櫟園：即周亮工（一作功），櫟園是其別號。
332 《興化府志》：明初改元興化路置，清因之。治所在今福建莆田縣，民國後廢。
333 陳懋仁《泉南雜志》：懋仁，字無功。浙江嘉興人，官泉州府經歷。有《泉南雜志》（“志”一作記)》、《庶物異名疏》、《析酲漫錄》等。《泉南雜志》，約撰刊於清順治七年（1650）前後。
334 宋無名氏《北苑別錄》：即宋趙汝礪撰《北苑別錄》。
335 此處刪節，見宋代趙汝礪《北苑別錄》。
336 此處刪節，見宋代趙汝礪《北苑別錄 · 御園》。
337 此處刪節，見宋代宋子安《東溪試茶錄 · 總序焙名》。
338 此處刪節，見宋代宋子安《東溪試茶錄 · 茶名》。
339 此處刪節，見宋代黃儒《品茶要錄 · 辨壑源沙溪》。
340 《岳陽風土記》：北宋范致明（？—1119）撰。致明，字晦叔，建州建陽人。哲宗元符三年進士，徽宗崇寧三年，以宣德郎監岳州酒税，官終奉議郎知池州，撰《池陽記》一書。《岳陽風土記》約撰於十二世紀前期。
341 本條內容，經與多種《廣東通志》、《湖廣通志》查對，我們認為陸廷燦此係據萬曆三十年郭棐《廣東通志 · 土產》摘編。
342 吳陳琰《曠園雜志》：吳陳琰，“琰”或作“琬”，字寶崖，號芊町。浙江錢塘人。康熙四十二年御試詩文一等，召入南書房纂修，後出為山東茌平知縣。有《春秋三傳同異考》、《通玄觀志》、《鳳池集》和《曠園雜志》等。《曠園雜志》，筆記，約撰於康熙末年或雍正初年。
343 《南越志》：南朝劉宋沈懷遠撰。懷遠，吳興（今浙江湖州）武康人，得寵始興王劉濬，後以事坐徙廣州。嘗造樂器，與空侯相似。被遷廣州後，其器亦絕。《南越志》約撰於宋孝武帝劉駿大明至明帝劉彧泰始年間（457—471）。
344 此處刪節，見五代蜀毛文錫《茶譜》。
345 《東齋紀事》：范鎮（1008—1089）撰。范鎮，字景仁，成都華陽人。仁宗寶元元年進士第一，累官知諫院。英宗時，遷翰林學士，出知陳州。哲宗時起為端明殿學士，提舉崇福宮，累封蜀郡公。著有《范蜀公集》、《東齋紀事》等。《東齋紀事》，筆記，約撰於神宗元豐（1078—1085）年間。
346 本條實非《茶寮記》所有，也未查得文字相近的出處。前面提過，我們認為現在流傳的陸樹聲《茶寮記》，有可能是書賈作假的偽書，陸廷燦這裡採錄的，可能是陸樹聲原書。

347 《述異記》：舊傳南朝梁任昉撰，《四庫全書總目提要》認為可能是後人輯集類書中的部分《述異記》內容，益以後來有關文獻組成。大概成書於中唐以後至北宋年間。

348 王新城《隴蜀餘聞》：王新城，即王士禛，"新城"是其籍貫。詳王士禛《池北偶談》注。《隴蜀餘聞》，筆記，約撰於康熙後期或雍正初年。

349 許鶴沙《滇行紀程》：鶴沙為許纘曾的號，字孝修，江南華亭人。順治六年進士，工詩，有《寶綸堂集》。官至雲南按察使。在赴雲南按察使過程中，撰有《滇行紀程》一書；返還時，又作《東還紀程》一書。

350 《地圖綜要》：朱紹本、吳學儼、朱國達、朱國幹同撰。無卷數。

351 《研北雜志》：陸友撰。陸友，平江路（今江蘇蘇州）人，字友仁，號硯北生。善詩，兼工隸楷，又博鑒古物。客至煮茗清談不倦。有《硯史》、《墨史》和《硯北雜志》。《硯北雜志》也書作《硯北雜記》，撰於元文宗至順四年（1333）。

352 《茶記》三卷：見《崇文總目》小説類作"二卷"。錢侗注稱即《茶經》。周中孚在《鄭堂讀書記》中，也説是《茶經》三卷的字誤。但《通志・藝文略》和《宋史・藝文志》又《茶經》、《茶記》並載，且接連寫在一起，反映又卻似陸羽並書的兩部不同茶書。但後來《郡齋讀書志》和《直齋書錄解題》，就都不再提陸羽《茶記》事。因此，現在多數學者認為，《茶記》是陸羽《茶經》的誤出。本書在唐《顧渚山記》（輯佚）的題記中，不僅也對《茶記》持否定的態度，並提出《顧渚山記》，也稱《顧渚山茶記》，所以《茶記》不但有可能是《茶經》，甚至也有可能是因《顧渚山茶記》省稱而產生出來的疑惑。

353 《建安茶錄》：即《北苑茶錄》。

354 《進茶錄》：即《試茶錄》，陸廷燦這裡一書兩出。《試茶錄》本書和一般書籍也俱省作《茶錄》。

355 又一卷：各書目周絳《補茶經》，只有一名和一卷；這裡所謂"又一卷"，顯係重出。

356 《北苑別錄》無名氏：實際即上書趙汝礪《北苑別錄》。

357 《北苑別錄》熊克：此《北苑別錄》的作者，也非熊克，和上述"無名氏"一樣，真正的作者俱為趙汝礪。這是一書三出。

358 《十友譜茶譜》：是將顧元慶所選《十友譜》和《茶譜》兩書混為一書之誤。此中所説"茶譜"，也即本文下列書目和一般書目中所説的顧元慶《茶譜》。《茶譜》原書為錢椿年所纂，顧元慶只是在錢書基礎上加以刪校。但自顧元慶刪校本行世後，就替代錢書以致"喧賓奪主"，傳作"顧元慶《茶譜》"。此書又一次重出。

359 《茶具圖》：實際為竹茶爐圖和題詩，是上書顧元慶刪校錢椿年《茶譜》的附錄，似未作獨立專書刻印過。

360 《岕山茶記》：即指《羅岕茶記》。

361 《峒山茶系》：應是《洞山岕茶系》。

362 薛熙《依歸集》：薛熙，字孝穆，號半園。蘇州府吳縣人，遷居常熟，晚年又移居蘇州城。弱冠棄科舉，從歸有光致力於古文。有《依歸集》，另有《練閱火器陣紀》。

363 此處刪節，見宋代審安老人《茶具圖贊》。

364 此處刪節，見明代顧元慶、錢椿年《茶譜・附竹爐並分封六事》。

365 蘇轍（1039—1112）《論蜀茶狀》：蘇轍，字子由，一字同叔，號潁濱遺老。宋眉州眉山（今四川眉山）人。蘇軾弟。仁宗嘉祐二年進士，授商州軍士推官。元豐中，坐兄軾以詩得罪，謫監筠州鹽酒稅。哲宗立，召為秘書郎，累遷御史中丞，拜尚書右丞，進門下侍郎。紹聖中，落職責雷州安置。徽宗時，復大中大夫致仕。卒謚文定。為文淡泊，為唐宋八大家之一。有《欒城集》、《詩集傳》、《春秋集傳》等。《論蜀茶狀》，當是其謫監筠州鹽酒稅時有關蜀茶見聞的行述。

366 此處刪節，見宋代沈括《本朝茶法》。

367 洪邁（1123—1202）《容齋隨筆》：洪邁，字景盧，號容齋。宋饒州鄱陽人。紹興十五年中博學宏詞科，累遷中書舍人、出知贛州、婺州，入為翰林學士，寧宗時，以端明殿學士致仕。有《容齋五筆》、《夷堅志》、《史記法語》等。《容齋隨筆》是《容齋五筆》的一種。

368 此處刪節，見宋代熊蕃《宣和北苑貢茶錄》。

369　此處刪節，見宋代熊蕃《宣和北苑貢茶錄》。

370　此處刪節，見宋代趙汝礪《北苑別錄》。

371　本段以下內容選摘自《金史．食貨志四》。

372　本段下錄內容，選摘自《元史．食貨志二》。

373　《武夷山志》：本文這裡下錄內容，查係據清康熙四十九年王梓《武夷山志》收錄。但本文所收，除改用一些同義字外，有些字句，也有增刪和不多的改動。

校　記

① 清陸廷燦輯。此署名為本書編時定。本文壽椿堂版封面，署作“嘉定陸幔亭手輯”；文內各卷卷題之下，署為“嘉定陸廷燦　曼亭　輯”。

② 凡例：在“凡”字上，底本還冠有《續茶經》三字書名，本書編時刪。又底文於“凡例”每段首均有“一”字，不明所似，逕刪，下同。

③ 卷上：在“卷”字上，底本原還冠有書名《續茶經》三字，次行下端，另署有“嘉定陸廷燦　幔亭輯”八字。本書編時刪。另本文分卷，也全仿《茶經》，上卷除“一之源”外，還有“二之具”、“三之造”；卷中為“四之器”；卷下為“五之煮”、“六之飲”、“七之事”、“八之出”、“九之略”、“十之圖”以及“附錄”。在每卷和附錄前格式和體例和“一之源”一樣，前二行首行書“續茶經卷”上或中、下；二行下刊“嘉定陸廷燦幔亭輯”署名。以下卷別只在首篇出現時標出，其他各篇原書卷別和署名全刪，並不再出校。

④ 武陽茶：底本原作“陽武”，逕改。

⑤ 沖澹簡潔：“簡”字，底本誤刻作“間”，據《大觀茶論》原文改。

⑥ 懋之老窠園葉，各擅其美：“葉”字，底本原無，據宛委本補。

⑦ 麻沙：“麻”字，底本原刊作“蘇”，疑誤，逕改。

⑧ 唯叢茇而已：“茇”字，底本原形誤作“芨”字。據《夢溪筆談》改。

⑨ “即今之茶”及條末“乃今之茶”：“茶”字，底本俱作“荼”，誤，逕改。

⑩ 葉似梔子：“子”字，底本原脱，據《太平御覽》補。

⑪ 瑟瑟瀝瀝、霏霏靄靄：壽椿堂本少一“瀝”字和“靄”字，作“瑟瑟瀝”、“霏霏靄”。

⑫ 《五雜俎》：底本“俎”字，俱作“組”。全文統一，作“組”字，不出校。

⑬ 謝肇淛《西吳枝乘》：“謝肇淛”，底本作雙行小字注，置於本段文字最後。四庫本將小字注作正文由最後提至本段最前，冠於《西吳枝乘》之上。本書據四庫本改。

⑭ 茶園：“園”字，本文各本形誤作“固”字，據《茶解》原文改。

⑮ 此則陸廷燦亦書作摘自《茶解》，實則為陸廷燦據自己的話改寫。《茶解》原文為：“茶地斜坡為佳，聚水向陰之處，茶品遂劣。故一山之中，美惡相懸。”

⑯ 皇甫冉《送羽攝山採茶》詩數言，僅存公案而已：《茶解》原文作：“皇甫數言，僅存公案而已。”

⑰ 倘微丁、蔡來自吾閩：“倘”字，底本原作“即”，據四庫本改。

⑱ 《茶錄》：“錄”字，底本和四庫本等均誤作“譜”字，逕改。

⑲ 世不皆味之：“不皆”，底本和四庫本等，原均作“皆不”，據馮時可《茶錄》逕改。

⑳ 不能與岕相抗也：本段此以上內容，與陳繼儒《白石樵真稿》中的《書岕茶別論》，除個別二字稍有出入外，基本完全相同。是何原因，限於時間，未作細考。但此下，兩文就各異，沈周文已引錄如下，此將陳繼儒不同的下文，也錄於下面供參考：“自古名山留以待羈人遷客，而茶以資高士。蓋造物有深意，而周慶叔著為別論以行之天下，度銅山金穴中無此福；又恐仰屠門而大嚼者，未必領此味，則慶叔將無孤行乎哉。”

㉑ 事見《洛陽伽藍記》。及閱《吳志．韋曜傳》：《南窗記談》此兩句原文為：“事見《洛陽伽藍記》。非也，按：《吳志．韋曜傳》。”本段引文，已轉輾二手，義不變，但文字與原文均已有所不同，故以下一般就不再出校。

㉒ 夏子茂卿：四庫本作“江陰夏茂卿”。
㉓ 許次紓：“紓”字，底本原形誤作“杼”，逕改。下同，不出校。
㉔ 鄭可簡：“簡”字，底本原作“聞”，據《宋史》改。
㉕ 採辦：“採”字，各本俱作“按”字，據《茶考》原文改。
㉖ 貞元：“貞”字，各本從高承《事物紀原》俱音誤作“正”字，近出各本茶書，如《中國茶文化經典》，均擅改作“興”字。建中後“興元”，僅一年，此“正元”下，接?還有一個“正元九年”的記載，説明此“正元”非“興元”而是“貞元”之誤。逕改。
㉗ 羅岕：各本原俱作“岕山”，據《羅岕茶記》原文改。
㉘ 雲泉道人：“泉”字下，“道”字上，《金陵瑣事》原文，還多一“沈”字，作“雲泉沈道人”。
㉙ 《茶錄》：“錄”字，底本誤作“譜”，逕改。
㉚ 在本條文後隔幾行的下端，還有“男　紹良　較字”的校對署名。此後各篇末尾均例錄有校者；本書全刪，亦不再出校。
㉛ 《北苑貢茶別錄》：此書名陸廷燦疑有誤。查有關古代書目，無《北苑貢茶別錄》之名，現存宋代北苑茶書，與此名相近的有二書，一為《宣和北苑貢茶錄》或《北苑貢茶錄》；一為《北苑別錄》。後者無此內容，《北苑貢茶錄》文中，分散提及有“銀模”、“銀圈”、“竹圈”、“銅圈”等內容，但無集中成句。我們認為陸廷燦即據《北苑貢茶錄》自己編輯成文，但篇名混竄進《北苑別錄》的“別”字，以致錯成另書。
㉜ 朱存理《茶具圖贊序》：宋審安老人《茶具圖贊》原文無此人此序。朱存理的所謂《茶具圖贊序》，實際是朱存理為《茶具圖贊》重刻本撰寫的“後序”或“跋”，原附於正文和圖贊之後，文前並無題目，此作者和出處，為陸廷燦編加。
㉝ 天豈靳乎哉：朱存理後序或跋文前無標，但文後，“天豈靳乎哉”之後，則署有“野航道人長洲朱存理題”十字。
㉞ 周亮工《閩小紀》：四庫本作“王象晉《羣芳譜》”，誤。
㉟ 龍園：“園”字，底本從《西溪叢語》作“團”。《西溪叢語》“團”字，疑“園”之形誤，逕改。下同。
㊱ 近火先黃。其置頓之所：陸廷燦將本條內容列於張源《茶錄》所包涵的之內，實則“近火先黃”以上三句，才是《茶錄·藏茶》內容。其“置頓之所”以下的內容，為另書許次紓《茶疏·置頓》的內容。《茶疏》原文無“其”字。
㊲ 卻忌火氣入甕，蓋能黃茶耳：“卻”字，《茶疏》有的版本，亦作“切”字。“蓋能黃茶耳”，《茶疏》作“則能黃茶”。這句之下，為轉輯《日用置頓》內容。
㊳ 採茶　雨前精神未足：底本原無“採”字，僅摘一“茶”字，似錄時脱漏。本文現按馮可賓《岕茶箋》原樣，除補加一“採”字外，並與引文間隔空一字。
㊴ 然茶以細嫩為妙，須當交夏時：“茶”字，底本原無，據《岕茶箋》逕補。“須當交夏時”，底本在“時”字下，還多一“時”字。作“交夏時時”，本書校時，據《岕茶箋》刪。
㊵ 速傾於淨籃內，薄攤：《岕茶箋》各本作“速傾淨匾（按：也有作籃）薄攤”。
㊶ 《雲蕉館紀談》：明玉珍子昇：《雲蕉館紀談》的“紀”字，底本原作“記”，據《江西通志》和《佩文齋廣羣芳譜》改。“明玉珍子昇”，《雲蕉館紀談》原文作“徐壽輝子昇”。經查，我們認為本文所寫“玉珍子”是錯的，“昇”應是“徐壽輝子”。徐是元末紅巾起義領袖，稱帝凡十六年，所以才有“令宮人”之語。
㊷ 而僧拙於焙，瀹之為赤滷：在這二句間，李日華《紫桃軒雜綴》，還有“既採必上甑蒸過，隔宿而後焙，枯勁如藁秸”三句。
㊸ 如雀舌者佳：“佳”字，底本原無，據《岕茶彙鈔》逕補。
㊹ 徽州松蘿茶：“茶”字，底本原無，據《滇行紀略》補。
㊺ 茶匙：此條無錄條目，“茶匙”和下空一格，是本書編時照《茶錄》原文加。
㊻ 湯瓶：本條本文無錄條目，“湯瓶”和下空一格，為本書編時照《茶錄》原文加。
㊼ 或瓷石為之：此以下三句十三字，《茶錄》原文無，疑陸廷燦編時加。

㊽ 外則以大纓銀合貯之，趙南仲丞相帥潭："纓"字，《癸辛雜識》原文作"縷"；"帥潭"的"潭"字下，周密原文還多一"日"字。

㊾ 張源《茶錄》：陸廷燦摘錄或編時訛。查張源《茶錄》根本無此條內容，像是錄自許次紓《茶疏》；第二條"茶甌"內容，又像據自張源《茶錄》。但這兩條與《茶疏》、《茶錄》原文均有較大改動，有的甚至有背原義。

㊿ 茶銚，金乃水母，銀備剛柔：本條內容，摘自《茶疏·煮水器》。《茶疏》原文無"茶銚"二字，"茶銚"是根據原文製銚的內容，由陸廷燦加上替代原題《煮水器》之目的。"銀備剛柔"，《茶疏》原文作"錫備柔剛"。

51 品茶用甌："甌"字，底本原作"歐"，誤，逕改。

52 許次紓《茶疏》：茶盒：下錄二條內容，第二條據自《茶疏》；本條《茶疏》無類似記載，主要之點相同者，疑是參照張源《茶錄》"分茶盒"改寫而成。張源《茶錄》原文為：茶盒，"以錫為之，從大疊中分用，用盡再取。"

53 但作水紋者："水"字，底本原誤作"冰"字，逕改。

54 昔酈元善於《水經》：此句以下至本條終，不相連接或靠近，而是摘錄於《述煮茶泉品》全文將結束處。

55 湖州金沙泉，至元中：本條摘自《吳興掌故集·山墟類·顧渚山》。"湖州"二字為陸廷燦所加，且與原文也無關係，如"至元中"，《吳興掌故集》原文很明確，為"至元十五年"。此兩句係陸廷燦就文中有關內容隨便縮寫而成。

56 煙煤：本條文字，不是張源《茶錄》而是許次紓《茶疏·不宜用》所載內容。陸廷燦不只書名搞錯，且"孽煤"也是《茶疏》原文所不載，且擅加也未予說明。

57 羅岕：底本原作"岕山"，逕改。

58 老鈍：《茶疏》作"老嫩"。

59 茶注、茶銚、茶甌：此條內容，經查考，陸廷燦實際非摘自許次紓《茶疏》，而是轉抄於屠本畯《茗笈·第十辨器章》。而且本文轉抄的所謂《茶疏》引文，也不是《茶疏》原有而是重新組寫過的內容。如本條首句"茶注、茶銚、茶甌"，在《茶疏》就本只是"湯銚甌注"四字，經陸廷燦一改，文不同義相異，面目全非。所以，只要將原文（許次紓《茶疏·蕩滌》）重新改寫（屠本畯《茗笈·辨器章》）過的內容細一查對就可清楚看出，陸廷燦這條內容，稱錄自《茶疏》是假，轉抄《茗笈》是實。

60 以下："下"字底本原作"上"，據《茶疏·論客》改。

61 香以蘭花為上，蠶豆花次之：此二句《茶解》不見。本條內容，實際非據《茶解》而是轉引自屠本畯《茗笈》。此二句以上，為《茗笈》引自《茶解·品》，此二句為《茗笈》自加。

62 貯水甕，須置於陰庭：本條內容，非出之羅廩《茶解》，而是出之張源《茶錄·貯水》。但這也不是陸廷燦的錯，是屠本畯《茗笈》誤將《茶錄》內容作《茶解》收錄的結果。《續茶經》錯在以訛傳訛，未據原書而是轉引《茗笈》。另外，本文內容，因屠本畯抄摘張源《茶錄》時有增刪，陸廷燦引錄《茗笈》時又略有改動，故底本與張源《茶錄》原文也每異。如本句，《茶錄》原文作"貯水甕須置陰庭中"；《茗笈·品泉章》無"中"字，本文在"置"字下，又添一"於"字。

63 謂之嫩："嫩"字，各本形誤作"懶"字，據《茶箋》原文改。下同，不出校。

64 四陲："陲"字，底本書作"郵"，"郵"疑"陲"之俗寫。據聞龍《它泉記》改。

65 去黃："黃"字，《蘇軾文集·題萬松嶺惠明院壁》原作"此"字。

66 政和二年："二年"，底本原作"政和三年"，據《眉山文集》卷2唐庚原文改。

67 偽固不可知："偽"字前，《眉山文集》原文，還多一"真"字。

68 武陽："武"字，底本原音誤作"五"，據《雲谷雜記》卷2改。

69 本條與《茗笈》內容全同，陸廷燦實際不是據《茶疏》而是據《茗笈·辨器章》轉抄，許次紓《茶疏·盪滌》原文作："人必一杯，毋勞傳遞，再巡之後，清水滌之為佳"。

70 但資口腹：本則內容，也轉錄自《茗笈·防濫章》；然此句《茶疏·飲啜》作"但需涓滴"。

71 顧元慶《茶譜·品茶八要》：陸廷燦誤題，顧元慶刪校本《茶譜》，無本文所輯的《品茶八要》內容。所謂《品茶八要》，舊書有的妄題為明華淑撰。華淑也談不上什麼撰，實際他只是將陸樹聲《茶寮記》

中的或徐渭的《煎茶七類》：一人品、二品泉、三烹點、四嘗茶、五茶候、六茶侶、七茶勳的基礎上，在“四嘗茶”前，增加一條“茶器”和二十字內容。某種程度上，將《品茶八要》，稱為增補有“茶器”的《煎茶七類》本，可能更加貼切。

㉒ “白雪茶”：“雪”字，底本原作“雲”字，疑誤，宋蘇州白雲茶，出洞庭山，《快雪堂漫錄》原文作“雪”，據改。

㉓ 余嘗笑時流持論：“余”字，底本原脱，此據《六研齋筆記》原文補。

㉔ 琉球國：本則內容，原載陳繼儒《太平清話》，後由喻政將陳繼儒《巖棲幽事》和《太平清話》中有關內容輯集為一篇，起名《茶話》，收入其《茶書》中。《太平清話》或《茶話》中，原文無“國”字。

㉕ 道肅：“道”字，楊衒之《洛陽伽藍記》原作“見”。

㉖ 桓宣武時：“時”字，底本無，據陶潛《搜神後記》原文補。

㉗ 王涯獻茶：《舊唐書 · 文宗本紀》原作“王涯獻榷茶之利”。

㉘ 時人謂之“胡釘鉸詩”，柳當是柳惲也：錢易《南部新書》無此二句，疑陸廷燦編時加。

㉙ 《代茶飲序》：“代”字，各本俱形訛作“伐”字。據《大唐新語》改。

㉚ 本段引文與《廣川書畫跋 · 書陸羽點茶圖後》原文出入較大，下錄《書陸羽點茶圖後》原文供對照：“積師以嗜茶久，非漸兒供待不嚮口。羽出遊江湖四五載，積師絕於茶味。代宗召入內供奉，命宮人善茶者以餉師齋。俾羽煎茗，喜動顏色，一舉而盡。使問之師，曰：‘此茶有若漸兒所為也！’於是歎師知茶，出羽見之。”

㉛ 蓋名茶也：“名”字，喻政茶書本、宛委本等所引《清異錄》原文，均無此字，作“蓋茶也”。

㉜ 《龍茶錄後序》：本條所錄內容，摘引的是蔡襄《茶錄後序》，而非歐陽修《龍茶錄後序》。

㉝ 福建運使：葉夢得《石林燕語》卷 8 原作“福建轉運使”。

㉞ 其為絹而北者：“北”字，《後山叢談》卷 3 原文作“比”。

㉟ 時總得偶病：“時”字，底本原刊作“詩”，疑誤。據《清波雜志》改。

㊱ 王城東：《夢溪筆談》作“王公”。是陸廷燦所改。

㊲ 丁東院：“丁東”，陸游《劍南詩稿》卷 2 原詩題作“東丁”。

㊳ 漢州：“州”字，底本原作“川”，據《蘇軾詩集》逕改。

㊴ 僕在黃州：本條文前，似疏漏引文名或出處，其實這段內容，在《蘇軾文集》等原文中，題為《書參寥詩》。

㊵ 菓凳：“菓”字，《都城紀勝》原文作“桌”字。

㊶ 本條內容，底本與四庫本詳略不一，有較大差異。四庫本作：“宋紹興中，少卿曹戩之母喜茗飲。山初無井，戩乃齋戒祝天，斫地才尺，而清泉溢湧，因名孝感泉。”

㊷ 大理徐恪：本條四庫本上面四字，與上條末句“名為孝感泉”相接，未拆分為二條。

㊸ 上錄本條內容，陸廷燦自稱據或摘自《月令廣義》，本書編時，經與萬曆本馮應京《月令廣義》原書校對，發現陸廷燦所説有誤甚或之於有作偽之嫌。馮應京《月令廣義》有兩處提及蒙頂茶。一是 4 卷 17 上《春令 · 方物》中提及的“蒙嶺茶”；二為 7 卷 14 上所錄“雷鳴茶”。前者馮應京摘自《東齋記事》，與本文所錄內容幾無共同之處；後者馮氏撮自《韻府》，雖説所摘基本包括在《續茶經》的內容之內，但二者一比，即明顯可以看出，陸廷燦此所據，非是錄於《月令廣義》。馮應京所錄“雷鳴茶”內容為：“《韻府》雅州蒙山五頂，其中頂有僧病冷且久，遇老父曰：‘仙家有雷鳴茶’，俟雷發聲併手於中頂採摘，獲一兩服未竟病瘥。一云中頂之中一兩去疾，二兩無疾，三兩換骨，四兩即仙。”本文中陸廷燦多處摘錄有毛文錫《茶譜》內容，本條內容與毛文錫《茶譜》大部分相差不多，這裏不説據自《茶譜》而稱引自《月令廣義》；如果陸廷燦所説不是別本而就是指馮氏《月令廣義》的話，那麼即可明顯看出，陸廷燦在此不提真正而另列一種引錄書目，其目的不外是顯示其徵引內容之廣博。

㊹ 為《岕茶別論》：“岕”字，底本原刻作“芥”。逕改。

㊺ 多梗：底本原倒作“梗多”，據《快雪堂漫錄》原文改。

㊻ 婦為具湯沐：“沐”字，底本原形誤作“沭”，據《二酉委譚》原文改。

⑰ 李日華《六研齋筆記》：本條下錄內容，非出《六研齋筆記》，而是《六研齋二筆》，陸廷燦誤。
⑱ 周亮工《閩小記》：四庫本等刊作“郎瑛《七修類稿》”，顯誤。
⑲ 閔茶：“閔茶”，四庫本等作“閩茶”。
⑳ 宋比玉：“比”字，底本原刻作“此”字，據《閩小記》改。
⑳ 《虎邱茶經注補》：“邱”字，也書作“丘”。“注補”，本文各本原皆倒作“補注”，疑陸廷燦錄誤。
⑳ 補：底本原作“補《西湖遊覽志》”，“補”字居上用小一號字刻印。《中國古代茶葉全書》將這一“補”字，理解為是對《西湖遊覽志》的補本。如本文注中所說，《西湖遊覽志》的作者田汝成，除是書外，還另寫有一本《西湖遊覽志餘》，因此《中國古代茶葉全書》將此校注作“即為田汝成輯撰《西湖遊覽志餘》”，疑誤。經推敲，我們認為此一補字，非指《西湖遊覽志》一書，而是指增補此前本篇各條內容。換句話說，是指此以後的內容，是定稿以後或刻好以後補刻的。出於這一認識，本書編時，特將此“補”字，用括號括起單列一行，以表示清楚。
⑳ 風俗貴茶，其名品益眾：“其”字，《唐國史補》原文作“茶之名”三字。本文下錄《國史補》內容，與《國史補》原文以及其他茶書所引，與“其”字一樣，差異較大，且差不多每句都有不同。所以，我們這裏不但不刪，乾脆把《國史補》這段內容也抄錄如下，以便查校。《國史補》：“風俗貴茶，茶之名品益眾。劍南有蒙頂石花，或小方、或散芽，號為第一。湖州有顧渚之紫筍，東川有神泉小團、昌明獸司，峽州有碧澗明月、芳蕊、茱萸簝，福州有方山之露一作生芽，夔州有香山，江陵有楠木，湖南有衡山，岳州有 灉 湖之含膏，常州有義興之紫筍，婺州有東白，睦州有鳩坑，洪州有西山之白露，泰州有霍山之黃芽，蘄州有蘄門團黃，而浮梁之商貨不在焉。”
⑳ 鑄：底本作“注”，誤，逕改。
⑳ 開寶末：底本“末”字，形誤作“來”字，據《事物紀原》改。
⑳ 斤片：“斤”字，各本俱作“片”，據《潛確類書》改。
⑳ 蜀州：“州”字，底本和其他各本，原形誤作“川”字，據毛文錫《茶譜》改。
⑳ 唐時產茶充貢，即所云南岳貢茶也：是二句，四庫本作“唐時造茶入貢，又名唐貢山，在縣東南三十五里均山鄉。”
⑳ 寰宇記：《寰宇記》，即《太平寰宇記》，但此處陸廷燦所引或所據《寰宇記》的，也僅“揚州江都縣蜀岡”七字，其餘或據毛文錫《茶譜》和《揚州府志》、《江都縣志》，拼綴而成，嚴格說，不能稱是《寰宇記》內容。
⑩ 甘香：“香”字，底本原形誤作“旨”字，逕改。
⑪ 富家：“富”字，底本原形誤作“當”字，據四庫本改。
⑫ 本條所收內容，主要為明月峽茶史資料。“明月峽”以下資料，錄自《吳興掌故集．山墟類》“明月峽”條，但此上“皆為茶園”三句，與明月峽內容無關，疑陸廷燦自加或由《吳興掌故集》其他地方移置而成；是原文以外編者穿插的內容。
⑬ 相傳以為吳王夫差於此顧望原隰：《吳興掌故集》原文，無“以為”二字，“吳王夫差”，為“吳夫概”，全句作“相傳吳夫 槩 於此顧望原隰”。
⑭ 唐時其左右大小官山，皆為茶園，造茶充貢，故其下有貢茶院：這幾句，《吳興掌故集．山墟類》原文，簡作“唐時其下有貢茶院”八字。據本條所錄內容與原文的較大差異，我們懷疑本文這裏所錄的二條《吳興掌故集》內容，可能陸廷燦所據不是直接錄自《吳興掌故集》原書，而是轉引他書。因為，否則就不會出現上二條均錄及的“其左右大小官山，皆為茶園”這樣重複的內容。
⑮ 香氣尤清，又名玄茶，其味皆似天池而稍薄：香氣尤清以下“又名玄茶，其味皆似天池而稍薄”二句，我們找見的《甌江逸志》原文無，疑可能為陸廷燦編時補。
⑯ 《江西通志》：本文各本原皆簡作《通志》，易與前《江南通志》和各省通志混。經以本文所錄與江西前刊“通志”查對，本文收錄內容與明嘉靖《江西通志》明顯不同，與康熙末年《西江志》和雍正《江西通志》則較接近。據此，我們確定此以下三條江西茶事，當為據雍正《江西通志》摘編；故本書編時在《通志》前補加“江西”二字，以與他別。
⑰ 惟山中之茶為上，家園植者次之：此摘自《麻姑山丹霞洞天志．物產》：原文為“茶，（下接雙行小

字）山中之茶尤妙，家園次之。”

⑱ 《江西通志》：本文各本俱簡作“《通志》”，經查，當為雍正十年《江西通志》，逕加。

⑲ 此條文字，不見原文，疑陸廷燦據《東溪試茶錄》“北苑”、“壑源”內容摘編。

⑳ 福寧州太姥山出茶：“太”字，底本形誤作“大”，逕改。

㉑ 《湖南通志》：底本和其他各本，按《續茶經》，原皆作《通志》，本書作收時，查為據《湖南通志》，逕改。

㉒ 《湖廣通志》：底本和其他各本，原無“湖廣”二字，俱作《通志》。經查，此疑據康熙《湖廣通志》摘編。“湖廣”為本書編時加。

㉓ 廣岭：《嶺南雜記》原文作“廟岭”。

㉔ 本條內容，疑陸廷燦據康熙六年《陝西通志》摘集組成，非原文。

㉕ 《四川通志》：本條下載內容，疑陸廷燦據雍正《四川通志》摘集編寫，非“通志”原文。

㉖ 貴陽府產茶，出龍里東苗坡及陽寶山：經查，本條內容，錄自康熙三十六年《貴州通志·物產》。其地名和茶字外，其他內容為雙行小字注。本條原文體例為：“貴陽府　茶產龍里東苗坡及陽寶山……。

㉗ 冒褱：“冒”字，底本形訛作“胃”字，逕改。

㉘ 置榷茶使：此處“榷茶”之“榷”字，底本誤刻作“搉”，逕改。下文也時有誤刻。俱改。不出校。

㉙ 置吏總之：“總之”的“之”字，底本原缺，據《宋史·食貨志》原文補。

㉚ 餘則官悉市之，總為歲課：在這兩句“之”字和“總”字之間，本文省略“其售於官者……謂之折稅茶”六句三十一字。之下本段還有多處刪節，不再一一出校。

㉛ 民造溫桑偽茶：“偽”字，底本俱作“為”字，據《宋史·食貨志》原文改。

㉜ 陳恕為三司使：本條和以下五條，皆列為引錄或據自《宋史》，但與上條《宋史·食貨志》內容，便無前後或承繼關係，如本條《食貨志》中也提及兩句，但其收錄的主要內容，是摘自《列傳·陳恕》的傳記，有些還是陸廷燦添加的《宋史》以外的其他資料，因此下不作也不好作校。

㉝ 毋乃重困吾民乎：“毋”字，底本原形誤作“母”，逕改。

㉞ 《容齋隨筆》：“齋”字，底本原誤作“齊”，據《容齋五筆》改。

㉟ 外焙及其石門、乳吉、香口三焙和所錄文字，陸廷燦這裏將之列於熊蕃《宣和北苑貢茶錄》之後，誤。查此非《宣和北苑貢茶錄》而是《北苑別錄》的內容。

㊱ 《北苑別錄》：誤，此書名應冠上條“外焙”之上，本條及以下所謂《北苑別錄》內容，均仍錄自《宣和北苑貢茶錄》。陸廷燦把《北苑別錄》該加“外焙”的地方不加，使《北苑別錄》的內容，誤作了前面《宣和北苑貢茶錄》內容；本條，又將《宣和北苑貢茶錄》的誤作了《北苑別錄》內容。

㊲ 《明會典》：陝西置茶馬司四：河州、洮州、西寧、甘州：《明會典》原文為“茶馬司　陝西舊鞏昌府、臨洮府四茶運所及其裁革時間　河州洪武建司時間　洮州洪武建司時間　西寧洪武改建時間　甘州裁革和復建時間。本文這裏所錄《明會典》資料，實際為陸廷燦據《明會典》有的甚至其他史籍內容摘寫，大多與原文序次和面貌不一，這裏只是舉例說明並非原文，下面也不再一一作校。

㊳ 浙江行省平章高興過武夷：《武夷山志》原文無“浙江行省”四字。

㊴ 有仁風門、第一春殿、清神堂諸景：此句陸廷燦有較大刪改，《武夷山志》原文為：“有神風門、拜發殿亦名第一春殿、清神門、思敬亭、焙芳亭、燕嘉亭、宜寂亭、浮光亭、碧雲橋。”無“諸景”二字。

㊵ 於園之左右各建一坊，扁曰茶場：此句為作過崇安縣令的陸廷燦所改，《武夷山志》原文只是“又於園之左右各增建一場”十一字。

煎茶訣

清　葉雋　撰[1]

葉雋，字永之，越溪[2]（當屬今浙江寧海縣境）人，生平不詳。《煎茶訣》一書，國內不見著錄流傳，在日本則有用日文假名標注的漢字刻本兩種：一是寶曆（1751—1764）本[3]，現藏大阪中央圖書館，二是明治戊寅（1878）刻本。

現存的寶曆本並非原刻本，而是寬政丙辰（1796）年的重刻增補本，有蕉中老衲序，及木孔恭[4]後記。蕉中又署不生道人，即大典禪師（1719—1801），著述甚多，曾寫過《茶經評説》，為《煎茶訣》增補了不少材料。木孔恭（1736—1802）為大阪著名儒商，收藏甚富，多珍本秘籍，本書的刊印當經其手。

明治刻本是小田誠一郎訓點的整理本，删去了蕉中增補的部份，還原了葉雋《煎茶訣》的原貌，並請王治本[5]作序，可説是精審而面目清爽的本子。

本書以小田誠一郎訓點的明治本為底本，以蕉中序寶曆本和書中引用原文作校。明治本所增序及插畫，按本書體例，移至補文之後。[6]

藏茶[7]①

初得茶，要極乾脆。若不乾脆，須一焙之，然後用壺佳者貯之。小有疏漏，致損氣味②，當慎保護。其焙法：用捲張紙散佈茶葉，遠火焙〔之〕③，令熅熅漸乾。其壺如嘗為冷濕所漫④者，用煎茶至濃者洗滌之，曝日待乾、封固，則可用也。

擇水

煎茶，水功居半。陸氏所謂“山水上，江水中，井水下”。山水，揀乳泉、石池涓涓流出者；江水，取去人遠者；井，取汲多者佳也⑤。然互有上下，品可辨也。有一種水，至澄而性惡，不可不擇。若取水於遠欲宿之，須以白石橢而澤者四、五，沈著或以同煮之；能利清潔。黃山谷詩：錫穀、寒泉、橢石俱是也。

橢石，在湖上為波濤摩園者為佳，海石不可用。⑥

潔瓶

瓶不論好醜，唯要潔淨。一煎之後，便當輒去殘葉，用椶帚刷滌一過，以當後用。不爾，舊染浸淫，使芳鮮不發。若值舊染者，須煮水一過，去之然後更用。

候湯

凡每煎茶，用新水活火，莫用熟湯及釜銚之湯。熟湯，軟弱不應茶氣；釜銚之湯，自然有氣妨乎茶味。陸氏論"三沸"，當須"騰波鼓浪"而後投茶；不爾，芳烈不發。

煎茶

世人多貯茶不密，臨煎焙之，或至欲焦，此婆子村所供，大非雅賞。江州茶尤不宜焙，其它或焙，亦遠火煴煴然耳。大抵水一合，用茶可三分⑦。若洗茶者，以小籠盛茶葉，承以碗，澆沸湯以箸攪之，漉出則塵垢皆漏脱去；然後投入瓶中，色、味極佳。要在速疾，少緩慢，則氣脱不佳。如華製茶，尤宜洗用[8]。

淹茶

華製茶⑧，不可煎⑨。瓶中置茶，以熟湯⑩沃焉，謂之泡茶。或以鍾，謂之中茶。中，鍾音，通泡名，通瓶。鍾者，《茶經》謂之淹茶。皆當先熁之令熱，或入湯之後蓋之；再以湯外溉之，則茶氣盡發矣。

《煎茶決》終⑪。

補⑫：

茶具

苦節君湘竹風爐。　建城藏茶箬籠。　湘筠焙焙茶箱。蓋其上，以收火氣也；隔其中，以有容也；納火其下，去茶尺許，所以養茶色香味也。　雲屯泉缶。　烏府盛炭籃。　水曹滌器桶。　鳴泉煮茶礶。　品司編竹為簏⑬，收貯各品茶葉。　沈垢古茶洗。　分盈木杓，即《茶經》水則，每兩升用茶一兩。　執權準茶秤，每一兩，用水二升。　合香藏日支茶瓶，以貯司品者。　歸潔竹筅箒，用以滌壺。　漉塵洗茶籃。　商象古石鼎。　遞火銅火門。　降紅銅火箸⑭，不用聯索。　團風湘竹扇。　注春茶壺。　靜沸竹架，即《茶經》支腹。　運鋒鑱果刀。　啜香茶甌。　撩雲竹茶匙。　甘鈍木碪墩。　納敬湘竹茶橐。　易持易漆茶彫秘閣。　受污拭抹布。

書齋⑮

書齋宜明靜⑯，不可太敞⑰。明靜可爽心神，宏敞則傷目力。中庭列盆景、建蘭之嘉者一、二本，近窗處蓄金鱗五、七頭於盆池內，傍置洗硯池一。餘地沃以飯瀋、雨漬，苔生綠縟可愛。遶砌種以翠芸草令遍，茂則青葱欲浮。取薜荔根瘗牆下，灑魚腥水於牆上，腥之所至，蘿必蔓焉。月色盈臨⑱，渾如水府。齋中几、榻、琴、棋、劍、書、畫、鼎、研之屬，須製作不俗，鋪設得體，方稱清賞。永日據席，長夜篝燈，無事擾心，儘可終老。僮非訓習，客非佳流，不得入。

單條畫

高齋精舍，宜掛單條。若對軸，即少雅致，況四五軸乎？且高人之畫，適興偶作數筆，人即寶傳，何能有對乎？今人以孤軸為嫌，不足與言畫矣。

袖爐

書齋中薰衣、炙手對客常談之具，如倭人所製漏空罩蓋漆鼓，可稱清賞。今新製有罩蓋方圓爐，亦佳。

筆牀

筆牀之製，行世甚少。有古鎏金者，長六、七寸，高寸二分，闊二寸餘，如一架然。上可臥筆四矢。以此為式，用紫檀烏木為俗[19]。

詩筒葵箋

採帶露蜀葵，研汁[20]用布揩抹竹紙上，伺少乾，以石壓之，可為吟箋，以貯竹筒，與騷人往來賡唱。昔白樂天與微之亦嘗為之，故和靖詩有"帶斑猶恐俗，和節不妨山"之句。

印色池

官、哥窯，方者，尚有八角、委角者，最難得。定窯，方池外有印花紋，佳甚；此亦少者。諸玩器，玉當較勝於磁，惟印色池以磁為佳，而玉亦未能勝也。

右（上）七項，載屠龍《考盤餘事》中，聊採錄以示諸君子。

《煎茶訣序》

夫一草一木，罔不得山川之氣而生也，唯茶之得氣最精，固能兼色、香、味之美焉。是茶有色、香、味之美，而茶之生氣全矣。然所以保其氣而勿失者，豈茶所能自主哉。蓋采之，采之而後有以藏之。如穫稻然，有秋收者，必有冬藏。藏之先，期其乾脆也。利用焙藏之，須有以蓄貯也。利用器藏而不善，濕氣鬱而色枯，冷氣侵而香敗，原氣洩而味變，氣之失也，豈得咎茶之不美乎？然藏之於平時，以需用之於一時。而用之法，在於煎；張志和所謂"竹裏煎茶"，亦雅人之深致也。磁碗以盛之，竹籠以漉之，明水以調之，文火以沸之；其色清且碧，其香幽且烈，其味醇且和；可以清詩思，可以滌煩渴，斯得其茶之美者矣。是在煎之善。

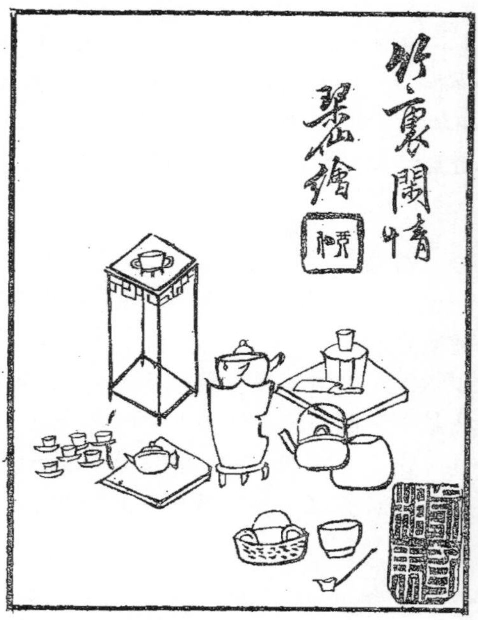

王琴仙《竹裏閒情》（煎茶茶具）插圖

至若水，則別山泉、江泉；火，則詳九沸、九變；器，則取其潔而不取其貴；湯，則用其新而不用其陳。是以水之氣助茶之氣，以火之氣發茶之氣，以器之潔不至汙其氣，以湯之新不至敗其氣。氣得而色、香、味之美全矣。吾故曰：“人之氣配義與道，茶之氣配水與火；水火濟而茶之能事盡矣，茶之妙訣得矣。”友人以《煎茶訣》索序，予為詳敘之如斯。

光緒戊寅六月穀旦。

浙東泰園王治本撰並書

煎茶訣跋 [9]

山林絕區，清淑之氣鍾香露，芽發乎雲液，使人恬淡是味。此非事甘脆肥醲者所得識也。夫其參四供，利中腸，破昏除睡，以入禪悦之味，乃所謂四悉檀之，益固可與道流者共已。葉氏之訣，得其精哉，殆纘竟陵氏之緒矣。

不生道人跋

茶訣一篇，語不多而要眇盡矣。命之剞劂以施四方君子云。時寶曆甲申二月。

浪華蒹葭堂木孔恭識

（附蕉中補寶曆本《煎茶訣》全文）

煎茶訣序

點茶之法，世有其式。至於煎茶，香味之間，不可不精細用心，非複點茶比。而世率不然。葉氏之《訣》，實得其要。猶有遺漏，頃予乘閒補苴，別為一本，以遺蒹葭氏。如或災木，與好事者共之，亦所不辭。

丙辰孟冬　　蕉中老衲識

森世黄書

《煎茶訣》

越溪　葉雋永之　撰

蕉中老衲　補

製茶

西夏製茶之法，世變者凡四：古者蒸茶，出而擣爛之或曰搗而蒸之，為團乾置，投湯煮之如《茶經》所載是也餘《茶經詳説》備悉之。其後磨茶為末，匙而實碗，沃湯筅攪勻之以供。其後蒸茶而佈散乾之、焙之，是所謂“煎茶”也。後又不用蒸，直熈之數過，撚之使縮。及用實瓶如碗，湯沃之，謂之“泡茶”、“沖茶”。

文公《家禮注》，不諳箲制。《五雜俎》曰：“今之惟茶用沸湯投之，稍著火即色黃而味澀不中飲矣。可知輾轉而不復古也。吾日本抹茶、煎茶俱存而用之。抹茶，獨出自宇治，蓋不舍其葉，故極其精細。製造之法，宜抹而不宜煎。煎茶之製，所在有之，然江州所產為最。近好事者家製之，率皆用羖法，重芳烈故也。蓋能其精良，不必所產，然非地近山者不為宜。若其製法，一一茲不詳説。獨《五雜俎》載，松蘿僧説：曰茶之香，原不甚相遠，惟焙者火候極難調耳。茶葉尖者太嫩，而蒂多老，火候勻時尖者已焦而蒂尚未熟；二者雜之，茶安得佳。松蘿茶製者，每葉皆剪去尖蒂，但留中段，故茶皆一色；而功力煩矣，宜其價之高也。余以為此説，真製茶之要也。若或擇取其尖而焙製之，恐最上之品也。

藏茶

初得茶，要極乾脆。若不乾脆，須一焙之，然後用壺佳者貯之。小有疏漏，致損氣味，當慎保護。其焙法：用捲張紙散佈茶葉，遠火焙之，令 熘熘 漸乾。其壺如嘗為冷濕所侵者，用煎茶至濃者洗滌之，曝日待乾、封固，則可用也。

擇水

煎茶，水功居半。陸氏所謂“山水上、江水中、井水下”。山水，揀乳泉、石池涓涓流出者；江水，取去人遠者；井，取汲多者是也。然互有上下，品可辨也。有一種水，至澄而性惡，不可不擇。若取水於遠欲宿之，須以白石橢而澤者四、五，沈著或以同煮之；能利清潔。黃山谷詩：錫穀、寒泉、橢石俱是也石之在湖上為波濤摩圜者為佳，海石不可用。或曰汲長流水為湯，上裝蒸露罐，取其露煮以用茶，尤妙。余未嘗試，但恐軟弱不適。有用瀑泉者，頗激烈不應；然則激烈、軟弱，俱不可不擇。

潔瓶

瓶不論好醜，唯要潔淨。一煎之後，便當輒去殘葉，用椶紮刷滌一過，以當後用。不爾，舊染浸淫，使芳鮮不發。若值舊染者，須煮水一過，去之然後更用。

候湯

凡每煎茶，用新水活火，莫用熟湯及釜銚之湯。熟湯，軟弱不應茶氣；釜銚之湯，自然有氣妨乎茶味。陸氏論“三沸”，當須“騰波鼓浪”而後投茶；不爾，芳烈不發。

煎茶

世人多貯茶不密，臨煎焙之，或至欲焦。此婆子村所供，大非雅賞。江州茶尤不宜焙，其他或焙，亦遠火熘熘然耳。大抵水一合，用茶可重三、四分。投之滾湯，尋即離火，置須臾而供之。不爾，煮熟之，味生芳鮮之氣亡；須別用湯瓶，架火候茶過濃加之。若洗茶者，以小籠盛茶葉，承以碗，澆沸湯以箸攪之，漉出則塵垢皆漏脱去；然後投入瓶中，色、味極佳。要在速疾，少緩慢，則氣脱不佳。如唐製茶，尤宜洗用。

淹茶

唐茶舶來上者，亦為精細，但經時之久，失其鮮芳。肥築間亦有稱唐製者，然氣味頗薄，地產固然。大抵唐製茶，不容煎。瓶中置茶，以熱湯沃焉，謂之泡茶。或以鍾，謂之中茶。中、鍾音，通“泡”名，通瓶。鍾者，《茶經》謂之“淹茶”。皆當先脅之令熱，或入湯之後蓋之；再以湯外溉之，則茶氣盡發矣。

花香茶

有蓮花茶者，就花半開者，實茶其內，絲匝擁之一宿。乘曉含露摘出，直投熱湯，香味俱發。如蘭茶，摘花雜茶，亦經宿而揀去其花片用之；並皆不用焙乾。或以蒸露罐取梅露、菊露類，投一滴碗中，並佳。

(下刪不生道人跋和木孔恭後記二條，見明治本文後所錄)

注　釋

1 此處署名為本書編時按體例改定。日本原寶曆和明治兩刻本，封面均只書題名《煎茶訣》三字。寶曆本在序後文前題下署名，作“越溪　葉雋永之　撰”、“蕉中老衲　補”；明治本刪補者名，只署“越溪　葉雋永之　撰”一人。

2 越溪：即今浙江寧海縣越溪。地以溪名，溪以山名。明洪武三年於此置巡檢司，清康熙時改設千總駐守。明清時是寧海的一個主要出入港口。

3 明和元年(1764)，這一年在日本有的文獻中，也作寶曆十四年。可能是寶曆改元為“明和”的一年，甲子紀年均為“甲申”。

4 木孔恭：國內有的論著中，訛傳將“孔”寫作“弘”，誤。

5 王治本(1835—1907)：明治時著名旅日華人。字泰(同漆)園，別號夢蝶道人。浙東(今浙江慈溪)人。光緒元年(1875)應日本著名漢學家廣部精邀請，至日本“日清社”漢塾教漢語和編輯漢文雜誌。明治十年(1877)，辭聘在日本自創詩社“聞香社”，與日本特別是愛好漢學的文人學士切磋和傳授詩文及創作技巧，另外也為人賦詩作詞、撰序寫跋、繪畫刻章、書匾畫扇，開始以收取潤筆來作留居日本生活之用。本文明治本的王治本的《煎茶訣序》和其族弟琴仙所繪“煎茶器”插頁，即是他們應邀收受“潤筆”之作。這一年，清政府首次派遣以何如璋為首的駐日公使團，治本因熟悉日本情況而被聘為公使團臨時隨員。在1877—1881年這段時間，王治本的才學，深受原高崎藩主的欽佩。日本明治“廢藩”源輝聲賦閒後，寄趣漢學，拜王治本為師，並把他直接接至家中，隨時就學。1882年源輝聲病逝後，王治本移居東京，自此以“清客詩文書畫第一人”的身份，活躍於東京文墨大家，並不斷應日本各地文人所邀，走上了他有計劃訪問漫遊日本、傾力傳播中國漢學、漢文化的生涯。從這一年開始，直至其1906年去世，他的足跡，幾乎踏遍了日本全國各島。王治本絕不是單純的遊山玩水，如他自詠的詩句所説：“愛作閒遊轉不閒”，他遊玩是次，傳播中國文化是真。1883年，他巡遊北海道時，《函館新聞》對他作了專訪和報導。講到王治本在函館期間，將他所作的《函館八勝》詩悉數贈給了該報；並稱“本港文雅之士，亦多乞請揮毫”。即使是玩，他每到一地，也把他所有遊景攬勝的詩作、書畫留給了當地，豐富了當地的文化生活。

6 我們不但認真查閱了本書收錄的全部清代輯集類綜合性茶書，並且還詳細查閱了浙江特別是清代浙東的筆記小說，康熙、光緒《寧海縣誌》及相關的《台州府志》、《寧波府志》等《藝文志 · 書目》，俱未發現有關葉雋和《煎茶訣》的任何記載。如果是書在國內有刻本或較多傳抄本長期流傳，不可能在上幾方面一點沒有反映。

7 在正文“藏茶”前，封面後扉頁正反面，為號“重光”者題寫的“紗帽籠頭、風花遶鬢”八字；接著為王治本撰《煎茶訣序》二頁共164字；然後再是王治本族弟琴仙所繪《竹裏閒情》煎茶具插畫一頁。因非葉雋原著，本書按例照原樣移至本文小田誠一郎、王治本的補文之後備查。

8 如華製茶，尤宜洗用：“華”字，寶曆本作“唐”，此二句八字，疑亦非葉雋而是焦中所補。

9 此跋和其下木孔恭後記，是明治本照寶曆本重刻內容。

校　記

① 在本文“藏茶”前，寶曆本蕉中還補加“製茶”一節，23行，行16字，加雙行小字注，共373字。明治本全刪。所刪內容，可參見本文後附寶曆本全文。

② 氣味：“味”字，明治本刻作“哎”。哎，《集韻》同吻。“氣吻”不可解，當是形誤。據寶曆本逕改。

③ 之，明治本厥，據寶曆本補。

④ 漫字：寶曆本作“侵”。

⑤ 佳也：“佳”字，寶曆本作“是”。

⑥ 此單行小字注下，明治本刪寶曆本可能是蕉中所補“或曰汲……不可不擇”共50字。所刪內容，見本文後附寶曆本全文。

⑦ 用茶可三分：寶曆本作“用茶可重三、四分”。在分之下，明治本刪寶曆本可能是蕉中所補“投之滾湯……過濃加之”39字。所刪內容，見本文後附寶曆本全文。

⑧ 華製茶：“華”字，寶曆本作“唐”。在此句上，明治本刪本節開頭的“唐茶舶……然大抵”39字。所刪內容，見本文後附寶曆本全文。

⑨ 不可煎：“可”字，寶曆本作“容”。

⑩ 熟湯：“熟”字，寶曆本作“熱”。

⑪ 在本節之下，寶曆本還有蕉中補加的《花香茶》一節，5行，行16字，共76字。明治本全刪，所刪內容，見本文後附寶曆本全文。

⑫ 在“補”字上，原書還有“《煎茶訣》終”四字，本書編時刪。

⑬ 編竹為簏（lù）：明治本原刻作“撞”，編時逕改。

⑭ 筯（zhù）：明治本作“筋”，形誤，逕改。

⑮ 書齋：“書”字，陳繼儒《考盤餘事》本作“山”字。

⑯ 書齋宜明靜：陳繼儒《考盤餘事》本無“書齋”二字。“靜”作“淨”，下同。

⑰ 太敞：“敞”字，陳繼儒《考盤餘事》本作“廠”。

⑱ 盈臨：“臨”字，明治本作“甌”，疑形誤。據陳繼儒《考盤餘事》本改。

⑲ 用紫檀烏木為俗：陳繼儒《考盤餘事》本無“俗”字，原文作“用紫檀烏木為之亦佳”。

⑳ 研汁：“汁”字，明治本原刻形誤作“汀”，逕改。

湘皋茶説

◇清　顧蘅　編

顧蘅（蘅，一作衡），字孝持，號霍南，後又自號湘皋老人。江南婁縣（今上海松江）人。貢生，官臨淮（治所位於今安徽鳳陽）訓導，一稱臨淮司鐸。善書畫、工詩。陽海清《中國叢書廣錄》注釋中稱其為“嘉慶壬戌（七年，1802）進士，累官通政司副使”。但查《明清進士題名碑錄索引》不見，大概是錯的。這從本文前序中也可獲知。顧蘅在乾隆四年（1739）所寫的序文中，就自號“湘皋老人”，怎麼會在此後過了63年又考中進士？不過其後一句所說的“累官通政司副使”，雖不敢説就無問題，但其反映顧蘅仕途，決不只臨淮一地一職，這大致是可信的。這一點，顧蘅在文後的《湘皋逸史》中亦提及：“年來奔走四方，僕僕官署，或有佳茶而缺佳水，或得佳泉而無佳茗。”這段記述，多少可以作些補證。

《湘皋茶説》，是我們從南京圖書館收藏的《湘皋六説》中輯出的一篇手稿。所稱《湘皋六説》，包括《書畫説》、《墨説》、《茶説》、《花説》、《香説》、《爐硯説》六稿。全書顧蘅自著自寫的部分不多，大部分內容是輯集其他各書而成的。以《湘皋茶説》為例，其內容主要就輯錄自陸羽《茶經》、許次紓《茶疏》和聞龍《茶箋》等十六、七種茶書。我們上面提到，《湘皋茶説》引錄的茶書有十六、七種（顧蘅自撰“二十二種”），但這只是稿中顧蘅開列的摘錄書目而已，實際他並未按目摘錄，甚至有的書他可能看都沒看。因為我們作編時與原文核對的結果，其所引各書內容，與各書原文大多有出入，有的甚至差異較大；但與屠本畯《茗笈》輯引各書的內容，則幾乎完全相同，其轉抄自《茗笈》的痕記，非常清晰。所以，嚴格來説，稱顧蘅《湘皋茶説》是一篇基本抄襲《茗笈》之作，也不為錯。

本文既然是一卷乾隆以後才編、內容又多半轉抄別書而且最後一部分也尚未定稿的輯集類茶書，那末為甚麼還要特意從未刊書稿中輯出，加以整理補入本書呢？這是因為本文雖然自撰的內容不多，但此部分尚有其自身特點和一定的史料價值。另外，它雖説是一篇編之稍晚的輯集類茶書，但由於其內容較多集中在產、採、製、藏，泉、火、湯、點等茶葉生產、飲用的技藝方面，和前出輯集類茶書相比，即使有重複，也仍不感厭煩。再是其較多內容非輯自原書而是轉抄《茗笈》，但它不是全部照錄而是選抄，較《茗笈》更為簡要。

《湘皋茶說》

序①

吳主禮賢，方聞置茗；晉人愛客，纔有分茶。讀韓翃啟，則知茶之開創，絕不自季疵始，而說者竟以陸羽飲茶，比於后稷樹谷，誤矣。第開創之功，雖不始於桑苧，而製茶自出，實大備於季疵。嗣後，名山所產，靈草漸繁，人巧之功，佳茗日著。羅君有言，茶酒二事，可云前無古人，而我獨怪夫世之卮談名酒者甚多，清談佳茗者實少也。不寧惟是，一切世味，葷臊甘脆，爭染指垂涎，獨此物面孔嚴冷，絕無和氣，稍稍霑唇漬口，輒便唾去，疇則嗜之，非幽人開士，披雲漱石之流，其孰可與語此者乎？予生也憨，口之於味，一無所嗜，獨於茗不忌情。偶閱前賢論茶諸書，有會於心，摘其精當，輯為一編，名曰《茶說》。閱是編者，試於松間竹下，置烏皮几，焚博山爐，斟惠山泉，挹諸茗荈而啜之，便自羲皇②上人矣。若夫客乍傾蓋，用偶消煩，賓待解醒，則飲茶防濫，厥戒惟嚴。重賞之外，別有攸司，此皆排當於閫政，請勿弁髦乎《茶說》。

時乾隆己未清龢月[1]湘皋老人題於曼寄齋。

《茶說》摘錄諸書　凡二十二種③

陸羽《茶經》 羅廩《茶解》 葉清臣《煮茶泉品》《岕茶記》 許次杼《茶疏》 聞龍《茶箋》熊明遇《岕山茶記》④ 《小品》⑤ 張源《茶錄》 宋子安《東溪試茶錄》 屠豳叟《茗笈》 田藝衡⑥《煮泉小品》 羅大經《鶴林玉露》《茗笈品藻》 陸樹聲《茶寮記》 蘇廙《仙芽傳》《茶解序》《茶錄序》 蔡襄《茶錄》⑦ 陸樹聲《煎茶七類》《類林》《考槃餘事》

茶名⑧

陸羽《茶經》：一曰茶，二曰檟，三曰蔎，四曰茗，五曰荈。茶之精腴者，名胡靴牛臆。茶之瘠老者，名竹籜霜荷。⑨

茶目

按：陸羽《茶經》，唐時所載產茶地，凡四十一州，各分上下，其十一州未詳。而今之虎邱、羅岕、天池、顧渚、松羅、龍井、雁宕、武夷、靈山、大盤、日鑄、朱溪、陽羨、六安、天目諸名茶，無一與焉。豈當時混稱州名，而不及詳其地所自出故耶？抑或培植未善，有疏採製故耳？⑩

《煮茶泉品》云：吳楚山谷間，氣⑪清地靈，草木穎挺，多孕茶荈。大率右於武夷者，為白乳；甲於吳興者，為紫筍⑫；產於禹穴者，以天章顯；茂於錢塘者，以徑山稀。至於續廬之巖，雲衡之麓，雅山著於無歙[2]，蒙頂傳於岷蜀，角立差勝，毛舉寔繁。⑬

《茶疏》云：唐人首稱陽羨，宋人最重建州……故不及論。[3]⑭

《考槃餘事》曰：今日茶品，與季疵《茶經》稍異，即烹製之法，亦與蔡、陸諸人[4]不同矣。虎邱最號精絕，為天下冠，惜不多產，皆為豪右所據，寂寞山家，無由獲購矣。天池青翠芳馨，瞰之賞心，嗅亦消渴，可稱仙品。陽羨即俗名曰岕，浙之長興者佳，荊溪稍下。上品價兩倍天池，難得。六安品亦精，惜不善炒，不能發香，而本質寔佳。龍井不過十畝餘，外此皆不及。大抵天開龍泓美泉，山靈特生佳茗以副之耳。天目次於天池，龍井亦佳品也。⑮

產茶

《茶經》：上者生爛石，中者生礫壤，下者生黃土。野者上，園者次，陰山坡谷者，不堪採掇。⑯

《茶記》[5]產茶處，山之夕陽，勝於朝陽。廟後山西向，故稱佳；總不如洞山南向，受陽氣特專，稱仙品。

《茶解》：茶地南向為佳，向陰者遂劣。故一山之中，美惡相懸。⑰

《岕茶記》[6]：茶產平地，受土氣多，故其質濁。岕茗產於高山，渾是風露清虛之氣，故為可尚。

《茗笈》云：瘠土民癯，沃土民厚；城市民嚚而漓，山村民樸而陋；齒居晉而黃，項處齊而癭。人猶如此，況於茗哉！⑱

採茶

《茶疏》：清明太早，立夏太遲，穀雨前後，其時適中。若再遲一、二日，待其氣力完足，香烈尤倍，且易於收藏。

《茶記》：茶以初出雨前者佳，惟〔羅〕岕立夏開園⑲。吳中所貴，梗粗葉厚，有蕭箬之氣，不如雀舌佳，然最不易得。

《茶疏》云：岕茶非夏前不摘。初試摘者⑳，謂之開園。採自正夏，謂之春茶。其地稍寒，故需得此，又不當以太遲病之也。近有七、八月重摘一番，謂之早春，其品甚佳。

製茶

《茶錄》：茶之妙，在乎始造之精，藏之得法，點之得宜。優劣定乎始鐺，清濁繫乎末火。

《茶箋》：火烈香清，鐺寒神倦；火烈猛生焦，柴疏失翠。諸名茶，法多用炒，惟羅岕，宜於蒸焙[7]，味真蘊藉，世競珍之。即顧渚，陽羨，密邇洞山，不復仿此。想此法偏宜於岕，未可概施他茗，而《經》已云：蒸之、焙之，則所從來遠矣。㉑

藏茶

《茶記》㉒：藏茶宜箬葉而畏香藥，喜溫燥而忌冷濕。

《茶錄》：切勿臨風近火。臨風易冷，近火先黃。㉓

《茶解》：凡貯茶之器，始終貯茶，不得移為他用。[24]

《茶疏》[25]：置頓之所，須在時時坐臥之處；逼近人氣，則常溫不寒。必在板房，不宜土室。板房溫燥，土室則蒸。又要透風，勿置幽隱之處，尤易蒸濕。

品泉

溫氏所著《茶說》所識水泉之目凡二十。寒士遠莫能致，惟有無錫惠泉，杭之虎跑[26]、白沙，近猶易得。有則宜貯大瓮。所忌器新，為其火氣未退，易於敗水，亦易生蟲；久用則善。[27]

《茶解》：烹茶須甘泉，次梅水。梅雨如膏，萬物賴以滋養，其味獨甘。梅後便不堪飲。大瓮滿貯，投伏龍肝一塊。須乘熱投之。[28]

《岕茶記》：烹茶，水之功居六。無泉則用天水，秋雨為上，梅雨次之。秋雨冽而白，梅雨醇而白。雪水，五谷之精也。掃雪烹茶，古今韻事。惜水不能白。養水須置石子於瓮，非惟益水，而白石清泉，會心亦不在遠。

《茶錄》[29]：貯水瓮須置陰庭，覆以沙帛。使承星露，則英華不散，靈氣常存。假令壓以木石，封以紙箬，暴於日中，則外耗其神，內閉其氣，水神敝矣。

候火[30]

《茶經》云：其火用炭，曾經燔炙，為脂膩所及，及膏木、敗器不用。古人識勞薪之味，信哉。

《茶疏》：火必以堅木炭為上。然本性未盡，尚有餘煙，煙氣入湯，湯必無用。故先燒令紅，去其煙焰，兼取性力猛熾，水乃易沸。既紅之後，方授水器，乃急扇之，愈速愈妙，毋令手停。停過之湯，寧棄再烹。

《茶錄》，爐火通紅，茶銚始上。扇起要輕疾，待湯有聲，稍稍重疾，斯文武火之候也。若過於文，則水性柔，柔則水為茶降；過於武，則火性烈，烈則茶為水制，皆不足於中和，非茶家之要旨。

蘇廙《仙芽傳》載：《湯十六》云：調茶在湯之淑慝，而湯最忌煙。燃柴一枝，濃煙滿室，安有湯耶，又安有茶耶？可謂確論。田子藝以松寔、松枝為雅者，乃一時興到之言，不知大繆茶理。

定湯

《茶經》[31]其沸：如魚目微有聲，為一沸；緣邊如湧泉連珠，為二沸；騰波鼓浪，為三沸。以上水老，不可食也。[32]

《茶疏》：水入銚，便須急煮。候有松聲，即去蓋，以消息其老嫩。蟹眼之後，水有微濤，是為當時。大濤鼎沸，旋至無聲，是為過時。老湯決不堪用。[33]

《茶疏》[34]：沸速則鮮嫩風逸，沸遲則老熟昏鈍。

《茶錄》：湯有三大辯："一曰形辯，二曰聲辯，三曰捷辯。形為內辯，聲為外辯，氣為捷辯。如蝦眼，蟹眼，魚目連珠，皆為萌湯；直至湧沸如騰波鼓浪，水氣全消，方是純熟。如初聲、轉聲、振聲、駭聲皆為萌湯；直至無聲，方為純熟。如氣浮一縷、二縷、三縷及縷亂不分，氤氳亂繞，皆為萌湯；直至氣直沖貫，方是純熟。蔡君謨因古人製茶，碾磨作餅，則見沸而茶神便發，此用嫩而不用老也。今時製茶，不假羅碾，全具元體，湯須純熟，元神始發也。

點瀹㉟

《茶疏》：未曾汲水，先備茶具，必潔必燥。瀹時壺蓋必仰置瓷盂，勿覆案上。漆氣、食氣，皆能敗茶。

《茶疏》㊱：茶注宜小不宜大，小則香氣氤氳，大則易於散漫。若自斟酌，愈小愈佳。容水半升者，量投茶五分；其餘以是增減。

《茶錄》：投茶有序，無失其宜。先茶後湯，曰下投；湯半下茶，復以湯滿，曰中投；先湯後茶，曰上投。春秋中投，夏上投，冬下投。

《茶疏》：握茶手中，俟湯入壺，隨手投茶，定其浮沉，然後瀉啜；則乳嫩清滑，馥郁鼻端，病可令起，疲可令爽。

《茶錄》：釃不宜早，飲不宜遲。釃早則茶神未發，飲遲則妙馥先消。

《茶疏》：一壺之茶，只堪再巡。初巡鮮美，再巡甘醇，三巡意欲盡矣。所以茶注宜小，則再巡已終。寧使餘芬剩馥尚留葉中，猶堪飯後供啜嗽之用。

辯器

《仙芽傳》云：貴欠金銀，賤惡銅鐵，則磁瓶有足取焉。幽人逸士，品色尤宜，勿與夸珍衒豪者道。㊲

《茶疏》㊳：金乃水母，錫備剛柔，味不鹹澀，作銚最良。製必穿心，令火氣易透。㊴

《茶疏》云：茶壺往時尚龔春，近日時大彬所製，大為時人所重。蓋是粗砂，正取砂無土氣耳。繼是而起者，亦代有名家如沈若惠俱佳。

又云：茶注、茶銚，茶甌、茶盞，最宜蕩滌燥潔。修事甫畢，餘瀝殘葉，必盡去之；如或少存，奪香敗味。每日晨興，必以沸湯滌過，用淨麻布揩乾。

《茶箋》云：茶具滌畢，覆於竹架，俟其自乾為妙。其拭巾，只宜拭外，切忌拭內。蓋布帨雖潔，一經人手，極易作氣。

茶甌：以圓潔白磁為上，藍花者次之。得前朝一、二舊窯尤妙。如必以“白”定、成、宣，則貧士何所取辦哉？許然明之論，於是乎迂矣。㊵

申忌

《茶解》云：茶性淫，易於染着，無論腥穢及有氣息之物，不宜近；即名香，亦不宜近。

吳興姚叔度言：茶葉多焙一次，則香味隨減一次。另置茶盒以貯少許，用錫為之，從大 壜 中分出，用盡再取，則不致時開，易於泄氣。㊶

《茶疏》[42]：煎茶燒香，總是清事，不妨躬自執勞。如或對客塵談不能親蒞，宜令童司。器必晨滌，手令時盥，爪須淨剔，火宜常宿。[43]

《小品》：煮茶而飲，非其人，猶汲乳泉以灌蒿；猶[44]飲者一吸而盡，不暇味，俗莫甚焉。

《茶疏》[45]：若巨器屢巡，滿中瀉飲；待停少溫，或求濃苦，何異農匠作勞，但資口腹，何論品嘗，何知風味。

《茶錄》[46]：茶有真香，而入貢者微以龍腦和膏，欲助其香，謬矣。建安民間試茶，皆不入香，恐奪其真。若烹點之際，又雜珍果、香草，其奪益甚，正當不用。

《茶説》：夫茶中著料，碗中著果，譬[47]如玉貌加脂，蛾媚著黛，翻累本色。[48]

茶妙

《茶經》云：茶之為用，味至寒，為飲，最宜精行儉德之人。若熱渴、凝悶、腦痛、目澀、四肢煩、百節不舒，聊四五啜，與醍醐、甘露抗衡也。[49]

華佗《食論》：苦茶久食，益意思。

《神農食經》：茶茗久服，人有力悦志。

《煎茶七類》[50]：煎茶非漫浪，要須人品與茶相得。故其法往往傳於高流隱逸，有煙霞泉石，磊塊胸次者。

羅君曰：茶通仙靈，然有妙理。[7]

宋子安云：其旨歸於色香味，其道歸於精白潔。[8]

《岕茶記》：茶之色重，味重，香重者，俱非上品。松羅香重，六安亦同；云霧色重而味濃，天池、龍井，總不若虎邱，茶色白，而香似嬰兒，啜之絕精。

《茶解》云：茶色白，味甘鮮，香氣撲鼻，乃為精品。茶之精者，淡亦白，濃亦白，初潑白，久貯亦白，味甘色白，其香自溢，三者得則俱得也。近來好事者，或慮其色重，一注之水，投茶數片，味固不足，香亦窅然，終不免水厄之誚；雖然，尤貴擇水。香以蘭花上，蠶豆花次。

唐宋茗考

唐，茶不重建，未有奇產也。至南唐，初造研膏，繼造蠟面，既又佳者，號曰京鋌。宋初置龍鳳模，號石乳，又有的乳，而蠟面始下矣。丁晉公[9]造龍鳳團，至蔡君謨又進小龍團，神宗時復製密雲龍，哲宗改為瑞雲翔龍，則益精，而小龍下矣。宣和庚子[10]，漕臣鄭可聞，始製為銀絲氷芽，蓋將已選熟芽再剔去，祇取其心一縷，用清泉漬之，光瑩如銀絲，方寸新胯，小龍蜿蜒其上，號龍團勝雪[51]。去龍腦諸香，遂為諸茶之冠。其茶歲分十綱，惟白茶與勝雪，驚蟄後興役，浹日乃成，飛騎至京師，號為綱頭[11]。玉芽，北苑茶焙有細色五綱：第一綱曰貢新；

第二綱曰試新；第三綱曰龍團勝雪，曰白茶，曰御苑玉芽，曰萬壽龍芽[52]，曰乙夜清供，曰承平雅玩，曰龍鳳英華，曰玉除清賞，曰啟沃承恩，曰雪茶[53]，曰蜀葵，曰金錢，曰玉華[54]，曰寸金；第四綱曰無比壽芽，曰萬春銀葉，曰宜年寶玉，曰玉清慶雲，曰無疆壽龍，曰玉葉長春，曰瑞雲翔龍，曰長壽玉圭，曰興國巖銙，曰香口焙銙，曰上品揀芽，曰新收揀芽；第五綱曰太平嘉瑞，曰龍苑報春，曰南山應瑞，曰興國揀芽，又興國岩小龍，小鳳[55]，大龍，大鳳。[56]

唐宋時，產茶地名如建安、宣城、臨江、湖州等處，凡二十有八；其名色如北苑、雀舌、顧渚紫筍、蒙頂諸名，凡四十有二；不具錄。其於今，亦不相同也。

《清異錄》：徐恪鋌子茶，其面文曰玉蟬膏，一種曰清風使。吳僧供傳大士，自蒙頂種花乳三年，味方全美。得絕佳者，曰聖楊花，吉祥蕊。[57]

又〔《蠻甌志》〕[58]：覺林院僧收茶三等，自奉以萱草帶，待客以驚雷莢，紫茸香。黃魯直《煎茶賦》有蒙頂、羅山、都濡、高株、納溪、梅嶺、壓搏、火井諸名。〔蘇鶚《杜陽雜編》〕[59]：同昌公主茶有"綠華、紫英之號。"[60]

《歸田錄》：茶之品莫貴於龍鳳……其貴重如此。[12]

又《試茶錄》稱：芽擇肥乳，則甘香而粥面著盞不散。土瘠[61]而芽短，則雲腳渙亂，去盞而易散。葉梗豐[62]，則受水鮮白；葉梗短，則色黃而汎。予以為即此一說，與今世之品茶，大不相侔矣。夫茶取萌芽，葉猶嫌老，何有於梗？況茶地專取其脊，則清芬芳潔，故每以峰頂野茶為上，安以肥為？但當時所貴之色，曰勝雪，曰玉芽，則有取乎白，乃與今同。顧茶之白也，不專在葉，當佐以水。天泉，山泉，其色分外白也。[63]

品茶佳句

劉禹錫《試茶歌》曰："木蘭墜露香微似，瑤草臨波色不如。"又曰："欲知花乳清冷味，須是眠雲跂石人。"[64]

李南金[13]《辯聲》[65]詩曰："砌蟲唧唧萬蟬催，忽有千車捆載來。聽得松風並澗水，急呼縹色綠瓷杯。"

羅大經補一詩云："松風桂雨到來初，急引銅瓶離竹爐。待得聲聞俱寂後，一瓶春雪勝醍醐。"[66]

品茶佳話[67]

《小品》：飲泉覺爽，啜茗忘喧[68]，謂非膏粱紈樓可語。爰著《煮泉小品》，與枕石漱流者商焉。

茶侶：翰卿墨客，緇衣羽士，逸老散人，或軒冕中超軼味世者。

茶如佳人，此論甚妙。蘇子瞻詩云[14]："從來佳茗似佳人"是也。但恐不宜山林間耳。若欲稱之山林，當如毛女[15]、麻姑[16]，自然仙風道骨，不浼煙霞。

竟陵大師積公，嗜茶，非羽供事不鄉口。羽出游江湖四五載，師絕於茶味。代宗聞之，召入內供奉，命宮人善茶者烹以餉師。師一啜而罷。帝疑其詐，私訪羽召入。翌日，賜師齋，密令羽供茶。師捧甌喜動顏色，且賞且啜，曰："此茶有若漸兒所為者"。帝由是嘆師知茶，出羽相見。

建安能仁院，有茶生石縫間。僧採造得八餅，號石巖白。以四餅遺蔡君謨，以四餅遣人走京師遺王禹玉。歲餘，蔡被召還闕，訪禹玉。禹玉命子弟於茶笥中選精品餉蔡。蔡持杯未待嘗，輒曰："此絕似能仁石巖白，公何以得之？"禹玉未信，索貼驗之，始服。

東坡云：蔡君謨嗜茶，老病不能飲，日烹而玩之，可發來者之一笑也。孰知千載之下，有同心焉。嘗有詩云："年老耽彌甚，脾寒量不勝"。去烹而玩之者幾希矣。

周文甫自少至老，茗碗薰爐，無時蹔廢。飲茶日有期：旦明、晏食[17]、隅中[18]、餔時[19]、下舂[20]、黃昏凡六舉，而客至烹點不與焉。壽八十五，無疾而卒。非宿植清福，烏能畢世安享。視好而不能飲者，所得不既多乎。嘗畜一龔春壺，摩挲寶愛，不啻掌珠。用之既久，外類紫玉，內如碧雲，真奇物也。後以殉葬。

屠豳叟曰：人論茶葉之香，未知茶花之香。予往歲過友大雷山中，正值花開，童子摘以為供。幽香清越，絕自可人；惜非甌中物耳。乃予著《瓶史》，月表插茗花為齋中清玩，而高廉《盆史》亦載：茗花足以助吾玄賞。㊾

又曰：昨有友從山中來，因談茗花可以點茶，極有風致，弟未試耳，姑存其說，以質諸好事者。⑰

〔編餘飯飣〕[21]

煮茶先品泉，陸鴻漸嘗命一卒入江取南泠水。及至，陸以杓揚水曰：江則江矣，非南泠臨岸者乎。既而，傾水及半，陸又以杓揚之曰："此似南泠矣。"使者蹶然曰："某自南泠持至岸，偶覆其半，取水增之，真神鑒也。"⑦

金山寺天下第一泉，李德裕作相時，有奉使金陵者，命置中泠水一壺。其人忘卻，至石頭城乃汲歸以獻。李飲之曰："此頗似建業城下水。"其人謝過不敢隱（或以中泠水及惠山泉稱之，一升重二十四銖。）

西安府有盩厔洞，飛泉甘且冽。蘇長公[22]⑫過此，汲兩瓶去，恐後復取為從者所紿，乃破竹作券，使寺僧取之以為往來之信。戲曰"調水符。"

陸羽，沔水人。一名疾，字季疵；一名羽，字鴻漸。相傳老僧自水濱拾得，畜之既長，自筮得蹇之漸[23]：曰鴻漸於陸，其羽可用為儀，乃以定姓氏及字。郡守李齊物，識羽於僧舍中，勸之力學，遂能詩。雅性高潔，不樂仕進，詔拜太常不就。性嗜茶，寓居茶山中；環植數畝，杜門著書。或行吟曠野，或慟哭而歸。刺史姚驥每微服造訪。稱桑苧翁，號東岡子，又號竟陵子，著《茶經》三篇傳世。

古今茶説，陸羽《茶經》之外，羅廩有《茶經解》，葉清臣有《煮茶泉品》[73]，《蚧茶記》，許次紓有《茶蔬》，聞龍《茶箋》，熊明遇有《羅蚧茶記》[74]，張源有《茶錄》，宋子安有《東溪試茶錄》，屠豳叟有《茗笈》，田崇藝衡有《煮泉小品》，羅大經有《鶴林玉露》，蔡襄〔有《茶錄》〕[75]。

賞閱傳奇《明珠記》，焦山公與趙文華品茶，文華稱美，焦山公曰："色雖美，只是不香。"文華下一轉語曰："香便不香，卻也有味。"焦山曰："味雖有，恕不久。"此雖傳奇者設為之辭，未必真有是事，但機鋒相對處，直是以茶說法，可補陸羽《茶經》、蔡襄《茶譜》、葉清臣，許次紓《茶記》、《茶疏》諸書所未備。

《湘皋逸史》曰：予自少即嗜啜茗，自藏茶而貯水，而用火，而定湯，而點瀹以至茶器、茶忌、茶妙，無一不留心講究。凡松蘿、龍井、武夷、徑山，悉購求以待知己談心出而見賞。生平所最愜心者，惟羅蚧。在長安，則六安有絕佳者，武夷為最劣。年來奔走四方，僕僕官署，或有佳茶而缺佳水，或得佳泉而無佳茗，湯無定期，點難按法。遇渴則不得不飲，逢茶亦不得不吃。其始也，亦甚覺難堪，漸則相忘，今已安之若素矣。始信清福誠不易享，非眠雲漱石未易了此。偶撿篋中，將此重錄，世有丹邱子、黃山君之儔，當出而與之相質正也。

評曰：知深斯鑒，別精好薦，斯考訂備。湘皋所著《茶說》，自陸季疵《茶經》，諸家茶箋、疏、論、解，兼綜條貫，另成一書，直是一種異書。置此書於排几上，伊唔之暇，神倦口枯，輒一披玩，不覺習習清風兩腋間矣。

注釋

1 清龢月："龢"也作"和"。"清龢月"，即農曆孟夏四月。

2 無歙：有的論著注作"江蘇無錫"，誤。江蘇無錫清以前產茶甚少，也不甚有名，聯繫下句"蒙頂傳於岷蜀"，此"無歙"，疑指"婺歙"，即其時江南的婺源和歙縣。

3 此處刪節，見明代屠本畯《茗笈·第一溯源章》。

4 蔡、陸諸人：蔡即蔡襄，陸指陸羽。詳本書唐代《茶經》和宋代《茶錄》題記。

5 《茶記》：即熊明遇《羅岕茶記》。

6 《岕茶記》：也即《羅岕茶記》。

7 羅君：即羅廩；此內容摘自其《茶解·總論》。

8 宋子安云：據卷首摘錄書目，這裏所"云"，當是指《東溪試茶錄》的內容。但是，這裏所謂宋子安說的"其旨歸於色香味，其道歸於精白潔"。儘管唐宋時甚至在《東溪試茶錄》中，在某些具體看法上，就不系統地點點滴滴存有這些類似看法和要訣，但總結以至上升為旨、為道並且明確提出這種看法，是明中期以後的事。所以此語非宋子安所説，是顧蘅用明以後才有的茶葉精義，來概括和讚評《東溪試茶錄》的要旨。

9 丁晉公：即丁謂。見宋輯佚茶書丁謂《茶錄題記》。

10 宣和庚子："宣和"（1119 － 1125）為宋徽宗的年號，宣和庚子，為宣和二年。

11 綱頭：即頭綱。

12 此處刪節，見明代徐𤊹《蔡端明別紀·茶癖》。

13 李南金：宋江西樂平人，字晉卿，自號三谿冰雪翁。紹興二十七年進士，曾任光化軍（治所位於今湖北光化縣西北）教授。

14 蘇子瞻詩云：下列詩句出蘇軾《次韻曹輔寄壑源試焙新芽》。

15 毛女：傳説華山仙人之一。《列仙傳》載，毛女，在華陰山中，山客獵師世世見之，體生毛，自言秦始皇宮人。

16 麻姑：傳説東漢桓帝時和王方平同時的二位神仙。故事載晉葛洪《神仙傳》，稱麻姑能擲米成珠，指甲長如鳥爪。

17 晏食：上古稱白飯為"晏"，廣府人故稱吃中午飯為"晏食"。但這裏如《淮南子》所説"日至於桑野是謂晏食"，不是中飯，是早飯後。

18 隅中：將近午時。《淮南子·天文訓》曰："至於衡陽，時謂隅中。"指太陽照到衡陽，還未到正中。

19 餔時：相當一般所説的"申時"，下午三至五點。《淮南子·天文訓》：日至于悲谷，即西南方大壑為餔時。

20 下舂：在"脯時"和"黃昏"之間，《淮南子》還分"大還"、"高舂"、"下舂"、"羲和"、"縣車"五個時段。所謂下舂，即"日至於連石"之時。

21 編餘飣餖：顧蘅所編《湘皋茶説》：如以抄錄《茗笈·第十六玄賞章》"評"和"注"為其《品茶佳話》結束，那末此前內容基本有題有條，眉目尚算清楚。但在此之下，不空不隔，不另立標題，接着抄錄顧蘅自撰的《湘皋逸史》及其友人對《湘皋茶説》的評述，接着又雜抄《明珠記》焦山公與趙文華品茶，再下又是陸羽判南陵水，李德裕判建業城下水、調水符和陸羽傳等內容。這些顯然不能算《品茶佳話》，那末算甚麼呢？《湘皋逸史》及後評實際可算是顧蘅及其友人對於本文寫的後序或跋。在這之後又抄錄了幾條關於名家品水、陸羽傳略和《茶經》及其他一些茶書的內容。這説明顧蘅對這後一部分資料，未作整理，也尚未最後確定排在那裏。因為這樣，本書在收編時，於此特加一《編餘飣餖》標題，以將此和前文分隔開來；另外將此前一兩條《湘皋逸史》和《湘皋茶説·評》移至本文最後作後敍，將第3條移至《湘皋逸史》和"茶書述錄"之間，以使內容不致太蕪雜，像一本茶書樣子。

22 蘇長公：即蘇軾。

23 蹇之漸："蹇"、"漸"，是以《易經》六十四卦中的兩個卦名。"之"字指到的意思。

校　記

① 序：顧蘅手稿原作“湘皋茶説序”本書編時刪書名。
② 羲皇：“羲”字，顧蘅原稿書作“義”，據文義逕改。
③ 二十二種：此數有誤。《岕茶記》和熊明遇《羅岕茶記》、《小品》與田藝蘅《煮泉小品》重出；《茗笈品藻》一般都附於《茗笈》之後，不獨立成書。至於《茶解》和《茶錄》序，很明顯，也不能算書；實際摘錄可以稱之為書的，總加起來，不超過十七種。
④《羅岕茶記》：底本作“岕山茶記”，誤。原書為《羅岕茶記》，古書中偶也有人簡作《岕茶記》。
⑤《小品》：疑即指田藝蘅《煮泉小品》。
⑥ 田藝蘅：“藝”字，崇禎十三年益府《煮泉小品》誤刻作“崇”字，底本以訛傳訛，也書作“崇”，逕改，下不出校。
⑦ 蔡襄《茶錄》：“錄”字底本傳誤從個別次劣版本，也均刻作“譜”；逕改，下不出校。
⑧ 在“茶名”前一行，原稿還有書題《湘皋茶説》四字。編時刪。
⑨ 本段茶樹和茶葉之名，前者引自《茶經·一之源》，後者摘自《茶經·三之造》，完全由顧蘅重新摘編，與原文大相徑庭，無從校對。另外本書凡摘引茶書內容，一般也不細校，欲詳請參考查核本書所收原著。
⑩ 本段“按”，係顧蘅據羅廩《茶解·原》概括、摘錄、增補、改寫而成。如“而今之虎邱”以下至“大盤、日鑄”為《茶解》原文；“朱溪……天目諸名茶”為增添；之下和最前的內容，便又是顧蘅據《茶經》和《茶解》的綜合、縮寫，故本段內容，也非摘自所提哪部茶書。
⑪ 氣：底本“氣”字，皆簡寫書作“气”。編者改，下不出校。
⑫ 紫筍：“筍”字，顧蘅手稿誤作“荀”字。逕改。
⑬ 本段內容，引自宋葉清臣《述煮茶泉品》，但文字稍有增刪。
⑭ 本段引文，據許次抒《茶疏·產茶》選輯，後一部分，刪動尤多。
⑮ 這段《考槃餘事》引文，實為該書《茶箋》內容，即由本書屠隆《茶箋》“茶品”各條連接而成。不過二者文義雖同，但文字略有出入。
⑯ 此條非據自《茶經》，疑轉抄《茗笈·得地章》內容。
⑰ 此條非據自《茶解》，疑轉抄《茗笈·得地章》內容。
⑱ 此條錄自《茗笈》第二章屠本畯《評》，與原文全同。
⑲ 惟羅岕立夏開園：底本無“羅”字。“岕茶”是總稱，“羅岕”是岕之最佳者，各岕採製方法，不盡相同。據《羅岕茶記》原文補。
⑳ 初試摘者：“試”字，底本作“始”字，據《茶疏》改。
㉑ 此所謂《茶箋》內容，前一句“火烈香清”至“柴疏失翠”，實際仍出自張源《茶錄·辨茶》，“諸名茶”後之內容，始為聞龍《茶箋》文。
㉒《茶記》及本節以下三條文前書名，顧蘅原稿，均錄於每條文後作小字注。本書編校時，為統一全文體例，才將文後注移置條前作書題。
㉓ 此係張源《茶錄》所載《藏茶》內容。
㉔《茶解》此具體為錄自《茶解·藏》部分內容。
㉕《茶疏》：底本“疏”字誤作“錄”，編校時改。
㉖ 虎跑：底本“跑”字誤書作“泡”，逕改。
㉗ 本段內容，查未獲其所出，疑是顧蘅雜摘有關各品、水記內容而成。
㉘ 本段引文，由羅廩《茶解·水》2條內容選摘而成。
㉙《茶錄》：底本將此錄內容，誤作《茶解》，本書編時校改。
㉚ 本節內容摘自《茶經》“五之煮”；《茶疏》、《茶錄》引文，輯自二書“火候”；蘇廙《仙芽傳》內容，前一部分輯自《十六湯品》第十六大魔湯。後面“可謂確論”以下，與《仙芽傳》無關，係輯自《茗笈》“評”語。由本節四條內容，再次可以清楚看出，本文所標書目，大多是虛列，實際是轉抄屠

本畯《茗笈》。

㉛ 《茶經》：此書題及本節下列《茶疏》、《茶疏》、《茶錄》三書目，手稿原文抄如屠本畯《茗笈》，均列每段引文末尾，作小字注。現移置文前，是本書收編時為統一體例改。

㉜ 本條據《茶經．五之煮》，也是據《茗笈．定湯章》選摘。

㉝ 本條及以下 2 條內容，分別輯自《茶疏．候湯》、《茶疏．煮水器》和《茶錄．湯辨》三處，但也全部俱見或轉抄《茗笈》。

㉞ 《茶疏》："疏"字，底本誤作"錄"，校改。

㉟ 本節以下內容，大多輯自《茶疏》，二條摘自《茶錄》，本條錄自《茶疏．烹點》，其他各條引文出處順序分別為《茶疏．稱量》、《茶錄．投茶》、《茶疏．烹點》、《茶錄．泡法》和《茶疏．飲啜》。但如上所說，因本文內容大多抄自《茗笈》，所以與所注《書目》原文的差異較多。

㊱ 《茶疏》："疏"字，底本誤作"箋"字，校改。

㊲ 本條內容所說《仙芽傳》，實際為本書收錄的《十六湯品》的"第九壓一湯"。《茗笈》也有收錄。

㊳ 《茶疏》：底本誤作《茶錄》。經查，為《茶疏》內容，係《茗笈》首先出錯，本文抄襲《茗笈》，以訛傳訛。校改。

㊴ 本條和以下"茶壺往時尚龔春"和"茶注"，均輯自許次紓《茶疏》，以次輯自《茶疏》"煮水器"、"甌注"和"滌湯"三題。但和上面一樣，名為摘錄《茶疏》，實際與《茶疏》特別是"甌注"、"滌湯"的內容出入較大，而與《茗笈》相同。

㊵ 本條上面的《茶箋》，為聞龍《茶箋》。本條所說"茶甌"內容，係顧蘅據《茗笈．辨器章．評》改寫而成。

㊶ 此顧蘅據《茶箋》和《茗笈．申忌章》有關姚叔度所說"茶忌"壓縮而成。

㊷ 《茶疏》，及此條下本節《小品》、《茶疏》、《茶錄》和《茶說》各書目顧蘅原稿均列文後作小字注，本書編校時，為體例一致，移諸條前作題。

㊸ 本條及本節下面的《水品》和《茶疏》三條，非輯自《茗笈．申忌》，而是抄錄《茗笈．防濫章》。

㊹ 猶：底本作"猶"，據文義和前後"猶"字改。

㊺ 《茶疏》：底本作《小品》，顧蘅誤抄，校改。

㊻ 《茶錄》：底本作《茶譜》，據所輯內容改。

㊼ 譬："譬"底本誤作"辟"字，逕改。

㊽ 本條及上面，《茶錄》條，顧蘅由《茗笈．戒淆章》選抄。《茶說》即本書所收的屠隆《茶箋》；但屠隆《茶箋》中查無本文和《茗笈》所錄內容。經查，本段文字實出自明程用賓《茶錄．正集．品真》，疑是屠本畯編《茗笈》時將書名混淆的結果。

㊾ 本條內容，摘自《茶經．一之源》。下面華陀《食論》、《神農食經》，摘自陸羽《茶經．七之事》。

㊿ 《煎茶七類》：底本為文後小字注，本書編校時，據前後體例，移至文前。

51 龍團勝雪："團"字，《宣和北苑貢茶錄》有些版本，也刊作"園"字。下同。

52 萬壽龍芽：按《宣和北苑貢茶錄》，此下和"乙夜清供"之間，還脱一"上林第一"。

53 雪茶："茶"字，《宣和北苑貢茶錄》等書，作"英"。在此下和"蜀葵"間，《宣和北苑貢茶錄》還多"雲葉"一種。

54 玉華："華"字，一作"葉"。

55 小鳳：按《宣和北苑貢茶錄》，此"小鳳"，似應作"興國巖小鳳"。

56 本條及下條唐宋茶葉產地和名品，無出處，係顧蘅據唐宋有關茶史資料自己編摘而成。

57 參見本書《十六湯品》"玉蟬臺"和"聖楊花"二文。此係顧蘅據上述內容改寫。

58 原稿抄寫潦草，眉目不清，本條在"又"字後，編者加出處"《蠻甌志》"三字。

59 為與上條黃庭堅的內容相區分，本書作編時，在"同昌公主"前，加出處"蘇鶚《杜陽雜編》"六字。

60 以上《蠻甌志》、黃庭堅《煎茶賦》和《杜陽雜編》三條，均為摘編。

61 土瘠：底本"瘠"字抄寫作"脊"，逕改。

62 葉梗豐："豐"字，《湘皋茶説》原稿書作"半"字，據《試茶錄》原文改。

63 本條和上面《歸田錄》，均為歐陽修作。

(64) 《試茶歌》：《全唐詩》等全名作《西山蘭若試茶歌》。“墜露”的“墜”字，一作“沾”字；“花浮”的“花”字，一作“藥”字。

(65) 李南金《辨聲》：明喻政《茶集．詩類》作“李南星《茶瓶湯候》。”《茶集》“星”字，疑是“金”字之音誤。

(66) 此詩見《鶴林玉露》卷3。《鶴林玉露》原文“桂雨”作“檜雨”；“一瓶”作“一甌”。

(67) 品茶佳話以下底本，顧蘅僅將這最後部分要編集的內容，隨便摘錄一起，未注出處，未排序次。本書作編時，按本文前面體例補加必要書目，有些排列序次，也稍作調整。

(68) 《小品》：“飲泉覺爽，啜茗忘喧”：《小品》應作《煮泉小品．趙觀敘》。“啜茗”，田藝蘅《煮泉小品》趙敍原文作“啜茶”。

(69) 本文《品茶佳話》八條內容，除前面“贊”語、《茶經》、析劉禹錫《試茶歌》三條刪未作錄外，其餘全部順序抄自《茗笈．第十六玄賞章》內容。

(70) 本條《茗笈》下“又曰”的內容，原文為《茗笈．第十六玄賞章》“評”語末尾的雙行小字注。

(71) 本條傳説，源出張又新《煎茶水記》，但其文字，更接近夏樹芳《茶董．水半是南零》。此條傳水，與本書明程百二的《品茶要錄補．辨煎茶水》內容較接近。

(72) 此條不見於《茗笈》，疑錄自明龍膺《蒙史》，文字基本相同。以此顧蘅所稱的“蘇長公”，《蒙史》作蘇軾。

(73) 葉清臣有《煮茶泉品》：在葉清臣《煮茶泉品》之下，底本還有《岕茶記》一書，編者刪。因列在《煮茶泉品》之後，易被誤作此書，亦是葉清臣撰；另外，與下面熊明遇《羅岕茶記》重出。

(74) 《羅岕茶記》：底本作《岕山茶記》，編者改。

(75) 蔡襄有《茶錄》：底本“蔡襄”名後，脱書名，“有《茶錄》”三字，為編者補。

陽羡名陶錄

◇清　吳騫　編①

吳騫（1733－1813），字槎客，一字葵里，也寫作揆禮，號愚谷，又號兔床。浙江海寧人，貢生。篤嗜典籍，建拜經樓，藏書有五萬卷之多，另書室名富春軒。晨夕展讀，精校勘之學，與同鄉陳鱣、吳縣黃丕烈好同趣投，常相交遊切磋。陳鱣為其時"浙中經學最深之士"，精研文字訓詁，長於校勘輯佚，藏書亦豐。黃丕烈亦精於校刊，喜藏書，尤嗜宋本，曾顏其室為"百宋一廛"，自諭收藏有百部宋板。吳騫聞後，也自題其室為"千元十駕"，指千部元板等於百部宋板。吳騫能書工詩，有《愚谷文存》、《拜經樓詩集》、《拜經樓叢書》傳世。

吳騫不但喜歡收藏圖書，也非常愛好廣收古器遺物，《陽羡名陶錄》，即是他在收藏、研究宜興陶壺過程中，由所見所聞、心得體會並在明代周高起《陽羡名陶系》基礎上充實編輯而成的。這裏需指出，吳騫《陽羡名陶錄》上卷雖然抄錄了明代周高起《陽羡茗壺系》一部分內容，下卷更主要是輯引前人詩文而成，但書中仍有不少屬於他自著的部分，不愧是《陽羡茗壺系》以後有關宜興紫砂壺的另一本重要專著。在這本書撰刊以後，他又編輯了一本《陽羡名陶續錄》。這兩本書面世以後，在當時社會上，特別是江南的一批尚茶文人包括朝臣名士中間，得到了好評和重視。如清末力主光緒皇帝維新變法的軍機大臣翁同龢，就不僅閱讀過這兩本書，而且為便於閱讀，在其所輯的《瓶廬叢稿》中，就收有一本他書寫的《陽羡名陶錄》摘抄稿。

據吳騫自序，《陽羡名陶錄》撰於乾隆丙午（五十一年，1786）二月左右，不久首刊於其自印的乾隆《拜經樓叢書》。之後，在清代，是書除道光十三年（1833）被楊列歐收入其《昭代叢書·廣編》外，在光緒年間，還出過一種重刊本。至民元以後，先後相繼出版的，還有1922年上海博古齋增輯本、《美術叢書》本和中國書店影印本等多種。本書以乾隆《拜經樓叢書》本作錄，以博古齋本、《美術叢書》本等作校。另須指出，由於本文抄錄《陽羡茗壺系》處甚多，本書對《陽羡茗壺系》擬作重點校註，相同處請詳上書。

最後還要補說一點，本篇成稿後，喜見浙江攝影出版社2001年出版高英姿女士選註的《紫砂名陶典籍》。高英姿隨著名的紫砂陶藝大師顧景舟攻讀碩士，亦可稱是目前唯一的既諳陶藝又長古籍整理的專家。本書在校註本文中，不僅參考甚多，並且蒙英姿惠贈紫砂製圖工具多幅，特附文後以資參考，並專此致謝！

題辭

博物胸儲《七錄》[1]豪，閒窗餘事付名陶。開函紙墨生香處，篆入熏爐波律膏[2]。

瓷壺小樣最宜茶，甘欸[3]濃浮碧乳花。三大一時傳舊系，長教管領小心芽。

聞説陶形祀季疵，玉川風腋手煎時。何當喚取松陵客[4]，補賦荊南茶具詩。

陽羨新鐫地志譌，延陵詩老費搜羅。他年採入圖經內，須識桃溪客語多。

松靄周春[5]

自序②

上古器用陶匏，尚其質也。史稱虞舜陶於河濱，器皆不苦窳苦，讀如盬。。苦窳者何？蓋髻墾薜暴[6]之等也③。然則苦窳之陶，宜為重瞳[7]所弗顧④。厥後，閼父作周陶正[8]，武王賴其利器用也。以大姬妻其子，而封之陳。春秋述之。三代以降，官失其職。象犀珠玉，金碧焜燿，而陶之道益微。今覆穴⑤所在皆有，不過以為瓴甋罌缶之須，其去苦窳者幾何？惟義興之陶，製度精而取法古，迄乎勝國？諸名流出，凡一壺一卣，幾與商彝周鼎並為賞鑒家所珍，斯尤善於復古者與！予揭來荊南，雅慕諸人之名，欲訪求數器；破數十年之功⑥，而所得蓋寥寥焉。慮歲月滋久，並作者姓氏且弗章。擬綴輯所聞，以傳好事，暨陽周伯高氏，嘗著《茗壺系》，述之頗詳，間多漏略，玆復稍加增潤，釐為二卷，曰《陽羨名陶錄》。超覽君子，更有以匡予不逮，實厚願焉。

乾隆丙午春仲月吉，兔床吳騫書於桃溪墨陽樓

卷上

原始

相傳壺土所出，有異僧經行村落日，呼曰："賣富貴土！"人羣嗤之。僧曰："貴不欲買，買富何如？"因引村叟，指山中產土之穴。及去，發之，果備五色，爛若披錦。

陶穴環蜀山。山原名獨，東坡先生乞居陽羨時，以似蜀中風景，改名此山也。祠祀先生於山椒，陶煙飛染、祠宇盡墨。按《爾雅．釋山》云："獨者蜀。"則先生之銳改厥名，不徒桑梓殷懷，抑亦考古自喜云爾。

吳騫曰：明王升《宜興縣志》引陸希聲《頤山錄》云："頤山東連洞靈諸峰，屬於蜀山。蜀山之麓，有東坡書院。"然則蜀山，蓋頤山之支脈也⑦。今東坡書院前有石坊，宋牧仲中丞題曰："東坡先生買田處"。

選材

嫩黃泥，出趙莊山，以和一切色土，乃黏埴可築，蓋陶壺之丞弼也。

石黃泥，出趙莊山，即未觸風日之石骨也，陶之乃變硃砂色。

天青泥，出蠡墅，陶之變黯肝色。又其夾支，有梨皮泥，陶現凍梨色；淡紅泥，陶現松花色；淺黃泥，陶現豆碧色；密口泥，陶現輕赭色；梨皮和白砂，陶

現淡墨色。山靈腠絡，陶冶變化，尚露種種光怪云。

老泥，出團山，陶則白砂星星，宛若珠琲。以天青、石黃和之，成淺深古色。

白泥，出大潮山，陶瓶、盎、缸、缶用之。此山未經發用，載自江陰白石山。即江陰秦望山東北支峯。

吳騫曰，按：大潮山，一名南山，在宜興縣南[8]，距丁蜀二山甚近，故陶家取土便之。山有洞，可容數十人。又張公、善權二洞，石乳下垂，五色陸離，陶家作釉，悉於是採之。

出土諸山，其穴往往善徙。有素產於此，忽又他穴得之者，實山靈有以司之；然皆深入數十丈乃得。

本藝

造壺之家，各穴門外一方地，取色土篩搗；部署訖，弇窖其中，名曰養土。取用配合，各有心法，秘不相授。壺成幽之，以候極燥，乃以陶甕俗謂之缸掇 庋五六器，封閉不隙，始鮮欠裂、射油之患。過火則老，老不美觀；欠火則稚，稚沙土氣。若窯有變相，匪夷所思，傾湯貯茶，雲霞綺閃，直是神之所為，億千或一見耳。

規仿名壺曰臨，比於書畫家入門時。

壺供真茶，正在新泉活火，旋瀹旋啜，以盡色、聲、香、味之蘊。故壺宜小不宜大，宜淺不宜深；壺蓋宜盎不宜砥。湯力茗香，俾得團結氤氳，宜傾竭即滌去。渟滓乃俗夫強作解事，謂時壺質地堅結，注茶越宿，暑月不餿。不知越數刻而茶敗矣，安俟越宿哉。況真茶如蓴脂，採即宜羹；如筍味，觸風隨劣。悠悠之論，俗不可醫。

壺宿雜氣，滿貯沸湯，傾即沒冷水中，亦急出冷水寫之，元氣復矣。

品茶用甌，白瓷為良。所謂"素瓷傳靜夜，芳氣滿閒軒"也。製宜弇口邃腹，色澤浮浮而香味不散。

茶洗，式如扁壺，中加一項鬲，而細竅其底，便過水漉沙。茶藏以閉洗過茶者。仲美君用各有奇製，皆壺使之從事也。水杓、湯銚，亦有製之盡美者。要以椰匏、錫器為用之恆。

壺之土色，自供春而下及時大初年，皆細土淡墨色。上有銀沙閃點，迨硇砂和製縠縐，周身珠粒隱隱，更自奪目。

壺經[9]用久，滌拭日加，自發闇然之光，入手可鑒，此為文房雅供。若膩滓爛斑，油光爍爍，是曰和尚光，最為賤相。每見好事家藏，列頗多名製，而愛護垢染，舒袖摩挲，惟恐拭去，曰："吾以寶其舊色。"爾不知西子蒙不潔，堪充下陳否耶？以注真茶，是藐姑射山之神人，安置煙瘴地面矣。豈不舛哉。

周高起曰：“或問以聲論茶，是有說乎？”答曰：“竹爐幽討，松火怒飛，蟹眼徐窺，鯨波乍起，耳根圓通為不遠矣。然爐頭風雨聲，銅鉼易作，不免湯腥。砂銚[10]能益水德，沸亦聲清。白金尤妙，第非山林所辦爾。”

家溯

金沙寺僧，久而逸其名矣。聞之陶家云，僧閒靜有致，習與陶缸甕者處，摶[11]其細土，加以澄練；捏築為胎，規而圓之，刳使中空，踵傅[12]口、柄、蓋、的，附陶穴燒成，人遂傳用。

吳騫曰：金沙寺，在宜興縣東南四十里；唐相陸希聲之山房也。宋孫覿詩云：“說是鴻磐讀書處，試尋幽伴拄孤藤。”建炎間，岳武穆曾提兵過此留題。

供春，學憲吳頤山家僮也。頤山讀書金沙寺中，春給使之暇[13]，竊仿老僧心匠，亦淘細土摶坯。茶匙穴中，指掠內外，指螺文隱起可按，胎必累按，故腹半尚現節腠，視以辨真。今傳世者，栗色闇闇如古金鐵，敦龐周正，允稱神明垂則矣。世以其係龔姓，亦書為龔春。

周高起曰：供春，人皆證為龔春。予於吳冏卿家見大彬所仿，則刻供春二字，足折聚訟云。

吳騫曰：頤山名仕，字克學，宜興人，正德甲戌進士，以提學副使擢四川參政。供春實頤山家僮，而周《系》曰青衣，或以為婢，並誤。今不從之。

董翰，號後谿。始造菱花式，已殫工巧。

趙梁，多提梁式。梁亦作良。

元暢《茗壺系》作元錫，《秋圓雜佩》作袁錫，《名壺譜》作元暢。

時朋，一作鵬，亦作朋，時[14]大彬之父。與董、趙、元是為四名家，並萬曆間人，乃供春之後勁也。董文巧，而三家多古拙。

李茂林，行四，名養心。製小圓式，妍在樸緻中，允屬名玩。案：春至茂林，《茗壺系》作正始。

周高起曰：自此以往，壺乃另作瓦缶，囊閉入陶穴。故前此名壺，不免沾缸罈油淚。

時大彬，號少山。或陶土，或雜砂硇土，諸款具足，諸土色亦具足，不務妍媚而樸雅堅栗，妙不可思。初自仿供春得手，喜作大壺，後遊婁東，聞陳眉公與瑯琊、太原諸公品茶、試茶之論，乃作小壺。几案有一具，生人閒遠之思，前後諸名家並不能及，遂於陶人標大雅之遺，擅空羣之目矣。案：大彬，《茗壺系》作大家。

周高起曰：陶肆謠云“壺家妙手稱三大”，蓋謂時大彬及李大仲芳、徐大友泉也。予為轉一語曰：“明代良陶讓一時；獨尊少山，故自匪佞。”

李仲芳，茂林子，及大彬之門，為高足第一。制漸趨文巧，其父督以敦古。芳嘗手一壺⑮，視其父曰：“老兄，者個何如？”俗因呼其所作為“老兄壺”。後⑯入金壇，卒以文巧相競。今世所傳大彬壺，亦有仲芳作之，大彬見賞而自署款識者。時人語曰：“李大瓶，時大名。”

徐友泉，名士衡，故非陶人也。其父好時大彬壺，延致家塾。一日，強大彬作泥牛為戲。不即從，友泉奪其壺土出門而去，適見樹下眠牛將起，尚屈一足，注視捏塑，曲盡厥形狀，攜以視，大彬一見驚歎曰：“如子智能，異日必出吾上。”因學為壺，變化式土，仿古尊罍諸器，配合土色所宜，畢智窮工，移人心目。厥製有漢方、扁觶、小雲雷、提梁卣、蕉葉、蓮芳、菱花、鵝蛋，分襠索耳、美人垂蓮、大頂蓮、一回角、六子諸款。泥色有海棠紅、硃砂紫、定窯白、冷金黃、淡墨、沉香、水碧、榴皮、葵黃、閃色梨皮諸名。種種變異，妙出心裁。然晚年恆自歎曰：“吾之精，終不及時之粗。”友泉有子，亦工是技，人至今有大徐、小徐之目，未詳其名。按：仲芳、友泉二人，《茗壺系》作名家。

歐正春，多規花卉、果物，式度精妍。

邵文金，仿時大漢方獨絕。

邵文銀

蔣伯荂，名時英。

此四人並大彬弟子。蔣後客於吳，陳眉公為改其字之“敷”為“荂”。因附高流，諱言本業，然其所作，堅緻不俗也。

陳用卿，與時英同工[9]，而年技俱後，負力尚氣，嘗以事在縲絏中，俗名陳三騃子。式尚工緻，如蓮子、湯婆、缽盂、圓珠諸製，不規而圓已極。妍飾款仿鍾太傅筆意，落墨拙，用刀工。

陳信卿，仿時、李諸傳器，具有優孟叔敖處，故非用卿族。品其所作⑰，雖豐美遜之，而堅瘦工整，雅自不羣。貌寢意率，自誇洪飲，逐貴遊間，不復壹志盡技。間多伺弟子造成，修削署款而已。所謂心計轉粗，不復唱“渭城”時也。

閔魯生，名賢。規仿諸家，漸入佳境。人頗醇謹，見傳器則虛心企擬，不憚改為，技也進乎道矣。

陳光甫，仿供春、時大為入室。天奪其能，早眚一目，相視口、的，不極端緻，然經其手摹，亦具體而微矣。案：正春至光甫，《茗壺系》作雅流。

陳仲美，婺源人。初造瓷於景德鎮，以業之者多，不足成其名，棄之而來。好配壺土，意造諸玩，如香盒、花盃、狻猊爐、辟邪鎮紙。重鎪疊刻，細極鬼工。壺象花果，綴以草蟲，或龍戲海濤，伸爪出目。至塑大士象，莊嚴慈憫，神采欲生，瓔珞花鬘，不可思議。智兼龍眠、道子，心思殫竭，以夭天年。

沈君用，名士良，踵仲美之智而妍巧悉敵。壺式上接歐正春一派，至尚象諸物，製為器用，不尚正方圓，而筍[18]縫不苟絲髮。配土之妙，色象天錯，金石同堅，自幼知名，人呼之曰沈多梳。宜興垂髫之稱。巧殫厥心，亦以甲申四月夭。按：仲美、君用，《茗壺系》作神品。

邵蓋

周後谿

邵二孫，並萬曆間人。

吳騫曰，按：周嘉冑《陽羨茗壺譜》，以董翰、趙梁、元暢、時朋、時大彬、李茂林、李仲芳、徐友泉、歐正春、邵文金[19]、蔣伯荂，皆萬曆時人。

陳俊卿，亦時大彬弟子。

周季山

陳和之

陳挺生

承雲從

沈君盛，善仿友泉、君用。以上並天啟、崇禎[20]間人。

陳辰，字共之。工鐫壺款，近人多假手焉，亦陶之中書君也。

周高起曰：自邵蓋至陳辰，俱見汪大心《葉語附記》中。大心，字體茲，號古靈，休寧人。鐫壺款識，即時大彬初倩能書者落墨，用竹刀畫之，或以印記[21]，後竟運刀成字。書法閒雅，在黃庭、樂毅帖間，人不能彷，賞鑒家用以為別。次則李仲芳，亦合書法。若李茂林，硃書號記而已。仲芳亦時代大彬刻款，手法自遜。按：邵蓋至陳辰，《茗壺系》入別派。

徐令音，未詳其字。見《宜興縣志》，豈即世所稱小徐者耶？

項不損，名真，檇李人，襄毅公之裔也。以諸生貢入國子監。

吳騫曰，不損，故非陶人也。嘗見吾友陳君仲魚藏茗壺一，底有"硯北齋"三字，旁署項不損款，此殆文人偶爾寄興所在。然壺製樸而雅，字法晉唐，雖時、李諸家，何多讓焉。不損詩文深為李檀園、聞子將所賞，頗以門才自豪，人目為狂。後入修門，坐事死於獄。《靜志居詩話》載其題，閨人梳奩銘云："人之有髮，旦旦思理；有身有心，奚不如是。"此銘雖出於前人，然不損亦非一于狂者。銘[22]云："人之有髮"云云，乃唐盧仝鏡奩銘[23]。

沈子澈，崇禎朝人。

吳騫曰：仁和魏叔子禹新為余購得菱花壺一，底有銘云云[24]。後署"子澈為密先兄製”。又桐鄉金雲莊比部舊藏一壺，摹其式寄余，底有銘云：“崇禎癸未沈子澈製”。二壺款制，極古雅渾樸，蓋子澈實明季一名手也。

陳子畦，仿徐最佳，為時所珍，或云即鳴遠父。

陳鳴遠，名遠，號鶴峰，亦號壺隱。詳見《宜興縣志》。

吳騫曰：鳴遠一技之能，間世特出。自百餘年來，諸家傳器日少，故其名尤噪。足跡所至，文人學士，爭相延攬。常至海鹽，館張氏之涉園[10]，桐鄉則汪柯庭[11]家，海寧則陳氏、曹氏、馬氏[12]多有其手作，而與楊中允晚研[13]交尤厚。予嘗得鳴遠天雞壺一，細砂作紫棠色，上鋟庾子山詩，為曹廉讓先生手書。製作精雅，真可與三代古器並列。竊謂就使與大彬諸子周旋，恐未甘退就邾莒之列耳。

徐次京

孟臣㉕

葭軒

鄭寧侯，皆不詳何時人，並善摹仿古器，書法亦工。

張燕昌曰：王汋山長子翼之燕書齋一壺，底有八分書“雪庵珍賞”四字；又楷書“徐氏次京”四字。在蓋之外口[14]，啟蓋方見。筆法古雅，惟蓋之合口處，總不若大彬之元妙也。余不及見供春手製，見大彬壺歎觀止矣；宜周伯高㉖有“明代良陶讓一時”之論耳。又余少年得一壺，底有真書“文杏館孟臣製”六字。筆法亦不俗，而製作遠不逮大彬，等之自檜[15]以下可也。

吳騫曰：海寧安國寺，每歲六月廿九日，香市最盛，俗稱“齊豐宿山”；於時百貨駢集。余得一壺，底有唐詩：“雲入西津一片明”句，旁署“孟臣製”，十字皆行書。制渾樸，而筆法絕類褚河南。知孟臣亦大彬後一名手也。葭軒工作瓷章，詳《談叢》。又聞湖汶[16]質庫中有一壺，款署“鄭寧侯製”，式極精雅，惜未寓目。

卷下

叢談

蜀山黃黑二土皆可陶。陶者穴火，負山而居，纍纍如兔窟。以黃土為胚，黑土傅之，作沽瓴、藥爐、釜鬲、盤盂、敦缶之屬，粥[17]於四方，利最博。近復出一種似均州者[18]，獲值稍高，故土價踴貴，畝踰三十千；高原峻坂，半鑿為坡，可種魚，山木皆童然矣。陶者甬東人，非土著也[19]。王穉登《荊溪疏》。

往時龔春茶壺，近日時〔大〕彬所製，大為時人寶惜。蓋皆以粗砂製之，正

取砂無土氣耳。許次紓《茶疏》

茶壺，陶器為上，錫次之。馮可賓《〔岭〕茶箋》

茶壺以小為貴，每一客壺一把，任其自斟自飲，方為得趣。何也？壺小則香不渙散，味不耽閣。同上

茶壺以砂者為上，蓋既不奪香，又無熟湯氣。供春最貴，第形不雅，亦無差小者。時大彬所製，又太小。若得受水半升而形製古潔者，取以注茶，更為適用。其提梁、鋏瓜、雙桃、扇面、八稜、細花夾錫茶替、青花白地諸俗式者，俱不可用。文震亨《長物志》。

宜興罐以龔春為上，時大彬次之，陳用卿又次之。錫注以黃元吉為上，歸懋德次之。夫砂罐，砂也；錫注，錫也。器方脱手，而一罐、一注，價五六金，則是砂與錫之價，其輕重正相等焉，豈非怪事。然一砂罐、一錫注，直躋之商彝、周鼎之列，而毫無慚色，則是其品地也。張岱《夢憶》

茗注莫妙於砂，壺之精者，又莫過於陽羨，是人而知之矣。然寶之過情，使與金玉比值，毋乃仲尼不為已甚乎。置物但取其適，何必幽渺其説，必至殫精竭慮而後止哉！凡製砂壺，其嘴務直，購者亦然。一曲便可憂，再曲則稱棄物矣。蓋貯茶之物，與貯酒不同。酒無渣滓，一斟即出，其嘴之曲直，可以不論。茶則有體之物也，星星之葉，入水即成大片，斟瀉時，纖毫入嘴，則塞而不流。啜茗快事，斟之不出，大覺悶人，直則保無是患矣。李漁《雜説》

時壺名遠甚，即遐陬絕域猶知之。其製，始於供春，壺式古樸風雅，茗具中得幽野之趣者。後則如陳壺、徐壺，皆不能髣髴大彬萬一矣。一云供春之後四家，董翰、趙良、袁錫疑即元暢，其一即大彬父時鵬也。彬弟子李仲芳、芳父小圓壺李四老官，號養心，在大彬之上，為供春勁敵，今罕有見者。或淪鼠菌，或重雞彝，壺亦有幸、不幸哉。陳貞《慧秋園雜佩》

宜興時大彬，製砂壺名手也。嘗挾其術，以遊公卿之門。其子後補諸生，或為四書文以獻嘲，破題云："時子之入學，以一貫得之[27]。"蓋俗稱壺為罐也。《先進錄》

均州窯器，凡豬肝色、火裏紅、青綠錯雜若垂涎皆上。三色之燒不足者，非別有此樣。此窯，惟種菖蒲盆底佳[28]。其他坐墩、墩爐、合方餅、罐子，俱黃砂泥坯，故器質不足。近年新燒，皆宜興砂土為骨，釉水微似，製有佳者，但不耐用。《博物要覽》

宜興砂壺，創於吳氏之僕曰供春。及久而有名，人稱龔春。其弟子所製更工，聲聞益廣；京口談長益為之作傳。《五石瓠》

近日一技之長，如雕竹則濮仲謙，螺甸則姜千里，嘉興銅器則張鳴岐，宜興茶壺則時大彬，浮梁流霞盞則昊十九，皆知名海內。王士禎[29]《池北偶談》

供春製茶壺，款式不一。雖屬瓷器，海內珍之，用以盛茶，不失元味，故名公巨卿、高人墨士，恒不惜重價購之。繼如時大彬，益加精巧，價愈騰。若徐友泉、

陳用卿、沈君用、徐令音，皆製壺之名手也。徐喈鳳㉚《宜興縣志》

陳遠工製壺、杯、瓶、盒，手法在徐、沈之間，而所製款識，書法雅健，勝於徐、沈；故其年雖未老，而特為表之。同上

毘陵器用之屬，如筆、箋、扇、箸、梳、枕及竹木器皿之類，皆與他郡無異，惟燈則武進有料絲燈[20]，壺則宜興有茶壺，澄泥為之。始於供春，而時大彬、陳仲美、陳用卿、徐友泉輩，踵事增華，並製為花罇、菊合、香盤、十錦杯子㉛等物，精美絕倫，四方皆爭購之。于琨《重修常州府志》

明時宜興有歐姓者，造瓷器曰歐窯[21]；有仿哥窯紋片者，有仿官均窯色者。采色甚多，皆花盆、奩架諸器者㉜，頗佳。朱炎《陶說》

供春壺式，茗具中逸品。其後復有四家：董翰、趙良、袁錫，其一則時鵬，大彬父也。大彬益擅長，其後有彭君實、龔〔供〕春、陳用卿、徐氏壺，皆不及大彬。彬弟子李仲芳，小圓壺製精絕，又在大彬之右，今不可得。近時宜興沙壺，復加饒州之鎏[22]，光彩射人，卻失本來面目。陳其年詩云："宜興作者稱供春，同時高手時大彬。碧山銀槎濮謙竹，世間一藝皆通神。"高江村詩云："規製古樸復細膩，輕便可入�籠攜。山家雅供稱第一，清泉好瀹三春荑。"昔杜茶村稱澄江周伯高著茶、茗二系，表淵源支派甚悉。阮葵生《茶餘客話》

臺灣郡人，茗皆自煮，必先以手嗅其香，最重供春小壺。供春者，吳頤山婢名，製宜興茶壺者；或作龔春者，誤。一具用之數十年，則值金一笏[23]。周澍《臺陽百詠·註》

昔在松陵王汋山楠話雨樓，出示宜興蔣伯荂手製壺，相傳項墨林所定式，呼為"天籟閣壺"。墨林以貴介公子，不樂仕進，肆其力於法書名畫及一切文房雅玩，所見流傳器具，無不精美。如張鳴岐之交梅手爐，閻望雲㉝之香几及小盒等制，皆有墨林字。則一名物之賴天籟以傳，莫非子京精意所萃也。張燕昌《陽羨陶說》

先府君性嗜茶，所購茶具皆極精，嘗得時大彬小壺，如菱花八角，側有款字。府君云："壺製之妙，即一蓋可驗試。隨手合上，舉之能吸起全壺。所見黃元吉、沈鷺雝錫壺，亦如是；陳鳴遠便不能到此。"既以贈一方外，事在小子未生以前，迄今五十餘年，猶珍藏無恙也。余以先人手澤所存，每欲繪圖勒石紀其事，未果也。同上

往梧桐鄉汪次遷安曾贈余陳鳴遠所製研屏一，高六寸弱，闊四寸一分強。一面臨米元章《垂虹亭》詩，一面柯庭雙鈎蘭，惜乎久作碎玉聲矣。柯庭，名文柏，次遷之曾大父，鳴遠曾主其家。同上

汪小海淮㉞藏宜興瓷花尊一，若蓮子而平底，上作數孔，周束以銅，如提梁卣。質樸渾，氣尤靜雅。余每見必詢及。無款，不知為誰氏作，然非供春、少山後作者所能措手也。同上

余於禾中骨董肆得一瓷印，盤螭鈕，文曰："太平之世多長壽人"。白文，

切玉法。側有款曰“葭軒製”。葭軒，不知何許人，此必百年來精於刻印。昔時少山陳共之工鐫款，字特真書耳。若刻印，則有篆法刀法。摹印之學，非有十數年功者，不能到也。吳兔床著《陽羡名陶錄》，鑒別精審，遂以為贈。時丙午夏日。同上

陳鳴遠手製茶具雅玩，余所見不下數十種，如梅根筆架之類，亦不免纖巧。然余獨賞其款字，有晉唐風格。蓋鳴遠遊蹤所至，多主名公巨族，在吾鄉與楊晚研太史最契。嘗於吾師樊桐山房見一壺，款題“丁卯上元為耑木先生製”，書法似晚研，殆太史為之捉刀耳。又於王芍山㉟家見一壺，底有銘曰：“汲甘泉，瀹芳茗，孔顏之樂在瓢飲。”閱此，則鳴遠吐屬亦不俗，豈隱於壺者與。同上

吾友沙上九人龍，藏時大彬一壺，款題“甲辰秋八月時大彬手製”。近於王芍山季子齋頭見一壺，冷金紫[24]，製樸而小；所謂遊婁東見弇州諸公後作也。底有楷書款云：“時大彬製。”內有一紋線㊱，殆未曾陶鑄以前所裂，然不足為此壺病。同上

余少年得一壺，失其蓋。色紫而形扁，底有真書“友泉”二字，殆徐友泉也。筆法類大彬。雖小道，洵有師承矣。同上

客耕武原，見茗壺一於倪氏六十四研齋。底有銘曰：“一杯清茗，可沁詩脾；大彬。”凡十字。其製樸而雅，砂質溫潤，色如豬肝。其蓋雖不能吸起全壺，然以手撥之，則不能動，始知名下無虛士也。既手摹其圖，復系以詩云。陳鱣《松研齋隨筆》

文翰

記

宜興瓷壺記

今吳中較茶者，壺必言宜興瓷，云始萬曆間，大朝山寺僧當作金沙寺僧傳供春；供春者，吳氏小史也。至時大彬，以寺僧始，止削竹如刃[25]，刳山土為之；供春更斲木為模，時悟其法，則又棄模而所謂削竹如刃者[26]。器類增至今日，不啻數十事。用木重首作椎[27]，椎唯煉土；作掌[28]厚一薄一，分聽土力。土稚不耐指，用木作月阜[29]，其背虛緣易運代土，左右是意與終始。用鐳[30]，長視筆，闊視薤，次減者二，廉首齋尾。廉用割、用薤、用剔，齊用抑、用趁、用撫、用推。凡接文深淺，位置高下，齊廉並用。壺事此獨勤，用角[31]，闊寸，長倍五，或圭或笏，俱前薄後勁，可以服我屈伸為輕重。用竹木如貝[32]，竅其中，納柄，凡轉而藏暗者藉是。至於中豐兩殺者，則有木如臀，補規萬所困[33]。外用竹若釵之股，用石如碓，為荔核形，用金作蝎尾[34]，意至器生，因窮得變，不能為名。土色五，膩密不招客土，招則火知之。時乃故入以砂，煉土克諧。審其燥濕展之，名曰土氈[35]。割而登諸月，有序，先腹，兩端相見。廉用媒土，土濕曰

媒[36]。次面與足；足面先後，以制之豐約定[37]。足約則先面，足豐則先足。初渾然虛含，為壺先天[38]；次開頸，次冒、次耳、次嘴。嘴後著戒也。體成，於是侵者薙之，驕者抑之，順者撫之，限者趁之，避者剔之，闇者推之，肥者割之，內外等。時後起數家，有徐友泉、李茂林，有沈君用。甲午春，余寓陽羨，主人致工於園，見且悉。工曰：僧草創，供春得華於土，發聲光尚已。時為人敦雅古穆，壺如之，波瀾安閒，令人喜敬，其下俱因瑕就瑜矣。今器用日煩，巧不自恥，嗟乎！似亦感運升降焉。二旬成壺凡十，聚就窯火，予搆文祝窯。文略曰："器為水而成火，先明德功，繇土以立，木亦見材。"又曰："氣必足夫陰陽，候乃持夫晝夜，欲全體以致用，庶含光以守時"云云。是日，主人出時壺二，一提梁卣，一漢觶，俱不失工所言。衛懶仙云："良工雖巧，不能徒手而就，必先器具修而後制度精。瓷壺以大彬傳，幾使 旒 人攦指"。此則詳言本末，曲盡物情，文更峭健，可補《考工》之逸篇。

銘

茗壺銘　沈子澈

石根泉，蒙頂葉，漱齒鮮，滌塵 熱 。

陶硯銘　朱彝尊

陶之始，渾渾爾。

茶壺銘　汪森

茶山之英，含土之精。飲其德者，心恬神寧。

酌中泠，汲蒙頂。誰其貯之，古彝鼎；資之汲古得修綆。

贊

陳遠天雞酒壺銘　吳騫

媧兮煉色，春也審敀[39]。宛爾和風，弄是天雞[40]。月明花開，左挈右提。浮生杯酒，函谷丸泥。

賦

陽羨茗壺賦並序　吳梅鼎

六尊[41]有壺，或方或圓，或大或小。方者腹圓，圓者腹方。莖[42]金琢玉，彌甚其侈。獨陽羨以陶為之，有虞之遺意也。然粗而不精、與窳等。余從祖拳石公[43]，讀書南山，攜一童子，名供春。見土人以泥為缶，即澄其泥以為壺，極古秀可愛，世所稱供春壺是也。嗣是時子大彬，師之，曲盡厥妙，數十年中，仲美、仲芳之倫，用卿、君用之屬，接踵騁伎；而友泉徐子集大成焉。一瓷罌耳，價埒金玉，不幾異乎？顧其壺，為四方好事者收藏殆盡。先子以蓄公嗜之，所藏頗夥，乃以甲乙兵燹，盡歸瓦礫；精者不堅，良足歎也。有客過陽羨，詢壺之所自來。因溯其源流，狀其體制，臚其名目，並使後之為之者考而師之。是為賦。

惟宏陶之肇造，實運巧於姚虞。爰前民以利用，能製器而無窳。在漢秦而為甒，寶厥美曰康瓠。類瓦缶之太樸，肖鼎鬲以成區。雜瓷甀與瓿甊[44]，同鍛鍊以無殊。然而藝匪匠心，制不師古，聊抱瓮以團砂，欲挈缾而 堊 土。形每儕乎攲器，用豈侔夫周簠[45]。名山未鑿，陶甒無五采之文；巧匠不生，鏤畫昧百工之譜。爰有供春，侍我從祖，在髫齡而穎異，寓目成能；借小伎以娛閒，因心挈矩。過土人之陶穴，變瓦甗[46]以為壺；信異僧而琢山，斸陰凝以求土。時有異僧，繞白碭、青龍、黃龍諸山，指示土人曰：“賣富貴。”土人異之，鑿山得五色土，因以為壺。於是砠白碭，鑿黃龍。宛掘井兮千尋，攻巖有骨；若入淵兮百仞，採玉成峰。春風花浪之濱地有畫溪、花浪之勝，分畦茹瀘[47]；秋月玉潭之上地近玉女潭，並杵椎舂[48]。合以丹青之色，圖尊規矩之宗。停椅梓之槌，酌剪裁於成片；握文犀之刮，施刓掠以為容[49]。稽三代以博古，考秦漢以程功。圓者如丸，體稍縱為龍蛋壺名龍蛋。方兮若印壺名印方，皆供春式，角偶刻以秦琮又有刻角印方。脱手則光能照面，出冶則資比凝銅。彼新奇兮萬變，師造化兮元功。信陶壺之鼻祖，亦天下之良工。過此，則有大彬之典重時大彬，價擬璆琳；仲美之琱瑰陳仲美，巧窮毫髮。仲芳骨勝而秀出刀鐫李仲芳，正春肉好而工疑刻畫歐正春。求其美麗，爭稱君用離奇沈君用；尚彼渾成，僉曰用卿醇飭陳用卿。若夫綜古今而合度，極變化以從心，技而進乎道者，其友泉徐子乎。緬稽先子，與彼同時。爰開尊而設館，令儁技以呈奇；每窮年而累月，期竭智以殫思。潤果符乎球璧，巧實媲乎班倕[50]。盈什百以韞櫝，時閱玩以遐思。若夫燃彼竹爐，汲夫春潮，挹㊲此茗?，爛於瓊瑤。對煒煌而意駴，瞻詭麗以魂銷。方匪一名，圓㊳不一相，文豈傳形，賦難為狀爾。其為制也，象雲罍兮作鼎壺名雲罍，陳螭觶兮揚杯螭觶名。仿漢室之瓶漢瓶，則丹砂沁采；刻桑門之帽僧帽，則蓮葉擎臺。卣號提梁，膩於雕漆提梁卣；君名苦節苦節君，蓋已霞堆。裁扇面之形扇面方，觚稜峭厲；卷蘆方之角蘆蓆方，宛轉瀠洄。誥寶臨函，誥寶恍紫庭之寶現；圓珠在掌圓珠，如合浦之珠回。至於摹形象體，殫精畢異。韻敵美人美人肩，格高西子西施乳。腰洵約素，照青鏡之菱花束腰菱花；肩果削成，採金塘之蓮蒂平肩蓮子。菊入手而疑芳合菊，荷無心而出水荷花。芝蘭之秀芝蘭，秀色可餐；竹節之清竹節，清貞莫比。鋭欖核兮幽芳橄欖六方，實瓜瓠兮渾麗冬瓜麗。或盈尺兮豐隆，或徑寸而平砥，或分蕉而蟬翼，或柄雲而索耳，或番象與鯊皮，或天雞與篆珥。分蕉、蟬翼、柄雲、索耳、番象鼻、鯊魚皮、天雞、篆珥，皆壺款式。匪先朝之法物，皆刀尺所不擬。若夫泥色之變，乍陰乍陽。忽葡萄而紺紫，倏橘柚而蒼黃。搖嫩綠於新桐，曉滴琅玕之翠；積流黃於葵露，暗飄金粟之香。或黃白堆沙，結哀梨兮可啖；或青堅在骨，塗髹汁兮生光。彼瑰琦之窯變，匪一色之可名。如鐵如石，胡玉胡金。備五文於一器，具百美於三停。遠而望之，黝若鐘鼎陳明廷；追而察之，燦若琬琰㊴浮精英。豈隨珠之興趙璧，可比異而稱珍者哉！乃有廣厥器類，出乎新裁。花蕊婀娜，雕作海棠之盒沈君用海棠香盒；翎毛璀璨，鏤為鸚鵡之杯陳仲美製鸚鵡杯。。捧香奩而刻鳳沈君用香奩，翻茶洗以傾葵徐友泉葵花茶洗。瓶織回文之錦陳六如仿古花尊，爐橫古幹之梅沈君用梅花爐。卮分十錦陳六如十錦杯，菊合三臺沈君用菊合。凡皆用寫生之筆墨，工切琢於刀圭。倘季倫[51]見之，必且珊瑚粉碎；使棠谿[52]觀此，定教白玉塵灰。用濡毫而染翰，誌所見而徘徊。

詩

坐懷蘇亭焚北鑄爐以陳壺徐壺烹洞山岕片歌　熊飛

顯皇垂拱昇平季，文盛兵銷遍恬喜。是時朝士多韻人，競仿吳儂作清事。書齋蘊藉快沈燎，湯社精微重茶器。景陵銅鼎[53]半百沽，荊溪瓦注[54]十千餘。宣工衣鉢有施叟[55]，時大後勁橅陳徐。凝神昵古得古意，寧與秦漢官哥殊。余生有癖嘗涎覬，竊恐尤物難兼圖。昔年挾策上公車，長安米價貴如珠。輟食典衣酬夙好，鑄得大小兩施爐。今年陽羨理蓿架，懷蘇亭畔樂名壺。蘇公避王予梓里，此地買田貽手書。焉知我癖非公癖，臭味豈必分賢愚。閒煮惠泉燒柏子，梧風習習引輕裾。吁嗟洞山岕片不多得，任教茗戰難相克。亭中長日三摩挲，猶如瓣香茶話隨公側。顧智跋：偶檢殘編，得熊公"懷蘇亭"歌詞，想見往時風流暇逸，今亭既湮沒，故附梓於誌，以志學宮。昔有此亭，亦見陽羨茗壺固甲天下也。檄按："飛"又作"溉"。四川人，崇禎中官宜興教諭。

陶寶肖像歌為馮本卿金吾作　林古度茂之　(昔賢製器巧含樸)

贈馮本卿都護陶寶肖像歌　俞彥仲茅　(何人霾向陶家側)

過吳迪美朱萼堂看壺歌兼呈貳公　周高起伯高　(新夏新晴新綠煥)

供春大彬諸名壺價高不易辨予但別其真而旁蒐殘缺於好事家用自怡悅詩以解嘲　(陽羨名壺集)吳迪美曰：用涓人買駿骨、孫臏刖足事，以喻殘壺之好。伯高乃真賞鑒家，風雅又不必言矣。

贈高侍讀澹人以宜壺二器並系以詩　陳維崧其年

宜壺作者推龔春，同時高手時大彬。碧山銀槎濮謙竹，世間一藝俱通神。彬也沉鬱並老健，沙粗質古肌理匀。有如香奩乍脱蘚，其上刻畫蝕㲲蹲。又如北宋沒骨畫，幅幅硬作麻皮皴。百餘年來迭兵燹，萬寶告竭珠犀貧。皇天劫運有波及，此物亦復遭荊榛。清狂錄事偶弃得，一具尚值三千緡。後來佳⑩者或間出，巉削怪巧徒紛綸。臘茶褐色好規製，軟媚詎入山齋珍。我家舊住國山[56]下，穀雨已過芽茶新。一壺滿貯碧山岕，摩挲便覺勝飲醇。邇來都下鮮好事，碗嵌瑪瑙車渠銀。時壺市縱有人賣，往往贗物非其真。高家供奉最淡宕，羊腔詎屑膏吾唇。每年官焙打急遞，第一分賜書堂臣。頭綱八餅那足道，葵花玉銙寧等倫。定煩雅器瀹精茗。忍使茅屋埋佳人。家山此種不難致，卓犖只怕車轔轔。未經處仲口已缺，豈亦龍性愁難馴。昨搜敗簏賸[57]二器，函走長鬣踰城闉。是其姿首僅中駟，敢冀拂拭充綦巾。家書已發定續致，會見荔子衝埃塵。

宜壺歌荅陳其年檢討　高士奇人龍

荊南山下罨畫溪[58]，溪光瀲勐澄沙泥。土人取沙作茶器，大彬名與龔春齊。規製古樸復細膩，輕便堪入�籠[59]攜。山家雅供第一稱[41]，清泉好瀹三春荑。未經穀雨焙嫩綠[42]，養花天氣黃鶯啼。旗鎗初試瀉蟹眼，年年韻事宜幽棲。柴瓷[60]漢玉價高貴，商彝周鼎難考稽。長安人家尚奢靡，鏤鋟工巧矜象犀。詞曹官冷性淡泊，叨恩賜住蓬池西。朝朝僕直趨殿陛，夜衝街鼓晨聽雞。日間幼子面不見，糟妻守分甘鹹虀。從有小軒列圖史，那能退食閒品題。近向漁陽歷邊徼，春夏時扈八駿嘶[61]。秋來獨坐北窗下，玉川興發思山谿。致札元龍乞佳器，遂煩持贈走小奚。兩壺圓方各異狀，隔城鄭重裹[43]錦綈。長篇更題數百字，敍述歷落同遠齎。拂拭經時不釋手，童心愛玩仍孩提。湘簾夜捲銀漢直，竹床醉臥寒蟾低。紙窗木几本精粲，翻憎瑪瑙兼玻璃。瓦瓶插花香爇缶，小物自可同琰圭。龍井新茶虎跑水，惠泉廟 岕 爭鼓鼙。他年揚帆得恩請，我將攜之歸故畦。

以陳鳴遠舊製蓮蕊水盛梅根筆格為借山和尚七十壽口占二絕句　查慎行悔餘

梅根已老發孤芳，蓮蕊中含滴水香。合作案頭清供具，不歸田舍歸禪房。偶然小技亦成名，何物非從假合成。道是摶沙沙不散，與翻新句祝長生。

希文以時少山砂壺易吾方氏核桃墨　馬思贊仲韓

漢武袖中核，去今三千年。其半為酒池，半化為墨船。磨休齗骨髓，流出成元鉛。曾落盆池中，數歲膏愈堅。質勝大還丹，舐者能昇天。贈我良友生，如與我周旋。豈敢計施報，報亦非戔戔。譬彼十五城，難易趙璧然。有明時山人，搦砂成方圓。彼視祖李輩，意欲相後先。我謂韓齊王，羞與噲等肩。青娥易羸馬，文枕換玉鞭。投贈古有之，何必論媸妍。以多量取寡，差覺勝前賢。

陶器行贈陳鳴遠　汪文柏季青

荊溪陶器古所無，問誰作者時與徐時大彬徐友泉。泥沙入手經摶埴，光色便與尋常殊。後來多眾工，摹倣皆雷同。陳生一出發巧思，遠與二子相爭雄。茶具方圓新製作，石泉槐火鏖松風。我初不識生，阿髯尺素來相通謂陳君其年也。贈我雙卮頗殊狀，宛似紅梅嶺頭放。平生嗜酒兼好奇，以此飲之神益王。傾銀注玉徒紛紛，斷木豈意青黃文。廠盒宣爐留款識，香奩藥碗生氤氳數物悉見工巧。吁嗟乎，人間珠玉安足取，豈如陽羨溪頭一丸土。君不見，輪扁當年老斲輪；又不見，梓慶削鐻[62]如有神。古來技巧能幾人，陳生陳生今絕倫。

蜀岡瓦暖硯歌　胡天游雅威

蒼青截鐵堅不阿，琭珞敲玉鏗而瑳[63]。太一之船卻斤斧，帝鴻之紐掀穴窠。貝堂伏卵抱沂鄂，瓠肉削澤無瘢痤[64]。露清紺淺葉幽漉，日冷赭淡岡兜岮。琅琅一片抗[65]歷落，仡仡四面平傾頗。瑩陳天智比珍彀，巧斲山骨殊砮碆[66]。祝融相土刑德合，方軫員蓋經營多。炎烹爐化出摶造，域分宇立開婆娑。東有日山西有月，包之郛郭環之涯。水輪無風自然舉，氣母襲地歸於和。乾坤大腹吞樂浪，荊吳懸胃藏蠡鄱。陂謠鴻隙兩黃鵠，敵樹角國雙元蝸。靜如辰樞執魁柄，動如牡鑰張機牙。線連羅浮走複折，氣通良兑無壅訛。嚴冬牛目畏積雪，終旬狸骨僵偃波。封翰菀毳失皴[44]鹿，凍琫[45]作噩銜刀戈。一丸未脱手旋磨，寸裂快逐紋生韡。似同天池敗蚩霧，比困秦法遭斯苛。分明落紙困倚馬，絆拘行步偕孱騾[46]。爾看利器喜入用，初如得寶良可歌。火山有軍寵圍燎，熱坂近我勝噓呵。涫湯初顧五熟釜，灌壘等拔千囊沙。劍門一道塞井絡，春候三月暄江沱。共工雖怒霸無所，溫洛自潤揚其華。東宮香膠銘絳客，湘妾紫鯉浮晴渦。沉沉鵶色暈餘渲，靄靄雨族披圓羅。咸池勃張浴黑帝，神鼇斫掣隨皇媧。山馳岳走事俄頃，霆翻電薄酣滂沱。虹窗焰流玉抱肚，月峭[47]水轉金蝦蟆。時時正見黝鏡底，北斗熛耀垂天河。蜀岡工良近莫過，搗泥濾水相挓挲。為罌為皿為飲榼，壺如嬰武杯如羸。千窯萬埴列門戶，堆器不盡十馬馱。智搜技徹更復爾，誰與作者黠則那。溫姿勁骨奪端歙，輕膚細理欺杪欏。馬肝或謗瓜削面，鳳味兼狀鷺食荷。燔燒顏色出美好，端正不待切與磋。華元皤然抱坦拓，周顗空洞非婞娿。早從仲將試點漆，峽檣懸溜駿注坡。我初見此貪不覺，眾中奇畜擬橐駝[67]。詩篇送似因賺得，若彼取鳥致以囮[68]。溫泉火井佐沐邑，華陽黑水環梁嶓。豹囊乾煤吐柏麝，古玉笏笏徐研摩。青霜倒開漾海色，鳥婿尾掉重雲拖。端州太守輕萬石，宮凌秦羽礲羞鼉。比於中國豈無士，今者祇悦哀臺佗。時煩拭濯安且固，捧盈恆恐遭跌蹉。裝書未取押玳瑁，格筆遲斫珊瑚柯。畫螭蟠鳳圍一尺，錦官為汝城初蓑。啟之刀劍快出匣，止為熊虎嚴蟄窩。蕭行孔草雖懶擅，須記甲乙親吟哦。國風好色陳姣嫽，離騷荒忽追沅灑。凝鋪潭影滑幽璞，秋生龍尾涼侵霞。夜遙燈語風撼碧，縈者為蚓簇者蛾。行斜次雜共綣蜿，手無停度劇弄梭。宏農客卿座上客，雄鳴藉掃幺與麼。欲銘功德向四壁，顧此堅凜誰能劘。硯乎與汝好相結，分等石友亦已加。闌干垂手鮮琢玉，捧侍未許宮釵娥。他年塗竄堯典字，伴我作籀書歸禾。

臺陽百詠　周澍靜瀾

寒榕垂蔭日初晴，自瀉供春蟹眼生。疑是閉門風雨候，竹梢露重瓦溝鳴。

論瓷絕句　吳省欽沖之

宜興妙手數龔春，後輩還推時大彬。一種粗砂無土氣，竹爐饞煞鬥茶人。

周梅圃送宜壺

春彬好手嗟難見，質古砂粗法尚傳。攜個竹爐蕭寺底，紅囊須瀹惠山泉。

觀六十四研齋所藏時壺率成一絕　陳鱣仲魚

陶家雖欲數供春，能事終推時大彬。安得攜來偕硯北，注將勺水活波臣。予嘗自號東海波臣。

無錫買宜興茶具二首　**馮念祖**爾修

陶出瑠瓏碗，供春舊擅長。團圓雙日月，刻劃五文章。直並摶砂妙，還誇肖物良。清閒供茗事，珍重比流黃[69]。

敢云一器小，利用仰前賢。陶正由三古，茶經第二泉。卻聽魚眼沸，移就竹爐邊。妙製思良手，官哥應並傳。

陶山明府仿古製茗壺以詒好事五首　**吳騫**槎客

洞靈巖口庀精材，百遍臨橅倚釣臺[70]。傳出河濱千古意，大家低首莫驚猜。

金沙泉畔金沙寺，白足禪僧[71]去不還。此日蜀岡千萬穴，別傳薪火祀眉山[72]。

百和丹砂百鍊陶，印床深鎖篆煙消。奇觚不數宣和譜，石鼎聯吟任尉繚。明府嘗夢見“尉繚了事”四字，因以自號茗壺並署之。

翛翛琴鶴志清虛，金注何能瓦注如。玉鑒亭前人吏散，一甌春露一床書。

陶泓[73]已拜竹鴻臚，玉女釵頭日未晡。多謝東坡老居士，如今調水要新符。東坡調水符事，在鳳翔玉女洞。舊《宜興縣志》移於玉女潭。辨詳《桃溪客語》。

芑堂明經以尊甫瓜圃翁舊藏時少山茗壺見視製作醇雅形類僧帽為賦詩而返之

蜀岡陶 復 蘇祠鄰，天生時大神通神。千奇萬狀信手出，巧奪坡詩百態新。清河視我千金寶，云有當年手澤好。想見磠砂百鍊精，傳衣夜半金沙老。一行銘字昆吾刻，歲紀丙申明萬曆。彈指流光二百秋，真人久化蓮臺錫。吳梅鼎《茗壺賦》云：刻桑門之帽，則蓮葉擎臺。昨暫留之三歸亭[74]，篋中常作笙磬聲。跋然起視了無覩，惟見竹爐湯沸海。月松風清乃知神物多，靈閃不獨君家雙寶劍。願今且作合浦歸，免使龍光斗牛占[75]。噫嘻公子慎勿嗟，世間萬事猶摶沙。他日來尋丙舍帖[76]，春風還啜趙州茶。

詩餘

滿庭芳吾邑茶具俱出蜀山，暮春泊舟山下，漫賦此詞　**陳維崧**

白甎生涯，紅泥作活，亂煙細裊孤村。春山腳下，流水浴柴門。紫筍碧鱸時候，溪橋上，市販爭喧。推蓬望，高吟杜句，旭日散雞豚。　田園淳樸處，牽車粥畚，壘石支垣。看鴟彝撲滿，磊磊邱樊。而我偏憐茗器，溫而栗、濕翠難捫。掀髯笑，盈崖綠雪，茶事正堪論。

附：紫砂壺加工用具圖錄

圖 1　木椎：即今紫砂工藝中最常用的工具，行內稱“搭子”，用來敲泥片、泥條。

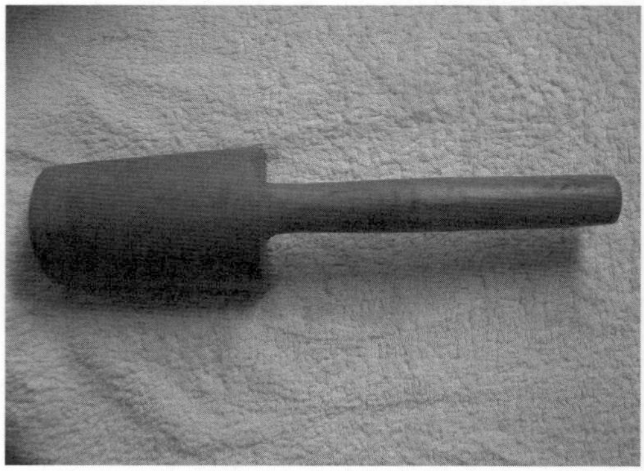

圖 2　掌：用來拍打成型的拍子，今已增至多種型款，並非僅有兩把。

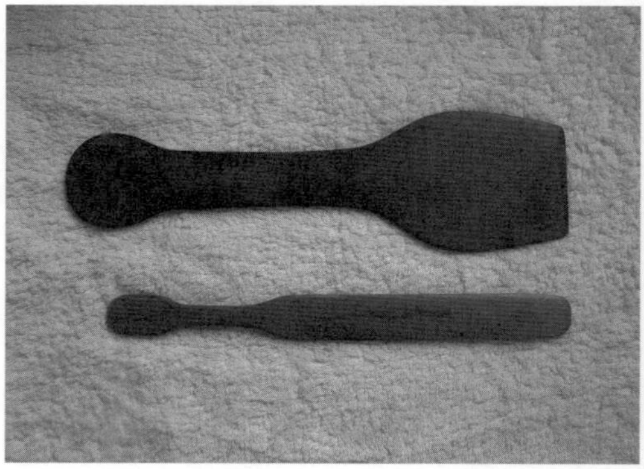

圖 3　月皐：即半月形木轉盤。今大多以鐵轆轤代替。

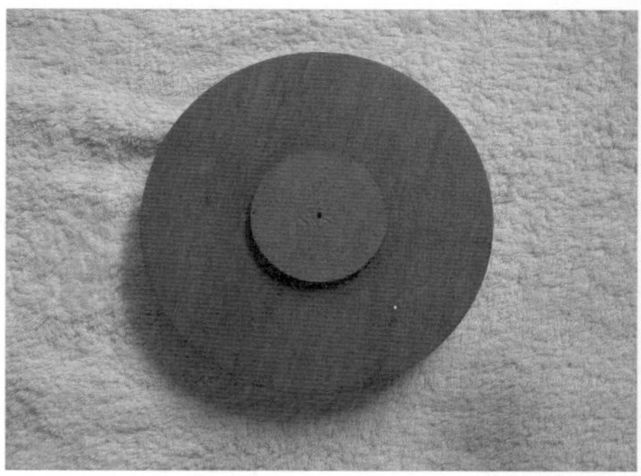

圖4　鐍：用以“廉首齊尾”：這種金屬刀具，行內稱“鰟鮍刀”、“尖刀”，型款也是因需設置，不局限於二三件。

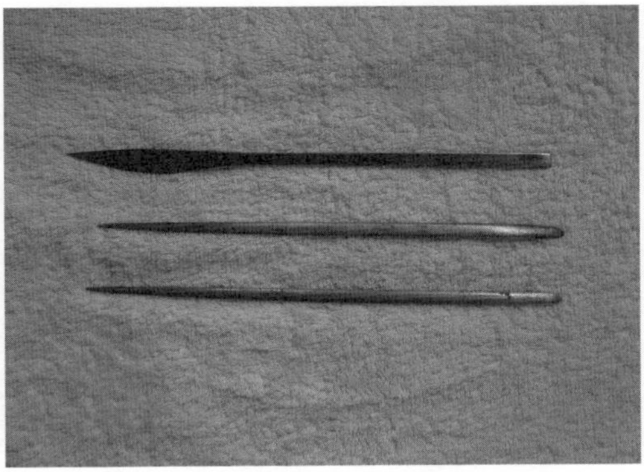

圖5　用角（或圭或笏）：研光坯體表面的牛角製工具，行內稱為“明針”。

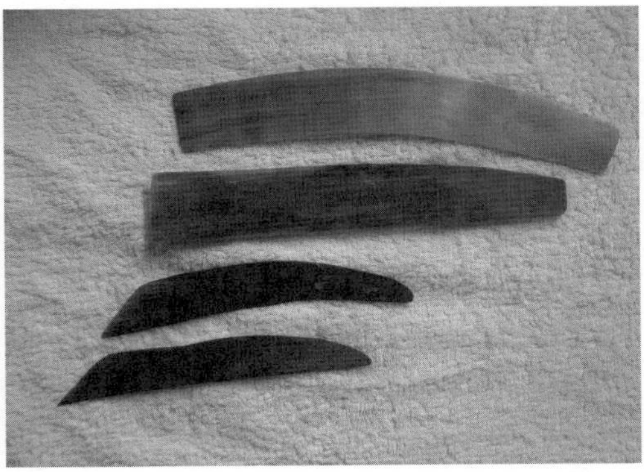

圖6　貝狀竹木：紫砂工藝中用於修整弧形的工具，用竹木製成，俗稱“篦子”等。

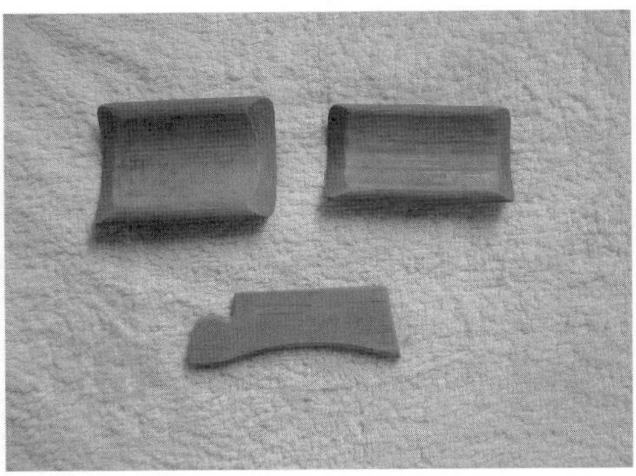

圖 7　“中豐兩殺”的如腎木規：中間豐滿，兩頭瘦削，形狀如雞蛋，用於規整壺口、壺蓋等圓形器形的工具，俗稱“木雞子”。

圖 8　竹釵股，荔核形石碓，金蠍尾：圖中自左往右分別為：“蠍尾”式的剜嘴刀，用於修理壺嘴內部；“釵之股”的“獨果”，用於使圓孔規整；“荔核形”的小工具，稱“完底石”、“完蓋石”，用於修理底部、蓋內部。

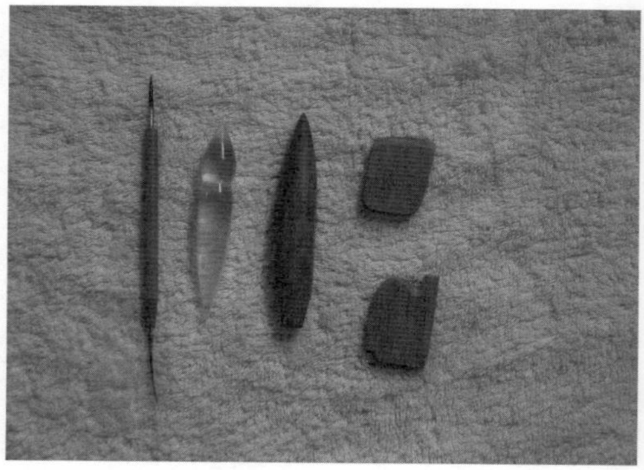

圖 9　土氈：用於圍成壺體的泥條。

圖 10 “割而登諸月……兩端相見”：用工具劃畫好的泥條豎立在木轉盤上，圍成圓柱狀。

圖 11 媒土：泥片之間的銜接要用“媒土”，即濕泥漿，行內稱“脂泥”。

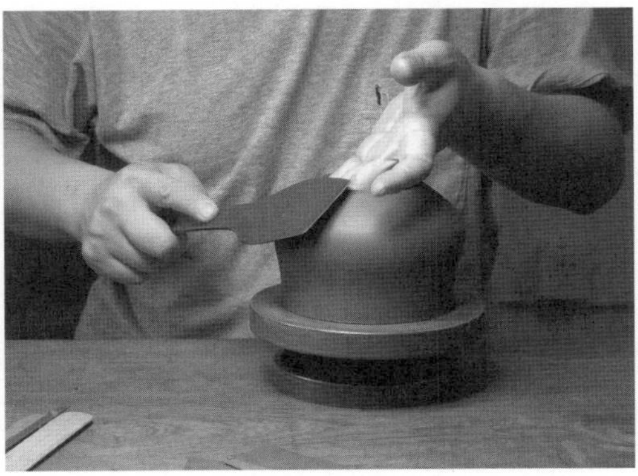

圖 12 製壺有序，“以制之豐約定”：圍成柱狀後，先拍打擊底足的弧底還是肩腹的弧底，以壺的造型差異而定。一般先拍打底，即壺身的底腹弧形。

圖 13 面：即壺身筒的肩腹口部。拍打好底部後將身筒翻轉，拍打肩腹，上一塊泥片，稱為“滿片”，因此拍打肩腹又稱“打滿”。

圖 14 “初渾然虛含，為壺先天”：拍打好的身筒即壺體的雛形，然後再加頸，開出口部，製作壺嘴、壺把。

注　釋

1 《七錄》：書目。南朝梁阮孝緒編，原書佚，現存《七錄序目》一卷。清王仁俊輯有《七錄》一卷，收入《玉函山房輯佚書續編》。

2 波律膏：香料名，即舊所說的“龍腦香”。一種雙環萜醇，其右旋體在中藥中俗稱“冰片”。存於龍腦樹樹幹中。

3 歆（shì）：香美貌。

4 松陵客：指晚唐詩人陸龜蒙。“松陵”，鎮名，在今江蘇吳江市，舊時亦作“吳江”代稱。陸龜蒙曾寓吳江，並和皮日休兩人唱和各作《茶鼎》、《茶甌》等《茶中雜詠》十首。“荊南茶具詩”，荊，指清析宜興所置的“荊溪縣”。宜興陶窯鼎山、蜀山，其時屬荊溪。

5 松靄周春（1729－1815）：“松靄”是周春的號。春字屯兮，晚號黍谷居士。浙江海寧人，乾隆十九年進士，官廣西岑溪知縣。家有“禮陶齋”、“寶陶齋”、“夢陶齋”三處藏書室，皆以“陶”為名，其為吳騫《名陶錄》賦詩題辭，也在情理之中。

6 髻（yué）墾薜暴：“髻”，魚厥切。“髻墾”，指器物受損折足，形體歪斜。《周禮·考工記》：“凡陶旊之事，髻墾薜暴不入市。”

7 重瞳：“瞳”即瞳人、瞳孔。“重瞳”，指一目中有兩瞳人。《史記·項羽紀贊》：“舜目蓋重瞳子，又項羽亦重瞳子。”此指舜。

8 閼（yān）父作周陶正：“閼父”人名。陶正，周代掌管製陶的官名。

9 與時英同工：周高起《陽羨茗壺系》原文無“英”字，近出高英姿《紫砂名陶典籍》，認為此處“時”字，是指時大彬，加“英”作“時英”，疑是吳騫的誤認。

10 海鹽張氏“涉園”，故址位浙江海鹽城南烏夜村，清乾隆時海鹽望族藏書家張柯家族別業。

11 汪柯庭：即汪文柏（1660－1730），柯庭是其字，康熙時浙江著名詩人、畫家和藏書家。建有屐硯齋、古香樓等多處藏書樓，嗜茶愛壺。

12 海寧陳氏、曹氏、馬氏，當是康熙時海寧名士、收藏家、藏書家陳亦禧、曹廉讓和馬思贊三人。

13 楊中允晚研：即指清海寧楊中訥，字耑本，叫晚研。康熙辛未進士，官至右中允。

14 蓋之外口，即壺蓋子口（一稱蓋唇）朝外的一面。

15 檜：古中土小國名，也作“鄶”，約位今河南密縣東北。《詩經》中“檜風”即指此。

16 湖㳇：江蘇宜興南部舊時山貨聚散集鎮。當地方言“湖”讀作 luó；“㳇”讀作 bù。

17 粥：同“鬻”。

18 近復出一種似均州者：即當時新出的一種仿宋代均州窯色澤、形制的上釉陶器。後來“宜均”亦成為紫砂之外的另一名陶。

19 陶者甬東人，非土著：“甬”指浙江寧波。宜興做缸甕等普通日用陶器的工人，有一部分來自浙東，但《紫砂名陶典籍》指出，就是這部分生產，“大部分仍是當地人”。

20 料絲燈：用瑪瑙、紫石英等原料抽絲製成的高檔彩燈。

21 宜興歐窯：《紫砂名陶典籍》註稱係明代歐子明所創，“形式大多仿宋鈞器，是一種上釉陶器。”

22 鎏（liú）：此指陶、瓷所上的釉。

23 笏：銀兩重量或價值單位，銀五十兩為一笏。

24 冷金紫：《紫砂名陶典籍》稱：“團泥製成，呈現淡黃色。”

25 止削竹如刃：意指紫砂初創時期，金沙寺僧僅用也只知用竹片、竹刀修削壺形的原始加工工具情況。

26 又棄模而所謂削竹如刃：意指在“削竹如刃”的早期製壺階段後，供春借鑒缸甕製法，在製壺工藝中，也引進了在壺內使用木模的成型法。內模加工法較早期無疑是一個發展，但缺點是腹中往往會留下痕跡。時大彬悟出了成型新法，於是“棄模”又回復到“削竹如刃”的全手工成型法。這裏所說的回復，不是回復原始，而是製砂史上的一次飛躍。如《紫砂名陶典籍》所講，即棄模後“全憑雙手拍打時的協調以及對於轉盤轉動慣性的駕馭，來塑造預想中的圓球體”；工具也不只用竹刀、竹片，而如下面所說，器類增至“數十事”；也奠定了我國傳統紫砂工藝的全部基礎。

27 用木重首作椎：木椎，即俗所謂“木鎯頭”之類；專業俗語“搭子”。見附圖 1。
28 作掌：“掌”，指掌形工具，即拍子；有大小、厚薄和不同工藝用不同形制之別。見附圖 2。
29 用木作月阜：指木製轉盤，將泥坯放置其上，可以自由隨意轉動。見附圖 3。
30 鐳：以文中描述形狀，當指紫砂工藝中所用的鐵製刀具，如 鰟鮍 刀、尖刀等。見附圖 4。
31 用角：即用牛角所製的“明針”，形似圭笏，用來研光壺體表面。見附圖 5。
32 用竹木如貝：即用竹、木所製的用於規整器形的貝形有柄工具，如篦子、勒子。見附圖 6。
33 有木如腎，補規萬所困：一種規整圓形的工具，俗稱“木雞子”。見附圖 7。
34 外用竹若釵之股，用石如錐，為荔核形，用金作蠍尾：紫砂製作中藝人根據需要自製的各種工具。此據所指，應是獨果、完底石、剜嘴刀等工具。見附圖 8。
35 土氈：泥料經練乾濕適於打泥條、泥片製壺時，這些泥條稱“土氈”。見附圖 9。
36 廉用媒土，土濕曰媒：將泥條按序在轉盤上製成壺腹（壺體）後，“泥條兩端相向圍成圓柱狀，用刀蘸取濕泥粘接”。濕泥即“媒”，俗稱“脂泥”。見附圖 10、11。
37 足面先後，以制之豐約定：拍打好壺體，“繼而製作口面與底足，”即“上滿片（口）、底片”。《紫砂名陶典籍》指出，周容上說的製作順序，其實無定制，“是因人而異”。見附圖 12、13。
38 為壺先天：即“身筒”（壺體）。見附圖 14。
39 舂也審畋：“舂”指供舂。畋（pī），《廣韻》：匹支切，指器物出現裂紋、破損。《方言》：器破而未離，“南楚之間謂之 坒”。
40 天雞：古代神話中的鳥名。《玄中記》東南有桃都山，上有大樹，“枝相去三千里，上有一天雞，日初出……天雞則鳴，羣雞即隨之鳴”。
41 六尊：古代酒器名：即獻尊、象尊、壺尊、著尊、大尊、山尊。每種都有不同造型。
42 䓜：《遠東漢語大辭典》：“音義未詳”，清《南疆逸史》中有一貪官名“史 䓜”。編者按：“䓜”疑《說文》“范”的籀文“𦵏”字，在清部分人中，一度傳為“范”的俗寫。也即《禮記》中鑄器所說“范金合土”的“范”字。
43 “拳石公”：即吳頤山。
44 瓷瓵（yí）與瓻甋：“瓵”，陶瓷容器。“瓻 甋”，瓦罌。《爾雅 · 釋器》：“甌瓿”謂之“瓵”。郭璞註：“瓻 甋，長沙謂之瓵。”長沙方言“瓻”，即“瓻 甋”。
45 周簠（fǔ）：“簠”，古代祭祀用以置放粱粟的盛器。
46 瓦甒（wǔ）：“甒”同上面已見的“甒”字，古代盛酒用器。《玉篇 · 瓦部》：“甒，盛五升（一釋五斗）小甖也。”
47 分畦茹瀘：《紫砂名陶典籍》釋為“攤泥場”。因礦土加工為可用黏土時，泥池相鄰如畦，故有此形容。
48 並杵椎舂：《紫砂名陶典籍》稱，上述諸器並用，指將澄洗好的泥料進行捶練，也即所謂“做泥場”。
49 施剅掠以為容：“剅”，削。即用牛角明針作表面修飾、研光。
50 班倕：古代著名工匠名，“班”即公輸班。“倕”据《玉篇 · 人部》記載為黃帝時巧匠名。
51 季倫：西晉石崇（249 — 300）的字。崇初為修武令，累遷至侍中。永熙元年（290）出為荊州刺史，以劫掠客商致巨富，與貴戚王愷、羊琇奢靡相尚。愷與崇鬥富，武帝每每支持愷；以珊瑚賜之，高三尺許，世所罕見。愷以示崇，崇便以鐵如意擊之，應手而碎。愷以為嫉己之寶，大聲吵罵。崇曰：“不足多恨，今還卿！”乃命左右悉取珊瑚樹，有高三四尺者六七株，條幹絕俗，光彩奪目，如愷比者甚眾。愷 惘 然自失意。此寓上述名陶，倘石崇見之，必將其所藏珊瑚全部粉碎。
52 棠谿：此疑指吳王闔閭弟夫概。闔閭王吳國時，其弟夫概自立為王，敗奔於楚。楚王封夫概於“棠谿”，是謂“棠谿氏”。楚以“楚玉”即“和氏璧”為國寶。“棠谿觀此，定教白玉塵灰”，喻夫概王倘若看了上述名陶，也一定會把“和氏璧”擊毀。
53 景陵銅鼎：“景陵”，五代時由“竟陵”改名，即今湖北天門。“鼎”，此指古代鼎鑊一類的烹飪器。
54 荊溪瓦注：“荊溪”即清代析宜興所置新縣，入民國廢歸宜興。“瓦注”，即指陶壺。
55 宣工衣鉢有施叟：“宣工”指明宣宗宣德年間鑄造銅爐的工藝。“宣”即所謂“宣德爐”或“宣爐”；形仿秦漢，製極精美。“施叟”指明末清初宜興仿製宣爐的名師，據《紫砂名陶典籍》稱，其時宜興“施家北”所鑄之爐，“一度非常有名”。

56 國山：位今江蘇宜興市西南，原名九里山，山有九峯，一名九斗山，又名升山，孫吳時封禪於此，因名。

57 簏（lù）賸："簏"，指用竹編的圓形盛器。"賸"，係"剩"的異體字。

58 罨畫溪：源於宜興南部與浙江長興界山的溪水。宜興境內鼎蜀鎮湯渡的罨畫溪，曾為陽羨十景之一。長興境內的罨畫溪，上游為合溪，下流即箬溪，溪畔有罨畫亭。唐鄭谷詩："顧渚山邊亭，溪將罨畫通。"自唐代起，每年"花時，游人競集"。

59 �籠：用竹篾編製存放茶具的用器。

60 柴瓷：五代後周世宗柴榮詔建官窯燒製的瓷器。其瓷有"青如天、明如鏡、薄如紙、聲如磬"之譽。

61 春夏時扈八駿啼："扈"，舊所謂"報春鳥"。古有九扈，報春曰"春扈"，夏有"夏扈"。"八駿"，即傳說周穆王的八匹良馬。

62 梓慶削鐻：事見《莊子》："梓慶削木為鐻，鐻成，見者驚猶鬼神。""鐻"，古樂器名。"鬼神"形容鬼斧神功。

63 琭珞（lù luò）敲玉鏗而瑳（cuō）："琭珞"，堅硬的玉石。"鏗"，鏗鏘，形容聲音響亮和諧。"瑳"，玉色鮮明潔白。

64 瘢瘥（bān cuó ）：指疤痕、病疵。

65 抁（yǎn）：搖動。《玉篇・手部》："抁：動也，搖也。"

66 砮磻（nǔ bō）：石箭鏃。

67 橐（tuó）駝："橐"同橐；"橐駝"，即駱駝。古籍中"橐駝"，有的也寫成"橐他"或"橐它"。

68 囮：《廣韻》："五禾切，音訛。"《說文》"譯也，率鳥者繫生鳥以來之，名曰囮"即今所說的鳥媒。

69 流黃：玉名。《淮南子・本經訓》："流黃出而朱草生。"高繡註："流黃，玉也。"

70 釣臺：位於宜興西氿邊，相傳係南朝梁任昉（460 － 508）釣魚處。

71 白足禪僧：南朝梁惠皎《高僧傳十・釋曇始》："義熙初，復往關中，開導三輔。始足白於面，雖跣涉泥水，未嘗沾濕，天下皆稱白足和尚。"《紫砂名陶典籍》稱指首學"製陶的金沙寺僧"。

72 眉山：此指蘇軾，因其係眉州眉山（今四川眉山）人，以籍代名。

73 陶泓：此指硯臺。

74 三歸亭："歸"字當為"癸"之音誤。唐代宗時，顏真卿刺湖州，常與陸羽、皎然等名士、高僧交遊，一日相議在抒山妙喜寺建一亭，由陸羽領其事。亭建繕於癸年、癸月、癸日，因名"三癸亭"。

75 龍光斗牛占：《紫砂名陶典籍》註稱：意指劍光直衝雲漢。唐王勃《滕王閣詩序》："物華天寶，龍光射牛斗之墟"即此意。

76 丙舍帖：三國魏鍾繇有《墓田丙舍帖》。《紫砂名陶典籍》註認為此處"借代時大彬僧帽壺"。

校　記

① 原書卷首署作"海寧吳騫槎客編"。

② 博古齋本，"自序"無"自"字，置於周春題辭之前。中國書店本、《美術叢書》本（簡稱美術本）無周春題辭。美術本"自序"前還加書名"陽羨名陶錄"五字。

③ 苦窳者何？蓋髻墾薜暴之等也：美術本作"苦者何？薄劣粗厲之謂也；窳者何？污窬撕敀之等也。"

④ 所弗顧："顧"之下，博古齋本多一"已"字，美術本"已"作"者"字。

⑤ 寝穴：美術本"寝"字作"陶"，即陶窯。

⑥ 功：美術本"功"字作"勞"。

⑦ 頤山之支脈也："也"字下，至今東坡書院"今"字前，美術本多"又徐一夔《蜀山草堂記》：東坡箏書堂其址，入於金陵保寧之官寺久矣，遂為寺之別墅"三十三字。

⑧ 縣南：美術本、中國書店本在"南"字前，增一"東"字，作"縣東南"。

⑨ 壺經："經"字，《拜經樓叢書》本（簡稱拜經樓本）據檀几叢書本周高起《陽羨茗壺系》抄錄時作"入"字。美術本作"經"；據義改。

⑩ "砂銚"之下，至"能益水德"的"能"字間，美術本還有："亦嫌土氣，惟純錫為五金之母，以製

茶銚”十六字。

⑪ 摶：拜經樓本、中國書店本作“摶”；博古齋本、美術本校作“摶”，據改。下同，不出校。

⑫ 傅：拜經樓、中國書店本作“傳”；博古齋本，美術本作“傅”。“傅”通“附”，據改。

⑬ 暇：拜經樓本、中國書店本作“暇”，博古齋本、美術本改作“暇”，據改。

⑭ 時：中國書店本等同拜經樓本作“朋”，美術本作“時”。

⑮ 芳嘗手一壺，美術本“芳”字前，多一“仲”字。

⑯ 後：拜經樓本、中國書店本等皆作“亦”，美術本據周高起《陽羨茗壺系》原文，校作“後”，據改。

⑰ 所作：在“所”字和“作”字間，拜經樓本、中國書店本衍一“難”字，美術本衍一“手”字，此據周高起《陽羨茗壺系》原文改。

⑱ 筍：拜經樓本、中國書店本由榫形誤作“準”，美術本同《陽羨茗壺系》原文作“筍”，據改。

⑲ 歐正春、邵文金：拜經樓本、中國書店本刊作“歐正邵春文金”，誤。據博古齋本、美術本改。

⑳ 崇禎：拜經樓本、中國書店本等“禎”字，避清諱皆作“正”，逕改。下不出校。

㉑ 邵蓋：“邵”字，此處和本段小字“按”，拜經樓本、博古齋本等，均誤作“趙”字，逕改。

㉒ 銘：拜經樓本、中國書店本作“或”，美術本校作“銘”，據改。

㉓ 鏡奩銘：美術本作“所作櫛銘”。

㉔ 云云：美術本作“曰”，此下至“後署子澈”間，美術本又增“石根泉，蒙頂葉，漱齒鮮，滌塵熱”十二字。

㉕ 孟臣：博古齋本、中國書店本等“孟”字前，還有一“惠”字。

㉖ 周伯高，“高”字，拜經樓本、中國書店本皆誤刊作“起”，美術本校改。周高起，字“伯高”。

㉗ 之：博古齋本、中國書店本等同拜經樓本，作“之”；美術本作“也”。

㉘ 盆底佳：《美術叢書》本“佳”字下多一“甚”字。

㉙ 禎：中國書店本同拜經樓本“禎”字作“正”。原名王士禎（1634 － 1711），身後避清世宗諱，改“禎”為“正”；乾隆時，弘曆命改為“禎”，據博古齋本、美術本改。

㉚ “徐喈鳳”下，美術本多“重修”二字。

㉛ 子：拜經樓本、博古齋本等作“之”，此據美術本、中國書店本改。

㉜ 者：美術本作“具”字。

㉝ 閻望雲：《昭代叢書》本、美術本同拜樓本作“閻望英”，博古齋本“閻”字，作“閻”。

㉞ 汪小海淮”：博古齋本等同拜經樓本，書如前。《美術叢書本》誤倒作“汪小淮海”：汪淮，清乾嘉時詩人書法家，字“小海”。

㉟ 王芍山：“芍”字，此處拜經樓本、博古齋本作“芍”，美術本作“汋”。查博古齋等版本，在同一書中，往往前後出現“芍”、“勺”和“汋”字並用的混亂情況。

㊱ 一紋線：美術本、中國書店本等倒作“紋一線”。

㊲ 挹：拜經樓本、中國書店本作“浥”，美術校作“挹”，據改。

㊳ 圓：拜經樓本、博古齋本等刻作古寫“圜”。“圜”通“圓”，美術本校改作圓。

㊴ 琰：拜經樓本、中國書店本俗寫作“琁”，博古齋本等校作“琰”。

㊵ 佳：拜經樓本、中國書店本作“往”，美術本校作“佳”，據改。

㊶ 第一稱：中國書店同拜經樓本，美術本倒作“稱第一”。

㊷ 嫩綠：嫩，拜經樓和各本，皆刻作“嫈”字。“嫈”（ruān），柔弱，俗作“輭”即今“軟”字；另又讀作 nēn，俗作“嫩”，與綠聯用，此當作今“嫩”字。逕改。

㊸ 裹，拜經樓本作“褁”，博古齋本、中國書店本等皆作“裹”。據改。

㊹ 皴（cǔn）：拜經樓本、美術本作“皵”，博古齋本作“皴”。

㊺ 琫（běng）：拜經樓本、美術本等作“呲”，同蚌。博古齋本作“琫”，刀鞘近口處的裝飾；按文義據博古齋本改。

㊻ 騍：拜經樓本、美術本作“羸”，胡天遊原“歌”作“騍”，據改。

㊼ 蛸：美術本等刊作“䯊”，訛。“䯊”（kū），《集韻》當沒切，端。“骨䯊”，指樹癤。“䯊”，音䯊窟，指“穴”或“洞”。顏師古引服虔曰：“月蛸，月初生也。”

陽羨名陶錄摘抄

◇ 清　翁同龢[1]

翁同龢(1830－1904)，江蘇常熟人，咸豐、同治時大學士翁心存第三子。字聲甫，號叔平，又號松禪，晚號瓶庵居士。咸豐六年(1856)狀元，同治四年(1865)為同治帝師傅，光緒二年(1876)為光緒帝師傅。光緒五年任工部尚書，八年擢軍機大臣。在中法戰爭、中日甲午戰爭中，是主張抗敵、反對李鴻章求和的核心人物。二十一年（1895），由户部尚書兼任總理衙門大臣，力主維新變法，將康有為密薦給光緒載湉，是當時所謂的“帝黨領袖”。但是，二十四年(1898）四月，光緒宣佈變法的第四天，慈禧太后即勒令載湉將他開缺回籍，“交地方官嚴加管束”。回籍後，翁同龢在抑鬱悲愴中以覽書撰文自遣。《陽羨名陶錄摘抄》，當抄於這段時間。光緒三十年（1904）病逝故里，宣統元年(1909）詔復原官。有《翁文恭公日記》(今整理出版為《翁同龢日記》)、《瓶廬詩鈔》、《瓶廬叢稿》(二十六種）等。

本文《陽羨名陶錄摘抄》，由中國國家圖書館所藏翁同龢《瓶廬叢稿》中輯出。《瓶廬叢稿》係翁同龢手稿，本書收附於此，除上面《陽羨名陶錄》題記所説的作為“簡本”這層意義外，更主要的，還在於它是翁同龢親自摘抄而還未有多少人看過的手稿。由於未經刊印，這裏也只能據《陽羨名陶錄》等資料略作注釋。

原始

陶穴環蜀山，山有東坡祠。東坡乞居陽羨，以此山似蜀中風景，故改名之。

選材

軟黃泥，出趙莊山，以和一切色土，乃黏（埴）。

石黃泥，亦出趙莊山，即未觸風日之石骨。

天青泥，出蠡墅。

老泥，出團山。

白泥，出大潮山。又張公、善權二洞石乳，陶家用以作釉。

本藝

壺宜小不宜大，宜淺不宜深。壺蓋宜盎不宜砥，宜傾竭即滌去停滓。

壺宿雜氣，滿貯沸湯，傾即沒冷水中，亦急出於水寫之，元氣及之。

品茶之甌，白瓷為良。製宜弇口邃腹，色澤浮浮而香氣不散。茶洗，式如扁壺，中加一項鬲，而細竅其底，便過水漉沙。

壺用久滌拭，自發闇然之光，入手可鑒。若膩滓爛斑，是曰和尚光，最為賤相。

家溯

金沙寺僧，佚其名。　金沙寺，在宜興縣東南四十里。

供春，學憲吳頤山家僮也，仿金沙僧所製，有指螺文。隱起，可按胎，必累按，故腹半尚現節腠，視以辨真。今傳世者，栗色闇闇如古鐵敦。龐周正，亦作龔春。

周高起曰：予於吳冏卿家，見大彬所仿，則刻“供春”二字。

董翰，號後谿，始造菱花式。

趙梁，多提梁式。梁亦作良

元暢。亦作元錫

時鵬。亦作朋大彬之父，萬曆間人。

李茂林，行四，名養心製小圓式。

周高起曰，自此以後，壺乃另作瓦缶，囊閉入陶穴，前此名壺不免沾缸罈油淚。

時大彬，號少山。或土或砂，諸款具足，諸土色亦具足，樸雅堅栗。初仿作供春大壺，後聞陳眉公與瑯琊、太原諸公品茶法（謂弇州諸公），乃出小壺。

李仲芳，茂林子，大彬之高足。製漸趨文巧。今世所傳大彬壺，亦有仲芳作而大彬署款者。

徐友泉，名士衡，亦與大彬遊。所製有漢方扁觶，小雲雷提梁卣，蕉葉蓮房（芳），菱花鵝蛋（蛋），分襠索耳，美人垂蓮，大頂蓮，一回角，六子諸款，泥色各種素甌。晚年自歎曰：“吾之精，終不及時之粗。”友泉有子，亦工是技，至今有大徐、小徐之目。

歐正春，多規花卉、果物。

邵文金，仿時漢方獨絕。

邵文銀。

蔣伯荂，名時英。此四人並大彬弟子。

陳用卿，與時英同工，而年技俱後，如蓮子湯婆（婆）、鉢盂、圓珠諸製，不規而圓，款仿鍾太傅筆意。

陳信卿，仿時、李諸器，堅瘦工整，雅自不羣。

閔魯生，名賢規，仿諸家。

陳光甫，仿供春、時大為入室，然所製口的，不極端緻。

陳仲美，好配壺土，意造諸玩。

沈君用，名士良，所製不尚方圓，而準縫絲毫不苟，配土之妙，色象天然。

邵蓋

周後谿

邵二孫，並萬曆間人。

周嘉胄，《陽羨名壺譜》以董翰、趙梁、元暢、時朋、時大彬、李茂林、李仲芳、徐友泉、歐正春、邵文金、蔣伯荂，皆萬曆時人。

陳俊卿，時大彬弟子。

周季山

陳和之

陳挺生

承雲從

沈君盛。君用以上，並天啟、崇禎間人。

陳辰，字共之，工鐫壺款。

周高起曰：自邵蓋至陳辰，俱見汪太心《葉語附記》中。太心，休寧人。鐫壺款識，時大彬初倩能書者，落墨用竹刀畫之或以印記，後竟運刀成字，在黃庭、樂毅間，人不能仿。次則李仲芳，亦合書法，若李茂林，硃書號記而已。

徐令音

項不損，名真，攜李襄毅公之裔。

吳騫曰：嘗見陳仲魚一壺，有"研北齋"三字，旁署項不損款，字法晉唐。不損詩文，深為李檀園所賞。

沈子澈，崇禎時人。

吳騫曰：余得菱花壺一，底有銘及署"子澈為密先兄製"。又一壺，曰"崇禎癸未沈子澈製"；實明季一名手也。

陳子畦，仿徐最佳，或云即鳴遠父。

陳鳴遠，號鶴皋，亦號壺隱。

鳴遠與文人學士遊，名重一時，嘗得所製天雞壺一，細砂作紫棠色，鋟庚子詩[1]為曹廉讓先生手書，極精雅。

徐次京

孟臣

葭軒

鄭寧侯，皆不詳何時人，並善摹古器，書法亦工。

張燕昌曰：一壺，底八分書"雪庵珍賞"四字，又楷書"徐氏次京"四字。在蓋之外口，啟蓋方見。又一底有"文杏館孟臣製"六字。

吳騫曰：余得一壺，底有唐詩"雲入西津一片明"，旁署"孟承製"；

字用褚法。葭軒工作瓷章。又一壺，款署“鄭寧侯製”，式極精雅。

卷下

談叢

往時龔春，近日時大彬壺，皆以粗砂為之，正取砂無土氣兮。許次紓《茶疏》

茶壺，陶器為上，錫次之。馮可賓《茶箋》

茶壺以小為貴，小則香不逸散②，味不耽閣。同上

供春形不雅，大彬製太小，若受水半升而形又古潔乃適用。文震亨《長物志》

宜興壺③，龔春為上，時大彬次之，陳用卿又次之。錫注，黃元吉為上，歸懋德次之。張岱《夢憶》

凡砂壺，其嘴務直，一曲便可憂，再曲則稱棄物矣。星星之葉，入水即成大片，斟瀉時，纖毫入嘴則塞而不流。啜茗快事，斟之不出，大覺悶人。李漁《雜說》

李仲芳之父李四老官，號養心，所製小圓壺，在大彬之上，為供春勁敵。陳貞《慧秋園雜佩》

均州窯器，凡豬肝色，紅、青、綠錯雜，若垂涎皆上，三色之燒不足者，俱黃沙泥坯。近年新燒，皆宜興砂土為骨，釉水微似，但不耐用。《博物要覽》

陳遠手法，在徐、沈之間，而款識書法雅健。《宜興志》

明時宜興有歐姓，造瓷器曰歐窯。朱炎《陶說》

供春壺式，逸品也。其後四家：董翰，趙良，袁錫，時鵬。鵬，大彬父也。大彬後有彭君實、龔春、陳用卿、徐氏，壺皆不及大彬。近時宜興壺加以饒州之鎏，光彩射人，卻失本來面目。阮葵生《茶餘客話》

臺灣人最重供春小壺。供春者，吳頤山婢名。或稱龔春者誤。周德《壺陽百詠》注

蔣伯夸手製壺，相傳項墨林所定式，呼為天籟閣壺。墨林文房雅玩，如張鳴岐之交梅手爐，閻望雲之香几及小盒，皆有墨林字。張燕昌《陽羨陶說》

時大彬小壺，如菱花八角，側有款字。其妙即一蓋可驗試，隨手合上，舉之能吸起全壺。所見黃元吉、沈鷺雝錫壺，亦如是；陳鳴遠便不能。同上

汪小海淮，藏宜興瓷花尊，若蓮子而平，底上作數孔，周束以銅如提梁卣，質樸靜雅無款。同上

陳鳴遠所製茶具，款字仿晉唐風格。嘗見一壺，款題“一□上元為崇□先生”，書法似楊□研，殆其捉刀者。又一壺，底銘曰“汲甘泉瀹芳茗，孔顏之樂在瓢飲。”

沙上九人龍，藏時壺一，款題“甲辰秋八月時大彬手製”。又王汋山一壺，冷金紫製，樸而小，所謂遊婁東見弇州諸公後作也。底楷書款云：“時大彬製”。同上

余得一壺，失其蓋，色紫而形扁，底真書“友泉”二字；考徐友泉也。

倪氏六十四研齋一壺，底有銘云：“一杯清茗，可沁詩脾，大彬”。其製樸而

雅，色如豬肝，其蓋雖不能吸起全壺，然以手撥之，則不能動。陳鱣《松研齋隨筆》

文翰④

〔記〕

周容《宜興瓷壺記》，謂始自萬曆間，大朝山僧傳供春。春，吳氏小妾也。

〔賦〕

吳梅鼎《陽羨茗壺賦》，謂從祖拳石公讀書南山。按：乃一童子名供春，見土人以泥為缶，即沉其泥為壺，極古秀可愛。

龍蛋、印方、刻角印方，皆供春式；雲壘、螭觶、漢瓶、僧帽、提梁卣、苦節君、扇面方、蘆蓆方、誥寶、圓珠、美人肩、西施乳、束腰菱花、平肩蓮子、合菊、荷花、芝蘭、竹節、橄欖六方、冬瓜麗、分蕉、蟬翼、柄雲、索耳、番象鼻、鯊魚皮、天雞、篆珥，皆徐友泉壺。

又一切器玩：沈君用海棠香盒，陳仲美鸚鵡杯，沈君用香奩，徐友泉葵花茶洗，陳六如仿古花轉⑤，沈君用梅花罏，陳六如十錦杯，沈君用菊盒。

〔詩〕⑥

吳騫《陶山明府製茗壺詒好事》，詩註：話明府茗壺有"尉繚了事"四字署款。

注　釋

1　此翁同龢署名，是編者改。《瓶廬叢稿》，翁同龢原署作"吳騫"。《陽羨名陶錄》為吳騫撰，但《陽羨名陶錄摘抄》不是吳騫是翁自己摘抄；故改。

校　記

① 庚子詩：在"子"與"詩"字間，吳騫《陽羨名陶錄》原文，還有一個"山"字。
② 香不逸散："逸"字，吳騫《陽羨名陶錄》原文作"涣"。
③ 宜興壺："壺"字，吳騫《陽羨名陶錄》原文作"罐"。
④ 文翰：《陽羨名陶錄》在文翰之下，共分"記"、"銘"、"贊"、"賦"、"詩餘"和"詩"等目，分錄各有關吟讚陽羨名陶的內容。但這一部分，翁同龢可能嫌內容一般，開始略不摘抄，僅對標題和有些內容稍作介紹，如"銘"、"贊"等目，根本就省未作提。
⑤ 仿古花轉："轉"字，《陽羨名陶錄》原文作"尊"字。
⑥ 此下《陶山明府製茗壺詒好事》，不屬"記"，也不屬"賦"而是詩的內容，編補標題"詩"。

陽羨名陶續錄

◇清　吳騫　撰

《陽羨名陶續錄》，是吳騫繼《陽羨名陶錄》之後，編寫的有關宜興紫砂壺的另一篇續編或補遺。吳騫簡介，見《陽羨名陶錄》題記。

《陽羨名陶續錄》，由於現在一般所見的版本，都是上世紀三十年代前後中國書店影印的《陽羨名陶錄》的附錄本；前無序，後無記，不但沒留下撰寫時間的痕跡，甚至有人對《續錄》是否是吳騫所撰，亦有疑義。其實，對《陽羨名陶續錄》是否吳騫所寫的懷疑，大可不必。因為中國書店既然是影印本，説明在此之前，《陽羨名陶錄》當即有正本和續本的合刊本。不但如此，在上海圖書館的善本書目中，現在還收藏有《陽羨名陶錄》二卷續錄一卷的清陳慶鏞抄本；撰者清楚署明即吳騫，所以《續錄》也為吳騫所撰是可靠的。至於《續錄》的撰寫時間，從吳騫所編《拜經樓叢書》不收這點來看，大致乾隆年間編刻這部叢書時，吳騫還沒有編好。再從本文收錄有《揚州畫舫錄》內容這點來看，也顯示當是其嘉慶年間的作品。《揚州畫舫錄》是李斗從乾隆二十九年（1764）至六十年（1795）的生活筆記，其卒於嘉慶中期，因此我們推定《續錄》當編撰於1803年前後。

本文據陳慶鏞抄本作收，以中國書店本和所輯原文作校。

家溯

明時，江南常州府宜興縣歐姓者，造瓷器曰歐窯。有仿哥窯紋片者，有仿官、均窯色者，采色甚多，皆花盤奩架諸器，舊者頗佳。朱炎《陶説》

吳騫曰：歐窯疑即歐正春[1]，今丁、蜀二山，尚多規之者。器作淡綠色，如蘋婆果[2]，然精巧遠不逮矣。

檇李文後山鼎，工詩善畫，收藏名蹟古器甚多①，有宜瓷茗壺三具，皆極精確。其署款曰："壬戌秋日陳正明製"；曰"龍文"；曰"山中一杯水，可清天地心。亮彩。"三人名皆未見於前載，亦未詳何地人。陳敬璋《餐霞軒雜錄》

本藝

香雪居，在十三房[3]。所粥②皆宜興土產砂壺。茶壺始於碧山冶金，呂愛冶銀③。泉馿茗膩，非扃以金銀，必破器染味。砂壺創於金砂寺僧，團紫砂泥作壺具，以指羅紋為標識。有吳學使者，讀書寺中，侍童供春見之，遂習其技成名工，以無指羅紋為標識。宋尚書時彥裔孫名大彬，得供春之傳，毀甓[4]以杵舂之，使還為土，範為壺。燀以熠火，審候以出，雅自矜重。遇不愜意，碎之，至碎十留一。皆不愜意，即一弗留。彬枝指④，以柄上拇痕為標識。大彬之後，則陳仲美、李仲芳、徐友泉、沈君用、陳用卿、蔣志雯諸人。友泉有雲罍、蟬觶、漢瓶、僧帽、提梁卣、苦節君、扇面、美人肩、西施乳、束腰菱花⑤、平肩蓮子、合菊、荷花、竹節、橄欖六方、冬瓜麗⑥、分蕉蟬翼、柄雲索耳、番象鼻、沙魚皮、天雞、篆耳諸式。仲美另製鸚鵡杯。吳天篆《瓷壺賦》云翎毛璀璨，鏤為嬰武⑦之杯謂此。後吳人趙璧，變彬之所為而易以錫。近時則歸復所製錫壺為貴。李斗[5]《揚州畫舫錄》

吳騫曰：長洲陸貫夫紹曾，博古士也。嘗為予言，大彬壺有分四旁、底、蓋為一壺者，合之注茶，滲屑無漏，名"六合一家壺"，離之，仍為六。其藝之神妙如是。然此壺予實未見，姑識於此，以廣異聞。

談叢

前卷言，一藝之工，足以成名，而歎士人有不能及。偶觀《袁中郎集·時尚》一篇，與予說略同，並錄之。云：古來薄技小器皆可成名，鑄銅如王吉、姜娘子，琢琴如雷文、張越，磁器如哥窯、董窯，漆器如張成、楊茂、彭君寶。士大夫寶玩欣賞，與詩疑作書畫並重。當時文人墨士、名公巨卿，不知湮沒多少，而諸匠之名，顧得不朽，所謂五穀不熟，不如稊稗者也。近日小技著名者尤多，皆吳人。瓦壺如龔春、時大彬，價至二三千錢。銅爐稱胡四，扇面稱何得之，錫器稱趙良璧，好事家爭購之。然其器實精良，非他工所及，其得名不虛也云云。予又曾見《顧東江集》，宏正間⑧舊京製扇骨最貴。李昭《七修類稿》[6]稱：天順間，有楊塤妙於倭漆，其漂霞山水人物，神氣飛゜圖畫不如。嘗上疏明李賢、袁彬者也。王士正[7]《居易錄》

韓奕，字仙李，揚州人。買園湖上，名曰韓園。工詩，善鼓板，蓄砂壺，為徐氏客。《揚州畫舫錄》[8]

間得板橋道人小幀梅花一枝，傍列時壺一器，題云："峒山秋片茶，烹以惠泉，貯沙壺中，色香乃勝。光福梅花盛開，折得一枝，歸啜數杯，便覺眼、耳、鼻、舌、身、意，直入清涼世界，非煙火人所能夢見也。"係一絕云："因尋陸羽幽棲處，傾倒山中煙雨春。幸有梅花同點綴，一枝和露帶清芬。"此幀詩畫，皆有清致，要不在元章、文長之亞。魏鉽蜩《寄生隨筆》

藝文

銘　吳騫

張季勤藏石林中人茗壺，屬銘以鋟之匣。

渾渾者，陶之始；舍則藏，吾與爾。石林人傳季勤得，子孫寶之永無忒。

樂府

少山壺　任安上李唐

洞山茶，少山壺，玉骨冰膚。雖欲不傳，其可得乎？壺一把，千金價，我筆我墨空有神，誰來投我以一緡。袁枚曰：可慨亦復可恨，然自古如斯，何見之晚也。

詩

荊溪雜曲　王叔承[9]承父

蜀山山下火開窯，青竹生煙翠石銷。笑問山娃燒酒杓，沙坏可得似椰瓢。詩見《明詩綜》

雙溪竹枝詞　陳維崧[10]

蜀山舊有東坡院，一帶居民淺瀨邊。白甄家家哀玉響，青窯處處畫溪煙。

葦村以時大彬所製梅花沙壺見贈，漫賦茲篇誌謝雅貺　汪士慎[11]近人

陽羨茶壺紫雲色，渾然製作梅花式。寒沙出冶百年餘，妙手時郎誰得如。感君持贈白頭客，知我平生清苦癖。清愛梅花苦愛茶，好逢花候貯靈芽。他年倘得南帆便，隨我名山佐茶宴。

味諫壺　程夢星[12]⑨伍喬

天門唐南軒館丈齋中，多砂壺，有形如橄欖者，或憎其拙，予獨謂拙乃近古，遂枉贈焉。名曰味諫

義興誇名手，巧製妙圓整。茲壺獨臃腫，贅若木之瘿。呂甫公有《木瘿壺》詩一瓱回餘甘，清味託山茗。

得時少山方壺於隱泉王氏，乃國初進士幼扶先生舊物，率賦四律　張廷濟[13]汝霖

添得蕭齋一茗壺，少山佳製果精殊。從來器樸原團土，且喜形方未破觚。生面別開宜入畫，兄子又超為繪圖詩腸借潤漫愁枯。金沙僧寂供春杳，此是荊南舊範模。

削竹鐫留廿字銘，居然楷法本黃庭。周高起曰，大彬款用竹刀，書法逼真換鵝經。雲痕斷處筆三折，雪點披來砂幾星。便道千金輸瓦注，從教七碗補《茶經》。延陵著錄徵君說，好寄郵筒問大寧。海寧吳丈免寶著《陽羨名陶錄》，海鹽家文漁兄撰《陽羨陶説》，二君皆博稽，此壺大寧堂款，必有考也。

瑯琊世族[14]溯蟬聯，老物傳來二百年。過眼風燈增舊感，丁巳歲，孟中觀塾是壺留余齋旬日，未久孟化去。知心膠桼話新緣。王心耕為予作緣得此壺。未妨會飲過詩屋，西鄰葛見喦闢溪陽詩屋，藏有陳用卿壺。大好重攜品隱泉。隱泉在北市劉家媲、李元龍先生御舊居於此。聞説休文曾有句，可能載筆賦新篇。姊婿沈竹岑廣文嘗賦此壺貽王君安期。

活火新泉逸興賒，年年愛鬥雨前茶。從欽法物齊三代，張岱謂：龔、時瓦罐，直躋

商彝、周鼎之列而無愧。予家藏三代彝鼎十數種，殿以此壺，彌增古澤。便載都籃總一家。吾弟季勤，藏石林中人壺；兄子又超，藏陳寉峰壺。竹里水清雲起液，祇園軒古雪飛花。居東太平禪院，舊有沸雪軒。詳舊《嘉興縣志》。與君到處堪煎啜，珍重寒窗伴歲華。

時大彬方壺，澂一家王氏藏之百數十年矣。辛酉秋日，過隱泉訪安期表弟，出此瀹茗並示沈竹岑詩即席次韻　葛澂見碞

隱泉故事話高人，況有名陶舊絕倫。酒渴肯辭甘草癖，詩清底買玉壺春。賓朋聚散空多感，書卷飄零此重珍。王氏舊富藏書記取年年來一呷，未妨桑苧目茶神。

叔未解元得時大彬方壺於隱泉王氏，賦四詩見示，即疊辛酉舊作韻

移向牆東舊主人，竹田位置更超倫。瓦全果勝千金注，時好平分滿座春。石乳石林真繼美，石乳、石林，叔未弟季勤所藏二壺銘。寶尊寶敦合同珍。叔未藏商尊、周敦，皆精品。從今聲價應逾重，試誦新詩句有神。

觀叔未時大彬壺　徐熊飛[15]渭揚

少山方茗壺，其口強半升。名陶出天秀，止水涵春冰。良工舉手見圭角，那能便學蘇摸稜。凜然若對端正士，性情溫克神堅凝。風塵淪落復見此，真書廿字銘厥底。削竹契刻妙入神，不信蘆刀能刻髓。王濛故物藤篋封，歲久竟歸張長公。八磚精舍水雲靜，我來正值梅花風。攜壺對客不釋手，形模大似提梁卣。春雷行空蜀岡破，亂點硇砂燦星斗。幾經兵火完不缺，臨危應有神靈守。薄技真堪一代師，姓名獨冠陶人首。吾聞美壺如美人，氣韻幽潔肌理勻。珍珠結網得西子，便應掃卻蛾眉羣。又聞相壺如相馬，風骨權奇勢矜雅。孫揚一顧獲龍媒[16]，十萬驪黃皆在下[17]。多君好古鑒別精，搜羅彝器陳縱橫。紙窗啜茗志金石，煙篁繞舍泉清泠。東南風急片帆直，我今遙指防風國。他日重攜顧渚茶，提壺相對同煎喫。

叔未叔出示時壺命作圖並賦　張上林又超

曾閱滄桑二百年，一時千載姓名鐫。從今位置清儀閣，活火新泉話夙緣。吳免床作《隸題圖冊》，首曰“千載一時”。

時壺歌為叔未解元賦　沈銘彝竹岑

少山作器器不窳，罨畫溪邊劚輕土。後來作者十數輩，遜此形模更奇古。此壺本自瑯琊藏，鬱林之石青浦裝。情親童稚摩挲慣，賦詩共酌春茗香。藝林勝事洵非偶，一朝恰落茂先手。清儀閣下檇李亭，羃䍥[18]茶煙浮竹牖。廬陵妙句清通神，壺底鋟“黃金碾畔綠塵飛，碧玉甌中素濤起”二句，歐公詩也。細書深刻藏顏筋。我今對之感舊雨，君方得以張新軍。商周吉金案頭列，殿以瓦注光璘彬。壺兮壺兮為君賀，曲終正要雅樂佐。

和叔未時壺原韻　周汝珍東杠

入室芝蘭臭味聯，松風竹火自年年。尋盟研北虛前諾，得寶牆東憶昔賢。鬥處元知茗是玉，傾來不數酒如泉。徐陵雪廬孝廉沈約竹岑學博俱名士，寫遍張為主客篇。

叔未解元得時大彬漢方壺詩來屬和　吳騫

春雷蜀山尖，飛棟煤煙綠。燭龍繞蜂穴，日夜鏖百谷。開荒藉瞿曇[19]，煉石補天角。中流抱千金，孰若一壺逐。繼美邦美孫，李斗謂大彬乃宋尚書時彥之裔。智燈遞相續。兩儀始胚胎，萬象供搏掬。視以火齊良，寧棄薛與暴。名貴走公卿，價重埒金玉。商周寶尊彝，秦漢古 卮 盝。丹碧固焜燿，好尚殊華朴。迄今二百祀⑩，瞥若鳥過目。遺器君有之，喜甚獲郢璞。折柬招朋儕，剖符規玉局。松風一以瀉，素濤翻雪瀑。恍疑大寧堂，移置八磚屋。摹形更流詠，箋冊裝金粟。顧謂牛馬走，名陶蓋補錄。嗟君負奇嗜，探索窮崖隩。求壺不求官，干水甚干祿。三時我未饜，一夔君已足。予藏大彬壺三，皆不刻銘。君雖一壺，底有歐公詩二句，為光勝。譬如壺九華，氣可吞五嶽。何嘗載烏篷，共泛罨溪淥。廟前之廟後，遍聽茶娘曲。勇喚邵文金，渠師在吾握。大彬漢方，惟邵文金能仿之。見《茗壺系》。

注　釋

1　歐窯疑即歐正春：據近人許之衡《飲流齋説瓷》所説，歐窯乃明時歐子明所創。此“歐窯”究屬歐正春還是歐子明，待考。

2　器作淡綠色，如蘋婆果：據高英姿《紫砂名陶典籍》註稱，舊時凡釉色淡綠如蘋果的陶器，均為宜興土釉陶器（鉛灰綠釉陶），產品多為瓮、盆等日用器皿。

3　十三房：舊時謂某一家族分支的聚居地。“房”，即按宗法制度規定在家族中按血統進行房分確立的關係和序號。如親房、本房、遠房、大房、二房等。

4　毀甓（pì）：甓，原義指磚。如《詩．陳風．防有鵲巢》：“中唐有甓”的“甓”字，即釋作磚。但此非指磚或磚坯，而是指用陶土所製的器皿。

5　李斗：字艾塘，又字北有，揚州儀徵人。《揚州畫舫錄》，是其從乾隆二十九年（1764）至六十年在揚州生活的筆記。

6　《七修類稿》應為郎瑛撰，僅見王士禎《居易錄》云為李昭撰。

7　王士正：清山東新城人。字子真，一字貽上，號阮亭，別號漁洋山人，象晉孫，順治乙未（1655）進士，歷官刑部尚書，以文學詩歌著稱。卒謚文簡。

8　此段內容載於《揚州畫舫錄》卷14。徐氏指徐贊侯，歙縣人，揚州大鹽商，與程澤弓、汪令聞齊名。有“晴莊”，墨耕學圃。

9　王叔承：明蘇州吳江人。初名光胤，以字行。後更字承父，晚又更字子幻，復名靈岳，自號崑崙山人。少孤，家貧，入都作客於大學士李春芳家，後縱遊吳、越、閩、楚及塞上各地，萬曆中卒。其詩為王世貞兄弟所稱，有《吳越遊編》、《楚遊編》、《岳遊編》等。

10　陳維崧（1631—1688）：字其年，號迦陵，清常州宜興人。十七歲為諸生，至四十仍為諸生。康熙間舉鴻博一等，授檢討，與修《明史》。工於詩，駢文及詞尤負盛名。有《湖海樓詩集》、《迦陵文集》、

《迦陵詞》。

11 汪士慎（1680—1759）：字近人，號巢林，又號溪東外史，江南歙縣人。流寓揚州，工隸善畫梅。為“揚州八怪”之一。

12 程夢星：字伍喬，一字午橋，號香溪，一號汧江。清揚州江都人。康熙五十一年進士，官編修，丁艱後即不出，主揚州詩壇數十年。有《平山堂志》、《今有堂集》、《茗柯集》等。

13 張廷濟（1768—1848）：字叔未，又字汝霖。嘉慶三年鄉試第一。因會試屢躓，遂絕仕途，以圖書金石自娛。建“清儀閣”，自商周至近代金石書畫無不收藏，各繫以詩，草隸號為當世之冠。有《桂馨堂集》等。

14 瑯琊世族：指西晉末年流移江南的瑯琊大族，如王氏、諸葛氏、嚴氏等等。此指收藏時大彬方壺的王氏後裔。

15 徐熊飛（1762—1835）：字渭揚，號雪廬，清浙江武康人。嘉慶九年舉人，少孤貧，勵志於學，工詩及駢文，晚年為阮元所知，授翰林院典籍。有《白鵠山房詩文集》、《六花詞》等。

16 龍媒：指天馬或駿馬。《漢書．禮樂志》：“天馬徠（來），龍之媒”。應劭釋龍媒即天馬。後引伸為泛指駿馬，例李賀《瑤華樂》詩：“穆天子走龍媒。”

17 十萬驪黃皆在下：驪，指純黑色的馬，《詩．魯頌．駉》：“有驪有黃”。黃，指毛色黃色的馬。“十萬驪黃皆在下”，指眾多純種的黑馬、黃馬，亦降為普通的馬了。

18 冪䍥（mì lì）：冪，指瀰漫。豆盧回《登樂游原懷古》詩：“冪䍥野煙起”。

19 瞿曇（qú tán）：一譯“喬答摩”，古代天竺（今印度）人的姓氏。釋迦牟尼也姓瞿曇，故舊時每每也見以“瞿曇”作釋迦牟尼的代稱。

校　記

① 古器甚多：“多”字，中國書店本糊作墨丁，底本可辨認作“多”字。

② 粥：《揚州畫舫錄》，作“鬻”，但“粥”字也可通“鬻”。

③ 呂愛冶銀：呂愛，冶金銀名匠。“冶”字，底本作“治”，誤。《揚州畫舫錄》此字亦作“冶”。

④ 彬枝指：“枝”字，底本原作“技”字，傳說時大彬為“六指頭”（今無見柄痕可證），“技”當為“枝”之形誤。

⑤ 束腰菱花：“菱”字，底本原作“淩”字，本書編時改。

⑥ 冬瓜麗：“麗”字，底本和《揚州畫舫錄》原文均作“段”。但《陽羨名陶錄》引吳梅鼎《陽羨名壺賦》，此“段”字作“麗”。據改。

⑦ 嬰武：此當為吳天篆“鸚鵡”二字的簡書。“鵡”字，《揚州畫舫錄》原文書作“鴟”字。“鴟”同“雊”，為“鵡”的異體字。

⑧ 宏正間：“宏”字，疑“弘”之誤。宏正間，即指弘治（1488—1505）和正德（1506—1521）年間。

⑨ 程夢星：“程”字，底本和中國書店本均音誤作“陳”字，據《揚州畫舫錄》、《國朝詩人徵略》改。

⑩ 迄今二百祀：“祀”字，底本和中國書店本等，原書作“禩”字，“禩”同“祀”，逕改。

茶譜

◇清　朱濂　撰

朱濂（1763 — 1838），清徽州府歙縣人，字理堂，號蔼莊。廩生。原居歙之義成，後徙巖鎮。幼失恃，事父及繼母、庶母，並以孝聞。敦尚友愛，為文閎達淵雅，熟詩史，尤精詩禮之學，著有《毛詩補禮》六卷。對鄉土史志，文獻亦頗有研究。知徽州府事馬步蟾纂修府志，濂獨纂《沿革》一門，博採增益，俱有依據。道光十八年（1838）卒，終年七十六歲。對本文作者，陽海清先生在《中國叢書廣錄》還另有一說，其稱朱濂"字敦夫，乾隆辛未（十六年，1751）進士，先後任太平、常州教諭，甲午（三十九年，1774）六月病故"。經查，《中國叢書廣錄》，疑將乾隆辛未科進士"朱家濂"誤作"朱濂"。本文大海撈針，從《歙縣志·士林》找出的材料，當是正確的。

本《茶譜》二卷，從浙江省圖書館所藏的《藤溪叢書》中輯出。《藤溪叢書》為稿本，說明確是一部有殘缺的手稿。如其《百籟考略》共有幾卷不清楚；現在只存《酒》一卷。全書現存《時令考略》、《四令花考》、《器用紀略》、《菓譜廣編》、《年號官制紀略》、《禽經補錄》、《茶譜》、《獸經補錄》、《百籟考略》、《候蟲誌略》十種二十五卷。

本文無題署，綜合《藤溪叢書》各本的不多線索，我們推定《藤溪叢書》和本文的成稿時間，大抵在嘉慶和道光之交那段時間。本文以稿本影印本為底本，參照本文引錄原文或可靠引文作校。

卷一

《爾雅》：早採者為茶，晚取者為茗，一名荈，蜀人名之苦荼①。

《天中記》：凡種茶樹，必下子，移植則不復生。故俗聘婦必以茶為禮。義固有所取也。

《文獻通考》：凡茶有二類……總十一名。[1]

《北苑貢茶錄》：御用茗目凡十八品[2]　上林第一　乙夜清供　承平雅玩　宜年寶玉　萬春銀葉　延平石乳　瓊林毓瑞　浴雪呈祥　清白可鑒　風韻甚高　暘谷先春　價倍南金　雲英、雪葉②　金錢、玉華　玉葉長春　蜀葵、寸金並宣和時③。

政和曰太平嘉瑞　紹聖曰南山應瑞[3]

《國史補》：劍南有蒙頂石花……而浮梁商貨不在焉。

《茶論》《臆乘》[4]：建州之北苑先春龍焙……岳陽之含膏冷。[5]

《天中記》：湖州茶生長城縣顧渚山中，與峽州、光州同，生白茅懸腳嶺，與襄州荊南義陽郡同。生鳳亭山伏翼澗飛雲、曲水二寺，啄木嶺，與壽州、常州同。安吉④、武康二縣山谷，與金州、梁州同。

《天中記》：杭州寶雲山產者，名寶雲茶；下天竺，香林洞者，名香林茶；上天竺白雲峰者，名白雲茶。

《方輿勝覽》：會稽有日鑄嶺，產茶。歐陽修云："兩浙產茶，日鑄第一。"

《雲麓漫鈔》6：浙西湖州為上，常州次之。湖州出長城顧渚山中，常州出義興君山懸腳嶺北崖下。唐《重修茶舍記》：貢茶、御史大夫李栖筠典郡日，陸羽以為冠於他境，栖筠始進。故事，湖州紫筍，以清明日到，先薦宗廟，後分賜近臣。紫筍生顧渚，在湖、常間。當茶時，兩郡太守畢至為盛集。又玉川子《謝孟諫寄新茶》詩有云："天子須嘗陽羨茶"，則孟所寄乃陽羨者。

李時珍《本草》：茶有野生、種生，種者用子，其子大如指頭，正圓黑色。二月下種，一坎須百顆乃生一株，蓋空殼者多也。畏日與水，最宜坡地陰處。茶之稅始於唐德宗，盛於宋元；及於我朝，乃與西番互市易馬。夫茶一木爾，下為生民日用之資，上為朝廷賦稅之助，其利博哉⑤。昔賢所稱，大約為唐人尚茶，茶品益眾，有雅州之蒙頂石花、露芽、穀芽為第一。建寧之北苑、龍鳳團為上供。蜀之茶，則有東川之神泉獸目，硤州之碧澗明月，夔州之真香，邛州之大井思安，黔陽之都濡，嘉定之蛾眉，瀘州之納溪，玉壘之沙坪⑥。楚之茶，則有荊州之仙人掌，湖南之白露，長沙之鐵色，蘄州蘄門之團黃⑦。壽州霍山之黃芽，廬州之六安英山，武昌之衡山，岳州之巴陵，辰州之溆浦，湖南之寶慶、茶陵。吳越之茶，則有湖州顧渚之紫筍，福州方山之生芽，洪州之白露，雙井之白毛，廬山之雲霧，常州之陽羨，池州之九華，丫山之陽坡，袁州之界橋，睦州之鳩坑，宣州之陽坑，金華之舉岩，會稽之日鑄，皆產茶之有名者。今又有蘇州之虎丘茶，清香風韻，自得天然妙趣，啜之骨爽神怡，真堪盧仝七碗之鑒；其名已冠天下，其價幾與銀等，向為山僧獲利，果屬吳中佳產也。其次曰天池茶，味雖稍差，雨前採摘，亦甚珍貴。其他猶多，而猥雜更甚。

《武夷志略》：武夷山四曲有御茶園，製茶為貢，自宋蔡襄始。先是建州貢茶，首稱北苑龍團，而武夷之茶名猶未著。元設場官二員。茶園南北五里，各建一門，總名曰御茶園。大德己亥，高平章之子久住創焙局於此，中有仁風門、碧雲橋、清神堂、焙芳亭、燕嘉亭、宜寂亭、浮光亭、思敬亭，後俱廢。惟喊山臺，乃元暗都喇建，臺高五尺，方一丈六尺。臺上有亭，名喊泉亭。旁有通仙井，歲修貢事。國朝著令，貢有定額，九百九十斤。有先春、探春、次春三品；視北苑為粗，而氣味過之。每歲驚蟄，有司率所屬於臺上致祭畢，令眾役鳴金擊鼓，揚聲同喊曰："茶發芽！"而井泉旋即漸滿，甘洌，以此製茶，異於常品。造茶畢，泉亦漸縮。張邋遢飲其泉曰："不獨其茶之美，此亦水之力也。"故名通仙，又名呼來泉。自後茶貢蠲逸悉皆荒廢。趙澗邊《御茶園》詩曰："和氣滿六合，靈芽生武夷。人間渾未覺，天上已先知。”劉説道詩曰：“靈芽得春先，龍焙放奇芬。進入蓬萊宮，翠甌生白雲。坡詩詠粟粒，猶記少年聞。”陳君徒《喊山臺》詩：“武夷溪曲喊山茶，盡是黃金粟粒芽。堪笑開元天子俗，卻將羯鼓去催花。”

《茶錄》　湖州長州縣啄木嶺金沙泉……或見鷙獸、毒蛇、木魅之類。商旅即以顧渚造之，無治金沙者。7

《天中記》：龍焙泉，即御泉也。北苑造貢茶，社前茶細如針，用御水研造，每片計工直錢四萬文，試其色如乳，乃最精也。

《負暄雜錄》8：唐時製茶……號為綱頭玉芽。

《華夷草木考》：灉湖諸灘舊出茶，謂之灉湖。李肇所謂“岳州灉湖之含膏也”。唐人極重之，見於篇什，今人不甚種植，惟白鶴僧園有千本。土地頗類北苑，所出茶，一歲不過一二十兩，土人謂之“白鶴茶”。味極甘香，非他處草茶可比，並園地色亦相類，但土人不甚植爾。

《茶譜》：蒙山有五頂，頂有茶園，其中頂曰上清峰。昔有僧人病冷且久，遇一老父謂曰：蒙之中頂茶，當以春分之先後，多聚人力，俟雷之發聲，併手採摘，三日而止。若獲一兩，以本處水煎服，即能祛宿疾；二兩，當眼前無疾；三兩，可以換骨；四兩，即為地仙矣。其僧如説⑧，獲一兩餘，服未盡而疾瘥。今四頂茶園⑨，採摘不廢，惟中峰草木繁密，雲霧蔽障，鷙獸時出，故人跡不到。近歲稍貴，此品製作亦異於他處。《圖經》載：“蒙頂茶受陽氣全，故芳香。”

黃儒《品茶要錄》云⑩：陸羽《茶經》，不第建安之品，蓋前此茶事未興，山川尚閟，露芽真筍，委翳消腐而人不知耳。宣和中，復有白茶、勝雪。熊蕃曰：使黃君閱今日，則前乎此者，未足詫也。

丁晉公言⑪：嘗謂石乳出壑嶺斷崖缺石之間，蓋草木之仙骨。又謂，鳳山高不百丈，無危峰絕崦，而岡阜環抱，氣勢柔秀，宜乎嘉植靈卉之所發也。

《茶董》：茶家碾茶，須碾着眉山白乃為佳。曾茶山詩云：“碾處曾看眉上白，分時為見眼中青。”

羅廩《茶解》　唐時所產，僅如季疵所稱⑫，而今之虎丘，羅岕、天池、顧渚、松羅、龍井、雁宕、武夷、靈山、大盤、日鑄、朱溪諸名茶，無一與焉。乃知靈草在在有之，但培植不嘉，或疏採製耳⑬。

葉清臣《煮茶泉品》9　吳楚山谷間，氣清地靈，草木穎挺，多孕茶荈，大率右於武夷者，為白乳；甲於吳興者，為紫筍；產禹穴者，以天章顯；茂錢塘者，以徑山稀。至於續廬之巖、雲衡之麓，雅山著於無錫，蒙頂傳於岷蜀，〔角立〕差勝⑭，毛舉實繁。

孔平仲《雜説》10：盧仝詩“天子初嘗陽羨茶”，是時，嘗未知七閩之奇⑮。

《茶解》　茶地南向為佳，向陰者遂劣，故一山之中美惡相懸。

張源《茶錄》：火烈香清[11]，鐺寒神倦，火烈生焦，紫疎失翠，久延則過熟，速起卻還生。熟則犯黃，生則着黑。帶白點者無妨，絕焦點者最勝。

《茶錄》：茶之妙[12]，在乎始造之精，藏之得法，點之得宜。優劣定乎始鐺，清濁係乎末火。

《茶錄》：切勿臨風近火，臨風易冷，近火先黃。

《茶解》：凡貯茶[13]之器，始終貯茶，不得移為他用。

《茶疏》⑯：置頓之所，須在時時坐臥之處，逼近人氣，則常溫不寒。必在板房，不宜土室。又要透風，勿置幽隱之地，尤易蒸濕。

《茶疏》：茶注宜小[14]不宜甚大，小則香氣氤氳，大則易於散漫。若自斟酌，愈小愈佳。容水半升者，量投茶五分，其餘以是增減。

《茶疏》：一壺之茶[15]，只堪再巡。初巡鮮美，再巡甘醇，三巡意欲盡矣。余嘗與客戲論，初巡為婷婷嬝嬝十三餘，再巡為碧玉破瓜年，三巡以來，綠葉成陰矣。所以茶注宜小，小則再巡已終，寧使餘芳剩馥尚留葉中，猶堪飯後供啜嗽之用。

《茶疏》：茶壺，往時[16]尚龔春，近日時大彬所製，大為時人所重。蓋是粗砂，正取砂無土氣耳。

茶注、茶銚⑰、茶甌，最宜蕩滌燥潔。修事甫畢，餘瀝殘葉必盡去之，如或少存，奪香敗味。

《茶說》[17]：茶中着料、碗中着果，譬如玉貌加脂，蛾眉?黛，翻累本色。

《茶解》：山堂夜坐[18]，汲泉煮茗⑱，至水火相戰，如聽松濤，傾瀉入杯；雲光灩瀲，此時幽趣，故難與俗人言矣。

《茶解》：茶色白，味甘鮮，香氣撲鼻，乃為精品。茶之精者，淡亦白、濃亦白，初潑白，久貯亦白，味甘色白，其香自溢，三者得則俱得也。雖然，尤貴擇水。香以蘭花上，蠶豆花次。

《小品》[19]：茶如佳人，此論甚妙，但恐不宜山林間耳。蘇子瞻詩云："從來佳茗似佳人"是也。若欲稱之山林，當如毛女麻姑，自然仙風道骨，不浼煙霞。若夫桃臉柳腰，亟宜屏諸銷金帳中，毋令污我泉石。

《嶺南雜記》[20]：化州有琉璃茶，出琉璃菴。其產不多，香味與峒岕相似。僧人奉客，不及一兩。

陸次雲《湖壖雜記》[21]　龍井：泉從龍口中瀉出，水在池內，其氣恬然。若遊人注視久之，忽爾波瀾涌起。其地產茶，作荳花香，與香林、寶雲、石人塢、乘雲亭者絕異。採於穀雨前者尤佳，啜之淡然，似乎無味，飲過後，覺有一種太和之氣，瀰淪乎齒頰之間。此無味之味，乃至味也，為益於人不淺，故能療疾，其貴至珍，不可多得。

《西湖志》：龍井本名龍泓。吳赤烏中，葛稚川[22]煉丹於此。林樾幽古，石鑑平開，寒翠，甘澄，深不可測。疏潤流淙，泠泠然不舍晝夜。孫太初[23]飲龍井詩曰："眼底閒雲亂不開，偶隨麋鹿入雲來。平生於物元無取，消受山中水一杯。"龍井之上為老龍井，有水一泓，寒碧異常，泯泯林薄間，幽僻清奧，杳出塵寰，岫壑縈迴，西湖已不可復覩矣。其地產茶，為兩山絕品。《郡志》稱：寶雲、香林、白雲諸茶，乃在靈竺、葛嶺之間，未若龍井之清馥雋永也。

周亮工《閩小記》：武夷、岃崱、紫帽、龍山皆產茶。僧拙於焙。既採則先蒸而後焙，故色多紫赤，只堪供宮中浣濯用耳。近有以松蘿法製之者，即試之，色香亦具足。經旬月，則紫赤如故。蓋製茶者，不過土著數僧耳。語三吳之法，轉轉相效，舊態畢露，此須如昔人論琵琶法，使數年不近，盡忘其故〔調〕⑲；而後以三吳之法行之，或有當也。

北苑亦在郡城東，先是建州貢茶，首稱北苑龍團，而武彝石乳之名未著，至元設場於武彝，遂與北苑併稱，今則但知有武彝，不知有北苑矣。吳越間人頗不足閩茶，而甚艷北苑之名，不知北苑實在閩也。

武彝產茶甚多，黃冠既獲茶利，遂遍種之；一時松栝樵蘇殆盡。及其後，崇安令例致諸貴人，所取不貲，黃冠苦於追呼，盡砍所種，武彝真茶，九曲遂濯濯矣。

前朝不貴閩茶，即貢者亦只供備宮中浣濯甌盞之需。貢使類以價貨京師所有者納之，間有採辦，皆劍津廖地產，非武彝也。黃冠每市山下茶，登山貿之。

閩人以粗瓷膽瓶貯茶，近鼓山支提新茗出，一時學新安，製為方圓錫具，遂覺神采奕奕。

太姥山茶，名綠雪芽。⑳

崇安殷令，招黃山僧以松蘿法製建茶，堪並駕。今年余分得數兩，甚珍重之，時有武彝松蘿之目。

鼓山半巖茶，色香風味當為閩中第一，不讓虎丘、龍井也。雨前者，每兩僅十錢，其價廉甚。一云前朝每歲進貢，至楊文敏當國，始奏罷之。然近來官取，其擾甚於進貢矣。

蔡忠惠《茶錄》石刻，在甌寧邑[24]庠壁間。予五年前搨數紙寄所知，今漫漶不如前矣。

延、邵呼製茶人為碧豎。㉑

《甌江逸志》[25]：浙東多茶品，雁山者稱第一。每歲穀雨前三日，採摘茶芽進貢。一鎗二旗而白毛者，名曰明茶；穀雨日採者，名雨茶。一種紫茶，其色紅紫，其味尤佳，香氣尤清，難種薄收。土人厭人求索，園圃中少種，間有之，亦為識者取去。按：盧仝《茶經》云㉒："溫州無好茶，天台瀑布水、甌水味薄，唯雁山水為佳。此山茶亦為第一，曰去腥膩，除煩惱，卻昏散，清積食。但以錫瓶貯者，得清香味。不以錫瓶貯者，其色雖不堪觀，而滋味且佳，同陽羨山岕茶無二無別。採摘近夏，不宜早；炒做宜熟，不宜生。如法可貯二三年。愈佳愈能消宿食、醒酒，此為最者。

陳繼儒筆記[26]：靈桑茶，瑯琊山出。茶類桑葉而小，山僧焙而藏之，其味甚清。

毛文錫《茶譜》云：蜀州晉源……即此茶也。[27]

《遊梁雜記》云：玉壘關寶唐山，有茶樹懸崖而生。芽茁長三寸或五寸，始得一葉或兩葉而肥厚。名曰沙坪，乃蜀茶之極品者。

《文選》註：峨山多藥草，茶尤好，異於天下[28]。《華陽國志》：犍為郡"南安、武陽，皆出名茶。"《大邑志》：霧中山出茶，"縣號霧邑，茶號霧中茶。"

《雅安志》云[29]："蒙頂茶在名山縣"至"惟中頂草木繁重，人跡希到云"。

《茶譜》云㉓：瀘州夷撩採茶，常攜瓢穴其側。每登樹採摘茶芽，含於口中，待葉展放，然後置瓢中，旋塞其竅，還置暖處，其味極佳。又有粗者，味辛性熱，飲之療風，通呼為瀘茶。

馮時行[30]云：銅梁山有茶，色白甘腴，俗謂之水茶。甲於巴蜀。山之北趾，即巴子故城也。在石照縣南五里。《茶譜》云：南平縣[31]狼猱山茶，黃黑色，渝人重之，十月採貢。

《開縣志》[32]：茶嶺在縣北三十里，不生雜卉，純是茶樹。味甚佳。劍州志：劍門山顛有梁山寺，產茶，為蜀中奇品。《南江志》：縣北百五十里味坡山，產茶。《方輿勝覽》詩："鎗旗爭勝味坡春"即此。

《唐書》：吳蜀供新茶，皆於冬中作法為之。太和中，上務茶儉，不欲逆物性，詔所貢新茶，宜於立春後造。

《岳陽風土記》[33]：灉湖諸山舊出茶，謂之灉湖茶，李肇所謂"岳州灉湖之含膏也"。唐人極重之，見於篇什；今人不甚種植，惟白鶴僧園有千餘本。土地頗類北苑，所出茶一歲不過一二十兩，土人謂之白鶴茶。味極甘香，非他處草茶可比並。茶園地色亦相類，但土人不甚植爾。

《雨航雜錄》[34]：雁山五珍，謂龍湫茶、觀音竹、金星草、山樂官、香魚也。茶一鎗一旗而白毛者，名明茶；紫色而香者，名玄茶。其味皆似天池而稍白。

《太平清話》：宋南渡以前，蘇州買茶定額六千五百斤，元則無額，國朝茶課驗科徵納，計錢三百一十九萬三千有奇，惟吳縣、長洲有之。

《杜鴻漸與楊祭酒書》云：顧諸山中紫筍茶兩片，但恨帝未及賞㉔，實所歎息。一片上太夫人，一片充昆弟同啜㉕。吾鄉佘山茶，實與虎丘伯仲。深山名品，合獻至尊，惜放置不能多少斤也㉖。

張文規詩，以吳興〔白〕苧㉗、白蘋洲、明月峽中茶為三絕。《太平清話》

《太□□□》[35]：洞庭小青山塢出茶，唐宋入貢，下有水月寺，即貢茶院也。

《丹鉛續錄》[36]：陸龜蒙自云嗜茶，作《品茶》一書，繼《茶經》、《茶訣》

之後。自註云：《茶經》陸季疵撰，《茶訣》釋皎然撰。疵即陸羽也。羽字鴻漸，季疵其別字也。《茶訣》今不傳。予又見《事類賦注》，多引《茶譜》，今不見其書。

沈括《夢溪筆談》：茶芽，謂雀舌、麥顆，言至嫩也。茶之美者，其質素良，而所植之土又美，新芽一發㉘便長寸餘，其細如鍼。如雀舌麥顆者，極下材耳。乃北人不識，〔誤〕為品題㉙。予山居有《茶論》，復口占一絕曰："誰把嫩香名雀舌，定來北客未曾嘗。不知靈草天然異，一夜風吹一寸長。"

周淮南《清波雜志》云[37]：先人嘗從張晉彥覓茶，張口占詩二首云："內家新賜密雲龍，只到調元六七公。賴有家山供小草，猶堪詩老薦春風。""仇池詩裏識焦坑，風味官焙可抗衡。鑽餘權倖亦及我，十輩遣前公試烹。"焦坑庾嶺下，味苦硬，久方回甘。包裹鑽權倖，亦豈能望建溪之勝耶。

《湧幢小品》：太和山騫林茶，葉初泡極苦，既至三四泡，清香特異，人以為茶寶也。

《東溪試茶錄》㉚：土肥而芽澤乳，則甘香而粥面……此皆茶病也。[38]

夏樹芳《茶董》：瀹茶當以聲為辨……此南金之所未講者也。[39]

《鶴林玉露》[40] 《茶經》以魚目湧泉連珠為煮水之節，然近世瀹茶，鮮以鼎鑊，用瓶煮水，難以候視，則當以聲辨，一沸、二沸、三沸之説。又陸氏之法，以末就茶鑊，故以第二沸為合量，而下末若以今湯就茶甌瀹之，當用背二涉三之際為合量。

晉侍中元乂，為蕭正德設茗，先問：卿於水厄多少？正德不曉乂意，答：下官雖生水鄉，立身以來，未遭陽侯之難。舉坐大笑。　按：晉王濛好飲茶，人至輒命飲之，士大夫皆患之，每欲往候，必云今日有水厄。

瑯琊王肅喜茗，一飲一斗，人號漏卮。

傅大士自往蒙頂結庵種茶凡三年，得絕佳者號聖楊花、吉祥蕊各五斤，持歸供獻。

李白遊金陵，見宗僧中孚，示以茶數十片，狀如手掌，號仙人掌茶。

陸龜蒙性嗜茶，置園顧渚山下，歲收粗茶，自判品第。李約性嗜茶，客至不限甌數，竟日爇火執器不倦。

唐僧劉彥範，精戒律，所交皆知名士。所居有小圃。嘗云：茶為鹿所損，眾勸以短垣隔之，諸名士悉為運石。

常伯熊善茶，李季卿宣慰江南……旁若無人。　按：鴻漸茶術最著，好事者陶為茶神，沽茗不利，輒灌注之。[41]

逸人王休，居太白山下，日與僧道異人往還。每至冬時，取溪冰敲其精瑩者煮建茗，共賓客飲之。

白樂天方入關，劉禹錫正病酒，禹錫乃饋菊苗虀、蘆菔鮓，換取樂天六斑茶二囊，炙以醒酒。

唐常魯使西蕃，烹茶帳中，謂蕃人曰："滌煩療渴，所謂茶也。"蕃人曰："我此亦有。"命取以出，指曰：此壽州者，此顧渚者，此蘄門者。

顯德初，大理徐恪，嘗以鄉信鋌子茶貽陶穀。茶面印文曰"玉蟬膏"；又一種曰"清風使"。

和凝在朝，率同列遞日以茶相飲，味劣者有罰，號為湯社。

偽唐徐履，掌建陽茶局；弟復，治海鹽陵鹽政鹽檢，烹煉之亭，榜曰金鹵。履聞之潔敞焙舍，命曰"玉茸"。

偽閩甘露堂前兩株茶，鬱茂婆娑，宮人呼為清人樹。每春初嬪嬙戲摘新芽，堂中設傾筐會。

吳僧文了善烹茶，遊荊南，高季興延置紫雲菴，日試其藝，奏授華亭水大師，目曰乳妖。

黃魯直一日以小龍團半鋌題詩贈晁無咎：曲兀蒲團聽煮湯，煎成車聲繞羊腸。雞蘇胡麻留渴羌，不應亂我官焙香。東坡見之曰：黃九怎地怎得不窮？

蘇才翁與蔡君謨鬥茶，蔡用惠山泉，蘇茶小劣，用竹瀝水煎，遂能取勝。按：竹瀝水，天台泉名。

杭妓周韶有詩名，好畜奇茶，嘗與蔡君謨鬥勝，題品風味，君謨屈焉。

江南一驛吏[42]，以幹事自任。典部者初至，吏曰：驛中已理，請一閱之。刺史往視，初見一室，署曰"酒庫"。諸醞畢熟，其外畫一神。刺史問是誰？言是杜康；刺史曰：公有餘也。又一室，署曰茶庫，諸茗畢貯，復有一神，問是誰？云是陸鴻漸。刺史益善之。又一室，署云葅庫，諸葅畢備，亦有一神，問是誰？吏曰蔡伯喈，刺史大笑。

劉曄嘗與劉筠飲茶，問左右云："湯滚也未？"眾曰已滚。筠曰："僉曰鯀哉。"曄應聲曰："吾與點也"。

倪元鎮，性好潔，閣前置梧石，日令人洗拭。又好飲茶，在惠山中用核桃、松子肉和真粉成小塊如石狀置茶中，名曰清泉白石茶。

盧廷璧，嗜茶成癖，號茶庵。嘗蓄元僧詎可庭茶具十事，時具衣冠拜之。

《珍珠船》：蔡君謨謂范文正曰，公《採茶歌》云："金黃碾畔綠塵飛，碧玉甌中翠濤起。"今茶絕品，其色甚白，翠綠乃下者耳，欲改為玉塵飛、素濤起如何？希文曰善。

《彙苑》宣城縣有丫山，山方屏橫鋪茗芽裝面。其東為朝日所燭，號曰陽坡，其茶最勝。太守嘗薦於京洛，士人題曰"丫山陽坡橫紋茶"。龍安有騎火茶，最上；言不在火前，不在火後作也。清明改火，故曰火。

《伽藍記》[43]：齊王肅歸魏，初不食羊酪肉及酪漿，常食鯽魚羹，渴飲茗汁，高帝曰：羊肉何如魚羹，茗汁何如酪漿？肅曰：羊陸產之最，魚水族之長，羊比齊魯大邦，魚比邾莒小國，惟酪不中與茗為奴。王緦戲問曰[31]：卿不重齊魯大邦而好邾莒小國，明日為君設邾莒之飧，亦有酪奴，因呼茗為酪奴。

宣城何子華邀客，酒半出嘉陽嚴峻畫鴻漸像。子華因言，前世惑駿逸者，為馬癖；泥貫索者，為錢癖；耽子息者，為譽兒癖；耽褒貶者，為左傳癖。若此，客者溺於茗事，將何以名其癖？楊粹仲曰：茶至珍，蓋未離乎草也，草中之甘無出其上者，宜追目鴻漸為甘草癖。《夷門廣牘》

覺林院志崇，收茶三等，待客以驚雷莢，自奉以萱草帶，供佛以紫茸香。客赴茶者，皆以油囊盛餘瀝以歸。

江參，字貫道，江南人，形貌清癯，嗜香茶以為生。

胡嵩《飛龍澗飲茶》詩：“沾牙舊姓餘甘氏，破睡當封不夜侯。”陶穀愛其新奇，令猶子彝和之。應聲曰：“生涼好喚雞蘇佛，回味宜稱橄欖仙。”彝時年十二。

桓宣武步將，喜飲茶，至一斛二斗。一日過量，吐如牛肺一物，以茗澆之，容一斛二斗。客云此名斛二瘕。

唐奉節王好詩，嘗煎茶就李鄴侯題詩。鄴侯戲題，詩云：“旋沫翻成碧玉池，添酥散出琉璃眼。”

開寶初，竇儀以新茶餉客，奩面標曰龍陂山子茶。

皮光業字文通，最耽茗飲。中表請嘗新柑，筵具甚豐，簪紱藂集，纔至，未顧樽罍而呼茶甚急。徑進一巨觥，題詩曰：“未見甘心氏，先迎苦口師。”眾噱曰：“此師固清高，難以療飢也。”

蔡君謨善別茶……乃服。

新安王子鸞、豫章王子尚，詣曇濟道人於八公山。道人設茶茗，子尚味之曰：“此甘露也，何言茶茗？”

饌茶而幻出物象於湯面者……煎茶贏得好名聲。

唐大中三年……令居保壽寺。

有人授舒州牧……眾服其廣識。

御史大夫李栖筠按義興，山僧有獻佳茗者，會客嘗之，芬香甘辣，冠於他境，以為可薦於上，始進茶萬兩。韓晉公滉，聞奉天之難，以夾鍊囊緘茶末，遣使健步以進。

陶穀學士……陶愧其言。

王休居太白山下，每至冬時，取溪水敲其晶瑩者，煮建茗待客。

司馬溫公偕范蜀公遊嵩山，各攜茶往。溫公以紙帖，蜀公盛以小黑合。溫公見之，驚曰：“景仁乃有茶器！”蜀公聞其言，遂留合與寺僧。

陸宣公贄，張鎰餉錢百萬，止受茶一串。曰：敢不承公之賜。

熙寧中……此語頗傳播縉紳間。[44]

《紀異錄》：“有積師者……於是出羽見之。”[45]

陸鴻漸採越江茶，使小奴子看焙。奴失睡，茶燋爍，鴻漸怒，以鐵繩縛奴投火中。《蠻甌志》

《金鑾密記》：金鑾故例，翰林當直學士春晚困，則日賜成象殿茶果。

《鳳翔退耕傳》：元和時，館閣湯飲侍學士者，煎麒麟草。

《杜陽編》：同昌公主，上每賜饌，其茶有綠葉，紫莖之號。

《伽藍記》：晉時給事中劉縞慕王肅之風，專習茗飲。彭城王謂縞曰：卿不慕王侯八珍，好蒼頭水厄。海上有逐臭之夫，里中有學顰之婦，卿即是也。

《義興志》：義興南嶽寺有真珠泉，稠錫禪師嘗飲之曰：“此泉烹桐廬茶，不亦可乎！”未幾，有白蛇銜子墜寺前，由此滋蔓，茶味倍佳，土人重之，爭先餉遺，官司需索不絕，寺僧苦之。

《國史補》：藩鎮潘仁恭，禁南方茶，自擷山為茶，號山曰大恩以邀利。

《苕溪詩話》：宋大小龍團，始於丁晉公，成於蔡君謨。歐陽公聞而歎曰：君謨士人也，何至作此事？

《唐語林》[46]：李贊皇作相日，有親知奉使京口，贊皇曰：金山泉、 揚子江中泠水各置一壺。其人舉棹醉而忘之，至石頭城方憶，乃汲一瓶歸獻。李飲之曰：江南水味大異頃歲，此頗似建業石頭城下水。其人謝過，不敢隱。

《芝田錄》[47]：唐李德裕任中書，愛飲無錫惠山泉。自錫至京，置遞鋪，號水遞。有一僧謁見曰：所謁相公者，為相公通無錫水脈耳。京師一眼泉，與惠山寺泉脈相通。德裕大笑其荒唐。僧曰：相公欲飲惠山泉，當在昊天觀常住庫後取。德裕乃以惠山一罌，昊天一罌，雜以他水入罌，暗記之，遣僧辨析。僧因啜嘗，止取惠山，昊天二罌。德裕大奇之，即停水遞，得免遞者之勞，浮議遂息。

《山堂肆考》[48]：張又新：唐季卿刺湖州㉜，至維揚，遇陸鴻漸。謂曰：“陸君善茶，天下所聞，揚子南泠水㉝又奇絕，今者二絕千載一遇，何可輕失？“乃命軍士謹信者，挈瓶操舟深詣南泠。陸潔器以待。俄水至，陸以杓揚水曰：“江則江矣，非南泠者，似臨岸水。”使者稱不敢。既而傾諸盆，至半遽止，又以杓揚之曰：“此南泠者矣。”使者蹶然駭曰：某自南泠齎水至岸，舟蕩去其半，懼其少，取岸水增之，處士之鑒也。李大驚。

《筆談》：王荊公當國，蘇東坡出知杭州，餞別。荊公囑其大計入京，過揚子江乞攜江心水一瓶見惠。東坡諾之。至期，經金山，令人汲水一瓶攜送荊公。荊公云：“此必空瓶也。”啟視之，果然。蓋揚子江心水，非銀瓶不注，古有是言也。

《丹鉛總錄》：密雲龍茶，極為甘馨。宋廖正，一字明略，晚登蘇門，子瞻大奇之。時黃、秦、晁、張號蘇門四學士，子瞻待之厚，每來必令侍妾朝雲取密雲龍，家人以此知之。一日，又命取密雲龍，家人謂是四學士，窺之，乃明略也。

《衍義補》[49]：唐德宗時，趙贊議稅茶以為常平本錢，然軍用廣，所稅亦隨盡，亦莫能充本儲。及出奉天，乃悼悔，下詔行罷之。貞元九年，從張滂請，初稅茶。凡出茶州縣及商人要路，每十稅一，以所得稅錢別貯，若諸州水旱以此錢代其賦稅。然稅無虛歲，遭水旱處亦未嘗以稅茶錢拯贍。按：茶之有稅始此。宋開寶七年，有司以河南異於常歲，請高其價以鬻之。太祖曰：茶則善矣，無乃重困吾民乎。詔第循舊制，勿增價直。陳恕為三司使，將立茶法，召茶商數十人俾條利害，第為三等。副使宋太初曰：吾視上等之說，利取太深，此可行於商賈，不可行於朝廷。下等固滅裂無取，唯中等之說，公私皆濟，吾裁損之，可以經久，行之數年，公用足而民富實。仁宗初建務，歲造大小龍鳳茶，始於丁謂，而成於蔡襄。歐陽修曰：君謨士人也，何至作此事。　濬按：宋人造茶有二類：曰片、曰散。片茶蒸造成片者，散茶則既蒸而研，合以諸香以為餅，所謂大小龍團是也。龍團之造，始於丁謂，而成於蔡襄，士人而亦為此，歐陽修所以為之歎耶。蘇軾曰："武夷溪邊粟粒芽，今年鬥品充官茶。吾君所乏豈此物，致養口體何陋耶。"讀之令人深省。　元世祖至元十七年，置榷茶都轉運司於江州，總江淮、荊南、福廣之稅。其茶有末茶、有葉茶。按茶之名，始見於王褒僮約，而盛著於陸羽《茶經》。唐宋以來，遂為人家日用，一日不可無之物。然唐宋用茶，皆為細末，製為餅片，臨用而碾之，唐盧仝詩所謂"首閲月團"，宋范仲淹詩所謂"輾畔塵飛者"是也。《元志》猶有末茶之說，今世唯閩廣間用末茶，而葉茶之用遍於中國，而外夷亦然。世不復知有末茶矣。

《事物紀原》：榷茶起於唐德宗時，趙贊、張滂稅其什一。《唐會要》曰：貞元九年正月初稅茶。先是張滂奏請於有茶州、縣及茶山要路，定三等：稅每十稅一。茶之有稅自此始。一云穆宗時王涯始榷茶。

《乾淳歲時記》[50]：仲春上旬，福建漕司進一綱臘茶，名北苑試新。皆方寸小夸，進御止百夸，護以黃羅軟盝，藉以青篛，裹以黃羅，夾複臣封朱印。外用朱漆小匣、鍍金鎖，又以細竹篾絲織笈貯之，凡數重。此乃雀舌水芽所造，一夸直四十萬，僅可供數甌之啜耳。或以一二賜外邸，則以生線分解，轉遺好事，以為奇玩。茶之初進御也，翰林司例有品嘗之費，皆漕司邸吏賂之。間不滿欲，則入鹽少許，茗花為之散漫，而味亦漓矣。禁中大慶賀，則用大鍍金甏，以五色韻果簇飣龍鳳，謂之繡茶。不過悅目，亦有專工者，外人罕知。《明紀》：洪武二十四年，詔令建寧貢茶額例，按天下產茶去處，歲貢皆有定例，惟建寧茶品為上。其所進者，必碾而揉之為大小龍團。上以重勞民力，罷造龍團，惟採茶芽以進。

《明史》：宣德四年三月，四川江安縣茶戶，訴本戶舊有茶八萬餘株，年深枯朽，戶丁亦多死亡，今存者皆給役於官，無力培植，乞賜減免積欠茶課，並除雜役，得專辦茶課。上諭尚書郭敦曰：茶之利，蜀人資之，不但為公家之用，令有司加以他役者悉免之。

《茶賦》　顧況（稽天地之不平兮）

歐陽修　《通商茶法詔》[51]

古者山澤之利，與民共之，故民足於下，而君裕於上；國家無事，刑罰以清。自唐末流，始有茶禁，上下規利，垂二百年。如聞比來，為患益甚，民被誅求之困，日惟咨嗟。官受濫惡之入，歲以陳積：私藏盜販，犯者實繁。嚴刑峻誅，情所不忍，使田閭不安其業，商賈不通於行。嗚呼！若茲，是於江湖間，幅員數千里，為陷 穽 以害我民也，朕心惻然，念此久矣。間遣使者往就問之，而皆?然，願弛榷法；歲入之課，以時上官。一二近臣，件條其狀，朕嘉覽於再，猶若慊然。又於歲輸，裁減其數，使得饒阜，以相為生，剗去禁條，俾通商賈。歷世之弊，一旦以除，著為經常，弗復更制，損上益下，以休吾民。尚慮喜於立異之人，緣而為奸之黨，妄陳奏議，以惑官司，必置明刑，用戒狂謬。布告遐邇，體朕意焉。㉞

唐庚《鬥茶記》

魏鶴山[52]《邛州先茶記》

昔先王敬共明神……國雖賴是濟。民亦因是而窮，是安得不思所以變通之乎？李君字叔立，文簡公之孫。文簡嘗為茗賦者。[53]

宋　陳師道　《茶經序》

陸羽《茶經》

夏樹芳　《茶董篇序》

唐裴汶　茶述㉟

茶起於東晉……最下有鄱陽、浮梁人嗜之如此者，西晉以前無聞焉。至精之味或遺也，作《茶述》[54]

宋　丁謂　《進新茶表》

右件物產，異金沙，名非紫筍。江邊地煖，方呈彼拙之形，闕下春寒，已發其甘之味。有以少為貴者，焉敢韞而藏諸，見謂新茶，蓋遵舊例。

陳少陽《跋蔡君謨茶錄後》[55]㊱

皮日休《茶中十詠．序》[56]

皮日休《茶中十詠》[57]

陸龜蒙《奉和襲美茶中十詠》[58]

柳宗元《巽上人以竹間自採新茶見贈酬之以詩》曰：（芳叢翳湘竹）

秦韜玉《採茶歌》曰：（天柱香芽露香發）

僧皎然《飲茶歌送鄭容》曰：丹丘羽人輕玉食，採茶飲之生羽翼。《天台記》云：丹丘山大茗，服之羽化。名藏丹府世空知，骨化雲宮人不識。雪山童子調金鐺，楚人《茶經》虛得名。霜天夜半芳草折，爛熳緗華啜又生。賞君茶能祛我疾，使人胸中蕩憂慄。日上香爐情未畢，亂蹋虎溪雲，高歌送君出。

溫庭筠《西嶺道士茶歌》曰：乳燕濺濺通石脈，綠塵愁草春江色。澗花入井水味香，山月當人松影直。仙翁白扇霜鳥翎。拂壇夜讀黃庭經。疏香皓齒有餘味，更覺鶴心通杳冥。

白居易《睡後茶興憶楊同州》曰：昨曉飲太多，嵬峩連宵醉。今朝餐又飽，熳爛移時睡。睡足摩挲眼，眼前無一事。信腳遶池行，偶然得幽致。婆娑綠陰樹，斑駁青苔地。此處置繩床，旁邊洗茶器。白瓷甌甚潔，紅爐炭方熾。末下麴塵香，花浮魚眼沸。盛來有佳色，嚥罷餘芳氣。不見楊慕巢，誰人知此味。

白居易《山泉煎茶有懷》(坐酌冷冷水)

孟郊《憑周況先輩於朝賢乞茶》：道意忽乏味，心緒病無悰。蒙茗玉花盡，越甌荷葉空。錦水有鮮色，蜀山饒芳叢。雲根纔剪綠，印縫已霏紅。曾向貴人得，最將詩叟同。幸為乞寄來，救此病劣躬。

鄭谷《峽中嘗茶》(簇簇新英摘露光)

劉兼《從弟舍人惠茶》：曾求芳茗貢蕪詞，果沐頒霑味甚奇。龜背起紋輕炙處，雲頭翻液乍烹時。老丞倦悶偏宜矣，舊客過從別有之。珍重宗親相寄惠㊲，水亭山閣自攜持。

李白《答族姪僧中孚贈玉泉仙人掌茶序》曰：(余聞荊州玉泉寺)

(嘗聞玉泉山)

錢起《與趙莒茶宴》(竹下忘言對紫茶)

《過長孫宅與郎上人茶會》(偶與息心侶)

劉長卿《惠福寺與陳留諸官茶會得西字》：到此機事遣，自嫌塵網迷。因知萬法幻，盡與浮雲齊。疏竹映高枕，空花隨杖藜。香飄諸天外，日隱雙林西。傲吏方見狎，真僧幸相攜。能令歸客意，不復還東溪。

曹鄴《故人寄茶》[59] (劍外九華英)㊳

盧仝走筆謝孟諫議寄新茶 (日高丈五睡正濃)

白居易《謝李六郎中寄新蜀茶》(故情周匝向交親)

薛能《謝劉相寄天柱茶》(兩串春團敵夜光)

李咸用《謝僧寄茶》(空門少年初志堅)

劉禹錫《西山蘭石試茶歌》(山僧後簷茶數叢)

皇甫曾《送陸鴻漸採茶相遇》㊴(千峰待逋客)

皇甫冉《送陸鴻漸栖霞寺採茶》㊵ (採茶非採菉)

白居易《蕭員外寄新蜀茶》(蜀茶寄到但驚新)

杜牧《題茶山》在宜興 (山實東吳秀)

袁高《茶山》(禹貢通遠俗)

王元之[60]《龍鳳茶》(樣標龍鳳號題新)

《茶園十二韻》(勤王修歲貢)

梅聖俞《答宣城張主簿遺鵶山茶次其韻》 昔觀唐人詩，茶詠鵶山嘉。啣鵶銜茶子生[41]，遂同山名鵶。重以初槍旗，採之穿煙霞。江南雖盛產，處處無此茶。纖嫩如雀舌，煎烹比露芽。競收青蒻焙，不重漉灑紗。顧渚亦頗近，蒙頂未以遐。雙井鷹掇爪，建溪春剝葩。日鑄弄香美，天目猶稻麻。吳人與越人，各各相鬥夸。傳買費金帛，愛貪無夷華。甘苦不一致，精粗還有差。至珍非貴多，為贈勿言些。如何煩縣僚，忽遺及我家。雪貯雙砂罌，詩琢無玉瑕。文字搜怪奇，難於抱長蛇。明珠滿紙上，剩畜不為奢。玩久手生胝，窺久眼生花。嘗聞茗消肉，應亦可破瘕。飲啜氣覺清，賞重歎復嗟。歎嗟既不足，吟誦又豈加。我今寔強為，君莫笑我耶。

《李仲求寄建溪洪井茶七品云愈少愈佳未知嘗何如耳，因條而答之》(忽有西山使)

《得雷太簡自製蒙頂茶》[61]：陸羽舊《茶經》，一意重蒙頂。比來惟建溪，團片敵湯餅。顧渚及陽羨，又復下越茗。近來江國人，鷹爪夸雙井。凡今天下品，非此不覽省。蜀薤久無味，聲名謾馳騁。因雷與改造，帶露摘牙穎。自煮至揉焙，入碾只俄頃。湯嫩乳花浮，香新舌甘永。初分翰林公，豈數博士冷。醉來不知惜，悔許已向醒。重思朋友義，果決在勇猛。倏然乃以贈，蠟囊收細梗。吁嗟茗與鞭，二物誠不幸。我貧事事無，得之似贅癭。

《依韻和永叔嘗新茶》：自從陸羽生人間，人間相學事春茶。當時採摘未甚盛，或有高士燒竹煮泉為世誇。入山乘露掇嫩觜，林下不畏虎與蛇。近年建安所出勝，天下貴賤求呀呀。東溪北苑供御餘，王家葉家長白芽。造成小餅若帶銙，鬥浮鬥色頂夷華。味久迴甘竟日在，不比苦硬令舌窊。此等莫與北俗道，只解白土和脂麻。歐陽翰林最別識，品第高下無欹斜。晴明開軒碾雪末，眾客共嘗皆稱嘉。建安太守置書角，青箬包封來海涯。清明纔過已到此，正見洛陽人寄花。兔毛紫盞自相稱，清泉不必求蝦蟆。石缾煎湯銀梗打，粟粒鋪面人驚嗟。詩腸久飢不禁力，一啜入腹鳴咿哇。

趙忭[62]《次謝許少卿寄臥龍山茶》(越芽遠寄入都時)

余靖[63]《和伯恭自造新茶》 郡庭無事即仙家，野圃栽成新筍茶。疎雨半晴回暖氣，輕雷初過得新芽。烘褫精謹松齋靜，採擷縈迂澗路斜。江水對煎萍髣髴，越甌新試雪交加。一槍試焙春尤早，三盞搜腸句更嘉。多謝彩箋貽雅貺，想資詩筆思無涯。

歐陽修《嘗新茶呈聖俞》(建安三千五百里)

《次韻再作》(吾年向老世味薄)

《雙井茶》(西江水清江石老)

蘇軾《月兔茶》(環非環)

《遊諸佛舍一日飲釅茶七盞戲書勤師壁》（示病維摩元不病）

《和錢安道寄惠建茶》（我官於南今幾時）

《惠山謁錢道人烹小龍團登絕頂望太湖》（踏遍江南南岸山）

《和蔣夔寄茶》[42]（我生百事常隨緣）

《怡然以垂雲新茶見餉報以大龍團仍戲作小詩》（妙供來香積）

《新茶送簽判程朝奉以餽其母有詩相謝次韻答之》：縫衣送與溧陽尉，捨肉懷歸穎谷封。聞道平反供一笑，會須難老待千鍾。火前試焙分新銙，雪裏頭綱輟賜龍。從此升堂是兄弟，一甌林下記相逢。

《次韻曹輔寄壑源試焙新茶》（仙山靈雨濕行雲）

《種茶》（松間旅生茶）

《汲江煎茶》（活水仍須活火烹）

《送南屏謙師》：南屏謙師妙於茶事，自云得之於心，應之於手，非可以言傳學到者。十二月二十七日，聞軾遊落星，遠來設茶，作此詩贈之。"道人曉出南屏山，來試點茶三昧手。忽驚午盞兔毛斑，打作春瓮鵝兒酒。天台乳花世不見，玉川風腋今安有。先生有意《續茶經》，會使老謙名不朽。

又《贈老謙》：瀉湯舊得茶三昧，覓句近窺詩一斑。清夜漫漫用搜攪，齋腸那得許堅頑。

《試院煎茶》（蟹眼已過魚眼生）

晁沖之[64]《陸元鈞寄日鑄茶》：我昔不知風雅頌，草木獨遺茶比諷。陋哉徐鉉說茶苦，欲與淇園竹同種。又疑禹漏稅九州，橘柚當年錯包貢。腐儒妄測聖人意，遠物勞民亦安用。含桃熟薦當在盤，荔子生來枉飛鞚。羊葅異好亦何有，蛆菜殊珍要非奉。君家季疵真禍首，毀論徒勞世仍重。爭新鬥試誇擊拂，風俗移人可深痛。老夫病渴手自煎，嗜好悠悠亦從眾。更煩小陸分日注，密封細字蠻奴送。槍旗卻憶採擷初，雪花似是雲溪動。更期遺我但敲門，玉川無復周公夢。

《簡江子之求茶》：政和密雲不作團，小夸寸許蒼龍蟠。金花絳囊如截玉，綠面髣彿松溪寒。人間此品那可得，三年聞有終未識。老夫於此百不忙，飽食但苦夏日長。北窗無風睡不解，齒頰苦澀思清涼。故人新除協律即，交遊多在白玉堂，揀牙鬥夸皆飫嘗。幸為傳聲李太府，煩渠折簡買頭綱。

秦少游[65]《茶》　茶實嘉木英，其香乃天育。芳不愧杜蘅，清堪揜椒菊。上客集堂葵，圓月採奩盝。玉鼎注漫流，金碾響杖竹。侵尋發美鬯，猗狔生乳粟。經時不消歇，衣袂帶紛郁。幸蒙巾笥藏，苦厭龍蘭續。願君斥異類，使我全芬馥。

周必大[66]《次韻王少府送蕉坑茶》：昏然午枕困漳濱，醒以清風賴子真。初似泰禪逢硬語，久知味諫得端人。王程不趁清明宴，野老先分浩蕩春。敢向柘羅評綠玉，待君同碾試飛塵。

必大《胡邦衡生日以詩送北苑八銙日注二瓶》：賀客稱觴滿冠霞樓名，懸知酒渴正思茶。尚書八餅分閩焙，主簿雙瓶揀越芽。見梅聖俞《謝宣城主簿》詩。妙手合調金鼎鉉，清風穩到玉皇家。明年勅使宣臺餽，莫忘幽人賦葉嘉。

楊萬里《謝木韞之舍人分送講筵》（吳綾縫囊染菊水）[67]

楊廷秀[68]《以六一泉煮雙井茶》㊸：鷹爪新茶蟹眼湯，松風鳴雪兔毫霜。細參六一泉中味，故有涪翁句子香。日鑄建溪當退舍，落霞秋水夢還鄉。何時歸上滕王閣，自看風爐自煮嘗。

《陳蹇叔郎中出閩漕別送新茶李聖俞郎中出手分似》：頭綱別樣建溪春，小璧蒼龍浪得名。細瀉谷簾珠顆露，打成寒食杏花餳。鷓斑碗廲雲縈宇，兔褐甌心雪作泓。不待清風生兩腋，清風先在舌端生。

王庭珪[69]《次韻劉升卿惠焦坑寺茶用東坡韻》：日出城門啼早鴉，杖藜投足野僧家。非關西寺鐘前飯，要看南枝雪裏花。玉局偶然留妙句，焦坑從此貴新茶。焦坑因東坡始見重於時。劉郎寄我兼長句，落筆更如錐畫沙。

僧惠洪[70]《與客啜茶戲成》：道人要我煮溫山，似識相如病裏顏。金鼎浪翻螃蟹眼，玉甌絞刷鷓鴣班。津津白乳衝眉上，拂拂清風產腋間。喚起晴窗春晝夢，絕憐佳味少人攀。

耶律楚材[71]《西域從王君玉乞茶因其韻七首》：積年不啜建溪茶，心竅黃塵塞五車。碧玉甌中思雪浪，黃金碾畔憶雷芽。盧仝七碗詩難得，諗老二甌夢亦賒。敢乞君侯分數餅，暫教清興遶煙霞。

厚憶江洪絕品茶，先生分出蒲輪車。雪花灩灩浮金蕊，玉屑紛紛碎白芽。破夢一杯非易得，搜腸三碗不能賒。瓊甌啜罷酬平昔，飽看西山插翠霞。

高人惠我嶺南茶，爛賞飛花雪沒車。自注：是日作茶會值雪。玉屑三甌烹嫩蕊，青旗一葉碾新芽。頓令衰叟詩魂爽，便覺紅塵客夢賒。兩腋清風生坐榻，幽歡遠勝泛流霞。

酒仙飄逸不知茶，可笑流涎見麴車。玉杵和雲舂素月，金刀帶雨剪黃芽。試將綺語求茶飲，持勝春衫把酒賒。啜罷神清淡無寐，塵囂身世便雲霞。

長笑劉伶不識茶，胡為買鍤謾隨車。蕭蕭暮雨雲千頃，隱隱春雷玉一芽。建郡深甌吳地遠，金山佳水楚江賒。紅鑪石鼎烹團月，一碗和香吸碧霞。

枯腸搜盡數杯茶，千卷胸中到幾車。湯響松風三昧手，雪香雷震一槍芽。滿囊垂賜情何厚，萬里攜來路更賒。清興無涯騰八表，騎鯨踏破赤城霞。

啜罷江南一碗茶，枯腸歷歷走雷車。黃金小碾飛瓊屑，碧玉深甌點雪芽。筆陣陳兵詩思勇，睡魔卷甲夢魂賒。精神爽逸無餘事，臥看殘陽補斷霞。

劉秉忠[72]《賞雲芝茶》㊹：鐵色皴皮帶老霜，含英咀美入詩腸。舌根未得天真味，鼻觀先通聖妙香。海上精華難品第，江南草木屬尋常。待收膚湊浸微汗，毛骨生風六月涼。

薩都剌[73]《元統乙亥余除閩憲知事未行立春十日參政許可用惠茶賦此以

謝》：春到人間纔十日，東風先過玉川家。紫微書寄斜封印，黃閣香分上賜茶。秋露有聲浮薤葉，夜窗無夢到梅花。清風兩腋歸何處，直上三山看海霞。

周權[74]《懶菴講主得九江餅茶鄧同知分餉其半汲泉試之因次韻》：解組歸來萬事輕，日長門巷淡無營。團香小餅分僧供，折足寒鐺對客烹。色卷空雲春雪湧，影流江月夜潮生。一甌洗卻紅塵夢，坐愛風前晚笛橫。

洪希文[75]《煮土茶歌》：論茶自古稱壑源㊺，品水無出中濡泉。莆中苦茶出土產，鄉味自汲井水煎。器新火活清味永，且從平地休登仙。王侯第宅鬥絕品，揣分不到山翁前。臨風一啜心自省，此意莫與他人傳。

高啟[76]《煮雪齋為貢文學賦禁言茶》（自掃瓊瑤試曉烹）

高啟《採茶詞》：雷過溪山碧雲暖，幽叢半吐鎗旗短。銀釵女兒相應歌，筐中摘得誰最多。歸來清香猶在手，高品先將呈太守。竹爐新焙未得嘗，籠盛販與湖南商。山家不解種禾黍，依食年年在春雨。

《賦得惠山泉送客遊越》（雲液流甘漱石芽）

文徵明《雪夜鄭太吉送慧山泉》：有客遙分第二泉，分明身在慧山前。兩年不挹松風面，百里初回雪夜船。青箬小壺冰共裹，寒燈新茗月同煎。洛陽空說曾馳傳，未必緘來味尚全。

《是夜酌泉試宜興吳大本所寄茶》（醉思雪乳不能眠）

王穉登[77]《題唐伯虎烹茶圖為喻正之太守三首》

（太守風流嗜駱奴）

（靈源洞口採旗槍）

（伏龍十里盡春風）

徐渭《某伯子惠虎丘茗謝之》：虎丘春茗妙烘蒸，七碗何愁不上升。青箬舊封題穀雨，紫砂新罐買宜興。卻從梅月橫三弄，細攪松風炧一燈。合向吳儂彤管說，好將書上玉壺冰。

唐張又新《煎茶水記》[78]

歐陽修《大明水記》[79]

歐陽修《浮槎山水記》[80]

葉清臣《煮茶泉品》：余少得溫氏所著《茶說》……不可及矣。[81]

田崇衡《煮泉小品》：山厚者泉厚，山奇者泉奇，山清者泉清，山幽者泉幽，皆佳品也。不厚則薄，不奇則蠢，不清則濁，不幽則喧，必無用矣。

《茶解》：烹茶須甘泉，次梅水。梅雨如膏，萬物賴以滋養。其味獨甘，梅後便不堪飲。大瓮滿貯，投伏龍肝一塊，即灶中心乾土也，乘熱投之。㊻

熊明遇《岕茶記》㊼：烹茶水之功居六。無泉則用天水，秋雨為上，梅雨次之。秋雨冽而白，梅雨醇而白。雪水，五谷之精也，色不能白。養水須置石子于甕，不惟益水，而白石清水，會心亦不在遠。

《太平清話》：余嘗酌中泠……又何也？[82]

《平江記事》：虎丘井泉，味極清冽。陸羽嘗取此水烹啜，世呼為“陸羽泉”。張又新作《水品》[83]，以中泠為第一、無錫惠山泉第二、虎丘井第三。惠山泉煮羊，變為黑色，作酒味苦。虎丘泉則不然，以之釀酒，其味甚佳。又新第之次于惠山，其然否乎？

《湧幢小品》：黃諫，字廷臣，臨洮蘭州人。正統壬戌及第三人，使安南，卻餽陞翰林學士，作金城、黃河二賦。李賢、劉定之皆稱美之。好品評泉水，自郊畿論之，玉泉為第一；自京城論之，文華殿東大庖廚井為第一。作《京師水記》，每進講退食內府，必啜廚井水所烹茶，比眾過多。或寒暑罷講，則連飲數杯，曰：“暫與汝辭”；眾皆譁然一笑。石亨敗，以鄉人有連，謫廣東通判。評廣州諸水，以雞爬井為第一，更名學士泉。諫博學多藝，工隸篆行草，而尤長八分。後詔還，卒於南雄。

禁城中外海子，即古燕市積水潭也，源出西山。一畝、馬眼諸泉，統出甕山後，匯為七里濼，紆迴向西南行數十里，稱高梁河。將近城，分為二，外繞都城，開水門；內注潭中，入為內海子。繞禁城出巽方，流玉河橋，合外隍入于大通河。其水甘冽。余在京三年，取汲德勝門外，烹茶最佳，人未之知，語之亦不信。大內御用井，亦此泉所灌，真天漢第一品，陸羽所不及載。至京師常用甜水，俱近西北；想亦此泉一脈所注，而其不及遠矣。黃學士之言，真先得我心。

南中井泉，凡數十餘處，余嘗之皆不佳。因憶古有稱石頭城下水者，取之亦欠佳，乃令役自以錢雇小舟，對石頭棹至江心，汲歸澄之，微有沙，烹茶可與慧泉等。凡在南二十一月，再月一汲，用錢三百，以此自韻。人或笑之，不恤也。

俗語：芒種逢壬，便立霉。霉後積水，烹茶甚香冽，可久藏；一交夏至，便迴別矣。試之良晢。細思其理，有不可曉者，或者夏至一陰初生，前數日陰正潛伏，水，陰物也。當其伏時極淨，一切草木飛潛之氣不能雜，故獨存本色為佳。但取法極難，須以磁盆最潔者，布空野盛之。霑一物即變。貯之尤難，非地清潔且埶高不可。某年無雨，挑河水貯之，亦與常水異，而香冽不及遠矣。

又雪水、臘水、清明水俱可用。但雪水天淡，取不能多，惟貯以蘸熱毒有效。家居若泉水難得，自以意取尋常水煮滾，總入大瓷缸，置庭中，避日色；俟夜，天色皎潔，開缸受露凡三夕，其清徹底，積垢二三寸，亟取出，以罈盛之，烹茶與慧泉無異。蓋經火煅煉一番，又浥露取真氣，則返本還元，依然可用。此亦修煉遺意而余創為之，未必非《水經》一助也。他則令節或吉日，雨後承取用之亦可。

明西江熊明遇《羅 岕 茶記》[84]

明陸樹聲《茶寮記》：園居敞小……謾記。[85]

茶事

雲腳乳面　凡茶少湯多，則雲腳散；湯少茶多，則乳面浮。

茗戰　建人謂鬥茶為茗戰。

茶名　一曰茶、二曰檟、三曰蔎[48]、四曰茗、五曰荈。楊雄注云：蜀西南謂茶曰蔎。郭璞云：早取為茶，晚為茗，又為荈。

候湯三沸　《茶經》：凡候湯有三沸[86]，如魚眼微有聲為一沸；四向如湧泉連珠為二沸；騰波鼓浪為三沸，則湯老。

秘水　唐秘書省中水最佳，故名秘水。

火前茶　蜀雅州蒙頂山有火前茶最好，謂禁火以前採者。後者謂之火後茶。

五花茶　蒙頂又有五花茶，其房作五出。

文火長泉　顧況《論茶》云：煎以文火細煙[49]，小鼎長泉。

新春鳥：《顧渚山茶記》：山中有鳥，每至正月、二月鳴云：春起也；至三月、四月，鳴云：春去也。採茶者咸呼為"報春鳥"。

酪蒼頭：謝宗《論茶》豈可為酪蒼頭，便應代酒從事。

漚花：又曰候蟾背之芳香；觀蝦目之沸湧，故細漚花泛，浮餑雲騰，昏俗塵勞，一啜而散。

換骨輕身：陶景弘曰，芳茶換骨輕身[50]，昔丹丘子、黃山君服之。

花乳：《劉禹錫試茶歌》："欲知花乳清泠味，須是眠雲跂石人。"

瑞草魁：杜牧《茶山》詩云：山實東吳秀，茶稱瑞草魁[51]。

白泥赤印：劉禹錫《試茶歌》：何況蒙山顧渚茶，白泥赤印走風塵。

茗粥：茗，古不聞食。晉宋已降，吳人採葉煮之，曰茗粥。

徐渭《煎茶七類》[87]

卷二[88]

唐竟陵陸羽鴻漸著《茶經》　宋蔡君謨《茶錄》　宋子安《東溪試茶錄》　宋徽宗《大觀茶論》　黃儒《品茶要錄》　宋熊蕃《宣和北苑貢茶錄》[52]　宋《北苑別錄》　無名氏[89]　袁中郎《茶譜》　屠隆《茶箋》　明許次紓[53]《茶疏》　明四明聞龍《茶箋》　明西江熊明遇《羅岕茶記》　明陸樹聲《茶寮記》　陸平泉《茶寮記》[54]　徐渭《煎茶七類》

袁中郎[90]《茶譜》[91]

採茶欲精，藏茶欲燥，烹茶欲潔。

山頂泉輕而清，山下泉清而重，石中泉清而甘，沙中泉清而冽，土中泉清而厚。流動者良于安靜，負陰者勝于向陽。山削者泉寡，山秀者有神。真原無味，魚水無香。

品茶一人得神，二人得趣，三人得味，七、八人是名施茶。

初採為茶，老而為茗，再老為荈。

一採茶[92]　二造茶　三辨茶　四藏茶　五火候　六湯辨　七湯老嫩　八泡法　九投茶　十飲茶　十一香　十二色　十三味　十四點染失真　十五變不可用　十六品泉　十七井水不宜茶　十八貯水　十九茶具　二十茶甌　二十一茶盒　二十二茶道　二十三拭盞布

注　釋

1 此處刪節，見宋代陳繼儒《茶董補·片散二類》。

2 御用茗目凡十八品：《北苑貢茶錄》，全名《宣和北苑貢茶錄》。“貢茶錄”所錄貢茶共有三、四十種，“凡十八品”，是本文作者朱濂僅摘取其十八種而已。其實朱濂這裏所錄也不止十八種，如“雲葉雪英”、“金錢玉華”、“蜀葵寸金”，實際是將二茶誤合作一名。

3 政和曰太平嘉瑞　紹聖曰南山應瑞：《宣和北苑貢茶錄》這兩句原文作“太平嘉瑞政和二年造”；“南山應瑞宣和四年造”。但此有繼豪按語本，在“宣和四年造”註文下，繼壕加按稱：“《天中記》‘宣和作紹聖’”。這裏朱濂是據繼壕按將“宣和”直接改成“紹聖”的。

4 《茶論》、《臆乘》：原為兩文，近年國內有些論著，以訛傳訛，常將此兩文合作一書。此《茶論》經查考，疑即謝宗《論茶》。《論茶》一作《茶論》。《臆乘》，即宋楊伯嵒（？－1254）所撰之書。

5 此處刪節，見明代陳繼儒《茶董補》。

6 《雲麓漫鈔》：南宋趙彥衛撰，十五卷。“麓”字，底本原作“錄”字，逕改。

7 此處刪節，見五代蜀毛文錫《茶譜》。云引自《茶錄》，應誤。

8 此處刪節，見明代陳繼儒《茶董補·製茶沿革》。

9 《煮茶泉品》：即本書和一般所說的《述煮茶泉品》。

10 孔平仲《雜說》：平仲，宋臨江軍新淦人。字義甫，一作毅父。英宗治平二年進士。仕途因黨爭多次起落，入出都不佔高位，但長於史學，能文工詞，與其兄孔文仲、孔武仲以文聲聞江西，時號三孔。除所撰《雜說》外，有《孔氏談苑》、《續世說》、《詩戲》、《朝散集》等。

11 本條內容，非據自張源《茶錄》，而是據《茗笈·第四揆製章》轉抄。

12 此非摘自《茶錄》，而是據《茗笈·揆製章》轉抄。

13 此非摘自《茶解》，而是據《茗笈·茗章》轉抄。

14 此非據《茶疏》原文，而是據《茗笈·點瀹章》轉抄。

15 此非據《茶疏》原文，而是據《茗笈·點瀹章》轉抄。

16 兩條非錄自《茶疏》，而是據《茗笈·辨器章》轉抄。

17 本條《茶說》，經查對，非一般所知的屠隆或黃龍德《茶說》的內容。應是轉抄自《茗笈·戒淆章》。

18 兩條俱非錄自《茶解》而是轉抄自《茗笈》“戒淆章”和“相宜章”。

19 本條內容，非錄自《煮泉小品》，而是據《茗笈·玄賞章》轉抄。

20 《嶺南雜記》：清吳震方撰，約撰寫於康熙四十四年（1705）前後。震方，字青壇，浙江石門人，康熙十八年進士，官至監察御史。以“晚樹”名其樓。撰有《讀書正音》、《晚樹樓詩稿》、《嶺南雜記》等。

21 陸次雲《湖壖雜記》：陸次雲，字雲士，清浙江錢塘人。曾知河南郟縣和江南江陰縣等。有《澄江集》和《北墅緒言》等。《湖壖雜記》，筆記，撰於康熙二十二年（1683）。

22 葛稚川：即葛洪，稚川是他的字。

23 孫太初：即孫一元（1484－1520），字太初，自號太白山人，遍遊名勝，蹤跡半天下。長於詩，正德間僦居長興吳琉家，與劉麟、陸崑、龍霓、吳琉結社倡和，稱苕溪五隱。

24 甌寧邑：即甌寧縣。北宋治平三年（1066）置，尋廢。元祐四年（1089）復置，民國初改為建甌縣。

25《甌江逸志》：筆記，清勞大輿撰，約成書於順治十六年（1660）前後。　大輿，字宜齋，浙江石門人，清順治八年舉人，官永嘉縣教諭。

26 陳繼儒筆記：一稱《眉公筆記》，本條內容收於卷 1。

27 此處刪節，見明代曹學佺《茶譜》。毛文錫《茶譜》已佚，云引自毛文錫《茶譜》，實轉抄自曹學佺《茶譜》。

28 本段唯上引三句為所錄《文選註》內容，其餘《華陽國志》和《大邑志》內容，本文均選抄自曹學佺《茶譜》。

29 下錄內容，朱濂錄為《雅安志》，但實際還雜有他書材料；載為"《雅安志》云"，實際是完全據曹學佺《茶譜》轉抄。

30 馮時行：時行，字當可，號縉云。宋恭州（今重慶）壁山人。宣和六年進士。宋高宗紹興中，知丹稜縣和萬州，因反對秦檜被劾罷。檜死被起知蓬州、黎州，後被擢成都府路提刑。隆興元年（1163）卒於官。

31《茶譜》云：南平縣：《茶譜》指毛文錫《茶譜》；此南平，指唐置治位今重慶巴縣東北的南平縣。

32《開縣志》和下面的《劍州志》、《南江志》、《唐書》，均據曹學佺《茶譜》轉抄。

33《岳陽風土記》：北宋范致明撰。致明字晦叔，哲宗元符三年（1100）進士，官終奉議郎知池州。有《池陽記》，《岳陽風土記》，個別也作《岳陽風土論》。本條和下錄《雨航雜錄》、《太平清話》直至《丹鉛續錄》7 段，與朱濂在刪改本文時另紙增添的 1 頁，字體潦草，與抄本全書明顯不同，插在本文沈括《夢溪筆談》條文之前，故本書校時，也特按其所插地位編入文內。

34《雨航雜錄》：明馮時可撰，約成書於萬曆二十六年（1598）。時可，字敏卿，號無成，隆慶五年進士，官至按察使。

35《太□□□》：底本原文模糊不可辨識，據下錄原文，與《續茶經》"八之出"的《圖經記》引文全同。

36《丹鉛續錄》：明楊慎撰，約成書於嘉靖十六年（1537）。

37 周淮南《清波雜志》云："周淮南"即周輝，或作"輝"，字昭禮。宋泰州海陵（今江蘇泰州市）人，僑寓錢塘。嗜學工文，隱居不仕，藏書萬卷。除《清波雜志》外，還有《北轅錄》。泰州地屬淮南，人以其舊籍故稱"淮南"。

38 此處刪節，見宋代宋子安《東溪試茶錄 · 茶病》。

39 此處刪節，見明代夏樹芳《茶董 · 味勝醍醐》。

40《鶴林玉露》：南宋羅大經撰，本文下錄內容，出是書第 3 卷。

41 此處刪節，見明代夏樹芳《茶董 · 博士錢》。

42 此條與陳繼儒《茶董補》等所載大致相同，但也有不少相異之處，因之暫存不刪。

43《伽藍記》：即北魏楊衒之《洛陽伽藍記》。

44 此處刪節，見明代夏樹芳《茶董 · 能仁石縫生》、《湯戲》、《百碗不厭》、《天柱峰數角》、《党家應不識》、《丐賜受煎炒》各條。

45 此處刪節，見明代陳繼儒《茶董補 · 漸兒所為》。

46《唐語林》：北宋王讜撰，八卷。讜字正甫，長安（今陝西西安）人。曾任國監、少府監丞。本文約撰於崇寧、大觀間，採唐小說五十種，仿《世説新語》體例，分五十二門，記敘唐代社會遺聞。

47《芝田錄》五卷：丁用晦撰。用晦約五代時人。《芝田錄》主要收錄唐代志怪傳奇一類故事。類似內容，明程百二《品茶要錄補》引《鴻書》、清陸廷燦《續茶經》引《芝田錄》俱有提及。但所記有縮減，較簡略。

48《山堂肆考》：明彭大翼撰，二二八卷，補遺十二卷。大翼，字雲舉，又字一鶴，號林居。揚州人，諸生。是書輯錄羣書故實，彙編成帙於萬曆二十三（1529）年。後有損佚，大翼孫婿張幼學於萬曆四十七年重加輯補整理終成。

49《衍義補》：當是明邱濬（1420－1495）撰《大學衍義補》。儒學著作，共164卷。濬字仲深，瓊山(今海南)人。景泰進士，受編修，孝宗時，進禮部尚書，後兼文淵閣大學士參與機務。南宋真德秀撰《大學衍義》，內容不廣，邱濬博採子史，輯成此書，故名《大學衍義補》。孝宗即位上其書，刊行於世。

50《乾淳歲時記》：宋元間周密（1232－1298）撰。濟南人，後徙吳興。字公謹，號草窗、蘋州、弁陽老人、四水潛夫等。理宗時曾為臨安府幕屬，及義烏令，宋亡不仕，居杭州。工詩詞和善畫。有《武林舊事》、《齊東野語》、《癸辛雜識》等。《乾淳歲時記》當撰於其元時晚年。

51 歐陽修《通商茶法詔》：是詔撰於宋仁宗皇祐四年二月四日。載《歐陽文忠公集》86卷。

52 魏鶴山：即魏了翁，鶴山是其號。

53 此處刪節，見宋代魏了翁《邛州先茶記》。

54 此處刪節，見唐代裴汶《茶述》。

55 此處刪節，見宋代蔡襄《茶錄》(陳東〈跋蔡君謨《茶錄》〉)

56 皮日休《茶中十詠．序》：此題本書校時改。底本原作“皮日休茶中十詠序曰”《茶中十詠》，特別是“序”，一般都書作《茶中雜詠序》。此處刪節，見明代喻政《茶集．茶中雜詠序》。

57 皮日休《茶中十詠》：本題為本書校時加。底本原文詩和序共題，喻政《茶書》將本詩和序分別收錄，故本書將此“詩序”作刪後，下十詩就成無總題的散詩，故加。下刪本題下《茶塢》、《茶人》、《茶筍》、《茶籯》、《茶舍》、《茶灶》、《茶焙》、《茶鼎》、《茶甌》、《煮茶》十詩全部題文，所刪見本書明代喻政《茶書》下冊詩類。

58 下刪本題下《茶塢》、《茶人》、《茶筍》、《茶籯》、《茶舍》、《茶灶》、《茶焙》、《茶鼎》、《茶甌》、《煮茶》十詩全部題文，所刪見本書明代喻政《茶書》下冊詩類。

59 曹鄴《故人寄茶》：此詩，一作“李德裕作”。

60 王元之：即王禹偁（954－1001），元之是其字。

61《得雷太簡自製蒙頂茶》，梅堯臣作。

62 趙晼（1008－1084）：宋衢州西安（即今浙江衢縣）人。字閱道，號知非子。仁宗景祐間進士。在地方以治績召為殿中侍御史。彈劾不避權幸，人稱“鐵面御史”。神宗即位，因反對新法，出知杭州，徙青州，再知成都府，復知越州、杭州。卒謚清獻。有《清獻集》。

63 余靖（1000－1064）：宋韶州曲江人。初名希古，字安道。仁宗天聖二年進士。慶曆中為右正言，皇祐四年知桂州，後加集賢院學士，徙潭、青州，後以尚書左丞知廣州。有《武溪集》。

64 晁沖之：宋濟州鉅野人，字叔用，一字用道。才聰穎，受知於陳師道、呂本中。為《江西詩社宗派圖》二十五人之一，哲宗紹聖後隱居具茨山下，屢拒薦舉。有《具茨集》。

65 秦少游：即秦觀。

66 周必大（1126－1204）：宋吉州廬陵（令江西吉安縣）人。字子充，又字洪道，號省齋居士，晚號平園老叟。高宗紹興二十一年進士，授徽州戶曹，累遷監察御史。淳熙十四年拜右丞相，進左丞相。工文詞，有《玉堂類稿》、《玉堂雜記》、《平園集》等八十一種。

67 此處刪節，見明代陳繼儒《茶董補》卷下《謝木舍人送講筵茶》。

68 楊廷秀：即楊萬里，廷秀是其字。

69 王庭珪（1080－1172）：宋吉州安福人。字民瞻，自號盧溪真逸。徽宗政和八年進士，授茶陵丞。博學兼通，工詩，精於《易》。有《盧溪集》、《易解》、《滄海遺珠》等。

70 僧惠洪：《石門文字禪》作“釋惠洪《與客啜茶戲成》”。惠洪（1071－1128），筠州人。號覺範，後改名德洪。入清涼寺為僧。工詩，善畫梅竹，喜遊公卿間，戒律不嚴。有《石門文字禪》、《冷齋夜話》、《林間錄》等。

71 耶律楚材（1190－1244）：字晉卿，號湛然居士。契丹族，博學多識，金末辟為左右司員外郎。元太宗時，命為主管漢人文書之必闍赤（漢稱中書令）。有《湛然居士集》。

72 劉秉忠（1216－1274）：元邢州人，初名侃，字仲晦，號藏春散人，博學多藝，尤邃於《易》。初為邢台節度使府令史，尋隱武安山中為僧，法名子聰。中統五年（1264）還俗改名，拜太保，參領中書省事。建議以燕京為首都，改國號為大元，一代成憲，皆出於他。有《藏春集》。

73 薩都剌（1272－1340）：元回回人，自雁門徙河間。答失蠻氏。字天錫，號直齋。泰定四年進士，授應奉翰林文字，擢南台御史。晚年居杭州。

74 周權：字衡之，號此山，元處州（治所在今浙江麗水縣西）人。工詩，遊京師，袁桷深重之，薦為館職，勿就。益肆力於詞章。有《此山集》。

75 洪希文（1282－1366）：元興化莆田人。字汝質，號去華山人。郡學聘為訓導，詩文激宕淋漓，有《續軒渠集》。

76 高啟（1336－1374）：明長洲（今江蘇蘇州）人，字季迪，號槎軒，張士誠據時，隱居吳淞江青丘，自號青丘子。博覽羣書，工詩尤精於史，與楊基、張羽、徐賁並稱吳中四傑。洪武初，以薦授翰林院國史編修官，後耀戶部右侍郎。以年少不敢重任辭歸。有《高太史大全集》。

77 王穉登（1535－1621）：明常州府武進（一說江陰）人，移居蘇州。字伯穀，號玉遮山人。十歲能詩，既長，名滿吳會。穉登嘗及文徵明之門，遙接其風，擅詞翰之席者三十餘年，為同時代布衣詩人之佼佼者。閩粵人過蘇州者，雖商賈亦必求見乞字。有《吳騷集》、《吳郡丹青志》、《奕史》、《尊生齋集》等。

78 此處刪節，見唐代張又新《煎茶水記》。

79 此處刪節，見宋代歐陽修《大明水記》

80 此處刪節，見宋代歐陽修《大明水記》

81 此處刪節，見宋代葉清臣《述煮茶泉品》。

82 此處刪節，見清代劉源長《茶史．古今名家品水》。

83《水品》：此疑即張又新《煎茶水記》。

84 此處刪節，見明代熊明遇《羅岕茶記》。

85 此處刪節，見明代陸樹聲《茶寮記》。

86《茶經》：凡候湯有三沸：本文此條非據《茶經》，而是照其他引文轉抄。

87 此處刪節，見明代徐渭《煎茶七類》。

88 以下為存目茶書之全文，逕刪。

89 無名氏：《北苑別錄》作者應為趙汝礪。

90 袁中郎：即袁宏道（1568－1610），中郎是他的字，號石公。明荊州府公安人，萬曆二十年進士，知吳縣，官至吏部郎中。

91 袁中郎《茶譜》：實際是書賈將張源《茶錄》頭尾稍作變換，內容全部照抄，將書名由《茶錄》改為《茶譜》，作者由張源偽託袁宏道的一本典型偽書。本書作偽刻印的時間，大致是在明末清初，因為是一本偽書，本書不予收錄，但作為朱濂正式收錄並一度在明清流傳的一種茶書刻本，作為一種歷史存在和偽茶書的例證，在此仍予保留。此題下全引張源《茶錄》，書賈為掩人耳目，從正文中選摘連本條在內的四則內容，以替代刪去的張源《茶錄引》。

92 此處刪節，見明代張源《茶錄．採茶》等各條。所有文題前編碼，張源《茶錄》原無，俱為書賈作偽時所加。其中"茶盞"，此為"茶甌"。在"茶盞"下，本條上，張源《茶錄》原文為"拭盞布"，託茗袁中郎《茶譜》的偽造者，在改頭後為把尾文同時換掉，將"拭盞布"抽移至最後第23則。

校　記

① 本條所錄，非《爾雅》而是郭璞註《爾雅》內容。《爾雅》原文僅"檟：苦荼"三字。另外，此上"卷一"兩字，原稿無，為本書校時加。

② 雲英、雪葉：朱濂和明清許多茶書撰者一樣，將宋《宣和北苑貢茶錄》中有的二個字的茶名，如"雲英""雪葉"，和下面的"金錢""玉華"，"蜀葵""寸金"，亦錯誤復合成四個字的茶名。本文校

時，特加頓號予以分開。

③ 蜀葵、寸金並宣和時：底本底稿原眉目不清，“並宣和時”作單行未抄成雙行小字，與下句“政和曰太平嘉瑞”，也沒有區分開。為把上面宣和時的貢茶與下面“政和”、“紹聖”貢茶區分清楚，本書編校時，將“並宣和時”改成雙行小字，且將下列“政和”、“紹聖”抬頭作另行處理。

④ 安吉：“安”字前，《天中記》原文還有一“生”字，底本脱。本條所錄《天中記》內容，實為節錄陸羽《茶經》八之出註。

⑤ 其利博哉：“博”字，抄本原形訛作“搏”，據《本草綱目》改。

⑥ 玉壘：底本和有的《本草綱目》版本，書作“玉溪”。“玉溪”指唐置玉溪縣，治所位於今四川汶川縣西南。“玉壘”指“玉壘山”，位今都江堰市西北，本書校時，據明刻《本草綱目》改“溪”為“壘”。

⑦ 團黃：“黃”字，朱濂此訛抄作“面”字，據《本草綱目》改。

⑧ 其僧如説：吳淑《茶賦·註》引文無此四字，原引為“是僧因之中頂築室，以俟及其”。

⑨ 服未盡而疾瘥。今四頂茶園：“瘥”字，底本誤抄作“差”字，“其”字，本改作“今”，據毛文錫《茶譜》諸輯佚本逕改。

⑩ 黃儒《品茶要錄》云：朱濂下錄本段內容，並非出自《品茶要錄》，而是由夏樹芳從《品茶要錄》和《宣和北苑貢茶錄》選摘有關內容拼湊而成。朱濂這裏根本沒有參考《品茶要錄》，只是一字不差地照抄夏樹芳《茶董·山川真筍》。

⑪ 此條與《品茶要錄補·草木仙骨》的內容完全一致；顯然是照程百二《品茶要錄補》抄錄的。

⑫ 唐時所產，僅如季疵所稱：本條內容，為摘自《茶解·原》的編者按。本文所錄，係據《續説郛》本。但喻政《茶書》本按，則作“唐宋產茶地，僅僅如前所稱”。比較而言，《續説郛》校改的此羅廩按，顯然較《茶書》按貼切。

⑬ 但培植不嘉，或疏採製耳：此句《茶解》原文為“但人不知培植或疏于制度耳”。

⑭ 角立差勝：“角立”二字，底本闕，擬朱濂抄時漏，本書校時據原文逕補。

⑮ “七閩之奇”以上本文所錄孔平仲《雜説》全部內容，係朱濂補抄於當頁羅廩《茶解》眉上之一段文字。未作插入符號，也無書收與不收，是本書校時確定錄入的。所錄內容，查《雜説》或有關《雜説》引文不見，但卻見於其《珩璜新論》，且查無訛。

⑯ 《茶疏》：底本原作《茶錄》。這也不是朱濂抄錄之誤，而是以訛傳訛，因為朱濂非照原書，而是照抄《茗笈》致誤。換言之，將《茶疏》誤作《茶錄》，是《茗笈》作者屠本畯的過錯。本書校時查證後改。

⑰ 茶注、茶銚：底本原稿，將“茶注、茶銚”以下內容，與上條龔春和時大彬壺的內容接抄作一段。本書作校時，據《茶疏》原樣，抬頭特另分作一段。

⑱ 汲泉煮茗：《茶解·品》原文作“手烹香茗”。

⑲ 故調：“調”字，鈔本原脱，據《閩小紀》原文補。

⑳ 太姥山茶，名綠雪芽：“太”字，底本原形訛作“大”字，據《閩小紀》改。又此兩句，底本擅自接抄於上條“方圓錫具，遂覺神采奕奕”之下，似混淆為上段內容。今據《閩小紀》原體例，抬頭另作一條。

㉑ 延、邵呼製茶人為碧豎：是句底本原空一格抄在上條最後一句“今漫漶不如前矣”之下。本書校時按《閩小紀》體例，抬頭另作一條。另，在本句“碧豎”下，《閩小紀》原文還有“富沙陷後，碧豎盡在綠林中矣”12字。

㉒ 盧仝《茶經》：“經”字疑為“歌”之誤。清後除本文外，陸廷燦《續茶經》中，亦引有所謂盧仝《茶經》文，疑即源於勞大輿《甌江逸志》之誤。

㉓ 《茶譜》云：“譜”字，底本原訛作“經”字。此條實際是照曹學佺《茶譜》轉錄。將《茶譜》內容書作《茶經》，是曹學佺誤抄造成的。

㉔ 未及嘗：“嘗”字，底本原刊作“賞”，據《岳陽風土記》改。

㉕ 一片充昆弟同啜：“啜”字，底本朱濂原形誤作“掇”，逕改。

㉖ 惜放置不能多少斤也：“多少”二字，底本潦草不清，本書校時據文義字形定。

㉗ 以吳興白苧：“白”字，底本原稿脱，據《太平清話》原文補。

㉘ 新芽一發："新"字前，《夢溪筆談》原文還多一"則"字。
㉙ 誤為品題：底本原稿無"誤"字，據《夢溪筆談》原文逕加。
㉚《東溪試茶錄》：底本原書作《茶錄》，校時查所錄內容，實為《東溪試茶錄》"茶病"所書，逕改。
㉛ 王縂：《洛陽伽藍記》作"彭城王縂"。
㉜ 張又新：唐季卿刺湖州：本文此句非《山堂肆考》原文，而且朱濂這裏也沒有表述清楚，在"張又新唐季卿"這幾字中，本文至少漏寫《煎茶水記》和李季卿的"李"這樣五字。應校改作"唐張又新《煎茶水記》：李季卿刺湖州"才確切。
㉝ 揚子南泠水："泠"字，底本抄作"冷"字，逕改。下同。
㉞ 朕意："朕"字，底本誤作"臣"字，據"歐集"原文改。
㉟ 唐裴汶："唐"字，底本可能原據陳繼儒《茶董補》等轉錄時訛作"宋"字，校時改。
㊱ 陳少陽《跋蔡君謨〈茶錄〉後》：本書蔡襄《茶錄》附錄據《梁溪漫志·陳少陽遺文》，題為"陳東《跋蔡君謨〈茶錄〉》"。
㊲ 珍重宗親相寄惠："親"字，底本原抄作"惠"字，據《全唐詩》改。
㊳ 劍外九華英："華"字，底本原作"花"字，據《全唐詩》改。
㊴ 皇甫曾："皇甫曾"，底本作"皇甫冉"，據《全唐文》改。
㊵ 皇甫冉《送陸鴻漸栖霞寺採茶》：底本原抄作"又《送鴻漸栖霞寺採茶》"，"又"字，因上詩本文將皇甫曾誤作"皇甫冉"，名改，就不能再用"又"，故校時改"又"作"皇甫冉"。另底本題名原作"送鴻漸"，校時據《全唐文》又順添一"陸"字。
㊶ 啣鵶銜茶子生：底本衍一"啣"字，應作"鵶銜茶子生"。
㊷《和蔣夔寄茶》："蔣"字，底本原作"孫"字，據《蘇軾詩集》改。
㊸ 楊廷秀《以六一泉煮雙井茶》：本條原題無"楊廷秀"三字；但朱濂在抄錄這條之後相隔一條，又抄錄一首"楊廷秀《以六一泉煮雙井茶》詩"。重出。本書校時，將後條刪除，但將此條題署的"楊廷秀"三字，移置於此。
㊹ 劉秉忠《嘗雲芝茶》：底本原將本條錄於耶律楚材《西域從王君玉乞茶因其韻七首》的"其七"之下，誤作亦為耶律楚材所作"七首"的內容之一。本書校時剔出將其另作一條。
㊺ 壑源："壑"字，底本作"溪"字，疑誤，據《續軒渠集》逕改。
㊻ 此條本文非據自《茶解》，而是照屠本畯《茗笈》轉抄。
㊼ 熊明遇《岕茶記》："岕茶記"，應作《羅岕茶記》。本文朱濂名曰據自《羅岕茶記》，實際還是主要抄自《茗笈》。
㊽ 三曰蔎："蔎"字，底本形誤作"吔"，逕改。
㊾ 煎以文火細煙："煎"字，底本形誤抄作"前"字，逕改。
㊿ 芳茶換骨輕身："芳"字，底本誤抄作"若"字，逕改。
(51) 茶稱瑞草魁："茶"字，底本誤作"草"字，據杜牧原詩改。
(52) 北苑：底本作"比苑"，逕改。
(53) 許次紓：底本作"許次忬"，逕改。
(54) 上已錄《茶寮記》，此為重錄。

枕山樓茶略

◇清　陳元輔　撰

陳元輔，事跡不詳，由原書題名，僅知其為"閩"人。關於其所處時代稱其是"清"人，是萬國鼎《茶書總目提要》所寫。不過，萬國鼎自己並沒有看到過這本書，他知道有這本書，出自清代人之手，完全是從《靜嘉堂文庫漢籍分類目錄》中看來的。《靜嘉堂文庫》是日本三菱集團於明治二十五年（1892），由岩崎彌之助（1851－1908）所籌建的私家藏書庫。其漢籍藏書除原有和日本收集到的以外，在清末民初還曾三次派人到上海、江浙一帶大規模收購過。所以，《靜嘉堂文庫漢籍分類目錄》雖然是昭和五年（1930）才出版，但其所定陳元輔《枕山樓茶略》是清人清書，大致不會有錯。

《枕山樓茶略》，查清以後各有關藝文志、茶書和藏書目錄，均未見提及；近半個世紀來，有關人員跑遍了中國內地許多圖書館，也未找見這本書的蹤跡。本書是據去年日本茶業組合中央會議所贈給朱自振的複印本校刊的。《枕山樓茶略》，"枕山樓"是書室或藏書樓名，這在中國一般是不入書名的。根據上說中國不見此書和不將"枕山樓"刊入書名這兩點，我們懷疑《枕山樓茶略》很可能和《茶務僉載》一樣，是書完稿和梓版以後，在中國沒有出印即流落日本，由日本書商在日本印刷發行的。否則，一本清末才撰刊的書，中國決不會一本不存，兩本書（估計日本現存還不止兩本）全部流傳到日本的。值得一提的是，在日本茶業組合中央會議所藏本的前面扉頁和末頁，還清楚蓋有昭和十年（1935）五月"購入"及"水石山房監造記"兩個印記。如果是書是這時在中國印刷或重印，則不但中國不會一個圖書館也不買；而且出版、發行，也不會用這樣的印章。

不過，《枕山樓茶略》雖說是從流散日本回歸後在國內首次刊印的珍本，但除自序和一部分內容是屬於陳元輔自己撰寫者外，有部分內容和明清輯集類茶書一樣，只是換換標題，基本上也抄自它書。如其前面數段，即大部分抄襲明人錢椿年和顧元慶《茶譜》。例如"考古"的內容，即摘自《茶譜》顧元慶所寫的"序"；"地氣"的開頭幾句，抄自《茶譜》的"茶品"；"表異"和《茶譜》的"茶略"，完全一樣；"樹藝"抄自《茶譜》的藝茶；"采摘"和《茶譜》的"采茶"大體相同；"製法"和《茶譜》的"製茶諸法"一字不差；"收貯"的前面幾句，摘自《茶譜》"藏茶"；"烹點"的茶香、茶味，抄自《茶譜》的"擇果"，等等。此據日本靜嘉堂文庫藏本排印。

自序

昔李白善酒，盧仝[1]善茶，故一斗七碗[2]之風，至今傳為佳話。然或惡旨酒，或著酒誥，未聞有議及茶者。亦以其產於高巖深谷間，專感雨露之滋培，不受纖塵之滓穢，為草中極貴之品，與麴生糟粕清濁迥殊耳。世人多言其苦寒，不利中土，及多食發黃消瘦之説，此皆語其粗惡、其苦澀者也。自予論之，竹窗涼雨，能助清談；月夕風晨，堪資覓句，茶非騷人之流亞歟！細嚼輕斟，只許文人入口；濃煎劇飲，不容俗子沾唇；茶又高士也。晉接於揖讓之堂，左右於詩書之室，茶非君子乎？移向妝臺之上，能使脂粉無香；捧入繡幃之中，頓令金釵減色；所稱絕代佳人，茶又庶幾近之。且能逐倦鬼，袪睡魔，招心胸智慧之神，滌臟腑煩愁之祟，亦可謂才全德備者矣。但人莫不飲食，鮮能知味，遂致烹調失宜，反掩其美，予甚惜之。茲特譜為二十則，曰《茶略》。非敢謂足盡其妙也，亦就予所見所聞者，信筆書之；尚有未窮之蘊，請教大方，續當補入。今而後兩腋風生，跂予望之，厭厭夜飲，吾知免矣。

茶略目錄

稟性

茶之有性，猶人之有性也。人性皆善，茶性皆清。考之《本草》，茶味甘苦微寒，入心肺二經，消食下痰，止渴醒睡，解炙煿之毒，消痔漏之瘡，善利小便，兼療腹疼。又按：茶葉稟土之清氣，兼得春初生發之機，故其所主，皆以清肅為功；譬之風雅之士，清言妙理，自可以化強暴；非如任俠使氣，專務攻擊者也。若謂有妨戊己[3]，是反其性矣。

考古

嘗閱唐宋茶譜、茶錄諸書，法用熟碾，細羅為末作餅，謂之小龍團，尤為珍重。故當時有金易得而龍餅不易得之語。

天時

茶感上天陽和之氣，故雖有微寒，而不損胃。以採於穀雨前者為佳，蓋穀雨之前，春溫和氣未散，唯此時之生發為最醇。若交夏，則暑熱為虐，生機已失，亦猶豪傑不遇，未免有生不逢時之歎也。故曰：“夏茶不如春茶”。

地氣

地之氣厚，則所生之物亦厚；地之氣薄，則所生之物亦薄，理固然也。以語夫茶，何獨不然。故劍南有蒙頂、石花，湖州有顧渚紫筍，峽州有碧澗明月，邛州有火餅、思安，渠州有薄片，巴東有真香，福州有柏巖，洪州有白露，常之陽羨，婺之舉巖，丫山①之陽坡，龍安之騎火，黔陽之都濡、高株，瀘州之納溪、梅嶺。以上諸種，俱得地之厚，名亦皆著。品第之，則石花最上，紫筍次之，碧澗明月又次之，惜皆不可致耳。近吾閩品茶者，類皆以新安之松蘿、崇安之武彝為上。蓋兩處地力深厚，山巖高聳，迴出紅塵，茶生其間，飽受日月雨露之精華，兼製造得法，不獨色白如玉，亦且氣芬如蘭，飲之自能生智慮，長精神。此外，則有岕片，消食甚速。余聞之家君曰，明季有一人食物過飽，倏忽暈仆，不省人事，狀類中風，藥餌罔效。唯濃煎岕茶一鍾，灌入口中即甦；再進一鍾，遂能言；亦異種也。但此種得地最厚，初次飲之，損人中氣，兼苦澀不堪入口，唯二次、三次，味最稱良。然剽悍氣多，不宜常飲。予苦株守，不能遍遊天下名山大川，博採方物，為茶月旦。茲只就閩而論，如芝提、芙蓉[4]、梅巖、雪峰[5]、李公石鼓[6]、英山[7]等處，種種有佳，指不勝屈。大抵皆得其偏，未得其全，猶之伯彝②、伊尹、柳下惠[8]，其清任和之節，非不足砥礪頹風，要不如夫子之時中也。吾故曰："武彝為閩茶中之聖"。

表異

茶者，南方嘉木，自一尺、二尺至數十尺，聞巴峽有兩人抱者，伐而掇之。樹如瓜蘆，葉如梔子，花如白薔薇，實如栟櫚，蒂如丁香，根如胡桃。

樹藝

藝茶欲茂，法如種瓜，三歲可採。陽崖陰林，紫者為上，綠者次之。

採摘

團黃有一旗二槍之號，言一葉二芽[9]也。凡早取為茶，晚取為荈。穀雨前後收者為佳，粗細皆可用。唯在採摘之時，天色晴明，炒焙得法，收貯適宜。

製法

橙茶，將橙皮切作細絲一斤，以好茶五斤焙乾，入橙絲間和，用密麻布襯墊火箱，置茶於上烘熱，淨棉被罨之兩三時，隨用建連紙[10]袋封裹，仍以被罨焙乾收用。

若蓮花茶，則於日未出時，將半含蓮花撥開，放細茶一撮，納滿蕊中，以麻皮固縶，令其經宿。次早摘花，傾出茶葉，用建紙包茶焙乾，再如前法，又將茶葉入別蕊中。如是者數次，取來焙乾收用，不勝香美。

至於木犀、茉莉、玫瑰、薔薇、蘭蕙、桔花、梔子、木香、梅花，皆可作茶。法宜於諸花開時，摘其半開半放蕊之香氣全者，量其茶葉多少，摘花為茶。花多則太香而脱茶韻，花少則不香而不盡美；唯三停茶、一停花始為相稱。假如木犀花，須去其枝蒂及塵垢蟲蟻，用磁罐一層茶、一層花投間③至滿，紙、箬縶固，入鍋重湯煮之。取出，待冷，用紙收裹，置火上焙乾收用。諸花倣此。

收貯

茶宜箬葉而畏香藥，喜溫燥而忌冷濕。故藏茶之家，以箬葉封裹入焙中，兩三日一次。用火當如人之體溫，溫則能去濕潤。若火多，則茶焦不可食。至於收貯之法，更不可不慎。蓋茶唯酥脆，則真味不洩。若為濕氣所侵，殊失本來面目，故貯茶之器，唯有瓦錫二者。予嘗登石鼓，遊白雲洞，其住僧為予言曰：瓦罐所貯之茶，經年則微有濕；若有錫罐貯之，雖十年而氣味不改。然則收貯佳茗，捨錫器之外，吾未見其可也。

久藏

茶雖得天之雨露，得地之土膏，而濡潤培植，然終不外鼎爐之功。蓋火製初熟，燥烈之氣未散，非蓄之日久，火毒何由得泄？必須貯之二三年或三四年，愈久愈佳。不然，助火燥血，反灼真陰。故古人曰：“新茶烈於新酒。”信然。

烹點

茶有真香、有佳味、有正色。烹點之際，不宜以珍果香草雜之。奪其香者，如松子、柑橙、杏仁、蓮子、梅花、茉莉、薔薇、木犀之類；奪其味者，如番桃、荔枝、龍眼、水梨之類；奪其色者，如柿餅、膠棗、大桃、楊梅之類。

辨水

天一生水，水者所以潤萬物也，但不能無清濁之異焉。今夫性之最清者，莫如茶。使清與清合，自然相宜。若清與濁混，豈不相反？蓋水不清，能損茶味，故古人擇之最嚴。然則當以何者為上？曰：唯雨水最佳，山泉次之，江流又次之，井水其最下者也。蓋雨水自天而降，其味冰冽，其性清涼，絕無一毫渣滓。泉流雖出於地，然泉為山之液，流為江之津，皆得地之動氣而生，故水性醇厚不滯。天旱苦雨之時，捨泉流之水，又安所取哉？至井水出於污泥之中，味鹹且苦，若用以烹茶，茶遭劫運矣。

取火

按五行生剋之理，火非木不生，但木性暴燥，不利於茶。最上者，唯松花、松楸、竹枝、竹葉，然郵亭客邸，不可常得。其次則唯炭為良，蓋木經煆煉之後，暴性全消，縱不及松竹之清，亦無濃煙濁焰足以奪茶之真氣也。若木未成炭，斷不可用。

選器

物之得器，猶人之得地也，何獨於茶而疑之。蓋烹茶之器，不過瓦、錫、銅而已。瓦器屬土，土能生萬物，有長養之義焉。考之五行，土為火所生，母子相得，自然有合。故煮水之器，唯此稱良，然薄脆不堪耐久。其次則錫器為宜，蓋錫軟而潤，軟則能化紅爐之焰，潤則能殺烈焰之威。況登山臨水，野店江橋，取攜甚便，與瓦器動輒破壞者不同。至於銅罐，煎熬之久，不無腥味，法宜於罐底灑錫；久則復灑，以杜銅腥。若用鐵器以煮水，是猶用井水以烹茶也，其悖謬似不待贅。

用水

雨水泉流，予既辨明之矣，至於用之之時，又不無分別。蓋天時亢旱，屋瓦如焚，驟雨初臨，日氣未散，若概目為雨水而用之，恐暑熱之毒傷人尤速。山泉雖佳，須擇乳泉漫流，遠近所好，日取不絕者為宜。如窮谷中，人跡罕至，夏秋旱潦之時，能保無蛇蠍之毒？尤所當慎也。又考：山水瀑湧湍激者勿食，食久，令人有頸疾。至於江流，流行不息，水之最有生氣者也。然取潮而不取汐，有消長之義焉；取上而不取下，有濃淡之異焉。若井水，則當置之不議不論之列。

火候

讀書，當火候到日下筆，自有得心應手之樂。煮水，當火候到處烹調，自有由淺入深之妙。按《茶譜》云：“茶須緩火炙，活火煎。”活火謂炭火之有焰者，當使湯無妄沸，庶可養茶。始則魚目散布，微微有聲；中則四邊泉涌，纍纍若貫珠；終則騰波鼓浪，水氣全消，謂之老湯。三沸之法，非活火不能成也。

沖泡

水煮既熟，然後量茶罐之大小，下茶葉之多寡。夫茶以沸水沖泡而開，與食物置鼎中久蒸緩煮者不同。若先放茶葉於濕罐內，則茶為濕氣所侵，縱水熟下泡，茶心未開；茶心不開，則香氣不出。必須將沸湯先傾入罐，有三分之一，然後放下茶葉，再用熟水滿傾一罐，蓋密勿令泄氣。如此飲之，則滋味自長矣。外有用滾水先傾入罐中，洗溫去水，再下茶葉；此亦一法也。又考《茶錄》有云：先以熱湯洗茶葉，去其塵垢冷氣，烹之則美，此又一法也，是在得其法而善用之者。

躬親

烹茶之法，與陰陽五行之理相符，非慧心文人，恐體認不真，未免隔靴搔癢。往見人多以烹茗一事付之童僕，未免粗疏草率，致茶之真氣全消。在我莫嘗其滋味，吾願同志者，勿吝一舉手之勞，以收其美。

洗滌

古今善字畫者，必將硯上宿墨洗淨，然後用筆，方有神采。茶氣最清，若用宿罐沖泡，宿碗傾貯，悉足奪茶真味。須於停飲之時，將罐淘洗，不留一片茶葉。臨用時，再用滾水洗去宿氣，始可沖泡。予往見山僧揖客餉茶時，猶將濕絹向茶碗內再三揩拭，此誠得茶中三昧者。

得趣

飲茶貴得茶中之趣，若不得其趣而信口哺啜，與嚼蠟何異！雖然趣固不易知，知趣亦不難④。遠行口乾，大鍾劇飲者不知也；酒酣肺焦，疾呼解渴者不知也；飯後漱口，橫呑直飲者不知也；井水濃煎，鐵器慢煮者不知也必也。山窗涼雨，對客清談時知之；躡屐登山，扣舷泛棹時知之；竹樓待月，草榻迎風時知之；梅花樹下，讀《離騷》時知之；楊柳池邊，聽黃鸝時知之。知其趣者，淺斟細嚼，覺清風透入五中，自下而上，能使兩頰微紅，冬月溫氣不散，周身和暖，如飲醇醪，亦令人醉。然第語其大略，至於箇中微妙，是在得趣者自知之。若涉語言，便落第二義。

注　釋

1　盧仝（約775－835）：自號玉川子，唐詩人，范陽人（今河北涿州），一作河南濟源人。家貧好學，澹泊仕進，徵諫議不起，嘗隱少室山。作《月蝕詩》，譏元和逆黨，韓愈讚其工。嗜茶，其《走筆謝孟諫議寄新茶》詩，作為《茶歌》，至今在茶人中還常為詠哦。甘露之變時，因留宿宰相王涯家，與涯同時被殺。遺有《玉川子詩集》。

2　一斗七碗：指李白、盧仝有關茶酒詩句中的名句。如李白《南陽送客》詩："斗酒勿為薄，寸心貴不忘"；及《酬中都小吏攜斗酒雙魚於逆旅見贈》："意氣相傾兩相顧，斗酒雙魚表情素"等。盧仝《走筆謝孟諫議寄新茶》詩："一碗喉吻潤，兩碗破孤悶，三碗搜枯腸，惟有文字五千卷；四碗發輕汗，平生不平事，盡向毛孔散；五碗肌骨清，六碗通仙靈，七碗喫不得，唯覺兩腋習習清風生。"

3　戊己：古人以十干配五方，戊己屬中央，於五行屬"土"。《禮記．月令》"夏季之月"，指稱為"中央土"；後因以"戊己"代稱"土"。

4　芝提、芙蓉：福建地名。"芝提"查未見，芙蓉，疑芙蓉山，在閩侯縣北，山形秀麗如芙蓉，故名。

5　梅巖、雪峰：福建山名。"梅巖"疑即今福建建甌縣西之梅巖。雪峰，疑即德化之雪山；明何喬遠《閩書》云：德化雪山，"山中產茶最佳"。

6　石鼓：福建稱"石鼓"的山巖頗多，如晉江紫帽山有"石鼓峰"，邵武北倉山有"石鼓巖"等。李公石鼓，查未獲典故所出。

7　英山：位福建南安。乾隆《泉州府志．物產》載："南安縣英山茶，精者可亞虎邱，惜所產不如清源之多。"

8　伯彝、伊尹、柳下惠：為商、周、春秋時名臣，以氣節高尚著稱。

9　一旗二槍之號、言一葉二芽：古代不諳茶事的文人的傳訛。"槍"，指茶芽；一旗二槍，是指二芽一葉。芽是茶樹枝葉的生長點，只有一芽一葉、一芽二葉或數葉，實際無二芽一葉的情況。

10　建連紙："建"指建州或明清時的建寧府；"連"可作地名連城或紙名"連四紙"二解。福建多山，盛產竹木，宋時古田所產的玉版紙"古田箋"，全國四大刻書中心建陽麻沙本，即名聞遐邇。明代時，建寧將樂由麻沙刻書需要發展起來並廣泛應用的毛邊紙，更是名冠全國。此處"建連紙"或"建紙"，係建寧府蔣樂出產的毛邊紙。

校　記

① 丫山："丫"，底本作"公"，據錢椿年、顧元慶《茶譜》改。
② 伯彜：即"伯夷"；"彜"通"夷"。現在一般都書作伯夷。
③ 間：原文舛錯作"閒"，據錢椿年、顧元慶《茶譜》改。
④ 知趣亦不難："難"，底本作"易"，據上句"雖然趣固不易知"觀之，此處應作"難"方為合理，逕改。

茶務僉載

◇清　胡秉樞　撰

胡秉樞(1849？－？)，事跡不詳，由《茶務僉載·敘》署“光緒三年杏月，嶺南沂生胡秉樞謹識”可知其為清代末年嶺南人，“沂生”大概是其字。在《茶務僉載》日本內務省勸農局版所刊明治十年(1877)織田完之撰寫的《緒言》裏，有“頃，嶺南人秉樞胡氏攜自著之《茶務僉載》來稟官……官納其言”的記載。這也正是日本《靜岡縣茶葉史》中提到的，光緒三年(1877)五六月間，胡秉樞先是被聘到日本內務省勸農局工作，當有渡郡小鹿村的紅茶傳習所創辦起來之後，下半年，他又赴該所傳授紅茶製作的技術。據説在小鹿村期間，胡秉樞深得幕府老儒長穀部的青睞，長穀部回村時，常常與他飲酒、筆談並以詩相酬答。長谷部曾問他：“卿有學如此，何為茶工？”他回答道：“僕非茶工也，乃貴邦之駐中國領事薦僕於勸農局教授茶事。今以來此，亦無奈何。”長穀部因而有詩相贈曰：“萬里來海東，無端停高蹤。四方固士心，英妙比終童。偶值羽起年(項籍起兵年二十八)，切莫難飛蓬。功名唾手取，不負古賢風。”由此也可見胡秉樞當時年紀恰在二十八歲左右。

《茶務僉載》主要記述咸、同年間的洋莊茶務，光緒三年初撰成之後，尚未在中國國內刊印，即由作者攜至日本，由日本內務省勸農局負責翻譯成日文，七月正式刊佈。從日本靜岡縣中央圖書館現存三本《茶務僉載》來看，它至少有過兩種不同的印本。

這次收錄的《茶務僉載》日文本，就是日本內務省勸農局版明治十年本，同時附以中文翻譯。此次收錄、翻譯，曾得到日本茶鄉博物館館長小泊重洋博士、齋藤美和子博士的大力協助，在此深致謝意！美和子博士並且承擔了日譯中的工作，可惜翻譯未完，她就不幸因病去世，所以翻譯工作最終由林學忠博士承擔完成。

光緒三年丁丑仲春新撰

嶺南沂生胡秉樞著

茶務僉載

明治十年
七月刊行

内務省勸農局藏版

茶務僉載緒言

聞ク歐米諸洲茶ヲ産セスト紅茶綠茶ノ如キハ俱ニ支那印度ニ仰ク故ヲ以テ支印ノ冨源亦茶ニアリト云」本年一月支那厦門港ヨリ米國ヘ輸出セル茶表ヲ見ルニ淡水烏龍四百四拾七萬三千貳百六拾斤厦門烏龍三百五拾三萬八千六百三拾壹斤アリ一月一國ヲ率スルモ尚然リ以テ周年間歐洲諸國ニ輸出スルノ夥多ナルヲ知ルヘキ也」之ニ因テ之ヲ觀レハ支印ノ冨源茶ニアルリト云モ亦誣言ニ非サルナリ而シテ其茶タル

皆山野自生ノモノニテ其製法モ亦至テ簡易ノ
リト」顧フニ我邦園圃ニ栽培スル所ノ茶其産額
固ヨリ限リアリ又其製モ固有ノ法ノミニシテ
其需用モ亦屢々内國ニ止ルノミ」近来本色茶ノ
一種ヲ製シ稍之ヲ米國ニ輸出スト雖𪜈未タ歐洲
諸國ノ嗜好ニ適スルヿ能ハス」抑四國九州ノ地
タル山野自生ノ茶多ク最モ野焼ノ跡茶ヲ生ス
ル猶蕨薇ノ如シト是本邦天然ノ冨源ト云フモ
不可ナルナキナリ」官夙ニ此ニ見ルアリ嘗テ支
那人呉新林凌長冨等ヲ傭テ四國九州ニ遣リ自

生茶ヲ摘取シテ紅緑各色ヲ試製セシム而〆其
品位未タ歐米ノ需用ニ適スルヿ能ハス」頃嶺南
人秉樞胡氏自著ノ茶務僉載ヲ携帯シ来リ官ニ
稟シテ曰ク貴國茶質ノ佳美ナル實ニ敝邦ノ及
フ所ニアラス而〆歐人ノ嗜好ニ適セサルモノ
ハ其製法ノ未タ備ハラサルヲ以テナリ願クハ
貴邦ノ為ニ其製法ヲ傳ヘント」官其言ヲ納レ胡
氏ヲシテ試製セシム果シテ精良品ヲ得タリ」而
今後我カ山野自生ノ茶悉ク此法ニ傚ヒ固有ノ
製法ト並立シテ益其品位ヲ精良ナラシメハ本

邦ノ茶亦歐米諸國ノ需用ニ應スルヲ得ベシ而
シテ支那印度ヲシテ獨リ其美ヲ擅ニセシメサ
ルヘキナリ今方ニ之カ端ヲ開クモノハ東樞胡
氏ナリ此書ハ其多年實驗ノ餘ニ出ルモノニシ
テ各地ノ製茶家ニ裨益スル所寡ナカラザルベ
シ是官ノ特ニ此書ヲ刊布スル所以ンナリト云
爾

明治十年六月　織田完之撰

茶務僉載敘

夫茶字之義。從ヒ艸ニ從ヒ木ニ從フ
人ニ。其初メ始リ於ニ漢代ニ興ル於ニ有
唐ニ。乃チ熾ニ乃チ昌ナリ。至テ今ニ為ス盛ト。其ノ
為ルヤ物也。如ク木葉ノ焉。其ノ為ルヤ用
也。能ク滌除シ煩惱ヲ解メ渴ヲ而生ス

津去食積而厚腸胃消暑
而醒眠其始自中土而流
播外洋製作則日益其精
種植日用則日益其廣而
製法功用等類雖繁之陸
羽曾註經爲其中所言製

法則如傳茶之類而其爲
用則不適略言出矣若合
之洋莊則自明代而至於
今其製作功用亦之人而
考校焉垂於筆之書則吾
未出見也故於是心有憾

爲。而得其種植採擇製做
收藏功用等類縷指詳言
而書之。余本不文。其書中
止詞句。務質實而易知使
文學之士一目了然。而農
樵牧子村婦童孺等輩。苟

略識字之人而覽之便曉
故句讀不事繁文典奧務
樸質而蔓衍文。其書中所
載凡於洋莊茶務有關者。
無不備述而描摹之自茶
之樹卒。至於人事功用纖

毫畢録使後學者皆得人
門仰企先達諸君無知
而匡不逮不勝引領感禱
焉。昔光緒三年杏月頴吉
沂生胡秉樞謹識

龍峰脩書

茶務僉載小引

溯自四洲互易以来惟五金煙土布疋絲茶為大宗
夫布疋煙土則来自外洋獨絲茶為土產然歐洲以
煙土布疋煤鉄器械等類遠越重洋不避艱險而来
貿遷者其故何歟亦不過為衣食計耳然而四洲之
大民生之衆各逞所長盡夫人之心思者力而講求
是苟匹夫匹婦有一技之所長則必專心致志無論
乎仕農工商或書或藝苟有至善始則呈於君上繼
則普告國人既定之以年亦憑乎取值故人樂而為
之者衆故物出而日見其精惟人躭逸樂士而拘泥

苟有一至洲之工、費盡心志作一歷世無雙之器苟可效者衆則聚而謀之而奪其利苟不可效者衆乃聚而毀謗之必使蹈於奇技淫巧妄被無辜而後快雖有聰穎者流無不專心於八股文詞以為倖進計誰暇計及民生工藝哉夫以四洲之貨殖而聚滙於一區以有易無利恒倍蓰惜一國之錢財有限則不可不將土物講求而小益之也土物大宗絲茶為最姑將茶之質品土地之肥磽培植之法則製做之所宜撰而成書俾公於衆儻不忖鄙撰成仰望先達哲人匡其不逮不勝感禱焉

胡秉樞又識

茶務僉載目錄

綠茶綠起類畧
烏龍製做類
紅茶製做類
紅茶揀擇類
紅茶要畧類
紅茶火焙等類
紅茶總決
紅茶贅言
防弊類
紅茶均堆裝箱類

時要須知
篩工資力宜惜類
裝運要畧
水色功用畧類

茶務僉載

清國　嶺南胡　秉樞著

種植類

一茶ヲ植ルハ、高山、大嶺、又ハ窮谷中至高ノ處ヲ以テ宜トス、茶ノ物タル、其霧露ニ感スル愈深ケレハ、其味愈濃カナリ、而シテ之ヲ植ルノ地其土性愈厚ケレハ、則チ茶樹愈壯ニシテ、其葉更ニ厚ク且大ナリ、

一茶ハ天然生ヲ以テ極品トス、必ス高山ノ巔、危

崖ノ表ニ在リ、之ヲ採ル、容易ニアラス、若シ移
シテ之ヲ他所ニ植ルキハ土性既ニ殊ナルヲ
以テ、其根幹、必ス腐壊ス、此種ヲ名ケテ、岩茶ト
云フ、即チ自然ノ佳味ニシテ、人力ノ能ク強ユ
可キ所ニ非サルナリ、

一茶ヲ植ルノ法ハ、初メ茶樹ノ實ヲ結フ時ニ於
テ、樹本強旺(ザウワウ)ニシテ、其ノ實壮大ナル者ヲ撰ン
テ、之ヲ採リ、春初驚蟄ノ候ニ至ルニ及ンテ其
實ヲ水ニ浸シ、濕透セシメ、其植地ノ土ヲ鋤キ
作シ、亀背ノ形ノ如クシテ、以テ水走(ハキ)ヲ快便ニ

スルヲ要ス、大抵二尺計ツ、離レテ、小坎ヲ掘
リ、坎毎ニ、水ニ浸セル所ノ茶實ヲ、二三粒ツヽ
下シ、（苗生ノ後、盛旺ノ一株ヲ留メ、余ハ皆除キ去ル、）而ル後チ、細カナ
ル土ヲ用テ、或ハ蚕沙(カイコノフン)、或ハ鳥糞、或ハ其他ノ糞(コヤシ)
潤類ニ和シ、其上ヲ蓋ヒ置クベシ、若シ晴天暴
日ニ遇フ時ハ、則チ水ニ少シ計リノ糞潤物ヲ
加ヘ、以テ朝夕ニ澆漑スヘシ、

一夏月ノ間、如クハ草ヲ生シ、或ハ野生ノ小樹有
ルトキハ、宜ク之ヲ鏟(スキ)除クヘシ、茶本ヲ傷(イ)タメ、萌(メ)
蘖(ゲツ)ヲ妨クルヲ以テナリ、種成ノ後、三四年ヲ俟(マ)

シテ、則チ採擷スヘシ、而シテ初年ノ採擷ハ、多キニ過グ可カラス、若シ多キニ過グル時ハ、恐ラクハ樹本ヲ傷ムルノ憂アリ、

培養類

一 苟モ其養ヲ得レハ、物トシテ長セサルナシ、苟モ其養ヲ失ヘハ、物トシテ消セサルナシ、故ニ培養ノ法、講求セサル可カラサルナリ、茶ノ初メテ芽ヲ萠スルヤ、烈日ヲ畏レ、滂沱ヲ畏レ、又草茅ノ侵凌ヲ恐ル、最モ宜シク此ニ注意スベシ、

一 茶樹既ニ長スルニ及ンテハ、糞潤時ニ加ヘ、立春ヨリ穀雨マテノ間ハ、一ケ月ニ三四度糞潤ヲ下ス、最モ大便ナラハ、便二分、水八分、小便ハ水ト等分ニスベシ、夏秋冬ハ糞潤ニ及ハス、尤茶葉ヲ摘ミ終ルノ後一度糞ヲ施コスヲ佳トス、樹旁ノ土ハ、法ヲ設ケテ、之ヲ鬆ニシ、凝結セサラシムルヲ要ス、其枝幹ノ標ハ當ニ摘ンテ之ヲ去リ、務メテ其枝條ヲシテ、横茁セシムベシ、枝條横茁スルトキハ、則チ三四年ノ後、枝幹叢生シテ、茶葉嫩茂ニシテ且ツ多シ、若シ其標ヲ摘マズシテ、孤挺直長スルトキハ、枝幹少ナクシテ、其葉從テ稀ナリ、

一好品ノ茶ハ、爛石ノ地ヲ最上トス、次ハ瓦礫ノ
地ヲ佳トス、惜ムラクハ之ヲ植ルニ難クシテ、
而シテ培養モ亦易々ナラス、其次ハ則高山、峻
嶺、黄土、斜坡、霧露雲烟常ニ籠ムルノ處ヲ以テ
佳トス、

一土性各殊ナリ、要スルニ、之ヲ變通シ、地ニ因テ
宜シキヲ制スルハ、人事ニアリ、膏腴ノ土壌ト
雖𪜈、其ノ荒蕪ニ任カセ、荊棘叢生、草茅聚長セ
シノハ畢竟不毛ノ地ト、何ソ殊ナラン、既ニ人
事ヲ盡クシ、以テ考察ニ勤ムルトキハ、則瘠薄
ノ地ト雖𪜈、之ヲ灌潤シ、亦以テ膏腴ナラシム
ヘシ

地土類

一茶ハ、漢ニ始マリ唐宋ニ興ル、外洋ト互易以来、
今日ニ至ツテ、益精製ヲ求メ、其法日ニ進ム、四
大洲ノ種モ、亦タ中國ヨリ、之ヲ播遷ス、

一中土ノ紅茶ハ、江西ノ寧州、福建ノ武夷界ヲ以
テ最上トシ、両湖ノ崇陽、羊樓洞等ノ處ヲ次ト
ス、河口湘潭等ノ處ヲ最下トス、

一緑茶ハ、安徽ノ婺源、浙江ノ湖州ヲ第一トス、其

次ハ、屯溪、平水、安徽、寧、紹等ノ處ナリ
一其餘、蜀、黔、兩淮兩浙、大江南北、嶺南八閩台郡等、皆之ヲ産出ス然レドモ、多クハ中土人ノ自用ニ供ス、而シテ惟八閩ノ巖茶ヲ最上トス
一東洋、近年茶ヲ産スル頗多シ、惜ムラクハ種植、培養製造、香味等、皆未タ其法ヲ得ス、故ニ中土ニ遜ツル遠シ、
一印度等處、土地肥義ト雖モ、培養、採擇、製法、倶ニ其宜ヲ失フ、故ニ味腥フシテ、葉モ亦粗大ナリ、
一地土ノ肥美、故上乘ニシテ、磽薄之ニ次ク、ハ、人

ノ皆知ル所ナリ、須カラク亦知ルヘシ、人定ツテ天ニ勝ツ、況ヤ地利ニ於テヲヤ、唯茶性寒ヲ畏ル、故ニ獨リ北地隆寒ノ處、茶樹甚罕ナリ、

採擇類

一茶ノ芽ヲ發スルハ清明ノ節ニ始マル之ヲ擷ハ、宜シク穀雨ノ時ニ於テスヘシ、即西暦四月杪五月初ナリ、
一茶葉ハ、早曉露ヲ帶ル時ニ乘シテ、之ヲ採ルニ宜シ、露霧氤氳ノ氣ヲ含ミ、地脈上騰ノ時ニ當ルヲ以テ、其葉、精華ヲ充溢ス、故ニ味濃ニシテ、

香烈ナリ、

一茶葉ハ、宜シク其半舒半捲即チ一旗一槍ヲ窺フヘシ、葉背ニ、猶ホ白毫有リテ、葉内ノ色、翠玉ノ如キヲ佳トス、其半舒半捲ヲ採擇スルモノハ、譬ヘハ少壯ノ人、血氣正ニ盛ナルカ如キヲ以テナリ、

一茶芽初テ出ツル時ハ、白毫遍子ク之ヲ包ソリ、若其時ニ採擇スル片ハ、味薄シテ、香ナク、葉多カラスシテ、樹木亦之ニ因テ傷壊ス、

一倘クハ又、半捲半舒ノ時ヲ逾ヘテ之ヲ採ルトキハ、葉盡ク舒ヒ、將サニ老トシテ、精液已ニ枯レ、香味モ亦失ス、製做ノ時、多クハ粗片ト成リ、徒ニ工資ヲ費スノミ、

一時ニ及テ採下スト雖圧若シ道路遥遠ニシテ、中途烈日ノ為メニ曝ラサル、トキハ、其葉湯蒸セシ如ク、其氣炎々タリ、之レヲ名ケテ罨青ト云、亦タ其香味ヲ變ス、

一植茶ノ地畝、曠大ニシテ、其間ニ生スル草茅、盡ク鋤キ去ル能ワス、雜草高ク伸ヒ、茶葉ト相齊キヿアル時ハ、小心(コヽロヲモチヒテ)ニ茶葉ヲ撰採スヘシ、多キ

ヲ貪テ攫ミ捋ル可カラス、萬一毒草其間ニ混
シ、撿擇詳細ナラサル時ハ、害ヲ遺ス、啻ニ小々
ニ非ザルナリ、

一茶葉ハ、三次ノ發芽アリ、初次ヲ穀雨トス、第二次ヲ黄梅ノ時トス、第三次ヲ禾苗花有ルノ候トス、但初次ノ採摘、過度ナル可カラス、第二次ノ發生ヲ妨クルノ恐レアリ、第二次ノ採摘、亦之ニ倣フ、

製做類

一紅茶、緑茶、其製法各異ナリ、先ツ緑茶ノ製法ヲ論ス可シ、茶葉ヲ摘採スルヤ否ヤ、雨露ヲ帯ルヲ論セス、鐵鑊ノ下ニ、炭火ヲ熾カンニシ、其鑊ノ赤クナルヲ以テ度トシ、茶葉ヲ鑊内ニ放在シ、暫クモ手ヲ住メスシテ、之ヲ炒リ軟メ、随ツテ炒リ、随ツテ搓シ、畧ホ一團塊ヲ成ス可キニ至ツテ、則之ヲ別鑵ニ移ス可シ、

一其別鑊モ亦タ下ニ炭火ヲ熾シ、但其ノ火勢、甚烈ナルヲ用ヒス、鑊ヲシテ微熱セシムルニ止マル、而シテ其已ニ團塊ヲ成セシ所ノ葉ヲ、鑊中ニ入レ、手ヲ以テ、其團塊ヲ抖閲シ、又之ヲ搓々

シ、葉々捲結スルニ至ルニ及ンテ、再ヒ之ヲ前ノ赤鑊ニ移シ、隨ツテ炒リ、隨ツテ搓シ、其葉盡ク乾クニ至ルヲ以テ度トス、此ノ如クセシ者ヲ、名ケテ毛茶トス、倘(モシ)其茶、枝幹(キ)老大ニシテ、片葉甚多キ時ハ、則チ工ヲ發シテ、之ヲ揀(エ)リ取ル可シ、老葉枝幹少キモノハ、其手數ニ及ハサルナリ、

一竹篩ヲ十一二等ニ備ヘ、其ノ篩眼(スイノウノ)ハ、大ヨリ小ニ至リ、次ヲ以テ遞減ス、最初ニ、大眼ノ頭篩(バンノスイウ)ヲ以テ、茶ノ枝幹、又ハ老大ノ葉片ヲ、篩除(フルイトル)スヘシ、

次ニ、二号篩ヲ以テ篩過(トヲス)シ、其ノ篩面ニ遺(ノコ)ル所ノ茶ハ、則頭篩ノ竹盆内ニ放入(イル)ス、是ヲ頭篩毛茶ト云、三号篩以下、皆之ニ倣ヒ、次ヲ以テ、遞ニ推ス、

一既ニ茶ヲ分ツテ、十二等トシ、毎等、風車(風車ノ製下ニ詳カ)ニ放入(イレ)シテ、之ヲ攧(アヲリ)過シ、子口ニ(ノ)正身ノ一口ヨリ、分出セシ後、女工ヲ發シテ、揀擇セシム可シ、揀擇畢ツテ、則チ鑊ニ下タシ、磨光ス、其鑊ハ、磚(カハラ)ヲ以テ爐ヲ作リ、高サ約二尺許、一人ニテ二鑊ヲ受持チ下ニ炭火ヲ熾キ、其鑊ヲシテ熱

セシメ、製做人ハ、爐背ニ站立シ、兩手ヲ以テ、兩
鑊ノ茶ヲ搓磨シ、茶葉ノ花色等第ヲ看テ、以テ
時間ノ幾何ヲ定ム、

一初炒ヲ名ケテ、磨光トス、再炒ヲ名ケテ、作色ト
ス、三次ヲ名ケテ、覆火トス、備シ磨光作色ノ後、
其色尚參差シテ、一齊ナラサルヿアレハ、再ヒ
女工ヲ撥シテ揀擇セシム、之ヲ名ケテ覆揀ト
云、此ノ如クシテ、則成ヲ告ケ、箱ニ裝シテ出售
ス、

一蘇珠花色ハ、八、九、十号ノ篩内ニ取ル所ノ葉ヲ、
風車ニ放過シ、其輕飄スルモノヲ去リ、其實結
スルモノヲ以テ、前法ノ如ク、炒磨スルヿ三次、
大約共ニ四時間ヲ要ス、其葉圓結シテ光澤ヲ
帶ヒ、青翠色ナル者ヲ以テ上トス、右ノ如ク、仕
上ケテ後チ、鉛礶ニ入レ、固ク封シ置キ、全幫做
就スルヲ待テ、之ヲ取出シ、均堆ス、此時再ヒ覆
火スルヿモアリ、或ハ覆火セサルヿモアリ、俱
ニ茶ノ香味ノ如何ト、天時ノ晴雨ト、消場ノ遲
快トヲ見テ、之ヲ定ムヘシ、

一寶珠花名ハ、六、七、八篩内ニ取ル所ノ者ニシテ、

亦タ風車ニ上ケ、其軽キ者ヲ去リ、其重キ者ヲ取リ、前法ノ如ク炒磨フ、惟圓結シテ、蒂梗無キヲ住トス、倘蒂結アル時ハ、色雑ニシテ純ナラス、其製法ハ、蘇珠ト相同シ、但シ炒火磨光ノ時間、蘇珠ニ比スレハ、半時間ヲ短クス、

一芝珠花茶ハ、則チ寶珠蘇珠ヲ、風車ニテ揃出セシ所ノ者ヲ取リテ、其枝骨、及ヒ三角、及ヒ粗片ヲ去リ、粗細相均シク、大小不同ナキヲ要ス、其炒磨ノ時間ハ、又寶珠ヨリモ減ス、顔料ハ、寶珠ヨリモ畧多クシテ、作色ノ工夫ハ、更ニ寶珠ヨリモ多シ、其體既ニ已ニ軽盈ニシテ、大小亦畧別ナルヲ以テトリ、

一寶圓珠茶ハ、其ノ葉、四、五六篩内ニ取ル者ナリ、作色等ノ法ハ、寶珠ノ如クシテ、炒磨ノ時間モ、亦寶珠ト同シ

一此茶ハ、軟嫩粗大ノ葉片、倶ニ内ニアリ、故ニ炒磨、揀擇、皆精細ナルヲ要シ、火工ハ、十分ナルヲ要ス、而シテ後チ、方ニ軽鬆ノ弊ナシ、若シ法ノ如クセサル時ハ、則全盆ノ茶色、精粗襯見アルヲ免レス、

一副元珠ノ花色ハ、三、四、五等ノ節ニ在テ之ヲ取ル、此花色ノ茶、大葉片多キニ居ル、炒工ノ時間ハ、芝珠ト相等シ、惟作色、畧難シトス、其形體、圓ナリト雖モ、而モ鬆ヲ帶ルヲ以テナリ、既ニ形體圓扁齊シカラス、故ニ若シ顏料ヲ下ス稍軽キトキハ、則其色淺シ、若顏料ヲ下ス稍重キ時ハ、則其色深緑ナリ、茶ノ貴キハ、色淺深ナラスシテ、翠ヲ帶フルニ在リ、故ニ水ハ清碧ヲ要シ、揀方ハ純淨ヲ要シ、色ハ整齊ヲ要シ、葉ハ青緑ヲ要シテ、方ニ上品ト為ス、

一凞珠花色ノ茶ハ、圓ニ似テ圓ナラス、扁ニシテ扁ナラス、長フシテ長カラス、凞春珠茶各樣ノ粗ナル者ヲ取ツテ、之レヲ成ス、即四不像ナル者ナリ、炒磨ノ工ハ、副元珠ニ減ス、其茶、乃頭、二、三、四節ニ於テ取ル所ノ者ニシテ、其作色、最難シトス、

一鳳眉花色ノ茶、乃五、六、七節ニ於テ取ル所ノ者ニシテ、其形蠶蛾ノ眉ノ如ク、兩頭尖リテ、中央大ナリ、長サ約四五分、緑茶中ノ最美ナルモノトス、此花色ハ、尖嫩ノ葉ニシテ霧露ヲ感透ス

ル者、乃チ一旗一槍ノ葉ニシテ、之ヲ製スル後、結ンテ鉄線ノ如ク、短ナラス、長ナラス、方ニ能ク此ヲ成ス、如シ夫レ、粗大ノ葉ハ、硬直ノ性成ナルヲ以テ、縦ヒ巧工有ルモ、能ク變易スルヿ能ハサルナリ、此茶、炒磨ノ工ハ、寶圓珠ト相等シ、揀工ハ、則チ之ニ過ク、

一蛾眉花色ノ茶、乃六、七、八篩ニ在テ取ル所ノ者ニシテ、鳳眉ニ比スレハ、更ニ嫩ナリ、亦佳品トス、而シテ、水味ハ則チ鳳眉ニ遜ル、其ノ露ヲ承クル、少ナキヲ以テノ故ナリ、其製法、炒磨ノ工ハ、稍鳳眉ニ遜ル、而シテ篩做ノ工ハ、則之ニ倍ス、長三四分、両頭尖小ニシテ、蠶蛾ノ眉ト相似タリ

一蛾雨、其茶六、七、八、九等篩ノ取ル所、乃枝幹ニ近キ茶葉ニシテ、鳳眉蛾眉ノ両種、風車ノ子ロヨリ、擷下セシモノ、正身ナリ、炒磨ノ工ハ、副元珠ニ比シテ稍遜ル、其ノ作色ハ、則易カラス、熈春ノ模帯、亦此花色ノ内ニ入ル者アリ、

一三獅芽雨、其茶、乃七、八、九等篩ノ取ル所ノ者ニシテ、倶ニ幹ニ近キノ葉蒂ナリ、其味、蛾雨ニ遜

號ノ別アリ、水色及味、亦副元珠ト、甚高下ナレ
芥直(ホツナカク)ニシテ、甚結セズ、長サ約五六分、
松蘿花名、乃頭、二號篩ノ取ル所ニシテ総テノ
茶中ニ在テ、最粗最大ナル者トス、其製法、凞珠
ニ比スレハ較遜ル、通商口岸ヲ離ル、地方ニ
在ッテハ、此茶色、多ク製倣セス其賣價少クシ
テ、倣工等ノ費、畧減セサルヲ以テナリ、

一緑茶ノ炒磨ハ、火色ヲ司ル者、必常ニ、炒鑊ノ両
傍ニ行走シ、炒工ヲシテ、敢テ怠慢セザラシム
可シ、其色匀一ニシテ、燒焦ノ弊ナキ時ハ、工資
ニ於テ大益アリ、餘皆之ニ倣フ、

緑茶贅言

一緑茶ノ製二法アリ、一ハ炒青ト云一ハ烘青ト
云、炒青ノ水ハ、清碧ニシテ、其香烈ナリ、色翠ニ
シテ、其味長シ、

一烘青ナル者ハ、其香綫ニシテ、遠透セス、其味短
フシテ、色黄ナリ、其水紅ヲ帶ヒテ渾ル、故ニ緑
茶ハ、炒(イル)ニ宜フシテ、烘(アブル)ニ宜シカラス、烘青ノ法
ハ、其葉ヲ樹ヨリ採下シ、畧之ヲ炒シテ、即チ又
之ヲ烘ル、炒ハ、烘ニ比スハ、火勢熾ニナリ、即茶ヲイルヲ云日本ノ製ハ、之ヲ烘ル

モノ多シ、故ニ茶葉、十分ニ結捲セス、其工、炒青ニ比スレハ稍減
ス、而シテ功用ハ、大ニ炒青ニ遜ル、
一洋向キノ緑茶ハ、必ス滑石粉、並乾洋靛ヲ用フ
ルヲ要ス、二年前、洋人醫士ノ考究ニ據テ云ク、
此ノ二物、之ヲ食ヘハ、人ヲ傷ルト、故ニ平水茶
ヲ火ニテ焼却スルモノ有リ、蓋平水茶ハ、洋靛
滑石ヲ用フル甚多ケレハナリ、
一余按スルニ、滑石ハ、竅ヲ利シ、濕ヲ滲シ氣ヲ益
シ、熱ヲ瀉シ、心火ヲ降シ、水ヲ下シ、腠理ヲ開キ、
發表ノ功用、良ニ多シ、何ソ害有リト云ンヤ、洋

靛ノ一物ニ至ツテハ、其性輕揚ニシテ、淡水ヲ
以テ之ヲ泡スレハ、盡ク水面ニ浮ミ出ツ、或ハ
氣ヲ以テ吹却シ、或ハ泡滿ノ時、其水ヲシテ溢
レ出テシムル𪜈ハ、則靛隨テ沫ミ去ル、何ソ害
アリト云ンヤ、如シ此二物ヲ用ヒサレハ、茶色
純一ナルヿ能ハザルナリ、滑石粉ハ、粉紅色ノ
者ヲ以テ上トス、乾洋靛塊ハ、之ヲ拗開シテ、碧
天ノ色ノ如キモノヲ妙トス、
一毎茶百觔、大約洋靛九兩、十兩ヲ用フ、滑石粉、亦
大約此ニ準ス、但此ノ兩目ハ、平常ノ茶ニ就テ

大概ニ之ヲ言フノミ、如シ茶葉或ハ過粗、或ハ細嫩、並ニ消瘍ノ景況、買主ノ情意ヲ看テ、其ノ顔色ノ淺深輕重ヲ、酌籌スヘシ、

緑茶鉛鑵箱板藏類

一 装茶ノ鉛鑵、大約四拾斤内外ヲ納ル可キ者ニ就テ之ヲ言フ、其ノ鑵、毎隻大約重サ三斤、而シテ綿紙、或ハ沙紙、或ハ皮紙等ヲ以テ、四方ヲ裱固シ、上ニ一口ヲ開ク、鵞卵式ノ如クシ、別ニ鉛蓋ヲ設ケテ、其口ヲ封ス、口ノ長サ、大約五六寸、横ノ径リ、大約三四寸ヲ以テ、便ナリトス、

一 鉛鑵ハ、厚薄均一ナルヲ要ス、切ニ偏薄偏厚ヲ忌ム、損破シ易キヲ以テナリ

一 凡鉛鑵ハ、鉛百斤ニ、點錫五六斤ヲ鎔勻シテ、之ヲ作ルヘシ、則堅固ニシテ、軟柔ナラス、

一 凡緑茶ノ箱ヲ作ルニ、其板ハ、年ヲ踰ヘタル陳松杉ヲ用ヒテ、始メテ茶ヲ壊ラス、並ニ、久シク貯ルヿヲ得ヘシ、蓋茶ハ幾度トナク、火ヲ用ヒテ之ヲ炒焙シ、其體極メテ乾燥ナルヲ以テ、地土物件ヲ論セス、總テ香臭濕氣アル者ト、共ニ相並フトキハ、則チ全ク其氣味ヲ攝入ス、硝磺

ノ、火ニ遇フテ即燃ルト一般ナリ、
一箱ニ用フル釘ハ、大約七八分ヲ以テ適用トス、若シ過長ナレハ、横穿シテ、板外ニ透出シ、鉛罐ヲ傷リテ、火ヲ走(シメリヲヨブ)ラシ、以テ茶ヲ壞ルノ恐レアリ、若シ甚短ケレハ、両板釘合スル能ハス箱既ニ不堅固ニシテ、茶モ亦、之ニ因テ損スルノ恐アリ、
一茶ヲ箱ニ裝(ツメル)スルノ際、尤注意スヘシ、如シ之ヲ裝スル、謹實ナラザレハ、則靈濕透風等ノ弊無シト雖モ、内鬆(バラバラ)ニシテ空虚ス、故ニ茶氣透泄シテ、其味ヲ失フニ至ル、倘又緊實甚シキ時ハ、茶葉多ク通砕(コナニナル)シテ、其味ハ走失セスト雖モ片末必ス多シ、故ニ裝箱ノ法ハ、宜シク緊ナルベシ、逼ナル可カラス、
一宜シク封藏ヲ慎シムヘシ、四五月霉雨(ツユアメ)ノ時ニ當テハ、其茶、火工既ニ足ルト雖モ、苟モ之ヲ藏スル慎シマサレハ、大約旬餘ニシテ其香泄レ、月餘ニシテ其味變シ、両月余ニシテ其茶霉(シケ)壞(クサレ)ス、蓋シ四五月ノ際、地氣上騰、天氣下蒸スルヲ以テ、雨澤無シト雖モ、太陽稍烈ナレハ、尚且

ツ蒸鬱堪ヘ難シ、況乎苦雨連綿シテ、暴日ト、溢
霖ト、交タ相遭スルニ當ッテハ、高閣ニ深藏シ、
重樓ニ秘貯スルノ物ト雖モ、尚且黴濕ス、況ヤ
茶ハ、火ヲ用テ歴煉シテ、至燥至潤ヲ成シ、物ニ
遇ヘハ、即チ感觸シ易キニ於テヲヤ、故ニ之ヲ
藏スル、宜シク慎密ナルヘシ、

一箱ニ「三十七」「二十五」ノ分アリ、「三十七」ハ大約四五拾觔ヲ装スヘシ、「二十五」ハ三十餘斤ヨリ四十斤ニ至ル、毎箱内ニ好鉛鑵一隻ヲ放(スエ)襯(ツケ)シ、茶ノ斤目ヲ秤量シテ、之ヲ装(ツメ)ス、装(ツ)方(カタ)ハ、緊實ナルヲ要ス、稍鬆ナラシムル可カラス、装シ畢ルノ後、其箱ノ若干ヲ容ルヘキヲ看、然ル後、毎箱其斤兩ヲ照シ一律ニ稱準シテ、輕重有ラシムル勿レ、

一木箱モ亦然リ、如シ箱ト茶ト、輕重均シカラサレハ、虧(ソン)損(マウ)細キニ非ス、蓋シ發(カリ)售(ハラヒ)交易ノ時、買主ニ任セテ、各花色數箱ヲ擇ハシメ、以テ之ヲ秤過シ、全(ソウ)盒(ダカ)ノ斤兩、亦之ヲ照シテ扯算ス、故ニ九仭ノ功一簣ニ虧カシムヿ勿レ此事細微ト雖モ、資本ノ頼ル所、豈夫レ忽ニスヘケンヤ

製法宜精

一夫レ茶ハ、幼嫩ノ葉ヲ取テ、各等ノ花色ヲ作ル其製法、詳参セザルヘカラス、寶珠、鳳蛾眉、頭號眉熈ノ類、松蘿、熈珠、熈南等ト、同一ノ茶葉ナリ而シテ其價値ノ相去ルヿ天壌雲泥ノ差アリ、皆工作草率ニシテ、精法ヲ講求セザルヲ以テノミ、

一凡ソ生意ハ、利ヲ是レ謀ル今夫彼此同一ノ貨色ニシテ、同一ノ消場ニ在リ、而シテ一ハ則價高シテ、大利ヲ獲、一ハ則售少シテ資ヲ損ス、此

時ニ當リ、己レノ謀臧カラサルヲ咎メスシテ、命ノ不好ヲ怨ム、豈可ナランヤ、

一茶ヲ篩スルノ法、其初、毛茶ヲ分篩シテ、十餘等ト為シ、何等ノ花色ハ、何等ノ篩内ニ在ニ至ツテハ、既ニ花色則例篇内ニ、之ヲ詳カニセリ、

一凡篩法ハ、両手ヲ以テ、平カニ其篩ヲ持チ、其篩スル所ノ茶ハ、篩中一面ニ走遍シテ、竹篩眼ノ面ヲ見サルヲ以テ妙トス、如シ篩眼ヲ見ルトキハ、則其茶偏ハ厚ク、偏ハ薄クシテ、粗細均シカラス、

一宜シク先ツ、何ノ花色ヲ取ルヲ省取スベシ、如シ珠茶等ノ類ナレハ、其節ヲ、少シク斜メニ持ツヲ佳トス、其茶、或ハ結實ノ黄片アリ、或ハ好茶ト乾重相等キ老葉有レハ、分篩ノ時、宜シク先ツ、播箕等ヲ以テ、之ヲ播シ去リ、而シテ後、法ノ如ク製做ス可シ、若シ之ヲ播シ去ラザレハ、製做シタル後、雜色堪ヘカタシ、蓋シ此等ノ葉、老嫩相半シテ、風車颺出スル能ハス、揀工亦甚タカヲ費ヤシ、之ヲ揀リテ、揀ルニ勝ヘス、而シテ甚老嫩相半スルニ由テ、花色ハ則チ粗老タリ、片末ハ則三角峯タルナリ、

一扇颺ノ法、茶ノ花色既ニ殊ナルナキハ、之ヲ颺ルノ法、亦當サニ異ナルベシ、頭號ノ子口ト正身ト、其軽重畧殊ナリ、苟クモ之ヲ颺クル稍重キ時ハ、則子口ノ内ニ、正身溷入ス、之ヲ颺ル畧軽キ時ハ、則正身ノ内ニ、子口潜藏ス、

一務メテ宜シク、茶ノ等次ヲ省テ、以テ摘颺ノ重軽ヲ為スヘシ、蓋シ必其ノ子口ト、正身トフ、分ツテ要スルモノハ、其揀擇シ易キヲ取ルナリ、苟モ重軽ノ分、清カラザレハ、徒ニ工夫ヲ費ヤ

シ、揀資ヲ耗シ、又軽重清カラザルヨリシテ、揀頭ノ内ニ、多ク佳葉ヲ以テ溷擇シ、成數モ亦減少スルニ至ル、故ニ花色ノ眉目等次ハ、分節風車ヲ以テ最要トスルナリ

一 篩掬既ニ其法ヲ得テ、炒法亦之ヲ諳ンゼザル可カラス、蓋茶ヲ炒スルノ法ハ、火色ヲ最要トス、次ハ則チ轉磨ヲ勤ム、三ハ則顏料度ニ合ス、此ノ如クシテ而シテ後、花雜燒焦ノ憂ナク、顏色過浅過深ノ慮ナシ、

一 寶蘇珠等ノ如キ、光滑ヲ要スルモノハ、火勢宜シク匀慢ナル可シ、炎烈ナル可カラス、蓋炒磨久シキヲ得テ、方ニ能ク、其ノ芒礫ヲ去リ、滑澤ヲ生ス、如シ火勢猛烈ナル時ハ、炒拌ヲ勤メテ、焦黒ノ憂無カラシムト雖トモ、而モ水味猶火焦ヲ帯ルヲ免カレス、

一 宜シク茶ノ本質ノ乾結潮鬆ヲ看テ、而シテ火勢ノ緊慢、炒工ノ遲速ヲ、衡定スヘシ、其顏色ニ至ツテハ、則チ市面ノ棄取好尚ヲ觀テ、以テ之ヲ酌量變通ス、預シメ決スルヿ能ハサルナリ、

一 篩炒、掮颺、已ニ明カニシテ、而シテ揀擇ノ法、亦

宜シク之ヲ曉ル可キナリ、凡ソ毛揀ハ、則其ノ枝梗、及老葉、硬片ヲ去ルノミ、頭二篩ノ茶ハ、則チ其鬆(キバミ)黄粗(アラノ)大ニシテ、本茶ト相合セサル者ヲ擇ンテ、之ヲ去ル、間〻丁葉片ニシテ、半粗半細ノ者アレハ、則粗ヲ截チ、細ヲ止ム

一珠茶等ノ類ハ、則其圓ナルヲ取テ、其扁ナルヲ去リ、其結ベルヲ要シテ、其鬆(バラツク)ナルヲ捨ツ、

一鳳蛾眉等ハ、則チ其枝骨、並ニ鬆扁、或ハ斜圓等ノ類ヲ去ルヲ以テ、最要トス、眉熈ノ類ハ、則其圓結シテ兩頭相等シキ者ヲ取ル、芽蛾兩ノ花色ハ、則老梗黄片ヲ去リ、粗硬枝骨ヲ除ク、熈珠松蘿ノ如キハ、則全盆ノ精粗ヲ看テ、而シテ揀擇ノ可否ヲ定ム、此ノ如クスル時ハ、則緑茶ノ品色、叢(カヅヲ、ヤ)多ナリト雖モ、規則ノ大同小異、一隅ヲ擧テ以テ之ヲ三反スヘシ、

器用類

一製法既ニ講求ス、器用亦考ヘザルベカラス、其事ヲ善クセント欲ス、必ス先ツ其器ヲ利ス、夫レ各花色ノ等第ハ、倶ニ篩眼(スイノウノメ)ニ由テ、之ヲ分出ス、故ニ花色ノ毛糙(ソマツ)精美ハ、惟篩ノ良否ニ是レ

頼ル、

一篩ノ眼ハ、均匀ナルヲ要ス、或ハ踈、或ハ密ナラシムルヿ勿レ、篩ヲ作ルノ竹ハ、堅キヲ要ス、篩ノ形ハ、圓クシテ少シク扁ヲ帯ヒ、溜滑ニシテ、凝滞無キヲ佳トス、

一篩ノ等次ハ、頭號(イチバン)ヨリ灰末(スヘノモノ)ニ至ルマデ、凡十、八、九号トス、篩ノ邉(フチ)ハ、高サ大約二寸内外ニシテ、藤ヲ以テ、其四圍ヲ細實(マキシメ)シ、畧粗(コアトキ)ノ竹條(コワリダケ)ヲ以テ、篩底ヲ縦横ニ貫クヘシ、何トナレハ、緑茶ハ、珠蛾等ノ花色有リテ、其ノ體質較(ヤヽ)重シ、故ニ篩ヲ用フル久シケレハ、篩底、或ハ中陥シテ、窩ヲ成スノ恐レ有ルヲ以テナリ、

一篩法ハ、既ニ畧之ヲ言ヘリ、風車ノ工ヲ叙述ス可シ風車ノ式、高サ大約四尺上ニ一承茶架ヲ用ヒ木ヲ以テ之ヲ為ル承茶架ノ式ハ、上濶ク、下小ナリ、上ノ濶サ、約二尺半ニシテ、下ノ長サ僅ニ五六寸、濶サ約二寸、上ヨリ漸ヲ逐テ之ヲ遞小(シダイニスボル)ニスル故ナリ、其架、大約茶五六十斤ヲ承ク可シ、

一風車ノ式ハ、下ニ四脚アリ、上ニ方圓ノ両形ヲ

分ツ圓木ヲ用ヒテ、木板六片ヲ圓木ノ四圍ニ入レ形チ車輪ノ式ノ如シ、鐵條ヲ以テ、圓木ノ中ヲ貫キ、其兩頭ヲ穿ツテ、風車ノ中ニ揳在シ、旋轉シテ、風ヲ生ス、上ニ兩形ヲ分ツ者ハ、其半ハ、車葉ノ軸ヲ容ル、ヲ以テ、其式圓形ナリ、其半ハ、四圍皆大約寛サ一尺餘ニシテ、方形ナリ、而シテ其式畧小ナル者ハ、風ヲ束スル所以ナリ、上ニ小口ヲ開ク、長サ約五六寸、濶サ約一尺計、以テ承茶架ノ小口ト相合シテ、而シテ其茶ヲ下注セシム、又內ニ小板ヲ設ク、小口ニ比スレハ、畧大ニシテ、關棙ヲ為シ、茶ヲ架上ニ盛ル時ハ、之ヲ關シ、茶ヲ搧颺スル時ハ、之ヲ啓ク、下ニ斜ナル板ヲ設ケ、中ヲ隔ツルニ木片ヲ以テシ、分ツテ二道トナラシム、茶巳ニ搧颺シテ、重キ者ハ桶內ヨリ出テ、軽キ者ハ桶外ヨリ下ル、子口正身、即チ此ニ由テ分ル、灰末ノ類ハ、總テ風車ノ口ヨリ出ツ、

綠茶緣起類略

一綠茶ノ興ルハ、乾隆年間ヨリス初ハ粤東香山屬ノ澳門ニ在ツテ、洋人ト互市ス、其互市ノ法

或ハ銀ヲ用テ之ヲ買ヒ或ハ布疋、羽毛、烟土器
用、貨物等ノ類ヲ以テ、相貿易ス、繼テ粤垣太平
門外ニ於テ、毎國、洋行一所ヲ起設ス、其通商ハ、
共ニ十有三國タリ、故ニ十三行ト名ク、互市ノ
法、澳門ト相同シフシテ、而シテ資本ノ大ナル
生意ノ盛ンナル、彼此利ヲ獲ルノ厚キ、誠信ノ
相孚スル生意場（アキナヒノミチ）中ニ在テ、實ニ古ヨリ以来未
タ之アラザルナリ、其省垣ニ遷ル所以ノ者ハ
澳門本省ヲ離ル、ヿ太遠キヲ以テ、貨財ヲ挾
ミ往来スル者、盗賊摽掠ノ憂ヒアリ、洋人因テ

生意ノ暢旺（ハンジヤウ）シ難キヲ恐ル、此時貿易ノ大ナル
者、絲茶ヲ以テ最トス、而シテ廣東ノ絲ハ、順德
ニ出テ、茶ハ清遠、後山ヲ多シトス、各處ヨリ運
往スル者、必南雄州ヨリ、清遠三水佛山鎮等ノ
處ヲ過キテ、省垣ニ聚ル、故ニ洋人此ニ遷レリ、
其時語言彼此通セス、規例亦異ナリ、故ニ買賣
皆通事館ノ經手（ラカヾ）ニ由ル、故ニ粤ノ潘盧伍葉ノ
四大家、其資財山陝ノ元家、及蔚氏ト、相伯仲（カタヲナラブ）シ
テ、其富幾ト天下ニ甲タリ、此皆洋務絲茶ノ經
手ニ由テ、富ヲ致スモノナリ、其後、通商港埠ヲ

四ケ所ニ開キ、生意四分シテ、初猶彼此共ニ微利ヲ獲タリ、後ハ則チ洋人ノ秏羨、華人(シナジン)ノ倒空指ヲ屈スルニ勝ヘス、世易リ時移リ、今ニ至ツテ、變局日々異ナリ

一 其初メ、毎箱八十餘九十斤ヲ盛ル者ヲ、名ケテ方箱ト云、毎幫茶額、必ス千箱ニ過キテ、方ニ能ク售レ易スシ、後ハ則日ニ變シテ、之ヲ小ニス、其資本、前ニ較フレハ稍少ニシテ、箱數ハ、尚オ前ノ多キニ仍ルヲ要スレハナリ、茶ノ花色(シユルイ)、初ハ珠茶、娥雨、凞春、大元、珠等、四五品ニ過キザルノミ而シテ茶ノ水葉粗毛、絶ヘテ今日ノ如ク、顏色(イロアヒ)ト工作(シゴト)トヲ較量スルノヿナカリシ、

一 其初、洋船毎年一次往来スルニ過キスシテ、响捷智謀ノ士、其才ヲ展ルヲ得ス、壟斷ノ人、能ク其技ヲ施スナシ、故ニ虧折(ソン)スル者少フシテ、益ヲ獲ル者多シ、近年来、東洋(ニホン)已ニ通商口岸ヲ開キ、茶ヲ出産スルノ盛ナル、殆ント中土ト等シ之カ為メニ中土ノ茶價、日ニ低フシテ、消場亦日ニ滞ス、惟幸ニ東洋ノ製法、遠ク中土ニ遜ルヲ以テ、之ヲ久貯スル能ハズシテ、霉壞シヤス

シ、故ニ洋人、多ク東洋ヲ舍テ、顧ミサル者アリ、若クハ東洋ヲシテ、精ヲ勵シテ美ヲ求メシメハ、則中土ト相抗スルニ至ラン、況ヤ米ノ金山、英屬ノ印度、多ク中土ヨリ種子ヲ買去リ、法ヲ求メテ、之ヲ植エ、樹木、日ニ其繁ヲ益シ、工作製做、日ニ益美ヲ求ム、三數年ヲ經ハ、亦中土ト等シカルヘシ、故ニ種植、培養、製做ノ法、務メテ當サニ、急々ニ講求スヘシ、或ハ余ガ言ヲ以テ不信トヤハ、請フ今ノ市面ノ情形ヲ省、且ツ洋人ニ向ツテ、之ヲ討論セヨ、亦タ余言ノ謬マラサルヲ、諒知スヘシ、此事、毎年ノ出入、數千万ノ鉅額ニ関スルヲ以テノ故ニ、杞人ノ憂（ムダノシンパイ）ヲ抱イテ、之ヲ贅述セザルヲ得ザルナリ、

烏龍製類

一 烏龍ハ、寧州ヲ以テ最佳トス、其法、先ツ樹ヨリ摘ミ取リタル生葉ヲ以テ、竹簾ノ上ニ鋪開シ、之ヲ太陽ノ下ニ晒シ、稍軟ナルニ至ツテ、手ヲ以テ三四葉ヲ撿ス、其法ハ、葉尖ト葉蒂ノ處ヲ以テ相對合シテ、之ヲ摺リ、其ノ葉、柔軟意ノ如クシテ、折レサルニ至レハ、則チ之ヲ扱起（トリイル）ス、倘

脆梗ナレハ、再ヒ之ヲ曝ラス、必ス其葉柔軟法ニ合スルヲ要スルナリ、

一 收起ノ後、手ヲ以テ、之ヲ搓揉シ、葉々索ヲ成スニ至ッテ、之ヲ竹木等ノ器内ニ放チ、手ヲ以テ、畧之ヲ壓ヘ、衣物絮被等ニテ、其上ヲ蓋フ一片時許リ、其葉ヲシテ、青色盡ク微紅ニ變セシメ、而レ後、之ヲ燒紅鐵鑼内ニ放ッテ、之ヲ炒ル、

一 其茶ヲ炒シテ、大熱ニ至ルトキハ、則チ之ヲ微熱鑼内ニ移ッシ、隨テ揉ミ隨テ炒シ、葉々結ンテ緊索ヲ成スニ至ッテ、則之ヲ收起シテ、竹木器内ニ貯ヘ、手ヲ以テ畧壓實シ、物ヲ以テ其上ヲ覆フ、大約一時許、其葉々變シテ紅色ヲ成スヲ見テ、則之ヲ竹焙（竹焙ノ形下ニ出ツ）ノ中ニ放シ、焙乾セシム、此ノ如クスル者ヲ、名ケテ烏龍毛茶トス、其篩做ノ法ハ、紅茶ト相仿フ、

紅茶製做類

一 紅茶ハ、樹上ヨリ摘ミ下タシタル生葉ヲ以テ、先ッ太陽ノ照ラス處ニ攤開シテ之ヲ晒ラシ、以テ柔嫩ナラシメ、而シテ後之ヲ收起シ、手ヲ以テ搓揉シテ、索ヲ成サシム、如シ其葉許多ナ

レハ、脚ヲ以テ揉蹈シ、索ヲ成スノ後、之ヲ器内ニ貯ヘ、其上ヲ蓋フ了、烏龍ノ式ノ如クシ、其葉ヲシテ、盡ク微紅色ニ變セシメ、而ル後、取リ起シテ、再ヒ太陽ノ處ニ攤晒(ヒロゲサラシ)レ、半乾スレニ至リテ、又之ヲ收起シ、倶ニ器内ニ放在シ、手ヲ用テ壓實シ、蓋フニ衣物ヲ以テシ、葉々變シテ微紅色ト成ラシム、

一葉已ニ變シテ紅色ト為ルトキ、再ヒ取リ起シテ、太陽ノ處ニ攤晒シ、極乾ニ至ルヲ以テ度トス、此則毛紅茶ナリ、

一毛紅茶既ニ乾クトキハ則收起シテ、之ヲ分篩シ、其レヲシテ條索ト為ラシム、

一若シ、珠ノ如ク圓ナル者有ル時ハ、之ヲ取テ、別器ニ放在(イレオキ)シ、再ヒ製做ヲナス、釣鈎(ツリバリ)ノ如キ者アル時ハ、之ヲ去テ、其直ナル者ヲ存ス、鈎ヲ去ルノ法ハ、其茶ヲ、篩眼ヨリ抖(ユリ)出(篩ヲユスブルマデナリ之ヲ擇ハスニ非ス)スル時ハ、直ナル者、篩眼ノ外ニ撤リ、鈎ナルモノハ、篩眼ノ内ニアリ、故ニ或ハ碗ヲ用ヒ、或ハ手ヲ用ヒテ、篩内ニアル鈎ナル者ヲ、撥(カキ)斷ルス、此ノ如クスレハ、直ナル者ハ、自然ニ落下シ

テ、鈎ナル者ハ、尚篩中ニ留マル、之ヲ撥スルノ法ハ、手ヲ用フルヲ佳トス、硯ハ硬ナルヲ以テ、茶ヲ損砕スルノ恐レアリ、其ノ鈎ナル者モ、亦別器ニ放在シテ、別ニ製做ス、

一其抖出ノ直キ者ハ、茶ノ等第ヲ看テ、乃チ風車ニ擶ン、正身子口ヲ分ツテ、而ル後、之ヲ揀擇ス、倘クハ毛茶太粗ナレハ、最初ニ毛揀シテ、而ル後ニ、分篩ス可シ、

一倘クハ、子口ノ茶、即チ頭二篩ヲ以テ篩出シ、軽重粗細匀シカラズ、黄黒花相雜ハル者、或ハ、未

タ分篩セサルノ毛茶ニシテ、子口ヨリ摘出セシ者、倶ニ皆、子口茶ヲ製做スル處ニ於テ、再ヒ之ヲ製做スヘシ、子口茶ヲ製スルノ法ハ、茶ノ等第ヲ分チ出シ、太タ粗ナルモノハ、之ヲ製ンテ幼ナラシメ、太タ軽キモノハ、畧之ヲ除キ去リ、若又黄黒花雜甚シケレハ、則已ムコヲ得ス、蘇木水（蘇木水ハ濃紅ヲ要ス、茶葉ヲ水内ニ入ルヽ、僅カニ三分間ニシテ、即取出シ、或ハ日ニ晒シ、或ハ火ニ熔ル、）ヲ以テ之ヲ染タ、其ノ色ヲシテ純一ナラシム、

一其ノ茶珠ト茶鈎トハ、茶珠ヲ製做スル處ニ於

テ、再ヒ之ヲ製做ス、珠鈎等ヲ製造スルノ法ハ、
手ヲ以テ、茶珠ト茶鈎トヲ、軽々ニ捲破シ、之ヲ
シテ、或ハ片ヲ成シ、或ハ短條ヲ成サシメ再ヒ
分篩シテ、等第ヲ為シ、風車ヲ以テ之ヲ搧過ス、
如シ茶身畧圓ヲ為ス者アルトキハ、揀工ヲ撥
シテ、其ノ枝梗黄片ヲ除キ去リ、而ル後チ、再ヒ
火ヲ以テ、之ヲ焙ジ、均堆ノ時ニ至テ、又之ヲ覆
火ス均堆ノ法後ニ出ツ

一其粗片、並ニ末子ハ、片末ヲ製做スル處ニ放テ、
法ノ如ク篩ヲ分ツテ抛抖ス、其凝重ナル者ハ、

篩ヨリ出テ、軽粗ナル者ハ、篩面ニ聚ル、手ヲ以
テ、其聚ル者ヲ搊シ去リ、其ノ凝重ナル者ハ、風
車ヲ以テ搧過シ夏布ヲ以テ、竹培上ニ攤シ之
ヲ火焙ス夏布ヲ用ユル者ハ、其蹤迹ヲ取ルナ
リ、而シテ均堆ノ時ニ至リ、再ヒ之ヲ覆火ス、

一揀茶處ノ巡察人、司揀人ハ、最宜シク、其茶頭ヲ
做ス好茶ヲ以テ、故サノニ色ヲ変ンテ悪茶ト為サシメ、其多ク出来スルヲ貪ボルヲ云、
ヲ防キ、薫テ偸漏ヲ防クヘシ、蓋シ緑茶ハ、其揀
頭ト、好茶ノ色ト、稍ヤク参差有リテ、分別スル
ニ易ク、其ノ漿出收歸皆秤ヲ以テ之ヲ量ル、故

ニ其弊尚少ナシ、紅茶ノ、則茶頭、茶肉、相彷彿シ
テ、揀茶ノ婦女、積習性ト成リ、廉恥ヲ知ラス、其
ノ司揀者、皆土人ヲ用フルニ由ッテ、先ッ甜言
ヲ以テ、之ニ結ヒ、茶ノ發揀、一日中數次有リ、即
チ發揀ノ時ニ来リテ、三四盆ヲ覇取シ、已レノ
位次ニ放在シ、相善ミスル者ニ囑シテ、之ヲ管
セシメ、已レ又別家ニ往ク、此ノ如クシテ一人
ノ身、三四家ノ茶ヲ揀スル者アリ、其茶頭ヲ做
スルノ法ハ、先ッ茶水ヲ以テ地ニ噴濕シ、而ル
後、布巾ヲ以テ之ヲ覆ヒ、茶葉ヲ亂レ拾フテ、巾

内ニ拋チ、茶ノ好醜是否ヲ、揀ム可キニ至ッテ
ハ、則計ラザル所ニシテ、只茶頭ノ多キフ謀ル、
蓋シ茶已ニ焙炒乾燥スルヲ以テ、一タヒ潮濕
ヲ見レハ、則驟然鬆黄ス、俗例日暮ニ臨ミ茶頭
ヲ稱リテ、以テ工ノ勤惰ヲ計リ、資ノ多寡ヲ酬
フ、故ニ一人ニシテ、數人ノ資ヲ兼子得ル者ア
リ、驗揀ノ時ニ於テ、之ヲ洞察セントスルモ、司
驗揀者其手ヲ上下シテ、査核スルヿ能ハス、若
クハ彼レノ為ル所ニ聽セテ、之ヲ寛恕スルト
キハ、吃虧細小ニ非ス、故ニ司揀者ヲ擇ムハ、愼

マザル可カラス、

紅茶要略類

一紅茶ハ、緊ニシテ索ヲ成シ、黒シテ光澤有ルヲ取ル、頭篩ノ茶ハ、論ヲ待タス片末ニ至ルマテ、皆純一ノ色ヲ要ス、其葉ハ、粗鬆索ヲ成サヽルヲ忌ム、其色ハ、花雜黄ヲ滯ルヲ忌ム、倘シ珠鈎等アルトキハ、均堆ノ後、其ノ珠鈎眼ニ碍テ、製ノ粗ナルヲ見ル、故ニ此等ノ葉ハ、再ヒ製做ヲ用フルヲ要ス、

一之ヲ篩スルノ法ハ、當ニ茶ノ粗嫩ヲ見テ以テ之ヲ斟酌スヘシ如シ其茶粗ナルトキハ、宜シク一二等小ナル篩ヲ以テ、之ヲ製スヘシ、如シ其茶嫩ナルトキハ、一二等大ナル篩ヲ以テ、製做スヘシ、何トナレハ、凡ソ粗ナレハ則大ナリ、嫩ナレハ則細ナリ、其既ニ粗ナル者ヲ、又粗大ノ篩ヲ以テ、之ヲ成ス時ハ、更ニ粗ナリ、其既ニ細ナル者ヲ、又幼篩ヲ以テ之ヲ做ストキハ、格外ニ細小ニシテ、纔ト片末ヲ成スニ至ルヘシ、

一茶粗ニシテ大ナレハ、人更ニ其糙ヲ悪クム、小ニシテ細ナレハ、其ノ将ニ片末ヲ為サントス

ルヲ以テ、人之ヲ取ラザルナリ、故ニ嫩ナル者、之ヲ製做シテ畧粗ナレハ、則人其糙ヲ見ベシテ、却テ其好ヲ悦フ、乃粗ナル者モ、之ヲ製做スル畧幼ナレハ、人其粗ヲ知リテ、尚其糙ヲ見ス、故ニ亦勉強シテ之ヲ取ル、故ニ製做ノ法ハ、講究シテ、變通セザル可カラズ、

紅茶火焙等類

一焙工ノ法ハ、先ツ炭ヲ熾ニシテ、必ス盡紅ナラシムルヲ要ス、柴頭若クハ未タ焼ケ透ラザルノ木ヲ、其間ニ加入シテ、烟氣ノ薫騰ヲ致サシム可カラス、或ハ灰ヲ掩フニ、偏軽偏重アツテ、火ノ勢ヒ、此レハ熾ンニ彼レハ衰、或ハ炭火通紅暴露シテ、灰ヲ掩ハス、灰ハ薄々ニ之レヲ益ヒ、大抵火面ヲ見ザルヲ以テヨシトス、竹焙幾ント為メニ焼カレ、或ハ灰ノ厚サ一寸ニ至リテ、之ヲ剔ラズ、其火勢有レモ無キガ如シ、此等ハ皆焙人ノ咎カニシテ、茶葉之カ為メニ、焼焦セラレ、或ハ火烟ノ味ヲ帶フ、故ニ紅茶ハ、做青、揀擇、分篩、搧颺、火焙ノ類、一トシテ緊要ニ非サルハナシ、

一火焙ノ式ハ、黄土ヲ以テ、地上ニ鋪キ、高サ大約

五寸、濶サ大約三尺、其長サハ則チ等シカラス、地方ノ幾何ヲ見テ、之ヲ酌量スヘシ、中ニ坎ヲ掘リ、其ノ形ハ圓ニシテ、徑リ約一尺計リ、深サ約七八寸、毎坎、相離ルヽコト數寸ニシテ、挨次ニ之ヲ排列シ、其ノ竹焙ハ、竹片ヲ以テ之ヲ作リ、蜂腰式ノ如ク、中狹シテ、兩頭圓大ナリ、口ノ徑リ、約二尺左右トス、又別ニ竹縁(コリダケ)ヲ以テ、蓋-形ノ如キモノヲ織リ、竹焙ノ中ニ放在シ、以テ茶葉ヲ承ケテ、之ヲ焙(アブ)ル、

一 紅茶ノ篩ハ、緑茶ノ篩ニ比スレハ、其邊(フチ)稍淺クシテ底ニ竹片ヲ貫クヲ用ヒス、蓋紅茶ハ、條(カタチ)ニシテ索(ヨリ)ナルヲ取ルヲ以テ要トス、故ニ底ニ竹片ヲ用ヒザルモノハ、其抖出スルニ易フシテ、滯リ無キヲ欲スルナリ、

紅茶總訣

一 紅茶ノ要ハ、條、色、香、味、ノ四者ヲ以テ、主脳(カンジン)トス、其條ハ、結實(シマリ)ニシテ鬆(アラ)ナラズ、圓ニシテ兩頭相等シク、粗-幼均-齊ナル者ヲ以テ上トス」、其色ハ、未タ泡(ユヲサスト)セザル以前ハ、鐵板ト相似タル者ヲ佳トス已ニ開-水(ニエユ)ヲ以テ、其葉ヲ泡開スル時ハ、

鮮猪肝ノ色ノ如クシテ、硃砂點ヲ帶ル者ヲ上
トス、色純一ナルヲ貴フ、最モ花雜、枯槁、焦黄ヲ
忌ム、潤澤ニシテ、寶光活色ヲ帶フルヲ以テ美
トス、其味ハ奥妙殊ニ深シ、要スルニ、甜滑津
ヲ生シテ、濇ナラズ、之ヲ飲ンテ已ニ時ヲ過キ
尚ホ芬芳甘潤、一種言ヒ難キノ奇味有ッテ、齒
頬ノ間ニ留ル者ヲ以テ、最上トス、其餘ハ則チ、
馥郁濃美ニシテ、津ヲ生シ、煩ヲ滌ヒ渇ヲ除キ、
暑ヲ消シ、食ヲ化シ、脹ヲ驅ルヲ以テ上トス、
其香ハ、自然ノ品アリ、製作ノ功アリ、薫襲ノ法

アリ、所謂自然ノ香ナル者ハ、地道ノ美ニ由ッ
テ生成ス、水葉芬芳ノ氣、四座ニ遍ネク、清香馥
郁、人ノ心脾ヲシテ快ナラシメ、之ヲ飲ンテ口
ニ入ル、時ハ、齒頬ニ香ヲ留メ、臟腑ハ甘露ニ
沾フガ如ク忘レ難キノ想ヒ有ラシム

一製作ノ香ハ茶葉ノ嫩否ヲ論セス、心ヲ專ニシ
意ヲ致シ、奇珍ヲ護スルカ如クシテ其粗糙ノ
枝葉ヲ去リ、其火工、做作、收藏等ノ各法、皆精ニ
シテ益精ヲ求メ、其當ヲ失フコ無ラシム、故ニ
火工十分ニシテ、其香耐久シキヲ保ッ、蓋シ製

作美ナルヰハ、本香存シテ、失ナハザルナリ、
一薫襲ノ香ハ、其茶少シク粗ニシテ、茶本ノ味、甚タ馥郁ナラサル者ニ用フ、其法ハ、茶ヲ炒焙シ畢ッテ、茉莉、玫瑰、珠蘭等ノ花ノ半開スル者ヲ以テ、茶ト相拌シテ、之ヲ封シ蓋フベシ、此ノ如クスルヰハ、三數日ノ後、花ノ香味、盡ク茶ノ為メニ、吸取セラル、ナリ、

紅茶贅言

一紅茶ノ大概、盡ク之ヲ叙明セリ、亦畧其ノ縁起ヲ述フ可シ、夫レ紅茶ノ始メテ外洋ニ運往スルハ、俄羅斯ヨリ始マル、其初、陸路ヨリ、山東、北直等ノ處ヲ過キ、長城口外ニ出テ、買賣城（地名）ニ運到シテ、相與ニ交易ス、或ハ銀ヲ以テ買ヒ、或ハ皮貨、絨、及參茸等ヲ以テ相貿ス、其茶、畧之ヲ篩シテ、即チ箱ニ裝シ、竹篾等ヲ以テ包捆シ、駱駝驢馬ヲ以テ運往ス、海禁既ニ開クルニ及テ、外洋ノ富商大賈、俱ニ海ニ航シテ来リ、緑茶ノ出口皆海運ニ由ル、紅茶ハ、美國ヲ除クノ外、諸國皆喜ンテ之ヲ飲ム、而シテ英國ヲ最トス、其箱ニ、大箱ト、二十五箱トノ分アリ、大䈰箱ハ、初

ソ八拾余斤ヲ装ス、今ハ則畧之ヲ小ニシテ、七
拾貳斤ヲ入ル、ヲ以テ度トス、二十五箱ハ、四
十二、斤ヲ以テ準トス、大箱ノ鉛鑵重サ約七斤
餘、二十五箱ノ鉛鑵、重サ四斤十二両ヲ以テ則
トス、毎鉛百觔ニ、銅錫五斤ヲ鎔匀シテ、鑄成ス
ルヲ要ス、木箱ハ、年ヲ経タル雜木板ヲ以テ作
ルヲ佳トス、其ノ木氣無キヲ取ルナリ惟箱ノ
両傍、並ニ底、及蓋、倶ニ両板ヲ併セテ一ト為ス
者ヲ妙トス、如シ三四板片ヲ併セ成ストキハ、
堅牢ナラザルナリ其合口ノ處ハ、竹釘ヲ以テ、

之ヲ貫合ス、

防弊類

一紅緑茶ヲ製做スルノ處ハ、人ヲ用フル已ニ多
ク、事冗モ煩雑ナリ、其人ハ、總管アリ、副總管ア
リ、秤手アリ、司帳アリ、管錢銀アリ、巡綽アリ、雜
務ノリ、作頭アリ、監篩アリ、包工頭目アリ、管焙
アリ、子-庄買茶秤手アリ、此皆茶庄ニ於テ、定マ
リタル職位ノリ、其餘風車アリ、篩務アリ、看焙
アリ、管火色アリ、司揀及各項上等ノ工人、並ニ
散備ノ日工、揀茶ノ婦女ノ如キ、皆是ナリ、而シ

テ惟総管ト、御総トハ、最モ其人ヲ撰ハザル可カラス、

一主事ノ人精明廉達ノ士ヲ得ル時ハ、則能ク諸人ノ賢否ヲ察シテ、授クルニ事ヲ以テシ、事ヲ授クルノ後、更ニ其ノ勤惰ヲ観其ノ事功ヲ考ヘテ、之カ黜陟ヲナシ、事巨細トナク、必ス親カヲ歴テ以テ、之ヲ考核シ、凡ソ百執事ヨリ、散傭ノ工人ニ至ルマテ、毎事心ヲ留メ、纖芥ノ遺漏ナシ、此ノ如キトキハ、則事功必ス美盛ヲ致シ市利ヲ獲ル一倍蓰ス、

一主事ノ人、如クハ偏黨貪汚ナルトキハ、毎事其私ヲ行ヒ、惟已ヲ利スルコヲ求メ、用ユル所ノ人、已レノ親姻ニ非レハ、則已レノ故舊ニシテ、多クハ庸懦無能ノ輩ナリ、倘クハ精明潔廉ノ者、其間ニ在ル時ハ、必多方誹毀、之ヲ擯斥シテ、已レヲ妨ケザラシメ、或ハ銀ノ平色ヲ扣シ、或ハ銭ノ底串ヲ和ノ、凡ソ私ヲ營ミ、弊ヲ為スノ事、一トシテ至ラザルハナシ、故ニ司総ヲ撰フ、最慎マザル可カラス、

一司総已ニ廉明ノ人ヲ得ルト雖モ、事務瑣煩ニ

シテ、用ユル所ノ諸人ハ、土著ノ者、其ノ大半ニ居リ、各其事ヲ分職ス、一人ノ耳目ヲ以テ、衆人ノ賢否ヲ察セントスル、亦甚難シ、故ニ僻總邪察ノ各職司、之カ為メニ、稽察考核シテ、始メテ其蒙蔽ノ患ヲ生セシム無カルヘシ、故ニ巡察ノ任、其頼ル所、實ニ重シ、必ス慎ンテ其人ヲ選フヘシ、苟モ巡察等、其人ヲ得レハ、諸弊其半ヲ去ル、惟司帳、秤手、及管銀銭等ノ職位ハ、司総務ヨリ、必時々ニ稽察ヲ加フヘシ、司賬ハ則重丈故出シテ、相影射スルノ私アリ、管銭銀モ亦、虧空短扎等ノ弊アルヲ以テナリ、

一秤手ハ、必土人ヲ用ヰ、其言語相通シテ、貿易ニ便ナルヲ以テナリ、此亦謹マザル可カラス、夫レ毎歳ノ生業ハ、數旬ノ間ニ過キスシテ、其ノ来ツテ與ニ買賣スル者ハ、土人ノ朋友親族、或ハ其間ニ在ル有リ、故ニ貨色ノ低昂、價值ノ上下、竹両ノ参差、必ス刻々心ヲ留メテ、其弊ヲ防クヘシ、以上ノ各端、利害ノ最大ナル者ナレハ、東主ト、司総務ニ在ツテハ、務メテ専心體核シテ、之ヲ防クヘシ、其利弊ノ小ナル者ニ至ツテ

ハ、則責メ各司事ノ人ニ在リ、時ヲ以テ體察ヲ加ヘ、事々カメテ撿點ヲ用ヒ、散工ヲ約束シテ、懈タラザラシムルヲ要ス、

宜シク稽査ヲ密ニシテ、以テ偷漏ヲ防クベシ、夫レ茶庄ノ内ニ、雇入ル所ノ長散工人、日ニ數百ヲ以テ計フ、而シテ良莠齊シカラス、常ニ偷竊ノ恐レアリ、或ハ、日ニ一竹數兩ヲ懐ロニシ、晩間工ヲ歇ムルノ時、挾ンテ以テ出テ、或ハ、内外串通シ、席ニツヽミ、袋ニ入レ、五更人靜マルノ時ヲ待テ、計ヲ設ケテ、之ヲ竊ミ出タスヿアリ、如クハ之ヲ察覺セス、再ニ至リ、三ニ至リテ已マズ、他日做成ノ後ニ至テ、茶ノ總數低少ナルヲ咎ムルモ、亦及フ可ケンヤ、故ニ偷漏ヲ防ク、愼密ナラザル可カラス、

紅茶均堆裝箱類

一紅茶已ニ悉ク製做ヲ畢ルノ後ハ、頭篩ヨリ、片末ノ各等ニ至ルマテ、皆大略之ヲ秤稱シ、等次ヲ安排シテ、以テ均堆スルニ便ニス、均堆ノ法ハ、其ノ底下、及両傍、靠壁ノ三面ヲ、光滑ナル木板片ヲ以テ、釘妥シ、而ル後、最初ニ、頭號篩ノ茶

ヲ以テ、其中ニ排シ、次ニ二號茶、次ニ三號茶、其次ニ、粗片末子ヲ排シ、而ル後チ、四號五號等、順次ヲ追テ、次第ニ之ヲ傾入ス、務メテ茶色ノ酣配合スルヤ否ヲ看ルヲ要ス、而シテ毎號ノ茶、皆務テ一面ニ、薄ク之ヲ攤排シテ、厚薄ナカラシム、右ノ如ク排妥シ畢ツテ、則チ鐵鋤鈎ヲ以テ、邉傍ヨリ、次第ニ之ヲ鈎下シテ、拌勻セシムルナリ、先ツ秤ヲ以テ、竹器ヲ秤リ、輕重一律ナラシメ、而ル後、茶ヲ其中ニ入レ、以テ稱所ニ至リ、又茶ノ輕重ヲ秤リ、務メテ一律ナラシメ、乃

裝箱所ニ交クシテ、之ヲ裝箱ス、

一裝箱ノ法ハ、最初ニ、一半ヲ箱內ニ傾ケ入レ、四傍ノ角ヲ、足ニテ踹ミ、務メテ四艄ノ茶ヲ踹實シ、然ル後、再ヒ一半ヲ箱內ニ傾入シテ、之ヲ踹實ス、其茶、務メテ四圍平滿ニシテ、低陷尖高無キヲ佳トス、右ノ如ク裝妥シ畢リテ、再ヒ秤ヲ以テ、之ヲ稱準シ、封ヲ固クシ、箱ニ釘ス、是ヲ全クノ仕上ケトス、

時要須知

一早春ノ茶ハ、速ニ做成シテ、之ヲ裝シ了ルトキ

ハ、其價直ヲ計リテ、少シク利益有ルヲ見ハ、即チ之ヲ發售シ、猶豫ヲナス可カラス、如シ又、價直下落甚シト雖氏、必ス自已ノ資本ト、行市ノ情形ヲ、籌酌シ、苟モ資本少ナクシテ、持久スル能ハズ、或ハ持久スルモ、亦甚利益ナキヲ見ルキハ、亦速ニ售リ去ルヲ佳トス、蓋シ僅ニ本資ヲ損シテ、行市ノ消シ難キ憂慮ヲ脱シ、身心安逸ニシテ、尚能ク別ニ營求ノ道ヲ講シ、之ヲ東隅ニ失スト雖氏、桑楡ノ收ヲ望ムヘシ、

一二三春ノ茶モ、亦趕快ニ做成スヘシ、務メテ早春ノ消場ト、外洋ノ信息ト、現目ノ行情ノ漲落ヲ看テ、售却ノ遲速ヲ衡ス可シ、凡ソ行市、驟ニ漲ル時ハ、則チ大局ヲ觀テ、速ニ售ル可シ、必ス居奇スルヿ勿レ、驟ニ落ル時ハ、亦タ能ク其縁因ヲ察スヘシ、只速ニ脱センヿノミヲ、求ルヿ勿レ、孔子子貢ニ教ヘテ曰、人棄則取ル、人取ハ則棄ト是八字ノ訣ヲ得テ、之ヲ籌酌變通スルトキハ、則生意ノ權衡、思ヒ半ニ過キタリ、

篩工資力宜惜類

一篩工ノ衆キ、日ニ百數十人アリ、如シ起キル稍

晏シテ、且日中時々停息スル片ハ、工資ヲ耗シテ、時日ヲ遅延ス、又朝ハ晏ク起キ、夜ルニ至ッテ、尚工ヲ止メス、此レ徒ニ燭油ヲ耗スルナリ、蓋工作ハ應サニ勤ム可シ、而シテ亦工人ノ力ヲ惜ム可シ、夫レ茶ヲ製造スルハ、多ク夏間ニアリ、如シ起キル早ケレハ人ノ精神團聚シテ、氣候清涼故ニ人其ノ倦ムヲ覺ヘス、製作必ス勤ム、午時ニ至ッテハ、則時刻ヲ限リ、休息セシメ、以テ工力ヲ維ス、蓋暫時休息シテ、其力ヲ舒ヲ知ラザル者ハ、以テ工ヲ悞マルトス、而シテ

知者ハ、正ニ以テ工ヲ催スナリ、如シ朝起早カラズシテ、終日工ヲ停メス、繼クニ夜ヲ以テス、知ラサル者ハ、以テ工ヲ催ストス、而シテ知ル者ハ、正ニ以テ工ヲ悞ルトス、何トナレハ、人力ハ限リアリ、烈日炎天ノ候ニ在テ、無事ノ人ト雖モ、尚且困倦ス、況ヤ工作ノ人、暫時ノ休息ヲ得ス、又繼クニ夜ヲ以テスレバ能ク之ニ堪可ケンヤ、故ニ工人ノ力、宜シク惜ムベキナリ、

裝運要畧須知類

此一段之ヲ畧ス

水色功用畧類

一凡緑茶ノ水色ハ、清碧ヲ以テ最上トス、其清碧、即柳葉ノ初テ舒ヒタル青翠色ノ如ク、一時間ヲ歴テ、其色尚ホ清澄ナル者ヲ上トス、黄渾紅濁ノモノヲ下トス、

一嘗味ノ法ハ、匙ヲ以テ、少許ヲ口ニ入レ氣ヲ以テ之ヲ吸ヒ、其氣ヲシテ、臍下ニ直透セシメ、其ノ芬芳清烈ニシテ、香歯頬ニ留マリ、舌底ニ津ヲ生シ、甜甘口ニ満ツルヲ以テ上トス如クハ霉氣アリ、又ハ一種ノ臭悪、鼻ニ觸レ、其味澁渋ナル者ヲ下トス

一其功用ハ、飫ク食ヲ消シ、痰熱ヲ去リ、煩渇ヲ除キ、頭目ヲ清クシ、昏睡ヲ醒シ、食積、並ニ焼灸ノ毒ヲ解ク、但其性寒ナルヲ以テ、多飲スルヿ勿レ、多飲スレハ、脂ヲ消シ、胃ヲ寒シ、人ヲシテ瘦セシム、凡テ茶ノ嫩ニシテ良ク粗ナル者ハ、人ニ益アラス、

一紅茶ハ、水色濃厚ニシテ、渾濁浅淡ナキ者ヲ佳トス、其ノ口ニ入ルヤ、甜滑甘美ニシテ、香澤ノ氣、喉間ニ縕スル者ヲ上トス、如クハ舌ヲ牆シ、

昏ヲ澄リ、其味腥悪ノ者ハ、之ニ次ク、
一其功用、緑茶ト稍異ナリ、能中ヲ和シ、食ヲ消シ、暑ヲ解キ、煩ヲ療シ、志ヲ悦シメ、睡ヲ醒マレ、氣ヲ下タシ、温ヲ利シ、又微シク脂ヲ消ス、微酔ノ時ハ、宜シク少ク飲シテ、以テ酒力ヲ舒ノルヘシ、若シ酩酊スルトキハ、則宜シカラス、酒氣ヲ膀胱ニ引入レテ、腎経ノ患ヲ為スヲ、恐ルレハナリ、
一凡茶ヲ煎スルノ水ハ、宜シク其美ナル者ヲ撰ミ、各地脉ノ宜シキニ随テ、之ヲ取ルベシ、江南

金山寺ノ零水、無錫恵泉山ノ石水等ノ如キ、是ナリ、如シ其ノ處ニ、醴水甘泉ナキトキハ、清碧潔淨ナル長流水ヲ擇フヲ好シトス、
一水ヲ承ケ、湯ヲ煎ルノ器、亦宜シク之ヲ擇ムベシ、茶ト水ト、皆妙品ナリト雖トモ、而モ臭悪ノ銅鐵錫等ノ器ニテ、之ヲ煎スルトキハ、飲テ後、腥悪ノ氣、歯頬ニ繞満ス、譬ハ朝衣朝冠ヲ以テ、塗炭ニ坐スルカ如キアリ、故ニ煎湯ノ器ハ、銀ヲ以テ最妙トス、瓷瓦紫銅等、之ニ次ク、
一茶、水、器ノ三ツノ者、倶ニ佳ナリト雖モ、如クハ

取木汚粜腥草悪葉油炭等ヲ以テ、之ヲ煎ル時ハ、則チ其味ノ悪ナルヿ、敗器ヲ用ユルト均シ、而シテ苟モ柴薪ハ美ナリト雖モ、熹水ノ法、善カラサルトキハ、亦其味ヲ失フ、蓋シ水未タ沸カザルノ時ハ、常ニ器ノ蓋ヲ去リテ之ヲ観烟ヲシテ器中ニ入ラシムルヲ致シ、水既ニ沸クニ及テハ、其ノ煎スルニ任セテ、之ヲ顧ミサル如キ、是ナリ、而シテ又、沸湯ヲ葉ニ注クニ至ツテ、緩急均シカラサレハ、亦其味ヲ失フ、蓋シ湯ヲ注ク急ナルトキハ、則茶葉外ニ漂揚シ、之ヲ注ク緩ナル時ハ、則其葉開キ難クシテ、其味薄シ、凡ソ此等ノ類、皆飲茶水ノ真性ヲ失フ、茶ヲ品スルノ道、豈言ヒ易カランヤ、

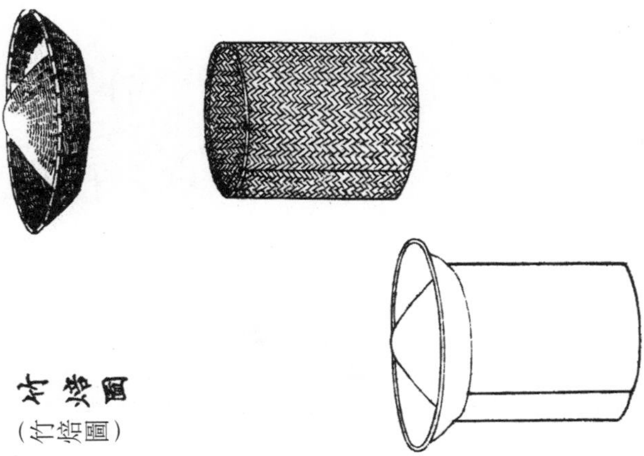

竹焙圖

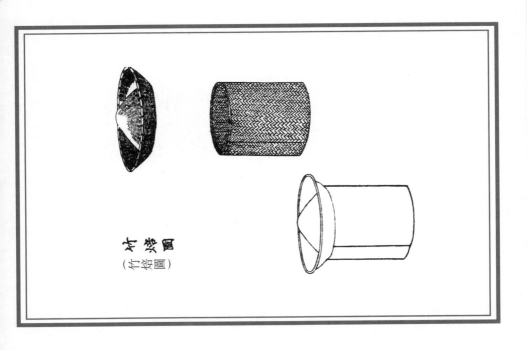

（竹焙圖）

同上蜂腰式圖

（蜂腰式竹焙圖）

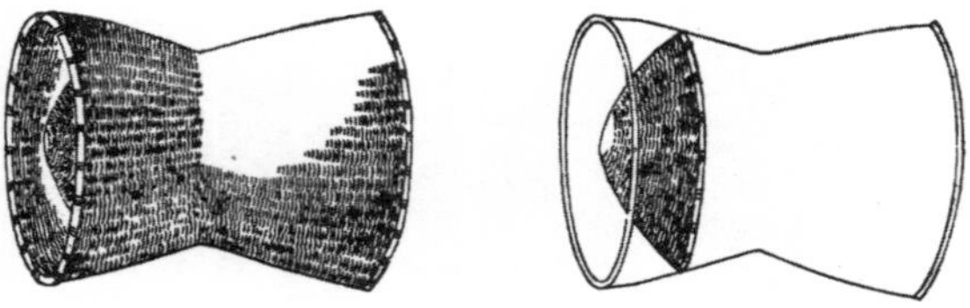

綠茶ヲ製スル鐵鑊圖

（綠茶炒製鐵鑊圖）

風車圖
(風車圖)

此處ニ口アリテ細末茶片ヲ送リ出ス
(此處為細末茶葉出口)

研盎 滑石粉并ニ乾洋靛ヲ細末ニスル器ナリ
(研盎)(滑石粉及洋靛研末器)

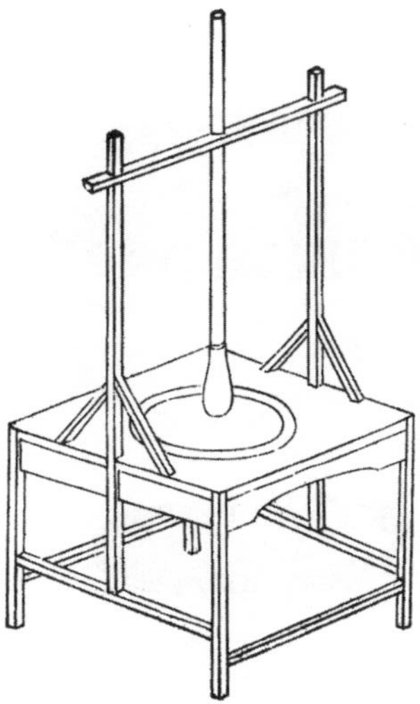

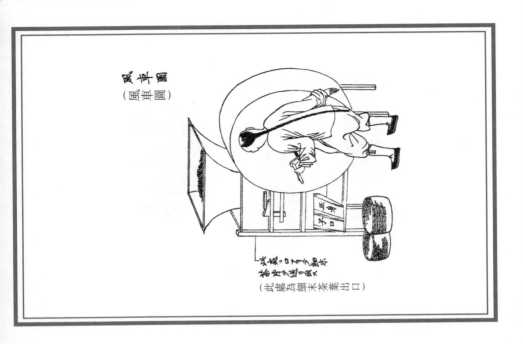

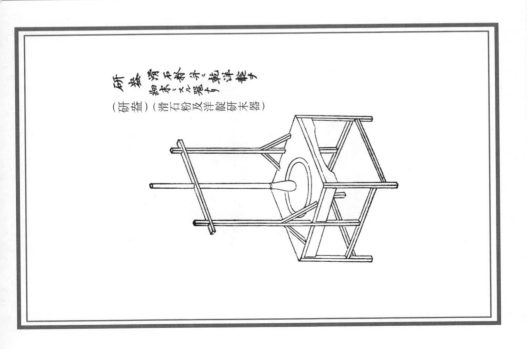

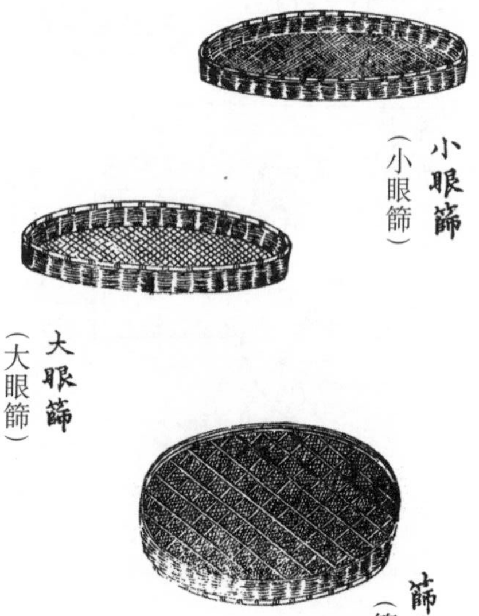
小眼篩
（小眼篩）
大眼篩
（大眼篩）
篩ノ底
（篩底）

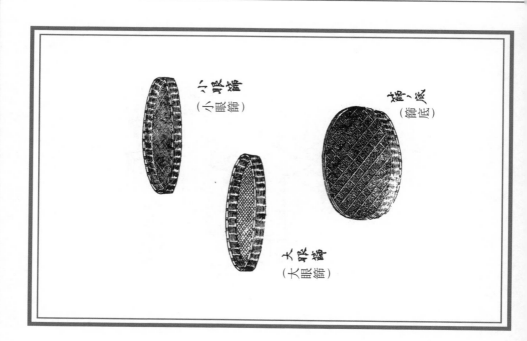

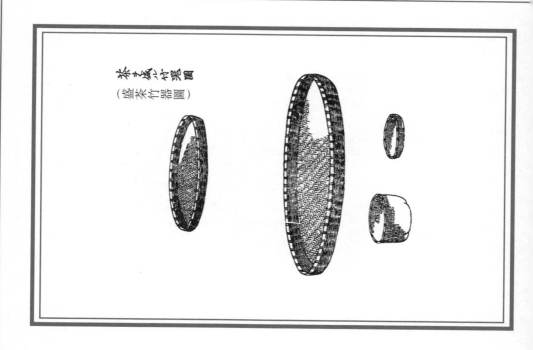

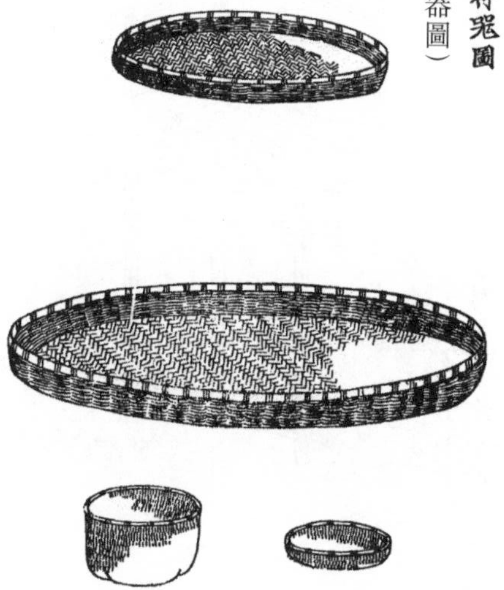
茶ヲ盛ル竹器圖
（盛茶竹器圖）

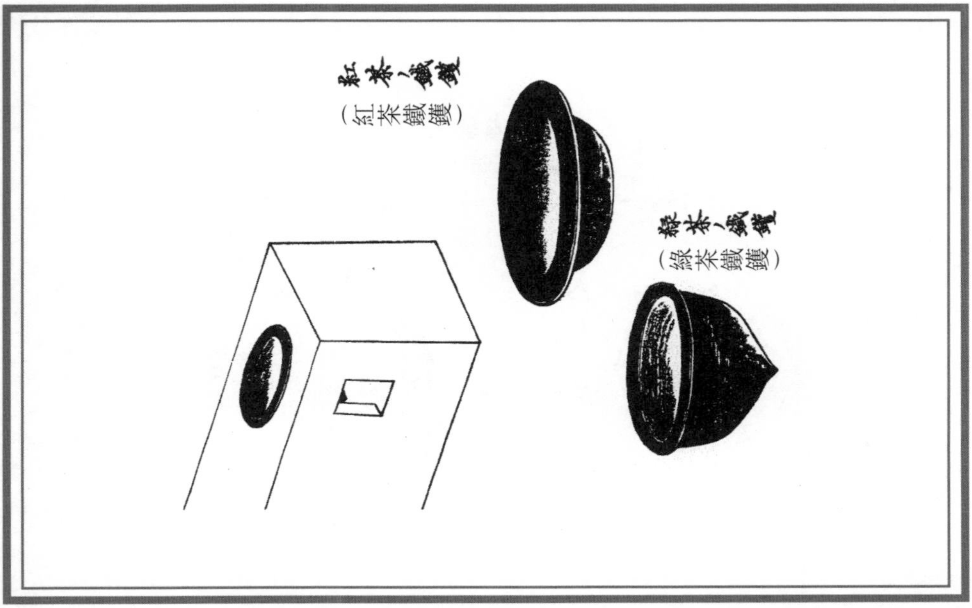
紅茶ノ鐵鑊
（紅茶鐵鑊）
綠茶ノ鐵鑊
（綠茶鐵鑊）

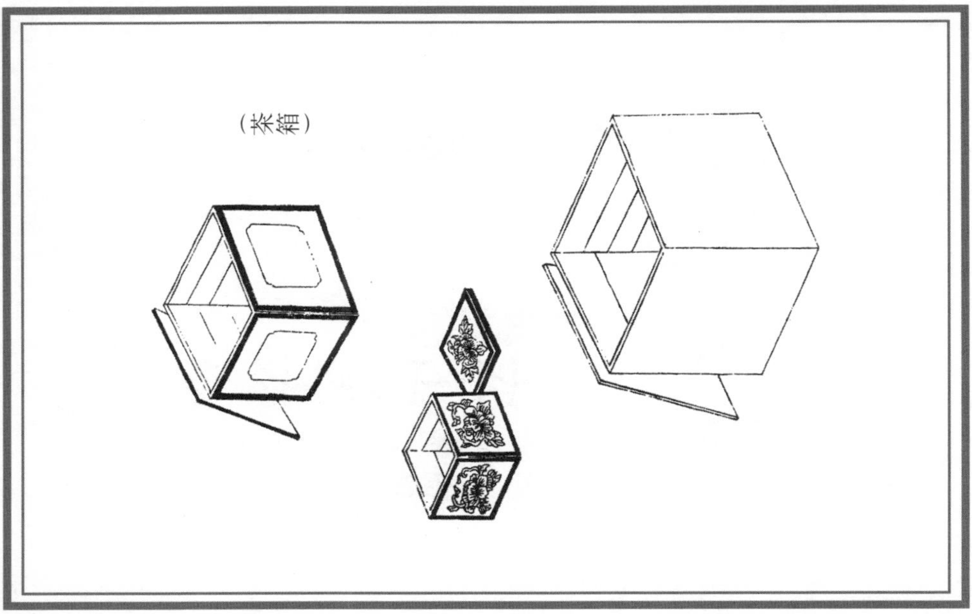
（茶箱）

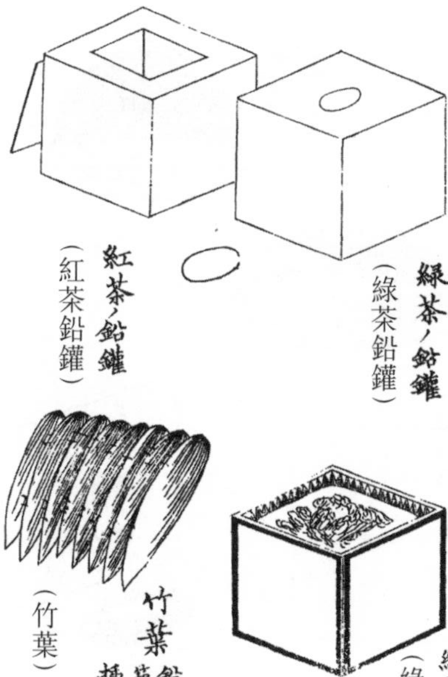

勸農局藏版

定價三拾錢

東京府下
穴山篤太郎
第一大區七小區
南傳馬町貳丁目
十三番地

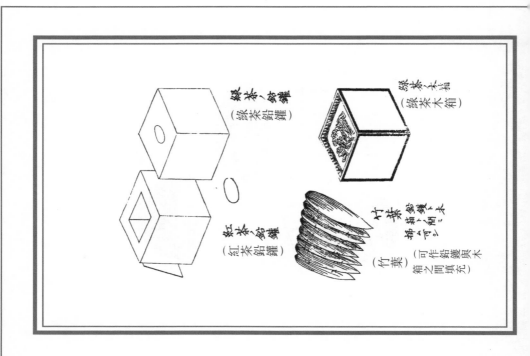

發兌
書肆

附錄

敘[1][①]

夫茶[②]字之義，從草，從木，從人。其初始於漢代，興於有唐；乃熾乃昌，至今為盛。其為物也，如木葉焉；其為用也，能滌除煩惱，解渴而生津，去食積而厚腸胃，消暑而醒眠。其始自中土，而流播外洋，製做則日益其精，種植日用，則日益其廣。而製法功用等類，雖唐之陸羽曾註《經》焉，其中所言，製法則如磚茶之類；而其為用，則不過略言之矣。若今之洋莊，則自明代而至於今[2]，其製做功用，亦乏人而考核焉。至於筆之書，則吾未之見也。故於是心有憾焉！而將其種植、採擇、製做、收藏、功用等類，縷析詳言而書之。余本不文，其書中之詞句，務質實而易知，使文學之士，一目了然；而農樵牧子、村婦童孺等輩，苟略識字之人而覽之便曉。故句讀不事繁文典奧，務樸質而剪衍文。其書中所載，凡於洋莊茶務有關者，無不備述而描摹之。自茶之樹本至於人事功用，纖毫畢錄，使後學者皆得入門。仰企先達諸君，恕無知而匡不逮，不勝引領感禱焉。

時光緒三年杏月[3]　嶺南沂生胡秉樞謹識

龍封脩書

小引

溯自四洲互易以來，惟五金、煙土、布匹、絲茶為大宗。夫布匹、煙土則來自外洋，獨絲茶為土產。然歐洲以煙土、布匹、煤鐵、器械等類遠越重洋，不避艱險而來貿遷者，其故何歟？亦不過為衣食計耳。然而四洲之大，民生之眾，各逞所長，盡夫人之心思者，力而講求。是苟匹夫匹婦有一技之所長，則必專心致志，無論乎仕（士）、農、工、商，或書或藝，苟有至善，始則呈於君上，繼則普告國人，既定之以年，亦惡乎取值。故人樂而為之者眾，故物出而日見其精。惟人躭逸樂，士而拘泥，苟有一至州之工，費盡心志，作一歷世無雙之器；苟可效者，眾則聚而謀之，而奪其利；苟不可效者，眾乃聚而羣謗之，必使蹈於奇技淫巧，妄被無辜而後快。雖有聰穎者流，無不專心於八股文詞，以為倖進計，誰暇計及民生工藝哉！夫以四洲之貨殖，而聚匯於一區，以有易無，利恆倍蓰。惜一國之錢財有限，則不可不將土物講求，小益之也。土物大宗，絲、茶為最。姑將茶之貨品，土地之肥磽，培植之法則，製做之所宜，撰而成書，俾公於家。僕不忖鄙撰成，仰望先達哲人，匡其不逮，不勝感禱焉！

胡秉樞又識

目錄

做類　紅茶揀擇類　紅茶要略類　紅茶火焙等類　紅茶總訣　紅茶贅言　防弊類　紅茶均堆裝箱類　時要須知　篩工資力宜惜類　裝運要略〔須知類〕⑤　水色功用略類

種植類⑥

植茶，以高山、大嶺及窮谷中至高之處為宜。茶之為物，其感霧露愈深，其味愈濃；而種植之地，其土性愈厚，則茶樹愈壯，其葉更厚且大。

茶以天然生者為極品，必在高山之顛，危崖之表，採之不易。若將之移植他處，則以土性既殊，其根幹必然腐壞。此種茶，名曰"巖茶"。乃自然之佳味，非人力所能強致。

植茶之法：宜於茶樹結實之初，擇植株長勢強旺、結籽壯碩者採之。至初春驚蟄之時，要將茶籽浸水令濕透，耕作其種植之土，使之形如龜背，以利排水。要之，大抵每隔二尺許掘一小坎，每坎下所浸之茶籽二三粒。俟茶芽萌生後，留壯苗一株，餘悉除去。然後用細土，或蠶沙、鳥糞或其他糞肥之類相和，覆蓋其上。若遇晴天烈日，則加少量糞肥於水中，朝夕澆溉。

夏月之間，如有野草或野生小樹萌生，宜鏟除之，以防傷害茶苗萌蘖。種成之後，俟三四年，即可採摘。但初年不可採摘過多，若過多則恐傷害茶樹之本矣。

培養類

孟子云："苟得其養，無物不長；苟失其養，無物不消。"故培養之法，不可不講求。茶芽初萌，畏烈日暴曬，畏大雨滂沱，又恐雜草侵淩，對此最應注意。

茶樹既長，宜時加糞肥。自立春至穀雨間，每月需施糞肥三四次。如用大便，按糞二水八之比，小便則尿水各半。夏、秋、冬三季，不必施肥；在採茶終結後，以再施糞肥一次為佳。樹旁之土，要設法鬆之，勿使凝結。其枝幹之頂端當摘去之，務使其枝條橫茁。其枝條橫茁，則三四年之後，分枝叢生，茶葉嫩茂且多。若不摘頂，任其孤挺直長，則分枝不繁而葉片稀疏矣。

優質之茶，以爛石地為最上，瓦礫地次之。惜此等地難以種植，亦不易栽培。其次以高山峻嶺、黃土斜坡、霧露雲煙經常籠罩之處為佳。

土性各異，要之在乎變通。因地制宜，端賴人事。雖膏腴之土，若任其荒蕪，荊棘叢生，草茅聚長，則與不毛之地何異？盡人事，勤考察，則雖瘠薄之地，亦可灌潤之而使其膏腴。

地土類

茶始於漢，興於唐宋，與外洋互市以來，至今日益求精製，其法日進；四大洲之茶種，亦均自中國播遷。

中土之紅茶，以江西寧州、福建武彝一帶為最上，兩湖崇陽、羊樓洞等處次之，河口、湘潭等處為最下。

綠茶以安徽婺源、浙江湖州為第一，其次為屯溪、平水、安徽⑦、寧紹等處。

其餘蜀、黔、兩淮、兩浙、大江南北、嶺南、八閩、台郡[4]等，皆產茶，然多供本地人自用，而唯以閩之巖茶為最上。

東洋近年產茶頗多，惜其種植、培養、製造、香味等，皆未得其法，故遠遜中土。

印度等處，雖土地肥美，但其培養、採摘、製法俱失其宜，故其味腥，葉亦粗大。

地土肥美，故上乘，磽薄次之者，此人所皆知也。亦須知人定勝天，況於地利乎？唯茶性畏寒，故獨北地隆寒之處，茶樹甚罕焉。

〔綠茶〕採摘類⑧

茶之發芽，始於清明節，擷茶宜於穀雨時，即西曆四月杪五月初也。

茶葉宜乘早曉帶露之時採之，蓋其時含霧露氤氳之氣，地脈上騰，其葉充溢精華，故味濃香烈。

茶葉宜俟其半舒半捲即一旗一槍，葉背猶有白毫，葉面色如翠玉時為佳。採摘半舒半捲者，譬如少壯之人，血氣正盛也。

茶芽初出時，遍被白毫，若於此時採摘，味薄無香，葉片不多，而茶樹亦因之傷壞。

又倘若已愈半舒半捲之時採摘，則葉盡舒將老，精液已枯，香味亦失，製做之時，多成粗片，徒費資耳。

雖採摘及時，若路途遙遠，中途因烈日曝曬，其葉如經湯蒸，其氣炎炎，名為曬青，亦變其香味矣。

若種茶之地畝曠大，其間草茅未能盡鋤而去，致使雜草高伸，與茶樹相齊，須小心選採茶葉，不可貪多攫捋，萬一毒草混雜其間，撿擇未淨，其遺害非啻淺小也。

茶樹發芽三次，初次在穀雨，第二次在黃梅之時，第三次在禾苗揚花時。但初次採摘不可過度，恐礙第二次之發芽也，第二次之採摘亦倣此。

〔綠茶〕製做類⑨

紅茶、綠茶，其製法各異。先論綠茶製法：茶葉一經採摘，不論帶雨露與否，即熾炭火於鐵鑊之下，以其鑊發紅為度，再將茶葉倒入鑊內，用手不停炒軟片刻，隨炒隨搓，至粗成一團塊，即移至別鑊⑩。

其別鑊之下亦熾炭火，但其火勢不用甚烈，以鐵鑊微熱為限。而將已成團塊之茶葉倒入鑊中，用手抖開團塊，邊抖邊搓，及至葉葉捲結，再將其移回前之赤熱鐵鑊內，隨炒隨搓，至茶葉盡乾為度。如此者，名為“毛茶”。倘若其茶梗老大，葉片甚多，則分發工人揀取之。若老葉茶梗不多，則不用分揀。

準備竹篩十一二隻，其篩眼自大至小，依次遞減。最初用頭號大眼篩，篩除茶梗及老大葉片。次用二號篩篩過，將篩面所遺之茶，放入頭號篩之竹盆內，稱之為“頭篩毛茶”。三號篩以下皆倣此，依次遞推。

經此過篩之茶葉，分成十二等，每等皆放入風車[5]風車之製法詳下搧過。自子口第二出口、正身第一出口分出後，發女工揀擇。揀擇畢，則下鑊磨光。其鑊以磚砌爐，高約二尺許，一人兼顧兩鑊，其下熾炭火以熱鑊，製做者站立於爐背，以兩手搓磨兩鑊之茶葉，觀茶葉之色澤，以定時間之長短。

初炒名曰“磨光”，再炒名曰“作色”，三炒名曰“覆火”。倘磨光作色後，其色尚參差不齊，再發女工揀擇，稱之為“覆揀”。如此即告完成，可裝箱出售。

麻珠花色者，將第八、九、十號篩內所取之葉放入風車搧過，去其輕飄者，以其結實者如前法炒磨三次，大約共需四小時。其葉以圓結、帶光澤、青翠色者為上。如右完成後，裝入鉛罐，密封放置；待全幫做就，取出均堆。此時再覆火或不覆火，俱視茶之香味如何，天時之晴雨、消（銷）場之遲早而定。

寶珠花，第六、七、八篩內所取者。亦置風車，去其輕者，取其重者，如前法炒磨，以圓結而無蒂梗者為佳。倘有蒂結，則色雜而不純矣。其製法與麻珠相同，但炒火磨光之時間較麻珠減半。

芝珠花茶，即寶珠、麻珠經風車搧剩所取者，去其枝梗、三角及粗片，務使粗細相均，大小齊一。其炒磨時間，又較寶珠減，但顏料較寶珠略多，而作色之功夫更多於寶珠。以其葉體既已輕盈，大小亦略別也。

寶圓珠茶，其葉為第四、五、六篩內所取者也，其作色等之法一如寶珠，炒磨時間亦與寶珠同。此茶⑪軟嫩粗大之葉俱有，故炒磨、揀擇皆要精細，要火工十分，而後方無輕鬆之弊。若不如法製作，則全盆之茶色，不免精粗襯見。

副元珠花色者，於第三、四、五篩取之，此花色之茶，以大葉片居多，炒工時間與芝珠相等，惟作色略難，以其形體雖圓而帶鬆之故也。形體既扁圓不齊，若下顏料稍輕，則其色淺；若下顏料稍重，則其色深綠。茶之貴者，在其色不淺不深而帶翠。故水要清碧，揀法要純淨，色要整齊，葉要青綠，方為上品。

熙珠花色者，其茶乃於頭、二、三、四篩所取者，[6]似圓非圓，似扁非扁，似長非長，取熙春珠茶各樣之粗者而成之，即所謂四不像者也。其炒磨之工，少於副元珠，*其作色最難。

鳳眉花色茶，乃於第五、六、七篩所取者。其葉形如蠶蛾之眉，兩頭尖而中央大，長約四五分，綠茶中之最美者也。此花色葉片尖嫩，感透霧露，乃一旗一槍之葉。製成之後，結如鐵線，不短不長，正好為之。若夫粗大之葉，以梗直之性，縱有巧工，亦弗能變易。此茶炒磨之工，與寶圓珠相等，揀工則過之。

蛾眉花色茶，乃於第六、七、八篩所取者，比鳳眉更嫩，亦為佳品。但水味則遜於鳳眉。以其承露少之故也。其製法，炒磨之工，稍遜於鳳眉，而篩做之工，則倍之。長約三四分，兩頭尖小，與蠶蛾之眉相似。

娥雨者，其茶第六、七、八、九篩所取，乃近於枝梗之茶葉，係鳳眉、蛾眉兩種由風車之子口搧下之正身也。炒磨之工，比副圓珠稍遜，其作色則不易也。帶梗之熙春，亦有入此花色之內者。

三號芽雨者，其茶乃第七、八、九等篩所取者，俱近於枝幹之葉蒂也。其味遜於娥雨，炒磨並作色之工，與娥雨相彷彿。此根蒂之茶，乃聚珠茶、熙春、鳳眉、娥眉各葉之蒂而成者也。惟篩工要精細，以其內混有蛾眉、娥雨之故也。

熙雨者，其茶乃第七、八、九、十篩所取者，俱為葉片。炒磨之工，遜於三號芽雨，水色略濃厚，而其味與三號芽雨相似，全為粗幼葉片相聚而成者也。

眉熙，其花（茶）乃第二、三、四篩所取者，其葉在不老不嫩之間，以飽餐雨露之氣，故為茶味之最正者，而水亦最清碧者也。炒磨之工與鳳眉相等，作色亦易，惟篩工與揀工宜精不可簡。其茶兩頭相等，稍大於鳳眉。

二三號熙春，乃於頭、二、三、四篩所取者，其炒磨、作色之工，稍遜副元珠。但二號熙春稍細，而三號熙春稍粗，故其製法略同，而其名號有二號、三號之別。水色及味亦與副元珠難分高下。條索直而不糾結，長約五六分。

松籮花（茶）者，乃頭、二號篩所取，為所有茶品中最粗最大者。其製法較熙珠為遜，僅於遠離通商口岸之地有之。此茶不多製，以其賣價少而做工等費不稍減也。

綠茶之炒磨。司火色者，應常行走於炒鑊兩旁，使炒工不敢怠慢。如其茶色均勻而無燒焦之弊，則於工資大為有益，餘皆倣之。

綠茶贅言

綠茶製法有二，一曰炒青，一曰烘青。炒青之水清碧，其香也烈，其色翠，其味長。

烘青者，其香緩而不遠透，其味短而色黃，其水帶紅而渾；故綠茶宜炒不宜烘。烘青之法，將從茶樹所採之葉，略炒即烘炒青火勢熾於烘青，故曰炒青。日本之製，烘之者多，故茶葉不糾結。其耗工雖少於炒青，而功用遠遜於炒青。

出洋之綠茶，必用滑石粉並乾洋靛。二年前，據洋人醫士之考究，謂此二物食之傷人，故有將平水茶燒燬者。蓋平水茶用洋靛、滑石甚多之故也。

余按：滑石者，利竅、滲濕、益氣、瀉熱、降心火、下水、開腠理，發表之功用良多，何害之有！至於洋靛之物，其性輕揚，以滾水泡之，盡浮出水面，以氣吹卻，或泡滿之時，令其水溢出，則靛隨泡沫而去，何害之有！如不用此二物，茶色不能純一也。滑石粉以粉紅色為上，乾洋靛塊以掰開後，色如碧天者為妙。

每茶百斤，大約用洋靛九兩十兩，滑石粉亦大約以此為準。但此份量，係就平常之茶而言而已。應視茶之粗細、老嫩，以及市場情況、買主意向，顏色之深淺、輕重，酌量增減之。

綠茶罐箱裝藏類

裝茶之鉛罐，大約可容納四十斤左右。其罐每隻大約重三斤，以綿紙、沙紙或皮紙等裱固四方，上開一口，如鵝卵狀。別設鉛蓋，封其口。以口長約五六寸，橫徑大約三四寸為便。

鉛罐要厚薄均勻，切忌偏薄偏厚，致易破損。

凡鉛罐，按每百斤鉛加錫五六斤熔鑄之，則堅固而不軟柔。

凡造綠茶之箱，其板材宜用逾年之陳松杉，始不壞茶，並得以久貯。蓋茶經幾度用火炒焙，其體極乾燥，而土地不論何物，總有香臭、濕氣者。與之並置，茶必全攝入其氣味，其理與硝磺遇火即燃一樣。

做箱之釘，以約七八分長為適用。若過長，則橫穿板外，恐有傷及鉛罐而受潮，損壞茶葉之虞。

茶葉裝箱之際，尤須注意，如裝之不緊實，則雖無霉濕透風等弊，然內鬆而虛，致茶氣外洩而失其味。倘裝箱緊實過甚，則茶葉多被擠碎，雖不走味，片末必多。故裝箱之法，宜緊而不逼。

封藏宜慎。當四五月梅雨之時，其茶火工雖足，苟不慎藏，大約旬餘其香即洩，月餘其味即變，兩月餘其茶霉壞矣。蓋四五月之際，地氣上騰，天氣下蒸，雖無雨澤，太陽稍烈，尚且難堪蒸鬱，況乎苦雨連綿，暴日與淫霖交相肆虐；雖深藏高閣、秘貯重樓之物，尚且霉濕，何況茶藉火氣歷煉而成，至燥至涸，遇物即易感攝，故宜藏之慎密。

茶箱有“三十七”，“二十五”之分。“三十七”約可裝四五拾斤，“二十五”自三十餘斤至四十斤。每箱內放裱好鉛罐一隻，秤量茶之斤數而裝之。裝要緊實，不可稍鬆。裝畢之後，再視其箱之額定重量，根據每箱之斤兩一律秤準，不可有輕有重。

本箱亦然，如箱茶輕重不均，虧損非小。蓋發售交易之時，任由買主選擇各花色數箱，逐一秤過，全盤之斤兩，即按擇樣之量推算。此事雖細微，然資本之所賴，豈可忽視而致為山九仞，功虧一簣乎！

〔綠茶〕製法宜精〔類〕⑫

夫茶取幼嫩之葉，而成各等花色，其製法不可不詳。寶珠、鳳眉、蛾眉、頭號眉熙之類，與松蘿、熙珠、熙雨⑬等，茶葉雖同，而其價值之相去，有天壤雲泥之別，此皆因工作草率而不講求精法之故。

凡生意者，謀其利也。彼此同一貨色，在同一銷場，一則價高而獲大利，一則售少而損資本。當此之時，豈可不咎己謀不周，反怨命之不好哉。

篩茶之法，其初分篩毛茶為十餘等，至於何等花色在何等篩內，已在花色則例篇內詳述之矣。

凡篩法，以兩手平持其篩，所篩茶葉遍佈篩面運轉，不見篩眼為妙。如見篩眼，則其茶必偏厚偏薄，粗細不均矣。

〔操篩前〕應先知所製為何種花色，如珠茶之類，持篩稍斜為佳。其茶或有結實之黃片，或有與好茶輕重相等之老葉，分篩之時，宜先以播（簸）箕等播（簸）去之，而後如法製做。若不播（簸）去，則製作之後，不堪雜色〔干擾〕。蓋此等葉片老嫩相混，風車不能颺去，揀工亦甚費力，揀不勝揀，而致老嫩相半，花色粗老，片末皆三角峯也。

搧颺之法。茶之花色既成珠之時，颺法亦當因之而異。頭號之子口與正身，其輕重略殊，苟颺之稍重，則子口之內，正身溷入；颺之略輕，則正身之內，子口潛藏。

務宜視茶之等次，以定搧颺之輕重，蓋必分其子口與正身之茶。要之，取其揀擇易也。苟不分輕重，則徒費工夫，耗揀資而已。又，不分輕重，則揀頭之內，多溷擇佳葉，以致成數亦減少。故花色之眉目等次，以風車分篩最為重要。

篩搧既得其法，炒法亦要熟諳。蓋炒茶之法，以火色最為重要，次則勤為轉磨，三則調合顏料。如此則無花色焦雜之憂，無顏色過淺過深之慮矣。

如寶珠、麻珠等要光滑之物，火勢宜酌情勻慢，不可炎烈。蓋炒磨得久，方能去其芒而生滑澤。如火勢猛烈，雖勤炒拌，使無焦黑之憂，然水味終不免帶焦氣矣。

火勢之緊慢，炒工之遲速，宜視茶質之乾結潮鬆而衡定。至於顏色，則視市面之棄取、好尚，酌情變通之，不能預決也。

篩炒、搧揚既明，揀擇之法，亦宜曉之。凡毛揀，則只去其枝梗及老葉、硬片。頭二篩之茶，其鬆黃粗大，與本茶不相合者，皆剔去之；葉片中如有半粗半細者，則去粗留細。

珠茶等類，則取其圓者，去其扁者；要其結者，捨其鬆者。

鳳蛾眉等，則以去其枝骨，並鬆扁或斜圓等類為最要。眉熙類，則取其圓結兩頭相等者。若芽茶娥雨花色，則去老梗、黃片，除粗梗枝骨。熙珠松籮，則視全盆之精粗，而定揀擇與否。如此則綠茶品色雖多，篩擇之法亦大同小異，可以舉一反三矣。

器用類〔略〕⑭

製法既要講求，器用亦不可不考。工欲善其事，必先利其器。夫各花色之等第，俱由篩眼分出，故花色之毛糙、精美，惟篩法之良否是賴。

篩眼要均勻，勿有疏有密。作篩之竹要堅，篩形以圓而稍帶扁，平滑無凝滯者為佳。

篩之等次，從頭號至末號，凡十八、九號。篩邊高約二寸，其四圍以藤捆紮結實，篩底縱橫貫以稍粗之竹條。何歟？蓋以綠茶有珠娥等花色，其體質較重，篩久則篩底恐或中陷成窩之故也。

篩法既略言之，可述風車之工：風車式樣高約四尺，上有一木製承茶斗，其式樣上闊下窄。上闊約二尺半，下長僅五六寸，闊約二寸。自上而下逐漸收窄之故也。承茶斗大約可承茶五六十斤。

風車式樣，下有四腳，上為半圓半方之車身。半圓之木以木板六片圍之，形如車輪，並以鐵條貫穿圓筒兩頭，架於風車之中，使其旋轉生風。所謂半圓半方者，以其半置車葉之軸心，其式作圓形；另一半四周皆寬約一尺餘，作方形，但其式略小，所以束風也。風車之上開一小口，長約五六寸，闊約一尺，與承茶斗之小口相合，使茶注下。又於承茶斗下端置一小板，較小口略大，作為開關。往上裝茶時關之，搧揚時啟之。車身之下置有斜板，中間隔以木片，分為兩道。茶葉經搧揚後，其重者由 槅 內出，其輕者由 槅 外而下。子口正身，即由此而分；灰末之類，全由風車之口出。

綠茶緣起類略

綠茶興於乾隆年間，初於粵東香山之澳門與洋人互市。其互市之法或用銀買，或以布匹、羽毛、煙土、器用、貨物等類相貿易。繼之，於粵垣[7]太平門外，每國設一所洋行，其通商者共十三國，故名“十三行”。其互市之法，與澳門同，而以資本大者生意為盛，彼此獲利也厚。其誠信相孚，在生意場中為自古以來所未之有也。其所以遷於省垣者，蓋以澳門離省垣太遠，挾貨財來往者，常有盜賊劫掠之憂，故洋人恐生意難以暢旺。此時貿易，以絲茶為大宗，而廣東絲出於順德，茶產於清遠後山者居多，從各處運往者，必從南雄州出發，經清遠、三水、佛山鎮等處，聚於省垣，故洋人遷此也。其時彼此語言不通，規例亦異，買賣皆由通事館經手，故粵之潘、盧、伍、葉四大家，其資財與山陝元家及蔚氏相伯仲，幾富甲天下；皆由經營洋務絲茶致富也。其後，通商港埠增開四所，生意亦隨之四分，初猶彼此共獲微利，後則洋人耗竭，華人倒空者不可勝計。世易時移，至今局變日異也。

其初，每箱盛八十餘九十斤者，名“方箱”。每幫茶額，必過千箱，方能易售。後則日漸變小，其資本較前亦稍小，箱數則一仍如前之多。茶之花色，初則不過珠茶、娥雨、熙春、大元珠等四五種而已；然茶之水葉粗毛，其顏色與製作絕不可與今日相較。

其初，洋船每年往來不過一次，聰明智謀之士得以展其才，壟斷之人可施其技，故獲益多而虧損少。近年來，東洋已開設通商口岸，盛產茶葉，幾與中土同，因此中土茶價日低，銷場亦日滯。惟幸東洋之製法遠遜中土，其茶葉不能久貯，容易霉壞，故洋人捨東洋而不顧者多。若東洋勵精求進，則必至於與中土相抗，何況美國金山、英屬印度，多從中土買去種子，講求種植之法；茶樹日益繁盛，製作日益求精，假以三數年，亦可與中土相等。故種植、培養、製做之法，務當急急講求。或以余言為不信，請看現今市面情況，並與洋人討論，諒知余言之不謬。蓋此事關每年數千萬巨額之進出，故抱杞人憂天之心，不得不為之贅述也。

烏龍製〔做〕類⑮

烏龍以寧州為最佳。其法：首先將從茶樹摘取之生葉，在竹蓆上鋪開，太陽之下曝曬，至稍軟，以手撿起三四片葉，將葉尖與葉蒂對摺，其葉柔軟如意而不折斷，則收起。倘梗仍脆，則再曝之，必欲其葉柔軟為合。

收起之後，以手搓揉，至每葉成索時，將其置於竹木等器內，以手略壓實，蓋以衣物絮被等，約片刻後，其葉由青色盡變微紅，而後放進燒紅之鐵鑊內炒之。

其茶炒至大熱，則移至微熱鑊內，隨揉隨炒，至每葉結成緊索，則收起，貯於竹木器內，以手略壓實，以物覆其上，大約一小時許，俟其葉變成紅色，則移置於竹焙竹焙形制詳下中焙乾。如此做成者，名“烏龍毛茶”。其篩做之法，與紅茶相仿。

紅茶製做類

紅茶，將從樹上摘取之生葉，先置於太陽下攤曬，待柔嫩而後收起，以手搓揉成索。如其葉量多，可改用腳揉踏。揉成條索後，貯之於器內，其上覆蓋如烏龍之法。俟其葉盡變成微紅色後，再起出，放置太陽處攤曬。至半乾，又收起，皆放回器內，用手壓實，蓋以衣物，使葉變成微紅色。

葉已變為紅色後，再起出，於太陽處攤曬，以極乾為度，此即毛紅茶也。

毛紅茶既乾，則收起，將其分篩為條索。

若有圓如珠者，取置別器，再次製做；如有鈎鈎者，去之存其直者。去鈎之法，其茶從篩眼抖出只將篩抖動而不作搖舞時，直者撤於篩眼以外，鈎者留於篩眼之內，故或用碗，或用手，撥斷篩內鈎者。如此一來，直者自然落下，鈎者尚留篩中。撥去之法，以手工為佳；以碗硬，恐易損碎其茶。其鈎者放置別器，另外製做。

其抖出之直者，視乎茶之等第，即用風車搧過，分為正身和子口，然後揀擇。倘若毛茶太粗，宜先毛揀而後再分篩。

倘子口之茶從頭二篩篩出，輕重、粗細不均，黃、黑花相雜者，或未分篩之毛茶，從子口搧出者，皆俱於子口之處再行製做。製做子口茶之法：分出茶之等第，太粗者研細之，太輕者去除之。若又黃黑花雜甚者，則不得已以蘇木水蘇木水要濃紅，將茶葉放入水內僅浸二三分鐘，取出後或日曬或火焙染之，使其色澤純一。

其茶珠與茶鈎於製做茶珠處再製做之。製做珠鈎等法，以手輕輕揉捻茶珠與茶鈎，使其成片或成短條，再過篩、分等定第。經風車搧過，如有茶身略圓者，發揀工除去其枝梗、黃片，而後再經火焙。至均堆時，又覆火一次。均堆法詳後。

其粗片並末子置於製做片末處，如法分篩拋抖。其凝重者用篩先篩出；輕粗者，聚於篩面，以手將之搁去。其凝重者，以風車搧過，攤夏布於竹焙上火焙。用夏布者，取其疏達也。至均堆時再覆火。

〔紅茶揀擇類〕⑯

司揀人及揀茶處之巡察人，最宜注意防止揀茶工做茶頭故意將好茶變色做惡茶，並要防偷漏。至於綠茶之揀頭與好茶顏色雖稍有參差，但易於分別，且其發出、收歸皆經稱量，故其弊尚少。紅茶則茶頭與茶身相似。揀茶之婦女，積習成性，不知廉恥。因其司揀者，皆用當地人，揀茶女先以甜言巴結之。茶之發揀，一日數次。揀茶之婦女於發揀之時，多霸取三四盆放於自己位置，囑相善者看管。自己又往別家揀作。如此，有一人兼揀三四家之茶者。其茶頭做法，先以茶水噴濕地面，而後覆以布巾，亂拾茶葉，拋在巾內，至於所揀茶之好醜，則非所計，只謀茶頭多也。蓋茶已經焙炒乾燥，一經潮濕，則驟然鬆黃。且俗例於日暮時秤茶頭，以計工之勤惰及酬資多寡，故有一人兼得數人之酬資者。故於檢驗時須洞察之。但司驗與司揀者上下其手，難以查核。而若聽任彼等之所為而寬恕之，則吃虧非小。故擇司揀之人，不可不慎。

紅茶要略類

紅茶取緊而成索，黑而有光澤者。頭篩茶即使是片末，皆須顏色純一。其茶忌葉粗鬆而不成索，其花色忌帶雜黃。倘遇有珠鈎等，均堆之後，因珠鈎礙眼而見製作粗糙，故此等茶葉，要再行製做。

紅茶篩法，要視茶葉之粗嫩加以酌定。茶粗者宜用一二等小篩，茶嫩者宜用一二等大篩。何歟？凡葉粗則大，葉嫩則細；其葉既粗，復用大篩為之，其葉必更粗；其葉既細，復用細篩為之，則其葉必格外細小，以至幾成片末。

茶粗而大者，人皆惡其糙；小而細者，以其將成片末而不可取。故葉嫩者必製之使其略粗，則人見其糙，反好而悦之。是以葉粗者製之使其略幼，則人知其粗而不見其糙，故亦勉強取之。是以紅茶製法必須講究，非變通不可。

紅茶火焙等類

焙工之法：先燃熾炭火，必使其通紅，可添加柴頭或未燒透之木。不可使煙薰氣騰，或炭火為灰所掩，有所偏旺偏弱，致火勢此熾彼衰；又或炭火通紅暴露，毫無灰掩掩灰以薄，不見火面為度，竹焙燃燒殆盡；又或積灰厚至一寸而不除去，致使其火勢有亦如無。凡此數端，皆焙人之咎也。如此製茶，則茶葉或燒焦，或帶煙火味。故紅茶製作之做青、揀擇、分篩、搧颺，火焙等工序，都非常緊要。

火焙式樣。取黃土鋪地，高約五寸，闊約三尺，其長度不必相等，視地方大小而酌定。於中間掘圓坎，直徑約一尺左右，深約七八寸，每坎相距數寸，挨次排列。其竹焙以竹片製作，如蜂腰式，中間狹窄，兩頭圓大，徑約兩尺左右，再以竹篾編織成蓋，竹焙內放入茶葉烘焙。

紅茶之篩與綠茶之篩相比，其邊稍矮，底部穿以竹片。蓋紅茶以取條索者為要，故用底部穿以竹片之篩者，欲其無滯，易於抖出也。

紅茶總訣

紅茶以條、色、香、味四者為要。其條索要結實勿鬆，兩頭皆圓，粗細均勻者為上。其色在沖泡前如鐵板色者為佳；開水泡開後其色如新鮮豬肝色並帶朱紅點者為上等。茶色貴在純一，最忌花雜、枯槁、焦黃；以潤澤而耀眼鮮明者為美，其味奧妙殊深。要之，應以甜滑生津而不澀，飲後雖時過而猶芬芳甘潤，有一種難以言狀之奇味，齒頰留香者為最上。其次為馥郁濃美，生津滌煩，除渴卻暑，消滯去脹者為上等。紅茶之香出乎天然，亦賴製做之功及薰襲之法。所謂自然之香者，乃天然道地之美，其葉芬芳，香遍四座，清香馥郁，沁人心脾。飲之則齒頰留香，臟腑如霑甘露，令人難忘也。

製做之香：不論茶葉嫩否，端賴專心致志，如護奇珍。諸如剔除粗糙枝葉，火工、製做、收藏等各法皆需精益求精，毋有失當。故火工掌握得法，其香氣即能長久保存。蓋製作精美，則本香存而不失也。

薰襲之香：用茶葉稍粗，茶之本味不甚馥郁者。其法於茶炒焙後，以茉莉、玫瑰、珠蘭等半開之蓓蕾與茶葉相拌，然後加以密封蓋好。如此，三數日後，花之香味，便盡為茶所吸收矣。

紅茶贅言

可詳述紅茶概況並略述其緣起。中國紅茶運往外洋，始起於俄羅斯。其初，由陸路經山東、北直隸等處出長城口外，一直運到"買賣城"地名[8]，與俄商交易。俄商或以銀兩購買，或以皮貨、絨毛、參茸等交易。其茶略過篩後，即裝箱，用竹篾等綑包，以駱駝、驢馬馱運。及海禁既開，外洋富商大賈，俱由海上航運而來。綠茶出口，皆由海路。紅茶除美國外，諸國皆喜飲，而尤以英國為最。茶葉箱裝，分大號箱及二十五號箱兩種。大號箱初裝八十餘斤，現略有減少，改以七十二斤為度。二十五號箱，以四十二斤為準。大號箱之鉛罐約重七斤，二十五號箱之鉛罐，重四斤十二兩為準。所用鉛罐，每百斤鉛，要摻五斤銅錫熔勻鑄成。木箱以經年雜木板製做者為佳，取其無木質氣味也。惟箱之兩側及底部和蓋板，均以兩塊板併成者為妙，如由三四塊板併成，則不夠堅牢；銜接處宜以竹釘加以貫合。

防弊類

紅綠茶製做處，用工既多，事尤繁雜，務須分工明確，各盡其職。其人事設總管、副總管，以下為秤手、司帳、司銀、巡查、雜務、作頭、監篩、包工頭目、管焙、支莊賣茶秤手，此皆茶莊固定之職位。其餘如風車、篩務、看焙、管火色、司揀等各種上等工人，並散僱之日工、揀茶婦女等，都要選好。而總管及幫總其人，最不可不擇。

主事之人如得精明廉達之士，則能察諸人之賢否，授之以事。授事後，更須觀其勤惰，考其事功，以定升黜。事無巨細，務必親自考核。上自各執事，下至散工，皆事事留心，纖芥勿漏。如此，則必事半功倍，生意興旺，市利倍蓰。

若主事之人結黨營私，貪污自肥，凡事但求其一己之私利，所僱之人，又多係非親即故，庸碌無能之輩。其中即令有精明廉潔者，彼等亦必排擠誹謗之，使其不礙己，或克扣銀之成色，或克扣錢之數。舉凡營私舞弊，無惡不作。故司總之人選，最為不可不慎。

所選司總雖屬廉明，但因事務繁瑣，所用諸人泰半係本地人，在分授其職後，單以一人之耳目，察眾人之賢否，亦屬甚難。故有幫總、巡察各職司負責稽察考核，方可無蒙蔽之患。是以巡察之任，其所賴實重，必須慎選其人。苟巡察等得其人，諸弊可去其半。惟對於司帳、秤手，及司銀等職位，司總務必須時加稽察，要注意司帳有否貪吞貨款？有否與人合謀營私？檢查司銀有無虧空及克扣等舞弊。

秤手必用本地人，以其語言相通，便於貿易。此亦要謹慎。蓋每歲茶市，數旬之間就過去，前來與之買賣者，其中或有本地人之親族朋友，故貨色評級高低，作價上下，斤兩參差，必須時刻留心，以防作弊。以上各端，利害關係最大。至於東家與司總務，必須專心體察，以防其弊。其利弊之小者，則責各司事人時加體察，事事檢點，約束散工，使其不懈。並宜密為稽查，以防偷漏。茶莊之內，所僱用長工散役，日以數百計，其間良莠不一，常有偷竊之虞。如日懷一斤數兩茶葉俟晚間歇工時，懷挾帶出；或內外串通，先將茶葉捲於蓆、藏於袋，待五更人靜時設計偷出。如未發覺其行為，即會有再次、三次而不已。至他日茶葉做成後，雖追究茶葉總量低少，亦不可及。故防止偷漏，不可不慎密。

紅茶均堆裝箱類

紅茶已悉數製畢後，從頭篩至片末各等，皆大略過秤，安排等次，以便均堆。均堆之法，底下、兩側及後壁三面用光滑之木板釘妥，而後先按頭號篩茶，二號篩茶及三號篩茶依次排好，其次再排粗片末子；之後再順次排四號、五號等。順次倒入茶葉時，務要注意茶色能否配合。而每號茶葉均需薄攤排列，厚薄要勻。如右排妥完畢，則以鐵製鋤鈎自邊緣起，順次鈎拌均勻。裝茶之竹器，須先秤過，以求輕重一律，而後放茶於竹器內過秤，務求輕重一律，最後送交裝箱處裝箱。

裝箱之法，先裝茶半箱，用腳踏箱之四角，務使四角茶葉緊實。然後再倒入另外一半，仍加踏實，務使箱內茶葉四周平滿，無低陷尖高為佳。如右裝妥完畢後，再過秤；秤準後，封口釘箱，至此即告完成。

時要須知

早春茶。早春茶之製做、裝箱要速，訂價時其價錢稍為有利即應發售，不可猶豫不決。如價錢下落太甚，必籌酌自己之資本及市面行情，苟資本少而不能持久，或雖能持久而預期日後也無利可圖時，亦應迅速出售為佳。蓋僅損失些微資本，卻擺脱難以揮去之行情憂慮，心身得到安逸，尚能另求經營之道，可望“失諸東隅，收之桑榆”也。

二三春茶，亦應趕快製成，務須視早春市面，外洋信息及眼前行情之漲落，衡量出售之遲速。凡行情驟漲，則可觀大局速售，切勿居奇；若行情驟落，應細察其緣由，切勿只圖迅速脱手。孔子對子貢教曰：“人棄則取，人取則棄”。[9] 得此八字要訣，籌酌變通，則生意之權衡，可思過半矣。

篩工資力宜惜類

篩工眾多，日達百數十人，如朝起稍晚，開工期間又經常停息，則徒耗工資，遲延時日。又早晨遲起，及夜猶未停工，此多耗蠟燭、燈油費用。總之，工作要勤，又要愛惜工人勞力。夫製茶多在夏季，如早起精神集中，氣溫清涼，故人不覺其倦，製做必勤。至午時則限時休息，以維持體力。蓋休息片刻，其力可舒。不知者以休息為誤工，而知者以之為趕工。如朝不早起，終日不停工，繼之以夜，則不知者以之為趕工，但知者以之為誤工。何歟？蓋體力有限，在炎夏烈日之時，雖無事之人尚且困倦，況做事之人乎？如不能休息片刻，又繼之以夜，豈能堪哉！故宜愛惜工人之力。

裝運要略須知類

此一段略[10]

水色功用略類

凡綠茶水色，以清碧為最上。所謂清碧，即如柳葉初舒之青翠顏色。歷一小時，以其色尚清澄者為上，以渾濁紅黃者為下。

品賞法。以湯匙舀取少許以氣吮吸，使其氣直透臍下，以芬芳清烈，留香齒頰，舌底生津，滿口甘甜者為上，如有霉氣、惡臭觸鼻或其味澀口者為下。

綠茶功用。能消滯、去痰熱、除煩渴、清頭目、醒昏睡、解食積及燒炙之毒。但以其性寒，故勿多飲。多飲則消脂肪，寒胃，瘦人。綠茶以嫩者為良，粗者於人無益。

紅茶水色。紅茶水色要濃厚，不渾濁淺淡者為佳。茶一入口即覺甜滑甘美，香澤之氣，縕縕滯留喉間者為上。如澀舌澀唇，其味腥惡者次之。

紅茶功用與綠茶稍異，能中和消滯，解暑療煩，悅志醒睡，下氣利溫，亦微有消脂之功。微醉時，宜稍飲以舒酒力。若酩酊大醉時，則不宜飲，蓋茶汁會將酒氣引入膀胱，恐為患及腎。

凡煎茶之水，宜選其美者，隨各地脈之宜取之，如江南金山寺之〔南〕零水，無錫惠泉山之石泉水等。如其處無醴水甘泉，則擇清碧潔淨之長流水為好。

盛水煎湯之器皿亦宜選擇。茶與水品雖俱妙，若用帶惡臭氣味之銅、鐵、錫製之器皿煎之，飲後腥惡之氣繞滿齒頰，猶如“朝衣朝冠，坐於塗炭”。故煎湯之器皿，以銀器最妙，瓷器、陶器及紫銅器等次之。

茶、水、器三者雖然俱佳，如用敗木、污柴、腥草、惡葉、油炭等煎之，則其味惡，與用敗器者同；而苟柴薪雖美，若烹水之法不善，亦失其味。蓋水未沸時，揭蓋觀望，致煙火之氣流入器內。又如水既沸，任其煎而不顧者是也；而又或注茶葉以沸湯時，緩急不均者，亦失其味。蓋注湯急，則茶葉向外漂揚；注緩，則其葉難開，其味薄。凡此等類，皆能損失茶湯真性。故品茶之道，豈可言易哉？

注　釋

1 本敘之前，日本內務省勸農局原版，還冠有日人織田完之撰寫的《緒言》一篇，因其對胡秉樞及其《茶務僉載》所以到日本和在日本出版，有所關涉，故本書在將本文回譯為中文收編時，不予刪除，移此作注，以供參考：

《茶務僉載》緒言　聞歐美諸洲不產茶，如紅茶、綠茶，俱仰中國、印度，以故有中印之富源，亦在於茶云。見本年一月自中國廈門港出口美國之茶表，淡水烏龍4,473,260斤，廈門烏龍3,538,631斤。一月一國尚且如此，應知全年向歐洲諸國出口之多也。由此觀之，中印之富源，亦在於茶說，並非妄言。而"其茶皆山野自生，其製法亦至簡易"這種我邦園圃所栽培之茶，其產額固有限，又其製只循固有之法，其用亦僅止於國內。近來生產的一種本色茶，雖然已稍向美國輸出，但尚未能適應歐洲諸國之嗜好。抑四國、九州之地，山野自生之茶尤多，野火燒之，猶長新茶，如蕨薇然。是以稱茶為本邦"天然之富源"亦無不可。官員夙已有見於此，曾從中國僱請吳新林、凌長富等，遣送四國、九州摘取自生之茶，試製紅、綠各色，惜其品位未能適於歐美需用。頃，嶺南人秉樞胡氏，携自著之《茶務僉載》來稟官，曰："貴國茶質之佳美，實非敝邦所能及，而不適歐洲人之所好，製法未備也，願為貴邦傳其製法。"官納其言，讓胡氏試製，果得精良之品。自今以後，我山野自生之茶，悉效此法，與固有之傳統製法並存，使其品位益加精良，本邦生產之茶葉亦能適應歐美諸國需用，而使中國、印度不得獨擅其美也。今方開其端者，秉樞胡氏也。此書乃出於其多年實踐經驗之餘者，於各地製茶家，所裨益者不少。此官之所以特刊佈此書云。

明治十年六月織田完之撰

2 洋莊，則自明代而至於今：胡氏此語不十分確切。中國茶葉作為商品由海路輸入西歐，的確是始於明代後期。但茶作為中國和西方貿易的主要物資之一，中國設立固定商行專門負責與各國貿易，這還是至清朝取消海禁以後的事情。至於各國在中國內地和口岸開廠設棧，直接進行外銷茶收購加工的所謂"洋莊茶"，則更遲主要是中英鴉片戰爭以後興起的。

3 杏月：中國農曆二月的稱謂之一。三月叫"桃月"、四月叫"槐月"、五月叫"榴月"……。二月的稱謂除"杏月"外，還有"仲春"、"早春"、"蘭花"、"建卯月"等等。

4 台郡：台灣。

5 風車：即風機。

6 此句原置於*，今據文意校正。

7 粵垣：廣州。

8 買賣城：原中俄邊界的恰克圖。位庫倫（今蒙古人民共和國烏蘭巴托）北約"八百里"。清雍正五年（1727）與俄訂立"恰克圖條約"，准予通商，嗣又禁止。至乾隆五十七年（1792），復立互市條約，並以此作兩國互市之地。後劃分邊界，因舊街市悉劃入俄境，中國內地商人就在中國一側別建新市於界，集中國土產貨物與俄商互市，稱為"買賣城"。

9 此句翻閱孔子論著未見。但在中國古籍中，類似的記載，如"人棄我取，人取我與"，在在可見。

10 此一段略：為日本勸農局版原注。

校　記

① “敘”字前，日本內務省勸農局刊本（簡稱勸農局本），還冠有書名，作“茶務僉載敘”。此前日人織田完之所撰的“緒言”，和此後胡秉樞的“小引”及“目錄”，前面也皆加有書名；本書收編時刪，它處也不再出校。

② 茶：本敘勸農局原文為據龍封脩手抄隸書刊印，故皆書作“荼”字。

③ 綠茶罐箱裝藏類：勸農局本“目錄”原文作“罐箱裝藏類”，文中標題為“綠茶鉛鑵箱板藏類”，本書譯編統一改作為“綠茶罐箱裝藏類”。

④ 綠茶緣起類略：“緣起”，勸農局本原文形誤作“綠起”，逕改。

⑤ 裝運要略須知類：勸農局本原文作“裝運要略”，文中標題為《裝運要略須知類》，據文題增補。

⑥ 在“目錄”後與“種植類”之間，勸農局本原文還多一行“茶務僉載”，“清國　嶺南　胡　秉樞著”十字。本書編者省。

⑦ 安徽：此一省名疑誤。因句首“綠茶以安徽婺源……為第一，其次為屯溪、平水、安徽、寧紹等處”，重出的“安徽”當是屯溪一類的省下茶區名。有可能是“六安”、“徽州”之誤刊。

⑧ 綠茶採摘類：勸農局本原題作“採擇類”，此據文前目錄增補。

⑨ 綠茶製做類：勸農局本原題作“製做類”，此據文前目錄增補。

⑩ 別鑊：“鑊”字，勸農局本此處誤刊作“罐”字，據前後文文義改。

⑪ “此茶”以下本段內容，勸農局本原文抬頭作另段。本書譯編時考慮其與上面內容的連貫性，移此合為一段。

⑫ 綠茶製法宜精〔類〕：勸農局本原題作“製法宜精”，此據文前目錄增補。

⑬ 熙雨：勸農局本原文“雨”字，形誤作“南”字，據前後內容逕改。

⑭ 器用類略：勸農局本原題作“器用類”，據文前目錄增補。

⑮ 烏龍製做類：勸農局本原題作“烏龍製類”，據文前目錄增補。

⑯ 紅茶揀擇類：勸農局本原書脱此題，此據文前目錄增補。

茶史

◇清　佚名　撰

佚名《茶史》，《北京圖書館館藏古農書目錄》著錄作：“《茶史》一卷，佚撰者名，抄本二冊，與《花史》三冊合訂，共五冊。”“一卷”云云，查非抄本所書，疑是北京圖書館編目時添加的。嚴格説，此書不能算史，只是將所抄茶詩、茶詞和七種宋代茶書彙編成冊罷了。不過，因其中有不少他書不見的資料，所以還有一定的價值。

本文輯成時間，原書目闕未定，為本書編時加。在徵求意見時，有個別學者以本文所錄內容均出明人以前著作，主張題作“明代抄本”；也有人以北京圖書館將此本只作普本未列入善本，提出可能出之“清末民初”。我們經初步查考後認為，此二説似乎都有失偏頗。所謂所錄茶書和詩詞，“均出明人以前著作”，不完全正確，其中有些人，如沈龍，就屬明末清初人，其賦其詩，很可能是其入清以後的作品。至於收藏單位未將此鈔本作為善本而“只作普本”，這也不能成為斷定其為“清末民初”的鐵據。因此我們取所詢多數學者的意見，將本文輯成和手抄時間籠統定之為“清”，餘地似乎更大。本書以北京國家圖書館獨本作錄，對收錄的內容，除為節省篇幅、減少重複，對所錄的長詩和整本茶書予以刪略以外，對有些詩詞舛差，也擇要據原文和有關版本稍加校注。

茶史

經采書目

三國志　墉城集仙錄　洛陽伽藍記　清異錄　宋史　青箱雜記　嬾真子　清波雜誌　癸辛雜識　舊唐書　博物志　李太白集　述異記　續博物志　玉泉子　西溪叢話　避暑錄話　歸田錄　澠水燕談錄　墨客揮犀　畫墁錄　侯鯖錄　金史　閩部疏　泉南雜誌　雁蕩山志　解脱集　鶴林玉露　研北雜志　夢溪筆談　東坡志林　物類相感志　楊升庵文集　雨航雜錄　紫桃軒雜綴　紫桃軒又綴　六研齋筆記　巖棲幽事　金陵瑣事　露書　中朝故事　甫里先生集　芝田錄　採茶錄　新唐書　南村輟耕錄　遊宦紀聞　墨莊漫錄　偃曝談餘　清暑筆談　適園雜著　岱宗小稿　黃文節公文集　白氏長慶集　樊川文集　林和靖集　朱文公全集　宋元詩集　淮海集　匏翁家藏集　太白山人集　甫田集　文起堂集　黃澗集　隱秀軒集　東坡詞　吳歈小草　松圓浪淘集　汲古堂集　蘊文忠公全集　檀園集　譚子詩歸　黎陽王襄敏公集　歐餘漫錄　太函集　梅宛陵集　欒城集　元豐類稿　雪濤閣談叢　范文正公集　容台集　因話錄　鐘白敬遺稿　北夢瑣言　石林燕

語　趙濤獻公文集　白玉蟾集唐文粹　晚香堂小品　幽草軒野語　趙半江集　程中權集　快雪堂集　呂涇野語錄　瞿慕川集　珂雪齋遊居？錄　偶庵草　蔡君謨茶錄　東溪試茶錄　歐陽文忠公集　呂純陽集　暖姝由筆　漱石閒談　戒菴老人漫筆　歇菴集　馮元成選集　天爵堂文集　南遊合草　甲序　弇州山人續稿　聽雪齋詩草　李衛公別集　才調集　世經堂集　趙忠毅公詩集　正續全蜀藝文志　于肅愍公集　雞肋集　見只編　雪初堂集　合璧事類外集　徐文長三集　歸有園稿　明詩續選　焚書　魯文恪公集　七修類稿　雞樹館集　湧幢小品　岱志　多能鄙事　香草詩選　秣陵詩　劍南詩稿　程篁墩文集　鄭侯升集　瀛奎律髓　梅花草堂集　蠙衣生蜀草　亦園詩文略　光祿寺志　北苑別錄　宣和北苑貢茶錄　品茶要錄　蔡襄茶錄　東溪試茶錄　負暄雜錄　臆乘　友會談藂　睡菴詩稿三刻　筆麈　梅巖小稿　鹿裘石室集　袁中郎全集

陸羽《茶經》三卷、又《茶記》一卷　溫庭筠《採茶錄》一卷、《茶苑雜錄》一卷不知作者　張又新《煎茶水記》一卷　毛文錫《茶譜》一卷　丁謂《北苑茶錄》二卷　蔡襄《茶錄》一卷　沈立《茶法易覽》十卷　呂惠卿《建安茶用記》二卷　章炳文《壑源茶錄》一卷　劉異《北苑拾遺》一卷　宋子安《東溪茶錄》一卷　熊蕃《宣和北苑貢茶錄》一卷　宋黃儒《品茶要錄》一卷　《宋史．藝文志》。《唐書》止載陸羽《茶經》三卷，溫庭筠《採茶錄》一卷，張又新《煎茶水記》一卷。

韋曜，字弘嗣，吳郡雲陽人也。少好學，善屬文。孫皓即位，封高陵亭候，遷中書僕射，職省，為侍中。皓每饗宴，無不竟日，坐席無能否，率以七升為限。雖不悉入口，皆澆灌取盡。曜素飲酒不過二升，初見禮異，時常為裁減或密賜茶荈以當酒。至於寵衰，更見偪彊，輒以為罪。《三國志．吳書》

廣陵茶姥者，不知姓氏鄉里，常如七十歲人，而輕健有力，耳聰目明，頭髮鬒黑。晉元南渡之後，耆舊相傳見之百餘年，顏狀不改。每持一器茗往市鬻之，市人爭買，自旦至暮所賣極多，而器中茶常如新熟而未嘗減少，人多異之。卅吏以冒法繫之於獄，姥乃持所賣茗器，自牖中飛去。杜光庭《墉城集仙錄》

尚書令王肅，瑯琊人，贍學多通。文辭美茂，為齊秘書丞。太和十八年，背逆歸順。肅初入國，不食羊肉及酪漿等物，常飯鯽魚羹，渴飲茗汁。京師士子見肅一飲一斗，號為漏卮。經數年以後，肅與高祖殿會，食羊肉酪粥甚多。高祖怪之，謂肅曰："卿中國之味也。羊肉何如魚羹，茗飲何如酪漿？"肅對曰："羊者是陸產之最，魚者乃水族之長，所好不同，並各稱珍。以味言之，甚是優劣。羊比齊魯大邦，魚比邾莒小國。惟茗不中與酪作奴。"高祖大笑。彭城王勰謂肅曰："卿明日顧我，為卿設邾莒之食，亦有酪奴。"因此號茗飲為酪奴。時給事中劉縞，慕肅之風，專習茗飲。彭城王謂縞曰："卿不慕王侯八珍，好蒼頭水厄。海上有逐臭之夫，里內有學顰之婦。以卿言之，即是也。"其彭城王家有吳奴。以此言戲之。自是朝貴宴會，雖設茗飲，皆恥不復食，惟江表殘民遠來降者好之。

後蕭衍子西豐侯蕭正德歸降時，元義欲為之設茗，先問："卿於水厄多少？"正德不曉義意，答曰："下官生於水鄉，而立身以來，未遭陽侯之難。"元義與舉坐之客皆笑焉。北魏楊衒之《洛陽伽藍記》

樂天方入關齋，禹錫正病酒，禹錫乃餽菊苗虀、蘆菔鮓，換取樂天六班茶二囊以醒酒。《蠻甌志》

陸鴻漸採越江茶，使小奴子看焙。奴失睡，茶焦爍，鴻漸怒，以鐵繩縛奴投火中。《蠻甌志》

元和時，館閣湯飲待學士者，煎麒麟草。《鳳翔退耕傳》

覺林院志崇收茶三等，待客以驚雷莢，自奉以萱草帶，供佛以紫茸香，蓋最上以供佛，而最下以自奉也。客赴茶者，皆以油囊盛餘瀝以歸。《蠻甌志》 上四條並出馮贄《雲仙雜記》

兵部員外郎約，研公李勉之子也，以近屬宰相小，而雅度玄機，蕭蕭沖遠。約天性惟嗜茶，能自煎，謂人曰："茶須緩火炙，活火煎。活火，謂炭之焰者也。"客至不限甌數，竟日執持茶器不倦。趙璘《因話錄》

太子陸文學鴻漸名羽。其先不知何許人，竟陵龍蓋寺僧姓陸，於堤上得一初生兒，收育之，遂以陸為氏。聰俊多能，學贍辭逸，詼諧縱辯，蓋東方曼倩之儔與。性嗜茶，始創煮茶法。至今鬻茶之家，陶為其像，置於煬器之間，云宜茶足利。其歌云："不羨黃金罍，不羨白玉杯，不羨朝入省，不羨暮入台。千羨萬羨西江水，曾向竟陵城下來。"

察院兵察常主院中茶，茶必市蜀之佳者，貯于陶器，以防暑濕，禦史躬親緘啟，故謂之茶瓶廳。並《因話錄》

唐薛尚書能，以文章自負，累出戎鎮，常鬱鬱歎息惜，因有詩謝淮南寄天柱茶。其落句云："麄官也似真拋卻，賴有詩句合得嘗"，意以節鎮為麄官也。孫光憲《北夢瑣言》

和凝在朝，率同列遞日以茶相飲，味劣者有罰，號為湯社。

吳僧文了善烹茶，游荊南，高保勉白子季興，延置紫雲菴，日試其藝，保勉父子呼為湯神。奏授華定水大師，上人目曰乳妖。

偽閩甘露堂前兩株茶，鬱茂婆娑。宮人呼為清人樹，每春初，嬪嬙戲摘新芽，堂中設傾筐會。

饌茶而幻出物象於湯面者……煎茶贏得好名聲。[1]

進士于則謁外親於汧陽，未至十餘里，飯於野店，旁有紫荊樹，村民祠以為神，呼曰"紫相公"，則烹茶因以一盃置相公前，策馬徑去。是夜夢峨冠紫衣人來見，自陳余則紫相公，主一方菜蔬之屬，隸有天平吏掌豐，辣判官主儉。然皆嗜茶而奉祠者鮮以是品為供。蚤蒙厚飲，可謂非常之惠，因口占贈詩，曰："降酒先生風韻高，攪銀公子更清豪。碎身粉骨功成後，小碾當禦金腳槽”之句。蓋則是日以小分，鬚銀匙打茶，故目為“攪銀公子”。則家業蔬圃中祠之，年年獲收。

皮光業最耽茗事……而難以療饑也。[2]並《清異錄》

偽唐徐履掌建陽茶局，弟復治海陵鹽政，鹽檢烹煉之亭榜曰金鹵，履聞之，潔治敞焙舍，命曰玉茸。《清異錄》

龍圖劉燁亦滑稽辯捷，嘗與內相劉筠聚會飲茗。問左右曰：湯滾也未？左右皆應曰：已滾。筠曰：“僉曰鯀哉！”燁應聲曰：“吾與點也。”吳處厚《青箱雜記》

王元道嘗言……因大奇之。[3]馬永卿《嬾真子》

長沙匠者造茶器，極精緻工直之厚，等所用白金之數，士夫家多有之，實幾案間，但知以侈靡相誇，初不常用也。司馬溫公偕范蜀公遊嵩山，各攜茶往，溫公以紙為貼，蜀公盛以小黑合。溫公見之，驚曰：“景仁乃有茶器？”蜀公聞其言，遂留合與寺僧。凡茶宜錫，竊意若以錫為合，適用而不侈，貼以紙，則茶味易損，豈亦出雜以消風散，意欲矯時弊耶？邵氏聞見錄云：溫公嘗與范景仁共登嵩頂，由轘轅道，至龍門，涉伊水，至香山，憩石臨八節灘，凡所經從多有詩什，自作序曰：遊山錄，攜茶遊山當是此時。

張芸叟曰：申公知人，故多得於下僚。家有茶羅子，一銀飾，一金飾，一棕欄。方接客，索銀羅子，常客也；金羅子，禁近也；棕欄，則公輔必矣。家人常挨排於屏間以候之，申公溫公同時人，而待客茗飲之器，顧飾以金銀分等差，益知溫公儉德世無其比。《清波雜志》

周公謹密云：長沙茶器精妙甲天下，每副用白金三百星或五百星，凡茶之具悉備，外則以大纓銀貯之。趙南仲葵丞相帥潭日，嘗以黃金千兩為之，以進尚方。穆陵大喜，蓋內院之工所不能為也。因記司馬公光與范蜀公遊嵩山，各攜茶以往，溫公以紙為貼，蜀公盛以小黑合，溫公見之曰：景仁乃有茶器耶？蜀公聞之，因留合與寺僧而歸，向使二公見此，當驚倒矣。《癸辛雜識》

歐陽文忠公感事詩“煩心渴喜鳳團茶”，自注云，先朝舊例，兩府輔臣歲賜龍茶，一斤而已。余在仁宗朝，作學士，兼史館修撰，嘗以史院無國史，乞降一本，以備檢討，遂命天章閣錄本付院，仁宗因幸天章，見書吏方錄國史，思余上言，亟命賜黃封酒一瓶，果子一合，鳳團茶一斤，押賜中使語余云：上以學士校新寫國史不易，遂有此賜，然自后月一賜，遂以為常，後余忝二府，猶賜不絕。《歐陽文忠公集》

《茶述》[4]　**《合璧事類外集》**

湯悅有《森伯頌》……誰能目之。

豹革為囊……稱茶為水豹囊。

胡嶠飛龍磵飲茶詩曰……後間道復歸。

陶秀實云：猶子彝……然彝亦文詞之有基址者也。

符昭遠不喜茶……亦可夾眼。

孫樵《送茶與焦刑部書》云……慎勿賤用之

茶至唐始盛……時人謂之茶百戲

宣城何子華……允矣哉。[5]並《清異錄》

李白《答族姪僧中孚贈玉泉仙人掌茶詩序》曰：余聞荊州玉泉寺近清溪諸山，山洞往往有乳窟，窟中多泉石交流。其水邊處處有茗草羅生，枝葉如碧玉，唯玉泉真公常采而飲之，年八十餘歲，顏色為桃花。而此茗清香滑熟，異於他者，所以能還童振枯，扶人壽也。余游金陵，見宗僧中孚，示余茶數十片，拳然重疊，其狀如手，號為仙人掌茶。蓋新出乎玉泉之山，曠古未覿，因持之見遺。兼贈詩，要余答之。後之高僧大隱，知仙掌茶發乎中孚禪子及青蓮居士李白也。……

德宗貞元九年春正月，初稅茶，歲得錢四十萬貫，從鹽鐵使張滂所奏。茶云有稅，自此始也。劉昫《唐書》

飲真茶，令人少眠。張華《博物志》

巴東有真香茗，其花白色如薔薇，煎服令人不眠，能誦無忘。任昉《述異記》

南人好飲茶，孫皓以茶與韋昭代酒，謝安詣陸納，設茶果而已。北人初不識，開元中，泰山靈巖寺有降魔師教禪者以不寐人多作茶飲，因以成俗。唐人陸鴻漸為茶論，並煎炙之法，造茶具二十四事，以都統籠貯之。常伯熊者，因廣鴻漸之法，伯熊飲茶過度，遂患風氣，或云北人未有茶，多黃病，後飲，病多腰疾偏死。李石《續博物志》

昔有人授舒州牧，李德裕謂之曰：“到彼郡日，天柱峯茶，可惠三角。”其人獻之數十斤，李不受退還。明年罷郡，用意精求，獲數角投之，德裕閱而受，曰：“此茶可以消酒食毒。”及命烹一甌沃於肉食內，以銀合閉之。詰旦因視，其肉已化為水，眾服其廣識。《玉泉子》

陶穀云……龍岥是顧渚之別境。

吳僧梵川……持歸供獻。

有得建州茶膏……轉遺貴臣

顯德初……建人也[6]並《清異錄》

宋榷茶之制，擇要會之地，為榷貨務六。茶有二類，曰片茶，曰散茶，片茶蒸造，實捲模中串之。唯建、劍則既蒸而研，編竹為格，置焙室中，最為精潔，他處不能造。有龍鳳、石乳、白乳之類十二等，以充歲貢及邦國之用，其出處，袁饒、池、光歙、潭、嶽、辰、澧州、江陵府、興國臨江軍，有仙芝、玉津、先春、綠芽之類二十六等，兩浙及宣、江、鼎州、又以上中下或第一至第五為號。散茶出淮南歸州、江南荊湖，有龍溪、雨前、雨後之類十一等，江浙又有以上中

下或第一至第五為號者。《宋史 · 食貨志》

“建州臘茶，北苑為第一”，其最佳者曰社前，次曰火前，又曰雨前，所以供玉食，備賜予。太平興國始置，大觀以後制愈精，數愈多，胯式屢變，而品不一，歲貢片茶二十一萬六千斤。建炎以來，葉濃楊勍等相因為亂，園丁已散，遂罷之。紹興二年，蠲末起大龍鳳茶一千七百二十八斤，五年復減大龍鳳及京鋌之半。十二年，興榷場，遂取臘茶為榷場本，凡胯截片鋌，不以高下多少，官盡榷之，申嚴私販入海之禁。明年，以失陷引錢，復令通商，自是上供龍鳳京鋌茶料。凡製作之費，篚笥之式，令漕司掌之。蜀茶之細者，其品視南方已下，惟廣漢之趙坡，合州之水南，峨嵋之白芽，雅安之蒙頂，土人亦珍之，但所產甚微，非江建比也。舊無榷禁，熙寧間，始置提舉司，收歲課三十萬，至元豐中，累增至百萬。上《宋史 · 食貨志》

朱崖地產苦簦 ，民或取葉以代茗。《宋史 · 崔與之傳》

建州龍焙面北謂之北苑，有一泉極清澹，謂之禦泉。用其池水造茶，即壞茶味。唯龍團勝雪，白茶二種，謂之水芽，先蒸後揀，每一芽，先去外兩小葉，謂之烏帶，又次取兩嫩葉，謂之白合， 留 小心芽，置於水中，呼為水芽，聚之稍多，即研培為二品，即龍團勝雪，白茶也。茶之極精好者，無出於此，每胯計工價近三十千，其他茶雖好，皆先揀而後蒸研，其味次第減也。茶有十綱，第一第二綱太嫩，第三綱最妙，自六綱至十綱，小團至大團而止。第一名曰試新，第二名曰貢新，第三名有十六色：龍團勝雪、白茶、萬壽龍芽、御苑玉芽、上林第一、乙夜清供、龍鳳英華、玉除清賞、承平雅玩、啟沃承恩、雲葉、雪英、蜀蔡、金錢、玉華、千金。第四有十二色：無比壽芽、宜年寶玉、玉清慶雲、無疆萬龍、萬春銀葉、玉葉長春、瑞雪翔龍、長壽玉圭、香口焙、興國岩、上品揀芽、新收揀芽。第五次有十二色：太平嘉瑞、龍苑報春、南山應瑞、興國岩小龍、又小鳳、續入額、御苑玉芽、萬壽龍芽、無比壽芽、瑞雲翔龍。先春、太平嘉瑞、長壽玉圭，已下五綱，皆大小團也。姚寬《西溪叢語》

葉石林云：北苑茶，正所產為曾坑，謂之正焙；非曾坑為沙溪，謂之外焙。二地相去不遠，而茶種懸絕。沙溪色白，過於曾坑，但味短而微澁，識茶者一啜如別涇渭也，余始疑地氣土宜不應頓異如此，及來山中，每開闢徑路，刳治巖竇，有尋丈之間，土色各殊，肥瘠緊緩燥潤亦從而不同。並植兩木於數步之間，封培灌漑略等，而生死豐瘁如二物者，然後知事不經見不可必信也。草茶極品，唯雙井顧渚，亦不過多有數畝。雙井在分寧縣，其地屬黃氏魯直家也。元祐間，魯直力推賞於京師，族人交致之，然歲僅得一二斤爾。顧渚在長興縣，所謂吉祥寺也，其半為今劉侍郎希范家所有，兩地所產歲亦止五六斤。近歲寺僧求之者多，不暇精擇，不及劉氏還甚，余歲求於劉氏，過半斤則不復佳，蓋茶味雖均，其精者在嫩芽，取其初萌如雀舌者謂之槍，稍敷而為葉者謂之旗，非所貴，不得

已取一槍一旗猶可，過是則老矣，此所以難得也。《避暑錄話》

歐陽公修云：臘茶盛於劍建，草茶盛於兩浙。兩浙之品，日注為第一。自景祐已後，洪州雙井白芽漸盛，近歲製作尤精，囊以紅紗，不過一二兩，以常茶十數斤養之，用辟暑濕之氣，其品還出日注上，遂為草茶第一。《歸田錄》

王闢之云：建茶盛於江南……何至為此多貴。[7]《澠水燕談錄》

蔡君謨善別茶……乃服。[8]

王荊公為小學士時，嘗訪君謨，君謨聞公至，喜甚，自取絕品茶，親滌器烹點以待公，冀公稱賞。公於夾袋中取消風散一撮，投茶甌中併食之，君謨失色。公徐曰："大好茶味。"君謨大笑，且嘆公之真率也。彭乘《墨客揮犀》

蔡君謨，議茶者莫敢對公發言。建茶所以名重天下，由公也。後公制小團，其品尤精於大團。一日，福唐蔡葉丞秘教召公啜小團，坐久，復有一客至。公啜而味之曰："非獨小團，必有大團雜之。"丞驚呼，童曰："本碾造二人茶，繼有一客至，造不及，乃以大團兼之。"丞神服公之明審。《墨客揮犀》

張芸叟舜民云：有唐茶品以陽羨為上供，建溪北苑未著也。貞元中，常袞為建州刺史，始蒸焙而研之，謂研膏茶。其後稍為餅樣其中，故謂之一串。陸羽所烹，惟是草茗爾。迨至本朝，建溪獨盛，採焙製作，前世所未有也，士大夫珍尚鑒別，亦過古先。丁晉公為福建轉運使，始制為鳳團，後又為龍團，貢不過四十餅，專擬上供，雖近臣之家，徒聞之而未嘗見也。天聖中，又為小團，其品迥加於大團，賜兩府，然止於一觔，唯上大齋宿，八人兩府共賜小團一餅，縷之以金，八人折歸，以侈非常之賜，親知瞻玩，賡唱以待，故歐陽永叔有龍茶小錄，或以大團問者，輒方刲寸，以供佛供仙家廟已，而奉親並待客享子弟之用。熙寧末，神宗有旨建州制密雲龍，其品又加於小團矣。然密雲之出，則二團少粗，以不能兩好也。予元祐中，詳定殿試是年秋，為制舉考第官，各蒙賜三餅，然親知誅責，殆將不勝。宣仁一日嘆曰："指揮建州，今後更不許造密雲龍，亦不要團茶，揀好茶喫了，生得甚好意智？"熙寧中，蘇子容使虜，姚麟為副，曰："盍載些小團茶乎"，子容曰："此乃供上之物，儔敢與虜人？"未幾，有貴公子使虜，廣貯團茶，自爾虜人非團茶不納也，非小團不貴也，彼以二團易蕃羅一匹，此以一羅酬四團，少不滿，則形言語，近有貴貂〔使〕邊①，以大團為常供，密雲為好茶。《畫墁錄》

趙德麟令畤云：皋盧，茶名也，皮日休云"石盆前皋盧"。《侯鯖錄》

金茶，自宋人歲供之外，皆貿易於宋界榷場。泰和五年十一月，尚書省奏，茶飲食之餘，非必用之物，比歲上下競啜，農民尤甚，市井茶肆相屬，商旅多以絲絹易茶，歲費不下百萬，是以有用之物，而易無用之物也。若不禁，恐耗財彌甚。遂命七品以上官，其家方許食茶，仍不得賣及饋獻，不應留者，以斤兩立罪賞。七年，更定食茶制。八年七月，言事者以茶乃宋土草芽，而易中國絲綿錦絹有用之物，不可也。國家之鹽，貨出於鹵水，歲取不竭，可令易茶，省臣以為所易不廣，遂奏令兼以雜物博易。宣宗元光二年三月，省臣以國蹙財竭，奏曰：金幣錢穀，世不可一日闕者也，茶本出於宋地，非飲食之急，而自昔商賈以金帛易之，是徒耗也。泰和間，嘗禁止之，後以宋人求和乃罷。兵興以來，復舉行之，然犯者不少衰，而邊民又窺利越境私易，恐因洩漏軍情或盜賊入境，今河南陝西凡五十餘郡，郡日食茶率二十袋，袋直銀二兩，是一歲之中，妄費民銀三十餘萬也。奈何以吾有用之貨而資敵乎？乃制親王公主及見任五品以上官素蓄者存之，禁不得賣饋，餘人並禁之，犯者徒五年，告者賞寶泉一萬貫。《金史·食貨志》

茶之品莫貴於龍鳳，謂之團茶，凡八餅重一斤。慶曆中，蔡君謨為福建路轉運使，始造小片龍茶以進，其品絕精，謂之小團。凡二十餅重一斤，其價直金二兩。然金可有而茶不可得，每因南郊致齋，中書樞密院各賜一餅，四人分之，宮人往往縷金花於其上，蓋其貴重為此。《歸田錄》

黃魯直謂荀中令，喜焚香，故名縮砂湯曰荀令湯。朱雲喜直言切諫，苦口逆耳，故名三稜湯曰朱雲湯。《墨莊漫錄》

葉石林夢得云：故事建州歲貢大龍鳳團茶各二斤，以八餅為斤。仁宗時，蔡君謨知建州，始別擇茶之精者為小龍團十斤以獻。斤為十餅，仁宗以非故事，命劾之，大臣為請，因留而免劾。然自是遂為歲額。熙寧中，賈青為福建轉運使，又取小團之精者為密雲龍，以二十餅為斤，而雙袋謂之雙角團茶。大小團袋皆用緋，通以為賜也。密雲獨用黃，蓋專以奉玉食，其後又有為瑞雲祥龍者。宣和後，團茶不復貴，皆以為賜，亦不復如向日之精，後取其精者為銙茶，歲賜者不同，不可勝記矣。葉夢得《石林燕語》

李溥為江淮發運使，每歲奏計，則以大船載東南美貨，結納當途，莫知紀極。章獻太后垂簾時，溥因奏事，盛稱浙茶之美，云：“自來進禦，惟建州餅茶，而浙茶未嘗修貢。本司以羨餘錢買到數千斤，乞進入內。”自國門挽船而入，稱進奉茶綱，有司不敢問，所貢餘者悉入私室。溥晚年以賄敗，竄謫海州，然自此遂為發運司，歲例每發運使入奏，舳艫蔽江，自泗州七日至京，余出使淮南時，見有重載入汴者，購得其籍，言兩浙牋紙三船，他物稱是。彭乘《墨客揮犀》

飲茶，或云始於梁天監中，事見於洛陽伽藍記，非也。按吳志韋曜傳，“孫皓時每宴饗，無不竟日，坐席無能否，飲酒率以七升為限，雖不悉入口，皆澆灌取盡，曜素飲酒不過三升，初見禮異時，或為裁減或密賜茶荈以當酒”。如此言，則三國時已知飲茶，但未能如後世之盛耳，逮唐中世榷利遂與醛酒相抗，迄今國計賴為多。上官融《友會讀蕞》

顧文薦《負暄雜錄》論建茶品第云：唐陸羽《茶經》……謂揀芽也。宣和庚子歲……必爽然自失矣。其茶歲分十餘綱……逮至夏過半矣。歐陽公詩云“建安三千五百里，京師三月嘗新茶”，蓋禦茶園自九窠十二隴至小山，凡四十六所，唯龍遊窠、小苦竹、張坑、西際又為禁園之先也。此熊蕃敘錄及諸家雜記採其說云。[9]

方萬里回云：茶之興味，自唐陸羽始，今天下無貴賤，不可一餉不啜茶。且其榷與鹽酒並為國利，而士大夫尤嗜其品之高者。盧仝一歌至飲七盌以奇語豪思，發茶之神工妙用，然"手閱月團三百片"，則必不精。達官送一處士，茶雖佳，亦不至如是之多，啜茶者皆是也，知茶之味者亦鮮矣。《瀛奎律髓》

楊伯嵒云：茶之所產，陸經載之詳矣，獨異美者名未備。謝氏論曰：茶比丹丘之仙茶，勝烏城禦舞之不止，味同露液，白況霜華，豈可為酪蒼頭使應代酒徒是陽衒之作。洛陽伽藍記曰"亦有酪奴"，指茶為酪粥之奴也。杜牧之詩"山實東西秀，茶稱瑞草魁"，皮日休詩"千盆前皋盧"，曹鄴詩"劍外九華英"，施肩吾詩"茶為滌煩子"。酒為忘憂君子，見於時文者，若越茗若濕，謂之皋盧，北苑白葉，希絕品也，豫章曰白露，曰白芽、南劍，曰石花，曰線芽、東川曰獸目，湖常俱曰紫筍，壽州曰黃芽，福州曰生芽，曰露芽，丘陽曰含膏外，此尤夥頗疑似者不書，若蟾背、鰕目、龍舌、蟹眼瑟瑟、慶霖霭、鼓浪、湧泉、琉璃眼、碧玉池，又皆茶事中天然偶字也。楊伯嵒《臆乘》

國朝《光祿寺志》廬州府六安州茶三百斤，計三百六十袋，每年收六百八十斤。此項該州用黃絹袋裝盛，每袋二斤，印封，本寺收貯後庫，每月進三十袋，如頒賜不足，則報買金磚茶補之。

建寧府建安縣一千三百六十斤，內探春二十七斤，先春六百四十三斤，次春二百六十二斤，紫筍二百二十七斤，薦新二百一斤，崇安縣九百九十斤，內探春三十二斤，先春三百八十斤，次春一百五十斤，薦新四百二十八斤。並《寺志》

王敬美曰：余始入建安，見山麓間多種茶而稍高大，枝幹槎枒，不類吳中產。問之，知為油茶，非蔡君謨貢品也。已曆汀延邵，愈益彌被山谷，高者可一二丈，大者可拱把餘。以冬華，以春實，榨其實為油，可燈，可膏，可釜。閩人大都用之，然獨汀之連城為第一。閩之人能別其品。王世懋《閩部疏》

陳懋仁曰：清源山茶，青翠芳馨，超軼天池之上，南安縣英山茶，精者可亞虎丘，惜所產不若清源之多也。閩地氣暖，桃李冬花，故茶較吳中差早。《泉南雜志》朱諫《雁蕩山志》浙東多茶品，而雁山者稱最，每春清明日摘茶芽進貢，一槍一旗而白毛者，名曰白茶。穀雨日採摘者名曰雨茶，此上品也。其餘以粗細鬻賣取價。宜以滾湯泡飲，久炙則無清色香味。一種紫茶，葉紫色，其味尤佳，而香氣尤清，難種而薄收，土人厭人求索，園圃中故少植。間有，亦必為識者取去。

四川總志：獸目山彰明治北五里，有茶品格有高，土人謂之獸目茶。茶出峨嵋山，初苦而終甘。　烏茶，天全，六番招討使司出。瀘州產茶《茶經》瀘茶味佳，飲之療風。

蒙頂茶，名山縣蒙山上青峯甘露井側產茶，葉厚而圓，色紫赤，味略苦，春末夏初始發，苔蘚庇之，陰云覆焉。相傳甘露太師自嶺表攜靈茗播五頂，舊志稱蒙頂茶受陽氣全，故芬香。唐李德裕入蜀得蒙餅以沃於湯餅上，移時盡化，以驗其真。傳雅州蒙山上有露芽，故蔡襄有歌曰“蒙芽錯落一番新”、白樂天詩“茶中故舊是蒙山”、吳中復謝人惠茶詩“吾聞蒙山之顛多秀山，惡草不生生淑茗”，謂此茶也。《雅州志》

雷鳴茶，蒙山有僧病冷且久，遇老父曰：仙家有雷鳴茶，俟雷發聲乃茁，可併手於中頂採摘。服未竟病瘥，精健至八十餘，入青城山，不知所之。今四頂茶園不廢，惟中頂草木繁重，人跡希至。《雅志》

太湖茶，瓦屋山太湖寺出茶，味清洌甚佳，詩人詠之曰：品高李白仙人掌，香引盧仝玉腋風。《雅志》杜應芳補續《全蜀藝文志》《動植紀異譜》

袁中郎宏道：遊杭敘述云，龍井泉既甘澄，石復秀潤。余與石簣陶望齡汲泉烹茶于此。石簣因問：龍井茶與天池孰佳？余謂：龍井亦佳，但茶少則水氣不盡，茶多則滋 味盡出。天池殊不爾。大約龍井茶頭茶雖香，尚作草氣，天池作荳氣，虎丘作花氣，唯岎非花非木，稍類金石氣，又若無氣，所以可貴。岎茶葉粗大，真者每斤至二千餘錢，余竟之數年僅得數兩許。近日徽人有送松蘿茶者，味在龍井之上，天池之下。《解脱集》

楊龍光夢袞論清福云：茶能滌煩去膩，止渴消食。宜精舍，宜雲林，宜磁瓶，宜竹灶，宜幽人雅士，宜衲子僊朋，宜永晝清潭，宜寒霄几坐，宜松月下，宜花鳥間，宜清流白石，宜綠蘚蒼苔，宜素手汲泉，宜紅粧掃雪，宜船頭吹火，宜竹裡飄煙。《岱宗小稿》

馮開之夢禎祭酒云：李于鱗攀龍為吾浙按察副使，徐子與中行以 岎 茶最精者餉之，比看子與昭慶寺，問及則已賞皂隶役矣。蓋岎茶葉大多梗，于鱗北士不遇宜矣。紀之以發一粲。陳季象説。《快雪堂集漫錄》

嘉靖十六年正月間孫曲水南京得團茶一餅，形如象棋子，大徑寸餘，厚二三分，色黑如舊墨[2]，黯黯而輕，面有戲珠盤龍，中一方圍圖書云：“萬壽龍芽”四真字，真宋物也。徐充《暖姝由筆》

徐子擴充云：高祖為青州府同知時，曾伯祖斷事遜，隨任魏知府疑魏觀嘗因客次以茶為題令賦詩曰：“春風拂拂長金芽，不比尋常萬木一作百草花，賜與蒼生能止渴賜與一作寄語，何須多占一作住玉川家。”時年十三。《暖姝由筆》

羅景綸云：陸羽茶經，裴汶茶述，皆不載建品。唐末，然後北苑亦焉，宋朝開寶間，始命造龍團以別庶品，厥後丁晉公漕閩，乃載之茶錄，蔡忠惠又造小龍團以進，東坡詩云，武夷溪邊粟粒芽，前丁後蔡相籠加，吾君所乏豈此物，致養口體何陋邪。茶之為物，滌昏雪滯，於務學勤政，未必無助，其與進荔枝桃花者不同。然充類至義，則亦宦官妾之愛君也，忠惠直道高名，與范歐相亞，而進茶

一事，乃儕晉公，君子之舉措，可不謹哉。《鶴林玉露》

紹興進茶，自宋降將范文虎始。

李仲賓學士言：交趾茶如綠苔，味辛烈，名之曰登。二條陸友《研北雜志》

宋真宗章獻明肅劉皇后，性警悟，曉書史。真宗崩，遺詔尊后為皇太后，仁宗尚少，太后稱制，雖政出宮闈，而號令嚴明。內外賜與有節，舊賜大臣茶，有龍鳳飾，太后曰"此豈人臣可得"，命有司別制入香京鋌以賜之。《宋史》

茶之品莫貴於龍鳳，謂之團茶，凡八餅重一斤。慶曆中，蔡君謨為福建路轉運使，始造小片龍茶以進，其品精絕，謂之小團，凡二十餅重一斤，其價直金二兩，然金可有，而茶不可得，每因南郊致齋，中書樞密院各賜一餅，四人分之，宮人往往縷金花於其上，蓋其貴重為此。[10]歐陽修《歸田錄》

沈存中括云：茶芽古人謂雀舌、麥顆，言其至嫩也。今茶之美者，其質素良，而所植之土又美，則新芽一發，便長寸餘，其細如針。唯芽長為上品，以其質幹土力皆有餘故也，如雀舌、麥顆者，極下材耳，乃北人不識，誤為品論。予山居有茶論，賞茶詩云："誰把嫩香名雀舌，定來北客未曾嘗。不知靈草天然異，一夜風吹一寸長。"

古人論茶，唯言陽羨、顧渚、天柱、蒙頂之類，都未言建溪。然唐人重串茶黏黑者，則已近乎建餅矣。建茶皆喬木，吳蜀、淮叢發而已。品自居下，建茶勝處曰郝源、曾坑，其間又岔根、山頂二品尤勝。李氏時號為北苑，置使領之。《夢溪筆談》

蘇子瞻云：近時世人好蓄茶與墨，閒暇出二物校勝負，云茶以白為尚，墨以黑為勝，予既不能校，則以茶校墨，以墨校茶，未嘗不勝也。

真松煤遠煙，馥然自有龍麝氣，初不假二物也。世之嗜者如滕達道、蘇浩然、呂行甫，暇日晴暖，研墨水數合弄筆之餘少啜飲之。蔡君謨嗜茶，老病不能復飲，則把玩而已。看茶而啜墨，亦事之可笑者也。

唐人煎茶用薑，故薛能詩云"鹽損添常戒，薑宜煮更誇。"據此，則又有用鹽者矣。近世有用此二物者，輒大笑之，然茶之中等者，若用薑煎信佳者。鹽則不可。

王燾集外台秘要，有代茶飲子一首云，格韻高絕，惟山居逸人，乃當作之。予嘗依法治服，其利鬲調中，信如所云，而其氣味，乃一味煮散耳，與茶了無干涉，薛能詩云"麄官乞與真抛卻，賴有詩情合得嘗"。又作烏嘴茶詩云："鹽損添嘗戒，薑宜煮更誇"，乃知唐人之於茶，蓋有河朔脂麻氣也。並《東坡志林》

周輝云：先人嘗從張晉彥覓茶，張答以二小詩："內家新賜密雲龍，只到調元六七公，賴有家山供小草，猶堪詩老薦春風"，"仇池詩裡識焦坑，風味官焙可抗衡。鑽餘權貴亦及我，十輩遣前公試烹"。時總得偶病，此詩俾其子代書，後誤刊在于湖集中。焦坑產庾嶺下，味苦更，久方回甘，浮石已甘霜後水，焦坑試新雨前茶，坡南還回至章貢顯聖寺詩也。後屢得之，初非精品，特彼人自以為重，包裹鑽權倖，亦豈能望建谿之勝。

自熙寧後，始貴密雲龍，每歲頭綱修貢，奉宗廟及供玉食外，賚及臣下無幾，戚裡貴近丐賜尤繁，宣仁一日慨歎曰："令建州今後不得造密雲龍，受他人煎炒不得，也出來道我要密雲龍不要團茶。揀好茶吃了，生得甚意智？"此語既傳播於縉紳間，由是密雲龍之名益著。淳熙間，親黨許仲啟官蘇沙，得此苑修貢錄，序以刊行，其間載歲貢十有二綱，凡三等四十又一名，第一綱曰龍焙貢新，只五十餘夸，貴重如此。獨無所謂密雲龍，豈以貢新易其名，或別為一種，又居密雲龍之上耶，葉石林云，熙寧中，賈青為福建轉運使，取小團之精者為密雲龍，以二十餅為斤而雙袋，謂之雙角，大小團袋皆緋，通以為賜，密雲龍獨用黃云。《清波雜志》

雙井用山谷迺重。蘇魏公嘗云，平生薦舉不知幾何人，唯孟安序朝奉，歲以雙井一瓮為餉，蓋公不納苞苴，顧獨受此。其亦珍之耶。《清波雜志》

蘇子由云：北苑茶冠天下，歲貢龍鳳團不得鳳凰山咮潭水則不成。《欒城集》

強淵明帥長安，求辭蔡京，京曰：公至"彼且吃冷茶"。蓋謂長安藉妓，步武小行遲，所度茶必冷也。初不曉所以，後叩習彼風俗者方知之。《清波雜志》

東坡論茶云：除煩去膩……亦不為害也。此大是有理，而人罕知者，故詳述云。[11]

《大唐新語》曰：右補闕毋景博學有著述才，性不飲茶，著《茶飲序》云：釋滯消壅，一日之利暫佳，瘠氣侵精，終身之累則大。獲益則功歸茶力，貽禍則不謂茶災，豈非福近易知，禍遠難見者乎？

唐茶東川有神泉，昌明白公詩使綠昌明是也。

東坡云：予去杭十七年，復與彭城張聖塗、丹陽陳輔之同來院僧梵英葺治堂宇，比舊加嚴潔茗飲芳烈。"此新茶耶？"英曰："茶新舊交，則香味復。"予嘗見知琴者，言琴不百年，則桐之生意不盡，緩急清濁，常與雨暘寒暑相應，此理與茶相近，故並記之。

東坡與司馬溫公論茶墨，溫公曰："茶與墨政相反，茶欲白，墨欲黑；茶欲重，墨欲輕；茶欲新，墨欲陳。"子曰："二物之質誠然，然亦有同者。"公曰："謂何？"子曰："奇茶妙墨皆香，是其德同也；皆堅，是其性同也。譬如賢人君子，妍醜黔晰之不同，其德操韞藏實無以異。"公笑以為是。《侯鯖錄》

芽茶得鹽，不苦而甜。《物類相感志》

馮元成時可云：溫州乳柑冬酸而春甘，鵞林茗葉，先濁而後清，假令初嘗即置，終於不知味矣。君子之難識亦如此。鵞林出太和山，黃內使曾以餉予，諸婢食之，惡其苦澀，委諸菜畦。其後有朝士索之，曰此茶寶也，清喉潤肺。侍禦者以為奇品，初以湯泡，不勝苦澀，再泡至三泡，三泡則清香徹口舌間，隱隱有甘味。余試之果然。其後內使見惠，諸婢珍而重襲之。余嘆曰夫物有藉重於先容矧士耶，衣錦懷玉，無介紹而投，遇彼按劍白眼之客，未有不以為鶱林之初葉也。《稗談》

楊用脩慎蒙茶辯云：世以山東蒙陰縣山所生石蘚謂之蒙茶……乃論語所謂東蒙主耳。[12]《補續全蜀藝文志》，又見《七修類稿》

太和鶱林葉茶，初泡極苦澀，至三四泡清香特異，人以為茶寶也。《湧幢小品》

凡收茶不可與川椒相近，椒極能奪茶味。《多能鄙事》

岱志云：茶薄產崖谷間，山僧間有之，而城市則無也。山人採青桐芽曰女兒茶，泉崖陰趾茁如波薐者曰仙人茶，皆清香異南茗，黃芽時為茶亦佳，松苔尤佳。

山東之蒙山，乃論語所謂“東蒙主”耳。《七修類稿》

世傳烹茶有一横一豎，而細嫩於湯中者，謂之旗槍茶。麈史謂茶之始而嫩者為一鎗，寖大而展為一旗，過此則不堪矣。葉清臣《煮茶述》曰“粉鎗末旗”，蓋以初生如針而有白毫，故曰“粉鎗”，後大則如旗矣。此與世傳之説不同，亦如麈史之意。然皆在取列也，不知歐陽公新茶論曰“鄙哉穀雨鎗與旗”，王荊公又曰“新茗齋中試一旗”，則以不取也。或者二公以雀舌為旗槍耳，世不知雀舌乃茶之下品，今人認作旗槍，非是，故昔人有詩云“誰把嫩香名雀舌，定應北客未曾嘗，不知靈草天然異，一夜春風一寸長”，或二公又有別論，亦未可知，姑記之。　《七修類稿》

馮元成云：茶一名檟……況人乎？[13]《稗談》

芘莉，一曰篣筤茶籠也，犧木杓也，瓢也，永嘉中，餘姚人虞洪入瀑布山採茗，遇一道士云：吾丹丘子，祈子他日甌犧之餘，乞相遺也。故知神仙之貴茶久矣。

茶經用水以山為上，江為中，井為下。山勿太高，勿多石，忽太荒遠，蓋潛龍巨虺所蓄毒多於斯也。又其瀑湧湍漱者氣最悍，食之令頸疾。惠泉最宜人，無前患耳。

江水取去人遠者，井取汲多者，其沸如魚目，微有聲為一沸，緣邊如湧泉連珠為二沸，騰波鼓浪為三沸。過此水老不可食也。沫餑，湯之華也，華之薄者曰沫，厚者曰餑，皆茶經中語，大抵蓄水惡其停，煮水惡其老，皆於陰陽不適，故不宜人耳。

茶為名見爾雅，又神農食經。《食經》“茶茗久服，令人有力悦志”。《華陀食論》“苦茶久食益力益思”。然謂茶悦志則可，謂益力則未。大抵此物於咽嗌宜，於脾胃不宜；於飲酒人宜，於服藥人不宜；於少壯人宜，於衰老人不宜；於渴宜，於睡不宜。《稗談》

羽著茶經後為李季卿所謾，更著毀茶論，因更名疾，字季疵，言為季所疵

也。實有慍意，語稱胸中磊塊，酒能消之，茶獨不然，謂賢於酒乎。《稗談》

蔡君謨謂：范文正公採茶歌“黃金碾畔綠塵飛，碧玉甌中翠濤起”。今茶絕品色甚白，翠綠乃下者，請改為“玉塵飛”、“素濤起”如何？然茶白色甚少，惟虎丘茶為然，天池松蘿皆翠綠，清源雁蕩次之，其他皆黃濁不足稱。

六經無茶字，楊升菴云“即誰謂荼苦之荼字也”，後轉音為茶。然荼是一物，茶以苦故名同爾，茶稱雀舌、麥顆，取嫩也。又有新芽一發，便長寸餘，其粗如針，最為上品。

雅州蒙頂茶有火前茶，謂禁火以前採者，天池謂雨前，謂穀雨以前採者。蒙頂有五花茶，顧渚有三花茶。蒙山有五頂，出中頂者號上清茶，治冷疾。覺林僧收茶上者謂驚雷莢，以聞雷時折也。一聞雷聲即採，稍遲氣泄盡矣。我朝貢茶以建寧為上，名探春，又先春，又次春，又紫筍，始用芽茶龍鳳團皆罷矣。

茶性最寒，惟顧渚茶獨溫和，飲之宜人，厥名紫筍，他茶久置則有痕跡，惟此茶置久清若始烹。聞此地有湧金泉以造茶時溢，茶畢即涸，蒙頂茶亦溫，若得一兩，以本處水煎，即得祛宿疾。出中峯者始妙，然人跡罕到，故不易得。

唐詩仕官十日一休沐，故稱上澣、中澣、下澣，出沐賜茶，沐歸賜酒，至節日及中和日賜大酺三日。中和日二月朔日也。

南州出皋蘆，葉狀如茗，大如手掌，名曰苦 薆 ，交廣最重，以為佳設，風味甚不及茶，服之亦能消痰清膈，使人徹夜不睡。亦名瓜蘆。

曹定菴嘗謂茶湯不及菊湯，菊湯不及白蕩漸近自然。余謂眾味莫如白粥，諸飲莫如白湯，貴真貴淡，與人交亦然。

人嗜茶者腹多生瘕，謂斛茗瘕。狀如牛脾，有口，非吐不出，古人稱茶水厄，戒也；稱酪奴，賤也。《稗談》

余性嗜茶，得陸羽《茶經》甚暢，及觀其自傳，信奇士也。羽初生，父母棄於水濱，僧積公舉而育之，既長，不知本姓，因筮卦得鴻漸於陸，遂以為姓字。傳中自言與人宴處，意有所失，不言而去，及與人為信，雖冰雪千里，虎狼當道不避也。上元初，結廬苕溪，閉關對書，不雜非類。名僧高士，談讌永日，常扁舟往山寺，紗巾藤鞋，裋褐犢鼻，誦佛經，吟古詩，杖擊林木，手弄流水，夷猶徘徊，自曙達暮。楚人方之接輿。祿山亂中原，為四悲詩。劉辰窺江淮，作天之未明賦。其文多奇語，烹茶必手自煎，飲者靡不暢。積公嗜茶，非漸供不向口，羽出遊江淮，積公四五載絕茶味，代宗召積公入內供奉，命宮人善茶者以餉積公，一啜不復嘗。上乃訪召羽入，置別室，俾煎茶賜師，師一舉而盡，上使問之，曰：“此必出羽手。”余家有侍兒桂，善為茗。向著《煎茶記》引其名，邢子願讀而異之，桂為茗，真郢人斵鼻也。惜哉其往矣，余遂罷茶味如積公，然余非不愛茶者，其於酒一滴不沾唇，然非不知酒者。往余記中語“酒引人自遠，茗引人自高”，近復與客語云“酒引人黑甜之境，可侶莊生化蝶；茗引人虛白之

天，可覯普賢乘象”，客為之一莞。《稗談》

于文定公慎行云：《爾雅》釋木云“檟，苦茶。”郭璞注：早採為茶，晚採為茗，此茶之始也。自漢以前，不見於書，想所謂檟者即是矣。

溫嶠上表貢茶一千斤，茗三百斤。六朝北人猶不食茶，至以酪與之較，惟江南人食之耳。至唐貞元間，始從張滂之請歲收茶稅四十萬緡，利亦夥矣。宋元以來，茶目遂多，然皆蒸乾為末，如今香餅之類乃以入貢，非如今之食茶，止采而烹之也。

西戎食茶，不知起於何時，本朝以茶易番馬，制其死命，番人以茶為藥，百病皆瘥。不得則死，此亦前代所未有也。上並《筆麈》。

郭子章續刻茶經序云：予少病渴，酷嗜茶筮，仕建州，州故有北苑茶，知毉於宋仁宗蔡君謨所謂龍茶上品是已。因訪之根株敗絕，碑碣臥莽壤中，而土人到今貢茶不歇。予言之監司，罷其役，而覈其山賦市他山茶以進，則無如武夷接筍接筍在建州上矣。既繇閩入吳烹虎丘天池，出武夷上司榷於湖，湖小溪直通天目諸山，山僧以茶貺予，似武夷，已將作三祖陵隣六州六之巖茶埒於天目，予謂淮南吳閩諸茶，盡此五者，鼎甌中不能頃刻去也，已入蜀，或言蜀無良茗，或言霧中良，予至錦官，市霧中煮之，不甚強人意，尋出試嘉州，登淩雲山，山九峯相向，予字之曰小九嶷，寺僧飲予茶色似虎丘，味逼武夷而泛綠含黃，清馥郢洌，伯仲天目六安，予摘其芽，僧旋焙之，歸以飲藩臯諸公，亡不稱良，亡何予同年張仁卿，以龍安司李攝嘉州。予語嘉之嘉，無嘉於淩雲茶。張君至嘉，報予曰：誠如君喻，顧茶經未及載，予欲續雕陸經，子為闡淩雲之幽，以補竟陵之缺，予惟經之缺，微獨淩雲也。經曰：杭州下，蘇州又下，建州未詳，今三州名甲宇內，豈山川清淑之氣，當竟陵時，未茁為茶耶，亦微獨茶也，后稷教民稼，始不過晉秦間，乃今三吳貢白粲供上膳。先蠶教民蠶，始亦未即及南隅，乃今霅川、閩中三繭，佐北郊供純服。固知地利興廢有時，要亦人事齊乎。予因之有感矣。夫人績學強德，邁跡自身，即僻壤下邑，闇然日章，如陸經未載諸茶，吾輩亟收之，思逸也。脫自暴棄，斧斤戕賊，即生齊魯之鄉出孔孟門牆，孰亦必與草木同腐。是則北苑已矣。《蠙衣生蜀草》

馮開之快雪堂漫錄：藏茶法二，徐茂吳桂云：藏茶法，實茶大甕底。置箬封固。倒放，則過夏不黃，以其氣不外洩也，樂子晉云，當倒放有蓋缸內，缸宜砂底，則不生水而常燥，時常封固，不宜見日，見日則生翳，損茶味矣，藏又不宜熱處，新茶不宜驟用，過黃梅，其味始足。

品茶　　昨同徐茂吳至老龍井買茶，山民十數家各出茶，茂吳以次點試，皆以為贋，曰，真者甘香而不洌，稍洌便為諸山贋品，得一、二兩以為真物，試之，果甘香若蘭，而山人及寺僧反以茂吳為非，吾亦不能置辨，偽物亂真如此。茂吳品茶，以虎丘為第一，常用銀一兩餘購其斤許，寺僧以茂吳精鑒，不敢相欺，他人所得，雖厚價亦贗物也。子晉云：本山茶葉微帶黑，不甚清翠，點之色白如玉，而作寒荳香，宋人呼為白雲茶，稍綠便為天池物，天池茶中雜數莖虎丘，則香味迥別。虎丘其茶王種耶，岕茶精者，庶幾妃后，天池龍井，便為臣種，餘則民種矣。

炒茶並藏法　　鍋令極淨，茶要少，火要猛，以手拌炒令軟淨，取出攤匾中，略用手揉之，揉去焦梗，冷定復炒，極燥而止，不得便入瓶，置淨處，不可近濕，一二日再入鍋炒，令極燥，攤冷，先以瓶用湯煮過，烘燥，燒栗炭透紅，投瓶中，覆之令黑，去炭及灰，入茶少分，投入冷炭，又入茶將滿，實宿箬葉封固，厚用紙包，以燥淨無氣味磚石壓之，置透風處，不得傍牆壁及泥地，如欲頻取，宜用小瓶。上並出《快雪堂集漫錄》

李戒菴詡云：昔人論茶，以槍旗為美，而不取雀舌麥顆，蓋芽細則易雜他樹之葉而難辨耳。槍旗者，猶今稱壺蜂翅是也。《戒菴老人漫筆》

張元長大復云：松蘿茶有性而無韻，正不堪與天池作奴，況岕山之良者哉！但初瀹時，嗅之勃勃有香氣耳。然茶之佳處，故不在香，故曰虎丘作荳氣，天池作花氣，岕山似金石氣，又似無氣，嗟乎。此岕之所以為妙也。

茶性必發於水，八分之茶，遇水十分，茶亦十分矣。八分之水，試茶十分，茶只八分耳。貧人不易致茶，尤難得水。歐文忠公之故人有饋中泠泉者，公訝曰“某故貧士，何得致此奇貺？”其人謙謝，不解所謂。公熟視所饋器，徐曰：“然則水味盡矣。”蓋泉洌性駛，非扃以金銀，味必破器而走。故曰“貧士不能致此奇貺”也。然予聞中泠泉故在郭璞墓，墓上有石穴罅，取竹作筒釣之，乃得。郭墓故當急流間，難為力矣，況必金銀器而後味不走乎？貧人之不能得水亦審矣。予性蠢拙，茶與水皆無揀擇而云然者，今日試茶聊為茶語耳。

洞十從天臺來，以雲霧茶見投，亟煮惠水瀹之，勃勃有荳花氣而力韻微怯，若不勝水者，故是天池之兄，虎丘之仲耳。然世莫能知，豈山深地迥，絕無好事者嘗識耶。洞十云：他山培茶多夾褋此，獨無有。果然，即不見知何患乎？夫使有好事者一日露，其聲價若他山，山僧競起雜之矣。是故實衰於知名物敝於長價。

瀹茶須用小壺，則香密而味全，壺小則甌不得獨大矣。

王祖玉貽一時大彬壺，平三耳而四維上下虛空，色色可人意。今日盛洞山茶酌已飲，倩郎問此茶何似？答曰：似時彬壺。余輾然洗盞，更酌飲之。

馮開之夢禎先生喜飲茶而好親其事，人或問之，答曰：此事如美人，如鼎彝，如古法書名畫，豈能宜落人手？聞者嘆美之，然生對客談輒不止，童子滌壺以待，會盛談未及著茶時，傾白水而進之先生，未嘗不欣然，自謂得法，客亦不敢不稱善也，世號白水先生。

記天池茶云：夏初天池茶，都不能三四石宛，寒夜瀹之，覺有新興。豈厭常之習某所不免耶，將岕之不足，覺池之有餘乎？或笑曰，子有岕癖，當不然癖者豈有二嗜歟？某曰：如君言則魯西以羊棗作膾，屈到取芰而飲之也。孤山處士妻梅子鶴，可謂嗜矣道經武陵溪，酌桃花水一笑何傷乎。

記紫筍茶云：長興有紫筍茶，土人取金砂泉造之乃勝，而泉不常有，禱之然後出。事已輒涸。某性嗜茶，而不能通其說。詢往來貿茶人，絕未有知泉所在者，亦不聞茶有紫筍之目，大都矜稱廟後，洞山漲沙止矣。宋有紫茸玉，豈是耶？東坡呼小龍團，便知山谷諸人為客，其貴重如此，自思之政堪與調和，鹽醯作伴耳，然莫須另有風味，在古人當不浪說也，爐無炭茶與水各不見長書，此為雪士一笑。

記武夷茶云：武夷諸峯皆拔立不相攝，多產茶，接筍峯上大王次之，幔亭又次之。而接筍茶絕少不易得，按：陸羽經云"凡茶，上者生爛石，中者生礫壤，下者生黃土"，夫爛石已上矣，況其峯之最高最特出者乎？大王峯下削上銳中，周廣盤鬱，諸峯無與並者。然猶有土滓接筍突兀直上絕不受滓水石相蒸而茶生焉，宜其清遠高潔稱茶中第一乎。吾聞其語鮮能知味也。經又云，嶺南生福州，建州、韶州、象州，註云，福州生閩方山，其建韶象未詳，往往得之，其味極佳，豈方山即今武夷山耶。世之推茗社者，必首桑苧翁，豈欺我哉。

記茶史云：趙長白作茶史，考訂頗詳要，以識其事而已矣。龍團、鳳餅、紫茸、驚芽決不可施於今之世。予嘗論，今之世，筆貴而越失其傳，茶貴而越出其味，此何故。茶人皆具口鼻，穎人不知書字，天下事未有不身試之而出者也。

記茶云松蘿之香馥，馥廟後之味閒閒，顧渚撲人鼻孔齒頰，都異久而不忘。然其妙在造凡宇內道地之產，性相習也，習相遠也。吾深夜被酒，發張震封所貽，顧渚連啜而醒書此。

記秋葉云：飲茶故富貴事，茶出富貴人政不必佳，何則矜名者不旨其味，貴耳者不知其神，嚴重者不適其候。馮先生有言，此事如法書、名畫、玩器、美人，不得著人手，辨則辨矣。先生嘗自為之，不免白水之誚，何居。今日試堵先生所貽秋葉，色香與水相發而味不全，民窮財盡，巧偽萌生，雖有盧仝、陸羽之好此道，未易恢復也。甲子春三日聞雁齋筆談。

張元長大復聞雁齋筆談云，茶性必發於水，八分之茶，遇水十分，茶亦十分矣。八分之水，試茶十分，茶只八分耳。貧人不易致茶，尤難得也。歐文忠公之故人有饋中泠泉者，公訝曰"某故貧士，何得致此奇貺？"其人謙謝，不解所謂。公熟視所饋器，徐曰："然則水味盡矣"。蓋泉冽性駛，非扃以金銀，味必破器而走。故曰"貧士不能致此奇貺"也。然予聞中泠泉故在郭璞墓，墓上有石穴罅，取竹作筒釣之乃得。郭璞故當急流間難為力矣。況必金銀器而後味不走乎？貧人之不能得水亦審矣。予性蠢拙，茶與水皆無揀擇而云然者，今日試茶聊為茶語耳。

天下之性未有淫於茶者也。雖然未有負於茶者也。水泉之味，華香之質，酒瓻米櫝，油盎醯罍，醬缶之屬。茶入之，輒肖其物，而滑賈奸之馬腹，破其革而取之，行萬餘里，以售之山棲卉服之窮酋，而去其羶薰臊結滯膈煩心之宿疾，如振黃葉，蓋天下之大淫，而大貞出焉。世人品茶而不味其性，愛山水而不會其情，讀書而不得其意，學佛而不破其宗，好色而不飲其韻，甚矣。夫世人之不善?也。顧邃之怪茶味之不香為作茶說，就月而書之，是夕船過魯橋，月色水容，風情野態，茶煙樹影，笛韻歌魂，種種逼人死矣。集稱茶說。

茶既就筐，其性必發於日，而遇知己於水。然非煮之茶灶、茶爐，則亦不佳，故曰飲茶富貴之事也。趙長白自言“吾生平無他幸，但不曾飲井水尹”。此老於茶可謂能盡其性者，今亦老矣也。甚窮，大都不能如襄時事，猶摹挲萬卷中，作茶史，故是天壤間多情人也。

松蘿茶，有性而無韻，正不堪與天池作奴，況岕山之良者哉。但初潑時，嗅之勃勃有香氣耳。然茶之佳處，故不在香，故曰虎丘作荳氣，天池作花氣，岕山似金石氣，又似無氣，嗟乎。此岕之所為妙也。

料理息庵，方有頭緒，便擁爐靜坐其中，不覺午睡昏昏也。偶聞兒子書聲，心樂之而爐間翏翏如松風響，則茶且熟矣。三月不雨，井水若甘露，競扃其戶而以瓶罌相遺，何來惠泉，乃獻張生之，饞口，訊之家人輩，云舊藏得惠水二器，寶雲泉一器，亟取二味，品之而令兒子快讀李禿翁焚書，惟其極醒，極健者，因憶壬寅五月中，著屐燒燈，品泉於吳城王弘之第，謂壬寅第一夜，今日豈減此耶。上並《聞雁齋筆談》

楊用修曰：東坡有密雲龍，山谷有矞雲龍，皆茶名也。

傅巽七誨，峘陽黃梨，巫山朱橘，南中茶子，西極石蜜，茶子觸處有之，而永昌產者味佳，乃知古人已入文字品題矣。並《楊升庵文集》

馮元成時可云：雁山五珍，謂龍湫茶，觀音竹，金星草，山樂官，香魚也，茶一槍一旗而白毛者，名明茶，紫色而香者，名立茶，其味皆似天池而稍薄。《雨航雜錄》

張元長云：洞十從天臺目來，以雲霧茶見投，亟煮惠水潑之，勃勃有荳花氣，而力韻微怯，若不勝水者，故是天池之兄，虎丘之仲耳。然世莫能知，豈山深地迴，絕無好事者嘗識耶？洞十云：他山焙茶多夾雜，此獨無有，果然，即不見知，何患乎？夫使有好事者一日露其聲價，若他山，山僧競起雜之矣。是故實衰於知名，物敝於長價。雲霧乃天目之東嶺，曰天臺當誤。

松蘿之香馥馥，廟後之味閒閒，顧渚撲人鼻孔、齒頰都異，久而不忘。然其妙在造，凡宇內道地之產，性相近也，習相遠也。

趙長白作茶史，考訂頗詳，要以識其事而已矣。龍團鳳餅，紫茸驚芽，決不可用於今之世。予嘗論今之世，筆貴而越失其傳，茶貴而越出其味，此何故。茶人皆具口鼻，穎人不知書字，天下事未有不身試之而出者也。飲茶故富貴事，茶出富貴人政不必佳，何則矜名者不旨其味，貴耳者不知其神，嚴重者不適其候，馮先生有言，此事如法書名畫玩器美人，不得著人手，辨則辨矣。先生嘗自為之，不免白水之誚，何居。今日試堵先生所貽秋葉，色香與水相發而味不全，民窮財盡，巧偽萌生，雖有盧仝、陸羽之好此道，未易恢復也。《梅花草堂集》

袁小修中道云：游鹿苑，從樵人處乞得茶數片，以試，水亦佳，蓋鹿苑以茶名，所謂清溪水，鹿苑茶也。寺院既凋敝，僧遂不復種茶，而絕壁上遺種猶存，惟樵人採薪，間得數兩耳。《珂雪齋游居柹銘》

李日華《竹嬾茶衡》曰[14]

蓄精茗，奇泉不輕瀹試有異香，亦不焚爇，必俟天日晴和，簾疏幾淨，展法書名畫則薦之，貴其得味，則鼻端拂拂，與口頰間甘津，並入靈府，以作送導也。若濫以供俗客，與自己無好思而輒用之，謂之殄天物，與棄於溝渠不殊也。

泰山無茶茗，山中人摘青桐芽點飲，號女兒茶。又有松苔極饒奇韻。《紫桃軒雜綴》

茶正以味洗人昏思，而好奇者貴其無色，責其有香，然有香可也，有辛辣之氣不可也。無色可也，無色而並致無味不可也。凡事著意處太多，於物必不得其正，獨茶也乎哉。

《蠻甌志》記陸羽令奴子採越江茶，看焙失候，茶焦，羽怒，縛奴投火中，余謂季疵定無此過。

茶生爛石者上，砂礫雜者次，程宣子《茶夾銘》云：石觔山脈，鍾異於茶。今天池僅一石壁，其下種茶成畦，陽羨亦耕而植之，甚則以牛退作肥，豈復有妙種乎？

茶性不移植，移即不生，然唐詩人曹松移顧渚茶植於廣州西樵山，至今蕃滋，何也。《紫桃軒又綴》

茶以芳洌洗神，非讀書談道，不宜褻用。然非真正契道之士，茶之韻味，亦未易評量。余嘗笑時流持論貴嘶聲之曲，無色之茶，嘶近於啞，古之繞梁遏雲，竟成鈍置。茶若無色，芳洌必減，且芳與鼻觸，洌以舌受，色之有無，目之所審，根境不相攝，而取衷於彼，何其謬耶。

虎丘以有芳無色，擅茗事之品，顧其馥鬱不勝蘭芷，與新剝荳花同調。鼻之消受，亦無幾何。至於入口，淡於勺水，清泠之淵，何地不有，乃煩有司章程，作僧流棰楚哉。

古人好奇飲，中作百花熟水，又作五色飲，及冰蜜糖藥種種之飲，予以為皆不足尚。如值精茗適乏細，劚松枝瀹湯漱咽而已。

余方立論，排虎丘茗，為有小芳而乏深味，不足傲睨松蘿、龍井之上。乃聞虎丘僧盡拔其樹，以一傭待命，蓋厭苦官司之橫索，而絕其本耳。余曰：快哉，

此有血性比丘，惟其眼底無塵，是以舌端具劍。《六研齋筆記》

陳眉公繼儒曰：採茶欲精，藏茶欲燥，烹茶欲潔。

茶見日而味奪，墨見日而色灰。

品茶，一人得神，二人得趣，三人得味，七八人是名施茶。

吳人於十月採小春茶，此時不特逗漏花枝，而尚喜月光晴暖，從此蹉過，霜淒雁凍，不可復堪。《巖棲幽事》

楊龍光山居纂云：長白不產茶，而石上有花作碧綠色，一名石衣，蓋雨餘濕熱之氣所結，掃下用水淨洗，淘去土氣，烹泉點之，色如金，性冷去疾，今蒙茶亦此類也。《岱宗小稿》

薛岡云：岕與松蘿興，而諸茶皆廢，宜其廢也，昔人謂茶能換骨通靈，啜岕久之，而知非虛語。越茶種最多，有最佳者，然不得做法，往往使佳茗埋沒於土人之手，可恨可惜。若吾鄉寧波之米谿、五井、太白、桃花山諸茶使遇大方，當不在松蘿下。武夷茶有佳者，人不盡知，茶品之惡，莫惡於六安，而舉世貴賤皆啜之，夫亦以其聲價不甚高貴，人易與乎？此正見俗情。

虎丘真茶最寡，止宜新岕亦宜新，唯松蘿可久蓄。岕宜春後採，松蘿秋採者更佳，以是知茶品無過於松蘿。新安閔希文，居秦淮，以茗擅譽，最得烹啜之方，世無與比，一種茶經其點瀹，色香味皆與人殊，茶若聽其所使者。予每過之，頓將塵腸淘洒一潔，如蟬幾欲仙蛻，希文清士，宜與茶宜，十步之間，乃有歙人踵希文而起，沾沾自喜，西子之顰可效乎？《天爵堂筆餘》

呂涇野鷲峯東所語云：十月十七日夜，先生召胡大器進見，賜茶，大器出席，周旋取茶，因謂曰："汝回奉親敬長，便只是這周旋取茶道理，無別處求也。"鄭若曾問："人莫不飲食，鮮能知味者何？"先生曰："飲食知味處便是道。"人各且思之。胡大器對："不以饑渴害之。"曰："然"。適茶至，鄭讓汪威，先生曰："此便是知味處，汝要易見道，莫顯於此。"鄭曰："如此何謂知味？"曰："威長，汝遜之故也，不如此，只是飲茶而已。"

一日，先生同諸公送一人行，有一人方講格物致知之說，其時甚渴，適有茶至，此人遂不遜諸公，先取茶飲，先生曰：格物正在此茶。《呂涇野先生語錄》。呂柟，字仲木，高陵人。

雲泉沈道人云：凡茶肥者甘，甘則不香；茶瘦者苦，苦則香，此又茶經、茶訣、茶品、茶譜之所未發。周暉《金陵瑣事》

周吉父暉云：我朝之飲茶，最得茶之真味。漢唐宋元之人，謂之食而不知其味可也，陸季疪著為茶經，在今日不足以為經矣。《幽草軒野語》

姚叔祥士麟云：茶於吳會為六清上齊，乃自大梁迤北，便食鹽茶，至關中，則熬油，極妙，用水烹沸，點之以酥，持敬上客，余曾螫口，至於嘔地，若永順諸處，至以茱萸草，果與茶擂末烹飲，不啻煎劑矣，茶禁至潼關始厲，雖十襄筐箱，香不可掩，至於河湟松茂間，商茶雖有芽茶葉茶之別，要皆自茶倉堆積粗大如掌，不翅西風揚葉，顧一入番部，便覺籠上似有雲氣，至焚香膜拜，迎之道旁，蓋以番人乳酪腥膻是食，病作匪茶不解，此中國以茶馬制其死命也。定例番族納馬，以馬眼光照人，見全身者，其齒最少，照半身者十歲，又取毛附掌中，相黏者為無病，上馬給茶一百二十觔，中馬七十斤，下馬五十斤，而商引芽茶，每引三錢，葉茶每引二錢，茶皆產自川中，而私茶闌出者極刑處死。高皇帝愛婿歐陽倫至以私茶事發處死，不惜也。《見只編》

郎瑛云，洪武二十四年，詔天下產茶之地，歲有定額，以建寧為上，聽茶戶採進，勿預有司，茶名有四：探春、先春、次春、紫筍，不得碾揉為大小龍團，此抄本聖政記所載，恐今不然也。不預有司，亦無所稽矣。此真聖政，較宋取茶之擾民，天壤矣。

西茶易馬考

洪武四年正月，詔陝西漢中府產茶地方，每十株，官取一株，無主者令守城軍士薅種採取，每十分，官取八分，然後以百斤作為二包，為引以解有司收貯，候西番易馬，後又令四川保守等府，亦照陝西取納。二十三年，因私茶之弊，更定其法，而於甘肅洮河，西寧，各設茶馬司，以川陝軍人歲運一百萬斤，至彼收貯，謂之官茶，私茶出境者斬，關隘不覺察者處以極刑，民間所蓄，不得過一月之用，多皆官買，私易者藉其園，仍制金牌之額，篆文曰：皇帝聖旨，其下左曰：今當差發，右曰：不信者死。番族各給一面，洮州火把藏思裏日等族，牌六面，納馬二千五十匹，河州必里衛二州七站西番二十九族，牌二十一面，納馬七千七百五匹，西寧曲先阿端罕馬安定四衛，巴哇申藏等族，牌一十六面，納馬三千五十匹，每匹上馬給茶一百二十斤，中馬七十斤，下馬五十斤，一面收貯內府，三年一次，差大臣賚牌前去調聚各番，比對字號，收納馬匹，共一萬四千五十一匹。自是洮河西寧一帶，諸番既以茶馬羈縻，而元降萬戶把丹，授以平涼千戶，其部落悉編軍民，號為土達，又立哈密為忠順王，復統諸番，自為保障，則祖宗百年之間，甘肅西顧之憂無矣。自正統十四年，北虜寇陝，土達被掠，邊方多事，軍夫不充，止將漢中府歲辦之數，並巡獲私茶，不過四五萬斤以易馬，其於遠地一切停止。至成化九年，哈密之地，又為吐魯番所奪，屢處未定，都禦史陳九疇建議欲制西番，使還城池，須閉關絕其貢易，蓋以彼欲茶不得，則發腫病死矣；欲麝香不得，則蛇蟲為毒，禾麥無矣。殊不知貢易不通，則命死一旦，安得不救也哉，遂常舉兵擾我甘肅，破我塞堡，殺我人民，邊臣苦於支敵之不給，而茶亦為其所掠也。弘治間，都禦史楊一清撫調各番，志復茶法，華夷並稱未奉金牌，不敢辦納，此蓋彼既恐其相欺，而此則商販無禁，坐得收利，特假是為以之詞耳。故尚書霍韜有曰：必須遣間諜，告諸戎曰：中國所以閉關絕易，非爾諸戎罪也，吐魯番不道，滅我哈密，蹂我疆場，故閉關制其死命，予則又曰：仍當請其金牌，招番辦納，嚴禁商販，無使有侵，至於轉輸，如舊用軍，計地轉達，不使有長役之苦，收買之價，比民少增，致使有樂趨之勤，其斯為興復久遠之計也。或者曰：方今西番侵攪邊民，自宜極救之不暇，又復興此迂遠之事乎？余則曰：制服西戎之術，孰有過於茶為之一法。何也？自唐回紇入貢，以馬易茶，至宋熙寧間，有茶易虜馬之制，所謂摘山之利而易充廄之良，戎人得茶，不能為我之害；中國得馬，實為我利之大，非惟馬政軍需之資，而駕馭西番，不敢擾我邊境矣。計之得者，孰過於此哉。並《七修類稿》

郭子章《續刻茶經序》云……是則北苑已矣。[15]

姚園客旅云：龍井茶不多，虎丘則薦紳分地而種，人得數兩耳。岕茶葉微大，有草氣，見丁長孺，試其佳者，與松蘿不相伯仲。松蘿天池，皆掐梗搯尖，謂梗澀尖苦也。天池，武夷多贗者，天池則近山數十里概名焉，若山上之真者，與松蘿、岕山、虎丘、龍井、武夷、清源可稱七雄。然而岕山如齊桓，實伯諸侯，天池如晉文，清源味稍輕，如宋王襄，蒙山生於石上，重之者能化痰，然須藉別茶以取味，亦若東周天子耳。《露書》

長沙喜飲熏茶，茶葉先以草熏之而後烹，云病者飲此尤效。《露書》

李德裕居廟廊日，有親知奉使於京口，李曰："還日，金山下揚子江泠水與取一壺來。"其人舉棹日醉而忘之，泛舟上石城下方憶，及汲一瓶於江中，歸京獻之。李公飲後，嘆訝非常，曰："江表水味有異於頃歲矣，此水頗似建業石頭城下水。"其人謝過不敢隱也。有親知授舒州牧，李謂之曰："到彼郡日，天柱峯茶，可惠三數角"，其人獻之數十斤，李不受，退還。明年罷郡，用意精求，獲數角投之，贊皇閱之而受，曰：此茶可消酒肉毒，乃命烹一甌，沃於肉食，以銀盒閉之，詰旦同開視其肉，已化為水矣，眾伏其廣識也。《中朝故事》

李德裕在中書常飲惠山井泉……浮議弭焉。[16]《芝田錄》

代宗時李季卿刺湖州，至維揚，逢陸鴻漸。抵揚子峯，將食，李曰："陸君別茶聞，揚子南零水又殊絕，今者二妙千載一遇。"命軍士往取之。水至，陸以勺揚之曰："江則江矣，非南零，似臨岸者。"使者曰："某棹舟深入，見者累百，敢有紿乎？"陸傾之至半，又以勺揚之曰："自此南零者矣。"使者蹶然曰："某自南零齎至岸，舟蕩，覆過半，因挹岸水增之。"處士之鑒，神鑒也。溫庭筠《採茶錄》

陸龜蒙魯望自著甫里先生傳曰：先生嗜荈，置園於顧渚山下，歲入茶租十許，薄為甌犧之實。自為品第書一篇。繼《茶經》陸羽撰、《茶訣》皎然撰之後，南陽張又新嘗為《水說》，凡七等，其二曰惠山寺石泉，三曰虎丘寺石井；其六曰吳松江。是三水距先生遠不百里，高僧逸人時致之，以助其好。性不喜與俗人交。或寒暑得中，體性無事時，乘小舟，設篷席，賫一束書、茶灶、筆床、釣具，櫂頭郎而已。《甫里先生集》

陸羽嗜茶，著《茶經》三篇，言茶之源、之法、之具尤備，天下益知飲茶矣。時鬻茶者至陶羽形置煬突間，祀為茶神，有常伯熊者，因羽論復廣著茶之功，御史大夫李季卿宣慰江南，次臨淮，知伯熊善煮茶，召之，伯熊執器前，季卿為再舉杯，至江南，又有薦羽者，召之，羽衣野服，挈具而入，季卿不為禮，羽愧之，更著毀茶論。其後尚茶成風，時回紇入朝，始驅馬市茶。宋祁《唐書·隱逸傳》

李德裕在中書嘗飲惠山泉，自毗陵至京置遞鋪，有僧人詣謁，德裕好奇，凡有遊其門者，雖布素皆接引。僧白德裕曰："相公在中書，昆蟲遂性，萬匯得所，水遞一事，亦日月之薄蝕也。微僧竊有惑也，敢以上謁，欲沮此可乎？"德裕頷之，曰："大凡為人未有無嗜者，至於燒汞亦是所短，況三惑博塞弋奕之事，弟子悉無所染，而和尚不許弟子飲水，無乃虐乎？為上人停之，即三惑馳騁，怠慢必生焉。"僧人曰："貧道所謁相公者，為足下通常州水脈，京都一眼井與惠山泉脈相通"。德裕大笑曰"真荒唐也"。曰："相公但取此泉脈"。德裕曰："井在何坊曲？"曰："昊天觀常住庫後是也。"因以惠山一甖，昊天一甖，雜以八甖，一類十甖，暗記出處，遣僧辨析。因啜嘗，取惠山、昊天，餘八瓶同味，德裕大加奇嘆，當時仃水遞，人不告勞，浮議乃弭。《玉泉子》

蔡君謨云：辛卯秋汴渠涸於宿州界上，岸旁得一泉，甘美清涼，絕異常水，其鄉人言水漲則不見，冬涸則其泉涓涓，深可愛，余以水品中不在第三，然出沒不常，不可以定論也。《陸友研北雜志》

湖州長興州金沙泉，唐時用此水造紫筍茶，進貢，泉不常出，有司具牲牢祭之，始得水，事訖即涸，宋季屢加浚治，泉迄不出，至元十五年，歲戊寅，中書省遣官致祭，一夕水溢，可溉田千畝，遂賜名瑞應泉。陶宗儀《南村輟耕錄》

張世南云，谷簾三疊，廬阜勝處，惟三疊，於紹熙辛亥歲，始為世人覽。宣和初，有徐長老，棄官修淨業，名動天聽，被旨祝髮，住圓通，號青谷止禪師。當時已觀此泉，圖於勝果寺之壁。蓋未出之先，緇黃輩已見，特秘而不發耳。從來未有以瀹茗者。紹定癸巳，湯制幹仲能，主白鹿教席，始品題，以為不讓谷簾。嘗有詩寄二泉於張宗瑞曰："九疊峯頭一道泉，分明來處與雲連。幾人竟嘗飛流勝，今日方知至味全。鴻漸但嘗唐代水，涪翁不到紹熙年。從茲康谷宜居二，試問真岩老詠仙。"張賡之曰："寒碧朋尊勝酒泉，松聲遠壑憶留連。詩於水品進三疊，名與谷簾真兩全。畫壁煙霞醒作夢，茶經日月著新年。山靈似語湯夫子，恨殺屏風李謫仙。"九疊屏風之下，舊有太白書堂，及有詩云"吾非濟代人，且隱屏風疊"之句。

揚子江心水，號中泠泉，在金山寺傍，郭璞墓下。最當波流險處，汲取甚艱，士大夫慕名求以瀹茗，操舟者多淪溺。寺僧苦之，於水陸堂中，穴井以紿游者。往歲連州太守張思順，鹽江口鎮日，嘗取二水較之，味之甘冽，水之輕重，萬萬不侔。乾道初，中泠別湧一小峯，今高數丈，每歲加長。鸛棲其上，峯下水益湍，泉之不可汲，更倍昔時矣。玉女泉，在丹陽縣練湖上觀音寺中。本一小井，舊傳水潔如玉。思順以淳熙十三年，沿檄經由，專往訪索。僧感頞而言：此泉變為昏墨，已數十年矣！初疑其始，乃就往驗視，果為墨汁。嗟愴不足，因賦詩題壁曰：觀音寺裡泉經品，今日唯存玉乳名。定是年來無陸子，甘香收入柳枝瓶。明年攝邑，六月出迎客，復至寺，再汲，泉又變白。置器中，若雲行水影中。雖不極清，而味絕勝。詰其故，蓋紹興初，宗室攢祖母柩於井左，泉遂壞，改遷不旬日，泉如故，異哉！事物之廢興，雖莫不有時，亦由所遭於人如何耳。宗瑞，思順之子也。《游宦紀聞》

無錫惠山泉水，久留不敗，政和甲子歲，趙霆始貢水於上方，月進百樽，先是以十二樽為水式，泥卵置泉亭中，每貢發以之為則。靖康丙午罷貢，至是開之，水味不變，與他水異也，寺僧法皞言之。《墨莊漫錄》

蘇東坡云：時雨降，多置器廣庭中，所得甘滑不可名，以潑茶、煮藥皆美而有益，正爾食之不輟，可以長生。其次井泉，甘冷者皆良藥也，乾以九二化離坤以六二化坎，故天一為水。吾聞之道士人能服井花水者，其熱與石硫黃鐘乳等，非其人而服之，亦能發背腦為疽。蓋嘗觀之，又分至日取井水，儲之有方，後七日輒生物如雲母，故道士謂水中金，可養煉為丹，此固嘗見之者，此至淺近世獨不能為，況所玄者乎？《志林》

周煇云：煇家惠山，泉石皆為几案物。親舊東來，數聞松竹平安信，且時致陸子泉茗碗。殊不落莫。然頃歲亦可致於汴都，但未免瓶盎氣。用細砂淋過，則如新汲時，號拆洗惠山泉。天台竹瀝水，斷竹稍屈而取之，盈甕。若雜以他水，則亟敗。蘇才翁與蔡君謨比茶，蔡茶精，用惠山泉，蘇劣，用竹瀝水煎，遂能取勝。此說見江鄰幾所著《嘉祐雜志》。果爾，今喜擊弗者，曾無一語及之，何也。《清波雜志》

元祐六年七夕日，東坡時知揚州，與發運使晁端彥、吳倅、晁無咎，大明寺汲塔院西廊井，與下院蜀井二水較③其高下，以塔院水為勝。《墨莊漫錄》

朱平涵國禎云……更名學士泉。

禁城中外海子……黃學士之言真先得我心。

南中井泉凡數十餘處……

俗語："芒種逢壬便立霉"……而香洌不及遠矣。

又雪水……用之亦可。17

天下第四泉，在上饒縣北茶山寺。唐陸鴻漸寓其地，即山中茶，酌以烹之，品其等為第四。邑人尚書楊麟讀書於此，因取以為號。一曰胭脂井，以土赤名。上七條並《湧幢小品》

周暉吉父云：萬曆甲戌季冬朔日盛時，泰仲交踏雪過余尚白齋中，偶有佳茗，遂取雪煎飲。又汲鳳皇瓦官二泉飲之，仲交喜甚。因歷舉城內外泉之可烹者。余慫恿之曰："何不紀而傳之？"仲交遂取雞鳴山泉、國學泉、城隍廟泉、府學玉兔泉、鳳皇泉、驍馬衛倉泉、冶城忠孝泉、祈澤寺龍泉、攝山白乳泉、品外泉。珍珠泉、牛首山龍王泉、虎跑泉、太初泉、雨花台甘露泉，高座寺茶泉、淨明寺玉華泉、崇化寺梅花水、方山八卦泉、靜海寺獅子泉、上莊宮氏泉、德恩寺義井、方山葛仙翁丹井、衡陽寺龍女泉，共二十四處，皆序而贊之，名曰《金陵泉品》。余近日又訪出謝公暾鐵庫井，鐵塔寺倉百丈泉、鐵作坊金沙井、武學井、石頭城下水、清涼寺對山蓮花井、鳳台門外焦婆井、留守左衛倉井、即鹿苑寺井也，皆攜茗一一試過，惜不得仲交試之耳。《金陵瑣事》

李君實日華云，光福西三里鄧尉山，有七寶泉，甘冽踰惠山遠甚，倪雲林汲後，無復有垂綆者。《紫桃軒雜綴》

周煇以惠泉餉人，患瓶盎氣，用細沙淋之，謂之拆洗惠泉。

五台山冬夏積雪，山泉凍合，冰珠玉溜，晶瑩逼人，然遇融釋時，亦可勺以煮茗，其味清极，元遺山詩云："石罅飛泉冰齒牙，一杯龍焙雪生花。車塵馬足長橋水，汲得中泠未要誇"，信絕境境未易到也。

吳江第四橋水，陸羽制伯芻俱品為第六，以其匯天目諸泉，釀味不薄，橋左右有溝道深五丈，乃龍卧處，將取時須幕瓶口，垂綆至深，方得之，不然，水面常流耳。《紫桃軒又綴》

武林西湖水，取貯五石大缸，澄淀六七日。有風雨則覆，晴則露之，使受日月星之氣。用以烹茶，甘醇有味，不遜慧麓。以其溪谷奔注，涵浸凝渟，非復一水，取精多而味自足耳。以是知，凡有湖陂大浸處，皆可貯以取澄，絕勝淺流。陰井昏滯腥薄，不堪點試也。《六研齋筆記》

洞庭張山人云：山頂泉輕而清，山下泉清而重，石中泉清而甘，沙中泉清冽，土中泉清而厚，流動者良於安靜，負陰者勝於向陽，山削者泉寡，山秀者有神，真源無味，真水無香。陳繼儒《巖棲幽事》

陳眉公云：金山中泠泉，又曰龍井，水經品為第一。舊嘗波險中汲，汲者患之。僧於山西北下穴一井以給游客，又不徹堂前一井，與今中泠相去又數十步，而水味迥劣。按泠一作零，又作□，《太平廣記》李德裕使人取金山中泠水，蘇軾、蔡肇並有中泠之句。雜記云："石碑山北謂之北泠，釣者余三十丈，則中泠之外，似有南泠、北泠者"《潤州類集》云："江水至金山，分為三泠。"今寺中亦有三井，其水味各別，疑似三泠之說也。《偃曝餘談》

閩

姚園客旅云：井水多鹹，去余家數步，曰孝武井，雖在人居之間，而水獨甜冽，可與惠泉爭價。取以烹茶，色味俱佳，汲者無虛日。

草堂前為百花潭，潭實在錦江中，潭水稍深於上下上下水，比潭中水皆輕四兩，想潭底有湧泉，味獨醇濃耳。成都烹茶者皆取水於玆。

庚子除夜，泊舟白帝城下，縱飲口渴，命童子汲江水，飲之，味甚醇甜，中泠惠水，頓減聲價，豈以雪消日暖，釀玆神品邪？

餘不溪，在德清城東門內，孔愉放龜餘不溪，即其地，今有祠溪干。不音拊，花蒂也。六朝沈氏沿溪種桃，花落溪中，故云餘不。一說不音浮，謂此水清，別處則否。至今土人繅絲者，皆操舟至此，載水濯絲，獨白，蜀稱錦水，此可稱絲水。

半月泉，在德清城北，水甘而味佳，蘇長公倅武林，請假來游，題詩其上云："請得半日假，來游半月泉。何人施大手，劈破水中天。"余亦有詩云："半規禪定水，七尺珊瑚竿，欲釣水中月，來從松杪看。"一僧求書，書此與之。書未竟，范東生曰：此半月泉詩乎？《露書》

烏程閔康侯元衢貯梅水法云：徐長谷先生水品搜羅甘冽，庶幾盡矣，然必取之殊鄉異地，不免煩勞，即不憚其勞，而假手遠求，未必無欺偽也。矧陵谷變遷，中泠之泉，已非其舊荊谿之井，直在深淵，取必於地，不若求諸天時而已。如清明本日之水，黃梅時節之雨，又十月上旬，名棄落水，及臘中之水，並此時雪水，俱為可啜，貯之日用，真取之左右逢源者也。然梅水尤佳，收貯之法，以三甕貯滿，列於坐隅，如今日在首列者，取出幾何，即注他水幾何封固，次取他甕，亦如前法，三甕既畢，越信宿矣。則首取者隨已釀丹如舊，周而復始，用之不窮，非若他時所貯者，挹之而易竭也。然甕愈多愈妙，但以三為率耳。偶閱坡翁《志林》，亦論此水之美，余因道其詳，以為煮茗者之一助，又收藏欲密，不可投入塵埃，尤不可飛入蚊蚋，一入即生倒頭蟲而水敗矣。《歐餘漫錄》

四川總志，金魚井，敘州府城南，黃庭堅酷喜茶，令人遍汲水泉試之，惟此水品為第一。月岩井，在淩雲山下，清冷芳冽，煮茗尤佳，淩雲山在富順治西。

袁小修中道云須日華至園，取所攜惠泉點茶，日華云，泉水貯之已久將壞，時以甕數注之，則復鮮，雖彌年亦如新，此泉所以貴也。《珂雪齋居杮錄》

徐子擴充云：中泠泉，舊在揚子江心金山郭璞墓之中流，聞常有水泡泛起，光瑩如珠者是也，以舟方可接得，今寺僧鑿井於山，加石欄，建亭於上，誑人曰："此中泠泉也"，免官府取水，操舟遠汲之危，此市僧之巧計。余嘗其水，絕淡無味，其實非也，不稱品題之目，潮溪陳子兼捫虱新話云，凡所在古跡近僧處，必經改易，意恐過客尋訪，憚于陪接耳。歐陽公嘗嘆庶子泉昔為流溪，今山僧填為平地，起屋其上。問其泉，則指一井曰：此庶子泉也。以此知山僧不好古，其來尚矣。《媛姝由筆》

薛千仞岡云，嘗取黃河水瀹茗，妙甚，因將河水及揚子江心水，與吾鄉它山泉較輕重，不爽毫厘，惟惠泉獨重二兩，若張秋之阿井水更重於惠泉，雖味劣不可瀹茗，而以之煎膠能療疾病，乃知水以體重者為佳。《天爵堂筆餘》

何宇度云，百花潭水，較江水差重，取以烹茶，其味自別。《益部談資》

張元長大復云……今日豈減此耶？[18]

記登惠山云：瓊州三山庵有泉味類惠山，蘇子瞻過之，名曰惠通，其說云：水行地中，出沒數千里外，雖河海不能絕也。二年前有餉惠水者，淡惡如土，心疑之，聞之客云，有富者子亂決上流，幾害泉脈，久乃復之，味如故矣。泉力能通數千里之外，乃不相渾於咫尺之間，此惠之所以常貴也歟。李文饒置水驛，以汲惠泉而不知脈在長安昊天觀下鮮能知味，大抵然耳。今日與鄒公履茹紫房陳元瑜登惠山酌泉，飲之，因話其事，顧謂桐曰，凡物行遠者必不雜，豈惟水哉，時丙午（萬曆）冬仲十二日月印梁溪風謖謖著聽松上，公履再命酒數酌，頹然別去。

記喜泉云：早起發惠泉，將 爇 火烹之，味且敗，意殊悶悶，而王辰生來告朱方黯，所得近業小有花木可觀，清泉滃然出屋下，甘冷異常，石甃其古，聞之喜甚，當遣奴子乞之，名曰喜泉，它日過方黯齋中，當作一泉銘以貽好事者，我之心淨，安往不得歡喜哉，病居士記。

又曰：朱方黯宅有喜泉，每齋中惠水竭輒取之，其味故在季孟間，而炊者不知惜，以供盥濯，貴耳賤目，古今智愚一也。《聞雁齋筆談》

羅景綸大經，廬陵人論茶瓶湯候云：余同年李南金云……一甌春雪勝醍醐。[19]《鶴林玉露》

蘇廙仙芽傳第九卷載作湯十六法……所以為大魔。[20]

茶寮記　陸樹聲

園居敞小寮於嘯軒埤垣之西……不減淩煙。[21]

平泉先生自著九山散樵傳云，性嗜茶，著茶類七條，所至攜茶灶拾墮薪汲泉煮茗，與文友相過從

上見《適園雜著》

晨起取井水新汲者，傳淨器中熟數沸，徐啜徐漱，以意下之，謂之真一飲子，蓋天一生水，人夜氣生於子，平旦穀氣未受，胃藏沖虛，服之能蠲宿滯，淡滲以滋化源。陸樹聲《清暑筆談》

煎茶法，先用有 焰 炭火滾起，便以冷水點住，伺再滾起，再點，如此三次，色味皆進。《多能鄙事》

大明水記　歐陽修

世傳陸羽《茶經》……或作丹陽觀音寺井，漢江金州中零水，歸州玉虛洞香溪水，商州武關西洛水。[22]

浮槎山水記

浮槎山……[23]上並出《歐陽文忠全集》

中泠泉考　孫國敉

中泠泉，一曰零，一曰瀶，故有南零北瀶，州志云，江水至金山，分為三

泠是也。昔張又新、劉伯芻皆品以第一泉，迄陸鴻漸後，乃謂廬山康王谷水第一，而屈南零居第七。今金山僧豈不知中泠泉所在，漫以金山井當之，且藉泉為市，而輦泉及 豉 於舴艋中，羣執手版，逆諸貴人樓船，逼取勞貲，其實味同斥鹵，大為中泠短氣，毋惑乎許次紓之著茶錄曰金山頂上井，恐已非中泠古泉，或陵谷變遷，當必湮沒，不然，何其醨薄不堪酌也，而不知真中泠泉故在石排山，米元章賦云"浮玉掩露，石簰落潮，蓋排亦謂之簰云，山畔有郭璞墓，墓畔其石皆巉岈硿礲，色深黝，類太湖靈壁，然山體短而悍，夏日江漲，則石沒於濤，濤色渾濁，中有一泓泠然者最當湍流險處，上湧而出，毫不為渾濁所掩，凡深三十餘丈，故命之曰中泠，惟秋日水落石出，從金山以扁舟渡郭墓，以一足趾點石稜，摭於中泠泉之石骨而汲焉。視故石上水痕，殆減丈許，視鸕鷀祭魚，蛟鼉吐沫，亦歷歷有遺跡，始知古人造語之確。曰：江心夾石渟淵，僅六言耳，而為中泠泉寫照貽盡。僧苦汲者險，遂別鑿井以篡之，此不可以欺李贊皇，而況陸鴻漸乎，善乎鴻漸之鑒水也。唐代宗朝，李季卿刺湖州，至維揚，逢鴻漸，索其試茶，且言揚子南零水更殊絕，命一謹信者，絜瓶操舟，詣南零汲水，至，陸以杓揚其水曰："江則江矣，非南零者，似臨岸之水"，既而傾諸盆，至半遽止之，而更以杓揚之，曰："自此南零者矣。"使大駭服，曰："某至南零賫至岸，舟蕩覆半，懼其尠，挹岸水益之，處士之鑒，神鑒也。"此一公案也。迄我明而有田藝蘅煮茶小品，亦曰，揚子固江也，其南泠則夾石渟淵，特入首品，余嘗試之，果與山泉無異，此又一公案也。所謂與山泉無異者，正用鴻漸茶經"山水上，江水次"而核之者也。蘇眉山嘗有三江味別之論，而蔡氏非之，乃古有五行之官，水官得職，始能辨其性味，合中有分，重中有輕，濁中有清，皆剖若犀劃，故有師曠、易牙、王邵、張華以及張劉陸李諸君子品天下水，性味不同，真妙得古水官之遺法，不直為舌本設也。夫天下清濁真贋之當辨者，獨一水品也歟哉，余乃用前人六言足之以紀其事曰：江心夾石渟淵，中有泠然一泉，秋老始窺濯濯，漲余悵憶涓涓，蘇家符竹晨汲，郭墓菱花夜懸，自我尋源勒史，山僧載月空旋。倘山僧以厲己而去其籍乎，則有余文及詩之三尺在。《雞樹館集》

煎茶七類　徐渭

一人品……不減淩煙。[24]

鬥茶文　薛岡

王伯良，方仲舉，皆新安人，各自任所畜松蘿茶最精，馬金部眉伯請于七月七日鬥之。仲舉負，罰具酒，同座客有蔣子厚，汪遺民，人皆賦詩，余得文，其辭曰：貪夫鬥積，武人鬥剛，謀家鬥略，敵國鬥強。凡鬥之道，殺機攸藏，余不樂近，矧與俱觴。歲末乙丑，再詣都門，金部眉伯為余開樽，余不宜酒，乞茗滌煩，於是遣清風之使，啟都統之籠，斥鳳髓與雀舌，拔松蘿於伍中，余方欲啜，二客交陳，咸述斯茶之甲，拆我家山之春，六班昔著，九難今聆，王伯良已稱換骨，方仲舉自譽通靈，座如聚訟，辨質罕停，眉伯奮曰，君宜屏囂，明屆七夕鬥巧之宵，易而鬥茗，於我團焦，請別以口，味於何逃，吾將為子陳瓦鐺，煨榾柮，汲洌井，除林樾，宮時之壺具施，咸宣之杯畢發，遲吾子旗搖太白，鑰揮綠沉，火攻逞夫田氏，水陳背以准陰，勝者舉酒，負者罰金，二客唯唯，謹識以心，是日落晡，秋燈未灼，二茗俱臻，眾客弗約，伯良既悍，仲舉不弱，發茗接兵，方氏頓卻，輸金取酒，以佐歡謔，茶品鬥竟，未鬥茶量，余與諸子，顧一命將，分道而進，無許退讓，眾乃堅壁，不敢仰望，縱余鯨吞，形神欣暢，爾輩釀王，穠暘以釀，盍吸玉津，一洗五臟，余少病悸，蟻鬥驚牛，夫何老憊，與鬥者游，疇知嘻笑之鬥，鬥雖力而無憂，殺機不起，凶鋒亦收，方托之以展懷舒額，亦假是而追朋隨儔，眉伯茲舉，豈將陟森伯而黜歡伯，移虎丘而易糟丘，法當賜茗以余甘之姓，封茗為不夜之侯，因思文人好勝，莫不鬥靡誇多，未經比試，均一松蘿，倘敕眉伯，持衡而過操觚之人，其如爾何。《天爵堂集》

烹茶記　馮時可

新構既成，於內寢旁設茶灶，令侍婢名桂者典茗事，所進茗香潔甚適口，余問何以能然，曰：“余進茗於主人日三五，而滌器日數十也，余手不停滌，不停視，蟹眼魚目，以意送迎，其壢斯哉。余又品水而試之，則惠泉不若堯封也，惠泉易奪味，易育蟲，堯封則否。”余以問客，客曰：“若所語誠不誣，夫惠泉汲者眾，汲眾則污，堯封汲者寡，寡則清，又惠泉在山麓，其受氣暖，堯封在山巔，其受氣寒，寒則肅而不敗，氣暖則融而易變，非精於茗事者何能察此。”余取試之，果然。他日客叢至，令進茶，不如前。余以詰婢，對曰：“主人不聞乎？江蘺澗芷，以珮騷人；熊蹯象膚，以享豪舉，用物各有所宜也。今彼塵披垢和，紛紛臭駕者寧與此味相宜。使主人游從果，一一眠雲，跂石高流，如芝如蘭，入清淨味中三昧者，而某不以佳茗進，則安所諉其咎哉！”余無以責，居數日，有故太史至，稱詩而語煙霞，婢亟進良茗，曰：“此雖軒冕，能自超超，誠主人茶侶。”竟日坐灶旁，茶煙隱隱出竹柳外，客覽之，大暢而別，請余記其語。

茶寮記

酒與茗，皆濁世尤物也。酒能澆人磊塊，而茗能釋人昏滯；酒引人自遠，而茗引人自高；酒能使形神親，而茗能使形神肅；酒德為春，茗德為秋。然酒有酒禍，惟茗為不敗，故高流重之，曰暖露，曰香液，曰乳花，皆其佳目。而水厄酪奴，特慢戲語耳。茗飲盛於我吳，然烹點清絕，千百家不一二，余往得其法於陽羨書生，而家少姬最精其事，日舉茗汁供大士，次飲稿砧，所使一二婢，亦粗領略，大率候火，候湯，蟹眼魚目，沫餑適均，即注以餉客，與常味迥別，因為敝小寮於院西，長日倦極，眠床待飲，耳聆其聲，颼颼若春濤，若秋雨，隱隱梧竹間，余乃起坐薦沉水，張青桐，呼少君共酌，因語之曰："此非眠，云企石人未易享受，今日偕汝足稱小隱，何必遠避鹿門？"少君頗能酒，笑謂麴生何必不佳，清尊紫蟹，誰其堪伴，要之雲霞泉石間，二妙並不可缺，吾何能左右袒？余無以難，漫為之記。《石湖稿》

葉嘉傳

葉嘉……至唐趙贊始舉而用之。[25]

烹雪頭陀傳　楊夢袞字龍光

烹雪頭陀者，姓湯，名點，字瀹之，蒙山人也。其先有雀舌氏者，受知於神農，神農為食經，雀舌氏列名其中。雀舌氏之孫曰點，性情冷，不好為煩膩，簞食瓢飲，晏如也，所至士大夫渴慕之。晉王濛絕好點，客至必使點出見客，點不論客食未，輒與之縱譚，一往一復，一吞一吐，頗有流唐漂虞，滌殷盪周之意。士大夫患之，曰：今日乃為瀹之所苦，此吾輩一厄也。點於是舍去，而與唐之諸公游。玉川先生盧仝者，最好點，點一日謁仝七進而七納之，歡然恨相得晚也。旁觀者皆私疑點數數，且怪仝僻，不近人情，仝方且習習兩腋風生曰，諸君憒憒，乃作長歌贈點，而點之名日彰矣。點最相知者則有陸羽。羽字鴻漸，吳人，自少耽嗜點，凡點之性情風韻，及生平所寄跡之地，一一為之譜而傳之。點好游佳山水，如揚子中泠、惠山、虎丘、丹陽、大明、淞江，以及廬山之康王谷、新安之九龍潭、西湖之龍井、武夷之珠簾、歷下之趵突、蔣山之八功德、攝山之珍珠泉，點無一處不到，到之處羽無一處不與之盤桓。揚清挹潤，競爽爭奇，言之津津有味，不啻金蘭之契，針芥之投，膠漆之固也。好事者於是家弓旌而人杖履，日奉點周旋矣。點清甚，非俗人所知，點亦不求其知，客愛點者，唯是磐石叢篁之下，棋枰酒斝之旁，擁竹爐對坐，煙裊裊起松梢間，令人意致自遠。又或澄湖一鏡，攜點夷猶於中流，船頭使童子對灶吹火，點滾滾口若懸河，良久松風澗雨，灑然逼人矣。蔡君謨嘗以點進於朝，點之名遂無翼而飛，不脛而走，至今縉紳學士相遇坐，定必首及之。

野史氏曰：點以清名重，乃說者疑其臞而瘠，近之不甚宜人，今世之垂膝過腹之夫，腥羶逆鼻，彼皆宜人者哉？鵷雛鸞鷟，實非琅玕不食，淵非清冷不飲，童子牽牛而出，則蹄涔亦可以脹其腹，宜其不知點也。《岱宗小稿，十九友傳》

《茶賦》　顧況（稽天地之不平兮）《文苑英華》

搜神記

漢孝武時宣城人，入武夷山採茗，逢一毛人長丈餘，引客入山採茗，贈懷中橘而去。

異苑曰：陸重母孀居，每以茶為薦宅中古塚。重兄弟以塚何靈，將發掘，母固止之，獲免。夜夢人云："居此三百年，今蒙恩澤。"及晨，獲錢二十萬。

南有嘉茗賦　梅堯臣（南有山原兮）《梅宛陵集》

煎茶賦　黃庭堅　（洶洶乎如澗松之發清吹）《黃山谷文集》

煎茶賦並序　沈龍

酒鄉香國，時時有人往還。香國如桃花源，時開時合；而酒鄉自劉將軍開後，便通中國，獨茶天未有開闢手。茶天在青微西，或云青微天即茶天也。酒有劍俠氣，香有美人氣、文士氣；獨茶如禪，未許常人問津。顧況有《茶賦》，黃庭堅有《煎茶賦》，已是數百年一傳，此後絕無聞焉，正如六祖去後，衣缽竟絕。至如盧仝牛飲耳。偶有客至橫雲山茶，而惠山汲水船適至，遂作小賦。

汲新泉於樹杪，採新茗於雨前。合命花灶，松頂濤翻，掃石徑之秋雲，乞活火於坡仙。雪意消而山空，微香散而鶴還。亂花中之藥氣，捲深竹之晴煙。於是開別館，揭風簾，事供奉，命短鬟紅袖，窄窄素手春寒，矜弓彎之絕小，又欲進而詎前。其甘如薺，其氣勝蘭。其味也甘露雨，其白也秋空天。花點波動，月印杯穿。杏樹桃花之深洞，奇種不到；竹林草堂之古寺，無此幽閒。於焉昏睡竟失繁憂，畢殫神空而道可學，味淡而禪獨參。忽疑義之盡晰，俄欲辨而忘言。如白玉蟾拈花而三嗅，如江貫道撫琴而不彈。此味無令人之可共，何不攷古人而就班。乃問詩人誰識其玄，或云子厚，或云青蓮，乃浩然摩詰之皆不可，而獨分一餅於陶潛。若夫畫中三昧，誰得其傳，曰有同味，恕先在焉。偕倪迂而漱齒，分黃癡以餘甘。猶一人之未降，則庶幾乎巨然，其餘者人莫不飲，而知味之竟鮮，至如美人，孰媸孰妍，分一杯於道蘊，乃羣議之貼然，更賜綠珠以餘瀝，而以供奉命易安。雖文君之妖艷，不能一滴之破慳也。若夫藤花紫筍，味鮮蕨肥，苦荳新甘，就茲妍景，結社峯顛。高衲韻士，松風滿龕，就陰陰之疏影，聽活活之流泉，瞑煙合池上，孤月出東山。人靜無籟，山空不喧。名理爛熟，古道羣諳。任微言而比投水，縱高論之若河懸。於斯時也，松火怒發，石瀨渟涵，雲漿浸舌，瞠眼青天。心清涼而若雪，胸空闊而無粘。渺若輕雲之歸海，淨若片月之還山。誰知此者，我當與之讀茶賦，而續涪翁之嫡傳。《雪初堂集》

代武中丞謝新茶表　劉禹錫

臣某言中使竇國晏奉宣聖旨，賜臣新茶一斤，猥降王人，光臨私室，恭承慶賜，跪啟緘封，臣某中謝伏以方隅入貢，采擷至珍，自遠貢來，以新為貴，捧而觀妙，飲以滌煩，顧蘭露而慙芳，豈柘漿而齊味。既榮凡口，倍切丹心，臣無任云云。

為田神玉謝茶表　韓翃

臣某言，中使至，伏奉手詔，兼賜臣茶一千五百串，令臣分給將士以下。臣慈曲被，戴荷無階。臣某中謝臣智謝理戎，功慙盪寇。前恩未報，厚賜仍加。念以炎蒸，恤其暴露。旁分紫筍，寵降朱宮。味足蠲邪，助其正直，香堪愈病，沃以勤勞。飲德相勸，撫心是荷，前朝饗士，往典犒軍，皆是循常，非聞特達。顧惟荷增幸，忽被殊私。吳主禮賢，方聞置茗。晉臣愛客，才有分茶。豈如澤被三軍，仁加十乘。以欣以忭，忌戴無階。臣無任云云。并《文苑英華》

茶磨銘見《侯鯖錄及談苑》　黃庭堅

楚雲散盡，燕山雪飛，江湖歸夢，從此袪機。

茶夾銘　李載贄

唐右補闕綦毋旻著代茶飲序云：“釋滯消壅，一日之功蹔佳；瘠氣耗精，終身之害斯大。獲益則歸功茶力，貽害則不謂茶災。”予讀而笑曰：“釋滯消壅，清苦之益寔多；瘠氣耗精，情欲之害最大。獲益則不謂茶力，自害則反謂茶殃，是恕己責人之論也。”乃銘曰：

我老無朋，朝夕唯汝。世間清苦，誰能及子？逐日子飲，不辨幾鐘。每夕子酌，不問幾許。夙興夜寐，我顧與子終始。子不姓湯，我不姓李，總之一味清苦到底。《樊書》

茶壺銘　張大復

非其物勿吞，非其人勿吐。腹有涯而量無涯，吾非斯之與而誰伍。《梅花草堂集》

金堂南山泉銘並序　浦國寶

蘭陵錢治嘗作南山泉記實仁宗天聖四年，距今蓋一百二十有一年也。錢又誇大其言，以謂陸羽作《茶經》第水之品三十，張又新《煎茶記》又增其七，毛文錫作《茶譜》，又增至二十有八。金堂南山泉當不在蘭溪第二水下，然前之三人足跡曾不一履此地，宜皆不為所賞鑑，故此泉淹沒而無聞焉，可嘆也！先朝時家恬戶嬉，一時人士往往多以卜泉試茗相誇為樂事。至靖康後，天下騷然，苦兵生民困於征傜，邑中之黔，惴然方以貨泉，供億縣官不給，為恐泉之甘否，何暇議耶？黃君才叔，此方之修整士也。紹興辛巳，於南山之南，手披荊棘，鋤其荒穢，卓江山景物之會，作室十數楹，極幽居之勝。而嵒竇之間，泉之湮者，復達引之庭，除其聲涓涓。遇暇日，余率二三賓朋，登君之堂，洗心滌慮，便覺煩暑坐變清涼，酌為茗飲，則又芬甘可愛，誠如治之言者，余是以知物之廢興通塞，亦自有時，何獨一泉耶，是不可不銘，銘曰：

峽水東注，鶴峯北峙。幽幽南山，為國之紀。有洌彼泉，出於嵒底。清新香潔，酌之如醴。吾儕小人。豈曰知味。宜茶而甘，即為佳水。近世錢治，蓋當品第方之蘭溪，不在第二，陸羽既遠，無復為紀，日新文錫茲亦已矣。今之易牙，

未知孰是。一泉小物，隱而弗示。不有獎鑑，孰發其閟。勒銘山阿，以告吾類。《全蜀藝文志》

宣城蒼坑茶贊　梅鼎祚

茶之用，至於今而始真。昔之末碾湯浮，龍圖鳳箔，非其質矣。吾邑華陽山，有蒼坑密巃，故產茶。至於今孫伯揆父子采焙，而始顯伯揆事事清絕。其制茶則倣大方之於松蘿也，色香味三者具矣，而名價迺復倍之。醍醐生于酥酪，精於酥酪，物理固然，亦由人勝。茶二品，一曰春雷甲，一曰秋露英，然春為勝焉，秋則園主靳，固有抱蔓之慮，價益翔壬子萬曆春伯揆屬。余為之贊，以貽同好。適增湯社一段故事耳，恨不使陸鴻漸、蔡君謨諸君見之。

瑞草先春，驚雷甲坼。惟華之陽，土長泉洌。物生有滋，甘芳昌越。騎火手焙，授法自歙。縹碧茸茸，色若初茁。精氣所挺，為石巖白。香出空中，還與鼻接；玄味自然，了非在舌。不可思議，默焉妙契。爰報報乳恩，供佛禪悅，活烹淺注，以次待客。《鹿裘石室集》

茶中雜詠並序　皮日休

和茶具十詠　陸龜蒙、皮日休

睡後茶興憶楊同州　白居易

昨晚飲太多，嵬峨並上聲連宵醉。今朝飧又飽，爛熳移時睡。睡足摩挲眼，眼前無一事。信腳繞池行，偶然得幽致。婆娑綠蔭樹，斑駁青苔地。此處置繩床，傍邊置茶器。白瓷甌甚潔，紅爐炭方熾。沫下麴塵香，花浮魚眼沸。盛來有佳色，咽罷餘芳氣。不見楊慕巢，誰人知此味。《長慶集》

題茶山在宜興　杜牧

山實東吳秀，茶稱瑞草魁。剖符雖俗吏，修貢亦仙才。泉嫩黃金湧，山有金沙泉。修貢出，罷貢即絕。牙香紫璧裁。垂遊難自剋，俯首入塵埃。節　《樊川集》

答族姪僧中孚贈玉泉仙人掌茶　李白　（嘗聞玉泉山）《李翰林集》

峽山嘗茶　皮日休見《湖南廣總志》　（簇簇新英摘露光）

送陸羽　皇甫曾[26]

方虛谷《瀛奎律髓》云：茶之盛行，自陸羽始。止是碾磑茶爾，其妙處在於別水味。盧仝所謂“手閱月團三百片”，恐團茶不應如是之多，多則必不精也。今則江茶最富為末茶，湖南、西川、江東、浙西為芽茶、青茶、烏茶，惟建寧甲天下為餅茶。廣西修江亦有片茶，雙井、蒙頂、顧渚、婺源一時不可卒數。南人一日之間，不可無數杯；北人和採酥酪雜物，蜀人又特入白土，皆古之所無有也。羽死，號為茶神，故取此一首為茶詩之冠。

故人寄茶　曹鄴　（劍外九華英）

憶茗芽憶平泉雜詠　**李德裕**

谷中春日暖，漸憶掇茶英。欲及清明火，能消醉客酲。松花飄鼎泛，蘭氣入甌輕。飲罷閒無事，捫蘿谿上行。《李衛公別集》

故人寄茶

劍外九華英上寸調集作曹鄴。邀作招，竹作月，流作沉，讀作肘。

茶山詩　袁高

禹貢通遠俗，所圖在安人。後王失其本，職吏不敢陳。亦有奸佞者，因茲欲求伸。動生千金費，日使萬姓貧。我來顧渚源，得與茶事親。甿輟耕農耒，採之實苦辛。一夫且當役，盡室皆同臻。捫葛上欹壁，蓬頭入荒榛。終朝不盈掬，手足皆鱗皴。悲嗟遍空山，草木為不春。陰嶺芽未吐，使者牒已頻。心爭造化力，先走挺塵均。選納無晝夜，搗聲昏繼晨。眾工何枯槁，俯視彌傷神。皇帝尚巡狩，東郊路多堙。周迴繞天涯，所獻逾艱勤。況減兵革困，量茲固疲民。未知供禦餘，誰合分此珍。顧省忝邦守，又慙復因循。茫茫滄海間，丹憤何由申。唐久粹

蕭員外寄新蜀茶　白居易　（蜀茶寄到但驚新）

謝李六郎中寄新蜀茶　（故情周匝向交情）

山泉煎茶有懷　（坐酌泠泠水）

睡後茶興憶楊同州　（昨晚飲太多）

走筆謝孟諫議寄新茶　盧仝　（日高丈五睡正濃）

五言月夜啜茶聯句

泛花邀坐客，代飲引情言。陸士修醒酒宜華席，留僧想獨園。張薦不須攀月桂，何假樹庭萱。李崿御史秋風勁，尚書北斗尊。崔萬流華淨肌骨，疏瀹滌心原。顏真卿不似春醪醉，何辭綠菽繁。僧清晝素瓷傳靜夜，芳氣滿閒軒。陸士修

和章岷從事鬥茶歌　范仲淹《范文正集》　（年年春自東南來）

蕭灑桐廬郡　十絕之六

蕭灑桐廬郡，春山半是茶。新雷還好事，驚起雨前芽。

次謝許少卿寄臥龍山茶趙抃　《趙清獻公文集》（越芽遠寄入都時）

嘗新茶呈聖俞　歐陽修　（建安三千里《合璧事類外集》起句作“為何建安三千里”）

次韻再作　（吾年向老世味薄）

雙井茶　（西江水清江石老）

送龍茶與許道人　（潁陽道士青霞客）

和梅公儀嘗茶

溪山擊鼓助雷驚，逗曉靈芽發翠莖。摘處兩旗香可愛，貢來雙鳳品尤精。寒侵病骨惟思睡，花落春愁未解酲。喜共紫甌吟且酌，羨君蕭灑有餘清。上并出《歐陽文忠集》

蝦蟆䂮當作培，今土人寫作皆，字音佩　（石溜吐陰崖）《歐陽文忠公集》

和原父揚州題時會堂二首造貢茶所也　（積雪猶封蒙頂樹）《歐陽文忠集》

汲水煎茶　蘇軾　（活水仍需活火烹）

楊誠齋云：七言八句，一篇之中，句句皆奇；一句之中，字字皆奇。古今作者皆難之。如東坡《煎茶詩》云：“活水仍需活火烹，自臨釣石取深清”，第二句，七字而具五意：水清，一也；深處取清者，二也；石下之水，非有泥土，三也；石乃釣石，非常之石，四也；東坡自汲，非遣卒奴，五也。“大瓢貯月歸春甕，小杓分江入夜瓶”，其狀水之清美極矣。“分江”二字，此尤難下。“雪乳已翻煎處腳，松風仍作瀉時聲”，此例語也，尤為詩家妙法，即杜少陵“紅稻啄餘鸚鵡粒，碧梧棲老鳳凰枝”也。“枯腸未易禁三碗，卧聽山城長短更”，又翻卻盧仝公案。仝喫到七碗，坡不禁三碗。山城更漏無定，“長短”二字有無窮之味。本集詩雪乳作茶雨，山城作荒村

試院煎茶（蟹眼已過魚眼生）

月兔茶　（環非環）

和錢安道寄惠建茶　（我官於南今幾時）

惠山謁錢道人烹小龍團登絕頂望太湖　（踏遍江南南岸山）

和蔣夔寄茶（我生百事常隨緣）

問大冶長老乞桃花茶栽東坡　（周詩記苦荼）

怡然以垂雲新茶見餉報以大龍團仍戲作小詩　（妙供來香積）

新茶送僉判程朝奉以饋其母有詩相謝次韻答之

縫衣付與溧陽尉，捨肉懷歸潁谷封。聞道平反供一笑，會須難老待千鍾。火前試焙分新胯，雪裏頭綱輟賜龍。從此升堂是兄弟，一甌林下記相逢。

次韻曹輔寄壑源試焙新芽

仙山靈雨濕行雲，洗遍香肌粉末勻。明月來投玉川子，清風吹破武陵春。要知玉雪心腸好，不是膏油首面新。戲作小詩君一笑，從來佳茗似佳人。

到官病倦未嘗會客毛正仲惠茶乃以端午小集石塔戲作一詩為謝

我生亦何須，一飽萬想滅。胡為設方丈，養此膚寸舌。爾來又衰病，過午食輒噎。繆為淮海帥，每愧廚傳缺。爨無欲清人，奉使免內熱。空煩赤泥印，遠致紫玉玦。為君伐羔豚，歌舞菰黍節。禪窗麗午景，蜀井出冰雪。坐客皆可人，鼎器手自絜。金釵候湯眼，魚蟹亦應訣。遂令色香味，一日備三絕。報君不虛授，知我非輟啜。

種茶　(松間旅生茶)

南屏謙師妙於茶事，自云得之於心，應之於手，非可以言傳學到者。十月二十七日聞軾游壽星寺，遂來設茶，作此詩贈之　(道人曉出南屏山)

次韻董夷仲茶磨

前人初用茗飲時，煮之無問葉與骨。寖窮厥味臼始用，復計其初碾方出。計窮功極至於磨，信哉智者能創物。破槽折杵向牆角，亦其遭遇有伸屈。歲久講求知處所，佳者出自衡山窟。巴蜀石工強鐫鑿，理疏性軟良可咄。予家江陵遠莫致，塵土何人為拔拂。

魯直以詩饋雙井茶次韻為謝

(江夏無雙種奇茗)　《歸田錄》草茶以雙井為第一。畫舫宿太湖，北渚貢茶故事。

寄周安孺茶　(大哉天宇內)

元翰少卿寵惠谷簾水一器龍團二枚仍以新詩為貺歎味不已次韻奉和

巖垂疋練千絲落，雷起雙龍萬物春。此水此茶俱第一，共成三絕景中人。

《文忠全集》

煎茶　丁謂　(開緘試雨前)

建茶呈使君學士　李虛己　(石乳標奇品)

和伯恭自造新茶　余襄公

郡庭無訟即仙家，野圃栽成紫筍茶。疏雨半晴回暖氣，輕雷初過得新芽。烘褫精謹松齋靜，採擷縈迂澗路斜。江水對煎萍髣髴，越甌新試雪交加。一槍試焙

春尤早，三碗搜腸句更嘉。多藉彩牋貽雅唱，想資詩筆思無涯。上并《瀛奎律髓》

和子瞻煎茶　蘇轍　（年來病懶百不堪）

次韻李公擇以惠泉答章子厚新茶二首

無錫銅瓶手自持，新芽顧渚近相思。故人贈答無千里，好事安排巧一時。蟹眼煎成聲未老，兔毛傾看色尤宜。槍旗攜到齊西境，更試城南金線奇。金線泉在齊州城南

新詩態度靄春雲，肯把篇章妄與人。性似好茶常自養，交如泉水久彌親。睡濃正想羅聲發，食飽尤便粥面匀。底處翰林長外補，明年誰送雪溪春。

宋城宰韓秉文惠日鑄茶

君家日鑄山前住，冬後茶芽麥粒粗。磨轉春雷飛白雪，甌傾錫水散凝酥。溪山去眼塵生面，簿領埋頭汗匝膚。一啜更能分幕府，定應知我俗人無。

次前韻

龍鸞僅比閩團釅，鹽酪應嫌比俗麤。採愧吳僧身似臘，點須越女手如酥。舌根遺味輕浮齒，腋下清風稍襲膚。七碗未容留客試，瓶中數問有餘無。

茶灶　梅堯臣（山寺碧溪頭）

宋著作寄鳳茶（春雷未出地）

七寶茶　和范景仁王景彝殿中雜題三十八首並次韻之三十二

七物甘香雜蕊茶，浮花泛綠亂於霞。啜之始覺君恩重，休作尋常一等誇。

答建州沈屯田寄新茶（春芽研白膏）

王仲儀寄鬥茶（白乳葉家春）

答宣城張主簿遺鴉山茶次其韻（昔觀唐人詩）

晏成續太祝遺雙井茶五品茶具四枚近詩六十篇因以為謝

始於歐陽永叔席，乃識雙井絕品茶。次逢江東許子春，又出鷹爪與露牙。鷹爪斷之中有光，碾成雪色浮乳花。晏公風流丞相族，以此五色論等差。遠走犀兵至蓬巷，青蒻出篋封題加。紋柘冰瓷作精具，靈味一啜驅昏邪。神還氣王讀高詠，六十五篇金出沙。已從鍛鍊出至寶，終老不變傳幽遐。自惟平昔所得者，何異瓦礫空盈車。滌心洗腑強為答，愈苦愈拙徒興嗟。

穎公遺碧霄峯茗

到山春已晚，何更有新茶。峯頂應多雨，天寒始發芽。採時林狖靜，蒸處石泉嘉。持作衣囊秘，分來五柳家。

李仲求寄建溪洪井茶七品云愈少愈佳，未知嘗何如耳，因條而答之。
（忽有西山使）

吳正仲遺新茶《律髓》云：三四即盧仝至尊之餘，合王公何事便到仙人家也。此詩聖俞五十二居母憂時作，所以用“悲哀草土臣”，“聊跪北堂親”，乃奠酹之意也（十片建溪春）

茶磨二首
（楚匠斫山骨）
盆是荷花磨是蓮，誰礱麻石洞中天。欲將雀石成雲末，三尺鬟童一臂旋。得自三天洞吳氏

嘗茶　和公儀
都藍攜具向都堂，碾破雲團北焙香。湯嫩水輕花不散，口乾神爽味偏長。莫夸李白仙人掌，且作盧仝走筆章。亦欲清風生兩腋，從教吹去月輪旁。

呂晉叔著作遺新茶
四葉及王遊，共家原坂嶺。歲摘建溪春，爭先取晴景。大窠有壯液，所發必奇穎。一朝團焙成，價與黃金逞。呂侯得鄉人，分贈我已幸。其贈幾何多，六色十五餅。每餅包青蒻，紅籤纏素縈。屑之雲雪輕，啜已神魄惺。會待嘉客來，侑談當晝永。

得雷太簡自製蒙頂茶（陸羽舊茶經）

時會堂二首依韻和劉原甫舍人揚州五題之一自注歲貢蜀岡茶似蒙頂茶能除疾延年
今年太守采茶來，驟雨千門禁火開。一意愛君思去疾，不緣時會此中杯。雨發雷塘不起塵，蜀崑岡上暖先春。煙牙才吐朱輪出，向此親封御餅新。

次韻和永叔嘗新茶雜言（自從陸羽生人間）

次韻和再拜
建溪茗株成大樹，頗勝楚越所種茶。先春喊山掐白萼，亦異鳥觜蜀客夸。烹新鬥硬要咬盞，不同飲酒爭畫蛇。從揉至碾用盡力，只取勝負相笑呀。誰傳雙井與日注，終是品格稱草芽。歐陽翰林百事得精妙，官職況已登清華。昔得隴西大銅碾，碾多歲久深且窊。昨日寄來新鸞片，包以籛箬纏以麻。唯能騰啜任腹冷，幸免酩酊冠弁斜。人言飲多頭顫挑，目欲清醒氣味嘉。此病雖得優醉者，醉來顛踣禍莫涯。不願清風生兩腋，但願對竹兼對花。還思退之在南方，嘗說稍稍能啖蟆。古之賢人尚若此，我今貧陋休相嗟。公不遺舊許頻往，何必絲管喧咬哇。

得福州蔡君謨密學書並茶

尺題寄我憐衰翁，刮青茗籠藤纏封。茶開片銙碾葉白，亭午一啜驅昏慵。顏生枕肱飲瓢水，韓子飯齏居辟雍。雖窮且老不媿昔，遠荷好事紓情悰。節《梅苑陵集》

建溪新茗　梅堯臣

（南國溪陰暖）方回《瀛奎律髓》云：喬雲龍小餅，先朝以為近臣之異賜。建茶為天下第一，廣西修江胯茶次之。南渡後宮禁嬪御日所飲用即此品。胯茶修四寸，博三寸，許人亦罕有芽。茶則多品矣。

依韻和杜相公謝蔡君謨寄茶

天子歲嘗龍焙茶，茶官催摘雨前芽。團香已入中都府，鬥品爭傳太傅家。小石冷泉留早味，紫泥新品泛春華。吳中內史才多少，從此蒓羹不足誇。

《律髓》云：因茶而薄蓴羹，是亦至論。陸機以蓴羹對晉武帝羊酪，是時未尚茶耳。然張華《博物志》已有"真茶令人不寐"之說

謝王彥光提刑見訪並送茶　陸游

邇英帷幄舊儒臣，肯顧荒山野水濱。不怕客嘲輕薄尹，要令我識老成人。颿回鼓轉春城暮，酒冽橙香一笑新。遙想解酲須底物，隆興第一壑源春。

三遊洞前巖下小潭水甚奇取以煎茶

苔徑芒鞵滑不妨，潭邊聊得據胡床。巖空倒看峯巒影，磵遠中含藥草香。汲取滿瓶牛乳白，分流觸石珮聲長。囊中日鑄傳天下，不是名泉不合嘗。

過武連縣北柳池安國院煮泉試日鑄、顧渚。茶院有二泉，皆甘寒。傳云唐僖宗幸蜀，在道不豫，至此飲泉而愈，賜名報國靈泉云

滴瀝珠璣翠壁間，遭時曾得奉龍顏。欄傾甃缺無人管，滿院松風晝掩關。一

行殿淒涼跡已陳，至今無老記南巡。一泓寒碧無今古，付與閒人作主人。二

我是江南桑苧家，汲泉閒品故園茶。只應碧缶蒼鷹爪，可壓紅囊白雪芽。日鑄以小餅腊紙、丹印封之，顧渚貯以紅藍縑囊，皆有歲貢。　三

同何元立蔡肩吾至東丁院汲泉煮茶

一州佳處盡徘徊，惟有東丁院未來。身是江南老桑苧，諸君小住共茶盃。一

雪芽近自峨嵋得，不減紅囊顧渚春。旋置風爐清樾下，它年奇事記三人。二

睡起試茶

笛材細織含風漪，蟬翼新裁雲碧帷。端溪硯璞斫作枕，素屏畫出月墮空江時。朱欄碧甃玉色井，自候銀缾試蒙頂。門前剝啄不嫌渠，但恨此味無人領。

九日試霧中僧所贈茶

少逢重九事豪華，南陌雕鞍擁鈿車。今日蜀中生白髮，瓦爐獨試霧中茶。

試茶

蒼爪初驚鷹脱韝，得湯已見玉花浮。睡魔何止避三舍，歡伯直知輸一籌。日鑄焙香懷舊隱，谷簾試水憶西遊。銀絣銅碾俱官樣，恨欠纖纖為捧甌。

飯罷碾茶戲書

江風吹雨暗衡門，手碾新茶破睡昏。小餅戲龍供玉食，今年也到浣花村。

烹茶

麴生可論交，正自畏中聖。年來衰可笑，茶亦能作病。噎嘔廢晨飱，支離失宵瞑。是身如芭蕉，寧可與物競。兔甌試玉塵，香色兩超勝。把玩一欣然，為汝烹茶竟。

試茶

北窗高臥鼾如雷，誰遣香茶挽夢回。綠地毫甌雪花乳，不妨也道入閩來。

晝臥聞碾茶

小醉初消日未晡，幽窗催破紫雲腴。玉川七碗何須爾，銅碾聲中睡已無。

夜汲井水煮茶

病起罷觀書，袖手清夜永。四鄰悄無語，燈火正淒冷。山童亦睡熟，汲水自煎茗。鏘然轆轤聲，百尺鳴古井。肺腑凜清寒，毛骨亦蘇省。歸來月滿廊，惜踏疏梅影。

效蜀人煎茶戲作長句

午枕初回夢蝶床，紅絲小磑破旗槍。正須山石龍頭鼎，一試風爐蟹眼湯。巖電已能開倦眼，春雷不許殷枯腸。飯囊酒甕紛紛是，誰賞蒙山紫筍香。

北巖采新茶用忘懷錄中法煎飲欣然忘病之未去也

槐火初鑽燧，松風自候湯。攜籃苔徑遠，落爪雪芽長。細啜靈襟爽，微吟齒頰香。歸時更清絕，竹影踏斜陽。

試茶

強飯年來幸未衰，睡魔百萬要支持。難從陸羽毀茶論，寧和陶潛止酒詩。乳井簾泉方徧試，柘羅銅碾雅相宜。山僧剝啄知誰報，正是松風欲動時。

喜得建茶

玉食何由到草萊，重奩初喜坼封開。雪霏庾嶺紅絲磑，乳泛閩溪綠地材。舌本常留甘盡日，鼻端無復鼾如雷。故應不負朋遊意，手挈風爐竹下來。

雪後煎茶

雪液清甘漲井泉，自攜茶灶就烹煎。一毫無復關心事，不枉人間住百年。

《劍南詩集》

閏正月十一日呂殿丞寄新茶新，最早者。生處地向陽也　**曾鞏**

偏得朝陽借力催，千金一銙過溪來。曾坑貢後春猶早，海上先嘗第一杯。

寄獻新茶（種處地靈偏得日）

方推官寄新茶　（採摘東溪最上春）

嘗新茶　丁晉公《北苑新茶詩序》云：茶芽採時如麰麥之大者（麥粒收來品絕倫）

蹇磻翁寄新茶二首

（龍焙嘗茶第一人）

（貢時天上雙龍去）　《元豐類稿》

大雲寺茶詩《呂真人集》：洞賓詭為回處士遊大雲寺。僧請處士啜茶茗，舉丁晉公詩曰"花隨僧筯破，雲逐客甌圓"。處士曰句雖佳，未盡茶之理，乃書詩曰云云

玉蕊一鎗稱絕品，僧家造法極功夫。兔毛甌淺香雲白，蝦眼湯翻細浪俱。

斷送睡魔離幾席，增添清氣入肌膚。幽叢自落溪嵓外，不肯移根入上都。

《呂真人集》

焦千之求惠山泉詩　**蘇軾**

茲山定空中，乳水滿其腹。遇隙則發見，臭味實一族。淺深各有值，方圓隨所蓄。或為雲洶湧，或作綫斷續。或鳴空洞中，雜佩間琴築。或流蒼石縫，宛轉龍鸞蹙。瓶罌走四海，真偽半相瀆。貴人高宴罷，醉眼亂紅綠。赤泥開方印，紫餅截圓玉。傾甌共歎賞，竊語笑僮僕。豈如泉上僧，盥灑自挹掬。故人憐我病，蒻籠寄新馥。欠伸北窗下，晝睡美方熟。精品厭凡泉，願子致一斛。

杜近遊武昌以菩薩泉見餉

君言西山頂，自古流白泉。上為千牛乳，下有萬石鉛。不愧惠山味，但無陸子賢。願君揚其名，庶託文字傳。寒泉比吉士，清濁在其源。不食我心惻，於泉非所患。嗟我本何有，虛名空自纏。不見子柳子，餘愚汙溪山。

蝦蟆培

蟆背似覆盂，蟆頤如偃月。謂是月中蟆，開口吐月液。根源來甚遠，百尺蒼崖裂。當時龍破山，此水隨龍出。入江江水濁，猶作深碧色。稟受苦潔清，獨與

凡水隔。豈惟煮茶好，釀酒應無敵。

閤門水朝堂嘉祐元年九月九日宿齋歐陽永叔張叔之孫之翰會賦

宮井固非一，獨傳甘與清。釀成光祿酒，調作太官羹。上舍銀瓶貯，齋廬玉茗烹。相如方病渴，空聽轆轤聲。

魯直復以詩送茶云願君飲此勿飲酒　晁補之

相茶真似石韞璧，至精那可皮膚識。溪芽不給萬口須，往往山毛俱入食。雲龍正用餉近班，乞與麄官成靦顏。崇朝一碗坐官局，申旦形清不成宿。平生樂此臭味同，故人貽我情相燭。黃侯發軔日千里，天育收駒自汧渭。車聲出鼎細九盤，如此佳句誰能似。遣試齊民蟹眼湯，扶起醉頭湔腐腸。頗類它時玉川子，破鼻竹林風送香。吾儕幽事動不朽，但讀離騷可無酒。

再用發字韻謝毅父送茶

開門覩雉不敢發，滯思霾胸須澡雪。煩君初試一槍旗，救我將隳半輪月。不應種木便甘棠，清風自是萬夫望。未須棄此蓬萊去，明日論詩齒頰香。

張傑以龍茶換蘇帖

寄茶換字真佳尚，此事人間信亦稀。它日封廚失雙牘，應隨癡顧畫俱飛。

和答魯敬之祕書見招能賦堂烹茶二首

玉泉吟鼎月隳輪，如射風標兩絕塵。只欠何郎窗畔雪，戎葵為我作餘春。

一碗分來百越春，玉溪小暑卻宜人。紅塵它日同回首，能賦堂中偶坐身。

次韻提刑毅甫送茶

炰羔煮餅漸宜秦，愁絕江南一味真。健步遠梅安用插，鷓鴣金盞有餘春。

《雞肋集》

答許覺之惠椰子茶盂　黃庭堅

碩果不食寒林梢，割而棄之為懸匏。故人相見各貧病，猶可烹茶當酒肴。

鄒松滋寄苦竹泉蓮子湯

松滋縣西竹林寺，苦竹林中甘井泉。巴人謾說蝦蟆焙，試裹春芽來就煎。

新收千百秋蓮菂，剝盡紅衣搗玉霜。不假參同成氣味，跳珠碗裡綠荷香。

謝公擇舅分賜茶三首

(外家新賜蒼龍璧)

(文書滿案惟生睡)

細題葉字包青箬，割取丘郎春信來丘子進外家壻。拚洗一春湯餅睡，亦知清夜有蚊雷。

戲答荊州王充道烹茶二首

茗碗難加酒碗醇，暫時扶起藉糟人。何須忍垢不濯足，苦學梁州陰子春。

龍焙東風魚眼湯，箇中即是白雪鄉。更煎雙井蒼鷹爪，始耐落花春日長。

謝黃從善司業寄惠山泉　（錫谷寒泉橢石俱）

雙井茶送子瞻　（人間風日不到處）

省中烹茶懷子瞻用前韻

閤門井不落第二，竟陵谷簾定誤書。思公煮茗共湯鼎，蚯蚓竅生魚眼珠。置身九州之上腴，爭名燄中沃焚如。但恐次山胸磊隗，終便平聲酒舫石魚湖。元次山《石魚湖歌》曰：石魚湖，似洞庭，夏水欲滿君山青。疾風三日作大浪，不能廢人運酒舫。

以雙井茶送孔常父

校經同省並門居，無日不聞公讀書。故持茗碗澆舌本，要聽六經如貫珠。心知韻勝舌知腴，何似寶雲與真如。湯餅作魔應午睡，慰公渴夢吞江湖。

謝送碾賜壑源揀芽　（矞雲從龍小蒼璧）

以小團龍茶半挺贈無咎並詩用前韻為戲　（我持玄圭與蒼璧）

博士王揚休碾密雲龍同事十三人飲之戲作

矞雲蒼璧小盤龍，貢包新樣出元豐。王郎坦腹飯床東，太官分物來婦翁。棘圍深鎖武成宮，談天進士雕虛空。鳴鳩欲雨喚雌雄，南嶺北嶺宮徵同。午窗欲眠視濛濛，喜君開包碾春風，注湯官焙香出籠。非君灌頂甘露碗，幾為談天乾舌本。

答黃冕仲索煎雙井並簡揚休

江夏無雙乃吾宗，同舍頗似王安豐。能澆茗碗湔祓我，風袂欲把浮丘翁。吾宗落筆賞幽事，秋月下照澄江空。家山鷹爪是小草，敢與好賜雲龍同。不嫌水厄幸來辱，寒泉湯鼎聽松風。夜堂朱墨小燈籠。惜無纖纖來捧碗，唯倚新詩可傳本。　並黃文節公集

即惠山煮茗　**蔡襄**

此泉何以珍，適與真茶遇。世物兩稱絕，於予獨得趣。鮮香 箹 下雲，甘滑杯中露。尚能變俗首，豈特湔塵慮。晝靜清風生，飄蕭入庭樹。中含古人意，來者庶冥悟。

茶坂雲谷二十六詠之二十二　**朱熹**

攜籯北嶺西，采擷供茗飲。一啜夜窻寒，跏趺謝衾枕。

嘗茶次寄越僧靈皎　林逋　（白雲峯下兩槍新）

瓶懸金粉師應有，筯點瓊花我自珍。清話幾時搔首後，願和松色勸三巡。

監郡吳殿丞惠以建茶吟一絕以謝之　林逋　（石碾輕飛瑟瑟塵）

謝人寄蒙頂新茶　文同　（蜀土茶稱盛）

謝人送壑源絕品云九重所賜也　曾幾

三伏汗如雨，終朝霑我裳。誰分金掌露，來作玉溪涼。別甑軟炊飯，小爐深炷香。麯生何等物，不與汝同鄉。元注：別甑炊香飯供養於此人，禪家語也。

迪姪屢餉新茶

吾家今小阮，有使附書頻。喚起南柯夢，特來北焙春。顧予多下駟，況復似陳人。不是能分少，其誰遣食新。敕廚羞煮餅，掃地供爐芬。湯鼎聊從事，茶甌遂策勳。興來吾不淺，送似汝良勤。欲作柯山點，當令阿造分。元注：俗所謂衢，點也。造姪妙於擊拂。

述姪餉日鑄茶

寶胯自不乏，山芽安可無。子能來日鑄，吾得具風爐。夏木囀黃鳥，僧窻行白駒。談多喚坐睡，此味政時須。

逮子得龍團勝雪茶兩胯以歸予其直萬錢云

移人尤物眾談誇，持以趨庭意可嘉。鮭菜自無三九種，龍團空取十千茶。烹嘗便恐成災恠，把玩那能定等差。賴有前賢小團例，一囊深貯只傳家。

李相公餉建溪新茗奉寄

一書說盡故人情，閩嶺春風入戶庭。碾處曾看眉上白元注：茶家云碾茶須碾著眉上白乃為佳，分時為見眼中青。飯羹正晝成空洞，枕簟通霄失杳冥。無奈筆端塵俗在，更呼活水發銅瓶。《律髓》云：茶以碾而白為上品。摘處佳人指甲黃，碾時童子眉毛綠，未極茶之妙也。此第三句得之矣。

與周紹祖分茶　陳與義　（竹影滿幽窗）

陪諸公登南樓啜茶家弟出建除體詩諸公既和予因次韻

建康九醞美，侑以八品珍。除瘴去熱惱，與茶不相親。滿月墮九天，紫面光璘璘。平生酪奴謗，脈脈氣未申。定論得公詩，雅好知凝神。執持甘露碗，未覺有等倫。破睡及四座，愧我非嘉賓。危樓與世隔，萬事不及脣。成公方坐嘯，嘗此玉花匀。收杯未要忙，再試晴天雲。開口得一笑，兹遊念當頻。閉眼歸默存，助發梨棗春。

賞茶　戴昺

自汲香泉帶落花，漫燒石鼎試新茶。綠陰天氣閑庭院，臥聽黃蜂報晚衙。

謝徐璣惠茶　徐照

建山惟上貢，采擷極艱辛。不擬分奇品，遙將寄野民。角開秋月滿，香入井泉新。靜室無來客，碑黏陸羽真。

吳傳朋送惠山泉兩瓶並所書石刻　曾幾

錫谷寒泉雙玉瓶，故人捐惠意非輕。疾風驟雨湯聲作，淡月疏星茗事成。新歲網頭須擊拂，舊時水遞費經營。銀鈎蠆尾增奇麗，并作晴窗兩眼明。

次黃叔粲茶隱倡酬之作　戴昺

美人隱於茶，性與茶不異。苦澀知余甘，淡薄見真嗜。肯隨世俱昏，寧墮眾所棄。靈雨滋山腴，迅雷起龍睡。野草未敢花，春芽早呈瑞。鬥水須占一，焙火不落二。趣深同誰參，雋永時自試。蔥姜勿容溷，瓜蘆定非類。標名寓玄思，微吟寫清致。成我君子交，從彼俗容恚。嚼芳憩泉石，包貢免郵置。遼遼玉川翁，千載共風味。

茶　秦觀

茶實嘉木英，其香乃天育。芳不愧杜蘅，清堪掩椒菊。上客集堂葵，圓月探奩盝。玉鼎注漫流，金碾響丈竹。侵尋發美鬯，猗旎生乳粟。經時不銷歇，衣袂帶紛鬱。幸蒙巾笥藏，苦厭龍蘭續。願君斥異類，使我全芬馥。

茶臼

幽人耽茗飲，刳木事搗撞。巧制合臼形，雅音侔柷椌。虛室困亭午，松然明鼎窗。呼奴碎圓月，搔首聞錚鏦。茶仙賴君得，睡魔資爾降。所宜玉兔搗，不必力士扛。願偕黃金碾，自比白玉缸。彼美製作妙，俗物難與雙。《淮海後集》

次韻謝李安上惠茶　秦觀

故人早歲佩飛霞，故遣長鬚致茗芽。寒橐遽收諸品玉，午甌初試一團花。著書懶復追鴻漸，辨水時能效易牙。從此道山春困少，黃書剩校兩三家。

茶歌　白玉蟾　（柳眼偷看梅花飛）

謝木舍人送講筵茶　楊萬里誠齋　（吳綾縫囊染菊水）

重嘗新茶　曾鞏

麥粒收來品絕倫，葵花制出樣爭新。一杯永日醒雙眼，草木英華信有神。

無名　鄭遇　（嫩芽香且靈）

丁謂（建水正寒清上合璧事類外集）

病中夜試新茶簡二弟戲用建除體　程敏政

建溪新茗如環鈎，土人食之除百懮。呼童滿注雪乳腳，使我坐失平生懮。朝來定與兩難弟，執手共瀹青瓷甌。腹稿已破五千卷，舉身恨不登危樓。玉川成仙幾百載，清氣渺渺散不收。典衣開懷只沽酒，閉門卻笑長安游。

齋所謝定西侯惠巴茶　程敏政

元戎齋祓近青坊，分得新茶帶酪香。雪乳味調金鼎厚，松濤聲瀉玉壺長。甘於馬湩疑通譜，清讓龍團別制方。吟吻渴消春晝永，愧無裁答付奚囊。

冬夜燒筍供茶教子弟聯句

坐擁寒爐夜氣清篁墩，烹茶燒筍散閒情敏亨。品從雀舌分佳味壎，價許龍孫得貴名塤。七碗喜催詩興發塤，百壺真謝酒權輕壎，疏窗已上梅花月敏亨，更取瑤琴鼓再行篁墩。《程篁墩文集》

嚴稚荊送新茶作歌答之　鄭明選《鄭侯升集》

暮春三月風日嘉，顧渚初生紫筍茶。故人贈我三百片，片片半卷黃金芽。呼童汲水燒活火，碧窓飛颺青煙斜。須臾肅肅風雨響，石鼎細沸生銀花。玉碗擎來好顏色，嫩綠輕浮如瑟瑟。乍拈入口華池香，毛竅蕭森百煩滌。此茶一串錢百緡，土物年年貢至尊。大官日進八珍飽，一啜始覺神飛翻。我生茶癖過盧陸，獨苦名茶常不足。一朝澆我藜莧腸，咲捧區區小人腹。

愛茶歌　吳寬　（湯翁愛茶如愛酒）

遊惠山入聽松庵觀竹茶爐庵有皮日休醒酒石

與客來嘗第二泉，山僧休怪急相煎。結庵正在松風里，裹茗還從穀雨前。玉碗酒香揮且去，石床苔厚醒猶眠。百年重試筠爐火，古杓爭憐更瓦全。

謝吳承翰送悟道泉有序

成化已亥春，予偕李太僕貞伯游東洞庭山，宿吳鳴翰宅。明日偕過翠峯寺。寺有悟道泉，飲之甘美，相與題詩而去，今二十年矣。一日鳴翰弟承翰，使人舁巨瓮以泉見餉，予嘉其意，以詩謝之。於是太僕公與鳴翰皆物故矣。

試茶憶在廿年前，碧瓮舁來味宛然。踏雪故穿東澗屐，迎風遙附太湖船。題詩寥落憐諸友，悟道分明見老禪。自愧無能為水記，偏將名品與人傳。

姪奕勺泉烹茶風味甚勝

碧甕泉清初入夜，銅爐火暖自生春。巨區舟楫來何遠，陽羨槍旗瀹更新。妙理勿傳醒酒客，佳名誰與坐禪人。洛陽城里多車馬，卻笑盧仝半飲塵。

題王浚之茗醉廬

昔聞爾祖王無功，曾向醉鄉終日醉。醉鄉茫茫不可尋，後世惟傳醉鄉記。君今复作醉鄉遊，醉處雖同游處異。此間亦自有無何，依舊幕天而席地。聊將七碗解宿酲，飲中別得真三昧。茅廬睡起紅日高，書信先回孟諫議。陸羽盧仝接蹟來，仍請又新論水味。不從衛武歌柳詩，初筵客散多威儀。無功先生安得知，醉鄉從來分兩岐。

飲陽羨茶

今年陽羨山中品，此日傾來始滿甌。穀雨向前知苦雨，麥秋以後欲迎秋。莫夸酒醴清還濁，試看旗槍沉載浮。自得山人傳妙訣，一時風味壓南州。《吳大本嘗論煎茶法》

謝朱懋恭同年寄龍井茶

諫議書來印不斜，忽驚入手是春芽。惜無一斛虎丘水，煮盡二斤龍井茶。顧渚品高知已退，建溪名重恐難加。飲餘為比公清苦，風味依然在齒牙。

謝馮副郎送惠山泉

何處泉滿腹，惠山橫翠屏。山遠不能移，誰移此泓渟。客從山下來，遺我泉兩瓶。磊磊石子在，中涵數峯青。宛如清曉汲，尚帶魚龍腥。煎茶水有記，陸羽著茶經。舌端辨清濁，豈但如渭涇。茲泉列第二，不甘讓中泠。幸蒙蘇子詠，將詩作泉銘。至今山游者，爭仰漪瀾亭。遠餉逾千里，瓿甊載吳舲。後人不好事，此事久已停。大甕封泥頭，所重惟醽醁。一朝俄得此，高屋驚建瓴。陽羨茶適至，新品攢寸莛。雖非龍鳳團，勝出蔡與丁。二物偶相值，活火仍熒熒。蟹眼泡漸起，羊腸車可聽。煎烹既如法，傾瀉勝蘭馨。連飲渴頓解，更使塵目醒。瓶底有餘瀝，照見發星星。嗟此一段奇，何意當衰齡。不須茶始飲，飲水心常惺。未足酬雅意，聊用報山靈。匏翁《家藏集》

和章水部沙坪茶歌有跋　楊慎

玉壘之關寶唐山，丹危翠險不可攀。上有沙坪寸金地。瑞草之魁生其間。方芽春茁金鵶觜，紫筍時抽錦豹斑。相如凡將名最的，譜之重見毛文錫。洛下盧仝未得嘗，吳中陸羽何曾覓。逸味盛誇張景陽，白兔樓前錦里旁。貯之玉碗薔薇水，擬以帝台甘露漿。聚龍雲分麝月，蘇蘭薪桂清芬發。參隅迢遞渺天涯，玉食何由獻金闕。君作茶歌如作史，不獨品茶兼品士。西南側陋阻明揚，官府神仙多蔽美。君不聞，夜光明月投人按劍嗔，又不聞，擁腫蟠木先容為上珍。

往來在館閣，陸子淵謂予曰："沙坪茶信絕品矣，何以無稱於古？"余曰："毛文錫《茶譜》云：'玉壘關寶唐山有茶樹，懸崖而生，筍長三寸五寸，始得一葉兩葉。'晉張景陽《成都白兔樓詩》云:：'芳茶冠六清，逸味播九區。'此非沙坪茶之始乎？”

沙坪茶興冬夕擁爐即事二首之二　**補續全蜀藝文志載二詩**

霜氣侵中月瞰牕，荊薪代燭勝銀缸。不聊詩鼎因侯喜，卻掩禪扉效老龐。蝦眼龍團酲思退，蠅聲蚓竅睡魔降。坐沉不覺寒更盡，百八晨鐘起隔江。

茶園鋪午飯　魯鐸竟陵人

茶園徙倚問山靈，乞取春英入夜瓶。我本陸家同里閈，袖中新注有茶經。

夜起煮茶　孫一元　（碎擘月團細）《太白山人集》

採茶詞　高啟

雪過溪山碧雲暖，幽叢半吐旗槍短。銀釵女兒相應歌，筐中摘得誰最多。歸來清香猶在手，高品先將呈太守。竹爐新焙未得嘗，籠盛販與湖南商。山家不解種禾黍，衣食年年在春雨。

安氏表甥以岕茶見遺走筆答之　俞憲

朱方火初殞，金氣應候發。野色清孤齋，秋聲澹踈樾。寂寂夜景沉，相對惟皓月。此時非茗飲，何以消餘渴。之子熟茶經，品茶自卓越。羅山產旗槍，名共山突兀。採摘谷雨前，火焙法不汨。屢曝量陰晴，珍藏等珠玥。銖兩亦既難，頃筐向予謁。負鼎竹外烹，頃刻煙霏歇。不待七碗嘗，清風起超忽。涼月況滿除，明河耿未沒。三人足欣賞，旦氣浩無閼。以玆感嘉惠，泠然透心骨。題詩一贈君，親愛胡能竭。出《黃㵎集》稍節

煎茶詩贈王履約　文徵明

嫩湯自候魚生眼，新茗還誇綠展旗。穀雨江南佳節近，惠泉山下小船歸。山人紗帽籠頭處，禪榻風花繞鬢飛。酒客不通塵夢醒，臥看春日下松扉。

邵二泉司徒以惠山泉餉白岩先生，適吳宗伯寧庵寄陽羨茶，亦至白岩烹以飲客，命余賦詩

諫議印封陽羨茗，衛公驛送惠山泉。百年佳話人兼勝，一笑風簷手自煎。閑興未誇禪榻畔，月明還到酒樽前。品嘗只合王公貴，慚愧清風被玉川。

煮茶（絹封陽羨月）《甫田集》

虎丘採茶二絕　張獻翼幼于長洲人

竹間茶灶綠煙迷，採偏空山日已西。野寺清風何處起，生公台畔白公堤。

穀雨春風滿劍池，東吳瑞草正參差。一杯不讓金莖露，消盡相如病渴時。

《文起堂集》

謝僧餉茶　李流芳

深山攜短笠，宿火焙靈芽。採自野人手，分來詩老家。一甌吟正苦，再潑景初斜。坐對中庭綠，桐今半月華。《檀園集》

蒙頂石花茶　王越

聞道蒙山風味嘉，洞天深處飽煙霞。冰綃碎剪先春葉，石髓香粘絕品花。蟹眼不須煎活水，酪奴何敢鬥新芽。若教陸羽持公論，當是人間第一茶。《王襄敏公集》

試新茶　汪道昆

消渴蠲吾疾，清芬待爾功。無才評陸羽，有癖過盧仝。但得萌芽異，何須制作工。當鑪聊自試，習習欲凌風。

松蘿試新茶

籃輿彭澤令，茗碗趙州禪。新摘香逾嫩，先嘗味更鮮。已知出羣品，聊以供諸天。司馬俄蠲疾，繩床任醉眠。《太函集》

和東坡居士煎茶歌　王世貞

洪都鶴嶺太粗生，北苑鳳團先一鳴。虎丘晚出穀雨候，百鬥百品皆為輕。慧水不肯甘第二，擬借春芽冠春意。陸郎為我手自煎，松飈寫出真珠泉。君不見蒙頂空勞荐巴蜀，定紅輸卻宣瓷玉。羶根麥粉填調飢，碧紗捧出雙峨眉。搊箏炙管且要，隱囊筠榻須相隨。最宜纖指就一吸，半醉倦讀離騷時。

醉茶軒歌為詹翰林東圖作　（糟丘欲頹酒池涸）

茶灶　為胡元瑞題　綠蘿館二十詠之十

蟹眼猶未發，雀石已芬敷。自吹還自啜，不爰文君鑪。

茶泉　姚元白市　隱園十八詠之二

先從陸羽品，旋向君謨鬥。蟹眼初潑時，靈犀已潛透。

送陸楚生入陽羨採茶

由來陸羽是茶神，著得茶經字字真。莫道青山無宿業，耳孫仍作採山人。一

採山人一

陽羨春芽玉萬株，新焙得似虎丘無，縱令王肅無情思，不與諸傖喚酪奴。二

題慧山泉

一勺清泠下九咽，分明仙掌露珠圓。空勞陸羽輕題品，天下誰當第一泉。

謝宜興令惠新茶

宜興紫筍陽羨茶名未成槍，團作冰芽一寸方。白絹斜封親揀送，可知猶帶令君香。

中泠新水潑冰綠宋第一茶名，瀉向宣州雪白瓷。念爾欲澆詩思苦，千山綠竹曉衙時。《弇州山人續稿》

某伯子惠虎丘茗謝之　徐渭　（虎丘春茗妙烘蒸）《徐文長三集》

謝人惠茶　徐學謨《歸有園稿》

知君近自霅川還，分煮新茶梅雨間。為解色香消未盡，一鐺相對掩禪關。

醉茶絕句　湯賓尹《睡菴詩稿三刻》

不識麴先生，胸頭氣作犴。馮誰澆磊塊，桑苧爾多情。

活火試新泉，雲芽白吐煙。引人著勝地，相顧已頹然。

無力學王通，酣情一覺中。睡餘聊得味，取次覓盧仝。

寧與眾同醉，何為我獨醒。君過揚子驛，為我取南零。

和鐘幼芝啜茗二首　趙南星《趙忠毅公詩集》

茗飲偶所嗜，過從得韻人。傖奴烹稍解，吳客寄方新。檜雨聲聞耳，蘭英味入唇。不須傾玉碗，只此未為貧。

挹水華清曉，搴芳穀雨前。長鄉渾未見，歧伯竟無傳。吸露誇難似，棲雲享獨偏。何當理舟楫，共覓慧山泉。

雪中烹茶邀行甫子端

拂竹留青靄，敲松下白雲。會心延勝引，煮茗豔清芬。鳥絕飛無際，天寒墜不聞。罏煙林外出，一縷碧氤氳。

謝王淮陽寄茶

平生嗜好還佳茗，歲歲勞君遠寄新。素手自烹情始愜，精心緩啜味方真。園中即擬開清讌，松下應須得韻人。潦倒近來緘濁酒，蘭芽露乳更相親。

試茉莉茶時有鄭三守之招不赴　徐階

絕域花來本自珍，露芽江水亦新分。香浮石鼎沉沉縷，清映冰壺細細紋。靜聽幾迴翻白雪，徐看一碗簇春雲。風生謄有盧仝賦，未許山翁席上聞。《世經堂集》

寒夜煮茶歌　于謙

老夫不得寐，無奈更漏長。霜痕月影與雪色，為我庭戶增輝光。直廬數椽少鄰并，苦空寂寞如僧房。蕭條廚傳無長物，地爐爇火烹茶湯。初如清波露蟹眼，次若輕車轉羊腸。須臾騰波鼓浪不可遏，展開雀舌浮甘香。一甌啜罷塵慮淨，頓

覺唇吻皆清涼。胸中雖無文字五千卷，新詩亦足追晚唐。玉川子，貧更狂，書生本無富貴相，得意何必誇膏粱。《于肅愍公集》

烹茶　馮時可

虎阜茶稱聖，惠泉水并廉。綠波香乍溢，玉露爽新霑。流舌資揮麈，披襟試詠蟾。何人解烹點，女手自纖纖。

贈茶禪居士居士姓張善，談名理，往嗜酒，以伎佛戒，晚自號茶禪。

虎阜梁溪百里船，浮家泊宅自年年。茗爭顧渚先春色，水奪金山首品泉。竹塢風清蒼雪冷，翠甌云泛乳花妍。逃禪遂欲辭中聖，更有名通三語傳。

秋夜試茶漫述

靜院涼生冷燭花，風吹翠竹月光華，悶來無伴傾云液，銅葉閒嘗紫筍茶。

茶同鮑相鄭作聯句　張旭

解醉還將石鼎烹旭，何須臨石汲深清作。詩壇淡愛家常味相，萍水濃添客子情旭。肌骨欲清應五碗作，笑談才洽又三更相。年來會得盧仝趣旭，不覺涼風兩腋生作。

陽羨茶同前

誰剪黃金作此芽旭，宜興風味價偏 賒 作。清烹石鼎香騰霧相，細注銀甌浪滾花旭。寄惠曾勞蘇子賦作，品題端許玉川誇旭。客邊此樂依稀似作，不獨當年諫議家相。《梅巖小稿》

石鼎烹茶　張旭

奇方能洗此心清，陽羨茶將石鼎烹。一啜不知連七碗，忽驚兩腋有風生。

煮茶　陶望齡

何哉玉川子，謾誇七碗樂。空齋嚮松聲，清風已堪作。

勝公煎茶歌兼寄嘲中郎中郎嘗品茶，云龍井未免草氣，虎丘豆花氣，羅 岕 金石氣。

銅爐宿火灰初暖，栴檀半銖芬氣滿。須臾斷續一縷青，才有香煙意全短。勝公煎茶契斯法。兔褐甌中雪花白。火文湯嫩茗乍投，已具味香無有色。蘭花色淺趣已殊，況堪老作鵝兒雛。佳處無多在俄頃，趣飲敢復留贏餘。公安袁生吳令尹，未解烹煎強題品。杭州不飲勝公茶，卻訾龍井如草芽。誇言虎丘居第二，彷彿如聞豆花氣。羅岕第一品絕精，茶復非茶金石味。我思生言問生口，煮花作飲能佳否。茶於花氣已非倫，瀹石烹金味何有。歇庵道者山澤癯，弢光泉水 煙云腴。飲罷身輕意衝舉， 夢為白鶴云中徂。燕中大餅如截樹，生乎啖之齒牙敝。何時一碗沃爾腸，勿作從前易言語。

贈靈隱僧　三之三

司倉吟里佛，桑苧茗中神。詩律怜吾減，茶勳到爾新。著經今日異，鬥品幾山春。倘問西來意，拈甌舉似人。《歇庵集》

過日鑄嶺是歐冶鑄劍地，歸田錄稱日注草茶第一。注，即鑄也。　十一之十一

醉翁遺錄在，佳茗舊未諳。摘露先朝日茶須日未出時採以北露氣，烝煙入晚嵐。竹爐煎活火，藜杖掛都籃。倘許吳僧住，寧將顧渚慚。《歇庵集》

豔詩煮茶　林雲鳳字若撫，吳縣諸生　明史儥選

石火敲來絳口吹，輕煙一縷駐遊絲。瓊漿出自雲英手，不待玄霜搗盡時。

茶事詠有引　蔡復一

古今澆壘塊者……以俟他日。

(病去醉鄉隔)

(滌器傍松林)

(雪為穀之精)

(泉山憶雪遙)

(煎水不煎茶)

(茶雖水策勳)

(酒德汎然親)

(酒韻美如蘭)

(好友蘭言密)

(泉鳴細雨來)

(收芽必初火)

月下過小修淨綠堂試吳客所餉松蘿茶　袁宏道

碧芽拈試火前新，洗卻詩腸數斗塵。江水又逢真陸羽，吳瓶重瀉舊翁春。和雲題去連筐葉，與月同來醉道人。竹影一堂脩碧冷，乳花浮動雪鱗鱗。《中郎全集》

謝餉天池虎丘茶廿二韻　婁堅

昔余慕禪寂，棲止天池巔。松根白石罅，□□鳴曲澗。時從經行罷，縷縷見茶煙。一啜濡吾吻，再啜利吾咽。回思甫踰冠，虎丘住經年。手掇驚雷芽，焙瀹發甘鮮。口美中未愜，花甆廁丹鉛。尤慙漱靈液，而以滌腥羶。豈若狎溜侶，觀心坐脩然。漸衰塵慮淡，杜門謝構牽。彌覺茶味永，能令百脈宣。稠疊荷珍貺，匡牀對烹煎。髣髴舊所歷，一一在目前。近聞官督採，無異逐爵鸇。山僧苦遭詰，厲禁何鬮。唯應好事者，銖兩輕百錢。吾欲往具陳，味寒非貴憐。不堪侑竿牘，那用供奝緣。但宜野老腹，強致王公筵。濃淡自有當，貴賤異所便。且留慰藿食，閒 窻 足高眠。感子殷勤意，慨焉遂成篇。《吳歈小草》

謝僧餉茶

深山攜短笠，宿火焙靈芽。採自野人手，分來詩老家。一甌吟正苦，再潑景初斜。坐對中庭綠，桐今半月華。《吳歙小草》

過閔老喫茶作　程嘉燧

團面何順作鳳形，石頭那許雜中泠。肎來慣同奴飯白，未見已令儂眼青。秋露過春翠欲滴，松風到門寒可聽。君家仲叔老多事，我更無煩呼玉缾。

虎丘僧房夏夜試茶歌

深林纖纖月欲沒，坐久明星爛於月。正無微籟生虛空，忽有幽香來馝馞。未須涓滴潤喉吻，已覺煩溽清肌骨。泉新火活妙指淪，風味難言空彴略。芳蘭出林露初泫，寒梅吐韻日猶薄。洞山標格稍云峻，龍井旖旎徒嫌弱。淨名妙香自無盡，天女散花仍不著。世人耳食喧茶經，此山尤物遭天刑。鎖園鈐柝亂鳥雀，把火敲樸驚山靈。空煩採括到泥土，豈有烹嗍分淄澠。鄰房藏乞自封裹，色敵翠羽疑空青。庭閒夜寐客亦韻，潛解綠箬開芳馨。元與枯腸洗藜莧，肎為世味充羶腥。

早起東謝一樹庵僧送茶

日高濃睡玉川家，時有山僧欵乞茶。嘗處松風生破屋，摘來仙露滿袈裟。清於元高杯中物，香似維摩散後花。能與凡夫消熱渴，總然蔔□也輸些。《松圓浪淘》

烹茶桐江舟中　趙寬

寒碧淨澈底，灑然怡我心。乘船臨中流，操瓢汲其深。野火爇筠桂，芳茗烹璠琳。俄頃發蟹眼，拍拍光耀金。一酌洗煩慮，再酌開靈襟。但覺俛仰間，羅列萬象森。舒嘯排寒飈，放歌激商音。四山正寂寂，明月生東岑。《半江集》

茗畹先春　樂山亭二首之二

小畹含生意，蒙茸茁細芽。一年初破臘，百草未開花。旋採攜筐籠，先嘗潤齒牙。龍團何足羨，真味在山家。《半江集》

劉伯延携松蘿茗至　程可中有程中叔集

容攜滿袖松夢云捲葉數芽細不分理窟已摧談塵倦祇延清夜對爐薰

啜茗病中十詠之十　張士昌

病來澹於心，惟茗性所嗜。一啜清風生，翛然忘俗累。《聽雪齋詩草》

煮茶臥痾四首之四　何白

茶灶匡牀次第陳，竹林雅愜據梧身。軍持曉汲雲根碧，僊掌春開露裛新。煙暝忽如山雨至，火降初破浪花勻。啜餘坐爰桐陰午，點筆詩成覺有神。

憩靈峯洞飲寺僧新烹龍湫頂新茶，因憶歲在壬寅予集茅孝若齋中，遍試松蘿虎丘洞山諸茶品，遂作歌寄懷孝若

雁頂東南天一柱，上有天池宿雷雨。夜半光飛一縷霞，海色金銀日初吐。仙茶盤攫於其巔，雪囓霜根枝幹古。石根濈濈養靈芬，云表瀼瀼滋玉醽。挼煙掇露出萬峯，稟性高寒味清苦。山僧軍持汲白泉，活火新烹香潑乳。玉華甫歃靈氣通，一洗人間幾塵土，粉槍末旗殊失真。鳳餅龍團何足數，白芽珍品說洪州。紫筍嘉名傳顧渚，寧知此地種更奇。僻遠未登鴻漸譜，啜罷臨風憶舊游。天末相思獨延佇，呼龍欲載小茅君。斫冰共向云中煮。《汲古堂集》

贈煎茶僧　董其昌

恠石與枯槎，相將度歲華。鳳團雖貯好，只喫趙州茶。《容台集》

贈醉茶居士　陳繼儒

山中日日試新泉，君合前身老玉川。石枕月侵蕉葉夢，竹爐風軟落花煙。點來直是窺三昧，醒後翻能賦百篇。卻笑當年醉鄉子，一生虛擲杖頭錢。

試茶

綺陰攢蓋，靈草試旗。竹爐幽討，松火怒飛。水交以淡，茗戰而肥。綠香滿路，永日忘歸

穀雨前三日催僧採茶六首皆九峯詩　**譚元春**

晴看云不採，吾聞諸季疵。貴精兼貴少，莫待葉舒時。

看造茶

言餅與言粥，真茶何自生。天然多妙事，篝火莫相爭。

嘗茶

甆甌相照燭，松竹亂春雲。旬日龍檀歇，真香不在聞。

頭茶

萌芽不可折，卻卻桑茶論。桑老傷蠶意，人情亦有新。

二茶

同是嫩而拳，何知非雨前。辨茶如辨水，江半南零泉。

三茶

生意窮三摘，纖毫貴一真。采山牙筍外，不慕遠峯春。

汲君山柳毅井水試茶于岳陽樓下

湖中山一點，山上復清泉。泉熟湖光定，甌香明月天。

臨湖不飲湖，愛汲柳家井。茶照上樓人，君山破湖影。

不風亦不雲，靜甆擎月色。巴丘夜望深，終古涵消息。《譚子詩歸》

七月十五日試岕茶徐元歎寄阡二首　鍾惺

江南秋岕日，此地試春茶。致遠良非易，懷新若有加。咄嗟人器換，驚怪色香差。所賴微禁老，經時保靜嘉。

千里封題祕，單辭品目忘 元歎未答予《茶詩》。在君惟遠寄，聽我自親嘗。曾歷中泠水，嘗添顧渚香。病痺秋貴煖，啜苦獨無傷。

遣使吳門候徐元歎云以買岕茶行

猶得年年一度行，嗣音幸借采茶名。雨前揣我誠何意，天末知君亦此情。惠水開時占損益，洞山來處辨陰晴。獨憐僧院曾親，焙竹月依稀去歲情。元歎有《虎丘竹亭僧院焙茶見寄詩》

早春寄書徐元歎買岕茶

含情茶盡問吳船，書及江南又隔年。遙想色香今一始，俄驚薪火已三遷歲一買茶今三度。 收藏幸許留春後，遵養應順過雨前。何處驗君親采焙，封題猶寄竹中煙。遺稿

煮佳茶感懷　瞿九思

紫筍蒙清候，露芽得火前。枯腸搜欲盡，渴肺飲先乾。祛睡虛堂白，呼兒活水煎。何須金莖賜，御李已登山。《瞿慕川集》

謝范宗一惠新茶　汪逸

產獲真源北，貽當恰雨前。貯香甖特小，題字箬方鮮。值客譚心坐，教童沐手煎。山園今未寄，鄉味試君先。《南游合草》

過匡企仁僧舍煮茶留話贈此

一畝清於露，兼其美在烹。能將活火候，以佐惠泉名。客見親燒葉，僮知預滌鐺。宿酲如病渴，君勿厭頻傾。甲序

醉茶居　王宇《亦園詩文略》

睡起空齋茗碗香，孤鐺影裡夢魂涼。不須別問中山酒，心入閒鄉是醉鄉。

煎茶　沈龍

雲暗江南樹，遺來一片春。氣將松火活，汲得石泉新。清夢居然熟，新詩亦爾淳。山中招高士，相與共瀰淪。《雪初堂集》

茶灶　文震亨

摘取中林露，瀹泉醉綠香。疏風發新火，聲在竹間房。《香草詩選》

茶泉清溪新詠二十二之二

井花香氣竹林南，古甃深圍碧一潭。功德細評俱是八，品題閑校不居三。宵分爐鼎聲成韻，午鬥旗槍戰頗酣。色味豈容他果並，惟應玉版得同忝。秣陵詩

初夏啜茗寄謝胡鍊師太古　張大復

清朝吹杏火，盥手潑天泉。花豆香堪把，旗槍致已全。麥秋寒峭峭，卮漏滴涓涓。誰遣酪奴異，停鐺想玉川。

洞山茶歌戲答王孟夙見寄

吴下烹茗説洞山，幾人著眼鬥清閒。山中傲吏曾相識，片片紫茸投如蘭。自入黃梅雨正肥，忙呼博士解春衣。

甆罌削玉彬壺紫，松火鐺鳴蟹爪飛。桑苧有經窮則變，盧仝知味苦已稀。莫言世外交情淡，喉舌相安冥是非。

奉酬堵瞻老惠陽羨茶

鐺冷煙蘿夢不成，雙籠惠寄錫嘉茗。椷題陽羨開花蚤，乳泛甆罌出味清。絳帳偏肥春苜蓿，左丘慚刺魯諸生。不辭七碗堪乘興，病渴文園量未盈。

胡鍊師見貽虎丘茶賦答二絕句

湯社從人説荳花，齒牙衡鑒自當家。青城道士煙霞袖，籠得吳山博士茶。一

香光泉味兩相當，蟹爪松風聽主張。白玉瓷甌傾一盞，何如陽羨試旗槍。二

茶亭

為愛中泠水，來觀江上亭。松濤排戶白，蟹爪入鐺青。桑苧經堪補，相如渴已冥。三杯也醉客袁中郎詩茶到三杯也醉人，吾意未揚舲。

啜秋葉

秋物誰堪並，春茗芽老復新。鮮饞須七碗，焦渴已三旬。不願春風沸，常愁灶大陳。朝來洗喉吻，既醉藉花陰。

試新茶詠懷

呼兒爇火試鷩芽，恰有纖纖燕筍斜。春晝正長湯社動，舌端有主漸經賒。亦知成癖催吾老，乍可消銀儘自誇。生計久拚齊一醉，何如茗戰更當家。

報為公茶到

平生不識小龍團，一吸傾壺渴思寬。夜半屋梁月皎皎，為君更洗漱清寒。上并《梅花草堂集》

煮茶惠泉適至

平頭吹新火，文園瀹舊茶。風入松成韻，香凝乳作花。似啜朝雲蜜，還浮驚蟄芽。水師乘驛至，鐺聲應未賒。

飲秋茶戲呈雨若兼懷長蘅伯玉宗曉子顒諸丈

喫得秋泉品是真，乳花荳氣滿甌新。天公分付茶非艸，人力支持秋作春。岸上芙蓉同氣味，社中博士集佳辰。當年茗戰今何似，且約驚雷三兩人。

啜茗

茶鐺生計慣相諳，童子持來香滿龕。惠水天泉誰較二，荳花金泉自成三。但憑博士閒烹煮，還仗當人適苦甘。索解人如不可得，水淫松老總名貪。

蒙茶

南國名泉稱惠水，東郊茗戰説蒙山。瀹來況是初醒候，飽啜閒看又一班。

舟中瀹天池茶寄懷朱子魚見致

瀹得天池花氣濃，綠旗斜漾白甆鐘。悶來一盞真堪賞，忽憶云山路幾重。

瀹虎丘茶懷方振先生改

松風歇處逗新香可信青丘是大方溫克宜人人莫覺傾壺未厭似新嘗

瀹龍井茶懷張子松見餉

龍井摘來君最先，爐中煉得虎跑泉。辯才留下真種子，好與維摩過午禪。

署中同王坦老品茶

盡日吹爐滌茗甌，羣山驚綠遞相投。自憐舌底權衡在，湯社于今入勝游。

試廟後茶酬嚴中翰見致兼寄惠泉

風遠香溫牙齒閒，似隨甘冷有無間。與君如水深深味，今日嘗看識洞山。

試龔雲峯洞山茶

博士誰家不洞山，譬如全豹管窺斑。洞山不在長興外，恰好龔君採焙間。

試朱泗濱洞山茶

儲得天泉瀹洞茶，色香未許鬥朱家。寧遲毋亟人輸我，剛是山中茸綠芽。上并《梅花草堂集》

賦得燒竹煎茶夜臥遲　釋廣育

蓮花沉沉靜，茶鐺共煮時。竹枯生火易，泉冷候鳴遲。永夜蟲聲咽，殘燈鶴夢痴。欲眠窗漸白，片月掛松枝。

雨窗謝友惠茶

石榴雨打枝不起，鳳仙泥污半開蕊。鮮鮮紐滴胭脂汁，桃花片落佳人指。簷溜傾翻洗窗竹，更有松聲聒閒耳。岕雲一片寄緘封，未飲先教沁冰齒。願倒仙人掌上盆，從空瀉下芙蓉水。瓜壺傾入雪磁甌，荷葉欹流露珠子。到唇早覺賽龍團，蛻骨果宜真鳳髓。何以報之慙錦字，珍重寧如一端綺。

岕茶雨窗三友之一次張清韻

靈草誰為伴，名泉第二清。火前青筍候，廟後碧茸生。松子味嫌厚，豆花香可并。妬他盧處士，爰爾不忘情。《偶菴草》

高三谷兄損貺大缸貯梅雨賦謝　婁堅

井泉甘絕少，山溜遠為煩。欲貯三時雨俗以小暑前半月為三時，欣貽五石樽。松濤醒睡眼，筍乳溉靈根。活火爐邊未，來過與細論。《吳歈小草》

黃以實自蘭溪來，汲陸鴻漸第三泉見遺，且有贈詩清真洞，密喜而和之　譚元春

陸子茶神聖，出于淵湫。水鏡自遙照，碧寒幽明愁。我拜惠山足，挽汲窺所由。瓶甌雨天下，舟車載其流。又嘗過練湖，頗懷玉乳羞。苔滯之無光，嗟哉暴棄儔。感此蘭溪石，泉性中颼颼。長河不敢入，維獲亦孔周。恥與茶逢迎，高人或偶收。附君扁舟來，可謂得良仇。對之殊數日，烹煎未忍投。相見竟陵人，慎勿念故丘。

茶詩　鍾惺

水為茶之神，飲水意良足。但問品泉人，茶是水何物。
飲罷意爽然，香色味焉往。不知初啜時，從何寄遐賞。
室香生爐中，爐寒香未已。當其離合間，可以得茶理。

採雨詩

雨連日夕，忽忽無春。採之瀹茗，色香可奪惠泉。其法：用白布方五六尺，繫於四角，而石壓其中央，以收四至之水而置甕中庭受之。避雷者，惡其不潔也。終夕緦緦焉，慮水之不至，則亦不復知有雨之苦矣。以欣代厭，亦居心轉境之一道也。作採雨詩。

連雨無一可，不獨梅柳厄。可助茶神理，此事差有益。置甕必中庭，義不傍檐隙。豈不速且多，汙濫亦堪擲。志士羞捷取，先難而後獲。網羅仗匹素。承藉敢言窄，取盈亦人情。反喜溜聲積，遣婢跋持燈。驗其所受跡，用蠲苦雨情。聽之遂終夕。《隱秀軒集》

煮泉　楊一麟

茗碗能令詩胆開，且從湯社共徘徊。呼童掃石出門看，二仲橋邊來未

來。《雪軒近稿》

雨後過惠山試泉　釋廣育

山當新雨後，路入翠微邊。行到最深處，題看第二泉。映苔清似雪，洗缽冷於煙。欲試松蘿碧，攜爐手自煎。《偶菴草》

同孫令弘夜登惠山汲泉　趙韓字退之平湖人

非關消內熱，同此意清寒。投綆月亦響，出林雲未干。最宜新火候，不作老波瀾。為與風塵敵，猶憐七碗難。

同徐彥先汲中泠泉

淮海中天匯，無慚第一名。未經鴻漸品，誰識贊皇評。靜得蛟龍性，湍當日月精。錚錚沙鼎沸，猶應早潮聲。《欖言》

貯雨　張大復

梅雨通宵足野疇，分罈列盎喜綢繆。水銀錮癖堪消遣，病渴長淹聊自謀。百道飛泉來樹遠，一庭花影入渠愁。莫言雨落辭天上，槐火方新許再收。《梅花草堂集》

梅雨敕奴人收貯戲題此詩

梅雨踈踈忽振瓦，懸河倒峽傾盆下。疾呼奴子應雷奔，多列盎罌受瓊瀉。宵向分初勢復張，我方睡美滴無捨。曉來槐火一時新，飽沃文園病渴者。

竹茶爐巷　程敏政

惠山聽松菴，有王舍人孟端竹茶爐。既亡而復，秦太守廷韶嘗求予詩。後予過惠山菴，僧因出此爐吟賞，竟日蓋十餘年矣。觀吳同寅原博及虞舜臣倡和卷，慨然興懷，輒繼聲，其後得二章。

新茶曾試惠山泉，拂拭筠爐手自煎。擬置水符千里外，忽驚詩案十年前。野僧暫挽孤帆住，詞客遙分半榻眠。回首舊游如昨日，山中清樂羨君全。

細結湘筠煮石泉，虛心寧復畏相煎。巧形自出今人上，清供曾當古佛前。可配瓦盆窮玉注，絕勝金鼎護砂眠。長安詩社如相續，得似軒轅句渾全。《篁墩集》

西江月　送茶並谷簾與王勝之　蘇軾

龍焙今年絕品，谷簾自古珍泉。雪芽雙井散神仙，苗裔來從北苑。　湯發雲腴釃白，盞浮花乳輕圓，人間誰敢更爭妍，鬥取紅窗粉面。

行香子

綺席才終，歡意猶濃。酒闌時、高興無窮。共誇君賜，初拆臣封。看分香餅，黃金縷，密雲龍。　鬥贏一水，功敵千鍾。覺涼生、兩腋清風。暫留紅袖，少卻紗籠。放笙歌散，庭館靜，略從容。東坡詞

好事近　湯詞

歌罷酒闌時，瀟灑座中風色。主禮到君須盡，奈賓朋南北。　暫時分散總尋常，難堪久離拆。不似建溪春草，解留連佳客。

更漏子　詠餘甘湯

庵摩勒，西土果，霜後明珠顆顆。憑玉兔，搗香塵，稱為席上珍。　號餘甘，無奈苦，臨上馬時分付。管回味，卻思量，忠言君但嘗。

阮郎歸　效福唐獨木橋體作茶詞

烹茶留客駐彫鞍，有人愁遠山。別郎容易見郎難，月斜窻外山。　歸去後，憶前歡，畫屏金博山。一杯春露莫留殘，與郎扶玉山。

又　茶詞

（歌停檀板舞停鸞）

（摘山初制小龍團）

（黔中桃李可尋芳都濡地名）

西江月　茶詞（龍焙頭綱春早）

吉祥長老設長松湯為作。有僧病痂癩，嘗死，金剛窟有人見者，教服長松湯，遂複為完人　鷓鴣天

湯泛冰甆一坐春，長松林下得靈根。吉祥老不親拈出，箇箇教成百歲人。　燈焰焰，酒醺醺，壑源曾未破醒魂。與君更把長生碗，略為清歌駐白雲。

踏莎行　茶詞

畫鼓催春，蠻歌走向一作餉，火前一焙爭春長？低株摘盡到高株，高株別是閩溪樣。　碾破春風，香凝午帳，銀瓶雪衮翻匙浪。今宵無睡酒醒時，摩圍影在秋江上。

品令　茶詞（鳳舞團團餅）

滿庭芳　詠茶

北苑龍團，江南鷹爪，萬里名動京關。碾深羅細，瓊蕊暖生煙。一種風流氣味，如甘露、不染塵凡。纖纖捧，水瓷瑩玉，金縷鷓鴣斑。　相如方病酒，銀瓶蟹眼，波怒濤翻。為扶起，樽前醉玉頹山。飲罷風生兩腋，醒魂到，明月輪邊。歸來晚，文君未寢，相對小窗前。

又竄易前詞秦少游淮海集亦載此詞，作北苑研膏、香泉濺乳賓有

北苑春風，方圭圓璧，萬里名動京關。碎身粉骨，功合上凌煙。罇俎風流戰勝，降春睡、開拓愁邊。纖纖捧，熬波濺乳，金縷鷓鴣斑。　相如方病酒，一

觴一詠，賓友羣賢。為扶起，樽前醉玉頹山。搜攬胸中萬卷，還傾動、三峽詞源。歸來晚，文君未寢，相對小粧殘

看花回　茶詞（夜永蘭堂醺飲）並《黃文節公集》

滿庭芳　茶詞　秦觀

雅燕飛觴，清談揮麈，使君高會羣賢。密雲雙鳳，初破縷金團。窗外爐烟似動，開尊試、一品奔泉。輕淘起，香生玉乳，雪濺紫甌圓。　　嬌鬟宜美盼，雙擎翠袖，穩步紅蓮。坐中客翻愁，酒醒歌闌。點上紗籠畫燭，花驄弄、月影當軒。頻相顧，餘歡未盡，欲去且留連。淮海長短句

蝶戀花　送茶　毛滂

花裡傳觴飛羽過。漸覺金槽，月缺圓龍破。素手轉羅酥作顆。鵝溪雪絹雲腴墮。七盞能醒千日卧。扶起瑤山，嫌怕香塵涴。醉色輕鬆留不可。清風停待些時過。

西江月　侑茶詞（席上芙蓉待暖）《東堂詞》

水調歌頭　咏茶　白玉蟾

二月一番雨，昨夜一聲雷。槍旗爭展建溪，春色佔先魁。採取枝頭雀舌，帶露和煙搗碎，煉作紫金堆，碾破香無限，飛起綠塵埃。　　汲新泉，烹活火，試將來。放下兔毫甌子，滋味舌頭回。喚醒青州從事，戰退睡魔百萬，夢不到陽夢臺。兩腋清風起，我欲上蓬萊。《海瓊集》

題美女捧茶圖　調寄解語花　王世懋

春光欲醉，午睡難醒，金鴨沉烟細。畫屏斜倚，銷魂處、漫把鳳團剖試。雲翻露蕊，早碾破、愁腸萬縷。傾玉甌，徐上閒堦，有箇人如意。　　堪愛素鬟小髻，向璚芽相映，寒透纖指、柔鶯聲脆，香飄動、喚覺玉山扶起。銀鉼小婢，偏點綴、幾般佳麗。憑陸生、空說茶經，何似儂家味？

夏景題茶　調寄蘇幕遮

竹床涼，松影碎。沈水香消，猶自貪殘睡。無那多情偏著意，碧碾旗槍，玉沸中泠水。　捧輕甌，沾弱指。色授雙鬟，喚覺江郎起。一片金波誰得似，半入松風，半入丁香味。《王奉常集》

竹爐湯沸火初紅　調鷓鴣天　徐渭

客來寒夜話頭頒，路滑難沽麴米春。點檢松風湯老嫩，退添柴葉火新陳。傾七碗，對三人，須臾梅影上冰輪。他年若更為圖畫，添我爐頭倒角巾。《徐文長三集》

大觀茶論[27]
茶錄[28]
品茶要錄[29]
宣和北苑貢茶錄[30]
北苑別錄[31]
東溪試茶錄[32]

注釋

1 此處刪節，見宋代陶穀《茗荈錄·生成盞》。
2 此處刪節，見宋代陶穀《茗荈錄·苦口師》。
3 此處刪節，見清代陸廷燦《續茶經》。
4 此處刪節，見唐代裴汶《茶述》。
5 以上刪節，見宋代陶穀《茗荈錄·森伯》、《水豹囊》、《不夜侯》、《雞蘇佛》、《冷面草》、《晚甘侯》、《茶百戲》、《甘草癖》各條。
6 以上刪節，見宋代陶穀《茗荈錄·龍坡山子茶》、《聖陽花》、《縷金耐重兒》、《玉蟬膏》。
7 此處刪節，見明代徐㶿《蔡端明別紀茶癖》。
8 此處刪節，見明代徐㶿《蔡端明別紀茶癖》。
9 此處刪節，見宋代熊蕃《宣和北苑貢茶錄》。
10 此處刪節，見明代徐㶿《蔡端明別紀·茶癖》。
11 此處刪節，見明代喻政《茶集》。
12 此處刪節，見清代黃履道《茶苑·山東茶品七》。
13 此處刪節，見明代馮時可《茶錄》。
14 此處刪節，見明代李日華《竹嬾茶衡》全文。
15 此處刪節，見《蠙衣生蜀草》。
16 此處刪節，與《玉泉子》內容相同。
17 以上刪節，見清代朱濂《茶譜》。
18 此處刪節，見《聞雁齋筆談》。
19 此處刪節，見明代屠本畯《茗笈·第八定湯章》。雖云引自《鶴林玉露》，字眼所見應據《茗笈》抄錄。
20 此處刪節，見唐代蘇廙《十六湯品》。
21 此處刪節，見明代陸樹聲《茶寮記》。
22 此處刪節，見宋代歐陽修《大明水記》。
23 此處刪節，見宋代歐陽修《大明水記》。
24 此處刪節，見明代徐渭《煎茶七類》。
25 此處刪節，見明代高元濬《茶乘》。
26 此處刪節，見明代真清《茶經外集·送羽採茶》。
27 此處刪節，見宋代趙佶《大觀茶論》，所刪文句與原文略有差異。
28 此處刪節，見宋代蔡襄《茶錄》，所刪文句與原文略有差異。
29 此處刪節，見宋代黃儒《品茶要錄》，所刪文句與原文略有差異。
30 此處刪節，見宋代熊蕃、熊克增補《宣和北苑貢茶錄》，所刪文句與原文略有差異。
31 此處刪節，見宋代趙汝礪《北苑別錄》，所刪文句與原文略有差異。
32 此處刪節，見宋代宋子安《東溪試茶論》，所刪文句與原文略有差異。

校記

① 使邊：底本無“使”字，文句不通，逕補。
② 色黑如舊墨：底本為“色黑如舊黑”，文句不通，逕改。
③ 較：底本為“校”，逕改。

整飭皖茶文牘

◇清　程雨亭　撰

程雨亭，生平不詳。從本文可以獲知他是浙江山陰（今紹興）人。光緒二十二年（1896）奉調，開始涉足包括皖茶在內的權務事宜。第二年，也即撰寫本文牘的當年二月，又奉南洋大臣兩江總督劉坤一之命，接掌皖南茶釐總局道台之職。在這之前，他在文中還提及："久為江左寅僚所詬病"。江左即江東，大概在金陵或江蘇和江南清吏司等衙門工作已有多年。

《整飭皖茶文牘》，是程雨亭履任後有關整頓該局茶務上呈南洋大臣，下告各屬局卡和產地、茶商的一組牘文告。清末民國時，羅振玉（1866－1940）將之編之《農學叢書》。光緒二十二年，羅振玉懷着吸收西方學術"以助中學"和興農強國的理想，與摯友蔣伯孚創辦，組織翻譯日本和西方農業論著，出版《農學報》，開始積極傳播國內外新的農業科技知識。他又精選一部分中國古代茶書和新編有價值的農業論著，一共二百三十多種，於1900年出版了一套《農學叢書》。這套叢書非常切合當時社會需要，不但使中國傳統農學注進了世界各國近代農業科技內容，在經濟上也獲得了較大的效益，使《農學報》得以一直維持到羅振玉奉調入京至學部工作。《農學叢書》也獲得各地特別是南方洋務派督撫的重視和支持，責令有關官員購閱執行，所以這部"叢書"，實際還起到了"官頒農書"的作用。如兩湖地區茶務整頓的有些做法，即參照程雨亭的《整飭皖茶文牘》。本文有羅振玉的序，寫在光緒二十四年（1898），說明程雨亭撰寫此文次年就已編定。但石印本出在此後，此次整理，即據石印本。

東南財賦，甲於他行省，而茶、絲實為出產大宗。顧近年以來，印錫產茶日旺，中茶滯銷；日本蠶絲又駸駸駕中國而上之。利源日涸，憂世者慨焉！程雨亭觀察[1]，久官江南，勵精政治，去歲總理皖省茶釐，慨茶務日衰，力圖整頓，冀復利源，茶利轉機，將在於是。爰最錄其稟牘文告，泐為一卷，以諷有位，他產茶各省諸大吏，有能踵觀察而起者乎？企予望之矣。光緒戊戌，上虞羅振玉。

程雨亭觀察請南洋大臣[2]示諭徽屬茶商整飭牌號稟

敬稟者：竊職道上年春初，奉前督憲張[3]，奏派榷事，皖茶亦在其中。本年二月，又奉憲台疏請專辦，是皖南茶事之興衰，職道與有責焉。春杪抵皖，即將疇曩各分卡擾累茶商之蠹毒，鋭意廓清；尚恐陽奉陰違，為之勒石永禁，以垂久遠。又訪得西皖各釐局，向有需索經過茶船之弊，分晰開摺，稟請鈞示嚴禁。而皖南所轄，向設驗票之分卡，名為稽查偷漏，徒索驗費，而於公無甚裨益者。如婺源運浙之茶，道出屯溪，向有休甯分局查驗，及垯廈[4]巡檢衙門掛號之舉；屯溪各號之茶，向章經過歙縣所轄之深渡[5]分卡秤驗，行經迤東五十里之街口[6]，又復過秤，似稍重複。職道釐定章程，凡婺源、屯溪各號之茶，通歸街口分卡查驗，此外一概豁免，以歸簡易。業經分別示諭，並呈報憲鑒在案。皖南茶章，向由各分局派司事巡勇至各商號秤箱點驗，不免零星小費。本年札飭各分局，勒石示禁。而屯溪、深渡附近各號，職道遴派司巡秤茶，每次司事給洋一角，巡勇給洋五分，道路稍遠者，酌給舟車之資。申儆再三，不准向商號毫釐私索及紛擾酒食等事。既優給其薪餼，復示諭乎通衢，凡來局掛號請引之行夥錢儈，職道皆切實面諭，惟恐或有矇蔽。所以略盡此心者，竊冀弊去，則利或漸興，故斷斷而為此也。徽屬茶號，以屯溪為巨擘。本年開設五十九家，其世業殷實者，不過五分之一，餘多無本之牙販。或以重息稱貸滬上茶棧作本，或十人八人，醵借數千金，合做一幫。有每年偶做一幫，而二三幫均停做，或易夥接替者。奸儈往往以劣茶冒老商牌名，欺誑洋商。攪亂大局，莫此為甚。皖南歙、休、婺三縣及江西之德興，向做綠茶，花色繁多，不能用機器焙製。徽之祁門，饒之浮梁，向做紅茶。比來各省紅茶，間用機器，祁門萬山錯雜，購運頗不容易；浮梁山徑雖稍平衍，亦尚無人購辦。蓋試用茶機，必須延聘外洋茶師，華人未諳製法，有機驟難適用。本年浮、祁紅茶，均大虧折，幸俄商破格放價，多購高莊綠茶。茶質之最佳者，每擔可獲利十五六金，低茶亦每擔五六金，為同光以來三十年所僅見。職道擬因勢利導，飭令仿照淮鹺章程[7]請領憲台印照，方准運茶，無照即以私論。印照分正副號，歙、休業茶之老商，正號印照一紙，報效五百金，副號報效三百金。高茶用正號，次茶用副號。其向未業茶而願領照者為新商，正照則報效八百金，副照五百金。以倭防加捐等事，新商向未派及，照費酌加，以昭平允。歙、休二邑，茶號約百家；婺、德二邑，約二百家。號多而本極小。老商請領正照酌議四百金，副照二百五十金；新商則正照六百金，副照四百金，擬詳請憲台奏明。此舉係為茶務起見，每號領照以後，准其永遠專利，公家一切捐項，十年以內均不科派。領照各號，無論盈虧，每年必須辦運，不准停歇。或本號實無力運茶，准其呈明茶釐局[8]，轉報憲台，租與他人承辦。報效銀兩，准其援照新海防例，請獎本身子弟實官，不准移獎他姓。商號牌名，憲署立案，各歸各號，加意揀選，不准假冒他號，以欺洋商。如此明定章程，各自修飭，或者退盤、割磅[9]、遲兑諸弊，亦可漸向洋商理論，此先治己而後治人之意也。竊思各省牙行，尚須以數百金請領部帖，茶事雖受制於洋人，而資本較牙行為重；酌令報效濟餉，似非意外掊克。若歙、休、婺、德綠茶各號，先辦領照，約可得八萬金，再推辦浮、祁紅茶，似與公家不無小補。乃事不從心，其願領照者，祇寥寥老商數家，而無本之牙販聞職道創建此議，恐不便其攙雜作偽之私，蜚語煩言，互相騰謗。有議來年移徙浙境者，有議買通洋儈掛洋旗者，有欲與通曉茶務之老商為難者。人心險詭，一至於此，可為太息。本年自春徂夏，霪霖滂霈，山茶殫傷[10]，產數較上年約減十分之二。夏初，又聞美國加徵進口茶稅，眾商益觀望趦趄[11]，未敢辦運。職道扶病遠來，其時目擊情形，方恐本年稅餉，驟形減色，尸居素食，悚悶良深。夏杪逖聞高莊綠茶，暢銷得價，實邀天幸。職道檮昧，竊見夫茶事之壞，此攘彼攫，欺人而適以自欺，非整飭牌號，執為世業，不足以維江河日下之勢。因與屯溪茶業董事、四川補用知縣朱令鼎起，再四籌商，朱令亦以為然。正思一面諭商，一面條陳稟辦，而刁販之浮議朋興。職道硜執性成，久為江左寅僚所詬病，桑孔心計[12]，本非所工，憂讒畏譏，苶然不振，是以前議迄未上陳。十月十六日未刻，接奉憲台札，准譯署咨准和使[13]克大臣照會中外茶務一案，飭令飛飭產茶各屬及通曉茶務之商，實力籌辦等因，除照會皖南、江西產茶各縣遵照，並示諭各茶商、山戶，實力講求培植、採製之法，以固利源外，曾將遵辦情形，具文呈復；並將示稿繕呈鈞鑒。伏思皖南茶稅，歙縣、休甯、婺、德綠茶，約三分之二；祁門、浮梁、建德紅茶，約三分之一。職道前議徽屬綠茶各號，飭領憲台印照，分別報效銀兩，各整牌號，執為世業，無照即以私論。每屆成箱請引之時，由局派員秉公抽查，如茶箱內外牌號不符，由茶業公所公議示罰。華茶行銷泰西，銷市之暢滯，非中國官商所能遙制。此次衹擬飭領印照，不限引數，以恤商艱。報效銀兩，擬請援照新海防例，准獎本身子弟實官，不准移獎他姓。亦因華商力薄業疲，既令整飭牌號，各領印照，分別報效，似應破格施恩，以獎勵為維持之計。徽屬綠茶各號領照一事，倘或辦妥，將來祁門、浮梁、建德紅茶，亦可次第舉辦。推之皖北及江西之義甯州並浙江、湖廣等省，似可就產地情形酌量辦理。芻蕘之見[14]，伏希憲台鑒核，審慎紓籌，可否先將職道稟陳各情，分別核定，剴切示諭徽屬向做綠茶之歙縣、休甯、婺源及江西之德興等縣各茶商遵辦。以二十四年為始，各領印照，各整牌號。建德、祁門、浮梁各縣紅茶，諭飭次第舉行，並另委老成公正、熟悉茶務之道府等員來皖督辦。職道肇端建議，商情既未悉洽，自應稟請銷差，以示並無戀棧之意。狂瞽瀆陳，不勝悚切待命之至。

再：整飭茶業，似首在各茶商各整牌號，講求焙製，不再以偽亂真，外洋自必暢銷。銷路既暢，商號放價購茶，各山戶亦必加意培護、炒焙，不再以柴炭猛薰，或惜工費，日下攤曬，致失真色香味。似整飭山號、牌名為第一義，山戶其次也。至茶質高下，各有不同。徽產綠茶，以婺源為最；婺源又以北鄉為最。休甯較婺源次之，歙縣不及休甯，北鄉黃山差勝，水南各鄉又次之。大抵山峯高則土愈沃，茶質亦厚，此繫乎地利；雨暘凍雪，又繫乎天時。山戶窮民，鮮能講求培護炒製者。綠茶以鍋炒為上，火候又須恰好，荒山男婦粗笨，似難家喻戶曉。惟銷暢則價增，日久必當考究。本年皖南，春茶既傷淫雨，夏次商號又聞美國加稅之說，不敢放膽購辦，山戶子茶，半多委棄，其明徵也。

南洋大臣批：查該道自接辦皖南茶釐局務以來，遇事盡心整頓，所有積弊，均次第革除，深為嘉賴。現在中國運銷外洋之物，茶為一大宗。該道正辦理得力之時，應仍由該道妥為經理，並查照雷稅司所陳事宜，督董勸導各山戶妥為籌辦，以期茶業暢旺而裕利源。是為厚望，毋庸稟請卸差。至所議仿照淮鹺章程，令茶商領照運茶一節，自係維持茶務之計。惟事屬創興，須由該道督董先與各商妥為議定後，再行詳請奏咨辦理，方為妥洽。仰即遵照。繳清摺及公啟二紙均存。

請裁汰茶釐局卡[15]冗費稟

敬稟者：竊職道本年春間，奉榷皖茶，到差以來，隨時訪諏，剗除各分局卡需索留難之蠱毒，勒石永禁，冀垂久遠。又裁節總局解餉冗費，每歲節省二千五百金。又稔知軍餉萬緊，批解不可稍延，酌定寶善源錢莊，每月之望，匯兑茶稅日期不得挨宕。所有節省解費銀兩，分別解撥金陵支應局[16]及休甯中西學堂，先後呈報在案。茶稅每月掃數清解，該錢莊承匯四、五、六、七、八、九共六個月稅銀，均係遵限匯解金陵支應局、江南鹽巡道衙門上兑，從無逾限至三日以外者，均有檔案及回照可稽。本年職道經徵茶稅共匯解金陵支應局銀十四萬二千兩，又節省解費銀一千五百兩；又江南鹽巡道銀十一萬兩，又金陵督捕營經費銀一千二百兩，又皖南道春夏兩季請獎經費及婺源紫陽書院膏火[17]、休甯中西學堂、大通義渡、屯溪公濟保嬰各經費、坆廈司招募巡勇口糧，通共銀二千四百二十兩，均於九月以前，悉數解訖。徽屬綠茶，比已運竣，冬間零星茶樸副兩出運，約計徵稅不過數百金，所有本年冬季、來年春季總局局用及各分局卡委員薪費，每月約支八百金，應截存銀五千兩，按月備用，九月分局用報銷冊內呈明，亦在案。本年自春阻夏，霪霖滂沛，山茶彈傷，產數較昔歲約少十分之二。祁門、浮梁紅茶，商本折閱，夏初又聞美國加徵進口茶稅，眾商益觀望趑趄，蟄伏荒山，切深焦悶。會徼天幸，夏杪，俄商放價儘購徽屬高莊綠茶，茶質之最佳者，每擔可獲利十五六金，低茶亦每擔五六金，為同光以來三十年所僅見。商情歡躍，釐收亦遂可觀。計本年皖南各局，約共徵茶稅十二萬二千餘引，較去年不相上下，實為始念所不及。否則，職道扶病遠來，徵稅短絀，問心抑何以自安？即寅僚申申詬詈，亦無以自解也。本屆徽屬綠茶，得利至厚，明歲業茶者多，稅課必當增旺。惟蘄隆冬無甚冰雪，來年春夏，雨暘時若，洋銷仍暢，斯萬幸已。茶事每歲六個月，均已完竣，局用項下月支文案、差遣、書識、帳目、稽核、監秤等名目，計共銀一百九十二兩，似稍冗濫。職道春杪逮差[18]之際，正值茶市起季，遴用員友，人數稍寬，額支姑仍其舊。職道通盤籌策，茶事清簡，局用月報冊開文案、差遣、書識各名目，應酌量芟裁，略節經費。所有文案三名，月支湘平銀陸拾陸兩，擬改為貳名，每月裁節銀肆拾貳兩，月支湘平銀貳拾肆兩。差遣三名，月支湘平銀肆拾捌兩，擬改為一名，每月裁節銀俞拾陸兩，月支湘平銀拾貳兩。書識三名，月支湘平銀拾捌兩，擬改為貳名，每月裁節銀陸兩，月支湘平銀拾貳兩。其帳目、稽核、監枰等名目，均擬循舊，以資辦公。文案、書識、差遣三項，均自本年十月為始，每月裁節銀捌拾肆兩，每年十二個月，其裁節銀壹千零捌兩。冗款少支千金，正稅即可多解千金。方今國步如此艱難，夷款如此紛糾，似亦為人臣子所當各發天良，而憂惄不容自已者也。此次請裁之後，局用項下，除職道月支薪水湘平銀壹百兩外，委員司事，每月祇共支湘平銀壹百零八兩，實屬極意節省。員友、丁勇、火食及每年深渡秤驗卡費，與夫一切酬應，均在歙、黟、休公費項下動用，並不列冊支銷。職道山陬蜷局，竊不自揆，慨念時艱，未能興利以開源，愧祇裁贏而剸冗[19]，區區樽節三四千金，勺水蹄涔，何補涓埃於國計。第所處之地在此，所略盡之心，亦止此焉而已。是否有當，伏候憲台批示祇遵。①

再：本年委員出差川資，均係實用實銷，按月開報，計三月起至九月止，共支銀壹百肆拾兩；冬季即有支發，總不至逾貳百金之數。職道亦未公出巡閱各卡，所有年終總報向支巡閱各分局卡，及委員出差費用銀，俞百數十兩，不再開支。又年終總報向支歲修局屋銀九十餘兩，本年尚未修葺，即檢拾滲漏，修整門窗工料，不過數金，屆時亦不濫支，以昭核實。皖南茶事，現均完竣，稅銀亦悉數解清。職道擬請假一個月，回浙江山陰縣本籍省墓。假滿由浙至甯，叩謁崇轅，面稟公事。擬於十月初八日由屯啟行，諭飭提調泠令駐局照料，合併呈明。

請禁綠茶陰光詳稿

為據情轉詳事：本年十一月二十七日，奉憲台札准總理各國事務衙門咨，准出使美、日、秘國伍大臣函，稱美國議院以近來各國入口之茶，揀擇不精，食者致疾，因設新例。茶船到口，茶師驗明如式，方准進口，否則駁回。札局遵照咨內事理，飛飭產茶各屬，出示曉諭，並剴勸商戶，如何妥仿西法焙製，力圖整頓，挽回茶務。仍令將籌辦情形，稟復核奪，計鈔單等因。奉此，遵即剴切示諭，並照會產茶各府縣，諄勸園戶茶商，各圖整頓。一面諭飭屯溪茶業董事、四川補用知縣朱令鼎起傳知各商，實力籌辦。去後，茲據徽屬茶商李祥記、廣生、永達、晉大昌、朱新記、永昌福、永華豐、馥馨祥等稟，為奉諭實復，求鑒轉詳事。竊奉憲諭，朱董遵照督憲札飭事理，傳知各商，妥議章程，實力整頓，仍將籌辦情形，詳細具復，並鈔粘美國禁止粗劣各茶進口新例十二條等因。奉此，經董事遵即傳知。惟目下各商號，早已工竣人散，無從遍傳，僅就商等數號，偕董事悉心籌議，敢獻芻蕘，以備採擇。查屯溪為徽屬綠茶薈萃之區，歷來不製紅茶，其紅茶應如何整頓，毋庸議及。第以綠茶而論，婺源、休甯所產為上，歙次之。洋商謂中華茶味冠於諸國，洵非虛譽，乃近來作偽紛紛，致洋人購食受病，何也？綠茶青翠之色，出自天然，無俟矯揉造作，以掩其真。故同治以前，商號採製，惟取本色；洋人購食，亦惟取本色，其時並未聞有食之受病者。迨同治以後，茶利日薄，而作偽之風漸起；不知創自何人，始於何地。製茶時攙和滑石粉等，令其色黝然而幽，其光　然而凝，名之曰陰光。稱謂新奇，竟獲邀洋商鑒賞，出高價以相購，而本色之茶，售價反居其下。於是轉相效尤，變本加厲，年甚一年，縱有持正商號，始終恪守前模，方且笑為愚而譏為拙。狂瀾莫挽，言之寒心。夫陰光之茶，胥由粉飾，藏之隔年，色無不退，味無不變，香無不散，食之何怪乎受病。本色之茶，未經渲染，藏之數年，色仍不退，味仍不變，香仍不散，食之何致於受病；此涇渭之攸分也。洋商知華茶之作偽，而未知陰光即作偽之大端，不捨陰光而取本色，雖嚴進口之防，猶治其末而未探其本，能保作偽者不僥倖於萬一哉。然則去偽返真，祇在洋商一轉移間耳。嗣後滬上各行，於購茶時，誠相戒不買陰光，專尚本色，則陰光之茶，別無銷路，誰肯輕棄成本，不思變計，將見攙和混雜諸弊，不待禁而自無不禁矣。商等仰體整頓茶務之藎懷[20]，用敢不避嫌怨，據實具復。是否有當，伏乞轉詳等情，前來。竊惟中國出口土貨，茶為一大宗，商務餉源，關係[②]至重，若任牙販攙雜渲染，作偽售欺，洋商受愚致疾，至謂華茶皆不可食，勢必茶務益疲，釐税將不可問，職道訪詢業茶之老商，同治以前，焙製綠茶，不過略用洋靛著色，洋人嗜購，無礙銷路。光緒初年，始有陰光名目，靛色以外，又加滑石、白蠟等粉，矯揉窨成，茶色光澤、斤兩益贏。當時外洋茶師，考驗未精，誤為上品。華販得計，彼此效尤，日甚一日，變本加厲。本年休甯縣茶五十九號，祇向來著名之老商李祥記、廣生、永達等數號，誠實可信。歙縣三十餘號，不做陰光者益寥寥難可指數。聞滑石白蠟等粉飾之茶，不特色香味本真全失，未能耐久，即開水泡驗，水面亦滉漾油光，飲之宜其受病。該董朱令，與該商李祥記等，公同議復，擬請嗣後滬上各洋行，購運綠茶，不買陰光，專尚本色，洵屬去偽返真，抉透弊根之論，理合據情詳請憲台鑒核；剋日飛咨總理各國事務衙門，轉咨駐京各公使，並札總税務司，分別電達外洋。自光緒二十四年為始，凡各國洋商，來滬購運綠茶，秉公抽提，各該號茶商，均以化學試驗，如再驗有滑石、白蠟等粉，渲染欺偽各弊，即將該號箱茶，全數充公嚴罰。一面劄飭江海關道，函致該關税務司，傳知上海向買華茶之怡和、公信、祥泰、同孚、協和等洋行，遵照辦理。方今軍需奇絀，時事多艱，茶業為華税所關，不敢不切實維持。為釜底抽薪之計，否則文告嚴迫勸導諄拳，雖筆禿口喑[③]，究未必湔除其痼疾[④]。美國新例，查驗於已經購買之後，職道與該董等籌議，審慎於未經購買之先，二者似並行而不悖。如蒙鈞批，一切准行，當於來歲春初，錄批剴切示諭徽屬各商販，知照破其沈錮罔利之私，俾免受大虧而詒後悔。是否有當，伏候訓示祇遵。

再：奉發和使克大臣照會中外茶務情形，及雷税司稟陳廣購碾壓機器[21]仿製紅茶二案，職道先後鋟印告示各五百張，分別發遞產茶各府縣，張貼曉諭，謹將示式坿呈藎覽。該税司所陳六百兩之茶機，奉札後，遵與茶董朱令、候選同知洪商廷俊再四籌商，已由該商派夥往滬，訪查酌購，俟查復到日，另案稟辦。職道前擬整飭徽屬綠茶牌號，飭領印照，報效銀兩，執為世業，稟請憲轅出示剴諭各情，奉批督董與各商妥為議定等因，此案本年夏秋之交，該董朱令集議公所數次，商情慳鄙，迄未就緒，是以擬仗德威，示諭飭遵。現既未蒙頒發鈞示，又復詳請禁革綠茶陰光錮弊，無本牙儈觖望，恐報效領照，驟難允洽，祇可⑤緩議。又浙江平水綠茶，洋銷頗廣，近年陰光渲染，聞較徽茶尤甚，擬請隨案彙咨，一律嚴禁，合併附陳。

兩江督憲劉[22]批：據詳已悉。查茶葉為土貨出口大宗，關係商務稅課，至為緊要。祇因各商蹈常習故，既不肯講求種植採製，又復任意作偽，致茶務疲敝日甚，雖迭經諄切誥誡，而各商祇顧一己之私，終未能力圖整頓。今既經該道察知綠茶中名陰光者，即係矯柔造作，不獨色香味本真全失，且食之亦易受病，積弊一日不去，茶務斷難望有起色。惟痼疾已深，既非文告所能禁革，仰候札行上海道嚴諭滬上茶業董事，並函致稅司，告知上海業茶各西商，自明年為始，凡在滬購辦綠茶，由董事會同秉公抽提試驗。如再驗有滑石、白蠟等粉，渲染欺偽各弊，即由道將該號茶箱全數充公罰辦，以示懲儆。該局應先剴切示諭，俾各商販事前知所儆畏，不敢作偽，以免後悔，仍候咨請總理衙門核明照會飭知，並候分咨兩廣、閩浙、湖廣督部堂，廣東、江西、浙江、湖南撫部院，一體飭令產茶各屬，先期示諭。至滬稅司先次條陳碾壓各節，係指紅茶而言，即該道此詳，亦僅專去紅茶造作之弊。其綠茶應如何焙製，較為精美之處，並候札飭上海道，轉託稅司，向業茶老西商，切實考究，稟候分飭參訪，以期弊去製精，茶務得以漸圖挽回。繳告示存。

復陳購機器製茶辦法稟

本年十一月十六日，奉憲台札，據江海關雷稅司稟陳，中國商戶，以手足搓製紅茶之失，擬請通飭試辦碾壓機器，仿行新法，以興茶務各情，抄摺札局，遵照批示，體察情形，分別妥籌呈報等因。奉此，查職局所轄皖南產茶處所，歙、黟、休甯、銅陵、石埭、涇縣、太平、宣城、婺源及江西之德興各縣，均係綠茶，花色繁多，約十分之九製銷洋莊，十分之一行銷內地，不能用機器焙製。徽州府屬之祁門，池州府屬之建德，江西饒州府屬之浮梁，向做紅茶。本年祁門茶號，五十餘家；建德十家；浮梁六十餘家；共徵茶稅七萬一千七百四十餘兩，較紅綠稅銀，約祇四分之一。祁門萬山叢雜，民情強悍，山戶與商號爭論茶價，屢啟釁端。浮梁各號畸散，北鄉山徑崎嶇，資本微薄。建德數號略同。此皖南所轄紅茶產地之大略也。本年祁、浮、建德紅茶⑥，商本折閱，職道夙聞比年機器製茶，頗合洋銷，正思示諭勸導，適友人候選徐道樹蘭[23]、汪進士、康年[24]等，夏初在滬上創立農學會，鋟刷報章，分布海內，惓惓於蠶桑絲茶各事，以冀維持中國之利源。徐道與職道交誼最深，由浙中寓書屯溪，略言“振興茶務，宜撥鉅款，派商出洋，學習泰西製焙之法。一面速購機器，翻然更新”等語，與雷稅司現陳各節相同。職道竊壯其言，即面商屯溪茶董朱令鼎起。據稱徽屬茶商，家世殷實者，不過十分之一，各自株守，罕與外事，無人肯肩此鉅任。而無本牙販，又難可深信。該令所稱，均係實情⑦。職道購買農學報十分，送給各商閱看，以冀漸擴見聞。皖南茶業，以綠茶為大宗，歲徵稅約二十萬兩左右，僉稱礙難改用機器，亦屬實情，祇可將祁門、浮梁紅茶，紆籌勸辦。祁門距屯較近，夏秋之交，曾與徽商候選同知洪廷俊⑧籌議，擬由職局發款，先在祁門仿行官商合辦之法，集股創設機器製茶公司。因山阿風氣未開，祁民蠻悍，恐滋事端；而訪雇茶師，急切又難就緒，是以迄無定議。秋杪、又杪，委建德分局洪令恩培，專往浮梁，諏訪各商，茶機能否試辦，切實查復。去後十一月初旬，據洪令稟復，諸多窒礙等情，前來謹抄原稟，恭呈鈞鑒。茲奉前因，遵即鋟刻告示，分別發遞產茶各縣局卡，張貼曉諭，並專勇分賚祁、浮、建德各茶號，每號給予示諭一張，冀其開悟。一面復與朱令、洪商，諄切籌商，仍擬仿行官商合辦之法，職局發款酌購茶機，諭集股分，由洪商派夥專往上海、祁門，分別查購。去後，茲據該商董等復稱，查得溫州本年試辦碾壓茶機，僅製成茶數十斤。滬上洋商云，做工尚稱得宜，惟香味甚不及舊法。又查，據公信洋行云，伊等洋商，原欲糾集公司，購全副機器在湖南安化興辦，嗣湖廣督憲張[25]以此利益，不便為西人佔攬，迄未照准。雷稅司所陳，機器每架，需價九百金，滬上無現成者，須電錫蘭購辦，約在兩月可運到滬，外加水腳保險各費，合計每架總須一千有奇。前項機器，每次僅能出茶七八十斤，核計紅茶上市時，日僅能製造三百箱，徽茶改用機器，勢必收辦茶草，祁門南鄉一帶，每擔計錢十數千。茶草三斤，製成乾茶一斤，剪頭除尾，不過六七折之譜，以及各項費用，成本過昂，且無洋商包裝，萬一不得其宜，耗折大非淺鮮。若延聘西人，據需薪資每月二百金，且要包定三年，薪水太鉅，萬難延請。若就滬延聘華人，亦不過口傳指授，創辦之難，殊無把握。又查得祁門茶商汪克安、康齡，復稱創用機器，收草[26]碾壓，機器出茶有定，草少則曠工，草多則壅滯，必久攤；久攤遂變壞。是茶草須在三五里內，按部就班，纔可合用。祁門深山僻塢，紛歧坆折，並無一片平疇。茶草自開摘至收山，不過十餘日。用機之人，務要真正熟手，早日雇來祁地，細談底裏，免得臨事張皇。祁、浮茶號，星羅棋布，每號做茶不過三五六百箱，亦由地利使然。設碾草之號，與收熟茶之號，實相背而不相得。然非就出草較廣之區，不足以為力。各等語，抄呈原函前來。伏查祁、浮紅茶試辦茶機，未奉憲札以前，職道先以疊次與商董等紆策經營，因風氣未開，創辦為難，而其中窒礙多端，實不能不慎始圖終，通盤籌畫，敢為憲台縷晰陳之。公信洋行函復雷稅司，碾壓機器，祇需銀六百兩，即可購辦。今由徽商面詢該洋行，則云每架需九百金，又加保險水腳等費，合計總需一千有奇。前言不符，啟人疑沮，一也。紅茶三月中旬，向皆徵稅，其採製均在暮春⑨之初，明春即多閏月，亦不過展遲旬日。今滬市既無前項機器，電購外洋，兩月之期，能否踐言，均未可定。即如期運滬，已在二月下旬，由滬運潯[27]，再由鄱湖饒河展轉運祁，即未能應來春碾壓之用，萬一發價而運貨逾期，轉多饒舌，甚或糾轕涉訟，二也。《農學報》本年第六、七冊載：台惟生廠[28]製造萎揉焙裝各項茶機，共約需銀一千鎊左右，似較公信洋行祇能碾壓者，更為得勁。第祁、浮山嶺巇仄，恐台惟生廠各項茶機，實無安放之所；而祇購碾機，果否適用，香味能否軼出舊制，亦無把握。延聘外洋茶師，商力實有未逮，不延則又恐未合洋銷，三也。皖南業茶，家世殷實者，寥寥無幾。無本牙販，鳩集股分，新茶上市，結隊而來，茶事將畢，一鬨而散。職道接奉鈞札，已在十一月中旬，祁、浮二邑，並無公所茶董，祇得遴派妥勇分赴各邑，賫送前項告示，每號發給一張，以歆動之。比據該勇等回屯，稟稱浮梁茶號，均在北鄉五里十里之間，岡嶺重複，村落畸零，每村各有茶號二三家不等。祁門茶號，均在西南鄉，疊巘層巖約同。浮北號門，多半關鎖，告示張貼門外，鄉人聚觀，或號夥之看守房屋者，均言地勢如此，改用機器及聘雇熟諳茶機之洋工，良非易事。而現屆歲闌，即集股購機，亦須展至亥年[29]，或有端緒等語，與職道訪查各情，大致相同。浮、祁茶機，驟難仿辦，建德商號無多，更無庸議，四也。方今軍需奇絀，時事多艱，職道若搏官為倡辦之美名，不顧事之果否必成，請款購機，以鋪張為浮冒，計亦良得。而硜執之性，實不忍浪縻公款，致有初而鮮終。屯溪茶董朱令及洪商廷俊，籌議仿行西法，總以滬上有現成茶機可購，俾該商等，自行察看，較為穩妥。電購外洋，究多瞻顧，試用茶機，延雇洋工，不特無此力量，且山民蠻橫，與他族恐不相能。惟有寬以時日，訪雇福、甌[30]內地之茶師，言語性情，彼此易於浹洽。至創辦機器，尤必通力合作。如祁門共若干號，每號各出股分一二百金，茶釐局酌撥三五千金，官商合辦，盈虧一律公攤，各商號始無嫉忌畛域之見。該商董等所議，均係⑩持重審固，平實可行。惜奉札稍遲，祇可俟明春紅茶上市之時，集商妥議章程，稟請鈞批立案，己亥春間，再行開辦。憲台總攬茶綱，振興茶務，登高提倡，中外喁風。雷税司所陳每架六百兩之茶機，可否札飭江海關蔡道，轉飭公信洋行，電購四架，運滬。機價及水腳保險等費，核實開支，如蒙恩准照行，茶機均已運來，商情不致疑慮。一面訪詢福、甌內地之茶師，官商合股，從容酌籌，亥春當可集事。機價雜費，擬請江海關庫暫墊，仍由茶釐項下，如數撥還。是否有當，伏乞憲台鑒核批示，祇遵⑪。

再：職道訪聞江西義甯州山勢，較浮、祁二邑平坦，焙製紅茶，似可仿行機器。惟該處民風亦頗強橫，商情願否興辦？應由江西司局查議。合併呈明。

整飭茶務第一示　光緒二十三年十一月

為剴切曉諭事：本年十月十六日，奉南洋大臣兩江督憲劉劄開，本年九月十二日，准兵部火票遞到總理各國事務衙門咨。本年八月二十四日，准和國使臣克羅伯照稱，現接本國京城茶商來函，據云：刻下按新法所製之茶樣，惜未甚佳，若以舊法所製之茶，其品高於各處，若按新法製之，即與各處之茶無異，且將是茶原本之益處盡失。在爪哇、印度、錫蘭三處，雖皆精心植茶，然與中國之茶比之，則不及中國所產之物也。緣現在歐洲，欲購中國上品佳茶，無處可覓，疑係中國產茶處所，不知歐洲等處均欲購買。按新製茶，無非較印度稍佳，實與中國所產者遜多矣。在英、和銷去上品茶之價值，比新製茶價昂三倍。且新製茶運往外國售賣，英國印度茶，亦運往他國售賣，彼此相爭，然喜吃中國茶者，不喜吃英國印度茶。查此情形，未有勝於中國茶之佳美者也。並有俄、英、和等國茶商。亦云如是。特求於通曉茶務者，代白此意，等因。本大臣憶及製茶一節，久在洞鑒之中，想貴大臣視該商所言，定必嘉悦，等因。前來，查出口貨物，以茶為大宗。中國茶質之美，原為外國所必需，祇[12]以焙製漸不如法，致印度等茶得以競利銷行，於商業餉源，虧損實鉅。現據和使克羅伯照稱前因，是中國茶務雖敝，尚可設法挽回。相應咨行貴大臣查照，轉飭各該地方官，曉諭產茶處所及通曉茶務之商戶人等。嗣後於製茶一事，勿論舊法新法，總宜加意講求，但能製造精良，行銷自易。在茶務可資經久，而利權亦不至外溢，仍將如何辦理情形，隨時見復為要，等因。到本大臣承准此，查近來中國茶務之敝，固由外洋產茶日多，銷路漸分，華商力薄，自紊行規，實則由於採製之不精，商情之作偽，致使洋商有所藉口，退盤割價，種種刁難，過磅破箱，層層剝削，商本多遭虧折，茶務因而日壞。是以迭次通行整頓，首講採製，力戒攙雜。蓋華茶色香味均遠勝洋產，為西人所喜嗜。產地苟能採摘因時，炒製合法，販商貨色整齊，行規嚴肅，於茶務利源，未嘗不可挽回。今閱和國克大臣照會，益足信而有徵。自應由產茶各屬，諄切董戒，力勸講求，以暢銷路，以固利源。茲准前因，除分行外，合行札局遵照，飛飭產茶各屬，及通曉茶務之商，實力籌辦。仍令將勸辦情形，詳細稟復，核咨毋違，等因到局。奉此除照會產茶各縣一體示諭，實力籌辦外，合亟出示曉諭，為此示仰各茶商、山戶人等知悉。自示之後，該山戶務將茶樹加意灌溉培護，慎防冰雪之僵凍，尤當採摘之因時，不得聽其自生自長，因偷惰而致窳萎。擷採以後，亦不得以柴炭薰焙，並惜工費，日下攤曬，務當用鍋焙炒，以葆真色香味。至各茶商近來成規日壞，弊竇叢生，以偽亂真，貪小失大之錮習，幾至牢不可破。本年春間，曾經上海茶業會館刊布公啟，歷述弊端。雖經本道諄切示禁，而本屆徽茶運滬，各弊尚未盡剗除。自壞藩籬，攪亂大局，莫此為甚。現奉南洋大臣劉劄飭前因，知中國茶事，自可振興，嗣後各商務須各整牌號，各愛聲名。一切焙製之法，實力講求，嚴肅市規，不准攙雜作偽，以歸銷路，以固利源。倘有奸商小販，不顧顏面，再以劣茶冒充老商著名之字號，欺騙洋商，撓亂茶政者，一經查出，定當照例嚴辦，決不徇容。其各懍遵毋違，特示。

整飭茶務第二示　光緒二十三年十二月

為剴切示論事：本年十一月十六日，奉南洋大臣兩江督憲劉劄開，據江海關稅務司雷樂石稟稱，竊查近年中國絲茶兩項，幾有江河日下之勢。其致衰之故，憲台洞悉，本無待贅言，而茶業一種，論者頗有其人，甚至登諸報章，記之載籍[13]，無非欲望中國振興，祛其弊而求其利，頓改昔時景象。在憲台藎謀遠慮，果於國計民生有裨，度無不竭力興辦，且亦深知各口業茶之西商，於茶務一道，多所講究。今欲改復舊觀，得憲台在上提倡，不獨西商鼓舞歡躍，即凡業茶之華商，亦無不翹盼其成，色然以喜，則一應製茶新法，西人亦必樂與指授也。本年夏間，接老於茶務之公信洋行主一函，內詳言華茶致敗之由，非改從新法不為功，特將現在溫州試行新法，碾成之茶，已見明效者一種，並舊法一種，分別見示。稅務司悉心考察，即知新法之善，當將情形申呈總稅務司。而總稅務司意在保商裕課，凡有咨陳之件，靡不悉心籌畫，總期有利必興，無弊不去。飭將公信行主來函，照譯繕呈各憲，並將茶樣一併遞呈等因，是以不揣冒昧，將來函譯成漢文，原樣兩種，敬呈察核，必能俯賜通行，剋期舉辦。伏思憲台通今達古，貫徹中西，一切自必燭照無遺。查西人現行之法，以碾壓成。考之中華古時，似已行之。《明史 · 食貨志》八十卷終所載："舊皆採而碾之，壓以銀板，為大小龍團"一語，此固班班可考。故西人現行之新法，即係中國舊時製茶之法，不過分上用與民用已耳。惜年遠代湮，無人指授，以致失傳。近年以來，種茶、業茶之人，焙製一道，並不悉心考究，茶務因之日衰。但目下業此生意者，受虧不淺，亦已漸知其故，頗有改絃易轍之意。若憲台登高倡導，當無有不樂從者，等情，並清摺。到本大臣據此除批閱來牘並摺，具見留心商務，食祿忠謀之誼，深堪佩慰。中國茶務，年不如年，至今日疲敝極矣。在局外之論，總謂由於外洋產茶日盛，產多銷分，事勢則爾。第細察商情，實由採製焙壓，蹈常習故，未能翻然變計，講求制勝之方。蓋西商食用，事事力求精美，茶葉尤為人所必需之物，西人考究，更為認真。中國茶質，本屬遠過西產，苟能採製得宜，自無不爭相購致。本大臣屢執此意，通飭整頓，以地異勢殊，未克驟變舊法。今據呈送新法、舊法所製茶樣，同一茶質，收壓稍異，而新法所製者，色香味皆遠勝之，即此益見製法之亟宜更新，以冀茶務之日漸挽回。且該公信行籌製之法，亦尚簡而易行，需本不多，自應由產茶各處，體察情形，因勢利導，於皖中設有茶釐局，或先由局購備碾壓機器，如法試製，以為之創。一面廣諭茶商集股，各自創辦。在園戶力薄，不能仿辦，茶商與園戶，同一利害相關，苟茶商能仿行之，園戶當無不樂從。是在各處有茶務之責者，善事設籌提倡，力圖整頓，以期推行盡利，歷久不敝，本大臣有厚望焉。仰江海關蔡道轉復稅務司知照，繳印發外，抄摺札局，遵照批示，體察情形。妥為分別籌勸辦理。仍將籌辦情形呈報查考，等因，到局。奉此，查前奉南洋大臣劉札准總理各國事務衙門咨准和使克大臣照會，以中國舊法，精製上品佳茶，運往歐洲，比新製茶價昂三倍等因，係指中國綠茶而言。雷稅司所陳各條，專言中國商戶以手足搓製紅茶之失，急宜另籌新法，各集股分，廣購碾壓機器，試行仿製，講求制勝之方，合亟出示曉諭。為此，示仰商戶人等，知悉查照，後開各條，互相勸辦，悉心考究，翻然變計，各圖振興，痛改從前手足搓製[14]紅茶之舊習，以暢銷路，而固利源，本道有厚望焉。其各懍遵毋違，特示。

摘開雷稅司原摺

中國紅茶搓製之法，不如印度遠甚，其致敗之故，寔由於此。蓋所徵之課稅，雖覺繁重，在華商核算成本，以為獲利似無把握，苟能得其新法，以冀西人漸皆喜用，則衰弱之象，度不至如斯矣。

溫州茶，華曆[15]四月初八日，運樣到滬，即今所呈晳之兩種。一則仍用舊法，以手足揉搓；一則用新法碾壓者，互為比較，即知新法之合銷西人。本視溫茶為中國出茶最次之區，英人之所以不喜用華茶，喜購錫蘭茶者，以用碾壓故也。英人愛用印茶，並非以印度、錫蘭為英屬土。因錫蘭之茶，色香味較勝華茶，其質性亦較華茶可以用水多泡。印度係用機器碾成，質力較華製為佳。現在美國，已皆較前增購，俄國亦然。錫蘭、印度之茶，甫採下時，收在屋內，鋪於棉布之上，層層架起，如梯級然，直至茶葉棉軟如硝淨之細毛皮時，將茶落機碾壓約三刻之久，盛在鐵絲蘿內，約堆二英寸厚，層疊於上，必變至勻淨，如紅銅色，然後焙炒，裝箱下船。錫蘭、印度之茶樹，皆屬公司。公司資本股厚，不肯零星沽售，採茶焙炒，以至裝箱起運，皆公司之人自為之，有大棧房存儲。所安機器甚多，碾茶、炒茶、裝茶，無一不用機器。蒙意欲使中國茶務振興，當另籌新法，如碾壓至茶變紅銅色之後，應上籮焙炒之際，可無須仿用機器，仍按舊法，衹用竹籮盛茶，加以炭火烘焙，似比機器尚佳。倘辦茶之人，亦如印度、錫蘭之法，獲益必大。其佳處即遇陰雨之天，亦無要緊，摘茶之後，即送與棧房，將茶層鋪於綿布之上，用架疊起，不慮霉變。應購機器，若仿錫蘭所用之式，未免價鉅，莫如用一次能出茶七八十斤之碾壓機器，衹需[16]銀六百兩，即可購辦，且耐久不壞。費既不巨，茶商辦此，當無難色。蒙意華商若用機器，不用手足，則前次所失之十分中，必能補償幾分，貿易自有轉機。所望亟行整頓，愈速愈妙，再能遴派明白曉事之員，前往錫蘭察訪製茶之法，並僱業茶者數人來至中國，教以各種烘焙善法。一朝變計，必能令各國樂購。中國頭春茶，天下諸國，無有媲美者。二茶、三茶之現無人過問，實因製法不佳。倘用新法，則二茶、三茶，當可與錫蘭、印茶並駕齊驅也。

整飭茶務第三示　光緒二十三年十二月

為剴切示諭事：本年十一月二十七日，奉南洋大臣兩江督憲劉札准，總理各國事務衙門咨准出使美日秘國伍大臣函稱，美議院以近來各國入口之茶揀擇不精，食者致疾，因設新例：茶船到口，須由茶師驗明如式，方准進口，否則駁回。從前中國無識華商，往往希圖小利，攙和雜質，或多加渲染，以售其欺。洋商偶受其愚，遂謂中國之茶，皆不可食，而銷路因之阻滯。比來華商販茶，折閱者多，獲利者少。職此之由，現新例既行，茶稍不佳，到關輒被扣阻，金山[31]等埠，華商屢來稟訴，因擇其不甚違章者，為之駁詰，准其入口。惟新例所開茶式未齊，已將中國販運之茶，詳列名目種數，照會外部轉知稅關，俾茶師詣皙時，有所依據，不致以與原定之式不符，過於挑剔。仍將新例譯錄，飭領事等傳諭眾商，嗣後不可希圖小利，致受大虧。並鈔譯一份，寄呈備覽。此例初行，似多不便，然理相倚伏，實於茶務有益無虧。蓋以前茶質不淨，人多食加非以代茶。今入口既經復驗，茶葉共信其佳，則嗜之者多，將來銷路可期更廣。中國各商，如能將茶葉焙製諸法，精益求精，知作偽無益，不復攙雜，則中華茶味，實冠出於諸國，必能流通，未始非振興茶務之一大轉機也，等因。前來本衙門查中國土貨出口，以茶為一大宗，從前因茶商焙製不精，兼有攙和雜質等弊，以致洋商營運受虧，銷路因而阻滯。今美國改行新例，如果焙製益求精美，實為中國茶務振興之機，相應將該大臣鈔寄新例十二款，刷印黏單，咨行貴大臣查照，轉飭各產茶處所，凡園戶茶莊製茶，務須焙製如法，精益求精。並飭各海關出示曉諭，華商運茶出口，勿得攙和雜質，致阻銷路。倘或攙和雜質，或將茶渣重製運售，致損華茶實在利益，一經查出，定行嚴罰。此固為華民謀生計，亦中國整頓商務之一端也，等因。並抄單到本大臣承准此，除分行外，抄單札局，遵照咨內事理，飛飭產茶各屬，出示曉諭，並剴勸園戶、茶商，應如何妥仿西法焙製，力圖整頓，以期挽回茶務，廣開利源。仍令將籌辦情形，稟復核奪，等因。到局奉此，除照會產茶各縣，一體示諭外，合行出示曉諭。為此示仰商戶人等知悉，現在美國新例[32]，茶師考驗極嚴，嗣後焙製各茶，務須盡心講求，力圖精美，不准攙和雜質，或多加渲染，欺誑洋商，以暢銷路，以固利源。其各懍遵毋違。特示。

黏抄美國新例

一、美國上下議院會議妥定，光緒二十三年三月三十日起，凡各國商人運來美國之茶，其品比此例第三款所載官定茶瓣[33]較下者，概行禁止進口。

二、此例一定之後，戶部派熟悉茶務人員七名，妥定茶瓣，呈送查驗，嗣後每年西曆⑰二月十五號以前，均照此例妥定茶瓣，呈驗備用。

三、合准進口之各種茶類，戶部妥定樣式，並當照樣多備茶瓣，分發紐約、金山、施家谷[34]，以及各口稅關收存，以資對驗。至若茶商欲取官定茶瓣，可照原價給領所有茶類，其品比官定茶較下者，均在第一款禁例之內。

四、凡商人裝運茶類來美，入口報關時，須要呈具保據，交該口稅務司收存，言明該貨於未經驗放之前，不得擅移出棧，當由茶商將貨單所載各茶樣呈驗，另立誓辭，聲明單貨，確實相符，方為妥協。或任茶師自取樣式，逐一與官定茶瓣比較，其入境各口，未派茶師者，商人當備各茶樣式，並立誓辭，呈送該口抽稅之員查收，復由該員另取各茶樣式，一併送交附近海口茶師收驗。

五、所有茶類，經茶師驗過，其品確係與官定瓣相等，稅務司亦無異言，立即放行。若其品比官定茶瓣較下者，立刻通知茶商，除復驗[18]批駁茶師有錯外，不准放行。若運到之茶，品類不齊，可將好茶放行，次等者扣留。

六、茶師驗明之後，茶商或稅務司有異言，可請戶部派總估價委員三名復驗。若查得茶品果係與官定茶瓣相等，自當給照放行。如茶品比官定茶瓣較下，令茶商具結，限六個月內，由驗明之日起計，運出美國。設使過期不出口，稅務司設法焚毀。

七、所有進口茶類，派定各茶師親驗。倘入境之口並無派定茶師，由該口稅務司取齊各茶樣式，遞送最近海口茶師收驗。驗茶之法，照茶行定規辦理。其內有用滾水泡之法，與化學試煉之法，均當照辦。

八、所有茶類，凡請美國總估價委員復驗，應由茶師將各茶樣式，與茶商面同封固，與茶師批辭，以及茶商駁語一併送交總估價委員復驗。一經驗明妥定，即當繕寫斷詞，由各該委員簽名，將全案文牘茶式，三日內一齊發回。該稅務司另鈔兩份，一份轉達茶師，一份轉交茶商，遵照辦理。

九、所有茶類，已經不准入口，遵例出口之後，如復進口，將貨充公。

十、此例各款，戶部妥定章程，一律頒行。

洪商查復購辦碾茶機器節略

一、查製茶碾壓機器，福州舊前年有人倡辦，想因不能卓有成效，迄未盛行。溫州今年試辦者，係乾豐棧朱六琴兄，向公信洋行購得碾壓機器，如法試行，僅製成茶數十斤，寄樣來申驗看。據洋商云：做工尚稱得宜，惟香味甚不及舊法所製。蓋因甫經採下茶草，未及烘曬即以機器碾壓，不免真精原汁走漏，本質耗損，故香味較遜。葉底不甚鮮明，未得合銷，為此中止。以上乃溫、福州之未見顯著成效情形。

一、據公信洋行云：伊等洋商，原欲鳩集公司，購辦全副機器，在湖南安化地方興辦。該處產茶頗多，轉運捷便。嗣張香帥[35]以此利益，不便為西人佔攬，未曾照准。刻下中國官商，若欲在祁門、浮梁試辦，祇須[19]碾壓機器，便可合用，其餘烘、篩、揀、扇等法，原以舊章較善。該機器價銀，每架據需九百金。刻下申地，無有現成者可售，須由伊代電託錫蘭友人購辦，約在兩月內可運到申，外加水腳、保險、使用等費，合計每機器，總需一千有奇。以上乃據公信洋人所說。如事必行，該機即託公信洋行代辦。

一、徽屬山深水淺，局面狹小，若以全副機器，非但價資太鉅，且轉運一切，非比外洋水有輪舟，陸有鐵路之靈便，勢難載運，姑不置議，惟碾壓機器，每次僅能出茶七八十斤，核計紅茶上市時，日僅能製造三百箱而已。

一、徽茶改用碾壓機器，勢必收辦茶草。然祁門南鄉一帶，茶草每擔計錢十數千文，以茶草三斤，製成乾茶一斤，兼之剪頭除尾，不過六七折之譜；以及車用等項合而計之，已屬匪輕；且無洋商包莊，萬一不得其宜，則耗折大非淺鮮，核計成本過昂，不得不慮及此也。

一、據公信洋行云：機器用法，與復雷稅司之函，大譜相同。揣其情形，似尚不難，但詳細情形及所製之茶，果否合銷，則非身經目歷，不能盡悉。若延聘西人，據需薪資每月二百金，且要包定三年，不免薪水太鉅，萬難延請。西人姑不置議，如若就申延聘華人，亦不過口傳指授而已。此創辦之難，殊無把握。

一、初辦碾壓機器，若由紳商邀集股本，究非善策。因恐成本昂貴，一經大折，勢難復振。惟有厚集資本，初年不利，則更加考究，精益求精，再接再厲，庶幾能盡機器之利用。此創辦必須厚集股本，以備不虞。

一、集股之法，似宜仿公司成例，每股百金。竊以祁門、浮梁兩邑計之，茶號不下百家，若得每號集股百金，為數亦頗可觀。此外，如有另願附股者，亦可兼收。集資既厚，經理得人，庶可圖效。茶商眾心散漫，惟有商請憲裁，一面給資籌辦機器，一面出示勸導。然此事原為振興商務起見，成則眾商漸可推廣盛行，不成則官商兩無所損，想眾商一經提倡，自必樂從。

一、局憲如必購辦此機，望請將價銀即速匯下，以便繳交前途，代為電致錫蘭購辦。俟辦到申後，即由繞河運祁。惟沿途釐卡，尚乞局憲咨會江海關，給照護行，以免沿途釐卡留難，實為捷便。

以上各節，謹就所見盡陳。因無把握，故機器尚未定購。望詳加商酌。奉覆。局憲核奪，即希示覆。二十三年十二月

注釋

1 觀察：唐、宋職官觀察使的簡稱。元、明為補役別稱，清演變為對道員的尊稱。

2 南洋大臣：南洋通商大臣的簡稱。咸豐十年（1860），改五口通商大臣設，掌上海長江以上各口，兼理閩浙和廣東各口中外通商交涉事務，由江蘇巡撫兼。同治元年，設專任通商大臣，次年復歸江蘇巡撫，四年最終確定改由兩江總督兼。

3 督憲張：指一度代理劉坤一擔任兩江總督的張之洞。

4 垯廈：“垯”，同汰，徒蓋切。“垯廈”，皖南清時設有基層巡檢茶鹽機構的集鎮名。

5 深渡：即今安徽歙縣深渡鎮，位歙縣中部新安江岸。

6 街口：即今歙縣街口鎮，為新安江由歙縣流入浙江淳安的界鎮。

7 淮鹺（cuó）章程：鹺，指鹽。淮鹺章程，即兩淮鹽政制訂的管理鹽務的規章制度。鹽政為清朝管理地方鹽務的最高官員，康熙間一度改為“巡鹽御史”，初僅在長蘆、兩淮和河東各設一人。其後“巡鹽御史”廢止後，“鹽政”改由各地總督、巡撫兼任。兩淮鹽政和皖南茶釐局均由兩江總督兼管。

8 茶釐局：清咸豐以後始設的徵收茶葉稅捐的機構。此指設置屯溪的“皖南茶釐局”，直屬金陵（今南

京）兩江總督管轄。其下在重要產茶縣，還設有茶釐分局，有的分局之下，在水陸津要之地，又設有釐卡，專門負責收繳茶釐茶捐。

9 退盤、割磅："盤"，舊時茶市對茶葉價格和茶行財物的行語；如開盤、收盤、交盤等等。退盤指降價或退貨。"割磅"的"割"字，同"割金"之割，言剋扣斤兩。

10 山茶奲傷："奲"同"嚲"（duǒ朵），下垂。此指山上茶樹經長期大雨澆淋，茶株滿目是一片垂頭萎葉的遭災受傷景象。

11 趦趄："趦"同"趑"字，"趑趄"，亦作"次且"；言猶豫不前。

12 桑孔心計："桑"即漢代著名理財家桑弘羊，"孔"即孔僅。梁啟超《張博望班定遠合傳》："文景數十年來官民之蓄積而盡空之，益以桑孔心計，猶且不足。"

13 和使：此疑應指"荷蘭"。

14 芻蕘之見：芻，割草；蕘，打柴。"芻蕘之見"，自謙為草民樵夫的粗淺之見。

15 釐卡：清咸豐以後出現的徵收釐金的關卡。清廷為籌措鎮壓太平軍的軍餉，咸豐三年，首先在揚州仙女鎮（今江蘇江都鎮）設釐金所，對該地米市課以百分之一的商稅。百分之一為一釐，故稱釐金；很快風行全國，在各商市和交通要道，設關立卡，徵捐收稅。茶葉釐卡，咸豐九年由兩江總督曾國藩在江西首先列為定章，除按舊例在產地和設茶莊處所收取茶捐每百斤一兩二錢至一兩四錢外，又規定每百斤茶在境內抽釐銀二錢，出境再抽釐一錢五分。除產地、銷售地外，茶葉舟車過往之地的水陸交通要道，也紛紛設卡徵收過境釐捐。茶釐卡據地理、分工和徵收銀兩的差別，又分為正卡、分卡、巡卡、查驗分卡和收釐分卡等不同層次、不同職能的形形色色的關卡。各地各行其是，各立其制，這種混亂苛重的稅制，直至民國後才慢慢廢止。

16 金陵支應局：即由兩江總督掌管的"小金庫"。太平天國起義後，清朝各地督撫獲准有權可就地籌款，應付特殊需要的開支。支應局，就是收支上說用來應付特殊用途的常設但又不是正式的財務機構。

17 紫陽書院膏火："膏火"，此處作給書院或學校貧困學生的津貼。婺源紫陽書院，大概由乾隆十九年邑令萬世寧所建明經書院改名。"紫陽"為宋朱熹的號，熹為婺源人，主持白鹿洞、嶽麓書院五十年。改紫陽書院，實為紀念朱熹。

18 逮（lì）差："逮"同"莅"。"逮差"即"到職"或"臨官"之意。

19 剬（tuán）冗："剬"同"剸"，指割。"剬冗"，即割冗。

20 藎（jìn）懷：藎通進。例："藎臣"，《詩・大雅・文王》："王之藎臣"。朱熹釋："藎，進也，言其忠愛之篤，進進無已也。"此謂衷心、期望。

21 碾壓機器：此係其時對茶機的一種模糊統稱。中國最早出現的機器製茶，是19世紀60年代俄國人在漢口、英國人在福州等地開辦的磚茶廠。除動力機械外，製茶首先使用的是壓力機，後來又採用茶葉粉碎機等。碾壓機器是由早期磚茶廠使用的主要機器延伸出來的。紅茶包括綠茶要使用的機器，與磚茶不同，不需要碾壓。紅茶除烘乾機外，最急需的是替代手揉腳搓的揉捻機，但此仍按習慣說法云"碾壓機"。

22 兩江督憲劉：即劉坤一（1830－1902），字峴莊，湖南新寧人。咸豐五年，他由領團練鎮壓湖南境內太平軍起家，咸豐末追擊石達開軍轉戰湘桂，授廣東按察使。同治間，擢兩江總督，光緒初為兩廣總督，旋又復任兩江總督。

23 徐樹蘭：字仲凡，號檢庵。會稽（今浙江紹興）人。光緒二年北闈舉人，博學多才，善書工畫，對清末鼓動農業改革，促進農業近代化方面，曾作有積極貢獻。

24 汪康年（1860－1911）：字穰卿，晚號恢伯。錢塘（今浙江杭州）人，光緒二十年進士，官內閣中書。甲午戰後，在上海入強學會，辦《時務報》，延梁啟超任主編，鼓吹維新。有《汪穰卿遺著》、《汪穰卿筆記》。

25 湖廣督憲張：即張之洞（1837－1909），字香濤，又字香岩、孝達，號壺公，晚號抱冰等。同治二年進士。中法戰爭時任兩廣總督，起用馮子材擊敗法軍，後督湖廣近二十年，辦漢陽鐵廠、萍鄉煤礦、湖北槍炮廠等，為後起洋務派首領。對整頓茶務、提創機器製茶也有很多作為。光緒末，擢體仁閣大學士、軍機大臣。卒謚文襄，有《張文襄公全集》。

26 收草：此"草"，非指燃草，是"草茶"，也即收購的茶樹鮮葉或機製茶原料。

27 由滬運潯：舊時皖南祁門等地茶葉，大都由水路船運經潘陽湖至九江口入長江轉運上海和中原各地。貨物回運亦然。"潯"即唐宋時的"潯陽縣"或"潯陽郡"，治所均在今江西九江市，故潯也成為九江之別名。

28 台惟生廠：19世紀後期英國機器廠名，印度、錫蘭當時使用的茶葉生產機械，多半是該廠設計的產品。

29 亥年：此指1899己亥年。本文撰於光緒二十三（1897）年底，即使籌得資金，託洋行訂購茶機，由上海運回祁門、浮梁安裝調試好投產，一切非常迅速順利也已趕不上次年戊戌年茶季，最快也要再過一年到"己亥"年，才能派上用處。

30 福、甌：指福建的福州和甌甯縣（今建甌）。福州是中國商人最先從國外引進機器進行製茶的地區。19世紀90年代中期，在國內其他各地剛剛議及振興茶業，改用機器製茶時，福州茶商就集股在福州英商的幫助下，派員到印度學習。機器製茶，購買茶機，不但首先在中國試製生產出機製茶葉，也由英商首先墪銷英國。

31 金山：即美國舊金山，亦即三藩市。

32 美國新例：美國有關茶葉的新法案。1883年，鑒於輸美茶葉摻雜情況嚴重，美國國會首次通過禁止進口摻雜作偽茶葉法案。1897年，也即在光緒二十三年夏，美國又一次通過了《美國茶葉進口法案》，這就是本文所説的"新例"。新例規定，以後每年都由茶葉專家委員會製定各種進口茶葉品質最低標準樣，進口茶葉不得低於此標準。茶葉引用的標準方法共262頁，包括取樣方法，灰分及不同溶性灰分，醚浸出物、水浸出物、粗纖維蛋白質等。

33 茶瓣：疑即其時美國有關機構制定的進口茶葉檢驗標準樣。

34 施家谷：早年漢語使用的"芝加哥"譯名。

35 張香帥：即湖廣總督張之洞，因字"香濤"、"香岩"故有此稱。

校　記

① 衹遵："衹"字，原文形誤作"祇"字，編改。

② 關係：原稿"係"字作"繫"，編改。下同，不出校。

③ 口喑：原稿"喑"字，刊作異體"瘖"字，即中醫"失語"症之意。

④ 湔除其痼疾："湔"，洗滌。《中國古代茶葉全書》漏抄或脱此一句。

⑤ 衹可："衹"字，原稿誤作"祇"字。

⑥ 紅茶："茶"字，原稿誤刊作"本"字，據文義改。

⑦ 均係實情："係"字，原稿作"系"，編改。

⑧ 洪廷俊："洪"字，原稿形誤作"供"字，逕改。

⑨ 暮春："暮"字，原稿舛作"莫"字。

⑩ 均係："係"字，底本原刊作"系"，編改。

⑪ 衹遵："衹"字，原稿形訛作"祇"字，編改。

⑫ 衹：原稿形誤印作"祇"字，編改。

⑬ 載籍："籍"字，原稿原作"藉"，按通用字改，但"籍"、"藉"可通假，有的校記斥之為"誤"，亦未必妥當。

⑭ 搓製："搓"字，原稿形誤印作"槎"字，編改。

⑮ 華曆："曆"字，原文誤作"歷"字，逕改。

⑯ 衹需："衹"字，原稿作"祇"字，編改。

⑰ 西曆："曆"字，原稿印作"歷"字，編改。

⑱ 復驗：本文中"復"字，唯此處用"覆"字，"復"、"覆"雖可互通，為一文中同字前後盡可能一致，逕改。

⑲ 衹須："衹"字，原文誤印作"祇"字，編改。

茶説

◇ 清末民初　震鈞　撰①

震鈞（1857 — 1920），滿族人，姓瓜兒佳氏，字在廷（作亭），自號涉江道人，漢姓名唐晏，又以憫庵等為號。庚子以後，曾任江都知縣，後任教京師大學堂，又為江寧八旗學堂總辦。辛亥革命後，一直居住南方。

他撰刻的著作倒不少，至少現存的還有《天咫偶聞》、《渤海國志》、《洛陽伽藍記鈎沉》、《國朝書人輯略》、《八旗詩媛小傳》、《八旗人著述存目》等。

本文《茶説》，即是從他的《天咫偶聞》（十卷）第八卷中輯錄出來的。所謂《天咫偶聞》，也即仿照“夢華”和“夢粱”錄專撰北京風土人情的小説筆記。他批評“京師士夫不知茶”，那麼他這位世世代代居在北京的讀書人，何以能寫出茶書呢？因為他戊辰（同治七年，1868）十一歲時，隨大人官江南，主要住金陵和揚州兩地，一直至庚辰（光緒六年，1880）遂回到北京。生活在這樣的環境下，特別是揚州，是鹽商講吃講喝的鬥富之地，而震鈞用他自己的話説，“余少好攻雜藝，而性尤嗜茶，每閲《茶經》未嘗不三復求之，若有所悟時正侍先君於維揚，固精茶所集也。”應該承認，在明清輯集類茶書泛濫成災的情況下，震鈞《茶説》雖還不足二千字，卻全部是他對茶事多年精心鑽研的心得，無愧“精於茶者”之稱。本文上世紀中期以前，只有清光緒丁未（三十三年，1907）仲春甘棠轉舍一個刻本，近年台灣、大陸都有重印，不過都是據甘棠或甘棠影印本，所以現在收錄雖多，但實際都是同出一個版本。

《天咫偶聞》刻印於光緒末年，但著錄的時間可能起碼要早十年以上。因為在光緒二十九年（1903），震鈞在其定稿以後的後序中清楚指出，“乙未（光緒二十一年，1895）以來，信手條記凡得若干，置之篋中，未暇整比。今夏伏處江干，日長無事，依類條次，都為一編”；這就是這本書從1895年開始寫起，寫成以後一拖八年，至1903年遂改編成書；成書到後來印好裝訂成冊，又間隔四年的實情。本文據《續修四庫全書》本作錄，並參考 1982 年北京古籍出版社出版的《天咫偶聞》排印本。

大通橋西堧下，舊有茶肆，乃一老卒所闢，並河有廊，頗具臨流之勝。秋日葦花瑟瑟，令人生江湖之思。余數偕友過之，茗話送日。惜其水不及昆明，而茶尤不堪。大抵京師士夫，無知茶者，故茶肆亦鮮措意於此。而都中茶，皆以末麗雜之，茶復極惡。南中龍井，絕不至京，亦無嗜之者。余在南頗留心此事，能自煎茶，曾著《茶説》，今錄於此，以貽好事云。

煎茶之法，失傳久矣。士夫風雅自命者，固多嗜茶，然止於以水瀹生茗而飲之。未有解煎茶如《茶經》、《茶錄》之所云者。屠緯真《茶箋》，論茶甚詳，亦瀹茶而非煎茶。余少好攻雜藝，而性尤嗜茶，每閱《茶經》，未嘗不三復求之，久之若有所悟。時正侍先君於維揚，固精茶所集也。乃購器具，依法煎之，然後知古人之煎茶，為得茶之至味。後人之瀹茗，何異帶皮食哀家梨者乎！閑居多暇，撰為一編，用貽同嗜。

一、擇器

器之要者，以銚居首，然最難得佳者。古人用石銚，今不可得，且亦不適用。蓋銚以薄為貴，所以速其沸也，石銚必不能薄。今人用銅銚，腥澀難耐。蓋銚以潔為主，所以全其味也。銅銚必不能潔，瓷銚又不禁火，而砂銚尚焉。今粵東白泥銚，小口瓮腹極佳。蓋口不宜寬，恐泄茶味。北方砂銚，病正坐此，故以白泥銚為茶之上佐。凡用新銚，以飯汁煮一二次，以去土氣，愈久愈佳。次則風爐，京師之不灰木小爐，三角如畫上者，最佳。然不可過巨，以燒炭足供一銚之用者為合宜。次則茗盞，以質厚為良。厚則難冷，今江西有仿郎窯及青田窯者佳。次茶匙，用以量水。瓷者不經久，以椰瓢為之，竹與銅皆不宜。次水罍，約受水二三升者；貯水置爐旁，備酌取，宜有蓋。次風扇，以蒲葵為佳，或羽扇，取其多風。

二、擇茶

茶以蘇州碧蘿春為上，不易得，則天池，次則杭之龍井[②]；岕茶稍粗，或有佳者，未之見。次六安之青者，若武夷、君山、蒙頂，亦止聞名。古人茶皆碾為團，如今之普洱，然失茶之真，今人但焙而不碾，勝古人；然亦須採焙得宜，方見茶味。

若欲久藏，則可再焙，然不能隔年。佳茶自有真香，非煎之不能見。今人多以花果點之，茶味全失。且煎之得法，茶不苦而反甘，世人所未嘗知。若不得佳茶，即中品而得好水，亦能發香。

凡收茶，必須極密之器，錫為上，焊口宜嚴，瓶口封以紙，盛以木篋，置之高處。

三、擇水

昔陸羽品泉，以山泉為上，此言非真知味者不能道。余遊蹤南北，所賞南則惠泉、中泠、雨花臺、靈谷寺、法靜寺、六一、虎跑，北則玉泉、房山孔水洞、潭柘、龍池。大抵山泉實美於平地，而惠山及玉泉為最。惠泉甘而芳，玉泉甘而洌，正未易軒輊。

山泉未必恆有，則天泉次之。必貯之風露之下，數月之久，俟瓮中澄澈見底，始可飲。然清則有之，洌猶未也。雪水味清，然有土氣，以潔瓮儲之，經年始可飲。大抵泉水雖一源，而出地以後，流逾遠，則味逾變。余嘗從玉泉飲水，歸來沿途試之，至西直門外，幾有淄澠之別。古有勞薪水之變，亦勞之故耳，況更雜以塵汙耶。

凡水，以甘為芳、甘而洌為上；清而甘、清而洌次之。未有洌而不清者，亦未有甘而不清者，然必泉水始能如此。若井水，佳者止於能清，而後味終澀。凡貯水之罌，宜極潔，否則損水味。

四、煎法

東坡詩云："蟹眼已過魚眼生，颼颼欲作風松鳴。"此言真得煎茶妙訣。大抵煎茶之要，全在候湯。酌水入銚，炙炭於爐，惟恃鼓鞲之力。此時揮扇，不可少停，俟細沫徐起，是為蟹眼；少頃，巨沫跳珠，是為魚眼，時則微響初聞，則松風鳴也。自蟹眼時，即出水一二匙；至松風鳴時，復入之，以止其沸，即下茶葉。大約銚水半升，受葉二錢。少頃，水再沸，如奔濤濺沫，而茶成矣。然此際最難候，太過則老，老則茶香已去，而水亦重濁；不及則嫩，嫩則茶香未發，水尚薄弱，二者皆為失飪。一失飪，則此爐皆為廢棄，不可復救。煎茶雖細事，而其微妙難以口舌傳。若以輕心掉之，未有能濟者也。惟日長人暇，心靜手閑，幽興忽來，開爐爇火，徐揮羽扇，緩聽瓶笙，此茶必佳。

凡茶葉欲煎時，先用溫水略洗，以去塵垢。取茶入銚宜有制，其制也：匙實司之，約準每匙受茶若干，用時一取即是。

煎茶最忌煙炭，故陸羽謂之茶魔。桫木炭之去皮者最佳。入爐之後，始終不可停扇；若時扇時止，味必不全。

五、飲法

古人注茶，熁盞令熱，然後注之，此極有精意。蓋盞熱則茶難冷，難冷則味不變。茶之妙處，全在火候。熁盞者，所以保全此火候耳。茶盞宜小，寧飲畢再注，則不致冷。陸羽論湯，有老嫩之分，人多未信，不知穀菜尚有火候，水亦有形之物，夫豈無之。水之嫩也，入口即覺其質輕而不實；水之老也，下喉始覺其質重而難咽。二者均不堪飲，惟三沸初過，水味正妙；入口而沉着，下咽而輕揚，撟舌試之，空如無物，火候至此至矣。

煎茶火候既得，其味至甘而香，令飲者不忍下咽。今人瀹茗，全是苦澀，尚誇茶味之佳，真堪絕倒。凡煎茶，止可自怡，如果良辰勝日，知己二三，心暇手閑，清談未厭，則可出而效技，以助佳興。若俗冗相纏，眾言囂雜，既無清致，甯俟他辰。

校　記

① 此處題署，為本書所定。《天咫偶聞》用震鈞筆名，作（清）曼殊震鈞。

② 則天池，次則杭之龍井：底本原作“則杭之天池，次則龍井”，但天池在蘇州，故有此改。

紅茶製法説略[1]

◇清　康特璋　王實父　撰[2]

紅茶是中國的主要茶類之一。十九世紀，是中國也是世界紅茶生產、貿易風盛有突出發展的世紀。但是，在中國眾多的古代茶書中，竟沒有一本有關紅茶的專著。有學者提出，在《中國茶文化經典》清代茶文化中收錄的《紅茶製法説略》，能否也算作茶書？《紅茶製法説略》，是光緒二十九年（1903），清政府為籌備參加次年美國聖路易博覽會展品所成立的"茶瓷賽會公司"，為振興華茶特別是外貿最需要的紅茶，給負責這次籌展的親王，要求在安徽祁門設立"製造紅茶公司"的條陳。條陳當然不是寫書，但由於鄧實主編的《政藝叢書》，已將其編錄收入該叢書的"藝學文編"；聯繫過去將程雨亭在皖南茶釐局寫的稟牘文告，因羅振玉收入《農學叢書》而被列作茶書的先例，為補紅茶茶書之缺，本書也將《紅茶製法説略》從《政藝叢書》輯出，專作一書。

撰者康特璋、王實父，生平不詳。僅由題名知其為當時"茶瓷賽會公司"的成員；另外，不難肯定，他們當還是負責茶葉展品的茶葉專業人員。《紅茶製法説略》作為專著，只有《政藝叢書》一個版本。沈雲龍主編的《近代中國史料叢刊續編》收有影印本。

中國土產出口，茶為一大宗。茶之出口多寡，為商務盛衰所繫，此固夫人而知者也。查光緒十年以前，出口計有一百八十八萬九千餘擔；光緒二十年以後，出口則僅有一百二十八萬四千餘擔。外洋用茶，固已日益加增；中國銷路，則遞年見減，幾有江河日下之勢。其中致衰之故，或由印度、錫蘭產茶日多，產多銷分，實勢□[3]然。或謂華商製法，專藉人工，印錫製茶，全用機器；外洋嗜好機器所製之茶，故華茶不敵印錫茶之暢銷。嘗考印度、錫蘭產茶之處，茶樹皆屬公司，自培養、採摘以及製造、裝箱，無一而非公司之事，自可無一而不用機器。中國則園戶、茶商，截然分為兩途。產茶之園戶，既星散而無統率；業茶之商人，亦湊合而無恆業。園戶草率製成而售於茶商，茶商亦遂倉猝販運，趕急求脱，微特不能仿用機器；即人工製法，亦並未講求。而尤大之病，在多作偽。如綠葉[4]之染色，紅茶之攙土，甚至取雜樹之葉充茶出售，壞華商之名譽，蹙[5]華茶之銷路，莫此為最。華茶至今仍未斷絕於外洋者，幸賴物質之良，實有大過於印錫者。若能改良製造，盡絕其從前之弊，西人自無不爭相購致。若徒恃質美，漫不加察，任窳工之作偽，年復一年，恐不知伊於胡底？今擬邀合同志，籌集資本，先於安徽產茶最優之處，設立製造紅茶公司，並會通各茶商講求製法，選料精工，捨短用長，製成之後，直販出洋，與印錫之茶共相比賽，以期貨良品貴，聲價自增，亦收回固有權利之一道也。謹就愚昧所見製法，條呈於左，伏乞鈞鑒。

一、採摘　中國產茶，自穀雨至立夏，旬日之間，為時磅促。園戶急忙從事，貪多務得，鮮能求精。無論其葉之大小，芽之強弱，悉行採捋，混雜錯間，鮮能純萃；不知採摘為第一要着，萬不能不謹擇其葉。採茶當有次第，過早則葉未足，稍遲則葉已老；先從向陽之枝，擇其葉之肥嫩者採取。但採其葉，勿損其芽，則芽又復次第發葉，葉齊而復采之。似此則茶質既純，茶味亦厚，雖有先後，斷無參差，且能保茶樹不傷。

二、捲葉　華茶向用手足揉搓，印錫均用機器碾壓，其所以能奪我華茶利權，即此之故。蓋機器碾壓之茶，純萃整齊，湯汁之中，濃潤可愛。數年前，溫州曾購此等機器製茶，已有明效。鄂督有鑒於斯，諄諄勸諭，卒無有應者。其緣因，中國各省之茶，均由園戶採茶，捲成售與商人；商人不管捲葉之事，園戶又迫於力薄，焉能購此重器。今既欲抵制印錫之茶，不得不急為改良。園戶但責以專司採摘，售揀淨青葉於茶商。凡製造之法，皆由茶商自行料理，則碾壓捲葉之機，不得不辦。⑥每一次能出茶七八十斤者，需銀六百兩。用其法，亦先將青葉暴曬棉軟，而後落機兩刻之久，自然條索緊圓。

三、變色　茶葉有紅、綠二種，其實皆出一種茶樹，止因製造不同。西人所最愛者烏龍，次則紅霞、紅梅，悉皆鮮紅光澤。製法當於碾壓之後，視其色之深淺，令其多受空氣，晴則置諸日中，陰則置諸爐側，以其色之合宜為度。

四、烘焙　茶之香味，全恃烘焙之工，因其加熬時，自有一種易散油生出也。印錫之茶，均用機炙。其炙茶之機有二：一名狎皮杜拉符；一名黨杜拉符[1]。皆有抽氣管，故其味香不散失而無灰塵。中國製茶，園戶只用爐焙，爐中或以乾柴燃火，或用不潔之炭，又不能立煙通，則煙貫入茶中，是以雜入煙燼，其味易飛散。今欲仿用印錫之機，產茶之地崇山峻嶺，轉運不易為力，但須將烘爐變通，設有抽氣管，則亦無殊。火力之熱度，宜實測度數，以求確實把握。

五、成分　茶之美劣，以其中之鹼類、香油二要質之分數為定。鹼類名替以尼[2]，即茶葉之精，能感人之腦筋，使人神清意適。香油名替哇尼[3]，即茶中易散油；生葉中原無此物，全賴烘焙時由他質化成。熱大則隨氣耗散，熱小則化成無幾。即一人一時所烘焙之茶，含香之數亦不同。必須將每次所烘焙，隨時化分，得其各質之真數，則成色確有把握，然後標籤列號，可與各國之茶品確實比較，方得我貨之真價值，不致為外人所愚。

六、做淨　烘透之後，即當做淨，而後裝箱。粗茶細做，細茶粗做，務使長短接續，篩路整齊，無粗細不勻之弊，乃能入目可觀。其始也，用提篩徐徐然頊⑦出，當順其自然之性。用腕力宜圓緩，而不宜過疾；過疾則碎。提篩之下者，付之細篩；提篩之上者，付之打袋手打過，又從而篩之，長短粗細由是分焉。使其中有大粃片，則用簸盤以簸之；有小粃片，則用風箱以扇之。至於最粗如頭號篩以上，極細如鐵板篩以下者，均須剔下，不得入堆。

七、成箱　製成之茶，販運外國，越數萬里重洋，必須其味經久而不散，方足以爭勝。箱皮不嚴，箱板不堅，均足以壞全分之茶。裝箱之日，須將製成熟茶，盛以竹籮，裹以鉛皮，然後釘入木箱，外加籐捆，逐層封緊，勿令洩氣，雖經年累月，香氣不失，可無變味之虞。

以上七條，粗陳崖略，係指紅茶而言。至於綠茶焙[⑧]製，大旨亦同；特採擇後，不令多受空氣耳。

注釋

1 狎皮杜拉符、黨杜拉符：當時兩英國機器製造廠生產的茶葉烘乾機的譯名。

2 替以尼：疑是英語“Teaine”的音譯；“Tea”為茶字，“ine”是套用“Caffeine”一詞組即指茶生物鹼之意。

3 替哇尼：“替”亦為英語茶字；“哇尼”說不清英語何義，據文意，當是指茶葉芳香類物質。

校記

① 原書“略”後，有“上報貝子000”幾字和符號，與題名無關，編刪。

② 原書在康特璋“康”字前，有“茶瓷賽會公司”六字，在加朝代名時去掉。

③ 原書非缺字，但模糊近墨丁，故空。

④ 綠葉：“葉”疑是“茶”字之誤。

⑤ 蹙：原文模糊，《中國茶文化經典》錄作“滅”，誤，辨改作“蹙”。

⑥ 此處“辦”、“每”之間，原文空一格，在“需銀六百兩”的“兩”字之後及“五成分”部分，有幾處不明空格，現均刪去。

⑦ 頊：原書左旁不清楚，也像“頓”字，《中國茶文化經典》即錄作“頓”字。

⑧ 焙：原書刊作“培”字，顯然是“焙”之誤，逕改。

印錫種茶製茶考察報告

◇清　鄭世璜　撰

鄭世璜，字蕙晨，浙江慈谿人。光緒三十一年（1905）前後，大概任江寧（今江蘇南京）鹽司督理茶政鹽務的道台，1905年，奉南洋大臣、兩江總督周馥之命，率浙海關副使英人賴發洛，翻譯沈鑑，書記陸溁和茶司、茶工等九人，赴印度、錫蘭考察種茶、製茶和煙土稅則事宜，了解印度驪鹽和稅收法則。這次考察，於農曆四月九日由上海乘輪船出發，至八月二十七日乘船回到上海，行程四個月又十九天。回國後，鄭世璜向周馥和清政府農工商部呈遞《印錫種茶製茶考察暨煙土稅則事宜》、《改良內地茶業簡易辦法》等多份條陳。其中關於印錫種茶製茶情況的報告，由農工商部乃至川東商務總局等多次翻印成冊，與其所纂的《乙巳考察印錫茶土日記》一書，廣為頒送和發行各茶商及各級茶務組織參閱。

鄭世璜考察印錫種茶製茶的報告，首先在是年十月，由《農學報》以《陳(鄭)道世璜條陳印錫種茶製茶暨煙土稅則事宜》為題連續發表。之後，不僅清代有關部門一再翻印下發，就是民國以後，還是有單位校勘發行，以應社會需求。本文即是以上海市圖書館所藏的民國印本作底本的。原本失名，而《農學報》所載題為《陳道世璜條陳印錫種茶製茶事宜》核對，此次整理，改作《印錫種茶製茶考察報告》。

本文兩個版本，比較而言，上圖民國印本似稍作校訂，故以上圖藏本作底本，以《農學報》連載作校。

謹將派員赴錫蘭印度考察種茶製茶事宜分列條款呈覽①

沿革　查英人種茶，先種於印度，後移之錫蘭。其初覓茶種於日本，日人拒之，繼又至我國之湖南，始求得之。並重金僱我國之人，前往教導種植、製造諸法，迄今六十餘年。英人鋭意擴充，於化學中研究色澤香味，於機器上改良碾切烘篩，加以火車、輪舶之交通，公司財力之雄厚，政府獎勵之切實，故轉運便而商場日盛，成本輕而售價愈廉，駸駸乎有壓倒華茶之勢。

氣候　查錫蘭高山，距赤道自六度至八度，地氣炎熱，雨量最多，草木不凋，四時如夏。土質：高山含赤色而中雜砂石，低山砂石略少，茶葉通年有採，生長甚速。高山每英畝年可出乾茶五百五十磅，全島每年出茶一百五十兆磅。印度產茶地方極廣，其北境之大吉嶺，原名大脊嶺，距赤道二十七度三分，山高七千七百英尺，本從前中國藩屬哲孟雄地。哲孟雄，西名息根姆，又名西金。天氣同於中國，夏秋之間，雨霧最重，正臘之間，冰雪亦多。土質同於錫蘭。茶自西四月上旬起，至西十二月上旬，均有葉可採。山高三千八百英尺地，每英畝年可出乾茶二百四十一磅；山高六千英尺以上地，每英畝年可出乾茶一百九十七磅。每年全嶺產茶之數，一千一百七十九萬四千磅，合印度、錫蘭兩地，每年出乾茶有三百五十兆磅之譜。

局廠　查錫蘭島，除海濱盡種椰樹，北面平田盡栽禾稻外，其餘高山之地，幾盡闢茶園。茶廠大小有三百餘所。大吉嶺自西里古里山麓起至山巔，五十一英里，盡種茶樹，茶廠有二十餘處。製茶公司資本，至少三十萬金至百萬金②。工人除山上採工外，廠內工人甚簡。大約日製茶千磅之廠，廠內工人不過十二三名。日製茶三千磅之廠，廠內工人不過三十八九名。緣機製較人工省力懸殊也。

茶價　查印度、錫蘭均製紅茶。製綠茶廠，止一二處。色濃味強，西人嗜之。實則色淡而味純者，亦頗寶貴。故上山高三千英尺至五六千英尺地方之茶，葉身柔嫩，味薄而香，〔故〕售價昂③。下山高三百英尺至八九百英尺地方之茶，葉身粗大，味苦而厚，售價廉。茶分五等：一曰卜碌根柯倫治白谷，二曰柯倫治白谷，三曰卜碌根白谷，四曰白谷，五曰白谷曉種。蓋“卜碌根”即好之義，“柯倫治”即上香譯音，“白谷”即君眉譯音，“曉種”即小種，皆本華茶舊名而分等次者。茲將錫印茶價列表如下④：

錫蘭茶價：

上等茶	約銷三十兆磅	每磅價十本士
中等茶	約銷六十七兆磅	每磅價八本士
次等茶	約銷三十八兆磅	每磅價六本士半
下等茶	約銷十五兆磅	每磅價五本士又四分之一

錫蘭綠茶價：

統由茶商包買，不分等次，統扯每磅價盧比三角二分。

印度茶價：

一千九百零四年至零五年，印茶銷於英京之數。每箱重一百磅。

阿薩墨茶	計銷六十三萬二千零七十三箱	每磅價七本士九十二分
加卡爾茶	計銷三十三萬一千九百三十一箱	每磅價五本士六十二分
溪塔江茶	計銷五千八百十四箱	每磅價五本士七十五分
車塔納坡茶	計銷一千九百四十四箱	每磅價五本士零四分
大吉嶺茶	計銷六萬六千五百五十八箱	每磅價九本士十八分
獨瓦耳茶	計銷二十二萬三千五百十三箱	每磅價五本士九十二分
康格拉茶	計銷二百零四箱	每磅價四本士五十分

格理明茶　計銷二萬二千六百六十四箱　每磅價六本士六十六分
透拉勿茶　計銷九千零二箱　每磅價五本士八十四分
透物哥茶　計銷七萬二千九十六箱　每磅價六本士六十三分

一千九百零三年至零四年之數：
阿薩墨茶　計銷六十四萬六千一百二十五箱　每磅價八本士四十三分
加卡爾茶　計銷三十三萬二千一百二十七箱　每磅價六本士四十七分
溪塔江茶　計銷四千零七十八箱　每磅價六本士七十五分
車塔納坡茶　計銷一千五百零二箱　每磅價五本士八十九分
大吉嶺茶　計銷七萬零六百九十六箱　每磅價九本士五十分
獨瓦耳茶　計銷二十萬零三千八百五十五箱　每磅價六本士六十七分
康格拉茶　計銷一千五百二十五箱　每磅價五本士九十四分
格理明茶　計銷二萬一千五百零六箱　每磅價六本士六十六分
透拉勿茶　計銷一萬零二十二箱　每磅價六本士五十二分
透物哥茶　計銷八萬零一百四十八箱　每磅價六本士六十三分

一千九百零四年至零五年印茶銷於印京之數：
阿薩墨茶　計銷十五萬九千六百四十五箱　每磅價五本士八十分
加卡爾茶　計銷十五萬一千六百三十九箱　每磅價四本士七十五分
西來脱茶　計銷十萬零二千有十五箱　每磅價四本士六十分
大吉嶺茶　計銷五萬一千三百八十五箱　每磅價七本士九十分
透拉勿茶　計銷三萬四千八百箱　每磅價四本士八十分
獨瓦耳茶　計銷十五萬八千四百二十五箱　每磅價五本士二十五分
溪塔江茶　計銷八千九百四十五箱　每磅價四本士八十分
車塔納坡茶　計銷三百七十七箱　每磅價三本士八十分
估馬江茶　計銷一千零三十七箱　每磅價四本士九十分

一千九百零三年至零四年之數：
阿薩墨茶　計銷十三萬一千九百七十六箱　每磅價六本士四十分
加卡爾茶　計銷十四萬零八百七十七箱　每磅價五本士三十五分
西來脱茶　計銷十萬零二千四百三十八箱　每磅價五本士
大吉嶺茶　計銷四萬九千九百七十六箱　每磅價八本士十七分
透拉勿茶　計銷三萬二千零七十九箱　每磅價五本士十七分
獨瓦耳茶　計銷十四萬零三百有四箱　每磅價五本士八十分
溪塔江茶　計銷九千四百六十二箱　每磅價五本士十七分
車塔納坡茶　計銷八百七十一箱　每磅價四本士九十分
估馬江茶　計銷一千二百四十九箱　每磅價五本士

種茶　錫蘭現種之茶計有兩種：一曰阿薩墨茶東印度省名，一曰變種茶。所謂變種茶者，即中國茶與阿薩墨茶種在一處時，被蜜蜂採蜜，將花質攙和而成，故名曰變種茶。阿薩墨茶，即從前印度之野茶，樹桿有高至五英尺⑥及三十英尺者，茶葉有長至九寸有奇者。較之中國茶樹容易生長。其茶葉作淡綠色，其茶味較中茶濃，但香味不及中國茶，樹身亦不及中茶樹之堅。錫蘭平陽之地，均種阿薩墨茶，其山之高處，夜間天氣寒冷，大半多種變種茶。其先有西人之業茶者，在山高地方，將中國茶與阿薩墨茶種在一處，以便一同焙製，另成一種茶名。殊不知中國茶與阿薩墨茶所需之製法不同，故亦未收其效，至其種茶子之法，一如種稻穀然，先將茶子播種一處，俟閱八九月後，再為分種。至一年後，所生樹枝已覺太長，便須剪去尖頭，使生橫枝，且須隨時修剪。至三年後，即為初次大割。猶冬令之割樹法。惟印錫多割成平圓形。印度播種茶之法，在西曆十一月，先將田一方墾至一尺之深，鋪以肥土六寸，上面再加極細之土四寸，然後播種茶子，入土約深二寸。及至次年二三月，為之分種。每枝約距離四五寸，俾易滋生。至冬間再移種於茶林內，亦有待至後一年夏季移種者。一俟樹身長有大指之粗，即須在冬間將樹修短，自四寸至六寸許，俾得重苞橫枝。計自播種至此，閱時三年，至第四年冬止，須將杪上之錯枝稍為修齊。第五年又修至十四寸高，第六年又止，修齊樹頂，第七年修至二十寸高。至第八年在採茶之前，須任其生長新枝，約六寸長。至此，樹身方算長足。在未長足以前，似乎不宜採摘，致傷元氣。至逐年修割，則宜使樹身修直為佳。迨後樹身過老，將行大割，則須將樹身上所有之節疤，盡行割去。

剪割　剪割之義，為多生樹葉起見。緣樹枝愈老，則樹葉之生長遲而且小，出產愈少，故剪割最宜注意。錫蘭剪割之法：在平地，地氣較熱，易於滋生之處，每年割一次；在三四千尺高山上者，每二年割一次；在五六千尺高山上者，每三四年或五年割一次。其地勢愈低，則剪割愈勤。因其易於滋生，茶汁必形淡薄，故不得不勤於剪割也。其割法，一俟樹身長足後，即割去上身，約留樹身高十二寸之譜，將中央小枝修去，以通風氣，專留向外之橫枝，俾滋生樹葉。至第二次剪割時，比上次多留一二寸。割至四五次後，樹身已覺太高，所割之處，疤節太多，樹汁難於流轉，亟宜將所有疤節盡行割去，並將其橫枝修剪齊平，使之容易滋生。印度種茶家，亦以剪割為常法。其割至十八寸或十二寸，或竟低至一二寸者，多有。無非察樹身之肥瘠，以酌其宜。其在剪割之前，採葉不可過多，致受損傷。樹身瘠瘦者，尤必肥以野茶或蓖蔴子餅之類，以扶養之。迨明年將樹杪修至二十寸高，此一年內所生茶葉，約止採二成之譜。至秋後停長之時，仍將樹枝修至二十六七寸高，再待來年樹枝結實，即有佳茶採矣。惟是年冬又須修割，比上屆大割應留高五六寸。據查以前茶林每年修割，比上屆止留高一二寸。現年則間年一修割，在停割之年，止修齊樹杪而已。大約茶樹栽培合法，樹身不至過高，可滿二十年一大割。如其稍不經心，致有荒蕪，則八九年即須一大割。

下肥　壅肥以壯田，通例也。錫蘭土性苦瘠，茶葉長年苞發，地土之滋澤，易於告罄，故不得不極意講求培壅。前者種茶家以土內所下之肥，有礙茶葉品性，今始知其未盡然；惟仍有數家，以不下肥為然。凡肥田，最壯之料莫過於六畜之骨。然錫蘭非產畜之區，勢不能全用畜骨，且價亦過昂，故攙以萆蔴子餅。計每樹衹須下數兩重之肥質，蓋樹本專仗淡氣以生發，而萆蔴子餅所含淡氣最多，以之肥田，莫善於此。又有種茶專家，於茶林內攙種豆莢，即以莢梗埋於土內，或將所割茶樹枝葉同埋於土，兩者均可肥田。又有一種茶家，論及渠所種之茶樹，每三年下肥，所費每畝約盧比五十元。每盧比，約合中國銀五錢。此說較之錫蘭各種茶家，未免太過。下肥之法，須將肥料壅於離樹一尺左右之樹根上，為最得其所。又或鋤耘野草，即將所耘之草，埋於土內，藉作肥料。此種工作，包於採茶工家，計每月每英畝工價盧比洋一元。至於印度茶林，則野草任其生長，不似錫蘭之鋤耘盡淨，以為野草亦可肥田。故於冬令將地面翻起九寸之深，即將野草埋在土內，作為肥料。此種工作，經費每英畝約盧比五元半，須人工三十日。即在夏令，亦須兩次，將地耙鬆至三四寸深，將地面之草覆埋土內。其工價較冬令減半。茶林內亦有攙種豆莢者，至開花時即行割下，埋於土內作為肥料。此係夏間格外加工之事，所費每英畝約盧比八九元。惟在夏雨極多時，不能將地翻動，防為雨水沖去，故只好將地面野草割下，留於田間任其腐爛。其餘如萆蔴子餅之肥料，亦不能廢。如大吉嶺則山勢崎嶇，種茶之區不得不墾為平台，如中國之山田然，深恐泥土被雨水沖刷，樹根暴露而挑土墊補，所費殊不貲也。

採摘　茶葉裁割之後，須五六個月始能長葉。一俟新葉長有五六寸高，即將嫩頭摘去。其法每人給與四寸長之小棍，令其摘至小棍一樣長短。所摘嫩頭，全係水質，不能製為茶葉。直至摘剩之新枝頭上，生出禿葉一片，再由禿葉節間重發新葉，俟長有嫩葉三片，及頭上之苞芽，方可將苞芽及新葉二片採下，是為新鮮茶葉。其第三片新葉留於枝上，以資再苞新芽。錫蘭採茶次數，在平地每七天一次，在高至四千尺山上者，每十天採一次。惟頭二茶及秋後之茶，不能如期。錫蘭採茶，每人每日約能採至三十磅。如遇雨水多時，茶葉滋生較速，則每人每日約得採至五十磅之多。大吉嶺採茶，如採中國茶，每日不過十二磅至十四磅；如採阿薩墨茶，每人每日能採至五六十磅。緣阿薩墨茶葉大，重量較大故也。至採茶工人，錫蘭則以流寓之印度人為多。男人工資，每日盧比三角五分，女二角五分，大孩二角，小孩一角五分。大吉嶺土人貧苦，採工尤廉，每月女人不過三盧比，小孩不過二盧比。採茶時候，每日早晨五下鐘至下午四下鐘止。有早晨六下鐘至午後六下鐘，中間停午餐一下鐘者。此由各公司自定，並視茶山距廠之遠近為準。凡茶山有二千英畝，約須採工七百人輪採。按定今日採東山一區，明日採北山一區，遇星期則周而復始。凡有數十人在一區採茶，必有工頭一人，執鞭督飭。如採不合法暨玩笑滋鬧者，則鞭責之。此外復有經理之英人，乘汽車或自行車，不時往來巡視。總之，茶樹本性採摘愈苛，苞發愈速，因之二茶本力已衰，生發必然減少，週年統計並無盈餘，而樹身業已受傷。故精於此業者，少採頭茶，乃為上策。所謂蘊之愈久，其本力愈足，故茶葉乃愈佳也。

茲因大吉嶺氣候與中國相同，查得該處最佳之茶林，一英畝在去年所產之茶數列表於下：

西曆三月三十一號	採新茶葉	六磅五
四月七號		二十磅
四月十四號		三十一磅
四月二十一號		三十六磅
四月三十號		四十磅
五月七號		十二磅四
五月十四號		四磅五
五月二十一號		八磅六
五月三十一號		十八磅五
六月七號		二十六磅
六月十四號		二十九磅四
六月二十一號		三十四磅二
六月三十號		四十四磅七
七月七號		三十五磅
七月十四號		三十四磅二
七月二十一號		三十七磅七
七月三十一號		四十六磅四
八月七號		三十磅
八月十四號		三十三磅二
八月二十一號		三十一磅
八月三十號		五十磅八
九月七號		三十三磅七
九月十四號		二十九磅二
九月二十一號		二十七磅
九月三十號		二十六磅一
十月七號		十三磅八
十月十四號		十七磅八
十月二十一號		十磅一
十月三十一號		二十一磅

十一月七號	十三磅
十一月十四號	六磅八[⑦]
十一月二十一號	二磅四
十一月三十號	十磅
十二月七號	二磅七

以上共計茶葉八百二十四磅，計製乾茶葉二百零六磅。因茶林內之茶樹，大半都經大割未久，是以出產較少。據照尋常之數，應出乾茶二百四十磅有奇。

機器　查印錫之茶，成本輕而製法簡，全在機器。機器分碾壓、烘焙、篩青葉、篩乾葉、揚切、裝箱六種而貫以一。全軸運動，並可任便裝拆。其全軸運動之引擎，則或借水力，或燃火油，或燃木柴與煤。大吉嶺廠則用電。據稱購電氣公司之電，每下鐘時不過十二安那，約合龍元五角有零。大約廠房在山澗之旁，可借水力運轉機輪，省燒料之費。其餘用火力，則馬力小者，類用火油引擎；馬力大者，類用柴煤鍋爐。如鄰近有電汽公司，購用電力，則既省擦抹，又省監視也。玆將各種製法，分晰開列如下：

晾青　查印錫茶廠，每日每人採到青葉，先在廠門外過磅，隨即揀淨葉莖，搬上廠樓，勻攤晾架，晾乾水分。晾架多木匡布地，或用木板。大吉嶺則用鐵絲網地。廠樓窗櫺四面通風，間有作風輪電扇，以散熱助涼，藉補天工者。每層樓房，置晾架十二三座。每座深處，接連三架。每架十五六格，每格距離八九寸，以能手臂伸進鋪葉為度。茶葉採下揀淨後，即勻鋪於布格上，視葉之乾濕，以分鋪之厚薄，然後視天氣之晴雨。如逢天晴，須將窗戶關閉，勿為外面燥烈之氣所侵。如遇天雨，須將烘茶爐內之熱氣打進晾房，再以風扇將熱氣重行送出，以資疏通。總之使房內燥濕得宜而已。新葉晾至二十四下鐘最為合度，亦有晾至三十六下鐘者。緣閱時太少，則須加熱氣以乾之。茶葉勢必燥而易碎，一放入碾茶機內，其大葉之茶汁，因之壓去，即嫩葉之顏色，亦不鮮明矣。否則為時太久，則葉性改變而腐爛之氣生，香厚之味頓形減損矣。新葉晾過之後，每百斤約得五十五斤。遇新葉稀少，有每百斤晾至七十五斤者，惟茶味未免稍次。晾茶一道，係製茶首要之端，須房屋寬敞，涼爽通氣；而晾時之久暫，尤關色味之低昂，此則不可以不辨也。

碾壓　茶葉晾過之後，即運至碾壓機器，以碾揉之。碾揉之義，要使葉內包含茶質之細管絡，全行揉碎，以便泡茶時易於發味，並使搓成一律之茶葉式樣。搓時多少，各廠不同。有搓一下鐘者，有搓至三下鐘者。總之，茶葉粗，則搓時較久。惟搓至二三十分鐘之後，即運至打茶機內，將搓成團塊之茶葉重為打散，再運至篩機內將細嫩之葉篩出，另行搓捲，不再與粗葉同搓。蓋深恐粗葉之茶汁，有礙細葉之清香味也。其搓茶機器，隨時搓碾，逐漸將機上之蓋向下壓緊，使葉內之管絡，全行搓碎。惟搓之既久，茶葉不無發熱，故須將上蓋不時提起，稍停數分鐘，藉以透涼。初搓之時，機內裝葉，不宜太滿；上蓋壓力，不宜太重。因恐稍粗之葉為壓力所阻，不能搓捲如式，致成扁葉，殊無足觀，且將來烘乾之後，易於破碎。惟稍粗之葉，雖不能如細葉之便於搓捲，而於釀色之時，葉片鬆而且大，易於透氣，故葉色反比細葉鮮明。又有一說，如搓壓之時過久，可以代釀色之工云。

按：碾壓機器，形式如磨，有上方下圓者，有上下均圓者。下盤係木地鐵匡，平如桌面，惟磨處中凹。磨齒係釘木條，新式者釘銅條，復有盤上鑿成眉形者。齒有疏密，疏恆十六，密恆三十二，視碾器之大小而定。中心有小方板一，以便啟閉。上盤與磨形稍異，四圍鐵匡，中空如罩，內容茶葉。大號可容二百五十磅，盤徑較下盤小四分之一，適與下盤之中凹處合。上下相距，有螺旋可以鬆緊。上盤另有口門進茶葉。凡晾去水分之葉，用麻布漏斗，由樓上傾入碾機，將皮帶移上滑車上盤運轉，茶葉即在齒上回環上落碾揉。碾成後至三下鐘時，可使液汁油然捲成均勻一律之條，旋從下盤抽去方板，茶自傾出。

篩青葉　該篩，木板為邊匡，銅絲為篩，孔係長方式。因葉經碾壓，必生黏力，而成團塊。該篩能理散團塊，分出細嫩之葉。如粗大之葉篩不下者，應再碾壓。

變紅　凡濕葉經篩勻後，即用粗布攤地，或地上用三合土築成高四寸之土台，將濕葉勻鋪其上，厚約三寸，上蓋濕布，惟須與茶葉相離寸餘，使得涼氣而不遭風吹。故濕布類用木匡為邊，以便架空。三下鐘時，葉可變紅。

烘焙　茶葉變紅之後，即運至烘爐內烘焙。烘爐熱度，約在二百二十度左右。茶葉約烘二十分鐘之久，但熱度亦有少至一百九十度，多至二百五十度者；烘時亦有過三十分鐘之久者。惟爐內茶葉所受之熱，終不及火表上之熱度。蓋新茶鋪於鐵網盤上，初進烘爐時葉質尚濕，一經熱氣，其水質立時蒸騰，而爐內之熱氣因之減少，有時甚至減去一百度之多。迨至茶葉漸燥，熱度亦因之漸升。惟烘茶之法，須初時有極大之熱度，使茶葉之外皮即時堅燥，以免走去葉內之原質。隨後茶葉漸乾，熱度亦宜漸減，以防烘焦之患。至茶葉必鋪在鐵網盤中者，蓋取其氣之疏通，不至擠壓太甚，致外焦而內尚潮濕也。

按：烘機上有上抽氣、下抽氣之別。下抽氣係將濕茶鋪盤內，推進焙房。通過盤口上頂，彼處便有新熱空氣由爐入葉。上抽氣係將熱空氣抽過茶盤，從葉透過，旋由煙窗挾熱氣而出。烘盤有八盤、十二盤、十六盤不等，視焙房大小而定。每盤置青葉以四磅為率。每下鐘，八盤機，能出乾茶六七十磅；十二盤機，能出乾茶八九十磅；十六盤機與十六盤邊機，則能出乾茶百磅至百二十磅。近有一種新式烘機，名白拉更，焙房內有鐵絲格八層，濕茶傾入第一層，即自放熱氣入內，機輪運轉，茶自一層[8]以次落至八層，葉已烘乾，並能於焙乾時自放冷空氣入葉，使茶出烘房絕無熱氣，而免暗收空中濕氣之患。

篩乾茶　該器與篩青葉器無異，惟篩孔分疏密或三層或四五層。上層網眼較粗，往下愈密。出茶口門分置各面，各口張以箱。茶置第一層，即逐層篩下，自分一、二、三、四、五號茶箱，不稍混淆。末層有箱板，存積茶灰，並置膠黏於旁，分出葉灰內之茶絨。西人作枕墊用。近有一種新式篩機，係螺旋形鐵絲圓筒，網孔先粗後細，翻旋之際，能分茶為五等。

揚切　切機有多種，能使茶葉整齊，兼揚去塵灰。近有二種新式者，一為上裝茶斗，旁有空槽之棍，周圍有孔，下有刀口排列如齒者；一為槽與刀牝牡相啣者。凡過長及不齊之乾葉，用此器截切，最便利。

裝箱　凡製就之茶，裝入茶箱，有重加烘燥再裝以防受潮者。太鬆則恐洩氣，太堅則輾轉用力，茶碎質耗。故裝箱有機。其法將空箱擺平架上，用輪旋緊，上架漏斗。機動斗搖，茶由斗口而下，茶箱因振動力勻，鋪茶極齊，底面一律，四邊平實，雖行萬里，無搖鬆之患。

機價　凡轉運引擎，約二十四馬力者，每具連裝箱運費，約銀五千元以內。碾茶機，每次能容青葉三百磅者，每具連裝箱運費，約銀一千元。烘茶器，每下鐘能出乾茶八十磅者，每具連裝箱運費，約銀一千五百元。篩茶器，每日能篩五百磅者，每具連裝箱運費，約銀八百元。篩青葉器稍廉。切機，每具約銀三百元。裝箱機，每具約銀一百五十元。

運道　查錫蘭島，鐵道四通，馬路盡闢，自高山至克朗坡埠，雖火車支路甚多，然運茶出口，不過十二下鐘火車路。印度大吉嶺鐵道，直接加拉噶搭，雖內山馬路不如錫山盡闢，而運茶出口，不過二十二下鐘火車路。計每日採下之茶，至多閱三十六下鐘晾乾，三下鐘碾就，三下鐘變紅，三下鐘烘篩、揚切、裝箱。不及三日，茶已製就，運輸出口。

獎例　查印錫茶葉，出口無稅，政府每年酌給補助費。近因紅茶已辦有成效，又復盡力在錫蘭濱海地方試造綠茶。新例，出綠茶若干磅，酌給若干銀兩以獎例之。兼之設有會館、公所，於出口茶項下抽收經費，充作各報館刊登告白及一切招徠之舉。錫蘭抽費，每百磅約龍元二角。印度抽費，每百磅約龍元八分。據印、錫兩處經費，年約百萬元左右云。

以上係製茶情形

附錫蘭綠茶

錫蘭所製綠茶不多，市價亦不能起色。據業茶者云，綠茶一道，機製終不能勝於手工所製，故此間綠茶廠寥寥，其製法如下：

蒸葉　新葉採下之後，運至廠中，先行秤過，每二百磅作一堆。先以一堆置於四方形之箱內，中間留一空穴，以為蒸汽經過之處。即將蒸汽放入，約以九十五磅為度，後將機關撥動，使四方箱轉動至極快之速率。約轉一分鐘之久，將蒸汽關閉，以前所放之蒸汽依舊留在箱內，再轉一分半鐘之久，然後開箱，將茶葉倒出。其色碧綠如故，惟葉片軟而皺矣。

碾茶　碾茶之法，與碾紅茶彷彿，惟將碾機之上蓋揭去，接以無蓋之木桶，以防茶葉倒出。桶底滿鏤小穴，使透熱氣。亦有上裝風扇，以扇去熱氣者。俟第二堆新茶蒸過後，一併置於碾機內，同碾約二刻鐘之久。碾機下置有一盤，以承溜下之水汁。再以籐匡將盤內之水汁漏過，專留水汁內之浮沫，重又傾於所碾之茶葉上。蓋因此種浮沫含有綠茶之苦味，不可棄也。

烘焙　茶葉碾過後，即鋪於水門汀製成之土台[1]上，以涼透為度。然後運至二百六十度熱之烘爐內，歷三刻鐘之久，重置於無蓋之碾機內，碾二十分鐘，重複將碾蓋蓋上，使有壓力，再碾二十分鐘。然後運至切茶機內切成小片，用半寸徑格眼之篩篩過，再運至二百四十度之熱汽爐內，烘二十五分鐘。其篩內剩下之粗茶，再須以二百四十度之熱爐烘二十五分鐘，重複如前。再碾再切，以漏過篩格為度。

篩葉　所篩之茶，約分四等。一曰小種熙春，約百成之三十八成；曰熙春，約得三十八成；曰次號熙春，約得十四成；曰茶末，約得十成。

上色　綠茶製成後，須再以滑石粉及石膏少許拌和，如法上色。惟如何上色之法，因不准外人入內觀看，殊難查悉。按：以上錫蘭、印度茶業情形，觀之則印錫紅茶雖不能敵上品華茶，而以之較下等之茶，則不無稍勝，故銷路已暢，且可望逐年加增。彼茶商之在中國及在外洋者，皆謂中國紅茶如不改良，將來決無出口之日。〔推〕原其故⑨，蓋由西人日飲已用慣味厚價廉之印錫茶，遂不願再買同價之中國茶。雖稍有香氣，亦所不取焉。蓋印錫茶之所以勝於中國者，雖由機製便捷，亦因得天時地利之所致。且所出之葉片較大於華茶，而茶商又大半與製茶各廠均有股份，自然樂買自己之茶，決不肯利源外溢。合種種之原因，結成日新月盛之效果。返觀我國茶業，製造則墨守舊法，廠號則奇零不整，商情則渙散如沙，運路則崎嶇艱滯。合種種之原因，結成日虧月耗之效果。近來英人報章，藉口華茶穢雜，有礙衞生，又復編入小學課本，使童稚即知華茶之劣，印錫茶之良，以冀彼説深入國人之腦筋，嗜好盡移於印錫之茶而後已焉。我國若再不亟籌整頓，以圖抵制，恐十年之後，華茶聲價掃地盡矣。為今之計，惟有改良上等之茶，假以官力，鼓勵商情，擇茶事薈萃之區，如皖之屯溪，贛之寧州等處，設立機器製茶廠，以樹表式，為開風氣之先聲。廠內製作，任茶商山戶入內觀看。廠中部以商規，痛除總辦、提調、委員諸官氣，實事求是，期年之後，商民見效果甚大，自然通力合作，除舊更新，將來產茶之地，遍立公司。由小公司以合成大公司，由大公司以合成總公司，結全國茶商之團體，握五洲茶務之利權，海外爭衡，可操勝算。再能仿照製機，變通其意，集新法之長，補舊法所短，如碾機改牛馬運動以代汽力，緣碾機空者，一人之力可運動，置滿茶葉，不過二匹馬力可以運轉。烘機從木炭研求，以臻美備，印錫無銀條木炭，止燒木柴，中國可以仍之，而變通其用法。並設法裝配磨粉機器，以便秋冬無茶之日，機製米麥等粉，而免停工待費之暗耗。精益求精，日新月盛之機，可翹足待也。

謹擬機器製茶公司辦法大略二種：

公司集資本銀二百萬元。

不拘官商山戶，均准附股。

山戶無現銀繳出者，可將現有茶山公斷，照時價作附股之多少。

集資二百萬元，以五十萬元買山，除種茶外，可兼栽別種植物；以五十萬置機器房棧，並製造等用；以一百萬充後備之需用。

公司之茶，不宜在本國出售，以杜洋商舞弊，致定價高低，大權旁落於外人。

銷茶最廣之路，莫如英之倫頓。所有買賣之權，操諸五六經紀之手。總公司宜設上海，以便運輸。分局宜設英之倫頓，並美之紐約，澳洲之雪梨等處。如僅在本國出售，則可免後備之款。

以上係一二百萬銀元公司辦法。

公司資本集銀十萬元：

公司既係小試，則不能買山，宜批租若干年，或收買鄰山生葉以省費用。

廠內置碾機六架，連裝箱運費，約六七千元。如每架每日五次，每次二百磅，則每日可造生葉六千磅。烘機二架，連裝箱運費約三千元。如每架每下鐘烘乾茶八十磅，每日作十下鐘，能烘乾茶一千六百磅。篩機六架，連裝箱運費，約五千元。如每架每日能篩五百磅，每三架篩乾葉，三架篩青葉，已足敷用。切機一架，約三百元。裝箱機二架，約三百元。轉運機二十四馬力者一架，約五千元以內。

以上機器每日採下六千磅茶，即日可以造成。建築棧房及安置機器等費，約二萬元以內，略計共費四萬餘元。

廠外批山租價　未定。

總局設在何處或搭莊代賣　房棧等未定。

製茶局用人員：正司事一，副司事一，司賬二，司機器二，巡視茶山二，管理製造二，雜職六，計用十六人，年薪約萬元以內。

每日採茶約六千磅，約用工人四百名，年計一百天，一年四萬工，每工扯二角，計銀八千元。

每日製茶約六千磅，約用工人八十名，年計一百天，一年八千工，每工扯三角，計銀二千四百元。

以上約共銀二萬七千元左右。

每日採生葉六千磅，實製成茶一千五百磅，計一百天，製成茶十五萬磅。每磅至少售價銀三角，亦可得銀四萬五千元，除購機造廠等費銀四萬餘元外，計共開銷薪工等銀二萬七千元左右。又納山租稅約數千元，統算尚溢利萬元有奇。如用資本銀十萬元，可獲長年息銀一分左右，倘茶價略高，費用略省，則不止此數也。

以上係十萬元左右公司辦法⑩。

注　釋

1　水門汀製成之土台："水門汀"，即過去我國一些地方對英語"水泥"Cement的音譯。

校　記

① 謹將派員赴錫蘭印度考察種茶製茶事宜分列條款呈覽：此題《農學報》作"今將奉委赴錫蘭印度考察種茶製茶暨煙土稅則各事宜分晰開列恭呈憲鑒"。

② 至少三十萬金至百萬金：《農學報》無"至百萬金"四字。

③ 故售價昂：底本原稿脱"故"字，據《農學報》補。

④ 茲將錫印茶價列表如下："印"字，《農學報》作"蘭"字；且"如下"的"下"字下，《農學報》還多雙行小字注"茶價每磅盧比八九角"九字。

⑤ 計銷十三萬："三"字，《農學報》作"二"。

⑥ 高至五英尺："五"字前，《農學報》還多一"十"字，作"十五英尺"。

⑦ 六磅八：《農學報》無"八"字。

⑧ 茶自一層："自"字，底本原形誤作"目"字，據《農學報》改。

⑨ 推原其故：底本原無"推"字，據《農學報》逕補。

⑩ 十萬元左右公司辦法：底本至此全文終。《農學報》和鄭世璜原稿，還有附陳《印度煙土稅則》。本書刪不作錄。

種茶良法

◇ 英　高葆真　摘譯[1]
清　曹曾涵[1]　校潤

高葆真（William Arthur Cornaby，1860－1921），英國基督教士，18世紀90年代前後到中國參與廣學會[2]的書籍編譯工作。1904年初，出任廣學會在滬所辦《大同報》主筆。《大同報》以普及近代科學技術為宗旨，在中國學人張純一、徐翰臣等幫助下，至1915年，版面愈來愈多，而發行量亦不斷增加，最後因歐戰爆發才停刊。在此期間，高葆真針對當時中國急需科學技術的問題，著譯不輟。如其時茶葉出口鋭減，1910年，他便翻譯有《種茶良法》，又鑒於人口眾多和缺醫少藥的現實，1911年，他又翻譯《泰西醫術奇譚》。此外，他還撰寫了 *Rambles in Central China, A Necklace of Peachstones, China and its People, China under the Searchlight, A string of Chinese Peachstones* 等等。

《種茶良法》，在中國茶文化史上，可以説和胡秉樞的《茶務僉載》是特殊的兩部茶書，前者為外國人所寫所譯，在中國出版，後者為中國人所著，外國人翻譯後在外國出版，這反映中國和世界茶業及茶學的近代化過程，有?與其他許多事業不同的特點。茶業是由中國最早發現並加以利用的，中國的茶學也因此發展起來，而西方則是直到19世紀下半葉才開始種植並從中國學習種茶、製茶技術的，所以，西方茶業及茶學的近代發展，是與他們開始學習生產茶葉同步進行的，換句話説，茶葉的近代生產，是在中國傳統的基礎上發展出來的，是利用西方近代科技成果對中國傳統茶業的一種改造。高葆真和胡秉樞兩部茶書的編寫和翻譯出版，就反映了這一事實。

《種茶良法》，譯自英國 G. A. COWIE 的（M. A.文學碩士、B. SC. 科學學士）"The CULTIVATION"一書。從中文譯本看，當是選譯了一部分。高葆真在《緒言》中説："中國栽茶製茶之法，自有成書，不必贅述，姑以印度、錫倫之法言之。"所謂印度、錫倫之法，是指由英國科技工作者和茶場主在對中國傳統茶葉生產經驗進行改造的基礎上，於上述兩地推行的技術方法，大概高葆真認為中國當時的茶葉生產，最欠缺的是土壤化學、耕作施肥等方面的知識，所以《種茶良法》選錄這方面的知識最多。

本書原文撰寫時間不清楚，但從翻譯本出版於宣統二年（1910）來看，原著撰刊的時間距此也必不很久。本書現存僅有上海廣學會印本，現據原文全文照錄如下，並將原來中國數字改為阿拉伯數字。

緒言②

山茶為商品營運之一大宗，產於中國、印度居多；而中國尤知之最早，印度次之。印度迤北有亞撒瑪（Assam）邦[3]者，植茶極繁盛。按《羣芳譜》為中國王象晉所著，明季末年刊行。“山茶”，一名曼陀羅樹[4]。高者丈餘，低者二三尺。曼陀羅者，印度迤北一帶之古音也。法學士某君，嘗謂印度迤北各山甚古，雖有此物，恆視為野樹。及中國茶葉採製發明未幾，印度亦踵而效之為飲料品。顧中國與印度，昔第於物界上爭考察之美名；今則印度與錫倫島③，於商界上爭貿易之實業。茶之一物，其利大矣，然而百年來，華茶情形不同，中國業茶者，可不加之意哉。

華茶於十六世紀，甫運入歐，至千六百五十七年，英人於倫敦京城特設茶號一所，顏曰“萬醫之所仰。”蓋是物於中國名為茶tcha，而他國則或名為退tay，或名為替tea，無定名；今各處俱有發賣矣。方西曆千六百年左右，駐俄華使手持綠茶，分贈俄人，俄人美之，亦遂知飲華茶。此時即華茶入歐之始。千六百六十四年，英商東印度公司，以本國素鮮是產，特獻二磅於英后。英后大悦，越十有四年，公司又購運五千磅入英，而英國華茶價值，乃日有繼長增高之勢。及千七百五十年，英國華茶一磅，計值十八先令。合華銀九元有奇。然而英人莫不酷嗜華茶，歐洲各國亦多購用，試以英國近百年來進口華茶之數，列表如下，以見中國與歐洲除俄國外茶務先後盛衰之狀焉。

西曆年數	華茶於英國進口磅數[5]
1800	20,358,827
1810	24,486,408
1820	25,712,935
1830	30,046,935
1840	31,716,000
1850	51,000,000
1860	76,800,000
1886	104,226,000

至1862年，始有印茶進口。至1870年，印茶得百之十一；至1879年，印茶得百之二十二。蓋自是年為始，嗜茶之人，歲益加增，而錫倫茶務，亦突有起色，華茶則日益見減矣。

1906	13,538,653

按：1886年，英人共用茶178,891,000磅，而1906年，共用321,190,064磅；英人於二十年間，增用茶幾及兩倍，而中國銷售於英國之茶，於是二十年間，竟減至八倍，此宜為中國茶商之最要問題也。

中國栽茶、製茶之法，自有成書，不必贅述，姑以印度、錫倫之法言之。印度、錫倫栽茶各地，其旁必有小園播種茶秧，俟生長後分植各地。猶華農之藝禾稻，必先有秧田也。其茶秧法，以修剪茶樹之枝，插入泥內，迨茁芽生根，時為灌溉，上覆茅茨，以避風日。又恐為獸類蹂躪，四週圍以木柵。候茶秧高至一尺，始移栽大園。大園之土，如小園，亦必一再耘耨，以細為貴。旁有小渠，可通積水。凡栽一樹，必相距四尺。栽時其根之舊土，不使稍離。栽後一二年，其葉不採，至第三年始採之。每茶樹中，必有無數小枝，枝有嫩芽與三四小葉。欲取頭等最細茶者，則摘其嫩芽與第一二小葉；中等細茶，則摘其嫩芽與第一二三葉；粗茶，則摘其芽與第一二三四葉。每間十日或十二日，可採一次。錫倫終年如斯。然又必時以刀修削其枝，俾之愈發嫩葉。

所採之茶，無論粗細各等，悉置大竹篩中，就日烘爆，候十七八日必盡枯乾。如天時潮溼，則用爐火略炙，並以機械壓去其汁，而令各葉有拳曲形。機械壓力之重輕，可隨人意，而葉之卷者，兼可使之復舒，則又非用機械不可。此外，又有製造之法，即以清茶焙成紅茶。則以木架為之，架各有屜，屜廣而低，可以透氣。製造無定時，第聞有茶香，則色已變易，即以熱氣機焙而乾之。蓋在去其溼而不減其質味而已。一面復以爐中之乾氣煽之使乾。分類盛儲粗細各篩，再行入箱發賣。蓋製茶一法。惟摘葉時，容人手摩，餘外則皆用器械，此衞生之要道也。

自1880年後，英國進口各茶，有中國所產者與英屬地印度、錫倫所產者，彼此購運，幾成商界競爭之勢。惟素嗜華茶，而不喜他茶者，不欲更易。然曾不幾時，亦改購英屬之茶，於是華茶漸減，英屬茶大增。究其原因所在，蓋有數端：

因中國各牌之茶葉，粗細不一，美惡相雜，往往底面不符，魚目混珠，隨在而有。英商之業是者，按照貨樣出賣，初並不疑其事，旋經購者察知，指為有意舞弊[4]，因是人或以為華茶不可恃，而紛紛競購他茶矣。顧是，亦未必華商之所為，特中國各處製茶小營業家，往往見小作偽，不顧大局，欲以面葉欺人取利。故粗細、美惡，不歸一律，若有統一之大公司，以信實商標為重，則安有此弊哉。是為華茶衰減原因之一。

因西人聞華茶製造，悉以人之手足為之，未免不潔。此與文明國衞生之法相反，故漸有不願飲者。是為華茶衰減原因之二。

因英屬各茶，其初雖與華茶價值相同，然茶味較濃，可以減用。華茶則不然，當1885年至89年間，英財政大臣以英人飲茶，較前尤夥，而進口茶稅，不稍加增，深以為疑，特派海關董事會調查其事。當得報告，華茶一磅，僅烹至五加侖（gallon），按：每加侖，合華茶六斤七兩有半。而濃味無多。印茶一磅，則可烹至七加侖有半，而味尚濃。以是，英人之嗜茶者雖眾，後知其故，多購印茶以代華茶，故進口稅不增。是為華茶衰減原因之三。

有此三原因，而英屬地所產之茶，勝於華茶，不待言矣。不寧惟是，英屬栽茶，大抵悉用農學格致之法[6]，並用機械製造，順茶之性，因茶之質，調和精美而味濃；其輸出之時，則又均法配合，底面一律，不稍攙用他葉，其貨自益可信。雖然華茶固如斯，而近日華茶之芳名，不能特盛於亞細亞新舞臺之上者，其原因又別有所在。

英學士高怡（G. A. Cowie, M. A. , B. Sc.），究心農學，嘗作一書，表明種茶用農學格致諸法之益，其言多採用督查印度種茶司員之所語，行之印度、錫倫，獲益良多。今譯為華文，庶幾中國留心茶業者，亦有所裨焉。

大同報[7]主筆英國高葆真著

第一節　茶種

茶樹於植物中，為歲寒不彫類，產亞細亞中央與東方諸地，係野生。印度東北曼伊伯州（Manipur）[8]，茶樹成林，其高自二十五尺至五十尺，英度下倣此。中國茶樹，則無此高者。南洋爪哇（Java）島，茶樹作尖圓塔形，皆野生也。

種茶者栽植其樹，以刀修剪，不使甚高，自三尺至九尺而已。茶之木質堅緻，而其皮光潤，嫩時櫻色，老則變為灰色。老葉深青，而嫩葉淡綠；最嫩芽葉，有細毛。其花則或白或淡紅，或單朵或簇朵。種與山茶花（camellia）相類，而形不同。其結果如鈕子，小而實，內有三核，似枇杷。茶樹大要分二類：一為中國茶樹；一為亞撒瑪（Assam）茶樹。中國茶樹，性不畏寒，且耐霜。亞撒瑪茶樹，則必恆熱之候，恆溼之地。中國茶葉如不剪，可長至英度⑤五寸；亞撒瑪茶葉不剪，可長至九寸，且因氣候較暖於中國其長亦倍速，保存嫩性亦較久。印度、錫倫農學格致家，能將中國之茶樹與亞撒瑪茶樹接種，分配合和，多寡從心。或中國茶種十分之六七，亞撒瑪茶種十分之四三；或亞撒瑪茶種十分之六七，中國茶種十分之四三；或二種均平。則他日別成一種之茶。由此法式，因其地氣往往生出各種。印度極北希馬拉（Himalaya）山[9]，其高乃天下最高之山也，去平地一萬二千尺，上產茶樹。錫倫則平原熱地，亦產茶樹，格致家因其地氣樹種，配合而變化之，此誠業茶者之幸福已。苟不明此，安有如此之良法乎？

凡植物皆須成熟乃可用。惟茶則不然，愈嫩愈妙，製細茶者，但用嫩苞二葉，第三葉已不用。粗茶則苞葉三四五皆用之。

印度平原之地，凡愈熱則產茶愈多，然味較遜。若較涼之地，所產雖少且遲，而味卻較美。至於高山，則愈高其葉愈美；惟生長亦較遲。又茶樹宜及時雨水以養之，過多過旱，皆所不宜。以故，樹下輒有排水之溝，恐過溼也。此理凡農學皆然。又所栽之處，若臨山陡絕，亦不宜。蓋恐雨水沖刷，將淡質肥料不留其樹也。此亦不可不知。

第二節　修剪之法

茶樹之須於修剪者，蓋有三意：一、茶樹不修剪，則其幹漸高至十五尺；在印度之地，或至三十尺。如是，則採葉不便，故務為剪削，使其枝幹低亞也。二、茶樹既修剪，則木質之長少，而嫩苞、嫩葉之長多也。三、茶樹既修剪，則根柢深厚，抑斂其氣，發於四枝，其葉益茂也。

修剪之法：其初動刀時，必視其樹之情形而施之。大約初栽樹秧，十八個月後，乃剪其枝頭，去地九寸至六寸，而必留一二枝略高，去地十五至十八寸，蓋如此剪削，乃激其樹液長養旁枝。次年再修十五至十八寸者，可容漸長至四十寸之高。後再修剪，則擇其枯者、弱者去之；細小之枝亦勿留，則激生肥大新枝。逼近根株之條，亦宜削去，免生花果，徒耗樹力，如是，則全樹精液，注於嫩葉矣。又此等修剪之時，宜於冬令，大凡在西正月間。蓋是時樹液息斂也。

昔印度、錫倫茶業衰頹，茶樹或成材木，結果纍纍，葉老無味。厥後施以人力，或將其樹修削，至於平地，欲令其根激生新枝。近年人知此法不善，故亞撒瑪有英士某君，實驗其事，閱五年而後報告曰：以余所調查，此人力修削之工，實與茶樹有損，縱能一時生出新枝，而此枝易於敗壞，不可為例。然有行之者，亦必壅之以肥料也。

第三節　茶樹元質

長養植物之理，與長養動物之理相同，必給以不可缺少之元質，而後乃能長養，樹之所以生長之元質，則多由於空氣，即炭質，由炭養氣所化。亦有出於土壤者。出於土壤，則必先在水中，化為流質，始能吸入樹根，然後向上發生(其實，土壤養樹之質，八九分皆堅質；否則遇有大雨沖刷盡淨矣。遵化學之法，此質漸化於水中以壅之，則可年年生養其樹）。

凡植物，得炭質於空氣，而後葉出。此炭質，即在乾木百分之九十八九，乾葉百分之九十五中。試將乾木葉燃燒，其所得之灰，即其根由土壤所出之質也。實驗此灰中，有四要素之元質：一、淡質，二、鉮質，即硝中要質三、燐質，火柴頭所用即此四、鈣質，石灰要質。因此，四要素皆為茶樹所需用，宜時以肥料補之。蓋有土壤之不肥，或致甚瘠者，皆因此元質之缺乏也。

德國某君，嘗實驗乾茶葉，焚盡之灰十二種，統計其質，列表如下：以百分之幾計之[10]

鈣養	鎂養	燐酸	鉮養	鈉養	鐵養	綠氣	硫強酸	矽酸
$14\frac{82}{100}$	$5\frac{1}{10}$	$14\frac{97}{100}$	$34\frac{30}{100}$	$10\frac{21}{100}$	$5\frac{48}{100}$	$1\frac{84}{100}$	$7\frac{5}{100}$	$5\frac{4}{100}$

英國某君，以實驗法，查得每英畝每百英畝，合華畝六百六十所栽茶樹，其葉445磅，每次由土壤所出之質，其表如下：表以磅計

鈣養	鎂養	燐酸	硫強酸	鉮養	淡質	綠氣
$2\frac{47}{100}$	$2\frac{52}{100}$	$6\frac{41}{100}$	$2\frac{32}{100}$	$11\frac{96}{100}$	$27\frac{83}{100}$	$\frac{28}{100}$

由此可知，茶樹多出於土壤者，淡質也。而鉝質較淡質約半，燐質較淡質約五分之一，欲其土壤恆肥，務必保存此三質，如其質將盡，則必以肥料壅而補之，此培養茶樹之要訣也。

第四節　栽種土壤袛

栽茶之地，宜先掘深坎，翻鬆其土，然後栽之。則細小根株，埋入土中，亦俱可通空氣。栽後既久，亦必時行此法於四圍。蓋茶樹有長根直下，乃能使其上之枝葉扶疏，若土脈未開，則根難下長也。

培土之法，務令其土塊大小相間，則多通空氣。土塊過大固不可，過小亦不美。蓋過小則，易於黏塞，空氣不通，雨水難透，其根難⑥長而發榮少矣。栽時之土，又必略堅，以扶其樹；而過堅，則阻其根之生出細小根株。故初栽時，必以掘鬆土脈為要點。

以腐植土置沙土中，愈多則其土愈鬆。以腐植土置黃泥土中，愈多則其土愈窒，亦恆理也。

栽茶之地，須於樹下時去其草。而掘此草，土有淺深。淺掘之候，大抵在霉雨時節前，可掘五六寸英度。如此，土之上層，可得雨氣與日暖之相蒸。深掘之候，歲不過一次，乃在霉雨收歛、綠葉成陰之後，其深可至十二寸。凡一切野草，掘埋土中，愈深愈妙。此等工作，宜於大晴炎日之時。掘土除草之外，又須以小耨犁其土面，使空氣能達樹根。

土壤有不容生長根株者，則其地亦不宜栽茶。遇有此等，則必掘成深而且狹之溝，使肥其土，則所栽始能茂盛。凡用肥料，在茶樹每株之間近根處，掘為溝，用腐植質及牛糞等於溝中壅之。

肥料中水汁，必有數類鹽質在內。茶樹之根，吸收此質數分；餘數分，則由溝流出。而此鹽質，有由雨水來者，有由腐植質及腐獸質來者，亦有由土中各質化成。

凡土壤之肥沃，祇賴土中最少之要質而已，此不可不知。蓋茶樹所需之要質，約有十二類。以四類為最要。此十二類中，如有一類欠缺，或竟無之，則雖有其餘十一類，亦難興發，茶樹所需之十二類，其序次多寡，可以實驗法表明。故如有土壤不肥者，大約必因十二類中有一二缺乏。倘實驗此一二缺乏而補之，即可變為肥土。

實驗肥土之質，雖不必指其樹所需要質若干，亦可列表知之如下：皆以百分之幾計之　實驗之土有二等：一細沙土（謂之輕土），此土易洩，必恆加肥料；一腐植土（謂之重土），此土多含肥質，然必時常發掘，乃見其用。

	燒滅質	鐵養	鋁養	鈣養	鎂養	鉝養	鈉養
輕土	$2\frac{27}{100}$	$\frac{91}{100}$	$2\frac{13}{100}$	$\frac{4}{100}$	$\frac{11}{100}$	$\frac{10}{100}$	$\frac{20}{100}$

重土	$11\frac{61}{100}$	$6\frac{92}{100}$	$11\frac{92}{100}$	$\frac{2}{100}$	$\frac{81}{100}$	$\frac{77}{100}$	$\frac{34}{100}$

	燐酸	莫能化之沙質	餘外之淡質
輕土	$\frac{30}{100}$	$93\frac{72}{100}$	$\frac{9}{100}$
重土	$\frac{11}{100}$	$67\frac{50}{100}$	$\frac{26}{100}$

第五節　肥土之法

土壤內各質滋養樹木，設有某質缺乏，則其樹不榮，急宜設法補之。此肥土者總要之理也。土壤不加肥料，則其樹長短不齊。然長者，必因其土舊有餘肥，或常施钃鋤之工耳。若新土，無論何等肥沃，其質一二用盡，遲早亦必致此。且茶樹由土壤特取之質（如淡質、鋏質），較甚於他樹，又栽茶之地，若在山腰，則土壤肥質，易被雨水沖刷，更宜勤壅。蓋無論在何處栽茶，遲早必加以最要之肥料也。

馬牛糞，歷來用之為肥料，此有益於植物者也。蓋其中所函之質，為一切植物所需之質。顧其為物濃厚，每噸中四分之三為水，與樹無大益，若加糞於輕沙土，則甚有益，以其能使是土留存是水，而不易洩故也。又重泥土得糞，能使其土不過窒，而雨水、空氣得以達入。設遇無腐質、無淡質之土壤，此二質已罄之土。則需此尤甚，苟用之，能使其土頓肥，成為栽茶最肥美之土矣。

馬牛糞在土壤之大功用，則以能補其腐質。蓋土壤所有之腐質，久旱則乾而無用，加之以糞則復濕，仍使有用，於是新舊並呈其功，不獨糞之肥其土也。

今考用馬牛等獸糞，須加化學肥土料數種，增其功用。蓋以糞為獨用，則每英畝所需，自十噸至二十噸。若是之多，殊難得之，若以豬糞居其半，亦頗不易，故須加鋏硫養鹽（sulphate of potash），或加石膏粉（即鈣硫養鹽 sulphate of calcium）在此糞中，則易為力焉，且又能存其中之淡質。

凡壅肥料，須在春季，以小耨或作小鋤調於土面；又不可待其土之肥質已盡而始壅之，免致地力之竭。此種樹培養之德也。

第六節　植物質之肥料

土之所以肥者，其中最要之質為淡質。凡植物得此則茂盛，設或茶樹不茂，則必缺少此質，宜以天然之法補之。其法用金花菜並豆類之草數種，掘埋土中以腐之。蓋近十年來考察而得，凡腴壤中，含有微生物甚多，能將空氣中之淡氣化合以成其肥。一切土壤淡質，皆由此。此古今微生物之功也。此微生物，亦居豆類之根瘤形處。所謂豆類者，按植物學曰雷古閔（legume）[11]。此類中，有金花菜及三葉合一之草。土壤有微生物，則生雷古閔。故以此等為肥料，則茶樹之暢茂可操左券也。今植物化學家特製所謂淡質微生物汁（Niitro-Bacterine）者，出售為農業要品，用以浸種澆土。雷古閔得此較常益茂，於是遂有特種雷古閔，而轉以培壅茶樹者。

英植物化學家某氏，取雷古閔草三等之莖葉及根，分驗其中所有之淡質，其表如下：

未乾之莖葉	一等	二等	三等	曬乾之莖葉
淡質按百分計之	$\frac{730}{1000}$	$\frac{130}{1000}$	$\frac{991}{1000}$	$3\frac{840}{1000}$
未乾之根	一等	二等	三等	曬乾之根
淡質按百分計之	$\frac{386}{1000}$	$\frac{560}{1000}$	$\frac{466}{1000}$	$\frac{760}{1000}$

觀於此表，可知是草之莖與葉所含之淡質，較多於根不啻二倍，故在印度、錫倫等處，栽茶之人，輒取雷古閔埋於茶樹近根之土中，則其茂盛，較尋常者十倍。

又修剪之茶葉嫩枝，亦可掘埋茶根。錫倫有業茶者某氏，謂用修剪棄餘之枝葉，有三事宜慎。　須掘埋六寸之深，免被修犁草土時為鋤所拔去；　剪下即宜速埋，若候至乾時，則益於土者殊少；　恐有白症在嫩枝上，宜用爐灰等質偕埋。印度北方有大茶業家某氏云：余每次壅埋修剪之枝葉，必先以石灰調和，則無白症之患。又，一切老枝棄而不埋，此法在種茶者不可不知之，實一舉兩得之道也。

第七節　化學質肥土料

上節所載植物肥料及獸糞等肥料，其功用在於土壤中漸化以助之生長。然茶樹所需者，於此等肥料究屬無多，蓋必先腐爛其質，始能被茶根吸取其肥也。當茶樹欲壅肥料孔急之時，而此肥料，一時尚不能腐，則宜用化學質料為善。且植物獸糞所腐，其渣滓太甚，故最美之法，則莫如徑用化學質料於茶樹。前言茶樹所需之質，最要者有四：曰淡質，曰燐質，曰鋏質，曰鈣質；應以何料補助土壤，試詳於下：

淡質料　淡質者，氣也。其原質量，居空氣中百分之七十八，與養氣等氣相雜，而未化合。而用以肥土之淡質，則皆與他質化合，而成鹽類之料。考茶樹葉中，淡質頗多，苟無淡質，則其葉不茂，且土壤所含之淡質，最易被大雨沖刷。故所用之淡質料，宜於其樹發芽長葉之時，則庶免徒勞枉費之憾。

茶樹所用肥料之淡質鹽，必消化於水中，鈉淡養強鹽（nitrate of soda）亦易化水，而即被樹吸受，較之用一切植物料、獸糞料尤速百倍。蓋此二料，必藉土中之微生物漸蝕，而始成淡質鹽，乃能為用。阿摩呢亞硫養強鹽（sulphate of ammonia），阿摩呢亞，即淡一輕三化合。雖易化於水，而必自受分化，始能被茶樹吸用，以為肥料也。

亞撒瑪地試驗種茶局員云：肥壅茶樹，最便宜而最有效驗者，用含淡質之料，即油渣片⑦也。而阿摩呢亞硫養強鹽次之，此料，由煤氣廠可買。用此料者，宜間用石灰調和，亦須間用植物肥料以配之。蓋因其內無植物質也。土中植物質若已罄盡，則土無養樹之德，一切皆廢，惟此料於茶葉幾長滿時可專用之，以助其樹更生嫩葉。然而當大雨時，此二料每被沖去。麻子片，棉子片，茶子片，並一切油渣片，皆大有益以肥土，其所出之淡質雖緩，而性則耐久，不致即廢。獸血致乾，亦可用。以其中有淡質至百分之十二，獸角獸骨及魚刺，亦可磨粉製為肥料。

鋏質料　硝即鋏養淡三質化合，而無大益以肥土，惟灰硫養強鹽，有益於無石灰之地。鋏綠鹽，有益於有石灰之土。

燐質料　燐質用在茶樹較少，然而亦為要品。昔用碎骨供取燐質，覺其效甚緩，今有化學料可代用之，即於製造鋼鐵廠，及大商家有專造燐質料者，購之。

鈣質料　石灰即鈣養輕三質化合，亦為茶樹所需用，可調於土，致百分之五，而先與修剪之料，相調為美。

無論用何化學料，不宜埋於樹木挨近之處。其樹栽在山腰，則第一次須在各樹上首掘一坑，深一尺半至二尺，寬一尺至一尺半，遂置其肥料於中，而以叉器與下層土調之，後復以所掘之上層土掩上。第二次用肥料，則可在樹之四圍散播，以人腳踹平，再以叉器略調入上層土壅之。

注　釋

1 曹曾涵：元和（今江蘇蘇州吳中區）人，20世紀初大概曾在上海廣學會或《大同報》從事翻譯工作。1910、1911年初，先後協助高葆真校潤本文和《泰西醫術奇譚》二書。

2 廣學會：英國基督教會的編輯出版組織。19世紀後期，由在中國創辦"蘇格蘭聖書會"的韋廉臣負責成立，主要宣傳基督教義。在上海、武漢等地有該會組織。

3 亞撒瑪（Assam）邦：即今譯"阿薩姆邦"。下同，不出校。

4 曼陀羅樹：此非指植物學中所說的"曼陀羅"（Datura Stramonium）。"曼陀羅"亦稱"風茄兒"，係茄科，一年生有毒草本。此指印度阿薩姆等北部一帶稱一種山茶。

5 原書的西曆年數、茶葉磅數全用中國數字，為求清晰，本次編印全改為阿拉伯數字。

6 農學格致之法："格致"，為"格物"、"致知"的簡稱，意即通過研究獲得知識。語出《禮記·大學》"致知在格物"。清代末年，隨我國大力引進和吸收西方自然科學，當時將"格致"，也引申為泛指所有聲、光、化、電等自然科學。農學格致，也即指"農業科技"。

7 大同報：1904年2月29日教會廣學會在上海創辦的刊物。由英人高葆真為主筆，張純一、徐翰臣等襄助，以傳播知識為宗旨。1915年因歐戰停刊。

8 曼伊伯州（Manipur）：今譯為"馬尼普"。

9 希馬拉（Himalaya）山：今譯作喜馬拉雅山，其氣候南北迴異，南坡1000米以下為熱帶季雨林，1000－2000米為亞熱帶常綠林，2000米以上為溫帶森林，適宜茶樹生長。

10 原書分數用中國數字，為求清晰，本次編印全改為阿拉伯數字。

11 雷古閔（legume）：今一般譯作勒古姆諾，指豆科植物。

校　記

① 英高葆真摘譯：本文封面一無作者或譯者名，書名外只署年份和"上海廣學會印行"、"上海美華書館擺（排）版"二出版、印刷單位。扉頁英文封面上才署本文原著者高怡（G. A. COWIE）和譯者高葆真（W. Arthur Cornaby）的名。高葆真的中文譯名，是在本文首頁《緒言》下出現的，原題作"大同報主筆英國高葆真著"。"英高葆真摘譯"是本書編錄時改定的。

② 緒言：在"緒言"上一行，本文原稿有書名《種茶良法》四字；在"緒言"同一行下端，本文原稿還署有"大同報主筆英國高葆真著"十一字，本書編時刪。

③ 錫倫島："倫"字，舊時一般譯作"蘭"，即今"斯里蘭卡"。下同，不出校。

④ 有意舞弊："弊"字，底稿作"弄"字，疑是"弊"字之誤。後文有"安有此弊哉"可佐證，此處逕改。

⑤ 英度："度"字，當應作今"呎"字或"尺"字，英制長度單位，1英呎等於12英寸。

⑥ 難：似應為"難"字，逕改。

⑦ 油渣片："片"字，即一般所說的"餅"。油渣片，也即"豆粕"一類壓榨油料的餅肥。下面所說的"麻子片、棉子片、茶子片"均是。

龍井訪茶記

◇清　程淯　撰

本文應是宣統三年（1911）"清明後七日"，之後所寫從撰成到發表，經歷了一個漫長而曲折的過程。作者程淯，字白葭，原籍江蘇吳縣。清朝末年，由北京南徙杭州，在西湖湖區建別墅"秋心樓"。宣統二年秋，邀在京好友御史趙熙至杭小住，兩人在此期間寫了不少紀遊詩文，《龍井訪茶記》，即由程淯撰文、趙熙手抄而成。稿成以後，珍藏自賞，拒供杭州有關"志乘"刊用，一直到六十三年以後，才由原國民黨浙江省政府的阮毅成在臺灣首次發表。因抗戰前阮毅成在杭州工作，在友人處偶然見到這篇手稿，愛而錄之。1949年，阮毅成先到香港，後來又輾轉定居臺灣。1974年，他在臺灣正中書局出版散文集《三句不離本"杭"》，《龍井茶》一文就錄有這篇《龍井訪茶記》。本書以此為底本作校。

龍井以茶名天下，在杭州曰本山。言本地之山，產此佳品，旌之也。然真者極難得，無論市中所稱本山，非出自龍井；即至龍井寺，烹自龍井僧，亦未必果為龍井所產之茶也。蓋龍井地既隘，山巒重疊，宜茶地更不多。溯最初得名之地，實維獅子峯，距龍井三里之遙，所謂老龍井是也。高皇帝南巡[1]，啜其茗而甘之。上蒙天問，則王氏方園裏十八株，荷褒封焉[2]。李敏達《西湖志》稱：在胡公廟[3]前，地不滿一畝，歲產茶不及一斤，以貢上方；斯乃龍井之冢嫡，厥為無上之品。山僧言：是葉之尖，兩面微缺，宛然如意頭。葉厚味永，而色不濃；佳水瀹之，淡若無色。而入口香冽，回味極甘。其近獅子峯所產者，遜胡公廟矣，然已非他處可及。今所標龍井茶，即環此三五里山中茶也。辛亥清明後七日，余游龍井之山，時新茶初茁，纔展一旗，爰錄採焙之方，並栽擇①培溉之略。世有盧陸之嗜，宜觀斯記。

土性

沙礫也、壤土也，於茶地非上之上也。龍井之山，為青石，水質略鹹，含鹼頗重，沙壤相雜，而沙三之一而強；其色鼠羯[4]，產茶最良。迤東迤南，土赤如血，泉雖甘而茶味轉劣。故龍井佳茗，意不能越此方里以外，地限之也。

栽植

隔冬採收茶子，貯地窖或壁衣中，無令枯燥蟲蛀。入春，鋤山地，取向陽坦不漬水陸坡，則累石障之。鋤深及尺，去其粗礫。旬日後，土略平實，檢肥碩之茶子，點播其中，科之相去約四五尺；略施灰肥，春夏鋤草。於地之隙，可藝果蔬。苗以茁矣，無須移植。第四年春，方可摘葉。

培養

三四年成樹，地佳者無待施肥；磽瘠者略施豆餅汽堆肥[5]，以壅其根。防草之荒，歲一二鋤；旱則溉之。

採摘

大概清明至穀雨，為頭茶。穀雨後，為二茶。立夏小滿後，則為大葉顆，以製紅茶矣。世所稱明前者，實則清明後採；雨前，則穀雨後採。校其名實，宜云明後、雨後也。採茶概用女工，頭茶選擇極費工，每人一日僅得鮮葉四斤上下。採工一兩六文。

焙製

葉既摘，當日即焙，俗曰炒，越宿色即變。炒用尋常鐵鍋，對徑約一尺八寸，灶稱之。火用松毛，山茅草次之，它柴皆非宜。火力毋過猛，猛則茶色變赭；毋過弱，弱又色黯。炒者坐灶旁以手入鍋，徐徐拌之。每拌以手按葉，上至鍋口，轉掌承之，揚掌抖之，令鬆。葉從五指間紛然下鍋，復按而承以上。如是展轉，無瞬息停。每鍋僅炒鮮葉四五兩，費時三十分鐘。每四兩，炒乾茶一兩。竭終夜之力，一人看火，一人拌炒，僅能製茶七八兩耳。

烹瀹

烹宜沙瓶，火宜木炭，宜火酒，瀹宜小瓷壺。所容如蓋碗者，需茶二錢；少則淡，多則滯。水開成大花乳者，宜取四涼杯挹注之，殺其沸性，乃入壺。假令沸水入壺，急揭蓋以宣之；如經四涼杯者，水度乃合。

香味

茶秉荷氣，惟浙江、安徽為然，而龍井為最。飲可五瀹，瀹則盡斟之，勿留瀝焉。一瀹則花葉莖氣俱足；再瀹則葉氣盡，花氣微，莖與蓮心之味重矣；三則蓮心與蓮肉之味矣，後則僅蓮肉之味。啜宜靜，斟宜小鍾。

收藏

茶既焙，必貯甕或匣中。取出窯之塊灰，碎擊平鋪；上藉厚紙，疊茶包於上，要以不洩氣為主。

產額

龍井歲產上品茶，如明前雨前者，千餘斤耳；並粗葉紅葉計之，歲額亦止五千斤②上下。而名遍全國，遠逮歐美，則賴龍井鄰近之茶附益之。蓋自十八澗至理安，達江頭；自翁家山，滿覺隴，茶樹彌望，皆名龍井。北貫十里松，至棲霞，亦名龍井，然味猶勝他處。杭城所售者，則筧橋各地之產矣。

特色

龍井茶之色香味，人力不能仿造，乃出天然，特色一。地處湖山之勝，又近省會，無非常之旱澇，特色二。名既遠播，價遂有增而無減，視他地之產，其利五倍，特色三。惟其然也，山巔石隙，悉植茶矣。乃荒山彌望，僅三三五五，偃仰於路隅，無集千百株為一地者。物以罕而見珍，理豈宜然。

注　釋

1　高皇帝南巡：高皇帝，即清高宗弘曆，俗稱"乾隆皇帝"；其"南巡"，也即所謂"乾隆下江南"。據記載，弘曆曾於乾隆十六年、二十二年、二十七年、三十年、四十五年、四十九年六次南巡到達杭州，並多次親臨西湖，遊覽，觀看採茶、品賞新茶，留下了多篇有關龍井茶的題詩。

2　園裏十八株，荷褒封焉：指杭州獅峯山"十八棵御茶"的傳說。相傳一次乾隆幸杭州，至獅峯山胡公廟前，見有人採茶，興起，也親自摘將起來。忽太監傳懿旨，云其母后病，希皇上速歸。乾隆聞知，慌忙中把手中茶葉往口袋裏一塞，就急程回京。太后本無大病，只是思兒眼糊腹脹渾身有點不舒服。見到皇兒，就病好一半；及近，太后突然聞到兒子身上有一股清香，問甚麼東西香？乾隆說，沒有啊！用手一摸，袋裏的茶葉已經半乾，散發出陣陣香氣。宮女以此茶沖泡瀹太后，幾口下肚，頓覺眼明心亮，非常舒暢，又喝幾口，眼紅退了，胃也不脹了，眾感奇異。乾隆一高興，傳諭命此十八棵茶為"御茶"，年年採製，專供太后享用。今"十八棵御茶"常吸引很多遊人駐足，但這也僅是傳說而已。

3　胡公廟：位鳳篁嶺下落暉塢，原為老龍井寺，明時龍井寺遷至龍井處，才將舊寺改建為宋杭州知府胡則的祠廟。

4　其色鼠羯："鼠"色，指黃黑色，明陶宗儀《輟耕錄·寫像訣》："凡調合服飾器用顏色……鼠毛褐，用土黃粉入墨合。""羯"指去過勢的公羊，與色的關係不大，這裏的"羯"字，疑"褐"字之形誤，"鼠褐"，也是指黃黑色。

5　豆餅汽堆肥：即指餅肥和堆肥兩種農家肥；"汽"在此或衍字，因水氣是餅肥、堆肥揮發物，是不入肥的。堆肥是用各種農家廢棄物如雜草、稭稃、垃圾、廄肥堆積、發酵、腐熟而成的；豆餅施用時，或刨或敲，也都要經先碎再潑水堆漚的過程，因此開堆時，都會有一部分水汽逸出。

校　記

① 栽擇培溉之略："擇"字，疑當作"植"字。

② 五千斤："斤"字，底本作"元"字，據上下文義，用"元"似誤，逕改。

輯佚

松寮茗政

◇清　卜萬祺　撰

卜萬祺，明末秀水縣（治所在今浙江嘉興）人。天啟元年（辛酉科）中舉人經魁[1]。崇禎時官廣東韶州（治所在今韶關）知府。入清後情況不詳，但有一點大抵可以肯定，即《松寮茗政》大約撰寫於順治（1644－1661）年間。因為入清以後，未見卜再仕，其有關鄉情民俗的文章，很可能是賦閒故里的一種排遣之作。另外，從下錄內容中有關如"明萬曆中"等用詞來看，也反映它非是明朝而是改朝以後的作品。

《松寮茗政》之作為茶書，也是陸廷燦《續茶經·茶事著述名目》首錄所確定下來的。至於《續茶經》對本文的引錄是根據鈔本還是刊本？沒有説清，但即使本文曾作刊印，印數亦不會很多；因為我們查閱清代江南多家重要藏書室書目，都未曾見錄。

本書下輯"虎丘茶"引文，出自《續茶經》。

虎丘茶，色味香韻，無可比擬。必親詣茶所，手摘監製，乃得真產。且難久貯，即百端珍護，稍過時，即全失其初矣。殆如彩雲易散，故不入供御耶。但山巖隙地，所產無幾，又為官司禁據，寺僧慣雜赝種，非精鑒家卒莫能辨。明萬曆中，寺僧苦大吏需索，薙除殆盡。文文肅公震孟作《薙茶説》以譏之。至今真產尤不易得。

注　釋

1　經魁：明清舉人前五名之稱，故亦稱"五魁"。明代科舉，以五經（詩、書、禮、易、春秋）取士。每科五經，每經各取一頭名為魁。此後習慣以每次鄉試所產生的前五名舉人為五魁。

輯佚

茶説

◇清　王梓　撰

王梓，字琴伯，清康熙時郃陽（治所在今陝西合陽）人。善詩好客，有吏才。康熙四十年後期任福建崇安令時，建賢祠，刊先賢集。康熙四十九年(1710)，嘗纂刻《武夷山志》八冊，因政績，擢州守。

本文《茶説》，疑撰於王梓知崇安但尚未撰刊《武夷山志》之前，即1710年稍前。本書下錄的王梓《茶説》內容，輯自陸廷燦《續茶經・八茶之出》。但必須指出，陸廷燦《續茶經》雖引錄過其崇安前任的《茶説》，可是在其《九茶之略・茶事著述名目》中，卻未收錄本文。因是，本書在收錄本文之前，對本文能否算作是一篇茶著首先進行了查證。經查，我們在王梓所纂的《武夷山志》中，找到了本文從《續茶經》中輯錄的這段內容的類似記述，如其《武夷山志・物產》中第一句，"武夷山周迴百二十里，皆可種茶"，與我們輯文首句一字不差。但後面輯文較《武夷山志》要簡單。[1]那末，《續茶經》所稱的《茶説》，會不會就是指《武夷山志》呢？我們回頭又重新檢閱了《續茶經》的有關內容，發現陸廷燦所錄，山志是山志，茶説是茶説，分得清清楚楚。如在本段內容前後，輯錄的都是武夷山茶史資料，其上面相連的一段，即寫明摘自"《武夷山志》"。如果此王梓《茶説》不是有另文，陸廷燦也不會不如實註明是出自《武夷山志》，而隨便又新編造出一個名字來的。根據這兩點事實，我們相信王梓在知崇安時，在纂刻《武夷山志》之前，即撰寫過一篇《茶説》，不説有刊本，至少有少量抄本在崇安流傳。陸廷燦知崇安時，不但見到也抄錄了部分王梓的《茶説》資料是完全可能的。故我們上面肯定陸廷燦所引王梓《茶説》，以及《茶説》本段文字較王梓《武夷山志・物產》粗略，因而也早於《武夷山志》的看法，應該説是真實合理的。

武夷山，周迴百二十里，皆可種茶。茶性他產多寒，此獨性溫。其品有二：在山者為巖茶，上品；在地者為洲茶，次之。香清濁不同①，且泡時巖茶湯白，洲茶湯紅，以此為別。雨前者為頭春，稍後為二春，再後為三春。又有秋中採者，為秋露白，最香。須種植、採摘、烘焙得宜，則香味兩絕。然武夷本石山，峯巒載土者寥寥，故所產無幾。若洲茶，所在皆是，即鄰邑近多栽植，運至山中及星村墟市賈售，皆冒充武夷。更有安溪所產，尤為不堪。或品嚐其味，不甚貴重者，皆以假亂真誤之也。至於蓮子心、白毫皆洲茶，或以木蘭花熏成欺人，不及巖茶遠矣。

注　釋

1　本文從《續茶經》轉錄的王梓《茶説》，較其所纂的《武夷山志》相關部分，明顯要簡略得多。下面將《武夷山志》有關部分全部抄錄供比較參考：

〔物產〕　茶　武夷山周迴百二十里，皆可種茶。茶性他產多寒，此獨性溫。其品分巖茶、洲茶。在山者為巖，上品；在麓者為洲，次之，香味清濁不同，故以此為別。採摘時以清明後穀雨前一旗一槍為最，名曰頭春，稍後為二春，再後為三春。二、三春茶反細，其味則薄。尚有秋採者，名秋露白，味則又薄矣。種處宜日宜風，而畏多風日；採時宜晴而忌多雨。多受風日，茶則不嫩；雨多，香味則減也。巖茶採製著名之處如竹窠、金井坑，上章堂，梧峯、白雲洞、復古洞、東華巖、青獅巖、象鼻巖，虎嘯巖、止止庵諸處，多係漳泉僧人結廬久往，種植採摘烘焙得宜，所以香味兩絕。其巖茶反不甚細，有選芽、漳芽、蘭香、清香諸名，盛行於漳泉等處；烹之有天然清味，其色不紅。又有名松蘿者，彷彿新安製法，然武夷本為石山，峯巒載土者寥寥，故所產無幾。近有標奇炫異題為大王、慢亭、玉女、接筍者，真堪一噱。諸峯人立上無隙地，鳥道難通，何自而樹藝耶？洲茶所在皆是，不惟崇境，東南山谷、平川無不有之，即鄰邑近亦栽植頗多。每於春末夏初，運至山中及星村墟市，冒名賈售，是以水浮陸運，廣給四方，皆充武夷。又有安溪所產假冒者，尤為不堪，或品知其味不甚貴重，皆以假亂真誤之也。至於蓮子心、白毫、紫毫、雀舌，皆洲茶初出嫩芽為之，雖以細為佳，而味實淺薄，其香氣乃用木蘭花薰成。假借妝點，巧立名色，不過高聲價以求厚利，若核其實，品其味，則反不如巖茶之不甚細者遠矣。至若宋樹茶，尤屬烏有……

校　記

①　香清濁不同：王梓《武夷山志·物產》作“香味清濁不同”，此處似脱一“味”字。

輯佚

茶說

◇清　王復禮　撰

王復禮，字需人，號草堂，浙江錢塘（今杭州）人。性孝友，賦詩作文無不稱善，畫蘭竹得文同法。清軍平閩後，辭職歸里養親。康熙十四年，和碩康親王討耿精忠至浙，重其文行，賜蟒袍褒美。同年三月，康熙南巡至浙，西河毛太史以其所撰《蘭亭》、《孤山》兩志進呈，獲康熙召見，受獎諭並命刊行。康熙四十七年應聘主鰲峯書院，還寓武夷，寓天柱草堂。後與崇安令陸廷燦友，康熙五十二年，王復禮撰《武夷九曲志》，陸廷燦不僅為之序，並親加參訂。

王復禮《茶說》，不見於《武夷九曲志》，是書末卷物產考，有茶、泉、竹、花等等，均收有王復禮詩文。《九曲志》不提，表明此《茶說》還尚未撰寫。根據這一線索，我們推定王復禮《茶說》，大抵撰寫於康熙五十五年（1716）左右，因其寫《九曲志》時，便已年達七十四歲。原書查無獲，本書王復禮《茶說》，是據陸廷燦《續茶經》輯出。《續茶經》輯引此《茶說》內容，使我們方知王復禮也曾撰此一書。但由於陸廷燦在一書中有的引用其名作"王復禮《茶說》"，有的引用其號稱"王草堂《茶說》"，以致後人將之誤以為是兩人撰寫的兩本不同茶書。這裏通過對王復禮的上述簡介，順便附作澄清。本文既是從《續茶經》等書中轉輯，自然也只能與引書作校。

"武夷茶，自穀雨採至立夏，謂之頭春；約隔二旬，復采，謂之二春；又隔又采，謂之三春。頭春葉粗味濃，二春三春葉漸細，味漸薄，且帶苦矣。夏末秋初又采一次，名為秋露。香更濃，味亦佳，但為來年計，惜之不能多採耳。茶採後，以竹筐勻鋪，架於風日中，名曰曬青。俟其青色漸收，然後再加炒焙。陽羨岕片祇蒸不炒，火焙以成。松蘿、龍井皆炒而不焙，故其色純。獨武夷炒焙兼施，烹出之時，半青半紅，青者乃炒色，紅者乃焙色。茶採而攤，攤而摝，香氣發越即炒，過時不及皆不可。既炒既焙，復揀去其中老葉枝蒂，使之一色。釋超全詩云：'如梅斯馥蘭斯馨，心閒手敏工夫細。'形容殆盡矣。《續茶經．三茶之造》

"花晨月夕，賢主嘉賓，縱談古今，品茶次第，天壤間更有何樂？奚俟膾鯉炰羔①，金罍玉液，痛飲狂呼始為得意也！范文正公[1]云："露芽錯落一番榮，綴玉含珠散嘉樹"；"鬥茶味兮輕醍醐，鬥茶香兮薄蘭芷"。②沈心齋云："香含玉女峯頭露，潤帶珠簾洞口雲"；可稱巖茗知己。《續茶經．六茶之飲》

"溫州中墺[2]及漈上[3]，茶皆有名，性不寒不熱。"《續茶經．八茶之出》

注　釋

1　范文正公：即范仲淹，字希文，擢進士，官至樞密副使，進參知政事。卒謚文正。
2　中墺（ào）：溫州地名。"墺"，指山之深奧處。
3　漈（jì）上：溫州地名。漈，指水邊之地。

校　記

① 膾鯉炰羔："炰"字，《中國古代茶葉全書》和近出的有些茶書，誤作"包"。
② "露芽錯落一番榮，綴玉含珠散嘉樹"、"鬥茶味兮輕醍醐，鬥茶香兮薄蘭芷。"句出范仲淹《和章岷從事鬥茶歌》，這裏所引，為該詩的首尾兩句，中間還省略五句。近見很多論著引錄時，中間不加引號隔開，而是首尾引成相聯的兩句。誤。

附錄

中國古代茶書逸書遺目

1. 唐·陸羽：《茶記》二卷亦有補三卷和一卷者

此書有無，古今都有爭議，萬國鼎在《茶書總目提要》中指出："《崇文總目》小說類作'《茶記》二卷'，錢侗注以為《茶記》即《茶經》，周中孚《鄭堂讀書記》也說是'《茶經》三卷'的字誤。按《新唐書·藝文志》小說類有'陸羽《茶經》二卷'而無《茶記》，《崇文總目》則作'《茶記》二卷'而無《茶經》，錢侗所說可能是對的。但《通志·藝文略·食貨類》載'《茶經》三卷唐陸羽撰，《茶記》三卷陸羽撰'，接連著寫。《宋史·藝文志·農家類》也載'陸羽《茶經》三卷，陸羽《茶記》一卷'。似乎二者不像是同一種書。除上述三書著錄《茶記》而所說卷數各不同外，其後《郡齋讀書志》、《直齋書錄解題》等都沒提到《茶記》。也許《通志》和《宋史》所說是錯的，但不能肯定，姑記之以存疑。"萬國鼎這裏所說，主要是講陸羽《茶記》和《茶經》可能有混淆。除此，本書在所輯《顧渚山記》中也提到《顧渚山記》在古籍特別是明清有些記載中，往往被書作《顧渚山茶記》，偶有簡作《茶記》者。因此，陸羽《茶記》，亦有可能由《顧渚山記》所衍。如有此書，萬國鼎推定約撰於唐肅宗乾元二年（760）前後。

2. 唐·皎然《茶訣》三卷

是書現存最早的記載，見唐陸龜蒙自撰《甫里先生傳》："先生嗜茶荈，置小園於顧渚山下，自為《品第書》一篇，繼《茶經》、《茶訣》之後。"但不具體，清陸廷燦《續茶經·九茶之略·茶事著述名目》中載："《茶訣》三卷，釋皎然撰。"本文撰寫年代，當在陸羽隱湖州撰《茶經》之後的肅、代年間。

3. 唐·溫從雲《補茶事》十數節

本文記述，出自晚唐皮日休《茶中雜咏序》，其在介紹過陸羽《茶經》和《顧渚山記》之後，接著補："後又太原溫從雲，武威段碣之，各補茶事十數節，并存於方冊。"皮日休這段記載，後在明清茶書中再被引用，但沒有那本將"各補茶事十數節"的"補茶事"正式列作書名的。正式列作茶書書名是萬國鼎《茶書總目提要》。他在該文最後"尚有為本總目未收的茶書"一條即載："《補茶事》，太原溫從雲、武威段碣之。"萬國鼎原意，是指出《補茶事》以下的文章，他不認為是茶書，所以未收。但他在"補茶事"三字上加上書名號，就反其意，把他不認為是茶書的最先定為是茶書了。不管溫、段所寫茶事是用的甚麼名，但他們在《茶經》之後各補茶事"十數節"是事實。所以，儘管萬國鼎所定《補茶事》不一定對，但我們也提不出對的書名，就以《補茶事》作錄吧。溫從雲、段碣之歷史資料不詳，大概和陸羽是同時代或稍晚一些的人，他們所補的茶事，時間當然也在陸羽《茶經》之後他們生活的年代了。

4. 唐・段碣之《補茶事》十數節

本文記載，也是出自皮日休《茶中雜咏序》，但是不說古人，就是近出的《中國古代茶葉全書》，甚至包括著名農史專家萬國鼎，都沒有注意到皮日休"各補茶事十數節"的"各補"二字。而在《補茶事》題下，一般都將"溫從雲、段碣之"並列，"各補"就談成了"合補"。參見溫從雲《補茶事》。

5. 唐・張文規《造茶雜錄》

本文出處，也見於《續茶經・九茶之略・茶事著述名目》。不過，可疑的是陸廷燦將此條不是排在唐代，而是列在宋代"茶著名目"的中間，是否宋代亦有一個名張文規者？但是又未見。唐張文規，河東猗氏人，文宗大和四年先為溫縣令，武宗會昌元年，改湖州刺史，三年入為國子司業，宣宗時官至桂管觀察使。《造茶雜錄》如是他所寫，當撰於會昌元年至三年他刺湖州的時期。

6. 唐・陸龜蒙《品茶》一篇

此書名出明程百二《品茶要錄補・茶訣》。其載："陸龜蒙自云嗜茶，作《品茶》一書，繼《茶經》、《茶訣》之後。"有些書如《歷代史話》，倒作《茶品》；近出的《中國古代茶葉全書》，據陸龜蒙自撰《甫里先生傳》，也題作《品第書》。陸龜蒙卒於唐僖宗廣明三年（881）左右，所謂《品茶》一篇，最可能撰寫於唐會昌至大中（841－859）的這一階段。

7. 宋・沈立《茶法易覽》十卷

沈立，字立之，歷陽（今安徽和縣）人。進士。《宋史・沈立傳》說，他出任兩浙轉運使時，"茶禁害民，山場榷場多在部內，歲抵罪者輒數萬，而官僅得錢四萬。立著《茶法要覽》，乞行通商法。三司使張方平上其議。後罷榷法如所請。"又《宋史・食貨志》也說，嘉祐中，"沈立亦集茶法利害為十卷，陳通商之利。"嘉祐四年二月，下詔改行通商法。依此推證，沈立作此書大約在1057年左右。關於《茶法易覽》的名字和卷數，史志中說法不一，對此，萬國鼎考補："《通志・藝文略・食貨類》作'《茶法易覽》十卷'，〈刑法類〉作'《茶法易覽》一卷'，都沒有注明作者是誰，不知是不是一種書。至《宋史・藝文志・農家類》才把《茶法易覽》十卷放在沈立名下。按宋史本傳說'立著《茶法要覽》'，不是《易覽》。"但據考，《通志・藝文略》定作《易覽》，《宋史・食貨志》所說十卷，即寫作《茶法易覽》十卷，大概是對的。

8. 宋・沈括《茶論》

本文見於沈括《夢溪筆談》。在他講及以"芽長為上品"時談到："予山居有《茶論》，且作《賞作》詩云：‘誰把嫩香名雀舌，定來北客未曾嘗。不知靈草天然異，一夜風吹一寸長。’”有些古籍中，也把上詩直接補作《茶論》詩。《續茶經．九茶之略．茶事著述名目》在收錄沈括《宋明茶法》以後，連著著錄的，即是其《茶論》。《夢溪筆談》是沈括晚年居住潤州（今江蘇鎮江）夢溪時（1088－1095）所撰。撰寫《茶論》的時間，也當於此時，但較《夢溪筆談》稍早。

9. 宋．呂惠卿《建安茶記》一卷

本記見《郡齋讀書志》、《文獻通考》等。呂惠卿（1032—1112），字吉甫，泉州晉江人。仁宗嘉祐二年進士。初附王安石，熙寧七年任參知政事，堅行新法，後來又與王安石交惡，反過來陷害王，故其傳被編入《宋史．奸臣傳》。徽宗時因事安置宣州，移廬州。有《莊子解》和文集。《建安茶記》，有的文獻同《宋史》一作《建安茶用記》兩卷，與《郡齋讀書志》所載不同，不知孰是。萬國鼎推定本文約撰於元豐三年（1080）前後。

10. 宋．王端禮《茶譜》

見江西《吉水縣志》。王端禮，字懋甫，江西吉水人。哲宗元祐三年（1088）進士。慕濂、洛之學，概然以道自任。為富川縣（縣治位今廣西）令時，政皆行其所學，年四十致仕歸。撰有《強壯集》、《易解》、《論語解》、《疑獄解》、《茶譜》、《字譜》等。本文萬國鼎推定撰於哲宗元符三年（1100）前後。

11. 宋．蔡宗顏《茶山節對》一卷

本目見宋紹興《秘書省續編到四庫闕書目》和《通志》。《直齋書錄解題》對本文作者的記述，還詳細到蔡宗顏時值“攝衢州長史”。萬國鼎推定撰寫於南宋紹興二十年（1150）以前。這是一種很保守的說法，據寇宗《本草衍義》“茗”的條目中所說：“其文有陸羽《茶經》……蔡宗顏《茶山節對》，其說甚詳。”這一內容來看，蔡宗顏其人其書，當是見之於北宋之時。

12. 宋．蔡宗顏《茶譜遺事》一卷

本文也見於宋紹興《秘書省續編到四庫闕書目》和《通志》等書。其成書時間，也當是北宋非南宋初年。由方志記載來看，其內容大抵主要講茶葉製造事。《衢縣志》中提到，“其書大約言製茶事，則衢山之茶有名於世久矣。”

13. 宋．范逵《龍焙美成茶錄》

本文首見熊蕃《宣和北苑貢茶錄》引錄。其文中夾註補：“此數皆見范逵所著《龍焙美成茶錄》。逵，茶官也。”根據所引范逵貢茶數額，我們推定，《龍焙美成茶錄》約撰於徽宗重和元年（1118）前後。

14. 宋．曾伉《茶苑總錄》

是書見《通志．藝文略．食貨類》，作“十四卷，曾伉撰”。宋紹興《秘書省續編到四庫闕書目・農家類》作“《茶苑總錄》十二卷”。《文獻通考》作“《北苑總錄》十二卷”，並說：“陳氏曰：興化軍判官曾伉錄《茶經》諸書，而益以詩歌二卷（編按：此條不見於今本《直齋書錄解題》）。”曾伉事蹟不詳。根據上述資料，似乎書名應當是《茶苑總錄》，因為既然是輯錄《茶經》諸書而成，當不止限於北苑。《總錄》本身可能是十二卷，蓋以詩歌二卷，則合共十四卷。宋尤袤《遂初堂書目・譜錄類》有《茶總錄》，可能也是此書。萬國鼎以上所作的考辨是正確的。明焦竑《焦氏筆乘》茶書錄中就載：“曾伉《茶苑總錄》十四卷。”但萬國鼎所定是書成書時間也作1150年以前的推定，和上面蔡宗顏二書一樣，這是他個人的看法，沒有多少根據，也只能姑妄聽之。

15.　宋・佚名《北苑煎茶法》一卷

本文見《通志・藝文略・食貨類》。《通志》所錄未著作者姓名，不知是原闕還是《通志》漏抄。內容不詳。萬國鼎推定成書於高宗紹興二十年（1150）以前。其作者一般均缺不書，其實筆者至少從明人焦竑《焦氏筆乘》和顧元起的《說略》中，兩見是錄在“蔡宗顏”名下的，但未作進一步深考。

16.　宋・佚名《茶法總例》一卷

此目見《通志・藝文略・刑法類》。大概主要述錄宋代宣和以前茶法的變革。本文萬國鼎也推定成書於紹興二十年（1150）。

17.　宋・佚名《北苑修貢錄》

是書周煇《清波雜志》卷四“密雲龍”談貢茶時提及：“淳熙間，親黨許仲啟官麻沙，得《北苑修貢錄》，序以刊行。其間載歲貢十有二綱，凡三等四十有一名”。“許仲啟官麻沙”，“麻”字有的書也作“蘇”字。“蘇”疑是誤刻。麻沙在福建建陽，徽宗宣和初年設麻沙鎮巡檢司（元代廢），從南宋起一直至明代是我國圖書刻印的重要中心。所刻圖書行銷全國，世稱“麻沙本”。可能正因為許仲啟淳熙官麻沙鎮巡檢司，所以才碰巧得到無名氏的《北苑修貢錄》，得到以後也有條件較易做到“序而刊行”。《清波雜志》所記，是可信的。

18.　宋・佚名《茶雜文》一卷

本文見《郡齋讀書志》，所載除書名，卷數外，還多“集古今詩文及茶者”一句，表明其“茶雜文”，不是編者所寫而是從文書輯錄的。本文成書年代，萬國鼎定於紹興二十一年（1151），比《北苑修貢錄》等前幾本佚名逸書遲後一年，不知何據。

19.　宋・羅大經《建茶論》

此書見於陸廷燦《續茶經・九茶之略・茶事著述名目》。《中國古代茶書全集》"存目茶書"再次誤稱"萬國鼎亦將其列為古代茶書一種"，這是違反了萬國鼎先生的意思。萬國鼎在《茶書總目提要》最後"附識"中摘錄了陸廷燦《續茶經》等書載及的二十多種書文目錄，但這恰恰是他不肯定而在《茶書總目》中未作收錄的內容，所以，不能把萬國鼎"附識"中提到的他《總目》中未收的書，也作為是確定其為《茶書》的根據。不過，由於在輯集類茶書中旁引到羅大經《建茶論》、《論建茶》和一些有關建茶的詩文，羅大經寫一篇《論建茶》或《建茶論》是完全可能的，所以我們的尺度比萬國鼎先生要寬鬆些，寧肯信其有吧。

羅大經，吉州廬陵人，字景綸。理宗寶慶二年進士。歷容州法曹掾，撫州軍事推官，坐事被劾罷，著《鶴林玉露》等書。

20. 宋・章炳文《壑源茶錄》一卷

此書見《宋史・藝文志・農家類》。"壑源"，即北苑之南山，叢然而秀，高峙數百丈，其山頂西南下視建甌之城，故俗也稱"望州山"。章炳文事跡無考，為此萬國鼎只好據《宋史》這條線索，將本文撰寫定於南宋覆亡的最後一年1279以前。

21. 宋・佚名《茶苑雜錄》一卷

本文亦見於《宋史・藝文志・農家類》，並注明"不知作者"。因此萬國鼎也將其成書時間定為1279年以前。

22. 明・譚宣《茶馬志》

此書見《千頃堂書目》，不書卷數。譚宣，蓬溪（今四川蓬溪）人，據《蓬溪縣志》記載，宣在明宣宗宣德七年（1432）中舉，後官至河源縣（隋置，治所在今廣東河源市境）知縣。本文撰寫時間，萬國鼎推定為正統七年（1442）前後。

23. 明・沈周《會茶篇》一卷

本文見朱存理《樓居雜著》。其載"有《會茶篇》一卷，白石翁為王浚之所作。白石翁為沈周之號。"沈周，蘇州府長洲（今江蘇蘇州）人，字啟南，號石田。詩文書畫名著江南，傳佈天下。終身不仕，有《石田集》、《江南春詞》、《石田詩鈔》等傳世。朱存理這篇雜記，書於弘治十年（1497）仲冬，《會茶篇》當撰於同年或稍早。

24. 明・周慶叔《岕茶別論》

見沈周書《岕茶別論後》。沈周此文，似為《岕茶別論》刻印前所寫的後序或跋。至於作者，《續茶經・九茶之略・茶事著述名目》有載："《岕茶別論》，周慶叔撰"。慶叔事跡不詳，故本文撰寫的時間，只能據沈周撰寫後記的最晚時間來推，定在正德四年（1509）以前。

25. 明·過龍《茶經》一卷

此書見《吳縣志》藝文書目。過龍，吳縣人，字雲從，自號十足道人，以醫術名於一方，有《十四經發揮》、《鍼灸要覽》等醫書。文徵明為之傳。《茶經》唯書一卷，後有更多的註釋，其撰刊年代，由文徵明的線索來推，過龍當和沈周是同時代或稍晚一些的人，其所寫《茶經》可能在弘治後期和正德年間。

26. 明·趙之履《茶譜續編》一卷

此書見《遠碧樓經籍目》，抄本一冊，題錢椿年撰。按椿年撰《茶譜》，《續編》是趙之履編的。之履跋《茶譜續編後》說："友蘭錢翁……彙次成譜，屬伯子奚川先生梓行之。之履閱而歎曰：夫人珍是物與味，必重其籍而飾之，若夫蘭翁是編，亦一時好事之傳，為當世之所共賞者。其籍而飾之之功，固可取也。古有鬥美林豪，著經傳世，翁其興起而入室者哉。之履家藏有王舍人孟端竹爐新詠故事及昭代名公諸作，凡品類若干。會悉翁譜意，翁見而珍之，屬附輯卷後為續編。之履性猶癖茶，是舉也，不亦為翁一時好事之少助乎也。"以上是萬國鼎的考述，另外他對本文撰寫的時間，定為嘉靖十四年（1535）前後。對此，本書在錢椿年、顧元慶《茶譜》題記中，亦有所及。

27. 明·佚名《泉評茶辨》抄本一冊

本文原見《天一閣藏書目錄》。天一閣藏書，聚收於明嘉靖年間，本文抄本，大致也當是嘉靖中的作品。在上世紀 50 年代後期，中國農業遺產研究會曾致函天一閣藏書樓問及此書情況，答覆是書已佚。之後，筆者為查對珍本農書，在 1962 年曾專程到寧波天一閣藏書樓，亦未有獲。

28. 明·胡彥《茶馬類考》六卷

此書見《四庫全書存目》。胡彥（1502－1551），沔陽人，嘉靖二十年（1541）進士。字穉美，號白湖子。由太常博士遷御史，巡按江西。在任巡察舉馬御史時，因歷考典故及時事利弊，特作《茶馬類考》以記之。全書六卷，第三卷為鹽政。本文成書時間，約為嘉靖二十九年（1550）前後。

29. 明·顧元慶《茶話》一卷

見《吳縣志》卷五十七，藝文三顧元慶撰寫書目："有《茶譜》二卷，《茶具圖》一卷，《座鶴銘考》一卷……《茶話》一卷，《夷白齋詩錄》一卷，《閑遊草》一卷，"共十種十一卷。前二種即本書錢椿年《茶譜》顧元慶刪校本，後面單列的《茶話》一卷，當是一種過去未有人提及的佚書。此《茶話》撰於何時，無法查考。顧元慶生於 1487 年，卒於 1565 年，此目就以其卒年暫排於此。

30. 明·徐渭《茶經》一卷

見《浙江採集遺書總錄·說家類》。又《文選樓藏書記》說："茶經一卷、酒史六卷，明徐渭著，刊本。是二書考經典故及各人韻事。"這兩書都有較高的可信度，特別是《文選樓藏書記》，內容講得如此具體，這在茶書遺目中，所見是不多的。本文撰寫的年代，萬國鼎推定為萬曆三年（1575）前後。

徐渭，字文長，一字天池。浙江山陰人。諸生，詩文書畫皆工。《明史·文苑傳》有傳。撰有《路史分釋》、《筆元要旨》、《徐文長集》等。1593年卒，年七十三。

31. 明·程榮《茶譜》

程榮，字伯仁，歙縣人。編刊《山房清賞》二十八卷，見於《四庫全書存目》。《四庫全書總目提要》說："是編列《南方草木狀》至禽蟲述凡十五種，多農圃家言。中惟茶譜一種，為榮所自著，採摭簡漏，亦罕所考據。"近出《四庫存目叢書》未收，大致本書已佚。本文成書年代，萬國鼎考證。榮曾校刊漢魏叢書（三十八種），前有萬曆壬辰（1592年）屠隆序，是則《茶譜》編寫大約也在1592年前後十年間。

32. 明·陳國賓《茶錄》一卷

見明祁承㸁《澹生堂藏書目》閒適類，《百名家家》本。陳國賓生平事跡查無見，此書萬國鼎可能據《百名家書》本這一線索，推定為撰寫於萬曆二十八年（1600）前後。

33. 明·佚名《茶品要論》一卷

見明祁承㸁《澹生堂藏書目》閒適類，未書作者姓名，祁承㸁為萬曆甲辰（1604）進士，萬國鼎推定此書當是萬曆三十八年（1610）左右以前的書。

34. 明·佚名《茶品集錄》一卷

見《澹生堂藏書目》閒適類，無載作者，按萬國鼎上條推定，本文也當是撰於1610年以前。

35. 明·徐𤊹《茗笈》三十卷

見《千頃堂書目》。本書已收徐𤊹《蔡端明別記·茶癖》、《茗譚》二書，他所寫《茗笈》，僅見《千頃堂書目》一家所載，奇怪的是該書目收錄明代多種茶書，但獨未收喻政《茶書》。明喻政《茶書》前序中記述很清楚，該書主要為徐興公（𤊹）所編，《千頃堂書目》所指，是否即喻政《茶書》？如是，但書名和卷數又異，故本書這裏暫收待考。如果真有此書，參徐𤊹有關著作成書年代，是書要寫亦當在萬曆三十八年（1610）左右。

36. 明·何彬然《茶約》一卷

見《四庫全書存目》。當有刊本，未見，亦不見各家藏書目錄。《四庫全書總目提要》説："是書成於萬曆己未（1619）。略倣陸羽《茶經》之例，分種法、審候、採擷、就製、收貯、擇水、候湯、器具、釃飲九則。後又附茶九難一則。"但近出《四庫存目叢書》未收，似乎本書今已不存。

彬然字文長，一字寧野，蘄水（《湖北通志》説，《四庫總目》作蘄州是錯的）人。

37. 明・趙長白《茶史》

見明張大復《聞雁齋筆談》引。該書記曰："趙長白自言，吾平生無他幸，但不曾飲井水茶耳。此老於茶，可謂能書其性者。今亦老矣，甚窮，大都不能如曩時，猶摩挲萬卷中作《茶史》。"趙長白生平事跡不詳，由張大復（1554－1630）《聞雁齋筆談》引錄的時間來推，趙長白撰《茶史》時間，至遲不會晚於明萬曆四十八年（1620）。

38. 明・未定名《岕茶疏》

原書佚，卷數不詳，見《茶史》等引文。作者一稱許次紓，一稱熊明遇，二説不一。查熊明遇，只撰過《羅岕茶記》一文，所説作《岕茶疏》，僅此一見，不聞他處。至於許次紓，存《茶疏》一書，無獲撰《岕茶疏》的任何線索，《岕茶疏》有可能是《茶疏》的誤附。因此，本文作者除上述二人而外，更有可能是另人所寫。待考。

39. 明・汪士賢《茶譜》

載道光《徽州府志》卷十五。汪士賢，明萬曆時徽州著名藏書家和刻書家。其編輯刻印的書籍主要有《山居雜志》二十三種四十一卷。在這部叢編中，汪士賢就收錄有陸羽《茶經》三卷，附《茶具圖贊》一卷、《水辨》一卷；孫大綬《茶經外集》一卷；顧元慶《茶譜》一卷；孫大綬《茶譜外集》一卷等茶書共四種八卷。在這部譜錄類的專門叢編中，汪士賢獨未收其自撰的《茶譜》。這是甚麼原因？一、汪士賢在編刊《山居雜志》時，他還沒有撰寫《茶譜》。二、他根本就沒有寫過《茶譜》，此處為後人將《山居雜志》中顧元慶《茶譜》誤作汪士賢《茶譜》的結果。未深究，此存疑待考。

40. 明・陳克勤《茗林》一卷

此書見於《徐氏家藏書目》和《千頃堂書目》。陳克勤事迹無考，據書目線索，萬國鼎推定本文當撰於崇禎三年（1630）以前。

41. 明・郭三辰《茶莢》一卷

本文見於《徐氏家藏書目》。郭三辰事跡無考。據《紅雨樓書目》也即徐𤊹藏書書目撰刊時間，萬國鼎也推定為撰於1630年以前。

42. 明・黃欽《茶經》

此書見《江西通志》藝文略著錄，不知有無刊本。黃欽，字子安，江西新城人。自少與黃端伯交。隱居福山籲曲峯。工書法，善鼓琴。自製籲曲茶，甚佳。事跡見《建昌府志・隱逸傳》。撰有《五經說》、《六史論》及此書。按黃端伯，崇禎元年(1628年)進士，福王時做南京禮部主事，清兵至遇害，時年六十一。可見黃欽《茶經》大抵寫於明末崇禎中後期，萬鼎推定為崇禎八年(1635)前後。

43. 明・王啟茂《茶堂三昧》一卷

本文見於《湖北通志・藝文志・譜錄類》。王啟茂，字天根。湖北石首人。崇禎末，以明經薦，不就。據此，萬國鼎推斷約成書於崇禎十三年(1640)前後。

44. 明・李龍采《茶史》一卷

載乾隆《泉州府志》卷七十四。作者泉州志原署"明李龍采"，但李龍采生平和事跡未見，故此內容只能排在明代無份之列。

45. 明・鄭之標《茶譜》

載民國《寶應縣志》卷二十三。鄭之標生平事跡查未見，由《寶應縣志・藝文志》，僅知其為"明"人，明代何時？待考。

46. 明・周嘉胄《陽羨茗壺譜》

見《陽羨名陶錄》引文書目。周嘉胄，明陽州人。字江左。明清間人，癖書，博覽群書，廣為採摭，於萬曆、崇禎時以二十多年時間，編纂《香乘》一部。本譜亦當撰刊於萬曆後期至天、崇年間。

47. 明・徐彥登《歷朝茶馬奏議》四卷

本文見《千頃堂書目》及《明史・藝文志》。徐彥登，仁和(今浙江杭州市)人，字允賢，號景雍。生卒年月不詳，萬國鼎推定約成書於明崇禎十六年(1643)以前。

48. 沈杰《茶法》十卷

載劉源長《茶史・名著述家》。從所錄作者和著作均為唐宋以前人氏或作品來看，本書也可能是宋人的茶法著作，但由於未找到充分的宋代根據，暫置明代前茶書待考。

49. 佚名《茶譜通考》

此書載劉源長《茶史・名著述家》，可以肯定為明代較早甚至可能為南宋時的著作，但無確足的文字證明，故也置明以前待考茶書。

50. 明 · 陳孔項《廣茶經》

見民國《沙縣志》卷九。陳孔項，生平事跡不詳。《沙縣志 · 藝文志》載陳孔項為明人；但乾隆《延平府志》卷三十六，又稱其為清人。根據這不同記載，本書作者，最有可能為明末清初人，本書的成書時間，亦當在明末和清初。此據《沙縣志》將陳孔項《廣茶經》，暫定作是明人明書。

51. 呂仲吉《茶記》

見《續茶經 · 九茶之略 · 茶事著述名目》。呂仲吉無考，本文多半為明人著作，但也不排除有可能撰於清初。

52. 袁仲儒《武夷茶說》

本文見《續茶經 · 九茶之略 · 茶事著述名目》。袁仲儒個人背景資料查未見，因此本文也疑多半為明人著作，但也不排除有可能是清初的作品。

53. 吳從先《茗說》

是文也見於《續茶經 · 九茶之略 · 茶事著述名目》。不過據《中國古代茶葉全書》查證，吳從先"好為俳諧遊戲雜文，著有《小窗自紀》、《清紀》"，"約1644年前後在世"。由所作《清紀》來看，此《茗說》也很可能撰於清初，但也不排斥有作於明末的可能。

54. 鮑承蔭《茶馬政要》七卷

此書見安徽通志館：《安徽通志藝文考》。其載："清鮑承蔭撰。承蔭，歙人，餘無考。是書見前志，今已佚。"另此書也見《絳雲樓書目》和《傅是樓書目》，絳雲樓在順治七年（1650）失火焚燬。安徽通志館既然未看到是書，定作"清鮑承蔭撰"不知是否另有根據？本書編時，認為撰於明末的可能性亦很大，故未盲從定為清代的作品。

55. 清 · 余懷《茶苑》

見馮煦《蒿叟隨筆》。其載："澹心所著《江山集》凡四種……又有《秋雪詞》、《玉琴齋詞》、《味外軒稿》、《板橋雜記》、《茶史》諸書。今所傳者只《板橋雜記》而已。"澹心即余懷的字，所言《茶史》，應是余懷《茶史補》序中所說的被竊的《茶苑》。如不誤，本文當撰於《茶史補》之前的順治年間。

56. 清 · 朱碩儒《茶譜》

朱碩儒生平無見。此書見《續茶經 · 九茶之略 · 茶事著述名目》，其稱："《茶譜》，朱碩儒，見《黃與堅集》。"與堅，清江南太倉（今江蘇蘇州）人。字庭表，號忍庵，順治十六年（1659）進士。授推官，康熙十八年應試博學鴻詞科，授編修。詩畫均工。朱碩儒當與黃與堅是同時代人，其《茶譜》也當屬清初作品。

57. 清・蔡方炳《歷代茶榷志》一卷

此書見《清朝通志》和《清朝文獻通考》。蔡方炳，蘇州府崑山人。字九霞，號息關。明季諸生，康熙七年舉博學鴻詞。撰有《增訂廣輿記》、《銓證論略》、《憤助編》(以上三書目見《四庫全書存目》) 。此外還有《歷代馬政志》、《修務錄》、《正學矩》、《墨淚集》、《秋桑集》、《未尊集》、《編年詩》等。萬國鼎推定本文約撰於康熙十九年 (1680) 前後。

58. 清・張燕昌《陽羨陶説》

見《陽羨名陶錄》引文書目。張燕昌，浙江海鹽人，字芑堂，號文漁，一號金粟山人。嘉慶間舉孝廉方正。嗜金石，善畫山水人物和蘭竹，工篆隸。以篤學書畫名著三吳地區。《陽羨名陶錄》成書於乾隆五十一年 (1786) ，由張燕昌舉孝廉方正時間來推，本文撰寫時間大抵也只會在乾隆五十一年或稍前。

59. 清・王士謨"陸羽《顧渚山記》"、"毛文錫《茶譜》輯佚"

見萬國鼎《茶書總目提要》及其他有關書目。王士謨所輯陸羽《顧渚山記》、毛文錫《茶譜》收在其《漢唐地理書鈔》。但查中國大陸現存王士謨《漢唐地理書鈔》七十九種八十一卷各本均不見過去有的舊目所載的如陸羽《茶經》、《顧渚山記》和毛文錫《茶譜》等茶書。《漢唐地理書鈔》舊傳收有上兩茶書的刻本，在中國似已不存，不知現在流傳日本等海外的是書中，還有否這種版本？王士謨《漢唐地理書鈔》最早的版本為嘉慶刻本，上二種輯佚本當也是輯於其時。

60. 清・張鑒《釋茶》一卷

見同治《湖州府志》卷六十八。張鑒 (1768 － 1850) ，字春冶，號秋水。湖州府烏程人。嘉慶九年副貢，曾隨阮元幕，力主海運漕糧。曾為武義縣教諭。家貧，賣畫自繪，工詩古文。有書癖，博覽諸大藏書家所藏典籍，著作極富。據有關文獻推測，張鑒撰寫《釋茶》的時間大約在嘉慶後期或道光初年。

61. 清・唐永泰《茶譜》一卷

見民國四川《灌縣志》卷六。唐永泰，生平事跡不詳，由《灌縣志》，僅知其《茶譜》，最有可能是撰寫於咸豐年間 (1851 － 1861) 。

62. 清・四川茶商所編《茶譜輯解》四卷

原四川灌縣李二王廟藏版，清同治六年 (1862) 陶唐氏刻本。未見。據《中國農學遺產文獻綜錄》介紹，是書"內容零亂，與書名不符" 。

63.清・佚名《茗箋》一卷

載光緒《嘉興府志》卷八十。未見，疑佚。由於他書不載，獨見光緒《嘉興府志》來推，此書當是一種清咸同年間見於嘉興地方藏書的稿本或刻本。

64　清・潘思齊《續茶經》二十卷

思齊字希三，浙江仁和人。歲貢生。此見光緒《杭州府志》卷一百八。

65.　清・陳之笏編《茶軼輯略》一卷

見同治十年（1871）湖南《茶陵州志》卷二十三《藝文・書目》。

主要參考引用書目[1]

一、　辭書類

小林博：《古代漢字彙編》，東京：木耳社，1977。

中國農業百科全書總編輯委員會茶葉卷編輯委員會，中國農業百科全書編輯部：《中國農業百科全書．茶葉卷》，北京：農業出版社，1991。

王余光、徐雁：《中國讀書大辭典》，南京：南京大學出版社，1993。

王松茂等：《中華古漢語大辭典》，長春：吉林文史出版社，2000。

王德毅：《明人別名字號索引》，臺北：新文豐出版公司，2000。

王德毅：《清人別名字號索引》，臺北：新文豐出版公司，1985。

王鎮恆、朱世英等：《中國茶文化大辭典》，上海：漢語大詞典出版社，2002。

古漢語常用字字典編寫組：《古漢語常用字字典》，北京：商務印書館，1998。

白曉朗、馬建農：《古代名人字號辭典》，北京：中國書店，1996。

任繼愈：《佛教大辭典》，南京：江蘇古籍出版社，2002。

任繼愈：《宗教大辭典》，上海：上海辭書出版社，1998。

朱保炯、謝沛霖：《明清進士題名碑錄索引》，上海：上海古籍出版社，1998。

朱起鳳：《辭通》，北京：警官教育出版社，1993年重印1934年初版本。

池秀雲：《歷代名人室名別號辭典》，太原：山西古籍出版社，1998。

冷玉龍等：《中華字海》，北京：中華書局，1994。

吳海林：《中國歷史人物辭典》，哈爾濱：黑龍江人民出版社，1983。

吳楓：《簡明中國古籍辭典》，長春：吉林文史出版社，1987。

吳養木、胡文虎：《中國古代畫家辭典》，杭州：浙江人民出版社，1999。

呂宗力：《中國歷代官制大辭典》，北京：北京出版社，1994。

李叔還：《道教大辭典》，臺北：巨流圖書公司，1979。

辛夷、成志偉：《中國典故大辭典》，北京：北京燕山出版社，1991。

林尹、高明等：《中文大辭典》，臺北：中國文化大學出版社，1982。

邱樹森：《中國歷代人名辭典》，南昌：江西教育出版社，1989。

俞鹿年：《中國官制大辭典》，哈爾濱：黑龍江人民出版社，1992。

（清）段玉裁：《說文解字注》，上海：商務印書館，1958。

胡孚琛：《中華道教大辭典》，北京：中國社會科學出版社，1995。

1　本書引錄各種茶書的版本，見於各篇題記，今不贅。

孫書安：《中國博物別名大辭典》，北京：北京出版社，2000。

孫黼：《中國畫家大辭典》，北京：中國書店，1982。

徐中舒等：《遠東漢語大字典》，臺北：遠東圖書公司，1991。

徐元誥等：《中華大字典》(縮印本)，北京：中華書局，1978。

馬天祥等：《古漢語通假字字典》，西安：陝西人民出版社，1991。

高亨：《古字通假會典》，濟南：齊魯書社，1989。

(清)張玉書等：《佩文韻府》，上海：上海古籍書店，1983。

(清)張玉書等：《康熙字典》，香港：中華書局，1988。

張桁、許夢麟：《通假大字典》，哈爾濱：黑龍江人民出版社，1993。

張撝之等：《中國歷代人名大辭典》，上海：上海古籍出版社，1999。

陳宗懋：《中國茶葉大辭典》，北京：中國輕工業出版社，2000。

復旦大學歷史地理研究所《中國歷史地名辭典》編委會：《中國歷史地名辭典》，南昌：江西教育出版社，1986。

賀旭志：《中國歷代職官辭典》，長春：吉林文史出版社，1991。

黃惠賢：《二十五史人名大辭典》，鄭州：中州古籍出版社，1997。

楊廷福：《明人室名別稱字號索引》，上海：上海古籍出版社，2002。

楊廷福：《清人室名別稱字號索引》，上海：上海古籍出版社，2001。

楊家駱：《歷代叢書大辭典》，北京：警官教育出版社，1994。

鄒德忠、徐福山：《中國歷代書法家人名大辭典》，北京：新世界出版社，1998。

廖蓋隆等：《中國人名大辭典》，上海：上海辭書出版社，1990。

漢語大字典編輯委員會：《漢語大字典》，武漢：湖北辭書出版社，成都：四川辭書出版社，1986。

熊文釗：《中國行政區劃通覽》，北京：中國城市出版社，1998。

熊四智：《中國飲食詩文大典》，青島：青島出版社，1995。

臧勵龢等：《中國人名大辭典》，香港：商務印書館，1980年重印1921年商務編印本。

臧勵龢等：《中國古今地名大辭典》，香港：商務印書館，1982年重印1944年商務編印本。

臺灣中華書局編輯部：《辭海》，臺北：中華書局，1965。

臺灣開明書店編輯部：《二十五史人名索引》，臺北：開明書店，1961。

劉鈞仁：《中國歷史地名大辭典》，東京：凌雲書房，1980。

震華法師：《中國佛教人名大辭典》，上海：上海辭書出版社，1999。

謝巍：《中國歷代人物年譜考錄》，北京：中華書局，1992。

瞿冕良：《中國古籍版刻辭典》，濟南：齊魯書社，1999。

魏嵩山：《中國歷史地名大辭典》，廣州：廣東教育出版社，1995。

羅竹風：《漢語大辭典》，北京：漢語大辭典出版社，香港：三聯書店海外版，1995。

譚正璧：《中國文學家大辭典》，北京：北京圖書館出版社，1998。

辭海編輯委員會：《辭海》，上海：上海辭書出版社，1989。

辭源修訂組：《辭源》，北京：商務印書館，1980。

二、書目類

《秘書省續編到四庫闕書目》，收入《觀古堂書目叢刊》，湘潭：〔出版社缺〕，光緒二十八年（1902）。

（宋）尤袤：《遂初堂書目》，載（元）陶宗儀：《説郛》，順治四年（1647）兩浙督學周南李際期宛委山堂刻本。

（宋）王堯臣等：《崇文總目》，長沙：商務印書館，1939。

（宋）晁公武：《郡齋讀書志》，臺北：臺灣商務印書館，1968。

（宋）陳振孫：《直齋書錄解題》，臺北：臺灣商務印書館，1968。

（明）毛晉：《汲古閣刊書細目》，收入（清）李冬涵編：《濟寧李氏礰亭叢書》稿本。

（明）祁承㸁：《澹生堂藏書目》，收入（元）陶宗儀：《説郛》，順治四年兩浙督學周南李際期宛委山堂刻本。

（明）范邦甸：《天一閣書目》，浙江圖書館藏清嘉慶十三年（1808）揚州阮氏文選樓刻本，收入《續修四庫全書》，上海：上海古籍出版社，1995。

（明）孫能傳等：《內閣書目》，（清）李冬涵編：《濟寧李氏礰亭叢書》稿本。

（明）楊士奇等：《文淵閣書目》，（清）李冬涵編：《濟寧李氏礰亭叢書》稿本。

（清）丁丙：《善本書室藏書志》，北京：中華書局，1990。

（清）永瑢、紀昀等：《四庫全書總目提要》，北京：中華書局，1965。

（清）沈德符：《抱經樓藏書志》，北京：中華書局，1990。

（清）阮元：《四庫未收書目提要》，上海：商務印書館，1935。

（清）陸心源：《皕宋樓藏書志》，北京：中華書局，1990。

（清）黃虞稷：《千頃堂書目》，上海：上海古籍出版社，2001。

（清）盧址：《抱經樓書目》，《鴿峯草堂叢鈔》本。

（清）錢謙益：《絳雲樓書目》，北京圖書館藏清嘉慶二十五年（1820）劉氏味經書屋抄本，收入《續修四庫全書》，上海：上海古籍出版社，1995。

《南京圖書館善本書目》，南京：南京圖書館，出版年缺。

上海圖書館：《上海圖書館善本書目》，上海：上海圖書館，1957。

上海圖書館：《中國叢書綜錄》，北京：中華書局，1959。

中國古籍善本書目編委會：《中國古籍善本書目．子部》，上海：上海古籍出版社，1996。

中國古籍善本書目編委會：《中國古籍善本書目．叢部》，上海：上海古籍出版社，1989。

王重民：《中國善本書提要》，上海：上海古籍出版社，1990。

北京大學圖書館：《北京大學圖書館藏古籍善本書目》，北京：北京大學出版社，1999。

北京圖書館：《北京圖書館善本書目》，北京：書目文獻出版社，1987。

京都大學人文科學研究所：《京都大學人文科學研究所漢籍目錄》，京都：人文科學研究協會，1979－80。

東洋文庫編：《東洋文庫所藏漢籍分類目錄．史部》，東京：東洋文庫，1986。

香港中文大學圖書館：《香港中文大學圖書館古籍善本書錄》，香港：香港中文大學，1999。

國立中央圖書館：《國立中央圖書館特藏選錄》，臺北：國立中央圖書館，1986。

國家圖書館：《國家圖書館善本書志初稿》，臺北：國家圖書館，1998。

陽海清等：《中國叢書廣錄》，武漢：湖北人民出版社，1999。

關西大學內藤文庫調查特別委員會：《關西大學所藏內藤文庫漢籍古刊古鈔目錄》，吹田：關西大學圖書館，1986。

三、方志類

（宋）王存：《元豐九域志》，臺北：文海出版社，1963。

（宋）沈作賓修，施宿等纂：《會稽志》，嘉泰元年（1201）修，嘉慶十三年（1813）刊本景印。

（宋）陳耆卿：《嘉定赤城志》，弘治十年（1497）太平謝鐸重刊萬曆天啟遞修補本。

（明）楊守仁等纂修：《嚴州府志》，萬曆六年（1578）刻本。

（明）董斯張：《吳興備志》，天啟四年修，1914年劉氏嘉業堂校刊本。

（明）聶心湯纂修：《錢塘縣志》，萬曆三十七年（1609）刊本。

（清）丁廷楗等修，趙吉士等纂：《徽州府志》，康熙三十八年（1699）刊本。

（清）宋思楷等：《六安州志》，嘉慶九年刊本。

（清）尹繼善等修，黃之雋等纂：《江南通志》，乾隆元年（1736）刊本。

（清）王維新等修，涂家杰等纂：《義寧州志》，同治十二年（1873）刊本。
（清）何才煥等纂：《安化縣志》，同治十一年刊本。
（清）吳坤等修，何紹基等纂：《重修安徽通志》，光緒四年（1878）刻本。
（清）吳鶚修，汪正元等纂：《婺源縣志》，光緒九年（1883）刊本。
（清）李亨特修，平恕、徐嵩纂：《紹興府志》，乾隆五十七年（1792）刊本。
（清）李蔚等修，吳康霖等纂：《六安州志》，同治十一年刊本
（清）李應泰等修，章綬等纂：《宣城縣志》，光緒十四年（1888）刊本。
（清）李瀚章等修，曾國荃等纂：《湖南通志》，光緒十一年（1885）刊本。
（清）阮元等修，王崧等纂：《雲南通志稿》，道光十五年（1835）刊本。
（清）阮元等修，陳昌齊等纂：《廣東通志》，道光二年（1822）刊本。
（清）阮升基等修，甯楷等纂：《宜興縣志》，嘉慶二年（1797）刊本。
（清）宗源翰等修，周學濬等纂：《湖州府志》，同治十三年（1874）刊本。
（清）金鋐等修，鄭開極等纂：《福建通志》，康熙二十二年刻本。
（清）施惠等修，吳景牆等纂：《宜興荊谿縣新志》，光緒八年（1882）刊本。
（清）洪煒等修，汪鉉等纂：《六合縣志》，康熙二十三年刊本。
（清）徐國相等修，宮夢仁等纂：《湖廣通志》，康熙二十三年（1684）刊本。
（清）徐景熹等修，魯曾煜等纂：《福州府志》，乾隆十九年（1754）刊本。
（清）秦達章修，何國祐等纂：《霍山縣志》，光緒三十一年（1905）活字印本。
（清）除永言等修，嚴繩孫等纂：《無錫縣志》，康熙二十九年（1690）刊本。
（清）馬步蟾等修，夏鑾等纂：《徽州府志》，道光七年（1827）刊本。
（清）馬慧裕等修，王煦等纂：《湖南通志》，嘉慶二十五年（1820）刊本。
（清）常明等修，楊芳燦等纂：《四川通志》，嘉慶二十一年（1816）刊本。
（清）曹掄彬等修，曹掄翰等纂：《雅州府志》，乾隆四年（1739）刻，嘉慶十六年（1811）補刊本。
（清）梁葆頤等修，譚鍾麟等纂：《茶陵州志》，同治十年（1871）刻本。
（清）莫祥芝等修，汪士鐸等纂：《同治上（元）江（寧）兩縣志》，同治十三年（1874）刻本。
（清）許瑤光修，吳仰賢等纂：《嘉興府志》，光緒五年（1878）刊本。
（清）陳樹楠等修，錢光奎等纂：《咸寧縣志》，光緒八年刊本。
（清）嵇曾筠等修，沈翼機等纂：《浙江通志》，乾隆元年刊本。

（清）彭際盛等修，胡宗元等纂：《吉水縣志》，光緒元年（1875）刻本。
（清）曾國藩等修，劉鐸等纂：《江西通志》，光緒七年（1881）刻本。
（清）鄂爾泰等修，靖道謨等纂：《貴州通志》，乾隆六年（1784）刊本。
（清）黃廷桂等修，張晉生等纂：《四川通志》，雍正十一年（1732）刊本。
（清）楊正笱等修，馮鴻模等纂：《慈谿縣志》，雍正八年刊本。
（清）楊毓翰等修，汪元祥等纂：《樂平縣志》，同治九年（1870）刊本。
（清）董天工纂：《武夷山志》，乾隆十六年（1751）刻本。
（清）賈漢復等修，李楷等纂：《陝西通志》，康熙七年（1668）刊本。
（清）廖騰煃等修，汪晉徵等纂：《休寧縣志》，康熙二十九年刊本。
（清）趙民洽纂：《臨安縣志》，光緒十一年修，乾隆二十四年（1759）刊本。
（清）趙懿等修，趙怡等纂：《名山縣志》，光緒十八年（1892）刊本。
（清）劉於義等修，沈青崖等纂：《陝西通志》，雍正十三年（1735）刊本。
（清）劉德芳等修，葉澤森等纂：《蒙陰縣志》，康熙二十四年（1685）刊本。
（清）蔣師轍等纂：《臺灣通志》，光緒二十一年（1895）修抄本。
（清）衛既齊等修，薛載德等纂：《貴州通志》，康熙三十六年（1697）刊本。
（清）鄭澐等修，邵晉涵等纂：《杭州府志》，乾隆四十九年（1784）刻本。
（清）盧思誠等修，季念詒等纂：《江陰縣志》，光緒四年（1878）刊本。
（清）錢永等纂：《天門縣志》，康熙三十一年刊本。
（清）謝旻等修，陶成等纂：《江西通志》，雍正十年（1732）刊本。
（清）謝啟昆等修，胡虔等纂：《廣西通志》，嘉慶六年（1801）刻本。
（清）鍾文虎等修，徐昱照等纂：《灌縣鄉土志》，光緒三十三年（1907）刊本。
（清）魏大名等修：《崇安縣志》，嘉慶十三年刊本。
（清）懷蔭布等修，黃任等纂：《泉州府志》，乾隆二十八年（1763）刊本。
（清）譚肇基修，吳棻纂：《長興縣志》，乾隆十四年（1749）刊本。
（清）嚴正身等修，金嘉琰等纂：《桐廬縣志》，乾隆二十一年（1756）刊本。
（清）嚴鳴琦等修，吳敏樹等纂：《巴陵縣志》，同治十一年（1872）刊本。
（清）龔嘉儁修，吳慶坻等纂：《杭州府志》，光緒二十四年（1898）刊本
石國柱修，許承堯纂：《歙縣志》，1937。
朱士嘉：《中國地方志聯合目錄》，北京：中華書局，1985。
孟憲珊等修，馮煦等纂：《寶應縣志》，1932。

曹允源等：《吳縣志》，1933 刊本。
梁伯蔭修，羅克涵纂：《沙縣志》，1928。
楊承禧等纂：《湖北通志》，1921。
楊維坤編：《香港大學馮平山圖書館藏中國地方志目錄》，香港：香港大學馮平山圖書館，1990。
葉大鏘等修，羅駿聲纂：《灌縣志》，1933。
詹宣猷等修，蔡振堅等纂：《建甌縣志》，1929。
福建通志局：《福建通志》，1922。

四、清以前撰刊的其它書稿

（漢）司馬遷：《史記》，北京：中華書局，1959。
（漢）班固：《漢書》，北京：中華書局，1962。
（漢）劉歆：《西京雜記》，北京：中華書局，1991。
（晉）陳壽：《三國志》，北京：中華書局，1959。
（晉）陶潛：《搜神後記》，北京：中華書局，1981。
（南朝宋）范曄：《後漢書》，北京：中華書局，1965。
（南朝宋）劉敬叔：《異苑》，北京：中華書局，1996。
（梁）沈約：《宋書》，北京：中華書局，1974。
（梁）徐陵編，吳兆宜注，程琰刪補：《玉臺新詠》，北京：中華書局，1985。
（梁）蕭子顯：《南齊書》，北京：中華書局，1972。
（梁）蕭統編，（唐）李善注：《文選》，北京：中華書局，1977。
（北齊）魏收：《魏書》，北京：中華書局，1974。
（唐）元稹：《元氏長慶集》，上海：商務印書館，1919。
（唐）令孤德棻：《周書》，北京：中華書局，1971。
（唐）白居易：《白香山全集》，上海：中央書店，1935。
（唐）皮日休、陸龜蒙等：《松陵集》，《文淵閣四庫全書》本，臺北：臺灣商務印書館，1986。
（唐）皮日休：《皮子文藪》，上海：上海古籍出版社，1981。
（唐）李百藥：《北齊書》，北京：中華書局，1973。
（唐）李延壽：《北史》，北京：中華書局，1974。
（唐）李延壽：《南史》，北京：中華書局，1975。
（唐）李肇：《國史補》，崇禎毛氏汲古閣刻《津逮祕書》本。
（唐）杜牧：《樊川文集》，上海：上海古籍出版社，1978。
（唐）房玄齡：《晉書》，北京：中華書局，1974。
（唐）姚思廉：《梁書》，北京：中華書局，1973。

（唐）姚思廉：《陳書》，北京：中華書局，1972。
（唐）封演：《封氏聞見記》，《文淵閣四庫全書》本，臺北：臺灣商務印書館，1986。
（唐）陸龜蒙：《唐甫里先生文集》，上海：商務印書館，1936。
（唐）陶穀：《清異錄》，北京：中華書局，1991。
（唐）馮贄：《雲仙雜記》，上海：商務印書館，1934。
（唐）虞世南：《北堂書鈔》，明鈔本。
（唐）劉肅：《大唐新語》，北京：中華書局，1984。
（唐）歐陽詢：《藝文類聚》，上海：上海古籍出版社，1982。
（唐）魏徵：《隋書》，北京：中華書局，1973。
（唐）蘇鶚：《杜陽雜編》，北京：中華書局，1985。
（後晉）劉昫：《舊唐書》，北京：中華書局，1975。
（宋）不著撰人：《南窗記談》，《文淵閣四庫全書》本，臺北：臺灣商務印書館，1986。
（宋）不著撰人：《錦繡萬花谷》，《文淵閣四庫全書》本，臺北：臺灣商務印書館，1986。
（宋）王十朋：《梅溪集》，《文淵閣四庫全書》本，臺北：臺灣商務印書館，1986。
（宋）王十朋：《集注分類東坡先生詩》，上海：商務印書館，1929。
（宋）王安石：《王文公文集》，北京：中華書局，1962。
（宋）王象之：《輿地紀勝》，北京：中華書局，1992。
（宋）王鞏：《甲申雜記》，《文淵閣四庫全書》本，臺北：臺灣商務印書館，1986。
（宋）王應麟：《玉海》，南京：江蘇古籍出版社，上海：上海書店，1987。
（宋）王闢之：《澠水燕談錄》，北京：中華書局，1981。
（宋）王觀國：《學林》，《文淵閣四庫全書》本，臺北：臺灣商務印書館，1986。
（宋）左圭：《百川學海》，弘治十四年（1501）無錫華理刻本。
（宋）朱勝非：《紺珠集》，《文淵閣四庫全書》本，臺北：臺灣商務印書館，1986。
（宋）朱熹：《晦庵集》，《文淵閣四庫全書》本，臺北：臺灣商務印書館，1986。
（宋）江少虞：《事實類苑》，《文淵閣四庫全書》本，臺北：臺灣商務印書館，1986。
（宋）吳淑：《事類賦注》，北京：中華書局，1989。

（宋）吳處厚：《青箱雜記》，北京：中華書局，1985。
（宋）宋子安：《東溪試茶錄》，上海：商務印書館，1936。
（宋）李昉：《文苑英華》，北京：中華書局，1966。
（宋）李昉等：《太平御覽》，北京：中華書局，1985。
（宋）李昉等：《太平廣記》，北京：中華書局，1961。
（宋）李燾：《續資治通鑒長編》，北京：中華書局，。
（宋）阮閱：《詩話總龜》，《文淵閣四庫全書》本，臺北：臺灣商務印書館，1986。
（宋）周煇著：《清波雜志》，北京：中華書局，1994。
（宋）姚寬：《西溪叢語》，北京：中華書局，1993。
（宋）施元之：《施注蘇詩》，《文淵閣四庫全書》本，臺北：臺灣商務印書館，1986。
（宋）洪邁：《容齋隨筆》，上海：上海書店，1984。
（宋）耐得翁：《都城紀勝》，《文淵閣四庫全書》本，臺北：臺灣商務印書館，1986。
（宋）胡仔：《苕溪漁隱叢話》，上海：商務印書館，1937。
（宋）范致明：《岳陽風土記》，北京：中華書局，1991。
（宋）范鎮：《東齋記事》，北京：中華書局，1980。
（宋）唐庚：《眉山文集》，上海：商務印書館，1936。
（宋）唐庚：《唐先生文集》，宋刻本，收入《北京圖書館古籍珍本叢刊》，北京：書目文獻出版社，1988。
（宋）唐慎微：《重修政和經史證類備用本草》，北京：人民衛生出版社，1957。
（宋）祝穆：《方輿勝覽》，北京：中華書局，2003。
（宋）祝穆：《古今事文類聚》，《文淵閣四庫全書》本，臺北：臺灣商務印書館，1986。
（宋）秦觀：《淮海集》，上海：商務印書館，1937。
（宋）馬令：《南唐書》，上海：商務印書館，1935。
（宋）高承：《事物紀原》，《文淵閣四庫全書》本，臺北：臺灣商務印書館，1986。
（宋）張君房：《雲笈七籤》，上海：商務印書館，1929。
（宋）張淏：《雲谷雜記》，《文淵閣四庫全書》本，臺北：臺灣商務印書館，1986。
（宋）張舜民：《畫墁錄》，北京：中華書局，1991。
（宋）張擴：《東窗集》，《文淵閣四庫全書》本，臺北：臺灣商務印書館，

1986。
(宋) 梅堯臣：《宛陵先生集》，上海：商務印書館，1936。
(宋) 陳師道：《後山先生集》，雍正八年 (1730) 趙駿烈刻本。
(宋) 陳景沂：《全芳備祖》，《文淵閣四庫全書》本，臺北：臺灣商務印書館，1986。
(宋) 陳與義：《增廣箋註簡齊詩集》，上海：商務印書館，1929。
(宋) 陸游：《劍南詩稿》，《文淵閣四庫全書》本，臺北：臺灣商務印書館，1986。
(宋) 惠洪：《石門文字禪》，《文淵閣四庫全書》本，臺北：臺灣商務印書館，1986。
(宋) 曾幾：《曾茶山詩集》，萬曆四十三年 (1615) 新安潘潘是仁刻天啟二年 (1622) 重修本。
(宋) 曾慥：《類説》，明天啟六年 (1626) 岳鍾秀刻本，收入《北京圖書館古籍珍本叢刊》，北京：書目文獻出版社，1988。
(宋) 曾鞏：《元豐類稿》，上海：商務印書館，1937。
(宋) 程大昌：《演繁露 · 演繁露續集》，北京：中華書局，1991。
(宋) 費袞：《梁谿漫志》，《文淵閣四庫全書》本，臺北：臺灣商務印書館，1986。
(宋) 黃庭堅：《黃庭堅全集》，成都：四川大學出版社，2001。
(宋) 黃裳：《演山集》，《文淵閣四庫全書》本，臺北：臺灣商務印書館，1986。
(宋) 黃震：《黃氏日抄》，《文淵閣四庫全書》本，臺北：臺灣商務印書館，1986。
(宋) 楊萬里：《誠齋集》，上海：商務印書館，1929。
(宋) 楊億：《楊文公談苑》，上海：上海古籍出版社，1993。
(宋) 葉夢得：《石林燕語》，北京：中華書局，。
(宋) 葉夢得：《避暑錄話》，《文淵閣四庫全書》本，臺北：臺灣商務印書館，1986。
(宋) 葛立方：《韻語陽秋》，《文淵閣四庫全書》本，臺北：臺灣商務印書館，1986。
(宋) 趙彥衛：《雲麓漫鈔》，北京：中華書局，1996。
(宋) 劉弇：《龍雲集》，《文淵閣四庫全書》本，臺北：臺灣商務印書館，1986。
(宋) 樂史：《太平寰宇記》，臺北：文海出版社，1980。
(宋) 樂史：《宋本太平寰宇記》，北京：中華書局，2000。

（宋）歐陽修、宋祁：《新唐書》，北京：中華書局，1975。
（宋）歐陽修：《新五代史》，北京：中華書局，1976。
（宋）歐陽修：《歐陽文忠全集》，上海：中華書局，1936。
（宋）歐陽修：《歐陽修全集》，北京：中國書店，1986。
（宋）歐陽修：《歐陽修全集》，北京：中華書局，2001。
（宋）歐陽修：《歸田錄》，北京：中華書局，1981。
（宋）蔡襄：《端明集》，上海：上海古籍出版社，1987。
（宋）蔡襄：《蔡莆陽詩集》，潘是仁編萬曆四十三年（1615）新安潘氏自刻天啟二年（1622）重修本。
（宋）鄭虎臣：《吳都文粹》，《文淵閣四庫全書》本，臺北：臺灣商務印書館，1986。
（宋）鄭樵：《通志略》，上海：商務印書館，1934。
（宋）鄧肅：《栟櫚集》，《文淵閣四庫全書》本，臺北：臺灣商務印書館，1986。
（宋）錢易：《南部新書》，北京：中華書局，2002。
（宋）薛居正：《舊五代史》，北京：中華書局，1976。
（宋）謝逸：《溪堂詞集》，《文淵閣四庫全書》本，臺北：臺灣商務印書館，1986。
（宋）謝維新：《古今合璧事類備要》，《文淵閣四庫全書》本，臺北：臺灣商務印書館，1986。
（宋）魏了翁：《鶴山先生大全文集》，上海：商務印書館，1936。
（宋）魏了翁：《鶴山集》，《文淵閣四庫全書》本，臺北：臺灣商務印書館，1986。
（宋）羅大經：《鶴林玉露》，北京：中華書局，1983。
（宋）蘇易簡：《文房四譜》，北京：中華書局，1985。
（宋）蘇軾：《蘇軾文集》，北京：中華書局，1986。
（宋）蘇軾：《東坡全集》，《文淵閣四庫全書》本，臺北：臺灣商務印書館，1986。
（宋）蘇軾：《蘇軾文選》，上海：上海古籍出版社，1989。
（宋）蘇軾：《蘇軾詩集》，北京：中華書局，1982。
（宋）蘇轍：《欒城三集》，上海：商務印書館，1936。
（元）方回：《瀛奎律髓》，《文淵閣四庫全書》本，臺北：臺灣商務印書館，1986。
（元）洪希文：《續軒渠集》，《文淵閣四庫全書》本，臺北：臺灣商務印書館，1986。

（元）馬端臨：《文獻通考》，北京：中華書局，1986。

（元）脱脱等：《宋史》，北京：中華書局，1977。

（元）脱脱等：《金史》，北京：中華書局，1975。

（元）脱脱等：《遼史》，北京：中華書局，1974。

（元）陶宗儀：《説郛》，順治四年（1647）兩浙督學周南李際期宛委山堂刻本。

（元）謝應芳：《龜巢稿》，《文淵閣四庫全書》本，臺北：臺灣商務印書館，1986。

（明）不著撰人：《五朝小說大觀》，上海：掃葉山房，1926。

（明）孔邇：《雲蕉館紀談》，長沙：商務印書館，1937。

（明）文徵明：《文徵明集》，上海：上海古籍出版社，1987。

（明）王世貞：《弇州四部稿》，《文淵閣四庫全書》本，臺北：臺灣商務印書館，1986。

（明）王世懋：《二酉委譚摘錄》，上海：商務印書館，1935。

（明）王圻：《續文獻通考》，臺北：文海出版社，1984。

（明）王鏊：《震澤集》，《文淵閣四庫全書》本，臺北：臺灣商務印書館，1986。

（明）田汝成：《西湖遊覽志》，杭州：浙江人民出版社，1980。

（明）朱之蕃：《中唐十二家詩》，萬曆金陵書坊王世茂刻本。

（明）朱之蕃：《晚唐十二家詩集》，萬曆金陵書坊朱氏刻本。

（明）朱存理：《樓居雜著》，《文淵閣四庫全書》本，臺北：臺灣商務印書館，1986。

（明）朱國楨：《湧幢小品》，上海：新文化書社，1924－36。

（明）吳任臣：《十國春秋》，北京：中華書局，1983。

（明）吳寬：《家藏集》，《文淵閣四庫全書》本，臺北：臺灣商務印書館，1986。

（明）宋濂等：《元史》，北京：中華書局，1974。

（明）李日華：《六研齋筆記》，上海：中央書店，1936。

（明）李日華：《紫機軒雜綴》，上海：中央書店，1935。

（明）李時珍：《本草綱目》，《文淵閣四庫全書》本，臺北：臺灣商務印書館，1986。

（明）沈周：《石田詩選》，《文淵閣四庫全書》本，臺北：臺灣商務印書館，1986。

（明）沈津：《欣賞編十種》，明刻本，收入《北京圖書館古籍珍本叢刊》，北京：書目文獻出版社，1988。

（明）周復俊編：《全蜀藝文志》，《文淵閣四庫全書》本，臺北：臺灣商務印書館，1986。

（明）周暉：《金陵瑣事》，北京：文學古籍刊行社，1955。

（明）周履靖編：《夷門廣牘》，萬曆二十五年（1597）金陵荊山書林刻本。

（明）邵寶：《容春堂集》，《文淵閣四庫全書》本，臺北：臺灣商務印書館，1986。

（明）皇甫汸：《皇甫司勳集》，《文淵閣四庫全書》本，臺北：臺灣商務印書館，1986。

（明）胡文煥：《百家名書》，萬曆胡氏文會堂刻本。

（明）范景文：《文忠集》，《文淵閣四庫全書》本，臺北：臺灣商務印書館，1986。

（明）郎英：《七修類稿》，北京：中華書局，1959。

（明）淩迪知：《萬姓統譜》，《文淵閣四庫全書》本，臺北：臺灣商務印書館，1986。

（明）孫瑴：《古微書》，《文淵閣四庫全書》本，臺北：臺灣商務印書館，1986。

（明）徐𤊹：《徐氏家藏書目》，北京圖書館藏清道光七年劉氏味經書屋抄本，收入《續修四庫全書》，上海：上海古籍出版社，1995。

（明）徐渭：《徐文長全集》，上海：中央書店，1935。

（明）徐渭：《徐渭集》，北京：中華書局，1983。

（明）徐獻忠：《吳興掌故集》，北京圖書館藏明嘉靖39年（1560）范唯一等刻本，收入《四庫全書存目叢書》，臺南：莊嚴文化事業有限公司，1995。

（明）張大復：《聞雁齋筆談》，上海圖書館藏明萬曆三十三年（1605）顧孟兆等刻本，收入《續修四庫全書》，上海：上海古籍出版社，1995。

（明）曹學佺：《蜀中廣記》，《文淵閣四庫全書》本，臺北：臺灣商務印書館，1986。

（明）曹學佺編：《石倉歷代詩》，《文淵閣四庫全書》本，臺北：臺灣商務印書館，1986。

（明）陳繼儒：《太平清話》，北京：中華書局，1985。

（明）陳繼儒：《陳眉公全集》，上海：中央書店，1936。

（明）陳繼儒：《巖棲幽事》，上海：商務印書館，1936。

（明）陳耀文：《天中記》，《文淵閣四庫全書》本，臺北：臺灣商務印書館，1986。

（明）陸樹聲：《陸文定公全集》，萬曆間陸光祿校刻本。

（明）焦竑：《焦氏筆乘》，上海：商務印書館，1937。

（明）程百二：《程氏叢刻》，萬曆四十三年程百二、胡之衍刻本。

（明）馮惟納：《古詩紀》，《文淵閣四庫全書》本，臺北：臺灣商務印書館，1986。

（明）馮夢禎：《快雪堂漫錄》，中國科學院圖書館藏清乾隆平湖陸氏刻奇晉齋叢書本，收入《四庫全書存目叢書》，臺南：莊嚴文化事業有限公司，1995。

（明）楊慎：《譚苑醍醐》，北京：中華書局，1985。

（明）管時敏：《蚓竅集》，《文淵閣四庫全書》本，臺北：臺灣商務印書館，1986。

（明）錢穀編：《吳都文粹續集》，《文淵閣四庫全書》本，臺北：臺灣商務印書館，1986。

（明）謝肇淛：《五雜俎》，上海：中央書店，1935。

（明）藍仁：《藍山集》，《文淵閣四庫全書》本，臺北：臺灣商務印書館，1986。

（清）不著撰人：《郛賸》，光緒十九年（1893）刊本。

（清）王士禛：《王漁洋遺書》，康熙間刻本。

（清）王先謙：《荀子集解》，北京：中華書局，1988。

（清）王先謙：《莊子集解》，上海：上海書店，1986。

（清）王應奎：《柳南隨筆．續筆》，北京：中華書局，1983。

（清）王鴻緒：《明史稿》，臺北：文海出版社，1985。

（清）朱彝尊：《曝書亭集》，上海：商務印書館，1936。

（清）吳之振編：《宋詩鈔》，《文淵閣四庫全書》本，臺北：臺灣商務印書館，1986。

（清）吳震方：《嶺南雜記》，上海：商務印書館，1936。

（清）吳騫：《陽羨名陶錄》，乾隆海昌吳氏刻拜經樓叢書本，收入《續修四庫全書》，上海：上海古籍出版社，1995。

（清）李斗：《揚州畫舫錄》，北京：中華書局，1960。

（清）沈辰垣等編：《御選歷代詩餘》，《文淵閣四庫全書》本，臺北：臺灣商務印書館，1986。

（清）沈初等編：《浙江採集遺書總錄》，乾隆三十九年（1774）刊本。

（清）汪灝等：《御定佩文齋廣群芳譜》，《文淵閣四庫全書》本，臺北：臺灣商務印書館，1986。

（清）阮元校：《十三經注疏》，北京：中華書局，1980。

（清）阮元撰，李慈銘校訂：《文選樓藏書記》，越縵堂鈔本，《四庫未收書輯刊》，北京：北京出版社，2000。

（清）周之麟編：《宋四名家詩》，康熙三十二年（1693）弘訓堂刻本。
（清）周亮工：《閩小記》，上海：上海古籍出版社，1985。
（清）金武祥：《江陰叢書》，光緒宣統間江陰金氏粟香室嶺南刊本。
（清）姚鉉編：《唐文粹》，《文淵閣四庫全書》本，臺北：臺灣商務印書館，1986。
（清）查慎行：《蘇詩補注》，《文淵閣四庫全書》本，臺北：臺灣商務印書館，1986。
（清）郁逢慶編：《書畫題跋記》，《文淵閣四庫全書》本，臺北：臺灣商務印書館，1986。
（清）徐元誥：《國語集解》，北京：中華書局，2002。
（清）徐松輯：《宋會要輯稿》，北京：中華書局，1957。
（清）翁同龢：《瓶廬叢稿二十六種》，北京國家圖書館藏稿本。
（清）袁枚：《小倉山房詩文集》，上海：上海古籍出版社，1988。
（清）馬國翰：《玉函山房輯佚書》，光緒九年（1883）嫏嬛館刻本，收入《續修四庫全書》本，上海：上海古籍出版社，1995。
（清）乾隆敕撰：《續通志》，上海：商務印書館，1935。
（清）乾隆敕撰：《續通典》，上海：商務印書館，1935。
（清）康熙御定：《全唐詩》，北京：中華書局，1979。
（清）張玉法等編：《御定佩文齋詠物詩選》，《文淵閣四庫全書》本，臺北：臺灣商務印書館，1986。
（清）張廷玉等：《明史》，北京：中華書局，1974。
（清）張海鵬：《學津討源》，嘉慶十年（1805）張氏照曠閣刻本。
（清）張豫章等編：《御選宋金元明四朝詩》，《文淵閣四庫全書》本，臺北：臺灣商務印書館，1986。
（清）許纘程：《滇行紀略》，上海：商務印書館，1935。
（清）陳元龍：《格致鏡原》，《文淵閣四庫全書》本，臺北：臺灣商務印書館，1986。
（清）陳田：《明詩紀事》，上海：商務印書館，1937。
（清）陳維崧：《陳迦陵文集》，上海：商務印書館，1936。
（清）陳蓮塘編：《唐人說薈》，同治八年（1869）右文堂刊本。
（清）陳鴻墀：《全唐文紀事》，北京：中華書局，1959。
（清）陶珽等編：《說郛三種》，上海：上海古籍出版社，1988。
（清）馮兆年：《翠琅玕館叢書》，光緒羊城馮氏刻本。
（清）董誥等：《全唐文》，北京：中華書局，1983。
（清）管庭芬：《花近樓叢書》，北京國家圖書館藏本。

（清）趙翼：《甌北詩話》，乾隆間湛貽堂刻本。
（清）趙翼：《簷曝雜記》，北京：中華書局，1982。
（清）厲鶚：《宋詩紀事》，《文淵閣四庫全書》本，臺北：臺灣商務印書館，1986。
（清）顧炎武：《亭林遺書十種》，康熙吳江潘氏遂初堂刻本。
（清）顧祖禹：《讀史方輿紀要》，上海：商務印書館，1937。
王定保：《唐摭言校注》，上海：上海社會科學院出版社，2003。
王謨輯：《漢唐地理書鈔》，北京：中華書局，1961。
安徽通志館：《安徽通志藝文考》，1934。
何建章：《戰國策注釋》，北京：中華書局，1990。
何寧：《淮南子集釋》，北京：中華書局，1998。
余嘉錫：《世說新語》，北京：中華書局，1983。
李華卿編：《宋人小說》，上海：上海書店，1990。
周祖謨：《洛陽伽藍記校釋》，北京：中華書局，1963。
金開誠、董洪利、高路明：《屈原集》，北京：中華書局，1996。
胡道靜：《夢溪筆談校證》，上海：上海古籍出版社，1987。
范寧：《博物志校證》，北京：中華書局，1980。
唐圭璋編：《全宋詞》，北京：中華書局，1965。
傅璇琮主編：《唐才子傳校箋》，北京：中華書局，1987－95。
傅璇琮等主編：《全宋詩》，北京：北京大學出版社，1991。
曾棗莊、劉琳主編：《全宋文》，成都：巴蜀書社，1988。
馮煦：《蒿叟隨筆》，臺北：文海出版社，1967。
楊伯峻：《春秋左傳注》，北京：中華書局，1990。
趙立勛等：《遵生八牋校注》，北京：人民衛生出版社，1994。
繆啟愉校釋，繆桂龍參校：《齊民要術校釋》，北京：農業出版社，1982。

五、民國後撰刊的其他書稿

（美）威廉·烏克思原著，吳覺農主編，中國茶葉研究社集體翻譯：《茶葉全書》（中譯本），1949。
王重民等編：《敦煌變文集》，北京：人民文學出版社，1957。
布目潮渢：《中國茶書全集》，東京：汲古書院，1987。
布目潮渢：《茶經詳解：原文·校異· 訳 文·注解》，京都：淡交社，2001。
朱自振、沈漢：《中國茶酒文化史》，臺北：文津出版社，1995。
朱自振：《中國茶葉歷史資料續輯》（方志茶葉資料彙編），南京：東南大學出版社，1991。
吳智和：《明清時代飲茶生活》，臺北：博遠出版有限公司，1990。

吳覺農：《中國地方志茶葉歷史資料選輯》，北京：農業出版社，1990。

吳覺農：《茶經述評》，北京：農業出版社，1987。

吳覺農：《茶樹栽培法》，上海：泰東書店，1923。

吳覺農主編：《茶經述評》，北京：農業出版社，1987。

阮浩耕：《中國古代茶葉全書》，杭州：浙江攝影出版社，1999。

姚國坤、王存禮、程啟坤：《中國茶文化》，上海：上海文化出版社，1991。

姚國坤、胡小軍：《中國古代茶具》，上海：上海文化出版社，1998。

胡山源：《古今茶事》，上海：上海書店，1985年重印1941年世界書局本。

袁和平：《中國飲茶文化》，廈門：廈門大學出版社，1992。

高英姿：《紫砂名陶典籍》，杭州：浙江攝影出版社，2000。

婁子匡：《國立北京大學中國民俗學會民俗叢書專號·茶》，中國民俗學會印刊，1940。

張宏庸：《陸羽全集》，桃園縣：茶學文學出版社，1985。

張宏庸：《陸羽書錄》，桃園縣：茶學文學出版社，1985。

張迅齊：《中國的茶書》，臺北：常青樹書坊，1978。

張鐵君：《茶學漫話》，臺北：阿爾泰出版社，1980。

犁播編：《中國農學遺產文獻綜錄》，北京：農業出版社，1985。

莊晚芳：《中國茶史散論》，北京：科學出版社，1988。

許賢瑤：《中國古代喫茶史》，臺北：博遠出版有限公司，1991。

陳宗懋：《中國茶經》，上海：上海文化出版社，1992。

陳尚君：〈毛文錫《茶譜》輯考〉，《農業考古》，1995年第4期，頁271－277。

陳祖槼、朱自振：《中國茶葉歷史資料選輯》，北京：農業出版社，1981。

陳彬藩：《中國茶文化經典》，北京：光明日報出版社，1999。

陳椽：《茶業通史》，北京：農業出版社，1984。

陳奭文《中華茶葉五千年》，北京：人民出版社，2001。

黃徵、張湧泉：《敦煌變文校注》，北京：中華書局，1997。

萬國鼎：《茶書總目提要》，北京：中華書局，1958年，載《農業遺產研究集刊》，1990年收入許賢瑤：《中國茶書提要》。

廖寶秀：《宋代吃茶法與茶器之研究》，臺北：國立故宮博物院，1996。

趙方任：《唐宋茶詩輯注》，北京：中國致公出版社，2002。

劉昭瑞：《中國古代飲茶藝術》，西安：陝西人民出版社，1987。

劉修明：《中國古代的飲茶與茶館》，北京：商務印書館，1995。

劉淼：《明代茶業經濟研究》，汕頭：汕頭大學出版社，1997。

蔣禮鴻：《敦煌變文字義通釋》，上海：上海古籍出版社，1988。

魯迅：《中國小說史略》，北京：人民文學出版社，1973。